HANDWÖRTERBUCH DES BANKWESENS

UNTER MITWIRKUNG VON
IN- UND AUSLÄNDISCHEN MITARBEITERN
AUS WISSENSCHAFT UND PRAXIS

HERAUSGEGEBEN VON

M. PALYI UND P. QUITTNER

BERLIN
VERLAG VON JULIUS SPRINGER
1933

MITARBEITER:

Priv.-Doz. Dr. E. ALTSCHUL, Frankfurt a. M.
Chefarchivar Dr. R. ARZET, Berlin
Dr. TH. BALOGH, London
Handelskammersyndikus Dr. H. BECKER, Hamburg
Prof. Dr. B. H. BECKHART, New York
Redakteur R. BEERENSSON, Berlin
Bankier R. BERDACH, Berlin
Rechtsanwalt Dr. R. BERMANN, Berlin
Prof. G. BERNHARD, Berlin
Dr. G. BIANCHINI, Präsident der Associazione tecnica bancaria italiana, Milano
Bankdirektor Dr. S. G. BINNERTS, Amsterdam
Bankier Dr. V. BLOCH, Wien
Redakteur Dr. H. BLOCK, Berlin
Chefarchivar Dr. D. BOFFITO, Mailand
Prof. Dr. K. BRANDT, Berlin
Banksyndikus Dr. H. v. BRESKA, Berlin
Bankdirektor Dr. C. CALMON, Berlin
Prof. Dr. B. S. CHLEPNER, Bruxelles
Prof. Dr. G. COLM, Kiel
Dr. W. DÄBRITZ, Essen
Dr. E. DÖBLIN, Berlin
Reichsbankdirektor Dr. F. DÖRING, Berlin
Direktor Dr. J. DOMÁNY, Budapest
Redakteur Dr. P. DRUCKER, Frankfurt a. M.
Prof. Dr. C. EISFELD, Altona-Blankenese
Bankier E. A. ELIAT, Paris
Syndikus Dr. G. Freiherr v. FALKENHAUSEN, Berlin
Prof. Dr. A. FEILER, Königsberg
Priv.-Doz. Dr. C. A. FISCHER, Berlin
G. FRIEDMAN, New York, Columbia Univ.
Direktor Dr. F. FUERTH, Frankfurt a. M.
Dr. K. E. v. GABAIN, Basel, Schweiz. Bankverein
Prof. Dr. W. GERLOFF, Frankfurt a. M.
Dr. H. GESTRICH, Berlin, Reichsbank
Direktor E. GIESE, Berlin
Wirkl. Geh. Rat Prof. Dr. H. GÖPPERT, Bonn
Prof. Dr. G. HALM, München
Bankdirektor H. HANCKE, Berlin
Dr. J. HANS, Wien
Prof. Dr. S. HELANDER, Nürnberg
Direktor Dr. K. HIRSCHFELD, Frankfurt a. M.
Chefredakteur H. HIRSCHSTEIN, Berlin
Dr. H. JANNSEN, Berlin
Dr. H. KALISKI, Berlin
Chefarchivar Dr. H. KURZROCK, Lüdenscheid
Prof. Dr. C. LANDAUER, Berlin
Bankdirektor Dr. E. LEHMANN, Berlin
Prof. Dr. W. LEONTIEF, Berlin
Generaldirektor L. LICHTENSTÄDTER, Berlin
Rechtsanwalt Dr. M. MAIER, Mannheim
Dr. R. MALSS, Berlin
Bankdirektor Dr. E. MARTIN, Düsseldorf
M. H. MEGRAH, London, The Institute of Bankers
Prokurist H. MEIS, Düsseldorf
Prof. Dr. K. MELLEROWICZ, Berlin
Dr. TH. MERTEN, Berlin
Rechtsanwalt Dr. E. H. MEYER, Berlin
Redakteur Dr. L. MIKSCH, Berlin
Reichsminister a. D. Prof. Dr. P. MOLDENHAUER, Berlin
Redakteur Dr. P. NASSEN, Berlin
Priv.-Doz. Dr. H. NEISSER, Kiel
Prof. Dr. F. NEUMARK, Frankfurt a. M.
Direktor Dr. E. v. NICOLAI, Mannheim
Rechtsanwalt Dr. G. OPITZ, Berlin
Dipl.-Kaufm. Dr. rer. pol. F. OTTO, Dessau
Chefredakteur Dr. F. PINNER, Berlin
Reichsminister Prof. Dr. POPITZ, Berlin
Dr. F. H. REPELIUS, Amsterdam, De Nederlandsche Bank
Bankier L. RIBUSCH, Riga
Dr. H. RICHTER, Berlin
Chefarchivar Dr. L. RIDERER, Berlin
Prof. Dr. C. RIST, Vizegouverneur der Banque de France, Paris
Bankdirektor O. RÖSLER, Berlin
Redakteur B. SAEKEL, Berlin
Dr. A. SAYOUS, Paris
Dr. E. W. SCHMIDT, Berlin
Direktor O. SCHOELE, Berlin
Dr. H. H. v. SCHOEN, Hamburg
Dr. W. SCHÜCK, Berlin
Sektionschef Dr. H. SCHWARZWALD, Wien
Dr. A. SCHWEIZER, Basel, Schweiz. Bankverein
Prof. Dr. H. SIEVEKING, Hamburg
W. F. SPALDING, London
Bankdirektor O. SPERBER, Berlin
Dr. F. G. STEINER, Paris, Vizepräsident Dillon Read Corp.
Prof. Dr. W. SULZBACH, Frankfurt a. M.
Direktor F. C. TRAUMANN, Berlin
Syndikus Dr. J. WEINAND, Berlin
Chefredakteur Dr. E. WELTER, Frankf. a. M.
Direktor Dr. F. WOLFF, Leipzig
Dr. E. WOLFGANG, Frankfurt a. M.
Dr. E. ZACHAU, Berlin

Softcover reprint of the hardcover 1st edition 1933

ISBN 978-3-642-51203-2 ISBN 978-3-642-51322-0 (eBook)
DOI 10.1007/978-3-642-51322-0

Vorwort.

Das Fehlen eines brauchbaren Wörterbuches für die Fachausdrücke des Bankwesens und für das gesamte Gebiet des Kreditwesens überhaupt gab die Anregung zu dem vorliegenden Werk. Diese offenkundige Lücke in der deutschen, aber auch in der ausländischen Literatur erschien um so fühlbarer, als durch die Entwicklung des letzten Jahrzehnts eine große Zahl neuer Ausdrücke die internationale Fachsprache bereichert hat.

Naturgemäß ergab sich die weitere Aufgabe, die Hauptprobleme des Bankwesens in größeren Artikeln darzustellen, in einer sowohl für den Bankpraktiker als auch für den Volkswirt und den Juristen brauchbaren Weise, ohne durch Eingehen auf rein technische Details den praktisch zulässigen Umfang zu überschreiten.

Die Herausgeber sind sich bewußt, daß eine lückenlose, alle berechtigten Ansprüche befriedigende Lösung dieser Aufgabe selbst unter günstigeren Zeitumständen nicht hätte gelingen können; sie hoffen jedoch, Unvollkommenheiten in einer zweiten Auflage zu verbessern, für die sie Anregungen dankbar entgegennehmen werden.

Die Arbeit wurde im Winter 1930/31 begonnen. Die Bankenkrise des darauffolgenden Sommers in der ganzen Welt hat zwar vielfach Erweiterungen der ursprünglichen Disposition notwendig gemacht, sie aber nicht umgestoßen. Einzelne Probleme, die nunmehr erhöhte Bedeutung gewonnen hatten, die aber an sich keineswegs neu sind, mußten eine eingehendere Behandlung erfahren. Im Zusammenhang damit ergab sich auch die Berücksichtigung der verschiedenen neugeschaffenen Institutionen nach dem Stande von Mitte 1932. Es war nicht zu vermeiden, daß durch die internationale Bankenkrise in der Ablieferung einzelner Arbeiten eine Verzögerung eintrat; und es soll an dieser Stelle besonders die Bereitwilligkeit hervorgehoben werden, mit der die Mitarbeiter, denen das Zustandekommen dieses Wörterbuches ohnedies zu verdanken ist, ihre Beiträge überarbeitet und auf den neuesten Stand gebracht haben.

Besonderen Dank schulden die Herausgeber ferner der Verlagsbuchhandlung Julius Springer, die die Herausgabe des Werkes ungeachtet der Schwere der Wirtschaftsverhältnisse unternommen hat. Sie hoffen mit ihr, daß gerade jetzt ein Hilfsbuch für ein so ausgedehntes Gebiet wie das nationale und internationale Kreditwesen gute Dienste zu leisten vermag. Sie hoffen auch, daß es in der Öffentlichkeit zur Klärung mancher gerade heute heißumstrittenen Frage der Kreditpolitik und zur Beseitigung von Mißverständnissen über Wesen und Funktionen der Kreditinstitute beitragen wird.

Berlin, im November 1932.

Die Herausgeber.

A.

A.-O., Abkürzung für die Zinstermine April und Oktober.

Abandonnieren einer Prämie s. *Prämiengeschäft 1*, ebenso Abandonrevers, A.-recht.

Abbuchung bedeutet entweder *Abschreibung* (s. d.) oder Ausbuchung, also den buchtechnischen Vorgang, durch den ein Posten aus dem betreffenden Konto entfernt wird.

Abendbörsen sind Effektenbörsen, die nicht wie die meisten Börsen zur Mittagszeit, sondern am späten Nachmittag abgehalten werden. An keinem Börsenplatz gibt es nur A. Jedoch gibt es in Hamburg und Frankfurt a. M. seit altersher A. neben den Mittagsbörsen, wobei in Frankfurt sogar amtliche Kurse festgestellt werden, während Hamburg an der A. nur einen Freiverkehr kennt. Die Frankfurter A., die zwischen 5 und 6 Uhr stattfindet, hatte vor dem Kriege internationale Bedeutung (vgl. *Deutsche Provinzbörsen*).

Abhebung der Prima ist die Bezeichnung eines in der Finanzierung des Überseehandels zwecks Zeit- und Zinsenersparnis üblichen Verfahrens. Die meisten Überseewechsel werden nämlich auf Sicht (z. B. 30 Tage nach Sicht) ausgestellt; dabei gilt als Stichtag nicht der Tag der Akzeptation, sondern der der tatsächlichen Vorlegung, so daß es also darauf ankommt, den Wechsel möglichst bald dem Bezogenen zugehen zu lassen. Daher wird vielfach im Überseeverkehr die Prima (vgl. a. *Duplikat*) sofort, direkt und auf dem schnellsten Weg an den Bezogenen gesandt. Die Sekunda geht mit allen Dokumenten usw. den vorgeschriebenen Weg, wird giriert und gelangt dann an den Korrespondenten an dem betreffenden Platz. Dieser legt dem Bezogenen Sekunda und Dokumente zur Legitimation vor und behebt die akzeptierte Prima. Da die Prima das Akzept, die Sekunda die ununterbrochene Giralkette aufweist, bilden beide Papiere zusammen einen ordnungsmäßigen Wechsel.

Abkürzungen im Kurszettel s. *Berliner Börse III*, vgl. a. die Darstellungen der diversen Börsen.

Ablösung der öffentlichen Anleihen s. *Aufwertung*, vgl. *Altbesitz*.

Ablösungskassenkredit s. *Rentenbanken, Preußische*.

Abrechnungsstellen s. *Abrechnungsverkehr*.

Abrechnungsverkehr. Zur Durchführung der Skontration von bankmäßigen Zahlungen (vgl. „*Bargeldloser Zahlungsverkehr*") dienen sog. Abrechnungsstellen. Solche bestanden schon im Mittelalter im Zusammenhang mit Messen. Systematischer Ausbau in England seit 1770, angeblich zuerst von Kassenboten vorgenommen. Londoner Clearing-house 1773 zuerst erwähnt. Das Verfahren war zunächst noch recht umständlich: Austausch der Schecks zwischen beteiligten Banken, Ausgleich der Salden durch Barzahlungen. Ausbau zur heutigen Form erst etwa 1860. In London drei Clearingeinrichtungen nebeneinander: „town-clearing" verrechnet Schecks auf die in der City gelegenen Banken; das „metropolitan-clearing" (erst 1907 begründet Schecks auf ca. 350 Filialen der Clearingbanken außerhalb der City, aber innerhalb eines weitgezogenen Umkreises, während das 1858 gegründete „country-clearing" Schecks auf Provinzbanken, soweit diese eines der 10 Mitglieder des Clearing-house als „clearing-agents" ernannt haben, verrechnet.

In Deutschland wurde die erste Abrechnungsstelle 1823 von der Bank des Berliner Kassenvereins errichtet, wenn man von den im Mittelalter bestandenen Einrichtungen (s. „*Bargeldloser Zahlungsverkehr*") absieht. Die Reichsbank gründete ihre erste Abrechnungsstelle (nach englischem Muster) 1883. Zur Zeit bestehen 72 solcher Abrechnungsstellen mit etwa 750 Teilnehmern. Bei diesen Abrechnungsstellen werden nicht nur Schecks, sondern zum Unterschied von der englischen Methode auch Überweisungen verrechnet, ebenso Wechsel und Rechnungen. Dem Londoner Country-clearing entspricht die „Scheckaustauschstelle" in Berlin, die neuerdings mit der Abrechnungsstelle Berlin vereinigt ist. — Neben der Abrechnungsstelle bei der Reichsbank bestehen zwei bedeutende Abrechnungsstellen bei der Bank des Berliner Kassenvereins zum Ausgleich der Wertpapierrechnungen und von Schecks kleinerer Berliner Banken. Das gleiche Verfahren wenden Liquidationsvereine an verschiedenen deutschen Orten an.

Abrechnungsstellen bestehen auch in fast allen anderen Kulturstaaten, in den Vereinigten Staaten von Amerika allein an 325 Hauptplätzen. Amerikanische Abrechnungsstellen üben Sonderfunktionen aus, da sie von allen Mitgliedern regelmäßige Einreichungen von Bilanzen zwecks laufender Kontrolle der Geschäftsgebarung fordern. Die technischen Einrichtungen sind nicht überall höchstentwickelt.

Rechtliche Bedeutung im Sinne des § 12 des Scheckgesetzes: „Einlieferung eines Papiers in die Abrechnungsstelle gilt als gehörige Präsentation zur Zahlung, die Ausgleichung im Abrechnungsverfahren als Zahlung im Sinne des bürgerlichen Rechtes. Die Einlieferung eines Schecks in die Abrechnungsstelle, bei welcher der Bezogene vertreten ist, gilt als Vorlegung zur Zahlung am Zahlungsorte, sofern die Einlieferung den für den Geschäftsverkehr der Abrechnungsstelle maßgebenden Bestimmungen entspricht. Falls ein in die Abrechnungsstelle gelieferter Scheck nicht eingelöst wird, hat der Bezogene auf Antrag des Einlieferers die im § 16 Abs. 1 Nr. 1 des Scheckgesetzes vorgesehene Erklärung abzugeben, oder falls diese Erklärung nicht zu erlangen ist, hat die Abrechnungsstelle die Bescheinigung abzugeben, daß der Scheck vor Ablauf der Vorlegungsfrist eingeliefert und nicht eingelöst wurde."

Nähere Bestimmungen der Abrechnungsstelle der Reichsbank s. „Allgemeine Bestimmungen und Geschäftsordnung der Abrechnungsstelle".

Die Bestimmungen für die Abrechnungsstellen Berlin und Hamburg weichen von denen für die übrigen Orte in einzelnen Punkten ab. Abrechnungsstellen stehen zwar unter Leitung der Reichsbank, sind aber selbständige Einrichtungen der Beteiligten. Maßgebende Instanz ist die Plenarversammlung der Mitglieder. Neuaufnahmen sind nur mit einstimmiger Zustimmung aller Mitglieder möglich.

Abrechnungsvorgang. Vertreter jeder teilnehmenden Firma liefern „Abrechnungspapiere" (d. s. Wechsel, Anweisungen, Schecks, Platzüberweisungen, Wertpapier- und Zinsscheinrechnungen) zusammen mit Einlieferungszetteln für jeden Empfänger ein. Die aufzuliefernden „Abrechnungspapiere" sind bereits vorher summarisch mit den Endbeträgen der Lieferungszettel in eine Zusammenstellung, den sog. „Abrechnungsbogen", eingetragen, in dem alle beteiligten Bankfirmen aufgeführt sind und der eine Soll- und eine Habenspalte aufweist. Nach dem Austausch der Papiere werden auch die Summen der empfangenen Einlieferungszettel in diesen Abrechnungsbogen eingetragen. Dann trennen sich die Abrechner zunächst, um in ihren Banken prüfen zu lassen, ob die zu treuen Händen in Empfang genommenen Einzugspapiere eingelöst werden dürfen. Für Papiere, für die das nicht zutrifft, sind Rücklieferungszettel auszustellen, die bei nächster Zusammenkunft (2—3 Stunden später) ausgetauscht und entsprechend verbucht werden. In manchen Abrechnungsstellen, z. B. in Berlin und Hamburg, finden mehrere Zusammenkünfte zwecks Austausch statt. In einer Schlußzusammenkunft werden die einzelnen Abrechnungsbogen saldiert. Jeder Abrechner schreibt über den von ihm ermittelten Saldo seiner Firma eine Anweisung in Gestalt eines (weißen) Lastschrifts- oder (gelben) Gutschriftszettels aus und übergibt Abrechnungsbogen sowie Gut- bzw. Lastschriftzettel dem Vorsteher der Abrechnungsstelle. Dieser trägt die einzelnen Salden in einen Bilanzbogen ein, auf dem die Summe der Habeneintragungen gleich der der Solleintragungen sein muß. Auf Grund der Gut- oder Lastschriftszettel jedes Teilnehmers erfolgt nach Prüfung der Deckung der Lastschriften Gut- oder Lastschriftsbuchung auf dem Reichsbankgirokonto des Teilnehmers. Reicht das Guthaben auch nur eines Mitgliedes nicht zur Deckung einer etwaigen Abrechnungsschuld aus, und fehlt auch etwaige Lombarddeckung, so erklärt der Vorsteher unter Rückgabe der Abrechnungsblätter den Teilnehmern, daß die Abrechnung nicht zustande gekommen sei, ein in der Praxis außerordentlich selten vorkommender Fall. Andernfalls wird die Abrechnung als stimmend geschlossen. Die zur Abrechnung gekommenen Papiere sind inzwischen längst in den betreffenden Banken verbucht.

Als Besonderheit der Abrechnungsstelle Berlin muß der gut organisierte Austausch von Platzeilavisen betrachtet werden. „Eilavise" dürfen auch außerhalb der Reichsbank ausgetauscht werden. Es sind dies mehrteilige Vordrucke, die von den beteiligten Banken wie Schecks nur rein ziffernmäßig verbucht zu werden brauchen. Näheres darüber s. unter „*Bargeldloser Zahlungsverkehr*" (Einheitsüberweisungsformular der Großbanken). Die Zusammenstellungen dieser Eilavise werden jetzt zugleich mit denjenigen von Schecks skontriert, während früher eine selbständige Eilavisaustauschstelle und Abrechnung bestand. Die avisierten Überweisungen sind von den Teilnehmern wie vor 12 Uhr mittags geleistete Bar- und Scheckeinzahlungen zu verbuchen. Rückforderung eines Eilavises ist nur möglich, solange der letzte Empfänger noch nicht in den Besitz des Avises gelangt ist.

Ferner werden in der Berliner Abrechnungsstelle nach Schließung der früheren „Scheckaustauschstelle" auch Schecks auf Geldinstitute außerhalb Berlins ausgetauscht und verrechnet, sofern auf den betreffenden Schecks ein Mitglied der Reichsbankabrechnungsstelle Berlin als Zahlstelle angegeben ist oder die bezogenen Geldinstitute mit einem der Berliner Abrechnungsmitglieder in Konzernverbindung stehen. Zwischen Übergabe der Schecks und endgültiger Abrechnung liegen drei Werktage. Schecks auf Sparkassen und Girozentralen werden je nach ihrer Höhe erst am vierten oder fünften Werktage nach Einlieferung verrechnet. Auch nach Ablauf dieser Fristen darf innerhalb angemessener Frist Rückgabe nicht bezahlter Schecks unter Wiederbelastung der Beträge erfolgen.

Die erwähnten Besonderheiten der Hamburger Abrechnungsstelle liegen darin, daß dort der Austausch von Überweisungen stark überwiegt. Etwa 90 % aller Einlieferungen sind Überweisungsformulare. Die betreffenden Einrichtungen der Abrechnungsstelle Hamburg sind bahnbrechend für die Entwicklung des bargeldlosen Zahlungsverkehrs im allgemeinen und des deutschen A. im besonderen geworden. Während früher die bekannten Hamburger Überweisungszettel, die von der Kundschaft ausgeschrieben wurden, als Unterlagen für auszutauschende Listen benutzt wurden, erfolgt jetzt seitens der beauftragten Girobank eine Übertragung dieser Überweisungszettel in das obenerwähnte auch in Berlin benutzte Einheitsüberweisungsformular der Großbanken, das mit mehreren Durchschlägen versehen ist. Von diesen Durchschreibeformularen läuft je ein Blatt bis zur empfangenden Bank und zum empfangenden Bankkunden durch. Im Gegensatz zu den Berliner Einrichtungen besteht Rückrufrecht für alle nicht besonders als unwiderruflich gekennzeichneten Überweisungen bis $^1/_2$4 Uhr nachmittags.

Auch ist erwähnenswert, daß in Hamburg die dortige Reichsbankhauptstelle von den Girobanken auch die für auswärtige Girokonteninhaber bestimmten Überweisungen in der Abrechnungsstelle in Empfang nimmt und auch diese Beträge skontriert. — Schließlich sind von der Reichsbank in neuester Zeit Einrichtungen getroffen, durch die auch Bankfirmen, die nicht zu dem sehr eng gezogenen Kreis der „Girobanken" gehören, der Vorteile des Hamburger Giroverkehrs teilhaftig werden. Die Reichsbank hat die Frist für die Annahme von Überweisungsformularen solcher Firmen verlängert und verrechnet die betreffenden Beträge über ihr eigenes Konto.

Kleine Abrechnung der Reichsbank. Als Ersatz für die ordnungsmäßige Abrechnungsstelle hat die Reichsbank auch an kleineren Orten technische Vorkehrungen getroffen, um Schecks auf Banken usw., die ein Reichsbankgirokonto unterhalten, zu skontrieren. Die betreffenden Reichsbankstellen nehmen Schecks und Einreichungsverzeichnisse von jeder Bank, Sparkasse oder Genossenschaft, die bei ihnen ein Girokonto unterhält, entgegen, stellen selbst einen Abrechnungsbogen her, händigen die Papiere an die bezogenen Stellen zu treuen Händen aus und verrechnen die Beträge endgültig nach Ablauf einer entsprechenden Frist.

Die Scheckabrechnung der Bank des Berliner Kassenvereins findet etwa in der gleichen Weise wie die kleine Abrechnung der Reichsbank, d. h. ohne Hinzuziehung von Vertretern, statt. Einen weit größeren Umfang besitzt die von der Scheckabrechnung völlig getrennte Skontration der aus dem Börsengeschäft entstehenden Forderungen und Verpflichtungen zwischen den Berliner Banken und Bankiers, die beim Kassenverein einmal morgens stattfindet. Diese Abrechnung vollzieht sich in noch einfacheren Formen, da keinerlei Vordrucke vorgeschrieben sind. Die Teilnehmer reichen ihre

„Posten“ mit einem Begleitverzeichnis ein, auf dem die Banknummern und Beträge angegeben sind. Der Kassenverein fertigt nach Sortierung der Posten ebensolche rein ziffernmäßige Verzeichnisse und belastet den Empfängern den Gesamtbetrag dieser „Gegenlieferung“, ebenso wie er vorher den Gesamtbetrag der „aufgelieferten“ Posten den Auflieferern gutgeschrieben hat.

Der bankmäßige Abrechnungsverkehr wird ferner noch von den Liquidationskassen angewandt, die nicht nur die aus den Termingeschäften entstehenden gegenseitigen Forderungen und Verpflichtungen ihrer Mitglieder skontrieren, sondern auch die Nennwerte der jeweils für einen bestimmten Termin gehandelten Wertpapiere, um die effektive Lieferung von Stücken möglichst zu beschränken.

(Vgl. a. *Umlaufsgeschwindigkeit der Bankdepositen.*)

Literatur: SCHOELE: Abrechnungsverkehr. Handwörterbuch für Betriebswirtschaft, 1. Aufl. 1928. — BAGSHAW: Tractical Banking. London 1924. — BRINKMANN: Die Abrechnungsstelle. Berlin 1927. — SCHMIDT: Der nationale Zahlungsverkehr, 2. Aufl. Leipzig 1920. — SCHIPPEL-SCHOELE: Organisation des bargeldlosen Zahlungsverkehrs in Deutschland. Leipzig 1923. — Zeitschrift: Der bargeldlose Zahlungsverkehr, später: Zahlungsverkehr bzw. Zahlungsverkehr und Bankbetrieb, Jahrgang 1—13.

OTTO SCHOELE.

Absatzbonifikation s. *Emissionsgeschäft II 2b.*

Abschlagsdividende, auch Interimsdividende, eine während des Geschäftsjahrs (meist auf Grund der Ergebnisse des ersten Halbjahrs) erfolgende Teilausschüttung, der nach Abschluß des Geschäftsjahrs die von der Generalversammlung bewilligte Schlußdividende (final div.) folgt. Die A. ist in Deutschland und Frankreich wenig gebräuchlich, hingegen für die größeren englischen Gesellschaften fast die Regel. Eine Änderung des Satzes der A. ist, als wichtigste während des Jahres erfolgende Information der Öffentlichkeit, meist von großem Einfluß auf den Kurs der betreffenden Aktie. In USA. ist die A. durch die Vierteljahrsdividenden ersetzt (vgl. *Londoner Börse*).

Abschlußbilanz schließt eine Bilanzperiode (meist also das Geschäftsjahr) ab und leitet eine neue ein, falls sie nicht zum Zweck der Liquidation erfolgt.

Abschreibungen (depreciation, amortissements). Die A. ist das bilanztechnische Mittel, durch das Wertminderungen der Aktiva in der Bilanz zum Ausdruck gebracht werden. Man unterscheidet — um nur die für den Praktiker wichtigste Einteilung zu nennen — zwischen ordentlichen (planmäßigen) A.en der Anlagen und außerordentlichen A.en. Während erstere der kontinuierlichen Abnützung Rechnung tragen sollen, umfassen die außerordentlichen alle sonstigen Wertminderungen, wie sie insbesondere durch unvorhergesehene Ereignisse notwendig werden. Diese A.en im weiteren Sinne beziehen sich also nicht nur auf Anlagen, sondern auf alle Aktiva, wie Vorräte, Außenstände, Beteiligungen usw. Für die Bank sind die ordentlichen A.en auf Anlagen vorwiegend bei den ihr nahestehenden Industriegesellschaften von Wichtigkeit, während die außerordentlichen A.en vor allem in Krisenzeiten auch ihr eigenes Bilanzbild in entscheidender Weise verändern.

Die gesetzlichen Bestimmungen in Deutschland haben durch die Aktiennovelle vom 19. September 1931 gerade auf dem Gebiet der Abschreibungen einschneidende Veränderungen erfahren, und zwar erhebliche Verbesserungen. An Stelle des § 261, 3 des HGB. trat nunmehr § 261, Abs. 1 und 2. Das alte Gesetz hatte nur die A.en im engeren Sinne ausdrücklich erwähnt, für die A.en im weiteren Sinne mußte man auf die allgemeinen Bewertungsvorschriften der Bilanz zurückgreifen. (§§ 40 und 261 HGB.; dies sowie die folgenden Ausführungen beziehen sich nur auf die Verhältnisse der Aktiengesellschaft.) In der Verordnung wird nunmehr nicht nur die physische Abnutzung, sondern auch jede sonstige Wertverminderung mit erfaßt. § 261, Abs. 1 und 2 lauten:

§ 261. Für den Ansatz der einzelnen Posten der Jahresbilanz gelten folgende Vorschriften:

1. Anlagen und andere Vermögensgegenstände, die dauernd zum Geschäftsbetriebe der Gesellschaft bestimmt sind, dürfen ohne Rücksicht auf einen geringeren Wert zu den Anschaffungs- oder Herstellungskosten angesetzt werden, wenn der Anteil an dem etwaigen Wertverlust, der sich bei seiner Verteilung auf die mutmaßliche Gesamtdauer der Verwendung oder Nutzung für den einzelnen Bilanzabschnitt ergibt, in Abzug oder in der Form von Wertberichtigungskonten in Ansatz gebracht wird. Bei der Berechnung der Herstellungskosten dürfen im angemessenen Umfang Abschreibungen berücksichtigt und angemessene Anteile an den Betriebs- und Verwaltungskosten eingerechnet werden, die auf den Zeitraum der Herstellung entfallen; Vertriebskosten gelten hierbei nicht als Bestandteil der Betriebs- und Verwaltungskosten.

Wertpapiere, die dauernd zum Geschäftsbetriebe der Gesellschaft bestimmt sind, dürfen ohne Rücksicht auf einen geringeren Wert zu den Anschaffungskosten angesetzt werden, soweit nicht die Grundsätze ordnungsmäßiger Buchführung Abschreibungen auf die Anschaffungskosten erforderlich machen.

2. Wertpapiere und andere Vermögensgegenstände, die nicht dauernd zum Geschäftsbetriebe der Gesellschaft bestimmt sind, sowie Waren und eigene Aktien der Gesellschaft dürfen höchstens zu den Anschaffungs- oder Herstellungskosten angesetzt werden. Bei der Berechnung der Herstellungskosten findet die Vorschrift der Nr. 1 Abs. 1 Satz 2 Anwendung.

Sind die Anschaffungs- oder Herstellungskosten höher als der Börsen- oder Marktpreis am Bilanzstichtage, so ist höchstens dieser Börsen- oder Marktpreis anzusetzen.

Übersteigen die Anschaffungs- oder Herstellungskosten, falls ein Börsen- oder Marktpreis nicht festzustellen ist, den Wert, der den Gegenständen am Bilanzstichtage beizulegen ist, so ist höchstens dieser Wert anzusetzen.

Die A.en greifen intensiv in die Ertragsrechnung ein und beeinflussen indirekt Bilanzrechnung und Liquidität — Grund genug, ihnen seitens der Unternehmer und in der Bilanzkritik noch weit mehr Aufmerksamkeit zu schenken, als bisher. Die Bedeutung der A.en wird zudem für die deutschen Unternehmen immer fühlbarer werden: einerseits, da durch den Rationalisierungsprozeß die festen Kosten, von denen sie einen wesentlichen Teil ausmachen, in oft recht bedenklicher Weise gesteigert wurden; andererseits, weil die in der Goldbilanz, also künstlich, geschaffenen niedrigen Buchwerte der alten Anlagen sich immer mehr mit voll bezahlten Neuzugängen mischen. Hierdurch wird ein „aus-der-Substanz-Wirtschaften“ im Wege ungenügender A.en — wie es unbewußt vielfach geschieht — immer mehr erschwert.

I. Ordentliche Abschreibungen auf Anlagen.

Ihr Zweck ist, dem Verschleiß des einzelnen Anlageobjektes bei normalem Aufbrauch Rechnung zu tragen. Sie haben jedoch nicht die Aufgabe, die sofort eintretende Minderung des Verkehrswertes, welche sich aus der bloßen In-Gebrauchnahme ergibt, zu paralysieren. Dies geht aus dem Gesetz klar hervor: es führt für die dauernd zum Geschäftsbetrieb bestimmten Gegenstände ein Wertungsprivilegium ein, indem sie nicht so wie alle sonstigen Aktiva zum Verkehrswert in die Bilanz eingestellt werden müssen, sondern zum individuellen Gebrauchswert, der sich aus den Anschaffungskosten minus Entwertung ergibt und in der Mehrzahl der Fälle wesentlich größer (und vor allem stabiler!) ist, als der Verkehrswert. Ebensowenig sollen die ordentlichen A.en einen Schutz gegen unvorhergesehene Schäden (z. B. Explosionen) bieten: solche sind vielmehr Gegenstand außerordentlicher A.en oder — was merkwürdigerweise in der Fachliteratur nicht genügend hervorgehoben wird — der Versicherung. Eine über die Elementarversicherung hinausgehende Versicherungsart, welche geradezu die A. ersetzen sollte (*Hausleben-*, *Sach-*

lebenversicherung s. d.), wurde vor einigen Jahren in Deutschland propagiert, konnte sich aber anscheinend nicht durchsetzen.

Beim heutigen Tempo der technischen Entwicklung kommt es in sehr vielen Fällen gar nicht zum planmäßigen Aufbrauch, sondern das betreffende Anlageobjekt wird noch bei voller Leistungsfähigkeit unmodern. Die von den meisten Gesellschaften angewandten Abschreibungssätze, welche die bloße Abnützung weit übersteigen, erscheinen daher durchaus angebracht. Voraussetzung jeder Abschreibungspolitik ist, daß die laufende Instandhaltung der Objekte hierfür völlig unabhängig zu Lasten der Betriebsrechnung vorgenommen wird. Die A. soll überhaupt eine zeitgemäße Erneuerung der Anlagen planmäßig vorbereiten, mit dem Erneuerungsprozeß selbst hat sie nichts zu tun.

Buchmäßiger Vorgang der Abschreibung. In Übereinstimmung mit dem Gesetz unterscheidet man in der Praxis zwei Methoden:

Die A. an den einzelnen Aktivposten selbst
oder,
Die Einstellung von Gegenposten unter die Passiva.

Im ersten Falle erfolgen die A.en entweder detailliert in der Bilanz an jedem einzelnen Anlageposten oder aber — leider sehr häufig — durch Einsetzung eines summarischen Abschreibungsbetrages in die Gewinn- und Verlustrechnung. Eine sichtbare Aufteilung der A.en auf die einzelnen Bilanzposten findet hierbei nicht statt, sondern in der Jahresbilanz erscheinen die Anlageposten bereits um die A. gekürzt, so daß man sie, um sich ein Bild zu machen, aus der Differenz gegenüber dem Vorjahr (Zugänge minus Abgänge minus A.en) rekonstruieren muß. Die zweite Methode besteht in der Einsetzung eines Gegenpostens unter die Passiva in Form eines Abschreibungskontos, das dann den Sammelgegenposten für alle der A. unterliegenden Investitionen bildet. Diese zweite Methode bietet den Vorteil größerer retrospektiver Klarheit, indem die Aktiva unverändert zu ihren Anschaffungspreisen zu Buch stehen (allenfalls gekürzt um Abgänge), während das Abschreibungskonto auf der Passivseite die Jahr für Jahr wachsende Summe der A. zeigt. Andererseits ist der kleine Nachteil zu erwähnen, daß stets nur ein Abschreibungskonto geführt wird, während aus der ersten Methode die Wertminderung jedes einzelnen Postens hervorgeht. Es bleibt abzuwarten, inwieweit durch die in der gleichen Verordnung getroffenen Bestimmungen über die Publizität (im Geschäftsbericht usw.) die bisherigen Unklarheiten über den Abschreibungsvorgang, welche sich aus zu geringer Gliederung ergaben, beseitigt werden.

Während die meisten Unternehmen sich der ersten Methode bedienen, ist die zweite insbesondere bei konzessionspflichtigen Gesellschaften, wie Elektrizitätswerken, Bahnen, üblich. Man will hiermit besonders klar zum Ausdruck bringen, daß die Gesellschaft entsprechend dem Ablauf der Konzessionsdauer für den (meist unentgeltlichen) Heimfall an den Staat, Kommune usw., genügend Vorsorge getroffen hat. Dies wird vielfach schon durch die Konzessionsurkunde vorgeschrieben — darüber hinaus wurde früher (z. B. bei Privatbahnen in Preußen) sogar die Ansammlung eines Barfonds zu Kapitalrückzahlungszwecken verlangt.

Höhe und Bemessung der Abschreibung. Die Höhe der A. richtet sich zunächst nach dem vorher skizzierten Zweck: die ordentlichen (planmäßigen) A.en müssen den Verschleiß berücksichtigen, und sie sollen nebenher auf die Erhaltung der Konkurrenzfähigkeit Bedacht nehmen. Der reine Grundbesitz (ohne die darauf befindlichen Gebäude) erfordert eigentlich gar keine A., im Gegenteil: im allgemeinen wird sich der Grundwert mit der Entwicklung der Städte usw. ständig heben, und hierin liegen gerade bei alten Unternehmungen oft beträchtliche stille Reserven. Auf Fabrikgebäude bildet eine Abschreibung von etwa 3 % vom Tageswert die untere Grenze; falls sie mit dem Grundwert zusammen ausgewiesen werden, mag dieser Satz auf 2 % des Ganzen ermäßigt werden. Schon die Wohnhäuser bedürfen — es handelt sich meist um Beamten- und Arbeiterwohnhäuser — einer etwas höheren A., etwa 5 %.

Maschinen sind der (prozentual und oft auch absolut) die höchsten A.en bedingende Teil der Aktiven: wenngleich die Verhältnisse naturgemäß nach den einzelnen Branchen sehr verschieden liegen, kann man im allgemeinen eine Abschreibung von 10 % aufwärts (bis 20, ja 25 %) als das ungefähr richtige Ausmaß annehmen.

Inventar und Fuhrpark, dann Modelle, Patente uws. erfordern ausgiebige A.en von mindestens 20 % jährlich, sofern sie überhaupt eine echte Bewertung gefunden haben. In reservereichen Bilanzen werden sie nämlich oft nur mit je 1 RM., einem sog. Merkposten bewertet, und dann ist die A. auf ihren als stille Reserve geführten wahren Wert eine Angelegenheit der internen Kalkulation.

Die Abschreibungshöhe befristeter Rechte (z. B. Patentrechte usw.) richtet sich nach den allgemeinen Bestimmungen über *planmäßige Tilgung* (s. u. Renten) und ähnelt durchaus dem auch sonst der A. verwandten Begriff der Amortisation.

Im allgemeinen werden die A.en dort eine größere Rolle spielen, wo es sich um Betriebe mit relativ großen Anlagen handelt, hingegen tritt die Bedeutung der A.en bei Unternehmungen mit höherer Lohnquote (z. B. Textilfabriken) zurück, insbesondere, wenn auf dem betreffenden Spezialgebiet in letzter Zeit keine technischen Umwälzungen stattgefunden haben.

Die rechnerische Bestimmung der Abschreibungen erfolgt in der Praxis meist in Prozent des jeweiligen Buchwertes, statt, was das einzig Richtige wäre, in Prozent des Anschaffungspreises: bezieht man nämlich die obigen Erfahrungssätze auf den Anschafefungspreis, so ist z. B. eine Maschine bei 20 % jährlicher A. binnen 5 Jahren auf Null abgeschrieben; ganz anders bei der üblichen, falschen Methode: hier beträgt die A. wohl im ersten Jahr 20 %, im zweiten aber nunmehr 20 % von 80 = 16 % und verläuft weiterhin degressiv, ohne praktisch genommen je Null zu erreichen. Besonders störend wirkt hierbei die Diskrepanz zum technologischen Verlauf, da auf diese Weise Jahr für Jahr weniger abgeschrieben wird, während es, gemessen an der Gebrauchsfähigkeit, umgekehrt sein müßte. In der Praxis fällt dies nicht so schwer ins Gewicht, weil ein in steter Erneuerung begriffenes Unternehmen meist einen so großen „Park" gleichartiger Anlagen führt, daß sich die zu hohen Abschreibungsquoten der Neuanschaffungen mit den unzureichenden der älteren kompensieren. Auch liegt in dem Schrottwert der schließlich ausrangierten Einzelobjektes meist ein durchaus genügender Ersatz dafür, daß der Nullpunkt nie erreicht wird. Hauptsächlich aber werden diese systematischen Kalkulationsfehler durch die rein wirtschaftliche Tatsache verdeckt, daß ein normal verdienendes Unternehmen meist wesentlich mehr abschreibt, als nötig. Dies ist aber nicht mehr „Abschreibung", sondern Bildung *stiller Reserven* (s. d.). Werden dann andererseits in schlechten Jahren unter Berufung auf die ohnedies niedrigen Buchwerte die A.en verringert, so bedeutet das Ganze eine Politik des Spitzenausgleichs der Gewinnrechnung zu Lasten oder zu Gunsten der stillen Reserven, also ein Pendeln um die kalkulatorisch richtige Abschreibungsquote.

Erwähnenswert in diesem Zusammenhang ist, daß der gute oder schlechte Geschäftsgang für die Höhe der tatsächlich erforderlichen A. eine untergeordnete Rolle spielt: A.en sind eben typische feste Kosten im Produktionsprozeß. Eine geringfügige Modifikation durch den Geschäftsgang leitet sich allenfalls aus der geringen Abnutzung stilliegender (aber in Stand gehaltener) Anlagen ab, und dann natürlich in der Urproduktion (z. B. bei Bergwerken) aus der geringeren Erschöpfung des Vorkommens.

Scheinen immerhin systemiatsche Kalkulationsfehler bei einer Kontinuität der Besitzverhältnisse keine entscheidende Rolle zu spielen, so ist dies völlig anders, wenn vertragsmäßig ein Besitzwechsel vorgesehen ist. In diesem Falle müßte selbstverständlich für die ganze Vertragsdauer die Methode der Abschreibungsberechnung im vorhinein festgelegt werden. Die meisten diesbezüglichen Vertragsklauseln entbehren auch heute noch der erforderlichen Genauigkeit.

Abschreibungen im weiteren Sinne. Wie eingangs erwähnt, gibt es neben den technischen (planmäßigen) A.en, die das Wesen der A. am besten zum Ausdruck bringen, noch andere, und zwar:

II. Die außerordentlichen Abschreibungen an Anlagen

— bereits mehrfach erwähnt.

III. Die Abschreibungen auf sonstige Aktiva:

1. Auf Vorräte oder Waren (s. o. § 261, 2 HGB.),
2. auf Außenstände,
3. auf Beteiligungen *(Näheres s. Bilanz).*

Für das Bankwesen spielen insbesondere die Punkte 2. und 3. eine große, oft entscheidende Rolle. Allerdings mögen auch die A.en der Gruppe I., welche hier bisher von untergeordneter Bedeutung waren, durch die immer stärker werdende Verwendung von Maschinen für Buchhaltungszwecke wichtiger werden.

Ad 1. *Abschreibung auf Vorräte.* Sie erfolgt stets unsichtbar durch Neubewertung am Bilanzstichtag. Es handelt sich also hier nicht eigentlich um eine A., sondern nur um Verlustposten, die man üblicherweise auch als A.en bezeichnet (der entgegengesetzte Fall, die Aktivierung einer Wertsteigerung von Vorräten, ist für Aktiengesellschaften gesetzlich unstatthaft). Eine Aufteilung von Vorratsverlusten auf mehrere Bilanzperioden ist unzulässig, denn eine nicht völlige Wertberichtigung würde hier nach den gesetzlichen Bewertungsvorschriften geradezu einen Bilanzfälschung bedeuten. Hieraus erklärt sich die besondere Empfindlichkeit der Bilanz von Unternehmungen bestimmter Branchen hinsichtlich der Schwankungen der Rohstoffpreise (z. B. Kupfer-, Gummi-verarbeitende Unternehmungen).

Das Ausmaß richtet sich — wenigstens für Rohstoffe — vor allem nach der Veränderung der Weltmarktpreise gegenüber dem letzten Bilanzstichtag. Hierbei kommt die Wertveränderung oft in der offiziell bekanntgegebenen A. nicht voll zum Ausdruck, wenn im Buchwert der Vorräte vorher eine stille Reserve gegenüber dem Weltmarktpreis vorhanden war, die nunmehr einen Teil des Verlustes mit tragen hilft. So weist z. B. ein führendes Unternehmen des deutschen Metallhandels für das Jahr 1930 Abschreibungen auf Metallvorräte in Höhe von 4 Millionen RM. aus, ungefähr ebensoviel, wie die Dividendenzahlung erforderte. (Ähnlich American Smelting & Refining, das größte Raffinerie-Unternehmen der Welt, gleichzeitig bedeutender Blei-, Silber- und Zinkproduzent.)

Ad 2. *Abschreibungen auf Außenstände (Debitoren).* Im Gegensatz zu der exakten Bestimmung eines buchmäßigen Minderwertes im Falle der Vorräte, sind die A.en an Außenständen weitgehend dem persönlichen Gutdünken, der größeren oder geringeren Vorsicht überlassen. Die gesetzliche Bewertungsgrundlage ist § 40, 3 HGB.

„Zweifelhafte Forderungen sind nach ihrem wahrscheinlichen Wert anzusetzen, uneinbringliche Forderungen abzuschreiben.“

Die Übung der Gesellschaften weicht hiervon nach „oben“ wie „unten“ ab: Vorsichtig geleitete, auch in anderen Hinsichten reservenreiche Unternehmungen pflegen zweifelhafte Forderungen, wenn irgend möglich, mit Null zu bewerten, bzw. den Gesamtbetrag der Forderungen intern zurückzustellen. (Dies trifft z. B. für das Objekt von Prozesse zu, eine Bewertung mit Null ist — schon aus präjudiziellen Gründen — nicht gebräuchlich, man nimmt aber eine entsprechende Dotation der internen Rückstellungen, auch „gebundene Reserven“ genannt, vor.) Andererseits ziegt es sich immer wieder, daß Gesellschaften mit knappen Erträgnissen die Politik verfolgen, einer Verschlechterung der Außenstände nur schrittweise, durch Verteilung der A. auf mehrere Jahre, Rechnung zu tragen. Die Kontrolle der für zweifelhafte Forderungen, insbesondere Prozesse, dann Verträge und Bürgschaften erfolgten internen Rückstellungen ist deshalb einer der Hauptpunkte jeder Bilanzrevision.

Die Feststellung der etwa erforderlichen A. erfolgt in jedem Einzelfall gesondert, generelle Rückstellungen (etwa von 2, 4, 6, ... % des Betrages der Debitoren oder einer bestimmten Klasse derselben) sind ungebräuchlich; die häufig vorkommende Dotierung einer Delcredere-Reserve stellt sich nicht mehr als A., sondern — die Grenze dieser beiden Begriffe ist ja sowieso fließend — als Bildung stiller Reserven dar.

Ad 3. *Abschreibung auf Beteiligungen, bzw. auf Wertpapiere.* Am deutlichsten wird ihre große Bedeutung insbesondere in Krisenzeiten dort, wo Wertpapierbesitz bzw. Beteiligungen den Hauptgeschäftszweig darstellen: also besonders bei *Holdinggesellschaften* (s. d.), von denen viele ja Bankform haben, so manche *Spezialbanken* (s. d.) in Deutschland oder z. B. die Elektrobank, Zürich. Es ist klar, daß die Bedeutung dieser A.en von dem Prozentsatz abhängt, der von den eigenen und fremden Mitteln in dieser Form angelegt ist. Ihre Bedeutung ist beim Depositenbanktyp viel geringer als bei den Banques d'affaires. Die Struktur der einzelnen Bank, dann des jeweiligen nationalen Bankwesens spielt hier also eine entscheidende Rolle.

Eine kursmäßig (wenn auch nicht dem inneren Wert nach) eingetretene Minderung des Effektenportefeuilles bildet bei Holdinggesellschaften oft die Ursache mehrjähriger Dividendenlosigkeit trotz durchaus befriedigender laufender Einnahmen. Die Wiederaufnahme der Dividendenzahlungen ist mitunter nur durch einen Kapitalschnitt möglich. Dies hängt freilich weitgehend von den aktienrechtlichen Bestimmungen der einzelnen Länder ab. Das amerikanische Aktienwesen z. B. bietet hier viele andere Auswege durch das System des nennwertlosen Common Shares und des *Surplus* (s. d.) während die Schweiz hierin ziemlich streng ist. (Daher zahlreiche Sanierungen Schweizer Holdinggesellschaften 1921 und 1924.)

Materielle Gesichtspunkte (gesetzliche Bestimmungen s. u.) für den Abschreibebedarf der einzelnen Beteiligung sind vor allem (bei notierten Werten) Kursveränderungen und im übrigen die Rendite, welche die Beteiligung zu ihrem Buchwert abwirft. Hierbei können Sondervorteile, welche

z. B. durch Lieferungsverträge, Aufsichtsratsmandate usw. mit der betreffenden Beteiligung verbunden sind, gleichfalls entsprechend berücksichtigt werden und der derart ermittelte „Gesamtertrag“ soll zumindest dem landesüblichen Kapitalszinsfuß entsprechen.

Ähnlich den A.en an Außenständen ist auch die Anpassung des Beteiligungskontos an eine gegenüber dem Vorjahr veränderte Wertbasis durch das Gesetz in gewissem Maß in das Belieben des Unternehmers gestellt: durch die neue Fassung (s. o.) wird scharf zwischen Vermögensgegenständen und Wertpapieren, die dauernd, und Wertpapieren und anderen Vermögensgegenständen, die nicht dauernd zum Geschäftsbetrieb bestimmt sind, unterschieden. Erstere, zu denen Beteiligungen stets zu rechnen sind, dürfen also ohne Rücksicht auf den Tageskurs zu den Anschaffungskosten bilanziert werden, sofern hierdurch nicht gegen die allgemeinen Bewertungsregeln verstoßen wird. Durch diese neue Bestimmung wird die früher notwendige Argumentation eines Mehrwertes geschlossener Posten von Wertpapieren über den Tageskurs hinaus in Form eines sog. good-will formell über flüssig, materiell ist ja dieser good-will identisch mit der allgemeinen Bewertungsvorschrift.

Wertpapiere, die nicht dauernd zum Geschäftsbetrieb bestimmt sind (also z. B. die zinsbringenden Anlagen flüssiger Mittel in Renten u. dgl.) müssen jedoch, sofern es sich um notierte Werte handelt, zum Tageskurse (falls dieser unter dem Anschaffungspreis liegt), bilanziert werden[1].

Erwähnenswert ist in diesem Zusammenhang, daß die Aktivierung immaterieller Werte, sofern für sie keine Aufwendungen gemacht wurden (in Betracht kommt der sog. *Goodwill* = der Firmenwert s. d.) nach deutschem Recht im Gegensatz zum englischen unstatthaft ist.

IV. Privatwirtschaftliche Bedeutung der Abschreibung, der Irrtum der niedrigen Buchwerte.

Man muß sich darüber klar sein, daß die Bereinigung von bereits eingetretenen entscheidenden Verlusten eines Unternehmens im Wege der Aktienzusammenlegung, *Sanierung* (s. d.) od. dgl. wohl auch A. genannt wird, aber mit ihrem Begriff nur mehr den rein buchmäßigen Vorgang gemein hat. Wenn dagegen niedrige Buchwerte bei Industrieunternehmungen Fehlkalkulationen, jahrelang unterlassene A. von Verlustengagements bei Banken die schließliche Katastrophe herbeiführen, dann waren die Abschreibungen Ursache und nicht bloß die buchungsmäßige Quittung.

Die Kenntnis von dem Zusammenhang zwischen A.en als festen Kostenelementen und der Bilanz des Unternehmens ist, wie viele Presseäußerungen beweisen, noch sehr mangelhaft. Wenn Unternehmungen ein schlechtes Jahresresultat durch unzureichende A.en aufbessern, so entschuldigt die Presse diesen Vorgang, zu dem die niedrigen Buchwerte deutscher Gesellschaften seit der Goldbilanz besonders verlocken, sehr häufig mit dem Hinweis, daß die Anlagen, gemessen an ihrem Herstellungswert, „ohnedies sehr niedrig“ zu Buch stünden. Dies ist eine Verkehrung der Tatsachen: es ist wohl von vornherein klar, daß A.en nie vom Buchwert, sondern vom Anschaffungspreis zu berechnen sind; und da der Buchwert nur unter dem Anschaffungspreis liegen darf, so bedeutet eine Bemessung der A.en nach dem Buchwert — je mehr dieser unter dem Anschaffungswert steht — eine um so stärkere Unterabschreibung und demgemäß eine um so größere Bilanzverfälschung. In Wirklichkeit wird dann eben das Resultat durch die Auflösung stiller Reserven angereichert, d. h. eine Kapitals- statt Gewinnausschüttung vorgenommen. Sofern dies offen zwischen der Leitung der Gesellschaft und den Aktionären erörtert wird, ist schon im Sinne einer gewissen Dividendenstabilität gegen diesen Vorgang kaum etwas einzuwenden: anders aber, wenn diese niedrigen Buchwerte eine Selbsttäuschung hinsichtlich des erzielten Gewinnes bei der Leitung hervorrufen oder — besonders unerwünscht, falls sie nicht aus früheren Einnahmen, sondern ganz einfach aus den stillen Reserven anläßlich der Goldbilanz stammen — den Aktionär über die Leistungen der Leitung täuschen.

Ähnlich wichtig ist der Zusammenhang zwischen Abschreibung und Liquidität: Die Berücksichtigung der richtigen Abschreibungsquote jeder einzelnen Maschine usw. in der Kalkulation des Verkaufspreises der durch sie erzeugten Waren muß prinzipiell die schrittweise Rückverwandlung dieses Anlageobjektes in den für sie aufgewendeten Barbetrag zur Folge haben. Nur „prinzipiell“ deshalb, weil tatsächlich ja diese Barquote ununterscheidbar in dem Gesamtbarbestand des Unternehmens steckt. Falls also der der A. entsprechende Teil des Verkaufserlöses nicht anderweitig erneut festgelegt wird (z. B. durch Einräumung von Krediten) muß er für Ersatzanschaffungen zur Verfügung stehen.

V. Die steuerrechtliche Seite der Abschreibung

ist im wesentlichen durch die gegeneinander laufenden Interessen des Fiskus (hohe A.en = niedriger Reingewinn) und der Steuerträger gekennzeichnet.

Maßgebend für die Besteuerung der A.en sind vor allem die folgenden gesetzlichen Bestimmungen:

Die Reichsabgabenordnung vom 13. Dezember 1919. Die dritte Steuernotverordnung vom 14. Februar 1924.

Durchführungsbestimmungen über Goldbilanzen und Inventare zu Steuerzwecken vom 30. April 1924.

Durchführungsbestimmungen zu den Steuernotverordnungen.

Nach der RAO. § 137 ist der Bewertung der gemeine Wert jedes einzelnen Gegenstandes zugrunde zu legen, d. i. (§ 138) der Preis,

der im gewöhnlichen Geschäftsverkehr nach der Beschaffenheit des Gegenstandes unter Berücksichtigung aller den Preis beeinflussenden Umstände bei einer Veräußerung zu erzielen wäre“.

Mit den A.en speziell beschäftigt sich § 139:

„Bei der Bewertung von Vermögen, das einem Unternehmen gewidmet ist, wird in der Regel von der Voraussetzung ausgegangen, daß das Unternehmen bei der Veräußerung nicht aufgehört, sondern weitergeführt wird.

Für die Bewertung der dauernd dem Betriebe gewidmeten Gegen stände ist der Anschaffungs- oder Herstellungspreis abzüglich angemessener Abnutzung maßgebend unter Zulassung des Ansatzes eines niedrigeren Wertes, wenn er dem wirklichen Werte zur Zeit der Bilanzaufstellung entspricht.“

Literatur: FINDEISEN: Unternehmung und Steuer (Steuerbetriebslehre). Stuttgart 1923; GROSSMANN: Die Abschreibung vom Standpunkt der Unternehmung, insbesondere ihre Bedeutung als Kostenfaktor. Berlin 1925; LE COUTRE: Selbstkostenberechnung. Berlin, Leipzig, Wien 1927; ders.: Steuerbilanz und Goldbilanz. Leipzig 1924; LEITNER: Die Selbstkostenberechnung industrieller Betriebe. Frankfurt a. M. 1921; NICKLISCH: Abschreibung. Handwörterbuch der Betriebswirtschaft I; PASSOW: Die Bilanzen der privaten und öffentlichen Unternehmungen. Leipzig, Berlin 1921; SCHIFF: Wertminderungen an Betriebsanlagen. Berlin 1919; SCHMALENBACH: Grundlagen dynamischer Bilanzlehre. Leipzig 1925; ders.: Gutachten über die gegenwärtige Lage des Rheinisch-Westfälischen Steinkohlenbergbaus. 1928; SCHMIDT: Die organische Bilanz im Rahmen der Wirtschaft. Leipzig 1921; STAUB: Kommentar zum Handelsgesetzbuch. Die neueste Fassung ist in den Kommentaren zur Aktiennovelle von NEUFELD, PINNER (beide Berlin 1931) u. a. enthalten.

PAUL QUITTNER.

[1] Lediglich als Übergangsmaßnahme wurden für die Bilanzen des Geschäftsjahres 1931 eigene Bilanzkurse festgesetzt, die die damaligen Börsenkurse nicht unwesentlich überstiegen.

Abschreibungskonto s. *Abschreibungen I.*

Absonderungsanspruch s. *Konkurs*, s. *Vergleich.*

Abstinenztheorie s. *Zinstheorie II 2.*

Abstraktes Schuldversprechen. Ein Schuldversprechen, daß ohne Prüfung oder Angabe des Entstehungsgrundes der Forderung einklagbar ist. Das bekannteste Beispiel bildet der Wechsel (vgl. *Wechselprozeß*).

Abtrennung (Detachierung) von Coupons bei Zinsscheinen (festverzinsliche Werte), unmittelbar vor Fälligkeit (Coupontermin) bei Dividendenscheinen (Aktien) nach der Generalversammlung vorzunehmen. Für den Börsenverkehr wird Lieferung „ex Dividende" jeweils vom Börsenvorstand verlautbart (vgl. a. *Zahlstelle*).

Abwicklung ist die Durchführung eines Geschäfts oder einer Reihe von Geschäften mit dem Ziel ihrer völligen Beendigung. Man spricht daher z. B. von A. eines Termingeschäfts, wenn effektiv geliefert und bezahlt wird, von A. einer Firma, wenn alle alten Geschäfte und Verpflichtungen zu Ende geführt und keine neuen eingegangen werden.

Abzahlungsgeschäft, Technik des. *1. Die Konsumfinanzierung* hat sich als ein neuer Zweig des Kreditgeschäftes im Laufe der letzten 50 Jahre aus kleinen Anfängen entwickelt. Während im Laufe der letzten Jahrhunderte Kredite nur dem Geschäftsmann (Ackerbauer, Fabrikant oder Kaufmann) zugängig waren, hat sich nach und nach zwangsläufig die Notwendigkeit entwickelt, Kreditmöglichkeiten für den Konsumenten zu schaffen. Der primitive Anfang zu dieser neuen Art von Kredit bestand darin, daß der Konsument wohl angeblich gegen Kassa kaufte, in Wirklichkeit aber den Kaufpreis zuerst wohl unauffällig, gewissermaßen zufällig, schuldig blieb, was sich späterhin jedoch in gewissen Geschäftsbranchen zur Usance entwickelte. Als Schulbeispiel hierfür dürfte das Schneidergewerbe in England dienen. Der nächste Schritt der Entwicklung lag darin, daß Preise mit 3 Monaten Ziel und einem gewissen Prozentsatz Rabatt für Barzahlung vereinbart wurden. Die nächste Entwicklung war Anzahlung eines gewissen Betrages mit der Verpflichtung, den Restbetrag mit einem 3-Monate-Akzept zu bezahlen, wobei sich der Händler verpflichtete, nach Ablauf von 3 Monaten für Teilbeträge eine Prolongation für weitere 3 Monate und evtl. auch für nochmals 3 Monate zu gewähren. Der nächste Schritt war dann die Entwicklung des Abzahlungsgeschäftes, wie es heute besteht, nämlich Anzahlung eines bestimmten Betrages und Umlegung des Restbetrages auf 12 einmonatliche Raten, wobei sich dann der Händler die dingliche Sicherheit auf den gekauften Gegenstand bis zur vollen Begleichung der Schuld vorbehält, d. h. der Besitzer wird erst nach Vollbezahlung des Kaufpreises Eigentümer des Objektes.

2. Die Daseinsberechtigung und Notwendigkeit der Konsumfinanzierung wird augenfällig, wenn man die industrielle Entwicklung im Zusammenhange mit dem Vertrieb der Industrieprodukte betrachtet. In vergangenen Jahrhunderten gab es Produktionsstätten größeren Stils überhaupt nicht, und die Produktion wurde ausschließlich im Kleingewerbe erzeugt, welches auch im Mittelalter zu höchster Entwicklung kam. Der Handelsverkehr bestand wohl hauptsächlich in dem persönlichen Kontakt des Konsumenten mit dem Gewerbetreibenden, welch letzterer die Güter auf Bestellung anfertigte. Man darf wohl voraussetzen, daß die Initiative des Handelsverkehrs zu diesen Zeiten immer mehr oder weniger beim Käufer lag. Die werbende Tätigkeit des Verkäufers war auf ein Minimum beschränkt. Eine gewisse Änderung trat in dem Augenblicke ein, in welchem mit Massenfabrikation in großen Produktionsstätten (Fabriken) begonnen wurde. Diese Entwicklung hat sich lawinenartig verstärkt seit der Verbreitung der Erkenntnis, daß bei gesteigerter Produktion eine Verbilligung der Fabrikationskosten erfolgt. Hierzu kam dann der technische Fortschritt, der die Produktionsmaschine erfand, welche nach verhältnismäßig sehr großen Anschaffungskosten eine gewaltige Verbilligung der Fabrikation im Gefolge hatte. Die Anschaffung dieser teuren Produktionsmaschinen war wirtschaftlich nur dann möglich, wenn eine Großproduktion durchgeführt werden konnte und wenn die nötige Konsumkraft für diese Großproduktion geschaffen werden konnte. Das natürliche Resultat dieser Entwicklung war einerseits ein stark reduzierter Selbstkostenpreis, andererseits ganz bedeutend erhöhte Vertriebsunkosten. Diese Entwicklung hat zu der Anomalie geführt, daß in vielen Fällen heute der Konsument ein Vielfaches des Fabrikselbstkostenpreises zu bezahlen hat. Man darf nun aber keineswegs annehmen, daß diese großen Preisunterschiede dem Großhandel oder dem Kleinhandel als Nutzen zufließen; im Gegenteil auch Groß- und Kleinhandel müssen sich im allgemeinen mit einem verhältnismäßig geringen Nettonutzen begnügen. Der weitaus größte Teil des Zwischengewinnes geht in Werbungskosten verloren, d. h. in den Bemühungen, für die im Überfluß hergestellten Güter Käufer zu finden, den unwilligen Käufer dazu zu bewegen, die angebotene Ware zu kaufen. Die Mittel hierzu sind zweifacher Art, und zwar erstens Handlungen, welche man als Reizmittel bezeichnen könnte, nämlich Anpreisen durch Inserate in Zeitungen und Zeitschriften, persönlicher Besuch von Reisevertretern und außerdem eine bis ins Feinste ausgedachte und vervollkommnete Technik, die Psyche des Konsumenten zu erfassen, und als nächstes Glied in der Kette die Gewährung von erleichterten Zahlungsbedingungen, welche schließlich als letztes in der Konsumfinanzierung ihren Niederschlag gefunden haben.

Die ersten Anfänge der Konsumfinanzierung in Deutschland reichen in die Mitte des letzten Jahrhunderts zurück, und zwar in der Möbel- und Klavierbranche. Es entstanden Abzahlungsgeschäfte, welche sich ausschließlich mit dem Verkauf auf Teilzahlung beschäftigten und welche alsbald durch nicht sehr einwandfreie Geschäftsmethoden sich mißliebig machten. Das Resultat war ein Reichsgesetz betr. die Abzahlungsgeschäfte vom 16. Mai 1894, welches geschaffen wurde, um den gewöhnlich sehr schwachen wirtschaftlichen Käufer gegen die Übergriffe des Verkäufers zu schützen. Wobei übrigens zu bemerken ist, daß diese Mißstände inzwischen längst überholt sind, und daß es heute im Deutschen Reiche eine große Anzahl sehr solider Abzahlungsgeschäfte der Möbelbranche gibt. Das Gesetz, welches dringend abänderungsbedürftig ist, besteht dagegen noch und macht sich in seinen Auswirkungen unliebsam bemerkbar. Der Hauptanstoß zu dem Angriff gegen die Abzahlungsgeschäfte dürfte außer in den Kassaverkaufsgeschäften in der gleichen Branche, welche gegen die ihnen unbequeme Konkurrenz ankämpfte, wohl in der Tatsache gelegen haben, daß die Abzahlungsgeschäfte genötigt sind, mit einem verhältnismäßig großen Bruttonutzen zu arbeiten. Die Kalkulation eines das gewöhnliche Maß übersteigenden Nutzens ist übrigens in der Art des Geschäftes begründet, welches durch seine lange Dauer, seinen gewöhnlich schwachen Kundenkreis und die damit verbundenen Risiken, in der Organisation und Abwicklung der einzelnen Geschäfte einen entsprechend hohen Unkostenkoeffizienten aufweist. — Als nächste Branche schloß sich der Nähmaschinenhandel an, welcher auch heute noch einen der wichtigsten Zweige des Abzahlungsgeschäftes bildet, wobei gerade der Nähmaschinenhandel unter den jetzt in Deutschland herrschenden Verhältnissen stark zu leiden hat. Eine besondere Art von Abzahlungsgeschäft hat sich im Bücherhandel entwickelt, welche zunächst darin bestand, daß größere Werke in einer gewissen Anzahl von Bänden erschienen, welche von den Bestellern jeweilig bei Fertigstellung gegen Kassa gekauft wurden. Dabei ist nicht zu übersehen, daß schließlich auch das Abonnement von Wochen- und Monatsschriften (besonders Fachzeitschriften) eine Art Abzahlungsgeschäft darstellt. Daraus entwickelte sich der reguläre Abzahlungsverkehr, indem größere Werke an den Käufer fertig geliefert wurden, und die Zahlung des Kaufpreises in 3, 8 oder mehr Monaten erfolgte. Als letztes wären noch die Postversandhäuser zu erwähnen, welche besonders zu Ende des letzten Jahrhunderts in Blüte waren und welche wohl teilweise gegen Nachnahme, aber großenteils auch gegen Ratenzahlungen ihre Ware im ganzen Reiche zum Versand gebracht haben.

3. Während sich so in Deutschland im Laufe von Jahrzehnten aus kleinen Anfängen eine Geschäftsmethode entwickelte, blieb es der neueren Zeit vorbehalten, diese Methode vollkommen zu revolutionieren. Der Anstoß kam aus Amerika. Während dort auch seit langen Jahren dieselben Anfänge bestanden wie in unserem Lande, hat sich, in den Kriegsjahren anfangend, das „Instalment-Geschäft" plötzlich in einer rapiden unvorhergesehenen Weise zu außerordentlichen Dimensionen entwickelt. Der Aufschwung datiert besonders von den Nachkriegsjahren her, und der Höhepunkt wurde im Jahre 1929 erreicht. Seitdem ist der Umfang wieder um ein ganz Bedeutendes zurückgegangen. Den Anstoß dürfte wohl der Automobilhandel gegeben haben, welcher sich ganz besonders (in Amerika) zur Konsumfinanzierung eignet. Wir haben hier ein Objekt, welches, was den Preis anbetrifft, den unteren Mittelklassen zugänglich ist, einen außerordentlichen Besitzreiz bietet, und welches vom besseren Arbeiter wohl erstanden aber nicht mit Bequemlichkeit in bar bezahlt werden kann. Hierzu kam die Tatsache, daß diese Automobile in Amerika in einer in technischer Produktionsfähigkeit nie vorher geahnten Weise und in phantastischer Anzahl hergestellt werden, so daß der Verkäufer in entsprechender Weise gerüstet sein mußte, durch alle möglichen Mittel Käufer zu finden. Das Resultat war ein Verkauf von über $4^1/_2$ Millionen Wagen im Jahre 1929, von denen schätzungsweise 70% auf Teilzahlung verkauft wurden. In ähnlicher Weise haben sich alle einschlägigen Massenartikel angeschlossen. Der Kauf auf Abzahlung wurde sozusagen Mode, so daß nicht nur diejenigen Bevölkerungsschichten, die nicht bar zahlen konnten, auf Abzahlung kauften, sondern daß es bis in kapitalkräftige Kreise hinein als Bequemlichkeit empfunden wurde, auf Abzahlung anstatt gegen bar zu kaufen. — Das Abzahlungsgeschäft nach amerikanischem Muster wurde alsbald nach Europa verpflanzt und faßte in Deutschland kurz nach der Inflation im Jahre 1924 Fuß.

4. Es ist klar, daß Hand in Hand mit der Entwicklung des Abzahlungsgeschäftes die Entwicklung der Finanzierung dieser Geschäfte gehen mußte. Durch den infolge des Abzahlungsgeschäftes gesteigerten Umsatz war nicht nur allein ein größerer Einkauf zu finanzieren, sondern es mußte natürlich auch für die Außenstände Sorge getragen werden. Theoretisch kann man nicht annehmen, daß irgend ein Kaufmann imstande ist, genügend eigene Mittel für Geschäftsführung, laufende Unkosten, Lager und Einkauf zu haben und zu gleicher Zeit noch bis auf 12 und 18 Monate hinaus seine Verkäufe zu finanzieren. Im Anfange der Bewegung hat man sich mit kurzfristigen Bankkrediten beholfen. Aber diese reichten bald nicht mehr aus, und so entstanden in Amerika in logischer Entwicklung die „Finance Companies" (Finanzierungsinstitute). Diese haben mit der Ausdehnung des Abzahlungsgeschäftes eine entsprechende Entwicklung genommen, und es gibt heute in Amerika einige Institute dieser Art, welche zu den größten und kräftigsten Gesellschaften des ganzen Landes zählen. Auch diese Entwicklung wurde von Europa übernommen und in entsprechender Weise, den Verhältnissen der verschiedenen Länder angepaßt, ausgebaut.

Das erste Institut dieser Art in Deutschland wurde im Jahre 1924 gegründet, und inzwischen sind eine Reihe von Gesellschaften entstanden und auch wieder verschwunden. Die Entwicklung wurde von Anfang an durch die Tatsache gehemmt, daß das Abzahlungsgeschäft niemals eine besonders große Ausdehnung gehabt hat und daß infolgedessen die Banken und Bankiers imstande waren, die dazu nötigen Kredite selbst zu beschaffen. Sie haben sich auch im Gegensatz zu Amerika niemals von diesem Geschäfte ferngehalten. Nichtsdestoweniger darf nicht übersehen werden, daß die Finanzierung von Abzahlungsverkäufen nicht absolut in den Rahmen des gewöhnlichen Bankgeschäftes hineinpaßt. Die Kredite sind von zu langer Dauer, und die Bearbeitung erfordert eine Spezialisierung, welche nur durch eine besonders dazu geschaffene Organisation durchzuführen ist (vgl. auch *Kreditversicherung*).

5. Der Verkauf auf Ratenzahlung erfolgt entweder durch den Händler oder durch den Fabrikanten selbst. In jedem Falle ist der Verkäufer der Kunde des Finanzierungsinstitutes und verkauft ihm seine Forderungen an den Käufer. Es sei hier unterstellt, daß von wissenschaftlicher Seite[1] die wirtschaftliche Berechtigung des Verkaufs auf Ratenzahlung nur für Gebrauchs- und Nutzgegenstände anerkannt wird, welche einen die Abzahlungszeit überdauernden Wert besitzen, während die wirtschaftliche Berechtigung von Abzahlungsverkäufen in Konfektion usw. verneint wird. Ebenso der Ratenkauf von reinen Luxusgegenständen, wie Schmuck, Pelze usw. Es ist daher Voraussetzung, daß der Verkäufer den Eigentumsvorbehalt auf die verkaufte Ware bis zur vollen Bezahlung behält. Diesen Eigentumsvorbehalt tritt er zusammen mit den Forderungen an den Käufer dem Finanzierungsinstitut ab. — Bei Gegenständen von größerem Werte, wie Automobilen, Werkzeugmaschinen usw., werden gewöhnlich die einzelnen Raten von dem Käufer mit Akzepten belegt, und das Finanzierungsinstitut kauft diese Wechsel unter Prüfung jedes einzelnen Käufers auf seine Kreditwürdigkeit, so daß das Finanzierungsinstitut drei Sicherheiten besitzt:

a) die Verpflichtung des Käufers,
b) die Verpflichtung des Verkäufers,
c) den Gegenstand selbst.

Die Wechsel werden dem Käufer bei Fälligkeit vorgelegt und, wenn dieselben jeweilig prompt bezahlt werden, so ist die Angelegenheit für den Verkäufer erledigt. Im Falle von Wechselprotesten ist es allgemeine Usance, daß nach zwei aufeinanderfolgenden Protesten der finanzierte Gegenstand der Benutzung des Käufers entzogen wird. Der nächste Schritt ist die Veräußerung des Gegenstandes und Auszahlung des überschießenden Betrages an den Käufer. Gewöhnlich ist freilich das Gegenteil der Fall, und es bleibt eine Differenz zu Lasten des Käufers, welche nötigenfalls von demselben beigetrieben werden muß. In diesem Falle hat zunächst der Verkäufer den Restbetrag bei dem Finanzierungsinstitut zu begleichen.

Sachgemäß in derselben, aber in der Durchführung in etwas verschiedener Weise erfolgt die Finanzierung von Verkäufen in Artikeln billigerer Preislage, wie Radioapparaten, Grammophonen, Staubsaugern, Wäschereimaschinen usw., aber auch von Klavieren und Wohnungseinrichtungen. Hier werden die Raten gewöhnlich nicht mit Akzepten des Käufers belegt, sondern es besteht lediglich ein Kaufvertrag, welcher vielfach die Form eines Bestellscheines annimmt. Diese Kaufverträge werden von dem Verkäufer so lange angesammelt, bis sie einen Betrag von entsprechender Höhe ausmachen, und

[1] Siehe SELIGMAN; The Economics of Instalment Selling 1, Kap. IX.

werden alsdann von dem Finanzierungsinstitut mit einem gewissen Prozentsatz bevorschußt. Die Höhe dieser Bevorschussung richtet sich sowohl nach der Bonität des Verkäufers als auch nach der Art des Artikels, wobei es dem Finanzierungsinstitut überlassen ist, eine zu hohe Bevorschussung zu vermeiden, so daß das Pfand jederzeit unter allen Umständen die Höhe des Vorschusses deckt. In dieser Handhabung liegt die Möglichkeit, durch richtige Beurteilung der Sicherheit dem Verkäufer Kredite in einer Höhe zu gewähren, wie es rein bankmäßig nicht möglich wäre. — Was die Zahlung der einzelnen Raten seitens des Käufers anbetrifft, so gibt es hier zwei Möglichkeiten: Der Käufer zahlt seine Raten an das Finanzierungsinstitut oder de Käufer zahlt die fälligen Raten an den Verkäufer. Im letzteren Falle handelt der Verkäufer gewissermaßen als der Treuhänder des Finanzierungsinstitutes und führt die vereinnahmten Beträge in prozentualer Höhe des Vorschusses an das Finanzierungsinstitut ab. Der Verkäufer ist jedoch verpflichtet, die fälligen Raten auch dann an das Finanzierungsinstitut zu zahlen, wenn er von dem Käufer keine entsprechende Zahlung erhalten hat. — Bei dieser Abwicklung des Geschäftes ist es allgemein üblich, daß der Verkäufer bei Abschluß des Geschäftes dem Finanzierungsinstitute sog. *Rahmenakzepte* (s. d.) aushändigt, und zwar monatlich gestaffelt in der Höhe des Gesamtbetrages der fälligen Raten in dem Prozentsatz der Bevorschussung. In allen Fällen geht der Eigentumsvorbehalt auf die verkaufte Ware an das Finanzierungsinstitut über.

Aus der hier angeführten Art der Technik lassen sich leicht die Schwierigkeiten übersehen, welche mit der Durchführung dieser Geschäfte verbunden sind. Wenn man sich vorstellt, daß es Abzahlungsgeschäfte gibt, welche bis zu 200000 offene Konten in ihren Büchern haben, so ist es klar, daß nur bei äußerster Anspannung und gutem Willen auf allen Seiten diese Geschäfte reibungslos verlaufen können.

6. Als wichtigstes Anhängsel der Konsumfinanzierung ist hier noch das Mahnwesen zu erwähnen. Nicht alle Käufer zahlen pünktlich bei Fälligkeit, und es hängt alles von der Art und Weise ab, wie der Einzug der Raten von saumseligen oder böswilligen Zahlern, sei es seitens des Verkäufers oder der Finanzierungsgesellschaft, bewerkstelligt wird. Hierbei ist natürlich maßgebend, mit welcher Sorgfalt die Geschäfte bei Abschluß hereingenommen werden, ferner die Art der Branche, und ganz besonders die Klasse der Bevölkerung, welche mit der Ware versorgt wird. Es hat sich in der Erfahrung gezeigt, daß mancher Artikel, wenn er zuerst in das System der Konsumfinanzierung einbezogen wurde, sich als gut erwies mit ausgezeichneten Zahlungsresultaten, nach und nach durch erhöhte und teilweise unsolide Verkaufstätigkeit die schlechtesten Resultate erzeugte. Dieser Fall tritt besonders bei Spezialartikeln, wie Staubsaugern, Waschmaschinen, Kühlschränken zutage, wobei die Verkaufstätigkeit, nachdem sie die Bedürfnisse des legitimen Marktes gesättigt hat, sich an nicht genügend zahlungskräftige Bevölkerungsschichten wendet, was dann immer die schlimmsten Folgen zeitigt. Dasselbe wird sich wohl auch bei Kassaverkäufen ereignen, aber für die Konsumfinanzierung ist dieser ökonomische Faktor von besonderer Wichtigkeit, weil er sich bei Nichtbeachtung immer schließlich in großen Verlusten auswirkt. — Es ist vielleicht als wichtigste Eigenart der Konsumfinanzierung zu beachten, daß dieselbe in einer Weise vollkommen verschieden von allen anderen Handelsgeschäften ist. Während bei allen anderen Geschäften die Verkaufstätigkeit der schwierigste Teil des Geschäftes ist, wickelt sich durch die Gewährung von leichten Zahlungsbedingungen der Verkauf verhältnismäßig einfach und wenig schwierig ab. Dagegen hat bei dem Kassageschäft dasselbe bereits mit der Lieferung seine Erledigung gefunden, während das Abzahlungsgeschäft in diesem Augenblicke erst seinen Anfang nimmt. Die Ware ist verkauft, aber es bleiben noch 6, 12 oder 18 Monate angestrengter Arbeit, um den Verkaufspreis von dem Käufer hereinzubekommen. Setzen wir eine richtige und tüchtige Organisation der Abwicklung voraus, so bleibt immer noch die Gefahr, daß sich nicht nur in den bei Abschluß des Geschäftes guten Verhältnissen des Käufers eine Änderung zum Schlechten ergibt, sondern es besteht ganz besonders noch die Gefahr einer Verschlechterung der gesamten wirtschaftlichen Verhältnisse, Arbeitslosigkeit und politische Unsicherheit. Weiterhin kommt noch die Konjunktur in dem verkauften Artikel in Frage, da ein starker Rückgang im Preise automatisch sofort unwillige Zahler zeitigt. Zum Schluß sei noch auf die nicht ganz seltene Möglichkeit hingewiesen, daß der Verkäufer durch unredliche Handlungen und Unterschlagungen seitens des Käufers Schaden erleidet.

L. Lichtenstädter.

acceptability (e) s. *Federal Reserve System IV.*

acceptance (e) = Akzept.

account (e), 1. die Rechnung (per a. laut Rechnung), 2. das Konto (balance a. Bilanzkonto, contango a. Reportkonto).

accountant (e) = Rechnungsbeamter, Bezeichnung für (höheren) Funktionär der Buchhaltung einer Bank, etwa „Oberbuchhalter". chartered a., auch auditor = Buchprüfer (s. *Revision der Bilanz*).

accrued interest (e) = aufgelaufene Zinsen, Stückzinsen.

actions de jouissance s. *Pariser Börse III* und *Aktie 1b.*

— **ordinaires** s. *Pariser Börse III* und *Aktie 1e.*

— **à votre plural** s. *Pariser Börse III.*

— **de priorité** s. *Pariser Börse III.*

— **privilegiées** s. *Pariser Börse III.*

Adelskreditbanken s. *Sowjetbanken I.*

administrateur delegué s. *Aktiengesellschaft VIII.*

admission (e) = Zulassung.

advance (e) = Vorschuß, z. B. auf Güter, against documents.

Ägypten, Geld- und Kapitalmarkt, Börsen. *1. Währungswesen.* Bis zu der im Herbst 1931 im Anschluß an die Londoner Maßnahmen erfolgten Aufgabe des Goldstandards bestand in Ä. seit dem Münzgesetz vom 14. November 1888 die Goldwährung mit Pfunden oder Guineen Masri als Währungseinheit (Abkürzung L. Eg. oder L. E.). Das ägyptische Pfund zerfällt in 100 Piaster oder 1000 Milliémes, der Piaster in 10 ochr'el guerche oder Milliémes. Die nicht im Inlande geprägten ägyptischen Goldmünzen in Stücken von einem und von einem halben Pfund (100 bzw. 50 Piaster) werden so ausgeprägt, daß aus 1 kg Feingold 134,4538 Guineen entstehen. In weit größeren Mengen sind aber englische Sovereigns, die zu $97^1/_2$ Piaster für 1 £ gesetzliche Zahlkraft haben.

Die ägyptische Nationalbank (The National Bank of Egypt), gegründet 1898, hat ihren Hauptsitz in Kairo. Ihr Aktienkapital beträgt 3 Mill. £ (= 2,925 Mill. L. E.). Sie emittiert Banknoten zu L. E. 100, 50, 10, 5, 1 und $^1/_2$, die seit dem Kriege gesetzliche Zahlungsmittel darstellen und in Gold nicht einlösbar sind. Die jeweils ausgegebenen Noten sind grundsätzlich zu 50% in Gold zu decken; seit

1916 aber dürfen auch britische Regierungsschatzwechsel in diese Golddeckung hineingerechnet werden.

2. Börsen. Wertpapierbörsen bestehen in Kairo und Alexandrien. Die Sitzungen finden mit Ausnahme der Sonnabende sowie der Sonn- und Feiertage täglich von $10^1/_2$—$12^1/_2$ statt. Die Umsätze in Devisen und Sorten erfolgen seitens der Makler zumeist außerhalb der Börse von Büro zu Büro bei einem Courtagesatz von $^1/_2{}^0/_{00}$ für den Verkäufer. In dem Handel mit Wechseln besteht ein Kursunterschied zwischen solchen, die von einer Bank auf eine Bank bzw. von einer Handelsfirma auf eine Bank gezogen sind, und andererseits denjenigen, die eine Handelsfirma auf eine andere zieht. Die erstgenannten werden kursmäßig höher bewertet. Gegenstand des Wertpapierhandels bilden neben den verschiedenen auch an den westeuropäischen Börsen eingeführten ägyptischen Staatsanleihen besonders die Aktien der ägyptischen Banken. Unter ihnen sind wieder die Umsätze in den Anteilen und Obligationen des Crédit Foncier Egyptien, die auch in Paris gehandelt werden, zu erwähnen. Von Industriewerten erfolgen größere Umsätze (auch in der Arbitrage) vor allem in den Aktien und Obligationen der Société de la Raffinerie et Sucreries d'Egypte etc.; auch diese Werte verfügen über einen nicht unbeträchtlichen Markt in Paris. Es erfolgen Umsätze gegen Kasse und auf Termin. Im ersten Falle ist Erfüllung innerhalb zweier Tage nach Abschluß vorgeschrieben; die Terminliquidationen erfolgen zweimal im Monat. Daneben findet ein ziemlich reger Handel in Prämien und Stellagen statt.

Auskünfte über die wichtigsten ägyptischen Werte gibt „The Stock Exchange Year-Book". Über die Verhältnisse am ägyptischen Geld- und Kapitalmarkt unterrichten die Bulletins der Nationalbank.

G. S.

Affektionswert = Liebhaberwert, vgl. a. *goodwill* sowie *Schmelzwert* usw.

Affidavit = Erklärung (meist eidesstattlich) über die Eigentumsverhältnisse von Wertpapieren. In England zwecks Reklamierung des Income-tax-Abzugs in gewissen Fällen (vgl. *Londoner Börse*); in Deutschland eingeführt seit Juli 1931 für Inländer bei Verkauf von Wertpapieren, die nicht bereits bei der betr. Bank im Depot lagen, zur Vermeidung von Umgehungen der „Effekten-Stillhaltung", wonach Ausländern der Gegenwert von verkauften Effekten uur auf Sperrkonto gutgeschrieben werden darf. Ferner wird vielfach im Übersee-Export ein A. bei der Ausstellung der von vielen Staaten vorgeschriebenen Konsulatsfakturen für die Zollbehörden verlangt.

Agente di Cambio s. *Mailänder Börse 2.*

Agents de change s. *Makler.*

— — — an der *Pariser Börse* (s. d.).

— — — an der *Brüsseler Börse* (s. d.).

— — — s. a. *Kommissionsgeschäft.*

Agio; wörtlich Aufschlag, Überpreis ist der den Nennwert oder — bei Geldsorten und Devisen — die Parität übersteigende Teil des Kurses oder Preises. Ein Abzug vom Nenn- oder Paritätswert wird Disagio, im Hypothekengeschäft Damno genannt (über das A. bei Pfandbriefen vgl. *Hypothekenbankgesetz 9*).

Agiokonto s. *Bilanz I 2.*

— **papier** (wenig gebräuchliche) Bezeichnung für Wertpapiere, z. B. Anleihen, Lose, die mit einem gewissen Aufgeld zurückgezahlt werden müssen.

Agiotage ein auf Erzielung eines Überpreises gerichtetes Spekulationsgeschäft. Meist werden dabei auch unlautere, kurstreibende Mittel angewandt.

Agiotheorie s. *Zinstheorie II 3.*

Agrarkredit.

I. Der Kreditbedarf in der Landwirtschaft.

Kreditbedarf macht sich in der Landwirtschaft für Zwecke geltend, die auf der einen Seite einen Besitzkredit (oder Anlagekredit), auf der anderen Seite einen Betriebskredit erfordern.

Die Notwendigkeit des Besitzkredits ergibt sich für den Landwirt schon beim Erwerbe des Gutes, und zwar sowohl beim Erwerb durch Kauf, wie bei dem Erwerb durch Erbschaft. Im letzteren Falle ist dieser Bedarf dann relativ gering, wenn die Erbauseinandersetzung durch Naturalaufteilung des Hofes an die verschiedenen Erben erfolgt und durch den Erbgang Kredite nur für die Einrichtung der Teilbetriebe nötig werden (Aereboe); umgekehrt ist der Kreditbedarf beim Erbfalle groß, wenn der Hof geschlossen an einen der Erben übergeht, der dann seine Miterben abzufinden hat. Diesem Falle analog ist der Erwerb durch Kauf, wenn der Erwerber nicht den vollen Betrag des Kaufpreises in bar zu erlegen imstande ist, sondern einen Teil davon auf dem Wege des Kredits beschaffen muß.

In diesen beiden Fällen besteht demnach der Besitzkredit aus Erbgeldern und Restkaufgeldern, „also nicht aus Werten, die der Grundbesitzer auf sein Grundstück aufgenommen hat, sondern aus solchen, die er davon abgetreten hat" (Rodbertus). Doch ist dies kein stichhaltiger Einwand gegen die Verschuldung des Bodens als solche und die Möglichkeit dazu. Im Gegenteil. Die durch den Kredit dem Tüchtigen gegebene Möglichkeit, mit fremdem Gelde einen Betrieb zu erwerben, für den sein eigenes Vermögen allein nicht ausgereicht hätte, macht in diesem Umfange die Betriebsführung unabhängig vom Besitz, erweitert damit den Kreis derjenigen, die sich als Betriebsführer in der Landwirtschaft konkurrierend betätigen können und fördert so die Bewegung zum besten Wirt, „diese sog. Mobilisierung des Grundbesitzes ist es also, welche zu einer ungeheuren Ertragssteigerung der Landwirtschaft geführt hat und führt" (Aereboe). Umgekehrt wird hier schon die ungeheure Bedeutung des Agrarkredits für die Agrarverfassung deutlich. Begünstigt nämlich die Organisation des Agrarkredits einseitig eine Klasse von Grundbesitzern zu Lasten der anderen, wie es bis 1848 und in vermindertem Maße noch darüber hinaus bis zur endgültigen Durchsetzung des Genossenschaftsgedankens in den größten Teilen Preußens zugunsten des Großgrundbesitzes und zu Lasten der Bauern, denen „das Schuldenmachen nicht anstehe", geschah, so bietet dies dem Großgrundbesitz die Möglichkeit, immer weiter Bauernland an sich zu ziehen, Bauern zu legen. Als „Kreditlatifundien" bezeichnet Hermann Mauer sehr treffend die so entstandenen Großgrundbesitze, die der Besitzer eines Gutes ohne Barmittel durch Aufnahme einer Landschaftsschuld zusammenkaufen konnte. Und Aereboe stellt im gleichen Sinne fest, daß „die unparitätische, nur dem Rittergutsbesitze zugängliche, vorteilhafte Bodenbeleihung, welche sich bis zu dem Revolutionsjahre 1848 erhalten konnte, eine der schwerwiegendsten Ursachen dafür gewesen ist, daß zwischen den Freiheitskriegen und der Revolution von 1848 ein großer Teil des preußischen Bauernstandes untergegangen, ein anderer Teil bezüglich seines Landes verkürzt worden ist." Er folgert ausdrücklich: „Wir brauchen ein Kreditwesen, daß die Rationalisierung der Landwirtschaft in allen Größenklassen der Betriebe gleichermaßen fördert. Für den Konkurrenzkampf um den Boden darf als Arena nicht das Kreditwesen ausgesucht werden, weder zugunsten des Großgrundbesitzes noch zugunsten des Kleinbesitzes.

Dieser Konkurrenzkampf muß auf anderen Gebieten ausgefochten werden."

Für den Landwirt, der bereits im Besitze ist, ist Besitzkredit auch noch weiterhin nötig für Meliorationen (Be- und Entwässerung, Urbarmachung von Ödland, Moorkultur usw.) sowie auch für die Intensivierung des Betriebes durch Aufbau von Gebäuden, Neueinrichtungen, Maschinisierung und Inventarverbesserung. Bei solcher Betriebsintensivierung ergibt sich schon der Übergang vom Besitz- zum Betriebskredit, dann etwa, wenn diese Intensivierung durch vermehrten Bezug von Düngemitteln, Futtermitteln oder auch durch vermehrte oder höher entlohnte Arbeitskräfte vor sich geht. Weitere Bedürfnisse nach Betriebskredit aber ergeben sich durch besondere Notstände, wie Mißwachs, Viehsterben u. dgl. oder durch sonstige Verluste, die etwa durch einen Preissturz für ländliche Erzeugnisse, auch durch einen Überkonsum des Landwirts entstehen können. Und ganz allgemein entsteht der Bedarf nach Betriebskredit durch die Besonderheit des landwirtschaftlichen Betriebes, der einen großen Teil seiner Erträge, nämlich den Ernteertrag des Bodens, nur einmal im Jahre dem Landwirt liefert, während dieser die Ausgaben für die Bodenbestellung laufend vorzulegen genötigt ist. Ein doppelter Bedarf nach Betriebskredit folgt hieraus. Einmal ein solcher allgemeiner Art während des Erntejahres. Und sodann ein zweiter von besonderer Art bei der Einbringung der Ernte, damit nämlich der Landwirt, der gerade dann auch durch vermehrte Arbeitslöhne in Anspruch genommen ist, nicht durch Geldmangel und Kreditmangel genötigt sei, die Ernte sofort und ohne Rücksicht auf den Preis auf den Markt zu bringen, mit dem Resultat, daß in den Wochen unmittelbar nach der Ernte ein starker Druck auf die Preise einsetzt, die dann erst nachher, wenn der Landwirt seine Ernte abgestoßen hat, wieder steigen.

Diesen Besonderheiten des landwirtschaftlichen Betriebes und der daraus folgenden Ursachen für seinen Kreditbedarf müssen die Formen der Befriedigung dieses Kreditbedarfs sich anpassen, wenn nicht schwerer Schaden entstehen soll. Gefährlich ist für den Landwirt der Wechselkredit, dessen Kurzfristigkeit den geringen Bareingängen des Landwirts im Laufe des Erntejahres widerspricht. Gefährlich ist für ihn überhaupt der kurzfristige unorganisierte Kredit. Solange der Bauer (im Gegensatz zum Großgrundbesitz) im Entscheidenden auf ihn allein angewiesen war, erlag er vielfach der Gefahr einer Bewucherung, die bis zur Entwicklung des ländlichen Genossenschaftswesens das Bauerntum tatsächlich in vielen Gegenden furchtbar bedrückte. Ungeeignet ist aus denselben Gründen auch die kündbare Hypothek. Was die Landwirtschaft braucht, ist der billige, langfristige, im Falle der Hypothek durch jährliche Amortisationen etwa im Laufe eines Menschenalters zu tilgende, organisierte Kredit.

II. Die Deckung des Kreditbedarfs.

Die Formen, in denen die Befriedigung des landwirtschaftlichen Kreditbedürfnisses erfolgt, unterscheiden sich je nach der für den Kredit geleisteten Sicherstellung. Denn diese kann erfolgen entweder durch das Grundstück: Realkredit gegen Eintragung einer Hypothek — oder durch den Betrieb: Personalkredit, evtl. mit zusätzlicher Sicherung durch Bürgschaft, durch Mobiliarverpfländung u. dgl. Für den Besitzkredit ebenso wie für seine spezielle Abart, den Meliorationskredit, ist der Realkredit die gegebene Form, wie umgekehrt der Personalkredit für den Betriebskredit. Doch sind hier die Grenzen flüssig; Besitzkredit und Betriebskredit können, und zwar für den bäuerlichen Besitz anders als für den Großgrundbesitz, auch durch die eine wie durch die andere Form mit ihre Befriedigung finden.

A. Realkredit.

Die vollendete Form des ländlichen Realkredits bildet der landschaftliche Pfandbrief. Die *Landschaften* (s. d.) sind genossenschaftliche Organisationen des Grundbesitzes, und zwar ursprünglich nur des Großgrundbesitzes; den Bauern wurde der Zugang zu den Landschaften erst sehr viel später eröffnet und sie konnten auch danach nur einen viel geringeren Gebrauch von ihnen machen, teils wegen der Höhe der Taxkosten, teils wegen der beim bäuerlichen Besitz viel weiter verbreiteten Naturalteilung beim Erbgang, die die hypothekarische Belastung überhaupt erschwert. Der genossenschaftliche Zusammenschluß der Kreditverbundenen in den Landschaften erfolgte nicht freiwillig, sondern durch öffentlich-rechtliches Statut, das sämtliche Kreditverbundenen durch die ihnen auferlegte Generalgarantie zusammenfaßte, auf der anderen Seite aber auch jedem durch diese Generalgarantie Verpflichteten das Recht zur Kreditnahme unter gleichen Bedingungen gab. Die Landschaften gewähren den bei ihnen Berechtigten erststelligen Hypothekarkredit in unkündbaren Darlehen, für deren Tilgung der Kreditnehmer in jährlichen Ratenzahlungen aufzukommen hat. Die Auszahlung des Darlehens erfolgt in Pfandbriefen, die der Belastete je nach seinem Geldbedarf veräußern kann, wie er auch umgekehrt imstande ist, die veräußerten Pfandbriefe an der Börse zurückzukaufen und damit seine Belastung faktisch entsprechend zu vermindern. Das Pfandbriefdarlehen ist demnach die beweglichste, es ist zugleich (in normalen Verhältnissen, wie vor dem Kriege; s. u.!) die billigste Form des A. überhaupt, weil die mündelsicheren Pfandbriefe ein beliebtes und hochbewertetes Anlagepapier darstellen. Der zum Landschaftskredit Zugelassene wird deshalb auf diesem Wege nicht nur seinen Bedarf nach Besitzkredit decken, sondern, wo dieser ihm einen Überschuß über den Landschaftskredit läßt, den letzteren doch voll in Anspruch nehmen, um sich durch zeitweilige Veräußerung und späteren Rückerwerb oder auch durch Lombardierung der Pfandbriefe jederzeit auch den nötigen Betriebskredit zu beschaffen.

Eine ähnliche Funktion wie die Landschaften üben, wo diese nicht bestehen, die staatlichen oder provinziellen Landeskreditkassen, *Landesbanken* (s. d.) und Provinzialhilfskassen aus, die zwar nicht nur für den A., sondern auch für den städtischen Grund- und für den Kommunalkredit (vgl. *Städtischer Hypothekarkredit*) errichtet worden sind. Auch sie emittieren zur Beschaffung der Mittel für die Kreditgewährung Obligationen unter Garantie der ausgebenden öffentlichen Stellen und versorgen so ihre Kreditnehmer mit billigem erststelligem Hypothekarkredit. Speziell für Meliorationsdarlehen fungieren in der gleichen Weise die Landeskulturrentenbanken, die aber bisher einen großen Umfang nicht angenommen haben.

Im übrigen geht neben diesem organisierten landwirtschaftlichen Realkredit der unorganisierte Realkredit einher. Die privaten Hypothekenbanken, in erster Linie für den städtischen Realkredit errichtet, haben sich vor dem Kriege mit dem landwirtschaftlichen Realkredit verhältnismäßig wenig und nur in solchen Gebieten befaßt, in denen der Bedarf danach nicht durch die ihnen schon durch die Mündelsicherheit überlegenen öffentlichen Institute gedeckt war. Dagegen haben einzelne private

Kapitalisten, Versicherungsgesellschaften und in stärkerem Maße vor allem in einem lokalen Umkreise auch die Sparkassen immer in einem gewissen Umfange an der Gewährung von landwirtschaftlichen Hypotheken zur Anlage ihrer Kapitalien teilgenommen. Doch leidet diese Realkreditgewährung der Sparkassen (wie erst recht die private) für die Landwirtschaft darunter, daß die Sparkassen aus Gründen ihrer Liquiditätsvorsorge eine starke Zurückhaltung in der Hereinnahme von unkündbaren Amortisationshypotheken bewahren und statt dessen der weniger langbefristeten kündbaren Hypothek den Vorzug geben.

B. Personalkredit.

Für den Personalkredit als Betriebskredit des Großgrundbesitzes hat, wie gezeigt, der Landschaftskredit zum Teil schon mit Ersatz geschaffen. Darüber hinaus haben die Landschaften zur Befriedigung dieses Bedürfnisses und für den Geldverkehr der Landschaftsverbundenen überhaupt sich eigene Bankorganisationen, die Landschaftlichen Banken angegliedert, die wiederum speziell dem größeren Grundbesitz auch Personalkredit gewähren können, sei es als Vorschüsse auf die aus den jährlichen Tilgungsraten für die Landschaftsdarlehen angesammelten Amortisationsfonds (wodurch der Zwang zur regelmäßigen Tilgung und damit zur Verminderung des von den Landschaften gewährten Hypothekarkredits zeitweilig gemildert wird), sei es gegen Verpfändung von Produkten, auch von Lebensversicherungen usw. Darüber hinaus findet der größere Besitz auch den normalen Zugang zu dem privaten Bankverkehr, während allerdings die Zahl der zum direkten Verkehr mit der Reichsbank zugelassenen Landwirte relativ klein ist. Und so weit darüber hinaus der große Besitz den Kredit des Händlers, der ihm regelmäßig den Absatz seiner Produkte vermittelt, oder des Lieferanten, von dem er seine Maschinen, seine Dünger- und Futtermittel usw. bezieht, in Anspruch nehmen muß, birgt ein solcher unorganisierter Personalkredit für ihn jedenfalls bei weitem nicht die schweren Gefahren, wie für den Bauer, weil er über eine größere Geschäftsgewandtheit und eine größere Kenntnis des Verkehrs, der Rechtsformen und der Marktlage verfügt als dieser.

Für den Bauer, dem der Realkredit sehr viel schwerer zugänglich ist und dem die Verschuldung an den Händler oft zur Schlinge wurde, aus der er sich, immer schlimmer verstrickt, schließlich nur unter Verlust des Hofes wieder frei machen konnte, ist erst die Gründung der Genossenschaften nach Schulze-Delitzsch und vor allem nach Raiffeisen (s. d. im Art. *Kreditgenossenschaften* I u. V) zur Rettung und zu einer seinen Bedürfnissen entsprechenden und für sie passenden Quelle des organisierten Kredits geworden. Zogen die Landschaften durch die Ausgabe ihrer Pfandbriefe städtisches Kapital in den landwirtschaftlichen Großbetrieb, so hielten umgekehrt die ländlichen Spar- und Darlehnskassenvereine die Ersparnisse des flachen Landes, die sonst in die Stadt abwanderten, in großem Umfange bei sich fest, nicht nur die Ersparnisse ihrer Mitglieder, deren ganzen Geldverkehr sie besorgen, sondern auch die von Personen, die mit der Genossenschaft selbst nichts zu tun haben, also das überschüssige Geld der nicht im Hauptberuf Landwirtschaft treibenden ländlichen Bevölkerung, von Knechten und Mägden, von Lehrern und Geistlichen, kurz von der ganzen Bevölkerung des flachen Landes — die Darlehnskassen wurden die Banken des Dorfes. Das ihnen entgegengebrachte Vertrauen beruht auf der unbeschränkten Haftung der Genossen (also auf einer, im Gegensatz zu den Landschaften freiwillig eingegangenen Generalgarantie der Mitglieder). In zwei Verbänden, dem Generalverband der Raiffeisengenossenschaften und dem (Haasschen) Reichsverband deutscher landwirtschaftlicher Genossenschaften organisiert — die 1930 zu einem Einheitsverband zusammengefaßt wurden — fanden die Einzelgenossenschaften ihren Geldausgleich untereinander in provinziellen Verbandskassen und darüber hinaus in zwei Spitzengeldinstituten, die den Gesamtorganisationen den Ausgleich mit dem allgemeinen Geldmarkt vermitteln sollten, der Reichsgenossenschaftsbank in Darmstadt für den Haasschen und der Landwirtschaftlichen Zentraldarlehnskasse für den Raiffeisenverband. Diese beiden Zentralinstitute haben sich nicht bewährt; nach vielerlei Fehlschlägen traten sie, die erstere 1912, die zweite 1929, vom Schauplatz ab. Ihre Funktion übernahm die 1895 durch Miquel als Zentralbankinstitut für das ländliche wie für das gewerbliche Genossenschaftswesen gegründete preußische Zentralgenossenschaftskasse (*Preußenkasse*, s. d.). Dieser pyramidenförmige Aufbau des genossenschaftlichen Kassensystems, bei dem jeweils die verfügbaren Gelder der einen Genossenschaften den Geldbedarf der anderen ausglichen und nur relativ unbedeutende Spitzenbeträge jeweils dem freien Geldmarkt entnommen oder auf ihm untergebracht wurden, machte den gesamten Genossenschaftskredit weitgehend unabhängig von den konjunkturellen Schwankungen auf dem Geldmarkte, auch von seiner Zinsgestaltung. Und so waren die einzelnen Genossenschaften imstande, ihren Mitgliedern billigen Kredit zu geben und auch die Formen dieses Kredits der Eigenart und den Bedürfnissen des bäuerlichen Betriebes anzupassen, in der Befristung, in der Sicherstellung (Schuldscheine und Bürgschaften auch für langfristigen Kredit und Verzicht auf den Wechsel); die genaue Kenntnis der im Dorf zusammenwohnenden Genossen ermöglichte ein Urteil über die Kreditwürdigkeit des einzelnen. Das war die Kreditform, die — Besitzkredit und Betriebskredit, Real- und Personalkredit vereinend — der Bauer brauchte. Für den Großgrundbesitz war die Teilnahme an diesen Genossenschaften (anders als bei den Warengenossenschaften) weniger geeignet, wegen der unbeschränkten Haftung und weil der Kredit für den einzelnen Genossen auf eine Höchstsumme begrenzt war. Für den Bauer aber ist diese Kreditform, die ihn von dem Wucher befreite und ihm doch alle fördernden Möglichkeiten der Kreditinanspruchnahme eröffnete, von unermeßlichem Segen geworden.

C. Besitzbefestigung.

Vor dem Kriege ist in den Gebieten des deutsch-polnischen Nationalitätenkampfes noch eine besondere Form zur Befriedigung des ländlichen Kreditbedarfs entwickelt worden, eigentlich eine Maßnahme ländlicher Sozialpolitik, die dort von höchstem Werte werden kann, wo im Gegensatze zu den bisher geschilderten Formen des organisierten alle Schäden des unorganisierten A. sich geltend machen. Es handelt sich um die Fälle, in denen der Besitzer an sich noch keineswegs überschuldet, aber mit einer solchen Vielzahl von mannigfaltigen, hypothekarisch eingetragenen Schulden und Verpflichtungen belastet ist, daß er daran zugrunde geht: neuen Kredit findet er nicht mehr oder nur immer teurer, weil dem Geldgeber seine Lage viel zu übersichtlich ist; den Abverkauf von Parzellen hindern die hypothekarischen Belastungen, die auf dem Grundstück im ganzen liegen; selbst ein freihändiger Verkauf scheitert oft an dieser Vielzahl der mit zu übernehmenden Lasten; jedenfalls drückt diese Unordnung auf den Verkaufspreis. Hier zu helfen, war die Aufgabe der Deutschen Mittelstandskasse in Posen und der Deutschen Bauernbank für Westpreußen in Danzig. Diese Institute übernahmen die Bereinigung des Grundbuchs, indem sie die lästigen Altenteile löschten oder ablösten, und sie übernahmen vor allem die Regulierung der Schulden, indem sie die zahlreichen kleinen Beträge mit den wechselnden Zinsterminen und den hohen Zinsen auszahlten und an deren Stelle große billige Hypotheken setzten, an die erste Stelle eine Hypothek der Landschaft oder einer anderen öffentlich-rechtlichen Anstalt, danach ein von ihnen selbst gewährtes Darlehen; bei zu starker Verschuldung schuf man Erleichterung durch Abparzellierung eines Teiles, evtl. übernahmen die Institute auch den Verkauf des ganzen Besitzes. Viele Tausende von bäuerlichen Besitzungen, ganze Dörfer sind auf diese Weise saniert worden.

III. Der deutsche Agrarkredit nach dem Kriege.

Der Krieg und die Inflation bis Ende 1923 haben den organisierten landwirtschaftlichen Kredit, den Personal- wie den Realkredit, weitgehend zerstört; der Wiederaufbau ist erst zum Teile gelungen. An Hand der wertvollen Untersuchungen des Enqueteausschusses seien die entscheidenden Veränderungen kurz in ihren Ergebnissen skizziert:

Der Realkredit ist gelähmt durch den Kapitalmangel und durch die Verteuerung des Zinsfußes, die durch die verschärfte Konkurrenz der Kapitalnehmer und der Kapital sammelnden Institute (Erhöhung der Zinsspannen, Erhöhung der Bonifikationen beim Pfandbriefabsatz, starke Kursschwankungen und erhöhtes Disagio der Pfandbriefe) noch vergrößert wurde. Das bedeutete nicht nur, daß die Pfandbriefe mit einem sehr viel höheren Zinssatz ausgestattet werden mußten, ebenso wie aller übrige Hypothekarkredit, insbesondere auch derjenige der Sparkassen entsprechend verteuert wurde. Diese Entwicklung hatte auch noch die weitere Folge, daß die Inanspruchnahme des Pfandbriefkredits sich nicht mehr einfach nach dem Kreditbedürfnis und der Kreditwürdigkeit der Landwirtschaft richten konnte wie vor dem Kriege, wo ihnen eine Absatzmöglichkeit für die Pfandbriefe jederzeit in ausreichendem Maße gegenüberstand — sondern daß umgekehrt die Begrenztheit des Kapitalmarkts der Pfandbriefausgabe Grenzen setzte, denen die Landschaften bei ihrer Kreditgewährung sich anpassen mußten. „Damit war aber der landschaftliche Pfandbriefkredit unter dem Druck der Verhältnisse zerstört worden." Eine Deroute auf dem Pfandbriefmarkt 1925 machte diese Verhältnisse evident. Sie besserten sich allmählich im Verlauf der folgenden Jahre, aber noch keineswegs vollständig. Einen Teilersatz, keinen ausreichenden, lieferte auf dem Gebiete des Realkredits die 1925 aus der Deutschen Rentenbank (der Währungsbank für die Rentenmark) entwickelte *Deutsche Rentenbank-Kreditanstalt* (s. d.), deren Aufgabe es ist, als Bank der Banken sowohl den landwirtschaftlichen Personalkredit (neben der Preußenkasse), wie auch den Realkredit zu pflegen. Sie konnte von 1925 bis 1927 drei Auslandsanleihen im Gesamtbetrag von 100 Millionen Dollar abschließen, auch eine Inlandsemission mit Hilfe der Golddiskontbank, und von deren Erlös floß der Landwirtschaft ein Teil auch in der Form langfristiger Hypothekarkredite zu. Ihrem Beispiele folgten andere Pfandbriefinstitute, die Pfandbriefe im Auslande unterbrachten, sowie die Deutsche Landesbankzentrale A.-G., die eine Umschuldungsanleihe (zum Ersatz kurzfristig aufgenommenen Personalkredits durch langfristigen Realkredit) im Betrage von 25 Millionen Dollar im Sommer 1928 ebenfalls in Amerika aufnahm. Eine volle Befriedigung des Realkreditbedürfnisses gelang dadurch nicht. Die Folge war, daß der Großgrundbesitz speziell im Osten vielfach in starkem Maße auch zur Deckung von Fehlbeträgen seine Zuflucht wieder zum unorganisierten Personalkredit nahm durch Inanspruchnahme von Wechselkredit, von „Schwimmkrediten" bei Händlern, Lieferanten und Handwerkern, bei Warengenossenschaften (Gefahr für diese!) und jetzt auch stärker bei den ländlichen Spar- und Darlehnskassenvereinen, die während der Inflation vielfach auf die Einhaltung einer Höchstgrenze für den von ihnen zu gewährenden Einzelkredit verzichtet hatten.

Diesen Personalkredit selbst aber war durch die Inflation, die die Spareinlagen bei den Genossenschaften vernichtete, die bisherige Grundlage zunächst entzogen, „der vor dem Kriege so gut organisierte landwirtschaftliche Personalkredit war damit vollständig ausgelöscht". Die Genossenschaften haben seitdem ihren Spareinlagenbestand allmählich in beträchtlichem Maße wieder aufbauen können, aber noch nicht genügend. Und so sind sie in ganz anderem Maße als früher, neben der Kreditbeschaffung durch die Rentenbank-Kreditanstalt, darauf angewiesen, daß die Preußenkasse Kredite von der Reichsbank, den öffentlichen Kassen und auf dem Geldmarkte aufnahm und diese — ohne die durch den genossenschaftlichen Geldausgleich selbst vor dem Kriege möglich gewesene Verbilligung — den genossenschaftlichen Zentralkassen zuleitete: „Die Preußenkasse ist heute nicht mehr Spitzenausgleichsinstitut, sondern Rückgrat des ganzen landwirtschaftlichen Personalkredits." Direkt vom Reich und von Preußen bei verschiedenen Anlässen zur Verfügung gestellte verbilligte Kreditmittel — die Subvention als Quelle des A. — kamen hinzu, sie wurden „stellenweise sogar den Landwirten fast aufgedrängt, verstärkten die bereits vorhandene Kreditpsychose noch mehr . . ., sie trugen eher zur Vermehrung der Fehlbeträge bei und förderten damit die Verschuldung".

Im Zusammenhange damit steht, daß das obenerwähnte Problem der Erntefinanzierung in den Jahren nach dem Kriege erheblich schwerer als vorher in Erscheinung trat, zumal auch die Kapitalkraft des Handels, der diese Schwierigkeiten früher überbrückt hatte, durch die Inflation heftig geschwächt war. Die Reichsbank ist zur Erleichterung mehrfach mit kurzfristigen Sonderkrediten eingesprungen. Im Jahre 1928 schuf die Preußenkasse eine Organisation für die Erntefinanzierung, indem sie sich die Getreideindustrie- und -kommissions-A.-G. angliederte, die mit den provinziellen Hauptgenossenschaften Getreidelieferungsverträge abschließt und sie bevorschußt, welche Vorschüsse die Genossenschaften dann an die ihnen angeschlossenen Landwirte weitergeben. Die mehrfach, insbesondere auf dem Kölner Bankiertag 1928 nach ausländischem Muster angeregte Einführung des indossablen Lagerscheins (Ersatz des Personalkredits durch den Warenkredit) ist bisher nicht durchgeführt worden. (Vgl. a. *Finanzierung des Groß- und Einzelhandels.*)

Im ganzen ist der Wiederaufbau des durch den Krieg und die Inflation zerstörten organisierten landwirtschaftlichen Personal- und Realkredits bisher erst zum Teil gelungen; er hat durch die Kreditkrise des Jahres 1931 eine neue ernste Erschwerung erfahren.

IV. Der Siedlungskredit.

Einen Sonderfall des landwirtschaftlichen Kreditwesens, mit speziellen Bedürfnissen ebenso wie mit speziellen Formen ihrer Befriedigung, bildet die landwirtschaftliche Siedlung. Diese innere Kolonisation — eine „gemeinnützige Güterschlächterei" — besteht darin, daß der Siedlungsunternehmer Großgüter aufkauft; daß er dann die darauf ruhenden Hypotheken und sonstigen Grundlasten ablöst, die das unzerteilte Gut als Ganzes erfassen und die Aufteilung verhindern oder erschweren; daß er weiterhin die nötigen Meliorationen vornimmt, die Aufteilung in Kleinwirtschaften vorbereitet und die dafür nötigen Wohn- und Wirtschaftsgebäude entweder selbst oder unter Mitarbeit der neuen Siedler errichtet; und daß er schließlich diesen die Finanzierung derjenigen Beträge ermöglicht, um die der Preis der Siedlerstellen das von dem betreffenden Siedler mitgebrachte Eigenkapital, seine Anzahlung, übersteigt. Die Finanzierung der Siedelung zerfällt also in zwei Teile. Notwendig ist einmal die Beschaffung des Zwischenkredits für den Ankauf, die Schuldenablösung und die Meliorierung des Großguts, sowie für die Vorbereitung der Aufteilung. Notwendig ist sodann, nach erlangter Siedlungsreife und bei Auflassung der einzelnen Siedlerstellen an die neuen Siedler, die Beschaffung des Dauerkredits an diese für die Restkaufgelder, woraus zusammen mit den Anzahlungen der Siedler selbst die Abdeckung des Zwischenkredits zu erfolgen hat.

Vor dem Kriege wurde diese gemeinnützige Siedlungstätigkeit in den östlichen preußischen Provinzen in zwei Formen betrieben. In Posen und Westpreußen arbeitete die preußische Ansiedlungskommission mit vom Staate fortlaufend zur Verfügung gestellten Geldern. In anderen Provinzen wurden (neben privaten Siedlungsunternehmungen) gemeinnützige Siedlungsgesellschaften errichtet, die den Zwischenkredit durch ihre Eigenkapitalien aufbrachten, ergänzt durch mäßige Zuschußkredite des Staates. Den Dauerkredit für die Restkaufgelder aber lieferten die provinziellen *Rentenbanken* (s. d.), die dafür Rentenpfandbriefe emittierten; der Siedler seinerseits wurde dafür nicht mit einer Kapitalschuld, sondern mit einer Rentenschuld (die Siedlerstelle als Rentengut) belastet; im Notfalle gewährte ihm die Siedlungsgesellschaft hinter dieser Rentenschuld auch noch eine zweite Hypothek.

Krieg und Inflation haben auch diese Methoden der Siedlungsfinanzierung weitgehend zerstört, vor allem durch die Erhöhung des Zinsfußes und durch die Unabsetzbarkeit der Rentenbriefe. Nach einem Zwischenstadium (Roggenrentenbriefe, Hauszinssteuermittel usw. hauptsächlich für die Flüchtlingssiedlung) begann eine neue Periode der Siedlung, als am 1. Juli 1926 der Reichstag die Bereitstellung von jährlich je 50 Millionen Mark auf 5 Jahre für die Siedlung bewilligte. Preußische Beiträge von jährlich 20 Millionen sowie beträchtliche Zuschüsse aus der Hauszinssteuer kamen hinzu; den gesamten Siedlungskredit aus öffentlichen Mitteln für die ersten 6 Jahre nach der Währungsstabilisierung berechnet der Enqueteausschuß auf mindestens 470 Millionen. Hiermit wurde die Siedlungstätigkeit verstärkt in Gang gebracht. Doch blieben die als Zwischenkredite gewährten Beträge zunächst festgelegt, ohne durch die Ausgabe von Rentenbriefen wieder an die Siedlungsunternehmungen zu neuer Verwendung zurückzufließen, weil der Kapitalmarkt dafür versagte. Um dies wieder in Gang zu bringen, wurde durch Gesetz vom 29. Dezember 1927 an Stelle der bisherigen provinziellen Rentenbanken die Preußische Landesrentenbank (vgl. *Rentenbanken*) errichtet. Nach einem 1931 zwischen dem Reich und Preußen getroffenen Abkommen soll diese Landesrentenbank, die dafür mit 20 Millionen Mark Kapital und 20 Millionen Reserven ausgestattet wurde, künftig die Zentralstelle für die Beschaffung des Siedlungsdauerkredits sein, während die Vermittlung der Zwischenkredite bei der Deutschen Siedlungsbank zentralisiert wurde, deren 50 Millionen Kapital und 50 Millionen Reserven das Reich und Preußen je zur Hälfte aufgebracht haben. Eine Schwierigkeit bildet nach wie vor der hohe Zinsfuß: die Landesrentenbank hat zuerst 8proz., dann 7proz. vom Staate garantierte Goldlandesrentenbriefe (am 31. Dezember 1930 69,44 Millionen Mark) ausgegeben, während eine mehr als 5proz. Rente als für den Siedler untragbar angesehen wird. Die Schwierigkeit wird in der Weise überbrückt, daß die Landesrentenbank nur so viel Rentenbriefe ausgibt, daß deren Dienst durch die Siedlerrenten gedeckt ist; den überschießenden Teil der bewilligten Restkaufgelder gewährt sie den Siedlungsunternehmungen als zinslose Barabfindungen (Ende 1930: 47,6 Millionen Mark), d. h. sie läßt den bisher als Zwischenkredit gewährten Betrag nunmehr als Dauerkredit so lange stehen, bis nach Tilgung der Rentenbriefe durch die auch danach fortlaufenden Rentenzahlungen des Siedlers auch dieser Betrag verzinst und getilgt wird; der Siedler seinerseits hat die Renten entsprechend länger, bis zur Tilgung auch dieser Beträge, zu zahlen. Soweit die ausgegebenen Landesrentenbriefe auf dem Markte nicht untergebracht werden können, erfolgt die Kapitalbeschaffung durch ihre Lombardierung bei der Preußischen Staatsbank. Daneben versucht man, den Betrag der durch die öffentlichen Stellen für das einzelne Siedlungsobjekt zu vermittelnden Kredite dadurch zu vermindern, daß man die Hypothekengläubiger und den Verkäufer des zu besiedelnden Großguts veranlaßt, ihre alten Forderungen bzw. einen Teil des Kaufpreises stehen und auf die neuen Siedlungsgüter aufteilen zu lassen.

Hinsichtlich der neuesten Entwicklung s. „Osthilfe" in Art. *Schuldensenkung*, vgl. a. *Öffentlich-rechtliches Bankwesen*. Auf dem Gebiet der landwirtschaftlichen Umschuldung lagen definitive Maßnahmen bei Abschluß dieses Artikels noch nicht vor; geplant ist die zeitweilige Herabsetzung der Schuldzinsen auf 4%. Der Betrag der Zinskürzung wird hypothekarisch eingetragen und ähnlich der Kapitalschuld getilgt. Für den Zinsenausfall der Hypothekarinstitute springt das Reich ein. Der (jetzt meist 6% betragende) Zinsfuß der emittierten Pfandbriefe bleibt unberührt.

Literatur: AEREBOE: Agrarpolitik. Berlin 1928. — BAUER-MENGELBERG, KÄTHE: Agrarpolitik. Leipzig-Berlin 1931. — MAUER, HERMANN: Das landschaftliche Kreditwesen Preußens. Straßburg 1907. — Agrarkredit, Grundriß der Sozialökonomik 7 (an diesen Stellen nähere Angaben über Spezialliteratur). — Ausschuß zur Untersuchung der Erzeugung und Absatzbedingungen der deutschen Wirtschaft, II. Unterausschuß: Das ländliche Siedlungswesen nach dem Kriege (Bd. 10); Die Verschuldungs- und Kreditlage der deutschen Landwirtschaft in ihrer Entwicklung von der Währungsbefestigung bis Ende 1928 (Bd. 12). Berlin 1930.

A. FEILER.

Agricultural Mortgage Corporation s. *Öffentlich-rechtliches Bankwesen 6.*

Akklamation (per acclamationem), wörtlich Zuruf, eine Form der Beschlußfassung oder Wahl durch einstimmige, widerspruchslose Willenserklärung ohne Abstimmung. Wird in Generalversammlungen bei der Beschlußfassung über die Bilanz, Dividendenverteilung, Aufsichtsratswahlen usw. angewandt.

Akkreditiv ist eine im Auftrage eines Kunden von seiner Bank ausgestellte Anweisung, einer bestimmten in der Anweisung genannten Person (der Akkreditierte oder Begünstigte, welches auch der Auftraggeber selbst sein kann) oder einer Firma eine bestimmte Summe zur Verfügung zu stellen. Es ist zu unterscheiden zwischen einem einfachen nicht bedingten A. und einem bedingten A., bei welchem die Zahlungen von der Erfüllung bestimmter Bedingungen abhängig gemacht werden.

Das einfache A. (Personen-Akkreditiv) findet im Reiseverkehr Anwendung. Es bestehen hierfür drei Formen: 1. die einfache Akkreditierung, 2. der Kreditbrief und 3. der Travelers-Cheque.

Beim bedingten A. wird die Zahlung von der Übergabe bestimmter Objekte, Wertpapiere, Waren oder Verschiffungspapiere abhängig gemacht (Waren-Akkreditiv). An Stelle der Zahlung tritt häufig die Akzeptierung einer Tratte mit kürzerer oder längerer Laufzeit. Eine besondere Form des Waren-Akkreditivs ist der „Commercial Letter of Credit".

Die Akkreditierung geschieht entweder gegen Vorauszahlung der Summe, welche durch das A. dem Begünstigten zur Verfügung gestellt werden soll — die Einzahlung kann von dem Begünstigten selbst oder seitens eines Dritten erfolgen — oder auf Kredit und nachträglicher Belastung des Auftraggebers nach Maßgabe der tatsächlich erfolgten Auszahlungen.

Durch die Ausstellung eines A. entsteht ein Vertragsverhältnis zwischen der ausstellenden Bank und dem Auftraggeber einerseits und der ausstellenden Bank und der zahlenden Bank andererseits, und zwar ein auf eine Geschäftsbesorgung gerichteter Werkvertrag gemäß § 675 BGB. Zu beachten ist, daß falls Zahlung gegen eine Tratte erfolgt, aber auch ein wechselrechtliches Verhältnis zwischen dem Begünstigten und dem Inhaber der Tratte entsteht. Im Falle der Nichteinlösung der Tratte steht dem Inhaber der Tratte das wechselrechtliche Rückgriffsrecht an den Begünstigten als Aussteller der Tratte zu. Dieses kommt hauptsächlich in Frage bei einem Kreditbrief und Commercial Letter of Credit. Anders liegt die Sache beim bestätigten Waren-A., da hier die zahlende Bank eine unwiderrufliche Verpflichtung zur Zahlung gegenüber dem Begünstigten eingegangen ist.

I. Personen-Akkreditiv.

1. *Einfache Akkreditierung* ist eine briefliche oder telegraphische Zurverfügungsstellung einer Geldsumme bei einer Bank, die der Begünstigte persönlich gegen Legitimation abheben muß und auch in Teilbeträgen abheben kann.

2. *Kreditbrief (engl. Letter of Credit).* Es gibt zwei Arten von Kreditbriefen, den domizilierten Kreditbrief und den Zirkular-Kreditbrief.

a) Der domizilierte Kreditbrief unterscheidet sich von der einfachen Akkreditierung dadurch, daß dem Begünstigten selbst die Anweisung der Bank an eine andere oder mehrere namentlich angegebene Banken auf einem besonderen Formular ausgehändigt wird. Die Zahlungen werden auf der Rückseite abgeschrieben. Die ausstellende Bank benachrichtigt in der Regel die beauftragte Bank von der Ausstellung des Kreditbriefes direkt und sendet zur Identifizierung des Zahlungsempfängers eine Unterschriftsprobe desselben ein. Es besteht Legitimationszwang, meistens wird außer Vergleichung der Unterschrift Vorlegung des Reisepasses verlangt.

b) Der Zirkular-Kreditbrief (engl. Circular Letter of Credit), hauptsächlich bei englischen und amerikanischen Banken im Gebrauch, ist im Gegensatz zum domizilierten Kreditbrief auf keine bestimmte Bank ausgestellt, sondern ganz allgemein an die Korrespondenten der Bank gerichtet. Eine Liste der Korrespondenten wird in der Regel gesondert ausgehändigt. Es steht dem Inhaber des Kreditbriefes frei, denselben bei jedem beliebigen der angeführten Korrespondenten, welche sich über die ganze Welt erstrecken, vorzulegen, jedoch werden auch häufig Zahlungen von anderen Banken, Wechselstuben oder Hotels geleistet. Die Zirkular-Kreditbriefe werden auf besonderen in Wertpapierdruck hergestellten und mit Schutzmaßnahmen gegen Fälschungen versehenen Formularen ausgestellt und handschriftlich unterschrieben. Die Korrespondenten erhalten zu Prüfungszwecken ein Muster und Unterschriftsproben der zur Zeichnung berechtigten Personen. Die Zirkular-Kreditbriefe stimmen im Wortlaut alle mit ganz unwesentlichen Abweichungen überein. Ein Unterschied besteht nur insofern, als bei einem Teil das Unterschriftsmuster des Inhabers auf dem Kreditbrief selbst und bei einem anderen Teil auf einem gesonderten Formular, dem sog. „Letter of Identification" eingetragen wird, welchen der Inhaber gesondert vom Kreditbrief aufbewahren soll.

Die wesentlichen Merkmale des Zirkular-Kreditbriefes sind:

die Ermächtigung einer namentlich bezeichneten Person, Sichttratten auf eine mit Namen angegebene Bank bis zur Höhe eines bestimmten Betrages zu ziehen, ferner

die Garantie der ausstellenden Bank, daß die Tratten jedem gutgläubigen Inhaber bei Präsentation bezahlt werden, vorausgesetzt, daß die Unterschrift mit dem Muster übereinstimmt, die Tratte vor dem angegebenen Ablaufsdatum des Zirkular-Kreditbriefes ausgestellt und der Betrag auf der Rückseite des Zirkular-Kreditbriefes abgeschrieben ist. Auf der Tratte muß die Nummer des Zirkular-Kreditbriefes und der Name der ausstellenden Bank angegeben sein.

Die Umlaufszeit des Zirkular-Kreditbriefes wird in der Regel auf ein bis zwei Jahre befristet. Der aufgebrauchte Zirkular-Kreditbrief muß der letzten Tratte beigefügt werden. In Deutschland ist zweckmäßigerweise zur Vermeidung des Wechselstempels die Scheckform zu wählen.

Der Zirkular-Kreditbrief ist ein Namenspapier und nicht übertragbar. Der Geschäftsvorgang ist praktisch der Ankauf einer Tratte des Kreditbrief-Inhabers auf eine Bank, wobei der Kreditbrief als Legitimation und Ausweis für seine Kreditwürdigkeit dient, Wechsel- bzw. scheckrechtliche Haftung des Ausstellers, daneben Haftung der Bank als Garant dem Aussteller und jedem gutgläubigen Inhaber der Tratte gegenüber. Da Garantie der Bank von Richtigkeit der Unterschrift abhängig, Vorlage des Reisepasses ratsam. Zirkular-Kreditbriefe werden entweder gegen Einzahlung der vollen Summe oder einen Verpflichtungsschein zur Rückerstattung der auf Grund des Kreditbriefes ausgestellten und von der Bank eingelösten Tratten ausgehändigt.

3. *Travelers Cheque (Reisescheck).* Im Jahre 1891 von der American Express Company in New York zuerst eingeführt. Ursprünglich für die nach Europa reisenden Amerikaner bestimmt, später von anderen Banken, Schiffahrtsgesellschaften, Reisebüros und neuerdings auch von der deutschen Reichspost für den innerdeutschen Verkehr übernommen und zu einem in der ganzen Welt bekannten internationalen Zahlungsmittel geworden. Zweck der Schecks ist, den Reisenden zu ermöglichen, sich die für den Aufenthalt im Auslande benötigten fremden Zahlungsmittel zwecks Vermeidung von Kursverlusten im jeweiligen Aufenthaltslande selbst nach Bedarf und auf möglichst einfache Weise ohne Bindung an eine bestimmte Zahlstelle zu beschaffen. Das allen Travelers Che-

ques gemeinsame wesentliche Merkmal ist die Legitimation des Inhabers durch seine auf jedem Scheck befindliche Unterschrift und aufgedruckte feste Werte. Der Käufer eines Travelers Cheque bezeichnet sein Eigentumsrecht an demselben durch seine auf den Scheck gesetzte Unterschrift. Der Aussteller des Schecks macht die Einlösung laut Aufdruck davon abhängig, daß die Unterschrift zum zweiten Male an einer vorgeschriebenen Stelle in Gegenwart der Person, welche den Scheck in Zahlung nimmt, geleistet wird.

Die Rechtsform der Travelers Cheques ist nicht einheitlich und in keinem Lande gesetzlich festgelegt. Von der Praxis werden die Travelers Cheques international als übertragbares Orderpapier anerkannt. In Ländern mit Scheckstempel unterliegen die Traveler Cheques demselben. In Deutschland ist die Stempelpflicht teilweise noch ungeklärt. Die Travelers Cheques der American Express Company sind durch Urteil des zweiten Senats des Reichsfinanzhofes vom 2. März 1926 steuerrechtlich als Schecks anerkannt.

Die Travelers Cheques werden in verschiedenen Währungen wie: Dollar, englische Pfunde, französische Franken, Lire, Reichsmark, in Abschnitten über verschiedene aufgedruckte Beträge, welche sich der Käufer nach seiner Wahl zusammenstellen lassen kann, ausgegeben. Der Käufer errichtet sich durch Einzahlung einer bestimmten Summe ein Guthaben, wofür ihm Scheckformulare in gleicher Gesamthöhe ausgehändigt werden, welche er durch seine Unterschrift als sein Eigentum bezeichnet.

Die Travelers Cheques sind im Lande der Währung des Schecks zum Nennwerte zahlbar. Bis zum Weltkriege waren die Traveler Cheques in den übrigen Ländern mit aufgedruckten festen Umrechnungswerten zahlbar gemacht. Seit dem Weltkriege sind die Travelers Cheques infolge der Schwankungen der Devisenkurse gemäß Aufdruck zum jeweiligen Tages-Kaufkurs für Bankschecks zahlbar.

Die Legitimation des ersten Inhabers erfolgt ausschließlich durch Unterschrift. Beim Ankauf ist zur Vermeidung von Fälschungen strengstens zu beachten, daß die Unterschrift vor den Augen der annehmenden Person geleistet wird. Bei Weiterbegebung erfolgt die Übertragung durch Ausfüllung der Order und Indossament auf der Rückseite wie bei jedem gewöhnlichen Scheck mit allen scheckrechtlichen Konsequenzen für die Indossanten (*Postkreditbrief* s. d.).

II. Waren-Akkreditiv.

Das Waren-A. oder Dokumenten-A. wird meistens im Auslandswarenverkehr angewandt. Das Waren-A. ist ein Auftrag eines Kunden (Akkreditivstellers) an eine Bank, einer angegebenen Person oder Firma (Akkreditierten oder Begünstigten) eine Zahlung gegen Aushändigung einer Ware oder in der Regel an deren Stelle tretender bestimmter Dokumente (Konnossement, Duplikatfrachtbrief, Empfangsschein eines Spediteurs oder Lagerschein) zu leisten. In vielen Fällen hat die Bank wieder den Auftrag an eine andere Bank am Wohnort des Begünstigten weiterzugeben und wird dadurch ihrerseits zum Akkreditivsteller.

Die Veranlassung zu einem Waren-A. ist das Verlangen des Verkäufers einer Ware, je nach dem Grad seiner Kapitalkraft oder des Vertrauens zum Käufer, Zahlung Zug um Zug gegen Aushändigung der Ware zu erhalten entweder, wenn die Ware die Fabrik oder das Lager verläßt, oder bei Verladung im Verschiffungshafen, oder bei Ankunft im Bestimmungshafen. Es ist also bedingt durch die zwischen dem Käufer und Verkäufer der Ware vereinbarten Zahlungsbedingungen und ist deshalb bei Eröffnung eines A. zu beachten, daß die in demselben stipulierten Bedingungen den vereinbarten Zahlungsbedingungen entsprechen.

Vielfach tritt an Stelle der Zahlung Akzeptierung einer — meist 30—120 Tage nach Sicht zahlbaren — Tratte durch die beauftragte Bank, d. h. der Verkäufer räumt dem Käufer der Ware einen Kredit für diese Zeit ein unter der Bedingung, daß er gegen Auslieferung der Ware das Akzept einer Bank erhält, durch dessen Diskontierung er sich seinerseits das Geld sofort verschaffen kann. In enger Verbindung hiermit steht der Rembourskredit oder *Akzeptkredit* (s. d.), den die Bank dem Akkreditivsteller einerseits, und wenn die Aufnahme der Dokumente durch einen Dritten erfolgt, dieser der Bank andererseits einräumt. (Vgl. ferner „*Überseegeschäft*".)

Man unterscheidet zwischen bestätigten (unwiderruflichen) und unbestätigten (widerruflichen) A.en. Die Ursache zu einem bestätigten A. ist der Wunsch des Verkäufers einer Ware nach einer Abnahmegarantie, um das Risiko unnötig aufgewendeter Kosten für Versand, für Spezialanfertigungen, Entwertung usw. im Falle der Nichtabnahme zu vermeiden. Die beauftragte Bank bestätigt dem Verkäufer unwiderruflich, daß sie bis zu einem bestimmten Datum unter bestimmten Bedingungen Zahlung leisten wird. Beim unbestätigten A. macht die beauftragte Bank dem Akkreditierten meistens wohl Mitteilung von der Akkreditierung, fügt aber hinzu, daß das A. jederzeit von ihrem Auftraggeber widerrufen werden kann, und daß sie demzufolge keine Verpflichtung zur Zahlung übernimmt.

Eine besondere gesetzliche Regelung besteht für das A. nicht. Das allgemeine Rechtsverhältnis zwischen dem Akkreditivsteller und seiner Bank fällt unter die Bestimmungen des BGB. für den Auftrag (§ 675). Die Rechte und Pflichten der Bank gegenüber dem Akkreditivsteller richten sich nach dem erteilten Auftrag. Die Bank ist verpflichtet, die erteilten Weisungen zu befolgen, in bezug auf die Prüfung des Inhalts der Dokumente aber nur insoweit, als ihr genaue Angaben gemacht sind. Für die Echtheit und Vollgültigkeit der Dokumente, für die Art, Menge und Beschaffenheit der Ware lehnen die Banken dem Akkreditivsteller gegenüber wie untereinander in der Regel die Haftung ab. Im Besonderen sind die Bedingungen für die Handhabung der Akkreditive in den allgemeinen Geschäftsbedingungen der Banken und von den in der sog. Stempelvereinigung zusammengeschlossenen Banken in dem „Regulativ des Akkreditivgeschäftes"[1] festgelegt. In ähnlicher Weise haben die bedeutendsten Banken in den Vereinigten Staaten von Nordamerika gemeinsame Bedingungen gegenüber ihren europäischen Bankverbindungen festgesetzt. (Regulations affecting Export Commercial Credits, festgesetzt durch die New York Bankers Commercial Credit Conference of 1920, Neufassung 1. Juni 1926.)

Wegen Auslegung der im Transport- und Versicherungsverkehr üblichen Abkürzungen in den verschiedenen Ländern, s. die von der Internationalen Handelskammer herausgegebenen Erklärungen (Trade Terms, Definitions).

Übertragung des A. in der Regel nur zulässig, wenn ausdrücklich ermächtigt, mit großer Vorsicht zu handhaben und nur unbedenklich, wenn unwiderrufliches A. vorliegt.

Die im Überseeverkehr international üblichen Dokumente sind, wenn nicht anderes vorgeschrieben ist:

---

[1] Bank-Arch. 30, Nr. 18 vom 15. Juni 1931.

1. Handelsfaktura evtl. Konsulatsfaktura;

2. Seekonnossement (voller Satz — meist drei Ausfertigungen), zu beachten, ob Bordkonnossemente, welche von der Reederei erst nach Verladung der Ware ausgestellt werden, oder Empfangskonnossemente, welche den Empfang zur Verladung bestätigen. Wenn nicht Bordkonnossemente ausdrücklich vorgeschrieben, werden auch Empfangskonnossemente angenommen. Spediteur- und Durchkonnossemente nur zulässig, wenn vorgeschrieben.

3. See-Versicherungspapiere (Police oder Zertifikat), übliche Risiken ohne Krieg.

Im sonstigen kommen noch folgende Dokumente, wenn vorgeschrieben, in Frage: Gewichtsbescheinigungen, Gesundheitsatteste, Prüfungsbescheinigungen, Ursprungszeugnisse, an Stelle der Seekonnossemente: Flußladescheine, Eisenbahnfrachtbriefduplikate, Posteinlieferungsscheine.

Commercial Letter of Credit (*Warenkreditbrief*) wird von nordamerikanischen Banken ausgestellt. Er wird für den Warenimport nach Nordamerika benutzt. Der Commercial Letter of Credit unterscheidet sich von einem bestätigten Waren-A. in der Hauptsache nur dadurch, daß die Bank des Käufers nicht eine bestimmte andere Bank mit der Zahlung und Aufnahme der Dokumente beauftragt, sondern dem Käufer einen Kreditbrief aushändigt, welchen er an den Verkäufer direkt sendet. Der Wortlaut ist bei allen Banken derselbe. Der Commercial Letter of Credit stellt eine Ermächtigung der ausstellenden Bank an einen Exporteur dar, für den Gegenwert einer angegebenen, an die Order der Bank verladenen Ware eine Tratte auf die Bank zu ziehen unter der Bedingung, daß dieselbe von bestimmten vorgeschriebenen Papieren (in der Regel ein Bordkonnossement, Handelsfaktura, Konsulatsfaktura — wenn Wert über 100 $ — Versicherungspolice — Versicherung wird auch häufig vom Käufer gedeckt —) begleitet ist. Die beiden anderen Ausfertigungen des Konnossements sind vom Verkäufer direkt an die Bank zu senden. Die Tratten lauten je nach den vereinbarten Zahlungsbedingungen auf Sicht oder eine bestimmte Anzahl Tage nach Sicht. Die Bank übernimmt in dem Kreditbrief dem Aussteller und jedem gutgläubigen Besitzer der Tratte gegenüber die Verpflichtung, die Tratte bei Präsentation einzulösen, wenn dieselbe und die Dokumente den vorgeschriebenen Bedingungen entsprechen. Der Exporteur hat die Möglichkeit, die Tratte mit den Dokumenten bei jeder beliebigen Bank unter Vorlage des Commercial Letter of Credit zu diskontieren und auf diese Weise sofort zu seinem Gelde zu kommen. Vgl. a. *bargeldloser Zahlungsverkehr*.

Literatur: ROZUMEK, Dr. PAUL: Das Kreditgeschäft im Bankbetriebe, S. 76—106. Hamburg 1927. — SPALDING, WM. F.: Bankers Credits. London: Sir Isaac Pitman & Sons Ltd. — WARD, WILBERT: American Commercial Credits. New York: The Ronald Press Co. — KOCH, Dr. jur. ARWED u. WILHELM SCHÜTZ: Bankgeschäftliches Formularbuch. Berlin 1928. — KOCH, Dr. ARWED: Der Warenkredit der Banken und seine Sicherstellung. Jena 1922. — STUMMER, Dr. HEINRICH: Das Bank-Akkreditiv. München 1924. — OBERPARLEITER, KARL: Das dokumentäre Akkreditiv. Leipzig und Wien 1922. — Bank-Arch. **18**, 273; **19**, 69ff.; **20**, Nr. 17 u. 18; **22**, 73 u. 179; **23**, 63.

ERNST GIESE.

Akkumulation vgl. *Konjunkturtheorie 4.*

Aktie als Wertpapier (im übrigen s. *Aktiengesellschaft* usw.). Die Aktie stellt das in Wertpapierform gebrachte Miteigentum an einem Unternehmen dar, dessen Erfolg oder Mißerfolg sie demgemäß teilt und in den Schwankungen ihres Kurses, falls es sich um eine notierte Aktie handelt, zum Ausdruck bringt. Der Gewinn des Unternehmens wird jährlich in Form der Dividende auf die Aktie ausgeschüttet.

Die Aktie ist heute in Deutschland, USA. und fast allen Ländern, selbst in Frankreich, dem Rentenland par excellence, Hauptgegenstand des Börsengeschäfts und für das Bankwesen nicht nur hierdurch, sondern auch im Gründungsgeschäft und als Gegenstand der Beleihung (Report- und Lombardgeschäft) von großer Bedeutung.

Bankaktien selbst sind in einigen Ländern wichtige Träger des Börsenumsatzes, so bisher in Deutschland, wo aber die Entwicklung seit Juli 1931 eine Änderung bringen dürfte, dann in Frankreich. In früheren Zeiten waren einzelne Bankaktien, vor allem die Aktien der Österreichischen Creditanstalt, geradezu tonangebend für die internationale Börsentendenz. Die Börsengängigkeit der Bankaktie wurde auch durch den Umstand gefördert, daß ihre Kapitalisation in der Regel nur aus Stammaktien bestand, dann durch die naturgemäß bei ihnen im besonderen Maß vorhandene Placierungsmöglichkeit im Publikum. In den angelsächsischen Ländern waren die Bankaktien seit jeher dem Börsenverkehr etwas mehr entrückt, vor allem in England, wo die Aktien der großen Banken überhaupt nicht gehandelt werden, zumal sie meist nur mit etwa 25 % einbezahlt sind, und daher jeder Besitzwechsel der Zustimmung der Gesellschaft bedarf.

Typen. Mit der Zeit haben sich aus Finanzierungsbedürfnissen und um dem Publikumsgeschmack entgegenzukommen, die verschiedensten Spielarten der Aktie herausgebildet, beginnend mit einer anleiheähnlichen festverzinslichen Vorzugsaktie (*angelsächsischer Typ*, s. u.), und endend mit Genußschein oder Nachzugsaktie (deferred share), die beide so gut wie keine substantielle Deckung mehr aufweisen, sondern nur an dem Gewinn besonders guter Jahre partizipieren. Allen Typen ist aber gemeinsam, daß sie Eigentumstitel und nicht Schuldtitel sind, mit allen daraus rechtlich und vor allem materiell sich ergebenden Folgen; ferner daß sie nur aus einem vorhandenen Gewinn eine Jahresbeteiligung erfahren dürfen.

a) Vorzugsaktien sind Kapitalsteile, die gegenüber dem übrigen Teil des Aktienkapitals in irgendeiner Hinsicht bevorrechtet sind. Während die Vorzugsaktie der deutschen Gesellschaften vorwiegend machtpolitische Zwecke verfolgen (sog. Mehrstimmrechtsaktien, vgl. *Aktienrechtsreform* sowie *Aktiengesellschaft*), dient der angelsächsische Typ der Vorzugsaktie, in England preference share, in USA. prefered share genannt, ausschließlich Anlagezwecken. Seine Vorzugsrechte sind daher fast immer auf eine bevorzugte Dividende beschränkt, sein Stimmrecht steht oft dem der Stammaktien sogar nach: der typische pref. share hat auf die Leitung der Gesellschaften normalerweise gar keinen Einfluß, ja er ist stimmrechtslos. Sein Stimmrecht lebt in diesem Fall nur auf, wenn es sich um seine eigentlichen Rechte handelt, wenn z. B. die pref.-Dividende in einem Jahr ausblieb usw. Hierbei hat die Gesamtheit der pref.-Besitzer oft besondere Entscheidungsrechte, z. B. bezüglich einer Liquidation usw. Vorzugsaktien mit Nachzahlungsanspruch für nicht gezahlte Dividende heißen kumulativ. Die angelsächsischen Vorzugsaktien nehmen also eine Art Mittelstellung zwischen Aktien und Obligationen ein. Hierin liegt der diametrale Gegensatz zu der Mehrzahl der deutschen Vorzugsaktien, wenn man von wenigen in den Anfängen steckengebliebenen Versuchen des deutschen Aktienwesens, diesen obligationenähnlichen Typ auch in Deutschland einzubürgern, absieht (fast das einzige Beispiel von größerer Bedeutung aus der Privatindustrie sind die vor einigen Jahren zur Einziehung gelangten 6 % AEG.-Vorzugsaktien).

b) Stammaktien (ordinary shares, in USA. common shares, actions ordinaires usw.) stellen die materiell weitaus wichtigste Aktienkategorie dar, vor allem im Börsenverkehr. Sie müssen in Deutschland und den meisten übrigen Ländern auf eine Nominale lauten. Aus der Erwägung, daß der Wert der Stammaktien einzig durch den Gesamtwert des Unternehmens, dividiert durch die Anzahl der anteilsberechtigten Aktien, gegeben sei, erklären sich die seit wenigen Jahrzehnten aufgetauchten nennwertlosen Aktien[1] (shares without parvalue), welche erstmals 1912 in Amerika gesetzlich für zulässig erklärt wurden und seitdem dort ungeheure Verbreitung gefunden haben. Speziell in den Jahren 1922—1929 kann man geradezu von einem Siegeslauf der nennwertlosen common share sprechen, der bereits auch in Europa Fuß zu fassen vermochte[2]. Obwohl das System des nennwertlosen common shares in mancher Hinsicht während der letzten zwei Jahre der amerikanischen Boomperiode, also 1928—29, ausartete (vgl. das über „stock dividend" weiter unten Gesagte, sowie *New Yorker Börse*), ist es doch in USA. bereits derart fest verankert, daß eine Rückentwicklung völlig ausgeschlossen erscheint.

Die Bilanzierung der common shares erfolgt ganz richtig, indem man sie als Überschuß der Aktiva über die Passiva, als „capital account", unter die Passiva einstellt, also genau so wie die Bilanzierung des europäischen Eigenkapitals. Aus Gründen der Vorsicht ist dieses capital account meist viel niedriger als dem wahren Wert des Unternehmens entspricht. Ein weiterer sehr wesentlicher Teil des Eigenvermögens wird nämlich in Form des Surplus ausgewiesen, einer gleichfalls unter den Passiven stehenden Generalreserve (gewissermaßen das „Mädchen für alles" der amerikanischen Bilanz), der eine doppelte Rolle zufällt: Einerseits wird ein weiterer Teil des Eigenvermögens der Gesellschaft durch sie bilanziert, andererseits bildet sie einen jederzeit heranziehbaren Dividendenergänzungsfond.

Hieraus ergibt sich der grundlegende Unterschied zwischen dem common share des amerikanischen Rechtes und der deutschen Stammaktie. Der englische ordinary share steht seinem Charakter nach zwischen beiden: Von der deutschen Stammaktie unterscheidet er sich dadurch, daß meist die starke Vorwegnahme des sichersten Teils des Gewinns durch preferred shares den auf ihn entfallenden Teil stark schmälert. Vom common share trennt ihn der Umstand, daß er — wie erwähnt — immer ein Nominale haben muß und rein faktisch die besonders vorsichtige Dividendenpolitik der soliden englischen Gesellschaften. Ein weiterer Unterschied zum common share liegt darin, daß erst die häufig vorhandenen deferred shares, die das amerikanische Recht nicht kennt, das „untere" Ende der Kapitalisatien, entsprechend der Ertragsspitze, bedeuten und den ordinary share vor den stärksten Schwankungen in der Prosperität des Unternehmens sichern.

c) Die eben erwähnten deferred shares (Nachzugsaktien) bilden mit einer Reihe anderer, ähnlicher Typen die letzte, spekulativste Gruppe der Aktien. Allen diesen Typen ist gemeinsam, daß sie prinzipiell keine Sicherheit mehr besitzen — weder hinsichtlich eines Kapitals, es entfallen also in den Bilanzen für sie keine oder fast keine Aktiven — noch auch hinsichtlich des Ertrages. Selbstverständlich kann eine durch Jahre sich fortsetzende Prosperität schließlich zu so starker Reserveanhäufung führen daß auch diese Kapitalisierungsstufe mehr und mehr festen Boden unter den Füßen erhält. In allen Fällen ist aber der bei Schaffung solcher Typen leitende Gedanke maßgebend, irgendwelchen Interessentengruppen eine Beteiligung an einem über das normale Ausmaß hinaus etwa erzielten Übergewinn zu geben. Der verhältnismäßig wenig substantiierte Charakter des amerikanischen nennwertlosen common share bringt es mit sich, daß er diese Aufgabe mitlöst, so daß im Gegensatz zu Europa in Amerika hinter dem common share nichts mehr folgt. In Europa aber, das seit jeher die Stammaktie gesetzlich auf einen festen Boden gestellt hat, führten Wünsche von Sonderinteressenten zur Ausbildung verschiedener derartiger Typen.

Der deferred share (Nachzugsaktie) hat meist ein sehr geringes Nominale (z. B. sh. 1/- per Stück), weil die Ausgabe von shares ohne Nominale, was seiner Natur als purer Gewinnschein durchaus entspräche, in England nicht zulässig ist. Der deferred share kommt erst nach einer gewissen Verzinsung des ordinary share (und natürlich erst recht der preferred shares) zum Zug, wobei er dann meist paritätisch mit dem ordinary share behandelt wird. Selten ist es der Fall, daß neben den auf eine feste Verzinsung beschränkten preferred shares nur deferred shares existieren. Diese erhalten dann den vollen Supergewinn und nehmen so eine ähnliche Stellung ein wie die amerikanischen nennwertlosen common shares. Die deferred shares wurden in der Praxis nicht nur an Stelle von Bartantiemen an die Leitung gegeben (dies war wohl die Entstehung), sondern oft auch an die Gründer und Finanzkonsortien mit dem Zweck einer Partizipation an einer guten Entwicklung des Unternehmens. In diesem Fall gewinnen sie große Ähnlichkeit mit den im französischen Recht ausgebildeten parts de fondateur. Die deferred shares werden, mag ihre Entstehung nun wie immer sein, sobald dies möglich ist, an die Börse gebracht, und es entwickelt sich in ihnen ein Handel, der, ihrer Natur als Gewinnschein entsprechend, relativ starke Schwankungen aufweist. In manche bereits seit Jahrzehnten bestehende deferred shares sind ihre Gesellschaften durch ständige Gewinnaufspeicherung so hineingewachsen, daß zwischen ihnen und den normalen ordinary shares hinsichtlich der Sicherheit kein großer Unterschied besteht. Dies gilt naturgemäß insbesondere dort, wo die Kapitalisation sich nur aus preferred shares und deferred shares zusammensetzt.

d) Die parts de fondateur (Gründerscheine) sind — wie der Name sagt — ein für die Gründer einer Gesellschaft bestimmter Typ, dessen Ertrag gleichfalls vom Prosperieren der Gesellschaft abhängt. Sie haben im allgemeinen nach Zahlung einer Grunddividende auf die Stammaktien einen Anteil am Übergewinn, und zwar in der Regel in einem festen Schlüsselverhältnis. Dies führte durch die französische Inflation mitunter zu einer grotesken Werterhöhung dieser Type. Da nämlich die feste Anfangsdividende der Stammaktien den Vorkriegsverhältnissen angepaßt war und meist 4—6% betrug, so wurde sie vor allem bei Unternehmungen, die ihre Substanz bewahren konnten ohne ihr Kapital der Geldentwertung entsprechend zu erhöhen, materiell immer bedeutungsloser, so daß ein z. B. 40% des „Übergewinns" betragende Anteil des parts de fondateurs so gut wie vom Reingewinn sich errechnete.

e) Genußscheine. Einem anderen Ideengang verdankt die den parts de fondateurs ähnliche Type

[1] Den in der deutschen Fachliteratur vielfach gebrauchten Ausdruck „Quoten-Aktie" für nennwertlose Aktie bzw. Summen-Aktie für solche mit Nennwert erscheinen weder in sachlicher noch in sprachlicher Hinsicht besonders empfehlenswert.

[2] Und zwar in Belgien (parts sociales) z. B. die auch in Deutschland gehandelten Arbed-Aktien.

der außerdeutschen Genußscheine (actions de jouissance) ihr Dasein. Emittenten derartiger actions de jouissance sind fast ausnahmslos Gesellschaften, deren Lebensdauer beschränkt ist, also vor allem konzessionierte Gesellschaften, deren Konzessionsdauer nach 30, 50, 99 usw. Jahren abläuft (z. B. Privatbahnen, Wasserwerke usw.). Nach französischem Recht (und in Nachbildung desselben seinerzeit auch nach österreichisch-ungarischem Recht usw.) hatten solche Gesellschaften, damit ihre Aktionäre möglichst sicher wieder zu ihrem Gelde kämen, einen Tilgungsplan für das ausgegebene Aktienkapital aufzustellen, der mit der Konzessionsdauer abschließen mußte. Es fand also sukzessive (durch Auslosung) eine Rückzahlung des gesamten Kapitals zu pari statt. Es erschien nun unbillig — und vor allem hätte es einen starken Unsicherheitsfaktor im Kurs der betr. Aktie mit sich gebracht —, auch dann nur den Pariwert zurückzuzahlen, wenn das Unternehmen durch gute Prosperität inzwischen einen Wert erlangt hatte, der vielleicht ein Mehrfaches des Pariwertes betrug. Man verfiel daher auf die Idee, dem Besitzer einer zu pari ausgelosten Aktie neben dem rückgezahlten Betrag einen Genußschein auszufolgen, durch den er — mit Ausnahme der fixen Vorwegverzinsung des Pariwertes, den er ja zurückerhalten hatte — an allen Superdividenden gleichmäßig mit den noch unverlosten partizipierte, sowie auch am Liquidationserlös, soweit er über das Pari der zuletzt noch ausstehenden Aktien hinausging. Solche Genußscheine erhielten also in dem Maße, als das Aktienkapital heimgezahlt und durch Genußscheine ersetzt wurde, einen immer breiteren Markt und waren auch deshalb beim Publikum beliebt, weil man die Chancen des Unternehmens mit einem um die festverzinsliche Einzahlung verringerten Kursbetrag kaufen konnte.

In keinem Zusammenhang hiermit stehen die in Deutschland während Inflation und Aufwertung geschaffenen Genußscheine einiger Gesellschaften, die ohne Stimmrecht meist die gleichen Dividendenrechte wie die Stammaktien haben und von der Gesellschaft zum Tageskurs der Stammaktie gekündigt werden können. Repräsentanten hiervon sind z. B. Ilse-Bergbau-Genußscheine. Erfreulicherweise hat die Schaffung dieser reichlich unorganischen Wertpapiertype keine weitere Verbreitung gefunden.

Aktientechnisches. Aktien lauten auf Inhaber oder auf Namen. Im letzteren Fall sind sie im *Aktienbuch* (s. d.) eingetragen. Der Gebrauch von Inhaber- oder Namensaktien ist in den einzelnen Ländern sehr verschieden. Diesbezüglich wird auf die die einzelnen Länder behandelnden Sonderartikel verwiesen. Stimmrechtsaktien lauten selbstverständlich immer auf Namen, ebenso alle nicht voll bezahlten Aktien.

Aktienzertifikate werden in verschiedenen Fällen ausgegeben. Bescheinigungen für junge Aktien vor ihrer Ausgabe an das Publikum heißen Interimsscheine. Sehr häufig dienen Aktienzertifikate der leichteren Lieferbarkeit, indem Namensaktien bei einem Treuhänder hinterlegt werden, der nun hierfür trust certificates ausgibt, die auf den Inhaber lauten und daher leichter handelbar sind.

Dividende. Die jährliche Ausschüttung erfolgt in der Regel unmittelbar nach der Generalversammlung gegen Präsentierung des fälligen *Coupons* (s.d.) bei einer *Zahlstelle* (s. d.) oder an der Kasse des betr. Unternehmens selbst. In manchen Ländern wird während des Jahres eine *Abschlagsdividende* (s. d.) verteilt. Nach der Vorzugsdividende kommt die Stammdividende zur Verteilung, die sehr oft statutarisch in eine erste Dividende von 4—6 % zerfällt, nach der ein gewisser Tantiemeanteil abgespalten wird und eine zusätzliche Dividende aus dem hernach noch vorhandenen Überschuß. Zusatzdividende (Superdividende) nennt man dagegen eine vorgesehene Beteiligung der festverzinslichen Vorzugsaktien am Reingewinn, analog der Zusatzverzinsung von *Anleihen* (s. d.). In den Jahren der amerikanischen Börsenhausse (1927—29) hat eine besondere Art der Dividende allzu rasch Schule gemacht, nämlich die Dividende in Form von jungen Aktien der gleichen Art (stock dividend), also meist common stock dividend auf common shares, aber auch — was dem Wesen des pref. shares völlig widerspricht (s. o.) jungen pref. shares auf alte.

Diese an Stelle einer Bardividende geschaffenen jungen Aktien werden dann sofort an der Börse lieferbar gemacht und hierdurch dem Aktionär die Möglichkeit gegeben, sie zu verkaufen und hierdurch doch zu Bargeld zu kommen. Der Vorteil für die Gesellschaft liegt darin, daß dies einer ohne weitere Schwierigkeiten und Spesen erfolgenden Aktienteilemission gleichkommt, und daß sie die flüssigen Mittel, welche andere Gesellschaften bei der Ausschüttung der Bardividende verlieren, sich erhält. Dieser Modus empfiehlt sich also in erster Linie für in Expansion begriffene Unternehmen.

Kam ursprünglich die stock-dividend mehr als Superdividende neben der üblichen Bardividende, also in Form eines Bonus, zur Ausschüttung, so sind in der letzten Zeit der amerikanischen Hausse gerade solche Gesellschaften, auf die die frühere Voraussetzung zutrifft, also z. B. die großen Elektrizitätslieferungsgesellschaften der USA. (Public Utilities) mehr und mehr dazu übergegangen, die stockdividend als alleinige Ausschüttung zu wählen oder sie wenigstens in der Wahl des Aktionärs ebenbürtig mit einer Bardividende anzubieten. Hierbei wird das Ausmaß des an Stelle der Bardividende hingegebenen stocks so bemessen, daß er zum Tageskurse umgerechnet die Bardividende etwas übersteigt, um einen Anreiz zugunsten der stock-dividend auszuüben. Die Aktivierung dieser jungen Aktien auf Kapitalskonto bot, da es sich hier wie heute meist in den USA. um nennwertlose common shares handelte, keine weiteren Schwierigkeiten.

Die Gefahren der Stock-dividend-Politik liegen auf einem ähnlichen Gebiet wie die der Emission festverzinslicher Werte mit Zusatzrechten: alles ist auf eine weitere Prosperität abgestellt. Es besteht immerhin eine gewisse Gefahr, daß ein derartiges Unternehmen aus dem Zwang heraus, entsprechend der Stock-dividend, Expansion treiben zu müssen, im Mangel an wirtschaftlich geeigneten Objekten zu einer rein äußerlichen Expansion greift, was sich schließlich auch auf einem so soliden Gebiet, wie es z. B. die Elektrizitätsbranche ist, durch Fehlinvestitionen rächen konnte.

Vgl. a. *Finanzgeschäft 6.*

Bez. *Literatur* wird auf die diversen i. V. nachgewiesenen Artikel verwiesen, z. B. *Aktiengesellschaft.* Eine knappe, gute Darstellung der ausländischen Aktientypen findet sich in „Salings Börsenpapiere", Bd. V.

Paul Quittner.

Aktienbuch, das vom Gesetz (§ 222 HGB.) vorgeschriebene Verzeichnis der Inhaber von Namensaktien einer Aktiengesellschaft. Dasselbe muß Namen, Stand und Wohnort des Inhabers enthalten. Jede Übertragung einer Namensaktie ist im A. unter Vorlegung der Aktie und Nachweis des Übergangs einzutragen. Die Bedeutung des A. liegt darin, daß gegenüber der Gesellschaft nur derjenige als Aktionär gilt, der im A. eingetragen ist. Da der Gesellschaftsvertrag die Eintragung im A. von der Zustimmung der Verwaltung abhängig machen kann, ist damit die Handhabe gegeben, mißliebige Personen als Aktionäre auszuschließen. Davon wird z. B.

häufig bei Versicherungsgesellschaften mit nichtvollbezahlten Aktien (die immer Namensaktien sein müssen) Gebrauch gemacht, um zu verhindern, daß Personen Aktionäre werden, die ihrer Einzahlungspflicht nicht nachkommen könnten. Entsprechend der starken Verbreitung von Namensaktien in England und USA. ist dort die Institution der A. weit allgemeiner und erstreckt sich auch auf die vollbezahlten Aktien des Börsenverkehrs. (Vgl. Zertifikate im Artikel *Aktie als Wertpapier.*)

Aktiengesellschaft.

I. Begriff.

Vereinigung, in der sich sämtliche Gesellschafter mit Einlagen auf das Grundkapital beteiligen, ohne eine Haftung für die Verbindlichkeiten der Gesellschaft zu übernehmen. Das Mitgliedschaftsrecht an der Gesellschaft verkörpert sich in Aktien, die auf den Namen oder — was das sehr viel häufigere ist — auf den Inhaber ausgestellt sind. Die Aktie muß nach deutschem Recht auf einen bestimmten Nennbetrag gestellt sein, der auf 100 RM. oder einen durch hundert teilbaren Reichsmarkbetrag zu lauten hat; bei Gesellschaften, die ihr Grundkapital herabsetzen, können die Aktien in gewissen Fällen auch über 20 RM. lauten. Die Summe des Nennbetrages der Aktien ergibt das Grundkapital, dessen Mindestbetrag für die vor der Währungsstabilisierung gegründeten Gesellschaften auf 5000 RM., für später gegründete auf 50000 RM. festgesetzt ist (§ 17 Goldbilanzverordnung). Die A. ist juristische Person und fällt unter den Oberbegriff der in den §§ 22ff. BGB. behandelten Vereine. Die dort gegebenen Vorschriften allgemeiner Art (Auflösung des Vereins aus öffentlich-rechtlichen Gründen, Haftung des Vereins für seine Organe) kommen, soweit die besonderen Verhältnisse des Aktienrechts es zulassen, auf die A. subsidiär zur Anwendung. Der Zweck der Gesellschaft kann im Rahmen des gesetzlich Zulässigen auf Erfüllung von Aufgaben jeder Art gerichtet, er kann ein gewerblicher oder gemeinnütziger sein, muß aber durch Vermögen oder vermögensrechtliche Leistungen erreicht werden können. Nur auf derartige Leistungen kann sich daher die Verpflichtung des Aktionärs erstrecken, die sich andererseits nicht in Zahlung des übernommenen Aktienbetrages zu erschöpfen braucht, sondern in besonderen Fällen auch in Leistungen anderer Art bestehen kann. — Bekannt sind die Zuckerfabrik-A.en, deren Aktionäre die Verpflichtung zur Lieferung eines bestimmten Kontingents von Rüben übernehmen. — Die A. ist Hauptrepräsentantin des Begriffs Kapitalgesellschaft, die auf persönlichem Gebiet liegenden Mitgliedschaftsrechte werden beherrscht vom Interesse an der Kapitalbeteiligung, nach deren Höhe sich in der Regel auch der Einfluß des einzelnen Aktionärs, insbesondere sein Stimmrecht in der Generalversammlung, richtet. Wirtschaftlich gesehen, ist die A. das gegebene Instrument zur Durchführung volkswirtschaftlicher Aufgaben größeren Ausmaßes durch private Initiative auf kapitalistischer Basis, denen entweder wegen der Größe der erforderlichen Mittel oder wegen des zu übernehmenden Risikos der einzelne nicht gewachsen ist. Die A. ist, gleichgültig, welcher Art ihr Geschäftsbetrieb ist, Kaufmann im Sinne des HGB., muß daher eine handelsrechtlich zulässige Firma mit dem Zusatz „Aktiengesellschaft" haben, aus deren Namen im Regelfall der Gegenstand des Unternehmens ersichtlich ist. Die Rechtsverhältnisse bei ausländischen Gesellschaften, die in Deutschland eine Zweigniederlassung haben, werden durch das Recht des Heimatlandes bestimmt, für die Anmeldung der deutschen Zweigniederlassung zum Handelsregister ist neben Erfüllung der allgemeinen Formvorschriften das Bestehen der A. als solcher nachzuweisen.

II. Allgemeines.

Die Aktie, auf die von vornherein mindestens 25% des Nennbetrages zuzüglich eines etwaigen Agios eingezahlt werden muß, darf als Inhaberaktie nicht vor Volleinzahlung ausgegeben werden; dasselbe gilt für Interimsscheine, d. h. Urkunden, die vor Ausgabe der Aktien dem Berechtigten ausgehändigt werden. Als Namensaktien dagegen können nicht voll eingezahlte Aktien in Verkehr gebracht werden, was am häufigsten bei Versicherungsgesellschaften geschieht. Die Übertragung der Namensaktien geschieht durch Indossament — die Aktien werden in der Regel mit Blankoindossament gehandelt —, der Eigentumsübergang ist im Aktienbuch der Gesellschaft zu vermerken, ohne daß die Rechtswirksamkeit des Übertragungsaktes von der Umschreibung abhängig wäre. Der Gesellschaft gegenüber gilt nur derjenige als Aktionär, der im Aktienbuch eingetragen ist. In der Satzung kann die Übertragung der Namensaktien von der Zustimmung der Gesellschaft abhängig gemacht werden, auf deren Erteilung dann ein Rechtsanspruch nicht besteht. Der Inhaber einer nicht voll eingezahlten Aktie haftet für die Resteinzahlung; leistet er diese nach Aufforderung nicht, kann er seines Anteilsrechts verlustig erklärt werden (Kaduzierung). Für die Resteinzahlung haftet ferner der Rechtsvorgänger des Aktionärs, sofern die Übertragung der Aktie im Augenblick der Einforderung der Zahlung nicht schon länger als 2 Jahre zurückliegt. Die Aktie verbrieft ihrem Inhaber einen Anspruch auf Beteiligung am Gesellschaftsgewinn, im Fall der Liquidation der Gesellschaft auf einen Anteil am Liquidationserlös. Es ist weder zulässig, auf das Aktienkapital feste Zinsen zu zahlen — abgesehen von den sog. Bauzinsen, die für eine Anlaufzeit ausbedungen werden können —, noch können die Aktionäre ihre Einlagen ganz oder teilweise zurückverlangen.

Die A. darf eigene Aktien nur erwerben unter ganz bestimmten, eng umgrenzten Voraussetzungen, sofern es sich nicht lediglich um Ausführung einer Einkaufskommission über voll eingezahlte Aktien handelt. Der Erwerb ist zur Abwendung eines der Gesellschaft drohenden schweren Schadens zulässig, wenn die zu erwerbenden Aktien nicht mehr als 10% des Grundkapitals ausmachen. Daneben kann eine A. gleichfalls bis zu 10% ihres Aktienkapitals erwerben, wenn die erworbenen Aktien zur Einziehung bestimmt sind. Sie müssen dann innerhalb von 6 Monaten nach Erwerb eingezogen werden. Dem Erwerb eigener Aktien ist die Inpfandnahme gleichgestellt. Zur Verhütung von Umgehungen ist einer A. oder Kommanditgesellschaft auf Aktien, die von einer anderen beherrscht wird (abhängige Gesellschaft), der Erwerb von Aktien der Muttergesellschaft im gleichen Umfang verboten wie der Muttergesellschaft selbst, ebenso darf auch kein Dritter für Rechnung der Gesellschaft in größerem Umfang Aktien der Gesellschaft erwerben, als diese selbst.

Für eigene Aktien, die der Gesellschaft oder für ihre Rechnung einem Dritten gehören, ruhen Stimm- und Dividendenrecht. Ein Verstoß gegen das Erwerbsverbot hat nur bei eigenen Interimsscheinen oder nicht voll eingezahlten Aktien Nichtigkeit des betreffenden Rechtsgeschäfts zur Folge, in allen anderen Fällen begründet er für die Gesellschaft selbst und ihre Gläubiger eine Schadensersatzpflicht des Vorstandes sowie der Aufsichtsratsmitglieder, die diese Transaktion gekannt haben, ohne dagegen eingeschritten zu sein.

Die Einziehung von Aktien hat grundsätzlich nach den Vorschriften über Herabsetzung des Grundkapitals zu erfolgen. Gewisse Ausnahmen gelten für folgende Fälle:

a) Die Aktien sind der Gesellschaft unentgeltlich zur Verfügung gestellt,

b) die Aktien werden zu Lasten des bilanzmäßigen Gewinns oder eines Reservefonds eingezogen,

c) der einzuziehende Betrag übersteigt nicht 10 % des Grund kapitals, und die Aktien sind innerhalb der letzten 6 Monate vor der Einziehung durch die Gesellschaft erworben.

In diesen Ausnahmefällen bedarf es zur Einziehung nur eines einfachen Mehrheitsbeschlusses der Generalversammlung, im Fall c ist Gesellschaftsgläubigern, die innerhalb einer gewissen Frist ein derartiges Verlangen stellen, Sicherheit zu leisten. Ein dem Nennbetrag der eingezogenen Aktien gleichkommender Betrag — im Fall c der durch die Einziehung erzielte Buchgewinn (Unterschied zwischen dem Buchwert und dem Nennbetrag der Aktien) — ist in einen besonderen Reservefonds einzustellen, der nur nach Maßgabe der Vorschriften über Kapitalherabsetzung aufgelöst werden kann.

III. Gründung.

Nach dem in Deutschland herrschenden System der *Normativbestimmungen* hat jede Gesellschaft, die den gesetzlich festgelegten Mindesterfordernissen entspricht, Anspruch auf Eintragung in das Handelsregister. Der in gerichtlicher oder notarieller Verhandlung festzustellende Gesellschaftsvertrag, der von mindestens fünf Personen, die Aktien übernehmen, abgeschlossen sein muß, hat mindestens über folgende Punkte Bestimmungen zu enthalten:

1. Die Firma und den Sitz der Gesellschaft;
2. den Gegenstand des Unternehmens;
3. die Höhe des Grundkapitals und der einzelnen Aktien;
4. die Art der Bestellung und Zusammensetzung des Vorstandes;
5. die Form, in der die Berufung der Generalversammlung der Aktionäre geschieht;
6. die Form, in der die von der Gesellschaft ausgehenden Bekanntmachungen erfolgen.

Im allgemeinen wird die Satzung über diese Mindestvorschriften hinaus weitere für die jeweils in Betracht kommende Gesellschaft wesentliche Regelungen treffen, um den durch das Gesetz gezogenen Rahmen auszufüllen. In der Praxis übernehmen nahezu immer die Gründer sämtliche Aktien (Simultangründung), die sog. Sukzessivgründung, nach der die Aktien nach und nach gezeichnet werden, hat praktisch keine Bedeutung. Durch Übernahme der Aktien, die mindestens zum Nennbetrage ausgegeben werden müssen (Verbot der Unterpari-Emission), aber häufig mit einem Agio ausgegeben werden, gilt die Gesellschaft als errichtet. Es ist zulässig, für einzelne Gattungen von Aktien verschiedene Rechte festzustellen, die sich auf Verteilung des Gewinns oder des Gesellschaftsvermögens beziehen und, was praktisch von besonderer Bedeutung ist, auf Gewährung von Stimmvorrechten in mehr oder weniger großem Ausmaß erstrecken können (Stimmrechtsaktien). Grundsätzlich sind die Einzahlungen auf die Aktien in bar vorzunehmen, Zahlung im Wege der Verrechnung oder in ähnlicher Form, bei der die Gesellschaft nicht in den Besitz des baren Geldes gelangt, sind unzulässig. Der in Anspruch genommene Aktionär kann von seiner Einzahlungsverpflichtung nicht befreit werden, er hat auch nicht das Recht, gegen diesen Anspruch mit Forderungen gegen die Gesellschaft aufzurechnen.

Werden Einlagen auf das Grundkapital geleistet, die nicht in Barzahlung bestehen (Sachgründung), sondern im Einbringen von Sachwerten (Grundstücken, Fabrikationsunternehmungen, Patenten usw.), so muß der Gesellschaftsvertrag genaue Bestimmungen über die Höhe der für die Sacheinbringung zu gewährenden Vergütung enthalten, andernfalls ein derartiges Abkommen der Gesellschaft gegenüber unwirksam ist. Um einer Umgehung dieser Bestimmungen vorzubeugen, sind auch für den Fall, daß eine Gesellschaft derartige dem Betrieb gewidmete Sachwerte innerhalb der ersten beiden Jahre nach ihrer Gründung erwirbt (Nachgründung), verstärkte Kautelen (Zustimmung einer qualifizierten Generalversammlungsmehrheit) für ordnungsmäßige Bewertung geschaffen.

Vorstand und Aufsichtsrat haben an Hand des ihnen von den Gründern gelieferten Berichts den Gründungshergang zu prüfen, in besonderen Fällen, insbesondere bei Sachgründung, hat außerdem eine Prüfung durch Revisoren der Handelskammer stattzufinden. Bevor die Gesellschaft nicht auf Grund einer Anmeldung durch sämtliche Gründer, Vorstands- und Aufsichtsratsmitglieder in das Handelsregister eingetragen ist, besteht sie als solche nicht. Wer vorher in ihrem Namen handelnd auftritt, haftet daraus persönlich, selbst wenn die Gesellschaft später eingetragen wird und die Handlungen genehmigt, sofern nicht von vornherein die Gültigkeit der Erklärung von der Genehmigung durch die Gesellschaft abhängig gemacht wird. Vor der Eintragung können weder Anteilsrechte mit Wirkung gegenüber der Gesellschaft übertragen, noch Aktien oder Interimsscheine ausgegeben werden.

Die Gründer haften der Gesellschaft gegenüber als Gesamtschuldner für die Ordnungsmäßigkeit des Gründungsvorganges und die Richtigkeit und Vollständigkeit der von ihnen abgegebenen Erklärungen; für etwa fehlende Einzahlungen auf das Grundkapital haben sie selbst als Gesamtschuldner aufzukommen. Die gleiche Haftung trifft den Emittenten, der innerhalb von 2 Jahren nach Eintragung der Gesellschaft auf Grund der Angaben der Gründer öffentliche Ankündigungen zwecks Absatzes der Aktien erläßt. Ein Gründer oder Emittent, der die Unrichtigkeit seiner Angaben weder kannte noch bei Anwendung der Sorgfalt eines ordentlichen Geschäftsmannes kennen mußte, ist von dieser Haftung befreit. Eine ähnliche Haftung — allerdings nicht gegenüber der Gesellschaft, sondern gegenüber dem Aktienbesitzer — kennt das Börsengesetz für die Herausgeber von Prospekten (vgl. Art. *Börsengesetz* B II 6, 7), auf Grund deren Aktien zum Börsenhandel zugelassen werden.

IV. Organisation.

Die Organe der Gesellschaft sind Vorstand, Aufsichtsrat und Generalversammlung.

Der Vorstand, dessen Mitglieder in der Regel vom Aufsichtsrat bestellt werden, vertritt die Gesellschaft nach außen. Besteht der Vorstand aus mehreren Personen, so gilt, wenn die Satzung es nicht anders bestimmt, der Grundsatz der Gesamtvertretung. Die Vertretungsmacht des Vorstandes kann mit Wirkung nach außen in keiner Richtung eingeschränkt werden, nur intern sind die Vorstandsmitglieder an die Weisungen des Aufsichtsrats und die Beschlüsse der Generalversammlung gebunden. Neben den Vorstandsmitgliedern kann die rechtsgeschäftliche Vertretung der Gesellschaft durch Prokuristen oder Handlungsbevollmächtigte erfolgen, für die die allgemeinen Bestimmungen des Handelsgesetzbuches gelten. Den Mitgliedern des Vorstandes ist es grundsätzlich verboten, sich persönlich in dem Handelszweige der Gesellschaft für eigene oder fremde Rechnung geschäftlich zu betätigen, eine Befreiung von diesem Konkurrenzverbot kann die Gesellschaft bewilligen. Kredite dürfen Mitglieder des Vorstandes sowie deren Ehegatten und Kinder bei ihrer Gesellschaft nur mit Zustimmung ihres Aufsichtsrats in Anspruch nehmen, das gleiche gilt für Kredite an Vorstandsmitglieder oder Geschäftsführer eines von der Gesellschaft abhängigen Unternehmens und deren Angehörige. Bei Aufnahme von Darlehen hat der Aufsichtsrat bei Erteilung der Zustimmung zugleich die näheren Bedingungen über Verzinsung und Rückzahlung festzulegen.

Der Vorstand hat dafür Sorge zu tragen, daß die Gesellschaft ihrer Pflicht zur Führung ordnungsmäßiger Handelsbücher nachkommt, es muß, sobald sich aus einer Jahresbilanz der Verlust von mehr als der Hälfte des Grundkapitals ergibt, einer zu diesem Zweck zu berufenden Generalversammlung eine entsprechende Anzeige machen. Bei Eintritt von Zahlungsunfähigkeit oder Überschuldung hat er die Eröffnung des Konkurses oder des gerichtlichen Vergleichsverfahrens zu beantragen.

Der Vorstand kann von der Gesellschaft bei schuldhafter Verletzung seiner Obliegenheiten ersatzpflichtig gemacht werden, dieser Anspruch verjährt in 5 Jahren. Unter besonderen Umständen stehen derartige Regreßansprüche neben der Gesellschaft auch deren Gläubigern zu, in keinem Falle dem einzelnen Aktionär.

Der Aufsichtsrat hat aus mindestens 3 und höchstens 30 Mitgliedern zu bestehen und ist, abgesehen von dem bei der Errichtung der Gesellschaft zu bestellenden ersten Aufsichtsrat, dessen Mandat bis zur Beendigung der ersten Generalversammlung läuft, durch die Generalversammlung zu wählen, außerdem ist der Betriebsrat eines Unternehmens berechtigt, ein bis zwei seiner Mitglieder in den Aufsichtsrat zu entsenden. Der Aufsichtsrat hat die Geschäftsführung der Gesellschaft „in allen Zweigen der Verwaltung" zu überwachen und die Jahresrechnungen, Bilanzen und Gewinnverteilungsvorschläge zu prüfen und darüber der Generalversammlung zu berichten. Mindestens allvierteljährlich hat der Vorstand dem Aufsichtsrat schriftlich oder mündlich Bericht zu erstatten, jedes Mitglied des Aufsichtsrats ist befugt, einen schriftlichen Bericht einzusehen. Aufsichtsratssitzungen sind auf Verlangen eines Mitgliedes vom Vorsitzenden zu berufen, 2 Mitglieder können auch gegen den Willen des Vorsitzenden unter Mitteilung des Sachverhalts selbst zu einer Sitzung einladen. Der Aufsichtsrat vertritt die Gesellschaft bei Vornahme von Rechtsgeschäften mit dem Vorstand oder bei Rechtsstreitigkeiten gegen diesen oder einzelne seiner Mitglieder und haftet für schuldhafte Verletzung seiner Pflichten in dem gleichen Umfang wie der Vorstand. Der Aufsichtsrat kann sich von dieser Haftung nicht oder wenigstens nicht vollständig durch Delegation einzelner Aufgaben an aus seiner Mitte gewählte Kommissionen oder andere Hilfspersonen befreien. Es ist unmöglich, zugleich dem Vorstand und dem Aufsichtsrat einer Gesellschaft anzugehören, lediglich für einen begrenzten Zeitraum kann der Aufsichtsrat einzelne Mitglieder in den Vorstand entsenden, die während dieser Zeit ihr Aufsichtsratsmandat nicht ausüben dürfen. In der Regel wird dem Aufsichtsrat in der Satzung eine Vergütung ausgesetzt, die entweder in einem Fixum oder in einem Anteil am Reingewinn oder in einer Kombination beider Möglichkeiten besteht. Dies gilt nicht für die in den Aufsichtsrat entsandten Betriebsratsmitglieder, die lediglich Ersatz ihrer Aufwendungen beanspruchen können.

Die Generalversammlung besteht aus sämtlichen Aktionären oder ihren Vertretern, die Aktien ordnungsmäßig angemeldet haben. In welcher Form die Anmeldung zu geschehen hat und ob und an welche Stelle die angemeldeten Aktien zu hinterlegen sind, bestimmt der Gesellschaftsvertrag. Grundsätzlich werden Beschlüsse mit Stimmenmehrheit gefaßt, in gewissen, vom Gesetz oder der Satzung bestimmten Fällen ist neben Stimmenmehrheit auch eine nach dem Kapital berechnete mehr oder weniger qualifizierte Mehrheit erforderlich. „Bestehen Aktien verschiedener Gattung, so findet neben der Gesamtabstimmung in diesem Falle getrennte Abstimmung der einzelnen Aktionärgruppen statt."

Die Generalversammlung wird durch den Vorstand berufen, sie muß auf Antrag einer Aktionärminderheit, die den zwanzigsten Teil des Grundkapitals besitzt, berufen werden, wenn ein derartiger Antrag unter Angabe des Zwecks der Einberufung vorliegt. Gibt der Vorstand diesem Verlangen nicht statt, so hat das zuständige Gericht die antragstellenden Aktionäre zur Einberufung zu ermächtigen.

„Die in der Generalversammlung zu erledigende Tagesordnung ist mindestens 2 Wochen vor dem Tage der Generalversammlung oder dem Zeitpunkt, bis zu dem die zur Teilnahme angemeldeten Aktien zu hinterlegen sind, öffentlich bekannt zu machen." Grundsätzlich hat jedes Jahr, und zwar in den ersten 3 Monaten des Geschäftsjahres — die Frist kann im Gesellschaftsvertrage auf höchstens 6 Monate verlängert werden —, eine ordentliche Generalversammlung stattzufinden, der die Bilanz nebst Gewinn- und Verlustrechnung und der Geschäftsbericht zur Genehmigung vorzulegen ist. Diese Generalversammlung hat außerdem über die Gewinnverteilung und die Entlastung des Vorstandes und Aufsichtsrates Beschluß zu fassen. Das Stimmrecht wird nach Aktienbeträgen ausgeübt, wobei verschiedene Gattungen von Aktien auch mit verschiedenem Stimmrecht ausgestattet sein können. In gewissen Fällen dürfen Aktionäre, die durch die Beschlußfassung unmittelbar betroffen werden, kein Stimmrecht ausüben. Die Aktionäre haben in der Generalversammlung das Recht, Auskunft über die zur Sache gehörenden Punkte zu verlangen; wird die Erteilung der Auskunft mit stichhaltiger Begründung als dem Interesse der Gesellschaft abträglich verweigert, so hat die Generalversammlung zu entscheiden, ob dem Wunsch des auskunftheischenden Aktionärs entsprochen werden soll. Jeder Generalversammlungsbeschluß muß durch ein über die Verhandlung aufgenommenes gerichtliches oder notarielles Protokoll beurkundet werden.

Die Generalversammlung kann, abgesehen von den ordentlichen Bilanzprüfern, Prüfer zur Prüfung von Vorgängen bei der Gründung oder Geschäftsführung bestellen. Wird ein derartiger Antrag durch Mehrheitsbeschluß abgelehnt, so hat eine qualifizierte Mehrheit (10 % des Grundkapitals) das Recht, von dem zuständigen Gericht die Ernennung von Prüfern zu verlangen, sofern Unredlichkeiten oder grobe Gesetzesverletzungen glaubhaft gemacht werden. Die Gesellschaft kann gegen ihre Gründer, die Mitglieder des Vorstandes und des Aufsichtsrates bei Pflichtverletzung Regreßansprüche erheben. Diese müssen geltend gemacht werden, wenn die Generalversammlung es mit Stimmenmehrheit verlangt, aber auch dann, wenn eine qualifizierte Minderheit (10 %, in einzelnen Fällen nur 5 % des Grundkapitals) ein derartiges Verlangen stellt. Zur Führung des Regreßprozesses können besondere Vertreter gewählt werden, im Falle der Erhebung der Ansprüche auf Antrag einer Minderheit kann das Gericht die von der Minderheit bezeichneten Personen zum Vertreter im Regreßprozeß bestellen. Soll der Regreß auf Antrag einer Minderheit genommen werden, so kann von den Aktionären Hinterlegung ihrer Aktien, unter gewissen Voraussetzungen auch Sicherheitsleistung verlangt werden.

Ein Beschluß der Generalversammlung kann wegen Verletzung des Gesetzes oder der Satzung durch eine innerhalb eines Monats zu erhebende Klage angefochten werden. Zur Klageerhebung ist jeder Aktionär berechtigt, der gegen den mit der Klage angegriffenen Beschluß Widerspruch zu Protokoll erklärt hat oder der unberechtigterweise zur Generalversammlung nicht zugelassen ist oder der seine Klage darauf zu gründen vermag, daß die Versammlung nicht ordnungsmäßig berufen oder der betreffende Punkt der Tagesordnung nicht vorschriftsmäßig bekanntgemacht sei.

Eine Anfechtungsklage gegen gewisse Bilanzansätze kann nur von einer qualifizierten Minderheit (5 % des Grundkapitals) erhoben werden. Auch dem Vorstand und in einzelnen Fällen auch den Mitgliedern des Vorstandes und Aufsichtsrats steht das Recht zur Erhebung der Anfechtungsklage zu. Verstößt ein Beschluß der Generalversammlung gegen zwingende gesetzliche Vorschriften oder gegen die guten Sitten, so ist er auch ohne Anfechtung nichtig.

V. Bilanz, Kapitalveränderung, Finanzierung.

Die Bilanz der A. richtet sich grundsätzlich nach den allgemeinen Bilanzierungsvorschriften des Handelsgesetzbuches, gewisse Abänderungen ergeben sich aus der besonderen Struktur der Gesellschaft. Während für die Bewertung in der gewöhnlichen kaufmännischen Bilanz der Wert des betreffenden Gegenstandes am Tage des Bilanzstichtages maßgebend ist, gilt dies bei der A. nur mit der Einschränkung, daß bei der Bewertung über den Anschaffungs- oder Herstellungswert grundsätzlich nicht hinausgegangen werden darf, da es unzulässig ist, noch nicht realisierte Gewinne zu aktivieren. Die Gründungs- und Verwaltungskosten dürfen nicht aktiviert werden, vor allem aber ist auf der Passivseite das Grundkapital und der Betrag jedes gesetzlichen oder besonderen Reservefonds einzusetzen.

Über den Inhalt des Geschäftsberichts, die Bewertungsgrundsätze, die bei der Aufstellung der Bilanz zu beachten sind, und die Art, in der die einzelnen Posten der Bilanz und der Ertragsrechnung aufzugliedern sind, gibt das Gesetz genaue Vorschriften. Es soll sichergestellt werden, daß der Rechenschaftsbericht, den die Gesellschaft ihren Aktionären alljährlich zu erstatten hat, erschöpfend und deutlich den Stand der Gesellschaft und die Ergebnisse ihrer Geschäftsführung wiedergibt. Geschäftsbericht, Bilanz und Ertragsrechnung sind mindestens 2 Wochen vor der Generalversammlung oder dem letzten Hinterlegungstag für die Aktionäre zur Einsicht auszulegen, Bilanz und Ertragsrechnung überdies in den Gesellschaftsblättern zu veröffentlichen. Dadurch gewinnen die gesetzlichen Vorschriften unter dem Gesichtspunkt der Publizität erhöhte Bedeutung.

Der Geschäftsbericht hat den Vermögensstand und die Verhältnisse der Gesellschaft darzulegen und den Jahresabschluß zu erläutern, insbesondere da, wo er von denen früherer Jahre abweicht. Dabei ist Aufschluß zu geben über Beziehungen der Gesellschaft zu abhängigen oder Konzerngesellschaften, über Besitz an eigenen Aktien und etwaige Bindungen, die hinsichtlich der Ausübung der Aktionärrechte zwischen der Gesellschaft oder ihrem Konzern und den Aktieninhabern bestehen, sowie über Haftungsverhältnisse, insbesondere solche, die aus der Begebung von Wechseln und Schecks herstammen, soweit sie aus der Bilanz nicht ersichtlich sind.

Die *Bilanz* (s. a. d. I 7) ist aufzugliedern auf der Aktivseite in rückständige Einlagen auf das Grundkapital, Anlagevermögen, Beteiligungen, Umlaufsvermögen und Posten, die der Rechnungsabgrenzung dienen. Alle diese Posten müssen weitgehend untergeteilt werden, insbesondere sollen unter Umlaufsvermögen die Forderungen der Gesellschaft nach Art ihrer Entstehung und Stellung des Schuldners ersichtlich sein. Eine entsprechende Gliederung ist auf der Passivseite der Bilanz vorzunehmen, nämlich in Grundkapital, Reservefonds, Rückstellungen, Wertberichtigungsposten und Posten, die der Rechnungsabgrenzung dienen. Die Verbindlichkeiten wiederum sind nach denselben Grundsätzen unterzuteilen wie die Forderungen auf der Aktivseite. Vor den Strich, d. h. nur als Merkposten, sind Verbindlichkeiten aus Bürgschaften und Garantieverträgen aufzunehmen. Die Regierung hat sich das Recht vorbehalten, die Benutzung bestimmter Formulare für Bilanzen, insbesondere solcher für Aufstellung eines gemeinsamen Jahresabschlusses innerhalb eines Konzerns, vorzuschreiben.

Jeder Jahresabschluß nebst Unterlagen ist vor Weiterleitung an die Generalversammlung durch sachverständige Bilanzprüfer zu prüfen. Die Prüfer (Einzelpersonen oder Treuhandgesellschaften, die die notwendige Qualifikation besitzen müssen) werden vor Ablauf jedes Geschäftsjahres durch die Generalversammlung gewählt, erhalten aber ihren Auftrag durch den Vorstand. Die Prüfungsarbeiten haben sich nicht nur auf die formelle Ordnungsmäßigkeit der Buchführung zu beschränken, sondern müssen auch die Innehaltung der vorgeschriebenen Bewertungsgrundsätze kontrollieren. Der schriftlich zu erstattende Prüfungsbericht ist dem Aufsichtsrat vorzulegen, dieser hat der Generalversammlung anzugeben, durch wen die Prüfung erfolgt ist und ob sie zu Beanstandungen Anlaß gegeben hat. Zur Vermeidung von Indiskretionen ist den Prüfern strengste Verschwiegenheit auferlegt, sie haben nicht die Möglichkeit, sich von ihrer Haftung für Verletzung ihrer Obliegenheiten frei zu zeichnen (vgl. *Revision der Bilanz*).

Änderungen des Gesellschaftsvertrages bedürfen in der Regel des Beschlusses einer qualifizierten Mehrheit, betrifft die Änderung den Gegenstand des Unternehmens, so muß der Beschluß von einer Dreiviertelmehrheit des vertretenen Grundkapitals gefaßt sein. Dasselbe gilt für andere besonders bedeutsame Beschlüsse wie Kapitalherabsetzung, Auflösung der Gesellschaft u. ä.

Die bedeutsamsten Satzungsänderungen werden sich meist auf das Gesellschaftskapital und seine Veränderung beziehen, sei es, daß eine Erhöhung, sei es, daß eine Verminderung des Kapitals vorgenommen wird. Eine Kapitalerhöhung durch Ausgabe neuer Aktien darf nur, abgesehen von Ausnahmen, die für Versicherungsgesellschaften zulässig sind, nach voller Einzahlung des Grundkapitals erfolgen. Sofern Aktien mit verschiedenen Berechtigungen ausgegeben sind, bedarf es neben dem von der vorgeschriebenen Mehrheit gefaßten Generalversammlungsbeschluß noch der gesonderten Abstimmung innerhalb jeder einzelnen Aktionärgruppe. Die Durchführung der in der Generalversammlung beschlossenen Kapitalerhöhung kann den Organen der Verwaltung bis zu einem gewissen Grade überlassen werden. Es ist z. B. zulässig, in dem Generalversammlungsbeschluß lediglich einen Höchstbetrag festzusetzen, bis zu welchem das Kapital erhöht werden darf, ohne daß dieser Höchstbetrag bei der Durchführung des Beschlusses erreicht werden muß. Die Verwaltung kann auch ermächtigt werden, die beschlossene Kapitalerhöhung zu einem ihr geeignet erscheinenden Zeitpunkt durchzuführen, wenn nur in dem Generalversammlungsbeschluß eine äußerste, nicht zu fern hinausgeschobene zeitliche Grenze für die Durchführung festgelegt ist.

Die Aktionäre haben grundsätzlich ein *Bezugsrecht* (s. a. d.) auf die neu auszugebenden Aktien, das jedoch durch Generalversammlungsbeschluß — allerdings nur gleichmäßig gegenüber allen Aktionären — ausgeschlossen werden kann. Dies geschieht in der Hauptsache, wenn die Kapitalerhöhung zur Angliederung anderer Unternehmungen durch Fusion oder Aktientausch vorgenommen wird, oder wenn die Gesellschaft Sachwerte irgendwelcher Art gegen Gewährung von Aktien zu erwerben beabsichtigt. Der Kurs, zu welchem das Bezugsrecht ausgeübt werden kann, ist in satzungsgemäßer Form zu veröffentlichen. In vielen Fällen wird bei Kapitalerhöhung den Aktionären ein indirektes Bezugsrecht derart eingeräumt, daß die neuen Aktien durch eine Bank oder ein Konsortium übernommen werden mit der Auflage, den Aktionären einen auf ihren Aktienbesitz entfallenden Anteil zu einem bestimmten Kurs anzubieten. Eine Erklärung, durch welche vor dem Beschluß über die Kapitalerhöhung Dritten der Bezug von Aktien zugesichert wird, ist der Gesellschaft gegenüber unwirksam.

Der Beschluß über Herabsetzung des Grundkapitals bedarf, abgesehen von dem unter II erörterten Sonderfall, zwingend einer Dreiviertelmehrheit des bei der Beschlußfassung vertretenen Grundkapitals, in ihm ist festzusetzen, welchen Zwecken diese Maßnahme dient. In vielen Fällen ist die Kapitalreduktion eine Sanierungsmaßnahme, die dann vielfach mit einer Kapitalerhöhung verbunden zu werden pflegt. Häufig dient der Beschluß auch zur Beseitigung von Aktien, die die Gesellschaft unter pari erworben hat, und führt hierdurch zu einem buchmäßigen Gewinn. Nach Eintragung des Beschlusses in das Handelsregister sind die Gläubiger der Gesellschaft öffentlich zur Anmeldung ihrer Ansprüche aufzufordern, ihnen ist auf Verlangen Befriedigung zu gewähren oder Sicherheit zu leisten. Zahlungen an die Aktionäre dürfen erst ein Jahr nach der letzten öffentlichen Aufforderung an die Gläubiger geleistet werden.

Als einmalige Ausnahme ist die durch Notverordnung vom 6. Oktober 1931 zugelassene Kapitalherabsetzung in erleichterter Form gedacht, sie soll den Gesellschaften die Möglichkeit geben, ihr Kapital dem durch die wirtschaftliche Entwicklung veränderten Vermögensstand anzupassen. Sie ist zulässig bis zum 31. Dezember 1932 und kann

1. durch Einziehung von eigenen oder Vorratsaktien,
2. Herabsetzung des Nennbetrages oder
3. Zusammenlegung von Aktien erfolgen.

Solange sich durch Beschreiten des erstgenannten Weges der gewünschte Zweck erreichen läßt, dürfen die beiden letztgenannten Möglichkeiten nicht angewandt werden. Die Kapitalherabsetzung erfolgt durch Generalversammlungsbeschluß, der bei Einziehung von eigenen oder Vorratsaktien lediglich einfacher Kapitals- und Stimmenmehrheit, andernfalls der für Kapitalreduktionen allgemein üblichen qualifizierten Mehrheit bedarf. Des Gläubigeraufgebots oder der Sicherstellung sich meldender Gläubiger bedarf es nicht. Die Kapitalherabsetzung kann in einer ordentlichen Generalversammlung, die gleichzeitig über die Bilanz des letztvergangenen Geschäftsjahres zu befinden hat, beschlossen werden, und zwar in der Form, daß die zu genehmigende Bilanz so aufgestellt wird, als wäre die Kapitalherabsetzung bereits am Bilanzstichtag erfolgt gewesen. In diesem Falle sind die Beschlüsse über Bilanzgenehmigung und Entlastung der Verwaltung aufschiebend bedingt durch die ordnungsmäßige Durchführung der Kapitalherabsetzung. In derselben Generalversammlung und für denselben Stichtag kann auch gleichzeitig eine Kapitalerhöhung beschlossen werden unter der Voraussetzung, daß der auf die neuen Aktien einzuzahlende Betrag der Gesellschaft am Tage der Generalversammlung zu Verfügung steht.

Die Kapitalherabsetzung, soweit sie nicht durch Einziehung von eigenen oder Vorratsaktien durchgeführt wird, ist erst zulässig, nachdem alle über 10 % des neuen Grundkapitals hinausgehenden gesetzlichen oder freien Reserven, die zur Deckung eines Verlustes zu dienen bestimmt sind, aufgelöst worden sind. Die durch die Kapitalherabsetzung und die Auflösung von Reserven gewonnenen Beträge dürfen nur zu Abschreibungen, zur Deckung von Verlusten oder zur Einstellung in den gesetzlichen Reservefonds, der jedoch 10 % des neuen Grundkapitals nicht übersteigen darf, benutzt werden. Zahlungen an die Aktionäre sind unzulässig, abgesehen von gewissen Ausnahmen bei Einziehung von Vorratsaktien. Gesellschaften, die ihr Kapital in erleichterter Form anders als durch Einziehung von eigenen oder Vorratsaktien herabsetzen, sind zugunsten der Gläubiger gewisse Beschränkungen in der Dividendenzahlung auferlegt.

Die den A. zur Verfügung stehenden Finanzierungsmöglichkeiten sind gesetzlich nicht näher geregelt. Neben der Kapitalerhöhung ist in letzter Zeit die Ausgabe von Genußscheinen oder Obligationen, deren Inhaber in höherem oder geringerem Maße am Gewinn der Gesellschaft interessiert sind oder denen ein mehr oder weniger weitgehendes Recht auf den Erwerb von Aktien zugebilligt wird (convertible bonds), üblich geworden (vgl. *Anleihen mit Zusatzrechten*). Inwieweit derartige Transaktionen der Zustimmung der Generalversammlung bedürfen, ist streitig.

Das Institut der Vorrats- oder Verwaltungsaktien dient weniger der Finanzierung als der Stabilisierung der Herrschaft einer bestimmten Gruppe. Diese Aktien, die im allgemeinen nicht voll eingezahlt sind, stehen zur Verfügung der Verwaltung der Gesellschaft, die über die Art der Verwendung und Verwertung zu befinden hat. Die Daseinsberechtigung dieser Aktiengattung ist in der Rechtswissenschaft stark umstritten.

Im Zusammenhang mit der *Aktienrechtsreform* (s. d.) ist auch eine gesetzliche Regelung zahlreicher Finanzierungsmöglichkeiten geplant.

VI. Auflösung der Gesellschaft.

Gesetzlicher Auflösungsgrund ist in erster Linie die Eröffnung des *Konkurses* (s. d.) über das Vermögen der Gesellschaft. In diesem Falle vereinigt der Konkursverwalter in sich alle Rechte, die der Gesellschaft selbst, ihren Organen und ihren Gläubigern zustehen, ein formelles Liquidationsverfahren gibt es dann nicht. In allen anderen Fällen tritt die Gesellschaft nach der Auflösung in Liquidation. Die Vorstandsmitglieder gelten als Liquidatoren, wenn nicht auf Grund des Gesellschaftsvertrages durch Beschluß der Generalversammlung oder in gewissen Fällen durch das Gericht andere Liquidatoren bestellt werden.

Die Befugnisse der Liquidatoren sind denen der Vorstandsmitglieder gleich, ihre Abberufung kann nur durch Generalversammlungsbeschluß oder in besonderen Fällen durch das Gericht erfolgen. Im Rahmen der Liquidation sind die Gläubiger der Gesellschaft zu befriedigen, hiernach können nach Ablauf eines Sperrjahres die Reste des Gesellschaftsvermögens an die Aktionäre verteilt werden. Unter gewissen Kautelen kann die Verwertung des Gesellschaftsvermögens im ganzen vorgenommen werden, wobei die Gläubigerschutzvorschriften zu beachten sind. Bei Übernahme des Gesellschaftsvermögens durch die öffentliche Hand bedarf es keiner Liquidation.

Im Falle der Fusion, d. h. der Übernahme einer Aktiengesellschaft (übertragende Gesellschaft) durch eine andere (übernehmende Gesellschaft), kann gleichfalls die Liquidation unterbleiben. Die Vereinigung der Vermögen beider Gesellschaften darf jedoch auch hier nur unter Beachtung der Gläubigerschutzvorschriften nach Ablauf des gesetzlichen Sperrjahres erfolgen. Die Beachtung dieser Vorschrift ist in vielen Fällen schon aus technischen und organisatorischen Gründen unmöglich, sie bleibt in den meisten Fällen bei Fusionen unbeachtet. Ein Verstoß gegen diese gesetzlichen Bestimmungen erzeugt bei Entstehung eines Schadens Regreßansprüche gegen die verantwortlichen Gesellschaftsorgane, führt aber keine Nichtigkeit der gesetzwidrig vorgenommenen Verschmelzungsmaßnahmen herbei.

Die Überführung einer A. in eine andere Rechtsform der Kapitalgesellschaft ist nicht möglich. Eine *Kommanditgesellschaft* (s. d.) auf Aktien kann zwar unter Beachtung der Vorschriften über Abänderung des Gesellschaftsvertrages in eine A. umgewandelt werden, das umgekehrte Verfahren ist aber nicht zulässig. Dagegen kann eine A. aufgelöst und ohne Liquidation in eine G. m. b. H. überführt werden, wobei für den Schutz der Gesellschafter und Gläubiger weitgehend Vorsorge getroffen ist.

Gewisse grobe Verstöße gegen zwingende Bestimmungen des Aktienrechts sind unter Strafe gestellt. Hierzu gehören das absichtliche Handeln der Verwaltungsorgane zum Nachteil der Gesellschaft, die Verletzung der Wahrheitspflicht bei Anmeldungen zum Handelsregister oder bei den der Generalversammlung gegebenen Berichten, die nicht rechtzeitige Erklärung der Insolvenz oder des Verlustes von mehr als 50 % des Grundkapitals, die Entgegennahme oder das Inaussichtstellen besonderer Vorteile für eine bestimmte Art der Abstimmung in der Generalversammlung (Stimmenkauf) sowie die Verletzung gewisser Ordnungsvorschriften. Die Strafe ist in der Regel Geldstrafe oder Gefängnisstrafe, in ganz schweren Fällen kann bei einzelnen Delikten auf Zuchthaus erkannt werden.

VII. Steuerrechtliche Fragen.

Von besonderer Bedeutung für A. ist die *Kapitalverkehrsteuer* (s. a. d.), die in
a) Gesellschaftssteuer,
b) Wertpapiersteuer und
c) Börsenumsatzsteuer
zerfällt.

Gesellschaftssteuer wird fällig für Zahlungen und Leistungen zum Zwecke des Erwerbs von Gesellschaftsrechten durch den ersten Erwerber oder auch durch Gewährung von Darlehen an eine Gesellschaft, die sachlich als dauernde Beteiligung anzusehen sind. Der Steuersatz beträgt zur Zeit 2 %.

Für gewisse Tatbestände (Überleitung eines Teils des Betriebsvermögens der Gesellschaft in eine neue Gesellschaft gegen Übernahme von Aktien) vermindert sich die Steuer auf die Hälfte.

Der Wertpapiersteuer unterliegen Schuldverschreibungen, die auf den Inhaber lauten oder indossabel sind, ferner Aktien und Genußscheine ausländischer Gesellschaften. Versteuert wird die erstmalige Ausgabe, der Steuersatz ist gestaffelt.

Börsenumsatzsteuer wird erhoben bei jedem Anschaffungsgeschäft über Aktien oder Schuldverschreibungen, soweit es sich nicht um die Zuteilung an den ersten Erwerber handelt. Der Steuersatz ist gleichfalls gestaffelt.

Als laufende Steuer trifft die A. an Stelle der Einkommensteuer die Körperschaftssteuer, die 20 % des steuerbaren Einkommens beträgt.

VIII. Ausländisches Recht.

In den Gesetzen fast aller Länder ist die A. als maßgebende Form der Kapitalgesellschaft bekannt. In den Ländern des europäischen Kontinents orientiert sich das Aktienrecht in der Regel entweder nach der deutschen Gesetzgebung oder es hat sich das französische System zum Vorbild genommen, wobei die Angleichung an das Vorbild verschieden stark ausgeprägt ist.

Sehr wesentliche Unterschiede grundsätzlicher Art bestehen zwischen diesen beiden Gruppen nicht. Die Bestimmungen über die Gründung der Gesellschaft, ihre Geschäftsfähigkeit und Organisation, die Einteilung des Aktienkapitals in Namensaktien oder Inhaberaktien, die Vorschrift, daß die Aktie auf einen bestimmten Nennbetrag lauten muß, kehren in ihren Grundzügen in jeder Gesetzgebung wieder. Die obligatorische Dreiteilung der Gesellschaftsorgane in Vorstand, Aufsichtsrat und Generalversammlung ist in einzelnen Ländern nicht durchgeführt, Frankreich z. B. kennt lediglich neben der Generalversammlung einen Verwaltungsrat, der für die laufenden Geschäfte einen Direktor ernennen kann, der weder Mitglied des Verwaltungsrats noch Aktionär zu sein braucht (administrateur délegué). Als teilweisen Ersatz für den Verwaltungsrat treten hier die jeweils auf ein Jahr gewählten Kommissare als Kontrollorgane ein. In anderen Ländern gibt es wie in Deutschland neben dem Aufsichtsrat noch ein Kontrollorgan, das regelmäßig Revisionen vorzunehmen hat.

Die überwiegende Zahl der europäischen und ein Teil der lateinamerikanischen Länder stehen auf dem Boden des Systems der Normativbestimmungen, in einzelnen Fällen (Österreich, Niederlande, in gewissem Umfange Italien, Argentinien, Chile) ist das Konzessionssystem aufrechterhalten, allerdings meist in so abgemilderter Form, daß es sich in seiner praktischen Handhabung kaum von dem der Normativbestimmungen unterscheidet. In der Regel hat eine Gesellschaft, die sich den gesetzlichen Bestimmungen anpaßt, einen Anspruch darauf, konzessioniert zu werden.

Das englisch-nordamerikanische Rechtssystem ist, wie auf zahlreichen Rechtsgebieten, so auch hier, von dem kontinentalen sehr verschieden, wobei wiederum gewisse Unterschiede zwischen der englischen Regelung und der in den größten Teilen der Vereinigten Staaten von Nordamerika geltenden bestehen. Für England ist maßgebend die Companies Act vom 10. Mai 1929. Das Rechtsgebilde, das der A. des kontinentalen Rechts entspricht, ist die Company limited by shares, und zwar vor allem in ihrer gebräuchlichsten Form, der Public Company. Die Private Company, die in England ungefähr die Stelle der deutschen G.m.b.H. einnimmt, genießt gesetzlich gewisse Erleichterungen, ist aber andererseits auf einen begrenzten Kreis von Gesellschaften beschränkt (sie darf nicht mehr als 50 Mitglieder haben) und ist nicht in der Lage, an das Publikum mit einer Aufforderung zur Zeichnung von Aktien oder Schuldverschreibungen heranzutreten. Die wichtigsten gesetzlichen Bestimmungen gelten aber gleichmäßig für beide Abarten der A.

Maßgebend ist das bei der Gründung der Gesellschaft aufzustellende Memorandum, in dem u. a. das Gründungskapital angegeben und der Gesellschaftszweck umrissen werden muß. Letzteres ist besonders wichtig, da Geschäfte, die nicht innerhalb der Grenzen dieses Zweckes liegen, als nichtig anzusehen sind und deswegen auch von den zur Vertretung der Gesellschaft berufenen Organen (board of Directors) nicht rechtswirksam getätigt werden können (ultra vires Theorie). Bei wichtigen Rechtsgeschäften mit englischen A. wird sich also der Gegenkontrahent sehr genau über den im Memorandum festgelegten Gesellschaftszweck sowie über die in den Gesellschaftsstatuten jeweils festgelegten Befugnisse der Directors unterrichten müssen.

Das Mitgliedsrecht verkörpert sich in Shares, die auf einen bestimmten Nennbetrag gestellt werden müssen, wobei das Gesetz keine Vorschriften über die Höhe eines Mindest- oder Höchstbetrages aufstellt. Es gibt Inhaber-Shares, die aber wegen der besonders hohen Stempelgebühren in der Praxis ungebräuchlich sind (abgesehen von gewissen Kolonialwerten), und auf den Namen ausgestellte Shares. Über das Mitgliedsrecht werden Urkunden (shares certificates) ausgegeben, die von der herrschenden Meinung nicht als Wertpapiere angesehen werden. Die Übertragung der Certificates, die mit einer ordnungsmäßig ausgestellten Übertragungserklärung versehen sein müssen, wird erst durch Umschreibung in den Registern der Gesellschaft perfekt im Gegensatz zu den deutschen Vorschriften, wo die Eintragung im Aktienbuch nur deklaratorische Bedeutung hat. Es ist nicht ohne weiteres zulässig, derartige Urkunden zum Zwecke leichterer Übertragbarkeit mit einem Blankotransfer zu versehen. In der Praxis wird jedoch von dieser Möglichkeit weitgehend Gebrauch gemacht, andererseits wird auch, um die jedesmalige umständliche und kostspielige formelle Übertragung zu vermeiden, die Eintragung auf Treuhänder (trustees) vorgenommen, die die Shares zur Verfügung des jeweils Berechtigten halten. Wie im deutschen Recht können Shares mit einer untereinander verschiedenen Berechtigung geschaffen werden (z. B. preference shares, ordinary shares, deferred shares).

Das Aktienkapital (autorisiertes Kapital) pflegt nicht von vornherein in vollem Umfang ausgegeben zu werden, für den Beginn des Geschäftsbetriebes genügt es, wenn die Gründer ein gewisses Kapitalminimum übernehmen. Im übrigen unterliegt es dem Ermessen der Gründer oder Direktoren, in welchem Umfang jeweils das Kapital zur Zeichnung aufzulegen ist. Die Unterpari-Emission ist in eng gesteckten Grenzen zugelassen, der Erwerb eigener Aktien ist der Gesellschaft unbedingt verboten. Das maßgebende Organ der Gesellschaft ist neben der Generalversammlung der Board of Directors, der in sich die Funktion des Vorstandes und Aufsichtsrates vereinigt und in der Regel aus seiner Mitte zur Geschäftsführung einen oder mehrere „managing directors" bestellt. Als Kontrollorgan fungieren Auditors, die alljährlich von der Generalversammlung zu wählen sind. Die Haftung der Organe gegenüber der Gesellschaft ist vertraglich nicht abdingbar.

Besondere Bestimmungen gelten für Gesellschaften, die ihrer Bedeutung halber durch Royal Charter oder besonderes Gesetz (Act of Parliament) gegründet werden.

In den Vereinigten Staaten von Nordamerika entspricht die sog. Private Corporation der deutschen A., daneben bestehen die Public Service Corporations, die die für die Allgemeinheit besonders wichtigen Unternehmungen (Gas, Wasser, Licht, Telephon, Eisenbahn) zu verwalten haben. Diesen sind in der Regel als Äquivalent für den Kontrahierungszwang, unter dem sie stehen, gewisse Privilegien steuerlicher und auch sonstiger Art gewährt. Sie entsprechen in ihrer wirtschaftlichen Bedeutung etwa den gemischt-wirtschaftlichen Unternehmungen des deutschen Rechts, sind aber reine Privatunternehmen.

Die für die Private corporations geltenden gesetzlichen Bestimmungen sind in ihren Grundgedanken dem englischen Recht ähnlich mit der Maßgabe, daß sie in höherem Maße als dieses elastisch und den Erfordernissen des Wirtschaftslebens anpaßbar sind. Die Übertragung von Shares certificates durch Blanko-transfer z. B. wird gesetzlich nicht beanstandet. Neben der auf bestimmte Nennbeträge lautenden Aktie gibt es hier auch die sog. Quotenaktie (s. u. *Nennwertlose Aktien*).

Literatur: Bei der Fülle des über dieses Gebiet vorhandenen Materials ist es nicht möglich, ein vollständiges Verzeichnis der benutzten Literatur zu geben, es sollen lediglich folgende Werke angeführt werden; BRODMANN: Aktienrecht. Berlin und Leipzig 1928. — BYK: Kapitalherabsetzungen in erleichterter Form bei Aktiengesellschaften und Kommanditgesellschaften auf Aktien lt. Notverordnung vom 6. Oktober 1931. Ktr.-Jahr 1932. — CURTI: Englisches Privat- und Handelsrecht. Berlin 1927. — Die englische Aktiengesellschaft nach neuem Recht. Berlin 1929. — ERDEL-WIERUSZOWSKI: Das Handelsrecht nach dem deutschen HGB., 6. Aufl. Leipzig 1930. — FLECHTHEIM-SCHMULEWITZ: Die Satzungen der deutschen Aktien-Gesellschaften. Mannheim, Leipzig und Berlin 1929. — HORWITZ: Das Recht der Generalversammlungen, der Aktiengesellschaften und Kommanditgesellschaften auf Aktien. Berlin 1913. — LEHMANN: Lehrbuch des Handelsrechts. Leipzig 1908. — Das Recht der Aktiengesellschaften 1, 2. Berlin 1898—1904. — MÖHRING; Aktienrechtliche Reichsgerichtsentscheidungen. Frankenstein i. Schles. 1926. — NEUFELD; Die aktienrechtlichen Vorschriften lt. Notverordnung vom 19. September 1931. 1932. — OLLENDORFF: Die Organisation der deutschen und englischen Aktiengesellschaft. Jena 1929. — RING-SCHACHIAN: Die Praxis der Aktiengesellschaft. Berlin und Leipzig 1929. — ROSENDORFF, Dr. RICH.: Beitrag zur Reform des deutschen Aktienrechts. In: Die Reform des englischen Aktienrechts. Berlin 1930. — SCHLEGELBERGER,

QUASSOWSKI, SCHMÖLDER: Verordnung über Aktienrecht vom 19. September 1931 nebst Durchführungsbestimmungen; im Anhang: Verordnung über Bilanzierungserleichterungen sowie Kapitalherabsetzungen in erleichterter Form. Ktr.-Jahr 1932. — SCHNEIDER; Die Aktien nach englischem, amerikanischem und französischem Recht. Marburg 1930. — SCHUMANN: Die rechtliche Stellung der Gläubiger, einer Aktiengesellschaft und einer Gesellschaft mit beschränkter Haftung nach ihrer Liquidation. Marburg 1930. — SILBERNAGEL: Die Gründung der Aktiengesellschaft nach deutschem, schweizerischem, französischem und englischem Recht. Berlin 1907. — STAUB: Handelsgesetzbuch, 12. und 13. Aufl. Berlin und Leipzig 1926. — HGB.-Nachtrag; Vorschriften der Verordnung vom 19. September 1931, sowie Verordnungen vom 8., 15. und 29. Dezember 1931. 1932.

G. Freiherr VON FALKENHAUSEN.

Aktienindex ist eine Darstellung der Gesamtkursentwicklung durch einen Index. Unter Index versteht man Zahlen, die nicht den absoluten Stand, sondern die verhältnismäßige Entwicklung, gemessen an einem bestimmten Ausgangspunkt (der gleich 100 gesetzt wird), wiedergeben. Ein solcher Index bietet nicht nur Vergleichsmöglichkeiten der Entwicklung einer Börse mit anderen Börsen, sondern auch eines Papiers mit der Gesamtentwicklung. Er ist ferner für allgemeinwirtschaftliche Betrachtungen, insbesondere für die Konjunkturbeobachtung, unerläßlich. — Ein Index muß, um allen Anforderungen zu genügen, einen wirklich typischen Ausgangspunkt, einen möglichst typischen Umfang und eine klare, übersichtliche Gliederung haben. Diese Anforderungen lassen sich nur rückblickend wirklich erfüllen, daher bietet jeder für die Gegenwart oder für die jüngste Vergangenheit aufgestellter A. nur annähernd allgemein gültige Resultate. — Das gilt in besonderer Weise für die Frage des Ausgangspunktes. Man nimmt hierbei entweder den Kursstand der Vorkriegszeit, so der offizielle französische A. (1913 = 100), der bekannte italienische A. von Prof. BACHI (31. Dezember 1913 = 100), Österreich (Statistische Nachrichten; 1. Halbjahr 1914 = 100); oder den Zeitraum nach der Währungsstabilisierung, nach einer großen Börsenbewegung usw., so der Index des deutschen Statistischen Reichsamts (1924—1926 = 100), der der Frankfurter Zeitung (1923 = 100), der bekannteste englische A. (Bankers Magazine 1921 = 100), der bekannte amerikanische Index der Standard Statistics (1926 = 100); oder schließlich der Nennwert (Deutscher Volkswirt). — Auch in bezug auf den Umfang gibt es verschiedene Methoden. Entweder werden alle Aktien einer Börse erfaßt (europäische Methode) oder nur einige große typische (amerikanische Methode). Die erste Methode hat den Vorteil größerer Objektivität, gibt aber dafür Sonderbewegungen meist gar nicht und große Bewegungen durch die Masse der unbeweglicheren kleineren Papiere gedämpft wieder. Die amerikanische Methode ist meist viel anschaulicher, aber unsachlich, da sie bereits ein Werturteil über die Bedeutung der einzelnen Aktien voraussetzt. Einen Mittelweg geht die Methode, wonach alle Aktien, aber überdies noch ihre Kapitalwerte erfaßt werden (Deutscher Volkswirt). Diese Zeitschrift gliedert ferner die deutschen Aktien noch nach Terminvariablen und Kassawerten sowie nach Branchen, bietet also ein ziemlich genaues Bild der deutschen Kursbewegung. — Für wissenschaftliche Zwecke müssen die Methoden noch beträchtlich verfeinert werden (Ausschaltung von Saisonschwankungen usw. A. der *Berliner Börse*, s. d. *Tabelle zu I 6*).

Aktienrechtsreform.

I. Die internationale Reformbewegung.

Die Bestrebungen zur Reform des Aktienrechts, die nach dem Kriege in den verschiedensten Ländern hervortraten, sind in ihren Beweggründen keineswegs auf einen einheitlichen Nenner zu bringen, und auch in den Reformarbeiten eines jeden einzelnen Landes kreuzen sich meist die verschiedensten Motive.

1. Zum Teil handelt es sich lediglich um das Bestreben, eine zurückgebliebene, veraltete, unzweckmäßige Rechtsordnung einer Entwicklung anzupassen, die in anderen Ländern schon Ende des vorigen Jahrhunderts erfolgt war. Das gilt namentlich für die Reform in den Niederlanden (1928), in Polen (1928), in Griechenland (seit 1920) und in der Türkei (1926). Die italienischen Entwürfe von 1922 und 1925, der spanische von 1926, der schweizerische von 1928 setzen sich größtenteils ebenfalls diese Aufgabe, ohne sich auf sie zu beschränken. Daß sich mit der Anpassung namentlich in den zu selbständigen gesetzgeberischen Leistungen befähigten Gebieten vielfach eine fruchtbare Weiterentwicklung der rezipierten Rechtsgedanken verbindet, lehrt der ungarische Entwurf von 1926.

2. Es ist indessen nicht dieser sozusagen normale Anpassungs- und Entwicklungsvorgang, der das Charakteristikum der durch leidenschaftliche Interessenkämpfe gekennzeichneten Reformbewegung der Nachkriegszeit ausmacht. Kennzeichnend ist vielmehr die Notwendigkeit, den Entartungserscheinungen zu begegnen, die sich entsprechend dem allgemeinen Sittenverfall nach dem Kriege in der Aktienpraxis in besonders verhängnisvoller Weise geltend machten. Namentlich die Zeiten der Währungsentwertung haben in zahlreichen Ländern eine Aushöhlung der aktienrechtlichen Moral begünstigt: a) Sie boten vielfältige Gelegenheit zur Bereicherung einzelner Gruppen. Beispielsweise wurde häufig erfolgreich versucht, während der Umwälzung aller Werte zu niedrigen Bezugspreisen, in Gold gerechnet manchmal für wenige Pfennige, große Anteile an einer Gesellschaft in die Hände der Verwaltungen oder ihr nahestehende Kreise zu bringen, ohne daß die auf solche Art und Weise expropriierten Eigentümer diesen Vorgängen zunächst große Beachtung schenkten, weil ihre Sinne von den nominalen Kurssteigerungen ihrer Papiere berauscht waren. b) Hand in Hand damit gingen Machtsicherungen interessierter Kreise, die unter dem Vorwand, innerer oder äußerer Überfremdung vorbeugen zu müssen, sich und ihren Nachfolgern ohne Gegenleistungen durch Emission von Herrschaftsaktien (mit mehrfachem Stimmrecht oder mit einfachem Stimmrecht unter nur teilweiser Einzahlung des Nennbetrages) einen ewigen Einfluß auf die Gesellschaft zu sichern versuchten, ohne an ihrem Kapitalrisiko entsprechend beteiligt zu sein. c) Und in der gleichen Zeit, nicht ohne Zusammenhang mit den schon erwähnten beiden Mißbräuchen, entwickelte sich eine Publizitätsscheu, die die Bewertung der Aktien vielfach der Willkür der Verwaltungen anheim stellte und eine offene Kritik und Kontrolle der Geschäftsführung erschwerte oder unmöglich machte. — Angesichts dieser Mißstände, gegen die sich nicht nur die betroffenen Aktionäre, sondern auch die öffentliche Kritik in einzelnen Ländern mit wachsender Schärfe auflehnten, handelte es sich in manchen Ländern darum, die bestehenden Schutzmaßnahmen zur Sicherung der Grundrechte der Aktionäre auszubauen und neue einzuführen. Gegen die Antastung der materiellen Eigentumsrechte wurden beispielsweise in Polen (Stärkung des Bezugsrechts), in Österreich, in England (verschärfte Haftung, Unwirksamkeit eines Machtmißbrauches) Sicherungen eingebaut. Das Mitbestimmungsrecht des Aktionärs wird in England, im schweizerischen Entwurf (Betonung der Sonderrechte einzelner Gattungen), im niederländischen Gesetz, das die Häufung von Stimmen in einer Hand unterbindet,

und in Polen, wo das Prinzip der Verhältniswahl Eingang fand, stärker gesichert. Und das Recht des Aktionärs auf Information suchten der schweizerische und ungarische Entwurf und die Gesetze in den Niederlanden, Polen und England durch Bilanzgliederungsvorschriften besser zu fundieren, vielfach unter Einführung einer periodischen Pflichtrevision (Schweiz, Ungarn, Polen, England).

3. Neben diesen dringlichsten Aufgaben hatten sich die Reformarbeiten auch mit den Problemen zu befassen, die unmittelbar mit den wirtschaftlichen Folgeerscheinungen des Krieges zusammenhängen. Der Kapitalmangel machte es wünschenswert, die Möglichkeiten der Kapitalbeschaffung zu variieren, und angesichts der Verschiebung der Kapitalkräfte war es verständlich, daß hierbei — und bei dieser Gelegenheit überhaupt — anglo-amerikanische Gedanken in besonders starkem Maße von europäischen Ländern übernommen wurden. Der Vermehrung der Kapitalbeschaffungsmöglichkeiten sollten z. B. die Übernahme des „autorisierten Kapitals" dienen, wie sie außer im deutschen auch im schweizerischen Entwurf vorgesehen wurde, oder die Einführung tilgbarer oder stimmloser Vorzugsaktien (England; italienischer Entwurf), die Anerkennung oder Regelung der Genußscheine in Frankreich und Polen, und schließlich die bedingte Zulassung der Unterpariemission in England und den Niederlanden. Auch das Vordringen der öffentlichen Hand, die verstärkte Konzentrationstendenz und die wirtschaftlichen Schwierigkeiten der Nachkriegszeit spiegelten sich in den Reformwerken wieder. Es werden Normen für die gemeinwirtschaftliche oder gemischtwirtschaftliche Unternehmung im österreichischen Gesetz aufgestellt. England und Italien erleichtern den Zusammenschluß oder die Sanierung von Unternehmungen.

II. Die Reformbewegung in Deutschland.

Im September 1926 stellte der Deutsche Juristentag das Thema zur Diskussion: „Soll bei einer künftigen Reform des Aktienrechts eine Annäherung an das englisch-amerikanische Recht in grundlegenden Fragen stattfinden?" Man unterhielt sich damals vorwiegend über die Möglichkeiten einer Weiterentwicklung der Finanzierungsformen und kam zu einer Verneinung der Frage, ob es erforderlich sei, Maßnahmen zur Vorbereitung einer Reform zu treffen, beauftragte jedoch immerhin eine Kommission mit der Prüfung „einer etwa notwendigen Reform des deutschen Aktienrechts". Die Kernfrage, wie weit den Entartungserscheinungen im deutschen Aktienwesen durch einen Ausbau und eine Verschärfung der Schutzvorschriften begegnet werden könne, die das auf dem Grundgedanken der sog. zweiten Aktiennovelle vom 18. Juli 1884 beruhende, an sich wohlbewährte Handelsgesetzbuch vom 10. Mai 1897 schon enthielt, wurde damals in den Hintergrund gedrängt, und es erwies sich als verhängnisvoll, daß die Erörterung zum Teil von solchen Juristen beherrscht wurde, die infolge ihrer engen wirtschaftlichen oder gesellschaftlichen Verbindung mit den Verwaltungskreisen der Aktiengesellschaften sich gegenüber den krassen Mißständen, die zutage getreten waren, blind verhielten. Eine wirklich wirksame Aktienreform hätte freilich tief die Interessen mancher Verwaltungskreise berühren und zahlreich künstlich aufgerichtete Machtpositionen korrigieren müssen. Man wartete also ab, bis die großen aktienrechtlichen Skandalaffären der folgenden Jahre jedermann die Augen öffneten. Im März 1929 hatte das Reichsjustizministerium noch einen sorgfältig ausgearbeiteten, fast 1000 Fragen enthaltenden Fragebogen an die berufenen Organisationen versandt, deren Aufarbeitung mehr als ein Jahr erforderte. Erst im März 1930 wurde ein „amtlicher Vorentwurf des Ministeriums" mit Erläuterungen der Öffentlichkeit unterbreitet. Dieser Entwurf sah eine durchgreifende Umarbeitung der aktienrechtlichen Vorschriften des Handelsgesetzbuches vor, also keine Teilreform, sondern eine Gesamtreform. Die wichtigsten Änderungen, die darin vorgeschlagen waren, sind die folgenden: Die Ausschließung des Bezugsrechts wird erschwert. Der Schutz der Minderheit wird durch Ausbau ihrer heutigen und durch Einführung neuer Rechte verbessert. Die Vorratsaktien im engeren Sinne werden beseitigt, die Verwendung der Stimmrechtsaktien etwas eingeschränkt und vor allem ihre Einziehung erleichtert. Die Zuständigkeit der Generalversammlung wird erweitert, indem verschiedene wichtige Vorgänge ausdrücklich ihrer Genehmigung unterworfen werden. Der Entwurf verstärkt schließlich die Rechenschaftspflicht und Kontrolle der Verwaltungen und vermehrt die Auskunftsrechte der Aktionäre in der Generalversammlung und die Pflichtmitteilungen für den Geschäftsbericht. Er verlangt für die Bilanzen weitgehende Gliederung und schreibt ihr regelmäßige Prüfung durch unabhängige Revisoren vor. Auch in minder wichtigen Punkten wurde das Handelsgesetzbuch einer Überarbeitung unterzogen, abgestorbene oder veraltete Bestimmungen wie die über die Bareinzahlung, die Stufengründung und die Zweigniederlassungen wurden beseitigt und neuen Erfordernissen des Wirtschaftslebens z. B. bei der Umwandlung von Kapitalgesellschaften, Rechnung getragen. Zur Erleichterung der Kapitalbeschaffung glaubten die Verfasser des Entwurfs die Einführung stimmrechtsloser Vorzugsaktien und die Möglichkeit der Festsetzung eines autorisierten Kapitals, dessen Begebung der Verwaltung überlassen bliebe, vorsehen zu sollen. Aber diese Details sind natürlich nebensächlich im Vergleich zu den erwähnten Vorschlägen zwecks Wiederherstellung der Aktionärrechte, Vorschläge, die zwar gegenüber früheren offiziösen Stellungsnahmen einen wichtigen Fortschritt bedeuten, aber noch manche Lücken lassen. Diese Unvollkommenheiten erklären sich zum Teil durch eine unseres Erachtens abwegige Theorie der Aktiengesellschaft, von der die Verfasser des Entwurfs ausgegangen sind, und die in der Begründung des Entwurfs folgendermaßen zum Ausdruck kommt: Die rein individualistische Auffassung des Handelsgesetzbuches sei durch die Rechtsidee abgelöst worden, daß das Unternehmen nicht nur der äußere Rahmen für die Verfolgung der Interessen der einzelnen Staatsbürger, sondern als solches ein Rechtsgut besonderer Eigenart und eine Einrichtung mit besonderen Aufgaben sei, eine Einrichtung, der der Staat Schutz und Förderung auch insoweit nicht vorenthalten dürfe, als das Schutz- und Förderungsbedürfnis in Widerstreit mit den Sonderinteressen der Aktionäre gerate. Was aber ist, genau gesehen, dieses „Unternehmen an sich", dessen Schutzbedürftigkeit mit diesen Sätzen betont wird? Es ist zweifellos richtig, daß „die moderne Aktiengesellschaft nicht nur eine Form für individuelles Gewinnstreben sei, sondern in verschiedenen Abstufungen auch den allgemeinen Interessen des Volkes zu dienen hat". Aber es könnte doch der Linie moderner Wirtschafts- und Rechtsentwicklung höchstens entsprechen, wenn man mit Rücksicht auf diese „allgemeinen Interessen des Volkes" die Gewinninteressen und den Einfluß der Aktionäre zugunsten der Belegschaft oder zugunsten der Allgemeinheit einschränken wollte. Diejenigen indessen, die die Ideologie von dem öffentlichen

Interesse der Aktiengesellschaft, vom „Unternehmen an sich" heute in erster Linie propagieren, denken dabei an die Einschränkung der Eigentümerrechte zugunsten der gerade amtierenden Verwaltung; tatsächlich wird mit dem Hinweis auf das schutzbedürftige Unternehmen vor allem die Aufrechterhaltung der Herrschaftsaktien gefordert. Man will die Wirksamkeit des Privateigentums einengen, aber nicht zugunsten der Belegschaft oder der Volksgemeinschaft, woran RATHENAU vor allem dachte, als er den Grundstein zu der Theorie vom selbständigen Unternehmer legte, sondern zugunsten von Kreisen, die, ohne entsprechend am Risiko der Unternehmungen beteiligt zu sein, eine Verwaltungsmacht stabilisieren möchten. So widerspruchsvoll diese Theorie ist, die sich das Reichsjustizministerium zu eigen gemacht hat, so folgerichtig sind die Konsequenzen, die der Ministerialentwurf aus ihr gezogen hat. Ebenso wie das Justizministerium von seinem Grundgedanken aus zu einer erheblich gesteigerten Offenlegungspflicht gelangt und sich auf diesem Gebiete einen beträchtlichen Teil der Forderungen zu eigen gemacht hat, die auch vom Standpunkt der Aktionärinteressen aus und zur Gewährleistung einer rationellen Kapitalbewirtschaftung zu erheben sind, ebenso hat es aus seiner Gesamteinstellung heraus vermieden, die seit 1919 in unser Aktienwesen eingeführten Herrschaftsaktien in der wünschenswerten, durchgreifenden Weise zu beseitigen.

III. Die aktienrechtlichen Notverordnungen.

Inzwischen waren bei großen und angesehenen Unternehmungen, bei der Frankfurter Allgemeinen Versicherungs A.-G., der Norddeutschen Wollkämmerei und Kammgarnspinnerei A.-G. und bei der Schultheiß-Patzenhofer A.-G. Vorfälle an den Tag gekommen, die zu einem beschleunigten Eingreifen des Gesetzgebers führten, Vorfälle, die durch eine frühzeitige und des Ziels einer Wiederherstellung der Aktionärrechte bewußte Erneuerung des Aktienrechts wahrscheinlich hätten verhindert werden können. Man hatte eine Zeitlang erwogen, den ganzen Aktienrechtsentwurf des Reichsjustizministeriums durch Notverordnung in Kraft zu setzen, sich dann aber entschlossen, einen Teil herauszugreifen und ihn durch einige zusätzliche Vorschriften zu ergänzen. Die Verordnung des Reichspräsidenten vom 19. September 1931, bei der man einen sogleich in Kraft gesetzten und einen erst später von der Regierung in Kraft zu setzenden Teil unterscheiden muß, besagte, soweit die aktienrechtlichen Inhalts ist, im wesentlichen folgendes:

1. Unter bestimmten Voraussetzungen wird der Aktiengesellschaft der Erwerb eigener Aktien im Gesamtnennbetrag von 10% des Grundkapitals gestattet, sofern er zur Abwendung eines schweren Schadens von der Gesellschaft notwendig erscheint oder die Aktien zur Einziehung erworben werden. Auch abhängige Gesellschaften dürfen Aktien der herrschenden Gesellschaft nur unter denselben Voraussetzungen wie diese selbst erwerben. Stimm- und Gewinnrechte der eigenen Aktien ruhen. Die eigenen Aktien müssen gesondert auf der Aktivseite der Bilanz aufgeführt werden unter Bewertung höchstens zum Anschaffungspreise oder zum Marktpreis, falls dieser niedriger ist.

2. Die Einziehung von Aktien wird erleichtert. Es genügt Generalversammlungsbeschluß mit einfacher Mehrheit, wenn die Aktien der Gesellschaft unentgeltlich zur Verfügung gestellt wurden, „zu Lasten des Jahresgewinnes" oder eines Reservefonds eingezogen werden oder die Gesellschaft die betreffenden Aktien im letzten halben Jahr vor der Einziehung erworben hat. Buchgewinne aus Aktieneinziehung müssen dem Reservefonds zugeführt werden.

3. Der Vorstand wird verpflichtet, dem Aufsichtsrat mindestens vierteljährlich, bei wichtigem Anlaß jederzeit Bericht zu erstatten. Kredite oder Darlehen oder Vorschüsse dürfen den Vorstandsmitgliedern (auch der abhängigen Gesellschaften) nur mit ausdrücklicher Zustimmung des Aufsichtsrats gewährt werden.

4. Nach der Generalversammlung, die über den Abschluß des am 1. Oktober 1931 laufenden Geschäftsjahres, die mit einfacher Stimmenmehrheit die Statuten hinsichtlich der Zusammensetzung, Bestellung und Honorierung des Aufsichtsrats neu zu beschließen hat, darf der Aufsichtsrat aus höchstens 30 Mitgliedern bestehen, und kein Aufsichtsratsmitglied darf mehr als 20 Aufsichtsräten angehören — eine reichlich mechanische Vorschrift, die bereits zur vermehrten Benutzung beratender Aufsichtsräte, Verwaltungsräte usw. geführt hat. Jedes Aufsichtsratsmitglied kann künftig die Einberufung einer Sitzung verlangen, zwei Mitglieder können gegebenenfalls selbst den Aufsichtsrat berufen. Das Kontrollrecht des Aufsichtsrats wird erweitert. Er kann vom Vorstand Berichterstattung auch über die Beziehungen zu Konzerngesellschaften verlangen. Es wird ein Aufsichtsratsminderheitsrecht geschaffen, wonach jedes Mitglied Berichterstattung an den Gesamtaufsichtsrat verlangen kann. Unterstützt ein zweites (oder bei Aufsichtsräten von über 20 Köpfen) ein drittes Mitglied den Antrag, so kann der Vorstand das Verlangen nicht ablehnen.

5. Für den Jahresabschluß wird der Grundsatz der Bilanzklarheit proklamiert. Die Bewertungsgrundsätze des Ministerialentwurfs sind im wesentlichen von der Notverordnung übernommen worden. Sie gehen von der Unterscheidung des Anlage- und des Umlaufvermögens aus, Gegenstände des Umlaufsvermögens sind nach dem Grundsatz des niedersten Wertes anzusetzen. Anlagevermögen ist zu den Anschaffungs- und Herstellungskosten — bei diesen unter Einrechnung eines entsprechenden Teils der Generalunkosten — abzüglich Absetzungen zu bewerten. Wertpapiere können also, je nachdem, ob sie dem Anlage- oder dem Umlaufsvermögen zuzurechnen sind, verschiedenartig bewertet werden, ohne daß dieser Unterschied in dem (beide Gruppen umfassenden) Effektenkonto der Bilanz in die Erscheinung träte. Unter Angleichung an das Steuerrecht wird bezüglich der Absetzungen bestimmt, daß sie dem Anteil an dem etwaigen Wertverlust entsprechen sollen, der sich bei Verteilung auf die mutmaßliche Gesamtdauer der Verwendung oder Nutzung für den einzelnen Bilanzabschnitt ergibt; dabei ist nicht nur der körperlichen Abnutzung, sondern auch sonstigen, aus der Verwendung oder Nutzung folgenden Wertverlusten Rechnung zu tragen. Auch dauernd zum Geschäftsbetrieb bestimmte Wertpapiere dürfen zu den Anschaffungskosten angesetzt werden, gegebenenfalls unter Abschreibungen, die den Grundsätzen ordnungsgemäßer Buchführung entsprechen. Der Geschäfts- oder Firmenwert darf als Sonderposten unter die Aktiven aufgenommen werden, wenn bei Übernahme eines Unternehmens ein Überpreis gezahlt wurde. Die Tilgung hat durch angemessene jährliche Abschreibungen zu erfolgen. Auch die Aktivierung des Anleihedisagios ist entsprechend dem Hypothekenbankgesetz zugelassen. Die jährlichen Abschreibungen können auf die Gesamtlaufzeit der Anleihe verteilt werden.

6. Für die Gliederung des Jahresabschlusses sind gleichfalls die Vorschriften des Ministerialentwurfs in die Notverordnung übernommen worden mit der weittragenden Abweichung jedoch, daß die Verletzung dieser Vorschriften als Anfechtungsgrund ausgeschlossen wird. Die Vorschriften dienen in erster Linie der Klarstellung des Verhältnisses von Umlaufs- zu Anlagevermögen, der Verflechtung mit anderen Unternehmungen und der Liquidität. Die Aufrechnung von Forderungen und Verbindlichkeiten wird verboten; der Reingewinn oder Reinverlust ist ungeteilt und vom Gewinn- und Verlustvortrag gesondert auszuweisen; Kredite und Darlehen an Vorstandsmitglieder und gleichgestellte Personen sind gesondert ersichtlich zu machen; Verbindlichkeiten aus Bürgschaften und Garantien sind auszuweisen, auch soweit ihnen gleichgeartete Rückgriffsforderungen gegenüberstehen; die Gesamtstimmenzahl der Stimmrechtsaktien und der übrigen Aktien ist zu vermerken. Auch für die Aufgliederung der Erfolgsrechnung sind Mindestvorschriften in der Verordnung enthalten, ohne daß allerdings die Vorlegung einer Bruttorechnung verlangt wird.

7. Was den Inhalt des Geschäftsberichts anbetrifft, so gehen die Vorschriften der Notverordnung über den Ministerialentwurf hinaus. Wesentliche Abweichungen vom letzten Abschluß, Vorgänge von besonderer Bedeutung, die nach dem Bilanzstichtag eingetreten sind, müssen erwähnt werden; über Beziehungen zu einer abhängigen Gesellschaft oder eine Konzerngesellschaft, über die für Rechnung der Gesellschaft übernommenen Aktien und über Verwertung, über den Bestand an eigenen Aktien, über deren Erwerbs- und Verkaufspreis, über gebundene Aktien, über die Ausgabe von Genußscheinen, über aus der Bilanz nicht ersichtliche Haftungsverhältnisse, über die Zugehörigkeit zu Kartellen oder Konventionen ist eine Berichterstattung jetzt ausdrücklich zur Pflicht gemacht; auch müssen die Gesamtbezüge der Verwaltung im Bericht angegeben werden. Das Fragerecht des Aktionärs und die Auskunftspflicht der Verwaltung, die an sich von der Notverordnung nicht behandelt werden, erfahren durch die Vorschriften automatisch ebenfalls eine erhebliche Erweiterung.

8. In Übereinstimmung mit dem Ministerialentwurf führt die Notverordnung die obligatorische Pflichtprüfung der Bilanz ein, die in einem Bestätigungsvermerk ihren Niederschlag zu finden hat. Diese Pflichtprüfung erstreckt sich auch auf die materielle Übereinstimmung des Rechnungswerks mit den Bilanzvorschriften, auf den Geschäftsbericht und auf die Bildung und Erhaltung des gesetzlichen Reservefonds. Der Prüfungsbericht ist dem Aufsichtsrat zu erstatten. Die Wahl der Prüfer erfolgt jedoch durch die Generalversammlung, wobei dem Vorstand, Aufsichtsrat oder einer zehnprozentigen Kapitalminderheit ein Widerspruchsrecht zusteht, über das gerichtlich entschieden wird. Der Aufsichtsrat hat der Generalversammlung Auskunft darüber zu erteilen, ob die Prüfung nach ihrem abschließenden Ergebnis zu wesentlichen Beanstandungen Anlaß gegeben hat.

9. Die Spezialprüfung von Vorgängen bei der Gründung oder Geschäftsführung wird erleichtert. Die betroffenen Verwaltungsmitglieder haben bei der Bestellung der Revisoren kein Stimmrecht. Eine zehnprozentige Kapitalminderheit kann bei Ablehnung der Revisorenbestellung Einsetzung durch das Gericht ver-

langen. Auch die Sicherheitsleistungspflicht, an der bisher häufig die Prüfung scheiterte, ist abgeschwächt.

10. Für die Geltendmachung von Regreßklagen sind ebenfalls Erleichterungen eingetreten. Statt einer zehnprozentigen kann schon eine fünfprozentige Kapitalminderheit die Einleitung der Klage verlangen, wenn sich die Haftungsansprüche auf Tatsachen beziehen, die in einem Prüfungsbericht zum Ausdruck gekommen sind. Dabei sind auch die Aktienhinterlegungsvorschriften gemildert.

11. Hinsichtlich des Depotstimmrechts der Banken ist dem Bankenkommissar die Befugnis eingeräumt, dem Kuratorium für das Bankgewerbe Vorschläge zu machen über die Aufstellung von Grundsätzen für die Bedingungen, unter denen Banken das Stimmrecht aus ihnen zur Aufbewahrung übergebenen Wertpapieren ausüben. Nach den Erklärungen, die der Bankenkommissar Anfang Februar 1932 im Rechtsausschuß des Reichstags abgegeben hat, will er jedoch von diesen Befugnissen vorerst keinen Gebrauch machen, sondern zunächst die weitere Entwicklung abwarten, nachdem der Zentralverband des Deutschen Bank- und Bankiergewerbes seinen Mitgliedern bereits nahegelegt hat, in Konfliktsfällen die Hinterleger der Aktien um Instruktionen zu ersuchen.

Die Bestimmungen der Notverordnung vom 19. September sind am 1. Oktober 1931 in Kraft getreten. Die Vorschriften über die Bewertungsgrundsätze (s. Nr. 5) und über die Ausgestaltung des Geschäftsberichts (s. Nr. 7) gelten erstmals für die Bilanzen, deren Stichtag am 31. Dezember 1931 oder später liegt („Geschäftsjahrsbeginn nach dem 31. Dezember 1930"), die Bestimmungen über die Gliederung des Jahresabschlusses (s. Nr. 6) finden erst auf Bilanzen mit Stichtag vom 30. September 1932 oder danach („Geschäftsjahrsbeginn nach dem 30. September 1931") Anwendung, und das gleiche gilt für die Bestimmungen über die Pflichtprüfung (s. Nr. 8), die jedoch bisher nur für Gesellschaften mit einem Kapital von mehr als 3 Millionen RM. in Kraft gesetzt sind.

In einer Reihe weiterer Notverordnungen hat die Regierung noch ein temporäres Recht geschaffen, das den besonderen Krisenerscheinungen der Jahre 1931-32 Rechnung tragen soll. Nach den Verordnungen über einmalige Bilanzierungserleichterungen vom 15. und 23. Dezember 1931 dürfen in den Bilanzen mit Stichtag zwischen 1. Juli und 31. Dezember 1931 bestimmte Gruppen von Wertpapieren anders bewertet werden als nach dem Marktpreis oder Verkaufswert des Bilanzstichtags, nämlich im allgemeinen zu dem Mittel zwischen den Durchschnittskursen vom Juli und September 1931. Durch Aufnahme von Entwertungskonten im Umfang bis zu 30 % des Aktienkapitals und der offenen Reserven können ferner für die Bilanzen mit Stichtag zwischen dem 1. Juli 1931 und dem 30. Juni 1932 bis zu drei Viertel der Verluste eines Geschäftsjahres, die aus der Wertverminderung des Umlaufsvermögens entstanden sind (nicht dagegen Geschäftsverluste), aktiviert werden (Abtragung in fünf Jahren, unter Heranziehung der ordentlichen Reserve; bis dahin keine Dividenden). Wenn der Verlust die Hälfte des Grundkapitals erreicht hat, hat der Vorstand nach wie vor eine Generalversammlung einzuberufen, aber bei der Berechnung des Verlustes ist das Entwertungskonto als Aktivum einzusetzen; das gleiche gilt für den Antrag auf Eröffnung des Konkurses oder Vergleichsverfahrens. Die Notverordnung vom 6. Oktober 1931 nebst Durchführungsverordnungen vom 18. und 20. Februar lassen schließlich bis zum 30. Juni 1932 für die Herabsetzung des Grundkapitals auf den insbesondere aus Anlaß der Wirtschaftsentwicklung veränderten Vermögensstand Erleichterungen zu; vor allem finden die Gläubiger-Schutzvorschriften bei dieser erleichterten Kapitalherabsetzung keine Anwendung.

IV. Die wirtschaftliche Bedeutung der Aktienrechtsreform.

Das Reformwerk der Notverordnungen hat, soweit ihm überhaupt dauernde Bedeutung zukommt, nur einen Teil der erneuerungsbedürftigen Vorschriften des aktienrechtlichen Abschnittes unseres Handelsgesetzbuches geregelt, und selbst dieser Teil, der in entscheidenden Abschnitten (Publizität und Bilanzprüfung) noch gar nicht in Kraft getreten ist, gilt nach einer Auslassung der Sachbearbeiter im Reichsjustizministerium nur als provisorisch geregelt, als eine „Gesetzgebung auf Probe", die die Möglichkeit bietet, bei einer endgültigen Verabschiedung eines neuen Aktiengesetzes etwaige durch die Praxis erwiesene Mängel zu beheben. Durch die Notverordnung kann, wenn sie ganz in Kraft getreten sein wird, allenfalls das Recht des Aktionärs auf Information als einigermaßen gesichert betrachtet werden, während die beiden anderen Grundrechte, das Recht auf Eigentumsschutz und das Recht auf Mitbestimmung des notwendigen verstärkten Schutzes noch entbehren. Das Reichsjustizministerium hat bald nach Erlaß der ersten aktienrechtlichen Notverordnung einen Restentwurf veröffentlicht, der die nicht von der Notverordnung vorweg genommenen Teile des ersten Entwurfs in einer im wesentlichen unveränderten Form reproduziert; die wichtigste Neuerung ist die Einführung einer Minderheitsvertretung für den Aufsichtsrat. Dieser Restentwurf liegt bei Abfassung dieses Aufsatzes noch dem Wirtschaftspolitischen Ausschuß des Reichswirtschaftsrats zur Begutachtung vor. Es besteht ein dringendes gesamtwirtschaftliches Interesse daran, daß die Reform nunmehr mit Entschiedenheit in Angriff genommen wird. So dringend sonst vor überhasteter Gelegenheitsgesetzgebung zu warnen ist, so wenig besteht auf diesem Gebiete nach den ausgiebigen und vielleicht allzu umständlichen Vorbereitungen eine derartige Gefahr. Viel größer ist die Gefahr, daß die Aktie auch bei Wiederbelebung des Kapitalmarktes noch nicht wieder als verwendbares Finanzierungsinstrument bereitsteht. Ein Instrument wie die Aktie ist jedoch für unsere Industrie unentbehrlich, denn diese kann sich, da ihre Erträge schwanken, nicht durchweg mit festverzinslichen Krediten oder Anleihen finanzieren, sondern sie braucht ein risikobereites Kapital, das wechselnde Erträge in Kauf nimmt. Sie kann dieses Kapital nur gewinnen, wenn wenigstens der Gesetzgeber das Seinige dazu beigetragen hat, daß auf aktienrechtlichem Gebiet eine höchstmögliche Rechtssicherheit geschaffen wird. Gewiß kann selbst das beste Gesetz Mißbräuche und Vergehen nicht ausschließen. Aber erst wenn es Entartungserscheinungen wie etwa die Stimmrechtsmonstren, die es verhindern kann, nicht länger durch Passivität toleriert, besteht eine begründete Hoffnung, daß die Aktie ganz allgemein wieder den Kredit erhält, ohne den sie in der Regel nicht zu angemessenen Bedingungen placiert werden kann.

Literatur: Zu I. Einen ausgezeichneten Überblick über die internationale Reformbewegung gewährt die rechtsvergleichende Darstellung „Die Aktienrechte der Gegenwart", die vom Reichsjustizministerium und vom Institut für ausländisches und internationales Privatrecht herausgegeben und von WALTER HALLSTEIN bearbeitet worden ist (Berlin 1931). In diesem Werk findet sich ein großes Verzeichnis der ausländischen Literatur. — Verh. 33. dtsch. Juristentag (Heidelberg 1924). Berlin 1921.

Zu II. Verh. 34. dtsch. Juristentag (Köln 1920) Berlin 1026/27. — Bericht des Ausschusses zur Untersuchung der Erzeugungs- und Absatzbedingungen der deutschen Wirtschaft (I. Unterausschuß, 3. Arbeitsgruppe); Wandlungen in den wirtschaftlichen Organisationsformen; 1. Teil: Wandlungen in den Rechtsformen der Einzelunternehmungen. Berlin 1928; 3. Teil; Wandlungen in der aktienrechtlichen Gestaltung der Einzelunternehmungen und Konzerne. Berlin 1930. — Fragebogen des Reichsjustizministeriums zur Reform des Aktienrechts. (1929). Dazu die Antworten des Deutschen Anwaltsvereins (Leipzig 1929), des Reichsverbandes der Deutschen Industrie, des Verbandes Deutscher Bücherrevisoren, der Vereinigung Berliner Handelsredakteure (sämtlich Berlin 1930). — Entwurf eines Gesetzes über Aktiengesellschaften und Kommanditgesellschaften auf Aktien. Berlin 1930. Dazu WELTER: Der Aktienrechtsentwurf. Frankfurt a. M. 1930. — Wichtige Literatur ist vereinigt in den Gesellschaftsrechtlichen Abhandlungen, hrsg. von Nußbaum.

Berlin. — Die Juristische Wochenschrift enthält neben vielen anderen Aufsätzen auch wichtige Darstellungen aus der Feder der Sachbearbeiter im Reichsjustizministerium (so **1929**, 2089; **1930**, 2617). Daneben mehrere Monographien, z. B. SCHLEGELBERGER; Probleme des Aktienrechts. Leipzig 1926. — SOLMSSEN: Probleme des Aktienrechts. Berlin und Leipzig 1928.

Zu III. Hauptkommentar zu den aktienrechtlichen Notverordnungen; PINNER-STAUBS Kommentar zum HGB. Nachtrag zur 12. und 13. Aufl., enthaltend die Vorschriften der Verordnung über Aktienrecht. Berlin und Leipzig 1932. — SCHLEGELBERGER-QUASSOWSKI-SCHMÖLDER: Verordnung über Aktienrecht. Berlin 1932. — Ferner LEHMANN-HIRSCH: Verordnung über Aktienrecht. Mannheim 1931. — NEUFELD: Die Aktienrechtsnovelle. Berlin 1932.

Zu IV. LEHMANN, FRITZ: Aktienrechtsreform. Z. f. Betriebswirtsch. **1927**, H. 11 u. 12. — WELTER: Von der wirtschaftlichen Bedeutung der Aktienrechtsreform. Bankwiss. **1929**, 1. — WELTER: Erneuerung des Aktienrechts. Frankfurt a. M. 1929.

ERICH WELTER.

Aktientausch nennt man 1. den rein technischen Vorgang des Umtauschs z. B. bei einer Änderung der Stückelung der einzelnen Aktie, bei Übergang des Unternehmens im Wege der Fusion auf ein anderes, dessen Aktien nun in dem bestimmten Verhältnis angeboten werden; 2. vor allem aber den gegenseitigen Tausch von Aktien durch 2 Unternehmungen, welche miteinander eine Interessengemeinschaft od. dgl. schließen. Diese Aktien gelangen also nicht an das Publikum, sondern bleiben (mit der Aufgabe von Herrschaftsaktien) bei beiden Gesellschaften liegen, wobei ein Vertrag die Ausübung des Stimmrechts usw. regelt. Mitunter sind derartige Aktien nicht dividendenberechtigt. Ein bekanntes Beispiel bildet der Aktientausch zwischen Siemens & Halske A.-G. und der El. Licht und Kraft A.-G. im Jahre 1929, wo für $7^1/_2$ Millionen nom. Licht und Kraft-Aktien 5 Millionen nom. Siemens & Halske-Aktien gewährt wurden.

Aktionär s. *Aktiengesellschaft.*

— **Rechte** s. a. *Aktienrechtsreform II.*

Aktiva s. *Bilanz.*

Aktivgeschäfte der Banken sind die Geschäfte, bei denen sie Geld ausleihen, die also ihren Niederschlag auf der Aktivseite der Bilanz finden. Sie sollen sich nach dem klassischen, leider in den letzten Jahren vielfach mißachteten Grundsatz der Bankpolitik nach der Art der Passivgeschäfte richten; gegen kurzfristige Einlagen soll also z. B. in erster Linie kurzfristiger Kredit gewährt werden usw. (vgl. a. *Liquiditäts- und Anlagepolitik der Depositenbanken*). Über die wichtigsten Arten der A. vgl. *Bankgeschäfte.*

Aktivkontokorrentgeschäft s. *Kontokorrentverkehr.*

— **posten** s. *Bilanz.*

— **zinsen** = Habenzinsen.

Akzept (Annahme), die Annahmerklärung auf dem Wechsel, dann der angenommene Wechsel selbst.

Akzept- und Garantiebank s. *Öffentlich-rechtliches Bankwesen I, A, 10.*

Akzeptabilität der Tratte (e. = acceptability) s. *Federal-Reserve-System IV.*

Akzeptant, der Wechselschuldner von der Annahme an.

Akzeptationskredit s. *Finanzierungsfragen des Groß- und Einzelhandels II 1.*

Akzeptaustausch s. *Akzeptkredit.*

Akzeptkredit. *1. Begriffsbestimmung.* Unter A. versteht man jene Form des bankmäßigen Kreditgeschäftes, bei dem die Leistung der Bank darin besteht, daß sie dem Kunden (Kreditnehmer) ihr Akzept oder das einer anderen (in diesem Falle gewöhnlich ausländischen) Bank zur Verfügung stellt. Die von der Bank als Aussteller gezeichneten Akzepte des Kreditnehmers sind entweder als eine besondere Form der Verbriefung des Darlehens anzusehen, welche infolge der Wechselstrenge eine besonders rasche und leichte Hereinbringung der Forderung gestattet, oder als ein Instrument der Bank zur Refinanzierung. Das Wesen des wirklichen A. besteht aber darin, daß der Kredit durch Hergabe des Akzeptes erst und überhaupt gewährt wird, welcher dann dem Kunden das Mittel zur Zahlung (Rembourskredit) oder zur Geldbeschaffung bietet.

2. Allgemeines. Der A. leitet historisch seine Entwicklung von den Anfängen des Wechsels her, der in den Zeiten langsamen und unsicheren Verkehres hauptsächlich der Überbrückung von Zeit und Raum und weniger als Schuldinstrument diente, welche Aufgabe durch den Schuldschein erfüllt wurde. Besonders im internationalen Verkehr erfolgte die Regulierung des Waren- und Geldverkehrs in der Regel durch Wechsel; der große Aufschwung, den der Export- und Importhandel nahmen, das immer häufigere Auftreten der Remboursakzepte, die diesem Handel ihre Entstehung verdankten, ihre leichte und billige Realisierbarkeit veranlaßten die Verwendung dieses Instrumentes dann später auch auf dem Gebiete des reinen Kreditgeschäftes, das außer direktem Zusammenhange mit dem internationalen Warenverkehr stand. Die Grenzen zwischen den verschiedenen Arten von Transaktionen, welche durch das Bankakzept finanziert werden, sind nicht immer leicht zu ziehen, und die Tendenz, das Bankakzept auf die Finanzierung des Handels zwischen verschiedenen Ländern zu beschränken, hat im Laufe der Zeiten häufige Verschärfungen und Milderungen erfahren. Siehe diesbezüglich unten, sowie Art. *Diskontmarkt.*

3. Kosten des Akzeptkredites. Das Entgelt, welches die akzeptierende Bank für die Hergabe ihres Akzeptes erhält, besteht ausschließlich in der Akzeptkommission (-provision). Es kommt zwar häufig vor, daß die Bank ihre eigenen Akzepte selbst diskontiert und hierbei noch den üblichen, sehr geringen Händlernutzen lukriert, doch ist dies keineswegs die Regel. Beim reinen Rembours, bei dem der Importeur das Akzept seinem Lieferanten an Zahlungsstatt hingibt („dem Ablader Rembours anweist"), ist dies überhaupt nicht möglich. Die Höhe der Akzeptprovision ist ziemlichen Schwankungen unterworfen, welche meist dadurch diktiert werden, daß Banken und Bankiers sich auf diesem Gebiete Klientel verschaffen oder ihren Akzeptumlauf ausdehnen wollen oder aber daß sie ihn einzuschränken wünschen. Als Standardsatz in Zeiten normalen Geschäftes kann erfahrungsgemäß wohl eine Provision von $^1/_4$ % für das dreimonatige Akzept angesehen werden. Die englischen Clearingbanken (die sog. Big Five) haben eine Zeitlang, um ihr Geschäft zu vergrößern, nur die Hälfte dieses Satzes gerechnet; einzelne amerikanische Banken pflegten sich mit $^3/_{16}$ % zu begnügen. Die Kreditkrise des Jahres 1931 hat ein allgemeines Ansteigen der Sätze mit sich gebracht, so daß derzeit $^3/_8$ % für das Dreimonatsakzept als normal bezeichnet werden können; doch wird vielfach auch gegenüber ersten Kunden und Verbindungen ein Satz von $^1/_2$ % pro Quartal in Anrechnung gebracht. Die Kosten des A. setzen sich in der Regel aus der Akzeptprovision (auf das Jahr gerechnet), dem Privatdiskontsatz, zu welchem die Tratten anbringlich sind, und den Wechselstempeln (gleichfalls auf das Jahr gerechnet) zusammen. Bei Akzepten, die nicht durch eine Bank des eigenen Landes gegeben werden, muß außer dem heimischen noch der etwaige fremde Wechselstempel in Betracht gezogen werden, sowie bei A., die zur Geldbeschaffung aufgenommen werden, der Report oder Deport (*Devisen-Swap,* s. d.) der beschafften gegenüber der benötigten Währung. Im

Nachstehenden seien als Beispiel die Selbstkosten einer deutschen Bank bei Beschaffung eines Dollarbetrages durch Londoner Bankakzept für einen Kunden ausgeführt:

Akzeptprovision $4 \times {}^3/_8$ % pro Quartal	1,5 %
Privatdiskontsatz p. a.	4,1875 %
Deutscher Wechselstempel $4 \times {}^1/_2$ %	0,2 %
Englischer Wechselstempel $4 \times {}^1/_2$ %	0,2 %
	6,0875 %
Abzüglich Deport der Devise London gegen New York auf das Jahr gerechnet	1,6 %
	4,4875 %

Für den Kunden kommt noch der Nutzen der deutschen Bank hinzu, welcher entweder in einer Kommission besteht oder global dadurch hereingebracht wird, daß diese Bank dem Kunden die Tratten zu einem höheren Satze diskontiert.

4. Die Akzeptmärkte. Der A. bildet eine ziemlich unbestrittene Domäne der ersten Banken und Bankfirmen, was daraus leicht erklärlich ist, daß die Kreditgewährung durch Hergabe des Akzeptes nur dann zweckdienlich sein kann, wenn das Akzept leicht und billig realisierbar ist. Die außerordentliche Ausdehnung, die das Bankwesen in der modernen Kreditwirtschaft genommen hat, hat naturgemäß auch das Volumen der gewährten A. außerordentlich anschwellen lassen und ihr Ausmaß bildet eine der Ziffern, welche für die Konjunktur charakteristisch sind. Das Erfordernis der leichten und billigen Realisierbarkeit hat zur Folge gehabt, daß der A. sich stets in den Ländern konzentrierte, in denen das Geld verhältnismäßig flüssig ist und ein leistungsfähiger Diskontmarkt besteht, der in der Lage ist, das flottante Material kulant aufzunehmen. So ist es erklärlich, daß Deutschland vor dem Weltkriege bereits ein ziemlich ausgedehntes Akzeptgeschäft der Großbanken und führenden Firmen aufzuweisen hatte, welches seither noch nicht wieder aufgerichtet werden konnte. Auch in Österreich ist das Bankakzept so gut wie vollkommen aus der Übung gekommen. Dagegen haben die Vereinigten Staaten, welche vor dem Kriege große A. in England, Deutschland und Frankreich in Anspruch zu nehmen pflegten, heute einen großen Teil des Bankakzeptgeschäftes der Welt an sich ziehen können. Die ständige Billigkeit des Diskontsatzes des New Yorker Diskontmarktes und die Bereitwilligkeit, mit der die amerikanischen Banken ihr Akzept durch lange Zeit zur Verfügung stellten, ferner die Stabilität der amerikanischen Währung, hatten dieses Abwandern des Akzeptgeschäftes von Europa nach Amerika unterstützt. Durch die Kreditkrise von 1931 ist der amerikanische Umlauf an Bankakzepten, welcher im Dezember 1929 bereits 1 732 000 000 $ erreicht hatte, bis Juni 1931 auf 1 368 000 000 $ zurückgegangen und große Kreditkündigungen gegenüber den zentraleuropäischen Banken lassen einen weiteren Abbau als sicher erscheinen; verschiedene zentraleuropäische Staaten haben mit der Spitzenorganisation der amerikanischen Banken und Bankiers Stillhaltungsübereinkommen abgeschlossen, um diesen Rückzug zu einem geordneten zu machen.

Das Terrain, welches die Vereinigten Staaten auf dem Gebiete des A. gewonnen hatten, und welches sie jetzt anscheinend leichten Herzens wieder aufgeben wollen, hatten sie hauptsächlich dem Londoner Markte abgerungen. Das Akzeptgeschäft, welches seit mehr als hundert Jahren zuerst von den führenden sog. Akzepthäusern (Merchant Bankers) mit der ganzen Welt betrieben wurde, während sich die Depositenbanken diesem Geschäfte erst später zuwendeten, war und ist ein Lebensnerv der City (vgl. *Überseegeschäft*). Der ständige Kampf, den der englische Markt seit Kriegsende um die Aufrechterhaltung des Pfundkurses zu führen hat, hat die Geldbeschaffung durch das Londoner Akzept verteuert, so daß die Konkurrenz Amerikas und anderer Staaten beachtenswerte Erfolge erzielen konnte. Denn auch Holland, die Schweiz und Frankreich sind seit dem Kriege zwar nicht regelmäßig, aber doch häufig als Akzeptgeber festzustellen. Speziell der Pariser Markt hat manche Anstrengungen gemacht, in diesem Geschäfte Fuß zu fassen; die führenden französischen Banken haben im Jahre 1929 eine gemeinsame Gründung vollzogen, die Banque Française d'Acceptation, und sind außerdem selbst, ebenso wie die führenden Privathäuser, in mäßigem Rahmen als Akzeptanten tätig. Auch für die Verwertung des französischen Akzeptmateriales sind Vorkehrungen getroffen worden (Compagnie Parisienne de Réescompte).

5. Bedeutung des Akzeptkredits. Es ist schon angedeutet worden, daß die Ausdehnung oder Einschränkung des Akzeptgeschäftes der Banken und Bankiers für ihre allgemeine Einstellung gegenüber den Kreditwerbungen des Marktes besonders charakteristisch ist. Man könnte sagen, daß die führenden Stellen des Bankgewerbes in keinem anderen Geschäftszweig so leicht in der Lage sind, expansive oder restriktive Tendenzen in die Tat umzusetzen, wie in dieser Sparte. Dies ist schon aus technischen Gründen leicht erklärbar; denn da die Banken kaum in der Lage sind, Depositengelder, die ihnen zuströmen, zurückzuweisen, und da sie sich in den Zinsen, die sie hierfür vergüten, kaum allzusehr von denen ihrer Nachbarn und Konkurrenten entfernen wollen, besteht für sie ein gewisser Zwang, diese Gelder wieder verzinslich anzulegen, der beim Akzeptgeschäft nicht besteht.

Andererseits konzentriert sich bei den führenden Stellen der bedeutendsten Akzeptmärkte eine ständige Nachfrage nach derartigen Krediten, welche zum Teil durch die seit langer Zeit gewohnheitsmäßig durch diese Kanäle laufende Finanzierung der internationalen Rohstoffproduktion (Rembourskredit), zum Teil aber auch durch die besondere Billigkeit bedingt wird. Der A. ist nämlich in jedem Lande in der Regel die billigste Art der Geldbeschaffung. Voraussetzung hierfür bilden naturgemäß die unbedingte Sicherheit des Akzeptanten und das volle Vertrauen in die Stabilität der akzeptierten Währung. Der erstgenannte Umstand läßt alle Akzepthäuser sorgfältig darauf achten, den Umlauf der von ihnen angenommenen Wechsel nicht über jenes Maß hinausgehen zu lassen, welches der Markt gern nimmt. Das leiseste Anzeichen dafür, daß ein zu häufiges Vorkommen des eigenen Namens kritisiert würde, veranlaßt jedes Akzepthaus zu einer radikalen Einschränkung seiner Kreditgewährung. Bankunternehmungen, welche ihre Rechnungsabschlüsse publizieren, werden in ihrer Selbstbeschränkung noch dadurch bestärkt, daß die eigenen Akzepte stets als besondere Bilanzposten ausgewiesen werden. Das Vertrauen in die Stabilität der Währung, auf die das Akzept lautet, findet seinen Ausdruck in dem Report oder Deport (vgl. *Devisen-Swap*) — Kostgeld oder Leihgeld — der von den Devisenbehörden für Zeitgeschäfte in den betreffenden Währungen notiert wird, sowie in dem Zinsfuß. Eine tiefere Einschätzung der Kursentwicklung einer Währung läßt deren Report allerdings sofort zurückgehen, oft in Deport umschlagen oder den letzteren emporschnellen. Da indessen hiermit stets auch ein scharfes Anziehen des Diskontsatzes verbunden ist, welcher die Änderung des „swap“ in der Regel stark überkompensiert, tritt automatisch eine Verringerung der Inanspruchnahme ein.

Die große Anziehungskraft, welche die Inanspruchnahme des A. der Geldzentren für die kapitalsschwächeren Länder besitzt, hat die Notenbanken der erstgenannten zu Vorschriften veranlaßt, welche den Akzeptumlauf auf Transaktionen des Warenverkehrs beschränkt und ins Unbegrenzte ausdehnbare, nur zur Geldbeschaffung dienende Bankakzepte (Finanztratten) vom Markte ausschließen sollen. S. a. Art. *‚Devisenswap‘*, *‚Diskontmarkt‘*,

Literatur: BAGEHOT: Lombard Street. London 1920. — BLOCH: Zur Theorie und Technik der Wechsel- und Effektenpensionen. Wien 1913. — BUCHWALD; Technik des Bankbetriebes, 8. Aufl. Leipzig 1920. — Federal Reserve Board, Washington, Regulations, Series of 1928. — Federal Reserve Board, Washington, Annual Report. — MAC LEOD; The Theory and Practice of Banking, 6. Aufl. London 1906. — MORAWETZ: The Banking and Currency Problem in the USA. New York 1919. — OBST; Das Bankgeschäft. Leipzig 1914. — PEREIRE; The Bank of England and the Organisation of Credit in England, 2. Aufl. London 1860. — ROZUMEK; Das Kreditgeschäft im Bankbetriebe, 2. Aufl. Berlin 1920. — v. SCHULZE-GÄVERNITZ; Die deutsche Kreditbank. Tübingen 1922. — WESTERFIELD; Banking Principles and practice. New York 1921. — SOMARY; Bankpolitik, 2. Aufl. Tübingen 1930.

VICTOR BLOCH.

Akzeptprovision s. *Akzeptkredit.*

— **tausch** ist der zwischen Banken vielfach übliche Tausch eigener Akzepte, die dadurch reichsbankdiskontfähig werden (s. a. *Akzeptkredit*).

Akzeptunfähigkeit s. *Akzeptkredit.*

Akzessorisches Geld vgl. Kreditschöpfung in Art. *Kredit III*; s. a. *Währungswesen.*

al pari, zum Nennwert, zu 100%. Auch: zu gleichem Kurs (mit einem anderen Wertpapier bei Tauschoperationen).

alien Property Custodian (e) = Verwahrer (Treuhänder) feindlichen Eigentums während und seit dem Kriege (vgl. *Völkerrecht*).

Aktienbank in Form der *Aktiengesellschaft* (s. d.) betriebenes Bankgeschäft, zum Unterschied von den (als Einzelfirmen oder, häufiger als offene Handelsgesellschaft usw.) betriebenen Firmen der *Privatbankiers.* Für den Londoner Platz ist die Unterscheidung zwischen A. (joint stock banks) von den privaten Häusern der City in mehrfacher Hinsicht bedeutsam, z. B. im Verhältnis zur *Bank of England* (s. d.).

„Allgemeine Abmachungen“ s. *Standesvertretungen A 2a.*

Allonge, Verlängerung des Wechsels, falls die gesamte Rückseite bereits mit Indossamenten beschrieben ist. Sie muß die genaue Bezeichnung des Wechsels enthalten, zu dem sie gehört.

allotment (e) = Verteilung durch Los, Verlosung, Zuteilung in (mehreren) Abschnitten. letter of a. = Interimsscheine, on a. = „bei Zuteilung“.

Altbesitz. Bei Neuregelung entwerteter Forderungen aus Wertpapieren, insbesondere also bei der Valorisierung von Anleihen, mitunter übliche unterscheidende Bezeichnung für solche Titres, die nachweisbar schon vor der eingetretenen Entwertung (Stichtag!) im Besitz des Aufwertungsberechtigten waren. Sie sollen vor dem später, bereits entwertet erworbenen Stükken („Neubesitz“) eine bevorzugte Behandlung erfahren. Das bekannteste Beispiel ist die *Anleihe-Ablösungsschuld des Deutschen Reiches* (s. d.) mit bzw. ohne Auslosungsrechte. Die Scheidung in A. und Neubesitz ist technisch schwer durchführbar (Möglichkeit von Fälschungen der Unterlagen!), auch wird — dies sind die Haupteinwände — durch diese rückwirkende Zweiteilung gegen den Grundsatz der Fungibilität von börsengängigen Wertpapieren verstoßen. Aufwertung des A. an Industrieobligationen s. *Aufwertung 2.* — öffentlichen Anleihen s. *Aufwertung 9.* Vgl. a. *Berliner Börse II, 1.*

„Alte Aktien“ s. *Bezugsrecht.*

Meliorationskredit s. unter *Meliorationskredit.*

American Express Company s. *Akkreditiv I 3.*

Amerikanische Buchführung s. *Innere Organisation B I 2.*

Amerikanischer Geld- und Kapitalmarkt. Die Entwicklung der modernen Wirtschaft hat Institutionen geschaffen, die sich auf die Aufgabe, Angebot und Nachfrage, kurz- und langfristige Geldmittel zusammenzubringen, spezialisiert haben. Ihr Feld ist der Geldmarkt (money market), ein Ausdruck, der dadurch seine Berechtigung erfährt, daß jede Nachfrage nach „Kaufkraft“ heute in Geldeinheiten ausgedrückt wird. Die Vielfältigkeit der Aufgaben und Tätigkeiten des Geldmarktes spottet jeglicher Anstrengung, ihn kurz zu definieren. Man hat versucht, ihn als den Markt überschüssiger Kapitalien zu bezeichnen, doch dies ist eine etwas zu enge Umschreibung, welche viele wichtige Züge vermissen läßt. Andererseits wieder ist die Definition „Markt für Leihkapitalien“ zu umfassend, da hierdurch auch viele Kreditbeziehungen mit inbegriffen würden (z. B. das Verhältnis eines Kunden zu seiner Bank), welche durch die Art ihrer technischen Abwicklung nicht zu den Erscheinungen des Geldmarktes gezählt werden.

Die Entwicklung des Geldmarktes (und Kapitalmarktes) ging Hand in Hand mit der Ausweitung der kapitalistischen Wirtschaft, mit dem Wachstum von Kapitalanlagen (also Forderungsrechten) und insbesondere mit dem Aufkommen marktgängiger (fungibler) Wertpapiere.

Der Schauplatz, auf welchem sich der New Yorker Geldmarkt abspielt, deckt räumlich nur ein sehr kleines Gebiet, von der „Battery“ hinauf bis zur Fulton Street, begrenzt auf der einen Seite vom East River, auf der anderen vom Hudson. So drängt sich in einer leicht zu Fuß zurückzulegenden Distanz die Vielheit der Institute des Geldmarkts: Hier haben die Aktienbanken ihren Sitz, also die National Banks, die State Banks und die Trust Companies mit den ihnen angegliederten Kapitalanlagegesellschaften (Investment Companies), den Treuhandabteilungen (Trust departments) und den Bond departments, um nur die dem amerikanischen Großbankwesen eigentümlichsten zu nennen. Weiter sind hier die großen Privatbankhäuser, meist in Form der „partnerships with unlimited liability“ (eine Art offene Handelsgesellschaft) betrieben, die größtenteils ähnliche Funktionen wie die Aktienbanken ausüben, jedoch mit stärkerer Betonung der bankmäßigen Vermögensanlage (Investment banking). Neueren Datums sind die Zweigstellen ausländischer Banken, die Akzepthäuser (acceptance corporations) und die Federal Reserve Banks. Als Hilfstruppen für diesen ganzen Bankenapparat hat sich ein Heer von Vermittlern entwickelt, darunter die Effektenmakler (Stock broker für Aktien, Bond broker für Renten), Makler für Kreditinstrumente jeder Art (money-, note-, bill-, foreign exchange broker), Versicherungsmakler usw.

A. Der Markt für kurzfristige Gelder teilt sich in I. den Markt der Maklerdarlehen (broker's loan), II. den „Commercial paper market“ und III. den Akzeptmarkt ein.

Der erste dient dem Kreditbedürfnis der Effektenfirmen, der zweite hat den Handel mit Promissory notes solcher Unternehmungen (nicht Banken) zum Gegenstand, die ihr Betriebskapital durch die Placierung ihrer Promissory notes am offenen Markt beschaffen; mit Akzeptmarkt bezeichnet man die Umsätze in Bankakzepten, wie sie vor allem die Finanzierung des Überseehandels mit sich bringt (vgl. *Überseegeschäft*). Promissory notes, ebenso wie der früher gebrauchte Ausdruck Commercial paper, sind im amerikanischen Bankwesen entwickelte Fachausdrücke, die daher nicht übersetzt werden können (s. u.).

I. Maklerdarlehen.

Ihr Markt ist, was das Volumen der hier angelegten Gelder und die Größe der Schwankungen seiner Zinssätze betrifft, weitaus der wichtigste unter den drei Arten der kurzfristigen Geldanlage. Seine Entstehung geht von der Geldgeberseite auf die Praxis der Banken des Landesinnern, ihre überschüssigen Gelder nach New York zu legen, zurück (vgl. *Federal Reserve-System*). Auf der Geldnehmerseite entwickelte er sich als Darlehen gegen Effektendeckung (Stock exchange collateral) infolge des Fehlens eines Terminmarktes und der hierdurch entwickelten Technik der Stückleihe (vgl. *Effektentermingeschäft*). Von geringerer Bedeutung sind die Broker's loan-Märkte in Boston, Philadelphia, Chicago und San Francisco.

Als Effektendeckung, also als Kreditunterlage (collateral), dienen in erster Linie an der New Yorker Stock exchange notierte Aktien; weit geringer ist für gewöhnlich der Umfang der durch Bonds oder durch die an der zweiten New Yorker Börse („Curb") notierten Werte. Als Geldnehmer treten sowohl Makler (broker) als auch dealer auf (vgl. *Broker*), und zwar sowohl für eigene Rechnung als auch für Rechnung ihrer Kunden. Geldgeber sind inländische und ausländische Banken und Investment trusts. Die Vermittlung erfolgt meist durch die entsprechenden Kategorien von Maklern, doch kommen auch Direktgeschäfte der New Yorker Banken vor. Neben diesen zwei Arten kann sich der Geldsuchende auch noch des money desk (of the New York Stock Exchange) bedienen, der auf die in der Kriegszeit ausgeübte Kontrolle der Maklerdarlehen zurückgeht und der unkontrollierten Zinstreiberei, wie sie vorher bestanden hatte, ein Ende machen sollte. Da man hiermit sehr gute Erfahrungen gemacht hat, hat sich diese Institution gehalten, doch erstreckt sich seine Vermittlung nur auf tägliches Geld (demand loans), nicht auch auf festes Geld (time funds). Der money desk wird von einem Repräsentanten der Börsenbehörde geleitet, welcher die eingereichten Darlehenswünsche mit dem Angebot in Einklang zu bringen hat und gleichzeitig den Zinssatz festsetzen muß. Hierbei wird durch Börsenkommissäre eine gewisse Kontrolle über den Zinssatz ausgeübt; 1930 wurde auch am New Yorker Curb exchange ein solcher money desk eingerichtet.

Falls der Makler sich nicht an den money desk bindet, steht ihm, wie früher erwähnt, der direkte Weg zu den Banken offen, und zwar in erster Linie zu „seiner Bank", also der Bank (oder auch mehreren), mit der er auch sonst arbeitet, an die er die Effekten ausliefert, von der er Orders überschrieben erhält usw. Die hierbei berechneten Zinssätze sind oft um eine Kleinigkeit höher als der am money desk fixierte Satz, aber diese Art der Kreditgewährung involviert so viele individuelle Beziehungen zwischen Bank und Makler, daß die ausleihende Bank weit eher die für den money desk bestimmten (also neutral zu begebenden) Gelder kürzt, als diese direkten Darlehen.

Schließlich kann sich der Geldnehmer eines Vermittlers bedienen. Hier gibt es ungefähr 80 Firmen, darunter nur wenige von größerer Bedeutung. (Eine der größten setzte im Jahre 1929 durchschnittlich 31 Millionen Dollar täglich um.) Der größere Teil der Maklerdarlehen, nämlich fast alle „festen Gelder" und ein guter Teil des „täglichen Geldes", wird auf diese Weise vergeben. Die Vermittlungsgebühr beträgt $^1/_{32}$%, doch pflegen manche Vermittler nur für die Vermittlung von festem Geld etwas zu berechnen und die Vermittlung von Taggeld umsonst, gleichsam als Draufgabe, vorzunehmen.

Zinssätze. Der Satz für tägliches Geld (call loan rate) bestimmt sich nach den Sätzen für neues Geld, das über den money desk ausgeliehen wird. Diese Beträge sind klein im Vergleich zu den bereits bestehenden Maklerdarlehen (welche prolongiert werden) und betragen auch bei einem halbwegs regen Börsentag nicht mehr als etwa 50 Millionen. Der Satz hierfür wird vom money clerk der New Yorker Stock exchange im Verein mit einem Ausschuß festgesetzt, wobei man allzustarke Ausschläge nach beiden Seiten möglichst zu vermeiden trachtet. Auch der Prolongationssatz (call loan renewal rate), welchem also die Hauptmasse der Maklerdarlehen unterliegt, wird vom Exekutivkomitee festgesetzt und durch den ticker bekanntgegeben, gewöhnlich um 10^{10} vormittags. Es besteht der Brauch, daß jedes Darlehen, welches bis 12^{15} vom Geldgeber noch nicht gekündigt ist, als stillschweigend prolongiert gilt. Der offizielle Prolongationssatz ist übrigens für keinen der beiden Vertragsteile bindend, doch wird er in der Regel akzeptiert. Für seine Festsetzung ist der Satz für neues Geld vom Tage vorher der weitaus bestimmendste Faktor.

Statistik der Maklerdarlehen. 1926 forderte der Federal Reserve Board die Reservebank von New York auf, ihre Mitglieder (welche alle größeren Institute des Platzes umfassen) um Daten über deren Darlehen an die Makler anzugehen, und zwar Darlehen für eigene Rechnung, für die Rechnung der sog. out-of-town-banks und schließlich für Rechnung anderer (Others). Dabei wurden unter out-of-town-banks inländische auswärtige Banken verstanden, während „Others" ausländische Banken, Privatpersonen und nicht Bank-Geldgeber (z. B. Investment Trusts) umfaßten. Diese Statistik, welche nach einigen Anlaufschwierigkeiten regelmäßig jeden Freitag morgen veröffentlicht wird, erfolgt nach dem Stande des vorausgegangenen Mittwochs.

Zu gleicher Zeit veranlaßte die New Yorker Stock exchange eine Feststellung der von ihren Mitgliedern in Anspruch genommenen Darlehen, und so werden sowohl die Maklerdarlehen von der Seite der Geldgeber als auch der Geldnehmer erfaßt. Die Statistik der New Yorker Stock exchange wird nur monatlich veröffentlicht und weist insofern einen Unterschied zur Statistik des Federal Reserve Board auf, als sie erhaltene Darlehen nicht nur von der Seite der Aktienbanken (bzw. Federal Reserve-Mitgliedsbanken) umfaßt, sondern auch von der Seite der Privatbanken usw. Divergenzen zwischen beiden Statistiken beruhen größtenteils auf diesem Unterschied.

I. Maklerdarlehen an der New Yorker Börse (laut Bericht der Mitgliedsbanken) (in Millionen Dollars).

Stand am *Jahresende*	Totale „Demand" u. „Time" loans	davon		Loans for „Own Account"		Loans for Account of „Out-of-Town Banks"		Loans for Account of „Others"	
		Demand	Time	Demand	Time	Demand	Time	Demand	Time
1926	2788	2109	679	722	287	714	307	673	85
1927	3718	2864	854	1029	344	960	379	875	131
1928	5091	4538	554	904	205	1488	172	2145	177
1929	3424	2981	443	1039	128	662	47	1280	268
1930	1926	1446	480	924	397	203	33	319	50

Die Maklerdarlehen erreichten am 30. September 1929 mit über $8^1/_2$ Milliarden Dollar ihren Höhepunkt. Die vorstehende Statistik zeigt, daß die starke Vermehrung im Verlauf des Jahres 1929 im wesentlichen für Rechnung „anderer“ (Others), also Geldgeber des Auslandes und heimischer Industrien (Nichtbanken), erfolgte. Die Rückbildung der Maklerdarlehen würde übrigens von dem Ausmaß der bisherigen Deflation am amerikanischen Kapitalmarkt ein falsches, zu weitgehendes Bild vermitteln, insofern als Effektenspekulanten in einer Periode des Rückgangs oft ihre Engagements von den Brokers an ihre Bank übertragen. Hiernach tritt wohl eine Bereinigung des Standes der Maklerdarlehen, aber nicht der Effektenengagements, ein. Betrachtet man den Gesamtumfang von Krediten gegen Effekten, soweit sie im Rahmen des Federal Reserve-Systems sich abspielen (Für Nicht-Mitgliedsbanken existiert keine Statistik), so ergibt sich lediglich ein Rückgang um 41,4 % vom Höchstpunkt.

II. Darlehen* (laut Bericht d. Mitgl. der New Yorker Börse) (in Millionen Dollars)

Stand am Jahresende	Totale		Von New Yorker Banken und Trust Companies		Von privaten Banken, Brokers usw.	
	on Demand	on Time	on Demand	on Time	on Demand	on Time
1926	2542	751	2128	676	414	76
1927	3481	952	2963	849	518	103
1928	5722	717	4810	591	913	126
1929	3376	613	2883	487	494	126
1930	1519	374	1340	354	179	20

* Hinsichtlich des Unterschieds zwischen Tabelle I und II s. Text.

Der Zusammenhang zwischen Maklerdarlehen und Kursentwicklung ist so auffallend, daß er der Gegenstand zahlreicher Untersuchungen war. Besonders eng ist er, wenn man den Index nur der marktgängigsten Werte mit dem der Maklerdarlehen vergleicht. Gelegentlich haben wohl verschiedene Umstände, z. B. die früher erwähnte Umwandlung von im Wege von Maklern in Anspruch genommenen Effektenkrediten in Bankkredite, andererseits der Übergang von Effektenwerten aus der Hand von Daueranlegern auf das Einschußkonto (margin account), Spekulationsunterschiede zwischen der Bewegung der Maklerdarlehen und der Kurse zur Folge gehabt, aber meist glich sich dies bald wieder aus. Die Spekulationstätigkeit ist eben das wesentliche Moment für die Inanspruchnahme von Maklerdarlehen, dies deshalb, weil sich eben die Effektenspekulation in den USA. weder in Form des effektiven Kassageschäfts mit Vollzahlung noch auch in Form des *Effektentermingeschäfts* (s. d.) abspielt, sondern in der Form des Kaufs mit Einschuß, was notwendigerweise in starkem Ausmaß auf das Kreditvolumen zurückwirken muß. Ohne diese Besonderheit des amerikanischen Börsengeschäfts wäre das Volumen der Maklerdarlehen weit kleiner, wie dies z. B. in England der Fall ist (auch in den USA. in Perioden langer Geschäftslosigkeit bzw. Abkehr des Publikums von der Börse, wie im Jahre 1931/32).

Mißstände der Maklerdarlehen. Zweifelsohne gehören die Maklerdarlehen nicht zu den „self liquidating“-Krediten: Einschränkungen ihres Volumens gehen gewöhnlich mit katastrophalen Kurseinbrüchen Hand in Hand im Wege von Exekutionen, jedoch leider nicht in der Weise, daß Ersparnisse, also echte Mittel zur Bezahlung der Stücke verwendet werden. Sie stellen also ein Kreditgebäude dar, dessen Abbau eine Kreditdeflation par excellence mit all den ernsten Folgen, die das für das ganze Wirtschaftsleben haben muß, bedeutet. Die Erkenntnis dieser Gefahr führte zu dem Vorschlag, Darlehen für Rechnung „anderer“, die für den Effektenboom der Jahre 1928/29 für verantwortlich gehalten werden, zu verbieten. Das Ausmaß der von den Banken (also „for own account“ & „for out-of-town-banks“) gegebene Kredite könnte dann ausreichend der Kreditpolitik des Federal Reserve Boards unterworfen werden. Andere Vorschläge wieder zielen auf eine Einschränkung des Einschußhandels ab, der ja die Hauptquelle für die Nachfrage nach Maklerdarlehen ist. Wie auch immer die schließliche Reform dieser Zustände aussehen mag, jedenfalls sind heute die ungeheuren Schwankungen der Maklerdarlehen eines der ernstesten Probleme der finanziellen Organisation der USA. (vgl. *Effektenkredite*).

II. *Commercial paper.*

Der Commercial paper Markt ist eine Besonderheit des Geldmarkts in den USA. Er erstreckt sich auf „Promissorv notes“ (Schuldscheine), die gewöhnlich nicht gesichert sind — andernfalls wären es „Collateral notes“ — auch nicht giriert werden, sondern vom Aussteller an eigene Häuser (Commercial paper houses oder Note brokers) begeben werden, die sie im ganzen Lande bei Banken placieren. Solche Promissory notes lauten meist auf runde Beträge (minimal Dollar 2500,—, am häufigsten auf Dollar 5000,—, 10000,— und 25000,—), haben eine feste Fälligkeit und sind bei einer bestimmten Bank zahlbar gestellt.

Die Auswahl erfolgt seitens der Commercial paper houses mit möglichster Sorgfalt; es hat sich eine gediegene Technik hinsichtlich der Beurteilung der Kreditwürdigkeit der Aussteller entwickelt, unterstützt durch gründliche Bilanzprüfungen (audits, vgl. chartered accountants). Hierbei werden die üblichen Vergleiche (ratio) von Schulden zu den Nettoaktiven — vom Umsatz zum Betriebskapital angestellt, auch die Gewinnchancen der ganzen Branche untersucht usw. Die Übernahme derartiger Promissory notes ist je nach der Lage des Geldmarktes in ihren Einzelheiten verschieden. Bei stabiler Erhaltung des Zinsniveaus wird der Zinssatz definitiv schon bei der Übernahme festgelegt, andernfalls der Kauf nur mit etwa 90 % bevorschußt und erst nach der Placierung endgültig verrechnet. Mitunter dient auch eine Differenz („spread“) zwischen dem Ankaufs- und Placierungspreis statt einer Kommission oder eines Zinsschnittes als Vergütung für das vermittelnde Commercial paper house. Derartige Häuser gibt es zur Zeit in ganz USA. etwa 35—40, von denen 25 die monatlichen Berichte erstatten, die auch den größten Teil des Geschäftes bewältigen.

Die Höhe des begebenen „Commercial paper“-Materials (in Millionen Dollar) an den Jahresenden 1922—1930 betrug: 722, 763, 798, 621, 526, 555, 383, 334, 357. Käufer solcher Commercial papers sind heimische Banken, insbesondere Provinzbanken. Die Zinssätze für Commercial papers bewegen sich seit 1920 ständig unter den Sätzen für Bankkredite; dies deshalb, weil der Hauptteil der Promissory notes bei den Federal Reserve-Banken eligible for rediscount ist (vgl. *Federal-Reserve-System*). Ein Vergleich der Kreditkosten durch Begebung der eigenen Promissory notes am Markt mit den Kosten eines gewöhnlichen Bankkredits ist nicht ganz leicht: bei ersterem muß man die Kommission (oder spread, s. o.) dazuschlagen, beim Bankkredit wieder den Zinsverlust, der durch Halten der vorgeschriebenen Guthaben bei der kreditgebenden Bank erwächst. Wenn man diese beiden Faktoren einander gleichsetzt, so sprechen einige Vorteile für die Kreditbeschaffung durch Promissory notes: Der Betrag, den der Unternehmer auf diese Weise mit einem Schlag erhält, ist meist größer als durch Kredit bei einer einzelnen Bank. Dadurch, daß sein Schuldschein also an zahlreiche Banken im ganzen Land gelangt, ist für ihn meist eine Propagandawirkung nebenher vorhanden. Schließlich ist die Geschäftsverbindung mit dem Commercial paper house infolge der genauen Kenntnisse seiner Branche usw. von Wichtigkeit.

Résumé. Der Commercial paper-Markt, ein Unikum des amerikanischen Finanzlebens, ist eine Folge unseres Banksystems, das sich aus vielen unabhängigen Einzelbanken (Verbot des Filialsystems!) aufbaut. Unter diesen Umständen hat das Commercial paper eine regionale Verteilung der verfügbaren Mittel möglich gemacht, die sich sonst nicht so leicht eingestellt hätte. Sollte das bisherige „United-Banking-System“ durch ein „Branch-System“ ersetzt werden, so würde auch der wirtschaftliche Bedarf für den Commercial paper-Markt in Wegfall kommen.

III. Der Acceptance-Markt.

Bis zum Weltkrieg diente der Londoner Diskontmarkt mit seiner ganzen, im Laufe von Generationen entwickelten Erfahrung und Maschinerie auch zur Bewältigung des größten Teiles des amerikanischen Außenhandels. Die Gründe dafür, daß also New York wohl für den heimischen Handel und auch als Zentrum für langfristiges Kapital bereits eine herrschende Rolle spielte, jedoch nicht im Überseehandel, lagen in der relativen Geringfügigkeit des amerikanischen Außenhandels, in der langjährigen Rolle Amerikas als einer Schuldnernation usw. Auch der Mangel eines zentralen Notensystems gehört hierzu.

Der Wunsch nach der Dollartratte bzw. die Entwicklung eines amerikanischen Diskontmarktes war einer der Hauptgründe in der Bankreformbewegung, die nach der Panik von 1907 schließlich zum Federal Reserve Act führte. Man führte an, daß durch die Finanzierung via London der amerikanische Exporteur zusätzliche Kosten und Währungsrisiken auf sich nehmen muß, daß seine Preiserstellung und überhaupt seine Geschäftsgeheimnisse zur Kenntnis der englischen Finanz gelangten. Auf einer anderen Ebene lagen die Argumente, daß die in Aussicht genommene zentrale Notenbank besser ihre Kontrolle über den Geldmarkt ausüben könne, wenn ihr das nötige Material in Form von Überseetratten zur Verfügung stünde. Hierdurch würde der Call loan-Markt seine bisherige Gefährlichkeit verlieren, ein Ausgleich der Zinssätze des Inlandes und der ausländischen Börsenplätze stattfinden.

Zur Entwicklung eines Diskontmarktes waren aber verschiedene gesetzliche und wirtschaftliche Voraussetzungen erforderlich. Diese wurden durch den Federal Reserve Act und durch Gündung von Acceptance houses, sowie Überseefilialen der amerikanischen Großbanken geschaffen. Diese Entwicklung ging Hand in Hand mit der Verwandlung der USA. aus einer Schuldner- in eine Gläubigernation, und überdies leistet neben der Gesetzgebung die Federal Reserve-Politik die überaus nötigen Hilfen: Nur wenige amerikanische Banken hatten sich bisher auf das Akzeptgeschäft verstanden, dessen Ausbildung ja ganz nach Europa fällt. Wie die Ereignisse seither gezeigt haben, ist dabei vielleicht der einzelnen Bank etwas zu viel Freiheit gelassen worden. Gerade der Akzeptmarkt wurde häufig insofern mißbraucht, als ein ziemlicher Teil der Dollartratten nicht auf Grund „sich selbstliquidierender“ („self liquidating“) Geschäftsfälle (also echter Warengeschäfte) gezogen war, sondern auf Grund von Finanztransaktionen.

Parteien des Akzeptmarktes. Akzeptanten sind National Banks, State Banks und Trust Companies, dann die speziellen Akzepthäuser und schließlich Privatbanken. Sie beschäftigen sich mit der Ausstellung von Kreditbriefen bzw. Frachtkrediten usw. und handeln auch im offenen Markt. Vermittler sind die Bill Broker bzw. Dealer (s. o.) Käufer von Akzepten sind schließlich die eben erwähnten Bankinstitute und Banken und außerdem noch die Federal Reserve Banken, die dies für eigne Rechnung oder auch vermittlungsweise für ihre ausländischen Korrespondenten tun (vgl. *Federal-Reserve-System*).

Bankakzepte im Umlauf (in Millionen Dollars)

Stand am Jahresende	Betrag	Stand am Jahresende	Betrag
1916	250	1923	650
1917	450	1924	821
1918	750	1925	774
1919	1000	1926	755
1920	1000	1927	1081
1921	600	1928	1284
1922	600	1929	1732
		1930	1556

Hierbei fällt die starke Vermehrung von 1916 bis 1920 auf, wobei die starke Entwicklung der Ausfuhr (Weltkrieg), die Verteuerung der Güter und auch die Zunahme des Gebrauchs von Bankakzepten und schließlich der Beginn einer Verdrängung der Pfundtratte durch die Dollartratte die Ursachen sind. Eine neuerliche Vermehrung des Akzeptumlaufs fand erst wieder 1924 statt im Zusammenhang mit dem im Vergleich zu London billigen New Yorker Geldstand. Im Zusammenhang mit Englands Rückkehr zum Goldstandard ging auch der Umlauf an Dollarakzepten zurück (1925/26), während die Vermehrung in den Jahren 1926—1929 z. T. durch Finanzierungsbedürfnisse des Handels mit Deutschland hervorgerufen wurde.

Klassifikation der umlaufenden Akzepte (in Millionen Dollar), Stand am Jahresende:

Gattung	1925	1926	1927	1928	1929	1930
Export bills	297	261	391	497	524	415
Import bills	311	284	313	316	383	221
Bills for foreign storage and shipment.	17	40	131	243	441	561
Warehouse credits .	103	116	197	174	285	271
Domestic shipment bills	26	29	21	16	23	35
Dollar exchange . .	19	26	28	39	76	52

Die Zunahme der Gruppe „Bills for foreign storage and shipment“ ist, wie schon erwähnt, auf Kreditansprüche hauptsächlich von deutscher Seite zurückzuführen. Der geringe Umfang von „Domestic shipment bills“ erklärt sich daraus, daß der Hauptteil des USA.-Binnenhandels im Wege des Kontokorrentkredits und der Promissory notes finanziert wird.

Von den vielen tausend amerikanischen Banken betreiben heute (nachdem auf diesem Gebiet eine gewisse Konzentration stattgefunden hat) nur etwa 100 das Akzeptgeschäft, und 60% des Gesamtumfangs entfällt auf nicht mehr als 10 Firmen.

Der Bill Broker ist eine Nachkriegserscheinung, geschaffen unter der Beihilfe der Federal Reserve Banken. Diese lehnen es im allgemeinen ab, Akzepte direkt anzukaufen und machen das Giro einer Mittelsperson zur Bedingung. Grund hierfür ist eben das Bestreben, einen Markt in Akzepten zu etablieren und das dabei umlaufende Material der Sichtung durch diesen Markt zu unterwerfen.

An dem New Yorker Akzeptmarkt besteht der Nutzen der Händler in der Zinsmarge: Im allgemeinen wird der vom Aussteller oder Akzeptanten angekaufte Wechsel zu einem um $^1/_8$% niedrigeren

Satz weitergegeben. In London liegt dagegen der Nutzen der Bill Broker im Finanzierungsnutzen, also in dem Unterschied zwischen dem Ankaufssatz des Wechselportefeuilles und dem Satz, zu welchem sich der Broker das Geld zur Finanzierung seines Portefeuilles verschafft.

Käufer für Akzepte. Mit wenig Ausnahmen war die Nachfrage nach Akzepten seit dem Bestehen des USA.-Akzeptmarktes enttäuschend gering. Die niedrigen Raten, ein Resultat der Einwirkung der Federal Reserve Banken auf den Markt, war nicht geeignet, Interesse für Anlagezwecke wachzurufen; in Zeiten (z. B. 1920/21), in denen die Federal Reserve Banken diese Hilfestellung für den Markt vermissen ließen oder in Zeiten nach besonderer Geldflüssigkeit kam etwas mehr Interesse auf, im ganzen aber blieben die Federal Reserve Banken als Käufer für eigene Rechnung oder für die ihrer ausländischen Korrespondenten die wichtigsten Faktoren. Der Umlauf in Akzepten verteilte sich nach Käufern 1930 wie folgt: Insgesamt 1556 Millionen Dollar, davon Federal Reserve Banken 767 (und zwar für eigene Rechnung 328, für Foreign account 439), im Besitz der Akzepthäuser 372 (eigene Akzepte 90, Akzepte anderer Banken 282), im Besitz der Makler 53, in sonstigem 364.

Akzeptrate. Der Minimalsatz, zu welchem die Federal Reserve Banken Akzepte im offenen Markt kaufen, unterliegt der Genehmigung durch den Federal Reserve Board und lag mit wenig Ausnahmen stets unter der Bankrate. Zu diesem Satz sind die Federal Reserve Banken zum stützenden Eingreifen in den Markt bereit, und ihre überragende Bedeutung für den Markt hat zur Folge, daß die open Markt-rate (d. i. also die Rate für den Ankauf von Bankakzepten im Gegensatz zur Bankrate, dem offiziellen (festen) Rediskontsatz der Federal Reserve Banken gegenüber ihren Mitgliedsbanken) nur wenig von dem Minimalsatz abweicht. Erwähnenswert ist, daß die Vermittler von den Fazilitäten der Federal Reserve Banken häufig und ohne Sträuben Gebrauch machen (und dabei infolge der früher geschilderten Zinsbildung auch kaum einen Verlust erleiden), während in London der Akzepthändler die Bank of England nur als letzte Zuflucht betrachtet.

Aktuelle Probleme des Akzeptmarktes sind heute z. B. die Eliminierung illiquider Wechsel, von denen der Großteil auf die Kreditkrise in Deutschland zurückzuführen ist, dann die Entwicklung von Akzeptmärkten in anderen Finanzzentren der USA. neben New York und schließlich die Schaffung ständiger Nachfrage nach Akzepten zu Anlagezwecken. Hierzu muß streng darauf geachtet werden, daß das auf den Markt kommende Material nur aus self-liquidating transactions herrührt (also im wesentlichen aus echten Warenbewegungen).

B. Der Kapitalmarkt.

Auch hier unterscheiden wir systematisch zwischen 1. Geldnehmern, 2. Vermittlern, 3. Instituten zur Erleichterung des Kapitalverkehrs, z. B. die Börse, und 4. Geldgebern. Von den Vermittlern sind die Investment banking institutions zu erwähnen, welche die Verteilung im Publikum gegen eine Kommission übernehmen. Dieser Weg stellt sich für den Geldnehmer in der Regel billiger als ein Direktverkauf an das Publikum. (Letztere Methode findet sich zuweilen speziell bei Public utilities, Gesellschaften zur Lieferung von Strom, Gas, Wasser, welche ihre Werte direkt beim Kunden absetzen.) Diese Investment banking institutions umfassen private Emissionshäuser, z. B. G. P. Morgan & Co., dann die Bond department der Großbanken und die den Großbanken angeschlossenen Effektenbanken, und z. B. die National City & Co., Tochtergesellschaft der National City Bank. Die wenigsten der Investment banking institutions beschränken sich in ihrem Geschäft auf den „Engros-Betrieb"; die Mehrzahl beschäftigt sich sowohl mit dem Engros-Absatz (einzeln oder im Rahmen der Originating group, vgl. S. 321), als auch mit dem Detailabsatz (also an den letzten Kunden). Wenn eine Emission nicht allzu groß ist, kann sie ein einzelnes Haus übernehmen (underwrite) und durch die ihm zu Gebote stehende Selling organization absetzen. Eine große Emission dagegen wird von zwei Firmen gemeinsam oder von einem Originating syndicate übernommen. In der Verteilungsorganisation können natürlich auch die übernehmenden Banken ihrerseits vertreten sein. Zur Finanzierung unverkaufter („unverdauter") Bestände verschaffen sich die Investment banking-Häuser die nötigen Mittel von den ihnen nahestehenden Kreditbanken.

Unter den Geldgebern bzw. Käufern von Effekten sind neben einzelnen Personen auch gewerbsmäßige Anleger erwähnenswert, deren Bedeutung übrigens im Wachsen ist. Hierher gehören neben Sparkassen usw. hauptsächlichst die *Investment Trusts* (s. d.).

Emissionen (abgesehen von Prolongationen und Konversionen, in Millionen Dollars).

Stand am Jahresende	Total (inländ. und ausländ.)	Inländische Neuemissionen						Neuemissionen v. ausl. Werten
		insgesamt	öffentliche	private				
				Renten und Notes			Aktien	
				total	long therm	short therm		
1922	4395	3631	1072	1645	1540	104	570	764
1923	4440	4019	1043	1989	1846	144	659	421
1924	5557	4588	1380	2200	1924	276	829	969
1925	6205	5129	1356	2452	2231	221	1152	1076
1926	6282	5157	1312	2667	2418	249	1087	1125
1927	7489	6152	1423	3182	2961	221	1460	1337
1928	7979	6728	1387	2378	2168	210	2900	1251
1929	10005	9334	1398	2068	1836	205	5868	671
1930	6918	6013	1441	2980	2460	520	1503	905

	1927	Per cent of total	1928	Per cent of total	1929	Per cent of total	1930	Per cent of total
	in tausend Dollars							
National bank affiliates	592075	10,1	649572	15,6	714998	24,6	1279485	27,6
Other bank affiliates	162714	2,7	320664	7,7	489400	16,9	530779	11,6
Total bank affiliates	754789	12,8	970236	23,3	1204398	41,5	1810264	39,2
Commercial banks and trust companies	540711	9,2	258803	6,2	115201	4,0	248980	5,4
Private Bankers	4566574	78,0	2923975	70,5	1585933	54,5	2556841	55,4
Total	5862074	100,0	4153014	100,0	2905532	100,0	4616085	100,0
Participations								
National bank affiliates	1661037	12,6	908968	8,9	1238306	17,6	4303183	33,6
Other bank affiliates	1050690	8,0	1174504	11,5	1905859	27,2	2676056	20,8
Total bank affiliates	2711727	20,6	2083472	20,4	3144165	44,8	6979239	54,4
Commercial banks and trust companies	2131368	16,2	1191380	11,6	440509	6,3	877603	6,8
Private bankers	8310011	63,2	6956949	68,0	3427000	48,9	4992085	38,8
Total	13153106	100,0	10231801	100,0	7011674	100,0	12848927	100,0

Über den Umfang der in den USA. aufgelegten Emissionen der letzten 8 Jahre gibt die vorstehende Tabelle Auskunft. Bemerkenswert dabei ist der Wandel in den emittierten Typen, vor allem die maßlose Bevorzugung von Common shares in den Boomjahren 1928/29.

Hinsichtlich der wichtigen Rolle, welche die Federal Reserve Banken bei der Gestaltung des Preisniveaus, des Konjunkturverlaufs durch ihre open market securities policy spielen, wird auf die ausführliche Darstellung im Artikel „Federal-Reserve-System", Abschn. VI verwiesen.

Literatur: Beckhart, B. H.: et al. — The New York Money Market. New York 1932. — Burgess, W. R.: The Reserve Banks and the Money Market. New York 1927. — Myers, Margaret G.: The New York Money Market. New York 1931. — Riefler, W. W.: Money Rates and Money Markets in the United States. New York 1930. — Willis, H. P., and J. I. Bogen: Investment Banking. New York 1929.

B. H. Beckhart,
übersetzt von Paul Quittner.

Amerikanisches Emissionswesen s. *Emissionsgeschäft = Emissionstechnik I 2b.*

Amerikanisches Journal s. *Innere Organisation B I 2.*

Amortisation, wörtlich Tilgung, bedeutet entweder Abschreibung (vgl. *Abschreibungen I*), wobei die ursprüngliche Beschränkung auf die Abschreibung aus einem Tilgungsfonds im deutschen Sprachgebrauch aufgegeben wurde, oder die planmäßige Tilgung einer Schuld durch allmähliche Rückzahlung (vgl. *Rentenmarkt 6*). In der Gesetzessprache wird darunter entweder die Kraftloserklärung abhanden gekommener Wertpapiere und Wechsel oder die Einziehung von Aktien und GmbH.-Anteilen verstanden.

Amortisationsdarlehen, Darlehen, das durch planmäßige Tilgung rückzahlbar ist (vgl. *Rentenmarkt*).

Amortisationsfonds = Tilgungsfonds.

— hypothek. Bei ihr erfolgt die Rückzahlung im Wege der planmäßigen Tilgung (meist 25, 30—50 Jahre, in der Nachkriegszeit abgekürzt). Sie stellt den Haupttyp der von den Hypothekenbanken gegebenen Hypothek dar, während private Hypotheken häufiger eine feste Fälligkeit (Kündbarkeit) haben. (S. a. *Hypothekenbankgesetz 3.*)

Amortisationskassen (autonome) s. *französischer Geldmarkt III.*

Amsterdamer Effektenbörse (vgl. Art. *Niederlande, Geld- und Kapitalmarkt*).

I. Geschichtliches.

Der Effektenhandel ist zu allererst in den Niederlanden und zwar in Amsterdam zur Entwicklung gekommen. Bereits in der Mitte des 17. Jahrhunderts bestand dort ein lebhafter (sowohl Kassa- wie Termin-)Handel in Aktien der kolonialen Monopolgesellschaften (der Ost- und West-Indischen Compagnie), neben dem sich ein Handel in Obligationen der Provinz- und Gemeindeanleihen entwickelte.

Dieser Handel, anfangs lokal, bekam infolge der ausgebreiteten Handelsbeziehungen und des zunehmenden Kapitalreichtums der niederländischen Provinzen allmählich einen internationalen Charakter. Bereits im Jahre 1672 kann ein enger Zusammenhang zwischen den politischen Ereignissen in Europa und dem Kurs der niederländischen Obligationen, mit welchen die Bundesgenossen (u. a. der Kaiser in Wien) subventioniert wurden, festgestellt werden. Amsterdamer Finanzleute beteiligten sich an englischen (East India Cy., Bank of England, South Sea Cy.) und französischen Unternehmungen (John Law), während verschiedene deutsche Fürsten und Staaten Anleihen in Amsterdam placierten. Die zunehmende Spekulation in Aktien erreichte ihren Höhepunkt im Jahre 1720; überall in den Niederlanden schossen Handelsunternehmungen wie Pilze aus der Erde, wobei Kapitalien von Hunderten von Millionen Gulden beteiligt waren. Der Zusammenbruch erfolgte rasch, doch blieb das allgemeine Interesse an dem Effektenhandel bestehen. Von 1720 datiert der älteste bekannte Effektenkurszettel.

Im Laufe des 18. Jahrhunderts entwickelte sich die Amsterdamer Börse zum Mittelpunkt der damaligen Finanzwelt. Durch Vermittlung einer zunehmenden Anzahl Bankhäuser wurden in Amsterdam neben vielerlei inländischen Werten u. a. Anleihen für Österreich, England, Frankreich, die skandinavischen Länder, Rußland, Spanien, Polen und verschiedene deutsche Staaten (später auch für Amerika) untergebracht, welcher Emissionsbetrieb einen lebhaften Effektenhandel mit sich brachte. Kennzeichnend ist, daß von der englischen Staatsschuld im Jahre 1776, in Höhe von 140 Millionen £, sich nicht weniger als 59 Millionen £ in niederländischen Händen befanden, während die niederländischen Auslandsinvestierungen um das Jahr 1778 auf gut $1^1/_2$ Milliarden Gulden — einen für damalige Verhältnisse sehr hohen Betrag — geschätzt wurden.

Der Krieg mit England (1780/84) sowie die Zeit unter französischer Herrschaft schränkten den Effektenhandel stark ein.

Aus dieser Zeit datiert die erste Organisation der Amsterdamer Effektenhändler. Im Jahre 1787 wurde das „Collegie (später die „Sociëteit") tot Nut des Obligatiehandels" errichtet, neben dem, wegen Beschwerden gegen das Notierungssystem, in 1833 die „Nieuwe Handel Sociëteit" entstand. Versuche, beide Vereine zu fusionieren, blieben zunächst erfolglos; in 1856 wurde dann aus Mitgliedern beider Sociëteiten das „Algemeen Beurscomité voor Publieke Fondsen" gebildet, womit ein Ausschuß geschaffen war, der den gesamten Effektenhandel vertreten konnte, im besonderen auch dem Ausland gegenüber. Das Comité stellte ein Reglement für den Effektenhandel auf und brachte im Jahre 1857 eine Fusion beider Vereine in die „Effektensociëteit" zustande.

Aus Beurscomité und Sociëteit ist die heutige Organisation, die „Vereeniging voor den Effectenhandel" (V.v.d.E.) in 1876 hervorgegangen. Die Mitgliederanzahl, welche anfangs 465 betrug, belief sich am 1. Januar 1932 auf 777 einschließlich der Aktiengesellschaften (44), die Zahl der zur Börse zugelassenen Angestellten auf 783, von welchen 529 ermächtigt waren, Geschäfte abzuschließen. Die Bestrebungen der V.v.d.E., den Amsterdamer Effektenhandel zu monopolisieren, blieben zunächst erfolglos, da dieser Handel nach wie vor in der allgemeinen Warenbörse stattfand, zu der jeder freien Eintritt hatte. Erst als im Jahre 1903 in der neuerbauten Warenbörse ein Teil für den Effektenhandel abgetrennt wurde, zu dem allein Mitglieder der V.v.d.E. Zugang hatten, war die Monopolisierung vollzogen. Seit 1914 verfügt die V.v.d.E. über ein eigenes Börsengebäude.

Was den Umfang des Effektenhandels anbetrifft, konnte im 19. Jahrhundert die alte Position nicht zurückgewonnen werden, wenn auch in der zweiten Hälfte ein bedeutender Aufschwung (russische und amerikanische Eisenbahnwerte) zu verzeichnen ist. In den neunziger Jahren trat allmählich eine Nationalisierung und weitere Amerikanisierung des niederländischen Effektenbesitzes ein, wenn auch daneben der Besitz an russischen und österreichischen Werten sehr beträchtlich blieb. Insbesondere zeigten die Papiere der niederländischen Kolonial- und Schiffahrtsgesellschaften eine bedeutende Zunahme.

Beim Ausbruch des Weltkrieges wurde die Börse (am 29. Juli 1914) geschlossen. Das „Börsengesetz 1914" und die „Beursvoorschriften 1914" (Ausführungsverordnung) stellten die Börse, insbesondere die Abwicklung der laufenden Geschäfte und die Zulassung von Wertpapieren zur Börsennotierung unter Aufsicht des zuständigen Ministers. Eine „Commissie van Bystand" wurde mit der Ausführung beauftragt. Am 9. Februar 1915 wurde die Börse wieder eröffnet. Das „Börsengesetz 1914" blieb in Kraft, verlor jedoch, soweit es sich um Ausnahmebestimmungen handelte, allmählich seine Bedeutung. Eine nach dem Krieg geplante gesetzliche Neuregelung wurde in 1919 zurückgezogen.

In den Nachkriegsjahren ist die zunehmende Bedeutung Amsterdams als internationales Finanzzentrum auch dem Effektenhandel zugute gekommen. Zu dieser Entwicklung haben die besondere Position des Landes, die günstigen Geld- und Kapitalmarktverhältnisse sowie ein sich kräftig ausdehnendes Bankwesen in erheblichem Maße beigetragen. Besonders sind die Aktien der Kolonialgesellschaften und die einheimischen Industriewerte mehr in den Vordergrund gerückt, von welchen sich verschiedene zu Papieren von internationaler Bedeutung entwickelt haben. In den späteren Jahren erfuhren auch die Auslandswerte eine erhebliche Zunahme. Von den Anfang September 1932 im Kurszettel notierten 3174 Effekten betrugen die Auslandswerte 1372. Im einzelnen entfielen unter anderen auf: USA. 243 Aktien und 181 Obligationen, auf Deutschland 26 Aktien und 185 Obligationen, auf Mittel- und Südamerika 8 Aktien und 119 Obligationen, auf Frankreich 12 Aktien und 27 Obligationen und auf England 38 Aktien und 9 Obligationen.

II. Die heutige Einrichtung und Organisation.

1. Mit Ausnahme von einigen, wenig bedeutenden Artikeln (59—61) im Handelsgesetzbuch und dem obenerwähnten Börsengesetz 1914, existieren bezüglich der Börse keine gesetzlichen Bestimmungen. Praktisch hat das Börsengesetz nur noch Bedeutung für die Zulassung von Wertpapieren zur Börsennotierung, welche dem zuständigen Minister unterstellt ist. Übrigens beruht die ganze Einrichtung und Organisation der Börse auf den Statuten und Reglementen der V.v.d.E.
Die überwiegende Mehrzahl der Mitglieder besteht aus privaten Kommissionären und Privatbankiers. Allmählich ist jedoch der Einfluß der Großbanken, welche seit 1911 in die V.v.d.E. eingetreten sind, sehr stark gestiegen. Zu dieser Entwicklung hat nicht nur ihre Rolle als Geldgeber und Emittenten, sondern auch die große Ausdehnung ihrer Effektenkundschaft in erheblichem Maße beigetragen.

Die V.v.d.E. wird vertreten durch ihren Vorstand, bestehend aus mindestens 15 Mitgliedern (von welchen 3 den täglichen Verwaltungsrat formen), die durch die Generalversammlung teils aus den Kommissionären und Maklern, teils aus der Bankwelt gewählt werden.

2. Die Mitgliedschaft der V.v.d.E. kann auf Antrag von 20 Mitgliedern erworben werden:

a) Von jedem unbescholtenen Händler, Kommissionär, Makler und Bankier niederländischer Nationalität, der seinen Hauptwohnsitz in den Niederlanden hat, in Amsterdam das Effektengeschäft betreibt und in dieser Stadt ein Büro hat,

b) (seit 1903) von gemäß den niederländischen Gesetzesvorschriften errichteten Aktiengesellschaften, welche in den Niederlanden ihren Sitz haben, in Amsterdam den Effektenhandel ausüben und in dieser Stadt ein Büro haben, sofern ihre Vorstandsmitglieder Mitglieder der V.v.d.E. sind oder gleichzeitig werden. Außerdem müssen die Vorstandsmitglieder alle und die Aufsichtsratmitglieder größtenteils Niederländer sein und ihren Hauptwohnsitz in den Niederlanden haben,

c) von Vorstandsmitgliedern obenerwähnter Aktiengesellschaften, vorausgesetzt, daß die Aktiengesellschaften Mitglieder der V.v.d.E. sind oder gleichzeitig werden.

Die unter a) und c) erwähnten Personen müssen mindestens 2 Jahre in den Niederlanden oder in den niederländischen Kolonien im Effekten- oder Bankbetrieb tätig gewesen sein. Diese Bestimmung gilt nicht für diejenigen, die sich mit einem Mitglied der V.v.d.E. assoziieren oder in den Vorstand einer Aktiengesellschaft eintreten, von welcher schon ein Vorstandsmitglied Mitglied der V.v.d.E. ist. Naturalisierte Niederländer müssen außerdem die letzten, dem Anfang ihrer Mitgliedschaft unmittelbar vorhergehenden 10 Jahre ununterbrochen ihren Hauptwohnsitz in den Niederlanden gehabt haben. Damit das Monopol gewahrt wird, haben die Inhaber einer Firma und die Vorstandsmitglieder einer Aktiengesellschaft sämtlich die Mitgliedschaft zu erwerben. Jedes neue Mitglied muß eine Garantiesumme von 6000 hfl. in bestimmten Obligationen hinterlegen und ein Eintrittsgeld von (seit November 1929) 6500 hfl. zahlen. Weiter hat jedes Mitglied einen jährlich durch die Generalversammlung festzustellenden Beitrag zu entrichten (für 1932 60 hfl.).

3. Zu dem Börsengebäude haben allein die Mitglieder der V.v.d.E. und ihre Angestellten Zugang. Die Börsensitzungen finden statt von 13,30—14,45 Uhr (Samstags, mit Ausnahme der Monate Juni, Juli und August, von 10,30—11,30 Uhr); jedoch werden auch vor und nach der offiziellen Börsenzeit Geschäfte abgeschlossen.

Bestimmte Wertpapiere oder Wertpapiergruppen werden im Börsensaal stets an der gleichen — nicht gekennzeichneten — Stelle („hoek" = Ecke) gehandelt. Der Kommissionär, der sich besonders mit der Ausführung von Aufträgen der Mitglieder in bestimmten Wertpapieren (oder Wertpapiergruppen) befaßt, wird „hoekman" genannt. Die „hoeklieden" werden nicht offiziell angestellt; wer bei Zulassung eines neuen Papiers die meisten Aufträge bekommt, wird stillschweigend als „hoekman" anerkannt. Da bei den „hoeklieden" die Aufträge der Mitglieder zusammenkommen, sind sie meistens in der Lage, einen wesentlichen Teil davon zu kompensieren. Insoweit ein Ausgleich nicht erfolgt, können die „hoeklieden" auch selbst als Kontrahenten auftreten. Es kann bei lebhaftem Handel vorkommen, daß die Aufträge nicht mehr alle durch den betreffenden „hoekman" vermittelt werden; man spricht alsdann von einer „offenen Ecke", entgegengesetzten Falles von einer „geschlossenen Ecke".

Abgesehen von den Kommissionären und Maklern, welche für Rechnung Dritter auftreten und von den „hoeklieden", unterscheidet man noch die „daghandelaren", welche, manchmal in einem bestimmten Fonds, für eigene Rechnung Handel treiben.

4. Der übergroße Teil der Käufe sind Kassageschäfte, welche mündlich abgeschlossen werden. Daneben kennt das Reglement auch Zeitgeschäfte (tijdaffaires), welche jedoch, mit Ausnahme von denjenigen in Aktien der Nederlandsche Handel-Maatschappij (wofür eine spezielle Regelung getroffen ist) verhältnismäßig wenig getätigt werden. Man unterscheidet Geschäfte unter Bedingung der Lieferung entweder an einem bestimmten Termin oder aber nach Wahl des Käufers oder Verkäufers, vom Tage der Vereinbarung oder von einem bestimmten späteren Tage ab bis zu einem bestimmten äußersten Termin. Weiter sind einige Bestimmungen bezüglich Prämiengeschäfte, „zu liefern" (Vorprämiengeschäft) oder „zu empfangen" (Rückprämiengeschäft) aufgenommen, welche jedoch ebenso wie die betreffenden der anderen Termingeschäfte, nur sehr allgemein gehalten sind; die Abwicklung dieser Geschäfte beruht daher größtenteils auf Usance. Die verschiedenen Bestrebungen, zu einer umfassenden Regelung des Terminhandels zu gelangen, sind bis jetzt erfolglos geblieben. Dieses hängt teilweise damit zusammen, daß für die Haussespekulation das in den Niederlanden übliche Prolongationssystem ausreicht (vgl. *Niederlande, Geld- und Kapitalmarkt*). Die Baissespekulation hilft sich meistens damit aus, daß von den offiziellen Lieferungsterminen abgewichen wird bzw. die in blanko verkauften Stücke geliehen werden (vgl. die entsprechenden allgemeinen Artikel).

Soweit keine anderweitigen Verabredungen getroffen worden sind, hat die Lieferung und Bezahlung verkaufter Effekten spätestens am vierten Tage nach Abschluß der Transaktion stattzufinden. Bei Verkauf „auf Lieferung" bzw. „per Erscheinen" hat die Abwicklung spätestens am 21. Tage nach Geschäftsabschluß bzw. nach Ausgabe zu erfolgen.

Vom Augenblick des Geschäftsabschlusses läuft das Risiko des Wertpapieres für Rechnung des Käufers.

Die Lieferung kann entweder stattfinden „uit de hand" ins Büro des Käufers zwischen 9—12 Uhr oder, was gebräuchlicher ist, durch die sog. „Kassiers" (Kasvereeniging und Associatie-Cassa), die das Inkasso besorgen. Ein Effekten-Giroverkehr oder Effekten-clearing gibt es in Amsterdam nicht. Jede Lieferung muß von einer Nota begleitet sein. Die Zahlung erfolgt meistens mittels einer Anweisung auf den „Kassier".

Festverzinsliche Werte werden gehandelt mit Zinsberechnung bis zum Tage vor dem Geschäftsabschluß, Aktien ohne Stückzinsen.

5. Die Notierung für Obligationen und Aktien erfolgt laut dem „Reglement für die Kursnotierung" in Prozenten des Nennwertes in Bruchteilen von wenigstens $^1/_{16}$%. Nur einige Papiere werden in Gulden oder Dollar pro Stück notiert. Für die nicht in holländischer Valuta notierten Werte sind Umrechnungssätze festgesetzt und zwar für £ = f. 12,—, \$ = f. 2,50, RM. = f. 0,60 und Frc. = f. 0,10. Durch unterschriebene Zettel werden die Geld- (b = „bieden") und Brief- (l = „laten") Kurse, sowie die Kurse, zu denen Geschäfte abgeschlossen

sind, von den Mitgliedern bei den dazu angewiesenen Angestellten der V. v. d. E. (guides) angemeldet. Eine Anmeldepflicht besteht jedoch nicht.

In denjenigen Fällen, in denen nach Ausgleich eines Teiles noch Nachfrage bzw. Angebot übrig bleibt, wird der Vermerk g. b. („gedaan en bieden", d. h. bezahlt und Geld) bzw. g. l. („gedaan en laten", d. h. bezahlt und Brief) zugefügt. Auf unrichtige Angabe steht Geldstrafe, evtl. Suspension. Liegt für ein Papier weder Angebot noch Nachfrage vor, so wird kein Kurs notiert. Auf Grund der von den Mitgliedern gemachten Angaben wird unter Kontrolle des zeitweiligen Notierungskommissars die Notiz für den Kurszettel festgesetzt.

Das Reglement ordnet folgende Notierungen an:

a) Für Obligationen, Pfandbriefe usw. den niedrigsten und höchsten Kurs zwischen 13,30 und 14,30 Uhr (am Sonnabend von 10,30 bis 11,30 Uhr) sowie den Schlußkurs.

b) Für eine spezielle Gruppe Aktien („Gruppe A"), in welchen ein lebhafter Handel getrieben wird, die höchsten und niedrigsten Kurse in sieben Zeiträumen („Tapes"), d. h. sechs Zeiträume von je 10 Minuten (13,30 bis 14,30 Uhr) [am Sonnabend von 10,30 bis 11,30 Uhr] und den letzten von 15 Minuten (14,30 bis 14,45 Uhr) [fällt Sonnabends aus] sowie den Schlußkurs des letzten Zeitraumes. Dieser Gruppe gehören u. a. fast sämtliche Gummiaktien und weiter eine Anzahl Bank- (Nederlandsche Handel-Maatschappij), Industrie- (A.K.U., Philips, Unilever), Zucker- (H.V.A.), Tabak- (Deli-Maatschappy) und Petroleum- (Koninklijke) Aktien an.

c) Für sämtliche andere Werte (Aktien), die niedrigsten und höchsten Kurse in zwei Zeiträumen, d. h. von 13,30 bis 14 Uhr und 14 bis 14,45 Uhr (Sonnabends von 10,30 bis 11 Uhr und 11 bis 11,30 Uhr) sowie den Schlußkurs des letzten Zeitraumes.

In Abweichung von dieser offiziellen Regelung wird für eine große Anzahl Werte manchmal nur der höchste und niedrigste Kurs während der ganzen Börsenzeit oder ein Mittelkurs (der „middenkoers") angegeben. Diese Praxis hängt damit zusammen, daß, ebenso wie früher, noch ein sehr bedeutender Teil der Käufe gegen „(generelle) middenkoers" abgeschlossen wird.

Über den Umfang der Börsenumsätze fehlen zuverlässige Angaben. Das Zentralbüro der Statistik (Statistisches Amt) veröffentlicht in seinem Monatsheft einen Aktienindex (1921—1925 = 100).

6. Das Reglement für die Aufnahme gibt ausführliche Bestimmungen bezüglich der Zulassung von Wertpapieren zur offiziellen Notiz und deren Aufnahme in den Kurszettel. Voraussetzung für die Aufnahme ist, daß das Wertpapier den Emissionsbedingungen entspricht. Der Antrag für die Aufnahme muß schriftlich von denjenigen Mitgliedern der V. v. d. E. gestellt werden, die den Emissionsprospekt bzw. den Einführungsbericht zur Börse unterschrieben haben. Über die Aufnahme entscheidet der Vorstand. Auch kann vom Vorstand aus Eigenem die Aufnahme (z. B. für niederländische Staatsanleihen) veranlaßt werden. Im Börsengesetz 1914 ist jedoch die endgültige Entscheidung dem zuständigen Minister vorbehalten. Wenn Papiere zugelassen werden sollen, ohne daß obigen Bestimmungen Rechnung getragen wurde, so sind ergänzende Sicherheitsmaßnahmen vorgesehen.

Neben der Beibringung der üblichen Dokumente muß die Gesellschaft, deren Aktien bzw. Obligationen aufgenommen werden sollen, sich unter anderen verpflichten, die Zinsen (Dividende) und Tilgungen in Amsterdam zahlbar zu stellen. Nicht aufgenommen werden Papiere, bei deren Emission Firmen mitgewirkt haben, die nicht Mitglied der V. v. d. E. oder der Rotterdamer bzw. der provinziellen Effektenhändlervereine sind. Nur bei gleichzeitiger Emission in den Niederlanden und im Ausland kann unter bestimmten Voraussetzungen von dieser Vorschrift abgewichen werden. Während der Nachprüfung kann der Vorstand die Papiere als vorläufig notierte Werte („voorloopig genoteerde fondsen") zulassen.

Die notierten Werte sind in zwei Rubriken eingeteilt, welche jedoch mit der Gruppeneinteilung des Kurszettels nichts zu tun haben.

Um definitiv unter Rubrik I aufgenommen zu werden, müssen, was Inlandswerte betrifft, mindestens 500000 hfl. nominell ausgegeben und, was Auslandswerte betrifft, mindestens 500000 hfl. effektiv in den Niederlanden beim Publikum untergebracht sein. An die V. v. d. E. ist eine Zulassungsgebühr von 2 hfl. pro 10000 hfl., min. 200 hfl. (für Auslandswerte 1000 hfl.), max. 5000 hfl., zu entrichten. Niederländische und Niederländisch-Indische Staatsanleihen werden ohne Gebühr zugelassen.

Unter Rubrik II werden hauptsächlich eine Anzahl Auslandsemissionen aufgenommen, bei denen die Größe des zu placierenden Betrages von vornherein noch nicht feststeht. Für die definitive Aufnahme unter diese Rubrik gelten ungefähr ähnliche Bedingungen wie für Aufnahme unter Rubrik I. Statt einer pauschalen Summe ist jedoch eine Zulassungsgebühr von 1‰ vom effektiven Wert pro Stück (min. 0,25 hfl.) zu entrichten. Die Effekten dieser Kategorie tragen als Quittung der bezahlten Zulassungsgebühr einen Trockenstempel. Der Vermerk „Rubrik II" im Kurszettel bedeutet lediglich, daß nur mit Trockenstempel versehene Stücke lieferbar sind

Außer den Wertpapierkursen wird täglich auch der Prolongations- und der Privatdiskontsatz im Kurszettel veröffentlicht. Der Devisenhandel findet nicht in der Effektenbörse, sondern in der Warenbörse statt.

7. Das Provisionsreglement enthält die von den Mitgliedern bei Ausführung der Aufträge zu berechnenden Minimumsätze. Praktisch werden jedoch selten höhere Provisionen in Anrechnung gebracht. Das Reglement unterscheidet dabei:

a) Mitglieder der V. v. d. E. b) Korrespondenten, das sind die Mitglieder der „Vereeniging van Effectenhandelaren in Rotterdam" und des „Bond voor den Geld- en Effectenhandel in de Provincie", sowie damit gleichgestellte (ausländische Firmen in Amsterdam, welche sich dem Provisionsreglement unterworfen haben). c) Ausländische Firmen, d. h. Effektenhändler im Ausland. d) Privatpersonen, eingeteilt in 1. in Amsterdam wohnhafte, 2. sonstige.

Für An- und Verkäufe von Wertpapieren in den Niederlanden sind folgende Minimumsätze zu berechnen:

Bei einer Notierung	Für A	Für B	Für C u. D_1	Für D_2
Bis 10%, vom effektiven Betrag	1/4 %	1/2 %	1 %	1 1/2 %
Über 10—30%, vom Nennwert ..	1/4 ‰	3/4 ‰	1 1/2 ‰	3/16 %
„ 30—105%, „ „ ..	3/8 ‰	1 1/2 ‰	1/4 %	3/8 %
„ 105%, vom effektiven Betrag	3/8 ‰	1 1/2 ‰	1/4 %	3/8 %

Für Prolongationsgeld beträgt die Minimumprovision für B 1‰, für D (1 und 2) 1 1/2 ‰, für Vorschüsse in Kontokorrent (Effektenrechnungen) ist der Satz für B 1,2% über den durchschnittlichen Prolongationssatz, für D 1,8% über idem. Privatpersonen darf bei Emissionen keine Vergütung gegeben oder zugesagt werden.

Gemäß dem Stempelsteuergesetz 1917 wird von Wertpapieren nachstehende Stempelgebühr erhoben:

Von ausländischen Aktien	1,8 %	v. effekt. Wert
„ anderen ausländischen Wertpapieren . .	1,6 %	„ „ „
„ Prämienanleihen	1 %	vom Nennwert
„ allen anderen Wertpapieren	0,6 %	„ „ (Pfandbriefe 0,25 %)

Stempelfrei jedoch sind:

1. Obligationen des Niederländischen Staates oder der Kolonien,
2. Aktien der niederländischen Aktiengesellschaften (dafür ist bei der Ausgabe eine Registrationsgebühr von 2 1/2 % zu zahlen),
3. Coupons, Dividendenscheine und Talons.

Interimsscheine sind steuerpflichtig, jedoch werden die definitiven Stücke später kostenlos gestempelt. Gründeraktien sind einer festen Steuer von 10 hfl. pro Stück unterworfen.

Von Effekten-An- und Verkaufnoten sowie von Zuweisungsscheinen bei Emissionen wird eine Stempelgebühr von 1‰ min. f. 0,10 des Nettobetrages, d. h. exkl. Provision erhoben, ausgenommen für Transaktionen zwischen berufsmäßigen Effektenhändlern (inkl. Großbanken).

8. Neben der üblichen Schiedsgerichtskommission existieren verschiedene aus Mitgliedern der V.v.d.E. gebildete Schutzkommissionen, welche zur Wahrung der Rechte und Interessen der Effektenbesitzer auftreten. Über deren Wirkungskreis enthalten die Jahresberichte der V.v.d.E. viele Angaben.

9. Die Bedeutung der Effektenbörse in Rotterdam und Haag steht weit hinter der in Amsterdam zurück. In Rotterdam ist ein Teil der Warenbörse für die „Vereeniging van Effectenhandelaren te Rotterdam" reserviert, welcher Verein 110 Mitglieder zählt und einen Kurszettel herausgibt. Die Notierungen richten sich größtenteils nach Amsterdam, während die Organisation des Börsenhandels ungefähr mit derjenigen der Amsterdamer Börse übereinstimmt. Die Umsätze sind verhältnismäßig gering.

Seit 1912 besitzt die „Vereeniging voor den Haagschen Geld- en Effectenhandel" ein eigenes Börsengebäude. Der Handel richtet sich ganz nach Amsterdam und hat keine eigene Bedeutung.

III. Aktienrecht.

Am 1. April 1929 ist eine umfassende Neuregelung des niederländischen Aktienrechts (Handelsgesetzbuch § 26—56) eingeführt; dabei sind verschiedene Bestimmungen unter anderen hinsichtlich Publizität, Verantwortlichkeit des Vorstandes und Schutz der Minoritätsaktien neu aufgenommen oder erweitert worden. Gleichzeitig ist die Verantwortlichkeit von Emittenten für die von ihnen ausgegebenen Prospekte (BGB. § 1416 und StrGB. § 335/6) neu geregelt worden.

Eine Aktiengesellschaft kann nur durch notarielle Akte errichtet werden und braucht, um ihre Tätigkeit aufnehmen zu können, die Erklärung des Justizministers, daß Bedenken nicht bestehen. Die Akte und Erklärung sind in den offiziellen „Staatscourant" zu publizieren.

Die Gründer haben sich zusammen für mindestens $1/5$ Teil am Kapital zu beteiligen. Hinsichtlich der Höhe des Kapitals ist ein Minimum nicht vorgeschrieben. Besondere Bestimmungen bezüglich der Einzahlung auf die Aktien sind in die Statuten aufzunehmen. Die Aktiengesellschaft darf nicht-voll-eingezahlte eigene Aktien nicht aufkaufen. Voll-eingezahlte eigene Aktien dürfen von der Aktiengesellschaft nur bis zu einem in den Statuten zu bestimmenden Höchstbetrag erworben werden. Jeder Aktionär hat mindestens eine Stimme. Sind alle Aktien von gleicher Größe, so hat der Aktionär so viele Stimmen, als er Aktien besitzt. Sind Aktien von verschiedener Größe ausgegeben, so hat der Aktionär so viele Male eine Stimme, als der Betrag des kleinsten Abschnittes im Gesamtbetrag seines Aktienbesitzes enthalten ist. Die Statuten können die Anzahl Stimmen per Aktionär einschränken, vorausgesetzt, daß Aktionäre mit einem gleichen Aktienbesitz dieselbe Stimmenanzahl bekommen und die Einschränkung für Großaktionäre nicht günstiger als für Kleinaktionäre geregelt ist. In den Statuten kann auch in anderer Weise von den Bestimmungen bezüglich des Stimmrechtes abgewichen werden, vorausgesetzt, daß ein Aktionär nicht mehr als 6 Stimmen bekommt, wenn das Kapital in 100 oder mehr Aktien verteilt ist und nicht mehr als 3 Stimmen, wenn das Kapital in weniger als 100 Aktien verteilt ist. Unter dem alten Gesetz war die Maximum-Stimmenanzahl per Aktionär auf 6 beschränkt. Die Neuregelung findet für die vor dem 1. April 1929 errichteten Aktiengesellschaften erst am 1. April 1934 Anwendung.

Die Generalversammlung ist die höchste Autorität in der Aktiengesellschaft. Die sog. oligarchische Klausel, gemäß welcher Vorstands- oder Aufsichtsratsmitglieder aus einer bindenden Liste zu wählen sind, ist insoweit eingeschränkt worden, daß eine diesbezügliche statutenmäßige Bestimmung durch Generalversammlungsbeschluß mit $2/3$-Stimmenmehrheit, welche mehr als die Hälfte des placierten Kapitals vertritt, abgeändert werden kann. Auf die vor dem 1. April 1929 errichteten Aktiengesellschaften findet diese Bestimmung jedoch keine Anwendung.

Ein oder mehrere Aktionäre, die mindestens $1/5$ des placierten Kapitals oder weniger, falls dies in den Statuten bestimmt ist, vertreten, können beim Gericht die Ernennung einer Untersuchungskommission beantragen (Enquêterecht).

Die Aufstellung der Bilanz ist gesetzlich vorgeschrieben. Der Vorstand ist verpflichtet, eine Abschrift der Bilanz und der Gewinn- und Verlustrechnung beim Handelsregister zu deponieren. Nur kleinere Aktiengesellschaften sind unter bestimmten Voraussetzungen von dieser Publizitätsverpflichtung freigestellt. Für die vor dem 1. April 1929 errichteten Aktiengesellschaften fängt diese Verpflichtung erst am 1. April 1934 an.

Es wird eine einmalige Registrationsgebühr von $2^1/_2$ % vom eingezahlten und von $1/4$ % vom placierten, jedoch noch nicht eingezahlten Aktienkapital erhoben.

Von der ausgeschütteten Dividende ist von der Aktiengesellschaft ein eSteuer von 9,05 % zu zahlen.

Die Kommanditgesellschaft auf Aktien ist gesetzlich nicht geregelt.

Literatur: Geschichtliches; BAASCH, ERNST: Holländische Wirtschaftsgeschichte. Jena 1927. — GROSSMANN, Dr. JUL.: Die Amsterdamer Börse vor zweihundert Jahren. Haag 1876. — SMITH, M. F. J.; Tydaffaires in effecten aan de Amsterdamsche Beurs. Haag 1919.

Neuzeitliche Geschichte und Einrichtung der Börse: Gedenkboek 1876—1926 der V.v.d.E. Amsterdam 1926. — FRANÇOIS-MARSAL, F.: Encyclopédie de Banque et de Bourse (Band V). Paris. — BRENNINKMEYER, L.: Die Amsterdamer Effektenbörse. Berlin 1920. — MENDES DA COSTA, J.: Het A. B. C. van den Amsterdamschen effectenhandel. Amsterdam 1931. — SCHACHER, Dr. GERH.: Handbuch der Weltbörsen. Stuttgart 1931. — Jahresberichte der V.v.d.E.

Beschreibung der im Kurszettel der V.v.d.E. notierten Werte; OSS, S. F. VAN; Effectenboek. Haag 1931. — Gids by de Prijscourant van de V.v.d.E. Amsterdam 1931.

Tägliche Nachrichten: Prijscourant van de V.v.d.E. — Dagelijksche Beurscourant.

S. G. BINNERTS.

Amtlicher Verkehr, das Börsengeschäft während der offiziellen Börsenzeit (vgl. *Nachbörse*) und in „notierten" Werten, zum Unterschied vom Freiverkehr in unnotierten Werten. (Vgl. a. *Börse* sowie *Börsenrecht.*)

Anatolier (Schuldenregelung) s. *Valorisierung II.*

Anatozismus: soviel wie Zinseszins, dessen Berechnung bei Verzug des Schuldners in der Gesetzgebung vieler Länder (Deutschland HGB. § 353) verboten ist. Im Verkehr der Bank mit ihren Kunden wird durch das Kontokorrent mit seinem (meist halbjährigen) Abschluß und Beginn „einer neuen Rechnung" dieses Verbot materiell außer Wirksamkeit gesetzt.

Anderkonten. Hierunter versteht man diejenigen Konten (Depositen- und Effektenkonten) bei Banken und anderen Kreditinstituten, die nicht eigenen Zwecken des Kontoinhabers dienen sollen, bei denen aber gleichwohl der Kontoinhaber der Bank gegenüber der allein Berechtigte und Verpflichtete ist. Als Inhaber solcher A. kommen in Betracht Treuhänder, Anwälte und sonstige Verwalter fremder Vermögenswerte.

Während nach den üblichen Geschäftsbedingungen der Banken sämtliche bei irgendeiner Stelle der Bank geführten Konten eines Kontoinhabers, auch

Sonderkonten jeder Art, als Teile eines einheitlichen Kontokorrents gelten, sind die A. von dieser Abrede ausgenommen. Der Anderkontenverkehr wird durch besondere Geschäftsbedingungen geregelt, die Abreden enthalten über die Eröffnung der Konten, über ihre Benennung, über den Ausschluß von Rechten Dritter gegenüber der Bank, über Kreditgewährung, über den Ausschluß der Abtretungsbefugnis, über Hinterlegungsbefugnis, über das Verhalten der Bank im Falle einer ihr zugehenden Pfändung oder im Falle des Konkurses des Kontoinhabers und über den Ausweis im Todesfall des Kontoinhabers.

Den A. stehen diejenigen Konten, die eigenen Zwecken des Kontoinhabers dienen, darunter die Sonderkonten, als Eigenkonten gegenüber.

Literatur: OPITZ: Bankarch. **31**, 35. — LOEWENBERG: Bankarch. **31**, 157. — SIEBERT: Bankarch. **31**, 386.

GEORG OPITZ.

andienen s. *Börsen 5* und *Börsengesetz B III 6* (vgl. *Warenmärkte 2*).

Anfechtung. Darunter versteht die Rechtssprache mehrere untereinander recht verschiedene Maßnahmen, die entweder die Nichtigkeit oder doch wenigstens die Rückgängigmachung der bereits eingetretenen Folgen eines Rechtsgeschäftes oder Beschlusses bezwecken. Die wichtigsten Arten der A. sind: Die A. von Willenserklärungen wegen Willensmängeln, wenn die Willenserklärung infolge Drohung, arglistiger Täuschung oder — unter bestimmten Voraussetzungen — irrtümlich zustande gekommen ist. Sie geschieht formlos und hat — wenn begründet und rechtzeitig erfolgt — sofortige Nichtigkeit der angefochtenen Willenserklärung mit rückwirkender Kraft zur Folge. Ferner A. von Generalversammlungsbeschlüssen wegen Verletzung des Gesetzes oder des Gesellschaftsvertrages durch Protesterklärung zu Protokoll in der Generalversammlung und Klage innerhalb eines Monats; werden Abschreibungen oder Reservestellungen überhöht angefochten, so bedarf es dazu einer Minderheit von 5 % des Aktienkapitals. Auch der Vorstand kann einen Beschluß der Generalversammlung als gesetz- oder statutenwidrig anfechten. Schließlich ist noch die A. in- und außerhalb des Konkurses zu nennen, durch die bereits eingetretene Vermögensverschiebungen, die ein zahlungsunfähiger Schuldner zum Nachteil seiner Gläubiger vorgenommen hat, wieder rückgängig gemacht werden sollen. Diese A. gehört zu den schwierigsten juristischen Problemen.

anfixen s. *Spekulation.*

Angestellter s. *Personen im Bankgewerbe III,* vgl. *Ausbildung des Bankangestellten,* vgl. *Tarifvertrag.*

Angstklausel s. v. w. *„Ohne Obligo"* (s. d.).

Anlagekapital vgl. *Liquidität,* ferner *Zinstheorie* usw.

Anlagekredit s. v. w. langfristiger Kredit, der also zur Investierung in Anlagen verwendet werden kann, ohne gegen die Grundregeln der Liquidität zu verstoßen (vgl. *Kredit*).

Anlagen s. *Bilanz und Bilanzkritik,* vgl. *Abschreibungen.*

Anlagepolitik der Banken s. *Liquiditäts- und Anlagepolitik der Banken.*

— der Versicherungsgesellschaften s. *Privatversicherung II 1.*

— der *Sparkassen* (s. d.).

Anleiheablösunggesetz s. *Aufwertung.*

— **ablösungsschuld** (des Deutschen Reiches): die aufgewerteten Vorkriegs- und Kriegsanleihen s. *Aufwertung.* Man unterscheidet A. mit Auslösungsrechten (*Altbesitz,* s. d.) und A. ohne Auslosungsrechte (Neubesitz).

Anleihegeschäft vgl. *Finanzgeschäft,* vgl. *Emissionsgeschäft 3.*

— **markt** s. *Rentenmarkt.*

Anleihen s. *Rentenmarkt 1.*

— *Aufwertung* (s. d. *9*).

Anleihen mit Zusatzrechten. In der modernen Finanzierungstechnik haben sich die A.m.Z. mehr und mehr eingebürgert. Wird eine A.m.Z. ausgestattet, so kann der Anleihenehmer hierdurch bessere Emissionsbedingungen erzielen, da das Zusatzrecht für den Kapitalanleger auch dann einen Anreiz darstellt, wenn es zum Zeitpunkt der Auflegung zunächst noch keinen Wert hat. Im wesentlichen sind die folgenden Typen von A.m.Z. zu unterscheiden:

a) Anleihen mit variabler Verzinsung. Am häufigsten ist in der Praxis jener Typ anzutreffen, bei dem neben einer festen Grundverzinsung noch eine Zusatzverzinsung (participating bonds) gewährt wird. Für die Ermittlung dieser Zusatzverzinsung sind im voraus genaue Bedingungen angegeben. Bei den Industrieobligationen wird die Zusatzverzinsung in der Regel von der Höhe der Dividende, zuweilen aber auch von der Höhe des Reingewinns oder des Umsatzes abhängig gemacht.

Einem etwas anderen Typ gehören die Emissionen an, bei denen die Gesamtverzinsung variabel ist. So sind z. B. in der Kriegs- und Nachkriegszeit in Deutschland und England Staatsanleihen ausgegeben worden, deren Verzinsung sich nach dem Diskont der Notenbank richtete. Diese Anleihen haben aber beim Publikum wenig Anklang gefunden, während die Emissionen mit Zusatzverzinsung sehr beliebt geworden sind.

b) Convertible Bonds (Wandelanleihen) sind Anleihen, die innerhalb eines bestimmten Zeitraumes in andere Effekten umgetauscht werden können; in dem Maße, in dem vom Umtauschrecht Gebrauch gemacht wird, verringert sich der Umlauf der Convertible Bonds. Am häufigsten findet man Convertible Bonds bei privaten Unternehmungen, und zwar in der Form von Anleihen mit Umtauschrecht in Aktien. Es gibt aber auch Convertible-Anleihen öffentlicher Körperschaften, die in andere Emissionen des gleichen Schuldners umgetauscht werden können; so wurde den Zeichnern der ersten amerikanischen Kriegsanleihe (First Liberty Loan) das Umtauschrecht in jede andere während des Krieges zur Ausgabe kommende Anleihe offengehalten.

Der Kursstand der Konversionsanleihe richtet sich zunächst nach Bonität, Zinsfuß und Tilgungsbedingungen. Rechtfertigt jedoch der Kursstand des zum Umtausch angebotenen Wertpapiers unter Berücksichtigung des Konversionsverhältnisses ein höheres Kursniveau so tritt eine entsprechende Kurssteigerung der Convertible-Anleihe ein. Diese macht dann alle Kursschwankungen des zum Umtausch angebotenen Papiers in dem durch das Konversionsverhältnis bedingten Ausmaß mit.

Die Konversionsanleihen sind besonders in Amerika sehr stark verbreitet und werden dort häufig bei Sanierungen ausgegeben.

c) Optionsanleihen. Den Besitzern von Optionsanleihen steht das Recht zum Bezug von neuen Anleihen oder Aktien zu, wobei jedoch die Optionsanleihe selbst weiterläuft und in der vorgesehenen Weise getilgt wird. Man pflegt zwischen „leeren" und „vollen" Stücken zu unterscheiden. Bei den „leeren" Stücken ist bereits von dem Optionsrecht Gebrauch gemacht worden, bei den „vollen" dagegen noch nicht.

Das Optionsrecht erstreckt sich überwiegend auf Aktien, jedoch zuweilen auch auf festverzinsliche

Werte. So hatten die 1928 ausgegebenen 5proz. Agioschatzanweisungen von neun verschiedenen deutschen Städten ein Optionsrecht auf 7proz. Anleihen. Für die Kursbildung der Optionsanleihen gelten ähnliche Gesetze wie für die Convertible-Anleihen. Der Wert des Optionsrechts ist aus der Spanne zwischen Optionskurs und Tageskurs des Optionspapiers unter Berücksichtigung des Optionsverhältnisses zu ermitteln. Der sich aus Bonität und Ausstattung der Anleihe ergebende Kurswert muß im allgemeinen nicht besonders geschätzt werden, sondern ist mit dem Tageskurs der „leeren" Stücke identisch. Wenn die zur Option angebotenen Aktien oder Anleihen den Optionskurs überschreiten, beginnen auch die Optionsanleihen entsprechend zu steigen. Ihre weitere Kursbewegung richtet sich dann nach den Kursschwankungen des Optionspapiers. Man trifft die Optionsanleihen fast noch häufiger als die Convertible-Anleihen. Sie haben sich in der letzten Zeit auch in Deutschland eingebürgert.

d) *Anleihen mit Aktiencharakter.* Zuweilen haben Anleihen gleichzeitig verschiedene Zusatzrechte, also z. B. Zusatzverzinsung, Optionsrecht und Konversionsrecht. Man kann dann im Zweifel sein, ob derartige Papiere überhaupt noch zu den Rentenwerten gezählt werden können, wenn sie auch rein äußerlich die Form von Schuldverschreibungen haben. Häufig dürfte es sich um nichts anderes als um verkappte Aktien handeln.

Zu einem derartigen Typ gehören z. B. die Kreuger & Toll Debentures und die diesen nachgebildeten Siemens & Halske Debentures. Beide Anleihen haben Anspruch auf eine Verzinsung in Höhe der Dividende, mindestens aber auf einen Zinssatz von 5% bzw. 6%. Bei einer Erhöhung des Aktienkapitals steht den Besitzern der erwähnten Anleihen ein entsprechendes Bezugsrecht auf neue Debentures zu.

Eine interessante Konstruktion haben auch die I. G. Farben-Schuldverschreibungen vom Jahre 1928. Sie haben Anspruch auf eine Verzinsung in Höhe der halben Aktiendividende, mindestens aber auf 6% p. a. Außerdem können je 2000 RM. Schuldverschreibungen in 1000 RM. I. G.-Aktien umgetauscht werden, und zwar zu einem Jahr für Jahr fallenden Verrechnungskurs, der 1928 200% betrug und sich bis 1941 auf 100% ermäßigt. Die Spitze wird in bar oder in „leeren" Stücken zurückvergütet.

Bei der Ertragsrechnung läßt sich die Zusatzverzinsung durch Erhöhung des Nominalzinsfußes, das Optionsrecht durch Kursabschlag berücksichtigen. Dagegen besteht keine exakte Möglichkeit, die in dem Konversionsrecht liegende Chance in die Ertragsrechnung mit einzubeziehen.

Literatur: Siehe *Rentenmarkt*; ferner Kalveram, Wilhelm; Obligationen mit Zusatzrechten. Bankwiss. 6, 833—852. — Theisinger, Karl: Effekten als Kapitalbeschaffungsmittel der Unternehmung, S. 186—200. — Böhler, E.: Amerikanische Finanzierungsmethoden. Jahrb. f. Nationalök. u. Etat. 3. Folge, Bd. 70, S. 310. 1926.

Ernst Wolfgang.

Annahmepflicht (von Münzen) s. *Münzwesen VI.*

— **vermerk** auf einem Scheck oder ein Indossament des Bezogenen ist nichtig, da es Annahme bei einem Scheck nicht gibt. Eine Ausnahme ist der *Bestätigungsvermerk der Reichsbank* (s. d.).

— **zwang** (von Papiergeld) s. *Papierwährung,* vgl. *Währungswesen.*

annuaire desfossés s. *Pariser Börse V.*

Annuität s. *Rentenmarkt 6.*

annuity (e) = jährliche Rente, Annuität (z. B. von Anleihen).

Anschaffungsgeschäft s. *Depotrecht I A.*

anstellen. —ung, s. v. w. an Hand lassen einer bestimmten Quantität von Wertpapieren im Effektenhandel (ebenso im Devisenhandel); insbesondere im Verkehr mit dem Kommissionär.

Anteilschein, Forderungsurkunde ohne Nennwert. Die Bezeichnung wird dort verwendet, wo das Endresultat noch nicht feststeht, z. B. bei der aufgewerteten Deckungsmasse der Vorkriegspfandbriefe.

Anteilseigner. Die den Aktionären einer Aktiengesellschaft entsprechenden Gesellschafter bei einigen der Aktiengesellschaft nachgebildeten Gesellschaften so bei der Reichsbank, den Kolonialgesellschaften und bei einigen großen, sich der Aktiengesellschafts-Form nähernden GmbH. Auch bei älteren Kommanditgesellschaften auf Aktien werden die Kommanditisten mitunter A. genannt.

Anteilshypothek s. *Hypothek.*

Antichretischer Vertrag: ihm zufolge soll dem Pfandgläubiger an Stelle von Zinsen Nutzung des Pfandes zustehen.

Antizipationen, wörtlich Vorwegnahmen sind diejenigen Posten der Bilanz, in denen Forderungen oder Verbindlichkeiten ausgewiesen werden, die zwar wirtschaftlich noch in die Bilanzperiode hineingehören, aber tatsächlich erst in der nächsten effektiv werden, z. B. vorausbezahlte Mieten, Versicherungszahlungen für bereits angemeldete Schäden usw. Da es sich dabei um erst künftig fällige Posten handelt, ist ihre Aufnahme in die Bilanz nicht unbedingt geboten, aber wirtschaftlich ratsam. — Die A. in der Bilanz werden vielfach auch als „unechte" oder „technische" Reserven bezeichnet (so im Versicherungsgewerbe).

Antizipationsscheine. Papiergeld in Österreich 1811, fundiert auf zukünftige Steuereinnahmen, trotzdem trat rapide Entwertung ein. Vgl. *Währungswesen.*

Anweisung s. *bargeldloser Zahlungsverkehr 3.*

Appoint (fr.), wörtlich Abschnitt, das einzelne Stück bei Effekten, Wechseln oder Banknoten im Hinblick auf die *Stückelung* (s. d.).

Appraiser (e) = Taxator, oft Sachverständiger in Prospektangelegenheiten ähnlich auditor (vgl. *Revision der Bilanz*).

Arbeiterbanken entstanden aus dem Gedanken, die Macht der privatkapitalistischen Banken nicht durch Depositen der Gewerkschaften und durch Spargelder der Arbeiter zu unterstützen, sondern dies Kapital den Interessen der Arbeiterschaft nutzbar zu machen.

Als erster deutscher Versuch einer solchen Arbeitnehmerbank vor dem Weltkrieg ist die Bankabteilung des Zentralverbandes Deutscher Konsumgenossenschaften zu betrachten. Systematisch wurde der Aufbau von A. erst nach dem Kriege in Angriff genommen. Die amerikanischen Gewerkschaften gingen 1919 beispielgebend voran (s. u.), wenige Jahre später erfolgte die Gründung der ersten deutschen Gewerkschaftsbank durch den G. d. A. unter dem Namen „Deutsche Wirtschaftsbank A.-G.". Als zweite deutsche A. wurde von den freien Gewerkschaften die „Deutsche Kapitalverwertungs-G. m. b. H." errichtet, die später in die „Bank für Arbeiter, Angestellte und Beamte A.-G." umgewandelt wurde.

Die Geschäftsgebarung der A. wird durch die wirtschaftliche und politische Zusammensetzung des Kundenkreises (Gewerkschaften und sparende Arbeitnehmer) bestimmt. Sie sollen in wirtschaftlichen Not- und Kampfzeiten liquide sein, gleichzeitig aber den Sparern Sicherheit und genügende Verzinsung der Anlagen gewährleisten. Daher jederzeit liquidierbare Geschäfte, wie Wechseldiskont- und Lombardgeschäfte, Interesse an langfristigen Depositengeldern, die von Wirtschaftsschwankungen unabhängiger sind als die Gewerkschaftsgelder. Die Zusammenarbeit mit den Konsumgenossenschaften ist naturgemäß sehr stark.

Vgl. a. *Kreditgenossenschaften*. Über die weit bedeutendere Entwicklung der A. in den USA. s. den folgenden Artikel.

Arbeiterbanken (Labor Banks) in den USA. Die Arbeiterbankenbewegung in den USA. setzt ein mit der Gründung der Mount Vernon Savings Bank in Washington (1920) mit einem Kapital von 160000 Dollar und einem Surplus von 40000 Dollar. Sechs Jahre später, im Höhepunkt der Bewegung, existierten 36 Banken mit einem Kapital von ca. 9 Millionen und gesamten Mitteln von 126 Millionen Dollar. Bis August 1931 war ihre Zahl aber auf 11 gefallen (mit einem Kapital von 3,8 Millionen Dollar und Mitteln von 59 Millionen). Die Bewegung, welche einen so hoffnungsvollen Anfang genommen hatte, auf die sich die Erwartungen der Arbeiterschaft in den ersten Nachkriegsjahren richtete, hat so einen entscheidenden Niedergang erfahren. Die Chance einer Wiederbelebung ist gering, weit größer die Möglichkeit, daß die anderen Banken die Herrschaft über das organisierte Arbeiterkapital erlangen.

Die Bewegung in den USA. folgte keinem europäischen Beispiel, die A. waren auch nicht Erscheinungsformen des Kooperativsystems im Bankwesen. Während ihre Ziele im einzelnen verschieden waren, war ihnen ein Merkmal gemeinsam, daß die Majorität ihres Aktienkapitals im Besitz von Gewerkschaften (trade unions) oder Mitgliedern von solchen waren. Von Beginn an stand die American Federation of Labor der Arbeiterbankenidee ablehnend gegenüber, und so fiel die Führung in der Arbeiterbankenbewegung zwei Organisationen außerhalb der Federation of Labor zu, der Brotherhood of Locomotive Engineers und der Amalgamated Clothing Workers of America. Die letzteren besitzen auch heute noch zwei gutgehende Banken, welche für die Erfolgsmöglichkeit der Bewegung bei solider Führung den Beweis liefern. Die Locomotive Engineers besaßen zu höchst 14 Banken und waren so der wichtigste Faktor auf dem Gebiet der A. Alle ihre Banken sind aber seither liquidiert oder in private Hände übergegangen. Die Geschichte der Arbeiterbankenbewegung ist so eng verwoben mit dem Aufstieg und Niedergang dieser Bankengruppe, daß ihre Entwicklung ein näheres Eingehen verdient.

Obwohl, wie eingangs erwähnt, eine andere Gründung vorausgegangen war, kam die Bewegung doch erst im November 1920 mit der Gründung einer der Banken der Locomotive engineers mit einem Kapital von rund 1 Million Dollars richtig in Gang. Die Gründung erweckt Interesse durch gewisse genossenschaftliche Prinzipien (z. B. Begrenzung der Dividende mit 10% usw.); das rasche Wachstum dieser ersten Gründung veranlaßte die Locomotive engineers zu weiterer Expansion. Neben anderen Neugründungen wurde eine wesentliche Beteiligung an der Empire Trust Co. of New York City erworben, und die New York Empire Co. als „Spekulationsbank" (bzw. Banque d'affaires) für den Konzern geschaffen. Weiter wurden Kohlenminen, Bürohäuser, Landgüter und Versicherungsgesellschaften erworben und auch durch die Gründung von Venice (Florida) der Terrainaufschließung gehuldigt. Die Locomotive engineers organisierten eine Reihe von Finanzierungsgesellschaften, deren Mittel örtlich aufgebracht wurden, die aber zentral kontrolliert wurden. Sie türmten eine derartige Gesellschaft auf die andere und ließen die Regeln solider Bankgepflogenheiten im Taumel der Gewerkschaftspolitik und großer Profite außer acht. 1927 trat das Versagen ihrer Unternehmungen zutage, die Aktiva waren festgefahren, große Verluste ergaben sich durch Fehlleitungen von Kapital, Vertrauensbrüche, Protektionswirtschaft usw. Die Mitgliedsversammlung der Locomotive engineers beschloß, sich von allen Finanzgeschäften zurückzuziehen: Die Versicherungs- und Wohlfahrtsreserven der Gewerkschaft, angesammelt im Laufe eines Jahrhunderts, waren aber ernstlich in Mitleidenschaft gezogen worden. In den letzten Jahren wurde auch eine ganze Anzahl anderer A. geringerer Bedeutung liquidiert oder an private Hände veräußert. Die allgemeine Lage des Bankgewerbes in den USA. in den Jahren 1929—1931 war hierbei natürlich eine weitere Gefahrenquelle.

Von den übrigen 11 Banken waren einige recht erfolgreich. Die Federation Bank & Trust Co. weist z. B. ein ständiges Wachstum auf und ist mit ausgewiesenen Mitteln von 19 Millionen Dollar die größte. Eine andere, die Amalgamated Bank of New York City hat als erste einen Dollarüberweisungsverkehr nach Rußland eingerichtet; sie beschäftigt sich ferner mit Vorschußgewährung an Lohnempfänger und Finanzierung von Gemeinschaftshäusern für Gewerkschaftsmitglieder. Obwohl das Gedeihen dieser wenigen überlebenden A. für die Bewegung eine Ermutigung bedeutet, bildet doch das Schicksal der eingegangenen Banken eines der traurigsten Kapitel in der Geschichte der organisierten amerikanischen Wirtschaft.

Literatur: The Labor Banking Movement in the United States. Prepared by the Industrial Relations Section, Department of Economics and Social Institutions, Princeton University, New Jersey, Princeton University Press 1929. 377 S. — BOECKEL, RICHARD: Labor's Money. New York, Harcourt, Brace & Co. 1923. 181 S. — HILLMAN, SIDNEY: The Labor Banking Movement in the United States. In: Acad. Polit. of Sci. Proceed. 7 (April 1925), 463—472. — Files of the Locomotive Engineers J. **1915/30**; Documentary History (published biennially) of the Amalgamated Clothing Workers of America. 1918/20; 1920/22; 1922/24; 1924/26; 1926/28; 1928/30.

GLADYS FRIEDMAN,
übersetzt von PAUL QUITTNER.

Arbeitersparkasse vgl. *Arbeiterbanken*.

Arbeitsbeschaffung vgl. *Konjunkturpolitik*.

— **gemeinschaft deutscher Effektengirobanken** s. *Effektengiroverkehr 4*.

— **theorie** s. *Zinstheorie II 2*.

Arbitrage s. *Effektenarbitrage* und Hinweise bei *Devisenarbitrage*.

Arbitrageklausel s. v. w. Schiedsrichterklausel, nach der Streitigkeiten aus Verträgen nicht im ordentlichen Rechtsweg, sondern vor einem Schiedsgericht auszutragen sind. Die wichtigsten Bestimmungen einer solchen Klausel betreffen die Art der Nominierung des Schiedsgerichts, die Fristen u. dgl.

Arbitragepunkte s. *Goldpunkte*.

Arbitrageur entsprechend der mehrfachen Bedeutung des Wortes Arbitrage entweder die die Arbitrage im Börsenhandel durchführenden Personen oder die in den Bedingungen der Warenbörsen vorgesehenen Schiedsrichter.

Arbitration s. v. w. Arbitrage.

Archiv der Banken ist diejenige Abteilung, die Materialien, Dokumente usw., die auf das Geschäft Bezug haben, sammelt und aufbewahrt. Geschäftskorrespondenz, Geschäftsbücher usw. gehören nicht in das A., sondern in die Registratur. Im A. finden sich in erster Linie Zeitungsausschnitte, Geschäftsberichte, wissenschaftliche Bücher und volkswirtschaftliche Literatur, Zeitschriften usw. Das A. dient dem laufenden Geschäft, steht aber in der

Regel außerhalb der Betriebsorganisation. Erst in den letzten Jahren ist das A. in stärkere Verbindung mit dem laufenden Geschäft gekommen, da aus ihm die meisten „Volkswirtschaftlichen Abteilungen" der Banken erwachsen und noch immer verbunden sind. (Vgl. *Service.*)

area(s) (e) = Areal, Fläche, unaufgeschlossene Minenfelder (daher häufig im Namen von Minenaktien enthalten, z. B. Gov. areas).

arrangement (e) = Vergleich, Übereinkunft (besonders mit Gläubigern), deed of a. Vergleichsurkunde (s. a. *Österreich, Markt 3*).

arrears (e) = Rückstände (z. B. bei notleidenden Anleihen), interest on a. Verzugszinsen.

Arrosierung bezeichnet eine heute recht seltene Operation, bei der Schuldverschreibungen unter Zuzahlung der Gläubiger, also der Anleiheinhaber umgetauscht werden. Früher war die A. als Mittel zur Sanierung der Staatsfinanzen nicht selten. Als A. bezeichnet man ferner die Einforderung von Nachschüssen bei Aktiengesellschaften, bei denen eine Nachschußpflicht besteht.

Asiatische Geld- und Kapitalmärkte. Auf die Länder Asiens kann man den Begriff des „Kapitalsmarktes" nur mit Vorbehalt anwenden: Nur drei — Japan, Niederländisch-Indien und Britisch-Indien — besitzen eine dem europäisch-amerikanischen Vorbilde nachgebildete Organisation des Geld- und Kreditwesens. Diese drei Länder sollen auch im nachstehenden einer eingehenderen Betrachtung unterzogen werden. Bei allen übrigen Ländern muß man sich auf eine mehr allgemeine Darstellung beschränken.

1. Allgemeine Übersicht.

Die Nachkriegszeit hat auf dem Gebiete des Geldwesens Asiens gewaltige Veränderungen hervorgebracht. Die Länder des Ostens haben begonnen die alten primitiven Formen der einheimischen Geldwirtschaft — Geldwechsel und zinsenlose Edelmetallhortung — gegen die Methoden der modernen Banktechnik zu vertauschen. Man hat zur Charakterisierung dieser Entwicklung nicht unpassend den Ausdruck „farbiger Kapitalismus" geprägt. Es sind in den letzten Jahren in der Tat überraschende Fortschritte in den Ländern des Ostens erzielt worden, so in Ägypten, Persien, Indien und China. Die Entwicklung in Ägypten und Persien hat gezeigt, daß das Koranverbot des Zinsennehmens, das bisher der Ausgestaltung eines modernen Bankwesens und der Kapitalsbildung im Wege gestanden ist, überwunden werden kann. Noch ist Asien als Kontinent vom Zuflusse westlichen Kapitals abhängig; angesichts der raschen Entwicklung in den letzten Jahren drängt sich freilich von selbst die Frage auf, wann die eigene Kapitalsbildung der asiatischen Länder oder ein innerasiatischer Kapitalsausgleich das westliche Kapital in seiner heutigen Rolle ablösen wird. Keinesfalls darf man heute die Vorstellung, daß europäisches Kapital allmählich durch einheimisches ersetzt werden wird, etwa als utopistisch betrachten. Man muß dabei nicht gleich an eine Repudiation oder Expropriation des europäischen Kapitals denken; der Übergang wird sich voraussichtlich in ganz legaler und geschäftsmäßiger Form abspielen; es wird eine Repatriierung der Aktien und Schuldverschreibungen der Bahnen, Banken, Öl-, Gummi-, Jute-, Tee- und Schiffahrtsgesellschaften stattfinden. Die Lösung oder Lockerung der effektenkapitalistischen Bindungen zwischen dem Westen und Osten wird freilich erst sichtbar werden, wenn die nationalen Kapitalsmärkte Asiens entsprechend erstarkt sein werden. Wir stehen erst am ersten Beginne dieser Etappe, die eine nicht minder bedeutungsvolle Evolution in der Weltwirtschaft zu werden verspricht, wie die seit 1914 eingetretene Umwandlung der Vereinigten Staaten von einer Schuldner- in eine Gläubigernation.

Man kann als Regel aufstellen, daß alle Länder Asiens, auch jene, welche ihr Wirtschaftssystem auf moderner kapitalistischer Grundlage aufgebaut haben, nach wie vor Kapital zur Erschließung benötigen. Der Fall, daß ein asiatisches Land selbst Kapitalexport betreibt, hat sich vorübergehend nur in Japan während des Weltkrieges gezeigt, als Japan an England, Frankreich und Rußland Kriegsanleihen im Gesamtbetrage von 600 Millionen Yen gewährte.

Zur Zeit zeigt die monetäre und kapitalistische Entwicklung in Asien, von wenigen Ausnahmen abgesehen, den ausgesprochenen Charakter einer Übergangsperiode. Um diese richtig zu beurteilen, darf man vor allem nicht übersehen, daß dasjenige, was für die meisten Länder Europas in der Nachkriegszeit die Papiergeldinflation bedeutet hatte, für die asiatischen Länder die außerordentlichen Schwankungen des Silberpreises gewesen sind und noch immer sind. Die folgenden Länder Asiens haben ihr Geldwesen auf Goldbasis aufgebaut: Niederländisch-Indien (1877), Japan (1897), Philippinen (1903), Britisch-Malayen (1906), Britisch-Indien und Palästina (1927), Siam (1928), Syrien (1929) und Indochina (1930). Nur zwei Länder — Niederländisch-Indien und Japan — sind mit einem Notenbanksystem nach modernem Muster ausgestattet, und nur diese beiden Länder verfügen im Wege offizieller Bankraten über jenen elastischen Mechanismus im Kreditverkehr, der die Voraussetzung für die Entwicklung von Kapitalsmärkten im eigentlichen Sinne des Wortes ist. In allen übrigen Ländern — gleichviel ob sie Gold oder Silber als Währungsgrundlage haben — fehlt die Beeinflussung des Geldmarktes im Wege der Bankrate. So ist z. B. in Britisch-Indien, Malayen, Siam neben Silberscheidemünzen Staatspapiergeld das wichtigste Umlaufsmittel. Noten von privilegierten Kommerzbanken sind gesetzliches Zahlungsmittel in Persien (Imperial Bank of Persia) und in Indochina (Banque de l'Indochine), auch auf den Philippinen zirkulieren zu einem kleineren Teile Noten von Kommerzbanken als Zahlungsmittel; das ungeheure chinesische Reich entbehrt eines einheitlichen Zahlungsmittels; es zirkulieren Silberdollar und Banknoten der verschiedensten Emissionsstellen. In der Türkei besitzen neben den Noten der Ottomanischen Bank die im Weltkriege ausgegebenen Schuldverschreibungen der Dette Ottomane gesetzliche Zahlkraft. Noten einer privilegierten Bank sind gesetzliches Zahlungsmittel im syrischen Mandatsgebiete; hingegen ist Palästina und Transjordanien mit Staatspapiergeld mit Zwangskurs ausgestattet; eine ähnliche Währungsregelung steht im Irak in Vorbereitung; Silbergeld ohne Papiergeld zirkuliert im Hedschas und in Afghanistan.

So war die Situation um die Jahresmitte 1931. Sie kann sich aber sehr bald ändern, da in der Türkei, in Persien, in Britisch-Indien und in China wichtige Reformen des Geldwesens in Vorbereitung stehen. Persien und die Türkei haben in den letzten Jahren gewaltige Anstrengungen gemacht, sich von der westlichen Finanzvormundschaft zu emanzipieren; durch die unter Ausschluß von Auslandskapital erfolgte Gründung von Staatsbanken mit dem Privileg der ausschließlichen Notenemission (die allerdings im Zeitpunkte, da diese Zeilen in Druck gehen, noch nicht ihre Tätigkeit aufgenommen haben), sind Persien und die Türkei 1930/31 daran gegangen, ihr Geld- und Kreditwesen zu modernisieren. Vom Gesichtspunkte der Entwicklung eigener Kapitalsmärkte in diesen beiden Ländern ist es besonders zu unterstreichen, daß den neuen Banken, der Türkischen Staatsbank und der Persischen Nationalbank, die Guthaben des Staates zur Verwaltung übergeben werden, die bisher bei Auslandsbanken angelegt worden sind. Die Errichtung einer von politischem Einfluß unabhängigen Reservebank (Notenbank) in Indien ist eine der wichtigsten wirtschaftlichen Forderungen des indischen Nationalkongresses (GANDHI), bei der künftigen Neuregelung des anglo-indischen staatsrechtlichen Verhältnisses.

In China ist schließlich die ganze Gestaltung des Bank- und Kapitalswesens der Zukunft von der Entwicklung des Silberpreises abhängig. Wohl hat eine unter der Führung Prof. Dr. KEMMERERS stehende Währungskommission im Frühjahre 1930 China die Annahme der Goldwährung empfohlen — ein Rat der dem Lande schon vor 20 Jahren von Dr. G. VISSERING, damals Finanzberater Chinas, erteilt worden ist — es ist aber gar nicht absehbar, ob, wann und vor allem in welcher Form China zu Goldwährung übergehen wird. Eine bis dahin etwa erfolgende Stabilisierung des Silberpreises würde sicherlich alle Goldwährungspläne Chinas umstoßen.

Zu bemerken wäre in diesem Zusammenhange, daß die Kuomintang-Regierung Chinas in den letzten Jahren grundsätzlich nur mehr inländisches Kapital zur Deckung des staatlichen Defizits in Anspruch nimmt.

2. *Britisch-Indien.*

In Indien ist der Entwicklungsprozeß, welcher die Eingeborenen von der Hortungsgewohnheit abbringen und zur Investition von Sparkapital erziehen soll, noch in seinen Anfängen. Die „Mitra“-Kommission (1930/31), der auch deutsche Sachverständige beigezogen worden sind, setzt sich daher vor allem für den Ausbau des indischen Kommerzbankwesens ein. Das ist in der Tat die unumgängliche Voraussetzung für die Entwicklung eines eigenen indischen Kapitalsmarktes. Heute deckt die landwirtschaftliche Bevölkerung Indiens die 70 % der Gesamtbevölkerung bildet, ihren Kapitals- und Kreditbedarf bei den „Schrof's“, den einheimischen Geldwechslern. Für die breiten Massen der indischen Bevölkerung besteht kein Netz von Sammelstellen von überschüssigem Kapital, das auf der anderen Seite an kapitalsbedürftige Kleinwirtschaften ausgeliehen werden könnte. Dazu kommt noch, daß Indien über kein Noteninstitut verfügt, und daher den Papiergeldumlauf nur auf Umwegen dem Bedarf der Wirtschaft anpassen kann. Die Regierung regelt das Geldwesen im allgemeinen und besorgt die Notenausgabe, während die Kontrolle des Kreditwesens und die Festsetzung der „Bankrate“ (s. u.) in den Händen der „Imperial Bank of India“ liegt. Dieses Bankinstitut, das erst 1920 im Wege eines Sondergesetzes durch die Fusion dreier alter Provinzkommerzbanken entstanden ist, übt heute tatsächlich die Funktionen einer Notenbank aus, ohne das Notenemissionsrecht zu besitzen. Aktienkapital und Reserven betragen über 81 Karor Rupien (1 Karor ist 10,000,000 Rupien oder 15,3 Mill. RM.). Für die Zwecke der Kreditversorgung stehen der Imperialbank außer den eigenen Mitteln und den von ihr statuarisch verwalteten Regierungsgeldern der mit 12 Karor bemessene Kredit beim Währungsamte zur Verfügung. Dieser ist bei Inanspruchnahme durch Inland- („Hundi-“) Wechsel zu decken. Für den Kreditverkehr Britisch-Indiens kommen drei Arten von Zinssätzen in Betracht, wovon zwei durch die Imperialbank unmittelbar festgesetzt werden. Die „Bankrate“ ist der von der Imperialbank gegen Lombard von Staatspapieren berechnete Belehnungssatz. Unter „Hundi“rate wird der Eskontsatz für erstklassige Dreimonatswechsel verstanden, welchen die Imperialbank festsetzt. Die „Basarwechselrate“ ist der von den eingeborenen Bankiers und Wechslern für den Eskont von Tratten kleiner Geschäftsleute berechnete Geldsatz. Bankrate und Hundirate sind in der Regel identisch; hingegen liegt die Basarwechselrate (in Kalkutta und Bombay) 3—4 % über der Bankrate.

Wie sehr noch die indische Wirtschaft von der Bereitstellung öffentlicher Mittel abhängig ist, zeigt die Tatsache, daß zwischen 30 und 40 % des Wertes der Juteernte durch Vorschüsse der Imperial Bank of India und (zu einem geringeren Prozentsatze) durch solche der Regierungsfinanzämter finanziert wird; in den 3 Jahren 1927/28 bis 1929/30 beliefen sich die auf diesem Wege der Juteindustrie zugeflossenen Mittel auf 20, 22,7 und 14,5 Karor Rupien. Die Reisernte in Birma wird fast ausschließlich durch die Imperialbank finanziert.

Das indische Kommerzbankwesen steht noch im Anfangsstadium seiner Entwicklung; kaum zwei Dutzend Aktienbanken arbeiten in dem von 320 Millionen Menschen bewohnten Lande; aber schon gibt es darunter (wie z. B. die Central Bank of India) Institute, die über rein indisches Aktienkapital und einen ausschließlich indischen Leitungs- und Beamtenstab verfügen.

3. *Niederländisch-Indien.*

Ebensowenig wie in Britisch-Indien kann man auch in Nieedrländisch-Indien von einem „Geldmarkte“ im eigentlichen Sinne des Wortes sprechen; da das Land noch wenig industrialisiert ist, kommen Rohstoffbezüge kaum in Betracht, und damit fehlt auch die Nachfrage nach Rembourseкrediten. Der Zwischenhandel liegt überwiegend in den Händen der Chinesen, deren Akzepte nicht als prima angesehen werden. Die Exportfinanzierung besorgen wenige große Banken und Handelsfirmen.

An der Spitze steht die Javasche Bank in Batavia, das schon 1828 gegründete Noteninstitut der Kolonie. Die beiden letzten Jahresbilanzen dieser Bank vom 31. März 1930 und 1931, die Bilanzsummen von 352,1 und 319,6 Millionen Gulden aufweisen, lassen die nachstehende kommerzielle Verschuldung an das Noteninstitut erkennen: Eskont von Handelswechseln 7,5 bzw. 8,2 Millionen, Vorschüsse (Lombard) von Effekten und Wechseln 44,1 bzw. 30 Millionen Gulden. Bei einem Notenumlaufe von 280,4 bzw. 251,4 Millionen stellt daher das kommerzielle Papier nur einen verhältnismäßifg geringen Prozentsatz der Deckung dar. Über die im Zahlungsverkehr zwischen Indien und den Niederlanden durch Vermittlung der Javaschen Bank getätigten Umsätze (Bankwechsel und telegraphische Anweisungen) teilen die beiden letzten Jahresberichte der Bank mit, daß 1929/30 Tratten in der Gesamtsumme von 145,3 Millionen und 1930/31 solche im Betrage von 65 Millionen zahlbar in Amsterdam ausgestellt worden sind. Umgekehrt wurden von Amsterdam 7,6 bzw. 7,5 Millionen Tratten auf niederländisch-indische Plätze ausgestellt.

Die Konditionen der Javaschen Bank für Kommerzgeschäfte waren seit März 1930: Diskont von dreifirmigen Handelswechseln (Mindestlaufzeit 10 Tage): $4^1/_2$%; zweifirmige Wechsel (von in Niederländisch-Indien domizilierten Personen oder Firmen akzeptiert): 6 %; Eskont von durch Bankkredit gedeckten Tratten: $4^1/_2$%; bei 90 Tage übersteigender Laufzeit erhöht sich der Satz um $^1/_2$%.

4. *Japan.*

Wenn man von den Vereinigten Staaten von Amerika absieht, gibt es kaum ein zweites Land, auf dessen Wirtschaftslage der Weltkrieg einen größeren Einfluß ausgeübt hat als auf Japan. Im Sommer 1914 war Japan am Ende seiner finanziellen Kräfte angelangt; man hatte ernste Sorgen wegen der Aufbringung des Dienstes für die 1900 Millionen Yen betragende Auslandsverschuldung; die Goldreserven beliefen sich auf 130 Millionen, die Devisenbestände auf 220 Millionen und die ausländischen Kapitalsanlagen auf 460 Millionen Yen. Das ergab somit eine Nettoverschuldung an das Ausland von rund 1100 Millionen Yen. Zu Beginn des Jahres 1920 unmittelbar vor der Konjunkturwende im März des genannten Jahres, zeigte die nationale Wirtschaftsbilanz Japans ein vollkommen verändertes Bild: Gold 1100 Millionen, Devisen 1060 Millionen, ausländische Kapitalsanlagen 2200 Millionen; die Auslandsverschuldung Japans war auf 1060 Millionen zurückgegangen. Kein Geringerer als der gegenwärtige (August 1931) Finanzminister Japans JUNNOSUKE INOUYE hat als den größten Fehler der japanischen Geldmarktpolitik während des Krieges die Tatsache bezeichnet, daß Japan zuviel Gold importierte, selbst 1917 noch ein Goldausfuhrverbot erlassen hatte und dadurch sein Gold immobilisierte; das japanische Bankensystem habe es nicht verstanden, den unvermutet erfolgten Zuwachs zum Nationalkapital entsprechend im Auslande zu placieren. Nach dem Abreißen der Konjunktur 1920 ist die Anpassung des japanischen Finanzmarktes an die Nachkriegsverhältnisse noch zweimal jäh unterbrochen worden, durch das Erdbeben im Jahre 1923 und die Industrie- und Bankenkrise 1927; erst Anfang 1930 erfolgte die Aufhebung des Goldembargos und die gesetzliche Wiederstabilisierung des Yen.

Mit einem Goldbestande von 824 Millionen Yen am Jahresende 1930 hatte die Bank von Japan während des ersten Jahres nach der Wiederherstellung der Freiheit des Goldmarktes (also seit 1917) einen Netto-Goldabzug von 247 Millionen Yen zu verzeichnen. Als eine Folge dieser Goldabzüge und der wirtschaftlichen Depression ist 1930 auch eine starke Deflation festzustellen gewesen, welche im September 1930 den Notenumlauf sogar auf einen Tiefstand von 968 Millionen, einen seit 1919 nicht mehr erreichten Stand, herabgedrückt hatte. Der Notenumlauf der Bank von Japan betrug am Jahresende 1930 1436 Millionen Yen, oder um 200 Millionen Yen weniger als am Ende 1929. Gleichwohl war der Geldmarkt Japans im Jahre 1930 sehr flüssig; die Bankrate wurde von 5,48 auf 5,11 % ermäßigt.

Die Inanspruchnahme des Kapitalsmarktes für Emissionen ist 1930 sehr stark zurückgegangen; an neuem Aktienkapital wurden 414,1 Millionen Yen (gegen 596 Millionen Yen im Jahre 1929); Kapitalsverm rungen absorbierten 345,6 Millionen (1929: 438,5 Millionen Yen); Emissionen von Obligationen 446,9 Millionen Yen (gegen 932,9 Millionen Yen im Jahre 1929).

Durch weitere Fusionen (wie schon seit 1927) hat sich die Zahl der Banken Japans auf 77 verringert; in Millionen Yen betrugen die Depositen dieser Banken Ende 1930: 11,491 (1929: 11,976), die aushaftenden Kredite 11,193 (11,181).

5. *Änderungen seit der Pfundentwertung.*

Mit der Aufhebung des Goldstandards in England am 20. September 1931 ist auch für die asiatischen Vasallenwährungen des Pfund Sterlings — jene Währungen, die direkt oder indirekt auf dem Pfund Sterling beruhen — eine weitgehende Veränderung verbunden gewesen: diese Währungen (ausgenommen Persien und Siam) haben fast gleichzeitig die Goldgrundlage, auf welcher sie bisher aufgebaut waren, mit der Sterlinggrundlage vertauscht, d. h. eine 25—30proz. Devalvierung erfahren. Während Siam noch bis Mai 1932 an dem Goldstandard festgehalten hat, ist Persien wieder zur Silberwährung zurückgekehrt, nachdem es ab 1930 auf wiederholt gewechselter Grundlage versucht hatte, den Silberkran im Verhältnisse zum Pfund Sterling zu stabilisieren.

Im Dezember 1931 hat auch Japan das erst im Januar 1930 aufgehobene Goldembargo wieder eingeführt, was zur Folge hatte, daß der Yenkurs bis Mitte 1932 fast 50% seiner Goldparität eingebüßt hat, also sich in einem viel höheren Maße entwertete, als das Pfund Sterling. Wenngleich es richtig ist, daß die Entwertung des Yen in erster Linie eine Folge der kriegerischen Aktionen Japans gegen China war — die Finanzierung dieser Aktionen erfolgte durch inländische Schatzscheintransaktionen —, so wäre Japan sicherlich auch ohne diese außenpolitische Entwicklung gezwungen gewesen, dem Beispiel Großbritanniens zu folgen, um durch die Entwertung des Yen seinen Export gegenüber dem englischen wettbewerbsfähig zu erhalten.

Diese Umwälzungen in den Geldsystemen Asiens hatten zur Folge, daß Mitte 1932 nur mehr vier Länder — Syrien, Niederländisch-Indien, Indochina und die Philippinen — ihr Währungswesen auf dem Golde aufgebaut hatten, während die neue Währung der Türkischen Republik nur defacto stabil gehalten wird.

Was nun im besonderen die Gestaltung der Geldmärkte Asiens betrifft, so sind in der Zeitperiode von Mitte 1931 bis Mitte 1932 folgende drei Phänomene von internationalem Interesse: die indischen Goldexporte, die wachsende Autarkie des nationalen chinesischen Geldmarktes und die finanzielle Entwicklung im neuen Mandschustaate.

Indien hat in dieser Zeitperiode Gold im Werte von rund 60 Millionen Pfund Sterling (Goldparität) exportiert, d. i. etwa den zehnten Teil der seit Beginn dieses Jahrhunderts erfolgten Nettogoldeinfuhr nach Indien. Welche Rückwirkungen diese überraschend erfolgten Goldexporte (die überwiegend aus privaten Hortungen stammte) auf den indischen Geld- und Kapitalsmarkt ausüben, läßt sich noch nicht absehen; international haben aber die indischen Goldabgaben jedenfalls eine wesentliche Erleichterung der Goldsituation gebracht und der Londoner City die Überwindung des toten Punktes, der nach der Aufhebung des Goldstandards eingetreten war, ermöglicht.

Es hat vielfach überrascht, daß beim japanisch-chinesischen Konflikte um Schanghai und die Mandschurei sich China als der finanziell besser gerüstete Teil erwiesen hat. Dies ist zum Teil auf die Tatsache zurückzuführen, daß China an der Silberwährung festgehalten hat, der Silberpreis seit Mitte 1931 eher stabil geblieben ist, während andererseits das Goldwährungssystem einen starken Stoß erlitten hatte. Hierzu kommt aber im Falle Chinas noch die überraschende Modernisierung des chinesischen Bankwesens; die eigenen und fremden Mittel der modernen Banken Chinas wurden Anfang 1932 auf rund 2000 Millionen China-Silberdollar (d. s. etwa 2000 Millionen RM.) geschätzt; so war die Nanking-Regierung in der Lage, ab 1928 auf die Begebung von Auslandsanleihen für Staatszwecke zu verzichten und den staatlichen Anleihebedarf zur Gänze im Inland zu decken. Im Jahre 1931 sind auf diesem Wege nicht weniger als 380 Millionen Chinadollar begeben worden. Durch eine generelle Konversion im Februar 1932 ist der Zinssatz der aushaftenden inländischen Anleihen (etwa 900 Millionen Chinadollar) von 8 auf 6% herabgesetzt worden.

Das dritte wichtigste Ereignis betrifft die Mandschurei: hier haben die Japaner den Versuch unternommen, durch Gründung einer eigenen mandschurischen Notenbank mit einem (von japanischen Banken bereitgestellten) Aktienkapital von 20 Millionen Chinadollar das chaotische Geldwesen dieses Gebietes zu unifizieren. Die endgültige Entwicklung wird wahrscheinlich zur Etablierung einer auf bimetallistischer Grundlage aufgebauten Vasallenwährung Japans führen.

Literatur: HANS, Dr. J.: Geld und Gold in Asien. Wien: Selbstverlag 1930. — INNOUYE, INNOSUKE: Problems of the Japanese Exchange. London: Macmillan & Co. 1931. — Javasche Bank: Jber. **1929/30** und **1930/31**. — Report of the Controller of the Indian Currency **1929, 1930**. — Calcutta, Government Publication Branch. — Jber. der Bank von Japan.

J. HANS.

„asked“ (e) = angeboten, „Brief“. Börsenausdruck, wörtlich: gefordert(er Preis).

assets (e) = Aktiva (der Bilanz), Gegens. liabilities = Verbindlichkeiten. liquid a. etc.

— **companies** s. *Investment Trusts 1.*

Assignaten s. *Valorisation I.*

Assignation s. v. w. Anweisung (Zahlungsanweisung).

Association National des Porteurs français de valeurs mobilières s. *Rentenmarkt 8.*

A stock, häufige (vorwiegend bei amerikanischen Gesellschaften) Bezeichnung einer bestimmten (bevorrechteten) Aktienkategorie, z. B. von stimmberechtigten common shares gegenüber nichtstimmberechtigten, die dann B-shares, evtl. noch C-shares usw. genannt werden.

Athener Börse s. *Griechenland, Geld- und Kapitalmarkt 3.*

audit (e) = amtliche Bücherrevision (vgl. *Revision der Bilanz.*

auditor s. audit.

Aufbewahrung vgl. *Depotrecht I*, vgl. *Schrankfachvertrag.*

Aufbewahrungsschein = Depotschein.

„Aufgabe“ nennt man die Bekanntgabe der Gegenseite bei Börsenschlüssen durch den *Makler* (s. d.).

Auflassung, Übereignung von Grundstücken.

Aufrechnung (Kompensation), Tilgung einer Schuld durch entsprechende Herabminderung einer Gegenforderung, BGB. § 387f.

Aufsichtsamt für Privatversicherung s. *Reichsaufsichtsamt für Privatversicherung.*

— **rat** s. *Aktiengesellschaft IV*, s. *Personen im Bankgewerbe I.*

— **steuer** s. *Tantiemesteuer.*

— **system**, Vor- und Nachteile, s. *Industrie und Banken II.*

Auftragspapiere s. v. w. *Orderpapier* (s. d.).

Aufwertung. *Geschichtliche Entwicklung des Aufwertungsgedankens.* Die deutsche Aufwertung ist die Frucht der in der Währungsgeschichte beispiellosen Inflation. Obgleich die vor dem Kriege bestandene Goldwährung praktisch bereits durch die Gesetze vom September 1914 beseitigt war, wurde diese Veränderung von Staat und Volk zunächst nicht erkannt. Die steigenden Preise wurden — zum Teil übrigens mit Recht — zurückgeführt auf die Abschnürung Deutschlands vom Weltmarkt und die englische Blockade. Noch bis in die Jahre 1919 und 1920 sprach man nicht von der entwerteten Mark, sondern von den überteuerten Preisen. Die ersten Ansätze zu einer Aufwertungsrechtsprechung lagen infolgedessen auch auf dem Gebiete der sog. gegenseitigen Verträge. Der Verkäufer von Ware, beispielsweise

Automobilen, behauptete, nicht mehr zur Lieferung imstande zu sein, weil sich die von ihm benötigten Rohstoffe um ein Vielfaches verteuert hätten. Verhältnismäßig früh ist die deutsche Judikatur auf diesen Gedanken eingegangen und hat entweder derartige Lieferungsverpflichtungen aufgehoben oder nur bei Erhöhung des Preises für gültig erklärt. Später wurde, wenn der Käufer mit der Bezahlung im Verzuge war, ein Schadenersatzanspruch wegen der Entwertung der Mark zugesprochen, zunächst nur gegenüber dem Ausländer, von dem man annehmen konnte, daß er die Mark sofort in Devisen umgewandelt hätte, später auch gegenüber dem Inländer. Die A. reiner Kapitalforderungen, die nicht aus gegenseitigen Verträgen, sondern insbesondere aus Darlehen stammten, wurde zunächst abgelehnt. Erst Anfang 1923 erging ein Aufsehen erregendes Urteil des Oberlandgerichts Darmstadt und schließlich im November 1923 die berühmte Entscheidung des Reichsgerichts über die Hypothekenaufwertung (RGZ. 109, 111). Besonders das letztere Urteil zwang den Gesetzgeber, zu der Aufwertungsfrage Stellung zu nehmen.

Von Ende 1922 ab ist der Aufwertungsgedanke insbesondere von BEST, DÜRINGER und MÜGEL vertreten worden. Die Regierung verhielt sich während des ganzen Jahres 1923 noch sehr ablehnend, mußte sich schließlich aber, als die Entwertung auf 1 : 1 Billion gestiegen war, zum Erlaß der Dritten Steuernotverordnung herbeilassen. Diese wurde im allgemeinen für ungenügend gehalten und brachte die Aufwertungspropaganda noch nicht zur Ruhe. Nach langen Kämpfen ergingen schließlich im Juli 1925 die beiden wichtigsten Gesetze (Aufwertungsgesetz und Anleiheablösungsgesetz), die im Literaturnachweis zitiert sind. In der Folge hat man an den Grundsätzen dieser Vorschriften festgehalten und Abänderungen bis auf Fragen zweiter Ordnung mit Konsequenz abgelehnt. Von besonderer Bedeutung ist noch das Gesetz vom 18. Juli 1930, welches die Fälligkeit der an sich am 1. Januar 1932 rückzahlbaren Hypotheken erneut regelt. Zur Zeit sind die Bestrebungen, weitere Verbesserungen der Aufwertungsgesetzgebung durchzubringen, im allgemeinen zur Ruhe gekommen. Neuordnungen dürften allenfalls noch für die sog. Neubesitzanleihe sowie die Altbesitzgenußrechte der Industrieobligationen erfolgen, ohne daß ein auch nur annähernd festzulegender Zeitpunkt dafür vorausgesagt werden kann.

Bei Beratung des Aufwertungsgesetzes war der Hauptstreit, ob eine schematisch prozentual festgelegte oder eine individuelle Aufwertung Platz greifen sollte. Letztere wäre zweifellos die gerechtere gewesen, hätte aber eine außerordentliche Unsicherheit in das Rechtsleben hineingetragen und die Gerichte mit einer nicht zu bewältigenden Arbeit überschüttet. Mit Recht hat man daher eine schematische Valorisierung vorgenommen und ist nur in einzelnen engumschriebenen Tatbeständen hiervon abgegangen. Neben dieser in den Gesetzen ausdrücklich geregelten A. gibt es indessen noch die sog. freie Aufwertung, die sich auf solche Rechtsverhältnisse bezieht, die durch die Gesetzgebung nicht ausdrücklich geregelt, vielmehr der Entwicklung der Rechtsprechung überlassen worden sind. In diesem letzteren Falle wird individuell aufgewertet.

Im folgenden sollen die einzelnen Kategorien der aufzuwertenden Forderungen durchgegangen werden.

1. *Hypotheken.* Der Goldmarkbetrag als Grundlage der A. wird vom Gesetz (§ 2) dem Nennbetrag dann gleichgesetzt, wenn die Hypothek vor dem 1. Januar 1918 entstanden ist. Liegt der Stichtag nach diesem Datum, so wird der Goldmarkwert auf Grund einer dem Aufwertungsgesetz angeschlossenen Tabelle von Papiermark auf Goldmark umgerechnet. Hat eine Abtretung der Hypothek nach dem 1. Januar 1918 stattgefunden, so erfolgt für den Erwerber die A. nach dem Stichtage des Erwerbsdatums.

Der Aufwertungssatz beträgt für die Hypothek selbst (dingliches Recht) 25 % des Goldmarkbetrages. Dieser Satz kann bei besonders ungünstiger Wirtschaftslage des Eigentümers auf 15 % herabgesetzt werden. Die neben der Hypothek herlaufende persönliche Forderung wird in einigen Fällen (vgl. § 10), insbesondere bei Restkaufgeldhypotheken, die nach dem 31. Dezember 1908 begründet waren, höher, und zwar unter Umständen bis zu 100 % aufgewertet. Das Verlangen nach abweichender A. muß bei der Aufwertungsstelle geltend gemacht werden, die hierüber zu entscheiden hat. Der Eigentümer ist berechtigt (§ 7), im Range nach dem an erster Stelle eingetragenen aufgewerteten Recht sich eine sog. Eigentümergrundschuld in Höhe von 25 % des erststelligen Rechts eintragen zu lassen, wodurch also die zweite Aufwertungshypothek erst hinter 30 % des Vorkriegswertes rangiert.

Ist in der Inflationszeit eine Rückzahlung der Hypothek vorgenommen worden, so findet grundsätzlich eine Aufwertung nicht statt; dies gilt jedoch dann nicht, wenn der Gläubiger die Leistung in der Zeit vom 15. Juni 1922 bis 14. Februar 1924 angenommen hat. Alsdann erfolgt die sog. A. kraft Rückwirkung (§ 15). Der Gläubiger muß jedoch die Hypothek anmelden und kann die Eintragung nur mit dem Rang hinter zwischenzeitlich (Stichtag 1. Januar 1925 — § 22) zur Eintragung gelangten Rechten bekommen. Ebenso findet dann eine A. statt, wenn der Gläubiger einen Vorbehalt seiner Rechte gemacht hat.

Die Rückzahlung der Hypothek kann nicht vor dem 1. Januar 1932 verlangt werden. Ist die Hypothek also nach den zwischen Gläubiger und Schuldner bestehenden Vereinbarungen schon früher fällig geworden, so wird der Rückzahlungszeitpunkt auf den 1. Januar 1932 hinaus verlegt. Wenn aber — wie dies insbesondere bei Amortisationshypotheken der Fall ist — die zivilrechtliche Fälligkeit erst nach diesem Zeitpunkt eintritt, so behält es hierbei sein Bewenden. Die Verpflichtung zur Leistung von Tilgungsbeträgen ruht bis zum 1. Januar 1926. Während der Schuldner jederzeit mit dreimonatiger Frist kündigen kann, hat das Gesetz vom 18. Juli 1930 die Rückzahlungsverpflichtung des Eigentümers abgeändert. Die Fälligkeit des Kapitals tritt erst ein, wenn ein Jahr vor dem gesetzlich festgesetzten Zeitpunkt vom Gläubiger gekündigt wird. Dieser mußte also, wenn er die Rückzahlung per 1. Januar 1932 erreichen will, Ende 1930 kündigen. Der Schuldner hat das Recht, innerhalb von 3 Monaten die Aufwertungsstelle anzurufen, um ein weiteres Hinausschieben der Fälligkeit bis zum 1. Januar 1935 zu erzielen (§ 2 des Gesetzes vom 18. Juli 1930). Die Aufwertungsstelle darf eine Zahlungsfrist nur bewilligen, wenn der Antragsteller über die zur Rückzahlung des Aufwertungsbetrages erforderlichen Mittel nicht verfügt und auch nicht in der Lage ist, sie sich zu Bedingungen zu verschaffen, die ihm billigerweise zugemutet werden können; die Prolongation darf auch nicht bewilligt werden, wenn sich der Antragsteller die nötigen Mittel zu Bedingungen beschaffen kann, die für ihn keine wesentlich größere Belastung bedeuten als die festgesetzte Erhöhung des Zinssatzes (s. u.). Die Zahlungsfrist darf aber nicht zugestanden werden, wenn sie für den Gläubiger eine unbillige Härte bedeuten würde. Die Aufwertungsstelle kann auch Abschlagszahlungen festsetzen.

Infolge der außerordentlichen Verschlechterung der wirtschaftlichen Verhältnisse und der im November 1931 eingetretenen fast vollständigen Unmöglichkeit, neues Hypothekengeld zu bekommen, ist der Schuldner durch Notverordnung vom 10. November 1931 in die Lage versetzt worden, die Aufwertungsstelle mit dem Ersuchen um Gewährung einer Zahlungsfrist nochmals anzurufen. Der Antrag kann nur bis zum Ablauf des 30. November 1931 gestellt werden. Voraussetzung ist, daß der Antrag auf Grund des § 6 der Aufwertungsnovelle vom 18. Juli 1930 nicht rechtzeitig gestellt war oder der Antrag zurückgezogen wurde, ohne daß eine Einigung mit dem Gläubiger über die Rückzahlung erzielt war.

Die Verzinsung der Hypotheken beträgt im Jahre 1925 durchschnittlich 2 %, 1926/27 je 3 %, 1928/31 je 5 % und für die Ende 1931 nicht zur Rückzahlung gelangenden Hypotheken von da ab jährlich $7\frac{1}{2}$ %[1]. Wenn in Gesetzen, Verträgen oder Satzungen bei gewissen Tatbeständen eine vorzeitige Fälligkeit der Hypothek vorgesehen ist, behält es hierbei sein Bewenden. Werden also die Zinsen einer Aufwertungshypothek unpünktlich gezahlt, so wird nach den Formularen der Versicherungsgesellschaften, Hypothekenbanken usw. das Kapital sofort fällig. Wenn der Schuldner vor dem 1. Januar 1932 freiwillig zurückzahlen will, hat er das Recht der sog. Barablösung, d. h. der Hypothekenbetrag wird vom 1. Januar 1932 mit Rücksicht auf die niedrige Verzinsung mit 7 % zurückdiskontiert, wogegen die Zinsen gerechnet werden (vgl. die letzte, die Barablösung regelnde Verordnung vom 20. Januar 1927). Für die Zeit nach dem 1. Januar 1932 gibt es eine solche Barablösung nicht, da der Zinsfuß von $7\frac{1}{2}$ % als der normale angesehen wird.

Grundschulden, Rentenschulden und Reallasten werden nach ähnlichen Grundsätzen aufgewertet.

2. *Industrieobligationen.* Ansprüche aus verzinslichen Schuldverschreibungen, die auf den Inhaber lauten oder durch Indossament übertragbar sind und von natürlichen oder juristischen Personen des Privatrechts ausgegeben sind, werden, gleichgültig ob sie durch Hypothek gesichert sind oder nicht, mit 15 % aufgewertet (§ 33). Auch hier ist eine Herabsetzung des Aufwertungsanspruchs — im Gegensatz zu den Hypotheken ohne Festsetzung einer Mindestgrenze — bis zum völligen Fortfall der A. durch Anrufung der

[1] Durch Zinssenkungsverordnung vom 8. Dezember 1931, Kap. III § 3 auf 6 % herabgesetzt.

Aufwertungsstelle möglich (§ 34). Eine rückwirkende A. erfolgt hier lediglich im Falle des Vorbehalts sowie bei den den Banken zur Einlösung eingereichten, von diesen aber an die Schuldner nicht weitergegebenen Stücken. Der Zinsfuß beträgt wiederum für 1925 2 %, für 1926 und 1927 je 3 %, von da ab jährlich5 %. Die Rückzahlung der industriellen Obligationen hat am 1. Januar 1932 zu erfolgen, wenn nach den Anleihebedingungen bis dahin die Fälligkeit eingetreten ist (Verlosung) oder aber eine Gesamtkündigung der Emission ausgesprochen war. Eine solche ist auch dann gültig und bleibt aufrechterhalten, wenn sie in der Inflationszeit vorgenommen wurde. Wenn und soweit die Anleihen erst nach dem 1. Januar 1932 zivilrechtlich fällig werden, bleibt es bei der 5proz. Verzinsung. Andererseits ist eine Hinausschiebung der Fälligkeit durch Antrag bei der Aufwertungsstelle in keinem Falle möglich. Ein etwaiges Agio wird nicht berücksichtigt. Im übrigen ist die A. ähnlich der der Hypotheken gestaltet mit gewissen Abwandlungen, die sich aus der Natur der industriellen Obligationen im einzelnen ergeben (vgl. hierzu insbesondere die Durchführungsbestimmungen Art. 29 bis 48).

Infolge der außerordentlichen Verschlechterung der allgemeinen wirtschaftlichen Lage mußte angenommen werden, daß eine Reihe von industriellen Schuldnern am 31. Dezember 1931 nicht in der Lage sein würde, ihren Verpflichtungen nachzukommen. Infolgedessen ist durch Notverordnung vom 10. November 1931 für den Anleiheschuldner die Möglichkeit geschaffen worden, die Spruchstelle beim Kammergericht mit dem Ersuchen um Prolongation bis zu 3 Jahren anzurufen. Die gestundeten Beträge sind vom 1. Januar 1932 ab mit $7^1/_2$% jährlich zu verzinsen und mit einem Aufgeld zurückzuzahlen. Das Aufgeld beträgt bei einer Zahlung im Jahre 1932 2 % und erhöht sich um 2 % für jedes angefangene weitere Jahr der Zahlungsfrist.

Für den Altbesitzer, d. h. denjenigen, der die Obligationen vor dem 1. Juli 1920 erworben hat, wird eine zusätzliche A. von 10 % in einer besonderen Ausstattung vorgenommen, die an die Voraussetzung einer rechtzeitig erfolgten Anmeldung (§ 39) geknüpft ist. Es wird ein sog. Genußrecht ausgefolgt, das, wenn die schuldnerische Gesellschaft bis zu 6 % Reingewinn — gerechnet auf das Gesamtkapital — ausschüttet, weder verzinst noch getilgt wird. Bei 7 % Dividende werden 2 % gezahlt, bei 8 % 4 %, bei 9 % 6 %. Diese Sätze werden bis zur Höhe der Vorkriegsverzinsung der Obligationen für Zinsen, im übrigen für Amortisationen verwendet. Im Falle der Liquidation ist das Vermögen der Gesellschaft nach Berichtigung der Schulden im Verhältnis von 2 : 1 zwischen Genußrechtsinhabern und Aktionären bzw. Gesellschaftern zu teilen, wobei jedoch die Genußrechte natürlich nie mehr als den Nennbetrag erhalten. Es besteht für die schuldnerischen Gesellschaften die Möglichkeit, die durch die Goldbilanzverordnungen bei den Oberlandesgerichten geschaffenen Spruchstellen mit dem Antrage auf Barablösung anzurufen, um eine vorzeitige Tilgung herbeizuführen. Die hier bewilligten Sätze schwanken sehr stark. Bei in guter Lage befindlichen Firmen werden bis zu 75 % festgesetzt, bei schlechterer Situation wird auf 50 %, in ganz besonders gelagerten Fällen vielleicht auch noch unter diesen Satz heruntergegangen. Die Altbesitzgenußrechte haben infolge ihrer eigenartigen und ziemlich verunglückten Ausstattung zu einer ganzen Reihe von Zweifelsfragen Anlaß gegeben, auf die hier nicht eingegangen werden kann. Mitte vorigen Jahres wurde ein Gesetzentwurf beraten, welcher eine Umwandlung dieses quasi Gewinnbeteiligungsrechts in eine feste Forderung vorsah; dieser ist jedoch bisher nicht an den Reichstag gelangt, ohne daß indessen die Bestrebungen auf Abänderung des auf die Genußrechte bezüglichen Teiles des Aufwertungsgesetzes zum Schweigen gekommen sind.

Wenn die Rechte der Genußrechtsbesitzer durch Maßnahmen der Gesellschaft (§ 41) verletzt werden, so können 2 % des Genußrechtskapitals sich einen Treuhänder zur Verfechtung ihrer Rechte vor der Spruchstelle bestellen lassen (vgl. im einzelnen die Verordnung vom 24. Oktober 1928).

3. Pfandbriefe und verwandte Schuldverschreibungen. Pfandbriefe sind und waren nach den Bestimmungen des Hypothekenbankgesetzes emittiert gegen im Deckungsregister eingetragene Hypotheken. Letztere waren im Aufwertungszeitpunkt teils noch vorhanden, teils lebten sie infolge Rückwirkung auf, teils waren sie endgültig in der Inflationszeit getilgt, ohne daß es möglich war, entsprechende Mengen von Pfandbriefen aus dem Verkehr zu ziehen. Nach § 47 wird infolgedessen aus der gesamten Deckungs-, im Gesetz „Teilungsmasse" genannt, ein Fonds gebildet, welcher zur Aufwertung der Pfandbriefe dient. Der Prozentsatz, mit welchem die Pfandbriefe zur A. gelangen, ist nach den Verhältnissen der einzelnen Institute verschieden und schwankt bei den privaten Hypothekenbanken etwa zwischen 15 und 25 %. Die Hypothekenbanken nehmen auf die Pfandbriefe Barausschüttungen vor, soweit sie selbst Barbeträge erhalten; insbesondere aber geben sie $4^1/_2$% sog. Liquidationspfandbriefe aus, durch welche die Pfandbriefbesitzer für ihre Aufwertungsansprüche entschädigt werden. Die Hypothekenbanken behalten die $^1/_2$% Spanne zwischen $4^1/_2$ und 5 % sowie einen gewissen Prozentsatz der Teilungsmasse als Verwaltungskostenbeitrag ein. Auf der anderen Seite müssen sie unter Umständen nach näherer Vorschrift der Reichsregierung einen Beitrag zur Teilungsmasse aus ihrem sonstigen Vermögen leisten. Der größte Teil der Hypothekenbanken hat bereits eine Generalabfindung der Pfandbriefe vorgenommen. Bei einem anderen Teil ist dies noch nicht geschehen, weil vielfach Hypotheken nur mit verschlechtertem Rang eingetragen werden konnten, auch persönliche Forderungen ohne dingliche Deckung aufzuwerten waren, deren Eingang oft zweifelhaft ist. Die Liquidationspfandbriefe tragen ab 1. Januar 1932 7 % Zinsen. Soweit Amortisationsbeträge bei Hypothekenbanken bar eingehen, werden die Liquidationspfandbriefe zu Pari verlost, im übrigen aber haben sie keine feste Fälligkeit, da die Hypothekenbanken beschlossen haben, grundsätzlich Aufwertungshypotheken nicht zu kündigen, diese vielmehr zunächst bis zum 1. Januar 1935 stehen zu lassen. Eine Prolongation über diesen Zeitpunkt hinaus ist nicht ausgeschlossen. Der Eigentümer hat das Recht, seine Hypothek in Liquidationspfandbriefen zurückzuzahlen, wobei diese zum Nennwert angerechnet werden müssen. Hierdurch verringert sich der Umlauf an Liquidationspfandbriefen ständig, da fortgesetzt sog. Umschuldungen in neue Hypotheken vorgenommen werden.

Die A. der Pfandbriefe selbst ist im übrigen ähnlich der der Industrieobligationen; sie findet also rückwirkend nur bei den sog. Bankenstücken und bei erklärtem Vorbehalt statt. Ein Unterschied zwischen Alt- und Neubesitz wird hier in keiner Form gemacht.

Bei den öffentlich-rechtlichen Hypothekeninstituten, die meist auf Landesrecht beruhen, gelten im wesentlichen die gleichen Prinzipien. Im einzelnen ist auf die oben zitierten Verordnungen sowie die landesrechtlichen Vorschriften zu verweisen. Bei den den Hauptteil dieser Kategorie bildenden Landschaftspfandbriefen stimmt jedoch die Verzinsung der Liquidationspfandbriefe mit der der Aufwertungshypotheken überein. Ob diese nach dem 1. Januar 1932 7 oder $7^1/_2$% tragen werden, ist bis jetzt noch nicht ganz sicher.

Wenn juristische Personen des öffentlichen Rechts als Unternehmer wirtschaftlicher Betriebe Obligationen ausgegeben haben, so werden diese auf 15 % aufgewertet. Die Länder sind ermächtigt, die Aufwertungsansprüche nach den Grundsätzen der Pfandbriefaufwertung zu regeln.

4. Versicherungsansprüche. Der Grundgedanke der Aufwertung von Versicherungsansprüchen ist der gleiche wie bei den Pfandbriefen. Es wird wiederum nach Maßgabe der Vermögenslage unter Zugrundelegung der auf die Versicherungsansprüche entfallenden Reserven bei Einsetzung eines Treuhänders eine Teilungsmasse gebildet, aus der die Aufwertung vorgenommen wird. Diese muß, da in ihr die verschiedensten Arten von Deckungsreserven (Hypotheken, Pfandbriefe, Staatsanleihen usw.) liegen, bei den einzelnen Versicherungsgesellschaften ziemlich verschieden ausfallen (ungefähr zwischen 12 und 20 %). Der Betrag, von dem diese Prozente errechnet werden, ist die Goldmarksumme der tatsächlich eingezahlten Prämien abzüglich des Risikoanteils. Die Versicherungen gelten als per Februar 1924 in beitragsfreie umgewandelt. Beleihungen und vorzeitige Auszahlungen sind zulässig und werden von den Versicherungsgesellschaften in größerem Umfange vorgenommen.

5. Sparkassenaufwertung. Auch bei den Sparkassen wird eine Teilungsmasse nach ähnlichen Grundsätzen wie bei den Versicherungsgesellschaften und Hypothekenbanken gebildet. Die Abhebungen und Einzahlungen werden nach dem sog. Wilhelmshavener System auf Goldmark umgerechnet, eine Methode, die für die Sparer nicht sehr vorteilhaft ist. In Preußen ist die Aufwertung provinziell ausgeglichen. Die Sätze liegen hier zwischen 17 und 24 %; in den anderen Ländern bewegen sie sich auch ungefähr auf dieser Höhe. Nach den preußischen Richtlinien kann der Sparer bis Januar 1930 bereits ein Drittel seines Guthabens abheben. Desgleichen sind vorzeitige Auszahlungen in Fällen sozialer Bedürftigkeit besonders zugelassen. (S. a. *Sparkassen 7.*)

6. Vermögensanlagen (§ 63). Eine Definition dieses wichtigen Begriffes findet sich im Gesetz nicht. Nach MÜGEL ist eine Vermögensanlage im Sinne des § 63 die Verwendung von Vermögensstücken zum Erwerb einer auf eine bestimmte Geldsumme in Reichswährung lautenden Forderung zum Zwecke der Kapitalnutzung oder Kapitalaufbewahrung. Hauptsächlich fallen unter diesen Begriff Darlehen. Die Aufwertung wird auf 25 % vorgenommen. Nicht als Vermögensanlagen werden nach ausdrücklicher Bestimmung des Aufwertungsgesetzes angesehen Ansprüche aus Gesellschaftsverträgen und anderen Beteiligungsverhältnissen, aus Gutsüberlassungsverträgen, Ansprüche, die auf den Beziehungen zwischen unterhaltungsberechtigten und unterhaltsverpflichteten Personen beruhen, Guthaben bei Fabrik- oder Werksparkassen sowie die Ansprüche an Betriebspensionskassen. Die so ausgenommenen Vermögensanlagen unterliegen der freien Aufwertung (s. u.).

7. Bank- und Kontokorrentguthaben (§§ 65, 66). Ansprüche aus einem Kontokorrent oder einer anderen laufenden Rechnung bleiben, ohne Rücksicht, ob sie dinglich gesichert sind oder nicht, unaufgewertet, ausgenommen die Einlagen von Arbeitnehmern bei ihren Arbeitgebern. Ebenso werden Bankguthaben nicht valorisiert, da die Banken auch ihre Debitoren nicht aufgewertet erhalten, eine Teilungsmasse wie bei Hypothekenbanken, Versicherungsgesellschaften usw. demnach nicht gebildet werden kann. Eine Ausnahme gilt nur, wenn die Bank das Geld vereinbarungsgemäß in wertbeständigen oder aufgewerteten Vermögensgegenständen anzulegen hatte, ferner wenn es sich um Einlagen von Arbeitnehmern bei ihren Arbeitgebern handelt, schließlich wenn Darlehnsansprüche aus Geschäftseinlagen herrühren und als solche länger als 5 Jahre bestanden haben. Nähere Bestimmungen sind noch für die Aufwertung von Pensions- und Betriebskassen gegeben (vgl. § 64).

8. Freie Aufwertung. Die freie A. greift in allen denjenigen Fällen durch, in welchen das Gesetz nicht ausdrücklich eine feste A. vorgeschrieben oder sonst bindende Bestimmungen gegeben hat. Es fallen hierunter insbesondere alle Ansprüche aus gegenseitigen Verträgen, sofern eine dingliche Sicherung nicht erfolgt ist. Die Entwicklung dieser sog. freien A. ist der Rechtsprechung überlassen worden, die verhältnismäßig aufwertungsfreundlich eingestellt ist. Es gilt dies ganz besonders für die Ansprüche aus Grundstücksverkäufen. Ist hier der Kaufpreis in der Inflationszeit nicht sofort bar bezahlt, sondern ohne dingliche Sicherung gestundet worden, so findet nach der Judikatur eine weitgehende Berücksichtigung der durch die spätere Zahlung entstandenen Geldentwertung statt. Es wird errechnet, wieviel Wertprozente des Grundstücks sofort bar bezahlt worden sind und wieviel Wertprozente auf die verzögerte Restzahlung entfallen. Diese Relation wird bezogen auf den jetzigen Wert des Grundstücks und alsdann ein angemessener Ausgleich gesucht. Neuerdings tritt das Reichsgericht in steigendem Maße der Geltendmachung weiterer Aufwertungsansprüche mit der sog. Verwirkung entgegen, so daß in normal gelagerten Fällen der Schuldner jetzt mit der Geltendmachung von auf freier Aufwertung beruhenden Ansprüchen im allgemeinen nicht mehr zu rechnen braucht.

9. *Öffentliche Anleihen.* Sämtliche Anleihen des Reichs, der Länder und Gemeinden werden nach den Bestimmungen des Anleiheablösungsgesetzes aufgewertet. Es wird unterschieden zwischen Alt- und Neubesitz. Altbesitzer ist derjenige, welcher seine Anleihen vor dem 1. Juli 1920 erworben hat (§§ 9, 10). Er erhält für 1000 M. nominal Papiermarkanleihe (bei den wenigen Inflationsanleihen findet eine Umrechnung entsprechend der Geldentwertung statt) ein Auslosungsrecht zum Rückzahlungswert von 125 RM. Das Auslosungsrecht wird in der Zeit von 1926 einschließlich bis 1955 in folgender Weise getilgt: Jedes Jahr wird genau der 30. Teil des umlaufenden Betrages, der sich auf etwa $4^1/_2$ Milliarden RM. bezifferte, gezogen. Die $4^1/_2$% Zinsen werden nicht laufend ausgezahlt, sondern erst wenn und sobald das Auslosungsrecht gezogen wird. Eine Berechnung von Zinseszinsen erfolgt nicht. Wird das Auslosungsrecht also im ersten Jahre gezogen, so erhält man 125 RM. plus $4^1/_2$% Zinsen = 130,63 RM. (früher wurden 10% Kapitalertragsteuer abgezogen, was jedoch seit dem 1. Januar 1931 nicht mehr der Fall ist). Wird ein Auslosungsrecht nach 10 Jahren gezogen, so würden die Zinsen für 10 Jahre mit ausgezahlt werden, bei Ziehung im Jahre 1955 die Zinsen für 30 Jahre. Die eigenartige, ganz von der Norm abweichende Ausstattung des Papiers hat es beim Publikum äußerst unbeliebt gemacht; dies ergibt sich aus der Tatsache, daß der Kurs in den letzten Jahren zwischen 50 und 60% des Ziehungsbetrages geschwankt hat, was auch bei heutigen Verhältnissen eine ungewöhnlich hohe Rendite bedeutet. Vielfach sind — vom Reich allerdings nicht akzeptierte — Vorschläge für eine Umgestaltung der Auslosungsrechte in ein feste Zinsen abwerfendes Papier gemacht worden.

Der Neubesitzer erhält nur eine A. von $2^1/_2$%; Verzinsung und Tilgung findet vorerst nicht statt. Die Aufnahme des Anleihedienstes ist abhängig von dem Erlaß eines Reichsgesetzes, das an sich erst ergehen soll nach Erledigung der Reparationen. Es sind immer wiederholte starke Bestrebungen im Gange, dieses notleidende Papier in ein normales umzuwandeln; bisher hat sich die Reichsregierung indessen ablehnend verhalten.

Besondere Vorschriften sind gegeben für den Fall, daß Geld auf Grund gesetzlicher Verpflichtung mündelsicher angelegt werden mußte. Ferner ist eine vorzugsweise Behandlung von bedürftigen Personen (§ 18ff.) durch Gewährung von Vorzugsrenten festgesetzt.

Die Anleihen der Länder sind zum weitaus größten Teil durch das sog. Eisenbahnübernahmegesetz auf das Reich übergegangen. Für die bei den Ländern verbliebenen gelten im wesentlichen die Vorschriften für die Reichsanleihen.

Bei den Anleihen der Gemeinden und Gemeindeverbände werden die Auslosungsrechte nicht mit $4^1/_2$, sondern mit 5% verzinst. Ein großer Teil der Kommunen hat sich für die Börsennotierung zusammengeschlossen und eine sog. Kommunalsammelablösungsanleihe herausgegeben. Im Gesetz ist vorgesehen, daß bei Gemeinden der Satz von $12^1/_2$% bei gegebener finanzieller Leistungsfähigkeit bis auf 25% erhöht werden kann. Diese Bestimmung ist in Preußen dadurch fast nie praktisch geworden, daß der für Gemeindeanleihegläubiger zu bestellende Treuhänder durchweg aus den Kreisen der preußischen Staatsbeamten ernannt wurde, die die finanzielle Leistungsfähigkeit regelmäßig verneinten und einen Antrag auf höhere A. nicht stellten. In einigen außerpreußischen Ländern, wie Baden und Sachsen, ist indessen bei verschiedenen Anleihen (z. B. Leipzig) ein höherer Prozentsatz bewilligt worden.

Abhängig von der A. der Gemeindeanleihen sind die sog. Kommunalobligationen der Hypothekenbanken, bei denen bekanntlich die Deckung statt — wie bei den Pfandbriefen in Hypotheken — in Darlehen an die Gemeinden bestand. Die Aufwertungssätze, die sich praktisch für die Kommunalobligationen ergeben, sind infolge der niedrigeren Valorisierung der Gemeindeschulden wesentlich schlechter als die der Pfandbriefe.

In einer Reihe von Grenzfällen ist es zweifelhaft, ob Schulden nach den Bestimmungen des Aufwertungsgesetzes oder denen des Anleiheablösungsgesetzes aufzuwerten sind. Näheres hierüber muß in der einschlägigen Literatur und Rechtsprechung nachgelesen werden.

Die Unterscheidung von Alt- und Neubesitz hat zu großen Unzuträglichkeiten geführt. Auch hat sich die Menge des Altbesitzes als viel höher herausgestellt, als man ursprünglich geschätzt hatte. Zahlreiche Betrügereien, die allerdings prozentmäßig wohl keinen allzu großen Einfluß auf das Gesamtergebnis gehabt haben, wurden aufgedeckt und zum Teil strafgerichtlich verfolgt.

Literatur und Rechtsprechung sind im Laufe der Jahre fast unübersehbar geworden, so daß hier nur das allerwichtigste hervorgehoben werden kann:

Dritte Steuernotverordnung vom 14. Februar 1924. — Gesetz über die Aufwertung von Hypotheken und anderen Ansprüchen (Aufwertungsgesetz) vom 16. Juli 1925. — Gesetz über die Ablösung öffentlicher Anleihen vom 16. Juli 1925. — Bekanntmachung über die Erklärung von Schulden zu Markanleihen des Reiches vom 8. September 1925. — Erste Verordnung zur Durchführung des Gesetzes über die Ablösung öffentlicher Anleihen vom 8. September 1925. — Zweite Verordnung des Reichsministers der Finanzen zur Ausführung des Gesetzes über die Ablösung öffentlicher Anleihen vom 29. September 1925. — Erste Verordnung zur Durchführung der Aufwertung der Sparguthaben vom 24. Oktober 1925. — Durchführungsverordnung zum Aufwertungsgesetz vom 29. November 1925. — Erste Verordnung über die Aufwertung der Ansprüche aus Pfandbriefen und Schuldverschreibungen landschaftlicher Kreditanstalten usw. vom 10. Dezember 1925. — Dritte Verordnung des Reichsministers der Finanzen zur Ausführung des Gesetzes über die Ablösung öffentlicher Anleihen vom 19. Januar 1926. — Zweite Verordnung zur Durchführung der Aufwertung der Sparguthaben vom 27. Februar 1926. — Verordnung über die Aufwertung von Versicherungsansprüchen vom 22. Mai 1926. — Zweite Verordnung zur Durchführung des Gesetzes über die Ablösung öffentlicher Anleihen vom 2. Juli 1926. — Durchführungsverordnung zum Aufwertungsgesetz über die Aufwertung der Guthaben bei Fabrik- und Werksparkassen sowie der Ansprüche an Betriebspensionskassen vom 8. Juli 1926. — Verordnung über die weitere Durchführung der Aufwertung von Pfandbriefen und verwandten Schuldverschreibungen vom 28. Juli 1926. — Dritte Verordnung zur Durchführung des Gesetzes über die Ablösung öffentlicher Anleihen vom 4. Dezember 1926. — Dritte Verordnung zur Durchführung der Aufwertung der Sparguthaben vom 20. Dezember 1926. — Verordnung über die Berechnung des Zwischenzinses bei vorzeitiger Zahlung des Aufwertungsbetrages vom 20. Januar 1927. — Gesetz über die Verzinsung aufgewerteter Hypotheken und ihre Umwandlung in Grundschulden sowie über Vorzugsrenten vom 9. Juli 1927. — Verordnung über die Genußrechte aufgewerteter Industrieobligationen und verwandter Schuldverschreibungen vom 24. Oktober 1928. — Gesetz über die Fälligkeit und Verzinsung der Aufwertungshypotheken vom 18. Juli 1930. — Gesetz über die Bereinigung der Grundbücher vom 18. Juli 1930. — Verordnung des Reichspräsidenten über die Zahlungsfrist in Aufwertungssachen vom 10. November 1931.

Die wichtigsten Kommentare zum Aufwertungsgesetz sind: Mügel, Schlegelberger-Harmening, Quassowski, Neufeld (Anleiheablösungsgesetz).

Rechtsprechung; Rechtsprechung in Aufwertungssachen, Aufwertungskartei.

Herbert v. Breska.

Aufwertungsgesetze s. *Aufwertung.*

Auktion, öffentliche Versteigerung von Wertpapieren zum Zwecke der Befriedigung des Gläubigers (vgl. die Bemerkung zu *Exekution*).

Ausbeute, der zur Verteilung an die Gewerken (s. u. *Kux*) gelangende (Jahres-) Gewinn, entspricht der Dividende bei Aktiengesellschaften.

Ausbildung des Bankangestellten. Die Lehrlingsausbildung im Bankgewerbe war ursprünglich vorwiegend eine Angelegenheit des privaten Bankierstandes. Das kleine und mittlere Bankhaus verkörperte eine Geschäftsstruktur, die in der Regel eine günstige Grundlage für eine geschlossene Ausbildung des Banklehrlings gewährleistete. Die Großbanken konnten zunächst ähnliche Ausbildungsmöglichkeiten kaum bieten. Mit der Entwicklung des Filialsystems aber begannen sich die Depositenbanken der Aufgabe der Lehrlingsausbildung zu widmen. Der Beamtenbedarf der Institute war in den Jahrzehnten des Aufstiegs so stark, daß die in privaten Bankgeschäften vorgebildeten Beamten fast immer eine Gelegenheit fanden, zur Vervollständigung ihrer Kenntnisse oder mit der Absicht eines dauernden Verbleibens in Großbanken zu arbeiten. In der Tat wurde ein erheblicher Prozentsatz des selbst ausgebildeten Personals und der von den Privatbanken übernommenen jungen Beamten dauernd absorbiert. Die Ausbildungsverhältnisse begannen sich unmittelbar vor dem Kriege etwas zu wenden. Die Funktion des Privatbankiers hatte einen Wandel erfahren. Wichtige Aufgabengebiete gingen fast völlig auf die Großbanken über. Insbesondere stellte auch die zunehmende Verflechtung des deutschen Bankwesens mit den ausländischen Geld- und Kapitalmärkten neuartige und interessante Aufgaben für die Lehrlingsausbildung dar. Der Ausschnitt, den ein Lehrling in einer Privatbank zu sehen bekam, wurde kleiner, außerdem sind die Einrichtungen zu einer Weiterbildung außerhalb der praktischen Berufsarbeit an den Plätzen, an denen die Großbanken dominieren, im großen und ganzen schneller und systematischer ausgebaut worden, als an den kleineren Orten. Schließlich stellte sich bei den Großbanken mehr und mehr das Erfordernis heraus, im Hinblick auf die strukturellen Veränderungen des Großbankbetriebes und die wachsenden Spezialbedürfnisse die Ausbildung selbst stärker in die Hand zu nehmen.

Eine neue Entwicklung setzte mit dem Abschluß der Inflationszeit ein, als es galt, an Stelle des heterogenen Personalkörpers, wie ihn der Währungszerfall mit dem „Nullenschreiben" zusammengewürfelt hatte, wieder einen einheitlich durchgebildeten und beruflich qualifizierten Personalbestand allmählich aufzubauen. Der völlig veränderte Aufgabenkreis der Banken machte zusammen mit der inzwischen durchgeführten Mechanisierung der Betriebe das Streben nach einer Neugestaltung der Personalausbildung begreiflich. Es fehlte allerdings nach der Beendigung der Inflation nicht an Stimmen, die Ausbildung der Banklehrlinge gerade wegen der zunehmenden Maschinenarbeit im Bankbetrieb in „Spezialschulen für Technik und Wissenschaft des Bankwesens" vornehmen zu lassen (Stillich) und auf eine Belastung der Banken mit der Ausbildungsarbeit zu verzichten. Dieser Auffassung widerspricht die Tatsache, daß trotz der Mechanisierung der Bankarbeit und der damit verbundenen Festlegung eines ständig wachsenden Prozentsatzes des Personals auf manuelle Tätigkeiten die Zahl und Bedeutung der eine dispositive Tätigkeit gestattenden Posten innerhalb des Bankbetriebes eher gestiegen sein dürfte. Auch die stärkere Verflechtung der Banken mit der internationalen Finanzwelt, durch die Nachkriegsentwicklung zwangsläufig bedingt, macht die Ausbildung qualifizierter Bankbeamten bzw. die regelmäßige Aussonderung von Lehrlingen für einen bestimmten Aufgabenkreis in wachsendem Maße erforderlich. So wird heute auch auf die Ausbildung der Lehrlinge in Sprachen ein weit größerer Wert gelegt, als vor dem Kriege.

Eine gewisse Vereinheitlichung des Ausbildungsweges ist schon dadurch möglich geworden, daß bei der Einstellung von Lehrlingen sich gewisse Vorbildungsrichtlinien herausgebildet haben. Der Reichstarifvertrag für das Bankgewerbe enthält den Grundsatz, daß der Lehrling mindestens die Reife für Obersekunda oder eine höhere Schulbildung besitzen soll. Die Auffassungen über die Notwendigkeit einer derartigen Vorbildung gehen auseinander. Zwar wird oft geltend gemacht, daß für eine spätere Betätigung an Buchungsmaschinen derartige Voraussetzungen für einen Lehrling nicht notwendig seien. In der Praxis ist es aber so, daß dem allgemeinen Zug der Zeit entsprechend die Anforderungen in dieser Hinsicht eher gesteigert wurden. So stellen einige Großbanken und Privatfirmen fast überwiegend nur Lehrlinge mit Abitur ein. Es hat sich zudem herausgebildet, daß in den stark mechanisierten Betrieben die Frauenarbeit sich besonders auf die manuellen Tätigkeiten konzentriert, ein Berufsproblem, das hier nur angeschnitten werden kann.

Die praktische Ausbildung des Banklehrlings ist nach § 25 des Reichstarifvertrages eine zweieinhalbjährige, eine Abkürzung auf zwei Jahre wird in besonderen Fällen vorgenommen. Das Ziel der Lehrzeit ist, daß der Lehrling planmäßig in sämtlichen Sparten des Bankgeschäftes unterwiesen und unterrichtet wird. Im kleineren Bankbetrieb bedarf es hierbei kaum eines bestimmten Schemas. Der Lehrling wird in dem Maße, wie es das jeweilige Geschäft erfordert, zur Arbeit herangezogen. Er wird mit einiger Sicherheit während der Lehrzeit alles einmal gesehen und mitgemacht haben. Allerdings wird er sich unter Umständen die Merkmale eines organisatorisch rückständigen Betriebes aneignen und möglicherweise doch auf manchen Gebieten, die nicht zu dem Tätigkeitskreis der Privatbanken rechnen, Lücken aufweisen. Hier wird das Selbststudium, soweit die Möglichkeiten vorliegen, eine nicht geringe Rolle spielen müssen. Im Großbetrieb ist das Hauptziel der Ausbildung die technische Anleitung, die Erkenntnis der Zusammenhänge sowie die Vervollständigung der mit dem Beruf mehr oder weniger zusammenhängenden Kenntnisse. In der Ausbildung der Großbanklehrlinge hat sich in den letzten Jahren eine erhebliche Systematik durchsetzen können. Folgender Plan wird bei einer Großbank in der Regel durchgeführt:

2 Monate in der Kontokorrentabteilung Loro: Verbuchen der Posten, Anfertigung von Kontoauszügen und Staffeln, Kontokorrentrechnen.

2 Monate in der Kontokorrentabteilung Nostro: Buchen, Nachprüfen der eingehenden Aufgaben, Rechnen, Grundzüge des Rembours-, Devisen- und Diskontgeschäftes.

2 Monate in der Hauptkasse: Zahlungs-, Abrechnungs- und Überweisungsverkehr. Umgang mit der Kundschaft.

2 Monate in der Wechselabteilung; Wechsel- und Scheckrecht, Führung der Bücher, Wechsel- und Scheckausschreibungen.

1½ Monate in der Devisen- und Wechselbuchhalterei: Verbuchen der Beträge, Bestandsaufnahmen, Abstimmungsarbeiten.

1½ Monate in der Effekten- und Depotbuchhalterei.

2—3 Monate in der Hauptbuchhalterei: Abstimmung der Tages- und Monatsumsätze sämtlicher lebenden und toten Konten. Führung und Abschluß der verschiedenen Konten.

1½ Monate Grundbuchabteilung: Grundbuchungen nach den Originalbriefen bzw. Briefkopien. Diese Tätigkeit erfordert besonders exaktes und verständnisvolles Arbeiten. Der Aufenthalt in dieser Abteilung setzt daher eine entsprechende Vorbildung in den anderen Buchungssparten voraus.

1 Monat Kontokorrentabteilung Loro (zum zweitenmal) zum Quartals- oder Semesterabschluß. Ein zweiter Aufenthalt in der Hauptbuchhalterei wird benutzt, um den jungen Leuten an Hand der Bücher den Aufbau und die Fertigstellung der Bilanz eingehend zu erläutern.

6 Monate Effektenabteilung: Ausbildung in allen Arten des Effekten-, Börsen- und Emissionsgeschäftes, Kuponeinlösung, Kurszettellesen.

6 Monate Korrespondenz: Hier wird auch besonders Wert auf die Erlernung des Maschinenschreibens und der Stenographie gelegt.

5—6 Monate zur Erlernung des Dokumenten-, Akkreditiv- und Remboursgeschäftes, Einführung in die Kreditkontrolle.

Die angegebenen Zeiträume sind je nach Begabung Maximalausbildungszeiten. Je nach Bedarf und soweit es der Geschäftsumfang zuläßt, wird den intelligenteren Lehrlingen nach Abschluß ihrer Lehrzeit die Möglichkeit gegeben, sich im Informationsbüro erweiterte volkswirtschaftliche Erkenntnisse und die Grundsätze der Kapitalanlage anzueignen.

Bei dieser Bank liegt die Verantwortung für die Ausbildung der Lehrlinge weitgehend bei den Abteilungsvorstehern, die es sich zur besonderen Aufgabe machen, die ihnen anvertrauten Lehrlinge bestens ausgebildet anderen Abteilungen übergeben zu können. Von Zeit zu Zeit werden recht strenge Prüfungen vorgenommen, so daß man wohl von einer geschlossenen und zuverlässigen Ausbildung sprechen darf. Handelt es sich um Institute mit Depositenkassen, so ist übereinstimmend festgelegt, daß ein ergeblicher Teil der Ausbildung bei einer Depositenkasse stattfindet.

Auf die theoretische Ausbildung wird zunehmender Wert gelegt. Während kleinere Unternehmungen sich in dieser Hinsicht weniger um die Lehrlinge kümmern können, haben die Großbanken schon seit Jahren vielfach Einrichtungen wie Vortragszyklen, Sprachkurse und volkswirtschaftliche Kurse getroffen. In Berlin ist ein erheblicher Teil der Fortbildungsaufgaben der „Berufsschule für das Bankgewerbe" übertragen worden. Dieses Institut ist von der Industrie- und Handelskammer zu Berlin im Jahre 1927 errichtet worden. Es gründet sich auf die Bestimmungen des Preußischen Gesetzes betreffend die Erweiterung der Berufs-(Fortbildungs-)

Schulpflicht vom 31. Juli 1923, wonach auch die Banklehrlinge bis zu der vorgesehenen Altersgrenze von 18 Jahren die Berufsschule zu besuchen haben. Der Besuch dieser Schule ist demnach für alle männlichen und weiblichen Banklehrlinge obligatorisch und unentgeltlich. Die Schulpflicht dauert in der Regel für Jünglinge mit dem Zeugnis der mittleren Reife vier Halbjahre, für Jünglinge, die ein derartiges Zeugnis nicht vorweisen können, sechs Halbjahre. Methodisch ist der Unterricht nach dem Grundsatz der Arbeitsgemeinschaft aufgebaut. Er sucht zur Selbsttätigkeit auf allen Gebieten des Bankwesens anzuregen, er lehrt beobachten, sammeln und praktische Aufgaben lösen. Am Schluß des Halbjahres und bei der Entlassung werden Zeugnisse mit dem Stempel der Industrie- und Handelskammer ausgefertigt, die für die Personalakten der Lehrlinge bestimmt sind. Prüfungen, wie sie z. B. bei dem Institute of Bankers in London üblich sind, finden nicht statt. Daneben widmet sich diese Schule auch der weiteren Berufsausbildung der jüngeren Beamten, die auf Veranlassung und mit finanzieller Unterstützung sowohl des Verbandes der Berliner Bankleitungen als auch des Zentralverbandes des Deutschen Bank- und Bankiergewerbes E. V. durchgeführt wird. Die Kurse und Einzelvorträge werden von bewährten Praktikern und Lehrern der Bankschule abgehalten. Die Berufsschule macht es sich auch zur Aufgabe, von Zeit zu Zeit Informationsreisen nach dem Auslande zu organisieren. Unterrichtsschema: Der Unterricht wird an zwei Wochentagen, im Sommer von $7^1/_2$—11 Uhr, im Winter von 8—$11^1/_2$ Uhr erteilt und umfaßt in 8 Wochenstunden folgende Lehrfächer: Bankkunde mit Schriftverkehr, Bankbuchhaltung, Bankrechnen, Rechtskunde, englische oder französische Bankkorrespondenz, Börsen des In- und Auslandes.

Eine Ergänzung dieser weiteren Ausbildung des Bankbeamten bieten auch die Spezialvorlesungen an den Universitäten und Handelshochschulen (vgl. Art. *Hochschulbildung*). Es geschieht häufig, daß Lehrlinge entweder bereits eine mehrere Semester umfassende Ausbildung an Handelshochschulen hinter sich haben, wenn sie in die praktische Ausbildung eintreten oder daß sie diese nach Beendigung der Lehrzeit anfügen und dann schließlich, wenn es die Verhältnisse erlauben, noch durch einen mehrjährigen Aufenthalt im Auslande einen Schlußstrich unter die Ausbildung setzen. Dieser ideale Ausbildungsgang ist natürlich nur einem kleinen Teil der Lehrlinge möglich. Es besteht kein Zweifel, daß sich intelligente Lehrlinge hierdurch die Fähigkeiten und den Weitblick aneignen, die ihnen später einen Aufstieg in verantwortliche Stellen erleichtern.

Literatur: STILLICH, Dr. OSKAR: Die Lehrlingsfrage im Bankgewerbe. 1924. — REHMENKLAU, HANS: Menschenökonomie im Bankbetrieb. 1930. — SCHOELE, OTTO: Bankrationalisierung und Bankbeamtenschaft. Zahlungsverkehr **1926** (20. August). — ANSPACH, HERMANN: Der Nachwuchs bei den Banken. Bank-Arch. **1926** (15. Oktober). — HAEFFNER, Dr. H.: Die Ausbildung des Nachwuchses im Bankgewerbe. Ebenda **1926** (15. November). — Der Beamtennachwuchs im Bankfache. Bankwiss. **1926** (1. Dezember). — LINHARDT, Dr.: Berufsbildung im Bankgewerbe. Ebenda **1927** (15. April). — WILLE, Dr.: Die Berufsschule für das Bankgewerbe und die Fortbildungskurse für Bankbeamte in Berlin. Bank-Arch. **1927** (1. Dezember). — Mitt. Industrie- u. Handelskammer Berlin **1927** (10. Dezember). — Zahlungsverkehr **1928** (20. Januar). — Berichte über das 1. bis 4. Schuljahr der Berufsschule für das Bankgewerbe, erstattet von Dr. WILLE.

ROBERT ARZET.

Auseinandersetzungsbilanz vgl. *Bilanz und Bilanzkritik I 4.*

Ausfallbürgschaft (Schadlosbürgschaft) ist eine Bürgschaft, bei der der Bürge ausschließlich für den tatsächlich beim Schuldner nicht hereinzuholenden Betrag haftet.

Ausfallforderungen vgl. *Vergleich.*

Ausgabekurs s. v. w. Emissionskurs, vgl. *Zuzählungskurs.*

Ausgleichsfond (in der Bilanz), wenig gebräuchlicher Ausdruck für verschiedene Posten, z. B. zum Zweck der Dividendenergänzung, mitunter auch für noch unabgerechnete Geschäfte u. dgl.

Ausgleichskredit s. *Öffentlicher Kredit I 3.*

Auskunfteiwesen und Kreditauskunft. 1. Begriff. Das A. hat seine Entwicklung mit dem Kreditverkehr und seiner fortschreitenden überlokalen Ausweitung genommen. In Zeiten fluktuierender Wirtschaftsverhältnisse, d. h. also erhöhten Risikos, gewinnt die Auskunft, die im eigentlichen wirtschaftlichen Sinne immer nur Kreditauskunft ist, an Bedeutung. Es gibt heute keine Firma, kein Erwerbsunternehmen, überhaupt keine wirtschaftliche Individualität, die nicht mindestens als „Angefragte" oder auch als „Anfrager" Subjekt oder Objekt von Auskünften und damit Faktoren des Auskunftswesens dargestellt haben.

Kredit in jeder Form bedeutet Risiko. Die Risikominderung für den Kreditgeber ist Sinn und Zweck der Auskunft. Die Kreditwürdigkeit jedoch ist Ansichtssache und unterliegt vielerlei Einflüssen und Gesichtspunkten. Die sog. „geschäftsfreundliche" Auskunft, die für das Bankgewerbe von besonderer Bedeutung ist, hat unzählige Nachteile. Die objektive Beurteilung der Kreditwürdigkeit ist gehemmt durch wirtschaftliche oder persönliche Momente. Der wirklich sachverständige Kaufmann wird über seine Konkurrenz besonders dann, wenn er weiß, daß es sich um Kreditauskünfte handelt, nur sehr schwer dem Anfrager ein zutreffendes Bild geben, abgesehen davon, daß er als Konkurrent niemals in die Lage kommen wird, mit unbedingter Sicherheit die Verhältnisse des Angefragten zu erkennen und zu beurteilen. Der nichtsachverständige, befreundete oder benachbarte Kaufmann kann nicht von sachlichen Voraussetzungen, sondern nur vom allgemeinen Ansehen und der kaufmännischen Wertschätzung des Angefragten ausgehen und hat erst recht keine Möglichkeit, die wirkliche Kreditwürdigkeit aus dem Zustand der Firma heraus zu beurteilen. Er wird vielmehr den guten oder schlechten Ruf, notfalls auch die Zahlungsweise, aber niemals die strukturellen, inneren Voraussetzungen des Unternehmens zum Maßstab seiner geschäftsfreundlichen Auskunft machen können. Lediglich die Banken im eigenen Kundenverkehr sind in der Lage, mit einiger Sicherheit, insbesondere beim Wechselgeschäft, Auskünfte vom hochgradigen Werte zu erteilen. Hier liegen die Verhältnisse so, daß zwar offiziell Bankauskünfte nicht erteilt werden, daß aber aus dem besonderen Vertrauensverhältnis zwischen Bank und Kunden in der Praxis zwecksichere Auskunftsformen entwickelt worden sind.

Die einschlägige Literatur unterscheidet neben der „geschäftsfreundlichen" Auskunft die „gewerbsmäßige" Auskunft. Die gewerbsmäßige Auskunft hat gegenüber dem ersten Typ den Vorzug, daß sie von Anbeginn, d. h. von der ersten Recherche an, eindeutig zweckbestimmt ist. Es handelt sich bei den gewerbsmäßig erteilten Auskünften um bezahlte und bestellbare Leistungen, die nach der wirtschaftlichen Vernunft von vornherein eine Gewähr dafür geben, daß der Auskunftserteiler seinem Kunden, dem Anfrager, sich zweckbetont zu dienen bemüht, da er im anderen Falle auf Wiederbeschäftigung nicht rechnen kann. Während der Geschäftsfreund aus Gefälligkeit kostenlos, ohne Obligo, vielfach mit Wissen oder als Referenz des Angefragten dem

Anfrager seinen individuellen Eindruck übermittelt, den er im Augenblick oder auch aus längerer Kenntnis des Angefragten besitzt, hat der gewerbsmäßige Auskunftserteiler alles Interesse daran, durch systematische Vorarbeit und quellenmäßige Unterlagen eine objektiv möglichst alle Einzelheiten der Kreditwürdigkeit erfassende Urteilsgrundlage zu beschaffen. Die Auskunftserteiler vermeiden Urteile. Der Anfrager soll sich selbst ein Urteil an Hand der Daten bilden. Die Wirtschaft weiß, daß sie in allen Einzelheiten der Beauskunftung unterliegt und ist dem ernsthaften gewerbsmäßigen Auskunftserteiler gegenüber zumeist bereit zur Information durch Vorlage der Bücher und Bilanzen.

Es liegt daher auf der Hand, daß mit der Ausbreitung des Kreditverkehrs, d. h. mit der vermehrten Notwendigkeit von Auskünften, der Ausbau der gewerbsmäßigen Auskunftserteilung den heute festzustellenden Aufschwung genommen hat.

2. Bei der gewerbsmäßigen Auskunft, d. h. den gegen Bezahlung vermittelten Angaben über Kreditwürdigkeit und sonstige kaufmännische Verhältnisse eines Unternehmens unterscheidet man das deutsche und das amerikanische System. Deutschland hat die Form des Einzelberichts entwickelt, sei es als einmalige Leistung oder als Abonnement, während Amerika die sog. Referenzbücher ausgebildet hat. Der deutsche Einzelbericht antwortet auf allgemeine, gewerbeüblich festgelegte oder in besonderen Fällen auf spezielle Fragen. Das amerikanische Referenzbuch USA., Kanada und England enthält ein alphabetisches Firmenverzeichnis, dem außer der Branchenangabe Chiffern beigefügt sind, die nach einem besonderen Schlüssel dem Abonnenten ermöglichen, die Kreditwürdigkeit einer Firma selbst zu beurteilen. Referenzbücher erscheinen mehrmals mit Nachträgen im Jahre werden von den Verlagsanstalten gegen hohe Gebühren verliehen und bei Erscheinen der Neuauflage zurückgefordert. Das amerikanische System hat für den Anfrager den Vorteil der ungeheuren Schnelligkeit, dagegen den Nachteil einer gewissen Unsicherheit. Der Einzelunternehmer hat ein Interesse daran, mit möglichst günstigen Angaben im Referenzbuch vertreten zu sein und wird immer danach trachten, eine Überwertung zu erzielen. Zudem liegt eine Gefahr in der mangelnden Aktualität bei längeren Erscheinungs- oder Leihfristen, abgesehen von Druckfehlern. Der deutsche Einzelbericht gibt nicht nur über Branche und Zahlen Auskunft wie das Referenzbuch, sondern bietet auch über Charakter und Ansehen der Firma, über Alter, Umsatz und Prosperität Angaben, wenn auch weniger schnell. Er hat darüber hinaus die größere Aktualität, wenigstens bei einer gutgeleiteten A. auf Grund des fortlaufend kontrollierten und ergänzten Archivs. Fehler sind daher leichter zu vermeiden. Der Einzelbericht mit seinen möglichen Feinheiten stellt die bessere Auskunft dar, denn nicht die augenblicklichen Zahlen, sondern Tradition, Charakter der Inhaber usw. sind für die Kreditwürdigkeit bedeutsam.

Aus dieser Erkenntnis verbinden die größeren Institute in USA. mit dem Abonnement auf die Referenzbücher ein Recht auf Lieferung einer bestimmten Zahl von Einzelauskünften.

An Auskunftsarten unterscheidet man die mündliche und schriftliche Form. Die mündliche Form wird von einigen Großorganisationen auf genossenschaftlicher Basis gepflegt besonders für Reisende, die gegen Ausweis oder Gebühr in den Filialen Auskunft einholen können. Die schriftliche Form existiert als sog. einfache Auskunft und in Form von Sonderberichten. Die Sonderberichte beschäftigen sich im allgemeinen nicht nur mit dem allgemeinen Status der Firma, sondern haben neben der besonderen Ausführlichkeit meistens bestimmte Geschäftsvorgänge zum Gegenstand. Die schriftliche Form vollzieht sich im allgemeinen als Abonnement, und zwar der Art, daß 10, 20 bis zu 1000 Gutscheine im voraus verkauft und bezahlt werden. Die guten A. pflegen ihren Abonnenten von Zeit zu Zeit kostenlose Nachträge zu senden, mit Mitteilungen über neue Ereignisse bzw. Veränderungen in den Verhältnissen des Angefragten. Vielfach werden derartige Nachträge gleichzeitig dazu verwendet, durch Rückfrage das Archivmaterial der Auskunftei über die Erfahrung, die der Anfrager mit dem Angefragten gemacht hat, zu ergänzen. Sog. Archivauskünfte, d. h. solche, die sich lediglich auf das vorhandene Material stützen, und nicht durch neue Recherchen auf den jüngsten Stand gebracht sind, müssen als überholt abgelehnt werden.

Kernpunkt der ganzen Auskunftei ist das Archiv. Im Archiv werden unter den einzelnen Firmennamen die aus verschiedenen Quellen zusammengetragenen Unterlagen aufbewahrt. Das Archiv gewinnt an Wert durch sein Alter, weil dann über längere Fristen die Entwicklung des Angefragten beurteilt werden kann. Die wesentlichen Quellen für eine Auskunft sind folgende: die handelsgerichtlichen Veröffentlichungen, die Selbstauskunft, Bericht der Rechercheure oder des Korrespondenten, die Mitteilung von aufgegebenen Referenzfirmen, bei Aktiengesellschaften die Bilanzen, die konkursrechtlichen Veröffentlichungen und Berichte der Anfragenden über Erfahrungen mit dem Angefragten.

Auskunfteien erscheinen als Klein- und Großbetriebe.

Der Kleinbetrieb ist abzulehnen. Er kann mangels ausreichender Umsätze nicht die Gründlichkeit bieten wie der Großbetrieb. Archiv und Personal können immer nur beschränkt vorhanden sein. Die Auskunftei kann vor allem den Auskunftspersonen keine langfristige sichere Existenz bieten, daher besteht die Gefahr, daß unzuverlässige Hilfskräfte mit Erkundigungsarbeiten betraut werden, denen es an der notwendigen fachlichen Vorbildung fehlt. Dadurch muß die Qualität der Auskunft leiden.

Der Großbetrieb dagegen hat die Möglichkeit, die in einem Fall geleistete Arbeit vielfach zu verkaufen und durch seine gesteigerte Leistungsfähigkeit große Umsätze zu machen. Das Ausmaß einer Großorganisation schafft erst die wirklichen Voraussetzungen für eine langfristige systematische und vollständige Materialsammlung und Beobachtung. Er ist durch seine Kapitalkraft geeignet, zweckdienlich geschultes Personal auszubilden und zu erhalten. Infolgedessen bietet er die Gewähr für eine sachliche und wirtschaftliche Konstanz, auf die gerade das A,, wenn es auf Vertrauenswürdigkeit Anspruch erheben will, nicht verzichten kann.

Es bleibt weiterhin zu unterscheiden zwischen zentralisierten und dezentralisierten Großbetrieben. Der auf bezirklicher Basis dezentralisierte Großbetrieb (genossenschaftlich oder als Kartell) hat den Vorteil schneller zu funktionieren, weil die Anfragen von den Bezirksauskunfteien des Angefragten direkt erteilt werden. Er hat aber den Nachteil, kein zentrales und darum vielseitiges Archivmaterial zu besitzen. Der zentralisierte Großbetrieb funktioniert zwangsläufig weniger schnell, dafür gründlicher zufolge seines umfangreichen von allen Seiten gesammelten Materials.

Es bleibt noch zu erwähnen die spezialisierte Form der Branchenauskunft, die aber nur zum Teil als gewerbsmäßig angesehen werden kann, da sie in der

Hand von Interessentenverbänden liegt. Besonders wesentlich scheinen hier die Kreditlisten einiger deutscher Verlegervereine.

Als verbandsmäßig aufgezogene Auskunfteien sind auch die Kartotheken der Abzahlung gewährenden Einzelhandelsorganisationen anzusprechen. Diese Auskunfteien sollen bewirken, daß kreditunwürdige Persönlichkeiten aus dem Abzahlungsgeschäft ausgeschaltet werden. Die Organisation derartiger Schutzstellen weicht vom allgemeinen A. ab wegen der erforderlichen Schnelligkeit. Die Verträge auf Lieferung gegen Abzahlung müssen normalerweise wegen der Konkurrenzverhältnisse im Einzelhandel kurzfristig getätigt werden, infolgedessen setzt an Stelle der schriftlichen Auskunft meist die telefonische Information ein. Es liegt nahe, daß diese Organisation der Auskunft nur in wenigen deutschen Großstädten anwendbar ist.

Als ganz besonderer Fall bzw. als rein organisatorisches Problem sind in diesem Zusammenhang noch die Auskunftskalender zu bewerten. Die Auskunftskalender beschränken sich darauf, in Adreßbuchform an den für den wirtschaftlichen Verkehr wichtigen Plätzen neben allgemeinen verkehrsdienlichen Angaben Experten für Auskünfte nachzuweisen.

Nach dem bisher Ausgeführten kann zusammenfassend festgestellt werden, daß der unabhängige und unkontrollierte Auskunfterteiler, der von dem Benutzer des Kalenders gegen mäßige Verrechnungsgutscheine direkt in Anspruch genommen wird, zwar verhältnismäßig schnell eine Auskunft erteilen kann, daß aber andererseits dem einzelnen Experten alle die Voraussetzungen fehlen, die den Wert der zentralisierten oder auch nur bezirklich konzentrierten Auskunftei ausmachen. Es hat sich in vielen Fällen in der Praxis so entwickelt, daß die kleinen Einzelunternehmer nicht nur selbständig, sondern auch als Experten der Auskunftskalender arbeiten, d. h. daß also bei hinreichender Seriösität des einzelnen Experten bis zu einem gewissen Grade Zuverlässigkeit angenommen werden kann. Der Einzelexperte des Auskunftskalenders verfügt dann, wenn man annehmen darf, daß nur 100proz. sichere und fachkundige Persönlichkeiten in den Kalender aufgenommen worden sind, über den Vorzug, schnellstens auf Grund der allerletzten, aus persönlicher Kenntnis bekannten Situation Auskunft erteilen zu können. Es fehlt ihm jedoch das zentrale Archiv und das in diesem gesammelte, aus weiten Bezirken zusammengetragene Erfahrungsgut. Es besteht praktisch die Gefahr, daß eine Firma am Platze, also im Erfahrungsbezirk des Kalenderexperten, zu keinerlei Mißtrauen oder Vorsicht Anlaß gegeben hat, während auf weite Entfernungen hin für die Kreditwürdigkeit beachtliche Reibungen, die durch ein zentralisiertes Archiv erfaßt werden können, vorgelegen haben.

Abschließend soll gesagt werden, daß letztlich der Wert einer Auskunft einmal von der persönlichen oder firmenmäßigen Seriösität des Auskunftserteilers abhängig ist, und daß sie weiterhin nur richtig gewertet werden kann von der kaufmännischen Intelligenz des Anfragenden. Kein System und keine Methode kann unbedingte Sicherheiten bieten. Die besten organisatorischen Voraussetzungen werden Fehlleistungen erzeugen, wenn die Persönlichkeiten versagen, ebenso wie Fehlorganisationen ausgezeichnete Resultate ergeben können, wenn seriöse und sachverständige Persönlichkeiten am Werke sind.

3. Die Haftung aus der geschäftsfreundlichen Auskunft ist mit Ausnahme von Vorsatz von vornherein klar, da es sich bei der Erteilung einer solchen Auskunft nicht um ein Vertragsverhältnis handelt. Man hat sich aber daran gewöhnt, derartige Auskünfte mit einer besonderen Klausel zu versehen, und zwar mit der Formel „Ohne Obligo“ oder „Ohne unsere Verbindlichkeit“ usw. Haftpflicht kann im Falle der geschäftsfreundlichen Auskunft nur dann eintreten, wenn die Auskunft bewußt und vorsätzlich wahrheitswidrig erteilt ist.

Bei der gewerbsmäßigen Auskunft wird in dem das Auskunftsgeschäft begründenden Vertrag gewohnheitsmäßig die Haftung auch für Beamte und Korrespondenten ausgeschlossen. Nach § 276 BGB. kann die Haftung für Fahrlässigkeit ausgeschlossen werden und die höchstrichterlichen Entscheidungen haben den Auskunfteien weitgehend nach dieser Richtung Schutz gewährt. Wird vom Anfrager die Auskunft „ohne jede Gewähr“ angenommen, so ist auch bei Fahrlässigkeit die Haftung für eigene Fahrlässigkeit und Verschulden von Hilfspersonen jeder Art einschließlich Vorsatz (§ 278 BGB.) ausgeschlossen, und der Auskunftserteiler haftet nur für eigenen Vorsatz. Gegensätzliche Vereinbarungen sind ungültig.

Die Haftung gegenüber dem Angefragten regelt sich im wesentlichen durch den § 824 BGB., wonach eine Haftpflicht dann nicht eintritt, wenn eine Auskunft zwar falsch, aber nicht vorsätzlich wider besseres Wissen erteilt ist. In diesem Fall ist den Auskunfteien der Schutz des § 193 StGB. zugebilligt worden.

Wesentlich in diesem Zusammenhang ist noch der § 14 des Reichsgesetzes gegen den unlauteren Wettbewerb, demzufolge bei vertraulichen Mitteilungen unter der Voraussetzung des berechtigten Interesses zwar ein Anspruch auf Unterlassung, aber nicht auf Schadensersatz geltend gemacht werden kann. Ein solcher Anspruch ist nur dann möglich, wenn der Mitteilende die Unrichtigkeit der Tatsachen kannte oder kennen mußte.

Für Banken läßt sich also das Problem des A. und der wesentlichen Mittel zur Erlangung der Auskunft auf die beiden Grundformen der geschäftsfreundlichen und gewerbsmäßigen Auskunfterteilung zurückführen. Es bleibt dabei noch zu erwähnen, daß die Banken untereinander noch über eine im besonderen Sinne als „branchenfreundliche“ Auskunftsquelle von ganz besonderer Sicherheit verfügen können, nämlich die Information von Bank zu Bank.

Vgl. a. *Bankgeheimnis.*

Literatur: Handbuch des deutschen Auskunftswesens, hrsg. von Hans A. Schimmelpfeng. Berlin 1922. — Mahlberg: Das Auskunftswesen und seine Probleme. In: Grundriß der Betriebswirtschaftslehre 13. Leipzig 1928. — Stets: Die kaufmännische Auskunftserteilung. Leipzig 1921. — Zergiebel: Der Kreditschutz in Handel und Gewerbe. Leipzig.

J. Weinand.

Auskunftskalender s. *Auskunfteiwesen und Kreditauskunft 2.*

Auskunftspflicht der Bank s. *Bankgeheimnis.*

Auslandsanleihen s. die Hinweise u. *Auslandskredite.*

— öffentlicher Körperschaften s. *Öffentlicher Kredit II 6.*

Auslandsfilialen vgl. *Völkerrecht IV.*

— **kredite** vgl. *Internationale Kapitalwanderungen, Stillhalteabkommen* und die div. Kredit behandelnden Artikel, ferner *Rentenmarkt.*

— der deutschen Depositenbanken s. *Liquiditäts- und Anlagepolitik II.*

Auslandswechsel s. *Devisen.*

Auslosung s. *Rentenmarkt 6*, s. *Aufwertung 9.*

— **srecht** s. *Aufwertung 9.*

— **sversicherung** s. *Rentenmarkt.*

Ausprägung s. *Münzwesen II.*

Ausschließlichkeitserklärung s. *sole right of negotiation.*

Ausschüttung ist die Verteilung eines Geldbetrags, dessen Höhe nicht von vornherein bestimmt ist, sondern sich nach der Höhe einer Sondermasse richtet, die zur Ausschüttung zur Verfügung steht, also z. B. die Dividende aus dem Reingewinn, die Konkursquote aus der Konkursmasse usw.

Außenkonsortium s. *Emissionsgeschäft I 1b.*

Außenwährung s. *Währungswesen.*

Aussonderungsrecht s. *Konkurs VI 2*, s. *Depotrecht I.*

Ausstattung (von Wertpapieren) s. *Emissionsgeschäft II 4.*

Aussteller (Trassant) muß den Wechsel unterzeichnen; dies ist ein wesentliches Erfordernis des Wechsels. Er haftet wechselrechtlich bei Protest mangels Annahme, Sicherheitsleistung oder Zahlung.

„Aussuchen" ist ein Wort der Börsensprache. Wird im Börsenhandel ein Kurs mit dem Zusatz „A." gestellt, so wird dem Gegenkontrahenten freigestellt, sich auszusuchen, ob er zu diesem Kurs kaufen oder verkaufen will. Der mit dem Zusatz „A." gestellte Kurs ist also sowohl Geld- wie Briefkurs.

Australien, Geld- und Kapitalmarkt. Der australische Staatenverband (Commonwealth of Australia) besteht aus sechs selbständigen Kolonien oder Originalstaaten. Die australische Währungseinheit ist das australische Pfund, das dem englischen gesetzlich gleichwertig ist, heute aber ihm gegenüber ein beträchtliches Disagio aufweist.

Im Jahre 1925 wurde dem englischen Vorgehen entsprechend auch in Australien der Goldstandard wieder hergestellt. Die Nationalbank (Commonwealth Bank of Australia) ist Trägerin des Notenprivilegs und war ursprünglich verpflichtet, eine Goldreserve von 45% ihrer Notenausgabe, später von nur 25% zu halten. Banknoten sind in Abschnitten von 1/2, 1, 5, 10, 20, 50, 100 und 1000 £ in Umlauf; außerdem wurden Sovereigns und Half-Sovereigns, die hinsichtlich Standard, Feinheit und Gewicht den englischen entsprachen, in den australischen Münzen ausgeprägt. Auch die Scheide münzen aus Silber und Kupfer entsprechen ziemlich genau dem englischen. Goldmünzen sind als gesetzliches Zahlungsmittel in jeder Höhe anerkannt. Zur Annahme von Silbermünzen ist man jedoch nur bis zu einem Betrage von 40 Schillingen, von Kupfermünzen nur bis zur Höhe von 1 Schilling verpflichtet.

Im Frühjahr 1931 kam die australische Regierung in Schwierigkeiten, da sie keine Mittel finden konnte, um ihren aus den in London emittierten Anleihen und Schatzwechseln resultierenden Verpflichtungen nachzukommen. Da freie Goldvorräte nicht mehr vorhanden waren, mußten Währungsreserven verschifft werden. Auf Antrag der Regierung wurde die Deckungsklausel aufgehoben und dafür festgesetzt, daß der Notenumlauf 60 Millionen £ nicht überschreiten dürfe. De facto war die Goldwährung schon vorher durch eine staatliche Beschlagnahme aller freien Goldvorräte und durch die Einschränkung der Devisenankaufsmöglichkeit verlassen worden. Gegenüber dem damaligen Notenumlauf von 44 Millionen £ bedeutete eine Höchstgrenze von 60 Millionen bereits eine Inflation.

Der Kredit des Landes wurde durch die Sanierungsmaßnahmen des Jahres 1931 insofern stark verschlechtert, als für eine Anzahl von Auslandsanleihen Zwangskonversionen vorgenommen wurden, während die Regierung auch ihre Verpflichtungen im Inneren, insbesondere auf dem Gebiete der Beamtengehälter, durch gesetzliche Maßnahmen reduzierte. Die Einfuhr wurde starken Beschränkungen unterworfen. Die bedeutenden Reserven, die die Staatsbank und die australischen Privatbanken im Auslande und besonders in London unterhielten, waren im Laufe der Sanierungsmaßnahmen stark zusammengeschmolzen. Das auf eine längere Zeitperiode bemessene zukünftige Sanierungsprogramm sieht in erster Reihe einen Wiederaufbau der Londoner Kredite vor, da die Gestaltung der überseeischen Wechselkurse hauptsächlich hiervon abhängen dürfte. Nach den im Herbst 1931 vorgelegten amtlichen Berichten werden die Vorteile die der Wirtschaft des Landes, ganz besonders der Agrarproduktion aus der Entwertung der australischen Devise erwachsen sind, sehr hoch veranschlagt. Kurz nach der Aufgabe des Goldstandards in London entschloß man sich, die früher für 1931 geplante Herabsetzung der ausländischen Wechselkurse zunächst bis in das Jahr 1932 zu vertagen, eine Entscheidung wurde bis zur britischen Reichskonferenz von Ottawa im Sommer 1932 jedoch nicht getroffen. Durch die günstige Entwicklung der letzten Monate, welche sogar die Auflegung einer Anleihe in London wieder ermöglichten, erscheint die Devalvation des australischen £ gegen das englische gegenwärtig nicht aktuell.

Börsen werden in Australien in Sidney, Melbourne, Adelaide und Perth abgehalten. Ihre Bedeutung ist eng begrenzt lokaler Natur. Einige Shares australischer Goldminengesellschaften und anderer Unternehmungen des Landes haben einen gewissen Markt an der Londoner Stock Exchange.

Literatur: Über die jeweils starken Schwankungen unterliegende Lage der australischen Finanzmarktverhältnisse unterrichten die in London erscheinenden Berichte des Commonwealth of Australia. Vgl. weiter die regelmäßigen Australienberichte des „Wirtschaftsdienstes" in Hamburg.

G. S.

Ausweichkurs nennt man eine Kursfestsetzung (durch den Kursmakler), bei der einem größeren Kauf- oder Verkauflimit absichtlich um eine Kleinigkeit ausgewichen wird. Äußerlich ist der A. oft durch diese geringe Abweichung (z. B. 99, 201% usw.) kenntlich (vgl. a. *Börse* und *Kursbildung*).

Ausweiszwang s. *Legitimationszwang.*

Ausweise der Notenbanken s. *Notenbankausweise.*

Auszahlung. 1. Bezeichnung einer bestimmten Devise (z. B. Auszahlung Paris) zur Unterscheidung von der gleichen Valutensorte (also französ. Frcs.-Noten). 2. s. v. w. *Übernahmekurs* (s. d.).

Autarkie vgl. *Subventionen 4.*| Einfluß auf Devisenbilanz s. *Devisenbewirtschaftung III.*

Authorized capital (e) = *autorisiertes Kapital* (s. d.).

Autorisiertes Kapital, ein Begriff des angelsächsischen Aktienrechts, seit der durch Notverordnung vom September 1931 in Deutschland in Kraft getretenen Aktienrechtsreform auch hier eingeführt. Fast stets besteht bei englischen Gesellschaften (in geringerem Maße auch in den USA.) zwischen dem a. K., also dem Betrage, zu dessen Ausgabe die Leitung der Gesellschaft durch die Gründungsakte oder nachherigen Änderungen ermächtigt ist, und dem begebenen Kapital ein wesentlicher Unterschied. Die Institution des a. K. stellt somit eine Art Mittelding dar zwischen den Vorratsaktien des deutschen Aktienrechts, bereits geschaffenen, jedoch nicht begebenen Kapitalsteilen und der bloßen Ermächtigung zur Kapitalserhöhung durch die Generalversammlung. Weit weniger substantiiert als die Vorratsaktie, ist das a. K. doch gegenüber der bloßen Ermächtigung ein weit konkreterer Begriff: Das a. K. wird z. B. in allen Publikationen der Gesellschaft neben, ja vor dem eingezahlten Kapital angeführt. Das Recht auf Erhöhung im Rahmen des a. K. verjährt nicht, so wie die bloße Ermächtigung usw.

Autonomiegesetz (Reichsbank, 26. Mai 1922) s. *Reichsbank I.*

Aval s. folgende.

— **akzept** s. v. w. *Bürgschaftswechsel* (s. d.).

Avalkonto ist das Konto, auf dem die geleisteten Bürgschaften (Avale) verbucht werden. Auf der Habenseite dieses Kontos stehen die Regreßforderungen gegen die Hauptschuldner im Falle der Inanspruchnahme. Da es sich in beiden Fällen um eventuelle, zukünftige Forderungen und Verpflichtungen handelte, war die Aufnahme des A. in die Bilanz formell nicht nötig und wurde meist unterlassen. Da dies zu schweren Schädigungen (Favag, Schultheiß) führte, hat die Aktienrechtsnotverordnung vom 19. September 1931 angeordnet, daß die Avale künftig entweder in der Bilanz (u. zw. in der Vorkolonne) oder im Geschäftsbericht ausgewiesen werden müssen.

Avalkredit, auch Bürgschaftskredit, ist die finanzielle Unterstützung durch Bürgschaftsübernahme. Die Kreditgewährung liegt also nicht in der Hergabe von Geld (das soll vielmehr die Partei, der gegenüber die Bürgschaft übernommen wird, tun), sondern in der Zurverfügungstellung des eigenen Kredits und Namens (vgl. a. *Kreditleihe*). Die Vergütung der Bank besteht in einer Avalprovision; bei versicherungsmäßigen Avalkrediten tritt an deren Stelle eine Prämie. Im Fracht- und Zollstundungverfahren hat sich der A. gut bewährt und allgemein durchgesetzt. Der Finanz-A. ist dagegen nach schweren Mißerfolgen (Favag) fast allgemein wieder stark eingeschränkt worden. Über den A. öffentlicher Körperschaften s. *Öffentlicher Kredit II 3.*

Avis, seltener Aviso, ist die Mitteilung und Ankündigung eines Ereignisses. Im Warenhandel versteht man darunter die Mitteilung vom Versand der Waren. Im Bankwesen die briefliche oder telegraphische Anzeige der Ausstellung eines Wechsels, Schecks, einer Anweisung oder eines Kreditbriefes an den, der die Zahlung leisten soll. Das A. ist allgemein üblich, aber nur im holländischen und portugiesischen Wechselrecht vorgeschrieben.

Avisklausel, Vorbehalt, daß Zahlungen an einen (z. B. durch Präsentierung eines Wechsels) Berechtigten nur bei Vorhandensein eines Avis vorgenommen werden dürfen (vgl. *Akkreditiv*).

B.

B (Brief) s. *Berliner Börse III.*

B rep. s. ebenda.

B-Aktien (schwedische) s. *skandinavische Länder V.*

baby bond (USA.) = auf kleine Beträge (unter 100 $, dem sonst üblichen Rentennominale) lautende Obligation, ausgegeben als Sparanreiz, zur Bekämpfung der Notenhamsterei.

backwardation (e) = Deport.

bail (e) = Bürgschaft, aval.

Baisse, scharfer Kursrückgang an der Börse (vgl. *Spekulation,* vgl. *Kursbildung 3*).

Baissier (engl. bear; Gegensatz bull-Haussier). Jemand, der „à la baisse" spekuliert, also leer verkauft (vgl. *Spekulation,* vgl. *Kursbildung*).

Balance. 1. englischer Ausdruck für Bilanz; 2. Saldo; 3. im Überseehandel Angabe der Schiffe über die Ladung.

Balance sheet (e) = Bilanz.

Balkan, Geld- und Kapitalmärkte, Börsen s. unter den einzelnen Ländern.

Baltic (the) = Londoner Markt für Getreide, Schifffahrt, Öl, s. *Warenmärkte 2, 4.*

Banca Commerciale Italiana s. *Italien, Geld- und Kapitalmarkt,* s. *Öffentlich-rechtliches Bankwesen 7.*

Banca d'Italia s. *Italien, Geld- und Kapitalmarkt 4,* s. *Öffentlich-rechtliches Bankwesen 7.*

Banco d'España, seit 1874 die einzige spanische Notenbank. Ende 1931 betrug ihr Notenumlauf etwa 5 Milliarden Peseta, die zu rund 50% durch Gold und Devisen gedeckt waren. Wechselbestand zwischen 1200 und 1300 Millionen Pesetas, Silberbestand (Spanien war Mitglied der lateinischen Münzunion) seit jeher verhältnismäßig groß.

Bank des Berliner Kassenvereins s. *Abrechnungsverkehr,* s. *Effektengiroverkehr.*

Bank des heiligen Georg s. *Geschichte des Bankwesens II.*

Bank für Arbeiter, Angestellte und Beamte A.-G. s. *Arbeiterbanken.*

Bank für deutsche Industrieobligationen s. *Öffentlich-rechtliches Bankwesen I A 6.*

Bank für Handel und Industrie, Darmstadt s. *Persönlichkeit und Organisation 6.*

Bank für Internationalen Zahlungsausgleich (Bank for International Settlements).

I. Entstehung und Geschäftsbereich.

Am 9. Februar 1929 trat in Paris unter dem Vorsitz des Amerikaners Owen D. Young die Konferenz der „Sachverständigen" zusammen, die eine Neuregelung der Reparationen — die erste seit dem Dawesplan — vorschlagen sollte. Am 7. Juni wurde der von ihr empfohlene „Young-Plan" unterzeichnet. Dieser Plan enthält das Projekt der „Bank für Internationalen Zahlungsausgleich", die inzwischen in Basel ihre Tätigkeit begonnen hat. Der Bericht erklärt: „Ein allgemeiner Plan für eine vollständige und endgültige Regelung der Reparationsfrage hat in erster Linie finanziellen Charakter und schließt daher die Durchführung verschiedener bankmäßiger Aufgaben ein, die sich an diesem oder jenem Punkt zwischen der Einzahlung der Annuitäten und der endgültigen Verteilung der Beträge ergeben. Eine Bank, die bestimmt ist, diese Aufgaben zu erfüllen, rechtfertigt folgerichtigerweise die Liquidation aller politischen Kontrollen. „Die Bank wird mit einem Apparat ausgestattet werden, welcher ein elastisches Element zwischen den von Deutschland zu leistenden Zahlungen und ihrer Realisierung vorsieht. Die Gläubiger werden infolgedessen eine weitere Sicherheit haben, daß die Auswirkungen wirtschaftlicher Veränderungen auf den Fluß der Zahlungen soweit als möglich beschränkt werden, und Deutschland andererseits wird in Zeiten vorübergehend ungünstiger Verhältnisse die Möglichkeit einer Unterstützung haben." — „Der Zweck der Bank ist, zusätzliche Möglichkeiten für den internationalen Kapitalverkehr und ein brauchbares Werkzeug zur Förderung der internationalen finanziellen Beziehungen zu schaffen"[1]. — In dem in den folgenden Monaten vereinbarten Statut der Bank heißt es (Abschn. 1, Art. 3): „Zweck der Bank ist: die Zusammenarbeit der Zentralbanken zu fördern, neue Möglichkeiten für internationale Finanzgeschäfte zu schaffen und als Treuhänder (Trustee) oder Agent bei den ihr auf Grund von Verträgen mit den beteiligten

[1] Der Young-Plan. Der Schlußbericht der Pariser Sachverständigenkonferenz im Wortlaut, S. 43, 73. Frankfurt a. M.: Societäts-Druckerei 1929.

Parteien übertragenen internationalen Zahlungsgeschäften zu wirken."

Die Pariser Konferenz betraf ursprünglich nur die Reparationen. Unter dem Dawes-Plan waren alle von Deutschland gezahlten Beträge durch den Reparationsagenten eingesammelt und verteilt worden. In Paris bestand die einmütige Auffassung, daß der neue Plan nicht politisch, sondern wirtschaftlich orientiert und organisiert werden müsse. So verfiel man darauf, die Funktion des Reparationsagenten einer eigens zu diesem Zweck zu errichtenden neuen Bank zu übertragen. Die Diskussion über das Bankprojekt füllte viele Wochen zu Beginn der Konferenz aus und enthob die Delegierten so lange der Notwendigkeit über die heikle Frage der künftigen Höhe der Reparationen zu sprechen. — Dem neuen Institut war von vornherein die doppelte Bestimmung zugedacht, einerseits als Reparationskasse zu fungieren, d. h. die deutschen Zahlungen entgegenzunehmen und weiterzuleiten, den *Transfer* (s. d.) zu erleichtern, die Mobilisierung des ungeschützten Teils der deutschen Schuld zu überwachen usw. und andererseits, ganz unabhängig von den Reparationen, den Welthandel zu fördern, vornehmlich im Interesse des deutschen Exports, die Zusammenarbeit der Notenbanken zu erleichtern und als zentrale Goldclearingsstelle zu wirken.

Im Herbst 1929 fand in Baden-Baden eine Tagung der Notenbankpräsidenten der maßgeblichen Staaten statt, auf der die endgültigen Statuten der Bank diskutiert wurden. Hierbei wurden ihre weltwirtschaftlichen Möglichkeiten (soweit solche jemals wirklich bestanden haben sollten) in verschiedener Hinsicht beschnitten. So wurde die im Young-Plan enthaltene Befugnis des Instituts, eigene Schuldverschreibungen auszugeben und mit dem Erlös Darlehen an Notenbanken zu gewähren, zwar nicht ausdrücklich annulliert, aber im Statut auch nicht aufgeführt. Der Einfluß der zentralen Notenbanken wurde verstärkt, denn die BIZ. soll sich nicht mehr nur, wie ursprünglich vorgesehen, mit der Politik der Notenbanken im „Einklang" halten, sondern sie muß bei jedem Geschäft erst diejenige Notenbank, in deren Bereich sie operieren will, um Genehmigung fragen und die Notenbank hat ein Vetorecht, ohne die Verpflichtung ihr Veto zu begründen. — Das Statut gibt aber auch in ganzen Partien den Young-Plan wörtlich wieder.

Art. 22 des Statuts zählt die Geschäfte auf, zu denen die Bank befugt ist. Die wichtigsten sind folgende: die BIZ. darf gegen Gold, Wechsel und sonstige erstklassige Schuldtitel den Zentralbanken Darlehen gewähren und solche bei ihnen aufnehmen; sie darf Wechsel, Schecks und sonstige kurzfristige Schuldtitel von erstklassiger Liquidität einschließlich Staatsschatzwechsel diskontieren und rediskontieren, kaufen oder verkaufen und zwar mit oder ohne ihr Giro; ferner den Zentralbanken Wechsel diskontieren, Gold für eigene Rechnung und für Rechnung der Zentralbanken kaufen, verkaufen und in Verwahrung nehmen und im Zusammenhang mit internationalen Zahlungen als Treuhänder auftreten. — Alle Geschäfte, die die Bank für eigene Rechnung macht, darf sie nur in Währungen tätigen, die „nach Ansicht ihres Verwaltungsrates den praktischen Erfordernissen der Gold- oder Goldkernwährung (vgl. Art. *Goldwährung*) genügen". (Art. 21).

Art. 25 untersagt der Bank, auf den Inhaber lautende, bei sich zahlbare Noten auszugeben, Wechsel zu akzeptieren, an Regierungen Darlehen zu geben (was aber nicht viel heißen will, da sie ja staatliche Schatzwechsel diskontieren darf), für Regierungen laufende Konten zu eröffnen, Unternehmen beherrschend zu beeinflussen und in Grundstücken zu spekulieren. — Bei allen Geschäften hat die Liquidität an erster Stelle zu stehen.

In den mit der Schweiz getroffenen „Abkommen über die BIZ." findet sich die wichtige Bestimmung: „Die Bank, ihr Eigentum, ihre Aktiven sowie alle Einlagen und andere ihr anvertraute Werte sind in Frieden- und Kriegszeiten ausgenommen von allen Maßnahmen wie Enteignung, Requirierung, Beschlagnahme oder Einziehung, Verbot oder Beschränkung der Ausfuhr von Gold oder Devisen und von allen anderen ähnlichen Eingriffen."

II. Organisation.

Das grundlegende Abkommen über die BIZ. wurde am 20. Januar 1930 im Haag unterzeichnet. Es gilt zunächst für 15 Jahre.

Die Geschäftsführung liegt in den Händen des Verwaltungsrats. Dieser setzt sich zusammen aus den Präsidenten der sieben entscheidenden beteiligten Notenbanken, sieben Vertretern der Finanz, der Industrie oder des Handels, die von den Präsidenten der Notenbanken ihrer Länder ernannt werden, dazu noch je einem Vertreter mehr für Deutschland und für Frankreich, und noch höchstens neun Personen aus verschiedenen Ländern, die der Verwaltungsrat selbst kooptiert. Dem Verwaltungsrat dürfen nicht angehören Mitglieder einer Regierung oder einer gesetzgebenden Körperschaft und Staatsbeamte. Der Verwaltungsrat wählt aus seiner Mitte den Präsidenten der Bank (Erster Präsident der Amerikaner MAC GARRAH) und ernennt auf Vorschlag des Präsidenten den Generaldirektor (z. Z. der Franzose QUESNAY; sein Stellvertreter ist der Deutsche HÜLSE, vormaliger Direktor der Reichsbank). Das Geschäftsjahr läuft vom 1. April bis 31. März. Die Konten und die Bilanz müssen durch Buchprüfer revidiert werden. Änderungen der Satzungen der Bank sind außerordentlich erschwert worden. — Die erste Sitzung des Verwaltungsrats fand am 22. April 1930 statt. Am 17. Mai 1930 wurde die Bank in Basel eröffnet.

Ihr Kapital beträgt 500 Millionen schweizerische Goldfranken, die durch 200000 Aktien repräsentiert werden. Es ist vorläufig nur mit 25 % eingezahlt. Die Aktien lauten auf Namen. Ihre Übertragung erfolgt durch Umschreibung in den Büchern der Bank und ist an die Zustimmung der Zentralbank, in deren Bereich die Aktie emitiert wurde, sowie an die Genehmigung der BIZ. gebunden — dies obwohl Art. 15 des Statuts bestimmt: „Das Eigentum an Aktien berechtigt weder zur Stimmabgabe in der Generalversammlung noch zur Teilnahme an dieser"; vielmehr wird das Stimmrecht durch die Vertreter der Zentralnotenbanken ausgeübt. Die Aktien dürfen nur in Ländern aufgelegt werden, die an den Reparationen interessiert sind oder deren Währung den praktischen Erfordernissen der Gold- oder Goldkernwährung entspricht. Im April 1932 wurden 26400 anfänglich nicht gezeichnete Aktien von sieben Banken übernommen. Die Zentralnotenbanken von Belgien, Deutschland, England, Frankreich und Italien, eine japanische Bank und eine amerikanische Gruppe, bestehend aus I. P. MORGAN & Co. und zwei Aktieninstituten verfügen über 56 % des Stimmrechts. Die Aktien wurden im Jahre 1930 in Frankreich 159mal, in Belgien 12mal überzeichnet, in den Vereinigten Staaten und Japan unter Vermeidung einer öffentlichen Emission an eine große Anzahl von Privatbanken weitergegeben und ruhen in den anderen Ländern, also auch in Deutschland im Portefeuille der Notenbanken.

III. Bilanz.

Folgendermaßen stellt sich die Bilanz vom 31. März 1932 nach Ablauf des zweiten Geschäftsjahres dar;

Bilanz vom 31. März 1932 (in schweiz. Franken zur Parität).

Aktiva.

			%
I. Kassenbestand: Kasse und Guthaben bei Banken . . .		14211955,14	1,3
II. Gelder auf Sicht, zinstragend angelegt		74384533,62	6,6
III. Rediskontierbare Wechsel und Akzepte:			
1. Handelswechsel und Bankakzepte	473560333,12		42,0
2. Schatzwechsel . . .	136738464,26	610298797,38	12,1
IV. Gelder auf Zeit, zinstragend angelegt:			
1. Kredite an Zentralbanken	184767202,17		16,4
2. Andere Gelderanlagen bis zu höchstens 3 Monaten	21769093,33	206536295,50	1,9
V. Andere Wechsel und Anlagen:			
1. Mit Fälligkeit bis zu 3 Monaten:			
a) Staatsschuldverschreibung . . .	126768541,81		11,3
b) Andere Anlagen .	47509636,49		4,2
2. Von 3 bis 6 Monaten	35851527,86		3,2
3. Von mehr als 6 Mon.	788743,95	210918450,11	0,1
VI. Sonstige Aktiva		9661125,09	0,9
		1126011156,84	100,0

Bilanz vom 31. März 1932 (in schweiz. Franken zur Parität).

Passiva.

			%
I. Stammkapital: Genehmigt 200000 Aktien von je 2500 schweiz. Goldfranken	500000000,—		
Begeben 173600 Aktien mit 25proz. Einzahlung	434000000,—	108500000,—	9,6
II. Reserven:			
1. Gesetzlicher Reservefonds	559326,10		
2. Dividenden-Reservefonds	1094189,17		
3. Allgemeiner Reservefonds	2188378,35	3841893,62	0,4
III. Langfristige Einlagen:			
1. Treuhänder-Annuitätenkonto	153622762,50		13,6
2. Einlage der deutschen Regierung . .	76811381,25		6,8
3. Garantiefonds der französ. Regierung .	68648520,43	299082664,18	6,1
IV. Kurzfristige und Sichteinlagen:			
1. Zentralbanken für eigene Rechnung:			
a) Bis zu höchstens 3 Monaten . . .	145154858,74		12,9
b) Sichteinlagen . .	463030162,56	608185021,30	41,1
2. Zentralbanken für Rechnung Dritter: Sichteinlagen		68153969,04	6,1
3. Andere Einleger: Sichteinlagen		7822525,85	0,7
V. Sonstige Posten		15242264,21	1,4
VI. Gewinn für das am 31. März 1932 beendete Geschäftsjahr		15182818,64	1,3
		1126011156,84	100,0

Der Bank stehen langfristig außer ihrem Kapital 300 Millionen Franken im Zusammenhang mit den Reparationen zur Verfügung: Auf dem „Treuhänder-Annuitätenkonto" müssen die Reparationsgläubiger mindestens 125 Millionen Franken zinslos stehen lassen, die Einlage der deutschen Regierung ist gleichfalls vorgeschrieben und der Garantiefond der französischen Regierung beruht auf der Bevorzugung Frankreichs bei der Mobilisierung der ungeschützten Annuitäten.

Von den von der Bank am 31. März 1932 gehaltenen gesamten Sicht- und kurzfristigen Einlagen entfallen 67,6 % auf Dollars, 15 % auf französische Franken, 4,6 % auf Reichsmark und der Rest von 12,8 % auf verschiedene andere Währungen. Von den langfristigen Einlagen bei der Bank lauten 77 %, die das Guthaben auf Treuhänder-Annuitätenkonto und die Einlage der Deutschen Regierung darstellen, auf Reichsmark und 23 % auf Dollars. Diesen Reichsmark-Einlagen stehen Anlagen in Deutschland gegenüber, die sich außer dem oben erwähnten Reichsbankkredit von 22500000 Dollar (ursprünglich 25000000 Dollar) auf 28,2 % der gesamten Anlagen stellen. Von den gesamten Anlagen waren 85,9 % (1931 = 41 %) bei Zentralbanken placiert, 10,8 % (1931 = 20 %) bei von Zentralbanken ausgewählten Bankinstituten und der Rest von 3,3 % (1931 = 39 %) bei oder durch Institute, die mit Wissen der interessierten Zentralbank ausgewählt wurden.

Ein Vergleich der Bilanz per 31. März 1932 mit der Bilanz per 31. März 1931 zeigt, daß die Einlagen der Zentralbanken für eigene Rechnung zurückgegangen sind von 811 Millionen schweiz. Franken auf 608 Millionen schweiz. Franken. Viel stärker geschrumpft sind die Einlagen von Zentralbanken für Rechnung Dritter. Diese Einlagen rühren ausschließlich von Schatzämtern her und stammen hauptsächlich wohl aus England und Frankreich. Sie sind zurückgegangen von 653 Millionen schweiz. Franken Ende März 1931 und 840 Millionen schweiz. Franken Ende Mai 1931 auf 68 Millionen schweiz. Franken im März 1932. Dieser Rückgang erklärt sich daraus, daß die fraglichen Guthaben für Zahlungen der Alliierten an die Vereinigten Staaten dienten. Vor Erklärung des Hoover-Moratoriums wurden am 15. Juni und am 15. Dezember jeden Jahres je etwa 500 Millionen schweiz. Franken von der BIZ. nach Amerika überwiesen. Deshalb nahm die Bilanzsumme der Bank regelmäßig Mitte Dezember und Mitte Juli ab und vergrößerte sich in den folgenden Monaten. Solange keine Zahlungen an Amerika erfolgen, dürfte dieser Posten ohne Bedeutung bleiben. Die Aktivseite der Bilanz zeigte am Ende des ersten Geschäftsjahres ca. 186 Millionen schweiz. Franken, auf Sicht angelegt, und zeigt nunmehr nur noch 74 Millionen. Rediskontierbare Wechsel und Akzepte haben sich kaum verändert. Die auf Zeit zinstragend angelegten Gelder sind auf $^1/_4$ zurückgegangen, „Andere Wechsel und Anlagen" sind unverändert geblieben. Diese „Anderen Anlagen" beziehen sich auf die Deutsche Golddiskontbank, auf eine Operation zur Finanzierung der Landwirtschaft in Österreich und einige ähnliche Transaktionen. Das Institut begann seine Tätigkeit mit einer Bilanzsumme von 300 Millionen, erreichte am 31. März 1931 1901148912,91 und weist per 31. März 1932 eine Summe von 1126011156,84 aus.

IV. Gewinne.

Der BIZ. flossen für das Inkasso und die Verteilung der deutschen Zahlungen jährlich $1^0/_{00}$ der in Frage kommenden Beträge, d. h. zunächst ungefähr 2,2 Millionen schweiz. Franken zu. Des weiteren sind die Reparationsgläubiger verpflichtet, auf dem Treuhänder-Annuitätenkonto ein zinsloses Guthaben von nicht unter 150 Millionen schweiz. Franken zu belassen, und ebenfalls zinslos muß Deutschland bei ihr die Hälfte dieser Summe unterhalten. Es sind also sehr ansehnliche zinsfreie Gelder vorgesehen, deren Verwendung mit einer Marge von nur 3 oder 4 % schon mehr als die Unkosten decken konnte. Hinzu kommen noch die Gewinne aus den verzinslichen Einlagen und diverse Vergütungen

z. B. für die Treuhänderschaft über die verschiedenen internationalen Anleihen. Für das erste Geschäftsjahr wurde ein Rohgewinn von rund 15,1 Millionen schweiz. Franken ausgewiesen, denen 3,9 Millionen schweiz. Franken Unkosten gegenüberstanden. Im zweiten Geschäftsjahr betrug nach Abschreibung der durch Währungsentwertung entstandenen sowie anderer Verluste und nach Bereitstellung von Mitteln für unvorhergesehene Ausgaben der Reingewinn 15182818,64 schweiz. Franken, also 4 Millionen mehr als im ersten Jahr. 5 % des Gewinnes wurden dem gesetzlichen Reservefonds zugewiesen und danach 6 % Dividende erklärt. Der verbleibende Reingewinn wurde verwandt zu einer besonderen Dividendenrücklage und für Zuweisungen an den allgemeinen Reservefonds. Des weiteren erhielten die nahestehenden Regierungen, soweit sie bei der Bank befristete Einlagen unterhalten, die frühestens nach 5 Jahren zurückgezogen werden können, die ihnen quotenmäßig zukommenden Beträge.

Daß die BIZ. im ersten Jahre schon einen so stattlichen Gewinn erzielen konnte und im zweiten Jahr, in dem die Reparationszahlungen größtenteils ausfielen, noch besser zu arbeiten vermochte als im ersten, erscheint zunächst erstaunlich. Doch ist zu bedenken, daß die Bank nur geringe Risiken eingeht, und daß ihr ein weit höherer Betrag fremder Gelder zinslos zur Verfügung steht als das Kapital beträgt, das sie verzinsen muß. Die Aktionäre sind afst überall mit den Zentralnotenbanken noch identisch, und die Gewinne, die ihnen zufließen, stammen teils aus ihrer eigenen Tasche, teils aus denen ihrer Schatzämter. Sie stellen also als „Gewinn" mehr oder minder eine Selbsttäuschung dar. Im Young-Plan ist der BIZ. auch noch die Funktion zugedacht, aus ihren Verdiensten dem Deutschen Reich die Reparationszahlungen in den letzten 22 Jahren zu erleichtern. Ganz abgesehen davon, daß es zu diesen letzten 22 Jahren so gut wie sicher nicht mehr kommen wird, beruhte diese Zweckbestimmung der BIZ. auf einer Fehlüberlegung; denn die Bank hätte Deutschland nicht nur fortlaufend gekostet, das Deutsche Reich hätte auch keinerlei Interesse daran, 400 Millionen Reichsmark nur darum bei der BIZ. stehen zu lassen, damit ab 1968 vielleicht eine Gewinnreserve für Deutschland zur Verfügung stehe[1]; und schließlich müßten diese Gewinne von fast unvorstellbarer Natur und Höhe sein, wenn sie gegenüber 34,4 Milliarden Reichsmark eine Rolle spielen sollten, die als deutsche Zahlung für die letzten 22 Jahre im Young-Plan vorgesehen waren.

V. *Weltwirtschaftliche Funktionen.*

Soweit die BIZ. Funktionen zu erfüllen hat oder hatte, die mit den Reparationen zusammenhängen, ist sie diesen gerecht geworden. Das war zu erwarten. Aber interessant ist die Bank mehr um derjenigen Aufgaben willen, die sie als internationales Finanzinstitut bewältigen soll. Der Young-Plan weist ihr weitgesteckte Ziele. Sie soll in der Lage sein, „zu einer Vermehrung des Welthandels beizutragen", sie soll die „Stabilität der internationalen Finanz" erhöhen, als „stabilisierender Faktor der Wechselkurse" wirken und „ein immer festeres und wertvolleres Band für die allgemeine Zusammenarbeit der Zentralbanken" werden[2]. Art. 3 der Statuten drückt sich weniger anspruchsvoll aus, denn in der Zwischenzeit war das Projekt der Bank allenthalben einer eingehenden Kritik unterzogen worden, die vielfach in großer Skepsis mündete[3]. Die Idee der BIZ. war entstanden im Zusammenhang mit dem Bestreben, die Reparationen zu entpolitisieren. Aber die weltwirtschaftlichen Funktionen, die ihr der Young-Plan zuweist, sind zum großen Teil unausführbar. Die Mittel der Bank sind zu geringfügig, als daß sie den Welthandel entscheidend anzuregen vermöchte und die Weltwirtschaftskrise konnte durch die BIZ. — selbstverständlich — nur in geringem Maße beeinflußt und gemildert werden. Nichtsdestoweniger konnte die Bank auch nach Erklärung des Hoover-Moratoriums eine ansehnliche Tätigkeit entfalten. Der zweite Jahresbericht spricht mit Befriedigung davon, daß die Nützlichkeit und die Inanspruchnahme der Bank als Zentralstelle für Information, Beratung und gemeinsame finanzielle Maßnahmen sich in der Zeit der Anspannung gesteigert haben und daß das Institut mehrfach imstande war, in schwierigen Situationen rasch zu handeln.

Literatur abgesehen von den bereits erwähnten Publikationen (s. Fußnoten): SCHACHT, H.: Das Ende der Reparationen. Oldenburg 1931. — EINZIG, P.: The Bank for International Seetlements, 2. ed. London 1930. — KARAMIKAS, C.: La Banque des Règlements internationaux. Paris 1931.

WALTER SULZBACH.

Bank of England.

I. *Geschichte.*

1. *Die Gründung und die erste Inflation. Entwicklung zur Zentralbank.* Dreimal hat die Finanzierung eines Krieges die Entwicklung der Bank von England entscheidend beeinflußt und im Zusammenhang damit bedeutsame Auseinandersetzungen über geld- und kreditwirtschaftliche Fragen hervorgerufen: im letzten Jahrzehnt des 17. Jahrhunderts, zu Beginn des vorigen Jahrhunderts und in der Gegenwart. Das Projekt, den großen Banken des Kontinents eine englische Bank entgegenzustellen, wurde im 17. Jahrhundert wiederholt erwogen, verwirklicht wurde es erst 1694, als es sich darum handelte, Mittel für den Krieg zu beschaffen, den der neu ernannte König Wilhelm III. gegen den abgesetzten Jacob II. und dessen Protektor Ludwig XIV. führte. Da die Goldschmiede, die bis dahin die Funktion der Bankiers erfüllt hatten, zu dem verjagten Stuart hielten, da sie bei den zur Macht gelangten Kreisen auch aus wirtschaftlichen Gründen nicht beliebt waren und da ohnehin ihre Finanzkraft seit dem Staatsbankrott von 1672 gesunken war, gründete eine Anzahl von Kaufleuten und Manufakturisten eine Gesellschaft mit einem Kapital von 1200000 £, das dem Staat leihweise zur Verfügung gestellt wurde. Um den Kaufleuten aber die Möglichkeit zu geben, im Bedarfsfall auf ihr Kapital zurückzugreifen, wurde der Gesellschaft das Recht verliehen, Noten im Höchstbetrage eben jener 1200000 £ auszugeben. Das Institut, das die Firma The Govenor and Company of the B. of E. annahm, war also eine Organisation von Staatsanleihegläubigern und unterschied sich dadurch von den festländischen Banken, die in öffentlicher Hand waren. Zu dem Recht der Ausgabe von Noten, die ursprünglich auf den Namen, aber schon von 1697 an auf den Inhaber lauteten, kam die Befugnis, mit Edelmetall und Wechseln zu handeln und verfallene Pfänder zu verwerten. Die Geschichte der Bank begann sogleich mit einer Inflation, denn die 1200000 £ stellten zusätzlichen Kredit dar. Zwei Jahre nach ihrer Gründung mußte die Bank die Barzahlungen einstellen,

[1] Vgl. Der Young-Plan, a. a. O., S. 92, Anlage 1, Abschn. 11, „Gewinnverteilung."

[2] a. a. O., S. 41, 44, 47, 48.

[3] Vgl. u. a. HAHN, LANSBURGH, LAUTENBACH, NEISSER, PALYI, SULZBACH u. WELTER: Die Reparationsbank. Kritische Betrachtungen. Frankfurt a. M.: Sozietätsdruckerei 1929. — W. SULZBACH: Die internationale Reparationsbank. Bank-Arch. 1929 (15. August).

und ihre Noten entwerteten sich um rund 25 %. Nach Beendigung des Krieges wurde der Paristand allmählich wieder erreicht; in der Zwischenzeit verursachte aber die Entwertung erhebliche Verluste und rief ein allgemeines Kopfzerbrechen über die Ursachen dieser Erscheinung hervor (Diskussion zwischen LOWNDES und JOHN LOCKE).

Im Laufe des 18. Jahrhunderts erhöhte die Bank etappenweise ihr Kapital, und zwar entsprechend der Zunahme des Darlehens an den Staat, die bei jeder Verlängerung und Erweiterung ihrer Privilegien zugebilligt werden mußte. Der hohe Zinssatz der Schuld wurde herabgesetzt, teilweise mußten die Anleihen zinsfrei gewährt werden; auf der anderen Seite aber erhielt die Bank eine Monopolstellung durch die Bestimmung, daß Gesellschaften mit mehr als sechs Personen keine Bankgeschäfte betreiben durften. Diese Anordnung wurde für die Entwicklung des englischen Bankwesens von großer Bedeutung; es entstanden zahlreiche kleine Zettelbanken, die ihren Rückhalt an der Bank von England fanden, bei der sie oder in deren Noten sie ihre Reserve hielten. Auf dem Geldmarkt herrschte die Bank umso uneingeschränkter, als sie 1751 die Schuldenverwaltung und, was wichtiger war, bald danach die Kassenführung für den Staat übernahm.

2. *Die zweite Inflation und die Peelsche Gesetzgebung. Vervollkommnung der Liquiditätspolitik.* Während der zahlreichen Krisen des 18. Jahrhunderts konnte die Bank von England ihren Verpflichtungen nachkommen, wobei sie gelegentlich mehr Glück als Verstand entwickelte (es sei an ihren Wettbewerb mit der Südsee-Gesellschaft erinnert). Erst in der Krise des Jahres 1797 versagte sie, so daß die Regierung die Einlösbarkeit der Noten suspendieren mußte. Der Edelmetallvorrat der Bank war aus sehr verschiedenartigen Gründen stark zusammengeschmolzen, was während eines Krieges besonders bedrohlich erschien. Nun hatte sich im Laufe des 18. Jahrhunderts die Faustregel herausgebildet, die Verpflichtungen müßten zumindest zu einem Drittel durch Gold und Silber gedeckt sein, andernfalls müßte eine Kreditbeschränkung stattfinden. Durch den Erlaß der Restriktion Act wurde diese Bremse ausgeschaltet, und in der Folgezeit stiegen sowohl die Schulden der Regierung bei der Bank von England als auch deren Ausleihungen an die Wirtschaft. Im Zusammenwirken mit zahlreichen anderen Faktoren politischer und wirtschaftlicher Art kam es infolgedessen zu einer Entwertung der englischen Valuta, die insbesondere in den Jahren 1799—1803, 1808—1810 und 1813—1815 größere Dimensionen annahm. Diese Erscheinung wurde verschieden erklärt. Die einen behaupteten, die starke Nachfrage nach Gold zu Ausfuhrzwecken erhöhte den Goldpreis; die anderen wiesen nach, daß sich die Banknoten infolge allzu weitherziger Kreditgewährung entwertet hätten. Die bedeutendste Veröffentlichung in diesem Meinungsstreit stellte die Schrift DAVID RICARDOS dar: „Der hohe Preis des Edelmetalls ein Beweis für die Entwertung der Banknoten", die 1809 erschien. Bald nach ihrer Veröffentlichung wurde vom Unterhaus eine Kommission eingesetzt, die sich mit der Währungslage befaßte und sich im großen und ganzen die Argumente RICARDOS zu eigen machte. Ihr Bericht, der sog. Bullion Report, wurde im Unterhaus jedoch abgelehnt und sogar die Resolution angenommen, die Banknoten genössen in der Öffentlichkeit die gleiche Wertschätzung wie die Goldmünzen. Mit der Zeit setzten sich aber die Ansichten der „Bullionisten" durch und so beschloß das Parlament 1819 die PEEL's Bill, auf Grund deren von 1823 an die Wiedereinlösung der Noten zum alten Parikurs erfolgen sollte (1 Unze Standardgold = 3/17/9 beim Goldankauf); bis dahin war die Einlösung nur in Barren möglich und zwar zu einem staffelmäßig sinkenden Goldpreis. (Tatsächlich konnte das Ziel rascher erreicht werden als im Gesetz vorgesehen war.) Der Edelmetallhandel wurde von jeder Fessel befreit. Hatte die Leitung der Bank von England schon in den beiden ersten Jahrzehnten des Jahrhunderts wegen „ihrer völligen Unkenntnis der Grundsätze der politischen Ökonomie", wie RICARDO es ausdrückte, den Unwillen eines großen Teils der Öffentlichkeit erregt, so verschärfte sich die Kritik in den beiden nächsten Jahrzehnten, in denen die Bank durch allzu reichliche Kreditgewährung immer wieder die Übersteigerung der Konjunktur förderte; stand der Zusammenbruch unmittelbar bevor, so war sie es, die durch eine Restriktion das Zeichen zur Panik gab. Unter diesem Gesichtspunkt sind die Gesetze zu verstehen, die in dieser Zeit zustande kamen. 1826 wurde die Errichtung von Notenbanken mit mehr als sechs Teilhabern außerhalb Londons und Umgebung gestattet, denn die kleinen Provinzbanken hatten sich als nicht genügend krisenfest erwiesen. Aktienbanken ohne Notenausgaberecht wurden sieben Jahre später auch in der Hauptstadt zugelassen und damit die rechtliche Voraussetzung für die Entstehung der großen Joint Stock Banks geschaffen. Ferner wurde der Bank von England 1826 die Errichtung von Filialen gestattet (es bestehen jetzt deren neun, die fast lediglich die Funktion von Notensammelstellen haben). Schließlich wurde die Ausgabe von Noten unter 5 £ in ganz England untersagt, weil in der Krise von 1826 die Panik gerade der Inhaber kleiner Noten zu einem starken Goldabzug geführt hatte. Das Gesetz von 1833 erhob die Noten der Bank von England zum gesetzlichen Zahlungsmittel (legal tender), um ihre Einlösung in Gold überflüssig zu machen, ordnete die monatliche Bekanntgabe von Bankausweisen an und befreite das Institut vom Wuchergesetz, das ihm bis dahin verboten hatte, den Diskont über 5 % hinaus zu erhöhen. Trotz alledem konnte die Bank 1839 nur durch Aufnahme von Krediten auf dem Festlande die erneute Einstellung der Barzahlungen verhüten. Jetzt entschloß sich die Regierung zu energischem Eingreifen und zum Erlaß eines Bankgesetzes, auf dessen Ausgestaltung vor allem der Bankier SAMUEL LLOYD, späterer Lord OVERSTONE, Einfluß gewann. Man ging dabei, den Gedankengängen RICARDOS folgend, von der Ansicht aus, daß die zirkulierende Geldmenge auch bei Umlauf von Banknoten nicht anderen Bewegungen unterliegen solle als bei reiner Goldzirkulation. Infolgedessen mußte verhindert werden, daß die Bankleitung durch willkürliche Bemessung der Notenausgabe den Wert des Pfundes beeinflusse. Die bankpolitischen Konsequenzen dieses Currency-Prinzips (s. Geldtheorien) zog — und zwar nicht ganz im Sinne RICARDOS — die PEEL's Act von 1844. Sie setzte fest, daß alle Noten der Bank von England durch Gold und Silber gedeckt sein müßten, ausgenommen ein festes Kontingent von 14000000 £, das etwa zwei Dritteln des damaligen Notenumlaufs entsprach. Der Silberbestand durfte nicht mehr als ein Fünftel des Edelmetallvorrats ausmachen. Um Interessenkollisionen tunlichst zu verhüten, wurde die Notenausgabe einer besonderen Emissionsabteilung zugewiesen, die Staatsanleihen in Höhe von 14000000 £ und den Edelmetallbestand zu verwalten hat und die jeweils zulässige Notenmenge einer Bankabteilung überläßt, die nun, wie es PEEL bezeichnete, ihr privatwirtschaftliches Interesse wie jede andere Bank verfolgen könne. Um die Kontrolle über die Währung zu verstärken, wurde die

Gründung neuer Zettelbanken untersagt und jeder bestehenden ein Notenkontingent zugewiesen. Stellte ein Bankier die Notenemission ein, so wuchs das Kontingent der Bank von England zu, allerdings höchstens zu zwei Dritteln. Die ungedeckten Noten der Emissionsabteilung vermehrten sich auf diese Weise bis zum Jahre 1903 auf 18450000 £. 1923 wurde das Kontingent, nachdem die letzte Konkurrenz auf dem Gebiet der Notenausgabe ihr Emissionsrecht aufgegeben hatte, auf 19750000 £ erhöht. Seitdem ist die Bank von England die einzige Notenbank in England; allerdings nur in England. In Schottland gibt es noch acht, in Irland sechs Notenbanken, die sich ähnlich entwickelt haben und unter ähnlichen Vorschriften stehen wie das englische Zettelbankwesen.

Für die Entwicklung des englischen Kreditsystems war die Reglementierung der Notenausgabe durch die PEEL's Act von entscheidender Bedeutung. Sie war nur möglich in einem Lande, in dem ein überaus bewegliches Kreditsystem die Mängel einer starren Notenbankpolitik ausglich, in einem Lande, in dem sich infolge Kapitalreichtums und einer feingliedrigen Organisation des Geldmarktes die Zentralbank darauf beschränken konnte, Bank der Banken zu sein. Als solche sichert ihr die PEEL's Act eine sehr starke und zugleich verantwortungsvolle Stellung. Angesichts der strengen Deckungsvorschriften ist sie gegenüber einem Abzug von Bargeld besonders empfindlich und zu besonders raschem Einsatz ihrer diskontpolitischen Abwehrmittel verpflichtet. Hat sich allerdings die Wirtschaftslage derart zugespitzt, daß die in der Bankabteilung verfügbaren Noten (die sog. Reserve) auszugehen drohen, so bleibt zur Verhinderung oder Beseitigung einer Panik als ultima ratio nur das Gesuch an die Regierung übrig, die Bankakte zu suspendieren und die Deckungsmittel für den Zweck freizugeben, für den sie nun einmal gehalten werden. Zu diesem Schritt mußte sich die Bank mehrfach entschließen, das erstemal bereits drei Jahre nach dem Erlaß der PEEL's Act, sodann in den Krisen der Jahre 1857 und 1866. Das erste und drittemal genügte die bloße Tatsache der Suspension, um die Nachfrage nach Noten zum Stillstand zu bringen. In der Krise des Jahres 1890 wählte die Bank einen anderen Ausweg; sie verschaffte sich einen Kredit von 3 Millionen £ bei der Bank von Frankreich, den sie freilich nicht erst einzusetzen brauchte. Da in der damaligen Zeit noch nicht soviel von der Kooperation der Notenbanken geredet wurde wie heutzutage, erregte die Hilfsaktion der französischen Bank großes Aufsehen.

3. Die dritte Inflation und die Goldstandardperiode nach dem Weltkriege. Anfänge einer Marktmanipulation. Zum vierten Male mußte die Goldeinlösung bei Ausbruch des Weltkrieges suspendiert werden. Die Bank war einem Run ausgesetzt, so daß vier Bankfeiertage proklamiert werden mußten, nachdem sich die Diskonterhöhung von 3 auf 10 % als wirkungslos erwiesen hatte. Die Deckungsgrenze wurde allerdings nur für wenige Tage überschritten, dann gelangten die sog. Currency-Notes in Umlauf, zu deren Ausgabe die Currency and Bank notes Act vom 6. August 1914 das Schatzamt ermächtigt hatte. In den Verkehr gebracht wurden sie durch Vermittlung der Bank von England, die dafür sorgte, daß ihre und die Currency-Noten gleichwertig blieben. Die — kleingestückelten — Currency-Noten ersetzten mit der Zeit den Goldmünzenumlauf, und da der Goldbestand der englischen Volkswirtschaft bei der Bank von England konzentriert wurde, brauchten die Vorschriften der PEEL's Act trotz starker Aufblähung auch des Banknotenumlaufs (29. Juli 1914: 29,7 Millionen £, 16. Februar 1920: 93,6 Millionen £) nicht verletzt zu werden. Die inflatorischen Wirkungen konnten natürlich trotz aller Marktmanipulationen (Pfundstützungsabkommen mit Amerika, nach dessen Ablauf im Jahre 1919 Goldembargo) nicht verhindert werden. So hatte das Pfund 1920 ein Drittel seines äußeren Wertes und zwei Drittel seiner Kaufkraft im Inland verloren.

Die Ordnung der Währungsverhältnisse geschah auf eine typisch englische Art. Wie zu Beginn des 17. und 18. Jahrhunderts entschloß man sich, wenn auch nach heftigen Meinungskämpfen, zu der früheren Goldparität zurückzukehren. Maßgebend war vor allem der Wunsch, durch eine vertrauenswürdige Währungspolitik die Stellung Englands auf den internationalen Kreditmärkten wieder herzustellen. Der Staat setzte seine schwebende Schuld energisch herab, hohe Zinssätze bewirkten eine Kreditkontraktion und die Currency-Noten wurden entsprechend den Vorschlägen des Cunliffe-Berichts in der Weise vermindert, daß bestimmt wurde, das Zirkulationsminimum jedes Jahres sei das Maximum des nächsten Jahres. So sank der Umlauf an Currency-Noten von einem Höchststand von 320608000 £ im Jahre 1919 auf 246011000 £ 1927. Bereits Anfang 1925 hatte das Pfund die Parität zum Dollar wiedererlangt, und so konnte im selben Jahre durch die Gold Standard Act die Goldwährung wiederhergestellt werden, allerdings in der Form des — bereits von RICARDO propagierten — Gold Bullion Standard: das Einlösungsminimum betrug rund 1700 £ = 400 oz. fine. Ein 300 Millionen $-Kredit, der in Amerika zu etwa erforderlicher Hilfeleistung bereitgestellt wurde, brauchte nicht angetastet zu werden. Die Restauration — eine solche war es, obwohl es an radikalen Reformvorschlägen nicht fehlte — wurde durch die Currency and Bank notes Act von 1928 gekrönt: Im November 1928 wurde der Currency-Noten-Umlauf zu einem Bestandteil des Banknoten-Umlaufs; das Kontingent der ungedeckten Noten wurde auf 260 Millionen £ erhöht und derart der durch die Kriegsfinanzierung eingetretene Zustand auf sehr einfache Weise den Erfordernissen der PEEL's Act angepaßt. Gleichzeitig wurde die Bankgesetzgebung in einigen weiteren Punkten geändert. Da die Goldmünzen aus dem Verkehr gezogen und durch Currency-Noten ersetzt worden waren, wurde die Bank ermächtigt, 1 £ und 10 sh-Noten auszugeben. Das Kontingent der nicht zu deckenden Noten kann mit Genehmigung des Schatzamtes geändert werden; früher war dazu theoretisch ein Gesetz nötig, praktisch geschah es ebenfalls durch eine Ermächtigung der Regierung, der das Parlament nachträglich beipflichtete. Von der neuen Bestimmung wurde im August 1931 Gebrauch gemacht und das Kontingent auf 275 Millionen £ erhöht. Schließlich hat die Bank das Recht erhalten, Goldbestände Privater zu enteignen, sofern dieses Gold nicht zum Export oder zur Verarbeitung bestimmt ist, eine Bestimmung, die für anomale Verhältnisse geschaffen wurde und u. W. nur in der Krise vom November 1931 zur Anwendung kam.

Die wirtschaftspolitische Konsequenz der Rückkehr zur alten Parität wäre eine entsprechende Senkung der Preise gewesen. Diese Konsequenz wurde jedoch nicht in dem erforderlichen Umfange gezogen. Die englische Wirtschaft war nicht elastisch genug, sich den neuen Weltmarktverhältnissen anzupassen. Dies allein kann jedoch die Lösung vom Goldstandard nicht erklären. Entscheidend war ein anderer Umstand. London hatte in den Nachkriegszeiten umfangreiche kurzfristige Gelder geborgt und an kapitalbedürftige Länder ausgeliehen. Große Teile dieser Kredite gingen verloren oder froren ein, insbesondere in Mittel- und Südosteuropa, in Südamerika und im fernen Osten. Die Beunruhigung über das Schicksal der nach London gelegten Gelder und die politische Erregung führten nun dazu, daß — insbesondere von den französischen Gläubigern — in wachsendem Umfange Kredite abgerufen wurden. Erhöhte Zinsvergütung vermochte die Gelder nicht zum Bleiben zu bewegen. Ein Rediskontkredit von 50 Millionen Gold-£, den die Bank von England Anfang August 1931 bei der amerikanischen und französischen Notenbank aufnahm, war in wenigen Wochen erschöpft; ebenso floß ein Betrag von 80 Millionen £ ab, den das Schatzamt Ende August in Amerika und Frankreich erhalten hatte. Die kurz zuvor gebildete „nationale Regierung" vermochte das Vertrauen nicht wieder herzustellen. Andererseits drängten in England selbst weite Kreise auf eine Erleichterung der Ausfuhr und Drosselung der Einfuhr durch währungspolitische Mittel. Nachdem in zwei Monaten 200 Millionen £ in Gold und Devisen ausgezahlt worden waren, mußte die Bank kapitulieren; am 20. September 1931 beschloß die Regierung, die Goldeinlösung zu suspendieren und den Wechselkurs sich selbst zu überlassen. Unter starken Schwankungen büßte das Pfund etwa ein Viertel seines Wertes ein.

Die Bank von England trägt den Spitznamen die alte Dame, the old lady of Threadneedle Street, und diese Bezeichnung trifft insofern das Rechte, als sich die Geschichte der Bank wie ein Menschenschicksal erzählt. Dieses Leben mit seinen Irrtümern und Mißerfolgen und mit seinen Triumphen gehorcht einem Wachstumsgesetz, das rein rationale Bestrebungen immer wieder zunichte macht. Sie ist eine imposante, charaktervolle alte Dame, die Bank von England.

II. Jetzige Verfassung.

1. Die Gesellschaftsorgane. Die jetzige Organisation der Bank ist also zu einem erheblichen Teil aus der Tradition zu erklären, und die Darstellung ihrer Geschichte unterrichtet bereits über die wichtigsten Einrichtungen dieses Instituts. Noch immer ist die Bank im Gegensatz zu vielen Notenbanken des Kontinents eine private, wenn auch privilegierte Gesellschaft, die — im Rahmen des Gesetzes — dem Staat autonom gegenübersteht; aber auch ihren rund 14000 proprietors, ihren „Eigentümern" gegenüber wahrt das Institut seine Unabhängigkeit. Das Kapital beträgt seit 1816 14553000 £. Die Personen auf deren Namen es in den Büchern der Bank eingetragen ist, dürfen sich im Frühjahr und Herbst versammeln, pro forma die Verwaltung wählen und ihre Dividende (seit 1923 halbjährlich 6%) in Empfang nehmen. Fragen in der Generalversammlung zu stellen ist unschicklich; jedenfalls werden sie ausweichend beantwortet. Geschäftsberichte werden nicht herausgegeben; die Bankausweise, die seit der Peel's Act wöchentlich in der London Gazette veröffentlicht werden müssen, sind völlig undurchsichtig (s. *Notenbankausweise*).

Die Verwaltung besteht aus einem Gouverneur, einem Vizegouverneur und 24 Direktoren, die über einen bestimmten Anteilbesitz verfügen müssen. Der Gouverneur wird jährlich gewählt; während er früher alle 2 Jahre wechselte, ist seit dem Kriege eine längere Amtsdauer üblich geworden; so wurde Montagu Norman im Frühjahr 1932 zum dreizehnten Male mit dem Amt betraut. Auch insofern ist seit einiger Zeit ein Wandel eingetreten, als die Direktoren jetzt nicht mehr ausschließlich dem Kreise der großen Handels- und Bankherren der City entstammen, sondern 1925 erstmals ein leitender Bankbeamter zum Direktor ernannt wurde. Die Präsidenten der großen Depositenbanken, die von der Bank von England ursprünglich als eine Art lästiger Emporkömmlinge angesehen wurden, werden dagegen nach wie vor nicht zum Direktoriat herangezogen (sie seien weitaus nützlicher als bloße Freunde denn als Direktoren, erklärte Montagu Norman auf der Generalversammlung im September 1928). Neue Einrichtungen sind ferner die Posten des Comptroller (d. h. eines Geschäftsführers, der zwischen dem Direktorium und der Beamtenschaft steht) und der ständigen wissenschaftlichen Berater. Über den Notenkommissar der Bank of England s. *Notenkommissar*.

2. Geschäfte und Geschäftspolitik. Die Stellung der Bank von England auf dem Kreditmarkt ist durch zwei Umstände entscheidend beeinflußt. Einmal dadurch, daß der Bank gegen eine angemessene Entschädigung die Kassenführung (s. *öffentliche Kassenführung*) und Schuldenverwaltung für den Staat übertragen wurde. Sämtliche Einnahmen aus Steuern, Zöllen, Gebühren fließen dem Konto des Schatzamtes bei der Bank von England zu und werden von hier aus den verschiedenen Verwendungszwecken zugeführt. Dabei spielt die Barzahlung eine verschwindend geringe Rolle, die Übertragungen erfolgen durch Wechsel, Scheck und Umbuchung. Entsprechend gilt für die übrigen Konten der öffentlichen Hand, die des Commissioner of the National Debt und die Dividend Accounts, die in der Hauptsache den Schuldendienst widerspiegeln; sowie für das Konto Saving Banks, das die Einlagen gewisser öffentlicher Sparkassen aufnimmt. Die Bank verfügt also über große Guthaben, die zudem den Vorzug aufweisen, regelmäßigen, also leicht voraussehbaren Bewegungen zu unterliegen. Es bedarf kaum der Erwähnung, daß die Bank der Regierung im Bedarfsfalle auch kurzfristige Kredite zur Verfügung stellt, soweit nicht auf dem freien Markt Schatzscheine untergebracht werden können oder sollen.

Der zweite Umstand ist der, daß die Bank von England dank ihres Privilegs die überragende Zettelbank Englands wurde, bei der alle Provinzbanken ihre Reserven anlegten. Ihre Stellung wurde umso mächtiger, als im zweiten Drittel des vorigen Jahrhunderts die großen Depositenbanken auftauchten, denen die Notenausgabe verwehrt war. In doppelter Weise ist die Bank von England Liquiditätsrückhalt für diese Banken. Unmittelbar ist sie es dadurch, daß sie für die Banken, aber auch für andere Firmen, Depositengelder verwaltet, mittelbar dadurch, daß die Diskonthäuser, bei denen die Depositenbanken einen großen Teil ihrer Mittel als tägliches Geld anlegen, auf den Rediskont oder Wechsellombard bei der Bank von England angewiesen sind, sobald ihre Geldgeber Kredite zurückziehen. Für die Brokers, die sich in der Verlegenheit an die Notenbank wenden, ist das Wechselgeschäft in solchem Falle nicht sonderlich günstig. Sie müssen Sätze für den Rediskont bezahlen, die über der offiziellen Bankrate stehen (die Bank von England betrachtet den Banksatz nur als Richtschnur und berechnet im Einzelfall höhere oder auch geringere Prozente), und die Bankrate selbst muß bei verstärkter Kreditnachfrage erhöht werden, wenn die Zentralbank für ihre eigene Reserve fürchten muß.

Es wurde bereits erwähnt, daß die Vorschriften der Peel's Act [illegible] volle Golddeckung aller Noten, die über ein festes Kontingent hinausgehen — in Krisenzeiten gefährlich zu werden droht, vor allem dann, wenn die Currency-Lehre, wie es vor der Krise von 1847 geschah, so doktrinär angewandt wird, daß beinahe alle auf Grund des Goldvorrats verfügbaren Noten in Umlauf gesetzt werden. Nun hat die Bankleitung aus ihren Fehlern gelernt; die Emissionsabteilung gibt soviel Noten an die Bankabteilung weiter, als der Norm entsprechend ausgegeben werden dürfen, aber die Bankabteilung behält einen Teil der Noten zurück. Diese Noten bilden zusammen mit dem Bestand der Bankabteilung an Münzen die sog. Reserve, eine

Reserve, die sich zwischen die eigentliche Reserve, nämlich die Golddecke, und den Geldbedarf schiebt. Das Verhältnis dieser Reserve zu den Depositenverpflichtungen der Bankabteilung ist die „Proportion“, deren Veränderungen vom Markt sorgfältig beobachtet werden. Angesichts des riesenhaften Kreditgebäudes, das auf der „Reserve“ ruht, war die Bank von jeher gezwungen, auf eine Erhöhung der Nachfrage nach Zahlungsmitteln sehr rasch zu reagieren; der englische Diskontsatz war also (seit dem Kriege haben sich die Verhältnisse etwas geändert) von großer Beweglichkeit. Er mußte es schon deshalb sein, weil London der Geld- und Goldmarkt der Welt war und der Bank von England die Aufgabe gestellt war, die breiten und raschen internationalen Kapital- und Goldströme zu regulieren.

Seit dem Kriege hat sich die Lage verändert. Die Diskontpolitik der Bank von England verlor einen Teil ihrer Beweglichkeit und Wirksamkeit, weil sie auf die Kreditbedürfnisse des Staates, auf seine wechselnden Emissions- und Konversionswünsche Rücksicht nehmen mußte. Sie suchte nun aus der Not eine Tugend zu machen und stellte ihre Tätigkeit auf dem Markt der Staatspapiere in den Dienst der Konjunkturpolitik, was ihr — im Gegensatz etwa zur Reichsbank — umso leichter fiel, als keine Vorschriften über die Anlage ihrer Mittel bestehen. So ergänzte sie die diskontpolitischen Maßnahmen durch eine open market policy, die — mit dem Ziel einer Marktverflüssigung und Konjunkturbelebung betrieben — dazu führte, daß sich ihr Portefeuille mit schwer realisierbaren Werten füllte. Es hat bekanntlich lange gedauert, bis die Bankleitung gelernt hat, die diskontpolitischen Mittel zu beherrschen; die Handhabung der open market policy ist nicht minder schwierig und gefahrvoll. Eine zweite entscheidende Wandlung war die, daß England seit dem Kriege die Hegemonie auf dem internationalen Geldmarkt verloren hat; New York und Paris sind als wichtige Bestimmungsfaktoren des Weltkreditverkehrs aufgetreten. Gleichzeitig änderte sich der Mechanismus, der vor dem Kriege die Verteilung der Kapitalien vermittelt hatte. Die großen Wirtschaftsmächte hielten zwar an der Goldwährung fest, aber nur in dem Sinne, daß sie die Einheit ihrer Währungen weiter mit bestimmten Goldmengen verknüpften. Der Goldwert selbst aber wurde manipuliert; statt der Goldmünzen zirkulieren Geldscheine, Preise und Zinsen werden willkürlich beeinflußt, die Wechselkurse durch devisenpolitische Maßnahmen gehalten u. a. m. So erwuchsen der Bank von England neue Aufgaben, Aufgaben, die sich komplizierten, als Bank und Schatzamt nicht mehr imstande waren, die Goldeinlösung aufrechtzuerhalten. Die Bank hatte früher nur geringe Devisenbestände; in den letzten Jahren änderte sich dies. Gegenwärtig wird ein großer Teil des Devisenbestandes zwar von der Notenbank verwaltet, aber auf Rechnung des Schatzamts, das damit einen Fonds zur Manipulation der Währung geschaffen hat.

Auch auf dem Kapitalmarkt sind in der Nachkriegszeit planwirtschaftliche und neumerkantilistische Experimente gemacht worden, die zur Folge hatten, daß sich die Bank von England an einer Reihe von Unternehmungen beteiligt hat. In den Nachfolgestaaten der österreichisch-ungarischen Monarchie verlor die Bank durch ihre Verbindung mit der Anglo-International Bank viel Geld. Die Agricultural Mortgage Corporation, eine landwirtschaftliche Hypothekenbank, die 1928 gegründet wurde, arbeitet mit Kapital, das ihr von der Bank von England zur Verfügung gestellt wurde. Ferner ist die Notenbank an einer Reihe von Exportfinanzierungs-Gesellschaften interessiert. Schließlich wurde Ende 1929 der Securities Management Trust Ltd. gegründet, der seinerseits wieder einen schwerindustriellen Konzern kontrolliert, und bald danach die Bankers' Industrial Development Co. Ltd., eine Studiengesellschaft zur Reorganisation ganzer Industriezweige, die unter Mitwirkung der City zustande kam. Die Schwierigkeiten, die nach dem Kriege der langfristigen Finanzierung von Industriefirmen entgegenstanden, waren der Hauptanlaß zu diesen Beteiligungen, bei denen es der Bank von England selbst wohl nicht sonderlich wohl zumute ist und die auch in volkswirtschaftlicher Hinsicht keine erhebliche Bedeutung haben.

3. *Der Bankausweis* (vgl. *Notenbankausweise*). Was die Publizität anbelangt, so gehört die Bank von England zu den rückschrittlichsten Noteninstituten. Die wirkliche Entwicklung ihres Status, die Beweggründe ihrer Politik, all das bleibt der Öffentlichkeit verborgen. Das Institut beschränkt sich auf die Herausgabe eines jeden Mittwoch erscheinenden Bankausweises.

Dieser Ausweis zerfällt in zwei Teile, entsprechend der Organisation der Bank von England. Auf der Aktivseite des Issue Department, der Emissionsabteilung, ist der Goldbestand verbucht und die Anlage des „Kontingents“. Dieser letzte Posten setzt sich aus einem Darlehen an den Staat (Government Debt) zusammen, das seit 100 Jahren in derselben Höhe erscheint, aus dem Bestand an Silbermünzen (Silver Coin) — im Gegensatz zu den Bestimmungen der PEEL's Act ist Silber jetzt nicht mehr deckungsfähig —, aus einem großen Posten Staatspapieren (Other Government Securities) und den Other Securities. Diese letzte Position enthält in wechselnder Mischung Staatspapiere sowie private In- und Auslandswechsel. Die Zusammensetzung der Wertpapiere ändert sich schon deshalb, weil der Gewinn der Emissionsabteilung dem Schatzamt zufließt und die Bankleitung ein Interesse daran hat, diese Abgaben zu manipulieren. Entsprechend den voranstehenden Darlegungen bemißt sich die mögliche Notenausgabe nach der Summe von Kontingent und Goldbestand; ein Teil davon ist jedoch die Reserve der Bankabteilung, befindet sich also nicht im Umlauf.

Auf der Passivseite steht hinter dem Kapitalkonto der Posten „Rest“. Er enthält die offene Reserve und die für die Dividendenzahlung auflaufenden Gewinne, vermehrt sich also jeweils bis zur Ausschüttung im Frühjahr und Herbst. Die Verpflichtungen zerfallen (wenn man von dem unbedeutenden Posten seven-Day and other Bills absieht, der Akzepte der Bank von England enthält) in drei Posten: Die Public Deposits enthalten den Saldo der gesamten öffentlichen Konten, die Bankers' Balances die Depositen der Banken, die sie teils als Liquiditätsreserve, teils als Reserve für den Clearingverkehr bei der Bank von England unterhalten. Wie in aller Welt schwellen diese Depositenbestände gegen Ende des Jahres zum Stichtag der Bankbilanzen erheblich an. Da die Notenbank die Depositen nicht verzinst, besteht im übrigen bei den Gläubigern ein Interesse daran, diese Beträge niedrig zu halten. Die Other Accounts stellen die Konten privater Firmen und befreundeter Notenbanken dar.

Diesen Verpflichtungen stehen folgende Anlagen gegenüber: Die Government Securities sind Vorschüsse an den Staat, die in verschiedene Formen gekleidet sein mögen. Unter Discounts and Advances werden in der Regel die zur Lombardierung oder Diskontierung eingereichten Werte, in der Hauptsache Wechsel, verbucht, ein der Struktur des englischen Geldmarkts entsprechend bemerkenswert niedriger Posten. Das Konto Securities enthält Wertpapiere verschiedener Art; hier kommen die Marktmanipulationen der Bank von England zum Ausdruck. Die beiden letztgenannten Konten mögen ebenso wie das Konto Other Securities in der Emissionsabteilung Devisen enthalten, sofern solche überhaupt in der Bilanz der Bank und nicht in der des Währungsfonds erscheint, den das Schatzamt unterhält und über den keine Veröffentlichungen vorgenommen werden. Trotz aller Kritik, die in der Öffentlichkeit von jeher geübt wurde, hat sich die Bankleitung nicht entschließen können, über die wirkliche Zusammensetzung ihrer Konten Aufschluß zu geben. So teilt sie auch nicht mit, wie hoch der Anteil des Goldes an dem Münzbestand der Bankabteilung ist. Der Posten Bankreserve, der in der Regel durch Addition der Positionen Gold Coin and Bullion der Emissionsabteilung und Gold and Silver Coin der Bankabteilung gebildet wird, stellt also die Deckungsreserve nicht ganz korrekt dar, weil Silber nicht deckungsfähig ist. Der Fehler ist indes gering. Mit dem Notenvorrat bildet der Münzbestand, wie beschrieben, die sog. Reserve oder Totalreserve (wenn man den Notenbestand allein als eigentliche Reserve ansieht). Dieser Posten ist von besonderer Bedeutung, weil er im Vergleich zu den Verbindlichkeiten eine — allerdings sehr unzureichende — Beurteilung der Frage erlaubt, in welchem Maße der Status der Bank angespannt ist, wie sich also der Geldmarkt in der nahen Zukunft entwickeln wird. Als normale Proportion wurde früher ein Satz von 45 % angesehen. In dem nachstehend wiedergegebenen Bankausweis vom 20. April 1932 beträgt sie rund 36 %.

Bankausweis vom 20. April 1932 (in Mill. £).

Issue Department.

Notes issued:		Government Debt . .	11,015
In Circulation . . .	354,271	Other Government Securities	208,681
In Banking Department	41,544	Other Securities . . .	51,487
		Silver Coin	3,818
		Account of Fiduciary Issue	275,000
		Gold Coin and Bullion	120,815
	395,815		395,815

Banking Department.

Proprietors' Capital . .		14,553	Government Securities		57,606
Rest		3,116	Other Securities:		
Public Deposits[1] . . .		9,149	Discounts and Advances	11,198	
Other Deposits:			Securities .	23,283	34,480
Bankers . .	72,840		Notes		41,544
Other Accounts .	34,585	107,425	Gold and Silver Coin		0,614
7-Day and other Bills		0,002			
		134,245			134,245

Vgl. a. *England II 1.*

Aus der Literatur: BAGEHOT: Lombard Street. — JAFFE: Das englische Bankwesen. Leipzig 1904. — ANDREADES: History of the Bank of England 1640—1903 (aus dem Französischen). 2. Aufl. London 1924. — PHILIPPOVICH: Die Bank von England im Dienst der Finanzverwaltung des Staates. Leipzig und Wien 1911. — HULFTEGGER: Die Bank von England mit besonderer Berücksichtigung der Reservefrage und der Entwertung der englischen Rente. Zürich 1915. — ARETZ: Die Entwicklung der Diskontpolitik der Bank von England 1780—1850. Berlin 1916. — KÄPPELI: Der Notenausweis in Theorie und Praxis. Jena 1930. — NEISSER: Der internationale Geldmarkt vor und nach dem Kriege. Weltwirtsch. Arch. 1929 (April), 1930 (Juli). — HAWTRAY: Currency and Credit. London 1919. — LAVINGTON: The English Capital Market. London 1929. — ACRES: The Bank of England from within. Oxford 1931. — MACMILLAN-Bericht. London 1931.

HERBERT BLOCK.

Bank von Amsterdam s. *Geschichte des Bankwesens II.*
Bankaktien als Börsenwerte s. *Aktie als Wertpapier.*
Bankamt des Finanzministeriums s. *Tschechoslowakei, Geld- und Kapitalmarkt 1.*
Bankausweis der Notenbanken s. *Notenbankausweise,* der Kreditbanken s. *Monatsbilanzen.*
Bankbeamter s. *Ausbildung d. B.,* s. *Personen im Bankgewerbe III,* vgl. *Tarifvertrag.*

Bankbilanzen. Die Aufstellung einer B. hat nach den gleichen kaufmännischen Grundsätzen und gesetzlichen Vorschriften zu erfolgen, nach denen der Status jedes Unternehmens bilanzmäßig ermittelt und veröffentlicht wird. Auch die Gliederung einer Bankbilanz entspricht in ihren Hauptgruppen derjenigen jeder kaufmännischen *Bilanz* (s. d.), enthält jedoch im einzelnen eine Reihe typischer Besonderheiten, die sich aus dem Wesen des Bankgeschäfts, aus dem Handel mit Geld und Kredit ergeben. Die moderne Kreditbank arbeitet als Depositenbank vorwiegend mit fremdem Gelde, im Gegensatz zum Privatbankier und auch zu den ersten Aktienbanken, die sich im wesentlichen auf das Ausleihen ihrer eigenen Mittel beschränkten. Daraus ergibt sich auf der Passivseite der Kreditbankbilanz ein im Vergleich zu einer Industriebilanz außerordentliches Überwiegen der fremden Mittel (Kreditoren und Akzepte) über die eigenen Mittel (Kapital, Reserven und Reingewinn). Je größer die Hereinnahme fremder Gelder, um so umfangreicher die aktiven Betätigungsmöglichkeiten der Bank auf allen Gebieten des Kreditgeschäfts. „Les affaires c'est l'argent des autres." Zwar wird das Eigenkapital bei allen Aktienbanken durch hohe offene Reserven verstärkt, die bei den Berliner Großbanken im Durchschnitt vor der Reorganisation von 1932 etwa 56%, danach noch 23%, bei den englischen Großbanken meist 100% des Aktienkapitals ausmachen; Zweck dieser reichlichen Dotierung der Reserven ist mehr noch das Streben nach Stärkung der Kreditwürdigkeit nach außen hin als die Sicherheit gegen unvorhergesehene Verluste. Das starke Überwiegen der fremden Mittel über das Eigenkapital, das sozusagen nur eine Garantiesumme für die Gläubiger darstellt, kennzeichnet die Kreditbankbilanzen aller Länder. Ende 1931 ergab sich für die führenden Depositenbanken folgendes Bild:

	Eigene Mittel	Fremde Mittel	Bilanzsumme
3 englische Großbanken	6,47	93,53	100
3 deutsche Großbanken	6,34	93,66	100
3 französische Großbanken	7,81	92,19	100
3 amerikanische Großbanken	15,61	84,39	100

Der gekennzeichneten Besonderheit der Passivseite der Bankbilanz entspricht auf der Aktivseite der geringe Anteil der Anlagewerte am gesamten Unternehmungskapital. Gebäude und Grundbesitz umfassen nur wenige Prozent der Gesamtaktiven, und es ist auch nur ein geringer Teil der eigenen Mittel in Anlagen investiert. Die große Masse der Aktiven setzt sich zusammen aus den verschiedenen Posten der von der Bank gewährten Kredite, den Barkrediten (Schuldnern in laufender Rechnung), den Diskontkrediten (Wechseln), den Rembourskrediten (Vorschüssen auf verfrachtete oder eingelagerte Waren) und den Börsenkrediten (Reports und Lombards gegen börsengängige Wertpapiere).

1. Passiva. Die Kreditoren (Gläubiger in laufender Rechnung) sind der beherrschende Posten der Passivseite. Sie stellen das eigentliche Betriebs-, Arbeitskapital der Depositenbank dar. Eine Kreditorenziffer von 1, 2, 3 Milliarden RM. bedeutet die Einreihung der Bank in eine bestimmte Rang- und Größenordnung. An der Spitze stehen hier heute die amerikanischen Banken, deren größte, die Chase National Bank in New York, Ende 1930 einen Kreditorenbestand von 2,15 Milliarden Dollar auswies. Demgegenüber betrug die Vergleichsziffer bei der größten deutschen Kreditbank, der Deutschen Bank und Discontogesellschaft, Ende 1929 rund 4,7 Milliarden RM., Mitte 1932 noch rund 3 Milliarden RM. In den deutschen B. werden die Kreditoren in drei getrennten Posten ausgewiesen: a) seitens der Kundschaft bei Dritten benutzte Kredite; sie entstehen dadurch, daß Kunden für Rechnung der Bank bei einer anderen Bank Gelder, meist auf Grund von Akkreditiven, abheben, weil es z. B. für den Kunden wegen der Höhe des Zinssatzes vorteilhafter ist, den ihm von der deutschen Bank eingeräumten Kredit bei einer ausländischen Bank in Anspruch zu nehmen; b) deutsche Banken und Kreditinstitute; die Verpflichtungen an diese werden dadurch begründet, daß die Banken gegenseitig Guthaben unterhalten zur Abwicklung der laufenden Geschäfte miteinander oder auch dadurch, daß kleinere Banken bei größeren Kredit in Anspruch nehmen, den sie wieder für ihr eigenes Aktivkreditgeschäft verwenden. Auf der Aktivseite entsprechen diesem Posten die Nostroguthaben der Bank bei anderen Banken und Bankfirmen, die bei den Großbanken erklärlicherweise regelmäßig erheblich höher sind als ihre Bankengläubiger; c) sonstige Gläubiger; sie umfassen alle Guthaben, welche die private Kundschaft in irgendeiner Form bei der Bank unterhält, und bilden die eigentliche Masse der fremden Mittel.

Wichtiger als die vorstehende Unterscheidung der Gläubiger ist die nach den Fälligkeiten, die ebenfalls in drei Gruppen vorgenommen wird: innerhalb

[1] Including Exchequer, Saving Banks, Commissioner of National Debt and Dividend Accounts.

7 Tagen, bis zu 3 Monaten, nach mehr als 3 Monaten. Die Zusammensetzung der Gesamtkreditoren nach diesen Gruppen ist von Bedeutung für die Frage, in welchem Grade die Bank dem jederzeitigen Verlust eines mehr oder weniger großen Teils ihrer fremden Gelder ausgesetzt sein kann. Die Bank muß darnach ihre Ausleihungen einrichten, für einen genügenden Bestand an jederzeit leicht flüssig zu machenden Werten sorgen (vgl. *Liquiditäts- und Anlagepolitik*). In wirtschaftlichen oder politischen Krisenzeiten können sich die Abhebungen zu einem „Run" auf die Banken steigern, der trotz ausreichender Vorsorge die Zahlungsbereitschaft über den Haufen wirft. Dies war im Juli 1931 der Fall; die Berliner Großbanken mußten innerhalb von 2 Wochen eine runde Milliarde RM. an ihre in- und ausländischen Gläubiger zurückzahlen. Derartigen Ansprüchen ist kein Bankensystem gewachsen und die Regierung mußte daher in Gestalt gesetzlicher Bankfeiertage eine Auszahlungssperre verhängen. — In der Nachkriegszeit spielte bei den deutschen Banken die Vermehrung der Gläubiger durch Auslandskredite eine entscheidende Rolle. Da diese regelmäßig langfristig (bis zu 3 Monaten fällig) gewährt wurden, trat in der Zusammensetzung der Kreditoren nach Fälligkeiten eine Verschiebung ein, indem der Anteil der täglich fälligen Gelder an der Gesamtsumme zurückging. Dies ist für die Rentabilität der Banken insofern bedeutsam, als für die „langen Gelder" — die ja für die Bank wertvoller sind — höhere Zinsen gezahlt werden als für die „kurzen". Der Anteil der Auslandsgelder erreichte bei manchen deutschen Banken in der Nachkriegszeit bis zu 50 % der Gesamtkreditoren, Mitte 1932 war er im Durchschnitt auf weniger als ein Drittel zurückgegangen.

Bei dem (abgesehen von den Eigenmitteln) zweitwichtigsten Posten der Passivseite, den Akzeptverbindlichkeiten, handelt es sich um die eigenen Akzepte der Bank, die zu Geldbeschaffungszwecken verkauft werden, oder um Akzeptierung von Kundenwechseln oder endlich um Remboursakzepte aus dem überseeischen Warenverkehr. Da die von den Banken akzeptierten Wechsel zu dem billigeren Privatdiskontsatz diskontiert werden, bedeutet das Bankakzept einen relativ billigen Kredit und ist als solcher gesucht. Die Bank gibt gegen Provision ihre Unterschrift und legt keine eigenen Mittel fest. Das Bankakzept kann sehr leicht als Instrument der Kreditüberspannung dienen und ist daher und auch aus Prestigegründen nur mit Maß zu verwenden. Nach guten Geschäftsgrundsätzen soll die Summe der Akzeptverbindlichkeiten die des eigenen Kapitals nicht übersteigen, meist bleibt sie mehr oder weniger erheblich darunter.

2. Aktiva. Der größte Teil der aktiven Kreditgewährung entfällt auf die Schuldner in laufender Rechnung. Barkredite werden gedeckt oder ungedeckt gegeben, und diese Unterscheidung gibt auch das Bilanzschema wieder. Die Deckung wird getrennt nach börsengängigen, also jederzeit realisierbaren Wertpapieren und sonstigen Sicherheiten (Sicherungsübereignung, Sicherungshypothek, Bürgschaft usw.). Eine Minderung des Risikos wird, abgesehen von der Deckung, vor allem durch eine Verteilung der Kredite auf die verschiedenen Wirtschaftszweige, im Filialsystem auch auf die verschiedenen Landesteile, endlich auf verschiedene Größenklassen herbeigeführt. Großkredite enthalten erheblich größere Risiken als eine Verteilung auf zahlreiche Klein- und Mittelkredite. Es kann nicht Aufgabe der Bilanz sein, hierüber Auskunft zu geben. Neuerdings sind einzelne Banken dazu übergegangen, in ihren den Bilanzen beigegebenen Geschäftsberichten über die Kreditverteilung zu berichten. Eingehende statistische Angaben über diese enthält der Enquetebericht über den Bankkredit von 1930[1].

Der Bilanzposten Wechsel enthält sowohl die von Kunden zum Diskont hereingenommenen (angekauften) Wechsel wie die eigenen Akzepte und die eigenen Tratten auf Bankkunden. Die Gesamtziffer des Wechselbestandes sagt nichts darüber aus, welcher Teil davon reichsbankfähig ist, also jederzeit durch Rediskontierung bei der Zentralnotenbank in flüssige Mittel verwandelt werden kann. Der eigene Wechselbestand schwankt einmal nach dem Umfang des aus der allgemeinen Wirtschaftstätigkeit im Zusammenhang mit der Konjunkturbewegung anfallenden Wechselmaterials, sodann darnach, wieweit die Bank in der Lage ist, nach Maßgabe der ihr zur Verfügung stehenden Mittel die angekauften Wechsel im Portefeuille zu behalten oder rediskontieren zu müssen. Eine Verminderung des Wechselbestandes kann daher lediglich Ausdruck einer angespannten Geldmarktlage, nicht aber eines Rückgangs des Diskontgeschäfts der Bank sein; Zunahme des Wechselbestandes kann weniger auf Ausdehnung des Diskontkreditgeschäfts der Bank als auf Flüssigkeit des Geldmarktes zurückgehen. — Getrennt werden im Bilanzposten Wechsel die unverzinslichen Schatzanweisungen des Reichs und der Länder aufgeführt, während die verzinslichen Schatzanweisungen unter den eigenen Wertpapieren erscheinen. Die ersteren werden von der Reichsbank diskontiert, die letzteren nicht.

Die Vorschüsse auf verfrachtete oder eingelagerte Waren werden nach dem neuen Bilanzschema getrennt nach Rembourskrediten und sonstigen kurzfristigen Krediten gegen Warenverpfändung; bei den ersteren wieder wird die verschiedene Art der Sicherstellung ausgewiesen. Unter diesen Bilanzposten fallen alle Kredite gegen Sicherstellung durch bestimmt bezeichnete Warenmengen. Sie gelten als weniger risikoreich und leichter zu liquidieren als Kredite, die gegen Sicherungsübereignung gegeben sind und die unter den durch sonstige Sicherheiten gedeckten Debitoren verbucht werden. Die Rembourskredite sind an die Umschlagsperiode der betreffenden Güter gebunden und wickeln sich mit erfolgtem Umsatz normalerweise automatisch ab. Die Warenvorschüsse rechnen daher unter die flüssigen Mittel. Da der Rembourskredit im wesentlichen der Finanzierung des Außenhandels dient, deutet ein Anwachsen dieses Postens der B. unmittelbar auf gesteigerte Ein- und Ausfuhrtätigkeit des betreffenden Landes, eine Verminderung auf das Gegenteil; aber auch stärkere Preisveränderungen am Weltmarkt spiegeln sich in der Höhe der Rembourskredite unmittelbar wieder.

Die Reports und Lombards (vgl. *Report- und Lombardgeschäft*) umfassen einmal die im Zusammenhang mit Börsentermingeschäften zur Prolongation laufender Verbindlichkeiten gewährten Reportkredite, die nach dem neuen Monatsbilanzschema auch gesondert anzugeben sind. Die Lombards sind feste, nicht in laufender Rechnung gegebene Kredite, die für bestimmte Zeit gegen bestimmte Effekten zu festem Zinssatz gewährt werden und zum Teil auch der Finanzierung des Effektengeschäfts dienen. In laufender Rechnung gewährte Effektenkredite, d. h. durch Effekten gedeckte Kredite, werden unter den durch börsengängige Wertpapiere gedeckten Debitoren verbucht. Eine Steigerung der Reports und Lombards deutet unmittelbar auf Belebung des Börsengeschäfts.

Die im Eigenbesitz der Bank befindlichen Wertpapiere werden in der Bilanz getrennt von den Kon-

[1] Der Bankkredit. — Ausschuß zur Untersuchung der Erzeugungs- und Absatzbedingungen der deutschen Wirtschaft. V. Unterausschuß. Berlin: E. S. Mittler & Sohn 1930.

sortialbeständen (Beteiligungen an Gemeinschaftsgeschäften, vgl. *Konsortialgeschäft*) aufgeführt. Nähere Angaben über Nennwert und Art der Effekten, wie sie die Bilanzkritik häufig verlangt hat, werden nicht gemacht. Die Bewertung sowohl des eigenen Effektenbestandes wie der Konsortialbeteiligungen hat nach den Vorschriften des § 261 HGB. zu erfolgen.

3. Folgerungen. Die Angaben einer B. sind von gesteigerter Bedeutung mit Bezug auf die Schlüsse, die sie auf die Liquidität (vgl. *Liquiditäts- und Anlagepolitik der Banken*) ziehen lassen, auf die Beantwortung der Frage, in welchem Maße die Bank jederzeit für Rückzahlung ihrer fremden Gelder gerüstet ist. Die Sicherung der Zahlungsbereitschaft ist, was sich in Krisenzeiten drastisch erweist, für die Gesamtwirtschaft ebenso bedeutsam wie für das einzelne Institut. Letzten Endes hängt sie davon ab, ob die von der Bank gewährten Kredite „gut“ sind, wieweit sie darauf rechnen kann, bei Fälligkeit ihre Kredite pünktlich zurückgezahlt zu erhalten. Über diese voraussichtliche Sicherheit der gewährten Kredite sagt die Bilanz nichts, sie gibt nur eine „statistische Fassade“. Sodann ist für die Liquidität wesentlich, in welchem Ausmaß jederzeit fällige Kreditoren abgezogen werden können und wieweit die Einlagen an längere Termine gebunden sind. Auf diese verschiedenen Fälligkeiten der Verbindlichkeiten nehmen die üblichen Liquiditätsberechnungen keine Rücksicht. Sie rechnen zu den Verbindlichkeiten sämtliche Gläubiger und die Akzepte. Ihnen werden gegenübergestellt die flüssigen Mittel 1. Ordnung (Kassenbestand, fremde Geldsorten und fällige Zins- und Dividendenscheine, Guthaben bei Noten- und Abrechnungsbanken, Nostroguthaben bei Banken und Bankfirmen, Schecks und Wechsel) und diejenigen 2. Ordnung (Reports und Lombards, Warenvorschüsse, eigene börsengängige Wertpapiere). Die Barliquidität umfaßt lediglich die Summe der Kassenbestände (einschließlich Sorten und Kupons) und die Guthaben bei der Reichsbank und den Abrechnungsbanken. Wechsel sind, abgesehen von ihrer Qualität, nur leicht realisierbar, wenn die Zentralnotenbank ihren Rediskontkredit unbegrenzt zur Verfügung stellt, was nicht immer der Fall ist (Restriktionen!). Die Flüssigmachung der Mittel 2. Ordnung ist, abgesehen von den Warenvorschüssen, weitgehend von der Geldmarktlage und Börsenkonjunktur abhängig. Alle Liquiditätsberechnungen können nur Annäherungswerte geben, feste und in jeder Konjunkturphase gültige Regeln sind nicht aufstellbar.

Die Vieldeutigkeit der einzelnen Bilanzposten wurde schon erwähnt. Vermehrung oder Verminderung von Wechselbeständen kann anstatt durch Veränderungen im Diskontkreditgeschäft der Bank durch Geldmarktbewegungen veranlaßt sein. Die Quantität der Debitoren kann auf Kosten der Qualität erreicht worden sein, ihre unveränderte Höhe auf „Einfrieren“ zahlreicher Kredite zurückgehen. Die Beurteilung der Kreditoren wird in der Nachkriegszeit in Deutschland durch den im einzelnen nicht bekannten Anteil ausländischer Gelder erschwert, und ihre Entwicklung läßt keine einwandfreien Schlüsse auf die Kapitalbildung des Landes zu, jedenfalls nur im Zusammenhang mit der Beobachtung der allgemeinen Konjunktur und anderer Merkmale der Ersparnisbildung, wie Sparkasseneinlagen u. ä. HAHN kommt auf Grund seiner Theorie des Bankkredits, die den Banken innerhalb der bargeldlosen Wirtschaft in hohem Maße eine durch Krediteinräumung entstehende kreditorenschaffende Kraft einräumt, zu der Auffassung, daß die Zu- und Abnahme der Kreditoren ebensogut wie auf Sparen, also Kapitalbildung, auf diejenigen Phänomene zurückzuführen sein kann, welche durch die mit der Änderung der Konjunkturlage parallelgehende und sie verursachende Ausdehnung und Zusammenziehung der Bankkredite hervorgerufen werden. — Endlich gibt die B. wie jede andere nur den Vermögensstand an einem bestimmten Tage, am Monats- und Jahresende, wieder, während dazwischen, sogar unmittelbar vor und nach dem Stichtag, der Status ein wesentlich anderer gewesen sein kann. Man spricht von Silvesteraufputz (in England window-dressing) und meint damit das Bestreben, die Jahresbilanzen so liquide wie möglich erscheinen zu lassen durch Verstärkung der Barliquidität und andere künstliche Verschönerungen. Der besondere Wert der Monatsbilanzen beruht gerade darin, daß sie in kurzen Zeitabständen wiederholt werden und so ein unverfälschtes Bild der fortlaufenden Entwicklung ergeben (s. auch *Monatsbilanzen*).

Aus der zahlreichen Literatur: BUCHWALD, B.: Die Technik des Bankbetriebes, 9. Aufl. Berlin 1931. — GERSTNER, P.: Bilanzanalyse, 9. Aufl. Berlin und Leipzig 1928. — HAHN, L. A.: Zur Frage des volkswirtschaftlichen Erkenntnisinhalts der Bankbilanzziffern. Vjhefte zur Konjunkturforschung 1, Erg.-H. 4 (1926). Berlin. — KALVERAM, W.: Bankbilanzen. I. Teil: Die Bilanzen der Kreditbanken. Leipzig 1922. — LEITNER, FR.: Bilanztechnik und Bilanzkritik. Berlin und Leipzig 1929. — WEBER, AD.: Depositenbanken und Spekulationsbanken, 3. Aufl. München und Leipzig 1922.

ERNST WILH. SCHMIDT.

Bankbuch s. *Depositengeschäft II 2a.*

Bankbuchhaltung, Methoden der. Große Umwälzungen hat die Nachkriegszeit in die bis dahin so konservative B. gebracht und die technische Abwicklung des *Kontokorrentverkehrs* (s. d.) mit seiner vielen Schreib- und Rechenarbeit grundlegend geändert. Den großen Anforderungen der Inflationszeit mit ihrem unnatürlich aufgeblähten Geschäftsapparat waren die alten mit gebundenen Büchern und manuell arbeitenden Methoden nicht mehr gewachsen; wochenlange Rückstände in den Buchhaltungsarbeiten waren nicht selten. Unübersichtlichkeit und Ungenauigkeit waren die Folge, die ihrerseits wieder rechtzeitige Dispositionen verhinderten und naturgemäß auch zu Verlusten führten. Bis dahin kannte man eigentlich an maschinellen Hilfsmitteln nur die Schreibmaschinen. Ausgangs der Inflation tauchten dann, anfangs zögernd, später in schnell wachsendem Tempo, alle möglichen anderen Sorten von Bürohilfsmaschinen auf. Der deutsche Markt wurde schließlich mit ausländischen Maschinen überschwemmt, die zum Teil wahllos angeschafft wurden und auch zu Fehlinvestierungen und Übersättigung in unorganisch zusammengewürfelten Maschinenparks führten. Da man anfangs ziemlich im Dunkeln tappte und ohne Erfahrungen an hunderten Stellen zu gleicher Zeit anfing, „auf Maschinen umzustellen“, entstand bald eine große Anzahl von verschiedenen „Systemen“, die aber mit Systematik vorläufig noch wenig zu tun hatten. Sie waren nicht aus sich heraus organisch entstanden und entwickelt worden, sondern dem Zufall der besonderen Eigenarten der jeweils angeschafften Maschinen angepaßt, d. h. man war mangels ausreichender Erfahrung nicht in der Lage, die Maschinen den Betriebsanforderungen entsprechend anzuschaffen und auszunutzen, sondern die Maschinen schrieben ihrerseits die Arbeitsmethode vor. Die Folge war ein großes Durcheinander, besonders auch im Formularwesen. Der Kunde wurde mit einer Unzahl von Formularen teilweise kompliziertester Anordnung überschwemmt, was sich für ihn besonders unangenehm auswirkte, wenn er mit mehreren Banken arbeitete, die alle ihre besonderen Formulare benutzten. In dieser Beziehung hat sich zwar unterdes manches gebessert, jedoch ist bis heute die mannigfache Buntheit noch lange nicht überwunden. Immerhin konnten in der Entwicklung der Bürotechnik schon bald erhebliche Fortschritte, wenn auch teils auf mühevollen Umwegen, erzielt werden. Am prägnantesten drückt sich das in der Einführung des „Tagesauszuges" aus. Früher erhielt der Bankkunde in der Regel über jeden Buchungsvorfall eine besondere Anzeige und am Schluß des Semesters den Kontoauszug, der alle Buchungsvorfälle des vergangenen Semesters und außerdem die Zinsabrechnung enthielt. Nicht selten ergab es sich hierbei, daß Differenzen und Fehlbuchungen wochen- und monatelang unaufgedeckt geblieben waren. Mit der Einführung des Tagesauszuges, der teilweise handschriftlich und zuerst zögernd, später in wachsendem Umfang maschinell angefertigt wurde, erhielt der Bankkunde einen täglichen Überblick über die Bewegungen auf seinem Konto. Zum Teil wurde dabei der bis zum Buchungstage aufgelaufene Umsatz in der Soll- und Habenkolonne täglich vorgetragen, woraus der Kunde sich selbst den Stand seines Kontos errechnen konnte, zum Teil wurde aber auch von vornherein der „alte" und „neue" Saldo gezeigt, d. h. ausgehend vom alten Saldo des Vortages wurde unter Verrechnung der am Buchungstage getätigten Umsätze der neue Saldo seitens der Bank ausgewiesen. Diese Methode hat sich heute wohl in der Hauptsache durchgesetzt, da der Kunde auf diese Weise täglich einen genauen Überblick über den Stand seines Kontos erhält, den er sich früher von seinem Buchhalter immer erst errechnen lassen mußte. Die Entwicklung ist ständig vorwärtsgeschritten. Zunächst wurde über jeden Buchungsposten ein besonderer Beleg angefertigt, weniger, weil der Kunde ihn benötigte, sondern weil man es für nötig hielt, jede Buchung auf ein hierfür entworfenes Formular zu bringen, möglichst sogar mit verschiedenen Durchschlägen für Anzeige, Memorial, Journal, Riskontro und Kopie. Später sah man ein, daß vielfach die von der Kundschaft oder von anderen Banken hereingekommenen Buchungsunterlagen die ideale Buchung selbst darstellen könnte. Ein Bankorganisator hat dies einmal treffend in die Worte gekleidet: „Warum soll ich vorhandene Buchungsunterlagen nochmals abschreiben, wenn das Original selbst mir als Buchung dienen kann. Etwas Authentischeres als die Originalunterlage gibt es nicht und beim Abschreiben können nur Fehler unterlaufen." Man sah auch ein, daß es nicht nötig ist, dem Kunden für die von ihm selbst veranlaßten Buchungen, soweit keine Veränderungen der Beträge eintreten, zum Tagesauszug eine Sonderaufgabe zu erteilen. Diese werden heute nur noch für Vergütungen von dritter Seite und für Abrechnungen im Diskont-, Devisen- und Effektengeschäft erteilt. Ein Memorial im alten Sinne gibt es heute wohl kaum noch; wie oben gesagt, werden die Originalbuchungsunterlagen selbst, mit entsprechenden Buchungsansätzen versehen, zum „Belegememorial", nach Belegnummern geordnet, zusammengestellt und die Endsumme nur durch eine einfache Additionsstrippe ermittelt. Diese wird von vornherein so angelegt, daß für die Erfordernisse einer schnellen Journalisierung weitgehend vorgearbeitet ist. Die Folge davon ist, daß die früher viel verwandten rechnenden Schreibmaschinen, die in zwei Arbeitsgängen, morgens für die Memorialherstellung und nachmittags für den Tagesauszug, verwandt wurden, heute nur noch für den letzteren gebraucht werden, während Memorial- und Journalziffern durch Additionsmaschinen bearbeitet werden. In der neuesten Zeit nun finden die saldierenden Additionsmaschinen für den ganzen Arbeitsprozeß, vom Memorial über den Tagesauszug bis zur Staffel Verwendung, wobei die alte Übung, das Kontokorrent als Durchschlag des Tagesauszuges zu gewinnen, beibehalten wurde. Mit komplizierten Maschinen, deren Bedienung schwer und anstrengend ist, arbeitet man nicht mehr gern, je einfacher die Maschine und ihre Bedienung, desto besser. In Großbetrieben findet man seit einigen Jahren auch Lochkartenmaschinen; diese haben eine ständige Verfeinerung erfahren und sind den Bedürfnissen des Bankbetriebes weitgehend angepaßt worden. Sie dürften bestimmt in Zukunft noch eine Rolle spielen, wenn sie allerdings vorläufig auch nur für größere Betriebe in Frage kommen, bei denen täglich mindestens 2500 bis 3000 Buchungsposten zu verarbeiten sind. Der Sinn der Lochkartenmaschine liegt neben dem erstaunlich schnellen und vielseitigen Arbeitsverfahren in der wiederholten Ausnutzung der für jeden Buchungsvorfall einmal angefertigten Lochkarte, die vom Memorial und Journal über den Tagesauszug und das Kontokorrent bis zur fertigen Zinsstaffel immer wieder erneut verwandt wird. Fehlerquellen, die bei allen anderen Systemen in der ständig wiederholten Niederschrift des Buchungsbetrages liegen, sind damit ausgeschaltet. Für den Innenbetrieb der Bank haben die maschinelle Verarbeitung der Buchungsvorfälle, die Einführung des Tagesauszuges und der Tagesbilanz, die tägliche Salden- und Umsatzabstimmung, gegenüber dem früheren Zustand erhebliche Fortschritte gebracht. Abends schon, spätestens aber am frühen Morgen des nächsten Tages liegt die abgestimmte Hauptbuchbilanz vor. Die Anzahl der überhaupt noch denkbaren Fehler ist erheblich verringert worden, und es kann kaum noch vorkommen, daß Buchungsdifferenzen wochenlang unaufgedeckt bleiben. Klarheit und Übersichtlichkeit des Betriebes haben wesentlich gewonnen. In ideeller Hinsicht ist festzustellen, daß die moderne Arbeitsmethode eine weitgehende Befreiung des Bankangestellten von technischer und geisttötender Arbeit gebracht hat, und genau das Gegenteil von dem, was vielfach behauptet wird, ist eingetreten: nicht die Arbeit ist mechanisiert worden, sondern durch die Entlastung von langweiliger manueller Schreib- und Rechenarbeit ist der Arbeitsprozeß lebendiger und abwechslungsreicher gestaltet worden, und die Leistungen des einzelnen weisen dank den eingetretenen Erleichterungen in psychischer und physischer Hinsicht eine merkliche Erhöhung auf. Was der Zukunft noch zu tun übrig bleibt, ist vor allen Dingen eine weitgehende Vereinfachung und Vereinheitlichung des Formularwesens; trotz schöner Ansätze, wie sie z. B. durch Einführung von Einheitsformularen für Wechsel und Schecks, für Überweisungen von Bank zu Bank und von Sparkasse zu Sparkasse erzielt worden sind, ist damit erst der Anfang eines Weges beschritten, der wahrscheinlich noch recht mühevoll und lang sein wird.

Vgl. *Innere Organisation u. Buchhaltungswesen*, woselbst auch Literaturangaben.

Hugo Meis.

Bankdiskont s. v. w. Bankrate.

Banken sind Anstalten zur gewerbsmäßigen Kreditaufnahme und Kreditgewährung (vgl. *Kredit*); damit verbinden sich die Vermittlung des Zahlungsverkehrs und z. T. auch andere Funktionen der Vermögensverwaltung bzw. Kapitalleitung. Ihrem Wirkungskreis nach sind die wichtigsten Typen etwa die der Universalbank, die — im Gegensatz zur

Spezialbank (s. d.) — alle oder die meisten *Bankgeschäfte* (s. d.) des Geldmarktes und der Effektenbörse betreibt und vor allem durch die deutsche Großbank repräsentiert wird, dann die Depositenbanken (am reinsten in England, USA. und Frankreich), die eine ganze Anzahl von Geschäften prinzipiell nicht betreiben, so insbesondere das Gründungs- und Finanzgeschäft, für das Spezialbanken existieren, deren Vorbild der *Crédit Mobilier* (s. d.) wurde, und für die man die verschiedensten Ausdrücke (Banque d'affaires, Spekulationsbanken usw.) gebraucht.

Gesonderten Wirkungskreis haben in den meisten Ländern die Notenbanken, Hypothekenbanken und die Sparkassen, vollends die Versicherungs-Betriebe, die ja primär der Aufgabe der Risikoverteilung dienen, dazu jedoch Kredit beanspruchen.

Der rechtlichen Form nach unterscheidet man Banken mit physischer Rechtspersönlichkeit (Einzelfirmen usw.), auch Privatbankiers genannt, dann juristische Personen wie Aktienbanken und schließlich öffentlich-rechtliche Banken.

Vgl. die betr. Sonderartikel ferner *Sparkassen*.

Bankenaufsicht.

I. Allgemeine Prinzipien.

B. im weiteren Sinn ist die Gesamtheit der über die allgemeinen handelsrechtlichen Bestimmungen eines Landes hinausgehenden gesetzlichen Spezialvorschriften für die privaten Kreditbanken. B. im engeren Sinn besteht in der Anwendung des Konzessionssystems und/oder in der laufenden Überwachung jener Banken durch behördliche oder behördenähnliche Aufsichtsorgane. In der Regel sind mit der Überwachung auch Publizitätsverpflichtungen verbunden. Fast in allen Ländern, die eine B. im engeren Sinne haben, werden das Konzessions- und das Überwachungssystem gemeinsam angewendet. Für die Durchführung sind gewöhnlich Normativbestimmungen verschiedener Art erlassen. Zweck der B. ist der Schutz der Gläubiger und der Aktionäre vor Verlusten, darüber hinaus in vielen Ländern die Beeinflussung der Banken im Sinne einer der gesamten Volkswirtschaft günstigen Bank- und Geldpolitik. In zahlreichen Staaten wird z. B. die Größe der Einzelkredite nicht nur wegen der Sicherheit der Bankeinlagen, sondern auch zur Erschwerung der Konzernbildung begrenzt (Dänemark); die USA. (vgl. *Federal Reserve System*) verhinderten bisher die Entstehung größerer Filialnetze aus Furcht vor einer Monopolisierung des Geldmarkts; einer der ersten Schritte des deutschen Bankenkommissars galt der Ermäßigung des Zinsniveaus und der Regelung der Wettbewerbsverhältnisse. Der Inhalt der gesetzlichen Bestimmungen, die Strenge und das Ausmaß der B. sind von Land zu Land sehr verschieden.

1. Das Konzessionssystem enthält in der Regel den Konzessionszwang. Nur in USA. (für die Zulassung als Nationalbank und Staatenbank) und in Spanien (Eintragung in die Liste der „Eingeschriebenen Banken") ist die Beantragung der Konzession in das freie Ermessen der Banken gestellt; hier werden an konzessionierte Banken neben der starken Propagandawirkung besondere Vorteile als Gegenleistung für die übernommenen Pflichten geboten, nämlich das Notenausgaberecht (USA.), bevorzugte Behandlung der Diskonten bei der Notenbank (USA. und Spanien) und Vergünstigungen bei gewissen Stempelabgaben (Spanien). Meist bedarf nicht nur die Errichtung einer Bank, sondern jede Kapitalerhöhung und jede Filialgründung der Konzession, mitunter auch sonstige Statutenänderungen. Die Konzession wird in einigen Ländern nur auf bestimmte Zeit (Schweden 10 Jahre, Chile einheitlich bis 30. Juni 1940), in anderen auf unbestimmte Zeit erteilt. Sie kann bei Wegfall bestimmter Voraussetzungen und bei Nichtbeachtung der für den Betrieb gegebenen Vorschriften entzogen werden.

2. Die Überwachung kann sich beziehen auf Buch- und Betriebsprüfungen, auf die Einhaltung der für den Geschäftsbetrieb gegebenen Normativbestimmungen und auf sonstige Einflußnahme zur Durchführung der von der Regierung verfolgten Bankpolitik.

Konzessionierung und Überwachung liegen grundsätzlich in der Hand eines oder zweier Ministerien, wobei meist das Finanzministerium in erster Linie maßgebend ist. In vielen Staaten ist eine Distanzierung geschaffen, indem die Konzessions- und Aufsichtsstelle eine gewisse Selbständigkeit besitzt. Aber auch solche Spezialorgane arbeiten in organisatorischer und praktischer Anlehnung an Ministerien. Mit der Überwachung ist in wenigen Ländern auch die Zentralnotenbank beauftragt. Die Aufsicht durch Ministerien beschränkt sich häufig darauf, die Einhaltung der Normativbestimmungen zu überwachen; sie greift aber mitunter tief in die Geschäftsführung ein (Tschechoslowakei, Polen). Mitunter sind die Funktionen auf mehrere Stellen verteilt: in Spanien wird die Berechtigung zur Führung des Namens „Bank" vom Finanzministerium erteilt, der Oberste Bankenrat hat die allgemeine Aufsicht, die Bank von Spanien die Revision; in der Tschechoslowakei ist das Finanzministerium die Konzessions- und Aufsichtsstelle, eine unter seinem Einfluß stehende halbamtliche Revisionsgenossenschaft der Banken die Buch- und Betriebsprüferin, in Ungarn stellt das Gewerbeamt den Gewerbeschein aus und teilt sich mit der Geldinstituts-Zentrale in die Aufsicht, in Italien erteilt das Finanzministerium die Konzession und leitet die Geld- und Bankpolitik, während die Banca d'Italia die Aufsicht ausübt.

3. Die Publizitätsvorschriften bestehen in der Hauptsache in der Pflicht zu regelmäßiger (monatlicher, vierteljährlicher) Bilanzveröffentlichung und zu jährlicher Bekanntgabe des Abschlusses. In einzelnen Ländern können die Aufsichtsorgane auch Verfehlungen der Banken gegen die bestehenden Vorschriften bekanntgeben (Schweden).

4. Die Normativbestimmungen beziehen sich auf die Konzessionierung, auf den Betrieb und auf den Fall von Zahlungsschwierigkeiten. Für die Konzessionierung finden sich als Voraussetzungen im wesentlichen: ein Mindestkapital (gestaffelt nach der Größe der Plätze), der Nachweis der Kapitaleinzahlung, die Statutenvorlegung, die Registereintragung, die Prüfung, ob die Gründer geeignet sind und ein Bedürfnis vorliegt. Auch eine bestimmte Rechtsform der Firma ist mitunter vorgeschrieben (A.G. oder Komm.-Ges. a. A. usw.). In einzelnen Ländern (Lettland) können nur Inländer Gründer einer Bank sein. Von den — sehr mannigfaltigen — Betriebsvorschriften seien die wichtigsten erwähnt: Sie sichern die allgemeine Solvenz (durch die Forderung nach einem bestimmten Verhältnis zwischen Einlagen und Eigenmitteln), die Liquidität (durch die Verpflichtung zur Unterhaltung flüssiger Mittel in bestimmtem Verhältnis zu den Einlagen), die Reservenbildung (durch Abzweigung bestimmter Teile des Reingewinns). Es sind Bestimmungen aufgestellt, welche Vorlegung und Schema der Bilanzen und die Revisionsarbeit betreffen, ferner solche, die

das Verhältnis der Beteiligungen und der Größe der einzelnen Debitoren zu den eigenen Mitteln, den Besitz und die Beleihung von Grundstücken und Wertpapieren, insbesondere von eigenen Aktien (das letztere ist mitunter ganz verboten), das Stimmrecht der Depotaktien, die Kreditgewährung an Verwaltungsmitglieder der Bank regeln. Mitunter wird auch die Zahl der von einem Vorstandsmitglied zu bekleidenden Aufsichtsratsposten beschränkt oder der Verwaltung die persönliche Spekulation verboten. Für den Fall von Zahlungsschwierigkeiten werden in einzelnen Ländern gemeinsame Reservefonds aller Banken gebildet (Tschechoslowakei, Ungarn). Häufig kann das Aufsichtsorgan eine Bank unter Zwangsverwaltung nehmen, Verwaltungsrat und Vorstand absetzen, die Bank sanieren oder liquidieren. Auch eine Haftung der Verwaltung für verschuldeten Schaden ist mancherorts dekretiert, in der Tschechoslowakei für Spareinlagen bis zu bestimmter Höhe auch ohne Verschulden.

5. Zur B. im weiteren Sinn sind u. a. das deutsche Depotgesetz (vgl. *Depotrecht*) von 1896 zu rechnen, das sich damit begnügt, die Übertretung der darin gemachten Vorschriften unter Strafe zu stellen, oder die Sondervorschriften für Banken im englischen Company Consolidation Act von 1908.

6. Anlaß zur Einführung der Bankenaufsicht haben im allgemeinen größere Bankschwierigkeiten gegeben. Die Gesetze stellen daher in der Regel reine Zweckmaßnahmen dar. Die B. im engeren Sinn bestand bis 1914 nur in wenigen Ländern, in USA., Canada, Schweden (in diesen Ländern vorwiegend wegen des Notenausgaberechts), in Japan und in Chile. Nach dem Weltkrieg ist sie in vielen Ländern eingeführt worden, und zwar namentlich in solchen mit schwachem, vom Ausland abhängigen Kapitalmarkt, während die wirtschaftlich gesünderen und kapitalstarken Länder England, Frankreich, Belgien, Holland und Schweiz noch immer ohne B. im engeren Sinne sind. (In der Schweiz wird sie allerdings seit 1931 erwogen.) In einigen jungen Staaten, namentlich in der Tschechoslowakei und in Polen, haben neben Bankschwierigkeiten auch planwirtschaftliche Tendenzen und die Furcht vor Überfremdung der Banken durch das Ausland mitgesprochen. Die B. bedeutet hier eine prinzipielle Auseinandersetzung zwischen Staat und Banken. In fast allen Ländern ist nach der Einführung eine fortschreitende Verschärfung der gesetzlichen Bestimmungen zu beobachten. In Österreich und Jugoslawien lagen bei Abschluß dieser Monographie (August 1932) verschärfende Gesetzentwürfe, in Rumänien ein Gesetzentwurf betr. Neueinführung der B. vor. Zu jenem Zeitpunkt bestanden, soweit festgestellt werden konnte, das Konzessionssystem und das Aufsichtssystem in (das Einführungsjahr ist, wo bekannt, in Klammern beigefügt) Schweden (1846), USA. (1863), Canada (1867), Japan (1890), Chile (1912), Ungarn (1916), Dänemark (1919), Österreich (1921), Spanien (1921), Columbien (1923), Norwegen (1924), Polen (1924), Tschechoslowakei (1924), Venezuela (1926), Italien (1926), Bulgarien (1931), Griechenland (1931), Peru (1931), Lettland, Litauen, Jugoslawien und Ecuador. Die z. Z. gültigen Bankenaufsichtsgesetze der südamerikanischen Staaten sind auf Grund von Berichten der amerikanischen, von Professor Kemmerer geführten Finanzkommission erlassen worden und weisen daher viele Ähnlichkeiten auf. Eine B. ohne Konzessionszwang hat Deutschland (1931); Konzessionspflicht bestand hier 1920 bis 1929.

7. Der Nutzen der B. war von jeher sehr umstritten. Eine begrenzte B. befürwortet Somary in „Bankpolitik“, 2. Aufl. Sicher ist, daß eine Bankbilanz und das Bankgeschäft weit schwerer kontrolliert werden können als etwa das Versicherungsgeschäft. Die B. kann auch nicht für Schwierigkeiten verantwortlich gemacht werden, die im Banksystem selbst begründet sind, wie z. B. für die Folgen der Zersplitterung des amerikanischen Bankwesens in Tausende von kleinen und kleinsten Banken. Die B. wird nie in der Lage sein, das Bankgewerbe ganz vor Verlusten zu schützen. Aber sie kann unerwünschte Auswüchse des menschlichen Eigennutzes verhindern und sie kann dem Staat eine gewisse Einflußnahme auf die allgemeine Bankpolitik (Zinsniveau, Liquidität, Großkredite usw.) ermöglichen, eine Einflußnahme, die allerdings die große Gefahr der Politisierung des Bankwesens in sich birgt. Letzten Endes wird der Erfolg oder der Mißerfolg der B. in weitgehendem Umfang von den Persönlichkeiten abhängen, denen sie anvertraut ist.

II. Beispiele.

Nachstehend der Hauptinhalt einiger charakteristischer Regelungen:

1. Deutschland. Notverordnung vom 19. September 1931, 2. Teil. Aufsichtsbehörde ist der Reichskommissar für das Bankgewerbe. Er arbeitet eng mit der Reichsbank zusammen, ist Reichsbeamter und ist verwaltungsmäßig dem Reichswirtschaftsministerium unterstellt. Er ist Mitglied des bei der Reichsbank eingerichteten Kuratoriums für das Bankgewerbe, dem außer ihm der Präsident und ein weiteres Mitglied des Reichsbankdirektoriums und die Staatssekretäre des Reichswirtschaftsministeriums und des Reichsfinanzministeriums angehören. Der Reichskommissar übt die Aufsicht nach Richtlinien des Kuratoriums aus. Bei grundsätzlichen Fragen hat er die Zustimmung des Kuratoriums einzuholen. Der Reichskommissar hat die Lage des Bankgewerbes zu beobachten und die allgemeine Bankpolitik zu beeinflussen. Er kann von den Banken Auskünfte über alle Geschäftsangelegenheiten fordern, die Bücher der Banken prüfen, in Generalversammlungen und Aufsichtsratssitzungen das Wort ergreifen und die Einberufung solcher Versammlungen verlangen. Er ist befugt, Ordnungsstrafen bis 100000 RM. zu verhängen. Um den Stand der Auslandsverpflichtungen und -forderungen festzustellen, kann er auch an Nichtbanken Rückfragen richten. — Außerdem werden von einer großen Zahl von Banken — teils auf Grund der Bekanntmachung vom 4. Juli 1910 und sonstiger Bestimmungen, teils freiwillig — die Monatsbilanzen per Ultimo Februar bis Ultimo November der Reichsbank geliefert und von dieser veröffentlicht.

2. Tschechoslowakei. Kundmachung vom 25. April 1932 und IV. bis VI. Hauptstück des Gesetzes vom 21. April 1932. Der Konzession durch das Innenministerium — unter Zustimmung des Finanzministeriums und anderer Ministerien — bedürfen nur Aktienbanken (AG. und Kom.-Ges. a. A.), und zwar für die Gründung, für die Errichtung von Filialen, die Erhöhung und Herabsetzung des Kapitals, für sonstige Statutenänderungen und für Fusionen. Die Buch- und Betriebsrevisionen bei allen AG., Komm.-Ges. a. A. und G.m.b.H. betriebenen Banken werden von der Revisions- und Treuhand-Genossenschaft m. b. H. aller beteiligten Banken ausgeführt. Sie steht unter der Aufsicht des Finanzministers, der insbesondere die Revisoren ernennt. Die Genossenschaft kann auch Reorganisationen, Sanierungen und Auflösungen beantragen und bei solchen Aktionen mitwirken. Außerdem muß jede Aktienbank mit mehr als 25 Angestellten eine selbständige Revisionsabteilung unterhalten. In einen „Allgemeinen Fonds der Geldinstitute“ haben die Banken 3% ihrer Zinseinnahmen einzuzahlen, bis er eine bestimmte Höhe erreicht hat. Nach fünfjähriger Mitgliedschaft besteht Anspruch auf Hilfeleistung des Fonds an die Mitglieder durch Darlehensgewährung. Aktienbanken, die aus dem Allgemeinen oder dem Speziellen Fonds der Geldinstitute oder direkt vom Staat unterstützt werden, können durch Vertrauensmänner des Finanzministeriums überwacht und reorganisiert werden. Aufsichtsrat und Vorstand können auch durch einen vom Kuratorium des Allgemeinen Fonds oder vom Finanzministerium eingesetzten Verwaltungsausschuß und Aufsichtsratsausschuß ersetzt werden. Die Regierung kann außerdem jede Bank auflösen, wenn mehr als das halbe Kapital verloren oder statutarische oder gesetzliche Bestimmungen verletzt sind.

3. Schweden. Gesetz betr. Bankwesen von 1911 mit zahlreichen Novellen. Konzession des Handelsministers ist erforderlich für die Errichtung einer Bank und jeder Filiale, auch für Fusionen. Sie muß alle zehn Jahre erneut nachgesucht werden. Neugründungen sind nur in Form der Aktienbank und der solidarischen Bank (ähnlich der deutschen offenen Handelsgesellschaft und Komm.-Ges., Beispiel Stockholms enskilda bank) erlaubt. Eine Mindestzahl der Gründer (10) und der Teilhaber (20 Aktionäre, 30 Hauptanteilseigner) und des Stammkapitals ($^1/_2$ Millionen Kr. ohne etwaiges Kommanditkapital) ist vorgeschrieben. Aufsichtsbehörde für die Banken, den Wertpapierhandel und die Börse ist die „Bank- und Fonds-Inspektion". Sie ist Registrierbehörde für die Banken (eine Art Spezialteil des Handelsregisters). Ihr sind die Jahresabschlüsse mit Revisionsberichten, die Monatsbilanzen nach sehr ausführlichem Schema vorzulegen. Sie ernennt für jede Bank, evtl. für jede Zweigniederlassung einen ständigen Kontrolleur, der weitgehende Einblicksbefugnisse hat. Außerdem kann die Inspektion direkt vom Vorstand oder von ihrem Kontrolleur Auskünfte jeder Art verlangen, den Vorstand zusammenberufen, Einberufung einer außerordentlichen Generalversammlung verlangen, eine Bank liquidieren, wenn eine Unterbilanz von mehr als 10 % des Grundkapitals nicht unverzüglich durch Zuzahlung gedeckt wird. Sie kann Mahnungen erteilen, Geldstrafen auferlegen und ihre Beanstandungen veröffentlichen. Auf Antrag der Kommission kann die Konzession entzogen werden. Für den Betrieb ist bestimmt, daß der Reservefonds jährlich 15 % des Reingewinns erhalten muß bis zum Endbetrag von 50 % des Grundkapitals. Fremde Gelder dürfen bei kleineren Banken (bis 5 Millionen Kronen Kapital) höchstens das Fünffache der eigenen Mittel, bei größeren Banken das Achtfache betragen. Mindestens 25 % der täglichen fälligen Verbindlichkeiten müssen in leicht realisierbaren Aktiven angelegt werden. Der Erwerb von Anteilen der eigenen Bank ist unbedingt verboten, der von fremden in- und ausländischen Bankaktien nur mit staatlicher Genehmigung erlaubt, die Zulassung zur Börse von bestimmter Höhe der eigenen Mittel abhängig gemacht.

4. Vereinigte Staaten von Nordamerika. Nationalbankgesetz von 1863 mit zahlreichen Novellen, u. a. der Mc. Fadden Banking Act von 1927 (Branch Banking Act), Bundesreserve-Gesetz von 1913 mit Novelle von 1917; die Staatsbank-Gesetze der Einzelstaaten.

a) Nationalbanken. Sie sind hinsichtlich Konzession und Aufsicht strengeren Bestimmungen unterworfen als die Staatenbanken. Konzessions- und Aufsichtsbehörde ist der Comptroller of the Currency, der dem Schatzamt angegliedert ist, aber direkt dem Präsidenten der USA. untersteht. Der Antrag auf Konzessionierung erfolgt freiwillig. Das Mindestkapital beträgt 25000 $, mit der Größe der Plätze steigend. Für Filialgründungen von Nationalbanken besteht Konzessionszwang; neue Filialen dürfen nur am Sitz der Hauptniederlassung und nur in den Staaten gegründet werden, welche ihren Staatenbanken die Filialgründung gestatten; die Zahl der zulässigen Filialen ist nach der Größe der Orte gestaffelt. Stets ist das Bedürfnis zu prüfen. Die Betreibung des Treuhandgeschäfts (Vermögensverwaltung) und die Wechselakzeptierung (bis zur Höhe der eigenen Mittel) werden vom Federal Reserve Board genehmigt. Der Comptroller of the Currency läßt die Nationalbanken mindestens dreimal, höchstens fünfmal im Jahr durch eigene Buchprüfer kontrollieren (Buch- und Betriebsprüfung), davon je einmal am 30. Juni und 31. Dezember, im übrigen an selbstgewählten Terminen. Außerdem beaufsichtigen der Federal-Reserve-Board und die Bundes-Reservebanken die Mitgliedsbanken des Bundes-Reserve-Systems, zu dem alle Nationalbanken, freiwillig eine große Zahl von Staaten- und anderen Banken gehören. Die gesetzliche Mindestreserve der Nationalbanken beträgt für kurzfristige Depositen in Zentralreservestädten 13 %, in Reservestädten 10 %, in allen anderen Orten 7 %, für langfristige 3 %, die zinslos bei der zuständigen Reservebank anzulegen sind. Für Einlagen der Bundesregierung müssen außerdem Bundes- und einzelstaatliche Anleihen als Sicherheit deponiert werden. Ferner bestehen Vorschriften für die Ansammlung eines Reservefonds. Die Höhe des Einzelkredits darf nicht mehr als 10 % der eigenen Mittel betragen (Ausnahmen nur bei besonders gut gesicherten Krediten). Erlaubt ist die Ausgabe von höchstens fünfjährigen Hypothekarkrediten bis zur Höhe von 50 % der Spareinlagen. Ankauf und Beleihung eigener Aktien sind verboten außer zur Abwendung eines drohenden Verlustes.

b) Staatenbanken. Konzessions- und Aufsichtsstellen sind die Bank-Superintendenten der Einzelstaaten, die meist auch die sonstigen Banken ihres Staates außer den Nationalbanken überwachen. In einzelnen Staaten ist die Gründung von Staatenbanken nicht an eine Konzession geknüpft. Das Mindestkapital ist meist niedriger als für Nationalbanken. Entgegenkommender sind weiter die Vorschriften über die Errichtung einer gesetzlichen Mindestreserve, über die Ausgabe von Hypothekarkrediten, über Großkredite usw.

Literatur: Kurze Überblicke und Einzeldarstellungen in den Fachzeitschriften.

Ludwig Riderer.

Bankenquête hieß die aus Anlaß des Ablaufens des Reichsbankprivilegs im Jahre 1907 vom Reichsamt des Innern angeordnete Untersuchung über Änderungen in der deutschen Geldverfassung. Ihr Ergebnis war die Novelle zum Bankgesetz von 1909.

bankers balances s. *Liquiditäts- und Anlagepolitik IV.*

Bankers Industrial Development Co.; Ltd. s. *Öffentlich-rechtliches Bankwesen 6*, s. *Bank of England II 2.*

Bankfeiertage: Allgemeine (ältere) Bedeutung s. *Bank Holidays.* Nach Ausbruch der deutschen Bankenkrise (Juli 1931) wurde die Regierung durch Notverordnung ermächtigt, zur Wiederherstellung des Zahlungsverkehrs „B. zu erklären", während deren sowie an den bisher schon B. genannten Vortagen großer Festtage (z. B. Sonnabend vor Ostern) jeder Bankverkehr ruht. Zum Unterschied von den bisherigen B. wurde jedoch der interne Dienst fortgeführt, die Geschäftsruhe hatte also nur nach außen hin Gültigkeit. Juristisch sind B. dieser Art den gesetzlichen Feiertagen gleichzuordnen; es fanden also auch keine Wechselzahlungen wie sonst an B. statt. Das deutsche Beispiel wurde seither in ähnlicher Situation auch in anderen Ländern (z. B. Juni 1932 in Chile) nachgeahmt (s. a. *Stillhalteabkommen*).

Bankgeheimnis ist die Pflicht einer Bank (Sparkasse usw.) über die Tatsachen, die sie auf Grund ihrer Geschäftsbeziehungen zu dem Kunden erfährt, Stillschweigen zu bewahren. Diese Pflicht ergibt sich aus dem besonderen Treuverhältnis, das dem Bankverkehr zugrunde liegt; ohne sie ist ein Bankverkehr, der notwendigerweise darauf aufgebaut ist daß eine Bank zu mehreren untereinander konkurrierenden Kunden in gleicher unparteiischer Weise in Geschäftsbeziehungen steht, undenkbar. Unter das B. fallen alle Geschäftsvorfälle, dann vom Kunden gegebene Auskünfte und Daten über Geschäftsgang, Bilanz, Gewinnergebnis usw., aber auch z. B. die Ergebnisse einer Revision, die die Bank beim Kunden vornimmt. Vom B. kann nur der Kunde unmittelbar die Bank entbinden.

Das B. ist in Deutschland nicht gesetzlich verankert und auch nicht, wie das Berufsgeheimnis des Arztes, Rechtsanwalts usw. durch eine strafrechtliche Norm geschützt. Es ist jedoch allgemein anerkannt, so daß bei Verletzung Schadenersatzpflichten entstehen, sofern die Verletzung nicht gesetzlich geboten war. Das ist niemals gegenüber dritten Privatpersonen der Fall; ihnen gegenüber ist also die Bank unbedingt zur Verschwiegenheit verpflichtet. Das gleiche gilt für den Zivilprozeß, wo der Bank das Zeugnisverweigerungsrecht des § 383 Ziff. 5 ZPO. zur Seite steht. Gar kein B. besteht im Strafverfahren (praktisch unwesentlich). Von größter Bedeutung — eigentlich das Hauptproblem des B. — ist die Durchbrechung des B. im Steuerrecht und im Devisenverkehr. Hier besteht eine so weitgehende Verpflichtung zur Verletzung des B., daß man wiederholt die Frage aufgeworfen hat, ob es überhaupt noch existiert.

Anlaß zu dieser Frage gibt die seit 1919 bestehende Reichsabgabenordnung (RAO.), die, wie der Reichsfinanzhof feststellte, „das sog. B. nicht kennt". Das soll allerdings nur bedeuten, daß als Regel die Auskunftspflicht der Bank der Finanzbehörde gegenüber besteht, nicht aber, daß die Bank ohne gesetzlichen Zwang von sich aus das B. brechen darf. Immerhin sind die Bestimmungen der RAO. so weitgehend (wenngleich die bankfeindlichsten gestrichen wurden), daß man mit Bezug auf sie tatsächlich kaum mehr von einem B. sprechen kann. Die Notverordnung gegen Kapitalflucht vom 1. Dezember 1930 und die zahlreichen Devisenverordnungen im Laufe der Jahre 1931 und 1932 haben das B. sehr weitgehend gelockert. (Da diese jüngsten Bestimmungen sich dauernd ändern, sind sie im nachfolgenden nicht im einzelnen berücksichtigt.)

Die das Bankgeheimnis berührenden Bestimmungen der RAO. sind: Konten auf falschen und erdichteten Namen dürfen nach § 165 nicht errichtet werden; falls es doch geschieht und sich die falsche Bezeichnung des Kontos herausstellt, darf die Bank ohne Genehmigung des Finanzamtes weder Guthaben noch Depots und Safewerte ausfolgen. Wichtiger ist die grundsätzlich unbeschränkte Auskunftspflicht im Steuerermittlungs- und Steuerstrafverfahren. Sie gilt jedoch bei Steuerfestsetzung und -ermittlung nur subsidiär, d. h. nur, wenn vom Steuerpflichtigen keine genügende Auskunft zu erlangen ist (§ 177ff.). Das Finanzamt kann von der Bank Vorlage von Büchern, Papieren, Urkunden, Anfertigung eines Kontoauszugs, Vorlage von Wertpapieren, Öffnung von Safes (unter Hinzuziehung des steuerpflichtigen Inhabers) usw. verlangen. Ferner muß nach dem Erbschaftssteuergesetz die Bank Vermögen des Erblassers im Werte von über 500 RM. dem Finanzamt anzeigen.

Zweifellos ist es schwierig, die Grenze zu ziehen, bis zu der Auskunftserteilung (vgl. *Auskunfteiwesen und Kreditauskunft*) mit dem B. vereinbar ist, da ja andererseits die Bank wieder dem Auskunftsuchenden gewisse Treuepflichten schuldet. In der Praxis hat sich dafür eine ziemlich feste Regel herausgebildet, die die Mitteilung von genauen Einzelheiten und Daten für unzulässig erklärt, allgemeine Empfehlungen, Mitteilungen über Erfahrungen usw. hingegen für zulässig. Diese Regel findet auch eine Stütze in der Judikatur. Im Zusammenhang damit muß noch darauf hingewiesen werden, daß die Benennung einer Bank als Referenz keinen Verzicht auf das B. darstellt, aber doch der Bank eine etwas weitergehende Auskunftserteilung ermöglichen kann.

Das B. ist im Bankverkehr unentbehrlich. Das ist von vielen Staaten anerkannt und gesetzlich festgelegt worden. Wenn man auch die Devisen- und Kapitalfluchtbestimmungen, die das B. so gut wie ganz aufheben, als Notmaßnahmen für gerechtfertigt halten kann, so muß man gegenüber den Dauerbestimmungen der RAO. doch schwere Bedenken haben. Mit Recht weisen die Verbände des Bankgewerbes darauf hin, daß durch sie die Kapital- und Steuerflucht nicht unterbunden, sondern gefördert wird. Bei Wiederkehr normaler Zustände erscheint daher eine Wiederherstellung des B. vordringlich.

Literatur: Ausführliche laufende Berichterstattung zur ganzen Frage nebst ausführlicher Rechtsprechung bringt das Bank-Archiv.

Peter Drucker.

Bankgeschäfte, Einteilung der: Die bekannteste Einteilung der B. ist die in Aktivgeschäfte, bei welchen die Bank Gläubiger, Passivgeschäfte, aus denen sie Schuldner wird, schließlich indifferente Geschäfte. Zu den Aktivgeschäften zählen das Diskont-, Report- und Lombardgeschäft, sehr oft das Finanzgeschäft, insofern es mit Kreditgewährung verbunden ist, und der Kontokorrentkredit (während der Kontokorrentverkehr beiderseitig ist, ebenso wie die Bürgschaft). Die wichtigsten Passivgeschäfte sind das Einlage- (Depositengeschäft), die Notenausgabe (Zettelbanken), die Ausgabe von Schuldverschreibungen, insbesondere von Pfandbriefen (Hypothekenbanken). Zu den indifferenten Geschäften schießlich gehört das Kommissionsgeschäft, das wiederum fast ausschließlich Effekten- und Devisengeschäft ist, das Inkassogeschäft, das Depotgeschäft, wie überhaupt alle sonstigen Verwaltungsarbeiten im Interesse des Kunden.

Für alle Einzelheiten wird auf die die einzelnen Geschäftszweige behandelnden Sonderartikel verwiesen.

Bank Gospodarstwa Krajowego s. *Öffentlich-rechtliches Bankwesen 8.*

Bank holidays, wörtlich Bankfeiertage sind die Tage, an denen die Bank von England und ihr folgend das gesamte englische Geschäftsleben feiert. Es sind dies die Sonnabende vor und Montage nach Ostern und Pfingsten, der 26., 27. und 28. Dezember und — der eigentliche B. — der erste Montag im August. In übertragener Bedeutung nennt man auch die durch Bankenzusammenbrüche hervorgerufene Bankenschließung B., wie z. B. die deutschen *Bankfeiertage* (s. d.) im Juli 1931.

Bankiertag s. *Standesvertretungen A 1.*

Bankierverband s. *Standesvertretungen A 1.*

banking group s. *Konsortialgeschäfte 6.*

Banking-Theorie s. *Geldtheorien.*

— **Prinzip** s. *Geldtheorien*, vgl. *Notenbankausweis I a.*

Bankkommissar s. *Bankenaufsicht II 1.*

Bankmäßiger Wechsel, ein Wechsel, der den Bedingungen für den Rediskont durch die betr. Notenbank hinsichtlich Laufzeit, Unterschriften usw. entspricht.

Banknote vgl. *Währungswesen*, vgl. *Papierwährung.*

banko, eig. mark banko, ehemalige Währungseinheit in Schweden und (in Deutschland) in Hamburg: die Hamburgische m. b. — eine bloße Verrechnungseinheit, nicht als Münze geprägt — hatte einen Wert von 1,51 Mark Reichswährung, die dann 1873 die m. b. ersetzte (s. a. *bargeldloser Zahlungsverkehr 2*).

Bankobligation s. *Finanzgeschäft 5*, s. *Industrie und Banken I.*

Bank Polski (Notenbank) s. *Polen II.*

Bankraten, der Diskontsatz der *Notenbanken* (s. a. d.).

Bankrott s. *Konkurs.*

Banksparverkehr.

I. Der Ursprung des Banksparverkehrs.

Der Sparverkehr bildet den jüngsten Geschäftszweig der Großbanken; er wurde von ihnen erst im Jahre 1927 aufgenommen. Selbstverständlich sind den Banken auch schon vorher Spargelder zugeflossen, doch waren diese Beträge als Spargelder nicht erkennbar und hinsichtlich ihrer Höhe nur schwer zu schätzen (Riesser schätzt die Bankspargelder im ersten Jahrzehnt unseres Jahrhunderts auf etwa ein Drittel der bei den Kreditbanken unterhaltenen Depositen).

Der Entschluß der Banken, den Sparverkehr als besonderen Geschäftszweig zu pflegen, wurde vielfach als der Ausfluß eines Gegensatzes zwischen Banken und Sparkassen gewertet. Diese Auslegung ist irrig. Wenn auch nach dem Eindringen der Sparkassen in den Wirkungsbereich der Banken während der Inflation eine gewisse Gegensätzlichkeit zwischen Sparkassen und Banken deutlich zutage getreten war, so gingen die Banken bei der Aufnahme des Sparverkehrs in der Hauptsache doch zweifellos von rein geschäftlichen Erwägungen aus. Sie erkannten richtig, daß die Guthaben, die die Sparer für bestimmte, meist in fernerer Zukunft liegende Zwecke ansammeln, durch ihr zwar langsames, unter normalen Verhältnissen aber doch sehr regelmäßiges Wachstum die finanziellen Dispositionen einer Bank wesentlich erleichtern und dadurch zu einer zuverlässigen Stütze des Geschäftes werden. Die Propagierung des Sparverkehrs stellt aber auch eines der Mittel dar, deren sich die Großbanken bedienten, um ihre in der Vorkriegszeit eingenommene Vormachtstellung unter den erschwerten wirtschaftlichen und bankgewerblichen Bedingungen der Gegenwart zu befestigen.

Die Einführung des B. bedeutete also eine Erweiterung der schon seit Jahrzehnten betriebenen Depositenwerbung in Formen, die sich der bei den Sparkassen geübten Praxis annäherten und weiten Kreisen des weniger bemittelten Publikums gut vertraut waren. Auch in diesen Bevölkerungsschichten vorzudringen, war das Ziel der von den Banken betriebenen Spargeldpolitik. Ihr wurde die Betriebsorganisation angepaßt.

II. Die Organisation des Banksparverkehrs.

Die Großbanken haben ihr engmaschiges, über ganz Deutschland verbreitetes Netz von Niederlassungen und Agenturen sehr wirksam in den Dienst der Sparpropaganda gestellt. Überall errichteten sie Sparabteilungen und lenkten durch eindrucksvolle Werbung, Schaufensterreklame und geschickt abgefaßte Druckschriften die Aufmerksamkeit des Publikums auf diesen neuen Geschäftszweig.

1. Das Sparkonto. Der Sparverkehr spielt sich in den einfachsten, auch für den geschäftsungewandten Kunden bequemen Formen ab. Für die Eröffnung eines Banksparkontos sind die Bestimmungen des § 165 der Reichsabgabenordnung maßgeblich, die der kontoführenden Bankstelle die Pflicht auferlegen, die Identität des neuen Kunden zu prüfen. Die Kontoeröffnung wird nicht von der Einzahlung eines bestimmten Mindestbetrages abhängig gemacht, vielmehr wird jede noch so geringfügige Summe entgegengenommen. Der auf Sparguthaben vergütete Zinsfuß entspricht in der Regel dem bei den Sparkassen gültigen Satz und liegt über dem auf Depositenkonto gewährten Zinssatz. Seine Kontoumsätze verzeichnet der Sparer in einem sog. Banksparbuch, das von der Bank bei der Aufnahme der Geschäftsverbindung auf seinen Namen ausgefertigt wird und von ihm bei Einzahlungen oder Verfügungen der Bank jeweils vorzulegen ist. Dieses Banksparbuch wird von einzelnen Bankstellen als qualifiziertes Inhaberpapier gemäß § 808 BGB. ausgestattet. § 808 Abs. 1 BGB. bestimmt:

„Wird eine Urkunde, in welcher der Gläubiger benannt ist, mit der Bestimmung ausgegeben, daß die in der Urkunde versprochene Leistung an jeden Inhaber bewirkt werden kann, so wird der Schuldner durch die Leistung an den Inhaber der Urkunde befreit. Der Inhaber ist nicht berechtigt, die Leistung zu verlangen."

Bei anderen Stellen hat man von einer solchen Ausstattung abgesehen, hauptsächlich wohl deshalb, weil der Vorteil, der in der leichten Übertragbarkeit des Sparbuches liegt, dadurch erheblich eingeschränkt wird, daß es vor Verlust oder Diebstahl besonders geschützt werden muß. Um bei dem Kunden keinen Zweifel über die Rechtsnatur aufkommen zu lassen, enthalten die Sparbücher ausdrücklich die Bestimmung, daß durch ihre Übertragung oder Verpfändung Rechte aus dem Sparkonto nicht begründet werden können. Zur Begründung solcher Rechte gehört also, daß neben der Übergabe des Buches die schriftliche Abtretung der Forderung erfolgt.

Für die Rückzahlung von Sparguthaben sind besondere Bestimmungen vorgesehen. Im allgemeinen können abgehoben werden:

Beträge bis zu 300 RM. ohne vorherige Kündigung, jedoch nicht mehr als 1000 RM. wöchentlich und nicht mehr als 3000 RM. innerhalb von 3 Monaten,

Beträge von mehr als 300 RM. bis zu 1000 RM. mit einwöchiger Kündigung,

Beträge von mehr als 1000 RM. bis zu 3000 RM. mit einmonatiger Kündigung,

Beträge von mehr als 3000 RM. mit dreimonatiger Kündigung.

2. Der Sparbrief. Unter den Berliner Großbanken hat die Deutsche Bank und Disconto-Gesellschaft durch Schaffung von Sparbriefen einen neuen Weg eingeschlagen, um Spareinlagen an sich zu ziehen. Der Sparbrief ist seiner rechtlichen Natur nach ein „kaufmännischer Verpflichtungsschein" im Sinne des § 363 HGB.; er wird auf Grund einer Spareinlage ausgefertigt und enthält eine Verpflichtungserklärung der Bank, an einem bestimmten Tage an die in dem Sparbrief bezeichnete Person eine bestimmte Summe zu zahlen. Die Sparbriefe lauten auf 50 RM. oder 100 RM; sie werden mit einer 2—3jährigen Laufzeit ausgestellt und unter Abzug der Zinsen an den Sparer verkauft. Der zugrunde gelegte Zinsfuß wird der Marktlage entsprechend festgelegt; er bewegt sich meist um 6 %, so daß sich der Preis für einen in 2 Jahren fälligen, auf 100 RM. lautenden Sparbrief auf etwa 89 RM. stellt. Falls der Sparbriefinhaber vor Fälligkeit des Sparbriefes sein Geld benötigt, nimmt die Bank den Brief zum Lombard oder Diskont an.

Als Vorbild für den deutschen Sparbrief können vielleicht die englischen „Savings Certificates" gelten, die im Jahre 1915 entstanden sind und zunächst der Kriegsfinanzierung dienten; sie haben sich über das Kriegsende hinaus als ein bei den englischen Kleinrentnern beliebtes Anlagepapier behauptet. Ursprünglich wurden sie mit $15^1/_2$ shilling abgegeben und nach 5 Jahren mit 1 Pfund Sterling eingelöst; später wurde der Verkaufspreis auf 16 shilling und der Rückzahlungsbetrag auf 24 shilling heraufgesetzt, während der Rückzahlungstermin auf 10 Jahre festgesetzt wurde.

Ebenso sind die von den Banken der Schweiz ausgegebenen Kassenobligationen (Kassenscheine) dem Sparbrief verwandt. Diese mit Zinsscheinen versehenen Wertpapiere unterscheiden sich wesentlich von den festen Obligationsanleihen; sie werden auf Grund von langfristigen, während eines Zeitraumes von etwa 3—5 Jahren unkündbaren, auf runde Beträge lautenden Depositeneinlagen ausgestellt und verbriefen in Form einer Schuldverschreibung dem Deponenten den Anspruch auf Rückzahlung des Termingeldes. Die Kassenscheine werden börslich nicht gehandelt, jedoch gern beliehen und sind auch mit einem geringen Disagio verkäuflich.

III. Die Bedeutung der Spareinlagen für die Banken.

Die Großbanken haben davon abgesehen, die Sparguthaben in der Bilanz gesondert auszuweisen, denn die auf den Sparkonten angesammelten Gelder stellen, wie bereits gesagt, stets nur einen Bruchteil der wirklich in ihrem Besitz befindlichen Spareinlagen dar; sie setzen sich zumeist aus kleineren Summen zusammen, die für eine Anlage auf Kündigungs- und Festgeldkonto nicht in Frage kommen. Wenn auch ein beträchtlicher Fonds stilliegender Spargelder der Bank ein größeres Maß von Aktionsfreiheit verleiht, so muß sie andererseits in ihrer Anlagepolitik dem Umstande Rechnung tragen, daß der Sparer bedingungsgemäß die Möglichkeit hat, einen Teil seiner Gelder innerhalb kurzer Zeit zurückzuziehen, d. h. also, sie muß zu diesem Zwecke einen angemessenen Prozentsatz dieser Gelder in sofort greifbaren Mitteln anlegen; aber auch den Rest wird sie nicht etwa, wie die Sparkasse, langfristig in Hypotheken u. dgl. investieren, sondern nur im Rahmen ihres kurzfristigen Kreditgeschäftes ausleihen.

Literatur: RIESSER, J.: Die deutschen Großbanken und ihre Konzentration. Jena 1912. — Mitt. statist. Bur. schweiz. Nationalbank, Zürich 1930, H. 12. — Handwörterbuch der Staatswissenschaften, 4. Aufl. Jena.

O. SPERBER.

Banktage s. v. w. = *Respekttage* (s. d.).

Bank von England s. *Bank of England.*

Banque d'Acceptation s. *Frankreich, Geldmarkt in, III.*

Banque d'Affaires vgl. *Frankreich, Geldmarkt III.*

Banque de France.

I. Geschichte.

Die Geschichte der B. de F. bis zum Ausbruch des Weltkrieges im Jahre 1914 ist so bekannt, daß wir — auch aus Raumgründen — auf eine Wiederholung an dieser Stelle verzichten möchten und nur die neue Verfassung der Bank, wie sie sich aus dem Gesetz vom 28. Juni 1928 ergibt, darstellen, unter Betonung der Ereignisse, die ihr vorangingen, und ohne deren Berücksichtigung sie weder als solche, noch in ihrer Auswirkung verständlich wäre. (Vgl. a. *Geschichte des Bankwesen III* sowie *Notenbankpolitik 10.*)

II. 1914—1928.

Die Tätigkeit der B. de F. während des Krieges bestand im wesentlichen darin, dem Staat die Geldmittel zu liefern, die dieser sich nicht durch Steuern hätte beschaffen können, ihm Devisenquellen zu verschaffen durch Verpfändung eines Teiles ihrer Kassabestände beim britischen Schatzamt oder bei der Bank von England (gegen Gewährung ausländischer Kredite an die Regierung) und endlich in der Verstärkung ihres eigenen Kassabestandes durch Aufruf des vom Publikum gehaltenen Goldes, von dem die Bank nahezu 2 Milliarden Frc. zum gesetzlichen Frankenkurse erwarb. Nach Beendigung des Krieges gaben die dauernden Budgetdefizite Veranlassung zu weiteren Ausgaben von Banknoten mit Zwangskurs. Die Ausgabe kurzfristiger, bei der Bank diskontierbarer Bons de la Défense Nationale seitens des Staates hatten eine weitere Inflation zur Folge, als die Erneuerung der Bons im Markte auf Schwierigkeiten stieß. Die Politik der Bank (nach dem Vorbild der nach dem Kriege von 1870/71 befolgten): nach der erhofften Steigerung des Frankenwertes vom Staate jährliche Rückzahlungen zu verlangen, hat sich als völlig ohnmächtig erwiesen, angesichts der Schwierigkeiten und der weiter fortschreitenden Frankenbaisse, die durch das Mißtrauen des Publikums und der internationalen Spekulation hervorgerufen wurden; der Franken ging schließlich im Juni 1926 auf 160 Fr. per Pfund Sterling (in den ersten Tagen des August zeitweise sogar auf 240) zurück. Die Auswirkung dieser Ereignisse auf die Bilanz der B. de F. geht aus den nachstehenden Ziffern hervor, in denen die Entwicklung der einzelnen Posten zwischen der Zeit von Ende Juni 1914 und Ende Juni 1926 zusammengefaßt ist:

	(In Millionen Franken)					
	Außerordentliche Vorschüsse an den Staat	Wechselbestand	Lombards	Notenumlauf	Fremde Gelder	Goldbestand
Ende Juni 1914. . .	—	1,612	0,743	5,852	1,017	3,976
Ende Juni 1926. . .	37,730	5,526	2,311	54,944	3,865	3,683

Das Ende 1926 zusammengetretene Sachverständigenkomitee und der von ihm veröffentlichte Bericht haben die Regierung und die Bank zu einer durchgreifenden Umstellung ihrer Währungspolitik bestimmt, die dann zu der gesetzlichen Stabilisierung des Franken am 28. Juni 1928 führte. Die neue Politik bedingte nicht nur den Ausgleich im Staatshaushalt durch eine durchgreifende Steuererhöhung, sondern auch den Verzicht auf die Revalorisierung des Franken und die Neuschaffung eines Kassabestandes durch Kauf von Inlandsgold- und -silber zu einem dem Metallwerte entsprechenden Papiergeldpreis sowie von Golddevisen. Auf Grund eines Sondergesetzes vom 7. August 1926 wurde die Bank zur Ausgabe von Noten gegen Metall oder Devisen, ohne Berücksichtigung der oberen Emissionsgrenze, ermächtigt.

Die inländischen Gold- und Silberkäufe begannen am 20. September 1926. Die Summe dieser Käufe erscheint (zum Teil wenigstens) in einem neuen in die Bilanz aufgenommenen Posten unter der Rubrik „Gold-, Silber- und Devisenkäufe". Der Kauf fremder Devisen setzte erst mit dem 22. Dezember 1926 ein, als der seit dem Monat August 1926 stetig rückläufige Pfundkurs 120 Frc. erreichte. Von jenem Zeitpunkt an hat die Bank ihre Devisenkäufe bis zur Stabilisierung fortgesetzt. Um den zu starken Devisenangebot entgegenzuwirken, setzte sie den Pfundkurs bis auf 124,10 herauf, an dem sie dann sowohl für ihre Käufe wie ihre Verkäufe unverrückbar festhielt.

	15. Juli 1926	16. Dez. 1926	16. Juni 1927	15. Dez. 1927	20. Juni 1928
	In Millionen Franken				
Diskonten und Vorschüsse an Private	7531	5757	3321	3133	3611
Vorschüsse an den Staat[1]	43186	42016	32676	30524	23830
Devisen und diverse Aktiven	3214	6418	23470	27686	34268
Notenumlauf	54918	52536	52381	55811	58882
Fremde Gelder	3226	5284	12003	10710	7371

Diese Käufe hatten die Ansammlung von Dollars und Pfunden bei der Bank zur Folge; die Käufe erscheinen in dem Posten „Diverse Aktiven", aus dem sie erst nach erfolgter Stabilisierung verschwanden. Andererseits kehrten die in Umlauf gesetzten Franken auf dem Wege der Rückzahlung des Portefeuilles und der Vorschüsse, vor allem aber auf dem Wege der Zeichnung auf die kurzfristigen Anleihen des Schatzamtes (Bons de la Défense Nationale und Guthaben in laufender Rechnung beim Schatzamte) zur Bank zurück, wodurch das Schatzamt in die Lage versetzt war, seine Schuld an die Bank abzutragen, diese Rückzahlungen durch langfristige Anleihen zu konsolidieren und den Posten „Vorschüsse an den Staat" zu ermäßigen. Der Teil der von der Bank emittierten und nicht zurückgeflossenen Franken trat in der sehr schwachen Erhöhung des Notenumlaufs (dessen gesetzliche Maximalhöhe nicht überschritten zu werden braucht) und der sehr starken Erhöhung der Kreditorenkonten in die Erscheinung. Diese Entwicklung geht recht deutlich aus dem Vergleich der Durchschnittsbilanzen der Jahre 1926 (15. Juli) und 1928 (21. Juni), am Vorabend der Stabilisierung hervor (s. Tabelle oben).

Ein Teil der während dieser Zeit in Umlauf gesetzten Frankenbeträge wurde gleichfalls zurückgezogen, und zwar auf dem Wege der Devisenreports, vermittels derer die Bank Pfunde per Kasse verkaufte und auf Termin zurückkaufte, dies im Hinblick auf die Erleichterung der Ausfuhr der seit dem 10. Januar 1928 wieder frei gewordenen Kapitalien. Diese Frankenbeträge kehrten erst nach der Stabilisierung zurück, nachdem die Bank ihre durch die Ausschaltung des Hausserisikos des Frankens nunmehr zwecklos gewordenen Reporttransaktionen eingestellt hatte.

Für die endgültige Entlastung der Bank gegenüber dem Schatzamt und die völlige Rückzahlung der außerordentlichen Vorschüsse an den Staat ge-

[1] D. h. einschließlich der Schatzscheine für Vorschüsse an ausländische Regierungen.

nügte die Umstellung des Kassabestandes auf den neuen Frankenkurs und die Gutschrift an das Schatzamt des auf diese Weise erzielten Gewinnes von 16,900 Millionen Frc., welche vom Schatzamt unverzüglich zur Amortisierung seines Schuldrestes verwendet wurden. Die Schuld des Schatzamtes bei der Bank bestand nunmehr lediglich aus den 5,930 Millionen Frc. Vorschüsse, die von der Bank während des Krieges für russische Rechnung geleistet worden waren. Diese Schuld wurde auf die Caisse d'Amortissement (vgl. *Frankreich*) übertragen und diese mit ihrer allmählichen Tilgung beauftragt; in der Bilanz wurde sie durch Kassenscheine ersetzt. Die Devisen verschwanden nunmehr aus dem Posten „Diverse Aktiven", um unter den Rubriken „Jederzeit verfügbare Guthaben im Auslande" und „Diskontierbare im Auslande erworbene Wechsel" zu erscheinen. Das Guthaben der Caisse Autonome wurde aus dem Posten „Laufende Rechnungen" zurückgezogen, um in einem besonderen Posten zu erscheinen. Was den Posten „Guthaben des Schatzamtes" betrifft, so genießt dieses einen dauernden Vorschuß von 3 Milliarden Frc., an Stelle desjenigen von 200 Millionen, der vor dem Kriege unter dieser Rubrik erschien. Ein Vergleich der Bilanzposten vom 21. Juni 1928 mit den hauptsächlichsten Posten, wie sie nach der Stabilisierung in der neuen Bilanz vom 25. Juni 1928 erscheinen, ist interessant.

Diese Ziffern zeigen den neuen Status der von der Staatsschuld völlig befreiten Bank, die neben ihrem Goldbestand über einen enormen, früher nie gekannten Devisenvorrat verfügt, dessen Erwerb ihr die restlose Sanierung ihrer Situation ohne irgendwelche innere Deflation gestattete.

3. Die Bank ist zur Einlösung ihrer Noten nur an ihrem Hauptsitze verpflichtet, und zwar in Minimalbeträgen von 215000 Frc. (was dem Gewichte der üblichen Barren entspricht). Dieser Mindestbetrag kann durch Vereinbarung zwischen dem Finanzminister und der Bank geändert werden.

4. Was die Metalldeckung betrifft, so muß die Bank einen Goldbestand von mindestens 35% ihrer Notenausgabe und ihrer täglich fälligen Verpflichtungen unterhalten. Es handelt sich in diesem Falle um eine völlig neue Vorschrift. Das frühere Statut sah keinerlei Proportion vor. Die einzige Begrenzung bestand in der Festsetzung eines Höchstbetrages in der Notenausgabe. Jede Änderung dieses Höchstbetrages bedurfte der Zustimmung beider Kammern. Die neuen Bestimmungen verfolgen einen doppelten Zweck: Die Befreiung der Bankpolitik von der Einmischung der öffentlichen Gewalt und die Erweiterung der Emissionsmarge. Diese Marge ist recht erheblich, denn sie gestattet der Bank bei einem Goldbestande von 75 Milliarden Frc. (Ende Februar 1932) 214 Milliarden Verbindlichkeiten, während die umlaufenden Noten und bestehenden Forderungen zusammengenommen an jenem Tage 111 Milliarden nicht überschritten. Die Emissionsmarge beträgt demnach mehr als 100 Milliarden Frc. Angenommen der Metallvorrat ginge heute um 50 Milliarden zurück (was eine entsprechende Verminderung der Forderungen zur Folge hätte), verbliebe immer noch eine Ausdehnungsmarge von 10 Milliarden. — Es ist eigentümlich, daß unter diesen Umständen hervorragende Nationalökonomen (Keynes, Hawtrey) dem französischen System ungenügende Elastizität nachsagen. Bei der Be-

1928	Goldbestand	Tägliches Guthaben im Ausland	Diskontierbare, im Ausland erworbene Wechsel	Handelswechsel	Lombards	Notenumlauf	Fremde Gelder	
				in Millionen Franks				
21. 6.	3678	—[1]	—[1]	1714	1897	58882	7371	
							Caisse autonome d'Amort.	Private
25. 6.	28935	15985	10545	2972	1847	58772	1934	5744

[1] Vgl. Text: bisher unter „Diverse Aktiven" verbucht.

III. Das neue Statut der Bank.

Das durch das Gesetz vom 28. Juni 1928 geschaffene neue Statut der Bank weist die folgenden charakteristischen Züge auf:

1. Die Goldwährung tritt an die Stelle der früheren hinkenden Doppelwährung; die Bank ist gehalten, ihre Noten in Gold einzulösen auf der Basis von 65,5 mg $^{900}/_{1000}$ Feingold per Franken. Der Silberbestand der Bank ist unbedeutend.

2. Die Bank ist verpflichtet, das ihr angebotene Gold zu erwerben, eine Verpflichtung, der sie früher nicht unterworfen war, wenn sie auch den Ankauf von Gold niemals verweigerte. Diese Verpflichtung tritt an die Stelle der freien Prägung, denn die Münze ist für die Ausprägung von Gold nicht mehr geöffnet worden. Falls im Ministerrat nicht anderweitig beschlossen wird, liegt die Entscheidung für die Ausprägung von Goldmünzen bei der Bank allein. Die Prägekosten sind auf 40 Frc. festgesetzt. Tatsächlich hat die Bank während geraumer Zeit nur die Hälfte berechnet, so daß sich der Kaufpreis für 1 kg Feingold auf 16941 Frc. gegenüber einem Verkaufspreis von 16963 Frc. belief. Seit Januar 1932 erhebt die Bank, im Hinblick auf die Herabsetzung des Goldeinfuhrpunktes, wiederum die vollen 40 Frc.

rechnung des Verhältnisses zwischen Metallbestand und Umlauf bleiben Devisen außer Betracht.

5. Das neue Statut der Bank hat der Möglichkeit der sog. „open-market policy" (vgl. „*Federal Reserve System*") nur ganz beschränkten Eingang gewährt, und zwar durch zwei ganz neuartige Maßnahmen. Die in der Bilanz in der Rubrik „Für Rechnung ausländischer Regierungen diskontierte Schatzscheine" erscheinende frühere Staatsschuld wurde auf die Caisse d'Amortissement umgelegt. Gegen die im Austausch erhaltenen Schatzscheine hat die Kasse der Bank zinslose „Kassenscheine" mit dreimonatiger Laufzeit überlassen. Die Kassascheine werden der Kasse sukzessive im Verhältnis der von ihr selbst getilgten Schatzscheine zurückgegeben. Die Bank kann die in ihrer Bilanz erscheinenden Kassascheine im Markte zum Zwecke der Verminderung der auf demselben verfügbaren Mittel unterbringen. Tatsächlich hat indessen die Bank von dieser Möglichkeit bisher keinerlei Gebrauch gemacht, und es erscheint auch kaum wahrscheinlich, daß sie sich derselben bedienen wird, aus dem einfachen Grunde, weil dies für die Bank einen Verlust bedeuten würde. Andererseits kann die Bank nunmehr durch Akzeptkäufe im freien Markte intervenieren; dies jedoch nur für Rechnung ausländischer Zentralbanken, die Guthaben bei ihr unterhalten; die Bank

kann also auf diesem Wege keineswegs zur Erhöhung der verfügbaren Mittel im Markte beitragen; sie kann nur bereits vorhandene verfügbare Mittel verwenden. Sie hat von dieser Möglichkeit, die ihr zu Zeiten einen vorherrschenden Einfluß auf den privaten Markt gesichert hat (s. *Frankreich, Geldmarkt*), weitgehend Gebrauch gemacht. Sie hat andererseits nicht das Recht, Effekten im Markte zu erwerben und auf diese Weise (nach dem Muster der amerikanischen Federal Reserve-Banken und der Bank von England) die verfügbaren Mittel des Marktes zu vermehren. Diese statutarische Härte begegnete der Kritik besonders in England seitens des Mr. HAWTREY. Wir sind der Ansicht, daß es sich bei allzu weitgehender open market policy um eine Art von Inflation handelt, die nicht zu empfehlen ist, und um eine ungerechtfertigte Ausnahme von dem Grundzatze der absoluten Liquidität der Notenbanken. Im großen ganzen haben die neuen Statuten der B. de F. die wesentlichen Züge der ursprünglichen Gesetzgebung belassen, während sie ihr gleichzeitig eine weitergehende Unabhängigkeit gegenüber der Einmischung der Regierung verliehen und ihr ihre Rolle als Rediskonteur für den Markt erleichterten. — Der Artikel „Frankreich, Geldmarkt" verbreitet sich näher über die von der Bank getroffenen neuen Maßnahmen. Dabei darf nicht außer acht gelassen werden, daß die Bank in großem Umfange, vor allem in der Provinz, nach wie vor als direkter Diskonteur auftritt. Etwa 35—40% ihres Portefeuilles setzt sich aus Diskonten dieser Art zusammen.

6. Die finanziellen Beziehungen zwischen Staat und Bank sind äußerst verschlungen, und es fehlt uns an Raum, um näher darauf eingehen zu können. Die früheren Regelungen bestehen weiter und haben nur in einem Punkte eine Änderung erfahren, insofern als dem Staat die Hälfte des Reingewinnes zugestanden wird, wenn der letztere die Summe von 650 Millionen Frc. übersteigt. Man nahm an, daß die Bank aus ihren ausländischen Devisenbeständen großen Gewinn erzielen würde, angesichts der auf den ausländischen Plätzen zur Zeit der Stabilisierung herrschenden hohen Zinssätze und des erheblichen Bestandes ihrer Devisen. Seitdem haben sich indessen die Verhältnisse gründlich geändert und das Devisenportefeuille der Bank hat heute eine recht erhebliche Einschränkung erfahren.

IV. 1928—1932.

Die Entwicklung der B. de F. wurde seit dem Jahre 1928 durch die Verwaltung ihres Devisenportefeuilles sowie das durch die Krise von 1929 gestellte Goldproblem beherrscht. In der Bilanz nach der Stabilisierung vom 25. Juni 1928 erscheinen die Devisen mit 26,520 Milliarden Frc., und wenn man die Reportdevisen in Betracht zieht, mit 29,935 Milliarden Frc. Die erste Sorge der Bank bestand in der unmittelbaren Umwandlung eines Teiles ihres Devisenbestandes in Gold, um auf diese Weise die Verstärkung ihrer gesetzlichen Deckung bis auf ungefähr 40% ihrer Verpflichtungen herbeizuführen. Von diesem Augenblicke an, d. h. seit Ende 1928, hat sie der Arbitrage freie Hand gelassen. Während dieses Zeitraums haben die französischen Banken erhebliche Beträge im Auslande untergebracht; das Noteninstitut hat insofern Nutzen darausgezogen, als es den Banken einen Teil seiner Devisen überließ. Seit Mitte 1929 hat sich indessen ein Umschwung darin vollzogen; Gold begann der Bank zuzuströmen im Verhältnis zu den Bedürfnissen des Pariser Marktes, die durch eine rapide Vermehrung des Portefeuilles französicher Wechsel — bis zu 10 Milliarden — in die Erscheinung traten. Seit Ende 1929, nach der Wall-Street-Krise, ging der Pariser Platz in seiner Gesamtheit, infolge der wegen Liquidität verschiedener Banken gehegten Befürchtungen an die Verstärkung seiner Reserven, und nachdem New York an Anziehungskraft eingebüßt hatte, sah man sich dem Beginne einer Goldbewegung gegenüber, die den Goldbestand der Bank verdoppelte und ihn auf seinen heutigen Stand (März 1932) von etwa 75 Milliarden Frc. brachte, der indessen den Vorkriegsgoldbestand der Bank und des Publikums um nicht mehr als 2 Milliarden alter Goldfranken überschreitet. Die zahlreichen Kontroversen, zu denen diese Bewegung Veranlassung gegeben hat, sind bekannt. Der beste Beweis, daß sie von der Bank nicht gewollt war, ist der, daß zwischen Juni 1928 und April 1931 der Goldvorrat um 25 Milliarden zunahm, während das Devisenportefeuille um kaum 5 Milliarden zurückging. Es war deshalb keineswegs die Bank, die ihr Portefeuille in Gold konvertierte. Die natürliche Folge dieser Bewegung war die entsprechende enorme Zunahme des Umlaufes an Noten (von denen erhebliche Beträge gehamstert wurden) sowie der privaten Guthaben in laufender Rechnung, bei denen es sich vor allem um die Kassenbestände der Banken handelt. Der Notenumlauf erreichte Ende 1931 76 Milliarden und die privaten Guthaben in laufender Rechnung $14^1/_2$ Milliarden Frc., wogegen das Wechselportefeuille eine erhebliche Verminderung erfuhr. Die finanzielle Weltkrise des Sommers 1931 hat diese Situation weiter verschlechtert. Der Pfundsturz hat der Bank einen Verlust von nahezu 3 Milliarden Frs. verursacht, die (auf Grund des Gesetzes vom Dezember 1931) durch Zahlung des Staates wieder hereingebracht wurden. Die Befürchtungen jedoch, die sich daraus für das übrige ausländische Portefeuille ergaben, haben die Bank veranlaßt, einerseits einen Teil ihrer Dollarguthaben hereinzuholen, andererseits Teilbeträge ihres englischen Portefeuilles abzustoßen, und zwar im Einvernehmen mit der Bank von England, die nicht wünscht, daß der Pfundkurs einen gewissen Stand überschreite. Dieses Zusammenwirken verschiedener Umstände hat das Bilanzbild der Bank von Grund auf verändert; zu Ende Februar 1932 weist sie ein ausländisches Portefeuille von nur noch etwa 15 Milliarden Frc. aus, während der Notenumlauf 83 Milliarden erreichte und die privaten Guthaben in laufender Rechnung den Rekordstand von 25 Milliarden aufweisen, was Zeugnis ablegt von den weitgehenden Vorsichtsmaßnahmen, welche die Banken für den Schutz gegen eine mögliche Panik ergriffen haben, sowie für die geringe Geschäftstätigkeit. Die gegenwärtige Bilanz der Bank hat daher den ausgesprochenen Charakter einer Krisenbilanz. — Unter diesen Umständen ist es unmöglich, sich von der Zukunft ein Bild zu machen. Wir erinnern zum Schluß daran, daß die B. de F. einen Teil ihrer Goldreserven für die Bereitstellung erheblicher Beträge an die Bank von England vor dem Pfundsturz, an die Reichsbank sowie an eine Reihe anderer Notenbanken verwendet hat. Der der Bank von England gewährte Kredit wurde im Februar 1932 restlos zurückgezahlt.

Bezüglich des Bankausweises in seiner heutigen Form wird auf den vergleichenden Artikel *Notenbankausweise* verwiesen.

Notenkommissar der B. d. F. s. im Art. *Notenkommissar*.

Literatur: Jahresber. der Banque de France. — „La Reforme Montéaire Française" und „La loi du 7 Aout 1926" (zwei von mir ohne Namensnennung in der Revue d'Economie Politique von Januar/Februar und September/Oktober veröffentlichte Artikel). — In derselben Revue die Artikelreihe unter der Überschrift: Le marché monétaire et les changes, veröffentlicht von 1924 bis

1932 in: La France Economique, Annuaire de la Revue d'Economie Politique. — POINCARÉ, R.: La Stabilisation du Franc. Paris-Payot 1928. — Bericht des Sachverständigenkomitees von 1926 (Imprimerie Nationale).]

CHARLES RIST,
übersetzt von ERNEST MOSER.

Banque de Grèce s. *Griechenland, Geld- und Kapitalmarkt 1.*

Banque Nationale de Crédit s. *Liquidation und Anlagepol. V.*

Banque Ottomane s. *Türkei, Geld- und Kapitalmarkt 1.*

Bardeckung vgl. *Notenbankausweise, Notenbankpolitik,* ferner die Sonderartikel der verschiedenen Notenbanken.

Bardi (florentinische Bankiers), s. *Geschichte des Bankwesens II.*

Bargeld vgl. *Währungswesen* sowie *Liquidität.*

Bargeldloser Zahlungsverkehr. Als Zahlung muß diejenige Hälfte des Tauschaktes angesehen werden, die der Hergabe von Gegenständen (Kauf) oder Dienstleistungen (Lohn, Miete) gegenübersteht. Von zwei getauschten Gegenständen oder Rechten ist der eine das Geld. Als bargeldlose Zahlung ist die am Ende einer langen Entwicklungsgeschichte des Zahlungsverkehrs stehende Form der Zahlung zu betrachten, bei der nicht Geld im engeren Sinne (also Münzen, Papiergeld o. dgl.), sondern Anweisungen auf bestimmte Mengen solchen Geldes (z. B. Wechsel oder Scheck) hergegeben werden oder bei der überhaupt kein konkretes Zahlungsmittel ausgetauscht, sondern lediglich ein Anspruch auf ein solches buchmäßig übertragen wird.

1. Volkswirtschaftliche Bedeutung.

Hierüber sind die Meinungen nicht immer gleich gewesen. Zu Zeiten, und besonders in Deutschland gleich nach dem großen Kriege, schrieb man dem B.Z. sogar inflationshemmende Wirkungen zu. Von dieser Ansicht, die stets den Widerspruch maßgebender Geldtheoretiker gefunden hat, ist man infolge der Inflationserfahrungen wohl endgültig abgekommen. Heute zweifelt kaum noch jemand daran, daß Giralgeld sich in seinen inflationistischen Wirkungen in nichts von barem Gelde unterscheidet. Dagegen werden die günstigen finanziellen und zahlungstechnischen Wirkungen des B.Z. um so rückhaltsloser anerkannt. Unter den deutschen Volkswirtschaftslehrern hat zuerst ADOLF WAGNER „die Fortbildung der Geldverfassung auf kreditwirtschaftlicher Grundlage durch das Geldsurrogatwesen als Bedürfnis, als Notwendigkeit und damit in der Tat als berechtigt" anerkannt[1]. Durch den B.Z. werden erhebliche Beträge von Umlaufsmitteln bei den Banken und bankartigen Anstalten konzentriert. Diese können sie immer wieder von neuem ausleihen. Die dadurch hervorgerufene Erhöhung der Zirkulationsgeschwindigkeit (s. *Umlaufsgeschwindigkeit der Bankdepositen*) des Geldes hat in der Tat die gleiche Wirkung wie eine Vermehrung des Geldkapitals. Nicht bestritten werden kann, daß darin auch eine Steigerung der Krisengefahr liegt, der aber durch vernünftige kontrollierende Maßnahmen des Zentralgeldinstituts (verbesserte Publizität der Bankbilanzen, scharfe Kontrolle der Einhaltung gewisser Liquiditätsvorschriften, rechtzeitiges Anziehen der Diskontschraube usw.) begegnet werden kann. Höchste Bedeutung kommt dem B.Z. aber vom betriebswirtschaftlichen Standpunkt aus gesehen zu. Er steht hier am vorläufigen Ende der Entwicklungsreihe: Tauschverkehr, Naturalgeld, Münze, Banknote, B.Z. Der Verkehr hat diesen Fortschritt erzwungen, wie umgekehrt die ständige Verbesserung der Zahlungsmethoden natürlich auch den Verkehr und die wirtschaftliche Entwicklung gefördert hat. Gerade die neusten Errungenschaften der Technik des B.Z. beweisen dies. Ohne die durch den *Postscheckverkehr* (s. d.) herbeigeführten technischen Vereinfachungen im Zahlungswesen wäre auf der schmalen Basis unseres Geldkapitalbestandes nur ein Bruchteil der Zahlungsakte möglich, die heute spielend und stark krisenhemmend geleistet werden. Die Auswirkungen der technischen Verbesserung des Zahlungswesens beschränken sich dabei keineswegs auf den Zahlungsakt an sich und die Tätigkeit der zahlungsvermittelnden Anstalten (Postscheckämter, Banken, Sparkassen und Genossenschaften), sondern zeigen sich auch in betriebswirtschaftlichen Erleichterungen und Ersparungen in der allgemeinen Wirtschaft (Minderung der Gefahr von Geldverlusten, Erleichterung und Verbilligung des Geldtransportes, Vereinfachung der Betriebsführung in den Einzelwirtschaften). Die volle Erkenntnis aller dieser Vorteile durch die betriebswirtschaftlichen Forschungen der Handelshochschulen und Universitäten sowie durch die Fachliteratur ist gerade in den letzten Jahren stark gefördert worden. Die erzielten Resultate spornen zu weiteren Fortschritten an, die kaum ausbleiben können.

2. Geschichte.

B.Z. war schon in Babylonien im dritten Jahrtausend vor Christi entwickelt. Depotscheine über in Staats- oder Tempelspeichern niedergelegte Edelmetalle oder Getreidemengen in Form von Tontafeln wurden nicht nur als Quittungen, sondern auch als Zahlungsmittel benutzt. Auch Überweisungen waren schon möglich. Ähnliche Einrichtungen bestanden im alten Ägypten; Hauptzahlungsmittel war dort Getreide. Auch im alten Rom gab es schon ein ähnliches Verfahren: Der Scheck hieß dort „perscriptio", die Überweisung „permutatio", der Abrechnungsvorgang „attributio"[1]. — Seit der Völkerwanderung war diese Technik in Vergessenheit geraten. Sie wurde erst im Mittelalter zwecks Erleichterung des Geldtransportes und als Schutzmittel gegen die Folgen der immer wiederkehrenden Münzverschlechterungen von neuem erfunden, und zwar etwa gleichzeitig in Italien und Frankreich. Goldschmiede waren die ersten Bankiers. In Frankreich bestand schon 1250 n. Chr. ein Wechsel-Clearing auf den Messen. Wenig später sind die gleichen Einrichtungen in Deutschland bekannt. Girobanken entstanden: in Genua 1586, Venedig 1587, Mailand 1593, Amsterdam 1609, Nürnberg 1621, Hamburg 1629, Rotterdam 1635. Girobanken waren gleichzeitig Notenbanken, wie überhaupt die Entwicklung des B.Z. parallel derjenigen des Notenbankwesens lief. Einzelne Girobanken führten Rechnungsmünzen („scutum marcharum") ein, die nicht geprägt wurden, sondern nur — dem Werte einer gewissen Menge Feinmetall gleichgesetzt — als Rechnungseinheiten für buchmäßige Übertragungen verwendet wurden („Amsterdamer Bankgulden" in Amsterdam, „Mark banco" in Hamburg). Alle umlaufenden Münzen wurden in bestimmtes Wertverhältnis zum Scutum marcharum gesetzt. Die Hamburgische Girobank bestand bis 1875 und wurde dann von der Reichsbank übernommen. Der Giroverkehr der Hamburgischen Bank wurde zum modernen Reichsbankgiroverkehr ausgestaltet (s. a. *Geschichte des Bankwesens*).

Die neuzeitliche Entwicklung geht im übrigen von England aus. Auch dort waren Goldschmiede die ersten Bankiers und gaben sog. Goldschmiednoten aus. 1775 Gründung des Clearinghouses (vgl. *„Abrechnungsverkehr"*). In England und Amerika entwickelte sich im 19. Jahrhundert der Scheckverkehr zu hoher Blüte. Fast alle geschäftlichen Zahlungen und viele Privatzahlungen werden im Scheck geleistet. Um die Scheckverrechnung und -verbuchung zu ereinfachen, wird Skontrierung angewandt (s. w. u.). — In Deutschland gewinnt der Scheckverkehr erst nach 1880 größere Ausbreitung. Dagegen ist seit altersher der Giroverkehr beliebt. Die Privatbanken bevorzugen im Verkehr mit ihren Kunden den Scheckverkehr, für gegenseitigen Zahlungsausgleich aber den (Reichsbank-) Giroverkehr.

Die in dem Jahre 1907 veranstaltete große Bankenquete stellte fest, daß der B.Z. in Deutschland mehr gepflegt werden müßte; daraufhin wurde beschleunigt das seit langer Zeit geplante Scheckgesetz vom 11. März 1908 erlassen. Am 1. Januar 1909 erfolgte auf Grund des Gesetzes vom 18. Mai 1908 (§ 2 des Gesetzes betr. die Feststellung eines zweiten Nachtrages zum Reichshaushaltetat für das

[1] Theoretische Sozialökonomik, Abt. II, 2, 792.

[1] Vgl. SALVIOLI: Der Kapitalismus im Altertum, übersetzt von KARL KAUTZKY. Stuttgart 1912.

Jahr 1908) die Gründung des deutschen Postscheckverkehrs nach österreichischem Muster[1]. Am gleichen Tage begann auch die erste kommunale Girozentrale (Dresden) ihre Tätigkeit. Der Kommunalgiroverkehr (später Spargiroverkehr genannt) des Deutschen Sparkassen- und Giroverbandes basiert auf einer Zusammenfassung aller deutschen Sparkassen zu einem einheitlichen Netze mit einheitlichen Vorschriften und Formularen. Den Postscheckämtern des Postscheckverkehrs entsprechen die Girozentralen des Spargiroverkehrs. Die Privatbanken und Genossenschaften beschränkten sich zunächst weiter auf Förderung des Scheckverkehrs. Erst am 1. Mai 1927 fand die Gründung des „Genossenschaftsringes“ der Preußischen Zentralgenossenschaftskasse statt, um einen einheitlichen Giroverkehr zwischen den Genossenschaften nach dem Muster des Spargiroverkehrs einzurichten. Wenig später, am 1. September 1927, regelte der „Giroverband der Dresdner Bank“ mit etwa 1000 Genossenschaften und 2 Genossenschaftsabteilungen in Berlin und Frankfurt a. M. den Überweisungsverkehr in ähnlicher Form, so daß jetzt zwei genossenschaftliche Gironetze bestehen. — Nach dem Kriege sind überall wichtige technische Fortschritte zu verzeichnen: Einführung einheitlicher Formulare in den einzelnen Gironetzen, Anwendung des Durchschreibeverfahrens, Ausgestaltung und Vermehrung der Skontrationsstellen, Verbesserung der Buchungsmethoden. Leider fehlt noch die völlige Vereinheitlichung der Technik durch Schaffung einer Dachorganisation, die sämtliche Gironetze unter Erhaltung ihrer wirtschaftlichen Eigenart zusammenfassen und einheitliche Formulare vorschreiben sollte (s. w. u.).

Die Vorzüge der Überweisung gegenüber dem Scheck werden jetzt fast allgemein in Deutschland anerkannt (näheres darüber s. w. u.). Es sind aber noch nicht alle praktischen Folgerungen gezogen. — Da die deutsche Bevölkerung schon weitgehend an den B.Z. gewöhnt ist und seine Vorteile (Zinsersparnis, Sicherheit gegen Diebstahl, betriebstechnische Vorzüge) anerkennt, sind Vorbedingungen für weitere Entwicklung gegeben. Schon heute trifft die häufig vertretene Ansicht, der B.Z. sei in Amerika und England weiter verbreitet als in Deutschland, nicht mehr zu. Bei Vergleichen wird fast stets die gewaltige Entwicklung des Postscheck- und Spargiroverkehrs übersehen. Diese Einrichtungen haben in Deutschland auch solche Kreise für den B.Z. gewonnen, die in England und Amerika ihm fernbleiben. — Die Technik des B.Z. ist von allen großen Volkswirtschaftslehrern (Roscher, Hildebrand, Bücher, Schmoller, Wagner und vielen anderen) in ihren großen zusammenfassenden Werken ihrer Bedeutung entsprechend gewürdigt und beschrieben worden. Eine ins einzelne gehende systematische Behandlung erfuhr sie zuerst von Fritz Schmidt[2], später durch Schippel-Schoele[3]. Die von Schippel-Schoele angewandte Systematik — Gliederung des Stoffes nach Mittel und Trägern des B.Z. — hat sich durchgesetzt und wird jetzt allgemein angewandt. Als „Mittel“ gelten Scheck, Überweisung, Wechsel, als „Träger“ die einzelnen bankartigen Anstalten oder Organisationen solcher (Reichsbank, Post, Privatbanken, Sparkassen und Girozentralen, Genossenschaften).

[1] Das später erlassene Scheckgesetz wurde in einzelnen Artikeln mehrfach abgeändert, die letzte Änderung dadiert vom 15. März 1930.

[2] Schmidt, Fritz: Der bargeldlose Zahlungsverkehr in Deutschland und seine Förderung. Berlin 1917. Neue Aufl.: Der nationale Zahlungsverkehr. Leipzig: Glöckner 1920.

[3] Schippel-Schoele: Die Organisation des bargeldlosen Zahlungsverkehrs. Leipzig 1921.

3. Mittel.

Die Urform des bargeldlosen Zahlungsmittels ist die „Anweisung“. Aus ihr ist im frühen Mittelalter der Wechsel entstanden, aus dem sich sowohl der Scheck und die Überweisung wie auch die Banknote entwickelt haben. Das neuste Mittel des B. Z., die rückläufige Überweisung (Einziehung) stellt wiederum eine Synthese des Schecks und der Überweisung dar. Gegenüber diesen konkreten Zahlungsmitteln fordert die „Kompensation“ bzw. Skontration als abstraktes Zahlungsmittel eine besondere Betrachtung (usw.); durch seine Anwendung hat der B. Z. erst seine höchste Vollendung erhalten. — Der Wechsel ist noch heute im internationalen B. Z. im Gebrauch, obgleich er auch hier an Bedeutung verloren hat. Er ist im wesentlichen durch die (telegraphische) Auszahlung ersetzt worden. Die Bedeutung des Wechsels als Kreditmittel im Inlands- und Auslandsverkehr ist dadurch natürlich nicht berührt worden. Ehe es Papiergeld, Noten, Schecks und Überweisung gab, war der Wechsel sicherstes, bequemstes und raschestes Zahlungsmittel.

Rechtliche Grundlage für den Scheckverkehr in Deutschland ist das Scheckgesetz vom 11. März 1908, das Erfahrungen und Gebräuche einer hundertjährigen Entwicklung kodifiziert. Es paßt sich, entsprechend der Entstehung des Schecks aus dem Wechsel, der deutschen Wechselordnung an. Die wesentlichsten Unterschiede zwischen dem Wechsel und dem Scheck liegen darin, daß die Umlaufsfrist des Schecks im Gegensatz zu der des Wechsels auf 10 Tage beschränkt ist, er bei Sicht zahlbar ist und ferner die Übernahme einer abstrakten und konkreten Schuldverpflichtung durch den Scheckbezogenen, der nur ein Bank- oder bankartiges Unternehmen sein darf, ausgeschlossen ist. Formalrechtlich bestimmt das Scheckgesetz ferner: der Scheck muß enthalten die in den Text aufzunehmende Bezeichnung als Scheck, die Angabe des Bezogenen, die Anweisung des Ausstellers, aus seinem Guthaben zu zahlen (Guthabenklausel), die Unterschrift des Ausstellers, die Angabe des Ortes und des Tages der Ausstellung. — Passiv scheckfähig sind, wie schon angedeutet, nur Banken und bankartige Anstalten, zu denen auch Sparkassen und Genossenschaften gezählt werden. Das Gesetz enthält ferner Bestimmungen über die verschiedenen Formen des Schecks (Inhaber-, Order-, Rektascheck) und die Sicherung des Regreßanspruches.

Die häufigst vorkommende Form des Schecks ist der Inhaberscheck mit der sog. alternativen Inhaberklausel: „Die pp.-Bank wolle zahlen an pp. oder Überbringer.“ Allgemein üblich geworden ist durch Übereinkunft zwischen den Banken die Streichung des Vermerks „oder Überbringer“ zu verbieten, damit die bezogenen Banken von der Pflicht der Legitimationsprüfung des Inhabers befreit sind. Der im Gesetz vorgesehene Rektascheck, der nur an den im Scheck genannten Zahlungsempfänger (nicht an Order) ausgezahlt werden darf, wird im regulären Bankverkehr fast gar nicht benutzt. Der Postscheckverkehr hat eine Abart davon eingeführt, indem er die Auszahlung von Schecks, die auf einen bestimmten Zahlungsempfänger gestellt sind, lediglich durch die Postanstalten und unmittelbar an den Empfänger vornehmen läßt. Zessionen solcher Postschecks sind ausgeschlossen. Eine andere Art von Rektascheck hat sich der Verkehr in dem sog. Postkartenscheck geschaffen, der nur durch die Bank des Adressaten eingezogen werden darf. Wegen der Gefahren, die dieser Postkartenscheck immerhin noch bringt, ist die Höchstsumme in der Regel auf 1000 RM. bemessen; die für den scheckausstellenden Kunden vorhandene Bequemlichkeit ist nur scheinbar. Dieser braucht zwar nur eine Postkarte in Scheckform auszuschreiben, die einen kleinen Abschnitt mit einem Avisvermerk für den Empfänger enthält, er muß diese Postkarte aber immerhin einzeln versenden; der Empfänger eines solchen Postkartenschecks sowohl wie besonders die Banken haben dagegen bei dessen weiterer Behandlung die gleiche und noch mehr Mühe als beim Empfang eines gewöhnlichen Schecks und erst recht größere Mühe als durch Eingang einer Überweisung. Zur weiteren Sicherung trägt der Postkartenscheck die sog. Orderklausel, die im inländischen Verkehr sonst in Deutschland sehr wenig angewandt wird, um so häufiger dagegen im Auslandsverkehr. Der Orderscheck ist im Scheckgesetz § 8 vorgesehen. Die erwähnte Klausel lautet: „Die pp.-Bank zahle aus meinem Guthaben an pp. oder Order" (statt wie beim Inhaberscheck: oder Überbringer). Diese Klausel verlangt ausdrücklich die Legitimation des schließlichen Geldempfängers bei Barauszahlungen solcher Schecks und die genaue Prüfung der Ordnungsmäßigkeit des Scheckindossamentes durch jede Bank auch bei bargeldlosen Zahlungen. Von dem Ausschluß der konkreten Schuldverpflichtung § 8 des Scheckgesetzes ist eine Ausnahme zugelassen; die Reichsbank darf — ebenso wie das in anderen Ländern, besonders Amerika, allen Banken gestattet ist — jeden auf sie gezogenen Scheck mit einem Bestätigungsvermerk versehen, der ihn zum Geldzeichen umwandelt. Denn ein solcher bestätigter Scheck wird von jeder Reichsbankstelle im Reiche ohne Prüfung der Legitimation des Einreichers, und ohne daß das Vorhandensein eines Guthabens erst festgestellt wird, jedem Reichsbank-Girokonto gutgeschrieben. Die Weigerung, dieses „Zertifikationsrecht" anderen Banken zuzugestehen, hat ihre Begründung gerade darin, daß man den Scheck nicht zu einem Geldzeichen machen wollte. Auch sollte verhindert werden, daß einzelne wenig zahlungsfähige Bankfirmen sich dieser Einrichtung zwecks Kreditbeschaffung bedienen. — Inhaberschecks, Orderschecks und Rektaschecks können in zweierlei Form verwendet werden, nämlich als Barscheck oder als Verrechnungsscheck. Der Gegenwert eines Barschecks wird dem Inhaber — sofern es ein Order- oder Rektascheck ist, nur gegen Legitimation — von der bezogenen Bankanstalt bar ausgezahlt. Der Verrechnungsscheck darf von der bezogenen Bank nicht in bar ausgezahlt werden; er trägt den quer über den Scheck geschriebenen Vermerk „Nur zur Verrechnung" (§ 14 des Scheckgesetzes). Verrechnungsschecks sind zwar schwerer zur Einlösung zu bringen als Barschecks, doch wird die Gefahr einer unrechtmäßigen Abhebung keineswegs, wie vielfach angenommen wird, völlig ausgeschaltet. Der Verrechnungsscheck ist das eigentliche bargeldlose Zahlungsmittel. Ein Barscheck kann nur als Bargeld ersparendes Zahlungsmittel bezeichnet werden. Aus technischen und Sicherheitsgründen bürgert sich aber die Benutzung von Scheckformularen für gewöhnliche Barabhebungen bei Banken immer mehr ein, entsprechend der Anerkennung des Grundsatzes der Formularstrenge. Reichsbank und Post wenden diesen Grundsatz seit jeher an. — Der Unsitte der Vordatierung von Schecks ist neuerdings durch eine gesetzliche Bestimmung (Novelle zum Scheckgesetz vom 15. März 1930) ein Ende gemacht, derzufolge Schecks, die vor dem Ausstellungsdatum bei der bezogenen Stelle vorgelegt werden, von dieser genau so behandelt werden sollen, als trügen sie das Datum der Vorlegung als Ausstellungsdatum.

Sicherungsmaßnahmen. Scheckformulare werden von den bezogenen Banken ihren Kunden zur Verfügung gestellt, zumeist in Heften zu 25 oder 50 Stück vereinigt. (Im internationalen Verkehr ist es vielfach üblich, daß der Scheckaussteller ein eigenes Formular benutzt, in das er die Firma der bezogenen Bank selbst einsetzt.) Die Formulare sind fortlaufend numeriert. Der Scheckbuchinhaber übernimmt (im Inlandverkehr) nach den allgemeinen Bankbedingungen und einer in einem jeden Scheckbuch besonders wiederholten Mahnung die Verpflichtung der sorgfältigen Aufbewahrung und der Haftung für alle Schäden, die durch nichtordnungsmäßige Aufbewahrung entstehen. Neuerdings werden die Scheckformulare auch von den meisten Banken allgemein mit der Nummer das Kontoinhabers versehen — wie im Postscheckverkehr seit jeher —, was die Buchung in den Bankbetrieben erleichtert. Im übrigen pflegt man für den Druck von Schecks besondere Papiersorten, besondere Drucktypen, besondere Druckfarben zu verwenden. Das Papier trägt meist ein Wasserzeichen; häufig ist ein Unterdruck angebracht, der die Fälschung erschwert. Die früher allgemein übliche Anbringung einer Zahlenleiste am rechten Rande des Scheckformulars wird heute nicht mehr als brauchbares Sicherungsmittel angesehen, weil die richtige Behandlung dieser Zahlenleiste im Massenverkehr der Scheckabteilungen aller größeren Banken nicht mehr ordnungsmäßig geprüft werden kann. Die technische Bearbeitung des Schecks in den Bankbetrieben wird noch weiter vereinfacht werden, wenn die Orts- und Banknummern, deren allgemeine Einführung geplant ist, jedem Formular aufgedruckt sind. Alsdann braucht an keiner Stelle des Bankbetriebes zur Kennzeichnung von Schecks etwas anderes geschrieben zu werden als Ziffern. — Als technische Maßnahme von großer Wichtigkeit ist die Einführung eines einheitlichen Scheckvordrucks für alle deutschen Banken im Jahre 1928 zu betrachten. Die Bemühungen, einen solchen Einheitsscheck einzuführen, gehen bis zum Jahre 1921 zurück. Das Einheitsscheckformular hat in seiner äußeren Gestalt gegenüber den früher in vielfachen Abwandlungen gebrauchten Formularen wichtige Änderungen erfahren. Es hat die Größe einer Postkarte (Din A 6). Die Textanordnung ist so getroffen, daß das Ausschreiben leichter ist als früher. Z. B. wird der Betrag in Ziffern und Buchstaben unmittelbar hintereinander ausgeschrieben und dann erst der Name des etwaigen Zahlungsempfängers. Auch andere Länder sind im Begriff, das deutsche Einheitsscheckformular anzunehmen, z. B. Österreich, Ungarn, Frankreich. Amerika hat einen eigenen Einheitsscheck eingeführt, der aber eine andere Größe besitzt als der deutsche.

Im internationalen Verkehr wird der Scheck, wie schon erwähnt, fast nur in seiner Form als Orderscheck angewandt. Um solche Schecks von den im Inlande üblichen zu unterscheiden, ist dafür ein größeres Format, 187 × 105, festgesetzt (d. i. $1^1/_2$ Din A 6). Auf das Ausland gezogene Schecks werden der Regel nach besonders avisiert. Neuerdings geschieht dies meist durch Übersendung einer Durchschrift des Originalschecks. — Im großen und ganzen stimmen die Scheckgesetze und die den Scheck betreffenden Handelsgebräuche des Auslandes mit den deutschen überein. Sehr große Verschiedenheiten bestehen lediglich bezüglich der Präsentationsfristen; in den Vereinigten Staaten von Amerika z. B. haben Schecks eine unbeschränkte Umlaufszeit, in England ist der Scheck dem Sichtwechsel gesetzlich gleichgestellt; unserem Verrechnungsscheck entspricht dort der gesetzlich geregelte Crossed-Scheck, der durch zwei über die Vorderseite gezogene parallele Querlinien gekennzeichnet ist. Solche Schecks dürfen nur an eine Bank oder einen Bankier ausgezahlt werden. Ist eine bestimmte Firma zwischen den beiden Querlinien angegeben, so darf der Scheck nur an diese Firma ausgezahlt werden. Das gleiche Verfahren ist auch in Amerika, wenn auch nicht gesetzlich geregelt, üblich. In England und Amerika werden sehr häufig zertifizierte Schecks ausgegeben, und zwar in zwei Formen, als sog. Travellerschecks und Limitedschecks. Travellerschecks sind an die Adresse des Reisenden gestellt und werden ihm gegen Zahlung oder Belastung des Gegenwertes von der ausgebenden Bank ausgehändigt, stellen also eine Art privater Banknoten dar, die von vielen Banken und sonstigen Zahlstellen in Zahlung genommen werden. Limitedschecks dagegen werden nur bei einer bestimmten Bank eingelöst und lauten in der Regel nicht über einen bestimmten Betrag wie Travellerschecks. Sie dürfen aber nur über einen Höchstbetrag, der auf den Schecks angegeben ist, ausgeschrieben werden. Aus Sicherheitsgründen werden beide Gattungen von Schecks vom Inhaber zweimal unterzeichnet, einmal sofort nach Ausgabe und das zweite Mal bei der Präsentation in Gegenwart eines Beamten der auszahlenden Bank.

Überweisung. Für Deutschland hat, wie oben schon gesagt, die Überweisung als Mittel des B.Z. eine weit größere Bedeutung erlangt als der Scheck. Man kann die Überweisung mit Fug und Recht als die deutsche Form des B.Z. bezeichnen. Im Gegensatz zum Scheckverkehr hat der Überweisungsverkehr keine gesetzliche Regelung erfahren. Eine solche wird von vielen Sachverständigen für notwendig gehalten, um den hohen Wert dieses Geldverkehrsmittels noch zu steigern. Die Überweisung ist populär gemacht worden durch die Reichsbank unter der Bezeichnung „Giroüberweisung". Das Wort „Giro" bedeutet Kreis (griechisch: gyros, italienisch: giro). Alle am Giroverkehr Beteiligten bilden einen Kreis, in dem Geldansprüche von einem zum anderen überschrieben werden können. Ursprünglich mußten Zahlungsleistender und Zahlungsempfänger beim gleichen Bankinstitut ihr Konto unterhalten. In der Reichsbank besteht ein solches Institut mit etwa 450 Filialen, so daß das ganze Reich als ein Giroplatz betrachtet werden kann. Auch der Postscheckverkehr mit seinen 19 kontoführenden Postscheckämtern stellt ein einheitliches Institut dar. Im Spargironetz mit seinen über 3400 Bankplätzen, finden wir schon eine organisatorische Zusammenfassung vieler einzelner Bankanstalten, die sich aber im Sinne der gegebenen Verbandssatzung als ein einheitliches Institut betrachten. Ähnliche, jedoch losere Zusammenfassungen stellen der „Genossenschaftsring" und der „Giroverband der Dresdner Bank" dar (s. w. u.). Die Reichsbank führt ca. 50000, das Postschecknetz etwa 1 Million, der Spargiroverkehr 2,5 Millionen Konten. Innerhalb jedes der erwähnten Netze werden Überweisungen genau so einfach verrechnet wie in einem Einheitsinstitut. Die Verbindung zwischen den Netzen ist allerdings noch immer sehr mangelhaft; sie wird z. T. an den großen Plätzen durch die Abrechnungsstellen der Reichsbank geschaffen. In der Regel wird eine für ein netzfremdes Konto bestimmte Überweisung durch Benutzung des Reichsbankgirokontos oder Postscheckkontos der beauftragten Bank (als „indirekte Überweisung") an die Kontostelle des Empfängers geleitet, was jedesmal die Ausfüllung mehrerer verschiedenartiger Vordrucke notwendig macht. Seit einigen Jahren finden jedoch die Bemühungen, Überweisungen unter Benutzung des gleichen Formulars von einem Netz in das andere zu leiten, immer größeren Anklang. Die Großbanken, die bisher jede für sich ein eigenes Gironetz bildeten, haben neuerdings ein Einheitsformular eingeführt, das sie miteinander austauschen und im Original an den als Zahlungsempfänger bezeichneten Kunden der empfangenden Bank weiterleiten. Dieses Bankformular entspricht zunächst noch nicht den idealen Erfordernissen, weil es nicht von dem die Zahlung veranlassenden Bankkunden, sondern vorläufig noch von der erstbeauftragten Bank ausgefüllt wird. Das gleiche gilt von den Genossenschaftsformularen. Reichsbank-, Postscheck- und Spargiroformulare dagegen werden vom ersten Auftraggeber ausgefüllt und laufen im Original bis zum letzten Empfänger. Die künftige Entwicklungslinie ist vorgezeichnet: Alle Bankinstitute sollten das gleiche Formular benutzen, sollten es aber auch vom auftraggebenden Kunden ausfüllen lassen. Erst dann ist die Verbuchung und Verrechnung im Einzelbetriebe und im Zwischenverkehr zwischen den verschiedenen Kontostellen des gleichen Gironetzes und noch mehr zwischen den verschiedenen Netzen bis zum äußersten erleichtert und vereinfacht, so daß die Kosten des einzelnen Überweisungsvorganges auf ein Minimum reduziert sind.

Die rückläufige Überweisung wird vorläufig noch verhältnismäßig selten angewandt, obgleich sie vom Standpunkt der Bankkunden und der Banken zweifellos die zweckmäßigste Form des B.Z. darstellt. Sie ist freilich nur anwendbar, wenn die große Mehrzahl aller Wirtschaftsführenden bei irgendeiner Bankanstalt Konto unterhält und entsprechende Vorbereitungen getroffen werden. Die rückläufige Überweisung setzt voraus, daß ein Zahlungspflichtiger seiner Kontostelle eine allgemeine Anweisung erteilt, gewisse Forderungen Dritter gegen ihn ohne Rückfrage zu begleichen, z. B. kann jeder Bankkontoinhaber seinem Hauswirt, den Versicherungsanstalten, bei denen er Versicherungen eingegangen ist, den Steuerbehörden und den sonstigen amtlichen Stellen, die regelmäßig Geldbeträge zu fordern haben, das Recht einräumen, ihre Forderungen bei seiner eigenen Bank durch Einreichung der Quittungen geltend zu machen. Gleichzeitig muß er natürlich seine Bank anweisen, die etwa angeforderten Beträge regelmäßig, sofern sie eine angegebene Höhe nicht übersteigen, bargeldlos auszuzahlen. Das bedeutet, daß die großen Anstalten, z. B. Feuerversicherungsgesellschaften die sämtlichen aufkommenden Prämien oder wenigstens einen großen Teil davon — auf Grund eines eingereichten Sammelverzeichnisses und der für jeden Posten beigefügten Quittungen — in einem Posten von ihrer eigenen Bank auf Konto gutgeschrieben erhalten. Die Bank verteilt die Quittungen auf diejenigen Banken, bei denen die Zahlungspflichtigen Konten unterhalten (diese Kontostelle muß natürlich jeweils angegeben sein) und verrechnet mit diesen Banken nur den Gesamtbetrag. Die Bank der Zahlungspflichtigen verteilt die Quittungen auf die Zahlungspflichtigen selbst, belastet deren Konten ziffernmäßig unter gleichzeitiger Übersendung der Originalquittung statt einer Lastschriftsanzeige. An keiner Stelle erfährt diese rückläufige Überweisung eine individuelle Bearbeitung. Der Zahlungspflichtige braucht kein Scheck- oder Überweisungsformular mehr auszufüllen; der Zahlungsempfänger kann in Ruhe vorbereitete und im Massenverfahren hergestellte Quittungen (z. B. Durchschriften eines Journals) einreichen; die vermittelnden Banken leisten nur mechanische Arbeit; Fälschungen sind kaum möglich bzw. würden sehr leicht entdeckt werden; besondere Sicherungsmaßnahmen sind daher überflüssig; der Geldverkehr wird beschleunigt; Zinsen werden erspart. Vor der Inflationszeit ist dieses Einziehungsverfahren außer bei dem Einzug von Schecks und Effektenrechnungen von vielen Behörden oder behördlichen Unternehmungen, wie Post, Gasanstalten, Elektrizitätswerken, Versicherungsanstalten u. dgl. angewandt worden. Zur Zeit wird es nur von der Reichsbank im Verkehr mit den zentralen Reichs- und Staatsbehörden und einzelnen Steuerbehörden benutzt. Die Propaganda für dieses Verfahren scheitert zunächst an den durch die schwierigen finanziellen Verhältnisse der meisten Bankkunden notwendigen strengen Dispositionen über die Bankkonten. Es ist aber verwunderlich, daß finanziell glücklicher gestellte Länder als Deutschland, wie die Vereinigten Staaten von Amerika und England, das Verfahren nicht kennen.

Scheck oder Überweisung. Der seit Jahren in Deutschland schwebende Streit, ob der Scheck oder die Überweisung das zweckmäßigere Zahlungsmittel ist, scheint jetzt endgültig zugunsten der Überweisung entschieden zu sein; denn auch die Privatbanken, die mangels eines geschlossenen Netzes unter Bezugnahme auf die englischen und amerikanischen Erfahrungen vorwiegend für den Scheck eingetreten waren, erkennen heute die Überlegenheit der Überweisung an mit der selbstverständlichen Einschränkung, daß im „Zug um Zug"-Verkehr der Scheck fast unentbehrlich sei. Als völlig zweifelsfrei darf gelten, daß im interlokalen Zahlungsverkehr die Benutzung des Schecks gegenüber dem Überweisungsverkehr eine Kraftverschwendung darstellt. Gegen den Scheck spricht die Tatsache, daß die Hingabe eines solchen keine Zahlung im Sinne einer sofortigen Schuldtilgung ist. Ein Scheck ist lediglich ein Zahlungsversprechen und wird deshalb meist nicht „an Zahlungsstatt", sondern nur „zahlungshalber" angenommen. Mit einer Überweisung dagegen ist jede Zahlung ausgeführt, sobald die Buchung des überwiesenen Betrages auf dem Konto des Gläubigers vorgenommen worden ist. Die Scheckzahlung erfordert im Regelfalle mehr Kosten für den Zahlenden als eine Überweisung; denn Schecks müssen einzeln, manchmal per Einschreiben versandt werden. Dagegen können gleichzeitig viele Überweisungsaufträge in einem Sammelauftrag an die beauftragte Bank erteilt werden, kosten also nur einfaches Porto, wenn sich dieses wegen der räumlichen Nähe der Kontostelle nicht auch ersparen läßt. Der Vorteil, den manche Bankkunden in dem Scheck sehen, daß ihnen nämlich der Betrag erst nach Vorkommen belastet wird, kehrt sich in das Gegenteil um, wenn auch die Interessen des Zahlungsempfängers berücksichtigt werden. Für den Scheckempfänger entsteht zumeist bei der Bearbeitung der einzelnen Zahlungsvorgänge weit mehr Arbeit als durch die Überweisung entstehen würde. Für die Träger des B.Z. erwächst aus der Verbuchung von Schecks in allen den Fällen Mehrarbeit, in denen ein Scheck nicht bei der ersten Präsentation bezahlt wird, was in Krisenzeiten zu einer unerträglichen Belastung wird. Freilich wirken sich die Vorteile des Überweisungsverkehrs gegenüber dem Scheckverkehr um so mehr aus, je besser die betreffenden zahlungsvermittelnden Stellen betriebswirtschaftlich organisiert sind. Der höchste Effekt würde bei allgemeiner Anwendung des oben geschilderten rückläufigen Überweisungsverfahrens erzielt werden.

Sonstige Mittel des B.Z., die bargeldersparend wirken, ohne in der Regel die Barzahlung völlig auszuschalten: Gegenüber dem Scheck und der Überweisung tritt die ursprünglichere Form des Schecks, die **Anweisung** in ihrer Bedeutung sehr erheblich zurück. Sie kommt nur noch vereinzelt als sog. „Platzanweisung" vor. Zeitweise gaben die Banken in der gleichen Weise wie Scheckbücher Platzanweisungshefte aus, um den damals erhobenen Scheckstempel zu ersparen. Da befristete, auf Namen oder Order einer Person bzw. Firma lautende Anweisungen und solche, die außerhalb des Ausstellungsortes zahlbar sind, in Deutschland der Stempelpflicht nach dem Wechselsteuergesetz unterliegen, ist die seltene Anwendung dieser Zahlungsform leicht erklärlich. — Eine besondere Form der Anweisung stellt der **Kreditbrief** dar und dessen Abart das *Akkreditiv* (s. d.). Der Kreditbrief wird vorwiegend im Reiseverkehr des In- und Auslandes benutzt. Das Akkreditiv, das in der Regel nur bei einer bestimmten Bank „zahlbar gestellt" ist, dient in der Regel der Bereitstellung von Mitteln zu Wareneinkäufen. Eine besondere Abart des Kreditbriefes stellt der **Zirkularkreditbrief** (auch Weltkreditbrief, s. unter *Akkreditiv*) dar.

Nach Art der Weltkreditbriefe geben die Post, die Sparkassen und die Genossenschaften Kreditbriefe aus, die bei allen Inlandszahlstellen des betreffenden Netzes sowie bei einigen ausländischen Stellen zahlbar sind. In der äußeren Form unterscheiden sich diese Kreditbriefe von den Bankkreditbriefen dadurch, daß ihnen einzelne Quittungsvordrucke angeheftet sind, die in Gegenwart des Kassenbeamten der auszahlenden Stellen ausgefüllt und unterzeichnet werden müssen, so daß die Kontrolle vereinfacht ist, ebenso wie die technische Bearbeitung in den betreffenden Betrieben. Der Postkreditbrief trägt neuerdings den Namen „**Postreisescheck**", der Kreditbrief des Spargiroverkehrs die Bezeichnung ROB. (**R**eise **o**hne **B**argeld). — Andere Formen der Anweisung sind: Zahlkarte, Spargirozahlschein, Zahlschein der Reichsbank, Postzahlungsanweisung, Postanweisung, Postnachnahme, Postauftrag, die miteinander gemeinsam haben, daß sie dem Zwecke der Geldbeförderung dienen. **Zahlkarte, Spargirozahlschein** und **Reichsbankzahlschein** übermitteln Zahlungen von Nichtkontoinhabern an Kontoinhaber der betreffenden Gironetze. Die **Postzahlungsanweisung** stellt eine Anwendungsform des Postbarschecks dar und vermittelt Zahlungsaufträge zu Lasten eines Postscheckkunden an einen Nichtpostscheckkunden. Die **Postanweisung**, wohl das bekannteste Bargeld ersparende Zahlungsmittel überhaupt, vermittelt Zahlungen zwischen verschiedenen Kunden der Post, die kein Konto bei ihr führen, während **Postnachnahmen** und **Postaufträge** im Sinne der rückläufigen Überweisungen den Einzug von Forderungen zwischen Kunden der Post, die entweder ein Konto bei ihr unterhalten oder nicht, vermitteln. — Die Postnachnahme ist jeweils an einen Zahlungspflichtigen gerichtet und wird ihm gegen Erstattung des eingeforderten Betrages ausgehändigt. Der Postauftrag dagegen wird an ein Postamt adressiert, das damit den Auftrag erhält, beigefügte Dokumente, Wechsel od. dgl. einer im Postauftrag genannten Person oder Firma zur Zahlung vorzulegen.

Die *Skontration* (*Abrechnung*). Während die bisher geschilderten Mittel des B.Z. sich an ein konkretes Formular heften, stellt die Skontration ein abstraktes Mittel des B.Z. dar. Man bezeichnet als Skontration ein Verfahren, mittels dessen eine Vielzahl von Personen oder Bankstellen in der Lage ist, ihre gegenseitigen Schulden auf eine gedachte Person zu übertragen, die ihrerseits die „Aufrechnung" vornimmt, also die gegenseitigen Verpflichtungen aller Teilnehmer soweit ausgleicht, daß nur Spitzenbeträge zu zahlen sind. Die volle Bedeutung des Begriffes wird durch folgende Definition gekennzeichnet:

„Als Abrechnung, Skontration, Clearing oder Compensation bezeichnet man eine arbeitersparende und — unter Umständen — bargeldersparende Form des Ausgleichs von Forderungen und Verpflichtungen zwischen den Mitgliedern eines abgegrenzten Teilnehmerkreises, deren Eigenart darin besteht, daß eine Vielzahl gegenseitiger Forderungen und Verpflichtungen nach Summierung oder — unter Umständen — nach Saldierung der Summen der auf die einzelnen Mitglieder entfallenden Forderungen und Verpflichtungen beglichen oder verrechnet wird."

Anmerkung. Diese Definition ist zuerst von dem Unterzeichneten in einem Aufsatz „Abrechnung" im Handwörterbuch der Betriebswirtschaft, 2. Aufl., veröffentlicht. Frühere Definitionen umschreiben die erläuterte Einrichtung als ein lediglich im Zahlungsverkehr angewandtes Verfahren, was nicht gebilligt werden kann. „In der Tat wird die Skontration auch außerhalb des Zahlungsverkehrs in erheblichem Umfange praktisch angewandt, wenn auch ihre Entstehung wahrscheinlich dem Bestreben einer Vereinfachung von Zahlungsakten zu danken ist, und wenn sie auch vorwiegend von Banken benutzt wird. Die Erkenntnis der besonderen betriebswirtschaftlichen Bedeutung der Abrechnung ist nicht überall, wo sie angewandt wird, vorhanden. Erst die moderne betriebswissenschaftliche Forschung hat den hohen Wert und die große Abwandlungsfähigkeit dieser schon seit Jahrhunderten angewandten Technik erkannt und damit grundlegende Anregungen für eine weitere Ausgestaltung und Anwendung des Verfahrens gegeben[1]."

Die Skontration wird im B. Z. in verschiedenen Formen angewandt, am häufigsten in der vereinfachten Form der nur summenmäßigen gegenseitigen Verrechnung. Bei den Abrechnungsstellen der Reichsbank in Deutschland und bei vielen Abrechnungsstellen des Auslandes, besonders in Amerika, geschieht dies aber in der feineren Form des saldenmäßigen Ausgleiches unter allen Beteiligten. Zumeist verrechnen nur am gleichen Orte bestehende Banken (lokale Abrechnung). Es ist aber auch eine interlokale Abrechnung zwischen Teilnehmern, die an verschiedenen Plätzen ihren Wohnsitz haben, möglich. Die meisten Abrechnungen werden von besonders entsandten Vertretern der beteiligten Banken vorgenommen. Jedoch besteht auch die Möglichkeit, daß eine Vertrauensstelle das ihr zu treuen Händen überlassene Abrechnungsmaterial skontriert. Dies ist bei der interlokalen Abrechnung das allein mögliche Verfahren. Es wird im übrigen von der Reichsbank im internen Verkehr — bei der Verrechnung der Giroüberweisungen zwischen den Zweiganstalten und der Reichshauptbank — angewandt. (Über die deutschen Abrechnungsstellen s. *Abrechnungsverkehr.*)

4. Träger des bargeldlosen Zahlungsverkehrs.

a) *Reichsbank.* Die Reichsbank hat, wie weiter oben dargestellt, durch Übernahme der Hamburgischen Girobank das Hamburgische Überweisungssystem für das ganze Reich organisiert. Da die Reichsbank als Bank der Banken angesehen werden muß und im übrigen nur die bedeutenderen Firmen sowie die meisten Behörden zu ihren Kunden zählen, insgesamt ca. 50000 Konten, handelt es sich beim Reichsbank-Giroverkehr vorwiegend um den Großverkehr. Alle Finanzzahlungen werden z. B. durch Reichsbanküberweisung oder im weißen Reichsbank-Scheck geleistet. Die Reichsbank arbeitet neuerdings energisch an einem weiteren Ausbau ihres Systems, das sie im Jahre 1929 durch Einführung eines Avises, das als Durchschlag eines jeden Überweisungsformulars hergestellt wird, verbessert hat (vgl. *Reichsbank*).

[1] Vgl. SCHOELE: Abrechnung, a. a. O.

Der Reichsbank angeschlossen sind die sog. Abrechnungsstellen, die der Skontration (s. o.) von Schecks und Überweisungen dienen. Wegen der Bedeutung dieser Einrichtung ist ihr ein besonderer Artikel *Abrechnungsstellen* (s. d.) gewidmet.

b) *Postscheckverkehr* (s. d.). Von höchster Bedeutung für die Entwicklung des B. Z. in Deutschland ist der Postscheckverkehr geworden. Die Post ist aber auch als Träger bargeldersparender Einrichtungen außerhalb des Postscheckverkehrs tätig, s. oben unter „Anweisungen". Der Postscheckverkehr selbst zeichnet sich unter allen bargeldlosen Zahlungssystemen Deutschlands durch die straffe Organisation aus, die in zweckmäßigster Weise das gesamte Netz von ungefähr 30000 Postanstalten dem bargeldlosen Zahlungsausgleich dienstbar macht. Die Einrichtung des Postscheckverkehrs geht auf das österreichische Vorbild zurück; sie ist in Wien bereits 1883 auf Grund von Anregungen eines genialen Organisators Dr. GEORG COCH erfolgt. Bald danach hatte auch Ungarn den Postscheckverkehr eingeführt. Die Übernahme des Systems durch Deutschland hat den Weg zu seiner allgemeinen Einführung freigemacht; jetzt haben fast sämtliche europäischen Staaten ähnliche Einrichtungen.

c) *Spargiroverkehr:* Gleichzeitig mit dem Postscheckverkehr, der am 1. Januar 1909 eingeführt wurde, trat der Spargiroverkehr (kommunaler Giroverkehr) in Tätigkeit. Er unterscheidet sich von den Einrichtungen der Reichsbank und der Post im wesentlichen durch die Form seines Aufbaues. Mehr als 4500 Girostellen (Spar- und Girokassen, Kommunalbanken usw.) bilden die Außenstellen des Netzes, das durch 21 Girozentralen provinz- bzw. länderweise zusammengefaßt ist und in der Deutschen Girozentrale seine Spitze besitzt. Jede dieser Stellen verwaltet sich selbst. Die einzelnen Girozentralen sind Gemeinschaftsanstalten der Spar- und Girokassen bzw. deren Gewährsträger, also der einzelnen Städte, Gemeinden und Kreise, wie die Deutsche Girozentrale eine Gemeinschaftsanstalt der Girozentralen darstellt. Der Rechtsträger der Deutschen Girozentrale ist ein Verband sämtlicher Giroverbände: Der Deutsche Sparkassen- und Giroverband.

Eine weitere Eigenart des Spargiroverkehrs, und zwar diejenige, die ihn hat entstehen lassen, ist die Art seiner Kapitalverwaltung. Diese ist im Gegensatz zum Verfahren der Reichsbank dezentral, d. h. die in einem Orte bzw. in einem Bezirke aufkommenden Mittel werden soweit als irgend möglich an diesem Orte bzw. in diesem Bezirke angelegt und verwendet. Lediglich die Liquiditätsguthaben und Überschüsse einzelner Bezirke gelangen zu den Zentralen bzw. zur Deutschen Girozentrale, wo sie flüssig angelegt werden. — Das Überweisungsformular des Spargiroverkehrs hat die Form einer Postkarte und ist im Jahre 1930 in ca. 50 Millionen Exemplaren benutzt worden.

Dieses Überweisungsformular (Girokarte genannt) wird von dem Auftraggeber selbst ausgefertigt. Die Kontostelle des Auftraggebers (Girostelle 1) leitet dann im Normalfall diese Girokarte an die für den Bezirk der Kontostelle des Empfängers (Girostelle 2) zuständige Girozentrale (Girozentrale 2) weiter, die ihrerseits die Karte der Kontostelle des Empfängers (Girostelle 2) unter gleichzeitiger Gutschriftserteilung zustellt; von dieser wird die Girokarte dann dem Empfänger ausgehändigt. Die Verbuchung zwischen der Kontostelle des Auftraggebers (Girostelle 1) und der für diese zuständigen Girozentrale (Girozentrale 1) einerseits und die Verbuchung zwischen den beiden Girozentralen andererseits erfolgt mittels besonderer Sammelformulare, die von den beteiligten Stellen ausgefertigt und täglich ausgetauscht werden. — Neben diesem normalen Überweisungsweg ist noch — durch Schaffung eines besonderen Eilüberweisungsverkehrs — die Möglichkeit gegeben, die Überweisungsdauer auf die Dauer des Postlaufs zu beschränken. In diesem Fall leitet die Kontostelle des Auftraggebers (Girostelle 1) die Girokarte unmittelbar an die Kontostelle des Empfängers (Girostelle 2) weiter. Um Fälschungen zu verhüten, kommen besondere Sicherungsmaßnahmen zur Anwendung. Die Verbuchung erfolgt in der üblichen Weise über die beiden zuständigen Girozentralen. Besonders zu erwähnen ist noch, daß die Konten im Spargiroverkehr vom Tage des Eingangs ab bis zum Tage der Abverfügung verzinst werden.

Da die Spar- und Girokassen auch passiv scheckfähig sind und Schecks ausgeben und vor allem ihre Kunden vielfach Schecks einliefern, sind auch umfangreiche Einrichtungen zur Bewältigung des Scheckinkassoverkehrs geschaffen worden.

d) *Genossenschaftsringverkehr.* Durch Zusammenfassung der den provinziellen Zentralkassen angeschlossenen einzelnen Genossenschaften ist von der Preußischen Zentralgenossenschaftskasse der sog. „Genossenschaftsring“ gegründet worden mit der ausgesprochenen Absicht, ein dem Spargiroverkehr ähnliches Netz zu schaffen. Dem Genossenschaftsring sind 44 Zentralgenossenschaften (Ringhauptstellen) und etwa 3000 einzelne Genossenschaften angeschlossen. Diese Zahl ist nicht größer, weil die meisten der ca. 30000 ländlichen Kleingenossenschaften, die meist nebenamtlich verwaltet werden, als Girostellen im eigentlichen Sinne nicht in Frage kommen. Nach dem Muster der Spargiropostkarte (s. o.) ist ein blattförmiges Überweisungsformular eingeführt worden, das aber nicht von dem Kunden der Genossenschaften, sondern von der beauftragten Genossenschaft (1. Ringstelle) ausgefüllt wird. Diese erste Ringstelle gibt alle Überweisungsformulare mit einem Sammelverzeichnis an die übergeordnete Ringhauptstelle (Zentralgenossenschaftskasse) und erkennt deren Konto. Die Ringhauptstelle belastet die auftraggebende Ringstelle und verteilt die Überweisungen auf die zweiten empfangenden Ringstellen. Die für Genossenschaften anderer Ringhauptstellen bestimmten Überweisungen gibt sie an diese, indem sie gleichzeitig die Preußische Zentralgenossenschaftskasse in Berlin oder Frankfurt a. M. für den Gesamtbetrag zugunsten der empfangenden Ringhauptstelle erkennt. Die Preußenkasse nimmt die entsprechenden Buchungen vor. Die empfangenden Ringhauptstellen geben die für ihren Bezirk bestimmten Überweisungsformulare an die in Frage kommenden zweiten Ringstellen weiter, die ihrerseits die überwiesenen Beträge den bei ihnen geführten Konten der Empfänger gutschreiben. Ebenso wenig wie der Genossenschaftskunde der ersten Ringstelle den Antrag ausfüllt, erhält der Kunde der zweiten Ringstelle ein vorgeschriebenes Formular; vielmehr gibt die letzte Ringstelle die Gutschrift briefmäßig weiter.

Ganz ähnliche, leider nicht die gleichen Einrichtungen hat die Dresdner Bank für die ihrer Genossenschafts-Abteilung angeschlossenen Genossenschaften geschaffen. Auch hier wird ein vierteiliges Formular verwendet, das aber nach Möglichkeit schon vom ersten Auftraggeber ausgefüllt werden soll. Als Ringhauptstellen (Girozentralen) fungieren die Genossenschaftsabteilungen der Dresdner Bank in Berlin und Frankfurt a. M. Beide Genossenschaftsgironetze haben eine erhöhte Bedeutung dadurch erlangt, daß sie gleichzeitig ein Scheckinkassonetz darstellen, das durch die Dresdner Bank mit dem später zu erwähnenden Inkassonetz der Großbanken in Berührung steht. Die Bestrebungen gehen dahin, die beiden genossenschaftlichen Gironetze miteinander zu vereinigen.

e) *Privatbanken.* Im Anfang der Entwicklung des B.Z. in Deutschland haben die Privatbanken neben der Reichsbank grundlegende Arbeit geleistet. Es ist dabei an eine Entwicklung nach englischem Muster gedacht worden. Durch Errichtung von Depositen- und Scheckkonten haben die Privatbanken in der Zeit zwischen 1880 und 1914 den Anschluß an breite Bevölkerungskreise gefunden. Nach englischem Vorbild beschränkten sie sich im wesentlichen auf die Pflege des Scheckverkehrs unter Benutzung der Einrichtungen der Reichsbank (Scheckabrechnungsstellen) als Hilfsmittel. Briefliche Überweisungsaufträge ihrer Kundschaft erledigten sie unter Inanspruchnahme des Reichsbankgiroverkehrs (indirekter Überweisungsverkehr). Die statistischen Ziffern des Abrechnungs- und Reichsbankgiroverkehrs spiegeln deutlich die Fortschritte wider, die der B.Z. in jener Zeit gemacht hat. Zur Bequemlichkeit der Kundschaft wurden Scheckbücher im Taschenformat und Postkartenschecks ausgegeben, die sich später als schwere Belastung der Bankbetriebe herausstellten. Sehr auffällig war die bis zum Kriegsbeginn aufrechterhaltene ablehnende Stellungnahme der Banken gegenüber dem Postscheckverkehr, den sie bis dahin nicht einmal als Geldbeförderungsmittel im vollen Umfange benutzten. Darauf dürfte auch zurückzuführen sein, daß sich die Banken erst sehr spät die technischen Erfolge des Postscheckverkehrs zunutze machten. Beispielsweise wird die Einführung der Formularstrenge für den Zahlungsverkehr im allgemeinen noch heute abgelehnt; dagegen hat sich der Gedanke der Kontennumerierung sowie der Orts- und Bankennumerierung durchgesetzt (ebenso wie übrigens auch bei den Genossenschaften). Im Postscheck- und Spargiroverkehr galten diese Grundsätze von jeher. Bei der Reichsbank wird die Kontennumerierung noch nicht angewandt. — In den letzten Jahren haben sich die Privatbanken, besonders die Großbanken, immer mehr auf den Überweisungsverkehr umgestellt. Die Großbanken haben ein ursprünglich nur für den Berliner Platzverkehr gedachtes Formular, das dem Reichsbankgiroformular angepaßt ist, überall im Reiche eingeführt und tauschen es miteinander aus. Da sie einen Zwang auf ihre Kunden ablehnen, wird dieses Formular aber nicht, wie bei der Post, der Reichsbank und den Sparkassen, von der Kundschaft ausgefüllt, sondern erst von der beauftragten Bank. Allerdings gelangt ein Durchschlag schließlich in die Hand des Empfängers und ein anderer Durchschlag als Belastungsaufgabe zum Absender. Um den sehr starken Scheckverkehr der Banken zusammenfassend zu beschleunigen, haben die Großbanken eine Inkassogemeinschaft begründet, die nach ähnlichen Grundsätzen arbeitet wie das Scheckinkassonetz der Sparkassen. Um auch Schecks auf kleinere Plätze, an denen die Großbanken nicht vertreten sind, einziehen zu können, arbeiten die Großbanken mit den beiden Genossenschaftsgiroringen zusammen. Die Entwicklung drängt auch hier zu einer völligen Vereinheitlichung.

Eine besondere Würdigung verlangt noch der private Verrechnungsverkehr der Bank des Berliner Kassenvereins. Ihm sind sämtliche Berliner Banken und Bankiers angeschlossen. Es besteht eine Scheckabrechnungsstelle und eine besondere Abrechnungsstelle für den Ausgleich der durch den Börsenverkehr entstehenden Schuldverhältnisse zwischen den Berliner Banken und Bankfirmen (vgl. *Abrechnungsverkehr*).

5. Zusammenfassung und Entwicklungsmöglichkeiten.

Wie oben dargelegt, ist die Entwicklung des B. Z. in Deutschland eigene Wege gegangen. Genau wie auf allen Gebieten des Wirtschafts- und Kulturlebens fehlte auch hier die Einheitlichkeit. Daraus sind zahlreiche Hemmungen entstanden, ohne die das deutsche Zahlungswesen wahrscheinlich als vorbildlich für die ganze Welt gelten würde. Die ehemals für ideal gehaltene Entwicklung in den englischsprechenden Ländern hat sich je länger je mehr als ein Irrweg herausgestellt. So zweckmäßig der Scheck im reinen Platzverkehr auch ist, so ungeeignet muß er als Geldbeförderungsmittel im interlokalen Verkehr betrachtet werden. Das fällt um so schwerer ins Gewicht, je größer das Wirtschaftsgebiet ist. In Amerika z. B. hat man sich daran gewöhnt, unter Umständen Wochen zu warten, bis Zahlungen zwischen weit auseinanderliegenden Orten als ordnungsmäßig anerkannt werden. Der Federal Reserve Board hat dort nach Maßgabe der vorhandenen Möglichkeiten den Scheckverkehr durch Schaffung von Inkassoeinrichtungen verbessert. Das gleiche gilt von jeher für England und in beschränktem Umfange für deutsche Verhältnisse. Als großer Vorzug der englischen und amerikanischen Zahlungsverkehrsverhältnisse bleibt bestehen, daß dort das Depositen- (Kassenhaltungs-) Konto unbedingt identisch mit dem Zahlungsverkehrskonto ist. Meist überwiegt der Charakter als Zahlungsverkehrskonto. Demgegenüber haben wir in Deutschland zwar ein an sich weit besseres Zahlungsmittel als den Scheck, nämlich die Überweisung in Kombination mit der rückläufigen Überweisung. Die Anwendung dieses Mittels wird aber durch die schon erwähnte Zersplitterung der Gironetze und vor allem auch durch die Tatsache behindert, daß in Deutschland fast jeder Kaufmann und jede Firma ein Zahlungsverkehrskonto (bei der Reichsbank oder bei der Post) und daneben ein Bank- (Depositen-) Konto bei einer Großbank, Bankfirma, Sparkasse oder Genossenschaft unterhält. Da jeder Geschäftsmann sich bemüht, den eigenen Kunden die Zahlungen zu erleichtern und die verschiedenen Giro- und Banknetze miteinander nur mangelhaft verbunden sind, ist es nichts seltenes, daß eine Firma gleichzeitig ein Reichsbankgirokonto, ein Postscheckkonto, ein Spargirokonto, ein Bankkonto und ein Genossenschaftskonto unterhält. Wenn man noch in Erwägung zieht, daß die Formulare und die Buchungstechniken der verschiedenen Kategorien von Anstalten weit größere Verschiedenheiten voneinander aufweisen, als etwa diejenigen der amerikanischen Privatbanken untereinander, so muß einleuchten, welche Verschwendung an Arbeitskraft und Zeit im Zahlungsverkehr herrscht. Es zeugt von einer großen Anpassungsfähigkeit der deutschen Wirtschaft, daß sich trotzdem der B. Z. in den letzten 20 Jahren so außerordentlich stark entwickelt hat. Nunmehr drängt jedoch alles zu einer Rationalisierung, deren Schwierigkeiten kaum noch als unüberwindlich angesprochen werden können.

Da es den Bedürfnissen der Wirtschaft nicht entsprechen würde, einzelne Kategorien von Trägern des B. Z. als solche auszuschalten, muß gefordert werden, daß alle deutschen Gironetze nach dem gleichen System sowie mit den gleichen Formularen arbeiten und daß Einrichtungen geschaffen werden, die einer restlosen Vereinheitlichung des Netzes gleichkommen (s. a. o. *Überweisung*). Die Reichsbank wäre die gegebene Stelle, als Dachorganisation für dezentralen und zentralen Austausch von Überweisungen zu sorgen; sie ist dazu berufen, weil sie gleichzeitig die einzige Stelle ist, die die Umwandlung von Giralgeld in Bargeld und die Übermittlung großer Guthaben von einem Ort an den anderen bewerkstelligen kann. Um die Zahl der Reichsbankstellen nicht unnötig vergrößern zu müssen und andererseits auch kleine Plätze zu vollgültigen Giroplätzen machen zu können, könnten die unter öffentlicher Kontrolle stehenden Sparkassen Hilfsdienste leisten. Der Reichsbank würde dadurch gleichzeitig die Möglichkeit an die Hand gegeben, die von vielen Volkswirten für gefährlich gehaltene Kreditschöpfung durch den B. Z. hintanzuhalten oder wenigstens zu kontrollieren. Ohne diktatorischen Eingriff der Reichsbank ist freilich eine Entwicklung im gedachten Sinne nicht möglich, wie die bisher mißglückten Versuche des Fachausschusses für das Bankwesen, das Zahlungswesen in einheitlicher Weise zu reorganisieren, bewiesen haben.

Literatur: Buchwald: Technik des Bankbetriebes, 9. Aufl. Berlin 1930. — Leitner: Das Bankgeschäft und seine Technik, 4. Aufl. Frankfurt. — Lessing, H.: Scheckgesetz. München, Berlin und Leipzig 1926. — Muss, Max: Der bankmäßige Zahlungsausgleich in Deutschland. Berlin und Leipzig 1922. — Schippel u. Schoele: Die Organisation des bargeldlosen Zahlungsverkehrs. Leipzig 1921. — Schmidt, F.: Der nationale Zahlungsverkehr, 2. Aufl. Leipzig 1920. — Bargeldloser Zahlungsverkehr. Handwörterbuch der Staatswissenschaften 1919. — Schoele, O.: Zahlungsverkehr. Handwörterbuch der Betriebswirtschaft, 1. Aufl. 1928. — Z.: Der bargeldlose Zahlungsverkehr (später: Der Zahlungsverkehr bzw. Zahlungsverkehr und Bankbetrieb) Jahrgang 1—13.

Otto Schoele.

Bargründung. Bei der B. wird zum Unterschied von der Sachgründung (Apport) das Eigenkapital des neuen Unternehmens bar eingezahlt (vgl. *Aktiengesellschaft III*).

Baring-Rothschild-Schroeder-Gruppe s. a. *Konsortialgeschäfte 3.*

Barrengold, ungemünztes Gold (auch Silber u. a. Metalle), wird für den Handel und insbesondere für monetäre Zwecke in Barren gegossen.

Barscheck s. *Bargeldloser Zahlungsverkehr 3.*

Baufinanzierung (Baukredit). *1. Grundsätzliches;* Die B. charakterisiert sich als kurz- oder mittelfristige Zwischenfinanzierung und zwar in der Form des Zweckkredites zur Erstellung von Bauten (Wohn- und Geschäftshausbauten, gewerblichen und Industriebauten). Als kurz- oder mittelfristiger Zwischenkredit gehört er zur Geschäftssparte der Kredit- und Depositenbanken, während die langfristige Grundstücksfinanzierung Aufgabe der Hypothekenbanken, Versicherungsgesellschaften und Sparkassen ist, die diese Kredite als Hypothekarkredite auf Grund entsprechender Gegengeschäfte (Pfandbriefemissionen, Einnahmen von Versicherungsprämien usw.) tätigen.

Der Baukredit, der die Bauzeit bis zur Auszahlung der festen Hypothek geldlich überbrückt, ist abhängig von der Erfüllung bestimmter bankmäßiger, juristischer und technischer Voraussetzungen.

Hierdurch und besonders durch seine absolute Zweckgebundenheit unterscheidet er sich wesentlich von allen kurz- oder mittelfristigen Produktionskrediten, abgestellt auf ein bestimmtes Bauobjekt, auf eine bestimmte Zeit, ausgezahlt in bestimmter Art und abgelöst an einem bestimmten Rückzahlungstermin.

Die Laufzeit der Baukredite erstreckt sich je nach Art und Umfang des zu finanzierenden Bauvorhabens auf die Dauer von 6—12 Monaten. Die Fristsetzung auf Grund bestimmter technischer Berechnungen und unter Berücksichtigung bestimmter Zeitgegebenheiten (Verzögerung durch den Winter oder sonstiger Naturereignisse) läßt mit ziemlicher Genauigkeit den Fertigstellungstermin und damit auch den Rückflußtermin des Kredites berechnen. Schon hierdurch ist er äußerlich als Spezialkredit gekennzeichnet, im Gegensatz zu sonstigen laufenden und nicht zweckgebundenen Bankkrediten, die als täglich fällige oder mit bestimmter Kündigungsfrist ausgestattete Kontokorrentkredite zur Verfügung gestellt werden, ohne daß die Bank die Verwendung des Kredites kontrolliert und eine besondere Sicherheit für den pünktlichen Rückfluß besitzt.

In der Regel ist die Gewährung eines Baugeldkredites davon abhängig, daß der Darlehensnehmer (entweder der Grundstückseigentümer in seiner Eigenschaft als Bauherr oder die am Bau interessierte Firma) die Ablösung des Baugelddarlehens für den Termin der Fertigstellung des Bauvorhabens durch den Abschluß einer langfristigen Hypothek in bestimmter Höhe und zu bereits festgesetzten Bedingungen für das betreffende Bauvorhaben nachweisen kann. Hierdurch ist die Rückzahlung des Baukredites im allgemeinen schon vor Beginn des Baues gewährleistet, und zwar nicht, wie beim laufenden Bankkredit durch den Schuldner direkt, sondern durch einen Dritten und zwar in der Regel einer Hypothekenbank oder Versicherungsgesellschaft oder sonstigen geldgebenden Stelle. Hierdurch charakterisiert sich der Baugeldkredit auch als Diskontkredit eines bankmäßigen Zahlungsversprechens, das von einem dritten geldgebenden Institut per Termin gegeben ist.

2. *Die bankmäßigen Formen*, in denen Baugeldkredite gewährt werden, sind Kontokorrentkredite oder Wechseldiskontkredite.

Bei der Form des Kontokorrentkredites werden die von der Bank freigegebenen Raten jeweils dem offenen Konto des Darlehensnehmers gutgeschrieben. Der Kunde kann dann in üblicher Weise über sein Guthaben zugunsten der Baulieferanten oder -handwerker verfügen, wobei sich die baugeldgebende Bank durch Prüfung der Zahlungsanweisungen eine mittelbare Kontrolle über die Verwendung des Baukredites verschafft.

Wird der Baugeldkredit in Form eines Wechseldiskontkredites gewährt, so hat der Kunde bei Inanspruchnahme einer zur Auszahlung freigegebenen Rate Wechsel einzureichen, die von einer am Bau beteiligten Bau- oder Lieferfirma ausgestellt und giriert und von dem Grundstückseigentümer (dem Bauherrn) akzeptiert sind. Diese Wechsel — in der Regel Drei-Monats-Akzepte — werden zu den vereinbarten Kreditbedingungen abgerechnet und der Nettoerlös dem Eigentümer bzw. dem von ihm aufgegebenen Empfangsberechtigten zur Verfügung gestellt. In diesem Falle ist eine größere Kontrolle über die Verwendung des Baugeldes gegeben, da naturgemäß die den Wechsel ausstellende Firma darauf bedacht sein wird, daß der Erlös des Wechsels ihr direkt zugute kommt. Bei einer derartigen wechselmäßigen Form des Baukredites pflegt die Bank Prolongationsverpflichtungen für die Akzepte, entsprechend der vereinbarten Laufzeit des Kredites, einzugehen.

Der Charakter des Bauwechsels ist stets lebhaft umstritten worden. Zahlreiche Kreise vertreten den Standpunkt, Bauwechsel seien Warenwechsel, da ihnen die Warenlieferung für den Bau zugrunde läge, andere wiederum sind der Ansicht, daß der Bauwechsel ein Leistungswechsel sei, der nicht nur den Gegenwert von Warenlieferungen, sondern auch von der Arbeit und damit eine durch Verbindung beider Faktoren erzielte Wertschaffung und Wertsteigerung darstelle. Auf keinen Fall kann der Bauwechsel als reiner Finanzwechsel angesehen werden.

3. *Die Sicherung* des Baugeldkredites erfolgt entsprechend der Natur dieser Kredite durch dingliche Spezialsicherheiten auf dem Bauvorhaben. Da im allgemeinen der Baukredit eine kurzfristige Bevorschussung der künftigen langfristigen Beleihung und damit der künftigen Hypothek darstellt, wird er in der Regel auch dinglich durch diejenige Hypothek gesichert, die später für die das langfristige Darlehen gebende Stelle bestimmt ist. In der Regel wird es sich um die erste Hypothek auf dem Baugrundstück handeln, die entweder für die baugeldgebende Bank zu den bei ihr üblichen Bedingungen eingetragen wird oder die bereits für diejenige Stelle eingetragen ist, die die endgültige Hypothek (Hypothekenbank, Versicherungsgesellschaft usw.) gewährt und deren Rechte und Ansprüche während der Dauer der Bauzeit an die baugeldgebende Bank abgetreten werden.

Die Rechtsformen werden je nach dem Einzelfalle verschieden gewählt werdeu müssen, sei es, daß für den Fall der Nichtvalutierung der festen Hypothek die Eigentümergrundschuld, sei es, daß lediglich der Anspruch auf Auszahlung abgetreten wird; in jedem einzelnen Falle wird an Hand der grundbuchlichen Unterlagen und der bereits getätigten oder zu tätigenden Verträge mit der die feste Hypothek gebenden Stelle die einwandfreie rechtliche Sicherung des Baukreditinstitutes geschaffen werden müssen.

Aus dieser Sonderart der Sicherung ergibt sich für die Baugeldgeberin die Verpflichtung, juristisch und wirtschaftlich das Bauobjekt in sorgfältiger Weise zu betreuen, und zwar in weitgehenderer Form als dies später der Hypothekenbank usw. obliegt. Die Rechtsformen der Baugeldhypothek sind bei der Sonderart dieses Geschäftes mit besonderer juristischer Sorgfalt auszuwählen, und während der Laufzeit des Kredites sind die einzelnen Phasen des Baues und ihre Wirkungen für den Rechtsbestand der Bauhypothek zu kontrollieren. Gerade auf diesem Rechtsgebiete sind neben den materiellen auch die formellen Bestimmungen besonders pfleglich und sorgfältig zu beachten; viele Baugeldgeber haben nicht unerhebliche Verluste erlitten, weil sich die rechtlichen Sicherungen im Einzelfalle nicht restlos als einwandfrei erwiesen haben.

Neben den Rechtsfragen sind bei den Baugeldkrediten auch die technischen Voraussetzungen von besonderer Bedeutung. Zunächst spielt die Bonität der bauausführenden Firma, die der baugeldgebenden Bank gegenüber für eine ordnungs- und fristgemäße Fertigstellung der Arbeiten die Garantie zu übernehmen hat, eine ausschlaggebende Rolle; darüber hinaus muß aber der Baugeldgeber die Baukosten und die Bau- und Lieferungsverträge vor Baubeginn prüfen und während der Bauzeit den Baufortschritt in jedem Abschnitt überwachen. Die Auszahlung der Raten darf nur auf Grund bestimmter geleisteter Arbeiten nach einem vorher festgelegten Ratenzahlungsplan erfolgen. Stets ist darauf zu achten, daß die einzelnen Baugeldraten mit den Voranschlägen und den geleisteten Arbeiten übereinstimmen, vor allem, daß das Bauvorhaben mit den jeweils aus dem Baukredit noch zur Verfügung stehenden Mitteln auch endgültig fertiggestellt werden kann, damit der Baukredit zu dem festgesetzten Fertigstellungstermin auch pünktlich durch die feste Hypothek abgelöst wird.

4. *Herkunft der Baukredite.* Stellt demnach der Baukredit durch seine Zweckgebundenheit und seine Sonderart in bankwirtschaftlicher, juristischer und technischer Hinsicht eine Spezialsparte des Bankgeschäftes dar, so hat sich auch in der Praxis dieser Zweig des Bankgeschäftes im Laufe der Jahre

verselbständigt. Vor dem Kriege haben die Banken einen Teil ihrer Einlagen im Baugeldkreditgeschäft in der Kontokorrentform angelegt. Nach der Inflation ist indessen dieser Geschäftszweig trotz der sehr gesteigerten Bautätigkeit von den Großbanken in nennenswertem Umfange nicht wieder aufgenommen worden. Im wesentlichen beruht dies darauf, daß in den Nachkriegszeiten für die Bauwirtschaft die öffentliche Hand durch Vergebung der sog. Hauszinssteuerhypotheken eine ausschlaggebende Rolle gespielt hat, und in der Zusammenarbeit mit diesen Organen, die für die baugeldgebenden Institute dringend notwendig war, von den Großbanken nicht sonderlich gepflegt worden ist.

So ist im Jahre 1924 für die Bauwirtschaft als Spezialinstitut die Deutsche Bau- und Bodenbank Aktiengesellschaft von dem Reich, den Ländern und öffentlichen Unternehmungen, wie Reichsbank, Reichsbahn und Reichspost gegründet worden. Entsprechend der Bedeutung der Großaktionäre dieses Bankinstitutes und dem gesteigerten Umfang der Bauaufgaben nach dem Kriege ist die Deutsche Bau- und Bodenbank Aktiengesellschaft in kürzester Frist zu beherrschender Bedeutung auf dem Baufinanzmarkt gelangt; sie dürfte heute der wirtschaftlich wichtigste Finanzierungsfaktor in der gesamten deutschen Bauwirtschaft sein. Hat sie doch in den Jahren 1928—1931 in 92 deutschen Groß- und Mittelstädten, die den Erhebungen des Statistischen Reichsamtes zugrunde liegen, über 40% sämtlicher aufgeführter Neubauwohnungen finanziert.

Neben der Deutschen Bau- und Bodenbank Aktiengesellschaft spielen einige Hypothekenbanken, die auf Grund ihrer besonderen Struktur und Satzungen berechtigt sind, ihre eigenen Hypotheken durch Baugeld-Zwischenkredite zu bevorschussen (Preußische Landespfandbrief-Anstalt, Bayerische Hypotheken- und Wechselbank, Bayerische Handelsbank) sowie Genossenschaftsbanken für den Baugeldmarkt eine besondere Rolle. Als privatwirtschaftliches Institut, das für den Berliner Grundstücksmarkt eine gewisse Bedeutung erlangt hat, ist die Baukredit Aktiengesellschaft, ein der Deutschen Bau- und Bodenbank Aktiengesellschaft nahestehendes, im wesentlichen aber von führenden Privatbankfirmen im Jahre 1928 gegründetes Finanzierungsinstitut, zu nennen.

In gewissem Umfang haben sich auch die öffentlichen Sparkassen sowie die Bausparkassen auf das Baugeldkreditgeschäft eingestellt. In den mittleren und kleineren Städten haben in früheren Jahren Sparkassen nur den festen Hypothekarkredit gepflegt; erst in der Nachkriegszeit haben diese Institute auf Grund ihres mittelständischen und gewerblichen Charakters auch dem Baumarkt ein besonderes Interesse entgegengebracht.

5. *Bausparkassen.* Für die Bauwirtschaft haben in den letzten Jahren die Sparkassen eine besonders schwere Konkurrenz durch die Bausparkassen erhalten, die sich erst in der Nachkriegszeit in die deutsche Geldwirtschaft eingeschaltet und eine beinahe treibhausartige Entwicklung genommen haben. Der Gedanke des kollektiven Zwecksparens für das Bauen in Verbindung mit dem in Deutschland nach dem Kriege besonders betonten Gedanken des Eigenheims mußte naturgemäß der allgemeinen Sparkassenbewegung Abbruch tun. Die Bausparkassen befriedigen in ihren Ursprungsländern — England und Amerika — fast den gesamten Baugeld- und Hypothekenkreditbedarf; in Deutschland spielen sie — wie erwähnt — erst in den letzten Jahren eine immer stärker werdende Rolle, nachdem sich ursprünglich nur bestimmte Organisationen, teils religiöse, teils bestimmte berufliche Kreise, in der Regel in der Genossenschaftsform, für den Bauspargedanken in der Öffentlichkeit eingesetzt haben. Erst durch das Bausparkassengesetz vom 6. Juni 1931 ist diese Bewegung in bestimmte Bahnen gelenkt worden. Der Betrieb der Bausparkassen bedarf, in Verbindung mit dem Depot- und Depositenrecht, der behördlichen Genehmigung und untersteht als Spezialspar- und -versicherungssparte, ebenso wie die Lebens- und Sachversicherungsgesellschaften, der Aufsicht des Reichsaufsichtsamtes für Privatversicherungen.

Für den Baugeldmarkt bedeuten die Bausparkassen eine wertvolle Ergänzung als Geldquelle, da sie durch ihre Eigenart berufen sind, in immer größer werdendem Umfange die notwendigen Mittel für die Bauten zu sichern. Es würde über den Rahmen dieser Ausführungen hinausgehen, die geschichtliche und wirtschaftliche Bedeutung der Bausparkassen im einzelnen zu untersuchen und ihre Bedeutung für die gesamte Wirtschaft zu schildern.

Der Baugeldmarkt hat schon durch die Tatsache des Vorhandenseins der Bausparkassen und durch die Art ihrer Geschäfte eine Stütze erfahren, die in Zukunft bei einer planmäßigen und soliden Geschäftsentwicklung der Bausparkassen für die gesamte Bauwirtschaft von besonderer Bedeutung werden dürfte. Der Bauinteressent, der einer Bausparkasse als Bausparer beitritt, schafft sich durch den Abschluß des Bausparvertrages und seine monatlichen Leistungen einen Anspruch auf Zuteilung der von ihm abgeschlossenen Bausparsumme. Die Systeme, nach denen die einzelnen Bausparkassen diese Zuteilungen vornehmen, sind verschieden, je nachdem die Bausparkassen die Bauguthaben zinslos entgegennehmen und die Hypotheken niedrig verzinslich nach Zuteilung gewähren oder das Aktiv- wie das Passivgeschäft mit bestimmt ten Zinsen ausstatten; in der Regel spielt für die Zuteilung die Höhe der eingesparten Summe und die Dauer der Spartätigkeit die ausschlaggebende Rolle, das sog. „Zeit-mal-Geld-System". Vielfach ist der Bausparvertrag noch mit einer Lebensversicherung verbunden in der Weise, daß für den Fall des Ablebens des Bausparers bzw. nach Zuteilung, des Hypothekenschuldners, die Entschuldung des Grundbesitzes auf Grund der Lebensversicherungssumme herbeigeführt wird. Diese neue und für die Bauwirtschaft wertvolle Form der B. und Hypothekengewährung wird sich naturgemäß erst dann günstig und für den Baumarkt befruchtend auswirken, wenn die allgemeinen Wirtschaftsverhältnisse das Sparen wieder in stärkerem Maße ermöglichen. Eine weitere Voraussetzung ist, daß eine gründliche Bereinigung der in Überzahl gegründeten Bausparkassen durch das Reichsaufsichtsamt für Privatversicherungen baldigst erfolgt, da naturgemäß auf diesem neuen Finanzierungsgebiet vielfach unberufene und nicht immer lautere Elemente tätig geworden sind.

Indessen dürften die großen Erfolge für die Bauwirtschaft, die die führende deutsche Bausparkasse, die Gesellschaft der Freunde in Wüstenrot in Württemberg erzielt hat, ein Beweis dafür sein, daß für den Grundstücksmarkt und damit auch für den Baumarkt die Bausparkassenbewegung von ganz besonderer Bedeutung ist und in Zukunft von noch immer größerem Einfluß werden dürfte.

Die gesamte Grundlage der B. ist durch die Bankenkrise im Juli 1931 und deren Folgen auf dem Kapitalsmarkte in außerordentlich starkem Umfange erschüttert worden.

Die Schrumpfung des Kapitalmarktes, soweit er durch die Hypothekenbanken und Versicherungsgesellschaften befriedigt worden ist, hat eine vollkommene Stockung in der Bauwirtschaft herbeigeführt. Die Hypothekenbanken sind durch den Rückfluß von Pfandbriefen und durch die außergewöhnlichen Maßnahmen, die durch die Notverordnungen bezüglich der Zinssenkung und des Vollstreckungsschutzes ergangen sind, auf das schwerste in ihrer Bewegungsfreiheit beeinflußt. Die Versicherungsgesellschaften haben durch die verringerten Neuabschlüsse, durch die eingeschränkten Prämienzahlungen und durch Rückkäufe und Lombardierungen der Versicherungen ebenfalls zwangsläufig davon absehen müssen, dem Kapitalmarkte nennenswerte Mittel zur Verfügung zu stellen.

Ob und wann diese beiden finanziellen Hauptstützen für den Grundstücksmarkt mit der Beleihungstätigkeit wieder beginnen werden, kann bei Abfassung dieses Artikels um so weniger beurteilt werden, als die großen Umwälzungen, die auf politischem und wirtschaftlichem Gebiete nicht nur in Deutschland, sondern in der ganzen Welt in den letzten Jahren vor sich gegangen sind, in ihren Auswirkungen nicht zu übersehen sind. Da aber die B. im wesentlichen auf den Grundfesten eines regulär arbeitenden Kapitalsmarktes beruht, hat auch auf diesem Gebiete zur Zeit jede Betätigungsmöglichkeit aufgehört.

Daß auch die Sparte der Baukredite in Zukunft bei einer Umgestaltung des Kapitalsmarktes Veränderungen erfahren wird, dürfte um so selbstverständlicher sein, als die Finanzierungen auf diesem Gebiete in engstem Zusammenhang mit der gesamten Kreditwirtschaft stehen, deren Zukunftsentwicklung heute ungeklärter ist denn je.

Vgl. Art. *Städtischer Hypothekarkredit*, woselbst auch ausführliche Literaturangaben, über die B. in *England* s. d. *II 5*.

CURT CALMON.

Baugeldhypothek s. *Baufinanzierung 1 u. 3*.

— **Genossenschaften** s. *England 9* und *Kapitalmarkt II 5*.

— **Kredit** s. *Baufinanzierung 1*.

— **Sparkassen** s. *Baufinanzierung 5*.

— **Wechsel** s. *Baufinanzierung 2*.

Baumwollbörse, Bedeutung haben nur 2 B., die in New York und Liverpool (s. a. *Warenmärkte 2*). Ferner sind noch zu erwähnen: New Orleans (nur kleiner Terminhandel, aber bedeutender Umsatz in „greifbarer" Baumwolle); Alexandria (für ägyptische Baumwolle); Bombay (für indische Baumwolle) und Bremen. Die Bremer Notiz ist gleich dem amerikanischen bzw. Liverpooler Kurs zuzüglich Kosten.

Bausparkassen s. *Baufinanzierung 5*, s. *Sparkassen III 12*.

Bauzinsen, deren Höhe und Befristung durch die Statuten geregelt wird, können bis zur Betriebsaufnahme bei Neugründungen an die Aktionäre aus dem Kapital (also ohne Vorhandensein von Einnahmen) gezahlt werden (besonders häufig bei Eisenbahnen, Kraftwerken).

Bayerische Hypotheken- und Wechselbank s. *Hypothekenbanken 2*.

Bayerische Staatsbank s. *Staatsbanken*.

Bazarwechselrate vgl. *Asiatischer Kapitalmarkt 2*.

Beamtenbanken s. *Spezialbanken 5*, s. *Kreditgenossenschaften III*.

— **vereinigungen** s. *Standesvertretungen B 2*.

bear (e), *Baissier* (s. d.), Gegens. bull.

bearer (e) = Überbringer, also b.-bond, b.-share = Inhaberaktie usw. b.-security (e) = Inhaberpapier.

BBW. s. *Standesvertretungen A 2b*.

BD-Bank s. *Sowjetrußland V*.

Begebungskonsortium s. *Emissionsgeschäft II 1b*.

Beleihungsgrenze beim *Hypothekarkredit* s. d., vgl. a. *Landschaften*.

Belga. Die durch die Stabilisierung der Währung (vgl. *Belgien, Geld- und Kapitalmarkt*) geschaffene neue Währungseinheit, die jedoch nur dem Ausland gegenüber gelten soll, gleich 5 belg. frs. Sie liegt der ausländischen Notiz der belgischen Währung zugrunde; ihre tatsächliche Bedeutung ist jedoch gering.

Belgien, Geld- und Kapitalmarkt.

I. Währungswesen und Notenbank.

Bei der Stabilisierung seiner Währung nahm Belgien, am 25. Oktober 1926, ein Währungssystem an, daß als Gold Exchange Standard bezeichnet werden muß (Gold-Devisenwährung). Schon vor dem Kriege war übrigens der Devisenbestand in der metallischen Deckung der Banque nationale einrechenbar gewesen. Diese Gleichstellung der Devisen mit dem Barbestand geht bis 1877 zurück, so daß Belgien wahrscheinlich das erste Land war, welches teilweise die Prinzipien des Gold Exchange Standards anwandte.

Gemäß dem Stabilisierungsdekret ist die Banque nationale ermächtigt, ihre Noten in ihrer Wahl in Gold, Golddevisen oder Silber zu seinem Tageskurs einzulösen (die letztere Klausel, also die Einlösbarkeit durch Silber zu seinem jeweiligen Tageskurs, ist ein Anachronismus ohne praktische Bedeutung). Die Golddeckung oder Devisendeckung beträgt mindestens 40%, wovon 30% in Gold sind. Ende September 1931 stieß die Banque nationale im Zusammenhang mit der Krise des Pfundes sämtliche Deckungsdevisen ab und ging gänzlich zur Golddeckung über. Der An- und Verkaufskurs für 1 kg Feingold beträgt: 23815 bzw. 23899 belg. Frc. (die Einheiten sind dabei Barren von je $12^1/_2$ kg). In Zirkulation befindet sich kein Gold. Die Banque nationale hat einen dominierenden Einfluß auf den Geldmarkt. Der Scheckverkehr hat sich in Belgien nur langsam entwickelt und steht auch heute noch weit hinter dem der angelsächsischen Länder zurück. So bildet die Banknote noch immer das Hauptzahlungsmittel. Nach wie vor geben die belgischen Banken einen wesentlichen Teil ihres Portefeuilles an kommerziellen Wechseln der Banque nationale zum Rediskont. In den ersten Nachkriegsjahren hatte die Inflation der Umlaufsmittel eine entsprechende Steigerung der Bankeinlagen zur Folge, und so gingen die Einreichungen der Banken bei der Notenbank merklich zurück. Mit der Stabilisierung der Währungsverhältnisse haben sie jedoch wieder zugenommen. Die Bankrate der belgischen Nationalbank kann also als Regulator des Marktes für kurzfristige Gelder angesehen werden, indem nicht nur die Diskontrate der Banken für die hereingenommenen Kundenwechsel, sondern auch die Kontokorrentzinsen von der Bankrate abhängig gemacht werden. Immerhin ist zu erwähnen, daß schon vor dem Kriege ein Markt in Privatdiskonten bestand und seine Sätze, also die Diskontrate für Prima Bankakzept, welches ohne Inanspruchnahme der Notenbank von Bank zu Bank gehandelt wurde, unter der Bankrate lag.

Allgemein gesprochen gehört Belgien schon seit langem zu den Ländern mit niedriger Bankrate. Vor dem Krieg erklärte sich dies aus der starken Sparkapitalbildung und zu einem gewissen Maß auch aus der Existenz von Zweigstellen französischer Banken in Belgien, die hier stets große Kapitalien kurzfristig ausliehen. Das ging so weit, daß man der Nationalbank wiederholt den Vorwurf machte, die belgische Währung nicht genügend in der Hand zu haben, diese zeigte in der Tat damals eine ständige Tendenz zu einem leichten Disagio gegenüber Paris und London.

In der Nachkriegszeit, speziell seit 1923, waren die Bankraten im Zusammenhang mit der Inflation naturgemäß hoch bis zur Stabilisierung (1926). Seither ist die Bankrate ständig zurückgegangen, fand den Anschluß an die übrigen internationalen Raten und gehört heute wieder zu den niedrigsten.

Geldmarkt. Ein Taggeldmarkt (etwa dem call money market entsprechend) hat vor dem Kriege so gut wie nicht existiert. Heute findet er telefonisch von Bank zu Bank statt, ohne feste Sätze. Viele Geldumsätze werden auch zwischen den Banken anläßlich der Skontrierung in der Chambre des compensations abgeschlossen. Die Sätze des Taggeldmarktes, stets niedriger als die Bankrate, weisen weit geringere Schwankungen auf als in London, Paris und New York.

größter Freiheit trug wohl einerseits zur Förderung der Aktivität in allen finanziellen Dingen bei, zuweilen aber auch nahm er ungesunde Formen an und führte zu den Auswüchsen, die man kurz mit dem Ausdruck „Gründerperiode“ kennzeichnet. Trotz der alten Beziehungen zwischen den Banken und der Industrie war dennoch lange Zeit hindurch die Börse der Hauptvermittler von Kapital für industrielle Unternehmungen im In- und Ausland. In vielen Fällen verzichteten die Gründer von Gesellschaften auf die Mithilfe der Banken, verständigten sich mit den Agents de change, durch deren Vermittlung sie die Aktien direkt ans Publikum brachten; kurz, die Börse blieb lange Zeit hindurch von der Bankenorganisation unabhängig. Im Maße aber, als das Format der einzelnen Geschäfte zunahm und die Banken ihren Einfluß und ihre Mittel verstärken konnten, änderte sich dies, insbesondere nach dem Kriege. Heute ist die Börse kaum mehr als ein Kanal, durch den die von den Bankinstituten geschaffenen Werte an das Publikum fließen. Hier-

Tabelle. **Ausweise der Banque Nationale.**
(Durchschnittsziffern für das Jahr, in Millionen Franken.)

	1913	1925	1927	1928	1929	1930	1931
Kassenbestand . { Gold	230	354	3,271	3,946	4,920	6,109	12,788
Kassenbestand . { Golddevisen	131	30	2,215	2,421	2,598	3,626	—
Wechselportefeuille	562	1,282	2,447	2,834	3,780	3,915	4,578
Vorschüsse auf Staatspapiere	71	395	171	242	222	187	293
Notenumlauf	987	7,595	9,567	10,827	12,710	14,888	17,748
Kontokorrenteinlagen	95	266	584	578	498	580	1,560
Bankrate in %	5	7	4,5	4	4,5	3	2,5

II. Kapitalmarkt.

Belgien ist das dichtest bevölkertste Land der Welt und gleichzeitig eines der am meisten industrialisierten. Sein Reichtum ist aber relativ jungen Datums. Gewiß, es hatte schon am Ende des 18. Jahrhunderts eine blühende Landwirtschaft und eine Industrie, die einen rapiden Aufschwung nahm. Aber infolge seiner Übervölkerung und des Umstandes, daß ihm der Welthandel, die Hauptquelle des englischen und holländischen Wohlstandes, seit zwei Jahrhunderten verschlossen war, wurde ihm die Akkumulierung von Kapital nicht leicht. Das belgische Volksvermögen ist also im wesentlichsten erst im 19. Jahrhundert geschaffen worden. Zu berücksichtigen ist auch, daß sich seine Bodenschätze schnell erschöpften und schließlich der soziale Aufbau seiner Bevölkerung im Sinne einer gleichmäßigen Verteilung wirksam war. Konzentration von Vermögen in wenigen Händen, wie z. B. die in England, gibt es in B. nicht. B. ist also „kein Kapitalisten- und Rentner-, sondern ein Unternehmerland par excellence“, wie E. Jaffe einmal sagte. Nicht nur die Unternehmungslust von Industrie und Bankwelt war in Belgien für in- und ausländische Unternehmungen besonders rege, sondern auch das Sparerpublikum befreundete sich etwa seit der Mitte des vorigen Jahrhunderts mit der Anlage in belgischen und ausländischen Industriewerten. So fiel der Börse eine immer wichtigere Rolle im Wirtschaftsleben zu. In der zweiten Hälfte des 19. Jahrhunderts gelangte in Belgien der Wirtschaftsliberalismus zur Herrschaft und es ist ihm treu geblieben, weit länger als die meisten seiner Nachbarn. Dies drückte sich auch in der gesetzlichen Regelung finanzieller Fragen aus. 1867 wurde die völlige Börsenfreiheit hergestellt. Jeder Kreis von Interessenten konnte eine Börse schaffen, deren Tätigkeit keinerlei Regelung oder Kontrolle unterlagen. Auch das Gewerbe des Maklers (Agent de change) war völlig frei. 1873 folgte eine äußerst liberale Regelung des Aktienwesens. Dieses Regime

bei handelt es sich, abgesehen von den Staatsanleihen, vor allem um industrielle Werte. Die Geldentwertung hatte zur Folge, daß sich das Publikum von der Anlage in festverzinslichen Werten abwandte. Dies blieb auch zunächst nach der Stabilisierung des Franken (Oktober 1926), und in den Jahren 1927/28 erreichte die Begeisterung des Publikums für Aktienwerte ihren Höhepunkt. Tatsächlich erst seit der Börsenkrise Ende 1929 wendet sich das Publikum wiederum den festverzinslichen Werten (Staatsanleihen, Industrieobligationen und Gemeindeanleihen) zu, deren Bedeutung stark zunimmt. Die folgenden Ziffern geben einen Überblick über die neuen Emissionen von Gesellschaften (Aktien und Obligationen), wiewohl zu bemerken ist, daß unter diesen die Gesamtzahl der jeweils geschaffenen Titel verstanden wird, gleichgültig, ob sie im Publikum placiert wurden oder nicht.

	Actions	Obligations	Total
	(millions de francs)		
1890	60,8	42,5	103,3
1900	263,7	119,5	383,2
1910	363,6	207,1	570,7
1913	427,8	215,1	642,9
1920	2223,7	429,4	2653,1
1925	2093,6	307,6	2401,2
1926	2637,7	18,2	2655,9
1927	5607,0	278,6	5885,6
1928	10295,3	11,9	10307,2
1929	11664,1	236,6	11900,7
1930	2697,7	877,0	3574,7
1931	1815	813	2628

Diese Ziffern enthalten bloß die Emissionen gegen Barzahlung, aber nicht die Sachgründungen (apports). Der aufgewandte Betrag war wesentlich höher als die vorstehenden Nominalbeträge, da die Emissionen der Nachkriegszeit meist mit einem beträchtlichen Agio erfolgten. Eine wichtige Rolle spielten aber dabei die Kapitalerhöhungen der Banken, die im Zusammenhange mit ihrer industriellen Expansion erfolgten. Den zweiten Rang nehmen dann die Emissionen der Holding-Gesellschaften ein, die besonders in den letzten Jahren beliebt wurden. Diese Ziffern vermitteln einen Begriff von der Intensität und dem Umfange des belgischen Kapitalmarktes. Immerhin muß man, um die wahre Kapitalaufbringung zu ermessen bzw. Doppelzählungen zu vermeiden, die Emissionsziffern für Holding-Gesellschaften und im gewissen Sinne auch für Bankaktien von den obigen Ziffern abziehen, sie betrugen 1928—1931 4,0—6,0—0,7—0,6 Milliarden Frc.

Schon vor dem Kriege nahm Brüssel als Finanzplatz immer mehr internationale Bedeutung an (vgl. *Brüsseler Börse*). Etwa seit 1850—1860 exportiert Belgien Maschinen, Waggons usw., was, wie stets, Kapitalanlagen im Ausland zur Folge hatte. Bald begannen nämlich die belgischen Banken, welche mit den exportierenden Firmen in Beziehung standen, Obligationen der ausländischen Eisenbahngesellschaften im Inland zu placieren. Diese nahm, auch gefördert durch die liberale Regelung des Bankgewerbes (s. o.) und die Gunst der geographischen Lage immer größeren Umfang an; B. wurde der Sitz zahlreicher internationaler Gesellschaften, vor allem solcher, die sich mit dem Finanzierungsgeschäft der verschiedensten Länder befaßten. Derartige Gesellschaften, die von unternehmungslustigen belgischen Finanziers geleitet waren, vermochten auch ausländisches Kapital heranzuziehen, vor allem französisches, und so wurde B. ein wichtiges Glied der internationalen Finanzverpflichtung.

Aktienverteilung bis 1914.

Gesellschaften gegründet in:	Gesellschaften mit Haupttätigkeit in Belgien		Gesellschaften mit Haupttätigkeit im Ausland	
	Von den Aktionären waren (in Prozent des Aktienkapitals)			
	Inländer	Ausländer	Inländer	Ausländer
1890	93,9	6,1	86,7	13,3
1900	80,2	19,2	60,3	39,7
1910	82,8	17,2	65,4	34,6
1911	80,2	19,8	54,6	45,4
1912	77,3	22,7	46,9	53,1
1913	67,5	32,4	50,4	49,6

Von den 2229 Werten, die 1914 an der Brüsseler Börse notiert waren, waren 1500 Emissionen inländischer Gesellschaften, 728 ausländischer (in Deutschland z. B. insgesamt 1648 Werte, wovon 450 ausländische).

In der Nachkriegszeit verstärkte sich noch dieser internationale Charakter des belgischen Kapitalmarktes und nahm teilweise neue Formen an. Zunächst allerdings wurden zahlreiche ausländische Werte realisiert, andere, insbesondere die russischen, waren völlig wertlos geworden. Auch war seit 1919 die Emission und Börsenzulassung ausländischer Werte von staatlicher Genehmigung abhängig gemacht worden. Dies hatte zum Teil valutarische Gründe. Die Beziehungen mit dem Ausland blieben aber bestehen, obwohl die Mittel des belgischen Kapitalmarktes in erster Linie der Wiederaufrichtung der Industrie und der Erschließung des Kongo dienten. Während vor dem Kriege der Kapitalstrom in erster Linie nach Rußland und Südamerika gegangen war, richtete er sich jetzt nach Polen, Rumänien und im geringeren Maße auch nach Spanien.

	Neugründungen von Gesellschaften mit dem Sitz		
	in Belgien	im Ausland	im Kongostaat
1920	596	18	9
1921	476	8	2
1922	492	11	10
1923	529	19	12
1925	648	18	29

Belgische Gesellschaften mit inländischem Tätigkeitsgebiet:

	Neugründungen		Kapitalserhöhungen	
	Anzahl	Kapital	Anzahl	Kapital
1927	703	1217	470	1449
1928	908	5179	621	3703
1929	1019	6732	685	5038
1930	727	2056	406	1587
Belgische Gesellschaften mit Tätigkeitsgebiet im Ausland:				
1927	20	506	105	1635
1928	18	491	50	1288
1929	10	519	33	1034
1930	4	43	9	304
Gesellschaften mit Tätigkeitsgebiet im Kongo:				
1927	28	955	33	287
1928	73	648	63	929
1929	35	550	49	856
1930	20	325	17	446

Hatten die Jahre des Währungsverfalls trotz aller Devisenvorschriften zahlreiche Käufe ausländischer Wertpapiere, die seitens des Publikums unmittelbar an den betreffenden Börsen vorgenommen wurden, zur Folge, so fand unmittelbar nach der Stabilisierung ein starker Zustrom ausländischen Kapitals nach B. statt. Zunächst fanden festverzinsliche belgische Werte mit ihren Renditen von 9—10% die Beachtung ausländischer Kapitalisten, und bald darauf — in den Jahren 1927—1929 — wurde die ganze Brüsseler Börse der Schauplatz eines Booms unter starker Zuläuferschaft ausländischen Kapitals. Im Verlaufe des Jahres 1931 brachte die Wirtschaftskrise, unter der vor allem das benachbarte Deutschland und Holland zu leiden hatten, ziemliche Rückflüsse belgischer Aktien. Erwähnenswert ist, daß die andauernde Abneigung des belgischen Publikums gegen festverzinsliche Werte und auch Steuergründe die Folge hatten, daß zahlreiche belgische Gesellschaften Obligationsanleihen im Ausland, vor allem in Holland placierten. Wenngleich also die finanziellen Beziehungen zum Ausland gegenüber der Vorkriegszeit zugenommen haben, so hat sich doch ihr Charakter verändert: sie sind heute vorwiegend rein finanzieller Natur, und die enge Verbindung mit industrieller Betätigung im Ausland hat nachgelassen. Im ganzen genommen hat Brüssel (auch durch den Anstieg Amerikas) in seiner Stellung als internationales Finanzzentrum eher eine Einbuße erlitten, doch bestehen Anzeichen dafür, daß es aus der gegenwärtigen Krise mit einer Stärkung seiner Stellung hervorgehen wird.

Organisation des Bankwesens. Charakteristisch für das belgische Bankwesen, dessen Organisation in die erste Hälfte des 19. Jahrhunderts fällt, also etwas älter ist als das deutsche, ist sein enges Verhältnis zur Industrie, besonders in der Nachkriegszeit. Dies drückt sich ebenso in der Bedeutung aus, welche die industriellen Beteiligungen in den Bankbilanzen einnehmen, als auch in der Zusammensetzung ihrer Aufsichtsräte.

Das Hypothekenbankwesen spielt gegenüber diesem Typ der Industriebanken eine verhältnismäßig geringe Rolle.

Im folgenden soll also nur von dieser Banktype die Rede sein (banque mixte). Das wichtigste Band zwischen der Bank und ihrer industriellen Kundschaft bilden seit jeher nicht der Escompte-Kredit, sondern der Kontokorrentkredit. In der Nachkriegszeit hat sich auch die aktienmäßige Beteiligung der Banken stärker entwickelt, so daß heute kaum eine der wichtigen Industriegesellschaften frei von Bindungen an eine Bank ist, Bindungen, die sehr oft den Grad einer Kontrolle von seiten der Bank erreichen. Dem Kontrollzweck dienen auch die erst in den letzten Jahren aufgekommenen Stimmrechtsaktien (actions à voix multiple), die man geradezu als Kontrollaktien bezeichnet.

Bankbilanzen. Die belgischen Banken stellen ihre Bilanzen nach keinem einheitlichen Schema auf, ja, dasselbe Institut wechselt mitunter seine Methode. In einer Hinsicht allerdings sind die Bilanzen der belgischen Banken ausführlicher als z. B. die der deutschen, da sie in ihrem Jahresbericht in einem Anhang zur Bilanz die genaue Zusammensetzung ihres Effektenportefeuilles bekanntgeben. Die Bilanz selbst aber ist im allgemeinen wenig detailliert und die Benennung der einzelnen Posten recht vage (eine Zusammenfassung der Bankbilanzen der wichtigsten Institute stößt daher auf Schwierigkeiten, die man nur unvollständig beheben kann). Unter den Passiva lassen sich nur die drei großen Gruppen: Eigenkapital, Reserven und Verbindlichkeiten voneinander unterscheiden, ohne daß bei den Verbindlichkeiten eine genauere Gliederung möglich wäre. Das Anwachsen der gesamten Verbindlichkeiten erklärt sich — wenn man von den verschiedenen Ursachen während des Krieges und der Inflation absieht, im Jahre 1926 durch die schon erwähnte Rückwanderung belgischen Kapitals und das Einströmen von ausländischem.

Banken ein Filialnetz bis in die kleinsten Orte ausbauten, sich Provinzbanken angliederten usw. Dies erinnert stark an die Konzentrationsbewegung im deutschen Bankwesen vor dem Kriege. Aus dieser Konzentrationsbewegung gingen schließlich vier Bankengruppen hervor, die zusammen über die Mehrzahl der Mittel des belgischen Bankwesens betragen.

	Eingezahltes Kapital und Reserven		Verbindlichkeiten		Nombre des sièges, agences, bureaux, etc.	
	Millions de francs	%	Millions de francs	%		%
Société Générale .	2,712	31,0	10,942	32,9	401	22,8
Banque de Brux. .	1,897	21,7	4,116	12,4	413	23,5
Allgem. Bankver. .	243	2,8	1,632	4,9	232	13,2
Crédit Anversois .	226	2,6	806	2,4	169	9,6
Andere	3,668	41,9	15,742	47,4	541	30,9
	8,746	100	33,238	100	1,756	100

Hatte die Stabilisierung und der darauffolgende Börsenboom eine übergroße Aufblähung des Bankenapparats gebracht, so hat seither die Börsenkrise viele kleine Häuser zum Verschwinden gebracht, andere wieder zu einer starken Einschränkung ihres Apparats gezwungen. Das belgische Bankwesen ist jedoch in seinen Grundlagen durchaus gesund ge-

	1899	1913	1920	1925	1928	1929	1930
Nombre des banques	59	67	72	96	91	90	92
	(millions de francs)						
Actif:							
Encaisse et Banque National	52,7	172,3	1231,4	1353,7	3341,2	4066,9	4345,6
Portefeuille-escompte	245,0	777,5	1327,3	3126,9	5954,4	6910,3	8385,5
Titres et participations	378,2	717,3	2845,1	4234,3	5097,2	5956,3	7200,5
Comptes-cour. débiteurs	548,4	1286,5	4481,9	8566,2	15295,6	18461,0	19570,8
Prêts	292,3	848,6	827,0	1482,5	2739,0	3339,0	2692,3
Immeubles, mobiliers etc.	—	—	—	—	343,5	440,6	572,2
Total:	1516,2	3802,3	10712,8	18763,6	32771,0	39174,3	42766,9
Passif:							
Capital versé	284,4	496,5	948,4	1663,9	3282,1	4352,1	4961,5
Réserves diverses	113,4	235,2	439,8	987,9	2373,6	3473,1	3778,4
Engagements	1085,5	2908,9	9182,3	15796,1	26347,8	30437,6	33152,4
Bénéfices	33,2	68,2	149,3	325,5	768,9	911,3	877,3
% du bénéfice au capital	11,7	12,4	15,7	19,0	23,4	20,9	17,6

Auf der Aktivseite fällt die Steigerung der Vorschüsse in laufender Rechnung (Kontokorrentkredite) im Zusammenhang mit der schon erwähnten Industriefinanzierung auf. Ebenso die Steigerung des Effektenportefeuilles, das sich in seiner Zusammensetzung gleichfalls etwas gegenüber der Vorkriegszeit verändert hat, in der es vorwiegend aus Staatstitres und dann Beteiligungen an Finanztrusts bestand. Heute dagegen machen auch Industrieaktien einen wesentlichen Teil aus, erst die Wirtschaftskrise hat wieder festverzinslichen Werten neuen Anreiz verschafft.

Konzentration. In der Vorkriegszeit war für das belgische Bankwesen die sehr geringe Konzentration bemerkenswert: nur die Société Générale war das Haupt einer „Gruppe", die sich im wesentlichen aus Instituten in den wichtigsten Provinzstädten zusammensetzte. Die anderen Brüsseler Banken hatten keinen derartigen Konzern, ja nicht einmal Zweigstellen, ebensowenig die Provinzbanken. In kleinen Orten war das Bankwesen also in der Regel nur durch kleine Bankiers oder Agents de change, die das Bankgeschäft betrieben, vertreten.

Dies hat sich seither völlig geändert. Infolge der Vermögensumschichtung und der Ausbreitung spekulativen Interesses in allen Bevölkerungskreisen als Folge der Inflation. Der Bankapparat erfuhr eine starke Aufblähung, indem nicht nur neue Banken gegründet wurden, die übrigens meist unbedeutend blieben, sondern auch dadurch, daß die alten

blieben; ungeachtet der insbesondere an den Effektenbeständen eingetretenen Verluste der Großbanken. Dies ist neben den vorsichtigen Bilanzierungsgrundsätzen und den starken stillen Reserven auch der überaus gefestigten Position der Notenbank zu danken.

Literatur: CHLEPNER: Le marché financier belge depuis cent ans. Bruxelles: Falck 1930. — La concentration bancaire en Belgique. Rev. d'écon. polit., Paris **1929**. — La dépréciation et la stabilisation du franc belge. Ebenda **1927**. — LEMOINE, R. J.: The Banking system of Belgium; aus: Foreign Banking systems. New York: Holt & Co. 1929. — ELEWYCK, E. VAN: La Banque Nationale de Belgique **2**. Bruxelles: Falck 1913. — SOMMER: Banken in Belgien. Handwörterbuch für Staatswissenschaften, Bd. II, **4**, 271ff. — Bull. d'Inform. Document. Banque Nationale (erscheint zweimal monatlich).

B. S. CHLEPNER,
übersetzt von PAUL QUITTNER.

Belgrader Börse s. *Jugoslawien, Geld- und Kapitalmarkt 3.*

Bepfandbriefungsgrenze s. *Hypothekenbankgesetz 5.*

Beratungsstelle s. *Emissionsgeschäft II 3c*, s. *Öffentlicher Kredit II 2.*

Bereitstellungsprovision bei Abschluß eines Bereitstellungsvertrages s. *Kreditversicherung.*

— als Ertragsfaktor s. *Erträgnisse des Bankgewerbes II 2.*

Bereitstellungsvertrag s. *Kreditversicherung.*

Berliner Bedingungsgemeinschaft für den Wertpapierverkehr s. *Standesvertretungen A 2b.*

Berliner Börse.

I. Bedeutung und internationale Verflechtung.

1. Ältere Entwicklung. Die Börse zu Berlin ist eine der jüngsten in Europa und auch eine der jüngeren in Deutschland. Von den Weltbörsen sind die Amsterdamer, Londoner und Pariser Börse, von den deutschen Börsen sind u. a. die zu Frankfurt, Hamburg, Köln von wesentlich höherem Alter. Erst als Berlin zum Hauptplatz Preußens und später des Reiches wurde, entwickelten sich in ihm auch die Voraussetzungen für einen regeren Wirtschafts- und Geldverkehr.

Zur Zeit des Großen Kurfürsten war Preußen allerdings noch von durchaus landwirtschaftlichem Gepräge. Nur einige Male im Jahre kamen die Mitglieder der kaufmännischen Gilden — meist anläßlich großer Märkte — zu einer Erörterung der allgemeinen Geschäftslage zusammen. Im Jahre 1696 wurden den Gilden für diese Zusammenkünfte einige Räume in einem Hause am Mühlendamm eingeräumt. Dieses Haus trug seitdem den Namen Beurse. Die „Börse am Mühlendamm" gilt demnach als Ursprung und erster Sitz der B.B., obwohl damals von einem Börsenverkehr im heutigen Sinne, erst recht von einem regelmäßigen Börsenverkehr noch keine Rede sein konnte. Erst zu Beginn des 18. Jahrhunderts, in dem Industrie und Handel im Zeichen des Merkantilismus gefördert wurden, ergab sich das Bedürfnis nach häufigeren geschäftlichen Zusammenkünften der führenden Kaufleute. Die Berliner Börse erhielt in der „Grotte", einem Gartenhaus nahe dem heutigen Lustgarten, eine neue Unterkunft und im Jahre 1739 ihre erste Börsenordnung, die erst 1805 einem vollkommeneren und ausführlicheren „Börsen-Reglement" Platz machte. Das letztere enthielt schon alle wesentlichen Bestimmungen, die auch in den späteren Börsenordnungen von 1825, 1866 und 1885 festgelegt sind. 1860 wurde der Grundstein für das jetzige Börsengebäude in der Burgstraße gelegt, das im Jahre 1863 eingeweiht wurde und den nunmehr stark ausgedehnten Verkehr der Waren-, Geld-, Devisen- und Wertpapierbörse aufnahm.

Ursprünglich, in den ersten Jahrzehnten des 18. Jahrhunderts, hatte sich die Börse als reine Geld- und Wechselbörse betätigt. Der älteste überlieferte Kurszettel vom 9. Juni 1725 enthält Kurse für zwei „inländische" Wechsel, nämlich Königsberg und Cleve, und für mehrere „ausländische" Wechsel: Hamburg, Danzig, Frankfurt a. M., Breslau, Nürnberg, Bremen und ferner für Amsterdam, London, Wien, Genf. Außerdem waren Preise für Taler und Dukaten notiert, zu denen später noch weitere Münzsorten hinzutraten. In einem Kurszettel vom Jahre 1756 sind schon zwei Aktien notiert, die der „Asiatischen Compagnie" und der „Bengalischen Compagnie". Der erste „Berliner Amtliche Kurszettel" vom 9. August 1805 führt außer Wechsel- und Geldkursen die Notizen von 11 Wertpapieren auf, von 5 landschaftlichen Pfandbriefen, von Südpreußischen Obligationen und Aktien von 5 Kompagnien, die alle ihre Gründung Friedrich dem Großen verdankten. — Nach den Napoleonischen Kriegen kam die Börsenentwicklung in schnelleren Fluß.

Der B.B., die in den ersten Jahrzehnten des 19. Jahrhunderts ihre Geschäftstätigkeit auf weitere inländische und ausländische Werte, so österreichische, holländische, spanische, dänische, griechische, italienische Anleihen ausgedehnt hatte, wurde in den Eisenbahnaktien ein neuer großer Markt geschaffen; 1849 betrug die Zahl der amtlich gehandelten Eisenbahnaktien schon 48. Zur gleichen Zeit dehnte sich der Berliner Börsenverkehr auf die Aktien der jungen Eisen- und Kohlenindustrie Westfalens und des Rheinlandes aus, auf eben jene Werte wie Eschweiler Bergwerksverein (gegr. 1834), Phönix Bergbau (1852), Bochumer Verein (1854), Harpener Bergbau (1856), die der B.B. der Vorkriegszeit das Gepräge einer Weltbörse verschafften. Im Jahre 1855 bzw. 1856 wurden ferner die Aktien der neu gegründeten Darmstädter Bank und der Disconto-Gesellschaft an der B.B. eingeführt.

Die Gründung der großen Aktienbanken, die Einführung des neuen Aktiengesetzes (1870), die Errichtung des Deutschen Reiches, die Schaffung einer einheitlichen Reichswährung mit gleichzeitigem Übergang zur Goldwährung, die Gründung der Reichsbank (1876) waren die Grundlagen des großen Wirtschaftsaufschwunges, den Deutschland bis zum Jahre 1913 zu verzeichnen hatte.

Berlin entwickelte sich mehr und mehr zum wirtschaftlichen und finanziellen Mittelpunkt des Reiches, zugleich konnte die B.B. anderen provinziellen Börsen den Rang ablaufen und zur führenden Börse Deutschlands werden. Mit der industriellen Entfaltung im Reiche dehnte sich das Betätigungsfeld der B.B. auf immer neue Werte aus. In der Kohlen- und Eisenindustrie wuchsen neben den schon bestehenden völlig neue Gesellschaften zu Riesenunternehmungen heran, zu denen sich auf dem Gebiet der weiterverarbeitenden Industrie, der Maschinenindustrie und des Eisenbahnbedarfsgewerbes ebenbürtige Großbetriebe gesellten. In der Elektrizitätsindustrie, in der chemischen Industrie, in der Großschiffahrt entstanden völlig neue Gewerbe, die mit den Aktien ihrer führenden, schnell Weltruf erlangenden Gesellschaften die Bedeutung der B.B. erheblich steigerten. Stand die B.B. früher in ausgesprochener Abhängigkeit von den anderen Weltbörsen, vor allem Paris, Wien und London, so gelangte sie in den letzten Jahrzehnten vor dem Kriege zu einer den anderen Plätzen völlig ebenbürtigen, höchstens noch von der Londoner Börse überragten Geltung. Die führenden Werte der B.B. genossen Weltruf, während anderseits mit dem wachsenden Reichtum Deutschlands der Berliner Platz seinen Handel auf eine große Anzahl ausländischer Werte erstreckte. Zahlreiche Werte benachbarter und überseeischer Länder waren an der B.B. amtlich notiert. Darüber hinaus gab es einen regen freihändigen Handel in fast allen führenden Aktienwerten der Weltbörsen.

2. Durch den Weltkrieg wurde die B.B. zunächst völlig auf eine innerdeutsche Reichweite verwiesen. Nachdem zu Beginn des Krieges die Börse geschlossen wurde, konnte in den späteren Jahren der Börsenverkehr zwar wieder aufgenommen werden, doch blieb der Handel naturgemäß eingeengt. Der Emissionsmarkt war vor allem durch die Auflegung der großen Kriegsanleihen in Anspruch genommen.

3. In der Inflationszeit vollzog sich an der B.B. eine Umwertung aller Werte, einerseits ein fast völliger Verfall des festverzinslichen Marktes, der zum Ende der Inflationszeit in erster Linie nur noch durch die wenigen, zwischendurch erfundenen sog. wertbeständigen Anleihen gekennzeichnet war, anderseits ein von breitesten Schichten getragener nomineller Haussetaumel des Aktienmarktes, dem immer mehr junge Aktien aus Kapitalsverwässerungen und neue Emissionen auch völlig unbedeutender Gesellschaften zugeführt wurden, bis die Stabilisierung der Währung den Billionenkursen und dem Bezugsrechtüberschwang ein jähes Ende bereitete und eine in den weiteren Jahren sich fortsetzende Bereinigung des Kurszettels einleitete. Die Aktienwerte mußten — meist unter entsprechender Zusammenlegung des Kapitals — auf neue Reichsmark umgestellt werden; für die festverzinslichen Werte ergab sich erst auf Grund der sehr langwierigen Aufwertungsgesetzgebung eine neue Bewertungsgrundlage.

Trotz des Wirtschafts- und Währungsverfalls war in dieser Zeit die Stellung der B.B. gegenüber den anderen Börsen im Reiche weiter verstärkt worden, eine Entwickelung, die auch in den Jahren nach der Stabilisierung anhielt. Maßgebend waren hierfür einerseits politische, anderseits wirtschaftliche Neugestaltungen, so die schon vor dem Kriege einsetzende Zusammenschlußbewegung im privaten Bankwesen, die Gründung von öffentlichen Banken mit Bildung von Zentralstellen in Berlin (Reichskreditgesellschaft, Girozentrale, Landesbankenzentrale usw.), die Vereinheitlichung des deutschen Eisenbahnnetzes mit Sitz in Berlin, die straffere Zentralisierung der Reichspost, die Verstärkung der Reichsstellung in der Steuer- und Finanzverwaltung Deutschlands, die industrielle Vertrustung, die Gründung von Kartellen usw. Diese Neugestaltungen verschafften der B.B. ihre überragende Bedeutung.

4. Nach der Währungsstabilisierung wurde der völlig zerrüttete Rentenmarkt der B.B. über Erwarten schnell wieder aufgebaut. Zu den früheren Werten, die durch die Aufwertungsgesetzgebung in neuer Form wieder auflebten, traten viele Neuemissionen der Realkreditinstitute, Anleihen des Reiches, der Länder, Städte, Kommunalverbände und Industrieobligationen. Der Umfang der letzteren erreicht aber bei weitem nicht den der Vorkriegszeit. Viele Unternehmen und gerade die bedeutenderen zogen es vor, ihren Kapitalbedarf zu günstigeren Bedingungen auf ausländischen Kapitalmärkten, vor allem in Amerika, zu befriedigen. Da manche dieser Obligationen durch Rechte auf Zusatzverzinsung gemäß der Aktiendividende, durch Umtauschrechte in Aktien oder Bezugsrechte auf Aktien an den zugehörigen Aktien interessiert waren, bahnte sich allmählich auch eine stärkere Kaufneigung des Auslandes für deutsche Aktien an, um so mehr, als manche der führenden deutschen Industrieunternehmen, z. B. I. G. Farben, A. E. G., Vereinigte Glanzstoff, sich durch Patentverträge, Interessengemeinschaften, Holdinggesellschaften mit gleichartigen ausländischen Unternehmen verbanden. Solche internationalen Verflechtungen gingen zum großen Teil Hand in Hand mit der — übrigens die B.B. in hohem Maße anregenden — innerdeutschen Konzentrationsbewegung, der Großgebilde, wie I. G. Farben, Vereinigte Stahlwerke, ihr Entstehen verdanken. Die auf diese Weise zwischen der B.B. und den Auslandsbörsen entstandene Verknüpfung erreichte aber bei weitem nicht das vor dem Kriege erreichte Ausmaß, zumal anderseits der Berliner Platz nunmehr als der einseitig nehmende und kapitalbedürftige Teil nur ganz wenigen ausländischen Papieren Eingang gewähren konnte (Chade, Montecatini, Aku, Svenska, Kreuger & Toll Debentures u. a.).

5. Hausseperiode. Der im Jahre 1925 eingeleitete Wiederaufbau der deutschen Wirtschaft, die Liquidierung des Stinnes-Konzerns, die Rationalisierungsbewegung, die durch die ausgiebigen Auslandsgelder, kurzfristige Kredite sowohl als Erträge deutscher Auslandsanleihen, ermöglicht wurde, fanden ihren Niederschlag in der großen Börsenhausse der Jahre 1926—1928, aus der auch das Ausland, besonders die in Amerika zu vorübergehender üppiger Blüte sich entwickelnden Investmenttrusts, großen Nutzen zogen. Die Aufnahmefähigkeit des deutschen Marktes für Aktien und Anleihen war gleichfalls außerordentlich groß, jedoch weniger dank inländischer Kapitalneubildung, als auf Grund des durch die Auslandsgelder stark verflüssigten Geldmarktes, so daß man damals die Lage des Kapital- und Emissionsmarktes treffend damit kennzeichnete, daß „eine Anleihe die andere zeichnete“. Mit dem Versiegen des Zuflusses der Auslandsgelder fand die „Konjunktur auf Borg“ ein schnelles Ende. Das Vorgehen des damaligen Reichsbankpräsidenten Dr. Schacht gegen die auch als Börsenleihgelder benutzten Auslandsgelder erbrachte der B.B. am 13. Mai 1927 den „schwarzen Freitag“, der das Sturmzeichen für einen nur vorübergehend unterbrochenen mehrjährigen Abgabedruck darstellte.

6. Niedergang. In dieser Periode des zwar konjunkturmäßigen, aber doch in seinem Ausmaße ungewöhnlichen Kursniederganges offenbarten sich mehr und mehr die dem Effekten- und Börsensystem der Nachkriegsjahre noch anhaftenden Schwächen. Die ausländischen Besitzer deutscher Effekten begannen mit dem Absinken der Konjunktur sich ihrer Werte zu entledigen und folgten hierbei dem Prinzip des „stärksten Widerstandes“, da die deutschen Banken auf einem — wie sich später herausstellte — unverhältnismäßig hohen Kursstand zu Stützungskäufen sich geneigt zeigten, die vor allem auch die Wirkung hatten, daß ein großer Teil der finanzstarken, am Börsengeschäft mittelbar und unmittelbar interessierten deutschen Kreise zunächst zum Durchhalten ihrer Effektenengagements veranlaßt wurde. Auf diese Weise erreichte man vielleicht eine Verlangsamung des Tempos der Kursrückgänge, verstärkte aber im Endergebnis ihr Ausmaß. Überdies machte sich in wachsendem Maße eine Vertrauenskrisis geltend, zu deren Begründung und Verstärkung Fälle wie der Bankrott der „Frankfurter Allgemeinen Versicherung“ in verhängnisvoller Weise beitrugen. Die Unterbringung neuer Emissionen erwies sich immer schwieriger trotz hoher Zinsen und sonstiger Reize, mit denen man sie ausstattete. Es zeigte sich im Laufe der Entwicklung mit zunehmender Deutlichkeit, daß einerseits die Bildung von Sparkapital unzureichend war, daß anderseits bei der Placierung neuer Emissionen die Gewinnung von Dauerobligationären und Daueraktionären nicht die gebührende Beachtung gefunden hatte. Das gilt für manche festverzinslichen Werte, vor allem aber für viele Aktienwerte. Gerade auf diesem Marktgebiete herrschte während der ausschweifenden Hausse von 1926 eine, teils aus der Inflationszeit überlieferte, von wenig Einsicht und Urteilsvermögen getragene Spekulationssucht. Über die zwar zahlreichen Paketbesitzer hinaus, die zu Kontrollzwecken oder aus ähnlichen Beweggründen mit einer Gesellschaft verbunden waren, war die Zahl der mit einem Unternehmen verwachsenen Daueraktionäre gering, weit geringer als vor dem Kriege. Daß allerdings die meisten Gesellschaften mit unzureichender Publizität und undurchsichtiger Bilanz und Gesamtorganisation nur wenig Sorge trugen, einen Stamm von Daueraktionären heranzubilden, darf schon hier nicht unerwähnt bleiben. An anderer Stelle wird die Frage der *Publizität* (s. d.) und des Aktienwesens (vgl. *Aktenrechtsreform*) unter anderem Gesichtspunkt zu behandeln sein. Daß ferner manche Emittenten, vor allem auch zahlreicher festverzinslicher Werte, es selbst an der geringfügigsten Kursregulierung fehlen ließen, wirkte gleichfalls einer dauerhaften Placierung entgegen.

Der Verarmung ehemaliger Kapitalisten und dem Fehlen von privaten Daueraktionären, der sog. „Zweiten Hand“ der Börse, steht gegenüber, daß insbesondere seit 1928 auch die berufsmäßigen Daueraktionäre, die eine tragfähige Kulisse, die sog. „Erste Hand“ der Börse hätte bilden können, überaus geschwächt waren. Die Zahl der Börsenbesucher blieb allerdings größer als vor dem Kriege. Die Zahl der freien Makler hat sich beispielsweise gegenüber der Vorkriegszeit ungefähr verdreifacht, aber ihre Mehrzahl ist nicht mehr zu langfristigen Dispositionen imstande, sondern auf Umsätze angewiesen, um nur das Existenzminimum zu verdienen. In diesem Zusammenhang mag auch erwähnt werden, daß mit der stärkeren Zusammenballung der Kundenkonten bei den durch Fusion gewachsenen Großbanken der größte Teil der Effektenumsätze innerhalb der einzelnen Banken selbst kompensiert wurde, ohne den Weg über die Börse zu nehmen. Da hierdurch bei vielen Papieren nur Zwergumsätze zu verzeichnen waren, und die Funktionsfähigkeit der Börse beeinträchtigt wurde, hat man im Dezember 1931 eine Kompensationssteuer eingeführt. Diese bestimmt im wesentlichen, daß im Bankbüro kompensierte Kundenorders mit 3‰ Stempel für jedes der kompensierten Geschäfte statt der sonst gültigen Sätze (s. nachstehende Tabelle) zu versteuern sind. Obwohl diese Sondersteuer zur Folge hatte, daß Kompensationsorders dem amtlichen Kursmakler übergeben wurden, fand die Umsatztätigkeit der Börse keine nachhaltige Belebung.

Im Zusammenhang mit der Bankenkrise wurde die B.B. am 13. Juli 1931 geschlossen. Am 3. September 1931 wurde sie wieder eröffnet, um am 18. September 1931 wieder geschlossen zu werden. Während der Börsenschließung entwickelte sich von Büro zu Büro ein lebhafterer Freiverkehr, dessen reibungslose Abwicklung die gegen einen amtlichen Verkehr vielfach geltend gemachten Einwände mehr und mehr gegenstandslos machte, so daß ab 12. April 1932 wieder ein offizieller Börsenverkehr stattfand. Gegenüber früheren Zeiten wurde jedoch der Terminhandel nicht wieder gestattet. — Die börsenlose Zeit war insofern für den Markt der festverzinslichen Werte von großer Bedeutung, als die Notverordnung vom 8. Dezember 1931 eine Konversion des Nominalzinsfußes der Anleihen von 8 auf 6% bzw. in diesem Verhältnis erbracht hatte.

Entwicklung des Börsengeschäfts[1].

Jahr	Umsätze auf dem Effektenmarkt (Schätzungen, die im wesentlichen die Größenordnungen und Bewegungsrichtung angeben)		Zahl der Börsenbesucher (selbständige und Angestellte) in Berlin etwa
	insgesamt Milliarden RM.	im Monatsdurchschnitt Milliarden RM.	
1926	50— 80	4 —7	—
1927	80—110	7 —9	—
1928	45— 70	4 —6	—
1929	30— 45	2,2—4	4800
1930	20— 28	1,5—2,5	4400
Jan.-Juli 1931	—	1,3—2	3700

In der Folgezeit weiterhin verringert.

Kursniveau am Rentenmarkt[1].

Zeit	6%	7%	8%	$4^1/_2$ Liquidation
	Goldpfandbriefe der Hypothekenbanken:			
1928	86,4	90,1	97,2	78,6
1929	82,1	84,9	94,4	76,6
1930	85,0	91,9	97,3	85,3
Januar 1931	85,9	94,1	99,0	87,8
Februar 1931	85,8	94,0	99,4	88,6
März 1931	86,6	95,1	99,8	91,2
April 1931	87,5	95,3	100,2	92,1
Mai 1931	87,3	94,9	99,8	90,7
Juni 1931	86,3	93,3	97,6	87,8
14. Sept. bis 19. Sept. 1931	85,8	93	97,1	—
April 1932	72,1	—	—	75,1
Mai 1932	73,1	—	—	77,6
Juni 1932	68,4	—	—	75,9

II. *Charakteristik des Tätigkeitsgebietes.*

Die B.B. kann in ihren Marktgebieten als charakteristisch für alle deutschen Börsenplätze gelten. Alle führenden Wertpapiere werden an der Börse zu Berlin gehandelt, was allerdings nicht ausschließt, daß sie gleichzeitig auch an anderen Börsen notiert werden, und zwar vor allem dann, wenn die Emittenten der in Frage stehenden Papiere mit diesen Plätzen besonders verbunden sind. Über solche gleichzeitig auch in Berlin notierten Wertpapiere hinaus weisen die *Deutschen Provinzbörsen* (s. d.) meist nur Aktien und Rentenwerte von mehr lokalem Charakter auf.

Die Ausgabe von Wertpapieren im Deutschen Reich und die Aufnahme von Auslandsanleihen (in Millionen RM.).

Art der Wertpapiere	Durchschnitt 1907/13	1924	1925	1926	1927	1928	1929	1930	1931	Januar bis Juni 1931
Schuldverschreibungen										
von öffentlich-rechtlichen Körperschaften	1172	21	15	654	698	456	388	80	22	—
von öffentlich-rechtlichen Kreditanstalten und Hypothekenbanken	912	371	878	2093	1946	1948	1157	2363	1272	22,5
a) Kommunalschuldverschreibungen	—	10	38	465	349	489	258	549	279	1,4
b) Pfandbriefe	—	367	840	1628	1597	1459	899	1814	993	21,1
von öffentlichen Unternehmungen	—	6	113	509	16	207	—	190	38	27,8
von privaten Unternehmungen, Vereinen usw.	400	36	74	323	181	294	8	35	1	1,0
Schuldverschreibungen insgesamt	2484	440	1080	3579	2841	2905	1553	2669	1352	51,3
Aktien*	740	148	656	988	1438	1339	979	554	785	17,5
Inländische Werte zusammen	3224	588	1736	4567	4279	4244	2532	3224	2118	68,8
Ausländische Werte	—	—	—	—	58	14	19	—	7	—
Insgesamt:	3224	588	1736	4567	4337	4258	2551	3224	2125	68,8
Auslandsanleihen										
öffentlich-rechtlicher Körperschaften	—	—	379	343	268	165	31	230	334	—
öffentlicher Unternehmungen	—	—	859	307	63	428	121	660	—	—
kirchlicher Körperschaften	—	—	1649	63	14	32	20	15	4	—
privater Unternehmungen	—	42	610	839	1066	839	175	1156	8	—
Insgesamt:	—	42	1265	1554	1411	1465	348	1176	346	—

* Ausgabekurs ohne Fusionen und Sacheinlagen.

Aktienindex[2].

Zeit	Bergbau und Schwerindustrie	Verarbeitende Industrie	Handel und Verkehr	Insgesamt
	1924/26 = 100			
1925	94,2	92,8	93,4	93,3
1926	109,5	103,7	117,3	108,9
1927	150,1	156,2	168,2	158,0
1928	131,3	147,0	165,9	148,4
1929	124,7	126,8	155,1	133,9
1930	106,7	98,2	130,6	109,2
Januar 1931	74,8	71,3	106,1	81,8
Februar 1931	79,0	75,6	108,7	85,6
März 1931	86,2	81,0	113,0	91,1
April 1931	88,4	82,1	113,9	92,4
Mai 1931	76,2	73,5	105,5	83,0
Juni 1931	69,2	66,2	98,7	75,9
18. Sept. 1931	38,5	58,2	59	52,6
April 1932	49,5	43,2	60,9	49,6
Mai 1932	50,4	44,5	61,3	50,6
Juni 1932	51,1	43,1	59,8	49,7

1. *Am festverzinslichen Markt* spielt der Markt der Staatsanleihen gegenüber der Vorkriegszeit und gegenüber anderen großen Börsen eine untergeordnete Rolle. Im Jahre 1913 waren Anleihen des Reiches und der größten Länder in Milliardenbeträgen an der Börse notiert. Eben diese Werte bildeten zusammen mit den großen ausländischen Werten auch den Hauptbestandteil des — in den Nachkriegsjahren noch nicht wieder aufgenommenen — festverzinslichen Terminmarktes. Gegenwärtig ist das Reich jedoch überhaupt durch keine repräsentativen neuen Anleihen vertreten. Die Reichsanleihe von 1927 weist zwar einen Emissionsbetrag von 500 Millionen Mark auf, die steuerfreie 7proz. Reichsanleihe von 1929 einen solchen von 183 Millionen Mark. Beide Anleihen sind aber im Laufe der Kursregulierung und Kursstützung zum großen Teil an das Reich bzw. an öffentliche Kassen zurückgeflossen. Kennzeichnender für dieses Marktgebiet sind eher die Anleihen und Schatzanweisungen Preußens, Bayerns, Badens, von denen aber keine über einen Nominalbetrag von 150 Millionen Mark hinausgeht. Diejenigen Werte des Reiches, die den ersten Platz in diesem Marktgebiet einnehmen könnten, sind zu einem Schattendasein am unnotierten Markt verurteilt. Es handelt sich um die den Kriegs- und Liquidationsgeschädigten als Abfindung gegebenen 6proz.

[1] Wochenbericht des Instituts für Konjunkturforschung 4, Nr. 23 (1931, 2. September).
[2] Statistisches Reichsamt.

[1] Statistisches Reichsamt.

Reichsschuldbuchforderungen, die bei einem Umlauf von (annähernd) $1^1/_2$ Milliarden Mark große und lebhafte Umsätze aufweisen, aber jeder Kursbetreuung entbehrend, starken Kursschwankungen unterworfen sind und durchweg weit höhere Renditen aufweisen, als die amtlich notierten Reichsanleihen. — Das Fehlen großer Werte am Markt der Reichs- und Staatsanleihen erklärt sich einerseits aus der infolge der Inflation entstandenen Entwertung der Vorkriegs- und Kriegsanleihen, an deren Stelle die als Aufwertung gewährte sog. Altbesitzanleihe und Neubesitzanleihe getreten sind, die aber beide — die eine auf Grund ihres Loscharakters, die andere wegen des fast völligen Fehlens einer Bewertungsgrundlage — nicht als charakteristische Werte angesprochen werden können. Anderseits ist festzustellen, daß Reich und Länder ihre großen Neuemissionen repräsentativen Ausmaßes im Ausland begeben haben (Dawes-Anleihe, Young-Anleihe usw.).

Für den Markt der Anleihen der Städte, Provinzen, Kommunalverbände gilt ähnliches. Auch dort finden sich, verglichen mit der Vorkriegszeit, nur kleinere Emissionen, aus denen die Anleihen und Schatzanweisungen der Städte, wie Berlin, Köln, Frankfurt a. M., hervorragen, während wiederum alle größeren Städte und Kommunalverbände ihren Hauptanleihebedarf auf den — günstigere Bedingungen bietenden — Auslandsmärkten befriedigt haben.

Zu den Hauptwerten des festverzinslichen Marktes haben sich in den Nachkriegsjahren die Kommunalanleihen und mehr noch die Pfandbriefe der öffentlichen Kreditanstalten, der Staatsbanken, Landesbanken, Landschaften, Stadtschaften und vor allem der Hypothekenbanken entwickelt. Auch die Rentenbriefe der Preußischen Landesrentenbank sind hier zu nennen. Die Hypothekenpfandbriefe vor allem sind es, die das Vorkriegserbe der Staatsanleihen angetreten haben und als die Standardwerte des *Rentenmarktes* (s. d.) bezeichnet werden können. Zwar haben die meisten Realkreditinstitute im Laufe der letzten Jahre zahlreiche, fast zu zahlreiche Einzelemissionen begeben. Aber alle diese unterscheiden sich in ihrer Ausstattung nicht wesentlich, so daß schlechthin die meist 8proz. oder 7proz. Pfandbriefe als die charakteristischen Vertreter dieses Marktgebietes gelten. Außer der dinglichen Deckung durch Feingoldhypotheken und der sorgfältigen Kursbehandlung, welche die Emissionsinstitute zu üben pflegen, verdanken die Pfandbriefe ihre Vorzugsstellung auch der Tatsache, daß die Vorkriegspfandbriefe nach der Inflation auf Grund eben der besonderen Deckung aus der Aufwertungsgesetzgebung mit den höchsten Quoten hervorgegangen sind. Diese aufgewerteten Pfandbriefe, die sog. Liquidationspfandbriefe, erfreuen sich gleichfalls großer Beliebtheit und reger Umsätze.

Der Markt der Industrieobligationen steht an Bedeutung dagegen zurück. Während vor dem Kriege an der B.B. ungefähr 250 Industrieobligationen notiert waren, weist der jetzige Kurszettel nur knapp 50 auf, darunter allerdings einige sehr große Emissionen, wie die der Friedrich Krupp A. G., der Vereinigten Stahlwerke, der I. G. Farben, der Siemens & Halske u. a. Mit den Anleihen der letzteren beiden Gesellschaften ist an der Nachkriegsbörse der — auch noch in einigen weiteren Exemplaren vertretene — Typ der aktieninteressierten Bonds (vgl. *Anleihen mit Zusatzrechten*) eingeführt worden. Wie schon bei anderen Märkten, ist auch beim Markt der Industrieobligationen darauf hinzuweisen, daß die großen deutschen Industriegesellschaften, Schiffahrtsunternehmen usw. in den Nachkriegsjahren an den ausländischen Börsenplätzen, vor allem in New York, weit mehr Anleihen als im Inlande begeben haben, ja zum allergrößten Teil den heimischen Markt wegen der höheren Zinssätze völlig gemieden haben.

In der starken Inanspruchnahme der ausländischen Emissionsmärkte zeigt sich der grundsätzliche Wandel in der Verfassung des deutschen Kapitalmarktes, während umgekehrt vor dem Kriege die B.B. ausländischen Anleihen ihre Pforten weit öffnen konnte. Von diesen umfangreichen Emissionen russischer, österreichischer, ungarischer, türkischer, nordamerikanischer, südamerikanischer und weiterer Staatsanleihen und Eisenbahnobligationen werden heute nur noch bedeutungslose Reste gehandelt, die zum Teil noch ihrer endgültigen Valorisierung harren.

2. *Die Aktienmärkte* der B.B. zeigen gegenüber der Vorkriegszeit ein völlig verändertes Aussehen. Viele altvertraute Papiere sind völlig vom Kurszettel verschwunden oder haben stark an Bedeutung eingebüßt, neue Werte haben sich an ihre Stelle gesetzt. Hierin spiegelt sich einerseits die Wandlung in der volkswirtschaftlichen Geltung der einzelnen Industriezweige wieder, mehr noch aber hat die Konzentrationsbewegung der Inflationszeit und der Nachinflationsjahre, die teilweise unter der Devise Rationalisierung segelte, der B.B. auf fast allen Märkten ihren Stempel aufgedrückt.

Die folgende Übersicht, die mit dem seinem Kapitalumfang nach auch heute noch bedeutsamsten Marktgebiet der Montanwerte beginnt, läßt die Pioniere dieses Marktes vermissen, z. B. den Bochumer Verein, den Hoerder Bergwerks- und Hüttenverein, die Dortmunder Union. Phönix, die Gelsenkirchener Bergwerksgesellschaft, die Charlottenhütte sind ganz oder teilweise zu Holdinggesellschaften geworden. Als ragenden Pol haben sich die Vereinigten Stahlwerke gebildet, die das Ergebnis einer gigantischen Konzentration sind und denen sich für Mittel- und Ostdeutschland die Mitteldeutschen Stahlwerke und die Oberschlesischen Hüttenwerke zur Seite stellen. Gleichfalls einem weitreichenden Zusammenschluß verdanken die Klöcknerwerke ihr Entstehen. Von den alten Unternehmen behaupten — durchweg auf vergrößerter Basis — die Mannesmannröhrenwerke, die vereinigten Hösch-Köln Neuessen Bergwerks- und Hüttenwerke, die Rheinischen Stahlwerke ihren Platz. In anderen Industriezweigen vollzogen sich ähnliche Wandlungen und Verschmelzungen, so in der Kaliindustrie, die jetzt an der B.B. in den Aktien der großen Konzerne Wintershall, Burbach (Freiverkehr), Salzdetfurth, Westeregeln, Aschersleben, Kalichemie vertreten sind. Der Bankenmarkt ist durch die Aktien der stark ausgedehnten großen Aktienbanken und die führenden Hypothekenbanken, unter diesen namentlich durch die durch Fusion gewachsene und durch Interessengemeinschaft mit anderen verbundene Deutsche Centralboden A. G. charakterisiert. Eine Sonderstellung nehmen die Anteile der gesetzlich neugeregelten Reichsbank ein. Der Brauereiaktienmarkt, auf dem gleichfalls zahlreiche Zusammenschlüsse zu verzeichnen waren, steht unter Führung der Schultheiß-Patzenhofer A. G. Der Schiffahrtsmarkt ist im wesentlichen nur noch durch die Großreedereien, die durch Interessengemeinschaft verbundene Hapag und Norddeutscher Lloyd, die Hansa und Hamburg Südamerikanische Dampfschiffahrtsgesellschaft vertreten. Diese Gesellschaften haben fast alle übrigen Schiffahrtsunternehmen übernommen. Der Bahnenmarkt weist nur verhältnismäßig kleinere Gesellschaften auf, größere Bedeutung hat er nur noch durch die Bahnenholdinggesellschaften, die wesentlich ausgedehnte A. G. für Verkehrswesen und die Allgemeine Lokal und Kraftwerke A. G. Ein großer neuer Wert ist jedoch hier nach dem Kriege zur Einführung gelangt, die Vorzugsaktien der Deutschen Reichsbahn, die einen großen Markt haben und auch im Ausland weiten Absatz fanden. Die Reichsbahnvorzugsaktie kann gleichfalls für sich in Anspruch nehmen, die Kategorie der sonst an der B.B. fast völlig unbekannten Vorzugsaktien zu repräsentieren. Auf dem großen Gebiet der Maschinenindustrie und auch der Textilindustrie sind nur wenige größere Werte, so vor allem die Schubert & Salzer A. G., nennenswert. Der für viele Auslandsbörsen maßgebende Markt der Autowerte hat an der B.B. keine ähnliche Bedeutung gewinnen können, da die deutsche Automobilindustrie in den Nachkriegsjahren zwar nicht technisch, so doch wirtschaftlich unter einem ungünstigen Stern stand. Andere relativ junge Industrien, wie die Zellstoffindustrie und vor allem die Kunstseidenindustrie fanden in Deutschland durchweg bessere Voraussetzungen und gaben zeitweise mit ihren führenden Werten, wie Zellstoff Waldhof, Feldmühle Papier, Vereinigte Glanzstoff, Bemberg, Aku der B.B. starke Impulse, was auch vorübergehend für die aus der Fusion verschiedener Werke entstehenden und international verbundenen Deutschen Linoleumwerke galt. Den früheren Weltruf der Badischen Anilinwerke, Elberfelder Farbwerke, Höchster Farbwerke und weiterer chemischer Werke hat die aus diesen sich bildende I. G. Farben übernommen und durch Ausdehnung ihrer alten und Erschließung neuer Betätigungsfelder noch gesteigert. Zu erhöhter Geltung gelangten auch — weniger auf Grund einer Konzentrationsbewegung als bedeutsamer technischer Fortschritte — die Werte des Elektromarktes, der Elektro-Holdinggesellschaften und der Strom-, Gas-Lieferungsgesellschaften. Im Gegensatz zu den Montanwerten und Bankaktien, die vor dem Kriege die Standardwerte darstellten, waren es nach dem Kriege mehr und mehr diese Werte, wie Siemens, AEG., Gesfürel, Licht & Kraft, RWE., Dessauer Gas, die zusammen mit der I. G. Farbenaktie, den Reichsbankanteilen und den Kaliwerten den Aktienmärkten der B.B. das Gepräge gaben und am weitgehendsten der B.B. den Charakter einer Weltbörse erhielten, wobei es auch besonders diese Werte waren, die im Auslande stärkeres Interesse fanden, und teilweise auch an den ausländischen Börsen, offiziell oder inoffiziell, gehandelt wurden.

III. Börsentechnisches.

Hinsichtlich der allgemeinen Bestimmungen des Börsengesetzes s. Artikel *Börsenrecht*. Die besonderen Usancen der B.B. sind in den „Bedingungen für die Geschäfte an der B.B. vom 1. April 1914" festgelegt. Die wichtigsten dieser Usancen seien im folgenden kurz charakterisiert.

Der Berliner Markt kennt Kassageschäfte, die wiederum unterzuteilen sind in Geschäfte am Einheitsmarkt, variablen Markt und unnotierten Markt, anderseits Termingeschäfte[1] (hinsichtlich weiterer Details wird auf die Artikel *Kassageschäft* und *Effektentermingeschäft* verwiesen).

Der weit größte Teil aller an der B.B. notierten Wertpapiere wird am sog. Einheitsmarkt gehandelt. Die an jedem Börsentage einmal festgesetzte Notiz reicht aus, um Angebot und Nachfrage auszugleichen. Kassepapiere, in denen größere Umsätze stattfinden, werden außer zur Einheitsnotiz auch noch variabel, d. h. zu „ersten", weiteren und „letzten" Kursen gehandelt (vgl. *Kursbildung*). Während zur Einheitsnotiz jeder Nominalbetrag gehandelt werden kann, sind für den Handel am variablen Markt sog. Mindestschlüsse (meist nom.

[1] Wie schon unter I. 6 bemerkt, ist nach Wiedereröffnung der B.B. im Jahre 1932 der Terminhandel vorläufig nicht wieder aufgenommen worden.

2000 RM.) festgesetzt. In dem Freiverkehr des sog. unnotierten bzw. inoffiziellen Marktes werden solche Werte gehandelt, die mangels bestimmter Voraussetzungen nicht zum offiziellen Handel zugelassen oder aus demselben wegen Sanierung ausgeschieden sind. Der Handel in diesem Markt findet während der ganzen Börse statt. Die Usancen des unnotierten Marktes unterscheiden sich nicht wesentlich von denen des offiziellen Verkehrs.

Der Terminmarkt[1] umfaßt nur eine Reihe von großen Werten. Die Zulassung erfolgt durch den Börsenvorstand und ist dem Minister für Handel und Gewerbe anzuzeigen. Die Notierung erfolgt wie bei den variablen Werten während der ganzen Börsenzeit. Alle Kurse der Terminwerte verstehen sich per Ultimo des laufenden Monats. Die am Terminmarkt abgeschlossenen sog. „Zeitgeschäfte" gelten in Ermangelung einer besonderen Abrede als fix geschlossen. Usancegemäß sind bestimmte Schlüsse festgelegt, die sich meist auf 6000 RM. nom. oder Stck. 25 belaufen.

Sind die Parteien eines Zeitgeschäfts Mitglieder des Liquidationsvereins für Zeitgeschäfte an der Berliner Wertpapierbörse e. V. und betrifft das Geschäft solche Werte, die durch die Liquidationskasse Aktiengesellschaft skontriert werden, so hat die Regulierung des Geschäfts durch Skontrierung, und zwar gemäß den Bestimmungen der Liquidationskasse zu erfolgen. Werden die Zeitgeschäfte am Ultimo des betreffenden Monats nicht durch Lieferung bzw. Abnahme abgewickelt, so werden sie prolongiert, und zwar zu einem vom Börsenvorstand für jeden Terminwert festgesetzten Liquidationskurs. Die Prolongation oder sog. „Schiebung" ist seitens des Käufers ein Report-, seitens des Verkäufers ein Deportgeschäft. Auf den Termingeschäften bauen sich die Prämien-, Stellagen- und Nochgeschäfte auf.

Die Kursfestsetzung an der B.B. wird von vereideten, von der Regierung ernannten amtlichen Kursmaklern vorgenommen. Alle Wertpapiere sind in eine Anzahl von Gruppen eingeteilt, von denen jede zwei Maklern unterstellt ist. Diese amtliche Kurstätigkeit muß in einem durch ein Geländer abgegrenzten Raum, der sog. Maklerschranke, ausgeübt werden, wo jeder Maklergruppe ein bestimmter Platz zugewiesen ist. Für alle per Ultimo oder variabel gehandelten Papiere wird außer dem Kassekurs ein erster und ein Schlußkurs amtlich festgesetzt, und zwar in der Weise, daß die Kursmakler die bei ihnen vorliegenden Kauf- und Verkaufaufträge unter Berücksichtigung der Limite in sich und untereinander ausgleichen. Alle anderen, im Laufe der Börse erreichten Kurse werden durch den Handel der amtlichen und freien Makler sowie der Bankiers in dem „Markt" des betreffenden Wertpapiers bestimmt. Die amtlichen Kursmakler sollen jede Kursveränderung, zu der im Laufe der Börse ein Geschäftsabschluß getätigt wird, notieren, soweit sich diese Notiz mit den bei ihnen vorliegenden Limiten vereinbaren läßt. Hinsichtlich der Details sowie der verschiedenen Zusätze (z. B. G = Geld) zur Notierung wird auf den Artikel *Kursbildung* verwiesen.

Streitigkeiten aus einem Geschäft, welche die Lieferbarkeit der Werte oder die Auslegung oder Anwendung dieser Bedingungen oder bestehender Usancen betreffen, werden von der vom Börsenvorstande eingesetzten Dreimännerkommission endgültig und unter Ausschluß jedes Rechtsmittels mündlich entschieden. — Gerät ein Geschäftspartner mit der Erfüllung in Verzug, so kann ihn der andere Teil mündlich oder schriftlich zur Erfüllung auffordern und unter Stellung einer mindestens eintägigen Frist Zwangsregulierung (Exekution) androhen. Nach Ablauf der Frist kann der nichtsäumige Teil die Zwangsregulierung durch einen vereideten Makler vornehmen; er muß dies unverzüglich tun, falls der säumige Teil erklärt, nicht erfüllen zu können oder zu wollen. Hat ein Teil die Zahlungen eingestellt, so ist der andere Teil verpflichtet, die Zwangsregulierung unverzüglich vorzunehmen. Von der erfolgten Zwangsregulierung ist dem säumigen Teil sofort brieflich Mitteilung zu machen.

Am unnotierten Markt erfolgt die halbamtliche Kursfestsetzung auf Basis des im Markt genannten niedrigsten und höchsten Kurses.

Während beim unnotierten Markt dem Kunden keine Provision und Courtage berechnet wird, sondern der Kurs „netto", d. h. inkl. dieser Spesen gestellt wird, erfolgt die Abrechnung der zum amtlichen Kurs gehandelten Werte zu dem üblichen Bruttokurs zuzüglich bzw. abzüglich der Bankierprovision, der Maklercourtage und der Börsenumsatzsteuer. Bei Termingeschäften ist außerdem pro Schluß eine Liquidationsgebühr von 50 RM. zu entrichten, die auch bei jeder Prolongation zu zahlen ist. Die wichtigsten Sätze für Provisionen, Maklergebühr und Börsenumsatzsteuer sind in der nachfolgenden Aufstellung (S. 94) aufgeführt.

Zur Erläuterung seien an einem Beispiel die bei einem Kassakauf bzw. Terminverkauf entstehenden Spesen erläutert.

Bankierkunde.

Kauf 5000 RM. Reichsbank à 105 % per Kasse		5250,—
Provision 2 °/0		10,50
Courtage 1 °/0		5,25
Stempel 0,0375 °/0		4,—
		5269,75

Nichtbankierkunde.

Verkauf 6000 RM. Salzdetfurth à 135 % per ult. cr.		8100,—
Provision 4 °/0	32,40	
Courtage 3/4 °/0	6,10	
Stempel	15,25	
Liquidationsgebühr	0,50	54,25
		8045,75

IV. Aktienrechtliches.

Mit dem Problem der Börsentechnik steht die Frage der Form und des Inhalts der Wertpapiere, somit vor allem die Frage des Aktienwesens, in engem Zusammenhang. Ohne die juristische Seite näher zu behandeln, gebietet sich ein Eingehen auf diese Probleme, nachdem schon bei dem geschichtlichen Börsenüberblick erwähnt wurde, daß Mängel auf diesem Gebiete in den letzten Jahren nicht unerheblich zum Kursverfall beigetragen haben. Das Mißtrauen an der Börse ist zum nicht geringen Teil eine Vertrauenskrisis im Aktienwesen. Die Aktiengesellschaft, die bewährte demokratische Gesellschaftsform, mit der in den 40 Jahren vor dem Kriege das gigantische kapitalistische Wirtschaftsgebäude Deutschlands aufgebaut wurde, ist in der Zwischenzeit vielfach zu einem plutokratischen, undemokratischen Gebilde umgeformt worden. Das Aktiensystem wurde zu einer Entrechtung der Aktionäre, der eigentlichen Kapitalträger, mißbraucht und diente dazu, den Aktionären, die das Kapitalrisiko trugen, ihren gebührenden Anteil an der Substanz und am Ertrag des Unternehmens vorzuenthalten. So sehr die Verwaltungen mancher Gesellschaften sich mit Erfolg bemüht haben, den wahren Charakter der Aktiengesellschaft zu wahren, so sehr ist anderseits Aktiengesellschaft und Aktionär als etwas Grundverschiedenes behandelt worden. Gegen Überfremdung geschaffene Stimmrechtsaktien mit mehrfachem Stimmrecht, Vorratsaktien, nur zum Teil eingezahlte Aktien dienten dazu, eine

[1] Siehe Anm. auf voriger Seite.

Wichtigste Sätze für Provision, Maklergebühr und Börsenumsatzsteuer. Stand vom 1. Juli 1932.

Bankierkunden			Wertpapier	Nichtbankierkunden		
Maklergebühr (mindestens 0,30 RM.)	Börsenumsatzsteuer f. 100 RM. ausmachenden Betrag Händlersteuer + Börsenhälfte in RM.	Provision[1] (mindestens 0,50 RM.) vom ausmachenden Betrag in %		Provision[1] (mindestens 1 RM.) vom ausmachenden Betrag in %	Börsenumsatzsteuer f. 100 RM. ausmachenden Betrag in RM.	Maklergebühr
Wertbeständige Wertpapiere: Mit Zinsberechnung $^3/_4$ ‰ vom Nominalwert	0,03	$^1/_8$	Reichs-, Länder- und Kommunalanleihen	$^1/_4$	0,05	wie bei Bankierkunden
Ohne Zinsberechnung 1 ‰ vom ausmachenden Betrag	0,045	$^1/_8$	Inländische Schuldverschreibungen von Körperschaften, von Grundbesitzern, Hypothekenbanken und sonstige Beleihungsbanken, die mit staatlicher Genehmigung errichtet sind	$^1/_4$	0,075	
Aktien	0,075	$^1/_8$	Sonstige inländische Schuldverschreibungen (Bank-, Schiffahrts- und Industrieobligationen)	$^1/_4$	0,125	
$^3/_4$ ‰ vom ausmachenden Betrag für Termingeschäfte 1 ‰ vom ausmachenden Betrag für Kassageschäfte, mindestens vom halben Nennwert	0,1125	$^1/_5$	Inländische und ausländische Aktien	$^2/_5$	0,1875	

[1] Die Provision ist vom ausmachenden Betrage, mindestens aber vom Nominalbetrage, zu berechnen.

Für festverzinsliche Werte wird bei einem Kursstand bis zu 25% $^1/_4$ des Nennwertes
„ „ „ „ „ 50% $^1/_2$ „ „
„ „ „ „ „ 100% $^1/_1$ „ „
„ „ „ über 100% der ausmachende Betrag
Für Dividendenwerte wird „ „ „ bis zu 25% $^1/_2$ des Nennwertes
„ „ „ über 25% $^1/_1$ „ „
„ „ „ über 100% der ausmachende Betrag
} zugrunde gelegt.

Außerdem wird eine Abwicklungsgebühr erhoben, welche für Banken und Private beträgt:

1. bei Aktien pro nom. RM. 1000: RM. 1,—
„ „ RM. 3000—6000: RM. 3,—
über RM. 6000: RM. 5,—
2. bei Renten bis nom. RM. 10000: RM. 1,—
je angefangene weitere nom. RM. 10000: RM. 1,—, höchstens RM. 5,—

risikolose Verwaltungsallmacht herzustellen, der die Aktionäre schutzlos unterworfen waren. Das selbstverständliche Recht des Aktionärs, zu wissen, wie es seiner Gesellschaft ergeht, wurde vielfach nur ungenügend erfüllt. Die Publizität beschränkte sich auf Jahresberichte, die vielfach hauptsächlich allgemeine und völlig betriebsfremde Probleme erörterten. Die Bilanzen waren das Muster einer Vereinfachung und das Gegenteil von Bilanzwahrheit und klarer Gliederung. Verschleierungstechnik feierte Triumphe. Die Verschachtelungskunst verwehrte den Einblick in das Gefüge des Unternehmens und seiner Beteiligungen. Die Unkostengliederung war häufig unzureichend. Es war den Aktionären verwehrt zu wissen, was seine Verwaltung an Gehältern und Tantiemen bezog, so daß vielfach der Eindruck entstehen konnte, daß Vorstand und Aufsichtsrat den größten Teil des Reingewinnes beanspruchten, während die Aktionäre vielleicht völlig dividendenlos ausgingen. Anfragen der Aktionäre in der Generalversammlung wurden nur selten mit der gewünschten Auskunft beantwortet. Beispiele vorbildlicher Gesellschaften, von denen einige sogar zu vierteljährlichen Zwischenberichten über Beschäftigung und Lage übergegangen sind, fanden nur wenig Nachahmung. In besonders klarer Weise wurden Mißstände im Aktienwesen bei den überraschenden Zusammenbrüchen der Frankfurter Allgemeinen Versicherungsgesellschaft und der Nordwolle A.G. aufgedeckt, obwohl die letzten Bilanzen die Unternehmen noch als völlig intakt erscheinen ließen. Die Obliegenheit der Beaufsichtigung hatte von Aufsichtsratsmitgliedern, die viele Mandate in ihrer Hand vereinigten, vielleicht beim besten Willen nicht hinreichend erfüllt werden können. Der Ruf nach Pflichtrevisionen durch treuhänderische Stellen ist daher auch der dringlichste, der sich auf Grund der erwiesenen Unzulänglichkeiten des Aktienwesens erhebt. Die in Bearbeitung befindliche Reform des Aktienrechts wird aus den Erfahrungen der letzten Jahre reiche Lehren ziehen können, wobei allerdings nicht zu übersehen ist, daß es sich nicht nur um ein rechtliches, sondern mehr noch um ein ethisches Problem handelt. Vor allem auch im Interesse der zahlreichen Unternehmen, welche das Wesen der Aktiengesellschaft rein und intakt gehalten haben, ist es zu wünschen, daß die Mißstände, die den Kredit der Aktiengesellschaft schmälern, unterbunden werden. Das Vertrauen zur Börse wird vom Vertrauen der Aktionäre zum Aktienwesen abhängig sein (vgl. a. *Aktienrechtsreform*).

Handbuchwesen und Literaturangaben: Über die Geschichte der B. B. siehe u. a. A. SCHNEIDER: Führer durch die Börse zu Berlin. Berlin 1926. — HELLMUT GEBHARD: Die Berliner Börse von den Anfängen bis zum Jahre 1896. Berlin 1928. — GEORG BUSS: Berliner Börse von 1685—1913. Berlin 1913. — F. A. WIENER: Die Börse. Eine Studie über die Entwicklung des Rechts und der Verfassung der deutschen, insbesondere der Berliner Börse und der hauptsächlichsten Börsen des Auslandes. Berlin 1905.

Ein gutes Lehr- und Handbuch für Kaufleute, Bankbeamte und Studierende bietet MAX FÜRST: Die Börse, ihre Entstehung und Entwicklung, ihre Einrichtung und ihre Geschäfte. Leipzig 1923.

Über Börsengesetz, Börseneinrichtungen, Börsenordnung, Geschäftsordnung, Maklerordnung, Bedingungen und Usancen berichten ausführlich SALINGS: Börsenpapiere. Erster Teil: Die Börse und die Börsengeschäfte. Berlin 1928 und der jährlich erscheinende SCHNEIDER-DAHLHEIM: Usancen der Berliner Fonds-Börse. Berlin 1930.

Die Marktgebiete der B. B. finden eine besondere Behandlung in: PAUL QUITTNER: Investment moderne Pr. Berlin 1930. — MERTEN-NOACK: Geldanlage und Börse. Berlin 1930.

Als ausführlich über die Börse informierende Tageszeitungen sind die Berliner Börsenzeitung, der Berliner Börsen-Courier und die Neue Berliner Börsenberichte zu nennen. Letztere werden nur an Banken und Bankiers abgegeben. Als Zeitschrift, die eingehend über die Börse berichtet und vor allem auch gediegene Bilanzkritiken enthält, sei der wöchentlich erscheinende Deutsche Volkswirt, Berlin, erwähnt.

THEO MERTEN.

Berliner Devisenabrechnungsstelle s. *Devisen-Abrechnungsstelle.*

— **Handelsgesellschaft** s. *Persönlichkeit — Organisation 6.*

— **Stempelvereinigung** s. *Standesvertretungen A 2a.*

— **Stadtbank** s. *Girozentralen 1.*

Berufsschule für das Bankgewerbe s. *Ausbildung des Bankangestellten.*

Besitzkredit s. *Agrarkredit I c.*

Besserungsschein. 1. In Deutschland ein in den letzten Jahren vielfach bei Zahlungseinstellungen (besonders kleinerer und mittlerer Firmen) üblich gewordenes bedingtes Zahlungsversprechen des Schuldners. Der Gläubiger gewährt dabei keinen Nachlaß, sondern nur Stundung. Der Schuldner verpflichtet sich, diesen gestundeten Betrag zurückzuzahlen, sobald er „in bessere Vermögensverhältnisse" kommt. Die Unbestimmheit des Ausdrucks kann leicht zu Meinungsverschiedenheiten führen, so daß heute meist entweder ein Schiedsgericht vereinbart oder ein objektives Kriterium (Höhe des Gewinns usw.) festgesetzt wird.

2. In den USA., woher die Institution des B. stammt, wird von ihm weit häufiger Gebrauch gemacht. Die B.-Urkunde heißt *scrip* (s. d.).

Von Schuldnerseite wird vielfach hervorgehoben, daß der B., bei dem die Forderung bestehen bleibt, es dem Schuldner unmöglich macht, neuen Kredit von anderer Seite zu erhalten. Da die Berechtigung dieser Klage nicht zu bezweifeln ist, sollten B. nur bei offensichtlich rasch vorübergehenden, in äußeren Umständen begründeten Zahlungsschwierigkeiten Verwendung finden. Auch bei Staatsschulden mitunter verwendet. Eine gewisse Ähnlichkeit hiermit hatte der „Wohlstandsindex" des Dawesplans, der im Youngplan beseitigt wurde (vgl. a. *Valorisierung I*).

Bestätigung eines Schecks ist ein Privileg der Reichsbank. Sie begründet eine Verpflichtung der Reichsbank zur Zahlung innerhalb von 10 Tagen nach der B.

Bestandskonten s. *Bilanz und Bilanzkritik 2.*

Bestensauftrag s. *Kursbildung 1.*

— an *Berliner Börse* (s. d.) *III.*

Beteiligungen s. *Abschreibungen, Bilanz und Bilanzkritik II, Schachtelprivileg, Holdinggesellschaften.*

Beteiligungsfonds s. *Öffentlich-rechtliches Bankwesen 3.*

— **gesellschaften** vgl. *Investment Trusts.*

Betriebskapital (der Banken) s. *Liquiditäts- und Anlagepolitik*, vgl. a. *Erträgnisse des Bankgewerbes.*

— **koeffizient,** Verhältnis des Brutto- zum Reingewinn, vgl. Bem. z. *Unkosten.*

— **kredit** (allgem. Erkl.) s. *Kredit II 3,* (in der Landwirtschaft) s. *Agrarkredit.*

Betriebsrat. Der Betriebsrat ist die Betriebsvertretung der in einem Betriebe tätigen Arbeitnehmer, und zwar sowohl der Arbeiter als auch der Angestellten. Auf Grund des Betriebsrätegesetzes vom 4. Februar 1920 sind Betriebsräte in Betrieben mit mindestens 20 Arbeitnehmern zu errichten. Für die kleineren Betriebe mit mindestens 5 Arbeitnehmern werden Betriebsobleute bestellt.

Der Betriebsrat hat theoretisch die Aufgabe, den Arbeitgeber in der Erfüllung des Betriebszwecks durch Mitarbeit zu unterstützen und die wirtschaftlichen Interessen der Arbeitnehmer gegenüber den Arbeitgebern wahrzunehmen. In der Praxis hat jedoch die Arbeit des Betriebsrats nur insoweit Bedeutung, als er bei Einstellungen und Entlassungen von Angestellten mitwirken kann. Seine Rechte beschränken sich lediglich auf das Recht des Einspruchs bei Kündigungen von Arbeitnehmern.

Bevollmächtigter s. *Personen im Bankgewerbe II.*

Bewertungsgrundsätze (bei der deutschen Aktiengesellschaft) s. *Aktiengesellschaft V*, s. *Aktienrechtsreform III*, s. *Bilanz und Bilanzkritik II 1*, vgl. *Abschreibungen.*

— **vorschriften** s. *Bilanz und Bilanzkritik I 7.*

bez. (bezahlt) s. *Berliner Börse III.*

Bezogener (Trassat), die Person, die die Zahlung leisten soll. Ihre namentliche Aufführung ist wesentliches Erfordernis der Gültigkeit eines gezogenen Wechsels.

Bezugsaktien s. *Bezugsrecht.*

Bezugsrecht. 1. Der Ausdruck kennzeichnet zweierlei: Einmal den abstrakten Anspruch eines Aktionärs auf grundsätzliche Beteiligung an späteren Kapitalerhöhungen der Aktiengesellschaft bzw. Kommanditgesellschaft a. A. entsprechend seiner bisherigen Beteiligungsquote und ferner das konkrete, handelsfähige Recht zur Übernahme von neuen Aktien im Einzelfall. Die Bedeutung des B.-Anspruchs geht daraus hervor, daß bei grundsätzlicher Gleichberechtigung aller Aktien eine Begebung neuer Anteile zu einem unter dem Wert der alten Aktien liegenden Kurse die Substanz zugunsten der neuen und zuungunsten der alten Aktionäre verändert. Der Begebungskurs der neuen Aktien ist zwar nach unten durch das Verbot einer Unter-Pariemission (HGB. § 184) begrenzt, so daß im Augenblick infolge des Falls fast aller Aktienkurse unter die Parigrenze die praktische Bedeutung der Frage einer Substanzverschlechterung durch B.-Entziehung stark vermindert ist. Einmal besteht jedoch die Möglichkeit, die notwendige Parieinzahlung ganz oder teilweise zu Lasten früherer Reserven der Gesellschaft vorzunehmen, so daß die effektive Zahlung der neuen Aktionäre erheblich niedriger wäre, und außerdem ist natürlich die grundsätzliche Frage der Angelegenheit zu beachten. In diesem Sinne soll die *Aktienrechtsreform* (s. d.) nach dem Wunsche der Reformpartei eine möglichst klare Festlegung des Anspruchs eines Aktionärs auf das B. bringen, um Substanzentziehungen durch B.-Ausschließung unmöglich zu machen.

Der grundsätzliche B.-Anspruch des Aktionärs war dem deutschen Aktienrecht früher fremd. Noch das Allgemeine Deutsche Handelsgesetzbuch von 1861 überließ die Regelung generellen Vorschriften der Satzung oder Beschlüssen der zuständigen Organe im Einzelfalle. Die Satzungen sahen dementsprechend vielfach ständige Sondervorrechte einzelner Personen — meist der Gründer — auf Einräumung eines erweiterten B., öfters auf die Hälfte jeder neuen Emission, vor. Da sich in dieser Hinsicht starke Mißbräuche ergaben, wurde zunächst durch die Aktiennovelle von 1884 die Zusicherung eines B. vor dem Beschluß der Generalversammlung über Erhöhung des Grundkapitals als der Gesellschaft gegenüber unwirksam erklärt. Die vor 1884 durch Satzungsbestimmungen begründeten Sonderrechte blieben allerdings unberührt. Das HGB. von 1897 hat dann eine erweiterte Regelung getroffen. Grundsätzlich ist nach § 282 jedem Aktionär auf sein Verlangen „ein seinem Anteil an dem bisherigen Grundkapital" entsprechender Teil der neuen Aktien zuzuteilen. Diese Vorschrift ist jedoch nicht zwingendes Recht, da der § 282, 1 fortfährt: „soweit nicht in dem Beschluß über die Erhöhung des Grundkapitals ein anderes bestimmt ist." Dies erschien notwendig, weil bei Sacheinbringung, insbesondere also bei Kapitalerhöhung zwecks Fusion oder Erwerb von Werten, bei denen der Vorbesitzer als Entgelt die neuen Aktien übernimmt, ein B. der Aktionäre nicht möglich ist. In der Praxis wird dieses sog. gesetzliche B. aber auch sonst fast stets ausgeschlossen, und zwar selbst dann, wenn an sich allen Aktionären das volle B. gewährt werden soll. Es hat sich als zweckmäßiger herausgestellt, das B. nicht, wie in § 282 vorgesehen, dem Aktionär direkt von der Gesellschaft, sondern durch Zwischenschaltung eines Konsortiums zuzuweisen. In diesem Fall übernimmt ein Konsortium die Gesamtemission mit der Verpflichtung, seinerseits den Aktionären ein dem gesetzlichen Verhältnis bzw. ein je nach Bestimmung im Einzelfall abgeändertes B. zuzuweisen (indirektes B.). Irgendwelche Einschränkungen des freien Beschlußrechtes der Aktionäre sieht das HGB. nicht vor; eine Grenze bilden lediglich, wie stets, die allgemeinen Vorschriften des BGB. über die Nichtigkeit von Handlungen, die den guten Sitten widersprechen. In § 283 werden ferner die durch die Aktiennovelle von 1884 eingeführten Bestimmungen wiederholt, daß Zusicherungen auf den Bezug neu auszugebender Aktien vor dem Beschluß über Erhöhung des Grundkapitals gegenüber der Gesellschaft unwirksam sind, und daß derartige Zusicherungen auch sonst nur unter Vorbehalt des gesetzlichen B. der Aktionäre erfolgen können.

2. Der neue Aktienrechtsentwurf, dessen B.-Bestimmungen in die vorläufige Gesetzesreform vom 19. September 1931 nicht aufgenommen sind, sieht insofern keine Änderung der Bestimmungen vor, als weiterhin das direkte B. als Regelfall konstruiert wird (Entwurf, Fassung vom Herbst 1931, §§ 151/52). Eine vollständige oder teilweise Ausschließung des gesetzlichen B. ist weiterhin möglich. Zwingend wird aber eine $^3/_4$-Majorität für den Beschluß vorgeschrieben; außerdem ist der Antrag auf Ausschließung des B. mindestens 3 Wochen vor der Generalversammlung anzukündigen. Die Satzung kann im übrigen neben der $^3/_4$-Majorität noch andere Erfordernisse für die Gültigkeit der B.-Ausschließung festsetzen. In Aufrechterhaltung der bisher gültigen Bestimmungen wird weiterhin festgesetzt, daß der Vorstand den Betrag, zu dem die neuen Aktien ausgegeben werden, in den Gesellschaftsblättern bekannt zu machen hat, und daß für die Ausübung des B. eine Frist von mindestens 2 Wochen zu bestimmen ist.

Abgesehen von dem bisher behandelten B. des Aktionärs kennt das neue Aktienrecht auch ein besonderes B. bestimmter Personen, insbesondere der Inhaber gewisser Obligationen (Optionsanleihen), das durch eine bedingte Kapitalerhöhung eingeräumt werden kann (Entwurf §§ 157ff.). Hiernach ist eine Erhöhung des Grundkapitals mit der Maßgabe möglich, daß auf die neu auszugebenden Aktien ein B. oder Umtauschrecht oder beide Rechte nebeneinander eingeräumt werden (Bezugsaktien), und daß die Erhöhung erst in dem Zeitpunkt und nur insoweit zur Durchführung gelangen soll, als von diesem Recht Gebrauch gemacht wird. In diesem Fall darf der Gesamtnennbetrag der Bezugsaktien nicht höher sein als die Hälfte des Grundkapitals. Der Beschluß bedarf, wie bei jeder Aufhebung des gesetzlichen B. der alten Aktionäre, einer $^3/_4$-Majorität, sofern nicht die Satzung noch andere Erfordernisse aufstellt.

In ähnlicher Weise kann auch sonst Obligationen, nicht nur Aktien für künftige Fälle, ein B. eingeräumt werden, und zwar entweder auf Aktien oder auch mitunter auf neue Obligationen. Ein Aktien-B., entsprechend etwaigen neuen B., die den Aktionären zustehen, besitzen beispielsweise die I.G.-Farben Convertible Bonds, wobei allerdings Barablösung des B. erfolgen kann. Dagegen wird den 6% Siemens & Halske-Beteiligungsschuldverschreibungen von 1930 für den Fall der Gewährung eines B. an die Aktionäre ein entsprechendes B. zum gleichen Kurse auf neue Obligationen eingeräumt.

3. In einem Sonderfall sind die Bestimmungen über eine Erschwerung der B.-Entziehung bereits Gesetz geworden. § 11 des 5. Teils Kap. II der Notverordnung vom 6. Oktober 1931 über Kapitalherabsetzung in erleichterter Form sieht vor, daß bei Kapitalerhöhungen innerhalb von 5 Jahren seit der Beschlußfassung über die Kapitalherabsetzung in einem Fall das B. der Aktionäre nur mit $^3/_4$-Majorität ganz oder teilweise ausgeschlossen werden kann. Damit soll die Gefahr einer Substanzentziehung durch B.-Ausschluß nach übermäßiger Kapitalherabsetzung in einem Fall vermieden werden. Die Bestimmung gilt auch für den Fall, daß die Wiedererhöhung des Kapitals bereits gleichzeitig mit der Herabsetzung in einem Fall beschlossen wird.

4. Die Durchführung des B. geschieht jetzt fast ausschließlich in der Weise, daß vom Bankenkonsortium, das zunächst die Gesamtemission übernommen hat, eine Aufforderung zur Ausübung des B. innerhalb einer bestimmten Frist zu dem von der Generalversammlung festgesetzten Kurse und in dem ebenfalls dort beschlossenen Verhältnis — je x neue auf je y alte Aktien — ergeht. Die Ausübung kann grundsätzlich an den Schaltern provisionsfrei erfolgen; Gebühren werden nur bei Einsendung durch die Post erhoben. Soweit es sich um börsenfähige Aktien handelt, findet innerhalb der Ausübungsfrist gleichzeitig ein Börsenhandel in B. statt, und zwar in der Weise, daß der vorletzte Tag der Ausübungsfrist der letzte Tag der Börsennotierung ist. Im übrigen findet ein Börsenhandel an 3 Tagen statt. Der folgende Tag, der also der letzte für die Ausübung des B. ist, dient noch in der Regel einem inoffiziellen Spitzenausgleich.

5. Der Wert des B. ergibt sich aus dem Vorteil, den der Bezugskurs der neuen Aktien im Verhältnis zum Preise alter Aktien — unter Berücksichtigung etwaiger Dividendenunterschiede — darstellt. Die Berechnung des Wertes kann formelmäßig, wenn auch etwas umständlich, erfolgen. Am einfachsten erscheint noch folgende Methode: Vom Kurswert der alten Aktien ist der Bezugspreis der neuen Aktien sowie fernerhin ein etwaiger Dividendennachteil — bei Ausstattung der neuen Aktien mit halber Dividende also die Hälfte der geschätzten Jahresausschüttung auf die alten Aktien — in Abzug zu bringen. Die Differenz ist durch die Zahl der alten Aktien, die zur Ausübung des B. erforderlich sind, zuzüglich der Zahl der darauf entfallenden neuen Aktien zu dividieren und dieses Ergebnis schließlich mit der Zahl der erlangten neuen Aktien zu multiplizieren. Die praktische Durchführung ergibt: Erhöht eine Gesellschaft, deren Aktien 400% notieren, ihr Kapital, indem auf 5 alte 1 neue Aktie zu 100% entfällt, so würde der Wert des B. betragen: 400% − 100% = 300% dividiert durch 5 + 1 oder 6 = 50% × 1, also gleich 50% (als Bruch geschrieben $\frac{(400-100)\cdot 1}{5+1} = \frac{300}{6} = 50$). Nach dem Abgang des B. vom Kurse würden die alten Aktien also 350% notieren, ebenso ergibt der Wert von 5 B. zu 50% zuzüglich 100% Zuzahlung den gleichen Preis für die junge Aktie. Bei einem krummen B.-Verhältnis, d. h. wenn auf 5 alte Aktien beispielsweise 3 neue entfallen, ist die Rechnung entsprechend zu verändern, indem die Kursdifferenz von 300% durch 5 + 3 gleich 8 zu dividieren

und das Ergebnis dann mit 3 zu multiplizieren ist, was $112^1/_2$% als Wert des B. ergibt (als Bruch wieder $\frac{(400-100)\cdot 3}{5+3} = \frac{900}{8} = 112^1/_2$). Da junge Aktien mit Rücksicht auf das Fehlen einer amtlichen Notierung regelmäßig unter dem Kurs der alten Stücke gehandelt werden — im Durchschnitt um etwa 10% des Wertes darunter — pflegt der Kurs des B. allerdings selten, nämlich nur bei starker Hausse, diesen theoretischen Wert, die sog. Parität zu erreichen. Besteht ein rechnerischer Wert nicht, indem der Bezugskurs der neuen Aktien, wie es gerade jetzt häufig ist, kaum unter dem Preis der alten Aktien liegt oder diesen gar übersteigt, so kommen Kurse für das B. natürlich nicht zustande; in diesem Fall findet an allen 3 Tagen eine Streichung statt.

6. Für den börsenmäßigen Handel mit B. gelten die besonderen Bestimmungen, daß die Lieferung bis zum letzten Börsentage vor Ablauf der für die Ausübung gestellten Frist und, wenn das Geschäft erst an diesem Tage abgeschlossen ist, am Ablaufstage bis 10 Uhr vormittags zu liefern sind. Erfolgt eine rechtzeitige Lieferung nicht, so kann auch bei Geschäften in B. Exekution erfolgen, wegen des Fortfalls der B.-Notierung aber in Form eines Ankaufs junger Aktien unter Verrechnung der Einzahlung. In der Regel können andererseits auch den Käufern von B. nach Vereinbarung junge Aktien unter Belastung mit der Zuzahlung geliefert werden. Wird ein B. für Aktien gehandelt, in denen ein Terminverkehr stattfindet, so wird das B. grundsätzlich vom Reportgeldgeber ausgeübt, bei dem sich ja die Stücke befinden. Bei der darauffolgenden Liquidation wird jedoch der Wert des B. vom vorhergehenden Prolongationskurse in Abzug gebracht, wobei der Durchschnittskurs aus den 3 Börsennotierungen des B. genommen wird. Dieser von schwebenden Engagements abzusetzende B.-Wert wird durch Bekanntmachung des Börsenvorstandes festgesetzt. Will der Reportgeldgeber seinerseits das B. nicht für sich ausüben, so tritt er als Verkäufer an der Börse auf.

Der Handel mit B. unterliegt nach § 35 des Kapitalverkehrssteuergesetzes in gleicher Weise der Börsenumsatzsteuer wie der Handel mit Aktien selbst. Dagegen ist die früher nach § 61 KVStG. erhobene B.-Steuer, die eine besondere Besteuerung bereits der B.-Einräumung, unabhängig von etwaigem Verkauf bzw. Ankauf darstellte, seit 1926 wieder aufgehoben.

7. Die Kontrolle der B.-Ausübung erfolgt in der Regel dadurch, daß die Aktienmäntel zwecks Abstempelung bei den Bezugsstellen eingereicht werden. Soweit neuerdings Dividendenscheinbogen mit fortlaufender Numerierung und ohne Benennung einzelner Geschäftsjahre ausgegeben sind, werden auch der Einfachheit halber zur Ausübung des B. einzelne Nummern dieser Bogen getrennt, so daß die umständliche Abstempelung der Mäntel wegfällt. Bei Stücken, die sich im Sammeldepot von Effektengirobanken befinden, kann das B. durch besondere B.-Schecks, die den sonstigen Effektenschecks gleichstehen, übertragen bzw. ausgeübt werden, wobei dann die Effektengirobank ihrerseits die Abstempelung der Mäntel bzw. Trennung von Dividendenscheinen vornimmt.

Über den Mißbrauch des B. vgl. *Aktienrechtsreform.*

Literatur: Aus der ziemlich umfangreichen Spezialliteratur seien erwähnt: H. Bernicken: Das Bezugsrecht des Aktionärs in rechtlicher und banktechnischer Hinsicht. 1928. — J. Gwinner: Das Bezugsrecht. 1925. — H. Sommerfeld: Die betriebswirtschaftliche Theorie des Bezugsrechts. 1927.

Hans Kaliski.

bid (e), Börsenausdruck, wörtlich geboten(er Preis), „Geld".

Big Five, Bezeichnung der fünf großen englischen Depositenbanken, etwa entsprechend der Bezeichnung D-banken in Deutschland.

Bilanz und Bilanzkritik.

I. Allgemeines über Bilanzen.

1. *Begriffliches und Grundlagen.* Begriff und äußere Gestalt der Bilanz entstammen der kaufmännischen doppelten Buchführung, in der die Bilanz die technische Ausdrucksform des Kostenabschlusses ist. Demzufolge ist die Bilanz auch ebenso wie die doppelte Buchführung selbst aufgebaut auf dem Prinzip der Kontengleichung (doppelte und entgegengesetzte Verbuchung aller Geschäftsvorfälle). Ihre Entstehung erfolgt in der Regel stufenweise. Aus der kontenmäßigen Gegenüberstellung aller Soll- und Habenumsätze resultiert zunächst die Rohbilanz (Summenbilanz). Die Saldierung der Umsatzziffern ergibt weiter die Saldenbilanz, aus der wiederum durch Trennung der Bestandskonten von den Erfolgskonten (s. u.) das Bilanzkonto und das Gewinn- und Verlustkonto entwickelt werden (s. besondere Abbildung). Auf beiden Konten kommt unabhängig voneinander der Erfolg der zurückliegenden Rechnungsperiode als Saldo zwischen Debet- und Kreditseite zur Ausweisung (vgl. dito Abbildung).

Das für die kaufmännische Rechnungslegung wichtigere Konto ist dabei ursprünglich das Gewinn- und Verlustkonto. Es nimmt auf der linken Seite die Aufwendungen (Ausgaben) und auf der rechten Seite die Erträge (Einnahmen) auf und zeigt als Differenz zwischen beiden Seiten den Gewinn oder Verlust. Seine Ergänzung durch das Bilanzkonto resultiert (entwicklungsgeschichtlich betrachtet) erst aus der Notwendigkeit, nicht allein nach Beendigung eines Gesamtgeschäftes, sondern auch während seiner Dauer in regelmäßigen Abständen Rechnungsabschlüsse vorzunehmen und Erfolg bzw. Vermögensveränderungen zu ermitteln. Um dies zu ermöglichen, mußte das Bilanzkonto eingeschaltet werden, das die am Abschlußtage vorhandenen Bestände und Verpflichtungen sowie die sich aus der periodischen Rechnungsabgrenzung ergebenden, weder Aufwand noch Ertrag der verflossenen Periode darstellenden Übergangsposten aufzunehmen hatte.

Die besondere Bedeutung des Bilanzkontos liegt dabei — abgesehen von seiner Rolle in der periodischen Erfolgsrechnung und Vermögensermittlung — noch darin, daß es durch die Übernahme sämtlicher aktiven und passiven Bestände einen vollständigen finanziellen Querschnitt durch ein Unternehmen liefert und damit die Möglichkeit gibt, sowohl die Art der Finanzierung als auch die Anlage der in einem Betriebe arbeitenden Mittel für einen bestimmten Stichtag im ganzen zu übersehen. Man stellt daher Bilanzen auch außerhalb des periodischen Rechnungsabschlusses zu den verschiedensten Sonderzwecken auf. Ihr materielles Gesicht erhalten sie in jedem Falle erst durch die Bewertung, die je nach dem mit der Bilanzierung verfolgten Zweck unterschiedlich ist (s. u.).

Im Gegensatz zur Bilanz dient die Gewinn- und Verlustrechnung außer zur Ermittlung des Betriebserfolges vor allem zur Analyse der Gewinnquellen. Diese Analyse ist dabei umso genauer, in je geringerem Umfange Aufwendungen und Erträge vor ihrer Übernahme in das Gewinn- und Verlustkonto gegeneinander aufgerechnet werden. Die beste Gewinn- und Verlustrechnung ist daher in der Regel eine solche, in der Saldierungen überhaupt nicht stattgefunden haben; schlecht ist dagegen beispielsweise eine solche, in der nur „*Abschreibungen*“ (s. d.) einerseits und „Rohüberschüsse“ andererseits in je einem Posten ausgewiesen sind.

2. Die typischen Konten. Der doppelseitigen Übernahme der Konten in das Bilanzkonto und das Gewinn- und Verlustkonto entsprechen auch zwei in Charakter und Bedeutung grundsätzlich verschiedene Arten von Konten, die Bestandskonten und die Erfolgskonten. Beide brauchen allerdings in der Praxis nicht immer voneinander getrennt zu sein; es kommen vielmehr auch Konten vor, die am Jahresende gleichzeitig einen Erfolgssaldo aufweisen und Bestände enthalten (gemischte Konten, Bestands-Erfolgskonten). Bei solchen Konten ist der Totalsaldo beim Abschluß zwischen Bilanzkonto und Gewinn- und Verlustkonto zu teilen. Die Bestände sind in das Bilanzkonto zu übernehmen, der verbleibende (Erfolgs-)saldo geht in das Gewinn- und Verlustkonto ein. Diese Manipulation erübrigt sich allerdings, wenn man ein gemischtes Konto a priori in zwei Konten, ein reines Bestandskonto und ein reines Erfolgskonto zerlegt, was an sich in jedem Falle möglich, jedoch aus technischen Gründen nicht immer zweckmäßig ist.

Der typische Repräsentant des gemischten Kontos ist das Warenkonto. Diesem Konto werden normalerweise alle Aufwendungen belastet, die beim Wareneinkauf entstehen (Einkaufspreis, Fracht, Zoll usw.); bei Fabriken Rohstoffe zuzüglich Herstellungskosten, nicht dagegen Abschreibungen und allgemeine Unkosten. Das Konto wird erkannt mit den Verkaufserlösen. Forderungsausfälle werden teils dem Warenkonto selbst zurückbelastet, teils unmittelbar über Gewinn- und Verlustkonto abgebucht. Bei Banken wird als gemischtes Konto in der Regel vor allem das Effektenkonto geführt, seltener auch das Wechselkonto, weil hier die gesonderte Verbuchung von Diskonterlösen und Diskontkosten keine besonderen technischen Schwierigkeiten bietet. Zu den gemischten Konten gehören endlich die meisten Anlagekonten (Grundstücke und Gebäude, Maschinen, Mobilien usw.), soweit ihr Wert Veränderungen durch Abnutzung, Verschleiß usw. unterliegt, die bei der Bilanzierung berücksichtigt werden müssen.

Rechnungstechnisch erfolgt die Auflösung der Anlagekonten für die Bilanz jedoch im allgemeinen gegenüber den zuerst besprochenen sog. „Umsatzkonten“ in abweichender Weise. Bei den ersteren wird der Bestand für die Bilanz (von wenigen Ausnahmen, z. B. Werkzeugen abgesehen) meist mittels der Lebensdauerrechnung, bei den letzteren mittels der Befundrechnung, ermittelt. Befundrechnung bedeutet Ermittlung des Endbestandes durch Inventur oder mit Hilfe von Lagerbüchern; dieser Endbestand wird bewertet und der verbleibende Saldo auf Gewinn- und Verlustkonto übertragen. Lebensdauerrechnung bedeutet Ermittlung des Endbestandes unter Ausgang vom Anfangsbestand. „Abgeschrieben“ wird dabei meist entweder in Prozenten vom Anschaffungswert oder vom Buchwert. An Stelle der Abschreibung kann auch die Bildung entsprechender Rückstellungen treten (diese sind hier aber nicht identisch mit Reserven, sondern „Aufwandrückstellungen“, die gegen die entsprechenden Aktivkonten aufzurechnen sind).

Typische Bestandskonten sind das Kassakonto, das Kontokorrentkonto (enthaltend Forderungen und Verpflichtungen), ebenso etwaige Anleihe- und Hypothekenkonten, schließlich das Kapitalkonto (bzw. die Kapitalkonten). Grundsätzlich wird dabei das Kapitalkonto in der doppelten Buchführung ebenso behandelt wie ein Schuldkonto (also quasi als Schuld des Unternehmens an den Unternehmer); es erscheint daher, wenn sich keine Unterbilanz ergibt, auf der Passivseite der Bilanz (andernfalls auf der Aktivseite). Das Kapitalkonto kann dabei als festes, unveränderliches Konto geführt werden (bei Aktiengesellschaft, G. m. b. H. usw. ist dies gesetzlich vorgeschrieben) und als bewegliches Konto (bei Privatfirmen, offenen Handelsgesellschaften). Im ersteren Falle müssen neben dem eigentlichen Kapitalkonto nebengeordnete Kapitalkonten geführt werden (Reservekonten, Gewinn- und Verlustvortrag usw.), im letzteren Falle können sämtliche Veränderungen (Abbuchung von Verlusten, Zuschlag von Gewinn, Entnahmen usw.) am Kapitalkonto selbst vorgenommen werden. Der wirkliche Geldwert einer Unternehmung kommt im übrigen im Kapitalkonto bzw. der Summe der Kapitalkonten nur ausnahmsweise zum Ausdruck, da die Bilanz einmal stille *Reserven* (s. d.) oder auch zu hohe Wertumsätze enthalten kann und zum zweiten den *Goodwill* (s. d.) (der auch negativ sein kann) im allgemeinen nicht bilanziert wird. Das Kapitalkonto ist also im Prinzip nur eine Rechnungsgröße.

Typische Erfolgskonten sind vor allem das Unkostenkonto, das Zinsenkonto, das Provisionskonto, das Disagiokonto u. a. m. Charakteristisch für alle reinen Erfolgskonten ist, daß die Bestände nie aufweisen können, ihr Saldo vielmehr stets in voller Höhe in das Gewinn- und Verlustkonto eingehen muß. Eine gewisse Abweichung von diesem Grundsatz erfordert allein die Notwendigkeit einer zeitlichen Abgrenzung von Aufwand und Ertrag bei der Durchführung periodischer Erfolgsrechnungen (vor allem beim Jahresabschluß). Häufig gehören nämlich Aufwendungen und Erträge nicht in ihrem vollen, ursprünglich verbuchten Umfange in eine Geschäftsperiode (vorausbezahlte Gehälter für Januar am Jahresende, vorvereinnahmte Zinsen usw.). In diesem Falle sind die Beträge, die das folgende Geschäftsjahr betreffen, als Übergangsposten (transitorische Konten) in die Bilanz einzustellen. Für die bilanzmäßige Betrachtung besteht dabei zwischen solchen Konten und gewöhnlichen Bestandskonten ein grundsätzlicher Unterschied nicht.

Eine besondere Art von Übergangskonten sind die Agio- bzw. Disagiokonten, wie sie bei der Begebung von Anleihen, Pfandbriefen, Hypotheken usw. entstehen. Hier wird nämlich ein Teil des Zinses vielfach nicht in der üblichen Weise anteilig in den einzelnen Jahren, sondern auf einmal bei Begebung bzw. Rückzahlung z. B. der Anleihen erhoben, und zwar in Form eines Abzuges bzw. Zuschlages zum Nominalbetrage. Durch die Einführung besonderer Agio- bzw. Disagiokonten in die Bilanz wird dann erreicht, daß auch der in den Abschlägen bzw. Zuschlägen enthaltene Teil der Zinsen auf die gesamte Dauer des Schuldverhältnisses verteilt werden kann.

3. Bilanz und Inventur. Inventur ist die Durchführung einer körperlichen Aufnahme der einzelnen Aktiven einer Unternehmung unter Einschluß der Feststellung von Forderungen und Verpflichtungen nach Art und Höhe. Im übertragenen Sinne versteht man unter einer Inventur gleichzeitig auch die lückenlose Zusammenstellung der Ergebnisse dieser Aufnahme. Mit der Bilanz ist die Inventur niemals identisch; insbesondere unterliegt sie auch keiner bestimmten Bindung in bezug auf äußere Aufmachung. (Sie braucht also nicht in Form einer

Bilanz aufgestellt zu sein; vielmehr genügt eine chronologische Darstellung.) In vielen Fällen (aber keineswegs immer) ist sie jedoch Voraussetzung für die Aufstellung der Bilanz, und zwar vor allem dann, wenn die mengenmäßige Größe der Bestände anders (z. B. mittels Fortschreibung) nicht ermittelt werden kann. In einem neuzeitlich organisierten Betrieb dient allerdings die Inventur mehr zur Kontrolle und periodischen Berichtigung der Bestandsbuchführung (Skontierung), als zur Feststellung der Bestände überhaupt. Ergeben sich hier Differenzen, die das übliche Ausmaß überschreiten, ist ihnen nachzugehen (Unterschlagungskontrolle).

Das Gesetz schreibt in Deutschland die Aufstellung einer Inventur und einer Bilanz bei Beginn eines Handelsgewerbes sowie für den Schluß eines jeden Geschäftsjahres vor (§ 39 Abs. 1 und 2 HGB.). Nur bei Warenlägern, bei denen „nach der Beschaffenheit des Geschäfts die Aufnahme des Inventars nicht füglich in jedem Jahr geschehen kann“, genügt es, wenn sie alle zwei Jahre erfolgt. Die Verpflichtung zur jährlichen Aufstellung der Bilanz wird hierdurch jedoch nicht berührt (§ 39 Abs. 3). Bei Aufstellung des Inventars und der Bilanz sind sämtliche Vermögensgegenstände und Schulden nach bestimmten, durch das Gesetz vorgeschriebenen Grundsätzen zu bewerten (§ 40 Abs. 2). Die Bilanz selbst ist in Reichswährung aufzustellen (§ 40 Abs. 1). Bestimmte Formvorschriften für die buchmäßige Behandlung von Inventar und Bilanz bestehen dagegen nicht. Nach § 41 Abs. 2 können sie sowohl in ein dazu bestimmtes Buch eingeschrieben als auch jedesmal besonders aufgestellt werden. Im letzteren Falle sind sie jedoch zu sammeln und in zusammenhängender Reihenfolge geordnet aufzubewahren. Schließlich müssen Inventar wie Bilanz von dem Kaufmann bzw. bei einer Gesellschaft von allen Gesellschaftern unterzeichnet werden (§ 41 Abs. 1).

4. Die Arten von Bilanzen. Wie die Form der Bilanz durch die doppelte Buchführung bedingt ist, so wird ihr materielles Gesicht bestimmt von dem Ansatz der einzelnen Positionen, insbesondere also von der Bewertung der Aktiven. Diese hängt ihrerseits ab von dem Zweck der Bilanzaufstellung; wobei wiederum zu unterscheiden ist zwischen periodischen Bilanzen (Jahresbilanzen, Monatsbilanzen usw.) und Bilanzen zu einmaligen Zwecken (z. B. Auseinandersetzungsbilanzen, Konkurseröffnungsbilanzen usw.). Die periodische Bilanz im besonderen dient als Jahresbilanz dem Abschluß der einzelnen Geschäftsperioden einer Unternehmung. Mit dem Beginn der nächsten Periode werden ihre einzelnen Positionen in das neue Jahr übernommen; lediglich bei Gründung einer Unternehmung muß zu diesem Zwecke eine besondere Eröffnungsbilanz aufgestellt werden. Die Aufstellung von Jahresbilanzen und Eröffnungsbilanzen ist dabei gesetzlich vorgeschrieben (§ 39 HGB.). Dagegen steht die Aufstellung von Zwischenbilanzen innerhalb der einzelnen Geschäftsjahre (Monatsbilanzen, Quartals- und Halbjahrsbilanzen) im freien Ermessen des Kaufmanns. Sie ist jedoch in der Praxis weitgehend üblich, um die rentabilitätsmäßige und liquiditätsmäßige Entwicklung auch innerhalb des Geschäftsjahres verfolgen zu können. Schwierigkeiten können sich bei der Aufstellung von Zwischenbilanzen vor allem bei der periodischen Abgrenzung der Erfolgskonten sowie daraus ergeben, daß sie nicht immer mit einer vollständigen Inventur verbunden werden können. Zu ihrer Überwindung gibt es verschiedene Hilfsmittel; auch bei ihrer Anwendung besitzen Zwischenbilanzen jedoch vielfach nicht den gleichen Grad von Genauigkeit wie Jahresbilanzen.

Für die Aufstellung der Jahresbilanzen gibt das Gesetz eingehende materielle Vorschriften (vgl. u.). Diese Bestimmungen sind im wesentlichen beherrscht von der Vorstellung, daß es Aufgabe der Jahresbilanz ist, die Vermögenslage einer Unternehmung zu zeigen (statische Bilanzauffassung). Demgegenüber hat sich in neuerer Zeit vor allem unter dem Einfluß von E. Schmalenbach insofern ein starker Wandel in dem gesamten Bilanzdenken angebahnt, als von dem genannten nachgewiesen wurde, daß die Wertansätze in der Jahresbilanz gar nicht unter dem Gesichtspunkt einer Darstellung von summierten Einzelvermögenswerten erfolgen können, vielmehr beherrscht sein müssen von dem Bestreben nach einer möglichst genauen periodischen Abgrenzung von Aufwand und Ertrag. Schmalenbach betrachtet daher die Jahresbilanz im wesentlichen als ein Instrument zur Ermittelung eines exakten Periodengewinns (dynamische Bilanzauffassung). Eine Synthese zwischen der älteren in der Hauptsache statisch orientierten Bilanzauffassung und der dynamischen Bilanzlehre Schmalenbachs bildet schließlich die organische Bilanzauffassung (vertreten vor allem von F. Schmidt), die eine Bilanzierung anstrebt, bei der Vermögenslage und Betriebsgewinn gleichzeitig zur Darstellung kommen. Zur Erreichung dieses Zieles sollen sämtliche Aktiva (auch Anlagen) zu Wiederbeschaffungspreisen des Bilanzstichtages (jedoch nach Abzug von Abschreibungen) bewertet werden. Die bei dieser Bilanzierung herausspringenden Wertveränderungsgewinne auf Anlagen usw. sollen jedoch nicht dem Jahresgewinn hinzugerechnet werden.

Kritisch ist zu vorstehendem folgendes festzustellen. Unbestritten ist, daß die Wertansätze in einer Jahresbilanz zum großen Teil nicht unter dem Gesichtspunkt einer Ermittlung von Einzelvermögenswerten erfolgen können. Typisch hierfür: die Bewertung von Anlagen, bei denen Abschreibungen in der Regel nur nach Maßgabe des Verschleißes vorgenommen werden, während ihr Handelswert meist mit dem Schrottwert identisch wäre. Unbestritten ist weiter, daß eine Jahresbilanz zu Recht Aktiven enthalten kann, die überhaupt nicht den Charakter von Vermögenswerten haben und nur aus der periodischen Abgrenzung der Erfolgsposten resultieren (z. B. vorausbezahlte Versicherungen, Aktivierung von Disagio usw.).

Als feststehend kann daher gelten, daß für die Bewertung in erster Linie das Bestreben nach einer exakten Erfolgsermittlung maßgebend zu sein hat. Daneben können allerdings auch statische Grundsätze in bestimmten Fällen praktische Relevanz gewinnen, so bei der Bewertung stillzulegender Anlagen, bei Aufstellung von Liquidationsbilanzen usw. Außerdem aber hat jede Bilanz (auch eine reine „Erfolgsbilanz“) an sich statische Bedeutung: denn sie stellt einen für einen bestimmten Augenblick fixierten Querschnitt durch ein Unternehmen dar, wobei auf der Aktivseite der Vermögensaufbau und auf der Passivseite der Kapitalaufbau nachgewiesen wird. Dagegen kann sich der „Wert einer Unternehmung im ganzen“ nur in Ausnahmefällen als Differenz zwischen Verpflichtungen und Aktiven einer Jahresbilanz ergeben, und zwar auch dann nicht, wenn etwaige stille Reserven vorweg aufgelöst werden. Dieser Wert ist vielmehr primär abhängig von den Gewinnen, die ein Betrieb nachhaltig zu erzielen vermag; allerdings mit der Maßgabe, daß die untere Grenze in der Regel bestimmt wird durch den Zerschlagungswert des Betriebes (= Einzelverkaufswert sämtlicher Aktiven abzüglich Verpflichtungen und Liquidationskosten).

5. Erfolgsbilanz und Gewinnbegriff. Die große Bedeutung der Bilanz im Dienste der jährlichen Gewinnermittlung führt zu der Frage nach dem Inhalt des Gewinnbegriffs. Dieser ist aber nicht einheitlich; je nach der grundsätzlichen Einstellung weisen vielmehr die herrschenden Gewinnvorstellungen wesentliche Unterschiede auf, die ihrerseits wiederum zu Differenzierungen bei der Bewertung der einzelnen Bilanzpositionen führen. In tatsächlicher Hinsicht haben dabei vor allem drei Gewinnvorstellungen Bedeutung, der handelsrechtliche, der steuerliche und der betriebswirtschaftliche Gewinnbegriff. Bei einer grundsätzlichen Betrachtungsweise ist weiter zu unterscheiden, ob der Gewinnermittlung eine reine Geldkapitalrechnung oder eine Sachkapitalrechnung oder endlich eine gemischte Geld- und Sachkapitalrechnung zugrunde gelegt werden soll.

Im einzelnen wird der handelsrechtliche Gewinnbegriff bestimmt durch die materiellen Bewertungsvorschriften des Handelsgesetzbuches, die beherrscht sind von dem Prinzip des Gläubigerschutzes, d. h. es kommt dem Gesetzgeber weniger darauf an, daß die handelsrechtliche Bilanz zur Ermittlung eines wirtschaftlich richtigen Gewinnes führt als vielmehr darauf, daß die Ausweisung und Verteilung eines zu hohen Gewinnes unter allen Umständen vermieden wird. Dies wird besonders deutlich bei den Spezialvorschriften für die Bilanzierung von Aktiengesellschaften, die durch Einführung des Niederstwertprinzip die Ermittlung eines wirtschaftlich richtigen Gewinnes sogar unmittelbar ausschließen. Jedoch sind auch die allgemeinen Bewertungsvorschriften ähnlich zu werten, d. h. das Verstecken von Gewinnen durch Unterbewertung von Aktiven und Vorwegnahme von freien Rückstellungen aus dem Jahresergebnis wird dadurch nicht ausgeschlossen.

Im Gegensatz zum Handelsgesetzbuch sind die steuerrechtlichen Vorschriften über die Gewinnermittlung grundsätzlich auf die Erfassung des gesamten tatsächlich erzielten Gewinnes abgestellt, da der Fiskus schon aus Gründen einer steuerlich gleichen Behandlung bemüht sein muß, alle steuerpflichtigen Unternehmungen mit ihrem vollen Gewinn zur Besteuerung heranzuziehen. In der Praxis der Steuergesetzgebung erfährt das Bestreben nach exakter Erfassung aller Gewinne allerdings aus zwei Gründen eine erhebliche Modifikation. Einmal muß eine gesetzliche Regelung der Gewinnfeststellung unter allen Umständen zur Einführung verhältnismäßig starrer Normen führen, die eine individuelle Berücksichtigung des Einzelfalles nicht in jeder Hinsicht gestatten (hierher gehört z. B. die Zulässigkeit von relativ hohen, steuerlich freien Sonderabschreibungen im ersten Jahr nach Errichtung von Neuanlagen, die mit der Ermittlung eines wirtschaftlich richtigen Gewinnes vielfach im Widerspruch steht). Zum Zweiten muß bei Erlaß von steuerlichen Gewinnvorschriften aber auch auf gewisse rein fiskalische Belange Rücksicht genommen werden, die einer exakten Gewinnermittlung ebenfalls hinderlich sind.

Alle äußeren Rücksichten fallen demgegenüber weg bei Feststellung des betriebswirtschaftlichen Gewinnbegriffes. Hier handelt es sich allein um die Ermittlung des wirtschaftlich richtigen Gewinnes einer Periode. Dabei besteht allerdings über die Grundsätze, nach denen ein wirtschaftlich richtiger Gewinn errechnet werden muß, weder in der betriebswirtschaftlichen Theorie noch in der Bilanzpraxis absolute Einheitlichkeit der Meinungen; und zwar handelt es sich hierbei vor allem um die Frage, ob als Gewinn in jedem Falle allein die Differenz zwischen Geldaufwand und Geldertrag zu gelten hat, oder ob bei der Ermittlung des Geschäftserfolges unter Umständen auch die Erhaltung eines Sachkapitals berücksichtigt werden muß. Als Beispiel sei die Bestimmung der Abschreibungshöhe auf Anlagen angeführt, bei der normalerweise die Anschaffungsweise der Anlagen zugrunde gelegt wird, demgegenüber jedoch von manchen Theoretikern und Praktikern der Standpunkt vertreten wird, daß ein Gewinn erst vorliege, wenn Abschreibungen in einer Höhe vorgenommen wären, daß die Wiederherstellung der verbrauchten Anlageteile in natura gewährleistet sei.

Diese Auffassung steht jedoch im Widerspruch zu dem Sinn der herrschenden Geldkapitalrechnung, in der der Geldwert der wirtschaftlichen Leistungen und nicht ihr Sachwert für die Rechnungslegung maßgebend ist. Eine Abweichung von der reinen Geldwertrechnung erscheint daher auch dann mit dem gegebenen Rechnungssystem vereinbar, wenn Veränderungen des Geldwertes in einem so großen Ausmaße eintreten, daß der Geldmaßstab als solcher für die Rechnungslegung unbrauchbar wird, wie es z. B. in der deutschen Inflation der Fall war. Dagegeb geben Preisbewegungen, die von der Warenseite herkommen, noch keinen Grund zu einer Durchbrechung der Geldkapitalrechnung. Daß eine allgemeine Warenpreisveränderung (z. B. aus konjunkturellen Gründen) auch die Kaufkraft des Geldes schlechthin beeinflussen kann, ist dabei ohne Belang, da die kaufmännische Rechnungslegung stets eine Geldrechnung ist, die vor allem vergleichbar bleiben muß. Eine andere Frage ist es, ob Wertveränderungen auf der Warenseite bei Verwendung der daraus etwa entstehenden Geldgewinne berücksichtigt werden müssen; ob es also z. B. ratsam ist, solche Gewinne voll auszuschütten, da vielleicht bald eine umgekehrte Entwicklung eintreten kann, die zu ebenso hohen Verlusten führen würde, wenn dauernd gewisse Mindestbestände unterhalten werden müssen (Problem des eisernen Bestandes).

6. Die Zerlegung des Gewinns nach Quellen. Das Bestreben nach einer genauen Erkennung von Dynamik und Verdienstkraft des Betriebes im einzelnen führt endlich zu dem Versuch einer Zerlegung des Betriebserfolges nach Quellen. Eine solche Zerlegung kann dabei vor allem unter zwei Gesichtspunkten angestrebt werden:

a) Trennung nach Betriebsstellen oder Artikeln;
b) Trennung von Außen- und Inneneinflüssen.

Hiervon ist die erstgenannte Art der Erfolgszerlegung die von jeher übliche und praktisch Bedeutsamste: Jedes Unternehmen bemüht sich, festzustellen, in welchem Ausmaße seine produktiven Abteilungen, Filialen usw. am Gesamterfolg partizipieren. Bei vielfältiger Produktion oder Handel mit zahlreichen Artikeln ist es ferner von Bedeutung zu wissen, welche Produkte bzw. Artikel Gewinn und welche Verlust bringen usw. Schließlich muß festgestellt werden, ob einzelne Halbfabrikate usw. nicht im Markt billiger gekauft als selbst hergestellt werden können. Voraussetzung für eine richtige Zerlegung des Erfolges nach Betriebsstellen und Artikeln ist dabei eine gute interne Betriebsverrechnung (insbesondere eine exakte Zerlegung von Aufwendungen und Erträgen nach Betriebsstellen und Artikeln).

Der Versuch, darüber hinaus bei der Erfolgsermittlung Außen- und Inneneinflüsse zu trennen, ist in der Hauptsache erst in neuerer Zeit gemacht worden. Er basiert auf der Überlegung, daß es von

Bedeutung sein kann zu wissen, in welchem Umfang der erzielte Gewinn auf geschickte Dispositionen des Betriebsleiters zurückzuführen und inwieweit er in seiner Höhe durch äußere Ereignisse beeinflußt ist, deren Folgen sich der Betrieb nicht entziehen kann. Die Möglichkeit der Herausschälung eines derartigen genauen „Dispositionserfolges" bleibt dabei allerdings in mehrfacher Hinsicht problematisch, da sich Außen- und Inneneinflüsse wohl nie exakt trennen lassen. Immerhin kann der Versuch in besonderen Fällen zu brauchbaren Erkenntnissen führen. Leichter durchzuführen ist demgegenüber eine rechnerische Trennung von Umsatz- und Wertveränderungsgewinnen (bzw. Verlusten), die erkennen läßt, in welchem Umfange das Jahresergebnis durch Wertveränderungen auf der Warenseite beeinflußt ist. Der Wertveränderungserfolg kann dabei ein solcher sein, dem die Unternehmung sich nicht entziehen kann (z. B. Wertveränderungen am eisernen Warenbestand), oder er kann durch dispositive Maßnahmen erzielt sein (z. B. Spekulationsgewinne auf Welthandelswaren oder Effekten).

7. *Die handelsrechtlichen Bilanzierungsbestimmungen.* Für den Ansatz der einzelnen Positionen in der Handelsbilanz gibt das Gesetz in § 40 HGB. genaue Vorschriften. Danach sind bei Aufstellung der Bilanz sämtliche Vermögensgegenstände und Schulden nach dem Werte anzusetzen, der ihnen in dem Zeitpunkte beizulegen ist, für welchen die Aufstellung stattfindet. Bezüglich der Forderungen bestimmt das Gesetz weiter ausdrücklich: „Zweifelhafte Forderungen sind nach ihrem wahrscheinlichen Werte anzusetzen, uneinbringliche Forderungen abzuschreiben."

Für die *Aktiengesellschaft* (s. d.) erfahren diese Vorschriften noch wesentliche Erweiterungen in den §§ 261 und 262 HGB., die unter Berücksichtigung der durch die Verordnung des Reichspräsidenten vom 19. September 1931 bestimmten Veränderungen und Ergänzungen folgende wichtigste Bestimmungen enthalten:

§ 261. Für den Ansatz der einzelnen Posten der Jahresbilanz gelten folgende Vorschriften:

1. Anlagen und andere Vermögensgegenstände, die dauernd zum Geschäftsbetriebe der Gesellschaft bestimmt sind, dürfen ohne Rücksicht auf einen geringeren Wert zu den Anschaffungs- oder Herstellungskosten angesetzt werden, wenn der Anteil an dem etwaigen Wertverlust, der sich bei seiner Verteilung auf die mutmaßliche Gesamtdauer der Verwendung oder Nutzung für den einzelnen Bilanzabschnitt ergibt, in Abzug oder in der Form von Wertberichtigungskonten in Ansatz gebracht wird. Bei der Berechnung der Herstellungskosten dürfen im angemessenen Umfang Abschreibungen berücksichtigt und angemessene Anteile an den Betriebs- und Verwaltungskosten eingerechnet werden, die auf den Zeitraum der Herstellung entfallen; Vertriebskosten gelten hierbei nicht als Bestandteile der Betriebs- und Verwaltungskosten.

Wertpapiere, die dauernd zum Geschäftsbetriebe der Gesellschaft bestimmt sind, dürfen ohne Rücksicht auf einen geringeren Wert zu den Anschaffungskosten angesetzt werden, soweit nicht die Grundsätze ordnungsmäßiger Buchführung Abschreibungen auf die Anschaffungskosten erforderlich machen.

2. Wertpapiere und andere Vermögengegenstände, die nicht dauernd zum Geschäftsbetriebe der Gesellschaft bestimmt sind, sowie Waren und eigene Aktien der Gesellschaft dürfen höchstens zu den Anschaffungs- oder Herstellungskosten angesetzt werden. Bei der Berechnung der Herstellungskosten findet die Vorschrift der Nr. 1 Abs. 1 Satz 2 Anwendung.

Sind die Anschaffungs- oder Herstellungskosten höher als der Börsen- oder Marktpreis am Bilanzstichtage, so ist höchstens dieser Börsen- oder Marktpreis anzusetzen.

Übersteigen die Anschaffungs- oder Herstellungkosten, falls ein Börsen- oder Marktpreis nicht festzustellen ist, den Wert, der den Gegenständen am Bilanzstichtage beizulegen ist, so ist höchstens dieser Wert anzusetzen.

3. Die Kosten der Gründung und der Kapitalerhöhung dürfen nicht als Aktiven eingesetzt werden.

4. Für den Geschäfts- oder Firmenwert darf ein Posten unter die Aktiven nicht eingesetzt werden. Übersteigt jedoch die für die Übernahme eines Unternehmens bewirkte Gegenleistung die Werte der einzelnen Vermögensgegenstände des Unternehmens im Zeitpunkt der Übernahme, so darf der Unterschied gesondert unter die Aktiven aufgenommen werden. Der eingesetzte Aktivposten ist durch angemessene jährliche Abschreibungen zu tilgen.

5. Anleihen der Gesellschaft sind mit ihrem Rückzahlungsbetrag unter die Passiven aufzunehmen. Ist der Rückzahlungsbetrag höher als der Ausgabepreis, so darf der Unterschied gesondert unter die Aktiven aufgenommen werden. Der eingesetzte Aktivposten ist durch jährliche Abschreibungen zu tilgen, die auf die gesamte Laufzeit der Anleihe verteilt werden dürfen.

6. Der Betrag des Grundkapitals ist unter die Passiven zum Nennbetrag einzusetzen.

§ 261a. (1) In der Jahresbilanz sind, soweit nicht der Geschäftszweig der Gesellschaft eine abweichende Gliederung bedingt, unbeschadet einer weiteren Gliederung folgende Posten gesondert auszuweisen:

A. Auf der Seite der Aktiven:

I. Rückständige Einlagen auf das Grundkapital.

II. Anlagevermögen.
1. Grundstücke ohne Berücksichtigung von Baulichkeiten;
2. Gebäude;
a) Geschäfts- und Wohngebäude,
b) Fabrikgebäude und andere Baulichkeiten;
3. Maschinen und maschinelle Anlagen;
4. Werkzeuge, Betriebs- und Geschäftsinventar;
5. Konzessionen, Patente, Lizenzen, Marken- und ähnliche Rechte.

III. Beteiligungen einschließlich der zur Beteiligung bestimmten Wertpapiere. Aktien einer Gesellschaft, deren Nennbeträge insgesamt den vierten Teil des Grundkapitals dieser Gesellschaft erreichen, sowie Kuxe einer bergrechtlichen Gewerkschaft, deren Zahl insgesamt den vierten Teil der Kuxe dieser Gewerkschaft erreicht, gelten im Zweifel als zur Beteiligung bestimmt.

IV. Umlaufsvermögen.
1. Roh-, Hilfs- und Betriebsstoffe;
2. halbfertige Erzeugnisse;
3. fertige Erzeugnisse, Waren;
4. Wertpapiere, soweit sie nicht unter III oder IV Nr. 5, 11 oder 12 aufzuführen sind;
5. der Gesellschaft gehörige eigene Aktien unter Angabe ihres Nennbetrages;
6. der Gesellschaft zustehende Hypotheken, Grundschulden und Rentenschulden;
7. von der Gesellschaft geleistete Anzahlungen;
8. Forderungen auf Grund von Warenlieferungen und Leistungen;
9. Forderungen an abhängige Gesellschaften und Konzerngesellschaften;
10. Forderungen an Mitglieder des Vorstandes oder an gesetzliche Vertreter eines von der Gesellschaft abhängigen Unternehmens oder eines Unternehmens, von dem die Gesellschaft, der die Forderung zusteht, abhängt, sowie an den Ehegatten oder ein minderjähriges Kind dieser Personen sowie an einen Dritten, der für Rechnung einer dieser Personen handelt;
11. Wechsel;
12. Schecks;
13. Kassenbestand einschließlich Guthaben bei Notenbanken und Postscheckguthaben;
14. andere Bankguthaben.

V. Posten, die der Rechnungsabgrenzung dienen.

B. Auf der Seite der Passiven:

I. Grundkapital; die Gesamtnennbeträge der Vorzugsaktien jeder Gattung sind gesondert anzugeben; sind Aktien ausgegeben, denen ein höheres Stimmrecht beigelegt ist als den Aktien einer anderen Gattung oder die durch eine ihren Nennbeträgen nicht entsprechende Abstufung des Stimmrechts vor den Aktien einer anderen Gattung bevorzugt sind (Stimmrechtsaktien), so ist außerdem die Gesamtstimmenzahl der Stimmrechtsaktien und der im Stimmrecht nicht bevorzugten Aktien zu vermerken.

II. Reservefonds.
1. Gesetzlicher Reservefonds;
2. andere Reservefonds.

III. Rückstellungen.

IV. Wertberichtigungsposten.

V. Verbindlichkeiten.
1. Anleihen der Gesellschaft unter Anführung ihrer etwaigen hypothekarischen Sicherung;
2. auf Grundstücken der Gesellschaft lastende Hypotheken, soweit sie nicht Sicherungshypotheken sind oder zur Sicherung von Anleihen dienen, Grundschulden und Rentenschulden;
3. Anzahlungen von Kunden;
4. Verbindlichkeiten auf Grund von Warenlieferungen und Leistungen;
5. Verbindlichkeiten gegenüber abhängigen Gesellschaften und Konzerngesellschaften;
6. Verbindlichkeiten aus der Annahme von gezogenen Wechseln und der Ausstellung eigener Wechsel;
7. Verbindlichkeiten gegenüber Banken.

VI. Posten, die der Rechnungsabgrenzung dienen.

(2) Der Reingewinn oder Reinverlust des Jahres ist am Schlusse der Bilanz ungeteilt und vom vorjährigen Gewinn- oder Verlustvortrage gesondert auszuweisen.

(3) Beim Anlagevermögen und bei den Beteiligungen sind die auf die einzelnen Posten entfallenden Zu- und Abgänge gesondert aufzuführen. Die Verrechnung von Forderungen mit Verbindlichkeiten ist unzulässig; Entsprechendes gilt für Grundstücksrechte und -belastungen, denen eine persönliche Forderung nicht zugrunde liegt. Die Beträge der Reservefonds, der Rückstellungen und der Wertberichtigungsposten dürfen nicht unter den Verbindlichkeiten der Gesellschaft aufgeführt werden. Fallen Forderungen oder Verbindlichkeiten unter mehrere Posten, so ist bei dem Posten, unter dem

sie ausgewiesen werden, die Mitzugehörigkeit zu den anderen Posten zu vermerken, soweit dies zur klaren und übersichtlichen Bilanzierung erforderlich ist. Der Gesellschaft gehörige eigene Aktien dürfen nicht unter anderen Posten aufgeführt werden.

§ 261b. Verbindlichkeiten aus Bürgschaften, Wechsel- und Scheckbürgschaften sowie aus Garantieverträgen sind, auch soweit ihnen gleichwertige Rückgriffsforderungen gegenüberstehen, in voller Höhe in der Bilanz zu vermerken.

§ 261c. (1) In der Gewinn- und Verlustrechnung sind, soweit nicht der Geschäftszweig der Gesellschaft eine abweichende Gliederung bedingt, unbeschadet einer weiteren Gliederung folgende Posten gesondert auszuweisen:

I. Auf der Seite der Aufwendungen:
1. Löhne und Gehälter;
2. soziale Abgaben;
3. Abschreibungen auf Anlagen;
4. andere Abschreibungen;
5. Zinsen, soweit sie die Ertragszinsen übersteigen;
6. Besitzsteuern der Gesellschaft;
7. alle übrigen Aufwendungen mit Ausnahme der Aufwendungen für Roh-, Hilfs- und Betriebsstoffe, bei Handelsbetrieben mit Ausnahme der Aufwendungen für die bezogenen Waren.

II. Auf der Seite der Erträge:
1. Der Betrag, der sich nach Abzug der Aufwendungen für Roh-, Hilfs- und Betriebsstoffe, bei Handelsbetrieben nach Abzug der Aufwendungen für die bezogenen Waren, sowie nach Abzug der unter 2—5 gesondert auszuweisenden Erträge ergibt;
2. Erträge aus Beteiligungen;
3. Zinsen, soweit sie die Aufwandszinsen übersteigen, und sonstige Kapitalerträge;
4. außerordentliche Erträge;
5. außerordentliche Zuwendungen.

(2) Der Reingewinn oder Reinverlust des Jahres ist am Schlusse der Gewinn- und Verlustrechnung ungeteilt und vom vorjährigen Gewinn- oder Verlustvortrage gesondert auszuweisen.

Darüber hinaus schreibt § 260 in seiner neuen Fassung Mindesterfordernisse für den Inhalt des Geschäftsberichts vor, die sich insbesondere auf Beziehungen zu abhängigen Gesellschaften, Bestände und Umsätze in eigenen Aktien, Angabe von aus der Bilanz nicht ersichtlichen Haftungsverhältnissen und Pfandbestellungen sowie die Bezüge von Vorstand und Aufsichtsrat beziehen.

Schließlich interessieren für die Bilanzierung noch die Strafvorschriften des § 314, in denen Mitgliedern des Vorstandes und Aufsichtsrates einer Aktiengesellschaft empfindliche Strafen angedroht werden, „wenn sie wissentlich in ihren Darstellungen, in ihren Übersichten über den Vermögensstand der Gesellschaft ... den Stand der Verhältnisse der Gesellschaft unwahr darstellen oder verschleiern". Hier wird also über die in den §§ 40 und 261 gemachten Einzelvorschriften hinaus ausdrücklich die generelle Forderung nach „Bilanzwahrheit" und „Bilanzklarheit", wie man die beiden Forderungen zu umschreiben pflegt, erhoben. Es genügt also zur Aufrechterhaltung einer handelsrechtlich unanfechtbaren Bilanz keineswegs, daß die einzelnen Bilanzpositionen nach den gesetzlichen Vorschriften bewertet sind; es ist vielmehr z. B. auch auf eine sachlich richtige Bilanzgliederung zu achten (also z. B. darauf, daß unter „Bankguthaben" nur wirkliche Guthaben bei Banken und nicht eingefrorene Kredite verbucht sind) sowie darauf, daß alle Geschäfte, die den Vermögensstand und die Verhältnisse der Gesellschaft berühren, in der Bilanz einen entsprechenden Niederschlag gefunden haben. (So müssen z. B. für Prozesse, wenn aus ihnen Kosten oder Verluste für eine Gesellschaft befürchtet werden, Rückstellungen in der Bilanz gebildet werden usw.)

Außer für die Aktiengesellschaft bestehen endlich auch für die Gesellschaft mit beschränkter Haftung besondere, über den Rahmen des § 40 HGB. hinausgehende Bilanzierungsbestimmungen (vgl. § 42 des Gesetzes betr. die GmbH.). Sie übernehmen für die Anlagebewertung und die Bilanzierung der Gründungskosten die Bestimmungen des § 261 HGB., geben dagegen keine einschränkenden Vorschriften für die Warenbewertung. Die Aktivierung von Nachschußverpflichtungen wird ferner an bestimmte Voraussetzungen geknüpft.

II. Bilanzkritik.

Jede Bilanzkritik dient der Beurteilung der wirtschaftlichen Situation eines Betriebes. Sie basiert auf der Tatsache, daß die Bilanz einen finanziellen Querschnitt durch die Unternehmung gibt, indem sie auf der Passivseite ihren Kapitalaufbau und auf der Aktivseite ihren Vermögensaufbau zeigt. Dementsprechend ist auch die Methode der Bilanzkritik im Grundsatz sowohl analysierend als auch vergleichend; und zwar kommt das analysierende Verfahren bei der Untersuchung der Einzelpositionen der Bilanz zur Anwendung, während dem Vergleich die Gegenüberstellung beider Seiten der Bilanz, sowie der Vergleich mehrerer Bilanzen oder Betriebe zugrunde liegt. Bei der Durchführung bilanzkritischer Untersuchungen steht dabei die Einzeluntersuchung der vorhandenen Bilanzpositionen zeitlich immer an erster Stelle. Erst danach ist die vergleichende Untersuchungsweise anwendbar, die außerdem im allgemeinen noch vorweg eine Gruppierung der Einzelpositionen unter bestimmten wirtschaftlichen Gesichtspunkten voraussetzt.

Neben die kritische Untersuchung der Bilanz tritt in vielen Fällen eine solche der Gewinn- und Verlustrechnung; und zwar vor allem dann, wenn die Betrachtung nicht allein auf den Status einer Unternehmung, sondern auch auf ihre Entwicklung (Dynamik) abgestellt sein soll. Das Untersuchungsverfahren ist im übrigen grundsätzlich das gleiche wie bei der Bilanz. Auch bei der Gewinn- und Verlustrechnung stehen Analyse und Vergleich neben — bzw. zeitlich gesehen — hintereinander.

Von dem besonderen Zweck, der mit der Bilanzkritik im einzelnen Falle verfolgt wird, ist die Verfahrensweise in methodischer Hinsicht ziemlich unabhängig, ebenso wird diese nicht beeinflußt durch die Vollständigkeit und Qualität der ziffernmäßigen Unterlagen. Dagegen wirkt naturgemäß der erstere Punkt auf die Art der sachlichen Auswertung und der letztere auf die Brauchbarkeit und Genauigkeit der Ergebnisse ein. (So sind die Beurteilungsmöglichkeiten insbesondere völlig unterschiedlich, je nachdem, ob die zu untersuchende Bilanz eine weitgehende Spezifikation der einzelnen Aktiven und Passiven aufweist oder nicht, ob der Beurteilende die Möglichkeit zur Anforderung zusätzlichen Erläuterungen hat usw.)

In sachlicher Hinsicht kann sich die Bilanzkritik vor allem auf drei Punkte erstrecken: auf die Vermögenslage, die Finanzlage (Liquidität) und die Rentabilität eines Betriebes. Welcher dieser Punkte dabei im Einzelfall im Vordergrund des Interesses steht, hängt von dem Zweck der bilanzkritischen Betrachtung ab (Beurteilung der Kreditwürdigkeit, des Unternehmungswertes usw.). Ganz allgemein ist jedoch davon auszugehen, daß bei jeder Betrachtung, die eine Beurteilung der wirtschaftlichen Gesamtsituation zum Gegenstand hat, alle drei Komplexe untersucht werden müssen.

1. Vermögenslage und Vermögensaufbau. Hierbei erstreckt sich die Untersuchung der Vermögenslage im wesentlichen auf die Richtigkeit und Vollständigkeit der vorgenommenen Wertansätze. Diese werden dabei bei einem lebenden und lebensfähigen Unternehmen in der Regel unter dem Gesichtspunkte des Fortbestehens (und nicht unter Liquidationsgesichtspunkten) geprüft werden müssen; allerdings auch nur insoweit, als die vorhandenen Aktivwerte zur Fortführung als notwendig anzusehen sind. Daraus ergibt sich aber, daß gegebenenfalls auch verschiedene Wertmaßstäbe angelegt werden müssen, je nachdem, ob es sich um betriebsnotwendige oder um andere Aktiven handelt.

Als wichtigstes betriebsnotwendiges Aktivum figurieren in den meisten Bilanzen die Anlagewerte. Die Angemessenheit ihrer Bewertung wird in der Regel in der Weise zu untersuchen sein, daß zunächst ermittelt wird (und zwar vor allem unter Zuhilfenahme früherer Bilanzen und Gewinn- und Verlustrechnungen), ob die früheren Abschreibungen der vermutlichen Abnutzung entsprochen haben. Dies kann man allerdings bei der wenig präzisen Aufmachung vieler Bilanzen nicht immer genau feststellen, da vielfach scheinbar zu geringe Abschreibungen dadurch ausgeglichen werden, daß eine laufende Erneuerung stattfindet, die über ein anderes Aufwandskonto verbucht wird. Immerhin gibt die Höhe der tatsächlich vorgenommenen Abschreibungen fast in jedem Falle wenigstens gewisse Anhaltspunkte für die Beurteilung der Anlagebewertung. Diese kann dann noch ergänzt werden durch den Vergleich der Totalhöhe der Anlagekonten in einer längeren Zeitspanne mit der Umsatz- und allgemeinen Geschäftsabwicklung.

Bei fast allen übrigen Aktiven sowie den Verpflichtungen erfordert eine Nachprüfung der Bewertung in jedem Falle eine genaue Kenntnis des Inhalts der Bilanzpositionen. So muß beim Warenkonto Menge, Art und Qualität der Waren bekannt sein, um die Angemessenheit der Bewertung festzustellen (besondere Gefahren können unverkäufliche Waren bieten). Bei Forderungen muß mindestens näheres über größenmäßige Zusammensetzung, Alter, Art usw. ermittelt werden, wobei Forderungen an Tochtergesellschaften besonders wichtig sind. Bei Effekten und Beteiligungen ist ebenfalls die Zusammensetzung und die Angemessenheit der Einzelbuchwerte zu untersuchen usw. Bei den Verpflichtungen ist zu ermitteln, ob sich darunter nicht „unechte" Kreditoren, insbesondere Rückstellungen und stille Reserven befinden. Endlich ist von besonderer Bedeutung die Untersuchung der Bürgschaftsverpflichtungen, da hieraus oft bedenkliche Verlustrisiken resultieren können.

Im Ganzen ergibt sich, daß eine Beurteilung der Vermögenslage aus Bilanzziffern allein ohne ausführliche Erläuterungen niemals möglich ist. Dagegen geben diese Ziffern — natürlich unter der Voraussetzung ihrer Richtigkeit — Einsicht in den Vermögens- und Kapitalaufbau. Hinsichtlich des Vermögensaufbaus unterscheidet man dabei:

a) Anlagewerte: Grundstücke, Gebäude, Maschinen, Inventar, Patente und Lizenzen, Beteiligungen.

b) Betriebswerte: Waren, Rohstoffe, Halbfabrikate.

c) Geldwerte: Bargeld, Bankguthaben, Wechsel, Effekten, Außenstände, Hypotheken.

Eine Beurteilung des Vermögensaufbaus erstreckt sich vor allem darauf, ob die einzelnen Gruppen von Aktiven in einem angemessenen Verhältnis a) zum Umsatz und Geschäftsumfang, b) untereinander stehen. Die Beantwortung der ersteren Frage erfordert wiederum zusätzliche Kenntnisse über die Größe des Umsatzes usw.; die letztere kann aus der Bilanz heraus beurteilt werden. Von Wert ist dabei die vergleichsweise Heranziehung alter Bilanzen: relatives Anwachsen des Warenkontos gegenüber den Anlagen kann auf verschlechterte Absatzmöglichkeiten, Anhäufung unverkäuflicher Ware u. dgl. mehr hinweisen; starkes Ansteigen der Debitoren bei gleichem Umsatz pflegt eine Folge verschlechterter Zahlungsziele zu sein usw. Nicht möglich ist ein Vergleich des relativen Anteils der einzelnen Gruppen von Aktiven an der Gesamtbilanz zwischen verschiedenen Betrieben, die strukturell und in ihrer Betätigung sich nicht gleichen. Dagegen ist ein solcher Vergleich wertvoll bei Unternehmungen der gleichen Branche; er setzt jedoch gleichartige Aufmachung der Bilanzen voraus.

2. *Kapitalaufbau und Liquidität.* Ähnlich wie beim Vermögensaufbau unterscheidet man auch beim Kapitalaufbau mehrere Gruppen:

a) Eigene Mittel: Kapital, Reserven, nicht verteilte Gewinne.

b) Fremde Mittel: Kreditoren, Akzepte (kurzfristig), Hypotheken, Anleihen usw. (langfristig).

Das Verhältnis zwischen eigenen und fremden Mitteln zeigt dabei zunächst ein grundsätzliches Problem der Finanzierung: je geringer der Anteil der Eigenmittel an dem gesamten Verwaltungskapital ist, desto leichter kann der Fall eintreten, daß die Gläubiger einen Teil des eigentlichen Unternehmerrisikos mittragen müssen. Vom Standpunkt der Kreditwürdigkeit aus ist daher ein hohes Eigenkapital in jedem Falle erwünscht. Jedoch gibt es keinen allgemeinen Maßstab dafür, von welchem Punkte an das Verhältnis zwischen eigenen und fremden Mitteln nicht mehr gesund ist. Dies hängt vielmehr einmal von der finanziellen Struktur der Gesamtbilanz ab (vgl. u.), zum anderen von dem Charakter des Geschäftes. So wird im Warenhandelsgeschäft (insbesondere im Export- und Importgeschäft) üblicherweise fast immer stark mit fremden Geldern gearbeitet, was ohne Bedenken ist, weil hier die im Betriebe arbeitenden Mittel vorwiegend in leicht realisierbaren Aktiven festgelegt werden. Dagegen ist in der Industrie eine übermäßige Fremdfinanzierung für Betrieb und Gläubiger leicht gefährlich; und zwar einmal deshalb, weil die Rückzahlungsmöglichkeiten bei Verwendung der fremden Gelder zu Investitionen beschränkt ist und daher leicht Zahlungsstockungen entstehen können; sowie zweitens, weil hohe Verpflichtungen, sofern ihnen nicht leicht realisierbare Aktiven gegenüberstehen, auch hohe zwangsläufige Zinslasten nach sich ziehen, die bei schlechter Konjunktur oft nicht mehr tragbar sind.

Daraus folgt aber, daß nicht nur Vermögensaufbau und Kapitalaufbau einer Unternehmung in sich für deren Beurteilung von Bedeutung sind, sondern vor allem auch das Verhältnis zwischen beiden. Bei der Einschätzung dieses Verhältnisses lassen sich dabei vor allem folgende Stufen unterscheiden:

a) Totalfinanzierung der Aktiva mit Eigenmitteln; ein Liquiditätsrisiko besteht nicht; die Gefahr eines Verlustabschlusses ist mangels Zinslasten sehr verringert; andererseits kann leicht Überkapitalisierung (vgl. *Kapitalisierung*) vorliegen, wenn das Geschäft einmal einschrumpft; bei Gesellschaften ist diese Art der Finanzierung unter normalen Umständen außerdem sehr teuer, da hohe Steuerverpflichtungen entstehen.

b) Die Anlagen und sonstigen festliegenden bzw. betriebsnotwendigen Aktiva (also ein Teil der Waren, Debitoren usw.) ist mit Eigenmitteln finanziert, der Rest der Aktiva mit fremden Geldern. Diese Situation ist in der Regel die günstigste. Denn das Liquiditätsrisiko ist auch hier gering, da notfalls noch die Realisation von Aktiven zur Schuldentilgung möglich ist; außerdem kann ein Teil der Aktiva realisiert werden, wenn dies aus Rentabilitätsgründen erwünscht ist. Andererseits ist die Gefahr einer Überkapitalisierung ausgeschlossen, da bei Schrumpfung des Geschäftsumfanges der Bilanzmantel leichter als im ersten Falle angepaßt werden kann. Schließlich sind die Steuerlasten geringer als oben.

c) Die Finanzierung mit fremden Mitteln überwiegt; sie erstreckt sich ganz oder zum Teil auch auf

Anlagen usw. Hier sind Liquiditäts- und Rentabilitätsrisiko in der Regel groß; der Gläubiger trägt unter Umständen unmittelbar am Unternehmerrisiko mit. Etwas besser ist die Situation allerdings, wenn ein Teil der Gläubiger langfristig ist. Hierdurch wird jedoch nur das Liquiditätsrisiko verringert; die sonstigen Gefahren für den Gläubiger sind die gleichen.

Ein Sonderfall liegt endlich vor, wenn zwar die fremden Mittel den Hauptteil an dem Verwaltungskapital ausmachen, die Aktiven jedoch vorwiegend in Geldwerten (wie bei Banken) oder in Waren oder in beidem bestehen. Hier läßt sich das Liquiditätsrisiko nur individuell bzw. branchenmäßig beurteilen. Dies gilt vor allem für die Banken, bei denen für die Beurteilung der finanziellen Struktur der Bilanz besondere zum Teil von äußeren Rücksichten bedingte Umstände Geltung haben (vgl. *Bankbilanzen*).

In der praktischen Handhabung wird bei Untersuchung der finanziellen Struktur und Liquidität eines Betriebes zweckmäßig in der Weise verfahren, daß man den prozentualen Anteil der einzelnen Gruppen von Aktiven und Passiven an der gesamten Bilanzsumme ermittelt und dann das ziffernmäßige Deckungsverhältnis ausrechnet; eine derartige Rechnung sieht dabei etwa wie folgt aus:

Aktiva		%	Passiva		%
Anlagewerte . .	20000	50,0	Eigene Mittel . .	15000	37,5
Waren	10000	25,0	Hypotheken . .	8000	20,0
Debitoren . . .	5000	12,5	Kreditoren . . .	12000	30,0
Flüssige Mittel .	5000	12,5	Akzepte	5000	12,5
	40000	100,0		40000	100,0

Danach sind gedeckt: Anlagewerte durch Eigenmittel mit 75%, Anlagewerte durch Eigenmittel und Hypotheken mit 115%, Waren und Debitoren durch eigene und langfristige Mittel noch mit 20%, Waren und Debitoren durch kurzfristige Verpflichtungen mit 80%, Flüssige Mittel betragen im Verhältnis zu den kurzfristigen Verpflichtungen 30%.

Wird eine entsprechende Rechnung für mehrere Bilanzen vorgenommen, so läßt sich auch die Entwicklung der Liquidität von einem Bilanzstichtag zum anderen verfolgen, was für die Beurteilung der Finanzpolitik eines Betriebes von großer Bedeutung ist. Im übrigen ist vorstehende Rechnung rein technisch noch zu verbessern, wenn bei den Aktiven an Stelle oder neben die Unterscheidung zwischen Anlagewerten und Waren usw. eine solche zwischen betriebsnotwendigen und nicht betriebsnotwendigen Aktiven tritt. Zu dieser letzteren Unterscheidung ist allerdings über die Bilanz hinaus eine weitergehende Kenntnis der Verhältnisse eines Betriebes erforderlich.

Bei der Auswertung der mittels vorstehender Methoden gewonnenen Ergebnisse für die Beurteilung der Liquidität eines Betriebes ist endlich grundsätzlich zu unterscheiden zwischen der Frage der finanziellen Beweglichkeit auf kurze Sicht und der Beurteilung der finanziellen Struktur der Gesamtbilanz. Es kann nämlich durchaus der Fall sein, daß ein Betrieb — kurzfristig gesehen — durchaus liquide ist, dagegen seine Finanzierung auf die Dauer Gefahren in sich birgt (z. B. bei Fälligkeit eines langfristigen Darlehens o. dgl. m.). Umgekehrt kann ein Betrieb auch bei solider Finanzierung im ganzen kurzfristig in Liquiditätsschwierigkeiten kommen (z. B. dann, wenn einem großen Abrechner längere Fristen eingeräumt sind, die Gläubiger jedoch aus einem vorher nicht zu übersehenden Grunde nicht stillhalten können; oder bei Handelsfirmen dann, wenn ein plötzlicher Preisfall zu Nachschüssen auf Lombardkredite zwingt usw.).

3. Rentabilität. Zur Beurteilung der Rentabilität eines Betriebes ist die Bilanz im allgemeinen nur ein Hilfsmittel von sekundärer Bedeutung. Der Schwerpunkt der Betrachtung liegt hier bei der Gewinn- und Verlustrechnung. Immerhin ist auch bei der Untersuchung des Gewinn- und Verlustkontos eine Heranziehung der Bilanz in mehrfacher Hinsicht von Wichtigkeit. Einmal gibt nämlich die Passivseite der Bilanz wesentliche Anhaltspunkte über Art und Höhe der Finanzierungskosten. Wie schon erwähnt, bedeutet vor allem eine hohe Fremdfinanzierung eine erhebliche feste Belastung, während bei vorwiegender Eigenfinanzierung zwar keine ins Gewicht fallenden festen Zinsaufwendungen entstehen, jedoch bei an sich guter Rentabilität relativ hohe Steuerlasten gegeben sind. Weiter können aus der Zusammensetzung der Verpflichtungen und ihrem Verhältnis zu den einzelnen Gruppen von Aktiven Schlüsse über die Höhe der Zinslasten im einzelnen sowie die Möglichkeit einer Reduzierung gezogen werden.

Die Aktiven selbst können endlich eine besondere Gliederung mit Hinsicht auf die Rentabilität des Betriebes erfahren. Dabei sind zu unterscheiden:

a) zinstragende Aktiven,
b) werbende Aktiven ohne Direktverzinsung,
c) unproduktive, zinslose Aktiven.

Zu den zinstragenden Aktiven gehören vor allem Bankguthaben, aus Geldanlagegründen angekaufte Wechsel, verzinsliche Wertpapiere und zinstragende Beteiligungen, verzinsliche Außenstände, Hypotheken u. dgl. sowie endlich ertragbringende Immobilien. Im Bedarfsfalle können die vorstehend aufgeführten Gruppen noch nach der Höhe der Erträgnisse weiter aufgegliedert werden; unter Umständen kann auch der Durchschnittsertrag auf die gesamten zinstragenden Aktiven von Bedeutung sein.

Zu den werbenden Aktiven ohne Direktverzinsung gehören vor allem Anlagen, Waren, unverzinsliche Außenstände usw.; allerdings nur in der Höhe, in der sie unter Berücksichtigung aller äußeren und inneren Umstände zur Erfüllung des Geschäftszweckes unterhalten werden müssen (die letztere Frage verdient daher stets besondere Beachtung!). Alle übrigen zinslosen Posten sind dagegen der dritten Gruppe der unproduktiven Aktiven zuzurechnen, die auf die Rentabilität in jedem Falle einen ungünstigen Einfluß ausüben. Haben sie einen sehr großen Umfang (z. B. übergroßes Warenlager, unverwertbare Immobilien, Anlagen usw.), so kann die Rentabilität unmittelbar gefährdet sein. Jedoch bedürfen diese Posten, auch wenn dies nicht der Fall ist, stets besonderer Aufmerksamkeit. Dies gilt insbesondere auch dann, wenn die Entstehung solcher Posten auf Rationalisierungsmaßnahmen (Teilstillegungen von Anlagen, besonders häufig bei Fusionen!) zurückzuführen ist, da bei der Beurteilung des Erfolges derartiger Maßnahmen auch die Verzinsung (sowie natürlich die Abschreibung) der stillgelegten Anlagen in Rechnung zu stellen ist.

Bei einer Untersuchung der Gewinn- und Verlustrechnung endlich ist zunächst von entscheidender Bedeutung, ob sie die Betriebsergebnisse der Periode auch richtig wiederspiegelt. Dies ist ohne zusätzliche Untersuchungen aus dem Gewinn- und Verlustkonto allein allerdings meist nicht festzustellen, da es vor allem bei Abschlüssen, die veröffentlicht werden, vielfach üblich ist, das Ergebnis zu manipulieren, indem entweder vorweg stille Reserven gebildet oder auch solche aufgelöst werden. Der einzige Posten, der hier in der Regel ohne weiteres Möglichkeiten für eine kritische Beurteilung gibt, sind die *Abschreibungen* (s. d.). Für die Beurteilung ihrer Angemessenheit bietet nämlich die Höhe und Entwicklung der Anlagekonten im allgemeinen wesentliche Anhaltspunkte.

Bezeichnung des Kontos	Rohbilanz		Saldenbilanz		Bilanzkonto		Gewinn- u. Verlustkonto	
	Soll	Haben	Soll	Haben	Soll	Haben	Soll	Haben
Anlagekonto	200000	—	200000	—	200000	—	—	—
Warenkonto	175000	220000	20000	65000	20000	—	—	65000
Kontokorrentkonto	450000	410000	120000	80000	120000	80000	—	—
Kassakonto	250000	240000	10000	—	10000	—	—	—
Kapitalkonto	—	255000	—	255000	—	255000	—	—
Unkostenkonto	50000	—	50000	—	—	—	50000	—
Gewinn bzw. Verlust	—	—	—	—	—	**15000**	**15000**	—
	1125000	1125000	400000	400000	350000	350000	65000	65000

Im übrigen stößt eine kritische Beurteilung der Gewinn und Verlustrechnung allerdings auch dann oft auf Schwierigkeiten, wenn der ausgewiesene Gewinnsaldo selbst die tatsächlichen Verhältnisse einigermaßen richtig wiederspiegelt. Die meisten Betriebe pflegen nämlich die Aufwendungen und Erträge auch in diesem Falle vorweg noch weitgehend zu saldieren und außerdem nur in geringem Umfang zu spezifizieren. So weist bekanntlich ein großer Teil aller Abschlüsse im Gewinn- und Verlustkonto nur 3—4 Posten auf, nämlich Abschreibungen und allgemeine Unkosten (evtl. noch Steuern) einerseits und den Bruttoüberschuß auf Waren- bzw. Fabrikationskonto andererseits. Eine derartig unvollständige Aufteilung der Aufwendungen und Erträge erlaubt jedoch in keinem Falle eine tiefergehende Einsicht in die rentabilitätsmäßige Struktur eines Betriebes. Hierzu ist vielmehr eine genaue Gliederung der einzelnen Aufwands- und Ertragsquellen unter weitgehender Vermeidung aller Saldierungen erforderlich. Bei einem zeitlichen Vergleich oder einem Vergleich zwischen verschiedenen Betrieben ist außerdem erforderlich, daß die Gliederung in allen zum Vergleich herangezogenen Gewinn- und Verlustrechnungen nach gleichen Grundsätzen erfolgt.

Sind diese Voraussetzungen gegeben, so kann aus der Entwicklung der Einzel- und Gesamtziffern, sowie insbesondere der Untersuchung der relativen Verschiebungen ein tiefer Einblick in die Rentabilität eines Betriebes und ihre Veränderungen gewonnen werden. Zur Erlangung dieses Zieles ist dabei ähnlich wie bei der Bilanz zum Teil mit Verhältnisziffern zu arbeiten. So ist von Bedeutung das Verhältnis der Unkosten zum Umsatz und zum Bruttogewinn, das Verhältnis des Wert- und Mengenumsatzes ebenfalls zum Bruttogewinn, das Verhältnis der Abschreibungen zu Bruttogewinn und Umsatz, sowie endlich das Verhältnis der einzelnen Aufwendungen und Erträge untereinander und zu den Gesamtaufwendungen und Erträgen. Bei Auswertung aller dieser Ziffern ist allerdings zu berücksichtigen, daß es sich um Ziffern der Vergangenheit handelt, während doch in Wahrheit nur die zukünftige Rentabilität interessiert, für deren Beurteilung die Vergangenheitsziffern nur Anhaltspunkte, nicht aber feste rechnerische Voraussetzungen geben können. Es ist daher für jede einzelne Aufwands- und Ertragsgruppe zu prüfen, ob und mit welchen Veränderungen unter Berücksichtigung aller äußeren und inneren Umstände gerechnet werden muß.

Vgl. a. die Art. „*Bankbilanzen*" und „*Monatsbilanzen*". Über die Bilanzen von Hypothekenbanken s. *Hypothekenbankgesetz 9*.

Literatur: MAHLBERG: Bilanztechnik und Bewertung bei schwankender Währung. Leipzig 1923. — Der Tageswert in der Bilanz. Leipzig 1925. — NICKLISCH: Wirtschaftliche Betriebslehre. Stuttgart 1922. — RICHTER: Das Problem der Erfolgsspaltung. Z. f. handelswiss. Forsch. 22. — SCHMALENBACH: Dynamische Bilanz. Leipzig 1926. — SCHMIDT: Organische Bilanz im Rahmen der Wirtschaft. Leipzig 1922. — WALB: Die Erfolgsrechnung privater und öffentlicher Betriebe. Berlin 1926.

HERMANN RICHTER.

Bilanzanalyse s. *Bilanz und Bilanzkritik II.*

— **frisur** oder Bilanzverschönerung (englisch window-dressing) sind die zur Erzielung einer besonders günstigen, insbesondere einer flüssigen Bilanz ausschließlich für den Bilanzstichtag vorgenommenen, geschäftlich nicht notwendigen Maßnahmen (vgl. *Revision der Bilanz*).

Bilanztheorien s. *Bilanz und Bilanzkritik I 4.*

— **verschleierung** s. *Bilanz und Bilanzkritik I 7*, vgl. *Revision der Bilanz.*

— **wahrheit** s. *Bilanz I 7.*

bill (e), 1. Urkunde, auch Gesetzesurkunde b. — of lading Ladeschein, Konossament, 2. Rechnung (im Alltag; geschäftliche Rechnung heißt account), 3. Wechsel: bill broker usw.

Billbroker (e) = Wechselhändler s. *broker 4.*

Bill of Exchequer (e) = Schatzwechsel.

Bimetallismus s. *Währungswesen*, vgl. *Goldwährung 5* und *Silber.*

Binnenfrachtbrief s. *Finanzierung des Groß- und Kleinhandels II 1.*

Binnenwährung s. *Währungswesen.*

B.I.Z. s. *Bank für den internationalen Zahlungsausgleich.*

Blankoindossament ein ohne Angabe eines Indossatars gegebenes Indossament. Es kann dadurch gegeben werden, daß der Indossant seinen Namen ohne irgendwelchen Zusatz auf die Rückseite des Wechsels setzt. Ein B. macht den Wechsel wirtschaftlich einem *Inhaberpapier* (s. d.) ähnlich.

Blankokredit, allgem. Erkl. s. *Kredit II 3.*

Blankowechsel s. *Blankoindossament.*

Bleichröder s. *Persönlichkeit und Organisation im Bankwesen 6.*

Blue Sky Laws s. *Investment Trusts 3.*

Board of directors s. *Federal Reserve System II 3*, s. *Aktiengesellschaft VIII.*

Bochum, Valutaschuldscheine von, s. *Valorisierung III.*

Bodenkredit s. Bem. zu *Realkredit.*

Bodenmark war ein in den letzten Monaten der deutschen Inflation auftauchendes und auch da und dort verwirklichtes Projekt einer wertbeständigen Rechenwährung auf Grundlage einer Reallast (dingliche Belastung mit Verpflichtung zu einer regelmäßig wiederkehrenden Sachleitung).

Bodmerei s. v. w. Seedarlehen (HGB. §§ 679—699).

Börsen. Die B. stellt den zentralen Mechanismus des kapitalistischen Systems dar. Das trifft gleichermaßen auf Warenbörsen und Wertpapierbörsen (Fondsbörsen) zu. Erst durch die Warenbörsen haben der internationale Warenaustausch und die nationale Warenbedarfsdeckung jene Reibungslosigkeit erhalten, die ohne Rücksicht auf Raum und Zeit den Ausgleich zwischen Überfluß und Mangel über alle Erdteile hinweg ermöglicht. Die Wertpapierbörsen aber bilden die großen Ausgleichsstellen für den Kredit in allen seinen Formen: für den Rembourskredit, der der Finanzierung der Ein- und Ausfuhr dient, für den Wechselkredit auf den privaten Diskontmärkten in seiner interessanten Mischung von Warenvorschüssen mit langfristigen Finanzierungen und endlich für den Effektenhandel, der es den Banken ermöglicht, das Risiko langfristiger Kapitalvorschüsse an Staaten und öffentliche Körperschaften und an der vorschußweisen Bildung von Produktivkapital auf die Wertpapierkäufer abzuwälzen, die im Börsenmarkt jederzeit Gelegenheit finden, ihre an sich unkündbaren Forderungen gegen Entgelt an Dritte zu übertragen.

So populär die Vorstellung von der B. in weitesten Volkskreisen ist, so schwierig schien es eine Zeitlang, den Begriff „Börse" hinreichend klar zu definieren. Über das Wesen der Börse im Rechtssinne vgl. *Börsenrecht A I.* Die meisten Definitionen des Begriffs B. knüpften an die äußeren Erscheinungsformen der einzelnen Börsentypen an. Ein verwirrendes Beginnen, da die so gefundenen Definitionen weder die als freie Märkte organisierten französischen B., bei denen lediglich das Maklerwesen staatlich geregelt ist, noch die anglo-amerikanischen Börsenklubs, noch die staatlich regulierten deutschen B. als Einheit erklären konnten. Wieder andere Definitionsversuche trachteten, die Fülle der Erscheinungsformen dadurch unter einen einheitlichen Begriff zu bringen, daß sie mit momentphotographischer Treue die Äußerlichkeiten von allen möglichen börsenmäßigen Organisationsformen zusammenstellten. Der erste Schriftsteller, der klar erkannte, daß es darauf ankam, keine Beschreibung der Börsenvorgänge und keine Erklärungen juristischer Organisationsformen, sondern eine volkswirtschaftliche Begriffsdefinition zu geben, war Richard Ehrenberg, der im Handwörterbuch der Staatswissenschaften, 3. Aufl., die B. als „einen Markt für vertretbare Waren" bezeichnete. Diese Bezeichnung charakterisiert das Wesen der B. insofern, als sie klar hervorhebt, daß die B. ein Markt ist und daß dieser Markt von anderen Märkten sich durch die Art der von ihr gehandelten Waren unterscheidet. Aber sie läßt nicht genügend erkennen, daß es sich um eine historische Marktkategorie handelt, also eine Abart des Marktes, die in einem bestimmten Stadium der historischen Marktentwicklung aus bestimmten zwingenden Gründen sich abzweigte.

1. *Die geschichtliche Entwicklung der Börsen.*

Jeder Handel ist Güterbewegung. Der technische Fortschritt des Handels entwickelt sich daher parallel zu den Fortschritten der Technik des Gütertransports. Der Güterverkehr zu Lande ist abhängig von dem Transportweg (der Straße), der lange Zeit auch das Transportwerkzeug wesentlich beeinflußt hat. Der Kampf der Technik gilt der Überwindung der Länge des Weges und der Unzuverlässigkeit der Elemente. Der Verkehr in der Luft bedeutet die Emanzipation vom Land- und Wasserweg, aber nach ungefähr den gleichen Entwicklungsgesetzen, die auch für die Schiffahrt gültig sind. Im Anfang der Entwicklung sucht der einzelne Händler den Weg zum einzelnen Abnehmer. Der moderne Hausierer, der seinen Kram vor dem Bauch, auf dem Rücken oder auf dem Kopf trägt, ist ein Rudiment des primitiven Handelsverkehrs in Urzeiten, in denen bereits als erste Entwicklungsvollendung der Markt entstand. Markt bedeutet Vielheit von Käufern, denen eine Vielheit von Verkäufern Waren feilbieten kann. Märkte entstanden überall da, wo dauernd oder in allgemein bekannter regelmäßiger Folge Menschen in größerer Zahl zusammenkamen. In erster Linie bei den Heiligtümern der Gottheiten. Zu ihnen führten am frühesten gangbare Straßen. An den Heiligtümern herrschte der Gottesfrieden, der gleichzeitig als Marktfrieden dem Händler Schutz bot. Der Krammarkt auf der Kirchweih spiegelt in unsere heutigen modernen Zeiten hinein einen Widerschein aus den Formen und Motiven der Marktbildung vergangener Zeiten. Die Straße ändert allmählich ihren Pfadcharakter. Der Kaufmann folgt den Legionen; die Militärstraße bereitet die Handelsverkehrsstraße vor. Die Siedlungen an den so entstehenden Knotenpunkten des Verkehrs weiten sich zu Handelsstädten. Hier entwickeln sich neben dem örtlichen Kleinmarkt allmählich neue Marktformen, deren Charakter bestimmt war, einmal durch die Möglichkeit der größeren Zufuhr auf den Straßen zu Wasser und zu Lande und dann durch die Verkehrsunsicherheit der Zeit, die die Bewegung kostbarer Waren nur unter Bedeckung gestattet und deshalb die Sammlung der Transporte in geschlossenen Karawanen verlangt. Vermutlich liegt in dem zuletzt angeführten Umstande die Erklärung der Periodizität der sich auf diese Weise entwickelnden Großmärkte, der Messen. Die Messe ist also jene historische Kategorie des Marktes, die ihren Charakter durch die Verbesserung der Straßen und der Transportmittel und durch einen bestimmten Grad der Verkehrssicherheit auf diesen Straßen empfängt. Der Gottesfrieden wird durch den Marktfrieden ersetzt, durch den Schutz der städtischen, der fürstlichen oder der kaiserlichen Obrigkeit.

Ursprünglich den Zweck verfolgend, daß der Produzent oder der Veredler Waren der eigenen Herstellung und der Händler von fernher geschaffte Waren Händlern und Verbrauchern feilbieten kann, entwickelt die Messe allmählich auch die Technik der Nachbestellung und damit den Handel auf Grund von Proben. Neben den Warenkaufleuten versammeln sich regelmäßig die Wechsler, weil Kaufleute aus aller Herren Länder ihr in der Heimat übliches Geld zum Meßverkehr mitbringen. An die Stelle des baren Geldwechsels oder neben ihn tritt die Ausstellung von Wechselbriefen. Der Warenverkehr auf der Messe ist periodisch und befristet. Aber der Abrechnungsverkehr verlängert die Fristen. Er läßt an manchen Warenmeßplätzen den Handel mit Wechselforderungen entstehen. Es entwickeln sich aus den Warenmessen die Wechselmessen, die bereits die Tendenz zur Regelmäßigkeit des Marktverkehrs in sich tragen und an einzelnen Plätzen in vollem Umfange entfalten. Eine besondere Färbung erhalten die Messen an den Schnittpunkten des mittelalterlichen Weltverkehrs, an den großen Seehandelsplätzen des Mittelmeers. Entscheidend für die Sondergestaltung dieser Meßmärkte sind wiederum die Bedingtheiten des Gütertransportes. Aber diese Bedingtheiten sind andere als auf den Binnenlandmessen. Die Waren, die hier in der Hauptsache gehandelt werden, kommen von den Küsten Afrikas und Asiens und werden dort vielfach von den Kamelkarawanen aus dem Innern auf die Schiffe geladen. Abfahrt, Reisedauer und daher Ankunft der Schiffe ist ungewiß. Um so ungewisser, je unvollkommener noch die Benachrichtigungsmöglichkeiten sind. Eine Periodizität des Marktes ist daher nur in gewissem Umfange möglich. Der Markt kann immer nur dann funktionieren, wenn Ware eintrifft. Es ist deshalb ständige Handelsbereitschaft aller am Meßgeschäft beteiligten Kaufleute notwendig. So entstehen an allen italienischen Seemeßplätzen dauernde Niederlassungen fremder Kaufleute oder ihrer Faktoren. Tägliche Zusammenkünfte (Rialto in Venedig) dienen der Ausschau nach ankommenden Schiffen, aber auch der Unterhaltung über Geschäfte und Tagesneuigkeiten, die die Geschäfte beeinflussen. Es bildet sich ein innerer Zusammenhang zwischen den sich täglich treffenden Händlern, eine intime gegenseitige Kenntnis der Geschäftsgebarung und damit der Kreditwürdigkeit. Aus der „ditta di borsa" (dem, was auf der B. herumgesprochen wird, dem Börsengeschwätz) entsteht die einheitliche Meinung aller über jeden. Es bildet sich eine Kollektivmeinung. Es entwickelt sich aus den Gesprächen und dem Meinungsaustausch der ständig wartenden Kaufleute ein teilweiser Vorausbandel der zukünftig eintreffenden Waren in zunächst losen, später aber sich immer fester kristallisierenden Geschäftsformen.

In diese Entwicklung bringt einen Zug ins Große jene Umwälzung, die mit Recht von den Historikern an den Beginn der Neuzeit gestellt wird: die Entdeckung des Seeweges nach Ostindien. Das Zentrum des Weltverkehrs rückt allmählich, aber unaufhaltsam vom Mittelmeer zu den Gestaden des Ozeans. An die Stelle von Genua, Venedig und Pisa rücken Gent, Brügge, Antwerpen, Rotterdam und Amsterdam. Alles, was den Seemessen um das Mittelmeer herum ihr besonderes Gepräge verlieh, tritt jetzt hier vergrößert und vervielfacht auf. Noch ungewisser wird die Dauer des Warentransports und die Vorausbestimmung des Tages der Ankunft der Ladungen, die den Wogen des weiten Weltmeeres anvertraut sind. Noch notwendiger als an den Mittelmeerhandelsplätzen werden auf den flandrischen Märkten Handelsbereitschaft, Faktorenvertretung und tägliche Zusammenkunft von Kaufleuten aus aller Herren Länder. Hier entsteht angeblich zuerst der Name „Börse". Dieser Name ist gar nicht charakteristisch für die Sonderart dieser Messen. Man nimmt allgemein an, daß in Brügge die Versammlung der fremden Kaufleute vor dem Hause des Geschlechts van den Burse abgehalten wurde. Ein Geschlecht, das vermutlich zu den Wechslerfamilien gehörte und daher den Geldbeutel, die „Burse" (ja auch jetzt noch „Börse" genannt) als Wappen an der Front seines Hauses zur Schau stellte und deshalb wahrscheinlich auch seinen Namen trug, wie ja die mittelalterlichen Familien vielfach nach dem Wahrzeichen genannt wurden, die ihre Häuser aufwiesen. Vermutlich also hieß die Messe in Brügge zunächst nach dem dortigen Versammlungsort „die Börse". Und dieser Name verallgemeinerte sich allmählich als Bezeichnung jener neuen Marktform, die sich an der atlantischen Küste aus der alten Messe heraus entwickelte.

Die Entwicklung dieser neuen Marktform in ihrer besonders charakteristischen Geschäftsform beruhte auf der besonderen Art der Ware, die an diesen Messen gehandelt wurde. Schon der kurze Seeweg über das Mittelländische Meer barg seine Gefahren. Sie wurden gemindert oder vermehrt durch die Jahreszeit. Aber die Transporte über die für die Landbewohner beinahe unvorstellbaren Weiten des Ozeans aus Ländern, die Gegenstand fabulöser Berichterstattung waren, boten der Phantasie der wartenden Kaufleute reichen Spielraum. Auch an den sich immer stärker entwickelnden Messeplätzen an der flandrischen Küste fanden tägliche Besprechungen und Ausschau der Kaufleute statt. Aber diesen Gesprächen lagen, wie bereits oben angedeutet, größere Ungewißheiten, bangere Befürchtungen und stärkere Hoffnungen zugrunde, als sie unter den kleineren Mittelmeerverhältnissen bekannt waren. Größere Chancen, erheblichere Risiken waren mit Ankunft oder Ausbleiben der Schiffe verbunden. Lange Perioden tatenlosen Zuwartens lagen zwischen den mehr oder weniger unvermuteten Warenankünften.

Optimismus und Pessimismus, Wagelust und Verzagtheit traten gegeneinander in die Schranken. Wetten auf die Zukunft, erst nur hie und da, und wo sie vorkamen, von der ganzen Gilde lebhaft diskutiert, werden später häufiger und allmählich zur Gewohnheit. Vermutlich sind durch diese Wetten die ersten Keime zur Entstehung des Seeversicherungsgedankens gelegt. Nach und nach wurden Gegenstand dieser Wetten die auf den Schiffen erwarteten Waren, bis sich neue Geschäftsformen aus diesen Gelegenheitsabschlüssen bildeten. Diese neuen Geschäftsformen, wie auch der ganze Inhalt dieser Geschäfte, waren nur möglich durch die besondere Eigenart der erwarteten Ware. Von den fernen Eilanden brachten die Schiffe die gleichen Kostbarkeiten, die einst den Levantehandel geziert hatten: Elfenbein, purpurne Stoffe, kostbare Teppiche, Gold und Silber. Aber daneben in viel größeren Mengen diejenigen Waren, die in den Mittelmeerschiffen und auf dem Kamelrücken nur in kleinen Mengen transportiert werden konnten: vornehmlich die Gewürze. Das Ozeanschiff, das von anderen Dimensionen sein mußte als das Handelsfahrzeug, das das Mittelmeer beherrschte, bedurfte auch einer anderen Fahrtsicherung durch größeren Ballast. Und als Ballast wurden in den immer dicker werdenden Bäuchen der Ozeanschiffe in großen Mengen die Waren herbeigeschafft, die im Levantehandel noch Kostbarkeiten bildeten, an den Meßplätzen des Ozeans sich aber allmählich zu regulären Massenartikeln ausbildeten. Diese Waren, die in großen Mengen auf diese Weise an die Märkte gebracht wurden, konnte man im voraus handeln. Denn sie waren fungibel. Ihre Qualität bedurfte allenfalls einer Durchschnittsprüfung. Und so entwickelte sich durch die Besonderheit dieser Ware aus dem normalen Meßverkehr eine neue historische Marktkategorie, die ihren Namen von der Brügger Bezeichnung übernahm: „die Börse": der Markt für fungible Waren.

Es ist ungewiß, ob der Meßplatz Brügge, von dem der Name B. stammt, in Wirklichkeit schon einen Börsenverkehr von besonders typischer Art gehabt hat. Man nimmt allgemein an, daß erst um die Wende vom 15. zum 16. Jahrhundert der typenmäßige Handel in Pfeffer sich in Amsterdam gebildet habe, so daß Amsterdam als die erste Warenbörse gelten darf. Aber sicher ist, daß in Flandern (wahrscheinlich auch in Amsterdam) sich sehr bald der börsenmäßige Warenhandel zum börsenmäßigen Wertpapierhandel gesellte. Vielleicht hat sogar die neue Entwicklung des Warenhandels ihre Anregung aus jenem oben schon erwähnten Beiwerk der Landwarenmessen erhalten, aus dem Wechselhandel, der ja bereits Wertpapierhandel ist und dem sich allmählich ein immer gesteigerter Umsatz in Unterbeteiligungen an Fürstenanlehen mit Garantie der fürstlichen Rentenmeister zugesellen, zu denen Firmen wie die Fugger und die Welser, also die großen Bankiers der frühkapitalistischen Epoche zählten. Jedenfalls steht fest, daß bereits um die Mitte des 16. Jahrhunderts in Antwerpen Rentmeisterbriefe börsenmäßig gehandelt wurden und daß in Amsterdam die Anteile der Ostindischen Compagnie als erstes Beteiligungspapier im Anfang des 17. Jahrhunderts im Börsenverkehr eine große Rolle spielten. Vgl. a. *Geschichte des Bankwesens.*

2. *Die volkswirtschaftliche Funktion.*

Die Erkenntnis des Wesens der B. als jener historischen Marktkategorie, die sich als „der Markt der fungiblen (vertretbaren) Güter" aus der Messe entwickelt hat, bildet den Schlüssel für das Verständnis der besonderen Eigenart des Börsenmarktes und für seine volkswirtschaftlichen Funktionen. Im Lichte dieser Erkenntnis zeigt sich, daß die meisten Definitionen mit ihrem verwirrenden Beiwerk von angeblichen Begriffsmerkmalen in der Hauptsache Symptome aufzählen, die alle miteinander nur Folgeerscheinungen des besonderen Marktobjektes der fungiblen Waren und der Funktion, dem Marktverkehr für fungible Waren zu dienen, sind. Daß vornehmlich Kaufleute sich auf einem so gearteten Markte einstellen, ist selbstverständlich. Denn fungible Ware ist Händlerware. Daß der Verkehr auf einem solchen Markte sich „regelmäßig", „meist täglich" abspielt, ist nur zu natürlich; denn Ware, die, weil sie fungibel ist, nicht besichtigt, nicht geprüft zu werden, daher also beim Abschluß nicht gegenwärtig zu sein braucht, kann unabhängig von Zufuhr und Marktbeschickung jederzeit gehandelt werden und drängt zu dauernder Preisbildung schon aus dem privatwirtschaftlichen Umsatzbedürfnis der Händler. Daß aber der Handel an der B. sich „nach besonderen Usancen" vollzieht, ist an sich für die Sonderheit der B. gar nicht charakteristisch, das hat sie vielmehr mit jedem Markt gemein. Denn jeder Markt entwickelt in der Form des Marktbrauches Marktrecht. Und der Brauch (Fremdwort: Usance) eines jeden Marktes dient der besonderen Eigenart dieses Marktes, hat zum Zweck, die Marktumsätze zu erleichtern und zu sichern. Die Börsenusancen unterscheiden sich daher von anderen Marktbräuchen genau so, wie sich die B. von anderen Märkten unterscheidet: die Börsenusance ist der Marktbrauch des Marktes für vertretbare Waren. Die Usancen haben die Aufgabe, die Umsätze der B. zu erleichtern und zu sichern, indem sie immer mehr vom Persönlichkeitscharakter der Ware und der Verträge abschleifen, bis schließlich Ware, Geschäftsabschluß und Abwicklung der Verträge möglichst völlig entpersönlicht, völlig fungibilisiert sind. Die Überwindung des Individuellen durch Typisierung, die als Tendenz schon den Messebräuchen innewohnte, wird in den Börsenusancen restlos durchzuführen versucht.

Diese Fungibilisierungstendenz der Börsenusancen beginnt bei der Ware. Die Fungibilität (als Gegensatz zur Individualität der Güter) ist ein uralter Begriff. Vom Corpus juris (und wohl auch schon von älteren Gesetzbüchern) bis zum deutschen Bürgerlichen Gesetzbuch sehen die Juristen solche Güter als vertretbar an, die „nach Maß, Gewicht und Zahl gemessen werden können". Also: gleiche Mengen, gleicher Wert. Dieser juristische Fungibilitätsbegriff deckt sich mit den primitiven Erfahrungen und dem wenig geschärften Unterscheidungsvermögen der Wirtschaftstufe seiner Entstehungszeit. Später hat sich parallel den Fortschritten der Technik und instrumentaler Beobachtung und parallel der Verkehrsausweitung, die die Mannigfaltigkeit der zum Markt gebrachten Güter gleicher Gattung erhöhte, ein besonders verfeinerter volkswirtschaftlicher Fungibilitätsbegriff herausgebildet, der das ordnende Eingreifen der Usance verlangt. Diesen Anforderungen versuchen die Usancen zunächst mit dem Mittel der Sortierung gerecht zu werden, indem sie durch gruppenweise Zusammenfassung verschiedener Arten der gleichen Gattung Warenklassen schaffen, für die getrennte Preisnotierungen vorgesehen werden (nach Herkunft und schon mit einer gewissen Qualitätsauslese). Doch: nichts Gewachsenes ist völlig gleich. Der moderne Markt für fungible Ware braucht aber absolute Fungibilität des Marktobjektes. Diese absolute wirtschaftliche Vertretbarkeit, die in der Natur nirgends zu finden ist, schafft die Börsenusance durch die Konstruktion der Typen. Durch Probeentnahmen wird eine dem Durchschnitt nahekommende Qualität ermittelt, die allen Abschlüssen in der betreffenden Warenart zugrunde liegen soll (Papierware, weil sie in der Schlichtheit ihrer absoluten Fungibilität nur auf dem Papier steht). Die Usance regelt gleichzeitig die Auseinandersetzung zwischen der Wirklichkeit der Varietäten und der abstrakten Konstruktion: sie setzt fest, bis zu welcher Abweichung von der typisierten Norm Lieferfähigkeit erhalten bleibt. Und sie bestimmt die Verrechnung des Plus oder Minus, das sich im Rahmen der kontraktlichen Lieferfähigkeit ergibt, zwischen den Kontrahenten. Dabei werden Qualitätsunterschiede in Quantendifferenzen umgewandelt, die durch Zuzahlung oder Abschlag reguliert werden können.

Diese Fungibilisierung (man könnte das auch als börsenmäßige Zurichtung bezeichnen) der Ware durch die Usance fällt beim Wertpapier fort. Denn das Wertpapier (vermögensrechtliche Urkunde, die Trägerin der in ihr beurkundeten Rechte ist) ist nichts auf natürlichem Wege Gewachsenes, sondern eine Konstruktion des Menschenhirnes. Das Wertpapier ist absolut fungibel; jeder Abschnitt einer Obligation, jeder Anteil an einem Aktienkapital ist jedem anderen Abschnitt oder Anteil von gleichem Nennbetrag auch wertgleich. Hier glätten die Usancen nur noch die Bestimmungsmöglichkeit und die Gebrauchsfähigkeit der Ware als Voraussetzung für ihre Lieferfähigkeit (Erkennbarkeit der Nummern, Lieferung mit richtigem Couponbogen und laufendem Coupon usw.).

Gleiche Bedeutung dagegen für die Wertpapiere und die übrigen Waren hat die Fungibilisierungsfunktion der Usancen hinsichtlich des Abschlusses und der Abwicklung der Verträge. Die Form der Börsenverträge (die Schlußnote, der Kontrakt) ist der formularisierte, von allem Individuellen gereinigte Abschlußbrief des außerbörslichen Kaufmannslebens, die Bedingung der Lieferbarkeit und die Art der Ware sind durch die Usance typenmäßig festgelegt. Gleichwohl bleibt noch Streit zwischen den Parteien möglich. Prozeß aber bedeutet Verzögerung (Einlassungsfrist, Schriftsatz, Erwiderung, Beweistermine, Verkündigungstermine, Instanzenzug), die unerträglich für die Abwicklung der Geschäfte des Marktes für fungible Werte ist, auf dem Händler täglich gleichzeitig kaufen und verkaufen, und wo die gleiche Ware oft am selben Tage durch mehrere Hände wandert. Prozeß bedeutet auf solchem Markte Stocken der Abwicklung, Zerreißen der Handelskette, wodurch die prompte Erfüllung unmöglich wird. Deswegen muß jede individuelle Austragung von Streitigkeiten vermieden und der ordentliche Prozeßweg ausgeschaltet werden: die Börsenusance bestimmt daher, daß jedes Mitglied der B. und jeder Außenseiterpartner eines Börsengeschäftes das Börsenschiedsgericht als ausschließliche und endgültige Gerichtsinstanz anerkenne, ein Schiedsgericht, das ständig besetzt und stets bereit ist, zu beraten und zu entscheiden.

Ohne diese Arbeit der Börsenusancen, die wie ein großer Schleifstein dauernd alle Ecken und Kanten der individuellen Eigenart und Sonderheit fortmahlen, die Verkehrshindernisse auf dem Markt für vertretbare Güter bilden können, und die dadurch Ware, Abschluß und Abwicklung auf die Stufe höchster Fungibilität erheben, ist ein Börsenverkehr undenkbar. Es hat angesichts des Fehlens einer Legaldefinition in der deutschen Börsengesetzgebung Streit darüber gegeben, ob bestimmte Marktformen als B. zu bezeichnen seien. Es kommt für die Entscheidung eines solchen Streites niemals auf die äußere Form des Marktverkehrs, sondern auf die Natur der dort abgeschlossenen Geschäfte an. Und diese Geschäfte wiederum werden charakterisiert durch die Usancen, die zu ihrer Durchführung nötig sind. Die in früheren Zeiten zur Umgehung von verbotenen Börsengeschäften angewandte Formel „abgeschlossen unter Ausschluß der Börsenusance" besagt gar nichts. Wenn in Wirklichkeit ohne irgendeinen Ersatz für die auf Fungibilisierung gerichtete Börsenusance weder Ware noch Abschluß, noch auch Abwicklung den Verkehrsanforderungen genügen, dann handelt es sich um Börsengeschäfte und ein Handelsverkehr, der ohne einen solchen Ersatz nicht auskommen kann, ist Börsenverkehr, ganz gleichgültig, ob er sich auf einem örtlich abgegrenzten Markt oder — unter Ausnutzung der technischen Möglichkeiten von Telegraph und Telephon — von Büro zu Büro abspielt.

Das Merkmal der Fungibilität — zur höchsten Vollendung gebracht durch die entpersönlichende Tätigkeit der Börsenusance — bestimmt die volkswirtschaftliche Funktion der B. Daß auf diesem Markt fungible Ware in besonderen, der Eigenart der Marktobjekte entsprechenden Verkehrsformen gehandelt werden, macht die B. zur lebenspendenden Zentralenergie des Kapitalismus, dessen Kräfte wiederum im Wechselspiel erneuernd auf sie zurückwirken. Störungen im Börsenverkehr müssen sich sehr schnell lähmend im Gesamtmechanismus der kapitalistischen Wirtschaft bemerkbar machen, während andererseits ungehemmte und folgerichtige Auswirkung der kapitalistischen Wirtschaftsgesetze Voraussetzung für die Inganghaltung des Börsenmarktes ist. Die Fungibilität der Börsenware ermöglicht weitgehende Emanzipation der Marktumsätze vom Gütertransport. Und dadurch wird wieder jene Emanzipation der Preisbildung von Raum und Zeit ermöglicht, die der reine Spekulationshandel zu seiner vollen Auswirkung braucht.

3. Die Börsengeschäfte.

Ein sehr erheblicher Teil der Umsätze an den Börsen vollzieht sich in der Form des *Kassageschäfts* (s. d.). Das Börsen-Kassageschäft unterscheidet sich von den Kassa-Abschlüssen außerhalb der B. in keiner Weise. Die Usancen verpflichten den Verkäufer, spätestens am zweiten Börsentage die verkaufte Ware abzuliefern und legen dem Käufer die Verpflichtung auf, die gelieferte Ware prompt zu bezahlen. Bemerkenswert, weil vom sonstigen Warenverkehr abweichend, erscheint lediglich die clearinghouse-ähnliche Einrichtung zur Erleichterung der Abwicklung der Lieferungen unter den Händlern, die an größeren Börsenplätzen (für Berlin: Bank des Berliner Kassenvereins, vgl. *Effektengiroverkehr*) besteht.

Auch das *Effektentermingeschäft* (s. d.), die typische Handelsform des Börsenverkehrs, steht im Gegensatz zu der Auffassung, die heute noch mannigfach herrscht, in seinem Wesen durchaus nicht ohne Zusammenhang mit den Geschäftsgepflogenheiten außerhalb der B. Das sog. handelsrechtliche Lieferungsgeschäft ist die Urform des Börsentermingeschäfts. Auch bei ihm ist Abschluß und Erfüllung zeitlich voneinander getrennt. Aber das handelsrechtliche Lieferungsgeschäft ist ein individuelles Rechtsgeschäft, bei dem Käufer und Verkäufer von Fall zu Fall die Frist, innerhalb der, oder den Termin, an welchem zu liefern ist, ausbedingen. Der individualistische Charakter dieses Kaufvertrags zeigt sich besonders darin, daß im Falle des Verzuges der Käufer dem Verkäufer eine angemessene Nachfrist zu setzen hat, nach deren Verstreichen erst der Verzug zu laufen beginnt. Bei Eintritt des Verzugs hat der Käufer das Recht, zu bestimmen, welche Folgerungen er aus der Nichterfüllung des Vertrags von seiten seines Kontrahenten zu ziehen gedenkt. Aus diesem individuellen Lieferungsgeschäft eine für den Börsenverkehr brauchbare Vertragsform zu bilden, war Aufgabe des Schleifsteins der Börsenusancen. Die Setzung einer Nachfrist, die Möglichkeit, Nachfrist zu verlangen und der Zwang, Nachfrist zu gewähren, ist für den Börsenverkehr unerträglich. Er hat hinsichtlich der Zerreißung der Handelskette und der dadurch bewirkten Stockung der prompten Abwicklung dieselbe Wirkung, wie sie oben bereits für die individuelle Austragung von Streitigkeiten auf dem Wege des Zivilprozesses erwähnt wurde. Infolgedessen formt die Börsenusance aus dem Lieferungsgeschäft mit Nachfrist ein Fixgeschäft, das am ausbedungenen Termin erfüllt und im Falle der Nichterfüllung sofort ohne Fristsetzung durch anderweitige Beschaffung (nur durch solche) exekutiert werden kann, wobei der Exekutierte den Schaden zu tragen hat, während ihm Anspruch auf die ungerechtfertigte Bereicherung des Exekutors bei günstigerem Preise zusteht. Ferner setzt für das Termingeschäft, das ja in seiner Urform noch die Individualvereinbarung über den Liefertermin ermöglicht, die Börsenusance einen typisierten Lieferungstermin fest, der für alle abgeschlossenen Geschäfte gleichartig ist. Als normalisierter Liefertermin gilt in der Regel der Ultimo eines Monats oder an einzelnen B. neben dem

Ultimo auch der Medio. Also: das Börsentermingeschäft unterscheidet sich vom handelsrechtlichen Lieferungsgeschäft genau so wie die Börse vom Markt. Das Termingeschäft ist die Form des Lieferungsgeschäfts, wie sie der Markt für fungible Werte braucht. Aus dem Lieferungsgeschäft mit individuellen Terminen wird das Ultimogeschäft (Mediogeschäft).

4. *Der Börsenkurs.*

Der gleiche grundsätzliche Unterschied besteht zwischen Marktpreis und Kurs. Der Kurs ist der Marktpreis für fungible Werte. Der Marktpreis ist ein Preis, der unter Würdigung der jeweiligen Qualität der gehandelten Ware zustandekommt. Der Kurs dagegen ist der Ausgleich von Mengenangeboten typisierter Qualität. Infolgedessen besitzt der Kurs im Gegensatz zum Marktpreis eine räumliche Fernwirkung. An jedem Ort der Welt können fungible Waren unter Vereinbarung eines Preises gehandelt werden, der für diese Waren zu einer späteren Zeit an einem weit entfernt liegenden Börsenplatz festgesetzt wird (näheres s. *Kursbildung*).

5. *Die Abwicklung der Börsentermingeschäfte* (vgl. auch *Effektentermingeschäft*).

Besonders stark ist die Wirkung der Börsenusancen auf die Festlegung besonderer Formen für die Abwicklung der Börsentermingeschäfte. Im Gegensatz zu der vielfach immer noch vertretenen Meinung müssen nämlich alle Börsentermingeschäfte durch Ablieferung und Barzahlung an den Fälligkeitsterminen erfüllt werden. Aber die Schwierigkeit, die Ablieferung prompt durchzuführen, ist ohne besondere Vorkehrungen bei Börsentermingeschäften noch viel größer als bei den Kassageschäften. Denn die Natur des Termingeschäfts bringt es mit sich, daß im Laufe des Monats ein großer Teil der Käufer seine Kaufverträge durch Weiterverkauf oder seine Vorverkäufe durch Rückkauf glattgestellt hat. Infolgedessen ist ein bestimmtes effektives Warenquantum innerhalb dieses Zeitraums vielfältig umgesetzt worden. Wollte man nun verlangen, daß am Lieferungstermin jeder Käufer, der gleichzeitig Verkäufer geworden ist, die von ihm gekaufte Ware erst abnimmt, um sie dann an seinen Gegenkontrahenten weiterzuliefern, so würde die usancemäßige Verpflichtung, daß zum bestimmten Termin alle Geschäfte erfüllt werden, nicht eingehalten werden können. Jeder Käufer müßte warten, bis an ihn die Reihe der Lieferung kommt und sie dann an seinen Nachmann weiterliefern, der seinerseits nun wieder die Verpflichtung hätte, diese Ware mit der vorbereiteten Rechnung an seinen Kontrahenten weiterzugeben. Das alles an dem einen am Monatsschluß oder am Medio vorgesehenen Lieferungstag zu erledigen, würde ganz unmöglich sein. Infolgedessen sehen die Börsenusancen ein Liquidationsverfahren vor, das auf folgendem Prinzip beruht:

Jedes Effektivquantum Ware (oder Wertpapier) ist im Laufe der Zeit zwischen zwei Liquidationsperioden vielfach zwischen den Börsenhändlern hin und her gehandelt worden. Für jedes dieser Effektivquanten ergibt sich infolgedessen eine Handelskette folgender Art:

A an B, B an C, C an D, D an . . . Z.

In dieser Kette ist A der Lieferant der Effektivware; Z (das jeweilige letzte Glied in der Kette) ist der Empfänger der Effektivware, die er nicht mehr weiter verkaufte. Es kommt mithin darauf an, dafür zu sorgen, daß bei der Abwicklung der Lieferungen das jeweils erste Glied der Kette A seine Ware liefern und das jeweils letzte Glied der Kette Z sie geliefert erhalten kann. Statt der unmöglichen Durchlieferung der Ware durch die ganze Kette in der nachfolgenden Weise

A B C D . . . Z

kann unter Ausschaltung der Zwischenglieder die Lieferung direkt von A an Z, also so erfolgen:

A B C D . . . Z.

Um dieses Ziel zu erreichen, ist es nur notwendig, daß das letzte Glied der Kette sich als solches zu erkennen gibt. Das geschieht durch die Überreichung einer Mitteilung an den Vordermann des Inhalts:

„Mit diesem Zettel nehme ich in der Ultimoliquidation (folgt Nominalbetrag und Bezeichnung der Art des betreffenden Wertpapiers) ab."

Der Vordermann, der nicht selbst Lieferant sein will, weil er wieder von seinem Vordermann die Ware gekauft hat, gibt den Zettel an diesen weiter, und so wandert dieser Zettel durch die ganze Kette, bis er beim ersten Glied, dem eigentlichen Verkäufer der Effektivware, angelangt ist. In der Ultimoliquidation liefert nun das erste Glied an den Aussteller des Zettels und damit ist unter Überwindung der Schwierigkeit der Durchlieferung durch die ganze Kette die Effektivlieferung zur Erfüllung des Gesamtengagements erfolgt.

In dieser ursprünglichen Form des „Andienens" wird tatsächlich die Liquidierung von Zeitgeschäften hier und da noch besonders an den Produktenbörsen vollzogen. Sie ist vorübergehend an den deutschen Fondsbörsen auch in den Zeiten wieder üblich gewesen, als Termingeschäfte in Aktien verboten waren und der Spekulationshandel sich alle möglichen Ersatzformen zur Verschleierung der wirklichen Natur der abgeschlossenen Geschäfte schaffen mußte. In der Regel aber bedient man sich für die Abwicklung der Termingeschäfte des Skontrierungsverfahrens, bei dem jeder Teilnehmer am Termingeschäft seine Abnahme- und Lieferungssalden gesondert für jedes Papier auf einem Skontrobogen verzeichnet, beide Seiten des Bogens addiert und dann den Saldo zieht. Falls bei der Saldierung sich die Summe seiner Abnahmeverpflichtungen als größer erweist als die Summe seiner Lieferungsverpflichtungen, fügt der Einkäufer einen Abnahmezettel der vorstehend beschriebenen Art für den Abnahmesaldo seinem Skontrobogen bei. Die Methoden der Skontrierung sind sehr mannigfaltig. Aber immer liegt dem Skontroverfahren das oben geschilderte Prinzip zugrunde, das den Schlüssel für das Begreifen aller Abarten des Skontrierungsverfahrens bietet. An allen Börsen, an denen Liquidationskassen (s. d., vgl. *Kursbildung*) existieren, die für die eingegangenen Engagements bürgen, ist die Einreichung besonderer Skontrobogen nicht notwendig, weil jedes Geschäft bei der Liquidationskasse von den Partnern angemeldet werden muß, und weil deshalb die Skontrierung durch die Liquidationskasse selbst vorgenommen werden kann. Mit dem Mittel des Skontrierungsverfahrens fungibilisiert die Börsenusance nun auch die Erfüllung der Börsentermingeschäfte. Für deren restlose Fungibilisierung bildet ein scheinbares Hindernis noch der Kurs, der ja als einzige übrigbleibende Individualvereinbarung zwischen Käufer und Verkäufer innerhalb der Handelskette zwischen den einzelnen Gliedern verschieden festgesetzt ist. Doch auch hier hat sich die Usance zu helfen gewußt. Sie bestimmt, daß alle Lieferungen in der Liquidation, also alle Lieferungen und Zahlungen auf Grund der Abnahmezettel einem einheitlichen Kurs zu dem von dem Börsenvorstand für jedes Papier kurz vor dem Lieferungstage festgesetzten Liquidationskurse zu leisten sind. Die so entstehende Differenz zwischen dem Liquidationskurs und dem Individualkurs des einzelnen Engagements wird hinterher unter den Gliedern der Kette verrechnet.

Um diese Verrechnung zu begreifen, ist es notwendig, sich noch einmal die Kette vor Augen zu führen:

A an B, B an C, C an D, D an E . . . an Z

106 107 108 112 104.

Ist der Liquidationskurs am betreffenden Monatsschluß vom Börsenvorstand (er wird stets ungefähr entsprechend dem Börsenkursstand am Ultimo festgesetzt) mit 103 bestimmt, so empfängt

Z das Wertpapier, für das er sich beim Eingehen des Engagements verpflichtet hat, 104 % zu zahlen, mit 103 %. Er gewinnt mithin ungerechtfertigt 1 %, das er seinem Vormann zurückzugeben hat, da dieser Vormann für seine verkaufte Ware 104 % zu empfangen hat, in Wirklichkeit aber nur 103 % erhält. Genau wie in diesem Fall zahlt nun jeder Vormann die zu wenig bezahlte Summe heraus oder läßt sich die zuviel bezahlte Summe herauszahlen. Greifen wir, um das Beispiel durch eine Probe zu verdeutlichen, aus den Gliedern der Kette das Glied C heraus, so sehen wir, daß C von B mit 107 gekauft und an D mit 108 weiterverkauft hat. C hat also aus seiner Transaktion einen Gewinn von 1 % erzielt. Er muß jetzt B die Differenz (107 — 103 = 4) herauszahlen und bekommt von D die Differenz (108 — 103 = 5) heraus. Das Resultat für ihn ist also das gleiche, als wenn er die Ware effektiv mit 107 abnehmen und mit 108 weiter liefern würde.

Aus dieser Erklärung ist ersichtlich, daß die sog. Börsendifferenz an und für sich nicht das mindeste mit dem wirklichen Gewinn und Verlust zu tun hat, sondern daß die ganze Differenzverrechnung lediglich auf die Einführung eines entpersönlichenden Liquidationskurses in das Liquidationsverfahren zurückzuführen ist. Mithin kann man aus dieser Differenzrechnung also nicht, wie noch jetzt oft geschieht, den Schluß ziehen, daß Börsentermingeschäfte nicht erfüllt zu werden brauchen, sondern lediglich durch Zahlung der Differenzen ausgeglichen werden.

6. *Die Reportgeschäfte.*

Die Auffassung vom Spiel- oder Wettcharakter der Börsentermingeschäfte ist auch noch durch die Eigenart der Prolongations- oder *Reportgeschäfte* (s. d.) gestützt worden. Man hat geglaubt, es sei etwas ganz besonderes und nur bei Börsentermingeschäften Vorkommendes, daß der Käufer oder Verkäufer in der Lage ist, am Ultimo, wenn sich seine Spekulationshoffnungen nicht in genügendem Maße erfüllt haben, sein Engagement zu prolongieren. Der Vorgang, der sich in der sog. Prolongation ausdrückt, ist gewiß in seiner wirtschaftlichen Wirkung eine Verlängerung der spekulativen Engagements. Aber diese Wirkung kann auch in der Weise erzielt werden, daß der Spekulant à la hausse kurz vor dem Liquidationstag seine Terminkäufe durch einen Verkauf glattstellt und das gleiche Quantum Ware per Ultimo des nächsten Monats wieder kauft, ebenso wie der Spekulant à la baisse seine Terminverkäufe durch einen Rückkauf glattstellen und die gleiche Menge Ware per Ultimo des nächsten Monats wieder kaufen kann. Das wirkliche Prolongationsgeschäft aber ist ein Kreditgeschäft, das an den Kreditcharakter der Termingeschäfte anknüpft. Jedes Termingeschäft ist nämlich ein zweiseitiges Kreditgeschäft. Der Verkäufer stundet bis zum Erfüllungstermin die Bezahlung, der Käufer stundet die Lieferung der Ware. Da nun jeder Verkäufer liefern und jeder Käufer bezahlen muß, so geschieht auch im Terminhandel oft genau das Gleiche wie bei anderen kaufmännischen Geschäften: der zur Abnahme und Zahlung Verpflichtete, der das Geld nicht hat, borgt es sich, ebenso wie der zur Lieferung Verpflichtete, der die Ware nicht selbst besitzt, trachten wird, sie sich zu leihen. Wenn der Haussier, der Stücke abzunehmen und zu bezahlen hat, sich das Geld für die Abnahme in der Weise verschafft, daß er Wertobjekte irgendwelcher Art verpfändet und das dafür erhaltene Geld zur Abnahme der Effekten aus seinem Terminengagement benutzt, so wird niemand bezweifeln, daß er sein Engagement durch Abnahme und Bezahlung erfüllt hat. Die Geldbeschaffung auf diese Weise kommt auch an der B. sehr oft vor, man spricht dann davon, daß tägliches Geld oder Ultimogeld (von Ultimo zu Ultimo) genommen worden ist. Einfacher für den Spekulanten ist es nun, sich das Geld gegen Verpfändung der Papiere zu verschaffen, die er abzunehmen hat, und zwar in der Weise, daß ein Dritter, der ihm den Kredit gewährt, an seiner Stelle die Papiere abnimmt. In diesem Falle liegt ein typisches Börsenprolongationsgeschäft vor. Der Charakter dieses Prolongationsgeschäftes als reinen Kreditgeschäfts würde ohne weiteres erkennbar sein, wenn außerhalb des Liquidationsverfahrens die Abnahme für einen Dritten möglich wäre. Aber die fungibilisierende Börsenusance kennt Abnahme und Lieferung nur im Rahmen des usancemäßig festgesetzten Liquidationsverfahrens. Infolgedessen kann die Abnahme für einen Dritten nur derart erfolgen, daß der Abnehmer sich als Nachmann seines Darlehnsnehmers in die Liquidationskette einschiebt. Und auch die Rückzahlung des Kredits im nächsten Monat kann nach der Börsenusance nur in der Weise geschehen, daß der Kreditgeber im Liquidationswege die Effekten an den Darlehnsnehmer wieder zurückliefert. Daraus ergeben sich besondere Eigenarten für Form und Inhalt des Darlehnsvertrages. An und für sich handelt es sich hier um ein Lombardgeschäft. Der Kreditnehmer verpfändet als Sicherheit für das Darlehn dem Geldgeber die von diesem abzunehmenden Waren oder Wertpapiere. Während aber sonst bei Lombardgeschäften Ware und Wertpapiere nur zu einem bestimmten Teil des Wertes beliehen werden, muß bei diesem usancemäßig besonders zugestutzten Lombardgeschäft der Geldgeber das Pfandobjekt zu dem vollen Wert beleihen (errechnet nach dem Liquidationskurs). Denn da er sich als Käufer in die Liquidationskette einschaltet, bekommt er die Wertpapiere ja nicht von seinem direkten Kontrahenten, sondern von dem letzten Glied der Kette geliefert (will der Geldgeber sich besonders sichern, so muß er sich deshalb außerhalb des Liquidationsprozesses besondere Sicherheiten bestellen lassen). Da nicht irgendwelche individuell bestimmte Ware dem Geldgeber geliefert wird, sondern nur eine vereinbarte Menge typenmäßig bestimmter Ware, und da am nächsten Ultimo das Darlehn nicht durch Rücklieferung der empfangenen Wertpapiere seitens des eigentlichen Darlehngebers glattgestellt wird, sondern vielmehr dadurch, daß das nunmehr erste Glied der neuen Kette wiederum ein nur typenmäßig bestimmtes Quantum Ware zurückliefert, so ergibt sich daraus auch noch ein anderer Unterschied zwischen dem gewöhnlichen Lombardgeschäft und dem Prolongationsdarlehn. Der Unterschied ist — aus gleichen Gründen — ein ähnlicher wie zwischen Depositum regulare und Depositum irregulare. Während nämlich beim eigentlichen Lombardgeschäft das Pfand zwar in den Besitz des Geldgebers aber nicht in sein Eigentum übergeht, erwirbt der Geldgeber bei der Prolongation an der „hereingenommenen“ Ware Eigentum für die Dauer des Darlehnsvertrages (so daß also hereingenommene Aktien zum Stimmen in der Generalversammlung, zur Trennung der Coupons berechtigten und auch an der Verlosung auf Rechnung des Pfandgläubigers teilnehmen). Näheres s. *Reportgeschäft.*

Es bedeutet eine Verkennung der wirklichen Natur des Prolongations- und Reportgeschäftes, wenn man glaubt, es enthalte eine Kombination von zwei Geschäften, nämlich ein Geschäft per Ultimo des laufenden und ein Geschäft per Ultimo des nächsten Monats. In Wirklichkeit handelt es sich um die Aufnahme und die Zurückzahlung eines Darlehns, wie bei jedem anderen Darlehnsgeschäft. Der so vielfach vorkommende falsche Eindruck wird nur dadurch erweckt, daß durch die Anpassung an die von der Börsenusance vorgeschriebene Form des Liquidationsverfahrens die Darlehnshergabe in der Form der Effektenabnahme und die Darlehnsrückzahlung in der Form der Rücklieferung der Wertpapiere erfolgt.

Literatur: BERNHARD, GEORG: Die Börse, ihre Geschichte, ihr Wesen und ihre Bedeutung. Berlin 1906. — BUSS, GEORG: Berliner Börse von 1685—1913. Berlin: Preuß. Verlagsanstalt 1913. — EHRENBERG, R.: Das Zeitalter der Fugger. 1896. — FÜRST, MAX: Die Börse, ihre Entstehung und Entwicklung, ihre Einrichtungen, ihre Geschäfte, 2. Aufl. 1923. — GUNZERT, Dr. RUDOLF, Dr. BERNHARD BENNING u. Dr. EDMUND VEESENMEYER: Effektenmarkt und Konjunktur. Jena 1929. — LEXIS, W.: Das Handelswesen, Leipzig 1906, darin das Kapitel: Die Effektenbörse und die innere Handelspolitik. Göschen. Bd. 296/7. — NEIDLINGER, KARL: Studien zur Geschichte der deutschen Effektenspekulation von ihrem Anfang bis zum Beginn der Eisenbahn-Spekulation. Jena 1930. — NELL-BREUNING, OSWALD VON: Grundzüge der Börsenmoral. Herder & Co. 1928.— PIETRO-TONELLI, A. DE: La speculazioni di borsa. Rovigo 1912—13.— PRION, W.: Artikel „Börsenwesen" im Handwörterbuch der Staatswissenschaften, 4. Aufl. Jena 1924. — SALING: Börsenpapiere, Teil I. Berlin 1932. — SAMUEL, L.: Die Effektenspekulation im 17. und 18. Jahrhundert, ein Beitrag zur Börsengeschichte. Berlin 1924. — SCHMIDT, F.: Liquidation und Prolongation im Effektenhandel, 2. Aufl. Leipzig 1923. — SCHMIDT, FRITZ: Die Effektenbörse und ihre Geschäfte. Leipzig: G. A. Gloeckner 1922. — SCHNEIDER-DAHLHEIM: Usancen der Berliner Fondsbörse. Berlin 1932. — SOMMERFELD, HEINRICH: Die Technik des börsenmäßigen Termingeschäftes. Berlin, Industrieverlag Späth & Linde 1923. — SOMMERFELD, H.: Artikel „Börse" im Handwörterbuch Volkswirtschaftslehre. Stuttgart 1926. — SPANGENTHAL, H.: Die Geschichte der Berliner Börse. Berlin 1903.

GEORG BERNHARD.

Börsenausschuß s. *Börsenrecht A I 5.*
— **berichterstattung** s. *Finanzpresse.*
— **ehrengericht** s. *Börsenrecht A II 3.*
— **freiheit** s. *Börsenzulassung von Personen.*
— **hälfte** s. *Kapitalverkehrssteuern,* ferner *Berliner Börse.*
— **kredite** s. *Effektenkredite.*
— **kurs** s. *Kursbildung,* s. *Börsen 4.*
— **ordnung** s. *Börsengesetz A II,* vgl. *Börsenzulassung von Personen.*

Börsenrecht.

A. Formelles Börsenrecht. I. Begriff der Börse; Errichtung und Beaufsichtigung. II. Organisation der Börse. 1. Börsenleitung. 2. Disziplinargewalt des Börsenvorstandes. 3. Ehrengericht.

B. Materielles Börsenrecht. I. Feststellung des Börsenpreises und Maklerwesen. 1. a) Formulierter und registrierter Kurs, b) Kassaeinheitskurs, Anfangskurs und Schlußkurs im Terminhandel und im Handel mit variabler Notiz. 2. Kursmakler. II. Zulassung von Wertpapieren zum Börsenhandel. 1. Bedeutung der Zulassung. 2. Die Zulassungsstelle. a) ihre Zusammensetzung, b) Ausnahmen von dem Zulassungszwang. 3. Aufgaben der Zulassungsstelle. 4. Formelle Voraussetzungen der Zulassung. 5. Materielle Voraussetzungen der Zulassung. a) Mindestbetrag der vorhandenen Wertpapiere, b) Vollzahlung und Währungsangabe, c) Sperrjahr bei Umwandlung von nicht aktienrechtlichen Unternehmungen in Aktiengesellschaften oder Kommanditgesellschaften a. A., d) Übernahme von Verpflichtungen gegenüber der Zulassungsstelle. 6. Inhalt des Prospekts. a) ordentlicher Prospekt, b) abgekürzter Prospekt. 7. Prospekthaftung. a) zivilrechtlich, b) strafrechtlich. III. Börsentermingeschäfte. 1. Begriff des Börsentermingeschäfts. 2. Zulassung zum Börsenterminhandel. 3. Wirksamkeit der Börsentermingeschäfte. a) verbotene Geschäfte, b) Börsentermineinwand, c) Spiel- und Differenzeinwand, α) seine Voraussetzungen, β) seine Wirkungen. 4. Termingeschäfte auf Grund von Kommissions- und Gesellschaftsverträgen. 5. Auslandsgeschäfte. 6. Das handelsrechtliche Lieferungsgeschäft in Getreide und Erzeugnissen der Getreidemüllerei.

C. Börsenstrafrecht.

A. Formelles Börsenrecht.

I. Begriff der Börse; Errichtung und Beaufsichtigung.

1. „Nach § 1 BG. bedarf die Errichtung einer Börse der Genehmigung der Landesregierung. Der Begriff der Börse ist im B.G. nicht bestimmt. Seine Begrenzung ist jedoch praktisch bedeutsam, da eine ohne Genehmigung der Landesregierung errichtete Börse auf Grund des § 1 durch die Polizei geschlossen werden kann. Die Börse stellt sich begrifflich dar als Veranstaltung in kurzen Zwischenräumen wiederholter Zusammenkünfte von Kaufleuten und deren Angestellten an bestimmten Orten und zu bestimmten Zeiten zwecks Abschlusses von Wertpapiergeschäften oder Großhandelszeitgeschäften in Waren. Im Anschluß an GÖPPERT: „Das Wesen der Börse im Rechtssinne" ist bei der Begriffsbestimmung zwischen der Wertpapier- und den Warenbörsen zu unterscheiden. Eine Veranstaltung der gekennzeichneten Art zum Abschluß von Wertpapiergeschäften kann ohne weiteres als Börse betrachtet werden, es sei denn, daß sie ihrem Umfang nach keine Beachtung verdient. Allerdings müssen die wiedergegebenen Voraussetzungen erfüllt sein. Der fernmündliche Wertpapierhandel von Bankbüro zu Bankbüro ist kein Börsenhandel, da er nicht auf Grund einer Zusammenkunft an einem bestimmten Ort erfolgt; ebensowenig sind Zusammenkünfte von Börsenbesuchern zum Zwecke der bloßen Aussprache über Berufsfragen als Börse zu bezeichnen, wenn bei ihnen nicht regelmäßig Handelsgeschäfte in Wertpapieren abgeschlossen werden. Bei Warengeschäften ist dagegen eine Abgrenzung der Börse vom Markt notwendig. Gegenstand des Handels an den Warenbörsen sind typisierte, d. h. nicht an Ort und Stelle befindliche, nach Qualität und Quantität auf eine einheitliche Norm gebrachte Waren. Das entscheidende Merkmal ergibt sich aber nicht hieraus, da die Typisierung der Ware auch bei einem Markt vorliegen kann, sondern ist darin zu erblicken, daß an einer Warenbörse Zeitgeschäfte in derart standardisierten Warengattungen nach einheitlichen Bedingungen abgeschlossen werden (GÖPPERT: a. a. O. S. 209).

2. Die Landesregierung „ist befugt, die Aufhebung bestehender Börsen anzuordnen" (§ 1 BG.). Hierin ist die Befugnis eingeschlossen, die Organisation einer bestehenden Börse grundlegend umzugestalten. Diese Erkenntnis verdient deshalb Beachtung, weil die Umformung der deutschen Börsen vielfach erörtert worden ist, und bei ihrer Durchführung unter Umständen in die von den Börsenbesuchern bisher ausgeübte Tätigkeit eingegriffen werden müßte. Hierzu ist nach § 1 des BG. die Landesregierung berechtigt, ohne daß die Betroffenen einen Anspruch auf Entschädigung hätten.

3. „Die Landesregierungen üben" ferner „die Aufsicht über die Börsen aus. Sie können die unmittelbare Aufsicht den Handelsorganen (Handelskammern, kaufmännischen Korporationen) übertragen" (§ 1 BG.). Die Übertragung ist bei allen deutschen Börsen erfolgt und zwar in den meisten Fällen an die zuständigen Industrie- und Handelskammern. Gegenstand der Aufsicht sind der Börsenverkehr und die Organe der Börse; ferner „unterliegen die auf den Börsenverkehr bezüglichen Einrichtungen der Kündigungsbüros, Liquidationskassen, Liquidationsvereine und ähnliche Anstalten" (§ 1 BG.) der Aufsicht. Der Zweck der Aufsicht besteht darin, dafür Sorge zu tragen, daß die bestehenden Gesetze innegehalten werden und die Abwicklung des Börsenverkehrs ordnungsmäßig vor sich geht. Nötigenfalls kann ein Zwang durch Ausweisung ausgeübt werden. Glaubt ein Beteiligter, daß seine Interessen oder die Interessen der Allgemeinheit durch falsche Gesetzesanwendung beeinträchtigt werden, so steht es ihm frei, die Aufsichtsbehörde hierauf im Wege der Aufsichtsbeschwerde hinzuweisen. Die Aufsichtsbeschwerde selbst ist ohne Wahrung einer Frist bei der zuständigen Industrie- und Handelskammer oder bei der Landesregierung selbst einzulegen. Die Aufsicht über die Liquidationskassen und ähnliche Anstalten hat kaum eine praktische Bedeutung, da sie sich nur darauf erstrecken dürfte, zu verhindern, daß diese Einrichtungen die einwandfreie Durchführung des Börsenverkehrs stören, und ein solcher Fall schwer denkbar ist.

4. Neben der von den Landesregierungen und kraft deren Delegation von den Industrie- und Handelskammern unmittelbar ausgeübten Börsenaufsicht

steht die Überwachung des Geschäftsverkehrs an der Börse durch den als Organ der Landesregierung zu bestellenden **Staatskommissar**. Die Staatskommissare bei den deutschen Börsen sind weder zwischen den Börsenvorstand und die Industrie- und Handelskammern noch zwischen diese und die Landesregierung eingeschaltet, sondern selbständig neben die mit der unmittelbaren Aufsicht betrauten Organe gestellt, um der Landesregierung durch Berichte über den Börsenverkehr und die in ihm etwa auftretenden Besonderheiten die Möglichkeit zu geben, notfalls einzugreifen. Aus diesem Grunde ist der Staatskommissar bei den Börsenversammlungen häufig zugegen. Er ist berechtigt, an allen Beratungen des Börsenvorstandes und seiner Ausschüsse teilzunehmen und wirkt auch in dem Ehrengerichtsverfahren mit (s. darüber unter A II 3). Für einzelne Börsen kann die Tätigkeit des Staatskommissars mit Zustimmung des Reichsrats auf die Mitwirkung beim Ehrengerichtsverfahren beschränkt werden (so geschehen bei den Börsen in Chemnitz, Plauen, Stuttgart, Zwickau). Bei kleinen Börsen kann von der Bestellung eines Staatskommissars abgesehen werden (so geschehen bei der Schifferbörse von Duisburg).

5. Endlich sieht das BG. ein Sachverständigenorgan vor, das dem Reichsrat bei der Erfüllung der ihm durch das BG. überwiesenen Aufgaben zur Seite stehen soll: das ist der **Börsenausschuß** (§ 1 BG.). Der Börsenausschuß, der aus mindestens 30 vom Reichsrat in der Regel auf je 5 Jahre zur Hälfte auf Vorschlag der Börsenorgane, zur Hälfte aus Landwirtschaft und Industrie zu wählenden Mitgliedern besteht, wird für das ganze Reich gebildet. Er ist befugt, Anträge an den Reichskanzler zu stellen und Sachverständige zu vernehmen. Außerdem hat er die Beisitzer der Berufungskammer in Börsenehrengerichtssachen aus seinen der Börse angehörenden Mitgliedern zu wählen. Abgesehen von der letztgenannten Tätigkeit hat der Börsenausschuß schon seit langer Zeit keine praktische Wirksamkeit entfaltet.

II. Organisation der Börse.

Die Organisation der Börsen wird im BG. nicht im einzelnen geregelt. Vielmehr verweist das Gesetz diese Bestimmungen in die **Börsenordnungen**, die für jede Börse von dem mit der unmittelbaren Aufsicht betrauten Organ des Handels (Industrie- und Handelskammer) zu erlassen und von der Landesregierung zu genehmigen ist. Dagegen ist in dem Gesetz festgelegt, über welche Gegenstände sich die Börsenordnungen äußern müssen. Auch kann die Landesregierung die Aufnahme besonderer Vorschriften in die Börsenordnung anordnen, „insbesondere der Vorschrift, daß in den Produktenbörsen die landwirtschaftlichen Nebengewerbe und die Müllerei eine entsprechende Vertretung finden" (§ 4 B.). Danach sind in den Börsenordnungen Bestimmungen zu erlassen über

a) die Börsenleitung und ihre Organe,

b) die Geschäftszweige, für welche die Börseneinrichtungen bestimmt sind,

c) die Voraussetzungen der Zulassung zum Besuch der Börse,

d) die Art der Preis- und Kursfeststellung.

1. Die Börsenleitung liegt dem Börsenvorstand ob, über dessen Zusammensetzung und dessen Organe, d. s. die einzelnen Ausschüsse und die zu besonderen Zwecken bestellten Kommissare, die einzelnen Börsenordnungen Auskunft geben. Die Börsenordnung kann die Benutzung der Börseneinrichtungen auch für andere Geschäftszweige als diejenigen zulassen, für welche die Börseneinrichtungen bestimmt sind. In diesen Fällen haben die Börsenbesucher keinen Anspruch auf die Benutzung der Einrichtungen. Über die Voraussetzungen der Zulassung zum Besuche der Börse vgl. *Börsenzulassung von Personen*. Auch hier überläßt das Gesetz die Regelung der Börsenordnung. Dagegen enthält das Gesetz zwingende Vorschriften über den Ausschluß vom Börsenbesuch (vgl. a. a. O.). Die Art der Preis- und Kursfeststellung wird unter B I behandelt.

2. Ferner sind im Gesetz ausdrückliche Bestimmungen zur Aufrechterhaltung der Ordnung in den Börsenräumen getroffen. „Die Börsenaufsichtsbehörde ist" nach § 8 B „befugt, zur Aufrechterhaltung der Ordnung und für den Geschäftsverkehr an der Börse Anordnungen zu erlassen". Die Einhaltung dieser Anordnungen und die Unterlassung von Störungen der Ordnung oder des Geschäftsverkehrs an der Börse können vom Börsenvorstand erzwungen werden. Er ist befugt, Personen, die sich einer solchen Störung schuldig machen, „sofort aus den Börsenräumen zu entfernen und mit zeitweiliger Ausschließung von der Börse oder mit Geldstrafe zu bestrafen" (§ 1 BG.). Hiergegen findet die Beschwerde an die Börsenaufsichtsbehörde, das ist regelmäßig die Industrie- und Handelskammer, statt. Unbefugten Personen kann der Zutritt zu der Börse versagt werden.

3. Während das Verhalten der Börsenbesucher **innerhalb der Börsenräume** in dem gekennzeichneten Rahmen der **Disziplinargewalt** des Börsenvorstandes unterliegt, steht die Entscheidung darüber, ob sich ein Börsenbesucher im Zusammenhang mit seiner Tätigkeit an der Börse „eine mit der Ehre oder dem Anspruch auf kaufmännisches Vertrauen nicht zu vereinbarende Handlung" (§ 10 BG.) hat zuschulden kommen lassen und die Ahndung einer solchen Handlungsweise dem an jeder Börse zu bildenden **Ehrengericht** zu. Das Ehrengericht „besteht, wenn die unmittelbare Aufsicht über die Börse einem Handelsorgan übertragen ist, aus der Gesamtheit oder einem Ausschusse dieses Aufsichtsorgans, anderenfalls aus Mitgliedern, welche von den Börsenorganen gewählt werden" (§ 9 BG.). Bei allen größeren Börsen wird danach das Ehrengericht von einem Ausschuß der zuständigen Industrie- und Handelskammer gebildet. Das Ehrengericht kann Börsenbesucher nur für Handlungen zur Verantwortung ziehen, die **mit ihrer Tätigkeit an der Börse in Zusammenhang stehen**. Diese Begrenzung der ehrengerichtlichen Zuständigkeit wird in der Praxis sehr weit ausgelegt. Inwieweit eine Handlungsweise mit der Ehre oder dem Anspruch auf kaufmännisches Vertrauen nicht zu vereinbaren ist, muß unter Berücksichtigung der besonderen geschäftlichen Stellung des Beschuldigten geprüft werden. An das Verhalten eines Bankiers gegenüber seinen Kunden wird ein strenger Maßstab gelegt, weil diese geschäftlichen Beziehungen auf dem Vertrauen des Kunden zu seinem Bankier beruhen und dem Bankier daher eine besondere Sorgfaltspflicht obliegt. Über die Einleitung oder Ablehnung eines ehrengerichtlichen Verfahrens hat das Ehrengericht zu beschließen. Dem Staatskommissar ist Mitteilung zu machen. Er kann die Einleitung des Verfahrens verlangen. Im übrigen hat „er das Recht, allen Verhandlungen beizuwohnen und die ihm geeignet erscheinenden Anträge sowie Fragen an den Beschuldigten, die Zeugen und Sachverständigen zu stellen" (§ 11 BG.). Dem Beschluß über die Einleitung oder Ablehnung des Verfahrens kann ein von einem Mitglied des Ehrengerichts oder dessen Syndikus geführtes Ermittlungsverfahren vorausgehen, dem beizuwohnen der Staatskommissar ebenfalls berechtigt ist. Das Ehrengericht kann nach dem Beschluß über

die Einleitung des Verfahrens sofort die Hauptverhandlung anberaumen, wenn nötig nach seinem Ermessen aber auch eine Voruntersuchung vornehmen, die einem Mitgliede des Ehrengerichts oder dem Syndikus übertragen wird, sofern dieser nach der Börsenordnung zum Ehrengericht hinzugezogen werden muß. Die Einstellung des Verfahrens nach seiner formell beschlossenen Einleitung bedarf der Zustimmung des Staatskommissars. Die Hauptverhandlung vor dem Ehrengericht kann auch in Abwesenheit des Beschuldigten stattfinden. Sie ist nicht öffentlich. Die Öffentlichkeit kann aber angeordnet werden. Das Ehrengericht ist berechtigt, Zeugen und Sachverständige vorzuladen und eidlich zu vernehmen. An Strafen können verhängt werden: der Verweis, die zeitweilige oder die dauernde Ausschließung von der Börse und, falls keine unehrenhafte Handlung, sondern nur eine Ordnungsstörung vorliegt, auch Geldstrafen. Die Entscheidung ist unter Angabe der Gründe zu verkünden oder spätestens zwei Wochen nach Schluß der Verhandlung dem Staatskommissar und dem Beschuldigten mit Gründen zuzustellen. Die Verurteilung kann vom Ehrengericht öffentlich bekanntgemacht werden, wenn dies in der Entscheidung selbst angeordnet ist. Die Freisprechung muß veröffentlicht werden. Gegen die Entscheidung des Ehrengerichts steht dem Staatskommissar und dem Beschuldigten die Berufung an die Berufungskammer zu, die aus einem vom Reichsrat bestimmten Vorsitzenden und sechs von dem Reichsbörsenausschuß aus seinen der Börse angehörenden Mitgliedern zu wählenden Beisitzern besteht. Die Einlegung der Berufung geschieht zu Protokoll des schriftführenden Beamten des Ehrengerichts oder schriftlich bei dem Ehrengericht, welches die anzugreifende Entscheidung erlassen hat. Die Berufungsfrist beträgt eine Woche und beginnt, falls die Entscheidung verkündet worden ist, für den Staatskommissar und dem erschienenen Beschuldigten mit der Verkündung, im übrigen mit der Zustellung der Entscheidung. Binnen einer weiteren Woche nach Ablauf der Berufungseinlegungsfrist kann die Berufung schriftlich gerechtfertigt, binnen einer Woche nach Mitteilung der Berufungsschrift eine Beantwortungsschrift eingereicht werden. Nach Ablauf der Fristen werden die Akten an die Berufungskammer gesandt, die nach dem gleichen Verfahren wie die erste Instanz verhandelt und entscheidet.

B. Materielles Börsenrecht.

I. Feststellung des Börsenpreises und Maklerwesen (vgl. *Kursbildung* und *Makler*).

1. Der amtliche Börsenpreis für Waren oder Wertpapiere wird durch den Börsenvorstand festgestellt, der sich hierzu der Hilfe der Kursmakler bedient. „Als Börsenpreis ist derjenige Preis festzusetzen, welcher der wirklichen Geschäftslage des Verkehrs an der Börse entspricht“ (§ 29 Abs. 3 BG.). Geschäfte, die durch Vermittlung der Kursmakler abgeschlossen sind, müssen bei der Preisfeststellung berücksichtigt werden; andere Geschäfte kann der Börsenvorstand berücksichtigen (§ 31 BG.).

a) Es sind danach grundsätzlich zwei Arten der Preisfeststellung zu unterscheiden, denen wiederum zwei Arten des Geschäftsabschlusses entsprechen. Einmal schließen die Börsenbesucher untereinander unmittelbar oder durch Vermittlung der freien Makler Geschäfte mit fester Preisvereinbarung ab. Sie geben ferner Aufträge zur Vermittlung von Geschäften an die Kursmakler; hierbei bleibt der Preis des Geschäfts unbestimmt, bis der Kursmakler Angebot und Nachfrage zusammengebracht hat. Bei den Geschäften mit fester Preisvereinbarung beschränkt sich die Preisfeststellung auf die bloße Aufzeichnung des vereinbarten Kurses durch den Kursmakler (registrierter Kurs). In dem zweiten Fall hat der Kursmakler dagegen den Preis unter Ausgleichung der ihm übermittelten Aufträge zu errechnen (formulierter Kurs). Entscheidend für die Errechnung ist der Grundsatz, den Kurs derart zu gestalten, daß möglichst viele Aufträge erledigt werden können. Der Kurs muß von dem Kursmakler danach so gewählt werden, daß

a) alle nicht limitierten (Bestens-) Aufträge,

b) alle über dem gewählten Kurs limitierten Kauf- und alle unter ihm limitierten Verkaufsaufträge,

c) die zu dem gewählten Kurs limitierten Aufträge wenigstens zum Teil

ausführbar sind. Die Feststellung des formulierten Kurses läßt also ebensowenig wie die Registrierung von Kursen Raum für ein freies Ermessen des Börsenvorstandes.

Die rechtlichen Beziehungen zwischen Auftraggeber und Kursmakler sind bei der Formulierung des Kurses besonders geartet. Der Kursmakler nimmt die Angebote nicht als reiner Vermittler entgegen. Vielmehr schließt er mit seinen Auftraggebern Geschäftsbesorgungsverträge ab, auf Grund deren er verpflichtet ist, diesen eine Aufgabe, d. h. den Vertragsgegner zu beschaffen. Diese Verpflichtung, die auch der freie Makler an der Berliner Börse zu übernehmen pflegt (deshalb die Bezeichnung Aufgabemakler), ist hier aber dadurch eingeschränkt, daß sie dem Kursmakler nur insoweit obliegt, als die Ausführung des Auftrages nach dem festgestellten Kurs möglich ist. Der Anspruch auf Ausführung besteht mithin nur nach Maßgabe des später amtlich notierten Preises. Bis zu der Feststellung des Preises bleibt die Frage, inwieweit der Auftrag ausführbar ist, offen. Es können daher die dem Kursmakler übermittelten Aufträge zurückgezogen werden, bis der Kursmakler die Entgegennahme von Aufträgen ausdrücklich beendet hat. Nachträglich erteilte Aufträge und nachträgliche Änderungen braucht der Kursmakler nicht mehr zu berücksichtigen. Eine solche Berücksichtigung ist unzulässig, wenn das Ergebnis der Berechnung bereits durch die Kursmaklertafel oder den elektrischen Kursmelder bekanntgemacht ist. Dagegen kann eine unrichtige Errechnung des Kurses vom Börsenvorstand berichtigt werden. Auch ist die nachträgliche Richtigstellung sonstiger Irrtümer angängig. Der Antrag hierzu ist meistens an eine Ausschlußfrist geknüpft. An der Berliner Wertpapierbörse muß er am Tage der Kursfeststellung eingehen.

Nach Errechnung des Kurses bringt der Kursmakler alsdann die Käufer mit den Verkäufern dadurch zusammen, daß er die nach Nennbetrag und Stückelung am besten zueinander passenden Angebote bei der Übertragung des Tagebuchs in das Vorjournal miteinander verknüpft; darauf folgt die Ausstellung und Versendung der Schlußnoten, durch die jedem der Auftraggeber der Vertragsgegner benannt wird. Hierdurch kommt der Kaufvertrag zwischen den von dem Kursmakler einander zugeführten Vertragsparteien zustande. Der Kursmakler wird in dieser Hinsicht insofern als Erklärungsbote tätig, als er sowohl von dem Käufer als auch von dem Verkäufer beauftragt ist, das Kauf- oder Verkaufsangebot der von ihm auszuwählenden Gegenpartei zu überbringen. (Vgl. hierzu MATTHES: Das Recht des Kursmaklers S. 122ff., 129.)

Bei beiden Arten der Kursfeststellung sind grundsätzlich nur wirklich abgeschlossene Geschäfte zu berücksichtigen. Bloße Angebote sagen über die für den Börsenpreis entscheidende wirkliche Geschäftslage des Verkehrs an der Börse nichts aus. Deshalb sind reine Geld- und reine Briefkurse, die mangels Umsatzes auf Grund von Kauf- und Verkaufsangeboten festgestellt werden, keine Börsenpreise im Sinne des Gesetzes, so daß das gesetzliche Selbsteintrittsrecht des Kommissionärs zu diesen Kursen nicht erfolgen kann. Mit Rücksicht auf diese Rechtslage darf nach den Bestimmungen des Vorstandes der Berliner Wertpapierbörse bei den formulierten Kursen (Anfangs- und Schlußkursen im Terminhandel und Handel mit variabler Notiz, Kassaeinheitskursen) auch eine Brief- und Geldnotiz nur auf Grund eines tatsächlichen Umsatzes festgestellt werden.

b) Ob und inwieweit von diesen Formen der Kursfeststellung Gebrauch gemacht wird, ist für jede Börse und für jede Geschäftsart ganz verschieden.

An der Berliner Wertpapierbörse ist vor allem der sog. Kassaeinheitskurs ein formulierter Kurs. Er gilt als ihr besonderes Merkmal, das sich im wesentlichen nur noch an der Frankfurter Wertpapierbörse findet. Der Kassaeinheitskurs wird in Berlin eine Stunde nach Börsenbeginn, d. i. um 13 Uhr, festgestellt. Bis zu dieser Stunde schließen die Börsenbesucher zwar auch unmittelbar oder unter Vermittlung der freien Makler Kassageschäfte ab, meist aber mit dem Zusatz „zur amtlichen Notiz". Die Verträge bleiben infolgedessen in der Schwebe, bis der Kassaeinheitskurs festgestellt wird. Kommt er nicht zustande, so gelten die Geschäfte als nicht abgeschlossen; kommt er zustande, so gilt er als vereinbart. Von diesen Geschäften abgesehen werden alle Kauf- und Verkaufsangebote durch die Institution des Kassaeinheitskurses in eine Preisfeststellung zusammengezogen. Allerdings ist der Kassaeinheitskurs nicht geeignet, einen starken Verkehr allein zu bewältigen. Die berufsmäßige Spekulation in Wertpapieren, die ein notwendiger Bestandteil jeder gut funktionierenden Börse ist, kann sich nur betätigen, wenn sie die Möglichkeit hat, ein abgeschlossenes Geschäft durch den Abschluß des Gegengeschäfts jederzeit wieder glattzustellen. Sie muß, wie sich die Börse ausdrückt, jederzeit „herein" und „heraus" können. Der Kassaeinheitskurs gestattet eine solche Beweglichkeit nicht. Er zwängt vielmehr den Verkehr insofern ein, als alle Aufträge auf einmal erledigt und die bei einer Änderung der Tendenz notwendige Gegenoperation der Regel nach erst am nächsten Tag vorgenommen werden kann.

Deshalb ist an der Berliner Börse die Kursfeststellung für alle zum Terminhandel zugelassenen Wertpapiere und einer Reihe von Großhandelswerten anders gestaltet worden als im reinen Kassahandel. Im Terminhandel und im Handel mit fortlaufender Notierung der tatsächlichen Umsätze, zu dem die sog. Großhandelswerte zugelassen sind, wird nur der erste Kurs um 12 Uhr und der Schlußkurs um 14 Uhr formuliert. Zwischen 12 und 14 Uhr aber handeln die Börsenbesucher ohne Bindung an die amtliche Mitwirkung des Kursmaklers durch Vermittlung der freien Makler unter sich zu fest vereinbarten Preisen, die in ihren Ausschlägen nach oben und unten von dem Kursmakler registriert werden. Hier stellt der formulierte Anfangskurs nicht die Zusammenzwängung des gesamten Umsatzes in eine einheitliche Preisfeststellung dar, sondern bildet nur den Ausgangspunkt für die weitere Geschäftstätigkeit an der Börse, deren Ende dann wiederum durch den formulierten Schlußkurs festgehalten wird. Des weiteren läßt der formulierte Anfangskurs dem Publikum die Möglichkeit, auch im Termingeschäft und im Handel mit fortlaufender Notiz die Vorteile des formulierten Kurses zu genießen. Daneben wird im Kassahandel mit diesen Papieren auch der Kassaeinheitskurs notiert.

Diese Kombination von formuliertem und registriertem Kurs darf als eine den Tatsachen Rechnung tragende Lösung der Schwierigkeiten betrachtet werden, die sich aus dem deutschen System der Börse ergeben. Man muß sich darüber klar sein, daß die Art des Handels und der Preisfeststellung an der Börse untrennbar mit dem Aufbau der Börse selbst und dessen rechtlichen Grundlagen verknüpft ist. Eine entscheidende Rolle spielt in diesem Zusammenhang das Selbsteintrittrecht des Kommissionärs nach § 400 HGB. Diese Befugnis, die dem Kommissionär in einer Reihe romanischer Rechte (mit Ausnahme des italienischen) und nach englischem Börsenrecht ohne Einwilligung des Auftraggebers nicht zusteht, verwischt den Unterschied zwischen Eigenhandel und Kommissionsgeschäft. Der zur Börse zugelassene Bankier kann sowohl Kommissions- als auch Eigengeschäfte abschließen und beides durch die Ausübung seines Selbsteintrittsrechts verbinden. Dieser Umstand läßt eine besonders geregelte Art der Kursfeststellung notwendig erscheinen, da sonst das Publikum nicht die Möglichkeit hätte, die Ausführung seiner Aufträge auf ihre Ordnungsmäßigkeit nachzuprüfen. Den Bedürfnissen der Spekulation ist durch die Registrierung variabler Kurse neben der Feststellung formulierter Kurse im Terminhandel und im Handel mit fortlaufender Notiz Rechnung getragen.

Das Berliner System wird auch an der Frankfurter Wertpapierbörse angewandt. Die Hamburger Wertpapierbörse kennt den Kassaeinheitskurs nicht. Vielmehr werden im Kassageschäft bei ihr nach Bedarf mehrere Kurse registriert. Jedoch hat sich auch an der Hamburger Börse die Formulierung eines Anfangskurses als notwendiger Ausgleich herausgebildet.

An der Getreidebörse finden sich im Promptgeschäft, das dem Kassageschäft an der Wertpapierbörse entspricht, keine formulierten Kurse. Vielmehr registrieren hier die Kursmakler nach Bedarf einen oder mehrere Preise. Dagegen wird im handelsrechtlichen Lieferungsgeschäft (s. u. B III 6) an der Berliner Börse zwischen 12 und 13 Uhr ein Anfangskurs, um 14 Uhr ein Schlußkurs formuliert und dazwischen unter Umständen ein Mittelkurs registriert.

2. Die Kursmakler (vgl. *Makler*), die nach dem Vorhergehenden als amtliche Hilfspersonen bei der Festsetzung des Börsenpreises mitwirken, werden von der Landesregierung bestellt und entlassen und vor Antritt ihrer Stellung vereidigt. Die näheren Bestimmungen über die Bestellung und Entlassung der Kursmakler und die Organisation ihrer Vertretung sind in den von den Landesregierungen für die einzelnen Börsen erlassenen Maklerordnungen getroffen. Die Bestellung der Kursmakler an der Berliner Börse ist dem Oberpräsidenten der Provinz Brandenburg und der Stadt Berlin übertragen. Vor der Bestellung sind die Handelskammer und die Maklerkammer zu hören. Die Entlassung eines Kursmaklers kann erfolgen, wenn er sich einer groben Verletzung der ihm obliegenden Pflichten schuldig macht oder sich durch sein Verhalten in oder außer dem Amte der Achtung, des Ansehens und des Vertrauens, die sein Beruf erfordert, unwürdig zeigt oder zur Erfüllung seiner Amtspflicht dauernd unfähig wird. Die von den Kursmaklern zu wählende Maklerkammer führt die Aufsicht über die Kursmakler und kann sie bei Verletzung ihrer Amtspflichten mit Disziplinarstrafen, bestehend in Warnung, Verweis, Geldstrafe, Untersagung der Amtsausübung und des Börsenbesuchs bis zur Dauer von drei Monaten belegen. Außerdem hat die Maklerkammer die Geschäfte unter die einzelnen Kursmakler zu verteilen, Streitigkeiten mit Kursmaklern auf Antrag zu schlichten und von staatlichen Behörden erforderte Gutachten zu erstatten. Die Ausübung eines Handelsgewerbes neben der Kursmaklertätigkeit ist dem Kursmakler durch das Gesetz untersagt; Geschäfte in den ihnen zwecks Preisfeststellung zugewiesenen Wertpapieren oder Waren dürfen die Kursmakler für eigene Rechnung oder in eigenem Namen nur insoweit abschließen, als dies zur Ausführung der ihnen erteilten Aufträge nötig ist; hierunter fällt insbesondere die Übernahme von Spitzenbeträgen. Der Kursmakler hat, wie jeder Handelsmakler, ein Tagebuch zu führen, das vor dem Gebrauch dem Börsenvorstand zur Beglaubigung der Zahl der Blätter oder Seiten vorzulegen ist. In diese Tagebücher können an der Berliner Börse die die Preisfeststellung leitenden Mit-

glieder des Börsenvorstandes bei Zweifeln oder Streitigkeiten Einsicht nehmen; jedoch ist der Kursmakler befugt, zur Wahrung seiner Amtsverschwiegenheit hierbei die Namen der Auftraggeber zu verdecken.

II. Zulassung von Wertpapieren zum Börsenhandel.

1. Bedeutung der Zulassung. Die Zulassung eines Wertpapieres zum Börsenhandel ist Voraussetzung für die amtliche Feststellung seines Preises. Nicht zugelassene Wertpapiere, sei es, daß die Zulassung verweigert oder nicht nachgesucht oder zurückgenommen ist, dürfen nicht amtlich notiert werden. Darüber hinaus ist aber die Veröffentlichung oder Verbreitung von Kurszetteln, auch wenn sie von privater Seite erfolgt, für solche Wertpapiere verboten. Geschäfte in diesen Wertpapieren sind von der Benutzung der Börseneinrichtungen ausgeschlossen und dürfen von den Kursmaklern nicht vermittelt werden. Der Handel als solcher ist dagegen nicht verboten; er kann auch an der Börse stattfinden, nur darf sich kein „Markt" im technischen Sinne des Ausdrucks bilden, da hierin eine Benutzung der Börseneinrichtung zu erblicken wäre.

2. Die Zulassungsstelle. a) Die Zusammensetzung der Zulassungsstelle. Die Entscheidung über die Zulassung hat eine an jeder Börse zu bildende Zulassungsstelle, von deren Mitgliedern mindestens die Hälfte aus Personen bestehen muß, die sich nicht berufsmäßig am Börsenhandel mit Wertpapieren beteiligen.

Die Wahl der Mitglieder erfolgt meist, so auch für die Berliner Börse, durch die zuständige Industrie- und Handelskammer. Die Zulassungsstelle an der Börse zu Berlin besteht aus nicht mehr als 28 und nicht weniger als 22 ordentlichen sowie nicht mehr als 10 und nicht weniger als 8 stellvertretenden Mitgliedern.

Mitglieder, die an der Einführung eines Wertpapieres in den Börsenhandel beteiligt sind, dürfen an der Beratung und Beschlußfassung über die Zulassung dieses Wertpapieres nicht teilnehmen. Eine Beteiligung wird auch darin erblickt, daß das Mitglied im Aufsichtsrat desjenigen Unternehmens sitzt, dessen Wertpapier zugelassen werden soll, oder zum Vorstand eines der Emissionshäuser gehört.

b) Ausnahmen von dem Zulassungszwang. Der Nachprüfung durch die Zulassungsstellen unterliegt nicht die Zulassung deutscher Reichs- und Staatsanleihen. Diese sind kraft Gesetzes zugelassen. Das Reich oder der Staat hat lediglich dem Börsenvorstand zwecks Einführung der Papiere in den Börsenhandel die Merkmale der einzuführenden Wertpapiere mitzuteilen. Auch die Veröffentlichung eines Prospektes ist nicht erforderlich. Schuldverschreibungen, deren Verzinsung vom Reich oder von einem Bundesstaat gewährleistet ist, ferner Schuldverschreibungen kommunaler Körperschaften und Kreditanstalten sowie staatlicher Pfandbriefanstalten gelten als zugelassen, wenn die Landesregierung anordnet, daß es der Einreichung eines Prospektes nicht bedarf. In diesem Falle ist ebenso wie bei den Reichs- und Staatsanleihen lediglich die Mitteilung an den Börsenvorstand vorgeschrieben.

3. Aufgaben der Zulassungsstelle. Die Zulassungsstellen haben nicht die Aufgabe, die Bonität der emittierenden Gesellschaften oder Körperschaften nachzuprüfen. Sie übernehmen keinerlei, auch keine moralische Verantwortung dafür, daß den zur Börse zugelassenen Wertpapieren ein entsprechendes Vermögen der Gesellschaft gegenübersteht. Vielmehr richtet sich ihre Tätigkeit im wesentlichen lediglich darauf, dafür zu sorgen, daß dem Publikum alle zur Beurteilung der tatsächlichen und rechtlichen Verhältnisse der emittierenden Gesellschaft notwendigen Angaben bekanntgegeben werden. Nur insofern geht die Prüfung der Zulassungsstelle über diesen Ramhen hinaus, als festgestellt werden muß, ob der Zulassung Bedenken örtlicher Natur oder wichtige wirtschaftliche Bedenken entgegenstehen, oder ob eine erhebliche Benachteiligung der Erwerber der Wertpapiere oder eine Gefährdung erheblicher allgemeiner Interessen zu befürchten ist. Die Zulassungsstellen dürfen daher Wertpapiere von Firmen, deren Geschäftstätigkeit volkswirtschaftlich oder örtlich unerwünscht ist, und Wertpapiere von Schwindelfirmen nicht zulassen. Dagegen können sie Wertpapiere von Gesellschaften, deren geschäftliche Lage ungünstig ist, aus diesem Grunde nicht ohne weiteres von der Zulassung ausschließen.

Die Ablehnung der Zulassung bedarf keiner Angabe von Gründen.

Die Zurücknahme der Zulassung hat zu erfolgen, wenn Verhältnisse vorliegen, die zu einer Ablehnung des Zulassungsantrages geführt hätten. Abgesehen hiervon ist die Zulassung von Aktien (Anteilen) solcher Gesellschaften zurückzunehmen, die ihr Kapital erhöht oder herabgesetzt haben, und solcher festverzinslicher Papiere, deren Zinssatz verändert oder die in Wertpapiere mit anderem Zinssatz oder anderen Rückzahlungsbedingungen oder anderer Sicherheit umgetauscht worden sind.

Das Gesetz sagt zwar lediglich, daß bei Konvertierungen und Kapitalerhöhungen ein Prospekt zu veröffentlichen ist. Gemeint ist aber hiermit nach herrschender Ansicht, daß die Zulassung zurückgenommen und eine neue Zulassung unter Einreichung eines Prospektes beantragt werden muß, da die Prospekthaftung gemäß § 45 des BG. nur dann eintritt, wenn auf Grund des Prospektes Wertpapiere zum Börsenhandel zugelassen sind. Daß unter Konvertierungen über den reinen Wortsinn hinaus, der lediglich „Zinsveränderung" bedeutet, in diesem Zusammenhang auch sonstige schwerwiegende rechtliche Veränderungen der zugelassenen Wertpapiere, insbesondere die Herabsetzung des Kapitals, zu verstehen sind, ist durch das Gutachten des Reichsbörsenausschusses vom 6. Februar 1900 klargestellt und durch den Erlaß des Preußischen Ministers für Handel und Gewerbe vom 19. April 1900 bestätigt worden.

Ebenso wie die Kapitalherabsetzung durch Zusammenlegung oder Denomination ist nach der Verordnung, betr. die Zulassung von Wertpapieren zum Börsenhandel vom 20. April 1932 (RGBl. I, S. 181f.) entsprechend der schon vorher geübten Praxis der Zulassungsstellen die Kapitalermäßigung durch Einziehung von Aktien zu behandeln. In diesen Fällen aber können die Zulassungsstellen mit der Zurücknahme der Zulassung warten, bis innerhalb der von ihnen zu bestimmenden Frist die neue Zulassung beantragt und beschlossen ist; auch erfährt der Prospekt hier eine Abkürzung, über die unter II, 6 das Nähere gesagt wird.

4. Formelle Voraussetzungen der Zulassung. a) Die Zulassung muß von einer an der Börse vertretenen Bank, Privatbank oder Bankfirma unter Angabe des Betrages und der Art der einzuführenden Wertpapiere schriftlich bei der Zulassungsstelle beantragt werden. Der Antrag ist von der Zulassungsstelle zu veröffentlichen, sofern er den formellen Voraussetzungen genügt. Die Veröffentlichung erfolgt auf Kosten des Antragstellers durch Börsenaushang sowie im Reichsanzeiger und in mindestens einer anderen von der Zulassungsstelle zu bestimmenden inländischen Zeitung. Die Zulassung der Wertpapiere darf nicht früher als 3 Tage, die Einführung nicht früher als 6 Tage nach der Veröffentlichung des Antrags und nicht früher als 2 Tage nach dem Tage des Zulassungsbeschlusses und der Veröffentlichung des Prospektes erfolgen.

b) Dem Antrag sind Nachweise über die Grundlage der Emission beizufügen. Hierzu gehören insbesondere bei Gesellschaften der Nachweis über die Eintragung in das Handelsregister, der Gesellschaftsvertrag, die Geschäftsberichte der letzten drei Jahre und unter Umständen der Revisionsbericht, ferner bei Unternehmungen, die auf einer Konzession beruhen, die Konzessionsurkunde.

c) Vor allem ist dem Antrag ein Prospekt beizufügen, der die für die Beurteilung der Wertpapiere wesentlichen Angaben enthält (über den Inhalt des Prospektes s. unter II, 6). Der Prospekt ist von denjenigen, welche ihn erlassen, das sind die Emissionshäuser, zu unterzeichnen; zu diesen muß der Antragsteller gehören.

5. *Materielle Voraussetzungen der Zulassung.* a) Die Zulassung von Wertpapieren, die auf einen Geldbetrag gestellt sind, darf nur erfolgen, wenn von den Stücken, in denen der Börsenhandel stattfinden soll, ein Mindestbetrag vorhanden ist.

Diese Mindestsumme beträgt bei den Börsen zu Berlin, Frankfurt a. M. und Hamburg nom. 500000 RM., bei den übrigen Börsen nom. 250000 RM.; bei Anteilen einer Gesellschaft, deren Kapital auf Goldmark umgestellt worden ist, brauchen jedoch, wenn die Anteile der Gesellschaft vor der Umstellung schon zugelassen waren, in Berlin, Frankfurt a. M. und Hamburg nur nom. 200000 RM., bei den übrigen Börsen nur nom. 100000 RM. vorhanden zu sein. Die Zulassungsstelle kann von der Innehaltung der Mindestgrenze bei Kapitalherabsetzungen einer Gesellschaft absehen, deren Werte bereits vor der Herabsetzung eingeführt waren, sowie dann, wenn sonstige Wertpapiere desselben Antragstellers bereits zugelassen waren. Auch kann die Landesregierung in besonderen Fällen weitere Ausnahmen zulassen. Umgekehrt haben aber auch die Zulassungsstellen die Befugnis, von sich aus höhere Anforderungen an den Mindestbetrag zu stellen. So läßt die Berliner Zulassungsstelle neue, bisher noch nicht eingeführte Wertpapiere nur dann zu, wenn der Gesamtbetrag der Emission 1 Million RM. übersteigt.

b) Die Zulassung hat ferner zur Voraussetzung, daß die Wertpapiere voll gezahlt sind oder die Vollzahlung von jedem Aktionär jederzeit geleistet werden darf; ausgenommen hiervon sind die Aktien und Interimsscheine von Versicherungsgesellschaften. Des weiteren muß der Geldbetrag, auf den die Wertpapiere lauten, in deutscher Währung oder gleichzeitig in dieser und einer anderen Währung angegeben werden. Jedoch kann die Zulassungsstelle hiervon absehen und den Kurs für die Umrechnung der fremden Währung in deutsche Währung für den Börsenhandel festsetzen.

c) Die Zulassung eines zur Aktiengesellschaft oder Kommanditgesellschaft a. A. umgewandelten Unternehmens darf erst nach Ablauf eines Sperrjahres erfolgen, das mit der Eintragung der Gesellschaft in das Handelsregister und der Veröffentlichung des ersten Jahresabschlusses beginnt.

d) Endlich hängt die Zulassung davon ab, daß die emittierende Gesellschaft und die Emissionshäuser gewisse Verpflichtungen gegenüber der Zulassungsstelle übernehmen. Hierzu gehört die Verpflichtung zur Auszahlung der Zinsen oder Gewinnanteile sowie verloster oder gekündigter Stücke an einem deutschen Börsenplatz, die Veröffentlichung der Kündigungen, Verlosungen sowie der Restantenlisten in einer deutschen Zeitung; bei Aktien inländischer Kreditbanken die Veröffentlichung monatlicher Bilanzübersichten nach einem mit Zustimmung des Reichsbankpräsidenten festgelegten Muster, bei ausländischen Erwerbsgesellschaften die Veröffentlichung von fünf Jahresabschlüssen seit der Zulassung in deutschen Zeitungen.

Die Zulassungsstelle verlangt über diese im Gesetz und in der Zulassungsbekanntmachung festgesetzten Erfordernisse hinaus in einer Reihe von besonderen Fällen die Übernahme von Verpflichtungen durch schriftliche Erklärung der Gesellschaft. In dieser Hinsicht ist zu erwähnen die nach dem Beschluß der Berliner Zulassungsstelle von Versicherungsgesellschaften zu übernehmende Verpflichtung, die Umschreibung einer Namensaktie auf den Erwerber nur aus Gründen der Bonität des Erwerbers zu verweigern und die Umschreibung in jedem Falle vorzunehmen, wenn der Erwerber für die noch ausstehende Einzahlung auf die Aktie Sicherheit leistet, ferner die Verpflichtung, von dem Stimm- und Dividendenrecht von Vorratsaktien keinen Gebrauch zu machen.

6. *Inhalt des Prospekts.* a) Die Angaben, die der Prospekt enthalten muß, sind in den §§ 6, 7 und 8 der Bek. betr. die Zul. v. Wertp. z. Börsenhandel vom 4. Juli 1910 listenmäßig aufgezählt. Die Listen sind gegliedert in allgemeine Angaben (§ 6), Angaben bei Schuldverschreibungen eines ausländischen Staats- oder Gemeinwesens (§ 7A), bei Wertpapieren eines gewerblichen Unternehmens (§ 7B), bei Grundkreditobligationen und Pfandbriefen (§ 7C) und bei Wertpapieren einer Aktiengesellschaft oder Kommanditgesellschaft a. A. (§ 8). Sachlich lassen sich die notwendigen Angaben gliedern in die Mitteilung der für die Kennzeichnung der Papiere und der durch sie verbrieften Rechte maßgebenden Einzelheiten (z. B. Nennbetrag, Stückenummern, Kündbarkeit, Vorzugsrechte, Zinssätze usw.) und die Auskünfte, die für die Beurteilung des Wertes der Papiere wesentlich sind. In der ersten Gruppe spielt bei Aktien eine besondere Rolle die Angabe des Mehrstimmrechts von Vorzugsaktien.

Hier verlangt die Berliner Zulassungsstelle eine Gegenüberstellung der Gesamtstimmenzahl der Vorzugsaktien mit der Gesamtstimmenzahl der übrigen Aktien. Das Mehrstimmrecht ist in jedem Falle zu beschränken auf die Abstimmung über die Besetzung des Aufsichtsrats, Satzungsänderungen und Auflösung der Gesellschaft. Darüber hinaus fordert die Zulassungsstelle die Herabsetzung eines unangemessen hohen Stimmrechts der Vorzugsaktien oder, wenn ein entsprechender Generalversammlungsbeschluß zeitlich nicht mehr möglich ist, die Aufnahme von Verpflichtungserklärungen der Verwaltung und der Besitzer der Vorzugsaktien für die nächste Generalversammlung in den Prospekt. Im allgemeinen wird es als nicht zulässig betrachtet, daß die Stimmen der Vorzugsaktien mehr als etwa $^1/_5$ der Stimmen der übrigen Aktien betragen; naturgemäß kann in besonders gelagerten Fällen ausnahmsweise auch eine höhere Stimmenzahl der Vorzugsaktien gerechtfertigt sein.

Die zweite Gruppe bezieht sich vor allem auf die Mitteilung der Etats oder Jahresabschlüsse der emittierenden Körperschaften oder Gesellschaften.

Ausländische Staaten oder Gemeinwesen haben Übersichten über den letzten Etat, die drei letzten Jahreshaushaltabschlüsse, den Schuldenbestand und insbesondere über die Verbindlichkeiten aus Anleihen der letzten 10 Jahre zu geben. Aktiengesellschaften haben den letzten Jahresabschluß oder, wenn dieser noch nicht genehmigt ist, den vorletzten Jahresabschluß, ergänzt durch einen Status, einzureichen.

Daneben ist vorgesehen, daß bei Grundkreditobligationen und Pfandbriefen der Bestand der Deckungshypotheken dem Gesamtbetrag der in Umlauf befindlichen Schuldverschreibungen gegenübergestellt wird. Ferner sind bei Aktiengesellschaften für einzelne Aktionäre bedungene Sondervorteile, die in den letzten 5 Jahren verteilten Gewinnanteile, die Höhe der Hypothekenschulden und Anleihen, deren Fälligkeit und Tilgungsart, die Bezugsrechte der ersten Zeichner und anderer Personen, die Bestellung und Zusammensetzung des Aufsichtsrats und des Vorstandes, der Berufung der Generalversammlung und bei Aktiengesellschaften, die noch nicht 2 volle Jahre bestehen, die Sacheinlagen und der Gründungsaufwand anzugeben.

An die Zergliederung der einzelnen Bilanzkonten sind von den Zulassungsstellen und insbesondere der Berliner Zulassungsstelle schon seit Jahren über die Bestimmungen des Gesetzes hinaus erhebliche Anforderungen gestellt worden. Diese Praxis hat in den neuen §§ 261a—c HGB. ihren Niederschlag gefunden und ist mithin für die Zukunft gesetzlich festgelegt. Insbesondere verlangt die Berliner Zulassungsstelle seit vielen Jahren Angaben darüber, wieviel eigene Aktien die Gesellschaft selbst oder ein Dritter für Rechnung der Gesellschaft besitzt, die Aufzählung der Forderungen und Schulden der Tochtergesellschaften und sonstigen wichtigen Beteiligungen, die Aufteilung des Bilanzwertes der Lagerbestände nach Roh- und Hilfsstoffen, Halbfabrikaten und fertigen Waren, die getrennte Aufführung der Bankguthaben und Bankschulden, der Akzeptverpflichtungen, der Bürgschaften, Avale, Garantieverpflichtungen und Giroverbindlichkeiten. Auch die Gewinn- und Verlustrechnung ist in der jetzt in § 261c HGB. festgelegten Weise aufzuteilen. Soweit die Berliner Zulassungsstelle darauf Wert legt, daß die Angaben in den künftigen Jahresabschlüssen stets wiederholt werden, fordert sie ihre Mitteilung in Gestalt einer Anmerkung, wobei die Verpflichtung übernommen werden muß, die Anmerkung jedem Jahresabschluß hinzuzufügen. Endlich verlangt die Berliner Zulassungsstelle Darlegungen über den Stand der Tochtergesellschaften und anderer wesentlicher Beteiligungen.

In dieser Ausgestaltung des Prospekts ist die Rechtfertigung dafür zu erblicken, daß die Zulassung von Wertpapieren nicht von der Bonität der emittierenden Körperschaft oder Gesellschaft abhängt. Der Prospekt muß so gestaltet sein, daß sich jeder durch aufmerksames Lesen ein eigenes Urteil über die finanzielle Lage des emittierenden Instituts machen kann. Dagegen, daß in dem Prospekt wesentliche Tatsachen verschwiegen werden, obwohl die Zulassungsstelle nach ihnen fragt, gibt es allerdings über die weiter unten zu besprechende Prospekthaftung hinaus keinen Schutz.

b) In zwei Fällen kann sich die Zulassungsstelle mit einem abgekürzten Prospekt begnügen.

Einmal hat sie die Befugnis, eine Verweisung auf den früher veröffentlichten Prospekt zu gestatten, wenn bereits Wertpapiere desselben Ausstellers an der Börse zugelassen sind oder wenn es sich um die Neuzulassung von Schuldverschreibungen handelt, die bereits zugelassen waren und bei denen lediglich eine Veränderung des Zinsfußes stattgefunden hat. Ferner sieht die Verordnung betreffend die Zulassung von Wertpapieren zum Börsenhandel vom 20. April 1932 (RGBl. I, S. 181f.) einen abgekürzten Prospekt für die Neuzulassung von Aktien nach Kapitalermäßigung durch Einziehung von Aktien gemäß § 227 HGB. vor. Dieser Prospekt unterscheidet sich von dem regelmäßigen dadurch, daß der Hauptwert auf Angaben zur Erläuterung der Einziehung gelegt wird. Handelt es sich um eine Einziehung von nicht mehr als 10 % des Grundkapitals nach den Vorschriften der Kapitalherabsetzung in erleichterter Form gemäß der 3. Notverordnung des Reichspräsidenten zur Sicherung von Wirtschaft und Finanzen und zur Bekämpfung politischer Ausschreitungen vom 6. Oktober 1931 (RGBl. I, S. 537), fünfter Teil, Kapitel II, so bedarf es überhaupt keiner Zurücknahme und keiner Neuzulassung. Vielmehr ist in diesem Falle der Zulassungsstelle von der Gesellschaft lediglich eine Bekanntmachung vorzulegen, die nach Prüfung veröffentlicht wird.

7. *Prospekthaftung.* a) Für die Richtigkeit des Prospekts haften zivilrechtlich sowohl diejenigen, die den Prospekt erlassen haben, das sind die als Emissionshäuser fungierenden Banken, als auch diejenigen, von denen der Erlaß des Prospekts ausgeht, das sind Bankfirmen, die andere Banken als Emissionshäuser vorschieben, und auch die emittierende Gesellschaft oder Körperschaft selbst (§ 45 BG.). Voraussetzung ist, wie oben bemerkt, daß auf Grund des Prospektes Wertpapiere zum Börsenhandel zugelassen sind. Sind in einem solchen Prospekt für die Bewertung der Papiere erhebliche Angaben unrichtig, so haben die aus dem Prospekt Verpflichteten jedem Besitzer eines solchen Wertpapieres für den Schaden aufzukommen, der dem Besitzer aus der von den gemachten Angaben abweichenden wirklichen Sachlage erwächst, sofern sie für die Unrichtigkeit verantwortlich sind. Eine Verantwortung für die Unrichtigkeit trifft sie dann, wenn sie die Unrichtigkeit gekannt haben oder ohne grobes Verschulden hätten kennen müssen oder, soweit der Prospekt keine unrichtigen Angaben enthält, sondern infolge der Fortlassung wesentlicher Tatsachen unvollständig ist, wenn sie diese Unvollständigkeit durch bösliches Verschweigen oder durch böswillige Unterlassung einer ausreichenden Prüfung verursacht haben. Ein böswilliges Verschweigen oder Unterlassen ist nicht gleichbedeutend mit der Absicht einer Schädigung; es genügt vielmehr, daß der Prospektverpflichtete sich des möglichen Eintritts einer Schädigung bewußt war. Gleichgültig ist, daß der Prospekt die Angaben als von einem Dritten herrührend bezeichnet. Zwischen der Unrichtigkeit des Prospektes und dem Eintritt des Schadens muß ein Kausalzusammenhang bestehen. Deshalb erstreckt sich die Ersatzpflicht nur auf diejenigen Stücke, die auf Grund des Prospektes zugelassen und von dem Besitzer auf Grund eines im Inland abgeschlossenen Geschäfts erworben sind.

Diese Einschränkung führt zu Schwierigkeiten, wenn außer den auf Grund des falschen Prospektes zugelassenen Wertpapieren schon vorher auf Grund eines früheren Prospektes Wertpapiere gleicher Gattung desselben Ausstellers zugelassen waren und die Wertpapiere an dem Effektengiroverkehr teilnehmen. Nach den zutreffenden Ausführungen von H. Göppert: „Stückeloser Effektenverkehr, Zulassungsverfahren und Prospekthaftung", Bank-Arch. **1931/32**, 196ff., ist derjenige, dessen Stücke im Effektensammeldepot liegen, nicht Eigentümer bestimmter Nummern, sondern lediglich Inhaber eines ideellen Anteils an der Gesamtheit der im Sammeldepot befindlichen Aktien gleicher Gattung. Da im Effektengiroverkehr alte und neue Stücke vermengt werden, kann er nicht den Nachweis führen, daß seine Stücke zu den neuen, auf Grund des falschen Prospektes zugelassenen gehören. Die Anregung Göpperts, die Zulassungsstellen sollten verlangen, daß der Antrag auf Zulassung neuer Wertpapiere für alle Wertpapiere derselben Gattung gestellt wird, scheitert daran, daß bereits zugelassene Papiere nicht nochmals zugelassen werden können und mithin eine Zurücknahme der Zulassung der alten Stücke notwendig wäre; hierfür bietet das Gesetz aber keine Grundlage. Dem Übelstand läßt sich also nur dadurch abhelfen, daß die Prospekthaftung durch eine Änderung des BG. oder der Zulassungsbekanntmachung erweitert wird.

Aus der Notwendigkeit des Kausalzusammenhanges ergibt sich ferner, daß die Ersatzpflicht ausgeschlossen ist, wenn der Besitzer des Papiers die Unrichtigkeit oder Unvollständigkeit des Prospekts bei dem Erwerb kannte oder bei Anwendung der von ihm zu beobachtenden Sorgfalt kennen mußte, es sei denn, daß ein böswilliges Verhalten der Prospektverpflichteten vorliegt (§ 46 Abs. 3 BG.).

Da die Berechnung des durch die Unrichtigkeit des Prospektes eingetretenen Schadens in vielen Fällen sich nur schwer durchführen lassen dürfte, bestimmt das Gesetz, daß der Ersatzpflicht in jedem Falle durch die Übernahme der Wertpapiere gegen Zahlung des nachgewiesenen Erwerbspreises oder des Einführungskurswertes genügt werden kann. Der Ersatzanspruch verjährt in fünf Jahren seit der Zulassung der Wertpapiere. Vereinbarungen, durch die die Prospekthaftung ermäßigt oder erlassen wird, sind unwirksam. Für die Entscheidung über die Prospekthaftungsansprüche ist ausschließlich das Landgericht des Einführungsortes, und zwar, falls eine solche besteht, die Kammer für Handelssachen zuständig.

b) Abgesehen von der zivilrechtlichen Schadensersatzpflicht wird derjenige, der in einem Prospekt oder in öffentlichen Kundgebungen für die Zeichnung oder den Ankauf oder Verkauf von Wertpapieren unrichtige Angaben macht, unter Umständen strafrechtlich zur Verantwortung gezogen. Zur Begehung des Deliktes gehört jedoch ein schwereres subjektives Verschulden als bei der zivilrechtlichen Prospekthaftung. Es genügt nicht, daß die Prospektverpflichteten die Unrichtigkeit gekannt haben. Die unrichtigen Angaben müssen vielmehr wissentlich und in betrügerischer Absicht gemacht sein. Dieser Tatbestand ist mit Gefängnis und mit Geldstrafen bis zu 15000 RM. bedroht. Die Veröffentlichung der Prospekte ist nicht notwendig; schon die Einreichung des falschen Prospekts bei der Zulassungsstelle ist strafbar. Des weiteren geht der Tatbestand des Prospektbetrugs auch insofern über die Prospekthaftung hinaus, als er auch die öffentliche Anbietung solcher Wertpapiere betrifft, die nicht zum Börsenhandel eingeführt sind oder eingeführt werden sollen. Die Verjährung richtete sich bis zum 8. Dezember 1931 nach § 22 des Reichsgesetzes vom 7. Mai 1874 über die Presse, da das Delikt nach Ansicht des Reichsgerichts durch die Verbreitung einer Druckschrift, nämlich des Prospektes, begangen wird, und betrug demnach nur 6 Monate. Da die Strafbestimmung hierdurch ihre praktische Bedeutung nahezu einbüßte, ist durch die Vierte Verordnung des Reichspräsidenten zur Sicherung von Wirtschaft und Finanzen usw. vom 8. Dezember 1931 (RGBl. I S. 699ff.), Vierter Teil, Kap. V, Art. 3 bestimmt worden, daß das Preßgesetz keine Anwendung findet und die Strafverfolgung in 5 Jahren verjährt. Die neue Verjährungsfrist gilt allerdings erst für solche Delikte, die nach dem 8. Dezember 1931 begangen sind.

III. Börsentermingeschäfte (vgl. *Effektentermingeschäft und Warenmärkte*).

1. *Begriff des Börsentermingeschäfts.* Das BG. hat in seiner jetzigen Fassung auf eine Definition der Börsentermingeschäfte verzichtet, weil sich ihre mannigfaltigen Erscheinungsformen rechtlich nicht ohne weiteres festlegen lassen. Daß sie auf festbestimmte Lieferzeit abgeschlossen werden, reicht zu ihrer Unterscheidung von anderen Geschäften nicht aus. Wollte man nur solche Geschäfte als

Börsentermingeschäfte ansehen, die an der Börse und zu kodifizierten Börsenbedingungen getätigt werden, so würde der Kreis der Börsentermingeschäfte wiederum zu stark eingeengt. Entscheidend ist vielmehr folgendes: Der Börsenterminhandel dient im wesentlichen der Spekulation und muß deshalb so gestaltet sein, daß jedes Geschäft durch den Abschluß eines völlig gleichartigen Gegengeschäfts zu jeder Zeit glattgestellt werden kann. Der Abschluß eines Börsentermingeschäfts darf danach keine individuellen Besonderheiten aufweisen; der Vertrag muß nach typischen und schablonenhaften Bedingungen geschlossen sein[1]. Ferner ist die Beziehung des Geschäfts zu einem bestehenden Terminmarkt erforderlich, weil nur in einem solchen Gelegenheit zu einer jederzeit bewirkbaren Glattstellung gegeben ist. Die Vereinbarung einer festen Lieferzeit ist nur insofern begriffsnotwendig, als die feste Lieferungszeit mit Rücksicht auf die Gestaltung des in Frage kommenden Marktes eine unentbehrliche Voraussetzung für die sofortige Auflösbarkeit des Geschäfts bildet.

2. *Die Zulassung* von Waren oder Wertpapieren *zum Börsenterminhandel,* von welcher der Ausschluß des Spiel- oder Differenzeinwands abhängt (s. darüber unter B III, 3c), erfolgt durch den Börsenvorstand. Dieser ist auch befugt, die Zulassung wieder zurückzunehmen. Bei Wertpapieren darf die Zulassung nur erfolgen, wenn der Gesamtnennbetrag der zuzulassenden Stücke mindestens 10 Millionen Reichsmark beträgt und bei Anteilen einer inländischen Erwerbsgesellschaft nur, wenn die Gesellschaft zugestimmt hat. Verlangt die Gesellschaft die Zurücknahme der Zulassung, so ist diesem Verlangen spätestens nach Ablauf eines Jahres nach der Erklärung der Gesellschaft zu entsprechen. Vor der Zulassung sind sowohl bei Wertpapieren als auch bei Waren Geschäftsbedingungen für den Börsenterminhandel festzusetzen. Bei Wertpapieren liegen meistens einheitliche Börsenbedingungen vor, die gleichmäßig auf alle Börsentermingeschäfte in Wertpapieren Anwendung finden, so daß sich die besondere Festsetzung auf die Bestimmung der bei jedem Terminabschluß innezuhaltenden Mindestnennbeträge beschränkt. Bei Waren enthalten die Geschäftsbedingungen außer der Mindestmenge auch Festsetzungen über die Eigenschaften, die die per Termin gehandelte Ware haben muß. Eine solche Festlegung ist notwendig, da der Börsenterminhandel seinem Begriff nach eine typische Ware zum Gegenstand hat. Der Zulassung von Waren zum Börsenterminhandel muß in jedem einzelnen Fall eine Anhörung von Vertretern der beteiligten Erwerbskreise vorausgehen, deren Ergebnis dem Reichskanzler mitzuteilen ist. Die Zulassung selbst darf erst erfolgen, nachdem der Reichskanzler erklärt hat, daß er zu weiteren Ermittlungen keinen Anlaß finde.

Neben der Bedeutung der Zulassung zum Börsenterminhandel für den Ausschluß des Spiel- und Differenzeinwands kommt der Zulassung, ihrer Verweigerung und Rücknahme eine börsenpolizeiliche Bedeutung zu. Der Börsenterminhandel in Waren oder Wertpapieren, deren Zulassung zum Börsenterminhandel endgültig verweigert oder zurückgenommen worden ist, ist von der Benutzung der Börseneinrichtungen und der Vermittlung durch die Kursmakler ausgeschlossen. Das gleiche gilt von den verbotenen Börsentermingeschäften. Sind die den Gegenstand eines Börsenterminhandels bildenden Waren oder Wertpapiere zum Börsenterminhandel nicht zugelassen, ohne daß eine Zurücknahme oder Verweigerung der Zulassung erfolgt wäre, so erfolgt der Ausschluß von der Benutzung der Börseneinrichtungen und der Vermittlung durch die Kursmakler nicht automatisch, sondern durch besondere Anordnung des Börsenvorstandes. Der Erlaß der Anordnung kann jedoch auf ein Jahr ausgesetzt werden, wenn Verhandlungen wegen Zulassung von Waren oder Wertpapieren zum Börsenterminhandel schweben. Das gleiche gilt für den Börsenterminhandel zu Geschäftsbedingungen, die von den offiziellen Geschäftsbedingungen abweichen. Der Ausschluß von der Benutzung der Börseneinrichtungen und der Vermittlung durch die Kursmakler hat zur Folge, daß Kurszettel über die im Inland bei solchen Termingeschäften erzielten Preise nicht veröffentlicht oder in mechanisch hergestellter Vervielfältigung verbreitet werden dürfen.

3. *Wirksamkeit der Börsentermingeschäfte.* Nach dem Gesetz ist zwischen verbotenen und erlaubten Börsentermingeschäften zu unterscheiden. Die erlaubten Börsentermingeschäfte lassen sich wieder in verbindliche und unverbindliche gliedern, je nachdem, ob die Vertragsparteien börsentermingeschäftsfähig sind oder nicht, und in offizielle und nichtoffizielle, je nachdem, ob die gehandelten Waren oder Wertpapiere zum Börsenterminhandel zugelassen sind oder nicht.

a) Grundsätzlich verboten ist der Börsenterminhandel in Anteilen von Bergwerks- und Fabrikunternehmen sowie in Getreide und Erzeugnissen der Getreidemüllerei. Jedoch kann der Reichsrat die Zulassung von Anteilen von Bergwerks- und Fabrikunternehmen zum Börsenterminhandel genehmigen; von diesem Recht hat der Reichsrat vielfach Gebrauch gemacht. Andererseits ist der Reichsrat befugt, Börsentermingeschäfte auch in anderen bestimmten Waren und Wertpapieren zu verbieten oder die Zulässigkeit von Bedingungen abhängig zu machen. Das Verbot des Termingeschäfts in Getreide und Erzeugnissen der Getreidemüllerei ist insofern abgeschwächt, als das Gesetz für einen bestimmten Personenkreis das besonders ausgestattete handelsrechtliche Lieferungsgeschäft zugelassen hat.

Durch ein verbotenes Börsentermingeschäft wird eine Verbindlichkeit nicht begründet. Die Bestellung einer Sicherheit für ein solches Geschäft ist ebenfalls unwirksam. War auf Grund eines verbotenen Geschäfts bereits eine Leistung erfolgt, so kann sie zurückgefordert werden; bei einem verbotenen Börsentermingeschäft in Getreide oder Erzeugnissen der Getreidemüllerei erlischt der Rückerstattungsanspruch allerdings mit dem Ablauf von zwei Jahren seit der Bewirkung der Leistung, es sei denn, daß der Berechtigte die Herausgabe vorher schriftlich verlangt hat.

b) Alle übrigen Börsentermingeschäfte sind an sich erlaubt. Ihre Verbindlichkeit hängt aber von einer Reihe weiterer Voraussetzungen ab. Vollverbindlich ist das erlaubte Börsentermingeschäft nur, wenn auf beiden Seiten börsentermingeschäftsfähige Vertragsparteien, das sind eingetragene Kaufleute oder Genossenschaften oder diesen gleichgestellte Personen (frühere Bankiers, frühere Börsenbesucher und Ausländer) beteiligt sind. Jedoch wird ein erlaubtes Börsentermingeschäft auch ohne diese Voraussetzung als von Anfang an verbindlich betrachtet, wenn der eine Teil bei oder nach dem Eintritt der Fälligkeit sich dem anderen Teil gegenüber mit der Bewirkung der vereinbarten Leistung einverstanden erklärt und der andere Teil diese Leistung an ihn bewirkt hat. Durch diese Vorschrift soll die Verbindlichkeit derjenigen Termingeschäfte sichergestellt werden, die auf effektive Erfüllung abgestellt sind.

Teilleistungen reichen zur Heilung des Mangels nicht aus. Ebensowenig ist in der Gutschrift von Wertpapieren auf Stückekonto eine Leistung zu erblicken, die die Verbindlichkeit des Geschäfts zur Folge haben könnte (a. A. neuerdings JAMES BREIT in DÜRINGER-HACHENBURG: Das Handelsgesetzbuch, V. Bd., 1. Hälfte [1932] S. 549, Anm. 159). Dagegen wird eine Leistung an Erfüllungsstatt als genügend betrachtet. Deshalb sieht das Reichsgericht in dem Rückkauf der verkauften Wertpapiere durch Reportgeschäft und dem umgekehrten Vorgang eine mängelheilende Leistung.

Hat eine nichtbörsentermingeschäftsfähige Person ein Börsentermingeschäft abgeschlossen, so kann der Vertragsgegner auf Erfüllung des Geschäfts nicht klagen. Der Richter müßte eine solche Klage wegen mangelnder Verbindlichkeit des Geschäfts abweisen, es sei denn, daß das Geschäft bei oder nach Ein-

[1] RG. 44, 113; 47, 111; 86, 406.

tritt der Fälligkeit von dem einen Teil bestätigt und von dem anderen Teil erfüllt worden ist. Der hierauf beruhende sog. Börsentermineinwand braucht also nicht ausdrücklich erhoben zu werden; vielmehr muß derjenige, der sich auf die Wirksamkeit eines mit einem börsentermingeschäftsunfähigen Vertragsgegner geschlossenen Geschäfts beruft, die Gründe der Wirksamkeit dartun.

Von dem Grundsatz der Unverbindlichkeit der Termingeschäfte mit börsentermingeschäftsunfähigen Personen hat das Gesetz wiederum Ausnahmen geschaffen. Ist bei einem Börsentermingeschäft in Wertpapieren nur der eine Teil börsentermingeschäftsfähig, so kann er aus der Sicherheit Befriedigung suchen, die der börsentermingeschäftsunfähige Vertragsgegner ihm in Geld oder börsenmäßig gehandelten Wertpapieren unter Angabe von Gattung, Zahl oder Nennwert mit der gesondert und ausdrücklich abgegebenen schriftlichen oder telegraphischen Erklärung gestellt hat, daß die Sicherheit zur Deckung von Verlusten aus Börsentermingeschäften dienen soll. In diesem Falle muß der börsentermingeschäftsfähige Teil das Geschäft gegen sich gelten lassen. Ferner kann (anders als bei den verbotenen Börsentermingeschäften) eine auf Grund des Geschäfts erfolgte Leistung trotz mangelnder Verbindlichkeit des Geschäfts nicht zurückgefordert werden. Unter diese nicht rückforderbaren Leistungen fallen auch Leistungen an Erfüllungsstatt gemäß § 364 Abs. 1 BGB., daher auch die Abtretung von Forderungen gegen Dritte und die Übertragung von Wechseln, aus denen Dritte haften. Vor allem wird als Erfüllungsleistung angesehen die vertragsmäßige Aufrechnung von Kontokorrentforderungen. Das ist von großer Bedeutung, weil hierdurch Banken und Bankiers zu einer Befriedigung ihrer Ansprüche aus Börsentermingeschäften gegenüber ihrer Kundschaft auch insofern gelangen können, als die ihnen gestellte Sicherheit nicht ausreicht.

Die vertragsmäßige Aufrechnung geschieht dadurch, daß der Bankier nach Beendigung der Rechnungsperiode den Saldo des Kontokorrents feststellt, und der Kunde den Saldo anerkennt. In der Übersendung des Kontoauszuges an den Kunden liegt ein Aufrechnungsangebot, das der Kunde mit der Saldoanerkennung annimmt. Eine Klage auf Zahlung des vollen Saldobetrages ist, ohne daß gegen sie der Termineinwand vorgebracht werden könnte, allerdings nur möglich, wenn auf der dem Gesamtbetrage nach größeren Seite des Kontokorrents ausschließlich vollwirksame Ansprüche verbucht sind. Sind dagegen die Posten der größeren Kontokorrentseite sämtlich unverbindlich, so ist der Saldobetrag nicht einklagbar, weil hier die durch das Saldoanerkenntnis begründete Verbindlichkeit an die Stelle eines nicht durchsetzbaren Anspruchs treten würde, gegenüber dieser neubegründeten Verbindlichkeit aber nach § 59 des BG. der Börsentermineinwand ebenso zulässig wäre wie gegen die ursprünglichen Ansprüche. In dem dritten Fall endlich, daß die größere Seite des Kontokorrents sowohl aus vollverbindlichen als auch aus unwirksamen Posten besteht, hat die Rechtsprechung bisher eine verhältnismäßige Aufrechnung für zulässig erachtet. Hierbei war zunächst die Höhe der auf der größeren Seite verbuchten unwirksamen Posten zu errechnen. Alsdann wurde festgestellt, in welchem Verhältnis der Gesamtbetrag der größeren Seite zu dem Gesamtbetrag der kleineren Seite stand und in welchem Verhältnis mithin jeder Teil der größeren Seite durch die Verrechnung getilgt war. Durch Einsetzung dieser Verhältniszahl ergab sich, welcher Teil der unwirksamen Posten der größeren Seite infolge der Aufrechnung erledigt war und somit in dem Saldo keinen Ausdruck fand. Der nicht erledigte Teil der unverbindlichen Posten war von dem Saldo abzuziehen. Der Rest des Saldos bestand dann lediglich aus dem Überschuß der durch die Verrechnung nicht erfaßten verbindlichen Posten und war mithin einklagbar.

Dieses Verfahren steht nach dem Urteil des 1. Zivilsenats des Reichsgerichts vom 25. März 1931 (Bankarchiv 1930/31, 337) mit dem Willen der Parteien in Widerspruch und kann daher jetzt nicht mehr zur Anwendung gelangen. Das Reichsgericht hat sich bei seiner Entscheidung, in der es seinen eigenen, in vielen Urteilen vertretenen Standpunkt aufgibt, von der Erwägung leiten lassen, daß sich bei der verhältnismäßigen Aufrechnung der Schuldner auf die Klaglosigkeit gewisser im Kontokorrent mitverrechneter Geschäfte berufen könne, obwohl andererseits die aus diesen Geschäften für ihn entstandenen Forderungen zur teilweisen Tilgung von vollwirksamen Gegenforderungen verwandt würden. Dieses Ergebnis habe der Gläubiger mit dem Aufrechnungsangebot nicht erzielen wollen. Vielmehr gelte das Aufrechnungsangebot als unter der stillschweigenden auflösenden Bedingung abgegeben, daß die Verrechnung nicht wirksam sei, wenn sich der Saldoschuldner später auf die Klaglosigkeit eines Teils der Geschäfte beruft. Tritt diese auflösende Bedingung ein, so ist die Verrechnung und Saldoziehung nach dem Urteil des Reichsgerichts als nicht geschehen zu betrachten. Das Kontokorrent muß dann unter Weglassung derjenigen Geschäfte, gegen die der Schuldner der Börsentermineinwand erhoben hat, neu aufgestellt werden. Hierbei ist unter Umständen die Geschäftsverbindung bis zu ihrem Beginn wieder aufzurollen. Nach diesem grundlegenden Urteil ist die verhältnismäßige Aufrechnung nicht mehr als zulässig zu betrachten. Vielmehr kann der Schuldner trotz des Anerkenntnisses des Saldos den Gläubiger zu einer vollkommenen neuen Berechnung des Kontokorrents unter Weglassung aller unverbindlichen Geschäfte zwingen, indem er sich auf die Klaglosigkeit eines Teils der Geschäfte beruft. Auf der anderen Seite ist auch der Gläubiger in der Lage, die durch die Verrechnung mit unwirksamen Forderungen bedingt getilgten wirksamen Gegenforderungen in vollem Umfange wieder geltend zu machen.

Die praktische Bedeutung dieser Wandlung in der Stellungnahme des Reichsgerichts ist jedoch nicht so erheblich, wie es zunächst scheinen möchte.

Die überwiegende Mehrheit aller Banken und Bankfirmen hat auf Grund einer bereits im Jahre 1905 gegebenen Anregung des Zentralverbandes des Deutschen Bank- und Bankiergewerbes in ihren Geschäftsbedingungen eine Bestimmung aufgenommen, „nach welcher mit der ausdrücklichen oder stillschweigenden Saldoanerkennung seitens des Kunden ein Aufrechnungsvertrag als getätigt gelten soll, auf Grund dessen zuerst die aus Termingeschäften stammenden Posten untereinander aufgerechnet werden und das hiernach für einen von beiden Teilen aus Termingeschäften noch verbleibende Guthaben bei der weiteren Aufrechnung in erster Linie zur Tilgung gelangt" (Bankarchiv a. a. O. S. 338). Durch diese auf Grund der Geschäftsbedingungen im Bankverkehr fast durchweg getroffene Vereinbarung, deren Zulässigkeit das Reichsgericht in seiner Entscheidung vom 17. Dezember 1930 (Bankarchiv, 1930/31 S. 230) ausdrücklich anerkannt hat, ist wirksam klargestellt, daß durch die Verrechnung in erster Linie die Forderungen aus Termingeschäften befriedigt werden und erst dann eine Tilgung der übrigen Posten des Kontokorrents erfolgt. Die hierdurch eingetretene Tilgung nichtverbindlicher Forderungen aus Börsentermingeschäften muß der Schuldner gegen sich gelten lassen, es sei denn, daß die Debetseite seines Kontos größer war als die Kreditseite und lediglich aus nichtverbindlichen Posten bestand.

Während somit auf Grund einer Vereinbarung zwischen Gläubiger und Schuldner unwirksame Forderungen aus Börsentermingeschäften durch (vertragsmäßige) Aufrechnung gegen Gegenforderungen aller Art getilgt werden können, kann der Gläubiger unwirksame Forderungen aus Börsentermingeschäften durch einseitige Erklärung (§ 387 BGB.) nur gegen Forderungen aus wirksamen Börsentermingeschäften aufrechnen (§ 56 BG.). Er ist also nicht in der Lage, Gegenforderungen des Schuldners aus Geschäften anderer Art (Ansprüche aus Kassegeschäften, Darlehnsforderungen usw.) durch einseitige Aufrechnung zur Tilgung der ihm aus Börsentermingeschäften zustehenden unverbindlichen Ansprüche zu benutzen. Diese Bestimmung weicht insofern vom bürgerlichen Recht ab, als nach § 390 BGB. mit unwirksamen Forderungen nicht aufgerechnet werden kann. Sie ist deshalb notwendig, weil sonst der nichtbörsentermingeschäftsfähige Kunde bei Geschäften, die infolge Sicherheitsleistung des Kunden für den Bankier gemäß § 54 BG. verbindlich sind, seine Kreditdifferenz herausverlangen könnte, während der Bankier den Anspruch auf Zahlung der Debetdifferenzen, soweit sie ungedeckt sind, dem Kunden gegenüber nicht durchzusetzen in der Lage wäre.

c) Die erlaubten Börsentermingeschäfte sind mithin gegen den Börsentermineinwand abgesehen von den dargelegten Ausnahmen nur geschützt, sofern bei ihrem Abschluß auf beiden Seiten eingetragene Kaufleute oder diesen gleichgestellte Personen beteiligt waren; ob sie sich auf zum Börsenterminhandel zugelassene Waren oder Wertpapiere beziehen, ist hierbei ohne Belang. Dagegen hängt der Schutz gegen den Spiel- und Differenzeinwand aus den §§ 762 und 764 des BGB. außerdem davon ab, daß die Geschäfte Waren oder Wertpapiere zum Gegenstand haben, die zum Börsenterminhandel zugelassen sind (offizielle Börsentermingeschäfte[1]). Gegen die erlaubten, aber inoffiziellen Börsentermingeschäfte, d. s. diejenigen über nicht zum Terminhandel zugelassene Waren oder Wertpapiere, ist der Spiel- und Differenzeinwand zulässig, gleichgültig, ob derjenige, der ihn geltend macht, börsentermingeschäftsfähig ist oder nicht (§ 58 BG.). Gegenüber den offiziellen Börsentermingeschäften kann im Gegensatz hierzu der Spiel- und Differenzeinwand von demjenigen, für den das Geschäft nach den vorher dargelegten Grundsätzen verbindlich ist, nicht erhoben werden. Das gilt für beide Vertragsteile, wenn sie beide börsentermingeschäftsfähig sind oder wenn das Geschäft auf Grund der bei oder nach Eintritt der Fälligkeit bewirkten Leistung und des Einverständnisses des anderen Teils gemäß § 57 BG. als von Anfang an verbindlich anzusehen ist. Das gilt aber auch in dem Fall der Sicherheitsleistung gemäß § 54 BG., wenn auch hier nur für einen Vertragsteil. Der Bankier, der sich hat Sicherheit bestellen lassen, hat die Möglichkeit des Differenzeinwandes nicht, da das Geschäft für ihn verbindlich ist. Zum Ausgleich hierfür spricht das Gesetz den Differenzeinwand auch dem Kunden dieses Bankiers insoweit ab, als es sich um das Recht des Bankiers handelt, aus der Sicherheit Befriedigung zu suchen. Dieses Recht kann dem Bankier bei offiziellen Termingeschäften, d. h. bei Geschäften in zum Terminhandel zugelassenen Waren oder Wertpapieren, durch die Erhebung des Differenzeinwands nicht genommen werden, auch wenn der Kunde nicht börsentermingeschäftsfähig ist. Ebensowenig wird die Gültigkeit einer Aufrechnung gegen wirksame Forderungen aus anderen Börsentermingeschäften (§ 56 BG.) durch den Differenzeinwand berührt.

Den Termingeschäften in Waren und Wertpapieren, die nicht zum Terminhandel zugelassen sind, werden die Termingeschäfte gleichgestellt, die zu anderen als den Börsenbedingungen abgeschlossen werden. Auch sie sind als inoffizielle Termingeschäfte gegen den Differenzeinwand nicht geschützt. Jedoch macht nicht jede Abweichung der Vertragsabreden von den vom Börsenvorstand festgesetzten Bedingungen das Geschäft zum inoffiziellen. Entscheidend ist, ob die Abweichung mit den Eigentümlichkeiten des Börsentermingeschäfts unvereinbar ist und den Zweck der Bestimmung betr. die Festsetzung besonderer Termingeschäftsbedingungen beeinträchtigt. Wesentlich für den Begriff des Börsentermingeschäfts ist nach dem unter B III, 1 Gesagten, daß der Abschluß nach typischen, schablonenhaften, der Individualität des Einzelgeschäfts entbehrenden Bedingungen erfolgt. Die Abweichung ist danach nur beachtlich, wenn sie das Geschäft zu einem atypischen macht, ferner dann, wenn zum Schutze von Unkundigen geschaffene Bedingungen durch sie abgeschwächt oder beseitigt werden.

α) Die Voraussetzungen des Spiel- und Differenzeinwands selbst sind in §§ 762, 764 BGB. geregelt. Danach ist ein Vertrag über die Lieferung von Waren oder Wertpapieren, der in der Absicht geschlossen wird, daß der Unterschied zwischen dem vereinbarten Preis und dem Börsen- oder Marktpreis der Lieferzeit von dem Verlierenden an den Gewinnenden gezahlt werden soll, als Spiel anzusehen und unverbindlich.

Ihrem Wortlaut nach könnte diese Bestimmung fast niemals Anwendung finden. Es kommt in der Praxis kaum vor, daß ein Börsentermingeschäft mit der Abrede geschlossen wird, der eine Teil solle an den anderen Teil am Erfüllungstag die Differenz zwischen dem vereinbarten Preis und dem Börsenpreis der Lieferzeit zahlen[1]. Vielmehr wird die auf die Differenz gerichtete Absicht dadurch verwirklicht, daß der Börsenterminkauf durch Abschluß eines Börsenterminverkaufsgeschäfts, der Börsenterminverkauf durch Abschluß eines Kaufgeschäfts auf dieselbe Lieferzeit glattgestellt wird. Der Anspruch auf Lieferung und auf Abnahme der gehandelten Ware oder der gehandelten Wertpapiere werden ebenso aufgerechnet wie die Zahlungsansprüche, so daß lediglich der Anspruch auf Zahlung des Unterschieds zwischen dem Kaufpreis des ursprünglichen und des Glattstellungsgeschäfts zu erfüllen ist. Es handelt sich demnach in fast allen Fällen im Gegensatz zu dem angeführten Wortlaut um zwei Geschäfte, die wohl im Verhältnis zwischen Bankier und Kunden (bei dem sog. Börsenaußengeschäft), jedoch keineswegs im Handel zwischen Börsenbesuchern (Börseninnengeschäft) mit ein und demselben Vertragsgegner abgeschlossen werden. Des weiteren richtet sich der verbleibende Anspruch nicht auf die Differenz zwischen dem vereinbarten Preis und dem Börsenpreis der Lieferungszeit, sondern auf den Unterschied zwischen dem Preis des ersten und dem des Glattstellungsgeschäfts; dieses kann vor der Lieferzeit abgeschlossen worden sein und ist es auch meist. Die von den Börsenvorständen festgesetzten Liquidationskurse dienen nur als Rechnungseinheiten zur Erleichterung der von den Liquidationskassen vorzunehmenden und zu fordernden Zahlungen oder lediglich als Grundlage für die Prolongation der Termingeschäfte durch Abschluß von Reportgeschäften auf der Basis dieser Kurse (so in Berlin). Das Reichsgericht hat sich über diesen Unterschied zwischen Gesetzeswortlaut und Praxis hinweggesetzt und in zahlreichen Entscheidungen erklärt, es handle sich bei der Berechnung des Unterschieds durch Abschluß eines Gegengeschäfts nur um eine Technik der Börse; wenn die Parteien von vornherein nur die Zahlung der Differenz im Auge hätten, so werde das Gegengeschäft unter Auswechslung von Schlußscheinen, die auf Effektiverfüllung lauten, nur zum Schein vorgenommen; Gegenstand des Gegengeschäfts sei nicht eine Ware und ein hierfür zu zahlender Preis, sondern der in bestimmter Weise zu berechnende Preisunterschied. Diese Auffassung wird dem Geschäftsverkehr zwischen den zur Börse zugelassenen Bankiers nicht gerecht: im Börseninnenhandel wird — wie oben bemerkt — das Glattstellungsgeschäft nur zufällig mit dem Vertragsgegner des ersten Geschäfts geschlossen; der neue Vertragsgegner nimmt aber das Geschäft keineswegs zum Schein vor, sondern will die effektive Erfüllung, weil er meist selbst Gegengeschäfte zu erfüllen hat.

Nimmt man die Rechtsprechung des Reichsgerichts als gegeben hin, so kommt es entscheidend darauf an, in welchen Fällen die Absicht der Parteien, lediglich die Differenz zwischen dem vereinbarten Preis und dem Preise der Liquidierung des Geschäfts zu verlangen, als vorliegend anzusehen ist.

Zur Feststellung dieser Absicht bedient sich die Rechtsprechung einer Reihe von Indizien. Sie prüft insbesondere, ob das Termingeschäft seinem Gegenstand und seinem Werte nach in Einklang steht mit der Art und dem Umfang der von den Vertragsteilen geführten Gewerbebetriebe. Ergibt dieser Vergleich ein Mißverhältnis, so wird das als Merkmal für das Vorhandensein der Spielabsicht gewertet. Diese Betrachtungsweise ist von um so größerer Bedeutung, als nach § 764 des BGB. der Differenzeinwand auch dann zulässig ist, wenn nur die Absicht des einen Teils auf die Zahlung des Unterschieds gerichtet ist, der andere Teil aber diese Absicht kennt oder kennen muß. Der andere Teil wird also den Differenzeinwand wirksam zurückweisen können, wenn er dartut, daß er nach Prüfung der geschäftlichen Verhältnisse der Gegenseite annehmen konnte, die Termingeschäfte seien von der Gegenpartei ernst gemeint. Darüber hinaus erkennt das Reichsgericht aber seit dem Jahre 1923[2] an, daß dem Differenzeinwand, auch wenn das Geschäft nicht habe effektiv erfüllt werden sollen, nicht stattgegeben werden dürfe, sofern der Abschluß wirtschaftlich berechtigt gewesen sei. Als wirtschaftlich berechtigt betrachtet das Reichsgericht seit dieser Zeit insbesondere die Kurs-

[1] Wegen der Zulassung zum Börsenterminhandel vgl. oben B III 2.

[1] Nur die in Einzelfällen abgeschlossenen Termingeschäfte in Dividendenscheinen haben unmittelbar eine Differenz zum Gegenstand, und zwar den Unterschied zwischen vereinbartem Preis und der verteilten Dividende.

[2] Vgl. RG. 107, 22ff.

sicherungsgeschäfte. Hierdurch hat ein alter Streit seine Beendigung gefunden. In der Literatur sind immer schon die stärksten Bedenken dagegen erhoben worden, daß nach der alten Rechtsprechung des Reichsgerichts wirtschaftlich durchaus berechtigte, ja sogar notwendige Geschäfte dem Differenzeinwand unterliegen sollen. Dazu gehört vor allem das Kurssicherungsgeschäft, das im Baumwollhandel Hedge-Geschäft (vgl. *Spekulation*), im Devisenhandel *Swap*-Geschäft (s. d.) genannt wird, aber auch im Metall- und Getreidehandel eine erhebliche Rolle spielt. Es dient dazu, dem Kaufmann, der Baumwolle, Metalle oder Getreide effektiv gekauft oder aus Exportgeschäften Devisen zu erhalten hat, einen bestimmten Kurs dieser Waren oder Devisen zu sichern. Dieser Zweck wird dadurch erreicht, daß der Kaufmann die gekauften Waren oder von ihm zu beanspruchenden Devisen per Termin verkauft. Sinkt bis zur effektiven Erfüllung des ersten Geschäfts der Kurs der Waren oder Devisen, so kann der Kaufmann den ihm aus der Kurssenkung erwachsenden Verlust dadurch ausgleichen, daß er den Terminverkauf zu niedrigerem Kurs glattstellt und einen entsprechenden Gewinn dabei erzielt. Steigt der Kurs der gekauften Waren oder zu beanspruchenden Devisen, so erleidet der Kaufmann bei der Glattstellung des Terminverkaufs einen Verlust, den jedoch der durch die Kurssteigerung der effektiv gekauften Waren oder Devisen erzielte Gewinn aufhebt. Im Endergebnis führt das Kurssicherungsgeschäft dazu, daß die Kursschwankungen für den Kaufmann weder Gewinn noch Verlust bringen; das Kurssicherungsgeschäft schaltet einen Unsicherheitsfaktor aus und dient somit dem von dem Kaufmann bezweckten Effektivgeschäft. Zwar haben die Vertragsteile bei Abschluß des Kurssicherungsgeschäfts lediglich die Zahlung des Preisunterschiedes im Auge. Der Unterschied dient aber nicht zur Erzielung eines Gewinns, sondern nur zur Ausgleichung des durch Kursschwankungen bedingten Verlustrisikos. Das Kurssicherungsgeschäft stellt keine Spekulation dar, sondern nimmt im Gegenteil dem Hauptgeschäft den Spekulationscharakter. Der Differenzeinwand gegen ein solches Geschäft wird seit dem gekennzeichneten Wandel in der Rechtsprechung des Reichsgerichts nicht mehr als zulässig erachtet. Das gilt auch dann, wenn der eine Teil ohne Fahrlässigkeit zu der Annahme gelangt ist, daß die andere Partei das Geschäft zu Kurssicherungszwecken abgeschlossen habe; insoweit findet der § 764 des BGB. entsprechende Anwendung.

3. Der Differenzeinwand macht das Geschäft, gegen das er sich richtet, unwirksam, aber nicht nichtig. Das auf Grund des Geschäfts Geleistete kann daher nicht zurückgefordert werden. Schuldanerkenntnis, Wechselhingabe oder sonstige zum Zweck der Erfüllung eingegangene Verbindlichkeiten gelten jedoch nicht als Leistung. Dagegen kann das Geschäft durch Aufrechnung wirksam erfüllt werden, und insbesondere ist auch hier die vertragsmäßige Aufrechnung gültig (vgl. B III, 3 b).

4. Die Vorschriften über den Börsentermin- und den Spiel- und Differenzeinwand könnten ohne entgegenstehende gesetzliche Vorschrift dadurch umgangen werden, daß nicht börsentermingeschäftsfähige Personen den Abschluß der Termingeschäfte nicht selbst vornehmen, sondern auf Grund eines Kommissionsauftrages oder Gesellschaftsvertrages durch börsentermingeschäftsfähige Kaufleute für ihre Rechnung vornehmen lassen. Deshalb schreibt das Gesetz vor, daß die Bestimmungen über den Börsentermin- und Differenzeinwand auf die Erteilung und Übernahme von Aufträgen sowie auf die Vereinbarung zum Zwecke des Abschlusses von nicht verbotenen Börsentermingeschäften Anwendung finden. Das Kommissionsverhältnis und das entsprechende Gesellschaftsverhältnis unterliegen also denselben Einwendungen wie die Börsentermingeschäfte, die auf Grund dieser Verträge abgeschlossen werden. Für das Verhältnis zwischen Bank und Kunden spielt die Bestimmung jedoch keine Rolle, weil die meisten Bankbedingungen den Selbsteintritt des Kommissionärs als Regel vorsehen und der Selbsteintritt den Kommissionsvertrag den Regeln des Kaufvertrags auch hinsichtlich der Besonderheiten des Termingeschäfts unterwirft. Für die Rechtsbeziehung zwischen Bank und Kunden gelten danach die Bestimmungen über den Börsentermin- und Differenzeinwand unmittelbar.

5. Des weiteren sind die erörterten Bestimmungen auch dann anzuwenden, wenn das Geschäft im Ausland geschlossen oder zu erfüllen ist.

Das hat zu der Streitfrage geführt, ob an ausländischen Börsen geschlossene Termingeschäfte offizielle Geschäfte im Sinne des § 58 BGB. sind und mithin gegen den Spieleinwand geschützt sein können. Die Beantwortung hängt davon ab, ob die den Gegenstand solcher Geschäfte bildende Waren oder Wertpapiere als zum Börsenterminhandel zugelassen anzusehen sind. Das Reichsgericht verneint die Frage grundsätzlich. Infolgedessen sind alle an ausländischen Börsen geschlossenen Termingeschäfte ausnahmslos dem Spiel- und Differenzeinwand ausgesetzt, wobei selbstverständlich in jedem einzelnen Falle geprüft wird, ob eine Spielabsicht der Parteien nach den oben dargelegten Grundsätzen vorlag.

Die Vorschriften über die verbotenen Börsentermingeschäfte sind dagegen nach dem Gesetz auf Auslandsgeschäfte nicht anzuwenden. Sowohl Börsentermingeschäfte in Anteilen von Bergwerks- und Fabrikunternehmungen als auch in Getreide und Erzeugnissen der Getreidemüllerei müssen daher als wirksam betrachtet werden, wenn sie im Ausland geschlossen oder zu erfüllen sind.

Andererseits bedeutet die gesetzlich vorgeschriebene Anwendung der Bestimmungen über den Börsentermin- und den Differenzeinwand bei Auslandsgeschäften, daß der deutsche Richter das BG. insofern auch dann anzuwenden hat, wenn das Geschäft ohne diese Vorschrift nach den Grundsätzen des Internationalen Privatrechts einem ausländischen Recht unterfiele. Ausländische Urteile, die den genannten Vorschriften nicht entsprechen, können in Deutschland weder anerkannt noch für vollstreckbar erklärt werden (§§ 328 Ziff. 4, 723 Abs. 2 ZPO.).

6. Während, wie oben ausgeführt, Börsentermingeschäfte in Getreide und in Erzeugnissen der Getreidemüllerei grundsätzlich verboten sind, hat das Gesetz Zeitgeschäfte in diesen Waren für zulässig erklärt, wenn der Abschluß nach Geschäftsbedingungen erfolgt, die der Reichsrat genehmigt hat, und als Vertragsschließende nur Personen beteiligt sind, zu deren Gewerbebetrieb die Erzeugung oder Verarbeitung, der Handel oder die Beleihung von Getreide und Erzeugnissen der Getreidemüllerei gehört. Diese Ausnahme für das sog. handelsrechtliche Lieferungsgeschäft hat sich als volkswirtschaftlich zweckmäßig erwiesen, da das Zeitgeschäft in Getreide und Erzeugnissen der Getreidemüllerei dem Landwirt die Möglichkeit gibt, sich einen festen Preis für seine Ernte zu sichern, eine reibungslose Absetzung der gesamten Ernte ohne allzu starke Kurssprünge gestattet und überdies zum Abschluß des oben unter B III 3 c α geschilderten Kurssicherungsgeschäfts erforderlich ist. Nach den

für das handelsrechtliche Lieferungsgeschäft maßgebenden Bedingungen darf der nichtsäumige Teil die Leistung des säumigen erst nach Ablauf einer zu bestimmenden Nachfrist ablehnen. Ferner darf nach ihnen eine nichtvertragsmäßige Ware geliefert werden, wenn der Minderwert sich in bestimmten Grenzen hält und vergütet wird; auch der Mehrwert ist dem Verkäufer bis zu einer bestimmten Höhe zu vergüten. Endlich muß die Ware vor der Erklärung der Lieferungsbereitschaft (Andienung) von beeidigten Sachverständigen untersucht und lieferbar befunden worden sein.

Durch die Andienung (genauer gesagt durch die Übergabe eines Scheines, in dem der Verkäufer dem Käufer erklärt, daß er bereit ist, die Ware gegen Zahlung des Kaufpreises zur Verfügung zu stellen, und daß die Ware in einem bestimmten Lagerhaus aufbewahrt ist) wird das Lieferungsgeschäft, das an keinen festbestimmten Termin, sondern lediglich innerhalb des Lieferungsmonats zu erfüllen ist, fällig. Der Andienungsschein geht unter Umständen durch mehrere Hände. Er wird von dem letzten Käufer alsdann dem Verkäufer vorgelegt. Nach Zahlung des Kaufpreises erhält der letzte Käufer eine Anweisung an den Lagerhalter (vgl. hierzu NUSSBAUM: Börsengesetz § 67 III).

Die wiedergegebene Bedingung soll verhindern, daß unlieferbares Getreide zur Herbeiführung eines Preisdruckes benutzt wird. Aus dem gleichen Grunde schreibt das BG. für die Börsentermingeschäfte in allen übrigen Waren vor, daß der Verkäufer, der nach erfolgter Kündigung eine nicht vertragsmäßige Ware liefert, in Verzug gerät, auch wenn die Lieferungsfrist noch nicht abgelaufen ist.

Zeitgeschäfte in Getreide und Erzeugnissen der Getreidemüllerei, die nach diesen Bedingungen innerhalb des vorerwähnten Personenkreises abgeschlossen werden, sind an sich voll verbindlich. Gegen den Spiel- und Differenzeinwand sind sie jedoch nicht geschützt. Vielmehr übernimmt das BG. ausdrücklich den Inhalt der Bestimmungen des BGB. über den Spiel- und Differenzeinwand mit Wirkung für das handelsrechtliche Lieferungsgeschäft. Jedoch sind die Folgen eines begründeten Differenzeinwands für das handelsrechtliche Lieferungsgeschäft schärfer als die im BGB. vorgesehenen Wirkungen: das handelsrechtliche Lieferungsgeschäft, das mit der Differenzabsicht geschlossen wird, ist ebenso unwirksam wie ein verbotenes Börsentermingeschäft in Getreide und Erzeugnissen der Getreidemüllerei, so daß also auch das bereits Geleistete, ja sogar eine bestellte Sicherheit innerhalb von zwei Jahren seit der Bewirkung der Leistung zurückgefordert werden können.

Für die Voraussetzungen des Spiel- und Differenzeinwands gilt das oben unter B III 3 c α Ausgeführte. Das Kurssicherungsgeschäft wird, wie dort dargelegt, als wirtschaftlich berechtigt anerkannt. Hat nur der eine Vertragsteil eines handelsrechtlichen Lieferungsgeschäfts die Differenzabsicht gehabt und gehört er zu dem Kreis derjenigen Personen, denen der Abschluß dieser Geschäfte gestattet ist, so muß er beweisen, daß der andere Teil seine Absicht gekannt hat oder hätte erkennen müssen. Die Vermutung spricht mit Rücksicht auf seine Zugehörigkeit zu dem genannten Personenkreis gegen ihn.

C. *Börsenstrafrecht.*

Der vorsätzliche Abschluß verbotener Börsentermingeschäfte in Getreide und Erzeugnissen der Getreidemüllerei wird als Ordnungsvergehen, nicht als strafbare Handlung im Sinne des Strafgesetzbuches, mit einer Ordnungsstrafe bis zu 10000 RM. gelegt. Damit soll das Publikum, das mit dem Großhandel in Getreide gewerblich nichts zu tun hat, von der Spekulation an der Getreidebörse ferngehalten werden. Die Entscheidung ist einer von den Landesregierungen bei den Getreidebörsen zu bildenden Kommission übertragen, deren Vorsitzende Reichs- oder Staatsbeamte, deren Beisitzer zur Hälfte aus Vertretern des Handels, zur Hälfte aus Vertretern der Landwirtschaft bestehen und gegen deren Entscheidung Berufung bei der ähnlich zusammengesetzten Berufungskommission zulässig ist. In Preußen besteht für alle Börsen auf Grund der Bestimmungen über das Ordnungsstrafverfahren wegen verbotenen Börsenterminhandels vom 13. Juni 1908 (MinBl. d. Handels- u. Gewerbeverw. 233) eine gemeinschaftliche Kommission bei der Berliner Börse. Personen, die verdächtig sind, sich des Ordnungsvergehens schuldig gemacht zu haben, kann die Vorlegung ihrer Handelsbücher und eines Verzeichnisses über ihre Getreidegeschäfte aufgegeben werden. Die Kommission hat das Recht zur eidlichen Vernehmung von Zeugen und Sachverständigen. Das Ordnungsstrafverfahren steht einer Verfolgung des Beschuldigten im ehrengerichtlichen Verfahren nicht entgegen.

Des weiteren stellt das BG. eine Reihe von Tatbeständen unter Strafe, die sich auf das Börsengeschäft im weitesten Sinne beziehen. Diese Bestimmungen schaffen strafbare Handlungen im Sinne des Strafgesetzbuches. Ihre Verfolgung richtet sich unmittelbar nach den Vorschriften der Strafprozeßordnung. So ist mit Strafe bedroht die betrügerische Einwirkung auf den Börsen- oder Marktpreis, der Prospektbetrug, d. s. wissentlich unrichtige, in betrügerischer Absicht erfolgende Angaben in Prospekten oder öffentlichen Kundgebungen, durch welche die Zeichnung oder der An- oder Verkauf von Wertpapieren herbeigeführt werden soll (vgl. *B II 7*), die aktive und passive Bestechung der Presse zwecks Einwirkung auf den Börsenpreis, die Veröffentlichung von Kurszetteln für Wertpapiere, deren Zulassung zum Börsenhandel verweigert oder nicht nachgesucht ist und hinsichtlich der Börsentermingeschäfte für Wertpapiere, deren Zulassung zum Börsenterminhandel verweigert, zurückgenommen oder nicht nachgesucht ist, desgleichen für Wertpapiere, die zur öffentlichen Zeichnung aufgelegt und den Zeichnern noch nicht voll zugeteilt sind, der gewerbliche Abschluß verbotener Börsentermingeschäfte nach zweimaliger Verurteilung zur Zahlung einer Ordnungsstrafe, die Kursbeeinflussung im Getreidehandel durch Abschluß verbotener Börsentermingeschäfte in Getreide, die Verleitung zur Börsenspekulation und die Untreue des Kommissionärs.

Literatur: APT, MAX, mit TRUMPLER u. WEISBART: Börsengesetz. C. Heymann. — BERMANN, ROBERT: Die Besonderheiten des Börsenhandels mit Versicherungsaktien. Z. f. ges. Versicherungswissenschaft **1930**, 168ff. — Die Escomptebefugnis des französischen Börsenrechts und der deutsche Börsenterminhandel. Bankarch. **1930/31**, 236ff. — Die Neuregelung des Börsenzulassungsverfahrens bei der Einziehung von Aktien. Bankarch. **1931/32** 293. — BERNSTEIN, OTTO: Das Börsengesetz. Roßberg. — BRÄNDL, FRANZ: Internationales Börsenprivatrecht. Elwert 1925.— Rechtsvergleichendes Handwörterbuch **2**, Börse und Börsengeschäfte. — BREIT, JAMES: Die Handelsgesetze des Erdballs **13**, Börsengesetz. — In DÜRINGER-HACHENBURG, Das Handelsgesetzbuch **5**, 1. Hälfte, 399ff. (1932). — GOLDSCHMIDT, E.: Handwörterbuch der Rechtswissenschaft **1**, Börsengeschäfte. — GÖPPERT, HEINRICH: Über das Börsentermingeschäft in Wertpapieren. Berlin: Julius Springer 1914. — Das Wesen der Börse im Rechtssinne. Dunker & Humblot 1923. — Handwörterbuch der Staatswissenschaften **2**, 4. Aufl., Börsenrecht. — Deutsches und ausländisches Börsenwesen. Bankwissenschaft **1931**, 289ff. — Die rechtliche Natur der Zulassung zum Börsenbesuche. Berlin: Liebmann 1931. — JAKOBS, PAUL: Die Zulassung von Wertpapieren zum Börsenhandel. — KAHN, JULIUS: Börsengesetz. C. H. Beck. — MATTHES, GOTTFRIED: Das Recht des Kursmaklers. Elwert 1932. — MEYER, OSCAR: Börsengesetz. Guttentag. — Aktieneinziehung und Börsenzulassung. Magazin der Wirtschaft **1931**, 239ff. — NUSSBAUM: Kommentar zum Börsengesetz. Beck 1910. — Die Börsengeschäfte. Ehrenbergs Handbuch des ges. Handelsrechtes **4**, II. Abt., 541ff. (1918). — PRION, W.: Handwörterbuch der Staatswissenschaften **2**, 4. Aufl., Börsenrecht. — Ist die Börse reformbedürftig? Berlin: Julius Springer 1932. — REHM: Kommentar zum Börsengesetz, auf Veranlassung des Zentralverbandes des

Deutschen Bank- und Bankiergewerbes. Guttentag 1909. — STIER-SOMLO: Handwörterbuch der Rechtswissenschaft 1, Börsengeschäfte. — Berichte und Beschlüsse der Börse, Enquete-Kommission. Heymann 1894.

ROBERT BERMANN.

Börsenschiedsgericht s. *Börsen 2,* vgl. Abschnitt „Ehrengericht" in *Börsengesetz A II 3.*

— **schluß** entweder der an der Börse getätigte Abschluß, über den eine Schlußnote zu erteilen ist, oder die zeitliche Beendigung des Börsenhandels.

— **spesen** s. *Berliner Börse III,* vgl. *Kapitalverkehrssteuern,* international, vgl. Art. über die einzelnen Weltbörsen.

— **tendenz** s. *Kursbildung 3.*

— **termineinwand** s. *Börsenrecht B III 3.*

— **umsatzsteuer** s. *Kapitalverkehrsteuer 2c,* s. *Berliner Börse III,* s. *Aktiengesellschaft VII.*

— **usancen** s. *Usancen,* vgl. *Berliner Börse III,* vgl. *Börsen 2.*

Börsenzulassung von Personen. Auch hinsichtlich der Regelung der Zulassung zum Börsenbesuche hat das Börsengesetz, wie es überhaupt von der Schaffung einer einheitlichen deutschen Börsenorganisation absah, den Schwerpunkt in die für jede staatlich anerkannte Börse mit Genehmigung der Landesregierung zu erlassende Börsenordnung (BO.) (vgl. *Börsengesetz*) gelegt. Das Gesetz beschränkt sich auf die Vorschrift, daß die BO. über die Voraussetzungen der Zulassung zum Börsenbesuche Bestimmung trifft (§ 5 Nr. 3) und schließt bestimmte Personen vom Börsenbesuch aus, erklärt sie also für börsenunfähig (§ 7). Im übrigen haben die BO. freie Hand.

Die älteren deutschen, insbesondere die altpreußischen und hanseatischen Börsen haben sich zunächst unter dem Prinzip der Börsenfreiheit (allgemeine Zugänglichkeit und Zulässigkeit von kaufmännischen Geschäften jeder Art) entwickelt. Dieses Prinzip, das noch heute die Börsen in Bremen und Lübeck beherrscht, hat anderwärts, zum Teil im Zusammenhange mit der von selbst einsetzenden Beschränkung des Börsenverkehrs auf bestimmte Branchen (Bankiergeschäfte und Wertpapierhandel, Landesproduktenhandel), auch durch Beseitigung der allgemeinen Zugänglichkeit einen Abbau erfahren, indem man die Befugnis zur Beteiligung an den Börsenzusammenkünften von einer besonderen Erlaubnis, der Zulassung zum Börsenbesuch abhängig machte. Dieses Zulassungsverfahren, das zunächst nur die Fernhaltung für den Börsenverkehr völlig ungeeigneter Personen und Branchefremder bezweckte, ist dann mit der Zeit immer weiter ausgestaltet worden. Bei der Freiheit, in der sich die deutschen Börsen, nicht ihrer wirtschaftlichen Bedeutung aber ihrem Wesen nach, als lokale, den Bedürfnissen des ortsansässigen Handels dienende Einrichtungen entwickelt haben und die auch das Börsengesetz wenigstens im Ergebnis nicht beseitigt hat, haben sich jedoch bestimmte Grundsätze nicht allgemein durchgesetzt. Vielmehr zeigen sich die größten örtlichen Verschiedenheiten, zu denen auch die besondere Struktur mancher Börsen (namentlich Süd- und Westdeutschlands weisen Sonderbildungen auf) beigetragen haben. Keine B.O. stimmt mit der anderen in allen Punkten überein.

Es können daher hier nur die wichtigsten Gesichtspunkte hervorgehoben werden, im übrigen wird auf die einzelnen BO. verwiesen.

Besuch der Börse bedeutet nicht bloßes Betreten der Börsenräume während der Börsenstunden, sondern Beteiligung an der Börse, d. h. den Börsenzusammenkünften. Als Börsenbesucher kommen also nicht in Betracht Börsenangestellte, Boten auch nicht, wenn die Zulässigkeit ihrer Verwendung an der Börse durch die BO. geregelt ist (so Berlin § 20 Nr. 2), Personen die kraft ihres Amtes die Börse zu besuchen haben, ohne am Börsenhandel teilzunehmen (Staatskommissare, Beauftragte der Börsenorgane), wohl aber Berichterstatter der Presse. Börsenbesuch und damit Erwerb der Eigenschaft als Börsenbesucher setzt Erlaubnis zum Börsenbesuche nach Maßgabe der BO. voraus.

1. Offene und geschlossene Börsen. Da das Börsengesetz im § 5 Nr. 3 nur eine Regelung der Voraussetzungen dieser Erlaubnis verlangt, an die Art der Regelung aber keinerlei Anforderungen stellt, kann dem Gesetz auch dadurch genügt werden, daß die BO. einen besonderen Akt der Erlaubniserteilung (Zulassung) nicht vorschreibt, sondern den Börsenbesuch jedermann erlaubt, soweit nicht Börsenunfähigkeit vorliegt. Es ist demnach zwischen offenen und geschlossenen Börsen zu unterscheiden. Von den auch dem Wertpapierhandel dienenden Börsen sind heute noch Bremen und Lübeck offene Börsen. Eine besondere Regelung weisen einzelne sächsische und süddeutsche Börsen (z. B. Mannheim) auf, wo der Börsenbesuch den Mitgliedern des als Träger der Börse funktionierenden Vereins ohne weiteres zusteht (Vereinsbörsen).

2. Börsenunfähigkeit. Für alle Börsen, offene und geschlossene, gilt gleichmäßig, daß den nach § 7 BörsG. Börsenunfähigen der Besuch nicht erlaubt werden darf; bei vorübergehender Unfähigkeit bis zur Behebung des Ausschließungsgrundes (§ 7 Abs. 2). Ausnahmen kann nur die Landesregierung zulassen. Die im § 7 Abs. 1 aufgezählten Ausschließungsgründe (Nr. 1, weibliches Geschlecht, ist durch Gesetz vom 28. Dezember 1921 gestrichen) beschränken sich auf das Notwendigste (Verlust der bürgerlichen Ehrenrechte, Verurteilung wegen einfachen oder wegen betrügerischen Bankerotts, Entmündigung, Zahlungsunfähigkeit, dauernde Ausschließung durch ehrengerichtlichen Spruch). Minderjährigkeit bildet keinen gesetzlichen Ausschließungsgrund. Für die Beachtung der Vorschrift hat der Börsenvorstand kraft des ihm durch § 8 des BörsG. übertragenen Börsenhausrechts zu sorgen. Bei geschlossenen Börsen darf selbstverständlich die Zulassung nicht erfolgen. Ist sie gleichwohl ausgesprochen oder tritt Börsenunfähigkeit demnächst ein, so ist die Zulassung ohne weiteres unwirksam; die in manchen BO. (Berlin: 25 Abs. 2) für einen solchen Fall vorgesehene Zurücknahme der Zulassung, stellt nur die schon bestehende Unwirksamkeit fest. Die gesetzliche Börsenunfähigkeit schließt aber lediglich vom persönlichen Besuche der Börse aus, nicht ohne weiteres von der Beteiligung am Börsenhandel durch börsenfähige Vertreter oder Gesellschafter. Jedoch wird in den BO. der geschlossenen Börsen für solche Fälle die Zurücknahme der Zulassung von Gesellschaftern oder Vertretern vorgesehen (Berlin § 27, Frankfurt § 17 III). Die BO. können für ihre Börsen weitere Ausschließungsgründe festsetzen, was vielfach geschieht (z. B. Hamburg § 14 Nr. 8 Unterlassung der Zahlung von Straf- oder Sühnegeldern). Jedoch handelt es sich nach der getroffenen Regelung oft nicht um Börsenunfähigkeit im Sinne des § 7 BörsG., sondern um Gründe, bei deren Vorliegen die Zulassung verweigert oder zurückgenommen werden muß.

3. Die Zulassung im engeren (Rechts-) Sinne. Die Zulassung, von der bei geschlossenen Börsen die Befugnis zum Besuche der Börse abhängig ist, ist die Erklärung des durch die BO. bestimmten amtlichen Börsenorgans, daß dem die Zulassung begehrenden die Beteiligung an den Börsenzusammenkünften nach Maßgabe der BO. entweder schlechthin oder unter gewissen Beschränkungen erlaubt ist. Als solche bedeutet die Zulassung nicht etwa die Aufnahme in eine Vereinigung. Das Börsengesetz kennt nur Börsenbesucher, nicht Börsenmitglieder. Es handelt sich auch nicht etwa um einen Vertragsschluß, sondern um einen Verwaltungsakt, den die berufene Stelle in Ausübung des ihr durch die BO. übertragenen öffentlichrechtlichen Börsenhausrechts vornimmt. Bei offenen Börsen und bei Börsen, deren Besuch einem bestimmten Personenkreis ohne weiteres freisteht, findet eine Zulassung im Rechtssinne nicht statt, vielmehr ist durch die BO. als Rechtsverordnung ein öffentlichrechtlich gesicherter Zustand geschaffen, von dem der einzelne Gebrauch zu machen befugt ist. Die Unterscheidung ist auch privatrechtlich von Bedeutung, weil Börsentermingeschäftsfähigkeit nach Maßgabe des § 53 Abs. 2 Nr. 1 *BörsG.* (s. d.) eine Zulassung zum Börsenbesuch im Rechtssinne verlangt, daher durch den Besuch einer offenen oder einem bestimmten Personenkreis ohne weiteres zugänglichen Börse nicht erworben werden kann (s. a. u. 5d). Die Bestimmung der Bremer BO. (§ 12), wonach als börsentermingeschäftsfähig im Sinne des § 53 Abs. 2 Nr. 1 BörsG. Personen gelten, von denen die Kaufmanns- und Börsensteuer erhoben wird, steht mit dem Gesetz in Widerspruch und ist deshalb rechtlich bedeutungslos.

4. Die Befugnis zum Börsenbesuch. Ein privatrechtliches, daher im Falle der Beeinträchtigung durch Börsenorgane im Wege der Klage vor den ordentlichen Gerichten verfolgbares Recht, die Börse zu besuchen, wird weder bei geschlossenen Börsen durch die Zulassung begründet, noch besteht es bei offenen Börsen. Falls auf Grund der Regelung in der einzelnen BO. ein Recht zum Börsenbesuch anzuerkennen ist, so kann es sich nur um ein öffentlichrechtliches Recht handeln. Soweit die BO. nicht ein Beschwerdeverfahren vorsieht, ist jedenfalls die Beschwerde im Aufsichtswege statthaft. Die Zulässigkeit eines Verwaltungsstreitverfahrens bestimmt sich nach der Landesgesetzgebung (§ 137 des Preuß. Zuständigkeitsgesetzes vom 1. August 1883 kommt praktisch nicht mehr in Frage). Auch besteht ein solches Recht, falls es anzuerkennen ist, nur unbeschadet der Befugnis der Landesregierung nach § 8 Abs. 1 BörsG. oder der mit dem Erlaß der BO. betrauten Stelle mit staatlicher Genehmigung, die inneren Börsenangelegenheiten nach ihrem Ermessen zu regeln. Die bereits zugelassenen Börsenbesucher sind daher nachträglich vorgenommenen Änderungen auch dann unterworfen, wenn sie die Betätigung der Börsenbesucher oder der Kategorie, zu der sie gehören, an der Börse beschränken oder ihnen neue Verpflichtungen auferlegen.

Die Ausübung der Befugnis zum Besuche der Börse wird durch die BO. häufig von der Erfüllung gewisser Voraussetzungen abhängig gemacht (Entrichtung von Börsenbeiträgen, Eintrittsgeldern, Sperrgeldern).

Ein Erlöschen der Befugnis zum Börsenbesuche, das stets bei Eintritt der gesetzlichen Börsenunfähigkeit erfolgt, kann bei geschlossenen Börsen durch Verzicht auf die Zulassung und durch Zurücknahme der Zulassung, deren Voraussetzungen in der BO. zu bestimmen sind (vgl. Berlin § 25), eintreten. Entsprechend der einschneidenden Bedeutung der Zurücknahme für den Betroffenen lassen die BO. die Zurücknahme, wenigstens bei selbständigen Börsenbesuchern, nur aus bestimmten schwerwiegenden Gründen zu.

In den meisten BO. der geschlossenen Börsen pflegt die Möglichkeit eines nur gelegentlichen Börsenbesuches in der Regel ohne Befugnis zur Teilnahme am Börsenhandel eröffnet zu werden.

Börsenbesucher, also bei offenen Börsen diejenigen, welche von der Möglichkeit die Börse zu besuchen Gebrauch machen, bei geschlossenen Börsen die Zugelassenen, unterstehen dem für die Börsen gebildeten Ehrengericht (§ 9 BörsG.). Während ihrer Anwesenheit an der Börse unterliegen sie der Börsenpolizei des Börsenvorstandes und dessen Strafgewalt (§ 8 Abs. 2 BörsG.). Sie haben die ihnen auferlegten Verpflichtungen zu befolgen und sich insbesondere einer ihnen untersagten Betätigung (z. B. kaufmännische Angestellte, der Beteiligung am Handel im eigenen Namen oder für eigene Rechnung) zu enthalten. In das Handelsregister eingetragene Kaufleute genießen nach § 46a des Kapitalverkehrssteuergesetzes vom 22. Mai 1931 das Händlerprivileg. Die zur Teilnahme am Handel befugten Börsenbesucher haben an sich nur die Möglichkeit, sich nach Maßgabe der BO. am Börsenverkehr unter Benutzung der Börseneinrichtungen zu beteiligen, nicht ein Recht darauf, von den übrigen Börsenbesuchern beteiligt zu werden, insoweit nicht besondere Usancen bestehen. In Hamburg haben sich innerhalb der dem allgemeinen Geschäftsverkehr dienenden Börse Zusammenschlüsse für den Handel in bestimmten Objekten gebildet (so der Verein der Mitglieder der Wertpapierbörse in Hamburg, ein nichtrechtsfähiger Verein), deren Mitglieder in bestimmten, dem Verein überlassenen und ihnen allein zugänglichen Räumen der Börse nur untereinander handeln und so den Handel in diesem Objekt für sich monopolisieren. Es ist daher, um sich am Wertpapierhandel an der Börse beteiligen zu können, noch die Aufnahme in den Verein nötig, über die nach Maßgabe der Satzungen der Vereinsvorstand als Vereinsorgan, nicht als Börsenorgan entscheidet.

5. Die Regelung der Zulassung im einzelnen.

a) Die Entscheidung über die Zulassung ist meist dem Börsenvorstand (so z. B. Berlin, Frankfurt a. M., München), sonst der aufsichtführenden Handelskammer (Köln, Magdeburg) oder einem Ausschuß der Handelskammer (Hamburg) übertragen. In der Regel wird die Zulassung bestimmten Personen, nicht Firmen oder Gesellschaften, sondern ihren Inhabern oder Vorstandsmitgliedern erteilt (so z. B. Berlin, Frankfurt a. M., Hamburg), was sich schon mit Rücksicht auf die Vorschrift im § 53 Abs. 2 Nr. 1 BörsG. empfiehlt; jedoch kommt auch die Zulassung von Firmen und Gesellschaften vor, die dann die Befugnis zum Börsenbesuche durch ihre Inhaber oder gesetzlichen Vertreter ausüben (München). In der Regel ist ein schriftlicher Antrag erforderlich, der von demjenigen zu stellen ist, der die Zulassung begehrt, für kaufmännische Angestellte, meist von dem Dienstherren (Berlin § 21, Frankfurt § 15).

b) Ob für denjenigen, der die von der BO. gesetzten Voraussetzungen erfüllt, ein Recht auf Zulassung zum Börsenbesuche besteht, bestimmt sich nach der einzelnen BO. In Nachwirkung des Prinzips der Börsenfreiheit wurde ein solches Recht von den älteren preußischen BO. anerkannt (vgl. § 4 der revidierten BO. für Berlin vom 20. März 1885) und scheint heute auch in Hamburg, das erst im Jahre 1921 die Börsenfreiheit eingeschränkt hat, anerkannt zu werden (Bekanntmachung der Handelskammer, betr. Zulassung zum Börsenbesuch vom 1. November 1921). Zumeist (jetzt auch in den preußischen BO.) sind jedoch die Bestimmungen über die Voraussetzungen der Zulassung nur als Anweisung an das mit der Zulassung betraute Börsenorgan über Handhabung seiner Aufgabe aufzufassen. Die Ablehnung der Zulassung erfolgt in der Regel ohne Angabe der Gründe (Berlin § 21, Frankfurt § 14 II). Die meisten BO. regeln das Beschwerdeverfahren im Falle der Ablehnung der Zulassung. Auch wo solche Bestimmungen fehlen (Magdeburg), ist doch stets die Beschwerde im Aufsichtswege gegeben. Auch insoweit ein Recht auf Zulassung anerkannt ist, kann es wegen seiner öffentlichrechtlichen Natur nicht im Wege der Klage vor den ordentlichen Gerichten sondern nur auf dem von der BO. vorgeschriebenen Wege geltend gemacht werden. Die Zulässigkeit eines Verwaltungsstreitverfahrens bestimmt sich nach den Landesgesetzen.

c) Vielfach wird zwischen verschiedenen Arten der Zulassung unterschieden: Zulassung als selbständiger Börsenbesucher mit der unbeschränkten Befugnis zur Teilnahme am Handel der Börse oder, wenn die Börse in Abteilungen zerfällt (Berlin, Frankfurt, Magdeburg), der Abteilung, für welche die Zulassung gewährt wird (Firmeninhaber, gesetzliche Vertreter von Handelsgesellschaften oder Genossenschaften, Vorstandsmitgliedern öffentlicher Bankanstalten), ferner Zulassung von kaufmännischen Angestellten nur mit der Befugnis im Namen und für Rechnung des Dienstherren am Börsenhandel teilzunehmen, schließlich Zulassung ohne Befugnis zur Teilnahme am Börsenhandel (Berichterstatter der Presse). Im übrigen erfolgt die Zulassung meist ohne Beschränkung auf eine bestimmte Art der Betätigung. Nur Berlin unterscheidet bei den selbständigen Börsenbesuchern zwischen einer Zulassung zwecks Abschlusses von Bankiergeschäften oder zwecks Betriebs von Maklergeschäften oder als Makleragent und sieht vor, daß *Maklern* (s. d.) die Verpflichtung auferlegt werden kann, sich nicht selbst als Vertragspartei aufzugeben, sondern nur zwischen den Börsenbesuchern zu vermitteln. Überschreitungen der bei der Zulassung gezogenen Grenzen der Betätigung werden disziplinarisch (Zurücknahme der Zulassung) geahndet.

d) Mit Rücksicht auf den Erwerb der Börsentermingeschäftsfähigkeit nach § 53 Abs. 2 Nr. 1 BörsG. (s. o. 3) ist die Unterscheidung zwischen der dauernden Zulassung mit der Befugnis zur Teilnahme am Börsenhandel und der nichtdauernden Zulassung von Bedeutung. Dauernd im Sinne dieser Vorschrift ist eine Zulassung nur dann, wenn sie ohne zeitliche Beschränkung und auch nicht auf Widerruf (Breslau § 19, Leipzig § 8) erfolgt. Das Erfordernis, alljährlich eine der Legitimation dienende Börsenkarte zu lösen, um von der Zulassung Gebrauch machen zu können, bedeutet keine zeitliche Beschränkung. Dem Sinne des Gesetzes gemäß pflegt die dauernde Zulassung nur den selbständigen Börsenbesuchern, nicht dagegen kaufmännischen Angestellten gewährt zu werden. Hamburg kennt der Eigenart seiner Börse entsprechend eine dauernde Zulassung überhaupt nicht.

e) Die Voraussetzungen der Zulassung sind sehr verschieden geregelt. Die meisten BO. beschränken entsprechend den Bedürfnissen des Börsenverkehrs den Börsenbesuch auf die geschäftlichen Kreise des Börsenorts oder benachbarter Orte (Berlin § 17, Frankfurt § 16). Bei denjenigen Börsen, deren Träger nicht wie sonst üblich, die amtliche Handelsvertretung sondern ein Verein ist, wird für die Zulassung zum Börsenbesuch als selbständiger Börsenbesucher Mitgliedschaft in dem Verein verlangt (München, Hannover). Dafür daß nur einwandfreie Persönlichkeiten zugelassen werden, sorgen die BO. durch Aushang der Anträge an der Börse, namentlich aber durch die Vorschrift, daß bereits längere Zeit zum Börsenbesuch zugelassene Gewährsmänner zu stellen sind, die unter Androhung von Disziplinarstrafen zu zuverlässiger Auskunft verpflichtet werden. Neuerdings sind Berlin (§ 22 Abs. 2) und auch Köln (Nachtrag III zur BO. für die Börse zu Köln vom 1. April 1921) dazu übergegangen, zu verlangen, daß von den Gewährsmännern in bestimmter Höhe Sicherheit geleistet wird, die verfällt, wenn der Zugelassene innerhalb gewisser Zeit zahlungsunfähig wird und dann tunlichst zugunsten geschädigter Gläubiger verwendet werden soll. Im übrigen zeigt sich die Neigung, dem Ermessen der zulassenden Stelle mehr oder minder großen Spielraum zu gewähren, so wenn Berlin bestimmt, daß „geeignete" Personen zum Börsenhandel zugelassen werden „können", oder nach der BO. von Frankfurt die Zulassung abgelehnt werden kann, wenn Umstände bekannt sind, welche die Befürchtung rechtfertigen, daß der Antragsteller den Anforderungen, die an einen an dem Börsenhandel teilnehmenden Börsenbesucher zu stellen sind, nicht entsprechen wird, wobei es dem Ermessen des Börsenvorstandes überlassen bleibt, diese Anforderungen generell zu steigern. Magdeburg (§ 8) stellt die Zulassung ganz in das Ermessen der Handelskammer. Indessen ist bisher noch nirgends die Zulassung von dem Bedürfnisse nach einer Vermehrung der Zahl der Börsenbesucher (z. B. der freien Makler) abhängig gemacht worden. Diese Frage wird lediglich bei der Bestellung der Kursmakler durch die Landesregierung berücksichtigt. Immerhin ist doch jetzt vielfach der zulassenden Stelle die Möglichkeit gegeben, auf die für das ordnungsmäßige Funktionieren der Börse und im Interesse der Börsenbesucher selbst für manche Börsen so dringend wünschenswerte größere Exklusivität auch hinsichtlich der Kreditfähigkeit hinzuwirken.

6. Zulassung im Ausland. Im Auslande findet sich eine der deutschen Zulassung zum Börsenbesuche entsprechende Einrichtung nur bei denjenigen Börsen, die nicht ausschließlich der spezifisch börsenmäßigen Betätigung eines geschlossenen Kreises von auf diese Art der Betätigung beschränkten Händlern (reinen Börsenhändlern) sondern ebenso wie die deutschen Börsen der Geschäftswelt überhaupt oder den Angehörigen einer bestimmten Branche zur Erleichterung des Geschäftsverkehrs dienen, an denen sich daher jeder zur Branche gehörige in seiner Art betätigen kann, und die insbesondere auch die Bank- und Bankierwelt in sich aufnehmen. Soweit diese Börsen, wie Amsterdam, Wien, Zürich korporativ organisiert sind, fällt die Aufnahme in die Vereinigung mit der Zulassung zum Börsenbesuch zusammen. In Zürich bedarf es dazu staatlicher Bewilligung. Hingegen haben die angelsächsischen und lateinischen Wertpapierbörsen ausschließlich den Zweck, Käufe und Verkäufe außenstehender, am Wertpapier als Spekulationsobjekt oder Kapitalanlage interessierter Kreise zu vermitteln unter Beschränkung der Börsenmitglieder auf den Abschluß mit einem anderen Börsenmitglied im Auftrag und für Rechnung Außenstehender (reine Börsenkommissionäre, Agent de change, *broker*, s. d.) oder als Eigenhändler (dealer oder jobber s. u. *broker*) unter Verweisung der Bank- und Bankierwelt in die Rolle des Auftraggebers. Die aus siebzig staatlich ernannten, beamteten Agents de change (ihrem Wesen nach reine Börsenkommissionäre) bestehende Bourse de Paris hält ihre Börsenzusammenkünfte zwar vor der Öffentlichkeit ab (neuerdings bedürfen Ausländer für den Eintritt in den Börsensaal einer Erlaubniskarte der Polizeibehörde), aber nur, um den Interessenten Gelegenheit zu geben, den Verlauf des Handels zu verfolgen und Aufträge zu erteilen, ohne sich aber selbst unmittelbar am Börsenhandel beteiligen zu dürfen. In London und in New York finden die Börsenzusammenkünfte der zu autonomen Korporationen zusammengeschlossenen Börsenhändler unter Ausschluß Dritter statt. Eine Zulassung zum Börsenbesuch in unserem Sinne kommt also bei diesen Börsen nicht in Frage (*vgl. die die einzelnen Börsen betreffenden Art.*).

Literatur: SCHACHER, GERHARD: Handbuch der Weltbörsen. Stuttgart 1931. — SALING: Börsen-Papiere, 1. Teil, Die Börse und die Börsengeschäfte. Berlin und Leipzig 1928. — GÖPPERT: Das Recht der Börsen. Berlin 1932, §§ 19ff. — Deutsches und ausländisches Börsenwesen. Bankwiss. Halbmonatsschr. für Bank-, Börsen- u. Finanzierungsfragen 8, H. 9 (Berlin 1921).

HEINRICH GÖPPERT.

Börsenzulassung von Wertpapieren s. *Börsenrecht B II.*

Bolivien s. *Südamerika II.*

bona fides, der gute Glaube im Geschäftsverkehr.

bond (e) (langfristige) auf Inhaber lautende Obligation, meist gesichert, oft mit Zusatzrechten ausgestattet: mortgage b. Obligation mit hypothekarischer Sicherheit, Pfandbrief, collateral b. durch hinterlegte Effekten gesichert, equipment b. durch rollendes Material (Eisenbahnen) oder Schiffe (vgl. *Anleihen mit Zusatzrechten, Industrieobligationen, Rentenmarkt*), b. holder Obligationär vgl. Gläubigervertretung in Art. *Rentenmark 8.*

Bond department s. *amerikanischer Geld-Kapitalmarkt.*

Bon du trésor (f) = Schatzwechsel.

Bonifikation, Sondervergütung oder Sonderrabatt, insbesondere im *Emissionsgeschäft* (s. a. d. *II 2b*).

Bonität, Standing, Ruf von Personen und Firmen, Güte (Sicherheit) von Wertpapieren, insbesondere von Anleihen. Für Firmen vgl. *Auskunfteiwesen.* Eine Einschätzung der B. von Wertpapieren erfolgt durch das amerikanische *rating-system* (s. d., vgl. *Rentenmarkt*).

Bonitierungsverfahren s. *Landschaften.*

Bons de la défense nationale, als Anlage der Banken s. *Liquiditäts- und Anlagepolitik,* ferner *franz. Geldmarkt III.*

Bonus, Gewinn, Prämie, Zugabe (z. B. common stock b. bei preferred shares, Gratiszugabe von common shares bei der Emission von preferred shares), häufiger Extraausschüttung aus außergewöhnlichen Einnahmen, neben der regulären Dividende (z. B. Freigabebonus vieler deutscher Gesellschaften anläßlich der Amerika-Freigabe).

boom (e), plötzlicher geschäftlicher Aufschwung, Hausse.

Bordereau = Wertpapierverzeichnis, insbesondere als Begleitschein bei Lieferung von Wertpapieren mit Angabe von Gattung, Serie und Nummern der Stücke.

bosnische Anleihen (Valorisierung) s. *Valorisierung II.*

branch banking (e): Filialbankensystem vgl. *Federal Reserve System VII.*

Branchenbanken s. *Spezialbanken 3.*

Brasilianische Anleihen s. *Valorisierung I und II.*

Brasilien s. *Südamerika III.*

Braubank s. *Spezialbanken 3.*

Braunschweigische Staatsbank s. *Staatsbanken.*

Brief s. *Berliner Börse III.*

Briefhypothek s. *Hypothek.*

Briefkurs (vgl. *Geldkurs*) s. *Berliner Börse III,* s. *Kursbildung.*

Bringschuld, eine Schuld, die am Wohnsitz des Gläubigers zu erfüllen ist, so daß also der Schuldner den geschuldeten Gegenstand auf seine Gefahr und Kosten dorthin transportieren muß. Geld, die wichtigste Schuld, wird nach dem Gesetz im Zweifel stets als B. angesehen. Die beiden anderen Arten der Erfüllung einer Schuld sind die Schickschuld, wo der Schuldner sich durch ordnungsmäßiges Auf-den-Weg-bringen des geschuldeten Gegenstandes befreit, und die Holschuld, bei der der Gläubiger Kosten und Gefahr eines Transportes trägt und sich den geschuldeten Gegenstand beim Schuldner abholen muß.

Britisch-Indien s. *Asiatische Geld- und Kapitalmärkte.*

British Colonial Banks s. *Überseegeschäft 4.*

Broker (vgl. *Makler*). *1. Allgemeines.* Der Ausdruck „Broker" wird von einer englischen Autorität folgendermaßen definiert:

„Ein Agent zum Abschluß von Geschäften und Verträgen in Handels-, Industrie- oder Schiffahrtsangelegenheiten, zwischen dritten Personen für eine Entschädigung gewöhnlich ‚Brokerage' genannt."

Wird der Ausdruck streng korrekt angewendet, so ist unter einem B. ein Agent zu verstehen, nicht eine Geschäftspartei, d. h., er handelt im fremden Namen und für fremde Rechnung. Sein Profit besteht nicht in einem Verdienst aus dem Geschäftsfall selbst, sondern in einer vorher verabredeten Abgabe, Brokerage oder Kommission genannt. Er trägt also auch kein Verlustrisiko, ausgenommen, wenn seine Auftraggeber nach Durchführung des Geschäfts, das er für sie abgeschlossen hat, zahlungsunfähig sind.

Er ist meist nicht im Besitz der Ware oder sonstigen Güter, auf die sich das Geschäft bezieht, und hat kein Verfügungsrecht über sie, obzwar es vorkommen kann, daß er eine Zeitlang die Dokumente in seinem Besitz hat, die das Eigentum an dem Geschäftsobjekt beinhalten, wie es z. B. bei einem Sensal der Fall ist. Seine Aufgabe besteht darin, den Kontakt zwischen zwei Geschäftsparteien zustande zu bringen, die die volle Verantwortung für die Transaktion tragen und den B. nur für Fahrlässigkeit oder Betrug haftbar machen können. Kurz gesagt, er ist ein Agent, ein Mittelsmann zwischen Käufer und Verkäufer.

In England hat dagegen der Ausdruck „Broker" nicht immer die oben erwähnte Bedeutung, denn einer der wichtigsten Faktoren auf dem Geldmarkte ist gewöhnlich gar kein B., obwohl er so genannt wird. Wir sprechen von einem „Bill Broker" (Wechselagenten), während es sich tatsächlich um einen Wechselhändler (im eigenen Namen!) handelt. Überdies sind selbst bei den Typen von Leuten, die völlig zutreffend Agenten genannt werden, sehr verschiedene Geschäftsmethoden anzutreffen. Die Lage kann am besten durch eine Beschreibung der drei vorzüglichsten Typen, die in diesem Lande vorkommen, dargestellt werden. Zwei davon sind ausschließlich Agenten, während der dritte, obwohl B. genannt, tatsächlich ein selbständiger Kaufmann ist. Diese drei sind der Börsenmakler, der Devisenmakler und der Wechselmakler. Es ist vorerst nötig, die anderen Ausdrücke zu erklären, die sich auf den Berufskreis dieser Leute beziehen.

An der Börse ist die eine Partei das anlagesuchende oder spekulierende Publikum oder der berufsmäßige Spekulant, die andere Partei heißt „Jobber" und ist eine Einzelperson oder eine Firma, die in der Regel in einer bestimmten Type von Anlagen spezialisiert ist und die Wertpapiere als Eigentum besitzt und je nach den Bedingungen gewillt ist, entweder zu verkaufen oder seinen Besitz durch Zukauf zu vergrößern. Auf dem Devisenmarkte heißt der Agent Makler (broker). Auf dem Wechselmarkte ist der „Broker" selbst eine der Parteien.

2. Der Stockbroker (*Börsenmakler*) ist ein Agent, ein richtiger B. Er schließt Geschäfte mit den Jobbers ab für seine Auftraggeber, seine Klienten und das anlagesuchende Publikum. Die Börse oder Börsen in England können wir in zwei Gruppen einteilen, die Außenseiter (outside-broker) und die „Insiders". Die erste Gruppe besteht aus jenen Händlern und Agenten, die nicht Mitglieder einer anerkannten Börse sind, die Insider aus solchen, die Mitglieder der Londoner oder einer der Provinzbörsen sind. Mitglieder einer anerkannten Börse sind durch sehr strikte Regeln gebunden und unter die Mitglieder aufgenommen zu werden ist weder leicht noch billig.

An der Londoner Börse ist der Vorgang wie folgt: Wenn der Stockbroker von seinem Klienten den Auftrag erhält, einen bestimmten Wert zu kaufen oder zu verkaufen, fragt er bei einem „Jobber“ im „Haus“ (der Marktname für die Börse) an, zu welchem Preise er bereit wäre, den betreffenden Wert zu kaufen oder zu verkaufen. Der Jobber weiß nicht, ob der Agent zu kaufen oder zu verkaufen wünscht, und nennt nun zwei Preise. Wenn der Broker zufriedengestellt ist, schließt er auf der Basis des geforderten oder gebotenen Preises ab. Wenn nicht, versucht er es bei anderen Jobbers so lange, bis ihm ein Kurs genannt wird, der innerhalb der von seinem Klienten angegebenen Limits fällt oder der ihm zufriedenstellend erscheint, wenn kein Limit angegeben war. Er übergibt seinem Klienten eine Abrechnung, aus der die Gesamtsumme ersichtlich ist, die der Klient zu zahlen oder zu erhalten hat. Diese setzt sich zusammen aus den Kosten des Kaufs oder Verkaufs, plus oder minus der Kommission des Brokers, berechnet nach einer von der Börse publizierten Skala. Der Jobber erzielt einen Gewinn durch Einkauf bei einem niederen Preise als der zu dem er verkauft, oder er erleidet einen Verlust, wenn er auf einem Werte sitzen bleibt, für den er mehr gezahlt hat als er jetzt beim Verkauf erzielen könnte. Der Jobber trägt mithin ein gewisses Risiko, der Broker für gewöhnlich nicht.

3. *Devisenmakler* (*Foreign Exchange Broker*). Ein Devisenmakler ist ebenfalls ein wirklicher Agent. Ein Effektenmakler mag auf eigene Rechnung operieren (obwohl das ungebräuchlich ist), aber ein Devisenmakler tut dies niemals. Seine Aufgabe besteht darin, Käufer und Verkäufer in Geldsorten zusammenzubringen, um einen Markt in fremden Währungen zu kreieren. Die Geschäftsparteien sind in erster Linie Banken, die durch eine Abteilung speziell ausgebildeter Angestellten (dealer, in Deutschland „Händler“, Devisendisponent) ihre Geschäfte abwickeln. Es ist die Aufgabe des Dealers, Käufe und Verkäufe in fremden Währungen durchzuführen, per Kasse (spot) oder auf Termin (forward), für die Bank und ihre Kunden, und er hat die Verpflichtung, in keiner Währung „kurz“ oder „lang“ zu sein. Naturgemäß ist er es, der das Geschäft entriert, obzwar gar nicht wenig durch die Broker eingeleitet wird, die durch die Kenntnis der allgemeinen Bedürfnisse ihrer Klienten die Möglichkeiten sehen, eine Währung zu einem günstigen Kurs zu kaufen oder zur Verfügung zu stellen.

Geschäfte entstehen also meist aus Anfragen der Dealer der Banken bei einem Agenten um Preise für eine Währung, die sie zu handeln wünschen. Der Broker hält sich auf dem Laufenden über die allgemeine Situation des Marktes, aber auch mit allen Ereignissen, die geeignet sind, die Preise in einer oder der anderen Richtung zu beeinflussen. Er ist häufig im Stande, die Kursentwicklung einer bestimmten Währung mit ziemlicher Genauigkeit vorherzusagen und infolgedessen Geschäfte einzuleiten, welche sonst auf einen Kauf- oder Verkaufauftrag warten müßten. Im Gegensatz zur Effektenbörse ist es hier der Broker, nicht der Händler, der den Preis nennt. Der Händler entspricht dem Klienten des Börsenmaklers. Der Händler kann das Angebot akzeptieren oder nicht. Wenn er es tut, muß der Agent eine andere Partei finden, um das Geschäft abschließen zu können. Tatsächlich weiß er meist schon von einem, da er telephonisch ununterbrochen mit seinen vielen Klienten in Verbindung steht, so daß es gewöhnlich nur einige Sekunden oder höchstens Minuten dauert, bis das Geschäft abgeschlossen ist. Einen weiteren Umstand muß der Agent im Auge behalten: die zwei Kontrahenten müssen einander akzeptieren. Manche Händler wollen mit bestimmten anderen keine Geschäfte abschließen, und es ist Aufgabe des Agenten zu wissen, welche „Namen“ (welche „Aufgabe“), wie sie genannt werden, gegenseitig genommen werden. Händler lassen sich auf ein Geschäft ein unter der Voraussetzung, daß die andere Partei, die einstweilen noch unbekannt ist, ein ihnen akzeptabler „Name“ ist.

Ein Devisenagent wird durch eine Kommission entlohnt, ebenso wie ein Effektenmakler, aber im Gegensatz zur Börse gibt es keinen offiziellen Satz auf dem Devisenmarkte. Devisenagenten handeln mit ihren Klienten jeweils die Kommission, die sie bekommen sollen, aus.

4. *Wechselagenten* (*Bill Broker*). Im Gegensatz zu den vorherigen, ist ein Wechselagent ein Händler, ein selbständiger Kaufmann (obwohl es einige gibt, welche „running Brokers“ (laufende Händler) genannt werden, die einfach als Agenten auf einer Kommissionsbasis handeln). Er kauft Handels-, Bank- und Schatzwechsel und erzielt einen Gewinn, indem er sie zu einem höheren als dem Einkaufspreis weiterverkauft, oder er verliert, indem es ihm unmöglich ist, etwa infolge einer Änderung in den Zinssätzen, einen höheren Preis zu erzielen. Auf der anderen Seite mag er einen Verlust erleiden durch die Unmöglichkeit, Wechsel zu einem Satz zu verkaufen, der es ihm ermöglicht, einen Gewinn zu erzielen, wenn man den Zinsfuß in Betracht zieht, den er für sein Kapital zahlen muß. Denn er arbeitet mit geborgten Geld.

Die Wechsel erhält er von ausländischen und kolonialen Banken und verkauft sie an englische und schottische Banken, welche eine große Anzahl von ihnen der hohen Liquidität dieser Wechsel halber in ihrem Portefeuille halten. Das Geld, das er für die Wechsel zahlt, erhält er von denselben englischen und schottischen Banken, denen er die Wechsel verkauft. Der Agent nimmt die Verantwortlichkeit für diese Wechsel auf sich, seine Kenntnis der Aussteller und Akzeptanten in der ganzen Welt und seine Fähigkeit, die Entwicklung der Zinssätze vorauszusehen, ermöglichen es ihm, diese Verantwortung, die auf ungeschriebenem Übereinkommen beruht, zu übernehmen.

Er bildet eine Type von Zwischenhändler, der praktisch außerhalb Londons nicht vorkommt und jedenfalls nirgends anderswo in irgendeinem Umfang bekannt ist. Er ist es, der den Londoner Geldmarkt so verschieden von allen anderen macht. Anderswo besteht die Möglichkeit des Rediskonts bei dem Zentralnoteninstitut, aber während die Banken im Ausland nicht zögern, Wechsel zu rediskontieren, machen die englischen Banken von dieser Möglichkeit keinen Gebrauch. Wenn sie ihre (flüssigen) Mittel vermehren wollen, rufen sie, anstatt das Noteninstitut in Anspruch zu nehmen, ihre kurzfristigen Darlehen bei den Wechselagenten ab, die ihrerseits infolgedessen gezwungen sein können, sich an die Notenbank zu werden.

Literatur: Clare, G.: A money market primer. 4th edition by Maurice Megrah. Pitman 1933. — Greengrass, H. W.: The discount market in London. Pitman 1930. — Spalding, W. F.: The London money market. 4th edition. Pitman 1930 — Evitt, H. E.: Practical banking, currency and exchange. Part II. Pitman 1931. — Poley, A. P.: The history, law and practice of the stock exchange. Pitman 1932.

Maurice Megrah,
übersetzt von Edwin Pribram.

Bruchteilsgemeinschaft s. *Effektengiroverkehr 2.*

Brügge s. *Börsen 1*, s. *Geschichte des Bankwesens.*

Brüsseler Börse. *Entwicklung.* Noch 1830 übertraf die Bedeutung der Antwerpener Börse die von Brüssel. Ab 1835 beginnt der finanzielle Aufschwung, charakterisiert durch eine starke Zunahme der Aktien, während vorher Renten fast allein gehandelt wurden. — Gleichzeitig nimmt die Bedeutung von Brüssel zu, die dann ab 1855—1860 mit dem Aufschwung der Eisenbahngesellschaften und der Einführung ausländischer Werte (vor allem Eisenbahnprioritäten aus Südeuropa) ihren Fortgang nahmen. Anzahl der an der Brüsseler Börse notierten Werte: 1867: 199, 1875: 400, 1890: 670. 1900: 1500, 1913: 2200, 1930 : 3000.

Über Tätigkeitsgebiet und internationale Bedeutung der Brüsseler Börse vgl. *Belgien, Geld- und Kapitalmarkt.*

Organisation der belgischen Börsen. Träger des Geschäfts sind nicht die Banken, sondern die Agents de change, an die die Banken ihre Orders weiterleiten müssen. Die agents de change gewähren den Banken eine Rückvergütung (ristourne), gewöhnlich die Hälfte der Courtage. Die Makler sind übrigens keineswegs auf diese Vermittlertätigkeit allein angewiesen, sondern dürfen auch andere Geschäfte betreiben. Überhaupt sind nach dem Gesetz von 1867 die Börsen vollkommen unabhängig, und der Beruf eines Börsenmaklers unterliegt keinerlei Regelung.

Zutritt. Da das Börsengebäude Eigentum der Stadt ist, konnte die Stadtverwaltung eine Börsenordnung festsetzen, der nun alle zugelassenen Makler unterworfen sind. Diese Börsenordnung war lange Zeit so lückenhaft, daß auch wenig wünschenswerte Elemente an die Börse gelangten. Erst 1913 wurden die Bestimmungen verschärft (Zulassung nur auf Antrag von zwei Mitgliedern, Kaution, Vorbildung). Trotzdem ist die Zahl der Agents de change sehr hoch. Es gibt 1650 in Brüssel (gegen 900 1914, was schon damals zu viel war), abgesehen von den nicht offiziell zugelassenen Maklern, deren Zahl nicht feststellbar ist. Eine Neuregelung der Börsenzulassung ist im Sinne einer Verschärfung in Vorbereitung.

Die Zulassung von Wertpapieren unterliegt der Börsenkommission, die sich aus den Maklern zusammensetzt. Die Bildung eines Ausschusses nach Art der Zulassungsstelle der deutschen Börsen ist beabsichtigt. Die Zulassungsbedingungen sind recht milde. Mindestkapital der Gesellschaft muß 1 Million belg. Francs betragen, eine heute zu niedrige Ziffer. Ausländische Werte werden in der Regel zugelassen, wenn sie in ihrer Heimat notiert sind, ferner nur Obligationen solcher Gesellschaften, deren Aktien gleichfalls notiert sind. Der Terminmarkt ist trotz der lebhaften Geschäftsperiode 1926—1928 ziemlich eng. Hier sind 40 Werte notiert (in Berlin 86), aber nur 6—8 von ihnen haben einen lebhaften Markt, vor allem ausländische Elektrowerte und ihre Holdings, dann zwei große nationale Gesellschaften, Katanga (Kupfer) und Tubize (Kunstseide). Das belgische Recht gestattet den Einwand von Spiel und Wette; in der beabsichtigten Neuordnung aller Börsenfragen ist eine Regelung ähnlich dem deutschen Gesetz (vgl. *Börsenrecht*) vorgesehen.

Die Kursfestsetzung erfolgt ziemlich unkontrolliert durch die Kursmakler als „Cours moyen" usw.

Neben Termin- und Kassamarkt existiert noch ein Freiverkehr, bei dem die Kurse für die Kundschaft völlig unkontrollierbar waren. Dieser wurde vor ungefähr drei Jahren einer gewissen Kontrolle durch die Börsenkommission als Marché en Banque (vgl. *Pariser Börse*) unterstellt. Hier werden ungefähr 15 Werte notiert, während zahlreiche andere weiter im Freiverkehr blieben.

Notierungsweise, Ordererteilung und Spesen. Die Einteilung erfolgt für Aktien und Obligationen pro Stück in belgischen Francs; auch bei den festverzinslichen Werten versteht sich der Kurs tel-quel mit Ausnahme der belgischen Staatsanleihen. Die Courtage beträgt 2—$2^1/_2$ ‰ bei Staatsanleihen und 4 ‰ bei den anderen Werten. Bezugsrechte werden nicht offiziell notiert, was leider Unzuträglichkeiten zur Folge hat. Börsentransaktionen, sowie Zeichnung von Neuemissionen unterliegen noch einer Stempelsteuer von 1,1 ‰.

Literatur: Vgl. Angaben zum Artikel Belgien, Geld- und Kapitalmarkt, ferner C. Colinet: Les bourses des valeurs mobilières en Belgique. 1913. — G. Goens: Les opérations de bourse et les agents de change. 1930. — Handbuch: Recueil Financier (seit 1896).

B. S. Chlepner,
übersetzt von Paul Quittner.

Buchforderungen, in die Handelsbücher eingetragenen Forderungen (Außenstände) eines Kaufmanns. Sie sind diskontierbar, die Verpfändung von B. (in Österreich-Ungarn gehandhabt) hat sich in Deutschland nicht eingebürgert (s. a. *Buchschulden*).

Buchgeld vgl. *Umlaufsgeschwindigkeit der Bankdepositen.*

Buchhaltungssysteme s. *Innere Organisation*, vgl. *Bankbuchhaltung.*

Buchhaltungswesen s. *Innere Organisation u. Buchhaltungswesen.*

Buchhypothek s. *Hypothek.*

Buchkredit s. *Buchforderungen.*

Buchschuld, öffentliche Schuld, deren Beurkundung durch Eintragung in ein Schuldbuch, jedoch nicht durch Ausfertigung einzelner Anleihestücke erfolgt (s. a. *Buchforderungen*).

Buchungsmaschinen s. *Buchhaltungswesen.*

Buchungsmethoden, neue . . . in der *Bankbuchhaltung* (s. d.).

Buchwert, der Betrag, mit welchem ein Vermögenswert in den Büchern und der Bilanz geführt wird, zum Unterschied vom tatsächlichen Wert (dem gemeinen Wert, Marktwert, Verkehrswert). Über die diesbezüglichen Bewertungsvorschriften vgl. *Abschreibungen.*

Bucketshops (wörtlich „Eimerläden") sind die Bauernfänger des Bankgewerbes. Auf möglichst vertrauenerweckende Weise — entweder durch persönlich gehaltene Schreiben, sog. „wissenschaftliche Studien" oder durch persönlichen Besuch — werden von den B. unerfahrene Leute zu Effektenspekulationen in zweifelhaften Werten verleitet. Dabei wird stets ein sehr großer Gewinn vorgespiegelt. Fast immer verlieren die Hereingefallenen ihr Geld völlig, da sich die gekauften Aktien als völlig wertlos erweisen. Trotzdem ist gegen die B. strafrechtlich nur sehr schwer anzukommen, da sich die vorherige Betrugsabsicht kaum jemals nachweisen läßt. Daher hat in Deutschland der Zentralverband des Banken- und Bankiergewerbes die Bekämpfung der B. in die Hand genommen und es ist ihm gelungen, durch öffentliche Warnungen vor zweifelhaften Firmen das Bucketshops-Unwesen in Deutschland weitgehend auszurotten. Trotzdem tauchen immer wieder B. auf und es muß daher dringend gewarnt werden, mit Bankfirmen, die man nicht näher kennt, Geschäfte zu machen, insbesondere natürlich, wenn es sich dabei um unnotierte Werte handelt. — Sehr schlimm ist das Bucketshops-Unwesen in Holland, den Vereinigten Staaten und insbesondere in Frankreich, wo die geringen Anforderungen bei der Börsenzulassung es den B. erleichtern, die von ihnen lanzierten Werte zur offiziellen Börsennotiz zu bringen (s. a. *Kommissionsgeschäft 3*).

Budapester Börse s. *Ungarn, Geld- und Kapitalmarkt.*

Budgetierung in der Industrie vgl. *Konjunkturpolitik.*

Bücherrevisor s. *Revision der Bilanz 4.*

Bündel-Versicherung vgl. *Kreditversicherung.*

Buenos Aires (Börse von) s. *Südamerika I 2.*

Bürgschaft s. *Bürgschaftswechsel,* ferner s. *Avalkonto, Avalkredit.*

Bürgschaftswechsel. Ein auf Grund einer Bürgschaftsleistung zwecks leichterer Geltendmachung derselben gegebener Wechsel. Der Wechsel eignet sich als *abstraktes Schuldversprechen* (s. d. und *Wechselstrenge*) besonders gut für diese Aufgabe.

Bukarester Börse s. *Rumänien, Geld- und Kapitalmarkt 3.*

Bulgarien, Geld- und Kapitalmarkt. *1. Währungswesen.* Bulgarien hatte bis zum Weltkriege 1914 Goldwährung nach dem Münzfuße der Lateinischen Münzunion. Die Währungseinheit, der Lew (Mehrzahl: Lewa) = 100 Stotinki (Einzahl Stotinka) entsprach dem Nennwerte des Franken. 1914 wurde Papierwährung eingeführt. Am 22. November 1928 wurde die Währung gesetzlich stabilisiert und zwar auf der Basis von 92 Lewa = 1 g Feingold.

Die Bulgarische Nationalbank mit dem Hauptsitz in Sofia wurde 1879 mit dem Charakter einer ausgesprochenen Staatsbank, deren Aktienkapital in der Hand der Regierung war, gegründet. 1926 erfolgte durch besonderes Gesetz auf Wunsch der Finanzkommission des Völkerbundes und im Zusammenhange mit der Bulgarien gewährten Flüchtlingsanleihe die Umwandlung der Bank in ein selbständiges Unternehmen mit einem Aktienkapital von 1 Milliarde Lewa. Nach dem neuen Nationalbankgesetz, das am 1. Januar 1927 in Kraft trat, hat die Bank das Notenprivileg und die Aufgabe, die Stabilität der Währung zu sichern. Dies war durch eine große Anzahl recht weitgehender, besonders in dem Außenhandel einschneidender Devisenbestimmungen de fakto möglich, und zwar auf einer ungefähren Basis von 139 Lewa für den amerikanischen Dollar. Die Deckung der ausgegebenen Noten durch Gold, Silber oder Devisen muß $33^1/_3$% betragen. Zur Zeit herrschen strenge Ausfuhrverbote für Lewanoten.

2. Kapitalmarkt. Die Hauptaufgabe der Versorgung der bulgarischen Landwirtschaft mit kurz- und langfristigen Krediten und der Heranziehung ausländischer Kapitalien ist der „Banque Agricole", daneben auch den ebenfalls staatlichen beiden Institute, der „Banque Centrale Coopérative" und der „Banque Hypothècaire de Bulgarie", sämtlich mit Sitz in Sofia übertragen. Die Neuemissionen der bulgarischen Aktiengesellschaften betrugen im Jahre 1927: 383, 1928: 403, 1929: 748 und 1930 ca. 926 Millionen Lewa. Das gesamte eingezahlte Aktienkapital der bulgarischen Aktiengesellschaften stellte sich 1930 auf 4,5 Milliarden; hiervon stammten 1,2 Milliarden aus dem Auslande.

Ein normaler Börsenverkehr im west- und mitteleuropäischen Sinne besteht in Bulgarien nicht. Die Aktien einiger weniger Unternehmungen des Landes und ein Teil der bulgarischen Staatsanleihen werden an anderen Märkten, insbesondere in London und Prag notiert.

Nähere Angaben über bulgarische Wertpapiere finden sich in der bulgarischen Abteilung des Finanziellen Jahrbuches „Compaß". Über die Kapitalmarktverhältnisse usw. unterrichtet (neben den Mitteilungen der Nationalbank) K. D. SPISSAREVSKI: Le Bulgarie au Travail. Cinquante ans après, Marseille 1929.

G. S.

bull (e), Börsenausdruck: *Haussier* (s. d.).

bullion, Edelmetall in Barren vgl. *Münzwesen.*

— **report** s. *Bank of England I.*

Butenwährung s. v. w. Außenwährung s. *Währungswesen.*

by law (e), „Nebengesetz", Fachausdruck für Satzungen (Statuten) von Gesellschaften.

bz., bz B, bz. G. s. *Berliner Börse III.*

C.

Siehe auch K und Z.

C (auf englischen Schecks) = Country Clearing s. *Inkasso.*

C/A = capital account vgl. *Aktie als Wertpapier 1b.*

C.A = chartered accountant vgl. *Revision der Bilanz I.*

Cable transfer = telegraphische Auszahlung Newyork, wird an vielen Plätzen getrennt von „cheque New York" (briefliche Zahlung) notiert.

Caisse commune (abgek. CC) s. *Valorisierung II,* s. a. *Rentenmarkt 8.*

Caisses des Dépôts et Consignations s. *Sparkassen 14,* s. *französischer Geldmarkt III.*

Caisse nationale de Crédit agricole s. *Öffentlich-rechtliches Bankwesen 5.*

Caja de Credita Hipotecario s. *Öffentlich-rechtliches Bankwesen 10.*

Call loan rate,

— — **renewal rate** s. *amerikanischer Geld- und Kapitalmarkt A I.*

call (e), (Ab)ruf: money Geld auf (jederzeitigen) Abruf, Taggeld; put and call, Prämiengeschäft.

capital account s. *Aktie als Wertpapier 1b.*

carry-over, — forward (e) = Vortrag (in der Bilanz), Prolongation (Börse).

cash (e) = Kassa, bares Geld; daher cash dividend bar bezahlte Dividende, im Gegensatz zur stock dividend in Form von jungen Aktien (in USA. häufig).

Cassatorische Klausel, Vertragsbestimmung, wonach ein Vertragsgegner vom gesamten Vertrag zurücktreten kann, falls der andere irgendeinen Teil verletzt; insbesondere bei Verzug. Die C. K. ergäbe sich im allgemeinen schon aus den gesetzlichen Bestimmungen des Vertragsrechts; die Aufnahme in den Vertrag soll lediglich die Geltendmachung dieses Rücktrittsrechts erleichtern bzw. genauer umschreiben.

Centralverband des deutschen Bank- und Bankiergewerbes s. *Standesvertretungen A 1.*

Certificate (e) s. *Zertifikat.*

chairman (e) = Vorsitzender des Aufsichtsrats,

—**'s speach** (in der Generalversammlung) s. *Londoner Börse 3.*

chambre syndicale s. *Pariser Börse III.*

Chartal-Theorie vgl. *Geldtheorien.*

Charter (e) = Stiftungsurkunde, Patent, Konzession.

Chartered (Londoner Börse), Bezeichnung für British South Africa Company.

Siehe auch K und Z.

Chartered accountant s. *Revision der Bilanz I 2.*

cheque s. *Scheck.*

Chicago (Getreidemarkt) s. *Warenmärkte 2.*

Chile s. *Südamerika IV.*

China vgl. *Asiatischer Kapitalmarkt.*

cif. Unter c (charge-cost) sind zu verstehen alle Unkosten, die auf der Ware lasten bis „frei an Bord Abgangshafen". Hierunter fallen Eisenbahn- und Wasserfrachten, sonstige Transportkosten und Versicherung bis zum und im Verschiffungshafen, das Einladen und Verstauen ins Schiff, also alle Unkosten bis zu dem Zeitpunkt, an dem die Ware fertig ins Schiff verladen ist. i (insurance) bedeutet Versicherung des Gutes vom Abgangshafen bis zum vereinbarten Bestimmungsort, f (freight) die Fracht vom Abgangshafen bis zum Bestimmungsort. Bei einem cif-Verkauf sind alle unter „cif" genannten Kosten im Verkaufspreis enthalten, gehen also zu Lasten des Verkäufers.

Circa (als Zusatz zu limitierten Börsenorders) gibt dem Kommissionär einen gewissen Kursspielraum in der Durchführung, der durch die Usancen der betr. Börse festgesetzt ist.

circular letter of credit s. *Accreditiv.*

claim (e) = 1. Rechtsanspruch, 2. Mutung.

Clearing s. *bargeldloser Zahlungsverkehr 3,* vgl. *Abrechnungsverkehr.*

— **Abkommen** s. *Völkerrecht III,* s. *Devisenbewirtschaftung III.*

Clearing Bankers Deposit rate s. *deposit banks.*

— **House** s. *Abrechnungsverkehr,* vgl. *Umlaufsgeschwindigkeit der Bankdepositen.*

Clerk (e) Kommis, Kontorist; über den Ursprung des Wortes s. *Geschichte des Bankwesens II.*

collateral (e) = neben, zusätzlich; kommt im Bankwesen meist in Verbindung mit — bond usw. vor: Anleihe, gesichert durch Hinterlegung von Wertpapieren, die dann kurzweg selbst als c-s. bezeichnet werden.

collection s. *Federal-Reserve-System IV.*

— von Wechseln, Schecks u. ä. s. *Inkasso.*

Commenda s. *Geschichte des Bankwesens II.*

Commercial Letter of Credit s. *Akkreditiv I 3.*

— **paper,** etwa identisch mit dem deutschen Ausdruck „Wechselmaterial" s. a. *Federal-Reserve-System III,* s. *Amerikanischer Geld- u. Kapitalmarkt A 2.*

Commerzialisierung s. *Kommerzialisierung.*

Commission (e), als Spesen etwa gleichbedeutend mit „Provision" des deutschen Börsengeschäfts. Über ihre Höhe s. *Londoner Börse 4.*

common shares s. *Aktie als Wertpapier 1b.*

Common stock, die Gesamtheit der Stammaktien einer amerikanischen Gesellschaft. Die einzelne Aktie heißt common share (engl. ordinary share), meist (seit 1912) ohne Nennwert (without par value) (s. a. *Aktie 1*).

common wealth (e), Gemeinwesen, Staat, insbes. Föderativ-Staat, Staatenbund, z. B.

— **of Australia,** Australischer Staatenbund, s. *Australien.*

Compagnie Parisienne de Réescompte s. *Diskontmarkt 5.*

Compass, Finanzielles Jahrbuch s. *Handbuchwesen.*

Comptoir Nationale d'Escompte s. *Liquidations- und Anlagepolitik V.*

Comptroller der *Bank of England* s. d. *II 1.*

— **of the currency** = Währungskommissar s. *Federal Reserve-System II 1,* s. a. *Bankenaufsicht II 4.*

Consolidated. 1. Vereinigt (häufiger Bestandteil von Gesellschaftsnamen. 2. Konsolidiert (bei Anleihen fundiert, bereinigt, vgl. *Consols*). 3. — balance, — profit and loss acc. „zusammengezogene Bilanz", bzw. Gewinn- und Verlustrechnung, Vorschrift für die Aufstellung von Konzernbilanzen (Mutter- plus Tochtergesellschaften) in USA.

Consols, die wichtigste englische Staatsanleihe, in übertragner Bedeutung auch in andern Ländern verwendet, z. B. „Preußische Consols" (s. a. *Staatsanleihen,* s. a. *Geschichte des Bankwesens III,* vgl. *Schuldensenkung*).

Contango, der Ausdruck der Londoner Börse für Report (vgl. a. *England, Geld- und Kapitalmarkt II 5* und *Effektentermingeschäft.*

contingent (e), bedingt, Fachausdruck für nicht feststehende Bilanzposten.

— **liabilities,** bedingte (aufgeschobene) Verpflichtungen, die z. B. erst bei Erzielung gewisser Mindesterträge wirksam werden (s. a. *Federal-Reserve-System VIII*).

Conto a metà s. *Metageschäft,* vgl. *Arbitrage 1.*

Contract Stamp (e), Schlußscheinstempel.

Convertible bonds s. *Anleihen mit Zusatzrechten,* s. a. *Emissionsgeschäft II, 4.*

Corbeille s. *Pariser Börse IV.*

Corn exchange, Name der dritten und weitaus kleinsten New Yorker Effektenbörse, hervorgegangen aus einer Produktenbörse.

Corner s. *Schwänze.*

Corporation of Foreign Bondholders s. *Rentenmarkt 8.*

Coulisse s. *Pariser Börse.*

Coulissier s. *Kommissionsgeschäft 2.*

Council of Foreign Bondholders s. *Valorisierung* sowie *Rentenmarkt 8.*

Country Clearing s. *Inkasso.*

country rate s. *deposit banks.*

Coupon s. *Kupon.*

Couponssteuern s. *Rentenmarkt 1,* s. *Kapitalertragssteuer.*

— in Frankreich s. *Pariser Börse IV.*

Cours faits (fr.), **Corsi fatti** (it.), an den lateinischen Börsen Bezeichnung für „vorgefallene Abschlüsse", etwa „bezahlt".

Courtage s. *Makler.*

covenant, ein feierlicher, durch Siegel ratifizierter Vertrag, auch Verb. to c. (in Anleihetexten).

C. P. A. = Certified Public Acconntant vgl. *Revision der Bilanz 2.*

Crédit Commercial de France s. *Liquidations- und Anlagepolitik V.*

Crédit Foncier. In Frankreich ist im Gegensatz zur Entwicklung des Hypothekarkredits in Deutschland ein für das gesamte Land und sogar für einige Kolonien zentral organisiertes System mit staatlichem Charakter geschaffen worden, das dem Grundbesitzer, sowohl städtischen als auch ländlichen, die Aufnahme langfristig amortisierbaren Hypothekarkredits ermöglicht.

Durch eine Verordnung vom 28. Februar 1852 wurde der Präsident der Republik ermächtigt, die Gründung von Realkreditinstituten zu genehmigen, sofern sie die Hergabe amortisierbarer Hypotheken zum Geschäftszweck wählen. Der Sinn dieser Verordnung war die Anbahnung einer allmählichen Entschuldung des Grundbesitzes und die Stabilisierung des Realkredits mit staatlicher Hilfe. Bereits am 28. März 1852 wurde die auf Grund des Ermächtigungsgesetzes gegründete „Société de crédit foncier" vom Präsidenten zugelassen. Ihr Geschäftskapital betrug 25 Millionen Frcs., wovon 10 Millionen bereits gezeichnet waren. Aufgabe des Unternehmens war der Absatz von Bodenobligationen und die Gewährung von baren Darlehn. Sehr bald entstanden ähnliche Banken, aber schon im

Dezember 1852 wurde der Banque foncière de Paris vom Präsidenten das Monopol eingeräumt. Die anderen Institute mußten mit ihr fusionieren, während gleichzeitig die Banque foncière ihren Geschäftsbereich mit einem Filialsystem bei allen Departements auszudehnen hatte. Der neue Name des auf Filialen gestützten ganz Frankreich umfassenden Instituts lautete „Crédit foncier de France". Das Kapital wurde wiederholt erhöht. Am 24. Juni 1854 schoß der Staat neues Geschäftskapital ein und unterstellte durch Gesetz die Anstalt der Aufsicht des Finanzministers.

Vor dem Kriege betrug das Gesellschaftsvermögen 250 Millionen Frcs. Es setzte sich aus 50000 Aktien zu je 500 Frcs., die sämtlich voll eingezahlt waren, zusammen. Laut Statut mußte der Nominalbetrag des Aktienkapitals stets 5% der erfolgten Emission von Obligationen entsprechen. Die Bank durfte ihr Aktienkapital durch weitere Emission von Aktien zu je 500 Frcs. erhöhen, sobald die in Umlauf gesetzten Obligationen 5% des Aktienkapitals überstiegen. Über die Zusammensetzung des Aktienkapitals bestanden sehr genaue Vorschriften. Mindestens 25% mußten in französischen Staatsrenten oder anderen Schuldverschreibungen des französischen Staates angelegt werden. Höchstens weitere 25% durften in Liegenschaften für Grundstücke der Filialen oder aus Darlehn an Kolonien und Schutzgebiete oder aber schließlich aus lombardfähigen Effekten bestehen. Mit dem Rest durften Hypotheken oder Kommunaldarlehen gewährt, laufende Guthaben mit hypothekarischer Sicherheit eröffnet oder aber Boden- oder Kommunalobligationen bestimmter Art erworben werden. Im Laufe der Zeit ist die Verfügungsmöglichkeit über jenen Rest des Aktienkapitals mehr und mehr erweitert worden. Man hat insbesondere die Lombardierung von Effekten, die von der Banque de France als lombardfähig angesehen werden, die Diskontierung von Warenwechseln, die das Giro des C. f. tragen, sowie die Diskontierung von Orderpapieren hinzugenommen. Schließlich ist insofern noch eine gewisse Elastizität ermöglicht worden, als aus dem Aktienkapital auch geschuldete Zinsraten und der Ankauf subhastierter Objekte zwischenfinanziert werden dürfen. Die Leitung des Unternehmens untersteht dem Gouverneur, der zusammen mit zwei Untergouverneuren, Geschäftsführern und hinzugewählten Aufsichtsratsmitgliedern den Verwaltungsrat führt. Dieser Verwaltungsrat wird von der Generalversammlung der Aktionäre bestellt. Er darf nicht mehr als 23, nicht weniger als 20 Mitglieder umfassen, von denen alljährlich $^1/_5$ ausscheiden. Die Generalversammlung besteht aus den 200 größten Aktionären. Ihr können nur solche Aktienbesitzer angehören, die drei Monate vorher ihre Aktien bei der Kasse des C. f. hinterlegt haben, und die vom Verwaltungsrat in die von ihm aufzustellende Liste aufgenommen sind. Die Generalversammlung ist stimmberechtigt, sofern mindestens 40 von den 200 Großaktionären mit mindestens 10% aller ausgegebenen Aktien anwesend sind. Den Vorsitz der Generalversammlung führt der Gouverneur. Auf 40 Aktien entfällt eine Stimme. Die Abstimmungen erfolgen mit einfacher Mehrheit. Der Geschäftsbericht des C. f. umfaßt heute eine große Zahl verschiedener Kreditarten. Im Vordergrunde stehen langfristige Amortisationskredite mit 10 bis 75 Jahren Laufzeit gegen erststellige Hypothek. Der Zinsfuß betrug vor dem Kriege 4,85%. Sofern 75 Jahre Laufzeit vereinbart wurden, betrugen Zinsen und Amortisation zusammen nur 4,99%. Die Hypotheken dieser Art konnten jederzeit zurückgezahlt werden. Die Taxprinzipien sahen eine Beleihung bis zu 50% des Taxwertes mit Einschränkungen für die Beleihung von Wald und Weinbergen sowie Fabriken und Werkstätten vor. Daneben werden kurzfristige Hypotheken mit 1 bis 9 jähriger Laufzeit ausgegeben. Sie sind nicht vor Fälligkeit rückzahlbar und grundsätzlich nicht amortisierbar. Der Zinsfuß betrug vor dem Kriege 4,85%. Neben diesen beiden hauptsächlichen Kreditarten wurden vom C. f. Darlehn an Provinzen und Gemeinden sowie öffentliche Körperschaften langfristig und kurzfristig zu einem Durchschnittszinssatz von 4,3% vergeben. Die Pfandbriefemission oder die Emission von Bodenobligationen erfolgte jeweils in Höhe der gewährten Kredite, jedoch mit der Maßgabe, daß die Summe des Grundeigentums und der Kommunaldarlehn nicht überschritten werden darf. Bis zur Verwendung muß der Erlös aus den Emissionen in französischen Staatsrenten oder Schatzscheinen, Kommunalschuldverschreibungen oder Eisenbahnobligationen angelegt werden. Die Bank richtet daneben Kontokorrentkredite gegen hypothekarische Sicherheit ein. Sie gewährt Darlehn im französischen Nordafrika, Meliorationsdarlehn, übernimmt die Aufbewahrung und Verwaltung von Wertpapieren, beleiht Wertpapiere und vermietet Bankfächer. Nicht zuletzt nimmt die Bank Depositen gegen einen vor dem Kriege bestehenden Zinssatz von $^1/_2$% entgegen. Das Volumen für Depositen war vor dem Kriege mit 125 Millionen Frcs. begrenzt. Für die Anlegung dieser Depositengelder war festgesetzt, daß 25% in laufender Rechnung dem Schatzamt überwiesen werden mußten, und daß der Rest in französischen Staatsrenten und Schatzscheinen anzulegen war, oder daß er zur höchstens 90tägigen Beleihung von Pfandbriefen des C. f., von lombardfähigen Effekten oder von Banque de France-fähigen Warenwechseln benutzt werden durfte. Vom Reingewinn werden vorweg 5% des Aktienkapitals als Dividende an die Aktionäre ausgeschüttet. Sodann erfolgt eine Zuweisung von mindestens 5, höchstens 20% an den Reservefonds, während der dann noch verbleibende Rest wiederum als Dividende zur Ausschüttung gelangt. Der Reservefonds darf zur Zahlung der Mindestdividende angegriffen, muß später jedoch wieder aufgefüllt werden.

Der C. f. ist das Vorbild für deutsche Hypothekenbanken auf Aktien, die in der zweiten Hälfte des vorigen Jahrhunderts, also rund 100 Jahre(!) später als die ausschließlich dem ländlichen Realkredit dienenden *Landschaften* (s. d.), gegründet wurden, gewesen. Er hat nur 20—25% ländliche Beleihungen durchgeführt, während das Schwergewicht im städtischen Realkreditgeschäft liegt.

Karl Brandt.

Crédit Lyonnais s. *Persönlichkeit + Organisation im Bankgewerbe 8*, vgl. *Liquiditäts- und Anlagepolitik V.*

Credit Mobilier. 1. Die Bezeichnung „Credit Mobilier" ist hergeleitet von dem im Jahre 1852 von den Brüdern Pereire ins Leben gerufenen Pariser C. M. (s. u.). Sie ist in gewissem Maße üblich geworden für den auf dem europäischen Kontinent im Anschluß an das Pariser Vorbild entwickelten Banktypus, der durch die Kombinierung des laufenden Bankgeschäfts mit dem Finanzgeschäft charakterisiert wird. So unzweifelhaft das Bedürfnis nach einer einheitlichen Benennung dieser Bankenkategorie, der bis zur Krise des Jahres 1931 die bedeutendsten kontinentalen Banken angehörten, auch war, ist doch keine der von der Literatur vorgeschlagenen Bezeichnungen für diese Art Banken vom fachlichen Sprachgebrauch einheitlich akzeptiert worden. Hierher gehören neben der Bezeichnung „Credit Mobilier" die Bezeichnung „Mobilbanken" (vom Verfasser eingeführt) „Effektenbanken" (Sattler, Metzler, Nussbaum u. a.), „Kreditbanken" (Schulze-Gaevernitz und Somary).

Siehe auch K und Z.

2. Die epochemachende Bedeutung des Pariser C. M. für die Ausbildung des modernen kontinentalen Bankwesens macht das Eingehen auf seine Geschichte, das Studium seiner Auswirkungen unentbehrlich für das Verständnis der heute bestehenden Bankorganisation und für die Beurteilung ihrer künftigen Entwicklung. Das kontinentale Bankwesen, wie es in die Krise des Jahres 1931 eintrat, war nicht etwas systematisch geschlossenes, es war etwas historisch gewordenes. Am Ausgangspunkt dieser historischen Entwicklung steht der Pariser C. M. Es ist schwer begreiflich, daß die besten und gangbarsten Darstellungen des Bankwesens und der Bankpolitik diese historischen Grundlagen ihres Darstellungsgegenstandes zu vernachlässigen pflegen, ohne deren Erkenntnis das Bestehende nicht verstanden und gewürdigt werden kann.

3. Die Gründer des Pariser C. M. hatten im Sinn eine Bank zu schaffen, die der nach Überwindung der Folgen der Napoleonischen Kriege wieder aufblühenden Wirtschaft die zu ihrer Fortentwicklung notwendigen Kapitalien zuführen sollte. Die erste Hälfte des Jahrhunderts hatte durch die Erfindung der Dampfmaschine und die Einführung der Eisenbahnen zwei gewaltige Instrumente des wirtschaftlichen Fortschrittes geschaffen. Das Bankwesen der Zeit schien diesem technischen Fortschritt nicht gefolgt zu sein. Es war in der ganzen ersten Hälfte des Jahrhunderts beherrscht von den Privatbankiers, an deren Spitze den an den bedeutendsten europäischen Plätzen etablierten Firmen des Hauses ROTHSCHILD. Neben den führenden Privatbankiers traten die auf die Notenemission und das Hypothekengeschäft beschränkten Notenbanken und einige wenige andere öffentliche Bankinstitute lokaler Bedeutung, wie sie etwa in Berlin und Brüssel bestanden, an Bedeutung für das Finanzgeschäft zurück.

An diesem Zustand des europäischen Bankwesens fand die Saint-Simonistische Schule (s. Literaturangaben) ein dankbares Objekt ihrer Kritik der bestehenden Gesellschafts- und Wirtschaftszustände. Die Saint-Simonisten propagierten die Popularisierung der Aktie als das tauglichste Mittel den breiten Massen den Zutritt zu den Resultaten des wirtschaftlichen Aufschwungs zu verschaffen und zugleich die Aufbringung jener gewaltigen Kapitalien zu ermöglichen, die zur Verwirklichung ihrer der Zeit und ihren Möglichkeiten weit voraneilenden Pläne erforderlich schienen. Das Saint-Simonistische Ideal war die sog. planwirtschaftliche Organisation der Volkswirtschaft. Werkzeug der Wirtschaftsregelung und Wirtschaftskontrolle sollte ein System von Banken sein, daß durch Kreierung und Verwaltung von Aktien und Obligationen die neue Wirtschaft aufbauen und beherrschen sollte. An der Spitze dieses Systems sollte eine zentrale Bank stehen, die die Regierung in der materiellen Welt sein sollte („Représentant le gouvernement dans l'ordre matériel"). Ihre Aufgabe sollte gleich einem obersten sowietistischen Wirtschaftsrat die Planung, Entwicklung und Leitung der gesamten nationalen Produktion sein.

So sah zumindest das Bankprojekt nach dem Saint-Simonistischen Programm aus, das zu Anfang der dreißiger Jahre in ganz Europa mehr Staub aufwirbelte, als manche sozialistischen Pläne vorher und nachher. Als zu Anfang der fünfziger Jahre die beiden Brüder EMILE und ISAAC PEREIRE, die am Ausbau der Saint-Simonistischen Bankideen den führenden Anteil gehabt hatten, in die Lage kamen, das Programm der Schule zu verwirklichen, da geschah etwas, was auch nicht zum ersten und letzten Male in der Geschichte sozialistischer Pläne vorgekommen ist. Die neue Bank, der Credit Mobilier, der das neue Reich des Saint-Simonistischen Programms hätte verwirklichen und beherrschen sollen, wurde in den Händen seiner Leiter ein Werkzeug persönlicher Macht. Der C. M. ist im Gegensatz zu den Utopien der Saint-Simonistischen Schule ein geradezu typisches Instrument kapitalistischen Wirtschaftens geworden.

4. Der C. M. (mit seiner vollen Firmenbezeichnung „Société Générale de Credit Mobilier") begann seine Tätigkeit auf Grund einer am 20. November 1852 publizierten Autorisation der französischen Regierung. Im Gefolge der PEREIRE finden wir unter den Gründern der Bank einige der klangvollsten aristokratischen Namen der Epoche, darunter ein Mitglied der Zarenfamilie, daneben einige führende Namen der Bankwelt jener Zeit. Die Bank gab sich äußerlich als eine Aktienbank, wie sie auch schon in der vorhergehenden Epoche da und dort für beschränkte Zwecke ins Leben gerufen worden waren. Aber ihr Geschäftsprogramm, wie es in der beispielslosen, ganz Europa aufwühlenden Propaganda ihrer Gründer zum Ausdruck kam, sprach deutlich die Sprache der Saint-Simonistischen Schule. Das wichtigste Ideenstück des Saint-Simonistischen Bankprojektes, das Obligationenprojekt, bildete das Kernstück des Statutes der Bank. Hiernach sollte der C. M. berechtigt sein, bis zur Hälfte der von der Bank in Wertpapieren angelegten Beträge eigene Bankobligationen auszugeben, mit der Maßgabe, daß diese Obligationen jederzeit in voller Höhe durch den Wert des Effektenportefeuilles gedeckt sein mußten und ihr Höchstbetrag das Zehnfache des jeweiligen Aktienkapitals nicht übersteigen sollte. In Ziffern ausgedrückt, eröffnete diese Statutenbestimmung der Bank die Möglichkeit, auf Grund des Anfangskapitals von 60 Millionen Frcs. (Goldfranken!) 600 Millionen, ja nach der im Jahre 1866 durchgeführten Aktienkapitalsverdoppelung bis 1200 Millionen Goldfranken Wertpapierkäufe durch Emission von Obligationen zu finanzieren. An den Kapitalverhältnissen der damaligen Zeit gemessen, stellt das Obligationsprojekt des C. M. eine gigantische Konzeption Saint-Simonistischer Prägung dar, dessen Verwirklichung der neuen Bank eine weitgehende Beherrschung der französischen Wirtschaft gesichert hätte.

5. Auch die geschäftlichen Aktien des C. M., die in dem seiner Gründung folgenden Jahrzehnt die Sensation Europas bildeten, zeigen eine neuartige, bis dahin unbekannte Konzeption und eine Verknüpfung der Einzelprojekte mit zentralgerichteten Leitideen, die ganz offenbar aus der Gedankenfabrik der Saint-Simonistischen Schule herstammten. Gleich am Anfang der Tätigkeit des C. M. stehen eine Reihe bedeutender, für ihre Zeit beispielgebender Finanzgeschäfte. Neben großen Eisenbahnfinanzierungen finden wir Obligationsemissionen des Credit Foncier, der Société de la Vieille Montagne, die Fusion der Pariser Gasgesellschaften, die Verschmelzung der Pariser Omnibusgesellschaften, die Gründung der Société des Immeubles de la Rue Rivoli, der Compagnie Générale Maritime (später übergegangen in die Compagnie Générale Transatlantique). Im Jahre 1855 folgte das erste ausländische Geschäft, die Gründung und Finanzierung der Société Autrichienne des chemins de fer de l'état (Österreichische Staatsbahn). Dann schritt der C. M. zum Aufbau eines Netzes affilierter Banken im Ausland durch die Gründung des C. M. Espagnol, des C. M. Italien, der Société Générale Neerlandaise, der Banque Ottomane und der International Financing Company in London. Der C. M. nahm auch an den Staatsrentengeschäften der Zeit entsprechenden

Anteil, doch blieb das Eisenbahn- und Industriefinanzgeschäft stets der wichtigste Teil seiner Tätigkeit.

Die weitere Geschichte des C. M. seines Aufstieges und Niederganges ist gekennzeichnet durch ein fortwährendes Ringen heterogenster Motivationen: der utopischen, planwirtschaftlichen Ideen, die an seiner Wiege gestanden hatten, mit den geschäftlichen Interessen der seine Geschicke lenkenden Personen, die mit der Zeit mehr und mehr in den Vordergrund traten. Die Bank, der es so an innerer Einheitlichkeit der Geschäftsführung fehlen mußte, sah sich zudem der Konkurrenz der sie umgebenden kapitalistischen Welt gegenübergestellt, die ihr, da sich ihr Obligationsprojekt nicht verwirklichen ließ, an Kapitalskraft gewachsen, an Erfahrung und Konsequenz der geschäftlichen Führung überlegen war. Gegenüber den brillanten, neuartigen Ideen, die vom C. M. ausgingen und gegenüber der berauschenden Sprache seiner Reklame, deren Wirkung mehr als ein Jahrzehnt ganz Europa unterlag, gewann allmählich die Routine des eingesessenen Bankierstandes, die Sprache der nüchternen Ziffern die Oberhand. Dies um so leichter, als die Privatbankiers, vor allem die Rothschild, klug und unternehmend genug waren, von den Ideen der Pereire und von ihren Geschäftsmethoden diejenigen zu übernehmen, die ihnen für einen gesunden Fortschritt der Wirtschaft geeignet erschienen (Gruppierung größerer Kapitalskraft durch Syndikatsbildung, Finanzierung von Großunternehmungen durch Emission von Aktien im Publikum unter Einschaltung der Börsen, schließlich, wie z. B. im Falle der Österreichischen Creditanstalt, Gründung von „Credit Mobiliers" an bedeutenden Kapitalsplätzen unter Rothschildscher Patronanz).

Gegen alle diese Einflüsse der Außenwelt, zudem noch gegen die Einwirkung der großen Wirtschaftskrise von 1857, führten die Pereire ihre Bank mit einem Elan und einem Unternehmungsgeist, wie er vordem in Europa nicht gesehen worden war. Der Erfolg gab ihnen zunächst recht. Die Börsen nahmen die vom C. M. patronnierten Werte willig auf, das Publikum, das andere verdienen sah und mitverdienen wollte, folgte nach. Der C. M. schien eine neue Epoche nie dagewesener Prosperität für die ganze Welt eröffnen zu wollen. Dann aber kam, was in allen großen Unternehmungen unvermeidlich ist. Es gab Fehlschläge da und dort, die sich, wie bei der Konstruktion des Geschäfts der C. M., ja schon nach dem zugrundeliegenden Saint-Simonistischen Plan unvermeidlich, mit aller Schärfe auf alle an den Börsen notierten, im breiten Publikum placierten Papiere der Pereireschen Emissionen auswirken mußten. Der C. M. hatte, indem er die breiten Massen zur Finanzierung seiner Geschäfte herangezogen hatte, diese zugleich zu Richtern seiner geschäftlichen Erfolge gemacht. Die Bank versuchte in dem Maße, als sich die Gunst und das Vertrauen des Publikums von ihr abwendeten, die ihr nahestehenden Unternehmungen aus eigenen Mitteln und aus ihr anvertrauten Depositen zu finanzieren mit dem Resultat einer steigenden Imobilisierung, die im Jahre 1867, als ein Plan 75000000 Frcs., die die Bank dringend zu ihrer Flottmachung brauchte, im Wege einer dreijährigen Anleihe im Publikum aufzubringen, fehlschlug, zu einer akuten Krise führte. Die Banque de France gewährte ihre Hilfe nur um den Preis des Rücktrittes der Brüder Pereire von der Leitung des C. M. Es folgte eine Reorganisation, die der Bank die Fortexistenz auf wesentlich verkleinerter Grundlage gestattete. Nach einer Periode, die durch mehrere weitere Kapitalsreorganisationen und wenig glückliche geschäftliche Operationen gekennzeichnet war, wurde die Bank endlich im Jahre 1902 liquidiert. Ihr Name lebte in einem kleineren Bankinstitut des Pariser Platzes noch einmal auf, um endlich in den Tagen, da dies geschrieben wird, durch Fusion dieser neuen Bank mit einem anderen Institut des Platzes zum Erlöschen zu kommen.

6. Als der Pariser C. M. mit dem Ausscheiden der beiden Brüder Pereire im Jahre 1867 seine große Epoche beendete, war der „Credit Mobilier" als Idee, als neuartige Bankform, längst über seinen Ausgangspunkt hinausgewachsen. An allen größeren Kapitalplätzen Europas waren inzwischen C. M. entstanden, gegründet und aufgebaut nach den Pereireschen Ideen. Sie waren Kinder des Pereireschen Geistes, mochten sie ihr Entstehen einer Expansion des C. M. selbst verdanken oder das Werk von Nachahmern, ja Feinden des C. M. sein.

Der erste Schritt zur Verpflanzung der im C. M. verkörperten Ideen über die Grenzen Frankreichs hinaus, geschah mit der Gründung der „Bank für Handel und Industrie" in Darmstadt, oder wie sie kurz genannt wurde, „Darmstaedter Bank", die gleichfalls in diesen Tagen ihre selbständige Existenz beendet hat. Die treibende Kraft bei dieser Gründung, ihr erster Leiter war Gustav von Mevissen, ein deutscher Jünger der Saint-Simonistischen Ideen. Die Statuten der Darmstaedter Bank (eingeschlossen die Obligationenidee) waren vom C. M. kopiert, ein leitender Beamter des C. M. wurde Mitglied ihrer ersten Direktion. Geschäftsprogramm und Geschäftstätigkeit folgten dem Pariser Vorbild in der ersten Zeit getreulich, bis, wohl unter dem Einfluß der 1857er Krise, die Tendenz zum Durchbruch gelangte, bei Aufrechterhaltung der Kombination des laufenden Geschäfts mit dem Finanzgeschäft, dem ersteren mehr und mehr die führende Stellung einzuräumen. Mit dieser Umgestaltung des Typus des C. M., die zugleich eine bedeutende Verbesserung war, wurde die Darmstaedter Bank für die weiteren, in Nachahmung des Pariser C. M. in Europa entstandenen Banken vorbildlich.

Bald nach Gründung der Darmstaedter Bank erfolgte bei drei bereits vorher bestandenen Bankinstituten von Rang eine Umbildung des Geschäftsprogramms in der Richtung des C. M.: bei der Société Générale in Brüssel, beim A. Schaaffhausenschen Bankverein in Köln (hier unter direktem Einfluß Gustav von Mevissen) und bei der Direction der Discontogesellschaft in Berlin. An vielen Plätzen Deutschlands kam es zu Neugründungen, die sich offen als Nachahmung des C. M. bekannten. Hierher gehören die „Mitteldeutsche Kreditbank" in Meiningen und die „Allgemeine Deutsche Creditanstalt" in Leipzig neben mancher anderen, deren Namen seither in Vergessenheit geraten ist. Die bedeutendste und in vielfacher Hinsicht interessanteste Gründung dieser Art, war die Österreichische Creditanstalt für Handel und Gewerbe in Wien, die vom Hause Rothschild ins Leben gerufen wurde, das nicht zögerte, hier in voller Nachahmung des Pariser C. M. ein Institut zu schaffen, das zur geschäftlichen Konkurrenzierung seines Vorbildes an einem der wichtigsten Kapitalplätze des damaligen Europa gedacht war. Auf die Geschicke der Creditanstalt in den ersten Jahren ihres Bestandes hat neben dem Pariser Vorbild auch schon das Beispiel der von den Leitern der Darmstaedter Bank geübten Geschäftspolitik eingewirkt. Die Politik der Bank wurde gleich der der Darmstaedter Bank auf ein Vorwiegen des regulären Bankgeschäftes gegenüber dem laufenden Bankgeschäft gerichtet und das Prinzip aufgestellt, Dividenden nur aus Gewinnen des laufenden Geschäfts zu zahlen, die Gewinne des Finanz-

Siehe auch K und Z.

geschäfts jedoch zur Reservebildung zu verwenden. Dieses Prinzip wurde von der Creditanstalt bis zum Ausbruch des Weltkrieges eingehalten und seine Einhaltung im jährlichen Geschäftsbericht der Bank ausdrücklich ziffernmäßig ausgewiesen.

7. Es kann nicht wundernehmen, wenn die Tatsache, daß die Krisen der letzten Jahre gerade die bedeutendsten C. M. nicht nur in Deutschland und in Österreich, sondern auch in anderen Ländern schwer geschädigt haben, mutige Diagnostiker der Krise zu einer Verurteilung dieses Banktypus geführt hat. Der Verfasser möchte glauben, daß es für dieses Urteil reichlich früh ist und möchte davor warnen, vorschnell an Stelle historisch gewachsener, also offenbar natürlicher und notwendiger Organismen neue Konstruktionen aus dem Boden zu zaubern, gegen deren theoretische Berechtigung sich nichts sagen läßt, die aber ihre praktische Bewährung im realen Raume einer normalen Wirtschaft erst werden beweisen müssen. Die Geschichte des C. M. als Spezies ist nicht zu Ende.

Vgl. *Persönlichkeit und Organisation im Bankgewerbe 6*; ferner *Industrie und Banken.*

Literatur: KAUFMANN, EUGEN: Das französische Bankwesen. Tübingen 1911. — PLENGE, JOH.: Gründung und Geschichte des Credit Mobilier. Tübingen 1903. — SATTLER, HEINRICH: Die Effektenbanken. Leipzig 1890 — STEINER, F. G.: Die Entwicklung des Mobilbankwesens in Österreich (insbesondere Kap. IV). Wien: Carl Konegen 1913. — Die Banken und der Wiederaufbau der Volkswirtschaft. Wien: Manz 1921. — Saint-Simonistische Ursprünge des modernen Bankwesens. Bank-Arch. 30, 15 (Mai 1931).

F. G. STEINER.

„Crédit National pour faciliter la Réparation des dommages causées par la guerre“ s. *Öffentlich-rechtliches Bankwesen 5.*

criée, à la, s. *Pariser Börse IV.*

crore, indische Rechnungseinheit (in Bilanzen usw.) = 10 Millionen Rupien, geschrieben 1,00,00,000.

Crossed Cheque s. *Bargeldloser Zahlungsverkehr 3.*

Cunliffe Committee s. *England, Geld- und Kapitalmarkt III.*

curb (e), eigentlich: Rand-, Bordstein eines Bürgersteigs, im übertr. Sinne Bezeichnung für die zweite New Yorker Börse (vgl. *New Yorker Börse 1*).

currency, 1. Laufzeit (eines Wechsels), 2. Umlaufsmittel, Währung, Valuta.

Currency-Notes (wörtlich Umlaufsnoten) hieß das seit 1914 vom englischen Schatzamt ausgegebene Staatspapiergeld. Die C. traten an Stelle der eingezogenen Goldmünzen. Sie waren nicht einlösbar, während die Noten der Bank von England an Stelle von Gold in C. einlöslich gestellt wurden (s. a. *Bank of England I 3*).

currencyprincip s. *Geldtheorien*, vgl. a. *Notenbankausweise I a.* — **controlled c.** s. *Währungswesen.*

Current assets (e), liquide Aktiva, liquide Mittel.

— **liabilities,** laufende Verbindlichkeiten, kurzfristige Schulden.

D.

D-Banken, Bezeichnung der meisten Berliner Großbanken, nach dem Anfangsbuchstaben ihres Firmennamens, also ursprünglich: Darmstädter Bank, Deutsche Bank, Diskonto-Gesellschaft, Dresdner Bank. Durch die Fusion der Deutschen Bank mit der Diskonto-Gesellschaft im Jahre 1929 bürgerte sich die Bezeichnung DD-Bank für das neue Institut ein. Durch die Fusionen des Jahres 1932 (Bankensanierung!) dürfte die Bezeichnung D. sehr an Prägnanz eingebüßt haben, da neben der DD-Bank nur noch eine D-Bank, die Dresdner Bank, existiert.

Dachgesellschaft s. *Holdinggesellschaft.*

Dänemark, Geld- und Kapitalmärkte, s. *Skandinavische Länder IV.*

Damno s. *Agio.*

Danzig, im Versailler Frieden von Deutschland abgetreten, seit 1920 Freie Stadt unter dem Schutz des Völkerbundes. Es ist innenpolitisch weitgehend souverän, wird jedoch außenpolitisch durch Polen vertreten und mußte auch eine Zollunion mit Polen eingehen. Der einst blühende Handelsverkehr in D., der es zum größten Ostseehafen der Vorkriegszeit machte, ist durch den von Polen forzierten Ausbau des Konkurrenzhafens Gdingen auf polnischem Staatsgebiet schwer geschädigt worden, aber noch immer sehr bedeutend (direkte Verbindungen mit allen Ostseehäfen, der Nordsee, Nordamerika und England). Währung: D. Gulden zu 100 Pfennig. Ursprünglich im Verhältnis 25:1 auf das Pfund basiert, wurde der D. Gulden im Herbst 1931 vom Pfund abgehängt und auf Gold basiert. Bankwesen: noch immer vornehmlich in deutschen Händen, alle deutsche Großbanken, sowie einige Privatbanken haben Niederlassungen in D.; daneben als D. Institute Bank von D. (Staatsbank) und D. Hypothekenbank. Alte Warenbörse seit 1921 auch kleine Effektenbörse.

Darlehen s. *Kredit II d.*

Darlehenskasse. Eine (meist staatliche) Stelle, welcher die Kreditgewährung nach bestimmten Richtlinien obliegt. In Deutschland Bezeichnung für die im August 1914 errichteten Kriegs-Darlehenskassen, welche durch Kreditgewährung bzw. durch Ausgabe der Kriegs-Darlehens-Kassenscheine die zu erwartenden Störungen im Wirtschaftsleben mindern sollten. Infolge der bald einsetzenden Belebung infolge der Kriegslieferungen und der Vermehrung des Notenumlaufs war die Tätigkeit auf ihrem eigentlichen Gebiet verhältnismäßig gering. Dagegen wurden sie durch Lombard von Kriegsanleihen indirekt einer der Träger des Kreislaufs derselben und so in weit stärkerem Maße als durch die Darlehensgewährung eine der Quellen der Inflation bis 1918.

Darmstädter Bank, Gründung nach dem Vorbild des *Credit Mobilier* (s. d. *6*), vgl. *D-Banken,* s. a. *Industrie und Banken I.*

Datowechsel, ein auf eine bestimmte Zeit nach dem Tag der Ausstellung gestellter Wechsel.

Dauernde Beteiligungen als Einnahmequelle in der Bankbilanz s. *Erträgnisse des Bankgewerbes II 3.*

Dawesanleihe: die zur Mobilisierung der Zahlungen aus dem Dawes-Plan 1924 international emittierte Anleihe in Höhe von 800 Millionen Mark. Obwohl der Erlös nicht Deutschland zufloß, ist sie eine Verbindlichkeit des Deutschen Reiches.

Dawesplan. Der D. entstand auf der im Winter 1923/24 in London unter Vorsitz des Amerikaners DAWES tagenden Sachverständigenkonferenz und war bis zum Inkrafttreten des *Youngplans* (s. d.) im Jahre 1930 in Kraft. Seine wesentlichsten Vorschriften waren: Verzicht auf alle Sanktionen und Pfänder. Die Reparationskontrolle beschränkt sich auf eine Überwachung der deutschen Finanzen durch den „Generalagenten für die Reparationen" PARKER GILBERT, der aber keine Machtmittel gegenüber Deutschland hat, sowie auf die Kontrolle der Reichsbank und der neu zu gründenden Reichsbahngesellschaft. Deutschland zahlt steigende Summen, die im Jahre 1930 mit $2^1/_4$ Milliarden den Normalbetrag erreichen. Zur Sicherung wurde auf die gesamte deutsche Industrie eine „Aufbringungsumlage" in Höhe von 5 Milliarden RM. gelegt, die jährlich mit 5 % zu verzinsen und mit 1 % zu tilgen war.

day to day money (Taggeld) s. *deposit banks.*

Dealer s. *Broker 3.*

Debentures (e), Schuldverschreibungen privater Unternehmen, kürzerfristig als *bonds* (s. d.), selten zusätzlich gesichert. In England häufiger als in USA., wo bonds überwiegen.

Debetsaldo s. *Saldo.*

Debitoren s. *Bilanz.*

Decharge = Entlastung (z. B. des Aufsichtsrats durch die Generalversammlung).

Deckung des Notenumlaufs s. *Notenbankausweise.*

Deckungsfähige Devisen s. *Notenbankausweise II.*

Deckungsgeschäft, jedes zur Sicherung gegen Verluste aus einem laufenden Engagement dienende Geschäft, so der *Devisenswap* (s. d.), insbesondere auch die Glattstellung von Leerengagements an der Börse.

— **kauf** (bei Lieferung von Waren usw.) daher die anderweitige Beschaffung zu Lasten des säumigen Lieferanten (§ 376 HGB.).

— **masse** s. *Hypothekenbankgesetz 3.*

— **mittel** s. *Devisenwährung* und *Goldwährung,* vgl. *Notenbankausweise I* sowie *Notenbankpolitik.*

— **stock-Prämienreservefonds** vgl. *Privatversicherung II 2.*

Découvert (fr.), durch starke Leerverkäufe entstandener Stückemangel, der für die Leerverkäufer (die „Kontremine") gefährlich wird, wenn die Haussepartei versucht, sie in die Enge zu treiben (Corner, *Schwänze* [s. d.]).

deed s. *Hypothek.*

deferred shares s. *Aktie als Wertpapier 1c.*

Deflation s. *Währungswesen,* s. *Währungsstabilisierung,* s. a. *Papierwährung 4.*

Delcredere, Risiko an Außenständen (Debitoren), daher D.-Konto oder D.-Reserve, Rückstellung für etwaige Ausfälle bei erteilten Krediten.

— **Provision** s. v. w. *Kreditprovision.*

— **Versicherung** s. *Kreditversicherung.*

Demand accounts s. *Federal Reserve System III.*

Demonetisierung, Ausdruck, der vor allem im Zusammenhang mit dem Schicksal des *Silbers* (s. d.) gebraucht wird: Einbuße des Charakters als Währungsmetall. Umgekehrt: Remonetisierung, Wiederherstellung dieses Charakters.

Den danske Landmansbank s. *Skandinavische Länder IV.*

Denomination (e) = Nennwert, Stückelung.

department store banks s. *Federal Reserve System VII.*

Report s. *Reportgeschäft 1.*

deposit accounts s. *deposit-banks.*

Deposit Banks. Das englische Banksystem bietet wahrscheinlich das beste Beispiel eines Depositenbanksystems. Unter „Englischem Banksystem" ist das gegenwärtig in England, Schottland und den Vereinigten Staaten von Amerika bestehende System zu verstehen. Es zeigt die vollkommenste Durchbildung des Depositenbankgedankens in der Welt, was andeutet, daß Großbritannien und die Vereinigten Staaten in der Entwicklung des Scheckzahlungssystems, im Gegensatz zu der Barzahlung am weitesten vorgeschritten sind. „Bankwesen" bedeutete früher in den meisten Ländern, daß Banknoten den größten Teil der Zahlungsmittel bildeten. Dies ist noch immer der Fall, wenn auch vielleicht in geringerem Grad. Jedenfalls werden Schecks als Zahlungsmittel für private Schulden nirgends in dem gleichen Ausmaß verwendet wie in Großbritannien und den Vereinigten Staaten, wobei Deutschland von allen übrigen Staaten vielleicht am weitesten in dieser Richtung vorgeschritten ist.

Das Wesen einer Depositenbank besteht in der Entgegennahme von Einlagen, die mittels Scheck entweder jederzeit auf Verlangen oder nach vorhergegangener Kündigung abgehoben werden können, und in ihrer Wiederanlage in den verschiedensten Formen. Da diese Einlagen nur kurzfristige, wenn nicht jederzeit fällige sind, muß bei ihrer Anlage auf hohe Liquidität geachtet werden; tatsächlich bildet diese Liquidität zurzeit das kennzeichnende Merkmal des englischen und amerikanischen Bankwesens. Dies hat zur Folge, daß die Anlage hauptsächlich in der Form von kurzfristigen Darlehen erfolgt.

Nahezu alle Banken Großbritanniens sind Depositenbanken; zumindestens nehmen alle Einlagen entgegen, wenn das auch nicht immer ihren Hauptgeschäftszweig darstellt. Das alleinige Recht zur Notenausgabe in England und Wales besitzt die Bank of England; in Schottland zirkulieren dagegen auch Noten schottischer Banken und auf der Isle of Man die einiger englischer Joint Stock Banks. Die Bank of England nimmt Einlagen entgegen, vergütet aber keine Zinsen darauf (ausgenommen, wie es heißt, auf ausländische Guthaben). Die joint stock banks (worunter die Londoner Clearing Hauser und die Lancashire-Banken zu verstehen sind) vergüten Zinsen auf laufende Rechnung nur nach Übereinkommen, wobei die Höhe des Zinsfußes von der Größe des Guthabens, der Zeit, für die es gebunden ist, und dem individuellen Geldbedarf der betreffenden Bank an dem betreffenden Zeitpunkt abhängt. Aber im allgemeinen und für den größten Teil dieser Einlagen werden Zinsen auf Einlagen mit siebentägiger Kündigungsfrist zu der London Clearing Bankers Deposit Rate — durchschnittlich 2 % unter dem niedrigsten Diskontsatz der Bank of England — vergütet, oder zu der sog. „country rate", ein fester Satz von $2^1/_2$%. Der Bank of England-Zinsfuß oder „Bank Rate", ist der niedrigste Satz, den die Bank of England andern als ihren eigenen Kunden für den Diskont akzeptierter Wechsel anrechnet.

Eigene und fremde Mittel. Daß ein hoher Grad von Liquidität wünschenswert ist, wird klar, wenn man das Verhältnis zwischen eigenen und fremden Mitteln betrachtet (auf „laufenden Konten" und Depositenkonten). Nach der unten angeführten Zusammenstellung der Midland Bank, Ltd. (vom 30. Juni 1931) betrug die Summe des Kapitals und der Reserven der zehn Londoner Clearing-Banken £ 135121553 (oder das £ zu RM. 20 gerechnet, RM. 2700000000), während die Summe der Anlagen £ 809511635 (RM. 36000000000) ausmachte. Daraus ergibt sich ein Verhältnis von ungefähr 1 : 13,4. Beiläufig mag hier erwähnt werden, daß der Ausdruck: „deposit accounts" auf solche Summen angewendet wird, die bei einem Bankier angelegt entweder jederzeit auf Verlangen oder mit einer bestimmten Kündigungsfrist abgehoben werden kön-

London Clearing Banks.

Actual Position on June 30, 1932 (Black Type). — *Average weekly figures during June 1932 (Italics).*

Bank	Capital Paid Up	Reserve Fund	Current, Deposit and other Accounts	Acceptances, Engagements, etc.	Coin, Bank Notes and Balances with Bank of England	Ratio: Cash to Current, Deposit & other A/cs.	Balances with, and Cheques in course of Collection on other Banks in Great Britain and Ireland	Money at Call and Short Notice	Investments	Bills Discounted	Advances	Liabilities of Customers for Acceptances, Engagements, etc.	Bank Premises	Investments in Affiliations
	£	£	£	£	£	%	£	£	£	£	£	£	£	£
Midland	**14,248,012**	**11,500,000**	**383,179,078**	**12,186,668**	**40,407,197**	**10.5**	**11,485,976**	**17,892,453**	**73,227,328**	**60,717,042**	**187,124,929**	**12,186,668**	**10,778,104**	**7,294,061**
	14,248,012	*11,500,000*	*383,014,817*	*13,087,420*	*41,197,507*	*10.8*	*9,476,702*	*17,056,866*	*69,102,635*	*63,359,688*	*190,433,209*	*13,087,420*	*10,842,161*	*7,294,061*
Barclays	15,858,217	10,250,000	341,894,137	4,910,379	44,300,080	13.0	8,417,463	20,432,070	71,821,386	41,245,600	167,831,192	4,910,379	7,265,304	6,689,259
	15,858,217	*10,250,000*	*338,535,987*	*5,643,755*	*38,288,994*	*11.3*	*7,586,386*	*20,184,518*	*71,258,271*	*45,710,903*	*168,063,055*	*5,643,755*	*6,863,629*	*6,688,448*
Coutts & Co.	1,000,000	1,000,000	17,022,747	551,616	1,970,467	11.6	701,237	2,088,000	4,311,377	1,645,503	7,894,163	551,616	412,000	
	1,000,000	*1,000,000*	*16,893,750*	*558,750*	*1,489,500*	*8.8*	*537,500*	*1,866,750*	*4,151,750*	*2,495,000*	*7,973,250*	*558,750*	*380,000*	
Glyn, Mills & Co.	1,060,000	530,000	31,657,253	1,864,856	4,903,914	15.5	989,140	5,183,450	9,359,944	610,844	11,739,961	1,864,856	460,000	
	1,060,000	*530,000*	*30,969,000*	*1,858,000*	*3,417,000*	*11.0*	*775,000*	*4,920,000*	*10,999,000*	*472,000*	*11,515,000*	*1,858,000*	*461,000*	
Lloyds	15,810,252	7,500,000	336,685,354	33,028,000	36,308,598	10.8	10,439,395	24,708,981	48,624,307	64,030,910	163,734,154	33,028,000	7,928,645	4,225,587
	15,810,252	*7,500,000*	*330,893,193*	*35,907,670*	*39,485,771*	*11.9*	*7,546,769*	*22,988,756*	*46,261,693*	*61,174,429*	*163,821,245*	*35,907,670*	*7,299,347*	*5,000,935*
Martins	4,160,042	2,900,000	76,293,511	3,387,234	8,025,171	10.5	2,314,010	6,731,638	23,680,204	6,924,869	32,775,813	3,387,234	2,917,516	
	4,160,042	*2,900,000*	*74,950,860*	*3,635,608*	*7,642,682*	*10.2*	*1,929,431*	*6,296,189*	*22,313,198*	*8,193,195*	*32,744,486*	*3,635,608*	*2,908,622*	
National	1,500,000	1,015,000	38,468,938	39,950	3,296,493	8.3*	—	4,751,726	15,777,127	1,825,237	15,812,293	39,950	772,041	
	1,500,000	*1,015,000*	*37,801,000*	*40,000*	*3,051,000*	*7.8**	*230,000*	*4,529,000*	*15,743,000*	*1,844,000*	*15,405,000*	*40,000*	*771,000*	
National Provincial	9,479,416	8,000,000	262,638,164	6,272,340	27,848,149	10.6	8,230,645	15,578,064	39,243,723	44,759,803	134,772,774	6,272,340	7,170,422	2,514,000
	9,479,416	*8,000,000*	*257,130,801*	*6,204,937*	*26,217,871*	*10.2*	*8,359,562*	*14,282,125*	*38,615,971*	*45,536,014*	*131,910,682*	*6,204,937*	*7,173,992*	*2,514,000*
Westminster	9,320,157	7,500,000	270,531,020	22,553,514	31,218,299	11.5	7,832,604	23,424,727	54,115,458	44,648,642	117,311,914	22,553,514	5,820,831	2,991,926
	9,320,157	*7,500,000*	*265,860,964*	*24,711,109*	*27,609,382*	*10.4*	*7,187,040*	*19,634,390*	*53,663,685*	*47,146,652*	*118,605,938*	*24,711,109*	*5,856,388*	*2,991,926*
Williams Deacon's	1,875,000	800,000	29,008,990	1,602,077	3,109,354	10.7	1,103,965	4,279,381	7,619,267	1,589,585	12,932,801	1,602,077	1,049,637	
	1,875,000	*800,000*	*28,313,981*	*1,572,997*	*2,920,459*	*10.3*	*857,186*	*3,746,960*	*7,619,267*	*1,725,998*	*13,068,317*	*1,572,997*	*1,050,794*	
Total for 10 Banks, *June 1932*	74,311,096	50,995,000	1,787,379,192	86,396,634	201,387,722	11.3	51,514,435	125,070,491	347,780,120	267,998,035	851,929,994	86,396,634	44,574,500	23,714,833
	74,311,096	*50,995,000*	*1,764,364,353*	*93,220,246*	*191,320,166*	*10.8*	*44,485,576*	*115,505,554*	*339,728,470*	*277,657,879*	*853,540,182*	*93,220,246*	*44,236,933*	*24,489,370*
Total for 10 Banks, *June 1931*	74,311,096	60,810,457	1,809,511,655	116,914,421	202,859,813	11.2	58,738,348	135,182,691	290,174,437	261,638,926	929,316,422	116,914,421	42,684,168	25,357,429
	74,311,096	*60,810,457*	*1,781,926,176*	*115,946,642*	*187,448,188*	*10.5*	*48,992,323*	*134,791,886*	*288,425,101*	*265,726,568*	*924,596,824*	*115,946,642*	*42,612,199*	*25,776,688*

* Ratio of Cash to Notes in Circulation and Current, Deposit and other Accounts.

nen, über die aber nicht mittels Scheck verfügt werden kann, was, genau genommen, nur bei „laufenden Konten" zulässig ist.

Gliederung der Einlagen. Der Prozentsatz der gesamten Einlagen, welche jederzeit fällig sind, bewegt sich vermutlich zwischen 50 und 60%. Der jüngst veröffentlichte Bericht des Komitees für Finanz und Industrie gibt (S. 37) den Anteil der laufenden Konten an den gesamten Einlagen im Jahre 1930 mit 52,9% an, während der Anteil der „Einlagen" 47,1% betrug. Ein kleiner Teil der letzteren besteht aus jederzeit fälligen Einlagen, der größere Teil dieser 47,1% jedoch aus Konten, die auf 7 oder 14 Tage, auf 1, 2, 3 oder 6 Monate gebunden sind. Die Clearing-Banken nehmen Einlagen selten für länger als sechs Monate und fast niemals für ein ganzes Jahr entgegen. Die Tatsache, daß der größere Teil der gesamten Einlagen jederzeit oder nach nur siebentägiger Kündigung rückzahlbar ist, erklärt, warum langfristige Anlagen für sie kaum in Frage kommen.

Liquiditäts- und Anlagepolitik. Tatsächlich halten die englischen Banken ca. 11% ihrer Einlagen absolut flüssig bereit in der Form von Münzen, Banknoten und Guthaben bei der Bank von England. Es mag hier Erwähnung finden, daß jede der Clearing-Banken ein laufendes Konto bei der Bank von England unterhält, über welche ihre gegenseitigen Forderungen täglich verrechnet werden. Die Bilanzziffern sind per 30. Juni 1931 in der nebenstehenden Tafel angeführt.

Abgesehen von diesen Summen, die bar bereitgehalten werden, sind weitere 7% in jederzeit fälligen oder kurzfristig gebundenen Verbindlichkeiten angelegt. Diese bestehen in Darlehen an den Geldmarkt oder an die Börse, die je nach ihren Fälligkeitsfristen Übernacht-Geld (overnight), tägliches Geld (day-to-day) oder Sieben-Tage-Geld (sevenday) heißen. Die Wechselportefeuilles der Londoner Joint Stock-Banken werden von einer Klasse von Zwischenhändlern versorgt, die ein Charakteristikum des Londoner Marktes bilden und sonst fast unbekannt sind, die sog. „Bill Brokers" (s. u. *Broker*). Diese kaufen Wechsel der ausländischen und kolonialen Banken und der größeren Export- und kolonialen Handelsfirmen des Landes und verkaufen dieselben an die englischen und schottischen Banken. Ihr Kapital erhalten sie von derselben Klasse von Banken, denen sie ihre Wechsel verkaufen, und diese Banken legen also nicht nur ihre flüssigen Mittel in Darlehen an die Bill Brokers an, sondern erhalten durch diese auch ihre nächstflüssigen Anlagemöglichkeiten. Kurzfristige Darlehen werden außerdem auch an der Börse untergebracht, und diese zusammen mit den früher in diesem Absatz erwähnten bilden die in der Rubrik: „Jederzeit fällige und kurzfristig gebundene Darlehen" angeführte Gesamtsumme.

Darlehen an Bill Brokers, sowohl tägliche als auch wöchentliche, verzinsen sich in der Regel mit 2% unter dem jeweiligen Banksatz. „Übernacht"-Geld und einige wenige Summen, die für längere als siebentägige Termine gebunden werden, bringen „was ihr Marktpreis ist". Tägliches und wöchentliches Geld (market money) unterscheidet sich von „über nacht" und längeren Terminen dadurch, daß ersteres gewöhnlich verlängert zu werden pflegt, letzteres aber nicht.

Die nächste Anlage, nach dem Grade der Liquidität angeordnet, besteht aus den „diskontierten Wechseln" (bills discounted). Diese setzen sich zusammen aus Schatzwechseln und kommerziellen Wechseln, und machen weitere 14% aus, wenn man ihre Summe (£ 216638962) in Prozenten der gesamten Einlagen ausdrückt. Diese Wechsel werden, wie vorhin erwähnt, von den Bill Brokers angekauft, sind ein ständig umlaufendes Guthaben und bilden eine Anlage, die im Normalfall automatisch binnen ein bis drei Monaten liquidiert wird. Kriegsfälle ausgenommen, in denen die Handelsbeziehungen zwischen den einzelnen Staaten gänzlich abgebrochen werden, sind daher nahezu ein Drittel der gesamten Verbindlichkeiten der englischen Banken ihren Einlegern gegenüber, sei es auf laufende Rechnung oder gebundene Konten, für alle praktischen Zwecke so gut wie Bargeld.

Die größten Einzelposten unter den Anlagen sind die „Darlehen" (advances). Man kann sie angesichts der dafür bezahlten Zinsen — meist $^1/_2$—1% über dem Satz der Bank von England — als die wichtigste Kategorie unter den Aktiven der Bank bezeichnen. Angesichts der Verschiedenheit dieser Darlehen bilden sie den wichtigsten, und man kann wohl sagen, schwierigsten Teil des ganzen Geschäftes. Darlehen werden auch hier, dem Gebot und der Tradition von Liquidität zufolge, nur für eine beschränkte Zeit gewährt, gewöhnlich für sechs oder zwölf Monate. Englische Banken betrachten es nicht als ihre Aufgabe, Kapital für dauernde Anlage beizustellen, sondern nur Betriebskapital auf eine begrenzte Zeit, und jedes Ansuchen um Kredit auf längere Zeit würde unter normalen Umständen abgewiesen werden. Andere Typen von Institutionen befassen sich mit der Beschaffung von Kapital für Daueranlage, so z. B. die Baugenossenschaften oder Versicherungsgesellschaften, ganz abgesehen von dem investierenden Publikum. Man darf aus dem Vorstehenden nicht schließen, daß die Banken niemals Geld länger als zwölf Monate ausleihen. Ein Kredit mag jahrelang immer wieder verlängert werden, aber das Recht des Bankiers, ihn jederzeit nach Kündigung abzurufen, ist immer in dem Darlehensvertrag (also schriftlich) ausdrücklich gewahrt. Es wird ferner darauf geachtet, daß er Geschäft mit ständigem Umsatz (also nicht für Anlagezwecke) benötigt wird, das sein Eigenkapital aufs äußerste ausnützt, aber dabei nicht unter Kapitalsknappheit leidet. Darlehen dieser Art machen über 50% der gesamten Einlagen aus, und jedes Darlehen wird mindestens einmal alle zwölf Monate einer genauen Prüfung unterzogen.

Gedeckt sind diese Kredite auf die verschiedensten Arten, von Börsenpapieren bis zu Häusern, Lebensversicherungspolicen, Bürgschaften usw. Es wurde bereits erwähnt, daß das englische System keine langfristigen Darlehen erlaubt, folglich können keine Mittel in Hypotheken für eine lange Reihe von Jahren festgelegt werden. Kredite für die Landwirtschaft beispielsweise nehmen die Form kurzfristiger Vorschüsse auf Vieh oder Ernte an. Es wird auch kein Geld zum Ankauf von Häusern allein vorgestreckt, wenn nicht jede Gewähr dafür besteht, daß das Darlehen ein temporäres bleibt. Die andere Funktion wird sinngemäß von Baugenossenschaften und Versicherungsgesellschaften übernommen, dagegen wird viel immobiler Besitz von den Banken als Deckung für kurzfristige Kredite akzeptiert.

Zinsspanne. Man kann feststellen, daß die Gelder, welche die Banken aufnehmen, und diejenigen, die sie ausleihen, zu einem Satze aufgenommen und ausgeliehen werden, der im wesentlichen von dem Satz der Bank von England abhängt, wobei der Einlagezinsfuß 2% unter und der Darlehenszinsfuß $^1/_2$—1% über diesem Satze liegt.

Langfristige Anlagen. Die restlichen 18% — mit Ausnahme von ungefähr 3%, die aus „Guthaben und Schecks, eingereicht zur Einlösung bei anderen Banken in Großbritannien und Irland" bestehen, — finden sich unter den Titeln „Investitionen, Bankgebäude und Beteiligungen". Die ersteren bestehen hauptsächlich „aus einer Mischung von lang- und kurzfristigen Obligationen und Aktien (großenteils Britische Staatsanleihen)" (zitiert aus dem Macmillan-Report, S. 36). Der Zweite versteht sich von selbst, die eingesetzten Ziffern bleiben wesentlich hinter dem Marktwert der Gebäude der Bank und ihrer Filialen zurück. Der Dritte gibt den Buchwert der Aktien gewisser Banken, welche in Schottland, Irland, dem Festland und den Dominions operieren, an, soweit sich diese Aktien im Besitz der englischen Joint Stock Banks befinden.

Organisation. Die Banken Großbritanniens und Irlands sind nach dem Filialbankensystem organisiert, d. h. die Organisation besteht aus relativ wenigen Banken, die mittels eines Netzes von Filialen das gesamte Geschäftsgebiet erfassen. Die Zentralen der englischen Banken befinden sich zum großen Teile in London, obwohl die „Lancashire"-Banken ihren Hauptgeschäftssitz in Liverpool oder Manchester haben. Einige Banken haben als Zwischeninstanz Hauptfilialen für ein bestimmtes Gebiet (also Gruppenbildung) mit einer „Provinzdirektion", die aber ihrerseits bezüglich der Geschäftspolitik oder bei Darlehen von einer ansehnlichen Höhe unter der Kontrolle der Direktoren in London steht. Andere zentralisieren alles in London. Die Mitglieder der Geschäftsleitung heißen General Managers, die entweder einem Chief General Manager oder geschäftsführenden Mitgliedern des Aufsichtsrats (vgl. d. franz. administrateur délégue) unterstehen, die ihrerseits dem Gesamtaufsichtsrat (board of directors) verantwortlich sind.

Jede Filiale arbeitet im allgemeinen als unabhängiges Unternehmen. Sie hat ihre eigenen Mittel — die Einlagen, die bei ihr eingezahlt werden —, die sie an ihre eigenen Kunden ausleihen darf. Wenn sie nicht über genügende Einlagen zu diesem Zwecke verfügt, kann sie von der Zentrale borgen, wenn sie einen Überschuß aufweist, wird er der Zentrale zur Verfügung gestellt. Jede Filiale führt ihre eigenen Bücher und hat ihre eigene Gewinn- und Verlustrechnung. Sie hat auch ein Konto bei der Zentrale, über welches ihre Geschäfte mit anderen Filialen und der Zentrale abgerechnet werden. Gebäudeverwaltung und Personalangelegenheiten werden von der Zentrale oder den Provinzzentralstellen aus erledigt, wie auch juristische Fragen im allgemeinen. Die Geschäftsführer der Filialen haben meist eine gewisse Grenze vorgeschrieben, innerhalb derer sie Darlehen nach ihrem Gutdünken gewähren dürfen, und können auch im Namen der Bank in begrenzter Weise Verpflichtungen eingehen. Das Ausmaß, innerhalb dessen ihnen dies gestattet ist, richtet sich oft nur nach dem Geschäftsgebrauch, teilweise ist es in Instruktionen der Zentralleitung festgelegt.

Abgesehen von ihren eigentlichen Funktionen, der Entgegennahme von Einlagen, ihre Auszahlung und die Gewährung von Krediten, führen die Banken eine fast unbegrenzte Anzahl von Dienstleistungen aus. Gemeinsam mit allen anderen Banken führen die Joint Stock Banks alle jene Operationen durch, die zur Abwicklung des Auslandshandels nötig sind. Sie führen Börsentransaktionen für Rechnung ihrer Kunden aus, verwalten Vermächtnisse und Trusts durch ihre Trustabteilungen, kassieren Koupons und ausgeloste Obligationen ein usw. In einer gewissen Richtung sind sie in eine Domäne eingedrungen, die früher das besondere Gebiet spezialisierter Institutionen war, nämlich in das Gebiet des Akzeptgeschäftes. Kurz, es gibt kaum eine Transaktion, die im Zusammenhang mit Geld, der Finanzierung von Handel und Industrie oder den finanziellen Bedürfnissen der Auslandskundschaft steht, die die englischen Depositenbanken nicht durchführen könnten, und dies zu Sätzen, die mit der übrigen Welt konkurrieren können.

Vgl. a. *England, Geld- und Kapitalmarkt II.*

Literatur: Clare, G.: A money market primer, 4. Aufl. von Maurice Megrah. Pitman 1933. — Harr, L. A.: Branch banking in England. Oxford University Preß 1929. — Leaf, W.: Banking. Williams & Norgate 1926. — Report of the Committee on Finance and Industry. H. M. Stationery Office 1931. — Sykes, E.: Banking and currency. Butterworth 1932.

Maurice Megrah,
übersetzt von Edwin Pribram.

Depositenbanken s. *Deutschland, Geld- und Kapitalmarkt.*
— **in England** s. *Deposit-Banks.*
— **in Frankreich** s. *Französischer Geldmarkt II.*
— **in USA.** s. *Federal Reserve System.*

Depositengeschäft.

I. Rechtliche und wirtschaftliche Natur der Depositen.

Das D. beansprucht im Rahmen der Passivgeschäfte einer modernen Bank den ersten Platz, denn durchweg übersteigen die Depositeneinlagen der Banken die eigenen Mittel um das Vielfache. Voraussetzung für den Zustrom fremden Geldes ist, daß das Publikum zu der wirtschaftlichen Potenz der Bank Vertrauen hat, bedeutet doch die Anlegung von Mitteln bei einem solchen Institut Kreditgewährung des Deponenten an den Depositar. Das eingelegte Geld ist seiner rechtlichen Natur nach ein Depositum irregulare, d. h. es geht in das Eigentum und die Verfügungsgewalt der Bank über, während dem Einleger nur ein Forderungsrecht auf Rückzahlung verbleibt. Im Gegensatz hierzu stellt z. B. die Deponierung von Effekten in der Regel ein Depositum regulare dar, d. h. der Deponent bleibt in diesem Falle Eigentümer der eingelieferten Sache und erhält einen Herausgabeanspruch.

Die Quellen, aus denen die Depositen stammen, sind mannigfacher Art. Zumeist handelt es sich dabei um Gelder, die nur zu einem kurzfristigen Aufenthalt in die Kassen der Bank strömen. Für den Geschäftsmann ist es beispielsweise eine große Annehmlichkeit, wenn er seinen Bestand an barem Gelde seiner Bankverbindung übergibt oder seine Geschäftsfreunde veranlaßt, ihm geschuldete Beträge auf sein Bankkonto zu überweisen, um dann durch seine Bank Zahlungen für seine Rechnung leisten zu lassen oder durch Scheck über sein Guthaben zu verfügen. Eine andere Art von Depositen bilden die Betriebsüberschüsse oder die bei partieller Betriebsliquidierung freigesetzten Gelder. Diese suchen die Bank vorwiegend zu interimistischer Anlage auf, um sich zum geeigneten Zeitpunkt wieder in Wirtschaftsgüter zu verwandeln.

Einlagen, die von privater Hand stammen, repräsentieren in der Hauptsache Einkommensbestandteile. Zum Teil sind sie für den Konsum bestimmt und werden dann binnen kurzer Zeit wieder abgerufen oder aber, sie nehmen ihren Weg zur Börse oder suchen andersgeartete zinsbringende Anlage. In jedem Falle ist ihr Verbleib bei der Bank nur von verhältnismäßig kurzer Dauer. Depositen, die der Bank auf längere Sicht überlassen werden, sind dagegen in den meisten Fällen Fonds, die zu irgendwelchen Zwecken angesammelt werden, in ihrer Art also Spargelder.

Die Banken, für die es von erheblicher Wichtigkeit ist, den Charakter der überlassenen Gelder zu erkennen, haben verschiedene Kontogattungen eingeführt, um ungleichartige Depositen voneinander zu trennen. Am ehesten wird dieser Versuch bei der Isolierung der Spargelder gelungen sein. Für den Sparverkehr gelten nämlich besondere Geschäftsbedingungen, die in ähnlicher Weise wie bei den Sparkassen von einem bestimmten Betrage ab die sofortige unbeschränkte Verfügung über solche Guthaben ausschließen.

II. Die Depositenkasse.

1. Ihre Entwicklung. Als besonderes Organ zur Aufsaugung der im Publikum disponiblen Mittel bedient sich die Bank der Depositenkasse. Die Großbanken verfügen heute, mit Ausnahme der Berliner Handelsgesellschaft, namentlich in Groß-Berlin über ein umfangreiches Depositenkassennetz. Allerdings datiert diese Einrichtung nicht von den Anfängen des modernen deutschen Bankwesens. Ursprünglich gaben die ersten Großbanken den eigenen Mitteln vor den fremden Geldern den Vorzug, ein Standpunkt, der nicht zum wenigsten durch den Charakter der von ihnen damals vornehmlich betriebenen Finanzierungsgeschäfte begründet ist. In dem Geschäftsbericht des A. Schaaffhausenschen Bankvereins vom Jahre 1850 findet sich folgendes interessante Bekenntnis: „Wir erachten es im Interesse vollkommener Sicherheit unseres Instituts nicht für zweckmäßig, durch erleichternde Bedingungen auf eine Steigerung der Depositen hinzuwirken, da wir es weit vorziehen, den Betrieb der Geschäfte, soweit als dies bei der Natur des Bankverkehrs möglich und mit dem Interesse der Korrespondenten vereinbar, nur mit eigenen Mitteln zu bewirken." Der Schöpfer des Depositenwesens in Deutschland ist Georg v. Siemens, einer der ersten Leiter der Deutschen Bank. Die Kenntnis englischer Verhältnisse hatte ihn darin bestärkt, die Einrichtung solcher Annahmestellen zu betreiben. Unter seinem maßgeblichen Einfluß wurde bereits im zweiten Geschäftsjahr der Deutschen Bank, im Jahre 1871, eine Depositenkasse eröffnet. Die anderen Großbanken folgten erst zögernd, bis schließlich zu Beginn des neuen Jahrhunderts die Wichtigkeit dieser Einrichtung allgemein erkannt war und ein lebhafter Wetteifer um die Erlangung von Depositen entbrannte. Gegenwärtig verfügen die drei Großbanken in Berlin und Umgegend über nahezu 250 Depositenkassen.

2. Der Geschäftsbetrieb. a) Die Geschäftssparten. Der Geschäftskreis der Depositenkasse beschränkt sich nicht auf die Entgegennahme von Einzahlungen oder auf den damit zusammenhängenden Zahlungsverkehr, sondern umfaßt alle Sparten des Bankgeschäftes. Auch in den Fällen, in denen dem Vorsteher der Depositenkasse die Ermächtigung zum rechtsverbindlichen Abschluß eines Geschäftes fehlt, wird durch diese Stelle alles Erforderliche in die Wege geleitet, so daß dem Kunden einer Depositenkasse das Gesamtinstitut in genau der gleichen Weise zur Verfügung steht wie dem Großkunden des Hauptgeschäfts.

Die Kontoeröffnungsformalitäten in einer Depositenkasse unterscheiden sich nicht von den sonst üblichen. Auf Grund des § 165 der Reichsabgabenordnung ist die Bank verpflichtet, sich „über die Person des Verfügungsberechtigten zu vergewissern". Zu diesem Zwecke wird von dem neuen Kunden die Vorlegung eines möglichst mit Lichtbild versehenen Personalausweises verlangt. Gleichzeitig hat er schriftlich einen Antrag auf Eröffnung eines Kontos zu stellen und die Form, in der er seine Verfügungen unterzeichnet (Unterschriftsprobe), bekanntzugeben. Sind mehrere Personen verfügungsberechtigt, so gilt dasselbe für einen jeden von ihnen. Bei Errichtung von Konten für Ehefrauen wird von der Bank die ehemännliche Genehmigung verlangt, es sei denn, daß Gütertrennung vorliegt. In diesem Falle muß die Ehefrau den Nachweis durch Vorlegung eines Auszuges aus dem Güterrechtsregister oder des Ehevertrages erbringen. Bei der Kontoeröffnung werden dem neuen Kunden die allgemeinen Geschäftsbedingungen ausgehändigt, die die Rechtsgrundlage für seinen Verkehr mit der Bank abgeben; den Empfang hat er zu bestätigen, damit die Bank jederzeit beweisen kann, daß sie dem Kunden Gelegenheit gegeben hat, ihre Bedingungen kennenzulernen. In analoger Weise wird verfahren, wenn jemand ein Stahlfach mietet oder eine *verschlossene Einlage* (s. d.) hinterlegt. Auch hier hat die Bank die Identität der betreffenden Person zu prüfen.

Die Depositeneinlagen werden von der Bank nach Übereinkunft mit dem Kunden entweder als täglich fälliges Geld oder mit bestimmter Kündigungsfrist oder als Festgeld (Geld, das nach $^1/_2$—3 Monaten und darüber hinaus rückzahlbar ist) entgegengenommen. Der für Kündigungs- oder Festgeld gewährte Zinssatz liegt für gewöhnlich erheblich über dem Satz für tägliches Geld. Um dem Kunden die Feststellung seines Kontosaldos zu erleichtern, wird ihm auf Wunsch ein Depositenkontobuch (Bankbuch) ausgehändigt, in das er seine Umsätze eintragen kann. Einzahlungen werden von der Bank in diesem Buch an der Kasse quittiert. Die Annehmlichkeit, über sein Guthaben durch Scheckziehungen zu verfügen, wird jedem vertrauenswürdigen Kontoinhaber, der über ein angemessenes Guthaben verfügt, geboten. Über die im Scheckverkehr zu beobachtende Sorgfalt unterrichten ihn besondere Bestimmungen, die vielfach einen Bestandteil der allgemeinen Geschäftsbedingungen bilden. Der Scheck hat in der Regel die Form des Überbringerschecks, bedarf also keines Indossaments.

Die Verbindung mit einer Depositenkasse gibt dem Kunden neben der Erledigung seines gesamten Zahlungsverkehrs (Überweisungen im Inlande und ins Ausland, Einziehung von Schecks, Wechseln und Urkunden, Einlösung von Domizilwechseln u. ä.) die Möglichkeit, sämtliche Effektenangelegenheiten durch sie abwickeln zu lassen. Sie nimmt Wertpapiere zur Verwahrung und Verwaltung entgegen und besorgt alle damit zusammenhängenden Manipulationen, z. B. die Einziehung von Zins- und Dividendenscheinen sowie von verlosten und gekündigten Wertpapieren. Ebenso kann der Kunde durch ihre Vermittlung Effekten kaufen und verkaufen. Durch die direkte telephonische Verbindung der Depositenkasse mit der Börse und einen während der Börsendauer bestehenden Nachrichtendienst wird er in dieser Beziehung dem Kunden des Hauptgeschäfts gegenüber nicht benachteiligt.

Für die Aufbewahrung von Wertgegenständen kann sich der Kunde der in den weitaus meisten Depositenkassen vorhandenen Stahlkammereinrichtung bedienen, indem er entweder ein Stahlfach mietet oder, falls es sich um einen größeren Gegenstand handelt, diesen als „verschlossene Einlage" einliefert.

b) Die Organisation der Depositenkasse. Ein typisches Charakteristikum der Depositenkasse ist, daß sie zumeist nur Anfangs- und Endpunkt der einzelnen Geschäftsvorfälle ist. Natürlich wird der reine Barverkehr von der Depositenkasse selbständig erledigt auf Grund eines Kassenbestandes, dessen Höhe, dem erfahrungsgemäßen Bedarf entsprechend, durch das Hauptgeschäft reguliert wird. Aber schon im Überweisungsverkehr zeigt sich die Begrenzung der Selbständigkeit einer Depositenkasse. Wohl wird sie meist ein eigenes Postscheckkonto führen; dagegen schiebt sich im Verkehr mit der Reichsbank und dem Kassenverein die Zentralstelle dazwischen. Ebenso werden alle sonstigen Arten von Überweisungsaufträgen in der Regel ausschließlich der Depositenkassenzentrale zugeleitet. Ein direkter Geldverkehr der Depositenkassen untereinander mit den Filialen oder anderen Geldinstituten ist nicht üblich. Das gleiche gilt für den Scheck- und Wechselverkehr. In ähnlicher Weise äußert sich auch die Abhängigkeit der Depositenkasse im Effektengeschäft. Der Handel an der Börse sowohl als auch die Verwahrung und Verwaltung der im Einzeldepot ruhenden Wertpapiere werden zentral vom Hauptgeschäft ausgeübt. Nicht weniger enge Grenzen sind ihr im Devisengeschäft gezogen. Hier kommt noch hinzu, daß ihr jede unmittelbare Nostroauslandsverbindung fehlt.

Dagegen ist die Kontokorrentbuchführung für gewöhnlich Aufgabe der Depositenkasse selbst, denn bei irgendwelchen Dispositionen des Kunden muß der Buchhalter sofort aus dem Konto ersehen, ob der Verfügung stattgegeben werden kann. Für die Sicherheit des Verkehrs mit dem Kunden sind die meist am Kontokopf angebrachten Notizen über Scheckbuchnummern, Sperren, Vollmachten usw. von Wichtigkeit. Die über die Buchhaltung hinausgehenden Arbeiten der Bilanzierung und der Ermittlung des Erträgnisses fallen nicht in den Bereich der Depositenkasse. Zwar werden von ihr die auf den einzelnen Personen- und Sachkonten getätigten täglichen Umsätze auf einem besonderen Abstimmungsbogen (Grundbogen, Reine Kasse) verzeichnet, jedoch erfolgt die bilanzmäßige Verarbeitung der Ziffern erst in der Depositenkassenzentrale.

Die verantwortliche Leitung der Depositenkasse liegt in den Händen des Depositenkassenvorstehers. Ihm ist für gewöhnlich noch ein zweiter Angestellter mit den gleichen Funktionen beigeordnet. Dem Umfang des Geschäfts entsprechend, sind neben den Vorstehern ein oder mehrere Bar- und Effektenkassierer im Schalterverkehr tätig. Das übrige Personal verteilt sich auf die Korrespondenzabteilung, die Börsenrechnerei, die Depositen- und Depotbuchhaltung, die Expedition u. a. Die am Schalter tätigen Beamten sind zumeist mit Spezialvollmacht ausgestattet, die sie zur Zeichnung von Quittungen und Mitteilungen berechtigt; meist können nur je zwei von ihnen gemeinschaftlich in rechtsverbindlicher Form zeichnen. Die Unterschriftsproben werden durch Aushang im Kassenraum bekanntgegeben.

c) Die Depositenkassenzentrale. Die Depositenkassenzentrale (Depositenhauptkasse, Stadtzentrale, Wechselstubenzentrale) ist der Mittelpunkt des Depositenkassennetzes. Eine ihrer wesentlichen Eigentümlichkeiten besteht in ihrer Sammelbzw. Verteilungsfunktion. Soweit die Geschäftsvorfälle nicht in der Depositenkasse erledigt werden, erfolgt hier die weitere Bearbeitung. Umgekehrt gehen z. B. von dritter Seite kommende Überweisungen — wenn nicht der Weg über das Postscheckkonto der Depositenkasse gewählt wird — über die Depositenkassenzentrale und werden von dieser auf die zuständige Depositenkasse verteilt.

Dem Botenverkehr zwischen der Depositenkassenzentrale einer Großbank und den einzelnen Depositenkassen liegt eine genau festgelegte Zeiteinteilung zugrunde, die wiederum hauptsächlich durch die Abrechnungszeiten bei der Reichsbank und beim Kassenverein bedingt ist. Ein eigener planmäßig ausgeübter Autodienst ist zur Beförderung von Geld und sonstigen Wertsachen sowie von Korrespondenz und Aktenmaterial u. dgl. geschaffen. Dieses minuziöse Ineinandergreifen von Haupt- und Unterbetrieb macht die richtige Arbeitseinteilung zu einem Haupterfordernis für alle Angestellten; irgendeine Nachlässigkeit könnte das Betriebsgefüge empfindlich lockern. Wohl durchweg ist in Berlin eine Großbank-Depositenkasse, mit Ausnahme der in der weiteren Umgegend gelegenen, durch direkte Telephonleitung mit der Zentralstelle verbunden. Eine besondere Vorrichtung in der Zentrale ermöglicht die Zusammenschaltung sämtlicher Depositenkassenleitungen, so daß von ihr aus gleichzeitig zu allen Stadtniederlassungen gesprochen werden kann.

Die Depositenkassenzentrale sorgt auch für den Schutz der in den Depositenkassen aufbewahrten Wertgegenstände. Obwohl die modernen Tresore den stärksten Angriffen lange Zeit zu trotzen vermögen, werden sie gleichwohl noch vorsorglich nach Geschäftsschluß von einer Stelle des Hauptgeschäftes aus überwacht. Bei einzelnen Banken überträgt eine in die Tresore eingebaute Lauschanlage mittels der Telephonleitungen alle in ihrer Nähe entstehenden Geräusche, so daß der Abhörende ein etwaiges Anknabbern der Tresormauern mühelos feststellen kann. Außerdem ist für Sonn- und Feiertage oder sonstige längere Arbeitsunterbrechung vielfach ein Wachdienst eingerichtet, der darin besteht, daß mehrere Wächter die Depositenkassen nacheinander aufsuchen und auf ihre Ordnungsmäßigkeit hin kontrollieren.

Abgesehen von dieser aus der organisatorischen Struktur sich ergebenden Arbeitsweise bildet die Depositenkassenzentrale auch das Zentrum für weit wichtigere Funktionen. Da die Depositenkassenvorsteher, wie erwähnt, nur mit Spezialvollmacht ausgestattet sind, erfolgt die Ausstellung und Indossierung von Schecks und Wechseln, die Ausfertigung von Bürgschaften und anderen Urkunden im Hauptgeschäft. Ferner liegt das die Gesamtbank vornehmlich verpflichtende Kreditgeschäft, von unbedeutenden Ausnahmen abgesehen, in ihren Händen; sie entscheidet über die Annahme oder Ablehnung von Kreditgesuchen und überwacht die laufenden Engagements. Vor allem aber sorgt sie für ein einheitliches taktisches Verhalten der Depositenkassen in allen Fragen der Geschäftspolitik; sie gibt ihnen nicht nur die grundsätzlichen Richtlinien hierfür, sondern fällt auch in allen wichtigen Spezialfragen eine Entscheidung.

3. Bedeutung der Depositenkasse für das Gesamtinstitut. Das Prinzip, den Bankbetrieb innerhalb einer Großstadt durch Errichtung von Depositenkassen zu dezentralisieren, ist in vieler Hinsicht überaus wertvoll. Gegenüber den Gefahren, die bei der weit fortgeschrittenen Arbeitsteilung in der Schematisierung des Arbeitsstoffes liegen, stellt es ein gutes Gegengewicht dar. Der Konnex mit dem Kunden wird viel intensiver, wenn er seine sämtlichen finanziellen Wünsche bei einer Stelle anbringen kann. Das Gefühl, ein Geschäftsfreund der Bank zu sein, kann sich bei individueller Fühlungsnahme am ehesten entwickeln. Die Bank ihrerseits erhält aus der Verteilung ihrer Betriebsstätten über alle Teile einer Großstadt von der Struktur der einzelnen Bezirke eine viel genauere Anschauung, die durch die von den Depositenkassenleitern betriebene Kundenwerbung noch bedeutend vertieft wird. Bei der Beurteilung der Kreditwürdigkeit von Kunden spielen die an Ort und Stelle gemachten, vielfach bis ins einzelne gehenden Beobachtungen eine gewichtige Rolle.

Infolge der unterschiedlichen Gruppierung der Einwohnerschaft wiegen in den verschiedenen Gegenden der Stadt Berlin jeweils besondere Bevölkerungskreise vor. Besonders stark fällt der Unterschied zwischen dem in den Depositenkassen des Groß-Berliner Westens und Südwestens und dem in denen der City verkehrenden Publikum auf. Während in jenen Stadtteilen der Privatmann, der Effektenkunde im Vordergrund steht, dominieren im Zentrum der Stadt natürlich die Geschäftsleute. Daraus erklärt sich auch der unterschiedliche Charakter der Einlagen, die im ersteren Falle mehr den Spareinlagen ähneln, im letzteren dagegen die Kassenbestände und disponiblen Mittel der Wirtschaft darstellen. Bei der Wahl des Standortes einer Depositenkasse sind natürlich rein ökonomische Erwägungen ausschlaggebend, wobei die Dichtigkeit der Besiedlung und die Einkommensgröße der Bevölkerung in erster Linie Beachtung verdienen.

4. Die Rentabilität. Die Rentabilität einer Depositenkasse zu errechnen, stellt eine recht komplizierte Aufgabe dar. Die besondere Schwierigkeit der Rechnung liegt in der engen Verflechtung sämtlicher Betriebsstätten mit dem Zentralinstitut. Verhältnismäßig einfach wird sich eine richtige Verteilung der mit den Geldern der Depositenkassen von der Depositenkassenzentrale erzielten Zinsgewinne bewerkstelligen lassen, wobei allerdings zu erwähnen ist, daß diese die Gelder nicht an Außenstehende ausleiht, sondern dem Zentralinstitut oder den eigenen Depositenkassen zur Verfügung stellt. Immerhin ergeben sich hier für die Normierung von Abrechnungssätzen keine unüberwindlichen Widerstände. Schwieriger scheint der Unkostenkomplex, der auf der Inanspruchnahme der Depositenkassenzentrale und weiterhin des Zentralinstitutes durch die Depositenkassen beruht. Der Bankbetrieb ist in dieser Beziehung vor ganz andere Fragen gestellt als etwa der Industriebetrieb. Dieser hat es im wesentlichen mit einer Fülle gleichmäßiger Arbeitsakte zu tun, die sich im Erzeugnis verkörpern und darum quantitativ messen lassen. Im Bankgeschäft dagegen spielen die individuellen Faktoren, also die gattungsmäßig inkommensurablen Momente eine stark ins Gewicht fallende Rolle. Infolgedessen sind der genauen Erforschung der Rentabilität von Depositenkassen relativ enge Grenzen gezogen; an die Stelle der Analyse tritt als Notbehelf das Schlüsselverfahren, d. h. man konstruiert eine Proportionalität zwischen dem unaufgelösten Unkostenrest und effektiven, auf die Depositenkasse bezüglichen Ziffern.

Im engen Zusammenhang hiermit steht die Frage nach den Gewinn- bzw. Unkostenquellen. Hiervon eine genaue Kenntnis zu haben, ist für eine richtige Geschäftspolitik unentbehrlich. Beachtenswert ist, daß die von den Banken unentgeltlich geleisteten Dienste, besonders im Zahlungsverkehr, vom Publikum in starkem Maße in Anspruch genommen werden. Nach den Statistiken hat sich infolge der Zunahme des kostenlosen Dienstleistungsbetriebes der Betriebskoeffizient im Verlauf der letzten Jahrzehnte immer ungünstiger entwickelt. Es ist verständlich, daß sich die Banken gegen diese Entwicklung wehren, indem sie von solchen Kunden, die von den Fazilitäten im Zahlungsverkehr in größerem Umfange Gebrauch machen, die Zuweisung auch anderer, nutzbringender Geschäfte oder die Entrichtung einer angemessenen Leistungsentschädigung oder, wie es auch bei den Geldinstituten in Amerika üblich ist, die Unterhaltung eines angemessenen Guthabens verlangen. Arbeitsaufwand und Arbeitsentschädigung sollen also in eine gewisse Übereinstimmung gebracht werden. Allerdings ist die Kontokostenkalkulation nicht minder schwierig wie die Rentabilitätsberechnung. Man ist in der Hauptsache auf das Rechnen mit Durchschnittszahlen angewiesen und kann so kaum zu absolut einwandfreien Ergebnissen kommen. Der Bankbetrieb, vor allem eine Großbank, steht hinsichtlich ihrer Rentabilität wesentlich unter dem Einfluß der fixen Kosten; ein größerer Beschäftigungsgrad bringt daher für die Leistungseinheit stark fallende Kosten mit sich.

III. Die Vorschläge zum Schutze der Depositen.

Die Konzentration großer aus allen Kreisen der Bevölkerung stammender Mittel bei einigen wenigen Banken hat schon seit Jahrzehnten das öffentliche Interesse auf sich gezogen. Vornehmlich in Zeiten der Wirtschaftskrise ist an dem herrschenden Zustande immer wieder lebhafte Kritik geübt worden. Ein sehr anschauliches Bild von der Vielseitigkeit der Reformpläne gibt die im Jahre 1908/09 veranstaltete Bankenquête. Die Vorschläge bezwecken in erster Linie den Schutz der Einlagen. So sollen sich z. B. die Banken bei der Investierung dieser Gelder Normativbestimmungen unterwerfen, etwa derart, daß sie für einen bestimmten Prozentsatz der Depositen einen Barbestand unterhalten und eine weitere Quote in Wechseln und Staatsanleihen oder ähnlichen Werten anlegen. Hierdurch glaubt man die Sicherheit und Liquidität der den Banken anvertrauten Gelder hinreichend gewährleistet. Andere Kritiker verfolgen dasselbe Ziel, indem sie die Hinterlegung eines bestimmten Teiles der fremden Gelder bei der Reichsbank fordern. Weit radikaler noch sind die Reformbestrebungen, die die Spaltung der universell sich betätigenden Großbanken in Depositen- und Effektenbanken oder gar die Schaffung einer staatlichen Depositenanstalt zum Ziele haben. Diesen Plänen setzt die Bankwelt einen begreiflichen und bisher erfolgreichen Widerstand entgegen, da sie eine empfindliche Einschränkung ihrer Bewegungsfreiheit und eine bedeutende Schmälerung ihrer Rentabilität befürchtet. Auch kann sie mit Recht darauf verweisen, daß an der glanzvollen wirtschaftlichen Entwicklung Deutschlands vom Agrar- zum Industriestaat das durch keine Fesseln beengte Bankgewerbe verdienstvoll mitgewirkt hat.

Die schwere Finanz- und Wirtschaftskrise des Jahres 1931 hat dagegen den von manchen Bankreformern schon seit langem gehegten Plan, eine behördliche Bankenaufsicht einzuführen, durch Ernennung eines Reichskommissars für das Bankgewerbe zur Verwirklichung gebracht. Diese überparteiliche mit gewissen Vollmachten ausgestattete Instanz soll auch der Schlichtung von Interessengegensätzen dienen, um der vornehmlich in kritischen Zeiten bestehenden Gefahr zu begegnen, daß die verschiedenen Wirtschaftsfaktoren in eine der Allgemeinheit abträgliche Gegensätzlichkeit geraten.

Literatur: Helfferich, Karl: Georg von Siemens. Berlin 1921. — Obst, Georg: Das Bankgeschäft. Stuttgart 1930. — Riesser, J.: Die deutschen Großbanken und ihre Konzentration. Jena 1912. — Rothschild: Taschenbuch für Kaufleute. Leipzig 1927. — Weber, Adolf: Depositenbanken und Spekulationsbanken. München und Leipzig 1922. — Wiernik, Luc.: Die Depositenkasse. Berlin 1912. — Zimmermann, Carl: Bankgeschäfte und Bankbuchungen. Berlin 1930. — Bankenquête 1908/09. Verhandlungen der Gesamtkommission zu Punkt VI des Fragebogens (Depositenwesen). Berlin 1910.

Otto Sperber.

Depositenkassen s. *Depositengeschäft II 2a.*

depositum regulare, — irregulare s. *Depotrecht I B.*

Depot A (B) s. *Depotrecht I A.*

— **buch** s. *Depotrecht I A.*

— **geschäft** s. *Depotrecht III.*

Depotrecht. Das D. regelt das bankmäßige Verwahrungsgeschäft (Depotgeschäft). Der *Schrankfachvertrag* (s. d.) und die *verschlossene Einlage* (s. d.) haben Sonderstellungen. Der Depotvertrag im eigentlichen Sinne betrifft die Wertpapiere, die von dem Bankdepotkunden (oder für ihn von dritter Seite) seiner Bankverbindung unverschlossen zur Verwahrung oder als Pfand übergeben werden (offenes Depot).

Der Depotvertrag ist im deutschen Recht nicht einheitlich geregelt. Es kommen zur Anwendung die bürgerlich-rechtlichen Vorschriften, insbesondere die über die Verwahrung (§§ 688ff. BGB.: Depotverwahrung) und über die Geschäftsbesorgung und den Auftrag (§ 675 BGB.: Depotverwaltung); dazu als Sonderregelung das Bankdepotgesetz (DepG.), genauer das „Gesetz betreffend die Pflichten der Kaufleute bei Aufbewahrung fremder Wertpapiere" vom 5. Juli 1896 in der Fassung der Verordnung über die Aufbewahrung fremder Wertpapiere vom 21. November 1923. Dieses Gesetz enthält aber nicht nur, wie die Überschrift vermuten läßt, Vorschriften über das Verwahrungsgeschäft, sondern auch Vorschriften über das mit dem Verwahrungsgeschäft zusammenhängende Börsenkommissionsgeschäft (Kauf und Verkauf); ferner Strafvorschriften (Depotunterschlagung) als Verschärfung der Bestimmungen des Strafgesetzbuchs (Unterschlagung und Untreue).

Der leitende Gedanke des D. ist Schutz des Eigentums an den der Bank zur Verwahrung gegebenen (hinterlegten) Wertpapieren. Das Eigentum an diesen hinterlegten Wertpapieren soll dem Depotkunden (oder dem durch ihn vertretenen Eigentümer) erhalten bleiben. Beim Kommissionsanschaffungsgeschäft, dem sich die bankmäßige Verwahrung unmittelbar anschließt, soll dem Depotkunden auf schnellstem Wege Eigentum an Wertpapieren, deren Erwerb er anstrebt, verschafft werden.

I. Regelmäßige Verwahrung.

Es kommt darauf an, daß die Kundendepots dem Zugriff der Gläubiger der Bank entzogen sind und daß insbesondere im Konkursfall der Bank das Aussonderungsrecht oder ein Konkursvorrecht gewährleistet wird und daß ferner widerrechtliche Aneignungen der Bank verhindert oder wenigstens erschwert werden. Soweit für Erklärungen der Depotkunden Formstrenge vorgesehen ist, soll dadurch der

Depotkunde, dem die freie Verfügung über sein Eigentum zusteht, zur Vorsicht angehalten und vor Übereilung geschützt werden.

Von besonderer Bedeutung für die Eigenart des Depotvertrags ist, daß es sich bei seinem Gegenstand um eine vertretbare Sache handelt, denn Wertpapiere sind grundsätzlich bewegliche Sachen verschiedener Gattung, die im Verkehr nach Zahl (Stückzahl- oder Nennbetrag) bestimmt zu werden pflegen. Die aufgedruckte Nummer (Buchstabe) ermöglicht aber die Individualisierung und dadurch die Feststellung des Eigentums an einem bestimmten Stück.

A. Sonderdepot. Fehlt eine besondere Abrede zwischen Bank und Hinterleger, dann gilt Sonderdepot (Nummerndepot, Einzeldepot, depositum regulare, regelmäßiger Verwahrungsvertrag).

1. Die Bank ist verpflichtet, die vom Depotkunden oder von dritter Seite für ihn übergebenen Wertpapiere (vgl. § 1 DepG.) aufzubewahren und für den Depotkunden dieselben Wertpapierstücke (Nummern) bereitzuhalten, die hinterlegt wurden. Um dies zu sichern, ist vorgeschrieben, daß die Wertpapiere unter äußerlich erkennbarer Bezeichnung jedes Hinterlegers gesondert von den eigenen Beständen der Bank und von denen Dritter aufbewahrt werden. Es geschieht üblicherweise im Effektenstreifband, das den Namen des Hinterlegers und die genaue Bezeichnung der gebänderten Wertpapiere enthält. Ferner ist vorgeschrieben die Führung eines Handelsbuchs (Depotbuch; auch Blattform oder Kartothek gestattet), in dem die Wertpapiere jedes Hinterlegers nach Gattung und Nennwert einzutragen sind. Die Eintragung der Effektennummer ist nicht erforderlich, ihre Festhaltung in besonderen Verzeichnissen aber üblich. Zu Kontrollzwecken ist die Führung von zwei Depotbüchern gebräuchlich: das persönliche Depotbuch (lebendes Depot), nach den Namen der Hinterleger geordnet, und das sachliche Depotbuch (totes Depot), nach Wertpapiergattungen geordnet. Rechtslage: Der Bankdepotkunde hat Pfändungsgläubigern der Bank gegenüber ein Interventionsrecht und im Falle des Konkurses der Bank das Recht auf Herausgabe (Aussonderungsrecht; §§ 43 KO., 688 BGB.).

2. Nach dem Depotgesetz besteht keine Verpflichtung für die Bank, über die hinterlegten Papiere Stückeverzeichnisse zu übersenden. Sie haben beim Hinterlegungsgeschäft nur die Bedeutung der Auskunft oder Bestätigung (Beweismittel). Anders beim Anschaffungsgeschäft (vgl. III). Bei Hinterlegung auslosbarer Papiere ist die Übersendung von Stückeverzeichnissen banküblich.

3. Vergütung für Aufbewahrung ist als stillschweigend vereinbart anzusehen (Depotgebühr).

4. Ort der Aufbewahrung: grundsätzlich im Tresor der Depotstelle (unmittelbare Verwahrung). Hinterlegung an dritter Bankstelle unter dem Namen der Depotstelle (mittelbare Verwahrung; § 691 BGB.) wird aber in der Regel in den Geschäftsbedingungen der Banken vereinbart. Nach der Verkehrssitte ist die Hinterlegung bei einer für sicher gehaltenen Bank gestattet (Weiterhinterlegung beim Zentralbankier). Die Depotstelle hat aber die Pflicht (§ 8 DepG.), die dritte Bankstelle zu unterrichten, soweit es sich um fremde Wertpapiere handelt. Die dritte Bank, die eine solche Mitteilung erhält, kann ein Pfandrecht oder Zurückbehaltungsrecht gegen die übersendende Bank nur geltend machen wegen solcher Forderungen, die mit Bezug auf diese Papiere entstanden sind (z. B. Depotgebühr). Der Depotkunde des Lokalbankiers wird so vor dem Zugriff des Zentralbankiers (wegen einer Schuld des Lokalbankiers) geschützt. Der Zentralbankier unterhält im Interesse der Klarstellung nach Bankübung in der Buchhaltung zwei Depotkonten für den Lokalbankier: Depot A. Verbuchung der Wertpapiere, die ihm vom Lokalbankier nicht als fremde bezeichnet sind. Der Zentralbankier kann davon ausgehen, daß dem Lokalbankier das Verfügungsrecht zusteht, es sei denn, daß er Zweifel haben muß (Gutgläubigkeit für den Erwerb des Pfandrechts Voraussetzung). — Depot B. Verbuchung der Wertpapiere, die ihm vom Lokalbankier als fremde bezeichnet sind.

5. Haftung der Bank. Die Bank haftet für die Sorgfalt eines ordentlichen Kaufmanns (§§ 347 HGB., 690 BGB.). Sie hat auch ein Verschulden der Personen zu vertreten, deren sie sich bedient (§ 278 BGB.). Die Bank hat also vorsätzliches und fahrlässiges Handeln zu vertreten, haftet aber nicht für Schaden durch höhere Gewalt. Bei Hinterlegung an dritter Stelle haftet sie für sorgfältige Auswahl des dritten Verwahrers.

6. Die Bank und der Depotkunde sind berechtigt, den Depotvertrag jederzeit mit sofortiger Wirkung zu kündigen. Rückgabe an der Depotstelle: keine Bringschuld, sondern Holschuld (§ 697 BGB.).

7. Die Verpfändung von Wertpapieren. Als Pfand übergebene Wertpapiere fallen unter den Depotvertrag, auch wenn sie nicht ausdrücklich zur Verwahrung übergeben sind. Auch ohne besondere Verpfändung hat die Bank ein gesetzliches Pfandrecht an hinterlegten Wertpapieren wegen ihrer Auslagen (§ 368 HGB.), ferner ein Zurückbehaltungsrecht (§ 273 BGB., § 369 HGB.). Die Geschäftsbedingungen der Banken enthalten üblicherweise eine Pfandabrede, wonach Wertpapiere des Depotkunden, die in die rechtliche oder tatsächliche Verfügungsgewalt der Bank gelangt sind, dieser als Pfand für Ansprüche aller Art haften. Auch die Verwertung des Pfands ist in den Geschäftsbedingungen geregelt; gegenüber der gesetzlichen Regelung sind Erleichterungen für die Bank vorgesehen. Die Herausgabepflicht der Bank ist gehemmt, solange der Depotkunde schuldet. Verpfändete Papiere bleiben im Eigentum des Depotkunden. Die Weiterverpfändung pfandverhafteter Wertpapiere ist dem Bankier ohne besondere Ermächtigung nicht gestattet. Der Erwerb des Pfandrechts durch die Bank setzt deren guten Glauben voraus. Die Bank ist gutgläubig, wenn sie davon ausgehen darf, daß der Depotkunde Eigentümer der hinterlegten Papiere ist. Wenn der Depotkunde Kaufmann ist, genügt Gutgläubigkeit hinsichtlich seiner Verfügungsberechtigung (§ 366 HGB.). Die Bank hat zu prüfen, ob es sich um ein dem Eigentümer gestohlenes oder verloren gegangenes Papier handelt und ob der Verlust veröffentlicht ist (Deutscher Reichsanzeiger; § 367 HGB. In der Praxis im Gebrauch: Sammelliste aufgerufener Wertpapiere, zusammengestellt und herausgegeben von der Bank des Berliner Kassen-Vereins, Berlin).

8. Strafvorschriften: Unterschlagung (§ 246 StrGB.); der Vorsatz muß auf die Zueignung der Papiere gehen. Untreue (§ 266 StrGB.); der Vorsatz muß dahin gehen, absichtlich zum Nachteil des Vollmachtgebers zu verfügen. Ergänzende Vorschriften: §§ 9—12 DepG.

§ 9: Widerrechtliche Verfügung der Bank zu eigenem Nutzen oder zu Nutzen eines Dritten. Vorsätzliche Unterlassung der Mitteilung nach § 8 DepG.

§ 10: Vorsätzliche Zuwiderhandlung der Bank gegen § 1 DepG. und dadurch eingetretener Verlust des Aussonderungsrechts.

§ 11: Rechtswidrige Handlungen der Bank im Falle ihrer Zahlungseinstellung oder im Konkurse.

§ 12: Anwendung der Strafvorschriften (§§ 9—11) auf Mitglieder des Vorstandes einer Aktiengesellschaft, einer eingetragenen Genossenschaft und auf die Geschäftsführer einer Gesellschaft mit beschränkter Haftung.

B. Tauschdepot. Abrede zwischen der Bank und dem Hinterleger, wonach die Bank verpflichtet sein soll, wie beim Sonderdepot die Wertpapiere als fremdes Eigentum zu verwahren, aber berechtigt sein soll, die hinterlegten Wertpapiere gegen andere gleicher Güte, Menge und Art zu vertauschen.

1. Es handelt sich um ein depositum regulare. Der Verwahrer hat die Pflichten der Eigentumserhaltung im Umfange wie beim Sonderdepot, also auch die Pflicht getrennter Aufbewahrung. Vom Sonderdepot unterscheidet sich das Tauschdepot nur dadurch, daß die Bank das Recht hat, die Stücke auszutauschen.

2. Die Ermächtigung zum Tauschdepot ist nur gültig, wenn der Depotkunde sie für das einzelne Geschäft ausdrücklich und schriftlich erteilt hat. Es genügt also nicht stillschweigende Vereinbarung, konkludente Handlung, Mündlichkeit, Abrede in Geschäftsbedingungen, telegraphisches Einverständnis, bloße Bezugnahme auf § 2 DepG., allgemeine Bezugnahme auf das Depot. Die Wertpapiere, die umgetauscht werden können, müssen in der Erklärung des Depotkunden genannt sein. Bezugnahme auf Anlagen ist gestattet; ebenso Verwendung von Formblättern. Die Erklärung ist formfrei, wenn der Depotkunde selbst Bankgeschäfte betreibt (§ 2 DepG.).

C. Sammeldepot. Abrede zwischen der Bank und dem Depotkunden, wonach die Bank berechtigt sein soll, die Wertpapiere gemeinschaftlich mit anderen der gleichen Gattung zu verwahren oder an dritter Stelle (Effektengirobank) verwahren zu lassen unter Aufrechterhaltung des Eigentums für den Depotkunden in der Form des Miteigentums. Auch hier handelt es sich um eine regelmäßige Verwahrung (depositum regulare).

1. Die Ermächtigung zur Sammelverwahrung ist nur gültig, wenn der Depotkunde sie für das einzelne Geschäft ausdrücklich und schriftlich gegeben hat (wie zu B 2). Sie ist formfrei, wenn der Depotkunde selbst Bankgeschäfte betreibt (§ 2 DepG.).

2. Die Pflicht der getrennten Aufbewahrung besteht im Gegensatz zum Sonderdepot und Tauschdepot hier nicht, dagegen bleibt die Buchungspflicht. Sie gewinnt erhöhte Bedeutung, da sie über die Quote des Miteigentumsanteils Aufschluß gibt (vgl. III 3 zu b).

3. Im Fall des Konkurses steht dem Depotkunden das Aussonderungsrecht zu (§§ 43, 46 KO.; vgl. JAEGER: 6. u. 7. Aufl., S. 760). Ein etwaiger Ausfall, z. B. infolge widerrechtlicher Verfügung der Bank, ist anteilsmäßig von den Hinterlegern zu tragen. Widerrechtliche Verfügungen der Bank zu eigenem Nutzen sind als Untreue strafbar (§ 266 StrGB.), da die Bank als Bevollmächtigter anzusehen ist. Im übrigen gelten die ergänzenden Strafvorschriften der §§ 9—12 DepG.

4. Man unterscheidet Haussammeldepot und Girosammeldepot. Haussammeldepot ist die unmittelbare Sammelverwahrung durch die Bank des Depotkunden. Girosammelverwahrung ist die Verwahrung durch eine Effektengirobank, der die Bank als Effektengirokunde angeschlossen ist. Der Bankdepotkunde steht mit der Effektengirobank nicht direkt in Geschäftsverbindung, sondern nur durch Vermittlung seiner Bank.

5. In der Praxis hat die Girosammelverwahrung überragende Bedeutung erlangt. Es bestehen Effektengirobanken an folgenden Plätzen:

Berlin:	Bank des Berliner Kassen-Vereins.
Breslau:	Breslauer Kassen-Verein und Effektengirobank AG. zu Breslau.
Dresden:	Dresdner Kassen-Verein AG.
Essen:	Rheinisch-Westfälischer Kassen-Verein AG.
Frankfurt a. M.:	Frankfurter Bank.
Hamburg:	Liquidations-Casse in Hamburg AG.
Köln:	Kölner Kassen-Verein AG.
Leipzig:	Leipziger Kassen-Verein AG.
München:	Münchener Kassen-Verein AG.
Stuttgart:	Stuttgarter Kassen-Verein und Effektengirobank AG.

Diese zehn Effektengirobanken sind zusammengeschlossen zu der Arbeitsgemeinschaft Deutscher Effektengirobanken, deren Geschäftsstelle die Bank des Berliner Kassen-Vereins ist.

Die Effektengirobanken stehen untereinander in Geschäftsverkehr, derart, daß eine für die andere Hinterlegungsstelle ist s. Effektenferngiroverkehr im Art *Effektengiroverkehr 4.*

6. Gegenüber dem Sonderdepot, das im Verwahrungs- und Lieferungsgeschäft schwerfällig und kostspielig ist, ergeben sich die Vorteile der technisch einfacheren und billigeren Sammelverwahrung und der stückelosen Lieferung. Im Lieferungsgeschäft fällt die Bewegung der Bestände fort. Bestandsveränderungen erfolgen durch Umbuchung. Im Verkehr zwischen Bank und Effektengirobank wird die Umbuchung erlangt durch Effektenschecks. Das sind nicht Schecks im Sinne des Scheckgesetzes, sondern Anweisungen der Bank nach festliegenden Formblättern an die Effektengirobank. Nach den Geschäftsordnungen der Effektengirobanken sind vorgesehen: weiße Effektenschecks für Auslieferungen von Wertpapieren aus dem Girosammeldepot; rote Effektenschecks für Übertragungen von Anteilen; grüne Effektenschecks für Verpfändungen von Anteilen.

7. Im Verkehr des Sammeldepotkunden mit seiner Bank (erweiterter Effektengiroverkehr) sind die Geschäftsvorgänge denen beim Sonderdepot angepaßt. Es gilt insoweit das zu A. Gesagte. Auch der Sammeldepotkunde ist im Konkurs seiner Bank oder der übergeordneten Bankstelle aussonderungsberechtigt. Er kann von seiner Bank jederzeit die Herausgabe von Wertpapieren nach Maßgabe seines Anteils verlangen. Die Bank haftet ihm nach den üblichen Geschäftsbedingungen für die Verbindlichkeiten der Effektengirobank. Die Girosammelverwahrung ist also so eingerichtet, daß der Bankdepotkunde die gleiche Sicherheit hat wie beim Sonderdepot. Es ergibt sich aber ein grundlegender Unterschied. Geht der Bankier in Konkurs und stellt es sich heraus, daß er seine Kundendepotbestände widerrechtlich angegriffen hat, so sind beim Sonderdepot diejenigen Depotkunden mit den Wertpapieren von dem Verlust ihres Eigentums betroffen und auf den Anspruch an die Masse angewiesen, die das Unglück hatten, daß gerade ihre Wertpapiere unterschlagen worden sind. Hat dagegen der Bankier Sammeldepotbestände veruntreut, so wird der entstandene Verlust pro rata unter diejenigen seiner Sammeldepotkunden verteilt, die an der betreffenden Wertpapiergattung beteiligt sind. Derselbe Gefahrenausgleich findet statt, wenn sammelverwahrte Wertpapiere ohne Verschulden der Bank oder der Effektengirobank in Verlust geraten sind. Das Girosammeldepot wirkt also wie eine risikoausgleichende Versicherung.

8. Zur Erleichterung des Verkehrs in den auf Grund des Kriegsschädenschlußgesetzes vom 30. März 1928 (Reichsgesetzblatt I S. 120) eingetragenen, mit 6% verzinslichen und spätestens bis zum 31. März der Jahre 1930 bis 1948 zu tilgenden Reichsschuldbuchforderungen hat die Bank des Berliner Kassen-Vereins für Banken und Bankiers den sog. Schuldbuchgiroverkehr eingerichtet. In diesen Schuldbuchgiroverkehr sind auch die auf Grund der Polenschädenverordnung vom 14. Juli

1930 (Reichsgesetzblatt II S. 957) eingetragenen, mit 6% verzinslichen und bis zum 15. April der Jahre 1931 bis 1948 zu tilgenden Reichsschuldbuchforderungen einbezogen worden. Die dem Schuldbuchgiroverkehr angeschlossenen Banken und Bankiers können die Eintragung der Bank des Berliner Kassen-Vereins in das Reichsschuldbuch als Gläubigerin von Schuldbuchforderungen veranlassen. Die Bank des Berliner Kassen-Vereins erkennt die Kontoinhaber nach erfolgter Eintragung auf Schuldbuchgirokonto. Mit anderen der Arbeitsgemeinschaft angehörenden Effektengirobanken wird ein dem Effektenferngiroverkehr ähnlicher Schuldbuchferngiroverkehr gepflegt. Die Depotkundschaft ist durch Vermittlung der Banken, ähnlich wie beim erweiterten Effektengiroverkehr, in den Schuldbuchgiroverkehr einbezogen.

9. Für den Handel in Werten vor dem Erscheinen von Stücken ist bei den Effektengirobanken ein Giroverkehr nach dem Muster des Effektengiroverkehrs eingerichtet auf der Grundlage einer der Effektengirobank von der Gesellschaft ausgestellten Generalbescheinigung (Jungschein), wonach sich die Gesellschaft verpflichtet, ihre jungen Aktien oder einen bestimmten Betrag davon nach Erscheinen für Rechnung des führenden Emissionshauses unmittelbar zur Aufnahme in das Effektengirodepot zu liefern (näheres vgl. Opitz: Bank-Arch. XXVI, 242 und Riesser-Bernstein: S. 45).

II. Unregelmäßige Verwahrung.

Die Abrede, wonach die Wertpapiere des Depotkunden zur freien Verfügung der Bank stehen sollen, kann verschiedenen Inhalt haben.

1. Leihdepot. Es kann vereinbart werden, daß die Bank die übergebenen vertretbaren Wertpapiere gattungsmäßig als Darlehen schulden soll (§ 607 BGB.). Verwahrung liegt dann nicht vor. Die Vereinbarung ist formfrei, muß aber mit aller Deutlichkeit den Willen der Parteien erkennen lassen, daß die Wertpapiere der Bank als Darlehn und nicht als Depot gegeben worden sind.

2. Unregelmäßige Verwahrung (depositum irregulare). Es kann vereinbart werden, daß das Eigentum an den vom Depotkunden übergebenen vertretbaren Wertpapieren sofort auf die Bank übergehen soll und daß die Bank nur verpflichtet ist, Wertpapiere gleicher Art, Güte und Menge zurückzugewähren (§ 700 Abs. 1 Satz 1 BGB.). Es finden dann die Vorschriften über das Darlehn Anwendung. Eine solche Vereinbarung wie jede das Eigentumsrecht des Hinterlegers verändernde oder beeinträchtigende Erklärung eines Depotkunden ist nur gültig, wenn sie ausdrücklich, schriftlich und für den einzelnen Fall getroffen wird (§ 2 DepG.; vgl. I B 2). Der Depotkunde, der selbst Bankgeschäfte betreibt, unterliegt nicht dieser strengen Formvorschrift, aber auch mit ihm muß die Vereinbarung ausdrücklich getroffen sein; Stillschweigen genügt nicht (§ 700 Abs. 2 BGB., § 32 EGBGB.).

3. Stückekonto — Depotkonto. Stückekonto ist der kaufmännische Fachausdruck für buchmäßige Feststellung einer Wertpapiergattungsschuld (persönlicher Anspruch des Depotkunden, kein Aussonderungsrecht). Depotkonto ist im Gegensatz hierzu der kaufmännische Fachausdruck für buchmäßige Feststellung des Eigentumsrechts des Depotkunden (dinglicher Anspruch des Depotkunden, Aussonderungsrecht).

4. Nutzungsdepot. Eine Zwischenstufe von regelmäßiger und unregelmäßiger Verwahrung: Der Bank wird vom Depotkunden gestattet, die hinterlegten vertretbaren Wertpapiere zu verbrauchen (§ 700 Abs. 1 Satz 2 BGB.), oder sie wird ermächtigt, an Stelle der hinterlegten oder verpfändeten Wertpapiere (§ 1 DepG.) gleichartige Wertpapiere zurückzugewähren oder über die Papiere zu eigenem Nutzen zu verfügen (§ 2 DepG., strenge Form; vgl. I B 2). Solange die Bank von ihrer Ermächtigung zur Aneignung noch nicht Gebrauch gemacht und ihren Willen hierzu nicht klar zum Ausdruck gebracht hat, bleibt dem Depotkunden das Eigentum (Aussonderungsrecht) erhalten. Die Gutschrift auf Stückekonto gibt den Willen der Bank zur Aneignung zu erkennen. Die bloße Mitteilung über das Erkennen auf Stückekonto ist aber ohne Bedeutung, wenn entgegen der Mitteilung Buchung auf Depotkonto und gesonderte Aufbewahrung oder Buchung auf Sammeldepotkonto vorliegt. Von der erfolgten Aneignung an persönlicher Anspruch des Depotkunden, kein Aussonderungsrecht.

III. Anschaffungsgeschäft mit anschließender Verwahrung.

Die Verschaffung von Eigentum ist das Ziel des Effektenanschaffungsgeschäfts, mit dessen Ausführung der Depotkunde die Bank betraut. Im Handel mit amtlich notierten Werten steht die Bank als Kommissionär — nach der üblichen Geschäftsabrede als selbsteintretender Kommissionär — dem Depotkunden als Kommittenten gegenüber. Im Handel mit amtlich nicht notierten Werten steht die Bank als Verkäufer dem Depotkunden als Käufer gegenüber (Eigenhandel).

1. Die börsenmäßigen Kommissionsgeschäfte sind in § 383ff. HGB. geregelt und finden in §§ 3—8 DepG. ihre Ergänzung unter dem Gesichtspunkt, daß dem Anschaffungsgeschäft das Verwahrungsgeschäft unmittelbar folgt.

2. Das Anschaffungsgeschäft betrifft Wertpapiere in genere (Gattung und Menge), das Lieferungsgeschäft Wertpapiere in specie (bestimmte Stücke oder Sammeldepotanteile an bestimmten im Sammeldepot der betreffenden Gattung vereinigten Stücken). Die Übereignung bedeutet Erfüllung der auf Wertpapierlieferung gehenden Gattungsschuld: Das Kommissionsgeschäft ist beendet, das Verwahrungsgeschäft beginnt.

3. Für die Übereignung an den Depotkunden im Wege der Inverwahrnahme gibt es drei Wege:

a) die Einreihung von Wertpapieren in das Sonderdepot des Depotkunden (vgl. I A);

b) die Gutschrift auf Girosammeldepotkonto des Depotkunden (vgl. I C);

c) die Absendung eines Stückeverzeichnisses an den Depotkunden.

Jede dieser drei Übereignungsarten sichert dem Depotkunden das Eigentumsrecht (zu a und b nach bürgerlichem Recht, zu c nach § 7 DepG.).

Zu a. Die Übereignung ist erfolgt, sobald die Bank die für den Depotkunden bestimmten Stücke in gesonderte Verwahrung nimmt (§ 1 Nr. 1 DepG.; üblich: Legen in Streifband). Mitteilung an den Depotkunden: „Wir nahmen für Sie . . . ins Depot", „Wir buchten . . . für Sie auf Depotkonto".

Zu b. Für die Übereignung der Girosammeldepotanteile ist die Buchung im persönlichen und sachlichen Depotbuch der Bank und der Effektengirobank entscheidend. Beim Anschaffungsgeschäft unterliegt die Ermächtigung zur Girosammelverwahrung im Gegensatz zum Hinterlegungsgeschäft (vgl. I C) nicht der Formvorschrift des § 2 DepG. — dessen Anwendung Sondereigentum an hinterlegten Stücken voraussetzt — und wird bankküblich durch Anerkennung der allgemeinen Geschäftsbedingungen erteilt.

Zu c. Während die zu a und b behandelten Übereignungen auf bürgerlich-rechtlichen Gesetzesvorschriften beruhten, handelt es sich bei der Absendung des Stückeverzeichnisses um eine Sonderregelung des Depotgesetzes. Nach § 7 geht das Eigentum an den darin verzeichneten Wertpapieren mit der Absendung des Stückeverzeichnisses über, soweit der Kommissionär über die Papiere zu verfügen berechtigt ist.

4. Die Übersendung des Stückeverzeichnisses. Entscheidend für den Zeitpunkt des Eigentumsübergangs ist die Absendung des Stückeverzeichnisses, auf den Empfang kommt es nicht an.

In dem Verzeichnis müssen die Gattung der Wertpapiere, der Nennwert und die Nummern oder sonstigen Bezeichnungsmerkmale enthalten sein (§ 3 DepG.). Unterzeichnung durch die Bank nicht erforderlich. Es muß sich nur aus einem Begleitschreiben oder sonstwie klar ergeben, daß das Verzeichnis von der Bank stammt.

Die Pflicht zur Übersendung des Stückeverzeichnisses entsteht für die Bank erst, wenn der Kommittent die Übersendung verlangt. Übersendungsfrist eine Woche. In dem praktisch wichtigsten Fall des Selbsteintritts beginnt die Frist in dem Zeitpunkt, in welchem dem Kommissionär die Anforderung des Kommittenten zugeht, frühestens jedoch mit dem Ablauf des Zeitraums, innerhalb dessen der Kommissionär nach der Erstattung der Ausführungsanzeige die Stücke bei ordnungsmäßigem Geschäftsgang ohne schuldhafte Verzögerung beziehen konnte (§ 3 DepG.).

Der Eigentumsübergang durch Absendung des Stückeverzeichnisses erfolgt auch dann, wenn der Kommissionär das nummernmäßig bezeichnete Wertpapier noch nicht von den übrigen Wertpapierbeständen getrennt hat. Umgekehrt hat die Absendung des Stückeverzeichnisses keine Eigentum verschaffende Wirkung, wenn schon vorher durch Aussonderung (a) Eigentum übergegangen ist (§ 7 Abs. 1 Satz 2 DepG.). Gleichwohl bleibt dem Depotkunden als Kommittent das Recht, ein Stückeverzeichnis zu verlangen; die Absendung hat für den Kommittenten die Bedeutung eines Beweismittels.

Ein Verzicht auf das Recht, die Übersendung des Stückeverzeichnisses zu verlangen, ist nur dann gültig, wenn der Kommittent selbst Bankgeschäfte betreibt. Im übrigen ist ein solcher Verzicht nichtig, kann also weder in Geschäftsbedingungen, noch für den einzelnen Fall bei Erteilung des Kaufauftrags vereinbart werden. Gültig sind dagegen Vereinbarungen, an Stelle der Übersendung des Stückeverzeichnisses die Stücke selbst dem Kommittenten herauszugeben oder den Herausgabeanspruch an eine zur Verwahrung der Stücke bestimmte dritte Stelle abzutreten (gattungsmäßiger Herausgabeanspruch; § 3 Abs. 2 DepG.).

Die Verpflichtung zur Übersendung eines Stückeverzeichnisses besteht für den Kommissionär nicht, wenn und soweit die Auslieferung der angeschafften Stücke an den Kommittenten erfolgt ist, und auch dann nicht, wenn ein Auftrag des Kommittenten zur Wiederveräußerung der angeschafften Stücke ausgeführt ist (§ 3 Abs. 3 DepG.). Die Verpflichtung zur Übersendung eines Stückeverzeichnisses ruht, solange der Kommittent seinerseits die ihm obliegenden Leistungen, z. B. Zahlung des Kaufpreises, noch nicht vollständig erfüllt hat (Zurückbehaltungsrecht des Kommissionärs, § 373 BGB.). Verpflichtung zur Übersendung des Stückeverzeichnisses besteht auch beim Stückekonto. Die — generell in den Geschäftsbedingungen oder speziell bei Erteilung des Kaufauftrags — getroffene Vereinbarung, daß die angeschafften Wertpapiere dem Komittenten auf Stückekonto erkannt werden, hat die Bedeutung, daß der Kommissionär bis zum Anfordern eines Stückeverzeichnisses durch den Kommittenten die für den Kommittenten angeschafften Wertpapiere bis auf weiteres an diesen nicht zu übereignen braucht (durch Inverwahrnahme im Sonder- oder Girosammeldepot). Die Vereinbarung hat aber nicht den Sinn eines Verzichts auch auf Übersendung des Stückeverzeichnisses, da ein solcher Verzicht unzulässig ist. Das Recht auf Übersendung eines Stückeverzeichnisses bleibt dem Kommittenten auch dann erhalten, wenn ihm der Kommissionär sammeldepotmäßiges Miteigentum verschafft hat. Die Übersendung des Stückeverzeichnisses hat dann die Bedeutung eines Beweismittels für die erfolgte Umwandlung des Miteigentums in Sondereigentum an den im Verzeichnis bezeichneten Stücken.

Im Eigenhandel hat der Bankkunde kein Recht auf Übersendung eines Stückeverzeichnisses gemäß § 3 DepG. Auch der Eigenhändler hat allerdings Eigentum zu verschaffen, seine Verpflichtung ergibt sich aber aus den Vorschriften des bürgerlichen Rechts.

5. Zivilrechtliche Folgen der Nichtübersendung des angeforderten Stückeverzeichnisses:

Dem säumigen Kommissionär gegenüber ist der Kommittent berechtigt, das Geschäft als nicht für seine Rechnung abgeschlossen zurückzuweisen und Schadenersatz wegen Nichterfüllung zu beanspruchen (§ 4 DepG.). Das Recht ist verzichtbar (z. B. durch Anerkennung der Abrechnungen, durch Abzahlung, durch Anerkennung der Inverwahrnahme u. dgl.). Der Kommissionär kommt in Verzug nach Ablauf einer Woche seit Aufforderung des Kommittenten (§ 3 DepG.). Der Kommittent muß dann die Absendung des Stückeverzeichnisses nochmals anfordern; weitere Frist für den Kommissionär drei Tage (Nachholungsfrist). Bei Versäumung der Nachholungsfrist muß der Kommittent binnen drei Tagen erklären, daß er von seinem Rücktritts- und Schadenersatzrecht Gebrauch macht (Zurückweisungsfrist). Der Lauf der Fristen beginnt an dem auf die Aufforderung folgenden Tag und endet mit dem Ablauf des dritten Tages oder, wenn dieser ein Sonn- oder Feiertag ist, mit dem Ablauf des nächstfolgenden Werktags (§§ 187, 188, 193 BGB.).

Der Kommissionär ist mit der Übersendung des Stückeverzeichnisses nicht in Verzug, wenn der Kommittent seinerseits mit der Zahlung des Kaufpreises in Verzug ist. Die Nachholungsfrist kann erst in Lauf gesetzt werden, wenn der Kommittent den Kommissionär wegen der aus der Kommission herrührenden Forderung befriedigt hat.

6. Strafrechtliche Folgen der Nichtübersendung des angeforderten Stückeverzeichnisses:

Strafandrohung, wenn durch Nichtübersendung des Stückeverzeichnisses dem Kommittenten das Aussonderungsrecht verlorengeht (§§ 10, 12 DepG.).

7. Die erfolgte Übereignung im Wege der Aufnahme in Sonderdepot, der Gutschrift auf Girosammeldepotkonto oder der Übersendung des Stückeverzeichnisses sichert dem Kommittenten im Fall des Konkurses des Kommissionärs das Aussonderungsrecht (§ 43 KO.). Soweit eine Übereignung kommissionsweise angeschaffter Wertpapiere auf den Kommittenten (vgl. 3) noch nicht erfolgt war, steht dem Kommittenten das Aussonderungsrecht nicht zu, aber das aussonderungsähnliche Konkursvorrecht nach § 7a DepG.

8. Kommissionsweiser Umtausch von Papieren und Ausübung des Bezugsrechts (§§ 5, 6 DepG.). Es handelt sich um Anschaffungsgeschäfte. Für die Übereignung gilt das zu 3 Erörterte (Legen in Streif-

band, Sammeldepotbuchung, Absendung des Stückeverzeichnisses) mit folgenden Abweichungen:

Die Bank hat nicht das Selbsteintrittsrecht. Frist zur Übersendung des Stückeverzeichnisses — ohne Aufforderung — zwei Wochen nach Empfang der Stücke. Auf die Übersendung des Stückeverzeichnisses kann verzichtet werden. Der Verzicht kann sich aus den Umständen ergeben, z. B. bei der Girosammelverwahrung. Verzug hat lediglich die Folge, daß der Kommissionär den Provisionsanspruch verliert (§ 6 DepG.).

9. Nach § 8 Abs. 1 S. 2 DepG. ist die Bank, die einen ihr erteilten Auftrag zur Anschaffung von Wertpapieren an einen Dritten weitergibt, verpflichtet, diesem hierbei mitzuteilen, daß die Anschaffung für fremde Rechnung erfolge. Zweck und Wirkung der Mitteilung wie beim Hinterlegungsgeschäft (vgl. I A 6). Diese Mitteilungspflicht fällt aber weg für den als Selbstkontrahent eintretenden Einkaufskommissionär, weil dann eine „Weitergabe" des Auftrags nicht vorliegt (vgl. dazu RIESSER-BERNSTEIN: S. 208ff.). Da durch Abrede in den Geschäftsbedingungen der Banken üblicherweise der Selbsteintritt des Kommissionärs vereinbart ist, hat die genannte Vorschrift für das Anschaffungsgeschäft geringe praktische Bedeutung.

IV. Depotverwaltung.

Das Bankdepotgeschäft erstreckt sich nicht nur auf die Verwahrung der vom Depotkunden hinterlegten Wertpapiere, sondern auch auf die Verwaltung der der Bank zur Verwahrung anvertrauten Werte. Diese bankgeschäftliche Verwaltungstätigkeit ist nicht als eine allgemeine Vermögensverwaltung schlechthin zu verstehen. Die Bank übt ihre Verwaltungstätigkeit vielmehr in einem engeren Rahmen aus, wie er in den allgemeinen Geschäftsbedingungen der Banken üblicherweise verabredet ist. Insoweit danach die Bank Kundendepots verwaltet, handelt sie im Auftrag des Depotkunden als Geschäftsbesorger (§ 675 BGB.). Es kommen im wesentlichen folgende Verwaltungshandlungen in Betracht:

1. Trennung der Zins- und Gewinnanteilscheine (Coupons und Dividendenscheine) von den Bogen der hinterlegten Wertpapiere. Einziehung dieser Scheine oder ihre Verwertung. Gutschrift der so eingehenden Geldbeträge auf dem laufenden Konto des Depotkunden. Benachrichtigung hiervon an den Depotkunden.

2. Überwachung der Verlosungen, Auslosungen und Kündigungen der hinterlegten Wertpapiere. Kontrolle der hierüber erfolgten Veröffentlichungen. Einziehung der verlosten, ausgelosten oder gekündigten Wertpapiere. Gutschrift der so eingehenden Geldbeträge auf dem laufenden Konto des Depotkunden. Benachrichtigung hiervon an den Depotkunden.

3. Erhebung neuer Zins- und Gewinnanteilscheinbogen beim Ablauf dieser Scheine für alle Wertpapiere, deren Zins- und Gewinnanteilscheine regelmäßig getrennt werden.

4. Ausübung oder Verwertung von Bezugsrechten. Kontrolle der Veröffentlichungen hierzu. Benachrichtigung an den Depotkunden zur Einholung seiner Weisung. Mangels eingehender Weisung Handeln der Bank nach bestem Ermessen. Ausschluß der Haftung hierfür und für rechtzeitige Benachrichtigung des Depotkunden oder Benachrichtigung überhaupt banküblich.

5. Einreichung der hinterlegten Wertpapiere zur Abstempelung oder zum Umtausch bei Konvertierungen, bei ergangenen Aufforderungen zu Einzahlungen, bei Fusionen, Sanierungen, Zusammenlegungen, Umstellungen und Umtauschangeboten. Kontrolle der Veröffentlichungen über solche Vorgänge. Benachrichtigung an den Depotkunden zur Entgegennahme von dessen Weisungen. Mangels eingehender Weisung Handeln der Bank nach bestem Ermessen. Ausschließung der Haftung hierfür und für rechtzeitige Benachrichtigung des Depotkunden oder für Benachrichtigung überhaupt banküblich.

6. Umtausch von Zwischenscheinen in endgültige Stücke. Vornahme fälliger Einzahlungen auf nicht vollbezahlte Stücke zu Lasten des Kontos des Depotkunden bei dessen besonderem Auftrag.

7. Wahrnehmung der Rechte aus den im Depot ruhenden Aktien in den Gesellschaftsversammlungen; nach bestem Ermessen bei Fehlen einer besonderen Weisung des Depotkunden. Je nach Lage des Falles Einholung einer besonderen Weisung des Depotkunden.

Näheres zu 1.—7. vgl. RIESSER-BERNSTEIN: Depotgesetz, S. 53ff. Dort ferner Ausführungen über Schweigepflicht, Auskunftspflicht und Legitimationsprüfung bei Verfügungen über das Depot.

Literatur: RIESSER-BERNSTEIN: Depotgesetz, 5. Aufl. — STAUB-KOENIGE: Anhang zu § 424 HGB. — DÜRINGER-HACHENBURG-LEHMANN: Anhang I—III z. 3. Abschn. nach § 406 HGB.; derselbe Anhang z. 5. Abschn. nach § 424 HGB. — Wegen des Effektengiroverkehrs und der Girosammelverwahrung insbesondere OPITZ: Bank-Arch. **24**, Nr. 16; **25**, 114, 403; **26**, 238; **27**, 195; **29**, 176 u. 300, 432, 449 u. 481; Jur. Wschr. **1926**, 473ff. u. 663ff., 1774 u. 2063; **1928**, 2603; **1930**, 1372; **1932**, 238. — RIESSER-BERNSTEIN: S. 114ff. — STAUB-KOENIGE: a. a. O. Anm. 58ff. — JAEGER: Anm. 29 zu § 43 KO. — METZE: Goldschmidts Z. **90**, 376; **91**, 1. — SCHUMANN: Bankverwahrung. Leipzig. — RUTH: Das Depotgesetz und seine Reform. Marburg 1930; und zahlreiche Dissertationen. — Wegen des Stückekontos vgl. OPITZ in der Festschr. f. ALBERT PINNER.

GEORG OPITZ.

Depotstimmrecht vgl. *Aktienrechtsreform III 11.*

— **verwahrung** s. *Depotrecht I, II.*

— **verwaltung** s. *Depotrecht IV.*

— **wechsel** s. *Kautionswechsel.*

Depreziation: Währungsentwertung.

detachieren = Abtrennen von Kupons.

Deutsch-, Deutsche, Namensbeginn sämtlicher D. Überseebanken, Näheres s. *Spezialbanken 2,* vgl. a. *Überseegeschäft.*

Deutsche Bank s. *Geschichte d. Bankwesens,* ferner s. *Persönlichkeit und Organisation 7,* s. a. *Industrie und Banken I,* vgl. *D-Banken,* ebenso

Deutsche Bank u. Disconto-Gesellschaft.

Deutsche Bau- und Bodenbank s. *Baufinanzierung 4.*

Deutsche Genossenschaftsbank von Soergel-Parrisius & Co. s. *Kreditgenossenschaften IV.*

Deutsche Girozentrale — Deutsche Kommunalbank s. *Girozentralen 1c.*

Deutsche Landesbankenzentrale A.-G. vgl. *Agrarkredit III.*

Deutsche Provinzbörsen. Das deutsche Börsenleben entsteht in Frankfurt a. M. Hier, begünstigt durch die glänzende geographische Lage im Mittelpunkt der Rhein-Maingegend, im Herzen Deutschlands, sowie durch die politische Stellung als Stadt der Kaiserwahl und des deutschen Bundestages, entsteht Ende des 18. Jahrhunderts die erste deutsche Effektenbörse. Sehr bald nach dem Aufblühen der Frankfurter Börse entstehen an verschiedenen anderen deutschen Plätzen Effektenbörsen, namentlich an Plätzen, an denen bereits Waren- oder Wechselbörsen bestanden. Die Entstehung der Börsen wird von den territorialen Machthabern gefördert, um ihren Anleihen bessere Absatzmöglichkeiten zu schaffen. So entstehen im Laufe des 19. Jahrhunderts Börsen in Hamburg, Bremen, Stettin, Königsberg, Breslau, Leipzig, Augsburg, Berlin, München, Dresden, Stuttgart, Essen, Zwickau, Hannover, Düsseldorf. Unter all diesen Börsen bleibt bis 1870 die Frankfurter Börse die deutsche Zentralbörse, die einzige deutsche Effektenbörse von internationaler Bedeutung. Hier ist der Hauptplatz der großen Staatsanleihen, Eisenbahnwerte, Aktienbanken usw. Die anderen Provinzbörsen sind in der Hauptsache die Märkte der territorialen Anleihen, der kleineren Eisenbahnwerte und der lokalen Industrieunternehmungen.

Mit der Reichsgründung und dem Aufstieg Berlins zur Reichshauptstadt verliert Frankfurt seine Vorherrschaft. Der Konzentrationsbewegung des Kapitals in Berlin bei den Großbanken folgt die Konzentration des Effektenhandels. Bei der überragenden Rolle, die die Berliner Großbanken bei der Gründung der großen Industrieunternehmungen spielen, ist es selbstverständlich, daß sie den Handel der Aktien der von ihnen gegründeten Industriegesellschaften in Berlin konzentriert zu sehen wünschen. Das erleichtert ihnen die Kontrolle des Marktes und damit die Kursregulierung. Ebenso ist ihnen in Berlin die Unterbringung von Kapitalserhöhungen wesentlich leichter.

Der relative Rückgang der Provinzbörsen im Verhältnis zu Berlin vollzog sich aber bei einer ständig seigenden absoluten Bedeutung. Die Großbankenhaben ein Interesse daran, Effekten auch an den Provinzbörsen, namentlich an Plätzen, an denen sie Filialen haben, einzuführen, besonders, wenn es sich um Plätze handelt, die durch das Vorhandensein größerer Bankinstitute mit kapitalkräftiger, spekulativer Kundschaft, Absatzmöglichkeiten bieten. So haben die Provinzbörsen heute in der Hauptsache Bedeutung durch das Interesse, das sich an ihnen zeigt für Anleihen eigener Bundesstaaten und Provinzen, Kommunalanleihen, Realkreditwerte und Aktien von Industrieunternehmungen, die ihren Sitz in der betreffenden Gegend haben. Durch die oft enge Fühlung, die zwischen der Verwaltung der Unternehmungen, den Kommissionären und dem Publikum besteht, bilden sich an Provinzbörsen oft große Märkte für bestimmte Papiere (Essen, Düsseldorf, Hannover, Hamburg, Bremen).

Die relative Bedeutung der einzelnen Provinzbörsen zahlenmäßig zu belegen ist nicht möglich. Der einzige Maßstab, der hierzu in Frage käme, wäre der an den einzelnen Börsen erzielte Umsatz. Leider werden solche Umsatzzahlen weder in Berlin noch an den Provinzbörsen veröffentlicht. Als Zahlenmaterial steht lediglich die Anzahl der notierten Papiere zur Verfügung. Diese Zahlen geben aber in Unkenntnis der in ihnen getätigten Umsätze kein verläßliches Bild. Es werden notiert an Aktien: in Berlin 838, Frankfurt 305, Dresden 166, München 150, Hamburg 128, Leipzig 116, Köln 107, Düsseldorf 83, Stuttgart 74, Essen 73, Breslau 64, Bremen 51, Augsburg 46, Mannheim 46, Hannover 28, Magdeburg 22, Königsberg 15.

Augsburg: Bis ins 19. Jahrhundert ein bedeutender Börsenplatz von zeitweise internationaler Bedeutung ist Augsburg heute eine reine Provinzbörse. Sie dient in der Hauptsache dem Umsatz der Pfandbriefe und Kommunalanleihen der bayerischen Hypothekenbanken und der Aktien bayerischer Unternehmungen.

Bremen: Als Sitz größerer Bankinstitute mit kapitalkräftiger und spekulativer Kundschaft gehört Bremen zu den mittleren deutschen Provinzbörsen. Besondere Bedeutung gewinnt Bremen durch seine Schiffahrtsunternehmungen, in deren Aktien, namentlich in denen des Norddeutschen Lloyd lebhafter Verkehr stattfindet. Die Aktien der Berliner Großbanken sowie der Schiffahrtsunternehmungen werden auch auf Termin gehandelt, wodurch in diesen Werten Arbitragemöglichkeiten mit Berlin gegeben sind.

Breslau ist der Markt für schlesische Werte lokaler Bedeutung, während der Verkehr in den Aktien der führenden schlesischen Unternehmungen in der Hauptsache in Berlin stattfindet. Die Aktien der Berliner Großbanken sowie die der großen schlesischen Industrieunternehmungen werden auch auf Termin gehandelt.

Chemnitz: Nur lokale Bedeutung.

Dresden ist eine ausgesprochene Provinzbörse, d. h. ihre Bedeutung ist beschränkt auf den sächsischen Industriebezirk. In den Werten dieses Industriebezirkes finden in Dresden wesentliche Umsätze statt. Außerdem ist Dresden ein ziemlich breiter Markt für Aktien der Brauereiunternehmungen und der photographischen Industrie. Von Wichtigkeit ist die Dresdner Börse auch für die Placierung sächsischer Staats- und Kommunalanleihen. Die Aktien der deutschen Großunternehmungen sowie der Banken werden in Dresden ebenfalls notiert. In einigen dieser Werte findet Terminnotierung statt.

Essen-Düsseldorf (Kuxenbörsen) s. besonderen Artikel.

Frankfurt: In den neunziger Jahren des 18. Jahrhunderts entsteht in Frankfurt, im Anschluß an die bereits bestehende Wechselbörse ein regelmäßiger Effektenverkehr. Vorerst kann sich dieser eben entstandene Effektenverkehr, gehemmt durch die Kriegswirren der Napoleonischen Zeit, nicht recht weiter entwickeln. Erst die Zeit zwischen 1816—26 sind die Jahre des Aufstieges für die Frankfurter Börse. Den Anlaß zum Aufblühen der Frankfurter Börse bildete der Kapitalbedarf der kontinentalen Länder, deren Finanzkraft durch die vorhergegangenen Kriege erschöpft ist. Die überragende Bedeutung, die Frankfurt für die Unterbringung von Anleihen damals erreichte, verdankte es in erster Reihe der einzigartigen Stellung, die das Haus Rothschild bei diesen Anleihegeschäften einnahm. Die meisten der durch das Haus Rothschild emittierten Anleihen hatten der Internationalität des Emissionshauses entsprechend, einen Markt zugleich an den Börsen zu London, Paris und Amsterdam. Daraus entwickelte sich ein lebhafter Arbitrageverkehr, der besonders von Frankfurt gepflegt wurde. So ergibt sich aus dem Sitz der Rothschilds in Frankfurt die internationale Stellung der Frankfurter Börse, die wieder ihre Vormachtstellung innerhalb Deutschlands befestigt. Bis zur Mitte des 19. Jahrhunderts konnte die Frankfurter Börse ihre Stellung als erste deutsche Staatspapierbörse halten. Die Fonds, die damals an den anderen deutschen Börsen, auch in Berlin notiert wurden, waren beinahe durchwegs Rothschildsche Emissionen, die ihren Hauptmarkt in Frankfurt hatten. Das Abklingen der Bedeutung der Frankfurter Börse beginnt mit dem Aufkommen der Aktie. Gestützt auf ihren großen Umsatz in Anleihen, hat sich die Frankfurter Börse gegen die Aufnahme des Aktienhandels gesperrt. So hat sich der Aktienhandel von Anfang an in Berlin konzentriert. An dem Aufschwung nach 1871 nimmt zwar auch Frankfurt teil, aber die Zahl der in Frankfurt notierten Industrieaktien nimmt in den Jahren 1871—73 nur um zwei zu. Noch Anfang 1885 betrug die Zahl der in Frankfurt notierten Industrieaktien nur 24, um bis 1889 auf 79 anzuschwellen. Frankfurt hat den Anschluß an die neue Zeit zu spät gefunden. Dieser Umstand, zusammen mit der durch die Reichsgründung bedingte Konzentration des Bankkapitals in Berlin, bewirkte, daß die Frankfurter Börse ihre Stellung als die führende deutsche Börse an Berlin abtreten mußte.

Aber auch heute ist die Frankfurter Börse für das deutsche Wirtschaftsleben von großer Bedeutung. Ihre Vergangenheit, die Bedeutung der in Frankfurt ansässigen alten, kapitalkräftigen Banken sowie der Reichtum des Frankfurter Publikums sichern Frankfurt eine exzeptionelle Stellung unter den Provinzbörsen. Auch die bedeutenden internationalen Beziehungen der Frankfurter Banken kommen dem Frankfurter Börsenplatz zugute. In der Hauptsache unterscheidet sich die Frankfurter Börse von den anderen d. P. dadurch, daß sie über das engere eigene Wirtschaftsgebiet hinausgreifend, für ganz Südwestdeutschland gewissermaßen eine Zentralbörse ist.

Sie vereinigt die Effektenumsätze Südwestdeutschlands in sich über den Kopf der betreffenden Provinzbörsen. In diesen Werten, deren Umsatz in der Hauptsache in Frankfurt stattfindet, hat sich die Frankfurter Börse auch ihre Unabhängigkeit in der Kursbildung bewahrt. Die Bedeutung Frankfurts als Hinterland für Emissionen aus ganz Deutschland geht hervor aus der Tatsache, daß die Aktien aller großen Unternehmungen neben Berlin auch in Frankfurt notiert werden. Das ist die Basis des sehr lebhaften Arbitrageverkehrs, den Frankfurt mit Berlin und den anderen größeren Provinzplätzen unterhält. Eine besondere Bedeutung kommt der Frankfurter Abendbörse zu. Als die einzige offizielle Abendbörse Deutschlands sind ihre Notierungen, die bereits die Tendenz der für die europäischen Börsen so wichtigen New Yorker Börse berücksichtigen, für das ganze Reich maßgebend.

Hannover: Obwohl Hannover der Sitz einer Reihe großer Industrieunternehmungen, in der Hauptsache der Zement- und Gummiindustrie ist, hat die Hannoversche Börse lediglich lokale Bedeutung. Die Aktien der großen hannoverschen Gesellschaften werden auch in Berlin gehandelt, und hier finden die wesentlichen Umsätze statt. Von Bedeutung ist dagegen der an der hannoverschen Börse stattfindende Freiverkehr in Kalikuxen, für die Hannover der Mittelpunkt ist.

Hamburg: Die Hamburger Börse ist eine der bedeutendsten Provinzbörsen. Ihre Bedeutung ist ähnlich wie in Frankfurt bedingt durch eine Anzahl großer Banken, die ihren Sitz in Hamburg haben. Hamburg ist der Hauptmarkt für nordwestdeutsche Werte, namentlich für festverzinsliche Papiere. Aber auch die Aktien aller deutschen Großunternehmungen werden per Kasse wie auch auf Termin gehandelt. Von besonderer Bedeutung ist Hamburg für die Schiffahrtswerte, für die sich ein Spezialmarkt herausgebildet hat. In diesen Werten findet ein lebhafter Arbitrageverkehr mit Berlin und Frankfurt statt. Eine Besonderheit der Hamburger Börse ist es, daß sie die einzige größere deutsche Börse ist, an der keine vereideten Kursmakler bestellt sind.

Kiel: Nur Lokalbörse.

Köln: Die Kölner Börse ist von Bedeutung als Markt für die rheinischen Montanpapiere. Allerdings ist diese Bedeutung stark eingeschränkt durch die Nachbarschaft der Börsen Essen-Düsseldorf, die sich zu den Hauptmärkten der Montanpapiere entwickelt haben. Die Aktien der Berliner Großbanken sowie der meisten großen Industrieunternehmungen werden in Köln auf Termin gehandelt. Ein besonderer Markt hat sich für Versicherungsaktien herausgebildet.

Königsberg: Nur lokale Bedeutung.

Leipzig: Als Zentrum eines bedeutenden Industriebezirkes ist Leipzig lediglich für die Werte eben dieses Industriebezirkes von Bedeutung. Der Terminverkehr in den Aktien der Berliner Banken und einiger anderer auch in Berlin notierten Industrieaktien ist völlig von Berlin abhängig.

Magdeburg: Nur lokale Bedeutung.

Mannheim: Nur lokale Bedeutung.

München: Entsprechend der wirtschaftlichen Struktur Bayerns stehen an der Münchener Börse die Realkreditwerte im Vordergrund. Abgesehen von bayerischen Staats- und Stadtanleihen ist München als Absatzgebiet für die Pfandbriefe und Kommunalobligationen der bayerischen Hypothekenbanken von Bedeutung. Am Aktienmarkt finden Umsätze in der Hauptsache in bayerischen Unternehmungen, namentlich Brauereien statt. Im Terminverkehr werden die meisten führenden deutschen Aktien allerdings in völliger Abhängigkeit von Berlin gehandelt.

Stettin: Nur lokale Bedeutung.

Stuttgart ist Spezialmarkt für württembergische Papiere. Banken und einige große Industriepapiere werden auch auf Termin gehandelt, doch sind die Umsätze unbedeutend.

Zwickau: Nur lokale Bedeutung.

Über die *Börsenzulassung von Personen* (s. d.), vgl. ferner den allg. Art. *Börsenrecht*.

Literatur: Marx, E.: Deutsche Provinzbörsen. — Wormser, O.: Die Frankfurter Börse. — Wagner, G.: Die Hamburger Fondsbörse.

Rudolf Berdach.

Deutsche Rentenbankkreditanstalt s. *Öffentlich-rechtliches Bankwesen I A 8.*

Deutsche Siedlungsbank s. *Agrarkredit IV*, s. *Staatsbanken.*

Deutscher Bankbeamtenverein e. V. s. *Standesvertretungen B 2.*

Deutscher Genossenschaftsring s. *Preußenkasse.*

Deutscher Industrie- und Handelstag s. *Handelskammern.*

Deutscher Sparkassen- und Giroverband s. *Girozentralen 1.*

Deutschland, Übersicht über Bankwesen, Geld- und Kapitalmarkt.

Vorbemerkung: Fast alle typischen Erscheinungen des deutschen Bankwesens haben im Handwörterbuch eingehende Behandlung durch Spezialartikel gefunden. Die allgemeinen Artikel gehen dagegen nicht nur auf die deutschen Verhältnisse, sondern auch auf die der anderen Länder ein. Daneben wurden aber die ausländischen Geld- und Kapitalmärkte meist noch besonders zusammengefaßt, wobei die typischen Erscheinungen des betreffenden Landes besser herausgearbeitet werden konnten, als in den allgemeinen Artikeln. Schon um einen Vergleich zu ermöglichen, erschien es daher richtig, im folgenden eine Übersicht der für das deutsche Bankwesen charakteristischsten Probleme und Erscheinungen zu geben, verbunden mit Verweisen auf die entsprechenden Artikel.

1. Der deutsche Kapitalmarkt stellt — sich nicht etwa erst als Folge der Ereignisse seit 1914, sondern seit Beginn des industriellen Aufschwungs um die Mitte des 19. Jahrhunderts — hinsichtlich des Verhältnisses von Nachfrage und Angebot als eine Art Mittelding zwischen den reichen westlichen Staaten mit ihrer starken Rentnerschicht und entsprechend großem Anlageangebot dar und den kapitalsarmen östlichen und südlichen Staaten Europas. Diese Mittelstellung ist der Schlüssel zu einer Unzahl von Erscheinungen des deutschen Bankwesens, vor allem für die Ausbildung des typisch deutschen Systems der Universalkreditbanken. Zwangsläufig mußten die Banken angesichts des Mißverhältnisses zwischen langfristigem Kapitalangebot und Bedarf in erheblichem Maße Kredit „umformen", indem sie mehr oder minder bewußt eine der Elementarregeln der Liquiditätspolitik außer acht ließen, wonach man erhaltene Kredite nur gleichartig, also mit gleicher Befristung in formeller und materieller Hinsicht weitergeben dürfe. Gewiß verstieß man nicht formell gegen diese Elementarregel, aber die Fachliteratur auch schon vor 1914 war sich bewußt, daß die materielle Durchsetzung dieses Prinzips in Krisenzeiten besonders schwer sein dürfte, vermutlich schwerer als bei den reinen Depositenbanken Englands und Frankreichs. Auch die Liquiditätsreserven waren angesichts der ständigen Kapitalnachfrage ungenügend, die Analogie zwischen D. und den Zuständen in USA. vor der Schaffung des *Federal Reserve Systems* (vgl. d.) sind heute nach den Lehren des Sommers 1931 besonders deutlich. Es muß allerdings dabei betont werden, daß die unwirtschaftlichen Voraussetzungen der Kreditkrise, welche D. am stärksten traf, es gleichzeitig von jeder Schuld freisprechen. All diese Dinge stehen heute derartig im Lichte der Öffentlichkeit, daß es zu weit führen dürfte, hierauf näher einzugehen. Es sollte nur darauf hingewiesen werden, daß insbesondere seit der Kapitalvernichtung durch Krieg und Inflation, aber auch schon vorher, in D. eine ständige Disproportionalität zwischen der langfristigen Kapitalnachfrage und Angebot besteht (vgl. *Liquiditäts- und Anlagepolitik der Depositenbanken*).

Daß am Kapitalmarkt während langer Jahre der Aktienmarkt in den Vordergrund trat und sich seine zahlenmäßige Bedeutung im Verhältnis zum *Rentenmarkt* (s. d., vgl. auch *Berliner Börse*) gegenüber der Vorkriegszeit ins Gegenteil verkehrte, ist eine Folge der Inflation und der dadurch hervorgerufenen Vorliebe des Publikums für Substanzwerte. Auch hatte die Kapitalbildung im Inland seit der Stabilisierung noch nicht genügend Kraft, um den alten Rentenmarkt wieder aufzubauen, dies um so mehr, als ein Teil des inländischen Sparkapitals Anlage in deutschen Auslandsanleihen fand (z. B. $ Bonds) und so, marktmäßig gesehen, mehr ein Bestandteil der New Yorker . . . usw. Börse als des heimischen Kapitalmarktes wurde.

2. Der deutsche Geldmarkt konnte sich aus ähnlichen Gründen, wie sie dem Kapitalmarkt sein Gepräge gaben, bisher recht wenig entwickeln. Ja, es ist geradezu überraschend, daß in dem blühenden D. der Vorkriegszeit, welches auf vielen Gebieten der Industrie an erster Stelle auf dem Weltmarkt stand, ein Geldmarkt von wirklicher Bedeutung nicht existierte. Auf dem Gebiet des Taggeldes und der Privatdiskonte fiel dem Bankhaus Mendelssohn & Co. so wie noch heute die führende Rolle neben *Reichsbank* (s. d.) und der *Preußischen Staatsbank* (s. d.) zu. Die Gründe für diese ungenügende Entwicklung sind vor allem der schon erwähnte Mangel ausreichender Liquiditätsreserven (welche den Hauptteil der kurzfristigen Ausleihungen auf den Geldmärkten etwa von London und Paris bilden), sodann die D. eigentümliche Art der Industriefinanzierung. Im Gegensatz z. B. zu den USA., in denen die Betriebsreserven der Großindustriekonzerne dem Geldmarkt — meist sogar direkt — zugute kommen, war die deutsche Industrie, eng verflochten mit den Großbanken, nie Geldgeber, sondern ihre (zumeist weit geringeren) Barmittel bildeten einen Teil der Bankdepositen. Eine weitere Erklärung, die aber im Gegensatz zu den früheren nicht als ein Mangel zu werten ist, liegt in der sehr weit vorgeschrittenen Durchorganisation des deutschen Geldverkehrs, insbesondere des bargeldlosen, so daß das Halten von Kassabeständen bei größeren Instituten meist zugunsten einer gemeinsamen Abrechnungsstelle entfallen konnte. Ein Musterbeispiel bildet der Ausbau des *Girozentralsystems* (s. d.) der Sparkassen (vgl. auch *Bargeldloser Zahlungsverkehr*).

In der Nachkriegszeit war ferner, wenn man von den völlig anormalen Inflationsjahren absieht, der hohe Zinssatz, welcher in D. ziemlich in gleicher Weise für kurz- und langfristiges Kapital herrschte, mit ein Grund, den Geldmarkt nicht zur Entwicklung kommen zu lassen. Ein heute noch nicht bereinigtes Kapitel bildet schließlich die krankhafte Veränderung des Begriffs kurzfristiger Geldaufnahme, wie sie sich als Folge des Kapitalmangels und insbesondere der Anleihesperre in den letzten Jahren herausbildete. Hierher gehört in erster Linie die kurzfristige Verschuldung der Kommunen, für Zwecke in Anspruch genommen, für die nach allgemeinen Finanzierungsprinzipien langfristige Kapitalsaufnahme hätte erfolgen müssen. Das in D. daher besonders dringliche Problem der Umschuldung der Städte und anderer formell kurzfristiger Schuldner harrt im gegenwärtigen Augenblick (August 1932) noch der Lösung.

3. Das Hypothekenwesen. Neben günstigen Voraussetzungen, die das deutsche Recht, vor allem die Institution des Grundbuchs, gegenüber dem römischen geschaffen hatte, war auch das eingangs skizzierte Mißverhältnis zwischen Kapitalbedarf und -angebot eine der Ursachen für die frühzeitige und vollendete Ausbildung der verschiedensten Institutionen des Realkredits, deren erste Anfänge, die *Landschaften* (s. d.) durchaus der Autorität des Wohlfahrtsstaates ihre Entstehung verdanken, und die sich dann in den privaten Hypothekenbanken und in zahlreichen öffentlichrechtlichen Institutionen des Realkredits fortsetzten (vgl. insbesondere *Hypothekenbanken, Agrarkredit* und *Städtischer Hypothekarkredit*).

4. Das *Öffentlich-rechtliche Bankwesen* (s. d., vgl. a. zahlreiche Monographien der hierher gehörigen Institute, dann *Sozialisierung des Bankwesens*) ist aber auch über das Gebiet des Realkredits hinaus eine der bemerkenswertesten Erscheinungen des deutschen Bankwesens. In keinem anderen Lande der Welt findet sich so frühzeitig und so zielbewußt die Förderung dieser Institution. Man kann sagen, daß mit diesen beiden Tatsachen: Ausbildung des Realkredits und des öffentlichrechtlichen Bankwesens (wenn man von der in den letzten Jahren zutage getretenen Hypertrophie absieht) D. den ihm eigentümlichen Beitrag zur Entwicklung des Bankwesens der Welt geleistet hat.

5. Die Deutsche Universalbank und das Verhältnis zur Industrie (vgl. *Industrie und Banken* sowie zahlreiche andere Stichworte). Die Entwicklung der deutschen Großbanken zu einer von den westlichen Depositenbanken merklich verschiedenen Bankform war, wie früher gezeigt, zum größten Teil zwangsläufig erfolgt. Sie vollzog sich gedrängt durch die Entwicklungstendenzen der deutschen Industrie, die weder durch eine ausreichende inländische Kapitalistenschicht, noch vom Ausland her genügend Mittel erlangen konnte, letzteres im zunehmenden Maße aus politischen Gründen, seit sich die außenpolitische Situation zum Weltkrieg zuspitzte. Gewisse Tätigkeitsgebiete des reinen Depositenbankwesens (vgl. z. B. England) suchten unter diesen Umständen sogar Anlehnung an andere Institutionen. So spielt der Giroverkehr der Reichsbank, der Sparkassen und der Genossenschaften im deutschen Zahlungsverkehr eine weit größere Rolle, als der der deutschen Banken, im Gegensatz zu England, wo er fast ganz durch die Depositenbanken bewerkstelligt wird, die freilich ein weit größeres Netz von Zweigstellen besitzen als die entsprechenden deutschen Banken (vgl. auch Artikel *Spezialbanken, Holdinggesellschaften, Investment Trusts*).

6. Sparkassen und Kreditgenossenschaften bilden überhaupt eine in den westlichen Ländern in diesem Ausmaße nicht gekannte Konkurrenz des Bankgewerbes; wie schon erwähnt, ist ihre Zusammenfassung für den Zahlungsverkehr vorbildlich (vgl. die betr. Artikel, ferner *Girozentrale, Preußenkasse*).

7. Die deutschen Überseebanken, welche vor dem Kriege Hand in Hand mit der Entwicklung von Welthandel und Flotte einen glänzenden Aufschwung nahmen, litten zunächst schwer unter den Folgen des Friedensschlusses, haben jedoch bisher in dieser Krise ihre wiedererlangte, nicht unbeträchtliche Bedeutung (vor allem in Südamerika) in einer Weise behauptet, die gemessen an den englischen Überseebanken, die ja unter weiter günstigen Bedingungen arbeiteten, die größte Anerkennung verdient (vgl. *Überseegeschäft*).

8. Privatbankier und Makler. Der Umstand, daß die Institution des angelsächsischen selbständigen Effektenmaklers, des *Brokers* (s. d.), in D. unbekannt ist, haben diesen ganzen Berufszweig, ebenso wie in den lateinischen Ländern dem privaten Bankgewerbe zugeselIt, in Form der Börsenabteilung der großen Institute, des wichtigsten Tätigkeitsgebiets des *Privatbankiers* (s. d.), und schließlich vertreten durch tausend kleinere Existenzen, die den Titel Bank bzw. Bankier führen, aber vom volkswirtschaftlichen Standpunkt aus gesehen, es nicht sind. Weder vermitteln sie den Zahlungsverkehr noch auch im volkswirtschaftlichen Sinne Kredit, sondern sie pflegen von den regulären Bankgeschäften lediglich das *Kommissionsgeschäft* (s. d.), wobei sie häufig gelegentliche Nebenverdienste als Agenten nicht verschmähen. Auch in dieser Hinsicht ist die Lage des deutschen Bankiergewerbes bzw. die Abtrennung eines Teiles der Banken und Bankiers und ihre Überführung in den keineswegs weniger achtbaren Stand eines soliden Effektenmaklers heute reichlich ungeklärt.

Gebiete und Erscheinungen des deutschen Bankwesens, welche im vorstehenden nicht erwähnt wurden, entsprechen im allgemeinen den für das Bankwesen international bestehenden Verhältnissen, und es kann daher auf die entsprechenden Hinweise verwiesen werden, ebenso auf die entwicklungsgeschichtlichen zwei Artikel: *Geschichte des Bankwesens* sowie *Persönlichkeit und Organisation im Bankwesen.* PAUL QUITTNER.

Devalvation s. *Währungswesen*, s. *Währungsstabilisierung*, s. *Valorisierung*.

Devisen. Der Handel in D. (im weiteren Sinne ausländische Zahlungsmittel jeglicher Art, ausländische Banknoten oder in ausländischer Währung ausgestellte und im Auslande zahlbare Schecks und Wechsel, sowie briefliche oder telegraphische Kontoübertragungen) beschränkt sich in der Nachkriegszeit fast ausschließlich auf telegraphische Auszahlung. Dies gilt für Deutschland ebenso wie für den internationalen Devisenhandel, wo ein starker Ausgleich der in den einzelnen Ländern bestehenden Usancen stattgefunden hat. Der bis zum Kriegsausbruch recht lebhafte Handel in Auslandswechseln, vorzugsweise Bankakzepten, in welchem sich ein großer Teil der internationalen Devisenarbitrage vollzog, ist so gut wie ausgeschaltet und spielt eigentlich nur noch in Überseedevisen eine Rolle. Der innere Grund für diese Wandlung ist in erster Linie in der Beschränkung zu erblicken, die die Notenbanken der meisten Länder dem Verkehr mit Bankakzepten auferlegt haben (vgl. *Akzeptkredit*). Das Bankakzept als reines Finanzpapier ist aus währungs- und kreditpolitischen Gründen so gut wie verschwunden; hierzu kommt noch das immer weitere Vordringen der Dollardevise und die Tatsache, daß das Bankakzept in New York erst in allermodernster Zeit zur Blüte gekommen ist. Die technischen Errungenschaften auf dem Gebiete des Verkehrs, die Nutzbarmachung von Telegraph, Radio und Telephon im internationalen Geschäft haben ebenfalls das ihre dazu beigetragen, die telegraphische Auszahlung in den Mittelpunkt des Devisenhandels zu rücken.

An den deutschen Börsenplätzen ist man daher längst dazu übergegangen, an Stelle der Notizen für kurze und lange Sichten auf ausländische Plätze nur noch amtliche Kurse für telegraphische Auszahlung zu notieren. Im Freiverkehr, und zwar sowohl in der Inlands- wie auch in der Auslandsarbitrage, gilt die gleiche Usance, wobei jede Transaktion, sofern nichts besonderes vereinbart wird, am zweiten Werktag nach Abschluß zu regulieren ist. Die Banken, die miteinander im Devisenverkehr stehen, pflegen ihre ausländischen Korrespondentenlisten auszutauschen, so daß beispielsweise die deutsche Bank, die telephonisch an ihre holländischen Geschäftsfreunde $ 100000 Londoner Usance verkauft hat, auch ohne weitere Rückfrage weiß, an welches New Yorker Bankhaus sie den Dollarbetrag zahlen muß, und wo ihr andererseits der Sterlingerlös zur Verfügung steht.

Am Berliner Platz ist der Handel in Dollar und Pfunden besonders lebhaft, nicht nur weil England und Amerika im deutschen Außenhandel eine hervorragende Rolle spielen, sondern vor allem deshalb, weil diese Länder als wichtigste Geldzentren der Welt seit Beendigung der Inflation auch den Hauptanteil an der Versorgung des deutschen Marktes mit Auslandskrediten bestreiten (vgl. Art. *Berliner Börse*). Recht umfangreich ist ferner der Umsatz in französischen Franken, Schweizer Franken und holländischen Gulden. Amtlich notiert werden neben dem Dollar sämtliche europäischen D. mit Ausnahme von Warschau und Moskau. Der Handel in Rubeln verbietet sich so lange, wie die Moskauer Devisenzentrale jeden Freiverkehr einengt, und zur Aufnahme der amtlichen Notiz für Auszahlung Warschau hat man sich aus außenpolitischen Gründen noch immer nicht entschließen können, obwohl die am Handel mit Polen beteiligten Kreise wiederholt den lebhaften Wunsch geäußert haben, für ihren Exporterlös bzw. ihren Importbedarf ebenfalls in den Genuß der Vorteile einer amtlichen Kursnotierung zu gelangen. Da jedoch der inoffizielle Markt ziemlich reibungslos funktioniert, ist diese Frage mehr oder weniger zu einer reinen Formsache geworden. Schließlich verzeichnet das amtliche Kursblatt noch die Notizen für Buenos Aires, Rio, Tokio, Konstantinopel, Kanada, Uruguay, Kairo und Island. Da die Märkte der letztgenannten D. hier außerordentlich klein sind, gehen die Banken mit ihren Orders häufig in solchen Fällen nach London oder New York, wo die Ausführung oft zu kulanteren Kursen möglich ist. Des gleichen Verfahrens bedienen sie sich bei der Ausführung von Kundschaftsaufträgen solcher Zahlungsmittel, die an den deutschen Börsen überhaupt nicht gehandelt werden, wobei für Britische Kolonien und Dominions der Londoner, für südamerikanische Länder der Londoner und New Yorker Markt in erster Linie in Frage kommen. Zürich wiederum verfügt über einen relativ breiten Markt in spanischen Peseten und osteuropäischen Valuten. Die amtlichen Berliner Kurse für telegraphische Auszahlungen verstehen sich natürlich gegen Reichsmark, und zwar bei englischen und ägyptischen Pfunden, amerikanischen und kanadischen Dollars, argentinischen Papierpeseten, japanischen Yen, brasilianischen Milreis und Uruguay-Goldpesos für je eine, bei allen übrigen für je hundert Einheiten der fremden Währung. Die Kundschaftorders führen die Banken jeweils zum amtlichen Kurse aus, wobei sie ähnlich wie im Kundschaft-Effektengeschäft vorgehen. Die Reichsbank ist täglich bei der Kursfestsetzung zugegen, beschränkt sich aber darauf, ihre eigenen Orders bzw. Dispositionen beim amtlichen Kurs aufzugeben, solange sich die Notizen innerhalb der *Goldpunkte* (s. d.) bewegen. Zur Intervention ist sie erst dann gezwungen, wenn am unteren Goldpunkte noch überschüssiges Angebot aufzunehmen, bzw. am oberen Goldpunkte weitere Nachfrage, die von dem Markte nicht ausgeglichen wird, zu befriedigen ist. Seitdem in Europa sämtliche Währungen mit Ausnahme der spanischen Peseta sowie die meisten Überseedevisen wieder auf Goldbasis gestellt und stabilisiert sind, bewegten sich die Kurse bis zur im September 1931 erfolgten Suspendierung des Goldstandards in England, Skandinavien, Japan usw. natürlich in der Nähe der Goldparität, die für die wichtigsten D. wie folgt lautete bzw. noch lautet:

Englische Pfunde	20,4295
USA.-Dollars	4,1979
Holländische Gulden . .	168,74
Französische Francs . . .	16,447
Schweizer Franken . . .	81,—
Schwedische Kronen . .	112,50

Während die Banken untereinander zum Mittelkurse handeln, werden als amtliche Kurse die offiziellen Geld- und Briefkurse veröffentlicht, wobei die Kunden bei der Ausführung ihrer Verkaufsorders nur Anspruch auf die Abrechnung zum (niedrigeren) Geldkurse haben und bei der Ausführung ihrer Kaufaufträge den (höheren) Briefkurs anerkennen müssen. Die Spannung zwischen Geld- und Briefkurs beträgt zwei pro mille, d. h. nach Feststellung des Mittelkurses werden Geld- und Briefkurs einfach durch Subtraktion bzw. Addition von je ein pro mille errechnet, wobei in der Regel zwei, in einigen Fällen auch drei Dezimalstellen berücksichtigt werden. Während kurz nach der Inflation den Privatkunden noch eine kleine Provision in Anrechnung gebracht wurde, ist diese allmählich weitgehend außer Übung gekommen, so daß der eigentliche Verdienst der Banken bei den Orders, die sie „in sich" ausgeglichen haben, in der Spanne zwischen Geld- und Briefkurs, bei den Aufträgen, die sie dem Makler weitergegeben haben, in der halben Spanne besteht. Da sie überdies durchweg eine Courtage berechnen, selbst aber nur für Kaufaufträge Courtage zu entrichten haben, machen sie auch hierbei gewöhnlich einen Profit, der sich bei den Kompensationen noch erhöht.

Für die Bankierkundschaft erfolgt die Ausführung ihrer Orders gewöhnlich provisionsfrei und zum sog. „gespannten" Geld- oder Briefkurs, d. h. zur Mitte zwischen Mittelkurs und Geldkurs oder Mittelkurs und Briefkurs. Kunden, die eine D. gegen die andere zu tauschen haben, ermächtigen ihre Bankverbindung häufig, die Ausführung nach ausländischer Usance vorzunehmen, unter Umgehung der amtlichen Kurse. Sie fahren, wenn es sich um gängige Valuten handelt, hierbei gewöhnlich etwas günstiger, da sie dann nicht die doppelte Spanne, doppelte Provision oder doppelte Courtage zu zahlen haben. Die Abrechnung erfolgt vielmehr gewöhnlich zum Usancekurs „netto", wobei die Banken ihren Verdienst in den Kurs hineinkalkulieren. Alle Devisenumsätze sind in Deutschland bereits seit mehreren Jahren wieder vollkommen stempelfrei. Wenn die Banken von ihren Kunden Schecks, Wechsel oder Bankakzepte, die in ausländischer Währung ausgestellt und im Ausland zahlbar sind, zum Verkauf erhalten, schicken sie diese Titel gewöhnlich an ihre ausländische Bankverbindung zum Inkasso. Um jegliches Kursrisiko zu vermeiden, verkaufen sie aus ihren eigenen Valutabeständen einen entsprechenden Betrag in Form von telegraphischer Auszahlung. Hierzu sind sie in der Lage, weil sie bei ihren Geschäftsfreunden im Ausland jederzeit größere Guthaben für eigene Rechnung und für Rechnung ihrer Kunden unterhalten. Ähnlich verfahren sie, wenn ein Kunde einen Bankscheck auf einen Auslandsplatz verlangt. Wechsel und Bankakzepte werden gewöhnlich unter Zugrundelegung des im Ausland gültigen Diskontsatzes abgerechnet. Auch die Reichsbank kauft derartige Papiere, mit dem Giro der verkaufenden Bank versehen, an. Dieses Weges bedienen sich gewöhnlich kleinere Bankfirmen, die selbst kein Nostroguthaben in dem betreffenden Lande unterhalten. (Denselben Ausgleich „in sich" nehmen die Banken vor, wenn ihre Kundschaft Termindevisen kauft oder verkauft; s. *Devisen-Swap*).

RUDOLF BEERENSSON.

Devisenabrechnungsstelle, Berlin. Vom November 1921 bis 1. Juli 1930 bestand in Berlin eine D., die den doppelten Zweck erfüllte, die Devisengeschäfte ihrer Mitglieder zu verrechnen und gleichzeitig das mit dem Devisenhandel verknüpfte Risiko durch Beschränkung des Kontrahentenkreises, Stellung von Kautionen usw., zu vermindern. Mitglieder dieser D. waren alle größeren devisenhandelnden Banken und Bankgeschäfte in Berlin (Zahl der Mitglieder: etwa 120). Die technischen Einrichtungen dieser D. wurden mehrfach verbessert. Grundsatz war, den einzelnen Mitgliedern nach Möglichkeit Arbeit zu ersparen, was durch Anwendung von Durchschreibeformularen, Skontrierungsmaßnahmen u. dgl. erreicht wurde. Diese Erleichterungen fielen nicht mehr so stark ins Gewicht, nachdem die Devisenumsätze stark gesunken waren.

Wegen der grundsätzlichen Bedeutung der Einrichtung sei sie hier kurz geschildert: die Mitglieder mußten ihre sämtlichen Geschäfte, getrennt nach den besonderen Valuten, in besondere Skontrierungsbogen eintragen. Über den Saldo jedes Skontrierungsbogens mußte ein Beleg angefertigt werden, auf dem jeweils der Käufer angeben mußte, in welcher Weise er den gekauften Devisenbetrag abnehmen wollte. Dieser Beleg wurde von der D. geprüft und dem Verkäufer übermittelt, der seinerseits wieder auf einem ähnlichen Vordruck mitzuteilen hatte, welche ausländische Bank Zahlung leisten würde. Daneben bestand eine Skontrierung der Markgegenwerte der gehandelten Valuten; Abrechnung erfolgte zum Durchschnittsmittelkurs des Einreichungstages des Skontrierungsbogens. Etwaige Kursdifferenzen wurden durch Einzelrechnung ausgeglichen.

Literatur: SCHOELE: Abrechnungsverkehr. Handwörterbuch der Betriebswirtschaft, 2. Aufl. 1932.

O. SCHOELE.

Devisenarbitrage s. *Devisen*, s. a. *Goldpunkte*.

Devisenbewirtschaftung, Methoden der.

I. Allgemeines.

1. Grundsätzlich lassen sich zwei verschiedene Arten von D. unterscheiden: die auf die Dauer berechnete D. als Teil einer allgemeinen Plan- oder Zwangswirtschaft mit staatlichem Außenhandelsmonopol und die befristete, als Notbehelf gedachte D., die vorübergehend die Spielregeln der freien Wirtschaft außer Kraft setzt, sie aber nicht beseitigen will. Das erste System, das gegenwärtig nur durch Sowjetrußland verkörpert wird — Ähnlichkeit zeigt die im Weltkrieg in zahlreichen Fällen eingeführte D. im Rahmen der allgemeinen Kriegspolitik — ist in diesem Zusammenhang nicht weiter zu erörtern, da selbstverständlich eine allgemeine Zwangsregelung der Wirtschaft von Staats wegen auch den Devisenverkehr einbezieht.

Die zweite Art der D. greift in allen Fällen bei akuten Störungen der Zahlungsbilanz als Mittel ihrer vorläufigen Unschädlichmachung Platz — einige Störungsgründe sind: Abzug bestehender oder Ausbleiben neuer Kredite wegen Vertrauenskrise, Verschlechterung der Handelsbilanz durch Maßnahmen fremder Länder, Ausbleiben von Erträgnissen aus ausländischen Kapitalanlagen wegen Wirtschaftskrise usw. —, wenn man nicht den Ausgleich der Zahlungsbilanz durch Preisgabe der Währungsstabilität versucht. In diesem Fall ist der leitende Gedanke, unter Abgehen von der bisherigen Währungsparität die Wechselkurse bis zu einem Stande frei auspendeln zu lassen, welcher die Störungen der Zahlungsbilanz (z. B. Kapitalabzüge) zum Aufhören bringt. Das markanteste Beispiel dafür ist England (September 1931). Die Befürchtung, daß die Währung zu weit absinken könnte, hat allerdings verschiedene Länder neben Abgehen vom Goldstandard veranlaßt, außerdem noch D. einzuführen bzw. fortzusetzen, z. B. Dänemark (September 1931 Abgehen vom Goldstandard, November 1931 Einführung von D.), Griechenland (ab September 1931 Devisenzwangswirtschaft, April 1932 Verschärfung derselben und Aufgabe der Goldparität).

Bei der D. sind zwei Möglichkeiten zu unterscheiden. Die eine ist, die D. als reine Überbrückungsmaßnahme durchzuführen, bis die natürlichen Kräfte der Wirtschaft den Ausgleich der Zahlungsbilanz herbeiführen, etwa durch Kreditzufluß bei Wiederkehren des Vertrauens, Verbesserung der Handelsbilanz u. ä., die andere ist, die D. im Sinne einer bewußten Manipulierung derjenigen Faktoren zu führen, welche die zahlungsbilanzmäßigen Störungen beseitigen sollen. Im ersten Fall wird also die D. als notwendiges Übel angesehen, welches bei den bestehenden Verhältnissen nicht zu vermeiden ist; im zweiten Fall soll durch die D. eine Umkehr erzwungen werden, die vorwiegend auf handelspolitischem Gebiete (Protektionismus) gesucht wird.

Deutschland ist der Typ des Landes, das bei seiner D. — von einer kurzen Periode zu Beginn der D. abgesehen — Diskriminierung einzelner Kategorien von Einfuhrwaren bisher (August 1932) abgelehnt und auf alle Wareneinfuhren Devisen voll zugeteilt hat. Im Gegensatz dazu sind bei der überwiegenden Anzahl der gegenwärtig (August 1932) bestehenden D. anderer Staaten aber protektionistische Einflüsse festzustellen. Die gleichmäßige Behandlung aller Importe setzt allerdings voraus, daß Devisen noch in einem Umfang vorhanden sind, der eine allgemeine Zuteilung ermöglicht. In einem Lande, wo der Devisenvorrat sehr klein geworden ist, wird es nicht mehr möglich sein, entbehrliche Luxuswaren in gleicher Weise zu bedenken wie lebensnotwendige Rohstoffe und Nahrungsmittel. An die Stelle der gleichmäßigen Zuteilung tritt bei großer Devisenknappheit demnach notgedrungen die Differenzierung nach Lebensnotwendigkeit. Die D. wird dadurch zwangsläufig ein Instrument der Handelspolitik, auch wenn ursprünglich solche Tendenzen nicht beabsichtigt waren.

2. *Die Durchführung der D. nach der technischen Seite* bringt Probleme dreierlei Art: a) Erfassung der Devisen, b) Verteilung der Devisen, c) sonstige Maßnahmen, die geeignet sind, die D. effektiv zu machen (z. B. Verhinderung starker Veränderungen des Inlandspreisniveaus durch Regulierung des inländischen Geld- und Kreditvolumens, Ausfuhr- und Einfuhrkontrolle für inländische Zahlungsmittel, Regelung der Kursnotierung, währungspolitische Unschädlichmachung von Verkäufen von Ausländern durch Festlegung des Erlöses auf Sperrkonto, Strafen für Zuwiderhandlungen gegen die Devisenvorschriften u. a.).

a) Die Devisenerfassung kann sich erstrecken einmal auf die Ausschöpfung des Bestandes der Volkswirtschaft an Devisen, zum anderen auf die Ablieferung der fortlaufend anfallenden Devisen. Sie kann ferner nur die Devisen im handelsüblichen Sinne einbeziehen oder aber auch die Forderungen jeder Art gegenüber dem Auslande. Im allgemeinen läßt sich in der Praxis feststellen, daß bei längerer Dauer der D. sowohl das Devisenreservoir eines Landes als auch die neu produzierten Devisen erfaßt werden. Außerordentlich mannigfaltig sind die Abstufungen im Umfang der Devisenerfassung. In erster Linie unterliegen ihr die Zahlungsmittel des internationalen Bankverkehrs, wie Wechsel, Schecks, Auslandsguthaben, Noten und Gold in Form von Münzen und Barren. Weiterhin sind in der Regel ablieferungspflichtig alle sonstigen leicht realisierbaren kurzfristigen Forderungen an das Ausland, besonders Auslandsguthaben. Langfristige Forderungen an das Ausland, wie Hypotheken, Debitoren, Beteiligungen, Wertpapiere jeglicher Art, Aktien, zumal solche, die schwer realisierbar sind, werden nur in vereinzelten Fällen abgefordert, müssen aber vielfach angemeldet werden, um die Höhe der gegenüber dem Auslande vorhandenen Gesamtaktiva einer Volkswirtschaft festzustellen. Ausländische Wertpapiere, besonders solche internationalen Charakters, sind im Weltkrieg von verschiedenen Staaten, z. B. von England und Deutschland, zwangsenteignet worden. In der gegenwärtigen Krisenzeit wurde bisher in Deutschland von einer Heranziehung dieser Aktiven Abstand genommen wegen der Unzuträglichkeiten, die bei der Flüssigmachung der Papiere zu erwarten sind und wegen der ungünstigen Rückwirkung auf die internationalen Kapitalmärkte. Diese Ansicht findet sich z. B. im Bericht des Wiggin-Komitees (Layton-Bericht), der eine Realisierung der deutschen Auslandsanlagen zur Verbesserung der deutschen Devisenbilanz nicht für tunlich hielt.

Nach Erschöpfung des greifbaren Devisenvorrates der einzelnen Länder, die bei der Dauer der heutigen Krise (1932) vielfach zu verzeichnen ist, kommt der Erfassung der laufend anfallenden Devisen besondere Bedeutung zu. Die Heranziehung der aus dem Kapitalverkehr mit dem Auslande herrührenden Devisen (Kapitalrückzahlungen, Erträgnisse von Kapitalanlagen u. ä.) bietet sehr große Schwierigkeiten, da immer die Möglichkeit besteht, Beträge im Auslande zu belassen. Durch die internationale Konzernverflechtung ergeben sich besondere Wege, der Devisenablieferungspflicht zu entgehen. Wesentlich leichter ist die Erfassung der aus dem Export anfallenden Devisen (Exportvalutaerklärungen). Gewisse Möglichkeiten, sich der Devisennablieferung zu entziehen, sind allerdings, z. B. durch fingierte überlange Kreditfristen, gegeben.

b) Die Devisenverteilung läßt sich praktisch nach den Bedürfnissen, für welche Devisen notwendig sind, wie folgt gliedern: 1. Wareneinfuhr, 2. Dienstleistungen, 3. Reiseverkehr, 4. Dienst der Auslandsschulden und Erträgnisse ausländischer Kapitalanlagen im Inland, 5. Kapitalrückzahlungen. Nach der volkswirtschaftlichen Bedürfnisskala eines Landes, das sich in akuten Transferschwierigkeiten befindet, werden unbedingt bei der Devisenzuteilung die Wareneinfuhren vorangestellt, zunächst die lebenswichtigen Lebensmittel und Rohstoffe, des weiteren der Warenimport schlechthin, da jede Beeinträchtigung des Imports sich letzten Endes auch auf den Export auswirkt. Exportüberschüsse können aber allein auf die Dauer die notwendigen Devisen für Kapitaldienst und Kapitalrückzahlungen liefern. Diese Auffassung vertritt z. B. das Finanzkomitee des Völkerbundes in seinem Bericht über Südosteuropa vom 29. März 1932. Verschiedentlich ist dieser Grundsatz aber vernachlässigt worden, indem durch rücksichtslose Drosselung und Differenzierung der Wareneinfuhr versucht wurde, Devisen für Kapitalbedürfnisse frei zu bekommen. Diesen Weg hat z. B. Ungarn (1931) beschritten. Es ist ihm aber nicht gelungen, um ein Transfermoratorium (Dezember 1931) herumzukommen.

Devisenzuteilung für die Dienstleistungen, soweit sie für den Handelsverkehr mit dem Ausland notwendig sind, wird zumeist ebenfalls als vordringlich erachtet. Der Reiseverkehr kommt im allgemeinen bei der Devisenzuteilung nicht günstig weg, zumal mit ihm noch eine besondere Gelegenheit zur Kapitalflucht unterbunden werden kann. Die Rücksicht auf mögliche Gegenmaßnahmen des Auslandes legt aber auch auf diesem Gebiet eine gewisse Beschränkung auf. Sperrguthaben werden vielfach für Reisen im Schuldnerland in beschränktem Umfang freigegeben, da aus diesem Verwendungszweck keine devisenpolitische Gefährdung zu befürchten ist.

Der zweite große Posten, der Devisen beansprucht, sind die Zins- und Amortisationszahlungen auf die Auslandsschulden und die Erträgnisse ausländischer Kapitalanlagen im Inland. Rücksichten auf den Kredit eines Landes fordern einerseits pünktliche Erfüllung der eingegangenen Verpflichtungen; andererseits macht die Senkung der Warenpreise im Gefolge der Weltkrise zusammen mit der Absperrung der Auslandsmärkte durch Zölle, Kontingentierungsmaßnahmen usw. vielfach eine Erzielung der zur vollen Befriedigung der Kapitalbedürfnisse ausreichenden Exportüberschüsse unmöglich. Wenn man nicht den Weg der einseitigen Zahlungseinstellung, des *Moratoriums* (s. d.) gehen will — er ist in zahlreichen Fällen beschritten worden —, bleibt nur die Möglichkeit, durch Vereinbarungen mit den Auslandsgläubigern Zahlungsherabsetzung oder Zahlungsaufschub zu erhalten. So ist es beispielsweise Deutschland gelungen, für die *Stillhalteschulden* (s. d.) eine Zinsherabsetzung zu erreichen. Bulgarien erhielt 1932 von den Gläubigern teilweise Transfereinstellung für den Zinsendienst der staatlichen Auslandsschulden zugebilligt, nachdem allerdings ein einseitiges Moratorium vorausgegangen war.

Besonders überwacht wird der Transfer von Kapitalerträgnissen unter dem Gesichtspunkt, ob nicht durch überhöhte Zinsen und Dividenden Übertragung von Kapitalsubstanz versucht wird. Deutschland hat, um dieses zu vermeiden, für derartige Übertragungen einen Höchstprozentsatz des Kapitals festgesetzt; außerdem findet individuelle Prüfung statt.

Eine besondere devisenpolitische Betrachtung verdienen die Kapitalrückzahlungen, besonders die auf kurzfristige Kredite. Vielfach ist von diesen der Anstoß zur D. ausgegangen, wenn sie infolge einer Vertrauenskrise ungewöhnlich großes Ausmaß annahmen (z. B. in Österreich, Deutschland, Ungarn). Eine weitgehende Beschränkung der Devisenzuteilung für diesen Zweck läßt sich am ehesten rechtfertigen, da bei der Hergabe der Kredite im allgemeinen keinesfalls an plötzliche Zurückziehung gedacht worden war. Bei der Größe der in Frage kommenden Summen handelt es sich vielfach überhaupt nicht um eine Frage des Nichtwollens der Übertragung, sondern um eine des Nichtkönnens. Das Abstoppen von Kapitalabzügen durch Devisenzwangswirtschaft wurde in verschiedenen Fällen ergänzt durch Vereinbarungen mit den Auslandsgläubigern. Am bekanntesten sind die von Deutschland, Österreich und Ungarn für die kurzfristigen Auslandsschulden abgeschlossenen Stillhalteabkommen.

c) Sonstige Maßnahmen. Lückenhaft wäre eine D., die nicht dafür sorgte, daß auch die übrigen Wirtschaftsmaßnahmen auf sie abgestimmt werden. Eine besonders große Bedeutung kommt der Stabilerhaltung des Kurses zu, zu dem die Devisen abgefordert und abgegeben werden. Sofern die Währungsparität erhalten blieb, ist sie die gegebene Grundlage für die Devisenabrechnung. Aber auch bei freien Währungen ist ein fester Devisenkurs notwendig, wenn nicht in Kürze an den zutage tretenden Ungerechtigkeiten die ganze D. zusammenbrechen soll. Dieser Kurs muß aber mit der Bewertung der Währung im Ausland ungefähr übereinstimmen, was nur möglich ist, wenn alle Faktoren sorgfältig überwacht werden, welche die Bewertung der Währung beeinflussen können. Österreich hält für die offiziellen Devisenkurse an der Parität fest, von der aber die Kurse der Auslandsbörsen gegenwärtig bis zu 20% abweichen (August 1932). Die Folge davon ist, daß der österreichische Außenhandel sich überwiegend außerhalb des offiziellen Devisenverkehrs auf der Grundlage der Auslandsbewertung des Schillings abspielt.

Unter den Ergänzungsmaßnahmen der D. ist in erster Linie die Verhinderung einer starken Erhöhung der Inlandspreise durch Regulierung des Geld- und Kreditvolumens zu nennen. Die Wirtschaftskrise hat allerdings, von Fällen bewußter Inflation (z. B. Chile) abgesehen, ohne weitere Eingriffe eine Erhöhung des Inlandspreisniveaus verhindert. Vielfach findet für inländische Zahlungsmittel eine sorgfältige Ausfuhrkontrolle statt, um einen Druck auf die Währung von dieser Seite zu vermeiden (z. B. Deutschland, Österreich, Ungarn). Ihre Einfuhr zur freien Verwendung wird nur nach sorgfältiger Prüfung, ob sie auf legalem Wege ins Ausland gelangt waren, gestattet; anderenfalls darf nur Gutschrift auf Sperrkonto erfolgen. Alle Veräußerungen von ausländischem Eigentum im Inland werden währungspolitisch unschädlich gemacht, indem ihr Gegenwert entweder auf Sperrkonto oder in langfristigen Anlagen unter Kontrolle festgelegt wird. In gleicher Weise wird verhindert, daß der Erlös vom Ausland hereinkommender Vermögenswerte (besonders Effekten) transferiert werden kann. Es handelt sich, kurz gesagt, darum, jede Möglichkeit der Verschlechterung der Zahlungsbilanz auch auf indirektem Wege zu vermeiden. Die Festsetzung von strengen Strafen für Zuwiderhandlungen gegen die Devisenbestimmungen und für Kapitalflucht jeder Art ist unerläßlich. Als Muster einer durchorganisierten, alle Zweige des internationalen Zahlungsverkehrs erfassenden D. darf die deutsche angesehen werden.

Zur straffen Durchführung der D. wird sie in der Regel bei einer Devisenzentrale zusammengefaßt, die vielfach mit der Notenbank identisch oder ihr angegliedert ist. Teilweise besteht vollkommene Zentralisierung ohne Mitwirkung der vorhandenen Kreditinstitute (z. B. in Österreich, Ungarn, Griechenland). In zahlreichen Fällen sind aber auch die Geldinstitute in mehr oder weniger großem Umfang in die D. eingeschaltet, meistens in der Form als Kommissionäre der Notenbank (z. B. in Deutschland, Rumänien, Tschechoslowakei). In einzelnen Ländern liegt die D. überhaupt in den Händen der Banken (Banken-Pool), z. B. in Australien, Neuseeland, Norwegen. In Deutschland ist die Gewaltenverteilung bei der D. etwas kompliziert. Das Reichswirtschaftsministerium fungiert als letzte Instanz in Devisenangelegenheiten (mit Ausnahme der Stillhaltefragen), während die nach seinen Anweisungen arbeitenden Devisenbewirtschaftungsstellen an die Landesfinanzämter angeschlossen sind. Für Stillhalteangelegenheiten ist ausschließlich die Reichsbank zuständig, die selbstverständlich als Hüterin der Währung auch bei den übrigen Devisenangelegenheiten mitzusprechen hat.

II. Internationale Situation (derzeitige Regelung in den einzelnen Ländern).

Im Rahmen dieses Aufsatzes ist es nicht möglich, die Methoden der D. in den einzelnen Ländern mit ihren mannigfaltigen Abstufungen eingehend darzustellen, die zudem in dauernder Änderung begriffen sind. Im folgenden können deshalb die Länder mit D. (nach dem Stande vom 25. August 1932) nur nach großen Gruppen klassifiziert werden.

1. Die erste Gruppe umfaßt die Staaten, welche keine allgemeine D. haben, die aber gegen die Länder, durch deren D. sie sich benachteiligt fühlen, Abwehrmaßnahmen ergriffen haben. Häufig bestehen diese darin, daß der gesamte Zahlungsverkehr oder auch nur der Warenzahlungsverkehr mit jenen Ländern sich nur im Verrechnungswege über Kompensationsämter, Notenbanken, Handelskammern und ähnliche Institutionen, abwickeln darf. Teilweise sind auch schärfere Maßnahmen vorgesehen, die bis zur völligen Devisenverweigerung gehen. In diese Gruppe fallen folgende Länder: Belgien, Frankreich, Holland (die der Regierung gewährte

Ermächtigung zu Devisenrepressalien wurde bisher praktisch noch nicht angewendet), Litauen (in Vorbereitung), Polen, Schweden (wie in Holland noch kein praktischer Fall), Schweiz.

2. Die zweite Gruppe enthält diejenigen Staaten, welche D. nur für Teilgebiete des Zahlungsverkehrs mit dem Ausland, für bestimmte Zahlungsmittel oder nur in loser Form haben. Dazu zählen: Australischer Bund (Goldausfuhrverbot, Devisenüberwachung durch die Banken), Hedschas (Goldausfuhrverbot), Italien, Kanada (Goldausfuhr genehmigungspflichtig), Neuseeland (D. durch privaten Banken-Pool), Norwegen (Devisenrationierung durch Vereinbarung zwischen Banken und Wirtschaft), Portugal (die portugiesischen Kolonien haben teilweise wesentlich schärfere Devisenbestimmungen, z. B. Mozambique und Angola), Südafrikanische Union, Venezuela (Devisenrationierung durch die Banken).

3. Als zugehörig zur dritten Gruppe: Länder mit allgemeiner D., ohne diese als Instrument der Handelspolitik zu benutzen, läßt sich mit Sicherheit nur Deutschland bestimmen

4. Die vierte Gruppe umfaßt diejenigen Staaten mit allgemeiner D., bei denen sie handelspolitisch manipuliert wird: Argentinien, Costa Rica, Dänemark, Ecuador, Estland, Island, Lettland, Persien, Rumänien, Spanien, Tschechoslowakei.

5. Zu der fünften Gruppe sind zu rechnen diejenigen Länder mit allgemeiner D. in besonders scharfen Formen (auch Handhabung im handelspolitischen Sinne), wo außerdem offizielle oder de facto Moratorien für Auslandszahlungen mindestens z. T. bestehen. Es handelt sich also um diejenigen Staaten, bei denen es durch die D. nicht gelang, den Ausgleich der Zahlungsbilanz zu erreichen. Es zählen dazu: Bolivien, Brasilien, Bulgarien, Chile, Columbien, Griechenland, Jugoslawien, Nicaragua, Österreich, Türkei, Ungarn, Uruguay.

III. Devisenclearing.

Die D. einzelner Länder führt notgedrungen auch die anderen Länder zu einer Regelung des Devisenverkehrs, sei es auch nur in der Form von reziproken Maßnahmen gegen die Devisenbewirtschaftungsländer (s. Gruppe 1 der obigen Liste). Der feine Organismus der weltwirtschaftlichen Beziehungen wird empfindlich gestört, wenn einzelne Länder den Geld- und Kapitalverkehr behindern. Kein Land wird auf die Dauer ruhig zusehen, wie seine Guthaben im Auslande einfrieren. Es kommt zu gegenseitigen Beschlagnahmen, so daß unter Umständen für ein Land die mit der D. ursprünglich verfolgten Absichten illusorisch werden. Es führt also die einzelne D. zwangsläufig zu dem Ergebnis, daß sie mit den anderen ebenfalls ursprünglich isoliert gedachten abgestimmt werden muß. Es muß ein modus vivendi des Devisenverkehrs zwischen den Ländern gefunden werden; es kommt zum sog. Devisenclearing. Freilich handelt es sich zumeist um eine recht unvollkommene Art des Zahlungsausgleichs zwischen einzelnen Ländern, wobei nicht die wechselseitigen Beziehungen der Vertragspartner zu anderen Ländern berücksichtigt und vielfach sogar verschiedene Zahlungen zwischen den Vertragschließenden selbst nicht erfaßt werden.

Der Plan eines internationalen Devisenclearings wurde erstmalig auf der Anfang November 1931 in Prag tagenden Devisenkonferenz erörtert; besonders Österreich trat für ein allgemeines Devisenclearing über die Notenbanken ein; der Spitzenausgleich sollte bei der Bank für Internationalen Zahlungsausgleich erfolgen. Der Plan kam nicht zur Durchführung wegen der großen praktischen Schwierigkeiten. Ist ein ungehemmter zwischenstaatlicher Zahlungsausgleich möglich, dann bedarf es nicht der Zwischenschaltung von behördlichen Institutionen. Umfaßt aber das Clearingverfahren nicht alle Posten der Zahlungsbilanz, die in den einzelnen Ländern von wechselnder Bedeutung sind und nur in ihrer Gesamtheit den Ausgleich bieten können, kann eine völlige Befriedigung aller Vertragspartner nicht erfolgen. Das kann in der Praxis dahin führen, daß der eine Vertragspartner für die unter Umständen recht große Spitze dem anderen Kredit gewähren muß, bis ein allmählicher Ausgleich möglich wird.

Die in der Folge abgeschlossenen Clearings zwischen einzelnen Ländern beschränken sich zumeist auf Teilgebiete. So umfaßt das erste überhaupt zustande gekommene Clearingabkommen zwischen Schweiz und Ungarn (vom November 1931) nur den Zahlungsausgleich aus dem Warenverkehr (einschließlich Abdeckung alter ungarischer Warenschulden). Etwas weiter ging das im Dezember 1931 zwischen der Schweiz und Österreich abgeschlossene Abkommen, das teilweise Deckung des Schuldendienstes an die Schweiz aus den österreichischen Exportüberschüssen vorsah. Das zwischen Österreich und Ungarn im Dezember 1931 abgeschlossene Clearing war von vornherein unvollkommen, da die für Österreich besonders wichtige Getreideeinfuhr aus dem Verrechnungsverkehr ausgeschlossen wurde und in Valuta bezahlt werden mußte. Ungünstig für Österreich war ferner, daß die beträchtlichen österreichischen Forderungen an Ungarn auf Kapital und Zinsen gleichfalls nicht im Clearing verrechnet werden konnten.

Eine große Anzahl von Zahlungsabkommen in den verschiedensten Abarten sind inzwischen nachgefolgt, deren Aufzählung und Beschreibung hier nicht möglich ist. In zahlreichen Fällen sind sie unter dem Gesichtspunkte abgeschlossen worden, dem einen Vertragspartner zur Auftauung seiner eingefrorenen Guthaben, dem anderen zu zusätzlichem Export zu verhelfen. Mehr als ein provisorischer Notbehelf können aber die Clearings niemals sein, wenn man nicht das Prinzip der internationalen Arbeitsteilung überhaupt beseitigen und zu mehr oder weniger autarkem Wirtschaften zurückkehren will. Immerhin führt das immer dichter werdende Netz von zwischenstaatlichen Clearingverträgen letzten Endes dazu, allmählich die Interessen aller Volkswirtschaften gegeneinander abzuwägen. Die Notwendigkeit des internationalen Güteraustausches wird früher oder später das rückschrittliche System der D. überwinden und an seine Stelle das Devisenclearing der freien Wirtschaft setzen, d. h. den ungehemmten privaten Weltzahlungsverkehr wieder einführen. Der Weg bis dahin erscheint allerdings noch weit und mit zahlreichen planwirtschaftlichen Hemmnissen versperrt.

Literatur: BAUER: Devisenclearing — eine neue Form des internationalen Zahlungsverkehrs. In: Bankwissenschaft Nr. 21. Berlin 1932. — BLANKART: Die Devisenpolitik während des Weltkrieges. Zürich 1919. — GÉRARD: Les régimes de règlementation du commerce des devises et les créances commerciales bloquées à l'étranger. In: Revue Economique internationale Vol. II, Nr. 3. Paris 1932. — Industrie und Handel, Berlin: Laufende Veröffentlichungen. — JELLINEK: Ist Devisenclearing ein Ausweg?. In: Österreichischer Volkswirt Nr. 11. Wien 1931. — KERSCHAGL: Devisenbewirtschaftung, ein Abriß ihrer ökonomischen Probleme. Berlin 1932. — Die Grundprobleme der Devisenbewirtschaftung und die Goldwährungen. In: Bankwissenschaft Nr. 23. Berlin 1932. — KLEIN: Devisenzwangswirtschaft oder freie Kursbildung des Schillings. In: Österreichischer Volkswirt Nr. 17. Wien 1932. — LANSBURGH: Devisenclearing. In: Bank Nr. 5. 1932. — PRION: Die Praxis der Devisenbewirtschaftung und ihre Ergebnisse. In: Z. Betriebswirtsch. Nr. 6. Berlin 1932. — SCHULTZ: Devisenhandelspolitik. In: Sammlung finanz- und volkswirtschaftlicher Zeitfragen. Stuttgart 1918. — STEINER: Devisennotrecht in Mitteleuropa. In: Mitteilungen des Verbandes österreichischer Banken und Bankiers Nr. 11/12. Wien 1931. — Probleme der Devisenbewirtschaftung. Ebenda Nr. 1/2. Wien 1932.

FRANZ DOERING.

Devisenclearing s. *Devisenbewirtschaftung III.*
— **handel** s. die Art. *Devisen* und *Devisen-Swap.*
— **kredit** s. Bem. zu *Valutakredit.*
— **kurs** s. *Devisen* und *Devisen-Swap.*
— **leihgeschäft** s. *Devisen-Swap.*

Devisen-Swap. Das Swapgeschäft (Swap, auch Swop, engl. = Tausch) im Devisenhandel bildet das Gegenstück zu den Prolongationen im Effektenhandel und stellt die Kombination zwischen einem Kassakauf und gleichzeitigen Terminverkauf oder Kassaverkauf bei gleichzeitigem Terminrückkauf dar. Während aber bei den Effektenprolongationen die Kontrahenten im allgemeinen nur eine Seite des Geschäftes interessiert — sie wünschen sich entweder Geld im Reportwege zu beschaffen und benutzen die Effekten gewissermaßen als Deckungsunterlage, oder sie suchen die Stücke „herein" und finden sich damit ab, daß sie auf diesem Wege Bargeld festlegen —, sind im Devisen-Swap die beiden in Betracht kommenden Währungen Gegenstand und Motiv des Geschäftes.

Eine besondere Bedeutung hat dieser Geschäftszweig in Deutschland nach der Währungsstabilisierung erreicht: ein großer Teil der vom Auslande nach Deutschland gelegten Kredite ist nicht langfristig, sondern nur kurzfristig gewährt worden, und zwar in den beiden Hauptformen der Rembourskredite und der Leihdevisen. Letztere werden von den deutschen Banken gewöhnlich mit ein- bis dreimonatiger Bindung hereingenommen und per Kasse im Markte verkauft; der Reichsmarkerlös wird dann zu Ausleihungen verwandt. Um jegliches Kursrisiko auszuschalten, kaufen die Banken Zug um Zug mit dem Verkauf der Valuta den entsprechenden Betrag per 1 oder 3 Monate zurück. Die Marge zwischen dem Zins, den die Banken erzielen, und dem Zins, den sie selbst an ihre ausländischen Geschäftsfreunde zu vergüten haben, stellt folglich nicht den genauen Verdienst dar; vielmehr ist hiervon noch der *Report* (s. d.) abzusetzen bzw. ein eventueller Deport zuzuzählen.

Beide entsprechen, mit einigen wichtigen Einschränkungen, von denen später die Rede sein wird, dem Zinsgefälle zwischen den Ländern, deren Währungen „geswapt" werden. In dieser Definition freilich zeigt sich schon die ganze Problematik; denn wenn die Swapkosten, die sich praktisch in der Differenz zwischen Kassakurs und Terminkurs ausdrücken, in jedem Einzelfall immer gleich der Zinsdifferenz sind, so kann die Hereinnahme von Leihdevisen und die Ausleihung des Gegenwertes in der Landeswährung für die Banken kein rentables Geschäft darstellen, es sei denn, daß sie gewillt sind, das Kursrisiko zu übernehmen. Damit aber wäre die ganze Transaktion ein reines Devisenspekulationsgeschäft und kein Zinsgeschäft mehr. In der Tat aber ist doch das Zinsniveau eines Landes nur ein theoretischer Begriff und stellt das Mittel zwischen den verschiedenen Raten für kurz- und langfristige Kredite dar. Gerade daraus, daß in jedem Lande die Raten für Blankokredite, Lombardkredite, Warenwechsel, Bankakzepte usw. divergieren, ergeben sich für die Zinsabitrage die interessantesten Kombinationen und häufig recht lukrative Geschäftsmöglichkeiten.

Ein einfaches Beispiel soll dies erläutern: es sei angenommen, daß der Berliner Kassakurs für Auszahlung New York 4,20 notiert, daß Dreimonatsdollars im Leihwege mit 4% erhältlich sind, und daß die Großbanken bei ihrer Effekten-Reportkundschaft 6% erzielen; wenn sich nun der Kurs für Dreimonatstermindollars auf 4,22 stellt, so entspricht die Differenz von 2 Pf. pro $ und Quartal (= 8 Pf. oder rund 2% vom ausmachenden Wert für ein ganzes Jahr) fast genau der Zinsmarge, und die Banken haben kein Interesse daran, mit Hilfe von Leihdollars den Berliner Effektenreportbedarf zu befriedigen, es sei denn, daß sie auf Grund besonders enger Beziehungen in der Lage sind, die Dollars unter 4% zu erhalten. Wenn nun aber zum gleichen Zeitpunkt Dreimonatsgeld gegen erstklassige Effektendeckung 7% erbringt, oder die Banken in der Lage sind, sichere Kreditgeschäfte mit ihrer Kundschaft auf dieser oder einer höheren Basis abzuschließen, für die sie sich anderweitig nicht billiger als zu 6% refinanzieren können, so kann es sie sehr wohl reizen, sich die Leihdollars zu beschaffen und diese zu „swapen".

Die Vielseitigkeit des Geldmarktes bedingt eine Unzahl von Variationen. In der Praxis wird sich der Swapsatz auch nie genau auf zwei Geldsparten (im obigen Beispiel dem Preis für Leihdollars und dem Berliner Reportgeldsatz) einstellen, schon aus dem einfachen Grunde nicht, weil eine starke Nachfrage nach Leihdevisen den Preis für diese erhöhen und das Angebot am Terminmarkt den Zins für diese ermäßigen müßte. Außerdem würde die starke Nachfrage nach Termindollars und das beständige Angebot an Kassadollars die Swapkosten erhöhen. Ein normales Funktionieren des Devisenterminmarktes wäre überhaupt undenkbar, wenn alle Termintransaktionen ihren Ursprung in der gleichen wirtschaftlichen Erscheinung hätten, es gäbe dann nur eine Seite, d. h. entweder wären nur Käufer oder nur Verkäufer für Termindevisen am Markt und ein Ausgleich könnte nie stattfinden. In Wirklichkeit aber bestreiten die reinen Finanzoperationen nur einen bescheidenen Bruchteil von den Gesamtumsätzen am Devisenmarkt; das Gros der Geschäftsvorfälle, sowohl per Kasse wie auch per Termin, liefert der Warenhandel. Exporteure und Importeure sind ständig Käufer und Verkäufer von Termindevisen, so daß es in regulären Zeiten nie schwerfällt, zu einem Ausgleich zwischen Angebot und Nachfrage zu gelangen. Nun läge der Gedanke nahe, daß der Devisenterminkurs in erster Linie von dem jeweiligen Verhältnis zwischen Angebot und Nachfrage seitens des Warenhandels bestimmt wird, und erst in zweiter Linie vom Zinsgefälle. Abgesehen von den täglichen kleinen Schwankungen, die der Report auch bei unveränderter Zinslage erleidet, trifft dies aber nicht zu, und zwar aus einem sehr einfachen Grunde: nehmen wir an, daß bei den gleichen Zins- und Kursverhältnissen wie oben ein starkes Angebot an Termindollars den Kurs auf 4,215 herabgedrückt hätte. Eine solche Abweichung würde sofort die deutsche Bankwelt veranlassen, in verstärktem Maße Leihdollars hereinzunehmen und zu „swapen", d. h. die Nachfrage nach Termindollars zu verstärken, um den Reichsmarkerlös im Effektenreportwege auszuleihen. Die Reportkosten von $1^1/_2$ Pf. für 3 Monate würden einen Jahresreport von rund $1^1/_2$% bedeuten und der Nettozinsgewinn würde sich auf $^1/_2$% pro anno stellen. Wenn umgekehrt der Warenhandel große Nachfrage nach Termindevisen bekundete und bei unverändertem Kassakurs den Terminkurs auf beispielsweise $4{,}22^1/_2$ in die Höhe triebe, so würden die Banken bei ebenfalls unveränderten Zinsverhältnissen keinen Anreiz mehr verspüren, in dem gleichen Umfange wie vorher Leihdollars für Markfinanzierungen hereinzunehmen, und von sich aus die Nachfrage nach Termindevisen verknappen.

Daß in Wirklichkeit allein das Zinsgefälle für den Terminkurs, oder genauer ausgedrückt, für die Differenz zwischen Termin- und Kassakurs entscheidend sein muß, geht auch aus der Technik des Devisenterminhandels hervor. Während im Effektengeschäft die Abschlüsse immer per Ultimo oder Medio erfolgen, sind die Außenhandelsfirmen genötigt, ihre Dispositionen genau nach den Geschäftsvorfällen zu richten. Ein Importeur, der seine Ware gegen ein Dreimonatsakzept gekauft hat, muß die Deckung für den Wechsel unbedingt zum Fälligkeitstermin (der auf jedes beliebige Datum fallen kann) bereit haben. Ähnlich geht es dem Exporteur. Wenn alle Terminorders in Originalform zur börsenmäßigen Ausführung kommen müßten, so liegt es auf der Hand, daß nur die wenigsten Geschäfte abgeschlossen werden könnten, da die Termine allzuweit verstreut sind. Die Banken müssen sich also dazwischenstellen. Ihre Kalkulation ist folgende: Erteilt ein Kunde den Auftrag, $ 100000 per 3 Monate später zu verkaufen, so verkauft die Bank den Betrag per Kasse und legt die Dollars aus ihren eignen Beständen vor; den Markerlös, auf den der Kunde erst 3 Monate später Anspruch hat, leiht sie in der Zwischenzeit aus; sie kommt also in den Genuß der Markzinsen (beispielsweise 6% pro anno) und büßt die Kreditzinsen bei ihrer New Yorker Bankverbindung (beispielsweise 2%) ein und wäre also theoretisch in der Lage, ihrem Kunden die Termindollars 1% über dem Kassapreis abzunehmen. Wenn die Bank nicht genügend Dollars zum Vorlegen hat, müßte sie sich einen entsprechenden Betrag leihen und hierfür beispielsweise 4% pro anno bezahlen, so daß sie ihrem Kunden für den Termindollar nur $^1/_2$% (= 2 Pf.) über Kassekurs bewilligen kann. Von dem so errechneten Report bringen die Banken naturgemäß ihre eignen Spesen in Abrechnung. Bei kleineren Beträgen lassen sie sich in der Regel ihr Dazwischentreten relativ hoch bezahlen.

Natürlich braucht bei einem Swapgeschäft die Landeswährung nicht unbedingt Gegenstand des Geschäftes zu sein. Sehr häufig werden Zinsarbitragen der vorherbeschriebenen Art auch zwischen zwei fremden Valuten abgeschlossen. Auch hier ergeben sich oft Möglichkeiten zu gewinnbringenden Geschäften, die allerdings nur bei großen Beträgen lohnend sind und deshalb fast ausschließlich den Großbanken vorbehalten bleiben. Ein Fall, der besonders in der Nachkriegszeit häufig beobachtet wurde und in sehr interessanten Variationen denkbar ist, ist kurz folgender: Es soll angenommen werden, daß die offiziellen Bankdiskontsätze in Amerika und England die gleichen sind, daß aber im freien Markt Leihdollars mit 1% pro anno höher bewertet werden als Leihpfunde. Diese Differenz wird höchstwahrscheinlich in den Privatdiskontsätzen, die gewöhnlich etwas unterhalb den offiziellen Diskontsätzen liegen, nicht oder nicht voll zum Ausdruck kommen. Trotzdem wird sich im Dollar-Sterling-Swap ein Report für £ (bzw. ein Deport für $) herausstellen, da erfahrungsgemäß die freien Geldsätze die ausschlaggebende Rolle bei der Reportbildung zu spielen pflegen.

Wenn nun der Kunde einer deutschen Bank einen £-Rembours (auf England) benötigt, so wird die Bank in einem solchen Falle ihren Klienten bitten, ihr zu dessen Mobilisierung Dollartratten auszuhändigen, diese den Kunden aber so abrechnen, als wären sie in £ ausgestellt und auf eine englische Bank gezogen. Alsdann wird die Bank die Dollartratten an ihre amerikanische Bankverbindung zum Akzept und Diskont einsenden, den Dollarerlös gegen Pfunde per Kasse verkaufen und per Termin zu einem um den Deport verbilligten Kurs zurückkaufen. Auf diese Weise hat sich die Bank die Kassapfunde, die sie für den Kunden benötigt, sowie die Dollars, die sie selbst nach drei Monaten zur Abdeckung des Dollarakzeptes braucht, von vornherein beschafft und jegliches Kursrisiko vermieden. Den Pfundbetrag, mit dem die Bank nach drei Monaten die per Termin gekauften Dollars zu bezahlen hat, muß ihr der Kunde anschaffen, dessen Rembourskredit zur gleichen Zeit abläuft. Da die Diskontraten in unserem Beispiel in New York und London gleich sind und der englische Wechselstempel durch die geringere Akzeptprovision aufgewogen wird (Amerika kennt keinen Wechselstempel, berechnet durchschnittlich aber höhere Akzeptprovisionen), hat die Bank den Dollarreport in voller Höhe verdient. Wenn sich viele Banken diese Konstellation zunutze machen, so hat dies natürlich zur Folge, daß der Pfundreport vorübergehend unter die „Zinsparität" sinkt. Gar zu weit kann er sich aber nicht von ihr entfernen. Träte dies nämlich ein, so würden andere Bankiers es einträglich finden, sich Pfunde zu leihen, diese gegen Dollars zu swapen und den Dollar mit einem einprozentigen Zinsgewinn auszuleihen.

Diese Beispiele geben eine ungefähre Vorstellung von den zahlreichen Variationen, die auf dem Gebiet des Swapgeschäftes möglich sind. Sie zeigen zugleich, daß Report und Deport sich in voller Abhängigkeit vom Zinsgefälle befinden. Eine wichtige Einschränkung der allgemeinen Regel, die eingangs schon angedeutet wurde, muß allerdings gemacht werden. Wenn beispielsweise der Berliner Kurs für Kassadollars den oberen *Goldpunkt* (s. d.) annähernd erreicht, so wird man in der Regel Termindollars auch dann nicht höher bewerten, wenn das deutsche Zinsniveau höher als das amerikanische ist; oder umgekehrt wird, wenn die amerikanischen Zinssätze über den deutschen liegen, der Termindollar nicht unter dem Kassadollar zu bewerten sein, wenn sich letzterer bereits am unteren Goldpunkt befindet. Der Grund leuchtet ohne weiteres ein: wenn eine Bank, die Leihdevisen aufgenommen hat, um darauf eine Zinsarbitrage aufzubauen, für den Kassadollar, den sie verkauft, den oberen Goldpunktpreis erzielt, so läuft sie auch dann keinerlei Kursrisiko, wenn sie keine Terminglattstellung vornimmt; denn die Reichsbank ist nach dem Bankgesetz verpflichtet, jederzeit Devisen in unbegrenzten Mengen zu Kursen abzugeben, die in den beiden Goldpunkten ihre obere und untere Grenze finden. Die einzige, sehr kleine Gefahrenquelle liegt darin, daß sich die Goldpunkte während der Laufzeit des Geschäftes verschieben. Demgegenüber besteht aber die beträchtlich größere Chance, daß sich der Kassapreis vom oberen Goldpunkt entfernt und daß zu dem Zinsgewinn noch ein Kursgewinn hinzutritt.

Diese Überlegung gilt nicht nur, wenn sich die Kassakurse bereits am oberen Goldpunkt befinden; sie ist sinngemäß vielmehr dahin zu erweitern, daß die Swapbedingungen zwar von dem Zinsgefälle bestimmt werden, aber nur so lange, als Kassapreis plus Reportzuschlag bzw. Kassapreis minus Deportabschlag innerhalb der durch die Goldpunkte gezogenen Grenzen bleibt. Infolgedessen tritt häufig der Fall ein, daß z. B. der Report für drei Monate nicht dreimal so hoch ist wie der Einmonatsreport, sondern etwas billiger, eben weil sonst der Terminkurs den oberen Goldpunkt überschreiten würde. Reportgeschäfte auf noch längere Zeit wären in solchen Fällen etwa zu den gleichen Bedingungen wie Dreimonatsreports abzuschließen. Voraussetzung hierfür ist allerdings ein unbedingtes Vertrauen in die Stabilität der entsprechenden Währungen. Besteht dieses nicht, so wird der Terminkurs wohl über den oberen Goldpunkt hinausgehen. Dies haben wir in kritischen Zeiten in Deutschland häufig genug erlebt. Die Devisenhändler haben allerdings ihr Mißtrauen in all diesen Fällen mit einem nicht unbeträchtlichen Verdienstentgang bezahlt.

Eine weitere Voraussetzung für das reguläre Funktionieren des Swapmarktes ist ein von jeglichen staatlichen Bindungen freier Geld- und Devisenmarkt. Als z. B. während der beispiellosen Baissespekulation in französischen Francs im Jahre 1924 der Dollarreport in Paris phantastische Höhen erkletterte, schien es so, als ob der Zins seiner regulierenden Kraft verlustig gegangen wäre. Tatsächlich aber war dies keineswegs der Fall. Hätte die internationale Spekulation die zur Durchführung ihrer Transaktionen benötigten Francsbeträge zu den in Frankreich geltenden Sätzen vorgeschossen bekommen, so hätte niemand daran gedacht, den teuren Report zu bezahlen. Da aber den französischen Banken von ihrer Regierung die Gewährung von Francskrediten an Ausländer so gut wie untersagt war, blieb den Francbaissiers keine andere Wahl offen. Es ist im übrigen schon fraglich, ob noch von einem freien Geldverkehr die Rede sein kann, wenn trotz relativ hoher Zinssätze die Devisenkurse längere Zeit am oberen Goldpunkt stehen. Selbst wenn keinerlei Eingriffe von Staatswegen erfolgen, so müssen doch zum mindesten sehr starke psychologische Hemmungen vorhanden sein, die einen Ausgleich verhindern; andernfalls würde das Zinsgefälle zu einem starken Zustrom von Auslandsgeld führen, der die Kurve der Devisenkurse nach unten biegen müßte.

Rudolf Beerensson.

Devisenwährung (Gold exchange standard), ein System, in dem statt Gold Devisen die Basis der Währung bilden, durch deren Abgabe oder Aufnahme seitens der betreffenden Notenbank der Wechselkurs des Landes reguliert wird. Das System der D. wurde insbes. in den Jahren der europäischen Währungsstabilisierungen 1923—1926 mit dem Hinweis auf die angeblich drohende Verknappung der monetären Goldbestände verfochten (vgl. a. *Goldwährung* sowie *Währungswesen*).

Devisenzentrale s. *Devisenbewirtschaftung I 2 c.*

Devisenzwangswirtschaft s. *Devisenbewirtschaftung*, vgl. *Völkerrecht III.*

Dienst am Kunden s. *Service.*

Differenzeinwand im *Kommissionsgeschäft* (s. d.), s. *Börsengesetz B III 3c,* ferner

Differenzgeschäft ist ein auf Lieferung von Waren oder Wertpapieren lautender Vertrag, der in der Absicht geschlossen wurde, daß nicht tatsächliche Lieferung und Abnahme erfolgt, sondern der verlierende Teil lediglich die „Differenz“ an den andern Teil zahlt. Das D. ist ein „Spiel“ im Sinne des BGB.; daher kann nicht auf Leistung geklagt werden, der Beklagte hat den „Differenzeinwand“; das Geleistete kann aber nicht zurückgefordert werden. Börsentermingeschäftsfähige Personen, also alle Vollkaufleute (einschließlich Handelsgesellschaften), eingetragene Genossenschaften, zum Börsenhandel zugelassene oder früher in ihm tätige Personen, jetzige oder frühere Bankiers und Ausländer können bei erlaubten Börsentermingeschäften den Differenzeinwand nicht erheben. Dem Privatkunden gegenüber sichert sich der Bankier gegen den Differenzeinwand dadurch, daß er sich ein spezielles Sicherheitsdepot als Deckung der einzelnen Termingeschäfte des Kunden verpfänden läßt.

Dillon, Read & Co. — **Rothschild-Gruppe** vgl. *Konsortialgeschäft 3.*

Dinar s. *Jugoslawien, Geld- und Kapitalmarkt 1.*

Disagio s. *Agio.*

— **konto** in der Bilanz s. *Bilanz u. Bilanzkritik I 2.*

Disconto-Gesellschaft s. *Persönlichkeit und Organisation 6,* vgl. *D-Banken.*

discount broker s. *Diskontmarkt 5.*

Diskont ist der Ankauf eines Wechsels unter Abzug der bis zum Verfalltag anwachsenden Zinsen (vgl. *Akzeptkredit* und *Diskontmarkt*).

Diskonthäuser (discount companies) s. *England, Geld- und Kapitalmarkt II 4.*

Diskontmarkt. *1. Allgemeines.* Neben dem Diskont von Kundenwechseln, den die Bankunternehmungen in ihrem laufenden Geschäft betreiben, gibt es in den meisten Ländern auch börsenmäßige Umsätze von Wechselmaterial, deren Organisationsform als Diskontmarkt bezeichnet wird. Die Voraussetzung jedes Börsenhandels ist eine weitgehende Typisierung der Ware; da das in einer Volkswirtschaft umgesetzte Wechselmaterial unzählige Varianten nach Größe, Laufzeit, Währung und was das wichtigste ist, Bedeutung und Bonität der Wechselverpflichteten aufweist, ist es begreiflich, daß nur ein relativ bescheidener Teil dieser Gesamtmenge für den offenen Markt geeignet, „negotiabel“ ist. Die Erfordernisse, welche einem Wechsel die marktmäßige Lieferbarkeit verleihen, sind teils formeller, teils auf die Individualität der Verpflichteten, insbesondere des Akzeptanten bezüglicher Natur; in vielen Ländern wird auch auf die Natur der dem Wechsel zugrundeliegenden Transaktion Gewicht gelegt.

2. Die formellen Voraussetzungen sind in den verschiedenen Ländern teils von den Börseleitungen ausdrücklich festgelegt, teils in den ungeschriebenen Handelsgebräuchen enthalten. Sie beziehen sich — abgesehen davon, daß die Wechsel keine sog. „Formfehler“ enthalten dürfen, — auch wenn solche den Wechsel nicht ungültig machen würden — im wesentlichen auf die Größe der einzelnen Abschnitte und auf die Laufzeit. Was die erstere betrifft, ist an den meisten Börsenplätzen die Vorschrift vorhanden, daß der einzelne Wechsel einen Betrag nicht übersteigen soll, welcher ungefähr dem Gegenwert von 100000 RM. (abgerundet nach den Landeswährungen) entspricht; z. B. in England 5000 £, in Amerika 25000 $ usw. Hinsichtlich der Laufzeit ist in allen Ländern eine Abstufung nach Monaten vorgesehen, wobei als Maximum sechs Monate in Betracht kommen. Im allgemeinen steigt der Diskontsatz mit der Länge der Laufzeit; doch kann es, besonders in England, mitunter vorkommen, daß im letzten Jahresquartal Diskonten mit einer Laufzeit über drei Monate, welche demnach schon in die erfahrungsgemäß geldflüssigen ersten Monate des neuen Jahres hineinreichen, billiger notiert werden als die dreimonatigen, welche in allen Ländern den Normalfall darstellen. Ebenso ist es früher, als in Deutschland und Österreich noch ein normaler D. funktionierte, vorgekommen, daß sog. „Schnittwechsel“ mit einer Laufzeit von sechzig Tagen oder darunter höhere Diskontsätze bewilligen mußten als Dreimonatspapiere.

3. Wechselverpflichtete. Das Erfordernis weitgehender Homogenität des Materials beschränkt die auf dem D. handelbaren Wechsel in der Regel auf drei Haupttypen:

a) Akzepte von Banken und Bankiers;
b) „bankgirierte“ Warenwechsel (hauptsächlich Deutschland);
c) feinstes Kommerzmaterial.

Die Höhe der Diskontsätze entspricht im allgemeinen der obigen Reihenfolge.

Der Satz für die Bank- und Bankierakzepte bezieht sich in allen Ländern nur auf die marktgängigen ersten Namen. Für die Unterschrift kleinerer Banken und Häuser wird in der Regel um eine Kleinigkeit, manchmal auch erheblich mehr berechnet, wenn sie nicht überhaupt refüsiert wird. Aber auch erste Namen, mit denen der Markt übersättigt ist, können gelegentlich vorübergehend nur zu einem höheren Satze Unterkunft finden. Dies ist ein Warnungssignal für diese Unternehmungen, ihren Akzeptumlauf einzuschränken, was auch meistens sofort geschieht, und zwar gewöhnlich dadurch, daß die Bank durch Vermittler als Käufer ihrer eigenen Akzepte auftritt.

4. Sätze des Diskontmarktes. Da das gesamte Diskontgeschäft der meisten Länder stets durch die Möglichkeit beherrscht wird, im Notfalle die Notenbank als Débouché für den Wechselbesitz zu finden, pflegen sich die Marktsätze für jenes Papier, das bei der Zentralbank rediskontierbar ist, unter deren offiziellem Rediskontsatz zu halten. Wo ein wirklich großer und gut funktionierender D. besteht, liegt die Initiative für die Zinsfußbewegung bei diesem. Wenn sich der Marktsatz, der „Privatdiskont", zu sehr von der Bankrate entfernt, wird diese herabgesetzt, wenn er sich ihr zu sehr nähert oder sie erreicht, finden sich die Bankleitungen veranlaßt, mit einer Zinsfußerhöhung vorzugehen. Nur in Ausnahmefällen ist der Privatsatz höher als die offizielle Bankrate; dies war z. B. während des amerikanischen Boom im Jahre 1928 der Fall, als der Rediskonsatz der New York Federal Reserve Bank 5% war und der Privatdiskont durch geraume Zeit bis zu $5^3/_4$% notierte. Eine solche Konstellation ist nur dann möglich, wenn großes Wechselangebot herrscht und der Rediskont bei der Zentralbank rationiert oder gesperrt ist (vgl. *Diskontpolitik*).

Der älteste, größte und bestorganisierte D. ist stets der Londoner gewesen. Erst nach dem Kriege wurde ihm der Rang durch New York streitig gemacht; die Übersättigung Amerikas mit Gold, welche eine Folge der Handelsgewinne dieses Landes im Kriege und nach dem Kriege, sowie der Kriegsschuldenzahlungen war — nicht zu vergessen eine außerordentlich gesteigerte und leistungsfähige Produktion bei gleichzeitiger Hochschutzzollpolitik — hat die internationale Nachfrage nach kurzfristigen, speziell Akzeptkrediten durch viele Jahre dazu veranlaßt, von London nach den Vereinigten Staaten abzubiegen, wodurch auch dem New Yorker D. reiches Material geboten wurde. Die im Jahre 1929 einsetzende Wirtschaftskrise, welche anfangs 1931 in eine Kreditkrise ausartete, hat eine starke Einschränkung der Kreditgewährung seitens amerikanischer Banken zur Folge gehabt, womit auch der New Yorker D. an Bedeutung zu verlieren scheint.

Eine Wechselbörse, auf welcher ein großer Teil des Kreditbedarfs der Welt seinen marktmäßigen Ausdruck findet, ist naturgemäß von den wirtschaftlichen und politischen Ereignissen stark abhängig und weist große Schwankungen der Sätze auf, welche in den Veränderungen der offiziellen Bankrate ihren Ausdruck finden. Ein deutliches Beispiel der Reagibilität eines solchen gut funktionierenden D. bilden die Sätze der Bank von England von 1900 bis August 1931:

1900	
11. Januar	5 %
18. Januar	$4^1/_2$ %
25. Januar	4 %
24. Mai	$3^1/_2$ %
14. Juni	3 %
19. Juli	4 %
1901	
3. Januar	5 %
7. Februar	$4^1/_2$ %
21. Februar	4 %
6. Juni	$3^1/_2$ %
13. Juni	3 %
31. Oktober	4 %
1902	
23. Januar	$3^1/_2$ %
6. Februar	3 %
2. Oktober	4 %
1903	
21. Mai	$3^1/_2$ %
18. Juni	3 %
3. September	4 %
1904	
14. April	$3^1/_2$ %
21. April	3 %
1905	
9. März	$2^1/_2$ %
7. September	3 %
28. September	4 %
1906	
5. April	$3^1/_2$ %
3. Mai	4 %
21. Juni	$3^1/_2$ %
13. September	4 %
11. Oktober	5 %
19. Oktober	6 %
1907	
17. Januar	5 %
11. April	$4^1/_2$ %
25. April	4 %
15. August	$4^1/_2$ %
31. Oktober	$5^1/_2$ %
4. November	6 %
7. November	7 %
1908	
2. Januar	6 %
16. Januar	5 %
23. Januar	4 %
5. März	$3^1/_2$ %
19. März	3 %
28. Mai	$2^1/_2$ %
1909	
14. Januar	3 %
1. April	$2^1/_2$ %
7. Oktober	3 %
14. Oktober	4 %
21. Oktober	5 %
9. Dezember	$4^1/_2$ %
1910	
6. Januar	4 %
20. Januar	$3^1/_2$ %
10. Februar	3 %
17. März	4 %
2. Juni	$3^1/_2$ %
9. Juni	3 %
29. September	4 %
20. Oktober	5 %
1. Dezember	$4^1/_2$ %
1911	
26. Januar	4 %
16. Februar	$3^1/_2$ %
9. März	3 %
21. September	4 %
1912	
8. Februar	$3^1/_2$ %
9. Mai	3 %
29. August	4 %
17. Oktober	5 %
1913	
17. April	$4^1/_2$ %
2. Oktober	5 %
1914	
8. Januar	$4^1/_2$ %
22. Januar	4 %
29. Januar	3 %
30. Juli	4 %
31. Juli	8 %
1. August	10 %
6. August	6 %
8. August	5 %
1915	
unverändert	
1916	
13. Juli	6 %
1917	
18. Januar	$5^1/_2$ %
5. April	5 %
1918	
unverändert	
1919	
6. November	6 %
1920	
15. April	7 %
1921	
28. April	$6^1/_2$ %
23. Juni	6 %
21. Juli	$5^1/_2$ %
3. November	5 %
1922	
16. Februar	$4^1/_2$ %
13. April	4 %
15. Juni	$3^1/_2$ %
13. Juli	3 %
1923	
5. Juli	4 %
1924	
unverändert	
1925	
5. März	5 %
6. August	$4^1/_2$ %
1. Oktober	4 %
3. Dezember	5 %
1926	
unverändert	
1927	
21. April	$4^1/_2$ %
1928	
unverändert	
1929	
7. Februar	$5^1/_2$ %
26. September	$6^1/_2$ %
31. Oktober	6 %
21. November	$5^1/_2$ %
12. Dezember	5 %
1930	
6. Februar	$4^1/_2$ %
6. März	4 %
20. März	$3^1/_2$ %
1. Mai	3 %
1931	
15. Mai	$2^1/_2$ %
23. Juli	$3^1/_2$ %
30. Juli	$4^1/_2$ %

Da zwischen den einzelnen Devisenmärkten durch den Mechanismus der Devisenkurse das Gesetz der kommunizierenden Gefäße herrscht, sind die Änderungen des Londoner Banksatzes in der Regel für die kontinentalen, früher auch für die amerikanischen Notenbanken die Veranlassung zu Ratenänderungen im selben Sinne gewesen.

Maßgebend für das Zinsniveau eines D. ist stets der Satz für erste Bank- und Bankierakzepte, während das kommerzielle Material sich nach diesem Satze richtet und nur eine untergeordnete Rolle spielt. Der Marktbericht, wie er etwa von den „Financial Times" täglich veröffentlicht wird, lautet (3. September 1931):

Discount per Cent					
Bank Bills				Fine Trade Bills	
2 months	3 months	4 months	6 months	3 months	6 months
$4^1/_{16}$	$4^1/_8$—$4^3/_{16}$	$3^3/_{16}$—$3^1/_4$	$4^7/_{16}$	$4^1/_2$—5	$5^1/_4$—$5^1/_2$

5. Organisation der Diskontmärkte. Auch auf diesem Gebiete ist London führend und von keinem anderen Handelsplatz erreicht worden. Der Kauf und der Verkauf der Wechsel erfolgt durch Discount Brokers, welche als Selbstkontrahenten auftreten. Der Discount Broker arbeitet mit einem Kapital von wenigstens einigen Hunderttausenden, mitunter sogar mehreren Millionen Pfund Sterling, welche er ständig in ersten Wechseln veranlagt hat. Dadurch ist er in der Lage, jeder normalen Nachfrage nach Wechseln zunächst aus seinen eigenen Beständen genügen zu können, wobei er in der Zusammenstellung der Namen eine Auswahl trifft, welche durch seine Erfahrungen über die Wünsche der Käufer diktiert wird. Andererseits ist er durch seine reichen Geldmittel auch in der Lage, Wechsel, die ihm angeboten werden, kaufen zu können, ohne sofort einen Käufer überhaupt oder gerade für die angebotenen Unterschriften suchen zu müssen; seine Tätigkeit geht also weit über die eines Vermittlers hinaus. Die Discount Brokers arbeiten aber nicht nur mit ihrem eigenen Kapital, manche von ihnen sind als Aktiengesellschaften konstruiert, nähern sich dem Typus einer Bank und nehmen verzinsliche Depots entgegen. Sämtliche Discount Brokers betätigen sich ferner stark im Taggeldmarkt (call money market), dessen Sätze fast ständig tiefer sind als der Privatdiskont. Die Discount Brokers belehnen Teile ihres Wechselportefeuilles von einem Tage auf den anderen zu den billigeren Sätzen des Taggeldmarktes und haben hieraus eine laufende zusätzliche Einnahme. Der Händlernutzen des Discount Broker, die Spannung zwischen den Sätzen, zu denen er Wechsel kauft und verkauft, ist häufig nur $^1/_{32}$%, bestenfalls $^1/_{16}$% auf das Jahr. Die Institution der Londoner Wechselmakler, welche auf keinem anderen Platz in solcher Ausdehnung und Vollkommenheit existiert, ist eine wesentliche Stütze des Londoner Geldmarktes.

Als in Frankreich vor einigen Jahren Bestrebungen herrschten, dem Pariser Bankakzept als Finanzierungsinstrument auf dem Weltmarkte Eingang zu schaffen, stellte sich dieser Tendenz die Desorganisation des französischen Wechselmarktes hindernd entgegen. Um dem abzuhelfen, gründeten die französischen Großbanken im Jahre 1928 die Compagnie Parisienne de Réescompte, welche nach dem englischen Vorbilde der Discount Brokers gestaltet ist. In den Vereinigten Staaten wird das Diskontgeschäft überwiegend von den Banken direkt getätigt, obwohl auch Vermittler (Discount Corporation of New York, Salomon Brothers & Hutzler) existieren.

6. Kommerz- und Finanzpapiere. Auf die große Bedeutung, welche die Rediskontierbarkeit der gehandelten Wechsel bei der Zentralbank für den D. besitzt, wurde bereits hingewiesen. Da die Menge der Wechsel, welche dem wirklichen Warenverkehr entstammt, naturgemäß in dessen Ausmaß eine Begrenzung findet, während die nur zur Geldbeschaffung gezogenen Finanztratten eine Vermehrung ins Unbegrenzte zulassen, haben die meisten Notenbanken in ihre Rediskontbedingungen die Bestimmung aufgenommen, daß die Wechsel auf Grund von Warentransaktionen ausgestellt sein müssen. In den kapitalschwachen Ländern Zentraleuropas konnte diese Bestimmung in den letzten Jahren allerdings nicht mehr gehandhabt werden, so daß das Portefeuille der Notenbanken Deutschlands, Österreichs, Ungarns usw. stark mit Finanzpapieren (sog. Mobilisierungswechseln) durchsetzt ist. Die in den hauptsächlichsten Kapitalszentren auf diesem Gebiete geltenden Regeln beziehen sich teils nur auf die Physiognomie der Wechsel, teils gehen sie auf die zugrundeliegenden Transaktionen selbst ein.

a) England. Es ist auf dem Londoner Wechselmarkte Handelsbrauch, daß Wechsel, die aus dem Auslande auf Londoner Banken und Bankiers ausgestellt sind, im Wechseltext einen Vermerk tragen, daß sie gegen Export oder Import von Waren gezogen wurden; infolge der Stellung der City als Weltbankier machen die ausländischen Ziehungen die Überzahl der auf den Markt kommenden Wechsel aus. Eine Ausnahme besteht nur hinsichtlich jener Tratten, die von solchen überseeischen Plätzen auf London gezogen werden, an denen der dreimonatige Wechsel auf London Handelsobjekt der Börse bildet und für die Regulierung des Zahlungsverkehrs erforderlich ist. In solchen Fällen werden auch Wechsel, die von Banken oder Bankiers dieser Länder auf solche in London gezogen sind, toleriert, während im allgemeinen der Aussteller stets eine Handels- oder Industriefirma sein soll (vgl. *Überseegeschäft*).

b) Vereinigte Staaten. Die Bestimmungen über die Rediskontierbarkeit bei den Federal Reserve Banks sind sehr strikt und in den „Regulations" niedergelegt, welche vom Federal Reserve Board zuletzt 1928 veröffentlicht und seitdem fortlaufend ergänzt worden sind. Bemerkenswert ist, daß bei der Rediskontierbarkeit durch die Reservebanken, der „Eligibility", auf die äußere Form des Wechsels keine Rücksicht genommen wird, daß vielmehr ausschließlich die der Schaffung des Wechsels zugrundeliegende Transaktion maßgebend ist. Es sind also nicht nur gezogene Wechsel, sondern auch Solawechsel (Promissory notes, vulgär I.O.U. = „I owe you" genannt) lieferbar. Die zugrundeliegende Transaktion hat durch eine bona-fide-Erklärung erhärtet zu werden, worauf die Bank, welche den Wechsel auf den Markt bringt oder in Verkehr setzt, ihn mit einem Stempel versieht, durch welchen sie dessen Eligibility bestätigt und kenntlich macht.

Die Voraussetzungen der Rediskontierbarkeit sind bei aus dem Inlande stammenden Wechseln in Kürze zusammengefaßt: Im allgemeinen hat die Laufzeit 90 Tage zu sein. Nur Wechsel zur Finanzierung von Agrarprodukten oder Viehmast können längstens neun Monate laufen. Ausdrücklich ausgeschlossen sind Wechsel für die Finanzierung von Wertpapieren mit Ausnahme von Emissionen der Bundesregierung. Die Wechsel haben für die Produktion, den Kauf, Transport oder auf den Marktbringung von Waren „in one or more of the steps of the process of production or distribution" zu dienen, nicht aber für dauernde oder festgelegte Investitionen, wie Grund und Boden, Gebäude, Maschinen „or for any other capital purpose".

Besondere Vorschriften existieren für Bankakzepte, welche naturgemäß den Großteil der Marktumsätze bilden. Auch diese Wechsel haben im allgemeinen 90 Tage zu laufen, nur solche, welche durch Einlagerung von marktfähigen Gütern gesichert sind, dürfen sechs Monate laufen. Sie müssen mit einer Erklärung der akzeptierenden Bank über die Eligibility versehen sein; nicht eligible Papiere bedingen einen wesentlich höheren Satz als die Marktrate und werden von den Banken nur sehr ungern akzeptiert. Die Voraussetzungen der Eligibility sind:

α) Ausstellung des Wechsels auf Grund der Verfrachtung von Gütern zwischen zwei Staaten;

β) Verfrachtung von Gütern innerhalb der Vereinigten Staaten; in diesem Falle müssen die Frachtdokumente der Tratte zur Zeit der Akzeptierung angeheftet sein.

γ) Einlagerung von marktfähigen Gütern in unabhängigen Lagerhäusern, wobei diese Güter zur Sicherung des Wechsels verpfändet sein müssen.

δ) Eligibel sind auch dreimonatige Ziehungen von Banken und Bankiers des Auslandes und amerikanischer Dependenzen auf amerikanische Banken, welche zum Zwecke der Schaffung von Dollardevise vorgenommen werden.

Die Bundesreservebanken, denen Wechsel zum Rediskont angeboten werden, sind berechtigt, die Eligibilität zu überprüfen; aber auch sonst dürfen sie sich erforderlichenfalls davon überzeugen, daß die dem Bundesreservesystem angeschlossenen Banken die Vorschriften einhalten (vgl. *Federal Reserve System*).

c) Holland. Die Bestimmungen sind ähnlich den englischen. Bei Tratten, die aus dem Auslande gezogen sind, pflegt die Niederländische Bank eine Erklärung des Akzeptanten zu verlangen, daß er sich davon überzeugt habe, daß eine Warentransaktion zwischen zwei verschiedenen Staaten vorliege.

d) Frankreich. Hier herrscht gleichfalls die Vorschrift, daß der kommerzielle Ursprung des Wechsels in dessen Wortlaut zum Ausdruck kommt. Im Zuge der Kreditrestriktionen, welche die französischen Banken im Jahre 1931 gegenüber Zentraleuropa ins Werk gesetzt haben, wurde vereinzelt über diese Gepflogenheit hinausgegangen und der Nachweis verlangt, daß ein effektiver Warenaustausch zwischen verschiedenen Ländern zugrundeliege.

7. *Diskontmarkt und Staatskredit.* Die Agilität der D. und die Billigkeit ihrer Sätze im Vergleich zu dem jeweiligen Zinsfuß des Kapitalmarktes haben die Finanzverwaltungen verschiedener Länder schon frühzeitig dazu veranlaßt, Teile des staatlichen Geldbedarfs durch Negotiierung von kurzfristigen Schatzwechseln zu befriedigen. Eine besondere Bedeutung haben die englischen Treasury Bills, welche etwas billiger als erste Diskonten gehandelt werden und den letzteren ernsthafte Konkurrenz machen. Die Begebung erfolgt durch „tendering", d. h. durch Angebot eines bestimmten Quantums an den Markt, wobei die billigsten Diskonteure zum Zuge kommen. Auch das amerikanische Schatzamt begibt seit geraumer Zeit in regelmäßigen Zeitabständen sechsmonatige und längere Schatzwechsel, welche vom Markte zu kurzfristigen Geldanlagen gern aufgenommen werden. Die Placierung solcher Schatzwechsel dient nicht nur dem Zweck, kurzfristiges Geld für die Staatskassen zu beschaffen, sondern gibt den Finanzverwaltungen auch die Möglichkeit, den Geldmarkt zu beeinflussen. In vereinzelten Fällen sind analoge Transaktionen auch in anderen Ländern von den Finanzverwaltungen durchgeführt worden, ohne eine regelmäßige Erscheinung zu bilden. (S. auch Art. *Akzeptkredit, Devisen, Diskontgeschäft, Notenbankpolitik* usw.)

Literatur: Siehe Literaturverzeichnis bei Artikel „Akzeptkredit". Ferner DIERSCHKE u. MÜLLER: Die Notenbanken der Welt. Berlin 1926. — JAFFE: Das englische Bankwesen. Leipzig 1905. — LOTZ: Diskonto und Diskontopolitik. Artikel im Handwörterbuch der Staatswissenschaften **3**. Jena 1926. — MISES: Theorie des Geldes. München und Leipzig 1924. — SKINNER: The Bankers Almanach and Year-Book. London 1930/31. — SWOBODA: Arbitrage. Berlin und Leipzig 1928. — WARBURG: American and European Banking Methods. New York 1908. — K. KOCK: A study of interest rates. London 1929. — F. SOMARY: Bankpolitik. Tübingen 1931.

VICTOR BLOCH.

Diskontotage s. *Respekttage.*

Diskontpolitik s. *Notenbankpolitik.*

Distanzgeschäft (Distanzkauf, Versendungskauf) ist ein Kaufgeschäft, bei dem die Ware dem Käufer an einen anderen Ort übersandt werden muß. Geschieht dies auf Verlangen des Käufers, so geht beim ordnungsmäßigen Auf-den-Weg-Bringen durch den Schuldner die Gefahr auf den Gläubiger über. Im Handelsverkehr ist der Käufer der Ware beim D. verpflichtet, im Falle einer Beanstandung für die einstweilige Aufbewahrung der Ware zu sorgen. Der Gegensatz von D. ist das Platzgeschäft, bei welchem der Wohnort des Schuldners zugleich Ablieferungsort der Ware ist.

Distanztratte, Distanzwechsel, ein Wechsel, dessen Aussteller an einem anderen Ort wohnt als der Bezogene; andernfalls: Platzwechsel.

Dividende s. *Aktie als Wertpapier 2.*

Dividendenfonds, Rücklage, die (meist statutarisch) der Auffüllung der Dividende in Jahren mit geringem Reingewinn dient, also der möglichsten Dividendenstabilität. Häufiger Dividenden-Ergänzungsfonds genannt. Findet sich z. B. bei der Reichsbank.

Dividendengarantie hat die verschiedensten Ursachen und Formen. Oft als Anreiz für die Plazierung im Publikum (die 7% Dividende der Vorzugsaktien der Deutschen Reichsbahn ist z. B. durch das Reich garantiert) oder anläßlich der Übernahme einer Gesellschaft durch eine andere zur Abfindung außenstehender Aktionäre (D. der Rheinischen Braunkohle für Roddergrube), insbesondere bei Vorzugsaktien häufig.

Documents against acceptance, — against payment vgl. *Überseegeschäft* und *Akkreditiv.*

Doktrin, z. B. Monroe-Doktrin s. *Völkerrecht I* u. f.

Dokumentenakkreditiv, — wechsel s. *Akkreditiv II.*

Dollar-Schatzanweisungen, gegen Ende der deutschen Inflation (1923) emittierte „wertbeständige" Reichsanleihe, in ihren kleineren Abschnitten (sie lautete auf USA.-Dollar à 4,20 bzw. Vielfache hiervon) auch als Umlaufsmittel verwendet.

Domänenbank s. *Pächterkredit.*

Domiziliat ist die Person oder Stelle an einem vom Wohnort des Bezogenen verschiedenen Ort, bei der ein Domizilwechsel zahlbar ist.

Domizilwechsel, ein Wechsel, der an einem andern Ort als an dem Wohnsitz des Bezogenen zahlbar ist.

Dont s. *Prämiengeschäft.*

Doppelte Buchführung beruht auf dem Prinzip, daß bei jedem zur Verbuchung gelangendem Geschäftsvorgang ein Teil der Empfänger, der andere Teil mit dem gleichen Betrage der Leistende ist. Bei einem der häufigsten Geschäftsvorfälle, einer Zahlung durch bargeldlosen Kontenübertrag, wird also der eine Teil „erkannt", d. h. es wird ihm der Betrag gutgeschrieben (er wird mit diesem Betrag Kreditor), der andere Teil „belastet" (wird also Debitor). Hierbei ist die Bewegung auf den toten Konten (Sachkonten) und den lebenden Konten (Personenkonten) entgegengesetzt. Der Umstand, daß sich also jeder Posten im Haben des einen Kontos auf dem Soll des anderen Kontos gleichsam widerspiegelt, bewirkt, daß die Soll- und Habensumme des Hauptbuchs stets die gleiche Endsumme haben muß. Dies wird durch Probebilanzen (Rohbilanzen) überprüft, die in den meisten Betrieben monatlich angefertigt werden. Über die Entwicklung der d. B. s. *Geschichte des Bankwesens II.*

Doppelwährung s. *Goldwährung 1* und *Währungswesen.*

Dorfbanken s. *Kreditgenossenschaften I.*

Dortmund (Valutaschuldscheine von) s. *Valorisierung III.*

Drago-Doktrin s. *Völkerrecht III.*

Dreimännerkommission s. *Berliner Börse III.*

Drei-Monats-Grenze s. *Spekulations- und Kursgewinne.*

Dresdner Bank s. *Persönlichkeit und Organisation im Bankwesen 7,* vgl. *D-Banken.* Genossenschaftsabteilung der D. B. s. *Kreditgenossenschaft V.*

Dritteldeckung vgl. *Goldwährung 2.*

Droit d'escompte s. *Pariser Börse IV.*

— de transmission s. *Pariser Börse IV.*

Dubiosenkonto, unter den Passivposten der Bilanz häufig vorkommendes Rückstellungskonto für etwaige Ausfälle bei zweifelhaften Forderungen (vgl. a. *Reserven* und *Abschreibungen*).

Dukaten sind Goldmünzen (etwa im Wert von RM. 10) mit besonders hohem Feingehalt. Hieraus erklärt sich ihre jahrhundertelange große Beliebtheit, die sich auch erhielt, nachdem sie als Zahlungsmittel in den Ausgabeländern (vor allem Österreich-Ungarn, Niederlande, Rußland) außer Verkehr gesetzt waren. Sie spielten dann noch bis zum Weltkrieg eine gewisse Rolle als Handelsmünzen (vgl. *Münzwesen III*).

Duplikat, ein gleichlautendes zweites (drittes usw.) Originalexemplar eines Wechsels, das nur vom Aussteller hergestellt werden kann und ebenfalls wechselrechtliche Kraft hat. Im Text muß zum Ausdruck gebracht werden, daß Duplikate ausgestellt sind. Das geschieht durch Hinzufügung der Worte „Prima", Sekunda usw. Ohne diesen Zusatz gelten Duplikate nicht als solche, sondern als selbständige Solawechsel. Durch Bezahlung eines D. verlieren alle anderen ihre Kraft. Im Überseeverkehr werden regelmäßig D. angefertigt.

Durchlaufende Posten s. *Bilanz I 2.*

Durchschreibebuchhaltung vgl. *Innere Organisation des Bankbetriebes II,* vgl. *Bankbuchhaltung.*

Dynamische Bilanzauffassung s. *Bilanz I 4.*

E.

E. v. = Eingang vorbehalten, regelmäßige Vorbehaltsklausel bei der vorläufigen Gutschrift der einer Bank zum Einzug übergebenen Wechsel und Schecks.

eagle = 10 $-Goldstück.

earmark = besonders bezeichnen, für besonderen Zweck bestimmen.

— **ed gold** = „beiseite gestelltes", für fremde Rechnung verwaltetes Gold(depot). (Fachausdruck im Notenbankwesen.)

Earning power s. *Good-will.*

Ecart s. *Prämiengeschäft 1.*

Ecuador s. *Südamerika V.*

Edge-Act von 1919 s. *Investment Trusts 3.*

Editionspflicht, Verpflichtung zur Vorlegung von Urkunden (bzw. Gewährung der Einsicht in die Handelsbücher) im Prozeß. Vgl. HGB. § 45 sowie ZPO.

Eesti Pank s. *Randstaaten II.*

Effekten-Arbitrage besteht in der Ausnützung des gleichzeitigen Kursunterschiedes eines Wertpapieres an verschiedenen Börsen. Dadurch, daß der Arbitrageur Effekten an einem Platze kauft, an dem sie im Augenblick billiger erhältlich sind, und sie an einem anderen Platze verkauft, wo sie höher bewertet werden, wirkt er preisausgleichend und marktverbreiternd und trägt, wenn er auch lediglich von der egoistischen Absicht, Geld zu verdienen, geleitet ist, zu einer gerechten Preisbildung bei.

Die Arbitrage fußt auf den Grundregeln der Kalkulation, die bei jedem In- und Exportgeschäft angewandt werden müssen. Auch bei diesen sind jederzeit alle Kosten und Gefahren, Preis- und Lieferungsunterschiede usw. in Berechnung zu ziehen, und es ist anzunehmen, daß sich die Anfänge der Arbitragetätigkeit beim Warenhandel (Getreide, Metalle) gezeigt haben. Erst später dürfte sie dann auf das Effektengeschäft übergegangen sein.

Die Effektenarbitrage hat zwei Aufgaben:

1. bereits vorhandene Verpflichtungen mit Hilfe von Effektentransporten abzudecken;

2. auch ohne bestehende Verpflichtungen vorhandene Kursdifferenzen auszunützen.

Der weitaus größte Teil der ausgeübten Arbitragetätigkeit ist letzterer Art. Die genaue Kenntnis der Methoden wird zur Notwendigkeit für den Arbitrageur. Selbst wenn er auch nur ein einziges Glied in der Kette, die ein Arbitragegeschäft darstellt, nicht genügend berücksichtigt, kann er trotz größter Rührigkeit in Verlust geraten.

1. *Inlandsarbitrage.* Ein einfacher Arbitragefall läßt den Werdegang eines derartigen Geschäfts erkennen: Hat ein Berliner Arbitrageur ermittelt, daß Gelsenkirchner Bergwerksaktien in Frankfurt a. Main zum Kurse von 80% erhältlich, während sie gleichzeitig in Berlin zu 81% anbringlich sind, so wird er, möglichst telephonisch bei seiner Frankfurter Bankverbindung „Gelsen" kaufen lassen und sie in Berlin verkaufen; er hat dabei die Spesen zu berücksichtigen: Courtage und Schlußscheinstempel an beiden Orten und evtl. Frankfurter Provision. Die Transportkosten wird er vermeiden können, da er die Aktien durch Ferngiro übertragen läßt. Vom Schlußscheinstempel bekommt er bei nachweislichem Arbitragegeschäft den größten Teil zurückerstattet, und die Provision kann er ersparen, wenn er die ganze Tätigkeit, sei es mit eigener Filiale, sei es für gemeinsame Rechnung (*à Meta,* s. d.) mit der Frankfurter Verbindung (d. h. also mit geteiltem Nutzen, aber auch mit geteiltem Verlust) betreibt. Es bleiben dann die Courtagen und Telephonspesen, ferner ein Anteil an den gesamten Geschäftsunkosten, so daß, rein theoretisch betrachtet, die ganze Transaktion sehr einfach erscheint. In der Praxis ist aber ein Arbitragegeschäft selten so leicht, denn der rein äußerliche Preisunterschied (marge) von 1% bei Papieren mit einem nennenswerten Umsatz besteht nicht immer lange genug, um die doch immerhin mehrere Minuten von der Vereinbarung am Telephon bis zur erfolgten Ausführung dauernde Tätigkeit zu ermöglichen, da ja die konkurrierenden anderen Arbitrageure durch ihre „differenzausgleichende Tätigkeit" die Innehaltung dieses Preisunterschiedes beeinträchtigen. Es gehört zu den Gepflogenheiten solider Arbitrageure, das einmal entrierte Geschäft sofort à tout prix glattzustellen, um nicht durch Zuwarten die Spekulation zu erhöhen. Bei Papieren mit großen Umsätzen wird ihm die Glattstellung leichter möglich sein als bei solchen mit geringfügigem Markt; da bei letzteren die Kursschwankungen meist heftiger sind, wird er bei Entrierung des Geschäftes auf eine größere Marge halten müssen. Aber irgendeine Marge muß in jedem Falle die Basis für ein solides Arbitragegeschäft bilden. Vereinbart man einen Kauf lediglich von der mehr oder weniger sicheren „Vorausahnung" geleitet, daß sich an anderem Platz der Kurs binnen kurzem heben müsse, so wird aus der Arbitrage eine Spekulation. Leider hat die Praxis es ergeben, daß die Arbitrage diese „spekulative Ader" nicht ganz entbehren kann. Ohne die „richtige Beurteilung der Marktverhältnisse" kommt selbst oft der gewiegteste Arbitrageur in Verlust.

2. *Auslandsarbitrage.* Viel wesentlicher und interessanter als mit dem Inland ist die Arbitrage mit dem Auslande. Der Arbitrageur muß dabei die Usancen der ausländischen Börsen mindestens für

die Papiere genau kennen, in denen überhaupt eine Arbitrage möglich ist. Während im Inlande für die einzelnen Werte wohl fast stets die gleichen Lieferbarkeitsbestimmungen gelten, treten bei der Arbitrage mit dem Auslande oft größere Ablieferungsschwierigkeiten ein.

Für die in der Nachkriegszeit neu emittierten Werte, z. B. die verschiedenen Völkerbundsanleihen, wurden zumeist Schwierigkeiten und Fesseln geschaffen, weil man die durch Kapitalnot eingeengten Märkte nicht durch jederzeit mögliche Effekteninvasion stören wolle. Zu diesem Zweck fertigt man öfters für jedes Land eine besondere „tranche" an mit Nummern und vielleicht mit Währungen, die gerade nur für das eine Land als „good delivery" lieferbar sein sollen. Außerdem unterliegt ja sowieso die Einfuhr von Effekten mehr oder minder größeren Stempelabgaben, die in vielen Ländern während und nach dem Kriege erheblich verteuert worden sind. Hin und wieder sind auch verschiedene Vorschriften über die mitzuliefernden Coupons und Dividendenscheine zu beobachten usw. Manche dieser Schwierigkeiten haben auch schon vor dem Kriege die Arbitrage erschwert. Der findige Arbitrageur sucht sie zu überwinden, indem er die am höheren Platze verkauften Effekten nicht abliefern, sondern solange hereinnehmen resp. leihen läßt, bis ihm infolge entsprechender Verschiebung des Kursniveaus die Möglichkeit der umgekehrten Transaktion, der „Turnierung" gegeben ist. Er hat natürlich wie stets, so auch bei dieser „Positionsarbitrage" den Effektenstempel in voller Höhe sowie auch die sonstigen Spesen zu kalkulieren, kann sich dafür aber den Stempelbetrag, den er ja in diesem Falle nicht zu bezahlen braucht, bei der Turnierung als Marge anrechnen. Freilich muß der Arbitrageur dafür Sorge tragen, daß man ihm im Lande der Einfuhr die Effekten während der ganzen, vorher nicht abzugrenzenden Laufzeit dieser Turnierungsarbitrage vorlegt. Schließlich sind Zinsdifferenzen bzw. -Verluste genau zu berücksichtigen. Was einmal mit dem Effektenstempel des Einfuhrlandes versehen ist, braucht, wenn es ein zweites Mal eingeführt wird (mit wenigen Ausnahmen in Frankreich) nicht wieder gestempelt zu werden, selbst wenn dann höhere Sätze gelten. Auch hat England mit seinem niedrigen Satz von $^1/_2{}^0/_{00}$ für amerikanische Eisenbahnshares viel zur Erleichterung des Verkehrs in diesen Aktien beigetragen. Allerdings müssen diese Namenspapiere bei einer Ablieferung in einem anderen Lande immer erst in den Büchern der Gesellschaft spesenpflichtig umgeschrieben werden. Hervorzuheben ist auch die Einrichtung der deutschen „Stempelzertifikate", die dem Arbitrageur gestattet, einen einmal ausgeführten Effektenbetrag, sei es im ganzen oder in Teilbeträgen, binnen eines Jahres stempelfrei wieder einzuführen.

In manchen Fällen berührt sich eine Effektenarbitrage mit einer Zins- oder Reportgeldarbitrage, die vor 1914 (z. B. zwischen den deutschen Börsen und Wien für Kreditaktien) eine größere Rolle spielte. In der Jetztzeit findet sich ein solcher Grenzfall bei der lebhaften Arbitrage im Markte der Neuemissionen z. B. in New York. Man kauft die alten Akten per Kasse und gibt den entsprechenden Betrag neuer Stücke per Erscheinen (when issued), kalkuliert die Spesen und Geldzinsen und hat so eine Möglichkeit, Reportgelder im Effektengeschäft anzulegen, was sonst nicht in der in Europa üblichen Form möglich wäre, da dort alle Effekten per Kasse gehandelt werden. Diese Arbitrage zwischen alten und jungen Stücken vollzieht sich in Ländern mit Termingeschäft auch oft umgekehrt, indem man je nachdem es die Kurse gestatten, die Bezugsrechte oder die jungen Aktien kauft und dagegen die alten Aktien per Termin verkauft; je länger es dauert, bis die jungen Aktien den alten gleichlieferbar werden, desto länger muß man die verkauften alten Aktien hereinnehmen, resp. sich leihen. Ein ähnlicher Arbitragefall ergibt sich aus der Ausnutzung von Kursdifferenzen zwischen Kassa- und Terminkurs desselben Papiers. Schließlich hat der Arbitrageur auch noch über den Gegenwert durch Devisenverkauf zu verfügen, deren Preis er sich rechtzeitig zu sichern hat.

Welchen Gefahren die Arbitrage infolge nicht rechtzeitiger Ablieferung der Effekten ausgesetzt sein kann, zeigt der berühmte Fall des Northern Pacific corner (1900).

In der Vorkriegszeit gehörten diese Shares zu den beliebtesten Arbitragepapieren zwischen New York und Berlin. Mit dem beginnenden Reichtum kauften die Amerikaner auch diese Eisenbahnaktien allmählich von Europa zurück. Da sich der Handel in Berlin per Ultimo und in New York per Kasse vollzog, so mußten die in New York begebenen Stücke solange vorgelegt, resp. geliehen werden, bis die per Termin gekauften von Berlin in Amerika jeweils eingetroffen waren. Dies gelang auch stets reibungslos, bis eine Finanzgruppe unter Führung von Morgan & Co. die Northern Shares in großen Beträgen per sofortige Lieferung in New York aufkaufte. Jetzt war eine Vorlage nicht mehr möglich, und die nicht rechtzeitig eingetroffenen Stücke mußten à tout prix eingedeckt werden; dabei wurde in einem Augenblick ein Kurs von 1000 % bezahlt, während gleichzeitig in Europa Northern à etwa 150 % gehandelt wurden. Solche Aufschwänzungen oder, wie sie der Amerikaner nennt, corner, sind gar nicht so selten und spielten nicht nur im Effektenhandel, sondern auch im Devisen- und Warenhandel (z. B. Kupfer) eine große Rolle.

3. Arbitragebeispiele (aus Raumersparnisgründen nur brutto, also ohne Spesen). Harpener Bergbau-aktien. In Deutschland versteht sich die Notiz in Prozenten; als deutsches Papier sind die im Verkehr befindlichen Stücke natürlich mit dem deutschen Effektenstempel versehen. Bei einer Einfuhr aus dem Auslande ist also kein deutscher Effektenstempel zu berücksichtigen. Will man sie aber nach dem Auslande, z. B. nach Paris verkaufen, so hat man zur Zeit 1 % vom Nominalbetrage (droit du timbre, 26. April 1930) zu kalkulieren. Die Notiz in Paris versteht sich in Francs pro Stück von 600 RM. z. B. 2590 Frcs. Die Ausrechnung würde also lauten: $259 \cdot 16{,}44$ (französische Valuta) dividiert durch $6 = 70{,}96$ RM. % (der Arbitrageur läßt die unnötigen Nullen weg, da er ja das Prozentverhältnis kennt). Die Stücke sind an beiden Orten lieferbar.

Reichsbankanteile. In Deutschland Notiz in Prozenten; deutscher Effektenstempel ist nicht zu kalkulieren. Die Notiz in Amsterdam in Prozenten mit fester Umrechnung der RM. = 0,60 hfl., holländischer Effektenstempel zur Zeit 1,20 % vom Nominalbetrage. Amsterdamer Kurs z. B. 164 %, also $164 \cdot 169 \cdot 6 = 166{,}30$ RM %.

Allgemeine Kunstseide-Aktien. In Deutschland Notiz in Prozenten mit der Umrechnung von 1 hfl. = 1,70 RM. Effektenstempel in Deutschland zur Zeit 2 % vom Nominalbetrage, indessen wissen die Arbitrageure, daß sehr viele Aktien bereits deutsch gestempelt sind und glauben ihn nicht berücksichtigen zu müssen. In Holland die Notiz in Prozenten; holländischer Effektenstempel braucht nicht berücksichtigt zu werden. Kurs in Amsterdam z. B. 90 %, also $9 \cdot 169 : 17 = 89{,}47$ RM. %.

Gesellschaft für Elektrische Unternehmungen. In Deutschland Notiz in Prozenten; kein deutscher Effektenstempel zu kalkulieren. In Belgien Kurs z. B. 1077 belgische Frcs. (nicht belga) pro Stück von 100 RM., also 1077 · 58,50 (Kurs für Belga) : 5 = 126,01 RM %. Belgischer Stempel zur Zeit 1 % vom ausmachenden Betrage. In der Schweiz: Kurs z. B. 156 schweizer Frcs. pro Stück von 100 RM., also 156 · 81 = 126,36 RM % ; schweizer Stempel braucht nicht kalkuliert zu werden; ähnlich AEG., Elektrische Licht- und Kraftgesellschaft.

Wiener Bankverein-Aktien. In Deutschland Notiz in RM. pro Stück von 20 österreichischen Schilling. Deutscher Effektenstempel zur Zeit 2 % vom Nominalbetrage (infolge Abrundung nach oben zur Zeit 0,40 RM. pro Stück); in Wien Kurs z. B. 15 Schilling pro Stück, also 15 · 59 = 8,85 RM. pro Stück. Österreichischer Stempel ist nicht zu kalkulieren. Ähnlich österreichische Kreditaktien, österreichische Siemens-Schuckert-Aktien und österreichische Eisenbahnverkehrsaktien.

Montecatini-Aktien. In Deutschland Notiz in RM. pro Stück. Effektenstempel zur Zeit 2 % vom ausmachenden Betrage. In Italien Kurs z. B. 168 Lire pro Stück, also 168 · 22 = 36,96 RM. pro Stück. Italienischer Effektenstempel nicht zu berücksichtigen.

Zwischen Amerika und Deutschland ist die Arbitrage in deutschen Werten zeitweise ziemlich lebhaft, z. B. in Rheinisch-Westf. Elektrizitätsaktien, Karstadt, Norddeutscher Lloyd. Sie werden in New York in amerikanischen Zertifikaten gehandelt und müssen bei einer Arbitrage in New York oder in Deutschland jedesmal umgeschrieben werden. Die dabei entstehenden Spesen sind verschieden, je nach Kurs, Transport und Zinsverlusten. Man dürfte wohl in einzelnen Fällen bis zu 2 % in Anrechnung bringen müssen.

Rheinisch-Westf. Elektrizitäts-Aktien. In Deutschland Notiz in Prozenten. Effektenstempel nicht zu kalkulieren. In New York Kurs z. B. $31^1/_4$ Dollar pro Stück von 100 RM., also 3125 · 421 = 131,56 RM. %.

Chade-Actien. In Deutschland Notiz in RM. pro Stück von 100 Peseten. Effektenstempel zur Zeit 2 % vom ausmachenden Betrage. In Brüssel: Kurs z. B. 12100 belgische Frcs. pro Stück von 500 Peseten, also 121 · 58,50 : 5 und : 5 = 283,14 RM. pro Stück von 100 Peseten. Effektenstempel in Belgien zur Zeit 1 % vom ausmachenden Betrage. In Paris: Kurs z. B. 8610 Frcs. pro Stück von 500 Peseten, also 861 · 16,44 : 5 = 283,10 RM. pro Stück von 100 Peseten. Effektenstempel in Frankreich zur Zeit 1 % vom Nominalbetrage. In der Schweiz: Kurs z. B. 1747 schweizer Frcs. pro Stück. Von 500 Peseten also: 1747 · 81 : 5 = 283,01 RM. pro Stück von 100 Peseten. Effektenstempel in der Schweiz zur Zeit nicht zu berücksichtigen.

Von der großen Anzahl der internationalen Arbitragepapiere sind aus Raumersparnisgründen hier nur wenige aufgeführt worden. Es ist indessen erwähnenswert, daß lebhafte Arbitragen auch in anderen Werten, z. B. Minenaktien und Petroleumshares zwischen den größeren Börsen stattfinden.

Literatur: SWOBODA, O.: Die Arbitrage, 16. Aufl. (von MAX FÜRST). Berlin und Leipzig 1925.

HANS HANCKE.

Effektenbanken als Banktype s. *Credit Mobilier 1.* — Abschreibungen bei Verlusten s. *Abschreibungen III 3.*

Effektenbörse s. *Börsen,* vgl. Art. über die einzelnen Weltbörsen.

Effekten clearing s. *Effektengiroverkehr.*

Effektengiroverkehr. *1. Begriffserläuterung.* Unter E. versteht man eine Einrichtung, die es gestattet, über Wertpapiere, die sich unter Aufrechterhaltung des Eigentumsrechtes der Deponenten in der Form des Miteigentums — also ohne Anrecht auf bestimmte Stücke der betreffenden Gattung — in Sammelverwahrung befinden, durch einfache Übertragung von Bruchteilen des Sammeldepots auf einen anderen zu verfügen.

Man unterscheidet nach Dr. OPITZ (vgl. *Depotrecht* und die dort angegebenen Quellen) E. zwischen Banken, „erweitertem E.", an dem auch Bankkunden teilnehmen, und „Effektenferngiroverkehr" zwischen Teilnehmern an verschiedenen Orten. Abzulehnen ist die Bezeichnung „Effektenclearing", die als Unterbegriff des E. für ein noch nicht angewandtes Verfahren des stückelosen Effektenverkehrs — Skontration von Stückeforderungen und Verpflichtungen verschiedener Stellen — vorbehalten bleiben muß.

Als Unterbegriffe müssen auch die Bezeichnungen Sammeldepot und Girosammeldepot betrachtet werden, die an sich, im Sinne des E. verwendet, ohne weiteres verständlich sind.

2. Allgemeines. Die allgemeine Anwendung der Grundsätze des bargeldlosen Zahlungsverkehrs auf den Effektenverkehr, die der E. darstellt, kann als eine Errungenschaft der neuesten Entwicklung des Bankverkehrs betrachtet werden. Ansätze für diese Entwicklung sind zwar schon seit 1882 von der Bank des Berliner Kassenvereins gemacht worden. Denn seit jener Zeit führte der Kassenverein ein Sammeldepot für eine beschränkte Anzahl von Wertpapiergattungen — im wesentlichen die zum Terminhandel zugelassenen Wertpapiere —, über das die „Mitglieder des Giroeffektendepots" im Scheck verfügen konnten. Der Kreis der von dieser Einrichtung Nutzenziehenden war aber nur klein. Die im Sammeldepot ruhenden Wertpapiere waren Eigentum der betreffenden Banken und Bankiers. Dem Bankkunden war die Einrichtung überhaupt unbekannt. Nach jahrelangen Vorbereitungen ist nun im Jahre 1925 ein Ausbau dieser alten Einrichtungen und ihre Übertragung auf andere deutsche Plätze erfolgt. Seitdem hat sich das Verfahren in steigendem Maße ausgebreitet und voll bewährt.

Die größten Schwierigkeiten bei dem Aufbau des Verfahrens hat die Klärung der Rechtslage gemacht (vgl. *Depotrecht* I B und C). Der naheliegende Weg, das einzurichtende Girosammeldepot einfach als ein depositum irregulare nach deutschem Rechte zu betrachten, war nicht gangbar, weil damit der Bankkunde auf sein Eigentumsrecht an etwa erworbenen Wertpapieren hätte verzichten müssen, um dafür einen Anspruch auf Rückgabe gleicher Wertpapiere zu erwerben. Ein solches depositum irregulare bestand von jeher in dem sog. Stückekonto der Banken, über das der wesentliche Teil der im Spekulationsverkehr umgesetzten Wertpapiere geführt wurde. Bei dem als Grundlage für den E. zu benutzenden Girosammeldepot handelt es sich jedoch um ein echtes depositum regulare. Die juristische Formel, die es gestattet, alle Vorteile des früheren Stückekontos zu genießen und doch den Rechtsanspruch des Eigentümers der Wertpapiere an seinen Stücken zu sichern, ist von Rechtsanwalt Dr. GEORG OPITZ, Berlin, gefunden worden. Von ihm stammt auch die weitere juristische Klarstellung des Gesamtproblems, das heute als restlos geklärt bezeichnet werden kann. Die erwähnte Formel lautet: Alle Depotkunden, die am Sammeldepot einer Effektengirobank (Girosammelverwahrung) beteiligt sind, bleiben Miteigentümer an diesem Girosammeldepot nach Bruchteilen, im Verhältnis des eigenen Anteils an den Effekten der bestimmten Gattung zu dem Gesamtbetrage der von der betreffenden Gattung von Effekten in Girosammelverwahrung befindlichen Wertpapiere (Bruchteilsgemeinschaft). — In den Geschäftsbedingungen der Effektengirobanken ist die Bestimmung enthalten, daß sie keinesfalls Eigentum an den zur Girosammelverwahrung eingelieferten Wertpapieren erwerben. Sie haben diese Depots also nur für ihre Effektengirokunden, dies sind die Banken, in Verwahrung, die wiederum selbst nur Verwahrer für ihre eigenen Sammeldepotkunden sind. Jeder Depotkunde hat also die Gewißheit, Wertpapiere in der hinterlegten Art und Menge zurückzuerhalten, nur nicht gerade dieselben Nummern, die er hinterlegt hatte. Weil das Anrecht auf bestimmte Nummern untergeht, ist es so schwer, das Girosammeldepot auch für verlosbare Wertpapiere einzuführen (s. weiter unten).

Selbst für den Fall der Depotunterschlagung durch einen Bankier ist der Kunde, dessen Wertpapiere sich im Girosammeldepot befinden, im Regelfalle besser gesichert, als wenn der betreffende Bankier diese Wertpapiere in seinem eigenen Tresor aufbewahrt hätte. Hat ein Bankier sich Kundendepots widerrechtlich angeeignet, so ist (laut Dr. Opitz) der betreffende Kunde für den vollen Wert dieser Wertpapiere geschädigt bzw. er kommt mit diesem Betrage in die Konkursmasse. Hat ein Bankier aber Teile von Girosammeldepotbeständen veruntreut, „so wird der entstandene Verlust pro rata unter diejenigen seiner Sammeldepotkunden verteilt, die an der betreffenden Wertpapiergattung beteiligt sind. Das Girosammeldepot wirkt also wie eine risikoausgleichende Versicherung".

Obgleich der E. nicht auf den gleichen Rechtsgrundlagen aufgebaut ist, wie der bargeldlose Zahlungsverkehr, hat er doch die gleiche betriebswirtschaftliche Bedeutung. Der E. hat den Zweck, die schwerfällige und kostspielige Art der Lieferung effektiver Wertpapiere durch stückelose Lieferung in Form eines Effektenscheckes auf eine Effektengirobank zu ersetzen. Durch die gemeinschaftliche Aufbewahrung an einer Stelle sollen die Kosten der Verwaltung von Wertpapieren erheblich vermindert werden, was allen beteiligten Stellen, also sowohl den Depotkunden wie den vermittelnden Banken zustatten kommt. Die Kosten der Verpackung und Versendung von Wertpapieren fallen fast völlig fort, die Geltendmachung von Bezugsrechten usw. wird erleichtert. Die bei Schaffung dieser Einrichtung gehegten Erwartungen haben sich voll erfüllt, Unzuträglichkeiten irgendwelcher Art sind nicht entstanden.

3. *Praktische Durchführung.* Die Bank des Berliner Kassenvereins hat lediglich die Einrichtungen, die sie für das ehemalige Giroeffektendepot seit langer Zeit besaß, entsprechend ausgebaut. In wenigen Jahren sind 1240 verschiedene amtlich oder im Freiverkehr notierte Aktien und viele festverzinsliche Wertpapiere in die Girosammelverwahrung einbezogen worden. Es sind bereits Aktien im Nennwertbetrag von 6 Milliarden Reichsmark in den Effektengiroverkehr aufgenommen. — Die Aufbewahrung erfolgt unter den erdenklichsten Vorsichtsmaßregeln. Bogen und Mäntel sind nicht nur in getrennten Tresoren, sondern in verschiedenen Gebäuden untergebracht. An vier verschiedenen Stellen werden Nummernverzeichnisse der sammelverwahrten Wertpapiere sicher aufbewahrt. Ähnliche Sicherungsmaßnahmen sind auch bei den übrigen Effektengirobanken getroffen. Die Geschäftsführung der Bank des Berliner Kassenvereins und der anderen Effektengirobanken steht unter strengster Aufsicht sachkundiger Verwaltungsratsmitglieder. Keine der Effektengirobanken betreibt andere Geschäfte als die Girosammelverwahrung von Wertpapieren und die mit dem Lieferungsgeschäft zusammenhängenden Kassageschäfte; insbesondere betreiben diese Banken nicht etwa das Kreditgeschäft.

Für den Ausbau der Technik des E. sind die Erfahrungen des *bargeldlosen Zahlungsverkehrs* (s. d.) angewandt worden, indem man die Überweisung als einfachste Art der Verfügung über das Girosammeldepot einführte und auch im übrigen die technischen Errungenschaften des Durchschreibeverfahrens, der Effekten- und Bankennumerierung, der ziffernmäßigen Buchung usw. verwandte. Die Lieferung von Aktien erfolgt in Berlin und vielen anderen großen Börsenplätzen Deutschlands fast nur noch in einem roten Effektenscheck, der für die Effektengirobank die Anweisung darstellt, die betreffenden Wertpapiere aus dem Girosammeldepot des Antragstellers in ein anderes benanntes Girosammeldepot zu überführen. Gleichzeitig mit dem Scheck wird die Gutschrift für den Empfänger durchgeschrieben. In den meisten Bankbetrieben sind allgemeine Vorkehrungen getroffen, außerdem gleichzeitig die über den betr. Effektenposten ausgestellte Rechnung oder ein Versendungsavis mittels Durchschlag in einem Arbeitsgange herzustellen. Dadurch wird nicht nur die technische Bearbeitung sondern auch die Kontrolle der Verfügungen über das Girosammeldepot einerseits und die Effektenumsätze andererseits erleichtert. Selbstverständlich können auch Wertpapiere — durch weißen Scheck — aus dem Effektensammeldepot zurückgezogen werden. Ebenso wie die alte Einrichtung der sog. grünen Schecks bestehen geblieben ist, durch die den Inhabern des betreffenden Schecks ein Pfandrecht auf einen entsprechenden Teil des Sammeldepots eingeräumt wird. Die Dividendenerlöse der im Sammeldepot niedergelegten Aktien werden im Kassenverein den von ihr geführten Girokonten der Deponenten gutgeschrieben. Um das Einlösungsgeschäft für die Effektengirobanken selbst zu erleichtern, sind mit den einzelnen Gesellschaften Vereinbarungen getroffen bzw. es werden solche angestrebt, auf die Einreichung fälliger Dividendenscheine zwecks Einlösung überhaupt zu verzichten und dafür rechtsverbindlich bescheinigte Nummernverzeichnisse der im Girosammeldepot befindlichen Aktien anzunehmen. Die Effektengirobanken erstreben ferner, nach und nach von allen Gesellschaften satzungsgemäß als Hinterlegungsstelle für die zur Generalversammlung angemeldeten Aktien bezeichnet zu werden, damit auch die Bewegung der Aktien selbst zwecks Anmeldung zu Generalversammlungen überflüssig wird. Auch die Bezugsrechte werden bei den Effektengirobanken angemeldet und von diesen mit Nummernaufgabe der betreffenden Gesellschaft weitergegeben. Bei Bezugsrechtsverkäufen ist Mitteilung an die Effektengirobank zu geben und der Bezugsrechtskäufer zu benennen, damit das Bezugsrecht zugunsten des Erwerbers ausgeübt werden kann. Schließlich ist auch der Handel in Aktien „vor Erscheinen" in den E. einbezogen (Jungschein) (vgl. *Depotrecht,* I C).

4. *Effektenferngiroverkehr.* Eine besondere Bedeutung hat das Girosammeldepot dadurch erhalten, daß außer in Berlin in einer ganzen Reihe von deutschen Städten (Breslau, Dresden, Essen, Frankfurt a. M., Hamburg, Köln, Leipzig, München, Stuttgart) ebenfalls Effektengirobanken errichtet sind, die nach den gleichen Grundsätzen arbeiten wie die Bank des Berliner Kassenvereins. Es besteht eine „Arbeitsgemeinschaft deutscher Effektengirobanken" (Geschäftsstelle ist die Bank des Berliner Kassenvereins), deren Mitglieder in un-

mittelbarem Verkehr miteinander stehen. In der Tat ist durch diese Vorkehrungen auch die interlokale Versendung von Wertpapieren in weitem Umfange unnötig geworden. Die Effektengirobanken unterhalten gegenseitig in allen häufiger umgesetzten Wertpapieren Girosammeldepots, über die sie gegenseitig im roten Scheck verfügen. Wie aus dem letzten Bericht des Kassenvereins hervorgeht, sind im Jahre 1930 nicht weniger als 58474 Posten im Gesamtnennwert von 620 Mill. RM. Wertpapiere interlokal durch Effektengiroscheck statt durch faktische Übersendung bewegt worden.

5. *Ausbaumöglichkeit.* Um den Gedanken des Girosammeldepots noch weiter auszubauen, ist es jetzt erforderlich, ein Verfahren zu finden, nach dem auch verlosbare Wertpapiere ins Sammeldepot genommen werden können. Dazu liegen eine ganze Reihe von Vorschlägen vor, die in der Fach- und Tagespresse besprochen sind. Es läßt sich nicht verkennen, daß die Schwierigkeiten recht groß sind. Einige von den Vorschlägen sehen eine grundlegende Änderung der Praxis der Auslosung überhaupt vor.

Literatur: BESELER: Die technische Ausführung des stückelosen Effektenverkehrs und des interurbanen Giro-Effektenverkehrs im Deutschen Reiche. Bankarch. **1925**, 15. — JOACHIMSSOHN: Der Effektengiroverkehr. Vortrag, gehalten am 17. Mai 1926 vor der Vereinigung Württ. Banken und Bankiers. Zahlungsverkehr **1926**, 163. — MEYER, E. V.: Vorschlag zu einem Effektengiroverkehr über ganz Deutschland. Zahlungsverkehr **1922**, 37. — OPITZ: Der stückelose Effektenverkehr, ein Gegenstück zum bargeldlosen Zahlungsverkehr. Bankarch. **1926**, 238. — Der Effekten-Ferngiroverkehr. Bankarch. **1925**, 403. — Die Girosammelverwahrung von Inhaberteilschuldverschreibungen und von Ordrepapieren. Bankarch. **1929**, 432, 449 u. 481. — SCHOELE: Vorschläge zur technischen Durchführung des erweiterten Effektengiroverkehrs. Zahlungsverkehr **1925**, 213. — WEISSGERBER: Giro-Effektenverkehr. Zahlungsverkehr **1925**, 165.

OTTO SCHOELE.

Effektenkredite (Volkswirtschaftliche Bedeutung der Effektenkredite). *1. Effektenkredite und Börsenkonjunktur.* Effektenkredite umfassen alle von einer Bank der Kundschaft zu dem Zwecke gewährten Mittel, ihr den An- und Verkauf von Wertpapieren zu ermöglichen. Bei Effektenanlage trägt die Bank selbst alle Kursrisiken; bei Effektenkrediten trägt sie der Kunde, dem freilich auch die Gewinne zufließen, während für die finanzierende Bank ein reines „Zinsgeschäft" vorliegt, bei dem sie lediglich den marktmäßigen Zins (Report- bzw. Deport- oder Lombardsatz oder Satz für „tägliches Geld") verdient und die Verlustgefahr auszuschalten pflegt, indem sie die Beleihung nur bis zu einer gewissen Quote des Kurswertes vornimmt. Die eigenen Effektenbestände (einschließlich Konsortialbestände) und die Effektenkredite der Banken stellen zusammen die Summe von Geldkapitalien dar, die von ihnen jeweils auf dem Wege über den Effektenmarkt der Volkswirtschaft zur Verfügung gestellt werden. Volkswirtschaftlich und bankpolitisch ist der Unterschied zwischen Effektenanlage und Effektenkredit insofern flüssig, als für beide das Wertpapier die Grundlage bildet. Der Unterschied wird jedoch offenkundig, sobald es sich um große Summen handelt, die dem Kreditmarkt von den Banken auf diesem Wege zur Verfügung gestellt werden. Vom Standpunkt jeder einzelnen Bank — und dasselbe gilt für die Gesamtheit aller Banken — können kleine Posten von marktgängigen Wertpapieren in der Regel als liquide, weil jederzeit „realisierbare" Anlage angesehen werden; verhältnismäßig große Beträge im Portefeuille bedeuten dagegen zum mindesten die Gefahr, daß die Realisierung im Bedarfsfalle nur mit Verlust möglich wird. Mithin ist die Effektenanlage großen Umfanges nur dann sinnvoll und üblich, wenn damit eine langfristige Investition, also ein Kapitalmarktgeschäft, erstrebt wird. Im Unterschied dazu ist der Effektenkredit in der Regel auch bei sehr großem Umfang als kurzfristiges Geldmarktgeschäft anzusehen. Sinngemäß bedeutet er ein kurzfristiges Engagement der Bank: dementsprechend ist diese Art Finanzierung stets als eine vorübergehende zu bewerten, die entweder dem spekulativen Differenzgeschäft dient und mit dessen Abwicklung zur Rückzahlung gelangt oder aber durch eigene Ersparnisse des Effektenkäufers, jedenfalls durch langfristige Mittel abgelöst wird. Im ersten Falle dient der Effektenkredit sei es zur Finanzierung der „berufsmäßigen" Spekulation (des Börsenhandels), sei es zur Ermöglichung der „Publikumsspekulation". Im zweiten Falle nimmt er Mittel zeitlich vorweg, die dem Effektenmarkt erst später zufließen werden (oder zufließen sollen). Seine normale Funktion besteht also darin, entweder der Effektenspekulation oder dem Effektenabsatz das erforderliche Geldkapital für kurze Frist vorzuschießen.

In der technischen Form des Reportgeschäftes und des „täglichen Geldes" (call money) wird in der Regel die börsenmäßige Effektenspekulation finanziert; beim Effektenlombard ist dagegen der Zweck des Kredites an der technischen Form keineswegs zu erkennen. Die lombardierten Wertpapiere mögen ja lediglich als Unterlage fungieren, um die Kreditaufnahme für beliebige produktive oder auch konsumtive Zwecke zu ermöglichen; Effektenkredit liegt dagegen nur so weit vor, als die Kreditgewährung dem Ankauf bzw. Verkauf des betreffenden (lombardierten) oder eines anderen Wertpapiers dient. Und zwar bilden sowohl festverzinsliche als auch Dividendenpapiere (Aktien usw.) die Grundlage für Effektenkredite, deren Umfang mit dem Volumen der jeweiligen Spekulation in solchen Papieren — also mit der Kurshöhe und mit dem Volumen der Umsätze — parallel zu schwanken pflegt. Dies trifft namentlich konjunkturell zu: in der Hochkonjunktur der Effektenbörse nehmen auch die Effektenkredite zu, um in der Depression abzusinken. Ob und wieweit dieser Zusammenhang im Konjunkturverlauf durch langfristige („säkulare") Entwicklungstendenzen beeinflußt wird, ist noch nicht näher untersucht und dürfte zunächst auch schwerlich aufzuklären sein, weil das erlangbare statistische Material für längere Perioden kaum vergleichbar ist. Für kürzere Perioden steht es aber fest, daß der Börsenaufschwung wachsende, die Börsendepression sinkende Inanspruchnahme von Effektenkrediten bedeutet. (Vgl. *Konjunkturtheorie.*)

Dies ist für die reinen Börsenkredite (Reports), die im wesentlichen durch Aktien gedeckt werden, empirisch nachweisbar; bei Lombardkrediten jedoch ist die statistische Verifikation häufig gestört, weil der Umfang der lombardierten Wertpapiere, und zwar insbesondere der festverzinslichen, unter Umständen auch in der Depression — aus Gründen, die mit der Effektenspekulation nicht zusammenhängen — zunimmt. Die folgende Zusammenstellung ist für Deutschland insofern unvollständig, als Lombardkredite, die dem Spekulanten zugutekommen, z. T. auch unter den Debitoren verbucht sein mögen und folglich in dieser Statistik unerfaßt bleiben müssen; die amerikanischen „loans on securities" (Lombardkredite) wiederum enthalten auch sonstige Finanzierungsmittel, die gerade in der Depression (z. B. infolge von Stützungsaktionen der Banken) zeitweilig zunehmen. Die *brokers' loans* (s.d.) an der New Yorker Börse sind in der Statistik auch nur so weit erfaßt, als es sich um Kredite an Börsenmitglieder handelt; namentlich in der letzten Hausse haben aber vielfach auch andere Firmen (bond houses) solche Kredite aufgenommen, um das Effekten- und Emissionsgeschäft zu betreiben.

Datum	Broker-Kredite an der New Yorker Effektenbörse in Millionen $	„loans on securities" der amerikanischen Mitgliedsbanken in Millionen $	Report- und Lombard-Kredite nach dem Ausweis der Banken in Deutschland[1] in Millionen RM.
1926			
Ende Februar ...			270
„ Juni	2926	5723	462
„ Oktober ..			861
„ Dezember .	3293	5852	1054
1927			
Ende Februar ...			1247
„ April			1227
„ Juni	3569	6279	878
„ Oktober ..			796
„ Dezember .	4433	6798	806
1928			
Ende Juni	4898	6888	1053
„ Dezember .	6440	7230	1035
1929			
Ende Juni	7071	7539	969
„ September	8549	7720	950
„ Oktober .. (Krise in USA.)	6109	9179	822
„ Dezember .	3990	8304	796
1930			
Ende April			798
„ Juni	3728	8479	756
„ August ...			645
„ Dezember .	1893	7814	512
1931			
Ende März	1909	7349	550
„ Dezember .	587	5777	214
1932			
Ende Juni	244	4745	154

Die vorstehende Tabelle zeigt, daß die Börsengelder in New York während der „prosperity"-Periode (bereits seit 1922) nahezu ununterbrochen wuchsen, um Ende September 1929 — unmittelbar vor der Börsenkrise — den Höhepunkt zu erreichen. Ebenso charakteristisch ist der fortschreitende Rückgang in der Depression, der nur zeitweilig mit Verminderung der sog. bankers balances (Guthaben der Provinzbanken) in New York und der ausländischen kurzfristigen Kredite zusammenhängt. Die Erklärung liegt also weniger in der Angebots-Verminderung als vielmehr in der verminderten Nachfrage, bedingt sowohl durch reduzierte Spekulationslust als auch durch den Rückgang der Aktienkurse, die die Beleihungsbasis bieten. Prozentual weniger scharf sind die Schwankungen in Deutschland, die aber dieselbe Tendenz zeigen: stärkste Beanspruchung der Effektenkredite auf dem Höhepunkt der Börsenkonjunktur (Anfang April 1927), seither fortschreitender Abfall derselben, — mit geringen Unterbrechungen, die mit vorübergehenden Aufwärtsschwingungen der Kurse und der Umsätze an der Börse zusammenhängen. Die verstärkte Nachfrage nach Effektenkredit in der Hausse äußert sich naturgemäß auch im höheren bzw. steigenden Preis desselben; umgekehrt in der Baisse. In der letzten New Yorker Hochkonjunktur stiegen die call money-Sätze gelegentlich bis 20%, häufig auf 12 und 14%; in der Krise von 1907 kam es zu ganz exorbitanten Sätzen. Diese außerordentlichen Zinsverteuerungen erfolgten keineswegs parallel mit Steigerung der übrigen Geldmarktsätze, gingen ihr vielmehr zeitlich sowohl wie der Größe nach bei weitem voran. Für die Depression an der Börse ist ein Tiefstand der Sätze für Effektenkredite charakteristisch, der im wesentlichen Hand in Hand zu gehen pflegt mit niedrigen Geldmarktsätzen überhaupt. Konjunkturell sehr wichtig ist die Tatsache, daß in der Hausse der Preis des Effektenkredites typisch höher ist als die meisten Geldmarktsätze; in der Baisse gilt eher das umgekehrte Verhältnis.

2. *Nimmt die Spekulation Kapital in Anspruch?* Die Börsenspekulation bewirkt also eine mit dem Umfang der Abschlüsse und mit der Kurshöhe schwankende Inanspruchnahme von Effektenkredit, und es drängt sich von dieser Tatsache aus die Frage auf, ob und wieweit die Beanspruchung von Effektenkrediten gleichbedeutend ist mit der Entziehung von Kapital aus anderen Verwendungen. Sind die Banken bei zunehmendem Volumen der Börsenkredite ceteris paribus weniger in der Lage, sonstige Kredite zu gewähren, und dementsprechend bei abnehmendem Volumen der Börsenkredite eher in der Lage, ihre anderweitigen Aufgaben zu erfüllen? Unter Kapital, dessen Inanspruchnahme durch die Spekulation hier zur Frage steht, ist Geldkapital zu verstehen, d. h. geldwerte Summen, die Kaufkraft darstellen und die auf dem Geldmarkt als anlagebereite, disponible Beträge zur Verfügung stehen bzw. zur Verfügung gestellt werden können.

Die Frage hat neuerdings große praktische Bedeutung erlangt infolge des riesenhaften Umfangs, den die Börsenkredite in der Hausse angenommen haben. Selbst in der spekulativen Hochkonjunktur von 1920/21 betrugen die brokers' loans in New York kaum mehr als anderthalb Milliarden Dollar, also weniger als zu irgendeinem Zeitpunkt seit 1924. Hing die „Kreditinflation", die sich jahrelang in stürmischer Kurshausse äußerte, damit nicht engstens zusammen? Ferner ist die Frage auch wichtig, weil sich daran das weitere Problem knüpft, ob und wieweit diese Kreditgewährung die Zinssätze des Geldmarktes und dadurch die Verwendung der Geldmarktmittel beeinflußt. Schließlich ist ihre praktische Bedeutung besonders hervorgetreten angesichts der Haltung der Notenbanken den spezifischen Börsenkrediten gegenüber. Die unter Leitung der Reichsbank von den Berliner Großbanken am 12. Mai 1927 angekündigte Restriktion der Reportkredite hat in Deutschland eine z. T. leidenschaftlich geführte Diskussion über die hier gestellten Fragen aufgerollt; ähnlich in den Vereinigten Staaten, wo allerdings eher das Zögern der Notenbank gegenüber politischen und anderen Anregungen zum restriktiven Eingreifen als ihr tatsächliches Handeln den Anlaß dazu gab. Aus allen diesen Gründen haben die Fragen eine Aktualität erlangt, wie sie sie in der Vorkriegsdiskussion über Kreditprobleme wohl niemals besaßen. In der Vorkriegsliteratur galt es als unbestrittenes Forschungsergebnis, daß die Börsenkonjunktur als organischer Bestandteil des ganzen Konjunkturzyklus anzusehen und ihr in dessen Rahmen eine besonders prominente Stellung zuzuweisen sei. Man erkannte ihr sogar ein bankpolitisches Primat zu, in dem Sinne nämlich, daß Theorie und Praxis der Notenbank sich darin einig waren, ein etwaiges Eingreifen auf dem Kreditmarkt zum Ausgleich oder Milderung der konjunkturellen Schwankungen vor allem nach Maßgabe der Börsenentwicklung zu orientieren.

Die Nachkriegszeit brachte die bisher zwar nicht völlig unbekannte, aber in dieser Schärfe früher sicher nicht ausgeprägte Erscheinung einer von der allgemeinwirtschaftlichen scheinbar abweichenden Börsenkonjunktur. In der Union hat bekanntlich

[1] Zweimonatlich, seit 1928 monatlich berichtende Banken.

die mehrjährige Börsenhausse — bis 1929 — bei gleichzeitig relativ stabilem allgemeinem Warenpreisniveau mannigfache Theorien über eine von der sonst üblichen Hochkonjunktur verschiedene „Prosperität" erstehen lassen. In gewissem Sinne ähnlich wirkte — freilich sehr beschränkt — die deutsche Börsenkonjunktur von 1926/27. Bei dieser deutschen wie bei jener amerikanischen Erfahrung lag die Schlußfolgerung nahe, daß die Börsenkonjunktur ihren eigenen Weg gehe, der mit der Entwicklung der Volkswirtschaft nicht notwendig parallel zu laufen brauche. Aus dieser scheinbaren Loslösung der Börsenkonjunktur vom allgemeinen Zyklus ist das Theorem erwachsen, wonach die Börsenspekulation keinerlei Kapital beanspruche; sie soll in der Hausse so wenig Kapital in Anspruch nehmen wie in der Baisse hergeben können. Diese außerordentlich interessante Lehre hat in den letzten Jahren weite Verbreitung in der Praxis und besonders in der Theorie des Geldmarktes gefunden, wobei sich zwei wichtige Varianten herausbildeten, die das gleiche wirtschaftspolitische Ziel mit verschiedenen Argumenten begründen wollen.

a) In Deutschland wie in Amerika wurde gegen das restriktive Eingreifen der Banken auf der Effektenbörse am „Schwarzen Freitag" vornehmlich das Argument ins Feld geführt, daß ein solches Eingreifen unnötig sei, weil die Börse als solche kein Kapital absorbiere. Gustav Cassel, Albert Hahn, J. R. Commons u. a., die diese Auffassung publizistisch vertreten, begründen sie mit dem Hinweis darauf, daß derjenige, der Effektenkredit empfängt und damit Wertpapiere kauft, die Effekten von dem Verkäufer derselben beziehen muß; letzten Endes empfange also der Emittent den Geldbetrag, und mithin sei es die wirtschaftliche Unternehmung, deren Aktien und Obligationen auf diesem Wege Absatz finden. Folglich bedeute der Effektenkredit lediglich Finanzierung der Produktion auf einem Umweg, abgesehen von den verhältnismäßig geringen Beträgen, die jeweils von Effektenverkäufern statt zur produktiven Anlage zu reiner Konsumtion verwendet und die natürlich auch in den wirtschaftlichen Kreislauf eingeschaltet werden. Eingreifen gegen die Börsenkredite sei also zwecklos und überflüssig; zwecklos, weil die Absicht des Eingreifens, die Absorption des sonst zu wirtschaftlichen Zwecken verfügbaren Kapitals zu verhindern, ein Schlag ins Leere bedeute; und überflüssig, weil einem Übermaß der Finanzierung auf diesem Weg, auch durch andere Methoden, insbesondere durch Erhöhung der Beleihungsmargen usw., vorgebeugt werden könne. Eine Einschränkung erfährt diese These allenfalls mit dem Hinweis auf die Warenpreise: erst wenn die Warenpreise steigen, sei der Beweis erbracht, daß eine „Inflation" stattgefunden habe; im übrigen sei die Aufblähung der Kurswerte praktisch nicht von Bedeutung.

b) Mit diesem Argument verbindet sich des öfteren ein zweites, das namentlich in der amerikanischen Diskussion eine große Rolle gespielt und seine eingehende Begründung in der Schrift von J. H. Rogers[1] gefunden hat. Danach vermag die Börse Gelder, die der Spekulation zur Verfügung gestellt werden, z. T. sehr wohl zu absorbieren. Aber diese Gelder sind — so wird behauptet — praktisch eine „quantité négligeable". Denn die *Umlaufsgeschwindigkeit* (s. d.) der Bankkredite, die den Börsenbrokers zur Verfügung gestellt werden, sei so enorm, daß die Banken zwar nominell große Summen hergeben, effektiv aber die damit zu leistenden Zahlungen mit ganz minimalen Beträgen bewältigen können; ihre Anspannung und ihr Liquiditätsbedarf seien folglich minimal, selbst bei sehr großem Umfang der der Börse gewährten Effektenkredite. Effektenkredite müssen demnach eine Sonderstellung unter allen Bankkrediten einnehmen. Während bei sonstiger Kreditgewährung einer Bank dem entstandenen Aktivposten der Bilanz notwendig ein Passivposten gegenüberstehen muß, — der Debitor mag den geborgten Betrag stehenlassen oder bei einer anderen Bank als Guthaben einzahlen bzw. auf ein anderes Konto überweisen, — sei es bei den Effektenkrediten anders. Hier soll der Schaffung eines Aktivpostens kein Passivposten auf dem Fuße folgen, weil der Kreditnehmer Wertpapiere kauft und mit dem Verkäufer abrechnet, der seinerseits mit dem Guthaben von einem Dritten kauft usw., so daß jedem Käufer stets ein Verkäufer gegenübersteht und bei jedem stets Schuld und Forderung sich ausgleichen. Folglich entstehen aus den brokers' loans keine Guthaben von nennenswerter Größe, und die Banken brauchen nur dementsprechend kleine Reserven hierfür zu halten.

Diese Konstruktion fußt auf der Berechnung über die Häufigkeit, mit der ein Geldbetrag auf dem Effektenmarkt zu Zahlungen verwendet werden kann. Es wird angenommen, daß der Spekulant mindestens werktäglich einmal den in Anspruch genommenen Kredit bzw. den Verkaufserlös umsetzt; dazu kommen die technischen Vorrichtungen an der New Yorker Börse, die die Abrechnung erleichtern und außerordentliche Ersparnisse an Zahlungsmitteln bedeuten. Auf diese Weise berechnet Rogers die sog. Zirkulationsgeschwindigkeit der auf der New Yorker Fondsbörse arbeitenden Bankguthaben mit etwa 1200—1600 im Jahre, also mit fünf- bis siebenmal werktäglich. Dann bedurfte es bei einem Volumen der brokers loans im Oktober 1929 von 8,5 Milliarden Dollar in Wirklichkeit nur eines geringen Bruchteils dieser Summe, um die tatsächlichen Zahlungen für täglich an die 16 Millionen Stück Effekten leisten zu können; schätzungsweise würden dann etwa 200 Millionen Dollar ausreichen, um die „Arbeit" zu bewältigen, die nominell von den 8,5 Milliarden Dollar auszuführen war. 200 Millionen bilden den Restbetrag, der bei einem Kompensationsverkehr von nahezu 1,5 Milliarden Dollar (16 Millionen Stück zu durchschnittlich 90 $) täglich erforderlich ist und zu diesem Zweck als Bankguthaben vorhanden sein muß. Ganze 200 Millionen Dollar wären dann der Betrag, der die größte Effektenspekulation finanziert hat; was dabei dem Geldmarkt „entzogen" wurde, spiele bei dessen Umfang (nahezu 60 Milliarden Dollar Depositen!) eine praktisch verschwindende Rolle.

3. Die Bedeutung der Effektenkredite für Kreditmarkt und Kapitalversorgung. Die beiden Theorien argumentieren verschieden, haben aber dasselbe Ziel im Auge: den Nachweis, daß die Bankpolitik (der Notenbank) sich um die Börsenspekulation im Grunde nicht zu kümmern brauche, weil diese kein Kapital beanspruche. Beide Theorien werden häufig miteinander kombiniert; immerhin wird in der deutschen Sprachwelt überwiegend die eine (a) vertreten, während in Amerika die andere (b) im Vordergrunde steht. Die eine stellt sich die Effektenbörse nach dem Bilde eines Siebes vor, das die Kredite ganz oder zum allergrößten Teil in die „Wirtschaft" durchfließen läßt; für die andere ist die Börse eine Art Spieleinrichtung, in der infolge sofortiger Abrechnung stets nur nominelle Umsätze stattfinden und allenfalls die kleinen Differenzen, um die die Wette geht, zur Auszahlung gelangen. Dementsprechend bedeuten die Effektenkredite in

[1] Rogers, J. H.: Speculation and the Money Market. New York 1927.

dem einen Falle nichts als Wirtschaftskredite und können nicht Kapitalfehlleitung darstellen; im zweiten Falle können sie das erst recht nicht, weil sie den Banken, die sie gewähren, so gut wie keine Reservehaltung auferlegen, die Bankreserven also für andere Zwecke verfügbar bleiben. Nach beiden Theorien — die sich auch wechselseitig ergänzen — bewirkt das Vorhandensein von Effektenkrediten in großem oder in kleinem Umfang keinerlei wesentliche Verschiebung im Angebot auf dem Kreditmarkt und folglich auch keine wesentliche Veränderung in der Versorgung der Volkswirtschaft mit Kapital. Der Unterschied besteht nur darin, daß nach dem einen Argument die Effektenkredite das Kreditangebot auf einem Umweg zu seinem Ziele gelangen lassen; nach dem andern dagegen eine Inanspruchnahme durch die Börse überhaupt nicht stattfindet. —

Im einzelnen wird der Sachverhalt auf folgende Weise zu klären sein.

A. Was die Auffassung anbelangt, daß die Börse überhaupt kein Kapital absorbiere, alle Kredite vielmehr der Wirtschaft weitergebe, so beruht sie zunächst auf einer Verwechslung kurz- und langfristiger Zusammenhänge. Ganz langfristig gesehen ist die Annahme, daß „letzten Endes" jemand die Kredite in die Hand bekommt, der Effekten verkauft hat, um mit dem Erlös produktive Investitionen oder konsumtive Ausgaben vorzunehmen, berechtigt. Es fragt sich jedoch, wie lange die „Zwischenzeit" dauert, während der das fragliche Geldkapital von Hand zu Hand geht, indem der jeweilige Verkäufer den Erlös zum Ankauf anderer Wertpapiere benutzt, deren Verkäufer wiederum dasselbe tut usw. Tatsächlich kann diese „kurze Frist" sehr lange dauern, und vor allem ist es möglich, daß die Gesamtsumme der Effektenkredite oder der weitaus größte Teil derselben so lange auf diese Weise „rotiert", ohne den spekulativen Markt zu verlassen, um für die Dauer der Hochkonjunktur eine — größere oder kleinere — Absorption von Geldkapital durch die Börse tatsächlich herbeizuführen. Die völlig irrige Auffassung, die dies bestreitet, verwechselt aber nicht nur kurz- und langfristige Wirkungen, sondern übersieht auch die Unterschiede quantitativer Art: das tatsächliche Abfließen eines größeren oder kleineren Teils der Effektenkredite in die Produktion schließt natürlich nicht aus, daß ein beträchtlicher Teil an der Börse verbleibt und also für anderweitige Finanzierungszwecke ausscheidet. Das quantitative Verhältnis zwischen solchen Krediten, die von der Börse binnen kurzem zur Wirtschaft abfließen und solchen, die auf der Börse verbleiben und von Hand zu Hand gehen, hängt von verschiedenen Faktoren ab; jedenfalls sind aber der Wirkung nach die effektiv „rotierenden" und dem Spiele dienenden Kapitalien von denen zu unterscheiden, die auf dem Umweg über die Börsenkredite produktiven oder konsumtiven Zwecken zugeführt werden.

B. Es fragt sich ferner, ob dieser Abfluß der Börsen- und sonstigen Effektenkredite überhaupt als volkswirtschaftlich „erwünscht" anzusehen ist. Soweit sie in konsumtive Kanäle geleitet werden, könnte der Vorgang eine Verminderung des Kapitals für produktive (rentable) Zwecke bedeuten. Wenn aber die Produktion selbst (Industriebetriebe, Eisenbahnen usw.) Nutznießerin dieser Kapitalleitung ist, indem ihre Neuemissionen (vgl. *Emission*) direkt oder indirekt durch die Effektenkredite finanziert werden, dann hat nicht einfach, wie es in der Haussestimmung naiverweise häufig angenommen wird, eine Änderung in der technischen „Form" der Bankkredite stattgefunden — Effektenfinanzierung an Stelle des Kontokorrentkredites —, vielmehr ist dann eine wesentliche Umschichtung in der Kapitalverwendung eingetreten. Der normale Bankkredit ist kurzfristiger Art und stellt die Geldmittel bereit, die für den Güterumschlag und allenfalls für die Produktionsdauer der absatzreifen Produkte erforderlich sind. Durch Wertpapierausgabe wird dagegen das Geldkapital beschafft, das seiner langfristigen Fälligkeit entsprechend für dauerhafte Anlagen benötigt wird. Der Prozeß, den wir hier im Auge haben, bewirkt also viererlei: Erstens wird kurzfristiger Kredit langfristiger Anlage zugeführt, was für die geldgebenden Banken die Gefahr der „Illiquidierung" nahelegt; sie wird offensichtlich in der „akuten Krise", wenn ein plötzlicher Kurssturz die Deckungseffekten entwertet und die Banken entweder zu verlustbringender „Liquidation" oder zum Verzicht darauf und mithin zum „Festsitzen" zwingt. Zweitens regt die Steigerung der Aktienkurse, zumal wenn sie längere Zeit andauert bzw. mit kurzen Unterbrechungen wiederkehrt, die Spiellust an und führt die Ersparnisse des „breiten Publikums" (bis tief in Mittelstands- und Arbeiterschichten) der Anlage in spekulativen Aktienwerten zu: eine vielfach unerwünschte, weil von schwerwiegenden sozialen Folgen begleitete Erscheinung. Dieselbe Aktienkurshausse bedeutet (drittens) Senkung der tatsächlichen „Rendite" der Dividendenwerte und bewirkt dadurch, wie überhaupt durch die reichliche Kreditversorgung dieser Art, einen starken Anreiz zu langfristiger Kapitalnachfrage und zu Investitionen, die bei schwierigerem Zugang zum Kapitalmarkt womöglich unterblieben, jedenfalls vorsichtiger geprüft und gehandhabt wären. So entstehen die Fehlinvestitionen der Hochkonjunktur, die gewiß nicht einfach den Börsenkrediten zuzuschreiben sind, die aber ohne Ausweitung dieser Finanzierung nicht oder jedenfalls nicht annähernd im gleichen Ausmaß möglich geworden wären; Krise und Depression bringen die Konsequenzen dieser Wirtschaftsführung kraß zum Vorschein. Diese Wirkungen werden (viertens) noch verschärft durch die typisch eintretende „Kreditinflation": der Zuwachs an Effektenkrediten stammt nicht nur aus anderen „Becken" des Geldmarktes, aus denen er durch die hohen Report- und Lombardsätze abgelockt wird (Kapitalfehlleitung!), erwächst vielmehr auch durch zusätzliche Kreditvermehrung in der Form neuer Effektenbeleihung, zu der sich die Banken in der Haussestimmung bereit finden, und die sich wie jede Inflation in der Vortäuschung einer wachsenden „Sparquote" und wachsender Investitionen äußert, in Wirklichkeit jedoch zunehmende Illiquidität des ganzen Kreditsystems herbeiführt.

C. Der Abfluß der Effektenkredite in die „Wirtschaft" bedeutet praktisch, daß 1. ein Teil derselben in Bargeldform (temporär oder dauernd) in die Zirkulation übergeht, während der überwiegende Teil als Guthaben bei 2. derselben Bank oder 3. bei anderen Banken in Erscheinung tritt; es besteht ferner 4. die Möglichkeit des Abflusses ins Ausland. In jedem Falle vermindert sich die „Liquidität" der Banken, und mithin, wenn diese unverändert bleiben soll, ihre Bereitschaft zu anderweitiger Kreditgewährung; dies ist besonders im Falle 1. und 4. offenkundig, weil beidemal Bargeldabfluß und eine um so fühlbarere Liquiditätsverschlechterung eintritt, je angespannter der Status der Banken. In den Fällen 2. und 3. kehren zwar die ausgeliehenen Beträge zu den Banken als Depositen zurück, stellen aber nunmehr eine „Kreditkapazität" dar, die um den Betrag der für solche Depositen zu haltenden Barreserven kleiner ist als der ursprünglich ausgeliehene Effektenkredit. Obendrein ist im Falle 3. der Übergang des Guthabens von der einen zur anderen Stelle mit kurzem Zeitverlust verbunden; die bei einer Stelle abgebuchten Beträge vermindern deren Kapazität für Kreditgewährung vielfach bereits vorher, bevor die Gutschrift an einer anderen Stelle entsprechenden Zuwachs an Depositen herbeigeführt hat.

Die Effektenkredite, die in die „Wirtschaft" abfließen, sind also in ihrer Wirkung auf den Geldmarkt grundsätzlich nicht anders zu beurteilen wie auch sonstige Bankkredite; die Tatsache, daß steigendes Volumen der Börsengelder häufig — wenn nicht zumeist — Steigerung der betreffenden Zinssätze mit sich bringt, zeigt deutlich, daß in aller Regel ein wesentlicher oder überwiegender Teil dieser Kredite von den tatsächlichen Empfängern (d. h. von den Verkäufern der Effekten) zu einem anderen Zweck als zum neuen Effektenkauf „abgehoben" und für kurz oder lang dem Geldmarkt „entzogen" wurde. Wäre dem nicht so, dann müßte der Preis des Effektenkredites von der Nachfrage nach demselben unabhängig sein; es wäre unverständlich, daß Reportsatz und call money mit der Konjunktur steigen und fallen. Man müßte sonst einen Kredit, dessen Gewährung durch bloße Gutschrift erfolgt, unentgeltlich bzw. zu einem dauernd sehr niedrigen und stabilen Satz erhalten können, wenn der Gläubiger dadurch keinerlei Risiko auf sich lädt und nichts hergibt, was ihm an einer anderen Stelle fehlen könnte! Die bloße Tatsache, daß die forcierte Effektenfinanzierung steigende Geldsätze auslöst — soweit sie nicht durch anderweitige Faktoren, wie Angebotsvermehrung an Kapital dank des Zuflusses vom Ausland, durch Kredit-Inflation usw., kompensiert wird —, beweist, daß hier eine Beanspruchung des Kreditangebotes, das auf dem Markt jeweils verfügbar ist, vorliegt. Daran ändert es auch nichts — wie bereits angedeutet —, daß es sich überwiegend nur um „Kontenwechsel", Gutschrift des Kredites von einem Konto aufs andere und von einer Bank auf die andere handelt; denn genau das gleiche trifft z. B. auch für Kontokorrentkredite zu, und niemand bezweifelt, daß sie Kapital „beanspruchen".

D. Wie steht es aber mit den Krediten, die auf der Börse „verbleiben"? Zu einem Teil bedeuten sie in der Tat nichts anderes als die Schaffung von Verrechnungsguthaben, die eine riesige Zirkulationsgeschwindigkeit besitzen. Sie vermögen dann bei geringer Höhe einen sehr großen Umsatz zu tragen; dieser bedeutet dann eine Belastung der Banken mit relativ geringer Reservehaltung (im Verhältnis zum nominellen Kredit- und Umsatzvolumen), zumal sich An- und Verkäufe innerhalb derselben Verrechnungsperiode zum guten Teil kompensieren. So beruht in Deutschland der börsenmäßige Terminverkehr in Wertpapieren auf der schmalen Grundlage der bei den „*Liquidationskassen*" (s. d.) zu haltenden Guthaben. An der Berliner Börse z. B. brauchen selbst die Großbanken nur eine Bareinlage von 250000 Mark zu unterhalten; im übrigen kann die vorgeschriebene Deckung auch in Effekten bestehen und beträgt im ganzen (nominell) 10 bis 15% des jeweiligen Gesamtengagements[1]. Der „Kapitalentzug", der hier, bei der Gewährung von Reportkredit im Terminverkehr, in Frage kommt, dürfte also effektiv sehr gering sein. Es ist jedoch zu beachten, daß die ganze Konstruktion nur für den Verkehr unter den Mitgliedern (Teilnehmern) der Liquidationskasse gilt, die wiederum nur für Termingeschäfte eingerichtet ist. Wenn die kreditgebende Bank am Ultimo die Wertpapiere etwa außerhalb des Kreises der Liquidationsteilnehmer kaufen muß, dann erfolgt nicht notwendig sofortige Verrechnung; die Übertragung des Guthabens vom Konto des Kunden X. bei der Bank A. auf das Konto des Kunden Y. bei der Bank B. erfolgt nicht instantan. Der zeitliche Zwischenraum, so kurz er auch ist, läßt vorübergehend Depositen an der einen Stelle verschwinden, was die Kreditkapazität vermindert, ohne sogleich an der anderen Stelle Kompensation zu bieten; er läßt („über Nacht") Depositen entstehen, die einen in der üblichen Weise bemessenen „Anspruch" an die liquiden Reserven der Bank bedeuten (vgl. oben unter C). Ähnlich ferner beim *Kassageschäft* (s. d.); es kommt hinzu, daß dieses Geschäft in der Form der Effektenlombardierung finanziert wird, was in der Regel die Notwendigkeit von Bareinschüssen zur Folge hat. Diese mögen gewiß alsbald wiederum zur Verfügung stehen, d. h. von neuem ausgeliehen werden; aber der Kreditexpansion auf diesem Wege sind enge Grenzen gezogen. Es wird zwar ein mehrfacher Betrag des Einschusses als Effektenkredit eingeräumt; in ungefähr gleicher Höhe hat jedoch die kreditgebende Bank Zahlungen zu leisten (wenn sie die Effekten nicht aus dem eigenen Portefeuille hergibt, was die Ausnahme ist und den Zusammenhang nur zeitlich verschiebt). Die Bezahlung an den Verkäufer läßt jedesmal ein Guthaben entstehen, für das ein entsprechender Teil der Liquiditätsreserven der Bank bereitzuhalten ist, weil es jederzeit abgehoben werden kann. Der Effektenverkäufer kann zwar das Guthaben (theoretisch) sofort wieder zum Effektenkauf verwenden; außerhalb des Kreises der Börsenteilnehmer ist es aber sehr unwahrscheinlich, daß dies noch am selben Tag geschieht; mithin erwachsen aus den Lombardkrediten, die den Effektenkauf finanzieren, praktisch in vollem Umfang Depositen — wie das bei sonstigen Krediten auch der Fall zu sein pflegt. Werden diese Depositen nicht für produktive oder Konsumzwecke abgehoben, so bleiben sie in der Hauptsache vorübergehend „stehen", um über kurz oder lang zu neuen Effektenkäufen verwendet zu werden. Diese, den normalen Depositen gegenüber erhöhte „Zirkulationsgeschwindigkeit" ermöglicht einen höheren Ausnutzungsgrad (für Zahlungszwecke); steigt das Volumen der Effektenkredite, so kann dies durch gleichzeitige Steigerung der „Geschwindigkeit" kompensiert werden. Eine solche Kompensation tritt jedoch keineswegs notwendig ein; nur bei sehr beträchtlicher Kurserhöhung ist sie zu erwarten, und sie kann aus rein technischen Gründen nicht allzu weit gehen.

Grundsätzlich das gleiche wie für europäische Märkte gilt für den Kreditmarkt der Vereinigten Staaten. Die „day loans" der New Yorker Börse haben die Verrechnungsfunktion in der Organisation der „Stock Clearing Corporation", die den Einlagen in der Liquidationskasse des deutschen Terminverkehrs zukommt, und erfüllen sie womöglich mit noch geringerer Inanspruchnahme von Kassenreserven — dank dem vollendeten Abrechnungssystem, der Gewährung von ungedeckten „day loans" an die brokers und den Einrichtungen der Börse, die diese „day loans" z. T. sogar überflüssig machen. Die Umlaufsgeschwindigkeit dieser Reserven ist so groß und so „elastisch", daß theoretisch jedes beliebige Volumen an Börsenumsatz mit der gleichen Reserve bewältigt werden könnte. Praktisch steht

[1] Auch den Umsätzen an der Pariser Börse liegt ein relativ geringer Einsatz der Börsenmitglieder zugrunde. Im Parkett beträgt die von den Maklern zu entrichtende Garantieeinlage 250000 Francs, zu der allerdings bei besonderen Engagements ein Nachschuß gefordert werden kann. Bei den Maklern der Kulisse wird vom Syndikat jeweils einige Tage vor der Terminliquidation die Einzahlung einer Garantiesumme verlangt, deren Höhe gegenwärtig etwa 300000 Francs beträgt. Vgl. NAUCK, E.: Die Pariser Börse und ihre Geschäfte. Berlin-Wien 1931.

aber auf der Börse — in der Hausse — nicht jedem Haussier ein Baissier gegenüber; der Effektenkauf vom Publikum läßt jedoch beim broker — und also bei der Bank — Guthaben entstehen, die in der Union sogar gesetzlicher Reservehaltungspflicht unterliegen. Erst recht gilt das gleiche für die Lombardkredite (loans on securities), mit deren Hilfe die Banken vielfach die „langfristige“ Effektenspekulation finanzieren, die sich vielfach nicht oder nicht unmittelbar der Vermittlung durch brokers bedient.

Jede Steigerung der Effektenkredite, die mit steigendem Effektenumsatz Hand in Hand geht, wird also teils dem Wirtschaftsprozeß, teils aber dem Börsenverkehr neue Mittel zuführen. Im ersten Falle „beansprucht“ sie den Markt grundsätzlich ebenso wie jede andere Kreditgewährung; im zweiten Falle tritt dasselbe nicht im gleichen, sondern — dank dem rascheren Umschlag — in abgeschwächtem Ausmaß ein. Die Vermehrung des Depositenvolumens, die dabei herbeigeführt wird, erhöht zwar die „Fähigkeit“ der Banken zur Kreditgewährung, zugleich aber auch die „Anspannung“ des Geldmarktes, d. h. die Anforderung von liquiden Reserven. Umgekehrt besteht der Sinn der „Liquidierung“ von Börsenkrediten in der Krise (Depression) gerade darin, daß sie den rückläufigen Weg „antreten“ — soweit dieser nicht durch zu weitgehenden Abfluß in der vorangehenden Hausse bereits versperrt ist.

4. Spekulationskredite und Bankpolitik. Die Kritik an den Effektenkrediten richtet sich nur dort gegen ihre Existenz, wo die Effektenspekulation schlechthin bekämpft werden soll. (Über die volkswirtschaftliche Bedeutung der Spekulation in Wertpapieren vgl. den Artikel „*Spekulation*“). Wissenschaft und Praxis des Bankwesens sind sich heute einig, daß nur das Maß der Spekulation bzw. der sie tragenden Kredite Gegenstand der Diskussion bildet, nicht aber die Frage, ob die Spekulation geduldet werden soll oder nicht. Und zwar handelt es sich um die Ausweitung der Kredite in der Hochkonjunktur: Ist sie als „erwünscht“ anzusehen? Wenn aber nicht, welche Mittel kommen zur Regulierung in Betracht?

Die Antwort auf die erste dieser beiden Fragen ergibt sich z. T. bereits aus dem Obigen. Die übermäßige Kreditausweitung zugunsten der Börse ermöglicht die Kurshausse, die zu Kapitalfehlleitung mit allen Konsequenzen führt. Dies gilt auch für die Funktion derjenigen Kredite, die in den Händen der Spekulation „rotieren“: sie können erst recht und in scharfem Ausmaß zu Kurssteigerungen führen, weil ihre hohe Umlaufsgeschwindigkeit eine ungewöhnlich starke Ausnutzung zu Transaktionen zuläßt. Daraus erklärt sich übrigens die Möglichkeit einer „Disproportionalität“ zwischen Wirtschafts- und Börsenkonjunktur: die an der Börse zirkulierenden Geldkapitalien können dort bei entsprechender „Stimmung“ einen kontinuierlichen Umschlag zu steigenden Preisen herbeiführen, der den Kontakt selbst mit einer Hochkonjunktur der Warenmärkte scheinbar verlieren und in phantastische Spekulationen ausarten mag.

Diese Entwicklung findet stets (mit der Zeit) ihre eigene Korrektur im konjunkturellen Rückschlag; für die Bankpolitik erwächst aber das Problem, die Heftigkeit des Rückschlages durch rechtzeitiges „Bremsen“, d. h. Eingreifen während der Hausse, zu mildern, wenn nicht ganz auszuschalten. Für die einzelne Bank ist diese Aufgabe allerdings äußerst schwierig, weil ihr privatwirtschaftliches Interesse mit der der Spekulation weitgehend parallel läuft. Bietet doch dieser Geschäftszweig gerade bei steigenden Kursen und Zinssätzen eine scheinbar ebenso risikofreie wie ertragreiche Anlagemöglichkeit, die sich für Depositenbanken vorzüglich eignet, weil der ausgeweitete Markt die jederzeitige Liquidierbarkeit der Kredite zu garantieren scheint. Soweit die Banken gleichzeitig auch *Kommissions- und Emissionsgeschäft* (s. d.) betreiben, haben sie erst recht ein vitales Interesse am Kursstand und Umsatz der Effekten (die immer parallel steigen und fallen; außer ganz vorübergehend in akuten Krisen). Vor allem aber würde die Politik des einzelnen Institutes angesichts der Konkurrenz der Banken praktisch wenig Bedeutung haben. Die New Yorker Banken sind vollends durch die Provinzgelder (bankers deposits) in einer gewissen „Zwangslage“, weil sie ihnen in der Börsenkonjunktur besonders reichlich zufließen und kaum eine andere kurzfristige Anlage, als die auf dem call money-Markt, finden können[1]. — Das regulative Eingreifen kann also nur von der Notenbank bzw. von der Kooperation der führenden Banken erwartet werden.

Die Hemmung der spekulativen Kreditausweitung kann grundsätzlich auf zwei Wegen erfolgen: durch Verteuerung und (oder) durch Einschränkung des Kredites. Beide Methoden kommen „automatisch“ in Anwendung, d. h. auch ohne jedes Eingreifen wirtschaftspolitischer Art: auf der einen Seite bewirkt die zunehmende Kapitalinanspruchnahme, wenn sie nicht durch anderweitige Faktoren kompensiert wird, naturgemäß eine Verteuerung (vgl. oben); auf der anderen Seite erhöht sich bei rasch steigenden Kursen das Risiko der kreditgebenden Banken und dementsprechend ihre Neigung, erhöhte Margen (Einschüsse) zu verlangen, was der Spekulation eine gewisse Zurückhaltung aufzwingt. Aber beide Methoden treten in der Regel nachträglich und mit großem zeitlichen „lag“ ein; und das Problem besteht gerade darin, eine „rechtzeitige“ Bremse anzulegen. Beide Methoden lassen es sehr wohl zu, daß die Spekulation eine Kursüberspitzung hervorruft, die zu Fehlinvestitionen in größtem Maßstab und zu Zusammenbrüchen führt. Was insbesondere die „automatisch“ eintretende Zinsverteuerung anbelangt, die von der Theorie geraume Zeit hindurch als ausreichendes Mittel der Spekulationshemmung angesehen wurde, so hat ältere wie neue Erfahrung und insbesondere die gründliche statistische Durcharbeitung der amerikanischen Quellen durch Owens und Hardy den eindeutigen Beweis erbracht, daß die Elastizität der Nachfrage nach Spekulationskredit nahezu Null ist; selbst außergewöhnliche Zinsverteuerung vermag die Spekulation nicht zu hemmen, wenn Haussestimmung herrscht: überwiegend gehen erhöhte Umsätze und höhere Zinsen im Börsenverkehr Hand in Hand, wie umgekehrt niedrige Zinssätze mit geringeren Umsätzen. Das ist auch leicht zu verstehen, wenn man bedenkt, daß selbst bescheidene (kurzfristige) Gewinnchancen am Kurs ein Vielfaches vom Zins (auf denselben Zeitraum berechnet) ausmachen können, und daß die Zinserhöhung am Markt für Effektenkredite Mittel aus den anderen Becken des Geldmarktes heranholt.

Diskontpolitische Maßnahmen der Notenbank haben folglich nur beschränkten Einfluß auf die Börsenfinanzierung, der freilich auch wesentlich von der Stellung der Notenbank auf dem Geldmarkt abhängt: je stärker diese Stellung und je größer die Bereitschaft der Kreditbanken zur Kooperation mit dem Zentralinstitut, desto eher dürfte dieses mit der

[1] Dieser Zufluß nach New York in der Hausse vor Oktober 1929 und der prompte Abfluß in die Provinz nach der Krise von 1929, sowie überhaupt die hohe Korrelation zwischen brokers loans und bankers balances der dortigen Banken, bestätigen auch die These, daß die Börse Kapital „absorbiert“. Vgl. C. B. Hoover: Brokers loans and bank deposits. J. polit. Econ. **37**, 713ff. (1929).

„Diskontschraube“ erfolgreich operieren können. Aber die Notenbankpolitik wirkt sich, wenn überhaupt, auf dem Geldmarkt in seiner Gesamtheit aus; vgl. darüber Artikel „*Diskontpolitik*“. Hier kommt es auf die speziellere Frage der Einflußnahme auf einem Sondergebiet, auf dem der Effektenkredite an; erst neuerdings ist nach dieser Richtung planmäßig bankpolitisch eingegriffen worden. Die Aufgabe eines diskriminatorischen Eingriffes auf dem Geldmarkt — mit dem Ziele der Spekulationseinschränkung, unter gleichzeitiger Schonung der übrigen Becken des Marktes — stößt freilich auf große Schwierigkeiten; es ist überhaupt sehr fraglich, ob er sein Doppelziel jemals erreichen kann. Über kurz oder lang zeigt es sich, daß Sondermaßnahmen entweder unausführbar sind oder sich doch, auf die Dauer, auch auf anderen Finanzierungsgebieten als Hemmungen erweisen. Der einheitliche Zusammenhang des organisierten Kreditmarktes bringt es notwendig mit sich, daß, außer für kurze Spannen, Maßnahmen genereller Art, sofern sie überhaupt wirksam sind, auch die „Sonderbecken“ des Marktes beeinflussen; ebenso umgekehrt: die Wirkung diskriminatorischer Methoden beschränkt sich keineswegs auf das davon unmittelbar betroffene Gebiet.

Ein interessantes Beispiel für bewußtes notenbankpolitisches Eingreifen gegen Überschreitungen der Börsenspekulation bot sich in Belgien 1928. Seit der belgischen Währungsstabilisierung im Oktober 1926 setzte dort eine starke Börsenhausse ein, die namentlich auch kleine Sparer auf den Aktienmarkt lockte. Die Warnungen der belgischen Nationalbank in ihrer Generalversammlung (Februar 1928) haben daran nichts geändert. Aber auch die Methode der Notenbank, mit dem Diskontsatz von 7 nach und nach auf 4% hinunterzugehen, den Lombardsatz dagegen nicht unter 6% zu senken, hat nicht viel Erfolg gehabt, obwohl die Spekulationsfinanzierung sich zu einem guten Teil auf die Kreditbeschaffung bei dem Zentralinstitut durch Lombardierung von Staatspapieren stützte. Die Kurshausse wich Anfang 1928 einem Sturz, für die sich die Notenbank durch eine den Effektenmarkt nur indirekt berührende Methode verantwortlich gemacht hat: als Verwalterin der öffentlichen und halböffentlichen Gelder des Landes und durch Anlage solcher Gelder in fremden Devisen war es ihr möglich, den heimischen Geldmarkt wesentlich, wenn auch nur vorübergehend, zu verknappen, um somit zu dem Zusammenbruch der Effektenspekulation beizutragen. Hier war also die Devisenpolitik die entscheidende Waffe, um sogar bei gleichzeitiger Senkung des Diskontes eine Art Kreditrestriktion auf dem inneren Markt vorübergehend zu bewirken.

Ein Jahr vorher hatte die 1926 einsetzende Börsenhausse in Deutschland in kurzer Zeit zu ganz exorbitanter Steigerung der Aktienkurse und zu entsprechender Inanspruchnahme von Effektenkrediten geführt. Die Reichsbank glaubte, diesen Sachverhalt, wie sie es in ihrem Jahresbericht für 1927 betonte, nicht durch Diskonterhöhung begegnen zu können, hat vielmehr die Entscheidung der in der Berliner „Stempelvereinigung“ organisierten Banken herbeigeführt, alle Reportkredite an der Berliner Börse um 25% zu kürzen. Am 12. Mai 1927 kündigten die Banken ihren Reportschuldnern an, daß bis Mitte Juni diese Kürzung der Kredite vorgenommen werden wird, und daß sie sich eine weitere spätere Kürzung vorbehalten. Die Folge war eine Panik an der Börse am selben Tag mit massenhafter Liquidierung der Haussepositionen; ein Erfolg, der wohl über das Maß des beabsichtigten hinausging. Die somit in Gang gesetzte Kreditrestriktion für Börsenkredite wurde sofort wirksam, weil ein Ersatz des Reportkredites auf anderem Wege technisch unmöglich war oder jedenfalls längerer Zeit bedurfte.

Dasselbe Problem hatte auch das amerikanische *Federal Reserve-System* (s. d.) nach dem Kriege eingehend beschäftigt. Die Eigenart des dortigen Verhältnisses zwischen Notenbanken und Mitgliedsbanken gab dem Problem ein von dem europäischen etwas verschiedenes Gepräge: es handelte sich dort insbesondere um die Frage, ob die Notenbank in der Lage ist, es zu verhindern, daß die von ihr den Mitgliedsbanken zur Verfügung gestellten Mittel zur Finanzierung der Börsenspekulation verwendet werden. Bereits in der Hausse von 1920 versuchte das Bundesreserveamt durch Warnungen an die Spekulation hemmend zu wirken und die Kooperation mit den führenden Bankiers des Landes zu diesem Zweck zustande zu bringen. Alle Bemühungen nach dieser Richtung waren vergeblich, zumal die Diskontrate im Interesse der Emission von Bundesanleihen niedrig gehalten wurde. Die Publikationen des Reserveamtes hielten aber auch weiterhin die Theorie aufrecht, daß die Kredite der Notenbank nicht für spekulative Zwecke gebraucht werden dürften, obwohl z. B. der New Yorker Bankgouverneur STRONG frühzeitig auf die Schwierigkeit in der Kontrollierung der Kreditverwendung bei den Mitgliedsbanken hinwies[1]. Im Sinne dieser Theorie versuchte das Reservesystem diskriminatorische Methoden gegenüber übermäßigen Effektenkrediten anzuwenden. Dazu gehörte z. B. die zeitweilige Praxis, verschiedene Typen von Diskontmaterial mit verschiedenen Zinssätzen zu belasten; dazu gehört das sein Ziel ebenso verfehlende Verbot der Rediskontierung zugunsten von Mitgliedsbanken, die Nichtmitgliedsbanken Kredite gewähren. Dazu gehört ferner die Unterscheidung zwischen „eligibility“ und „goodness“ des Diskontmaterials, also der Versuch qualitativer Auslese: nicht alles, was gesetzlich rediskontierbar (eligible) sei, würde auch als „good“ angesehen. Bei weiterem Fortschritt des Spekulationsfiebers nach 1925 gingen die Reservebanken noch weiter, indem sie von Mitgliedsbanken, die bei der Notenbank schuldig waren und gleichzeitig große Effektenkredite aufwiesen, Abstoßung eines Teils ihres Wertpapierbestandes und Rückzahlung des Notenbankkredites verlangten. Alle diese Methoden waren vergeblich; dasselbe galt von Warnungen gegen die Spekulation bei gleichzeitiger Senkung der Diskontrate und für eine Diskonterhöhung bei gleichzeitiger Senkung des Ankaufspreises für Akzepte (1929). Die Erfahrung mit den Methoden der Notenbanken während der letzten Hochkonjunktur zeigt, daß diskriminatorisches Eingreifen auf den Markt für Effektenkredite nur unter besonderen Umständen Erfolg verspricht und jedenfalls zwecklos ist, wenn es mit dem Versuch Hand in Hand geht, den übrigen Geldmarkt flüssig halten zu wollen.

Literatur: ANDERSON jr., B. M.: The value of money, Kap. 13 New York 1917. — MEEKER, J. H.: The work of the Stock Exchange. New York 1930. — ROGERS, J. E.: Stock speculation and the money market. New York 1927. HOLLANDER, J. H.: Bank loans and stock exchange speculation. Publications of the National Monetary Commission **20**, 5. Washington 1911. — REISCH, R.: Rückwirkungen der Börsenspekulation auf dem Kreditmarkt. Z. Nationalökon. **1**, 205—221 (1929); und: Über das Wesen und die Wirkungen der Börsenkredite, im Bk-Arch. **28**, Febr. 1929. — OWENS, Y. N., u. CH. O. HARDY: Interest rates and stock speculation, 2. Aufl. Washington 1930. — HARRIS, S. E.: The federal reserve act and federal reserve policies. Quart. J. Econ. **45**, 371—408 (1931). — GUNZERT, R., B. BENNING u. E. VEESENMAYER: Effektenbörse und Volkswirtschaft. Jena 1929. — NEISSER, H.: Der Tauschwert des Geldes. Jena 1928, 71ff. — BALOGH, T.: Latente Inflation, Währungssystem, Notenbankpolitik und Börsenhausse. Schm. Jahrb. **53**, II, 45–80 (1929). — LINDAHL, E.: Fondbörsspekulation och penningpolitik. Ekonomisk Tidskrift

[1] Vgl. B. STRONG: Interpretations of Federal Reserve Policy. New York 1930.

(Upsala) 1930. — „Stabilization". Hearings before the Committee on Banking and Currency. House of Representatives. 70th Congress Ist Session, H. R. 11806. 3 Bde. Washington 1927f. — „Brokers Loans". Hearings before the Committee on Banking and Currency, U. St. Senate, 70th Congress II. Session, on S. R. 113. Washington 1928. — WILLIS, H. P.: Credit Restriction efforts in the U. St. The Banker (London) **10**, 10ff. (1929). — ANDERSON, B. M.: Commodity price stabilization a false goal of Central Bank policy. The Chase Economic Bulletin **9**, 8. Mai 1929. — PARKER, W.: The Paris Bourse and French Finance. New York 1920. — MACHLUP, F.: Börsenkredit, Industriekredit und Kapitalbildung. Wien 1931. — EITEMAN, W. J.: Economics of brokers loans. Am. Ec. Rev., vol. **22**, 66—77 (1932). — CHAMBRUN, R. DE: Les emprunts sur titre et le marché de l'argent à New York. Paris 1932. — FRIDAY, D.: Art. „Brokers' loans" in Encyclopaedia of the Social Sciences, Bd. 3. New York 1930.

MELCHIOR PALYI.

Effektenlombard s. *Report- und Lombardgeschäft.*

— **scheck** s. *Effektengiroverkehr 3*, vgl. *Depotrecht I B 9.*

— **skontro** s. *Innere Organisation A I 4.*

— **stempel** s. *Kapitalsverkehrsteuern.*

Effektenstillhaltung s. *Stillhalte-Abkommen.*

Effektensubstitution, Prinzip der, s. *Spezialbanken 3b* sowie *Holdinggesellschaften.*

Effektensubstitutionsgesellschaften s. *Investment Trusts 1*, s. *Holdinggesellschaften.*

Effektentermingeschäfte. E. unterscheiden sich von dem *Kassageschäft* (vgl. d.) vor allem dadurch, daß die Lieferung und Abnahme von beiden Kontrahenten auf einen späteren Termin — meist Monatsmitte (medio) oder Monatsende (ultimo) vereinbart wird. Da bei größerer Geschäftstätigkeit nicht jeder einzelne Posten gesondert, sondern nur die Salden am Fälligkeitstage geliefert bzw. abgenommen werden können, so dürfen nur fungibele Werte, bei denen es also nicht auf das individuelle Exemplar (species) sondern nur auf die in Ordnung befindliche (good delivery) Gattung (genus) ankommt, per Termin gehandelt werden.

Der Terminhandel verhütet mit Hilfe der *Spekulation* (s. d.) allzu heftige Kursschwankungen, ermöglicht dem (unspekulativen) Produzenten und Händler die Ausschaltung der Risiken im Warenhandel, unterstützt andererseits die Spekulation in belebendem Sinne, durch die Chance der hinausgeschobenen Abnahme bzw. Lieferung der Stücke, erleichtert die Unterbringung von Neuemissionen und die Tätigkeit der *Effektenarbitrage* (s. d.) und trägt durch seine breitere Ausdehnung, die dem freien Spiel der Kräfte eine lebhafte Betätigung einräumt, in rein technischer Beziehung zur Bildung eines gerechten Preises (justum pretium) besser bei, als der *Kassahandel* (s. d.).

Indessen ist die Frage, ob der Terminhandel dem Kassahandel ganz allgemein vorzuziehen ist, nicht lediglich vom technischen Standpunkt, und auch nicht für alle Länder gleichmäßig zu beantworten. Die Verteidiger des Terminhandels werden stets von dem Gesichtspunkt bestochen, den Mangel an genügendem Kapital, das für den Kassahandel erforderlich wäre, als das hauptbestimmende Merkmal für die Beurteilung heranzuführen. Es spricht für diese Theorie, daß die reichen Länder: Amerika und Holland sich fast völlig und Frankreich mit sehr lebhaften Parkettumsätzen dem Kassahandel zuwenden. Indessen wird die Theorie durch den Terminhandel Londons erschüttert, das sich trotz seines ungeheuren Reichtums dem Kassahandel in Effekten abhold zeigt. Auch trifft die weiter angeführte Meinung: der Kassahandel enge die Umsätze ein, an dem Beispiele New York gesehen, gewiß nicht stets zu. Dagegen kann gerade die Tatsache, daß New York trotz seines Kassahandels das Publikum von stark spekulativer Betätigung keineswegs fernhält, den moralisierenden Verdammern des Terminhandels entgegengehalten werden.

Die Maßnahmen, die die einzelnen Länder für den Terminhandel eingerichtet haben, sind verschieden. Einige Länder, wie z. B. England, kommen ohne ein spezielles Börsengesetz aus. Deutschland war lange Jahre einem Börsengesetz unterworfen, das wohl in manchen Punkten von der Erwägung ausgegangen war, das „unerfahrene Publikum vor der Ausbeutung verbrecherischer Bankiers" schützen zu sollen, und Bestimmungen schuf, die die Möglichkeit boten, sich mit Hilfe des Differenzeinwandes (vgl. *Börsenrecht B III*) den Verpflichtungen zu entziehen. In der jetzt geltenden Fassung des Gesetzes sind jedoch die schlimmsten Mißbräuche abgewendet. Hierher gehört z. T. auch die Institution des Liquidationsvereins der Berliner Börse (vgl. *Abrechnungsverkehr* und *Liquidationskasse*).

An der *Berliner Börse* (s. d.) rekrutieren sich die Terminpapiere aus den verschiedensten Branchen, wenngleich noch nicht alle genügend vertreten sind (z. B. Zucker, Textil). Das Bestimmungsrecht steht dem Börsenvorstand zu, indessen kann die einzelne Gesellschaft den Terminhandel in ihren Aktien verhindern. Das Aktienkapital muß mindestens zehn Millionen betragen. Für Bergwerke und Industrieunternehmungen muß die Genehmigung des Reichsrats eingeholt werden. Die Umsätze vollziehen sich in bestimmten Mindestbeträgen (meist RM. 6000) resp. deren Vielfachen (an den Provinzbörsen RM. 3000 resp. deren Vielfachen). Seit einigen Jahren handelt man nur per ultimo (nicht mehr per medio).

In *Paris* (s. d.) sind die Makler (agents de change) verpflichtet, sich der Maklervereinigung (chambre syndicale) als Mitglied anzuschließen. Diese haftet solidarisch jedem Mitglied für Börsenverluste, die ihm infolge Zahlungseinstellung eines anderen Mitgliedes treffen könnten. Die Termingeschäfte in Paris (opérations à terme) nehmen stellenweise in französischen Renten, in Bank-, Industrie- und Minenaktien außerordentliche Dimensionen an. Man handelt per medio (on quinze) und per ultimo (à fin courant). In den Hauptwerten vollzieht sich der Verkehr in bestimmten Mindestbeträgen bzw. deren Vielfachen, die je nach den Gruppen verschieden sind. Mit einer besonderen Liquidation handelt man Neuemissionen (à l'émission). Auch Zeichnungsresultate (résultats) werden umgesetzt und zwar derart, daß 100 resultats soundso viele Stücke bedeuten, die auf je 100 Stück Zeichnung entfallen. Effekten hereinnehmen nennt man in Paris: réporter, sie hineingeben: faire réporter.

In *London* (s. d.) werden fast alle Effektengeschäfte per medio resp. per ultimo abgeschlossen, es herrscht also eine Art „mittlerer Termins" (14 Tage) vor. Die größten Umsätze finden in Minenaktien, in englischen und amerikanischen Bergwerks- und Eisenbahn-Shares, ferner in englischen und einigen ausländischen Renten statt. Der Handel wickelt sich fast ausschließlich zwischen dem *Makler* (broker) (s. d.) und dem Händler (jobber oder dealer) ab. Der Jobber nennt dem Broker den Geld- und Briefkurs. Die Spannung zwischen diesen Kursen nennt man turn. Die Liquidation (settlement day) fällt nicht genau auf den 15. resp. 30. des Monats. Die einzelnen Stichtage (contango days) werden vom Börsenvorstand für das ganze Jahr voraus bestimmt. Im allgemeinen kann man in London auch kleine Beträge per Termin handeln. Es hat sich indessen ein Gebrauch herausgebildet, sich bei einer Reihe von Hauptwerten, wie z. B. englischen Staatspapieren, Minenaktien, amerikanischen Eisenbahnaktien an bestimmte Mindestbeträge (resp. Vielfache) zu halten. Bei letzteren beträgt ein Schluß, zu dem der Jobber dem Broker stillhält, 100 Stück. Effekten hereinnehmen: to take in; sie hineingeben: to give on

In Brüssel (vgl. *Brüsseler Börse*) ist der Terminhandel oft wild schwankend, und es ist oft gefährlich, „bestens" Aufträge nach Brüssel zu legen. Längere Zeit war es für den Außenstehenden schwer, die Ausführung derartiger Aufträge zu kontrollieren. Jetzt hat sich allerdings der Ruf der Brüsseler Börse etwas gehoben.

In *Amsterdam* (s. d.) existiert nur bei sehr wenigen Papieren ein Terminhandel (z. B. bei Nederlandsche Handel Maatschappij).

In *New York* (s. d.) handelt man nur per Kassa. Die Erfüllung der großen Umsätze wird daselbst durch ein ausgedehntes und gut funktionierendes Leihsystem in Geld und Stücken erleichtert. Dieses Leihgeschäft ermöglicht es bei sofortiger Lieferungserfüllung sowohl Hausse- als auch Baissetransaktionen in ausgedehntem Maße zu entrieren. Über die wirtschaftliche Opportunität letzterer Geschäfte sind die Meinungen oft verschieden gewesen. Bei den Untersuchungen über die großen Leerverkäufe (short selling) an der New Yorker Börse in der letzten Zeit traten in den amerikanischen Berichten schärfere Kontroverse zutage. Speziell wurde zum Ausdruck gebracht, daß bei aller Notwendigkeit der Baissetransaktionen für die Möglichkeit, allzugroßes Angebot auffangen zu können, doch gar zu lange dauernde Baiseangriffe eine Vertrauenskrise hervorrufen oder beschleunigen könnten.

Vgl. a. d. Art. *Börsen 3, 5*; *Kursbildung 1*; *Börsengesetz B III* und *Prämiengeschäft* sowie die Sonderartikel der einzelnen Börsen inbes. die dortigen Literaturangaben. Genaue technische Details (Usansen) usw. finden sich in SWOBODA, O.: Die Arbitrage. Berlin und Leipzig 1925.

H. HANCKE.

Effektivgeschäft: bei dem E. ist der Wille der Parteien auf tatsächliche Erfüllung, nicht nur auf Regulierung der Gewinn- (oder Verlust-) Differenz (s. *Differenzgeschäfte*) gerichtet.

Effektivverzinsung s. *Rentenmarkt 2* und *6*.

Ehefrau (Zustimmung des Ehemanns zur Kontoeröffnung) s. *Depositengeschäft II, 2a*.

Ehrenannahme ist die Annahme durch die *Notadresse* (s. d.) im Falle der Nichtannahme durch den Bezogenen.

Ehrengericht s. *Börsenrecht A II 3*.

Ehrenzahlung die Zahlung durch die sog. Notadresse im Falle der Nichtzahlung durch den Akzeptanten.

Eigene Aktien, Erwerb s. *Aktienrechtsreform III*, vgl. a. *Einziehung von Aktien*.

Eigener Wechsel (auch trockener Wechsel) ist ein Wechsel, bei dem der Aussteller selbst Zahlung verspricht, also sich wechselrechtlich zur Zahlung verpflichtet. Eine gesonderte Annahme des eigenen Wechsels ist natürlich nicht nötig und auch gar nicht möglich.

Eigenhändler. Makler als E. s. *Makler*. Selbsteintrittsrecht des Kommissionärs s. *Kommissionsgeschäft*.

Eigenkapital sind Aktienkapital und Reserven im Gegensatz zum Fremdkapital, den gesamten Verpflichtungen. Bei Banken ein wichtiges Werbungsmittel, da hier das E. Garantiefunktionen hat. (Vgl. *Liquiditäts- und Anlagepolitik I.*), vgl. auch u.

Eigenkonten s. *Anderkonten*.

Eigenmittel = Gewinn und E., Verhalten zueinander im Bankbetrieb s. *Erträgnisse d. B. II 5*.

— im Verhältnis zu gewährten Krediten bzw. fremden Mitteln s. *Liquiditäts- und Anlagepolitik I*.

Eigentümerhypothek s. *Hypothek*, s. a. *Aufwertung 1*.

Eilavisverkehr s. *Abrechnungsverkehr*.

Einfaches Akkreditiv s. *Akkreditiv*.

Einführung (von Papieren an der Börse) s. *Emissionsgeschäft I 3 und II 2*.

Eingefrorene Kredite vgl. *Liquiditäts- u. Anlagepolitik usw.*

Einheitsgründung, Simultangründung im Gegensatz zur Sukzessivgründung s. *Aktiengesellschaft III*.

— **-Konsortium** s. *Emissionsgeschäft II 1b*.

— **kurs** s. *Kursbildung 1*, s. *Kassageschäft*.

— **markt** s. *Berliner Börse III*, s. *Kassageschäft*.

— **notiz** s. *Kursbildung 1*.

— **scheck** s. *bargeldloser Zahlungsverkehr 3*.

Einlagen in eine *Aktiengesellschaft* (s. d. *III*), Kommanditeinlagen s. *Kommanditgesellschaft III*, Spareinlagen bei den Großbanken s. u. *Bankspar-verkehr*, sonst unter Sparkassen-Einlagenaufwertung (s. *Aufwertung 5, 6, 7*).

Einlösungspflicht von Banknoten vgl. die Sonderartikel der diversen Notenbanken.

— **von Scheidemünzen** s. *Münzwesen VI*.

Einreserve-System s. *Notenbankpolitik 2*.

Einschuldungsverbot s. *öffentlicher Kredit II 3*, vgl. *Emissionstechnik*.

Einschuß s. *Nachschuß*.

Einzelversicherung s. *Kreditversicherung*.

Einziehungsverfahren s. *Inkasso*, s. *Abrechnungsverkehr*.

Einziehung von Aktien s. *Aktiengesellschaft II*, s. *Aktienrechtsreform III*.

Einzugsgeschäft s. *Inkasso*.

Eisenbahnbuch entspricht dem Grundbuch für Liegenschaften.

Eisenbahnprioritäten. Vorzugsaktien privater Eisenbahngesellschaften (z. B. Südbahn-Prioritäten) spielten in den 70er und 80er Jahren des vorigen Jahrhunderts eine wichtige Rolle als Börsen- und Arbitragewerte. Durch die Verstaatlichung der Bahnen, sodann durch die Geldentwertung in Mittel- und Osteuropa ist ihre Bedeutung sehr stark zurückgegangen. Die anläßlich der Privatisierung der Reichsbahn neu geschaffenen 7proz. Reichsbahn-Vorzugsaktien sowie die 6proz. Vorzugsaktien der belgischen Staatsbahnen sind eine Nachbildung dieses Typs.

Ekart, richtiger Ecart s. *Prämiengeschäft 1*.

Elastizität des Bankkredits s. *Konjunkturtheorie 3*.

Elektrolyt-Kupfer vgl. *Warenmärkte 4*.

eligible (e), zu ergänzen vor „rediscount", entspricht etwa „reichsbankfähigem Wechsel" s. a. *Federal-Reserve-System IV* und *Diskontmarkt 6b*.

Embargo s. *Völkerrecht II*.

Emissionsbanken s. *Emissionsgeschäft und Emissionstechnik I 3*, vgl. a. *Konsortialgeschäft und Konsortien*.

Emissionsgeschäft (I) und Emissionstechnik (II).

I. Das Emissionsgeschäft.

1. Begriff der Emission. Emission bedeutet „Aussendung", im bankwirtschaftlichen Sinne also Ausgabe von Effekten. Die Ausgabe umfaßt meist drei, mindestens aber zwei Stufen:

a) die Schaffung,
b) die Übernahme,
c) die Unterbringung (Placierung) der Effekten.

In gewissen Fällen kann die zweite Stufe wegfallen, je nach der Vertriebsorganisation. Es sind demnach bei der Emission drei Personenkreise zu unterscheiden:

a) der Emissionsschuldner (die kapitalnachfragende Körperschaft oder Unternehmung),

b) der Emissionsunternehmer (der vermittelnde oder übernehmende Bankbetrieb),

c) die Emissionskäufer (das anlagesuchende bzw. spekulierende Publikum).

Man wäre geneigt, unter Emission bereits die Schaffung der Effekten bei der kapitalsuchenden Stelle zu verstehen. Allgemein wird der Begriff der Emission in diesem Sinne nicht verstanden. Emission bedeutet vielmehr, wirtschaftlich und rechtlich, nur die dritte Stufe, das In-Verkehr-Bringen der Effekten, das Unterbringen beim anlagesuchenden Publikum bzw. bei Beteiligungs- und Kontrollgesellschaften. Investmenttrusts spielen hierbei die Rolle des Publikums, nur als Emissionshäuser und Garanten rücken sie an die Stelle von Emissionsunternehmern. So wichtig auch die Schaffung der Effekten und die Vermittlung ihrer Unterbringung ist, entscheidend ist ihr Absatz an den letzten anlagesuchenden Käufer. Keine Emission ist demnach die Übernahme der Aktien und Obligationen durch die Gründer oder eine Finanzbank.

Der Begriff ist also unter dem Gesichtspunkt der endgültigen Unterbringung im Publikum gebildet, wie weit auch der Weg vom Emissionsschuldner zum Emissionsgläubiger sein mag, und wie viele Vermittlungsorgane, zeitweilig oder dauernd, das Zusammenbringen beider Endglieder der Kette bewerkstelligen.

Emission bedeutet nur Unterbringung von Effekten, nicht von anderen Wertpapieren: Noten, Wechseln, Schecks, Akkreditiven, Schuldscheinen.

2. *Finanzwirtschaftliche Bedeutung der Emission.* Die Emission hat die Aufgabe, Kapitalangebot und Kapitalnachfrage in Einklang zu bringen: die langfristige Finanzierung der Wirtschaft und der öffentlichen Körperschaften einerseits und die Kapitalanlage des anlagesuchenden Publikums andererseits zu ermöglichen. Unter den mannigfachen Formen neuzeitlicher Finanzierung kommt daher der Emission besondere Bedeutung zu, in einem Wirtschaftssystem, dessen Struktur auf dem Effektenkapitalismus beruht, eine ganz natürliche Erscheinung. Handgreiflich wird ihre Bedeutung durch die Größe der Emissionsbeträge, die aus der Emissionsstatistik zu ersehen sind.

An den Emissionsbeträgen hatte die öffentliche Hand, sei es für Zwecke der Hoheitsverwaltung oder für öffentliche Wirtschaftsbetriebe, stets einen überragenden Anteil, wobei die Staaten immer an erster Stelle standen (vgl. *Öffentlicher Kredit*). In Deutschland betrug in der Vorkriegszeit der Anteil der öffentlichen Hand (mit Einschluß der Kommunalobligationen) zwei Drittel, der der Privatwirtschaft ein Drittel. Mitte 1907 bis Mitte 1914 wurden 20,7 Milliarden Mark emittiert, darunter 1,7 Milliarden ausländische Wertpapiere. In der Nachkriegszeit betrug der Anteil der öffentlichen Hand nur noch ein Drittel. Von Mitte 1924 bis Mitte 1931 wurden 23 Milliarden Reichsmark im Inlande emittiert, im Auslande 7,5 Milliarden (ohne Dawes- und Young-Anleihe) gegenüber einem deutschen Gesamtaktiennominalkapital von etwa 22,5 Milliarden RM. (1929). Die Aktienemissionen betrugen nur etwa 20%, während sie sogar in Frankreich etwa 25% ausmachen, in USA. etwa 40%. Industrieobligationen wurden (gegen etwa 5 Milliarden in der Vorkriegszeit) nur 1,5 Milliarden im Inlande und 2,5 Milliarden im Auslande emittiert. Eine genaue Aufstellung der Nachkriegsemissionen (1924/1930) zeigt folgende Tabelle[1]:

	Schuldverschreibungen von										
	öffentl. Körperschaften	öffentl. Unternehmg.	Boden-Kredit-Anstalt	davon		Aktien insgesamt	davon Bankaktien	Inländische Wertpap. insgesamt	Ausländ. Wertpap. insgesamt	Insgesamt	Auslands-Anleihen insgesamt
				Kommun.-Obligat.	Pfand-Briefe						
	Mill.	Mill.	Mill.	Mill.	Mill.						
1924	21	6	377	10	367	148	36	588	—	588	42
1925	15	113	878	38	840	656	117	1736	—	1736	1265
1926	654	509	2093	465	1628	988	174	4567	—	4567	1555
1927	698	16	1946	349	1597	1438	281	4279	58	4337	1412
1928	456	207	1948	489	1459	1339	187	4244	14	4258	1465
1929	388	—	1157	258	899	979	44	2532	19	2551	349
1930	80	190	2362	548	1814	555	23	3222	—	3222	1177
1924/30	2312	1041	10761	2157	5604	6103	862	21168	91	21259	7265

3. *Das Emissionsgeschäft als irreguläres Bankgeschäft.* Das E. umfaßt alle Arten von Geschäften, die dazu dienen, Effekten in Verkehr zu bringen. Es umfaßt sowohl die Effektenübernahmeverträge mit dem Emissionsschuldner als auch die Konsortialverträge mit den Konsorten, sowohl die Emissionsverwaltung als auch die Absatzvermittlung.

Zur Verwaltung und Absatzvermittlung gehören vor allem:

a) Maßnahmen zur Unterbringung: Auflegung zur Zeichnung, Zuteilung, Absatz im Tafelgeschäft, Werbung.

b) Prospektbearbeitung und Herbeiführung der Zulassung zur Börse (Einführung).

c) Einlösung der Zins- und Dividendenscheine, Ausgabe der Erneuerungsbogen (näheres s. *Inkassogeschäft*).

d) Tilgung, durch Ankauf oder Auslosung.

e) Kurspflege.

Es sind dies zum guten Teil Geschäfte, die die Bank, rechtlich gesehen, als Geschäftsbesorger übernimmt.

Das E. wird in Deutschland zunächst von den privaten Kreditbanken betrieben, die als Universalbanken neben den Depositen- auch das bankwirtschaftlich irreguläre Finanzgeschäft pflegen. Die Universalbanken sind an der Emission aller Effektentypen beteiligt, insbesondere aber von Aktien und Industrieobligationen; ferner von Staats- und Kommunalanleihen; daneben sind sie Vertriebsstellen für alle übrigen Effektenarten. Für die Universalbanken ist das E., so wichtig es an sich und für den Ertrag auch ist, nicht die wichtigste und umfangreichste Geschäftsart. Gemeinhin wird das E. für eines der rentabelsten, ja für das rentabelste Bankgeschäft gehalten. Zahlenmäßige Beweise lassen sich infolge der Verbuchungs- und Publizitätsgepflogenheiten der Banken nicht führen. Für die Vorkriegszeit seien für ein Jahrzehnt die Zahlen für die Disconto-Gesellschaft und die Deutsche Bank angegeben[2]:

[1] Wirtschaft und Statistik 1931, 361.

[2] Hermann Münch, Adolf v. Hansemann, Berlin 1932, 263.

Jahr	Disconto-Gesellschaft			Deutsche Bank			
	Gewinn	Rohertrag	davon aus Effekten[1]	Gewinn	Rohertrag	davon aus Effekten	davon aus Konsortialgesch.
	in 1000 RM.			in 1000 RM.			
1890	13153	15821	6905	11226	14978	1803	894
1891	7057	11444	2446	9376	13767	1690	799
1892	5134	8921	1716	8048	12158	1597	920
1893	5468	10913	3043	8077	12241	783	26
1894	7097	12359	4451	9406	13827	1638	1280
1895	14211	16757	5146	11403	16599	1307	1593
1896	14100	16981	3902	13303	18486	1428	1603
1897	14174	17295	3990	15082	20586	2215	1683
1898	14170	17466	2792	19324	28047	2399	2374
1899	17050	20650	3205	20231	30214	1802	1782
1900	15597	19866	1701	20410	31113	1273	1901

Bei den Universalbanken nahm das *Finanzgeschäft* (s. d.) ungefähr in dem Grade an Bedeutung ab, als die Kreditbanken dem Charakter der Depositenbanken näher kamen. Andererseits sind die privaten Kreditbanken, besonders die Großbanken, infolge ihrer dezentralisierten Organisation für die Distribution der Effekten besonders geeignet, zum Gelingen vieler Emissionen fast unentbehrlich. Nur das kommunale Bankwesen mit etwa 3000 Sparkassen, 8000 zusätzlichen Zahlstellen, 20 Girozentralen und 12 weiteren Landesbanken stellt ein noch feineres Distributionsnetz dar, wobei allerdings nur an die äußere Organisation, nicht an die verwalteten Beträge gedacht wird, die für die Anlage in Effekten in Betracht kommen.

Für das E. der Universalbanken ist die Entwicklungstendenz bemerkenswert, daß die Konsortialgeschäfte im Verhältnis zum Einzelemissionsgeschäft zunehmen. Der Grund hierfür ist die betriebliche Konzentration und die damit zusammenhängende Entwicklung des Großgeschäftes (für Staatsanleihen, die immer Großgeschäfte waren, bildete das Konsortium immer die natürliche Vertriebsorganisation). Die Tendenz zur Großemission nahm in demselben Maße zu wie die Betriebskonzentration und wie die Erkenntnis der Gefährlichkeit der Kleinanleihe mit ihrem nur lokalen Markt und mangelhafter Kurspflege zunahm. In dieser Richtung liegt auch die Ablösung von Einzelanleihen durch Sammelanleihen und die Ausgabe von Kollektivpfandbriefen der Zentral-Landschaft und der Zentral-Stadtschaft, ferner der Industrieschaften für Zwecke der mittleren und Kleinindustrie. Mit der betrieblichen Konzentration nahm aber auch die Häufigkeit der privaten Emissionen ab, so daß namentlich das private E. stark zurückgegangen ist. Zu den Fällen industrieller Großemissionen gehört z. B. die Emission von 800 Mill. Aktien des Stahlvereins 1926 und 250 Mill. RM. Wandelobligationen der IG-Farbenindustrie AG. 1927.

Neben den Universalbanken stehen im E. die privaten Hypothekenbanken (für Hypothekenpfandbriefe, Kommunalobligationen und Kleinbahnaktien); ferner Staatsbanken (für Anleihen öffentlicher Körperschaften), Girozentralen und Landesbanken (für Kommunalanleihen und Pfandbriefe), Landschaften, Stadtschaften, Industrieschaften, Rentenbanken und Landeskulturrentenbanken (für Pfandbriefe). Näheres s. betr. Artikel.

Im kommunalen E. ist gegenüber der Vorkriegszeit die Wandlung eingetreten, daß die Emissionen durch private Kredit- und Hypothekenbanken stark abgenommen haben, was in der Tendenz der Erstarkung der öffentlichen Banken an sich und der Sparkassen und Girozentralen im besonderen liegt.

[1] Enthält Gewinn aus dem Konsortial-, Effektenkommissions- und Effekteneigengeschäft.

An die Stelle der privaten Banken treten die Spitzeninstitute der kommunalen Banken: die Bezirks- und Landesgirozentralen mit der Deutschen Girozentrale und die reinen Landesbanken mit der Landesbankzentrale. Die Emission von Einzelanleihen der Städte durch Hypothekenbanken und Bankenkonsortien haben sich im allgemeinen, wenigstens soweit kleine Gemeinwesen und kleinere Emissionen in Betracht kommen, als unwirtschaftlich erwiesen. Die Kursnotierung erwies sich als unzureichend, die Kurspflege als ungenügend. JURSCH weist diesen Zustand an der folgenden Tabelle nach, die zeigt, daß den ganzen Monat April 1914 hindurch 92 Anleihen überhaupt nicht notiert wurden und viele Städte, insbesondere die bis zu 20000, aber auch die bis zu 100000 Einwohnern, eine ordentliche Kurspflege nicht herbeiführen konnten:

	Städte mit Einwohnern			
	bis 20000	20—100000	100—500000	über 500000
Anzahl der Anleihen . . .	20	147	184	48
Gesamtwert der Anleihen . .	40850000	528450000	185450000	1735000000
Nennwert (Durchschnitt)	2000000	3600000	10000000	36000000
Hiervon waren im April 1914 gestrichen . .	15 = 75%	50 = 34%	22 = 12%	5 = 10%

Es war darum nur eine natürliche Folge, daß die erstarkten Kommunalbanken zur Emission von Sammelanleihen übergingen und nicht bei den Einzelanleihen verblieben. Soweit private Banken das kommunale E. pflegen, ist es freilich bei Einzelanleihen geblieben, aber doch mit einem Unterschied: im Emissionskonsortium ist zumeist die zuständige Bezirksgirozentrale vertreten. Zweifellos besteht die Tendenz zur Konzentration des kommunalen Anleihegeschäftes bei den Kommunalbanken. Die Kommunalsammelanleihen zeigen sich in zwei Typen:

a) als Sammelanleihe,

b) als Einheitsanleihe.

Die letzteren werden vom Einheitsverband und dessen Bankinstitut, der Deutschen Girozentrale, emittiert, die ersteren dagegen von den Bezirks- und Landesgirozentralen. Entsprechend dem dezentralistischen Prinzip im kommunalen Bankwesen liegt die Ausgabe von Sammelanleihen zunächst der Bezirksgirozentrale ob, nur im Ergänzungsfalle, wenn es sich um Anleihen für das Wirtschaftsganze oder um Bedarf, den die Bezirksgirozentrale allein nicht befriedigen kann, handelt, hilft die deutsche Girozentrale mit Einheitsanleihen nach, so z. B. durch die „Sammelablösungsanleihe“ 1926 und einige Ergänzungseinheitsanleihen. Bei Sammelanleihen treten die Bezirksgirozentralen als Emissionsschuldner auf und gewähren den kommunalen Gemeinwesen Darlehen aus dem Anleiheerlös.

II. Die Emissionstechnik.

1. Die Emissionsorganisationen. Beim E. handelt es sich um eine Organisation zum Vertrieb von Effekten. Ziel ist es, die Emission erstens ganz, zweitens ohne Risiko unterzubringen, dabei aber drittens ein Maximum an Gewinn zu erzielen. Die beiden ersten Gründe sprechen für eine Gemeinschaftsarbeit, der letzte für eine Selbsterledigung des Emissionsgeschäftes. Es wird von der Art und der Größe der Emission und den Gepflogenheiten eines Landes abhängen, welche Methode angewandt wird.

a) Bei Selbstemission. Es gibt Länder, in denen die Selbstemission vorherrscht (England), wo dann freilich ein Garantiesystem eingeschaltet werden muß, um die Gefahr des Mißlingens zu beseitigen.

In anderen Ländern herrscht die Fremdemission vor (Deutschland, Frankreich, USA.). Die Selbstemission, wo also der Emissionsschuldner ohne Vermittlung einer Bank die Unterbringung der Effekten übernimmt, ist nur in kapitalkräftigen Ländern und bei öffentlichen Körperschaften und bekannten Unternehmungen möglich. Sie verlangt gute Beziehungen und ausreichende Absatzorgane, ist aber auch nur dann brauchbar, wenn der Geldbedarf kein dringender ist, ein allmählicher Eingang genügt und auch ein Mißerfolg in Kauf genommen werden kann. Andererseits ist die Selbstemission viel billiger, wenn sie nicht durch das Underwritingsystem verteuert wird. Nach erfolgter Unterbringung ist es ein Leichtes und billig, eine Bank zur Stellung des Zulassungsantrages, zur Verwaltung und zur Kurspflege zu finden.

b) Bei Fremdemission. Trotz dieser Vorteile überwiegt die Fremdemission, also Emission mit Einschaltung einer Bank oder eines Bankenkonsortiums, weil:

die Beratung durch die Bank manche falschen Maßnahmen und Rückschläge erspart,

ein wohlausgebautes Vertriebssystem zur Verfügung steht und damit meist ein Gelingen der Emission sichert,

die Bank ihren Emissionskredit zur Verfügung stellt, das ist das Vertrauen des Publikums zur Bank in bezug auf das Gelingen der Emission, die Qualität der Effekten, die Kurspflege und ordentliche Verwaltung,

weil bei Übernahme der Emission, ganz oder zum Teil, sofort bares Geld verfügbar wird und das Risiko des Mißlingens von der Unternehmung abgewälzt wird,

die Bank zur Stellung des Zulassungsantrages ohnehin notwendig ist und

die Bank auch die mit einer Emission verbundenen Verwaltungsaufgaben, die Kurspflege und sonstigen Aufgaben übernimmt, wozu sie die notwendigen Einrichtungen besitzt.

α) Die Stellung der Bank in der Emission. Die Einschaltung einer Bank in den Distributionsvorgang der Effekten kann in vierfacher Weise erfolgen:

Als Geschäftsbesorger hat die Bank die geringsten Funktionen zu erfüllen. Sie ist dann meist nur Zeichnungs-, Werbe-, Vermittlungs- und Verwaltungsstelle.

Als Kommissionär übernimmt sie den Vertrieb der Effekten in festem Auftrag, in eigenem Namen auf Rechnung der emittierenden Gesellschaft. Sie erhält hierfür, wie jeder Kommissionär, eine Provision.

Als Selbstkäufer tritt die Bank unternehmungsweise auf: sie übernimmt die gesamten oder einen Teil der Effekten zu einem festen Kurs und trägt das gesamte Risiko des Mißlingens der Emission. Sie kann natürlich ihr Risiko teilen durch Unter- oder gleichberechtigte Beteiligung anderer Bankfirmen.

Noch weiter geht die Bank, wenn sie die Effekten sogar selbst ausstellt und den Unternehmungen und öffentlichen Körperschaften aus dem Erlös der Emission feste Darlehen zur Verfügung stellt, z. B. bei den Industrieschaften, die für die mittlere und Kleinindustrie Pfandbriefe emittieren, ferner den Sammelanleihen der Girozentralen, der Rentenbank-Kreditanstalt, dem schwedischen Abschnitt der Dawes-Anleihe usw.

β) Vertriebsorganisation der Banken. In der Vertriebsorganisation kommen zwei Arten vor:

αα) Die Einzelorganisationen, wo also ein Emissionshaus die Unterbringung übernimmt. Hier kennt man wiederum zwei Formen: Das Emissionshaus führt die Emission selbst durch, bedient sich bestenfalls anderer Organisationen als Zeichnungsstellen; oder das Emissionshaus versichert sich durch Garantieorganisationen, die wiederum Einzelunternehmungen oder Garantiesyndikate sein können.

ββ) Die Emissionskonsortien. Die Emission durch Einzelemissionshäuser kommt verhältnismäßig selten vor. Viel wichtiger ist in allen Ländern die Emission durch Syndikate, die Vertriebs- oder Garantiesyndikate sind, von denen die letzteren zugleich oft am eigentlichen Vertrieb beteiligt sind (vgl. Abschnitt 3d).

Syndikate oder Konsortien sind Vertragsgesellschaften von Banken und Bankiers zur Erreichung gemeinsamer Zwecke, vor allem zur Übernahme und Unterbringung von Effekten. Sie sind Gelegenheitsgesellschaften, die nach Bedarf gegründet werden. Sie können auch für längere Zeit bestehen bleiben und nach Bedarf in Aktion treten, z. B. das Preußenkonsortium in Deutschland, das Rothschild-Konsortium in Österreich. Nur ganz selten sind sie ständige Gesellschaften, wie es z. B. die Kriegsanleihe-G.m.b. H. war. Die Form der Konsortien und ihre Tätigkeit ist nach Ländern verschieden. Man könnte geradezu vier verschiedene Gruppen unterscheiden[1]:

1. die deutsche (Deutschland, Österreich mit Nachfolgestaaten und Schweiz),
2. die lateinische (Frankreich, Belgien, Italien),
3. die englische,
4. die nordamerikanische.

In der ersten Gruppe gibt es, nach ihrer Organisation, zwei Arten von Konsortien: a) Einzel-, b) Einheitskonsortien. Beim Einzelkonsortium, das früher sehr häufig, heute nur noch sehr selten vorkommt, schließt das führende Emissionshaus Einzelverträge mit anderen Emissionshäusern, die im Bedarfsfalle, wenn die Emission mißlingt, bestimmte Emissionsquoten gegen eine feste, im voraus vereinbarte Provision oder zu einem unter dem Emissionskurs liegenden Überlassungskurs übernehmen. Die Emission an sich bleibt ausschließlich Sache des führenden Emissionshauses. Die Ähnlichkeit mit dem englischen Underwriting-System ist offenbar (vgl. Abschnitt 3d).

Beim Einheitskonsortium verschmelzen die verbundenen Konsortien zu einer Einheitsorganisation mit gleichen Rechten, mit gleichen Interessen und gleicher Arbeit am Gelingen der Emission. Trotzdem können (und bei großen Konsortien müssen) ein oder mehrere Emissionshäuser die Führung der Verhandlungen und die Verwaltung in der Hand haben. Man spricht in ersterem Falle von einem Gleichberechtigungs-, im zweiten von einem Führerkonsortium. Die Befugnisse und Pflichten des Leiters des Konsortiums sind meist vertraglich festgelegt; Rechnungslegung und Entlastung erfolgt gegenüber einem Ausschuß oder bei der Schlußabrechnung.

Beim Einheitskonsortium kann man noch Innen- und Außenkonsortien unterscheiden. Beim Innenkonsortium tritt das Konsortialverhältnis nach außen nicht hervor. Der Führer handelt nach außen allein, nur im Innenverhältnis besteht ein Gemeinschaftsvertrag, durch den Risiko und Gewinn geteilt werden. Innenkonsortien treten vor allem in der Form von Unterbeteiligungen auf. Unterbeteiligungen können natürlich auch im Außenkonsortium vergeben werden, wenn ein Konsorte sein Risiko durch Unterbeteiligung verringern will. Beim Außenkonsortium besteht ein Berechtigungs- und Haftungsverhältnis auch nach außen. Es kommt

[1] Vgl. bes. KEICHEL a. a. O.

sogar vor, daß die einzelnen Konsorten mit dem Emittenten im Abrechnungsverhältnis stehen, besonders in der Schweiz.

Konsortien können endlich nach dem Zweck des Zusammenschlusses Übernahme-, Begebungs- oder Garantiekonsortien sein. Übernahmekonsortien übernehmen vom Emissionsschuldner den Gesamt- oder einen Teilbetrag fest, treten also als Käufer auf und versuchen dann, die Effekten weiter unterzubringen. Ihr Entgelt ist Gewinn, meist in einer Marge zwischen Übernahme- und Emissionskurs bestehend. Bei Übernahmekonsortien bestimmt das Konsortium den Emissionskurs und sonstige Emissionsmaßnahmen, meist nach Übereinkunft mit dem Emittenten. Das Übernahmekonsortium ist daher immer zugleich ein Begebungskonsortium, wenngleich der Personenkreis nicht derselbe sein muß. Das Garantiekonsortium, in Deutschland selten, übernimmt die Emission nur bei Mißlingen der Begebung.

Zum Zweck der Übernahme der Effekten und Bezahlung des Kaufpreises an den Emissionsschuldner sind von den einzelnen Konsorten die im Konsortialvertrag vereinbarten Beträge einzuzahlen. Zur Deckung der Unkosten sind besondere Beiträge zu leisten, oder der Zuteilungskurs muß etwas höher sein als der Übernahmekurs. Die hereingenommenen Effekten gehen in das Eigentum des Gesamtkonsortiums ein, wenn nicht Teileigentum vereinbart ist.

In der zweiten, der lateinischen Gruppe[1], kennt man aus rechtlichen Gründen (das französische Recht kennt keine der Gesellschaft des bürgerlichen Rechtes ähnliche Gesellschaftsform), nur Innenkonsortien. Sie müssen dann naturgemäß Einzel- oder Führerkonsortien sein. Der Leiter des Konsortiums schließt im eigenen Namen ab und verpflichtet und berechtigt nur sich selbst. Seine Mitkonsorten erfüllen nur die Garantiefunktion und nehmen an Gewinn und Verlust teil. Die französischen Emissionssyndikate können nach Art der Gewinnverteilung und Haftungsübernahme folgendermaßen eingeteilt werden:

Führer-, Einheitssyndikate (aber als Innenkonsortien). Der Führer erwirbt oder vertreibt mit oder ohne Hilfe der Konsorten die Effekten und verteilt pro rata den Gewinn. Der nicht abgesetzte Rest wird (nach längstens 6 Monaten) auf die Konsorten verteilt. Als Formen der Verteilung des Restes führt KEICHEL an[1]:

Verteilung pro rata der Beteiligung, ohne Berücksichtigung der vom Konsorten selbst abgesetzten Menge (syndicat à la parisienne) oder Verteilung mit Berücksichtigung des Absatzes durch das einzelne Konsortialmitglied, was eine weit gerechtere Verteilungsart darstellt (syndicat à la lyonnaise). Letztere ist die am häufigsten vorkommende Verteilungsform.

Konsortien mit nach außen selbständig handelnden Mitgliedern. Die Konsortialmitglieder treten unter Vermittlung des Führers selbst als Einzelemissionshäuser auf und erwerben die Effekten als Einzelkäufer, die sie dann weiter vertreiben.

Begebungskonsortien (syndicat à prime). Die Effekten werden in diesem Falle nicht fest übernommen, sondern die Garantie ihrer Unterbringung. Ihr Entgelt ist die Differenz (prime) zwischen dem ihnen berechneten und dem von ihnen erzielten Kurs.

In der dritten Gruppe (England) ergaben sich aus der englischen Bankenorganisation und den englischen Finanzierungsmethoden besondere Emissionsmethoden. Die auf dem Kontinent fast verschwundene Selbstemission ist hier die herrschende. Die Emissionshäuser sind hier nicht die Depositenbanken. Sie könnten es schon wegen ihrer nur sehr geringen Beziehung zur Börse nicht sein. Nur in den seltensten Fällen und nur für erstklassige Papiere (gilt-edged) sind große Bankhäuser Emissionshäuser, z. B. für die Anleihen des britischen Staates die Bank von England, sonst aber sind es Emissionsbanken (Spezialbanken für das Emissionsgeschäft) und endlich Broker-Firmen, die für den Vertrieb von Effekten wegen ihrer Tätigkeit an der Börse besonders geeignet sind. Für diese Organisation des Emissionsgeschäftes sind vor allem fünf Gründe entscheidend:

das Vorherrschen der Selbstemission,
die Sukzessivgründung,
die größere Arbeitsteilung im Bankwesen, die im Prinzip auch heute aufrechterhalten ist,
die starke Eigenfinanzierung der Betriebe,
das kapitalkräftige, anlagebereite Publikum (weswegen Übernahmekonsortien entbehrlich werden).

Für das Gelingen sind daher, zumal die Auflegung zur Zeichnung die vorherrschende Vertriebsmethode ist, Publizität, Markt- und Börsenbeziehungen entscheidend. Die Publizität ist besonders durch Zeitungswerbung und durch den Einführungsprospekt bzw. den (strengeren) Zeichnungsprospekt gegeben. Immerhin sind, eben wegen Vorherrschens der Selbstemission, Garantieeinrichtungen, gleichsam eine Emissionsversicherung nötig: das Underwriting. Das ist vor allem Funktion der Emissionshäuser, die daneben auch den Vertrieb übernehmen, wenn sie ihn nicht, was sehr häufig geschieht, Brokerfirmen überlassen. Das Underwriting geschieht durch verschiedene Organisationen:

a) durch das Emissionshaus allein,

b) durch das Emissionshaus, das mit einzelnen Subunderwritern, die Bankfirmen oder Privatkapitalisten sein können, Garantieverträge abschließt. Große Firmen besitzen Listen von Subunderwritern, denen sie Garantiequoten anbieten, meist auf Grund ständiger Geschäftsverbindung, die gewisse Pflichten auferlegt, nämlich daß der Subunderwriter Anteile in jedem Falle, auch größere Quoten übernimmt, ferner, daß er daneben auch Effektenposten effektiv abzunehmen sich erbietet und schließlich, daß er nicht durch sofortige Verkäufe die Kursbildung stört,

c) durch Bildung von Underwritingsyndikaten, vor allem bei größeren Emissionen. Der Leiter des Syndikates kann bei Mißlingen der Emission oder nach einer bestimmten Zeit die Abnahme der garantierten Effekten von den Mitgliedern verlangen, wobei er aber in seinen Entschlüssen vollkommen frei ist. Er kann in der Zuteilung bis zur vollen Quote gehen, er kann aber auch auf jede Zuteilung verzichten. Dagegen gehört der eigentliche Vertrieb meist nicht zu den Pflichten des Underwritingsyndikats, der vielmehr vom Emissionsschuldner selbst oder von Brokern übernommen wird. Das Underwritingsyndikat als Garantiekonsortium hat keinen Anspruch auf Gewinn, vielmehr nur auf Provision.

Die vierte Gruppe, die nordamerikanische[1, 2], hat mit den kontinentalen Methoden größere Ähnlichkeit als mit englischen. Hier herrscht 1. die Fremdemission vor, 2. neben dem Underwritingsystem das Übernahmekonsortium, 3. Banken- und Bankfirmen als Emissions- und Garantiehäuser (Privatkapitalisten als Underwriter sind [schon wegen der größeren Risikobelastung des amerikanischen E.] äußerst selten); 4. der Vertrieb durch die Emissionshäuser selbst, freilich mit Zuhilfenahme von Brokern. Die Organisationen, die am amerikanischen E. beteiligt sind, sind sehr mannigfach. Das unter dem Namen „Underwriting“ geführte Geschäft ist durchaus nicht nur die Emissionsgarantie, sondern meist ein Übernahmekonsortium im kontinentalen Sinne. Konsortien herrschen bei weitem vor, Einzelemissionshäuser sind selten. GERSTENBERG[2] unterscheidet folgende Syndikate:

[1] Vgl. KEICHEL a. a. O.

[1] DEWING, A. ST.: a. a. O. S. 378—407.
[2] GERSTENBERG: a. a. O. S. 347—372.

Underwriting syndicates (Garantiekonsortien) zur Emission von privaten und öffentlichen Emissionen, die aber meist auch den Vertrieb übernehmen, entweder durch den Manager des Syndikats allein oder mit Hilfe der Syndikatsmitglieder (participants).

Subscription syndicates (Übernahmesyndikate), zum Selbstbehalt oder Weitervertrieb, besonders an die alten Aktionäre.

Purchase syndicates (Übernahmesyndikate), die den Subscription syndicates sehr ähnlich sind, die aber noch ein Underwriting syndicate bilden, eine Methode, die in der Gegenwart die gebräuchlichste zur Unterbringung großer Emissionen ist. Oft wird diese Organisation auch „Joint account" genannt.

Selling syndicates (Begebungssyndikate), die die Emissionen dem Publikum anbieten, ohne daß sie zugleich Garantiesyndikate wären. Sie haben also Funktionen wie Broker.

Trading syndicates oder Pools (Stützungs-, Kursregelungssyndikate), die die Aufgabe der Kurspflege übernehmen und sie mit Hilfe von Brokern bewerkstelligen.

Die schematische Darstellung der nordamerikanischen Emissionsorganisation ergibt folgendes Bild (nach GERSTENBERG[1]):

liche Vertriebsformen immer noch verhältnismäßig selten sind, wenngleich eine steigende Tendenz festzustellen ist. Die stoßweisen Emissionsmethoden konzentrieren die Aufmerksamkeit des Publikums auf ein Effekt auf eine kurze Zeit. Die Vertriebsorganisation stellt dann während eines Großteils des Jahres ungenutzte Kapazität dar. Bei Aktienemissionen begünstigt die in Deutschland herrschende Simultangründung und die auch bei weitem vorherrschende Fremdemission den stoßweisen Absatz Zur stoßweisen Absatzform gehören die Auflegung zur Zeichnung und der freihändige Verkauf, aber auch die Placierung geht mehr stoßweise als kontinuierlich vor sich.

a) Die Auflegung zur Zeichnung. Sie kann sich in zwei Formen abspielen: entweder als Auflegung zur Zeichnung mit festem Kurs, oder als Auflegung zur Zeichnung mit beweglichem Kurs (Tendersystem). Bei der Auflegung zur Zeichnung ist Bekanntheit des Papiers, eine gute Vertriebsorganisation und viel Werbung notwendig. Sie besitzt ferner die Schwierigkeit der Kursfestsetzung und die Bedenklichkeit der Kursfestlegung, bevor das Verhalten des Marktes gegenüber dem Papier feststeht. Die Auflegung zur Zeichnung spielt sich in drei Stufen ab: Aufforderung zur Zeichnung, Zeichnung und Zuteilung.

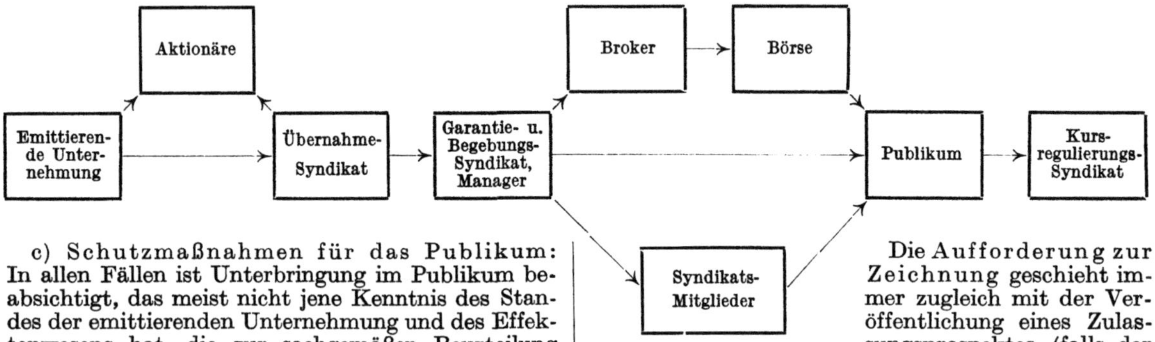

c) Schutzmaßnahmen für das Publikum: In allen Fällen ist Unterbringung im Publikum beabsichtigt, das meist nicht jene Kenntnis des Standes der emittierenden Unternehmung und des Effektenwesens hat, die zur sachgemäßen Beurteilung notwendig sind. Der Schutz des Publikums wird in den einzelnen Staaten auf verschiedene Weise erstrebt. Hier sollen nur die Grundprinzipien angegeben werden. Überall sind Bestimmungen über die Börsenzulassung vorhanden. In der deutschen Gruppe gilt daneben das Prinzip der Prospekthaftung für falsche und unvollständige Angaben im Prospekt; in Frankreich, dem Lande mit den geringsten Schutzmaßnahmen, das Publizitätsprinzip, das aber nicht sehr weit geht; in England das Publizitätsprinzip, Prospektzwang für alle Emissionen, auch wenn sie die Börse nicht berühren, die Offenlegung der Underwritingprovisionen, Zulassungsgenehmigung zum Börsenhandel, Verbot des Hausierhandels mit Effekten; in Amerika Publizitätsprinzip mit Zulassungsgenehmigung, in einzelnen Staaten (Blue Sky Laws) durch staatliche Behörden.

2. Emissionsverfahren. Für die Durchführung der Emission gibt es grundsätzlich vier Distributionsmethoden:

a) Die Auflegung zur Zeichnung (Subskription),
b) der freihändige Verkauf (Einführung),
c) der Verkauf unter der Hand (Placierung),
d) das Underwriting, das aber nicht mehr eine Distributionsform im eigentlichen Sinn, sondern eine Garantieform ist.

Der Vertrieb von Effekten unterscheidet sich immer noch wesentlich vom Vertrieb anderer Waren. Er geschieht meist stoßweise, während kontinuier-

[1] a. a. O. S. 351.

Die Aufforderung zur Zeichnung geschieht immer zugleich mit der Veröffentlichung eines Zulassungsprospektes (falls der Zulassungsantrag bereits gestellt ist) oder sonstiger Mitteilungen, die im Prinzip den Prospekt ersetzen sollen (Zeichnungsprospekt in englischem Wirtschaftskreis, der in seinen Anforderungen sogar noch weiter geht als der Zulassungsprospekt). Es ist hierbei neben den Beurteilungsgrundlagen für die Güte des Papiers die Versicherung, daß der Zulassungsantrag baldmöglichst gestellt werden wird, sehr wichtig. Die Zeichnungsaufforderung ist das typische Verfahren bei erstklassigen Staatspapieren; aber auch Aktien werden, wenn auch weit seltner, in dieser Form begeben, manchmal sogar vor erfolgter Zulassung zur Börse.

Bei der Zeichnung ist oft eine Sperrverpflichtung (Verpflichtung, die Papiere vor einer bestimmten Frist, einem halben oder ganzen Jahr, nicht zu veräußern) zu unterschreiben. Wenigstens haben Zeichnungen mit Sperrverpflichtungen größere Aussicht auf bevorzugte Zuteilung. Damit wollen die Emittenten die „Konzertzeichner" fernhalten, die als Spekulanten die Sperrverpflichtung nicht einhalten können. Manchmal ist sogar bei der Zeichnung Leistung einer Sicherstellung (Effekten, Bürgschaft) notwendig. In neuster Zeit sehen die Emissionshäuser hiervon ab, wenn der Kontenstand und die Kontenbewegung die Sicherheit verbürgen.

Die Zuteilung ist bei Ausgleich von Angebot und Nachfrage kein Problem, wohl aber bei Überzeichnung, die manchmal das Mehrfache des aufgelegten Betrages übersteigt. Bei festverzinslichen Papieren, z. B. Kommunalobligationen, kann eine folgende Emission Abhilfe schaffen. Im allgemeinen aber muß repartiert werden, wobei Differenzierungen der einzelnen Zeichnungsgruppen durchaus üblich sind. Bestimmte Grundsätze für die Zuteilung bestehen nicht.

Die Auflegung zur Zeichnung mit beweglichen Kursen (Tender-System) ist eine englische Eigentümlichkeit und auch im Schwinden begriffen, trotzdem sie gegenüber dem festen Kurs ihre Vorteile hat, weil die Marktgegebenheiten besser ausgenutzt werden können. Es wird eine bestimmte Menge, z. B. 10 Mill. £ zu einem Mindestkurs, z. B. von 93 % mit der Maßgabe aufgelegt, daß höhere Gebote gemacht werden können. Die höchsten Angebote werden zuerst befriedigt. Natürlich muß, trotz verschiedener Limitierung, der Kurs für alle Käufer einheitlich sein. Er ist der tiefste Kurs der zum gesamten Absatz nötigen Teilmenge. Es sollen z. B. folgende Gebote eingegangen sein:

5	Mill.	zu	93 %
5	,,	,,	94 %
4	,,	,,	95 %
3	,,	,,	$95^1/_2$ %

Der Kurs ist dann 94, die Angebote darüber werden voll, die 5 Mill. zu 94 werden repartiert zugeteilt.

b) Freihändiger Verkauf. Ist für die Subskription eine Einführung an der Börse nicht notwendig, so ist bei der Vertriebsform durch freihändigen Verkauf die Zulassung und der Absatz an der Börse Voraussetzung. Die Börse ist sogar der einzige Markt für die auf diese Weise vertriebenen Werte. Weil freihändiger Verkauf und Einführung notwendig zusammengehören, nennt man diese Vertriebsform auch Einführung, trotzdem „Einführung" das Typische dieser Emissionsform nicht ausdrückt, bei der es sich um marktmäßigen Vertrieb entsprechend der jeweiligen Nachfrage handelt. Freilich muß das an der Börse geschehen, wozu eben die Einführung nötig ist. Der Absatz geschieht allmählich, entsprechend der Marktlage. Der freihändige Verkauf beginnt am Einführungstage zu einem Einführungskurs, den das Emissionshaus bestimmt. Es bietet zu dem Einführungskurs eine bestimmte Menge Effekten an. Ist der Markt aufnahmefähig, steigt der Kurs über den Einführungskurs, und das Emissionshaus ist imstande, die Marktlage für sich auszunützen, was es bei der Subskription nicht kann. Manipulierung des Marktes ist bei dieser Methode an der Tagesordnung: Begrenzung der jeweils zum Verkauf bereitgestellten Menge, Eigenkauf, um das Abgleiten des Kurses zu vermeiden oder sein Steigen zu erreichen, intensivste Kurspflege, namentlich in der ersten Zeit, um die Emission gelingen zu lassen. Spekulanten verstehen es, diese Sachlage auszunutzen. Meist dauert die Unterbringung der Emission länger als bei der Subskription, weshalb bei dringendem Geldbedarf diese Methode nicht anwendbar ist, es sei denn, daß die Emissionsbank die Emission fest übernommen hat. Beim freihändigen Verkauf ist das Verfahren nicht so öffentlich wie bei der Subskription, was für den Käufer manche Gefahr mit sich bringt.

α) Der stoßweise freihändige Verkauf. Ist beim freihändigen Verkauf der Absatz auch langsamer als bei der Subskription, so ist dieses Verfahren immer noch zu den stoßweisen Vertriebsformen zu zählen. Es kommt vor, daß der gesamte verfügbare Bestand am Einführungstage abgesetzt ist. Freilich findet häufig schon ein Handel „per Erscheinen" statt. Oft ist dann die Nachfrage am Einführungstage größer als das verfügbare Angebot. In diesem Falle findet eine Kursnotierung gewöhnlich nicht statt. Dann versucht das Emissionshaus, einen Ausgleich am Markt herbeizuführen.

β) Der kontinuierliche freihändige Verkauf. Neben der stoßweisen Form des freihändigen Verkaufes gibt es noch die des kontinuierlichen Verkaufes. Sie ergibt sich natürlicherweise aus der Art des Bedarfes, der kontinuierlich und in kleinen Dosen auftritt. Es ist der kontinuierlich auftretende Bedarf vieler Wirtschaftssubjekte, die vom Emissionshaus Kredit beanspruchen: Landwirte, Hausbesitzer, mittlere und kleine Gewerbebetriebe. Der kontinuierliche Bedarf wendet sich an kontinuierlich auftretendes Kapitalangebot, das proportional der Kapitalbildung entsteht. Dieser Kreis der Anlagesuchenden findet seine beste Befriedigung in der kontinuierlichen Absatzform, während der spekulative Kapitalist ein seiner Absicht entsprechendes Betätigungsfeld auf diesem Markt nicht findet. Der kontinuierliche freihändige Verkauf ist die gegebene Absatzform der Pfandbriefanstalten und in geringerem Maße auch der Kommunalbanken. Staatspapiere werden unverständlicherweise in dieser Form nicht vertrieben.

Der kontinuierliche freihändige Verkauf ist an drei Voraussetzungen geknüpft: an genügenden Vorrat an zugelassenen Papieren, an ein voll ausgebildetes Vertriebssystem und an relativ stabile Kurse.

Das Emissionshaus muß einen genügenden Vorrat börsenreifer Papiere besitzen. Das beste wäre eine Zulassung auf Vorrat. Dies ist möglich und auch vorhanden bei Landschaftspfandbriefen, bei denen die Zulassungsstellen jede angemeldete Menge zulassen müssen. Es ist nicht der Fall bei Hypothekenbanken, bei denen die Zulassungsstellen die Möglichkeit der mengenmäßigen Beschränkung besitzen und sie auch ausüben. War es in Berlin vor Jahren noch üblich, mindestens einen dreijährigen Bedarf (gemessen an der Vergangenheit) zuzulassen, ist es heute Brauch, nur noch bereits übersehbaren Bedarf zur Einführung anzunehmen. Diese Methode macht häufige Anträge notwendig.

Kontinuierlicher Vertrieb, der sich an das breite Publikum und an alle Landesteile wenden muß, bedarf einer Vertriebsorganisation, die nicht ausgedehnt genug sein kann. Massenfilialgeschäfte allein können diese Aufgabe erfüllen, ein Vertriebssystem, wie es die kommunalen Banken besitzen. Aber alle hier in Frage kommenden Banken besitzen überhaupt keine Filialen, weshalb sie auf Vermittlungsbanken angewiesen sind. Diese sind Banken aller Typen, insbesondere aber Großbanken mit ausgedehntem Filialnetz, die neben dem Vertrieb auch die Werbung übernehmen: am Schalter, durch Rundschreiben usw. Für den Vertrieb erhalten sie Provision, hier Bonifikation genannt, eine Einrichtung, die große Mißstände hervorgerufen hat. Die Pfandbriefbanken haben sich in den Bonifikationen gegenseitig überboten, weil die Vermittlungsbanken naturgemäß die Pfandbriefe und Kommunalobligationen am liebsten verkauften und anpriesen, die ihnen die größte Bonifikation einbrachten. Das Bonifikationsabkommen vom Jahre 1928, das eine Begrenzung der Bonifikationen vorsieht, war eine absolute Notwendigkeit. Es sieht eine Normalbonifikation von $1^1/_2$ % und eine Ausnahmebonifikation von 2 % vor. Trotzdem ist der in praxi gezahlte Satz höher als 2 %. Der Absatz beim kontinuierlichen Verkauf geschieht zum Marktpreis, also zum Tageskurs. Schwankende Kurse müssen daher dem Emissionshaus sehr unerwünscht sein. Darum suchen die Banken durch intensivste Kurspflege besonders stabile Kurse zu erreichen. Bekanntlich erfreuen sich die Hypothekenbanken stabilster Kurse, eine Folge ihrer geschickten Emissionspolitik und vorzüglichen Kurspflege.

γ) Der kontinuierliche freihändige Verkauf durch Naturalübergabe an die Darlehnsschuldner. Eine Abart des kontinuierlichen freihändigen Verkaufs ist eine Emissionsform, die oft von öffentlichen Bodenkreditanstalten (Landschaften, Industrieschaften) geübt wurde: die Naturalemission an die Darlehnsschuldner. Die Kreditnachfragenden erhielten statt Bargeld Pfandbriefe, die sie dann zu veräußern hatten. Sie gaben sie zur Bezahlung ihren Gläubigern selbst wieder weiter oder, was meist geschah, sie warfen sie im Augenblick des Empfanges auf den Markt. Da der Geldbedarf bei der Landwirtschaft stoßweise auftritt, entsprechend dem Feldbestellungsbedarf, war ein stoßweises Angebot von Landschaftspfandbriefen das Natürliche, mit allen Folgen auf die Kursbildung. Jedenfalls geschah die Verwertung der Pfandbriefe nicht unter markttechnischen Gesichtspunkten. Eine primitivere, freilich auch bequemere Art der Emission ist nicht denkbar. In neuester Zeit ist diese Vertriebsform selbst von Landschaften verlassen worden.

c) Der Vertrieb unter der Hand (die Placierung). Schon der freihändige Verkauf ist der Subskription in der Öffentlichkeit des Verfahrens, das man nicht hoch genug veranschlagen kann, unterlegen. Ein völlig „unöffentliches" Verfahren ist der „Vertrieb unter der Hand" (sous le manteau), der die Öffentlichkeit nicht sucht, um nicht zu sagen, daß er sie scheut, was man freilich nicht von allen auf diese Weise untergebrachten Werten sagen kann, aber doch von manchen. Das Verhältnis dieses Verfahrens zu den übrigen Emissionsmethoden ist ungefähr das des unnotierten Marktes zum offiziellen Markt.

Die Placierung benötigt einer Börse nicht. Sie bedient sich dagegen oft des unnotierten Marktes, manchmal wird die Beantragung der Zulassung an die Börse versprochen. In der Nichtbenötigung der Börse unterscheidet sich die Placierung zunächst von der Einführung. Weiter wendet sie sich nicht an die breite Öffentlichkeit, sondern nur an Interessenten. Ihre Vertriebsmittel sind: Rundschreiben, Schalterwerbung und Vermittlung durch beauftragte Banken und Agenten.

Hausierhandel in Effekten ist in Deutschland und England verboten, in USA. beleuchten die an die Reisenden gezahlten Provisionen in Höhe bis zu 20 % und darüber die Güte der vertriebenen Effekten. Die stark verbesserten Verkehrsverhältnisse, besonders in der Nachrichtenübermittlung, haben die Vertriebsmöglichkeiten der Placierung erhöht. Aber das Fehlen der Öffentlichkeit des Verfahrens, der öffentlichen Kontrolle, der börsenmäßigen Preisbildung, bestenfalls ersetzt durch die Kursbildung am unnotierten Markt, die sachverständiger Kurspflege entbehrt, sprechen gegen diese Art der Emission, wenn sie auch in manchen Ländern und in gewissen Papieren verhältnismäßig häufig vorkommt. Effekten öffentlicher Körperschaften werden auf diese Weise nicht vertrieben, dagegen alle Arten privater Papiere: Aktien, Kuxe, G.m.b.H.-Anteile, Bohranteile, Kolonialwerte usw.

d) Das Underwriting. Das Underwriting ist die typische Emissionsmethode in England und z.T. mit einigen Abwandlungen in USA. Es ist im Kern eine Emissionsversicherung. Auch der Ausdruck stammt aus der Versicherung. Die Underwriter, welche Organisation diese auch bilden mögen, ob lose Einzelorganisationen oder Syndikate, garantieren dem Emittenten bzw. einem Emissionshaus den Absatz der Emission. Der Vertrieb geschieht meist nicht durch die Underwriter. Im Falle des Mißlingens müssen sie bis zur Höhe ihrer Quote Effekten übernehmen. Das Emissionshaus bietet Underwritern, die auf seiner Underwritingliste stehen, Garantiequoten an. Als Entgeld zahlt der Versicherte eine Kommission, die, nach dem Risiko abgestuft, verschieden ist: bei erstklassigen Effekten etwa 1 %, bei weniger guten Staats- und Kommunalpapieren 1—2 %, bei spekulativen Werten 4 %. Provisionen über 10 % sind durch die Companies Act von 1928 verboten.

Das Emissionshaus ist meist der Overrider, es erhält eine overriding commission, die von der underwriting commission abgespaltet wird, z. B. 1 % von den 4 %. Die restlichen 3 % kommen den Subunderwritern zu, und zwar für ihre volle Quote, ganz gleich, ob ihre Garantiefunktion in Anspruch genommen wird oder nicht. Der Hauptunderwriter oder die emittierende Gesellschaft versuchen, die Effekten in ihrem Kundenkreis oder durch Broker, die aus der overrider commission entgolten werden, abzusetzen. Gelingt es nicht oder nicht ganz, sind die Subunderwriter verpflichtet, den Rest im Verhältnis ihrer Quoten abzunehmen. Die Kommission erhalten sie aber vom Gesamtbetrag, selbst wenn sie gar nicht in Anspruch genommen werden. Beträgt z. B. die Kommission 4 %, die Quote 1000 £ und muß der Garant 500 £ abnehmen, erhält er trotzdem 40 £ Provision, d. h. die Pfundaktie wird ihm mit s 18/5 berechnet. Je geringer der Anteil, den der Underwriter abnehmen muß, desto höher wird seine Kommission. Sie wird bei halber Inanspruchnahme verdoppelt (40 £ auf 500 £ = 8 %), bei $^1/_4$ vervierfacht (40 £ von 250 £ = 16 %).

Die Einschaltung der Subunderwriter ist sehr wichtig. Sie sind für das Gelingen der Emission entscheidend. Das Underwriting, die Vorbereitung der eigentlichen Emission, ist das eigentliche Organisationsprinzip des Effektenmarktes in England. Besonders gesucht von den Underwritingfirmen sind die besten Werte, die zwar die geringste Kommission, aber die größte Sicherheit und die geringste Effektivinanspruchnahme bedeuten.

Die Versicherung der Emission durch das Underwriting ist keine sehr billige Methode. Trotzdem wagt nur selten eine Unternehmung, ihre Emission unversichert zu lassen. Zu der Versicherungskommission treten noch weitere Provisionen an Zeichnungs- und Vertriebsstellen, Banken oder Broker, selbst dann, wenn z. B. bei bereits bestehenden Unternehmungen die Neuemission unter dem Börsenkurs emittiert wird.

e) Mischformen der Emission. Neben diesen reinen Vertriebsformen gibt es noch gemischte: z. B. Subskription mit freihändigem Verkauf (für den nicht durch Zeichnung untergebrachten Teil), freihändiger stoßweiser Verkauf mit kontinuierlichem Verkauf, Subskription und freihändiger Verkauf mit Underwriting und andere.

f) Die Börse als Emissionsorgan. Für die meisten Emissionsmethoden ist die Börse zur Unterbringung der Effekten nicht notwendig. Mit Ausnahme der „Einführung" kann die Emission der Effekten auch ohne Zuhilfenahme der Börse durchaus gelingen. Und trotzdem ist die Börse für die Emission von nicht zu unterschätzender Bedeutung, nicht nur deswegen, weil die Emission ohne bereits erfolgte Zulassung oder versprochene Beantragung oft nicht gelingen würde. Die Börse ist vor allem für den weiteren Verlauf der Emission von Wichtigkeit, ja unentbehrlich. Sie ist der Ort des Absatzes bereits emittierter Effekten, der Ort der Preisbildung, ohne den eine verläßliche Schätzung des Effektenbesitzes unmöglich wäre. Darum ist in jedem Fall die Börse erst das Schlußglied der Emission. Die Zulassung zur Börse sollte darum schon vor der Emission erfolgt sein oder der Antrag unmittelbar darauf erfolgen.

3. Emissionstechnik bei den einzelnen Effektentypen. Die Emissionsmethoden ergeben sich aus der Organisation des Kapitalmarktes und den Eigenheiten nationaler Wirtschaft. Doch auch die einzelnen Effektentypen zeigen Eigenheiten, die bestimmte Emissionsmethoden erfordern, bzw. für bestimmte Emissionsmethoden besonders günstig sind. Es sind ferner Besonderheiten der einzelnen Effektentypen hervorzuheben, die für die Emission von Bedeutung sind.

a) Aktien. Bei der Emission von Aktien wendet man sich an das spekulative Publikum, das immer nach besonderen Gewinnmöglichkeiten ausschaut, viel beweglicher als das Publikum ist, das festverzinsliche Papiere kauft, sich vom alten Besitz leichter trennt, um neue Effekten zu erwerben, viel eher „mitgeht", sich aber auch viel leichter „loslöst" als Käufer von Schuldverschreibungen. Einerseits sucht die Aktie die Börse, die ihr erst die Beweglichkeit gibt, die sie braucht, um das Risiko, das mit ihr verbunden ist, zu vermindern, ferner aber auch, um alle Kreise zu erfassen, die zur Finanzierung notwendig sind. Andererseits verzichtet aber die Aktie gern auf Börseneinführung und Notiz am offiziellen Markt, begnügt sich mit dem unnotierten Markt oder bleibt völlig im Kreise der Angehörigen und Freunde des Aktienunternehmens. Darum liegt ihr auch die Unterbringung unter der Hand. Aktien sind der Güte der Wertpapiere nach außerordentlich unterschiedlich, bedürfen daher starker Werbemittel, vor allem bei neuen Unternehmungen. Bekannte Betriebe bringen ihre Neuemissionen leicht im Kreise der alten Aktionäre unter, trotzdem das Bezugsrecht den alten Aktionären fast ganz entzogen worden ist. Auflegung zur Zeichnung kommt auch, aber höchst selten vor, ebenso die Selbstemission, da meist das Geld sofort benötigt wird, das nur eine Bank ohne Verzug herbeischaffen kann.

b) Privatobligationen. Privatobligationen, die mit Industrieobligationen fast identisch sind, dagegen zeigen, ziemlich gleichmäßig verteilt, alle Formen der Emission, von der Subskription bis zur Placierung und zum Underwriting. Sie bedürfen häufig besonderer Anreizmittel (höherer Verzinsung als öffentliche Obligationen und Pfandbriefe, besonderer Vorteile bei der Tilgung, Agio, oft Beteiligung am Gewinn, wenngleich dies oft praktisch wegen Bindung an zu hohe Dividendensätze nicht wirksam wird). Aus denselben Gründen, zur Erleichterung der Emission, haben sie zu Mischformen geführt und die Formen der Wandelobligationen und der Aktien-Bezugsrechtsobligationen hervorgebracht.

c) Staatsanleihen. Staatsanleihen sind früher fast ausschließlich durch Emissionshäuser emittiert worden und haben zur Gründung von ständigen Emissionskonsortien geführt. Bis zum Krieg gab es im Reich und in Preußen eigentlich nur einen Einheitstyp von Anleihen, vom verschiedenen Zinsfuß abgesehen. Mit den Kriegsanleihen ging man zum Vieltyp über und schuf Anleihebedingungen früher unbekannter Art: K-Schatzanweisungen, E-Schatzanweisungen, Liquidationsschuldbuchforderungen, besondere Anreizmittel (Prämien, Agio, Goldklausel). Seit 1914 gab Preußen die alte Methode der Ausgabe von Rentenanleihen auf und ging zum Typ der auslosbaren Schatzanweisungen über.

Neben Anleihen ist noch die Emission von Schuldbuchforderungen von Bedeutung, falls der Emissionsschuldner Schuldbücher führt. Preußen führt z. B. zur Zeit kein Schuldbuch, nachdem beim Übergang der Staatseisenbahnen auf das Reich die preußischen Staatsschuldbuchanleihen vom Reich übernommen und zur Anleiheablösungsschuld umgewandelt worden sind. Schuldbuchanleihen können sein: a) reine, b) in Anleihestücke umwandelbare Schuldbuchforderungen, ebenso wie Anleihestücke in Schuldbuchforderungen umgewandelt werden können oder nicht.

Die Emissionsformen für Staatsanleihen sind fast durchweg Auflegung zur Zeichnung mit nachfolgender Einführung an die Börse. Man bevorzugt also stoßweisen Vertrieb, trotzdem kontinuierliche Unterbringung sicherlich von Vorteil wäre[1]. Die Emissionskonsortien, oft ständiger Art, sind auf breitester Basis aufgebaut und stehen oft unter Führung von Staats- oder Zentralnotenbanken.

Eine Wandlung im öffentlichen Emissionswesen liegt in Deutschland auch darin, daß die öffentlichen Betriebe eigene Anleihen emittieren, während früher der in Frage kommende Staat die einem seiner Werkbetriebe zugedachte Anleihe unter seinem Namen herausbrachte. So waren die Anleihen für die preußischen Eisenbahnen reine Staatsanleihen. Heute emittiert z. B. die reichseigene Viag Anleihen unter ihrem Namen oder dem ihrer Gesellschaften.

Auch die Beschränkungen der öffentlich-rechtlichen Körperschaften in der Emission von Anleihen durch die „Beratungsstelle", deren Befürwortung notwendig ist, stellt eine Neuerscheinung im öffentlichen Emissionswesen dar. Die „Richtlinien über die Schuldenaufnahme durch Länder, Gemeinden und Gemeindeverbände" vom 3. Dezember 1930 halten an der Beschränkung der Emissionsfreiheit der öffentlichen Körperschaften fest. Das Reich unterwirft sich freiwillig denselben Richtlinien.

[1] Die in England und Frankreich bestehende Vorschrift, daß Sparkassen ihre Gelder ausschließlich in Staatsanleihen anzulegen haben, ist in diesem Sinne wirksam. Sie erklärt zu einem guten Teil, weshalb in diesen Ländern seit jeher Staatsanleihen einen besseren Markt hatten, als in Deutschland, wo die Sparkassen in der Anlage nicht dieser Bindung unterliegen.

d) Kommunalanleihen. Für Kommunalanleihen benutzt man zwei Emissionsformen: freihändigen Verkauf und in zweiter Linie Auflegung zur Zeichnung. Dem kontinuierlichen Bedarf an Geldmitteln und der besseren Ausnutzung des Marktes kommt die erste Form besser entgegen. In Deutschland stehen Einzel-, Sammel-, Einheitsanleihen und Kommunalobligationen miteinander in Wettbewerb. Heute schon haben Sammel- und Einheitsanleihen (von Girozentralen emittiert) das Übergewicht über Einzelanleihen (von Emissionskonsortien, meist unter Beteiligung der betreffenden Bezirksgirozentrale) und Kommunalobligationen (von privaten Hypothekenbanken emittiert)[1]. Zweifellos geht die Tendenz zur Allein- oder wenigstens maßgeblichen Emission von Kommunalanleihen durch Kommunalbanken. Freihändiger Verkauf und vor allem der kontinuierliche Vertrieb sind die natürlichen Vertriebsformen. Die Vereinheitlichung der Anleihen ist emissionstechnisch ein großer Fortschritt.

Die Subskription wird besonders für große Anleihen gewählt und Konsortien übertragen, z. B. die Sammelablösungsanleihe dem Preußenkonsortium, dem auch die Deutsche Girozentrale als Mitglied angehört.

e) Pfandbriefe. Bei den Pfandbriefen ist ebenfalls die Tendenz zur Vereinheitlichung ihrer Typen vorhanden. Ihre natürliche Vertriebsform ist der kontinuierliche freihändige Verkauf.

4. Sonderfragen der Emissionstechnik. Zum Gelingen der Emission gehören weitere Erfordernisse, die sich insbesondere erstrecken: auf die Emissionszeit, auf den Emissionskurs und auf die Ausstattung der Wertpapiere.

Die Emissionszeit zu bestimmen ist recht schwierig, zumal in wirtschaftsunruhigen Zeiten. Eine Emission kann nur Erfolg versprechen, wenn die Mittel zur Aufnahme vorhanden, demnach, wenn die Kapitalbildung hinreichend ist. Bei Aktienemissionen trifft das nicht immer zu, da Neuerwerbungen häufig durch Verkauf alter Aktien finanziert werden. Entsprechend den verschiedenen Kreisen, an die die einzelnen Effektentypen sich wenden, kommt es auf die Kapitalbildung bei den einzelnen Kapitalistenkreisen an. Freie anlagesuchende Gelder sind besonders dann zu erwarten, wenn bei gleichartigen Papieren Dividenden- und Zinszahlungen erfolgt sind. Damit sind zumeist die saisonalen Emissionszeitpunkte gegeben. Weiter ist die Konjunkturphase ein zu berücksichtigender Faktor: im Aufschwung, wenn die Unternehmungen prosperieren, ist der psychologische Moment zur Emission von Aktien gegeben, besonders zu dem Zeitpunkt, wo noch eine weitere Aufwärtsentwicklung vorauszusehen ist. In der Depression, wo Unternehmungslust und Vertrauen zur gedeihlichen Entwicklung gering sind, ist die Emission festverzinslicher Werte angebracht, aber nicht erst in einem Zeitpunkt, an dem das Ende der Depression sichtbar wird. Ein gutes Barometer für Emissionen ist der Kurs bzw. die Kursentwicklung verwandter Wertpapiere. Steigende Kurse zeigen besser als andere Mittel die beste Emissionszeit an. Doch ist das Verhalten der Konkurrenten sehr wichtig. Die Beanspruchung des Kapitalmarktes durch sonstige Emissionen muß berücksichtigt werden.

Neben der Güte der zu emittierenden Papiere ist die Effektivverzinsung (Rentabilität) entscheidender Anreiz zum Erwerb eines Wertpapieres. Der vergleichsweise höchste Ertrag ist Richtpunkt der Bewegung freien Kapitals. Der Ertrag ist abhängig vom Nominalzins (bzw. geschätzter Zukunftsdividende, an Hand vergangener Dividenden) und vom Emissionskurs. Letzterer ermöglicht nicht nur die Festsetzung gerader Nominalzinsen (während sonst

[1] Spelsberg z. B. gibt eine Schätzung für 1928 an: 600 Millionen Sammel- und Einheitsanleihen (Girozentralen), 550 Millionen Einzelanleihen (Bankenkonsortien), 450 Millionen Kommunalobligationen (Hypothekenbanken).

der Effektivzins, dem bei Pari-Emission die Nominalverzinsung entsprechen müßte, immer eine krumme Zahl ist), sondern auch die Korrektur sonstiger positiver und negativer Momente individueller Wertpapiere, die in eine bestimmte Gruppe eingegliedert werden müssen. Nominalverzinsung und Emissionskurs sind die zunächst zu bestimmenden Eigenschaften der Anleihen (und Aktien), die meist über das Schicksal der Emission entscheiden. Genaue Beobachtung des Effektenmarktes ist hierzu unerläßlich.

Doch sind gerade in Zeiten schwieriger Kapitalverhältnisse Zusatzleistungen gebräuchlich, vor allem für Effekten minderer Qualität und Emissionen von Ländern und Unternehmungen geringeren Ansehens.

Für Aktien kommen Sondervergünstigungen weniger in Betracht, abgesehen von der Ausstattung der Vorzugsaktien mit mehrfachem Stimmrecht, prioritätischem Anrecht auf Dividende und Liquidationserlös, fester und kumulativer Dividende. Der Emissionskurs ist bei Aktien der entscheidende Faktor.

Privatobligationen dagegen zeigen das ganze Register möglicher Zusatzwerbemittel: neben tiefem Emissionskurs ein Rückzahlungsagio, besondere Sicherheiten (in der Vorkriegszeit waren etwa 51 % aller Industrieobligationen hypothekarisch gesichert) bis zu Rechten, die die Umwandlung der Obligationen in Anteilspapiere in das Belieben der Obligationäre stellen (convertible bonds, Wandelanleihen) oder ihnen den Bezug von Aktien zu bestimmten Kursen gewähren (Optionsanleihen). Vor allem in Zeiten, wo Aktienemissionen unmöglich sind, ist die Ausstattung von Industrieobligationen mit Zusatzrechten sehr gebräuchlich.

Staatsanleihen sind oft mit noch größeren Zusatzrechten ausgestattet, entsprechend den größeren Möglichkeiten des Staates. Aus der Fülle der Möglichkeiten seien nur aufgezählt: Steuerbefreiungen, Steueramnestien, Prämien, Bonus, Losgewinne, Rückzahlungsagio, Wertbeständigkeitsklausel (Gold-, Sachwert-, alternative Währungsklausel), spezielle Sicherstellung: Pfänder, positive, z. B. Spezialsicherung durch Vermögen, besondere Einnahmen, Steuern, Sondersteuern; negative, z. B. Freihaltung von jeder Belastung, Zusicherung weiterer Vergünstigungen, falls eine neue Anleihe besser gestellt werden sollte; Bürgschaften (der Staaten für ihre Betriebe, der Zentralnotenbank für Staatsanleihen, z. B. der Reichsbank für die Reichsschatzanweisungen für 1923), Bildung von Tilgungsfonds mit selbständigen Einnahmen, Bestellung von Treuhändern (z. B. BIZ. für die Young-Anleihe) oder Zahlungsagenten, Anpassung der Zinsen an den Kapitalmarkt (wechselnder Zinsfuß), lange Laufzeit.

Kommunalanleihen zeigen ähnliche Zusatzleistungen wie die Staatsanleihen.

Zeigen so die öffentlichen Anleihen eine außerordentlich variable Typengestaltung, die durchaus nicht befriedigen kann, so ist nur für die Bodenkreditinstitute festzustellen, daß sie in der Typengestaltung einfache und einheitliche Wege gegangen sind.

III. Emissionspolitik.

Beste Vertriebsformen und beste Ausstattung der Effekten kann natürlich niemals die Güte der Wertpapiere (Sicherheit und Rentabilität) und die Aufnahmefähigkeit des Marktes ersetzen. Darum gehört sorgfältigste Kurspflege und dauernde Beobachtung des Kapitalmarktes auf seine Aufnahmefähigkeit und zuletzt eine Verständigung mit den übrigen Emittenten zu den Erfordernissen des Emissionsgeschäftes. Die Richtlinien für die Emissionstätigkeit bestimmt letzten Endes die Emissionspolitik, die vor allem drei Aufgaben hat:

a) die richtige zeitliche Verteilung der einzelnen Emissionen, damit Nachfrage und Angebot sich stets ausgleichen,

b) eine elastische Anpassung der Emissionsbedingungen an die Verhältnisse auf dem Kapitalmarkt,

c) die rationale Benutzung der internationalen Kapitalmärkte.

Emissionspolitik zu treiben ist vor allem Sache des Staates als Gesetzgeber und Hauptemittent, aber auch der einzelnen Emissionshäuser. Mit Recht stellt E. Wolfgang[1] fest, daß die deutsche Emissionspolitik in der Nachkriegszeit einen Mangel an Führung gezeigt hat. Ihr fehlte die einheitliche Linie, was zur Sprunghaftigkeit vor allem in der Frage der Auslandsanleihen geführt hat. Aber auch in den Inlandsemissionen zeigt sich, trotz Vorhandenseins der Beratungsstelle und großen Einflusses der Reichsbank großer Mangel an sinnvoller Regulierungstätigkeit. Das Emissionsgeschäft bedarf tiefer Kenntnis und planvoller, vorausschauender Inanspruchnahme der Kapitalmärkte.

[1] Wolfgang, E.: Fehler deutscher Emissionspolitik. Bankwiss. 1931, 841ff.

Literatur: Lotz, Walter: Die Technik des deutschen Emissionsgeschäftes. Leipzig 1890. — Schwätzer, I.: Die Praxis der Emission von Wertpapieren. Wien und Leipzig 1914. — Leutenegger, Hans: Das Anleiheemissionsgeschäft der Schweizerischen Banken. Zürich 1924. — Dieben, W.: Anleihetechnik. Finanzrechtliche Zeitfragen. Berlin: W. Christians Verlag 1931. — Spelsberg, A.: Das kommunale Anleihewesen der deutschen Sparkassen- und Giroorganisation. Dissert., Münster 1929. — Beiträge zur kommunalen Finanzwirtschaft. Berlin-Friedenau 1930. — Keichel, A.: Das Emissionsgeschäft. Rechtsvergleichendes Handwörterbuch für das Zivil- und Handelsrecht des In- und Auslandes 3. Berlin 1929. — Neumann, Walter: Das Kommunalkreditgeschäft der deutschen Girozentralen. Greifswald 1929. — Schmalenbach, E.: Finanzierungen. Leipzig 1928. — Förster: Politische Arithmetik. Berlin und Leipzig 1924. — Dewing, A. St.: The financial policy of corporations. New York 1926. — Gerstenberg, Ch. W.: Financial organisation and management of business. New York 1924. — Moulton, H. G.: The financial organisation of society. Chicago 1925.

Konrad Mellerowicz.

Emissionsstatistik s. *Finanzgeschäft 10.*

— **steuer** s. *Kapitalverkehrssteuern 2b.*

— **technik** s. *Emissionsgeschäft und Emissionstechnik.*

Engagementsstand. Hiermit bezeichnet man an der Börse den Umfang der laufenden (also noch unabgewickelten bzw. reportierten) Kauf- und Verkaufstransaktionen. Man sagt: „Die Börse ist nach unten engagiert“ oder „Der Markt ist verfixt“, wenn Leerverkäufe (also Baisseengagements) der Berufsspekulation überwiegen. Über den Einfluß des E. auf die *Kursbildung* s. d.

England, Geld- und Kapitalmarkt.

I. Geschichtliche Entwicklung.

Die Struktur sowohl wie auch die Bedeutung des englischen Kapitalmarktes ist durch weltwirtschaftsgeschichtliche Gründe bestimmt und kann nur von diesem Standpunkt erfaßt werden. Die besondere Form und das Zusammenspiel der einzelnen Teile sind mit Bagehots klassischer Schilderung wirklich bewußt geworden. Sie sind das Produkt einer jahrhundertlangen traditionsmäßigen Entwicklung, die vor allem von der bestimmenden Rolle beeinflußt worden ist, die England bei der Entstehung der heutigen weltwirtschaftlichen Verflechtung gespielt hat.

Die Entwicklung des Kapitalmarktes, dessen materielle Grundlage in der Zeit vor der industriellen Revolution in erster Linie auf Handel begründet war, begann mit dem Entstehen großer Handelshäuser und Gesellschaften. Daran schlossen sich aus dem Edelmetallhandel hervorgehend, bald Privatbanken an. Abgerundet wurde diese Entwicklung durch die nach der Krise, in die die letzten Jahre der Stuarts die Goldschmiede verwickelten (Suspension of the Exchequer Payments) erfolgende und auf staatsfinanzielle und politische Ursachen zurückzuführende Gründung der *Bank of England* (1694) (s. d.). Die Bank von E. spielt nun in der Folgezeit eine immer größere Rolle; ihre Monopolstellung in London als notenausgebende Aktienbank wird einer der determinierenden Faktoren in der Strukturausbildung des englischen Finanzsystems. Die Privatnotenbanken mit weniger als sechs Partnern, die sich auf Grund eines Gesetzes von 1742 bilden, konnten sich nur in der Provinz festsetzen, wo die Bank von E. keine Filialen hatte und ihnen kaum Konkurrenz machte. Die Ausbildung des Effektenverkehrs erfolgte auf einem durch private Vereinigung gebildetem Markte. Die Ära der französischen Kriege, die den größten Konkurrenzplatz, Amsterdam, auf eine lange Zeit lähmte und die die englische Finanz vor neue Auslandsaufgaben stellt, schließt den langsamen Aufstieg Londons zu der dominierenden Stelle im finanziellen Gefüge der Weltwirtschaft ab. Zur gleichen Zeit geben die finanziellen Krisen, die zur Aufhebung der Goldeinlösung (1797) und zur Entwertung des Pfundes führen, den ersten Stoß zur grundlegenden Änderung der Bankstruktur des Landes, zum Verfall des Kleinbanksystems.

Durch die beginnende industrielle Revolution, welche der bahnbrechenden englischen Industrie Monopolprofite sichert, wird E. Weltstellung noch weiter befestigt. Mit ihr und durch sie bestimmt begann auch die moderne strukturelle Entwicklung des Geld- und Kapitalmarktes. Der Kapitalexport, speziell nach Südamerika, fing an im Finanzleben eine große Rolle zu spielen. Auf dem Gebiete der kurzfristigen Finanzierung des Welthandels, die eine ungeahnte Ausdehnung erfuhr, fiel E. auf Grund seiner günstigen Lage Hauptanteil und Hauptgewinn zu. Die fortgesetzten und immer heftiger werdenden Krisen, denen (der heutigen amerikanischen Lage nicht unähnlich) ein Großteil der Banken zum Opfer fiel, erzwangen die Reorganisierung des Bankwesens.

Mit der Abschaffung des Verbotes der Gründung von Aktienbanken (mit unbeschränkter Haftung) zunächst außerhalb von London im Jahre 1825 setzt diese Entwicklung ein. Im Jahre 1833 wurde dann Gründung von Aktienbanken auch in London für gesetzmäßig erklärt, jedoch ohne Gewährung des Notenprivilegs. Dies begründete das Einreservesystem. Dabei wurde die Notenbankpolitik von den Fesseln des Wuchergesetzes befreit und die Noten der Bank von E. zum gesetzlichen Zahlungsmittel erhoben. Durch diese Maßnahmen wird das bargeldlose Zahlungswesen zur Entfaltung gebracht, da die Depositenbanken ihre Abhängigkeit von der Notenbank zu vermindern trachteten. Der interne Geldverkehr wurde dadurch elastisch. Ohne diese Vorbedingung würde das Peelsche Bankgesetz, welches nach den neuerlichen scharfen Krisen der Jahre 1837—1840 geschaffen wurde, ein schweres Hindernis im Wege der Entwicklung Londons gewesen sein.

Das System, welches der Notenbankfreiheit ein Ende machte, bewährte sich infolgedessen, so daß die starren Reservebestimmungen, welche den Vorzug hatten, die Überexpansion schon in der Hausseperiode einzuschränken, vor dem Kriege nur dreimal aufgehoben werden mußten, nämlich in den Jahren 1847, 1857 und 1866. Dabei genügte sowohl 1847, wie auch 1866 die bloße Erlaubnis, den Notenumlauf zu erhöhen, um der Geldpanik ein Ende zu bereiten.

II. Struktur des Kreditsystems.

1. Bank of England und die *Joint Stock Banks.* Im Zentrum des finanziellen Systems des Landes steht die *Bank of England* (s. d.). Als Zentralnotenbank ist sie nicht nur die zentrale Reservestelle des Landes gegenüber dem Ausland, sondern sie beherrscht auch in den Grenzen, die ihr durch diese Funktion gezogen sind, durch direkte und indirekte technische Maßnahmen (Diskont und Marktpolitik) und durch ihre seit dem Kriege viel wichtiger gewordene direkte „Einwirkung" (moral suasion) auf die einzelnen Mitglieder des Marktes die Höhe der internen Bankreserve, d. h. die interne Liquidität und die Politik des Systems. Die hohe Konzentration im Bankwesen und die Einbürgerung der bargeldlosen Zahlungsmittel hat den Depositenbanken eine ganz besondere Wichtigkeit verliehen und hat es ermöglicht, daß E. trotz der Starrheit seines Geldsystems vor dem Kriege die nötige Elastizität in der Geldsphäre besaß. Die Bedeutung der Depositenbanken für den Geldmarkt, welcher etwa 50—60% seiner flüssigen Mittel von ihnen erhält, ist außerordentlich groß.

Bilanzlage des britischen Banksystems (Jahresdurchschnitte in Millionen £ abgerundet).

	Bargeld	Depositen mit der Bank von England	Täglich fällige Ausleihungen	Kurzfristiges Geld: Geldmarkt	Kurzfristiges Geld: Börse	Schatzwechsel	Handelswechsel	Anlagen	Kredite an Kunden	Depositen, laufende, auf Rechnung	Depositen, laufende, auf Sicht	Zusammen	Akzepte
a) Englische Clearing-Banken.													
1921	112	104	23	91	18	159	106	351	580	1016	495	1511	61
1925	104	86	25	61	31	91	128	305	822	923	680	1603	61
1930	104	85	33	80	28	129	127	282	933	921	820	1741	58
b) Schottische Banken.													
1921	22	1	4	11	0,7	41	13	75	76	57	150	207	3
1925	18	0,9	3	8	0,9	10	10	79	79	59	112	171	4
1930	17	0,9	5	10	0,8	9	8	69	98	65	110	175	4

Die ungeheure Vermehrung des Kapitalbedarfs in und außerhalb E., zum größten Teil für Eisenbahnbauten, erklärt die wachsende Intensität der Krisen, sowie auch die erhöhte Empfindlichkeit des monetären Mechanismus in E. 1862 wurde die beschränkte Haftung legalisiert. Damit wurde nicht nur die Spekulation entfacht, die 1866 zur sog. Overend-Gumay-Krise führte, sondern auch der Anstoß zur letzten namhaften Strukturveränderung gegeben, die die Entfaltung der Marktverfassung in einem gewissen Sinne beendet. Das Banksystem wird zu (Aktien) G. m. b. H. umgeformt. Damit konnte die Konzentrationsbewegung einsetzen und wurde die Ausschaltung des Geldmarktes von der Inlandsfinanzierung und die Verdrängung der Handelswechsel ermöglicht.

Der nächste Zusammenbruch von 1890, der seine Erklärung in ungesunden Auslandsfinanzierungen findet, und dem das führende Haus Baring Bros. & Co. zum Opfer fiel, macht schon Auslandshilfe, zum erstenmal seit 1838, nötig. Mit Hilfe der Bank von Frankreich und dank der erfolgreichen Kooperation der englischen Banken wurde aber eine Katastrophe auch diesmal verhütet. Das Vorkriegsjahrzehnt sah eine weitere Krise, in welcher Frankreich zur Hilfe kommen mußte (1907), deren Ursache aber mehr im Ausland (nämlich im amerikanischen Banksystem), als in der Struktur des Londoner Marktes oder der Politik Englands lag.

Die formale Struktur des Geldmarktes veränderte sich in dieser Periode, d. h. seit 1866, nur unmerklich und langsam. Bemerkenswert sind u. a. die Erstarkung der Großbanken und ihrer Kredittätigkeit auf Kosten direkter Geldmarktanleihen in Form von Wechselkrediten; die Zunahme der Tätigkeit der fremden und überseeischen Banken, speziell auch der Filialen der deutschen Banken in London, die durch die Finanzmöglichkeiten immer mehr angelockt wurden; der Verfall des reinen Billbrokertums, das bei gleichzeitiger Konzentration auf dem Diskontmarkte vom Guarantor immer mehr zum Vermittler wurde. Die grundsätzliche Entwicklung in den Arbeitsformen des Marktes beruhte weit mehr auf der Änderung der Politik der Bank von E., die sich ihrer Rolle als die internationale Reserve des Landes — die BAGEHOT so glänzend untersucht und klargestellt hat — mehr und mehr bewußt wurde und mit wachsender Sicherheit die laufende Belastung ihrer, trotz ängstlicher Propaganda vieler Sachverständiger bis kurz vor dem Kriege sehr geringen Goldreserven, abzuschätzen und entsprechende Maßnahmen durchzuführen wußte, ohne sich jedoch um die tieferen Zusammenhänge zu kümmern[1]. Insofern jedoch E. trotz der Erstarkung anderer Länder Beherrscher des sensitivsten Gebietes der internationalen Finanz geblieben war, gaben die Goldbewegungen die wahre Kapitalslage der Weltwirtschaft wieder und das System funktionierte wenigstens verhältnismäßig reibungslos.

Auf der anderen Seite wird ihre Kreditpolitik auf dem Wege des **Geldmarktes** beeinflußt. Der Kapitalreichtum des Landes und die quasi monopolistische weltwirtschaftliche Stellung der englischen Industrie im 19. Jahrhundert, welche ihre Organisation und Aufbau durch Eigenfinanzierung aus Profiten als Mittel- oder Kleineinheitstyp und Privatgesellschaft erlaubte, haben es ermöglicht, daß die Depositenbanken, speziell vor dem Kriege, sich nur mit kurzfristiger Finanzierung befaßten und sich in angemessenem Abstand vom Geldnehmer und seinem Schicksal hielten. Sie legen fast die Hälfte ihrer Depositen so an, daß sie ohne direkten Rückgriff auf die Bank von E. liquide sind. Im Durchschnitt werden etwa 10—11% (vor dem Kriege etwa 15—16%) in Banknoten und Einlagen bei der Bank von E. gehalten. Vor dem Kriege besaß speziell eine der größten Banken auch eine erhebliche Goldeigenreserve; dies wurde aber seither abgeschafft. Die Banknotenreserve beträgt etwa 6%. Bis vor kurzem (und mit Ausnahme der Midlandbank) haben die Monatsbilanzen der Banken den Monatsdurchschnitt ihrer Reserveproportion an einem bestimmten Wochentag („Make-up-day") angegeben, an welchem sie höher war als an anderen Tagen („window-dressing"). Dadurch wurde ein bestimmter Teil der Gesamtreserve bei der Bank von E. durch sukzessive Kündigungen von allen Banken benützt. Auf Grund einer Empfehlung des Mac Millian-Ausschusses wurde dies aber abgeschafft.

Dem Geldmarkt und der Börse werden weitere 6—8% der Depositen auf kurze Sicht zur Verfügung gestellt. In der Hochkonjunktur stiegen die Börsenkredite relativ erheblich an. Jetzt betragen sie jedoch kaum $1/3$ der obigen Verhältniszahl. Weitere 12—15% sind etwa je zur Hälfte in Schatz-

[1] Die Veränderungen seit dem Kriege können besser im III. Teil untersucht werden.

und Handelswechseln angelegt. Die Schatzwechsel werden meistens durch direkte Offerten (tender) erworben, während Handelswechsel — in erster Linie Außenhandelswechsel — teils eigene Akzepte sind oder von dem Diskontmarkt gekauft werden. Die Depositenbanken befassen sich seit dem Kriege zunehmend mit der Finanzierung des internationalen Warenverkehrs, so daß die Wichtigkeit der Funktion des Diskontmarktes als Bonitätssachverständiger und Garantor weiter abgenommen hat. Die Fluktuation der Wechselportefeuilles wird zum größten Teil durch die Abnahme der schwebenden Staatsschuld von 1,243 Millionen im Jahre 1921 auf 612 Millionen im laufenden Jahre erklärt (1914 nur 13 Millionen). Anlagen, welche zum größten Teil aus Staatspapieren bestehen und die aber auch ihre Beteiligungen an anderen Banken umfassen, stellen 16—17% der Depositen dar. Der Form nach werden Ausleihungen an Kunden, die die andere Hälfte der Aktiven bilden, überwiegend als „Überziehungen" (Overdraft) gegeben. Direkte Wechseleskompte sind außer Brauch gekommen und Bestrebungen, den Geldmarkt wieder in den Dienst der internen Handelsfinanzierung zu stellen, haben zu keinem Erfolg geführt. Vom Standpunkte des Geldmarktes ist der hohe Zins, der auf Spareinlagen außerhalb Londons gezahlt wird (Minimum ca. $2^1/_2$%) bemerkenswert, da er einer der Ursachen der Starrheit der Debetzinsen der Banken ist.

Das wichtigste Charakteristikum der Joint stock banks ist die relative Stabilität des Verhältnisses zwischen den einzelnen Geschäftszweigen. Eine Beeinflussung ihrer Politik durch die Variierung ihrer Reserven ist daher im allgemeinen relativ leichter als in anderen Ländern. Die großen Erschütterungen und Strukturwandlungen, denen E. in der Nachkriegszeit ausgesetzt war, haben den Abstand der Banken vom Großteil ihrer Kreditnehmer und damit den Gegensatz zum kontinental-europäischen, speziell zentral-europäischen System sehr stark vermindert, der in der völligen Zurückhaltung von Geschäften lag, die über die strikt genommene kurzfristige Finanzierung hinausgehen. Der Schrumpfungsprozeß in vielen Vorkriegsindustrien, die Herausbildung größerer Industrieeinheiten in anderen, hat die Banken, insbesondere auch die Bank von E., die ihre Außenstände bedroht sahen (z. T. ist das Anwachsen der Proportion ihrer „Kundenkredite" (advances) auf diesen Einfrierungsprozeß zurückführbar) gezwungen, sich viel eingehender mit industriellen Fragen zu beschäftigen. Die Wandlung des Bankwesens hat aber auch auf andere Gebiete übergegriffen. Zwar halten sich die Banken von direkten Börsengeschäften und langfristigen Finanzierungen wenigstens offiziell fern, sie kaufen aber für ihr eigenes Konto Staatspapiere und vollziehen Börsenmakleraufträge ihrer Klienten durch Effektenhändler. Ebenso haben sie gewisse nicht ganz klargestellte Beziehungen zu Investment Trusts und nahmen das Vermögensverwaltungsgeschäft (trustee) auf und erweitern ihr Tätigkeitsfeld speziell im Auslande. Außer im Devisenhandel und kurzfristigen Geldkrediten (wenn auch in relativ kleinem Ausmaße: Ende 1931 war ihr Akzeptstand 32,3 Millionen gegenüber 120,2 der Privathäuser) betätigen sie sich auch im Akzept- und Remboursgeschäft, welches früher das alleinige Feld der zweiten Gruppe von Banken, nämlich der sog. merchant bankers oder acceptance houses, war.

2. *Merchant bankers.* Die meisten dieser Häuser sind noch immer Teilhaberschaften, etwa der offenen Handelsgesellschaft des deutschen Rechts entsprechend; einige haben die Form von Privatgesellschaften auf Aktien. Außer dem Akzeptgeschäft verwalten sie auch Depositen, speziell die des Auslandes und sind als solche Geldgeber und Abnehmer von Wechseln. Ihre Bedeutung für den Kapitalmarkt ist sehr groß, da sie fast alle größeren Emissionen (außer denen der Regierung, die durch die Bank von E. gehandhabt werden) herausbringen. Da ihr spezielles Tätigkeitsfeld von jeher das der Außenhandelsfinanzierung war, ist ihre Verbindung mit dem Inlandgeschäft tatsächlich sehr lose. Da sie aber die meisten Direktoren der Bank von E. stellen, während Depositenbankleiter aus traditionellen Gründen davon ausgeschlossen sind, üben sie einen großen Einfluß auf die Geldpolitik aus.

3. *Diskonthäuser.* Als Gegenspieler zu diesen beiden Gruppen und als eigentliche Träger des kurzfristigen Geldmarktes betätigen sich die Diskonthäuser, eine spezifisch Londoner Institution. Ihr Tätigkeitsfeld beschränkt sich auf den Escompt von Handelswechseln. Dieser Zweig des Marktes umfaßt 3 öffentliche und 4 Privatgesellschaften sowie 17 Teilhaberschaften und einige Vermittler (sog. running brokers). Ihr Kapital, welches zumeist in Staatspapieren angelegt ist und zu Lombardzwecken benützt wird (collateral), beträgt etwa 16 Millionen £. Den Großteil ihrer fremden Mittel — etwa 50—60% — besteht aus Anleihen von den Großbanken. Daneben benützen sie die Reserven der Ausland- und Privatbanken, der schottischen Depositenbanken sowie auch in steigendem Maße die der großen Versicherungs- und Anlagegesellschaften. Sie nehmen auch Depositen an auf Sicht und gesperrt. Die benutzten Bankkredite sind der Form nach Wochengelder (weekly fixtures) und zwei Arten von Tagesgeldern (day to day loans und daily fixtures welch letztere vom einfachen Tagesgeld sich dadurch unterscheidet, daß täglich ein Teil fällig wird). Am Tagesende ist es überdies möglich, Überflußgelder der Banken, sog. schlechtes Geld (overnight money) zu erhalten. Die kleinen Privatfirmen dienen fast ausschließlich als Vermittler zwischen den Banken (die speziell vor dem Kriege das Ausland nur wenig kannten) und den großen Diskonthäusern auf der einen und den Akzeptfirmen bzw. ausländischen Handelsbanken, welche das Wechselmaterial von Übersee ankaufen, auf der anderen Seite. Diese Spezialisierung ermöglicht eine Kundenkontrolle, die in normalen Zeiten bewunderungswürdig arbeitet.

4. *Überseeische Handelsbanken.* Etwas mehr abseits vom Geldmarkt befinden sich die großen überseeischen Handelsbanken (vgl. a. *Überseegeschäft*), welche ihren Hauptsitz teils in London haben, teils dort Filialen unterhalten sowie die Niederlassungen ausländischer Großbanken. Ihre Bedeutung für den Geldmarkt gewinnen sie dadurch, daß sie das Wechselmaterial beschaffen (jedoch selbst nur in beschränktem Maße akzeptieren), sowie daß sie den Markt ähnlich wie die Privatbankiers mit ihren Reserven, die meistens bei den Großbanken und nicht bei der Bank von E. gehalten werden, alimentieren.

5. *Der Kapitalmarkt* ist in E. struktuell ziemlich scharf vom Geldmarkt getrennt. Die Einkommenverteilungsstruktur und der Reichtum des Landes ermöglichte die Spezialisierung einzelner Firmen auf die Vermittlung langfristiger Kredite, da ein Großteil des Sparkapitals bei einer relativ nicht sehr umfangreichen Klasse konzentriert war. Selbst der Krieg, der die soziale Struktur tiefgehend beeinflußte, hat daran nicht viel geändert, da die relative Schwächung der reichen Klassen durch die Entwicklung von Sparorganisationen ziemlich kompensiert worden ist. Diese großen Sammelbecken des Sparkapitals sind die Baugenossenschaften (mit Mitteln von über 400 Millionen Pfund), die Versicherungsgesellschaften (über 1000 Millionen), die

Investment trusts (etwa über 300 Millionen), von letzteren speziell die schottischen zu erwähnen sind und die Treuhänder (unter denen der öffentliche Treuhänder, der an die 200 Millionen Pfund verwaltet und die Treuhandgesellschaften der Banken besonders wichtig sind). Sparkassen und die Postsparkasse haben in E. eine relativ weniger große Bedeutung. Ihr Depositenstand betrug zusammen kaum mehr als 400 Millionen. Die Sparzertifikate des Staates, ein gesuchtes Sparmittel der Kleinsparer, dagegen erreichten fast 500 Millionen. Im übrigen wird das Sparkapital durch die Börsenmakler (*brokers*, s. d.) in erster Linie auf Grund von Privatbeziehungen gesammelt und geleitet. Das System arbeitet daher auch ziemlich schwerfällig und, von höheren Gesichtspunkten aus, speziell was die Nachkriegszeit betrifft, wo der auf den Markt kommende inländische Kapitalbedarf sehr anwuchs, eher konventionell als fachmännisch. Die Banken finanzieren das Börsengeschäft durch zweiwöchentliche Anleihen (Contangos; s. *Börse*). Im Gegensatz zu Amerika ist dieses Geschäft relativ sehr unerheblich. Die äußerst einengenden Treuhandgesetze sind von diesem Standpunkt aus sehr schädlich, da sie den wandelnden Wirtschaftsverhältnissen nicht gerecht werden (so sind z. B. unter ihrem Einflusse ungeheure Summen nach Australien exportiert worden und in englischen Eisenbahnen verloren gegangen). Auf der Kapitalnachfrageseite wird im Gegensatz zum Kontinent das Hypothekengeschäft im Wege von Mittelmännern (meistens Rechtsanwälte) direkt zum Geldgeber (neben den Bankgenossenschaften und Versicherungsgesellschaften meistens Privatkapitalisten) geleitet. Erst in neuester Zeit sind Bestrebungen vorhanden, den Agrarkredit zu organisieren. In diesem Zusammenhang kann auch der Zwangskapitalbildung durch Wohnbausubsidien Erwähnung getan werden.

Öffentliche Finanzierungen erfolgen durch die Merchant Bankers, die sich wegen ihrer anderwärtigen Geschäftsbeziehungen in erster Linie auf das Auslandsgeschäft spezialisieren und durch einige große Börsenmaklerfirmen. Die Firma (oder Firmen), die die Anleihe lancieren, übernehmen dieselbe zu festen Preisen oder aber handeln als Bevollmächtigte. Seltener werden Großbanken mit der strikte technischen Abwicklung betraut. Vor der eigentlichen Auflage der Finanzierung wird, unter Bewährung eine Kommission, ein Übernahmesyndikat gebildet (underwriters), welcher meistens Finanzfirmen und Versicherungsgesellschaften sowie Investment-Trusts angehören. Mit der Bildung des Syndikats können einige der emittierenden Firma nahestehenden Makler usw. betraut werden gegen Gewährung einer weiteren (sog. overriding) Kommission. Die Kosten einer öffentlich aufgelegten Anleihe oder Aktienmission sind aber so hoch, daß kleinere Summen als 100000—200000 £ kaum auf diesem Wege untergebracht werden können. In diesem Punkte liegt die große Schwäche des englischen Kapitalmarktes, erklärt durch die historische Entwicklung und Struktur Vorkriegsenglands, die wegen der oben erwähnten Unvollkommenheit der Bankkreditorganisation besonders gefährlich geworden ist. Während die Großkonzerne sowohl direkt oder durch die Bankhäuser leicht Kapital beschaffen können, sind kleine Gesellschaften entweder auf Privatbeziehungen beschränkt oder aber müssen sich an sog. *Promoters* (s. d.) werden, deren Tätigkeit leider nicht immer ganz einwandfrei ist. Die eigentümliche private Organisation der Börse und der Umstand, daß die Kosten eines Börsensitzes nicht sehr hoch sind und auch die Einführung von Wertpapieren nicht streng genug reguliert ist, wirken im selben unerfreulichen Sinne. So kommt es auch, daß dieser Teil der finanziellen Organisation im scharfen Gegensatz zu dem Geldmarkte und der mit ihm verbundenen Institutionen und Firmen sich keines guten Rufes erfreut. Reformbestrebungen der Börse und der Bank von E., welche letztere sich veranlaßt sah, einzugreifen und im Gegensatz zu den strikten Traditionen eine Holding, sowie eine Studien- und Finanzierungsgesellschaft zu bilden, haben zu keinem Resultate geführt. Die Frage, wie sich dies auch aus dem Mac Millan-Bericht ergibt, ist eine äußerst brennende, doch wird eine Lösung ohne Wiederherstellung der Anpassungskraft der englischen Wirtschaft wohl unmöglich sein, da Kapital ohne Profitmöglichkeiten nicht zur Verfügung gestellt werden wird. Dies wird durch das Fiasko einiger Rationalisierungsversuche bestätigt.

III. Arbeitsweise und Kreditpolitik.

Die Politik der Bank von E., durch die die Marktlage aufgebaut ist, sollte durch die Starre des Währungssystems in engen Grenzen bestimmt sein. Die Depositenbanken, die Hauptquelle der Geldmarktmittel werden durch zwei traditionsmäßige Tatsachen in das System eingefügt. Erstens sind sie aus traditionellen Gründen (die wahrscheinlich in die Zeit zurückgehen, als sie durch die Bank von E. als lästiger Wettbewerb empfunden und behandelt worden sind) abgeneigt ihre Reserven durch direkte Rediskontierung aufzufüllen und halten ihre Geschäftstätigkeit in einem starren Verhältnis zu diesen Reserven. Auf der anderen Seite aber bestimmen sie ihre Zinssätze traditionsmäßig auf Grund des Banksatzes, indem sie für Depositen im allgemeinen 2% unter dem Banksatz zahlen (mit einem Minimum von $^1/_2$% bei Londoner Depositen; in der Provinz erheblich mehr) und für Ausleihungen an Kunden 1% über die Bankrate (mit einem Minimum von 5%, in Einzelfällen 4%), berechnen. Die Diskonthäuser zahlen für die normalen kurzfristigen Gelder an die Großbanken, deren zweite Reserve diese Beträge bilden, einen Satz von etwa 1% unter der Bankrate (mit einem Minimum von 2%; neuerdings durchbrochen). Ihre anderwärtigen Depositen bedingen aber einen Zins, der im allgemeinen etwas ($^1/_4$—$^1/_2$%) über dem Depositensatz der Großbanken liegt und nach Sperrperiode und Betrag variiert. Die marginale Geldmenge, die speziell in Zeiten der Geldflüssigkeit aus den Markt drückt und z. B. in der Periode 1892—1895 die niedrigen Zinssätze produzierte, stammt aus den anderen Quellen, wozu auch das sog. „Overnight"-Geld zu zählen ist. Effektenkredite, soweit sie nicht durch die Börse selbst finanziert worden sind (z. B. ein großer Teil der sog. Contangoes, s. d.) bedingen einen Satz, der zwischen der Kundenrate und dem kurzfristigen Zins liegt.

Auf Grund der sekundären Reserven und direkten Krediten (z. T. ausländischen Depositen) bildet sich daher ein Marktzins[1], der normalerweise niedriger ist als die Rate der Bank von E. Im allgemeinen war (und ist) die Bank von E. — im Gegensatz zu den kontinentalen und den heutigen amerikanischen Notenbanken — vom Geldmarkte nicht in Anspruch genommen[2]. Der quasi Automatismus der

[1] Die Bank von E. nimmt im allgemeinen nur Wechsel an, die durch eine gute britische Firma akzeptiert sind und überdies noch ein britisches Indorsement tragen. Der Zinssatz für Wechsel, die in diesem Sinne nicht bankfähig sind, ist etwas höher. Der Geldmarkt ist kein organisierter und da Geschäfte einzeln abgeschlossen werden, können publizierte Geldraten nur als Approximationen angesehen werden.

[2] Davon bilden nur die Ausleihungen an ihre Privatkunden und an den Staat (ways and means) eine Ausnahme.

Vorkriegszeit (und auch die Möglichkeit einer Kontrolle) beruht auf dieser Tatsache. Die Reserven der Großbanken, d. h. die Mittel des Marktes, sind dadurch in ein unmittelbares Verhältnis zur Höhe der Goldreserve gebracht[1]. Solange der Großbankkredit, der dem Markte zur Verfügung steht und der einen konventionellen Zinssatz bedingt, ausreicht, das Kreditvolumen zu tragen, wird weder das Schatzamt durch sog. ways and means advances, noch der Markt von der Bank neu kreiertes Geld in Anspruch nehmen. Eine Kreditausweitung ist unter diesen Umständen nur auf Grund von Goldimport möglich. An Halbjahrstagen, wenn der erhöhte Reservebedarf der Großbanken den Markt zwingt, bei der Bank Kredite zu nehmen (über die Form dieser Kredite s. Bank von E.) und somit die Kreditbasis ohne Goldbewegungen zu erhöhen, wird die Bankrate sofort effektiv. Wenn der Marktzins sich aber dem Banksatze nähert, kann die Notenbank ihren Zins erhöhen, um die Kreditpolitik der Goldposition zu koordinieren. Nur Käufe und Verkäufe der Bank von E. am offenen Markte können diesen Zusammenhang ernstlich stören. Diese spielten in der Vorkriegszeit nur eine ganz untergeordnete Rolle und wurden fast ausschließlich im Sinne einer Verminderung der Spanne zwischen Goldmarkt und Bankrate unternommen. So war in der Vorkriegszeit der „Automatismus" der Goldwährung wirklich vorhanden. Mit dem Abfluß von Gold verminderten sich die Reserven der Bank von E. und der Großbanken. Dies trieb den Zins in die Höhe (und evtl. auch den Banksatz), was sowohl die Nachfrage einschränkte, wie auch fremdes Kapital an- und eigenes Auslandskapital zurückzog. Das Ansteigen der ausländischen Reserven in London, die bereits vor dem Kriege ihren Anfang nahm, hat die Wirksamkeit der Bankrate abgeschwächt. Der Pfundwechsel blieb aber das beste und liquideste Anlagemittel, d. h. bei entsprechend hohem Zins konnte man sich auf kurzfristige Kapitaleinfuhr verlassen und wenn auch viele Sachverständige ängstlich für eine Erhöhung der im Verhältnis zum ungeheuren Kreditverkehr niedrigen Goldreserve eintraten, genügte die potentielle Kraft der englischen Bankrate, um den Goldstrom entsprechend zu lenken und das Währungssystem zu wahren. Dabei war die Funktion Londons als der freie Goldmarkt von großer Bedeutung. Insofern Preisbewegungen durch die entsprechenden Schwankungen des Volumens der internationalen Wechselkredite im Sinne einer Auslösung einer Gegenbewegung auf den Geldmarkt übertragen wurden, arbeitete das System überdies — wenn auch unbewußt und mit erheblichen Friktionen — im Sinne einer Ausschaltung bzw. Linderung der rein monetären Konjunkturschwankungen.

Dieser Mechanismus, der das Endresultat einer langen organischen Entwicklung war, veränderte sich — rein technisch gesehen — fast überhaupt nicht, verlor aber infolge des Krieges[2] und der Nachkriegsgeldpolitik seine wirkliche innere Bedeutung. Die einander folgenden Enquêten (Cunliffe Committee, Committe on the Currency and Bank of England Note Issues), die die Rückkehr zum Vorkriegssystem befürworteten, haben diese fundamentalen Änderungen nicht in Betracht gezogen. Die Vervielfachung der schwebenden Schuld hatte einen lähmenden Einfluß auf den Geldmarkt, dessen Mittel infolge der Kriegsinflation zwar anwuchsen, der aber vom volkswirtschaftlichen Standpunkte an Liquidität und Elastizität einbüßte. Dies letztere war um so verhängnisvoller, als dadurch das Schatzamt ein großes Interesse gewann, den Zinsfuß niedrig zu halten. Dieser Faktor allein hätte schon erhebliche Schwierigkeiten verursachen müssen, da der Automatismus der währungspolitischen Anpassung zerstört wurde. Es war aber die Veränderung der weltwirtschaftlichen Position E., die Senkung ihrer liquiden langfristigen Anlagen infolge der Kriegsfinanzierung durch Rückverkauf von amerikanischen Wertpapieren nach New York und die anhaltende Störung ihres inneren und internationalen Gleichgewichts, verursacht durch die zunehmende Starre der Wirtschaftsstruktur, die den finanziellen Mechanismus lähmte und eine erhebliche Schuld an der verhängnisvollen Entwicklung in der verflossenen Wirtschaftsperiode trug. Diese Störung war nur teilweise eine Folge monetärer oder quasi monetärer Ursachen, z. B. der von Amerika ausgehende Nachkriegsdeflation und der Rückkehr E. zu dem Vorkriegsgoldpari im Jahre 1925. Diese sollten eher als störungsverstärkende Faktoren betrachtet werden. Der tiefer liegende Grund war der vollständige Verlust an Anpassungsfähigkeit in einer Zeit, wo die grundlegenden Strukturwandlungen der Weltwirtschaft erhöhte Anforderungen an den Londoner Markt und an die englische Gesamtwirtschaft stellten. Die Verlustwirtschaft, die speziell wegen der schweren fixen Überkapitalisierung der Industrie in der Nachkriegsinflation gefährlich wurde und die hohen Steuern, die noch dazu die Starre des Systems erhöhten, verursachten größere Abhängigkeit der einheimischen Industrie von den Banken und dem Kapitalmarkt. Die übermäßige Konzentration des Banksystems vergrößerte die Schwerfälligkeit und den Bürokratismus, welcher zur Begünstigung oder wenigstens zur Toleranz gegenüber unwirtschaftlichen Unternehmungen führen mußte. Auf der anderen Seite wich das Vertrauen der Investoren und das Kapital, welches früher aus Vertrauensgründen Inlandanlage bevorzugte, drängte ins Ausland. Der Überschuß der Handelsbilanz war aber aus denselben Gründen inelastisch und trotz regierungsseitlicher Aktionen und Notbehelfe (*Trade Facilities Act* (s. d.) usw.) ungenügend. Die Scheinstabilität zwischen 1925 bis 1930, begründet auf einer Inflationsperiode in Amerika, wurde durch die Diskontpolitik E. und die von englischer Seite propagierte Ausbreitung des Gelddevisenstandards sowie internationaler „Kooperation", d. h. Niedrighaltung der Diskontraten des wichtigsten Marktes, New Yorks und durch die vereinbarte Belassung der französischen Bankreserven in London aufrecht erhalten. Die Zusammensetzung der Mittel des Londoner Marktes wurde dadurch grundlegend geändert. Die kurzfristigen Auslandsverpflichtungen stiegen zum Großteil wahrscheinlich in der Periode der europäischen Währungswirren und infolge der Gewinnaussichten vor der Pfundstabilisierung auf die kollossale Höhe von 419 Millionen £ im Jahre 1927, wogegen die kurzfristigen Guthaben E. nur 140 Millionen ausmachten, wobei zu bemerken ist, daß diese Schätzung des MacMillan-Ausschusses nur sehr lückenhaft ist. Im Gegensatz zu USA. und Frankreich wurde diese kolossale Neuverschuldung durch keine Erhöhung der Goldreserven gedeckt, sondern diente zur Begleichung der Passivität der Zahlungsbilanz, verursacht nicht zuletzt durch die Steuer und Kapitalflucht. Wenn es aber der Diskontpolitik gelang, die kurzfristigen Gelder festzuhalten, so wurde es unter-

[1] Abgesehen von der in erster Linie saisonmäßigen Bargeldvolumschwankungen und der ebenfalls saisonmäßigen Wirkung der Steuereinzahlung in die Bank von E. Die versteifende Wirkung der letzteren wurde aber dadurch vielfach kompensiert, daß das Schatzamt Staatspapiere kaufte. Der Markt war vor dem Kriege speziell im Herbst belastet, wenn auch der Auslandsbedarf (Ernte) der höchste war. Vgl. The Autumnal Drain. Bankers Magazine 1903.

[2] Die finanziellen Maßnahmen der Kriegsperiode brauchen hier — da sie episodisch waren — nicht behandelt werden.

lassen, die grundlegende Anpassung durch Geldpolitik zu erzwingen. Goldbewegungen, die vor dem Kriege eine automatische Wirkung auf die Reserven der Banken, d. h. auf die Gesamtkreditstruktur hatten, wurden durch Käufe und Verkäufe von Staatspapieren und Wechseln durch die Bank von E., die die fundamentale Position ignorierte, kompensiert[1]. Die Struktur des Marktes blieb bis auf den Niedergang der kleinen Brokers, das Erstarken der Großbanken und Versicherungsgesellschaften und das Ausscheiden einzelner Auslandsbanken unverändert, doch das essentielle Element der internationalen Führerschaft, die das ausschlaggebende Argument der Rückkehr zum überhohen Vorkriegskurs war, war und blieb verloren[2]. Der Markt wurde schließlich zu einer Vermittlerstelle für kurzfristiges Kapital, ohne genügende Barreserve oder die Kraft zu besitzen, sich solche zu beschaffen. Dabei verschärfte sich die Konkurrenz auf dem Auslandskreditmarkt durch die Expansion der Großbanken. Dadurch wurden die Kreditgebühren auf ein Niveau gedrückt, welches die Ansammlung einer genügenden Reserve nicht erlaubte. Da nur die Vorkriegstraditionen und Erfahrungen die Gewährung von Akzeptkredit bis auf das Mehrfache des Eigenkapitals erlaubten und die schmäleren Gewinnmengen zur höchstmöglichen Ausnutzung hindrängten, entstand eine Illiquidisierung, die gefährlich werden mußte, sobald der allgemeine Aufschwung aufhörte.

Der erhöhte Spannungszustand des Marktes fand in der schwachen Tendenz des Pfundkurses und der prekären Goldposition ihren Ausdruck. Da die Bank von E. die Deflationspolitik, die durch die Wahl der Vorkriegsparis als Stabilisierungsgrundlage notwendig geworden war, nicht durchführen konnte oder wollte, mußte sie den schon seit Kriegsbeginn sehr gesteigerten direkten Einfluß auf den Markt weiter verstärken. Seit der Stabilisierung des Pfundes wurden größere Anleihetransaktionen stillschweigend von der Zustimmung der Leitung der Bank von E. abhängig gemacht. Dies konnte aber den Kapitalexport auf dem Wege der Börse nicht hemmen, wohl aber wirkte es nachträglich auf den Export aus. Der Vorkriegsquasiautomatismus war damit aufgehoben, doch ohne entsprechende feste Prinzipien betreffs der „managed currency“ zu verfolgen. Die Lage war in 1931 durch die sich verschärfende Depression, die weitere Anpassung notwendig gemacht hatte, ungünstig beeinflußt, daß die allgemeine finanzielle Vertrauenskrise nicht abgewehrt werden konnte. Der Realisierung der langfristigen und Rückziehung der kurzfristigen Anlagen des Auslandes konnte England, welches unter einer eigenen Kapitalflucht litt, nicht entsprechen. Die Aufgabe der Goldwährung war die einzig mögliche Alternative eines allgemeinen Auslandsmoratoriums, die in E. selbstverständlich nicht in Frage kommen konnte. Seit der Aufhebung der im September 1932 wieder eingeführten Kapitalexportsperre bildete sich ein Devisenterminmarkt aus, der die notwendigen hinderlichen Wirkungen einer fluktuierenden Währung auf einem internationalen Markt zum Teil aufhebt. Die Entwertung des Pfundes aber ermöglichte eine weitgehende Liquidierung der kurzfristigen Verschuldung, eine Konsolidierung der Lage und wandte zusammen mit der staunenswerten Disziplin der Einleger und der Kooperation der Banken unter der Führung der Bank von E. eine interne Vertrauenskrise und Bankrotte ab. Der Erfolg der zweiten finanziellen Rekonstruktion nach dem Kriege, die wegen der großen Veränderung der weltwirtschaftlichen Stellung E. ohne Zweifel eine gründliche Reorganizierung des heimischen Kapitalmarktes und einen Ausbau des sehr lückenhaften langfristigen Kreditapparates umfassen muß, wird in nicht geringem Maße von der Vermeidung der Irrtümer der ersten Stabilisierung abhängen. E. wird aber nur dann seine führende Stellung auf dem internationalen Kreditmarkt entsprechend seiner bewunderungswürdigen technischen Organisation und den Traditionen der City wiedererlangen, wenn statt zweifelhafter exogenen geld- und wirtschaftspolitischen Verlegenheits- und Hilfsmaßnahmen die Spannkraft und Anpassungsfähigkeit des gesamten Wirtschaftskörpers wieder hergestellt werden wird.

[1] Dabei hatte man schon unmittelbar nach dem Kriege katastrophale Erfahrungen mit der künstlichen Beeinflussung des Marktes aus Rücksicht auf die Staatsfinanz gemacht.

[2] Der langfristige Kapitalmarkt zeigt eine grundlegende Änderung seit dem Kriege.

Langfristige Emissionen (in 1000 £).

	Inland	Indien mit Ceylon	Britische Besitzungen	Ausland
1911	28317	?	?	163972
1912	47093	?	?	160043
1913	44611	?	?	197528
1914	40707	?	?	158921
1919	187670	1454	28882	19535
1920	324552	3514	37059	19086
1921	100073	29563	61268	24891
1922	100469	36118	39399	59683
1923	67584	25391	62186	48599
1924	89323	2610	70892	60721
1925	132099	3426	53978	30394
1926	140862	—	52010	60394
1927	176043	—	87744	50927
1928	219135	—	86110	57274
1929	159402	—	54412	39935
1930	127356	—	70046	38757
1931	42588	—	36832	9246
1932 (6 Monate)	54371	—	20388	35

Dabei wurde E. auch im kurzfristigen Kreditmarkt durch Amerika eingeholt, wobei aber der durch Tradition nicht gemilderte Wettbowerb aber zu solchen Exzessen führte, daß diese Suprematie wahrscheinlich nicht haltbar sein wird.

Ende	London		New York	
	Auslands-verschuldung	Akzept-kredite	Auslands-verschuldung	Akzept-kredite
	(In Millionen £)			
1927	419	140	637	83
1928	503	201	595	104
1929	451	176	632	171
1930	435	161	573	168

Einer nachweisbaren, aber keineswegs voll erfaßten Nettoverschuldung von 274 Millionen Londons standen aber nur ca. 150 bis 160 Millionen Gold gegenüber, während die 405 Millionen New Yorks durch einen Goldschatz von mehr als 1000 Millionen Goldpfund mehr als doppelt gedeckt waren. Überdies hatte Amerika eine aktive, E. aber eine wachsend passive Einkommensbilanz mit dem Auslande.

Literatur: Bagehot, W.: Lombard Street, 14th. ed. Edited and revised by Hartley Withers, 1915. — Peake, E. G.: An Academic Study of some Money Markets and other Statistics. 2nd ed. L. 1926. — Somary, T.: Bankpolitik, 1. u. 2. Aufl. — Neisser, H.: Der internationale Geldmarkt vor und nach dem Kriege. Weltwirtsch. Arch. 29, 176. — Kock, K.: A Study of interest rates. London 1929. — Clare, G.: A Money Market Primer & Key to the Exchanges, 6th. ed. London 1924. — Withers, H.: Meaning of money. London. — War and Lombard Street. London. — Palgrave, R. H. I.: Bank Rate and the Money Market in England, France, Germany, Holland and Belgium. 1844—1900. London 1903. — Leaf, W.: Banking. London and New York 1926. — Keynes, J. M.: Essays in persuasion. London 1932. — A treatise on money. London 1930. — League of Nations, Commercial Banks, 1913—1929. — Gregory, T. E.: The first year of the Goldstandard. — Spalding, W. F.: The London Money Market. London 1924. — Sykes, J. M.: The Amalgamation Movement in English Banking. London 1926. — Weber, Ad.: Depositenbanken und Spekulationsbanken, 3. Aufl. 1922. — Jaffe: Das englische Bankwesen. — Andreadis: Histoire de la Banque d'Angleterre, 2 vol. Paris 1904. — Report of the Committee on Finance & Industrie. (Macmillan Cttee) and Evidence. London 1931. — Report of the Committe on Banking Amalgamations. H. M. Stationary Office. London 1918. — Report of the Committee on Currency and Foreign Exchanges after the War. London 1918. — Report of the Committe on the Currency and

Bank of England Note Issues. London 1925. — Zeitschriften: Financial News, Financial Times (beide täglich), Economist (wöchentlich), Statist (wöchentlich), Investor's Chronicle (wöchentlich), Banker's Magazine (monatlich), The Banker (monatlich), Journal of the Institue of Bankers (monatlich), Midland Bank (Monatsberichte), Lloyd's Bank (Monatsberichte), Bank of England (Monatsberichte).

TH. BALOGH.

Enquête s. *Bankenquête.*

— **Recht** s. *Amsterdam III.*

Enskilda Banka s. *skandinavische Länder II.*

Entschuldung der Landwirtschaft s. *Schuldensenkung II.*

Entwertung = devalvation s. *Valorisierung*, s. *Währungswesen*, s. *Aufwertung*, vgl. *Entwertungsklausel.*

Entwertungsklausel ist ein Vorbehalt bei Verträgen und Zahlungsversprechen, der den Gläubiger vor den Folgen einer Geldentwertung schützen soll. So setzt z. B. die bekannte „Goldklausel" bei Wertpapieren oder Hypotheken fest, daß dem Schuldbetrag eine bestimmte Goldmenge entspricht, deren Gegenwert bei einer Entwertung der ursprünglichen Währung über ein bestimmtes Maß hinaus zu zahlen ist.

Epoche, im Kontokorrentabschluß der Stichtag, bis zu dem (vor- oder rückwärts) die Zinsberechnung aller Posten vorgenommen wird.

equity (e) = Fachausdruck der amerikanischen Bilanzkritik: Kurswert eines Unternehmens (Stückzahl der common shares × Kurs) unter Berücksichtigung der festen Kapitalslasten.

Erbbaurecht (Superficies) ist das dingliche, vererbliche und — mit gewissen Einschränkungen — auch veräußerliche Recht, auf oder unter dem Grundstück ein Bauwerk zu halten. Geregelt ist es in D. in der Verordnung vom 15. Januar 1919. Das E. ist in fast allen wesentlichen Punkten dem Eigentum gleichgestellt, so in bezug auf die Erwerbung, die Formvorschriften bei der Bestellung usw. An dem auf Grund eines E. errichteten Bauwerks besteht volles Eigentum des Erbbauberechtigten. Der wesentliche Unterschied zum Eigentum liegt in dem regelmäßig vereinbarten und im Gesetz vorgesehenen Heimfall des E. an den Grundstückseigentümer („superficies solo cedit"); auch wird meist die Veräußerung des E. von der Zustimmung des Grundstückseigentümers abhängig gemacht. Das E. soll hauptsächlich der Bodenreform durch Siedlung dienen.

Erbschaft, Auskunftspflicht der Bank bei s. *Bankgeheimnis.*

Erfolgsbilanz s. *Bilanz I 5.*

Erfolgsrechnung s. *Bilanz und Bilanzkritik I 5 und 6.*

— **der Banken** s. *Erträgnisse des Bankgewerbes I.*

Erfordernisse des *Schecks* (s. d.).

— **des** *Wechsels* (s. d.).

Erneuerungsfonds s. *Abschreibungen.*

Erneuerungsschein (Talon), am Ende eines Couponbogens angebracht. Gegen Rückgabe des E. bei der betr. Gesellschaft oder ihrer *Zahlstelle* (s. d.) erhält man, wenn sämtliche Coupons aufgebraucht sind, einen neuen Couponbogen.

Erntefinanzierung vgl. *Agrarkredit* I u. III.

Eröffnungsbilanz s. *Bilanz und Bilanzkritik I 4.*

Ersatzdeckung von Pfandbriefen s. *Hypothekenbankgesetz 4.* Bei der Notendeckung ist der Ausdruck nicht gebräuchlich; man spricht hier gegebenenfalls von nichtmetallischen Deckungsmethoden (Deckungsdevisen usw.).

Erträgnisse des Bankgewerbes.

I. Der Ertragsausweis.

Das private deutsche Kreditbankwesen kennt als typische und in der Sphäre der großen Institute bisher unbedingt herrschende Form die Universalbank, die eine Vielfalt von Geschäften betreibt. Man hat, namentlich auch, wenn man an ausländische Parallelen (so an die französische Trennung von Banques d'affaires und Banques de dépôts) denkt, vor allem zwei große Sparten zu unterscheiden, das Kredit- und das Effektengeschäft. Innerhalb dieser beiden Gebiete läßt sich das Arbeitsfeld noch weiter aufgliedern: Devisen- und Remboursgeschäft, Kontokorrent- und Wechselkredit, Überweisungsverkehr und Inkasso, Börsenkommissions- und Emissionsgeschäft usw. Verglichen hiermit sind die zur Veröffentlichung kommenden Gewinn- und Verlustrechnungen von einer überraschenden Einfachheit; ihr übliches Schema stellt sich wie folgt:

Soll	Haben
Handlungsunkosten,	Vortrag,
Steuern und Abgaben,	Zinsen und Wechsel,
Wohlfahrtslasten, Pensionen, Sozialversicherung,	Gebühren (Provisionen),
	Effekten und Konsortialgewinne,
Reingewinn.	Dauernde Beteiligungen.

Bisweilen ist die Zahl der Positionen noch geringer, so durch Unterlassung eines gesonderten Ausweises der Pensionen usw., bisweilen findet sich auch eine Position mehr, etwa eine Ausgliederung der Einnahmen aus Sorten und Zinsscheinen; nirgends ist aber ein Ansatz zu einer Aufteilung nach Geschäftsarten festzustellen. Hinzu kommt, daß die Grenzziehung zwischen den Einnahmepositionen, vor allem zwischen Zinsen und Gebühren (Provisionen), da im Geschäftsbetrieb die Grenze nicht immer klar in Erscheinung tritt, stets mehr oder weniger willkürlich ist.

1. Ertragsrechnung und Bilanzierung. Viel wesentlicher als diese den Erkenntniswert der Gewinn- und Verlustrechnungen schmälernden Mängel ist jedoch ihr enger Zusammenhang mit den in der Bilanz angewandten Bewertungen. Es war bis zu den Abschlüssen für 1930 Brauch der deutschen Kreditbanken, abgesehen von Abschreibungen auf Bankgebäude oder Mobilien, die aber auch nicht überall und zum Teil erst bei der Gewinnverteilung erschienen, durch Verluste notwendig gewordene oder vorsorgliche (stille Reserven schaffende) Wertkorrekturen bei Außenständen, Wertpapieren und Konsortialbeteiligungen intern vorzunehmen. Sie wurden vorweg den Erträgnissen belastet, im besonderen den Effekten- und Konsortialgewinnen (die daher verschiedentlich überhaupt nicht ausgewiesen wurden). Wie bedeutend diese internen Abschreibungen sein können, erhellt aus der Angabe einer Großbank, daß sie bei ihr in den Jahren 1929 und 1930 zusammen 125 Millionen RM. ausmachten, gegenüber für die gleichen Jahre ausgewiesenen Bruttoerträgnissen (ohne Vortrag), von 437 Millionen RM. und Reingewinnen von 54,6 Millionen RM. Von den 125 Millionen RM. Abschreibungen erfolgten freilich rund 21 Millionen RM. bereits offen, und zwar als Folge der für die Abschlüsse 1930 von verschiedenen Banken erstmalig deklarierten Abschreibungen auf Wertpapiere und Konsortialbeteiligungen. Auch hierbei wurden also die Abbuchungen auf Debitoren nicht genannt, und im übrigen handelte es sich um eine gewisse Demonstration, dazu bestimmt, die Ertragsfähigkeit des laufenden Geschäfts hervortreten zu lassen und die Vorsicht der Bilanzierung zu beleuchten. Diesem damals als einmalig empfundenen Vorgang sind mit entsprechenden Verfahren die Rekonstruktionsbilanzen für 1931 gefolgt, die erst recht als singulär zu gelten haben.

2. Die Umsatzzahlen. In Ergänzung der Ertragsziffern veröffentlichen die deutschen Kreditbanken in den Geschäftsberichten Umsatzzahlen. Sie sollen eine Möglichkeit geben, den Umfang des Geschäftes mit dem Ertrag und mit dem Einsatz an eigenen und fremden Mitteln zu vergleichen, ebenso in Parallele zu Vorjahren als auch zu anderen Instituten, sie werden aber leider dieser Aufgabe sehr wenig gerecht. Zum Beweis können die Veröffentlichungen für 1930 dienen: Bei den damals sechs Berliner Großbanken bewegten sich die angegebenen Umsätze zwischen dem 485- und dem 2040fachen der Eigenmittel sowie zwischen dem 44- und dem 116fachen der Fremdmittel. Derartige Differenzen können nicht mit Unterschieden der Konstruktion erklärt werden, zumal die Grenzfälle von gleichartig aufgebauten Instituten, zwei Filialgroßbanken, gestellt wurden, und ebenso wenig etwa mit verschiedener Intensität der Geschäftsbetriebe. Sie waren Folge völlig divergierender Berechnungsmethoden. Die Kompliziertheit des Geschäftsbetriebes (Filial- und Depositenkassensystem), aber auch vieler Geschäftsvorgänge bringt es mit sich, daß die gleichen Vorfälle häufig zweimal oder mehrmals in den Büchern erscheinen. Es ist nur eine Frage der buchtechnischen Organisation, ob im Gesamtumsatz die Berücksichtigung ebenfalls zweimal oder mehrmals oder ob sie nur einmal erfolgt. Die Banken verfahren nun in dieser Beziehung keineswegs einheitlich; man darf nicht einmal voraussetzen, daß die Berechnung bei jedem Institut in jedem Jahre nach der gleichen Methode vorgenommen worden ist.

Trotz dieser Unzulänglichkeit liefern die Umsatzzahlen immerhin doch eine beachtliche Erzänzung der Ertragsrechnung, ebenso wie die in der Regel erfolgenden Angaben über Beamten- und Kontenzahl. Bisweilen werden auch Mitteilungen über die Summe der insgesamt vorgekommenen Buchungen und die Größe der Einzelumsätze, wenigstens für einige Sparten, gemacht, wichtige Zahlen, weil der Arbeitsaufwand so gut wie unabhängig von der Größe des Buchungsbetrages ist. Der in den letzten Jahren eingetretene Rückgang des durchschnittlichen Einzelumsatzes (im Kredit- wie im Effektengeschäft) bedeutet also eine relative Kostensteigerung. Dennoch bleibt das Rentabilitätsbild selbst im besten Falle reichlich unvollständig, womit allerdings die deutschen Banken in der internationalen Bankwelt keineswegs allein dastehen. Vielmehr sind die Gewinnausweise in verschiedenen Ländern noch wesentlich dürftiger. So ist es bei den französischen Depositenbanken ziemlich hundertprozentig befolgter Brauch, nur die Nettogewinne anzugeben, und ebenso verfahren die Banken in Großbritannien, Irland und Australien. Hier fehlt also jegliche Angabe über die Unkosten.

3. Die Gewinn- und Verlustrechnung im Gesetz. Die usuelle Ertragsrechnung der deutschen Aktienbanken — die privaten Institute anderer Rechtsform veröffentlichen mit wenigen Ausnahmen ihre Jahresergebnisse nicht — läßt sich unter keinen der beiden Begriffe Bruttorechnung oder Nettorechnung ganz bringen. Sie steht der Nettorechnung, dem unvollständigsten Gewinnausweis, näher als der Bruttorechnung, die sämtliche Einnahmen und Ausgaben, damit also auch den gesamten Umsatz, enthält. Diese Definitionen waren aber bisher ohne rechtliche Bedeutung, weil das HGB. keine Bestimmung über den Begriff der Gewinn- und Verlustrechnung und ihren Inhalt aufwies. Das Reichsgericht hat eine Ertragsrechnung noch als zulässig erklärt, die auf der Habenseite nur die Posten Vortrag aus dem Vorjahre und Betriebsüberschuß, auf der Sollseite nur Abschreibungen und Reingewinn enthielt. Durch die Notverordnung vom 19. September 1931 wurde aber dem HGB. ein § 261c eingefügt, der genaue Vorschriften über die Gliederung der Gewinn- und Verlustrechnung bringt. Diese Bestimmungen gelten erstmalig für das Geschäftsjahr, das nach dem 30. September 1931 begonnen hat. Für Banken wichtig ist, daß trotz eines sonst weitgehenden Verbotes von Saldierungen zwischen Erträgnissen und Aufwendungen die S a l d i e r u n g von Haben- und Sollzinsen auch weiter zulässig ist. Andererseits müssen, namentlich wenn sich die strenge Auffassung von SCHLEGELBERGER-QUASSOWSKI durchsetzt, als Sondererträgnisse auch alle Entnahmen aus stillen oder offenen Reserven und auf der Gegenseite alle Abschreibungen und offenen oder stillen Reservestellungen aufgeführt werden. Das würde eine völlige Änderung der bisherigen Ausweismethoden bedeuten. Nun ist freilich vorgesehen, daß von der Reichsregierung noch spezielle Erfordernisse berücksichtigende Formblätter vorgeschrieben werden können, die im besonderen auch für die Banken zu erwarten sind. Man wird daher das Urteil über die Auswirkung der neuen Gesetzesvorschriften noch zurückstellen müssen.

II. Die Ertragserzielung.

Selbst bei weitgehend verbesserter und erweiterter Publizität werden die zur Veröffentlichung kommenden Gewinn- und Verlustrechnungen immer nur den handelsrechtlichen Gewinn zeigen, denn das allein ist ihre Aufgabe. Die Ermittlung dieses Gewinnes, die wesentlich durch Rücksichten auf Gläubigerinteressen und auf andere außerhalb des Geschäftsbetriebes liegende Faktoren (wirtschaftspolitische Erwägungen, Streben nach Dividendenstabilität u. a.) bestimmt wird, muß zu Resultaten gelangen, die von dem betriebswirtschaftlichen Gewinn mehr oder weniger stark abweichen. Dieser ist Ziel und Ergebnis von Geschäftspolitik und K a l k u l a t i o n, wobei freilich die Kalkulation im Bankgewerbe noch weitgehend unerforschtes Gebiet ist. Zugleich sind die Ertragsdispositionen auf wichtigen Gebieten recht einengenden Bedingungen unterworfen. Seit dem Jahre 1913 hat die Berliner Stempelvereinigung auf die Zinssätze für hereingenommene und für ausgeliehene Gelder erheblichen Einfluß gehabt; sie ließ aber auf der einen Seite das langfristige, auf der anderen Seite das kurzfristige Geschäft außerhalb ihrer Beschlüsse. Auch waren die Debetsätze nur Mindestsätze und fanden durch vielfältige Provisionen eine die effektiven Kreditkosten häufig stark steigernde Ergänzung. Erst durch die auf staatliche Einwirkung (Bankenkommissar) geschaffenen Zinsabkommen ist seit der Jahreswende 1931/32 ein Höchstzinssystem eingeführt, das nur noch sehr beschränkte Bewegungsfreiheit läßt. Ähnliche Bindungen bestehen im Effektengeschäft durch die Provisionsvereinbarungen. Zwangsläufigkeiten ergeben sich ferner durch das Gehaltstarifrecht, Soziallasten und Steuern.

1. Die Zinsspanne. Die Haupteinnahmequelle der Kreditbank ist die zinstragende Wiederanlage der hereingenommenen fremden Gelder, die Hauptgewinnquelle die S p a n n e (Marge) zwischen Soll- und Habenzinsen. Über die Größe der Zinsspanne läßt sich schwer eine genaue Feststellung treffen, weil es bisher an zuverlässigen Unterlagen fehlt. Der Enquêteausschuß hat trotz des ihm zur Verfügung stehenden umfangreichen Materials und langdauernder Untersuchungen auch nur den „Versuch einer Zinsspannenberechnung" machen können, dessen Ergebnisse wenig befriedigend erscheinen. Er zog aus den in den veröffentlichten Ertragsrechnungen angegebenen Einnahmen, allerdings unter Anwendung einer ganzen Reihe von Korrektivmaßnahmen, Schlüsse auf die Erträge in Prozent der reinen Kreditoren (seitens der Kundschaft bei Dritten benutzte Kredite ausgeschaltet). Die so errechnete Bruttozinsspanne stellte sich für die Berliner Großbanken im Jahre 1927 auf 3,1, 1928 auf 2,9% und 1929 auf den gleichen Prozentsatz. Hierbei konnten natürlich alle die sichtbar werdende Marge herabdrückenden Belastungen (Abschreibungen, stille Rücklagen) nicht berücksichtigt werden, da sie in den Gewinn- und Verlustrechnungen nicht erscheinen. Andererseits sind die Unkosten rechnerisch überhöht, wenn man sie ebenfalls aus den Ertragsrechnungen nimmt und mit den Kreditoren vergleicht, denn sie enthalten dabei auch alle Unkosten der übrigen Geschäftszweige. Daher kommt der Enquêtebericht auch für die genannten drei Jahre zu Unkostensätzen, die mit 5,5 bzw. 4,7 bzw. 4,2% erheblich höher sind als die von ihm errechneten Bruttozinsspannen.

Zu besseren Resultaten würde das von Rummel entwickelte oder angeregte Verfahren führen, das zwar eigentlich eine Anweisung zur Kreditkalkulation sein soll, aber doch sehr gut alle die Elemente angibt, die bei einer genauen Margenrechnung zu berücksichtigen sind. Wichtig ist vor allem die Scheidung in zwei Gruppen: Anlage von kurzem Geld in liquiden Mitteln und Anlage von langem Geld in Debitoren. Weiter wird die Bedeutung der Kostenfaktoren klargestellt, namentlich auch solcher, die häufig vernachlässigt werden. Dazu gehören besonders die Kosten der Liquiditätshaltung, sowohl der Kassenliquidität (Haltung unverzinslicher Kassenbestände, Reichsbank-, Postscheckguthaben) als auch der sog. reinen Liquidität (Anlage hochverzinslicher Passiva in liquiden Mitteln mit geringerer Verzinsung). Zu berücksichtigen ist weiter eine in die Sollzinsen einzurechnende Risikoprämie. Die Feststellung der Nettospanne erfordert dann die Ermittlung aller mit den verschiedenen Arten der Hereinnahme und Wiederanlage der Gelder verbundenen Kosten; direkte Arbeitskosten, Kosten für Betreuung und Kontrolle der Engagements, schließlich auch anteilige Generalunkosten, Steuern und sonstige Abgaben. Damit wird zunächst jedoch nur der Weg angegeben, der zuverlässige Ergebnisse liefern könnte; geliefert hat er sie vorläufig noch nicht, weil das Bankgewerbe diese verfeinerten Methoden erst zu einem kleinen Teil zur Anwendung bringt und Angaben über die Ergebnisse bisher nicht vorliegen.

2. *Die Provisionen.* Bei den Zinsspannenberechnungen wird in der Regel — auch Rummel tut das, wenn er Zahlen für die Zinsspanne im Kontokorrent — Markkredit nennt — auf der Ertragsseite der Debetsatz zuzüglich Kreditprovision zur Basis genommen. Daneben kennt man aber im Banken-Kreditgeschäft noch andere Provisionen und Nebenkosten, die für die Kreditkosten und die Erträgnisse eine erhebliche Rolle spielen. Bisher kamen vor allem Umsatzprovision, Bereitstellungsprovision, Überziehungsprovision und schließlich die Verbuchung des Kredits auf Sonderkonto in Frage. Durch die Zinsabkommen ist hier eine Vereinfachung erfolgt, da nach ihnen neben der Kreditprovision nur noch Umsatzprovision und gegebenenfalls Überziehungsprovision zulässig sind. Die Kreditverbuchung auf Sonderkonto in der bisherigen Form, bei der für den zugesagten Kreditbetrag in voller Höhe Sollzinsen berechnet und für den nicht beanspruchten Teil die niedrigeren Habenzinsen gutgebracht wurden, darf nicht mehr angewandt werden. Ob und wie weit die Einnahmen der Banken hierdurch beeinträchtigt werden, läßt sich noch nicht übersehen. Bereits in den letzten Jahren haben aber die Provisionserträgnisse einen Rückgang gezeigt, und zwar wegen des Niederganges im Börsengeschäft, das in normalen Jahren einen entscheidenden Anteil an der Gesamtposition gehabt hat. Zu den Einnahmen aus den Gebühren tragen außer dem Effektenkommissionsgeschäft auch andere Sparten bei, z. B. das Devisengeschäft. Gerade neuerdings sind Bestrebungen im Gange, das System der Provisionsberechnung noch auszubauen und auch dort ein Entgelt für den Arbeitsaufwand zu verlangen, wo er, wie etwa im Zahlungsverkehr, traditionsmäßig bisher nicht berechnet wurde, was zu Lasten andere Umsätze (besonders des Bankkredites) gehen mußte.

3. *Sonstige Einnahmen.* Unter das Rubrum sonstige Einnahmen sind vor allem die Effekten- und Konsortialgewinne zu rechnen, die nicht aus Zinsspannen oder Provisionen stammen. Zu den Effektengewinnen gehören Zins- und Dividendenerträgnisse aus dem Eigenbesitz an Wertpapieren neben etwaigen Kursgewinnen aus Ankauf und Verkauf von Effekten für eigene Rechnung (conto nostro). Die Konsortialerträgnisse ergeben sich durch Übernahme und Placierung von Emissionen (neue Aktien, Anleihen usw.), die in der Regel nicht durch eine Bank allein, sondern durch ein Konsortium von Instituten erfolgt. Zu diesem Geschäftskomplex gehört weiter auch die Einführung von neuen Aktien, Obligationen, Pfandbriefen an der Börse. Von deren Aufnahmefähigkeit hängt also hier der Ertrag stark ab, und außerdem bedeutet die Notwendigkeit zur Haltung von Beständen und zu Kursregulierungen ein erhebliches Risiko, das sich gerade in den letzten Jahren in empfindlichen Verlusten ausgewirkt hat. Die Einnahmen aus dauernden Beteiligungen resultieren aus dem Aktien- oder Anteilbesitz bei in- und ausländischen Bankunternehmen (Industrieaktien, auch größere Posten, werden nach deutschem Bankenbrauch nicht unter den dauernden Beteiligungen geführt). Sie sind aber in der Regel nicht eigentlicher Zweck der Beteiligungen, die vielmehr vor allem der Anbahnung und Sicherung von Geschäftsbeziehungen dienen.

4. *Die Unkosten.* Die Unkosten der Banken erscheinen im üblichen Ertragsausweis nach dem angegebenen Schema in einer Dreigliederung: Handlungsunkosten — Steuern und Abgaben — Wohlfahrtslasten, Pensionen und Sozialversicherungen. Das wird den Anforderungen betriebswirtschaftlicher Unkostenrechnungen in keiner Weise gerecht. Ihren Bedürfnissen würde ebenso wie bei den Einnahmen nur eine Aufteilung nach Betriebsstellen, also ein gesonderter Ausweis für die verschiedenen, wenigstens im großen gegliederten Sparten der Universalbank genügen. Eine solche Teilung ist freilich kaum durchführbar, weil an zu zahlreichen Punkten (vor allem in den Depositenkassen) der gleiche personelle und sachliche Apparat allen Geschäften, noch dazu mit wechselnder Beanspruchung durch die einzelnen Sparten, dienen muß. Möglich wäre aber die, verschiedentlich auch schon in ungefähren Zahlen bei mündlichen Erläuterungen gegebene, Scheidung nach Personal- und Sachausgaben. Das Verhältnis zwischen diesen beiden Kostengruppen hat sich seit der Währungsstabilisierung erheblich geändert, da Rationalisierungs- und Konzentrationsmaßnahmen mit dem Ziel der Angestellteneinsparung mindestens zunächst, häufig

aber auch auf die Dauer (Mietkosten für Buchungsmaschinen z. B.) eine Erhöhung der Sachausgaben bedingten. Mit dem Zusammenschrumpfen der Umsätze ist zudem im Bankgewerbe ebenfalls das relative Gewicht der fixen Kosten (Aufwand für Geschäftsräume und ihre Einrichtungen, große Telephonanlagen, im besonderen für das Effekten- und Devisengeschäft u. a.) schwerer geworden. Ein wichtiger Faktor ist weiter die Größe des Einzelumsatzes (s. u. „Die Umsatzzahlen"). Entscheidendes Gewicht kommt aber vor allem, namentlich wenn man den Unkostenvergleich mit der Vorkriegszeit zieht, den Steuern zu, und das als internationale Erscheinung. Eine Völkerbundsuntersuchung ergibt, daß 1913 in Deutschland 38,1% der Bruttogewinne von den Ausgaben aufgezehrt wurden und 54,9% als Reinertrag verblieben; 1928 waren es hingegen 78,4 bzw. 18,5 und 1929 sogar 82,1 bzw. 13,5%. Für die französischen Banques d'affaires werden folgende Zahlen angegeben: 1913 Unkosten 17,8, Reingewinne 64,3, 1928 47,6 bzw. 47,1%, für die Niederlande: 1913 19,8 bzw. 74, 1929 46,1 bzw. 29,9%, für die Schweiz: 1913 32,3 bzw. 56,5, 1929 49,2 bzw. 44,6%. Bei den Veränderungen spricht das Ausmaß der Abschreibungen verschiedentlich mit, den eigentlichen Grund der Steigerung des Unkostenquotienten sieht man jedoch in den erhöhten Steuerauflagen. Und in Deutschland fallen dazu noch die Soziallasten stark ins Gewicht. Außerdem hat der Rationalisierungsprozeß zu einem Anwachsen der Pensionsausgaben geführt, weil der Abbau zu einem wesentlichen Teile durch Pensionierung älterer Angestellter durchgeführt wurde.

5. Gewinn und Eigenmittel. Der Gewinn einer Bank ist viel weniger als der anderer Unternehmen von der Größe des Eigenkapitals abhängig, weil bei ihr die Heranziehung von Fremdkapital bis zum Vielfachen der Eigenmittel und die Weiterleitung dieser Gelder wichtigster Geschäftszweck ist. Damit und mit der Herabdrückung der Eigenmittel durch Kriegs- und Nachkriegsverluste, aber auch durch bewußte Zusammenschneidungspolitik in den Folgejahren (Fusionen) erklärt es sich, daß die Erträgnisse bis zur großen Krise trotz aller Unkostensteigerung im Verhältnis zum Eigenkapital nicht allzu sehr von den Vorkriegsergebnissen abwichen, zeitweise oder in einzelnen Ländern sogar eine Zunahme aufweisen. Die Reingewinne stellen sich in Prozent der Eigenmittel (Aktienkapitalien und Reserven einschließlich Vortrag) für die Jahre 1913, 1928 und 1929 wie folgt: Deutschland 9,1—9,9—7, französische Depositenbanken 8—12,8—8,8, französische Geschäftsbanken 6,6—11,1—10,9, Niederlande 8,5 bis 6,1—6,1, Schweiz 6,1—7,3—6,9. Damit vergleiche man den Rückgang des Prozentsatzes, den Kapital und Reserven von den Kreditoren (ohne Akzepte und Indossamente) ausmachen, und zwar im Vergleich des Jahres 1929 mit dem Jahre 1913 (die Zahlen von 1913 in Klammern): Deutschland (alle Kreditbanken) 9 (39), französische Depositenbanken 8 (20), französische Geschäftsbanken 19 (55), Niederlande 28 (53), Schweiz 16 (22). Die sehr geringe Beweiskraft der Bankdividenden als Kennzeichen der Bankgewinne erhellt aus diesen Zahlen deutlich.

Literatur: Schlegelberger-Quassowski-Schmölder: Verordnung über Aktienrecht vom 19. September 1931. — Société des Nations: Banques Commerciales 1913—1929. — Rummel: Ist eine Betriebskalkulation im Bankgewerbe möglich? Bank-Arch. Nr. 1, 1. Oktober 1931. — Enquête-Ausschuß: Der Bankkredit.

Bruno Saekel.

Ertragsrechnung s. *Erträgnisse des Bankgewerbes I.*
— **steuern** s. *Kapitalbetragssteuer.*

Ertragswert ist der auf Grundlage des Reinertrags errechnete Wert im Gegensatz zum Kurs- oder Verkehrswert (vgl. *Kapitalisation*).

Escompte (fr.) = Diskont. Auch Eskompte geschrieben, wenn als Teil deutscher Firmennamen. Veralteter Ausdruck, jetzt fast ganz durch „Diskont" verdrängt.

Essen-Düsseldorfer Börse. Die Geschichte der E.-D. B. ist die Geschichte des Werdens der rheinisch-westfälischen Industrie. Kennzeichnend für die E.-D. B. war und ist der Handel in Kuxen, den Anteilen der meist 1000teiligen Gewerkschaften. Die Erschließung des Kohlenbergbaues erfolgte fast ausschließlich seitens solcher Gewerkschaften. Erst mit der Einführung des Aktiengesetzes (1870) wurde eine schnellere und ausgiebigere Aufbringung des Kapitals ermöglicht, so daß in der Folge vor allem die gigantische Ausdehnung der Eisenindustrie mehr von der Aktiengesellschaft getragen war und neben der E.-D. B. die aufblühende Berliner Börse dem rheinisch-westfälischen Industrierevier reichere Mittel zuleitete. In den achtziger Jahren erfuhr die E.-D. B. eine starke Erweiterung ihres Tätigkeitsgebietes durch die Gründertätigkeit im mitteldeutschen Kalibergbau, die wiederum weitgehend in Form von Gewerkschaften erfolgte und an der die im Ruhrbergbau Erfahrenen einen großen Anteil hatten. — Wenn auch in den Nachkriegsjahren gerade in der Eisen- und Kohlenindustrie die schon vor dem Kriege einsetzende Konzernbildung sich gewaltig steigerte und viele der früher selbständigen Gewerkschaften und Aktiengesellschaften zu Majoritätsbeteiligungen der führenden Großunternehmen wurden, für deren Aktien die Berliner Börse der erste Handelsplatz geworden war, so hat doch die E.-D. B. sich eine Sonderstellung gewahrt. Vor dem Kriege war es eine häufige Erscheinung, so zu Beginn des russisch-japanischen Krieges, in der Krise 1906—07, bei Ausbruch des Weltkrieges, daß die E.-D. B. gegenüber den großen Börsenplätzen eine eigene Tendenz behauptete und sich wesentlich widerstandsfähiger erweisen konnte, weil die Mehrzahl der Kuxen in festen, mit den Verhältnissen vertrauten Händen war. So war es auch nach dem Kriege nicht selten, daß die Tendenz des Reviers entscheidend war für die Haltung des Montanmarktes der Berliner Börse und der Berliner Börse überhaupt. Die Börsen von Essen und Düsseldorf gehören eng zusammen, sie lösen sich gegenseitig mit ihren Börsensitzungen ab; sie haben übereinstimmende Börsenordnung und -gebräuche. Die Besucher sind bei beiden Börsen dieselben. Die Börsenversammlungen finden Montags und Donnerstags in Düsseldorf, Dienstags und Freitags in Essen statt, Mittwochs abwechselnd in Düsseldorf und Essen. — Beide Börsenplätze haben einen amtlichen Verkehr und einen Freiverkehr. Auch der letztere ist an ganz bestimmte Formen gebunden und unterscheidet sich wohltuend von dem wilden Handel anderer Börsenplätze. Für den amtlichen Verkehr sowohl wie für den Freiverkehr gelten folgende Regeln: Im Börsensaal sitzen an langen Tischen die Bankiers und die Vertreter der Banken des Reviers. In der Mitte des Saales hat der amtierende Kursmakler seinen Platz. Der Makler steht in festem Gehalt und erhält keine Courtage. Nur bei Versteigerungen von Wertpapieren steht ihm eine besondere Vergütung zu. Übrigens ist er befugt, mit eigenen Kunden selbst Geschäfte abzuschließen. Der Makler wickelt den Börsenverkehr ab, indem er der Reihe nach alle Papiere aufruft. Sobald vom Kursmakler der Name eines Papiers aufgerufen ist, melden sich von ihren Plätzen die Händler mit Geld- und Briefkursen. Notiert werden nur Geld- und Briefkurse, deren Spannung die tatsächlich bezahlten Kurse umfaßt. Die Abrechnung erfolgt zum Nettopreis ohne Berechnung von Provision oder Courtage, dagegen unter Zuschlag bzw. Abzug des Reichsumsatzstempels.

Kuxenhandel: Wegen seiner Besonderheiten sei nachfolgend ein Auszug aus den diesbezüglichen Usancen gegeben:

Die Kurse sämtlicher Kuxe werden je für den Anteil in Mark ausgedrückt. Sämtliche Kuxe werden zinsfrei gehandelt. Ausbeuten und Zubußen, welche am Tage des Geschäftsabschlusses oder später fällig sind, gehen auf den Käufer über. Bei Kuxen von Gewerkschaften, welche regelmäßig für bestimmte Zeitabschnitte Ausbeute verteilen, steht die Ausbeute des betreffenden Zeitabschnittes innerhalb desselben dem Käufer zu. Die Kuxe lauten auf Namen. Die Lieferung hat spätestens am fünften Tage zu erfolgen, den Tag des Geschäftsabschlusses sowie Sonn- und Feiertage nicht mit eingerechnet. Bei Kuxen erfolgt die Lieferung durch Behändigung des Kuxscheins und der Abtretungsurkunde oder durch Überweisung derselben bei der das Gewerkenbuch führenden Stelle unter Nachweis des Besitzers. Die Umschreibung der Kuxe ist spätestens innerhalb zwei Wochen nach erfolgter Lieferung vom Käufer zu beantragen. Die Zahlung des Kaufpreises hat Zug um Zug zu erfolgen. Wird die Umschreibung nicht rechtzeitig vorgenommen und der eingetragene Gewerke von der Gewerkschaft zur Zahlung fälliger Zubuße aufgefordert, so ist er nach vorheriger Aufforderung an seinen Nachmann berechtigt, die Zubuße an die Gewerkschaft zu zahlen. Der gegenüber dieser Aufforderung säumig gebliebene Erwerber des Kuxes ist verpflichtet, den Betrag der Zubuße seinem Vormann zu ersetzen. Der Erwerber eines Kuxes, der mit rückständiger Zubuße behaftet ist, ist nach vorhergegangener Aufforderung an seinen Vormann berechtigt, die Zubuße auf diesen Kux zu zahlen und den verauslagten Betrag von seinem Vormann zurückzufordern.

Ist einer der Beteiligten mit der Erfüllung des Geschäfts im Verzug, so kann der andere Teil nach vorgängiger Androhung 1. die betreffenden Kuxe oder Wertpapiere durch einen Kursmakler bei verzögerter Abnahme verkaufen, bei verzögerter Lieferung ankaufen lassen oder 2. vom Geschäfte zurücktreten. In der Androhung ist der säumige Teil zur Erfüllung des Geschäfts innerhalb einer bestimmten Frist aufzufordern. Diese Frist muß mindestens drei Tage — Sonntage und gesetzliche Feiertage nicht eingerechnet — betragen und läuft von vormittags 10 Uhr des Tages an, an welchem die Aufforderung bei dem säumigen Teil eingetroffen ist. Gleichzeitig hat der nichtsäumige Teil anzuzeigen, in welcher Weise er nach dem Ablaufe der Frist von dem ihm zustehenden Wahlrecht (1. oder 2.) Gebrauch machen will. Der Selbsthilfeverkauf muß an der Börse durch öffentliche Versteigerung geschehen. Der Selbsthilfeankauf kann sowohl an der Börse als auch im freien Verkehr erfolgen.

Literatur: Marx, E.: Deutsche Provinzbörsen. Vgl. a. die Literaturangaben zu *Berliner Börse*.

Theo Merten.

Estland s. *Randstaaten.*

et bz B, et bz G s. *Berliner Börse III.*

Ewige Anleihen s. *Rentenmarkt 6.*

— **Renten** s. ebenda.

ex = ab, von, ex-Dividende, nach Abschlag der Dividende, im englischen Kursblatt x^d.

Exchequer (e) = Staatskasse, Fiskus.

— **bill** = Schatzschein.

— **bonds** (e) = Schatzwechsel s. *Öffentlicher Kredit II 4.*

excise (e) = Akzise, Verbrauchsabgabe auf inländische Waren (z. B. Kunstseide in England).

Exekution ist die zwangsweise Befriedigung durch den Verkauf von Wertpapieren des Schuldners, die im Besitz des exekutierenden Gläubigers sind. Im Bankwesen handelt es sich dabei regelmäßig um einen Pfandverkauf, da die Geschäftsbedingungen der Banken für sämtliche in den Besitz der Bank gelangenden Wertpapiere ein Pfandrecht für sämtliche Forderungen vereinbaren, auch wenn es sich nicht um Lombarddarlehen handelt. Darüber hinaus besteht an Wertpapieren, die die Bank an der Börse (oder im freien Markt) für den (schuldenden) Kunden kauft, das gesetzliche Pfandrecht des Kommissionärs. Daher ist die Realisierung bei Nichtzahlung einer Schuld verhältnismäßig einfach. Die Exekution muß einen Monat (falls der Kunde Vollkaufmann ist, eine Woche) vorher angedroht werden und wird durch freihändigen Verkauf durch einen amtlich bestellten Kursmakler durchgeführt. Soweit die Bank für ihre Forderung aus dem Erlös Befriedigung erhält, erlischt die Forderung; der Rest besteht weiter und muß auf dem gewöhnlichen Wege der Klage und Zwangsvollstreckung eingetrieben werden. In den in der Praxis ganz seltenen Fällen, in denen kein Pfandrecht der Bank besteht, steht der Bank, wenn die Bezahlung der Schuld vertragsmäßig vor Ablieferung der Wertpapiere erfolgen sollte und es sich um Wertpapiere handelt, die die Bank für den Kunden angekauft hat, der Weg des handelsrechtlichen Selbsthilfeverkaufs offen, der sich vom Pfandverkauf dadurch unterscheidet, daß zwar ebenfalls eine vorherige Androhung, aber nicht die Einhaltung einer bestimmten Frist gefordert wird. Falls auch das nicht möglich ist, hat die Bank einem Kaufmann gegenüber das dem Pfandrecht sehr ähnliche kaufmännische Zurückbehaltungsrecht (erfordert vorgängiges Urteil; einem Nichtkaufmann gegenüber müßte der sehr langwierige Weg des gewöhnlichen Zurückbehaltungsrechts beschritten werden (Klage, Urteil auf Leistung, „Zug um Zug" gegen Anbietung der Gegenleistung, Leistungsverzug des Schuldners, Pfändung, freihändiger Verkauf durch einen Kursmakler). Jedoch ist, wie schon bemerkt, stets ein Pfandrecht der Bank, also eine direkte Realisierungsmöglichkeit gegeben. — Wirtschaftlich ist die Exekution oft unbefriedigend, da natürlich in der Regel nicht exekutiert wird, solange die im Besitz der Bank befindlichen Wertpapiere die Forderung übersteigen und die Restforderung schwer und mühsam einzutreiben ist, wenn nicht der Schuldner überhaupt zahlungsunfähig ist. — Für die Börse bedeutet E. größeren Umfangs eine Verschärfung der Abwärtsbewegung und ein starkes Baissemotiv. Man hat daher auch bei Wiedereröffnung der deutschen Börse Anfang 1932 E. an eine besondere Genehmigung geknüpft.

Über die E. des *Makler* (s. d.). Von Börsenschlüssen s. *Berliner Börse.* Vgl. auch die die einzelnen Börsen behandelnde Art.

Exoten s. *Rentenmarkt 1.*

— **valuta,** Erfassung der, s. *Devisenbewirtschaftung I 2.*

Exportkreditversicherung s. *Kreditversicherung,* vgl. *Subventionen* sowie *Trade Facilities Art.*

F.

Fachbanken s. v. w. *Branchenbanken,* s. u. *Spezialbanken 3.*

Familien-Aktiengesellschaft nennt man ein Unternehmen, dessen Kapital ganz oder zum weitaus größten Teil im Besitz einer Familie ist, die Form der Aktiengesellschaft also vorwiegend aus juristischen, nicht finanziellen Gründen gewählt wurde. Der maßgebende Einfluß allein genügt zum Begriff F. nicht; es wäre z. B. abwegig, den Siemens-Konzern als F. zu bezeichnen.

Fassonwert (auch Façonwert) s. *Goodwill.*

Faustpfandkredit s. v. w. *Lombardkredit.*

Federal Advisory Council s. *Federal Reserve System II 2.*

— **Farm Loan Board** s. *Öffentlich-rechtliches Bankwesen 9.*

— **Intermediate Credit Banks** s. *Öffentlich-rechtliches Bankwesen außerhalb Deutschlands 9.*

— **Land Bank** s. *Öffentlich-rechtliches Bankwesen außerhalb Deutschlands 9.*

Federal Reserve Banken s. *Federal Reserve System.* — **Reserve Board** s. *Federal Reserve System II 1.*

Federal-Reserve-System.

I. Vorgeschichte: Die Nationalbanken.

Das F. bedeutete einen grandiosen Schritt, die dringendsten Schäden des Banksystems der USA. zu beseitigen. Dies mußte in einer Weise geschehen, die der traditionellen Abneigung der damals an der Macht befindlichen Demokratischen Partei gegen eine Vertrustung der Banken nicht zuwider lief. Die finanziellen Probleme, denen die Schöpfer des Federal Reserve Acts dabei gegenüber standen, waren daher einzig in ihrer Art und demgemäß auch die Aufgabe, die die Gesetzgebung zu meistern hatte.

Im Zeitpunkt, da der Federal Reserve Act zustande kam, bestand das Banksystem der USA. aus vielen tausend unabhängigen Einzelinstituten. Die typische Bank, errichtet unter den Gesetzen des Gesamtstaates oder einzelner Staaten (National oder State Bank) war klein und diente nur den Kreditbedürfnissen ihrer nächsten Umgebung. Überschüssige Mittel wurden in Bonds angelegt, zum Kauf von Wechseln und Schuldscheinen (promissory notes) verwandt oder schließlich an die Broker-Firmen von New York verborgt. Die meisten Kreditbanken, darunter alle größeren, waren auf Grund des National Banking Acts (1863) errichtet. Derartige Banken faßte man unter dem Begriff „National-Banking-System" zusammen, ohne daß jedoch diese Banken ein System in der Weise bildeten, daß ihre Kreditgewährung oder ihre Anlagepolitik gleichmäßiger Kontrolle oder Richtlinien unterlagen, sondern nur insoweit, als sie von der gleichen Quelle her ihr Recht zum Bankbetrieb ableiteten. Da also die Nationalbanken die größte Zahl der Banken darstellten und in allen Staaten arbeiteten, konzentrierte sich alle Kritik des Bankwesens überhaupt auf die Schäden ihres Systems und führte schließlich zum Erlaß des Federal Reserve Acts.

Der National Banking Act war eine Kriegsmaßnahme, die nie so glatt durchgegangen wäre, wenn nicht damals die Nordstaaten mit aller Macht den Zerfall der Union verhindern wollten. Vor Erlaß des Gesetzes war die Bankgeschichte der USA. „eher eine Folge katastrophaler Wechselfälle, als ein stetiger Wachstumsprozeß" und seine Aufgaben daher kurz die folgenden:

a) Schaffung eines einheitlichen, zuverlässigen Zahlungsmittels für das ganze Land in Form von Banknoten, die nicht individuellen Wertverschlechterungen unterworfen waren, wie dies leider hinsichtlich der Banknoten der State Banks in vielen Staaten nur allzu sehr der Fall war.

b) Förderung des Absatzes der Anleihen der Bundesregierungen.

c) Schaffung von Finanzkassen für die Bundesregierung.

d) Schließlich Förderung des unitaristischen Staatsgedankens gegenüber der Doktrin von den Rechten der Einzelstaaten, durch die Schaffung einer nationalen Währung und eines nationalen Banksystems.

Sicherheit und allgemeine Annahme der Noten der Nationalbanken wurde durch die Vorschrift erreicht, daß sie durch Staatsanleihen gedeckt sein mußten und für ihre Tilgung ausreichend Vorsorge zu treffen war. Hierdurch erfuhr gleichzeitig der Absatz der Staatsanleihen die gewünschte Förderung. Die Nationalbanken erhielten ein indirektes Notenausgabemonopol dadurch, daß die Noten der State Banks mit einer 10proz. Steuer belegt wurden. Das Gesetz, welches nach einigen Abänderungen im Jahre 1864 in Kraft trat, hat seither wohl zahlreiche Änderungen und Zusätze erfahren, gilt aber im Ganzen noch heute. Ohne den Erlaß des Gesetzes hätten sich wahrscheinlich die verschiedensten, über mehrere Staaten reichende Banken mit Filialnetz entwickelt, was im Zuge der Zeit lag. So aber hatte das Gesetz, da es Banken mit Filialsystem nicht zuließ, die wichtige Folge, alle Ansätze auf diesem Gebiet zu zerstören und den Typus der unabhängigen Einzelbank zu verewigern. Infolge der Besteuerung der Notenausgabe seitens der State Banks gaben nämlich die meisten von ihnen ihren Charakter als State Banks (bei dem sie die Berechtigung zum Betrieb von Zweiganstalten gehabt hatten) auf und wurden zu Nationalbanken, also Einzelbanken. Trotz aller seiner Fehler bedeutete das Nationalbanksystem einen entschiedenen Fortschritt gegenüber vielen Teilen des bisherigen Bankwesens der USA., speziell gegenüber den Zuständen in den Staaten des Mississippitales.

Die Mängel des Nationalbanksystems wurden im ganzen Umfang erst während der Panik von 1893 offenbar. Damals und auch bei späteren Krisen zeigte sich, daß es nur dem Namen nach ein System war; Kooperation und wirksame Führung fehlten oder, wo sie vorhanden waren, ergaben sie sich nicht aus Zugehörigkeit zum Nationalbanksystem, sondern aus sonstigen Geschäftsbeziehungen und aus Clearing house-Funktionen führender Banken. Eine übergeordnete Kontrolle der Kreditgewährung fehlte also völlig. Die Nationalbanken konnten ihre Kreditgewährung aufs äußerste ausdehnen, und so kam es zu starken Auswüchsen auf dem Gebiet der Spekulation und des Geschäftslebens, kurz, zu Zuständen, die später drastische Einschränkungen des Kreditvolumens zur Folge hatten. Am störendsten empfunden wurde der Mangel jeder Elastizität im Notenumlauf, der, basiert auf der Hinterlegung von Staatsanleihen und limitiert mit dem gleichen Betrag wie das Kapital der ausgebenden Bank war. Dort, wo es elastisch war, also Schwankungen zeigte, war es im verkehrten Sinne. Ein anderer wunder Punkt, dem man nach der Panik von 1907 größere Aufmerksamkeit zuwandte, war die Frage der Liquiditätsreserven. Alle Nationalbanken, mit Ausnahme derer von Chicago, Saint Louis und New York, hielten die Kassenreserven entweder bei anderen Nationalbanken in den größeren Städten oder in Form von gesetzlichen Zahlungsmitteln in den eigenen Kassen. (In den genannten drei Städten mußten die Reserven voll in Bargeld gehalten werden.) Die Kassenreserven außerhalb dieser drei Städte liefen also in der Hauptsache bei den Nationalbanken von New York zusammen, und diese benutzten sie üblicherweise, um die Kreditnachfrage der Börsenmakler zu befriedigen. (Dies sind die „Maklerdarlehen", die in der Börsengeschichte der letzten Jahre eine so große Rolle spielten, vgl. *New Yorker Börse.*) Obwohl also die Banken von New York die Funktionen von Zentralbanken des gesamten Nationalbanksystems hatten, hielten sie sich gewöhnlich nur geringe Kassenreserven über ihren eigenen Bedarf hinaus, und so war es im Bedarfsfall für die Banken des Landesinnern häufig unmöglich, ihre Guthaben von New York abzuziehen, da eben die Abziehung von der Börse nicht klappte. Diese bei den New Yorker Banken deponierten Kassenreserven waren also nach keiner Art „Reserven" in des Wortes wirklicher Bedeutung, und beim Anzeichen einer Panik saß jede Bank ängstlich auf ihrem eigenen Barbestand, denn eine Mobilisierung der Goldreserven war gleichfalls unmöglich.

Eine weitere Folge des Brauches, die Kassenreserven möglichst niedrig zu halten, war die Unelastizität des Kreditwesens angesichts der Saisonansprüche der Wirtschaft. Außerordentlich starke Saisonschwankungen in den Zinssätzen waren die Folge. Angesichts des Mangels einer zentralen Rediskontstelle bestand die einzige Möglichkeit einer Erhöhung des Kreditvolumens der Kreditbanken in einer Vermehrung des monetären Goldbestandes. Ein forcierter Export im Verein mit der saisonüblichen Steigerung der Zinssätze war nötig, um Gold während der Herbstmonate mit ihrem gesteigerten Geldbedarf aus England herüberzuziehen, und so wurde eine weitere Abhängigkeit — nämlich von den ausländischen Geldmärkten — geschaffen. Eine weitere Folge der Organisation lag in dem starken örtlichen Verschiedenheiten der Zinssätze und im Fehlen eines Marktes für Privatdiskonte, durch den der amerikanische Überseehandel hätte alimentiert werden können. Schließlich fand die Bundesregierung bei diesem System keinen geeigneten Träger ihrer finanziellen Agenden, da die bestehenden Organisationen, die Nationalbanken hierzu nicht geeignet waren bzw. ihre Aufgaben nicht ohne arge Stauungen am Geldmarkt durchführen konnten.

Wie der Federal Reserve Act Gesetz wurde. Nach der Panik von 1893 versuchte man zunächst, um die Unelastizität der Notenzirkulation zu beseitigen, das kanadische Notenwesen nachzuahmen. (Mehrere Vorschläge.) Die öffentliche Meinung allerdings war gerade von dem Streit über Bimetallismus und dem spanisch-amerikanischen Krieg völlig in Anspruch genommen, und nachher, zwischen 1900 und 1907, herrschte im ganzen Lande hohe Prosperität. Dies ließ das Problem der Bankreform weniger dringend erscheinen. Die damals herrschende Partei (die Republikaner) trägt hierfür die Verantwortung, und so rief erst die Panik von 1907 neue Maßnahmen (unter ROOSEVELT) hervor. (Aldrich Plan 1908 mit gewissen Erleichterungen der Notenausgabe auch auf Grund von anderen Unterlagen, als nur Staatsanleihen; Einsetzung einer Kommission; zahlreiche ausführliche Vorschläge u. a. von Professor O. M. W. SPRAGUE, PAUL M. WARBURG, MAURICE L. MUHLEMAN und VICTOR MORAWETZ.) Kurz nach seinem Amtsantritt (1913) berief WILSON eine außerordentliche Session des Kongresses ein, mit Zollrevision und Bankreform als Tagesordnung. Auf Grund eines Entwurfes von CARTER GLASS, Vorsitzender des Bank- und Währungskomitees, gemeinsam mit H. PARKER WILLIS, gelangte dann der Federal Reserve Act in beiden Häusern zur Annahme und wurde von Präsident WILSON am 23. Dezember 1913 unterzeichnet

II. Organisation des Federal-Reserve-Systems.

Zunächst wurde durch das „Reserve Bank Organization Committee" das gesamte festländische Gebiet der USA. (ohne Alaska) in Distrikte eingeteilt (es sollten nicht weniger als 8, nicht mehr als 12 sein) und in jedem dieser Distrikte eine Stadt als Sitz der Federal Reserve Bank bestimmt. Dem Komitee lag gleichfalls die Aufgabe ob, die innere Organisation der Federal Reserve Banken zu schaffen, einschließlich der anzuwendenden Buchungsmethoden und der Geschäftsordnung mit allen Einzelheiten der künftigen Funktion (s. u.). Nach Beendigung des Werkes des Organisationskomitees eröffneten die Federal Reserve Banken ihre Tätigkeit am 16. November 1914.

1. Der Federal Reserve Board. Er besteht aus 8 Mitgliedern, von denen der Schatzsekretär und der Comptroller of the Currency (Währungskommissär) kraft ihres Amtes Mitglieder sind, während die anderen 6 vom Präsidenten nach Anhörung des Senats für 10 Jahre ernannt werden. Dem Federal Reserve Board obliegt die Oberleitung des F. Die 6 ernannten Mitglieder dürfen keinen Nebenberuf ausüben und an keinem Bankbetrieb beteiligt oder angestellt sein. Bei ihrer Auswahl soll der Präsident auf eine gehörige Vertretung der finanziellen, agrarischen und kommerziellen Interessen des Landes Bedacht nehmen und aus keinem Federal Reserve-Distrikt mehr als 1 Mitglied wählen. Den Vorsitz (chairman) führt der Schatzsekretär, eines der 6 ernannten Mitglieder wird vom Präsidenten zum Gouverneur, ein anderes zum Vizegouverneur bestellt. Der Gouverneur ist das oberste Exekutivorgan des Board und führt in der Abwesenheit des Schatzsekretärs den Vorsitz. (Seine Stellung entspricht also dem Amt des Reichsbankpräsidenten, noch mehr auf Grund der Organisation der Reichsbank bis 1922.)

Die Befugnisse des Federal Reserve Board sind sehr weitgehend, was bei einer Behörde, die so vielseitige Interessen miteinander in Einklang bringen muß, wie unter dem F., unerläßlich ist. Der Board hat also das Recht unumschränkter Prüfung der Bücher und der Geschäftsleitung jeder Federal Reserve Bank und aller Mitgliedsbanken und kann Berichte nach seinem Gutdünken einfordern; er kann gestatten, daß eine Federal Reserve Bank einer anderen ihren Rediskont zur Verfügung stellt, ja dies anordnen, falls mindestens 5 Mitglieder hierfür stimmen. Er kann hierfür auch den Zinssatz festsetzen; er kann jede Reservebank vorübergehend (bis zu 15 Tagen) von den Deckungsbestimmungen des Federal Reserve-Gesetzes gegen Entrichtung einer abgestuften Notensteuer dispensieren. Es obliegt ihm ferner die örtliche Organisation der Städte in central cities, reserve cities usw. und die Ernennung der Funktionäre der Federal Reserve Banken. Er darf in ihre Buchführung eingreifen, ja, sie bei Verletzung des Federal Reserve-Gesetzes suspendieren, zwangsverwalten oder liquidieren. Durch das Büro des Comptrollers of the currency überwacht er die Notenausgabe, erläßt die nötigen Anweisungen — natürlich im Rahmen des Federal Reserve Acts — über die Handhabung des Diskonts (eligibility s. später), billigt die Bankraten usw. Der Board erstattet einen jährlichen Bericht an den speaker des Repräsentantenhauses und gibt monatliche Bulletins heraus, in denen die Arbeit seiner statistischen Abteilung ihren Niederschlag findet.

2. Federal Advisory Council. Dieses Kollegium verdankt seine Entstehung einem Kompromiß: Während ursprünglich die Absicht bestand, den Federal Reserve Board zum Teil durch die Leiter der einzelnen Federal Reserve Banken wählen zu lassen, wurde dies, wie früher gezeigt, in eine Ernennung durch den Präsidenten abgeändert. Um nun den Banken eine Kompensation zu bieten, schuf man das Federal Reserve Advisory Council, das sich aus je 1 Repräsentanten jedes Distrikts zusammensetzt, der vom Board der betreffenden Federal Reserve Bank gewählt wird. Dieses Council soll mindestens viermal im Jahre zusammentreten, hat aber nur beratende Eigenschaft, mit dem Recht, direkt mit dem Federal Reserve Board zu verkehren und ihm mündliche und schriftliche Vorschläge zu machen. Es ist nicht leicht, der bisherigen Tätigkeit des Federal Advisary Council gerecht zu werden, aber im großen und ganzen kann man sagen, daß es seine Existenzberechtigung durch Ratschläge an den Federal Reserve Board bewiesen hat.

3. Der Verwaltungsrat (Board of directors) der einzelnen Federal Reserve Banken. Jede der 12 Federal Reserve Banken (also die Zentralinstitute der einzelnen Distrikte) hat 9 directors, von denen 3 vom Federal Reserve Board bestellt werden und 6 von den Mitgliedsbanken. Die letzteren teilen sich in class a-directors und class b-directors. Die 3 class a directors sind Bankleute, die class b Geschäftsleute oder Farmer. Ihre Wahl erfolgt durch eine Art Dreiklassenwahlsystem, mit je einem a- und einem b-director per Klasse. Vorsitzender ist einer der 3 vom Federal Reserve Board bestimmten directors, und gleichzeitig ist er auch Reserveagent. Als Reserveagent ist er Leiter der Notenausgabeabteilung, des Buchprüfungs- und Revisionsdepartements und der statistischen Abteilung. Diese directors werden für 3 Jahre gewählt mit turnusmäßigem Ausscheiden. Wiederwahl ist zulässig. Der Board of directors hat die Oberaufsicht über die betreffenden Reservebanken, wählt den Gouverneur (das höchste Exekutivorgan), der dem Board nicht angehört; stellt die anderen höheren Funktionäre an; setzt die Bankrate fest, beschließt über open-market-Operationen (s. später) usw. Seine ganze Geschäftsführung unterliegt natürlich der Oberaufsicht durch den Federal Reserve Board.

Zweigstellen der Federal Reserve Banken haben Boards von 7 Leuten. Die Bestellung ist sinngemäß der der Federal Reserve Banken nachgebildet. Ihre Befugnisse sind gering und laufen — praktisch genommen — auf die beratende Stimme gegenüber den geschäftsführenden Funktionären der betreffenden Federal Reserve branch-bank hinaus.

4. Mitgliedschaft des Federal-Reserve-Systems. Während ursprünglich die Absicht bestand, die Mitgliedschaft den Nationalbanken vorzubehalten, konnten später auch State Banks und Trust-Companies als Mitglieder zugelassen werden. Alle Nationalbanken mußten Mitglieder werden, und auch den anderen steht die Möglichkeit offen, sofern sie gewisse Voraussetzungen des Federal Reserve Acts erfüllen. Ende 1930 gab es 8052 Mitgliedsbanken, wovon 7033 Nationalbanken und 1019 Institute mit charter eines Staates (banks and trust compagnies) waren. Da es gleichzeitig in den USA. ca. 23000 Banken gab, so waren dies ungefähr 35% der Zahl nach. Den Mitteln nach machten die Mitgliedsbanken 62% des Ganzen aus, waren also im Durchschnitt größer. Die Mitglieder, die nicht Nationalbanken sind, nahmen am stärksten während und unmittelbar nach dem Weltkrieg zu; seit 1922 hat aber ihre Zahl infolge von Fusionen, Insolvenzen und Austritten wieder abgenommen. Letztere hatten ihre Ursache hauptsächlich darin, daß die betreffenden Institute ihr Interesse an der Haltung von Depositen verloren und infolge des Umstandes, daß der akute Kreditbedarf der Kriegsverhältnisse vorüber war. Tatsächlich besteht für kleine State Banks wenig Veranlassung, sich dem F. anzuschließen: ihr Wechselportefeuille ist gewöhnlich nicht, oder zum geringsten Teil von der Art, daß es für einen Rediskont durch die Federal Reserve Bank in Frage käme (eligible for rediscount). Aller Nutzen, den sie von der Mitgliedschaft am F. haben mögen, würde sie kaum für den Zinsentgang, durch Haltung der vorgeschriebenen Reserveguthaben entschädigen.

Mitgliedsbanken müssen Aktien „ihrer“ Federal Reserve Bank in Höhe von 6% ihres eigenen Kapitals und surplus[1] zeichnen und 50% hiervon bar einzahlen, während der Restbetrag jederzeit eingefordert werden kann. Auf den eingezahlten Teil schütten die Federal Reserve Banken Dividende aus, die aber 6% p. a. nicht überschreiten darf.

III. Notenausgabe und Deckungsvorschriften (Reserves). (Vgl. *Notenbankausweise.*)

Seit 1917 müssen alle Mitgliedsbanken die Dekkungsreserve für ihre Einlage in Form echter Guthaben bei der Federal Reserve Bank ihres Distrikts halten. Effektive Notenbestände in den eigenen Kassen werden dabei nicht mitgezählt. Die Prozentsätze der Deckungsreserven für sofort fällige und gebundene Guthaben betragen:

Standort der Mitgliedsbank	Für demands deposits	Für gebundene Einlagen
Central reserve cities	13%	3%
Reserve cities	10%	3%
Country Towns	7%	3%

Diese Dreiteilung je nach dem Standort stellt ein Überbleibsel einer der wichtigsten Bestimmungen des National Bank Acts dar. New York und Chicago sind dabei die einzigen mit dem Range einer central reserve city. Sodann gibt es 65 reserve cities, alle übrigen sind country towns. Die Bedeutung dieser Einteilung ist heute nur mehr wenig gerechtfertigt, und es sind daher Studien im Gange, die eine völlige Neuordnung zum Gegenstand haben. „Demand deposits“ sind sofort oder binnen 29 Tagen fällig; unter gebundenen Geldern (time accounts) werden alle mit einer Kündigungsfrist von 30 Tagen an verstanden. Die Berechnung der nötigen Reserven erfolgt nach dem durchschnittlichen Einlagestand. Ein Manko in den Reserven wird durch ein Diskont-Pönale in Form eines 2proz. über der Bankrate liegenden Satzes geahndet. Die Mitgliedsbanken müssen nämlich ihr Defizit bei der Federal Reserve Bank dadurch auffüllen, daß sie ihr Wechsel zum Rediskont einreichen und den Erlös auf dem Reservenkonto gutschreiben lassen oder indem sie Staatsanleihen anderer Mitgliedsbanken ankaufen (sofern bei diesen ein Überschuß über ihre Deckung vorhanden ist) und hinterlegen. Die Federal Reserve Bank selbst muß für ihre Verbindlichkeiten eine 35proz. Deckung in Gold oder in gesetzlichen Zahlungsmitteln unterhalten (lawful money), wobei derjenige Teil ihrer Verbindlichkeiten, der aus Federal-Reserve-Banknoten besteht, zumindest mit 40% in Gold gedeckt sein muß.

Ausgabe der Federal-Reserve-Banknoten. Soweit Federal-Reserve-Noten für Rechnung des Staates ausgegeben werden, unterliegt die Emission der Kontrolle des Federal Reserve-Agenten (vgl. II 3) der betreffenden Federal Reserve Bank. Nur auf Verlangen und gegen Hinterlegung des 100proz. Gegenwertes der gewünschten Noten gibt er bei der betreffenden Federal Reserve Bank Noten frei. Sämtliche zur Ausgabe gelangenden Noten sind also zu 100% gedeckt, nicht nur die im Umlauf befindlichen, sondern auch die Kassenbestände. Von der 100proz. Deckung muß mindestens 40% in Gold bestehen, der Rest in den verschiedenen Sorten von Wechseln und kaufmännischen Verpflichtungen (commercial paper), die sämtlich den Ankaufsbedingungen entsprechen müssen (eligible for discount and purchase). Der Federal Reserve Board kann jede Notenausgabe bewilligen oder ablehnen, auch eine Notensteuer auf alle nicht ganz durch Gold gedeckten Noten vorschreiben. Von dieser Ermächtigung hat er aber bis jetzt keinen Gebrauch gemacht, sondern die Ansicht vertreten, daß sich die Nachfrage nach Noten automatisch nach den Bedürfnissen von Lohnzahlungen, Detailhandel und außerordentlicher Nachfrage bei Feiertagen usw. richtet. Jede Federal Reserve Bank muß beim Schatzamt der Regierung der USA. ein Golddepot in der Höhe von 5% der nicht durch Gold gedeckten Noten unterhalten. Der Zweck ist, dem Schatzamt einen Fonds in die Hand zu geben, um die ihm präsentierten Federal-Reserve-Noten jederzeit in Gold einlösen zu können. Die Federal-Reserve-Noten sind nämlich in Gold oder gesetzlichen Zahlungsmitteln bei der Federal Reserve Bank, von der sie stammen, einlösbar und außerdem in Gold beim Schatzamt (Treasury Department). Um in die Zirkulation der Federal-Reserve-Noten eine gewisse Rückflußtendenz zu bringen, wurde bestimmt, daß keine Federal Reserve Bank Noten einer anderen ausgeben darf außer gegen Entrichtung einer 10proz. Steuer. Federal-Reserve-Noten sind nicht gesetzliches Zahlungsmittel (No legal Tender). Um auftretenden Bedürfnissen nach Zahlungsmitteln nachzukommen, kann eine Federal Reserve Bank statt ihrer Noten ebensogut Gold oder sonstige Kassenbestände ausgeben. Dies hängt lediglich von der jeweils beobachteten Goldpolitik ab. Während des Krieges wurden z. B. nur Federal-Reserve-Noten

[1] surplus = eine Art offener Reserve in der amerikanischen Bilanz (s. u. *surplus*).

ausgegeben und der gesamte Goldvorrat des Landes einschließlich der Münzen und der gold certificates in den Kassen der Federal Reserve Banken konzentriert (vgl. *Notenbankausweise*).

IV. Diskontgeschäft und sonstige Geschäfte der Federal Reserve Banken.

Clearing Funktionen und Inkassogeschäft (collection). Die Federal Reserve Banken haben ein gut funktionierendes System für den Einzug von Schecks und anderer bargeldloser Zahlungsmittel und für den Überweisungsverkehr über das ganze Land hin entwickelt. Der Zahlungsausgleich zwischen den einzelnen Federal Reserve Banken erfolgt täglich im Wege des Goldausgleichfonds. Auch Nichtmitgliedsbanken können an diesem Clearing-System teilnehmen, indem sie sich bei der Federal Reserve Bank ihres Distrikts ein Girokonto errichten lassen.

Diskontgeschäft und Vorschüsse. Nur Mitgliedsbanken haben das Recht, ihr Wechselmaterial bei der Federal Reserve Bank ihres Distrikts rediskontieren zu lassen[1] oder bei ihr Darlehen aufzunehmen. Die Arten von rediskontfähigem Papier sind im Federal Reserve Act angegeben und durch ergänzende Durchführungsbestimmungen genau spezifiziert. Der Einzelfall unterliegt letzten Endes der Begutachtung durch Zensoren.

So muß z. B. eingereichtes Material zurückgewiesen werden, wenn es von einer investment transaction stammt (also von einer langfristigen Kapitalsanlage zum Unterschied von einem Warenaustauschgeschäft); wenn es vom Handel mit Börsenwerten herstammt, ausgenommen Staatsanleihen; wenn es ein Finanzpapier ist, d. h. daß sein Gegenwert zur Weitergabe an einen Dritten diente (ausgenommen sind hierbei gewisse Verpflichtungen der Baumwollfabriken und der Agrargenossenschaften). Um diskontfähig zu sein, muß das betreffende Papier ferner von einer Mitgliedsbank giriert sein und auf Grund eines landwirtschaftlichen, industriellen oder kommerziellen Geschäftsfalles ausgestellt sein. Es muß höchstens binnen 90 Tagen fällig sein, nur Agrarwechsel und Wechsel für gewisse Ernteartikel dürfen bis zu 9 Monaten laufen; von der Vorschrift eines festen Fälligkeitsdatums wird bei gewissen Sichttratten und überhaupt bei Überseetratten abgesehen, wenn es sich um die Verschiffung von Agrarstoffen handelt.

Eine Mitgliedsbank darf neben dem Rediskont von ihrer Federal Reserve Bank Kredite in Anspruch nehmen in der Form von „Darlehen" (advances), Schuldschein (promissory note) und Hinterlegung von Bundesanleihen oder diskontfähigem Material. Ein solcher Schuldschein muß innerhalb von 15 Tagen fällig sein, eine Bestimmung, die allerdings durch die Möglichkeit der Prolongation wenig praktische Bedeutung hat. Die Rediskontierung bzw. Darlehnsgewährung hat unparteiisch und unter Einhaltung eines vorsichtigen und vernünftigen Ausmaßes in Hinblick auf die Ansprüche der anderen Mitgliedsbanken zu erfolgen.

Grundsätze für die Annahme eines Wechsels. (Acceptability). Zu den Vorschriften über die Diskontfähigkeit („eligibility") eines Wechsels, welche gesetzlich genau festliegen, treten ergänzend die Grundsätze über die Handhabung im einzelnen hinzu, welche bei den verschiedenen Federal Reserve Banken nicht ganz gleich sein können. Die Vermögens- und Einkommensverhältnisse des Ausstellers unter Berücksichtigung seines Geschäftszweiges ebenso wie der Ruf, welchen die Geschäftspolitik der girierenden Bank genießt, sind die wichtigsten Gesichtspunkte zur Beurteilung des Einzelfalles. Eine Statistik über die zurückgewiesenen Beträge im Verhältnis zu dem angebotenen Material sind nur für die Federal Reserve Bank of Dallas (Texas) erhältlich. Von 1927—1930 betrug der Prozentsatz der zurückgewiesenen zwischen 2,1 % und 9,9 %.

[1] Wenn also von „rediscount" seitens der Federal Reserve Banken die Rede ist, so bezieht sich das ausschließlich auf Wechseldiskontierung innerhalb des Systems, zum Unterschied vom „Ankauf" (purchase) im offenen Markt von jeder beliebigen Bank.

V. Die Bankrate.

Festsetzung der Bankrate. Der Federal Reserve Act bestimmt, daß jede Federal Reserve Bank von Zeit zu Zeit unter der Oberaufsicht des Federal Reserve Board ihren Rediskontsatz festsetzt im Hinblick auf die Erfordernisse von Handel und Geschäft. (Die Frage ist umstritten, ob der Federal Reserve Board nur ein Veto oder das Recht hat, seinerseits bei jeder Federal Reserve Bank die Rate festzusetzen. Letzteres tat er 1927 für Chicago, was einen Proteststurm hervorrief.)

Die Schwankungen der Bankrate gehen in den letzten Jahren auf eine größere Anzahl von Ursachen zurück: Für Erhöhungen war bald eine Steigerung der Sätze des offenen Marktes die Ursache, bald ein Rückgang der Golddeckung, speziell wenn dies bei einer einzelnen Federal Reserve Bank der Fall war; oder ein Ansteigen der Ausleihungen an Mitgliedsbanken, ein Rückgang von deren Einlagen oder ein Ansteigen der Vorschüsse gegen Effekten ohne gleichzeitige korrespondierende Erhöhung ihrer kommerziellen Ansprüche, also eine Zunahme der Kredite für spekulative Zwecke, eine Ausweitung der Kredite an member banks, die über den Geschäftsumfang hinausging, usw. Die Gründe für eine Bankratenermäßigung sind erklärlicherweise in der gegenteiligen Entwicklung zu suchen, also z. B. bei Rückgang der Umsatztätigkeit des Beschäftigungsgrades oder der Güterpreise, bei rückgängigen Sätzen des offenen Geldmarktes, Krediteinschränkung, ferner um das Einströmen von Gold hintanzuhalten oder den internationalen Geldmärkten zu Hilfe zu kommen. Schließlich das Bestreben, das Wirtschaftsleben von der Kreditseite her zu beleben.

Bankrate der Federal Reserve Bank of New York

Datum	Rate %	Datum	Rate %
1924 — 1. Januar	4 1/2	1928 — 3. Februar	4
1. Mai	4	18. Mai	4 1/2
12. Juni	3 1/2	13. Juli	5
8. August	3	1929 — 9. August	6
1925 — 27. Februar	3 1/2	1. November	5
1926 — 8. Januar	4	15. November	4 1/2
23. April	3 1/2	1930 — 7. Februar	4
13. August	4	14. März	3 1/2
1927 — 5. August	3 1/2	2. Mai	3
		20. Juni	2 1/2
		24. Dezember	2

Bankrate unter dem Marktsatz. Im Gegensatz zu Europa hält sich die Bankrate in den USA. gewöhnlich unter den Sätzen des freien Geldmarktes. Sie ist allerdings meist höher als der Privatdiskont; dies ist aber ohne Bedeutung, da die Federal Reserve Banken Privatdiskonte nur zu einem Satz ankaufen (bill buying rate), der seinerseits unter der Bankrate liegt und nur ein unbedeutender Teil der Bankakzepte je von den Federal Reserve Banken diskontiert wird. Diese Gepflogenheiten der Federal Reserve Banken, die Bankrate unter dem Marktsatz zu halten, hat wiederholt schwere Angriffe von Fachleuten erfahren, die darauf hinwiesen, daß die Bankrate über den Sätzen des freien Marktes liegen müsse und zwar mit einem Satz, der ebenso hoch ist wie der Zinssatz, den die Mitgliedsbanken der Finanzzentren ihren ersten Kunden gewähren, da sonst die Mitgliedsbanken wenig Veranlassung hätten, ihre Beanspruchung der Federal Reserve Bank einzuschränken und immer die Versuchung besteht, Geld nur deshalb aufzunehmen, um einen geringen Zinsschnitt zu machen.

Bankrate gleich für alle Arten von Diskontmaterial. Gegenwärtig ist die Bankrate für alle Arten und Fälligkeiten von rediskontfähigem Material und Vorschüssen gleich; früher gab es auch ein System von

Vorzugssätzen für gewisse Papiere oder es wurden andere durch schlechtere Sätze benachteiligt. Die gegenwärtige Politik des F. weicht also von den europäischen Zentralbanken ab, bei denen höhere Sätze für Lombarde gegenüber dem Diskontsatz berechnet werden.

Örtliche Verschiedenheiten der Bankraten. Hier herrscht die Meinung vor, daß die Sätze der Wirtschaftslage des betreffenden Federal Reserve-Distrikts entsprechen und im allgemeinen in allen anderen Distrikten mit $^1/_2$—1 % über dem Satz der Federal Reserve Bank von New York liegen sollen.

VI. Open market und Goldpolitik der Federal Reserve Banken.

Befugnisse der einzelnen Federal Reserve Bank. Nach Vorschriften, die vom Federal Reserve Board festgesetzt werden, kann jede Federal Reserve Bank telegraphisch Zahlungen, bankers acceptances und Wechsel, soweit sie den Vorschriften für Rediskontfähigkeit (eligibility, s. IV) entsprechen, kaufen und verkaufen. Sie unterliegt hierbei keiner weiteren Beschränkung, kann dies also am heimischen Markt oder auch im Ausland tun, ihre Gegenseite können heimische oder ausländische Banken, Gesellschaften oder Einzelpersonen sein, mit und ohne Bankgiro. Letztere Bestimmung bezieht sich auf open market-Käufe von Bank- und Handelswechseln, gestattet aber den Federal Reserve Banken auch kaufmännische Anweisungen (promissory notes) zu kaufen, die eigentlich nur rediskontiert, aber nicht angekauft werden sollten (vgl. Fußnote zu IV).

Ferner besitzt jede Federal Reserve Bank das Recht zum Handel mit:

a) Gold, gemünzt und ungemünzt, im In- und Ausland;

b) lang- und kurzfristigen Staatspapieren (also bonds und notes des USA. governments);

c) auf Steuereingängen basierten Interimsscheinen mit einer Fälligkeit von nicht mehr als 6 Monaten, auch von Einzelstaaten und allen übrigen Gebietskörperschaften wie Städten, Distrikten usw.;

d) den Akzepten und Schuldverschreibungen der Federal Reserve Intermediate Credit Banks und der National Agricultural Credit Corporation.

Die Gründe, weshalb man der einzelnen Federal Reserve Bank derartig weitreichende Befugnisse für Transaktionen im internationalen Geldmarkt gab, waren zahlreich, vor allem, daß hierdurch den Federal Reserve Banken die Möglichkeit gegeben wurde, einen amerikanischen Diskontmarkt zu entwickeln; daß hierdurch die Geltung der Bankrate gegenüber dem freien Markt erhöht wurde; schließlich die Banken in die Lage versetzt würden, ihre Kosten hereinzubringen. Außerdem sollte damit eine Kontrolle über die internationalen Goldbewegungen und eine Beeinflussung unerwünschter Devisenkonstellationen ermöglicht werden. Zur Zeit da der Federal Reserve Act Gesetz wurde, dachte man noch nicht daran, daß hierin das wichtigste Instrument für Kreditausweitungen oder Restriktion läge, sondern man sah dies alles nur als Hilfsmittel für die Diskontpolitik im engeren Sinne an.

Diskontpolitik der Federal Reserve Banken. Während der kurzen Geschichte des amerikanischen Diskontmarktes, der mit der Errichtung des F. zeitlich zusammenfällt, wurden demgemäß die Federal Reserve Banken die Hauptpfeiler für den Diskontmarkt und ihre Ankaufsrate der wichtigste Faktor des Diskontmarktes, der hierdurch eine künstliche Note erhielt.

Effektenankaufspolitik der Federal Reserve Banken. Während bis zum Eintritt der USA. in den Krieg, Käufe von Wertpapieren seitens der Federal Reserve Banken hauptsächlichst erfolgten, um ihnen durch bessere Verzinsung ihrer Mittel Einnahmen zu bringen, änderte sich dies in der Folge gänzlich und die „security policy", also die Politik, welche die Federal Reserve Banken hinsichtlich der Ankäufe von Staatspapieren verfolgten, wurde eines ihrer wichtigsten Instrumente.

Während des Krieges hatten Effektenkäufe der Reservebanken den Zweck, den finanziellen Bedarf der Regierung zu decken, obwohl in keinem Zeitpunkt der so in Anspruch genommene Betrag ungewöhnlich groß war. Kredite der Reservebanken flossen vielmehr im Wege von Darlehen an ihre Mitgliedsbanken in die Wirtschaft. 1921 und 1922 ging dann der Geschäftsumfang der Rervebanken im Einklang mit der wirtschaftlichen Depression rapide zurück, so daß die Frage akut wurde, wie sie ihre Spesen verdienen und Dividende zahlen könnten. So begannen anfangs 1922 die einzelnen Reservebanken, jede von sich aus und ohne gemeinsamen Plan, Staatsanleihen zu Anlagezwecken zu kaufen, ohne sich zunächst von der Wirkung dieses Vorgehens auf die Kreditsituation des ganzen Landes Rechenschaft zu geben.

Im Mai 1922 wurde dann erstmals ein Komitee, bestehend aus den Gouverneuren der wichtigsten vier Reservebanken, bestellt, mit der Aufgabe, das Vorgehen der Federal Reserve Banken zu vereinheitlichen. Dieses Komitee blieb mit einigen Abänderungen bis 1930 das maßgebende Forum und bestand zuletzt aus dem Leiter der Reservebank von New York als Vorsitzendem, ferner den Gouverneuren der Federal Reserve Banken von Boston, Philadelphia, Cleveland und Chicago. Aus dem Material der diesbezüglichen Untersuchung des Kongresses gewinnt man den Eindruck, daß die „Security Policy" ab 1927 weitgehend durch die Reservebank von New York bestimmt wurde. Dies und die Anschauung, daß der Federal Reserve Board zu wenig Einfluß habe, führte zur Auflösung des Komitees im März 1930 und zu seinem Ersatz durch die „Open Market Policy Conference", die aus 12 Mitgliedern, den Leitern sämtlicher Federal Reserve Banken besteht und gemeinsam mit dem Federal Reserve Board tagt. Die mit Genehmigung des Boards festgesetzte gemeinsame Marschroute wird dann jeder einzelnen Federal Reserve Bank mitgeteilt, zur Entscheidung, in wieweit sie bei den in Aussicht genommenen Käufen oder Verkäufen mittue. Ein Exekutivkomitee, bestehend aus den 5 Leitern der wichtigsten Reservebanken, hat für die Durchführung Sorge zu tragen.

Effektentransaktionen der Federal Reserve Banken. Tatsächlich haben seit dem Kriege die Reservebanken etwa 9 größere Aktionen betreffs des Kaufs oder Verkaufs von Staatspapieren durchgeführt. Das Ausmaß und die Gründe jeder einzelnen derartigen Aktion und schließlich das erzielte Resultat geht aus der Erwiderung der Reservebanken auf einem Fragebogen hervor, der ihnen vom USA.-Senat zu Beginn 1931 vorgelegt wurde:

1. Aktion. Januar—Mai 1922, Kauf für den Betrag von \$ 400000000, um den Federal Reserve Banken die Aufbringung ihrer Betriebsspesen und Dividende zu ermöglichen.

Wirkung. Rückgang der Darlehen an Mitgliedsbanken. Fall der Geldsätze, Kreditausweitung der gesamten Wirtschaft, einschließlich investment holdings (also Wertpapierbestände) und Darlehen gegen Effektensicherheit (Maklerdarlehen) der Mitgliedsbanken. Förderung der beginnenden Erholung des Geschäftslebens und der Landwirtschaft nach der vorangegangenen Krise.

2. Aktion bis 7. Aktion. Die zweite Aktion bringt den Verkauf von Effekten für \$ 525000000, die dritte (1923/24) wieder den Kauf von \$ 510000000 usw.

Aus Raumgründen gehen wir erst wieder in die Details der 8. und 9. Transaktion ein, die hauptsächlich dem Kampf gegen die Auswüchse der

Börsenhausse (Frühjahr 1929) und dabei der Aufrechterhaltung der „New Prosperity Era" dienten.

8. Aktion. Januar 1928 bis April 1929. Verkauf im Betrage von $ 504000000.
Grund: Einschüchterung der Börsenspekulationen, dann um den Weg für eine Diskonterhöhung zu ebnen und die Mitglieder einerseits zur Erhöhung ihrer Ausleihungen bei den Reservebanken, also zu erhöhter Abhängigkeit zu zwingen, andererseits zu schärferer Sichtung der an sie herantretenden Kreditansprüche.
Wirkung: Die Zinssätze gingen herauf, die Ausleihungen der Mitgliedsbanken nahmen zu, die Spekulation wurde jedoch nicht eingeschüchtert. Die Erklärung, welche für den Mißerfolg gegenüber der Spekulation von den Federal Reserve Banken gegeben wird, ist die Zunahme der brokers loans für Rechnung anderer (für Kunden) und der Mangel einer Marktbeherrschung durch die Diskontrate der Federal Reserve Banken.

9. Aktion. Oktober 1929 bis Dezember 1930. Kauf für $ 560000000
Gründe: Verhütung eines völligen Zusammenbruches der Wertpapierbörsen und damit einer Bedrohung des Geldwesens. Ferner um die Zinssätze zu verbilligen und hiermit dieses Hindernis für eine Wirtschaftsbelebung zu beseitigen.
Wirkung: Zinsverbilligung, Zunahme der Effektenbestände bei den Mitgliedsbanken.

Seit Kriegsende sind die Open Market-Käufe und -Verkäufe zum dominierenden Faktor der Federal Reserve-Politik geworden, ja sogar die Diskontänderungen der Bankrate bedeuteten schließlich nur eine Anpassung an die künstliche Anspannung oder Erleichterung des Geldmarktes, wie sie durch die Wertpapiertransaktionen herbeigeführt wurde. Die Bedeutung dieser Operationen liegt ferner darin, daß sie den Mitgliedsbanken Gelegenheit gab, ihre Schulden bei den Reservebanken abzudecken und ihre Reserven zu stärken oder umgekehrt, durch Beanspruchung der Reservebanken die ihrerseits gewährten Kredite auszuweiten. Bei Fehlen kommerzieller Nachfrage nimmt hierbei die Kreditausweitung durch die Mitgliedsbanken die Form von Effektendarlehen oder Vermehrung des eigenen Effektenportefeuilles an.

Die Operationen der Federal Reserve Banken in den Jahren 1924 und 1927 sind schwer angegriffen worden. Sie hatten vornehmlich die Aufgabe, durch Effektenkäufe die Wirtschaftserholung und die Stabilisierung der Währungen in Europa zu unterstützen, doch haben sie vielleicht den europäischen Staaten im Endeffekt mehr Schaden als Nutzen gebracht. Während zunächst die Zinssätze zurückgingen, mußten sie dann später im Zusammenhang mit der Abstoßung der aufgenommenen Effekten wieder erhöht werden, und das Kapital, das 1924—1927 in breitem Strom nach Europa geflossen war, kam wieder zurück. Dies gilt besonders für 1929, in dem nicht nur der amerikanische Kapitalexport eine starke Verminderung aufwies, sondern überdies aus vielen Ländern Gold einfloß, angelockt durch die hohen Geldsätze der New Yorker Börse. Diese ungeheuren Schwankungen waren vielleicht für die europäischen Nationen schädlicher, als wenn die Federal Reserve Banken versucht hätten, die Sätze möglichst stabil zu halten und so den europäischen Staaten einen dauerhaften Halt für ihre Kreditpolitik zu geben.

Goldpolitik der Federal Reserve Banken. Von europäischen Nationalökonomen wird die angebliche „Sterilisation" von Gold seitens der Federal Reserve Banken vielfach kritisiert. Was sie meinen, ist zweifellos die Tatsache, daß die Federal Reserve Banken mitunter ihre Kreditgewährung nicht in einem Maß vornahmen, wie dies auf Grund ihrer Goldreserven möglich gewesen wäre, und im Zusammenhang mit ihnen natürlich auch ihre Mitgliedsbanken. Es ist richtig, daß dies mitunter der Fall war, obwohl der Betrag ihrer unausgenutzten Goldbestände meist weit überschätzt wurde, wie man aus der im folgenden gebrachten Berechnung des Bestandes an freegold (s. IX) sehen wird. Zeitweise haben die Reservebanken durch Abstoßung ihrer Effektenbestände die Wirkung von Goldimporten auf die Reserven der Mitgliedsbanken paralysiert. Dann wieder durch Kauf von Effektenbeständen die Wirkung eines Goldimports noch vergrößert, mit der Absicht, die Zinssätze bis auf ein Maß zu senken, welches weitere Goldimporte abschreckt. 1924 und 1927 haben die Notenbanken im Einklang mit ihrer open market policy (s. o.) Export nach Möglichkeit begünstigt, durch Verbilligung des Geldmarktes. Tatsächlich nahm vorübergehend der monetäre Goldbestand der USA. ab, doch wurde dies später durch das Anziehen der Sätze des Geldmarkts (in Zusammenhang mit der Börsenhausse 1928/29), durch Kapitalflucht aus Europa 1930/31, schließlich durch die Einstellung weiterer Kapitalexporte seitens der USA. überkompensiert und der Goldbestand der USA. erreichte 1931 eine nie zuvor erreichte Höhe. In Anbetracht der Kräfte, die bei der Verteilung der Goldvorräte der Welt in den führenden Handelsnationen am Werke sind, scheint die Wirkung, welche die Politik der Notenbanken haben kann, äußerst zweifelhaft.

VII. Wandlungen in der Struktur des amerikanischen Bankwesens.

In den 18 Jahren, welche seit der Schaffung des F. vergingen, hat das Bankwesen der USA. tiefgreifende Veränderungen erfahren. Hierher gehört das Wachstum des Filialbankensystems in Staaten, in denen dies zulässig ist, und das Kettenbankensystem und Systems von Bankengruppen in Staaten, für die das Filialbankensystem verboten ist. Ferner das Emporkommen von department store banks, d. h. also, daß Warenhäuser sich Bankabteilungen angliedern. Ferner sind die USA. aus einer Schuldner- die führende Gläubigernation geworden und der New Yorker Geldmarkt ein Konkurrent des Londoner. Kurzum: das heutige Banksystem ist ganz verschieden von dem zur Zeit des Erlasses des Federal Reserve Acts, und das allein macht eine baldige gründlichste Revision sowohl des Federal Reserve Acts als auch des National Banking Acts unabweisbar.

VIII. Ausweis der Federal Reserve Banken.

Die Aktiva und Passiva des consolidated Federal Reserve statements, also des zusammengezogenen Ausweises sämtlicher Federal Reserve Banken, stellten sich am 2. September 1931 wie folgt dar:

(Kurze Erklärungen unter jedem Posten; das Ganze in Millionen Dollars):

Aktiva:

1. Gold in Verwahrung des Federal Reserve Agenten 2165

   Dies stellt die Golddeckung der Federal Reserve-Noten dar, die der Reserve-Agent die einzelnen Reservebanken ausgeben ließ.

2. Gold-Einlösefonds beim USA.-Schatzamt 30

   Wird von den einzelnen Federal Reserve Banken beim treasury department deponiert für Einlösung ihrer dort präsentierten Noten. Das Depot muß mindestens 5 % des bei ihnen nicht durch Gold gedeckten Umlaufes betragen.

3. Gold ausschließlich als Deckung für Federal Reserve-Noten 2195

   Die Summe der Posten 1 und 2.

4. Gold settlements Fonds beim Federal Reserve Board 430

   Mittels dieses Fonds wird die Abrechnung innerhalb der Federal Reserve Banken vorgenommen (vgl. IV).

5. Goldbestand und Goldzertifikate der Federal Reserve Banken 840

   Gold im Tresor der Federal Reserve Banken.

6. Totaler Goldbestand 3465

Die Summe der Posten 1, 2, 4, 5.

7. Andere Reserven, nicht in Gold . . . 168

Bestände aus gesetzlichen Zahlungsmitteln (greenbacks), Silberdollar, Silberzertifikate, die wohl als Deckung für Depositen zugelassen sind, aber nicht als Notendeckung.

8. Totalreserve 3633

Die Summe von 6 und 7.

9. Nicht als Deckung anrechenbarer Kassenbestand 71

Umlaufsmittel, welche zum Unterschied von 7 nicht gesetzliche Zahlungsmittel sind, so z. B. Banknoten der National-Banken und kleine Münzen.

10. Diskontierte Wechsel:
a) gesichert durch Effektendeckung in Form von Staatsanleihen 108
b) sonstige 149
Zusammen: 257

Umfaßt die den **Mitgliedsbanken** gewährten Vorschüsse und Rediskonte.

11. Im offenen Markt gekaufte Wechsel 198

Also nicht im Wege von Mitgliedsbanken diskontiert.

12. USA.-Regierungssicherheiten:
a) Bonds 292
b) Schatzwechsel (treasury notes) . . . 19
c) Zertifikate und Wechsel 417
Zusammen: 728

Der Kauf und Verkauf derartiger Regierungswerte steht, wie an anderer Stelle ausgeführt, unter der Kontrolle der Open Market Policy Conference und hat den Zweck, die Kreditlage unmittelbar zu beeinflussen.

13. Andere Sicherheiten 6

Es handelt sich um die neben den Regierungswerten zugelassenen debentures der Federal Intermediate Credit Banks ,bonds der Land Banks und municipal warrants.

14. Wechsel und Wertpapiere zusammen 1189

Die Summe der Posten 10—13.

15. Auswärtige Guthaben 18

Guthaben bei ausländischen Notenbanken.

16. Banknoten „anderer" Federal Reserve Banken 15

(Vgl. I.) Bestände der einzelnen Federal Reserve Banken an Noten anderer im Stadium der Einlösung bzw. des Inkassos.

17. Inkassoposten 445

Schecks von Mitgliedsbanken und nicht Mitgliedsbanken mit clearing-Konto (vgl. IV) im Stadium des Inkassos. Der Gegenposten unter den Passiven ist mit „deferred availability items" bezeichnet (etwa „aufgeschobene Verpflichtungen") und eine Differenz zwischen diesen beiden Posten bezeichnet man mit „Federal Reserve float".

18. Bankgebäude 59
19. Sonstige Aktiva 34
20. Summe der Aktiva 5464

Passiva:

21. Federal Reserve-Noten tatsächlich im Umlauf 1958
22. Einlagen der Mitgliedsbanken auf Reservenkonto 2374

Die vorgeschriebenen Deckungsreserven der Mitgliedsbanken für ihre Depositen, die die Basis ihres Kreditgeschäfts bilden.

23. Regierungsdepositen 40
24. Guthaben ausländischer Banken . . . 178

Guthaben fremder Notenbanken.

25. Andere Depositen 25

Es handelt sich hauptsächlichst um Giroguthaben von clearing Instituten, sofern sie nicht Mitglieder sind.

26. Depositen total 2617
27. Deferred availability items 432

Vgl. Bemerkungen zu 17.

28. Eingezahltes Kapital 167

Entspricht jeweils 3 % von Kapital und surplus aller Mitgliedsbanken.

29. Surplus 275

Die Federal Reserve Banken haben das Recht, aus ihren Gewinnen (abgesehen von der Dividende vgl. II), einen surplus bis zum Doppelten ihres eingezahlten Kapitals anzusammeln. Wenn dies erreicht ist, dürfen die Federal Reserve Banken nur 10 % des nach Abzug ihrer Unkosten und Dividende erübrigten Reingewinns dem surplus zuführen, die restlichen 90 % fallen dem Staat zu.

30. Sonstige Verpflichtungen 16
31. Summe der Passiva 5464

Deckungsverhältnis aller Reserven zu Notenumlauf plus Depositen . . . . . 79,4 %

Dies ist die sog. „reserve ratio", welche sehr leicht zu Irrtümern in der Berechnung des Bestandes von „freegold" führt (Näheres s. IX).

Contingent liabilities (etwa: uneigentliche Verpflichtungen) bei für fremde Rechnung gekauften Wechseln . Mill. $ 230

Die Federal Reserve Banken besorgen — als Vermittler — den Ankauf von Bankakzepten für andere Notenbanken, wobei sie wechselmäßig haften, gegen Kommission von $^1/_8$ %.

IX. Berechnung des freien Goldbestandes.

Gemäß der „reserve ratio" belief sich der Bestand aller Federal Reserve Banken an „freegold" am Stichtage auf 1934 Millionen Dollars, während tatsächlich der Bestand nur 792 Millionen war, wenn man ihn unter strenger Beobachtung der Vorschriften des Federal Reserve Acts berechnete. Dies ergibt sich aus folgendem Beispiel:

Am Stichtage waren vom Reserve-Agenten den Federal Reserve Banken 2357 Millionen Dollars Federal Reserve-Noten freigegeben, wovon 1958 tatsächlich im Umlauf waren. Nun muß der gesamte Betrag, gleichgültig, ob in Zirkulation oder in den Kassen der Federal Reserve Banken, in voller Höhe gedeckt sein. Diese Deckung kann aus diskontierten oder angekauften Wechseln oder aus Gold bestehen, wobei die Golddeckung nicht geringer sein darf als 40 % der tatsächlich im Umlauf befindlichen Noten.

Die diskontierten und angekauften Wechsel betrugen am Stichtage $ 455 Millionen. Wenn man diesen Betrag gänzlich als Deckung für Federal Reserve-Noten nimmt, so erhält man als erforderliche Golddeckung einen Betrag von 1902 Millionen, nämlich die Differenz zwischen den ausgegebenen Federal Reserve Noten und dem gesamten vorhandenen Wechselmaterial (2357—455). Zu dem erwähnten Betrag von 1902 Millionen in Gold kommt nun noch der Rückkaufsfonds in Gold von 5 % der durch Wechsel gedeckten Notenausgabe (vgl. III mit 23 Millionen, ferner die Reserve von 35 % sämtlicher Depositen bei den Federal Reserve Banken, die in Gold oder lawful money gehalten werden, hinzu, mit 916 Millionen. Die erforderlichen Reserven in „klingender Münze" (specie reserves) belaufen sich also auf 2840 (5) Millionen. Wenn man diesen Betrag von den gesamten Reserven (s. 8) in der Höhe von 3633 Millionen abzieht, so erhält man als tatsächlichen Bestand an „freegold" einen Betrag von 792 (87) Millionen Dollars.

Vgl. *amerikanischer Geld- und Kapitalmarkt.*

Literatur: Beckhart, B. H.: The Discount Policy of the Federal Reserve System. New York. 1924. — Burgess, W. R.: The Reserve Banks and the Money Market. New York 1927. — Reed, H. L.: Federal Reserve Policy 1921—1930. New York 1930. — Warburg, Paul M.: The Federal Reserve System. New York 1930. — Willis, H. P.: The Federal Reserve System. New York 1923. — Willis, H. P. and Steiner, W. H.: Federal Reserve Banking Practice. New York 1926. — Watkins, L. L.: Bankers balances. Chicago 1929.

B. H. Beckhart,
übersetzt von Paul Quittner.

fee (e) = Gebühr.

Feingehalt s. *Münzwesen II, III.*

Feingoldklausel bei öffentlichen Anleihen s. *Öffentlicher Kredit II 6*, bei privaten Forderungen s. *Hypothek*, vgl. *Hypothekenbankgesetz 3.*

Ferngiroverkehr (von Effekten) s. *Effektengiroverkehr.*

Feste Kosten vgl. *Erträgnisse im Bankgewerbe.*

Festgeld s. *Depositengeschäft II 2a*, s. a. *Liquiditäts- u. Anlagepolitik I.*

Festmarkbanken sind zu Ende der Inflation aufgekommene Institute, die auf Grund von Sachwerten Kredite gaben. Die Mittel verschafften sie sich durch Schuldverschreibungen, die ebenfalls auf wertbeständiger Basis errichtet waren. Größere Bedeutung haben sie nicht erlangt.

Festverzinsliche Wertpapiere s. *Rentenmarkt.*

Feuerversicherung s. *Privatversicherung I.*

Fideikommiß (im Sprachgebrauch auch Majorat nach der häufigsten Form genannt) ist ein unveräußerliches und einer bestimmten Erbfolge unterworfenes Sondervermögen, meist Grundbesitz. Das F. ist unbelastbar und unpfändbar. Daher resultieren seine Vorzüge: Erhaltung des großen Besitzes in einer Hand, und seine Nachteile: Unmöglichkeit, Kredit zu erhalten, daher technische Rückständigkeit. 1918 bestanden in Preußen 1348 F. mit 2,5 Millionen Hektar Fläche, gleich 7,1 % des preußischen Grundbesitzes. Die Weimarer Nationalversammlung beschloß die Auflösung der F. und verankerte dies auch in der Reichsverfassung (Artikel 155). Durch Landesgesetz ist daraufhin überall die Auflösung der F. eingeleitet worden, die spätestens bei der ersten Erbfolge eintritt.

fiduciary (e), insbesondere — **issue** = fiduziäre, nicht durch Gold gedeckte Emission von Kreditgeld.

Filialbankensystem s. *Filialgeschäft.*
— der *D-Banken* (s. d.).
— in England s. *Deposit-Banks.*
— in Amerika s. *Federal Reserve System.*

Filialgeschäft. *1. Entstehung und Wesen des Filialgeschäfts.* Die Konzentration im Bankgewerbe, die bis in die jüngste Vergangenheit hinein in fast allen Ländern maßgeblich für die strukturelle Entwicklung des Bankwesens war, hat es mit sich gebracht, daß vornehmlich Großbanken, aber auch große Provinzinstitute ihr Geschäft zu einem wesentlichen Teil durch Filialen betreiben, die für sich betrachtet nichts anderes als in sich geschlossene Bankgeschäfte sind. Von ganz geringen Ausnahmen abgesehen, gelangen in den Bankfilialen, genau wie in selbständigen Bankunternehmen, alle Sparten des Bankgeschäfts zur Ausführung, nur mit dem Unterschied, daß die Linie der Geschäftspolitik von der Zentrale des Instituts bestimmt wird und auch im einzelnen von dort Direktiven empfangen werden.

Die Ausbreitung des Filialsystems beruht jedoch nicht nur auf der Konzentration im Bankgewerbe, also durch Aufnahme früher selbständiger Bankinstitute oder Privatbankiers, sondern sie ist auch ein Ausfluß einer echten Expansion gewesen, die Hand in Hand mit dem Aufschwung der Wirtschaft ging. In unseren Tagen, während einer allgemeinen Wirtschaftsdepression, wie sie die Welt seit geraumer Zeit erlebt, kann eine Ausbreitung des Filialsystems einer Bank allerdings wohl nur auf einer Aufnahme von bisher selbständigen Bankinstituten beruhen. In der Zahl der Filialen, die die deutschen Großbanken aufweisen, kommen beide Entwicklungsursachen des Filialsystems zur Geltung. Von den fünf Berliner Großbanken verfügen drei über ein ausgebreitetes Filialsystem und zwar betreiben sie in Deutschland ihr Bankgeschäft derzeit in 766 Filialen und Zweigstellen. Die großen Provinzbanken, neben den beiden bayerischen Provinzinstituten, die Allgemeine Deutsche Credit-Anstalt in Leipzig und der Barmer Bank-Verein, unterhalten ebenfalls nicht weniger als 300 Filialen und Zweigstellen. Dazu kommt noch eine Reihe von mittleren und kleineren Provinzinstituten, die über ein ausgedehntes Filialnetz verfügen, wobei es sich allerdings, beispielsweise bei einigen norddeutschen Provinzinstituten, mehr um Zahlstellen und Agenturen handelt als um Vollfilialen, die totaliter das Bankgeschäft betreiben.

2. Volkswirtschaftliche Bedeutung. In ihrer volkswirtschaftlichen Funktion stellen die Filialen den Ausgleich gegenüber der Konzentration des Geldmarktes an den Hauptplätzen oder in den Hauptstädten des Landes dar. Sie bewirken in allererster Linie den Geldausgleich und erleichtern den Kapitalausgleich zwischen Kapitalzuschußgebieten und Plätzen, die einen anlagebedürftigen Kapitalüberschuß haben.

3. Privatwirtschaftliche Funktion. Wenn der privatwirtschaftliche Zweck des einzelnen Filialenbetriebes ganz einfach dahingehend bezeichnet wird, die Totalität des Bankgeschäftes zu betreiben, so ist die privatwirtschaftliche Funktion des zentralistisch geleiteten Filialsystems einer Großbank, wie sich bereits aus der Definition der volkswirtschaftlichen Funktion ergibt, noch weitergehend. Ein erheblicher Teil der Filialen liegt kreditorisch und ist gegenüber der Zentrale Geldgeber; d. h. er legt sein Geld bei der Zentrale an, die diese Geldmittel entweder für die eigenen Geschäfte der Zentrale verwendet, oder an eine überwiegend debitorische Filiale, die z. B. in einem industriell hochentwickelten Gebiet liegt, ausleiht. Dabei kommt es auch vor, daß große Filialen, die an Hauptplätzen in der Provinz domizilieren, die Gelder, die sie der Zentrale zur Verfügung stellen, durchaus nicht ausschließlich in ihrem Wirtschaftsbereich aufsaugen, sondern, wenigstens in normalen Zeiten des internationalen Geldmarktausgleiches, auch vom Ausland, vornehmlich aus Grenzländern, aufnehmen.

Eine weitere wesentliche Funktion des Filialsystems ist die Placierung von Wertpapieren. Nur mit Hilfe der Depositenkassen und des Filialsystems haben sich die Großbanken zu großen Emissionen zur Verfügung stellen können, und ihre Placierungskraft beruht zu einem erheblichen Teil auf ihrem weitverbreiteten Filial- und Depositenkassennetz. Deshalb kann auch die Bedeutung eines großen Bankinstitutes ohne Filialsystem im Emissionsgeschäft niemals mit der einer Großbank mit ausgebreitetem Filialnetz verglichen werden. Nicht ganz so fällt der Vergleich beim Börsengeschäft aus. Auch hier sind die Filialen Zubringer für das Börsengeschäft am Hauptsitz und es ist zur Genüge bekannt, daß beispielsweise der Verlauf der Börse ganz wesentlich von Orders, die von den Filialen aufgegeben werden, abhängt. Auf der anderen Seite aber werden die großen Bankinstitute ohne Filialsystem vielfach bevorzugt von den selbständigen Bankiers in der Provinz, die an ihrem Domizil nicht mit der Filiale einer Großbank zu konkurrieren haben. Bei der rückläufigen Entwicklung, die das selbständige Provinzbankgeschäft genommen hat, wird auch das Filialsystem für das Börsengeschäft einer Großbank mehr und mehr eine eindeutig positive Rolle spielen.

4. Erscheinungsformen des Filialsystems. In seinen funktionellen Erscheinungsformen nach außen hin sind, wie eingangs erwähnt, wesentliche Unterschiede gegenüber der zentralen Bankgeschäfte nicht festzustellen. Es ist überhaupt die selbstverständliche Tendenz, dem Publikum gegenüber, das auf die Beanspruchung der Bankfilialen angewiesen ist, möglichst keine Unterschiede gegenüber der Bankzentrale oder einem selbständigen Bankgeschäft in Erscheinung treten zu lassen. Daß in einer kleineren Zweigstelle die Beratung mitunter nicht so umfassend sein kann als in der Hauptanstalt mit ihren für alle Fragen zur Verfügung stehenden Spezialisten, ist indessen zuzugeben. Auf der anderen Seite tritt aber gerade bei der Kundenberatung der Umstand zutage, daß auch die kleinste Filiale oder Zweigstelle auf den großen Hilfsapparat und die Verbindungen des Institutes zurückgreifen kann und so möglicherweise mit einer kleinen Verzögerung dem Kunden in grundsätzlich gleicher Weise an Hand gehen kann, als wenn dieser sich an den Hauptsitz des Institutes begeben hätte. In rein technischen Funktionen dürften aber die Unterschiede noch wesentlich geringer sein zwischen Hauptplatz und Provinzplatz, soweit nicht einzelne Geschäftssparten bei der Hauptanstalt konzentriert sind, wie beispielsweise bei manchen Bankinstituten das Remboursgeschäft oder die Eröffnung von *Akkreditiven* (s. d.). Solche Beschränkungen sind aber rein interner Art, die für den Kunden der Bank überhaupt nicht in Erscheinung treten dürfen.

Bei aller Selbständigkeit, die nach außen hin die Filialen aufweisen sollen, sind sie im wesentlichen doch in ein streng zentralistisch geleitetes System eingespannt. Vielfach stehen zwischen Zentrale und Filialen noch sog. Hauptfilialen, über die sich der Verkehr der Zentrale mit dem Gros der Filialen abspielt. Die Hauptfiliale bespricht mit ihren Unteranstalten alle in Frage kommenden Geschäfte; nur von einer gewissen Höhe an werden die Kreditanträge zur Genehmigung der Zentrale unterbreitet, und die Kontrolltätigkeit der Hauptanstalt erstreckt sich auf die gesamte Gestion der ihr unterstellten Filialen und Zweigstellen. So ist man zu einer Art Arbeitsteilung zwischen Zentrale und den großen Filialen seit Jahren gekommen, die sich bei dem rapiden Wachstum der Großbanken als notwendig erwies.

5. Organisation des Filialgeschäfts; das Filialenbüro. Das gesamte Geschäft der Filialen wird aber von einer Stelle der Zentrale aus überwacht, die man im allgemeinen das Filialenbüro nennt.

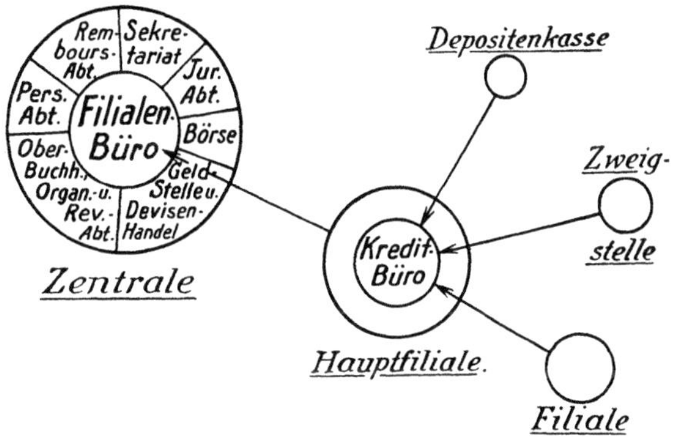

Das Filialenbüro ist ein sog. Direktionsbüro, d. h. es ist eine Hilfsstation für die Funktionen des Vorstandes. Es überwacht in erster Linie das debitorische Geschäft der Filialen und zwar in allen Einzelheiten. Bis zu einer gewissen Höhe können die Filialen selbständig Kredite geben; sie lassen sich dann den Kredit nur nachträglich protokollieren. Von kleineren Krediten wird vielfach nur in einem Sammelposten der Zentrale Kenntnis gegeben; von einer bestimmten Höhe ab aber sind die Kredite genehmigungspflichtig. Zu diesem Zweck reichen die Filialen vielfach über die sog. Hauptfiliale Kreditanträge ein, die genehmigt werden müssen. Diese Genehmigungspflicht bedeutet allenfalls eine Verzögerung der Entscheidung für den Kunden um etwa 2—3 Tage; in eiligen Fällen wird aber auch telephonisch über einen Kreditantrag verhandelt. Die Kreditanträge werden überwiegend unter Benutzung bestimmter Formulare, die ganz genaue Angaben enthalten, dem Filialenbüro unterbreitet. Das Filialenbüro sucht sich über alle für den Kredit maßgeblichen Faktoren zu unterrichten. Ein wesentliches Hilfsmittel für die Beobachtung und Beurteilung der Debitoren sind die **Kreditkarten**, die über die bilanzmäßige Entwicklung, vor allem aber auch über die Entwicklung der Salden im Laufe der Jahre in übersichtlicher Form Aufschluß geben. Daneben werden noch in periodischen Abständen (1—2 Monate) sog. Debitorenlisten geführt, die im wesentlichen der eigentlichen Debitorenkontrolle dienen. Das Augenmerk wird in erster Linie darauf gerichtet, ob Überziehungen Platz gegriffen haben und ob die der Bank übereigneten Sicherheiten noch vorhanden sind. Vielfach werden größere Engagements von einer gewissen Höhe an noch auf besonderen Engagementsbogen aufgestellt, die detaillierte Angaben enthalten.

Im allgemeinen ist das Filialenbüro der Hauptanstalt so aufgezogen, daß es als zentrale Vermittlungsstelle zwischen den Filialen und dem Vorstand der Bank fungiert, wobei dieses Filialenbüro in gewissen Grenzen selbständige Entscheidungen trifft. Das Prinzip einer zentralen Verwaltung des F. wird naturgemäß bei den einzelnen Instituten nicht gleichmäßig durchgeführt. In rein technischen Angelegenheiten verkehren die Filialen vielfach direkt mit den entsprechenden Abteilungen; bei einer gutorganisierten Bank wird aber darauf gehalten werden, daß von allen Vorfällen, die die Filialen betreffen, das Filialenbüro wenigstens Kenntnis erhält, und in allen Fragen, auch wenn sie nicht das Kreditgeschäft betreffen, mit ihm Fühlung genommen wird. In dem Schaubild sind in den Zentralkreis alle sonstigen Abteilungen der Zentrale eingezeichnet, die möglicherweise in direkten Verkehr mit der Filiale treten können.

6. Kontrollen. Auch die Revisionsabteilung, die im allgemeinen der Oberbuchhaltung oder der Organisationsabteilung angegliedert ist (vgl. *innere Organisation des Bankbetriebes*), tritt bei Kontrolle des F. in den Dienst des Filialenbüros, wobei allerdings zu unterscheiden ist: die rein technische Kontrolle, die sich im wesentlichen auf die Organisation des F. beschränkt, und die Revision des Kreditgeschäftes. Während die technische Revision im allgemeinen von dem Filialenbüro nur zur Kenntnis genommen wird, bleibt ihm in bezug auf die Revision des Kreditgeschäftes die Auswertung überlassen. Das Ausmaß der Kontrolle der Filialen seitens der Revisionsabteilung ist bei den einzelnen Banken verschieden; sie sind aber ein ganz wesentliches Hilfsmittel des zentralistisch geleiteten Großbankgeschäftes. Die Kreditrevision der Zentrale erstreckt sich heute im allgemeinen auf die buchmäßige Prüfung bei den Filialen selbst. Mehr und mehr wird aber die Forderung erhoben, die Prüfung der Bücher auch auf die kreditnehmenden Unternehmungen selbst zu erstrecken, namentlich in solchen Fällen, wo Zweifelsfragen irgendwelcher Art auftauchen. So sehr diese Prüfungen die Kreditsicherheit erhöhen würden, sind sie im Augenblick nur in ganz beschränktem Maße zu bewerkstelligen, da hierzu namentlich mit betriebswirtschaftlichen Kenntnissen und Erfahrungen ausgestattetes Personal zur Verfügung stehen müßte.

Die zentralistische Handhabung des Bankgeschäftes stellt außerordentliche Anforderungen an die Qualität des damit beschäftigten Stabes. Die kritische Einstellung kann im allgemeinen nicht gelehrt werden, sondern muß angeboren sein, und deshalb ist die Ausstattung eines Filialenbüros mit entsprechenden Mitarbeitern eine überaus schwierige Aufgabe für die Leitung der Bank. Von der qualitativen Leistung des Filialenbüros hängt aber zu einem guten Teil das Funktionieren des F. der Großbanken ab. Technische Organisation kann im wesentlichen nur die Wege ebnen, die den schnellen Austausch zwischen Zentrale und Filialnetz ermöglichen. Es kommt aber in allererster Linie darauf an, wie die technischen Einrichtungen benutzt werden.

Das Filialenbüro ist als solches ein reines Direktionsbüro, d. h., wie schon erwähnt, die wichtigen Entscheidungen müssen in letzter Linie auch in bezug auf das F. beim Vorstand liegen. Im allgemeinen sind die Filialen auf die einzelnen Mitglieder des Vorstandes verteilt, so daß, wie im Filialenbüro, Dezernate für die einzelnen Filialkreise bestehen, wie dann das einzelne Vorstandsmitglied als Referent für die ihm unterstellten Filialen in den gemeinsamen Vorstandssitzungen auftritt.

7. Kreditkommissionen. Auch dem Aufsichtsrat ist eine wichtige Rolle in der Überwachung des Kreditgeschäftes der Filialen zugewiesen; die Großbanken sind mehr und mehr dazu übergegangen, sog. Kreditkommissionen innerhalb des Aufsichtsrates zu bilden, die sich in gewissen Abständen mit den größeren Engagements der Zentrale sowohl wie des gesamten Filialnetzes zu beschäftigen haben. Zur Erleichterung dieser kritischen Überwachung des Filialgeschäftes seitens der Aufsichtsratskommission geht ebenfalls das Filialenbüro mit genauen Aufstellungen zur Hand. Bei manchen Bankinstituten werden auch noch Revisionen der Filialen seitens des Aufsichtsrates ausgeübt.

Bei wichtigen Anlässen werden die Leiter zum mindesten der Hauptfilialen zu Besprechungen in der Zentrale eingeladen; auch finden anläßlich der Aufsichtsratssitzungen Besprechungen mit den Filialleitern vielfach statt. Bei diesen Sitzungen werden Anregungen entgegengenommen, Erfahrungen ausgetauscht oder auch Angelegenheiten behandelt, die man gern einer mündlichen Besprechung vorbehält.

Literatur: OBST, Dr. GEORG, ord. Prof. der Betriebswirtschaftslehre an der Universität Breslau: Das Bankgeschäft **1** u. **2**, 9. völlig veränderte Aufl. 1930. — UPWICH, Dr. rer. pol. HERMANN VAN DER: Die englischen Großbankfilialen in Deutschland. Berlin 1928. — BOTT, KARL: Filialgeschäftsorganisation. Handwörterbuch des Kaufmanns **2**. — BENTEN, A.: Einrichtung und Betrieb einer Großbankfiliale. Z. handelswiss. Forsch. **15**, Heft 5/8 (Leipzig). — W., Dr.: Der Filialbetrieb. Plutusbriefe **1928**, Heft 8. — Enquête-Ausschuß V: Der Bankkredit. Berlin: E. S. Mittler & Sohn 1930. — WEBER, Dr. ADOLF: Depositenbanken und Spekulationsbanken. Ein Vergleich deutschen und englischen Bankwesens. München: Duncker & Humblot 1922. — RIESSER, Dr.: Von 1848 bis heute Bank- und finanzwissenschaftliche Studien. Jena: Gustav Fischer 1912. — BUCHWALD, BRUNO: Die Technik des Bankbetriebes. Berlin: Julius Springer 1931. — ZIMMERMANN, Dr. jur. CARL: Bankgeschäfte und Bankbuchungen. Eine Einführung in das laufende Geschäft der Kreditbanken. Berlin: Carl Heymann 1928.

F. WOLFF.

final dividend (e) = Schlußdividende s. *Londoner Börse 3.*

Finance-companies s. *Abzahlungsgeschäft.*

Financial Companies s. *Investment Trusts 2.*

Finanzakzept s. *Finanzwechsel.*

Finanzgeschäft. *1. Definition.* Das F. ist jener Teil des Bankgeschäftes, in dem prinzipiell die Refinanzierung eines jeden einzelnen Geschäftsvorfalles vorgesehen wird. Das F. unterscheidet sich grundlegend vom „laufenden Geschäft", auch „reguläres Bankgeschäft" genannt, das die erforderlichen Mittel aus der Masse der in den diversen Aktivgeschäften aufkommenden Gelder schöpft, ohne spezielle Verbindung der in einem bestimmten Geschäft angelegten mit für dieses Geschäft beschafften Geldern. Nicht immer müssen im F. Auszahlung und Aufbringung der Gelder zeitlich zusammenfallen. Die finanzierende Bank oder Bankgruppe mag vorübergehend die erforderlichen Kapitalien aus eigenen Mitteln aufbringen, oder einen Teil der aus dem laufenden Geschäft stammenden Geldern in F. festlegen, wie dies insbesondere in Zeiten, wo die Emissionsmärkte nicht entsprechend funktionieren, die Übung ist. Immer aber liegt auch solchen Geschäften die Absicht einer alsbaldigen Refinanzierung zugrunde. Dauernde Festlegung eigener Mittel in Finanzgeschäften, wie sie für Investementstrusts charakteristisch ist, liegt außerhalb des Rahmens des Bankgeschäftes.

Der Begriffsgegensatz F. — laufendes Bankgeschäft deckt sich nicht mit der Unterscheidung Kapitalmarktgeschäfte — Geldmarktgeschäfte. Es gibt Geldmarktgeschäfte, die schon wegen ihres Umfanges regelmäßig als Finanzgeschäfte aufgezogen werden, z. B. Campagnekredite an eine prominente Industrie eines Landes (Zuckerkredite, Kaffeebevorschussungen). F. müssen auch nicht notwendigerweise eine langfristige Kapitalsfestlegung bedingen. So werden kurzfristige Kredite an Regierungen und andere öffentliche Körperschaften, wie sie häufig in Anhoffnung auf spätere Anleihebegebung gewährt werden, schon wegen der in Betracht kommenden bedeutenden Beträge als F. konstruiert. Es ergibt sich weiter aus dem Gesagten, daß die Beschaffung von Anlagekapitalien regelmäßig Aufgabe des F. sein wird, während die Beschaffung von Betriebskapitalien nur ausnahmsweise, wenn Umfang und Risiko dies bedingen, den Rahmen des regulären Bankgeschäftes überschreitet.

2. Staatsgeschäfte. Eine Gliederung des F. nach dem Merkmal der Kapitalnehmer führt zunächst zu einer Betrachtung der Staatsgeschäfte. Die Staatsgeschäfte stehen auch in der historischen Entwicklung des europäischen Bankwesens am Beginn des F. Der Gründung der Notenbanken und der Kreditbanken, die seit ältester Zeit, wenn sie nicht überhaupt der staatlichen Initiative entsprang, doch nur mit staatlicher Genehmigung erfolgen konnte, lag zumeist als leitender Gedanke die Förderung staatlicher Finanzoperationen zugrunde. Der Staat war nicht nur ständiger Geldnehmer für die Finanzierung kriegerischer Operationen und Deckung von Ausfällen seines regulären Budgets, er war als Ausgangspunkt zahlreicher wirtschaftlicher Unternehmungen vor allem der Transportunternehmungen und neuartiger Manufakturen schließlich Geldnehmer für alle möglichen industriellen Zwecke. Der Niedergang des Staatskredites in den ersten Jahrzehnten des 19. Jahrhunderts, als Folge der kriegerischen und revolutionären Wirren jener Zeit, die die Budgets in arge Zerrüttung brachten, aber auch die bösen Erfahrungen, die vielfach mit der weitgehenden Verknüpfung von Staatspolitik, industrieller Tätigkeit und Bankgeschäft gemacht worden waren, führten um die Mitte des 19. Jahrhunderts zu einer klareren Scheidung, die ihren Ausdruck in der Gründung der ersten *Credit Mobiliers* (s. d.) fand, die ihre vornehmste Aufgabe in der Industriefinanzierung sahen, als Ergänzung zu den von den bestehenden großen Privatbankiersfirmen (ROTHSCHILD u. a.) bisher in erster Linie betriebenen Staatsfinanzgeschäften. Die zweite Hälfte des 19. Jahrhunderts und die ersten Jahre unseres Jahrhunderts bis zum Kriege, zeigen eine weitgehende Beschränkung der öffentlichen Finanzierung auf Zwecke der Hoheitsverwaltung. Die Wirtschaft wird mit Hilfe eines durch schwerste Krisen erfolgreich durchgeführten Bankwesens mit den Mitteln einer fort- und neuentwickelten Finanzierungstechnik als Privatwirtschaft zu ihrer vor dem Kriege erreichten Höhe entwickelt. Erst seit dem Kriegsausgang hat eine weitgehende Anwendung mißverstandener sozialistischer

Gedankengänge insbesondere in den besiegten Ländern zu einer weitgehenden Renaissance der wirtschaftlichen Betätigung des Staates und der Kommunalverwaltungen und damit wieder zu einer weitgehenden Ausdehnung der öffentlichen F. geführt. Dies mit der Folge einer drastischen Verschlechterung des Kredites der in Betracht kommenden öffentlichen Verwaltungen.

Staats- und Kommunalgeschäfte sind in Ländern, deren öffentliche Wirtschaft in Ordnung ist, ein von den Banken besonders gepflegter Zweig des F. Sie werden schon zum Zweck der Vermeidung politischer Bindungen oder Abhängigkeiten vorzugsweise auf dem inneren Markte abgewickelt. Nur wenn der innere Markt durch vorübergehende Krisen oder tieferliegende Ursachen politischer oder wirtschaftlicher Art geschwächt oder aber durch zuweitgehende Inanspruchnahme seiner Kräfte durch die öffentliche Hand zufolge fortgesetzter Defizitwirtschaft oder zuweitgehender Betätigung in wirtschaftlichen Unternehmungen für die öffentliche Finanzierung zu geeigneten Bedingungen nicht mehr zu haben ist, müssen ausländische Märkte in Anspruch genommen werden. Die Finanzierung geschieht dann regelmäßig in der Währung der geldgebenden Märkte. Die Nachkriegszeit hat für die Finanzierung von Staaten, die zufolge außerordentlicher Krisen politischen Ursprungs, vor allem infolge der Kriegsereignisse, für die normale Finanzierung ihrer Bedürfnisse nicht mehr kräftig genug schienen, die eigenartige Form der Finanzierung unter Mitwirkung internationaler Körperschaften, vor allem des Finanzkomitees des Völkerbundes, neuerdings auch der *Bank für Internationalen Zahlungsausgleich* (s. d.) geschaffen und es hat das Bestehen dieser Institutionen und das Prestige, das ihre Mitwirkung internationalen Anleiheoperationen verleiht, häufig dazu geführt, daß bestimmte internationale Bankgruppen (nicht aber die von französischen Banken geführten) die Mitwirkung dieser Institutionen für die Durchführung derartiger Finanzoperationen als Bedingung stellen. Die Kooperation dieser Institutionen ist nicht finanzieller Art. Sie beschränkt sich auf die Nominierung von Sachverständigen für die Beurteilung der Kreditwürdigkeit der Geldnehmer, Betrauung bestimmter Bankgruppen, Übernahme von Treuhandfunktionen usw. Es ist nur natürlich, daß aus diesen Finanzierungen, bei denen der geldsuchende Staat mehr Objekt der Verhandlungen, als Verhandlungspartner ist, politische Abhängigkeiten in besonders weitgehendem Maße resultieren.

3. *Sonstige Finanzgeschäfte.* Die Industriefinanzierungen pflegten in der Bankliteratur unter dem Namen „Gründungs- und Finanzierungsgeschäfte" behandelt zu werden. Sie bestehen in der Beschaffung von Kapitalien für Gründung und Erweiterung industrieller Unternehmungen. In der Notwendigkeit der Refinanzierung liegt der Grund dafür, daß der Aufbau derartiger Geschäfte die Aktienform bevorzugt, und insbesondere bei Erweiterung von bisher als Einzel- oder Gesellschaftsfirmen betriebener Unternehmungen auf Umgründung in Aktienform hinwirkt.

Die Geldbeschaffung für Handelsgeschäfte und zwar im Binnen- und Außenhandel ist die Domäne des laufenden Geschäftes. Nur ausnahmsweise geben Handelsoperationen größeren Umfanges den Anlaß zu besonderen Finanzoperationen.

Eine gesonderte Gruppe der F. bildet die Deckung des Geldbedarfes des landwirtschaftlichen und des städtischen Grundbesitzes. In den meisten kontinentalen Staaten hat eine hochentwickelte Hypothekargesetzgebung besondere die Sicherheit erhöhende und damit zinsverbilligende Kreditformen geschaffen.

4. *Fristen.* Eine Unterscheidung der F. nach den Fristen der aus ihnen resultierenden Verpflichtungen führt zur Aufstellung der Begriffe der kurzfristigen, mittelfristigen und langfristigen Finanzgeschäfte. Im allgemeinen gilt ein Jahr als maximale Laufzeit für kurzfristige F. Fünf Jahre sind wohl die Grenze, über die hinaus die Bezeichnung mittelfristige Geschäfte nicht mehr anwendbar erscheint. Für langfristige Geschäfte scheint es nach der letzten tausendjährigen Anleihe der Siemens & Halske AG., Berlin, keine zeitliche Grenze mehr zu geben.

5. *Refinanzierung durch Bankobligationen.* Als Mittel der Refinanzierung eines F. kommt, wie eingangs erwähnt, die Eigenfinanzierung nur vorübergehend in Betracht. Die Banken schöpfen in diesem Falle aus dem Eigenkapital, ergänzungsweise aus dem Reservoir der im laufenden Geschäft ihnen zuströmenden Mittel. Der Wunsch der Banken, den Umfang der für die Eigenfinanzierung von Finanzgeschäften verfügbaren Mittel zu erweitern, hat zu der Entwicklung des Begriffes der Bankobligation geführt. Sie findet sich zum erstenmal in den Statuten des Pariser Credit Mobilier vom Jahre 1852 (vgl. *Credit Mobilier*) und ist von da in die Statuten der Darmstädter Bank und in die der Österreichischen Creditanstalt übergegangen. Wiewohl in allen diesen besonderen Fällen es zu einer Realisierung der Obligationenidee nicht kam, wurde sie im Jahre 1905 von der österreichischen Gesetzgebung aufgenommen und so die Grundlagen für ihre Anwendung für die österreichischen Banken geschaffen, wieder ohne nennenswerte praktische Folgen. Auch die Empfehlung der Bankobligation in der Literatur durch Alfred Lansburgh und den Verfasser wurde von der deutschen Praxis nicht übernommen.

In Deutschland kam es zum erstenmal zur Emission von Bankobligationen durch die im Jahre 1927 erfolgte Ausgabe von $ 25000000 fünfjährigen Zertifikaten der Deutschen Bank. In der Schweiz ist die Bankobligation seit langem bekannt. Die Schweizer Banken emittieren kontinuierlich Kassenobligationen mit drei- bis fünfjähriger Laufzeit und nachheriger sechsmonatlicher Kündigung. In Schweden kam die Emission von Bankobligationen nach dem Kriege auf, und wurde von einer ganzen Reihe von Banken zum Zwecke der Erweiterung der Geschäftsbasis in einer Periode, in der eine Erhöhung der Aktienkapitalien untunlich erschien, praktiziert.

6. *Refinanzierung durch Aktien oder Obligationen des Geldnehmers.* Der normale Weg der Refinanzierung eines F. ist die Emission von Wertpapieren (Aktien, Schuldtitel) des Geldnehmers. Die Auswahl des richtigen Finanzierungsinstrumentes, gegebenenfalls ihre richtige Kombination, hängt von der dem finanzierenden Bankier gestellten Aufgabe und von der im Zeitpunkt der Finanzierung bestehenden Aufnahmefähigkeit des Marktes für Werttitel bestimmter Art ab. Nach beiden Richtungen ist weiter Spielraum für das abwägende Urteil des Finanziers, das weit mehr nach Intuition und Fingerspitzengefühl zu treffen sein wird, als nach festen Regeln oder nach gegebenen statistischen Daten. Er wird nicht zögern, auf eine verhältnismäßig dünne Schicht verantwortlichen Kapitals eine hohe Schuldverpflichtung aufzubauen, wo mit einem durch Tarife geschützten, konstanten Einnahmezufluß gerechnet werden kann. Daß sich Übertreibung dieser Finanzierungsmethode mangelhaft bewähren kann, dafür enthält die Geschichte der amerikanischen Eisenbahnfinanzierungen zahlreiche, auch in Europa fühlbar gewordene schmerzliche Beispiele. Das

gegenteilige Extrem, die weitgehende Aufbringung von Kapitalien durch Aktienausgabe unter Vermeidung der fixen Verschuldung, wird richtigerweise bei stark spekulativen Propositionen gewählt werden; hier, wo jedes dem Unternehmen gewidmete Kapital starken Risiken ausgesetzt ist, wird es ein richtiges Prinzip sein, die Chancen des Investors nicht auf eine fixe Verzinsung einzuschränken und das Unternehmen selbst nicht mit der Bürde fixer laufender Verpflichtungen zu belasten.

Das Instrument der Aktie läßt wieder mehrfache Varianten zu. Der Stammaktie können, sei es bei der Gründung eines Unternehmens, sei es bei späterer Finanzierung, Vorzugsaktien verschiedener Kategorien vorgelagert werden. Die Vorzugsaktien werden sich nach der Rate der vorzugsweisen Verzinsung, nach dem Ausmaße des Einflusses auf die Führung der gesellschaftlichen Geschäfte (Stimmrecht) unterscheiden. Man wird dem Vorzugsaktionär häufig einen über das Ausmaß der fixen Dividende hinausgehenden Anteil am Gewinn einräumen (participating prefered shares). Eine besonders in Frankreich übliche Kategorie des Eigenkapitals einer Gesellschaft stellen die Gründeranteile dar. Sie werden, da sie üblicherweise in der Gewinnverteilung erst nach Bestreitung einer angemessenen Verzinsung des Aktienkapitals zum Zuge kommen, in einem Finanzierungsplan zweckmäßig dort Verwendung finden, wo es sich um Abgeltung eingebrachter Rechte oder materieller Werte handelt, deren Gewicht für die Gewinnentwicklung des Unternehmens im Augenblick der Gründung ungewiß erscheint. Die amerikanische Finanzierung löst dieses Problem häufig durch vollständige Darstellung des konkreten Geschäftswertes durch Obligationen und Vorzugsaktien und Kreierung eines dem Charakter von Hoffnungsscheinen nahekommenden Blockes von Stammaktien. (Vgl. *Emissionsgeschäft II* sowie *Aktie als Wertpapier*.)

Noch mannigfaltiger ist die Zahl der möglichen Variationen bei der Verwendung von Schuldtiteln als Finanzierungsinstrument. Der Finanzier wird sich unter Abwägung des Kredites, den er zu finanzieren hat, für eine bestimmte Zeitdauer der Obligation, für einen bestimmten Coupontypus, für die Emission ungesicherter oder gesicherter Schuldtitel zu entscheiden haben. Zahllos sind die Varianten der Sicherung. Bei öffentlichen Finanzierungen sind Verpfändung bestimmter Staatseinnahmen eine häufige Sicherungsform. Wo das Vertrauen in die Leitung der Staatsfinanzen kein uneingeschränktes ist, wird die Greifbarkeit der Pfänder durch Mitwirkung einer Gläubigervertretung bei der Verwaltung der Pfänder (Monopolverwaltungen) gesichert. Noch weitergehende Formen der Kontrolle sind oben bei der Darstellung der Rolle, die neuerdings das Finanzkomitee des Völkerbundes und die Bank für Internationale Zahlungen bei Staatsfinanzierungen spielen, erwähnt worden. Bei Industriefinanzierung durch Obligationen ist die Hypothek ein beliebtes Sicherungsmittel, dessen Wert jedoch besonders in Zeiten steigender Preise leicht überschätzt wird. Zahllos sind die Typen der Obligationen, die sich bei Ausarbeitung eines Finanzgeschäftes zur Wahl stellen. Zudem ergibt sich noch die Möglichkeit weiterer Variationen durch Schaffung von Mischformen zwischen Obligation und Aktie und durch Eröffnung von Konversionsmöglichkeiten. Hierher gehören die Formen des participating bond und des convertible bond. (Vgl. *Anleihen mit Zusatzrechten*).

Die Wahl der richtigen Finanzierungsinstrumente, ihre richtige Abwägung gegeneinander, wird nicht nur von den im Finanzierungsobjekt gegebenen Daten abhängen, sie wird zu einem guten Stück der jeweiligen Zeitströmung der Mode Rechnung zu tragen haben. Es ist begreiflich, daß in Zeiten sinkenden Geldwertes die Aktie eher im Publikum Anklang findet, während in Zeiten der Geschäftsstagnation die festverzinsliche Anlage zu Ehren kommt. Der Erfolg einer bestimmten Emission kann das Schicksal darauffolgender F. entscheidend beeinflussen, über Brauchbarkeit oder Unbrauchbarkeit eines gewählten Finanzierungsinstrumentes definitiv entscheiden. Auch hier wird der Finanzier für seine Intuition, für seine geschäftliche Phantasie weitgehenden Spielraum finden.

7. Die Banken im Finanzgeschäft. Die Frage nach der Rolle, die das F. in der Bankorganisation spielen soll und darf, hat in der wissenschaftlichen und politischen Bankliteratur der letzten achtzig Jahre einen breiten Raum eingenommen. Daß das F. nicht die Domäne des Privatbankiers ist, sondern auch von den Aktienbanken betrieben werden kann, ist in den fünfziger Jahren des vorigen Jahrhunderts vom *Credit Mobilier* (s. d.) gegen die Pariser haute banque durchgekämpft worden. Das Problem, ob das F. von allen Aktienbanken betrieben werden soll, auch von denen, die das Depositengeschäft im weitgehenden Maße betreiben, ist heute wie vor achtzig Jahren eine in der Bankliteratur aller Länder heißumstrittene Frage. Sie ist in der Praxis je nach dem Ort verschieden beantwortet worden. In England ist die Scheidung wohl am weitgehendsten. Hier halten sich die Depositenbanken grundsätzlich vom Finanzgeschäft fern. In Frankreich besteht noch die Scheidung zwischen Depositenbanken (etablissements de credit) und Finanzbanken (banques d'affaires), die Abgrenzung ist aber vorwiegend eine traditionelle, seit sich die banques d'affaires Abteilungen für das laufende Bankgeschäft angegliedert haben, und die großen Depositenbanken aktiv in das F. eingetreten sind. In den Vereinigten Staaten haben sich die Depositenbanken ins F. (investment banking) begeben, seit Amerika mit Entschiedenheit in die Reihe der geldgebenden Länder eingetreten ist. Sie haben sich zu diesem Zwecke eigene, mit den Hauptinstituten eng verbundene Gesellschaften angegliedert, doch ist neuerdings in der öffentlichen Beurteilung eine klare Tendenz gegen diese Verknüpfung der Depositenbanken mit dem Emissionsgeschäft hervorgetreten, und die Praxis ist in einigen Fällen den geänderten Anschauungen gefolgt. Dagegen halten sich die meisten großen Finanzfirmen (investment banking houses), die deshalb mit Recht als Emissionsfirmen bezeichnet werden können, weil bei ihnen das Prinzip der Refinanzierung aller Finanzgeschäfte aufs strikteste durchgeführt wird, vom laufenden Bankgeschäft grundsätzlich ferne. In der Schweiz, in Holland und in Schweden wird das Finanzgeschäft von allen Banken neben dem laufenden Bankgeschäft betrieben. Das gleiche ist die Praxis in Deutschland, und dies gegen starke kritische Stimmen in der Bankliteratur, wie sie etwa durch Adolf Wagner, Heinrich Sattler (Die Effektenbanken, Leipzig 1890) und Adolf Weber (Depositenbanken und Spekulationsbanken, Leipzig 1902) zum Ausdruck gelangten. Auch hier hat die Krise des Jahres 1931 die Tendenzen zu einer Scheidung des F. vom Depositenbankgeschäft stärker hervortreten lassen, denen insbesondere die staatliche Bankpolitik gefolgt ist. Das gleiche gilt für Italien, wo die staatlichen Hilfsaktionen für die großen Banken des Landes durchwegs auf eine Umwandlung derselben in reine Depositenbanken hinzielten. (Vgl. *Credit Mobilier*.)

8. Vermittlung von Finanzgeschäften. Zu allen Zeiten haben in der Organisation des F. Vermittler eine gewisse Rolle gespielt. Die relative Unübersichtlichkeit der Anlagemärkte — im Gegensatz zu den Geldmärkten —, der Wunsch der Kapitalswerber, ihre Position nicht zu bald zu decourvrieren, die mangelnde Beherrschung der Finanzierungstechnik auf seiten selbst bedeutender Anleihewerber, lassen oft Raum zu nützlicher Vermittlungstätigkeit, wie sie vornehmlich durch Finanzagenten oder kleinere Bankiersfirmen ausgeübt wird. Es ist eine Ausnahmeerscheinung, wenn in der Epoche des großen Kapitalsbedarfes der Nachkriegsjahre in Deutschland die bedeutendsten Banken und Bankiers ihre Mitwirkung bei der Kapitalsbeschaffung ihrer Kunden oft auf die Vermittlung von Auslandsanleihen beschränken mußten. Die Wiedererstarkung der inneren Kapitalbildung in Deutschland, die Ausbildung der Finanzierungstechnik in der Linie der seit dem Krieg neuentwickelten Praxis der ausländischen Kapitalmärkte wird den deutschen Banken und Bankiers ihre frühere Position im F. wieder zurückgeben.

9. Finanzmärkte. In der wechselseitigen Bedeutung der einzelnen Märkte für das internationale F. haben sich seit dem Kriege und unter der Einwirkung seiner politischen und finanziellen Folgen starke Verschiebungen ergeben. Sie haben recht deutlich die Voraussetzungen für die Entstehung eines Finanzmarktes und die Bedingungen seiner Fortentwicklung vor Augen geführt.

Die erste und wichtigste Voraussetzung für Entstehen und befriedigende Funktion eines Finanzmarktes ist das Vorhandensein bedeutender zur Anlage bereiter Kapitalien. Dies gilt für den Hauptbankplatz eines Landes in bezug auf seine Rolle für die innere Kapitalsversorgung, ebenso wie für Weltfinanzplätze in bezug auf ihre Bedeutung für das internationale F. Kapitalien müssen in genügendem Ausmaße bereit sein, die zur Anlage in neu zur Emission gelangenden Werten, aber auch zur Anlage in fortlaufend gehandelten Werten früherer Emissionen bereit sind. Gewiß wird man von dem Kapital eine gewisse Diskrimination in der Auswahl seiner Anlagen erwarten, doch wird die Bedeutung eines Finanzmarktes wesentlich davon beeinflußt werden, ob diese Diskrimination nach rein wirtschaftlichen Motiven erfolgt, oder aber zum Nachteil seiner Funktionsfähigkeit von politischen Motivationen gelenkt wird.

Die zweite Voraussetzung für die Ausbildung eines Finanzmarktes ist das Bestehen einer entsprechenden Bankorganisation. Nur dort, wo eine im Finanzgeschäft erfahrene Gruppe von Banken und Bankiers sich findet, wird es zur Entstehung eines ausgebreiteten F. kommen. Das Geld allein macht es nicht.

Das Bestehen eines breiten Geldmarktes am Platze wird für das F. eine wertvolle Stütze bieten. Häufig bilden Geldmarktgeschäfte die Vorläufer von Finanztransaktionen, häufig ihr unentbehrliches Korrelat, sei es als vorläufige kurzfristige Finanzierung bei zeitweiser Aufnahmeunwilligkeit der Finanzmärkte, sei es als Aufnahmestellung für mißlungene Finanztransaktionen.

Eine weitere wichtige Voraussetzung für die Ausbildung eines Finanzmarktes ist das Bestehen einer funktionsfähigen Börse. Die Börse soll auch dem mit der Absicht der Daueranlage erworbenen Wertpapierbesitz die Möglichkeit der Liquidation zu Marktpreisen eröffnen. In diesem Punkte hat die Organisation des F. der Nachkriegsepoche bisher am wenigsten zu befriedigen vermocht. Die Börsen der internationalen Finanzplätze haben insbesondere in bezug auf die Schaffung funktionsfähiger Märkte für festverzinsliche Werte vollständig versagt, und die Notierung von Obligationenkursen denen, da sie auf Basis geringfügiger und unregelmäßiger Umsätze erfolgte, das Charakteristikum von Marktpreisen fehlte, hat mehr Schaden als Nutzen angerichtet.

Das F. der Nachkriegszeit ist auf fast allen wichtigen Finanzplätzen in weitgehendem Maße Eingriffen der Notenbankleitungen ausgesetzt worden. Die rauhe Hand der Notenbankleiter hat nicht nur eingegriffen, wo es sich um die Durchsetzung geldpolitischer Ziele, die nicht mit den normalen Mitteln der Zinsfußpolitik erreichbar schienen, handelte. Die Notenbankpolitik verfolgte hier vielmehr häufig konjunkturpolitische oder, was ihr Eingreifen noch verwirrender machen mußte, rein politische Ziele. Die Resultate dieser neuen Notenbankpolitik scheinen zur Fortsetzung in der Zukunft nicht zu ermutigen.

10. Emissionsstatistik der wichtigsten Finanzplätze. Zur Beurteilung der kapitalmäßigen Bedeutung der einzelnen internationalen Finanzplätze für das F. der Nachkriegszeit seien im Nachfolgenden einige auf die Emission der Jahre 1929 und 1930 bezügliche Zahlen angegeben. Der Wert dieser Zahlen wird dadurch zu einem gewissen Grade beeinträchtigt, daß mehrfach Doppelzählungen vorliegen, da die Zahlen der bei bestimmten Emissionen führenden Finanzplätzen vielfach die Zahlen der an anderen Plätzen durch subpartizipierenden Gruppen emittierten Tranchen miteinbegreifen.

Die Emissionsstatistik für die Vereinigten Staaten gibt für die beiden Jahre 1929 und 1930 die folgenden Ziffern:

	1929	1930
	$ 11592164029	$ 7676307577
davon Auslandsemissionen		
	$ 779870286	$ 1135779390

Die bezüglichen Ziffern für England stellen sich wie folgt:

	1929	1930
	$ 253749000	$ 236160000
davon Auslandsemissionen		
	$ 94347000	$ 108803000

Der Gesamtbetrag der Emissionen in Frankreich betrug

	1929	1930
	frcs 23691000000	frcs 36462000000
davon Auslandsemissionen		
	frcs 975000000	frcs 5968000000

Neben den amerikanischen, englischen und französischen Finanzmärkten treten die übrigen Märkte an Bedeutung zurück. Der Gesamtbetrag der in Holland emittierten ausländischen Werte betrug im Jahre 1929: fl. 138300000 und im Jahre 1930: fl. 246400000. Der Betrag der in der Schweiz placierten ausländischen Wertpapiere wird für das Jahr 1929 auf 250—300000000 Franken, für das Jahr 1930 auf 400—500000000 Franken geschätzt. In Schweden wurden an internationalen Werten im Jahre 1929 Kr. 61495500, im Jahre 1930 Kr. 188028000 emittiert.

S. a. Art. *Credit Mobilier* und *Konsortialgeschäfte und Konsortien.*

Literatur: Weber, Adolf: Depositenbanken und Spekulationsbanken, 2. Aufl. München 1915. — Schulze-Gaevernitz, G. v.: Die deutsche Kreditbank (im „Grundriß der Sozialökonomik"). Tübingen 1915. — Prion, W.: Kreditpolitik. Berlin 1926. — Somary, Felix: Bankpolitik, 2. Aufl. Tübingen 1930. — Einzig, Paul: The Fight for Financial Supremacy. London 1931. — Steiner, F. G.: Die Entwicklung des Mobilbankwesens in Österreich. Wien 1913. — Saint-Simonistische Ursprünge des modernen Bankwesens. Bank-Arch. 30, 15.

F. G. Steiner.

Finanzierung des Groß- und Einzelhandels.

I. Ausmaß und Bedeutung der Kreditbasis des Warenhandels.

Mehr als die Hälfte des deutschen Volkseinkommens — 25 bis 30 Milliarden jährlich — werden im Einzelhandel umgesetzt. Und etwa das Doppelte — 50—60 Milliarden — im Großhandel. Die Finanzierung dieses Umsatzes ist eine der Hauptaufgaben des Handels.

In Deutschland ist die Finanzierung des Warenhandels deshalb besonders schwierig, weil die Kapitalbasis des Handels durch die Inflation völlig zerstört wurde, da ihm seine Aufgabe der Veräußerung von Waren gegen Geld eine „Flucht in die Sachwerte" völlig unmöglich machte. Besonders hart hat dies den Großhandel getroffen, der heute auf Kredite angewiesen ist, während er in der Vorkriegszeit in größtem Maße Kreditgeber war.

Die Kreditaufnahme erfolgt auf zwei Wegen: Erstens gewähren Lieferanten beträchtliche Kredite durch Einräumung von Zahlungsfristen. Während dies in der Vorkriegszeit in Deutschland sehr oft nur dazu diente, pünktlichen Zahlern in Form des Skontos (Abzug vom Rechnungsbetrag bei vorzeitiger Zahlung) eine Preisverbilligung zukommen zu lassen, ist die Gewährung eines Zieles heute in aller Regel ein echter Kredit, was schon die Länge der Zahlungsfristen (teilweise über 1 Jahr) beweist. Über den Umfang der Lieferantenkredite liegen keinerlei Angaben vor; man dürfte aber eher noch zu niedrig schätzen, wenn man annimmt, daß sie über 50% des gesamten Fertigwarenumsatzes ausmachen. Selbstverständlich können weder die Erzeuger die Kredite an den Großhandel, noch der Großhandel die Kredite an den Einzelhändler aus eigener Kraft aufbringen. Indirekt muß auch für diese Kredite Bankhilfe in Anspruch genommen werden, nur daß der Bank gegenüber ein anderer Kreditnehmer (nämlich der Verkäufer nicht der Käufer) auftritt.

Der zweite Weg der Kreditaufnahme ist der direkte Bankkredit. Auch hier fehlt es an genauen Zahlen. Nach den Feststellungen des Enquête-Ausschusses über das Bankwesen gewährten die Berliner Filialgroßbanken direkte Kredite an den Großhandel im Gesamtbetrag von 7,9% ihrer Ausleihungen. Die entsprechende Zahl für den Einzelhandel beträgt nur 0,2%[1]. Die Berliner Großbanken ohne Filialen gaben 6,2% ihrer Ausleihungen an den Großhandel und 0,7% an den Einzelhandel; die Provinzaktienbanken 8,1% an den Großhandel und 4% an den Einzelhandel; die Privatbankfirmen 14,8% an den Großhandel und 1,4% an den Einzelhandel. Unter Zugrundelegung dieser Ziffern ergibt sich für den 30. Juni 1931 (bei Auslassung der Privatbankfirmen, die keine Bilanzzahlen veröffentlichen) eine Kreditsumme von 600 Millionen für den Großhandel und nur 100 Millionen für den Einzelhandel. Allerdings sind dies nur die direkten Buchkredite; der Anteil des Handels an den Wechseldiskontierungen (insgesamt ungefähr 1500 Millionen) und den Warenvorschüssen (ungefähr 1850 Millionen) ist unbekannt. Von den Warenvorschüssen, von denen etwa 1750 Millionen Rembourskredite waren, entfällt sicherlich ein größerer Teil auf den Großhandel. Unter dem Wechselmaterial der Banken befinden sich weiter zahlreiche Großhandelswechsel, die allerdings meist von der Industrie eingereicht werden und also nur als indirekte Handelskredite anzusprechen sind. Die Kredite an den Einzelhandel,

[1] Seit dieser Feststellung dürfte sich diese Ziffer infolge der starken Ausleihungen an die Großkonzerne des Einzelhandels wesentlich erhöht haben.

die der Großhandel gewährt, können nur in seltenen Fällen durch Wechseleinreichungen mobilisiert werden, da in Deutschland beim Einzelhändler eine sehr starke „Wechselscheu" besteht und überdies Einzelhandelsunterschriften meist sehr ungern von den Banken genommen werden.

Die Finanzierung des Einzelhandels erfolgt demnach fast gar nicht durch die Privatbanken. Auch die Mittel der Genossenschaftsbanken, die 1929 210 Millionen Mark[1] an den Einzelhandel verliehen haben, reichen dazu nicht aus. Die größten Geldgeber des Einzelhandels sind Sparkassen und Hypothekenbanken. Eine besonders schwierige und nur sehr unzureichend gelöste Frage ist die Finanzierung des kreditgebenden Einzelhandels, dessen Umsatz im Jahre 1930 bereits 800—900 Millionen RM. betrug[2].

Die Kreditbasis des deutschen Handels ist viel zu schmal. Die Folge davon ist eine Schwächung der Widerstandskraft des Handels gegenüber den auf seine Ausschaltung hinarbeitenden Tendenzen. Vor allem der Großhandel ist ernstlich bedroht. Und zwar von zwei Seiten:

Einerseits dringt der Produzent in die Güterverteilung, oft sogar bis in den Einzelhandel vor, andererseits kauft der Einzelhandel unter Übergehung des Großhandels direkt beim Produzenten. Fast völlig verdrängt ist der selbständige Großhandel überall dort, wo es sich um Markenartikel handelt[3]. Ferner hat die Einrichtung von Fabriklagern zugenommen, weil der Großhandel die hohen Lagerkosten nicht mehr selbst aufbringen kann. Auch im Ausfuhrhandel ist durch Direktexport und Errichtung von Tochterfabriken im Ausland eine gewisse Ausschaltung des Exporthandels unverkennbar. Auf dem Markt der Agrarstoffe haben staatliche Eingriffe, auf dem der Rohstoffe Großkonzerne und internationale Kartelle den Großhandel überflüssig zu machen gesucht.

Nicht ganz so weit ist die Ausschaltung von der Seite des Einzelhandels gediehen. Aber auch hier kaufen die Großkonzerne — Warenhäuser, Einheitspreisgeschäfte und Filialgeschäfte — durchweg direkt beim Erzeuger, ebenso die Konsumvereine. Ferner hat auch der selbständige Einzelhandel vielfach direkte Beziehungen zum Erzeuger aufgenommen. Vor allem durch Bildung von Einkaufszentralen auf genossenschaftlicher Basis. Die größte Einkaufsgenossenschaft des selbständigen Einzelhandels, der „Edeka-Verband" (Einkaufsgenossenschaft des Kolonialwarenhandels), hatte 1930 bereits einen Umsatz von 266 Millionen Mark. Außerdem versorgt sie durch eine Genossenschaftsbank, die „Edeka-Bank", die Mitglieder mit Kredit. Eine Verbindung von genossenschaftlicher Organisation und Großkonzern bilden die sog. „Einkaufsringe", Zusammenschlüsse von Einzelhändlern mit Einkaufsabteilungen von Waren- oder Kaufhäusern, wobei diese die Finanzierung übernehmen. Man darf annehmen, daß bereits mehr als 25% des Einzelhandelsumsatzes nicht durch den Großhandel geht. In einzelnen Branchen, z. B. in der Konfektion, sollen es bereits 80—90% sein. Es besteht die große Gefahr, daß nur die kapitalschwachen Einzelhändler, die keiner Einkaufsgenossenschaft beitreten können, dem Großhandel als Kunden verbleiben.

Der Einzelhandel wird zwar auch — teils durch direkte Absatzorganisationen der Produzenten, teils

[1] Angabe von Professor STEIN auf der Einzelhandelswoche im Jahre 1929.

[2] Nach Berechnungen der Forschungsstelle für den Handel. FfH.-Mitt. 2, Nr. 8 (Berlin 1931).

[3] Die Großhändlermarken, die früher eine bedeutende Rolle spielten, sind im Binnenhandel sehr stark zurückgedrängt worden.

durch die Konsumvereine — vielfach übergangen, doch tritt dies völlig zurück gegenüber dem scharfen Konkurrenzkampf des selbständigen Einzelhändlers gegen die Großkonzerne, der vielfach durch genossenschaftlichen Zusammenschluß geführt wird

II. Die Technik der Bankkreditgewährung an den Warenhandel.

1. Ex- und Importhandel. Der Handel hat eine Reihe von ihm eigentümlichen Arten des Bankkredits entwickelt, die vor allem im *Überseegeschäft* (s. d.), das von England ausgebildet wurde, zu den besten Kreditformen gehören. In der Finanzierung des Rohstoffimports haben englische Banken den Rembourskredit entwickelt. Dem europäischen Käufer der Ware wird ein Kredit eröffnet, und zwar gegen dingliche Sicherung durch die Verschiffungspapiere. Dieser Kredit wird in der Weise gewährt, daß der Verkäufer entweder direkt auf die Bank ziehen kann (Akzeptationskredit) oder aber die Bank Wechsel des Verkäufers auf den Käufer ankauft (Negoziationskredit). Die Dauer des Kredits entspricht der Dauer der Verarbeitung oder des Umschlags der Ware. Das Remboursgeschäft war in einer Zeit stabiler Warenpreise fast vollkommen risikolos, insbesondere wenn — worauf in England stets scharf gesehen wurde — auch tatsächlich nur Warenverschiffungen auf diese Weise finanziert wurden. Es war daher bei weitem der billigste Kredit, der außer dem sehr niedrigen Zinssatz nur eine kleine Akzeptprovision kostete. In der Nachkriegszeit haben New York, Amsterdam und Paris versucht, das englische Monopol im Remboursgeschäft zu durchbrechen. Vielfach wurden dabei unter dem Namen „Rembourskredit" auch reine Finanzwechsel akzeptiert, die keine Warengrundlage hatten. Dies hat einerseits zu einer starken Ausdehnung des Remboursgeschäfts, andererseits aber zu einer erheblichen Verteuerung geführt.

Das Remboursgeschäft beruht darauf, daß der europäische Käufer kapitalkräftiger ist als der außereuropäische Verkäufer. Dies hat sich nun vielfach geändert. Daher muß heute in steigendem Maße der Verkäufer von Rohstoffen den Käufer finanzieren. In größerem Umfang haben dies im Herbst 1931 die Vereinigten Staaten getan, als sie Weizen und Baumwolle gegen langfristigen Kredit an Deutschland und China lieferten.

Der Umkehrung des Verhältnisses von Käufer zu Verkäufer ist es zuzuschreiben, daß das Remboursgeschäft auch umgekehrt, bei Exporten aus Europa nach Übersee, angewandt wird, daß also der überseeische Käufer beim Industrieexport für die Finanzierung des europäischen Verkäufers sorgen muß. In dieser Form heißt der Rembourskredit „Akkreditivkredit" nach der Bestätigung (Akkreditiv) der Bank an den Exporteur, daß er auf sie ziehen dürfe.

In der Mehrzahl der Fälle gilt aber beim Industrieexport noch immer der Satz, daß der Käufer vom Verkäufer finanziert werden müsse. Im innereuropäischen Geschäft erfolgt dies meist durch Wechselübernahme durch den Verkäufer, da er die im Überseeverkehr gebräuchlichen Dokumente mit dinglicher Berechtigung fehlen. Es wird allerdings bereits seit Jahr und Tag die Schaffung eines internationalen, indossablen Binnenfrachtbriefes — analog etwa dem allerdings kaum verwendeten Ladenschein des deutschen Handelsrechts (§§ 445, 4 und 447, 1 HGB.) — gefordert. Entsprechend der längeren Dauer des Warenumschlags hat der Wechsel des Käufers meist eine zu lange Laufzeit, um von der Notenbank diskontiert zu werden. Da der Großhandel (und auch die Exportindustrie) vielfach nicht die Kapitalkraft hat, diese Wechsel bis zur Diskontreife im Portefeuille zu halten, so hat sich die Notwendigkeit ergeben, durch besondere Diskontierungsinstitute für diesen Wechsel zu sorgen. In Deutschland sind hier zu nennen: die Golddiskontbank, die mit Reichsgarantie arbeitet, die Finanzierungsgesellschaft für Industrielieferungen (Maschinenbank) und die Industriefinanzierungs-A.-G. „Ost" (Ifago) für Rußlandlieferungen, die letzteren Gründungen der Kreditbanken.

Im Übersee-Exportgeschäft herrschte ursprünglich der Personalkredit an den Exporteur vor, den die sog. „Merchant-bankers" als Spezialgeschäft pflegten. Mit dem Vordringen der Großbanken ist der Personalkredit verschwunden und von dem Betrag von einer Milliarde, den die deutschen Großbanken zur Exportfinanzierung aufgewandt haben, entfällt nur ein verschwindend kleiner Bruchteil auf Personalkredite. Der Dokumentenkredit ist die Regel, und zwar wird er entweder selbst gewährt oder bei „Dritten" vermittelt. Durch die Übergabe der Verschiffungsdokumente geht die Verfügungsgewalt über die Ware an den Kreditgeber über. Diese Verschiffungsdokumente umfassen (sog. „full set"): Konossement (bill of lading), Seeversicherungspolice, Zoll- und Sanitätspapiere, Faktura und neuerdings meist auch ein Duplikat der Kreditversicherungspolice. Dazu kommt noch der auf den Käufer gezogene Wechsel. Da der Wechsel noch nicht akzeptiert ist, handelt es sich nicht um eine „Diskontierung", wie man meist meint, sondern um eine Bevorschussung. Daher wird der Kredit wirtschaftlich und juristisch auch dem Verkäufer und nicht dem Käufer gewährt. Es kommt daher in erster Linie auf die Bonität des Verkäufers an. Meist sichern sich die Banken noch dadurch, daß sie dem Käufer Ware und Dokumente erst ausfolgen, wenn er ihnen durch das sog. „Trust-Receipt" das Eigentum an der Ware bis zur Einlösung des Wechsels übertragen hat. Da das Inkasso ebenfalls durch die Bank oder ihre Auslandsverbindung erfolgt, geht tatsächlich die Verfügung über das gesamte Geschäft an die Bank über.

2. Der Binnengroßhandel. Die älteste Form der Kreditgewährung an den Binnengroßhandel ist der Ankauf von Handelswechseln. So wird auch ein sehr großer Teil der Verkäufe von Produzenten an den Großhändler sowie von Großhändler an Großhändler finanziert. Hingegen kann der Großhandel in Deutschland infolge der bereits oben besprochenen Ursachen seine Verkäufe an den Einzelhandel nur in sehr unzureichender Weise durch Wechsel mobilisieren. Dieses Fehlen des guten Einzelhandelswechsels ist eine der Hauptursachen für die Kreditnot des Handels. Alle Versuche, den Absatz des Großhandels zu finanzieren — etwa durch „Diskontierung offener Buchforderungen", also durch Bevorschussung von Forderungen unter gleichzeitiger Abtretung sind wenig erfolgreich gewesen.

Der Großhandel ist daher auf Betriebskredite, die unabhängig von dem einzelnen Handelsgeschäft gegeben werden, angewiesen. Der ungedeckte Personalkredit ist dabei in Deutschland zur Zeit so gut wie völlig verschwunden und auch der Kredit mit Bürgschaftsstellung ist sehr selten. In der Regel wird der Kredit an Großhandelsunternehmen nur gegen dingliche Sicherheit gewährt. In der Zeit unmittelbar nach der Inflation erfolgte diese Sicherung meist durch Eintragung einer Hypothek. Da aber der Großhandel nur wenig Liegenschaften hat, war diese Sicherungsmöglichkeit bald ausgeschöpft; auch die Verpfändung von Wertpapieren, zu der man dann griff, reichte nicht aus. Die einzige scheinbar ausreichende Sicherheit wird daher in den letzten Jahren in der Sicherungsübereignung von Warenbeständen erblickt.

Der Handel in Roh- und Agrarstoffen hat jedoch seit altersher eine besondere Kreditform, der des Außenhandels verwandt, die ebenfalls eine dingliche Sicherheit ermöglicht. Dies ist der Kredit gegen Verpfändung des Lagerscheins. Der Lagerschein ist, sofern er von einen staatlich konzessioniertem Lagerhaus stammt, indossabel und gewährt dingliche Verfügungsrechte. Das Lagerhaus darf also die Ware nur dem Inhaber des Lagerscheins ausfolgen. Eine Verfeinerung dieses Systems ist das sog. Warrant- oder Zweischeinsystem. Hier wird der Lagerschein in zwei Papiere geteilt: einen, an dem das Eigentum haftet, der eigentliche Lagerschein, und einen, der Träger des Pfandrechts ist, eben der Warrant. Auf dem Lagerschein ist — ähnlich wie etwa im Grundbuch — die Belastung der Ware eingetragen, so daß der Erwerber der Ware und damit des Lagerscheins sofort sieht, welche Summe er bezahlen muß, um die Ware ausgefolgt zu erhalten. In Hamburg und Bremen ist das Zweischeinsystem gesetzlich eingeführt.

Der Lagerschein wird in Deutschland nicht, wie in anderen Ländern von der Notenbank diskontiert. Vielmehr gewährt die Reichsbank Warenkredite nur gegen die viel plumpere und wenig benützte Form des Lombardkredits, der tatsächliche Hinterlegung bei der Reichsbank voraussetzt. Jedoch geht man in steigendem Maß dazu über, durch „Zwischenschaltung“ von staatlichen Bankinstituten eine indirekte Diskontierung von Lagerscheinen zuzulassen und so der Landwirtschaft die Durchhaltung der Ernte zu ermöglichen.

3. Der Einzelhandel. Soweit der Einzelhandel überhaupt Bankkredite erhält, erfolgt die Kreditgewährung auf ähnlichem Weg wie beim Großhandel, also durch Sicherungsübereignung. Eine Ausnahme macht nur der kreditgebende Einzelhandel, der besondere Kreditformen ausgebildet hat. Nähere Einzelheiten darüber s. Art. *Abzahlungsgeschäft.*

III. Die Voraussetzungen einer verstärkten Bankkreditgewährung an den Handel.

Das jetzt übliche System der Kreditgewährung an den Binnengroßhandel und Einzelhandel erfüllt die Anforderungen, die man daran stellen muß, nur sehr ungenügend. Einerseits erhält der Handel nicht genügend Bankkredit und andererseits wirkt sich das System der Sicherungsübereignung vielfach dahin aus, daß nicht die gesunden Betriebe, die ein kleines Lager sehr oft umsetzen, sondern gerade die schwächeren, die nur wenig umsetzen und daher ein großes Lager haben, Kredit erhalten. Vor allem führt aber dieses System dazu, daß die Lieferantenkredite, die das Rückgrat der Handelsfinanzierung darstellen, ständig eingeschränkt werden, da jeder Lieferant annehmen muß, daß sein Schuldner alle wertvollen Aktiven übereignet hat.

Eine Reform des Bankkredits an den Warenhandel muß von einer scharfen Trennung zwischen Betriebs- und Absatzkredit ausgehen. Jener sollte stets langfristig sein; eine dingliche Sicherung erscheint hier angebracht. Allerdings sind die Bedenken gegen die Sicherungsübereignung so schwerwiegend, daß es nötig erscheint, diese Sicherungsmethode fallen zu lassen. Als Ersatz käme das vom Großhandel schon lange geforderte „Registerpfandrecht“ in Frage. Hierbei würde jede Warenverpfändung in ein öffentliches Buch eingetragen, so daß jeder Gläubiger genau sehen kann, ob und in welcher Höhe die Aktiven seines Schuldners verpfändet sind.

Hingegen muß der Absatzkredit vom einzelnen Warengeschäft ausgehen. Das nächstliegende Mittel hierzu ist die stärkere Verwendung des Wechsels. Jedoch ist dies für die kleineren und mittleren Betriebe weder schnell zu erreichen, noch auch unbedingt wünschbar. Wollen die Kreditbanken daher nicht das kleine Kreditgeschäft völlig den Sparkassen und öffentlich-rechtlichen Instituten sowie genossenschaftlichen Branchenbanken, deren Gründung immer wieder angeregt wird, überlassen, so müssen sie den Personalkredit stärker pflegen.

Voraussetzung dafür wäre die genaue Kenntnis der für den Handel im allgemeinen, sowie für die bestimmte Branche und die bestimmte Betriebsgröße typischen Kennziffern und der Vergleich des kreditsuchenden Unternehmens mit diesen. Außer den stets zu beachtenden Bilanzzahlen und der Gewinnrechnung sind wichtig: die jährliche Umschlagsgeschwindigkeit des Lagers, die bei den einzelnen Branchen sehr verschieden ist. Die niedrigste Ziffer im Einzelhandel hat der Schuhhandel mit einem Jahresumschlag von nur 1,9; die höchste der Drogeneinzelhandel mit 4,0. Diese Ziffer ist entscheidend für die Frage, ob das Unternehmen nur marktgängige Waren auf Lager hält, also nicht zu viel Kapital im Lager investiert hat. Ebenso wichtig ist der Umsatz je beschäftigte Person sowie die Kosten je beschäftigte Person, aus denen sich ergibt, ob der Betrieb rationell geführt wird. Während diese Ziffern noch halbwegs bekannt sind, fehlen sie vollständig für so wichtige Gebiete wie die Höhe des Eigenkapitals im Verhältnis zum Umsatz, die anteilmäßige Höhe des Betriebsgewinns und die entscheidende Frage der Konjunkturempfindlichkeit der einzelnen Branchen und Betriebsgrößen. Erst wenn diese Ziffern so genau errechnet sind, daß es möglich ist, an Hand von ihnen festzustellen, ob das kreditsuchende Unternehmen besser oder schlechter als der Durchschnitt arbeitet, wird es möglich sein, die Aussichten eines Handelsunternehmens abzuschätzen. Das ist aber die unerläßliche Voraussetzung der Kreditgewährung. Die guten Resultate, die die amerikanische Bankenvereinigung mit ihren Richtzahlen der einzelnen Branchen gehabt hat, beweist, daß sich gerade der Einzelhandel mit seiner Vielzahl ähnlicher Betriebe für eine solche betriebswirtschaftliche Durchdringung eignet.

Literatur: HIRSCH: Der moderne Handel, 2. Aufl. 1925 (Grundriß der Sozialökonomik V/2). — Stellung und Bedeutung des Handels in der deutschen Volkswirtschaft in Strukturwandlungen der deutschen Volkswirtschaft, hrsg. von HARMS, 2. 1928. — ROSENBAUM: Funktionen des Export- und des Importhandels. Ebenda. — SCHÜCK: Die Grundlagen der Handelsenquête. Bericht des Ausschusses zur Untersuchung der Erzeugungs- und Absatzbedingungen der deutschen Wirtschaft (Enquête-Ausschuß). Handbuch der Exportpraxis 1931; sowie die Veröffentlichungen der Forschungsstelle für den Handel in Berlin.

PETER DRUCKER.

Finanzierungsgeschäft s. *Finanzgeschäft.*

Finanzkonsortien, Internationale, s. *Konsortialgeschäfte.*

Finanzkontrolle. *1. Inländische F.* Wir unterscheiden eine nationale und eine internationale F. Bei ersterer handelt es sich um die Kontrolle der Finanzwirtschaft des heimischen Staates. Sofern wir einmal von jener der Gemeinden durch die Länder und gegebenenfalls der letzteren durch den Bundesstaat absehen, fällt ihr neben der formalen vor allem auch die verfassungsmäßige Prüfung zu. Erstere wird durch besondere Behörden, wie etwa den Rechnungshof des Deutschen Reiches, die Preußische Oberrechnungskammer u. a. versehen. In etwa gehört hierher auch der Reichssparkommissar; ist ihm doch die Aufgabe gestellt, auf Grund von Prüfungen Vorschläge für Einsparungen in der Verwaltung auszuarbeiten! Zur Finanz- und Wirtschaftskontrolle der in öffentlicher Hand befindlichen Unternehmungen werden in Deutschland besondere Revisionsgesellschaften (s. *Revision der Bilanz*) herangezogen. Die verfassungsmäßige Kontrolle liegt gegebenenfalls in der Hand der Parlamente. Diese prüfen im wesentlichen nach, ob die bewilligten Ausgaben auch wirklich lediglich für die für sie festgesetzten Zwecke Verwendung gefunden haben.

2. Ausländische F. Kontrollen der Finanzen eines ausländischen Staates finden wir im wesentlichen in drei Fällen:

1. bei Nichteinhaltung der von einem Schuldnerstaat seinen ausländischen Gläubigern gegenüber eingegangenen Verpflichtungen,
2. bei Gewährung von Anleihen an ausländische Mächte,
3. bei Friedensschlüssen und Verträgen über Kriegsentschädigungen.

Die Kontrollen können einmal auf mehr oder weniger freier Vereinbarung beruhen; sie können aber auch dem zu beobachtenden Staate aufgezwungen werden. Die Grenzen zwischen beiden Fällen sind flüssig. So mag zwar beispielsweise das mit dem Dawes-Plan in Deutschland eingeführte Kontrollsystem durchaus als auf Vereinbarung beruhend anzuerkennen sein, ohne daß ein Druck in der Richtung seiner Einführung abgeleugnet werden kann. Noch stärker tritt letzteres bei der Kontrolle über Österreich hervor, die im Zusammenhang mit der ihm 1932 gewährten Anleihe verhängt wurde.

3. Organisation der F. Die Organisation der Kontrollen ist sehr verschiedenartig. Für ihre Beurteilung sind eine ganze Reihe von Dingen von Bedeutung, unter denen nur auf einige verwiesen sei: Wer ernennt beispielsweise die Mitglieder der Kommission? Der Schuldnerstaat oder die Gläubigermächte? Oder werden sie durch den Völkerbund bestimmt? Auch die Vertreter der Auslandsgläubiger üben hier und da einen gewissen Einfluß auf die Entsendung dieses oder jenes Mitgliedes aus. Werden dann, wenn das eigentliche Ernennungsrecht etwa nur dem Schuldnerstaate oder nur den Gläubigerländern zuerkannt worden ist, die anderen interessierten Stellen vor der Nominierung gehört? Für welche Zeitdauer erfolgt die Wahl? Ist Wiederwahl zulässig? Inwieweit besteht die Möglichkeit der Abberufung einzelner Ausschußmitglieder, wenn die Auftraggeber oder etwa die Gegenseite Anlaß zu Einwendungen gegen ihre Geschäftsführung zu haben glauben? — In welchem Verhältnis stehen die Mitglieder zur Regierung des schuldnerischen Staates, in welchem zu ihren etwaigen sonstigen Auftragerteilern? — All diese Fragen sind von erheblicher Bedeutung für Geist und Art, in welchem die Aufsicht ausgeübt wird. Alles in allem ist allerdings die Vermutung durchaus am Platze, daß jedenfalls bei einer entsprechenden Lagerung der Machtverhältnisse all diese Einzelpunkte in einem für den Schuldnerstaat ungünstigen Sinne entschieden worden sind. Selbstredend ist das nicht durchweg der Fall. Völkerrechtliche und politische Gesichtspunkte mögen dem im Wege stehen. So beispielsweise in den neunziger Jahren des letzten Jahrhunderts in Serbien! Daher wurde denn auch seinerzeit dort gelegentlich der Konvertierung der Staatsschuld die Verwaltung der gewährten Pfänder einer vollkommen selbständigen, von allen politischen Faktoren unabhängigen Monopolverwaltung übertragen (Collas, S. 45). Diese setzte sich aus 6 Mitgliedern zusammen, von denen je 2 durch Vertreter der Anleihebesitzer, durch die Nationalbank sowie durch die serbische Regierung ernannt wurden (Pflug, S. 100). Auch die in den achtziger Jahren in der Türkei eingeführte F. beruhte lediglich auf Vereinbarungen zwischen der Pforte und den Gläubigerkomitees. Dem von diesen entsandten Rat wurde — allerdings unter Kontrolle des Staates — die Verwaltung der Staatsschulden übertragen (Collas, S. 59).

4. Die Aufgabe der F. besteht vorweg in der Beaufsichtigung der Finanzen des schuldnerischen Staates. Dabei können ihr die gesamte Finanzpolitik des betreffenden Landes oder doch deren gesamte Einnahmeseite unterstellt sein. In beiden Fällen sprechen wir im Anschluß an Pflug von einer „allgemeinen Kontrolle". Ihr gegenüber muß sich die „beschränkte Kontrolle" mit der Beaufsichtigung einer Reihe bestimmter für den Schuldendienst vorgesehener Einnahmequellen begnügen. — Hier wie dort können ihr dabei weitgehende Vollmachten in die Hand gegeben werden. So kann ihr beispielsweise das Recht zugestanden werden, Maßnahmen zu verhindern, durch welche eine Senkung der verpfändeten Einnahmeteile zu befürchten ist (Reparationsagent auf Grund der Dawes-Verpflichtungen). Darüber hinaus aber kann die Kommission vielleicht auch berechtigt sein, ihre Abänderungswünsche auf dem Gebiete der Finanzpolitik ihres Opfers durchzusetzen, sei es nun, daß ihr in dieser Richtung ein entscheidendes Druckmittel vereinbarungsgemäß in die Hand gelegt ist (Eisenbahnkontrolle unter dem Dawes-Plan), oder sei es auch nur, daß sie durch Veröffentlichung ihrer Ansichten über die Mängel der Finanzpolitik des betroffenen Staates auf diesen moralisch einen Druck in der gewünschten Richtung auszuüben vermag (Parker Gilbert). Sie kann gleichzeitig als Treuhänderin der beauftragenden Staaten dienen und als solche als Steuereinnehmerin (so in Deutschland unter dem Dawes-Plan, in der Türkei unter der 1878 eingeführten F., Conseil d'Administration de la Dette Publique Ottomane) fungieren, um von den verpfändeten Einnahmen die für den Schuldendienst erforderlichen Beträge an die Berechtigten abzuführen. In anderen Fällen erhält sie die vereinbarten Summen von dem beobachteten Staate (Serbien), um sie bestimmungsgemäß weiterzuleiten. In Griechenland erfolgte seinerzeit die Einziehung der verpfändeten Einnahmen durch eine unter griechischem Rechte stehende Gesellschaft, die jedoch in vollem Ausmaße der Kontrolle der internationalen Kommission unterstand (Pflug, S. 96/97). Auch darüber hinaus sind weitgehende Eingriffe in die Finanzpolitik des unter Finanzaufsicht stehenden Staates möglich. Es ist bei der 1932 in Österreich getroffenen Regelung nicht das erste Mal, daß sich die Kontrolle auf die Kreditpolitik des Staates erstreckt. In Österreich können heute Bundesregierung und Bundesbahn im In- und Auslande Anleihen nur noch nach vorheriger Genehmigung durch das Komitee der garantierenden Staaten aufnehmen! Auch die Schatzscheinausgabe ist von der Zustimmung eines Völkerbundvertreters abhängig. Mittelbar erstreckt sich die F. sogar auf die Aufnahme von Länder- und Gemeindeanleihen. Diese bedarf nämlich seither in Abweichung von der früheren Regelung der Genehmigung der Bundesregierung, „die ihre Zustimmung hierzu auf Vorschlag des Finanzministers, der vorher die Nationalbank und den Vertreter des Völkerbundes zu befragen hat, erteilen wird" (vgl. Leonhard Oberascher: Methode Dollfuss. In „Wirtschaftsdienst" 1932, S. 1018ff.). In mancher Hinsicht ähnlich lagen die Dinge bezüglich der Berechtigungen der vorerwähnten griechischen Kontrolle. So wurde seinerzeit dem Staate die Aufnahme von Anleihen in ausländischer

Währung vor Tilgung der alten Schulden untersagt (PFLUG, S. 98). Noch weiter ging die Befugnis der 1880 in Ägypten eingeführten Kontrolle. Diese nahm sogar an der allgemeinen Landesverwaltung teil und hatte über diese eine Kontrolle auszuüben (COLLAS, S. 56).

Neben den Dauerkontrollen begegnen wir solchen, welche nur von Fall zu Fall, etwa auf besonderen Antrag, in Tätigkeit treten. Eine solche Anregung kann mitunter sowohl von der Gläubiger- als auch von der Schuldnerseite ausgehen, von ersterer beispielsweise, wenn mit einer Erlahmung der Schuldzahlungen zu rechnen ist, von letzterer, wenn diese eine dauernde oder vorübergehende Erleichterung ihrer Lage durch Senkung der Lasten erstrebt.

5. Wirkungen. Für den Staat, welcher sich einer F. zu unterwerfen hat, bedeutet diese eine je nach den vorliegenden Bestimmungen verschieden weit reichende Eindämmung seiner Souveränität. Auf dem Gebiete der Finanzpolitik ist ihm leicht in erheblichem Ausmaße die freie Verfügungsgewalt genommen. Es ist daher denn auch kein Zufall, daß eine solche Kontrolle bislang nur über kleine Staaten oder solche verhängt worden ist, die sich infolge eines unglücklichen Kriegsausgangs weitgehend in Abhängigkeit von dem bzw. den Siegern befinden. Die hier aufgezeigten Gefahren haben, wie das oben angezogene Beispiel Österreich zeigt, durch das Einspringen des Völkerbundes nicht an Schwere für den betroffenen Staat eingebüßt. — Den erheblichen Schattenseiten stehen eine Reihe wirtschaftlicher Vorteile gegenüber. Sind die Finanzen eines Staates in Unordnung geraten, so mag das Ausland trotzdem zur Gewährung neuer Kredite zu annehmbaren Bedingungen bereit sein, wenn es die Überzeugung gewonnen hat, daß von der Staatsleitung unabhängige Ausschüsse die Finanzpolitik jener unter Obhut nehmen. Auch davon abgesehen, kann sich eine wirkliche Bessergestaltung der Finanzen des betreffenden Staates ergeben, sofern der Kontrolle bestimmte Eingriffsrechte zustehen. Die auf solche Weise möglicherweise herbeigeführte Hebung des Kredits kann noch eine besondere Stützung dadurch erfahren, daß die Einführung der Finanzaufsicht etwa von anderen Maßnahmen begleitet wird, so von dem Wegfall voraufgegangener Repressalien, von der Wiederzulassung der Anleihen zu bestimmten Börsen u. a. m.

Für die Gegenseite kann die Einführung der F. unter Umständen eine Stütze wirtschaftsimperialistischer Pläne bedeuten. Weitere Vorteile für sie liegen in einer gewissen Lockerung der dem kranken Staate gewährten Kredite.

Vgl. *Völkerrechtliche Fragen im Bankwesen.*

Literatur: Neben der im Artikel „Moratorium" angegebenen insbesondere: COLLAS, KONSTANTIN: Der Staatsbankerott und seine Abwicklung. Stuttgart 1904. — PFLUG, KARL: Staatsbankerott und internationales Recht. München 1898.

CARL AUGUST FISCHER.

Finanzmärkte s. *Finanzgeschäft 9.*

Finanzpresse. Hierunter versteht man diejenigen Zeitungen oder Zeitungsteile, die sich mit Finanzfragen, also vornehmlich mit Geld- und Kapitalmarkt, Bankwesen und Börse beschäftigten. Sie ist der älteste Teil der Wirtschaftspresse und in vielen Ländern heute noch der wichtigste. In Deutschland erstreckt sich gegenwärtig allerdings die wirtschaftliche Berichterstattung der Tageszeitungen auf so viele Gebiete des Wirtschaftslebens, daß daneben die Finanzfragen stark zurückgetreten sind. Die Probleme und Aufgaben der Finanzpresse sind dieselben wie die der gesamten übrigen Presse: Schnelle, zuverlässige Berichterstattung mit richtiger Einschätzung der Wichtigkeit der Meldungen und sachliche, unparteiische Kritik im Interesse der Öffentlichkeit. Da aber mit der Tätigkeit der Finanzpresse, wie mit keinem anderen Teil der Zeitung, wirtschaftliche Interessen aufs engste zusammenhängen und jede Meldung, jede kritische Stellungnahme usw. sofort materielle Auswirkungen auf Börse und Wirtschaftsleben auswirkt, ist die Aufgabe der F. bedeutend schwieriger als die der übrigen Sparten. Es genügt nicht nur, daß sie materiell unabhängig ist (was man von der deutschen Presse allgemein behaupten kann), sie muß auch tatsächlich unbeeinflußbar durch Interessengegensätze und politische Einflüsse sein, was schon bedeutend schwerer zu erreichen ist. Über ihrer Pflicht, Mißstände aufzudecken und zu verhüten, darf sie auch z. B. niemals die größte Zurückhaltung außer acht lassen usw. In den einzelnen Ländern ist kurz zur F. zu sagen:

Deutschland. Hier herrscht der Typ der stark auf andere Gebiete des wirtschaftlichen Lebens gerichteten Presse vor. Für die tägliche Unterrichtung in Berlin kommen die Handelsteile der großen „bürgerlichen" Blätter (z. B. Berliner Börsen-Courier, Berliner Tageblatt, Deutsche Allgemeine Zeitung, Vossische Zeitung) sowie der beiden Rechtsblätter „Tag" und „Berliner Börsen-Zeitung" in Frage. Von ihnen ist der „Berliner Börsen-Courier" in erster Linie Finanz- und Börsenblatt. Daneben bestehen noch mehrere täglich erscheinende Börsenkorrespondenzen („Karfunkelstein", „Buchwald"). Außerhalb Berlins: Frankfurter Zeitung, Kölnische Zeitung, Kölnische Volkszeitung, Hamburger Fremdenblatt, Hamburger Correspondent usw. Ein ausgesprochenes Wirtschaftsblatt ist die Deutsche Bergwerkszeitung (Essen/Düsseldorf), die der Großindustrie nahesteht. Von Zeitschriften ist der „Deutsche Volkswirt" zu nennen, der ausführliche Börsenberichte, Bilanzbesprechungen usw. bringt. Für Bankfragen ferner „Die Bank", das „Bank-Archiv", die „Bankwissenschaft", für Schiffahrts- und Auslandsfragen der „Wirtschaftsdienst" (Hamburg).

England. Im Handelsteil der englischen großen Zeitungen steht die Börse im Vordergrund; typisch für die englische Presse ist die ausführliche, wörtliche Wiedergabe von Verwaltungserklärungen, Generalversammlungsreden u. dgl. Wirtschaftliche Tageszeitungen mit großer Verbreitung und ungeheuer großem Material sind „Financial Times" und „Financial News", Zeitschriften: der weltberühmte „Economist" und der „Statist". Eine gute wöchentliche Übersicht gibt die Wochenausgabe des liberalen „Manchester Guardian".

Frankreich. In der Tagespresse Frankreichs ist die wirtschaftliche und finanzielle Berichterstattung völlig ungenügend. Dies liegt zum Teil darin, daß vielfach in Frankreich noch das System üblich ist, den Raum für den redaktionellen Wirtschaftsteil und für die Wirtschaftsannoncen zusammen zu verpachten. Dadurch wird die notwendige strenge Scheidung zwischen Annoncen- und Textteil verwischt. Noch schlimmer steht es im Zeitschriftenwesen, wo die kurzlebenden irgendeiner Finanzgruppe gehörenden Spekulationszeitschriften à la Madame Hanau sehr stark vertreten sind. Gründlicher und wesentlich zuverlässiger sind immerhin die beiden großen täglichen Finanzzeitschriften „Information" und „Agence Economique et Financiere", ferner wirtschaftspolitisch sehr wichtig das Organ der Schwerindustrie „Journée Industrielle" (vgl. auch *Pariser Börse*).

Vereinigte Staaten. Hier steht der Handelsteil mit im Vordergrund des Blattes. Die Börse steht ebenfalls im Mittelpunkt, jedoch wird zur Konjunkturbeobachtung das ganze erreichbare Material der Wirtschaft publiziert. Am schnellsten unterrichten in Europa die Pariser Ausgaben der Zeitungen „New-York Herald“ und „Chicago Tribune“, die beide einen großen Börsenteil haben. Mit einer Woche Verspätung, aber sehr gründlich, „New York Times“ und „Wallstreet-Journal“. Wöchentlich „Commercial and Financial Chronicle“ mit ausführlichem Börsenteil und den jüngsten Gewinnausweisen aller Börsenwerte (vgl. *New Yorker Börse*). Andere Länder (aus Gründen der Übersichtlichkeit sind nur die allerbekanntesten angeführt, d. h. solche, die auch außerhalb ihres Heimatlandes im Straßenverkauf, Hotels usw. erhältlich sind): Schweiz: Handelsteil der „Basler Nachrichten“ und der „Neuen Züricher Zeitung“; Österreich und Nachfolgestaaten: „Neue Freie Presse“, (täglich). „Der österreichische Volkswirt“ (wöchentlich); Italien: am schnellsten „Corriere de la Sera“; Polen: „Gazeta Handlowy“; Belgien: „Moniteur Belge“; Holland: alle großen Tageszeitungen, z. B. „Nieuwe Rotterdamsche Courant“, „Telegraf“ usw. P. D.

Finanzwechsel, ein Wechsel, der lediglich zum Zwecke der Geldbeschaffung geschaffen wurde, im Gegensatz zum Handels- oder Warenwechsel, der auf Grund eines tatsächlichen Geschäftsfalls ausgestellt ist (vgl. *Diskontgeschäft 6,* ferner *Überseegeschäft*).

Finnländische Wohnungsbau-Hypothekenbank s. *Öffentlich-rechtliches Bankwesen 3.*

Fixed assets (e), Anlagen in der Bilanz, Anlagekapital, im Gegensatz zu Current assets, dem Betriebskapital.

— **charges** (e), feste Lasten, im weiteren Sinne durchaus den „festen Kosten“ der Betriebswirtschaft entsprechend, im engeren Sinne terminus technicus der amerikanischen Bilanzanalysen, bedeutet die Vorbelastung des Stammkapitals (common stock) durch die Zinsen der vorangehenden Anleihen (Bonds oder debentures) und Vorzugsaktien (preferred shares).

Fixed Trust s. *Investment Trusts 3.*

Fixe Kosten (feste Kosten) s. *Erträgnisse im Bankgewerbe,* vgl. *Abschreibungen.*

„fixen“, „Fixer“ s. v. w. *Baissier,* s. *Spekulation.*

Fixgeschäfte (Festgeschäfte) liegen vor, wenn bei einem Handelskauf die Leistung des einen der beiden Teile genau zu einer bestimmten Zeit oder innerhalb einer Frist zu erfolgen hat. Da im Handelsverkehr die Gegenpartei sich bei nicht rechtzeitiger Erfüllung eines derartigen Kaufs meist anderweitig eindecken muß, also kein Interesse mehr an der Erfüllung der Leistung hat, so bestimmt das Handelsgesetzbuch, daß die Gegenpartei beim F. ihres Rechtes, die Leistung auch nachher zu fordern, verlustig geht, sofern sie nicht unverzüglich dem säumigen Schuldner mitteilt, daß sie auf Erfüllung bestehe. Tut sie dies nicht, so kann sie nur ohne weiteres vom Vertrag zurücktreten und — bei Verschulden des säumigen Schuldners — Schadensersatz fordern.

„flat“ (e), ohne Zinsvergütung, tel quel, franco Zinsen.

float s. *Federal Reserve System VIII 17.*

Flottantes Material, auch schwimmendes Material, sind Wertpapiere, die nicht in festem Besitz sich befinden und daher an der Börse „schwimmen“ (vgl. *Kursbildung*).

Flüssige Mittel s. *Liquiditäts- u. Anlagepolitik I.*

fob = **free on board** bedeutet, daß alle Kosten für die Lieferung der Waren bis „frei an Bord Abgangshafen“ zu Lasten des Verkäufers gehen (vgl. „*cif*“).

Folgtschein s. *Makler.*

Fonds-Börse s. *Börsen.*

Force majeure = höhere Gewalt.

Forderungen, bevorrechtigte, s. *Konkurs, besonders VI.*

Foreign Exchange Broker s. *Broker 3.*

forfait (franz.), **forfeit** (e) = Reugeld, auch s. v. w. Abschlags-, Pauschalzahlung.

Formvorschriften beim *Wechsel* (s. d.).

— im Kundenverkehr vgl. *Depotrecht.*

Fortlaufende Notierung s. *Kassageschäft,* s. *Kursbildung 1.*

forward s. *broker 3.*

franco, frei von Spesen und Gebühren; im Börsenhandel frei von Maklercourtage, im Warenhandel freie Lieferung bis zum Bestimmungsort.

Francomarkt s. *Kursbildung 2.*

Frankreich, Geldmarkt.

I. Allgemeines.

Im Gegensatz zum Kapitalmarkt, auf welchem das neuentstandene langfristige Sparkapital Anlage sucht, und auf dem der Austausch bereits investierten Kapitals stattfindet, setzt sich der Geldmarkt aus denjenigen Kapitalsummen zusammen, die vom Publikum vereinnahmt und von ihm den Banken in Form von Bankforderungen anvertraut werden oder, um eine ausgezeichnete Definition Paul Warburgs zu gebrauchen, in der Form „umlaufenden Kredits“ (Banknoten oder Schecks).

Der Geldmarkt trat an jenem Tage in Erscheinung, an dem das ingeniöse Mittel entdeckt wurde, die Verwendung einer gleichen Summe Geldes in der Weise zu verdoppeln, daß sie bei einer Depotstelle hinterlegt, dem Deponenten die Möglichkeit ihrer Verwendung läßt. Diese Verdoppelung wird erreicht einerseits durch die Hinterlegung bei den Notenbanken von Metallgeld im Austausch von Banknoten oder gegen Gutschrift in laufender Rechnung, andererseits durch die Hinterlegung (von Metallgeld oder Banknoten) bei den Depositenbanken gegen Gutschrift in laufender Rechnung, welche der Hinterleger durch die Ausstellung von Schecks mobilisiert. Beide Formen finden sich heute in fast allen großen Ländern in der Weise vereint, daß in der Regel eine einzige große Zentralbank mit der Notenemission betraut ist und vor allem Banken zu ihren Kunden zählt, während die Einlagen des Publikums bei den Privatbanken stattfinden. Daraus ergibt sich, daß das Metallgeld sich allgemein zu den Zentralnotenbanken konzentriert — die Privatbanken zahlen solches ihrerseits ebenso bei der Zentralbank gegen Gutschrift auf laufender Rechnung ein — und daß andererseits die Privatbanken vom Publikum diejenigen Banknoten hereinbekommen, die es nicht selbst in Verwahr zu behalten wünscht. Diese Banknoten, soweit sie über den täglichen Kassenbedarf der Banken hinausgehen, werden von ihnen gleichfalls bei der Zentralbank in laufender Rechnung hinterlegt. Die doppelte Konzentrierung von Geldern bei der Zentralbank einerseits, den Depositenbanken andererseits bildet die Grundlage eines jeden Geldmarktes von Bedeutung. Die Einlagen bei den Banken verkörpern die verfügbaren Barmittel des Publikums (Banknoten oder Münzbeträge, welche es für den täglichen Bedarf behält, treten gegen diese Depositen an Bedeutung zurück) und bilden das Sammelbecken für den kurzfristigen Kredit. Die Barbestände der Banken bestehen (abgesehen von den Noten, die sie behalten) im wesentlichen aus ihrem Guthaben auf Konto bei der Zentralbank. Der Goldvorrat der letzteren bildet deshalb den metallischen Kassenbestand, dessen sie zur Einlösung in Metall, sowohl der im Besitze des Publikums oder der Banken befindlichen Banknoten, wie auch zur Befriedigung ihrer laufenden Kontokorrent-Gläubiger bedarf. Da das Publikum nur in seltenen Fällen Gold verlangt und sich mit Noten zu begnügen pflegt, besteht die Rolle der Zentralbank innerhalb der Struktur unserer Geldmärkte vor allem darin, daß sie den Depositenbanken zusätzliche Kassamittel durch Rediskontierung ihres Wechselportefeuilles liefert, wenn diese Banken selbst Nachfrage nach Noten zu befriedigen haben, sei es infolge von Kreditbegehren oder von Rückzahlungen. Die Kreditfähigkeit eines Marktes ist daher offensichtlich um so größer a) je vollständiger die Metallkonzentration bei der Notenbank und die Geldeinlagen des Publikums bei den Banken sind, b) je verbreiteter die Gewohnheit beim Publikum ist, sich des Schecks zu bedienen und dadurch seinen Bedarf an Banknoten (oder Gold) geringer zu gestalten.

II. Geschichtliches.

Die Verwirklichung dieser beiden Bedingungen ist in Frankreich verhältnismäßig jungen Datums. Der Grund hierfür ist in der späten Errichtung einer Notenbank zu suchen. Solange die Banknote nicht existierte, konnte kaum von einer Konzentration der metallischen Zahlungsmittel gesprochen werden. Die lokalen Banken nahmen vor allem die Gelder von Kaufleuten und Industriellen entgegen, verwendeten sie für den Ankauf von Wechseln und ermöglichten vermittels der letzteren Überträge von einem Platz zum andern. Soviel Plätze, soviel Märkte. Seit dem 18. Jahrhundert spielt indessen die Tratte auf Paris innerhalb dieses Systems eine vorherrschende Rolle und bildet ein Bindeglied zwischen den verschiedenen lokalen Märkten. Da sie so ziemlich überall verlangt und angeboten wurde, diente sie bis etwa 1848 als Kompensierungsmittel zwischen den verschiedenen Provinzplätzen. Nur in Paris bildete sich (erst seit Beginn des Jahrhunderts, besonders aber seit der Restauration) ein Geldmarkt heraus, der sich auf die Banque de France stützte und in dem die letztere zugleich als direkter Diskonteur wie als Rediskonteur sich betätigt. Vom Jahre 1848 an, nachdem der *Banque de France* (s. d.) das Privileg für das übrige Frankreich erteilt worden war und die Errichtung von Niederlassungen der Bank in fortschreitendem Maße zunahm, wurden deren Noten ein im ganzen Lande anerkanntes Zahlungsinstrument, welchem die Aufrechterhaltung des cours légal nach Abschaffung des cours forcé im Jahre 1876 eine zusätzliche Umlaufsfähigkeit verlieh. Die Folge war eine zunehmende Verwendung der Banknote und wachsende Konzentration der Zahlungsmittel bei der Banque de France. Ein „run" innerhalb des Landes, wie man ihn im Jahre 1847 erlebte, ist nicht mehr zu befürchten: Das hinderte übrigens nicht, daß vor 1875 ansehnliche Thesaurierungen von Silber und später von Gold stattfanden, die sich bei drohenden äußeren Konflikten steigerten und die während der fünf letzten Jahre vor dem Kriege erhebliche Dimensionen annahmen. Nach 1848 und während der 20jährigen Regierungszeit Napoleons III. entstanden auch die ersten großen Depositenbanken: Comptoir d'Escompte, Société Générale, Crédit Lyonnais, Crédit Industriel & Commercial, die durch Vermittlung ihres ständig wachsenden Filialnetzes die verfügbaren Gelder nicht nur der Handelswelt, sondern auch der Masse des Publikums bei sich konzentrierten und in Frankreich die Gewohnheit von Depositen verallgemeinerten. Diese Gewohnheit bedeutete indessen keineswegs eine Zunahme der Verwendung des Schecks. Der Scheck hat sich beim französischen Publikum nur langsam Eingang verschafft; dasselbe hat lange Zeit vorgezogen und zieht auch heute noch häufig vor, bei seiner Bank Banknoten zu verlangen, anstatt sich eines Scheckbuches zu bedienen, und überläßt es dem Zahlungsempfänger seinerseits, die erhaltenen Noten wiederum bei seiner Bank einzuzahlen. Daraus ergibt sich für die Banken die Notwendigkeit der Aufrechterhaltung einer sehr großen Liquidität. Erst vom Jahre 1883 an wurden die Depositenbanken die hauptsächlichsten Diskonteure in Frankreich. Bis dahin überstieg der Wechselbestand der Banque de France denjenigen der Depositenbanken; er beläuft sich heute auf nicht mehr als 6 Milliarden Franken gegen 20 Milliarden bei den großen Banken[1]. Dies ist ein Anzeichen der bei der Bank konzentrierten Fülle verfügbarer Gelder, die, nachdem sie vom Ende des 19. Jahrhunderts ab keine geeignete Verwendung mehr in Frankreich fanden, es sei denn zu niedrigen Zinssätzen, mehr und mehr nach den ausländischen Märkten, London und Berlin, abflossen, wo normalerweise höhere Sätze vorherrschten. Die Aufsaugung einer großen Anzahl lokaler Banken am Vorabend des Weltkrieges und die zahlreichen Filialen der Großbanken bezeugen das Bestreben einer immer stärker zunehmenden Konzentration der Gelder des Publikums bei einer beschränkten Anzahl von Instituten.

Der Krieg hat diese Entwicklung vollendet. Die Konzentration der metallischen Zahlungsmittel bei der Banque de France wurde durch die Einforderungen und die Goldkäufe während und nach dem Kriege beschleunigt. Durch die Demonetisierung der alten Geldzeichen zur Zeit der Währungsstabilisierung im Jahre 1928 war sie vollbracht. Heute sind Goldmünzen weder im Umlauf noch gehamstert. Selbst zu Zeiten einer Vertrauenskrisis genügt meist die Banknote den Anforderungen des Publikums, wie man dies in den Jahren 1930 und 1931 beobachten konnte. Immerhin äußert sich die Vorliebe eines Teiles des Publikums für Gold in der Nachfrage nach Barren und in dem Aufgeld, welches auf dem flachen Lande für fremde Goldmünzen in Ermangelung französischer, noch nicht vorhandener Goldmünzen gezahlt wird.

III. Die gegenwärtige Organisation des Marktes.

Die Struktur des Geldmarktes, wie sie sich aus dieser Entwicklung herausgebildet hat, soll in Nachstehendem skizziert werden:

Die umlaufende Notenmenge und die in laufender Rechnung bei der Banque de France stehenden, jederzeit in Noten verwandelbaren Guthaben, bilden den Geldvorrat des Publikums und der Banken; es handelt sich in diesem Falle um Geld als Instrument, vermittels dessen bestimmte Zahlungen geleistet werden können. Jeder zusätzliche Geldvorrat kann lediglich durch neue Kreditgewährung seitens der Banque de France beschafft werden. Die Quantität neuer Kredite, welche die Banque der France ge-

[1] Von den 6 Milliarden entfallen ungefähr 4 Milliarden auf Rediskonten, obgleich viele Kreditbanken in der Regel den Rediskont der Banque de France gar nicht in Anspruch nehmen oder erst 8 Tage vor Verfall, d. h. innerhalb der seitens der Bank für die Diskontierung von Wechseln vorgesehenen Mindestfrist. Dies tun sie nicht zur Beschaffung von Mitteln, sondern lediglich zwecks Kostenersparnis, indem sie nämlich aus der Inkasso-Organisation der Bank Nutzen ziehen.

währen kann, ist durch deren Statuten festgelegt. Die zur Zeit der Abfassung dieses Artikels verfügbare Marge (bei 75 Milliarden Franken Gold und 110 Milliarden Franken Forderungen) beträgt 104 Milliarden Franken, da der Goldbestand von 75 Milliarden bei einer vorgeschriebenen Deckung von 35% als Grundlage für 214 Milliarden Forderungen dienen kann. Da im Lande selbst kein Gold mehr vorhanden ist, kann eine Vermehrung oder Verminderung dieser Marge unter der Voraussetzung, daß die Kreditgewährung sich nicht ändert, nur durch die Einfuhr bzw. Ausfuhr von Gold eintreten. Jede 35 Franken eingeführten Goldes gestatten der Bank die Ausgabe von 100 Franken Banknoten. Jede Ausfuhr dieses Goldbetrages ermäßigt die Marge um 100 Franken. Eine Ausfuhr von 40 Milliarden Gold würde natürlich die Forderungen ebenfalls um 40 Milliarden, also auf 70 Milliarden ermäßigen, ließe aber immer noch eine Marge von 30 Milliarden.

Die Banque de France verleiht dem Geldmarkte die erforderliche Elastizität. Im Gegensatz zu dem Vorgang in anderen Staaten, deren Noteninstitute normalerweise fast bis zur äußersten Grenze in Anspruch genommen werden (wodurch sie eine weitgehende Kontrolle des Geldmarktes ausüben) ist in Frankreich die Fülle der bei den anderen Sammelbecken verfügbaren Mittel so groß, daß sie ohne Schwierigkeit für die Befriedigung der durchschnittlichen Bedürfnisse genügt.

Diese Sammelbecken sind:

a) die Banken;

b) die Autonome Amortisations-Kasse (Caisse Autonome d'Amortissement);

c) die Caisse de Dépôts et Consignations.

Jedes dieser Sammelbecken hat seine besondere Rolle, was dem Pariser Geldmarkte seine ihm eigene Physionomie verleiht.

a) *Die Banken.* Hier kommen in erster Linie in Betracht die vier großen Depositenbanken (z. B. Credit Lyonnais), ferner die großen Banques d'affaires (Banque de Paris et des Pays-Bas, Banque de l'Union Parisienne) sowie die großen Provinzbanken, von denen die meisten ihren Hauptsitz in Paris haben. Die Depositen bei den vier großen Depositenbanken beliefen sich Ende 1930 auf 43 Milliarden Franken. Diejenigen der 23 anderen Banken, deren Ziffern regelmäßig am Ende des Jahres von der Revue d'Economie Politique veröffentlicht werden, erreichten 21 Milliarden Franken. Die den Einlegern vergüteten Zinsen, wenigstens soweit die großen Depositenbanken in Betracht kommen, sind im allgemeinen äußerst niedrig ($1-1^1/_2\%$) und zeigen geringe Schwankungen. Der Grund liegt darin, daß diesen Banken bei so gut wie jedem Zinssatz eine große Geldfülle zur Verfügung steht; dies hat die begrüßenswerte Folge, daß diejenigen Gelder, die eine Verzinsung suchen (das eigentliche Sparkapital) nicht bei den Banken liegen bleiben, sondern sich sobald wie möglich dem langfristigen Geldmarkte zuwenden. Selbst die langfristigen Depositen (gebundene Einlagen) und die Bons mit fester Verfallzeit sind unbedeutend: 4,5 Milliarden im Jahre 1930 für die oben erwähnten 23 Banken und 1 Milliarde für die großen Kreditgesellschaften.

Die sämtlichen im Lande bestehenden Institute diskontieren normalerweise Wechsel mit zwei Unterschriften zu einem Satze, der eine Kleinigkeit über dem Banksatz ($^1/_4\%$ oder $^1/_2\%$ zuzüglich einer Provision von $^1/_{16}-^1/_8\%$ für 3 Monate) liegt, zu dem es rediskontierbar ist. Hieraus ergibt sich eine sehr charakteristische Einheitlichkeit des französischen Geldmarktes und das enge Abhängigkeitsverhältnis dieser Rate vom offiziellen Banksatz, dessen Veränderungen auf diese Weise den Geldsatz für die gesamte Handelswelt bestimmen. Die Sätze für Kontokorrentvorschüsse sind natürlich veränderlicher je nach der Qualität der Kundschaft.

Neben dem Markte für bankfähige Wechsel spielt der auf verschiedenen großen Handelsplätzen (Lille, Lyon, Marseille und zu einem wesentlichen Teile auch in Paris) vorhandene Privatdiskontmarkt eine wachsende Rolle. Dieser Markt findet Vormittags bis Mittags zwischen den verschiedenen Instituten des Platzes statt, entweder durch Vermittlung von Maklern oder am Telephon. Der Satz, zu dem das Papier gehandelt wird, liegt stets unter dem Banksatz, schwankt aber mit demselben, so daß auch auf dem Privatdiskontmarkte die offizielle Rate einen regulierenden Einfluß ausübt. Es handelt sich hierbei um erstklassige Handelswechsel von führenden Handelshäusern gezogen (Baumwoll-, Diamanten-, Leder-, Zucker-, Getreide-, Petroleum- und Metallfirmen) mit 2—3monatiger Laufzeit und auf Mindestbeträge (z. Z. 10000 Franken) lautend. Käufer sind die großen Kreditinstitute, die Geschäftsbanken und einige Privatbanken. Sie behalten diese Wechsel im Portefeuille. Abgeber sind im allgemeinen Handelsbanken und regionale Institute, die über eine große kommerzielle Kundschaft verfügen. Gewisse Institute, wie die ausländischen Banken, sind bald Käufer, bald Verkäufer. Neben diesen Tratten werden auf dem Privatmarkte auch Bankakzepte umgesetzt. Diese Akzepte sind meist internationalen Ursprungs und stammen aus dem großen Import- und Exportgeschäft; letztere spielen jedoch eine untergeordnete Rolle im Vergleich zu der Bedeutung, welche ihnen z. B. in London eigen ist. Akzeptanten sind die Depositenbanken, die Banques d'Affaires, ferner Banken, welche besondere Berührungspunkte mit dem Auslande besitzen (wie z. B. die Banque Française du Commerce Extérieure, die Banque Française & Italienne pour l'Amérique du Sud, die Banque Belge pour l'Etranger usw.) und die private Haute-Banque (de Neuflize & Cie, Vernes & Cie, de Rothschild Frères, Lazard Frères & Cie usw.). Auf Grund des Gesetzes vom 28. Juni 1928 ist die Banque de France ermächtigt, Akzepte für Rechnung ausländischer Zentralbanken zu erwerben, welche Guthaben bei ihr unterhalten. Die Bank nimmt lediglich Akzepte aus echten Warengeschäften in ihr Portefeuille. Infolge dieser unterschiedlichen Behandlung durch die Notenbank bedingten Finanzakzepte im freien Markte einen etwas höheren Diskontsatz.

Neben ihrer Rolle als Käufer, nimmt die Bank solche Tratten auch zum Diskont herein. Im allgemeinen werden diese während der letzten Tage ihrer Laufzeit nur zum Banksatz diskontiert, um bei einem Rediskont keinen Verlust zu erleiden.

Der Betrag der Akzepte hat auf dem Pariser Platze niemals eine sehr hohe Ziffer erreicht. Im Jahre 1913 akzeptierten die sechs hauptsächlichsten Kreditinstitute (die vier großen Depositenbanken, ferner der Crédit Commercial de France und die Banque Nationale de Crédit) alles in allem 600 Millionen Goldfranken, also etwa 24 Millionen Pfund, gegen 50 Millionen Pfund der englischen Clearingbanken. Zum Teil erklärt sich dies daraus, daß der Londoner Markt sich auf der Grundlage des enormen englischen Import- und Exporthandels entwickelte und eine erhebliche Anzahl französischer Handelshäuser niemals aufgehört hat, sich für die Regulierung ihrer Wolle-, Baumwolle-, Kupfer usw.-Käufe der englischen Akzepthäuser zu bedienen (vgl. *Überseegeschäft*). Mit der Entwertung des französischen Franken sind die Akzeptierungen der französischen Banken sozusagen auf Null zurückgegangen. Seit der Stabilisierung der Währung haben sie rasch wieder zugenommen, ohne indessen mehr als den Betrag von 2,3 Milliarden neuer Franken für die obengenannten sechs Banken, einschließlich der Banque de Paris & des Pays-Bas und der Banque de l'Union Parisienne zu erreichen. Aus diesem Betrage entfällt auf die vier großen Depositenbanken 1 Milliarde Franken gegenüber deren Kapital und Reserven von etwas über 3 Milliarden Franken. Große Anstrengungen wurden indessen gemacht, um in Paris die Schaffung eines Akzeptmarktes in die Wege zu leiten, und zwar:

1. durch die Errichtung der Banque d'Acceptation, mit einem Kapital von 100000000 Franken, an der sämtliche große Pariser Institute durch Aktienbesitz beteiligt sind und die automatisch das von der neuen Bank akzeptierte Papier gegenseitig diskontieren;

2. durch die Förderung der Gründung besonderer Diskonthäuser, die sich für die Finanzierung dieses Papiers spezialisieren. Während die Banque d'Acceptation sich einen bedeutenden Rang in diesem Geschäfte erworben hat, ist die Entwicklung von reinen Diskonthäusern auf den natürlichen Widerstand der Großbanken gestoßen, die nicht gesonnen sind, einen Teil ihres Geschäftes Konkurrenten zu überlassen, die sie selbst zu finanzieren hätten. Paris kennt in der Tat nicht den Gebrauch des „Call-money", mittels dessen die großen englischen Banken den Diskonteuren einen Teil der ihnen von ihren Einlegern anvertrauten Gelder zur Verwendung überlassen.

Eine Anlagemöglichkeit, die nach dem Kriege eine große Rolle auf dem Pariser Markte gespielt hat, sind die kurzfristigen Schatzscheine (Bons de la Défense Nationale) mit ein-, zwei- und dreimonatlicher Laufzeit. Diese Bons sind seit der Währungsstabilisierung völlig verschwunden und durch zweijährige Schatzscheine ersetzt worden. Diese Konsolidierung hat den früher sehr lebhaften Umsätzen in diesen kurzfristigen Schatzscheinen ein Ende bereitet. Sie boten den Banken eine sehr bequeme Anlagemöglichkeit, die zu einer Zeit, in der Handelswechsel noch sehr selten waren, eine gesicherte Rendite abwarfen. Da sie außerdem rediskontfähig bei der Banque de France waren, boten sie alle Vorteile einer ausgesprochenen Liquiditätsanlage. Es erübrigt sich, hier auf die Gründe geldlicher und finanzieller Natur einzugehen, die seit dem Jahre 1927 die Abschaffung dieser Schatzscheine herbeigeführt haben, während in England die Treasury Bills immer noch das hauptsächlichste Element der Portefeuilles der Banken bilden. In Paris können die zweijährigen Bons diese Rolle erst während der letzten drei Monate ihrer Laufzeit erlangen. Der umlaufende Betrag der Bons de la Défense Nationale ist im Jahre 1927 von 46 Milliarden auf 28 Milliarden im Jahre 1932 zurückgegangen infolge gleichzeitiger Anleihekonvertierungen und direkter Rückzahlungen seitens der Caisse Autonome, die sich auf 5 Milliarden Franken beliefen.

Andererseits dienen diese Bons gewissen Operationen, die „Pensions de Bons" genannt werden und in Wirklichkeit Verpfändung darstellen. Das Geschäft spielt sich in der Form eines Verkaufs gegen Kasse mit nachfolgendem Rücklauf auf Termin ab, und erfolgt im allgemeinen zum Privatsatz. Die Caisse de Dépôts et de Consignations tätigt diese Geschäfte in großem Umfang und dient als Regulator der hierfür herrschenden Marktrate. Die zweijährigen Bons dienen außerdem den sog. „locations de Bons". Der Geldsuchende erhält statt Bargeld Bons, auf die er Zinsen zahlt und mit denen er in der Folge nach Belieben verfahren kann, ein Geschäft, das für den Geldgeber offenbar ein ziemliches Risiko in sich schließt.

Tagesgeld. Der Markt für tägliches Geld hat in Paris zu keiner Zeit großen Umfang angenommen. Damit er die gleiche Ausdehnung wie die anderen Märkte erreichen sollte, müßte das Pfandgesetz eine Änderung erfahren, da das Gesetz in seiner gegenwärtigen Form die Verpfändung von Wertpapieren in keiner anderen Weise gestattet als in Gestalt eines gestempelten Vertrages oder eines notariellen Aktes. Die Ausleihung von Tagesgeld erfolgt denn auch in der Form des Austausches von Übertragungsanweisungen (mandats de virements) auf die Banque de France. Der Geldgeber übergibt dem Geldnehmer eine Anweisung auf die Bank mit Tagesvalutierung und empfängt dagegen ebenfalls eine Anweisung mit nächsttägiger Valutierung, deren Betrag um die aufgelaufenen Zinsen erhöht ist. Auch die Bons de la Défense Nationale dienen wie früher erwähnt, durch die „Pensions de bons" dem gleichen Zweck.

Seit Ende Oktober 1929 versucht die Banque de France die Bereitstellung von Tagesgeld dadurch zu erleichtern, daß sie an ihrem Hauptsitz bis 15 Uhr anstatt bis 11 Uhr die von den großen Banken eingelieferten Wechsel zum Diskont hereinnimmt. Sie erklärt sich bereit, den Gegenwert der Wechsel auf Konto provisorisch gutzuschreiben, mit der Einschränkung, daß sie am folgenden Tage der Diskontierungskommission vorgelegt werden.

Durch eine weitere im Dezember 1929 getroffene Maßnahme hat die Bank gewissen Instituten am Platze die Möglichkeit gewährt, Bankakzepte kommerziellen Ursprungs zum Diskont einzureichen und dieselben nach 7—12 Tagen vor Verfall wieder zurückzunehmen. Diese Operation vollzieht sich zum Bankdiskont zuzüglich $^1/_2$% p. a.

Außerdem wurde auf Grund des Finanzgesetzes vom 17. April 1930 der Proportionalstempel auf vom Auslande auf Frankreich gezogene Wechsel vom 0,60% p. a. auf ungefähr 0,10% ermäßigt, also auf einen Satz, der niedriger ist als die in England, Holland und in der Schweiz geltenden Sätze.

Ein erheblicher Betrag kurzfristigen Geldes findet in den Effektenreports (vgl. *Report- und Lombardgeschäft*) Verwendung, die nicht im Parquet mit Medio Liquidation, sondern auch in der Coulisse mit monatlicher Abwicklung stattfinden. Die für Reports durch Vermittlung der *Agents de Change* (s. d.) ausgeliehenen Gelder stammen in erster Linie von den Banken, ferner aus den eigenen Mitteln der Agents de Change, aus den bei den letzteren stets im Überfluß vorhandenen Depositen ihrer Kundschaft (Großunternehmungen, Eisenbahngesellschaften usw.) und endlich aus Vorschüssen der eigentlichen Reportbanken. Die Reportsätze in der Coulisse sind im allgemeinen wesentlich höher als die des Parquet. Die Gründe hierfür liegen in der gegenseitigen Haftung der Agents de Change, die in der Coulisse nicht existiert (vgl. *Pariser Börse*), ferner in der bei der Coulisse längeren Immobilisierung und endlich in dem Umstand, daß die den Coulissiers zur Verfügung gestellten Beträge zum größeren Teile von Banken anstatt von Privaten herrühren, und die ersteren in der Auswahl der als Garantie hinterlegten Wertschriften rigoroser sind.

Der Satz im Parquet wechselt mit dem Diskontsatz und je nach dem Umfang der Spekulation. Der Satz in der Coulisse paßt sich eher demjenigen an, den die Banken auf Vorschüsse gegen Wertpapiere berechnen.

Devisenreports. Seit der Franken-Stabilisierung bilden die Devisenreports eine derjenigen Operationen, in denen in Paris die Fülle oder die Knappheit der vorhandenen Mittel am klarsten zutage tritt. Die erhebliche Spanne zwischen dem unteren und dem oberen Goldpunkt (sie stellt sich bei einem Zinssatz von $2^1/_2$% für Pfunde auf 123,90—124,52, für Dollars auf 25,39—25,58, für die Reichsmark auf 604,10—610), in welcher die von der Banque de France berechneten Prägekosten eingeschlossen sind, zwingt die Käufer von Pfunden, sich durch Terminverkäufe zu decken, wenn immer der Sterlingkurs nicht in der Nähe des Goldeinfuhrpunktes liegt. Die bezüglich der Stabilität des Pfundes hervorgerufene Beunruhigung hat zur Vermehrung dieser Operationen nur beigetragen. Die zahlreiche Pfundkäufe hervorrufende Geldfülle mit entsprechend zahlreichen Terminverkäufen brachte eine Erhöhung des Deports mit sich, dies trotz der in London und Paris fast gleichen Zinssätze. Andererseits hatte die Repatriierung des Pfundes und der dadurch hervorgerufene Rückgang des Kassakurses eine Ermäßigung des Deports zur Folge, die ihrerseits sogar zu einem Report führte, sobald die Beunruhigung bezüglich des Sterlingkurses zunahm oder große Nachfrage nach Franken auftrat. Der Fall des Pfundes hat diese Operationen natürlich dadurch eingeschränkt, daß die kurzfristigen Anlagen in London zurückgingen und einen spekulativen Charakter annahmen.

Verwendung von Geldern im Auslande. Die Fülle der am Pariser Markte vorhandenen Mittel übersteigt das vorhandene diskontierfähige Wechselmaterial beträchtlich. Zu allen Zeiten fand denn auch ein Teil der Mittel des französischen Geldmarktes Anlage auf den ausländischen Märkten. Die französischen Banken unterhielten vor dem Kriege stets ein erhebliches Londoner Wechselportefeuille, einerseits für die Anlage ihrer kurzfristigen Mittel, andererseits in der Absicht, sich den Besitz eines jederzeit in Gold konvertierbaren Papieres zu sichern (dies angesichts der Schwierigkeiten, die sich daraus ergeben, daß die Bank von Frankreich berechtigt ist, in Silber zu zahlen). Berlin wurde ebenfalls ein erheblicher Abnehmer für kurzfristiges französisches Geld. Die Methoden, nach denen diese Gelder dem Berliner Markte zur Verfügung gestellt wurden, sind oft beschrieben worden (französische, in Berlin diskontierte Bankakzepte, deutsche, in Paris diskontierte oder in Pension genommene Bankakzepte). Seit der Stabilisierung des Franc (oder sogar früher, d. h. seit im Januar 1928 dem Markte die Freiheit der Kapitalexporte zurückgegeben wurde) wurde diese Tradition wieder aufgenommen. Die Londoner Anlagen der französischen Banken waren ziemlich erheblich, aus dem Grunde, um während der ersten Monate der Stabilisierung den befürchteten Abzug von Gold von London nach Paris zu verhindern. London hat demnach niemals aufgehört, dem Pariser Platz als Kassareserve zu dienen, eine Rolle, die seit dem Falle des Pfundes wohl ausgeschaltet ist, die aber mit seiner Stabilisierung wieder in die Erscheinung treten dürfte. Seit dem Kriege hat sich New York dem Londoner Platz zugesellt. Was Berlin betrifft, so begann es seine Vorkriegsrolle wieder aufzunehmen; infolge der seit September 1930 eingetretenen Ereignisse hat es sie wieder verloren. Diese Anlagen bedingen auf den betreffenden Märkten Geldabzüge, die jedesmal in die Erscheinung treten, wenn auf dem Pariser Markte Geldverknappung eintritt. Diese Abzüge sind zu gewissen Zeiten sehr lebhaft kritisiert worden. Man machte einen Organisationsfehler des französischen Marktes dafür verantwortlich, auf dem, wie gesagt wurde, die Banque de France ihrer Aufgabe als Rediskonteur nicht gerecht werde, so daß die Londoner Goldabzüge an die Stelle des Kredits treten, den das Noteninstitut zur Verfügung zu stellen hätte. Daß diese Kritik nicht gerechtfertigt ist, zeigt eine Prüfung der tatsächlichen Zinssätze, die zur Zeit der Goldabzüge in London und in Paris herrschten und die gegen die Banksätze recht erhebliche Unterschiede aufwiesen. Wenn der Zinssatz auf dem Londoner freien Markte unter dem Satz der Banque de France liegt (und das war der Fall zur Zeit der dem Pariser Platze zum Vorwurf gemachten Goldabzüge), so folgt, daß die Pfundbesitzer, die französische Franken benötigten, vorziehen, eher ihre Operationen in London zu liquidieren, als eine Schuld bei der Banque de France zu einem höheren Zinssatze einzugehen. Eine einfache Erhöhung des Londoner Diskontsatzes genügt, um den Goldabzügen Einhalt zu tun, was denn auch tatsächlich geschehen ist.

Der größte Vorwurf, den man dem französischen Markte machen kann, ist der, daß er sich nicht durch eine Vermehrung der Frankenakzepte das für die Alimentierung seiner chronischen Geldfülle erforderliche Diskontmaterial schafft. Bis heute hat Paris vorgezogen, seine verfügbaren Mittel in das Ausland zu transferieren und es der Benutzung der fremden Banken zu überlassen, anstatt ihm eine Verwendung auf dem Platze selbst zu geben. Dieser Vorwurf ist vom französischen Standpunkt aus erklärlich. Er ist weniger verständlich, wenn er vom Ausland kommt, das heute aus dem Zustrom französischer Gelder Nutzen zieht, einen Nutzen, der entsprechende Verminderung erfahren würde an dem Tage, an dem Paris sich entschließt, in größerem Maße für ausländische Rechnung zu akzeptieren und die akzeptierten Tratten selbst zu finanzieren. Ein ausgedehnter Diskontmarkt für Tratten dieser Art würde eine Klassifizierung der verschiedenen Wechselkategorien gestatten, ihren Satz vereinheitlichen und, als Folge davon, jedem Aussteller von Tratten auf Paris einen raschen und billigen Kredit zu sichern, wogegen heute die Unterbringung einer derartigen Tratte in Paris, besonders angesichts der Sorge der Diskonteure, die Risiken zu verteilen, eine langwierigere und kostspieligere Operation darstellt, wie dies in London der Fall ist. Die natürliche Verknüpfung zwischen der Geldfülle und dem Ausmaß des internationalen Handels der französischen Plätze ist indessen viel zu eng, als daß sich ein dem Londoner oder New Yorker vergleichbarer Akzeptmarkt in kurzer Zeit entwickeln könnte, und die von uns oben angeführten Ziffern beweisen, wie weit Paris in dieser Beziehung von London und New York entfernt ist.

b) Autonome Amortisationskasse (Caise Autonome d'Amortissement). Die Autonome Amortisationskasse, die im Jahre 1926 zum Zwecke der Tilgung der kurzfristigen Schatzscheine gegründet wurde, verfügt über bedeutende Reserven, die aus dem Tabakmonopol und anderen Staatseinkünften stammen. Sie zog außerdem aus den Budgetüberschüssen der Jahre 1926 und 1928 (etwa 2 Milliarden Franken) Nutzen, sowie aus dem Emissionsertrage der Young-Anleihe im Betrage von 3,3 Milliarden Francs. Ihre Mittel finden, wie bekannt, für den Rückkauf der Schatzscheine Verwendung, und seit drei Jahren erstreckt sich ihre Tätigkeit auch auf die Tilgung sonstiger Rententitel. Seit dem Budget für das Jahr 1930 wurde ihr auch die Amortisierung derjenigen Beträge auferlegt, die bis dahin dem Budget zur Last fielen. Die seit ihrer Errichtung bis zum 31. Dezember 1931 getätigten Tilgungen belaufen sich auf 19 Milliarden Franken.

Die auf diese Weise bei der Autonomen Amortisationskasse angesammelten und für deren Rechnung bei der Banque de France eingezahlten Gelder haben auf dem Geldmarkte großen Einfluß, je nachdem die Kasse solche bei der Bank sich ansammeln läßt oder nicht. Schwankungen, durch welche das Konto der Kasse bei der Bank und beim Schatzamte von 13 Milliarden im September 1929 auf 5 Milliarden im Juni 1930 zurückging, um im Januar 1931 wieder auf 14 Milliarden anzusteigen, erzeugen einerseits eine Deflation oder andererseits eine Geldfülle, die unmittelbar auf die Sätze für kurzfristiges Geld zurückwirkt. Zu gewissen Zeiten (1929) führte diese durch Einschränkung der verfügbaren Mittel hervorgerufene Verknappung zu Goldabzügen von London, die sich gegen Mitte des Jahres wieder in Goldausgänge verwandelten. Die obigen Ziffern enthalten die Überschüsse des Schatzamtes, während der Jahre der großen Budgeteingänge (1929—1931). Das Schatzamt suchte diesen plötzlichen Ansturm dadurch zu begegnen, daß es einen Ausgleich zwischen seinen eigenen verfügbaren Mitteln und denjenigen der Amortisationskasse bei der Banque de France herbeiführte. Ihr Gesamtbetrag fiel bis Ende Februar 1932 auf etwa 3000 Millionen Franken. Angesichts dieser Schwankungen ergab sich die bis heute ungelöste Frage, welchen Einfluß die neben der Banque de France bestehenden großen Sammelbecken öffentlicher Gelder auf die Notenbankpolitik nehmen sollen bzw. dürfen. Der Grundsatz der faktischen Vereinheitlichung der Leitung des Geldmarktes oder, in deren Ermangelung, das Prinzip völliger Kooperation der verschiedenen öffentlichen Kassen unter der Führung der Banque de France, hat sich in Frankreich noch nicht genügend durchgesetzt.

c) *Caisse de Dépôts et Consignations.* Die Bedeutung dieser Kasse auf dem Geldmarkte hat im Laufe der letzten Jahre recht erheblich zugenommen. Es rührt dies aus der Fülle der Gelder her, mit deren Verwaltung sie auf Grund einer Reihe von Gesetzen betraut wurde; sie belaufen sich zur Zeit (31. März 1932) auf über 63 Milliarden Franken. Diese Gelder fließen ihr aus verschiedenen Quellen zu, insbesondere aus den sozialen Unterstützungskassen, aus den Sparkassen, deren Einlagen seit der Beschließung des Finanzgesetzes vom 31. März 1931 (auf Grund dessen der Höchstbetrag der Einlagen von Einzelpersonen von 12000 auf 20000 Franken, der von Gesellschaften von 50000 auf 100000 Franken heraufgesetzt wurde) sich mit wachsender Schnelligkeit anhäufen (5 Milliarden Franken in 1930) und am Ende des Jahres 1930 mehr als 30 Milliarden Franken erreichten. Diese Gelder wurden, wie bekannt, seitens der Caisse des Dépôts & Consignations vor allem in Staatsrenten oder in staatlich garantierten Titres angelegt, so daß die Einlagen der Sparkassen dem Zahlungsverkehr bzw. den Banken wieder zugeführt wurden. Neben diesen langfristigen Anlagen ist die Kasse verpflichtet, für evtl. Abziehungen verfügbare kurzfristige Mittel in wachsenden Beträgen bereit zu halten, die sich zur Zeit auf etwa 10 Milliarden belaufen. Die Kasse ist auf diese Weise ein bedeutender kurzfristiger Kreditgeber geworden und ihre Tätigkeit äußert sich vor allem in der Hereinnahme „en Pensions" (s. früher) zweijähriger Bons de la Défense Nationale oder von Obligationen, die sich im Besitze der Banken befinden. Im Laufe der letzten zwei Jahre würde eine ganze Anzahl von Bankkrediten mit mittlerer Laufzeit an private Unternehmungen, und auch an Staaten, unmöglich gewesen sein, wenn die Kasse nicht die Verpflichtung übernommen hätte, die entsprechenden Titel in Pension zu nehmen für den Fall, daß das subskribierende Bankinstitut Geldmittel benötigte. Die Caisse de Dépôts hat in gewissem Sinne sie Rolle eines Rediskonteurs übernommen, in Fällen, in welchen die Natur der Titel der Banque de France eine Intervention nicht gestattete. Diese Rolle bringt dem Markt ganz erhebliche Vorteile; sie hat indessen auch ihre Unzuträglichkeiten. Sie kann zu Zeiten die Geldpolitik der Banque de France behindern, wenn diese sich z. B. entschließen sollte, ihren Satz heraufzusetzen, mit der Absicht der Einschränkung des Kredits, während die Caisse de Dépôts gleichzeitig einen niedrigeren Satz für die Pensionen von Schatzscheinen aufrechterhält. Die Schwierigkeit für die Zentralbank liegt in der Veränderlichkeit ihrer Kreditsätze insofern, als die von ihr ihren Geldgebern zu vergütenden Zinsen gesetzlich festgelegt sind, während die Einleger bei den Sparkassen z. B. heute Anspruch auf einen festen Zinssatz von 3,50% haben, dessen relative Höhe eine der Ursachen des Zuflusses von Geldern in die Caisse de Dépôts bildet. Die gleichen Gründe machen die Einzahlung dieser Gelder bei der Banque de France unmöglich, da sie keine Zinsen vergütet. Andererseits wäre die Caisse de Dépôts im Falle bedeutender Geldabzüge seitens der Sparkassen wohl gezwungen, sich an die Banque de France für die Erlangung von Vorschüssen auf Wertschriften zu wenden. Das Problem, vor welches sich der französische Geldmarkt deshalb gestellt sieht: die Sätze der von der Caisse Autonome verwalteten Bonds de la Défense Nationale mit denjenigen der kurzfristigen Leihgelder der Caisse de Dépôts et Consignations und mit den Diskontsätzen und Sätzen für Vorschüsse der Banque de France in Einklang zu bringen, ist deshalb ein äußerst delikates. Zu Zeiten großer Geldfülle wie die jetzige, ist es leicht zu lösen, aber zu Zeiten dauernd ungünstiger Wechselkurse bietet es zahlreiche Schwierigkeiten. Die Organisation des Pariser Marktes ist von Vollendung noch weit entfernt. Sie hängt z. T. von den Lösungen ab, welche für die Geldprobleme und vor allem für die Frage der wieder in Umlauf zu setzenden Goldmünzen gefunden werden.

Über das franz. Sparkassenwesen s. *Sparkassen IV 14.*

Literatur: VIGREUX: Le Crédit par acceptation. Paris, Centre financier-Paris, 343 p. Rivière 1932 (enthält eine äußerst vollständige Literatur). — VELAY: Le marché de Paris. European Finance 1931, und Konferenzen an der Ecole des Sciences Politiques im Bande: Les problèmes actuels du Crédit. Alcan 1930. — POMERY: Le marché de Paris. Rev. d'Econ. Polit. III—IV **1929**. — Le marché monétaire et le Change. Eine Reihe sehr bemerkenswerter Studien. die in La France Economique (Annuaire de la Rev. Econ. Polit.) ohne Namensnennung des Verfassers erscheinen. — BARTHELEMY, J.: La Caisse des Dépôts et Consignations. Rev. Politique et Parlementaire, 10. August 1931.

CHARLES RIST,
übersetzt von PAUL QUITTNER.

freegold s. *Federal Reserve System IX.*

„freie Aufwertung" s. *Aufwertung 8.*

Freie Stücke, nicht in dauerndem und festem Besitz befindliche Wertpapiere; bei Emissionen von Werten mit Sperrverpflichtung auch Stücke ohne diese Verpflichtung.

Freigabe von beschlagnahmten Privateigentum s. *Völkerrecht II 3.*

Freihändiger Verkauf (von Wertpapieren) s. *Emissionsgeschäft II 2b.*

Freiverkehr s. *Kursbildung,* vgl. die Art. zu den einzelnen Börsen.

Fremdemission s. *Emissionsgeschäft II 1.*

Fremdenverkehr s. *Akkreditiv.*

Fremdfinanzierung, Finanzierung durch Aufnahme lang- oder kurzfristiger Schulden im Gegensatz zur *Selbstfinanzierung* (s. d.).

Fürstenberg, Carl, s. *Persönlichkeit und Organisation im Bankwesen 10.*

Fugger s. *Geschichte des Bankwesens II*, s. a. *Börsen 1.*

Fullarton (F.sches Prinzip) s. *Geldtheorien.*

fundierte Schulden s. u. *Schwebende Schulden.*

Funds (e) = finanzielle Mittel, Fonds, daher sinking fund = Tilgungsfonds.

Fungibilität von Gütern s. *Börsen 2.*

Funktionäre s. *Personen im Bankgewerbe II.*

Fusion s. *Aktiengesellschaft VI.*

— **-en im Bankgewerbe** s. *Persönlichkeit und Organisation 13.*

— **in der Industrie** vgl. *Industrie und Banken IV.*

G.

G = Geld s. *Berliner Börse III.*

gambler (e), (wilder) Spekulant.

Garantiekonsortium s. *Emissionsgeschäft II 1b.*

Geborene Orderpapiere s. *Orderpapiere.*

Gefälligkeitsakzept ist ein Wechsel, der vom Bezogenen aus Gefälligkeit, also ohne Valutaempfang akzeptiert wurde, um dem Aussteller die Geldbeschaffung zu ermöglichen. Der Akzeptant rechnet dabei natürlich damit, daß der Aussteller pünktlich für Einlösung des G. sorgen wird. Oft ist dies nicht der Fall, so daß der Bezogene den Wechsel einlösen muß. G. sollten unter keinen Umständen gegeben werden.

Gekorene Orderpapiere s. *Orderpapiere.*

Gekreuzte Schecks s. *Bargeldloser Zahlungsverkehr 3.*

Geldkurs s. *Berliner Börse III*, s. *Kursbildung.*

Geldmarkt s. *Kredit*, ferner die Darstellungen der einzelnen G., insbes. *Amerikanischer G., Deutschland, G. u. Kapitalmarkt* usw.

Geldschöpfung s. *Kreditschöpfung* im Art. *Kredit.*

Geldsurrogat sind Zahlungsmittel, die vom Verkehr den gesetzlichen Zahlungsmitteln gleichgestellt werden, z. B. Banknoten in einem Lande mit Münzwährung, die Noten der deutschen Privatnotenbanken, das Städte-Notgeld während der Inflation usw.

Geldtheorien, Übersicht der. In der griechisch-römischen Welt ist, soweit das Schrifttum auf uns gekommen ist, zwar über das Wesen des Geldes nachgedacht worden, nicht aber über die Bestimmungsgründe des Geldwerts. Ein ausgebreiteter internationaler Handel und starke Geldwertschwankungen hätten derartige Betrachtungen immerhin nahegelegt. Sie tauchten jedoch erstmals zu Beginn der Neuzeit auf, im 16. Jahrhundert, als aus Gründen, über die auch heute noch keine Einigkeit besteht, eine allgemeine Preissteigerung eintrat. Die einen beschuldigten damals einfach die Kaufleute des Wuchers; andere wiesen auf die Münzverschlechterungen hin; Epoche machte aber die Erklärung des französischen Historikers Bodin (1568). Er stellte die Theorie auf, „daß die Menge des Goldes und Silbers z. T. mit die Teuerung aller Dinge verursache“, und führte die Preissteigerung seines Zeitalters auf die Vermehrung des Edelmetalls zurück, die seit der Entdeckung der Neuen Welt stattgefunden hatte. Damit war die Grundlage der Quantitätstheorie gelegt, jener Theorie, deren Problemstellung und Auslegung, Befehdung und Korrektur im Mittelpunkt der geldtheoretischen Auseinandersetzungen steht.

Die neue Theorie erwies sich als ein brauchbares Instrument zur Widerlegung der Irrtümer, in denen die Merkantilisten befangen waren. In diesem Sinne wurde sie von Hume (1742) angewandt. Hatten die Merkantilisten zum Ausdruck gebracht: „Die erste Grundregel einer weisen Regierung muß ... darinnen bestehen, daß man auf alle mögliche Art zu verhüten beflissen ist, daß unnötigerweise kein Geld außer Landes geht“ (Justi), so heißt es bei Hume: „Die absolute Quantität der edlen Metalle ist eine Sache von großer Gleichgültigkeit“, nicht nur in einer geschlossenen Volkswirtschaft, sondern auch international, weil sich die Geldmenge, wie Wasser in kommunizierenden Röhren, gleichmäßig auf alle Länder verteile. Immerhin hat die Geldtheorie bei Hume bereits eine solche Verfeinerung erfahren, daß er die belebende Wirkung, die eine Geldvermehrung unter Umständen mit sich bringt, würdigt, also die verschiedenartige und verschieden rasche Einwirkung der Geldvermehrung auf die einzelnen Preiskategorien berücksichtigt und zwischen einer im Beharrungszustand und einer in der Entwicklung befindlichen Wirtschaft unterscheidet. Der Wahrheitskern des fortgeschrittenen Merkantilismus, der das Geld nicht als Ausdruck des Reichtums, sondern als Mittel zur Entwicklung der arbeitsteiligen, kapitalistischen Wirtschaft schätzte, war also aufbewahrt. Hume erkannte ferner, daß nur die auf den Markt kommenden Geld- und Gütermengen die Preise beeinflussen, nicht aber die Horte und Läger; und schließlich übernimmt er von früheren Schriftstellern (z. B. Petty, Locke, Cantillon) den Begriff der *Umlaufsgeschwindigkeit des Geldes* (s. d.), d. h. er berücksichtigt, daß ein Geldstück in einem bestimmten Zeitraum wiederholt Umsätze vermitteln kann. Damit war die quantitätstheoretische Grundgleichung geschaffen: Geldmenge × Umlaufsgeschwindigkeit des Geldes = Gütermenge × Durchschnittspreis, oder wie die von Newcomb aufgestellte, durch Irving Fisher weitverbreitete Formel lautet: $G \times U = W \times P$.

Systematische Abrundung fanden diese Ansichten über die Funktion und den Tauschwert des Geldes in den Schriften Ricardos. Bei reiner Gold- (oder Silber-) Währung unterliege der Geldwert den Gesetzen der Werttheorie, die bei Ricardo allerdings nicht eindeutig festgestellt sind. So heißt es einmal in der Schrift „The high price of bullion“ (1809), der innere Wert des Goldes (wir exemplifizieren auf das Gold, das Ricardo für das zweckmäßigste Währungsmetall hielt) hänge von seiner Seltenheit und von den Produktionskosten ab: die „Principles“ von 1817 lehren, das Gold werde gegen andere Waren im Verhältnis der darauf verwandten Arbeitsmenge ausgetauscht. Wie dem auch sei, das gesamte monetäre Gold verteilt sich nach Ricardo derart unter die Volkswirtschaften, daß jede den Anteil daran hat, der ihrem Anteil an der Produktion und am Umsatz aller Goldwährungsländer entspricht. Abweichungen von diesem Gesetz können nur vorübergehend sein. In einem Lande, das über verhältnismäßig zu viel Gold verfügt (etwa durch Erschließung einer Goldmine), würden, wie es das Quantitätstheorem vorsieht, die Preise steigen, die Handelsbilanz würde sich passivieren und Gold in andere Gebiete abströmen. Alle Goldwährungsländer haben also der Tendenz nach ein einheitliches Preisniveau (Theorie der Kaufkraftparitäten, wie sie seit CASSEL vielfach genannt wird). Was das Papiergeld anbelangt, worunter RICARDO staatliches Papiergeld sowohl wie Banknoten zusammenfaßt, so gilt hier die Quantitätstheorie. Als ideale Geldverfassung sieht RICARDO eine solche an, bei der Papiergeld umläuft, jedoch in seinen Schwankungen an die des Währungsmetalls gebunden ist. Zu diesem Zweck müssen die Scheine stets in Gold und zwar zweckmäßigerweise in Barren einlösbar und umgekehrt für Barren stets Scheine zum festgesetzten Kurs erhältlich sein.

In der Folge bemühte man sich, die Probleme, die von der RICARDOschen Geldtheorie erfaßt wurden, widerspruchsfreier und wirklichkeitsgerechter zu lösen. Da war zunächst die Aufgabe, eine katallaktische Geldtheorie (der Ausdruck stammt von MISES) zu schaffen, d. h. eine Geldlehre, die sich der Theorie der Tauschbeziehungen, der Werttheorie, einfügen läßt. Die Geldwertlehre teilte somit das Schicksal der Werttheorie, d. h. der damals herrschenden Arbeitswerttheorie. RICARDOs nicht eindeutige, aber jedenfalls vorsichtige Lehre, die Waren tauschten sich nach Maßgabe der Arbeit aus, die auf sie verwandt worden war, wurde dahin entwickelt, der Wert einer Ware entspreche der darin enthaltenen Arbeit. Folgerichtig stellte MARX der individuellen Arbeitszeit der einzelnen Wirtschaftssubjekte die gesellschaftlich notwendige Arbeitszeit gegenüber, als deren Repräsentant das Geld auftritt. Die im Währungsmetall aufgespeicherte individuelle Arbeitszeit erhalte durch die Geldfunktion den Charakter der Allgemeinheit. Diese Auffassung hat bedeutsame geldtheoretische Konsequenzen. Sie schließt nämlich jene quantitätstheoretische Ansicht aus, wonach das Preisniveau durch das Verhältnis der Geldmenge zur Warenmenge bestimmt werde. Ware und Geld treten vielmehr mit einem festen Wert auf den Markt: die abhängige Variable ist somit nicht der Preis, sondern — unter der Voraussetzung, daß alle Waren abgesetzt werden — die Geldmenge. Mach MARXens Ansicht (und an seiner Lehre haben seine Jünger, insbesondere HILFERDING, festgehalten), tritt nur soviel Geld in Funktion, als zum Umsatz der Ware erforderlich sei: der Rest bleibe in den Horten. Dementsprechend ist MARX, was die Banknotenemission anbelangt, Anhänger der Bankingtheorie. (Seine Ansichten sind insbesondere von FULLARTON beeinflußt.) Der Wert des uneinlösbaren Papiergeldes bemißt sich nach seiner Auffassung nach der Goldmenge, die an Stelle der Scheine zum Umsatz der Ware erforderlich wäre; würden zu viel ausgegeben, so sinke der Wert des einzelnen Scheins nach dem Gesetz der Quantitätstheorie. Die radikale Arbeitswerttheorie überschlägt sich freilich, wenn sie weiter durchdacht wird. MARX mußte seine Lehre dahin modifizieren, daß nur die Ware gesellschaftlich notwendige Arbeit enthalte, d. h. einen Wert habe, die von der Gesellschaft nachgefragt wird. Somit bestimmt also doch nicht die Summe der Warenwerte von vornherein die zu ihrem Umsatz erforderliche Geldmenge, sondern die von der Geldmenge entfaltete Kaufkraft bestimmt auf dem Markt den Wert der Waren, d. h. das Preisniveau.

Eine vermittelnde Stellung zwischen der Theorie, daß sich die Geldmenge nach den Preisen richte, und jener, die das Gegenteil behauptet, nahmen einige Ricardianer ein, insbesondere JOHN STUART MILL. Der Wert des Währungsmetalls bestimme sich auf die Dauer wie der aller anderen Waren nach den Produktionskosten, genauer: nach den Grenzkosten. Es ergeben sich nun Wechselwirkungen zwischen Produktionskosten und Geldmenge. Reicht — bei Einführung der Goldwährung — die Goldmenge auf Grund allzu hoher Grenzkosten nicht aus, die Waren zu den bisher geltenden Preisen umzusetzen, so müssen die Preise sinken. Dadurch sinken auch die Kosten der Goldproduktion. Die Erschließung weniger ergiebiger Goldvorkommen wird rentabel, die Goldmenge steigt, und es steigt das Preisniveau.

Problemgeschichtlich hat nicht die Frage, was den Wert des Währungsmetalls bestimmt, die Nationalökonomie in den ersten Jahrzehnten nach dem Ableben RICARDOs beschäftigt, sondern die Frage nach dem Wert der Geldsurrogate oder umgekehrt nach dem Einfluß der Geldsurrogate auf die Preisbildung. Ausgehend einerseits von der Lehre, daß sich bei reiner Goldwährung die Geldmenge automatisch den Zahlungsbedürfnissen der einzelnen Länder anpasse, andererseits von der Erfahrung, daß die *Bank of England* (s. d.) wiederholt durch allzu großzügige Notenausgabe eine Überspekulation und schließlich eine Krise heraufbeschworen hatte, kam eine Reihe von Theoretikern zu der Forderung, die Ausgabe von Banknoten sei so zu bemessen, als ob reine Goldwährung herrsche, d. h. ihre Bewegungen müßten sich den Schwankungen der jeweils im Lande befindlichen Goldmenge anpassen. Auf Grund dieses Currencyprinzips, dessen wichtigste Vertreter Lord OVERSTONE, TORRENS, MACCULLOCH und schließlich PEEL waren, wurde das englische Bankgesetz von 1844 erlassen. Die Peel's Act mußte bereits im Kampf mit Kritikern der Currencyschule durchgesetzt werden. Diese Kritiker zweifelten einmal auf Grund empirischer Untersuchungen (TOOKE und NEWMARCH: History of prices, 1838—57) die Richtigkeit des kausalen Zusammenhangs an, den die Currencytheoretiker zwischen Banknotenemission und Preisentwicklung festgestellt hatten. Darüber hinaus bekundeten sie eine andere Auffassung dieses Zusammenhangs, die den Eigenarten des Kreditgeldes Rechnung zu tragen sucht. Nach der Ansicht der Bankingschule (außer TOOKE und NEWMARCH FULLARTON, WILSON, GILBART) würden Geldwertschwankungen schon dann vermieden, wenn auf Grund einer ordentlichen Bankführung, d. h. gegen gute Warenwechsel, Banknoten ausgegeben würden, die stets gegen Edelmetall einlösbar wären. Denn Warenwechsel würden nur in dem Maße geschaffen, wie Waren hergestellt werden. Und mit der Konsumtion der Ware ströme auch die Banknote zur Emissionsstelle zurück, denn der Wechsel müsse nach Ablauf weniger Monate eingelöst werden. Der Parallelismus zwischen Produktion und Geldschöpfung, zwischen Warenmenge und Geldmenge sei also gewahrt. Das „Gesetz der Rückströmung" — der unregelmäßigen Rückströmung durch Einlösung der Banknoten in definitives Geld und der regelmäßigen Rückströmung durch Abwicklung des ihrer Ausgabe zugrundeliegenden Geschäfts — bezeichnete Fullarton als das große regulierende Prinzip des inländischen Geldwesens.

Während die Bankingtheorie — die man die Geld- und Kredittheorie des laisser faire nennen kann — in ihrem Heimatlande keine praktischen Erfolge erzielen konnte, gewann sie erheblichen Einfluß auf die Einrichtung des kontinentalen Notenbankwesens. Die Vorschrift des deutschen Bankgesetzes, Warenwechsel als Deckung zu halten, ist bankingtheoretisch motiviert; die Anordnung der Deckung eines Prozentsatzes der Banknoten durch Gold ist allerdings eine Konzession an die Currencyschule. Aber auch in rein theoretischer Hinsicht mußten die Vertreter der Bankingschule ihre Anschauungen modifizieren. JOHN STUART MILL, dessen Mittlerstellung wir schon einmal hervorhoben, und nach ihm ADOLPH

Wagner beschränkten die Geltung des Bankingprinzips auf Zeiten gewöhnlichen Geschäftsganges; bei starker Spekulation müsse die Notenbank mit diskontpolitischen Maßnahmen eine Beschränkung des Wechselangebots herbeiführen. In der Tat ist die Notenbank nicht stets imstande, Handels- und Finanzwechsel zu unterscheiden. Sie vermag auch nicht zu überblicken, ob die Ware, auf Grund deren der Wechsel ausgestellt wird, im weiteren Verlauf der Bearbeitung Absatz findet. Selbst bei rechtzeitiger Einlösung des Wechsels ist aber eine inflatorische Wirkung nicht ausgeschlossen, denn eine Ware gibt oft Anlaß zur Schaffung mehrerer Wechsel, dem einmaligen Warenumsatz kann — trotz der Begrenzung des Umlaufs der Noten auf die Dauer des Wechsels — ein häufigerer Händewechsel des Geldes gegenüberstehen, und schließlich pflegt bei fortschreitender Konjunktur die Geschäftswelt mehr und mehr von der Finanzierung durch Eigenkapital auf die durch Wechseldiskont überzugehen.

Der Streit zwischen Currencyschule und Bankingschule hatte sich um die Frage gedreht, ob und wieweit die Ausgabe von Geldsurrogaten, insbesondere von Banknoten, das Preisniveau bedrohen könne und wie Gefahren aus dieser Richtung abzuwehren seien. Der Wert des Währungsmetalls, dessen Schwankungen selbstverständlich bekannt waren, stand dabei nicht zur Diskussion. Gerade der metallischen Grundlage der Währungen wandte sich in der Folgezeit das Interesse der Theoretiker und Praktiker zu und zwar unter dem Eindruck zweier Vorgänge.

Die Entwertung des Silbers, die mit der Beseitigung der Doppelwährungen und Silberwährungen eintrat, und die Furcht vor einer Verknappung des Goldes riefen im letzten Drittel des vorigen Jahrhunderts die bimetallistische Bewegung hervor. Ihre Anhänger (Cernuschi, Wolowski, Arendt, Schäffle, zeitweise Adolph Wagner und Lexis; Gegner: Soetbeer, Nasse, Bamberger und Lotz u. a.) befürworteten die Rückkehr zur Doppelwährung: Gold und Silber sollten wieder beide gesetzliche Zahlungsmittel werden und von den geldpolitischen Zentralstellen ausgeprägt werden, und zwar auf Grund eines bestimmten Wertverhältnisses, das von einem möglichst großen Kreis von Staaten festgelegt werden sollte („vertragsmäßige" Doppelwährung). Gegen Ende des Jahrhunderts flaute der Streit um den Bimetallismus ab. Es erwies sich, daß die Befürchtungen hinsichtlich der Goldproduktion keine Berechtigung hatten und daß internationale Vereinbarungen nicht zustande zu bringen waren, insbesondere weil England an der Goldwährung festhielt.

Das zweite Ereignis, das eine umfangreiche Diskussion hervorrief, hing mit der österreichischen Währungsverfassung zusammen. Infolge der Silberentwertung sank der Metallwert des österreichischen Silberguldens im Jahre 1878 unter den Paristand und zugleich, was besonderes Aufsehen erregte, unter den Kurs des Papiergulden, der seinen Wort beibehielt, weil seine Ausgabe nun einmal beschränkt war. Infolgedessen mußte Österreich-Ungarn Anfang 1879 die Prägefreiheit für Silber aufheben. Die Goldkernwährung, die seit 1892 in Österreich praktiziert wurde, machte nicht geringeren Eindruck, seltsamerweise, denn ein Mann von so internationaler Autorität wie Ricardo hatte sie schon zu Anfang des Jahrhunderts begründet und propagiert. Die Wiederentdeckung der Goldkernwährung um die letzte Jahrhundertwende rief eine umfangreiche Literatur hervor, deren Glanzstück, Knapps „Staatliche Theorie des Geldes" (1905), wohl die einzige der damals erschienenen Schriften ist, die noch heute eine Wirkung ausübt. Das Geld, so lehrt Knapp, „ist ein Geschöpf der Rechtsordnung"; seine „Geltung" hänge nicht von seinem Stoff ab, sondern ist der staatlichen Proklamation zu verdanken. Es ist eine rein nominale Werteinheit (daher die Bezeichnung Nominalismus für die Knappsche Anschauung), die nur historisch mit einer Ware, nämlich dem Edelmetall, verknüpft wurde. Damit war das Problem des Geldwerts, d. h. des Tauschwerts des Geldes, natürlich nicht gelöst, sondern es war ihm nach der geschichtlich-soziologischen und verwaltungstechnischen Seite hin ausgewichen. Eine Untersuchung in dieser Richtung konnte verdienstvoll sein, und man könnte das Werk Knapps einen positiven Beitrag zur Geldlehre nennen, wenn es nicht durch seine Vieldeutigkeit in der Geldwertlehre einen Teil seiner großen Anhängerschaft für die praktischen Gefahren einer Geldwertänderung, vor allem auf dem Wege der Inflation, blind gemacht hätte. Insbesondere führte die Ansicht, die Bedeutung des Goldes für den zwischenstaatlichen Verkehr bestehe lediglich darin, daß es als international geschätzte Ware die Erfüllung von Zahlungsverpflichtungen von Land zu Land auf bequeme Weise bewirke, zu einer kritiklosen Verherrlichung der „sparsamen" Goldkernwährung. Übersehen wurde dabei die Funktion der Goldwährung, die Zahlungsmittelmenge in den an sie angeschlossenen Staaten zu regulieren und damit einen internationalen Preisausgleich zu schaffen, der natürlich auch bei Golddevisenwährung stattfinden kann, aber jedenfalls nicht gewährleistet ist.

Die Theoretiker, die unter dem Einfluß der Staatlichen Theorie des Geldes standen, oder die unabhängig davon zu ähnlichen nominalistischen Auffassungen gelangt waren (Bendixen, Heye, Liefmann), blickten also mit überlegener Miene auf die Goldwährung herab; sie duldeten sie, weil sie nun einmal im Vorurteil der Masse wurzele, wollten sie aber doch zur Goldkern- oder Golddevisenwährung veredeln, und sie glichen damit primitiven Naturen, die ja häufig das verachten, was sie nicht verstehen. Inzwischen bereitete sich eine geldtheoretische Bewegung vor, die ebenfalls das Gold als einen Überrest aus barbarischen Zeiten betrachtete und ebenfalls eine Wendung zur staatlichen Geldwertpolitik vollzog, die jedoch mit ungleich schärferem theoretischen Rüstzeug arbeitete. Nicht Valorisation des Goldes, sondern Stabilisierung des Geldwerts oder, was dasselbe ist: des Preisniveaus ist das neue Programm. Diese Forderung erwuchs aus bedeutsamen Untersuchungen, die insbesondere die Rolle des Bankkredits für die Geldwertbildung und den Einfluß der Notenbankpolitik auf das Kreditgeschäft der Banken zum Gegenstand haben.

Daß nicht nur Metall- und Papiergeld (einschließlich der Banknoten) Umsätze vermitteln, sondern daß auch durch Schecks Zahlungen bewirkt werden können, daß Buchgeld also Bargeld spart, war natürlich stets bekannt; die geldtheoretische Bedeutung des Buchgeldes hatte jedoch, einzelne Ansätze ausgenommen, keine Untersuchung erfahren. Die großartige Entwicklung des Bankwesens führte schließlich mit Notwendigkeit zum Studium des Kreditgeldes, dessen Bewegungsgesetze den Kern der modernen Banktheorie bilden. Ausgangspunkt ist die Erkenntnis, daß die Banken durch Eröffnung von Krediten auf Scheckkonto zusätzliches Geld schaffen. Die zusätzlichen Geldmengen werden den Unternehmern zur Verfügung gestellt, entfalten in deren Händen ihre Kaufkraft und treiben die Preise in die Höhe (der Quantitätstheorie gemäß, deren linke Seite jetzt üblicherweise $GU + G'U'$ lautet, wobei G die Bargeldmenge, G'

die Summe des Buchgeldes, U und U' die entsprechenden Umlaufgeschwindigkeiten darstellen). Auf diese Weise werde Verfügungsgewalt über Güter den Kreisen entzogen, deren Geldeinkommen gleich bleibt oder annähernd gleich bleibt, und den mit Kredit ausgestatteten Unternehmern zugeführt. Die Kreditschöpfung habe also eine erzwungene Kapitalbildung oder, wie man es auch ausdrückte, ein „Zwangssparen" der Volkswirtschaft zur Folge. Nun ist den Banken freilich eine Höchstgrenze für die Kreditschöpfung durch die Rücksicht auf die eigene Liquidität gezogen. Ein Teil der Kredite wird stets in Bargeld abgehoben (insbesondere soweit sie zu Lohnzahlungen dienen); die Ausweitung des Kreditvolumens hängt also bei gleichbleibenden Zahlungsgepflogenheiten von dem Umfang der Bargeldmenge ab. Bargeldmenge und Buchgeldmenge stehen aber nicht in einem starren Verhältnis zueinander, die Relation $G : G'$ ist nicht konstant. Bestimmt wird der Umfang des Buchgeldes durch den Zinssatz, denn von der Höhe des Zinses hängt es ab, ob die Produktionsgrenze erweitert oder zurückgezogen wird, hängt also die Größe der Kreditnachfrage ab. So wird durch eine Erhöhung der Zinslast die Grenzproduktion unrentabel; das unmittelbare Ergebnis ist eine Verringerung der Nachfrage nach Kredit und der Nachfrage nach Produktionsmitteln, also eine Preissenkung entsprechend der Schrumpfung des Kaufkraftvolumens. Sinkender Zins bewirkt den umgekehrten Vorgang. Da der Zentralbank die Fähigkeit zugeschrieben wird, den Zinssatz zu bestimmen, da sie als Regulator des Geldmarktes gilt, besteht nach dieser Lehre wenigstens die theoretische Möglichkeit, auf dem Wege über die Diskontpolitik, die erforderlichenfalls durch eine open market policy zu ergänzen ist, das Kreditvolumen, das Preisniveau und damit den Konjunkturverlauf zu manipulieren. Das Ziel wäre eine konjunkturlose Wirtschaft mit einer Preisindexwährung, unter der Herrschaft der Notenbank, die durch Zusammenarbeit mit den Zentralbanken anderer Staaten eine planmäßige Lenkung der internationalen Waren- und Kapitalströme herbeiführt.

Diese Darstellung der modernen Geld- und Kredittheorie bietet natürlich nur einen Querschnitt; innerhalb des geschilderten Gedankengebäudes ist jeder einzelne Lehrsatz umstritten, ganz zu schweigen von den wirtschaftspolitischen Folgerungen. Meinungsverschiedenheiten bestehen zwischen den Schulen und innerhalb der Schulen, ganz abgesehen davon, daß die Ereignisse der Gegenwart manche Theoretiker umzulernen zwangen.

Die im Zusammenhang mit der Marxschen Geldtheorie gestreifte Frage, ob das Geld mit festem Wert in die Zirkulation eintrete, wird auch heute noch diskutiert. Einige Nationalökonomen (Laughlin, Anderson) bejahen die Frage. Sie gehen dabei vom Goldwert aus, der sich allerdings nach moderner Auffassung nicht nach den auf die Produktion verwandten Arbeitsstunden, sondern — je nach dem Standpunkt des Betreffenden — nach dem Grenznutzen oder den Grenzkosten bemißt. Dementsprechend wird die quantitätstheoretische Ableitung des Geldwertes abgelehnt und die Grundgleichung eine leere Formel, eine Tautologie genannt. Eine um so größere Bedeutung hat die Quantitätstheorie für die Nationalökonomen, die im Gegensatz hierzu im Geld gebrauchswertlose Zirkulationsmittel oder Anweisungen für den Warenbezug erblicken, deren Wert von dem Verhältnis zwischen Geld- und Gütermenge abhänge (man stellt häufig, nicht ganz exakt, die Warenwerttheorie des Geldes der Funktionswerttheorie gegenüber). Es ist nur folgerichtig, wenn Kemmerer und Hawtrey, die zu dieser Gruppe gehören, ihre Geldtheorie vom Kreditgeld her entwickeln und das Metallgeld als eine Unterart des Geldes einführen. Da den Banken weitgehende Freiheit bei der Schaffung von Kreditgeld zuerkannt wird, ist bei dieser Auffassung vom Wesen des Geldes die quantitätstheoretische Gleichung in der Tat weit mehr als eine Tautologie, mehr auch als eine Formel für die funktionalen Beziehungen verschiedener Größen; sie sagt vielmehr aus, daß sich der Geldwert ceteris paribus entsprechend der relativen Geldmenge verändert, daß also das Preisniveau auf jeden Fall die abhängige Variable ist. Die Größen der Gleichung mögen dabei aus Gründen theoretischer Exaktheit oder statistischer Meßbarkeit sehr verschiedenartig definiert werden.

Die Lehre von der Geldschöpfung der Kreditbanken und von dem Einfluß des Zinsfußes auf das Geldvolumen und damit das Preisniveau ist von der Mehrheit der modernen Geldtheoretiker angenommen worden. Das größte Verdienst um ihre Entwicklung erwarb sich die sog. Cambrigde-Schule, deren Begründer Marshall die Grundzüge der modernen Theorie schuf. Die Lehre vom Zusammenhang zwischen Geldzins und Güterpreisen vertiefte insbesondere der Schwede Wicksell, den weiteren Ausbau förderten, nachdem Withers und Davenport vorangegangen waren, die unmittelbaren Marshall-Schüler Keynes, Pigou und Robertson. In Amerika ist der bekannteste Vertreter dieser Lehre Irving Fisher, in Schweden Cassel. Im deutschen Sprachgebiet wurde sie von Schumpeter, Mises, Hahn, Neisser und Hayek übernommen. Im einzelnen sind natürlich zahlreiche Punkte strittig (s. *Kredit*), und auch im Grundsätzlichen fand die moderne Kredittheorie Kritiker (es seien Palyi und Somary und von prinzipiellen Gegnern Laughlin und Cannan genannt). Auf Kritik stießen insbesondere die weitgehenden währungspolitischen Folgerungen, die eine Reihe von Geldtheoretikern zog. Mit dem Ziel einer konjunktur- und krisenlosen Wirtschaft sprachen sich Cassel, Fisher, Hahn, Hawtrey, Keynes u. a. für eine manipulierte Weltwährung aus, wobei aber insofern Meinungsverschiedenheiten bestehen, als die einen an die Goldwährung anknüpfen wollen, während die andern eine Preisindexwährung befürworten. Angesichts der schlechten Erfahrungen mit Papierwährungen und mit der Golddevisenwährung haben sich in neuester Zeit die Bedenken gegen derartige Experimente verstärkt. Unter den Fürsprechern der Goldwährung sind in erster Linie zu nennen Anderson, Gregory, Layton, Palyi und Rist.

Vgl. die Art. *Goldwährung* und *Silber und Silberwährung*.

Literatur: Über die frühen Geldtheoretiker unterrichtet MONROE: Monetary theory before ADAM SMITH. In: Harvard Economic Studies. Cambridge (Mass.) 1923. — Aus der Literatur des vorigen Jahrhunderts seien hier lediglich die Hauptwerke genannt: RICARDO: High price of bullion. 1809. — Proposals for an economical and secure Currency. 1816. — Principles. 1817. — LORD OVERSTONE: Tracts and other publications on metallic and paper currency. 1856. — MAC CULLOCH: Literature of political economy. 1845. — TOOKE und NEWMARCH: History of prices. 1838—57. — FULLARTON: On the regulation of currencies. 1840. — MILL, J. ST.: Principles, III. Buch. 1847. — WAGNER, ADOLF: Die Geld- und Kredittheorie der PEELschen Bankakte. Wien 1862. — Die Sozialökonomische Theorie des Geldes und Geldwesens. Leipzig 1909. — MARX: Das Kapital. 1867. — HILFERDING: Das Finanzkapital. Wien 1912. — Aus der Fülle der modernen Literatur greifen wir die folgenden Schriften heraus: KNAPP: Staatliche Theorie des Geldes. München und Leipzig 1908. — BENDIXEN: Das Wesen des Geldes. München und Leipzig 1908. — Geld und Kapital. Jena 1912. — HEYN: Irrtümer auf dem Gebiete des Geldwesens. Berlin 1900. — LIEFMANN: Geld und Gold. Stuttgart 1916. — WICKSELL: Der Geldzins als Regulator der Güterpreise. Jena 1895. — CASSEL: Theoretische Sozialökonomie, 4. Aufl. Leipzig 1923. — MARSHALL: Money, credit, and commerce. London 1923. — WITHERS: The meaning of money. London 1909. — KEYNES: Atract on monetary reform. London 1923. Deutsch: Ein Traktat über Währungsreform. München und Leipzig 1924. — A treatise on money. London 1930. Deutsch: Vom Gelde. München und Leipzig 1932. — PIGOU: Essays in applied economics. London 1923. — ROBERTSON: Money. London 1921. Deutsch: Das Geld. Berlin 1924. — HAWTREY: Currency and credit. London 1919. — FISHER, IRVING: The purchasing power of money. New York 1921. Deutsch: Die Kaufkraft des Geldes. Berlin 1916. — KEMMERER: Money and credit instruments. New York 1909. — LAUGHLIN: The principles of money. New York 1903. — Money and prices. New York 1915. — ANDERSON: The value of money. New York 1922. — ANGELL, J. W.: Theory of international prices. In: Harvard Economic Studies. Cambridge (Mass.) 1926. — MISES: Theorie des Geldes und der Umlaufsmittel, 2. Aufl. München und Leipzig 1924. — WIESER: Der Geldwert und seine Veränderungen. Leipzig 1910. — SCHUMPETER: Das Sozialprodukt und die Rechenpfennige. Arch. f. Sozialpolitik 1917. — HAHN: Volkswirtschaftliche Theorie des Bankkredits. Tübingen 1920. — Geld und Kredit, 2. Aufl. Tübingen 1929. — NEISSER: Der Tauschwert des Geldes. Jena 1928. — HAYEK: Geldtheorie und Konjunkturtheorie. Wien 1929. — BUDGE: Lehre vom Geld. Jena 1931. — PALYI: Ungelöste Fragen der Geldtheorie. (Ein umfassender problemgeschichtlicher Überblick über die moderne Geldtheorie.) Festschrift zu Brentanos 80. Geburtstag. München und Leipzig 1925.

HERBERT BLOCK.

Geldregulierung s. *Goldwährung 2*, s. *Währungswesen*.
— **veränderung** s. *Konjunkturtheorie 3*.
— **vermehrung** s. *Panik*.
— **wert** s. *Goldwährung 4*.

Gemeinde-Hypothekenbanken s. *Öffentlich-rechtliches Bankwesen 4*.
— **-Lombardbanken** s. *Öffentlich-rechtliches Bankwesen 4*.

Gemeinschaftsanleihen s. *Öffentlicher Kredit II 3*.

Gemeinschaftsbanken. In einigen preußischen Provinzen (Grenzmark, Pommern, Oberschlesien, Brandenburg und Sachsen einschließlich Thüringen und Anhalt) sowie in Hessen sind durch Zusammenschluß der dort nebeneinander bestehenden *Girozentralen* (s. d.) und *Landesbanken* (s. d.) bzw. Provinzialbanken, also von öffentlichen Instituten mit annähernd gleichem Aufgabenkreis, sog. G. entstanden. Die G. in der Grenzmark wurde als erste 1923 gebildet. Die Vertragspartner, Giroverband auf der einen Seite, Provinzialverband auf der anderen Seite, sind in der Regel zu gleichen Teilen an den Organen, dem Betriebskapital sowie dem Gewinn und Verlust beteiligt. Charakteristisch für G. ist die Pflege des Realkredits (Pfandbriefausgabe) neben der Ausübung der Funktionen einer Girozentrale. Der Verschmelzungsprozeß, der eine sehr bemerkenswerte Form der Konzentration im öffentlichen Bankwesen darstellt, dürfte noch nicht abgeschlossen sein.

Literatur: Siehe Girozentralen.

CURT EISFELD.

Gemeinschaftsbilanz (engl. consolidated oder condensed balance sheet) ist die Zusammenfassung der Abschlußrechnungen mehrerer wirtschaftlich zusammengehöriger, aber juristisch selbständiger Unternehmen in einer Bilanz. Sie wird daher vielfach auch als Konzernbilanz bezeichnet. Da in der G. die gegenseitigen Beteiligungen, Forderungen, Schulden usw. ausgeglichen werden, bietet sie ein richtiges Bild von der Lage des Gesamtkonzerns. Sie ist daher in England und Amerika allgemein üblich, während in Deutschland nur wenige Unternehmen G.en veröffentlichen. In erster Linie ist die Direktion der Disconto-Gesellschaft zu nennen, die als erste G.en ihrer Gruppe (Disconto-Gesellschaft, Norddeutsche Bank, Schaffhausenscher Bankverein) veröffentlicht hat, ferner die Gemeinschaftsgruppe deutscher Hypothekenbanken und einige Versicherungskonzerne (vgl. *Aktienrechtsreform*).

Gemeinschaftsgruppe Deutscher Hypothekenbanken s. *Hypothekenbanken 4, 5*.

Gemeinschaftskonto, — eröffnung vgl. *Depositengeschäft II 2a*.

Gemeinschaftsrat s. *Hypothekenbanken 5*.

Gemischte Hypothekenbanken s. *Hypothekenbanken*, s. *Hypothekenbankgesetz 2*.

General Electric Corporation vgl. *Holdinggesellschaften*.

Generaljournal s. *Innere Organisation A I 3*.
— **moratorium** s. *Schuldensenkung IIb*, vgl. *Moratorium*.
— **rat** s. *Reichsbank*.
— **staatskasse** s. *Öffentliche Kassenführung 3*.
— **versammlung** (G.-V.) s. *Aktiengesellschaft IV*.

Generelle Schuldensenkung s. *Schuldensenkung IIb*.

Genfer Sanierung. Die Sanierungsaktion des Völkerbundes für Österreich im Jahre 1922 s. *Österreich, Geld- und Kapitalmarkt*.

Genossenschaften s. *Kreditgenossenschaften*.

Genossenschaftsgiroverkehr s. *Bargeldloser Zahlungsverkehr 2, 4d*.
— **ring** s. *Bargeldloser Zahlungsverkehr 2, 4d*, s. *Kreditgenossenschaften V*.

gentlemen agreement, eine Vereinbarung (auf gegenseitiges Vertrauen), die nicht schriftlich festgelegt ist.

Genußrecht für Altbesitzer von Industrieobligationen s. *Aufwertung 2*.
— **schein** s. *Aktie als Wertpapier 1e*.

Gerichtsstand, der Ort, dessen Gerichte zur Erledigung eines Rechtsstreites zuständig sind. Grundsätzlich der Wohnsitz des Schuldners; abweichende Abreden sind meist zulässig, jedoch gibt es auch zwingend vorgeschriebene G.e.

„Geschäftsbanken" (banques d'affaires) s. *Frankreich, Geldmarkt III*.
— **bedingungen** (der Banken), allgemeine s. *Depositengeschäft II 2a*; hinsichtlich der Depots s. *Depotrecht I A* u. s. f.
— **bericht** s. *Aktiengesellschaft V*, s. *Aktienrechtsreform III 7*, vgl. *Publizität*.
— **freundliche Auskunft** s. *Auskunfteiwesen und Kreditauskunft*.

Geschichte des Bankwesens.

I. Das Bankwesen im Altertum.

Das Bankwesen in Babylon, Hellas und den hellenistischen Staaten und im Römerreich im Anschluß an den Grundbesitz.

Banken sind Vermittler von Zahlungskraft. Zur Erfüllung dieser Aufgabe verleihen sie entweder vorhandener Zahlungskraft die an einem bestimmten Orte und zu einer bestimmten Zeit gültige Form oder schaffen sie augenblicklich nicht vorhandener, aber sicher zu erwartender Zahlungskraft die nötigen Mittel. Als Wechselbanken dienen sie dem Zahlungsverkehr, durch Darlehen gegen Pfand dem Kreditverkehr. Die beschränkten eigenen Mittel des Wechslers und des Pfanddarleihers können durch Aufnahme von Depositen verstärkt werden. Diese Depositen mochten anfangs geschützten oder geheiligten Stätten nur der größeren Sicherheit wegen anvertraut sein. In der Verwertung der Überschüsse eigener Wirtschaft oder solcher Depositen mögen überhaupt die Anfänge des Bankgeschäftes zu sehen sein.

Die Juristen erstaunten, als die babylonischen Ausgrabungen uns mit den Rechtsordnungen dieser frühen Zeit und den auf Tonzylinder geschriebenen Geschäftsurkunden bekannt machten. Schon die Gesetze Hammurabis (um 2000 v. Chr.) kennen ein ausgebildetes Schuldrecht, und in dem Archiv des Hauses Igibi im neubabylonischen Reiche und des Hauses Murassu in Nippur mit den zahlreichen

Schuldscheinen und Überweisungen glaubte man den Geschäftsverkehr eines Großbankiers zu erkennen. E. REVILLOUT fand, daß das Handelsrecht in Babylon seinen Ursprung genommen; durch die Phönizier habe es in der Zeit der Severen Aufnahme in das Römische Recht gefunden[1], und KOHLER sprach vom Hause Igibi als dem babylonischen Rothschildhause[2]. Sehen wir indessen näher zu, so sind diese „Bankiers" und „Großkaufleute" vor allem große Grundbesitzer, die kleineren Pflanzern, Gärtnern oder Bauern Land verpachten oder Vorschüsse geben gegen Verpfändung der Ernte. Durch einen streng geregelten Geschäftsverkehr und ein rigoroses Schuldrecht wußten sie den kleinen Mann in Abhängigkeit zu halten. Es konnte aber auch vorkommen, daß ein Gärtner zum König wurde[3]. Bei der ausgebildeten Zahlungsvermittlung, den „Geldgeschäften der subtilsten Art", den Darlehen gegen abstrakte Schuldscheine und der Zahlung durch Überweisung und Verrechnung, bei der Annahme von Depositen an öffentlichen Stellen, Burgen und Tempeln, kann man also wohl von Bankgeschäften im alten Babylon reden, nicht aber von einem Bankierstande![4] Wir hören von der Anordnung eines allgemeinen Schulderlasses, der im 18. Jahrh. v. Chr. nötig wurde nach einer großen Überschwemmung des Landes, von dem jedoch die zu Handelsfahrten ausgetanen Summen ausgenommen wurden[5].

In Griechenland wurden den Tempeln die Schätze der Städte und der Privaten anvertraut. Perikles wußte den Schatz des athenischen Seebundes auf der Akropolis zu lagern, aber auch in Delphi hatten die Athener ihr Schatzhaus. Auf Delos hat man in dem Apollotempel ganze Reihen von Töpfen mit den verschiedensten Münzsorten nebeneinander gefunden. Wurden in Ägypten und Babylon die Edelmetalle nur gewogen (in Babylon war das Verhältnis des Goldes zum Silber wie 1 : 6, zum Blei wie 1 : 24, zum Eisen wie 1 : 48, zum Kupfer wie 1 : 780), so kommt im 7. Jahrh. v. Chr. in Lydien die Münze auf. Auf dem Markt der griechischen Städte stehen neben den Auslagen der Händler die Tische der Wechsler. Von diesen Tischen erhielten die Trapeziten ihren Namen, die sich seit dem 4. Jahrh. nachweisen lassen. Das Geschäft lag in der Hand der Metöken, die es wohl ihren Sklaven übertrugen. Ein solcher Trapezit war Pasion, der es in Athen zu Vermögen gebracht hatte und auf seine alten Tage das Geschäft dem von ihm Freigelassenen Phormion verpachtete. Mit den eigenen Mitteln und den ihm anvertrauten Einlagen trieb Pasion nicht nur Bankgeschäfte wie Vermittlung von Zahlungen und Seedarlehen, sondern auch Warengeschäfte. Schon hier zeigt sich der Einfluß der persönlichen Beziehungen des Bankiers, wenn Demosthenes in seiner Rede für Phormion Pasions Sohn sagen läßt: „Da ich Pasions Sohn war, der mit Vielen in Hellas in Gastfreundschaft und Vertrauensverhältnis stand, wußte ich im Notfalle immer, wo ich Geld leihen konnte."

Großzügiger noch entwickelte sich das Bankwesen in hellenistischer Zeit. Rhodisches Geld half den Städten verschiedentlich bei ihren Getreideeinkäufen auf Delos[6]. Dem ausgedehnten Abrechnungsverkehr der ägyptischen Getreidemagazine schloß sich unter griechischem Einfluß ein Geldverkehr an, den private Trapeziten, die aber ihren Stand vom Staate pachten mußten, förderten. Das Wechselgeschäft blühte, wie wir von Jerusalem hören, besonders vor den Tempeln, da zu Gaben an die Gottheit nur ganz bestimmte Münzen zugelassen waren. Die Wechsler waren häufig auch Münzprüfer, wie neben den römischen Argentarii die Nummularii stehen, deren Marken, mit denen die geprüften Geldbeutel versehen wurden, zahlreich sich erhalten haben[1]. Die Schriftlichkeit des Verkehrs wurde allgemein. So, wie in dem Buche des Trapeziten umgeschrieben werden konnte, wurden Schuldverpflichtungen übertragen.

Ein ägyptischer Bankier aus ptolemäischer Zeit ließ sich von dem Dichter Theokrit ein Epigramm verfassen, in dem es heißt: „Einheimischen und Fremden zahlt diese Bank die gleichen Zinsen. Deine Einzahlungen sollst du nach ehrlicher Abrechnung wieder abheben. Mag manch anderer Ausflüchte machen, Kaikos zahlt fremdes Geld auf Wunsch auch nachts aus." Eine Anweisung hat sich aus der Zeit Hadrians erhalten: „Philippos, Sohn des Aphrodisios, grüßt den Bankier Ptolemaios. Zahle (am 24. Juni 122 n. Chr.) an Heron, Sohn des Ischyrion, die gleiche Summe von 248 Drachmen, die ich von ihm entliehen habe (16. Dez. 121)[2]." Mag man in diesem Schriftstück Ansätze von Wechsel und Scheck erkennen, so muß doch der Unterschied der antiken von der modernen Entwicklung betont werden. Mit Recht hebt MERKEL hervor, daß, wenn Cicero seinem in Athen studierenden Sohn Geld überweisen will, in der von ihm hierfür benutzten „permutatio" noch kein Wechsel zu erblicken sei[3]. Ebenso betont VOIGT, daß der römische „Codex accepti et expensi" *einem* modernen Geschäftsbuch nicht entspräche[4].

Wenn Pasion Gegenstände wie Teppiche auslieh, so sehen wir den römischen Argentarius neben Bankgeschäften Auktionen veranstalten. In dem Pompejaner Jucundus, dessen Büste im Neapler Museum zu sehen ist, dessen Archiv, hundertdreiundfünfzig auf gewachste Täfelchen geschriebene Dokumente in einer Holzkiste verwahrt, uns erhalten ist, tritt uns wiederum die Verbindung von Grundbesitz und Wucher entgegen, die wir schon im alten Babylon beobachten konnten. Quittungen über Pachtsummen stehen neben den Darlehen. Von Bankgeschäften der reichen Kaufleute und Grundherren an Mosel und Rhein spricht auch ROSTOVTZEFF[5].

II. Das Bankwesen im Mittelalter und zu Beginn der Neuzeit.

Wechsel und Buchführung. Zusammenhang mit dem Handel. Münzer, Wechsler, Goldschmiede. Bankiers, Wechsler und Pfandarleiher. Bankiers und Kirche, Staatsfinanzen, Bardi und Peruzzi, Juden, Lombarden und Kawersche, Rentenkauf, Montes Pietatis. Heimische Bankiers, die Hansen. Betrieb Datinis und der Medici, die Fugger, Börsen von Antwerpen und Lyon, die Genueser Wechselmessen. Finanzkrise 1557. Stadtbanken, Casa di S. Giorgio in Genua, Banco Giro in Venedig, Banken in Amsterdam, Hamburg und Nürnberg. Bank von England, Landschaften; Bedeutung des Staatskredits, Verbindung verschiedener Bankgeschäfte in einem Institut.

Wurde der Handel im Altertum als Nebengeschäft der Grundherren betrieben oder von minderberechtigten Volksklassen, so erlangte der Kaufmann im Mittelalter durch seine Verbindung mit dem Handwerk in der städtischen Organisation eine selbstän-

[1] La créance et le droit commercial dans l'antiquité. Précis du droit Egyptien comparé aux autres droits de l'antiquité II. Paris 1903.
[2] KOHLER, J. u. F. E. PEISER: Aus dem Babylonischen Rechtsleben, IV, 1898.
[3] MEISSNER, B.: Babylonien und Assyrien, I. 1920.
[4] LAUM, B.: Die Banken im Altertum. Handwörterbuch der Staatswissenschaften, 4. Aufl. 1924.
[5] SCHORR, M.: Eine babylonische Seisachthie aus dem Anfang der Kassitenzeit. Heidelberger Sitzungsber. **1915**, 4.
[6] HASEBROEK: Zum griechischen Bankwesen der klassischen Zeit. Hermes 1920. — ZIEBARTH: Beiträge zur Geschichte des Seeraubs und Seehandels im alten Griechenland. Hamburg 1929.

[1] HERZOG, R.: Tesserae nummulariae. Aus der Geschichte des Bankwesens im Altertum. Gießen 1919.
[2] SCHAAL, H.: Vom Tauschhandel zum Welthandel. 1931.
[3] Die Banken im Altertum. Handwörterbuch der Staatswissenschaften, 3. Aufl.
[4] Über die Bankiers, die Buchführung und die Litteralobligation der Römer. Abh. sächs. Ges. d. Wissensch. **23**, S. 550f. (Leipzig 1888).
[5] Sozial- und Wirtschaftsgeschichte des römischen Kaiserreichs. 1931.

dige Stellung. Damit ist auch für das Bankgeschäft eine neue Grundlage geschaffen. Es wird von den Kaufleuten neben ihren Warengeschäften betrieben. Diese Verbindung bleibt durch das ganze Mittelalter bestehen. Selbst die Medici, die Finanziers der Päpste, hatten ihren Woll- und ihren Seidenladen, und auch noch die Fugger, die aus den Webern hervorgegangen waren, behielten ihre Barchentmanufaktur neben den Finanzgeschäften mit dem Kaiser.

Zwei Hilfsmittel brachte das Mittelalter dem Bankgewerbe: den Wechsel und die doppelte Buchführung.

Das Seedarlehn des Altertums, bei dem der Darleiher die Gefahr trug, verband die Funktionen des Wechsels und der Versicherung; jetzt wurden beide als selbständige Geschäfte ausgebildet. Das abstrakte Zahlungsversprechen, bei dem ohne Prüfung des Grundes auf die bloße Unterschrift hin nach Wechselform und Wechselstrenge sofortige Vollstreckung erfolgte, wurde die Grundlage einer weitgehenden Organisation des Zahlungsverkehrs. Auf den Messen der Champagne trafen sich vom 12. bis zum 14. Jahrhundert, vor allem im 13., die flandrischen Tuchhändler mit den Italienern, die mit den Spezereien der Levante aufwarteten. Die Verkäufer gaben sich zufrieden mit teilweiser Zahlung auf der nächsten Messe. Zu dieser konnte der Käufer sich verpflichten, da ihm bei allem Risiko des damaligen Transports die Versicherung zu Hilfe kam. Dem durch den Wechsel Berechtigten aber haftete der Grundbesitz des Ausstellers, gegen den dem Messegericht von den Behörden seiner Vaterstadt Exekution gewährt wurde. Bis zur nächsten Messe konnte der Käufer hoffen, sich durch Weiterverkauf Geld zu verschaffen, und so wurde der von einer Messe zur anderen laufende Dreimonatswechsel zur wichtigsten Kredithilfe des Handels.

An den Messen konnten sich aber auch andere Wechsel sammeln. So sahen sich die dem Aufgebot Ludwigs des Heiligen folgenden Kreuzritter genötigt, in Genua größere Summen aufzunehmen, die ihre Schloßvögte zahlen sollten auf einer der nächsten Messen der Champagne. Dadurch, daß alle diese Zahlungsversprechen auf diese bestimmten Plätze, Lagny, Bar, Provins und Troyes, auf bestimmte Zeitpunkte, das Ende der Messen, zusammengedrängt wurden, wurde es möglich, eine große Anzahl Zahlungen durch gegenseitige Aufrechnung zu erledigen. Dadurch diente der Wechsel der Ersparung von Bargeld im Zahlungsverkehr. Bei dem Mangel an Edelmetall im Mittelalter behielt daneben der Warentausch seine Bedeutung. Selbst eine Kommune wie Genua ließ sich ihre Steuern in Waren zahlen und zahlte ihre Schulden außer in Geld in Pfeffer oder Tuch[1].

Die Bankiers, welche fremde Gelder zu verwalten hatten, waren zuerst gezwungen, über deren Verwendung Buch zu führen. So verdankt ihnen vor allem die Buchführung ihre Ausbildung in Italien zur doppelten Buchführung. Nach dem Muster der Banken hatten die Verwalter der Staatsfinanzen ihre Bücher zu führen, und so finden wir die ältesten erhaltenen Bücher der Kommune Genua von 1340 zugleich als die ältesten Beispiele durchgeführter Doppelbuchung vor. Die Bücher der Soranzos in Venedig, der Medici in Florenz schließen sich an. Im 15. Jahrhundert folgen die Bücher der Borromäi, der Finanzverwalter Mailands.

[1] CASARETTO, P. F.: La Moneta Genoveese. Atti della Società Ligure di Storia Patria **55** (1928). — BOURQUELOT: Etudes sur les foires de Champagne. Paris 1865. — SCHAUBE, A.: Die Wechselbriefe König Ludwigs des Heiligen von seinem ersten Kreuzzuge und ihre Rolle auf dem Geldmarkt von Genua. Conrads Jb. **1898**. — KULISCHER, J.: Warenhändler und Geldausleiher im Mittelalter. Z. Volkswiss., Sozialpolit. u. Verwaltg. **1908**.

Die Verwertung des Edelmetalls und die Hütung seines Umlaufs war eine der wichtigsten Aufgaben, zugleich eine der bedeutendsten Einnahmen der öffentlichen Hand. Münzer, Wechsler und Goldschmiede standen daher unter ihrer besonderen Aufsicht. Die Münzer wurden aus Lehnsträgern des Herrschers in den Städten zu einer patrizischen Genossenschaft[1]. Später wurde die Münze ebenso wie der Wechsel verpachtet. Wenn die Goldschmiede scheinbar zunächst einen Teil der Edelmetalle der Geldfunktion entzogen, so blieb doch silbernes und goldnes Gerät ein Schatz, auf den man im Falle der Not zurückgriff. So haben die Venetianer, als sie von den Genuesen im Kriege von Chioggia bedrängt wurden, sich dadurch gerettet, daß sie ihr Silber einschmolzen, um damit von Ferrara Getreide zu kaufen. So schmolzen die englischen Royalisten im Bürgerkriege ihr Silber ein. So hat noch Friedrich der Große im Siebenjährigen Kriege die silbernen Zierrate seines Schlosses durch silberverkleidetes Holz ersetzen lassen.

Wie die Kaufleute die Träger städtischen Lebens im Mittelalter waren, so wußten die Bankiers sich in den Städten eine besondere Stelle zu sichern. Sie waren es, die im 12. Jahrhundert den Staat in Venedig und Genua stützen konnten. An sie wandte man sich bei dringendem Anleihebedarf, so daß sie als die Säulen der Stadt bezeichnet wurden. Bei größeren Finanzgeschäften, wie bei der Steuerpacht oder dem Ämterkauf, mußten die Bankiers als Bürgen angeführt werden. Allmählich machte sich doch eine Arbeitsteilung unter den Kaufleuten geltend, nicht nur nach den Warenarten und nach den Gegenden, wohin gehandelt wurde, sondern auch nach den Geschäftsarten, und so finden wir 1282 in Florenz die Wechsler, die Arti di Cambio, unter den sieben großen Zünften.

Dabei wird der Handwechsel und das Darlehn gegen Pfand oft besonderen Gruppen überlassen. Den Tisch des Altertums vertritt jetzt die Tonbank. Die Bürger von Asti, die im 12. Jahrhundert im Handel Genuas mit dem Norden eine große Rolle spielen, finden wir später besonders im Geldgeschäft tätig. Ebenso werden die Juden, die zu Anfang des Mittelalters als Fernhändler neben Syrern, Lombarden und Friesen auftreten, später mehr und mehr auf das Pfandgeschäft verdrängt. Sie erhalten in einigen Städten Privilegien, weil sie diesen „Wucher" zu geringerem Zins treiben als andere.

Konnte der Bankier im Kleinen dem Geschäftsverkehr der Kaufleute und Handwerker dienen, so zwar, daß der große Kaufmann zugleich sein eigener Bankier und der für andere war, so entfaltete sich das mittelalterliche Bankwesen zu größerer Bedeutung im Dienste der Staatsfinanzen. Wohl war die Kurie Erbin der antiken Verwaltungsorganisation des Römerreiches, wohl pflegte sie unter ihren Zöglingen den Schriftverkehr, so daß der Clericus, der Clerk, auch im Geschäftsverkehr als schreib- und rechenkundiger Sachverständiger geschätzt wurde. Durch ihren weiten Einflußkreis über das ganze Abendland hin durch so viele verschiedene Reiche fielen der Kirche schwierige Aufgaben zu. Wie sollten die im hohen Norden in Natura eingehenden Abgaben in Geld, das man in Italien brauchte, verwandelt werden? Derartigen Geschäften war die Kirche, die den Zins und das Gewinnstreben als solches verwarf, nicht gewachsen. In diese Lücke traten die Kaufleute der italienischen Städte. Unter den dem römischen Hofe folgenden Kaufleuten stehen

[1] EHEBERG: Über das ältere deutsche Münzwesen und die Hausgenossenschaften. Schmollers Forschungen. 1879.

anfangs die Lombarden voran, besonders die Bürger von Piacenza, dann treten die Sienesen mit ihren Handelsgesellschaften hervor. Schließlich sind es die guelfischen Florentiner, die im Kampf mit den Sienesen das Feld behaupten.

Um bei zwiespältigen Wahlen durchzudringen oder um die von der Kurie beim Amtsantritt verlangte Steuer aus den Erträgen des ersten Jahres zahlen zu können, mußten die Kirchenfürsten sich vielfach bei den italienischen Bankiers verschulden. Die Kurie lieh solchen Forderungen bei Verzug geistliche Strafen zur Exekution. Damit wurde die Kurie, die das formelle Verbot des *Wuchers* (vgl. d.) ausgesprochen hatte, gerade zu einem der wichtigsten Förderer kapitalistischer Wirtschaft[1]. Die Florentiner finanzierten die Anjous in ihrem Streite gegen die Hohenstaufen und erlangten dafür in Neapel die größten Vorrechte. Der Getreidehandel, den Friedrich II. als Staatsmonopol organisiert hatte, geriet in ihre Hand. Als Steuereintreiber der Kurie in England wußten die Florentiner im Wollhandel der dortigen Klöster eine beherrschende Stellung zu erringen. Unter Philipp dem Schönen machten die Florentiner Franzesi den Anfang mit dem System, sich durch Vorschüsse an die französische Krone auf Steuerpacht und Steuererhebung dem Herrscher unentbehrlich zu machen.

Die Bardi und Peruzzi haben in diesen Geschäften im 14. Jahrhundert den ersten Platz erobert. Weit davon entfernt, nur mit den eigenen Mitteln ihres Hauses zu arbeiten, haben sie es verstanden, Überschüsse, die weithin bis nach Süditalien und Südfrankreich sich gebildet hatten, für ihr Geschäft mobil zu machen. Eigenartig wie die Stellung dieser Häuser ist auch ihr Zusammenbruch, der nicht etwa durch die Zahlungsunfähigkeit des englischen Königs infolge der Lasten des Krieges mit Frankreich hervorgerufen wurde. Im Gegenteil, bei der Einstellung seiner Zahlungen nimmt der König ausdrücklich die Forderungen der Bardi und Peruzzi aus. Aber als die sonst stets guelfischen Florentiner 1341 einen Moment mit dem Ghibellinen Ludwig dem Bayern gehen zu wollen schienen, zogen die guelfischen Deponenten aus Neapel ihre Gelder zurück, so daß dieses irrationale Element, das Hineinspielen der auswärtigen Politik in das Geschäft, zum Ruin führte. Wohl trug auch der Mißerfolg der inneren Politik zum Zusammenbruch der beiden Häuser bei, aber die Konkursverwalter hatten sich mit den Gläubigern in Gent und Ypern, Mailand und Neapel, N mes und Montpellier, Genua und Arragon, vor allem auch mit der Kurie und der Geistlichkeit auseinanderzusetzen[2].

In Deutschland wurden die Juden nicht nur aus dem Warenhandel in das Geldgeschäft, sondern auch aus den Städten auf die kleineren ländlichen Territorien, besonders ins Ritterschaftliche, getrieben. Neben ihnen widmeten sich der Pfandleihe die Lombarden, welche auch vom Warenhandel nicht ausgeschlossen waren. SCHULTE hat nachgewiesen, daß die „Kawerschen", nach der Stadt Cahors genannt und als Wucherer bekannt, zumeist aus Italien stammten und zwar aus den in den Bürgerkriegen aus dem Regiment der Stadt vertriebenen Adligen von Asti. Wie der fremde Kaufmann in dem Aufkommen der Städte eine große Rolle spielt, so sind es Vertriebene, die sich vorzugsweise dem Bankgeschäft widmen, in Genua die lange Zeit vom Dogeat ausgeschlossenen Adligen; in der Verbannung bauten die Medici und die Strozzi die Größe ihres Vermögens auf, und Fremde sind es dann wiederum, wie später die portugiesischen Juden, die wesentlich zum Aufbau einer Stadt als Bankplatz beitragen.

Zur Anlage des Kapitals kam im Mittelalter neben dem Handel, dem man in der Gesellschaftsform der Commenda sein Geld anvertrauen konnte, der Rentenkauf in Betracht. Man konnte eine Rente kaufen von dem Ertrage eines Grundstückes oder von dem Ertrage der öffentlichen Einnahmen. So wichtig der den Grundbesitzern mit diesem Rentenkauf gewährte Kredit sein mochte, die größeren Gewinne wurden bei den dem Staate vorgeschossenen Summen gemacht. Bestimmte Einkünfte, deren Verwaltung den Gläubigern überlassen wurde, wies der Staat zur Verzinsung seiner Schuld an. So begegnet in Genua eine Compera Salis, Verkauf der Salzsteuer. Durch die Form des Rentenkaufs fand man sich mit dem Zinsverbot ab, stellte wohl gar überdies den Betrieb in den Schutz eines Heiligen, wie in Genua die Compere S. Peters und S. Pauls, die 1408 mit andern Schuldgruppen zu den Compere von S. Giorgio (Bank des heiligen Georg) konsolidiert wurden. In Florenz nannte man die 1343 konsolidierte Schuld einen Monte. Der Rentenkauf war auch im Norden das Mittel für die Städte, ihren außerordentlichen Bedarf, der in dem kriegerischen Zeitalter kein geringer war, zu decken.

In Italien suchte man die Schuldenlast durch Tilgungsfonds zu mildern, deren Zinseszinsen allmählich die Schuldsummen auskaufen sollten. Solche Tilgungsfonds stifteten auch Private, deren Standbilder von Francesco Vivaldi an die Säle des Palazzo von S. Giorgio heute noch zieren. Vivaldi wies 1371 9000 £, 90 loca, zur Tilgung der Compera pacis an, die 1454 gelungen war. In Deutschland suchte man die Tilgung der Schulden dadurch zu erreichen, daß man Leibrenten verkaufte, bei denen freilich erst im 17. Jahrhundert die Wahrscheinlichkeit der Lebensdauer der Gläubiger eingerechnet werden konnte[1].

Die privaten Schuldner vor dem Wucher der Pfandgläubiger zu schützen, wurden in italienischen Städten die Montes Pietatis eingerichtet, die wohl auch Zins nahmen, aber nur soviel, um die Verwaltungskosten und die Zinsen der zur Erweiterung des Betriebes aufgenommenen Anleihen zu decken. Den Franziskanern, die sich für diese Einrichtung gegen die dogmatischen Bedenken der Dominikaner einsetzten, wurde 1515 von dem Laterankonzil unter Leo X. zugestimmt.

In England tauchen im 14. Jahrhundert einheimische Kaufleute auf, an die sich der König in seiner Geldnot wenden kann. Unter ihnen nimmt Wilhelm de la Pole zur Zeit Richard II. die erste Stelle ein. In Frankreich wußte Jacques Coeur in der ersten Hälfte des 15. Jahrhunderts seine Stellung beim König, als dessen Bankier und Schatzmeister, Wechsler und Münzmeister, auch seinem Handel zugute kommen zu lassen, der von Montpellier seine sieben Galeeren aussandte. Die Hansen konnten nach dem Zurücktreten der Italiener in England zeitweilig als Geldgeber des Königs an ihre Stelle treten. Kölner Patriziern und Dortmundern unter Führung des Tidemann von Lemberg mußte Eduard III. in den vierziger Jahren des 14. Jahrhunderts seine Krone als Pfand setzen.

[1] SCHNEIDER, G.: Die finanziellen Beziehungen der florentinischen Bankiers zur Kirche von 1285—1304. Schmollers Forschungen. 1899. — SCHULTE, A.: Gesch. d. ma. Handels u. Verkehrs zwischen Westdeutschland und Italien. 1900.

[2] DAVIDSOHN: Geschichte von Florenz 4, 2 (1925). — SAPORI, A.: La crisi delle Compagnie mercantili dei Bardi e Peruzzi. 1926.

[1] Vgl. mein Genueser Finanzwesen mit besonderer Berücksichtigung der Casa di S. Giorgio. 1898, 99. ital. 1905 u. 6. — UNWIN: Studies in Economic History. 1927. — BARBADORO, BERNARDINO: Le Finanze della Republica Fiorentina fino all' istituzione del Monte. 1929. — KUSKE, B.: Die Entstehung der Kreditwirtschaft und des Kapitalverkehrs. Kölner Vorträge 1927.

Aus dem Ende des 14. Jahrhunderts ist das Archiv des *Francesco Datini* aus Prato erhalten, das uns einen Einblick in die Handhabung des Bankgeschäftes gewährt, wie es damals mit dem Handel verbunden war. Francesco war als Mitglied einer Handelsgesellschaft in Avignon emporgekommen, hatte dann in Prato einen Verlag von Wollentuch eröffnet. Für seine Handelsgeschäfte schuf er sich Filialen in Pisa und Genua. Zur direkten Beschaffung des Rohstoffs errichtete er solche in Barcelona, Valencia und Maiorca. Er hatte aber auch eine „Bottega dei Cambi" in Avignon und wurde nicht nur Mitglied der Florentiner Seidenzunft von Por Santa Maria sondern auch der Florentiner Wechslerzunft. Neben seinen Handlungsbüchern, aus denen der Übergang zur ausgebildeten doppelten Buchführung ersichtlich ist, hat sich auch die Korrespondenz Datinis erhalten. Eine Fülle von Wechseln und Schecks zeigen die Regelmäßigkeit, mit der sich damals schon der Geldverkehr abspielte. Man vergleiche damit die von Uzzano in seiner „Pratica della Mercatura" 1442 aufgestellte „Buona regola del cambiare", wie man seine Dispositionen richten müßte nach der Geldfülle oder Knappheit auf dem Markte[1].

Ist hier das Bankgeschäft ein Nebengeschäft des Warenhandels, so stehen bei den *Medici* die Finanzgeschäfte im Vordergrund. Sie hatten ihre Filialen in Venedig und Mailand, in London und Brügge, in Avignon, Lyon und Genf, vor allem aber in Rom. Papst Johann XXIII. hatte 1413 den Medici seine Mitra versetzt. Als er zum Konzil von Konstanz aufbrach, ließ er seine Gelder in der Hand da Uzzanos und Giovanni de Medicis. Diesen bat er, ihm das Lösegeld von 35000 fl. zu senden, das der Pfalzgraf, der ihn nach seiner Entsetzung gefangen hielt, verlangte. Die Zahlung erfolgte im Einverständnis mit dem neugewählten Papst Martin V. durch einen Wechsel, der in Venedig auf das Nürnberger Haus Rummel gezogen wurde. Martin V. verlangte zwar die Mitra zurück, übertrug aber dafür wiederum den Medici die Geldgeschäfte der Kurie, z. B. die Verwaltung der zur Bekämpfung der Hussiten eingehenden Gelder. Als Hofbankiers des Königs von England, des Herzogs von Mailand und des Herzogs von Burgund hatten die Medici mit Waren aufzuwarten, deren Geschäft sie auch sonst nicht vernachlässigten. Neben dem Bancho di Firenze steht die Bottegha d'arte di lana und die Bottegha d'arte di seta. Die einzelnen Filialen wurden als selbständige Companien mit verschiedenen Teilhabern aufgezogen, in denen nur immer die Chefs des Hauses vertreten waren. Daraus konnten sich Schwierigkeiten ergeben, wenn z. B. wiederum Verluste bei den Vorschüssen der Londoner Filiale an den König von England durch die römische Filiale gedeckt wurden und diese dafür von der Brügger Filiale durch eine Sendung von Wolle und Tuch schadlos gehalten wurde, die Mitglieder der Brügger Firma (Ragione) aber den ihr dadurch entstandenen Schaden nicht mittragen wollten[2].

Die Bank, welche der aus Florenz verbannte und unter Lorenzo dei Medici zurückgekehrte Filippo Strozzi in Neapel aufmachte, erwarb sich das besondere Vertrauen der Deponenten, weil man sicher war, sein Geld, zuweilen in denselben Münzsorten, in denen es eingezahlt, zurückzuerhalten.

Ihren Höhepunkt erreichten die Finanzierungsgeschäfte in den Kämpfen des Hauses Habsburg und des Hauses Bourbon um Italien. Die Habsburger stützten sich dabei auf die Augsburger Finanziers, unter denen die *Fugger* und die Welser hervorragten.

[1] Bensa, E.: Francesco di Marco da Prato, Notizie e documenti sulla mercatura italiana del secolo XIV. 1928.

[2] Die Handlungsbücher der Medici. Aus Genueser Rechnungs- und Steuerbüchern. Sitzber. Wiener Akad. 1905 u. 1909.

Zu den Einkünften, die den Augsburgern gegen ihre Vorschüsse verpfändet wurden, zählten vor allem die Gewinne aus dem Tiroler Bergbau. Später wußten die Fugger im Verein mit den Thurzos auch die Hand auf das ungarische Kupfer zu legen. Wir sehen das Handelskapital im Bergbau sich festlegen. Die Verbesserung der Technik, das Eindringen tieferer Stollen, war nur durch stärkere Investitionen möglich, zu denen die alten Gewerken nicht imstande waren. Die große Unternehmung, sei es im Bergbau, sei es im Kolonialhandel, für den die Welser in Venezuela ein Privileg erhielten, wurde als staatliches Monopol einzelnen großen Firmen, später in England Gesellschaften übergeben, die dafür dem Staat bestimmte Vorschüsse leisteten. Karl V. verdankte die Kaiserkrone den Fuggern, die den Stimmen der Kurfürsten das beste Angebot machen konnten, und auch später, als der Kaiser durch den Abfall Moritz von Sachsens in die größte Gefahr geriet, rettete ihn das Eintreten Anton Fuggers, so daß Ehrenberg geradezu von einem Zeitalter der Fugger sprechen kann[1].

Die Börse von *Antwerpen* war als Erbin von Brügge zunächst Warenbörse. Hier verkaufte der König von Portugal den Pfeffer und die Gewürze seiner ostindischen Kolonien, hierher kamen das ungarische Kupfer und die Nürnberger Messingwaren, Getreide aus der Ostsee, Wein aus Frankreich, Wolle aus England, Tuche aus Italien. An diesen internationalen Warenverkehr schloß sich das Geldgeschäft an. Hier wußten die Fugger ihre Mittel zu verstärken, ihre Briefe waren eine beliebte Anlage, aber auch Thomas Gresham nahm hier die Anleihen für seine Königin auf.

Lyon leistete als Waren- und Geldumschlagsplatz den Königen von Frankreich entsprechende Dienste. Dazu fanden sich vor allem Florentiner, aber auch manche Oberdeutsche ein. Hans Kleberg, der „gute Deutsche", leitete hier die Kapitalien dem französischen Hofe zu, wie Lazarus Tucher in Antwerpen dem niederländischen.

Neben den Augsburgern traten die *Genueser Bankiers* für den spanischen Kredit ein. Sie wußten ihm in den *Wechselmessen*, die zuerst in Besançon eingerichtet wurden, dann über Chambery 1579 nach Piacenza wanderten, um schließlich in Novi zu enden, ein ausgezeichnetes Instrument zu verschaffen. Hier sammelten sich die Zahlungen aus der ganzen von den Habsburgern beherrschten Welt, von Spanien bis zu den Niederlanden. An ihnen konnten aber auch die spanischen Könige kurzfristig von einer Messe zur anderen Geld aufnehmen, das sie nötig hatten, wenn etwa in Flandern Sold zu zahlen war und die Silberflotte aus Amerika noch nicht eingetroffen war.

Die Überspannung des Kredits hatte 1557 eine schwere Finanzkrise zur Folge. Philipp II. kündigte die Anweisungen auf die Kroneinkünfte und gab dafür seinen Gläubigern fünfprozentige Renten, die aber nur mit großem Verlust zu realisieren waren. Die Gesamtsumme der schwebenden Schuld Spaniens betrug damals 7 Millionen Dukaten, von denen je zwei auf die Fugger und die Genuesen entfielen. Diesem Bankrott des spanischen Königs folgte die Zahlungseinstellung des französischen. Weitere Schwierigkeiten folgten, so daß schon vor dem dreißigjährigen Kriege das stolze Gebäude des abendländischen Kredits zusammenbrach. —

Die *Städte* hatten im Mittelalter gelegentlich das Bankgeschäft selbst in die Hand genommen, teils um seine Gewinne zu erhalten, teils um für einen ordnungsmäßigen Geldumlauf zu sorgen. In Bar-

[1] Ehrenberg, R.: Zeitalter der Fugger. 1896. — Strieder, J.: Jacob Fugger der Reiche.

celona begegnet 1401 eine Tabula cambiorum. Der Frankfurter Rat richtete 1402 eine Bank ein. Einen eigenartigen Versuch, die Währung stabil zu halten, stellt die 1408 an die Genueser Staatsgläubigerorganisation der Casa di S. Giorgio angegliederte Bank dar. Man glaubte das steigende Aufgeld, das damals das stabilere Goldgeld gegen das stärkeren Verschlechterungen ausgesetzte Silbergeld gewann, auf Machinationen der privaten Bankiers zurückführen zu sollen und verpflichtete daher die Bank, den Fiorino zu 27 Soldi zu wechseln. Da aber die Bank gegen das weitere Auseinanderfallen der Währung sich als machtlos erwies, stieg doch der Kurs des Goldguldens auf 47 silberne Solidi, stellte die Casa 1444 die Bankgeschäfte ein.

Erst 1586 wurde wieder ein Bankbetrieb für Goldmünzen von der Casa eröffnet, dem 1606 ein solcher für Genueser Silberscudi, 1625 für spanische 8 Realenstücke folgte. 1675 entschloß man sich, auch für Moneta corrente, die kleine Silbermünze des täglichen Verkehrs, eine Umschreibebank einzurichten. Nach dem Muster der Genueser Georgsbank wurde 1593 die Mailänder Ambrosiusbank gegründet.

In Venedig griff der Staat aus anderen Gründen ein. Hier hatten die privaten Bankiers die ihnen anvertrauten Depositen zu riskanten Warengeschäften benutzt. 1374 versuchte daher der Staat, den Banken den Handel in Metallen und Geweben, Saffran und Honig zu verbieten, mußte sich aber bald durch Vorstellungen des Hauses Soranzo zu Ausnahmen verstehen. So suchte man 1403 den Betrag der auf solche Geschäfte zu verwendenden Summe zu beschränken. Sie sollte nicht mehr betragen als das anderthalbfache des dem Staate geliehenen. Da aber das 16. Jahrhundert die Schließung einer Reihe von privaten Banken brachte, entschloß man sich 1587 in Venedig zur Gründung des öffentlichen Banco di Rialto, dem 1619 der Banco Giro folgte, in den 1637 der Banco di Rialto aufging.

1609 wurde in Amsterdam eine Girobank gegründet. Alle größeren Zahlungen und alle Wechselzahlungen sollten durch Umschreibung in ihren Büchern vorgenommen werden. Die Depositen mußten in guter Silbermünze geleistet werden. Dadurch wurde die Währung auf eine solide Basis gestellt und das Bankgeld konnte sogar gegenüber der umlaufenden ständig weiter sich verschlechternden Münze ein Aufgeld gewinnen. Nach dem Muster der Amsterdamer Bank wurde 1619 die Hamburger Bank gegründet und 1621 die Nürnberger Bank.

Es schien, als könnten diese Girobanken in keine Schwierigkeiten geraten, da sie im Prinzip Spekulationen ausschließen und nur über die eingezahlten Depositen zu verfügen haben. Indessen erwuchsen ihnen aus zweierlei Gründen Gefahren.

1. Man sah, daß die Depositen nicht immer voll zur Deckung bereitgehalten werden brauchten. Das verleitete dazu, heimlich Vorschüsse zu gewähren, die bei nicht rechtzeitiger Rückzahlung dem Institut verhängnisvoll werden konnten. Der Venetianer Banco del Giro hatte als Fonds eine Schuld des Staates. 1630—66 stellte die Bank ihre Barzahlungen ein, wiederum 1713—39. Doch hielt das Vertrauen auf den Staat beidemal das nun entstehende Disagio gegen den Dukaten in mäßigen Grenzen. 1806 wurde die Bank durch Napoleon aufgehoben.

Die Genueser Georgsbank konnte dem Staat die Gelder für den Bau des Freihafens und der Staatsbäckerei vorschießen. Trotz solcher Inanspruchnahme stieg das Agio von Bankgeld über Moneta corrente bis auf $16^1/_5$ %. Da führte die Besetzung der Stadt durch die Österreicher 1746 zu einer Katastrophe der Bank. Graf Cotek verlangte eine Kontribution von 3 Millionen £, die nur aus den Depositen der Bank bezahlt werden konnten. Daraufhin mußte die Bank ihre Barzahlungen einstellen. Wir können uns vorstellen, daß nunmehr das Aufgeld des Bankgeldes verschwand und sich in ein Disagio gegen Moneta corrente verwandelte. Immerhin hielt sich der Kurs zwischen 97 und 68 %. Als 1797 die Casa di S. Giorgio aufgelöst wurde, stand 3 Millionen £ ungedeckter Biglietti eine Staatsschuld von $4^1/_2$ Millionen £ gegenüber.

Die Bank von Amsterdam sah 1672, als die Franzosen bis Utrecht vorrückten, den Kurs ihres Bankgeldes 5 % unter den des umlaufenden Geldes sinken, aber sie erholte sich bald von diesem Anprall. Im 18. Jahrhundert ließ sie sich jedoch zu größeren Anleihen an die Stadt und die ostindische Bank verleiten, so daß sie, deren Kredit bis 1790 unerschüttert blieb, 1795 mit Verlust liquidieren mußte.

Auch die Hamburger Bank, die als Lehn- und Wechselbank bezeichnet wurde, geriet durch übertriebene Belehnungen in die Notlage, wiederholt, 1672, 1734, besonders aber 1750—59 ihre Kasse schließen zu müssen.

2. Dazu machte sich in Hamburg die zweite Gefahr geltend, der die Girobanken ausgesetzt waren, daß nämlich die Münze, auf die sie gestellt waren, doch auch in ihrem Gehalt wechselte. So geschah es trotz der Reichsmünzordnungen mit dem Taler. Erst als die Hamburger Bank sich entschloß, die Pfänder aufzukündigen, und 1770 als Bankfuß eine bestimmte Menge Feinsilber ansetzte, die M-Banco, die nicht geprägt wurde, sondern nur einem bestimmten Gewicht entsprach, wurde sie das Vorbild einer reinen Girobank. Als solche konnte sie ihren Kredit bis zu der Aufnahme in die Reichsbank 1875 bewahren. Als die Franzosen 1813 Hand an ihre Depositen legten, fand sich sogar ein durch die Schreibgebühren zu erklärender Überschuß über die Depositen in der Kasse vor. Für die damals von Davoust entnommenen $7^1/_2$ Mill. M. wurde 1816 den Deponenten eine Rente gewährt. Die Bank aber hatte schon im Juni 1814 gleich nach dem Abzug der Franzosen ihren Betrieb wieder aufgenommen.

Während die Zerrüttung der Münzverhältnisse, das Nebeneinander stabilerer Goldmünzen, mäßig sich verschlechternder grober Silbermünzen und stark durch Abnutzung und minderwertige Prägung im Kurs sinkender kleiner Münze, der Bank vor allem die Aufgabe einer Stabilisierung der Währung zuwies, machte sich auch das Bedürfnis nach einer Organisation des Kredits durch die Bank geltend.

Zwei Schichten kamen hierfür in Betracht, der Handel und der Grundbesitz. Für beide wurden in England Pläne erwogen, als die Beschlagnahme der Depositen der Goldschmiede im Tower den öffentlichen Kredit erschüttert hatte. Gegen die Tories, die eine Hypothekenbank gewünscht hatten, wurde 1694 die Bank von England als Handelsbank gegründet. Gegen Hingabe von 1200000 £ wurde den Staatsgläubigern außer der Verzinsung dieser Summe das Recht gegeben, daß in London und Umgegend keine andere Gesellschaft Noten ausgeben dürfe. Neben der Bank von England behielten also die Londoner Privatbankiers und die Banken außerhalb des Umkreises von London, die sog. Provinzbanken, das Recht der Notenausgabe. Die Bank von England aber bildete sich zum zentralen Noteninstitut des Landes aus. Als Deckung dienten ihr vor allem die Handelswechsel mit höchstens dreimonatlicher Laufzeit. Der kurzfristigen Verbindlichkeit der Noten entsprach also eine kurzfristige Deckung.

Dem Plan seines Landsmanns Paterson, der in der Bank von England seine Verwirklichung fand, setzte der Schotte Law einen andern entgegen, bei dem er den Boden des Landes mobilmachen wollte. Darin schien ihm die sicherste Grundlage auszugebenden Papiers gegeben. Es gelang ihm in Frankreich 1719, die Staatsschuld in Aktien seiner Kompanie umzuwandeln, aber als er dazu überging, diese Aktien durch Papiergeld zu ersetzen, ergab sich eine solche Inflation, durch die Übermenge des Geldes eine solche Preissteigerung, daß Law ihr durch Halbierung des Wertes seiner Billette glaubte entgegentreten zu müssen. Damit aber entzog er seiner Bank allen Kredit. Noch einmal erlebte Frankreich den Zusammenbruch seines Papiergeldes, als es in der Revolution auf die schwer zu realisierenden Nationalgüter ein Übermaß von Assignaten ausgegeben hatte.

Den Plan einer Hypothekenbank verwirklichte Preußen. 1770 wurde auf den Vorschlag des Kaufmanns Büring die schlesische Landschaft gegründet, eine Zwangsorganisation der Rittergutsbesitzer der Provinz, der aber Selbstverwaltung verliehen wurde. Wer Kredit in Anspruch nahm, erhielt nach Einschätzung seines Gutes Pfandbriefe, die er selbst auf den Markt zu bringen hatte. Gewiß wurde auf diese Weise der Grundbesitz mobilisiert, aber der verzinsliche Pfandbrief stellte eine Anlage, eine Form des Kapitals dar. Ein solches Wertpapier konnte gelegentlich in Zahlung gegeben werden, war aber prinzipiell vom Gelde verschieden. Nach dem Muster Schlesiens wurden 1777 für die Mark, 1781 für Pommern, 1787 für West-, 1788 für Ostpreußen Landschaften errichtet[1] (vgl. Art. *Landschaften*).

Somit war für den langfristigen Hypothekarkredit in dem Pfandbrief der Landschaften die langfristige Deckung gefunden und dem kurzfristigen Handelskredit mit seinen Wechseln kam die Notenbank entgegen. Allein die verschiedenen Geschäftsarten wurden nicht immer scharf voneinander geschieden. Dazu brachten die Anforderungen der öffentlichen Hand immer wieder Verwirrung im Bankwesen.

Die 1705 gegründete Wiener Stadtbank bekam 1713 das Recht, ihre Mittel außer durch Depositen durch verzinsliche Obligationen zu vermehren. Doch diente sie vor allem dem Staatskredit. Dadurch, daß sie 1769 von der Hofkammer übernommen wurde, erhielten die Bankozettel vollends einen ganz anderen Charakter, als ihr Name besagte: sie wurden zu einer Form des Staatspapiergeldes, dessen Ausgabe sich nicht nach dem Bedarf der Zirkulation, sondern nach dem der Staatskasse richtete. Durch den Krieg gegen die französische Revolution schwoll die österreichische Staatsschuld verheerend an. 1800 mußte der Zwangskurs der Bankzettel erklärt werden. Das Agio stieg immer mehr. 1811 kam es zum Bankrott. Die Bankozettel wurden auf den fünften Teil ihres Nennwertes zusammengelegt. Die 1816 neu gegründete Notenbank betrieb hauptsächlich Hypothekargeschäfte, während die Wiener Privatbankiers bis in die Mitte des Jahrhunderts sich vorzugsweise der Unterbringung von Renten widmeten.

Die 1765 gegründete Preußische Bank, die 1766 auch das Recht der Notenausgabe erhalten hatte, geriet 1807 dadurch in die größte Schwierigkeit, daß sie die ihr kurzfristig anvertrauten Depositen langfristig in Hypotheken angelegt hatte, zumal in den durch den Frieden Preußen verlorengegangenen polnischen Provinzen. Erst nach ihrer Reorganisation 1817 widmete sich die Bank, der Kurzfristigkeit der ihr anvertrauten Depositen entsprechend, der Anlage in Wechseldiskontierung und Beleihung von Lombardpfändern. Dem Notenumlauf trat die Regierung 1837 in Preußen entgegen, da sie in den Noten nur eine besondere Form des Staatspapiergeldes sah, der die staatlichen Kassenanweisungen vorzuziehen seien.

[1] Weyermann, M.: Zur Geschichte des Immobiliarkreditwesens in Preußen. 1910.

Die 1668 in Stockholm gegründete Bank hat als erste Banknoten ausgegeben. Da sie aber unter Karl XII. für seine Kriegführung in Anspruch genommen wurde, fiel der Kurs ihrer Zettel auf 10% und weniger ihres ursprünglichen Wertes. Auch die 1736 ins Leben gerufene Kopenhagener Bank mußte unter dem 1782 verstorbenen älteren Grafen Schimmelmann dem Staatskredit dienen und dann den 1778 und 1781 gegründeten West- und Ostindischen Kompanien. Seit 1757 war die Bareinlösung ihrer Zettel aufgehoben. Günstiger entwickelten sich die Verhältnisse in Schleswig-Holstein, die der jüngere Schimmelmann selbständig zu gestalten bestrebt war. Zwar konnte die 1776 in Altona gegründete Girobank neben der Hamburger Bank nicht Fuß fassen. Doch wurde die Schleswig-Holsteinische Speziesbank, in die sie 1788 aufging, zum Rückhalt der Währung in den Herzogtümern. Bei dem Zusammenbruch des dänischen Staates wurden sie jedoch mitbetroffen. Der Fonds der neu zu bildenden Reichsbank, der die Tilgung des übermäßig ausgegebenen dänischen Papiergeldes übertragen wurde, sollte bestehen aus einer 6proz. Forderung vom Werte alles unbeweglichen Eigentums. Zu dieser „Bankhaft" wurde auch der Grundbesitz der Herzogtümer herangezogen.

Während der Kapitalüberfluß in der Schweiz 1755 zur Gründung einer Zinskommission in Zürich führte, die die überschüssigen Kapitalien des Landes im Ausland anlegen sollte, gehörte es zu den Aufgaben der 1772 in Berlin gegründeten Seehandlung, auswärtige Kapitalien dem inländischen Handel zuzuführen[1].

Die Verbindung verschiedener Geschäftszweige findet sich auch noch bei der 1835 ins Leben gerufenen Bayerischen Hypotheken- und Wechselbank sowie bei den seit 1834 entstandenen Schweizerischen Kantonalbanken, die einerseits den öffentlichen Geldern und den Einlagen der Sparer eine sichere Anlage bieten, anderseits dem Hypothekarkredit und dem Kredit der mittleren und kleinen Gewerbetreibenden dienen sollten, dabei häufig noch mit Notenausgabe verbunden waren.

III. Bankwesen der neueren Zeit.

Industrielle Entwicklung und Bankwesen. Die Bank von England seit den napoleonischen Kriegen. Die Ausdehnung des Scheckverkehrs. Die englischen Depositenbanken und das englische Banksystem. Verbreitung der Bankgrundsätze, die Banque de France. Lösung des Bankgeschäftes vom Handel. Das Haus Rothschild. Die Emissionsbanken, der Crédit Mobilier. Genossenschaftsbanken und Sparkassen. Die führenden deutschen Banken. Das amerikanische Bankwesen. Ausblick auf die Gliederung und die Aufgaben der Banken.

Eine ganz neue Aufgabe entsteht dem Bankwesen im 19. Jahrhundert mit dem Aufkommen des industriellen Großbetriebes. Die Umwandlung der Produktion durch den Siegeszug der Technik seit dem letzten Drittel des 18. Jahrhunderts bedeutet überhaupt den entscheidendsten Einschnitt in der Geschichte der Wirtschaft. Waren früher große Leistungen nur durch Zusammenfassung größerer Menschengruppen möglich gewesen, so werden sie es jetzt durch die Beherrschung der Kräfte der Natur Es wäre aber verfehlt, die neue Zeit lediglich unter dem Bilde des neu entstandenen Produktionsapparates zu sehen. Daß der Großbetrieb in dem Maße, wie es geschehen, sich ausbreiten konnte, verdankte er nicht zum wenigsten einer neuen Organisation des Handels, die für den Absatz der gesteigerten Produktion sorgte, und dem Bankwesen, das die neuen Betriebe gründen half und mit laufenden Mitteln versah. Die gesteigerte Produktivität zu Ausgang des 19. und zu Beginn des

[1] v. Poschinger, H.: Bankwesen und Bankpolitik in Preußen. 1878f. — Landmann, J.: Leu & Co. 1905.

20. Jahrhunderts ist neben den Errungenschaften der Technik auf den Aufbau des Bankwesens in dieser Zeit zurückzuführen, durch den es möglich wurde, alle Mittel der Volkswirtschaft zu mobilisieren und gewinnversprechenden Anlagen zuzuführen.

Freilich hielt das Wachsen des Staatsbedarfs an. Aber daß dies Anwachsen nicht alles verschlang, wie zu Ausgang des römischen Kaiserreichs im 3. Jrh. n. Chr. oder im Weltkrieg, wurde nur dadurch ermöglicht, daß die Produktivkräfte zunächst Englands, dann auch der übrigen Länder noch stärker stiegen. Zu diesen Produktivkräften gehört auch die Organisation des modernen Bankwesens.

Die Unterbringung der Staatsschulden war die erste Aufgabe, die ihm gestellt blieb. Im 18. Jahrhundert fand HUME, daß die Staatsgläubiger neben den Grundbesitzern eine neue wichtige Schicht der Besitzenden bildeten. Vom 13. Jahrhundert bis zum Ausgang des 18. hatten die italienischen Kommunen ein bemerkenswertes Beispiel kapitalistischer Kontinuität geliefert, indem sie ihre Schulden, wenn auch unter wechselnden Bedingungen, ständig weiterverwalteten. Als aber die französische Revolution diese Kontinuität durchbrach, zeigte England zuerst in den Napoleonischen Kriegen die Möglichkeit der Durchhaltung der zentralen Bank auch unter solchen Erschütterungen.

Die wachsende Kapitalkraft des Landes gestattete es der englischen Regierung, im 18. Jahrhundert sich direkt an das Publikum zu wenden, an den Kapitalmarkt, ohne zu Zwangsanleihen zu greifen oder, wie noch bei der Gründung der Bank von England, bestimmten Kapitalgruppen Privilegien zu erteilen. 1751 gelang die Zusammenfassung der Staatsschulden zu den 3%-Konsols. An diesem Typ hielt die Regierung fest, auch als in der Not des Krieges der Emissionskurs erheblich gesenkt werden mußte. Die Börse diente zur Unterbringung der neu aufzunehmenden Summen. Die Bank von England aber diente allein dem privaten Handel.

Als sie 1797 sich gezwungen sah, die Barzahlungen einzustellen, glaubte ihr der Hamburger Volkswirt BÜSCH das Schicksal der anderen Notenbanken des 18. Jahrhunderts voraussagen zu müssen. Allein, wenn auch der Kurs ihrer Noten unter das Münzpari sank, so wurden sie doch nicht ganz entwertet wie die Assignaten, sondern behaupteten sich unter wechselnden Sätzen und konnten nach dem Frieden die Parität wieder erreichen. Die Bedingung dafür, daß hier die Note dauernd die Funktion des Geldes übernehmen konnte, lag darin, daß nicht nur der Staat und die Bank von England hinter ihr standen, sondern vor allem die Kaufleute der City sich bereit erklärten, sie in Zahlung zu nehmen. Dazu kam, daß als Deckung neben einer festbegrenzten Schuld des Staates, die ungefähr dem Betrage entsprach, der dauernd in Zirkulation blieb, nur Handelswechsel dienten, die freilich zu dem gleichbleibenden Satze von 5% diskontiert wurden. Dadurch erklät sich der Widerspruch zwischen der Behauptung der Direktoren, sie wären vorsichtig verfahren, und dem Vorwurf RICARDOs und des Bullion Committee, die in dem Zuviel der Noten den Grund ihres Disagios sahen.

Die Bank von England erwies sich weiter als Hüterin der Währung und als Mittelpunkt des Kredits des Landes. Bei ihrer neuen Verfassung unter der PEELschen Bankakte von 1844 hatte man im Sinne RICARDOs vor allem ihre Sicherheit vor Augen. Die Summe der nicht in bar gedeckten Noten wurde kontingentiert. Dabei wuchs das Kontingent der Londoner Privatbankiers und der Provinzbanken mehr und mehr dem der Bank von England zu.

Allein die Starrheit dieses Systems zeigte sich bei dem größeren Geldbedarf in Krisenzeiten verhängnisvoll. Man gestattete daher wiederholt, so 1847, 1857 und 1866, die zeitweilige Aufhebung des Bankakte. Die durch sie erreichte Beschränkung des Notenumlaufs hatte aber auch zur Folge, daß man sich nach anderen Mitteln zur Bewältigung des wachsenden Zahlungsmittelbedarfs umsah. Man fand sie vor allem in der Ausdehnung des Scheckverkehrs, dem die großen Depositenaktienbanken den Hauptrückhalt schufen. 1834 hatte als erste die London and Westminster Bank in der Hauptstadt Fuß gefaßt, anfangs heftig befehdet nicht nur von der Bank von England, sondern auch von den Privatbankiers, die sie erst 1854 zu ihrem Clearingverkehr zuließen. Dadurch, daß in dem Londoner Clearing die Schecks der großen Banken zusammenströmten, konnte ein großer Teil von ihnen durch gegenseitige Verrechnung beglichen werden. Die Ausbildung dieser bargeldlosen Methoden des Zahlungsverkehrs führte dazu, daß England mit einem Drittel der Summe von Edelmetall auskam, die das in dieser Hinsicht schwerfälligere Frankreich gebrauchte. Deutschland hatte es vor dem Kriege dahin gebracht, in der Mitte zwischen beiden zu stehen. Der große Aufschwung, den die englische Warenproduktion besonders seit den 50er Jahren des 19. Jahrhunderts, die deutsche seit den 90er Jahren nimmt, ist also nicht nur durch die gesteigerte Goldproduktion jener Zeit erleichtert, sondern in höherem Maße noch durch die Organisation des Zahlungsverkehrs und des Kredits durch die Banken, (vgl. *Bargeldloser Zahlungsverkehr*).

Der Scheckverkehr der Londoner Depositenbanken half nicht nur, den englischen Zahlungsverkehr elastisch zu gestalten. So wie einst die Noten den Handelswechseln den nötigen Rückhalt gewährt hatten, kamen jetzt die kurzfristigen Kredite der Depositenbanken, die sie den großen Akzepthäusern und der Stock Exchange zur Verfügung stellten, den gewaltig vermehrten Ansprüchen entgegen, die London als Mittelpunkt des Welthandels und Wechselverkehrs stellte.

Die Londoner Börse hatte die riesigen Schulden aufgenommen, mit denen England den Krieg gegen Napoleon finanziert hatte. Auch die den Verbündeten gewährten Anleihen fanden in London ihren Markt. Mit den 30er Jahren erwuchs der Börse eine neue Aufgabe, die gewaltigen Kapitalien aufzubringen, die zum Bau der Eisenbahnen erfordert wurden. Neben die Staatspapiere traten Bonds und Shares der Eisenbahngesellschaften. Und nicht nur die Eisenbahnen der eigenen Landes finanzierte die Londoner Börse. Überall in der Welt wurde mit englischem Kapital gebaut. Den Bonds der amerikanischen Bahnen wurde eine besondere Ecke der Stock Exchange eingeräumt. Der Finanzierung des auswärtigen Handels folgte die Finanzierung auswärtiger Unternehmungen. So konnte es kommen, daß nach einer Schätzung der an der Londoner Börse gehandelten Werte vor dem Kriege mehr als die Hälfte der mehr als 10 Milliarden £ britischer Effekten auf Anlagen im Auslande entfielen.

Die britische Industrie ist hingegen weitgehend aus den Kreisen der Industrie selbst finanziert. Der ungestörte Kapitalbildungsprozeß gestattete ein langsames Anwachsen der Familiengründungen. Wohl konnten die industriellen Unternehmungen ihre Kräfte durch Wechsel verstärken, durch die Londoner Bankiers ihnen die Überschüsse der agraren Gebiete vermittelten. Als aber bei weiterer Ausdehnung des Geschäfts die Umwandlung in Aktiengesellschaften in Frage kam, fanden diese Effekten auf den lokalen Märkten von Liverpool,

Manchester, Birmingham, Glasgow usw. ihren Absatz. Die Londoner Börse diente nur den Unternehmungen des Londoner Distrikts zur Aufnahme ihrer Papiere.

Mit dem Rückhalt von Bank und Börse konnte in London die Einzelfirma des privaten Merchant Banker als treibendes Element auf dem Londoner Platz ihre Stellung behaupten und erweitern.

Wohl ist auch die englische Industrie von dem Konzentrationsprozeß erfaßt, wohl hat auch England die Vorzüge des kontinentalen Systems der Verbindung von Depositen- und Emissionsgeschäft in der Hand der Großbanken erkannt, doch ist noch heute in der Politik der Bank von England und der großen Depositenbanken die Rücksicht auf den Handel maßgebend. Das verleiht dem englischen Bankwesen die Verbindung von Solidität und Liquidität, die anders aufgebaute Volkswirtschaften nicht ohne weiteres nachzuahmen vermögen. Die Zusammenballung des Bodens in der Hand weniger, die die Mehrzahl der Landwirte und der Hausbewohner in die Stellung der Pächter und Mieter verweist, läßt für die Ausbildung des Agrarkredits wenig Raum.

Die Arbeitsteilung, die das englische Bankwesen in seiner besonderen Ausbildung charakterisiert, findet in immer bewußter geübter Zusammenarbeit ihre Ergänzung. Standen sich anfangs die Privatbankiers, die großen Aktienbanken und die Bank von England fast feindlich gegenüber, so wurde ihre Tätigkeit mehr und mehr so geregelt, daß die Bank von England den Rückhalt des ganzen Systems bildete. Wenn in Krisenzeiten die anderen Banken der Börse keine Kredite gewährten, so konnte man sich, wenngleich unter erschwerenden Bedingungen, an die Bank von England wenden.

Das Zusammenarbeiten der englischen Banken zeigte sich 1890, als die durch die Ungunst der argentinischen Verhältnisse herbeigeführte Krisis des Hauses Baring zu einer Krise des Londoner Marktes sich auszudehnen drohte, der die Bank von England durch das Mittel der Diskonterhöhung nicht mehr Herr werden zu können glaubte. Damals taten sich unter der Führung der Bank von England die großen Aktienbanken zu einem Garantiekonsortium zusammen, das die Abwicklung der 21 Millionen £ Baringscher Verbindlichkeiten gestattete[1].

Die durch das Vertrauen auf die Sicherheit der Amsterdamer Bank gesicherte Währung wurde die Grundlage des holländischen Kredits. Noch im 18. Jahrhundert war Amsterdam der Mittelpunkt des Kapitalverkehrs. Nicht nur liefen hier die Fäden des Wechselgeschäfts zusammen, auch langfristige Anleihen konnten die Staaten hier am besten unterbringen, vor allem der Kaiser, aber selbst noch die Republik Polen fand hier finanzielle Hilfe. In kleinerem Maße genoß Hamburg durch seine Bank die gleichen Vorteile. Der dänische Kurs wurde durch die Hamburger Börse bestimmt. Nach der Besetzung Hollands durch die Franzosen rückte 1795 für eine Zeit lang Hamburg an die Stelle von Amsterdam. Im Binnenlande gewann Frankfurt als Bankplatz steigende Bedeutung, dazu die Schweizer Plätze Basel, St. Gallen, Zürich und Genf. Das 19. Jahrhundert brachte nicht nur die Verschiebung des Schwerpunktes des internationalen Kapitalmarktes nach London, sondern auch die Verbreiterung des Bankverkehrs und die Ausbildung seiner Organisation.

[1] POWELL, E.: The evolution of the money market. London 1915. — v. WIESER, C. W.: Der finanzielle Aufbau der englischen Industrie. Jena 1919.

Napoleon gründete 1800 die Banque de France, die nach einer Krise, hervorgerufen durch dem Staat und Privaten auf Finanzwechsel zu reichlich gewährte Kredite, 1806 ihre definitive Verfassung erhielt als private Aktiengesellschaft, aber unter Leitung vom Staat ernannter Gouverneure. Sie wußte sich eine der Bank von England entsprechende Stellung zu erringen. 1848 wurde ihr das Notenmonopol für ganz Frankreich gegeben. Bei der Neugründung der Preußischen Bank 1846 diente in wesentlichen Punkten — Form der privaten Aktiengesellschaft unter staatlicher Leitung — die Banque de France als Muster.

Entsprechend der mit Ausnahme der Zeit Napoleons III. geringeren Aktivität der französischen Wirtschaft behaupteten sich auf dem Pariser Kapitalmarkt die Renten des Staates als wichtigste Anlage. Ein Überschuß der Ersparnisse wurde besonders fremden Anleihen zugeführt; nicht ohne politische Einflüsse. —

Das Bankgeschäft war vom 16. bis in den Anfang des 19. Jahrhunderts hinein in Zusammenhang mit anderen kaufmännischen Geschäften betrieben worden. An den größeren Umschlagsplätzen wurden die Waren einheimischen Händlern anvertraut, um darüber nach ihrer Kenntnis der lokalen Lage zu disponieren, sie entweder als Kommissionär zu verkaufen oder weiter zu spedieren. An diese Handelstätigkeit schloß sich der Auftrag an, für die Einkassierung der Gelder zu sorgen. So finden wir die größeren Häuser unter der Firma: Spedition, Kommission und Wechsel. Eingehend wird uns von dem Hause Eichborn & Co. geschildert, wie der Breslauer Bankier den schlesischen Leinenhandel zu finanzieren hatte. Da die Spanier, Portugiesen usw. nach Bestellung der Ware erst Rembours gaben, wenn sie versandtfähig oder gar erst wenn sie in den Händen des Hamburger Expediteurs war, mußten die Schlesier 6—8 Monate in Vorschuß bleiben. Der Breslauer Bankier war kein Mann von bedeutender Kasse, doch suchte er den Handel, schon um der armen Weber willen, dauernd in Betrieb zu halten[1].

Unter den Händlern einer Branche sonderten sich einige ab, die sich auf das Bankiergeschäft beschränkten und es ausbauten. Durch ihre Branchenkenntnis fanden sie in ihren früheren Handelsgenossen die gegebenen Kunden, die sie auch am besten bedienen konnten. Später stellte sich für große Häuser wohl die Frage, entweder diesen Übergang zu vollziehen oder zugrunde zu gehen.

Die öffentlichen Aufträge und der öffentliche Bedarf stellten zunächst die größten Anforderungen. So war Samuel Oppenheimer der Heereslieferant Kaiser Leopolds I. gewesen. Ouvrard finanzierte als Munitionnaire général die Kriege der französischen Republik. Als Armeelieferant der österreichischen Regierung kam das Stuttgarter Haus Kaulla & Co. auf.

Der Bankier, der den laufenden Bedarf des Staates befriedigen sollte, der vor allem seine dauernden Schulden unterzubringen hatte, mußte suchen, denen, die überschüssige Mittel hatten, durch Zinsen den Vorzug einer Anlage vor der eigenen Hortung, dem Stecken des Geldes in den Strumpf, klarzumachen. Er wurde der Verwalter großer Vermögen und der Kasse des Geschäftsmannes.

Die Stellung, die das Haus Hope in Amsterdam, das Haus Parish in Hamburg, das Haus Bethmann

[1] EICHBORN, K. MORITZ: Das Soll und Haben von Eichborn & Co. in 175 Jahren. Breslau 1903. — LENZ, F., u. O. UNHOLTZ: Die Geschichte des Bankhauses Gebr. Schickler. Berlin 1912. — VOELCKER, H.: Geschichte der Familie Metzler und des Bankhauses B. Metzler seel. Sohn & Co. Frankfurt 1924. — Geschichte des Bankhauses J. A. Krebs. Freiburg i. B. 1921.

in Frankfurt selbst einnahm, wurde überschattet durch das Aufkommen des Hauses Rothschild, das in der Zeit der Restauration die Fäden der internationalen Finanz beherrschte. Zu der Verwaltung des Vermögens des Landgrafen von Hessen hatte sich Anselm Rothschild die Übermittlung der englischen Kriegs- und Subsidiengelder nach dem Kontinent zu verschaffen gewußt. Dadurch, daß seine Söhne in den verschiedenen Hauptplätzen Europas sich etablierten, in Frankfurt, London, Paris, Wien und Neapel, wurde eine Mannigfaltigkeit des Geschäfts erreicht, wie sie wohl die Florentiner Häuser des 14. und 15. Jahrhunderts besessen hatten, nicht aber die Fugger und die Genuesen, die doch nur die eine Gruppe der Mächte finanzierten. Die überragende Macht des Hauses zeigte sich bei internationalen Verwicklungen. Anekdotisch ist sie zusammengefaßt in dem Ausspruch der Mutter Rothschild, als anläßlich der Selbständigmachung Belgiens ein europäischer Zusammenstoß drohte: Es gibt keinen Krieg, mein Sohn gibt kein Geld. Wenn aber die Fugger in der Hauptsache mit ihren eigenen Mitteln aufwarten konnten, wußten die Rothschilds für die riesenhaft gewachsenen Summen, die jetzt in Betracht kamen, geschickt die europäischen Börsen zu benutzen. Auf der Londoner Börse wurden auch die Anleihen der neuen südamerikanischen Staaten untergebracht. Paris wurde für spanische Renten wichtig. Wohl haben die Rothschilds auch an den neu aufkommenden industriellen Anlagen sich beteiligt, an den Eisenbahnen in Frankreich und Österreich. Auf diesem Gebiete jedoch erwuchs ihnen nach 1848 in den kontinentalen Emissionsbanken ein überlegener Konkurrent [1].

Bei seinen Plänen einer neuen industriellen Organisation hatte der Graf Saint Simon eine zentrale Bank in den Mittelpunkt gestellt. Diese Pläne wurden von seinen Schülern ausgeführt. 1852 konnten die Brüder Pereire den *Crédit Mobilier* (s. d.) eröffnen, als dessen soziale Aufgabe sie ansahen: „die Befreiung der Völker durch die Entwicklung von Kredit und Arbeit". Die kollektive Organisation des Kredits sollte also allen zugute kommen. Tatsächlich wurde sie zu dem wichtigsten Hebel der kapitalistischen Entwicklung auf dem Kontinent. Schon in Schottland hatten die Banken seit dem 18. Jahrhundert in der Industriefinanzierung ihre wichtigste Aufgabe gesehen. Sie wurde nunmehr auf dem Kontinent in größtem Maßstabe aufgenommen. Im Gegensatz zu England pflegten hier die Aktienbanken neben dem sog. regulären Bankgeschäft auch das Emissionsgeschäft. Eigentümlich ist bei dem Crédit Mobilier das Durchdrungensein seiner Führer von dem Bewußtsein ihrer gemeinnützigen Aufgabe in Verbindung mit gewagtesten Spekulationen, die ihm 1867 zum Verhängnis wurden. Überschreitung der Bauanschläge bei der spanischen Nordbahn und Fehlschläge der Société Immobilière in Marseille wegen Nichtbewilligung eines Bahnanschlusses hatten seine Mittel zu sehr gebunden.

Nach dem Muster der Crédit Mobilier wandelte Mevissen, selbst ein Schüler St. Simons, das Schaaffhausensche Bankgeschäft in eine Aktiengesellschaft um und gründete in Darmstadt — Frankfurt kam wegen der Macht der Rothschilds nicht in Betracht — 1853 die Bank für Handel und Industrie. Entsprechende Institute waren die Österreichische und die Schweizerische Kreditanstalt von 1856. Ihre Hauptaufgabe war, die Mittel für den Bau der Eisenbahnen bereitzustellen. Daneben forderten der Ausbau der Bergwerke und die Versorgung der Industrie mit Maschinen große Summen. Die Banken, welche die Papiere der dafür neu gegründeten Aktiengesellschaften unterzubringen hatten, sorgten zugleich für ihren Betriebskredit im Kontokorrentverkehr. In der Industrialisierung des Kontinents in den fünfziger und sechziger Jahren hatte Frankreich mit seiner Kreditorganisation durchaus die Führung. Der Hauptgründer des Crédit Lyonnais 1863 war auch ein St. Simonist. Doch zog sich diese größte französische Depositenbank gleich ihren Schwesterinstituten von dem Emissionsgeschäft ganz zurück und beschränkte sich auf das sog. „reguläre Bankgeschäft" [1].

Auch bei dem Sozialisten Proudhon steht eine Bank im Mittelpunkt seiner sozialen Pläne. Man hat ihn wohl als kleinbürgerlich bezeichnet. In der Tat denkt er sich die Wirtschaft durch kleine selbständige Unternehmer getragen. Aber diese immerhin von Erwerbsstreben beseelten Einzelnen sollen doch durch ein kräftigeres Band zusammengehalten werden, als bei Adam Smith. Ist es bei Smith der Markt, so ist es bei Proudhon die Bank, die die Einzelnen zu einer sozialen Organisation zusammenbindet. Dieser Bank mutete Proudhon eine antikapitalistische Aufgabe zu: sie sollte dem Zins dadurch entgegentreten, daß sie den Unterschied von Geld und Ware beseitigte. Wir brauchen den Folgerungen dieser These, die in der Dauerbarkeit der Münze statt in der rechtlichen Stellung des Kapitals den Grund sozialer Ungleichheit sieht und bei der Freigeldlehre in der Forderung gipfelt, das Geld der Ware als Schwundgeld gleichzustellen, für das Geldwesen hier nicht weiter nachzugehen. Es sei jedoch erwähnt, daß die Züricher demokratische Verfassung die Gründung einer Bank nach den Proudhonschen Ideen verlangte und daß die Züricher Kantonalbank durch Förderung des Kredits für Handwerker, wie Tischler, Hersteller von Beleuchtungskörpern usw. dieser Forderung einigermaßen entspricht. Die Genossenschaftsbanken, die dem Kleinbetriebe dienen sollen durch Zusammenfassung der Einzelnen zu einer kräftigeren Kreditorganisation, entwickelten sich neben den großen Emissionsbanken auch in den Jahrzehnten nach 1848. Sie finden vor allem in Deutschland Boden, wo Schulze-Delitzsch den Zusammenschluß allgemein fördert, während Raiffeisen besonders den ländlichen Kredit organisiert. Die genossenschaftliche Kreditorganisation (s. *Kreditgenossenschaften II*) drängt den Wucher auf dem Lande zurück.

Vorher schon waren die *Sparkassen* (s. d.) aufgekommen, die die ihnen anvertrauten Gelder vor allem in Hypotheken anlegten. —

Preußen verhielt sich in den fünfziger Jahren nicht nur den Notenbanken sondern den Aktienbanken überhaupt gegenüber feindlich. Es mußte daher eine Reihe derartiger Institute an seinen Grenzen entstehen sehen, deren Papiere auf seinem Gebiet umliefen. Hansemann, der zuerst im Wollgeschäft in Aachen sich betätigt hatte, dann in der Feuerversicherung und im Eisenbahnwesen, schließlich 1848 das preußische Finanzministerium innegehabt hatte, gründete die Diskontogesellschaft zunächst als einen privaten Verein zur Hebung der kleineren Gewerbetreibenden nach dem Muster der Brüsseler Union du Crédit. Indessen litt diese handwerkerliche Kreditgenossenschaft an der Unsicherheit der Zahl der Genossen. Daher verstärkte die Gesellschaft 1856 ihre Mittel durch ein festes Kommanditkapital in Aktien zu 200 Taler bis zum Betrage von 10 Mill. Taler. Damit war sie in der Lage, sich in der Industriefinanzierung zu betätigen. Zugleich mit der

[1] Conte Corti, E. C.: Der Aufstieg des Hauses Rothschild. 1927

[1] Mehrens, B.: Die Entstehung und Entwicklung der großen französischen Kreditinstitute. 1911. — Kaufmann, E.: Das französische Bankwesen. 1911.

als Kommanditgesellschaft gegründeten Berliner Handelsgesellschaft faßte nun also auch in der preußischen Hauptstadt die bisher nur im Westen eingedrungene Organisation des Bankverkehrs Platz. In der Diskontogesellschaft ließen die neuen großen Aufgaben den früheren Tätigkeitsbetrieb mehr und mehr zurücktreten[1].

Das Deutsche Reich vermochte erst seit Einrichtung der Reichswährung und der Reichsbank 1875 die in England seit Beginn des 18., in Frankreich seit Beginn des 19. Jahrhunderts vorhandenen Grundlagen eines weitgehenden Kredites aufzuweisen. Welche Bedeutung bei der Zersplitterung der Währungen der Wechsel immer noch besaß, beweist die bei manchen Bankiers vertretene Meinung, mit der Herstellung einer einheitlichen Währung verlören sie eine Hauptgrundlage ihres Geschäfts. Dafür sollte in dem mit der Reichsgründung einsetzenden industriellen Aufschwung dem deutschen Bankgewerbe gerade eine besonders wichtige neue Aufgabe zufallen. Neben den bestehenden Banken wurden 1870 die Deutsche Bank und 1872 die Dresdner Bank gegründet. Die erste wußte sich durch Ausbildung eines weitverzweigten Depositenwesens größere Mittel zu verschaffen, die andere widmete sich besonders den genossenschaftlichen Organisationen, die in Zeiten der Krise einen kapitalkräftigen Rückhalt gebrauchten. Nirgends sind die großen Banken enger mit der Industrie verbunden als in Deutschland, zumal nachdem die Verstaatlichung der Eisenbahnen deren Papiere der Spekulation entzogen hatte. Die Verwandlung des Produktivkapitals in die Effektenform wird durch die Banken gefördert. Sie selbst unterliegen durch das Hervortreten des Kapitalfaktors vor den individuellen persönlichen Momenten dem Konzentrationsprozeß, den sie ihrerseits bei der Industrie begünstigen, um gleichmäßigere Anlagepapiere zu erhalten.

Der Konzentrationsprozeß setzte nach der Krise von 1900 besonders lebhaft ein. Er führte dazu, daß zahlreiche Privatbankiers verschwanden und an ihre Stelle Filialen größerer Banken traten. Dazu gliederten sich die größten überall im Reich schon bestehende Konzerne an. Frankfurt, das seit den Zeiten des Deutschen Bundes den Mittelpunkt des deutschen Bankwesens gebildet hatte, mußte diese Stellung seit der Reichsgründung an Berlin abgeben. Die Lage Berlins verstärkte sich noch, als die Industriefinanzierung in den Mittelpunkt des Geschäftes trat und Frankfurt dieser Bewegung nicht folgte. Zu den Berliner Banken, die ihre Tätigkeit auf das ganze Reich, ja auf überseeische Beziehungen ausdehnten, traten in andern Städten gegründete Institute, die ihren Schwerpunkt nach Berlin verlegten, wie die Darmstädter Bank, die 1870 in Hamburg gegründete Commerzbank, die Dresdner Bank[2].

Wenn hierbei die kleinen und mittleren Betriebe der Industrie, denen vor allem der Privatbankier und die lokalen Institute gedient hatten, schlechter fuhren, so hatte diese Lücke die Gründung neuer Institute und die Aufnahme bankmäßiger Kreditgeschäfte von seiten solcher Unternehmungen zur Folge, die ursprünglich für einen beschränkteren Aufgabenkreis gegründet waren, wie die Sparkassen.

Gewaltiges ist durch die deutschen Emissionsbanken geleistet. Sie wußten die Mittel bereitzustellen, auf denen der wirtschaftliche Aufstieg Deutschlands vor dem Kriege, die Entwicklung seiner Industrie beruhte. Der Aufbau der elektrischen Industrie Deutschlands ist nicht nur eine Leistung der Technik, sondern nicht minder der Finanzierungsinstitute. Durch Gründung von Überseebanken (vgl. *Überseegeschäft*) dienten die deutschen Großbanken auch dem deutschen Außenhandel. Sie waren führend bei der Ausdehnung der deutschen Wirtschaft, man denke an die Teilnahme, die sie an der Finanzierung der rumänischen Petroleumindustrie oder der Bagdadbahn nahmen.

Um so schwerer wurden die deutschen Banken durch die dem Kriegsausgang folgende Inflation getroffen. Die Zusammenschrumpfung des deutschen Kapitals traf sie in erster Linie. Vor dem Kriege konnte man die Frage stellen, ob in einigen Industriezweigen der Schwerpunkt in den industriellen Unternehmungen oder den sie finanzierenden Banken liege. Da es der Industrie besser gelang, ihr Kapital zu erhalten, ist heute der Einfluß der Banken wesentlich geringer. Sie sind heute darauf angewiesen, mit auswärtigem Kapital zu arbeiten. Die Gefahren, die mit der Benutzung kurzfristiger auswärtiger Kredite verbunden sind, zeigten sich im Sommer 1931 in der Krise, die der Gefährdung der österreichischen Kreditanstalt folgte.

Den Schwierigkeiten der Nachkriegszeit konnte durch weitere Konzentration, Darmstädter- und Nationalbank, Deutsche Bank und Diskontogesellschaft, nicht genügend vorgebeugt werden. Die großen Banken sahen sogar im kleineren Geschäft sich in den durch die *Girozentralen* (s. d.) zusammengefaßten Sparkassen einen machtvollen Konkurrenten entstehen. –

Das amerikanische Bankwesen ist auf ganz anderer Grundlage aufgebaut, als das europäische. Die Notenbanken waren zunächst, da die zentrale Bank Episode blieb, von den Einzelstaaten konzessioniert. Zu diesen Staatenbanken traten 1863 die Nationalbanken. Ihre Notenemission suchte man dadurch zu sichern, daß man Deckung in Staatspapieren verlangte. Damit war aber für die Elastizität des Geldwesens nicht gesorgt. Der gezogene Wechsel, der früher in dem europäischen Bankwesen eine ausschlaggebende Rolle spielte, war in Amerika nicht in Übung. Dafür war das Depositenwesen und der Scheckverkehr stark ausgebildet. Ihm widmeten sich auch die Privatbankiers und die Trustbanken, die für den Effektenverkehr vor allem in Frage kamen. In dem New Yorker Clearing House war ein Mittelpunkt des Zahlungsverkehrs, und die von ihm in Zeiten von Geldmangel ausgegebenen Clearing House-Certificates hatten an Stelle der Noten einer zentralen Bank für die Elastizität des Geldmarktes zu sorgen. Die Börse von Wallstreet stellte den Regulator der Wirtschaft dar, und die Sätze, die sie für ihre kurzfristigen Verbindlichkeiten zu zahlen hatte, die „call" und „renewal rate", spiegelten die amerikanische Wirtschaft etwa so wieder, wie der Diskont der Bank von England die englische.

Erst mit der Organisation des Notenwesens durch das *Federal-Reserve-System* (s. d.) von 1913, die der Durchführung der Goldwährung von 1897 folgte, schufen sich die Vereinigten Staaten ein Instrument, das den zentralen Banken Europas entsprach. Dabei mußte weitgehend auf die bestehenden Institute Rücksicht genommen werden, so daß die Reservebanken und ihre Zusammenfassung im Federal Reserve Board als Bank der Banken erscheinen. Der Wechsel, der gleichzeitig als Deckung geschaffen wurde, hat sich doch noch nicht so einzubürgern gewußt, daß er die Stellung Londons als Mittelpunkt des Zahlungs- und kurzfristigen Kreditverkehrs hätte

[1] DÄBRITZ, W.: Gründung und Anfänge der Diskontogesellschaft. Berlin 1931. — HANSEN, J.: G. v. Mevissen. 1906. — PLENGE, J.: Gründung und Geschichte des Crédit Mobilier. 1903. — WEGELIN, W.: Tauschsozialismus und Freigeld. 1921. — HELFFERICH, K.: Die Reform des deutschen Geldwesens. 1898.

[2] RIESSER: Die deutschen Großbanken und ihre Konzentration. 3. Aufl. 1910. — HELFFERICH, R.: G. v. Siemens. 1921. — FÜRSTENBERG, H.: Carl Fürstenberg, Die Lebensgeschichte eines deutschen Bankiers. 1930.

brechen können. Bei dem Mangel an genügenden Handelswechseln mußten weitgehend auch agrare Wechsel mit praktisch längerer Laufzeit als Deckung genommen werden.

Der Prozeß der Effektenbildung, der in den Vereinigten Staaten schon zu Beginn des Jahrhunderts bei den Trustgründungen stärker einsetzte, hat sich nach dem Kriege noch gesteigert. Waren früher die Eisenbahnaktien das Hauptpapier, dann Industriepapiere, so traten jetzt die Public Utilities, Elektrische Anlagen u. dgl. in den Vordergrund. Führten schon die Kriegsgewinne, die die Vereinigten Staaten aus einem Schuldnerland zu einem Gläubigerland machten, der New Yorker Börse große Mittel zu, so wurden diese noch verstärkt durch die Anziehungskraft, die ihre Spekulation auch auf europäische Vermögen ausübte.

Die schlechtere Anpassungsfähigkeit des Apparates der großen Banken hat in der bewegten Nachkriegszeit auch in Deutschland den Privatbankier wieder größere Bedeutung gewinnen lassen. Stärker noch als in England ist seine Stellung in den Vereinigten Staaten. Als Organisator der Eisenbahnen, dann der Industrie (Gründung der United States Steel Corporation 1901) trat besonders das Haus Morgan hervor. Wenn bei der Krise von 1907 neben dem Schatzamt vor allem Morgan der Börse zu Hilfe kam, so wird auch heute, wenn von internationalen Verabredungen der Notenbanken die Rede ist, gleich darauf der Name Morgan genannt. Es bleibt abzuwarten, ob die in Basel 1930 errichtete *Bank für Internationale Zahlungen* (s. d.) in der Lage ist, eine selbständige Stellung zu gewinnen[1].

So sehen wir das Bankgeschäft aus einem Nebengeschäft des Handels zu einer selbständigen, ja beherrschenden Macht in der Wirtschaft werden. Wenn es einerseits berufen ist, alle verfügbaren Mittel aus dem Brachliegen bei Privaten oder in öffentlichen Kassen heranzuziehen, so dient es anderseits in der mannigfachsten Weise dem Zahlungsverkehr im In- und Auslande, dem privaten und dem öffentlichen Kredit. Dabei differenzieren sich die einzelnen Aufgaben immer mehr in selbständigen Instituten. Wenn noch in der Mitte des 19. Jahrhunderts jede Bank das Recht der Notenausgabe erstrebte, sehen wir dies Geschäft immer mehr zur Domäne der zentralen Bank werden, die nur damit ihrer Aufgabe als Hüterin der Währung und Regulator des Kredits gerecht werden kann. Statt dessen wird das Depositengeschäft zur Grundlage der großen Aktienbanken. Einige von ihnen, wie die Londoner, pflegen im wesentlichen den Handelskredit, lassen der Wechsel- und der Effektenbörse ihre Mittel zufließen, andere, wie die deutschen, geben der Industrie nicht nur Betriebskredit, sondern verschaffen ihr durch Emittierung ihrer Papiere auch den notwendigen Anlagekredit. Genossenschaften sorgen für die kleineren Betriebe. Für den Hypothekarkredit werden besondere Institute geschaffen.

Bei dieser Mannigfaltigkeit bleibt aber doch die Notwendigkeit organischer Zusammenarbeit bestehen. Der Geldmarkt und der Kapitalmarkt bilden keine von selbst laufende Maschine, sondern bedürfen bewußter Leitung. Der Mannigfaltigkeit des Bedarfs würde die Regulierung von einer Stelle schlecht entsprechen. Aber die einzelnen Stellen, die ihre Sonderaufgaben pflegen, müssen doch zu gegenseitiger Hilfe bereit sein und unter der zentralen Bank sich zusammenschließen, wenn Gefahr dem Ganzen droht. Zu solchem Zusammenschluß ist es im Juli 1931 in Deutschland nicht gekommen.

Die Probleme der gegenwärtigen Lage zeigen immer mehr die gegenseitige Verflochtenheit der internationalen Kapitalmärkte. Hier ergeben sich für den Bankier die größten, aber auch die schwierigsten Aufgaben. Bei deren Lösung hat nicht nur das Gewinnstreben des Geschäftsmannes mitzusprechen, sondern ein letzten Endes religiöser Glaube an die Einheit des Menschengeschlechts und das Bewußtsein der Verantwortung gegenüber dem arbeitenden Menschen.

Heinrich Sieveking.

[1] Smith, H. I.: John Pierpont Morgan, der Weltbankier. 1928. — Schumacher, F.: Die Ursachen der Geldkrisis von 1907. Dresden 1908. — Warburg, P.: The Federal Reserve System, its Origin and Growth. 1930. — Somary, F.: Bankpolitik. 2. Aufl. 1930.

Geschlossene Börsen s. *Börsenzulassung von Personen 1.*

Gesetzliches Zahlungsmittel vgl. *Reichsbank I, Federal Reserve System III,* ferner *Währungswesen* sowie *Münzwesen V.*

„Gespannter" Geld- oder Briefkurs s. *Devisen.*

Gestionsprovision s. *Konsortialgeschäfte 4.*

Getreideindustrie- und Kommissions-A.-G. s. *Agrarkredit III.*

— **kreditbank** s. *Spezialbanken 3,* s. a. *Warengeschäft der Banken.*

— **terminhandel** s. *Warenmärkte 2, 3,* s. *Börsengesetz B III 6.*

Gewerbebank s. *Spezialbanken 3.*

Gewerkschaftsbanken vgl. *Arbeiterbanken.*

Gewinnanteilschein s. v. w. *Dividendenschein,* s. d. im Art. *Aktie als Wertpapier.*

— **obligation** s. *Anleihen mit Zusatzrechten.*

— **und Eigenmittel,** Verhältnis zueinander s. *Erträgnisse des Bankgewerbes II 5.*

— **und Verlustrechnung** s. *Bilanz und Bilanzkritik I 5* u. folg.; gesetzliche Vorschriften s. *Erträgnisse des Bankgewerbes I 3.*

Gezogener Wechsel, ein Wechsel, durch den ein Dritter zur Zahlung aufgefordert wird. Gegensatz: eigner Wechsel.

Gilt-edged (goldgerändert) war ursprünglich die Bezeichnung für englische Staatsanleihen nach der goldenen Umrahmung der Stücke. Jetzt Bezeichnung für besonders sichere, öffentliche Anleihen, die als trustee securities (entspricht etwa dem deutschen *mündelsicher* — s. d.) zugelassen sind.

Giralgeld, auch Buchgeld genannt, ist das Instrument des bargeldlosen Zahlungsverkehrs; in neuerer Zeit ist daneben die Bezeichnung Kreditgeld aufgekommen. In den neuen Notenbanksystemen erstrecken sich daher die Deckungsvorschriften auch auf die Giroverbindlichkeiten der Bank (z. B. im *Federal Reserve System,* vgl. d.), wenn auch mit einem geringeren Prozentsatz (s. *Bargeldloser Zahlungsverkehr* sowie *Notenbankpolitik*).

Giro s. v. w. *Indossament* (s. d.).

— **banken** s. *Bargeldloser Zahlungsverkehr 2,* vgl. a. *Geschichte des Bankwesens.*

— **effektendepot** s. *Effekten-Giroverkehr.*

— **verkehr** s. *Bargeldloser Zahlungsverkehr 3,* s. *Abrechnungsverkehr, s. Girozentralen.*

Girozentralen. *1. Entstehung, Arten:* G. heißen die öffentlich-rechtlichen Zentralbanken der Sparkassen und ihrer zu Giroverbänden zusammengeschlossenen kommunalen Gewährträger. Anlaß zur Gründung von Giroverbänden und G. (neben den seit 1881 bestehenden Sparkassenverbänden) war die Einführung des Überweisungs- und Scheckverkehrs bei den Sparkassen (1908) und die Notwendigkeit, die Kreditversorgung der Kommunen durch Schaffung besonderer Institute zu verbessern. Heute gehören der Spitzenorganisation, dem Deutschen Sparkassen- und Giroverband (seit 1924), 19 regionale G. an, die in Aufgabenkreis und Geschäftspolitik weitgehende Übereinstimmung zeigen. Unterschiede in ihrem rechtlichen Aufbau und ihrer historischen Entwicklung rechtfertigen ihre Aufgliederung in drei Gruppen:

a) die sog. „reinen" Girozentralen sind rechtlich nicht selbständige Bankanstalten von Giroverbänden (öffentlich-rechtliche Körperschaften), die ihrerseits Verbände von Kommunalverbänden darstellen und sich zum Betrieb einer G. unter voller Haftung für deren Geschäfte zusammengeschlossen haben. Hierzu gehören:

1. G. Sachsen (gegründet 1909),
2. G. Hannover (die G. Hannover ist gleichzeitig Rechtsnachfolgerin der ehemaligen G. des Giroverbandes Schleswig-Holstein) (1915),
3. Kommunalbank für Niederschlesien, Breslau (1913),
4. Bayerische Gemeindebank (G.), München (1915),
5. G. (Kommunalbank) für die Ostmark, Königsberg (1916),
6. Württ. G. — Württ. Landeskommunalbank —, Stuttgart (1920),
7. Badische kommunale Landesbank — G., Mannheim (1918).

b) In einigen westlichen Bezirken haben *Landesbanken* (s. d.) zusätzlich die Funktionen von G. übernommen, so daß die Errichtung besonderer G. nicht erforderlich war:

8. Landesbank der Rheinprovinz, Düsseldorf (G. seit 1925),
9. Landesbank der Provinz Westfalen, Münster (1925),
10. Nassauische Landesbank, Wiesbaden (1926),
11. Landeskreditkasse Kassel (1927).

Bei den unter 8 und 9 genannten Instituten hat die Julikrise 1931 Umgestaltungen erforderlich gemacht.

c) *Gemeinschaftsbanken* (s. d.) sind das Ergebnis der in den letzten Jahren mehrfach erfolgten Zusammenschlüsse von „reinen" G. und Landesbanken; Giroverband und Provinzialverband sind hier in der Regel je zur Hälfte an der Haftung und den Organen des neuen Instituts beteiligt:

12. Provinzialbank Grenzmark Posen-Westpreußen, Schneidemühl (Gemeinschaftsbank seit 1923),
13. Provinzialbank Pommern (G.), Stettin (G. seit 1912, Gemeinschaftsbank seit 1924),
14. Provinzialbank Oberschlesien (Landesbank und G.), Ratibor (1926),
15. Brandenburgische Provinzialbank und G., Berlin (G. seit 1914, Gemeinschaftsbank seit 1927),
16. Mitteldeutsche Landesbank — G. für Provinz Sachsen, Thüringen und Anhalt, Magdeburg (G. seit 1915, Gemeinschaftsbank seit 1928),
17. Landeskommunalbank — G. Hessen, Darmstadt (G. seit 1921, Gemeinschaftsbank seit 1929).

Die Funktionen einer G. werden in Berlin von der Berliner Stadtbank-Girozentrale (18), in Braunschweig von der Niedersächsischen Landesgewerbebank (19) ausgeübt. Diese 19 „Stamm"girozentralen verfügten Mitte 1932 über 71 von ihnen abhängige „Bezirks"girozentralen und Zweiganstalten. Fast $^2/_3$ aller Zweigstellen entfallen auf die G. Breslau, Dresden, Hannover und Königsberg. Damit ist das Gironetz der Sparkassen- und Giroorganisation über ganz Deutschland geschlossen. Als Zentralgeldinstitut der regionalen G. fungiert die **Deutsche Girozentrale — Deutsche Kommunalbank, Berlin.** Alle G. unterliegen der Staatsaufsicht, die deutsche G. durch VO. vom 17. Mai 1932 der Reichsaufsicht. Den auf Trennung der Sparkassen von ihren kreditbedürftigen Gewährträgern gerichteten Bestrebungen trug die R. NVO. vom 6. Oktober 1931 auch für die G. insofern Rechnung, als sie die Ausgestaltung aller G. zu Anstalten mit eigener Rechtspersönlichkeit anordnete.

2. *Aufgaben.* Als Sparkassenzentralbanken und Kommunalkreditinstitute haben die G. insbesondere folgende Aufgaben: a) Förderung des *bargeldlosen Zahlungsverkehrs* (s. d.), insbesondere die Durchführung des Spargiroverkehrs bei den Sparkassen und Kommunalverbänden (angeschlossen sind rd. 4000 Sparkassen, Girokassen und Kommunalbanken), Erledigung des Scheckeinzugs-, Wechsel- und Quittungseinzugsverkehrs und des Sparkassenreisekreditbriefverkehrs. b) Vermittlung des Geldausgleichs der angeschlossenen Sparkassen und Kommunen und sonstigen Kommunen und Kommunalverbände. Damit sind die G. zu Liquiditätszentralen der Sparkassen geworden. Ausgleichsstelle und Zentralliquiditätsinstitut der regionalen G. ist die Deutsche G. c) Erledigung von Kredit- und Kommissionsgeschäften für die Sparkassen und ihre Beratung in allen einschlägigen Fragen. d) Gewährung kurz- und langfristigen Kommunalkredits (vgl. *Öffentlicher Kredit*). Zur besseren Erfüllung dieser Aufgabe haben die G. die Genehmigung zur Ausgabe von langfristigen kommunalen Sammel- und Einheitsanleihen erhalten. Die Sammelanleihen dienen in besonderem Maße der Deckung des langfristigen Kreditbedarfs der kleinen und mittleren Kommunen; mit der Einheitsanleihe des Deutschen Sparkassen- und Giroverbandes konnte der ausländische Kapitalmarkt für den deutschen Kommunalkreditbedarf erschlossen werden.

In ihrer Geschäftstätigkeit beschränken sich die G. grundsätzlich auf ihr Verbandsgebiet, das sich im allgemeinen mit den preußischen Provinzen oder den außerpreußischen Ländern deckt. Der Geschäftskreis ist durch Satzungen bis ins einzelne geregelt und umgrenzt. Die Grundsätze der Dezentralisation und der Gemeinnützigkeit, die für die gesamte Sparkassen- und Giroorganisation gelten, werden auch in der Tätigkeit und Geschäftspolitik der G. konsequent durchgeführt. Durch die enge Zusammenarbeit der Sparkassen-(und Giro)-verbände mit ihren Bankanstalten wird die wirkungsvolle ideelle und wirtschaftliche Interessenvertretung der Sparkassen wesentlich gefördert.

3. *Die geschäftliche Entwicklung* der G. seit 1925 (seitdem liegen vergleichbare Ziffern vor) wird durch die folgenden Zahlen gekennzeichnet. Die Bilanzsumme der 19 regionalen G., ohne Deutsche Girozentrale, stieg von rd. 1,1 Milliarden RM. Ende 1925 auf rd. 4,9 Milliarden RM. Ende 1930, diejenige der Deutschen Girozentrale von 309 Millionen RM. auf rd. 1 Milliarde RM. — Das Betriebskapital der G., das bei den „reinen" G. von den Sparkassen des Bezirks, bei Landes- und Gemeinschaftsbanken von dem Provinzialverband bzw. von diesem und den Sparkassen aufgebracht wird, kann mit Rücksicht auf die volle Haftung der angeschlossenen öffentlich-rechtlichen Körperschaften verhältnismäßig niedrig sein. Die eigenen Mittel der G. (Betriebskapital + Reserven) beliefen sich Ende 1930 auf rd. 4,3% der Bilanzsumme. Die kurzfristigen fremden Gelder, die zu einem großen Teil aus den Liquiditätsguthaben der Sparkassen bestehen, erhöhten sich von rd. 1 Milliarde RM. Ende 1925 auf rd. 2,2 Milliarden RM. Ende 1930. Die langfristigen Mittel der G. (überwiegend Kommunalobligationen und Pfandbriefe, daneben Darlehen und durchlaufende Sonderkredite) haben seit 1925 (32 Millionen RM.) sprunghaft auf rd. 2,4 Milliarden RM. bis Ende 1930 zugenommen. Bisher haben 10 G. eigene Emissionen herausgebracht. Dieser Zusammensetzung der fremden Mittel entspricht die Anlagepolitik. Den ersten Platz nehmen Ende 1930 die langfristigen Ausleihungen mit rd. 2,7 Milliarden RM. ein, die weit überwiegend Kommunen und Kommunalverbänden zugeflossen sind. Auch von den Debitoren in laufender Rechnung

(Ende 1930 rd. 1,1 Milliarden RM.) entfällt ein erheblicher Anteil auf kommunale Schuldner. Das Privatkreditgeschäft der G., das nie großen Umfang gehabt hat, zeigt seit 1925 stark rückläufige Tendenz (am 30. September 1930 insgesamt 19% der kurzfristigen Kredite). Bei Aussonderung der in diesem Zusammenhang untypischen G. der Stadt Berlin, des Regierungsbezirks Wiesbaden und des Freistaates Sachsen, denen die Pflege des Privatkreditgeschäfts satzungsgemäß obliegt, sinkt der Anteil der Privatkredite auf 2,7 % der Bilanzsumme. Der Bestand der G. an eigenen Wertpapieren schwankte in den letzten Jahren zwischen 4,2 und 5,5% der Bilanzsumme.

Die Funktion der G. als Liquiditätszentralen der Sparkassen erfordert die Innehaltung einer hohen Liquiditätsquote. Sie hatten daher (ohne Deutsche Girozentrale, für die diese Notwendigkeit in besonderem Maße gilt) in den verflossenen Jahren regelmäßig etwa 9—10% der gesamten Aktiven (ohne langfristige Ausleihungen) in Schecks, Wechseln und unverzinslichen Schatzanweisungen angelegt und unterhielten außerdem z. B. Ende 1930 als Kasse, Guthaben bei Noten- und Abrechnungsbanken sowie Nostroguthaben rd. 10% ihrer Bilanzsumme. Die langfristigen Ausleihungen der G. können bei Liquiditätsbetrachtungen ausgeschaltet werden, da die zum Zweck der langfristigen Kreditgewährung hereingenommenen Gelder mit der gleichen Fristigkeit hinausgegeben werden. Die erweiterte Barliquidität der G., die ermittelt wird, indem man die innerhalb 7 Tagen fälligen Kreditoren ins Verhältnis zu der Summe von Kasse, Giro- und Nostroguthaben setzt, lag in den letzten Jahren ständig über dem entsprechenden Prozentsatz der Berliner Großbanken, die jedoch in der Regel eine höhere Gesamtliquidität aufwiesen.

Als eine ihrer wesentlichsten Aufgaben haben die G. seit je die Durchführung des Spargiroverkehrs nach einer einheitlichen, im Laufe der Jahre wesentlich verbesserten Geschäftstechnik angesehen. Der Umfang dieses Überweisungsverkehrs hat im Laufe der Jahre eine recht erhebliche Ausdehnung erfahren. In dem sog. Spargirofernverkehr (zuverlässiges Zahlenmaterial über der Platzgiroverkehr der Sparkassen ist nicht vorhanden) wurden im Jahre 1930 20,8 Millionen Stück Überweisungen (1925 rd. 8,8 Millionen Stück) mit einem Betrage von knapp 43 Milliarden RM. (1925 rd. 17 Milliarden RM.) ausgeführt. Für alle Abschnitte des bargeldlosen Zahlungsverkehrs der G. zusammen (also einschließlich des ebenfalls nach einheitlichen Grundsätzen und einheitlicher Technik durchgeführten Scheckeinzug-, Wechsel-, Quittungseinzug- sowie Reisekreditbriefverkehrs) ergibt sich im Jahre 1930 ein Umsatz im Fernverkehr von mindestens 60 Milliarden RM.; in dieser Zahl ist der Umsatz im Effektenkommissionsgeschäft der G. nicht enthalten.

Die besondere volkswirtschaftliche Bedeutung der G., denen die Jahre seit 1924 eine stetige Entwicklung gebracht haben, gründet sich auf ihre Tätigkeit als Abrechnungsbanken in der deutschen Zahlungsverkehrsorganisation, als Liquiditätszentralen der Sparkassen und als Kommunalkreditinstitute.

Literatur: s. a. Sparkassen. Umfassende Angaben auch der Zeitschriftenliteratur enthält das Schrifttum über das deutsche Sparkassenwesen 1900—1929. Berlin 1931. Mit jährlichen Nachträgen. Aus der Buchliteratur seien genannt: BUTSCHKAU, FRITZ: Die Kommunalsammelanleihen. In: Beitr. z. komm. Finanzwirtschaft, S. 151—62. Berlin 1930. — EBERLE: Scheck- und Giroverkehr vom Standpunkt der Sparkassen. In: Schr. d. Vereins f. Sozialpolitik 137, Nr. 1, 341—62. München und Leipzig 1913. — GERBER, HANS: Die kommunale Giroorganisation. Ihre Entstehung, ihr Aufbau und ihre Eingliederung in das deutsche Kreditwesen. Diss. Halle 1926. — HIPPEL, V., KORD-RUWISCH, SCHMIDT: Die öffentlich-rechtlichen Kreditinstitute, ihr Aufbau, ihre Funktionen und ihre Geschichte. Berlin 1927. — HOFFMANN, JOS.: Deutsche Sparkasseneinheit. Geschichte, Aufbau, Leistungen des zentralen Sparkassenverbandes. Berlin 1931. — JURSCH, H.: Zehn Jahre Deutsche Kommunalgiroorganisation (Denkschrift). Berlin 1926. — Die Entwicklung des in- und ausländischen deutschen Kommunalkredits seit der Stabilisierung. In: Beitr. z. komm. Finanzwirtschaft, S. 137—50. Berlin 1930. — KLEINER: Kommunalanleihepolitik in ihren Beziehungen zum Kapitalmarkt. In: Beitr. z. komm. Finanzwirtschaft, S. 123—36. Berlin 1930. — NEUMANN, WALTER: Das Kommunalkreditgeschäft der deutschen Girozentralen. Greifswalder staatswiss. Abh. 34. Greifswald 1929. — WEGNER, CARL: Entwicklung und Organisation der deutschen Sparkassen und des kommunalen Giroverkehrs. Berlin 1925. — Die deutsche Sparkassen- und Giroorganisation in Einzeldarstellungen. Berlin 1926.

CURT EISFELD.

Gläubiger-Vertretung vgl. *Rentenmarkt* 8.

Gold Exchange Standard s. *Devisenwährung* sowie *Währungswesen*.

Goldbestand vgl. *Goldwährung*, besonders *Teil 4*.

— im Reichsbankausweis s. *Notenbankausweise II*.

Goldbewegungen vgl. die Art. *Zahlungsbilanz, Goldwährung, Goldpunkte, internationale Kapitalwanderungen*.

Goldbilanz, ein durch die Inflation und nachherige Währungsstabilisierung in vielen Staaten entstandener Begriff. Die G. (für Deutschland vgl. *Goldmarkbilanz*) dient der Wiederherstellung der Bilanzwahrheit, insofern, als durch das Bilanzieren in entwerteten Papierwährungen völlige Verwirrung eingetreten war. Während alle Anlagekonten mit großenteils nicht inflationierten Beträgen zu Buch standen, soweit nicht Zugänge bereits in entwertetem Gelde stattgefunden hatten, standen alle beweglichen Konten, also Vorräte, Bankguthaben usw. bereits in voll inflationierten Summen zu Buch. Ähnlich verhielt es sich mit der Passivseite, wo eine mehr oder minder große Verwässerung des Eigenkapitals stattgefunden hatte. Die Goldbilanzgesetzgebung der meisten Länder gestattete also eine völlige (steuerfreie) Neubewertung sämtlicher Aktiva, von denen die betriebsfremden Passiva in voller Höhe abzuziehen waren. Die Differenz bildete sodann das Eigenkapital, dessen Aufteilung in Aktienkapital, Reserven usw. verschieden geregelt wurde.

Goldclearing s. *Goldpunkte*, s. *B. I. Z.*

— devisenwährung s. *Devisenwährung*.

— diskontbank s. *Öffentlich-rechtliches Bankwesen I A 3*, s. a. *Agrarkredit III*, s. a. *Stillhalte-Abkommen*.

— einlösungspflicht s. *Goldwährung 2*.

— kernwährung s. *Goldwährung 2*, vgl. *Goldtheorien*.

— klausel s. *Entwertungsklausel*, s. *Öffentlicher Kredit II 6*, s. a. *Valorisierung Ia* unter *Rentenmark*, vgl. *Hypothekenbankgesetz* 3.

— krone s. *Österreich, Geld- und Kapitalmarkt 1*.

— markbilanz, im e. S. die einmalige Neubewertung, welche nach der Inflation allen Vollkaufleuten für ihre Unternehmungen durch Reichs-VO. v. 28. 12. 1923 zum 1. 1. 1924 vorgeschrieben wurde. Wesentlich hierbei war, daß die Bewertung nach unten gänzlich in das Belieben des einzelnen gestellt war und die G. keine Besteuerung zur Folge haben durfte (vgl. *Aufwertung*).

Literatur: LEITNER-LION: Die Goldmarkbilanz (1923); KALVERAM: Praxis der Goldbilanzierung (1925).

Goldparität der wichtigsten *Devisen* (s. d.).

Goldprämienpolitik s. *Notenbankpolitik*.

Goldproduktion, Einfluß auf Preise usw. s. *Konjunkturpolitik*.

Goldpunkte. In unmittelbarem Zusammenhang mit der Goldparität der Devisenkurse stehen die sog. G. der auf Gold basierten Währungen. Wenn die Goldparität des Dollars gegen Reichsmark 4,1979 lautet, so bedeutet dies, daß die Goldmenge, die die amerikanische Währungseinheit verkörpert, genau gleich ist der Goldmenge, die nach dem deutschen Währungsgesetz durch 4,1979 RM. repräsentiert wird. Wenn nun aus irgendwelchen Ursachen der Dollarkurs in Berlin steigt, so liegt es auf der Hand, daß es von einem bestimmten Kurse ab für denjenigen, der eine Rechnung in Amerika zu begleichen hat, rentabler ist, an Stelle des direkten Dollarankaufs zur Reichsbank zu gehen und dort zu dem vorgeschriebenen Preis von 2790 RM. pro Kilogramm Feingold Barrengold zu erwerben, dies nach Amerika zu schicken, dort an die Federal Reserve Bank in in New York zu deren festen Ankaufspreis gegen Dollars zu verkaufen und mit dem Erlös seine Rechnung zu begleichen. Um die Kalkulation durchzuführen, muß er allerdings neben den Fracht- und Versicherungsspesen für die Goldsendung auch die Zinsbelastung in Rechnung stellen, die er dadurch erleidet, daß er bei der Reichsbank das Gold sofort bezahlen muß, den Dollargegenwert aber erst nach Ankuft der Goldsendung in New York erhält. Ebenso gibt es eine untere Grenze, unter die der Dollarkurs nicht sinken kann, weil es andernfalls für diejenigen, die einen Dollarbetrag von Amerika zu fordern haben, rentabler wäre, für die Dollars in Amerika Gold zum Verkaufspreis der Federal Reserve Bank zu erwerben, nach Deutschland senden zu lassen und in Berlin bzw. Hamburg an die Reichsbank zum festen Ankaufspreis von 2784 RM. pro Kilogramm Feingold gegen RM. zu verkaufen. Die beiden so definierten Grenzkurse nennt man den oberen bzw. den unteren G.

In der Praxis kommt es natürlich nie dazu, daß Privatkaufleute an Stelle der Devisenbezahlung Goldversendungen vornehmen, weil für sie die G. weiter entfernt liegen als für die Privatbanken, die zum Mittelkurs handeln und keine Provision zu zahlen brauchen (s. unter *Devisen*). Theoretisch ist es also so, daß die Privatbanken immer dann zu Goldversendungen schreiten, wenn die G. erreicht sind. Die nachstehende Aufstellung liefert ein einfaches Beispiel der Berechnung des unteren G. für englische Pfunde (Goldpfunde), wobei angenommen worden ist, daß die Reichsbankstelle in Bremen zum Ankauf des Goldes bereit ist. Angenommen ist ein Transport von ca. 100000 £.

Der Goldabgabepreis der Bank of England beträgt 84 sh. $11^1/_2$ d pro Unze fein (1 Unze = 31,1035 g).

Transport von London nach Bremen:

Unzen fein 23,884,211 à $84/11^1/_2$ . . .	£ 101,458. 2.10
Commission $^1/_8{}^0/_{00}$	12.13. 8
Fracht (per Dampfer)	54.19. 7
Versicherung	26.13. 9
Verpackung	3.—.—
	£ 101555. 9.10
Zinsen: 2 Tage à 2%	11. 5.—
	£ 101566.14.10

23,884,211 Unzen sind 742,882 kg. Von der Reichsbank erhält man für 1 kg fein 2784,— RM., insgesamt also 2068183,49 RM. Demnach stellt sich der untere G. des Pfundes auf 20,3628 RM.

Ein zweites Beispiel für die Berechnung des unteren G. für den französischen Franc liefert die folgende Aufstellung, wobei ein Transport von 1000 kg Feingold zugrunde liegt und ferner angenommen wird, daß die Reichsbank bereit ist, das Gold in Köln anzukaufen:

1000 kg Feingold à ffrs. 16963528 .	ffrs.	16963528,—
Fracht à RM. 1,40 auf ca. kg 1090,— brutto = RM. 1526,— à 16,40 . .	„	9304,28
Versicherung	„	4402,13
Verpackung	„	1250,—
Provision	„	1000,—
	ffrs.	16979484,41
Zinsen: 2 Tage à $3^1/_2$% p. a. . . .	„	3301,57
	ffrs.	16982785,98

Man erhält von der Reichsbank für 1000 kg Feingold 2784000,— RM. Der G. stellt sich demnach auf 16,393 für 100 Frcs. und auf 16,39466, wenn die ganze Transaktion an einem Tage abgewickelt werden kann.

Immer, wenn die so errechneten Kurse unterschritten werden, setzen die Goldimporte nach Deutschland ein, wobei häufig die Anregung von einer Auslandsbank ausgeht, die das Geschäft gemeinsam mit ihren Berliner Geschäftsfreunden durchführt.

In ähnlicher Weise werden die oberen G. ermittelt. Es geht schon aus den vorstehenden Tabellen deutlich hervor, weshalb die G. für die verschiedenen Währungen nicht ein für allemal zu ermittelnde, feststehende, sondern durchaus flüssige, sich sehr häufig ändernde Grenzen darstellen. Vor allem sind es die Zinssätze, die bekanntlich häufigen Schwankungen unterworfen sind und besonders bei Goldversendung nach entfernten Ländern, wie beispielsweise USA., im Rahmen der Gesamtspesen eine erhebliche Rolle spielen. Außerdem müssen auch die verschiedenen Institute oft mit ganz verschiedenen Zinssätzen rechnen. Wenn beispielsweise eine deutsche Bank für Rechnung ihrer Kunden große täglich fällige £-Guthaben in London unterhält, so braucht sie nur den Zinssatz in Anrechnung zu stellen, der ihr von den englischen Großbanken für ihre Kreditsalden vergütet wird, oder gar nur die Rate, die sie ihren deutschen Kunden weiter vergütet. Hat sie keine Guthaben in London, so muß sie hingegen den Satz in Anrechnung bringen, den sie für Pfundleihen zu bezahlen hat. Das bedeutet also, daß die G. nicht nur zeitlichen Schwankungen unterworfen sind, sondern darüber hinaus sich für jeden speziellen Fall verschieden berechnen. Trotzdem hat die internationale Goldarbitrage wegen ihrer absolut risikolosen, wenn auch nur kleinen Gewinne in den Nachkriegsjahren einen großen Umfang erreicht, da die Devisenmärkte infolge der hohen internationalen politischen Verschuldung sehr häufig in Unordnung geraten sind. Große Goldversendungen von einem Land zum anderen bedeuten doch letzten Endes nichts anderes, als daß die *Zahlungsbilanz* (s. d.) des ersten Landes einen Passivsaldo aufweist, der eben nicht anders als durch Goldverschiffungen beglichen werden kann. So klein die Gewinne auch sind, die dem Goldarbitrageur entstehen — sie spielen in der Gewinn- und Verlustrechnung der großen Banken überhaupt keine Rolle — so wichtig ist doch die volkswirtschaftliche Funktion derartiger Transaktionen. Aus diesem Grunde rechnen es sich die meisten Banken zur Ehre an, an der Goldarbitrage teilzunehmen, sobald sich eine Gelegenheit hierzu bietet. Die Bedeutung der Goldversendungen liegt darin, daß sie das einzige wirksame Regulativ für die Stabilität der Währung sind (vgl. *Devisen* und *Goldwährung*). Solange die Notenbanken dem freien Goldhandel keinerlei Beschränkungen auferlegen, kann der Devisenkurs nur um die durch die G. gezogenen Grenzen schwanken. Es bedeutet keine Einschränkung des freien Goldhandels, wenn beispielsweise die Reichsbank die Goldverschiffung selbst vornimmt, d. h. am Devisenmarkt durch Aufnahme des Angebotes bzw. durch Deckung der Nachfrage bereits interveniert, ehe für die Privatbankwelt die Gelegenheit für eine rentable Goldarbitrage eintritt. Die Reichsbank hat nach der Stabilisierung gewöhnlich dieses Prinzip verfolgt, weil sie es für sparsamer hält, wenn die notwendigen Goldversendungen in einer Hand konzentriert bleiben, allerdings nur, soweit es sich um Goldversendungen nach anderen Ländern handelt. Als Goldkäufer im

Ausland ist sie nur aufgetreten, als im Jahre 1924 der Erlös der Dawes-Anleihe nach Deutschland floß, der ja im wesentlichen dazu bestimmt war, die in der Inflationszeit fast aufgezehrten Goldreserven der Reichsbank wieder aufzufüllen. Als mit dem Inkrafttreten des *Young-Planes* (s. d.) der Noteneinlösungsparagraph des Bankgesetzes ebenfalls in Kraft gesetzt wurde, gab die Reichsbank zu verstehen, daß sie von ihrem fakultativen Recht Gebrauch machen werde, die Noten auf Verlangen nicht gegen Gold, sondern gegen Golddevisen einzulösen, einmal, weil sie mit Recht der Meinung ist, daß bei der Kapitalarmut, die noch immer in Deutschland besteht, ein Umlauf von Goldmünzen oder auch eine Hortung von Goldbarren ein Luxus ist, den sich das Land zur Zeit noch nicht leisten kann, zum anderen auf Grund der oben erwähnten Erwägungen. Wenn die Reichsbank aber kein Gold an Privatbanken abgibt, so legt ihr das natürlich erst recht die Verpflichtung auf, die Devisenkurse nie über die G. steigen zu lassen, sondern den Bedarf immer ehestens zu diesem Kurse zu befriedigen, da sie das einzige automatische Regulativ des Währungsmechanismus außer Kraft gesetzt hat. Sie hat diese Verpflichtung bisher immer voll erfüllt, auch als in den kritischen Sommer- und Herbstmonaten des Jahres 1931 ihre Gold- und Devisenreserven auf einen bis dahin nie gekannten Tiefstand zusammenschmolzen.

Abgesehen von den Schwankungen der Zinssätze gibt es auch noch andere Momente, die die G. häufig näher aneinander rücken oder weiter voneinander entfernen. Mit dem Aufschwung der Verkehrstechnik ist geradezu eine Revolutionierung der Goldarbitrage eingetreten. Längst hat man das Flugzeug in den Dienst der Goldarbitrage gestellt. Es stellte sich indessen bald heraus, daß die teureren Fracht- und Versicherungsspesen für Lufttransporte den Zeitgewinn kompensieren, besonders als die Zinszusätze international eine rückläufige Tendenz einschlugen. Wenn das Flugzeug, mit dessen rechtzeitigem Eintreffen vor Schalterschluß man gerechnet hatte, sich auch nur eine Stunde verspätete, so bedeutete dies natürlich den Zinsverlust eines vollen Tages; infolgedessen ist man von dem ausschließlichen Gebrauch des Äroplans für Goldversendungen innerhalb des Kontinents oder im Verkehr mit England wieder abgekommen. Im Verkehr mit Amerika spielen wieder die Witterungsverhältnisse auf dem Atlantischen Ozean, im Verkehr mit London oft schon die klimatischen Verhältnisse auf dem Kanal eine Rolle. Die Goldarbitrageure haben sich daran gewöhnt, das Risiko eines verzögerten Eintreffens jeweils in ihre Rechnung einzustellen und nur dann zu Transporten zu schreiten, wenn die Devisenkurse eine hinreichende Marge auch für derartige Risiken lassen.

Zur gleichen Zeit wie der oben beschriebene Goldtransport von Paris nach Köln per Eisenbahn vorgenommen wurde, hat eine andere Firma einen Transport per Lastwagen von Paris nach Köln in die Wege geleitet. Die Berechnung bei ihr stellte sich wie folgt:

Kg. Fein 1000	ffrs.	16963528,—
Fracht	„	4444,—
Verpackung	„	500,—
Provision	„	1000,—
Versicherung	„	2884,—
	ffrs.	16972356,—
Zinsen 2 Tage à $3^1/_2$ % .	„	3300,18
	ffrs.	16975656,18

Goldpunkt 16,3999.

Es ergibt sich, daß sich der G. im ersten Falle wesentlich tiefer stellte als im zweiten, der Lastautotransport also viel rentabler war. Wie wichtig im übrigen die Zinsen bei der Berechnung der G. sind, lehrt die folgende Aufstellung:

Bei Zugrundelegung obiger Spesensätze, aber Berechnung von Zinsen:

2 Tage à 3 % per annum	= 16,4004
2 Tage à $2^1/_2$ % p. a.	= 16,40086
2 Tage à 2 % p. a.	= 16,40132

Oft werden die in gewissen Zeiträumen eintretenden Zinsdifferenzen durch Änderungen in den Fracht- oder Versicherungssätzen ganz oder teilweise kompensiert, oft aber auch verstärkt.

Den Notenbanken sind aus diskontpolitischen Gründen die häufigen Goldverschiffungen recht unbequem geworden. Ihrer gesetzlichen Verpflichtung, Gold zu den festgesetzten Preisen anzukaufen oder abzugeben, können sie sich natürlich nicht entziehen (die Sonderstellung, die die *Reichsbank* (s. d.) einnimmt, wurde bereits erwähnt). Es gibt aber eine ganze Reihe von Möglichkeiten, die den Notenbanken gestatten, Goldabzüge zwar nicht zu verhindern, aber doch zu erschweren, d. h. mit anderen Worten die G. künstlich auseinander zu ziehen. So z. B. ist die Reichsbank nur verpflichtet, an ihrer Berliner Hauptkasse Gold in Empfang zu nehmen. Wenn ihr an Goldzuflüssen gelegen ist, wird sie ihre Filialen in Bremen, Hamburg oder Köln zur Entgegennahme von Gold und zur Auszahlung des Gegenwertes ermächtigen, weil das die Goldtransporte aus dem Westen tatsächlich verkürzt, also sich für die Arbitrageure auch schon bei relativ hohen Kursen rentabler stellt. Die Bank von Frankreich hat lange Zeit, als ihr Goldabgaben unangenehm waren, die Verfügung getroffen, daß das Gold am Tage vor der Aushändigung bezahlt werden mußte. Dies bedeutete für die Exporteure einen zusätzlichen Zinsverlust von einem Tage, erschwerte also die Arbitrage. Auf einen ganz eigenartigen Ausweg verfiel im Jahre 1930 die Bank von England, die, um weitere Arbeitslosigkeit zu verhindern, ihren Diskontsatz auf keinen Fall erhöhen wollte, obwohl fortgesetzt Gold aus ihren Kellern nach Paris wanderte. Sie erklärte nämlich, nur noch Standardgold abgeben zu können, das einen geringeren Feingehalt hat als die Goldbarren, zu derem Ankauf die Bank von Frankreich ermächtigt war. Die Arbitrageure mußten also das Gold, das sie von der Bank von England kauften, erst umschmelzen, was neben den Raffinadespesen einen weiteren Zeit- und Zinsverlust verursachte. Die Maßnahme hat der englischen Notenbank allerdings nichts genützt; der Franckurs stieg in London sehr schnell weiter auf die Höhe des neuen ober G., und die Goldabzüge gingen weiter. Den Vorteil haben die englischen Raffinerieanstalten gehabt, die plötzlich wochenlang Tag und Nacht fieberhaft beschäftigt waren und ihre Raten verdoppelten. Die internationalen Devisenmärkte wurden allerdings durch diese künstliche Verschiebung der G. und deren Folgeerscheinungen so in Unordnung gebracht, daß die Bank von England schließlich froh war, als sich die Pariser Notenbank dazu entschloß, auch Standardgold anzukaufen; damit ging der obere G. des französischen Franc in London wieder auf das alte Niveau zurück und die normalen Verhältnisse waren wieder hergestellt.

Schließlich soll noch erwähnt werden, welche Hoffnungen die internationale Hochfinanz an das Goldclearing knüpfte, welches die *Bank für Internationalen Zahlungsausgleich* (s. d.) in Basel einführen sollte. Man hat sich hiervon anfänglich sehr viel versprochen und eigenartigerweise haben ursprünglich die Notenbanken aller Länder besonders eifrig diese neue Einrichtung propagiert. Man verwies auf die großen Ersparnisse für die Volkswirtschaft, die daraus entstünden, wenn man die zeitraubenden Goldtransporte von Land zu Land vermeiden und durch einen einfachen Buchungsakt bei dem Baseler Institut, bei welchem alle Notenbanken Golddepots unterhalten sollten, ersetzen könnte. Sehr bald wurde es wieder still um das Goldclearing, und die Bank für Internationalen Zahlungsausgleich, die bereits im ersten Jahre ihres Lebens viele Hoffnungen, die man auf sie gesetzt hatte, enttäuschte, hat auch die Einrichtung des Goldclearings noch nicht aufgenommen. Der Grund ist einfach der, daß die Notenbanken, wie sich gerade in den letzten Jahren immer deutlicher herausgestellt hat, gar kein Interesse an einem Aneinanderrücken der G. haben, sondern ganz im Gegenteil sehr häufig, wie eben dargestellt, ein künstliches Auseinanderzerren herbeiführen. Trotzdem kann es hin und wieder für sie vorteilhaft sein, wenn sie vermittels eines Goldclearings die Möglichkeit haben, schnell effektive Goldübertragungen vorzunehmen. Als beispielsweise die Reichsbank in New York zu großen Goldabgaben schreiten mußte, hat sie sich mit großem Vorteil des dortigen Pariser Golddepots bedienen können und an Stelle der Verschiffung nach New York eine Versendung nach Paris vorgenommen. Dies bedeutete nicht nur für die Reichsbank eine Ersparnis, sondern auch für die Bank von Frankreich, die ihr dortiges Depot in der damaligen Höhe voraussichtlich nie gebraucht hätte und eines Tages sicherlich von New York nach Paris verfrachtet haben würde. Es steht aber schon jetzt fest, daß ein solches Goldclearing nur für Transaktionen der Notenbanken untereinander Verwendung finden soll. Für die private Goldarbitrage wird man es nie zulassen, weil dies zur Folge haben würde, daß die G. viel enger aneinanderrücken würden, als den Notenbanken lieb sein kann, wenn alle Spesen auf ein Minimum zusammenschrumpfen und auch die Zinslasten in Fortfall kommen. An Stelle der bisherigen Goldversendungen würden zwar nur Buchungen treten. Diese aber hätten nichtsdestoweniger eine viel häufigere Schwankung der Goldbestände der Notenbanken im Gefolge und an Stelle der größeren Stabilität träte eine wachsende Unruhe.

Vgl. a. *Devisen-Swap*.

Literatur: Alle technischen Details finden sich in O. SWOBODA: Die Arbitrage. Berlin und Leipzig 1925. Vgl. a. die Literaturangaben bei den einzelnen Börsen.

RUDOLF BEERENSSON.

Goldsparmark war ein in den letzten Monaten der Inflation auftauchendes und auch da und dort verwirklichtes Projekt einer wertbeständigen Rechenwährung auf Goldgrundlage.

Goldstandard Act. s. *Bank of England 13.* Aufhebung des G. s. *Währungswesen.*

— **transporte** s. *Goldpunkte*, vgl. *Goldwährung.*

Goldwährung. Die G. ist eine Verfassung des Geldwesens, bei der der Wert der Geldeinheit an den Wert des Stoffes Gold gebunden ist. G. besteht nicht nur dort und nicht immer dort, wo die umlaufenden Münzen Goldmünzen sind. Vielmehr kann der Umlauf z. T. oder sogar ausschließlich in anderen Münzen oder in Papiernoten bestehen, ohne daß das Wesen der G. dadurch verletzt zu werden braucht; auf der anderen Seite läßt sich mindestens theoretisch denken, daß Goldmünzen im Umlauf sind, ohne daß G. besteht.

1. Goldwährung mit Goldumlauf.

Obwohl also der Stoff der Geldmünzen nicht notwendig der Währungsstoff zu sein braucht, d. h. der Stoff, an dessen Wert der Wert der Geldeinheit gebunden ist, so ist doch geschichtlich die G. aus den technischen Vorzügen des Goldumlaufs entstanden. Denn es bedarf schon einer ausgebildeten Technik des Geldwesens, um Währungsstoff und Münzstoff zu trennen. Geld, d. h. allgemeines Tauschmittel und Zahlungsmittel, konnte ursprünglich nur ein Stoff werden, der auch wegen seiner sonstigen nützlichen Eigenschaften geschätzt wurde. Im Anfang der wirtschaftlichen Entwicklung bis sehr tief in die Epochen stärker entfalteter Wirtschaftskultur hinein werden vom größten Teil der Menschen die Bedürfnisse regelmäßig durch Eigenversorgung gedeckt. Der Erwerb von Nutzgütern durch Tausch ist bei der Masse Ausnahme und nur bei wirtschaftlich bevorzugten Gruppen eine Erscheinung des Alltags. Solange es nicht wenigstens solche wirtschaftlich bevorzugten Gruppen in größerem Ausmaße gibt, kann sich ein allgemeines Tauschmittel, das nur als Tauschmittel brauchbar wäre, nicht herausbilden, weil man nicht mit Sicherheit darauf rechnen könnte, es in naher Zeit zu verwerten. Der Einzelne würde ein solches Tauschmittel so wenig annehmen, wie heute noch Urwaldbewohner — selbst wirtschaftliche Aufklärung vorausgesetzt — etwa Papiergeld oder selbst Münzen im Tausch anzunehmen pflegen. Es muß mindestens Verkehr oder Verkehrsmöglichkeit mit einem geldwirtschaftlich organisierten Markt oder eine Verwendbarkeit von Geld zur Zahlung von Tributen, Steuern usw. vorhanden sein, wenn auf primitiver Wirtschaftsstufe das Geldzeichen um seiner selbst willen angenommen werden soll. Darum wird die Funktion des allgemeinen Tauschmittels zunächst von Gütern erfüllt, die man, wenn sie nicht als Geld benutzt werden, auch ihres Gebrauchsnutzens wegen gern behält: Vieh, Bronze, Eisen. Je mehr der Gebrauch des Geldes durch die Zunahme des Warenverkehrs sich einbürgert, umso mehr wird der Geldstoff unter dem Gesichtspunkt seiner Eignung für den Geldzweck gewählt, umso weniger kommt es auf die stoffliche Brauchbarkeit an. Die Metalle sind für den Gebrauch als Geld besonders geeignet, weil sie erstens dauerhaft sind und sich zweitens durch Prägung in ihrem Gewicht und Feingehalt beglaubigen lassen. Aber Metalle sind schwer, so daß große Zahlungen sich oft nur durch hohe Transportkosten bewältigen lassen. Außerdem sind Eisen und vielfach auch Kupfer leicht produzierbar, so daß sich innerhalb verhältnismäßig kurzer Zeit die Geldmenge vervielfachen läßt und dementsprechend der Geldwert sich senkt. Beide Gesichtspunkte drängen mit zunehmender Entfaltung der Wirtschaft immer mehr auf die Wahl der seltenen, daher schon in geringen Gewichtsmengen kostbaren und überdies besonders dauerhaften Edelmetalle Gold und Silber und schließlich auf die alleinige Wahl des seltensten, kostbarsten und dauerhaftesten Metalls, des Goldes. Der Stoffwert des Goldes beruht auf seinem Schmuckwert und auf seiner Eignung für bestimmte medizinische (Zahnheilkunde) und chemisch-industrielle Zwecke (Photographie). Beim Gold hat sich der Geldwert bereits soweit von der Grundlage des Gebrauchsnutzens gelöst, daß seine Geltung im Verkehr zum überwiegenden Teil auf seiner monotären Verwendung beruht.

Wenn der Wert der Geldeinheit an den Wert des Stoffes Gold gebunden sein soll, so muß zweierlei verhindert werden: daß der Wert des gemünzten Goldes unter den Wert des ungemünzten Goldes sinkt und daß er über den Wert des ungemünzten Goldes steigt. Ein Sinken des Geldwertes unter den Goldwert ist bei reinem Goldumlauf unmöglich. Man bestimmt im Gesetz, daß die Münze nach einem bestimmten Goldmünzfuß auszuprägen ist, und man setzt sie außer Kraft, sobald sie durch natürlichen Verschleiß oder künstliche Beschneidung weniger als die vorgeschriebene Gewichtsmenge Gold enthält („Passiergewicht", vgl. *Münzwesen III*). Eine vollgewichtige Goldmünze würde, sobald sie als Zahlungsmittel nicht mehr das gilt, was ihr Stoff wert ist, in den Schmelztiegel wandern. Gäbe es also (etwa infolge einer vorangangenen übermäßigend Ausprägung) zuviel Goldmünzen im Verhältnis zu vorhandenem ungemünzten Gold, so daß das ungemünzte Gold wegen seines Schmuckwertes und gewerblichen Nutzens höher geschätzt würde als die zahlreich vorhandene Goldmünze, so würde sich dies durch Einschmelzungen rasch und einfach regeln. Das gilt natürlich auch, wenn das Mißverhältnis zwischen dem Wert des ungemünzten und des gemünzten Goldes etwa dadurch eingetreten ist, daß wegen verminderter Tätigkeit der Goldbergwerke der technische Bedarf an Gold nicht mehr im bisherigen Ausmaße befriedigt werden kann. Dann wird eben der Ausbau der Goldproduktion durch Rückverwandlung von Münzen in Gold ausgeglichen. Dadurch wird die Wertsteigerung des ungemünzten Goldes abgebremst und gleichzeitig der Wert des gemünzten Goldes, also der Geldwert erhöht. Dies setzt sich solange fort, bis der Wert der Geldeinheit wieder dem Wert der entsprechenden Menge ungemünzten Goldes gleich ist.

Um zu verhindern, daß der Wert der Goldmünzen über den Wert des ungemünzten Goldes steigt, muß man umgekehrt dafür Sorge tragen, daß jede Verbilligung des Stoffes Gold zugleich zu einer Vermehrung der Goldmünzen und damit zu einer Herabsetzung des Geldwertes führt. Dies geschieht durch die Einrichtung des „freien Prägerechts". Es muß gesetzlich bestimmt sein, daß jedermann, der Gold zur Münze bringt, verlangen kann, daß ihm gegen Abzug der Selbstkosten eine dem Münzfuß entsprechende Zahl von Goldmünzen ausgefolgt wird. Gäbe es diese Vorschrift des freien Prägerechts nicht, dann könnte sich der Wert der Goldmünzen ebenso über den Wert des Stoffes Gold erheben, wie der Wert der kupfernen oder silbernen Scheidemünzen (oder der Wert des Papiergeldes) sich über den Wert ihres Stoffes erhebt. Weil man nicht Silber beliebig in silberne Markstücke verwandeln kann, hat sich der Wert des Markstücks vom Wert des Silbers gelöst und folgt dem Goldwert, da außerdem noch das Silbergeld von der Währungsverwaltung stets gegen Goldgeld umgetauscht wird. Das Vorhandensein silbernen Scheidegeldes ist deshalb mit dem Wesen der G. durchaus verträglich. Sie ist es sogar dann, wenn das Silbergeld unbeschränkte Zahlungskraft besitzt. Es entspricht aber dem Zweck des Scheidegelds und erleichtert technisch die Verwaltung eines allein auf Goldwert beruhenden Geldwesens, daß im System einer G. mit Goldumlauf die übrigen Münzen nur im beschränkten Umfang in Zahlung genommen werden müssen.

Besteht neben dem Goldgeld noch ein anderes auf Stoffwert beruhendes Geld, z. B. Silbergeld mit unbeschränkter Zahlungskraft und freiem Prägerecht, so ist es sehr schwer, wenn nicht unmöglich, daß für beide Metalle auf die Dauer die Bindung an den Stoffwert bestehen bleibt. Gibt es zwischen Goldgeld und Silbergeld einen gesetzlichen Auswechselkurs (Doppelwährung), so wird dieses gesetzliche Austauschverhältnis um Goldmünzen und Silbermünzen immer nur vorübergehend dem Preisverhältnis von ungemünztem Gold und ungemünztem Silber entsprechen, da deren Märkte sich ja ständig zu verändern pflegen. Ist z. B. der Auswechselkurs so festgesetzt, daß ein Gewichtteil Gold in der Goldmünze soviel gilt wie 15 Gewichtsteile in der Silbermünze und entspricht dies den Preisverhältnissen der ungemünzten Metalle bei Erlaß des Gesetzes, so mag es vorkommen, daß der Silberpreis fällt und nach einiger Zeit eine Gewichtseinheit Gold 16 Gewichtseinheiten Silber wertgleich ist. Die Folge wird sein, daß das Publikum Silber in großem Umfang ausprägen läßt, um damit Goldmünzen aufzukaufen und diese einzuschmelzen. Das Goldgeld wird also dann aus dem Verkehr verschwinden („Schlechtes Geld verdrängt gutes Geld", vgl. a. *Münzwesen*), und beim weiteren Fall des Silberpreises wird die Bestimmung, daß Goldgeld ausgeprägt werden kann, keinerlei Bedeutung mehr haben. Umgekehrt wird das Silber aus dem Verkehr verschwinden, wenn es in der gesetzlichen Relation unterwertet ist, also bei einem gesetzlichen Auswechselkurs von 15 : 1 der Marktpreis auf 13 : 1 steht. Eine Doppelwährung pflegt sich auf diese Art meist in sehr kurzer Zeit entweder in eine G. oder in eine Silberwährung zu verwandeln. Will man das Geldwesen dauernd auf zwei Währungsstoffe gründen, so bleibt nur übrig, den Wert der gemünzten Metalle sich entsprechend den Wertbewegungen der ungemünzten Metalle gegeneinander verändern zu lassen. Es darf dann also keinen gesetzlichen Auswechselkurs geben, vielmehr schwankende Notierungen im Kurs der beiden Münzarten gegeneinander (Parallelwährung). Dies führt zu den größten Schwierigkeiten im Zahlungsverkehr, weshalb diese Währungsverfassung für die Praxis nicht mehr in Betracht kommt, soweit Geldsysteme planmäßig eingerichtet werden. Als Folge des Eindringens gesetzlich nicht anerkannter Geldarten in den Verkehr eines Landes (etwa von Auslandsgeld) können sich aber Zustände herausbilden, die denen einer Parallelwährung ähnlich sind.

2. Goldwährung mit Notenumlauf.

Für das Wesen der G. ist es ohne Belang, ob das Gold selbst im Umlauf ist oder ob es etwa bei einer Bank liegt und an seiner Stelle Goldzertifikate im Umlauf sind. Ob man einen solchen zu 100 % gedeckten Notenumlauf an Stelle des Goldumlaufs haben will, ist eine nach technischen und psychologischen Gesichtspunkten zu entscheidende Frage ohne tiefere ökonomische Bedeutung. Die Existenz papierner Geldzeichen ändert erst dann die innere Struktur des Geldwesens, wenn die Noten nicht mehr zu 100 % gedeckt zu sein brauchen, wenn vielmehr bei einem Goldbestand im Werte von x papierne Zahlungsmittel von höherem Wert als x ausgegeben werden können.

Dies ist in modernen Goldwährungsländern meist der Fall. Die Währungsgesetze gestatten, daß etwa auf jede Einheit Gold drei Einheiten in Noten ausgegeben werden dürfen. Das Prinzip der G. wird dadurch solange nicht verletzt, als der Wert der Geldeinheit dem Wert einer fest bestimmten Menge ungemünzten Goldes dauernd gleichbleibt.

Das wirksamste Mittel, um dies zu sichern, ist die Verpflichtung der Notenbank, ihre Noten jederzeit in Gold einzulösen und einen Goldvorrat zu halten, der die Durchführung sichert. Wird der Notenbank andauernd Gold abgefordert, so bleibt ihr nichts übrig, als Mittel anzuwenden, die den Notenumlauf verringern und damit die Geltung des heimischen Geldes gegenüber dem ausländischen wie gegenüber den Waren heben. Das kann erreicht werden durch Erhöhung des Diskontsatzes oder durch Kreditrestriktion. Erhöhung des Diskontsatzes bewirkt in einigermaßen normalen Zeiten überdies noch eine verstärkte Anlage ausländischer Mittel auf den inländischen Kreditmärkten, wodurch der inländischen Notenbank Devisen oder Gold zugeführt werden, so daß sie in der Verringerung des Notenumlaufs nicht so weit zu gehen braucht wie das sonst der Fall wäre — freilich um den Preis einer verstärkten kurzfristigen Verschuldung des Inlands an das Ausland. In vielen Fällen kann Diskonterhöhung und Kreditrestriktion auch durch die sog. „open market policy" ersetzt werden (vgl. Art. *Diskontpolitik*).

Die open market policy besteht im Verkauf von Effekten (Staatsanleihen) oder auch kurzfristigen Schuldverschreibungen (Schatzwechsel, Privatdiskonte) bei drohender Senkung des Geldwertes und ihrem Rückkauf in einem Augenblick, da die Tendenzen auf Steigerung des Geldwertes gerichtet sind. Der Verkauf solcher Papiere bindet einen Teil des überschüssigen Geldes, so daß es aus der Zirkulation verschwindet. Diskonterhöhung, Kreditrestriktion und open market policy können aber auch, statt einer bereits eingetretenen Goldabziehung zu steuern, bei genügend scharfer Beobachtung des Geldmarktes und der Preise durch die Notenbank vorbeugend angewendet werden, ja es ließe sich theoretisch denken, daß eine Notenbank den Wert des heimischen Papiergeldes völlig stabil hält, ohne zur Goldeinlösung verpflichtet zu sein und ohne ihre Goldbestände jemals zu berühren. Man kann also diese Methoden der allgemeinen Geldwertregulierung auch als Ersatzmittel der Goldeinlösung betrachten.

Zuweilen wird nicht die Pflicht zur Goldeinlösung im einzelnen Fall ausgesprochen, wohl aber die Pflicht, den Wert des Inlandsgeldes mit dem Wert des Goldes (oder einer auf Goldwert beruhenden Auslandswährung) in Parität zu halten (Zustand der deutschen Währung zwischen Dawes- und Young-Plan, Goldkernwährung im engeren Sinne des Wortes). Die Notenbank hat hier etwas mehr Spielraum als bei strikter Einlösungspflicht, wesentlich anders ist aber der Zustand nicht, da ja die Zentralnotenbank keine nennenswerte Zeitspanne hindurch die Herausgabe von Gold (oder ausländischen Zahlungsmitteln) zu verweigern vermag, wenn sie den Wert des Inlandsgeldes halten will. Viel wichtiger kann die Bestimmung werden, die sich beispielsweise auch im gegenwärtig geltenden deutschen Bankgesetz findet, daß statt Gold Devisen zur Einlösung der Noten benutzt werden können (Gold-Exchange-Standard). Sind freilich die als Einlösungsmittel zugelassenen ausländischen Zahlungsmittel hundertprozentig in Gold gedeckt, so besteht kein tieferer Unterschied gegen die reine Goldeinlösungspflicht. Sind sie dagegen zwar in Gold einlösbar, aber nur zu einem Teil gedeckt, so besteht, international betrachtet, die Möglichkeit, bei diesem System über einer gegebenen Goldgrundlage ein viel größeres Gebäude papierner Zahlungsmittel zu errichten als bei Goldeinlösungspflicht. Angenommen, die Währungsverwaltung des Landes X. wollte der Währungsverwaltung des Landes Y dazu verhelfen, reichlicher Kredit zu gewähren, also mehr Noten ausgeben zu können, weil man sich etwa in X. von einem Anwachsen des Kreditvolumens in Y. eine Besserung der eigenen Chancen für den Warenabsatz verspricht. Besteht nun in beiden Ländern die reine Golddeckung und Goldeinlösungspflicht, so kann die Aushilfe nur so geschehen, daß die Notenbank des Landes X. der Notenbank des Landes Y. einen Teil ihres eigenen Goldbestandes überläßt und also die eigenen Möglichkeiten der Notenausgabe um ebensoviel schmälert, wie sie die Möglichkeit in Y. erhöht. Sind dagegen in Y. auch ausländische Zahlungsmittel zur Notendeckung (etwa nach dem Drittelsystem) und zur Einlösung zugelassen, so kann X. z. B. Noten nach Y. senden, und dort können für jede X.-Note drei Y.-Noten ausgegeben werden. Wird gar jener Teil der X.-Noten, den die Währungsverwaltung von X. für den inneren Umlauf als entbehrlich ansieht und zur Stärkung des Währungssystems von Y. verwenden will, nicht direkt nach Y. übersandt, sondern in X. selbst als Liquiditätsreserve für solche Banken verwendet, die dafür ihre Ausleihungen nach Y. erweitern, so können zunächst die betreffenden Noten des Landes X. zu einer Schöpfung von Kreditgeld im Vielfachen ihres Wertes Verwendung finden, und dieses Kreditgeld (am einfachsten wohl in der Form akzeptierter Wechsel) kann nach Y. abgehen und dort noch einmal das Mehrfache seines Wertes in Y.-Währung schaffen helfen.

Dieses Beispiel ist der Sachlage angepaßt, wenn X. ein währungstechnisch starker Staat ist, der — was nicht damit zusammenfallen muß, aber aus geschichtlichen Gründen heute zusammenfällt — reine Goldeinlösungspflicht und reine Golddeckung seiner Währungsbehörde zur Pflicht gemacht hat, während in Y. auch Devisen zur Deckung und Einlösung zugelassen sind. Man kann nun aber auch die Annahme so wählen, daß X. gleichfalls die Devisen dem Gold in den Deckungs- und Einlösungsvorschriften gleichstellt. Dann kann sich folgendes vollziehen: X. gibt an Y. Zahlungsmittel, die sich dort in der geschilderten Weise vervielfachen. Dafür gibt Y. an X. Zahlungsmittel, die in X. den gleichen Prozeß durchmachen. Das Ergebnis wäre natürlich in beiden Ländern ein starkes Sinken des Geldwertes gegenüber den Waren und, wenn der Entwicklung nicht alsbald Einhalt getan wird, ein Zusammenbruch ihres ganzen Währungsgebäudes. Handelt es sich aber nicht nur um zwei Länder, sind vielmehr alle Länder oder doch die für die weltwirtschaftliche Entwicklung wichtigsten in den Kreis einbezogen, dann vollzieht sich ohne formelle Verletzung der Goldwährungsregeln eine Weltinflation. Es ist wohl sicher, daß neben der besonderen Inflation einzelner Staaten im Krieg und nach dem Krieg eine solche Weltinflation erfolgt ist, die dann durch den Zusammenbruch der Weltmarktpreise im Jahre 1920 wieder annähernd liquidiert wurde.

Ein Austausch aller Zahlungsmittel in der angegebenen Art, der eine internationale Geldwertsenkung bringt, kann das gewollte Ergebnis einer Politik sein, er muß es aber nicht. Vielmehr ist es denkbar, daß sich aus internationalen Kreditvorgängen automatisch ein Anwachsen der Devisenbestände bei allen Notenbanken ergibt, die diesen eine Kreditausweitung möglich erscheinen läßt. Voraussetzung ist aber immer, daß die Bankgesetze eine Verwendung der Devisen zur Notendeckung gestatten, daß also der Gesetzgeber jedenfalls die Möglichkeit einer Kreditausweitung auf dieser Basis zulassen will.

3. *Die Goldwährung als Fundament der Weltwirtschaft.*

Im Laufe des 19. Jahrhunderts sind alle Staaten mit entfalteter moderner Wirtschaft und darüber hinaus auch ein erheblicher Teil der überseeischen Agrar- und Rohstoffländer zur Goldwährung übergegangen. Diese Internationalität der G. bedeutet eine außerordentliche Erleichterung für den Kreditverkehr wie für den Warenverkehr zwischen den einzelnen Staatsgebieten. Bei reiner Goldumlaufswährung reguliert sich die Zahlungsbilanz mit hervorragender Exaktheit: Kann ein Land die von ihm empfangenen Waren und Leistungen nicht durch eigene Waren und Leistungen vergüten, die es ins Ausland exportiert oder für das Ausland ausführt, und kann oder will es nicht durch entsprechende Zunahme seiner Dauerverschuldung einen Ausgleich schaffen, so fließen Goldmünzen aus dem betreffenden Lande ab. Diese Goldmünzen sind in den Lieferantenländern ohne weiteres als Zahlungsmittel verwendbar. Die Menge der Zahlungsmittel ist also in dem Land mit passiver Zahlungsbilanz verringert, in den Ländern aber, mit denen es Handelsverkehr treibt, vermehrt. Die Preise werden also dort sinken, hier sich erhöhen. Dort wird die Ausfuhr zunehmen, die Einfuhr abnehmen, hier entsteht eine entgegengesetzte Tendenz. Der Prozeß setzt sich auf beiden Seiten solange fort, bis Gleichgewicht der *Zahlungsbilanz* (s. d.) hergestellt ist.

Bei G. mit vollständigem oder teilweisem Notenumlauf sind alle Geldbeziehungen elastischer, die Ausgleichsvorgänge wirken also weniger schroff, setzen sich aber auch nicht immer mit gleicher Exaktheit durch wie bei reinem Goldumlauf. Wird hier eine passive Zahlungsbilanz durch Goldabgaben ausgeglichen, so ist es Pflicht der Notenbank, ihre eigenen Ausleihungen einzuschränken. Tut sie das nicht, so kommt sie mit Sicherheit an einen Punkt, an dem sie nicht mehr genug Gold hat, um die Importeure zu befriedigen, die ihr Noten präsentieren, um dafür das international geltende Zahlungsmittel zu erlangen. Schränkt sie dagegen ihre Ausleihungen ein, so mindert sie die Menge der Noten, die ja nur durch diese Ausleihungen immer wieder in den Verkehr gelangen, drückt damit auf die Preise, hemmt so die Einfuhr und fördert die Ausfuhr. Dies muß sie solange tun, bis wieder Goldrückflüsse eintreten. Was also bei reinem Goldumlauf automatisch geschieht, daß muß bei Notenumlauf durch Entschlüsse der Zentralnotenbank bewirkt werden, die aber überall dort zwangsläufig gefaßt werden, wo die Regeln guter Bankpolitik gelten. Immerhin besteht die Gefahr, daß die Notenbank die Dauer der Goldabziehungen zunächst unterschätzt und dann um so schärfer eingreifen muß, wenn ihre Bestände sich zu erschöpfen drohen. (Es ist dabei grundsätzlich kein großer Unterschied, ob eine absolute Erschöpfung des Goldvorrats oder die Unterschreitung einer gesetzlich festgelegten Mindestgrenze nahegerückt ist.) Es kann natürlich auch vorkommen, daß sie solange wartet, bis überhaupt die normalen Funktionen der G. unterbrochen werden müssen, also vorübergehend keine Einwechselung von Noten in Gold mehr vorgenommen werden kann. Solche Unterschätzung der Golderfordernisse stellt sich besonders dann leicht ein, wenn die Passivität der Zahlungsbilanz nicht durch ein Defizit der Handels- und Leistungsbilanz, sondern durch Abziehungen von Auslandskrediten entsteht. Da diese nicht durch eine ungeeignete Struktur der Inlandswirtschaft verschuldet zu sein brauchen, sondern auf psychologische Momente zurückgeführt werden können, werden sie leicht als nur vorübergehend betrachtet und man traut sich zu, sie mit psychologisch-politischen Gegenmitteln zu bekämpfen. Unterdessen gerät die Notenbank in die Versuchung, die durch Abzug der Auslandsgelder entstandene Lücke durch eigene Kreditschöpfung auszufüllen, so daß der Notenumlauf auch noch wächst (oder, was in der Wirkung das Gleiche ist, sich unter einem etwa vorhandenen konjunkturellen Depressionsdruck nicht entsprechend verringert.) Ein solches Gebahren führt schließlich zu einem Zusammenbruch des Kreditsystems.

Trotz dieser Gefahren aber bedeutet die international geltende G. einen ausgezeichneten Unterbau für die weltwirtschaftlichen Beziehungen. Sie schafft nicht nur ein hohes Maß von Sicherheit, indem sie — außer im Fall schwerer Mißbräuche oder sonstiger Störungen (z. B. Konstituierung politischer Schulden) — bei der Entstehung von Passivsalden sofort den Apparat in Gang setzt, der durch entsprechende Gestaltung der Handelsbilanz zur Schuldentilgung führt. Sie schafft auch Elastizität, indem sie dem Warenverkehr den Goldverkehr vorschaltet. Hätte jedes Land nur eine Binnenwährung, so müßte es bei verstärktem Bedarf nach fremden Waren oder Leistungen **sofort** seine eigene Ausfuhr steigern, was oft nicht möglich ist. Die gleiche Notwendigkeit entstünde, wenn es irgendwelche Schulden (etwa Warenkredite) rasch zurückzuzahlen hätte. Unter diesen Umständen wäre ein internationales Kreditwesen größeren Umfangs überhaupt unmöglich. Erst das leicht zu einer großen Reserve aufzuspeichernde Gold gestattet es, internationale Zahlungen prompt zu erfüllen und dabei doch dem Warenverkehr Zeit zu lassen, sich den veränderten Bedingungen anzupassen.

Diese Vorschaltung der Goldtransaktionen vor die Warentransaktionen drückt sich darin aus, daß der internationale Wechselkurs einer G. sich nur zwischen den beiden *Goldpunkten* (s. d.) bewegen kann — eine ungeheure Erleichterung für den Kredit- und Warenverkehr. Der Kurs der Mark gegenüber dem englischen Pfund kann sich nur solange verschlechtern, bis es für einen deutschen Schuldner lohnender wird, Gold zu kaufen und nach England zu versenden als Pfunde (oder Mark, da ihm diese von seinem englischen Gläubiger auch nur nach dem Kurswert gegen das Pfund angerechnet werden). Der Kurs des englischen Pfundes kann sich umgekehrt gegenüber der Mark nur solange verschlechtern, bis es für den englischen Schuldner zweckmäßiger wird, an einen deutschen Gläubiger Gold zu versenden als Mark (oder Pfunde). Da diese Grenzen der Kursbewegung feststehen — solange die Regeln der G. von den Währungsverwaltungen eingehalten werden — so dauert der Ausgleichsvorgang keineswegs so lange, bis die Zahlungsverpflichtungen aus dem Waren- und Leistungsverkehr sich ausgewirkt haben. Die Arbitrage nimmt vielfach noch das Ergebnis des Goldausgleichs vorweg. Die Reaktion erfolgt umso schneller, die Ausgleichstendenz wird umso wirksamer.

4. Das Problem des Goldwerts.

Die G. schafft, da sie die Stabilität der Geldeinheit gegenüber dem Gold gewährleistet, kein gegenüber dem Warenwert stabiles Geld. Zunahme des Goldbestandes ohne gleichzeitige entsprechende Zunahme der Warenproduktion senkt den Geldwert. Zunahme der Warenproduktion ohne gleichzeitige Zunahme der Goldbestände oder Vergrößerung des Überbaus an Kreditgeld, der über der bestehenden Goldgrundlage errichtet ist, senkt die Kaufkraft des Geldes. Nun ist keinerlei Gewähr dafür gegeben, das sich Goldbestand und Warenproduktion gleichmäßig entwickeln. Der Goldbestand würde sich auch dann vermehren, wenn überhaupt keine technischen Verbesserungen in der Goldproduktion und keine Erschließung neuer Goldfelder erfolgen würde. Denn es wird im Jahre weit mehr Gold produziert, als durch industriellen Verbrauch verloren geht. Die jährlich produzierte Warenmenge vergrößert sich dagegen nur durch verbesserte Technik oder mindestens durch Vermehrung des Kapitals, ohne die selbst eine wachsende Bevölkerung den Produktionsumfang nur wenig zu erweitern vermag. Auf der anderen Seite ist die Goldproduktion durch die Menge des mineralisch vorhandenen Goldes beschränkt. Die Goldfelder werden sich einmal erschöpfen. Unter Annäherung an den Erschöpfungszustand geben sie das Gold im allgemeinen nur gegen steigende Kosten her. Die Warenproduktion dagegen steht in ihrem industriellen Teil in weitem Umfang unter dem Gesetz der sinkenden Kosten. Es sind also auf beiden Seiten Bestimmungsgründe wirksam, die auseinanderstrebende Tendenzen der Wertentwicklung auf der Gold- und auf der Warenseite wahrscheinlicher machen als eine Parallelität. Das Auseinanderstreben wird nur durch einen Umstand gemildert: Erhöhte Warenproduktion ohne gleichzeitige Vermehrung der Zahlungsmittel bewirkt sinkende Warenpreise, diese bedeuten sinkende Produktionskosten für Gold, diese machen Ausdehnung der Goldproduktion, Betriebseröffnung auch von weniger ergiebigen Goldminen und Wiederaufnahme der Ausbeutung bereits verlassener Goldfelder rentabel. Das Umgekehrte vollzieht sich, wenn die Warenproduktion vorübergehend hinter der Goldproduktion zurückgeblieben ist. Die Wirkung dieser Ausgleichstendenz ist aber eng begrenzt.

In der Tat hat der Goldwert in der Vergangenheit außerordentlich stark geschwankt und für die Zukunft knüpfen sich an eine disharmonische Entwicklung zwischen Goldmenge und Warenmenge starke Befürchtungen. Sogar die gegenwärtige Weltkrise wird vielfach auf ein Zurückbleiben der Goldmenge hinter der Warenmenge zurückgeführt, z. T. auch auf die Überführung von Gold aus kapitalarmen Ländern, die ihren Goldbestand soweit irgend möglich zur Schaffung von Kreditzahlungsmitteln ausnutzen, in solche Länder, die eine Politik der Goldthesaurierung treiben, z. B. Frankreich, so daß sich die Umlaufsmenge in der ganzen Welt entsprechend mindert. Daraus mußten sich Deflationswirkungen ergeben. Die Erklärung der Weltkrise aus Goldknappheit hat freilich auch scharfen Widerspruch gefunden. Für die Zukunft aber überwiegt die Meinung derer, die mit einer Goldknappheit rechnen und deshalb einen Ausgleich des Golddefizits durch verstärkte Schöpfung von Noten und Buchgeld verlangen. Der wirksamste Wortführer dieser Richtung ist Gustav Cassel. Auch die Golddelegation des Völkerbundes neigt im großen und ganzen dieser Ansicht zu, wenn ihre Mehrheit auch in ihrem Schlußbericht die früheren Befürchtungen nicht mehr in vollem Umfang aufrechterhält. Eine solche solidarische Erweiterung des Notenumlaufs wäre wohl am einfachsten durch Erleichterung der Notendeckungsvorschriften in allen wichtigen Wirtschaftsländern herbeizuführen. Sie brauchen sich nicht notwendig überall auf eine Herabsetzung der Deckungsgrenze zu erstrecken. Unter Umständen genügt schon eine verstärkte Zulassung von Devisen zur Notendeckung, um eine Erweiterung des Geldumlaufs von Zahlungsmitteln zu bewirken, wie dies schon weiter oben dargestellt ist.

Der Gedanke, daß es vor allem darauf ankomme, ein gegenüber den Waren wertstabiles Geld zu besitzen, hat zu den verschiedenen Projekten der *Indexwährung* (s. d.) geführt. Der Gedanke dieser Indexwährung ist die Schöpfung von Noten ohne Rücksicht auf irgendwelche Beziehungen zur Goldmenge, lediglich auf Grund der Bewegung des Warenpreisindex. Damit wäre das Wesen der G. aufgehoben, der Wert der Geldeinheit würde sich primär nicht nach dem Wert des Goldes richten, sondern immer gegenüber den Waren gleich kaufkräftig bleiben.

Die Durchführung einer Indexwährung würde als erste und wichtigste Bedingung einen zuverlässigen Index der Warenpreise erfordern, wie er heute schlechterdings nirgends besteht. Im übrigen ist das Problem der Indexwährung an dieser Stelle nicht zu erörtern. Wichtig aber ist, daß die Bindung der Geldeinheit an den Wert eines einzigen Stoffes die Möglichkeit von Konjunkturbewegungen im heutigen Sinne offen läßt, weil die Preisveränderungen, die einem Auf und Ab der Konjunktur gehören, sich eben in Wertverschiebungen der Waren gegenüber dem Währungsstoffe ausdrücken (vgl. Art. *Konjunkturpolitik*). (Gold ist bei G. die einzige Ware, deren Preis immer gleichbleibt.) Die Bindung der Geldeinheit an den Durchschnittswert aller Waren dagegen, wie sie sich aus der Indexwährung ergeben müßte, würde den Ausgleich der konjunkturellen Wellenbewegung der Preise bedeuten und damit das Wesen dieser Wellenbewegung aufs stärkste verändern. Ob das überhaupt möglich ist, ob es nicht von verhängnisvollen Konsequenzen begleitet wäre, weil sich möglicherweise das Fehlen der Preisreaktionen in desto stärkeren Schwankungen der Produktionsmenge und damit des Beschäftigungsgrades und des Konsums äußern würde, gehört zu den großen offenen Fragen der Kreditwirtschaft, an deren Lösung unsere Zeit zu arbeiten hat.

5. *Die politische Bedeutung der Goldwährung.*

Die Bindung an den Wert eines Stoffes stellt den Geldwert aus dem Bereich des unmittelbaren Einflusses der öffentlichen Verwaltung. Deshalb steht die Entwicklung des Goldwährungssystems im engen Zusammenhang mit der Entwicklung des wirtschaftlichen Liberalismus. Aber man braucht kein Liberaler zu sein, um zu wünschen, daß der Geldwert nicht Objekt des politischen Kampfes sein soll.

Die G. verbürgt das freilich nur dort, wo sie selbst nicht mehr in Frage gestellt wird. Die deutsche bimetallistische Agitation der achtziger und neunziger Jahre suchte vorwiegend aus handelspolitischen Gründen die G. durch eine Doppelwährung zu ersetzen, da man von der sinkenden Kaufkraft des Silbers — das damals zweifellos das Gold aus dem Verkehr gedrängt hätte — sich eine verringerte Anziehungskraft des deutschen Marktes für ausländische Produkte versprach. Da die agrarischen Gruppen, von denen diese Agitation hauptsächlich ausging, zudem noch mit einer Einführung der Silberwährung in den Vereinigten Staaten rechneten, die damals Hauptexportland für Getreide waren, so sollte die Wiedereinführung der freien Silberprägungen in Deutschland unter anderem auch den Sinn haben, ein zu tiefes Abgleiten des Silberwerts zu verhindern. Denn der Wert des Silbers wie des Goldes ist stark abhängig von dem Umfang seines monetären Gebrauchs. Die Abschaffung der *Silberwährung* (s. d.) in vielen Staaten während des 19. Jahrhunderts hat vielleicht noch mehr als die Zunahme der Silberproduktion dazu beigetragen, den Wert des Silbers herabzudrücken (wie z. B. auch eine Erstreckung der G. auf China den Silberwert weiter drücken und damit die gefürchtete Goldknappheit verschärfen würde).

Der Kampf um den Bimetallismus war ein Beispiel dafür, daß nicht unter allen Umständen die einmal eingeführte G. den Streit um den Geldwert beendet. Starke Interessen knüpfen sich sowohl an sein Steigen wie an sein Fallen. Von den handelspolitischen Wirkungen abgesehen, die schon auf einen komplizierteren Wege sich geltend machen, sind es vor allem die Interessen der Schuldner und der Gläubiger, für die der Geldwert Kampfobjekt ist. Senkung des Geldwertes erleichtert die Rückzahlung der Schulden und nimmt dem Gläubiger einen Teil vom wirtschaftlichen Inhalt seines Forderungsrechts, steigender Geldwert wirkt umgekehrt. Sinkender Geldwert bewirkt eine Flucht in die Sachwerte, also verstärkte Nachfrage nach Waren, sobald er der Öffentlichkeit zum Bewußtsein kommt. Der Wert des inländischen Geldes im Verhältnis zum ausländischen Geld („intervalutarischer Kurs“) sinkt zuweilen rascher als der innere Wert des Geldes, als sein Verhältnis zu den Waren. Dadurch wird der Export gesteigert. Sinkender Geldwert bewirkt aus diesen beiden Gründen häufig zunächst Hebung des Beschäftigungsgrades. Selbst abgesehen davon, daß seine Ursache gewöhnlich in Mehrausgabe von Zahlungsmitteln durch den Staat besteht, die aus finanzpolitischen Verlegenheiten helfen soll, sind auch seine Wirkungen von solcher Art, daß die Schwierigkeiten der Wirtschaftspolitik für den Augenblick gemildert werden können, um freilich später in um so größerer Schärfe wieder aufzutreten. Senkung des Geldwertes ist also ein Mittel, um es sich in der Gegenwart wirtschaftlich bequem zu machen. Für eine Regierung kann die Versuchung sehr groß sein, sich für die Dauer ihrer Herrschaft durch dieses Mittel Erfolge zu sichern, deren Preis dann andere Regierungen in späterer Zeit zu zahlen haben, wenn die Geldentwertung ein progressives Tempo angenommen hat und damit ihre üblen Folgen weit größer geworden sind als ihre Vorteile. (In einem inflationserfahrenem Land, wie es heute Deutschland ist, würde freilich das Frühstadium einer neuen Inflation so rasch durchlaufen werden, daß selbst die vorübergehende Erleichterung sehr fragwürdig wäre.)

Das alles spricht für die Bindung des Geldwertes an einen Stoffwert, der nicht durch willkürliche Maßnahmen beeinflußbar ist. Freilich ist das bei der G. schon nicht mehr in vollem Umfange der Fall, weil die Möglichkeit besteht, durch verstärkte oder verringerte Schaffung von Noten den Goldwert selbst zu beeinflussen. (Solange durch Einlösungspflicht der Notenbank der Kurswert der Noten dem Kurswert des Goldgelds gleichgehalten wird, sind Noten im Verkehr ein ebenbürtiger Ersatz für Gold. Eine Vermehrung der Noten allein kann daher den Wert von Gold und Noten gegenüber den Waren senken, eine Verminderung ihn heben.) Aber praktisch besteht diese Möglichkeit doch nur für die goldstärksten Länder, früher vor allem für die Vereinigten Staaten von Amerika, jetzt noch mehr für Frankreich, das aber davon keinen Gebrauch macht. Es wäre sehr wohl denkbar, daß ein Staat, der über besonders große Goldreserven verfügt, seinen Einfluß auf den Goldwert dazu benutzt, um seine eigenen Interessen im Gegensatz zu den Interessen anderer Völker zu fördern. Würde sich das jemals ereignen, so wäre gewiß für diese anderen Völker Anlaß gegeben, die Goldwährung abzuschaffen. Die Amerikaner haben ihren Einfluß auf den Goldwert nicht mißbraucht. Welche Fragen immer die Goldanhäufung in einzelnen Ländern gestellt haben mag, sie sind, soweit sie machtpolitische Bedeutung haben, immer nur dadurch aufgeworfen worden, daß das Gold ausgeliehen wurde und so eine Verschuldung des einzelnen Landes gegenüber dem anderen zustande kam, die sicherlich eine politische Abhängigkeit zu begründen vermag. Aber dieses Problem der internationalen Verschuldung ist von der Art der Währung ganz unabhängig. Es gibt keine Währung, in der man nicht Schulden aufnehmen könnte, und es gibt keine gesunde Währung, bei der nicht der Schuldner gehalten wäre, seine Schulden zurückzuzahlen.

Der schroffe Konjunkturwechsel der Nachkriegszeit mit seinen, sogar von der Wissenschaft nicht voll aufgeklärten, der Masse unverständlichen Ursachen hat vielfach dazu geführt, daß man in fast mystischem Sinne die G. als Welle des schweren Unheils ansah (vgl. Art. *Konjunkturtheorie*). Der Gedanke ist aufgetaucht, daß die internationale Finanz mit Hilfe der G. die Völker ausbeute, indem sie ihnen durch monopolistische Aufspeicherung des Goldes erst die erforderlichen Zirkulationsmittel entziehe und dann in Gestalt überhöhter Zinsen ungerechtfertigte Tribute für die Herausgabe verlange. In Wirklichkeit haben die Banken und die Währungsverwaltungen aller Länder durch immer verstärkte Schaffung von Noten und Kreditgeld als Goldersatz gerade das Gegenteil einer Monopolisierungspolitik betrieben. Die hohen Zinsen — sie sind überdies nicht überall hoch — haben bei langfristigen Krediten, die für die Entwicklung der Volkswirtschaft fast allein wichtig sind, mit Knappheit oder Überfluß an Gold überhaupt nichts zu tun. Sie sind ein Ergebnis des Angebots und der Nachfrage von Sparkapital (vgl. Art. *Zinstheorie*). Sie richten sich nach dem Verhältnis der Gütermengen, auf deren Konsum die Sparenden verzichten wollen, zu jenen Gütermengen, welche die Unternehmer brauchen, um sie zur Erweiterung ihrer Betriebe und zur Ausnutzung des technischen Fortschritts zu verwenden.

Eine andere Gruppe von politischen Gegnern der G. geht von dem Wunsche aus, die internationalen Wirtschaftsbeziehungen zu beschränken, das eigene Land möglichst aus dem Zusammenhang der Weltwirtschaft zu lösen. Sie kommen auf diese Weise zur Forderung einer Binnenwährung, die ganz von der eigenen Währungsverwaltung beherrscht werden soll. Es ist ganz richtig, daß G. praktisch ein international geltendes Zahlungsmittel schafft und damit internationale Wirtschaftsbeziehungen jeder Art erleichtert und intensiviert. Aber damit sichert sie eben auch der einzelnen Volkswirtschaft alle Vorteile des weltwirtschaftlichen Zusammenhangs, ohne die ein modernes Land nicht leben kann.

Die populäre politische Agitation gegen die G. hat kaum Aussicht auf Erfolg, weil sich schon beim ersten Versuch heraustellen würde, daß sie nichts Besseres an die Stelle der bekämpften Einrichtungen zu setzen weiß. Aber soweit es überhaupt möglich ist, den Gang der Dinge vorauszusagen, wird man mit einem Fortschreiten des inneren Umformungsprozesses zu rechnen haben, den die G. bereits jetzt erleidet. Da die Schaffung von Kreditzahlungsmitteln den Goldwert in weitem Umfange bestimmt, werden sich die Regeln herausbilden müssen, nach denen diese Bestimmungsgewalt gehandhabt wird. Vorerst aber sind es meist nur auf kurze Sicht angestellte Erwägungen, durch die sich die Praxis leiten läßt. Sie werden vervollkommt und ausgestaltet werden müssen zu einem System internationaler *Konjunkturpolitik* (s. d.). Ansätze zur Herausbildung eines solchen Systems sind heute schon die oft angestrebte, teilweise verwirklichte, dann wieder zusammengebrochene Zusammenarbeit der Notenbanken. Damit wird freilich national wie international ein Problem noch schärfer hervortreten, das heute schon zu den heikelsten der Wirtschaftspolitik gehört: der Übergang wichtigster Teile der Wirtschaftspolitik an die außerhalb politischer Verantwortung stehenden Notenbanken. Die Notenbanken sollen der Idee nach, die den Bankgesetzgebungen aller Länder zugrunde liegt, nach technischen, vom politischen Wollen unabhängigen Gesichtspunkten ihre Maßnahmen einrichten. Gerade die G. sollte die Bankleiter davon entbinden, Konjunkturpolitik nach allgemeinen Erwägungen treiben zu müssen, indem sie auf die Beobachtung eines bestimmten Index, der Zu- oder Abnahme ihrer Goldvorräte, verwiesen wurden. An diese Beschränkung können sie sich längst nicht mehr halten. Denn die Konjunkturgestaltung ist von den Handlungen der Regierenden viel abhängiger als früher — ohne daß die konjunkturellen Folgen immer das bewußt angestrebte Ziel dieser Regierungshandlungen sind — und jede aus konjunkturellen Gründen entstehende Überlastung der Notenbank stellt die Frage, ob sie durch ihre eigenen Maßnahmen sich schützen oder auf die Regierung einwirken soll, daß diese den Ursachen der Veränderung abhelfe. Dazu kommt die Abhängigkeit des Goldwertes selbst von Maßnahmen der Notenbankpolitik, wenn nicht der eigenen, so doch anderer Länder. Durch diese Abhängigkeit hat die Bewegung der Goldbestände aufgehört, ein unbedingt zuverlässiges Barometer für konjunkturpolitisch richtige Entschlüsse der Zentralnotenbank zu sein, während auf der anderen Seite zu den bisherigen Mitteln der Notenbankpolitik als neues, zunehmend wichtigeres Mittel die Beratung mit ausländischen Banken über die Beeinflussung des Goldwertes getreten ist. Je wirksamer dieses Mittel wird, um so dringlicher wird die Frage, ob die Instanzen, die es handhaben, Vollzugsorgane von Regierungen oder selbständig handelnde Wirtschafttechniker sind, und wenn man sich für das letztere entscheiden will, wie dann wohl Wirtschaftstechnik gegen Wirtschaftspolitik überhaupt abzugrenzen wäre, ob es einen von Politik freien Raum öffentlicher Wirtschaftsführung geben kann. Dieses allgemeine Problem — auch sonst in besonderem Maß ein Problem unserer Zeit — liegt der Spezialfrage nach der künftigen Stellung der Notenbanken zugrunde, die neben der politischen Beeinflussung der Wirtschaft vor allem auch der innere Umbildungsprozeß der G. aufgeworfen hat.

Vgl. *Geldtheorien*, *Währungswesen* und *Silber und Silberwährung*, sowie die dortigen Literaturangaben.

CARL LANDAUER.

Goldzertifikate s. *Goldwährung 2.*

Good-will. Unter „good-will" (Façon, Firmenwert, Organisationswert) versteht man den Mehrwert einer Vermögensgesamtheit als solchen, der sich gegenüber der Summe der Einzelwerte ergibt, aus denen sich die Vermögensgesamtheit zusammensetzt. Die Basis für die Errechnung eines derartigen Mehrwertes ist die kontinuierliche Ertragskraft (earning power), die der zu bewertenden Vermögensgesamtheit innewohnt. Der Wert des G. wird durch Vergleich des kapitalisierten Reinertrags der Vermögensgesamtheit mit der Wertsumme der diese Gesamtheit bildenden Einzelbestandteile unter Zugrundelegung des landesüblichen Zinsfußes gefunden. Dabei ist zu berücksichtigen, daß der in der Bilanz ausgewiesene Reinertrag die tatsächliche Ertragskraft des zu bewertenden Vermögenskomplexes nicht immer richtig widerspiegelt. Für die Errechnung des Good-will-Wertes muß der ausgewiesene Reinertrag daher häufig nach unten und oben berichtigt werden. Nach unten, sofern in dem ausgewiesenen Ertrag Gewinne enthalten sein sollten, die betriebsfremden, d. h. nicht aus dem Geschäftszweck abzuleitenden, einmaligen Charakter tragen; nach oben, sofern das Ertragsbild durch willkürliche Unterbewertungen (stille Reserven) oder Schaffung übermäßiger Rückstellungen beeinträchtigt erscheint. Der kapitalisierte Teil des so zu errechnenden Reinertrags, der die Summe der Einzelwerte der Vermögensmasse (Summe der Aktiven abzüglich Summe der Passiven) übersteigt, ist der Good-will-Wert. SCHMALENBACH schlägt für ihn die Bezeichnung „Kapitalisierungsmehrwert" vor. Es handelt sich dabei um einen immateriellen Schätzungswert, der, von der Erfahrung der Vergangenheit ausgehend, auf dem erhofften Zukunftsertrag aufgebaut ist. Dieser spekulative Charakter, der dem Good-will-Wert somit eigen ist, hat den deutschen Gesetzgeber veranlaßt, die Aktivierung dieses Wertes in der Bilanz zu untersagen. § 261 Ziff. 4 HGB. neue Fassung hält daran fest, daß für den Geschäfts- und Firmenwert ein Posten in der Bilanz grundsätzlich nicht eingesetzt werden darf. Dieser Grundsatz kann jedoch durchbrochen werden, sofern die für die Übernahme eines Unternehmens im ganzen bewirkte Gegenleistung den für den Zeitpunkt der Übernahme ermittelten Wert der einzelnen Vermögensgegenstände des einzubringenden Unternehmens übersteigt. In diesem Falle soll es der aufnehmenden Gesellschaft gestattet werden, den Unterschied zwischen dem Kaufpreis und der Summe der einzelnen Bilanzwerte des eingebrachten Unternehmens gesondert unter die Aktiven aufzunehmen. Der eingesetzte Aktivposten ist durch angemessene jährliche *Abschreibungen* (s. d.) zu tilgen. Die Höchstgrenze, bis zu der in Zukunft eine Aktivierung des Good-will-Wertes aktienrechtlich zugelassen werden soll, stellt der für den G. tatsächlich gezahlte Kaufpreis dar. Eine darüber hinaus etwa eintretende Werterhöhung des G. darf auch nach der neuen Fassung des Aktienrechts nicht aktiviert werden.

In der amerikanischen Bilanzliteratur und Bilanzpraxis sind die Meinungen über die Aktivierungsfähigkeit des Good-will-Wertes geteilt. Man findet eine ganze Reihe bedeutender amerikanischer Unternehmungen, die den G. („intangible fixed investments") in beträchtlicher Höhe auf der Aktivseite der Bilanz ausweisen. Bei anderen amerikanischen Firmen wiederum erscheint der Good-will-Wert in der Bilanz überhaupt nicht oder auf eine minimale Summe abgeschrieben. Namhafte amerikanische Schriftsteller (LINCOLN, BLISS, KESTER) vertreten die — auch in der neuen Fassung des deutschen Aktienrechts zum Ausdruck gebrachte — Ansicht, daß der G. in der Bilanz nur dann erscheinen sollte, wenn es sich darum handelt, den Wert eines Vermögenskomplexes als ganzen festzustellen, wie beispielsweise bei der Veräußerung einer Unternehmung. Eine Aktivierung des Good-will-Wertes in der laufenden Jahresbilanz ohne besonderen Anlaß halten diese amerikanischen Schriftsteller für nicht gerechtfertigt. Besonders entschieden wendet sich LINCOLN gegen die Aktivierung des G., soweit er nicht einen realisierten Wert darstellt, der als solcher Bestandteil des Kaufpreises eines Unternehmens im ganzen gewesen ist. Er bringt diese Ansicht in folgenden Sätzen zum Ausdruck:

„Conservative accountants maintain that no value should be assigned to intangibles unless they have actually been paid for, and that even under these circumstances this account should gradually be amortized out of earnings."

und

„There are exceptional cases in which the inclusion of this item at a high figure has been fully justified, but it is a safe rule to put a red line through ‚intangibles' as here listed when scrutinizing the balance sheet of a company for investment or credit granting purposes."

LINCOLN vertritt hier also die Ansicht, daß ein G., soweit er überhaupt aktivierungsfähig erscheint, raschestmöglich abgeschrieben werden sollte. Diesen Grundsatz will er auch hinsichtlich der Aktivierung eines G. angewendet wissen, für dessen Erwerb tatsächlich Zahlungen geleistet worden sind. Er geht damit einen Schritt weiter als es der deutsche Entwurf zur Aktienrechtsreform ursprünglich vorsah, der eine Abschreibung des bezahlten Good-will-Wertes nur in einer Mindesthöhe vorschreiben wollte, die der etwa eintretenden Entwertung des G. entspricht. Da der auf dem Ertrag aufgebaute G. seinem Wesen nach jedoch kein abschreibungsbedürftiger Reproduktionswert ist und bei einer regulären Geschäftsentwicklung eher die Tendenz zu einer Werterhöhung als zu einer Wertminderung in sich trägt, hätte nach dem Vorschlag des deutschen Aktienrechtsreform-Entwurfs eine Abschreibung des künftig aktivierbaren Good-will-Wertes in den deutschen Bilanzen keineswegs die Regel bilden müssen. Man hat sich daher bei Neufassung des Gesetzes diesem Vorschlag des Entwurfes nicht angeschlossen, sondern eine sofort einsetzende angemessene Abschreibung der etwa aktivierten G. vorgeschrieben, unabhängig von der tatsächlichen Entwicklung dieses Wertes. Es sei besonders darauf hingewiesen, daß diese Vorschrift bezüglich der Behandlung der G. lediglich für die aktienrechtliche Handelsbilanz Geltung hat, steuerrechtlich ist eine Abschreibung der bezahlten G. nur entsprechend der etwa eintretenden Entwertung zugelassen (vgl. RFG. vom 30. September 1931 VI A 837/31).

Der G. einer Unternehmung hat seine Entstehungsquellen in einer Reihe von ideellen Faktoren, die sich nicht ohne weiteres in Zahlen ausdrücken lassen: Persönliche Qualitäten und Ansehen der Unternehmungsleitung, Beziehungen verschiedener Art, Standortvorteile, Organisations- und Reklameeinrichtungen, Ruf des Produktes (Markenartikel) und Markenschutz, Absatztradition (Kundenstamm), Marktbeherrschung auf Grund von rechtlichen oder tatsächlichen Monopolen u. a., dies alles sind unsichtbare Aktiven eines Unternehmens, die, mit den realen Vermögensteilen zu einer organischen Einheit verwoben, ihren greifbaren Niederschlag im Betriebserfolg finden und zu einer Erhöhung des potentiellen Gesamtwertes der Unternehmung führen. Rechte, wie beispielsweise Patente, Lizenzen, Konzessionen usw. können jedoch nicht, wie dies irrtümlich häufig geschieht, als Good-will-Werte angesprochen werden. Sie stellen immaterielle Güter dar, die, wie die realen Vermögensgegenstände, echte Aktiven eines Unternehmens bilden und daher — wenn vielleicht auch nur mit 1 RM. als Promemoriaposten — in der Bilanz erscheinen sollen.

Da man sich bisweilen bei Gründungen und Fusionen davor scheut, einen G., auch wenn für ihn Aufwendungen gemacht werden, in der Einbringungsbilanz als Aktivum erscheinen zu lassen, pflegt man in der Bilanzierungspraxis den Good-will-Wert häufig auf die einzelnen Vermögensbestandteile — mehr oder weniger willkürlich — zu verteilen, indem man deren Buchwerte entsprechend erhöht. Diese Bilanzierungsmethode erscheint jedoch, unter dem Gesichtspunkt der Bilanzklarheit betrachtet, nicht erwünscht, ganz abgesehen davon, daß eine derartige Aufteilung des Good-will-Wertes unter Umständen zu bedenklichen Maßnahmen hinsichtlich der laufenden *Abschreibungen* (s. d.) oder zu Selbsttäuschung bei der Selbstkostenkalkulation führt.

Ausgaben für die Verwaltung einer Aktienunternehmung durften nach dem bisherigen deutschen Aktienrecht (§ 261/4) nicht aktiviert werden. Die neue Aktiengesetzgebung betrachtet demgegenüber — durchaus berechtigt — einen Teil der Generalunkosten als aktivierungsfähig. § 261 Ziff. 1 HGB. neue Fassung sieht vor, daß bei der Berechnung der für die Bilanzbewertung zugrunde zu legenden Herstellungskosten angemessene Anteile an den Betriebs- (nicht Vertriebs-) und Verwaltungskosten eingerechnet werden dürfen, soweit sie auf den Zeitraum der Herstellung entfallen. Betriebswirtschaftlich gesehen ist auch nichts dagegen einzuwenden, wenn Generalunkosten, soweit ihre Wirkung mehreren Bilanzperioden zugute kommt (Reklameausgaben, Ausgaben für den Ausbau von Vertreterorganisationen, Nachrichtenorganisation usw.), als immaterielle Aktiven, die entsprechend abzuschreiben sind, in die Bilanz aufgenommen werden.

Literatur: SCHMALENBACH: Finanzierungen. Leipzig: Gloeckner. — RECHTMANN: Die Behandlung des Geschäftswertes der Unternehmung in der Bilanz. Z. Handelsw. Forschgn **1926**, H. 3 u. 4. — AULER: Der Unternehmungsmehr- und minderwert in der Bilanz. Z. Betriebswirtsch., H. 9, 10, 11. — BERLINER, SCHMALENBACH, FRITZ und TGAHRT: Der Wert des Geschäfts im ganzen; Kapitalisierung des Geschäftsertrages. In: Z. handelswiss. Forschg **7, 11**. — BERLINER, MANFRED: Vergütung für den Wert des Geschäfts bei dessen Übergang in andere Hände. Hannover 1913. — SCHMALTZ: Bilanz und Betriebsanalyse in Amerika (dort auch ausführliche Angaben über amerikanische Literatur). Stuttgart: C. E. Poeschel Verlag.

KURT HIRSCHFELD.

Graf Schwerin (Valutaschuldscheine v.) s. *Valorisierung III.*

Gratisaktien, von der Gesellschaft ohne Einzahlung der Empfänger ausgegebene Aktien. Wegen des Verbots der Unterpari-Emission im deutschen Recht, ist dies bei deutschen Aktiengesellschaften nur möglich, wenn mindestens der Nennwert der ausgegebenen G. der Gesellschaft aus Reingewinn oder aus freiwillig zur Auflösung kommenden Reserven zufließt.

Greenbacks, das amerikanische Staatsnotengeld, das im vorigen Jahrhundert zahlreichen Kursschwankungen unterworfen war; der Name rührt von der grünen Farbe der Rückseite her.

Grenzkosten s. *Geldtheorien.*

G rep. s. *Berliner Börse III.*

Greshamsches Gesetz s. *Münzwesen II,* vgl. *Goldwährung 1.*

Griechenland, Geld- und Kapitalmarkt, Börse. *1. Währungswesen.* Während Griechenland seit 1868 der lateinischen Münzunion angehört hatte (Doppelwährung; 1 Drachme = 1 Frank, 1 Lepton = 1 Centime; Noten der Nationalbank von Griechenland zu 5000, 1000, 500, 100, 50, 25, 20, 10 und 5 Drachmen), ergab sich schon vor dem Kriege und dann besonders im Zusammenhang mit der Besetzung großer Landesteile im Weltkriege sowie der Zerrüttung der Staatsfinanzen nach den Friedensschlüssen eine Zerstörung der griechischen Valuta. Diese führte 1927 zu einer Währungssanierung auf Grund einer 6proz. Anleihe von 9 Mill. £. Maßgebend sind die Währungsgesetze vom 13. November 1927, denen dann Mitte Juni 1928 die tatsächliche Stabilisierung der Drachme auf der Grundlage eines Verhältnisses von 375 Drachmen = 1 £ folgte. Hiernach werden aus 1 kg Gold 51212,87 Drachmen geprägt.

Eine neue Notenbank mit dem Namen „Banque de Grèce" erhielt das Notenprivileg, und der Staat überwies dem neuen Institut, das am 14. Juni 1928 seine Tätigkeit aufnahm, 3 Mill. £ aus dem Ertrag der neuen Anleihe als Abfindung für seine alte Banknotenschuld gegenüber der Nationalbank. Die neue Bank arbeitet mit einem Aktienkapital von 400 Mill. Drachmen. Die statutenmäßige Notendeckung beträgt 40% aus Gold und Golddevisen; die Bank hat jedoch für 5 Jahre das Recht, auf Gold lautende Staatsobligationen in die Deckung hineinzurechnen. Die dem Staate zu gewährenden Vorschüsse dürfen den Betrag von 400 Mill. Drachmen nicht überschreiten. Die Bank hatte die Pflicht, englische Pfunde zum Kurse von 375 Drachmen anzunehmen und abzugeben.

Im Zusammenhange mit dem Pfundsturz des Jahres 1931 erfolgte die Lösung der Drachme vom Pfund. Von ihrem Deckungsbestand von 3 Mill. £ hatte die Bank bereits vor der Krise 1,3 Mill. £ in Dollars und französische Francs umgewandelt, während der verbliebene und wertgeminderte Rest von 1,7 Mill. £ von der Regierung in der Weise ergänzt wurde, daß sie das frühere Noteninstitut, die Nationalbank von Griechenland, veranlaßte, der Banque de Grèce eine durch die Regierung garantierte Anleihe in Höhe von 600 Mill. Drachmen in Dollarschecks zu geben. Diese etwa 787 Mill. Dollar verbleiben in der Kasse der Bank de Grèce zur Notendeckung. Im Anschluß hieran wurde im Herbst 1931 auch die gesetzliche Lösung der griechischen Währung vom Pfunde durchgeführt. Die neue Wertrelation wurde auf 1 Dollar = 77,05 Drachmen festgesetzt. Die Bank veröffentlicht wöchentlich Ausweise. Depositen werden hier in „täglich fällige" und „befristete" getrennt und unter dieser Gruppierung wieder in einzelnen Positionen „Regierung", „Banken" und „Sonstigen" ausgewiesen.

2. Kapitalmarkt. Da es ebenso wie bei der Währung auch bei den Staatsfinanzen gelungen ist, durch recht rigorose Maßnahmen eine Sanierung der Verhältnisse, die sich besonders während der Krise des Jahres 1931 bewähren konnte, durchzusetzen, so ergab sich ein beträchtlicher Zustrom von Auslandskapital nach Griechenland. Die Gesamtdepositen der griechischen Großbanken beliefen sich 1929 auf 13,9 und Ende 1930 auf 16,4 Milliarden Drachmen. In den Jahren 1930 und 1931 befaßte man sich am griechischen Kapitalmarkt besonders mit der Organisation des Hypothekengeschäftes, zu dessen Finanzierung man bemüht ist, ausländische, insbesondere französische Kapitalien, heranzuziehen. Bei der stark fortschreitenden, teilweise sogar etwas überhitzten Industrialisierung des Landes, die ständig größere Mittel, besonders in neuen Elektrizitätsunternehmungen usw., fesselt, hat auch der griechische Aktienmarkt wiederholt stärkeres Auslandsinteresse in Frankreich, England und Belgien gefunden.

3. Athener Börse. Die Börse von Athen ist eine staatliche Institution, an der 100 Regierungsmakler (früher: 142) tätig sind. Gehandelt werden hauptsächlich Aktien der griechischen Banken, die in Anbetracht ihrer Geschäftsbeziehungen zu den meisten Ländern des östlichen Mittelmeers vielfach lebhaftes Interesse auch außerhalb des griechischen Publikums finden. Daneben erfolgen zeitweise größere Umsätze in den verschiedenen griechischen Staatsrenten, die wie z. B. die Vorkriegsemissionen teilweise über nicht ganz unbedeutende Märkte an den westeuropäischen Börsen verfügen und somit gelegentlich auch Gegenstand des Arbitrageverkehrs mit diesen Plätzen bilden. Zu erwähnen sind weiter die Aktien der griechischen Eisenbahnen und Schifffahrtsgesellschaften sowie die der jungen, z. T. recht bedeutenden Industrieunternehmungen in Athen, Saloniki und Piräus. Gehandelt wird gegen Kasse und auf Termin. Liquidationen finden zweimal monatlich statt. Die Kurse verstehen sich in Drachmen pro Stück franko Zinsen.

Bei Prolongationen im Termingeschäft werden $^2/_5$ der Courtage als Steuer erhoben.

Literatur: Über die Verhältnisse der griechischen Wirtschaft und des Kapitalmarktes informieren die Mitteilungen der griechischen Handelskammer in Deutschland, über die Athener Börse geben neben den Berichten der griechischen Nationalbank besonders die ausführlichen Bulletins der Banque d'Athènes Auskunft.

G. S.

Großbanken. In Deutschland und der deutschschreibenden ausländischen Presse eingebürgerte Bezeichnung für Aktienbanken von relativ großer Bedeutung. Man bezeichnet üblicherweise also nur die ersten Institute eines Staates als Großbanken. In Deutschland zählen z. Z. neben den fünf Berliner Großbanken Deutsche Bank und Disconto-Gesellschaft, Commerz- und Privatbank, Dresdner Bank, Berliner Handels-Gesellschaft und Reichskredit nur noch die Allgemeine Deutsche Creditanstalt (Adca) in Leipzig, sowie die Bayerische Hypotheken- und Wechselbank zu den Großbanken. Der Begriff wird ferner nur auf private Banken angewendet, und zwar der normalen Kreditbanktype des betreffenden Landes. Notenbanken, Hypothekenbanken oder sonstige Spezialbanken werden ohne Rücksicht auf ihre Größe, den Umfang ihres Filialnetzes usw. nicht so bezeichnet (vgl. hierzu: *Geschichte des Bankwesens* sowie *Persönlichkeit und Organisation im Bankwesen*).

Großhandel s. *Finanzierung des Groß- und Einzelhandels.*

Grünbuch der Aktiengesellschaften s. *Handbuchwesen.*

Gründeranteile s. *Finanzgeschäft 6.*

Gründung s. *Aktiengesellschaft III*, ferner *Gründungskosten einer AG.* Über die G. der Großbanken vgl. *Persönlichkeit und Organisation 7.*

Gründungsgeschäft s. *Finanzgeschäft.*

Gründungskosten einer Aktiengesellschaft. Nach § 182 HGB. bedarf der Gründungsvertrag einer Aktiengesellschaft der gerichtlichen oder notariellen Form. Allein üblich ist die Beurkundung vor einem Notar, was gegenüber der gerichtlichen Beurkundung keine Mehrkosten verursacht (§ 5 der Gebührenordnung für Notare vom 28. Oktober 1922 — Preuß. Gesetzsamml. 1922, S. 404). Nach § 34 des Preuß. Gerichtskostengesetzes ist die doppelte Gebühr der im § 32 dortselbst vorgesehenen Skala zu erheben. Letztere kann hier aus Raumgründen nicht wiedergegeben werden. Es genügt, zu sagen, daß bei einem Objekt von 10000—12000 RM. 36 RM., von 50000—60000 RM. 112 RM., von 90000 bis 100000 RM. 160 RM. erhoben werden. Die Berechnung der Gebühren bei Werten über 100000 RM. gestaltet sich wie folgt: Der Wert wird auf volle 10000 RM. aufgerundet. Von je 10000 RM. des aufgerundeten Betrages kommen 12 RM. in Ansatz; zu dem Ergebnis werden 40 RM. zugezählt.

Zu den Notariatskosten tritt noch der Vertragsstempel von 3 RM.

Die Gerichtskosten für die Eintragung der Gesellschaft in das Handelsregister betragen nach § 69 Abs. 3 GKG. die einfache Gebühr, also die Hälfte der Notariatskosten. Ausgegangen wird hier nur von dem vollgezahlten Gesellschaftskapital.

Die Anmeldung zum Handelsregister erfordert nach §§ 32, 33 GKG., § 5 NotGebO. eine einfache Gebühr (vgl. o.) mit der Maßgabe, daß gemäß § 38 Abs. 5 GKG. das Objekt nicht höher als mit 200000 RM. anzunehmen ist. Die Anmeldung braucht nicht vom Notar beurkundet zu werden, kann vielmehr auch ohne Zuziehung eines Notars entworfen werden, wodurch die Beurkundungsgebühr erspart wird und lediglich die notariellen Beglaubigungskosten für die Unterschrift entstehen.

An Kapitalverkehrsteuer entsteht nach § 11 KVStG. in Verbindung mit der Notverordnung vom 1. Dezember 1930 eine Gesellschaftssteuer von 2%. Werden Grundstücke in die Aktiengesellschaft eingebracht, so kommt außerdem die Grunderwerbsteuer in Höhe von 2% des Einheitswertes der eingebrachten Grundstücke in Betracht (vgl. Notverordnung vom 1. Dezember 1930 RGBl. I S. 586).

Die normalen Gründungskosten einer Aktiengesellschaft bei 1000000 RM. Kapital betragen demnach:

1. Gründungsvertrag:

a) Gebühr nach §§ 32, 34 GKG., § 5 NotGebO.	2480 RM.
b) Wegegebühr nach § 51 GKG. (da die Gründungsverhandlung meist nicht im Amtszimmer des Notars stattfinden wird)	50 „
c) Stempel nach Tarifstelle 12 Pr. St.-St.-Ges.	3 „
	2533 RM.

Übertrag: 2533 RM.

2. Kapitalverkehrsteuer:

Nach § 11 KVStG. in Verbindung mit der Notverordnung vom 1. Dezember 1930 = 2% . . . 20000 RM.

3. Anmeldung zum Handelsregister:

(Höchstwert nach § 38 Abs. 5 GKG. = 200000 RM.

a) Gebühr nach §§ 32, 33 GKG., § 5 Not.-Geb.-O. 280 RM.

b) Wegegebühr nach § 51 GKG. . . 50 „ 330 RM.

4. Gerichtskosten:

a) für Eintragung der Gesellschaft in das Handelsregister (§ 69 Abs. 3 GKG.) . 1240 RM.

b) Insertionskosten (geschätzt) . . . 160 „ 1400 RM.

zusammen 24263 RM.

Literatur: s. die Angaben zu dem Art. *Aktiengesellschaft.*

HERBERT V. BRESKA.

Grüne Schecks s. *Effektengiroverkehr 3.*

Grundbuch, von den Amtsgerichten geführte Verzeichnisse aller Grundstücke, nebst Eigentümer, Größe (Bestand), Belastung. Das G. ist die Grundlage des Realkredits. Näheres s. *Hypothek.*

Grundkapital s. *Aktiengesellschaft I.*

Grundkredit s. *Städtischer Hypothekarkredit* und *Agrarkredit.*

Grundschuld, im gewöhnlichen Sprachgebrauch vielfach für jegliche Form der dinglichen Grundstücksbelastung gebraucht, ist die G. im Gesetz diejenige Form der dinglichen Grundstücksbelastung, bei der aus dem Grundstück eine bestimmte Summe zu zahlen ist, ohne daß — wie bei der Hypothek — eine persönliche Forderung zugrunde liegt. Von Anfang an gewollte G. sind im Privatrecht selten, hingegen entstehen sie häufig aus Hypotheken durch Erlöschen der zugrunde liegenden Forderung.

„Gruppe“ s. *Konsortialgeschäft 3.*

Güterpfandbrief s. *Landschaften.*

Gummi, Valorisation des s. *Valorisationen von Rohstoffen.*

Guthabenklausel, wesentliche Erfordernis eines Schecks, ist der Vermerk „Zahlung aus meinem Guthaben“. Er soll den Mißbrauch des Schecks zu Kreditzwecken verhindern.

Gutmann, Eugen s. *Persönlichkeit und Organisation im Bankwesen 7.*

H.

Händlergeschäft s. *Kapitalverkehrssteuern.*

Härteklausel: Ein Zusatz, der die vertraglich übernommenen Lasten dann mildern soll, wenn mit der vollen Erfüllung eine unbillige Härte für den Verpflichteten verbunden wäre. Die H. geht also wesentlich weiter als die clausula rebus sic stantibus, indem sie auch dann wirksam ist, wenn keine wesentliche objektive Veränderung der Lage im Verlaufe eintritt, sondern sich die Lasten einfach als zu schwer erweisen. Richtlinien hierfür sind insbesondere die Entwicklung des Reingewinns, die Höhe der verteilten Dividende usw. Letzteres war z. B. bei der Aufwertung der Industrieobligationen der Fall. (Vgl. *Aufwertung.*)

Haftung der Banken als Verwahrer s. *Depotrecht* I *A 7.*

— **für Auskünfte** s. *Auskunfteiwesen 2.*

Haidar-Pascha (Obligationen) vgl. *Valorisierung II.*

Hamburger Bank s. *Geschichte des Bankwesens II.*

Hamburger Überweisungsverkehr s. *Abrechnungsverkehr.*

Handbuchwesen. Für die Einführung und theoretische Ausbildung auf dem umfassenden Gebiet des Geld-, Bank- und Börsenwesens steht eine außerordentlich umfangreiche Literatur zur Verfügung. Dem Bankbeflissenen stehen außer den Gesamtdarstellungen des Bankwesens und des Geld- und Kapitalmarktes, im besonderen auch der Banktechnik und der Technik des Geld- und Kapitalverkehrs zahlreiche Sonderdarstellungen der einzelnen Zweige des Bankgeschäfts, des Kreditgeschäfts in seinen verschiedenen Abwandlungen wie des Effektengeschäfts zur Verfügung. Das Studium dieser Literatur bildet die unentbehrliche Ergänzung der praktischen Ausbildung und wird über deren Abschluß hinaus von jedem Angehörigen des Bankberufs fortgesetzt werden müssen, der in seinem Beruf nach gehobener Stellung durch gesteigerte Leistung strebt.

Für die Bewältigung der täglichen Aufgaben des Bankgeschäfts bedarf es daneben einer Nachschlageliteratur, die von Fall zu Fall herangezogen werden kann, um über Einzeltatsachen des Wirtschaftslebens Auskunft zu geben. Es handelt sich dabei einmal um die Fülle der sich unablässig wandelnden und erneuernden Gesetzesvorschriften, die das Gesamtgebiet des Geld- und Währungswesens, des Zahlungsverkehrs und des Effektenverkehrs regeln, sodann um die Einzelheiten wirtschaftlicher Tatsachenbestände mit Bezug auf Personen, Gesellschaften, Wirtschaftsverbände usw. Es kann sich ebenso die geschäftliche Notwendigkeit ergeben, über die Zugehörigkeit einer bestimmten Persönlichkeit zu den Aufsichtsräten gewisser Gesellschaften informiert zu werden, wie darüber, ob eine Gesellschaft einem Kartell ihres Produktionszweiges angehört oder nicht bzw. über welche Beteiligungsquote am Kartell sie verfügt. Es kann erforderlich werden, die Zahlungsbedingungen eines Syndikats festzustellen, die in einem Handbuch des betreffenden Industriezweiges wiedergegeben sind. Für die Abwicklung der täglichen Geschäfte ist es ebenso erforderlich, sich jederzeit über den neuesten Stand der Geschäftsbedingungen der Reichsbank oder der Abrechnungsbanken wie über die Vorschriften für den Börsenverkehr oder den Effektengiroverkehr zu unterrichten.

Einen besonderen Raum nehmen neben den Handbüchern, die über alle diese Dinge Auskunft geben, diejenigen ein, die ausschließlich oder doch ganz vorwiegend Enzyklopädien der an den Börsen des In- und Auslandes gehandelten Werte darstellen. Häufig bestehen diese letzteren Werke aus einem allgemeinen Teil, der gesetzliche Vorschriften, Geschäftsordnungen, Börsenbestimmungen (Börsenorganisationen und Usancen) wiedergibt, und einem speziellen Teil, der das an den in- und ausländischen Börsen notierte Effektenmaterial beschreibt. Eine weitere Kategorie von Handbüchern, die nicht unmittelbar auf die Zwecke des Effekten- und Börsenverkehrs abgestellt sind, vermittelt eine eingehende Kenntnis der Geschichte, des Aufbaus und der Bilanzen der Aktiengesellschaften. Für das Ausland kommt eine große Zahl zumeist fremdsprachiger und dem Verständnis des deutschen Lesers nicht immer leicht zugänglicher Nachschlagewerke in Betracht. Indessen sind auch deutsche Werke verfügbar, die das Ausland, wenn auch nicht mit der gleichen Ausführlichkeit, mitumfassen.

Im folgenden ist der Versuch gemacht, aus der großen Fülle der vorhandenen Werke die wichtigsten und in der Praxis meist verwandten zusammenzustellen und ihren Inhalt kurz zu kennzeichnen. Für das Ausland sind nur die bekanntesten Standardwerke aufgeführt worden. Da eine sachliche Untergliederung außerordentliche Schwierigkeiten bietet, wurde die Zusammenstellung für die einzelnen Länder durchlaufend nach alphabetischer Reihenfolge vorgenommen. Die meisten der nachstehend aufgeführten Handbücher erscheinen jährlich neu (jährl.).

Deutschland.

Adreßbuch der Direktoren und Aufsichtsräte, herausgegeben von JULIUS MOSSNER, Berlin, Finanzverlag G.m.b.H. (jährl.). Enthält in alphabetischer Reihenfolge die Namen von rund 25000 Direktoren und Aufsichts ratsmitgliedern deutscher Aktiengesellschaften. Bei jedem Namen ist die Adresse verzeichnet, sowie die Firma der Gesellschaften, deren Direktor bzw. Aufsichtsratsmitglied die betreffende Persönlichkeit ist.

Börsen- und Wirtschafts-Kalender, herausgegeben von der Frankfurter Zeitung (jährl.).

BOTT, KARL: Handwörterbuch des Kaufmanns, Lexikon für Handel und Industrie. Hanseatische Verlagsanstalt Hamburg und Berlin.

Deutsches Bankier-Buch. Deutsche Banken und Bankiers, Stadt- und Kreis-Sparkassen, Girozentralen nebst Zweiganstalten nach dem Firmensitz alphabetisch geordnet, einschließlich des Freistaates Danzig sowie deutscher Banken in den abgetretenen Gebieten und im Ausland, Berlin. Verlag der Berliner Börsen-Zeitung. Für jede Bank und Bankfirma werden alphabetisch, nach dem Ort der Niederlassung gegliedert, aufgeführt: Firma und Sitz; Namen der Inhaber, Prokuristen und Bevollmächtigten der Firma; Angabe, wie die Firma rechtsverbindlich gezeichnet wird; Angabe der Drahtanschrift, des Postscheckkontos, der Bankkonten; Mitgliedschaft von Verbänden usw. Bei den großen Filialbanken werden die genannten Angaben auch für jede Filiale und Zweigniederlassung gemacht.

Das Grünbuch der Aktiengesellschaften, Aufbau, Statistik und Finanzen, Interessengemeinschaften und Konzerne, R. & H. Hoppenstedt, Verlagsanstalt, Berlin. Das außerordentlich umfassend angelegte Werk erscheint jährlich in 5 Bänden. In jedem Bande werden die Gesellschaften behandelt, bei denen jeweils der letzte Geschäftsabschluß vorliegt; außerdem wöchentliche Lieferungen. Das Werk behandelt außer allen deutschen Gesellschaften auch die großen in der Form der Aktiengesellschaft betriebenen Unternehmungen des Auslandes. Für jede behandelte Gesellschaft sind mit größter Ausführlichkeit angegeben: Gründung; Gegenstand des Unternehmens; Tätigkeits- und Interessengebiet; Zusammensetzung des Vorstandes und des Aufsichtsrats; wichtigste Bestimmungen der Satzungen; eingehende Betriebsbeschreibung; Beteiligungen; Daten aus der Entwicklungsgeschichte und eine umfassende Statistik der Kapitalveränderungen, der Bilanzentwicklung in den vergangenen Jahren, der Kurse, Dividenden, letzten Bilanzen, Gewinn- und Verlustrechnungen. Die Ausführlichkeit der Darstellung erhellt daraus, daß z. B. die Abhandlung über die I.G. Farben-Industrie AG. im 5. Bande (1931) allein 30 Seiten umfaßt.

Handbuch der Deutschen Aktien-Gesellschaften, Verlag für Börsen- und Finanz-Literatur, Berlin und Leipzig (jährl. in 4 Bänden). Jeder Band des Werkes enthält in branchenmäßiger Gliederung kurzgefaßte Darstellungen der Verhältnisse der einzelnen Gesellschaften mit folgenden Angaben: Gründung; Zweck des Unternehmens; Kapital; Geschäftsjahr; Generalversammlung; Stimmrecht; kurze Betriebsbeschreibung; Art der Erzeugnisse; wichtigste Bilanzziffern usw. Die Benutzung des Handbuchs wird durch ein Register erleichtert, das nach Firmen und nach Orten gegliedert ist. Die Neuauflagen enthalten jeweils sämtliche handelsgerichtlich veröffentlichten Neugründungen, die durchgeführten Fusionen, die größeren Kapitalbewegungen und Firmenänderungen.

Handbuch der Deutschen Volksbanken. Deutscher Genossenschaftsverlag, Berlin. Enthält den überwiegenden Teil der städtischen und größeren ländlichen Kreditgenossenschaften Deutschlands und Österreichs. Außer den Adressen aller dieser Kreditgenossenschaften ist bei den bedeutenderen angegeben: die Zusammensetzung des Vorstandes und Aufsichtsrats; die wichtigsten Bilanzziffern; die Mitgliederzahl; Gesamthaftsumme; eigenes Vermögen; Geschäftsanteil jeden Mitglieds; Dividende.

Handbuch der Deutschen Gesellschaften mit beschränkter Haftung. Verlag für Börsen- und Finanz-Literatur, Berlin und Leipzig. Der 1932 erschienene 7. Jahrgang behandelt sämtliche existierenden 56400 Gesellschaften m. b. H. Deutschlands. Für jede Gesellschaft ist in kurzen Stichworten wiedergegeben: Zweck des Unternehmens; Kapitalausstattung; Namen der Geschäftsführer.

Salings Börsen-Jahrbuch, Verlag für Börsen- und Finanz-Literatur, Berlin und Leipzig (jährl.).

Erster Teil. Die Börse und die Börsengeschäfte, enthält eine eingehende Darstellung der Arten und Formen der Wertpapiere (Schuldverschreibungen, Anteilseffekten, Wechsel und Schecks), des Handels in Wertpapieren (Einrichtungen, Börsenordnungen und Usancen der verschiedenen deutschen Börsen und der wichtigen Auslandsbörsen), der Börsengeschäfte, der Rechtsgrundlagen (Börsengesetz, Steuergesetze, Wechselordnung, Aufwertungsgesetzgebung, Aktiengesetzgebung, Zinsabkommen, Kapitalfluchtsteuer) und eine ausführliche Darstellung der Berliner Börseneinrichtungen (Börsenordnung, Geschäftsordnung des Börsenvorstandes, Geschäftsordnung der Zulassungsstelle, Maklerordnung, Bedingungen für die Geschäfte an der Berliner Fondsbörse, Usancen für den Handel in amtlich nicht notierten Werten, Richtlinien für die Einführung amtlich nicht notierter Werte, Tätigkeit der Bank des Berliner Kassen-Vereins, des Liquidationsvereins für Zeitgeschäfte und der Liquidationskasse AG. Auch bei den ausländischen Börsen werden die Börsenordnungen, Geschäftsbedingungen und Börsengebräuche ausführlich behandelt.

Der zweite Teil stellt in seiner ersten Abteilung das Währungswesen Deutschlands und des Auslands dar, ferner die gesamten Staatspapiere des In- und Auslands, die Deutschen Provinzial- und Stadt-Obligationen und Pfandbriefe. Die weiteren Abteilungen dieses Teiles umfassen genaue und ausführliche Angaben über sämtliche an der Berliner Börse gehandelten Werte.

Der dritte Teil berichtet ausführlich über sämtliche an den deutschen Provinzbörsen gehandelten Dividendenpapiere und festverzinslichen Werte.

Der vierte Teil enthält nach dem Städtealphabet geordnet sämtliche in Deutschland bestehenden Banken und Bankiers, Verbandssparkassen, Girozentralen und ihre Zweiganstalten, sowie Stadt-, Kreis- und Amtsbanken mit Angabe des Gründungsjahres, der Inhaber bzw. Direktoren, Fernsprechanschlüsse, Postscheckkonten, Telegrammadressen, sowie sonstige wissenswerte Mitteilungen.

Der fünfte Teil berichtet über die wichtigsten an den Börsen von London, Paris, New York, Amsterdam, Brüssel, Budapest, Basel, Genf, Zürich, Mailand, Prag, Stockholm und Wien gehandelten Werte. Für jedes Land sind in einer Vorbemerkung die hauptsächlichsten Besonderheiten des Effektenwesens, der rechtlichen Bestimmungen (Börsenstempel, Steuern) dargestellt.

SCHACHER, GERHARD: Handbuch der Weltbörsen, Stuttgart 1931. Für jede große Weltbörse wird dargestellt die Organisation der Börse, des Börsenhandels, der Zulassung zur Börsennotiz, die Ausführung der Börsenaufträge, Courtagesätze, Börsen- und Wertpapiersteuern. Eine Darstellung des an den Auslandsbörsen notierten Effektenmaterials enthält das Handbuch nicht.

SCHNEIDER-DAHLHEIM: Usancen der Berliner Fondsbörse (jährl.). Ein kleines Handbuch, das in gedrängter Form die wichtigsten Bestimmungen des Berliner Börsenverkehrs und kurze Angaben über sämtliche an der Berliner Börse gehandelten Wertpapiere enthält.

SWOBODA, OTTO: Die Arbitrage in Wertpapieren, Wechseln, Münzen und Edelmetallen. Handbuch des Börsen-, Münz- und Geldwesens sämtlicher Handelsplätze der Welt. 17. Aufl., bearbeitet von Dr. E. WAGON, Berlin und Leipzig 1928. Das Buch bietet nicht nur eine Anleitung für die Arbitragerechnung und das Arbitragegeschäft, sondern ist zugleich auch ein wichtiges Hilfsmittel für die Beantwortung aller Fragen, die im praktischen Verkehr die Kenntnis der Bankgesetzgebung, des Währungs- und Münzwesens und der Börsenusancen an den Welthandelsplätzen notwendig macht. Die wichtigsten Bestimmungen der Noteninstitute der größeren Länder, die Bedeutung ihrer Bankausweise und ihre Geschäftsbedingungen sind dargestellt, ebenso die Bedingungen der Zulassung von Wertpapieren an den einzelnen Börsen und die Formen des usancemäßigen Handels an den einzelnen Märkten. Im ganzen haben rund 100 Länder mit Kolonien und eine Vielzahl von Börsenplätzen Berücksichtigung gefunden.

Ausland.

Bankwesen, Geld- und Bankgesetzgebung des Auslandes, Verfassung der Auslandsbörsen sowie des an diesen gehandelten Effektenmaterials sind in mehreren der aufgeführten deutschen Handbücher mit mehr oder weniger großer Ausführlichkeit dargestellt (vgl. besonders SALINGS Börsenpapiere, fünfter Teil). Zur Feststellung von Einzelheiten ist es notwendig, ergänzend auf die ausländischen Werke gleicher Art zurückzugreifen, deren Anlage derjenigen der deutschen Handbücher durchaus entspricht. Zu nennen sind die folgenden:

Belgien: Le Recueil Financier, Emile Bruylant, Bruxelles;

Dänemark: Green's Danske Fonds og Aktier, 1929, Dagbladet Børsen's Forlags-Afdeling, Kopenhagen;

England: The Stock Exchange Yearbook, Thomas Skinner & Co., London; The Stock Exchange Official Intelligence, Spottiswoode, Ballantyne Co. Ltd., London;

Finnland: Pankri ja Osakeyhtiökäsikirja Finlands Finanskalender, Arne Cederholm, Kustantaja-Förlag, Helsingfors;

Frankreich: Annuaire Desfossés, Valeurs cotées au Parquet et en Banque à la Bourse de Paris, Desfossés & Cie., Paris; Annuaire des Valeurs admises à la Cote Officielle de la Bourse de Paris, Paris; Annuaire des Sociétés par Actions du Bas-Rhin, du Haut-Rhin, de la Moselle, du Luxembourg, du Territoire de la Sarre, Société Générale Alsacienne de Banque à Strasbourg;

Holland: Van Oss' Effectenboek, S. F. van Oss, s'Gravenhage; Effectengids, J. H. de Bussy, N. V., Amsterdam;

Italien: Notizie Statistiche Sulle Societa Italiane per Azioni, Rom;

Jugoslawien: Compaß, Finanzielles Jahrbuch, Compaßverlag, Wien;

Norwegen: Haandbok over Norske Obligationer og Aktier, Carl Kierulf & Co. A/S., Oslo;

Österreich: Compaß, Finanzielles Jahrbuch, Compaßverlag, Wien;

Rumänien: Compaß, Finanzielles Jahrbuch, Compaßverlag, Wien;

Schweden: Svenska Aktiebolag och Enskilda Banker, P. A. Norstedt & Söners Förlag, Stockholm;

Schweiz: Manuel des Valeurs cotées aux Bourses Suisses, Banque Commerciale de Bâle à Bâle; Schweizerisches Finanz-Jahrbuch, Verlag von Zimmermann & Cie. A.-G., Bern; Schweizer Börsen-Handbuch, Montana-Verlag A.-G., Horw-Luzern;

Spanien: Anuario Oficial de Valores de la Bolsa de Madrid, Imprenta de Samaran y Compañía, Madrid;

Tschechoslowakei: Compaß, Finanzielles Jahrbuch, Compaßverlag G. m. b. H., Prag;

Ungarn: Compaß, Finanzielles Jahrbuch, Compaßverlag, Wien;

Vereinigte Staaten: Moody's Manual of Investments, New York; Moody's Investors Service, New York; Poor's Manual, Poor's Publishing Co., New York.

Ernst Wilh. Schmidt.

Hamstern (von Zahlungsmitteln) vgl. *Hortung* sowie *Thesaurierung.*

Handelsbanken: Bezeichnung und häufiger Firmenname einer Banktype, die sich vorwiegend mit der Finanzierung des Handels, also nicht mit Gründungsgeschäften, Industriekonzernen usw. befaßt. Steht also in gewissem Gegensatz zum *Crédit Mobilier* (s. d.), den man auch als „Effektenbank" oder „Spekulationsbank" bezeichnet. Etwas deutlicher ist die Unterscheidung zu anderen Kreditbanken allenfalls in England, in den „Merchant Banks", vgl. *Deposit Banks.*

Handelsbilanz vgl. *Zahlungsbilanz*

Handelsbrauch ist die an einem bestimmten Platz oder für eine bestimmte Branche geltende Übung und Rechtsgewohnheit des kaufmännischen Verkehrs. Nach § 346 HGB. kommt ihm außerordentlich große Bedeutung für die rechtliche Beurteilung kaufmännischer Handlungen und Willenserklärungen zu, da der H. vom Richter herangezogen und berücksichtigt werden muß. (S. a. *Usance.*)

Handelshochschulen s. *Hochschulbildung für das Bankgewerbe.*

Handelskammern (in Preußen amtlich Industrie- und Handelskammern) sind Interessenvertretungen für Handel und Gewerbe. Mit Ausnahme der Handelskammern der Hansestädte, die private Korporationen mit gewissen Rechten sind, beruhen die H. in sämtlichen deutschen Staaten auf Gesetzen und sind öffentliche Körperschaften. Es besteht daher Beitritts- und Beitragspflicht. Die H. haben große gutachtliche Funktionen bei der Beratung von Gesetzen und handelspolitischen Maßnahmen, der Feststellung von Handelsbräuchen und Handelsgewohnheitsrecht, sowie bei der Regelung der Wettbewerbsverhältnisse usw. Bei der Gründung von Aktiengesellschaften obliegt den H. die Prüfung durch ihre Revisoren. Schließlich haben sie noch Anteil an der Verwaltung der Börsen. — Von diesen öffentlichen Körperschaften sind private Vereinigungen, die ebenfalls H. heißen, scharf zu trennen. Sie üben aber mitunter ebenfalls großen Einfluß aus. Hier ist in erster Linie die „Internationale H." mit Zweigorganisationen in den meisten Staaten zu nennen. Ferner gehören hierzu die privaten Außenhandelskammern (z. B. die amerikanisch-deutsche Handelskammer usw.). — Schließlich ist in diesem Zusammenhang noch der „Deutsche Industrie- und Handelstag" zu nennen, in dem die Handelskammern aller deutschen Länder zusammengeschlossen sind.

Handelsmünzen s. *Münzwesen III.*

Handelsrechtliches Lieferungsgeschäft s. *Warenmärkte 2,* s. *Börsengesetz B III 6.*

Handelswechsel s. *Warenwechsel.*

Handlungsunkosten s. *Erträgnisse des Bankgewerbes II 4.*

Hansemann, David und **Adolph** s. *Persönlichkeit und Organisation im Bankwesen 6.*

Harvard-Institut s. *Konjunkturbeobachtung.*

Hatry, Spekulant und Gründungsschwindler s. *Londoner Börse 2.*

Hausierhandel (mit Effekten) vgl. *Emissionsgeschäft II 2c.*

Hauslebensversicherung ist die wichtigste Form der *Sachlebenversicherung* (s. d.). Bei ihr werden Gebäude gegen vorzeitige Beeinträchtigungen durch den Gebrauch (nicht gegen Katastrophenschäden) sowie gegen vorzeitigen Erneuerungsbedarf versichert. Es handelt sich hier wie bei allen Sachlebensversicherungen um einen Ersatz des Erneuerungsfonds durch eine Versicherung; der Vorteil liegt darin, daß man gegen nicht vorhersehbare, vorzeitige Abnützung oder Überalterung versichert ist. In den ersten Nachinflationsjahren hat diese Versicherungsart größeren Umfang angenommen, ist aber dann stark in den Hintergrund getreten. (Vgl. *Abschreibungen.*)

Hausse, scharfe Kurssteigerung an der Börse, vgl. *Spekulation* und *Kursbildung 3.*

Haussier, jemand, der „à la hausse" spekuliert, vgl. *Spekulation,* vgl. *Kursbildung.*

Hauszinssteuerhypothek s. *Hypothekarkredit,* vgl. *Baufinanzierung 4.*

Haute Banque s. *Persönlichkeit und Organisation im Bankwesen 3,* vgl. a. *Pariser Börse.*

hedging s. *Spekulation,* vgl. *Warenmärkte 4.*

Herrschaftsaktie (Stimmrechtsaktie) s. *Aktienrechtsreform I und III,* vgl. *Aktiengesellschaft III,* vgl. *Aktie als Wertpapier 1a.*

Heuergeschäft s. *Lotterieanleihen.*

Hinkende Währung s. *Währungswesen.*

Hochschulbildung für das Bankgewerbe. Neben der praktischen Ausbildung in den Lehrjahren „von der Picke auf" (s. *Ausbildung der Bankangestellten*) ist für den Nachwuchs im Bankgewerbe die Möglichkeit einer Erweiterung und Fundierung des praktischen Wissens durch gründliche theoretische Schulung von Bedeutung. Solche Ausbildungsstätten bieten sich in Deutschland in erster Linie an den Handelshochschulen und an den wirtschafts- und sozialwissenschaftlichen Fakultäten der Universitäten. Während an den Universitäten auf allen einschlägigen Wissensgebieten eine weit mehr theoretische Ausbildung vermittelt wird, findet sich an den Handelshochschulen das für den Fachmann wertvolle Nebeneinander theoretischer und praktischer Schulung.

Der sehr alte Gedanke einer eigenen H. für Kaufleute wurde in Deutschland erst im Jahre 1898 mit der Gründung der Handelshochschule in Leipzig verwirklicht. Seit der Jahrhundertwende folgten dann in Abständen die Hochschulen in Köln, Frankfurt, Berlin, Mannheim, München, Königsberg und Nürnberg. Die durchschnittliche Hörerzahl der fünf selbständigen Handelshochschulen (Handelshochschulen Köln, Frankfurt und München sind den dortigen Universitäten eingegliedert) beläuft sich zur Zeit auf ca. 6—7000 (davon etwa 1700 Gasthörer u. ä.).

Um die Entstehung der Handelshochschulen haben sich — neben privaten Förderern — besonders die

Handelskammern und kaufmännische Vereine verdient gemacht. Infolge der verschiedenartigen Einrichtung: mit staatlichen oder städtischen Mitteln, mit Unterstützung der Handelskammern und aus Stiftungen, blieb ein Teil der Hochschulen selbständig, während andere den Universitäten eingegliedert wurden (s. o.). Dementsprechend weisen auch Verfassung und Verwaltung lokale Verschiedenheiten auf.

Der Lehrplan ist jedoch in großen Zügen derselbe. Im Vordergrund stehen — neben den praktischen Fächern (wie kaufmännisches Rechnen, Buchführung, Sprachen usw.) — Betriebswirtschaftslehre, Volkswirtschaftslehre und die für den Handel wichtigen Gebiete der Rechtswissenschaft. Dazu kommen ergänzende Fächer aus Grenzgebieten, wie Wirtschaftsgeographie, Naturwissenschaften (Warenkunde, Technologie, Psychologie), Wirtschaftsgeschichte, Versicherungslehre, Genossenschaftswesen, Pädagogik usw. Die Unterrichts- und Arbeitsmethoden sind in den theoretischen Fächern im wesentlichen dieselben wie an den Universitäten.

Zugelassen zum Studium sind Absolventen der Reifeprüfung deutscher höherer Schulen bzw. alle, die eine vorgeschriebene Ersatzqualifikation nachweisen können. Das sechssemestrige Studium findet seinen Abschluß in einer Prüfung, auf deren Bestehen das kaufmännische Diplom erteilt wird.

Ein etwas anderer Lehrgang führt zur Ausbildung der Diplomhandelslehrer. Beide Diplome berechtigen zur Promotion. Ein kürzeres, viersemestriges Studium (Voraussetzung Obersekundareife, drei Jahre kaufmännische Tätigkeit) schließt mit einer „Prüfung für praktische Kaufleute", die aber nicht die Bedeutung eines akademischen Diploms hat.

Auch im europäischen Ausland, in Amerika und den großen asiatischen Staaten hat sich der Gedanke einer H. für die Anwärter auf leitende Stellungen in Bank- und Handelswelt durchgesetzt. Fast in allen zivilisierten Ländern entstanden im 19. und 20. Jahrhundert Hochschulen für Kaufleute, die ähnliche Wissensgebiete pflegen wie die deutschen und nach einem meist sechssemestrigen Studium zu einem akademischen Abschluß führen.

Höchstbetragshypothek s. *Hypothek*.

Höhere Gewalt (lat. Vis maior, fr. force majeure) ist ein nicht voraussehbares, von außen kommendes Ereignis, das die Leistung unmöglich macht. Im allgemeinen wird der von H. G. betroffene Schuldner von der Verpflichtung zur Leistung frei.

Holdinggesellschaften. Gegenstand der H. ist die „Haltung", der Besitz von Effekten (vorwiegend Aktien, also Beteiligung, aber auch Schuldtitel). fremder, rechtlich selbständiger Gesellschaften. Die H. erscheint ihrerseits meist in der Form der Aktiengesellschaft. Das Wesen der H. ist am besten durch den Begriff der Effektensubstitution (Liefmann) zu kennzeichnen. Die Anteile an der H. ersetzen und repräsentieren diejenigen Effekten, die das Unternehmen in Besitz hat.

Dies wurde in Amerika ursprünglich auf dem Wege der Ausgabe von Trustzertifikaten erreicht. Die Inhaber dieser Zertifikate wählen Treuhänder, welche ihrerseits die in den Trust eingebrachten Effekten verwalten und die aus ihrem Besitz fließenden Rechte ausüben. Zweck dieser Organisationsform war in Amerika im ersten Entwicklungsstadium die Erleichterung kontrollierenden Einflusses auf fremde Unternehmungen, wobei die Emission der Trustzertifikate die Heranziehung der Mittel des Publikums für diese Zwecke erlaubte, es andererseits den Treuhändern gestattete, ohne Aufwendung eigenen Kapitals, in gewissen Unternehmungen oder ganzen Unternehmungszweigen eine beherrschende Machtstellung auszuüben.

Der Begriff des *Trusts* unterscheidet sich von dem der H. also im wesentlichen durch die juristische Organisationsform und ferner dadurch, daß beim Trust nach dem üblichen Sprachgebrauch immer, bei der H. dagegen nur in gewissen Einzelfällen das Streben nach Beherrschung ganzer Industriezweige, also eine mit der Kontrolle verbundene monopolistische Tendenz zu beobachten ist. Dies war der Punkt, der die amerikanische Gesetzgebung zu ihren scharfen Antitrustgesetzen veranlaßte. Im wesentlichen dürfte in Amerika heute auf dem geschilderten Anwendungsgebiet der Trust der H. Platz gemacht haben. Von Bedeutung bleibt jedoch in Amerika der Voting-Trust, bei welchem dem Treuhänder nur die mit dem Aktienbesitz verbundenen Stimmrechte übertragen werden.

Die H. macht das Mittel der Effektensubstitution den verschiedensten wirtschaftlichen Zwecken dienstbar. Man kann zwei große Gruppen von H. unterscheiden: die Kapitalanlagegesellschaften oder *Investmenttrusts* (s. d.) und die Kontrollgesellschaften. Die letzteren dürften als eigentliche H. zu bezeichnen sein.

Bei den Kontrollgesellschaften treten die Probleme der Kapitalsanlage und Risikoverteilung in den Hintergrund gegenüber dem Zweck einer Erweiterung der Machtsphäre einzelner Kapitalisten oder Gesellschaften, die ihrerseits wieder die H. kontrollieren, d. h. über ihre Aktienmajorität verfügen. Man nennt das zugrunde liegende Prinzip Verschachtelung, da durch den Besitz der Aktienmajorität eine Gesellschaft eine andere gewissermaßen in sich aufnimmt. Die erstere bezeichnet man auch als Muttergesellschaft, die letztere als Tochtergesellschaft. Wenn die Verschachtelung entsprechend weit getrieben wird, so kann es gelingen, mit Hilfe eines sehr kleinen eigenen Kapitals gewaltige fremde Kapitalien zu beherrschen infolge des Umstandes, daß die Einschaltung jeder neuen Gesellschaft das zur Beherrschung einer fremden Gesellschaft aufzuwendende Kapital jeweils um die Hälfte reduziert, da die gesamte Kapitalmenge einer Kontrollgesellschaft nur 50% des Kapitals der zu beherrschenden Gesellschaft repräsentieren muß, andererseits wieder nur zu 50% im Besitze des kontrollierenden Kapitalisten zu sein braucht. Nach den Erfahrungen der Praxis genügt zur Kontrolle über eine Gesellschaft häufig sogar schon der Besitz von 40% ihrer Aktien. Das Ziel, mit geringen Mitteln große Kapitalmengen zu beherrschen, kann noch durch andere Methoden der Verflechtung erreicht werden, welche sich gerade bei H. nicht selten finden: durch gegenseitige Beteiligung oder gegenseitige Kontrolle verschiedener Gesellschaften. Auf diese Weise wird es möglich, große Aktienmengen aus dem Verkehr zu ziehen, um in den übriggebliebenen verfügbaren Aktien nur geringe Kapitalmengen zur Erlangung der Majorität anlegen zu müssen. Kontrolliert nun eine Gesellschaft die andere, so beherrscht der Kapitalist in dem gedachten Falle beide. Die H. ist durch die erleichterte Kontrollmöglichkeit ein fast unentbehrliches Mittel zum Aufbau eines Konzerns.

Der *Konzern* stellt ebenso wie die H. die Zusammenfassung mehrerer Unternehmungen dar. Eine H. kann so als Mittelpunkt und Haupt eines Konzerns fungieren, man nennt sie dann Dachgesellschaft. Notwendig ist dies aber nicht. Die Beteiligungsverflechtung innerhalb des Konzerns kann auch derart gestaltet sein, daß eine Gesellschaft, die überwiegend Betriebsgesellschaft ist, eine Tochtergesellschaft kontrolliert und so fort in mehreren Gliedern. Ein Konzern ist eine Gruppe von Unternehmungen, die untereinander im Kontrollverhältnis stehen. Auf die einheitliche Leitung, wie von einigen Schriftstellern behauptet wird, kommt es nicht an. Die einzelnen Unternehmungen können ihre wirtschaftlichen Tätigkeiten ganz ohne Rücksicht aufeinander ausüben. So war in der Praxis der Fall zu beobachten, daß die gegenseitige Verflechtung erst bei akuten finanziellen Schwierigkeiten in Erscheinung trat. Auch in diesen Fällen spricht man von Konzern.

Die H. dient häufig dazu, die Beteiligungseffekten in einer solchen Gruppe von Unternehmungen an einer Stelle zu konzentrieren. Es kann aber auch sein, daß eine H. innerhalb eines Konzerns nur bestimmte Arten von Beteiligungseffekten in sich aufnimmt, etwa die ausländischen, sowie, daß ihr sonstige Funktionen technischer oder kaufmännischer Art übertragen werden. So begegnen in der Praxis zahlreiche Mischformen zwischen reinen Effektenhaltungsgesellschaften, Betriebsgesellschaften und auch Finanzierungsgesellschaften. Zuweilen durchläuft dieselbe Gesellschaft nacheinander sämtliche Formen, in denen die H. in Erscheinung treten kann. Manche H. haben die organisatorische und betriebswirtschaftliche Leitung der kontrollierten Gruppe in der Hand, manche verfügen über eigene Betriebsanlagen oder die innerhalb des Konzerns verwerteten Patente. Anderen sind gewisse Arten der Betriebsführung für die Tochtergesellschaften vorbehalten, insbesondere die Übernahme von Handelsfunktionen und der Verkauf oder Export der Konzernprodukte. Als eigentliche Finanzierungsgesellschaft dient die H. der Kapitalbeschaffung für neu zu gründende oder auszugestaltende Gesellschaften. Auf diese Weise kommt sie in die Lage, die Effekten, die sie in sich aufnimmt, selbst zu schaffen. In der Elektroindustrie sind z. B. einige Konzerne so weit gegangen, sich auf diese Weise Gesellschaften aufzubauen, die ihnen später als Abnehmer dienen sollten. Häufig dient die H. dazu, Effekten von Neugründungen aufzunehmen, die das ihnen nahestehende Finanzierungsinstitut aus bestimmten Gründen nicht emittieren kann oder wegen des mit der Emission verbundenen Verlustes kontrollierenden Einflusses nicht direkt an das Publikum begeben will. In diesen Fällen kann die H. für die Kapitalbeschaffung von Wert sein, da sie die Heranziehung von Publikumsmitteln für Unternehmungen ermöglicht, die nur einen lokalen Interessenkreis finden, die im Ausland domizilieren oder wegen der zu erwartenden Rendite nicht unmittelbar attraktiv erscheinen. So sind besonders häufig Kleinbahnwerte und Elektrizitätswerte in besondere Gesellschaften eingebracht worden. Derartige Gesellschaften sind teilweise mit den Kapitalanlagegesellschaften verwandt, nur daß sie das Prinzip der Anlagemischung weniger strikt befolgen. Der in ihnen zum Ausdruck kommende Kontrollzweck weist daraufhin, daß das finanzierende Institut, das sehr häufig ein Industrieunternehmen ist, selbst ein Interesse an dem Bestehen und der Wirtschaft des von ihm finanzierten Unternehmens hat, jedoch wünscht, das investierte Kapital in größerem Umfange aus diesem wieder herauszuziehen, ohne die Kontrolle zu verlieren.

Die hier aufgezählten Funktionen werden in großen Konzernen häufig einzeln oder verbunden auf mehrere Gesellschaften verteilt, da die Kontrollmöglichkeiten um so mehr erleichtert werden, je weiter die Verschachtelung getrieben wird.

Die H. in den hier skizzierten Ausgestaltungsformen hat in Nordamerika, in England, in Belgien und in der Schweiz, sowie in anderen Ländern eine gewaltige Bedeutung erlangt, und zwar besonders in folgenden Wirtschaftszweigen: Gas, Wasser, Elektrizität, Transport, Stahl, Chemie, Petroleum u. a. m. In Deutschland tritt die Bedeutung zurück, da hier in erhöhtem Umfange von der Kartellierung Gebrauch gemacht wird, andererseits zum Zusammenschluß von mehreren Unternehmungen häufig auf die Interessengemeinschaft oder auf die Fusion, d. h. die vollkommene Verschmelzung, zurückgegriffen worden ist. Die Interessengemeinschaft ist jedoch in der Form des Pools, d. h. der Zusammenschlagung der Gewinne (netto oder brutto) und Verteilung nach einem bestimmten Schlüssel, besonders auch in Amerika häufig angewandt worden.

Zu den größten internationalen Beteiligungsorganisationen gehören die Elektroholdinggesellschaften, die hier nur beispielsweise genannt sein können. Am interessantesten erscheinen belgische und nordamerikanische Gesellschaften, von denen man wird sagen können, daß sie gemeinsam fast die ganze Elektroindustrie der Welt maßgebend beeinflussen. Die bedeutendste belgische Gesellschaft dieser Art ist die Société Financière de Transports et d'Entreprises Industrielles S. A. (Sofina). Sie wurde 1898 unter Beteiligung der Gesfürel auf die Initiative von Emil Rathenau hin gegründet. Sie arbeitete zuerst nach der Art der Investmenttrusts, wenn auch im engeren Rahmen bestimmter Wirtschaftszweige. Ab 1905 wurde die Tätigkeit auf Finanzierung und Leitung von Elektrizitätsunternehmungen ausgedehnt. Nach dem Kriege übernahm die Sofina ein Aktienpaket der Dachgesellschaft der französischen Loucheurgruppe sowie Effekten italienischer Gesellschaften. Sie beteiligte sich an der Gründung der Electro Railway & Finance Corporation, die der großen englischen Waffenfabrik, der Metropolitain Vickers Electro Corp. und damit dem amerikanischen Elektrizitätskonzern Westinghouse, nahesteht. In den letzten Jahren ist es zu zahlreichen Neugründungen gekommen, so daß jetzt im Konzern der Sofina eine weitgehende Verschachtelung herrscht. Die Interessengebiete der Sofina sind außerordentlich verzweigt und liegen besonders in Belgien, Frankreich, Spanien, Italien, Kanada, Mexiko, Südamerika. Es handelt sich um Kraftwerke, Straßenbahnen, Elektrizitätsgesellschaften, Wasserwerke u. ä., auch industrielle Unternehmungen. Die Kontrolle wird zum großen Teil nicht direkt ausgeübt, sondern auf dem Umwege über Tochter- und Enkelgesellschaften, teilweise gemeinsam mit anderen großen Elektroholdinggesellschaften, so der amerikanischen General Electric Co. und der Elektrobank in Zürich. Auch an der Cia. Hispano Americana de Elektricidad (Chade), welche aus der Deutsch-Überseeischen Elektrizitätsgesellschaft hervorging, ist die Sofina maßgebend beteiligt. Die Chade betreibt ihre Kraftwerke nicht selbst, sondern teilweise durch Untergesellschaften. Die Sofina unterhält jedoch ein ausgedehntes technisches Büro und hat die technische Leitung der von ihr kontrollierten Kraftwerke, führt auch Bauprojekte selbst aus. Sie gehört also zum Typ der operating holding company. Die Neugründungen lassen einmal den Schluß auf Expansionstendenzen zu, geben aber auch den Fingerzeig, daß diese auf dem Wege der systematischen Ausnutzung erleichterter Kontrollmöglichkeiten durch Zwischenschaltung von H. verfolgt werden.

Die beherrschende Stellung der Sofina wird durch die amerikanische General Electric Corporation und ihre H. für ausländische Werte, die International G. E. C., noch bei weitem in den Schatten gestellt. Es handelt sich hierbei um einen Starkstromkonzern, der nicht nur einen erheblichen Bruchteil der gesamten Weltelektrizität kontrolliert, sondern auch die Aktienmajorität der General Motors Corp., eines großen amerikanischen Automobilkonzerns, besitzt. Es bestehen auch Verbindungen zu einem anderen großen Elektrizitätskonzern, der Westinghouse Electric & Mfg. Co. Der International G.E.C. ist der Export des Konzerns vorbehalten, außerdem ist sie Kontrollgesellschaft für sämtliche Auslandsinteressen außer den kanadischen. Die kanadischen Beteiligungen sind in die Canadian G.E.C. eingebracht. Die wichtigsten Beteiligungen der Int. G.E.C. sind die folgenden, wobei zu bedenken ist, daß es sich meistens um die größte oder einflußreichste Starkstromgesellschaft des betreffenden Landes handelt: 25% der Aktien der A.E.G. und der Ganz & Co. in Budapest, die Majorität der Co. Française pour l'Exploitation des Procédés Thomson-Houston, der G. E. Ltd. London, der Società Italiana Edison di Elettricità und zahlreicher anderer Gesellschaften; zum größten deutschen Elektrokonzern Siemens, bestehen, seitdem die G.E.C. einen wesentlichen Teil einer Anleihe von Siemens übernahm (1930), gleichfalls kapitalsmäßige Beziehungen. Innerhalb des Konzerns ist als Beteiligungsgesellschaft von großer Bedeutung die Electric Bond & Share Co. In ihr sind die Stromlieferungsinteressen des Konzerns zusammengefaßt, ohne daß diese immer die Majorität der in Frage kommenden Gesellschaften ausmachten. Hier ist daran zu denken, daß in Amerika die Kontrolle häufig durch mehrere Gesellschaften zusammen ausgeübt wird, und daß auch Gesellschaften mit Einzelpersonen zusammen eine Schlüsselstellung innehaben können. Dies ist bei dem Einfluß familiärer, gewissermaßen dynastischer Momente in den amerikanischen Konzernen zum Verständnis von Wichtigkeit. Eine der bedeutendsten von der Electric Bond & Share Co. kontrollierten Gesellschaften ist die American & Foreign Power Corp., welche mit einem Effektenbesitz von mehreren hundert Millionen Dollars Kraftwerke in Mexiko, Südamerika, China und Indien kontrolliert.

H. in der Schweiz s. *Schweizer Börsen* vgl. a. Art. *Schachtelprivileg.*

Literatur: LIEFMANN, ROBERT: Beteiligungs- und Finanzierungsgesellschaften, 5. Aufl. Jena: Gustav Fischer. — TOGGWEILER, JACOB: Die Holding Company in der Schweiz. Zürich 1926. — FEGER, GUIDO: Holding Gesellschaften. Zürich: Rascher & Cie. — NEUHAUS, F.: Internationale Holding Gesellschaften. Budapest 1927. — Die amerikanische Literatur findet sich bei F. E. SCHMEY: Aktie und Aktionär im Recht der Vereinigten Staaten. Marburg 1930; und bei Dr. W. NOTZ: Schriften des Vereins für Sozialpolitik, Bd. 180.

H. H. v. SCHOEN.

Holschuld s. unter *Bringschuld.*

Hoppenstedt s. *Handbuchwesen.*

Hortung ist die Aufspeicherung von Zahlungsmitteln in Barform („im Strumpf") ohne nutzbringende Anlage. In Ländern ohne ausgebildetes Bankwesen ist die H. die übliche Form der Vermögensbildung (indische Schatzkammern). Im modernen Wirtschaftsleben ist die H. meist eine Folge von Bankenkrisen. (Vgl. a. *Umlaufsgeschwindigkeit der Bankdepositen*, s. a. *Liquidität.*)

Hüttenscheine s. *Warengeschäft der Banken.*

Hundi-Wechsel vgl. *Asiatischer Kapitalmarkt 2.*

Hypothek. Anders als in rein römisch-rechtlichen Gebieten bestand in Deutschland von jeher eine scharfe Trennung in der Behandlung des Mobilar- und des Immobilarbesitzes, die wesentlich zur Bildung der außerordentlich verzweigten und verfeinerten Formen des deutschen Realkredits beigetragen hat. Der H. kommt hier besondere Bedeutung zu. Unter H. (§ 1113 BGB.) versteht man das zur Sicherung einer Geldforderung dienende Pfandrecht an einem Grundstück (das nicht Eigentum des Schuldners sein muß) und zwar ein Registerpfandrecht, zu dessen Entstehung außer der Einigung der Beteiligten die Eintragung in ein öffentliches Register, das Grundbuch, erforderlich ist. Dieses dient zur Beurkundung aller dinglichen Rechte an Grundstücken, soweit sie privatrechtlicher Natur sind. Für den Gutgläubigen gilt der Inhalt des Grundbuches als richtig und vollständig (öffentlicher Glaube). Wer somit eine im Grundbuch eingetragene H. von dem eingetragenen geschäftsfähigen Gläubiger gutgläubig erwirbt, wird in seinem Recht geschützt. Außer der H. und der ihr nahe verwandten Grund- und Rentenschuld werden das Eigentum sowie die Grunddienstbarkeiten, Reallasten, Nießbrauch und dingliches Vorkaufsrecht im Grundbuch eingetragen. Das Grundbuch kann von jedem, der ein berechtigtes Interesse glaubhaft macht, eingesehen werden.

Jedes Grundstück erhält ein besonderes Grundbuchblatt (Realfolien, früher meist Personalfolien), dessen Ausgestaltung in den einzelnen Ländern sehr verschieden ist da die Reichsgrundbuchordnung in dieser Beziehung nur allgemeine Vorschriften enthält. Regelmäßig (besonders in Preußen) zerfällt das Grundbuch in das Bestandsverzeichnis und drei Abteilungen, von denen die erste die Nachweise des Eigentümers, die zweite die dinglichen Lasten und Beschränkungen, wie Reallasten und Dienstbarkeiten, die dritte die Grundpfandrechte, Hypothek-, Grund- und Rentenschulden enthält. In einzelnen Ländern werden zwei Bücher geführt, indem die Eintragungen der Abteilung 3 zu einem besonderen Pfand- oder Hypothekenbuch vereinigt werden.

Die Möglichkeit der Bestellung von Grundpfandrechten besteht in verschiedenen Formen in allen Kulturstaaten, jedoch hat die H. wohl nirgends eine solche Bedeutung erlangt wie in Deutschland, das man bisweilen im Auslande scherzhaft als „Hypothekien" bezeichnet. Ähnlich sind die Verhältnisse nur noch in Österreich und in der Schweiz. Das liegt zum Teil in der durch die allgemeine Einführung des Grundbuches geschaffenen besonderen Übersichtlichkeit und Einfachheit dieser Materie. Besonders unübersichtlich z. B. sind die diesbezüglichen Verhältnisse noch in England, wo es (mit Ausnahme des Bezirkes London) ein eigentliches Grundbuchsystem bisher überhaupt nicht gab. Die hypothekarische Belastung der Grundstücke (Mortgage) erfolgte hier durch Ausstellung einer gesiegelten Urkunde (deed), wobei bei jedem Rechtserwerb die vorausgegangenen Beurkundungen bis auf 40 Jahre zurück nachgeprüft werden mußten. Neuerdings ist hier die Durchführung eines Grundbuchrechtes angebahnt, das im wesentlichen dem deutschen Vorbilde angepaßt wird. Seine Durchführung aber steht noch in den ersten Anfängen. Auch in Amerika erfolgt die Bestellung der Mortgages durch Deeds, jedoch hat sich in allen Staaten ein Eintragungsverfahren herausgebildet, das dem in Frankreich und Italien üblichen entspricht, aber gegenüber den deutschen verhältnismäßig unvollkommen ist. Dort werden nämlich in den einzelnen Bezirken Trans- und Inskriptionsregister geführt, wobei in den ersteren die Eigentumsveränderungen, in den letzteren die Verpfändungen eingetragen werden, die aber nicht nach Grundstücken und nicht nach Eigentümern getrennt sind und in denen nur nach Nummern geordnet, alle Übertragungen und Verpfändungen der verschiedensten Immobilien und der verschiedensten Kontrahenten vermerkt werden.

In Deutschland enthält der Hypothekeneintrag den Namen des Gläubigers, den Geldbetrag der Forderung, den Zinssatz, bei Amortisationshypotheken auch die Tilgungsrate; evtl. vereinbarte Vertragsstrafen und die Vollstreckungsklausel, falls sich der Eigentümer bei Verzug der sofortigen Zwangsvollstreckung unterwirft. Außer in gesetzlicher Währung kann die Eintragung des Geldbetrages auch in Goldmark erfolgen (Gesetz vom 23. Juni 1923, wobei eine Goldmark = 12790 kg Feingold ist). Der Wert der Goldmark wird nach dem Londoner Goldpreis bestimmt, auf Basis des Berliner Mittelkurses für Auszahlung London. Zu diesem Zwecke wird der Goldpreis einmal wöchentlich, seit dem 10. Oktober 1931 täglich, im Deutschen Reichsanzeiger und Preußischen Staatsanzeiger veröffentlicht. Diese Eintragung in Goldmark ist heute die allgemein übliche, während die nach dem gleichen Gesetz zulässige Eintragung auf wertbeständige Güter, wie Roggen, Kohle usw. seit der Stabilisierung bedeutungslos geworden ist. Die Eintragung von H. in ausländischer Währung (Valutahypotheken) ist grundsätzlich nicht statthaft, außer in einzelnen durch Gesetz vom 13. Februar 1920 normierten Fällen.

Charakteristisch für die rechtliche Struktur der deutschen H. ist die Trennung von persönlicher Schuld und Grundstückshaftung. Schuldner und Eigentümer brauchen nicht identisch zu sein. Waren sie es bei der Hypothekenbestellung und erfolgt später ein Wechsel im Grundeigentum, so bleibt das Recht, Befriedigung aus dem Grundstück zu verlangen, ebenso bestehen wie die schuldrechtliche Verpflichtung des früheren Eigentümers. In dieser Zweiteilung liegt die große Bedeutung der H. als Kreditsicherung, indem der Anspruch des Gläubigers von der Person des Schuldners und seiner Bonität losgelöst wird, andererseits aber neben dem Grundstück noch der persönliche Schuldner haftet. Die H. ist aber wie jedes Pfandrecht akzessorischer Natur; sie hat das Bestehen einer Forderung zur Voraussetzung. Besteht eine solche nicht oder nicht mehr, so ist die H. für den Gläubiger wertlos. (Anspruch auf löschungsfähige Quittung, auf Herausgabe des Hypothekenbriefes, Entstehen einer Eigentümerhypothek bzw. Grundschuld.) Das Grundstück haftet außer für die Schuldsumme für Zinsen, Nebenleistungen und Kosten.

Ein Grundstück kann mit mehreren H. belastet werden, für deren Rangordnung die Reihenfolge des Eintrags im Grundbuch maßgebend ist. Da im Falle der Zwangsvollstreckung die einzelnen Berechtigten in der Reihenfolge ihrer Rangstelle befriedigt werden, so ist die Gefahr des Ausfalles bei den nachstelligen H. am größten, woraus der Sicherungswert und die wirtschaftliche Bedeutung der ersten Hypotheken ohne weiteres ersichtlich ist.

Vor der Gewährung des Hypothekendarlehns pflegt der Geldgeber die Vorlage des Grundbuchauszuges, der Versicherungspolice und einer Schätzung zu verlangen. Die Darlehensbedingungen sind in einer Schuldurkunde niedergelegt, die zugleich mit einer Eintragungsbewilligung dem Grundbuchamt eingereicht wird. Die H. werden in Brief- und Buchhypotheken unterschieden. Über die erstere wird vom Grundbuchamt ein Hypothekenbrief ausgefertigt, d. h. eine Urkunde, die den wesentlichen Inhalt der Grundbucheintragung wiedergibt. Der Brief dient zur Mobilisierung der H. zur Erleichterung ihres Umsatzes im geschäftlichen Verkehr (Verkehrspolitik). Er ist vollinhaltlicher Träger des Hypothekenrechts. Für den unrechtmäßigen Erwerber ist der Brief ohne wesentliche Bedeutung, da Rechte aus demselben nur geltend machen kann, wer ordnungsmäßigen Erwerb durch schriftliche, meist öffentlich beglaubigte Abtretungserklärung (s. u.) nachweist. Bei Verlust oder Abhandenkommen des Briefes kann der Gläubiger im Wege des Aufgebotverfahrens seine Kraftloserklärung bewirken.

Bei Buchhypotheken ist die Erteilung eines Briefes ausdrücklich ausgeschlossen, was im Grundbuche vermerkt wird. Die Buchhypothek empfiehlt sich außer in den später zu erörternden Fällen, in denen sie gesetzliches Erfordernis ist, besonders dann, wenn ein Umsatz der H. nicht vorgesehen wird, weil eine dauernde Anlage in einer Hand geschaffen werden und die praktischen Umständlichkeiten, die der Verlust oder das Abhandenkommen des Briefes mit sich bringen könnten, vermieden werden sollen.

Eine gesetzliche Buchhypothek ist die Sicherungshypothek, die als solche im Grundbuch zu bezeichnen ist und die im bankgeschäftlichen Verkehr als Kreditsicherung eine wesentliche Rolle spielt. Sie unterscheidet sich von der normalen Darlehenshypothek dadurch, daß der Gläubiger sich zum Beweise seiner Forderung nicht auf die Eintragung im Grundbuche berufen kann (§ 1184 BGB.), sondern die Höhe und den Bestand seiner Forderung beweisen muß. Statt auf eine bestimmte Geldsumme kann die Sicherungshypothek auf einen Höchstbetrag eingetragen werden (Höchstbetragshypothek). Sicherungshypotheken können auch zur Sicherung von Inhaberschuldverschreibungen, Wechseln und anderen indossablen Papieren bestellt werden. Die Sicherungshypothek kann gemäß § 1186 BGB. jederzeit in eine gewöhnliche Darlehenshypothek umgewandelt werden.

Die Übertragung einer H. auf einen Dritten erfolgt durch Abtretung. Bei der Briefhypothek ist hierbei eine Mitwirkung des Grundbuchamtes nicht erforderlich, was ihre Beweglichkeit außerordentlich erhöht. Die Abtretung erfolgt in schriftlicher Form unter Übergabe des Briefes. Auf Wunsch des neuen Gläubigers muß die Abtretungserklärung öffentlich beglaubigt werden. Die schriftliche Abtretung kann durch Eintragung ins Grundbuch ersetzt werden. Die Buchhypothek kann nur unter Mitwirkung des Grundbuchamtes und durch öffentlich beglaubigte Erklärung abgetreten werden. Zur Wirksamkeit der Zession ist ihre Eintragung im Grundbuche erforderlich.

Für eine Verpfändung der H. gelten die für ihre Abtretung maßgebenden Vorschriften; nur tritt an Stelle der Zession die Verpfändungserklärung.

Gläubiger und Eigentümer können die H. zu dem in der Schuldurkunde bestimmten Termin kündigen. Der Gläubiger muß die Kündigung dem Eigentümer gegenüber aussprechen, auch wenn dieser nicht persönlicher Schuldner ist. Bei Kündigung der Briefhypothek kann der Eigentümer die Vorlage des Briefes verlangen. Der Schuldner kann die H. nur kündigen, wenn er gleichzeitig Eigentümer ist, was aber meistens der Fall sein wird. Ist die H. vom Gläubiger rechtzeitig gekündigt, so wird sie fällig. Der Schuldner hat zu zahlen, sonst tritt die Haftung des Grundstückes ein. Der Eigentümer kann aber, auch wenn er nicht persönlicher Schuldner ist, zur Vermeidung der Zwangsvollstreckung die Schuld begleichen, dann geht die H. mit der Forderung auf ihn über (Eigentümerhypothek). Der Eigentümer kann verlangen, daß die Zahlung Zug um Zug gegen Löschungsbewilligung (löschungsfähige Quittung) stattfindet. Bei der Briefhypothek muß gleichzeitig der Brief zurückgegeben und der Empfang der Schuldsumme im Brief bestätigt werden. Der Brief wird dann mit der Löschungsbewilligung dem Grundbuche eingereicht, das ihn vernichtet oder unbrauchbar macht und zurückgibt. Bei der Buchhypothek erfolgt die Löschung im Grundbuche auf Grund der Einreichung der Löschungsbewilligung.

Teilzahlungen werden bei Briefhypotheken auf dem Brief, bei der Buchhypothek im Grundbuche vermerkt.

Die H. ist teilbar. Die Briefhypothek durch Ausstellung mehrerer Teilbriefe, die Buchhypothek durch entsprechende Eintragungen, die aber praktisch wohl nur im Falle einer teilweisen Abtretung vorkommen. Sollen mehrere Grundstücke gemeinsam für ein Darlehen verpfändet werden, so kann statt der Eintragung mehrerer einzelner H. die Eintragung einer Gesamthypothek auf alle Grundstücke vorgenommen werden.

Sind Schuldner und Eigentümer identisch und ist die der H. zugrunde liegende Forderung nicht entstanden oder getilgt, so steht die H. dem Eigentümer zu (Eigentümergrundschuld, weil ihr keine Forderung mehr zugrunde liegt [Eigentümerhypothek s. o.]). Die Eigentümergrundschuld kann durch Abtretung an einen neuen Gläubiger in eine echte H. zurückverwandelt werden.

Außer dem Grundstück selbst kann auch das Erbbaurecht als grundstücksähnliches Recht hypothekarisch belastet werden.

Die Zwangsvollstreckung in das Grundstück auf Grund der H. erfolgt durch Zwangsverwaltung oder Zwangsversteigerung.

Über die Aufwertung von H. s. *Aufwertung 1.*

Literatur: Eschwege: Boden- und Hypothekenprobleme. Jena 1913. — Friedländer, Martin: Hypothekenbeschaffung. Berlin und Leipzig 1929. — Hagelberg: Entwicklung und Probleme der neueren Hypothekenpraxis. Tübingen 1926. — Lubowski: Handwörterbuch des Wohnungswesens. Jena 1930. — v. Nel'-Breuning, O.: Hypothek Staatslexikon. Freiburg i. B.. Herder 1927. — Nussbaum: Lehrbuch des deutschen Hypothekenwesens. — Schäffner, Kurt: Was muß jeder von Hypotheken und Grundbuch wissen? Hamburg. — Schollmeyer-Heymann: Hypothekenbuch- und Grundbuchwesen. Handwörterbuch der Staatswissenschaften Lfg. 9—10, 7—8. Jena. — Syskowitz: Hypotheken- und Grundstücksverkehr. Handwörterbuch der Betriebswirtschaft, Lfg. 11. Stuttgart 1927. — Wolff, Martin: Lehrbuch des Sachenrechtes. (Marburg, Emeccerus, Kipp & Wolff).

Franz Fuerth.

Hypothekarkredit, städtischer, s. *Städtischer H.*

Hypothekenbanken. Um die Mitte des 19. Jahrhunderts machte sich allenthalben ein starkes Bedürfnis nach Bodenkredit — ländlichem wie städtischem — geltend. Die Ursachen hierfür waren mannigfaltig: Die Entwicklung der Naturwissenschaften und der Technik hatten eine starke Intensivierung der Bodenbewirtschaftung mit sich gebracht, in den Städten wirkte sich die Industrialisierung in einer erhöhten Bautätigkeit aus.

Diesem erhöhten Kreditbedürfnis besonders des bäuerlichen und städtischen Grundbesitzes entsprach nicht in gleicher Weise der Zufluß an Kapitalien, im Gegenteil, die Privathypotheken, die bisher vielfach fast als die einzige sichere und doch gute Anlagemöglichkeit angesehen worden waren, wurden gekündigt und das Geld in den neu erschlossenen Industriezweigen mit ihren höheren Rentabilitätsmöglichkeiten investiert.

1. Preußen. Wollte man sich zur Befriedigung dieses dringenden Kreditbedürfnisses bereits bestehender Organisationen bedienen, so wäre es in Preußen, dessen Entwicklung auf diesem Gebiet als für die spätere Gestaltung wesentlich hier besonders verfolgt werden soll, nahegelegen, sich wenigstens zur Befriedigung des bäuerlichen Kreditbedürfnisses der *Landschaften* (s. d.) zu bedienen und deren Beleihungstätigkeit auch auf bäuerliche Grundbesitz auszudehnen. Dieser Weg ist jedoch nur in beschränktem Umfang beschritten worden, da die Landschaften dahingehende Vorschläge ablehnten. Nur die ostpreußische Landschaft und die schlesische Landschaft dehnten ihre Beleihungstätigkeit auch auf bäuerliche Güter aus, die ostpreußische bis auf Güter mit 500 Taler Reinertrag, die schlesische auf Grundstücke mit sogar nur 40 Taler Reinertrag. Es mag auch bezweifelt werden, ob die Landschaften, die zwar auf soliden Geschäftsprinzipien aufgebaut waren, aber bürokratisch und langsam arbeiteten, dem modernen, nach schneller Befriedigung drängenden Kreditbedürfnis damals gewachsen gewesen wären. Immerhin versuchte man zuerst insofern an das Gegebene anzuknüpfen, als man das Organisationsprinzip der Landschaften verwerten und für das Kreditbedürfnis der Städte und des kleineren und mittleren Grundbesitzes nutzbar machen wollte, indem man die Schuldner zu ähnlichen Kreditorganisationen zusammenschloß. Da man aber glaubte, auf dieser Basis nicht ohne Staatszuschüsse auskommen zu können, diese aber bei der Ausdehnung auf sämtliche Kommunen eine zu starke Belastung für den Staat bedeutet hätten, wurde der Gedanke als solcher fallen gelassen. Auch lehnte der Staat es grundsätzlich ab, das außerdem geforderte Privileg der Notenausgabe und die Erlaubnis zum Betrieb anderer Bankgeschäfte in größerem Umfang zu gewähren.

Ein dem landschaftlichen und genossenschaftlichen Organisationsprinzip entgegengesetztes Prinzip bot sich zur Überwindung der geschilderten Schwierigkeiten an, es hatte sich bereits auf anderen Wirtschaftsgebieten bewährt. Es war das kapitalistische Erwerbsprinzip, speziell in der Form der Aktiengesellschaft.

Wurde das Kreditbedürfnis durch die Landschaften in der Weise befriedigt, daß der Großgrundbesitz eines Staates oder Bezirkes korporativ zur Landschaft zusammengeschlossen, diese aber im Wege der Obligationenausgabe Kapitalien sammelte und an den einzelnen der Landschaft angehörenden Kreditnehmer weitergab, so schob sich bei der Aktiengesellschaft zwischen den kreditsuchenden Grundbesitz und den anlagesuchenden Geldgeber ein dritter selbständiger Faktor, der es im Erwerbsinteresse übernehmen wollte, die Bedürfnisse beider Interessengruppen zu befriedigen. Was in der Landschaft die Schuldner in ihrer korporativen Zusammenfassung leisten, wird hier von einem neuen Wirtschaftsfaktor getragen. Die Kapitalzusammenfassung in der Form der Aktiengesellschaft drängt auch auf diesem Gebiet nach wirtschaftlicher Betätigung. Gleichzeitig übernimmt das Aktienkapital die Aufgabe, die bei den Landschaften sämtliche pfandbrieffähigen bzw. bepfandbrieften Güter haben, die Garantiefunktion. In erster Linie sind ja sowohl beim Aufbau der Landschaft als auch bei der kapitalistischen Aktiengesellschaft die ausgegebenen Pfandbriefe durch Hypotheken in gleicher Höhe gedeckt. Bei der Landschaft ist danach die Befriedigung des Bodenkreditbedürfnisses der Mitglieder Selbstzweck, bei der die Bodenkreditvermittlung betreibenden Aktienbank Mittel zum Erwerbszweck. Damit ist zugleich die Begrenzung des Aufgabenkreises der Landschaft gegeben, auf Kreditvermittlung für einen ständisch beschränkten Kreis, den der Großgrundbesitzer. Die kapitalistische Erwerbsgesellschaft aber hat weitergesteckte Aufgaben. Sie will und kann überall dort tätig werden, wo Bodenkredit gewünscht und Anlagekapital zur Befriedigung dieses Bedürfnisses angeboten wird. Sie ist keinesfalls auf den Großgrundbesitz beschränkt. Sie kann auch bäuerlichen und städtischen Grundbesitz beleihen.

Der Gedanke war bereits verwirklicht. In Frankreich war im Jahre 1852 in Form einer Aktiengesellschaft die Banque Foncière de Paris mit staatlicher Konzession ins Leben gerufen und noch im selben Jahr in den *Crédit Foncièr de France* (s. d.) umgewandelt worden.

In seiner Denkschrift „Der Grundkredit und das Kapitalbedürfnis des Grundbesitzes, befriedigt durch eine Preußische Bodenkreditbank" (1862) die Übertragung dieser Gedanken auf preußische Verhältnisse gefordert zu haben, ist das Verdienst Dr. Engels, des Direktors des statistischen Büros in Preußen.

Die Verwirklichung des ENGELschen Planes durch eine deutsch-französische Finanzgruppe (Bleichröder — Rothschild) war beabsichtigt, kam aber zunächst nicht zustande. Auf der Grundlage des ENGELschen Planes erließ die Regierung unter dem Zwang der Verhältnisse im Jahre 1863 die sog. Normativbestimmungen.

Diese Normativbestimmungen tragen den Charakter von Verwaltungsvorschriften, die den allgemeinen Rahmen für die Statuten der zu gründenden Bodenkredit-Aktienbanken abgeben sollten. Ein Rechtsanspruch auf Konzession besteht aber nicht, falls die Statuten den in den Normativbestimmungen gestellten Anforderungen genügen, vielmehr kann der Staat die Konzession von der Erfüllung weitergehender Anforderungen abhängig machen, oder aber andererseits auf die Erfüllung der Normativbestimmungen ganz oder teilweise verzichten. Insbesondere lehnt der Staat in diesen Normativbestimmungen jede Einmischung in die Angelegenheiten der Hypothekenaktienbanken ab, die im Sinne einer Garantieübernahme hätte aufgefaßt werden können. Das formelle Deckungsprinzip war übernommen. Der staatliche Kommissar, dem die Hypothekenbanken als Aktiengesellschaften unterstanden, hatte zwar die Befugnis, das Gleichgewicht zwischen Hypotheken und Pfandbriefumlauf nachzuprüfen, eine Verpflichtung zur Ausübung dieser Kontrolle der Gesellschaft gegenüber bestand aber nicht. Die Unterzeichnung der Pfandbriefe durch den Staatskommissar wurde ausdrücklich ausgeschlossen. Die Pfandbriefe waren als ‚depositalmäßig oder pupillarisch sicher nicht anerkannt". Durch eng gehaltene Beleihungsgrenzen glaubte man einerseits die Sicherheit der Pfandbriefgläubiger garantieren, andererseits einer starken Verschuldung von Grund und Boden, die man infolge der Beleihung durch die neuen Institute befürchtete, vorbeugen zu können. Insbesondere machte man die Beleihungshöhe von dem zum Zwecke der Steueransetzung fixierten Ertrag abhängig. Die Darlehen durften nur in solcher Höhe gegeben werden, daß die gesamten jährlichen Leistungen des Hypothekenschuldners an Zinsen, Amortisations- und Verwaltungskostenbeiträgen bei Liegenschaften $^2/_3$ des jährlichen Reinertrags, bei Gebäuden $^1/_4$ des jährlichen Nutzungswertes, zu welchem die Liegenschaften und Gebäulichkeiten zwecks Veranlagung zur Grund- bzw. Gebäudesteuer abgeschätzt worden waren, abzüglich der diesen Leistungen vorangehenden Verpflichtungen nicht übersteigen. Durch Festlegung einer Mindestamortisationsquote von $^1/_2$% wollte man einen Druck auf die Rückzahlung des Darlehens innerhalb eines nicht zu großen Zeitraums ausüben und dem Schuldner gleichzeitig die ungestörte Verwertung des geliehenen Kapitals ermöglichen.

Auf Grund dieser Normativbestimmungen trat 1863 die „Erste preußische Hypothekenaktiengesellschaft" ins Leben, der 1864 die „Preußische Hypotheken-Aktien-Bank" und 1866 die „Pommersche Hypotheken-Aktien-Bank" folgten.

Eine gewisse Lockerung der den Hypothekenbanken bezüglich ihrer Beleihungstätigkeit auferlegten Beschränkungen boten die Normativbestimmungen von 1867.

Ansätze zu einer wesentlich freieren Haltung des Staates gegenüber den Hypothekenaktienbanken zeigten sich aber erst im Jahre 1870, als, auf einen Plan der Berliner Disconto-Gesellschaft und der Firma S. Bleichröder zurückgehend, die Preußische Central-Bodenkredit-A.-G. ins Leben gerufen wurde, und der Staat nicht nur fast vollkommen von der Erfüllung der Normativbestimmungen absah, sondern sich auch an der Verwaltung der Bank in gewissem Umfange beteiligte.

In erster Linie wurde von der Bindung an einen festen, amtlich fixierten Wertmaßstab, Reinertrag, Gebäudesteuernutzungswert bzw. Steuerkassenwert, abgesehen. Die Wertermittlung sollte sich frei vollziehen und sich nur innerhalb des Rahmens der vom Verwaltungsrat (Aufsichtsrat) zu erlassenden Ausführungsbestimmungen halten. Nach den Statuten waren als zwei wesentliche Wertermittlungsfaktoren Ertragswert und Verkaufswert zu berücksichtigen. Die Beleihungsgrenze war bei Liegenschaften auf $^2/_3$, bei Gebäuden auf die Hälfte des ermittelten Wertes festgesetzt. Eine Bindung bezüglich des Betrages der kündbaren Hypotheken bestand nicht, eine Mindestamortisationsquote war nicht festgelegt. Die Bestellung des Vorstands bedurfte der Genehmigung des Königs. Ein ständiger Staatskommissar überwachte die Innehaltung der Statuten, insbesondere die Übereinstimmung zwischen Pfandbriefumlauf und Deckung und bestätigte diese zusammen mit einem der drei von der Generalversammlung ernannten Revisoren auf den Pfandbriefen. Die der Deckung dienenden Hypotheken wurden aus dem sonstigen Vermögen der Bank zur ausschließlichen Sicherstellung der Pfandbriefgläubiger abgezweigt und die Hypothekendokumente unter Mitverschluß des Staatskommissars deponiert.

Befreit von den Normativbestimmungen war auch die Frankfurter Hypothekenbank, da man es 1866 bei der Einverleibung Frankfurts in den preußischen Staat unterlassen hatte, von der bereits 1862 gegründeten Bank die Anpassung ihrer Statuten an die Normativbestimmungen zu verlangen. 1872 bestanden fünf Normativbanken und zwei Nicht-Normativbanken. Die Statuten der Normativbanken wiesen infolge der verschiedenen Handhabung der Normativbestimmungen durch den Staat große Mannigfaltigkeit auf, das Maß der staatlichen Bevormundung war also nicht gleich.

Als besonders drückend wurden von den Normativbanken die eng gezogenen Beleihungsgrenzen empfunden, vor allem, da man nicht nur in ungleicher Konkurrenz mit den beiden anderen preußischen Instituten, sondern auch mit den außerpreußischen H. stand, die im allgemeinen eine nicht durch amtliche Taxen gebundene Wertermittlung hatten. Gerade in den Preußen benachbarten kleinen Staaten waren eine Reihe von H. entstanden (so die Deutsche H. in Meiningen und die Braunschweig-Hannoversche H.), die aus der für die Normativbanken beengten Situation Nutzen zogen.

Diese Konkurrenzschwierigkeiten veranlaßten die Regierung, im Jahre 1893 neue Normativbestimmungen zu erlassen in Anlehnung an die Statuten der Preußischen Central-Bodenkredit-A.-G.

Auf die einzelnen Bestimmungen kann hier nicht eingegangen werden.

Die Normativbestimmungen des Jahres 1893 sind dann späterhin die Grundlage geworden für das deutsche Reichshypothekenbankgesetz vom 13. Juli 1899, das zusammen mit dem Bürgerlichen Gesetzbuch am 1. Januar 1900 in Kraft trat, und sämtlichen deutschen H. die einheitliche Rechtsgrundlage gegeben hat.

Auf die Entwicklung der übrigen deutschen Hypothekenbanken im einzelnen einzugehen, würde zu weit führen. Zusammenfassend läßt sich aber sagen, daß ihre Entwicklung im allgemeinen einen freieren und weniger durch staatliche Vorurteile gehemmten Verlauf genommen hat, als dies, zumindest für die Normativbanken, in Preußen der Fall war. Einer besonderen Hervorhebung bedarf Bayern, das klassische Land des Pfandbriefs, wie man es genannt hat, insofern dort der Typ der „gemischten" Hypothekenbanken entstand. Über den Begriff s. *Hypothekenbankgesetz*.

2. Bayern. Seit Anfang des 19. Jahrhunderts waren in Bayern Bestrebungen im Gang, durch ein zentrales Institut der Kreditnot des Grundbesitzes abzuhelfen. Außerordentlich verschiedenartig waren die Organisationsprinzipien und Lösungsmöglichkeiten, die vorgeschlagen wurden. Auch war man sich nicht darüber im klaren, ob der bayerische Staat als Kreditnehmer oder als Kreditgeber des zu gründenden Instituts auftreten sollte. Vorübergehend dachte man auch an eine Verbindung mit der Staatsschuldentilgungskasse.

Eine Kreditorganisation auf genossenschaftlicher Grundlage sollte das im Jahre 1825 erlassene Gesetz, die „Kreditvereine des Bayerischen Grundbesitzes betr." ermöglichen. Das Gesetz ist insofern nicht uninteressant, als hier offenbar die Preußischen Landschaften teilweise zum Vorbild gedient haben: die Kreditvereine der Grundbesitzer gewähren an ihre Mitglieder Darlehen gegen hypothekarische Sicherheit auf deren Grundstücken, die Mittel hierzu beschaffen sie sich durch Ausgabe von Obligationen (Pfandbriefen). Diese Pfandbriefe dürfen nur in Höhe der vorhandenen Deckungshypotheken ausgegeben werden. Die über die Hypotheken ausgestellten Hypothekenbriefe sind zur Sicherheit der Obligationeninhaber bei einer bestimmten amtlichen Stelle zu hinterlegen. Der durch das Gesetz gezogene Rahmen ist aber nicht ausgefüllt worden, Kreditvereine sind auf Grund dieses Gesetzes nicht entstanden.

Erst im Jahre 1834 wurde die gesetzliche Grundlage für eine gedeihliche Entwicklung des organisierten Hypothekarkredits geschaffen und zwar durch das Gesetz, die „Errichtung einer Bayerischen Hypotheken- und Wechselbank betr." Die zu gründende Bank wurde ausdrücklich als Privatgesellschaft bezeichnet und aufgebaut als Aktiengesellschaft, deren Statuten der königlichen Genehmigung unterlagen. Das Aktienkapital mußte zum mindesten mit drei Fünfteilen auf bayerische Grundstücke ausgeliehen werden und zwar in Form von Annuitätendarlehen, verzinslich mit höchstens 4% jährlich. Mit den übrigen $^2/_5$ durfte die Bank andere Bank- und Wechselgeschäfte betreiben und hatte hierbei „vorzüglich die gewerbetreibende Klasse zu unterstützen". Sie sowohl als auch die von ihr zu gründenden Filialen waren mit dem ausschließlichen Recht der Notenausgabe ausgestattet. Die Summe dieser Banknoten durfte jedoch den Betrag von $^4/_{10}$ des Aktienkapitals, im höchsten Falle die Summe von 8 Millionen Gulden, nicht überschreiten und mußte für $^3/_4$ der Emission mit dem Doppelten der von ihr ausgeliehenen Hypotheken, für das weitere Viertel wenigstens mit einem gleichen, stets in bar vorhandenen Geldvorrat der Bankkasse gedeckt sein.

Auf dieser Grundlage wurde 1835 die Bayerische Hypotheken- und Wechselbank ins Leben gerufen. Sie wies ein Aktienkapital von 10 Millionen Gulden auf; 6 Millionen hiervon sollten zur Hergabe von Hypothekendarlehen bestimmt sein. Von den übrigen 4 Millionen sollte 1 Million für Barmittel, die andern 3 Millionen aber zusammen mit den aus der Emission von 4 Millionen Gulden Banknoten fließenden Geldern dem Bank- und Wechselgeschäft zugute kommen. Die Bank betrieb auch das Mobiliar-Feuerversicherungsgeschäft und die Lebensversicherung, Geschäftszweige, die jedoch im Jahre 1905 abgetrennt und auf die Bayerische Versicherungsbank übertragen wurden.

Der Geschäftsbetrieb war anfänglich schwerfällig und schleppend, die Rentabilität ließ sehr zu wünschen übrig. Erst die allgemeine Hebung der Wirtschaftslage brachte auch der Bank einen gewissen Aufschwung. Allmählich erwies sich der der Hypothekenhergabe gezogene Rahmen als zu eng. Die als Mindestbetrag vorgesehenen 12 Millionen Gulden Aktienkapital waren längst ausgeliehen, wobei man hinsichtlich der diesen Betrag übersteigenden Summe nicht mehr an die Höchstverzinsung von 4% gebunden war und sich den landesüblichen Zinssätzen anpassen konnte. 1862 waren bereits Hypotheken in voller Höhe des Aktienkapitals von 20 Millionen Gulden ausgeliehen und man behalf sich durch die Ausgabe von Bankobligationen, die durch 5proz., beiderseits kurzfristig kündbare Hypotheken gedeckt waren.

Inzwischen waren die Bestrebungen, durch Einführung des Pfandbriefsystems die immer dringender werdende Kreditnot zu befriedigen, von Erfolg gekrönt: 1864 erteilte der Staat hierzu seine Genehmigung, und nun begann ein rasches Aufblühen des Hypothekengeschäftes, so daß schon am Ende des Jahres der auf 30 Millionen Gulden festgesetzte Betrag begeben war.

Das Aktienkapital konnte nunmehr die Funktion des Garantiekapitals, die es im allgemeinen heute hat, übernehmen, die Betriebsmittel waren durch die Ausgabe von Pfandbriefen beschafft.

Eine ziemlich tiefgreifende Veränderung brachte das Reichsbankgesetz vom 14. März 1875. Nach § 47 Abs. 3 dieses Gesetzes war die bayerische Regierung berechtigt, die Befugnis zur Ausgabe von Banknoten für die in Bayern bestehende Notenbank (Bayerische Hypotheken- und Wechselbank) bis zum Höchstbetrag von 70 Millionen Mark zu erweitern oder diese Befugnis einer andern Bank zu erteilen, vorausgesetzt, daß die Bank sich den Bestimmungen des § 44 des genannten Gesetzes unterwarf. § 44 macht nun die Zulassung der Noten dieses Instituts für das ganze deutsche Reich von der Erfüllung gewisser Voraussetzungen hinsichtlich Verwendung des Betriebskapitals und Deckung der Noten abhängig, die die Bayerische Hypotheken- und Wechselbank nicht erfüllen konnte, ohne gleichzeitig ihre Tätigkeit als Hypothekenbank und auch als Versicherungsbank aufzugeben. Die Frage wurde deshalb in der Weise gelöst, daß das Notenausgaberecht der von der Regierung unter finanzieller Beteiligung der Bayerischen Hypotheken- und Wechselbank neu gegründeten Bayerischen Notenbank (s. *Privatnotenbanken*) übertragen wurde, die Bayerische Hypotheken- und Wechselbank aber auf das Privileg zur Banknotenausgabe, das sich zuletzt auf 12 Millionen Gulden belaufen hatte, verzichtete.

3. Nachkriegszeit, Inflation. Nach Erlaß des Hypothekenbankgesetzes haben die H. eine stetige Aufwärtsentwicklung genommen. Der Krieg brachte einen Stillstand; neue Hypotheken wurden, insbesondere infolge Aufhörens jeder Bautätigkeit, nicht mehr abgeschlossen, die Arbeit der H. erschöpfte sich in der Verwaltung des vorhandenen Bestandes. Die anfänglichen Befürchtungen hinsichtlich des Eingangs der Hypothekenzinsen erwiesen sich allerdings als unbegründet, so daß die Banken in die Lage gesetzt waren, ihren Verpflichtungen hinsichtlich der Pfandbriefzinsen jederzeit pünktlich nachzukommen.

Mit einsetzender Inflation begann jener allgemeine Schrumpfungsprozeß, dem die Hypothekenbanken in ganz besonderem Maße ausgesetzt waren. Die aus Pfandbriefemissionen stammenden Gelder waren bestimmungsgemäß in langfristigen Hypotheken festgelegt, auf eine bestimmte Geldsumme, in Mark ausgedrückt, lautend, verfielen sie mit dem Sinken der Mark der vollkommenen Entwertung. Aus den sich gleichbleibenden Hypothekenzinsen aus dem in Hypotheken angelegten Eigenkapital und aus der Verdienstspanne zwischen Hypothekenzinsen und Pfandbriefzinsen konnte unmöglich der zahlenmäßig ins Ungemessene gestiegene Verwaltungsaufwand bestritten werden. Die Betriebe ließen sich nur in vermindertem Umfang aufrechterhalten. Vielfach benutzten die Schuldner die Situation und zahlten ihre Hypotheken in entwertetem Gelde zurück. Soweit die Rückzahlung vor dem 15. Juni 1922 erfolgte und kein Vorbehalt im Sinne des § 14 des Aufwertungsgesetzes ausgesprochen wurde, war dieser Verlust endgültig. Oft war man gezwungen, in die vorzeitige Rückzahlung von Hypotheken einzuwilligen, nur um die Verwaltungskosten des Betriebes zu bestreiten. Die als ein Vielfaches vom Nominalbetrag verlangten Entschädigungssummen betrugen umgerechnet oft nur wenige Goldmark.

Eine wertbeständige Anlage, etwa durch Ankauf von Devisen, war den reinen H. mit Rücksicht auf § 5 HypBankG. versagt. Günstiger waren in dieser Beziehung nur die von der genannten Beschränkung befreiten gemischten H. gestellt.

Eine *Aufwertung* (s. d.) der Hypotheken und Pfandbriefe brachten die Aufwertungsbestimmungen der dritten Steuernotverordnung vom 14. Februar 1924, die die noch nicht zurückbezahlten Hypotheken und diejenigen Hypotheken, die zwar zurückbezahlt, deren Löschung aber nur unter Vorbehalt bewilligt war, der Aufwertung in Höhe von 15 % des ursprünglichen Goldwertes unterwarfen.

Die dritte Steuernotverordnung ist durch das Aufwertungsgesetz vom 15. Juli 1925 aufgehoben worden, das den Aufwertungssatz auf 25 % erhöhte und eine Aufwertung auch derjenigen Hypotheken brachte, die in der Zeit vom 15. Juni 1922 bis 14. Februar 1924 ohne Vorbehalt zurückbezahlt worden waren.

Die Aufwertung der Pfandbriefe bzw. Kommunalobligationen der H. erfolgte in der Weise, daß die von der H. für Pfandbriefe und Kommunalobligationen getrennt zu bildenden Teilungsmassen unter die Gläubiger gleichmäßig im Verhältnis des Goldmarkbetrages ihrer Ansprüche verteilt wurden. Die Teilungsmasse besteht nach § 48 AWG. aus:

1. den bei Ablauf des 13. Februar 1924 als Deckung für die aufgewerteten Pfandbriefe — Kommunalobligationen bestimmten Werte,
2. den Werten, die früher zur Deckung gehört haben, soweit die Aufwertung 15 % des Goldmarkbetrages übersteigt oder soweit die Aufwertung auf Grund der Vorschriften des § 15 über die Rückwirkung erfolgt ist,
3. einem etwa aus dem sonstigen Vermögen des Schuldners (d. i. der H.) zu leistenden Betrag.

Da die Teilungsmasse aus Werten bestand, die erst in einigen Jahren realisiert werden konnten — vorgesehen war als Fälligkeitstag der Aufwertungshypotheken ursprünglich der 1. Januar 1932 — so durften die H. auf Grund der in der Teilungsmasse befindlichen aufgewerteten Hypotheken, Goldpfandbriefe, sog. Liquidationsgoldpfandbriefe, ausgeben, um ihren Pfandbriefgläubigern alter Währung eine, wenn auch nur teilweise und vorläufige Realisierung ihrer Ansprüche zu erleichtern. Art. 85 der Durchführungsverordnung zum Aufwertungsgesetz bietet den H. die Möglichkeit, die Pfandbriefgläubiger wegen ihrer Ansprüche durch eine Generalabfindung außerhalb des Verteilungsverfahrens zu befriedigen. Das Angebot an die Pfandbriefgläubiger bedarf der Zustimmung der Aufsichtsbehörde.

Die Inflation und Aufwertung bedeutete, wenigstens für die reinen Hypothekenbanken, den fast vollkommenen Verlust ihres Eigenkapitals, das, zumeist in Hypotheken angelegt, nach den oben ausgeführten Bestimmungen an die Teilungsmasse fiel, und die Quote der Pfandbriefgläubiger alter Währung erhöhte. Die den H. zugewiesenen 15 % der Vorbehaltshypotheken waren ein ungenügender Ersatz und führten zu verschiedenen Ergebnissen bei den einzelnen Banken, je nachdem, ob diese früher oder später dazu übergegangen waren, bei der Rückzahlung in der Inflationszeit Vorbehalte auszusprechen. Der den H. zugewiesene Verwaltungskostenbeitrag war bestimmungsgemäß zur Tragung der großen, durch die Aufwertung entstandenen Kosten zu verwenden. Die H. zogen daher nur die Folgerung aus dieser Lage, wenn sie nach der Stabilisierung ihre Aktienkapitalien weitgehend ($^1/_{10}$—$^1/_{30}$) herabsetzten.

Daß die Höhe der von den einzelnen H. an ihre Pfandbriefgläubiger ausgeschütteten Quoten stark voneinander abweichen, ist darauf zurückzuführen, daß die Banken nicht in gleichem Umfang in der Inflationszeit Auslösungen ihrer Pfandbriefe vornahmen, so daß sich bei einem geringeren Pfandbriefumlauf naturgemäß eine höhere Quote ergeben mußte und umgekehrt.

4. Erste Formen der Gruppenbildung. Bis zu Beginn der Inflation war das Hypothekenbankwesen von der allgemeinen Konzentrationsbewegung im Bankgewerbe im wesentlichen unberührt geblieben. Das immer weitere Fortschreiten der Inflation ließ aber eine stärkere Konzentration durch Einsparung an Verwaltungskosten, Zusammenlegung verfügbarer Mittel zwecks Beleihung großer Objekte und möglichste Ausscheidung der Konkurrenz wünschenswert erscheinen. Man glaubte ein Mittel hierzu in dem Abschluß von Gemeinschaftsverträgen zu finden.

Auf dem Gebiet des norddeutschen Hypothekenbankwesens bildete sich die „Gemeinschaftsgruppe Deutscher Hypothekenbanken", deren Kern der Zusammenschluß der Deutschen H. Meiningen und der Preußischen Bodenkredit-Aktienbank im April 1921 bildete und der sich in den folgenden Jahren weitere sechs Institute anschlossen.

Während diese Gemeinschaft die Inflationszeit überdauerte und späterhin die Grundlage eines größeren Hypothekenbankenblocks bildete, war die im Jahre 1922 ebenfalls als Interessengemeinschaft gegründete „Deutsche Centralbodenkredit-Vereinigung" in Berlin unter Führung der Preußischen Centralbodenkredit-Aktiengesellschaft nur von kurzer Dauer.

Auf dem Gebiet des bayerischen Hypothekenbankwesens, das, wie oben geschildert, durch das Vorwiegen des gemischten Typs charakterisiert ist, wurde im März 1921 für die Dauer von 80 Jahren ein Interessengemeinschaftsvertrag zwischen der Bayerischen Vereinsbank, der Bayerischen Handelsbank und der Vereinsbank in Nürnberg abgeschlossen, der Ertragsschlüsselung im Verhältnis der Aktienkapitalien und Austausch von Vorstands- und Aufsichtsratsmitgliedern vorsieht. Eine effektenkapitalistische Verknüpfung ist insofern gegeben, als die Aktien der Bayerischen Handelsbank und der Vereinsbank Nürnberg sich zum großen Teil im Besitz der Bayerischen Vereinsbank, deren Vorzugsaktien hingegen in den Händen der beiden anderen Banken und in denen des Hauses Mendelssohn & Co. in Berlin befinden, eine Lösung, die bei den dem § 5 des HypBankG. nicht unterworfenen gemischten H. möglich war.

Im Süden hatte sich (April-August 1923) eine losere Arbeitsgemeinschaft gebildet, bestehend aus sechs Banken, von denen die Bayerische Hypotheken- und Wechselbank die größte war. Die rechtliche und wirtschaftliche Selbständigkeit der einzelnen Institute bleibt bei dieser lediglich als Arbeitsgemeinschaft aufgebauten Organisation vollständig gewahrt, insbesondere findet eine Zusammenwerfung der Gewinne nicht statt.

5. Die erweiterte Gemeinschaftsgruppe. Im Oktober-November 1930 erfährt die Gemeinschaftsgruppe Deutscher H. eine ganz wesentliche Erweiterung durch den Eintritt der Preußischen Centralboden, ferner eine Umgestaltung, in erster Linie durch Fusion mit Instituten, die früher der Gemeinschaftsgruppe nicht angehört haben, mit Gemeinschafts-Instituten, sodann durch Fusion innerhalb der Gemeinschaftsgruppe selbst.

Die Gemeinschaftsgruppe Deutscher H. umfaßt danach jetzt folgende 6 Institute:

1. die Deutsche Central-Bodenkredit AG. in Berlin (früher Preußische C.),
2. die Deutsche H. in Meiningen,
3. die Frankfurter H. in Frankfurt a. M.,
4. die Mecklenburgische Hypotheken- und Wechselbank in Schwerin,
5. die Sächsische Bodencredit-Anstalt in Dresden,
6. die Westdeutsche Bodenkreditanstalt in Köln.

Die unter 1. erwähnte Deutsche Central-Bodenkredit-AG. ist das Ergebnis eines starken Fusionsprozesses, der im Jahre 1926/27 einsetzt mit der Übernahme der Landwirtschaftlichen Pfandbrief-Bank (Roggen-Rentenbank) durch die Preußische Pfandbrief-Bank, sich fortsetzt in der Übernahme der Preußischen Hypotheken-Aktien-Bank durch die Preußische Pfandbrief-Bank, um einen gewissen vorläufigen Abschluß zu finden in der Fusion Preußische Pfandbrief-Bank und Preußische Central-Bodenkredit-Aktiengesellschaft zur Preußischen Central-Bodenkredit- und Pfandbrief-Bank. Die Gründe, die zur Angliederung der Deutschen Grundkredit-Bank in Gotha geführt haben, liegen auf anderem Gebiet. Die Fusionstätigkeit der Preußischen Central-Bodenkredit- und Pfandbriefbank wird sodann fortgesetzt in der Übernahme der Preußischen Bodenkredit-Aktien-Bank und der Schlesischen Boden-Credit-Actien-Bank unter Eintritt dieses Instituts in die Gemeinschaftsgruppe Deutscher H., deren größtes Institut (Aktienkapital 43000000, Gemeinschaftsgruppe insgesamt 90500000) sie heute ist. Der Gemeinschaftsgedanke, auf dem die Gemeinschaftsgruppe Deutscher H. aufgebaut ist, wird also trotz gegenteiliger Strömungen beibehalten; allerdings abgewandelt durch die in großem Umfang vorgenommenen Fusionen.

In rechtlicher Beziehung bieten die vorgenommenen Fusionen keine Besonderheiten; sie erfolgten selbstverständlich unter Ausschluß der Liquidation. Die anläßlich der Fusion Preußische Pfandbrief-Bank — Roggen-Rentenbank geäußerten Bedenken waren fallen gelassen: Sofern nur bei der Fusion § 7 des HypBankG. gewahrt ist, wonach der Schuldverschreibungsumlauf in einer bestimmten zahlenmäßigen Beziehung zum Garantiekapital stehen muß, kann auch gegen Fusionen von H. vom Standpunkt des HypBankG. aus wohl nichts eingewendet werden.

Im Gegensatz zur Fusion läßt der zwischen den Gemeinschaftsbanken abgeschlossene Gemeinschaftsvertrag („Gemeinschaftsverfassung") vom 5. November 1930, der den veränderten Verhältnissen angepaßt ist, die einzelnen Gemeinschaftsbanken als selbständige Rechtsträger unberührt. Es handelt sich bei ihm um einen Gesellschaftsvertrag im Sinne des BGB. Sein wesentlicher Inhalt ist kurz folgender:

Die oberste Entscheidung in allen Fragen der Gemeinschaft liegt bei dem Gemeinschaftsrat. Er besteht aus den Vorsitzenden der Aufsichtsräte der einzelnen Gemeinschaftsbanken und aus weiteren höchstens 24 Mitgliedern. Diese werden von den Aufsichtsratsmitgliedern aller Gemeinschaftsbanken aus ihrem Kreis jeweils für drei Jahre gewählt. Der Gemeinschaftsrat wählt aus seiner Mitte ein Präsidium und nach Bedarf Ausschüsse, das Präsidium wiederum aus seiner Mitte einen Präsidenten, der die Sitzungen des Gemeinschaftsrats leitet.

Bei der Abstimmung im Gemeinschaftsrat entscheidet prinzipiell die Mehrheit der anwesenden Mitglieder des Gemeinschaftsrats, also an und für sich ohne Rücksicht auf die Zugehörigkeit zum Aufsichtsrat einer speziellen Bank und ohne Rücksicht auf die Höhe ihres Aktienkapitals. Eine Abstufung des Stimmgewichts nach Maßgabe des vertretenen Aktienkapitals findet dann statt, wenn nach Banken abgestimmt wird, ein Verfahren, das auf Verlangen zweier Gemeinschaftsratsmitglieder erfolgen muß. In diesem Fall kann selbstverständlich der Wille der Bank nur einheitlich repräsentiert werden, so daß nötigenfalls das Mehrheitsprinzip innerhalb der seitens einer Bank entsandten Gemeinschaftsratsmitglieder entscheidet und bei Stimmengleichheit die Stimmen der Bank ruhen — ein Druck zur Einigung. Die Bank stimmt aber hier nur nach Maßgabe ihres Aktienkapitals. Zur Gültigkeit eines Beschlusses ist die Zustimmung von mindestens zwei Banken erforderlich.

Aufgabe des Gemeinschaftsrates ist es, die Durchführung des Gemeinschaftsgedankens zu überwachen und sicherzustellen. Zu diesem Zweck hat er ein weitgehendes Auskunftsrecht; so kann er Auskunft über laufende Geschäfte und Geschäftspläne der einzelnen Banken verlangen. Seiner Zustimmung bedürfen insbesondere:

1. Anträge auf Kapitalerhöhungen oder -herabsetzungen sowie sonstige Satzungsänderungen,
2. Ausgabe von Pfandbriefen und Kommunalobligationen,
3. Beteiligung an anderen Unternehmungen oder deren Aufgabe,
4. Ernennung von Mitgliedern des Vorstandes der Gemeinschaftsbanken sowie deren Abberufung und Festsetzung ihrer Bezüge.

Geschäftsführendes Organ der Gemeinschaft ist die Gemeinschaftsdirektion, bestehend aus zwölf Mitgliedern, die vom Gemeinschaftsrat auf die Dauer von drei Jahren aus dem Kreis der Vorstandsmitglieder der Gemeinschaftsbanken gewählt werden. Um die Verbindung mit der lokalen Interessensphäre der einzelnen Bank nicht zu verlieren, wird bestimmt, daß jede Gemeinschaftsbank mit mindestens einem im Heimatstaat, bei Preußen in der Heimatprovinz, der Bank tätigen Vorstandsmitglied in der Gemeinschaftsdirektion vertreten sein muß.

Das Kernstück der Bestimmungen der Gemeinschaftsverfassung ist die Gewinnzusammenschüttung (Gewinnpoolung) und -verteilung nach Maßgabe der Aktienkapitalien der einzelnen Gesellschaften. Sie charakterisiert den abgeschlossenen Vertrag als Interessengemeinschaftsvertrag, die Gemeinschaft als Interessengemeinschaft. Das Verfahren ist dabei folgendes: Alljährlich unterbreitet die Gemeinschaftsdirektion dem Gemeinschaftsrat eine Aufstellung der Jahresabschlußziffern der Gemeinschaftsbanken und berichtet dem Gemeinschaftsrat, welche Abschreibungen und Rückstellungen über die Vorschriften des Handelsgesetzbuches und des Hypothekenbankgesetzes hinaus von ihr angezeigt erachtet werden. Der Gemeinschaftsrat bestimmt, in welchem Umfang er Abschreibungen und Rücklagen bei jeder Bank für angezeigt erachtet. Da die gesetzlichen Funktionen der Organe der einzelnen Gemeinschaftsbanken an und für sich unberührt bleiben, so bedürfen die entsprechenden Vorschläge des Vorstandes und des Aufsichtsrates der Genehmigung durch die Generalversammlung der einzelnen Gemeinschaftsbank, der nach wie vor die Aufgabe zusteht, die Jahresbilanz und die Gewinn- und Verlustrechnung festzustellen, was die Gemeinschaftsverfassung ausdrücklich betont. Verteilungsfähiger Reingewinn ist dann das, was sich nach Herstellung des vertragsmäßigen Ausgleiches für die einzelne Gemeinschaftsbank ergibt, was also von dem Gesamtjahresergebnis auf die einzelne Bank entfällt, nachdem die Gewinne zusammengeschüttet und wieder nach Maßgabe der Aktienkapitalien verteilt sind. Die Ausgleichung findet durch Barausschüttung der Ausgleichsbeträge unter den Gemeinschaftsbanken statt.

Bei der Verteilung des Reingewinns sollen die Banken nach gleichen Grundsätzen verfahren. Der Gemeinschaftsrat hat darüber zu wachen, der Vorstand und Aufsichtsrat der einzelnen Bank ist gehalten, der Generalversammlung gegenüber seinen Einfluß für die Befolgung der Grundsätze einzusetzen und die vom Gemeinschaftsrat beschlossene, für alle Banken gleiche Dividende vorzuschlagen. Eine Sicherung dafür, daß die Dividendenpolitik des Gemeinschaftsrates nicht durch entgegengesetzte Beschlüsse der Generalversammlungen durchkreuzt werden, bietet die Bestimmung, wonach einer Gemeinschaftsbank das Gemeinschaftsverhältnis ohne Einhaltung einer Kündigungsfrist gekündigt werden kann, wenn die Generalversammlung bei Festsetzung der Dividende innerhalb eines Zeitraums von fünf Jahren wiederholt eine höhere als die vom Gemeinschaftsrat gutgeheißene Dividende beschließen sollte.

Für den Fall, daß die Generalversammlung bereits hinsichtlich der gutgeheißenen Abschreibungen von dem Vorschlag des Gemeinschaftsrates abgehen sollte, was infolge der Gewinnzusammenschüttung nicht ohne Wirkung auf die Bilanzen der übrigen Gesellschaften bleiben könnte, ist keine Regelung getroffen. Offenbar hat man diese Möglichkeit als ziemlich unwahrscheinlich betrachtet, um so mehr, als ja auch beispielsweise geringere Abschreibungen sich durch den Umweg über die übrigen Gemeinschaftsbanken nicht in entsprechendem Maße bei der betreffenden Bank auswirken würden.

Gegenstand der Gewinnzusammenschüttung und -verteilung ist also der Gewinn nach Vornahme der Abschreibungen und vor Dotierung der Reservefonds. Aber auch die Abschreibungen selbst unterliegen, wie ausgeführt, in weitgehendem Umfang der Bindung durch die Gemeinschaft, so daß praktisch genommen bereits eine Zusammenschüttung der Rohgewinne zu verzeichnen ist.

Der Aufsaugungsprozeß war begleitet von einem Kapitalkontraktionsprozeß großen Stils. Die Aktienkapitalien der nunmehr in der Gemeinschaftsgruppe verbundenen Banken betragen 1928: 136,4 Mill. RM., 1929: 128,4 Mill. RM., 1930 und 1931: 90,5 Mill. RM. Diese Kapitaleinsparungen wurden dadurch ermöglicht, daß das Aktienkapital der zu übernehmenden Gesellschaft sich großenteils vor der Fusion bereits in Händen der übernehmenden Gesellschaft oder dieser nahestehender Kreise befand, so daß sich Aktienkapitalserhöhungen nur in beschränktem Umfang als notwendig erwiesen.

Zum Erwerb der betreffenden Aktienpakete war zweifellos die Auflösung stiller Reserven erforderlich. Die offenen Reserven haben allerdings, bezogen auf das verminderte Aktienkapital, durchweg eine Stärkung erfahren, oft bis zur Höhe der Aktienkapitalien selbst.

Die Beziehungen zu den Großbanken waren einer der Gründe, die man für die vorgenommenen Konzentrationen ins Feld führte; man wollte diese insbesondere für den Inlandabsatz nutzbar machen. Auch das Ausland hoffte man für die Emissionen einer so kapitalkräftigen Gruppe eher zu interessieren und dadurch dem Inland den billigeren Auslandskredit zuzuführen. Eine Verbilligung des Realkredits würde aber, so folgerte man, nicht nur den Darlehensnehmern zugute kommen, sondern indirekt den Bodenkreditinstituten selber, für die die Gefahren eines zu teueren Realkredits als auf die Dauer durch den Kreditnehmer nicht tragbar, nicht von der Hand zu weisen seien. — Wo Bedenken geäußert wurden, betrafen diese in erster Linie die Monopoltendenzen, die einem derartig großen Block notwendigerweise anhaften müßten. Die Heranziehung von Auslandskapital erfordere keine derartig großen Institute. Außerdem sei eine noch höhere Auslandsverschuldung volkswirtschaftlich ungesund, da das Ausland in Zeiten politischer Krisen die Pfandbriefe wieder auf den Markt werfe, wovon auch noch so starke Bindungen nicht abhalten könnten.

Eine abschließende Wertung der Vorgänge ist heute nicht möglich, erst die künftige Entwicklung wird zeigen, ob die an die Konzentration geknüpften Hoffnungen und Erwartungen eingetroffen sind. Jedenfalls werden die Staatsaufsichtsbehörden, denen nach dem HypBankG die Aufsicht über die H. zusteht, einer weiteren Konzentration eher ungünstig als günstig gegenüberstehen, wie dies ja auch in dem Erlaß des preußischen Ministers für Volkswohlfahrt an die H. und die nachgeordneten Behörden vom 7. März 1931 (II 1700/6. 1) zum Ausdruck kommt.

Über das Hypothekengeschäft in England vgl. *England, Geld- u. Kapitalmarkt II 5.*

Literatur: AULER: Das Pfandbriefgeschäft als Kapitalquelle der deutschen Hypothekenbanken. Berlin 1926. — DANNENBAUM: Deutsche Hypothekenbanken. Berlin 1928. — FRÄNKEN: Der Staat und die Hypothekenbanken in Preußen. Leipzig 1904. — GEILER: Gesellschaftliche Organisationsformen des neuen Wirtschaftsrechts. Mannheim 1922. — GOLDSCHMIDT: Deutsche Hypothekenbanken, Kritik und Reformvorschläge. Jena 1880. — NUSSBAUM: Deutsches Hypothekenwesen, 2. Aufl. Tübingen 1923. — PINNER: Fusion von Hypothekenbanken. Bankarch. **26**, 332. — SCHMIDT, FRITZ: Das französische Hypothekenbankwesen. Z. Staatswiss. **1910**, 73. — SCHULTE, FRITZ: Jahrbuch für Bodenkredit. Berlin 1928. — Festschrift der Bayerischen Hypotheken- und Wechselbank zur Feier ihres fünfzigjährigen Bestehens, Oktober 1885.

MATHILDE MAIER u. EDUARD V. NICOLAI.

Hypothekenbankgesetz. *1. Definition.* Das Reichshypothekenbankgesetz vom 13. Juli 1899 stellt an die Spitze seiner Bestimmungen die Definition der Hypothekenbank (§ 1): Eine Hypothekenbank ist eine Aktiengesellschaft oder Kommanditgesellschaft auf Aktien, bei der der Gegenstand des Unternehmens in der hypothekarischen Beleihung von Grundstücken und der Ausgabe von Schuldverschreibungen auf Grund der erworbenen Hypotheken besteht. Damit ist Aufgabe und Rechtsform der Hypothekenbank umrissen. In der Form der Kommanditgesellschaft auf Aktien besteht tatsächlich keine Hypothekenbank in Deutschland, und da auch § 2 H. alle anderen Rechtsformen, mit Ausnahme des rechtsfähigen Vereins, der aber keine wesentliche Rolle spielt, ausschließt, ist die Aktiengesellschaft die Rechtsform der deutschen Hypothekenbank. Neben dem H. als Spezialnorm sind deshalb die Bestimmungen des HGB. über Aktiengesellschaften für sie maßgebend.

2. Aufgabenkreis. Ausgabe von Pfandbriefen auf hypothekarischer Grundlage, ist die Hauptaufgabe einer Hypothekenbank; nur in dem durch § 5 H. genau festgelegten Umfang sind ihr gewisse Neben- und Hilfsgeschäfte erlaubt, die teils in engerem, teils in loserem Zusammenhang mit diesem Hauptgeschäftszweig stehen. Wenigstens gilt dies von dem Normaltyp der Hypothekenbanken, den sog. reinen Hypothekenbanken, während allerdings die sog. gemischten Hypothekenbanken von der Beschränkung des § 5 befreit sind. Unter gemischten Hypothekenbanken versteht man solche Hypothekenbanken, die bei dem Inkrafttreten des H. bestanden haben und bis zum 1. Mai 1898 gemäß den Bestimmungen ihrer Statuten Geschäfte in weiterem als dem in § 5 bezeichneten Umfange betrieben haben (§ 46 Abs. 1 H.).

Diese Beschränkung des Aufgabenkreises dient vorwiegend den Interessen der Gläubiger der von der Hypothekenbank ausgegebenen Schuldverschreibungen auf den Inhaber, der Pfandbriefgläubiger, wie ja das H. im ganzen seine vornehmliche Aufgabe in dem Schutz der Pfandbriefgläubiger erblickt. Abgesehen von dieser Beschränkung des Aufgabenkreises wird dieser Zweck dadurch erreicht, daß die Hypothekendeckung, auf deren Grundlage die Pfandbriefe der Bank ausgegeben werden, bestimmten Vorschriften entsprechen und in einer bestimmten Beziehung zu den ausgegebenen Pfandbriefen stehen muß, zum anderen dadurch, daß das Gesetz die Hypothekenbanken einer besonders gearteten Staatsaufsicht unterstellt und vornehmlich zur Wahrung der Pfandbriefgläubigerinteressen einen Treuhändler bestellt. Irgendwelche zivilrechtlichen Beziehungen zwischen Pfandbriefgläubigern und Deckungsmasse bestehen also normalerweise nicht; nur in einem evtl. Konkurs haben allerdings die Pfandbriefgläubiger ein Recht auf vorzugsweise Befriedigung vor den anderen Gläubigern der Hypothekenbank aus den Deckungswerten und ein Recht auf abgesonderte Befriedigung aus dem sonstigen Vermögen (§ 35 Abs. 1 und 2 H.). Außerhalb des Konkurses können nur sie Arreste und Zwangsvollstreckungen in die Deckungswerte ausbringen — s. § 34a H. — der durch das dritte Gesetz zur Änderung und Ergänzung des H. vom 21. Dezember 1927 eingefügt wurde.

3. Hypothekendeckung. Bezüglich der Bildung der Deckungsmasse gilt folgendes: Sie besteht in erster Linie aus Hypotheken und nur unter noch näher auszuführenden Voraussetzungen vorübergehend aus Schuldverschreibungen des Reiches oder eines Bundesstaates oder aus Geld (§ 6 Abs. 1 und 4 H.). Die Hypotheken dürfen nur auf inländische

Grundstücke gegeben werden und müssen grundsätzlich ersten Rang genießen (§ 11 H.). Außer diesen formellen Erfordernissen wird weiter verlangt, daß die Beleihung drei Fünfteile (60%) des Wertes des Grundstückes nicht übersteigt, so daß auch materiell erstklassige Sicherheit geboten wird. Dabei hängt natürlich die wirkliche Sicherheit der Hypotheken von der Sorgfalt bei der Wertermittlung, der Taxation des Grundstücks, ab. Einige Hinweise bezüglich der Wertermittlung enthält § 12 Abs. 1 H. Darnach darf der der Beleihung zugrundegelegte Wert den Verkaufswert des Grundstücks nicht übersteigen. Unter Verkaufswert ist der Preis zu verstehen, der sich unter normalen Umständen bei einem Verkauf des Grundstücks erzielen läßt. Für die Höhe des Verkaufswertes ist eine Reihe von Faktoren maßgebend, als deren wesentlichsten das Gesetz den Ertrag herausgreift, und zwar den Ertrag, den das Grundstück bei ordnungsmäßiger Wirtschaft jedem Besitzer nachhaltig gewähren kann. Damit ist in Zeiten stark schwankenden Geldmarktes ein gewisses Unsicherheitsmoment gegeben, da je nach Höhe des der Kapitalisierung zugrundegelegten Zinsfußes sich ein höherer oder geringerer Ertragswert ergibt. Starke steuerliche Belastung ist selbstverständlich ein ertragsminderndes und den Ertragswert herabsetzendes Moment. Daß das Gesetz besonders auf diesen Gesichtspunkt abhebt, hat seine Begründung mit darin, daß ein laufender Ertrag des Grunsdtücks Voraussetzung für die Erfüllung der laufend zu bewältigenden Zinsverpflichtungen gegenüber den Pfandbriefgläubigern darstellt. Mit Rücksicht auf den Ertragsgesichtspunkt sind Beleihungen von Bauplätzen, noch nicht fertiggestellten und ertragsfähigen Neubauten innerhalb des Rahmens der Gesamtbeleihung einer Hypothekenbank nur beschränkt zulässig: die Deckungshypotheken dürfen nur zu einem Zehnteil aus Bauplatz- usw. Hypotheken bestehen und diese Hypotheken dürfen die Hälfte des eingezahlten Grundkapitals nicht übersteigen (§ 12 Abs. 3 Satz 1 H.). Bei aller Einsicht in die volkswirtschaftliche Notwendigkeit von Neubaufinanzierungen durch die Hypothekenbanken sollen durch entsprechende Risikoentlastung die an der Sicherheit ihrer Anlage interessierten Pfandbriefgläubiger nicht leiden. Hypotheken an (dauernd ertragsunfähigen) Grundstücken, die keinen dauernden Ertrag abwerfen, sind überhaupt von der Deckung ausgeschlossen.

Werden sonach an die Qualität der Deckungsmasse bestimmte Anforderungen gestellt, so besteht auch zahlenmäßig zwischen ihr und den ausgegebenen Pfandbriefen ein gesetzlich festgelegtes Verhältnis: der Gesamtbetrag der in Umlauf befindlichen Hypothekenpfandbriefe muß in Höhe des Nennwertes jederzeit durch Hypotheken von mindestens gleicher Höhe und mindestens gleichem Zinssatz gedeckt sein. Hat also beispielsweise eine Hypothekenbank den Betrag von 10 Millionen nominal Pfandbriefe, verzinslich mit (7 %) 6%, in Umlauf gesetzt, so müssen als Deckung hierfür mindestens ebenfalls 10 Millionen Hypotheken, verzinslich mit mindestens ebenfalls (7%) 6%, bei der Bank als Deckung vorhanden sein.

Dabei kommt den verschiedenen Typen von Pfandbriefen rechtlich keine Selbständigkeit zu, vielmehr besteht im Konkursfall ein einheitliches Vorzugsrecht sämtlicher Pfandbriefinhaber an der gesamten Deckungsmasse (§ 35 Abs. 1 Satz 3 H.).

Die Pfandbriefe müssen seitens der Pfandbriefgläubiger unkündbar sein. Die Bank kann auf ihr Kündigungsrecht verzichten, aber höchstens auf die Dauer von 10 Jahren (§ 8 Abs. 2 H.). Andererseits darf die Bank die Kündbarkeit ihrer Hypotheken höchstens für die Dauer von 10 Jahren ausschließen (§ 18 Abs. 2 H.). Beide Bestimmungen wirken auf eine gleiche Unkündbarkeitsdauer von Hypothek und Pfandbrief hin und bezwecken eine Übereinstimmung auch in dieser Beziehung. Es handelt sich hier übrigens nur um Höchstgrenzen. Mit Rücksicht auf die starke Belastung durch hohe Zinssätze hat man zur Zeit im allgemeinen die Unkündbarkeitsdauer auf 5 Jahre festgelegt.

Bei Amortisationshypotheken (Tilgungshypotheken) darf ein Kündigungsrecht der Bank nicht bedungen werden (§ 19 H.), während das Kündigungsrecht des Schuldners auch hier auf höchstens 10 Jahre beschränkt werden kann. Tilgungshypotheken sind solche Hypotheken, deren Rückzahlung in gleichbleibenden Tilgungsbeträgen erfolgt. Zusammen mit den ebenfalls gleichbleibenden Zinsbeträgen bilden sie die Jahresleistung, auch Annuität genannt.

Dieselben Erwägungen, die den Gesetzgeber veranlaßten, die Unkündbarkeit der Pfandbriefe durch die Bank zeitlich einzuschränken, veranlaßten auch das Verbot der Ausgabe von Pfandbriefen, deren Einlösungswert den Nennwert übersteigt, der sog. Prämienpfandbriefe, maßgebend (§ 9 H.).

Die Beleihungstätigkeit der Hypothekenbanken hat sich neuerdings auch nach dem Gesetz über wertbeständige Hypotheken vom 23. Juni 1923 (RGBl. 1923 S. 407f.) zu richten, da, abgesehen von einer Emission der Preußischen Hypotheken-Aktienbank, die aber vereinzelt blieb, die Hypothekenhergabe und entsprechend auch die Pfandbriefausgabe auf wertbeständiger Basis und zwar in erster Linie auf Feingoldbasis erfolgt. Entsprechendes gilt auch für wertbeständige Pfandbriefe wertbeständige Hypotheken. Im Sinne dieses Gesetzes sind solche Hypotheken, bei denen die Höhe der aus dem Grundstück zu zahlenden Geldsumme durch den amtlich festgestellten oder festgesetzten Preis einer bestimmten Menge von Roggen, Weizen oder Feingold bestimmt wird, wobei der Preis für $^1/_{2790}$ kg Feingold einer Goldmark entspricht. 5. Verordnung zur Durchführung des WerthypG. vom 17. April 1924 (RGBl. I S. 415). Als amtlich festgestellter Preis für Feingold gilt nach § 2 der Verordnung zur Durchführung des WerthypG. vom 29. Juni 1923 (RGBl. 1923 S. 482) nur der von dem Reichswirtschaftsminister oder der von ihm bestimmten Stelle im Reichsanzeiger bekanntgegebene Londoner Goldpreis. Die Umrechnung in deutsche Reichswährung erfolgt nach dem Mittelkurs der Berliner Börse auf Grund der letzten amtlichen Notierung vor dem Tage, der für die Berechnung der Kapital-, Tilgungs- und Zinsbeträge sowie der sonstigen Nebenleistungen maßgebend ist, s. hierzu auch die Verordnung zur Änderung der Wertberechnung von Hypotheken und sonstigen Ansprüchen, die auf Feingold (Goldmark) lauten vom 10. Oktober 1930 (RGBl. S. 569f.).

Häufig findet auch eine Verknüpfung mit der deutschen Währung in der Weise statt, daß eine bestimmte Summe in Goldmark, mindestens aber dieselbe Summe in Reichsmark, geschuldet wird. Es soll damit verhindert werden, daß, falls die Reichsmark sich über Goldparität erhebt, der Gläubiger in Reichsmark weniger erhält als den Nennbetrag. Die sog. „Passierklausel" berücksichtigt die Abweichung erst dann, wenn sie eine gewisse Mindestgrenze überschreitet. Sie ist häufig in der Form, daß „für jede Goldmark eine Reichsmark zu zahlen ist, sofern sich bei der Umrechnung für das Kilogramm Feingold ein Preis von nicht mehr als 2820,— RM. und nicht weniger als 2760,— RM. ergibt". In teilweiser Abänderung der oben dargelegten Deckungsgrundsätze bestimmt § 9 Ziff. 1 WertHypG., daß der Gesamtbetrag der in Umlauf befindlichen wertbeständigen Pfandbriefe einer Hypothekenbank jeder Gattung in Höhe des Nennwertes jederzeit durch wertbeständige Hypotheken gleicher Gattung von mindestens gleicher Höhe und mindestens gleichem Zinsertrag gedeckt sein muß.

Die Ausgabe von wertbeständigen Pfandbriefen ist also nur auf der Grundlage wertbeständiger Hypotheken, beispielsweise auf Grund von Feingoldhypotheken möglich; ein Institut, das wertbeständige Pfandbriefe verschiedener Gattung, also beispielsweise Roggen- und Feingoldpfandbriefe, ausgibt, darf für diese Ausgabe nur die Hypotheken entsprechender Gattung zur Deckung verwenden. Diese Scheidung ist soweit durchgeführt, daß im Konkursfall ein nach Deckungsmassen getrenntes Vorzugsrecht besteht (§ 9 Ziff. 5 WerthypG.).

Die Ausgabe von Pfandbriefen ausländischer Währung ist den Hypothekenbanken nicht möglich, da auch Hypotheken, die auf ausländische Währung lauten, im Grundbuch nicht eingetragen werden können.

4. Ersatzdeckung. Die Pfandbriefe sind also grundsätzlich durch Hypotheken zu decken. Da auch im regelmäßigen Geschäftsbetrieb immerhin Fälle möglich sind, in denen das anzustrebende Gleichgewicht zwischen Hypothekenhergabe und Pfandbriefumlauf nicht besteht, etwa infolge Rückzahlung von Hypotheken, ohne daß die bei der Hypothekenhergabe zu erfüllenden Formalitäten, insbesondere die Herstellung des ersten Ranges ebenso schnell hätte erfolgen können, gibt das Gesetz in § 6 Abs. 4 der Hypothekenbank die Möglichkeit, sich vorübergehend andere Deckungswerte als Hypotheken, nämlich Schuldverschreibungen des Reiches oder eines Landes oder Geld als Ersatzdeckung zu beschaffen. Als Geld im Sinne des § 5 des Münzgesetzes vom 30. August 1924 sind nur Reichsgoldmünzen und die Noten der Reichsbank zu verstehen. Die Noten der Privatnotenbanken, Bankguthaben, ausländisches Geld und Devisen sind demnach von der Ersatzdeckung ausgeschlossen.

5. Garantiekapital. Die Ausgabe von Pfandbriefen ist darnach bedingt durch das Vorhandensein ausreichender Deckung bzw. Ersatzdeckung; begrenzt ihrer Höhe nach wird sie durch das vorhandene Aktienkapital und die Unterlagsreserven.

§ 7 H. in der Fassung des zweiten Gesetzes zur Abänderung und Ergänzung des H. vom 26. Januar 1926 (RGBl. I S. 97f.) lautet: „Die Hypothekenbanken dürfen Hypothekenpfandbriefe nur insoweit ausgeben und Darlehen von der Deutschen Rentenbankkreditanstalt (s. *öffentlich-rechtliches Bankwesen IA 8*) nur insoweit aufnehmen, als der Betrag der ausgegebenen Hypothekenpfandbriefe, zuzüglich des Betrages der bei der Deutschen Rentenbankkreditanstalt aufgenommenen Darlehen, den 20fachen Betrag des eingezahlten Grundkapitals und des ausschließlich zur Deckung einer Unterbilanz oder zur Sicherung der Pfandbriefgläubiger oder der Forderungen der Deutschen Rentenbankkreditanstalt aus der Darlehensgewährung bestimmten Reservefonds nicht übersteigt" („Bepfandbriefungsgrenze").

Diese Bestimmung wird durch § 41 Abs. 2 H. ergänzt, wonach von den Hypothekenbanken ausgegebene Kommunalschuldverschreibungen unter Hinzurechnung der in Umlauf befindlichen Hypothekenpfandbriefe und der bei der Deutschen Rentenbankkreditanstalt aufgenommenen Darlehen den in § 7 (s. o.) bestimmten Höchstbetrag nicht um mehr als zwei Fünfteile übersteigen dürfen. Pfandbriefe, Darlehen bei der Deutschen Rentenbankkreditanstalt, sowie Kommunalschuldverschreibungen dürfen also das 28fache des Grundkapitals und der Unterlagsreserven nicht übersteigen, wobei Pfandbriefe und Darlehen bei der Deutschen Rentenbankkreditanstalt für sich gesondert nicht über das 20fache, Kommunalschuldverschreibungen nicht über das achtfache des Garantiekapitals und der Unterlagsreserven hinausgehen dürfen. Hat also eine Hypothekenbank an Aktienkapital und Unterlagsreserven 10 Millionen Reichsmark, so darf ihr Umlauf an Pfandbriefen zusammen mit ihren Darlehen bei der Deutschen Rentenbankkreditanstalt höchstens 200 Millionen Goldmark, ihr Umlauf an Kommunalschuldverschreibungen höchstens 80 Millionen Goldmark betragen.

6. Hypothekenregister und Treuhänder. Die Absonderung der Hypotheken aus dem übrigen Vermögen der Bank wird durch die Eintragung in das Hypothekenregister erreicht, in das die Hypotheken einzeln einzutragen sind (§ 22 H.). Dasselbe gilt von den Schuldverschreibungen des Reiches oder eines Bundesstaates, wenn sie als Ersatzdeckung dienen sollen. Geld braucht nicht in das Hypothekenregister eingetragen zu werden. Durch die Eintragung der fraglichen Werte in das Hypothekenregister unterwirft sich die Hypothekenbank einer gewissen Bindung hinsichtlich derselben, da sie als Grundlage der Ausgabe der Hypothekenpfandbriefe dienen sollen. Sie sind nunmehr zweckgebundenes Vermögen der Bank. Mit der Eintragung der Hypotheken in das Hypothekenregister begibt sich die Hypothekenbank der vollen Verfügungsfreiheit über die einzelnen Hypotheken bzw. im Falle der Ersatzdeckung über die Deckungswerte, da sie über die im Hypothekenregister eingetragenen Werte nur mit Zustimmung des staatlich bestellten Treuhänders verfügen darf.

Insbesondere bedarf sie seiner Zustimmung zur Löschung der Hypotheken im Hypothekenregister; die Zustimmung muß schriftlich erteilt werden (§ 30 Abs. 4 H.). Diese Bindung ist aber nur eine interne, verwaltungsmäßige und zivilrechtlich nach außen hin ohne Wirkung. Da sie nur das Interesse der Pfandbriefgläubiger bezweckt, so ist der Treuhänder verpflichtet, zur Löschung der Hypotheken im Register mitzuwirken, wenn auch nach Löschung derselben im Register die erforderliche Deckung vorhanden oder die Hypotheken zurückbezahlt werden. Ob eine Hypothek in das Hypothekenregister als Grundlage für auszugebende Pfandbriefe eingetragen werden darf, unterliegt ebenfalls seiner Nachprüfung. Sie erstreckt sich in erster Linie auf die formelle Deckungsfähigkeit, insbesondere auf die Erstrangigkeit der Hypothek und nur insofern auf ihre materielle Deckungsfähigkeit, als der Treuhänder nachzuprüfen hat, ob die durch die Aufsichtsbehörde genehmigte Anweisung der Bank hinsichtlich der Wertfestsetzung befolgt ist (§ 30 Abs. 1 H.). Im ganzen aber unterliegt seiner Nachprüfung, ob das im Gesetz vorgesehene Gleichgewicht zwischen Pfandbriefumlauf und Hypothekendeckung vorhanden ist. Diese Prüfung macht es der Bank unmöglich, Pfandbriefe ohne die vorgeschriebene Deckung auszugeben. Die Vorschriftsmäßigkeit der Deckung und die Eintragung in das Hypothekenregister bescheinigt der Treuhänder auf jedem einzelnen Pfandbrief (§ 30 Abs. 3 H.). Ihm obliegt auch die Verwahrung der Hypothekenurkunden, also im wesentlichen der Hypothekenbriefe, sowie der in das Register eingetragenen Wertpapiere und des gemäß § 6 Abs. 4 zur Deckung der Hypotheken-Pfandbriefe bestimmten Geldes unter dem Mitverschluß der Bank. Die Herausnahme von Hypotheken aus der Deckung ist an dieselbe Bedingung geknüpft wie die Löschung der Hypotheken im Register, das Vorhandensein ausreichender sonstiger Deckung. Besteht eine Verpflichtung der Bank einem Hypothekenschuldner gegenüber zur Herausgabe von Hypothekenurkunden, so muß dieser Verpflichtung ohne Rücksicht auf Deckung seitens der Bank entsprochen werden. Ist sonstige ausreichende Deckung nicht vorhanden, so muß die Bank zurückbezahltes Geld dem Treuhänder zur Verwahrung geben (§ 31 Abs. 2 H.).

7. Nebengeschäfte. Außer dem Hypotheken-Pfandbriefgeschäft sind den reinen Hypothekenbanken nur die in § 5 H. enumerativ aufgeführten Geschäftszweige erlaubt. Hierzu gehört nach § 5 Ziff. 1 H. der Erwerb, die Veräußerung und die Beleihung von Hypotheken. Ebensowenig wie für die eigenen Hypotheken der Bank gelten für sie die Vorschriften der §§ 11 und 12 H. über Beleihungsgrenze und Qualifikation der Beleihungsobjekte. Immerhin würde ein Handel und damit eine Festlegung eigener Mittel besonders in zweitrangigen Hypotheken, wenn dies in größerem Umfang geschieht, als allzu riskant aus allgemeinen Gründen abgelehnt werden müssen. Eine praktische Bedeutung kommt diesem Geschäftszweig als solchem im Gesamtbetrieb der Hypothekenbanken nicht zu.

Der Erwerb von Grundstücken ist nur zur Verhütung von Verlusten an Hypotheken oder, was ja selbstverständlich ist, zur Beschaffung von Geschäftsräumen, erlaubt (§ 5 Abs. 3 Satz 1). Grundstückshandel ist also den Hypothekenbanken unter allen Umständen untersagt.

Den Hypothekenbanken sind ferner folgende Geschäfte erlaubt:

a) Der kommissionsweise Ankauf und Verkauf von Wertpapieren, jedoch unter Ausschluß von Zeitgeschäften (§ 5 Ziffer 4 H.). Da nur der kommissionsweise Erwerb erlaubt ist, dürfen Hypothekenbanken beispielsweise Aktien für eigene Rechnung nicht erwerben. Auch ist eine Kreditgewährung anläßlich von Kommissionsgeschäften den Hypothekenbanken nicht erlaubt.

b) Die Besorgung und Einziehung von Wechseln, Anweisungen und ähnlichen Papieren (§ 5 Ziffer 6 H.). Die Hypothekenbanken können also im Auftrag ihrer Kunden die genannten Papiere zur Zahlung präsentieren, Zahlung entgegennehmen und diese ihren Kunden ausliefern.

c) Die Annahme von Geld und anderen Sachen zum Zwecke der Hinterlegung (§ 5 Ziffer 5 H.).

Durch das 4. Gesetz zur Abänderung und Ergänzung des Hypothekenbankgesetzes vom 29. März 1930 (RGBl. **1930**, 108) ist den Hypothekenbanken von vornherein hinsichtlich dieses Geschäftszweiges insofern eine Beschränkung auferlegt, als sie Depositen nur in Höhe der Hälfte ihres Aktienkapitals hereinnehmen dürfen, wobei diese Depositen allerdings auf Grund Landesrecht auch den Vorzug der Mündelsicherheit genießen können. Die bei einer Kreditbank mit dem Depositenkassenbetrieb üblicherweise verbundenen Geschäfte sind den Hypothekenbanken nicht erlaubt. Insbesondere dürfen die Hypothekenbanken keine Blankokredite gewähren und keine Wechsel akzeptieren. Daß sie mit ihren Kunden im Kontokorrentverkehr abrechnen, ist zulässig, dagegen sind Kontokorrentkredite ausgeschlossen.

Als Hilfsgeschäft ist den Hypothekenbanken erlaubt die Anlage verfügbarer eigener Mittel bei geeigneten Bankhäusern sowie der Ankauf reichsbankfähiger Wechsel und die Lombardierung von Wertpapieren. Die Beleihung hat sich in der Auswahl der beleihungsfähigen Papiere und der Höhe der Beleihung nach den internen, hierfür erlassenen Anweisungen zu richten.

Auch der Erwerb eigener Pfandbriefe und Schuldverschreibungen durch die Bank ist schon mit Rücksicht auf die notwendige Kurspflege geboten und zulässig und eine durchaus übliche Anlagemöglichkeit für die Hypothekenbanken (§ 5 Abs. 2 H.). Eigene Pfandbriefe sind nach § 24 Ziffer 4 H. in der Bilanz gesondert aufzuführen. Werden eigene Pfandbriefe dem Bestand der Bank an Wertpapieren zugeschrieben, so werden sie bei einem evtl. Konkurs der Bank als in Umlauf befindlich behandelt. Der Erlös der Deckungsunterlagen vermehrt das sonstige Vermögen der Bank bzw. die freie Konkursmasse (§ 35 Abs. 3).

Durch das Gesetz über die Errichtung der deutschen Rentenbankkreditanstalt (landwirtschaftliche Zentralbank) vom 18. Juli 1925 (§ 3 Ziffer 1a, § 4 Abs. 1 Ziffer 1) (RGBl. 1925 S. 145ff.) sind die Hypothekenbanken in den Dienst dieses Instituts gestellt, ein Geschäftszweig, dem aber im Augenblick eine größere Bedeutung nicht mehr zukommt. § 5 H. wurde entsprechend durch Ziffer 7 ergänzt.

8. *Kommunaldarlehensgeschäft.* Neben dem oben dargelegten Hauptgeschäftszweig der Pfandbriefausgabe auf Grund von Hypotheken tritt als weiterer Hauptgeschäftszweig das sog. Kommunaldarlehensgeschäft, d. h. die Ausgabe von Darlehen an inländische Körperschaften des öffentlichen Rechts oder unter voller Garantie derselben an Dritte und die Ausgabe von Schuldverschreibungen auf dieser Grundlage (Kommunalobligationen), s. § 5 Ziff. 2 H. Als Körperschaften des öffentlichen Rechts kommen im wesentlichen in Betracht: Gemeinden, Gemeindeverbände, Kirchengemeinden und Religionsgesellschaften (vgl. *Öffentlicher Kredit*). Das im Anschluß hieran (§ 5 Ziff. 3) erwähnte Kleinbahngeschäft hat nur untergeordnete Bedeutung. Das Gesetz sieht bei dem Kommunaldarlehensgeschäft mit Rücksicht auf die Persönlichkeit des Kreditnehmers bzw. Garanten von einer hypothekarischen Sicherstellung ab. Ausgeschlossen ist diese aber nicht; wo sie vorliegt und die Beleihungsgrenze des § 11 gewahrt ist, kann die fragliche Hypothek sowohl als Deckung für Pfandbriefe als auch für Obligationen verwandt werden. Die Kommunaldarlehen werden als gesonderte Deckungsmasse, also getrennt von der Hypothekendeckungsmasse geführt; was im Konkursfall nach der vorzugsweisen Befriedigung der Kommunalobligationäre übrig bleibt, gehört zum sonstigen Vermögen der Bank bzw. zur freien Konkursmasse.

Im übrigen ist durch § 41 Abs. 1 eine Angleichung an die Bestimmungen über Hypotheken und Pfandbriefe vollzogen:

Es muß ebenfalls Gleichgewicht zwischen Kommunaldarlehen und Kommunalobligationen bestehen (§ 6 Abs. 1). Eine Ersatzdeckung ist nach Maßgabe des § 6 Abs. 4 zulässig. Der Obligationentext muß vollständig sein und die Bank ein Rückzahlungsrecht nach mindestens zehn Jahren besitzen, das Kündigungsrecht der Obligationäre ist ausgeschlossen (§ 8 H.). Prämienobligationen dürfen nicht ausgegeben werden (§ 9). Die Kommunaldarlehen sind ebenfalls in ein Register einzutragen (§ 22) und unterliegen der halbjährlichen Statusveröffentlichung (s. u.) — § 22. Die Bilanzierung von Agio und Disagio bei der Ausgabe von Kommunalobligationen erfolgt nach Maßgabe der §§ 25 und 26 (s. u.), auch sind die Treuhändervorschriften (§ 29—34) für anwendbar erklärt, ebenso die Bestimmungen über Zwangsvollstreckung und Arreste; auch die Schuldverschreibungsinhaber sind mit einem Konkursvorzugsrecht ausgestattet und durch die Strafbestimmungen der §§ 36—38 (s. u.) geschützt.

9. *Bilanz und Geschäftsbericht.* Wie schon oben ausgeführt, sind für die Hypothekenbanken als Aktiengesellschaften die Bestimmungen des HGB. über Aktiengesellschaften maßgebend. Dies gilt insbesondere auch für die Bilanzierung und für die Aufmachung der Gewinn- und Verlustrechnung, für die in Zukunft die Bestimmungen des Art. 5 der Aktiennovelle vom 19. September 1931 zu berücksichtigen sein werden. Abgesehen von diesen allgemeinen Bestimmungen macht das H. den Hypothekenbanken gewisse Angaben zur Pflicht, die für die Beurteilung ihrer Vermögenslage und ihres Geschäftsbetriebes besonders wichtig sind. Insbesondere verlangt es eine weitergehende Detaillierung der einzelnen Bilanzposten als dies sonst vorgeschrieben und auch üblich war (s. § 24 H.). Diese Angaben sollen dem Interessenten in erster Linie einen Überblick über das Verhältnis von Deckungswerten und eingegangenen Pfandbriefverpflichtungen ermöglichen (§ 24 Ziff. 1, 4 und 7 H.). Davon unabhängig besteht an und für sich für die Bank zweimal im Jahre die Verpflichtung zur Publikation der Dekkungswerte und der in Umlauf befindlichen Pfandbriefe (§ 23 Abs. 1 H.), eine Bestimmung, die aber durch § 23 Abs. 3 H. — eingeführt durch das 4. Gesetz zur Abänderung und Ergänzung des H. vom 29. März 1930 (RGBl. I S. 108) — praktisch aufgehoben ist, wonach die Reichsregierung oder die von ihr bestimmte Stelle die Bank von der genannten Verpflichtung befreien kann, wenn sichergestellt ist, daß die in diesen Vorschriften bezeichneten Angaben anderweit im Reichsanzeiger bekanntgemacht werden. Da diese Voraussetzung erfüllt ist, hat der Reichswirtschaftsminister die Hypothekenbanken von der Veröffentlichungspflicht befreit.

Durch Angabe der rückständigen Zinsen soll ferner ein Urteil darüber möglich sein, ob die Zinszahlungen der Hypothekenschuldner, die ja die Grundlage der Leistungen der Bank an ihre Pfandbriefgläubiger ist, im allgemeinen geordnet oder ob unverhältnismäßig hohe Rückstände zu verzeichnen sind (§ 24 Ziff. 2 H.). Die Bestimmung wird durch § 28 Ziff. 5 H. ergänzt; darnach muß der Geschäftsbericht oder die Bilanz eine Angabe darüber enthalten, aus welchen Jahren die Zinsrückstände stammen und wie sich diese auf die einzelnen Jahre verteilen. Ferner sind Angaben über die Verteilung der rückständigen Zinsen einmal auf landwirtschaftliche und andere Grundstücke und dann auf die Hauptgebiete der Beleihungstätigkeit der Bank vorgeschrieben. Diese Angaben sollen erkennen lassen, ob ein Rückgang oder ein Anwachsen der Zinsrückstände zu verzeichnen ist, ferner auf welchen Beleihungsgebieten evtl. notleidende Hypotheken zu verzeichnen sind. Im Geschäftsbericht — die Bilanz wird hierfür kaum in Frage kommen — wird in gewissem Umfang auch die Publikation des für eine Hypothekenbank wichtigen statistischen Materials verlangt, Angaben, die Aufschluß geben sollen über Risikoverteilung durch Mischung der Hypotheken nach Beträgen, nach Art und Lage der beliehenen Objekte nach Amortisations- und Kündigungshypotheken, ferner über Zwangsversteigerungen und Zwangsverwaltungen und die bei der Zwangsversteigerung übernommenen Grundstücke (§ 28 H.).

Die Gewinn- und Verlustrechnung hat in getrennten Posten einerseits Einnahmen aus dem Darlehensgeschäft: Hypothekenzinsen, Darlehensprovisionen und sonstige Nebenleistungen, andererseits Ausgaben an Pfandbriefzinsen aufzunehmen, da die Gewinnspanne hieraus die Grundlage für das Hypothekenbankgeschäft darstellt.

Neben dieser erweiterten Offenlegungspflicht in Bilanz, Gewinn- und Verlustrechnung enthält das H. besondere Vorschriften über die bilanzmäßige Behandlung von Agio und Disagio bei der Ausgabe von Pfandbriefen. Gibt nämlich die Hypothekenbank Pfandbriefe aus, so erfolgt die Ausgabe meistens nicht zum Nennwert, sondern zu einem höheren oder niedrigeren Kurs, mit Agio oder Disagio. §§ 25 und 26 H. geben besondere Vorschriften über die Behandlung des Disagios bzw. Agios in der Bilanz durch Einsetzung eines Aktivpostens im Falle eines Ausgabedisagios und eines Passivpostens im Falle eines Ausgabeagios.

Tatsächlich kommt diesen Bestimmungen zur Zeit kaum eine größere Bedeutung zu, da die Auszahlung der Hypotheken selten zum Nennwert, sondern in Anpassung an den Kurs der Pfandbriefe erfolgt.

10. Staatsaufsicht. Mit Rücksicht auf das öffentliche Interesse an einem gesunden Bodenkreditwesen unterstehen die Hypothekenbanken einer besonderen Staatsaufsicht, die dem Land zusteht, in welchem die Hypothekenbank ihren Sitz hat. Die Aufsicht wird ausgeübt durch die Staatsaufsichtsbehörde, die ihrerseits einen Staatskommissar bestellen kann, der die Aufsicht unter ihrer Leitung durchführt.

Die Aufsicht erstreckt sich gegenständlich auf den gesamten Geschäftsbetrieb der Bank und enthält Befugnis und Pflicht, diejenigen Anordnungen zu treffen, die erforderlich sind, um den Geschäftsbetrieb der Hypothekenbank mit den Gesetzen, der Satzung und den sonstigen in verbindlicher Weise getroffenen Bestimmungen in Einklang zu bringen (§ 4 Abs. 1 H.). Um evtl. Anordnungen treffen zu können, steht der Aufsichtsbehörde ein weitgehendes Recht auf Auskunft zu, desgleichen die rechtliche Möglichkeit, die Berufung der Generalversammlung die Tagung des Aufsichtsrates und Vorstandes zu verlangen, nötigenfalls diese Maßnahmen von sich aus anzuordnen.

Da das H. ziemlich eingehende Bestimmungen über den Geschäftsbetrieb der Hypothekenbanken gibt, so ist auch der Rahmen der Tätigkeit, die sich auf die Nachprüfung der Gesetzmäßigkeit der Verwaltungshandlungen der Hypothekenbank erstreckt, für die Aufsichtsbehörde weit gespannt. In welchem Umfang allgemeinwirtschaftliche Erwägungen bei der Handhabung des Aufsichtsrechts Platz zu greifen haben, ist stark Ermessensfrage und läßt sich nicht eindeutig festlegen. Jedenfalls aber darf die Aufsichtsbehörde gesetzesfremde Zwecke nicht verfolgen.

Zum Schluß sei noch auf die Strafbestimmungen der §§ 36—38 H. hingewiesen, die die Verletzung gewisser wesentlicher Bestimmungen durch Treuhänder und Verwaltung der Hypothekenbank unter Strafe stellen.

Die Pfandbriefe und Schuldverschreibungen der Hypothekenbanken als mündelsicher zu erklären, obliegt der Landesgesetzgebung.

Literatur: DANNENBAUM: Deutsche Hypothekenbanken, 2. Aufl. 1928. — FRIEDLÄNDER: Hypothekenbankgesetz, 3. Aufl. 1929.

EDUARD VON NICOLAI.

Hypothekendarlehen s. *Hypothekarkredit.*

— **verein** s. *Öffentlich-rechtliches Bankwesen 3.*

— **vermittlung** ist die Tätigkeit, durch die die Verbindung zwischen dem geldsuchenden Grundstücksbesitzer und dem Anlage in einer Hypothek suchenden Geldgeber hergestellt wird. Sie liegt vornehmlich in der Hand der Grundstücksmakler. Vielfach befassen sich auch Banken damit, insbesondere wenn es sich darum handelt, Anlage für Privatkundschaft zu finden. Hypothekenbanken bedienen sich vielfach eigener Agenten zur H.

I, J.

Jahresabschluß, Gliederung des, s. *Aktienrechtsreform III 6*, vgl. *Bilanz und Bilanzkritik.*

Japan s. *Asiatischer Geld- und Kapitalmarkt 4.*

Javasche Bank, Batavia s. *Asiatischer Geld- und Kapitalmarkt 3.*

Illationsgründung s. v. w. Sachgründung s. *Aktiengesellschaft III.*

Immobiliarkredit (allgem. Erklärung) s. *Kredit II 3.*

— (Details) s. *Agrarkredit, Städtischer Hypothekarkredit* u. a.

Impegno s. *Obligo.*

Imperial Bank of India s. *Asiat. Geld- u. Kapitalmarkt 2.*

incl. Div. = inklusive Dividende s. *Kursbildung* s. *Londoner Börse 3.*

Income Tax Abzug (in England und USA.). Ein bei Auszahlung der Coupons ähnlich der deutschen Kapitalertragssteuer gemachter Abzug. (Näheres s. *Londoner Börse 4*).

indenture = (gesiegelte) Vertragsurkunde.

Index vgl. *Konjunkturtheorie und Konjunkturbeobachtung*, ferner *Aktienindex.*

Indexwährung s. *Goldwährung.*

Indien s. *Asiatische Geld- und Kapitalmärkte 2.*

Indifferente Bankgeschäfte s. *Bankgeschäfte.*

Indirekte Kontingentierung s. *Notenbankpolitik.*

indirektes Bezugsrecht s. *Bezugsrecht.*

Indische Goldexporte s. *Asiatische Geld- u. Kapitalmärkte 5.*

Indossament (Giro) ist die Übertragung des Eigentums am Wechsel und damit des Rechts aus dem Wechsel durch Unterschrift des Inhabers auf der Rückseite. Durch das Indossament haftet er darum Nachmännern gegenüber, falls er dies nicht ausdrücklich ausschließt. Man unterscheidet *Vollindossament*, *Blankoindossament*, *Prokuraindossament* und *Rektaindossament* (s. d.).

Indossamentkette ist die Reihe der Indossamente auf der Rückseite des Wechsels. Sie muß ununterbrochen sein, um den Inhaber des Wechsels wechselrechtlich zu legitimieren.

Indossant (Girant), der Aussteller eines *Indossaments* (s. d.).

Indossatar, der Berechtigte aus einem *Indossament* (s. d.).

Industrie und Banken.

I. Geschichtliche Entwicklung in Deutschland.

Die Beziehungen zwischen Banken und Industrie sind in Deutschland seit der Zeit, in der die Industrialisierung unseres Landes größere Dimensionen annahm, immer besonders eng und eng organisiert gewesen. Das liegt zweifellos zum Teil daran, daß Deutschland am Beginn seines Industrialisierungsprozesses noch nicht über große Reservoire an mobilem Kapital und effektenkapitalistischen Organisationen verfügte, die ohne eine aktive Mitwirkung der Banken für eine ausreichende Finanzierung der Industrieunternehmungen die Grundlage hätten bilden können. Die ersten großen Industriebetriebe in Deutschland, namentlich auf dem Gebiete der westlichen Montanindustrie, sind mit Hilfe ausländischen, hauptsächlich englischen Kapitals, ins Leben gerufen worden. Andererseits hat das in Deutschland gebildete mobile Kapital in den Zeiten vor der deutschen Industrialisierung und vor der Schaffung eines großen deutschen Aktienbankwesens verschiedentlich Anlage auf ausländischen Märkten gesucht.

Die Anfänge der Industrialisierung und eines organisierten deutschen Bankwesens liegen ungefähr in der gleichen Zeit, nämlich um die Mitte des 19. Jahrhunderts. Damals, als in Paris (1852) von den Brüdern Pereire der *Credit Mobilier* (s. d.) als neue Bankform, nämlich als der Typ einer ausgesprochenen Gründungs- und Effektenmobilisierungsbank, geschaffen wurde, sind auch in Deutschland die ersten großen Aktienbanken errichtet worden, der A. Schaaffhausensche Bankverein in Köln (schon 1848), die Bank für Handel und Industrie in Darmstadt (1853) und die Direktion der Disconto-Gesellschaft (1851) in Berlin. Zweifellos sind mindestens die beiden erstgenannten Bankgründungen von Ideen beeinflußt worden, die damals auch den Brüdern Pereire als Leitmotive für die Errichtung und die Gestaltung ihres Instituts vorschwebten, und jedenfalls hat der Gedanke der Industriefinanzierung bei der Entwicklung dieser deutschen Banken Pate gestanden. Von vornherein hatte dieser Gedanke bei den deutschen Bankgründungen aber eine wesentlich produktivere Form angenommen als bei dem Credit Mobilier. Der echte und innere Industrialisierungsgedanke überwog wesentlich stärker als bei dem Credit Mobilier die Tendenz zur reinen Kursagiotage, zur Spekulation in Effekten, und gänzlich fern lag den deutschen Bankgründern das Bestreben des Credit Mobilier, die übernommenen Effektenbestände in Form von Obligationen zu mobilisieren, die nicht nur als Kapitalanlage des Sparerpublikums dienen, sondern bis zu einem gewissen Grade auch die Funktion eines Kreditgeldes übernehmen sollten. Der Credit Mobilier war sozusagen die vorweggenommene, auf Spekulation und Agiotage unsolide fundierte Form des Investmenttrusts, wobei es ihm mehr auf die schnelle und zum Teil künstliche Ausweitung des Effektengeschäfts als auf die Entwicklung industrieller Unternehmungen ankam. Auch die deutschen Aktienbankgründungen, die ungefähr in der gleichen Zeit wie der Credit Mobilier ins Leben traten, haben sich manche Übertreibungen, manche spekulativen Entgleisungen zuschulden kommen lassen. Aber sie haben sich doch niemals ganz und nur selten allzu weit von der wirtschaftlichen Grundlinie entfernt, der ihren Gründern von Anfang an vorschwebte. Dem ist es letzten Endes auch zuzuschreiben, daß diese deutschen Banken nicht wie der Credit Mobilier von der ersten schweren Effektenkrise fortgefegt wurden, sondern, obzwar unter mannigfachen Rückschlägen, ihre Existenz aufrechterhalten und in der deutschen Wirtschaft verwurzeln konnten.

Gustav Mevissen, die treibende Kraft bei der Gründung des A. Schaaffhausenschen Bankvereins, hat später die Richtlinien, die ihm bei der Errichtung der Bank vorschwebten, in die folgenden charakteristischen Sätze zusammengefaßt:

„Die Direktion des Bankvereins hat es stets als eine ihrer wesentlichen Aufgaben betrachtet, mit aufmerksamen Augen die Bedürfnisse und die Mittel der Rheinlande zu beobachten, und im geeigneten Momente die Initiative zu gesunden und lebensfähigen großen industriellen Schöpfungen zu ergreifen. Jedem großartigen Unternehmen, das sie bei sorgfältiger Pflege als auf soliden Grundlagen beruhend, als wesentliche Bedürfnisse des Landes befriedigend anerkannte, ist die Direktion des Bankvereins mit Sympathie und tätiger Mitwirkung entgegengekommen. Sie ist dabei von dem Grundsatz ausgegangen, daß es die Aufgabe eines großen Bankinstitutes sei, nicht sowohl durch eigene große Beteiligung neue Industriezweige ins Leben zu rufen, als durch die Autorität ihrer auf gründlicher Prüfung und Einsicht beruhenden Empfehlung die Kapitalisten des Landes zu veranlassen, die müßigen Kapitalien solchen Unternehmungen zuzuwenden, welche, richtig projektiert, wirklichen Bedürfnissen entsprechen und, mit der Garantie einer sachkundigen Leitung versehen, auch angemessene Rentabilität in Aussicht stellen." (Zitiert aus der Jubiläumsschrift des A. Schaaffhausenschen Bankvereins zur Feier seines 50jährigen Bestehens, erschienen im Jahre 1928.)

Die grundsätzlichen Unterschiede gegenüber der Geschäftstätigkeit des im Jahre 1852 gegründeten Credit Mobilier fallen ins Auge. Nicht die Ausgabe von Bankobligationen auf Grund eigenen Besitzes von Industrieeffekten wird als die Aufgabe des A. Schaaffhausenschen Bankvereins bezeichnet, sondern die unmittelbare Unterbringung von Industrieeffekten im Publikum nach gründlicher Prüfung der Industrieunternehmungen durch die Bank. Das Effektengeschäft und das Emissionsgeschäft bildeten auch keineswegs das einzige oder auch nur das hauptsächliche Tätigkeitsgebiet des A. Schaaffenhausenschen Bankvereins und der übrigen deutschen Aktienbanken, sondern dazu gehörte bereits von Anfang an der gesamte Kreis aller regulären Banktransaktionen, nämlich das Diskontgeschäft, das Leih- und Vorschußgeschäft, das Kreditgeschäft in laufender Rechnung, das Depotgeschäft für Gelder und Effekten, das Depositengeschäft, das Kommissionsgeschäft, die Ausgabe eigener Akzepte usw. Ausgeschlossen von dem Wirkungskreis des Bankvereins war dagegen der Ankauf von Immobilien, Darlehen auf Hypotheken, während die Annahme von Hypotheken zur Deckung von Forderungen und der Ankauf von Immobilien zur Sicherstellung und Realisierung solcher Forderungen gleichwohl gestattet war. In diesem weitgezogenen Geschäftskreis lagen bereits die Keime für die Universalbank begründet, die späterhin zum beherrschenden Typ des deutschen Bankwesens werden sollte.

In ähnlicher Weise hat auch die Bank für Handel und Industrie in ihrem Geschäftsbericht für das Jahr 1853 ihr Tätigkeitsgebiet deutlich von der spekulativen Sphäre des Credit Mobilier abgegrenzt. Es hieß da:

„Die Bank hat keineswegs die Aufgabe, der Agiotage Vorschub zu leisten und das Kapital zu unproduktivem Börsenspiel anzuregen. Sie ist vielmehr berufen, durch eigene Beteiligung und durch Anlage fremder Fonds solide und große Unternehmungen zu fördern und nach Kräften durch die auf einem hohen Standpunkte sich darbietende klare Einsicht in die Gesamtlage der deutschen Industrie dazu mitzuwirken, daß Unternehmungsgeist und Kapital in die richtigen, den Bedürfnissen des Augenblicks entsprechenden Bahnen geleitet werden. Ihre Organe im In- und Auslande sollen den Export und die tausend anderen Beziehungen der deutschen Industrie zum Geldmarkte vermitteln. Sie hat das Recht und die Aufgabe, das Kapital, welches bei dem einen Industriellen zeitweilig disponibel, dem anderen, welcher desselben im gleichen Augenblicke bedarf, zuzuführen, und durch diesen steten Austausch die industrielle Tätigkeit zu beleben und zu steigern. Wie bei den großartigen Unternehmungen der Industrie, so ist sie auch berechtigt, bei den großen Schöpfungen und bei den Geldgeschäften der Staaten sich zu beteiligen und das Placement fremder Fonds auf diesem Gebiete zu vermitteln. Die Bank für Handel und Industrie ist mit einem Worte ein Bankhaus erhöhter Potenz, mit großen Fonds ausgerüstet, mit zahlreichen, der Eventualität des Ablebens während der Dauer der Gesellschaft entrückten Organen.... Die Gefahren des großen Bankhauses läuft auch sie, jedoch nicht in vergrößertem, sondern in einem durch statutarische Bestimmungen beschränkteren Maße." (Zitiert aus Prof. Dr. Adolf Weber: Depositen- und Spekulationsbanken, 2. Aufl. München und Leipzig: Duncker & Humblot.)

Hier sind die Grundgedanken des deutschen Bankwesens, insbesondere die Beziehungen zwischen Bankwesen und Industrie (wozu in besonders starkem Umfange auch das in jenen Zeiten von den deutschen Banken stark betreute, damals noch in Form privater Unternehmungen betriebene Eisenbahnwesen gehört), bereits klar und beinahe erschöpfend zum Ausdruck gebracht. Diese im Kern gesunden Grundsätze sind gewiß nicht zu allen Zeiten und in allen Fällen befolgt worden. Insbesondere die Tendenz der Industrieförderung ist von den deutschen Banken manchmal auf Kosten ihrer eigenen und der volkswirtschaftlichen Liquidität mehr oder weniger stark überspannt worden. An Mißgriffen und Fehlleitungen auf dem Gebiete des Industriekredits hat es nicht gefehlt, aber andererseits wäre ohne die tatkräftige Mitwirkung und Initiative der Banken der Aufbau der deutschen Industriewirtschaft zweifellos nicht so schnell und so stark fortgeschritten.

War so die Grundlage des deutschen Bankwesens von vornherein stark auf den Industriekredit zugeschnitten, lagen schon den ersten Bankgründungen Schemata zugrunde, die nicht auf Spezialisierung der verschiedenartigen Zweige des Bankgeschäfts, sondern auf Einbeziehung möglichst aller bankgeschäftlichen Transaktionen in das Tätigkeitsgebiet der Aktienbanken hinzielten, so ist doch der Ausbau der deutschen Aktienbank zur Universalbank erst ein Produkt späterer Jahrzehnte. Er war nicht das Werk jener ersten Bankengeneration, die ungefähr gleichzeitig mit dem Credit Mobilier ins Leben getreten war. Die Strukturvollendung des deutschen Banksystems war vielmehr der Initiative einer zweiten Bankengeneration vorbehalten, die in den 70er Jahren des vergangenen Jahrhunderts mit der Gründung der Deutschen Bank und der Dresdner Bank auf den Plan trat. Auch diese Banken haben zunächst noch nicht den Typ der Universalbank geschaffen. Sie waren ihrer ganzen Anlage nach bei ihrer Gründung weniger Industrie- und Finanzierungsbanken, auch weniger Emissionsbanken für den Staatskredit als ihre Vorgängerinnen. Sie waren ursprünglich mehr als Handelsbanken für das laufende Geschäft und als Depositenbanken für die Annahme kurzfristiger Einlagen gedacht. Diese ursprünglichen Unterschiede gegenüber den früheren Banken haben sich aber im Verlaufe der Entwicklung nicht schärfer akzentuiert, sondern beide Bankentypen haben sich einander angenähert; die einen haben die Besonderheiten der anderen übernommen und alle oder doch fast alle zusammen haben sich zu dem für Deutschland eigentümlichen System des gemischten Bankgeschäfts fortentwickelt. Es hat sich nicht, nachdem in Deutschland neben der bisher schon vorhanden gewesenen Form der Kredit- und Industrialisierungsbank mit schwach entwickeltem Depositengeschäft der Typ der Depositenbank mit der Pflege des Zirkulationskredits herausgebildet hatte, nun die in England traditionelle Scheidung zwischen reinen Depositenbanken auf der einen Seite und den verschiedenartigen Formen der Finanzierungs- und Emissionsinstitute (Trusts und Finance Companies, Investmenttrusts usw.) auf der anderen Seite herausgebildet. Das Depositenbanksystem wurde von den alten und den neuen Banken kombiniert mit dem Industriegeschäft, woraus sich erst die vollentwickelte deutsche Universalbank ergab.

Bei der Ausbildung des organisierten Depositenbankgeschäfts ist die Deutsche Bank unter Führung Georg v. Siemens bahnbrechend vorangegangen. Durch Errichtung eines Filialen- und Depositenkassennetzes wurde ein Saugsystem für die Heranziehung von Einlagen kurz- und mittelfristiger Art geschaffen, das, abgesehen von den zeitweilig unbenutzten Geldern wirtschaftlicher Unternehmungen, auch diejenigen Geldkapitalien aus Sparerkreisen an sich zu ziehen suchte, die sich nicht oder noch nicht zu einer Anlage in langfristiger Form, d. h. in Effekten, Pfandbriefen, Hypotheken, Grundbesitz usw. entschließen konnten oder wollten. Die Nutzbarmachung bisher brachliegender, die Konzentration bisher verzettelter Kapitalien wurde dadurch erheblich gefördert. Der bargeldlose Zahlungsverkehr erhielt eine starke Ausweitung, und die Intensivierung der deutschen Kapitalwirtschaft ermöglichte eine um so stärkere Befruchtung des Industrialisierungsprozesses, als die Mehrzahl auch der früheren Zentralbanken das System des Filial- und Depositenbankwesens adoptierte, während auf der anderen Seite die Depositenbanken das industrielle Finanzierungsgeschäft mit der gleichen Intensität zu bearbeiten suchten wie die früheren zentral geführten Banken.

Die Kombination zwischen Depositen- und Industriebankwesen vollzog sich dabei nicht etwa in der Form, daß die kurz- oder mittelfristigen Einlagen der Kundschaft von der Bank zum Erwerb von industriellen Aktien und Obligationen für den eigenen Bankbesitz verwendet wurden. Das wäre ein höchst ungesundes Verfahren spekulativer Art mit schwersten Gefahren für die Substanz und die Liquidität der Bankeinlagen gewesen, das selbst der Credit Mobilier nicht zur Anwendung zu bringen gewagt hatte. (Er hatte als Gegenwert für seine Effektenanlagen immerhin eigene Obligationen emittiert.) Die eigenen Effekten- und Konsortialanlagen der deutschen Banken waren stets nur durch ihr Eigenkapital belegt. Ihr Buchwert ist fast niemals über den fünften Teil des Eigenkapitals und der Reserven hinausgegangen, und höchstens hochwertige, jederzeit realisierbare und lombardierbare Staats- und Kommunalanleihen, Pfandbriefe usw. wurden gelegentlich der Flüssigkeitsreserve zugerechnet. Die spezifische Kombination zwischen dem Depositenkassensystem der deutschen Banken und ihrem industriellen Finanzierungsgeschäft bestand vielmehr darin, daß die Banken für die Placierung ihrer Effektenemissionen, abgesehen von dem Weg über die Börse, der durch die Ausbildung des *Report- und Lombardkredits* (s. d.) erleichtert wurde, auch in starkem Maße die Kapitalkundschaft ihrer Depositenkassen heranzuziehen suchten. Hier hatten sie sich eine traditionelle Abnehmerschaft für ihre Effektenemissionen herangezogen, neben dem allgemeinen offenen Kapitalmarkt sozusagen einen „inneren Markt" innerhalb ihrer Bankenorganisation ausgebildet, dessen für die Daueranlage reif werdende oder bereite Teile immer wieder durch Wertpapieranlagen abgesaugt wurden, teils freiwillig, teils mit mehr oder weniger intensiver Nachhilfe der Banken.

Bis auf wenige Banken, die, wie die Berliner Handelsgesellschaft, ihre Sonderexistenz als zentralistisch geführte Institute, gewissermaßen als Privatbankhäuser auf Aktien, aufrechterhielten und die Reichs-Kredit-Ges., die sich nach dem Kriege eine ähnliche Sonderexistenz aufbaut, gab es schließlich in Deutschland nur noch Universalbanken, die sich in der Betonung der einzelnen Spezialgebiete nur graduell voneinander unterschieden, indem die einen das Industriegeschäft, die anderen das laufende Geschäft stärker oder schwächer betonten.

II. Bankenstruktur in Deutschland und im Ausland.

Aus dieser historischen Entwicklung des deutschen Bankwesens erklärt sich das besondere Verhältnis, das sich im Laufe der Zeit als das typische zwischen den Banken und der industriellen Unternehmungen herausgebildet hat. Die Banken haben danach nicht nur die laufenden Finanzgeschäfte der industriellen Unternehmungen besorgt, sondern sie traten vielfach in wesentlich engere Beziehungen zu ihnen, indem sie die Kapitalbeschaffung der Industriebetriebe regelten oder doch durch Beratung und Vermittlung an ihr mitwirkten. Sie beteiligten sich an der Gründung industrieller Unternehmungen, an ihrer Überleitung in die aktiengesellschaftliche Form, wirkten an Kapitalerhöhungen und Obligationenaufnahmen mit und ermöglichten es — durch Gewährung lang- oder mittelfristiger Zwischenkredite — den Unternehmungen den geeigneten Zeitpunkt für die Durchführung von Wertpapieremissionen abzuwarten. Bei diesen suchten sie durch Bildung von Emissions- und Garantiekonsortien, durch Vorbereitungsaktionen an der Börse die Unterbringung der auszugebenden Aktien oder Schuldverschreibungen zu erleichtern.

Darin liegt die typische Eigenart der deutschen Zusammenarbeit zwischen Banken und Industrieunternehmungen, die im ausgesprochenen Gegensatz zu dem englischen System steht, bei dem die großen Depositenbanken sich von der Übernahme gleicher oder ähnlicher Finanzierungsaufgaben fernhielten.

Vergleicht man das deutsche und das englische System mit denen anderer ausländischer Staaten, so ergibt sich, daß z. B. in Frankreich die eigentlichen Depositenbanken im wesentlichen dem englischen Typ entsprachen, während eine andere Kategorie, die sog. banques d'affaires, das Gründungs- und Industriefinanzierungsgeschäft, ohne auf ein Filialsystem völlig zu verzichten, als Spezialität in teilweise spekulativerer Form als in Deutschland ausbildeten. In den östlichen und südlichen Ländern (Österreich-Ungarn und später seinen Nachfolgestaaten sowie in Italien) wurde die Kombination zwischen Depositen- und Industriebanken ebenso stark, sogar wohl noch stärker entwickelt als in Deutschland. Hier war die Eigenbeteiligung der Banken an der Industrie durch Effektenbesitz zum Teil noch wesentlich größer (Österreichische Kreditanstalt, Österreichische Bodenkreditanstalt, Banca Commerciale). Man kann für den Grad der Industriefinanzierung und Industriebeteiligung der Banken in den verschiedenen Ländern die Reife und Fülle des Kapitalmarktes bzw. ihr Verhältnis zu dem Umfang des industriellen Kapitalbedarfs geradezu als das entscheidende Charakteristikum betrachten. Je reicher der Kapitalmarkt, je günstiger sein Verhältnis zum Kapitalbedarf, um so geringer die aktive Mitwirkung und die Notwendigkeit der aktiven Mitwirkung der Großbanken an dem Industrialisierungsprozeß. Je ärmer der Kapitalmarkt, um so stärkere Industrialisierungsaktivität der Banken. Von den alten reichen Kapitalmärkten des Westens über Deutschland, dem allmählich sich anreichernden Kapitalmarkt in Mitteleuropa, bis zu dem kapitalarmen Osten und Süden Europas geht deutlich eine Linie, in deren Verlauf sich die Industrialisierungstätigkeit der Banken immer mehr verstärkt. Andererseits hat aber auch die Kombination zwischen Depositen- und Industriebank dazu beigetragen, das Tempo der Industrialisierung über den sonst in den einzelnen Ländern möglichen Grad hinaus zu steigern. Für Deutschland ergab sich aus dieser Kombination — wenn auch nicht aus dieser Kombination allein — das schnelle Aufholen des Industrialisierungsprozesses, für England und Frankreich aus ihrem Fehlen sein verhältnismäßig verlangsamtes Tempo oder sein Zurückfallen.

Des weiteren hat das deutsche Universalbanksystem der Bildung von Spezial- und Branchenbanken nur einen verhältnismäßig kleinen, der Bildung von Investmenttrusts gar keinen Spielraum übriggelassen. Wo sich Branchenbanken entwickelten (Bank für Brauindustrie, Bank für Textilindustrie) waren sie mehr Holdinggesellschaften mit beschränkter Emissionsmitwirkung oder Hausbanken großer Industriekonzerne (Deutsche Länderbank für den Konzern der I. G. Farbenindustrie). Eine weitere Kategorie der Spezialbanken, die deutschen Auslandsbanken, die fast alle in enger Anlehnung an große Universalbanken arbeiteten, stellten nur juristisch selbständige Auslandsabteilungen deutscher Großbanken dar (Deutsch-Asiatische Bank und Deutsch-Überseeische Bank für die Deutsche Bank, Deutsch-Südamerikanische Bank und Orientbank für die Dresdner Bank). Sie führten ihr Emissionsgeschäft in Gemeinschaft und unter dem Einfluß der Universalbanken durch. Die Holdinggesellschaften (vgl. Art. *Spezialbanken*) schließlich charakterisierten sich in Deutschland wesentlich als Instrumente industrieller Verschachtelung. Sie dienten der Konzentration oder Dezentralisation, der finanzpolitischen Gliederung und der Steuerersparnis im Bereich der Industriekonzerne. Dem Bankwesen sind sie im allgemeinen fremd geblieben.

III. Partnerschaft der Banken bei der Industrie — das Aufsichtsratssystem.

Natürlich haben die deutschen Banken auch die normalen und laufenden Bankgeschäfte für ihre Industriekunden erledigt. Sie dienten ihnen als Zahlstellen, vermittelten einen erheblichen Teil ihrer Auszahlungen und der an sie gelangenden Einzahlungen, erledigten für sie den Scheck- und Überweisungsverkehr, verwalteten ihre nicht bar gehaltenen Kassenreserven, gewährten ihnen kurzfristige Kredite, teils in Wechselform, teils im Kontokorrent zur Durchführung von Lohnzahlungen, zum Einkauf von Roh- und Hilfsmaterialien usw. Sie gewährten und vermittelten ihnen Rembourskredite für ihr Import- und Exportgeschäft, wodurch sie ihnen die Möglichkeit schufen, die aus dem Auslande zu beziehenden Waren und Rohstoffe schon vor dem Wiederverkauf bzw. der Verarbeitung zu bezahlen und die Erlöse für die zu liefernden Fertigerzeugnisse bereits vor dem fälligen Zahlungstermin zu realisieren. Diese laufenden Kassengeschäfte und die kurzfristigen, der Sphäre des Zirkulationskredits angehörenden Kredittransaktionen bildeten aber nicht die charakteristische Besonderheit in den Beziehungen der deutschen Banken zu den ihnen nahestehenden Industriekunden oder jedenfalls nicht zu dem Teil ihrer Industriekunden, mit dem sie auf dem Gebiet der Finanzierung besonders eng verbunden waren. Derartige Aufgaben, wie sie auch in anderen Ländern zu dem normalen Tätigkeitsgebiet der Banken, zum Teil verschiedenartiger Gruppen von Banken, gehören, wurden bei den deutschen Universalbanken ergänzt durch das Emissions- und Konsortialgeschäft, das bei vielen Unternehmungen die gesamte Kapitalbeschaffung unter einer Art Regie der an ihnen beteiligten oder interessierten Banken stellte.

Ihren Ausdruck fand diese Form der Zusammenarbeit besonders darin, daß Vertreter der patronisierenden Banken in die Aufsichtsratskollegien der ihnen nahestehenden Unternehmungen eintraten. Sie suchten ihren Instituten dadurch einen Einblick in die gesamte Wirtschaftsführung und Kapitalgebarung derjenigen Industriebetriebe, an deren Finanzierung sie mitwirkten, zu verschaffen. Über einen solchen Einblick hinaus ermöglichte das Aufsichtsratssystem, wie es sich in Deutschland herausgebildet hatte, auch eine mehr oder weniger weitgehende Einflußnahme der finanzierenden Banken auf die finanzierten Industriebetriebe. Bei besonders großen Industrieunternehmungen wurde die Verbindung und manchmal auch die Einflußnahme wechselseitig gestaltet dadurch, daß umgekehrt auch Vertreter von industriellen Gesellschaften in die Aufsichtsräte der ihnen nahestehenden Großbanken eintraten. Dabei handelte es sich allerdings in der Mehrzahl der Fälle nicht um eine eigentliche Aufsichtstätigkeit der Industrievertreter bei den Banken, sondern um ein Mittel zur Sicherung und Festigung wertvoller Gegenseitigkeitsbeziehungen. Diese Übung ließ schließlich die Aufsichtsräte der meisten deutschen Großbanken zu wahren Parlamenten anschwellen, denen die Ausübung wirklicher Aufsichtsfunktionen nicht mehr erreichbar war. Auch das Bankgeheimnis, die Unmöglichkeit für die Banken, ihren industriellen Aufsichtsratsmitgliedern Einblick in ihre Geschäftsbeziehungen zu anderen, evtl. konkurrierenden Industriebetrieben zu geben, verhinderte eine dem Aktiengesetz entsprechende Aufsichtstätigkeit der so zusammengesetzten Bankaufsichtsratskollegien. Durch diese und andere Entwicklungen sind zweifellos gewisse Unstimmigkeiten nicht nur in das Verhältnis zwischen Industrie und Banken, sondern auch in das deutsche Aufsichtsratswesen hineingetragen worden, die namentlich in der ungewöhnlichen Belastungsprobe der letzten Krise zu schweren Nachteilen geführt haben und Reformen notwendig machten (vgl. *Aktienrechtsreform*).

Auch die Aufsichtsratsvertretung der Banken in den Industrieunternehmungen hat in der Praxis nicht die durchgehend günstigen Erfolge ergeben, die von ihr auf Grund theoretischer Überlegungen erwartet worden waren. Der Grundgedanke der Aufsichtsratsbeschickung gewerblicher Unternehmungen durch Bankenvertreter hatte darin bestanden, daß die Banken sich durch die Überwachungstätigkeit ihrer Repräsentanten einen stärkeren Einblick und Einfluß auf die Wirtschaftsführung und Kapitalgebahrung derjenigen Betriebe verschaffen sollten, für deren Emissionskredit sie die Regie übernommen und für deren Zwischenfinanzierung sie ihre eigenen Kreditmittel zur Verfügung gestellt hatten. Zweifellos hat in der Mehrzahl der Fälle und namentlich in Zeiten, in denen die deutsche Industrie- und Kapitalmarktsentwicklung sich in gesunden Bahnen bewegte, dieses System der inneren Überwachung und Mitwirkung der Banken in den Industrieverwaltungen befriedigend funktioniert und gute Erfolge sowohl für die Banken wie auch für die Industriebetriebe gezeitigt. Aber je größer die Unternehmungen wurden, je mehr Aufsichtsratsmandate sich in den Händen verhältnismäßig weniger Bankdirektoren vereinigten (es gab einzelne Bankdirektoren, die 50 bis 100 Aufsichtsratsmandate innehatten), je irregulärer und unübersichtlicher die Verhältnisse in der deutschen Wirtschaft und auf den Kapitalmärkten sich entwickelten, um so mehr Fälle des Versagens und der Falschleitung der Aufsichtsrats-Betätigung von Bankenvertretern in den Aufsichtsräten industrieller Unternehmungen ergaben sich.

Jedenfalls hat die Finanzkontrolle der Bankenvertreter in den Aufsichtsräten mancher Gesellschaften nicht verhindert, daß die Kreditgewährung der Banken an einzelne Gesellschaften und Konzerne über das privatgeschäftlich und volkswirtschaftlich gerechtfertigte Maß hinausging. Die „Mitwirkung von innen her" hat in einer Reihe von Fällen eine zu weitgehende, aus dem Gesichtspunkt der Partnerschaft erwachsene Identifizierung der Bankinteressen mit den Expansionszielen der Gesellschaftsleiter zur Folge gehabt und den kritischen Blick der Bankenvertreter manchmal eher verdunkelt als verschärft. Als Beteiligte der Industriebetriebe und als Mitwirkende an ihrer gesamten Wirtschaftsgestaltung gaben sie Kredite, die sie als außenstehende Bankiers wahrscheinlich nicht gegeben hätten. Dazu trug, abgesehen von dem vielfach ganz allgemein falschen Augenmaß der Nachkriegsperiode, auch die Rivalität der verschiedenen Banken untereinander und die innere Unausgeglichenheit des Konsortialsystems bei, das bei einer Reihe von Gesellschaften die Finanzierungsmitwirkung auf eine Mehrzahl von Banken verteilte.

IV. Das System der Konsortialbeteiligung bei Emissionen und Krediten.

Dieses Konsortialsystem war ursprünglich als Sicherungsfaktor in die Beziehungen zwischen den einzelnen Banken und den einzelnen Industrieunternehmungen eingeschaltet worden. Es hatte die Aufgabe, das Risiko und die Chancen der Kreditgewährung wie der Emissionsdurchführung von der Einzelbank auf ein Konsortium zu übertragen, das natürlich für diese Operationen eine breitere Basis schuf, als sie auch die größte Einzelbank zu bieten vermochte. Namentlich auf dem Gebiete des Emissionswesens (vgl. *Emissionsgeschäft* sowie *Finanzgeschäft*) hat sich das Konsortialsystem besonders in normalen Zeiten recht gut bewährt, und zwar sowohl für die Banken wie auch für die Industrieunternehmungen. Schuf es doch die Möglichkeit, selbst große Emissionen verhältnismäßig reibungslos durchzuführen, zumal das eigentliche, nach außen hin in Erscheinung tretende Emissionskonsortium noch Unterbeteiligungen an einen weiteren Kreis von Banken oder Bankfirmen abgab, die es ihm ermöglichten, in einer Reihe von Fällen dem kapitalbedürftigen Industrieunternehmen die Unterbringung seiner Aktien oder Obligationen fest zu garantieren. Namentlich bei Kapitalerhöhungen wurden häufig die neuen Aktien vom Konsortium mit der Maßgabe übernommen, sie dem bisherigen Aktionärstamm ganz oder teilweise zum Bezuge anzubieten, wobei sich das Bankenkonsortium meist dazu verpflichtete, die nicht von den Aktionären bezogenen Teile der Emission in eigenen Besitz zu nehmen. Neben den üblichen Entgelten für die Emissionsdurchführung, die meist in Provisionen bzw. in einer Kursmarge bestanden, konnten die emittierenden Banken manchmal noch dadurch Sondervorteile für sich gewinnen, daß sie einen Teil der ausgegebenen Wertpapiere zu niedrigen Bezugskursen erwarben, um ihn allmählich bei günstigen Marktkursen an der Börse oder an ihre Kundschaft abzustoßen. Im allgemeinen sind in den Zeiten, in denen die deutschen Emissionsmärkte gut funktionierten, die Interessen der Banken wie auch die der industriellen Unternehmungen bei diesem System gut gefahren. Gelegentliche mehr oder minder erhebliche Benachteiligungen der Aktionäre sind dabei freilich nicht vermieden worden.

Weniger gut ausgeglichen war das System der konsortialen Industriebeteiligungen hinsichtlich der überbrückenden Kreditgewährung durch die Banken, die den Zweck hatte, den Kapitalbedarf der Industriebetriebe bis zum Zeitpunkte der Emissionsreife provisorisch zu decken. Auch diese Methode hatte ihre grundsätzlichen Vorteile. Sie ermöglichte es den Industriebetrieben, ihre Kapitalbeschaffung sowohl dem sich nur allmählich akkumulierenden Finanzbedarf für Investitionszwecke wie auch der Lage des Emissionsmarktes anzupassen. Sie brauchten die Gesamtemission für ein bestimmtes Neubau- oder Erweiterungsprogramm nicht bereits am Beginn der Investierungen vorzunehmen, sondern konnten abwarten, bis die Investierungen einen Abschluß oder doch ein bestimmtes Stadium erreicht hatten. Zinsen und Dividenden wurden dabei gespart. Freilich hatten diese Vorteile auch ihre Nachteile. Die Erweiterungsprogramme, die auf diese Weise nicht an ein völlig starres Finanzschema gebunden waren, konnten sich auf der einen Seite freier entwickeln, auf der anderen Seite lag aber gerade in der Möglichkeit dieser freien Entwicklung auch die Gefahr einer Überdimensionierung, einer unvorsichtigen Investitionskalkulation begründet, und zwar besonders dann, wenn die kreditgebenden Banken es an einer aufmerksamen Kontrolle der Bauprogramme und ihrer Durchführung fehlen ließen. Auf diese Weise sind manche Bauprogramme über die ursprünglichen Pläne hinaus ungebührlich angeschwollen. Sie haben in einer Reihe von Fällen die Wirtschaftlichkeit der Investitionen und des Gesamtunternehmens nicht erhöht, sondern vermindert. Ein Nachteil dieses Systems bestand auch darin, daß die Aktionäre bzw. die Generalversammlungen vielfach vor vollendete Tatsachen gestellt wurden und die finanziellen Aufwendungen für Erweiterungsanlagen erst dann zur Genehmigung vorgelegt bekamen, wenn die Anlagen bereits fertiggestellt und die dafür beanspruchten Kapitalien bereits verbaut waren. Zu dieser Art der Finanzierung trugen wohl auch Bestrebungen bei, Art, Umfang und Zweck der Investitionen so lange wie möglich der Konkurrenz verborgen zu halten, Gesichtspunkte, die manchmal, aber nicht immer ihre Berechtigung hatten.

Als nachteilig erwies es sich aber auch in einer Reihe von Fällen, daß das Konsortialsystem bei den Überbrückungskrediten weniger straff organisiert war als bei den Emissionen. Während die Emissionen nach bestimmten Quoten auf die einzelnen Banken verteilt wurden, wobei die Konsortialführerinnen im allgemeinen die höchsten Quoten erhielten, wurden die Überbrückungskredite vielfach von jeder Bank einzeln gewährt, ohne daß die verschiedenen, demselben Unternehmen Kredit gewährenden Banken sich über eine gemeinsame Regelung der Kreditgewährung, ihre Begrenzung und Verteilung, verständigten oder sich auch nur nachträglich darüber informierten. Die verschiedentlichen Anregungen zur Errichtung einer sog. Evidenzzentrale konnten infolge der Uneinigkeit der Banken nicht zur Durchführung gebracht werden. Namentlich bei den Krisenzusammenbrüchen der letzten Zeit ergaben sich daher, besonders bei viel umworbenen und großen Gesellschaften, unangenehme Überraschungen für die beteiligten Banken. Sie wußten verschiedentlich nicht, daß auch noch andere Bankinstitute Kredite gewährt hatten, wie hoch diese Kredite gewesen, und welche Sicherungen dafür mit Beschlag belegt worden waren. (Besonders typische Fälle dieser Art waren die der Norddeutschen Wollkämmerei Bremen und Schultheiß-Brauerei Berlin.) Dabei handelte es sich freilich nur zum Teil um Investitionskredite, häufig auch um kurzfristige Vorschüsse für Warentransaktionen, Rohstoffeinkäufe und um Kredite zur Durchführung von Finanzoperationen.

V. Der Zusammenbruch der Emissionsmärkte.

Im großen und ganzen hat aber, solange die Emissionsmärkte in Deutschland funktionierten, das System der Finanzierungsmitwirkung der Banken bei der industriellen Kapitalversorgung überwiegend positive Erfolge erzielt. Die Vorteile überwogen die Nachteile, die industriellen Unternehmungen, namentlich die großindustriellen, hatten in den Banken einen starken kapitalistischen Rückhalt, die Banken konnten eine allzu weitgehende Festlegung ihrer Mittel in langfristigen Krediten vermeiden. Erst als die deutschen Emissionsmärkte zusammenbrachen und die deutschen Börsen weder eine Abstoßung größerer Beträge alter Aktien noch die Ausgabe neuer Wertpapiere zuließen, erwies sich das deutsche System der Industriefinanzierung als verhängnisvoll. Der Mechanismus der Vorfinanzierung durch Kredite und der nachträglichen Ablösung dieser Kredite durch Aktien oder Obligationen geriet um so mehr außer Funktion, als der große Erweiterungs- und Rationalisierungsprozeß der deutschen Wirtschaft in dem Zeitpunkte, in dem die Emissionsmöglichkeit auf den Kapitalmärkten abbrach, bei weitem noch nicht beendet war. In der Hoffnung auf ein Wiederingangkommen der Emissionsmärkte wurde die Zwischenfinanzierung durch Bankkredite bis zu einem Grade fortgesetzt, der schließlich die Belastung der Banken durch praktisch langfristige Kredite aufs Äußerste steigerte. Nicht nur ihre Effekten- und Konsortialbesitz war eingefroren, sondern auch ein großer Teil ihrer Debitoren. Die Illiquidität wurde umso größer, als auch die nicht industriellen Bankeffekten (öffentliche Anleihen, Pfandbriefe, Kommunalkredite usw.) ihren Charakter als Liquiditätsreserve verloren. Zu allem Unglück war noch ein nicht unerheblicher Teil auch der langfristigen Industriekredite durch Hereinnahme kurz- oder mittelfristiger Auslandsgelder von den Banken finanziert worden. Die formalen Fälligkeitsrelationen zwischen Passiven und Aktiven stimmten wohl bei gut geleiteten Banken einigermaßen überein, aber angesichts der nicht mehr vorhandenen Remobilisierungsmöglichkeit der Industriedebitoren auf den Kapitalmärkten und der panikartigen Rückziehungen der fällig werdenden Auslandskredite waren die formalen Fälligkeiten nicht mehr maßgebend.

Zweifellos wäre auch jedes andere deutsche Bankensystem, das sich von dem langfristigen Industriekredit, von dem industriellen Finanzierungs- und Emissionsgeschäft ferner gehalten hätte, angesichts einer Zusammenbruchskrise wie der letztjährigen, in schwere Funktionsstörungen geraten. Aber ebenso sicher sind die Funktionsstörungen des deutschen Bankensystems durch die von den deutschen Banken traditionell ausgeführte Methode der unmittelbaren Industriefinanzierung wesentlich verschärft worden. Ohne diese Methode hätte die deutsche Industrie sicherlich nicht ihren Expansionsprozeß in kurzer Zeit so stark forcieren können, wie dies in den Jahren zwischen Dawes- und Young-Plan der Fall gewesen ist.

Eine besondere Folge des deutschen Industriefinanzierungssystems durch Universalbanken mit seiner Konvertierung von Krediten in Effektenemissionen war auch die unverhältnismäßig große, von manchen Seiten für ungesund gehaltene Bevorzugung des Großkredits[1]. Die spezifische Art dieser Finanzierung erleichterte naturgemäß zunächst einmal überhaupt die Ausdehnung, das Großwerden von Unternehmen, sie gab der Fusionsbewegung häufig sehr starke Impulse. Es läßt sich eine ganze Reihe von Fällen aufzeigen (Fusionen in der Großeisenindustrie, in der Großschiffahrt, im Zementgewerbe usw.), in denen die an sich schon in der deutschen Industriewirtschaft vorhandene Tendenz zu Fusionierungen durch Bankeinflüsse verstärkt, gelegentlich sogar inspiriert wurde. Es wäre wahrscheinlich ungerecht, lediglich oder auch nur in erster Linie die bei solchen Transaktionen erziel-

[1] Zum ersten Male hat eine deutsche Großbank, nämlich die Deutsche Bank, in ihrem Geschäftsbericht für das Jahr 1931 eine Gliederung ihrer Kredite nach der Größe mitgeteilt. Danach entfielen auf Kredite bis zu 20000 RM. 7,8%, auf Kredite von mehr als 20000 bis zu 100000 RM. 13,4%, auf Kredite von mehr als 100000 bis 500000 RM. 22%, auf Kredite von mehr als 500000 bis zu 2 Millionen RM. 24% und auf Kredite von mehr als 2 Millionen RM. 32,8% aller Ausleihungen.

baren Sondergewinne in Form von Effektenprovisionen usw. als das bestimmende Motiv einer Fusionsinitiative der Banken zu betrachten. Die Banken haben zweifellos in den meisten Fällen ehrlich geglaubt, daß den von ihnen kapitalistisch beratenen Industrieunternehmungen aus solchen Fusionen wirtschaftliche Vorteile auf dem Gebiete der Konkurrenzausschaltung, Betriebsausgleichung und Rationalisierung erwachsen würden. Vielfach sind derartige Erfolge auch nicht ausgeblieben, aber nicht selten wurde dabei das wirtschaftliche Optimum überschritten, nachdem an die Stelle einer nüchternen Prüfung der besonderen Bedingungen jedes Einzelfalls allzusehr die modische Verallgemeinerung, der Trieb nach Machtentfaltung und Quantitätszusammenballung getreten war.

Was die Banken anlangt, so hat zweifellos bei ihnen das ihrem Aufbau eigentümliche System der bis zur Partnerschaft entwickelten Verbindung mit der Industrie die Zusammensetzung ihrer Debitorenkonten nicht gerade günstig beeinflußt. Bei vielen großen Unternehmungen blieben sie nicht mehr Herren ihrer Kreditzumessung, sondern sie wurden in Kreditdimensionen hineingezwungen, die ihnen selbst sicherlich in manchen Fällen als ungesund erschienen. Sie waren zwar Partner der Industriebetriebe, aber infolge der Mangelhaftigkeit des Aufsichtsratssystems, dessen sie sich zu ihrer Kontrolle bedienten, doch nicht immer die bestimmenden Partner, die jederzeit das Steuer in der Hand behielten. Daraus erklärt sich zum Teil das wahrscheinlich auch ihnen unerwünschte Anschwellen ihrer Großkredite, an denen sie zweifellos auch die größten Verluste erlitten haben. Damit soll nicht gesagt sein, daß nicht auch an dem kleinen und mittleren Kredit erhebliche Verluste erlitten wurden, und zwar gleichgültig, ob es sich um langfristige oder kurzfristige, um Investitions- oder Zirkulationskredite handelte. Das charakteristische Merkmal der nachinflationistischen Periode besteht gerade darin, daß die Grenzen zwischen dem kurzfristigen und dem langfristigen Kredit, häufig ohne den Willen und gegen den Willen der Banken, verwischt wurden, daß mehr auf Deckungsunterlagen als auf Bestimmungszwecke und Wesen des Kredits geachtet wurde. Überall war das Volumen des mobilen Eigenkapitals zusammengeschmolzen, die Substanz an stehendem Kapital war hingegen häufig gewachsen. Der Bankkredit sollte die Lücken des mobilen Kapitals ausfüllen. Es wäre ihm vielleicht bei ruhiger Weiterentwicklung allmählich auch gelungen, diese Aufgabe zu lösen. Da aber das Gegenteil von ruhiger Weiterentwicklung über die Weltwirtschaft und die deutsche Wirtschaft hereinbrach, wurde das ganze grundsätzliche Verhältnis zwischen Industrie und Banken auf eine Probe gestellt, der es — als System für gutes, höchstens noch für leidliches, niemals aber für ganz schlechtes Wetter — nicht standhalten konnte. Bei einem Wiederaufbau unserer Wirtschaft wird dieses Verhältnis zweifellos nicht wieder ganz in der alten Weise hergestellt werden können, sondern einer vernünftigen Revision unterzogen werden müssen.

Literatur: Jeidels, O.: Das Verhältnis der deutschen Großbanken zur Industrie mit besonderer Berücksichtigung der Eisenindustrie 2. Aufl. Leipzig 1913. — Riesser: Die deutschen Großbanken, 4. Aufl. Jena 1912. — Thomas, S. E.: British Banks and the Finance of Industry. London 1931. — Weber, Adolf: Depositenbanken und Spekulationsbanken, 3. Aufl. München 1922.

Felix Pinner.

Industrie- und Handelskammer s. *Handelskammer.*

Industriebank s. *Industrie und Banken,* vgl. ferner *Crédit Mobilier, Spezialbanken.*

— **belastung** s. *Öffentlich-rechtliches Bankwesen I A.*

Industriebonds s. *Industrieobligationen.*

— **finanzierung** s. *Finanzgeschäft 3,* vgl. *Finanzierung des Groß- und Einzelhandels.*

— **-Hypothekenbank** s. *Öffentlich-rechtliches Bankwesen 3.*

Industrieobligationen und Preferred Shares. Industrieobligationen wurden zuerst um die Mitte des 19. Jahrhunderts von den Eisenbahngesellschaften ausgegeben. Sie waren hypothekarisch gedeckt und erfreuten sich bald steigender Beliebtheit als Kapitalanlage. Die hypothekarische Sicherstellung ist auch bei den später von der Montan- und der verarbeitenden Industrie ausgegebenen Anleihen beibehalten worden. Bei letzter ist sie allerdings im Konkursfalle von sehr geringem Wert, wenn auch noch immer gebräuchlich. Nur die großen Industriekonzerne können es sich gestatten, Anleihen ohne irgendwelche Sicherheiten auszugeben. Ihr Kredit ist häufig so groß, daß ihre Emissionen auch ohne Sicherung zu etwa den gleichen Bedingungen wie Hypothekenbankpfandbriefe Absatz finden.

Während in Deutschland bis zum Ende der Inflationszeit die Kapitalbeschaffung der privaten Unternehmungen vornehmlich durch Ausgabe von Aktien erfolgte, finanzierte sich die englische und amerikanische Industrie in viel stärkerem Maße durch Ausgabe von Anleihen oder anleiheähnlichen Aktien. Hierbei haben sich die verschiedensten Formen von festverzinslichen Emissionen herausgebildet. Eine außerordentliche Bedeutung kommt der Ausgabe von Preferred Shares (Vorzugsaktien, früher auch Prioritätsaktien genannt) zu, die in Deutschland so gut wie gar keine Rolle spielen. Die Preferred Shares haben mit den Obligationen gemeinsam, daß für ihre Verzinsung von vornherein ein fester Satz vorgesehen ist. Sie unterscheiden sich jedoch von diesen dadurch, daß sie rechtlich nicht den Charakter von Schuldverschreibungen haben. Es bedeutet dies zunächst, daß bei ungenügender Rentabilität die Auszahlung der Vorzugsdividende ohne materielle Folgen unterbleiben kann. Ferner haben die Preferred Shares im allgemeinen nur bei Liquidation des Unternehmens Anspruch auf Kapitalrückzahlung. Eine bestimmte Tilgung ist in der Regel nicht vorgesehen, wohl aber die Möglichkeit vorzeitiger Kündigung. Bei dem deutschen und französischen Typ der Vorzugsaktien (actions privilégées) ist dies teilweise anders. Hier besteht häufig auch eine Tilgungsverpflichtung. Durch eine derartige Bestimmung kommen die Vorzugsaktien den Anleihen noch eine Stufe näher.

Die Kursbildung der Preferred Shares hängt von der finanziellen Struktur der in Frage kommenden Unternehmung ab. Die Preferred Shares kapitalstarker Gesellschaften ohne größere Schulden haben den Charakter von Bonds. Sie werfen eine niedrige Rendite ab und zeigen geringe Kursschwankungen. Die Preferred Shares kapitalschwacher oder stark verschuldeter Gesellschaften schließen sich dagegen eng an die Kursbewegung der Common Shares an. Sie geben auch eine entsprechend hohe Rendite.

Aufwertung von I. s. *Aufwertung 2.* I.-Markt s. *Berliner Börse II 1,* vgl. auch *Aktiengesellschaft V.*

Literatur: Siehe Rentenmarkt, ferner: Seeling, Otto: Die Industrieobligationen. Berlin 1920. — Eastman Badger, Ralph: Investment Principles and Practices, S. 206—229. London 1928. — Mitchell, Wesley C.: The Prices of Preferred and Common stocks. 1890—1909. — Journal of Political Economy 18, 513—524.

Ernst Wolfgang.

Industrieschaften sind öffentlich-rechtliche Anstalten die nach dem Muster der Landschaften Hypothekarkredite für die Industrie, insbesondere für Mittel- u. Kleinbetriebe vermitteln sollen. Erstmals 1925 in Sachsen. Bisher haben sie sich noch nicht so recht durchsetzen können.

Inflation s. *Währungswesen,* vgl. *Goldwährung,* vgl. *Währungsstabilisierung, Notenbankpolitik.*

Informationen s. *Auskunfteiwesen und Kreditauskunft.*

Inhaberpapier (bearer security, Titre au porteur): Wertpapier, bei dem die Geltendmachung der darin verbrieften Rechte dem jeweiligen Besitzer (Inhaber, Überbringer) zusteht, z. B. Banknote. Der Aussteller des I. wird also auch durch Leistung an den nicht Eigentumsberechtigten Inhaber befreit. Leistung erfolgt nur gegen Übergabe des I. (Präsentationspapier) s. a. *Kaduzierung, Vinkulierung.*

Inhaberscheck s. *bargeldloser Zahlungsverkehr 3.*

initial dividend (e) s. v. w. *Abschlagsdividende* (s. d.), s. a. *Londoner Börse 3.*

Inkasso-Banken s. *Inkassogeschäft.*

Inkassogeschäft. Beim I. stellen die Banken die für den Einzug ihrer eigenen Portefeuillefälligkeiten dienenden Einrichtungen gegen geringes Entgelt zur Verfügung ihrer Kundschaft durch Übernahme der auftragsweisen Einziehung (collection, encaissement) von Wechseln, Schecks, Anweisungen, Wertpapieren, Zins- und Dividendenscheinen und anderen Forderungspapieren, die auf einen bestimmten Geldbetrag lauten. Maßgebend für den Kunden ist dabei der Vorteil billiger und rascher Erledigung seiner Inkassoaufträge und der Umstand, daß bei Vorlegung der Papiere durch eine Bank der Zahlungsverpflichtete im Falle der Nichteinlösung für seinen Kredit fürchten muß, während bei Vorlage durch die Post oder eine andere Stelle eine Zahlungsverweigerung nicht unmittelbar solche gegebenenfalls seine Existenz gefährdenden Folgen nach sich zieht. Für die Bank wirft das I. zwar nur bescheidene Zinsgewinne und Provisionen ab, wobei üblicherweise die Provisionssätze zwischen Banken- und anderer Kundschaft zugunsten der ersteren differenziert sind. Das Geschäft gibt jedoch der Inkassobeauftragten die Möglichkeit, erhöhten Einblick in die Geschäftsbeziehungen und Verhältnisse ihrer Kunden zu erlangen und bei solcher Dienstleistung unter Umständen neue Verbindungen anzuknüpfen. Ein Einsatz von Mitteln kann für die Bank nur insoweit in Frage kommen, als vertrauenswürdige Einreicher von der ihnen etwa eingeräumten vorzeitigen Verfügungsmöglichkeit über den Gegenwert einzuziehender Sichtpapiere Gebrauch machen. Die Spesen sind im allgemeinen niedrig, weil das Inkasso für Dritte mit dem Einzug bankeigener Abschnitte zusammen erfolgen kann und weil dieser Einzug teils durch das eigene Filial- und Korrespondentennetz, teils durch besondere Inkassoverbände und durch Clearingeinrichtungen erleichtert wird. Das Inkasso wird durch die seit Jahrzehnten mit gutem Erfolg propagierte Zahlbarstellung der Wechsel bei den Geldinstituten erleichtert und verbilligt. Zum Einzug gegebene Wechsel tragen häufig, Schecks dagegen nur ausnahmsweise das Inkassoindossament des Art. 17 WO., das nur den Besitz, nicht aber das Eigentum an der Urkunde überträgt und bei Konkurs der Beauftragten ein Aussonderungsrecht gewährt.

Der erste der Inkassoverbände wurde im Jahre 1865 von den gewerblichen Genossenschaftsbanken im Anschluß an die Gründung der Deutschen Genossenschaftsbank als Giroverband deutscher Kreditgenossenschaften in erster Linie für den laufenden Einzug der Wechselbestände der Mitglieder ins Leben gerufen. Als die Bank im Jahre 1904 von den Genossenschaftsabteilungen der Dresdner Bank in Berlin und Frankfurt a. M. übernommen wurde, schloß sich auch der Verband als Genossenschaftlicher Giroverband der Dresdner Bank eng an diese an. Bei den Großbanken ließ die fortschreitende Errichtung eigener Filialen und die sich aus der Entwicklung ergebende losere oder engere Verbindung mit einer wachsenden Zahl von Provinzbanken und Bankiers das Bedürfnis nach verbandsmäßiger Regelung wenig dringend erscheinen. Es herrschte scharfer Wettbewerb im I.; die Staffelung der Einzugsprovisionen nach Filialplätzen, (Reichs-) Bankplätzen und Nebenplätzen hat sich bis heute weitgehend erhalten. Im Laufe der Zeit brachte die infolge der Konkurrenz des Überweisungsverkehrs in Deutschland verhältnismäßig langsame weitere Ausbreitung des Scheckgebrauchs doch zwangsläufig eine Ausdehnung des Scheckinkassos mit sich und führte, als im Scheckgesetz von 1908 eine verbesserte rechtliche Grundlage geschaffen war, zur Gründung einer Scheckvereinigung durch den Zentralverband des Deutschen Bank- und Bankiergewerbes mit dem Ziel der Verbilligung und Vereinfachung des Inkassoverkehrs. Eine weitere Verbesserung erfolgte durch die Bildung des Inkassoverbandes für das private Bankgewerbe im Dezember 1927, dem die Berliner Großbanken mit Filialnetz und eine Reihe weiterer namhafter Institute beitraten. Der Verband ist an etwa 700 Plätzen im Reich vertreten; die Provisionssätze und die Wertstellungen für die Inkassi sind bei ihm einheitlich geregelt, die Verrechnung erfolgt grundsätzlich über die bei den Zentralen der Mitglieder geführten Konten. Im gleichen Jahre ist der Deutsche Genossenschaftsring als Giro- und Inkassoverband für die der Preußischen Zentralgenossenschaftskasse angeschlossenen gewerblichen und landwirtschaftlichen Kreditgenossenschaften gegründet worden. Im Februar 1918 hatten sich die Sparkassen und Kommunalbanken, denen 1908 die passive Scheckfähigkeit verliehen worden war, in der Deutschen Girozentrale das Geldausgleichsinstitut für ihre Einheitsorganisation, den Deutschen Sparkassen- und Giroverband geschaffen. Mit Hilfe jenes Spitzeninstituts wurde durch eine Anzahl regionaler *Girozentralen* (s. d.) neben dem Überweisungs- auch der Inkassoverkehr für rund 3000 Sparkassen organisiert.

Jeder Verband dient dem Einzug sowohl der durch die Mitglieder zum Inkasso übernommenen wie der aus ihrem eigenen Besitz fällig werdenden Papiere. Eine regelmäßige Bekanntgabe von Umsatzziffern findet bei keinem der genannten Inkassoverbände statt; gewisse Anhaltspunkte gewinnt man in erster Linie aus der Statistik der nach englischem Vorbild bei der Reichsbank eingerichteten Abrechnungsstellen (vgl. *Abrechnungsverkehr*). Darnach wurden im Jahre 1931 bei den 72 Abrechnungsstellen Wechsel und Anweisungen im Betrage von 16,2 Milliarden RM. und Schecks (ohne Postschecks) im Betrage von 15,2 Milliarden RM. zur Verrechnung eingeliefert, was zusammen 36,5 % des gesamten Abrechnungsmaterials entsprach. Bei der Berliner Abrechnungsstelle besteht daneben ein kostenfreier Scheckaustausch für Schecks auf Provinzplätze, auf denen ein Berliner Abrechnungsmitglied als Zahlstelle angegeben ist, oder auf Banken und Geldinstitute im Reich, die mit einem der Abrechnungsmitglieder in Konzern- oder Organisationsverbindung stehen. Die Umsätze sind ziemlich bescheiden, da die Banken in erster Linie ihre eigenen Provinzverbindungen oder ihren Verband mit dem Inkasso beauftragen; im Jahre 1931 wurden nur 37 Mill. RM. umgesetzt. Wichtig ist die Hilfe, die für den Wechsel- und Scheckeinzug in dem außerhalb des Abrechnungsverkehrs sich abspielenden, einfachen und kostenlosen Platzeinziehungsverfahren der Reichsbank liegt (sog. kleine Abrechnung); mehr als $8^1/_2$ Mill. Papiere im Betrage von rund $3^1/_2$ Milliarden RM. wurden auf diesem Wege im Jahre 1931 bei den Reichsbankanstalten eingeliefert. Eine Ausnahme für die mit einschlägigen statistischen Zahlen sparsame Berichterstattung der Banken bildet die jährliche Bekanntgabe der Ziffern des interlokalen Inkassoverkehrs der Reichsbank für Rechnung Dritter, also des Inkassogeschäfts im eigentlichen Sinne (1931: 366110 Papiere mit 1158 Mill. RM.). Für den Einzug von Abschnitten bis zu 1000 RM. bleibt noch die Post zu erwähnen, die vorzugsweise bei kleinen Nebenplätzen benutzt wird.

Wenn das Inkassogeschäft an Bedeutung auch hinter den lukrativeren und risikovolleren Aktivgeschäftszweigen der Banken zurückstehen mag, so erfüllt es doch zweifellos eine recht wichtige volkswirtschaftliche Funktion beim Zahlungsausgleich. Es erleichtert, verbilligt und beschleunigt, im ganzen gesehen, die Einziehung von Forderungspapieren der verschiedensten Art. Soweit Schecks und andere Sichtpapiere zum Inkasso gelangen, stellt dieser Vorgang das Gegenstück und die Ergänzung zum Girofernüberweisungsverkehr dar. Während die Giroüberweisung ihren Weg vom Konto des Zahlungsverpflichteten zum Konto des Zahlungsempfängers nimmt, muß das Sichtpapier, im besonderen der Scheck, im Inkassoverkehr diesen Weg in umgekehrter Richtung zurücklegen, um dann häufig erst seinerseits eine Überweisung der erstgenannten Art auszulösen. In solchen Ländern, in denen statt der Überweisung überwiegend der Scheck das nationale unbare Zahlungsmittel darstellt, wird praktisch der Banküberweisungs- durch den Inkassoverkehr ersetzt, besonders wenn, wie in England und den Vereinigten Staaten von Amerika, die rechtliche Sicherung des Scheckverkehrs scharf ausgeprägt ist.

In den Vereinigten Staaten ist das *Federal Reserve-System* (s. d.) mit seinen 12 Distriktsbanken und 24 Nebenstellen der Hauptträger des Inkassoverkehrs. Ziffern aus dem Jahre 1930 geben die täglich bei der Federal Reserve Bank in New York zum Einzug eingereichten Schecks mit durchschnittlich 375000 Stück an. In den Landkreisen findet teilweise ein direkter Austausch der Schecks zwischen den Banken desselben Kreises unter Verrechnung über die zuständige Federal Reserve Bank statt. In England geht der Hauptteil der einzuziehenden Schecks über das Londoner Clearing House, dessen Entstehung noch in das 18. Jahrhundert fällt. 1858 wurde dem ursprünglichen Town Clearing ein besonderes Country Clearing für die Provinzbanken angegliedert und 1907 eine weitere Abteilung, das Metropolitan Clearing, für die Banken errichtet, die in den Londoner Vororten domizilieren. Zur Erleichterung der Inkassoarbeit tragen die englischen Schecks meist ein T, C oder M als Kennzeichen der zuständigen Clearingabteilung. Auf die drei Clearingabteilungen T, C und M entfielen 1931 88%, 5 und 7% der Gesamtumsätze von 36 Milliarden £, wobei zu berücksichtigen bleibt, daß bei den Umsätzen des Town Clearing die Operationen am Geldmarkt und an der Devisen- und Effektenbörse eine hervorragende Rolle spielen. Bei den elf Clearing-Häusern in größeren Städten Englands wurden im gleichen Jahr für 1,2 Milliarden £ abgerechnet. In Frankreich bildet das I. einen Hauptgeschäftszweig der Depositenbanken. Die Bank von Frankreich pflegt es gleichfalls; sie besorgte 1931 den Einzug von 5,9 Mill. Auftragspapieren, und zwar überwiegend Schecks auf inländische Bank- und Nichtbankplätze und auf das Ausland, im Gesamtbetrage von 35,3 Milliarden Frcs.

Auch im Einzugsgeschäft der deutschen Banken herrscht, soweit das Inkasso nicht aus dem eigenen Portefeuille, sondern im Auftrage und für Rechnung der Bankkunden erfolgt, der Scheck durchaus vor, da die zahlreichen von den Kunden zur Gutschrift eingereichten Schecks ihres Sichtcharakters wegen nur in seltenen Fällen diskontiert und in der Regel zum Einzug übernommen werden. Die Schecks werden meist zur sofortigen Gutschrift — Eingang vorbehalten —, die übrigen Inkassopapiere dagegen regelmäßig zur Gutschrift nach Eingang angenommen. Der zweite Fall ist der einfachere, die Bank braucht sich weder um die Bonität des Abschnittes noch um die Vertrauenswürdigkeit des Einreichers Sorge zu machen, sie haftet außer für die kaufmännische Sorgfalt beim Inkasso lediglich für die ordnungsmäßige Verstempelung steuerpflichtiger Papiere, im übrigen ist das Geschäft für sie risikolos. Im ersten Falle erfolgt zwar die Gutschrift am Tage der Einreichung, jedoch unter späterer Wertstellung bei reichlicher Berechnung der voraussichtlichen Einzugsdauer. Gebühren werden hier nicht erhoben, ein Zinsnutzen liegt in der Spanne zwischen Eingangs- und Valutierungstag. Bei sofortiger Gutschrift nimmt das Geschäft also die Form einer Eventualbevorschussung der Inkassopapiere bis zum Tage ihres Einganges an. Die Möglichkeit für den Kunden, über den Gegenwert vor Eingang desselben, wenn auch unter Überziehung seines Kontos, zu verfügen, macht es notwendig, eine genaue qualitative Prüfung des eingereichten Inkassomaterials vorzunehmen, wenn auch das Risiko durch die Kürze der Einzugsfrist stark herabgemindert wird. Die Frage, ob eine solche Gutschrift nicht als Ankauf aufzufassen sei, ist in einer Reichsgerichtsentscheidung im Jahre 1921 (RGZ. 102, 328) noch offengelassen worden. Für die Praxis ist die Frage durch eine Klausel in den Geschäftsbedingungen der Banken dahin entschieden worden, daß Reichsmarkschecks nur zur Einziehung übernommen werden, auch wenn sie sofort gutgeschrieben werden. Die Reichsbank schreibt für Rechnung Dritter eingezogene Papiere grundsätzlich erst nach Eingang gut. Die beim Scheckinkasso der Privatbanken übliche sofortige Vorbehaltsgutschrift gibt es bei ihr nicht; eine etwaige Spätervalutierung verlöre bei der Zinslosigkeit der Reichsbankgirokonten ihren Sinn. Dafür kauft die Reichsbank Schecks auf Bankplätze, sofern sie im einzelnen den Betrag von zurzeit 3000 RM. nicht übersteigen, im Rahmen der bankgesetzlichen Bestimmungen an. Die Zahl der diskontierten Schecks ist jedoch verhältnismäßig klein (1931 rund 140000 Stück mit 90 Mill. RM.). Überhaupt tritt die Pflege des Scheckverkehrs bei ihr zurück gegenüber der Förderung des in vieler Beziehung rationelleren Überweisungsverkehrs, den sie mustergültig ausgebildet hat.

Bei Auslandsschecks ist sofortige Vorbehaltsgutschrift selten, im allgemeinen nehmen die Banken Devisen nur zur Gutschrift nach Eingang herein. Bei entsprechender Qualität der Papiere erfolgt jedoch vielfach eine Bevorschussung derselben. Auch die Reichsbank gibt in bestimmten Fällen Vorschüsse auf solche Devisen, die sie nach ihren Geschäftsbestimmungen aus formalen Gründen nicht anzukaufen pflegt.

Im Auslande ist eine dritte Art der Gutschrift beim Scheckeinzug weit verbreitet, die Vorbehaltsgutschrift nach Ablauf einer im voraus bestimmten Frist, ein Verfahren, wie es in Deutschland wohl nur beim Scheckaustausch der Berliner Abrechnungsstelle geübt wird. Die amerikanischen Federal Reserve Banken schreiben den Gegenwert eingereichter Inlandsschecks unter Vorbehalt des Einganges an dem Tage gut, an welchem die Einlösung erfahrungsgemäß zu erfolgen pflegt. Für die Fristberechnung (0—8 Tage) sind besondere Zonentafeln aufgestellt, beispielsweise New York — San Francisco fünf Tage. In der Londoner Abrechnung werden Schecks im Town Clearing am Tage der Einreichung, im Metropolitan Clearing einen Tag später und im Country Clearing nach zwei Tagen unter Vorbehalt verrechnet. Bei der Bank von Frankreich erfolgt die Gutschrift zum Inkasso eingereichter Schecks auf Bank- und Nichtbankplätze nach zwei bis acht Tagen, eingereichter Wechsel auf Bankplätze zehn Tage nach Fälligkeit, Sichtwechsel zwölf Tage nach Einreichung. Sofortige Vorbehaltsgutschrift eingereichter Schecks ist bei den französischen Depositenbanken vertrauenswürdigen Kunden gegenüber üblich, weniger häufig kommt sie in den Vereinigten Staaten und England im Kundenverkehr der Privatbanken vor.

Vgl. auch Art. *Abrechnungsverkehr.*

Literatur: BUCHWALD: Technik des Bankbetriebes. Berlin 1931. — OBST: Das Buch des Kaufmanns. Stuttgart 1928. — ZIMMERMANN: Bankgeschäfte und Bankbuchungen. Berlin 1930. — LEAF: Banking. London 1929. — FRANÇOIS-MARSAL: Encyclopédie de Banque et de Bourse. Paris 1930.

FRANZ DÖRING.

Inkasso-Indossament s. *Prokura-Indossament.*
— **papiere** s. *Inkassogeschäft.*
— **Verbände** s. ebenda.

Innenkonsortium s. *Emissionsgeschäft II 1b.*

Innere Organisation und Buchhaltungswesen des Bankbetriebes.

A. Innere Organisation.

I. Grundsätze.

Die Organisation eines Betriebes ist abhängig von seinen Bedürfnissen. Die Besonderheit der Organisation eines Bankbetriebes gegenüber einem Industrie- und Handelsbetrieb liegt dabei darin, daß beim ersteren in der Hauptsache Geldwerte verwaltet, bewegt und verrechnet werden, während im Industrie- und Handelsbetrieb vorwiegend Sachwerte den Gegenstand der Verwaltung bilden. Dementsprechend ist auch die innere Organisation von Industrie- und Handelsbetrieben vor allem beherrscht von dem Bedürfnis nach einer sorgfältigen Behandlung und Überwachung von Sachwerten sowie der richtigen Verrechnung der mit ihrem Ankauf bzw. ihrer Erzeugung, ihrer Aufbewahrung und ihrem Verkauf verbundenen Vorgänge, wogegen sich im Bankbetrieb Geldwerte und Geldziffern im Mittelpunkte der verwaltungstechnischen Behandlung befinden. Besonders deutlich wirkt sich der grundsätzliche Unterschied zwischen den organisatorischen Problemen eines Bank- und Industriebetriebes dabei im Rechnungswesen aus. Während im Industriebetriebe der Schwerpunkt der Rechnungsprobleme in der Verrechnung von Leistungsvorgängen liegt (und zwar insbesondere in der buchhalterischen Behandlung der Fabrikationsvorgänge) kommt es im Bankbetrieb vor allem auf eine schnelle und exakte Verrechnung von Zahlungsvorgängen an.

Im einzelnen ergeben sich in der Hauptsache drei allgemeine Organisationsgrundsätze, deren Beachtung unbedingte Voraussetzung für das reibungslose Funktionieren des Verwaltungs- und Verrechnungsapparates einer Bank ist und deren Verhältnis zueinander durch nachfolgende Rangordnung bestimmt wird: 1. Betriebssicherheit, 2. Schnelligkeit der Geschäftsabwicklung, 3. Wirtschaftlichkeit der Betriebsführung. Hiervon kommt dem Grundsatz der Betriebssicherheit vor allem deshalb die unbedingte Priorität zu, weil bei einer Bank die Gefahren, die aus mangelnder Betriebssicherheit resultieren können, mit Rücksicht auf das Vorherrschen von reinen Zahlungsvorgängen und die überwiegende Verwaltung von Geldwerten unverhältnismäßig größer sind als in jedem anderen Geschäftszweig. Allerdings darf auch das Bestreben nach möglichst weitgehender Betriebssicherheit nicht soweit getrieben werden, daß dadurch die Ökonomie der Betriebsführung gestört wird. Die Einschaltung von Arbeitsvorgängen und Kontrollen zur ausschließlichen Erhöhung der Betriebssicherheit muß vielmehr da ein Ende finden, wo der mögliche Effekt nicht mehr in einem angemessenen Verhältnis zu den mit seiner Erzielung verbundenen Kosten steht. Der letztere Punkt ist dabei deshalb von besonderer Bedeutung, weil auch im Bankbetrieb die Erreichung einer schlechthin vollkommenen Betriebssicherheit niemals möglich ist, da selbst bei Hintereinanderschaltung von noch so vielen Kontrollen Fehler niemals völlig ausgeschlossen werden können. Es kommt also auch bei Anwendung neuzeitlicher Organisationsgrundsätze in jedem Falle ein Punkt, an dem Sicherheit und Ökonomie gegeneinander abgewogen werden müssen. Demgegenüber hing die früher im Bankbetrieb übliche Häufung z. T. fast wertloser Kontrollen vor allem damit zusammen, daß der Ermittlung dieses Schnittpunktes zu wenig Beachtung geschenkt wurde, da die organisatorische Einstellung lange beherrscht war von dem Wunsch nach Erreichung einer absoluten Betriebssicherheit und zwar unter allzu starker Vernachlässigung der Kostenfrage.

Nächst der Betriebssicherheit ist die Schnelligkeit der Bearbeitung und Verbuchung der Geschäftsvorfälle der wichtigste Orientierungspunkt aller organisatorischen Maßnahmen im Bankbetrieb. Bei Erfüllung dieser Forderung darf allerdings nie soweit gegangen werden, daß darunter die Sicherheit der Betriebsabwicklung leidet, da sonst aus schon erörterten Gründen der ordnungsmäßigen Betriebsverwaltung mehr geschadet als genützt wird. Immerhin kann dem Bedürfnis nach möglichst schneller Bearbeitung und Verbuchung unter bestimmten Voraussetzungen auch ohne Störung der Betriebssicherheit dadurch noch besonders Rechnung getragen werden, daß gewisse Kontrollen zeitlich nachgeordnet werden, d. h., daß die Bearbeitungs- und Verbuchungsergebnisse schon vor dem entgültigen Richtigbefund als Grundlage weiterer Dispositionen benutzt werden. Dies ist allerdings nur insoweit zulässig, als etwaige Fehler, die sich nachträglich herausstellen, ohne wesentliche materielle Auswirkungen auf die Disposition geblieben wären.

Die Notwendigkeit zu schneller Geschäftsabwicklung ergibt sich im übrigen sowohl aus äußeren wie aus inneren Gründen. Hiervon liegen die äußeren Gründe vor allem in der besonderen Funktion der Banken als wichtigste Glieder des Zahlungs- und Kreditverkehrs, die voraussetzt, daß die Dispositionen der Kunden sofort ausgeführt werden. Daraus ergibt sich aber weiter die Notwendigkeit, in jedem Augenblick über den Stand jedes einzelnen Kontos unterrichtet zu sein. Darüber hinaus muß aus Gründen der allgemeinen Geld- und Kapitaldisposition auch der Status des Gesamtunternehmens laufend erkennbar sein. Schließlich ist es vor allem in Großbetrieben auch aus Gründen der Betriebssicherheit wünschenswert, in möglichst kurzen Abständen auf dem Wege der Totalabstimmung aller Buchungen die Gewähr dafür zu erhalten, daß die vorgenommenen Buchungen und Zusammenstellungen ziffernmäßig richtig sind: hier begegnen sich also letzten Endes die beiden wichtigsten Grundsätze jeder Bankorganisation.

Ihnen gegenüber tritt naturgemäß der dritte angeführte Organisationsgrundsatz, nämlich der der Wirtschaftlichkeit der Organisation insofern zurück, als er nur Berücksichtigung finden darf, soweit weder die Schnelligkeit noch die Sicherheit der Betriebsführung dadurch beeinträchtigt wird. In der Praxis hat man allerdings in der Vorkriegszeit bei den Banken auf eine möglichst große Ökonomie der Organisation überhaupt relativ wenig geachtet. Unter dem Eindruck der damals fast überall guten Rentabilität glaubte man vielmehr allgemein, diesem Problem keine allzu große Beachtung schenken zu sollen; und zwar um so mehr, als bei dem damaligen Stande der Betriebstechnik fast überall die Vorstellung herrschte, daß eine Vereinfachung und Verbilligung des Apparates zwangsläufig eine Verringerung der Betriebssicherheit nach sich ziehen müsse. Seither haben sich die Verhältnisse nach dieser Richtung hin allerdings von Grund auf verändert, und man wendet heute überall der Wirtschaftlichkeit der Betriebsführung die größte Aufmerksamkeit zu.

Voraussetzung für die wirtschaftliche Führung eines Bankbetriebes ist dabei im übrigen keineswegs die Umstellung auf Maschinen. Diese stellen vielmehr im Rahmen der Anwendung moderner Organisationsverfahren nur ein Hilfsmittel (neben zahlreichen andern) dar, dessen Anwendung zudem keineswegs immer, sondern nur unter bestimmten Voraussetzungen (vor allem hinsichtlich der Betriebsgröße) zweckmäßig ist. Treffen diese Voraussetzungen nicht zu, so kann die Verwendung (bzw. die allzu weitgehende Verwendung) von Maschinen sogar in umgekehrter Richtung, d. h. verteuernd auf die Betriebsführung wirken, wie sich bei der Vornahme überstürzter Einrichtungen solcher Art immer wieder gezeigt hat.

II. Hilfsmittel.

Unter den zahlreichen Hilfsmitteln der Bankorganisation ist zu unterscheiden zwischen solchen technischer und solchen geistiger Art. Beide haben in den letzten 15 Jahren grundlegende Wandlungen bzw. außerordentliche Vervollkommnungen erfahren; und zwar die technischen Hilfsmittel vor allem durch die Verbesserung bestehender und die Erfindung zahlreicher neuer Büromaschinen, sowie anderer technischer Apparate und Arbeitsverfahren; und die geistigen Hilfsmittel insbesondere infolge der wachsenden theoretischen Durchdringung der mit der Betriebsorganisation im Bankgewerbe verbundenen Probleme überhaupt.

Von den geistigen Hilfsmitteln der Bankorganisation sind vor allem die nachstehenden von Bedeutung: a) Arbeitsgliederung, b) Kalkulation, c) Kontrolle. Hiervon umfaßt die Arbeitsgliederung sowohl die zeitliche und örtliche wie die personelle Arbeitsverteilung. Durch eine zweckmäßige zeitliche Verteilung (bzw. Hintereinanderschaltung) der Arbeiten soll in erster Linie eine möglichst weitgehende Beschleunigung der Geschäftsabwicklung erreicht werden. Es muß also vor allem verhindert werden, daß da, wo mehrere Personen bzw. Abteilungen an der Bearbeitung eines Geschäfts mitwirken (was im Bankbetriebe bei fast jedem Geschäft der Fall ist), zeitliche Stockungen zwischen den einzelnen Teilbearbeitungen entstehen. Zu diesem Zweck bedient sich die moderne Bankorganisation besonders in Großbetrieben einmal der Dehnung der Arbeitszeit (Arbeit in mehreren Schichten, zum Teil von 8—24 Uhr = 16 Stunden Gesamtarbeitszeit des Betriebes gegenüber 8 Stunden Normalarbeitszeit). Zum zweiten wirkt sich die Anwendung des Durchschreibeverfahrens (s. u.) durch die gleichzeitige Herstellung mehrerer gleichartiger Schriftsätze in der Richtung einer zeitlichen Beschleunigung bei der Bearbeitung einzelner Geschäftsvorfälle aus.

Die örtliche Arbeitsgliederung erstreckt sich 1. auf eine zweckmäßige Verteilung der in Frage kommenden Arbeiten auf die Abteilungen sowie 2. der Abteilungen auf den zur Verfügung stehenden Raum unter möglichster Berücksichtigung der Arbeitsfolge. Bei der Verteilung der Arbeiten auf die Abteilungen gibt es wiederum zwei Möglichkeiten, nämlich die zentralisierte und die dezentralisierte Bearbeitung der einzelnen Geschäftsvorfälle. Eine völlig zentralisierte Bearbeitung von Geschäftsvorfällen kommt allerdings aus Gründen der Betriebssicherheit nur dann praktisch in Betracht, wenn keine Unterschlagungsgefahr besteht (also z. B. nicht bei der Verwaltung von Geldwerten, bei denen Buchführung und Aufbewahrung unter allen Umständen getrennt zu bleiben haben). Im übrigen hängt jedoch das Ausmaß der Dezentralisation weitgehend von der Größe und den besonderen Verhältnissen der zu organisierenden Betriebe ab. Das gleiche gilt auch bezüglich der örtlichen Verteilung der Abteilungen auf den zur Verfügung stehenden Raum.

Die personelle Arbeitsverteilung endlich hat besondere Bedeutung vor allem durch die weitgehende Einführung maschineller Arbeitsverfahren im Großbetrieb erlangt. Ein erheblicher Teil der Arbeitskräfte bleibt hier nämlich auf einige wenige sich immer wiederholende Arbeitsvorgänge beschränkt, die z. T. überhaupt keine, z. T. nur eine auf bestimmte Einzelfragen spezialisierte bankmäßige Ausbildung erfordern, und bei denen es meist mehr auf schnelle und exakte Bedienung der Maschinen usw. als auf Denkbarkeit ankommt. Für derartige Arbeiten ist aber unter Umständen der universell ausgebildete eigentliche Bankbeamte weniger gut verwendbar als der „Spezialarbeiter", der dadurch als neuer Faktor in der Organisation des Bankbetriebes auftaucht. Immerhin bleibt auch heute diese Kategorie von Bankangestellten auf die großen und ganz großen Betriebe sowie auf bestimmte Arbeitskreise beschränkt. Daneben fungieren nach wie vor die Angestellten mit allgemeiner Ausbildung, die jedoch ebenfalls nach Alter und Fähigkeiten nicht überall gleichmäßig gut verwendbar sind, so daß für den Organisator noch immer die Notwendigkeit besteht, auch hier auf zweckmäßige Personaldisposition zu achten und gegebenenfalls für Austausch Sorge zu tragen.

Neben der Arbeitsgliederung ist die Kalkulation zu einem wichtigen Hilfsmittel der Bankorganisation geworden; und zwar kommt sie vor allem da in Frage, wo von manuellen auf maschinelle Arbeitsverfahren übergegangen oder organisatorische Veränderungen sonstiger Art (z. B. Änderungen in der Filialorganisation) vorgenommen werden sollen. Sie dient der Feststellung der Wirtschaftlichkeit der beabsichtigten organisatorischen Maßnahmen. Eine solche Kalkulation kann sich allerdings später als nicht zutreffend erweisen, da organisatorische Maßnahmen tiefgreifender Art häufig Nebenfolgen auslösen, die im Vorhinein nicht übersehen werden konnten. Außerdem braucht die Kostenfrage allein für die Entscheidung über die Vornahme von organisatorischen Maßnahmen nicht immer entscheidend zu sein, da auch bei gleichen (oder sogar höheren)

Kosten ein maschinelles Arbeitsverfahren oft vorzuziehen ist. Trotzdem darf sie in keinem Falle von vornherein vernachlässigt werden, da sie sehr häufig auch zu positiven Konsequenzen führen wird; und zwar vor allem dann, wenn mehrere Verfahrenswege offen stehen.

Ist die Kostenuntersuchung endlich als Vorkalkulation ein selbständiges Hilfsmittel der Bankorganisation, so bildet sie als Nachkalkulation einen Teil der kontrollierenden Hilfsmittel im ganzen. Während jedoch auch die Nachkalkulation ausschließlich der Wirtschaftlichkeit der Betriebsführung dient, stehen die kontrollierenden Hilfsmittel im übrigen fast ganz im Dienste der Betriebssicherheit, wobei ihre große Bedeutung im Rahmen der Gesamtorganisation sowohl auf die Tatsache zurückgeht, daß jede Bank große Geldwerte verwaltet, als auch auf den Umfang und die Vielgestaltigkeit der Geschäfte und der bewegten Ziffernmassen überhaupt, die zahllose Fehlerquellen in sich schließen. Es sind demnach vom Organisationsstandpunkte aus im ganzen drei Arten von Kontrollen zu unterscheiden: 1. Kontrolle der Wirtschaftlichkeit der Betriebsführung, 2. Kontrolle der Verwaltung von Werten, 3. Kontrolle der Richtigkeit der Durchführung und Verbuchung von Geschäften. Der Art der Durchführung nach ist weiter zu trennen zwischen regelmäßigen und einmaligen sowie zwischen vollständigen und stichprobenweisen Kontrollen. Schließlich ist zu unterscheiden zwischen automatischen und zusätzlichen Kontrollen.

Automatische Kontrollen sind dabei solche, die sich ohne Einschaltung eines besonderen, ausschließlich auf Kontrolle abgestellten Arbeitsganges ergeben. Hierher gehört daher in erster Linie die *doppelte Buchführung* (s. d.), bei der gewisse Fehler, die bei der Verbuchung entstehen, bei den Abschlußarbeiten (bzw. bereits bei Aufstellung der Tagesbilanz, Übertragung der Grundbuchungen usw.) automatisch herauskommen müssen. Auch sonst ergeben sich jedoch im Rahmen der Betriebsverwaltung zahlreiche automatische Kontrollen (z. B. die Aufteilung von Arbeitsgängen auf mehrere Personen), die soweit wir möglich ausgenutzt werden müssen, da sie einmal keine besonderen Kosten verursachen und nicht verlangsamend auf die Arbeitsabwicklung einwirken und zum anderen in der Regel zuverlässiger sind als Zusatzkontrollen, weil ihre Wirkung von selbst eintritt und daher die Gefahr nachlässiger Kontrollarbeit wegfällt, die bei Zusatzkontrollen immer gegeben ist. Die automatischen Kontrollen sind im übrigen ihrer Natur nach auch in jedem Falle regelmäßig, während die Zusatzkontrollen als regelmäßige und einmalige Kontrollen auftreten.

Unter regelmäßigen Kontrollen versteht man solche, die ununterbrochen vorgenommen werden und mit der Organisation des Betriebes fest verbunden sind, während einmalige Kontrollen solche sind, die nur gelegentlich und in ungleichmäßigen Abständen vorgenommen werden und die in der Regel aus einem besonderen Entschluß geboren und einem besonderen Zweck dienstbar sind (sprachlich bezeichnet man Kontrollen der letzteren Art meist als Revisionen). Hinsichtlich der Vollständigkeit der Kontrollen endlich ergibt sich folgendes: Automatische Kontrollen sind ihrer Natur nach nicht nur regelmäßig, sondern auch vollständig; Zusatzkontrollen können vollständig sein, sich jedoch auch nur auf Stichproben beziehen; das gleiche gilt für regelmäßige und einmalige Kontrollen. Praktische Bedeutung hat die stichprobenweise Kontrolle allerdings in der Hauptsache nur bei der einmaligen Kontrolle, die sich auch meist nur auf Arbeitsgänge bezieht, die bereits mindestens einmal kontrolliert sind. Ist dies nicht der Fall, so reicht die stichprobenweise Kontrolle nicht aus, um die erforderliche Sicherheit der Betriebsführung zu gewährleisten.

Bei den oben weiter angeführten technischen Hilfsmitteln der Bankorganisation sind vor allem zu unterscheiden a) bestimmte technisch bedingte Arbeitsverfahren, b) mechanische Hilfsmittel. Von den in Betracht kommenden Arbeitsverfahren kommt dabei heute dem Durchschreibeverfahren bei weitem die größte Bedeutung zu. Kein anderes technisches Hilfsmittel, auch nicht die komplizierteste Maschine, hat nämlich auf die Bankorganisation (wie übrigens auf die Betriebsorganisation überhaupt) einen so revolutionierenden Einfluß ausgeübt wie die allgemeine Einführung des Durchschreibeverfahrens. Der große Wert dieses Arbeitsverfahrens, das mit und ohne Maschinen angewandt werden kann, liegt dabei darin, daß es gleichermaßen die Betriebssicherheit, die Schnelligkeit der Geschäftsabwicklung und die Wirtschaftlichkeit der Betriebsführung fördert, also allen wichtigen Grundsätzen moderner Bankorganisation gleichermaßen entgegenkommt. Im einzelnen wird die Schnelligkeit der Betriebsabwicklung dadurch erhöht, daß durch das Durchschreibeverfahren mehrere (bis zu 8) Arbeitsgänge, die früher hintereinander geschaltet werden mußten, gleichzeitig erledigt werden können. Diese Zusammenfassung mehrerer Arbeitsgänge schließt gleichzeitig auch die Gefahr von Übertragungsfehlern aus und erhöht damit die Betriebssicherheit, da bei richtiger Ausfertigung des Originals ja auch alle Kopien richtig sein müssen. Dadurch wird endlich wiederum, abgesehen von den Ersparnissen, die sich aus der Verringerung der Übertragungsarbeiten ergeben, die Wirtschaftlichkeit der Betriebsführung verbessert, weil nun — ganz abgesehen von den Ersparnissen, die sich aus der Verringerung der Übertragungsarbeit selbst ergeben — eine große Anzahl zusätzlicher Kontrollen wegfallen kann.

Die mechanischen Hilfsmittel zerfallen in a) Schreib- und Rechenmaschinen bzw. kombinierte Geräte, b) Beschriftungsmittel, c) Manipulationsgeräte. Hiervon hat sich die Verwendung von Schreib- und Rechenmaschinen bzw. von kombinierten Geräten (schreibenden Rechenmaschinen und rechnenden Schreibmaschinen) wohl in sämtlichen größeren Betrieben im letzten Jahrzehnt bei allen in Betracht kommenden Arbeitsvorgängen durchgesetzt, da sie eine enorme Beschleunigung des Arbeitsprozesses und z. T. auch erhebliche Ersparnisse ermöglicht. Letzteres gilt allerdings nur dann, wenn der Geschäftsumfang eine ausreichende Ausnutzung der Maschinen gestattet. Trifft dies nicht zu, so kann die Maschineneinführung sogar zu höheren Unkosten führen. Die Prüfung der Wirtschaftlichkeit ist vor der Umstellung eines Betriebes auf Maschinen daher besonders wichtig; und zwar um so mehr, als man bei kleineren und mittleren Betrieben auch mit manuellen Arbeitsverfahren gute Rationalisierungserfolge zu erzielen vermag.

Von den Beschriftungsmitteln nimmt im Rahmen organisatorischer Betrachtungen der Vordruck die wichtigste Stelle ein. Er kann entweder als Universalvordruck für verschiedenartige Geschäftsvorfälle oder als Spezialvordruck für völlig gleichartige Geschäftsvorfälle ausgearbeitet sein. Der Hauptvorteil des Spezialvordrucks gegenüber dem Universalvordruck liegt dabei darin, daß er eine Reduzierung der Schreibarbeit auf ein Minimum gestattet. Demgegenüber ist der Universalvordruck vielseitiger verwendbar. Beide Arten von Vordrucken spielen im modernen Bankbetrieb eine enorm wichtige Rolle und bilden eines der wichtigsten Hilfsmittel jeder rationellen Betriebsführung überhaupt. Besondere Sorgfalt ist dabei stets auf ihre äußere Ausstattung zu legen (Größe, Druck, Farbe usw.), um eine handliche Manipulation zu ermöglichen und Fehler und Verwechslungen zu vermeiden. Das gleiche gilt auch für die übrigen nicht als Formulare hergestellten Beschriftungsmittel (Briefbogen, Briefumschläge usw.).

Als Manipulationsgeräte endlich sind alle Gerätschaften zu bezeichnen, die einen Manipulationsvorgang bewirken oder erleichtern sollen. Besonders wichtige Manipulationsvorgänge sind dabei alle Ordnungs- und Transportvorgänge. Daneben kommt jedoch noch eine Reihe anderer Vorgänge in Betracht. Zu den Manipulationsgeräten gehören vor allem die Sortiermaschinen beim Lochkartensystem (Powers & Hollerith), ferner Verteilerregale, Briefkörbe, Aktenständer, Transporthilfsmittel aller Art (Rohrpost, Seilpost, Fahrstuhl usw.), Kuvertiermaschinen, Kopiermaschinen usw.

III. Methoden.

Methodisch unterscheidet sich der nach neuzeitlichen Grundsätzen organisierte Bankbetrieb von dem früheren vor allem dadurch, daß den überkommenen Organisationsformen nur noch wenige Konzessionen gemacht sind. Während bis zum Kriege organisatorische Verbesserungen im wesentlichen nur in enger Verbindung mit der gegebenen Organisation gemacht wurden, ohne an dem System an sich etwas zu verändern (und sich daher die Gesamtorganisation der großen Banken meist als ein Gemisch überkommener Organisationsformen und späterer, größtenteils unorganisch aufgesetzter Verbesserungen darstellte), hat die Rationalisierung und Modernisierung der Betriebe im letzten Jahrzehnt größtenteils völlig neue Organisationsformen geschaffen, bei deren Durchführung auf die alte Organisation keine Rücksicht mehr genommen werden konnte. Die Notwendigkeit zu einem so tiefgreifend veränderten Verfahren ergab sich dabei teilweise unmittelbar aus den Bedürfnissen der Rationalisierung; teilweise war jedoch auch der geistige Wandel dafür maßgebend, der hinsichtlich zahlreicher grundsätzlicher Fragen inzwischen eingetreten war.

Im einzelnen erstreckt sich die grundsätzliche und methodische Neuordnung dabei auf nahezu alle Punkte, die im Rahmen der Gesamtorganisation einer Bank von Bedeutung sind. Sie bleibt insbesondere auch nicht auf die rein innerbetrieblichen Vorgänge beschränkt, sondern umfaßt auch den Verkehr zwischen Kunden und Bank. In letzterer Hinsicht haben die Banken bisher allerdings im großen und ganzen nur diejenigen Rationalisierungsmöglichkeiten ausgenutzt, die sich ergeben, ohne daß der Kunde selbst bewußt daran mitwirkt (so bildet z. B. die Verwendung von Tagesauszügen dadurch ein wichtiges Kontrollmittel, daß der Kunde laufend mit der Bank abstimmt, statt wie früher nur semesterweise; seine Einschaltung in das Kontrollsystem der Bank ist jedoch dem Kunden nicht bewußt). Dagegen hat man (im Gegensatz z. B. zur Post) durchweg darauf verzichtet, die Kunden etwa in der Weise in den Organisationsrahmen einzubeziehen, daß ihnen im Verkehr mit ihrer Bank die Verwendung bestimmter Formulare vorgeschrieben wird. Wollte man dieses Prinzip, das an sich große Vorteile und Ersparnismöglichkeiten bieten würde, durchführen, so würde es dazu eines einheitlichen Vorgehens aller Banken bedürfen, das jedoch bei der heutigen Struktur des Bankwesens nur schwer erreichbar sein dürfte.

Im inneren Betriebe der Banken unterscheiden sich die heutigen Organisationsmethoden von den früheren vor allem durch ihre größere Vielseitigkeit und Beweglichkeit. Als wichtigster Grundsatz hat dabei zu gelten, daß Aufbau und Art der Organisation völlig abhängig sein müssen von Größe und Charakter des einzelnen Betriebes. Dies gilt insbesondere auch für Filialbanken, bei denen eine möglichst weitgehende Einheitlichkeit der Organisation bei Zentrale und Filialen zwar erwünscht ist, dieser Grundsatz jedoch keineswegs zu einer schematischen Übertragung der bei der Zentrale verwandten Arbeitsverfahren, Maschinen usw. auf alle Filialen führen darf, deren andere Größenverhältnisse allein schon andere Erfordernisse an die Organisation stellen.

Entsprechend dem Grundsatz einer möglichst weitgehenden Anpassung der Organisation an die speziellen Bedürfnisse der einzelnen Betriebe ist im modernen Bankbetrieb zunächst die Abteilungs- und Arbeitsgliederung außerordentlich elastisch. So werden z. B. teilweise Grundbuchführung und Korrespondenz an einer Stelle bearbeitet und teilweise Korrespondenz und Kontokorrentbuchführung; z. T. werden endlich auch Grundbuchung, Korrespondenz und Kontenbuchung überhaupt in einem einzigen Arbeitsgang und an einer Stelle des betriebes hergestellt. Was im Einzelfall vorzuziehen ist, hängt im wesentlichen von dem angewandten Arbeitsverfahren ab, das wiederum bestimmt wird durch Größe und Art des Betriebes. Im ganzen herrscht allerdings heute ein Gliederungsprinzip unter stofflichen Gesichtspunkten vor gegenüber der mehr funktional orientierten Bankorganisation der früheren Zeit. Unter einer funktionalen Arbeitsgliederung ist dabei eine solche zu verstehen, bei der die einzelnen Abteilungen im wesentlichen nach Arbeitsarten aufgeteilt sind (also z. B. Korrespondenz, Buchführung usw.). Demgegenüber werden bei einer stofflichen Arbeitsgliederung beispielsweise Grundbuchungen und Korrespondenz, soweit sie die Devisenabteilung betreffen, an der gleichen Stelle erledigt, die auch den Handel selbst durchführt.

Ein weiterer wichtiger Grundsatz moderner Bankorganisation ist die Orientierung der Organisationsmethoden nach dem Regelfall (statt nach dem Grenzfall). Dies bedeutet, daß bei allen organisatorischen Maßnahmen (also z. B. dem Aufbau des Formularwesens) der Regelfall und nicht die Ausnahme (Grenzfall) zugrunde gelegt wird. Es ist nämlich im allgemeinen wesentlich einfacher und wirtschaftlicher, auftretende Ausnahmefälle irgendwelcher Art gesondert und individuell zu behandeln, als die Gesamtorganisation so einzurichten, daß sie auf die Ausnahmefälle ebenso paßt wie auf die Normalfälle. Dies Verfahren darf allerdings naturgemäß nur insoweit angewandt werden, als dadurch nicht auch die Betriebssicherheit in einer empfindlichen Weise gestört wird. Die Tatsache, daß nur relativ selten gefälschte Effekten vorkommen, darf also beispielsweise nicht dazu führen, daß eine Kontrolle von Wertpapieren auf Echtheit nun überhaupt ausgeschlossen wird und unter Umständen nicht einmal die notwendigen Vorrichtungen zur Feststellung von Fälschungen getroffen werden.

Im übrigen unterscheiden sich allerdings gerade die Methoden der Kontrolle heute ebenfalls wesentlich von den früher üblichen Kontrollmethoden. Die wichtigsten Kennzeichen moderner Kontrolle im Bankbetrieb sind dabei a) der Grundsatz der Einmaligkeit der Kontrolle, b) der Grundsatz verbundener Arbeitskontrolle, c) die möglichst weitgehende Anwendung von automatischen Kontrollen. Im einzelnen basiert der Grundsatz der Einmaligkeit der Kontrolle auf der Erfahrung, daß bei Einschaltung mehrfacher Kontrollen für den gleichen Arbeitsvorgang die Intensität der Kontrolle in der Regel nachläßt und die Verantwortlichkeit leicht verwischt wird. Beide Gefahren werden vermieden, wenn für jeden Arbeitsgang grundsätzlich nur eine, jetzt allerdings verantwortliche Kontrolle eingeschaltet wird. Eine noch größere Vereinfachung der Kontrollen kann dann erreicht werden, wenn mehrere aneinandergereihte Arbeitsgänge in Frage kommen, bei denen durch Einführung einer Kontrolle an der letzten Stelle die Richtigkeit sämtlicher Arbeitsgänge nachgeprüft werden kann. Beispiel: Ausführung und Verbuchung einer Überweisung; hier genügt u. U. eine Abstimmung des Originalauftrages mit der Belastung auf dem betreffenden Konto. Dagegen erübrigt sich eine Nachprüfung der Grundbuchung, weil bei falscher Grundbuchung auch die Eintragung auf dem Konto nicht richtig sein kann usw.

Der weiter erwähnte Grundsatz verbundener Arbeitskontrolle beruht auf der Erfahrung, daß die Einschaltung besonderer Kontrollstellen zur laufenden Nachprüfung der Bearbeitung und Verbuchung sämtlicher Geschäftsvorfälle der Arbeitsprozeß verlangsamt und erschwert oder aber, wenn die Kontrolle erst nachträglich einsetzt, ihre praktische Wirksamkeit wesentlich herabsetzt. Diese Nachteile fallen jedoch weg, wenn der Kontrollvorgang mit dem Arbeitsvorgang unmittelbar verbunden wird. Da aber natürlich kein Sachbearbeiter sich selbst kontrollieren kann, muß zur Ermöglichung einer verbundenen Arbeitskontrolle der Arbeitsvorgang auf mindestens zwei Stellen verteilt werden, die beide gleichzeitig arbeiten und sich auch gegenseitig kontrollieren. Beispiel: Einzahlungskasse, die zweckmäßig so organisiert wird, daß der Kassierer bloß die Zahlungen entgegennimmt, während eine zweite Kraft außerhalb der abgeschlossenen Einzahlungskasse die Buchungen vornimmt.

Die an dritter Stelle erwähnte weitgehende Anwendung automatischer Kontrollen wird im modernen Bankbetrieb vor allem ermöglicht durch die Einführung des Durchschreibeverfahrens und die tägliche Saldenabstimmung. Insbesondere bei Anwendung des Durchschreibeverfahrens fallen nämlich zahlreiche sonst erforderliche Übertragungskontrollen überhaupt weg, weil beispielsweise bei gleichzeitiger Herstellung von Grundbuchung und Korrespondenz in einem Arbeitsgang Differenzen zwischen beiden überhaupt nicht mehr möglich sind. Es genügt also, Korrespondenz oder Grundbuchung zu kontrollieren, um die Richtigkeit beider Arbeitsgänge festzustellen.

Schließlich ist die Bankorganisation naturgemäß heute völlig beherrscht von dem Bestreben nach einer möglichst vollkommenen Rationalisierung aller Manipulations-, Schreib- und Buchungsvorgänge unter größtmöglicher Ausnutzung aller technischer Hilfsmittel (vgl. o.). Während dabei die Rationalisierung der Manipulationsvorgänge aber in der Hauptsache abhängig ist von der Ausnutzung entsprechender Vorrichtungen usw., beschränkt sich bei den Schreibvorgängen die Vereinfachung keineswegs auf die Maschinenverwendung an sich. Diese wird vielmehr einmal unterstützt durch die zweckmäßige Ausgestaltung des Formularwesens (durch die viel Schreibarbeit erspart werden kann). Zum zweiten kann die Schreibarbeit aber auch durch Verwendung von Ziffern, Sigeln, Abkürzungen und z. T. auch durch vollständigen Verzicht auf einen Text überhaupt wesentlich eingeschränkt werden. Allerdings muß bei Maßnahmen der letzteren Art in etwa auf Charakter und Mentalität der Kundschaft Rücksicht genommen werden, um einesteils unnötige und zeitraubende Rückfragen zu ersparen und zum andern die Kunden durch eine scheinbar allzu schematische Behandlung vor den Kopf zu stoßen.

In der Buchführung haben sich neben der selbstverständlichen Anwendung aller bereits besprochenen geistigen und technischen Hilfsmittel vor allem die folgenden Organisations- bzw. Arbeitsmethoden herausgebildet, deren Vorhandensein typisch für die moderne Bankorganisation ist: a) das Belegsystem, b) die Sammelverbuchung, c) die Tagfertigkeit der Buchführung. Hiervon hängt das Belegsystem eng mit dem Übergang von der überkommenen Übertragungsbuchhaltung, bei der alle Geschäftsvorfälle zunächst in besonderen Grundbüchern festgehalten und danach auf die Konten übertragen wurden, auf die Durchschreibe- bzw. Loseblattbuchführung zusammen. Die Einführung der Durchschreibebuchführung bzw. Loseblattbuchführung bringt es nämlich mit sich, daß die fortlaufende Grundbuchführung weitgehend ersetzt wird durch Einzelbelege, die an Stelle der alten Primanote als Buchungsunterlage für die Übertragung in die Konten dienen. Der Hauptvorteil des Belegsystems liegt dabei einmal darin, daß Korrespondenz und Grundbuchung weitgehend in einem Arbeitsgang zusammen hergestellt werden können (wodurch gleichzeitig ein Kontrollvorgang erspart wird) und zum zweiten darin, daß die Übertragung der Grundbuchungen auf die Konten beschleunigt und vereinfacht werden kann, weil die gesamten Grundbuchungen laufend weitergegeben und vor dem Eingang in die Kontokorrentbuchhaltung außerdem nach Kontengruppen vorsortiert werden können. Das Belegsystem scheidet hinsichtlich der Grundbuchführung allerdings in der Regel dann aus, wenn Grundbuchung und Kontenbuchung selbst in einem Arbeitsgang zusammengefaßt werden, was jedoch meist nur in kleineren einfachen Betrieben möglich ist.

Der weiter angeführte Grundsatz der Sammelverbuchung beruht auf der Erkenntnis, daß bei Zusammenfassung von Geschäftsvorfällen, die hierzu an sich geeignet sind, zu einem Sammelposten vor deren Verbuchung eine erhebliche Ersparnis an buchhalterischer Arbeit eintritt, da die in Frage kommenden Arbeitsvorgänge (Buchung, Abstimmung usw.) sich dann auf den Sammelposten beschränken, während sie bei der Einzelverbuchung für jeden einzelnen Posten erforderlich sind. Der Grundsatz der Sammelverbuchung beschränkt sich dabei im übrigen nicht auf Grundbücher und Konten, sondern er kann auch bei Skontren usw. Anwendung finden.

Der Grundsatz der Tagfertigkeit der Buchführung endlich besteht darin, daß a) alle an einem Tage vorkommenden Geschäftsvorfälle möglichst an diesem Tage noch verbucht werden und b) daß am gleichen Tage oder spätestens am Vormittag des den Buchungen folgenden Tages die Gesamtumsätze des Vortages einschließlich der sich danach ergebenden Salden abgestimmt werden. Die Vorteile dieses Verfahrens sind dabei vor allem die folgenden: 1. Infolge der sofortigen Verbuchung aller Geschäftsvorfälle sind sämtliche Konten dauernd à jour und es sind daher Fehldispositionen wesentlich leichter vermeidbar als bei Übertragung der Buchungen auf die Konten am Tage nach Durchführung der Dispositionen der Kunden. 2. Durch die tägliche Abstimmung tritt eine außerordentlich starke Einengung der in der Bankbuchführung besonders wichtigen Fehlerfelder ein; es fällt also beispielsweise das lange Fehlersuchen bei den Monatsabschlüssen weg, das früher fast nie zu vermeiden war. 3. Bei Vornahme einer täglichen Saldenermittlung kann außerdem für jeden Tag eine genaue Saldenbilanz aufgestellt werden, was für die Dispositionen der Geschäftsleitung von großer Bedeutung ist.

B. Buchhaltungswesen.

I. Allgemeines.

1. Formen der Bankbuchhaltung. Die buchmäßige Behandlung der Geschäftsvorfälle hat im Bankbetrieb unter einem doppelten Gesichtspunkt zu erfolgen. Es ist einmal der Verkehr mit dem einzelnen Kunden zur buchmäßigen Darstellung zu bringen und es müssen zweitens die Gesamtumsätze nach Bilanz- bzw. Hauptbuchkonten getrennt zusammengestellt werden. Dem ersteren Bedürfnis wird dabei stets in gleicher Weise durch einfachen Übertrag vom Grundbuch auf das Konto Rechnung getragen, der letzteren Notwendigkeit durch entsprechende Sammlung der zur Verbuchung kommenden Ziffernmassen. Je nach Art der Sammlung und Weiterverarbeitung unterscheidet man verschiedene Formen innerhalb der Bankbuchhaltung.

Die theoretisch einfachste Form ist die, bei der die Umsätze bzw. Salden auf den Bilanzkonten unmittelbar auf dem Wege über die Einzelkonten ermittelt werden, die Fortwälzung der zur Verbuchung kommenden Ziffernmassen sich also in der direkten Reihenfolge Grundbuch — Einzelkonto — Hauptbuch — Bilanz vollzieht. Das System hat den Vorteil, daß sich eine von der Verbuchung auf den Konten unabhängige Sammlung und Verarbeitung der verbuchten Beträge erübrigt. Die Grundbücher haben hier lediglich Notizcharakter, und erst von den Einzelkonten aus beginnt die eigentliche Sammlung der Buchungen.

Im Gegensatz zu der vorstehend gekennzeichneten Art der Buchführung kann die Sammlung und Verarbeitung der Grundbuchungen auch unabhängig von ihrer Verbuchung auf den einzelnen Konten vor sich gehen. Die Sammlung der Kontenumsätze usw. hat in diesem Falle, wenn sie außerdem noch stattfindet, lediglich eine Kontrollfunktion. In der Praxis ist die zuletzt aufgeführte Art der Verbuchung und Sammlung dabei die weitaus überwiegende. Durch die hier mögliche doppelte Fortwälzung der Ziffernmassen (über die Konten und außerhalb davon in selbständiger Weise) wird nämlich einmal eine überaus wichtige zwangsläufige Kontrolle eingeschaltet. Zum Zweiten wird dadurch auch die Schnelligkeit in der Sammlung der Buchungen und der Aufstellung von Umsatzbilanzen wesentlich erhöht.

2. Die Einrichtung der Grundbücher. Die Art und Weise, in der die Sammlung bzw. Weiterverarbeitung der Grundbuchungen erfolgt, steht ihrerseits in engem Zusammenhang mit der Einrichtung der Grundbücher. Werden die Grundbücher z. B. nach der italienischen Methode geführt, so müssen bei einer Sammlung unter Umgehung der Einzelkonten zunächst sämtliche Einzelkonten nach Hauptbuchkonten geordnet werden. Sind die Grundbücher dagegen bereits mit Vorrichtungen versehen, die eine bestimmte Stoffgliederung gestatten, so kann die Zusammenstellung der täglichen Umsätze nach Hauptbuchkonten zum großen Teile unmittelbar in den Grundbüchern erfolgen.

Die Grundbücher selbst können außerdem in ungeteilter und in geteilter Form geführt werden. Dabei eignet sich allerdings eine ungeteilte Grundbuchführung nur für Betriebe, bei denen die Zahl der täglichen Buchungen relativ gering ist (also weniger für eigentliche Banken als etwa für Holdinggesellschaften, Investmenttrusts usw.). Bei Einrichtung eines ungeteilten Grundbuches bedient man sich der italienischen Methode nur selten, da man in diesem Falle daneben ein besonderes Sammeljournal anlegen muß, wenn die Buchungen besonders gesammelt werden sollen. Außerdem erscheinen in einem italienischen ungeteilten Grundbuch Kassen- und Nichtkassenfälle gemischt, was aus Kontrollgründen nach Möglichkeit vermieden wird. Man benutzt vielmehr in solchen Fällen meist ein sog. amerikanisches Journal (Tabellenform), das nach Möglichkeit für jedes Hauptbuchkonto je zwei besondere Spalten (je eine für „Soll" und „Haben") erhält. Wird das Journal dadurch zu unhandlich, so kann man entweder je eine Soll- und Habenspalte für diverse, selten vorkommende Hauptbuchkonten einrichten oder aber die Soll- und Habenspalten vollkommen voneinander getrennt führen. Im letzteren Falle entstehen also praktisch bereits zwei Grundbücher, ein Sollgrundbuch (Eingänge) und ein Habengrundbuch (Ausgänge). Bei ungeteilter Grundbuchführung in Form eines amerikanischen Journals kann das Hauptbuch in der Regel ganz entbehrt werden, da die Gesamtumsätze der einzelnen Hauptbuchkonten aus dem Grundbuch unmittelbar hervorgehen und Bilanz und Gewinn- und Verlustrechnung daher aus dem Grundbuch direkt entwickelt werden können.

An Stelle des vorstehend besprochenen ungeteilten Grundbuches wird in Kleinbetrieben häufig ein zweigeteiltes Grundbuch geführt. Als Trennungsprinzip gilt dabei aus Kontrollgründen stets die Zerlegung der Grundbuchungen in Barfälle und Nichtbarfälle. Die Anlage der beiden Grundbücher selbst kann sowohl in Tabellenform als auch in einfacher Konten- oder Staffelform erfolgen. In ersterem Falle wird die Sammlung der Ziffern nach Konten ebenso wie dort bereits innerhalb der Grundbücher vollzogen, im letzteren muß sie erst besonders vorgenommen werden. Dabei läßt sich allerdings diese Sammlung insbesondere innerhalb des Kassagrundbuches dadurch wesentlich erleichtern, daß man die Buchungen im Grundbuch selbst nach Gruppen zusammenfaßt. Voraussetzung hierfür ist allerdings, daß die Buchungen im Kassagrundbuch nicht chronologisch, sondern erst dann erfolgen, wenn die Buchungsunterlagen eines Tages (oder Halbtages) in entsprechender Weise vorsortiert sind.

Da allerdings auch das zweigeteilte Grundbuch für größere Betriebe nicht ausreicht, weil es die Buchführung zu schwerfällig machen würde, tritt hier an seine Stelle in der Regel ein vielgeteiltes Grundbuch, wobei der Aufteilung hinsichtlich ihres Ausmaßes Grenzen nicht gesetzt sind. Diese bestimmt sich vielmehr vor allem nach organisatorischen Gesichtspunkten; und zwar muß hier vor allem berücksichtigt werden, ob die Grundbuchführung dezentralisiert oder zentralisiert erfolgen soll. Weiter muß bei der Art der Aufteilung der Grundbücher darauf Rücksicht genommen werden, ob es wünschenswert ist, daß sämtliche Buchungen, die bestimmte Hauptbuchkonten betreffen, im gleichen Grundbuch vorgenommen werden. Im letzteren Falle müssen zur Vermeidung von Doppelbuchungen unter Umständen besondere Verrechnungskonten eingeführt werden, um den Übergang zwischen den verschiedenen Grundbüchern zu ermöglichen. Schließlich ist bei der Einrichtung von vielgeteilten Grundbüchern auch das Kontrollmoment zu berücksichtigen.

Die Einrichtung der einzelnen Memoriale erfolgt bei Einführung eines vielgeteilten Grundbuches fast immer in Spaltenform, um die Abstimmung und Weiterverarbeitung der Ziffern zu erleichtern; ebenso pflegt man fast immer Eingangs- und Ausgangsmemoriale zu trennen. Sachlich werden die Memoriale, unbeschadet der Möglichkeit einer noch weitergehenden Aufteilung, meist wie folgt gegliehert: Kassagrundbuch, Devisenmemorial, Effektenmemorial, Übertragungsmemorial, Wechselmemorial, Couponmemorial, Allgemeines Memorial. Bei Einführung des Belegsystems (s. o.) endlich fällt die sachliche Aufteilung der Grundbücher überhaupt weg. An ihre Stelle tritt die Sammlung der Einzelbelege nach Hauptbuchkonten.

3. Sammeljournal und Hauptbuchführung. Soweit die Sammlung und endgültige Gliederung der Buchungen nach Hauptbuchkonten nicht innerhalb der Grundbuchführung selbst möglich ist (also vor allem bei mehrgeteilten Grundbüchern), vollzieht sie sich in der Regel in einem besonderen Sammeljournal.

Die einfachste Form eines solchen Sammeljournals ist wiederum die nach dem Muster der italienischen Buchhaltung. Die Sammlung erfolgt hier in der Weise, daß aus den einzelnen Grundbüchern zusammengestellt wird, mit welchen Beträgen die einzelnen Hauptbuchkonten insgesamt zu belasten und mit welchen sie insgesamt zu erkennen sind. An Stelle des Sammeljournals nach italienischer Art tritt bei größeren Betrieben allerdings meist ein solches in Form eines amerikanischen Journals. Die einzelnen Spalten sind in diesem Falle identisch mit den Hauptbuchkonten; in diese Spalten werden die Endsummen der betreffenden Grundbuchspalten eingetragen. Die Addition sämtlicher Spalten ergibt dann die Tagesumsätze auf den einzelnen Hauptbuchkonten (und damit die Tagesumsatzbilanz).

Die tägliche Zusammenstellung und Vereinigung aller Grundbuchungen, die eine ziffernmäßige Übereinstimmung aller Belastungen und Gutschriften ergeben muß, bietet auch eine wichtige automatische Kontrolle darüber, ob alle Grundbuchungen richtig einmal im Soll und einmal im Haben erfolgt sind, und ob außerdem bei der Sammlung keine Buchungsposten vergessen bzw. keine Additionsfehler unterlaufen sind.

In sehr großen Betrieben kommt man im übrigen auch mit einem einfachen amerikanischen Sammeljournal oft nicht mehr aus. Man ist hier deshalb vielfach dazu übergegangen, das Sammeljournal selbst in ähnlicher Weise wie die Grundbücher wieder aufzulösen, und zwar in der Weise, daß die einzelnen Hauptbuchkonten innerhalb des Sammeljournals in Kontenform geführt werden. Handelt es sich um einen Betrieb mit mehreren Betriebsstellen (vor allem Filialen), so pflegt man außerdem in der Regel für jede selbständig buchende Betriebsstelle ein besonderes Sammeljournal zu führen und die Endsumme aller Sammeljournale nur monatlich einmal in einem besonderen Generaljournal zu sammeln.

Von hier aus bzw. bei zentralisierten Betrieben unmittelbar aus dem Sammeljournal erfolgt dann (ebenfalls monatlich) der Übertrag der Umsätze in das Hauptbuch. Am Ende jedes Geschäftsjahrs endlich werden die Konten des Hauptbuchs abgeschlossen und die verbleibenden Salden werden auf das Bilanzkonto und das Gewinn- und Verlustkonto übertragen. Da der rohe Hauptbuchsaldo auf manchen Hauptbuchkonten allerdings selbst wiederum ein Saldo zwischen debitorischen und kreditorischen Konten ist, setzt der Übertrag auf das Bilanz- bzw. Gewinn- und Verlustkonto voraus, daß die Rohsalden mit Hilfe der Inventur vorweg bereits aufgelöst sind.

Neben den vorstehend geschilderten findet man bei Filialbanken manchmal auch ein Abschlußverfahren, bei dem eine Übernahme der Filialumsätze in die Bücher der Zentrale überhaupt nicht stattfindet, die Generalbilanz des Instituts vielmehr auf statistischem Wege (d. h. durch einfache Addition sämtlicher Einzelbilanzen unter Ausschaltung der gegenseitigen Verrechnungsposten) entwickelt und dann in ein besonderes Bilanzbuch eingetragen wird. Dieses Verfahren hat gegenüber dem zuerst geschilderten den Vorzug der größeren Einfachheit; es ist jedoch aus Kontrollgründen als nicht unbedenklich anzusehen, da es das Prinzip einer lückenlosen buchmäßigen Entwicklung der Bilanz aus den Grundbüchern durchbricht.

4. Die Skontri. Erfolgt die Sammlung und Gruppierung der Umsätze nach Hauptbuchkonten mit Hilfe von Sammeljournal und Hauptbuchführung, so bedarf es für die Spezifikation der Umsätze im einzelnen noch besonderer Bücher, die man als „Skontren" bezeichnet. Das umfangreichste und wichtigste dieser Skontren ist dabei das Kontokorrentskontro, auf dem der gesamte Verkehr mit den einzelnen Kunden seinen Niederschlag findet, und das damit inhaltlich gewissermaßen eine Auflösung des Kontokorrentkontos des Hauptbuches darstellt, mit dem es umsatz- und saldenmäßig stets übereinstimmen muß. Hinsichtlich der technischen Einrichtung der Kontokorrente lassen sich dabei vor allem drei Formen unterscheiden.

Die üblichste Art der Darstellung des Kontokorrentverkehrs mit den einzelnen Kunden ist die Kontoform, bei der die Lastschriften auf der linken und die Gutschriften auf der rechten Seite des Kontos aufgezeichnet werden. Eine zweite Form der Darstellung eines Kontokorrents besteht in der Staffelform. Last- und Gutschriften stehen hier nicht neben-, sondern untereinander und werden laufend gegeneinander aufgerechnet. Die Staffelform hat gegenüber der Kontoform den Vorzug, daß sich hier ein besonderes Addieren und Saldieren zur Feststellung des Kontenstandes erübrigt; sie hat jedoch den Nachteil, daß die Umsätze sich nicht im ganzen ergeben. Ihre Anwendung ist in der Praxis in der Hauptsache auf Sparkonten beschränkt. Eine dritte Form der Darstellung eines Kontokorrents endlich sucht die Vorteile der Konten- und Staffelform zu vereinigen, ohne ihre Nachteile zu übernehmen. Sie besteht darin, daß wie bei der einfachen Kontenform Soll- und Habenumsätze getrennt registriert, in zwei weiteren Spalten dann jedoch die jeweiligen Saldenveränderungen außerdem mitgeschrieben werden (heute am üblichsten).

Die Eintragungen auf den einzelnen Kontokorrenten erfolgen nach den Grundbuchungen. Ihre Richtigkeit muß durch besondere Kontrollen gesichert werden, um Fehldispositionen zu vermeiden; und zwar muß dabei vor allem folgendes kontrolliert werden: 1. ob die Übertragungen lückenlos erfolgt sind, 2. ob bei den Übertragungen nicht Erkennungen und Belastungen verwechselt sind, 3. ob die Saldenziehung richtig ist, 4. ob die verbuchten Umsätze in allen Fällen auf die richtigen Konten übertragen sind. Hiervon lassen sich die Kontrollen zu 1—3 in einem Arbeitsgang zusammenfassen, wenn die Konten täglich saldiert und die Salden mit der Hauptbuchhaltung abgestimmt werden. Trifft dies jedoch nicht zu, so müssen individuelle Kontrollen zu diesem Zweck eingeschaltet werden. Solche Kontrollen sind außerdem immer notwendig im Falle 4. Als individuelle Kontrollen kommen vor allem in Frage a) die nachträgliche Einzelkontrolle der getroffenen Buchungen an Hand der Grundbücher bzw. (besser) der Originalbelege, b) die Führung besonderer Beibücher, die laufend mit dem eigentlichen Kontokorrent abgestimmt werden, c) die Versendung täglicher Saldenauszüge an die Kundschaft, d) die unter a), b) und c) angeführten Kontrollen ganz oder zum Teil gemeinsam. In welcher Weise die Kontrollen in der Praxis durchgeführt werden, hängt im einzelnen in der Hauptsache von der Organisation der Kontokorrentbuchführung im ganzen ab.

In ähnlicher Weise, wie das Kontokorrentskontro eine Aufteilung des entsprechenden Hauptbuchkontos ist, stellt das Wechselskontro eine Spezifikation des Wechselkontos dar. Aus Wirtschaftlichkeitsgründen vereinigt man dabei heute vielfach das Wechselskontro mit dem Wechselkopierbuch, das an sich nur die spätere Rekonstruktion der bei einer Bank durchlaufenden Wechsel nach Aussteller, Bezogenen, Laufzeit usw. ermöglichen soll. Die Buchungen auf dem Wechselskontro werden beim Eingang in der Regel an Hand der Originalwechsel vorgenommen. Dagegen begnügt man sich beim Ausgang meist mit den Kopien bzw. Durchschlägen der Wechselverbandverzeichnisse. Die Abstimmung zwischen Skontren und Grundbuchungen erfolgt dann durch Einzelvergleich mit gleichzeitiger Abstimmung der verglichenen Beträge.

Die Notwendigkeit, außer den angeführten, besondere Devisen- und Sortenskontren zu führen, richtet sich danach, ob eine Bank eine besondere, in sich abgeschlossene Valutabuchführung besitzt oder ob die Verbuchung der Valutaumsätze innerhalb der Markbuchführung erfolgt. Im ersteren Falle ist nämlich die Führung besonderer Valutaskontren überflüssig, da hier die Bestände in den einzelnen Valuten in gleicher Weise wie die Marktbestände innerhalb der Valutabuchführung bereits erfaßt werden. Im letzteren Falle müssen dagegen solche Skontren angelegt werden.

In jedem Falle muß endlich ein Effektenskontro geführt werden, das dazu dient, alle Umsätze in Effekten, soweit sie wenigstens vorübergehend in das Eigentum der Bank übergehen, nach Gruppen geordnet festzuhalten. Zur Erleichterung der Übersicht wird das Effektenskontro in der Regel in Kontenform angelegt, und zwar pflegt man mindestens für diejenigen Effekten, in denen die Bank größere Bestände unterhält, oder in denen größere Umsätze stattfinden, Sonderskontren, im übrigen dagegen zum Teil auch Sammelskontren zu führen. Die Eintragungen auf dem Effektenskontro erfolgen meist an Hand der Grundbuchungen, in selteneren Fällen mittels Durchschlägen von Effektenabrechnungen usw. Die Abstimmung erfolgt mit Hilfe des Hauptbuchs.

5. Die nicht systematischen Bücher der Bankbuchführung. Außer den bisher besprochenen systematischen Büchern der Bankbuchhaltung, d. h. denjenigen Büchern, die innerhalb des Systems der doppelten Buchführung stehen und deren Führung daher, wenn dieses System überhaupt zur Anwendung kommt, mehr oder minder zwangsläufig notwendig ist, werden in jedem Bankbetriebe noch eine große Anzahl weiterer Aufzeichnungen buchhalterischer Natur gemacht, und zwar vor allem

a) zu statistischen Zwecken,
b) zum Zwecke der Mengenverrechnung,
c) zu verschiedenen Kontroll- und Überwachungszwecken.

Vornehmstes Ziel einer guten Bankorganisation muß es dabei allerdings sein, nicht nur den Umfang dieser

Nebenbücher überhaupt in einem möglichst engen Raum zu halten, sondern auch ihre Führung so in den Rahmen der gesamten Buchführungsorganisation einzupassen, daß durch sie die Führung der systematischen Bücher in keiner Weise gestört wird. Außerdem kann man in vielen Fällen auch durch entsprechende Anordnung von Konten, durch Hereinnahme von Zusatzspalten bei der Kontenführung usw. Hilfsbücher überhaupt überflüssig machen. Dieser letztere Umstand fällt aber um so mehr ins Gewicht, als ja auch die nicht systematischen Bücher, wenn sie separat und völlig losgelöst von der systematischen Buchführung geführt werden, wiederum besondere Kontroll- und Abstimmungsarbeiten erfordern.

II. Die Mechanisierung der Bankbuchhaltung.

1. Vorbemerkungen. Wenn auch grundsätzlich fast jeder Betrieb einer gewissen Mechanisierung zugänglich ist, so müssen doch Art und Umfang in jedem Falle von Größe und Charakter des betreffenden Betriebes abhängig gemacht werden. So ist z. B. die Einführung einer modernen Belegbuchhaltung bei Betrieben, bei denen die Zahl der auf Geschäftsvorfälle gleicher Art entfallenden Buchungen relativ gering ist, meist nicht zweckmäßig, da hier die alte Übertragungsbuchhaltung sicherer arbeiten würde. Jedoch auch bei Betrieben, bei denen die Einführung der Belegbuchhaltung an sich bereits zweckmäßig ist, muß je nach Art des Betriebes in der organisatorischen Ausgestaltung der Belegbuchhaltung (insbesondere dem Ausmaße und der Art der Zusammenfassung von Buchungen und anderen Arbeitsvorgängen) verschieden verfahren werden. So wird in Betrieben, in denen der größte Teil aller Vorfälle gleichartig ist, zweckmäßig Grundbuchung und Kontenführung in einem Arbeitsgang zusammenzufassen sein, wogegen man in Betrieben, in denen die vorkommenden Geschäftsvorfälle sehr unterschiedlich sind, Grundbuchführung und Kontenführung zu trennen pflegt und statt dessen Grundbuchungen und Korrespondenz in einem Arbeitsgang zusammenfaßt. Relativ selten sind endlich die Banken, bei denen sich Grundbuchung, Kontenführung und Korrespondenz vereinigen lassen. In jedem Falle liegt jedoch der Schwerpunkt der Mechanisierungsmöglichkeiten in einer der drei vorstehend angeführten Richtungen, während die darüber hinaus noch durch eine Mechanisierung etwa miterfaßten Arbeiten mehr nebengeordnete Bedeutung haben.

2. Die Zusammenfassung von Korrespondenz und Grundbuchung. Die Zusammenfassung von korrespondenz- und grundbuchtechnischen Arbeiten läßt sich im wesentlichen auf eine zweifache Weise erreichen. Entweder man schreibt alle Grundbuchungen, die gleichartige Geschäftsvorgänge betreffen, auf den gleichen Memorialbogen durch; oder man löst das Memorial in einzelne Zettel auf, auf denen jeweils nur ein Geschäftsvorfall festgehalten wird, und stellt diese Zettel nachher in einem besonderen Arbeitsgang summenmäßig wieder zusammen, wobei dann aber nur die Ziffern noch einmal geschrieben werden, eine Wiederholung des Buchungstextes jedoch unterbleibt.

Von beiden Arbeitsverfahren ist das erstere vor allem auf die Bedürfnisse der Memorials abgestellt. Es findet daher zweckmäßig vor allem da Anwendung, wo bei jeder Buchung mehr als zwei Konten berührt werden, da dann das Wegfallen besonderer Summenzusammenstellungen bereits stärker ins Gewicht fällt. In formulartechnischer Hinsicht stellt die gleichzeitige Herstellung von Korrespondenz und Grundbuchung insofern besondere Anforderungen, als meist nur lange und schmale Streifenformulare verwandt werden können, die oft schlecht zu manipulieren sind. Einen weiteren Schritt zur Vereinfachung bedeutet es, wenn außer dem Memorial im gleichen Arbeitsgang auch noch besondere Buchungsbelege für das Kontokorrentkonto und eventuell auch für die Sachkonten angefertigt werden, die dann an Stelle des eigentlichen Grundbuchs als Unterlagen für die Übertragungen auf die Konten dienen. Der Hauptvorteil dieses Verfahrens liegt in der Möglichkeit, die Buchungen des Tages vor der Eintragung auf den Skontren vorzusortieren und dadurch die Skontrierung zu vereinfachen und beschleunigen.

Bei dem zweiten oben erwähnten Verfahren wird in der Vereinfachung nochmals weitergegangen, indem man hier auf die Führung eines chronologisch geordneten Memorialblattes überhaupt verzichtet und an seine Stelle einzelne Memorialzettel für jeden Geschäftsvorfall setzt, die erst später summenmäßig zusammengestellt werden. Der Hauptvorteil eines solchen Verfahrens besteht darin, daß dabei die verschiedenartigsten Geschäftsvorfälle hintereinander an der gleichen Maschine erledigt werden können, ohne daß das sonst notwendige dauernde Auswechseln der Memorialbögen erforderlich wird. Auch fallen die oben erwähnten formulartechnischen Schwierigkeiten hier weg. Die demgegenüber bestehende erhöhte Verlustgefahr einzelner Memorialzettel kann durch tägliche Abheftung sämtlicher Zettel auf ein Minimum reduziert werden.

Zur Zusammenfassung von Grundbuchung und Korrespondenz sind Maschinen nicht unbedingt erforderlich. Bei handschriftlichen Verfahren ist allerdings die Zahl der zu Nebenzwecken (Kopien, Depotdurchschläge usw.) herstellbaren Durchschläge beschränkt. In der Praxis benutzt man deshalb meist Maschinen; und zwar genügen hierzu für die Mehrzahl der Geschäftsvorfälle einfache Schreibmaschinen mit besonderen Vorsteckvorrichtungen; lediglich zur Herstellung von Effekten-, Devisen- und Diskontabrechnungen empfiehlt sich die Verwendung von kombinierten Rechen- und Schreibmaschinen.

3. Die Zusammenfassung von Grundbuchung und Kontenführung. Bei diesem Arbeitssystem erfolgt zunächst die korrespondenzmäßige Bearbeitung der einzelnen Geschäftsvorfälle in den zuständigen Abteilungen. Danach müssen jedoch sämtliche Buchungsaufgaben, Abrechnungen usw. bzw. Abschriften hiervon durch die Buchhaltung laufen, ein Verfahren, das allerdings leicht zum Verlust einzelner Aufgaben vor ihrer Verbuchung führen kann. Ein weiterer Nachteil dieses Verfahrens besteht außerdem darin, daß sich auch hier, wenn die Geschäftsvorfälle häufig wechseln, die Notwendigkeit eines dauernden Auswechselns der Grundbuchblätter ergibt. Es empfiehlt sich daher nur in Betrieben mit ziemlich gleichförmigem Geschäft. Hier wird es jedoch vielfach mit gutem Erfolg angewandt, und zwar vielfach unter Ausschluß von Maschinen mittels Handdurchschrift. Außerdem eignet es sich auch bei großen und komplizierten Betrieben für einzelne Teile der Buchhaltung z. B. die Terminbuchhaltung.

Um die Vorteile der korrespondenz- und grundbuchtechnischen Arbeiten, gleichzeitig aber auch die einer Zusammenfassung von Grundbuchung und Kontenführung zu genießen, wird endlich häufig auch ein Arbeitsverfahren eingeschlagen, das eine Kombination zwischen beiden darstellt. Man stellt zunächst grundsätzlich im gleichen Arbeitsgange mit der Korrespondenz Buchungsbelege für Belastungen und Gutschriften her. Auf ein eigentliches Memorial, in dem Belastungen und Gutschriften unter Anführung der Gegenkonten enthalten sind, verzichtet man dagegen ganz. Man betrachtet vielmehr die Buchungsbelege als das gewissermaßen in Soll- und Habenvorgänge zerlegte Grundbuch. Die Buchungsanweisungen selbst werden jedoch nicht wie bei dem weiter oben besprochenen Zettelgrundbuch zunächst an einer besonderen Betriebsstelle gesammelt und summenmäßig zusammengestellt, sie wandern vielmehr direkt in die Buchhaltung. Hier erfolgt dann die übliche Sortierung nach Personen- und Sachkonten sowie nach Kontenführern.

4. Die Zusammenfassung von Grundbuchung, Korrespondenz und Kontenführung. Die theoretisch vollkommene Art einer Zusammenfassung von verschiedenen Arbeitsvorgängen besteht in einer völligen Zusammenfassung der angeführten drei Arbeitsgänge. Sie bereitet allerdings so erhebliche technische Schwierigkeiten, daß sie nur relativ selten, und zwar dann zur Anwendung kommt, wenn die Art der von einer Bank betriebenen Geschäfte wenigstens die teilweise Umgehung dieser Schwierigkeiten gestattet. Im einzelnen verlangt die erfolgreiche Durchführung des Verfahrens, daß die zusammengefaßte Bearbeitung sämtlicher Geschäftsvorfälle an einer Zentralstelle erfolgt. Die einzelnen Abteilungen können daher die schriftliche Bearbeitung, Verbuchung usw. nur noch vorbereiten. Sodann müssen die Unterlagen einer Zentralstelle zugeführt werden, die ihrerseits die Beschriftung der Formularsätze einschließlich Verbuchung auf den Konten vornimmt. Der Hauptvorteil des Verfahrens besteht in der fast vollkommenen Trennung von geistiger und mechanischer Arbeit, der Hauptnachteil in den Reibungsverlusten, die bei der Durchführung dieses Prinzips mit Rücksicht auf die komplizierte Struktur eines Bankbetriebes entstehen müssen.

5. Die Organisation der Kontokorrentbuchhaltung. Die Organisation der Kontokorrentbuchhaltung wird weitgehend bestimmt durch die Organisation von Grundbuchführung und Korrespondenz. Hinsichtlich der Erfordernisse ihres allgemeinen Aufbaus ist daher auf die Ausführungen in Abschnitt 2—4 zu verweisen. Im einzelnen ist weiter die Frage der Führung besonderer Saldokontokorrente von Bedeutung. Hierunter versteht man die notizweise Skontrierung des Saldos der einzelnen Kundenkonten unter Berücksichtigung der neuesten Dispositionen und Eingänge. Zweck der Saldokontokorrente (nicht zu verwechseln mit der doppelten Führung der Kontokorrente; s. u.) ist die Erleichterung der laufenden Dispositionen; ihre Führung erfolgt an Hand der Originalbelege (Aufträge usw.), nicht an Hand der Grundbuchungen, die zeitlich wesentlich später entstehen. Die Frage nach der Notwendigkeit der Führung von Saldokontokorrenten ist verschieden zu beantworten, je nach Größe und Organisation des betreffenden Betriebes. Ihre Ausschaltung wird allerdings meist nur zu erreichen sein, wenn die Verbuchung der Ein- und Ausgänge auf den Konten laufend und nicht nur einmal während des Tages erfolgt und außerdem alle Dispositionen in der Kontokorrentbuchführung durchlaufen und wenigstens notizweise vermerkt werden, was in der Regel nur in kleineren und mittleren Betrieben möglich ist.

Die formulartechnische Ausgestaltung der Kontokorrente hängt einmal davon ab, ob die Herstellung mit Hand oder mit Maschinen (und mit welchen Maschinen) erfolgt und zweitens davon, ob die Kontenführung einen selbständigen Arbeitsgang darstellt, oder ob sie mit anderen Arbeitsgängen vereinigt wird. Bei der Beschriftung wird der Text gegenüber der früheren Buchführung im allgemeinen stark eingeschränkt, jedoch sind die aufzunehmenden Daten (Datum des Buchungstages, Buchungstext, Wertstellung, ausmachender Betrag, Saldo und Zinszahlen) an sich die gleichen geblieben wie früher. Soweit noch Semestralauszüge üblich sind, werden diese bei einer mechanisierten Buchführung grundsätzlich im gleichen Arbeitsgang hergestellt, wie die Konten, an denen sie meist fest angeheftet sind. An ihre Stelle tritt jedoch vielfach die Versendung von Tageskontokorrenten, die täglich bzw. in kurzen Abständen an die einzelnen Kunden versandt werden und laufend die getätigten Umsätze aufnehmen. Die Führung besonderer Beibücher fällt in mechanisierten Buchführungen im allgemeinen überhaupt fort, da die tägliche Saldenabstimmung in Verbindung mit der Versendung von Tagesauszügen und der Nachprüfung der getroffenen Buchungen an Hand der Originalbelege ein ausreichendes Maß von Betriebssicherheit bietet.

Beim Kontoabschluß überwiegt heute bei den deutschen Banken durchaus die einfache Staffelrechnung, die vor allem deshalb vorteilhaft ist, weil sie in weitesten Umfange die Verwendung von Maschinen gestattet. Insbesondere benutzt man dabei die verschiedenen saldierenden Additionsmaschinen, wobei man die Buchungsposten in der Regel ohne vorherige Anfertigung eines Staffelknechts einzeln einsetzt. Nur bei Konten mit ganz großen Umsätzen kann auf die Anfertigung eines Staffelknechts nicht verzichtet werden. Dagegen sind die früher üblichen progressiven und retrograden Zinsberechnungsmethoden heute fast ganz außer Übung gekommen.

Die Manipulierung der Konten und Belege wird endlich wesentlich erleichtert bei Durchführung einer allgemeinen Numerierung. Insbesondere die Kontennumerierung ist geeignet, sowohl die Schnelligkeit als auch die Sicherheit der Betriebsführung zu fördern, da sie das Auffinden der Konten erleichtert und die Gefahr von Verwechslungen verringert. Die Numerierung erfolgt im einzelnen entweder durch Einführung laufender Nummern ohne Berücksichtigung des Alphabets, oder aber die Kunden mit den gleichen Anfangsbuchstaben werden zu Nummerngruppen zusammengefaßt und alsdann durch Hinzunahme ihres Anfangsbuchstabens gekennzeichnet. Schließlich werden gelegentlich auch Kundengruppen unter sachlichen Gesichtspunkten zusammengefaßt und unter Hinzusetzung einer Gruppennummer in römischen Ziffern gekennzeichnet. Die Numerierung der Belege erfolgt entweder in der Weise, daß man die einzelnen Belege mit den Nummern der Konten versieht, auf die die in den Belegen angegebenen Beträge zu übertragen sind oder man führt eine laufende Numerierung der Belege ein.

6. Die Führung der Sachkonten. Hinsichtlich der Führung der Sachkonten ist zu unterscheiden zwischen Konten, bei denen eine skontrenmäßige Aufgliederung in ähnlicher Weise wie bei den Personenkonten notwendig ist (z. B. Effektenkonto) und Konten, bei denen sich eine solche Untergliederung erübrigt (z. B. Kassakonto). Bei den letzteren wirkt sich die Mechanisierung in der Organisation der Umsatzsammlung aus. Bei den ersteren läßt sich die Kontierung unter Anwendung ähnlicher Verfahren, wie sie bei der Kontokorrentbuchführung in Betracht kommen, rationalisieren. Im einzelnen können die Sachkonten entweder als Bestandskonten oder als gemischte Konten geführt werden. Organisationstechnisch bringt dabei die Führung gemischter Konten insofern eine gewisse Erleichterung gegenüber der Zerlegung der Konten in reine Bestands- und Erfolgskonten, als dadurch die Einrichtung der Grundbücher vereinfacht wird, die entsprechend weniger Spalten haben müssen. In anderer Hinsicht hat die Führung von gemischten Konten jedoch auch Nachteile insofern, als hier eine Abstimmung der Bestände mit der Buchführung nicht möglich und daher die Führung besonderer Bestandsbücher notwendig ist.

7. Die Führung von Hilfs- und Nebenbüchern. Zur Vereinfachung der Führung von Hilfs- und Nebenbüchern kommen vor allem zwei Verfahren in Betracht: Erstens die Einführung von Loseblattbüchern, wobei die Eintragungen auf den einzelnen Blättern mittels Durchschrift gleichzeitig mit einem anderen Arbeitsgang vorgenommen werden. Das an sich sehr sparsame Verfahren stößt allerdings in der Praxis oft auf Schwierigkeiten, weil es sich schwer in die übrige Organisation einpassen läßt. An seine Stelle tritt daher vielfach eine einfache Zettelbuchführung, bei der insbesondere die bei den ersten Verfahren bestehenden formulartechnischen Schwierigkeiten vermieden werden. In der Praxis findet sich das zweite Verfahren vor allem in solchen Betrieben, die auch mit einer verzettelten Grundbuchführung arbeiten.

Die Führung von Hilfs- und Nebenbüchern wird im übrigen in einem neuzeitlich organisierten Betrieb nach Möglichkeit überhaupt beschränkt. Insbesondere fällt die früher für viele Sparten übliche Führung von reinen Kontrollbüchern, in denen die gleichen Geschäftsvorfälle wie in der laufenden Buchführung noch einmal festgehalten werden, weg, da die Betriebssicherheit durch Kontrollen anderer Art besser gewährleistet wird.

Vgl. auch *Bankbuchhaltung, Methoden der.*

Literatur: DIEDRICHS, Dr. J.: Die Mechanisierung und Rationalisierung des Bankbetriebes. Leipzig 1928. — HAASE-BUTZE: Bankbuchhaltung. Berlin 1925. — HASENACK, WILHELM: Betriebskalkulation im Bankgewerbe. Berlin 1925. — LINHARDT, H.: Die Kontrolle im Bankbetrieb. Stuttgart 1926. — OBST, GEORG: Bankbuchhaltung. Stuttgart 1925. — PORGES-SCHÖNWANDT: Die Kontrolle im Geschäftsverkehr der Banken, Sparkassen und Genossenschaften. Berlin 1926. — RITTSTIEG, O.: Verschiedene Aufsätze über Rationalisierungsfragen im Bankgewerbe. Z. handelswiss. Forsch. **7**/8 (1927); Zahlungsverkehr und Bankbetrieb, S. 120ff., 145ff. 1927; sowie Plutusbriefe **1.** 1928. — RICHTER, HERMANN: Die Verwirklichung moderner Organisationsgrundsätze im deutschen Bankbetrieb. Bankwissenschaft **1.** 929. — SCHWANDT, H.: Die Technik der Kontrolle im Bankbetrieb. Berlin. — SCHOELE, OTTO: Grundzüge der Rationalisierung der Bankbetriebe. Zahlungsverkehr und Bankbetrieb 8. — Die Rationalisierung im Bankbetriebe. Ebenda **9.** — WALB, E.: Die Anlage von Grundbüchern und Konten in der Bankbuchhaltung. Z. handelswiss. Forsch. 10.

HERMANN RICHTER.

Innsbrucker Protokoll s. *Valorisierung II.*

Inscriptionsregister s. *Hypothek.*

In-sich-Geschäft s. *Kommissionsgeschäft.*

instalment (e) = Ratenzahlung.

— **business** vgl. *Abzahlungsgeschäft.*

Instituto Mobiliare Italiano s. *Öffentlich-rechtliches Bankwesen 7*, s. a. *Italien, Geld- und Kapitalmarkt 4*.

Intangible assets (e) = nicht greifbare Aktiva (i. d. Bed. v. nicht sofort greifbar, oder s. v. w. „ideelle Werte").

intelligence-department s. *Service*.

Interdependenz = gegenseitige Abhängigkeit, deren Folgen die „wirtschaftlichen Wechselwirkungen" sind. (Vgl. *Konjunkturbeobachtung*.)

„Interesse wahrend", häufig gebrauchter Zusatz bei der Erteilung von Börsenaufträgen, durch den der Kommissionär (s. *Kommissionsgeschäft*) eine über die allgemeine Bestimmung des § 384 HGB. hinausgehende diskretionäre Vollmacht hinsichtlich der Durchführung erhält.

Interessengemeinschaft (I.-G.). Vertrag (meist auf eine Reihe von Jahren abgeschlossen) der zwischen zwei oder mehreren völlig selbständig bleibenden Unternehmungen Bindungen, insbesondere hinsichtlich der Aufteilung des Reingewinns, zum Gegenstand hat. Oft Vorstufe einer völligen Vereinigung (Fusion, s. *Industrie und Banken IV*). So auch bei dem bekanntesten Beispiel einer I.-G., den I. G.-Farben.

Interessengemeinschaft der Berliner Privatbankfirmen s. *Standesvertretungen A 2b*.

Interimsdividende s. *Abschlagsdividende*.

Interimsschein, im weiteren Sinne jede vorläufige Bestätigung über eine Leistung; im engeren Sinne vorläufige Bestätigungen über Einzahlungen auf noch nicht ausgegebene Wertpapiere (z. B. anläßlich der Emission junger Aktien). (Vgl. *Aktie als Wertpapier 2*, s. a. *Aktiengesellschaft II*.)

International Committee of Bankers on Mexico s. *Rentenmarkt 8*.

Internationale Finanzkonsortion s. *Konsortialgeschäfte*.

Internationale Handelskammer s. *Handelskammer*.

Internationale Kapitalwanderungen. *1. Wesen und Arten der Kapitalwanderungen.* Fremde Kapitalanlagen sind Investierungen im Auslande, d. h. in politisch getrennten Gebieten. Man rechnet zu Kapitalwanderungen sowohl jeden über die politische Grenze gehenden Kredit als auch jede Kreditgewährung zwischen Mutterland und Kolonie usw. Diese Kreditgewährungen umfassen genau so wie die im Inlande alle Arten von Kapitalanlagen: kurzfristige Waren- und Finanzkredite; öffentliche und private festverzinsliche Kredite langfristiger Art, gewährt sei es von privaten Investors und von Kapitalanlage-Gesellschaften (z. B. Investment Trusts usw.), sei es auch von öffentlichen Körperschaften einschließlich des Staates selbst; Kapitalanlage in fremden Unternehmungen durch Erwerb von Anteilen (Aktien usw.) bzw. durch Errichtung oder Ankauf von Betrieben im Auslande.

Internationale Kredite gab es bereits im späten Mittelalter im Zusammenhang mit dem Messeverkehr in der Champagne, ferner anläßlich der Finanzierung des Zustroms von „Peterpfennigen" nach Rom und als gelegentliche Kredite für Regierungen. Die Augsburger Fugger spielten im 16. Jahrhundert die Rolle eines großen internationalen Finanzhauses, das nicht nur Kupferbergwerke im nördlichen und mittleren Deutschland, sondern auch Silberminen in Ungarn, ferner aber auch die Kriege der Habsburger in ganz Europa finanzierte. Ähnliche Beispiele internationaler Kredite finden sich zahlreich in der Geschichte des 17. und 18. Jahrhunderts. In der zweiten Hälfte des 18. Jahrhunderts entwickelte sich daraus bereits eine Art kontinuierlicher Finanztätigkeit, die sich in der Hauptsache in den Händen holländischer Bankiers konzentrierte; Antwerpen und Amsterdam waren damals die führenden Kreditmärkte der Welt, z. B. der englische Staat fand dort den Hauptmarkt für seine Schuldverschreibungen. Mit der Beendigung der napoleonischen Kriege geht die Führung auf Großbritannien über, das nahezu für ein Jahrhundert das maßgebende kapitalexportierende Land wurde und neben dem erst nach und nach Frankreich seit den sechziger Jahren, Deutschland seit Anfang der neunziger Jahre und die Vereinigten Staaten sogar erst im 20. Jahrhundert als Kapitalgeber größeren Stils auftreten.

Für das rapide Wachstum des Kapitalexportes seit der industriellen Revolution ist die Zunahme des englischen Besitzes an auswärtigen Kapitalanlagen bezeichnend, der sich allein in den letzten 30 Jahren vor dem Weltkrieg ungefähr verdoppelte. Das Wachstum des englischen Einkommens aus solchen Investierungen war stärker als das aus heimischen Investitionen und übertraf prozentual sogar die Zunahme des heimischen Volkseinkommens. Dieser enorme Kapitalstrom floß nicht kontinuierlich, sondern stoßweise: Perioden starker Kapitalwanderung und solche mit gehemmter Kreditbewegung wechseln ab in zyklischer Reihenfolge. Langfristig gesehen, war aber das Ergebnis ein kontinuierliches: mit Hilfe der Kapitalausfuhr der jeweils „reichen" Völker wurde die Welt für die kapitalistische Wirtschaft erschlossen und ausgebaut. Nur mit fremdem Kapital war insbesondere der Ausbau moderner Verkehrsmittel in der ganzen Welt möglich. Außer England haben alle Völker zum Bau der Eisenbahnen fremde Mittel beanspruchen müssen. Ähnliches gilt für die gesamte koloniale Expansion, für die Erschließung neuer Agrargebiete und für industrielle Anlagen zahlloser Art. —

2. Die Kapitalwanderungen vor dem Weltkrieg. Der Strom der Kapitalausfuhr ging im 19. Jahrhundert und bis zum Weltkrieg im großen ganzen in der Richtung der industriellen und kommerziellen Expansion der Welt. In dem Maße, in dem Neuländer eröffnet oder für den wirtschaftlichen Ausbau zugänglich gemacht wurden, wandte sich das Interesse der Kapitalgeber diesen Ländern zu. Selbst scheinbar rein politisch bedingte Kredite großen Umfangs, die etwa zur Stützung einer Bündnispolitik gewährt wurden, gingen meist Hand in Hand mit der wirtschaftlichen Entfaltung der kreditnehmenden Länder und mit der Aussicht für die Gläubiger, durch die Kreditgewährung Gewinne erzielen zu können. Im einzelnen waren aber Richtung und Charakter der Anlage im Ausland länder- und periodenweise doch verschieden. Der britische Kapitalexport setzte nach den napoleonischen Kriegen mit der Finanzierung der französischen Kriegsentschädigung und mit Krediten an kontinentale Staaten ein; es war die Zeit, als die ersten schmerzhaften Erfahrungen mit griechischen, spanischen, portugiesischen und ähnlichen Anleihen gemacht wurden. Dazu kamen die ersten großen Versuche, Bergwerksunternehmungen in Südamerika zu finanzieren. Dann fing britisches Kapital an, in größeren und kleineren Dosen in die Kolonien und vor allem in die Vereinigten Staaten zu fließen. In den vierziger Jahren beginnt jedoch erst die Periode, in der nicht mehr bloß ein bescheidener Bruchteil der jährlichen Kapitalneubildung Großbritanniens nach Übersee geht, diese sich vielmehr zur Hälfte und noch mehr von der Anlage in der engeren Heimat abwendet. Von da bis in die neunziger Jahre sind es vor allem die Eisenbahnbauten in der ganzen Welt, die von der britischen Unternehmungslust profitieren. Dazu kamen bald wieder andere wirtschaftliche Unternehmungen, unter denen aber zwei Typen nachgerade als spezifisch englische Anlageobjekte hervortraten: Bergwerke und Plantagen aller Art. Staatsanleihen spielten daneben eine weit bescheidenere Rolle; unter rein industriellen Investierungen standen Eisen und Textil im Vordergrund. Die Stellung Londons als internationaler Kapitalmarkt wuchs gleichzeitig, wobei es der Ausbildung eines bankmäßigen Apparates für die Finanzierung des internationalen Warenhandels sehr viel zu verdanken hatte. Die „merchant bankers", ursprünglich Export- und Importfirmen, spezialisierten sich seit Ende des 18. Jahrhunderts auf das internationale Akzeptgeschäft und haben auf diesem Felde für London — bis zum Weltkrieg — nahezu eine Monopolstellung erobert. Mit der Pflege des kurzfristigen Auslandskredites verband sich bald auch die des langfristigen; und der Apparat zur Übernahme und Verteilung von Wertpapieremissionen hat sich im Laufe eines Jahrhunderts intensiv und extensiv ausgeweitet (vgl. *Überseegeschäft*).

Der Mechanismus für die Unterbringung internationaler Werte fand und findet eine wichtige Stütze in der arbeitsteilig organisierten *Londoner Börse* (s. d.), die in der Regel allen Emissionen offen steht, sofern sie nur groß genug sind. Dank ihrem Emissions- und Verteilungsapparat konnte die City vor dem Weltkrieg die Stellung einer Art zentralen Geldmarktes der Welt einnehmen. Diese Stellung äußerte sich nicht nur in der Größe des Marktes, sondern auch — was die eigentlichen Kapitalwanderungen langfristiger Art anbelangt — in der Vielseitigkeit der Emissionen. Es gab kein Land und keine Unternehmungsart, dessen oder deren Nachfrage nach Kapital nicht in größerem oder kleinerem Ausmaß in London befriedigt worden wäre. Allerdings überwog stets das Interesse für Wertpapiere von wirtschaftlichen Unternehmungen, einschließlich public utilities; 1913 war kaum ein Drittel des englischen Auslandskapitals in Staats- und ähnlichen Papieren investiert. Das reine Rentnerinteresse an Staatspapieren spielte nur eine sekundäre Rolle; erst seit Anfang der neunziger Jahre, seit der riesigen „Demokratisierung" des Kapitalbesitzes, trat es stärker hervor, zumal seit 1900 die Emissionen der Dominien und Kolonien des britischen Reiches zu gilt-edged securities wurden. Dementsprechend wuchs der Anteil der festverzinslichen Emissionen aus dem britischen Reich im Rahmen der gesamten englischen Kapitalausfuhr; aber ohne daß von dem Gesamtexport jährlich mehr als etwa ein Viertel von Reichsteilen beansprucht worden wäre.

Die kommerziell bedingte Orientierung der englischen Kapitalausfuhr brachte es naturgemäß mit sich, daß sich zwischen Handelsexpansion und Kapitalinvestition im Auslande weitgehende Parallelität ergab. Eine solche, für die englische Investierungspolitik charakteristische Verflechtung lag für den französischen Kapitalexport nur zu einem sehr geringen Teil vor. Die Franzosen fingen bereits um die Mitte des Jahrhunderts mit Kreditgewährung an das Ausland an, die in den sechziger Jahren beträchtlichen Umfang erreichte und nach einer längeren Unterbrechung — Kriegsindemnitätszahlung an Deutschland 1871—75 durch Abstoßung fremder Wertpapiere! — seit 1885 wieder rapid zunahm. Vor dem Weltkrieg stand Frankreich an zweiter Stelle unter den kapitalexportierenden Völkern. Relativ wenig haben davon die französischen Kolonien profitiert. Trotz aller Förderung durch Staat und Presse entfiel von dem Gesamtbesitz Frankreichs an fremden Anlagewerten im Werte von rund 45 Milliarden Goldfranken (1914) kaum ein Elftel auf Anlagen im eigenen Kolonialreich, dessen kapitalistischer Aufbau, mit Ausnahme von Algerien und Tunis, nur geringe Fortschritte gemacht hat.

Die verhältnismäßig langsame industrielle Entwicklung Frankreichs und das Überwiegen des Kleinbetriebes in der Produktion brachten es mit sich, daß der Kapitalbedarf des Landes für produktive Zwecke bei weitem nicht in demselben Maße zunahm, wie es dem Wachstum der Kapitalbildung einer fleißigen und sparsamen Bevölkerung entsprochen hätte. Die breite Sparerschicht Frankreichs war (und ist) auf „sichere" und leicht liquidierbare Anlageformen bedacht. Die Folge war die Stellung von Paris als des billigsten Marktes für Staatsemissionen. Im Unterschiede zum englischen Kapitalexport war der französische, der in den letzten Jahren vor dem Weltkrieg durchschnittlich etwa 1,2—1,4 Milliarden Mark betrug, weniger an kommerziellen Anlagen und mehr an festverzinslichen Werten interessiert. Zwar bestand ein ganz gewaltiger Bruchteil der französischen Auslandsinteressen in Beteiligungen an allen möglichen wirtschaftlichen Unternehmungen Rußlands, des nahen Orients, Latein-Amerikas usw.; selbst die festverzinslichen Werte waren häufig Emissionen von Staaten oder von staatlich garantierten Unternehmungen zwecks produktiver Anlage. Von den rund 12 Milliarden Goldfranken, die Frankreich in Rußland investiert hatte, haben sicherlich mehr als die Hälfte im engeren Sinne „produktive" Aufgaben finanziert. Im großen ganzen herrschten aber zwei Typen von Anlagewerten vor: einmal öffentliche oder öffentlich garantierte Emissionen, die an den typischen „rentier" appellieren; und zum andern, kleineren Teil, Spekulationspapiere, belastet mit besonders hohen Risiken, weil sie die Mittel Unternehmungen in politisch unruhigen oder finanziell zweifelhaften Ländern zuführten.

In der Richtung zur Förderung der Rentenanlagen wirkt auch die Organisation des französischen Banksystems (vgl. *Frankreich, Geld- und Kapitalmarkt in*). Dazu kommt die konservative Tendenz des typischen französischen Sparers, der Aktien kaum kennt und dem die staatliche Garantie als die beste Gewähr für ökonomische Sicherheit erscheint. Diese konservative Vorsicht, verbunden mit geschichtlich bedingter Zu- und Abneigung gegen einzelne fremde Völker, macht den französischen Investor zu einem besonders geeigneten Objekt für die Beeinflussung durch Banken, Presse und Staatsapparat.

So ist Paris seit den achtziger Jahren der bevorzugte Emissionsmarkt namentlich für die Staats- und Kommunalpapiere derjenigen Länder geworden, für die beim französischen Publikum abwechselnd oder dauernd Sympathien bestanden: Emissionen lateinischer Länder in Europa und Südamerika, ferner Rußlands, der Balkanstaaten, der Türkei, zeitweilig auch Österreich-Ungarns. Die französische Regierung hat dabei großen Einfluß ausgeübt, um die Anlage der Ersparnisse in die jeweils politisch „erwünschte" Richtung zu treiben. Es wäre jedoch falsch, anzunehmen, daß Staat und Banken auf diese Richtung stets den ausschlaggebenden Einfluß besaßen. Vielmehr war die politische Vorsicht und „Umsicht" des französischen Sparers selbst das Instrument, auf dem in gewissem Umfang gespielt werden konnte. Das Ergebnis war, daß etwa die Hälfte der auswärtigen Kapitalanlage dieses sparsamen Volkes in Ländern arbeitete, die dann im Weltkrieg entweder Frankreichs Verbündete waren oder — Verbündete hätten werden sollen. Und etwa ein Drittel der gesamten Auslandsanlagen, die Frankreich in zwei Generationen aufgebaut ist, sind durch den Weltkrieg verlorengegangen.

Verhältnismäßig noch rascher als die französische Anlage im Auslande, die sich in den letzten 20 Jahren vor dem Kriege etwa verdoppelte, wuchs die deutsche Kapitalausfuhr. Bis in die achtziger Jahre war Deutschland Kapitalimportland, um von da an in raschem Tempo ein System von Kapitalbesitz in fremden Ländern aufzubauen, dessen Wert am Ende der Vorkriegsepoche auf etwa 24—30 Milliarden Mark geschätzt wurde. Von der französischen Kapitalausfuhr unterschied sich die deutsche durch geringeres Maß der politischen Abhängigkeit, durch stärkeren Anteil der direkten Investierungen und überhaupt der kommerziellen Anlagen im Vergleich zu den festverzinslichen Werten; von der englischen durch stärkere Verbindung dieser Expansion mit dem heimischen Depositenbanksystem. Die deutschen Depositenbanken, zugleich Emissionshäuser auf dem heimischen Kapitalmarkt, waren vielfach die Bahnbrecher des deutschen Kapitalexportes seit den achtziger Jahren. Es handelte sich zum Teil um die Finanzierung direkter Investierungen, entweder der Banken selbst (Bagdadbahn, Banca Commerciale usw.), oder die industrielle und kommerzielle Expansion der deutschen Unternehmer im Auslande wurde von den Banken finanziert; zum Teil handelte es sich um die Beteiligung deutscher Institute an internationalen Emissionen, die in Zusammenarbeit von Banken der verschiedenen Länder erfolgten. Die deutschen Großbanken und führenden Privatbankiers traten dabei nicht immer direkt als Finanziers ausländischer Unternehmungen auf; vielfach lag das Geschäft in Händen von Banken im Auslande, die von den deutschen Instituten kontrolliert waren und die neben dem internationalen Akzeptgeschäft auch Finanzierungsgeschäfte aller Art betrieben (Auslandsbanken).

Nur in verhältnismäßig wenigen Fällen war der deutsche Kapitalmarkt der Vorkriegszeit direkten politischen Einflüssen zur Beeinflussung der internationalen Kredite ausgesetzt. Wichtiger als der staatliche Einfluß war hier der der Banken. Eine ähnlich expansive Politik nach außen wurde zum Teil, freilich in entsprechend bescheidenem Ausmaß, auch von belgischen Bank- und Finanzhäusern (vgl. *die betr. Artikel*) betrieben. Die holländische Kapitalausfuhr spielte daneben noch eine gewisse Rolle auf dem internationalen Geldmarkt; sie kam im wesentlichen den niederländischen Kolonien zugute. Außer den genannten kreditgebenden Ländern im eigentlichen Sinne, die im Saldo mehr Kapital ausliehen, als sie aufnahmen, gab es eine nennenswerte Ausfuhr von Neukapital aus Schuldnerländern, die an sich Kredite in Anspruch nahmen, andererseits aber auch ihrerseits im Auslande investierten. In diese Gruppe der kapitalausführenden Länder gehörten Rußland, Österreich-Ungarn und vor allem die Vereinigten Staaten von Amerika. Die amerikanische Union, selbst mit etwa 6 Milliarden Dollar an das Ausland verschuldet, besaß bereits zu Kriegsbeginn fremde Wertpapiere und sonstige Investierungen im Auslande im Gesamtbetrage von $2^1/_2$—3 Milliarden Dollar, die sich in der Hauptsache auf Kanada und Mittelamerika verteilten, in geringerem Umfang auf Südamerika und Asien (China).

3. Die Kapitalwanderungen seit dem Weltkrieg. Der Weltkrieg und die darauf folgende Inflationswelle haben mannigfache Umschichtungen in den internationalen Kapitalwanderungen hervorgerufen. Zunächst trat eine Verminderung der internationalen Verschuldung ein, wenigstens soweit die normale (kommerzielle) Verschuldung in Frage kommt, also abgesehen von den politischen Forderungen: Reparationen und „inter-allied debts". Die Vorkriegsverschuldung nahm ab durch Zahlungsverweigerung von Schuldnern und Liquidation „feindlichen" Eigentums; ferner durch Rückzahlung von Schulden und durch Entwertung von Guthaben. Der englische Kapitalbesitz im Ausland ist um etwa ein Viertel, im wesentlichen durch den Verkauf von Effekten nach Amerika, vermindert worden. Die Franzosen haben ungefähr ein Drittel ihres Besitzes an fremden Anlagen eingebüßt durch die Staatsbankrotte Rußlands, Österreich-Ungarns, der Türkei usw. Der deutsche Besitz an Anlagen ist zum größten Teil verlorengegangen bzw. liquidiert worden.

Nach Wiederaufleben normaler internationaler Wirtschaftsbeziehungen setzten zwar die langfristigen Kredite in großem Umfang wieder ein, blieben aber hinter dem gleichartigen Volumen der Vorkriegszeit beträchtlich zurück. Schätzt man die langfristige Netto-Kapitalausfuhr der Welt in den letzten Vorkriegsjahren auf etwa 2—$2^1/_2$ Milliarden Dollar, so dürften dem im Durchschnitt der Jahre 1924—1930 kaum mehr als $1^1/_2$ Milliarden Dollar gegenüberstehen (ohne Berücksichtigung von Zinszahlungen usw.). Deutschland ist vom Gläubiger- zum Schuldnerland geworden, das den Wiederaufbau seiner Wirtschaft, die Rekonstruktion seines Währungs- und Banksystems, die Zahlung von Reparationen und von Zinsen auf die inzwischen aufgenommenen Kredite, ja, auch eine gewisse Neu-Investierung von Kapital im Auslande aus fremden Krediten finanzierte; im Saldo erhielt es in der genannten Periode etwa 10—11 Milliarden

Mark an kurzfristigen und ca. 8 Milliarden Mark an langfristigen Krediten, denen freilich die Reparationszahlung (1924 bis Mitte 1931) im Gesamtbetrage von rund 11 Milliarden Mark gegenübersteht. Frankreichs Kapitalexport langfristiger Art hörte bis zur Stabilisierung der Währung (1926) nahezu auf und beträgt auch seither (bis zur Krise) kaum mehr als die Hälfte oder zwei Drittel des früheren; er ist noch stärker „manipuliert" als früher. Der englische Kapitalexport bewegt sich (bis Ende 1930) mit durchschnittlich etwa 100 Millionen Pfund Sterling auf wenig mehr als halbem Niveau der letzten Vorkriegsjahre. Als neues Gläubigerland großen Stils sind die Vereinigten Staaten in die internationale Arena getreten mit einem durchschnittlichen Netto-Kapitalexport von etwa $^1/_2$ Milliarde Dollar jährlich. Aus der Reihe der Schuldnerländer großen Stils ist Rußland praktisch ausgeschieden, und die Investierungen in China haben im wesentlichen ebenfalls aufgehört; dafür wuchs in einzelnen Jahren die Kreditinanspruchnahme Kanadas und Lateinamerikas, sowie überhaupt der Neuländer und Kolonialgebiete, wieder an. Die Verminderung des langfristigen Kapitalverkehrs dürfte überkompensiert sein durch die Zunahme des kurzfristigen, wobei die beiden Typen von Kapitalwanderungen vielfach entgegengesetzt laufen: langfristiges Kapital exportierende Länder importierten z. T. kurzfristige Kredite und vice versa. Die Vereinigten Staaten z. B., die ihre Investitionen im Auslande bis Ende 1930 auf etwa 17 Milliarden Dollar (brutto) erhöht haben, nahmen zugleich ca. 3 Milliarden Dollar an kurzfristigen Krediten dauernd in Anspruch, wovon nur die Hälfte bis zwei Drittel durch amerikanische kurzfristige Kredite an das Ausland kompensiert sind. Die englischen Anlagen sind wieder auf die alte Höhe von rund 4 Milliarden £ oder etwas darüber hinaus angewachsen. Kurzfristige Kredite aus dem Auslande, namentlich aus Frankreich, dienen (Anfang 1931) den englischen Banken in entsprechendem Umfang (ca. 250 Millionen £) zur kurzfristigen Finanzierung des Außenhandels und der Banken in Deutschland, Mitteleuropa und anderweitig. Während die meisten kontinentalen Länder kurzfristig wesentlich verschuldet sind, hat Frankreich schätzungsweise 3—4 Milliarden Dollar Guthaben dieser Art im Auslande; Schweiz, Holland und Belgien, in kleinerem Umfange auch Schweden und die Tschechoslowakei sind Geldgeber, in der Hauptsache freilich mit Hilfe „geflüchteten" Kapitals z. T. aus den Schuldnerländern.

Die Struktur des britischen Kapitalexportes hat nach dem Kriege keine grundlegende Änderung erfahren. Wie der Anteil der heimischen Emissionen an der Gesamtsumme der in London neuaufgelegten Effekten von etwa einem Drittel auf die Hälfte gestiegen ist, so ist auch der Anteil der den Kolonien und Dominien des britischen Reiches gewährten Kredite gegenüber den sonstigen Auslandskrediten gestiegen. Man kann also von einer gewissen Autarkietendenz in der Bewirtschaftung der Ersparnisse des englischen Volkes sprechen, obwohl dies keineswegs durch staatliches Eingreifen planmäßig herbeigeführt wurde. Der Anteil der festverzinslichen an der Gesamtsumme der in England abgesetzten fremden Wertpapiere ist beträchtlich gewachsen und der Zusammenhang zwischen kommerzieller Expansion nach außen auf der einen Seite und Kapitalausfuhr auf der anderen, weiter gelockert worden. Die geographische Verteilung der Auslandskredite hat sich im übrigen insoweit auffallend geändert, als Deutschland zu einem der wichtigen Kreditnehmer geworden ist und die Vereinigten Staaten ganz in den Hintergrund traten (schätzungsweise 750 Millionen £ amerikanische Wertpapiere in englischem Besitz 1913, gegen 80 Millionen £ 1929). Unter der Führung der Bank von England hat die Londoner City eine entscheidende Rolle gespielt bei den Sanierungs- und Rekonstruktionsanleihen, die europäischen Staaten zur Wiederherstellung ihres finanziellen und wirtschaftlichen Gleichgewichts gewährt wurden.

Das Eintreten der Vereinigten Staaten nach dem Kriege in die Reihe der großen Gläubigerländer ist für den internationalen Kapitalmarkt von großer Bedeutung geworden. Diese Kapitalausfuhr ist teils aus dem Zahlungsüberschuß Amerikas gespeist worden, der auf dem Exportsaldo seiner Handelsbilanz, auf interalliierten Schuldenzahlungen, aber auch auf dem Zufluß kurzfristiger Kredite nach Amerika beruhte. Entscheidend aber waren der im Kriege und unmittelbar danach gewonnene Goldvorrat und die ungeheure Kreditexpansion — mehr als Verdoppelung des Depositenvolumens der Banken —, die auf dieser Basis zustande kamen, sich in relativer Niedrighaltung der amerikanischen Zinssätze und auch in einer Tendenz zur „forcierten" Kapitalausfuhr äußerten. Der Apparat von „bond houses", von Emissionshäusern und Emissionssyndikaten, die früher die Kapitalbeschaffung für Amerika aus Europa besorgten, konnte unschwer die Aufgabe der Placierung fremder Wertpapiere übernehmen und wird darin von Banken, Investment-Trusts usw. unterstützt. Ein großer Teil der emittierten fremden Wertpapiere wurde gar nicht abgesetzt, blieb vielmehr in den Händen dieser Institute liegen.

Diese amerikanische Kapitalausfuhr hat sich als besonders konjunktur-empfindlich erwiesen. Ungewöhnlich große Schwankungen im Volumen wie in der Verteilung sind von Jahr zu Jahr zu verzeichnen. Von 1924 und 1925 fiel der Reinsaldo (net balance) der Kreditbewegungen (Exportüberschuß) von 0,5—0,6 Milliarden Dollar auf etwa ein Drittel (kaum 0,2 Milliarden) im Laufe von 1926, um 1928 auf die Rekordhöhe von nahezu einer Milliarde Dollar zu steigen und dann im nächsten Jahr wieder auf weniger denn die Hälfte zu fallen. Was die geographische Verteilung anbelangt, so ging 1925—1928 etwa die Hälfte der gewährten langfristigen Kredite nach Europa, dessen Anteil 1929 plötzlich auf ein Viertel fiel. Kanada nahm 1925 nur 14%, 1929 dagegen 42% und nimmt seither über 60% in Anspruch. Von den Auslandsanlagen der Amerikaner lag vor dem Kriege etwa die Hälfte (1,2 Milliarden Dollar) in Zentral-Amerika; Anfang 1931 entfiel ein Drittel (5,6 Milliarden Dollar) auf Europa, — davon allein auf Deutschland nahezu anderthalb Milliarden —; nicht viel weniger (4,4 Milliarden) auf Kanada und je 3 Milliarden auf Süd- bzw. Zentralamerika. Im Rahmen der Investitionen auf dem amerikanischen Kontinent spielen die „direct investments" eine entscheidende Rolle; unter den europäischen gehört denen in Bond-Form die erste Stelle. Diese rapide Expansion des amerikanischen Kapitals hat in wenigen Jahren in Kanada die finanzielle Kontrolle der Unternehmungen zum guten Teile aus englischen in amerikanische Hände übergeführt und hat insbesondere in Mittelamerika, sowie in einigen südamerikanischen Staaten, z. B. Bolivien, den nordamerikanischen Unternehmern eine vorherrschende Stellung geschaffen. Hand in Hand mit dem kapitalistischen Vordringen der Amerikaner ging ihr militärischer und diplomatischer Vormarsch in den pazifischen Ländern, und eine Reihe von Kleinstaaten sind dort direkt oder indirekt unter die politische Kontrolle der Vereinigten Staaten geraten. Amerikanischerseits ist es wenn nicht zur politischen Doktrin, so jedenfalls zur politischen Praxis geworden, zum Schutze der „gefährdeten" Anlagen im zentralamerikanischen Gebiet militärische oder mindestens diplomatische Kräfte einzusetzen und zugleich — unter Berufung auf die Monroe-Doktrin — den Einsatz ähnlicher Kräfte von seiten europäischer Mächte energisch zu verhindern. Die kapitalistische Expansion in diesen Gebieten war aber auch im voraus gefördert, indem solche Anlagen, insbesondere der Erwerb von Konzessionen für Bahnbauten, Bankgründungen usw. von der amerikanischen Regierung den Interessenten in vielen Fällen nahegelegt und anscheinend auch der staatliche Schutz in Aussicht gestellt wurde. Für die Käufer von bonds oder gar von shares kanadischer oder europäischer Unternehmungen gab es einen ähnlichen Schutz naturgemäß nicht; die amerikanische Regierung behielt sich aber die Genehmigung solcher fremden Anleihen vor, die nur in ganz seltenen Fällen (Deutsche Kali-Anleihe, Anleihe des Staates São Paulo) verweigert wurde.

Die beiden charakteristischen Erscheinungen in der Neugestaltung des internationalen Kapitalverkehrs — relative Abnahme der langfristigen und Zunahme der kurzfristigen Kredite — sind im wesentlichen durch die gleichen ökonomischen und politischen Ursachen bedingt. Entscheidend ist zunächst die Unsicherheit, die die weltpolitische Lage (vor allem auf dem europäischen Kontinent und in China, neuerdings auch in Südamerika) kennzeichnet und die der langfristigen Anlage in fremden Ländern naturgemäß abträglich ist. Die dadurch bewirkte Kreditverteuerung für die Schuldnerländer hat die Nachfrage in denselben keineswegs einzuschränken vermocht; die weitgehende Unelastizität der Kreditnachfrage ist eine weitere typische Nachkriegserscheinung, die für das Wachstum der kurzfristigen Verschuldung mitverantwortlich ist. Sie hängt teils mit der Dringlichkeit des Bedürfnisses nach Wiederaufbau und Wiederherstellung einer „normalen" Equipierung mit Kapitalgütern namentlich in den vom Kriege unmittelbar heimgesuchten Ländern zusammen. Teils aber auch mit Papiergeld- und Goldinflation in einzelnen Ländern, mit der Überspannung protektionistischer Methoden und mit der ungewöhnlich starken Spekulationsneigung, die namentlich in den Jahren 1926—1929 nahezu überall zu förmlichen Hausse-Exzessen geführt hat.

4. Volkswirtschaftliche Bedeutung für die Gläubigerländer. Man hat in der Entwicklung der Völker von Schuldner- zu Gläubigerländern eine Art Gesetzmäßigkeit finden und daraus weitgehende Konsequenzen für die angeblichen Entwicklungstendenzen des Kapitalismus überhaupt ableiten wollen. Tatsache ist, daß praktisch jedes moderne Land in das geschichtliche Stadium, indem es im Saldo Kapital exportiert, erst eintritt, nachdem es vorher längere oder kürzere Zeit Schuldnerland gewesen ist; und typischerweise ist der Übergang durch die verstärkte Zinszahlung bzw. Tilgung der früher aufgenommenen Schulden gekennzeichnet. Im gewissen Sinne ist diese Entwicklung eine „notwendige", in dem Sinne nämlich, daß die Zunahme des Reichtums naturgemäß sowohl die Möglichkeit als auch das Interesse verschafft, Guthaben und Anlagen im Auslande zu unterhalten. Die Notwendigkeit ergibt sich aus kommerziellen und finanziellen Gründen: sei es, um den Außenhandel zu fördern oder um die Risiken der Kapitalanlage für die heimischen Investors durch Ablenkung eines Teiles der Mittel ins Ausland zu vermindern.

Der Anreiz dazu nimmt zu mit Wachstum der Produktion und insbesondere der Unternehmungs- und Betriebsgröße. Das optimale Produktionsvolumen läßt sich teils aus technischen, teils aus kommerziellen (Konkurrenz-) Gründen im Rahmen der jeweiligen Landesgrenzen vielfach nicht verwirklichen. Vor allem ist es aber die Finanzierung des Absatzes auf der einen Seite und die Gewinnchance auf der anderen, die die Sicherung des entsprechend zunehmenden Rohstoffbedarfs bietet, was die Kapitalausfuhr im Interesse der Produktion selbst notwendig erscheinen läßt. Dies ist der richtige Kern der im übrigen maßlos übertriebenen Theorien sozialistischer Autoren über einen dem modernen Wirtschaftsleben angeblich immanenten Zwang zu „Imperialismus" durch Kapitalexport. Richtig ist, daß der Aufbau der modernen Industrie ohne ständige Ausweitung der Absatzgebiete und der Bezugsquellen mit Hilfe der Kapitalausfuhr nicht in dem Tempo möglich gewesen wäre, wie das tatsächlich der Fall war. Die industrielle „Revolution" in den Vereinigten Staaten nach dem Kriege war auch wesentlich durch Förderung des Warenexportes mittels Kapitalexport bedingt gewesen.

Die Anlage eines Teils des nationalen Vermögens in fremden Ländern bedeutet „Risikomischung" vom Standpunkt der Sparer und auch von dem der Volkswirtschaft aus: sie wirkt „stabilisierend", wenn und soweit als eine heimische Hochkonjunktur dadurch gebremst und die Verluste einer Krise (Depression) gemildert werden. Ferner pflegt sie — bei gleich großer Risikoübernahme — höhere Erträge als die Investition in heimischen Werten zu bringen. Beide Vorteile — Risikoausgleich und Einkommenssteigerung — sind freilich hinfällig, wenn die Anlagen notleidend werden. Die Verluste auf Auslandsinvestitionen waren vor den 1890er Jahren sehr bedeutend gewesen und dasselbe gilt wieder im Weltkrieg und seit 1929, während die Periode unmittelbar vor dem Kriege für die Gläubigerländer verhältnismäßig sehr geringe Verluste gebracht hat; im allgemeinen waren die Verluste in auswärtigen Anlagen eher geringer als in heimischen Anlagen. Volkswirtschaftlich könnte als Nachteil der Kapitalausfuhr angesehen werden, daß sie den Zinssatz im Gläubigerland auf höherem Niveau hält, als es sonst der Fall wäre, und daß sie die Einkommensverteilung insofern ungünstig beeinflußt, als die dadurch erzielten höheren Erträge den ohnehin Reicheren zugute kommen, die Ungleichheit der Einkommensverteilung also unterstrichen wird. Dem stehen aber die offenkundigen Vorteile gegenüber: günstigere Absatzbedingungen, verbilligte Einfuhr — mithin auf die Dauer Verbesserung der Güterversorgung der heimischen Volkswirtschaft, verbesserte Exportchancen, erhöhtes Volkseinkommen usw.

Hat einmal ein Land eine starke Gläubigerstellung erlangt, so pflegt es in der Regel die jeweiligen Zinseinnahmen aus früheren Anlagen teilweise oder ganz zu Neuinvestitionen im Auslande zu benutzen, um auf diese Weise die Gläubigerstellung immer weiter auszubauen. Ein häufig rascher als das übrige Volkseinkommen wachsendes Einkommen dieser Länder fließt dann Generationen lang aus dem Sozialprodukt fremder Völker, auf dem die Zinsverpflichtungen lasten. Man hat daraus die Folgerung ziehen wollen, daß die Gläubigerländer nach und nach in die Stellung von „Rentenkapitalisten" gelangen, die aus der Arbeit und dem Boden fremder Völker leben und dementsprechend die eigene Produktion und Unternehmungslust „verkümmern" lassen. In Wirklichkeit braucht diese Entwicklung zum „Rentnerland" die soziale Struktur des Gläubigervolkes an sich keineswegs wesentlich zu berühren. Die Tatsache, daß die Zinseinnahmen aus ausländischen Anlagen zum großen Teil zu Neuanlagen im Auslande benutzt werden, zeigt, daß die Produktionsordnung im Gläubigerland nicht notwendig einer Umwälzung unterliegt. Dazu kommen die Verluste aus fremden Investitionen und dazu vollends die inneren Strukturänderungen der Gläubiger-Volkswirtschaft, um eine eindeutige Entwicklung zum Rentnerland als reine Hypothese erscheinen zu lassen.

Das politische Eingreifen der Kapitalausfuhr gegenüber war und ist auch nicht von derartigen langfristigen Gesichtspunkten geleitet. Die merkantilistische Politik versuchte die Kapitalausfuhr zu hemmen, soweit sie dazu durch Beeinflussung der Edelmetallbewegung und der Auswanderung von Unternehmungen eine Handhabe hatte. In England war noch zu Beginn des 19. Jahrhunderts die Ausfuhr von Maschinen und Patenten verboten. Die liberale Wirtschaftspolitik war ihrer Grundtendenz entsprechend für völlige Freiheit der Kapitalausfuhr. Selbst konservative Regierungen in England legten schon in der ersten Hälfte des 19. Jahrhunderts und erst recht seit dem Übergang zum Freihandel die vielfach geforderten Eingriffe zur Verhinderung von Kapitalausfuhr und zum aktiven Schutz der im Auslande investierten Kapitalien ab. Bezeichnend für den Geist dieser Periode ist die Tatsache, daß das Haus Baring in London während des Krimkrieges eine russische Anleihe unterbringen konnte. Der Neomerkantilismus im letzten Drittel des 19. Jahrhunderts brachte eine Wiederbelebung der protektionistischen Tendenzen auch auf dem Kapitalmarkt. Diese gingen z. T. in der Richtung der Förderung der Kapitalausfuhr, um dadurch Warenexport zu erzwingen oder gar um „imperialistische" Ziele zu erreichen und besonders in umstrittenen Gebieten (Nordafrika, China, Persien usw.) wirtschaftlich und meist auch politisch Fuß zu fassen. Auf der anderen Seite brachten die neuerwachten Autarkiebestrebungen insbesondere in Deutschland und in Frankreich bereits vor dem Weltkrieg starke Bewegungen hervor, um die Kapitalausfuhr zu verhindern. Das Argument war überall: die nationalen Produktivkräfte für die Heimat zu wahren und ihre „Vergeudung" zu verhindern bzw. nicht die Hand für den industriellen Aufbau von Konkurrenzländern zu bieten. Durchschlagenden Erfolg haben vor dem Kriege diese Bewegungen nicht aufzuweisen gehabt, wohl aber hat sich ein mehr oder weniger starkes Eingreifen in den führenden kontinentalen Gläubigerstaaten entwickelt, um die Richtung des Kapitalexportes zu beeinflussen, sei es zum angeblichen Schutze der heimischen Investors, die vor spekulativen Exzessen geschützt werden sollten, sei es im Interesse politischer Allianzen, kolonialer Expansion usw. Die Intervention war also meist diskriminatorisch, gegen einzelne Schuldnerländer und nicht gegen Kapitalausfuhr schlechthin gerichtet. Das gilt insbesondere für Frankreich; die Methode der Regulierung ergab sich hier aus der Möglichkeit, den Erfolg der Anleiheemission durch Nichtzulassung an der Pariser Börse praktisch zu verhindern; ferner aber auch durch direkte Beeinflussung der Banken und der Presse. In beschränkterem Umfange wurden ähnliche Methoden in Deutschland angewandt. Die Bedeutung dieser Eingriffe darf freilich nicht überschätzt werden, da sie im wesentlichen negativer Art sind, d. h. auf die Verhinderung von Emissionen hinauslaufen und z. T. selbst als solche umgangen werden können. Die politische Herbeiführung von Auslandsemissionen ist aber, abgesehen von den Fällen, in denen von Regierungswegen Kredite gewährt werden, nur in beschränktem Umfange möglich, wenn die Neigung des Publikums zur Übernahme nicht ohnehin vorhanden ist.

Die französische Politik der Kapitalausfuhr war häufig und ist nach dem Kriege wieder gelegentlich an dem Streben orientiert, die Kredithergabe an die Bedingung der Warenabnahme von seiten des Schuldners zu knüpfen. Wichtiger als diese Manipulierungen des Kapitalverkehrs, die erst in der Krise seit 1929 allgemeinere Bedeutung erlangt haben, sind die staatlichen Eingriffe, die aus politischen oder wirtschaftlichen Gründen die Wege für die Kapitalausfuhr ebnen wollen und die mit spezifisch „imperialistischen" Tendenzen im Zusammenhang zu stehen pflegen. Da handelt es sich vor allem um das Problem der Intervention im Interesse der Forderungen eigner Bürger in fremden Ländern, das völkerrechtlich sehr umstritten ist. Praktisch sind solche Interventionen im wesentlichen nur von Großmächten vorgenommen worden, und ihr Verhalten war in dieser Hinsicht auch ein sehr schwankendes. Es handelt sich ferner um Interventionen, um Kapitalanlagen zu ermöglichen oder um Monopole für solche zu sichern. Eine Quelle schwerster Konflikte eröffnen solche Interventionen, die zum Schutze angeblich oder wirklich gefährdeter Anlagen erfolgen und die bereits zu mannigfachen weltpolitischen Komplikationen geführt haben. Seit dem Palmerstone-Zirkular von 1847 hat sich England wenigstens im Prinzip auf den Standpunkt gestellt, berechtigte Interessen seiner Bürger mit allem Gewicht der britischen Macht schützen zu wollen; praktisch ist es daraus zu häufiger Anwendung des diplomatischen Apparates zugunsten britischer Gläubiger, aber sehr selten zur Anwendung der englischen Streitkräfte oder auch nur zu Drohungen mit denselben gekommen. Andererseits hat freilich die französische Politik im nahen Osten, wie auch im karibäischen Gebiet, wiederholt mit Flottendemonstration und militärischer Okkupation gearbeitet, um französische Kapitalinteressen zu schützen, und die Vereinigten Staaten haben ähnliche Methoden gegenüber Mexiko, Haiti und Nicaragua angewendet. Auf die Gesamtheit der internationalen Kapitalanlagen bezogen, stellen diese Eingriffe trotz ihrer großen Bedeutung doch nur Ausnahmefälle dar; von einer „Notwendigkeit" imperialistischer Auswüchse, die sich aus der Tatsache der internationalen Verschuldung unter allen Umständen ergeben sollen, kann jedenfalls keine Rede sein. Wohl aber hat sich praktisch in nahezu allen Gläubigerländern eine Zusammenarbeit zwischen der staatlichen Führung der Außenpolitik und der bankmäßigen Führung des Emissionsmarktes in dem Sinne herausgebildet, daß fremde Kredite größeren Umfangs selten, wenn überhaupt, ohne „Fühlungnahme" mit der verantwortlichen Diplomatie aufgenommen werden.

5. *Die Schuldnerländer.* Die Kapitalwanderungen haben das Bild der Welt wesentlich umgestaltet, indem sie die Industrialisierung bzw. überhaupt den wirtschaftlichen Fortschritt der Schuldnerländer ermöglichten. Wirtschaftlich ergab sich daraus eine doppelte „Abhängigkeit" vom Gläubigerland: einmal während der Dauer der Kapitalzufuhr und dann im Sinne der Notwendigkeit der Zins- und Tilgungszahlungen. Soweit das fremde Kapital „produktiv" angelegt worden ist, ergab sich naturgemäß die Möglichkeit der Rückzahlung bzw. Verzinsung aus den Erträgen der Anlage selbst. Die meisten Schuldnerländer haben auf diese Weise ihre Schulden schrittweise zurückgezahlt oder wenigstens verzinst und haben sich graduell zum Gläubigerland entwickelt. Soweit die Kreditaufnahme großen Umfangs nicht zu produktiven Investitionen führte, hat sie entweder Zusammenbruch der Schuldner —

sowohl privater als auch öffentlicher Schuldner — zur Folge gehabt (Portugal!) oder zu einem temporären Stillstand der Zahlungen (Moratorien, Stillhaltung usw.) geführt, mit teilweiser Liquidation der Schulden, bis die Krise überwunden war. Im allgemeinen war es der wirtschaftliche Fortschritt, d. h. die Zunahme der heimischen Kapitalbildung der Schuldnerländer, wodurch sie die Schulden repatriieren und die kreditpolitische Unabhängigkeit erlangen konnten.

Vom Standpunkt der Schuldner erschöpft sich die wirtschaftliche Bedeutung der Kapitalaufnahme keineswegs mit der Steigerung der Produktion und des Reichtums sowie mit der Ermöglichung der Zufuhr von fremden Waren und der Einwanderung von Arbeitskräften. Von großer Wichtigkeit ist die Tatsache, daß das kreditbedürftige Land sich dem Währungs- und Kreditmaßstab der Gläubigerländer anzupassen hat. Die Ausbreitung der Goldwährung war und ist weitgehend eine Folge des Kreditbedarfs und erfährt dementsprechend in Zeiten des Zusammenbruchs internationaler Kredite einen Rückschlag. Die Ausbreitung „normaler" Kreditgewohnheiten und kaufmännischer Sitten geht in rückständigen und Neuländern ebenfalls weitgehend Hand in Hand mit der Kapitalbeschaffung aus dem Auslande. Die Fürsorge für „normale" Bankenliquidität, für Gleichgewicht im öffentlichen Haushalt, ja sogar die Schaffung moderner Rechtseinrichtungen hängen hiermit (in rückständigen Ländern) häufig aufs engste zusammen.

Vom Standpunkt der Schuldner bedeuten die Kapitalwanderungen auch schwerwiegende politische Probleme. An sich braucht ein über die Landesgrenzen hinausgehendes Kreditverhältnis ebensowenig politische Folgen zu haben wie sonstige Kreditbeziehungen; auch die Verschuldung eines Staates an ausländische Gläubiger ist an sich ein rein privatrechtliches Verhältnis ohne politische Konsequenzen. Aber politisch schwache Länder, die ohnehin Objekt oder Ziel kolonialer Expansion bilden, laufen naturgemäß durch Kreditinanspruchnahme öffentlicher wie privater Art besonders Gefahr, wenn die Verschuldung zum Anlaß genommen wird, um zum „Schutze" derselben von seiten der Gläubigermacht zu intervenieren. Staaten mit ungeordneten Finanzen laufen als Schuldner die Gefahr, der finanziellen Kontrolle durch die Gläubigermacht unterworfen zu werden; einer Kontrolle, die sich von der milden Form des „Finanzberaters" (financial advisor) bis zum System der Konzessionen, von der Verpfändung bestimmter Einnahmequellen bis zur Übernahme der Finanzverwaltung selbst in sonst noch „souveränen" Staaten („Dette Ottomane") und von der temporären Militär- oder Flottendemonstration bis zur völligen Annexion erstreckt.

Diese Gefahren gelten nicht oder jedenfalls nur sehr beschränkt dort, wo der Kreditnehmer so stark ist, daß er der Gefahr der Finanz- oder gar politischen Kontrolle nicht ausgesetzt ist. Das trifft vor allem für große Mächte zu, die Kreditnehmer sind, aber auch für mittlere und unter Umständen auch für kleine Staaten, wenn sie nach der geographischen Lage oder aus Rivalität der in Frage kommenden Mächte von denselben nicht als Objekt der politischen Expansion behandelt werden. Das schließt freilich bei völligem Zusammenbruch eine gewisse Finanzkontrolle nicht aus; vor allem nicht, wenn der neue Kreditbedarf des zusammengebrochenen Schuldners eintritt, bevor das Land sich wirtschaftlich erholt hat und sich mit seinen Gläubigern wenigstens durch Teilzahlung auf die alte Schuld geeinigt hat. Aber auch ohne Finanzkontrolle kann die Außenpolitik eines Landes durch die Verschuldung bzw. die Notwendigkeit neuer Kreditaufnahme an den Willen fremder Mächte gekettet werden; die Kreditaufnahme Italiens und Rußlands in den letzten Jahrzehnten vor dem Kriege war z. T. durch politische Bedingungen erkauft worden.

Trotz konjunktureller und politischer Gefahren bedeuten die Kapitalwanderungen ein fundamental wichtiges Glied in der Weltwirtschaft und sind eine wesentliche Voraussetzung für den Wohlstand aller Völker. Eine wirksame Methode zur Beseitigung der Gefahren, die für den internationalen Frieden sowohl als auch für den wirtschaftlichen und sozialen Fortschritt der als Objekt behandelten Schuldnerländer drohen, schien das Mandatsystem des Völkerbundes zu bieten, das grundsätzlich insofern eine neue Entwicklung darstellt, als es wenigstens im Prinzip die Kontrolle des Völkerbundes über die von einzelnen Staaten beherrschten rückständigen Gebiete involviert. Die weitere, praktisch wirksame Ausbildung dieses Systems und vor allem die Wiederherstellung bzw. Wahrung des Prinzips der „offenen Tür" — das Großbritannien während des größten Teils seiner neuesten Geschichte grundsätzlich aufrechterhielt — sowie Vorsicht bei Schuldenaufnahme und entschiedener Wille zur Erfüllung der Verpflichtungen von seiten des Schuldners dürften die beste Gewähr für den normalen Ausbau der Kapitalbewegungen im wirklichen Interesse aller Beteiligten bieten.

6. Kapitalwanderungen und Konjunkturen. Kurz- und langfristige Kapitalbewegungen sind in ihrer Gesamtheit ein entscheidend wichtiges Element in der Herstellung der Beziehungen, die das Gebilde der modernen „Weltwirtschaft" konstituieren. Die Einheit dieser Weltwirtschaft, wie sie gerade durch die Kapitalwanderungen erzeugt wird, äußert sich langfristig in der Vereinheitlichung der Richtung und des Tempos der kapitalistischen Entwicklung, kurzfristig in dem Parallellauf der großen internationalen Konjunkturwellen. Dieser Zusammenhang hat sich namentlich an den Wendepunkten der Konjunktur scharf ausgeprägt. In England bedeuteten die Hochkonjunkturen des 19. Jahrhunderts verstärkte Kapitalausfuhr, die Depression dagegen Verminderung derselben; für die Vereinigten Staaten, die außereuropäischen Länder der britischen Zone und für Südamerika ging jeweils mit der englischen Hochkonjunktur verstärkte Kapitaleinfuhr und mit der dortigen Depression Verminderung bzw. Stillstand derselben Hand in Hand. Hatte in diesen Ländern Kapitalzufuhr vielfach zu ungesunden Neugründungen geführt, so führte Stillstand in der Depression nicht nur zu schweren Rückschlägen, zu politischen Revolutionen und zur Entwertung der Anlagen; diese Rückschläge sind obendrein durch die Plötzlichkeit des Umschwungs besonders verschärft worden. Die Vereinigten Staaten und Australien 1873 und 1890 bis 1892, die Schuldnerländer in Europa 1892/93, 1930/31 usw. haben ihre Handelsbilanz unter dem Druck dieses ruckartigen Umschwungs der Kapitalbewegungen — vielfach unter Preisgabe der Goldwährung — umstellen müssen und in der Regel dadurch erst die ohnehin vorhandene Depression krisenartig verschärft. Typisch werden in solcher Lage die Kapitalwanderungen verantwortlich gemacht und wird in Schuldnerländern eine Art Einfuhrsperre (für die Zukunft) verlangt oder als Argument für Zahlungsverweigerung angeführt. Dabei übersieht man häufig, daß der spätere Aufschwung wieder Kapitaleinfuhr voraussetzen wird.

Die seit Herbst 1929 sich rapide ausbreitende Krise hat den internationalen Kapitalmarkt tiefgehend beeinträchtigt. Die allgemeine Depression, verbunden mit Krisen der öffentlichen Finanzen in den meisten Schuldnerländern und mit der außenpolitischen Unsicherheit, führte zu nahezu vollständiger Einschränkung der Kapitalhergabe. Ausnahmen bilden seither im wesentlichen nur Emissionen, die aus politischen Gründen (z. B. die sog. Young-Anleihe, d. h. die Kommerzialisierung eines Teiles der Reparationsschuld Deutschlands 1930) besonders gefördert wurden. Das Versiegen der Kapitalausfuhr wurde in den Ländern, deren produktive Expansion auf immer neue Zufuhr eingestellt war, zu einer zusätzlichen Krisenursache; das Fortschreiten der Krise veranlaßte die Gläubiger, kurzfristige Kredite zurückzuziehen und langfristige durch Abstoßen von Wertpapieren zu liquidieren. Mit dem Einsetzen dieses internationalen Liquidierungsprozesses trat die Krise in das Panikstadium (1931). Schätzungsweise etwa 15 Milliarden Mark sind auf diese Weise weltwirtschaftlich „repatriiert" worden; ein Entschuldungsprozeß größten Stils und von großer Zukunftsbedeutung hat bereits stattgefunden und ist noch weiterhin im Gange. Im Sommer 1932 zeigen sich die Anfänge neuer Kapitalbewegungen normaler Art, indem Schuldnerländer (Australien!), die ihren Verpflichtungen nachgekommen sind, wieder langfristigen Kredit erlangen und insbesondere Geldmärkte, die mit fremdem kurzfristigem Kapital zu arbeiten pflegen (London), nach vorübergehender „Devalvation" ihrer Schulden durch Rückkehr zu einem stabilen Wechselkurs und durch Goldansammlung wieder kreditfähig wurden (vgl. *Stillhaltung*, *Moratorien*, *Transfer*).

Literatur: Zusammenfassende Werke über Kapitalwanderungen und ihre Statistik: League of Nations: Memorandum on International Trade and Balance of Payments 1927—29. London 1931. HOBSON, C. K.: The export of capital. London 1914. — LEWIS, CL.: The international accounts. New York 1927. — LOTZ, W. (ed.): Die Auslandskredite in ihrer finanziellen, wirtschaftlichen und sozialen Bedeutung. München und Leipzig 1928. — „Committee on Finance and Industry": REPORT, London 1931. (MACMILLAN REPORT). — Über Zahlungsbilanz und Kapitalwanderungen: VINER, J.: Canada's balance of international indebtedness 1900—1913. Cambridge (Mass.) 1924. — TAUSSIG, F. W.: International Trade. New York 1927. — WOOD, G.: Borrowing and business in Australia. London 1930. — YOUNG, R. A.: The international financial position of the United States. Philadelphia 1929. — ANGELL, J. W.: The theory of international prices. Cambridge (Mass.) 1926. — Geschichte und Politik der K.: HOBSON, J. A.: Imperialism. London 1902. — DIOURITCH: L'expansion des banques allemandes. Paris 1909. — WOOLF: Empire and commerce in Africa. London 1925. — DIETZEL, H.: Bedeutet Export von Produktionsmitteln volkswirtschaftlichen Selbstmord? Berlin 1907. — EARLE, E. M.: Turkey, the great powers and the Bagdad railway. New York 1923. — MOON, P. T.: Imperialism and world politics. New York 1926. — JENKS, L. H.: The migration of british capital. New York and London 1927. — WILLIAMS, B. H.: Economic foreign policy of the United States. New York 1929. — FEIS, H.: Europe, the World's Banker, 1870—1914. New Haven 1930. — BLAISDELL, DONALD, C.: European Financial Control in the Ottoman Empire. New York 1929. — „Britain's industrial future", being the Report of the Liberal Industrial Inquiry. London 1928. — LAVES, W.: German governmental influence on foreign investments 1871—1914. Thesis, University of Chicago 1928. — MOHR, A.: The oil-war. London 1926. — WALLING, W. E. The Mexican Question. New York 1927. — HOFFMANN, K.: Ölpolitik und angelsächsischer Imperalismus. Berlin 1927. — COSTE, P.: Les grands marchés financiers (La lutte pour la suprématie). Paris 1932. — Vgl. auch O. E. BECQUÉ: L'internalization des capitaux. Montpellier 1912. — LEHFELDT, R. A.: The rate of interest on British and foreign investments. J. Roy. Stat. Soc. Juni 1913. — E. BALDY: Les banques d'affaires en France. Paris 1922.

MELCHIOR PALYI.

Internationale Liquidationskassen (Internationaler Abrechnungsverkehr). Die Anwendung der im nationalen Bank- und Warenverkehr vielfach gebräuchlichen Abrechnungsmethoden (vgl. Aufsätze: Zahlungsverkehr und Abrechnungsverkehr, Handwörterbuch der Betriebswirtschaft, 1. bzw. 2. Aufl.) auf den internationalen Verkehr ist noch wenig entwickelt. Private Einrichtungen dieser Art sind gänzlich unbekannt. Dagegen sind — auf Veranlassung deutscher amtlicher Stellen, der Reichspost und der früheren preußischen Staatseisenbahn — bemerkenswerte Absätze zur Vereinfachung des internationalen Abrechnungswesens gemacht worden.

Eisenbahnverrechnungsverkehr. Schon im Jahre 1846 wurde der Verein deutscher Eisenbahnverwaltungen gegründet, dem schon bald viele außerdeutsche Eisenbahnverwaltungen beitraten und der den Hauptzweck hatte, die zahlreichen Abrechnungsakte zwischen den verschiedenen Eisenbahnsystemen und -gesellschaften durch Skontrierung (für Frachtsätze, Fahrkartenbeträge, Transitgebühren, anteilige Kosten der Verwaltungen usw.) zu vereinfachen. Zur Zeit gehören diesem Verein 207 Mitglieder, meist aus dem nördlichen, östlichen und südöstlichen Europa, an. Die Abrechnung der gegenseitigen Forderungen und Verpflichtungen erfolgt zum Teil in Reichsmark, zum Teil aber auch in fremden Währungen. Zahlungen haben dann jeweils in der Währung der Gläubigerverwaltung zu erfolgen. Im Jahre 1930 wurden insgesamt 2 367 193 000 RM. bzw. deren Gegenwert in fremder Währung verrechnet. Neben dieser Abrechnungsstelle besteht ein Zentralsaldierungsbüro in Brüssel, bei dem die Forderungen von 67, meist westeuropäischen Eisenbahnverwaltungen verrechnet werden. Jede Verwaltung gibt ihre Forderung in eigener Währung an, die Salden werden auf USA.-$ umgerechnet, dann aber in der Währung der Gläubigerländer beglichen. Umsätze 1930: $ 141 700 000,—.

Postverrechnungsverkehr. Die vor dem Kriege bestehende Abrechnungsstelle beim Büro des Weltpostvereins in Bern, bei der die dem Weltpostverein angeschlossenen Postverwaltungen ihre gegenseitigen Guthaben und Verpflichtungen ausglichen, ist nach dem Kriege noch nicht wieder ins Leben gerufen worden, vielmehr rechnen heute noch die einzelnen Länder gegenseitig untereinander ab. Es bestehen drei verschiedene Verrechnungsmethoden, und zwar für:

a) Postanweisungs-, Nachnahme- und Zollgebühren; b) Porto- und Transitgebühren; c) Guthaben und Verpflichtungen der Postscheckämter untereinander.

Zu a. Bei der Verrechnung der Postanweisungs-Nachnahme- und Zollgebühren stellt jedes Land seine Forderungen in der eigenen Währung auf, Bezahlung erfolgt teilweise in voller Höhe in der betreffenden Währung oder auch unter Verrechnung mit Einzelforderungen anderer kontrahierender Postverwaltungen.

Zu b. In etwas anderer Weise werden die Porto- und Transitgebühren unter den beteiligten Ländern verrechnet. Hier wird eine fiktive Währung, der postalische Goldfranken (1 USA.-$ = 5,1825 Frk.) zugrunde gelegt. Im übrigen ist die Technik die gleiche wie bei der Verrechnung der Postanweisungssalden.

Zu c. Bezüglich der Verrechnung von Überweisungen und Zahlungen im Postscheckverkehr bestehen Sonderverträge zwischen 17 europäischen Ländern.

Als ideale I. L. (Abrechnungsstelle) könnte die *Bank für internationalen Zahlungsausgleich* (s. d.) gelten. Ihre Tätigkeit beschränkt sich aber im wesentlichen auf die Verrechnung von Reparationszahlungen. Sie führt für die verschiedenen Notenbanken Einzelkonten, zwischen denen Überweisungen möglich sind. Hier bleibt einer späteren Entwicklung noch ein weites Feld.

O. S.

Interne Abschreibungen.
— Allgemeines s. *Abschreibungen.*
— Umfang im Bankgewerbe s. *Erträgnisse des Bankgewerbes I 1.*

Intervalutarischer Kurs s. *Goldwährung 5.*

Intervention (im Wechselrecht) s. v. w. *Ehrenannahme* (s. d.).

Interventionskäufe von Konsortien s. *Konsortialgeschäft 7.*
— der öffentlichen Hand zur Kursstützung des Anleihemarktes s. *Öffentlicher Kredit II 8.*
— der Federal-Reserve-Banken in USA. (open market policy s. *Federal-Reserve-System VI*).

Inventar, Inventur s. *Bilanz- und Bilanzkritik I 3.*

Investition s. v. w. Kapitalsanlagen.

Investment. Die Anlage von Geldmitteln; ohne besonderen Zusatz ist stets die langfristige, also die Kapitalanlage, gemeint, während die kurzfristige Geldanlage ausdrücklich als short term investment bezeichnet wird. In England und USA. hat die verhältnismäßig große Schicht von Kapitalisten schon frühzeitig zur Ausbildung systematischer Prinzipien der Kapitalanlage, sowie zur Entwicklung der Investmenttrusts (s. d.) geführt. Da in Deutschland infolge des Kapitalmangels, in Frankreich (und auch in Italien) infolge der einseitigen Bevorzugung von Staatsrenten bei der Vermögensanlage eine ähnliche Entwicklung fehlte, hat sich in diesen Ländern das Wort I. lediglich als terminus technicus für eine besonders rationelle, systematische Vermögensanlage eingebürgert (während in England und den Vereinigten Staaten unter I. noch immer jede Form der langfristigen Anlage verstanden werden kann).

Die wichtigsten dieser allgemeinen Prinzipien eines systematischen I. sind: eine weitgehende Risikoverteilung, und zwar nach Anlagekategorien (über die Eignung der verschiedenen Wertpapiertypen zur Anlage vgl. Aktie als Wertpapier, Rentenmarkt, ferner Anleihen mit Zusatzrechten), nach geographischen Gesichtspunkten, nach Branchen (viel zu wenig beachtet und erforscht; so sind gewisse Branchen, z. B. Bauwerte, besonders konjunkturempfindlich, während die sog. *public utilities* (s. d.) verhältnismäßig sehr widerstandsfähig gegen Krisen zu sein pflegen), schließlich die primitivste Form der Risikoverteilung, nämlich die Aufteilung in entsprechend viel Einzelwerte, so daß also das Vermögen weder aus wenigen, zu großen Posten besteht, noch auch zu zersplittert ist, was die Übersicht erschwert und die Kosten erhöht. Sodann gehört hierher die Erforschung und die Anwendung aller Methoden, die auf eine Schätzung des ineren Wertes der einzelnen Anlage hinzielen. Ferner die Aufstellung eines Anlageplans je nach den mit der Anlage erstrebten Zielen (also z. B. möglichst hoher laufender Ertrag, oder möglichst großer Kapitalgewinn „capital appreciation"). Schließlich mit der *Konjunkturbeobachtung* (s. d.) in engem Zusammenhang stehende Erkenntnisse, wie z. B., daß die Zusammensetzung eines Effektenvermögens nach Aktien und festverzinslichen Werten ja nach Konjunkturlage starke Unterschiede aufweisen muß; in Zeiten rückläufiger Konjunktur (also bei steigendem Geldwert) sollen Renten, in der Aufschwungsperiode dagegen Aktien den Hauptbestandteil der Anlage bilden.

Die Prüfung der Preiswürdigkeit, sowie die geographische und branchenmäßige Risikoverteilung erfordert spezielle Informationen mit Hilfe von Handbüchern und Bilansbesprechungen der führenden Tageszeitungen und Fachschriften (vgl. die allgemeinen Artikel *Handbuchwesen, Finanzpresse,* sowie die Angaben über Informationsquellen am Ende der die einzelnen Weltbörsen behandelnden Artikel).

Literatur: Kirshman, J. E.: Principles of Investment, Chicago. — — Quittner, Paul: Investment. Moderne Prinzipien der Vermögensanlage, Berlin 1930. — Robinson, L. R.: Investment Trust Organisation and Management, New York. — Smith, E. L.: Common Stock as a long term investment.

P. Q.

investment banking s. v. w. Finanzgeschäft.
— in Amerika s. *Finanzgeschäft 7.*

Investment Trusts. *1. Begriffliches.* Unter den vielerlei Abarten der sog. Beteiligungs- und Finanzierungsgesellschaften haben die I. T. vornehmlich in Großbritannien und in der Nachkriegszeit auch in den Vereinigten Staaten von Amerika eine wachsende Bedeutung für den Kapitalbesitz an Effekten erlangt. Die I. T., auch Kapitalanlagegesellschaften genannt, sind begrifflich und wirtschaftlich den Beteiligungsgesellschaften zuzurechnen, unter denen mit Liefmann zwischen Effektenübernahmegesellschaften, Kontrollgesellschaften (*Holding-Gesellschaften,* s. d.) und den hier in Frage stehenden I. T. zu unterscheiden ist. Sinn und Zweck der Effektenübernahmegesellschaft ist es, einen möglichst großen Kreis von Kapitalbesitzern für die Kapitalbeschaffung für Unternehmungen zu gewinnen, deren Aktien und Obligationen aus Gründen rechtlicher oder tatsächlicher Natur dem Publikum nicht unmittelbar zugänglich gemacht werden können. Das Wesen der Kontrollgesellschaften, Holding-Companies oder auch einfach „Trusts" genannt, liegt darin begründet, daß sie einen Einfluß auf die in ihnen zusammengefaßten Unternehmungen zu gewinnen suchen, das Kapital jedoch nicht selbst beschaffen, sondern durch das Publikum aufbringen, an das die Aktien dieser Gesellschaften gebracht werden. Der I. T. schließlich ist eine gegenwärtig regelmäßig in Form einer Aktiengesellschaft gegründete Unternehmung, die es sich zur Aufgabe macht, dem Kapitalbesitzer dadurch eine gutverzinsliche Anlage zu verschaffen, daß auf Grund der in das Portefeuille der Gesellschaft aufgenommenen Aktien und Obligationen anderer Unternehmungen und öffentlich-rechtlicher Körperschaften (Länder, Kommunen usw.) die Gesellschaft eigene Effekten emittiert und eine relativ sichere und gute Durchschnittsverzinsung des angelegten Kapitals durch eine möglichst sorgfältige Auswahl der verschiedenartigsten Effekten und Obligationen ihres Portefeuilles, mithin durch weitverzweigte Verteilung des Risikos („diversification", „spreading risks") zu erreichen sucht. Den genannten drei Unterarten solcher Beteiligungsgesellschaften ist gemeinsam, daß sie ihr Kapital im wesentlichen in Aktien oder Obligationen anderer Gesellschaften und Körperschaften anlegen und sich ihr Kapital durch Emission eigener Aktien und Obligationen beschaffen. Die Beteiligungsgesellschaft substituiert also gewissermaßen ihre Aktien und Obligationen den Aktien und Obligationen anderer Gesellschaften, weshalb Liefmann sie auch Effektensubstitutionsgesellschaften nennt.

Diese begrifflich klare Unterscheidung wird in der Praxis allerdings vielfach verwischt. So kommt es häufig vor, daß I. T. dadurch, daß sie im Gegensatz zu dem Ideal eines möglichst weitverzweigten Risikos ihre Anlagen auf ein verhältnismäßig eng begrenztes Gebiet, etwa der Eisenbahngesellschaften, Kolonialunternehmungen u. dgl. beschränken, wodurch sie leicht den Charakter, den wirtschaftlichen Einfluß und die Stellung von Kontrollgesellschaften erhalten. Andererseits gibt es zahlreiche Fälle, in denen mit den Aufgaben der Kontrollgesellschaft, zumal wenn diese über keine Selbständigkeit verfügt, die Effektenübernahme verbunden ist. Nicht geringer an Zahl dürften wieder solche Kapitalanlagegesellschaften sein, die, ob selbständig oder unselbständig, die Aufgaben der Effektenübernahmegesellschaft mit erfüllen bzw. in erster Linie verrichten, so z. B. auf dem Gebiet der public utilities, und somit den Charakter von Investment Companies annehmen. Als I. T. besonderer Art und dem eigentlichen Wesen dieser Gesellschaftsform schon stark entfremdet sind noch jene unter der Bezeichnung Assets-Companies bekannten Gesellschaften zu erwähnen. Diese machen sich zur Aufgabe, Effekten notleidender oder in Konkurs geratener Gesellschaften zu übernehmen. Sie richten ihr Gewinnstreben auf den Abwicklungserlös solcher Unternehmungen.

2. Entwicklung der Investment Trusts, insbesondere in England. Obgleich England das klassische Land der I. T. geworden ist, ist die erste Kapitalanlagegesellschaft nicht dort, sondern in Belgien entstanden. Sie wurde im Jahre 1822 vor der Trennung Belgiens von Holland von König Wilhelm der Niederlande unter dem Namen Allgemeene Nederlandsche Maatschappij ter begunstiging van de Volksvlyt mit einem Kapital von 50 Millionen fl. als Kapitalanlage- und Finanzierungsgesellschaft gegründet. Aus ihr ist im Laufe der Jahre die heutige Societé Générale de Belgique hervorgegangen. Als nächstälteste Kapitalanlagegesellschaft ist die im Jahre 1849 in Genf gegründete Omnium, Societé Civile Génévoise d'emploi de Fonds zu erwähnen. Sie ist jedoch schon längst erloschen. Der im Jahre 1852 in Paris gegründete Credit mobilier schwebte seinen Gründern zwar als Kapitalanlage- und Finanzierungsgesellschaft vor, entwickelte sich jedoch im Gegensatz zur Societé Générale vorwiegend zu einer Emissionsgesellschaft.

Die I. T. entstanden in England in den sechziger Jahren des vorigen Jahrhunderts, in einer Zeit, in der dieses Land sich im Zustand höchster Kapitalsättigung befand, was auch dadurch zum Ausdruck kam, daß 3proz. Konsols 114% notierten. Die britischen Kolonien stellten damals nur geringe Kapitalanforderungen an das Mutterland, lieferten diesem jedoch dauernd neue Reichtümer. Die Minenindustrie Afrikas steckte noch in ihren Anfängen. Unter solchen Verhältnissen suchte in England eine beständig ansteigende Kapitalmenge nach Anlage. Diese konnte in England selbst um so weniger gefunden werden, als die britische Industrie kapitalkräftig genug war und im übrigen noch keine Expansionsbedürfnisse kannte. So wurde England Kreditgeber für die meisten überseeischen Staaten, wo es vor allem die im Entstehen und im Ausbau begriffenen Eisenbahnunternehmungen finanzierte. Gelegenheit zum Erwerb höher verzinslicher Wertpapiere als 3proz. englische Konsols gab es in der Welt in Hülle. Abgesehen von den Eisenbahnpapieren waren solche Gelegenheiten vornehmlich bei den ausländischen Staatsrenten vorhanden, die teilweise zu verhältnismäßig sehr niedrigen Einstandspreisen erworben werden konnten.

Um nun dem kleineren Kapitalbesitzer in beschränktem Umfange die Chancen einer in England selbst damals nicht möglichen guten Durchschnittsverzinsung seines Kapitals zu bieten, wie sie die Großkapitalisten infolge der ihnen offenstehenden Möglichkeiten einer Verteilung ihres Kapitals und des Risikos besitzen, bildeten sich, vornehmlich in Schottland, solche I. T. Ursprünglich erfolgte die Gründung in der altenglischen Rechtsform des Trusts, d. h. der Ernennung einiger Personen als Treuhänder, Trustees. Diesen wurde eine bestimmte Kapitalsumme zur Verfügung gestellt mit der im sog. „Trust Deed" im Gründungsvertrag festgelegten Auflage, in welcher Weise das Kapital zu verwalten sei. Die Genossen — denn um Genossenschaften handelte es sich damals bei diesen Trusts — erhielten entsprechend ihren Kapitaleinschlüssen Zertifikate, die ihnen in der Regel eine feste Verzinsung von 5—6% einbrachten, während eventuelle Mehrgewinne, die beispielsweise durch Rückzahlung von Obligationen anfielen, dazu verwandt wurden, die Zertifikate auszulosen und zu tilgen. „Nach 20—30 Jahren sollte der Trust sein Ende erreichen und das noch vorhandene Vermögen verteilt werden. Den Trustees war die Art der anzuschaffenden Papiere vorgeschrieben und ferner der Höchstbetrag, meist $^1/_{20}$—$^1/_{10}$ des Kapitals, der in einer einzelnen Wertpapiergattung angelegt werden durfte. Der Besitz des Trust wurde periodisch bekannt gemacht. Für jeden Trust war ein gewisses Maximalkapital vorgesehen. Gingen die Anmeldungen zur Kapitalbeteiligung darüber hinaus, so konnte unter derselben Leitung und nach denselben Statuten ein neuer Trust errichtet werden, dessen Vermögen von dem des ersten vollständig getrennt war. Oft erhielt der zweite auch denselben Namen und so kommt es, daß es z. B. von dem Foreign and Colonial Trust eine first, second, third und fourth issue gibt, die jedes selbständige Trusts waren, ebenso wie First, Second, Third Scottish I. T. usw." (LIEFMANN).

Mit der wachsenden Eingliederung der Trustinstitutionen in das kapitalistische System entstand aber bei vielen Beteiligten der Wunsch, für die Kapitalanlage eine vorzugsweise Dividende zu erhalten, während ein anderer Teil der Genossen sich bereit fand, einen größeren Teil des Risikos auf sich zu nehmen, um dafür entsprechend größere Gewinnchancen zu haben. Dieses führte dazu, Zertifikate verschiedenen Ranges zu schaffen, die preferred und deferred trust certificates. Erstere wurden auf eine feste Verzinsung beschränkt, während an die deferred certificates-Inhaber der Rest des Gewinnes fiel. Diese Entwicklung hatte zur weiteren Folge, daß an Stelle der auf Rechtsgleichheit aufgebauten genossenschaftlichen Gebilde die limited company trat, die bei den I. T. mehr und mehr zur Regel wurde.

Für diese Änderung der Rechtsform wird aber auch der Wunsch mitgesprochen haben, von der Möglichkeit der Obligationenausgabe Gebrauch zu machen und auf diese Weise den Ertrag der Stammanteile zu erhöhen. Tatsächlich ist bei den englischen I. T. die Ausgabe von Obligationen (debentures) die Regel geworden, was um so weniger verwundern kann, als es den englischen I. T. gelungen ist, ihre Obligationen zu Sätzen beim Publikum unterzubringen, die sich regelmäßig nicht unter denjenigen der englischen Staatsanleihen hielten.

Als älteste englische Trusts sind zu erwähnen:

1860 Scottish-American Investment Company
1864 Mining Shares Investment Company
1865 Marine Investment Company
1868 Foreign and Colonial Trust
1868 Scottish Investment Company
1871 Government Stock Investment Trust
1871 Submarine Cables Trust
1873 Globe Telegraph and Trust Company
1873 Railway Debentures Trust
1873 Railway Share Trust.

In den folgenden Jahren bis zum Jahre 1890 entstand in England eine große Reihe weiterer I. T. Das Jahr 1879 brachte sechs, 1887 fünf, 1888 zehn, 1889 fünfzehn Neugründungen. Noch im Jahre 1890 während der Baringkrise entstanden sechs neue I. T. Bis zum Beginn des 20. Jahrhunderts dürfte dann durchschnittlich eine neue Gesellschaft jährlich gegründet worden sein. Ab 1900 bis zum Ausbruch des Weltkrieges kann man mit der Gründung von durchschnittlich drei bis vier I. T. im Jahre rechnen.

Die Baringkrise hat auf die englischen I. T. insofern reinigend gewirkt, als es sich herausstellte, daß ihre Tätigkeit aus mancherlei Gründen an der Kurssteigerung der Effekten und des darauf folgenden Zusammenbruchs des Kursgebäudes erheblichen Anteil hatte. Infolge der mit der Kurssteigerung gesunkenen Rendite sahen sich viele Leiter von I. T. veranlaßt, nach anderweitigen Einnahmen zu sehen und suchten durch An- und Verkauf von Wertpapieren Kursgewinne zu erzielen. Dazu kam, daß die I. T. sich schon vorher in erheblichem Umfange dem „Underwriting" (vgl. *Emissionsgeschäft II 1b*), also dem Finanzieren von Neuemissionen zugewandt hatten, eine Tätigkeit, die im besten Falle und nur dann mit dem Prinzip einer Kapitalanlagegesellschaft verträglich ist, wenn, wie dies in England jetzt geschieht, Gruppen befreundeter I. T. durch Underwriting eine Neuemission billig erwerben können. Im andern Falle, wie dies bei vielen I. T. während der Baringkrise geschah, werden Spekulationsgeschäfte gezüchtet, für die das Anlagegeschäft zur Nebensache wird. Hieraus entwickelten sich die späteren Financial Companies, also reine Finanzgesellschaften, während diejenigen I. T., die nach wie vor das Kapitalanlagegeschäft als Hauptsache betreiben wollten, durch Verschärfung der Satzungen, Wechsel in der Leitung der Gesellschaft, Herabsetzung der Verwaltungskosten usw. aus den bisherigen Erfahrungen die notwendige Lehre zu ziehen suchten. KILGUS macht in diesem Zusammenhang den interessanten Hinweis, daß die Scheidung der Gesellschaften in Finanzierungs- und Anlageunternehmungen zu Beginn der neunziger Jahre durch eine Gerichtsentscheidung begünstigt wurde, welche bestimmte, daß reine Anlagegesellschaften auch bei gesunkenem Kurswert ihrer Anlagen aus deren Ertrag eine Dividende ausschütten dürfen, eine gewisse Abschreibung auf die Bestände vorausgesetzt, während dies effektenhandeltreibenden und finanzierenden Gesellschaften nur im Falle eines bilanzmäßigen Gewinnes gestattet war.

Während des Krieges haben die englischen I. T. viel zur finanziellen Rückenstärkung Englands beigetragen, indem sie in großem Umfange englische Kriegsanleihe aufnahmen und ihre Bestände an amerikanischen Wertpapieren der Regierung zur Verfügung stellten, die diese wieder zur Grundlage für die in den USA. aufgenommenen Anleihen machte. In der Nachkriegszeit, jedenfalls seit 1925, setzte eine neue Gründungswelle für I. T. ein. In dieser Zeit entstanden angesichts des außerordentlich starken Kapitalbedarfs der deutschen Wirtschaft eine größere Reihe von Gesellschaften, die ausschließlich oder in erster Linie deutsche Wertpapiere zum Gegenstand ihrer Anlage machten, so die 1926 unter Beteiligung deutscher Staatsbanken (Reichskredit-AG., Seehandlung) und Großbanken gegründete British-German Trust Company in London. „Die Kapitalisierung dieser Gesellschaft ist die typische der englischen Investment-Companies. Das aus 1 Million £ bestehende Aktienkapital ist im Verhältnis 6 : 4 in 600000 £ 5proz. Vorzugsaktien und 400000 £ Stammaktien geteilt. Außerdem wurden in England 750000 £ 5proz. Debentures ausgegeben; im Jahre 1928 betrugen die Beteiligungen und Hypothekarkredite an deutschen Firmen 31 Millionen Reichsmark" (KILGUS).

Sowohl bei den englischen wie den schottischen I. T., die die solide Praxis der Kapitalanlage befolgen, gilt als Grundsatz, aus Kursgewinnen erzielte Einkünfte nicht auszuschütten, sondern in Reserve zu stellen. Periodische Übersichten und Geschäftsberichte verleihen den englisch-schottischen Gesellschaften die notwendige Publizität und zeigen gleichzeitig die erstaunliche „Streuung" der Anlagen, die teilweise bis zu 1000 Einzelposten der verschiedenartigsten Wertpapiere gehen. Hier kommt zugleich die imponierende Vielgestaltigkeit der Interessen des englischen Kapitalmarktes zum beredten Ausdruck. Als Beispiel für diese „diversification" der Anlagen in geographischer Beziehung seien die Prozentsätze des Gesamtanlagewertes einer bekannten englischen Kapitalanlagegesellschaft auf Grund ihres letzten Geschäftsberichts wiedergegeben:

Großbritannien	37,4
Britische Dominions und Kolonien	6,3
USA.	15,4
Kuba	0,6
Argentinien	8,5
Brasilien	4,0
Andere südamerikanische Länder	3,3
Mexiko	0,5
Zentralamerika	1,0
Kontinentaleuropa	19,1
Andere Länder	3,9
	100

Demgegenüber stellte sich bei der gleichen Gesellschaft die sachliche Verteilung der Anlagen wie folgt:

Britische Staatsrenten	3,6
Eisenbahnen mit Einschluß der Straßenbahnen	23,5
Telephon-, Gas-, Elektrizitätsgesellschaften und andere öffentliche Betriebe	16,4
Handel und Industrie	28,6
Trustgesellschaften	12,2
Auswärtige Staats- und Kommunalanleihen	10,9
Stahl, Kohle und Eisen	4,8
	100

In welchem Ansehen die englischen I. T. trotz der jahrelangen weltwirtschaftlichen Depression stehen, ist aus dem Monatsbericht von Lloyds Bank Limited vom Dezember 1931 zu entnehmen, in dem G. BENSON in einer monographischen Studie über I. T. berichtet, daß von 28 angesehenen englisch-schottischen Kapitalanlagegesellschaften am 31. Oktober 1931 der Kurswert der Stammaktien bei 4 Gesellschaften höher als mit dem Vierfachen des Pariwertes, bei 7 mit dem Dreifachen, bei 7 weiteren Gesellschaften mit dem Zweifachen und bei 16 Gesellschaften über dem Pariwert notiert wurde, während bei Kurs der Stammaktien von nur 4 Unternehmungen unter Pari gehandelt wurde. Dieselbe Quelle gibt an, daß von 66 Gesellschaften, die ihre Geschäftsergebnisse zwischen Februar und Juli 1931 bekanntgaben, 44 ihre Vorjahrsdividende aufrecht erhalten konnten, 16 ihre Dividende senken mußten und daß 2 Gesellschaften von der Ausschüttung einer Dividende Abstand nahmen.

Wenn solche Ergebnisse auch in erster Linie der vorsichtigen Politik, reichliche Reserven zu bilden, zuzuschreiben sind, so darf doch nicht verkannt werden, daß in Zeiten langjähriger Depression und dementsprechenden Sinkens der Anlagewerte auch die Reserven in gleichem Maße von dieser Abwertung betroffen werden. Die Abschlüsse der englischen I. T. über die Ergebnisse des Jahres 1931 werden daher noch manche Überraschungen bringen müssen; sie zeigen bereits, soweit sie vorliegen, eine außerordentliche Diskrepanz zwischen den Buch- und Tageswerten. Inwieweit die Leiter der Gesellschaften sich dazu entschließen werden, etwa vorhandene Erträge zur Anpassung der Buchwerte an die neuen Marktwerte zu verwenden, wird abzuwarten sein. Wie sehr sich aber in England trotz allem der mit den I. T. verfolgte Gedanke durchgesetzt hat, kann durch nichts besser als durch die Tatsache bewiesen werden, daß noch im Jahre 1931 zwei neue Kapitalanlagegesellschaften gegründet wurden.

Ein Wort noch zu der grundsätzlichen Frage der Ausgabe von Obligationen durch I. T., die sowohl in England als auch sonst die Regel bildet: Es widerspricht, streng genommen, dem eigentlichen Wesen der Kapitalanlagegesellschaften, auch noch fremdes Kapital aufzunehmen. So verständlich es war, in Zeiten des Kapitalüberflusses und des hohen Kursstandes der britischen Staatsrenten festverzinsliche eigene Obligationen auszugeben, so wenig berechtigt muß dies unter normalen oder annormalen Kapitalmarktverhältnissen wie den gegenwärtigen erscheinen, es sei denn, daß hierdurch den hinter den I. T. stehenden Banken und Finanzmännern die Unterbringung der von ihnen geschaffenen oder erworbenen Papiere erleichtert werden soll. In diesem Falle aber ist bereits die Kapitalanlagegesellschaft zur Effektenübernahmegesellschaft geworden, von deren Aufgaben eine selbständige Kapitalanlagegesellschaft sich grundsätzlich fernzuhalten hat. Liefmann fordert daher mit gutem Recht für den Fall einer gesetzlichen Regelung die strenge Scheidung der beiden genannten Gesellschaftsformen.

3. Investment Trusts in USA. Angesichts der Entstehungsgründe, die in England zu den I. T. geführt haben, Kapitalanlagebedürfnis und daraus resultierender Kapitalexport, ist es nicht verwunderlich, daß in den Vereinigten Staaten von Amerika, die bis zum Kriege Schuldnerland waren, die Kapitalanlagegesellschaften erst nach Kriegsende entstanden sind, also mit einem Zeitpunkt, von dem die USA. zum ersten Gläubigerland der Erde wurden. Daneben spielt die gegenüber Großbritannien ganz anders geartete Struktur des amerikanischen Bankwesens eine Rolle, auf die an dieser Stelle jedoch nicht eingegangen werden kann. Dazu kam eine gesetzliche Maßnahme, die sog. Edge-Act von 1919, die unter anderen die Bildung von Gesellschaften vorsah, die im Wege der Effektensubstitution ausländische Anleihen erwerben konnten und denen überdies die Ausgabe von Obligationen bis zum zehnfachen Betrage des Aktienkapitals zuzüglich Reserven gestattet war. Damit ist der Gedanke der Kapitalanlagegesellschaft in den USA. gewissermaßen gesetzlich sanktioniert worden. Praktisch hat die Edge-Act jedoch, von wenigen Ausnahmen abgesehen, keine I. T. zutage gefördert, zumal die große amerikanische Krise von 1920 alles andere als einen günstigen Boden für die Entstehung solcher Gesellschaften schuf. Die eigentliche Gründungswelle für I. T. setzte vielmehr erst mehrere Jahre später ein und zwar, unabhängig von der Edge-Act, im Rahmen der zahlreichen Körperschaftsgesetze der Einzelstaaten bzw. auf der Grundlage der verschiedenen Bankgesetze der USA. Nach letzteren haben sich die Gesellschaften einer laufenden staatlichen Beaufsichtigung zu unterziehen, wofür ihnen allerdings das Depositenrecht gewährt wird. Andererseits räumten verschiedene Einzelstaaten, z. B. Delaware, den Kapitalanlagegesellschaften besondere Steuervorteile ein. In besonderem Maße aber hat die amerikanische Erbschaftssteuergesetzgebung auf die Errichtung von I. T. eingewirkt. Im Gegensatz zu der Vielzahl der Erbschaftssteuern, die im Erbfalle neben der bundesstaatlichen Steuer von jedem der Einzelstaaten unnachsichtlich erhoben werden, ist der Kapitalbesitz über einen I. T. nur in dem Staate des Gesellschaftssitzes des Trusts der Erbschaftssteuer unterworfen. Auf diese Weise wird für die Kapitalisten der Anreiz geschaffen, sich an einer Kapitalanlagegesellschaft mit dem Sitze in demjenigen Gliedstaate zu beteiligen, dessen Erbschaftssteuer die niedrigsten Sätze aufweist.

Sodann ist noch auf eine weitere organisationsrechtliche Besonderheit hinzuweisen, die darin liegt, daß verschiedene Einzelstaaten der USA. auf Grund altertümlicher Rechtssatzungen die Errichtung solcher Korporationen untersagen, die den Erwerb von Land und Effekten zum Gegenstand haben. „Zur Erfüllung des Zwecks, den man mit einer Korporation nicht erreichen konnte, bediente man sich daher der Rechtsform des Trusts. Es bildete sich der sog. Common Law Trust oder Business-Trust, der, weil er in Massachusetts seine besondere rechtliche Regelung erhielt, auch Massachusetts-Trust genannt wurde. Die Unterschiede von der Korporationsform, der amerikanischen Aktiengesellschaft sind z. B. die Ernennung der Trustees, die dem Direktorium der Korporation entsprechen, auf Lebenszeit; im übrigen bildet das Trustvermögen, ebenso wie dasjenige der Korporation, einen von dem übrigen Vermögen der Trustmitglieder getrennten Fond. In einigen der amerikanischen Staaten durften Korporationen nur einen bestimmten Prozentsatz ihres Kapitals in Vorzugsaktien und Obligationen ausgeben. Der Massachusetts-Trust unterliegt keinen solchen Beschränkungen, bietet also eine viel beweglichere Organisationsform wie die Korporation. Allerdings ist die Marktfähigkeit der Trustanteile im großen und ganzen doch nicht so gut wie die der Shares von Korporationen" (Kilgus).

Die Verschiedenartigkeit der gesetzlichen Grundlagen der amerikanischen I. T. wird aber noch durch das Bestehen der sog. „Blue Sky Laws" ergänzt. Hierbei handelt es sich um gesetzgeberische Maßnahmen der Gliedstaaten, durch die die Errichtung von Scheingründungen und Schwindelgesellschaften verhindert werden sollen. indem die näheren Einzelheiten und Vorgänge der Gesellschaftsgründung durch besondere Kommissionen überprüft werden, von deren Genehmigung dann die Errichtung der Gesellschaften abhängig ist. Während sich die Maßnahmen der Blue Sky Commissions auf den Gründungsvorgang beschränken, erließ der Staat New York im Jahre 1927 mit der sog. Martin-Act eine Maßnahme, die dem Attorney-General die Ermächtigung gibt, die im Staate New York ansässigen Kapitalanlagegesellschaften zu Auskünften über die Tätigkeit der Gesellschaft zu verpflichten. Diese Anordnung hat aber auch für die in den anderen Einzelstaaten ansässigen Gesellschaften größte Bedeutung, da der Handel mit den Anteilen dieser Gesellschaften innerhalb des Staates New York und damit an der New Yorker Börse verboten werden kann, falls die Gesellschaft dem Ersuchen nach Auskunftserteilung an den Attorney-General in New York nicht nachkommen sollte.

Trotz solcher Mannigfaltigkeit der gesetzlichen Grundlagen — teils wohl auch wegen dieser — die dem sonstigen Hang des Amerikaners nach Uniformität so ganz widerspricht, hat sich mit der gleichen Wucht, mit der sich die Prosperityideologie durchsetzen konnte, der Gedanke der Kapitalanlagegesellschaft in den Vereinigten Staaten in kaum geahnter Weise Bahn gebrochen. In der Mitte des Jahres 1929 war die Zahl der amerikanischen I. T. auf mindestens 500 angewachsen und Ende 1929 hatte das in ihnen investierte Kapital schätzungsweise einen Betrag von $2^1/_2$—3 Milliarden Dollar erreicht. Der erstaunlich gewachsene Anteil der Emissionen der amerikanischen I. T. im Verhältnis zu den Gesamtemissionen in den USA. geht aus folgender von Kaeppeli im „Wirtschaftsdienst" gegebener Übersicht hervor:

Investment-Trust-Emissionen am amerikanischen Kapitalmarkt 1925 bis 1930 (in 1000 $).

Jahr	Emissionen vom Investment-Trusts			Gesamtemissionen auf amerik. Märkten (ohne Reg.-Anleihen)
	Bonds and Notes	Aktien	Insgesamt	
1925	3000	12070	15070	4738110
1926	15500	55600	71100	5299554
1927	85500	89407	174907	7319196
1928	101000	689671	790671	7817877
1929	117250	2106481	2223731	10026361
1930	119750	112987	232737	5473279

Die bis zum Jahre 1929 unaufhaltsam aufstrebende Entwicklung der amerikanischen I. T. ging unter der Herrschaft des dem englischen Vorbild nachgebildeten „Management"-Trust vor sich, der in den USA. aber zumeist in der Richtung entartete, daß den Leitern der Gesellschaft völlige Freiheit in der Anlagepolitik gewährt wurde. Die mit den raschen, scheinbar unbegrenzten Kurssteigerungen erzielten Ausschüttungen und das daraus resultierende Hochschnellen der Kurse der Trust-Shares schienen das blinde Vertrauen des amerikanischen Publikums in das Management der Trustleitung glänzend zu rechtfertigen. So konnte es vorkommen, daß auf Stammaktien von amerikanischen I. T. unmittelbar nach ihrer Ausgabe, bevor überhaupt die Anlagen vorgenommen waren, 40% und mehr Aufgeld bezahlt wurde.

Es bedarf kaum eines Hinweises darauf, daß das im Gegensatz zu der stetigen Entwicklung der englisch-schottischen I. T. erfolgte Emporschießen solcher Riesengebilde wie der amerikanischen Kapitalanlagegesellschaften den amerikanischen Effektenmarkt in mehr als einer Beziehung stark beeinflussen mußten. „Die ständige Kaufbereitschaft der Trusts hatte weitgehend die Ausschaltung der Baissepartei zur Folge; wiederholt scheiterten Baissevorstöße an der Gegenwirkung der Nachfrage von I. T. und an der hierdurch begünstigten Aktivität der Haussiers. Ein „normaler" Ausgleich von Angebot und Nachfrage wurde dadurch verhindert. Entscheidend war jedoch die Art der Verwendung der Mittel durch die Trusts — und zwar in mehrfacher Hinsicht. Die Zeichner der zur Emission gelangenden Investement Trust Shares haben sich die hierzu nötigen Mittel überwiegend durch den Verkauf ihrer bereits getätigten Anlagen beschafft. Die Trusts haben die ihnen zugeflossenen Mittel einseitig in Aktien investiert. Die zugrundeliegende Auffassung von der besseren Eignung von Dividendenpapieren gegenüber festverzinslichen Werten für eine langfristige Kapitalanlage (Capital appreciation) ist bekannt. Ihre Auswertung durch die I. T. hat zu einer enormen Übersetzung des Aktiengeschäfts bei gleichzeitiger Vernachlässigung des Bondmarktes geführt. Hierzu kommt, daß ein nicht unwesentlicher Teil, insbesondere der den zuletzt gegründeten Trusts zugeflossenen Gelder vorübergehend der Börse kurzfristig zur Verfügung gestellt werden mußte. Die Verfügung über ansehnliche bereitstehende Mittel hätte sich zwar nach dem Umschwung als eine wertvolle Hilfe erweisen können; vorerst wurde durch die umfangreichen Börsengeldausleihungen eine wesentliche Verschärfung der Situation am Effektenmarkt erzielt. Die vorherrschende Organisationsform der neu entstandenen Trusts war der „Management Trust", der I. T. mit varibler Kapitalanlage und fast unbeschränkten Machtvollkommenheiten der Trustverwaltung. Die letztere Phase der Management-Trust-Bewegung kennt fast keine Limitierung der Investitionstätigkeit mehr, „Kauf und Verkauf von Effekten, Beteiligung an Neuemissionen und Syndikaten" ist die feste Formel der Statuten neugegründeter Trusts. Während nach strengen Investment-Trust-Prinzipien Realisationsgewinne nicht zu Dividendenausschüttungen, sondern lediglich zu Abschreibungen, Reservenstellungen oder Kapitalerhöhungen durch Bonuszuteilung verwandt werden, wurde der Versuch der Ausnützung von Kursschwankungen zu einer primären Zielsetzung der Geschäftspolitik. Englische I. T. sind, genau betrachtet, nie „hochprofitabel" gewesen. Die überdurchschnittlichen Gewinne, die heute aus Reserven ausgeschüttet werden, die im Verlaufe einer langen Zeitperiode vorsichtig angesammelt wurden, können über diesen Sachverhalt nicht hinwegtäuschen. Um Erfolg zu haben, waren dagegen die amerikanischen I. T. gezwungen, für ihre Mittel eine Verwendung vorzusehen, die für das zugeführte Kapital einen attraktiven Ertrag erwarten ließ. Einzelne Trusts, Unternehmungen von Promotoren, deren persönliches finanzielles Engagement gegenüber ihren Trusts im Verhältnis zu den ihrer Direktion unterstellten Kapitalien meist ganz zurücktrat, haben einen Teil der zufließenden Mittel dazu verwandt, um wieder neue Trustgründungen vorzunehmen, durch deren Emissionserfolg die Bewertung des eigenen Trust hochgetrieben wurde. In der Wirkung auf den Effektenmarkt mußte sich die Bewegung schließlich zu einer umfangreichen Hausseorganisation entwickeln, die für die Beteiligten glänzende Gewinne während der Aufwärtsbewegung der Kurse, nach dem Zusammenbruch des Kursniveaus jedoch infolge der Entwertung der Portefeuilles enorme Verluste gebracht hat "(Kaeppeli).

Die Überspitzung des Management-Prinzips und die hiermit verbundenen starken Rückschläge nach der Börsenkrisis des Jahres 1929 führte zur Besinnung auf die altenglische Form des Trusts, dem sog. Kapitalfonds oder auch Fixed-Trust. Dieser bestand bereits auch in den USA., seitdem es überhaupt I. T. dort gab, trat jedoch hinter den der Spekulationswut angepaßteren Management-Typ stark in den Hintergrund. Der Fixed-Trust, der sich in mehrfachen Abarten in den USA. entwickelte, erhält sein Charakteristikum dadurch, daß auf Grund einer mehr oder weniger großen Anzahl treuhänderisch verwalteter marktgängiger Effekten Zertifikate ausgegeben werden, die als solche den Mitbesitz an einer zu einer bestimmten Einheit (unit) zusammengefaßten Zahl dieser Effekten verkörpern. Die im Trustkontrakt (indenture) genau bezeichneten Effekten, die den Anlagefonds bilden, dürfen nur, wenn dieses im Kontrakt ausdrücklich vorgesehen ist, veräußert oder durch andere ersetzt werden. Der Vorteil dieser Anlagepolitik, der sich nach der Ernüchterung, die auf die großen Verluste auf dem Effektenmarkt folgte, das amerikanische Publikum mehr und mehr zugewandt hat, liegt zweifellos in einer gewissen Stabilität des Effektenfonds, der durch kein Management der Treuhänder angetastet werden darf. Diese Stabilität birgt andererseits die Gefahr der Einseitigkeit der einmal gewählten Anlagen in sich, die um so größer erscheinen muß, je länger die Dauer des Trusts kontraktlich festgelegt ist. Wenn man auch der Meinung sein kann, wie viele amerikanische Schriftsteller, daß gerade ein längeres Dasein des Trusts, sagen wir 20 Jahre, eine gewisse gute Durchschnittsrentabilität verbürgt, so darf doch nicht übersehen werden, daß die Sprunghaftigkeit und das Tempo der wirtschaftlichen und technischen Entwicklung der Gegenwart selbst die scheinbar sichersten Vorausberechnungen über den Haufen werfen kann. Die Gebundenheit der Effektenanlagen auf längere Sicht kann daher leicht zum Gegenteil dessen führen, was mit ihr bezweckt werden soll. Diese Folge kann naturgemäß um so eher eintreten, je geringer die Anzahl der im Anlagefonds befindlichen Effekten ist. Für die Fixed-Trusts spricht wiederum die Tatsache, daß viele von ihnen erst nach der großen Börsenderoute entstanden sind und ihre Effekten daher zu einem verhältnismäßig günstigen Preise erwerben konnten. Alle Anzeichen deuten jedoch darauf hin, daß die Entwicklung der amerikanischen I. T. einen Mittelweg gehen wird, d. h. daß man bestrebt sein wird, zwar den Leitern der Trusts eine stark gebundene Marschroute vorzuschreiben, ihnen jedoch in gewissem Rahmen das Management zu ermöglichen.

4. Investment Trust in anderen Ländern und in Deutschland. Angesichts der Entwicklung, welche die I. T. in Großbritannien und in den Vereinigten Staaten von Amerika genommen haben, verlohnt es nicht, auf die Gesellschaften gleicher Art in den wenigen übrigen Ländern einzugehen, soweit hier von I. T. überhaupt die Rede sein kann. Weder in Frankreich, wo der Anreiz zu gemeinschaftlicher Anlage von Vermögenswerten wohl noch am allerwenigsten spürbar ist, noch in Belgien, wo die nachweisbar erste Kapitalanlagegesellschaft gegründet wurde (s. o.), hat die Form der I. T. im Vergleich zu der großen finanziellen Bedeutung dieser Länder und den sonstigen Formen der Finanzierung heimischer und ausländischer Anlagen (Banque d'affaires, Société financière) nennenswerte Bedeutung erlangt. Auch in Holland und in den nordischen Staaten kann von einer Investment-Trusts-Bewegung nicht gesprochen werden. Selbst die kapitalgesättigte Schweiz, die über eine der ältesten Kapitalanlagegesellschaften verfügt, nahm aus verschiedenerlei Gründen, insbesondere auch steuerlicher Art, auf diesem Gebiete eine ganz andere Entwicklung, bei der die Kapitalanlage die Form von Holding-, Verwaltungs- und Beteiligungsgesellschaften wählte, eine Entwicklung, wie sie neuerdings auch in Lichtenstein und Luxemburg Schule gemacht hat.

Von Deutschland brauchte man im Zusammenhang mit der Frage der I. T. so gut wie überhaupt nicht zu sprechen, wenn nicht in allerneuster Zeit der Fragenkomplex nach voraufgegangener eifriger Erörterung in der Fachliteratur und der wissenschaftlichen Tagespresse einen gewissen Niederschlag in einer steuergesetzlichen Maßnahme gefunden hätte (vgl. *Schachtelprivileg*). Allerdings gab es schon lange vor dem Kriege einige wenige Kapitalanlagegesellschaften im Sinne des I. T. Hier ist zunächst die durch den Schaafhausenschen Bankverein 1871 gegründete Aktiengesellschaft für rheinisch-westfälische Industrie zu erwähnen, die aber 1921 liquidiert wurde; sie war teils ein I. T., teilweise eine Finanzierungsgesellschaft, die schon im Jahre 1872 35% Dividende ausschütten konnte, die elf folgenden Jahre dividendenlos blieb, später zwischen 3 und 9%, 1898 22% und 1900 sogar 60% Dividende zu zahlen vermochte, um in den späteren Jahren teils normal, teils gar nicht zu rentieren. Im Jahre 1871 entstand noch eine weitere deutsche Kapitalanlagegesellschaft in der Bergisch-Märkischen Industrie-Gesellschaft; sie hat sich als I. T. jedoch nicht lange gehalten. Abgesehen von einer Reihe sonstiger Gesellschaften, zumeist kurzlebiger Natur, teils ihrem ursprünglichen Zweck entwachsen, ist noch die 1926 errichtete Bayerische Investment-AG. zu erwähnen. Diese dem Fixed-Typ nachgebildete Gesellschaft hat sich vorwiegend mit Kreditvermittlung befaßt und ihre eigentliche Investment-Tätigkeit bis zur Klärung der steuerlichen Verhältnisse hinausgeschoben. Durch Urteil des Reichsfinanzhofes ist klargestellt worden, daß die Gesamtheit der Zertifikatsinhaber keine Personenvereinigung mit Erwerbszwecken, sondern eine Sachgemeinschaft darstelle, woraus die Befreiung von der Gesellschafts- und Wertpapiersteuer sowie auch des Steuerabzugs vom Kapitalertrag zu folgern ist. Als Besonderheit ist in diesem Zusammenhang noch auf den im Jahre 1923 von Dr. Zickert gegründeten Deutschen Kapitalverein in Königswusterhausen hinzuweisen. Er ist aus steuerlichen Gründen in der Form eines nicht rechtsfähigen Vereins errichtet und so insbesondere von der Körperschaftssteuer befreit. Später ist ihm auch Vermögenssteuerfreiheit zugebilligt worden. Im Mai 1928 konnte er 8,4% auf sein investiertes Kapital ausschütten. 1929 wurde er in Verbindung mit dem Zusammenbruch einer ihm nahestehenden Bankfirma liquidiert.

Die Frage der Errichtung von deutschen Kapitalgesellschaften in der Form der I. T. dürfte für absehbare Zeit alles andere als akut sein. Ganz abgesehen von der Frage, ob die mit der Notverordnung des Reichspräsidenten vom 5. Juni 1931 für die Errichtung von Kapitalanlagegesellschaften vorgesehenen Steuervergünstigungen ausreichen, um von dieser Seite her gesehen die Gründung solcher Gesellschaften reizvoll erscheinen zu lassen, ist und bleibt das volkswirtschaftliche Bedürfnis für die Gründung solcher Kapitalanlagegesellschaften entscheidend. Dieses volkswirtschaftliche Bedürfnis darf beileibe nicht mit dem privatwirtschaftlichen Bestreben, zeitweilig niedrige Effektenkurse als günstigen Start für solche Gesellschaften anzusehen, gleichgesetzt werden. Alle Überlegungen, die mit der Gründung von I. T. anzustellen sind, müssen, das zeigt ihre Geschichte zur Genüge, von der Frage ausgehen, ob die Voraussetzungen, eine angemessene Kapitalmenge, die auf Anlage drängt, gegeben sind. Daß dieses aber für absehbare Zeit in Deutschland nicht der Fall sein wird, kann schwerlich als eine aus Pessimismus geborene Prognose bezeichnet werden.

Aus der zahlreichen Literatur: Liefmann, R.: Beteiligungs- und Finanzierungsgesellschaften, 5. Aufl. Jena 1931. — Finanzierungsgesellschaften. Handwörterbuch der Staatswissenschaften, 4. Aufl., Bd. 4. — Kilgus, Egon: Kapitalanlagegesellschaften Investment Trusts. Berlin 1929. — Eberstadt, Georg: Investment Trusts im Ausland und in Deutschland. Vortrag 1930, als Manuskript gedruckt. — Kaeppeli, Robert B.: Investment Trusts. Wirtschaftsdienst 1931, H. 13. — Robinson, Leland Rex: Investment Trusts Organization and Management. New York 1929. — Jörgens, J.: Finanzielle Trustgesellschaften. München 1902. — Quittner, P.: Investment, Moderne Prinzipien der Vermögensanlage. Berlin 1930. Vgl. insbes. Kap. X. — Weitere Aufsätze vorwiegend im Economist und Bankarchiv.

Hermann Becker.

Jobber s. *broker 1.*

Johannesburger Börse s. *Südafrikanische Union.*

joint account = gemeinsame Rechnung, on — à Meta.

Joint stock Banks s. *England, Geld- und Kapitalmarkt* s. *deposit banks*, s. *Sparkassen 14.*

Journal s. *Buchhaltungswesen.*

Irrevocable credit (e) = unwiderruflich erstelltes *Akkreditiv* (s. d.).

Italien, Geld- und Kapitalmarkt. *1. Struktur der italienischen Volkswirtschaft.* Die Entwicklung Italiens im Sinne einer kapitalistischen Akkumulation und die Entstehung eines Geld- und Kapitalmarktes von Bedeutung ist jungen Datums; in der Tat kann man auch heute noch nicht sagen, daß sie ein ebenso entwickeltes Stadium wie manche andere Länder erreicht hat, obwohl im Laufe der letzten 40 Jahre außerordentliche Fortschritte erzielt wurden. Dies hat verschiedene Gründe, die, in der Struktur oder Geschichte der italienischen Volkswirtschaft liegend, Angebot und Nachfrage von lang- und kurzfristigem

Kapital beeinflußt haben und heute noch beeinflussen.

Italien ist mit Naturschätzen spärlich bedacht: der Boden — zur größeren Hälfte Gebirge — ist nur bei erheblichen Kapital- und Arbeitsinvestitionen fruchtbar und arm an Minerallagern. Auf ihm lebt eine mäßige, arbeitsame, aber ziemlich dichte Bevölkerung[1], deren Lebenshaltung im allgemeinen nicht sehr hoch ist. Der Besitz der Kolonien hat bisher mehr gekostet, als eingetragen, und auch in Zukunft kann ihre Ausbeutung keine üppigen Erträge liefern. Die politische und zollpolitische Einigung, die unbedingte Voraussetzung für die Bildung weitreichender und reger Märkte, wurde erst in den Jahren 1866—1870 nach finanziell drückenden Kriegen erreicht. Und auch noch später standen politische und wirtschaftliche Schwierigkeiten dem Gedeihen des Landes entgegen. Das wichtigste Fundament der italienischen Volkswirtschaft war und ist heute noch die Landwirtschaft — eine Wirtschaftsform, die auch einem mäßigen und sparsamen Volke keine rasche Akkumulierung größerer Kapitalien gestattet. Daneben hat sich nach und nach eine ziemlich bedeutende Industrie entwickelt, deren Struktur und Betrieb vielfältige Einflüsse auf den Geld- und Kapitalmarkt ausgeübt hat.

2. *Volksvermögen und Volkseinkommen.* Eine Schätzung des italienischen Volksvermögens und Volkseinkommens ist im Jahre 1928 von Prof. Giorgio Mortara vorgenommen worden. Danach haben Land-, Forst- und Viehwirtschaft einen Anteil von ca. 46% am Volksvermögen, die Bergwerks- und Industrieanlagen ca. 13%, die Verkehrs- und Transportmittel 1,8%, der städtische Besitz von 15%, das Metallgeld und die ihm gleichwertigen Zahlungsmittel von 4%. Der Überschuß der Auslandsschulden über die Auslandsguthaben wird auf 20 Milliarden Lire geschätzt, gleich 4,7% des Volksvermögens. Das Volkseinkommen nimmt man als zu 35% aus Landwirtschaft, zu 32% aus Industrie, zu 12% aus Handel und Kreditgeschäften herrührend an.

Land	Volksvermögen				Volkseinkommen			
	a) absolut		b) pro Kopf der Bevölk.		a) absolut		b) pro Kopf der Bevölk.	
	Millden Lire	Index (Italien = 100)	in Lire	Index	Millden Lire	Index	in Lire	Index
Italien	400	100	9756	100	85	100	2073	100
Deutschland	1440	360	22154	227	247,5	291	3808	184
Frankreich	1350	337	32927	337	180	212	4391	212
England	1665	416	33980	348	324	381	6612	319
Ver. Staaten	6650	1662	55417	568	710	835	14250	688

Volksvermögen wie Volkseinkommen müssen seit Ende des Jahrhunderts bis 1913 erheblich gewachsen sein; von 1913 bis heute ebenfalls, im letzteren Zeitraum allerdings nur absolut: trägt man nämlich der Bevölkerungszunahme seit 1913 (18,6%) Rechnung, so ergibt sich, daß sich Durchschnittsvermögen und Einkommen pro Kopf nicht wesentlich verändert hat.

Die vorangegangenen Ausführungen zeigen, daß Italien kaum die Voraussetzungen für die Entstehung eines internationalen Kapitalmarktes bietet oder auch nur über eine zum Kapitalexport ausreichende eigene Kapitalbildung verfügt.

3. *Spartätigkeit.* Dank seiner beträchtlichen Spartätigkeit, die den größten Teil des internen Bedarfs befriedigen kann, ist andererseits Italien doch davor geschützt, in eine zu weitgehende oder dauernde Abhängigkeit vom ausländischen Kapital zu geraten. Das italienische Volk ist von Natur aus sparsam; die am intensivsten sparenden Schichten sind in der Landwirtschaft die kleinbäuerlichen Grundbesitzer, in den Städten die mittleren Handelsstände.

Krieg und Inflation hatten eine Verlangsamung der Sparbildung zur Folge, ohne jedoch außerordentliches Ausmaß zu erreichen, während nach dem Jahre 1927 die Währungssteigerung dazu beigetragen hat, wieder normale Verhältnisse herzustellen.

Die direkte Anlage von Sparkapital seitens der Bevölkerung (vorwiegend in Immobilien) ist seit einigen Jahren wieder ganz beträchtlich geworden, was sicher für die künftige Entwicklung von Vorteil ist, während die der indirekten im Wege der Sparkassen usw. zwar ebenfalls wächst, jedoch nicht im gleichen Maß wie die allgemeine Entwicklung und wie die Nachfrage. Es zeigt sich also, daß, verglichen mit der Vorkriegszeit, jener Teil der Ersparnisse, der direkt angelegt wurde, etwas zugenommen, jener der Sparkassen und Kreditinstituten anvertraut wurde, leicht abgenommen hat.

Sparguthaben (in Milliarden Lire).

	1928	1929	1930
Sparkassen und Leihhäuser (Monti di Pietà)	15,6	16,1	17,2
Postsparkassen	10,7	11,6	12,9
Aktienbanken	11,6	10,8	10,9
Banche popolari (Volksbanken)	5,5	5,4	4,9
Öffentlich-rechtliche Kreditinstitute	2,8	3,6	3,6
Ländl. Kreditgenossenschaften (Raiffeisen)	1,2	1,3	1,2
Privatbanken	1,1	1,1	1,—
Insgesamt	48,5	49,9	51,7

4. *Geldmarkt und Bankensystem.* Der italienische Geldmarkt war in der Vergangenheit durch Abhängigkeit von den ausländischen Märkten, vor allem dem Pariser Markt, gekennzeichnet. Gegenwärtig aber kann man ihn nicht mehr als einen Trabanten der ausländischen Märkte bezeichnen, wenngleich sich deren Erschütterungen auch auf ihn fortpflanzen.

Die Vorkriegsentwicklung des Bankwesens ist vor allem dadurch gekennzeichnet, daß sich die großen (privaten) Aktienbanken immer mehr gegen die Notenbanken durchsetzten. Dies ergibt sich auch aus dem Vergleich zwischen der Entwicklung des offiziellen und des Privatdiskontsatzes.

Das italienische Banksystem, dessen Tätigkeit durch das Gesetz von 1926 betr. den Schutz der Sparguthaben, geregelt wurde, trägt nicht die einheitlichen Charakterzüge eines „Typus" und läßt sich nicht ohne weiteres mit dem englischen, französischen oder deutschen vergleichen. Seine Organisation weist a) eine größere Verschiedenheit in der Struktur und in den Aufgaben und gleichzeitig b) eine relativ geringere Spezialisierung in bezug auf die verschiedenen Tätigkeitsgebiete auf.

Wenn auch Spezialbanken nicht fehlen, so befassen sich doch viele Institute mit jeder Art von Kreditoperationen, also als Universalbanken. In der letzten Zeit besteht bei den größeren Instituten eine Tendenz zur Rückentwicklung zur reinen Handelsbank, also zu einer Abspaltung des Industriekonzerns; für die Kreditgewährung — vor allem die mittelfristige — an die Industrie ist ein Institut öffentlichen Rechts gegründet worden (Istituto Mobiliare Italiano).

Von 1893—1926 hatte Italien drei Notenbanken (Banca d'Italia, Banco di Napoli, Banco di Sicilia); erst 1926, mit der Konzentrierung der Emissionsregelung bei der Banca d'Italia, ist also die vollständige Vereinheitlichung des Geldmarktes vor

[1] Nach der Volkszählung von 1931 lebt in Italien auf einer Fläche von 310137 qkm eine Bevölkerung von 41230047 mit iner Dichte von 133 pro qkm.

sich gegangen. Dieser Konzentration war jedoch die engste Zusammenarbeit zwischen den drei Banken vorausgegangen, und außerdem war die große Vormachtstellung der Banca d'Italia gegenüber den beiden anderen nie bestritten.

Die Stärkung der Stellung der privaten Großbanken wurde durch die Konzentrationsbewegung der jüngsten Vergangenheit fortgesetzt. Die Zahl der Großbanken ist jetzt auf drei reduziert: Banca Commerciale Italiana (die die Banca Commerciale Triestina in sich aufgenommen hat), Credito Italiano (fusioniert mit der Banca Nazionale di Credito) und Banco di Roma. Die drei Institute hatten am 31. Dezember 1931 ein Wechselportefeuille von 10,3 Milliarden Lire (1930: 9 Milliarden), ferner Effektenreports von 0,865 Milliarden (1930: 1,5 Milliarden), während die Notenbank Ende 1931 4,6 Milliarden Wechselbestand (1930: 3,9) und 1,07 Milliarden Vorschüsse (1930: 1,7) aufwies.

In der italienischen Kreditwirtschaft nehmen die „Banche popolari" (Kooperativgesellschaften m.b.H.) einen sehr beachtenswerten Platz ein. Gemeinsam mit einigen Aktienbanken mittlerer Größe tragen sie sehr viel zur Entwicklung der einzelnen Distrikte bei und pflegen vor allem den mittleren Handelskredit. Sie haben ein Portefeuille von über $3^1/_2$ Milliarden, während das der Sparkassen, deren Geschäftsgebarung besonderen Normen unterworfen ist, nur wenig dahinter zurückbleibt. Ferner bestehen 3700 ländliche Kreditgenossenschaften (Raiffeisen), denen eine neue gesetzliche Regelung im Jahre 1932 gegeben wurde.

Die Banken unterhalten intensive aktive und passive kurzfristige Kreditbeziehungen mit dem Ausland, ohne daß jedoch die „Lorokonten" hinsichtlich des Saldos oder ihrer Umsätze von entscheidender Bedeutung wären. Dies hat sich während der Geld- und Kreditkrise des Jahres 1931, die von der Lira gut überwunden wurde, als sehr nützlich erwiesen. Ein Markt in Bankakzepten existiert nicht, doch macht eine jüngst erfolgte Verfügung seine Entwicklung möglich, da sie die Notenbank zu Operationen im „Open market" ermächtigt. Dies dürfte künftig eine schärfere Kontrolle des Marktes durch die Zentralbank sowohl für den inländischen Geldmarkt als auch für die Wechselkurse ermöglichen.

Der Geldmarkt wies während der ganzen Inflationsperiode der Nachkriegsjahre einen ziemlich hohen Grad der Liquidität auf, ungeachtet des starken Geldbedarfs seitens der Wirtschaft. Die seit 1924 verfolgte Politik der Zinsverbilligung hatte eine starke Ausweitung des Diskontmarktes und vor allem der Börsenreports zur Folge (Börsenhausse). 1925 straffe Regulierung des Kreditwesens und der Umlaufsmittel und sukzessive Hinaufsetzung der Bankrate von $5^1/_2$ auf 7 %. 1926 Geldknappheit, zu Beginn des Jahres 1927 Anspannung des Geldmarktes durch die Inangriffnahme der Deflationspolitik. Nach der Stabilisierung (Dezember 1927) und das ganze Jahr 1928 flüssiger Geldstand, Senkung des Diskontsatzes schrittweise auf $5^1/_2$%.

1929 bis Frühjahr 1930 erneute Geldteuerung (Bankrate 7 %, Privatdiskont $6^3/_4$ %, Börsenreports 6—$7^1/_2$ %). Die allmählich eintretende wirtschaftliche Stagnation führte wieder zu niedrigen Sätzen, ohne daß jedoch der Geldmarkt die gleiche Geldfülle bzw. das gleiche Brachliegen von Kapital gezeigt hätte, wie bei den ausländischen Geldmärkten.

5. *Kapitalmarkt im allgemeinen.* Der italienische Kapitalmarkt hat aus den bereits kurz angedeuteten Gründen in erster Linie Bedeutung für das Inland, wobei er, da seine Kraft vor allem angesichts der gewaltigen Entfaltung der heimischen Industrie (z. B. Automobilbau) allein nicht ausreichte, gegenüber dem Ausland vorwiegend als Geldnehmer auftrat, in der Regel zu annehmbaren Bedingungen.

Er hat bei den verschiedensten Gelegenheiten bewiesen, daß er solide Grundlagen habe und mitunter über unerwartete Ressourcen verfügt. Zwischen 1894 und 1902 nahm z. B. der Rückfluß italienischer, im Auslande begebener Wertpapiere einen bemerkenswerten Umfang an und bewies die gute Aufnahmefähigkeit des italienischen Marktes. Immerhin mag der Besitz an ausländischen Wertpapieren bisher noch keinen derartigen Umfang erreicht haben, daß er im Bedarfsfall einen Rückgriff zum Ausgleich der Zahlungsbilanz gestatten würde. Eine der wichtigsten Funktionen des italienischen Kapitalmarktes war immer die Befriedigung des relativ großen Bedarfs der öffentlichen Hand, insbesondere des Staates.

Die absolute Vorherrschaft unter den Börsen des Landes fällt der *Mailänder Börse* (s. d.) zu, an zweiter Stelle dem Umfang nach folgt die Börse von Rom.

An den Börsen von Mailand, Genua und Turin macht sich ein großer Prozentsatz berufsmäßiger und spekulativer Tätigkeit bemerkbar, während die anderen Börsen eine ziemlich bescheidene Rolle bei der Bestimmung der Marktlage spielen.

Übersicht über die Termingeschäfte an den Börsen des Königreichs.

Börse	1928 in Mill. Lire	1928 Anteil %	1930 in Mill. Lire	1930 Anteil %	Haupttätigkeitsgebiet der betr. Börse
Milano .	15,685	36,4	6,555	43,3	Elektrizitäts-, Automobil-, Textil-,Bankwerte,Renten
Roma .	11,410	26,5	2,752	18,2	Staatsrenten, Terrainwerte (Immobiliari)
Genova .	6,149	14,3	2,201	14,5	Zucker-, Schiffahrtswerte
Torino .	6,038	14,0	2,017	13,3	Automobil-, Elektrizitäts-, Bankwerte
Firenze .	1,546	3,6	726	4,8	Minen-, Versicherungswerte
Napoli .	1,387	3,2	501	3,3	Terrainwerte
Bologna	412	0,9	193	1,2	— (diverse)
Trieste .	305	0,7	131	0,8	Versicherungswerte
Venezia .	197	0,4	40	0,2	Elektrizitätswerte
Zus.	43,129	100,0	15,116	100,0	

6. *Der Markt der Festverzinslichen.* Die Staatsanleihen nehmen auf dem italienischen Anlagemarkt — durch zahlreiche Begünstigungen, aber auch durch die Vorliebe des Publikums, eine ganz besondere Stellung ein. Sie sind selbstverständlich an allen Börsen notiert und werden häufig und in ziemlichem Ausmaß gehandelt. Ihr Markt beschränkt sich jedoch tatsächlich nicht auf die Börsen, sondern erstreckt sich auf jedes auch nur mittelgroße städtische oder ländliche Handelszentrum. Dies erklärt sich durch das Überwiegen des kleineren oder mittleren Sparkapitals, das mehr zu mündelsicheren als zu spekulativen Anlagen neigt. Die Rücksicht auf die Interessen dieser mehr ausgedehnten Sparerschicht und die Notwendigkeit, sie nicht zu entmutigen, war eines der Momente, das die Währungspolitik Italiens bestimmt hat. Das Vertrauen in den Staat ist bei dem kapitalanlegenden Publikum tief eingewurzelt, was auch die letzten Emissionen, die Konversion der Buoni del Tesoro bestätigte; sie wurde mit 4 Milliarden Lire im 1931 und 1 Milliarde im 1932 aufgelegt und mit 7, bzw. 4,4 Milliarden gezeichnet, zum großen Teil mit winzigen Beträgen.

Dies erklärt, wieso der italienische Staat für seine Anleihen den Vorteil niedrigerer Zinssätze genießt als andere Staaten unter denselben, ja, besseren Kapital- und Kreditverhältnissen.

In Italien war der Markt der privaten Obligationen nie besonders ausgedehnt und rege. Bis zur Verstaatlichung hatten Eisenbahnobligationen einige Bedeutung, ferner Grundrentenscheine. Obligationen öffentlicher Körperschaften und privater Gesellschaften fehlten jedoch fast ganz, so daß das Sparkapital, wenn es geneigt war, die Form der Bankdepots aufzugeben um langfristige Anlagen auf dem Effektenmarkt zu suchen, tatsächlich nur die Wahl zwischen der Investition in Aktien, die notwendig mit einem Risiko verbunden war, oder der Anlage in Staatspapieren mit sehr bescheidener Verzinsung hatte. Während des Krieges und in der unmittelbaren Nachkriegszeit waren infolge der Ungunst der Verhältnisse die Emissionen von Obligationen selten. Immerhin mußte die Entwicklung der italienischen Volkswirtschaft zur Bildung eines Marktes für die Obligationen führen, auch ohne Begünstigung durch technische und psychologische Momente.

Die 1926 durchgeführte Abschaffung der Besteuerung des Ertrages der festverzinslichen Wertpapiere gestattete den privaten Unternehmern ausgiebigeren Gebrauch von der Finanzierung durch festverzinsliche Emissionen zu machen.

Die Emission von Obligationen seitens privater Industrieunternehmen stieg seit 1927 stark an, während gleichzeitig auch die Emissionen durch Bodenkreditinstitute und die vom Staat gegründeten Finanzierungsgesellschaften für öffentliche Arbeiten und öffentliche Versorgungsbetriebe (über 2 Milliarden jährlich) zunahmen. Die letztgenannte Kategorie ist heute ein ziemlich gebräuchlicher Anlagewert, der auch häufig gehandelt wird.

In Italien gibt es keine Obligationen, die eine feste Gesamtfälligkeit haben, sondern nur solche, die durch einen Tilgungsfond periodisch ausgelost oder auf dem Markt zurückgekauft werden.

In manchen Fällen hat man auch die neue Form der Gewinnberechtigten, oder konvertierbaren Obligation usw. adoptiert.

7. *Aktienmarkt; jüngste Entwicklung des Kapitalmarkts.* Der Aktienmarkt, der sich in Italien nach dem für Staatsrenten (aber vor Obligationen s. o.) entwickelte, hat infolge des geringen Durchschnittsvermögens nicht dieselbe Bedeutung erlangt, wie in anderen Ländern. Elektrowerte (Kurswert Ende 1931 5217 Millionen), Banken (3615 Millionen), Textilien, Metall- und Transportwerte (je über 1000 Millionen) nehmen an ihm die führenden Plätze ein. Die Bedeutung der übrigen Branchen ist gering. Die bis zu Beginn des Jahres 1922 rasch absteigende Tendenz der Börsen, verwandelte sich unter dem Einfluß der politischen und sozialen Neuordnung des Landes und der wirtschaftlichen Verbesserungen ins Gegenteil. Nach Wiederkehr des Vertrauens floß das Sparkapital gemeinsam mit den Geldern „spekulativer“ Natur dem Kapitalmarkt reichlich zu. Die ausgesprochene Hausseperiode von April 1922 bis Januar 1925 muß in der Geschichte der italienischen Börsen als etwas außergewöhnliches bezeichnet werden.

Die Jahre 1925/26 spiegelten mit ihren heftigen Schwankungen die Unstabilität der italienischen Währung wieder. Nach der Stabilisierung machte sich ein vielleicht übertriebenes Vertrauen in die künftige Entwicklung bemerkbar, das in der zweiten Hälfte 1928 in einem boomartigen Aufschwung seinen Ausdruck fand und übrigens in Zusammenhang mit der Welttendenz, vor allem der New Yorker Börse stand. Auch in den folgenden Jahren 1929 bis 1931 konnte sich die italienische Börse der internationalen Kursgestaltung nicht entziehen, was aus der folgenden Tabelle hervorgeht.

Aktienindizes (BACHI).

Dezember		Dezember	
1924	100	1928	80,7
1925	94,2	1929	69,0
1926	63,2	1930	52,3
1927	71,6	1931	34,0

8. *Zahlungs- und Kapitalsbilanz.* Die italienische Zahlungsbilanz verdient in mehrfacher Hinsicht eine gewisse Beachtung. Der ständige Passivsaldo der Handelsbilanz ist im gewöhnlichen Zustand eine mit der italienischen Wirtschaft verbundene Tatsache. Zum Ausgleich dieses Passivums dienen in erster Linie Posten, die jederzeit starken Schwankungen ausgesetzt sind, nämlich die Überweisungen der italienischen Auswanderer, die Erträge des Fremdenverkehrs und anderer unsichtbarer Export in Form von Dienstleistungen. Zinseneingänge von ausländischen Kapitalanlagen in Italien, und italienischen Kapitalien im Ausland schließen mit einem kleinen Debetsaldo Italiens ab.

Nach der Einigung des Königreiches trat unter den verschiedensten Formen ein starker Zustrom ausländischen Kapitals nach Italien ein (1892 bis 1893 befanden sich mehr als die Hälfte der Staatspapiere im Ausland), in der Folge zeigte die Kapitalbilanz jedoch Überschüsse, welche in der Zeit von 1893—1903 hauptsächlich zum Rückkauf italienischer im Ausland untergebrachter Papiere und zwischen 1910 und 1914 zum Ankauf ausländischer Werte vor allem in Südosteuropa, vorzüglich Staatspapiere verwendet wurden. Inzwischen dauerte die Mitarbeit französischen und belgischen, in geringerem Ausmaß englischen und deutschen Kapitals weiter an, die Zahlungsbilanz war fast ausgeglichen und es bestand daher weder die Möglichkeit großer Investitionen im Ausland, noch die Notwendigkeit einer Auslandsverschuldung. In den 6 Jahren von 1915—1921 trug die Zahlungsbilanz infolge des Krieges abnormalen Charakter, und schloß mit einer starken Verschuldung an das Ausland (ca. 40 Milliarden Lire). Ein neuer Zustrom ausländischen Kapitals fand dann wieder vor allem aus USA. in den Jahren 1925—1927 statt, wurde jedoch durch die Regierung reguliert, um dem Inlande übermäßige Belastung zu ersparen.

	Emissionsbeträge	
	von italienischen Anleihen im Ausland	von in Italien aufgelegten Anleihen ausl. Schuldner
	in Millionen Lire	
1923	—	200
1924	—	670
1925	2,090	—
1926	1,351	—
1927	3,088	—
1928	947	65,5
1929	196	218
1930	215	294

Was kurzfristige Investitionen betrifft, so muß in den letzten Jahren eine bemerkenswerte Reduktion der ausländischen Guthaben in Italien und umgekehrt, — eine Erhöhung der italienischen im Ausland stattgefunden haben.

Vor 1931 begann sich eine Expansionsbewegung italienischen Kapitals im Ausland, unter Führung der Großbanken, bemerkbar machen zu wollen. Diese Expansion äußerte sich in der Schaffung von Auslandsfilialen, Gründung von Tochterbanken im Ausland oder Übernahme von Beteiligungen an solchen. Sie hat dazu beigetragen, den Geld- und Kapitalverkehr zwischen Italien und den anderen Ländern zu regulieren, und den italienischen Kapitalmarkt dem Finanzsystem der übrigen Welt einzufügen.

Vgl. *Mailänder Börse*, ferner *Valorisierung II.*

Literatur: Über Struktur und Charakter des italienischen Geld- und Kapitalmarktes gibt es keinerlei Monographien. Brauchbare Hinweise, vor allem vom internationalen Gesichtspunkt, sind enthalten in: Mc Guire, C. E.: Italy's International Economic Position. New York, Macmillan 1927. — Statistische Daten über den Geld- und Kapitalmarkt finden sich in: Annuario statistico italiano. Istituto centrale di statistica, Roma (jährlich). — Bollettino mensile di statistica dell' Istituto centrale di statistica, Roma (monatlich). — Bollettino di notizie economiche. Associazione fra le Società per Azioni, Roma (monatlich). — Jahresberichte über den Kapitalmarkt sind z. B. enthalten in: Banca Commerciale Italiana: Movimento Economico dell' Italia, Milano (jährlich). — Periodische Berichte über dasselbe Gebiet erscheinen regelmäßig in: Consiglio Provinciale dell'Economia di Milano: Indici settimanali di Borsa, Milano (wöchentlich). — Rivista Bancaria, Milano (monatlich). — Vom historischen Gesichtspunkt sind wichtig: Canovai, T.: Le Banche d'emissione in Italia. Roma 1912. — Stringher, B.: Su le condizioni della circolazione e del mercato monetario durante e dopo la guerra. Roma 1920. — Jannaccone, P.: La bilancia del dare e dell'avere internazionale con particolare riguardo all' Italia. Milano 1927.

G. Bianchini,
[übersetzt von Ellen Quittner-Bertolasi.

Italienische Buchführung s. *Innere Organisation B I 2, 3.*

Jugoslawien, Geld- und Kapitalmärkte, Börsen. *1. Währungswesen.* Die seit 1879 in Serbien angenommene französische Münzordnung wurde während des Krieges durch die Papierwährung ersetzt. Ende 1918 erfolgte die Abstempelung des gesamten in Jugoslawien umlaufenden Papiergeldes, der 1919 eine zweite Abstempelung folgte. Bei den letzteren behielt der Staat 20% der Noten gegen Hingabe 3proz. Obligationen. In den Jahren 1919 und 1920 trat eine Zerrüttung der Währung ein; ihre Hauptgründe sind in der starken Verschuldung des Staates an die Nationalbank, in der Verwirrung des Bugdetwesens und der hohen Auslandsverschuldung des Landes zu erblicken. Etwa 1925 begann man die jugoslawische Währung de facto zu stabilisieren und zwar auf der ungefähren Basis von 9,13 Schweizer Franken für 100 Dinar. Dieser Periode folgte im Sommer 1931 die Stabilisierung de jure mit Hilfe einer internationalen Anleihe von 1025 Millionen französischer Franken, von denen 675 Millionen in Frankreich selbst aufgelegt wurden. Als Goldparität wurde im Währungsgesetz von 1931 0,0265 g Feingold für den neuen Dinar festgesetzt.

Die Nationalbank des Königreiches Jugoslawien hat das ausschließliche Notenprivileg und die Verpflichtung, ihre Noten jederzeit in Gold oder Golddevisen umzutauschen. Diese Einlösungspflicht ruht aber für Notenbeträge unter 250000 Dinar. 35% der täglich fälligen Verbindlichkeiten der Nationalbank müssen durch Gold und Golddevisen gedeckt sein, und zwar 25% durch Gold, der Rest durch Golddevisen. Der Erlös der oben erwähnten Stabilisierungsanleihe floß 1931 der Nationalbank zur Auffüllung ihrer Deckungsmittel zu und zwar zu einem großen Teil in der Weise, daß der Staat hierdurch die von der Bank erhaltenen bedeutenden Vorschüsse zurückerstattete. Der Scheidemünzenumlauf der Nationalbank darf den Betrag von 650 Millionen Dinar nicht überschreiten. Der Zahlungsmittelumlauf betrug Ende 1929 5964, Ende 1930 5540 Millionen Dinar, um im Jahre 1931 unter 4700 Millionen herabzusinken.

2. Kapitalmarkt. Die Spareinlagen bei den jugoslawischen Privatbanken zeigen eine ständig steigende Tendenz. Über die Entwicklung der Kapitalmarktverhältnisse gibt folgende Zusammenstellung Auskunft:

Jahresende	Sparguthaben bei den Privatbanken	Depositen bei der Kgl. Postsparkasse	Privater Zinssatz
	in Millionen Dinar		%
1928	10300	670	16
1929	11800	920	12
1930	13900	990	11

3. Börsen. Von den drei jugoslawischen Effektenbörsen Agram (Zagreb), Belgrad und Laibach sind nur die beiden erstgenannten von einiger Wichtigkeit. Gehandelt werden hier neben den zahlreichen Vorkriegsanleihen Serbiens und der durch die Friedensschlüsse an Jugoslawien gekommenen früher österreichisch-ungarischen Territorien die Aktien und Obligationen der in Jugoslawien arbeitenden Banken und Industrieunternehmungen. Von den letzteren werden die Aktien einiger Minengesellschaften, wie z. B. die der Trifailer Kohlenwerks AG. auch an den westeuropäischen Börsen, insbesondere in Paris und Genf notiert. Eine etwas größere Anzahl von Werten verfügt auch über einen Markt in Wien und Prag. In diesen findet, soweit es die jeweiligen Devisenvorschriften erlauben, auch ein gewisser Arbitrageverkehr statt, während die Arbitrage mit den westeuropäischen Plätzen geringfügig ist. Das Schwergewicht des Effektenmaterials liegt neben den verschiedenen Staatsanleihen, die mit Rücksicht auf ihren Valorisations- und zum Teil auch auf ihren Prämiencharakter zeitweise eine gewisse Anziehungskraft auf ausländische Interessenten ausüben, in den Aktien der Schwerindustrie und den Werten der jugoslawischen Zuckerindustrie. Die Börsenversammlungen in Agram finden täglich von 11^{20} bis 11^{50} für den Devisenverkehr und von 12^{5} bis 12^{35} für den Effektenhandel statt. Die Börsenzeit in Belgrad liegt täglich von 11^{20} bis 11^{50} Minuten. Die Courtage wird beim Effektenhandel mit $1^0/_{00}$ für Aktien und etwa $0{,}5^0/_{00}$ für Staatspapiere im Effektenhandel und mit $0{,}5^0/_{00}$ im Devisenhandel in Agram berechnet. In Belgrad beträgt sie durchweg $0{,}5^0/_{00}$ (für Devisen und Effekten). Die Kurszettel enthalten zwei Spalten mit den Überschriften Tražnja (Geld) bzw. Ponuda (Ware).

Literatur: Effektenhandbuch: „Compaß“ Finanzielles Jahrbuch, Abteilung Jugoslawien. Über Lage und Entwicklung des jugoslawischen Geld- und Kapitalmarktes, sowie der Börsenverhältnisse unterrichten die Vierteljahrsberichte der Nationalbank und die in Zagreb erscheinende Vierteljahrschrift „Index“. An allgemeinen Handbüchern ist das in Paris erscheinende „La Yougoslavie Economique“ zu erwähnen.

G. S.

Junge Aktien s. *Bezugsrecht.*

Jungschein s. *Depotrecht I C 9.*

K.

Siehe auch C.

Kaduzierung, die Verfallserklärung nicht vollbezahlter Aktien oder G.m.b.H.-Anteile bei Nichtleistung der eingeforderten Nachzahlung (vgl. a. *Aktiengesellschaft II.*

Kaffee-Valorisation s. *Valorisationen* sowie *Subventionen.*

Kaffirs, Sammelname für südafrikanische Werte an der Londoner Börse.

Kalkulation im Bankgewerbe s. *Erträgnisse im Bankgewerbe II,* s. *Innere Organisation des Bankbetriebes II.*

Siehe auch C.

Kameralistische Buchführung oder Verwaltungsbuchführung ist die bei öffentlichen Körperschaften meist gebräuchliche Buchhaltung. Sie geht nicht, wie die kaufmännische Buchhaltung vom Vermögen aus, sondern ist lediglich eine Geldrechnung der Einnahmen und Ausgaben. Ihre Grundlage bildet das „Budget", der Voranschlag der erwarteten Einnahmen gegenüber den erwarteten Ausgaben. Diesen Ansätzen werden nun in der „Rubrik", dem Konto der k. B., die tatsächlichen Einnahmen und Ausgaben gegenübergestellt. An Stelle von Gewinn und Verlust der kaufmännischen Buchhaltung treten Überschuß (Erfolg) und Fehlbetrag (Defizit). Die k. B. gibt keinen Überblick über die Vermögensentwicklung, sie genügt daher nur bei Körperschaften, bei denen das Vermögen keine oder eine untergeordnete Rolle spielt, wie den Gebietskörperschaften Reich, Ländern, Gemeinden. Bei öffentlichen Betrieben ist sie aber meist ungenügend und man ist daher fast allgemein von ihr abgegangen und stellt — wenigstens intern — eine kaufmännische Bilanz und Gewinn- und Verlustrechnung auf.

Kanada (Dominion of Canada). Währung seit 1853 auf Gold basiert: 1 Dollar = 23,22 grains reinen Goldes (wie in Vereinigten Staaten). Daneben fiduziäre Notenausgabe der Dominion (Dominion Notes) ursprünglich in sehr beschränktem Umfang, der seit 1908 bzw. 1913 und insbesondere seit dem Finance Act von 1914 erweitert wurde: die Banken können vom Treasury Board — ein technischer Ersatz für die Notenbank — gegen Verpfändung bestimmter Kategorien von Wechseln und Bonds weitere ungedeckte Noten erhalten. Diese sind seit Kriegsbeginn wiederholt (bis etwa 10 %) entwertet. Die wichtigsten Reserven der kanadischen Banken sind normalerweise call loans und bankers deposits in New York.

Die Banken (chartered banks) in K. unterstehen strenger staatlicher Kontrolle, die sich jedoch auf Reservenstellung für Depositen nicht erstreckt. Weitgehende Konzentration kennzeichnet das System: nur noch elf Banken mit 3800 Zweigstellen, von denen vier Banken über 80 % aller Depositen verfügen! Das Fehlen einer zentralen Notenbank hat den Vorteil erhöhter Elastizität des Notenumlaufs: jede Bank präsentiert die von der anderen (im wesentlichen gegen Hinterlegung von Dominion Notes) ausgegebenen Scheine baldmöglichst zur Einlösung. K. ist aber auch ein Schulbeispiel für die Nachteile dieses Systems: fehlende Kontrolle des Geldmarktes, Fehlen eines Zentralorgans mit entsprechendem Gewicht den Banken gegenüber usw. Der Ersatz, den die Canadian Bankers Association bietet, reicht nicht aus; die jüngsten Versuche (1931/32) einen embargo gegen Kapitalausfuhr durchzuführen, um den Wechselkurs zu verbessern, zeigten dies durch ihren Mißerfolg.

Bei starker Kapitalzufuhr erst aus England, nach dem Kriege überwiegend aus den Vereinigten Staaten, weist K. heute einen sehr bedeutenden ausländischen Anlagenbesitz auf: kurzfristige Guthaben in New York und London, amerikanische Bonds (namentlich bei kanadischen Versicherungsgesellschaften), mittelamerikanische Werte usw.

Die Effektenbörsen in Montreal und Toronto haben angesichts der Konkurrenz Londons und insbesondere New Yorks nur lokale Bedeutung.

Die größeren Banken (mit insgesamt $2^1/_2$—3 Milliarden Dollar Depositen) sind: Royal Bank of Canada, Imperial Bank of Canada, Bank of Montreal, Bank of Nova Scotia, Canadian Bank of Commerce, Bank of Toronto, Dominion Bank, Bank of Toronto.

Da das kanadische Recht die Gründung von Holdinggesellschaften begünstigt (ebenso Neu-Fundland), haben viele derartige Gesellschaften, insbesondere Public Utilities-Konzerne mit dem Tätigkeitsgebiet in Südamerika in K. ihren Sitz (z. B. Brazilian Traction).

Die Effektenbörsen in Montreal und Toronto haben nur lokale Bedeutung, da alle größeren kanadischen Werte auch in New York gehandelt werden.

Handbuch: Außer den meist ziemlich ausführlichen Angaben in amerikanischen Handbüchern noch Commercial and Financial Review, Montreal (jährlich).

Literatur WILLIS, H. P., u. B. H. BECKHART: Foreign Banking Systems. New York 1929. — VINER, J.: Canadas Balance of international indebtedness. Cambridge (Mass.) 1924. — CURTIS, C. A.: The Canadian monetary situation. J. Political Economy **11**, 314 bis 337 (1932). — Vgl. auch Commercial and Financial Review, Montreal; HESTONS Annual Commercial Yearbook of Canada, Toronto.

Kanadapool (Weizen) s. *Valorisationen.*

Kanonisches Zinsverbot s. *Wucher,* ferner *Zinstheorie II, 1.*

Kantonalbanken s. a. *Öffentlich-rechtliches Bankwesen 2.*

Kantone, Kantonal- vgl. *Schweiz, Geld- und Kapitalmarkt 5,* ebenso.

Kapitalbilanz, 1. Bezeichnung der vom Vermögen ausgehenden Bilanz der kaufmännischen Buchführung gegenüber dem lediglich auf die Kassengebarung abzielenden „Budget" der *kameralistischen Buchführung* (s. d.). 2. Im volkswirtschaftlichen Sinne versteht man darunter die Gegenüberstellung der vom Ausland im Inland angelegten Kapitalien gegen die vom Inland ans Ausland verliehenen Beträge, vgl. *Zahlungsbilanz.* In beiden Bedeutungen ist der Ausdruck nicht sehr gebräuchlich.

Kapitalerhöhung s. *Aktiengesellschaft V.*

Kapitalertragsteuer (Kapitalrentensteuer). 1. Im engeren Sinne versteht man unter K. eine selbständige Steuer auf Erträge des Geldkapitalvermögens, die zugleich auch Bemessungsgrundlage und Quelle der Steuer bilden. Die K. soll nicht die Erträge von als Erwerbskapital verwendeten Sachgütern treffen, sondern von Berechtigungen, „die lediglich durch ihre Beziehungen zu den im Vermögen anderer vorhandenen Sachgütern selbständige Wertgrößen darstellen" (Popitz). Der Kreis der kapitalertragsteuerpflichtigen Objekte kann mehr oder minder umfassend sein. Neben K., die prinzipiell auf die Erfassung aller Formen der Geldkapitalrente ausgehen, gibt es partiale K., die sich auf die Belastung von Dividenden oder von Erträgen festverzinslicher Papiere (Couponsteuer) beschränken.

Im weiteren Sinne bezecihnet man als K. auch die unselbständige Belastungsform der fraglichen Kapitalerträge, die der sog. Quellenabzug im Rahmen einer Einkommensteuer (s. u. 3) darstellt. Das ist unzweckmäßig, da eine solche Ausweitung des Begriffs K. leicht zu falschen Vorstellungen verleitet.

Die selbständige K. gehört zu den sog. Ertragsteuern. Sie weist jedoch gegenüber den „eigentlichen" Ertragsteuern (Grund-, Gebäude- und Gewerbesteuer) wesentliche Unterschiede auf. Knüpfen jene an sichtbare ertragbringende „Realien" an, so die K. an den Kapitalrentenfonds, der als Ertragsquelle keineswegs immer greifbare Erscheinungsformen annimmt. Gegenüber der rein objektiven Beziehung zwischen Ertrag und Ertragsquelle, die für Realsteuern typisch ist, tritt bei der

Siehe auch C.

K. prinzipiell der Zusammenhang zwischen Rente und Rentenbezieher stärker in den Vordergrund. Zwangsläufig begann denn auch mit der Ausbildung der K. jener Subjektivierungs- und Zersetzungsprozeß der Ertragsteuern, der heute noch keineswegs als völlig abgeschlossen gelten kann.

2. Die Funktionen einer (selbständigen) K. sind verschieden je nach deren Stellung im Steuersystem. Entscheidend ist naturgemäß vor allem, ob die K. der ausschließlichen oder aber der zusätzlichen Belastung von Geldkapitalerträgen dient.

Der erste Fall liegt vor, wenn die K. Glied eines vollständigen Ertragsteuersystems ist, dem als solchen allein die fiskalische Belastung der in Einkommen und Vermögen zum Ausdruck gelangenden Steuerfähigkeit obliegt. Zur Ausbildung solcher Systeme, d. h. zur Vervollständigung der „Realbesteuerung" durch Anfügung einer K., ist es vor Übergang zur allgemeinen Einkommensteuer insbes. in den süddeutschen Staaten, zumeist in der zweiten Hälfte des vorigen Jahrhunderts, gekommen, während die Entwicklung in Preußen, Sachsen usw. anders verlief; hier wurden die Geldkapitalerträge bis zur Einführung allgemeiner Einkommen- und Vermögensteuern lediglich im Rahmen unvollkommener Klassensteuern u. dgl. getroffen. Dort, wo an der ausschließlichen Ertragsbesteuerung festgehalten wird, ist die Einführung von K. in dem Augenblicke eine durch Gerechtigkeits- und fiskalische Erwägungen erzwungene Notwendigkeit, in dem die Ausdehnung und Intensivierung der Kreditbeziehungen dahin führt, daß das reine Zinseinkommen ein Element des Einkommensbildungsprozesses von ständig wachsender Bedeutung wird und sich eine eigene Kapitalisten-(Rentner-)Schicht bildet. Zu erwähnen ist, daß aus verschiedenen Gründen die zur Ergänzung der Realsteuern bestimmten K. durchweg zunächst nicht völlig „objektiv" ausgestaltet, sondern als veranlagte Steuern, die in verschiedener Hinsicht persönliche Verhältnisse berücksichtigen, eingeführt werden.

Die Existenz von K. in einem Steuersystem, das eine allgemeine Einkommensteuer enthält, führt naturgemäß zu Doppelbelastungen, die herkömmlich damit gerechtfertigt werden, daß das „fundierte" Einkommen eine qualifizierte Steuerfähigkeit verbürge, deren Erfassung als spezifische Aufgabe der Ertragsteuern betrachtet wird. Faktisch können jedoch die Ertragsteuern jener Aufgabe nur unzulänglich gerecht werden, und die fragliche Funktion wird besser von allgemeinen Vermögensteuern übernommen, die prinzipiell auch eine Differenziation nach Ertragsquellen vornehmen können (wenn auch praktisch überwiegend noch nicht tun).

Geschichtlich haben sich die Dinge so entwickelt, daß die Staaten mit vollständigem Ertragsteuersystem (also einschl. einer K.) nach Übergang zur Einkommensteuer an jenem, wenngleich unter Tarifermäßigungen, festgehalten haben, teilweise auch dann noch, nachdem eine die Einkommensteuer ergänzende Vermögensteuer eingeführt war. Nach dem Weltkriege wurden den deutschen Ländern und Gemeinden lediglich die Realsteuern belassen, und das Reich schuf 1920 neben der allgemeinen Einkommensteuer eine selbständige K. (Gesetz vom 29. März 1920), dem die spezielle Vorbelastung von Geldkapitalerträgen oblag. Diese Steuer war sehr umfassend und überwiegend objektiv ausgestaltet. Sie wurde im Wege eines 10proz. Abzuges vom Rohbetrag der Kapitalerträge „an der Quelle", d. h. beim Schuldner, erhoben. Gewisse unerläßliche, übrigens die Steuerverwaltung stark belastende Ausnahmen von der subjektiven und objektiven Steuerpflicht waren im § 3 vorgesehen. Steuerdestinatar war der Gläubiger. Vereinbarungen, durch die der Schuldner die Steuer übernahm, wurden für nichtig erklärt. Als selbständige Abgabe ist die K., die eigentlich schon nach Einführung der Reichsvermögensteuer 1922 ihre Berechtigung verloren hatte, durch das Geldentwertungsgesetz 1923 außer Hebung gesetzt worden. Eine abseits der Vermögensteuer erfolgende Mehrfachbelastung fundierter Bezüge findet seitdem in Deutschland, abgesehen von gewissen Auswirkungen der besonderen Besteuerung des Unternehmungsgewinns durch die Körperschaftsteuer, im allgemeinen nur mehr für die nicht aus Geldkapitalbesitz fließenden Erträge statt. Die seit der Suspendierung der K. im Abzugswege von den Kapitaleinkünften einbehaltenen Beträge stellen grundsätzlich keine Sonderbelastung mehr dar (s. u.).

Abschließend sei noch erwähnt, daß eine Vorbelastung fundierter Bezüge — speziell von Kapitaleinkünften — auch im Rahmen eines Einkommensteuersystems ohne ergänzende Vermögensteuer in der Weise erfolgen kann, daß eine Steuerdifferenzierung nach Einkommensarten erfolgt, d. h. vorwiegend eine Höherbelastung der reinen Kapitaleinkünfte gegenüber den reinen Arbeitseinkünften. Beispiele bieten die englische Income Tax sowie namentlich die französische und die italienische Einkommenbesteuerung. So beträgt etwa die französische Steuer von Kapitalerträgen 16 % gegen nur 10 bzw. 12 % Steuer auf Lohn- bzw. gewerbliche und landwirtschaftliche Einkommen, die überdies durch hohe Freigrenzen, Familienabzüge u. dgl. begünstigt werden.

3. Steuertechnisch kann eine selbständige K. sowohl im Veranlagungswege als auch mittels Abzugs an der Quelle erhoben werden. Das „Schöpfen an der Quelle" kann aber auch im Rahmen einer Einkommensteuer als Erhebungsprinzip benutzt werden. Nach englischem Vorbilde geschieht das bekanntlich bei der Reichseinkommensteuer von 1925, und zwar einerseits für Einkünfte aus unselbständiger Erwerbstätigkeit (Lohnabzug), andererseits bei Einkünften aus Kapitalvermögen.

Der 10proz. „Steuerabzug vom Kapitalertrag", wie er in den §§ 83ff. des Einkommenssteuergesetzes geregelt ist, die „singgemäß" auch auf entsprechende Einkünfte von Körperschaften Anwendung finden (§ 24 Körperschaft StG.), stellt nicht, wie vielfach angenommen wird, eine selbständige K. dar, sondern ist nur eine Erhebungsmethode der Einkommensteuer für die meisten Arten von Kapitaleinkünften. Demgemäß werden die Abzugsbeträge grundsätzlich als eine Art Vorauszahlung auf die Einkommen- bzw. Körperschaftsteuerschuld angerechnet. Jener Irrtum hat nun freilich, von psychologischen Momenten abgesehen, einen realen Grund: denn in gewissen Fällen wirkt der Abzug wie eine „echte" K. Es sind das vornehmlich diejenigen Fälle, in denen eine Anrechnung auf die Einkommensteuerschuld faktisch dadurch nicht möglich ist, daß eine solche nicht besteht (Nichtüberschreitung des Existenzminimums, subjektive Steuerfreiheit, ausländische Steuerpflicht). Da der Quellenabzug, wenn er funktionieren soll, rein objektiv sein muß, bleibt in den Fällen, in denen persönliche Gründe eine Steuerbefreiung angezeigt erscheinen lassen, im allgemeinen nur der Ausweg der Erstattung. Einfacher liegt die Sache dort, wo neben Steuerfreiheit Befreiung von der Abzugspflicht auf Grund der Identität von Schuldner und Gläubiger und des sog. Schachtelprivilegs (§ 11, Ziff. 3, § 25 des Körper-

Siehe auch C.

schaftssteuergesetzes; wesentliche Erweiterung durch die einschlägigen Vorschriften des Steuermilderungsgesetzes) tritt. Da umfangreiche Erstattungen sehr kostspielige und lähmende Kleinarbeit der Verwaltung mit sich bringen, hat man sie stark einzuschränken gesucht (vgl. § 94 Eink.StG. und § 27 Körperschaft StG.). Dadurch entstehen aber gewisse Härten. Vor allem erscheinen diejenigen Einkommensbezieher relativ benachteiligt, die bis zu 8000 RM. abzugspflichtiges Kapitaleinkommen besitzen, ohne dem § 94 zu unterfallen, und nicht in den Genuß der verschiedenen Steuerermäßigungen gelangen können, die für Lohnabzugspflichtige und Veranlagte mit gleich hohem Einkommen in Kraft treten; denn prinzipiell „bewendet" es für sie mit den einbehaltenen Beträgen (s. u.). Ein weiterer zwangsläufiger Mangel des Abzugsverfahrens liegt darin, daß es naturgemäß auf inländische Erträge beschränkt ist, ausländische dagegen freilassen muß. Ferner kann keine Berücksichtigung von Werbungskosten, keine Progression usw. erfolgen. Abgesehen davon aber sprechen zahlreiche Gesichtspunkte für das (grundsätzlich dem Lohnabzug entsprechende) Abzugsverfahren, vor allem die Wahrscheinlichkeit einer relativ vollständigen Erfassung der Kapitalerträge, was um so bedeutsamer ist, als diese ja kraft der Mobilität und häufigen Unsichtbarkeit ihrer Quellen sonst leicht verheimlicht werden könnten.

Im allgemeinen findet zwar eine Anrechnung der Abzugsbeträge auf die endgültige Einkommenbzw. Körperschaftsteuerschuld statt. Im einzelnen gilt jedoch folgendes (§§ 89/90 Eink.StG. in der Fassung der NotVO. vom 1. Dezember 1930): Bei einem Gesamteinkommen (nach Abzug des steuerfreien Teils, aber nicht auch der Familienermäßigungen) bis 8000 RM. wird, wenn es ausschließlich aus abzugspflichtigen Einkünften besteht, die Steuerschuld als durch die abzugsweise einbehaltenen Beträge getilgt angesehen, es erfolgt mit anderen Worten überhaupt keine Veranlagung; sind unter im übrigen gleichen Voraussetzungen „sonstige" (d. h. nicht abzugspflichtige) Einkünfte im Einkommen enthalten, so findet — nach Wahl des Finanzamts — entweder eine Gesamtveranlagung oder nur eine Veranlagung des „stonstigen" Einkommens statt, es sei denn, daß letzteres 500 RM nicht übersteigt, in welchem Falle es keinerlei Veranlagung bedarf. Übersteigt das Gesamteinkommen 8000 RM, so findet jedenfalls eine Gesamtveranlagung statt. Für die Körperschaftsteuer greifen an Stelle dieser Vorschriften die Bestimmungen der §§ 11 bzw. 26 Platz. Diese bewirken, daß gewisse im allgemeinen körperschaftsteuerfreie öffentliche Betriebe und Verwaltungen, Sparkassen usw. faktisch infolge des nichterstattungsfähigen Quellenabzugs einer objektsteuerähnlichen Belastung unterworfen werden.

Es bedarf keiner weiteren Darlegungen, daß alle nicht abzugspflichtigen Kapitaleinkünfte, also besonders Bank- und Hypothekenzinsen, Diskontbeträge und ausländische Kapitalerträge, bei der endgültigen Veranlagung deklariert werden müssen. Denn sie sind ja nicht schlechthin steuer-, sondern nur abzugsfrei.

4. Eine kritische Würdigung der K. muß sich an dieser Stelle auf den zu 3. dargestellten Quellenabzug beschränken.

Ein gewichtiger Nachteil des Abzugsverfahrens ergibt sich aus der Tatsache, daß es wegen seiner zwangsläufigen „Objektivität" in gewissen Fällen, entgegen dem Grundprinzip, keine bloße Erhebungsform der Einkommen- bzw. Körperschaftsteuer darstellt, sondern wie eine rohe und vielfach ungerechte Zusatzbelastung wirkt (s. o.). Dadurch wird u. U. eine generelle Beeinträchtigung des Spartriebs und der Investitionswilligkeit, jedenfalls aber eine Tendenz zur Vernachlässigung derjenigen Anlagen hervorgerufen, deren Erträge abzugspflichtig sind. Der Hauptnachdruck wird auf das Argument gelegt, daß der Quellenabzug, zumindest in einem Lande, das, wie Deutschland, weitgehend auf die Inanspruchnahme von Auslandskapital angewiesen sei, eine Erhöhung des Zinsfußes bewirke, da entgegen der Absicht des Gesetzgebers der Abzug nicht bis zum Steuerdestinatar — dem Gläubiger — vordringe, sondern auf dem Schuldner „hängen" bleibe. Daran könne auch die Tatsache nichts ändern, daß den meisten (nicht allen!) Auslandsanleihen Abzugsfreiheit gemäß § 115 Eink.StG. zugebilligt wurde. Denn der Abzug stelle eine Art „Einfuhrzoll" auf Kapital dar und verteuere nicht nur das ausländische Kapital, sondern auch das inländische. Im übrigen wirke die einseitige Befreiung von Auslandsanleihen unsozial, da sie eine Benachteiligung jener (kleinen und mittleren) Unternehmungen bedeute, die faktisch keinen Zutritt zum Auslandskapitalmarkt hätten.

Die Kritiker des Quellenabzuges sind seit 1925 wiederholt mit Reformvorschlägen auf den Plan getreten. Z. T. wurde nur die generelle Befreiung von Ausländern hinsichtlich der ihnen zufließenden abzugspflichtigen Erträge gefordert, was zur Vermeidung von Steuerhinterziehungen die Einführung des (erfahrungsgemäß unzulänglichen) Affidavitsystems bedingt hätte. Überwiegend setzte man sich jedoch wenn nicht geradezu für eine Beseitigung des Quellenabzugs überhaupt, so doch für eine Aufhebung desselben bei den Erträgen aus allen — in- und ausländischen — festverzinslichen Papiere ein.

Die amtlichen Stellen haben demgegenüber lange Zeit auf dem Standpunkt verharrt, daß eine Aufhebung des Abzugs unmöglich sei. Fiskalisch: denn der aus der Beseitigung des Abzugsverfahrens sich ergebende Einnahmeausfall sei nicht erträglich; wobei zu bedenken ist, daß ein solcher Ausfall einmal aus Hinterziehungen, zum anderen aus dem Fortfall derjenigen Steuerbeträge resultiert, die bisher „aus technischen Gründen" (insoweit) an sich steuerbefreiten Personen usw. nicht erstattet werden konnten. Sozial: denn es sei unbillig, das Einkommen aus unselbständiger Erwerbstätigkeit im Abzugswege zu erfassen, das — prinzipiell leistungsfähigere — Kapitaleinkommen dagegen auf dem „milderen" Weg der Veranlagung. Im übrigen könne die Behauptung der Zinsverteuerung durch den Abzug nicht schlüssig bewiesen werden. Das dürfte ebenso zutreffen wie die Tatsache, daß — die zinserhöhende Wirkung des Abzugsverfahrens einmal als richtig unterstellt — eine Aufhebung desselben keineswegs eine voll entsprechende Zinsfußsenkung im Gefolge haben kann. Auch ist das stärkste Argument für den Quellenabzug nicht zu erschüttern: daß diese nämlich eine relativ vollständige Erfassung der betr. Kapitalerträge ermöglicht und damit der Forderung gleichmäßiger Heranziehung der verschiedenen Einkommensarten zur Steuer entspricht.

Im Zuge der unter der Parole „Schonung bzw. Förderung der Kapitalbildung" stehenden Steuerreformbestrebungen hat sich jedoch die Regierung genötigt gesehen, ihren Widerstand aufzugeben. Auf Grund der VO. vom 16. Oktober 1930 sind mit Wirkung vom 2. Januar 1931 ab die Erträge festverzinslicher Wertpapiere generell von der Abzugspflicht befreit worden, und zwar ohne Rücksicht darauf, ob es sich um Alt- oder Neuemissionen handelt. Gleichzeitig ist — darüber hinaus — für öffentliche Körperschaften usw. (§ 3,

Siehe auch C.

Abs. 1, Z. 2 Körperschaft StG.) sowie für Ausländer die beschränkte Steuerpflicht hinsichtlich der betr. Kapitalerträge beseitigt worden. Damit ist den Wünschen der Abzugsgegner wohl in allen Punkten Rechnung getragen; dazu kommt noch die steuerliche Erleichterung, die Teil VII, Kap. IV der 2. SteuerNotVO. vom 5. Juni 1931 für Kapitalverwaltungsgesellschaften hinsichtlich der Körperschaftsteuer vorsieht (Gewinne aus Wertpapierbesitz und -veräußerungen sind nur mit $^1/_{10}$ anzusetzen).

Abschließend sei noch erwähnt, daß der Abzug vom Kapitalertrag in den letzten Jahren folgendes fiskalisches Ergebnis hatte: 1927/28: 134,8; 1928/29: 169,4; 1929/30: 188,6; 1930/31: '194,3; 1931/32: 68,6 (Aufhebung des Abzugs für Festverzinsliche!) und 1932/33 (Voranschlag): 30 Mill. RM. Von diesen Summen wurde etwa ein Drittel bei der Veranlagung angerechnet. Was die Konjunkturempfindlichkeit der Kapitalertragbesteuerung anlangt, so hängt sie naturgemäß entscheidend von der Struktur der steuerpflichtigen Erträge ab. Cet. par. wird sie um so größer sein, je höher der Anteil der Erträge aus Dividendenwerten u. dgl. ist. In dieser Hinsicht sei bemerkt, daß im Reich normaliter (bis 1930) etwa je die Hälfte der im Abzugswege einbehaltenen Beträge aus der Belastung Festverzinslicher bzw. von Aktien usw. herrührte.

Literatur: Bräuer: Art. Ertragsteuern im Handb. d. Finanzwiss. 2, 1927. — Evers: Kommentar zum Körperschaftsteuergesetz, 2. Aufl. Berlin 1927. — Hahn, A.: Geld und Kredit, (N. F.), S. 144ff., 190ff. Tübingen 1929. — Lampe: Art. Kapitalertragsteuer, Wörterbuch d. Volksw., 4. Aufl., II, 1931/32. — Neisser: Aufhebung der Quellenbesteuerung des Kapitalertrags? Mag. d. Wirtsch. 1929/I. — Popitz: Art. Kapitalrentensteuer. Handw. d. Staatsw., 4. Aufl., V, 1923. — Strutz: Kommentar zum Einkommensteuergesetz. Berlin 1927/29. — Kapitalbildung und Steuersystem. Veröff. d. Friedr.-List-Ges. 1, 444ff. Berlin 1930. — Eingabe des „Centralverbands" betr. „Steuerabzug vom Kapitalertrag", Bankarchiv Nr. 17 vom 1. Juni 1927.

Fritz Neumark.

Kapitalexport (-import) s. *Zahlungsbilanz*, s. *Internationale Kapital*wanderungen, vgl. a. *Konjunkturpolitik.*

Kapitalflucht (Kapitalverschiebung) ist die Verbringung von Kapitalien ins Ausland, nicht aus Rentabilitäts-, sondern aus Sicherheitserwägungen.

Ihre einfachste Form ist die Anlegung von Beträgen nicht in inländischen, sondern in ausländischen Werten. Diese Form der K. schließt noch nicht die „Steuerflucht" in sich, bei der die Kapitalien in ein Land mit billigerer Steuer (die „Steuerfluchtländer" Liechtenstein, Luxemburg, einige Schweizer Kantone usw.) verbracht werden, um sie der heimischen Steuer zu entziehen. Andererseits schließt die Steuerflucht noch nicht die K. in sich, da ja die ins Ausland gebrachten Kapitalien weiter in inländischen Werten investiert sein könnten. Meistens verbinden sich jedoch K. und Steuerflucht miteinander. In Panik- und Krisenzeiten nimmt die K. meist außerordentlich großen Umfang an. Sie wird dann zu einer ernsten Gefahr für die Allgemeinwirtschaft, sowie für die Währung. Deshalb werden in vielen Ländern Abwehrmaßnahmen dagegen erhoben (in Deutschland Kapitalfluchtgesetz mit Aufhebung des Bankgeheimnisses während der Inflation; „Steuersteckbrief" und die fast konfiskatorische Reichsfluchtsteuer im Jahre 1931 usw.). Trotzdem haben die Abwehrmaßnahmen meist nur geringen Erfolg.

Kapitalherabsetzung s. *Aktiengesellschaft V.*

Kapitalimport s. *Zahlungsbilanz.*

Kapitalintensität liegt vor, wenn die Produktion eines Unternehmens (eines Wirtschaftszweiges, einer Volkswirtschaft) in stärkerem Maße als allgemein üblich oder als ein Vergleichsunternehmen durch die Investition von Kapital gekennzeichnet ist. Die amerikanische Wirtschaft ist also im Gegensatz etwa zur osteuropäischen kapitalintensiv, die amerikanische Automobilerzeugung im Gegensatz zur amerikanischen Landwirtschaft ebenfalls. Der Gegensatz von K. ist Arbeitsintensität, bei der der Anteil der menschlichen Arbeitskraft hervortritt. Die äußerste Nutzgrenze für die K. und damit für die Neuinvestition von Kapital zum Zwecke der Ersetzung menschlicher Arbeit (Problem der Rationalisierung) wird von zwei Faktoren bestimmt: Von der Höhe des Kapitalzinses und vom Arbeitslohn. In Ländern mit niedrigem Zinsfuß und hohem Arbeitslohn, z. B. in den Vereinigten Staaten, wird die Grenze sehr viel höher sein als z. B. in Indien oder Rußland, Ländern mit hohem Zinsfuß und niedrigem Arbeitslohn.

Kapitalisation, Kapitalisierung wird im Bankwesen in drei verschiedenen Bedeutungen gebraucht:

1. Bei Renten, Prämienzahlungen, Annuitäten und ähnlichen in regelmäßigen Zeitabschnitten in gleicher Höhe zu zahlenden Beträgen spricht man von K., wenn der Wert aller Zahlungen bezogen auf einen bestimmten Zeitpunkt festgestellt wird. Dies ist, da es sich um zinstragende Summen handelt, nur auf dem Weg der Zinseszinsrechnung zu ermitteln. Am häufigsten wird nach dem Anfangswert, dem Wert, den eine Rente vom Ausgangspunkt gesehen hat (daher Abzug der Zinseszinsen) und nach dem Endwert (daher Zuschlag der Zinsen) gefragt. Bei beiden ist der angenommene Zinssatz entscheidend, wodurch sich auch die großen Differenzen erklären, die beispielsweise zwischen der französischen und der deutschen Berechnung des Endwerts der Reparationszahlungen unter dem Youngplan bestehen. Die Formel für den Anfangswert lautet (A = Anfangswert, r = jährliche Rentenzahlung, n ist Anzahl der Jahre, $qu = \frac{n}{100}$): $\frac{(1 + qu)^n - 1}{qu}$; für den Endwert: $\frac{1 + qu^n - 1}{qu}$. (Genaue Ausrechnung bieten die bekannten Zinstabellen, z. B. die von Spitzer): Im weiteren Sinne versteht man daher unter K. auch die Berechnung eines Kapitals (Wertes) unter Zugrundelegung des Ertrags. So werden z. B. Bewertungen von Häusern durch ein Vielfaches des jährlichen Mietertrags dargestellt usw.

2. Ferner versteht man darunter die kapitalmäßige Struktur eines Unternehmens. So kapitalisieren sich z. B. deutsche Unternehmen regelmäßig durch Stammaktien, daneben vielfach durch Bankkredite; amerikanische meist durch Anleihen und Vorzugsaktien, welche den Stammaktien vorangehen, während Bankschulden für langfristige Finanzierung verpönt sind. Die Kenntnis der K. eines Unternehmens im Vergleich zu anderen Unternehmen der gleichen Branche oder anderer Länder ist eine der wichtigsten Momente jeder Prüfung.

3. wird unter K. in der neueren Literatur und Praxis der Kapitalanlage ein in manchen Fällen recht aufschlußreiches Bewertungsmittel verstanden, nämlich die Berechnung, wie hoch die Einheit des vom Unternehmen erzeugten Guts kurs- oder kapitalmäßig bewertet wird. Man findet diese Kapitalisierung, indem man das Kapital (bzw. das Kurskapital, die ausgewiesenen Vorräte, Schulden usw.) durch die Höhe der Erzeugung dividiert. So ergab sich beispielsweise (nach Quittner, Investment) Anfang 1930 für eine Kilowattstunde Absatz der großen Elektrizitätslieferungskonzerne in Deutschland eine Kurskapitalisation von 25—30 Pfennig, in Amerika von 10—15 cents; bei Brauereien in

Deutschland eine Kurskapitalisation des Hektoliters von 35 RM. Ende 1931 konnte man bei gutgehenden Brauereien annehmen, daß der Hektoliter entspricht: einer Dividende von 2 RM., einem Reingewinn von 2—2,30 RM., Abschreibungen von unter 3 RM., Anlagen von 13—17 RM., Vorräten von 6—9 RM. und Außenständen von etwa 12 RM. Natürlich haben derartige Bewertungsregeln nur einen Sinn bei Branchen, in denen die Verhältnisse der einzelnen Unternehmen weitgehend gleich sind, wie Brauereien, Elektrizitätslieferung usw.

Kapitalkonto s. *Bilanz- und Bilanzkritik 2*

— **kredit** s. *Pächterkredit.*

— **markt** s. die Artikel, welche Geld- und Kapitalmärkte der einzelnen Länder behandeln; vgl. a. *Kredit, Rentenmarkt* usw.

— **nachfrage** s. *Geld- und Kapitalmarkt,* vgl. *Öffentlicher Kredit I 4,* vgl. *Kapitalabwanderungen.*

— **reduktion** s. *Aktiengesellschaft V.*

— **schöpfung** s. *Kredit III,* s. *Öffentlicher Kredit I 4.*

— **umschlag** vgl. *Umlaufsgeschwindigkeiten der Bankdepositen.*

— **umstellung** ist die Anpassung des Kapitals an veränderte Verhältnisse. Die normale Kapitalerhöhung oder -zusammenlegung wird jedoch nicht darunter verstanden. Allgemein üblich ist das Wort K. für die Veränderung der Währungsgrundlage, also etwa die Umstellung des Kapitals von der Pfund- auf die Markbasis. Im Anschluß an die K. der deutschen Aktiengesellschaften nach der Inflation auf Goldmark spricht man auch von K., falls sich die allgemeinen wirtschaftlichen Bedingungen so verändert haben, daß eine allgemeine Neubewertung des Kapitals erfolgt, also etwa die häufige Aktieneinziehung in der gegenwärtigen Krise. Seltener wird das Wort K. für die Änderung der Stückelung des Aktienkapitals gebraucht.

Kapitalverkehrsteuern. *1. Allgemeines.* Die K. sind Abgaben, die anläßlich von vermögensrechtlichen Bewegungen von Geldkapitalien (geldwerten Rechten) von einem oder allen an den betr. Verkehrsakten Beteiligten (überwiegend) nach Maßgabe des Wertes erhoben werden. Sie sind eine Unterart, und zwar die gegenwärtig bedeutendste, der sog. (Vermögens-) Verkehrsteuern (VSt.). Naturgemäß sind die K., da ihre Ausbildung Effektenkapitalismus und lebhafte Börsentätigkeit voraussetzt, relativ junge Glieder der VSt.; im allgemeinen sind sie im letzten Viertel des 19. Jahrhunderts entstanden.

Die zahllosen Versuche, die VSt. bzw. K. finanztheoretisch zu begründen und zu „rechtfertigen", lassen sich auf zwei Hauptformeln bringen: Entweder man behauptet, daß die VSt. der Belastung einer besonderen Steuerfähigkeit dienen, die nur sie zu treffen imstande sind, oder aber man glaubt, daß die verkehrsteuerpflichtigen Verkehrsakte zwar durch das bestehende Steuersystem erfaßt, aber die in ihnen sich offenbarenden Leistungsfähigkeiten faktisch nicht voll ausgeschöpft werden und die K. daher eine notwendige Ergänzung darstellen.

Zur Kritik sei bemerkt, daß die Gegenstände der VSt. wegen deren grundsätzlicher „Objektivität" überhaupt nichts über die Leistungsfähigkeit der an den Transaktionen Beteiligten aussagen können und die VSt. zumindest mit dem Augenblick eine irrationale Mehrfachbelastung bedeuten, in dem eine umfassende Einkommen- und Vermögenbesteuerung ins Leben tritt. Daß letztere in gewissen Punkten an Steuerwiderständen scheitert, kann niemals eine prinzipielle Rechtfertigung der VSt. bzw. der K. sein. Eine Ergänzungsfunktion kann nur dann ausgeübt werden, wenn echte, qualitative (systematische) Lücken in der Steuerverfassung vorhanden sind. Quantitative „Unterbelastungen" des Geldkapitalbesitzes sind durch entsprechende Ausgestaltung der Einkommen- und Vermögensteuer auszugleichen. Daher dürften die K. in einem modernen rationellen Steuersystem keine theoretische Berechtigung mehr haben.

Die Objekthoheit steht bei der K. regelmäßig dem Staat bzw. — bei Bundesstaaten — dem Zentralstaat zu. Dies geht nicht nur auf volkswirtschaftliche, sondern auch auf geschichtliche Momente zurück, da die K. erst in einer Zeit entstanden, in der dem Zentralstaat nicht mehr die traditionalen Steuerrechte der Gliedstaaten entgegenstanden, wie bei der Einkommen- und Vermögenbesteuerung.

Was die tatsächliche Ergiebigkeit der (relativ stark konjunkturempfindlichen) Reichskapitalverkehrsteuer anbelangt, so erbrachte diese zuhöchst in der Nachstabilisierungszeit 1926 mit 165 Millionen RM. $2^1/_4$% der gesamten Reichssteuer- und Zolleinnahmen. Seit 1927 weisen die Beträge teils wegen Tarifsenkungen, teils infolge der Krise eine ständig sinkende Tendenz auf. 1930/31 beliefen sie sich nur mehr auf rund 60 Millionen RM. ($^2/_3$% der Gesamtsteuereinnahmen des Reiches). Diese Summe teilte sich auf Gesellschaft-, Börsenumsatz- und Wertpapiersteuer ungefähr im Verhältnis 3 : 2 : 1 auf.

1931 (Kreditkrise, Börsenschließung!) betrug das Istaufkommen nur 33 Mill. für 1932 sind 48 Mill.; veranschlagt.

2. Die folgenden Einzelbetrachtungen beschränken sich auf die drei „eigentlichen" K.; zugrundegelegt sind die Bestimmungen des Reichskapitalverkehrsteuergesetzes in der Neufassung der Bekanntmachung vom 22. Mai 1931 (RGBl. *1,* 241 ff.).

a) Gesellschaftsteuer. Durch diese häufig als Gründungsteuer bezeichnete Abgabe sollen diejenigen Kapitalverkehrsakte (Finanzierungsvorgänge) getroffen werden, die auf die Errichtung oder Veränderung, insbesondere Erweiterung der Kapitalbasis von Erwerbsunternehmungen in Gesellschaftsform gerichtet sind, soweit es sich um „verantwortliches" Kapital handelt. Das „letzte Ziel" ist die steuerliche Heranziehung der fraglichen Gesellschaften wegen der (antizipierten) besonderen Leistungsfähigkeit, die sie als solche besitzen. Die Konstruktion der Steuer kann verschieden sein. Das Reichsstempelgesetz von 1881 war ausschließlich auf dem sog. Urkundenprinzip aufgebaut. Im geltenden Gesetz ist für „Kapitalgesellschaften", d. h. Aktiengesellschaften, G. m. b. H. usw., das Urkundenprinzip völlig aufgegeben worden. Steuerpflichtig sind Zahlungen und Leistungen, durch die inländischen Kapitalgesellschaften Anlage- oder Betriebskapital verschafft wird, gleichgültig, ob es sich um eine (Neu- oder Um-) Gründungsfinanzierung oder Kapitalerhöhung handelt. Ausgenommen sind u. a. öffentliche Gesellschaften, gemischtwirtschaftliche Versorgungsbetriebe usw. (vgl. § 4). Bei den „anderen Erwerbsgesellschaften" (o. H. G., Kommanditgesellschaften, stille Gesellschaften usw.) ist dagegen am Urkundenprinzip festgehalten worden. Hier sind diejenigen Gesellschaftsverträge steuerpflichtig, die die Errichtung einer (inländischen) Gesellschaft, den Beitritt neuer Gesellschafter, die Erhöhung von Gesellschaftereinlagen u. dgl. mehr betreffen. Auch in diesen Fällen will also die Steuer die Gesellschaften anläßlich der Errichtung oder Erweiterung ihrer Kapitalbasis belasten.

Die — von der Gesellschaft geschuldete (§ 10) — Steuer beträgt bei Kapitalgesellschaften grundsätzlich 2 % des gemeinen Wertes der diesen zugeführten

Siehe auch C.

Nettokapitalien, bei Vollfusionen, Umwandlungen und Sanierungen nunmehr einheitlich (§§ 12, 13) 1 %. Bei Einbringung von Grundstücken in Kapitalgesellschaften gegen Gewährung von Gesellschaftsrechten wird die grundsätzlich 3 % ausmachende Grunderwerbsteuer auf 2 % ermäßigt (NotVO. vom 1. Dezember 1930); weitere Erleichterungen bezüglich Gesellschaft- und Grunderwerbsteuer für die Aufteilung von Kapitalgesellschaften sind in der 4. NotVO. vom 8. Dezember 1931 vorgesehen. Für o. H. G. usw. gilt ein Satz von 5‰ des Wertes der Einlagen, Einlageerhöhungen oder überlassenen Gesellschaftsrechte, vorbehaltlich gewisser absoluter Mindestbeträge (§ 22). Der Steuertarif, der seit 1922 zahlreiche Wandlungen erfahren hat (Höchstsatz 1921/24: 7,5 %), liegt heute erheblich unter dem Vorkriegstand (1913: einheitlich $4^1/_2$ %).

In England wird (außer bei Fusionen) ein Gesellschaftstempel von 1 % des Nennbetrags des autorisierten Kapitals und daneben ein Aktienemissionstempel von 0,125 % (Namensaktien) bzw. 3 % (Inhaberaktien) des Nennbetrags erhoben, außerdem ein Übertragungstempel von 1 % bei Einbringung von Grundstücken in Gesellschaften. — Frankreich kennt ein „droit d'enregistrement" von 3 % (bei Fusionen im allgemeinen 1,5 %) des Nettowerts der eingebrachten Vermögensgegenstände, zu dem ein Aktienemissionstempel von (regelmäßig) 1 % des Nennbetrags der ausgegebenen Aktien hinzutritt. Letzterer kann durch ein „Abonnement" von jährlich 0,05 % des Nominalkapitals abgelöst werden. Die Einbringung von Grundstücken in Gesellschaften unterliegt in der Regel einer Belastung von insgesamt 2,88 %. Außerdem besteht eine „Gewerbeanschaffungsteuer" in Form einer 8proz. Registrierungsabgabe, zu der noch verschiedene Zuschläge treten können. — In den USA. wird eine Bundesabgabe von der Ausgabe inländischer Aktien (0,05 % des Nennbetrags bzw. Werts) erhoben, zu der gleichartige einzelstaatliche Steuern in etwa derselben Höhe hinzukommen.

b) Wertpapiersteuer. Auch diese — vielfach als Emissionsteuer bezeichnete — Abgabe trifft Kapitalverkehrsakte, die Gesellschaftsfinanzierungsvorgänge sind. Sie bildet eine systematisch notwendige Ergänzung der Gesellschaftsteuer. Belastet diese die Schaffung oder Erweiterung des verantwortlichen Gesellschaftkapitals, so trifft die Wertpapiersteuer die Finanzierung von Gesellschaften insoweit, als diese durch Aufnahme von Darlehen gegen Ausgabe verzinslicher Schuld- und Rentenverschreibungen erfolgt. Um eine Bevorzugung ausländischer Gesellschaften, die ja der Gesellschaftsteuer nicht unterliegen, zu vermeiden, sind neben Obligationen auch Aktien und Genußscheine ausländischer Gesellschaften wertpapiersteuerpflichtig. Schuldverschreibungen öffentlicher Gebietskörperschaften unterliegen der Steuer nicht (§ 26). Die Steuerschuld entsteht bei Obligationen inländischer Schuldner, „sobald die Urkunden erstmalig ausgegeben, veräußert, verpfändet oder zum Gegenstand eines andern Geschäfts unter Lebenden gemacht werden oder sobald Zahlungen auf sie geleistet werden", für Obligationen, Aktien und Genußscheine ausländischer Schuldner bei der erstmaligen Veräußerung usw. (§ 27). Steuerschuldner ist, wer das die Steuerschuld begründende Geschäft vorgenommen hat (§ 34). Für die meisten in- und ausländischen Obligationen beträgt die — grundsätzlich vom Nennbetrag, gegebenenfalls vom Veräußerungspreis berechnete — Steuer 1 % („Normalsatz"), für Grundkredit-, Eisenbahnobligationen, Schiffspfandbriefe u. dgl. 0,5 %; ausländische Aktien und Genußscheine zahlen, in Angleichung an die Gesellschaftsteuer, 2 %. Für Auslandsanleihen inländischer Schuldner war früher die Möglichkeit einer starken Ermäßigung vorgesehen. Diese ist jetzt beseitigt worden.

Der gegenwärtige Normalsatz beträgt nur mehr die Hälfte des Vorkriegstandes (2 %), nachdem zeitweilig (1922—24) ein Satz von 4 % in Geltung war.

Der englische Emissionstempel von inländischen Namensobligationen (sowie ausländischen Namensaktien und -obligationen beträgt 0,125 %); inländische Inhaberobligationen und ausländische Inhaberaktien und -obligationen zahlen 2 % des Nennbetrages. — In Frankreich unterliegen in- und ausländische Obligationen einem 1proz. Emissionstempel. Auch hier besteht wieder die Möglichkeit, die Steuer durch „Abonnement" abzulösen (0,05 % jährlich). — Der amerikanische Bund erhebt gelegentlich der Emission ausländischer Industrieobligationen usw. eine Stempelabgabe von 0,05 %.

c) Börsenumsatzsteuer. Diese Steuer stellt eine Belastung der sog. „Anschaffungsgeschäfte" des Effektenverkehrs dar. Trotz ihres Namens ist sie nicht auf Börsentransaktionen beschränkt; eine derartige Beschränkung besteht vielmehr nur für Warengeschäfte, von denen jedoch in Deutschland eine Steuer „bis auf weiteres" nicht erhoben wird (§ 85, Abs. 1).

Will man durch Gesellschaft- und Wertpapiersteuer die „besondere Leistungsfähigkeit" der „Kapitalkonzentration" in Gesellschaftsunternehmungen treffen, so durch die Börsenumsatzsteuer die „unverdienten Konjunkturgewinne" des Spekulantentums.

Die Steuerpflicht bezieht sich im Reich auf nahezu alle Effektengattungen. Befreit sind im wesentlichen nur kurzfristige Schatzanweisungen von Reich und Ländern (vgl. im einzelnen § 42). Das Gesetz regelt genau, was unter „Anschaffungsgeschäften" zu verstehen ist. Grundsätzlich sind nur im Inland abgeschlossene Geschäfte steuerpflichtig, im Ausland abgeschlossene nur (und zwar zum halben Steuersatz), „wenn wenigstens einer der Vertragsteilnehmer Inländer ist, es sei denn, daß der Inländer das Geschäft durch seine ausländische Niederlassung abgeschlossen hat" (§ 41 Abs. 2). Über die Steuerschuldnerschaft finden sich in § 45 Einzelbestimmungen. Die Steuerschuld entsteht im Augenblicke des Geschäftsabschlusses. Bemessungsgrundlage ist prinzipiell der vereinbarte Preis. Die (für jedes Geschäft einzeln zu berechnende) Steuer ist einmal sachlich, d. h. nach der Gattung der umgesetzten Effekten, zum andern persönlich, d. h. nach der wirtschaftlichen Stellung der am Vertragsabschluß Beteiligten (Händler-, Kunden- und Privatgeschäfte) differenziert. Die zeitweilig bestehende Sonderbelastung von Privatgeschäften ist aus technischen Gründen wieder fallen gelassen worden. Der Tarif (§ 52) unterscheidet nur mehr zwischen „Händler- und sonstigen" Geschäften; für erstere beträgt die Steuer die Hälfte der für sonstige Geschäfte geltenden Sätze.

In sachlicher Hinsicht ist der Steuertarif in der Weise differenziert, daß Obligationen öffentlicher Körperschaften sowie inländischer Gemeindekreditanstalten am niedrigsten getroffen werden (0,02 % bei Händler-, 0,04 % bei den übrigen Geschäften); ein etwas höherer Satz gilt für Obligationen von Grundbesitzkörperschaften, Hypotheken-, Schiffspfandbriefbanken u. dgl. (0,03 bzw. 0,06 %). Alle übrigen inländischen Schuld- und Rentenverschreibungen — also namentlich Industrieobligationen — und alle ausländischen Obligationen zahlen 0,05 bzw. 0,10 %, und der (abgesehen von der Steuer auf G.m.b.H.-Anteile, die — § 53 — 0,5 % beträgt)

Siehe auch C.

höchste Satz, nämlich 0,075 bzw. 0,15% gilt für Aktien, Genußscheine usw. sowie Bezugsrechte. Für „Kostgeschäfte" ist die Steuer nur einmal, und zwar vom höheren Werte zu berechnen (besondere Ermäßigungen für derartige Geschäfte in amtlich zum inländischen Börsenterminhandel zugelassenen Aktien: vgl. § 57). Durch die 4. NotVO. vom 8. Dezember 1931 in Verbindung mit der VO. vom 24. März 1932 ist der bisher suspendierte § 59 in etwas veränderter Fassung ab 4. April 1932 wieder in Kraft gesetzt worden.

Es handelt sich dabei um eine Sondersteuer (mit teilweisem Ersatzsteuercharakter) auf sog. Kompensations- und Filialgeschäfte von Großbankengeschäfte, bei denen durch Selbsteintritt der als Kommissionär fungierenden Banken sonst eine faktische Steuerbegünstigung eintreten würde. Die Steuer beträgt für „Händlergeschäfte" je 0,3% für An- und Verkaufskommission, bei Inanspruchnahme der Vermittlung eines Kursmaklers die Hälfte, bei Ausführung eines steuerpflichtigen Kundengeschäfts, das nicht ein Kommissionsgeschäft ist, durch eine an einem anderen Ort befindliche Filiale eines Händlers 0,45%. — Schließlich sind in § 60 steuerliche Erleichterungen für den Arbitrierverkehr in Anteilspapieren und Obligationen vorgesehen.

Die Steuersätze sind heute einerseits höher als die der Vorkriegszeit, andererseits durchweg erheblich niedriger, als die des Kapitalverkehrsteuergesetzes von 1922 (Inflation!).

Abgesehen von dem 1proz. Übertragungsstempel existiert in England eine nach dem Werte des Gegenstands abgestufte Schlußnotensteuer (degressive Belastung: Kleinstumsätze — 5£ — : 5‰, Größtumsätze — mehr als 20000 £ — : weniger als 0,05‰). — Frankreich kennt eine doppelte Belastung des Effektenverkehrs. Dieser wird einmal durch ein „droit de transmission" getroffen (Namenspapiere: 0,3% des mittleren Kurswerts am Vortage der Übertragung, Inhaberpapiere: jährlich 0,25% des mittleren Kurswerts des Vorjahres). Dazu kommt eine förmliche Börsenumsatzsteuer, die für Kassageschäfte eine Belastung von 2‰, für Termingeschäfte eine solche von 1‰ ausmacht, während Reportgeschäfte nur $^1/_4$‰ zahlen. Französische Staatsrenten werden stark begünstigt. Die Umwandlung von Namens- in Inhaberpapiere kostet 0,5%; die umgekehrte Transaktion bleibt steuerfrei. — In den USA. beträgt die — nur auf der Verkaufseite erhobene — Börsenumsatzsteuer des Bundes für Aktien im Kurswert von unter $ 20: 0,04%, darüber: 0,05%, bei Obligationen 0,04% des Nennwertes, zu welcher Belastung im allgemeinen eine etwa gleichhohe einzelstaatliche Abgabe hinzukommt.

Vgl. *Aktiengesellschaften VII.*

Literatur: BLUMER, K.: Die Besteuerung der Effekten bei der Ausgabe und beim Umsatz. Glarus 1930. (Dazu S. SCHNEIDER in der Z. Schweiz. Stat. u. Volksw. 67, 346ff. (1931). — BRÄUER: Art. Verkehrsteuern. Handw. d. Staatsw., 4. Aufl., VIII. 1928. — FAYOLLE-EVEILLARD: L'impôt sur les valeurs mobilières. Paris 1928. — HUNTGEBURTH, F.: Die Beurteilung der Verkehrsteuern im deutschen Steuersystem. Kölner Diss. 1929. — KESSLER, L.: Über das Wesen der Verkehrsbesteuerung. Jena 1929. — LAMPE: Art. Kapitalverkehrsteuer. Wörterb. d. Volksw., 4. Aufl., II. 1932. — LANDMANN: Gutachten zur Frage der bundesrechtlichen Einführung von Stempelabgaben. Basel 1916. — MIRRE: Die Verkehrsteuern. Handb. d. Finanzwiss., Bd. II. 1927. — WEINBACH, H.: Das Kapitalverkehrsteuergesetz. (Die Steuerkommentare der Praxis VIII.) 2. Aufl. Berlin 1926.

FRITZ NEUMARK.

Kapitalverwässerung. Eine Vermehrung des Aktienkapitals durch Neu-Emission, für welche kein dem Wert des früheren Anteils der alten Aktie entsprechender Gegenwert eingeht. Besonders krasses Ausmaß nahm die K. naturgemäß während der Inflation an durch Begebung junger Aktien zu noch kaum gestiegenen Papiermarkkursen, woraus sich auch zahlreiche Mißbräuche (sog. Bezugsrechtsraub) entwickelten. Eine andere Möglichkeit des Mißbrauchs der K. liegt im *Aktientausch* (s. d.) mit anderen Gesellschaften, oder in der Hingabe junger Aktien gegen Erwerb verhältnismäßig minderwertiger Aktiva. Über börsenmäßige K. vgl. *„split up's"* in *New Yorker Börse 4.*

Kapitalwanderung s. *Internationale Kapitalwanderung.*

Kartell s. *Monopole u. Bankpolitik,* Konditionen-Kartell des Bankgewerbes s. Standesvertretungen A II c.

Kartellpolitik s. *Monopol- und Bankpolitik,* vgl. a. *Konjunkturpolitik.*

Kassadefizit s. *Öffentliche Kassenführung,* bes. 2, vgl. *Überbrückungskredit* im Art. *Öffentlicher Kredit I 3.*

Kassageschäft. Unter einem Effektenkassageschäft versteht man im Gegensatz zum *Effektentermingeschäft* (s. d.) einen Geschäftsabschluß über den beliebig großen Nominalbetrag eines börsenmäßigen Wertpapieres, das sofort, bzw. wenige Tage nach dem Verkauf zu dem vereinbarten Kurse geliefert und abgenommen werden muß.

Die Usancen beim Handel in Wertpapieren sind an den einzelnen Börsen verschieden. In Berlin (s. *Berliner Börse*) unterscheidet man im Kassehandel:

1. den Einheitsmarkt, d. h. den Handel zum Einheitskurs, der für alle an der Berliner Börse amtlich zugelassenen Effekten täglich nur einmal und zwar um etwa 12 Uhr (Sonnabend 13 Uhr) notiert wird, und

2. den variablen Markt für Papiere mit lebhaften Umsätzen. Für diese werden außer dem Einheitskurs von Beginn der Börse 12 Uhr (Sonnabend 11 Uhr) an fortlaufend je nach den erfolgten Umsätzen verschiedene Kurse bis zum offiziellen Schluß um 14 Uhr (Sonnabend 13 Uhr) notiert. Der Handel vollzieht sich in bestimmten Mindestbeträgen — meist 2000 RM. — oder deren Vielfachen. Der Börsenvorstand kann ihre Zahl — etwa 45 Aktien und etwa 30 Rentenwerte — jederzeit vermehren bzw. vermindern, je nach dem Interesse, das sich für sie andauernd zeigt. Bei beiden Geschäftsarten muß die Lieferung sofort erfolgen, und zwar offiziell spätestens am zweiten Börsentage nach erfolgtem Verkauf. Der Käufer muß den Gegenwert sofort bereithalten. Beide Kontrahenten dürfen dem etwa säumigen Teil sofort Exekution androhen, und diese Exekution bei Erfolglosigkeit der Androhung durch den Kursmakler ausführen lassen. Aufträge in den variabel gehandelten Papieren werden, sofern der Auftragsgeber nicht ausdrücklich Ausführung zum Einheitskurse vorschreibt, zu den variabelen Notierungen und zwar bis zum Höchstausmaß des hierfür erforderlichen Betrages ausgeführt. Der Rest (die Spitze) wird dann zur Einheitsnotiz gehandelt. Lautet z. B. ein Kasseauftrag über 11000 RM. nominal eines Wertpapieres, bei dem der variabele Handel eingeführt ist, so werden, falls nichts Gegenteiliges vorgeschrieben ist, 10000 RM. variabel und 1000 RM. zum Einheitskurse ausgeführt. Bei diesen „variabelen Papieren" dürfte daher der Umsatz zum Einheitskurs nur klein sein. Bei Papieren, in denen sich dauernd lebhaftes Interesse zeigt, besteht das Bestreben, sie dem variablen Markt zu erschließen, der dann wieder als eine Vorstufe zum Terminhandel angesehen werden kann.

In Paris (s. *Pariser Börse*) spielt der Kassehandel (marché au comptant) eine sehr große Rolle. Der Kapitalreichtum des französischen Volkes zeigt sich in den lebhaften Kasseumsätzen in Renten. Die agents de charge können alle Kurse, zu denen sie handeln, unabhängig vom Betrage einzeln im Kurszettel notieren. Bei der Lieferung der Stücke ist auch wie in Berlin die Schnelligkeit als Symbol des Kassehandels vorgeschrieben; aber mit Rücksicht auf die große Provinzkundschaft, die die verkauften Effekten nach Paris schicken muß, verlangt man die Lieferung erst bis zum fünften Tage. Der Käufer jedoch muß den Gegenwert sofort bereithalten. Im Pariser Parkett spielt meist der Kassehandel, in der Pariser Kulisse der Terminmarkt die größere Rolle.

In *London* (s. d.) ist das K. in Effekten ganz minimal; vielmehr vollzieht sich dort fast der gesamte Handel per Termin (arrangement).

In *Amsterdam* (s. d.) dagegen handelt man die Wertpapiere fast nur per Kasse. Auch hier gilt die offizielle Bestimmung, daß die per Kasse verkauften Effekten sofort bzw. nach wenigen Tagen geliefert werden müssen; aber man ist dort im allgemeinen sehr konziliant im Fall der Säumnis und schiebt die Exekution oft längere Zeit hinaus.

In Wien (s. *Österreich, Geld- und Kapitalmarkt*) unterscheidet man zwischen effektivem Kassegeschäft mit zwei- bis fünftägiger Lieferfrist und Abschlüssen per Wochen-, Medio- und Ultimoarrangements.

In der *Schweiz* (s. d.), *Italien* (s. d.) und *Belgien* (s. d.) spielen die Kasseumsätze keine bedeutende Rolle. Das Hauptgeschäft an diesen Plätzen vollzieht sich per Termin, und der Kassehandel beschränkt sich meist auf Renten und Obligationen sowie auf die Spitzenbeträge der per Termin in Mindestbeträgen umgesetzten Aktien.

An dem größten Börsenplatz der Welt: *New York* (s. d.) handelt man nur per Kasse. Man kennt dort wohl eine Ausnahme und zwar die Umsätze in Neuemissionen, welche „per Erscheinen" (as if and when issued) gehandelt werden. Diese letzteren Umsätze nehmen hin und wieder sehr große Dimensionen ein, und da sich dabei öfters der Kurs per Erscheinen höher stellt, als gleichzeitig per Kasse, so werden diese Geschäfte oft dazu benutzt, dadurch Gelder im Reportwege anzulegen, zumal man in Amerika sonst hierzu keine andere Möglichkeit kennt. Alle sonstigen, ungeheuer großen Umsätze vollziehen sich per Kasse, und werden fortlaufend von dem großen Börsenticker einzeln veröffentlicht. Die Summen dieser Umsätze findet man täglich in den Kursberichten der Tageszeitungen; sie betragen hin und wieder mehrere Millionen Stück per Tag. Die täglichen Effektensalden müssen meist am nächstfolgenden Börsentage und nur hin und wieder am dritten Tage geliefert und zu diesem Zwecke oft genug geliehen werden. Für die großen, oft spekulativen Transaktionen des New Yorker Publikums werden die erforderlichen Geldbeträge häufig bis zu 80 und 90% von den Kommissionsfirmen vorgelegt, die sich ihrerseits die nötigen Mittel von den großen Geldgebern, z. B. Banken, ausleihen (loans). Sind die 10—20% Einschuß nahezu erschöpft und wird nicht rechtzeitig neuer Einschuß gegeben, so erfolgt umgehend die Glattstellung des Engagements. Bei stärkeren Kursschwankungen häufen sich diese Glattstellungen und tragen mit zu den großen oft sich lawinenartig überstürzenden Kurseinbrüchen der New Yorker Börse bei.

H. Hancke.

Kassakurs s. *Kassageschäft*, s. *Kursbildung*, s. *Börsengesetz B I 1.*

Kassaobligationen (in der Schweiz) s. *Schweiz, Geld- und Kapitalmarkt 5*, s. a. *Öffentlich-rechtliches Bankwesen 2*, vgl. *Banksparverkehr II 2.*

Kassatorische Klausel, ein Vermerk auf Wertpapieren, die wie Wechsel oder Konnossemente in mehrfacher, gleichwertiger Ausfertigung (Prima-, Sekunda-Wechsel) hergestellt werden können. Der Vermerk besagt, daß durch die Erfüllung der Verpflichtung aus einer Ausfertigung alle anderen dem Erfüllenden gegenüber unwirksam werden. Da diese Folge im Gesetz vorgeschrieben ist, ist die k. K. nicht notwendig. — In der Rechtssprache versteht man darunter auch den Vorbehalt des Rücktritts bei nicht ordnungsmäßig erfülltem Vertrag.

Kassawerte s. *Kassageschäft.*

Kassenführung, öffentliche s. *Öffentliche Kassenführung.*

Kassenkredite, kurzfristige Darlehensgewährung an öffentliche Körperschaften zur Auffüllung ihrer Kassenbestände (für Gehaltszahlung u. dgl.), jedoch nicht zur Deckung eines tatsächlichen Defizits. Der K. ist also eine Art „Überbrückungskredit", jedoch kein Zwischenkredit, da er prinzipiell zurückgezahlt und nicht in einen langfristigen Kredit verwandelt wird. Bei privaten Schuldnern ist der Ausdruck K. seiner Natur nach nicht gebräuchlich (vgl. a. *Öffentlicher Kredit I 3* und *II 4.*

Kassenliquidität (als Ertragsfaktor) s. *Erträgnisse des Bankgewerbes II 1.*

— **reserven** (bei den öffentlichen Finanzen) vgl. *Öffentliche Kassenführung.*

— **scheck** vgl. Barscheck im Art. *Bargeldloser Zahlungsverkehr 3.*

— **schein** (der Schweizer Banken) s. *Banksparverkehr II 2*, vgl. Schatzanweisungen im Art. *Öffentlicher Kredit II 4.*

Kassierer s. *Personen im Bankgewerbe II.*

Katallaktische Geldtheorie, s. *Geldtheorien.*

Kaufkraftparitäten, Theorie der, s. *Geldtheorien.*

Kaufmannsbank s. *Sowjetbanken I.*

Kautionen (bei Vertrauensposten) s. *Personen im Bankgewerbe II.*

Kautionswechsel, zur Sicherung einer Forderung, hinterlegter Wechsel, z. B. im Abzahlungsgeschäft.

„Kawerschen", Geldleiher im Mittelalter, s. *Geschichte des Bankwesens II.*

Kellerwechsel ist ein Wechsel auf fingierte oder völlig mittellose Personen.

Kemmerer Prof. s. *Bankenaufsicht I 5.*

Klassierung = Placierung von Wertpapieren, s. *Emissionsgeschäft I 1.*

Knapp („Staatliche Theorie des Geldes") s. *Geldtheorien.*

Kölner Börse s. *Deutsche Provinzbörsen.*

Kollektivabschreibung, Abschreibung vom Gesamtwert gleichartiger Aktiva, z. B. vom Gesamtwert der Baulichkeiten, nach einem festen Prozentsatz des Buchwertes; im Gegensatz zur Abschreibung der einzelnen Objekte (vgl. *Abschreibungen I*).

Kollektiv-Vollmacht, (-Prokura), eine mehreren Personen erteilte Vollmacht (Prokura), wonach nur zwei (oder mehr) gemeinsam zur Zeichnung (oder sonstigen Vertretung nach außen) berechtigt sind.

Kolonialbanken s. *Überseegeschäft.*

Kolumbien s. *Südamerika VI.*

Kommanditgesellschaft. 1. Bei einer K. ist bei einem oder mehreren Gesellschaftern die Haftung gegenüber den Gesellschaftsgläubigern auf eine bestimmte Vermögenseinlage beschränkt (Kommanditisten), während die anderen Gesellschafter für die

Gesellschaftsverbindlichkeiten unbeschränkt haften (Komplementäre). Die K. muß auf den Betrieb eines Handelsgewerbes unter gemeinschaftlicher Firma gerichtet sein. Die Vorschriften über *offene Handelsgesellschaften* (s. d.) finden, soweit nicht die Natur der K. Besonderheiten bedingt, auf sie Anwendung. In der K. vereinigen sich persönliche und kapitalistische Momente, sie ist die Rechtsform, in der auf dem Boden gegenseitigen Vertrauens zur Anlage bereites Kapital und von Verantwortungsgefühl getragener geschäftlicher Unternehmungsgeist zusammengefaßt werden können. Trotz der Abstraktion der Gesellschaft von den in ihr vereinigten Personen, die durch Beschränkung des Interesses des Kommanditisten auf die von ihm der Gesellschaft zur Verfügung gestellte Kommanditeinlage herbeigeführt ist, wird die K. nicht als juristische Person angesehen.

2. Gesellschafter einer K., und zwar sowohl Kommanditisten als auch Komplementäre, können sowohl physische wie juristische Personen sein. In der Praxis ist der Fall häufig, daß eine G.m.b.H. oder A.-G. die Stellung eines persönlich haftenden Gesellschafters einnimmt (G.m.b.H. und Co.). Die Firma der K. muß den Namen eines persönlich haftenden Gesellschafters nebst einem auf das Gesellschaftsverhältnis hinweisenden Zusatz enthalten. Hat die Gesellschaft vor Eintragung in das Handelsregister ihren Geschäftsbetrieb begonnen, so haftet der Kommanditist, der dem Geschäftsbeginn zugestimmt hat, für die vor der Eintragung entstandenen Verbindlichkeiten wie ein Komplementär, soweit den betreffenden Gläubigern seine Kommanditisteneigenschaft nicht bekannt war.

Die Kommanditisten sind von der Führung der Gesellschaftsgeschäfte ausgeschlossen, haben aber, insoweit Handlungen der geschäftsführenden Komplementäre über den gewöhnlichen Betrieb des Handelsgewerbes hinausgehen, ein Widerspruchsrecht. Dieser Widerspruch beeinträchtigt die Rechtswirksamkeit der von dem vertretungsberechtigten Komplementär vorgenommenen Handlungen nicht. Der Gesellschaftsvertrag kann auch den Kommanditisten ein Geschäftsführungsrecht zubilligen, jedoch kann eine derartige Ermächtigung in das Handelsregister nicht eingetragen werden. Zur rechtsverbindlichen Vertretung der Gesellschaft nach außen muß also stets mindestens ein Komplementär in der Lage sein, dessen Vertretungsmacht nicht eingeschränkt werden kann. Den Kommanditisten steht das Recht zu, eine Bilanzabschrift zu verlangen und deren Richtigkeit an Hand der Bücher und Belege zu prüfen. Bei Vorliegen eines wichtigen Grundes kann das zuständige Gericht jederzeit die Mitteilung der Bilanz oder sonstige Aufklärungen unter Vorlegung der Belege anordnen.

3. Die Kommanditeinlage muß, auch wenn sie durch Einbringung von Sachwerten geleistet wird, in einer bestimmten Geldsumme ausgedrückt sein, es ist zulässig, von vornherein eine Erhöhung dieser Einlage von einem einstimmigen oder Mehrheitsbeschluß der Gesellschafter abhängig zu machen.

Im Verhältnis zu den Gesellschaftsgläubigern wird die Höhe der Kommanditeinlage durch den in das Handelsregister eingetragenen Betrag bestimmt. Eine Erhöhung der Einlage, soweit sie in das Register nicht eingetragen ist, gibt den Gläubigern nur dann ein entsprechendes Anrecht, wenn sie handelsüblich kundgemacht oder den Gläubigern von der Gesellschaft mitgeteilt worden ist. Die Kommanditeinlage vermindert sich durch Verluste entsprechend der Beteiligungsquote des Kommanditisten, sie ist dann aus später anfallenden Gewinnen wieder auf den vertragsmäßigen Stand aufzufüllen. Vor Erreichung der vereinbarten Höhe hat der Kommanditist keinen Anspruch auf Gewinnausschüttung, über den Betrag der Einlage hinausgehende Gewinne gelangen zur Auszahlung. Werden sie nicht abgehoben, so gelten sie als Buchforderung, wegen deren der Kommanditist Gesellschaftsgläubiger, nicht Gesellschafter ist. Wird eine Kommanditeinlage ganz oder teilweise zurückgezahlt, gilt sie den Gläubigern der Gesellschaft gegenüber insoweit als nicht geleistet. Was ein Kommanditist gutgläubig auf Grund einer ordnungsmäßigen Bilanz als Gewinn entnommen hat, braucht er in keinem Fall zurückzuzahlen. Von dem Gewinn wird, wenn nichts anderes vereinbart ist, zunächst eine Dividende von 4% auf die Kapitalanteile aller Gesellschafter gezahlt, der Rest, ebenso wie ein Verlust wird in einem den Umständen nach angemessenen Verhältnis auf die Anteile umgelegt.

Eine Herabsetzung der Kommanditeinlage ist gegenüber Gläubigern, deren Ansprüche vor Eintragung dieser Tatsache entstanden waren, unwirksam.

Bis zur Höhe seiner Einlage haftet der Kommanditist den Gesellschaftsgläubigern unmittelbar, ist die Gesellschaft in *Konkurs* (s. d.), so wird dies Gläubigerrecht allein vom Konkursverwalter ausgeübt.

Eine besondere Abart der K., die in der Praxis eine gewisse Bedeutung hat, ist die Bankkommandite, d. h. eine nominell selbständige Bankfirma, die von einer anderen Bank mit einer Kommanditeinlage derart ausgestattet ist, daß das überwiegende finanzielle Interesse an dem Geschäftsbetrieb der Kommandite bei der kommanditierenden Bank liegt. Im Gegensatz zu dem Regelfall der K. liegt hier das Schwergewicht bei dem Kommanditisten, von dem die nach außen unbeschränkt vertretungsberechtigten Komplementäre durch mehr oder weniger weitgehende interne Abmachungen abhängig sind.

Die Vertretung durch eine Bankkommandite hat gegenüber der durch eine Filiale den Vorteil, daß der in dem Namen der Privatfirma und in den persönlichen Qualitäten des Geschäftsinhabers liegende „goodwill" der kommanditierenden Bank nutzbar gemacht werden kann. Dem steht der Nachteil gegenüber, daß der Einfluß der Kommanditistin auf die Geschäftsführung nicht in einem ihren finanziellen Interessen entsprechenden Umfang rechtsverbindlich sichergestellt werden kann, was insbesondere bei dem Ableben des Komplementärs zu Schwierigkeiten führen kann (vgl. Art. *Offene Handelsgesellschaft*).

Literatur: Siehe Offene Handelsgesellschaft, außerdem: Riesser: Die deutschen Großbanken und ihre Konzentration. Jena 1912. — Schreiber: Kommanditgesellschaft auf Aktien. München 1925.

G. Freiherr von Falkenhausen.

Kommanditist s. *Kommanditgesellschaft*, bes. *2*.

Kommerzialisierung, ein Ausdruck, der in den letzten Jahren zwei verschiedene Bedeutungen erhalten hat: a) In der Reparationspolitik bedeutet er die Umwandlung von Teilen politischer Schulden, also insbesondere der Reparationszahlungen Deutschlands in kommerziellen Schulden, die den übrigen kommerziellen Schulden Deutschlands (z. B. den zahlreichen Anleihen der Industrie) gleichgestellt werden sollen. Dieses Verlangen wurde insbesondere von Frankreich auf der Pariser Konferenz (1929) für seinen Wiederaufbau gestellt. Die Young-Anleihe stellt einen ersten Schritt in dieser Richtung dar. Durch die sog. unaufschiebbare Annuität von 660 Millionen wurde für das Ausmaß der Kommerzialisierung der Reparationsschulden eine Art Rahmen aufgestellt (vgl. *Youngplan*). Die seitherige Entwicklung der internationalen Kapitalmärkte bzw. die internationale Kreditkrise haben diese Pläne nicht weiterkommen lassen, heute, seit der Lausanner Konferenz, sind sie mit der Endlösung der Reparationen identisch, welche bekanntlich einen Appell an die internationalen Kapitalisten geradezu zur Vorbedingung der deutschen Restzahlung macht.

b) Kommerzialisierung oder auch Privatisierung nennt man ferner die bei den zahlreichen *Währungsstabilisierungen* (s. a. d.) erst Österreich, später auch Deutschland, Belgien usw. vorgenommene Überführung staatlicher Betriebe in die Form eines nach privatwirtschaftlichen Grundsätzen zu verwaltenden Wirtschaftskörpers, insbesondere also der Staatsbahnen. Die Vorteile sollen hierbei vor allem organisatorischer Natur sein, dann auch rein finanzieller Natur, indem diese neuen Wirtschaftskörper meist Träger oder Garanten der die Stabilisierung krönenden Anleihen waren (vgl. *Völkerbundsanleihen*).

Die Entwicklung seither läßt diese eine Zeitlang allzu optimistisch beurteilte Maßnahme etwas weniger vorteilhaft erscheinen. Der Vorteil der ökonomischen Betriebsführung nach privatwirtschaftlichen Gesichtspunkten (vgl. z. B. *kameralistische Buchführung*) ist bei einem Betriebe wie Bahnen oder Versorgungsgesellschaften nicht so ausschlaggebend wie bei sonstigen, der Konkurrenz stärker unterworfenen Unternehmungen, um die durch die K. immerhin erhöhte Möglichkeit der Ausnutzung von Monopolstellungen für private Zwecke darüber zu vernachlässigen.

Kommissionär s. *Kommissionsgeschäft*.

— an der Amsterdamer Börse s. *Niederlande I a*.

Kommissionsdepot vgl. *Depotrecht I A*.

Kommissionsgeschäft. 1. Unter K. versteht man den An- und Verkauf von Effekten im Auftrage und für Rechnung eines Kunden. Die Tätigkeit des Kommissionärs besteht aber nicht nur in der Ausführung der ihm übertragenen Börsenaufträge. Vielmehr ist seine wichtigste Aufgabe die Beratung seiner Kundschaft in allen Fragen der Vermögensanlage in Effekten. Das Verhältnis zwischen Kommissionär und Kunden ist ein Vertrauensverhältnis, das naturgemäß einen persönlichen Kontakt zwischen Kommissionär und Kunden zur Voraussetzung hat. Hierin liegt die große wirtschaftliche Bedeutung der Tätigkeit des Kommissionärs. Infolge des starken Einflusses, den er auf die Vermögensdisposition seiner Kunden besitzt, ist es für die Wirtschaft sehr wichtig, welchen Gebrauch er von diesem Einfluß macht. So könnte er z. B. bei richtiger Erfassung der Situation die Überspekulation eindämmen und damit die Wirtschaft von ihren üblen Folgen ebenso bewahren wie er sie durch Unterstützung der Überspekulation schädigen kann.

2. Der Personenkreis, der sich mit dem K. beschäftigt, sowie seine Handhabung ist in den einzelnen Ländern verschieden. In Frankreich, England und den Vereinigten Staaten sind die Träger des K., dem Vermittlungscharakter des K. entsprechend, die Makler. In Frankreich die Agents de changes und coulissiers, in England und den Vereinigten Staaten die *Brokers* (s. d.). Ihr Verdienst besteht lediglich in der Provision, die sie für die kommissionsweise Ausführung der Aufträge erhalten. Der Selbsteintritt in die Kommission ist dem Kommissionär in diesen Ländern verboten. Das heißt, er muß alle Aufträge an der Börse ausführen und dem Kunden das Geschäft zum selben Kurse aufgeben, zu dem er es an der Börse abgeschlossen hat. Die Banken nehmen zwar von ihren Kunden Effektenaufträge auch entgegen, geben sie aber zur Ausführung an die Makler weiter. Sie rechnen für diese Tätigkeit keine besondere Provision. Ihr Verdienst liegt darin, daß sie vom Makler einen Teil der an diesen bezahlten Provision rückvergütet erhalten. Demgemäß ist das K. für die Banken dieser Länder von keiner besonderen wirtschaftlichen Bedeutung.

Im Gegensatz zu den erwähnten Ländern stehen in Deutschland zwischen Kundschaft und Makler als Kommissionäre die Banken. Diese Tatsache wirkt sich für die Kundschaft kostenverteuernd aus, da die Banken außer der Vermittlungsprovision der Makler für ihre Tätigkeit eine besondere Provision berechnen. Das K. ist in Deutschland ein sehr wichtiger Zweig des Bankgeschäftes, dessen Ergebnis für das Gesamterträgnis eine sehr wesentliche Rolle spielt. Es befassen sich alle Aktienbanken und Privatbankgeschäfte damit. In Berlin ist den Maklern durch eine Vereinbarung ihrer Interessenvertretung mit der der Banken die Ausübung des K. untersagt. Da das K. eine individuelle Behandlung des Kunden verlangt, eignet sich der *Privatbankier* (s. d.) mit seinem verhältnismäßig beschränkten Kundenkreis besonders dafür. Es ist denn auch das K. die Existenzgrundlage der meisten Privatbankgeschäfte. Bei dem in Deutschland herrschenden Depositenkassensystem der Großbanken hält der Vorsteher der Depositenkasse, der seine Kunden größtenteils persönlich kennt, den Kontakt mit der Kundschaft aufrecht.

3. Der wesentliche Unterschied in der Ausführung der Kommission in Deutschland und den obenerwähnten Ländern besteht darin, daß sie in Deutschland ausnahmslos durch Selbsteintritt des Kommissionärs erfolgt. Das heißt, daß der Kommissionär dem Kunden gegenüber als Selbstkontrahent auftritt. Die Ausführung des Auftrages durch Selbsteintritt muß dem Kunden gegenüber ausdrücklich erklärt werden. Das geschieht in der Praxis durch die Geschäftsbedingungen, die die Banken von ihrem Kunden unterschreiben lassen und in denen sie erklären, daß sie alle Aufträge als Selbstkontrahenten ausführen. Der Sinn des Selbsteintritts ist für den Kommissionär, daß er, über das an der Börse wirklich getätigte Geschäft dem Kunden keine Rechenschaft schuldig ist. In der Regel geschieht die Ausführung eines Auftrages so, daß der Kommissionär das ihm zum Kauf bzw. Verkauf aufgegebene Effekt an der Börse auf eigene Rechnung kauft oder verkauft und es dem Kunden zum selben Kurs weitergibt. Das Auftreten als Selbstkontrahent ermöglicht es aber dem Kommissionär, Aufträge seiner Kunden auszuführen, ohne an der Börse ein entsprechendes Geschäft abzuschließen. Der häufigste Fall dieser Art ist, wenn er die Möglichkeit hat, Aufträge seiner Kunden miteinander zu kompensieren. Der Kommissionär ist aber auch berechtigt, die vom Kunden zum Kauf oder Verkauf aufgegebenen Effekten aus eigenen Beständen zu liefern bzw. sie selbst zu übernehmen. In allen diesen Fällen berechnet der Kommissionär alle Spesen (Courtage, Stempel), die entstanden wären, wenn er an der Börse die Geschäfte getätigt hätte. Diese Spesen sind für den Kommissionär glatter Verdienst. Bei den Großbanken, bei denen sich eine große Anzahl von Aufträgen konzentriert, ist dieser Verdienst der berechneten, aber nicht verausgabten Spesen bei K. nicht ohne Bedeutung. Bei spekulativen Termingeschäften der Kunden, bei denen eine effektive Abnahme bzw. Lieferung der Effekten nicht in Frage kommt, sondern beim Kauf der Kunde auf Stückekonto erkannt und in laufender Rechnung belastet wird bzw. umgekehrt, kann der Kommissionär, ohne an der Börse ein Geschäft zu machen, die ganze Operation lediglich buchmäßig durchführen. Man nennt diese Geschäfte „Insichgeschäfte". Das sind reine Speku-

Siehe auch C.

lationsgeschäfte des Kommissionärs, denn er muß zugunsten des Kunden evtl. entstehende Differenzen selbst bezahlen, ist freilich auch Nutznießer der Differenzen, die zuungunsten des Kunden entstehen. Die Voraussetzung für die Zulässigkeit von Insichgeschäften ist, daß der Kommissionär sich in einer finanziellen Lage befindet, die ihm gestattet, das entstehende Kursrisiko ohne Gefährdung der Interessen des Kunden zu tragen. Aber auch unabhängig von den finanziellen Verhältnissen des Kommissionärs sind Insichgeschäfte unzulässig, wenn der Kunde zum Geschäft vom Kommissionär angeregt wurde. Der Kunde betrachtet den Kommissionär als seinen Vertrauensmann. Aus der Tatsache aber, daß der Kommissionär das Geschäft in sich gemacht hat, geht hervor, daß er bei dem Geschäft für den Kunden mit der Wahrscheinlichkeit eines Verlustes rechnet, den Kunden also absichtlich zu einem Verlustgeschäft verleitet hat. Damit ist der Tatbestand der arglistigen Täuschung und Verstoß gegen die guten Sitten erfüllt (vgl. *bucket-shops*).

4. In der Absicht, den Kunden gegen den Kommissionär, namentlich gegen Kursschnitt zu schützen, hat das Handelsgesetzbuch genaue Bestimmungen betr. den Kurs, den der selbsteintretende Kommissionär seinem Kunden berechnen muß, aufgestellt. Es sei vorweg gesagt, daß ein Teil dieser Bestimmungen, weil in der Praxis undurchführbar, auf dem Papier geblieben ist. Differenzen über die Kursberechnung können überhaupt nur entstehen bei Aufträgen in Effekten, die fortlaufend notiert werden. Denn bei Effekten, die nur zu einem Einheitskurs gehandelt werden, muß der Kommissionär dem Kunden selbstverständlich den amtlichen Einheitskurs berechnen. Auch bei Effekten, die fortlaufend notiert werden, ist ein Zweifel über den Kurs, der berechnet werden muß, nur selten möglich. Alle Aufträge, die den Kommissionär vorbörslich erreicht haben, müssen, sofern nicht vom Kunden ausdrücklich anders bestimmt wird, zur ersten amtlichen Notiz, zum sog. „ersten Kurs", durchgeführt werden. Es bleiben also nur die Fälle, in denen der Kommissionär einen Auftrag im Laufe der Börse in einem Papier, das fortlaufend notiert wird, erhält. Für diesen Fall hat das Handelsgesetzbuch die Regel aufgestellt, daß dem Kunden der Kurs des Zeitpunktes zu berechnen ist, zu welchem die Absendung der Ausführungsanzeige erfolgte. Geschah aber die Absendung der Ausführungsanzeige nach Schluß der Börse, so darf der Kurs nicht ungünstiger sein als der Schlußkurs. Weiter bestimmt das Handelsgesetzbuch, daß, falls der Kommissionär aus Anlaß eines Auftrages vor der Absendung der Ausführungsanzeige ein Geschäft an der Börse abgeschlossen hat, er dem Kunden keinen schlechteren als den dabei erzielten Kurs berechnen darf. Alle diese Bestimmungen sind für die Praxis ohne Bedeutung. Abgesehen davon, daß es für den Kunden kaum möglich ist, festzustellen, welcher Kurs für einen bestimmten Moment maßgebend war, ist auch die Voraussetzung dieser Bestimmungen, daß nämlich jede Ausführung sofort dem Kunden angezeigt werden soll, ganz undurchführbar. Es müßte sonst jeder Kommissionär an der Börse zu diesem Zweck ein Büro unterhalten. In der Praxis gehen telegraphische Ausführungsanzeigen gleich nach Ausführung des Auftrages lediglich an außerhalb wohnende Kunden. Den Kunden, die am Börsenplatze wohnen, wird die Ausführung ihrer Aufträge nach der Börse aus dem Büro brieflich mitgeteilt. Es ist in der Praxis nicht möglich, den Kunden gegen den sog. „Kursschnitt", d. h. dagegen, daß ihm der Kommissionär einen ungünstigeren Kurs berechnet als er erzielt hat, zu schützen. Die einzige Norm ist, daß sich der Kurs innerhalb der amtlich notierten Kurse halten muß. Im übrigen aber ist der Kunde auf die Rechtlichkeit des Kommissionärs angewiesen.

5. Das Risiko des Kommissionärs besteht darin, daß der Kunde nicht in der Lage sein wird, die Verpflichtungen, die aus dem erteilten Auftrag für ihn erwachsen, zu erfüllen. Sofern es sich bei dem Auftrage des Kunden um eine Maßnahme der Vermögensverwaltung, also um Anlage oder Freimachung von Kapital oder um eine Tauschoperation handelt, ist dieses Risiko kaum vorhanden. Denn meist steht das anzulegende Kapital bereits auf dem Konto des Kunden bzw. liegen die zu verkaufenden oder zu tauschenden Effekten in seinem Depot beim Kommissionär. Anders liegt der Fall, wenn die Ausführung des Auftrages mit einer Kreditoperation verbunden ist, d. h. der Kunde nur einen Teil des zum Kauf nötigen Kapitals auf seinem Konto gut hat oder der Kauf überhaupt durch Beleihung des Depots des Kunden finanziert werden soll, oder aber, wenn es sich um Spekulationsengagements handelt, d. h. die Übernahme oder Lieferung der Effekten vom Kunden nicht beabsichtigt ist. In diesem Fall ist es die Absicht des Kunden, das Geschäft durch ein Gegengeschäft glattzustellen und lediglich die entstandene Differenz zu regulieren. In diesen Fällen pflegt sich der Kommissionär eine Sicherheit (Einschuß) geben zu lassen, in einer Höhe, die ihn vor Verlust schützt. Diese Sicherheit muß in ganz bestimmter Form geleistet werden, um den Differenz- bzw. Termineinwand (s. *Börsenrecht B. III 3 u. 4*) seitens des Kunden auszuschließen. Meistens wird ein prozentuelles Verhältnis zwischen dem jeweiligen Engagement und der Deckung bestimmt, wobei sich der Kommissionär vorbehält, bei Nichteinhaltung des Deckungsverhältnisses Nachschuß zu verlangen, und notfalls zur zwangsweisen Glattstellung des Engagements zu schreiten, um sich für entstandene Verluste aus der vorhandenen Sicherheit zu befriedigen.

Literatur: NUSSBAUM, A.: „Börsengeschäfte" in EHRENBERGS Handbuch des gesamten Handelsrechts 4, Absch. 2. — DÜRINGER-HACHENBURG: Kommentar zum Handelsgesetzbuch. Kommissionsgeschäfte, 2. Aufl., 3.

RUDOLF BERDACH.

Kommissionslager (auch Konsignationslager), Waren, die der Einzelhändler, Detaillist nicht fest, sondern nur kommissionsweise zum Vertrieb übernimmt.

Kommissionstratte ist eine Tratte, deren Deckung von einem Dritten, in dessen Interesse und Auftrag der Aussteller den Wechsel ausstellte, beschafft werden soll.

Kommunalbank vgl. *Öffentlich-rechtliches Bankwesen II 7.*

Kommunale Emissionen s. *Emissionsgeschäft I 3* und *II 3d.*

Kommunalkredit s. *Öffentlicher Kredit II 2* und *III* (Statistik), s. *Hypothekenbankgesetz 8*, s. a. *Deutschland, Geld- und Kapitalmarkt*, vgl. *Hypothekarkredit, städtischer.*

Kommunalobligationen werden von den Hypothekenbanken gegen Darlehen an Kommunen ausgegeben. Diese Darlehen bilden eine von den Deckungshypotheken der Pfandbriefe getrennt verwaltete Deckungsmasse, doch haftet die betr. Hypothekenbank in gleicher Weise für beide Kategorien. Direkte Anleihen von Kommunen (ohne Dazwischentreten einer Hypothekenbank) sind die „Stadtanleihen" (s. *Rentenmarkt*, s. *Hypothekenbankengesetz*, s. *Emissionsgeschäft I 3.*

Kommunalsammelablösungsanleihe s. *Emissionsgeschäft I 3*, s. *Aufwertung 9.*

Komparative Kosten vgl. *Zahlungsbilanz II.*

Siehe auch C.

Kompensation, wörtlich Ausgleich, kommt in mehreren Bedeutungen vor. Im gewöhnlichen Geschäftsverkehr versteht man darunter den Ausgleich einer Forderung mit einer Gegenforderung, also soviel wie Aufrechnung. Bei der Bilanzierung versteht man darunter die jetzt verbotene Ausgleichung von Kreditoren- und Debitorenposten in der für die Öffenlichkeit bestimmten Bilanz. Vgl. AR.-Reform. Im Börsengeschäft wird unter K. die Ausgleichung des bei einer Firma vorliegenden Angebots mit der bei derselben oder befreundeten Firmen vorliegenden Nachfrage im selben Papier unter Ausschaltung der Börse verstanden. Nur die Differenz, die sog. „Spitze", wird an der Börse gedeckt. Da dies zu schweren Schädigungen des kleineren und mittleren Bankgewerbes sowie des Maklergewerbes geführt hat, wurde mit Wirkung vom 12. April 1932 eine besondere Besteuerung der Kompensationsgeschäfte eingeführt (s. a. *Berliner Börse I, Kapitalverkehrssteuern*). Im Warengeschäft versteht man schließlich unter K. die Ausgleichung der Risiken durch „Mischung" der Geschäftszweige dergestalt, daß ein Geschäftszweig aus dem eventuellen Niedergang des anderen Gewinn ziehen muß. (Etwa gleichzeitiger Betrieb von Brauerei und Fabrik alkoholfreier Getränke.) Der typische Kompensationsbetrieb ist das Warenhaus.

Komplementär s. *Kommanditgesellschaft.*

Komptantgeschäft s. v. w. *Kassageschäft* (s. d.), per comptant — per Kasse.

Konditionen s. *Standesvertretungen A 2b.*

— **kartelle** s. *Standesvertretungen A 2c*, s. *Monopol- und Bankpolitik 2.*

Konjunkturbarometer s. *Konjunkturbeobachtung.*

Konjunkturbeobachtung. 1. Aufgabe der K. ist die adäquate qualitative und quantitative Erfassung der wichtigsten zyklisch verlaufenden Wirtschaftserscheinungen zum Zwecke einer Konjunkturdiagnose und -prognose. Steigerung und Senkung der Preise, Ausdehnung und Schrumpfung der Produktion, Zinserhöhung und Zinssenkung, Zunahme und Abnahme des Beschäftigungsgrades und viele andere Erscheinungen tragen einen mehr oder weniger periodischen Charakter, so daß diese Veränderungen auch dem ungeübten Auge als typisch erscheinen. Im Grunde genommen muß jeder Kaufmann, um sich einigermaßen in den wechselnden Situationen des Marktes zu orientieren, eine bestimmte Vorstellung von der konjunkturellen Lage sich bilden. Die wissenschaftlich aufgebaute K. knüpft an die kaufmännische Erfahrung an, unterscheidet sich aber wesentlich von ihr durch den systematischen Charakter, die kritische Auslese der als typisch angenommenen Symptome und die nach bestimmten Grundsätzen erfolgende Verarbeitung des wirtschafts-statistischen Materials.

Hat schon die ältere Krisentheorie, die ihre Hauptaufmerksamkeit dem Momente des akuten Rückschlages gewidmet hatte, die wichtigsten Konjunktursymptome bestimmt, so ist doch erst durch allmähliche Wandlung der Krisentheorie zu einer Theorie des Gesamtzyklus eine breitere Grundlage für die systematische Wirtschaftsbeobachtung geschaffen worden. Die K. bestand bereits seit mehreren Jahrzehnten, als die methodisch bahnbrechenden Untersuchungen des Harvard-Instituts einen neuen, mächtigen Anstoß zum Ausbau der K. boten. Dank glücklicher Systematisierung an sich bereits bekannter Zusammenhänge zwischen den ausschlaggebenden Märkten, nämlich dem Effekten-, Waren- und Geldmarkt und origineller Anwendung bestimmter mathematisch-statistischer Verfahren zur Verarbeitung symptomatischer Wirtschaftskurven, hat das Harvard-Institut für Jahre hinaus die Aufmerksamkeit auf sich gelenkt und ältere, z. T. durchaus brauchbare Ansätze der K., wie sie in Deutschland in den Arbeiten von J. Jastrow und R. Calwer und in Italien in denen von M. Pantaleoni enthalten waren, ganz zurückgedrängt. Die Anwendung mathematisch-statistischer Methoden hat dem Vorgehen des Harvard-Instituts den Nimbus der exakten Beobachtung verliehen und dazu geführt, daß alle europäischen Institute nach seinem Vorbild aufgebaut worden sind.

Die typischen Veränderungen auf dem Effekten-, Waren- und Geldmarkt, dargestellt durch besonders konjunkturempfindliche Wirtschaftskurven, wurden zu einem Konjunkturdiagramm, einem sog. „Konjunkturbarometer", vereinigt mit dem Zwecke, den Überblick zu vereinfachen und vor allem die Wendepunkte auf den einzelnen Märkten schärfer hervortreten zu lassen.

Wenn das Harvard-Institut so rasch Schule gemacht hat, so lagen dem zweifellos große formale Vorzüge seines Barometers zugrunde. Die Einteilung des Zyklus in Teilabschnitte, sog. Phasen, ist einfach und klar. Unter Verwertung der Tatsache, daß die Aufwärts- und Abwärtsbewegung auf den einzelnen Märkten ähnlich erfolgt, aber nicht gleichzeitig, sondern mit einem gewissen Zeitabstand, „lag" genannt, konnte bei entsprechender Wahl der Kurven dieser möglichst groß gemacht werden. Dann ließ sich aus dem Verlauf der vorauseilenden Kurve die Gestaltung der nachhinkenden sehr früh bestimmen. Auch das war der Praxis schon lange bekannt. Bereits eine alte Börsenregel besagt, daß die Kurse der Montanpapiere den Höhepunkt erreichen, wenn die Eisenpreise erst zu steigen beginnen. Man brauchte nur diese Erfahrung etwas zu verallgemeinern, um auf die vom Harvard-Institut mit Recht als grundlegend betrachtete Tatsache des bemerkenswerten „lag" im Verlauf der einzelnen Wirtschaftskurven zu stoßen. In eine entsprechende Form gebracht, wird diese Feststellung von dem Vorauseilen bzw. Nachhinken der einzelnen Wirtschaftskurven zu einem wichtigen Mittel der K. Allerdings bedarf es mannigfacher Transformationen der ursprünglich gegebenen Daten, damit der „lag" feststellbar und übersehbar wird. Das Wirtschaftsleben zeigt in keiner Erscheinung eine förmliche Wellenbewegung, also eine Bewegung, die sich als eine Oszillation um eine horizontale Achse auffassen ließe. Gerade die wichtigsten Kurven, wie z. B. diejenigen, die sich auf Produktion und Verkehr beziehen, weisen eine Bewegung auf, die in ihrer ursprünglichen Gestalt nicht als eine wellenförmige Bewegung erscheinen. Nehmen wir z. B. die Entwicklung des Roheisenverbrauchs und sehen von Schwankungen ab, die sich entweder unter dem Einfluß der wechselnden Nachfrage während der einzelnen Monate eines Jahres ergeben, also die Saisonschwankungen, oder von Schwankungen, die durch Zufälle bedingt sind, so erhalten wir eine ziemlich steil aufwärts gerichtete Kurve mit mehr oder weniger scharf auftretenden Ein- und Ausbuchtungen. Ohne sie zu zeichnen, hat Spiethoff bestimmte Wendepunkte im Verlauf dieser Kurve festzustellen gesucht. Der Gipfel ist der Höhepunkt der Konjunkturbewegung, soweit sie durch die Kurve des Roheisenverbrauches gekennzeichnet wird, und die Sohle dementsprechend der Tiefpunkt. Nicht ganz so markant, aber immerhin leicht bestimmbar, ist der Beginn des Aufschwunges, den Spiethoff von demjenigen Punkt aus rechnet, der sich ergibt, wenn die Kurve das Maximum des vorangegangenen Aufschwunges überschreitet. Damit sind die drei wichtigsten Punkte zur Bestimmung des Konjunk-

20*

turverlaufs gegeben. Wenn nichtsdestoweniger das Harvard-Institut es abgesehen hat, auf eine Hauptkurve (Spiethoff benutzt eine Reihe von Kontrollkurven, wenn sie auch bei ihm nicht die Form der graphischen Darstellung annehmen, sondern nur sinngemäß eine Kurve darstellen) die K. aufzubauen, so geschah es aus einem doppelten Grunde. Einmal weil der Abstand zwischen den Gipfeln zweier Konjunkturzyklen und die Größe des Ausschlags bei jeder Kurve variabel ist. Außerdem sind wegen des unstetigen Verlaufs der Kurven zufällige Einbuchtungen erst nachträglich als solche erkennbar. Mit anderen Worten, Wellenlänge und Amplitude variieren und machen es daher unmöglich, Wendepunkte ebenso einfach zu bestimmen, wie es bei einer streng periodischen Bewegung von gleicher Wellenlänge und -breite der Fall ist. Diese Unregelmäßigkeit der wirtschaftlichen Wellenbewegung macht den Vergleich mehrerer Wirtschaftskurven zur Notwendigkeit, weil nur auf diese Weise sich bestimmen läßt, ob eine Aus- oder Einbuchtung zufällig oder konjunkturbedingten Charakters ist. Wenn nämlich auf Grund bestimmter Annahmen in den Bewegungen zweier aufeinanderfolgender Kurven eine Gesetzmäßigkeit angenommen werden kann, so braucht der unregelmäßige Charakter nicht notwendig die Diagnose zu erschweren. Freilich setzt das voraus, daß man die Kurven in eine Form bringen kann, bei der sie in ihren typischen Bewegungen vergleichbar werden. Hier ist nun der Hebel für das Einsetzen des mathematisch-statistischen Apparats. Die wirtschaftlichen Reihen, auch Zeitreihen genannt, weil es sich um empirische Werte in zeitlicher Anordnung handelt, weisen in der Realität eine durchaus komplexe Bewegung auf. die bei jeder einzelnen Kurve ganz verschieden ist. Um die Kurven vergleichbar zu machen, muß man die einzelnen Bewegungsarten rechnerisch isolieren. Das Harvard-Institut unterscheidet dabei vier Bewegungsarten (was nicht ohne Willkür ist): 1. eine säkulare Bewegung, d. h. eine solche, die sich durch mehrere Zyklen hindurch fortsetzt; 2. eine von dieser durch ihren periodischen Charakter unterschiedene Wellenbewegung, die man als die eigentliche Konjunkturbewegung betrachtet; 3. die Saisonbewegung und 4. die irreguläre Bewegung. Die säkulare Bewegung, die den Grundzug einer Wirtschaftskurve wiedergibt und daher im englischen als „trend" (Grundrichtung) bezeichnet wird, ist oft von so ausgesprochener Natur, daß sie mit dem bloßen Auge in die empirischen Werte hineinprojiziert werden kann. Rechnerisch wird sie in der Weise bestimmt, daß sie sich gewissermaßen als die Gleichgewichtslinie der empirischen Werte ergibt, d. h. als ein Linienzug, der so durch die empirischen Werte hindurchgeht, daß die oberhalb und unterhalb von ihm zu liegen kommenden Werte sich gegenseitig die Waage halten. Bezieht man nun die Abstände der empirischen Werte auf die zugehörigen Ordinaten des Trends, so erzielt man dadurch die Ausschaltung der Säkularbewegung und damit die Zurückführung der empirisch gegebenen Schwankungen der einzelnen Kurven auf eine horizontale Achse. Es ist das ein ähnlicher rechnerischer Prozeß wie die Berechnung der effektiven Verzinsung einer Aktie, bezogen auf ihren jeweiligen Kurs gleich 100 gesetzt. Wie man in diesem Falle durch die Prozentualberechnung die effektive Verzinsung der Aktien auf einen Generalnenner bringt und sie dadurch vergleichbar macht, so verfährt man in ähnlicher Weise auch bei den Schwankungen der Wirtschaftskurven. Die Saisonbewegung wird im Prinzip in der Weise berechnet, daß man den Durchschnittswert für die einzelnen Monate einer längeren Reihe von Jahren bestimmt und sie auf den Mittelwert dieser Durchschnitte bezieht. Damit erhält man eine Saisonindexzahl. Man kann nun in verschiedener Weise die Konjunkturbewegung mit Hilfe der so berechneten Saisonbewegung bereinigen. Diese rechnerische Operation, die hier im einzelnen nicht näher beschrieben werden kann, dient in der Hauptsache der Absonderung der eigentlichen Konjunkturbewegung von der Saisonbewegung, von der sie oft überlagert wird. Die Trennung der irregulären Bewegung von den sonstigen läßt sich, wenigstens nach Annahme des Harvard-Instituts, nicht durchführen.

Die Zerlegung empirisch gegebener Reihen in ihre Komponenten ist an bestimmte wirtschaftstheoretische und mathematische Annahmen geknüpft. Welcher Art diese sind und wie weit sie — wenn nur stillschweigend — auch beim Harvard-Institut Berücksichtigung gefunden haben, ist Gegenstand heftiger Kontroversen in der Literatur. Hier kann auch andeutungsweise die Kritik nicht wiedergegeben werden. Auch die Anhänger der Harvard-Methoden kommen immer mehr zur Überzeugung, daß eine rein formale Anwendung mathematischer Methoden unfruchtbar bleiben muß.

Nachdem auf die beschriebene Weise zahlreiche Kurven verglichen worden sind, hat das Harvard-Institut untersucht welche Kurven die beste Übereinstimmung in ihrem Verlauf aufweisen unter der Voraussetzung, daß der Phasenabstand möglichst groß ist. Diese Operation wurde vorgenommen, um aus dem Verlauf der vorauseilenden Kurve frühzeitig auf die Gestaltung der nachhinkenden schließen zu können. Endlich wählte man drei typische Kurven, nämlich einen Aktienindex, der die Bewegung auf dem Aktienmarkt wiedergibt, einen Preisindex, der die Veränderungen auf dem Warenmarkt zum Ausdruck bringt, und eine Geldkurve, die die Veränderungen der Zinssätze auf dem Geldmarkt anzeigt. Auf Grund der Daten aus den Jahren 1903—1914 gelangte man so zu einem Schema des Konjunkturablaufes. Es ist das im Grunde genommen eine kurze Darstellung des typischen Konjunkturverlaufes und wird daher hier wiedergegeben.

Konjunkturschema des Harvard-Instituts.

	a) Effektenmarkt	b) Warenmarkt	c) Geldmarkt
Phase I: Depression	Die Effektenkurse beginnen anzuziehen; die Spekulation wird lebhafter	Die Warenpreise fallen weiter; die Geschäftstätigkeit ist flau	Die Zinssätze fallen; die Bankreserven wachsen
Phase II: Erholung	Die Effektenspekulation ist rege	Die Geschäftsaktivität ist erholt, die Warenpreise beginnen anzuziehen	Die Zinssätze befestigen sich gegen Ende dieser Phase
Phase III: Aufstieg	Die Effektenhausse gelangt zum Stillstand	Die Geschäftsaktivität nimmt zu, die Warenpreise steigen weiter	Die Zinssätze ziehen weiter an, die Bankreserven nehmen weiter ab
Phase IV: Finanzielle Anspannung	Die Effektenkurse gehen scharf zurück, die Spekulation ist gedrückt	Die Geschäftsaktivität stockt, die Aufwärtsbewegung der Warenpreise kommt zum Stillstand	Die Zinssätze bleiben hoch; die Lage der Banken ist gespannt
Phase V: Industriekrisis	Die Effektenkurse erreichen den Tiefpunkt	Die Warenbestände werden liquidiert; die Preise fallen; die Geschäftstätigkeit liegt völlig darnieder	Die Zinssätze erreichen ihren Höchststand, die Bankreserven ihren Tiefstand. Die Krise bricht aus

Das aus der Vorkriegszeit stammende Konjunkturschema konnte auf die Nachkriegszeit nicht ohne weiteres übertragen werden. Schon im Jahre 1926 zeigte es sich, daß der Konjunkturverlauf an dem Harvard-Diagramm nicht abgelesen werden konnte.

Siehe auch C.

Ungeachtet verschiedener Umgruppierungen in der Zusammensetzung der einzelnen Kurven, und der Abänderung ihrer rechnerischen Verarbeitung, zeigte es sich immer mehr, daß etwas in der Konstruktion des Barometers nicht richtig sein konnte. Die Preiskurve B, die als die entscheidende Kurve zu gelten hat, stieg im Gegensatz zu der Erwartung bei dem beispiellosen Aufschwung 1924—1929 nicht, sondern zeigte sinkende Tendenz. Damit geriet auch die Aufeinanderfolge der Effekten- und Preiskurve in Unordnung. Während nach dem Schema die Effektenkurve im Aufschwung zum Stillstand kommt, die Preiskurve dagegen weiter steigt, stieg die Effektenkurve immer weiter auch im Hochschwung, die Preiskurve verlief aber weiter abwärts. Es handelte sich eben in den USA. um den Sonderfall eines Konjunkturaufschwunges bei sinkenden Preisen, und da sind die Beziehungen zwischen Effekten- und Warenmarkt vollständig verschieden von dem Verlauf eines Konjunkturaufschwunges bei steigenden Preisen. Bei einem von sinkenden Preisen begleiteten Aufschwung sind die Ansprüche der Industrie an den Geld- und Kapitalmarkt geringer als sonst. Der Aufschwung führt nicht zu der üblichen Einschränkung der Börsenkredite, während die fortschreitende Kurssteigerung zu einer Quelle billiger Finanzierung durch Aktienemission wird. So treibt die Börsenhausse wie ein Keil den Aufschwung immer weiter. Die Preise konnten aber nur deshalb eine sinkende Tendenz aufweisen, weil die Kosten infolge eines außerordentlichen technischen Fortschritts noch mehr gesunken sind. Die Kreditausweitung wurde durch die Steigerung der Produktivität überkompensiert. Unter solchen Umständen verliert die Preiskurve ihre konjunktursymptomatische Bedeutung.

Verschiedene Forscher, so vor allem SPIETHOFF, haben die Verwendung von Preisindizes wegen ihres mehrdeutigen Charakters schon längst verworfen. (Vgl. E. ALTSCHUL, Konjunkturaufschwung bei sinkenden Preisen, „Magazin der Wirtschaft", Nr. 7, 1927).

Hätte das Harvard-Institut an Stelle der Preiskurve eine Kurve aus dem Gebiet der Produktionsmittelindustrie gewählt, z. B. die der Roheisenproduktion oder noch besser, wie es SPIETHOFF getan, die des Roheisenverbrauches, so hätte das vor dem unvermeidlichen Mißerfolg bewahrt. Eine solche Kurve muß den Konjunkturverlauf eindeutig wiedergeben, weil die Expansion und Kontraktion der Produktionsmittelindustrie einen Wesenszug des Konjunkturprozesses darstellt. (Über das Schema von HARVARD und das von SPIETHOFF vgl. E. ALTSCHUL, Wesen und Bedeutung eines Konjunkturschemas „Die Wirtschaftskurve", Heft 3, 1926).

Die seit 1925 nach dem Vorbild von HARVARD in den verschiedenen Ländern entstandenen Konjunkturinstitute haben um den Ausbau der Wirtschaftsstatistik und die Vervollkommnung der Beobachtungsverfahren große Verdienste. Das gilt besonders vom Berliner Institut für Konjunkturforschung. Die empirische Konjunkturforschung hat indessen nicht den Beweis erbracht, daß man auf dem eingeschlagenen Wege zu zuverlässigen Diagnosen, geschweige denn Prognosen kommen kann. Ganz im Gegenteil, die Vernachlässigung der Theorie, wie besonders typisch für das Harvard-Institut, hat die Orientierung in der steter Wandlung unterworfenen Wirklichkeit unmöglich gemacht. Nicht anders als in den Naturwissenschaften (man denke nur an die Meteorologie!) setzt eine Diagnose die Erkenntnis gesetzmäßiger Zusammenhänge voraus, eine Erkenntnis, die nur auf dem Wege theoretischer Analyse gewonnen werden kann. Die „Stilisierung,' der bisherigen Erfahrung, wie sie in einem Konjunkturschema erfolgt, kann nur zur ersten Ordnung der Tatsachen dienen. Aber auch die Konjunkturtheorie allein kann die Aufgabe nicht lösen, weil sie im günstigsten Fall nur den periodischen Charakter des Zyklus aufdecken kann. Für eine Diagnose ist es aber erforderlich, auch die individuelle Gestaltung der jeweils gegebenen Verhältnisse in Rechnung zu stellen. Allerdings kann auch diese Zuordnung nur auf Grund theoretischer Überlegung erreicht werden.

Es ist kein Zufall, daß das führende Konjunkturinstitut der Welt, nämlich das Harvard-Institut, bei seiner atheoretischen Einstellung — trotz des großen wissenschaftlichen Apparats, der ihm zur Verfügung stand — das Herannahen der Weltkrise nicht rechtzeitig erkannt hat. Aber selbst, als sie bereits eingetreten war, konnte es sie nicht einmal richtig diagnostizieren. Das bedeutet eine schwere Niederlage für die empiristische Richtung. Diejenigen Nationalökonomen haben recht behalten, die bei aller Anerkennung der empirischen Forschung auf eine theoretische Klarlegung der entscheidenden wirtschaftlichen Zusammenhänge den Nachdruck verlegt haben. Schon in der Vorkriegszeit haben Krisenforscher wie z. B. TUGAN-BARANOWSKY ohne statistischen Apparat, gestützt auf feine wirtschafts-theoretische Überlegungen, recht zuverlässige Diagnosen und sogar Prognosen gestellt. Man sollte sich aber darüber nicht täuschen, daß selbst eine richtige Diagnose und Prognose für den einzelnen Unternehmer (für die Konjunkturpolitik der Zentralnotenbank liegen die Dinge natürlich anders, vgl. den Artikel „*Konjunkturpolitik*") nur von bedingtem Wert sein können. Da das Wirtschaftsleben die Wechselwirkung menschlicher Handlungen darstellt, müßte eine als sicher anzunehmende Diagnose zu einer Eskomtierung dieser Erkenntnis führen und damit die Grundlage der Prognose vernichten. Selbst wenn man zugibt, daß man bei einer Massenerscheinung diese Auswirkungen schließlich ebenfalls in Rechnung stellen kann, so müßte aus zwei weiteren Gründen die Bedeutung namentlich der Prognose wesentlich eingeschränkt werden. Der Unternehmer ist nur an einer zeitlich genau fixierten Prognose interessiert. Diese Fixierung ist aber nicht möglich, weil, ganz abgesehen vom Einfluß außerwirtschaftlicher Faktoren die ökonomische Reaktionsgeschwindigkeit auf Datenveränderungen sich nicht bestimmen läßt. Aber selbst, wenn alle diese Bedingungen erfüllt wären, bliebe dem Unternehmer durch die Konkurrenzverhältnisse des Marktes nur ein enger Spielraum für freie Entscheidungen. Er muß eine gegebene Situation bis zum äußersten für sich ausnutzen, weil er sonst im Wettbewerb unterliegt. Infolgedessen ist der Prognose selbst im günstigsten Falle eine sehr enge Grenze gezogen. Innerhalb dieser Grenze bietet allerdings eine wirtschaftstheoretisch unterbaute K. dem Unternehmer immerhin mehr Chancen, seine Handlungen rational zu bestimmen, als wenn er sich auf eine rein gefühlsmäßige Beurteilung der Wirtschaftslage verläßt.

Literatur: Eine allgemeine Einführung in die Probleme und Methoden der Konjunkturforschung bieten folgende Werke: MITCHELL, WESLEY C.: Business Cycles. New York 1927. Deutsch hrg. von E. ALTSCHUL unter dem Titel: Der Konjunkturzyklus. Leipzig 1931. — Art. „Business Cycles" (von W. F. MITCHELL) und „Forecasting, Business" (von G. V. Cox) in „Encyclopedia of Social Sciences" Bd 3 (1930) und Bd 6 (1931), mit Literaturverzeichnis — Die programmatische Untersuchung des Harvard-Instituts von W. M. PERSONS: Indices of Business Conditions, ist erschienen im 1. Heft der vom Institut herausgegebenen Zeitschrift: Review of Economic Statistics. Cambridge, Mass. 1919. — Die Spezialliteratur ist außerordentlich reichhaltig und kann daher hier auch auszugsweise nicht wiedergegeben werden. Guten Überblick bietet J. SOUDEK: Zur Bibliographie der Konjunkturforschung. Bibliographie

Siehe auch C.

der Rechts- und Staatswissenschaften, 39, H. 1 1930/31. — Über Konjunkturforschung und Konjunkturbeobachtung unterrichten besonders folgende Spezialorgane: Review of Economic Statistics (Organ des Harvard-Instituts); London and Cambridge Economic Service mit den Supplementheften; Vierteljahrshefte zur Konjunkturforschung nebst Sonderheften, hrg. vom Berliner Institut für Konjunkturforschung, sowie die Wochenberichte des Instituts; Monatsberichte des Österreichischen Instituts für Konjunkturforschung, die von diesem herausgegebene Schriftenreihe und die Schriftenreihe der Frankfurter Gesellschaft für Konjunkturforschung. In Frankreich, Holland, der Schweiz, Italien, Schweden, Ungarn und Polen wird in den letzten Jahren der Konjunkturforschung in den verschiedensten Organen zunehmende Beachtung geschenkt. — Zur Kritik vgl.: MORGENSTERN, O.: Wirtschaftsprognose. Eine Untersuchung ihrer Voraussetzungen und Möglichkeiten. Wien 1928. — PETER, H.: Grenzen der Statistik in der Konjunkturforschung. Ein Beitrag zur Kritik der Wirtschaftsprognose (Heft 5 der „Veröffentlichungen der Frankfurter Gesellschaft für Konjunkturforschung"). Bonn 1930. — COX, G. V.: An Appraisal of American Business Forecast. Chicago 1929.

EUGEN ALTSCHUL.

Konjunkturlose Wirtschaft vgl. a. *Geldtheorien*.

Konjunkturpolitik. Die K. hat die Milderung der Konjunkturschwankungen zum Ziel. Die gänzliche Ausschaltung von Konjunkturrückschlägen, die Schaffung einer „konjunkturlosen Wirtschaft" als Idee theoretisch stets stark umstritten, kann nach den Erfahrungen der Weltkrise wohl als gegenstandslos betrachtet werden. Die K. hat sich also darauf zu beschränken, Maßnahmen ausfindig zu machen, die geeignet sind, die Unstetigkeit des Wirtschaftsverlaufs, soweit sie mehr oder weniger periodischen Charakter trägt, auf ein Mindestmaß herabzusetzen. Welche Maßnahmen kommen aber hierfür in Frage?

In der freien Verkehrswirtschaft stellt jeder Vorgang das Ergebnis einer Preisbildung dar. Die K. kann somit wie jede andere Wirtschaftspolitik nur darin bestehen, daß der Preisbildungsprozeß in bestimmter Weise beeinflußt wird. Da es sich jedoch bei Konjunkturschwankungen um eine periodische Erscheinung handelt, entstehen Aufgaben ganz besonderer Natur: je nachdem, in welcher Phase des Konjunkturverlaufs in den Marktmechanismus eingegriffen wird, sind die Wirkungen durchaus verschieden. Schon daraus ergibt sich, daß eine K. die Klärung der für den Konjunkturzyklus entscheidenden Zusammenhänge zur Voraussetzung hat.

Jeder konsequenten ökonomischen Theorie liegt die Annahme durchgehender Abhängigkeit der einzelnen Faktoren der Wirtschaft zugrunde. Aus dieser Interdependenz ergibt sich, daß jede Veränderung eines Faktors durch den Preismechanismus Reaktionen bei den übrigen auslöst. In dem Art. „Konjunkturtheorie" ist zu zeigen versucht worden, daß bei vollständig freiem Spiel der Kräfte durch Preisveränderungen Gleichgewichtsstörungen automatisch beseitigt werden. Die Realität, die keine vollständig freie Konkurrenz kennt, weist aber Preisbewegungen auf, die zeitweilig von der Gleichgewichtsrichtung wegführen, die Wirtschaft in ihrer Totalität erfassen und dann erst mehr oder weniger abrupt diese Störungen zu einem Ausgleich bringen. Diese Störungen bilden in ihrer Gesamtheit die Konjunkturschwankungen.

Will man eine Milderung der Konjunkturschwankungen erreichen, so muß die stoßweise erfolgende Investitionstätigkeit in die Bahnen einer stetigen Entwicklung gedrängt werden. Die K. muß also auf die objektiven Bedingungen der Investitionstätigkeit, und das ist vor allem die Kapitalakkumulation, einen Einfluß zu gewinnen suchen. Wie verschieden auch die Faktoren sind, die die Kapitalbildung bestimmen, zentral und in ihrer Gesamtheit lassen sie sich nur durch Kredit beeinflussen. Die Kreditpolitik gehört denn auch zu den wichtigsten Mitteln der K. Darin stimmen die Anhänger der monetären und der nichtmonetären Theorie durchaus überein. Es bedeutet keinen Widerspruch, wenn man den Geld- und Kreditmechanismus als unzureichend für die Erklärung des Konjunkturzyklus betrachtet, dem Kredit aber nichtsdestoweniger eine bevorzugte Stellung in der K. einräumt. Damit ist aber noch nicht gesagt, worauf die Kreditpolitik gerichtet sein soll. Selbst unter den Anhängern der monetären Konjunkturtheorie gehen hier die Ansichten vollständig auseinander. 1. Die eine Richtung erblickt in der Beeinflussung der Geldwertveränderungen die entscheidende Wirkung monetärer Faktoren. Die Stabilisierung des „allgemeinen Preisniveaus" wird daher als Mittel zur Stabilisierung der Konjunktur betrachtet (so z. B. von L. A. HAHN in Deutschland und IRVING FISHER in den Vereinigten Staaten). 2. Die andere Richtung ist demgegenüber der Ansicht, daß Geldwertveränderungen nicht entscheidend sind, sondern die durch Manipulierung des Zinses bedingte Verschiebung im Aufbau der Produktions- und Konsumgüterindustrie zugunsten der ersten (so besonders F. A. HAYEK). In beiden Fällen wird die *Diskontpolitik* (s. d.) das Hauptmittel der Kreditpolitik sein. Im ersten Fall wird aber die Regelung des Geld- und Kreditvolumens in ihren Auswirkungen auf das allgemeine Preisniveau vorgenommen, im zweiten ist die Zinspolitik darauf gerichtet, daß die Krediterweiterung keinen Anlaß zur übermäßigen Ausdehnung der Produktionsmittelindustrie gibt, damit nicht bei Steigerung des Zinssatzes diese sich als unrentabel erweist und daher rückgängig gemacht werden muß. Wie grundverschieden die K. in beiden Fällen ist, kann man daraus ersehen, daß HAYEK z. B. — und von seinem Standpunkt aus durchaus konsequent — in einer Preisstabilisierung nicht nur keine Applanierung der Konjunkturschwankungen erblickt, sondern im Gegenteil deren Verschärfung für unvermeidlich hält.

Nach der mechanistischen Auffassung der Quantitätstheorie, die der zuerst genannten Richtung zugrunde liegt, besteht folgender Ursachenzusammenhang: Erweiterung des Geld- und Kreditvolumens — Preissteigerung — Aufschwung; Einschränkung des Geld- und Kreditvolumens — Preissenkung — Depression. Die Zinsveränderungen werden in dieser Konstruktion nur als Hilfshypothesen angeführt, um den jeweiligen Umschlag in der Bewegung zu erklären. FISHER z. B. nimmt an, daß die Zinssteigerung im Aufschwung hinter der Preissteigerung zurückbleibt. Durch diese verlangsamte Anpassung des Zinses an den gesunkenen Geldwert entsteht für den Unternehmer ein Differentialgewinn, der zu einer übermäßigen Ausdehnung der Produktion Anlaß gibt. Nachdem aber der Zins im Laufe des Aufschwunges sich den Geldwertveränderungen angeglichen hat, läßt sich die Rentabilität der neugeschaffenen Produktionsanlagen nicht mehr aufrecht erhalten, was den Rückschlag bedingt. Hieraus wird gefolgert, daß Geldwertveränderungen auf ein Minimum beschränkt werden müssen, denn nur durch eine Preisstabilisierung könne ein Auseinandergehen von Zins- und Preisbewegung verhindert werden.

Bei Manipulierung des Geld- und Kreditvolumens zum Zwecke der Preisstabilisierung büßt die Diskontpolitik ihre ursprüngliche Funktion, die Wechselhereinnahme nach der Golddecke zu regeln, weitgehend ein. Ihre Ergänzung durch die Open market policy (vgl. *Federal Reserve System VI*), d. h. den An- und Verkauf von Wertpapieren durch die Notenbank, gewinnt hierbei eine besondere Bedeutung, weil sie es ermöglicht, die Beeinflussung des Geldmarktes wirksamer zu gestalten.

Eine Stütze hat die so begründete monetäre K. in der in den letzten Jahren eifrig diskutierten Theorie der „langen Wellen". Man hat versucht nachzuweisen, daß reichliche Goldversorgung eine längere Periode von Zyklen mit überwiegenden Aufschwungsjahren bedingt, während eine abnehmende Goldausstattung eine Periode von Zyklen mit Häufung von Depressionsjahren nach sich zieht. Es ist noch sehr problematisch, ob es überhaupt „lange Wellen" gibt. Ihr Nachweis ist statistisch wie ökonomisch noch nicht einwandfrei gelungen. Bringt man aber die „langen Wellen" mit der Goldproduktion in Verbindung, so ergeben sich daraus allerdings wichtige konjunkturpolitische

Siehe auch C.

Konsequenzen. Nach Berechnung von CASSEL müßte die Goldproduktion jährlich um 2,8% wachsen, wenn eine Preissenkung verhindert werden soll. Dieser Zuwachs entspricht seiner Meinung nach dem durchschnittlichen Wachstum der modernen Wirtschaft. Übersteigt die Goldversorgung diese Grenze, so wird eine längere Periode mit überwiegenden Aufschwungsjahren ausgelöst. Man hätte also gewissermaßen in der Hand, die Bedingungen einer solchen „langen Welle" zu schaffen, indem man in einer Periode unzureichender Goldversorgung das Kreditvolumen entsprechend ausdehnt. Wie wenig überzeugend diese Argumentation ist, sieht man daran, daß jede Geldwertsteigerung die Goldproduktion verbilligt und damit automatisch zu ihrer Ausdehnung führt, wie z. B. gerade in den Jahren 1931 und 1932. Durch eine kompensatorische Kreditausweitung müßte dies aber die Übereinstimmung zwischen Wachstum der Wirtschaft und Goldversorgung direkt verhindert.

Hält man dagegen die Geldwertveränderungen nicht für entscheidend, wie das MISES und seine Schule tut, so wird auch die kreditäre K. eine ganz andere Funktion zu übernehmen haben. Nicht auf die Beeinflussung des Preisniveaus wird es ankommen, sondern auf die Verhinderung einer unstetigen Investitionstätigkeit durch rechtzeitige Heraufsetzung des Zinssatzes und damit Einschränkung des Kreditvolumens. Faßt man so die Aufgabe der Kreditpolitik auf, so kann sie sinngemäß nur im Aufschwung angewandt werden mit dem Zwecke, diesen zu bremsen. Ist dagegen die Krise einmal ausgebrochen, so kann nach dieser Auffassung durch Ausdehnung des Kreditvolumens der Zustand nur verschlimmert werden. Während nach der mechanistischen Quantitätstheorie die Depression durch Kreditausweitung überwunden werden kann, wird nach der kritischen Interpretation der Quantitätstheorie (wie es HAYEK ausdrücklich hervorhebt), das direkte Gegenteil von dem erreicht, was angestrebt wird, nämlich eine Verlängerung und Verschärfung der Depression. Eine Konsequenz von weittragender Bedeutung für die Beurteilung kreditpolitischer Maßnahmen zur Überwindung der Weltwirtschaftskrise.

In der Einordnung der Kreditpolitik in die Wirtschaftstheorie unterscheiden sich die Vertreter der monetären von denen der nichtmonetären Konjunkturtheorien grundsätzlich. Wer so oder anders im Geldmechanismus die Ursache für die Konjunkturschwankungen erblickt, hält den Zyklus nicht für eine Eigentümlichkeit der kapitalistischen Produktionsweise und daher wenigstens grundsätzlich für vermeidbar. Demgegenüber betrachten die nichtmonetären Theorien stillschweigend oder ausgesprochen die Konjunkturschwankungen als eine typische Erscheinung der kapitalistischen Marktwirtschaft. Sie können daher nur Palliativmaßnahmen in Vorschlag bringen. Für die Praxis der K. sind diese Gegensätze allerdings von untergeordneter Bedeutung, weil in der Beurteilung der kreditpolitischen Auswirkungen die Demarkationslinie keineswegs derart verläuft, daß auf der einen Seite die Vertreter der monetären Theorie sich befinden und auf der anderen ihre Gegner. Es ist sehr kennzeichnend, daß gerade HAYEK die Politik des Federal Reserve Board, die infolge der Produktivitätssteigerung eingetretene Senkung des allgemeinen Preisniveaus durch Kreditausweitung zu kompensieren, für die verhängnisvolle Zuspitzung der Krise in den Vereinigten Staaten verantwortlich macht.

Eine Stabilisierung des allgemeinen Preisniveaus ist, *unabhängig davon*, wie man dieses auffaßt, nicht geeignet, die Konjunkturstabilisierung herbeizuführen. Auch bei Gleichbleiben des allgemeinen Preisniveaus werden weitgehende Verschiebungen innerhalb der verschiedenen Gütergruppen nicht zu vermeiden sein. Darin finden aber preismäßig die Konjunkturschwankungen ihren typischen Ausdruck. Sie werden sich also auch bei stabilem Preisniveau durchsetzen. Allerdings wird die Expansion im allgemeinen behindert werden, Rückschläge werden aber trotzdem nicht ausbleiben. Sie werden, wie das Beispiel in den Vereinigten Staaten lehrt, unter Umständen sogar noch eine Verschärfung erfahren. Das liegt einfach daran, daß der Preismechanismus sich nicht frei auswirken kann. Wie wenig erfolgreich in der Praxis die Bestrebungen zu einer Stabilisierung des allgemeinen Preisniveaus waren, haben die Arbeiten von B. M. ANDERSON und J. S. LAWRENCE im einzelnen sehr anschaulich gezeigt.

Durch rechtzeitige Kreditverknappung kann der Aufschwung zweifellos gedämpft werden, obwohl auch diese Einflußmöglichkeit nicht überschätzt werden sollte. SPIETHOFF hat Recht, wenn er sagt, daß der ständige Wechsel von Aufschwung und Stockung eine Marktlage ergibt, „die entweder künstlichen Anreizen unzugänglich oder für Hemmungsmaßnahmen unempfindlich ist". Der Zins wird nur als Spanne zwischen Profitrate und Zinshöhe, bzw. Gewinnaussicht und Höhe des Kapitalzinses wirksam. Zinssteigerung verhindert nicht zunehmende Kreditinanspruchnahme, wenn sie durch die Gewinnaussichten überkompensiert werden kann. Umgekehrt veranlaßt Zinssenkung nicht Kreditinanspruchnahme, wenn die Gewinnaussichten nicht locken. Wohl bestimmt der Zins die Kapitallenkung und den jeweiligen Kreis der Grenzbetriebe. Die Rentabilität der übrigen Betriebe ist aber damit noch keineswegs eindeutig bestimmt. Diese stellt das Ergebnis mehrerer Variablen dar, von denen der Zins nur eine ist. Weil aber die Rentabilität der einzelnen Betriebe nicht eindeutig durch den Zins determiniert ist, ist die Wirkung der Diskontpolitik relativ eng begrenzt und an Bedingungen geknüpft, die nicht monetärer Natur sind.

Wenn schon die Kreditpolitik, die ihrem Wesen nach die Gesamtwirtschaft beeinflussen muß, nur unter besonderen Bedingungen ausgleichend auf den Konjunkturverlauf wirkt, so ist das noch weniger von solchen Maßnahmen zu erwarten, die ausgesprochenermaßen Partialeingriffe darstellen. Hierzu gehören vornehmlich die Verteilung öffentlicher Aufträge auf den gesamten Zyklus und die Krisenbekämpfung durch Arbeitsbeschaffung. Nach der vorherrschenden Auffassung soll die Verlegung öffentlicher Aufträge von der Zeit des Aufschwunges auf die der Depression konjunkturausgleichend wirken. Innerhalb gewisser Grenzen ist das sehr wohl möglich. Eine wirksame Beeinflussung der Depression wird aber an der Finanzierungsfrage scheitern. Im Aufschwunge läßt sich nämlich in der Regel durch Zurückstellung von öffentlichen Aufträgen eine vorsorgliche Thesaurierungspolitik kaum durchführen, während in der Depression die erforderlichen Mittel nicht aufbringbar sind. Innere Anleihen kommen nicht in Frage, weil dadurch denjenigen Unternehmungen Kapital entzogen wird, die es rentabler verwerten können. Sieht man von Auslandsanleihen ab, so bleibt nur der Weg der Kreditschöpfung (vgl. *Kredit III*) mit all seinen Gefahren übrig. Grundsätzlich gilt dasselbe auch von der Arbeitsbeschaffung als solcher. Auch sie ist nur durch zusätzliche Geldmittel zu verwirklichen. Konjunkturpolitisch (die sozialpolitische Seite kann

Siehe auch C.

hier nicht diskutiert werden) kann daher die Arbeitsbeschaffung nur dann eine besondere Bedeutung gewinnen, wenn trotz zunehmender Ersparnisbildung das Unternehmertum aus psychologischen Gründen vor Investitionen zurückschreckt. Dann kann sie dazu beitragen, die Investitionsbereitschaft anzuregen. Auf diese Weise könnten gewisse Trägheitsmomente überwunden werden. In der gleichen Richtung wirkt der Kapitalexport, der namentlich in England vor dem Kriege häufig zur Ankurbelung der Konjunktur Anlaß gegeben hat. Der Kapitalexport bedingt eine zunehmende Aufnahmefähigkeit fremder Märkte. Das kann unter Umständen eine Wendung in der Rentabilitätsgestaltung wichtiger Industriezweige herbeiführen.

Von sonstigen Palliativmaßnahmen hat man früher große Hoffnungen auf die Kartellpolitik gesetzt. Inzwischen ist diese Frage theoretisch wie durch Erfahrung genügend geklärt, um sagen zu können, daß die Kartellpolitik nicht geeignet ist, Konjunkturschwankungen zu mildern. Im Aufschwung führt sie leicht zu verhängnisvollen Kapitalfehlleitungen und kürzt damit seine Dauer ab, in der Depression erschwert sie durch starre Preisgestaltung die Anpassung der Produktion an die veränderten Marktverhältnisse. Deshalb erwartet man auch heute mit Recht gerade von einer Lockerung der Kartellbindungen eine schnellere Überwindung der Depression.

Die Anpassung der einzelnen Unternehmungen an die Konjunkturschwankungen ist durch Rationalisierung der Betriebsführung im Wege der „Budgetierung" z. T. in vollkommenerer Weise gelungen als in früheren Krisen. Das gilt aber nur für wenige auch sonst bevorzugte Betriebe und hat auf die Krise gesamtwirtschaftlich keinen Einfluß. Möge die sorgfältige Aufstellung von Voranschlägen auf Grund systematischer und branchenmäßig aufgebauten Konjunkturbeobachtung die rationelle Gestaltung der Betriebsführung im einzelnen noch so sehr gefördert haben. Weder konnte das den Einzelunternehmer vor den Schicksalsschlägen der Depression bewahren, noch die Depression in ihrem Verlauf mildern. Wird im voraus Produktions- und Absatzpolitik durch „Budgetierung" festgelegt, so kann das Unternehmen nur zu leicht durch die Konkurrenz aus dem Wettbewerb geworfen werden. Die Sphäre der freien Entschließungen ist eben in einer Marktwirtschaft sehr beschränkt. Verzichtet ein Unternehmer auf die restlose Ausnutzung der Marktsituation, so wird es ein anderer bestimmt tun, wenn er glaubt, Aussicht zu haben, seinen Gewinn zu steigern.

Die Möglichkeiten, einen entscheidenden Einfluß auf die Konjunkturschwankungen auszuüben, sind somit sehr gering. Es beruhte auf einer völligen Verkennung des Wesens des Konjunkturzyklus, wenn man annahm, schon die systematische Konjunkturbeobachtung müßte, indem sie die Marktverhältnisse durchsichtiger macht, den Konjunkturverlauf günstig beeinflussen. Zwar hat der Unternehmer, wenn er die Marktsituation besser überschaut, mehr Chancen. Stets werden aber nicht nur die von ihm verlangten Preise, sondern auch seine Dispositionen in bezug auf die Kapitalverwendung durch die Konkurrenzverhältnisse bestimmt. Aus diesem Grunde hat die Konjunkturbeobachtung für den Einzelunternehmer nur einen beschränkten Wert. Anders liegen die Verhältnisse für die Zentralnotenbank und z. T. auch für die Privatbanken. Der Notenbank bietet die Konjunkturbeobachtung eine wertvolle Stütze für ihre kreditpolitischen Entscheidungen. Weil sie in das Gesamtgetriebe des Wirtschaftslebens eingreift, kann sie die so gewonnene Erkenntnis ganz anders verwerten, als es dem Einzelunternehmer möglich ist. Auch die Privatbanken können aus der sorgfältigen Marktbeobachtung Nutzen ziehen, weil diese eine rationale Verteilung der Kreditgewährung wesentlich erleichtert und vor sonst schwer zu vermeidenden Verlusten bewahren kann.

Wenn, so wird man fragen, unter den Bedingungen der kapitalistischen Marktwirtschaft Konjunkturschwankungen im günstigsten Falle nur gemildert werden können, ist dann nicht die Ersetzung der kapitalistischen Marktwirtschaft durch eine Planwirtschaft geeignet, die Menschheit vor den wirtschaftlichen und sozialen Erschütterungen der Krise zu bewahren? Eine Beantwortung dieser Frage überschreitet des Rahmen dieses Artikels. Nur so viel sei gesagt, daß eine überstürzte Investitionstätigkeit — die Grundursache des Konjunkturrückschlages — auch in der sozialistischen Planwirtschaft, wie das russische Beispiel lehrt, nicht ohne weiteres als ausgeschlossen zu betrachten ist. Allerdings wird in einer solchen Wirtschaftsverfassung die Überwindung der Stockungsschäden leichter erfolgen können, weil dort die soziologischen Bedingungen, besonders die ganze andere soziale Stellung des Arbeiters, größere Elastizität in der Aufteilung des Sozialprodukts in Kapitalinvestition und Konsum verbürgen. Welche Wirtschaftsverfassung den Vorzug verdient, läßt sich nicht ökonomisch entscheiden. Das ist eine Frage der Weltanschauung.

Was die gegenwärtige Weltwirtschaftskrise betrifft, so wird ihre Überwindung durch konjunkturpolitische Maßnahmen nicht zu erreichen sein. Gewiß wird man Fehler, die durch einen Eingriff erfolgt sind, unter Umständen durch Gegenmaßnahmen paralysieren können. Daß eine Kreditausweitung, wie sie seit Veröffentlichung des Macmillan-Berichtes in allen Ländern propagiert wird, nicht den ersehnten Erfolg bringen wird, braucht nach den bisherigen Darlegungen nicht besonders gezeigt zu werden. Die Erholung wird, vorausgesetzt, daß die Grundlagen der kapitalistischen Marktwirtschaft erhalten bleiben, nicht anders eintreten, wie nach allen Krisen bisher: durch eine tiefgreifende Umgestaltung der Produktionsverhältnisse von der Kostenseite her. Nur so kann die Rentabilität der Unternehmungen wieder hergestellt und damit die Voraussetzungen für einen Aufschwung geschaffen werden. Der Erfolg ist an die Erfüllung sehr mannigfaltiger Bedingungen geknüpft, die nicht einmal alle rein wirtschaftlicher Natur sind. Statt aber auf neue Eingriffe in die Marktwirtschaft zu sinnen, deren destruktive Folgen klar zutage liegen, sollte man die monopolistischen Bedingungen zu lockern suchen, weil das am ehesten die Überwindung der Krise ermöglicht, wie umgekehrt bisher die Häufung von Eingriffen die Krise verschärft hat.

Literatur: Eine das Gesamtgebiet der Konjunkturpolitik umfassende Darstellung, die dem heutigen Stande der internationalen Forschung entsprechen würde, gibt es nicht. Guten Einblick in den Problemkreis gewährt das trotz allem Anfechtbaren einzig dastehende Werk von J. M. KEYNES: A Treatise on Money. London 1930. Deutsche Ausgabe besorgt von CARL KRÄMER, unter dem Titel: Vom Gelde. München und Leipzig 1932. — Über die bis Ende 1930 erschienene Literatur berichtet ausführlicher J. SOUDEK in seiner Bibliographie der Konjunkturforschung. Bibliographie der Rechts- und Staatswissenschaften **39**, H. 1 (1930/31). — Aus der seitdem erschienenen Spezialliteratur kann hier nur ein kleiner Ausschnitt gegeben werden: ANDERSON, B. M.: Notenbanken und Warenpreise. Der deutsche Volkswirt, Nr. 38 vom 17. Juni 1932. — DÖBLIN, E.: Internationale Konjunkturabhängigkeit und Autarkie. Arch. Sozialwiss. **67** (1932). — HABERLER, G.: Die Kaufkraft des Geldes und die Stabilisierung der Wirtschaft. Schmollers Jb. **55** (1931). — HANSEN, A. H.: Economic Stabilization in an unbalanced World. New York 1932. — MACMILLAN-Bericht: Report of the Committee on Finance and Industry. London 1931. — PALYI, M.: Stabilisierung durch Notendruck

Siehe auch C.

(kritische Besprechung der KEYNESchen Geldlehre). Bankarch. vom 15. Juni 1932. — PERSONS, C. J.: Credit Expansion 1920 to 1929 and its Lessons. Quarterly Journal of Economics 45, Nr. 1 (1930). — SCHMITT, A.: Kreditpolitik und Konjunkturpolitik in Theorie und Praxis. Jena 1932. — SOMARY, F.: Bankpolitik, 2. Aufl. Tübingen 1930. — TISMER, A.: Grenzen der Diskontpolitik. Veröffentl. d. Inst. f. Finanzwiss. an der Handelshochschule Berlin, hrg. von M. J. BONN und M. PALYI, H. III. München und Leipzig 1932. — Völkerbundschriften zur Goldfrage: Bericht I, II und III der „Gold Delegation of the Financial Committee of the League of Nations". Genf 1930—32. — WOYTINSKY, WL.: Internationale Hebung der Preise als Ausweg aus der Krise. Veröffentl. d. Frankf. Ges. f. Konjunkturf., N. F., H. 1. Leipzig 1931. — HAHN, L. A.: Kredit u. Krise. Tübingen 1931. — HAYEK, Fr. A.: Preise u. Produktion, Beiträge zur Konjunkturforschung hrsg. v. Oesterr. Inst. f. Konjunkturf., Nr. 3, Wien 1931.

EUGEN ALTSCHUL.

Konjunkturtheorie. 1. Das moderne Wirtschaftsleben wird durch einen bestimmten, stark akzentuierten Rhythmus gekennzeichnet: Jahre guten Geschäftsganges mit steigenden Gewinnen, wachsender Produktion und zunehmender Beschäftigung wechseln mehr oder weniger abrupt mit Jahren schlechten Geschäftsganges bei sinkenden oder sogar schwindenden Gewinnen, schrumpfender Produktion und abnehmender Beschäftigung. Wie erklärt sich dieser ständige Wechsel von Aufschwung und Abschwung? Ist er zufälliger Natur oder läßt er eine bestimmte Gesetzmäßigkeit erkennen. Diese Frage zu beantworten, ist die Aufgabe der Konjunkturtheorie. Daß auf fette Jahre magere kommen, ist keine Eigentümlichkeit der kapitalistischen Wirtschaftsweise, wohl aber die Art und Weise, in der die wirtschaftlichen Schwankungen ihren Ausdruck finden. Einmal zeigt sich in dem Wechsel von Aufschwung und Abschwung eine gewisse Periodizität. Zweitens tritt der Rückschlag nicht wie in früheren Zeiten als Folge eines akuten Gütermangels ein, vielmehr ist das äußere Kennzeichen des Rückschlages eine Güterüberflutung des Marktes. Drittens vollzieht sich der Übergang vom Aufschwung zum Abschwung nicht in sanfter Kurve, sondern meist plötzlich nach einem auffallend beschleunigten Aufstieg.

Krisen im Sinne einer zufälligen, auf individuelle Ursachen zurückgehenden Erscheinung kannte jede Wirtschaftsverfassung. Sie traten aber entweder als Folge elementarer Naturereignisse auf, besonders von Mißernten und Seuchen, oder als Folge von Kriegen und Revolutionen. Immer waren es aber wie zu Zeiten Josefs Jahre scharfer Güterverknappung. Im Gegensatz dazu ist für das moderne Wirtschaftsleben nichts so charakteristisch wie der Rückschlag mitten im Zustande eines bis dahin nicht gesehenen Reichtums: Die Menschen leiden Not bei gefüllten Lägern. Es ist daher kein Zufall, daß sozialistische Schriftsteller diese Wesenseigentümlichkeit des modernen Wirtschaftslebens zum Ausgangspunkt ihrer Charakteristik des Kapitalismus gewählt haben. Die auch heute noch durch Plastik der Darstellung nicht übertroffene Schilderung des eigenartigen Wechsels von Aufschwung und Stockung im Kapitalismus stammt denn auch von Rodbertus.

Daß es zu Störungen kommen kann, die Produktion und Konsum vollständig auseinanderreißen, scheint zunächst allen Vorstellungen über die Auswirkungen des Marktmechanismus zu widersprechen. Ist es doch die Funktion der Preise, Nachfrage und Angebot zur Deckung zu bringen. Wieso stößt die Anpassung der Produktion an den Konsum zeitweilig auf so starke Hindernisse und führt statt zu einem Ausgleich zunächst zu einer zunehmenden Divergenz? Der Kreislauf im Wirtschaftsleben wird nach den Annahmen der Wirtschaftstheorie dadurch geschlossen, daß der Preis bei abnehmender Nachfrage sinkt und dadurch eine Drosselung der Produktion herbeiführt, oder bei zunehmender Nachfrage steigt und damit zu einer Ausdehnung der Produktion anregt. Nachfrage und Angebot müssen also unter solchen Umständen stets zu einem Ausgleich kommen.

2. Von dieser Überlegung ausgehend, gelangten denn auch die „Klassiker" der Volkswirtschaftslehre zur Auffassung, daß, wenn Eingriffe in den Marktmechanismus vermieden werden, sich nach jeder Störung bald wieder ein Gleichgewichtszustand einstellen müsse. Die Realität zeigt aber, daß nicht auf jede Datenänderung automatisch ein neuer Gleichgewichtszustand als Ergebnis der durch die Preisveränderung herbeigeführten Anpassung erfolgt. Die als Folge freier Marktwirtschaft erwartete Übereinstimmung von Produktion und Konsum tritt also unter bestimmten Bedingungen nicht ein. Seit den Klassikern hat die Wirtschaftstheoretiker ständig die Frage beschäftigt, wie dieser Widerspruch zu erklären sei. SAY glaubte, die Lösung darin gefunden zu haben, daß er nur Partialstörungen gelten ließ. Betrachte man den Kreislauf als einen gesamtwirtschaftlichen Prozeß, so erweise sich, daß Produkte nur mit Produkten gekauft werden könnten, Produktion und Verteilung seien nur zwei Seiten ein und derselben Erscheinung. Zeigt sich in einem bestimmten Zeitpunkt, daß von einer Ware mehr vorhanden ist als es der Nachfrage entspricht, so müßte deren Preis zurückgehen und die Störung durch Produktionseinschränkung wieder ausgeglichen, d. h. der Absatz mit der Produktion in Einklang gebracht werden. Die Theorie von Say enthält bei aller Primitivität einen berechtigten Kern und hat daher bis auf die neueste Zeit auf die krisentheoretische Diskussion Einfluß gehabt. Und doch hat SAY das eigentliche Problem verkannt, weil es sich bei der Krise nicht um Partialstörungen, sondern um eine Totalstörung handelt. Es muß demnach, da an der ausgleichenden Funktion der Preise nicht gezweifelt werden kann, der Preismechanismus unter bestimmten Bedingungen in der ihm von SAY zuerkannten Rolle an einer entscheidenden Stelle versagen. Bei „freiem Spiel der Kräfte" müssen Nachfrage und Angebot durch Preisveränderungen zum Einklang gebracht und somit ein Gleichgewichtszustand herbeigeführt werden. Unter diesen Bedingungen könnte also niemals eine Störung auftreten, die die gesamte Volkswirtschaft erfaßt.

Um welche Preise handelt es sich, bzw. auf welchen Märkten zeigt sich eine Preisbildung, die die automatische Anpassung an Datenveränderungen in der Richtung auf den Gleichgewichtszustand verhindert?

Um diese Frage beantworten zu können, müssen wir zunächst mit ein paar Worten auf die Eigentümlichkeit der kapitalistischen Marktwirtschaft eingehen. Die Deduktionen von SAY gelten uneingeschränkt für eine Naturalwirtschaft, bei der unmittelbar Güter gegen Güter ausgetauscht werden. Innerhalb einer Naturalwirtschaft bedeutet der Überfluß eines Gutes stets den relativen Mangel der übrigen. Eine allgemeine Überproduktion erscheint also völlig ausgeschlossen. Ebenso wenig kann eine allgemeine Preissenkung (wie in der Krise der modernen Wirtschaft) oder eine allgemeine Preissteigerung (wie im Aufschwung) eintreten. Ganz anders liegen die Dinge in der Geldwirtschaft, d. h. in einer Wirtschaft, bei der nicht unmittelbar Waren gegen Waren getauscht werden, sondern stets erst Waren gegen ein allgemeines Tauschmittel, das Geld. Hier wird Verkauf und Kauf auseinandergerissen, und daher ist erst in der Geldwirtschaft eine allgemeine Güterstauung möglich. Die Frage, ob diese Bedingung für die Erklärung des Konjunkturzyklus auch hinreichend ist, bildet noch immer den Gegenstand wissenschaftlicher Auseinandersetzungen. Während bestimmte Konjunkturtheoretiker die Grundbedingung für den Zyklus durch die Geldwirtschaft bereits erfüllt sehen, glauben andere, die besonderen Produktionsverhältnisse der kapitalistischen Marktwirtschaft berücksichtigen zu müssen.

3. Unter den monetären K. muß man zwei Gruppen streng trennen. Die eine verlegt den Nachdruck auf die Veränderungen des allgemeinen Preisniveaus, also auf Geldwertveränderungen, wie besonders typisch für Irving Fisher. Die anderen halten für das entscheidende Moment nicht Geldwertveränderungen, sondern die bei der Geldwirtschaft gegebene Trennung des sog. „natürlichen" Zinses vom „Geldzins", eine Auffassung, die auf Wicksell zurückgeht.

Die erste Gruppe geht von einer mechanistischen Erweiterung der Quantitätstheorie aus, d. h. auf eine kurze Formel gebracht, von der Vorstellung, daß Geldmengenveränderungen Preisbewegungen auslösen und diese das konstituierende Element des Konjunkturzyklus ausmachen. Die Preissteigerung wird als Folge einer Vermehrung der Geldmenge, die Preissenkung als Folge einer Verminderung der Geldmenge angesehen. Da aber Preissteigerungen bzw. Preissenkungen unter diesem Gesichtspunkt eine Anpassung auf entsprechende Veränderung der Geldmenge oder der sonstigen Umlaufsmittel darstellen, so müßte die Gleichgewichtsstörung damit bereits ausgeglichen sein, wenn nicht (nach Auffassung dieser Theoretiker) damit eine bestimmte Zinsbewegung einherginge, die diesen Ausgleich zeitweilig verhindert. Auf die Dauer müsse die Verkehrsgleichung (in primitiver Form: Geld × Umlaufsgeschwindigkeit = Preis × Warenmenge) stets gelten, d. h. die Geld- und Güterseite stets zum Ausgleich kommen. Der Übergang von einem Gleichgewichtszustand zum anderen führt aber über Störungen, wie ihn der Konjunkturzyklus zeigt. Hierfür wird das Verhalten des Zinsfußes verantwortlich gemacht. Bei steigender Preisbewegung verändere sich der Zinsfuß nicht entsprechend der durch die Zunahme der Umlaufsmittel bedingten Geldentwertung. Das rühre daher, wie es der typische Repräsentant dieser Richtung, Irving Fisher, formuliert, daß das Geld als stabiler Faktor betrachtet werde. Der Leihzins müsse daher hinter der Geldentwertung zurückbleiben. Der relativ niedrige Zinsfuß ermäßige aber die Kosten, erhöhe den Unternehmergewinn und rege so zur Ausdehnung der Produktion an. Sobald der Zinsfuß der Geldentwertung nachgekommen sei, werde die Hausse gebrochen. Der Kredit könne zu den alten Sätzen nicht mehr gegeben werden und die Unternehmungen müßten ihre Produktion daher einschränken. Bei sinkenden Preisen erfolge die Bewegung in umgekehrter Richtung. Durch Verminderung der Umlaufsmittel gingen die Preise rasch zurück, während der Zinsfuß ihnen erst in einem bestimmten Abstand folge.

Die Betrachtung des Konjunkturprozesses als einer rein monetären Erscheinung hält aber einer Kritik nicht stand.

Zwar ist noch immer jede Depression von einer Preissenkung begleitet gewesen, aber nicht jeder Aufschwung muß notwendigerweise mit einer Preissteigerung einhergehen. Die Preisbewegungen erfassen gar nicht das Wesen des Konjunkturzyklus. So hat sich z. B. der einzigartige Aufschwung in den Vereinigten Staaten in den Jahren 1925—29 bei sinkenden Preisen abgespielt, eine Erscheinung, die bei einer mechanistischen Interpretation der monetären K. schlechthin nicht erklärt werden kann. Die aus der Verbindung der monetären K. mit dem Problem der Geldwertschwankungen entstehenden Schwierigkeiten haben Anlaß zu einer wesentlichen Verfeinerung der bisherigen Interpretation gegeben. Hayek z. B. betrachtet Geldwertveränderungen als Oberflächenerscheinungen und erblickt das Wesen der monetären K. in der Anerkennung der Tatsache, daß bei Elastizität des Kreditverkehrs im modernen Bankwesen dem Unternehmer der Kredit (wenn auch nur in bestimmten Grenzen) zu unveränderten Kosten zur Verfügung steht. Damit werde „eine der wichtigsten Kräfte beiseite geräumt, die in der Naturalwirtschaft die Ausdehnung des Produktionsapparates in den ökonomisch zulässigen Grenzen halte". Das führt zu einer den sonstigen ökonomischen Verhältnissen nicht entsprechenden übermäßigen Ausdehnung der Produktion, und zwar vor allem der Kapitalgüterproduktion, denn die künstliche Zinssenkung ermöglicht eine Einschlagung längerer Produktionsumwege. Deshalb betrachtet Hayek auch nicht die Geldwertveränderungen als entscheidend, sondern die Tatsache einer zusätzlichen Kreditgewährung zu unveränderten Bedingungen. Durch den monetären Einfluß wird zeitweise die Zinsbremse außer Kraft gesetzt und dadurch die automatische Anpassung von Angebot und Nachfrage verhindert, und zwar unabhängig davon, ob sich der Geldwert bzw. das Preisniveau verändert oder nicht. Nicht durch Irrtum erfolgt die Fehlleitung des Kredits, sondern weil es beim Giralverkehr nicht möglich ist, reelle von kreierten Depositen zu unterscheiden. Da aber früher oder später der Zins seine Gleichgewichtshöhe erlangt, können die infolge künstlicher Zinssenkung ermöglichten Neuinvestitionen in dem in Angriff genommenen Umfang nicht mehr zu Ende geführt werden. Der Zusammenbruch des Aufschwungs ist dann nicht mehr zu vermeiden. So erweist sich die Elastizität des Bankkredits als die letzte Ursache der Konjunkturschwankungen.

Es war ein Verdienst der monetären K., eine wichtige Einfallsstelle für Gleichgewichtsstörungen in allen Konsequenzen aufgedeckt und so die große Bedeutung der geldmäßigen Zusammenhänge für den Konjunkturablauf geklärt zu haben. Trotzdem ist man, wenn man von der monetären K. ausgeht, nicht in der Lage, den Konjunkturzyklus in allen seinen wesentlichen Zügen abzuleiten. Ja, eigentlich sein Hauptcharakteristikum, nämlich die Tatsache, daß der Konjunkturprozeß eine Expansionserscheinung darstellt, kann auf diese Weise nicht erklärt werden. Wenn der Zins, sobald die Vermehrung der Umlaufsmittel ein Ende findet, auf seine „natürliche" Höhe steigt und damit die durch den zusätzlichen Kredit ins Leben gerufenen Unternehmungen unrentabel macht, so kann auf diese Weise nur eine Pendelbewegung um eine gegebene Gleichgewichtslage erklärt werden. Das reale Wirtschaftsleben zeigt aber die ausgesprochene Tendenz, immer über das bereits erreichte Niveau hinauszugehen, so daß die Konjunkturschwankungen nur als eine zeitweilige Hemmung der ständigen Expansion erscheinen. Die K. muß daher diese dauernde Niveauverschiebung des Wirtschaftslebens erklären, und zwar nicht komparativ-statisch, sondern die Evolution selbst.

4. Wir müssen also nunmehr untersuchen, ob nicht die von der Warenseite ausgehenden Theorien den Wechsel von Aufschwung und Abschwung erklären können. Bei dem dynamischen Prozeß des Konjunkturablaufs handelt es sich nicht um eine Anpassung innerhalb des Kreislaufes, sondern, wie Schumpeter es einmal formuliert, um „die Änderung der Bahn des Kreislaufes selbst".

Wenn die Bewegung immer in der Richtung zur Gleichgewichtslage erfolgte, so verliefe die wirtschaftliche Entwicklung stetig, und alle Disproportionalitäten wären vermieden. Man muß also zwei Dinge, die möglicherweise aufs engste miteinander verknüpft sind, nämlich die Expansion wie die Unstetigkeit erklären, um den Konjunkturprozeß zu verstehen. Das Gewinnstreben veranlaßt den Unternehmer, durch Erweiterung der Produktion die Kosten auf ein Minimum zu reduzieren, um nicht der Konkurrenz zu unterliegen. Die Bedingungen für die Verwirklichung der Expansion sind aber durch die monetären Faktoren allein nicht gegeben. Weder läßt sich aus dem Einfluß der monetären Faktoren die dauernde Erweiterung der Wirtschaft ableiten, noch wird durch Kreditschöpfung unter allen Umständen eine gesteigerte Rentabilität bereits gegeben. Es ist daher durchaus systemgemäß, wenn Schumpeter, der im zusätzlichen Kredit eine

Siehe auch C.

außerordentlich dynamisierende Kraft erblickt, den Aufschwung nicht auf die Zinsverbilligung, sondern ausschließlich auf die durch den schöpferischen Unternehmer geschaffenen „neuen Kombinationen" zurückführt. Er hat damit mit Recht die Schaffung neuer Produktionsbedingungen als Quelle von Differentialgewinnen als den entscheidenen Faktor hingestellt. Er braucht daher gar nicht den durch künstliche Zinssenkung hervorgerufenen Kostenvorsprung. Der Kredit spielt bei ihm, was meist übersehen wird, eine ganz andere Rolle, nämlich nur die der Kaufkraftverschiebung zugunsten des schöpferischen Unternehmers. Läßt man die Bedingung, von der SCHUMPETER die Herbeiführung des Aufschwunges abhängig macht, fallen, sei es, weil man die periodische Wiederkehr von scharenweise auftretenden schöpferischen Unternehmern nicht für zwangsläufig hält, sei es, daß man der Überzeugung ist, daß der Zyklus auch ohne diese Annahme ableitbar ist, so ist man allerdings gezwungen, die Frage zu stellen, ob nicht die Zinssenkung beim zusätzlichen Kredit durch Lohnsteigerung wettgemacht werden würde, wenn nicht zu Beginn des Aufschwunges die Reservearmee am größten und der Lohn am niedrigsten wäre. Der Preis der Arbeit, der Lohn, gehorcht zwar den allgemeinen Preisgesetzen, aber mit gewissen Modifikationen, und diese bewirken, daß auch hier die automatische Anpassung an Datenveränderungen zeitweilig verhindert ist. So ist bei sinkenden Löhnen in der Depression das Angebot besonders dringend. Während die Erzeugung von Gütern in Reaktion auf Preissenkung eingeschränkt wird, steigt das Angebot von Arbeit unter solchen Umständen erst recht. Die geringe Elastizität in der Angebotsgestaltung der Arbeit während eines Zyklus und die dauernde Bedrängung der Arbeitskraft durch die Maschine wirkt auf Form und Tempo der Akkumulation in entscheidender Weise ein. Der Unternehmer wird die Arbeitskraft stets durch die Maschine ersetzen, wenn die Kosten für Zins und Amortisation der Maschine geringer sind als die bei Fortzahlung der bisherigen Löhne. Er wird aber nicht nur unter diesen Bedingungen die Arbeit durch die Maschine ersetzen, sondern es immer tun, wenn ihm der technische Fortschritt einen zusätzlichen Gewinn verspricht. Der technische Fortschritt kann aber nur unter bestimmten Voraussetzungen auf die ganze Wirtschaft übergreifen und zu einer beschleunigten Akkumulation führen, nämlich dann, wenn die durch ihn gegebene Gewinnmöglichkeit nicht durch sofortige Lohnsteigerung kompensiert wird. Dies kann aber gegen Ende der Depression infolge der geschilderten Angebotsverhältnisse am Arbeitsmarkt nicht erfolgen. In dieser zu Beginn des Aufschwunges liegenden Beschleunigung in der Kapitalakkumulation liegt die Wurzel der im Hochschwung immer stärker werdenden Diskrepanz zwischen Kapitalgüter- und Konsumgüterproduktion und des unvermeidlichen Umbruchs im Konjunkturverlauf, damit ein Gleichgewichtszustand wiederhergestellt wird.

Wie bei der monetären K. müssen wir auch bei denjenigen Theorien, die von der Warenseite ausgehen, unter Weglassung der einzelnen Varietäten Grundtypen herausschälen. Wir beschränken uns daher auf eine kurze Darlegung der Unterkonsumtionstheorie und der Überproduktions- bzw. Überakkumulationstheorie[1].

Die erste erblickt die Krisenursache in der hinter der Produktivitätssteigerung zurückbleibenden Massenkaufkraft, die andere in einer durch die Produktionsverhältnisse bedingten Beschleunigung in der Ausdehnung der Investitionen. Es könnte scheinen, als ob beide Theorien auf dasselbe hinausliefen. Es ist aber ein wesentlicher Unterschied, ob man annimmt, der Konjunkturrückschlag gehe darauf zurück, daß die Massenkaufkraft mit der gestiegenen Produktion nicht Schritt hält, oder darauf, daß die Kapitalakkumulation und damit auch die Neuinvestitionen bei Vorhandensein einer Reservearmee zunächst mit großer Beschleunigung einsetzt, die im Fortlauf des Prozesses sich nicht mehr aufrechterhalten läßt. Entscheidend für den Unternehmer als Träger der kapitalistischen Wirtschaft ist die Gewinngestaltung. Für ihn handelt es sich daher immer darum, Kosten zu senken, um bei gleichen Preisen den Maximalgewinn zu erzielen und bei sinkenden Preisen das Schwinden des Gewinns zu verhindern. Man darf daher auch den wirtschaftlichen Kreislauf nicht vom Konsumenten aus betrachten, sondern nur vom Produzenten. Nicht deshalb kommt der Aufschwung in Gang, weil — wie es die Unterkonsumtionstheorie annimmt — die Kaufkraft der Konsumenten zunimmt, sondern umgekehrt, weil die Kostensenkung zu den zuletzt gegebenen Preisen eine Rentabilität verspricht. Sei es, daß der Unternehmer seinen Betrieb reorganisiert, neue „Kombinationen" verwirklicht, oder fremde Märkte erobert (Kapitalexport), oder welche Umstände sonst die Rentabilität des Unternehmens herstellen bzw. schaffen, immer wird dadurch die Produktion ausgedehnt und eine Neueingliederung von Arbeitern bedingt. Die Massenkaufkraft muß dann sekundär zunehmen. Insofern gilt der Satz von SAY, daß der Produzent den Käufer selbst zu Markte führt. Der Gedanke von SAY ist aber zu primitiv, um die komplizierten Beziehungen zwischen Produktion und Verteilung bei einer „Reproduktion auf erweiterter Stufenleiter" verständlich zu machen.

Aus dem gleichen Grunde ist die einfache Antithese: Unterkonsumtionstheorie—Überakkumulationstheorie noch nicht ausreichend, um die Gegensätze in der Begründung beider Theorien zu verdeutlichen. Primär kommt es auf den Konsum nicht an. Wie schon MARX, den man fälschlicherweise und systemwidrig zuweilen zu den Anhängern der Unterkonsumtionstheorie zählt, nachgewiesen hat, läßt sich die Krise nicht aus dem Zurückbleiben der Massenkaufkraft erklären. Die kapitalistische Wirtschaft ist durch eine ständige Erweiterung des Produktionsapparates gekennzeichnet: es werden immer wieder Produktionsmittel hergestellt, die nicht zur Erzeugung von Verbrauchsgütern, sondern wieder zur Erzeugung von Produktionsmitteln dienen. Dauernd werden also längere Produktionsumwege eingeschlagen oder, wie man es auch genannt hat, immer mehr Güter höherer Ordnung erzeugt, so daß die Entfernung zu den konsumreifen Gütern ständig größer wird. Infolgedessen entfällt nur ein Bruchteil der Produktion in der modernen Wirtschaft auf die Herstellung unmittelbarer Konsumgüter. Produktionsmittel werden aber mit Kapital und nicht mit „Einkommen" gekauft. Von der Kapitalbildung und ihrem Tempo hängt daher das Ausmaß der Investitionen und damit auch der Aufschwung ab.

Der Störungsherd muß somit in den Produktionsverhältnissen selbst gesucht werden. Die Auffassung, daß die Stockung dadurch hervorgerufen wird, daß die Investitionen infolge von Kapitalmangel nicht mehr im bisherigen Tempo fortgesetzt werden können, enthält einen richtigen Gedanken. Kapitalmangel ist aber nur ein Symptom und nicht, wie es in der ökonomischen Publizistik so oft hin-

[1] Auf die sog. meteorologischen K. gehen wir nicht ein, weil diese Theorien die von ihnen für den Konjunkturzyklus verantwortlich gemachten exogenen Faktoren in die ökonomischen Gesetzmäßigkeiten nicht einzureihen vermögen.

Siehe auch C.

gestellt wird, eine „wirkende Kraft“. Kapitalmangel bringt nur eine Abnahme in der Beschleunigung der bisherigen Kapitalakkumulation zum Ausdruck.

Es muß daher zunächst erklärt werden, was unter Überakkumulation zu verstehen ist und wie sie entsteht. Erst dann können die Bedingungen bestimmt werden, unter denen die Beschleunigung der Akkumulation ihr Ende findet und so der Konjunkturumbruch herbeigeführt wird. Gesetzt, die Löhne stiegen zu Beginn des Umschwunges ebenso rasch wie die Preise. Dann könnte keine Beschleunigung in der Akkumulation eintreten. Das Nachhinken der Löhne hinter den Preisen bedeutet entsprechende Zunahme der Gewinnrate und damit auch der Akkumulation. Die Akkumulation muß also unter diesen Umständen zu schnell vor sich gehen. Die Beschleunigung der Akkumulation muß aber schließlich aufhören, weil die Rentabilität sinkt. Die Rentabilität sinkt aber, weil die Differentialgewinne schwinden und die Gestehungskosten steigen. Die Steigerung der Kosten geht primär nicht darauf zurück, daß die Nachfrage, also der Absatz abnimmt, wie es nach der Unterkonsumtionstheorie der Fall sein müßte. Es liegt auch nicht daran, daß Zins und Löhne steigen, wenngleich all diese Momente mitspielen. Die ausschlaggebende Bedingung ist vielmehr in der zunehmenden Kapitalinvestition selbst zu suchen. Diese führt nämlich zwangsläufig dazu, daß er auf die Anlagen entfallende Kapitalteile die optimale Grenze überschreitet, d. h. die Zuführung weiterer Kapitalteile geht mit einer geringeren Ertragssteigerung einher.

Entgegen den Annahmen der Unterkonsumtionstheorie wird somit durch die relative Steigerung der Löhne der Zeitpunkt des Konjunkturumbruchs nicht hinausgeschoben, sondern noch rascher herbeigeführt. Der Umbruch erfolgt, wenn durch Schmälerung der Rentabilität die bisherige Akkumulation nicht mehr aufrechterhalten werden kann.

So gelangen wir zu Überlegungen, die an die der monetären K. erinnern: auch dort war die Gewinnschmälerung die primäre Erscheinung. Will man der Realität gerecht werden, so wird man bei Erklärung des Konjunkturzyklus die geldmäßigen Zusammenhänge wohl berücksichtigen müssen. Der zusätzliche Kredit kann, weil er erzwungenes Sparen darstellt, die Akkumulation und damit den Konjunkturaufschwung wesentlich beschleunigen. Dadurch wird aber die Kapitalfehlleitung vergrößert und die rechtzeitige Korrektur erschwert, was zu einer Verschärfung des Abstieges führt. Die Berücksichtigung der monetären Faktoren braucht den systematischen Aufbau der K. nicht zu verletzen.

Auf eine monistische Erklärung des Zyklus im Sinne der Aufdeckung einer einzigen „wirkenden Ursache“ wird in der neueren Forschung immer mehr verzichtet, weil diese bei einer näheren Kritik sich stets als ein verabsolutiertes Symptom erweist. Die moderne Theorie ist daher bestrebt, die verschiedenen Bedingungen zu bestimmen, die in ihrer Zusammenwirkung den komplexen Prozeß des Konjunkturablaufs konstituieren.

Literatur: Einen guten Überblick über die neuere Literatur, namentlich die sehr zerstreute ausländische Zeitschriftenliteratur bietet SOUDEK, J.: Zur Bibliographie der Konjunkturforschung. In: PRAGERS Bibliogr. d. Rechts- u. Staatswiss. **1930/31**, H. 1 u. 2. — Aus dem sehr reichhaltigen Schriftentum kann hier nur eine kleine Auswahl gegeben werden: ADAMS, A. B.: Economics of Business Cycles. New York 1925. — AFTALION, A.: Les Crises périodiques de Surproduction Paris 1913. — ALTSCHUL, E.: Konjunkturtheorie und Konjunkturstatistik. Arch. f. Sozialwiss. **55** (1926). — BEVERIDGE, W. H.: Unemployment. London 1912. — BICKERDIKE, C. F.: Economic J. **1914**, 357—70; **1924**, 408—22. — BOUNIATIAN, M.: Wirtschaftskrisen und Überkapitalisation. München 1907. — Les crises économiques, 2. éd. Paris 1930. — BUDGE, S.: Grundzüge der theoretischen Nationalökonomie. Jena 1925. — BURCHARDT, F.: Entwicklungsgeschichte der monetären Konjunkturtheorie. Weltwirtsch. Arch. **28** (1928). — CASSEL, G.: Theoretische Sozialökonomie. Leipzig 1918. 4. Aufl. 1927. — DIETZEL, H.: Art. „Ernten“ im Handw. d. Staatswiss., 3. Aufl. — GROSSMANN, H.: Das Akkumulations- und Zusammenbruchsgesetz des kapitalistischen Systems. Leipzig 1929. — HAHN, H.: Volkswirtschaftliche Theorie des Bankkredits.3. Aufl. Tübingen 1930. — HANSEN, A. H. Business Cycle Theory. Boston und New York 1927. — HAWTREY, R. G.: Currency and Credit, 3. Aufl. 1929. Deutsche Ausgabe untcr dem Titel: Währung und Kredit, hrsg. von FR. OPPENHEIMER. Jena 1926. — Good and bad trade. London 1913. — HAYER FR.: Geldtheorie und Konjunkturtheorie. Beiträge zur Konjunkturforschung hrsg. vom Österr. Inst. f. Konjunkturf. Nr. 1. Wien und Leipzig 1929. — HERKNER, H.: Art. „Krisen“ im Handw. d. Staatswiss., 3. Aufl. — HIRSCH, MARIE: Zur Theorie des Konjunkturzyklus. Tübingen 1929. — JEVONS, W. ST.: Investigations in Currency and Finance, hrsg. von H. S. FOXWELL. London 1884. — JUGLAR, CL.: Des Crises Commerciales et de leur Retour Périodique. Paris 1869. — KEYNES, J. M.: A Treatise on Money London 1930. Deutsche Ausgabe unter dem Titel: Vom Gelde, hrsg. von C. KRÄMER. München 1932. — KUZNETS, S.: Equilibrium Economics and Business-Cycle Theory. Quart. J. of Econ. **1930**, 44. — Monetary Business-Cycle Theory in Germany. J. of Polit. Econ. **1930**, 38. — LAVINGTON, F.: The Trade Cycle. London 1922. — LEDERER, E.: Konjunktur und Krisen. Grundr. d. Sozialök. **4**. Tübingen 1925. — LESCURE, J.: Des Crises Générales et Périodiques de Surproduction, 4. Aufl. Paris 1932. — LÖWE, A.: Wie ist Konjunkturtheorie überhaupt möglich? Weltwirtsch. Arch. **24** (1926). — Der gegenwärtige Stand der Konjunkturforschung in Deutschland. Festgabe für LUJO BRENTANO. München und Leipzig 1925, Bd. 2. — LUXEMBURG, R.: Die Akkumulation des Kapitals. Berlin 1913. — MARX, K.: Das Kapital, Bd. **3**. Hamburg 1894. — MICHAELIS, A.: Die Quantitätstheorie als Grundlage der Konjunkturforschung. Jena 1929. — MIKSCH, L.: Gibt es eine allgemeine Überproduktion? Jena 1929. — MISES, L.: Theorie des Geldes und der Umlaufsmittel. München 1912. 2. Aufl. 1924. — MITCHELL, W. C.: Business Cycles. The Problem and its setting. New York 1927. Deutsch unter dem Titel: Der Konjunkturzyklus hrsg. von E. ALTSCHUL. Leipzig 1931. — MOMBERT, P.: Einführung in das Studium der Konjunktur, 2. Aufl. Leipzig 1925. — SCHMIDT, FR.: Die Industriekonjunktur — ein Rechenfehler. Berlin 1927. — MOORE, H. L.: Economic Cycles: Their Law and Causes. New York 1914. — Generating Economic Cycles. New York 1923. — PIGOU, A. C.: Industrial Fluctuations. London 1927, 2. Aufl. 1929. — ROBERTSON, D. H.: A Study of Industrial Fluctuation. London 1913. — Banking Policy and the Price Level. London 1926. — SCHUMPETER, J.: Theorie der wirtschaftlichen Entwicklung. Leipzig und München 1912, 2. Aufl. 1926. — Schriften des Vereins für Sozialpolitik, **173**: Konjunkturforschung und Konjunkturtheorie. München 1928. — Verh. des Vereins für Sozialpolitik in Zürich 1928: Kredit und Konjunktur. Schriften des Vereins für Sozialpolitik, **175**. München 1929. — SPIETHOFF, A.: Art. „Krisen“ im Handw. d. Staatswiss., 4. Aufl. — Vorbemerkungen zu einer Theorie der Überproduktion. Schmollers Jb. **26** (1902). — STERNBERG, Fr.: Der Imperialismus. Berlin 1926. — STUCKEN, R.: Theorie der Konjunkturschwankungen. Jena 1926. — TUGAN-BARANOWSKY, M. v.: Studien zur Theorie und Geschichte der Handelskrisen in England. Jena 1901. VEBLEN, TH.: The Theory of Business Enterprise. New York 1904. — WICKSEL, K.: Geldzins und Güterpreise. Jena 1908. — Vorlesungen über Nationalökonomie, Bd. 2. Jena 1922. — ZIMMERMANN, P.: Das Krisenproblem in der neueren nationalökonomischen Theorie. Halberstadt 1927.

EUGEN ALTSCHUL.

Konjunkturschema (HARVARD, SPIETHOFF) s. *Konjunkturbeobachtung.*

— **zyklus** s. *Konjunkturtheorie*, s. a. *Rentenmarkt.*

Konkurs.

I. Begriff und historische Entwicklung.

K. ist das Mittel zur Durchführung der Auseinandersetzung eines nicht mehr zahlungsfähigen Schuldners mit seinen Gläubigern unter behördlicher Aufsicht und Mitwirkung.

Die Verwirrung, die zwangsläufig eintritt, wenn ein Schuldner den Ansprüchen seiner Gläubiger nicht mehr gerecht werden kann, ohne daß zugleich ein regelloses Vorgehen der Gläubiger verhindert wird, hat bereits im Jahre **1645** den Spanier SALGADO DE SAMOZA in dem Werk „Labyrinthus creditorum concurrentium“ zu Vorschlägen zur Abwendung dieses Übels veranlaßt. Im Anschluß hieran hat sich in der gemeinrechtlichen Gerichtspraxis ein starres unter behördlichem Einfluß stehendes Konkurssystem entwickelt. Nach dem Vorbild der französischen Handelsgesetzgebung ist in neuerer Zeit ein Konkursrecht entstanden, das sich von behördlicher Bevormundung freimacht und auf dem Grundsatz der Gläubigerautonomie aufgebaut ist. Diese Form des K. ist in der Gesetzgebung der meisten Kulturländer, wenn auch mit teilweise sehr erheblichen formalen Unterschieden, festgelegt. Die deutsche Konkursordnung hat der Initiative der Gläubiger einen weiten Spielraum gelassen, ohne andererseits dem Gericht die Möglichkeit zu nehmen, unter Umständen (z. B. bei Anstellung von Ermittelungen und Bestellung des Konkursverwalters) von Amts wegen vorzugehen.

Im Rahmen des Konkursverfahrens wird die Stellung der Gläubiger zu dem Schuldner und zueinander festgelegt, in beschränktem Umfang ist auch ein Eingriff in vertragliche Beziehungen des Schuldners zu Dritten (gegenseitige Verträge) möglich. Die gesetzlichen Vorschriften betreffen also einerseits die technische Durchführung des Verfahrens und geben Richtlinien für die im Verfahren tätigen Stellen (Konkursverwalter, Gläubigervertretung, Konkursgericht), andererseits haben sie materiell-rechtliche Bedeutung insoweit sie die Stellung der einzelnen Gläubiger oder Gläubigergruppen, ihre Rechte und Pflichten, präzisieren.

II. Eröffnung des Konkurses.

Die Eröffnung des Verfahrens kann nur auf Antrag des Schuldners oder eines Gläubigers durch Gerichtsbeschluß ausgesprochen werden. Voraussetzung hierfür ist Zahlungsunfähigkeit des Schuldners, bei juristischen Personen (abgesehen von Genossenschaften mit unbeschränkter Haftpflicht und Genossenschaften mit unbeschränkter Nachschußpflicht) und nicht rechtsfähigen Vereinen genügt die Feststellung der Überschuldung, d. h. des Zustandes, in dem das Vermögen bei ordnungsmäßiger Bilanzierung zur Deckung der Schulden nicht mehr ausreicht. Vor Eröffnung des Verfahrens ist grundsätzlich der Schuldner zu hören. Als Konkursgericht ist zuständig das Amtsgericht, in dessen Bezirk der Schuldner seine gewerbliche Hauptniederlassung oder, wenn eine solche fehlt, seinen allgemeinen Gerichtsstand hat. Bei örtlicher Zuständigkeit mehrerer Amtsgerichte ist entscheidend, wo der früheste Konkursantrag gestellt ist.

Das Gericht hat die formalen (Zuständigkeit) und materiellen (Zahlungsunfähigkeit oder Überschuldung) Voraussetzungen zu prüfen und bei ihrem Vorliegen das Verfahren zu eröffnen. Dieser Beschluß kann mit der sofortigen Beschwerde angefochten werden. Gegen die Entscheidung der Beschwerdeinstanz gibt es in gewissen Fällen die sofortige weitere Beschwerde an das zuständige Oberlandesgericht. Der Eröffnungsbeschluß ist in vorgeschriebener Form öffentlich bekannt zu machen, ein entsprechender Vermerk ist bei den Grundbuchblättern sämtlicher zur Konkursmasse gehörenden Grundstücke einzutragen.

Die Eröffnung des Verfahrens ist vom Gericht abzulehnen, wenn eine die Kosten des Verfahrens deckende Masse nicht zur Verfügung steht, es sei denn, daß ein hinreichender Vorschuß vom Antragsteller oder von dritter Seite geleistet wird. Schuldner, wegen deren die Eröffnung des K. mangels Masse abgelehnt ist, werden bei dem Konkursgericht für fünf Jahre in die sog. schwarze Liste eingetragen.

Das Gericht hat von Amts wegen einen Konkursverwalter zu ernennen, gleichzeitig aber einen Termin für eine Gläubigerversammlung anzusetzen, in der der Konkursverwalter zu wählen ist. Die Wahl kann, — was die Regel ist, — auf die vom Gericht eingesetzte, aber auch auf eine andere Person fallen. Dem von den Gläubigern gewählten Verwalter kann das Gericht ohne Angabe von Gründen die Bestätigung versagen. Das Gericht hat ferner den offenen Arrest über das Vermögen des Schuldners zu verhängen, eine Frist zur Anmeldung der Konkursforderungen zu bestimmen und den allgemeinen Prüfungstermin zur Verhandlung über die Anmeldungen anzuberaumen. Die Versäumung der Anmeldefristen schließt die Gläubiger zwar nicht mit ihren Ansprüchen aus, bringt ihnen aber Rechtsnachteile insofern, als der säumige Gläubiger die Kosten eines seinetwegen notwendig werdenden besonderen Prüfungstermins zu tragen hat und Gefahr läuft, bei Ausschüttungen nicht berücksichtigt zu werden.

III. Wirkungen der Konkurseröffnung.

Durch die Eröffnung des Verfahrens wird jedem Gläubiger die Durchführung von Vollstreckungsmaßnahmen in das zur Masse gehörende Vermögen des Schuldners unmöglich gemacht. Der Konkursverwalter hat sich in den Besitz der Konkursmasse zu setzen, er tritt in sämtlichen Rechtsbeziehungen, die auf sie Bezug haben, an die Stelle des Gemeinschuldners. Dieser verliert die Befugnis, sein zur Konkursmasse gehörendes Vermögen zu verwalten oder darüber zu verfügen, er darf keine Prozesse führen, die auf die Masse Bezug haben, oder irgendwelche rechtserheblichen Erklärungen (z. B. Anträge beim Grundbuchamt oder Handelsregister) abgeben.

Rechtshandlungen, die dieser Vorschrift zuwider von dem Gemeinschuldner vorgenommen werden, sind den Konkursgläubigern gegenüber unwirksam, wenn ihnen nicht der Konkursverwalter durch nachträgliche Genehmigung Rechtswirksamkeit verschafft.

Die Unwirksamkeit tritt auch dann ein, wenn der Gegenkontrahent des Schuldners von dem K. nichts wußte, es sei denn, daß er sich auf den öffentlichen Glauben des Grundbuchs (etwa wenn der Konkursvermerk nicht rechtzeitig eingetragen ist) berufen kann. Leistet ein Dritter an den Gemeinschuldner nach Konkurseröffnung etwas, so befreit ihn die Leistung gegenüber den Konkursgläubigern nur dann, wenn er von dem K. nichts wußte.

Auch die Stellung des Schuldners im öffentlichen Leben bleibt durch die Eröffnung des K. nicht unberührt. Die früher automatisch eintretende Beschränkung der politischen Rechte des Schuldners ist zwar aufgehoben, andere Befugnisse aber, wie die Befähigung zum Schöffen, Geschworenen oder Handelsrichter, Recht zum Börsenbesuch usw. erlöschen. Der Gemeinschuldner verliert ferner das Recht auf Verwaltung und Nutznießung des Frauenvermögens und das Recht der Verwaltung des Kindesvermögens, nicht aber den Anspruch auf Nutznießung an diesem Vermögen. Aus einer von ihm geführten Vormundschaft oder Pflegschaft kann der Gemeinschuldner entlassen werden; zur Übernahme eines entsprechenden Amtes ist er während der Dauer des K. unfähig. Alle diese Beschränkungen erlöschen bei Beendigung des K., ohne daß es einer besonderen Rehabilitierung bedarf.

Grundsätzlich führt der Eintritt des Konkursverwalters in die Rechtsbeziehungen des Gemeinschuldners eine Änderung des materiellen Inhalts der bestehenden Rechte und Verpflichtungen nicht herbei. Eine Durchbrechung dieses Grundsatzes tritt da ein, wo es der Zweck dieses Verfahrens ,die beschleunigte Liquidation sämtlicher für die Masse bestehenden Bindungen, erfordert.

IV. Gegenseitige Verträge.

Hierzu gehören gegenseitige Schuldverhältnisse, die von beiden Parteien unerfüllt sind. Hier hat der Konkursverwalter das Wahlrecht zwischen Erfüllung und Ablehnung.

Verlangt er Weitererfüllung des Vertrages, so erlangt die Gegenpartei wegen ihrer gesamten Forderungen aus diesem Vertrage Anspruch auf volle Befriedigung aus der Masse (Masseforderung) gegen volle Erfüllung der ihr obliegenden Leistungen; andernfalls wird die Gegenpartei von weiteren Leistungen frei, kann aber ihre vertraglichen oder die infolge Nichterfüllung des Vertrages entstehenden Schadenersatzansprüche als Konkursforderung geltend machen. Besondere Bedeutung hat diese Regelung für Sukzessivlieferungsverträge. Der Lieferant hat, wenn der Konkursverwalter des Abnehmers Weitererfüllung des Vertrages fordert, Anspruch auf bevorzugte Bezahlung aus der Masse, auch für die Raten seiner Lieferung, die bereits vor Konkurseröffnung in das Vermögen des Gemeinschuldners gelangt sind.

Für besondere Vertragsarten gelten in Einzelheiten von der Regel abweichende Bestimmungen. Bei Miet- (Pacht-) Verträgen, in denen der Gemeinschuldner Mieter (Pächter) ist, entsteht für beide Parteien das Recht zur Kündigung mit gesetzlicher Frist, wobei für den Vermieter wegen der vorzeitigen Lösung des Vertrages ein Schadensersatzanspruch entstehen kann, der als einfache Konkursforderung geltend zu machen ist. War der Gemeinschuldner Vermieter, so bleiben beide Parteien an den Vertrag gebunden. Dienst- und Arbeitsverträge, bei denen der Gemeinschuldner Arbeitgeber ist, können gleichfalls mit gesetzlicher Frist gekündigt werden (wobei die gesetzlichen Kündigungsschutzbestimmungen zu beachten sind), Auftrags- oder Geschäftsbesorgungsverträge, bei denen der Gemeinschuldner Auftraggeber ist, erlöschen automatisch durch Konkurseröffnung. Bei K. eines Versicherungsunternehmens erlöschen Versicherungsverträge (abgesehen von Lebensversicherungen) einen Monat nach Eröffnung des K., tritt der Schadensfall in diesem Monat ein, so hat der Versicherungsnehmer Anspruch auf volle Befriedigung aus der Masse (Masseforderung).

Schwebende Rechtsstreitigkeiten, soweit sie Gegenstände betreffen, die zur Konkursmasse gehören, werden durch Konkurseröffnung unterbrochen, bis sie entweder der Konkursverwalter aufnimmt oder bis das Konkursverfahren aufgehoben wird.

Siehe auch C.

V. Anfechtung.

Rechtshandlungen, durch die zum Schaden der Gläubigergesamtheit einzelne Gläubiger, Verwandte des Gemeinschuldners oder Dritte, begünstigt worden sind, können innerhalb eines Jahres nach Eröffnung des Verfahrens durch den Verwalter im Wege der Klage angefochten werden.

Anfechtbar sind insbesondere Rechtshandlungen, die der Gemeinschuldner in der dem Vertragsgegner bekannten Absicht der Gläubigerbenachteiligung vorgenommen hat, gewisse Rechtsgeschäfte zwischen dem Gemeinschuldner und seinem Ehegatten oder Verwandten, sowie Rechtsgeschäfte mit Gläubigern oder Dritten, die nach Zahlungseinstellung oder in den ihr vorgehenden zehn Tagen abgeschlossen sind, sofern sie die Konkursgläubiger benachteiligen und der Vertragsgegner Kenntnis von der Zahlungseinstellung oder dem Antrag auf Eröffnung des Verfahrens besaß. Dasselbe gilt für Rechtshandlungen, durch die einem Konkursgläubiger innerhalb der kritischen Zeit Sicherung oder Befriedigung gewährt wurde (Pfandbestellung, Pfändungen).

Die Anfechtungsklage, die gegen den Vertragsgegner des Gemeinschuldners zu richten ist, hat das Ziel, die durch die anfechtbaren Geschäfte der Masse entzogenen Werte oder deren Gegenwert wieder zur Masse zu ziehen.

VI. Gläubigerrechte.

Durch den K. werden sämtliche Gläubiger betroffen, die einen bei Konkurseröffnung begründeten vermögensrechtlichen Anspruch gegen den Schuldner besitzen. Ihre Stellung gegenüber der Masse ist trotz des herrschenden Gleichheitsprinzips in den verschiedensten Richtungen differenziert. Alle Ansprüche sind, auch soweit sie auf Sachleistung gehen, auf Reichswährung umzustellen und zwar nach dem Wert bei Konkursbeginn. Ansprüche auf wiederkehrende Leistungen, soweit sie nach Betrag oder Zeitdauer unbestimmt sind, werden geschätzt, andernfalls nach bestimmtem System kapitalisiert. Eine betagte Forderung wird — gegebenenfalls unter Abzug eines Zwischenzinses — als fällig betrachtet, für bedingte Ansprüche kann der Gläubiger bis zum Eintritt oder der Gewißheit des Nichteintritts der Bedingung Sicherstellung verlangen. Von der Geltendmachung im K. sind ausgeschlossen Zinsen, soweit sie auf die Zeit nach Konkurseröffnung fallen, Kosten, die dem Gläubiger durch Beteiligung am K. entstehen, Geldstrafen, die gegen die Gemeinschuldner verhängt sind, Ansprüche aus Schenkungsversprechen des Gemeinschuldners.

1. Masseschulden, Massekosten. Bei Eröffnung und im Laufe der Durchführung des Verfahrens gelangen für die Masse Verbindlichkeiten zur Entstehung, die als Masseschulden oder Massekosten vor allen anderen zu begleichen sind. Hierzu sind zu rechnen: Die Kosten für das Verfahren und die Gebühren des Konkursverwalters und der Gläubigerausschußmitglieder, die Ausgaben für Verwertung der Masse und für eine dem Gemeinschuldner oder seiner Familie etwa bewilligten Unterstützung, die Forderungen aus Rechtshandlungen oder Geschäften des Konkursverwalters, die Forderungen aus zweiseitigen Verträgen, die die Masse in vollem Umfang oder für eine gewisse Zeit erfüllen muß (z. B. Miet- oder Anstellungsverträge bis zur Auflösung), Forderungen aus ungerechtfertigter Bereicherung der Konkursmasse.

Für die übrigen Ansprüche gilt folgendes:

2. Aussonderungsrechte. Wer einen dinglichen (z. B. Eigentum) oder persönlichen (z. B. Leihe) Anspruch auf Herausgabe eines dem Gemeinschuldner nicht gehörenden — also auch nicht in die Konkursmasse fallenden — Gegenstandes hat, kann diesen außerhalb des Verfahrens nach allgemeinen Rechtsgrundsätzen herausverlangen. Ist ein derartiger Gegenstand vom Gemeinschuldner oder Verwalter veräußert worden, so erstreckt sich der Herausgabeanspruch des Berechtigten auf die Gegenleistung, soweit diese noch aussteht oder erst nach Konkurseröffnung in die Masse geflossen ist.

Sind an den Gemeinschuldner von ihm bestellte, aber noch nicht bezahlte Waren abgesandt, aber vor Konkurseröffnung noch nicht in seinen Besitz gelangt, so hat der Versender das „Verfolgungsrecht", d. h. er kann die Waren herausverlangen, falls der Konkursverwalter es nicht vorzieht, die Waren zu behalten und die Forderung aus der Masse in voller Höhe zu bezahlen.

Für einzelne Fälle haben Gläubiger bestimmter Kategorien auch an Gegenständen, die Eigentum der Masse sind, ein besonderes Vorrecht, das zu einer Art Aussonderungsrecht ausgestaltet ist. So

a) die Versicherten im K. einer Lebensversicherungsgesellschaft am Prämienreservefonds (§ 61 Abs. 3 des Gesetzes über die privaten Versicherungsunternehmungen),

b) die Pfandbriefgläubiger im K. der Hypothekenbank an den in das Hypothekenregister eingetragenen Hypotheken und Wertpapieren und den dem Treuhänder zur Pfandbriefdeckung anvertrauten Geldern (§ 35 HypBankG.),

c) die Auftraggeber aus Einkaufsgeschäften über Wertpapiere, die ihre Verpflichtungen gegenüber dem in Konkurs geratenen Einkaufskommissionär aus den betreffenden Geschäften voll erfüllt haben. Das Recht dieser Gläubigergruppe erstreckt sich auf die in der Masse des Kommissionärs befindlichen Wertpapiere der bestellten Gattung und die Ansprüche auf Lieferung derartiger Papiere (§ 7a DepG.), wobei die vorhandenen Werte dieser Art, sofern sie nicht zur Befriedigung aller Berechtigter ausreichen, im Verhältnis der Höhe der Ansprüche zu verteilen sind.

3. Absonderungsrechte. Neben den Aussonderungsberechtigten nehmen die gesicherten Gläubiger eine besondere Stellung ein. Hierzu gehören die Inhaber von Grundpfandrechten (Hypothek, Grundschuld, Reallast) und die zur Geltendmachung eines rechtsgeschäftlichen, gesetzlichen oder Pfändungspfandrechts oder eines kaufmännischen oder eines zur Sicherung eines Anspruchs auf Ersatz von Aufwendungen dienenden Zurückbehaltungsrechts an Massegegenständen Berechtigten. Diese Gläubiger (Absonderungsberechtigte) haben nur insoweit Anspruch auf Konkursquoten, als sie auf ihr Sonderrecht verzichten oder bei Verwertung der ihnen verhafteten Gegenstände einen Ausfall erleiden, wobei sie den Verwertungserlös in erster Linie auf Kosten, in zweiter auf Zinsen (und zwar auch auf die während des Verfahrens laufenden) und erst in dritter Linie auf das Kapital anrechnen können.

Die Absonderungsberechtigten machen ihre Ansprüche außerhalb des Konkursverfahrens geltend, benötigt der Berechtigte zur Verwertung einen vollstreckbaren Titel, so ist für die Klage der Konkursverwalter passiv legitimiert. Der Verwalter kann auch seinerseits die Verwertung der zur Masse gehörenden Grundstücke oder der mit einem Pfandrecht belasteten Gegenstände gemäß den Vorschriften über Zwangsvollstreckung oder Pfandverkauf betreiben, für den Absonderungsberechtigten tritt dann der Verwertungserlös an Stelle des Pfandgegenstandes.

Die Sicherungsübereignung wird im K. wie ein Pfandrecht behandelt. Sie gibt also dem Übereignungsempfänger ein Absonderungsrecht im K. des Sicherungsgebers, diesem ein Aussonderungsrecht im K. des Übereignungsempfängers, wenn die durch Übereignung gesicherte Forderung getilgt ist.

Ein Gläubiger, der die Möglichkeit hat, sich durch Aufrechnung gegen Ansprüche der Masse zu befriedigen, nimmt insoweit gleichfalls nicht am Konkursverfahren teil. Eine Aufrechnung ist unzulässig, wenn der Gläubiger erst nach Eröffnung des Verfahrens etwas zur Masse schuldig geworden ist, oder wenn er die zur Aufrechnung gestellte Forderung erst nach Eröffnung des Verfahrens oder in Kenntnis der Zahlungseinstellung erworben hat.

4. Bevorrechtigte Forderungen. Folgende Arten von Forderungen sind privilegiert:

a) Rückständige Löhne und Gehaltsforderungen der Angestellten für das letzte Jahr vor Konkurseröffnung (dies gilt nicht für Vorstandsmitglieder einer Aktiengesellschaft und Geschäftsführer einer G. m. b. H., die eine prinzipalähnliche Stellung besitzen, und für Aufsichtsratsmitglieder),

b) Forderungen an Steuern und öffentlichen Abgaben,

c) Forderungen der Kirchen, Schulen und öffentlichen Feuerversicherungsanstalten für innerhalb eines Jahres rückständige Forderungen,

d) Ansprüche der Ärzte, Krankenpfleger usw. aus dem letzten Jahr vor Konkurseröffnung,

e) Ansprüche der Kinder, Mündel oder Pflegebefohlenen des Gemeinschuldners, soweit sie sich auf ihr der Verwaltung des Gemeinschuldners gesetzlich unterstelltes Vermögen beziehen.

Erst hinter diesen häufig sehr hohen Forderungen rangieren die übrigen Gläubiger mit ihrem Recht

Siehe auch C.

auf quotenmäßige Befriedigung nach Maßgabe der in der Masse noch vorhandenen Mittel.

Gläubiger, denen neben dem Gemeinschuldner noch eine oder mehrere andere Personen auf dieselbe Forderung als Gesamtschuldner haften (z. B. Hauptschuldner und selbstschuldnerischer Bürge, mehrere Wechselverpflichtete), können ihre Ansprüche in der zur Zeit der Eröffnung des Verfahrens bestehenden Höhe gegen sämtliche Verpflichtete geltend machen, so daß sie bis zur vollen Befriedigung ihre Quote auf den ganzen Forderungsbetrag zu beanspruchen haben, auch wenn sich dieser nachträglich durch Zahlung eines anderen Gesamtschuldners vermindert hat.

VII. Konkursmasse.

Zur Konkursmasse gehört alles der Pfändung unterliegende Vermögen des Gemeinschuldners, das im Zeitpunkt der Eröffnung des Verfahrens vorhanden war, neben einzelnen unpfändbaren Vermögenswerten (Betriebsinventar bei Landwirten oder Apotheken).

In die Masse fallen also auch sämtliche schuldrechtlichen Ansprüche einschließlich etwaiger Regreß- oder Schadensersatzforderungen und alles, was aus zur Masse gehörenden Gegenständen im Laufe des Verfahrens erwächst (Surrogation). Nicht zur Masse gehört außer den sonstigen pfändungsfreien Vermögenswerten alles, was der Schuldner nach Konkurseröffnung erwirbt, ferner reine Persönlichkeitsrechte (z. B. Namens- und Firmenrecht).

Die Masse ist vom Verwalter zu verwerten und gegebenenfalls sicherzustellen. Aus der Pflicht zur Verwaltung ergibt sich für den Verwalter das Recht, gewisse Vermögensstücke, sei es wegen übermäßiger Belastung, sei es wegen ihrer Unverwertbarkeit oder aus anderen Gründen, aus der Masse freizugeben. Die freigegebenen Vermögenswerte unterliegen wieder dem uneingeschränkten Verfügungsrecht des Gemeinschuldners.

VIII. Konkursverwalter und Gläubigerausschuß.

Bei seiner Tätigkeit, die sich unter Aufsicht des Konkursgerichts vollzieht, steht bei größeren K. dem Verwalter beratend und kontrollierend ein Gläubigerausschuß zur Seite.

Der erste vorläufige Gläubigerausschuß kann vom Gericht eingesetzt, der endgültige nur von der Gläubigerversammlung gewählt werden. Vor besonders wichtigen oder ungewöhnlichen Verwaltungsmaßnahmen hat sich der Verwalter der Zustimmung des Ausschusses zu vergewissern, dieser hat allmonatlich die Kasse des Verwalters durch ein Mitglied revidieren zu lassen. Über hinterlegte Massewerte, insbesondere Bankguthaben, kann der Verwalter ohne Gegenzeichnung durch ein Mitglied des Gläubigerausschusses nur verfügen, wenn diese Ermächtigung durch die Gläubigerversammlung erteilt ist.

Die Vertretungsbefugnis des Verwalters nach außen wird durch die Stellungnahme oder das Fehlen der Genehmigung des Ausschusses nicht beeinträchtigt. Die Mitglieder des Gläubigerausschusses haften für schuldhafte Verletzung ihrer Pflichten ebenso wie der Konkursverwalter persönlich.

In einzelnen Fällen übt die Gläubigerschaft die ihr zustehenden Rechte nicht durch ihre Organe (Gläubigerausschuß, Konkursverwalter), sondern unmittelbar in der vom Konkursgericht berufenen und geleiteten Gläubigerversammlung aus. Die Höhe des Stimmrechts in der Gläubigerversammlung hängt von der festgestellten Konkursforderung ab. In Fällen, in denen kein Gläubigerausschuß besteht, übt die Gläubigerversammlung die dem Ausschuß vorbehaltenen Rechte aus.

IX. Verfahren.

Auf die formale Seite der Konkursabwicklung kann nur kurz eingegangen werden. Angemeldete Forderungen sind nach Grund, Betrag und Stellung im Rahmen des Verfahrens zu prüfen, zur Erörterung dieser Punkte dient der Prüfungstermin. Die Forderung wird mit der Stellungnahme des Konkursverwalters in die Konkurstabelle aufgenommen, im Falle der Bestreitung muß der Anspruch in einem Feststellungsprozeß durchgeführt werden, der je nach dem, ob über die Forderung bereits ein Urteil vorliegt oder nicht, von dem anmeldenden Gläubiger oder dem widersprechenden Verwalter anhängig zu machen ist.

Der Gemeinschuldner hat ein beschränktes Mitbestimmungsrecht insofern, als er, wenn er eine vom Konkursverwalter anerkannte Forderung bestreitet, davor geschützt ist, daß der Gläubiger nach Beendigung des K. ohne Klageerhebung aus der Konkurstabelle gegen ihn vollstrecken kann. Die vom Verwalter anerkannten Forderungen werden mit einem entsprechenden Vermerk in die Konkurstabelle aufgenommen, das Anerkenntnis des Verwalters äußert die Wirkungen eines rechtskräftigen Urteils, der Auszug aus der Tabelle dient als vollstreckbarer Titel.

Die nach Befriedigung aller Masse- und Vorrechtsforderungen verbleibende Masse ist an die Gläubiger zu verteilen und zwar sind Abschlagszahlungen je nach Vorhandensein von die Verteilung lohnenden flüssigen Mitteln vorzunehmen. Nach Verwertung der Masse erfolgt die Schlußverteilung. Eine Nachtragsverteilung ist vorzunehmen, wenn später noch weitere Masse verfügbar wird. Für bestrittene Forderungen, wegen deren innerhalb der gesetzlichen Ausschlußfrist ein Feststellungsstreit anhängig gemacht wird, sind ebenso wie für bedingte Forderungen und Ausfallansprüche der gesicherten Gläubiger Rückstellungen zu machen.

Nach Ausschüttung der Masse hat das Gericht einen Schlußtermin abzuhalten, zu dem sämtliche Gläubiger geladen werden und in dem vom Verwalter seine Schlußrechnung zu erteilen und über unverwertbare Massegegenstände zu befinden ist. Nach dem Schlußtermin wird das Konkursverfahren aufgehoben, die Gläubiger erhalten die Möglichkeit, wegen ihrer Restforderung erneut gegen den Schuldner vorzugehen.

X. Zwangsvergleich.

In vielen Fällen endet der K. mit einem Zwangsvergleich, d. h. einem Vertrage zwischen dem Gemeinschuldner und den nicht bevorrechtigten Gläubigern, durch welchen diesen zur Abgeltung ihrer Ansprüche eine bestimmte Art der Abfindung zugesagt wird. Diese Art der Konkursbeendigung ist für die Gläubiger meist die relativ günstigste Lösung, insbesondere dann, wenn zu ihrer Herbeiführung Opfer von dritter Seite (Verwandten oder Freunden des Gemeinschuldners) gebracht werden. In der Regel enthält der Zwangsvergleich die Zusage einer bestimmten, manchmal von dritter Seite sichergestellten Quote auf die in Betracht kommenden Forderungen gegen Erlaß des Restes.

Zum Abschluß des Zwangsvergleichs bedarf es eines Vorschlages des Schuldners, zur Annahme desselben einer nach Köpfen berechnet einfachen, nach der Höhe ihrer Forderungen berechnet, 75proz. Gläubigermehrheit — (das Gesetz gibt also die Möglichkeit, zur Herbeiführung einer im Interesse der Gesamtgläubigerschaft liegenden, wirtschaftlich zweckmäßigen Konkursbeendigung eine widersprechende Minderheit zu majorisieren) — und der Prüfung und Bestätigung des Vorschlages durch das Konkursgericht. Der Vergleich muß sämtlichen beteiligten Gläubigern gleichmäßige Befriedigung bieten, ein Abweichen von diesem Grundsatz ist nur mit Einwilligung der zurückgesetzten Gläubiger möglich. Der rechtskräftig bestätigte Zwangsvergleich wirkt für und gegen alle beteiligten Gläubiger auch soweit sie ihm nicht zugestimmt haben. Nach rechtskräftiger Bestätigung des Vergleichs wird das Konkursverfahren aufgehoben, die Erfüllung des Vergleichs wird also von Gesetzes wegen nicht der Kontrolle durch Konkursverwalter oder Gericht unterworfen. Durch Nichterfüllung wird der Vergleich nicht automatisch hinfällig, ebenso wenig wie der vergleichsweise gewährte Erlaß. In einem späteren Verfahren kann der Gläubiger also nur die Vergleichsquote als Forderung anmelden, wenn nichts anderes vereinbart war (anders im gerichtlichen Vergleichsverfahren s. *Vergleich*).

Für einzelne Fälle, K. einer offenen Handelsgesellschaft, juristischen Person, eingetragenen Genossenschaft, eines nicht rechtsfähigen Vereins und Nachlaßkonkurs gibt das Gesetz ergänzende Vorschriften, die sich aus der besonderen Struktur dieser Rechtsgebilde ergeben. Abweichungen grundsätzlicher Art von den allgemeinen Regeln bestehen aber nicht. Auch für die der Reichsaufsicht unterliegenden Versicherungsunternehmungen gelten Besonderheiten, z. B. kann dort der Antrag auf Konkurseröffnung nur von der Aufsichtsbehörde gestellt werden.

Die Erörterung dieser Einzelheiten würde über den Rahmen dieser Darstellung hinausgehen, ebenso

Siehe auch C.

wie ein Eingehen auf die in der Praxis bisher seltenen Fälle der Insolvenz von Körperschaften des öffentlichen Rechts, die der landesgesetzlichen Regelung unterliegen.

XI. Strafrechtliche Vorschriften.

Gewisse Tatbestände, insbesondere Handlungen, durch die der Schuldner den Vermögensverfall herbeigeführt (Spiel, übermäßiger Aufwand, mangelnde Ordnung in der Buchführung) oder die rechtzeitige Insolvenzerklärung verzögert hat, ferner Maßnahmen des Schuldners oder dritter Personen, durch die die Rechte der Gläubigerschaft geschmälert werden (Beiseiteschaffung von Vermögensstücken, Anmeldung oder Anerkennung erdichteter Forderungen, Begünstigung einzelner Gläubiger) werden je nach Schwere als einfacher oder betrügerischer Bankrott oder als Sonderdelikt mit Gefängnis oder Zuchthaus bestraft.

XII. Internationales Privatrecht.

Da zur Konkursmasse grundsätzlich auch das im Ausland befindliche Vermögen des Gemeinschuldners gehört, hätte sich folgerichtig die Beschlagnahmewirkung des K. auch auf die außerhalb der deutschen Grenzen befindlichen Werte zu erstrecken. Diese Wirkung scheitert jedoch an dem Fehlen einer oft vergeblich angestrebten universalen Gesetzgebung. Der Konkursverwalter wird zwar stets versuchen, im Ausland befindliche Vermögenswerte des Gemeinschuldners zu seiner Masse zu ziehen; solange sie jenseits der deutschen Grenzen sind, bleiben sie jedoch dem Zugriff beliebiger Gläubiger ausgesetzt. Ebensowenig wie ein Auslandskonkurs die Verfügungsfähigkeit des Schuldners über das in Deutschland befindliche Vermögen und die Möglichkeit eines Zugriffs der Gläubiger in dieses, sei es im Wege der Einzelvollstreckung, sei es durch besonderen K. einschränkt, erkennt die ausländische Gesetzgebung derartige Wirkungen eines deutschen K. an. Praktisch herrscht also im Konkursrecht das Territorialitätsprinzip, wenn auch grundsätzlich inländische und ausländische Gläubiger in der Behandlung ihrer zum K. angemeldeten Forderungen gleichgestellt sind.

XII. Ausländisches Recht.

In der französischen und der sich nach dem französischen Zivilrechtssystem orientierenden Gesetzgebung (z. B. Italien) herrscht der Grundsatz, daß der K. eine Einrichtung nur für kaufmännische Schuldner sei, so daß das Konkursrecht einen Bestandteil des Handelsrechts bildet. Hier gibt es also für nichtkaufmännische Schuldner keine gesetzliche Regelung des Verfahrens bei Eintritt der Insolvenz, die geeignet ist, das Vorgehen der Gläubiger in geregelte Bahnen zu lenken. In einzelnen Ländern macht das Gesetz gewisse Unterschiede zwischen dem kaufmännischen und dem nichtkaufmännischen K. Sehr wesentliche Verschiedenheiten in den Grundzügen der einzelnen auf die nationale Rechtstradition und Gerichtsverfassung zugeschnittenen Systeme bestehen jedoch nicht.

England kennt keinen Unterschied zwischen kaufmännischem und nichtkaufmännischem K., die Konkurseröffnung (receiving order) erfolgt entweder auf Antrag des Schuldners oder auf den (bankruptcy petition) eines Gläubigers nach Verhandlung durch das Gericht. Bei Vorliegen eines der im Gesetz vorgesehenen Konkursgründe geschieht die Verwaltung und Verteilung der Masse durch den amtlichen Verwalter (receiver), der auch dazu berufen ist, die Herbeiführung eines Vergleichs zu versuchen. Schon vor Beendigung des Verfahrens kann der Schuldner, wenn ihm keine Verfehlungen zur Last fallen, durch gerichtliche order of discharge von den diffamierenden Wirkungen des K. befreit werden. Er hat einen Anspruch auf Wiedereinsetzung in seine früheren Rechte, wenn die Gläubiger befriedigt sind und wenn kein betrügerischer Bankrott vorlag.

Bei eingetragenen Gesellschaften (companies) tritt an Stelle des K. die Liquidation (winding up) durch das Gericht.

Literatur: Jaeger: Konkursrecht. Berlin 1924. — Konkursordnung, 3./4. Aufl. Berlin 1913. 6./7. Aufl. Berlin und Leipzig 1928. — Mentzel: Reichskonkursordnung, 3. Aufl. Leipzig 1928. — Fitting: Reichskonkursrecht und Konkursverfahren, 3. Aufl. Berlin 1904. — Moller-Wolff: Handbuch der internationalen Rechtsverfolgung. Berlin 1929. — Alexander: Konkursgesetze aller Länder der Erde. Berlin 1892. — Meili, Dr. F.: Lehrbuch des internationalen Konkursrechts. Zürich 1909. — Curti: Englands Privat- und Handelsrecht. Berlin 1927.

G. Freiherr von Falkenhausen.

Konkursgericht s. *Konkurs.*
— **verwalter** s. ebenda.
— **vorrecht** s. *Konkurs*, s. a. *Depotrecht I.*

Konnossement, Ladeschein des Seeverkehrs. Es ist Traditionspapier, d. h., seine Übergabe und Veräußerung haben dieselben Wirkungen wie Übergabe und Veräußerung der Güter selbst (vgl. *Akkreditiv II.*)

Konsolidierung s. *Öffentlicher Kredit II 9*, s. *Schuldensenkung.*

Konsols s. *Consols.*

Konsortialgeschäfte und Konsortien. 1. Konsortialgeschäfte (auch Syndikatsgeschäfte genanns) sind jener Teil des Bankgeschäftes, der grundsätzlich in Gemeinschaft mehrerer Banken oder Bankiers (Konsorten, Syndikatsmitglieder) abgewickelt wird. Zu Unrecht wird in der Praxis, in Bankbilanzen und Bankberichten der Ausdruck „Konsortialgeschäft", vermischt mit der Bezeichnnng „Finanzgeschäft" gebraucht. Finanzgeschäfte werden häufig in Konsortialform aufgezogen, aber nicht immer. Und es gibt andererseits Konsortialgeschäfte, die nicht Finanzgeschäfte sind, z. B. Interventions- und Spekulationskonsortien. Das Konsortialgeschäft ist nicht durch seinen geschäftlichen Inhalt, sondern durch seine Form und Technik gekennzeichnet.

2. Der Bankier wählt die Form des Konsortialgeschäftes für die Durchführung einer bestimmten Operation zum Zwecke der Riskenverteilung. Kein Geschäft ohne Risiko, insbesondere kein Bankgeschäft ohne Risiko. Wenn eine geschäftliche Proposition, die durch Eigenkapital und Geschäftsumfang gebotene Größenordnung übersteigt, wird der Bankier sich zur Abwicklung des Geschäftes Konsorten suchen. Er entriert ein Konsortialgeschäft.

3. Die Bildung eines Konsortiums erfolgt entweder für einen isolierten Geschäftsvorfall oder für eine Reihe gleichartiger Geschäfte, in welchem Falle man von einem ständigen Konsortium, einer Gruppe, spricht. Vor dem Krieg gab es eine Reihe solcher ständiger Gruppen, insbesondere für die Anleihegeschäfte bestimmter Staaten, die außerordentlich bedeutend und angesehen waren. Hier wären zu erwähnen: die Rothschildgruppe für das österreichische und ungarische Staatsgeschäft, das Preußenkonsortium u. a. Die Zusammensetzung dieser Gruppen war eine für die Dauer gedachte, die Zugehörigkeit zu ihr ein Privileg, um dessen Erlangung jahrelange Kämpfe geführt wurden. Die Zeit seit dem Kriege hat noch nicht zur Gründung ähnlicher ständiger Konsortien geführt. Noch sind die Dinge zu sehr im Fluß. Dennoch können wir schon jetzt im internationalen Finanzgeschäft gewisse Gruppierungen beobachten, die die Tendenz zur Erstarrung in auf die Dauer berechnete

Siehe auch C.

Konsortien zeigen. Hierher gehören die Gruppen für die Durchführung von vom Völkerbund patronisierten Anleiheoperationen zumeist unter Führung von Morgan, New York, die Baring-Rothschild-Schroeder-Gruppe für Londoner Emissionen, die Dillon, Read & Co.-Rothschild-Gruppe für das brasilianische Staatsgeschäft, die Mendelssohn-Nederlandsche-Handelsmaatschappy und die Hope Gruppe für internationale Emissionen in Amsterdam.

4. Ein Finanzkonsortium handelt nach außen durch die Konsortialführung, die je nach Lage der Dinge aus einem oder mehreren Mitgliedern des Konsortiums besteht. Die Führung fällt naturgemäß der Bank, bzw. den Banken zu, die das Geschäft aufgezogen haben. Ihnen gebührt demgemäß ein Vorweganteil an dem Nutzen des Geschäftes (Originating profit, negotiating commission, Gestionsprovision). Der Konsortialführung obliegt die Verhandlung des Geschäftes, der Abschluß der Verträge, ihr fällt die Aufgabe zu, nach Abwicklung des Geschäftes den für die Entwicklung neuer Konsortialgeschäfte erforderlichen Kontakt mit dem Kunden des Konsortiums aufrechtzuerhalten. Kein Mitglied des Konsortiums wird sich, solange es dem Konsortium angehört, berechtigt fühlen, mit dem Kunden unter Umgehung der Konsortialleitung in Verhandlung zu treten. Die Stellung der Konsortialführung kommt in den vom Konsortium ausgehenden Veröffentlichungen (Emissionsprospekten, Zulassungsanträgen) deutlich zum Ausdruck. (Vgl. *Emissionsgeschäft II*). Der Konsortialführer steht an der Spitze der unterzeichneten Banken, bei mehreren Konsortialführern finden sich ihre Namen in der ersten Reihe der Firmenzeichnungen unter Übereinstimmung ihrer Reihenfolge mit der auch innerhalb der führenden Banken differenzierten Position in dem betreffenden Geschäfte. Bei amerikanischen Prospekten wird die verschiedene Bedeutung der mitwirkenden Firmen weiter auch dadurch gekennzeichnet, daß der sog. president letter, der die vom Geldnehmer verantwortlich erteilten Informationen über das zu emittierende Wertpapier enthält, nur an eine oder nicht an alle der führenden Firmen adressiert erscheint. Auch innerhalb der nicht führenden Mitglieder des Konsortiums gibt es Unterschiede des Ranges, die durch Umfang ihrer Quote, manchmal auch durch Anzienität im Konsortium bedingt werden, und in den Konsortialveröffentlichungen ihren typographischen Ausdruck finden.

5. Während bei den meisten Konsortialgeschäften der Kunde entweder eine Verpflichtung des Konsortialführers allein oder eine Solidarverpflichtung des Konsortiums empfängt, gelten für das Verhältnis der Konsortialmitglieder untereinander besondere Abmachungen, die eine genaue Regelung der Anteile am Nutzen und Risiko des Konsortiums bezwecken. Der Ablauf des Konsortialgeschäfts ist durch das Leitmotiv einer genauen Abgrenzung der Risken und ihrer raschestmöglichen Abwicklung bestimmt. Er widerspricht in seinem inneren Bild meist weitgehend der laienhaften Vorstellung, die in dem nach außen verhandelnd auftretenden Bankier den Geldgeber sieht, der das betreffende Geschäft aus eigenen Mitteln finanziert. Nur bei Konsortien, die der Durchführung von Operationen des regulären Bankgeschäftes dienen, finanzieren sich die Mitglieder aus sich selbst. Konsortien zur Durchführung von Finanzgeschäften refinanzieren sich grundsätzlich durch Emission im Publikum. Eine Zwischenfinanzierung aus eigenen Mitteln, eine definitive Finanzierung ohne Emission sind Ausnahmen von der Regel.

6. Die großen in Frage stehenden Risken, die Ungewißheit der Marktlage, die den Erfolg einer Emission nur in begrenztem Maße voraussehen lassen, haben eine Technik der Konsortialgeschäfte entwickelt, die das finanzielle Risiko des Übernahmekonsortiums (originating syndicate) möglichst weitgehend beschränken sollen. Die Vorkriegspraxis sah in Anleiheverträgen häufig eine Dissolutivbedingung vor, dahingehend, daß das Übernahmekonsortium von seinen Verpflichtungen befreit sein sollte, wenn vor der Durchführung der Emission ein Preisfall der Staatspapiere über einen gewissen Prozentsatz hinaus eintreten sollte, — was unter Vorkriegsverhältnissen als genügend zuverlässiger Barometer für die Beurteilung der Tragbarkeit der Emissionsmärkte angesehen wurde. Die Nachkriegspraxis geht, entsprechend der größeren Unsicherheit der Marktentwicklung weiter und fügt den Übernahmeverträgen eine ganze Reihe von Dissolutivbedingungen („the outs") an. In der Praxis kommt es nur in ganz außerordentlichen Fällen zur Geltendmachung solcher auflösender Bedingungen.

Ein weiteres Mittel zur Begrenzung der Risken liegt in der möglichst nahen zeitlichen Aneinanderrückung von Abschluß und Abwicklung eines Konsortialgeschäftes, sei es, daß diese Abwicklung in der Emission an das Publikum besteht oder nur eine Zwischenlösung durch Weitergabe des Risikos an ein breiteres Syndikat darstellt. In England stellt diese Zwischenstelle das underwriting syndicate dar. Im französischen Emissionsgeschäft ergibt sich eine weitestgehende Sicherung des Emissionssyndikates gegen Fehlschläge durch die Zuziehung der großen Depositenbanken zu den von einer banque d'affaires oder einem Bankhaus geführten Konsortien. Diese Depositenbanken verfügen durch ihr ausgebreitetes Filialsystem über eine den Empfehlungen ihrer Bank willig folgende Klientel, deren Abnahmefähigkeit an ihrem Kontostande mit Zuverlässigkeit abgelesen werden kann. Bei amerikanischen Emissionen werden drei Zwischenstufen der Konsortialabwicklung unterschieden: die originating group, welche das Geschäft abschließt und nach außen hin durch die Zeichnung des Emissionszirkulars verantwortet. Von diesem geht es auf die banking group über, welches aus einer größeren Reihe von Banken, Bankiers, Investement Trusts und einzelnen kapitalkräftigen Investors besteht. Dieses Syndikat hat im wesentlichen Garantiefunktionen ähnlich wie im englischen Underwriting zu erfüllen. Die effektive Übernahme (withdrawn participations) zum Zwecke der sofortigen oder allmählichen Placierung im Publikum erfolgt erst durch ein drittes, zahlenmäßig sehr erweitertes Konsortium aus Banken, Bankiers und Brokers bestehend, die selling group. Es ist häufig der Fall, daß das führende Haus der originating group und einzelne seiner Mitglieder auch zu gewissen Quoten an den nachfolgenden Gruppen teilhaben. Aber als eine Regel ist anzunehmen daß im Augenblick des Abschlusses des Geschäftes seine Abwicklung für die abschließenden Firmen gesichert ist, da die banking group und zu einem gewissen Umfang auch schon die selling group bei Abschluß des Geschäftes zur Übernahme des Geschäftes und Risikos bereitstehen. Dies allein ist eine gesunde Praxis der Konsortialfinanzierung, nur sie ermöglicht den führenden Finanzhäusern liquid zu bleiben und ihre Kräfte für neue Aufgaben, die an sie herantreten, bereitzuhalten.

7. Eine besondere Abart von Konsortialgeschäften befassen sich mit Interventionen im offenen Markte. Solche Interventionen erfolgten entweder

Siehe auch C.

zur Erreichung bestimmter konjunkturpolitischer Ziele (Stützungskonsortien) oder zum Zwecke der Erzielung von Spekulationsgewinnen (Hausse- und Baissekonsortien). Die Risken dieser Art von Konsortialoperationen sind entsprechend gesteigerte, die Bildung dieser Konsortien dient gleicherweise einer Verstärkung ihrer preisbeeinflussenden Macht durch Zusammenfassung größerer Kapitalien, wie einer entsprechenden Verteilung der Verlustrisken.

Über Emissionskonsortien s. a. *Emissionsgeschäft II 1b.*

Literatur: LAEPPLE, VICTOR: Das schweizerische Emissionsgeschäft. 1923. — KAUFMANN, Dr. EUGEN: Das französische Bankwesen, 2. Aufl. 1923. — SOMARY, FELIX: Bankpolitik, 2. Aufl. 1930. — S. Art. *Finanzgeschäft.*

F. G. STEINER.

Konsortialgründung s. *Konsortialgeschäfte.*

Konsortialkonto vgl. *Konsortialgeschäfte.*

Konsortien s. *Konsortialgeschäfte*, bes. *3.*

Konsumfinanzierung s. *Abzahlungsgeschäft*, vgl. *Finanzierungsfragen des Groß- und Einzelhandels.*

Konsumtivkredit s. *Kredit II 3.*

Kontentheorien s. Bilanztheorien im Art. *Bilanz und Bilanzkritik I 4*, vgl. *Innere Organisation des Bankbetriebes.*

Kontermine = Partei der Baissiers s. *Kursbildung.*

Kontingentierung s. *Notenbankpolitik.*

— des Scheidemünzenumlaufs (pro Kopf der Bevölkerung) s. *Münzwesen VI.*

Konto (Pl. Konten), Rechnung in den Handelsbüchern. Ein für Personen angelegtes K. heißt Personenkonto, auch lebendes K., ein K. über Vermögensbestandteile Sachkonto, totes K.

Kontoeröffnung s. *Depositengeschäft II 2a.*

— — unter falschem Namen s. *Bankgeheimnis.*

„Konto Finto", fingierte Rechnung, oft als Kalkulation für ein wirkliches Geschäft aufgestellt, als Beleg u. dgl.

Kontokorrentbuchhaltung s. *Innere Organisation B II 5.*

— — kredit s. *Kontokorrentverkehr.*

Konto pro Diverse, das Sammelkonto der Buchhaltung, über das Posten gebucht werden, die nur selten vorkommen, so daß sich die Anlage eines eigenen Kontofolios nicht lohnt. Am Jahresende müssen natürlich die Posten ausgebucht und das Konto pro Diverse aufgelöst werden, da es sich sonst nicht ausgleicht. In größeren Buchhaltungen gibt es mehrere K. p. D., so ein Personenkonto pro Diverse, ein Spesenkonto pro Diverse usw.

Kontokorrentskontro s. *Innere Organisation B I 4.*

Kontokorrentverkehr. Der K. stellt einen fortlaufenden Verrechnungsverkehr zwischen der Bank und dem Kunden dar. Diese laufende Rechnung findet ihren buchmäßigen Niederschlag im Rahmen des Kontokorrentkontos. Es fragt sich, welche Vorteile Kunde und Bank aus der Unterhaltung und Führung dieses Rechnungsverkehrs erwarten und welche Bedeutung sie ihm zulegen.

1. *Vom Standpunkt des Kunden.* Wirtschaftliches Denken veranlaßt den Kaufmann nicht weniger wie den Privaten, vorübergehend oder auf bestimmte Zeit anderweitig unbenutztes Geld durch Einzahlung auf ein Bankkonto zinstragend anzulegen und es damit zugleich vor Verlustgefahren zu schützen. Sparrücklagen und Geldbeträge, die der Bank auf bestimmte Zeit oder mit festen Kündigungsfristen gegeben werden, werden zwecks Erzielung höherer Zinserträgnisse auf Spar- und Depositenkonten angelegt, während Geld, das täglich verfügbar sein soll, auf einem Kontokorrentkonto eingezahlt wird. Die Grenzen zwischen den täglich verfügbaren Kontokorrentguthaben und den längerfristigen Spar- und Depositenguthaben sind schwankend und werden mit beeinflußt von der jeweiligen Konjunktur, die es ratsam erscheinen lassen kann, infolge des Rückgangs der Geschäftsmöglichkeiten Kontokorrentguthaben in länger fällige Anlagen umzuwandeln und umgekehrt bei stärkerem Geschäftsgang Kündigungsgeld weiterhin als täglich verfügbare Kontokorrenteinlage zu unterhalten. Auf dem Kontokorrentkonto erreicht der Kunde eine fortlaufende Verzinsung seiner jeweiligen, vielfach täglich stark schwankenden Guthaben, die allerdings niedriger ist als auf den Spar- und Depositenkonten, wogegen er jedoch den Vorteil erkauft, jederzeit frei über das Konto verfügen zu können. Und damit stößt man auf den zweiten Beweggrund für die Unterhaltung eines Kontokorrentkontos.

Neben dem Zinsnutzen will der Kunde durch das Kontokorrentkonto sich für seinen eigenen Zahlungsverkehr in die nationale und internationale Zahlungsorganisation der Banken einschalten (vgl. *Bargeldloser Zahlungsverkehr*). Für seinen Geldausgang, also zur Leistung eigener Zahlungen, bedient er sich des Banküberweisungs- und Scheckverkehrs mit Hilfe der ihm von seiner Bank zur Verfügung gestellten Überweisungs- und Scheckformulare. Mit dieser für den Kunden höchst einfachen Benutzung der nationalen und internationalen Zahlungsorganisation verbindet der Kontoinhaber zugleich den Vorteil, durch die Bankformulare und -bestätigungen sich einen klaren und dauernden Überblick über seine geleisteten Zahlungen zu verschaffen, wodurch sich die Aufbewahrung anderer Belege weitgehend erübrigt. Für regelmäßig zu leistende Zahlungen, wie z. B. für die Zahlung von Versicherungsprämien, Steuern, Beiträgen, Postgebühren, Gas-, Wasser- und Elektrizitätsrechnungen usw. gibt der Kontoinhaber der Bank einen einmaligen Auftrag, auf Grund dessen die Bank aus dem Kontokorrentguthaben die jeweils fälligen Zahlungen regelmäßig und pünktlich leistet. Ebenso kann der Kontoinhaber seine ihm in Form von Bank- und Postschecküberweisungen, Schecks, Wechseln, Barbeträgen usw. zufließenden Geldeingänge auf das Kontokorrentkonto leiten und dadurch die bestmögliche Abwicklung des Zahlungseingangs mit der schnellstmöglichen Verzinsung der jeweiligen Guthaben verbinden. Über das Kontokorrentkonto werden weiter verrechnet die sonstigen mit der Bank zu tätigenden Geschäfte, wie z. B. Devisenan- und -verkäufe, Wertpapieran- und -verkäufe, *Akkreditive* (s. d.), Einziehung von Coupons usw. Die technische Organisation des K. einer modernen Bank ist darauf eingestellt, den gesamten geschäftlichen und privaten Zahlungsverkehr zu erfassen und für den Kunden schnell und bequem durchzuführen.

Während in den bisherigen Ausführungen vorausgesetzt wurde, daß der Kontoinhaber über ein Guthaben verfügte, ist jetzt als dritter Beweggrund für die Unterhaltung eines Kontokorrentkontos der Fall zu behandeln, daß der Kunde einen Bankkredit wünscht. Die Prüfung der Kreditwürdigkeit des Kunden und des Verwendungszwecks des nachgesuchten Kredits durch die Bank erfolgt nach bestimmten Grundsätzen. Ist die Bank auf Grund der Verhältnisse bereit, dem Kunden einen Kredit einzuräumen, so kann der Kredit in verschiedenen Formen zur Verfügung gestellt werden, z. B. als Akzept-, Rembours-, Diskontkredit und schließlich als Kontokorrentkredit. Da der Bankkredit, außer dem Effektenkredit, in erster Linie als Ergänzung des Betriebskapitals und damit einem stark schwankenden Bedarf der Wirtschaft dienen soll, ist die Form des Kontokorrentkredits wegen ihrer starken Anpassungsfähigkeit die meist übliche und beliebteste Art des Bankkredits. Die Bank gestattet ihrem Kunden innerhalb der vereinbarten Kreditgrenze für eine bestimmte Zeit, die gegebenenfalls verlängert werden kann, über ihre Mittel mit Hilfe des Kontokorrentkontos frei zu verfügen. Kreditgrenze, -dauer und -bedingungen werden auf dem Kontokorrentkonto vermerkt, und der Kunde kann nunmehr innerhalb dieser Vereinbarungen den Kredit so beanspruchen, wie es seinen eigenen Bedürfnissen jeweils am besten entspricht. Durch die gleichzeitige Konzentrierung der Geldeingänge auf dem Kontokorrentkonto wird die Kreditinanspruchnahme und damit die Zinsbelastung auf das Mindestmaß beschränkt. Der Kontokorrentkredit kann sich durch starke Geldeingänge zeitweise in Kontokorrentguthaben verwandeln, um kurz darauf vielleicht wieder in voller Höhe beansprucht zu werden. Als eine Abart von dem der Höhe und Zeit nach vereinbarten Kontokorrentkredit ist der sog. Überziehungskredit anzusehen. Hierbei gestattet die Bank ihrem Kunden, zur Deckung eines bestimmten, nur ganz kurze Zeit währenden Bedarfsfalles sein Konto „zu überziehen", d. h. die Mittel der Bank vorübergehend in Anspruch zu nehmen. Ist mit diesen zeitweiligen Überziehungen in bestimmten Jahreszeiten regelmäßig zu rechnen, so handelt es sich vielfach um sog. „Saisonbedarf", für dessen Befriedigung die Bank sich durch Hergabe eines Saisonkredits in einer vorher vereinbarten Höhe und Zeit zur Verfügung hält.

2. *Vom Standpunkt der Bank*: Der K. hat in der Hauptsache eine dreifache Bedeutung. Zunächst stellen die Kontokorrentguthaben neben den Spar- und Depositeneinlagen die wichtigste Kapitalquelle für die Bank dar. Eine allgemeine Statistik über die Herkunft der Guthabenarten wird von den Banken nicht geführt oder zum mindesten nicht veröffentlicht. Die Untersuchungen des Enqueteausschusses über den „Bankkredit" kommen zu der Schätzung, daß ungefähr 45—50% der Bankeinlagen von Privaten, etwa 30—35% aus Industrie, Gewerbe und Verkehr und die restlichen 15—25% aus Handel, Landwirtschaft, Versicherung und öffentlicher Hand stammen. Bei den privaten Einlagen ist anzunehmen, daß große Teile als Spar- und Depositengeld angelegt werden, während diese Einlageart bei den übrigen Einlegern stärker zurücktritt. Bei diesen überwiegen vielmehr naturgemäß die täglich fälligen Kontokorrentguthaben. Auf die Größe und Bedeutung der Kontokorrentguthaben ist zu schließen aus der Tatsache, daß bei den 81 Kreditbanken, die Monatsbilanzen veröffentlichen, am 30. Juni 1931 die bis zu 7 Tagen fälligen Guthaben (einschl. Banken) ca. 45% der Einlagen ausmachten. An demselben Stichtag waren von den gesamten Einlagen bei den 6 Berliner Großbanken ca. 49% bis zu 7 Tagen fällige Guthaben (einschl. Banken). Am 31. Dezember 1913 bildeten diese Guthaben 57% der Einlagen der Berliner Großbanken. Aus diesen Zahlen ergibt sich die hervorragende Bedeutung, die die Kontokorrentguthaben als Kapitalquelle für die Banken haben. Der kurzfällige Charakter dieser Guthaben erfordert mit Rücksicht auf die Aufrechterhaltung der Liquidität eine besondere Beachtung und zwingt dem Aktivgeschäft der Kreditbanken grundsätzlich denselben kurzfälligen Charakter auf, wenn auch die Banken damit rechnen können, daß Verringerungen auf einer Seite durch Neuanlagen von anderer Seite wieder ausgeglichen werden und ihnen daher in normalen Zeiten ein gewisser fester Einlagegrundstock verbleibt. Durch diesen Grundstock wird den Banken eine größere zeitliche Freiheit bei der Verwendung der Kontokorrentguthaben ermöglicht und die Hergabe längerfristiger Kredite in gewissem Umfange für sie tragbar (vgl. *Liquiditäts- u. Anlagepolitik der Banken*).

Die Ansammlung der Kontokorrentguthaben ist für die Bank nicht Selbstzweck, sondern nur Erfüllung einer Voraussetzung zur Ermöglichung des aktiven Kreditgeschäfts; und darin liegt die zweite Hauptbedeutung des K. für die Banken, nämlich die Mittel für die Kreditgewährung bereitzustellen. Guthabenansammlung und Guthabenverwertung sind Spiegelbilder, die sich auch ihrer Größe nach weitgehend bedingen. Die Bedeutung des aktiven Kreditgeschäfts in Form des Kontokorrentkredits geht aus folgenden Zahlen hervor: am 31. Dezember 1913 machten die Debitoren in laufender Rechnung bei den Berliner Großbanken 38% und bei allen Monatsbilanzen veröffentlichenden Banken 43% der Gesamtaktiven aus. Am 30. Juni 1931 bestanden bei den 81 Monatsbilanzen veröffentlichenden Banken 46% und bei den 6 Berliner Großbanken 51% der Gesamtaktiven in Debitoren in laufender Rechnung. Aus diesen wenigen Ziffern geht die überragende Bedeutung des Kontokorrentkredits als Aktivgeschäft der Banken klar hervor. Die Zahlen zeigen aber zugleich die große Verantwortung der Banken, die diese durch die Verwendung fremder Mittel zur Gewährung von Krediten an die Wirtschaft ihren Einlegern gegenüber übernehmen; denn daß das Kreditgeschäft besonders in unruhigen Zeiten große Risiken in sich schließt, lehrt die Erfahrung zur Genüge. Die Verwertung der Einlagen im Kontokorrentkreditgeschäft erfordert daher von seiten der Banken ganz besondere Sorgfalt und Wirtschaftskenntnis (s. Artikel Technik des Kreditgeschäfts). Daß aus dieser verantwortlichen Stellung als Verwalter und Verwerter in der Hauptsache fremden Eigentums bei den Banken vielfach eine Sorgsamkeit entspringt, die den Kreditnehmern nicht immer verständlich ist, erklärt sich aus der ungenügenden Berücksichtigung der schwierigen Mittlerstellung der Banken.

Die Ansammlung, Verwaltung und Verwertung der Kontokorrenteinlagen im Wege des K. wird von den Banken entsprechend dem Erwerbsstreben jedes anderen Geschäftszweiges zum Zwecke der Gewinnerzielung betrieben. Die Einnahmen der Banken aus dem K. entstehen einmal aus der Zinsspanne zwischen Passiv- und Aktivzinsen für Kontokorrentguthaben und -schulden und zweitens aus den für die Kontoführung und Durchführung des Kundenzahlungsverkehrs berechneten Provisionen. Diese Einnahmen aus dem Kontokorrentgeschäft bilden den größten und zuverlässigsten Teil der Gesamteinnahmen. Ihr prozentualer Umfang an den Gesamteinkünften ist aus den veröffentlichten Ziffern nicht zu ermitteln und zudem schwankend und abhängig von der jeweiligen Konjunktur. In Zeiten des Aufstiegs, bei guter Konjunktur, wächst der prozentuale Anteil der übrigen Geschäfte, insbesondere des Wertpapiergeschäfts, um bei schlechterer Wirtschaftslage wieder zurückzugehen und die Einnahmen aus dem Kontokorrentgeschäft wieder in den Vordergrund treten zu lassen. Die Berechnung der Zinsspanne zwischen den von den Banken vergüteten und belasteten Passiv- und Aktivzinsen kann nicht, wie es in der Öffentlichkeit zur Beurteilung der Zinspolitik der Banken vielfach irrtümlich geschieht, so vorgenommen werden, daß die Passivzinsen für täglich fällige Kontokorrentguthaben gegenübergestellt werden den Aktivzinsen für beanspruchte Kontokorrentkredite. Diese Rech-

Siehe auch C.

nung ist deswegen unzutreffend, weil die täglich fälligen Einnahmen nur zum Teil zur Hergabe von Kontokorrentkrediten benutzt werden können. Ein großer Teil der kurzfälligen Guthaben muß als Liquiditätsreserve und für die Abwicklung des nationalen und internationalen Zahlungsverkehrs bei anderen in- und ausländischen Bankstellen als niedrig verzinsliches oder vielfach als zinsloses Guthaben unterhalten werden. Die Unterhaltung dieser notwendigen Reserven bringt den Banken nicht nur keinen Zinsnutzen, sondern verursacht ihnen einen Zinsverlust und damit einen Unkostenposten, der bei der Berechnung der Zinsspanne nicht übersehen werden darf. Zur Bereitstellung der Kontokorrentkredite müssen in erster Linie die längerfristigen Spar- und Depositeneinlagen, die bekanntlich einen höheren Zins bedingen, herangezogen werden. Bei der Berechnung der Zinsspanne sind also zu berücksichtigen: die nur teilweise Eignung der täglich fälligen Kontokorrenteinlagen als Kreditmittel, der Zinsverlust, der den Banken aus der Unterhaltung der Liquiditäts- und Zahlungsreserven entsteht und schließlich die höhere Verzinsung der zur Kredithergabe in erster Linie benutzten längerfristigen Einlagen. Der Enquêtebericht über den „Bankkredit" hat den Versuch unternommen, eine objektive Berechnung der Zinsspanne der Banken zu liefern, wobei der Bericht bemerkt, daß die ermittelten Zinsspannen eher zu hoch als zu niedrig sind. Der Bericht bringt (S. 195) die nachstehende Tabelle:

Die Zinsspanne und die Unkosten bei den Berliner Großbanken[1] in der Vor- und Nachkriegszeit.

	Kreditoren[2]		Auf die Kreditoren erzielte Erträge		Handlungsunkosten und Steuern		Zinsspanne Erträge (Spalte 3) in % der Kreditoren (Spalte 1)		Unkosten (Spalte 5) in % der Kreditoren (Spalte 1)		Zinsertrag (Spalte 3) in % der Unkosten (Spalte 5)	
	Mill- M. bzw. RM.	1926 = 100	Mill. M. bzw. RM.	1926 = 100	Mill. M. bzw. RM.	1926 = 100	%	1926 = 100	%	1926 = 100	%	1926 = 100
	1	2	3	4	5	6	7	8	9	10	11	12
1912	4815,2	—	67,0	—	85,6	—	1,4	—	1,8	—	78	—
1913	4824,0	—	73,9	—	89,8	—	1,5	—	1,9	—	82	—
1926	4744,0	100	163,4	100	313,1	100	3,4	100	6,6	100	52	100
1927	6107,0	129	191,0	117	339,2	108	3,1	91	5,5	83	56	108
1928	7351,9	155	214,7	131	345,9	110	2,9	85	4,7	71	62	119
1929	8928,4[3]	188[3]	264,8[3]	162[3]	377,9[3]	121[3]	2,9	85	4,2	64	70	135

[1] Für 1912 und 1913 acht Berliner Großbanken: Deutsche Bank, Disconto-Gesellschaft, Dresdner Bank, Bank für Handel und Industrie (Darmstädter Bank), Nationalbank für Deutschland, Commerz- und Disconto-Bank, Mitteldeutsche Creditbank, A. Schaaffhausenscher Bankverein. Für 1926—1929 fünf bzw. vier Berliner Großbanken: Deutsche Bank, Disconto-Gesellschaft (für 1929 Deutsche Bank und Disconto-Gesellschaft), Dresdner Bank, Darmstädter und Nationalbank, Commerz- und Privatbank.

[2] „Kreditoren" abzüglich der „seitens der Kundschaft bei Dritten benutzten Kredite" (reine Kreditoren).

[3] Die starke Steigerung von 1928 auf 1929 ist vornehmlich darauf zurückzuführen, daß in den Zahlen für 1929 eine Reihe von Instituten aufgenommen wurden, die in den Zahlen der Vorjahre nicht enthalten waren. Es handelt sich um die folgenden von der Deutschen Bank und Disconto-Gesellschaft aufgenommenen Institute: A. Schaaffhausenscher Bankverein, Norddeutsche Bank in Hamburg, Rheinische Kreditbank und Süddeutsche Disconto-Gesellschaft.

Die in dieser Tabelle errechneten Zinsspannen sind Bruttozinsspannen, die also noch Unkosten umfassen und weiter die für die Deckung des Kreditrisikos zu berechnende Prämie enthalten.

Zu den bisher behandelten Gesichtspunkten, unter denen die Banken den K. betreiben, kommt noch ein weiterer hinzu: die deutschen Banken pflegen das Kontokorrentverhältnis mit ihrer Kundschaft recht sorgsam, u. a. im Hinblick darauf, daß es der Ausgangspunkt für andere Geschäfte werden kann. Der laufende K. schafft im Laufe der Zeit zwischen Bank und Kunden ein weitgehendes Vertrauensverhältnis und der Bank zugleich einen tiefen Einblick in die verschiedenen Geschäftszweige ihres Gebietes. Diese auf Grund der neutralen Beobachter- und Vertrauensstellung gesammelten Kenntnisse sind nicht nur wichtig für die Kreditpolitik der Banken, sondern zugleich vielfach der Ausgangspunkt von Anregungen für das industrielle Geschäft und dessen Organisation. Aus dem für das deutsche Banksystem charakteristischen Vertrauensverhältnis ergeben sich als wichtige neue Geschäftsarten u. a. die Gründungs-, Aktien- und Anleiheemissionsgeschäfte. Diesen Geschäften liegt meistens der Gedanke zugrunde, einem Unternehmen neue eigene Mittel mit Hilfe von Aktienemissionen oder neue fremde, langfristige Mittel mit Hilfe von Anleiheemissionen zu beschaffen und mit dem Erlös etwaige kurzfristige Schulden, wie z. B. Kontokorrentkredite, zu konsolidieren und die Betriebsmittel dauernd zu vergrößern. Zeitpunkt und Umfang dieser Geschäfte sind natürlich stark von der jeweiligen Lage des Kapitalmarktes abhängig. Die Verknüpfung des Kontokorrentgeschäftes mit dem Gründungs- und Emissionsgeschäft ist für das deutsche Banksystem eines der bezeichnendsten Merkmale und zugleich einer der hervorstechendsten Unterschiede zu den wichtigsten ausländischen Banksystemen. In dem englichen System z. B. überlassen die Depositenbanken das Gründungs- und Emissionsgeschäft besonderen Unternehmungen, nämlich den Promoters und Underwriters. In England liegt also auf diesen Gebieten eine Arbeitsteilung vor, während in dem deutschen Banksystem die Arbeitsvereinigung verwirklicht ist, die ihren Ausgangspunkt und ihre Grundlage in dem K. findet.

Vgl. *Innere Organisation B 4.*

Literatur: BUCHWALD: Technik des Bankbetriebes. Berlin: Julius Springer 1931. — RIESSER: Die deutschen Großbanken und ihre Konzentration im Zusammenhang mit der Entwicklung der Gesamtwirtschaft in Deutschland. Jena: Gust. Fischer. — SCHMIDT: Der nationale Zahlungsverkehr. G. A. Gloeckner. — SOMARY: Bankpolitik. — WEBER: Depositenbanken und Spekulationsbanken. — Enquête-Bericht 1930. V. Unterausschuß über den „Bankkredit". Berlin: Mittler & Sohn.

EDUARD MARTIN.

Kontraktion, Schrumpfung, Zusammenziehung, Gegenteil von Expansion.

Kontraprotest eines Wechsels erfolgt bei Vorlage eines nicht bezahlten Wechsels bei einer Ehrenadresse oder bei einem regreßpflichtigen Vormann. Auch die notarielle Urkunde über die Mitteilung des Wechselinhabers an seinen Vormann, daß der Wechsel zu Protest gegangen sei, wird K. genannt, weil damit regelmäßig auch die Inanspruchnahme des Vormannes verbunden ist.

Kontrebande s. *Völkerrecht II.*

Kontrolltheorie s. *Völkerrecht II.*

— **wesen** s. *Innere Organisation des Bankbetriebes A III*, vgl. *Revision der Bilanz.*

Siehe auch C.

Konventionalstrafe s. *Vertragsstrafe.*

Konversion s. *Schuldensenkung I*, s. *Rentenmarkt 6*, s. *Öffentlicher Kredit II 9*, s. a. *Zwangskonversion.*

Konversionskassa (Caja de Conversión), argentinisches Währungsinstitut s. *Südamerika I.*

— **prämie** s. *Rentenmarkt 6*, s. a. *Schuldensenkung I.*

Konvertierung s. v. w. *Konversion* (s. d.).

Konzentration im Bankwesen vgl. *Geschichte des Bankwesens*, s. *Persönlichkeit und Organisation 13.*

Konzern s. *Holdinggesellschaften*, vgl. *Spezialbanken 4.*

— **banken** s. *Spezialbanken 4.*

Konzertzeichnung nennt man die spekulative Überanmeldung bei Neuemissionen, von denen den ganzen Marktverhältnissen nach zu vermuten ist, daß sie bald über den Emissionspreis (vgl. *Emissionstechnik II 2*) steigen. Der Spekulant zeichnet also einen seine wahren Absichten und eigenen finanziellen Kräfte meist übersteigenden Betrag, um im Falle der Repartierung annähernd den gewünschten Betrag zu bekommen. Die Methode der K. ist geeignet, ein völlig falsches Bild der Marktlage zu geben, schädigt das Kundengeschäft der Emissionsbanken und wird daher von ihnen bekämpft. Am einschneidendsten ist der (oft in Frankreich) eingeschlagene Weg, die Zeichner zur Deponierung des g e s a m t e n Zeichnungspreises einige Tage vor der Zuteilung zu zwingen. Besonders krasse K. dieser Art ereignete sich z. B. in einigen Kunstseidewerten des belgischen Financiers Löwenstein im Jahre 1928.

Konzessionspflicht, amtliche Genehmigung zum Betriebe eines durch die Gewerbeordnung nicht freigegebenen Gewerbes. K. besteht in einigen Ländern für das Bankgewerbe, in Deutschland gehört es jedoch zu den freien Gewerben. Vgl. *Bankenaufsicht I 1* K. von *Aktiengesellschaften* (s. d. *VIII*).

Kooperation der Notenbanken s. *Notenbankpolitik.*

Kopenhagener Börse s. *Skandinavische Länder V.*

Kopie ist eine bloße Abschrift des Wechsels, die jeder Inhaber des Wechsels anfertigen kann. Soweit die bloße Abschrift reicht, hat sie keine wechselrechtliche Kraft. Jedoch können auf sie Indossaments mit wechselrechtlicher Kraft gesetzt werden, wenn vermerkt ist, bis wohin die bloße Abschrift reicht („bis hierher Abschrift“). Verbunden mit dem Originalwechsel gibt sie dann ein Dokument mit ununterbrochener *Indossamentkette* (s. d.).

Korn s. *Münzwesen IV.*

Korrektivposten, Wertberichtigungsposten, Ausgleichsposten, ein Posten in der Bilanz, durch den unrichtige Bewertungen berichtigt werden sollen bzw. Vorsorge gegen eine etwaige Veränderung getroffen werden soll.

Kosten s. *Erträgnisse im Bankgewerbe.*

Kostgeschäft s. *Reportgeschäft.*

Kotierung s. v. w. *Notierung.*

Kraftloserklärung von Wertpapieren s. *Kaduzierung.*

Kreationstheorie s. *Geldtheorien, Übersicht der.*

Kredit, Formen und Arten.

I. Kredit und Bankkredit.

Das Wort Kredit wird im wirtschaftswissenschaftlichen Sprachgebrauch verschieden verwandt. Häufig wird von dem Ursprung des Wortes (credere = glauben) ausgegangen und das V e r t r a u e n als das Wesentliche für den Kreditbegriff angesehen. Dieses subjektive Moment des Vertrauens in persönliche und wirtschaftliche Qualitäten eines Kreditnehmers, in seine Leistungsfähigkeit und -willigkeit bildet häufig eine wesentliche V o r a u s s e t z u n g für Kreditgeschäfte; man spricht in diesem Sinne z. B. von dem K., den ein Unternehmer „hat“, oder von dem Emissionskredit, den eine Bank genießt. Andererseits wird bei vielen Kreditgeschäften das subjektive Vertrauensmoment in mehr oder weniger großem Umfang dadurch ersetzt oder ergänzt, daß der Kreditgeber sich durch reale Sicherheiten der verschiedensten Art gegen eine Gefährdung seiner Forderung aus dem Kreditgeschäft schützt. Besonders deutlich wird dies bei dem schon von KNIES als Beispiel herangezogenen Leihhausgeschäft, bei dem der Kreditnehmer oft nicht einmal dem Namen nach bekannt ist und das Faustpfand allein Voraussetzung und Grundlage des Kreditgeschäftes bildet. Hier wie bei allen gedeckten K. ist das persönliche Vertrauensmoment zurückgedrängt oder sogar ausgeschaltet, es kann daher auch nicht den Kern des Kreditbegriffs bilden.

Für die begriffliche Umschreibung des ökonomischen Tatbestandes K. — nur um diesen, nicht um seine rechtliche Einkleidung handelt es sich hier — ist der K r e d i t i e r u n g s v o r g a n g als solcher, das Kreditgeschäft entscheidend. Unter einem Kreditgeschäft wird die Übertragung von Geld, Geldforderungen, Waren usw. verstanden, mit der Maßgabe, daß der Empfangende für eine bestimmte Dauer die unbeschränkte w i r t s c h a f t l i c h e V e r f ü g u n g s m a c h t darüber erhält und sich gleichzeitig zur Rückerstattung nach Ablauf der vereinbarten Frist verpflichtet, sowie zur Zahlung etwa ausbedungener Zinsen. L e i s t u n g und G e g e n l e i s t u n g f a l l e n also beim Kreditgeschäft z e i t l i c h a u s e i n a n d e r, dazwischen liegt eine Zeitspanne, während der der Kreditnehmer die Verfügungsmacht über den Gegenstand der Leistung besitzt.

Die Urform des K. ist der N a t u r a l k r e d i t, bei dem Waren zur Verfügung gegeben und Waren zurückerstattet werden; in der reinen Form dieses K. wird auch der Zins in Waren oder Dienstleistungen vergütet. Diese Kreditart braucht hier nicht berücksichtigt zu werden, da sie heute relativ bedeutungslos ist. In der modernen Geldverkehrswirtschaft spielen zwei Hauptgruppen von Kreditgeschäften die entscheidende Rolle, einmal der sog. W a r e n k r e d i t, bei dem ein Verkauf von Waren auf K. vorliegt; die Leistung erfolgt in Waren, die Gegenleistung in Geld, und auch der Zins, der in diesem Fall die Vergütung für die Stundung des Kaufpreises darstellt, wird in Geld entrichtet. Die andere Hauptgruppe von Kreditgeschäften umfaßt diejenigen, bei denen Leistung, Gegenleistung und Zins in Geld oder Geldforderungen (Bankguthaben, Wechsel) bestehen.

Im folgenden wird nur auf diese zweite Gruppe von Kreditgeschäften eingegangen, bei denen es sich, kurz gesagt, um die H e r g a b e v o n G e g e n w a r t s g e l d g e g e n Z u k u n f t s g e l d handelt, wobei als Geld in diesem Zusammenhang alle diejenigen Mittel bezeichnet werden, mit denen auf dem Markt der Güter und Dienstleistungen eine wirksame Nachfrage entfaltet werden kann.

Die entscheidende volkswirtschaftliche Funktion des K. liegt darin, rechtlich an sich anderweitig gebundene Geldbeträge an Stellen dringenderen Bedarfs und größerer Unternehmungslust zu übertragen; durch ihn wird das Wirtschaften mit „fremden Mitteln“ ermöglicht, ohne das die moderne Geld- und Kreditwirtschaft nicht denkbar wäre.

In dem heute sehr vielfältigen und dichten Netz von Kreditbeziehungen spielen die B a n k e n eine ausschlaggebende Rolle. Ihre Aufgabe ist es, K. in Anspruch zu nehmen, um K. zu gewähren (passiver

Siehe auch C.

und aktiver Bankkredit). Kreditinanspruchnahme bedeutet „... Übernahme von Schuldverpflichtungen. Die Ausgabe von Noten, die Buchgutschrift, Annahme von Spareinlagen, Ausgabe von Akzepten, Emission von Pfandbriefen stellen in verschiedenen Formen Verpflichtungen der Banken dar" (SOMARY, Bankpolitik, S. 3). Weil das Publikum Vertrauen zu den Instituten, zu ihrer Erfahrung im Kreditgeschäft und ihrer besonderen Marktkenntnis besitzt, werden ihnen nach Höhe, Fristigkeit und wirtschaftlichem Charakter verschieden geartete Geldbeträge zur Verfügung gestellt. Mit ihrer Überlassung an die Banken verlieren diese Geldbeträge ihre Selbständigkeit, sie werden zu einer einheitlichen gleichförmigen Masse verschmolzen und alsdann in anderen Abschnitten und z. T. auch mit anderer Fristigkeit im aktiven Kreditgeschäft verwendet. In diesem Umformungsprozeß, der z. B. aus vielen kleinen Einzeleinlagen einen Großkredit und ebenso aus einer Großeinlage eine Mehrzahl kleiner und mittlerer K. entstehen läßt (vgl. Deutschland, Geld- u. Kap.-Markt), liegt eine eigentümliche, gestaltende Funktion der Banken. Bei der Weiterleitung der bankmäßig umgeformten Mittel an die Kreditnehmer haben die Institute ihre privatwirtschaftlichen Interessen und die ihres Kundenkreises mit allgemein volkswirtschaftlichen Notwendigkeiten in Einklang zu bringen.

Die Tätigkeit der Banken: Kreditaufnahme, bankmäßige Umformung, Kreditgewährung bedeutet nichts anderes als den fortgesetzten, organisierten Tausch von Gegenwartsgeld gegen Zukunftsgeld. Ob und in welchen Grenzen Kreditgewährung auch ohne vorherige entsprechende Kreditinanspruchnahme möglich ist, wird weiter unten (III.) untersucht werden.

II. Formen und Arten des Bankkredits.

Die aktiven Bankkreditgeschäfte sind in ihrer Mannigfaltigkeit ein Spiegelbild der Differenziertheit der modernen Verkehrswirtschaft. Jeder Versuch, sie unter einem bestimmten Gesichtspunkt, z. B. der Fristigkeit oder der Sicherstellung oder der Form, in der sie gegeben werden, in ein einheitliches Schema zu pressen, muß notwendig unbefriedigt lassen. Man würde der Wirklichkeit Gewalt antun, da sich bei jedem Einteilungsprinzip Überschneidungen, Misch- und Übergangsformen, wechselnde Gepflogenheiten der Bankpraxis von Land zu Land herausstellen. Es ist daher notwendig, von verschiedenen Seiten und mit verschiedener Blickrichtung an die Darstellung der Kreditgeschäfte heranzugehen, wenn eine genügend umfassende Vorstellung von ihrer Vielgestaltigkeit vermittelt werden soll.

1. Zunächst seien als zwei große Gruppen die Barkredite, die ihrem Wesen nach unmittelbar zu einer Beanspruchung von Mitteln der Bank führen, von den verschiedenen Formen der Kreditleihe unterschieden, bei der die Bank lediglich ihren eigenen K. im Sinne des Vertrauens, das sie genießt, dem Kunden zur Verfügung stellt. Akzept-, Rembours- und Avalkredite sind typische Beispiele der Kreditleihe; es sind sozusagen Eventualkredite. Die Bank stellt ihrem Kunden ihr Akzept (oder auch ihr Giro) bzw. das Akzept einer befreundeten Bank zur Verfügung oder übernimmt, beim Avalkredit die häufigere Form, für ihn eine Bürgschaft und trifft gleichzeitig mit dem Kunden eine Vereinbarung, daß er bei Fälligkeit des Wechsels oder der verbürgten Forderung für Deckung zu sorgen habe. Ist allerdings der Kunde nicht in der Lage, seinen Verpflichtungen fristgerecht nachzukommen, so wird aus der Kreditleihe ein Barkredit: die Bank muß ihr Akzept honorieren.

2. Bei den Barkrediten wiederum lassen sich nach Form und Sicherung vier Hauptgruppen unterscheiden.

a) Die gebräuchlichste Form stellt der Kontokorrentkredit oder K. in laufender Rechnung dar, der in erster Linie von Industrie, Handel und Gewerbe für Zwecke der Betriebsmittelbeschaffung oder -ergänzung in Anspruch genommen zu werden pflegt (z. B. Finanzierung des Verarbeitungsprozesses und der damit verbundenen Lagerhaltung). Die Form des Kontokorrentkredits — vereinbarter Höchstbetrag, täglich wechselnder Kreditsaldo, in der Regel kurzfristig, meist täglich kündbar — ist in idealer Weise den täglich wechselnden Bedürfnissen der Kundschaft angepaßt, die laufend Zahlungen zu leisten und zu empfangen hat. Die mit dem Kontokorrentkredit verbundenen Risiken der Bank werden meist durch Hereinnahme von Sicherungen der verschiedensten Art (gedeckter [bzw. ungedeckter] Kontokorrentkredit) gemildert.

b) Solcher besonderen Sicherungen bedarf es weniger bei der zweiten Hauptgruppe, den Wechseldiskontkrediten, die häufig neben Kontokorrentkrediten eingeräumt werden. Bei der Diskontierung von Warenwechseln ist grundsätzlich durch den Wechsel ein konkreter Warenumsatz und damit die Marktfähigkeit der beliehenen Ware bescheinigt. Der Wechseldiskontkredit, auf dessen Sicherung durch die Kollektivhaftung von Aussteller, Bezogenem und Remittenten und durch die Wechselstrenge hier nicht eingegangen zu werden braucht, ist also (kurzfristiger) Umsatzkredit (automatische Liquidierung) und als solcher, wie auch wegen seiner leichten Mobilisierbarkeit (Rediskont) besonders beliebt. Der beim Wechselankauf abzuziehende Zins (Diskont) schwankt naturgemäß nach der Bonität der Wechsel (reine Warenwechsel, bankgirierte Warenwechsel, Bankakzepte). Speziell der Finanzierung des Außenhandels dient die Diskontierung von Dokumententratten (s. *Überseegeschäft*); soweit lediglich eine Bevorschussung der Tratte erfolgt, liegt ein durch die Verschiffungsdokumente gesicherter Lombardkredit vor.

c) In einer weiteren Gruppe werden die *Effektenkredite* (s. d.) zusammengefaßt, die eine kurzfristige Beleihung langfristiger Wertpapiere darstellen; sie erscheinen als Lombardkredite. — Beleihung von meist börsengängigen Wertpapieren mit einer nach der Qualität und Realisierbarkeit abgestuften Quote des Kurswerts — und als Reportkredite — Beleihung in voller Höhe des Kurswertes, aber in der Regel mit Einschuß; sie dienen überwiegend der Finanzierung der Börsenspekulation (vgl. *Report- u. Lombardgeschäft*). Terminierte Effekten- (Lombard-) Darlehen sind auch die broker loans, die von den New Yorker Banken für eigene oder für Rechnung der Provinzbanken gegeben werden. Lombardcharakter hat ferner das Londoner kurzfristige Geldgeschäft (money at call and short notice) das mit Bill oder Stock Brokers und dementsprechend gegen Wechsel- oder Effektendeckung betrieben wird, ebenso das deutsche Geldgeschäft (Tagesgeld bzw. Schecktausch in Frankfurt a. M., Ultimogeld, festes Geld usw.), das allerdings unter ersten Firmen meist ohne besondere Effekten- (bzw. Wechsel-) Deckung abgewickelt wird; dagegen wird nicht von Effektenkredit gesprochen, wenn ein Kontokorrentkredit durch Verpfändung von Wertpapieren gesichert ist. Charakteristisch für den Effektenkredit ist die Beleihung lediglich auf Grund der Wertpapiere, ist ferner, daß der Darlehnsbetrag, ebenso wie beim Wechselkredit, summenmäßig für die Dauer des Kreditgeschäfts fixiert ist, also nicht dem beim Kontokorrentkredit üblichen Auf und Ab unterliegt, und ist schließlich, daß die Verzinsung, die sich beim Kontokorrentkredit jeweils den Veränderungen der Bankrate anpaßt, für jedes einzelne Kreditgeschäft fest vereinbart wird (Diskont, Lombard-, Report-, Tagesgeldsatz).

d) Eine letzte Gruppe bilden die kurz als Darlehen bezeichneten Barkredite, die weder Diskont- noch Effektenkredite sind, in den sonstigen Merkmalen aber: fester Betrag, gegebene Fristigkeit, fester Zins mit diesen beiden Formen übereinstimmen. Hierher gehört der nichteffektengedeckte Lombardkredit, also z. B. die Beleihung von Waren, speziell von typisierten Waren, Edelmetallen, Traditionspapieren (Konnossementen, Warrants), von Frachtbriefduplikaten (Vinkulationskredit) usw. Zu nennen ist in dieser Gruppe, weiterhin das Institut des Erntepfandes (Warrant agricole z. B. in Frankreich, Niederländisch-Indien, auch in Deutschland sind Versuche in dieser Richtung zur Hebung des Pächterkredits gemacht worden), ferner Bürgschaftskredite, Schuldscheindarlehen, sowie das meist von Spezialinstituten (Grundkreditanstalten, Sparkassen) gepflegte Geschäft des Hypothekarkredits, des Schiffsdarlehns und des Kommunalkredits.

Die hier vorgenommene Gruppierung der Barkredite stellt nur eine von mehreren Möglichkeiten dar; Überschneidungen lassen sich nicht gänzlich vermeiden; Effektenkredite z. B. werden bisweilen in der Form der Kontokorrentkredite gegeben usw. Häufig werden ferner die Effektenkredite nicht als besondere Gruppen geführt, sondern mit anderen Lombarddarlehen unter der Sammelbezeichnung „Lombardkredite" erfaßt.

3. Die bisherige Darstellung der Formen, in denen sich die bankmäßige Kreditgewährung regelmäßig vollzieht, bedarf einer Ergänzung und Vertiefung unter verschiedenen Gesichtspunkten. Die besonderen Merkmale eines Kredits, z. B. seine Verwendung, seine Fristigkeit, seine Sicherung, die oben nur Hilfsstellung zur näheren Charakterisierung einer speziellen Kreditform gaben, sollen jetzt selbständige Ausgangspunkte für neue Gruppierungen werden.

Nach der Verwendung der K. werden Konsumtiv- und Produktivkredite unterschieden. Benutzt der Kreditnehmer den ihm zur Verfügung gestellten Geldbetrag zum Ausgleich der Unzulänglichkeit seines Einkommens, praktisch also zum Kauf von Konsumgütern, dann liegt ein Konsumtivkredit vor. Als Beispiele hierfür seien genannt die Beamtendarlehen der Beamtenbanken in Deutschland, ein großer Teil der neuerdings in Amerika gepflegten Abzahlungskredite (Konsumfinanzierung — s. u. *Abzahlungsgeschäft, Technik des* —) und schließlich auch Teile des *öffentlichen Kredits* (s. d.). Als Gegenstand bankmäßiger Kreditgewährung sind sie von absolut untergeordneter Bedeutung; hier überwiegt bei weitem der Produktivkredit, d. i. der in die Produktionssphäre geleitete K. Mit seiner Hilfe sollen neue Produktionsmittel und mit ihnen neue Konsumgüter geschaffen, soll Kapital im volkswirtschaftlichen Sinne gebildet werden, während bei der Gewährung von Konsumtivkredit Ersparnisse, d. s. Einkommensteile, auf deren Verbrauch zeitweilig verzichtet worden ist, wieder in die Konsumsphäre zurückgeführt und in Einkommen anderer Wirtschaftssubjekte verwandelt werden. Je nachdem, ob solche Produktivkredite zur Schaffung oder Erweiterung von stehendem oder Anlagekapital (Maschinen, Gebäude usw., kurz von Gütern, die einer wiederholten, sich über mehrere Produktionsperioden erstreckenden Verwendung fähig sind) oder von umlaufendem oder Betriebskapital (Rohstoffe, Halbfabrikate, Fertigwaren usw., also von Gütern, die in einer Produktionsperiode verbraucht werden) dienen, werden sie Anlage- und Betriebskredite genannt. Typische Betriebskredite sind z. B. die Saisonkredite, die eine vorübergehende Stärkung der Betriebsmittel von Unternehmungen bezwecken, bei denen der Produktionsprozeß auf eine mehr oder weniger kurze Zeit zusammen-

Siehe auch C.

gedrängt ist: Feldbestellung, Erntebergung, Zuckerrübenverarbeitung, Modeindustrie usw. Das Wesen der reinen Umsatzkredite, Finanzierung des Warenumschlags durch Wechseldiskontkredite, wurde oben bereits erläutert.

Bezeichnungen wie Spekulationskredite, Baugeldkredite (s. u. *Baufinanzierung*), Meliorationskredite, die auf ganz spezielle Verwendungszwecke hindeuten, bedürfen hier keiner besonderen Erklärung.

Mit diesen verschiedenen Verwendungszwecken verbinden sich bestimmte Vorstellungen von der Fristigkeit der K. Von den ganz kurzfristigen K., dem Umsatzkredit, dem Spekulationskredit, führt der Weg über die in der Regel etwa längerfristigen Betriebskredite z. B. zum Meliorationskredit und schließlich zum langfristigen Anlagekredit. In der Praxis verwischen sich die Grenzen leicht, auch kurzfristige, jederzeit kündbare Betriebskredite, die laufend in konstanter Höhe eingeräumt sind und einen Teilersatz für fehlendes Eigenkapital bilden, werden häufig praktisch langfristig sein; Betriebskredit und kurzfristiger K. sind daher, obwohl sie es im Normalfall sein werden, nicht notwendig identisch. Es ist immer bis zu einem bestimmten Grade willkürlich, wo die Schnittpunkte für die Kreditdauer angenommen werden. Mit diesem Vorbehalt werden als kurz-, mittel- und langfristige K. solche mit einer Laufzeit von $^1/_2$—1 Jahr, 1—3 Jahren und über 3 Jahre hinaus bezeichnet. Damit soll und kann nichts darüber ausgesagt werden, ob die K. auch tatsächlich der vereinbarten Fristigkeit entsprechend angelegt und mobilisierbar sind. Das Wort von den „eingefrorenen" K. spricht deutlich dafür, daß kurzfristig gegebene K. mittel- oder langfristig investiert worden sind, daß K., die ursprünglich in den Bereich des Geldmarktes gehörten, zu Kapitalmarktkrediten geworden sind. Das deutsche Industriefinanzierungsgeschäft der Vorkriegszeit z. B. wurde normalerweise in zwei Etappen abgewickelt. Zunächst erfolgte die Kreditgewährung in Form des Kontokorrent- und Akzeptkredits, der dann zu gegebener Zeit durch Emission von Aktien oder Obligationen umgewandelt und abgelöst wurde. Von diesem Verfahren konnte seit 1924 aus den bekannten Gründen nur in sehr beschränktem Umfang Gebrauch gemacht werden.

Ausgesprochen kurzfristig sind die besonders im öffentlichen Kreditverkehr entwickelten Formen der Zwischenkredite, Kassen- oder Überbrückungskredite, die zur Behebung einer vorübergehenden Illiquidität aufgenommen werden und deren Rückzahlung durch in naher Zukunft bestimmt zu erwartende Steuereingänge, Anleiheerlöse usw. gesichert ist.

Nach ihrer Sicherstellung sind die K. Personal- oder Realkredite, d. h. sie werden entweder als sog. Blankokredite, ungedeckte K. lediglich im Vertrauen auf die durch Ruf, Geschäftserfahrung und -erfolge erhärtete, zweifelsfreie Würdigkeit des Kreditnehmers gegeben — hierher gehören auch Bürgschafts-, Schuldschein- und Wechselkredite — oder sie werden zusätzlich durch Pfandrechte an Grundstücken (Immobiliarkredit), an beweglichen Sachen (Mobiliarkredit), an Wertpapieren, Rechten und Forderungen gedeckt. Im Sprachgebrauch der Praxis decken sich die hier aufgezählten Sicherungsformen des „gedeckten" K. nicht mit Realkredit; der Begriff des Realkredits wird in der Regel enger gezogen und im wesentlichen dem Immobiliarkredit vorbehalten. Im Interesse einer klaren Abgrenzung empfiehlt sich daher die Unterscheidung nach gedeckten und ungedeckten K. Eine Sonderform der Kreditsicherung bildet die in den letzten Jahren in Aufnahme gekommene *Kreditversicherung* (s. d.).

Die nicht sehr aufschlußreiche Gruppierung der Bankkredite nach der Art der Kreditnehmer: öffentlicher und privater K., dieser wiederum unterteilt nach Industrie-, Handels-, Agrar-, Pächter-, Mittelstands- usw. K. sei nur der Vollständigkeit halber erwähnt. Dieses Einteilungsprinzip hat Sinn und praktische Bedeutung, wenn eine Bank unter dem Gesichtspunkt einer gesunden Risikomischung die Verteilung ihrer K. nach Branchen überprüft. Eine zu einseitige Bevorzugung einzelner, vielleicht auch noch besonders konjunkturempfindlicher Industriezweige kann leicht zu Kreditverlusten oder doch zu einer Beeinträchtigung der Liquidität der Bank führen.

III. Herkunft des Kredits, Kreditexpansion, Kreditschöpfung.

Die Frage nach der Herkunft des K. rührt an das alte, die Kredittheorie seit jeher beschäftigende Problem, ob das Ausmaß der Kreditgewährung der Banken begrenzt wird durch den Umfang ihrer eigenen und der ihnen zur Verfügung gestellten, „fremden Mittel"[1] oder ob sie in der Lage sind, darüber hinaus ihr Kreditvolumen auszudehnen, also Kreditschöpfung zu betreiben. Die Diskussion um diese Fragen ist in Deutschland im letzten Jahrzehnt erneut aufgelebt. Sie in ihrem Verlauf im einzelnen wiederzugeben, erscheint in diesem Rahmen nicht angebracht, besonders, da inzwischen eine erhebliche Annäherung der ursprünglich stärker widerstreitenden Meinungen festzustellen ist. Die Tatsache, daß Kreditschöpfung erfolgen kann, ist kaum mehr umstritten, erhebliche Differenzen aber bestehen hinsichtlich der Beurteilung ihrer Grenzen und ihrer Wirkungen.

Nicht allen Arten von Banken ist die Möglichkeit gegeben, K. zu schöpfen. Diese Fähigkeit ist, wenn von der Sonderstellung der Notenbank zunächst abgesehen wird, ein Privileg derjenigen Institute, die Träger des bargeldlosen Zahlungsverkehrs sind, die also Scheck- und Girodepositenkonten führen, über die bargeldlos verfügt werden kann. Derartige Banken, zu denen z. B. in Deutschland die Kreditbanken, in England die Depositenbanken gehören, seien hinfort kurz als Zahlungsverkehrsbanken bezeichnet. Bei allen anderen Bankinstituten, also allen denen, die nicht den Zahlungsverkehr als besonderen Geschäftszweig betreiben, wird das Ausmaß der Kreditgewährung begrenzt durch den Umfang der ihnen zur Verfügung gestellten Ersparnisse; ihre Aufgabe ist lediglich, Geldbeträge, auf deren direkte Verwendung für kürzere oder längere Frist verzichtet worden ist, deren „Kaufkraft" ruht, an sich zu ziehen und sie in geeigneter Form den Stellen kreditweise zur Verfügung zu stellen, die zwar den Wunsch und die Möglichkeit, nicht aber die erforderlichen Geldmittel zur Durchführung produktiver Aufgaben haben. Solche Institute, z. B. Grundkreditanstalten und reine Sparkassen, werden im Gegensatz zu den Zahlungsverkehrs- oder Kreditschöpfungsbanken kurz als reine Kreditvermittlungsbanken bezeichnet, wobei der Ausdruck „Kreditvermittlung" nur im bildlichen Sinne verwendet wird. Auch die Zahlungsverkehrsbanken sind naturgemäß insoweit Kreditvermittlungsbanken, als ihre Kreditgewährung auf den ihnen zugeflossenen Ersparnissen usw. beruht.

Um den Prozeß der Kreditschöpfung bei den Zahlungsverkehrsbanken zu veranschaulichen, sei zuerst auf den Vorgang der Geldschöpfung durch die Notenbanken eingegangen. Bei einer angenommenen Notenbankorganisation (Goldwährung mit Einlösungspflicht) werden im Rahmen gesetzlicher Deckungsvorschriften Noten emittiert, die zu einem Teil durch Gold und im übrigen in unserem Beispiel durch Warenwechsel gedeckt werden. Die Notenbank gibt mehr Noten aus als ihrem Goldbestand entspricht, und zwar durch Gewährung kurzfristiger Diskontkredite; bei Fälligkeit der Wechsel strömen die Noten zur Bank zurück, werden wiederum ausgegeben und so fort, so daß die Notenbank den Gesamtumlauf dieser „bankmäßig gedeckten" Noten jederzeit kurzfristig regulieren kann. Die umlaufenden, nicht goldgedeckten Banknoten sind mithin im Wege der Kreditgewährung zusätzlich geschaffen; die Notenbank kann sich zu solchen Geldschöpfungsakten, die in dem durch die Deckungsvorschriften gezogenen Rahmen in traditionellem Ausmaß erfolgen werden, und zu dem Verzicht auf eine 100proz. Goldreserve bedenkenlos verstehen, weil und solange die von ihr zusätzlich emittierten Banknoten im Vertrauen auf die solide Geschäftsgebarung der Bank und die volkswirtschaftliche Einsicht ihrer

[1] Diese „fremden Mittel" bilden den Fonds für die Kreditgewährung der Banken; ihrem wirtschaftlichen Charakter nach können sie etwa folgendermaßen gruppiert werden:

a) Kassenführungs- und Zahlungsverkehrsdepositen, die Betriebsreserven der Geschäftswelt, die gering (Deutschland) oder gar nicht (England, USA.) verzinst werden und über die schnell wieder verfügt wird;

b) schwebende Kapitalien oder Zwischenanlagen, meist Beträge mit mittlerer Fristigkeit, die bis zu ihrer endgültigen Verwendung eine vorübergehende verzinsliche Anlage suchen;

c) Guthaben der Banken bei Banken (Nostro- und Loroguthaben), die ihrem Charakter nach Kassenreserven (kleine Bank bei größerer Bank) oder auch Zwischenanlagen sein können;

d) Ersparnisse, meist längerfristige Mittel, die Sparkassen und Banken als Spareinlagen gegen Sparbuch zur Verfügung gestellt werden oder mit denen von Banken ausgegebene Schuldverschreibungen zur langfristigen Anlage erworben werden, z. B. die Pfandbriefe und Obligationen der Grundkreditanstalten in Deutschland, die Bankobligationen mit drei- bis fünfjähriger Laufzeit in der Schweiz.

Siehe auch C.

Leitung im Verkehr als vollgültiges Geld zirkulieren. Die Goldreserve muß nur so bemessen werden, daß dem Bedarf für Auslandszahlungen und Einlösungswünschen eines etwa mißtrauisch gewordenen Publikums jederzeit entsprochen werden kann; das aber ist das Liquiditätsproblem der Notenbank. Im Rahmen dieser Möglichkeiten (Deckungsbestimmungen und Liquidität) wird und soll die Notenbank von ihrer Fähigkeit zur Geldschöpfung Gebrauch machen; währungspolitische Erwägungen, als notwendig erkannte Einwirkungen auf das Preisniveau, konjunkturpolitische Absichten usw. können sie — ganz abgesehen von den periodisch wechselnden Bedürfnissen des Verkehrs nach baren Zahlungsmitteln (Ultimobedarf) — zu einer Vermehrung oder Verknappung der Geldmenge auf dem Weg über eine Kreditexpansion oder -kontraktion veranlassen. Der Fall der „illegitimen" Geldschöpfung durch die Notenbank für konsumtiven Staatsbedarf wird wegen seines eindeutig inflationistischen Charakters hier und im folgenden nicht berücksichtigt.

Bei den Zahlungsverkehrsbanken verläuft der entsprechende Vorgang wie folgt: Sie gewähren über die ihnen zur Verfügung gestellten Barmittel hinaus K. durch Einräumung von Guthaben, mit denen Zahlungen bargeldlos (Überweisung, Scheck) geleistet werden können, die mithin ähnlich wie Banknoten Zahlungsdienste leisten. Je weiter der Kreis der Zahlungsverkehrsbanken gezogen ist und je größer die Zahl derer ist, an die bargeldlos gezahlt werden kann, desto mehr wächst die Fähigkeit der Banken, im Kreditwege Guthaben zu schaffen; denn durch die bargeldlosen Zahlungen gehen der Gesamtheit der Banken die zusätzlich geschaffenen Guthaben nicht verloren; nur von der Gesamtheit der Banken also, nicht von einer einzelnen Bank kann Kreditschöpfung mit Aussicht auf Erfolg betrieben werden. Wird dagegen der Kreis der bargeldlosen Zahlung durchbrochen, indem die Kreditnehmer die Umwandlung von Guthaben in Bargeld verlangen, z. B. für Lohnzahlungen, dann muß auf die Barreserve der Banken zurückgegriffen werden. Diese muß also in ihrer Relation zu den eingeräumten Kreditguthaben derart bemessen sein, daß alle voraussichtlich zu erwartenden Bargeldabziehungen daraus geleistet werden können. Damit ist bereits die eine Grenze für die Kreditschöpfungstätigkeit der Zahlungsverkehrsbanken gezeigt, die in ihrer privatwirtschaftlichen Liquidität liegt. Diese ist es auch in erster Linie, die die Dispositionen des einzelnen Bankleiters bestimmt; ihm wird in aller Regel nicht bewußt sein, daß er Kreditschöpfung betreibt.

Zweifellos kann nun die Illiquidität einer *einzelnen* Bank, die aus zu starker Kreditschöpfung oder unerwartet umfangreichen Bargeldabforderungen (Run) resultiert, behoben werden, indem das betroffene Institut mit Hilfe einer anderen Bank oder des Noteninstituts Teile seiner Aktiva mobilisiert, etwa Wechsel rediskontiert. Reicht aber auch der der Gesamtheit der Banken zur Verfügung stehende Barvorrat nicht aus, dann bleibt nur der Rückgriff auf die Notenbank.

Damit ist die sehr umstrittene Frage nach den volkswirtschaftlichen Wirkungen der Kreditschöpfung gestellt, die besonders im Rahmen der Geld- und Konjunkturtheorie lebhaft diskutiert wird. Die Wirkungen werden durchaus verschieden sein können, je nachdem, in welcher Konjunkturphase, in welchem Ausmaß und für welche Dauer und schließlich, an welcher Stelle die zusätzlichen K. eingesetzt werden, ob alle Produktionsstufen gleichmäßig mit K. versorgt werden usw. Will man die in der Wirklichkeit sehr vielfältigen Variationen und sehr komplizierten Zusammenhänge einmal bewußt vereinfachen, so läßt sich etwa folgendes ganz allgemein feststellen: Die mit zusätzlichen K. ausgestatteten Produzenten entfalten eine gesteigerte Nachfrage nach Gütern, die für eine beabsichtigte Produktionserweiterung benötigt werden, und bewirken dadurch in dieser Sphäre eine Preissteigerung, die sich langsam auf andere Gebiete der Volkswirtschaft ausdehnt; der Vorgang wird sich in der Regel zunächst in mäßigem Tempo vollziehen. Da die Nominaleinkommen breiter Konsumentenschichten (Lohn-, Gehalts- und Rentenempfänger) vorerst unverändert bleiben, werden ihre Konsummöglichkeiten durch die Teuerung mit dem Erfolg beschränkt, daß von dem Gesamtgütervorrat der Volkswirtschaft ein wachsender Anteil aus der Konsumsphäre in die sich ausdehnende Produktionssphäre gezogen wird. Der durch die Preissteigerung erzwungene Konsumverzicht, der in der Literatur nicht ganz treffend als „Zwangssparen" bezeichnet wird und der, als Verminderung des Realeinkommens, z. B. auch die traditionsmäßig gegebene Sparquote treffen kann, muß zu einem erheblichen Teil die durch die Kreditschöpfung eingeleitete Erweiterung des Produktionsapparates und der Produktion selbst ausgleichen.

Eine Folge und unter Umständen eine Gefahr der zusätzlichen K. liegt also kurz gesagt darin, daß die bis dahin bestehende Verhältnismäßigkeit zwischen Produktions- und Konsumtionssphäre gestört, die traditionelle Spartätigkeit gehemmt und dadurch die Versorgung mit langfristigem K. erschwert werden kann. Soll das erweiterte Produktionsvolumen aufrecht erhalten bleiben, so ist erforderlich, die zunächst nur kurzfristig durch Kreditschöpfung (Betriebskredite) finanzierte Ausdehnung durch nachfolgende Spartätigkeit zu konsolidieren. Nur unter dieser Bedingung ist Produktionsausdehnung *auf die Dauer* möglich; die Kreditschöpfung hat in aller Regel nur eine zeitliche Vorwegnahme zukünftiger Ersparnisbildung ermöglicht und damit vielleicht einen konjunkturellen Anstoß gegeben.

Von den Befürwortern der Kreditschöpfung wird nun auf diese konjunkturelle Wirkung besonderes Gewicht gelegt. Sie sehen die entscheidende Bedeutung der Kreditschöpfung darin, daß diese der Konjunkturbewegung einen Antrieb gibt, daß sie eine Verbesserung der technischen Ausrüstung des Produktionsapparates bewirkt und damit eine Ausweitung der Produktion und eine Vergrößerung des Sozialprodukts gestattet. Die Gefahr liegt aber darin, daß in den meisten Fällen die „Vermehrung des Sozialprodukts nicht ausreichend sein wird, um die Preissteigerungstendenzen aus der Geldschöpfung voll zu kompensieren" (NEISSER). Dieser Disproportionalität entsprechen Wirkungen inflationistischer Art mit ihren bekannten Nachteilen.

Wäre Kreditschöpfung durch die Banken in unbeschränktem Ausmaß möglich, so würde dies eine äußerst bedenkliche volkswirtschaftliche Gefahrenquelle bedeuten. Praktisch sind ihr aber verhältnismäßig enge Grenzen gezogen[1]. Sie liegen, wie oben gezeigt wurde, zuerst in der eigenen Liquidität der

[1] So beziffert NEISSER (Tauschwert des Geldes S. 57f.) auf Grund der Bilanzzahlen der deutschen Kreditbanken für die Jahre 1913 und 1914 die in diesem Jahr durch Kreditschöpfung entstandenen Bankdepositen bei allen Scheckkonto führenden Banken auf höchstens 600—700 Millionen RM. „Von einer gesamten Kapitalvermehrung von 8 Milliarden, wie sie von HELFFERICH für das Deutschland der Vorkriegszeit geschätzt wurde, machte die Vermehrung des Bankkredits und Scheckgeldvolumens jährlich noch nicht 10% aus." Diese Gegenüberstellung, die keinen Anspruch auf Exaktheit erhebt, gibt in jedem Fall eine Vorstellung von den Größenverhältnissen und läßt klar die überragende Bedeutung der Ersparnisbildung für das Kreditvolumen der Volkswirtschaft erkennen. In der Nachkriegszeit dürften wesentliche Änderungen in den hier geschätzten Beziehungsgrößen nicht eingetreten sein.

Siehe auch C.

Banken und dann in der Stillhaltebereitschaft der Notenbank. Kreditschöpfung ist ferner nur möglich im Rahmen des bargeldlosen Zahlungsverkehrs; hat dieser bereits einen hohen Entwicklungsstand erreicht, wie z. B. in Deutschland und noch mehr in England, so ist in dem Umstand, daß nur geringe Ausweitungsmöglichkeiten und auch diese nur auf längere Sicht vorhanden sind, eine weitere Begrenzung der Kreditschöpfung gegeben. Außerdem bleibt die *Umlaufsgeschwindigkeit der Bankdepositen* (s. d.) erfahrungsgemäß erheblich hinter der des baren Geldes zurück; die preisbildende Kraft der Bankdepositen ist daher auch wesentlich geringer zu veranschlagen als die des baren Geldes.

Aus allem Gesagten ergibt sich, daß in engen Grenzen von der Kreditschöpfung der Zahlungsverkehrsbanken inflatorische Wirkungen ausgehen können, insbesondere im Konjunkturaufschwung, daß aber Inflationen größeren Ausmaßes, wie sie aus der Geschichte bekannt sind (Assignaten von 1789—1796, deutsche Inflation der Kriegs- und Nachkriegszeit), nur aus der übermäßigen Geldschöpfungstätigkeit der Notenbanken entstehen können.

Literatur: HAWTREY: Geld und Kredit. Jena 1926. — HELLER, W.: Zum Streit um die Kredittheorie. Z. ges. Staatsw. **1931**, 525—560. — KAEFERLEIN: Der Bankkredit und seine Sicherungen, 5. Aufl. Nürnberg 1925. — KNIES: Der Kredit (2. Abt. von „Geld und Kredit"). Berlin 1876. — KOCH, A.: Banken und Bankgeschäfte unter besonderer Berücksichtigung der Rechtsverhältnisse. Jena 1931. — KOMORZYNSKI: Die nationalökonomische Lehre vom Kredit. Innsbruck 1903. — LEAF: Banking. London o. J. — LEXIS: Art. Kredit im Handw. d. Staatsw., 3. Aufl. — LOTZ, W.: Das Wesen des Kredits. In: Festgabe RIESSER, S. 136—145. Berlin 1913. — MACHLUP: Börsenkredit, Industriekredit und Kapitalbildung. Wien 1931. — MACLEOD: Elements of political economy. London 1858. — MOULTON, H. G.: The finanzial organization of society, 2. Aufl., 4. Neudruck. Chicago 1928. — NEISSER, H.: Der Tauschwert des Geldes. Jena 1928. — PALYI, M.: Notenbank und Kreditbanken. In: HARMS: Kapital und Kapitalismus **1**, 374—399. Berlin 1931. — Ungelöste Fragen der Geldtheorie. In: Die Wirtschaftswissenschaft nach dem Kriege (Festgabe BRENTANO) **2**, 455—517. München und Leipzig 1925. — PHILLIPS, C. A.: Bank Credit, 2. Aufl. New York 1928. — PIGOU, A. C.: Industrial Fluctuations. London 1927. — ROZUMEK: Das Kreditgeschäft im Bankbetriebe, 6. Aufl. Hamburg, Berlin und Leipzig 1927. — SCHULZE-GAEVERNITZ: Die deutsche Kreditbank. Tübingen 1922. — SOMARY, F.: Bankpolitik. Tübingen 1931. — WEBER, ADOLF: Depositenbanken und Spekulationsbanken, 3. Aufl. München und Leipzig 1922. — WICKSELL: Vorlesungen über Nationalökonomie. 2. Band: Geld und Kredit. Jena 1928. — WITHERS, H.: Geld und Kredit (übers. v. PATZAUER). Jena 1911. — Der Bankkredit, Verhandlungen und Berichte des Unterausschusses für Geld-, Kredit- und Bankwesen. Berlin 1930.

ERICH ZACHAU.

Kreditauftrag s. *Kreditleihe.*
— **auskunft** s. *Auskunftswesen und Kreditauskunft.*
— **banken** (als Bezeichnung eines bestimmten Banktyps) s. *Credit Mobilier 1.*
— **berichte** s. *Kreditgeschäft II.*
— **brief** s. *Akkreditiv*, s. a. *Bargeldloser Zahlungsverkehr 3.*
— **büro** s. *Kreditgeschäft II.*
— **expansion** s. *Kredit III.*
— **geld** s. *Kredit, Währungswesen, Giralgeld.*

Kreditgenossenschaften.

I. Allgemeines.

§ 1 des Gesetzes betr. die Erwerbs- und Wirtschaftsgenossenschaften gibt eine Definition der genossenschaftlichen Unternehmung und führt in einem Katalog die wichtigsten Arten genossenschaftlicher Unternehmungen auf, dabei als Nr. 1 die Vorschuß- und Kreditvereine, die heute üblicherweise als K. bezeichnet werden. Hauptaufgabe der K. ist es, ihren Mitgliedern mittels gemeinschaftlichen Geschäftsbetriebs die für die Förderung ihres Erwerbs und ihrer Wirtschaft notwendigen Kredite zur Verfügung zu stellen.

Die Begründer der modernen deutschen Genossenschaftsbewegung, SCHULZE-DELITZSCH und RAIFFEISEN, haben gleich zu Beginn ihrer genossenschaftlichen Tätigkeit vor allem K. ins Leben gerufen. K. können für alle möglichen Bevölkerungskreise geschaffen werden. Ihre vornehmlichste Entwicklung haben sie als Wirtschaftsunternehmungen des gewerblichen und ländlichen Mittelstandes gefunden.

Die K. für den ländlichen Mittelstand bestehen heute im allgemeinen unter der Bezeichnung als Spar- und Darlehnskassenvereine oder Raiffeisenkassen. Vielfach bezeichnet man sie auch als Dorfbanken.

Die K. für den gewerblichen Mittelstand, früher unter der Firmenbezeichnung Vorschußvereine bekannt, tragen heute vielfach die Firma Vereinsbank, Mittelstandsbank, Gewerbebank. Sie werden zusammengefaßt unter der Bezeichnung: genossenschaftliche Volksbanken.

Neben diesen beiden Gruppen haben sich noch K. für bestimmte Berufsgruppen und Wirtschaftsgruppen gebildet, so z. B. Hausbesitzerbanken, Beamtenbanken und Arbeiterbanken.

II. Geschichte der Kreditgenossenschaften.

1850 wurde unter Mitwirkung von SCHULZE-DELITZSCH in Eilenburg die erste K. (Vorschuß-Verein) für die Arbeiter und Kleingewerbetreibenden gegründet. 1860 gründete RAIFFEISEN nach einer ähnlichen Gründung in Flammersfeld in Heddersdorf den ersten eigentlichen Darlehnskassenverein, der aus einem 1854 gegründeten Wohltätigkeitsverein hervorging. Die durch SCHULZE-DELITZSCH ins Leben gerufene Kreditgenossenschaftsbewegung entwickelte sich sehr schnell.

1870	bestanden	721	Kreditgenossenschaften
1900	„	1136	„
1920	„	1514	„
1931	„	2236	„

Die zahlenmäßige Entwicklung der ländlichen Spar- und Darlehnskassen setzte anfänglich nur sehr langsam ein, nahm dann aber mit der Zulassung von Zentralgenossenschaften und mit der Gründung der Preußischen Zentralgenossenschaftskasse eine sprunghafte Entwicklung.

1890	bestanden	1729	Spar-	u.	Darlehnskassenvereine
1900	„	9793	„	„	„
1920	„	18331	„	„	„
1931	„	19416	„	„	„

Bei den SCHULZE-DELITZSCHschen Vorschußvereinen (genossenschaftlichen Volksbanken) handelte es sich durchweg um größere Wirtschaftsunternehmungen, die in Städten und größeren Gemeinden ihren Sitz hatten, während die Spar und- Darlehnskassen im allgemeinen als kleine Wirtschaftsgebilde in Dörfern und kleineren Gemeinden bestehen.

Für die Entwicklung der K. als dem auch heute noch zahlenmäßig bedeutungsvollsten Zweig der genossenschaftlichen Bewegung war die Schaffung des Genossenschaftsgesetzes im Jahre 1868 sowie seiner Novellen, vor allem vom Jahre 1889, von besonderer Bedeutung. Die letztere Novelle gab die Möglichkeit der Gründung von Genossenschaften mit beschränkter Haftpflicht, während bisher nur die Gründung von Genossenschaften mit unbeschränkter Haftpflicht zugelassen war. Die Neugründung von Genossenschaften setzte mit besonderem Nachdruck nach Erlaß dieser Novelle ein.

Die deutsche kreditgenossenschaftliche Bewegung hat auch im Ausland weitgehend Nachahmung gefunden.

Siehe auch C.

III. Der Aufgabenkreis der verschiedenen Gruppen der Kreditgenossenschaften.

a) Mitgliederzusammensetzung. Die K. sind Wirtschaftsunternehmungen, die dem Interesse ihrer Mitglieder zu dienen haben. Mitgliederkreis und Kundenkreis decken sich daher im allgemeinen.

Die Mitglieder der ländlichen K. setzen sich zum überwiegenden Teil zusammen aus Landwirten, und zwar vor allem aus kleinen und mittleren Landwirten. In manchen Gegenden sind auch die Großgrundbesitzer den Genossenschaften angeschlossen. Außer den Landwirten rekrutieren sich etwa 10% der Mitglieder aus Kleingewerbetreibenden und den Angehörigen freier Berufe auf dem Lande.

Den städtischen K. (genossenschaftlichen Volksbanken), gehören überwiegend Angehörige des gewerblichen Mittelstandes, Handwerker, Einzelkaufleute, Kleinindustrielle an, die etwa 45% des Gesamtbestandes ausmachen. Daneben sind noch angeschlossen etwa 21% Landwirte, 13% freie Berufe und 11,5% Arbeitnehmer. Es liegt bei diesen Genossenschaften eine gute Berufsmischung vor, durch die ein guter Geldausgleich und eine gute Risikoverteilung bei der Krediteinräumung geschaffen wird.

Spezialkreditgenossenschaften für einzelne Gewerbezweige haben sich im allgemeinen als unzweckmäßig erwiesen und sind meistens nach kurzer Zeit wieder zusammengebrochen.

Bei den Hausbesitzerbanken setzen sich die Mitglieder überwiegend aus Hauseigentümern zusammen, die dann aber den verschiedensten Berufs- und Gewerbegruppen angehören können. Vielfach besteht kein großer Unterschied gegenüber den allgemeinen genossenschaftlichen Volksbanken.

Die Beamtenkreditgenossenschaften vereinigen Beamte, vielfach auch Privatbeamte. Einzelne dieser Beamtengenossenschaften beschränken sich auf eine bestimmte Kategorie von Beamten.

b) Aufgaben. Die Hauptaufgabe aller K. ist die Einräumung von Krediten an ihre Mitglieder. Das Genossenschaftsgesetz verbietet im § 8 Abs. 2 die Einräumung von Krediten an Nichtmitglieder. Die für die Einräumung dieser Kredite notwendigen Betriebsmittel verschaffen sich die Genossenschaften:

1. Aus ihrem eigenen Vermögen; dieses wird gebildet aus den Einzahlungen der Mitglieder auf die Geschäftsanteile und aus den im Laufe der Jahre gebildeten Reserven.

2. Den überwiegenden Teil der Mittel zur Krediteinräumung erhalten die Genossenschaften aus den anvertrauten fremden Geldern, teils Spareinlagen, teils Kontokorrenteinlagen (Depositen). Das Spargeschäft bildet bei allen K. die notwendige Ergänzung ihrer Zweckaufgaben. Diese Tätigkeit der Genossenschaft wird daher vielfach auch bereits in der Firmenbezeichnung der Genossenschaft zum Ausdruck gebracht (z. B. Spar- und Darlehnskassenverein, Spar- und Kreditbank, Spar- und Vorschußbank). Spargelder und Depositen werden nicht nur von Mitgliedern, sondern auch von Nichtmitgliedern angenommen.

3. Neben diesen beiden Quellen der Finanzierung kommt dann noch der Bankkredit in Frage, den die Genossenschaften im allgemeinen von den für sie geschaffenen Wirtschaftszentralen (Dresdner Bank Genossenschafts-Abteilungen, Preußische Zentralgenossenschaftskasse (vgl. weiter unten) erhalten.

Die Krediteinräumungen seitens der Genossenschaften erfolgen im allgemeinen kurzfristig, angepaßt den wirtschaftlichen Umschlagszeiten des Kreditnehmers (bei Gewerbetreibenden ein Viertel Jahr, bei Landwirten 1 Jahr).

Die Kredite sind reine Personalkredite, die durch Bürgenstellung oder Realsicherheiten zu unterlegen sind. Die Gewährung von Hypothekarkrediten ist grundsätzlich ausgeschlossen, da es den Liquiditätsgrundsätzen widerspricht. Bei den verschiedenen Arten der K. sind die Krediteinräumungen in ihrer Höhe, Laufdauer, Sicherung und Rechtsform den besonderen Bedürfnissen der in der Genossenschaft vereinigten Berufsgruppe angepaßt.

Bei den landwirtschaftlichen K. werden im allgemeinen feste Darlehen mit Amortisationen eingeräumt. Hieran sind nur in den Aufbaujahren Änderungen eingetreten dadurch, daß die Genossenschaften für diese Darlehen vielfach die Wechselform gefordert haben, da sie die Wechsel zur Aufnahme von Bankkrediten bei ihren Zentralen benötigen. Da bei den ländlichen K. überwiegend kleine und mittlere Landwirte vereinigt sind, sind die Kredite in ihrer Höhe den Bedürfnissen dieser Kreise angepaßt. Außer dem Darlehn- und Spargeschäft werden seitens der kleineren ländlichen K. sonstige bankmäßigen Geschäfte im allgemeinen nicht getätigt. Diese Spar- und Darlehnskassen werden meistens von ehrenamtlichen Vorstandsmitgliedern ohne bankmäßige Vorbildung geleitet. Über 80% der ländlichen K. besitzt noch die unbeschränkte Haftpflicht.

Bei den städtischen K. (genossenschaftlichen Volksbanken) sind die Kreditformen denjenigen der Privatbanken ähnlich. Die Einräumung der Kredite erfolgt überwiegend als Kontokorrentkredite oder durch Diskontierung von Warenwechseln. Die Höhe der Kredite ist den Bedürfnissen des gewerblichen Mittelstandes angepaßt. Neben dem Kredit- und Depositengeschäft werden von den städtischen K. heute alle bankmäßigen Aufgaben durchgeführt. Eine große Rolle spielt der Wechsel-, Scheck- und Inkassoverkehr. Hierfür besteht eine Sondereinrichtung in dem genossenschaftlichen Giroverband der Dresdner Bank und dem Genossenschaftsring (vgl. weiter unten). Auch der Effekten- und Devisenhandel wird in allen Formen gepflegt. Die Durchführung dieser Aufgaben erfolgt meistens unter Anlehnung an die beiden genossenschaftlichen Zentralen, Dresdner Bank und Preußenkasse.

Bei den genossenschaftlichen Volksbanken handelt es sich heute um Bankunternehmungen, die sich äußerlich von den Privatbanken nicht unterscheiden. Sie werden alle von hauptberuflichen Vorstandsmitgliedern mit bankmäßiger Vorbildung verwaltet. Es sind fast restlos Genossenschaften mit beschränkter Haftpflicht.

Ähnliche Aufgaben wie diese allgemeinen genossenschaftlichen Volksbanken verfolgen auch die Hausbesitzerbanken. Das Schwergewicht liegt dabei im Verkehr mit den ihnen als Mitglieder angeschlossenen Hausbesitzern.

Besonderheiten bestehen für die Beamtenkreditgenossenschaften (Beamtenbanken), die die Einräumung von Konsumkrediten für die Beamten pflegen und gleichzeitig die Kassenhaltung für die Beamtenschaft übernehmen, die ihre Gehälter über diese Beamtengenossenschaften überweisen läßt.

Bei den sonstigen Arbeitnehmerkreditgenossenschaften liegt das Schwergewicht in der Verwaltung der Kleinspargelder der Mitglieder und der Einräumung kleinerer Kredite an diese, so z. B. bei den Eisenbahner-Spar- und Darlehnskassen.

IV. Die zahlenmäßige Entwicklung der Kreditgenossenschaften.

Die wirtschaftliche Bedeutung der K. läßt sich am besten an Hand ihrer zahlenmäßigen Entwicklung zeigen. Dabei ist vor allem beachtenswert das zahlenmäßige Anwachsen der Genossenschaften und ihrer Mitglieder. Bei den Bilanzzahlen ist bedeutungsvoll die Entwicklung des eigenen Vermögens (Geschäftsguthabenkonto und Reserven), der anvertrauten fremden Gelder und der an die Mitglieder in verschiedenen Formen gewährten Kredite.

Die städtischen und ländlichen K. haben in der Vorkriegszeit einen großen Aufschwung genommen, und die ihnen anvertrauten fremden Gelder zusammen mit dem eigenen Vermögen haben ausgereicht, das Kreditbedürfnis ihrer Mitglieder zu befriedigen.

Die Inflationsjahre haben dann das eigene Vermögen und die anvertrauten fremden Gelder nahezu restlos aufgezehrt, so daß im Jahre 1924 ein Neuaufbau Platz greifen mußte. Dabei mußten die K., um das Kreditbedürfnis ihrer Mitglieder befriedigen zu können, weitgehend den Bankkredit in Anspruch nehmen.

Bei den städtischen K. ist es verhältnismäßig schnell gelungen, den Wiederaufbau durchzuführen und eigenes Vermögen und Spargelder erheblich zu stärken. Die städtischen K. benötigen heute für die Befriedigung des Kreditbedürfnissen ihrer Mitglieder nur noch verhältnismäßig geringe Bankkredite (schätzungweise ca. 200 Millionen RM.).

Die ländlichen K. haben nicht so schnell den Wiederaufbau durchführen können, angesichts der Kapitalverarmung der Landwirtschaft und des langsamen Wachsens der Spargelder. Noch heute nehmen die landwirtschaftlichen K. Bankkredit in einem Ausmaß von rund 7—800 Millionen RM., nahezu restlos von der Preußischen Zentralgenossenschaftskasse in Anspruch.

Die wichtigsten Bilanzposten verschiedener Genossenschaftsgruppen zeigen Ende 1930 folgendes Bild:

Siehe auch C.

	Städt. Kredit-genossen-schaften	Landwirt-schaftl. Kredit-genossen-schaften	Haus-besitzer-banken	Be-amten-banken
	Berichtende Genossenschaften			
	1361	18826	48	77
	in Millionen Mark			
Eigenes Vermögen	315,5	171,5	28,6	11,7
Anvertraute fremde Gelder	1525,8	1907,3	337,5	131,4
Außenstände insgesamt .	1643,4	2034,5	286,2	98,6
Bilanzsumme	2025,9	2659,1	371,4	154,8

Für die Kreise, die durch die K. mit Betriebsmittelkrediten versorgt werden, sind die Genossenschaften unentbehrlich. Die städtischen K. stellen heute die wichtigste Kreditquelle für den gleichfalls verarmten gewerblichen Mittelstand dar. Die Bedeutung der öffentlich-rechtlichen Sparkassen als Kreditgeber für den Mittelstand, soweit Personalkredite in Frage kommen, ist rückläufig, vor allem infolge der jüngsten Vorkommnisse bei den Sparkassen in der Krisenzeit des Sommer 1931.

Auch für die Landwirtschaft stellen die K. die wichtigsten Geldgeber dar, ohne die vor allem die kleinere und mittlere Landwirtschaft nicht bestehen könnte. Bei den landwirtschaftlichen K. ist allerdings zurzeit eine sehr starke Illiquidität infolge der Überschuldung der Landwirtschaft festzustellen. Die Lockerung der Außenstände dürfte noch lange Jahre in Anspruch nehmen und ohne Zuhilfenahme des Staates und Staatsmittel kaum durchführbar sein.

Die wirtschaftliche Situation bei den Hausbesitzerbanken deckt sich ungefähr mit der der allgemeinen städtischen K.

Bei den Beamtenkreditgenossenschaften, die als Sonderbankunternehmungen in ihrer wirtschaftlichen Zweckmäßigkeit stark angefeindet sind, wird die Gesamtlage bestimmt durch die Lage der Beamtenschaft, bei der eine wachsende Verschuldung festzustellen ist. Innerhalb der Beamtenbankbewegung sind vielfach unerfreuliche Zusammenbrüche gerade in der letzten Zeit festzustellen.

V. Wirtschaftliche Zentralorganisation der Genossenschaften.

Schon bald nach der Entstehung der ersten K., städtischer wie ländlicher Art, machten sich Bestrebungen bemerkbar, durch Schaffung eines besonderen Zentralinstituts einen Geldausgleich zwischen den Genossenschaften derselben Richtung herzustellen. Im Verfolg dieser Bestrebungen wurde bereits durch Schulze-Delitzsch für die städtischen Genossenschaften die Deutsche Genossenschaftsbank von Soergel-Parrisius & Co. ins Leben gerufen. Die Aufgaben dieser Bank bestanden einmal in dem Geldausgleich zwischen den mit der Bank arbeitenden Genossenschaften, zum anderen in der Erledigung bankmäßiger Transaktionen für die Genossenschaften und in der Einräumung von Krediten an die Genossenschaften.

Daneben betätigte sich diese Bank im Interesse ihrer Rentabilität auch auf anderen Gebieten und war eine zeitlang maßgebende Berliner Platz-Bank. Durch diese nicht genossenschaftlichen Geschäfte geriet die Deutsche Genossenschaftsbank von Soergel, Parrisius & Co. in Schwierigkeiten, so daß sie sich im Jahre 1904 gezwungen sah, sich von der Dresdner Bank aufnehmen zu lassen. Die Dresdner Bank übernahm seinerzeit statutenmäßig die Verpflichtung, das genossenschaftliche Geschäft zu pflegen und zwei besondere Genossenschaftsabteilungen in Berlin und Frankfurt a. M. zu unterhalten. Seit dieser Zeit ist die Dresdner Bank maßgebendes Zentralinstitut für die städtischen K. Schulze-Delitzschscher Richtung.

Seitens der Deutschen Genossenschaftsbank war unter Mitwirkung von Schulze-Delitzsch im Jahre 1869 der genossenschaftliche Giroverband geschaffen worden, dessen Aufgabe es war, den unentgeltlichen Einzugsverkehr für Wechsel und Schecks für die Genossenschaften durchzuführen. Dieser Giroverband, die erste deutsche Giroorganisation, ist der Prototyp für die sonstigen Giroorganisationen geworden.

Bei der Übernahme der Deutschen Genossenschaftsbank wurde auch die Giroorganisation mit auf die Dresdner Bank übernommen. Sie besteht heute noch. Die Umsätze innerhalb dieses Giroverbandes beliefen sich im Jahre 1929 auf 3,7 Milliarden. Durch diese Giroorganisation bestehen für die mit der Dresdner Bank arbeitenden Genossenschaften Einzugsmöglichkeiten an ca. 3200 Plätzen. Die Dresdner Bank steht heute mit der überwiegenden Zahl (1200) der bestehenden städtischen K. in Geschäftsverbindung.

Für die landwirtschaftlichen Spar- und Darlehnskassen gründete Raiffeisen bereits im Jahre 1872 eine Zentralkasse zunächst in genossenschaftlicher Rechtsform, die später unter der Firma Landwirtschaftliche Zentral-Darlehnskasse in die Aktienrechtsform umgewandelt wurde und seit 1923 die Firma Raiffeisenbank A.-G. trägt. Diese von Raiffeisen für die landwirtschaftlichen Genossenschaften gegründete Zentral-Darlehnskasse hatte ähnliche Aufgaben zu erfüllen wie die Deutsche Genossenschaftsbank, nur lag das Schwergewicht auf dem Gebiete der Landwirtschaft. Die Deutsche Raiffeisenbank hatte ein wechselvolles Schicksal und hat häufige Sanierungen durchmachen müssen, z. T. infolge ihrer Verkoppelung mit den landwirtschaftlichen Warengenossenschaften.

Neben dieser landwirtschaftlichen Zentraldarlehnskasse entstanden dann infolge Sonderbestrebungen innerhalb der landwirtschaftlichen Genossenschaftsbewegung provinzielle genossenschaftliche Zentralinstitute als Wirtschaftszentralen für die Genossenschaften der einzelnen Provinzen. Diese Zentralinstitute bestanden im allgemeinen in der genossenschaftsrechtlichen Form. Ihre Entwicklung wurde gefördert, als im Jahre 1895 der Preußische Staat als staatliches Institut die Preußische Zentralgenossenschaftskasse ins Leben rief, deren Aufgabe es sein sollte, Spitzeninstitut für die gesamten Genossenschaften städtischer und landwirtschaftlicher Art zu sein. Die Preußische Zentralgenossenschaftskasse trat dabei nicht in einen direkten Verkehr mit den einzelnen K., sondern lediglich mit den provinziellen Zentralkassen. Sie dehnte ihr Geschäftsgebiet dabei auch auf Süddeutschland aus. Bis in die Aufbaujahre hinein war es der Preußenkasse nicht gelungen, die Genossenschaften restlos auf sich zu vereinigen. Erst in den Aufbaujahren vergrößerte sich das Geschäftsgebiet der Preußenkasse sehr erheblich, weil die der Landwirtschaft zufließenden Rentenbankkredite über die Preußenkasse und die ihr angeschlossenen genossenschaftlichen Organisation geleitet wurden. Infolgedessen nahmen auch die Genossenschaften die Geschäftsverbindung mit der Preußenkasse auf, die bisher mit anderen Stellen ausschließlich gearbeitet hatten, so auch ein Teil der städtischen K.

Auch die Raiffeisenbank hat in diesen Jahren den Anschluß an die Preußenkasse genommen. Die starke Kreditgewährung durch die Preußenkasse führte dann im Jahre 1928 infolge der besonderen Lage der Landwirtschaft zu einer weitgehenden Illiquidität dieses Zentralinstituts, die eine sachliche und personelle Reorganisation des Instituts zur Folge hatte.

Gleichzeitig setzten die Bestrebungen ein zur Vereinheitlichung des landwirtschaftlichen Genossenschaftswesens. Im Rahmen dieser Vereinheitlichungsbestrebungen wurde die Raiffeisenbank, die aus nicht genossenschaftlichen Geschäften schwere Verluste erlitten hatte, liquidiert, so daß heute der überwiegende Teil der ländlichen Genossenschaften einschließlich der K. über provinzielle Zentralkassen mit der Preußischen Zentralgenossenschaftskasse in Verbindung steht.

Siehe auch C.

Daneben arbeitet die Preußenkasse auch weiterhin noch mit städtischen K. SCHULZE-DELITZSCHscher Richtung, die sich in den Aufbaujahren gleichfalls Zentralkassen angeschlossen haben, um eine Geschäftsverbindung mit der Preußenkasse herzustellen.

Hierdurch ist im städtischen Kreditgenossenschaftswesen im wirtschaftlichen Zentralaufbau ein Dualismus eingetreten, weil die städtischen K. heute z. T. mit der Dresdner Bank, z. T. mit der Preußenkasse arbeiten. Die Beseitigung dieses Dualismus wird schon seit langem angestrebt; die Vereinigung ist bisher an den Systemgegensätzen (Dresdner Bank direkter Verkehr mit der einzelnen Genossenschaft, Preußenkasse indirekter Verkehr über Zentralkassen) gescheitert.

Die Preußenkasse hat sich in den Aufbaujahren dann auch eine eigene Giroorganisation für ihre Genossenschaften im Genossenschaftsring geschaffen.

Das Stammkapital der Preußenkasse beträgt heute 207,9 Millionen RM. Auch das Reich ist heute mit 50 Millionen RM. an der Preußenkasse beteiligt, daneben auch die Zentralkassen, allerdings mit einem Betrag von nur 32,9 Millionen RM.

VI. Die verbandsmäßige Organisation der Kreditgenossenschaften.

Bereits SCHULZE-DELITZSCH und anschließend RAIFFEISEN waren dazu übergegangen, die Genossenschaften in Verbänden zusammenzufassen, deren Aufgabe die Beratung und Interessenvertretung der Genossenschaften sein sollte. SCHULZE-DELITZSCH gründete zu diesem Zweck den Allgemeinen Verband der auf Selbsthilfe beruhenden Deutschen Erwerbs- und Wirtschaftsgenossenschaften, RAIFFEISEN den nachmaligen Generalverband landwirtschaftlicher Genossenschaften mit dem Sitz in Neuwied. Bei weiterem Anwachsen der Genossenschaftsbewegung entstanden dann innerhalb dieser Verbände Unterverbände, die ähnliche Aufgaben hatten wie die Zentralverbände, vor allem aber die Revision der Genossenschaften durchführten. Diese anfänglich freiwillig festgelegte Revision wurde dann anläßlich der Novelle zum Genossenschaftsgesetz im Jahre 1889 im Gesetz verankert und eine alle zwei Jahre stattzufindende gesetzliche Revision durch die Verbände, die von da an als Revisionsverbände bezeichnet wurden angeordnet. In Ausnahmefällen erfolgt die Revision durch einen vom Gericht bestellten Revisor.

Neben dem von SCHULZE-DELITZSCH gegründeten Allgemeinen Verband entstand in den neunziger Jahren ein weiterer durch die Preußische Staatsregierung geförderter Zentralverband, der Hauptverband gewerblicher Genossenschaften, den im Jahre 1920 der Allgemeine Verband übernahm und der von da an als Deutscher Genossenschaftsverband e. V. firmierte. Ihm sind heute 29 Revisionsverbände mit 1339 K. angeschlossen.

Bei den landwirtschaftlichen Genossenschaften vollzog sich in den achtziger Jahren eine Absplitterung in Westdeutschland. Die Genossenschaften in diesem Bezirk unter HAAS gründeten einen neuen Verband landwirtschaftlicher Genossenschaften, den nachmaligen Reichsverband der deutschen landwirtschaftlichen Genossenschaften e.V., der den Generalverband zahlenmäßig bald überflügelte. Innerhalb dieses Verbandes war die Preußenkasse mit den angeschlossenen Zentralkassen maßgebendes Zentralinstitut, während bei dem Generalvrband die Raiffeisenbank A.-G. Spitzeninstitut blieb. Beide Verbände sind dann im Jahre 1930 unter der bereits erwähnten Liquidierung der Raiffeisenbank vereinheitlicht worden und bestehen heute unter der Firma Reichsverband der deutschen landwirtschaftlichen Genossenschaften — RAIFFEISEN — e. V. Ihm sind 19730 K. angeschlossen.

Auch die Beamtenkreditgenossenschaften haben sich einen eigenen Revisionsverband geschaffen, den Deutschen Beamten-Genossenschaftsverband; ebenso besteht ein Verband der Hausbesitzergenossenschaften.

Die verbandsmäßige Organisation der K. ist für ihre Entwicklung von ganz besonderer Bedeutung geworden. Durch die Verbände sind in jahrzehntelanger Arbeit die Grundsätze ausgearbeitet worden, nach denen die Geschäftsgestaltung bei den Genossenschaften erfolgen soll. Diese Grundsätze sind festgehalten in den Beschlüssen der alljährlich stattfindenden Tagungen der Verbände. Das Hauptgewicht haben die Verbände immer auf die Ausgestaltung des Revisionswesens gelegt, ohne daß bisher absolut einheitliche Richtlinien zu erreichen waren. Gerade im Augenblick stehen die Fragen des Revisionswesens vor allem im Vordergrund der Erörterungen anläßlich zahlreicher Zusammenbrüche, die auch bei den ländlichen und städtischen K. stattgefunden haben. Das Ziel der Neugestaltung geht darauf hinaus, die Revision effektvoller zu gestalten, um rechtzeitig Vorsorge bei drohenden Zusammenbrüchen treffen zu können. In diesen Fragen arbeiten die Revisionsverbände mit den wirtschaftlichen Zentralinstituten als den gewichtigen Geldgebern der Genossenschaften Hand in Hand.

Bei wichtigen allgemeinen Genossenschaftsfragen auf dem Gebiete der Gesetzgebung und Verwaltung arbeiten die beiden Zentralverbände im sog. „Freien Ausschuß der deutschen Genossenschaftsverbände" mit dem Zentralverband deutscher Konsumvereine zusammen.

VII. Die Entwicklung der Kreditgenossenschaften.

Die Entwicklung der K. hat sich nicht ohne Kampf vollzogen. In den ersten Jahrzehnten der kreditgenossenschaftlichen Bewegung ist die Konkurrenz im allgemeinen eine geringe gewesen, weil die Tätigkeit der K. Wirtschaftskreisen zugute kam, an denen die private Bankwirtschaft weniger interessiert war. Später haben sich gewisse Gegensätze gegenüber den öffentlich-rechtlichen Sparkassen auf dem Gebiete der Spargelderwerbung herausgebildet, da die öffentlich-rechtlichen Sparkassen in der Spartätigkeit seitens der Genossenschaften eine unerwünschte Konkurrenz erblickten. Sie haben in diesem Kampf vielfach versucht, den Genossenschaften die Benutzung des Wortes „Sparkasse" streitig zu machen.

Tiefgehendere Gegensätze zu dem Privatbankgewerbe insonderheit zu den Aktienbanken (Provinzbanken, Großbanken) sind im allgemeinen nicht entstanden. Verstärkt hat sich aber in den Inflationsjahren die Konkurrenz gegenüber den öffentlich-rechtlichen Sparkassen, sobald diese stärker dazu übergegangen sind, das mittelständische Personalkreditgeschäft, welches die Hauptaufgabe der Genossenschaften bildet, zu pflegen. Zwischen den Spitzenverbänden der Sparkassen und den Genossenschaften vereinbarte Wettbewerbsabkommen haben vielfach zu keinem Erfolg geführt. Zur Zeit ist auch dieser Kampf abgeflaut, da die besondere Situation der öffentlich-rechtlichen Sparkassen diesen nicht mehr erlaubt, im gleichen Umfange wie bisher das mittelständische Personalkreditgeschäft zu pflegen.

Siehe auch C.

Der genossenschaftlichen Bewegung kommt innerhalb der Gesamtbankwirtschaft ganz besondere Bedeutung zu. Die K. sind heute die anerkannten Bankverbindungen für den ländlichen und gewerblichen Mittelstand. Ihre Aufgaben können durch andere Wirtschaftsunternehmungen nicht ersetzt werden. Auch seitens des Reiches und der Länder wird der Genossenschaftsbewegung besondere Aufmerksamkeit zugewandt, zumal es sich bei den genossenschaftlichen Unternehmungen um keine rein privatkapitalistischen Unternehmungen handelt, sondern um Unternehmungen, bei denen der gemeinwirtschaftliche Gedanke besonders stark verankert ist. Die Genossenschaften sind wegen ihres gemeinwirtschaftlichen Charakters auch im Art. 156 der Reichsverfassung verankert worden, indem ihre Eingliederung in die Gemeinwirtschaft bei eventuellen Sozialisierungen vorgesehen ist. Es kann auch für die Zukunft mit einer stärkeren Entwicklung der genossenschaftlichen Unternehmungen gerechnet werden, vor allen Dingen, wenn es gelingt, hier und da auftauchende Mißstände, die sich aus einer allzu starken Betonung des Gewinnstrebens ergeben können, zu beseitigen oder rechtzeitig zu verhindern.

Literatur: Die Jahrbücher des Reichsverbands der deutschen landwirtschaftlichen Genossenschaften — Raiffeisen e. V.; des Deutschen Genossenschaftsverbandes. — Veöffentlichungen des genossenschaftlichen Giroverbandes der Dresdner Bank H. 7, 9 u. 11. — CRÜGER-LETSCHERT: Die Vorschuß- und Kreditvereine als Volksbanken.

E. H. MEYER.

Kreditgeschäft (der Kreditbanken), Technik des. Die Kreditbanken haben u. a. die volkswirtschaftliche Aufgabe, die ihnen zufließenden Einlagen, wie z. B. Kassenreserven, Depositen- und Spargelder der Kundschaft, in Betriebskapitalien für die kreditbedürftigen Unternehmen umzuwandeln. Die Umformung dieser nach ihrer Herkunft, Zweckbestimmung und Kündbarkeit ganz verschieden gearteten Bankeinlagen, dieser verschiedenen Rohstoffe in ein einheitliches Produkt, nämlich in Betriebskredit, soll nach den Grundsätzen der *Liquiditäts- und Anlagepolitik* (s. d.) erfolgen. Zur praktischen Durchführung dieser Grundsätze haben sich bei der Einräumung und Überwachung der Kredite Gesichtspunkte herausgebildet, deren Berücksichtigung geeignet ist, den in Hinsicht auf die Liquidität vorhandenen Gegensatz zwischen Aktiv- und Passivgeschäft für die Banken tragbarer zu gestalten und das vom Standpunkt der Sicherheit im K. liegende große Risiko möglichst abzugrenzen. Die zweckmäßige Berücksichtigung dieser Gesichtspunkte ist in erster Linie abhängig von der persönlichen Befähigung des Kreditbearbeiters. Umfassende wirtschaftliche Bildung und große Menschenkenntnis sind Voraussetzungen, die erfüllt sein müssen, soll das K. vor Schematismus bewahrt und die Bank vor vermeidbaren Risiken geschützt werden. Es können nachstehend nur die Grundregeln gegeben werden, deren richtige Anwendung die Kunst des Bankleiters darstellt.

I. Voraussetzungen der Krediteinräumung.

Vor Einräumung des Kredits versucht die Bank, sich zunächst ein zuverlässiges Bild über die subjektiven Voraussetzungen der Kredithergabe, d. h. über die persönlichen Eigenschaften des Kreditsuchers zu beschaffen. Persönliche Vertrauenswürdigkeit des Kreditsuchers ist eine erste Vorbedingung, deren Vorhandensein, so selbstverständlich sie klingt, so schwer nachzuprüfen ist. Hinzu muß weiter kommen die persönliche Geschäftstüchtigkeit des Kreditsuchers. Eine vertrauenswürdige und zugleich erfolgreiche Unternehmerpersönlichkeit kann für den Kreditgeber ein besseres, allerdings schwieriger zu beurteilendes Unterpfand sein als dingliche Sicherheiten, deren Wert bei notwendig werdender Realisierung Enttäuschungen bereiten kann. Die Schwierigkeit der Beurteilung der subjektiven Voraussetzungen und die immer wiederkehrenden Enttäuschungen veranlassen die Banken, insbesondere in schwierigen Zeiten, sich auf die verhältnismäßig leichtere Beurteilung der Vermögensverhältnisse des Kreditsuchers, also auf die objektiven Voraussetzungen zu stützen, wobei aber die persönliche Beurteilung keineswegs zu kurz kommen darf. Das Verhandensein einer geordneten und im Verhältnis zum beanspruchten Kredit ausreichenden Vermögenslage ist daher in der Regel die zweite Vorbedingung zur Gewährung eines Bankkredits.

Als Unterlagen zur Prüfung der subjektiven Voraussetzungen dienen der Bank neben der Personenkenntnis und den zu beschaffenden Auskünften (vgl. *Auskunfteiwesen*) weiter die Satzungen, Gesellschaftsverträge und Handelsregistereintragungen, mit deren Hilfe die rechtliche Form der kreditsuchenden Firma und insbesondere die Haftung der Inhaber, Teilhaber und Leiter gegenüber der Bank festgestellt wird. Zur Klärung der objektiven Voraussetzungen soll die Bank eine eingehende Prüfung der Bilanz und Gewinn- und Verlustrechnung des Kreditsuchers vornehmen. Wer in Form eines Kredites von der Bank Vertrauen beansprucht, muß ihr auch Vertrauen entgegenbringen, und zwar durch eine vorbehaltlose Darlegung der Vermögenslage. Es gibt allerdings in Deutschland noch gewisse Geschäftskreise, die der kreditgebenden Bank den erforderlichen Einblick nur widerwillig gewähren, ohne zu berücksichtigen, daß eine Weigerung nur geeignet ist, bei dem Kreditgeber Mißtrauen und Zurückhaltung zu erwecken. Von Wichtigkeit ist es, hier darauf hinzuweisen, daß in den angelsächsischen Ländern der Kreditsucher seiner Bank durchweg mit größter Offenheit seine Lage darlegt und dadurch schneller in das wünschenswerte Vertrauensverhältnis zum Kreditgeber kommt. Dort erkennt man allgemein die Pflicht der Bank als Verwalter fremden Geldes zur Prüfung der Bilanzen der Kreditsucher als selbstverständlich an. Die Prüfung des materiellen Inhalts der Bilanzen erfolgt nun unter folgenden Gesichtspunkten: Zunächst wird die Bewertung der einzelnen Bilanzpositionen auf der Aktiv- und Passivseite und die Angemessenheit der einzelnen Posten im Verhältnis zum Geschäftsumfang überprüft. Dann muß klargestellt werden, ob und gegebenenfalls inwieweit in der Bilanz aufgeführte Vermögenswerte von dritter Seite durch grundbuchliche Belastungen, Eigentumsvorbehalte oder auf anderem Wege bereits beansprucht sind. In der Bilanz vielfach nicht aufgeführten Posten, wie z. B. Bürgschaften, Wechselobligo, Garantien, ferner langfristigen Verträgen, z. B. Lieferungsverpflichtungen, ist besondere Aufmerksamkeit zu widmen. Hand in Hand mit der Bewertungsprüfung geht die Liquiditätsfeststellung. Je günstiger das Verhältnis zwischen flüssigen Mitteln (Außenstände, Wechsel, Kasse) und kurzfristigen Verbindlichkeiten ist, desto weniger ist zu befürchten, daß ein zusätzlicher Bankkredit zum Festliegen kommt. Müssen zur Deckung der kurzfristigen Verbindlichkeiten neben den flüssigen Mitteln auch die Vorräte herangezogen werden, so wächst die Gefahr der Illiquidität, die bedenklich wird, wenn kurzfällige Verbindlichkeiten in Anlagewerten (Grundstücke, Gebäude, Maschinen, Beteiligungen) ihre Deckung suchen müssen. Bei dieser Stufenleiter der Liquiditätsbeurteilung ist naturgemäß die Art des Geschäftes des Kreditsuchers und der Zweck des aufzunehmen-

Siehe auch C.

den Kredites zu berücksichtigen. Von Bedeutung ist hier ferner insbesondere die Verkäuflichkeit der Vorräte. Die Prüfung des materiellen Inhalts einer Bilanz und deren Liquidität dient der Erkenntnis der finanziellen Konstruktion eines Unternehmens, ein Einblick, der ergänzt werden muß durch die Einsicht in die betriebliche Lebensfähigkeit. Hierzu wird zunächst die Gewinn- und Verlustrechnung herangezogen. Der Kreditgeber muß sich ein Urteil bilden, ob bei den vorhandenen Unkosten, den Preisen und dem voraussichtlichen Umsatz das Unternehmen mit Gewinn arbeiten kann, oder ob die Gefahr besteht, daß der Bankkredit der Verlustfinanzierung dient. Zur Klärung der sich daraus ergebenden Fragen beginnen die Bankleiter mehr und mehr Einblick in die Betriebsrechnung und -organisation zu nehmen, um sich auf diesem sichereren Wege vor unangenehmen Überraschungen nach Möglichkeit zu schützen. Um die Prüfung der einzelnen Bilanzpositionen nicht im einzelnen durchführen zu müssen, sind die Banken heute wohl durchweg dazu übergegangen, von dem Kreditsucher zu verlangen, daß ein anerkannter Wirtschaftsprüfer (vgl. *Revision der Bilanz*) über die Bilanz und Gewinn- und Verlustrechnung einen die oben angedeuteten Gesichtspunkte ausführlich behandelnden Prüfungsbericht erstattet. Auf diese Weise suchen die Banken sich zugleich auch am zweckmäßigsten gegen die Vorlage unrichtiger und gefälschter Bilanzen zu schützen. Werden von dem Kreditsucher gleichzeitig auch bei anderen Banken Kredite benutzt, so tritt zwischen den Banken meist ein Erfahrungsaustausch über das Engagement ein, eine Kontrolle, die gleichfalls notwendig ist, um Überraschungen und Täuschungen zu verhindern. Die Bestrebungen, durch neutrale Stellen einen laufenden Erfahrungsaustausch und eine laufende Kreditkontrolle zu erreichen, haben bisher bezüglich der Bankkredite wegen der Schwierigkeit ihrer praktischen Verwirklichung keinen allgemeinen Erfolg erzielen können. Die Vertrautheit des Bankleiters mit den verantwortlichen Persönlichkeiten, seine Kenntnis des materiellen Inhaltes der Bilanz und der Betriebsstruktur der kreditsuchenden Firma sind die wesentlichsten Grundlagen für die Beurteilung einer Kredithergabe, die allerdings noch ergänzt werden müssen durch einen Überblick und eine dauernde Beobachtung der Marktlage des Arbeitsgebietes des Kreditnehmers.

II. Kontrolle und Sicherheiten des gewährten Kredits.

Wird der Kredit nach Prüfung der Verhältnisse unter den oben angedeuteten Gesichtspunkten von dem Bankleiter zugesagt, so erfolgt die weiter notwendige technische Bearbeitung in dem **Kreditbüro** der Bank. Die in den Verhandlungen getroffenen Verabredungen, insbesondere bezüglich der Kreditdauer und der Kreditbedingungen, werden nunmehr im Korrespondenzwege schriftlich festgelegt. Das Kreditbüro überwacht ferner laufend die Inanspruchnahme des Kredites und sorgt dafür, daß Kreditüberziehungen ohne Genehmigung verhindert werden und weiter, in Verbindung mit der Rechtsabteilung, daß die für den Kredit etwa verlangten Sicherheiten formalrechtlich ordnungsgemäß gegeben werden. Einer besonderen Sorgfalt muß der Beobachtung des Wertes der Kreditsicherheiten gewidmet werden, da angestrebt wird, den Wert der Sicherheiten in einem angemessenen Verhältnis zu dem beanspruchten Kredit zu halten. Bei einer Wertminderung der Sicherheiten oder bei Krediterhöhungen wird versucht, neue zusätzliche Sicherheiten zu erlangen, falls nicht eine Rückführung des Kredites in den durch den Wert der Sicherheiten gegebenen Rahmen möglich ist. Diese laufende Beobachtung des Wertes der Kreditsicher heiten und dessen Anpassung an die jeweiligen Kredite ist eine wichtige Aufgabe der Kreditbüros, die dieses in Zusammenarbeit mit dem Bankleiter durchführt. — Bei den Filialbanken müssen Kreditanträge, die eine bestimmte Höhe überschreiten, bevor sie den Kunden zugesagt werden, zuerst von der Zentrale auf Grund eines eingehenden **Kreditantrages**, der die oben behandelten Punkte umfaßt, zur Genehmigung vorgelegt werden. Die Zentrale überprüft dann die gesamten Unterlagen und zugleich damit die Beurteilung ihrer Filiale, um gegebenenfalls den beantragten Kredit zu genehmigen. Ist der Kredit bewilligt, so wird ebenso wie in dem Kreditbüro der Filiale in dem Kreditbüro der Zentrale eine regelmäßige Kontrolle über seine Inanspruchnahme, über den Stand und die Bewertung der gegebenen Sicherheiten an Hand von eingeforderten Filialberichten ausgeübt. Durch diese enge Zusammenarbeit zwischen der Zentralstelle und den Filialen sollen die großen Erfahrungen, die sich bei den Zentralen ansammeln, als Ergänzung bei der persönlichen Behandlung der Kredite durch die örtlichen Bankstellen nutzbar gemacht werden.

Zu den bisher erörterten Gesichtspunkten bei der Einräumung eines Bankkredites kommt noch hinzu die Prüfung der beantragten Kreditsumme mit Rücksicht auf die eigene Bankliquidität. Es ist die Frage zu beantworten, ob der verlangte Kredit seiner Größe und Dauer nach in einem gesunden Verhältnis zu den der Bank dafür durchweg zur Verfügung stehenden Mitteln sich befindet. Wie der private Bankier hat sich diese Frage jede Filiale und Zentrale vorzulegen, damit die Einzeldisposition der erstrebten Gesamtgelddisposition des Institutes untergeordnet bleibt. Die Wichtigkeit dieser Prüfung tritt in Zeiten niedergehender Konjunktur und bei Anspannung der Geld- und Kapitalmarktlage besonders klar hervor.

Nach Einräumung eines Kredits bleibt es eine wichtige Aufgabe der Bank, die Kreditwürdigkeit des Kunden dauernd zu überwachen, um sich möglichst vor Verlusten zu schützen. Aus diesem Grunde verlangt die Bank in regelmäßigen Abständen während der Laufzeit des Kredites von dem Kunden die Vorlage der Jahres- und Zwischenbilanzen und unterrichtet sich von Zeit zu Zeit über den Geschäftsgang, um nachprüfen zu können, ob der eingeräumte Kredit noch in einem gesunden Verhältnis zur augenblicklichen Vermögenslage und dem jetzigen Geschäftsgang steht. Sind die Vermögensverhältnisse eines Kreditnehmers bereits bei der Einräumung des Kredites nicht so stark, daß ein Blankokredit, d. h. ein ungesicherter Kredit, gerechtfertigt erscheint, oder tritt während der Laufzeit eines Kredites bei dem Kunden eine Verschlechterung der Vermögenslage ein, so muß die Bank mit Rücksicht auf ihre eigenen Gläubiger eine Sicherstellung des Kredites verlangen. Bei Kontokorrent-, Akzept-, Diskont- und Avalkrediten kommen als Sicherheiten üblicherweise in Betracht Bürgschaften, Hypotheken, Grundschulden, Abtretung von Warenforderungen, Verpfändung und Übereignung von Waren und Wertpapieren. Für die formalrechtliche Bestellung der Sicherheiten sorgt die Rechtsabteilung der Bank.

Literatur: BUCHWALD, BRUNO: Technik des Bankbetriebes. Berlin 1931. — ZIMMERMANN, CARL: Bankgeschäfte und Bankbuchungen. Berlin 1930. — ROZUMEK, PAUL: Das Kreditgeschäft im Bankbetriebe. Hamburg 1928. — WEBER, AD.: Depositenbanken und Spekulationsbanken. 1922.

EDUARD MARTIN.

Kreditkarten s. *Filialgeschäft 5.*
— **kommissionen** s. *Filialgeschäft 7.*
— **konsortium** s. *Konsortialgeschäft.*

Kreditleihe ist die Zur-Verfügungstellung des eigenen Kredits an Dritte. Sie gehört zu den wichtigsten Formen des Kreditgeschäfts der Banken, wird daneben aber auch in der Form der Avalstellung von Versicherungsgesellschaften als Geschäftszweig gepflegt; ferner gehört die Kreditleihe für Tochtergesellschaften zu den Hauptaufgaben der Spitzengesellschaft eines Konzerns. In kapitalschwachen Ländern, wie z. B. gegenwärtig in Deutschland, kann die Kreditleihe oft einen größeren Umfang einnehmen, als die aus eigenen Geldmitteln gewährten Kredite. — Im wesentlichen vollzieht sich die K. in drei Formen: *Akzeptkredit* (s. d.), Bürgschaft und Kreditauftrag (in der Bilanz ausgewiesen als „bei Dritten der Kundschaft verschaffte Kredite", sehr häufig, aber unzutreffend nach der beliebtesten Form „Auslandsrembourse" genannt). Es handelt sich bei allen Formen der K. wirtschaftlich eigentlich um einen Kredit an die K. gewährende Bank, den diese weiterleitet. Dem Geldgeber kommt es daher in erster Linie auf die Bonität des Kreditleihers an, die Bonität des Schuldners tritt daneben zurück. Wirtschaftlich kommt dies in dem Begriff der „Kreditlinie" (Kreditplafond) zum Ausdruck, bis zu welcher die Bank K. bei Dritten gewähren darf. Eine derartige Höchstgrenze ist beim Akzeptkredit durch das von der Reichsbank für jede Bank vorgesehene Höchstkontingent, bis zu dem Wechsel mit dem Akzept der Bank angekauft werden, und beim Kreditauftrag durch die vertraglich festgesetzte Kreditlinie gegeben. Bei der K. durch Bürgschaft haben sich fixe Höchstgrenzen infolge der Unmöglichkeit der Nachprüfung bisher nicht entwickeln können, jedoch ist anzunehmen, daß die in der Aktienrechtsnotverordnung von 1931 festgesetzte Ausweispflicht für Bürgschaften ebenfalls zur Ausbildung gewisser fester Grundsätze führen wird. Juristisch findet das wirtschaftliche Grundverhältnis seinen Ausdruck in der bei sämtlichen Formen der K. vorhandenen Haftung des Kreditleihers. — Der Zweck der K. ist, dem Dritten einen Kredit zu verschaffen, den er ohne K. entweder gar nicht oder doch nur wesentlich teurer erhalten hätte. Das erste Moment steht bei Bürgschaft im Vordergrund, das zweite beim Kreditauftrag, durch den ja hauptsächlich Auslandsgeld mit niedrigeren Zinssätzen verschafft werden soll. Die Vergütung für die Bank liegt in der Provision (vgl. *Avalkredit*).

Kreditlinie s. *Kreditleihe*, s. *Stillhalte-Abkommen.*

Kredit, öffentlicher, s. u. *Öffentlicher Kredit.*

Kreditoren s. *Bilanz*, s. a. *Bankbilanzen 1, 3.*

Kreditpolitik der Großbanken s. *Liquidität und Anlagepolitik I.*

Kreditpolitik, öffentliche s. *Öffentlicher Kredit III.*

Kreditprovision (als Ertragsfaktor) s. *Erträgnisse des Bankgewerbes II 2.*

— **restriktion** s. *Notenbankpolitik.*

— **risiko** s. *Kreditversicherung*, s. *Abzahlungsgeschäft.*

— **schöpfung** s. *Kredit III.*

— **vereine** s. a. *Öffentlich-rechtliches Bankwesen 3*, s. *Kreditgenossenschaften.*

Kreditversicherung (Delcredere-Versicherung). Der Wunsch, sich gegen Debitorenverluste zu schützen, ist uralt. Nachweisbare Versuche, auf dem Wege der K. dieses Ziel zu erreichen, sind im Laufe der letzten zwei Jahrhunderte gemacht worden, waren jedoch stets zum Scheitern verurteilt. Erst um die Wende des 20. Jahrhunderts konnten in England, dem klassischen Lande des Versicherungswesens, greifbare und stabile Erfolge erzielt werden. Der Ausbau der Nachrichten- und Verkehrsmittel hat wesentlich zur Durchführung beigetragen.

In Deutschland befaßte sich einige Jahre später die „Globus Versicherungsgesellschaft" in Hamburg mit diesem neuen Versicherungszweig. 1917 ist aus dem „Globus" der Hermes Kreditversicherungsbank AG. mit dem Sitz in Berlin, heute das einzige Institut seiner Art in Deutschland, hervorgegangen.

Der Gedanke der K. ist zweifellos durch den unglücklichen Ausgang des Krieges, die damit entstandene Umwälzung der Wirtschaftsverhältnisse, den Eintritt neuer Elemente in die Wirtschaft und die daraus resultierende Unsicherheit verbunden mit einem starken Wachsen der Insolvenzen gefördert worden. Unterstützt wurde die Aufnahme der K. in weiten Kreisen der Wirtschaft durch das immer mehr und mehr zunehmende Verständnis für das Versicherungswesen überhaupt und der damit zusammenhängende Wunsch, sich auch gegen das Debitorenrisiko zu schützen.

Die deutsche K. ist bestrebt, allen Eventualitäten des Debitorenrisikos gerecht zu werden und den Wünschen der Versicherungsnehmer zu begegnen. Im wesentlichen sind vier Deckungsarten vorgesehen:

1. Die Einzelkunden-Delcredere-Versicherung, welche sich auf die Deckung einzelner Forderungen oder Kunden erstreckt.

2. Die Pauschal-Delcredere-Versicherung. Diese umfaßt das Gros der Außenstände einer Firma; die einzelnen Debitoren werden bis zu einer gewissen Höhe unbenannt (Höchstkredit) gedeckt. Der Kunde ist ferner entweder vertraglich berechtigt oder verpflichtet, die den Höchstkredit überschreitenden Außenstände zur Deckung (Höherdeckung) anzumelden. Diese Anmeldung hat aber im Gegensatz zur unbenannten Pauschal-Delcredere-Deckung benannt zu geschehen. Der Versicherer behält sich hierbei Ablehnung oder teilweise oder ganze Indeckungnahme der beantragten Summe vor.

3. Die Delcredere-Mantelversicherung. Diese Versicherungsart kommt nur bei solchen Firmen zur Anwendung, die eine beschränkte Anzahl von Großkunden beliefern. Diese werden in der Regel, ohne daß eine Pauschaldeckung in Frage kommt, benannt zur Deckung aufgegeben. Der Versicherungsnehmer ist verpflichtet, sämtliche Kunden dem Versicherer zu benennen. Ablehnung oder Indeckungnahme durch den Versicherer erfolgt nach vorgenommener Prüfung in derselben Weise wie bei der Höherdeckung.

4. Die Export-Kreditversicherung. Diese ist analog ähnlicher Vorgänge im Ausland im Jahre 1926 in Deutschland unter wesentlicher Mitwirkung des Reiches ins Leben gerufen worden und unterscheidet sich von den drei vorgenannten Versicherungsarten in regionaler Hinsicht. Sie erstreckt sich im allgemeinen auf Ost- und Südosteuropa und die außereuropäischen Länder und schließt im Gegensatz zu den übrigen Versicherungsarten auch das politische Risiko mit ein. Die Versicherung von Warenlieferungen nach Rußland bedarf besonderer Abmachungen.

Auch in der Export-Kreditversicherung sind zwei Möglichkeiten der Versicherung gegeben und zwar

a) die Einzelversicherung, durch welche lediglich eine einzelne Forderung gedeckt wird;

b) die Bündelversicherung, die die Versicherung des gesamten Exportes eines Versicherungsnehmers nach einem bestimmten Lande, oder nach mehreren Ländern vorsieht.

Die K. unterscheidet sich von den anderen Sparten der Versicherung, welche im allgemeinen feste tarifierte Prämiensätze kennen, durch eine individuelle Prämienberechnungsmethode, welche der Wesensart des Kreditversicherungsvertrages Rechnung trägt und Gegenstand einer eingehenden Kalkulation bilden muß. Umstände, wie Lage einer Branche, besondere Eigenheiten des Geschäftes des Versicherungsnehmers, Zusammensetzung der Debitoren, Absatzgebiete, Verhältnis der Verluste der Vorjahre zu dem Gesamtumsatz sowie zukünftige Aussichten spielen bei der Errechnung der Prämie eine ausschlaggebende Rolle.

Es mag erwähnt werden, daß im Gegensatz zu den Pauschal- und Bündelversicherungen die Prämienerrechnung für die Einzelkunden-Delcredere-Versicherung, die Delcredere-Mantelversicherung und die Export-Einzelversicherung auf Sätze abgestellt ist, welche innerhalb der einzelnen Versicherungsart unter Berücksichtigung von Laufzeit, Branche und Absatzgebieten wenig variieren. Dagegen kommen bei Pauschal- und Bündelversicherungen aus den obenerwähnten Gründen je nach den gegebenen Grundlagen sehr wesentliche Unterschiede in der Kalkulation der einzelnen Verträge auch innerhalb ein und derselben Branche vor.

Um den Versicherungsnehmer vor leichtsinniger Kreditgebarung zu schützen, sind genau umschriebene Vorschriften über Kreditprüfungsmethoden und eine vertragliche Selbstbeteiligung am Ausfall in normaler Höhe von $33^1/_3$%, aber bei erhöhtem Risiko auch bis zu 50% vorgesehen.

Dem Versicherungsnehmer ist die Möglichkeit gegeben, einen Teil der errechneten Prämie im Wege der Selbstübernahme eines Teils der Verluste einzubehalten (Vorrisiko). Dieses Vorrisiko wird etwa in einer Höhe festgesetzt, die dem Durchschnitt der in einem Geschäftsjahr erlittenen Nettoverluste entspricht. Die über das Vorrisiko hinaus an den Versicherer zu zahlende Barprämie stellt die Vergütung an den Versicherer für die Übernahme der über das normale Maß hinaus möglicherweise eintretenden Verluste dar (Exzeßverluste).

Der Kreditversicherungsvertrag gibt, wie sich aus vorgehenden Kalkulationsmethoden zeigt, dem Versicherungsnehmer die Gewähr, die über den statistisch errechneten Normalverlusten eines Jahres liegenden Schäden zu einem großen Teil auf den Versicherer abzuwälzen und damit schädigende oder gar vernichtende Debitorenverluste (Exzeßverluste) durch die Versicherung wieder einzubringen.

Weiter hat jedoch der Versicherungsvertrag noch den Vorzug, durch seine scharf umrissenen Kreditpüfungsbestimmungen den Versicherungsnehmer zur einer genauen Prüfung seiner Schuldner anzuhalten. Dadurch, daß die Versicherungsgesellschaft beim Einzel-Delcredere-Vertrag, der Höherdeckung, der Delcredere-Mantelversicherung und der Export-Kreditversicherung die auf Grund dieser Verträge benannten und angenommenen Risiken ständig mit überwacht, besteht für den Versicherungsnehmer die Gewähr, daß durch verschärfte Prüfung seiner Außenstände von vornherein Schäden verhütet werden, an deren Verhütung er allein schon durch seine vertragsmäßige Selbstbeteiligung Interesse hat. Durch das umfangreiche Nachrichtenmaterial, welches bei den Kreditversicherungsgesellschaften angesammelt ist und ständig einläuft, sind diese in der Lage, sich ein umfassendes Urteil über die Risiken ihrer Versicherungsnehmer zu bilden und in vielen Fällen rechtzeitig zu warnen.

Die Eingehung einer K. bedeutet zweifelsohne die Hebung der Kreditwürdigkeit eines Versicherungsnehmers. Die teilweise Ausschaltung des Debitorenrisikos im Wege der Schadensvergütung und die durch Mitüberwachung der Versicherungsgesellschaft und deren Kreditprüfungsvorschriften ermöglichen Schadensverhütung beseitigen für die Kreditgeber der Versicherungsnehmer, hiermit sind insbesondere die Finanzinstitute (Banken) gemeint, den Unsicherheitsfaktor der Debitorenbewertung bei der Beurteilung der Verhältnisse ihrer Kunden, insofern diese Kreditversicherungsnehmer sind. Eine mit vorheriger Genehmigung der Versicherungsnehmer von Zeit zu Zeit beim Versicherer vorzunehmende Einsicht in den Verlauf eines Kreditversicherungsvertrages ist dazu angetan, die Beurteilung der Banken in bezug auf ihren Kunden, den Versicherungsnehmer zu fördern.

Den Banken ist die Möglichkeit gegeben, sich durch Abtretung der Entschädigungsansprüche ihres Kunden gegen die Versicherungsgesellschaft, was mit Zustimmung der Versicherungsgesellschaft geschehen muß, eine weitere Sicherheit für die von ihnen gegebenen Kredite zu verschaffen.

Wie bereits oben erwähnt, liegt das deutsche Kreditversicherungsgeschäft heute allein in den Händen der Hermes Kreditversicherungsbank AG., Berlin W 56, Jägerstr. 27. Der Hermes steht mit ausländischen Kreditversicherungsgesellschaften, mit welchen zusammen er der internationalen Kreditversicherungs-Vereinigung, Sitz: London EC 3, 77 Cornhill, angehört, zum Zwecke der Pflege des Gedankenaustauschs und gegenseitiger Risikenbeteiligung im Wege der Rückversicherung in enger Verbindung. Hierdurch wird eine Mitprüfung von seiten der ausländischen Gesellschaften in bezug auf die von der deutschen Wirtschaft dem Hermes zur Versicherung angebotenen oder übertragenen Auslandsrisiken erzielt, wogegen die Ausländer den Vorteil genießen, für ihre nach Deutschland zu deckenden oder gedeckten Engagements die Mitüberprüfung, Überwachung und Rückversicherung durch die deutsche Versicherungsgesellschaft zu haben. Der Hermes hat die gleichen Vergünstigungen im Bereiche der ausländischen Kreditversicherungsgesellschaften.

Im Ausland befassen sich nachfolgende der Internationalen Kreditversicherungs-Vereinigung angeschlossene Gesellschaften mit dem Zweige der K.:

Argentinien: La Buenos-Aires, Compania Argentina de Seguros. — Belgien: Compagnie Belge d'Assurance-Crédit, Brüssel. — Deutschland: Hermes Kreditversicherungsbank A. G., Berlin. — England: Trade Indemnity Company Ltd., London. C. E. Heath's Credit Syndicate The Secretary Mssrs. C. E. Heath & Co. Ltd., London. — Frankreich: L'Urbaine-Crédit, S. A., Paris. Société Francaise d'Assurances pour favoriser le crédit, Paris. — Holland: Nederlandsche Credietverzekering Maatschappij, Amsterdam. — Italien: Societa Italiana di Assicurazione Credito, Mailand. — Norwegen: Christiana Almindelige Forsikrings-Aktieselskap Storebrand, Oslo. – Österreich: Kompaß, Allgemeine Kredit- und Garantiebank, Wien I. — Schweden: Svenska Kreditförsäkrings-Aktiebolaget, Stockholm. — Schweiz: Eidgenössische Versicherungs-Aktien-Gesellschaft, Zürich. — Spanien: Compania Espanola de Seguros de Credito y Caucion, Madrid. — Tschechoslowakei: Uverova Pojistovna akc. Spol. (Kreditversicherungsanstalt A.-G.), Prag. — USA.: National Surety Company of New York, New York.

Literatur: HERZFELDER, EMIL: Das Problem der Kreditversicherung. Leipzig 1904. — Kreditversicherung. Manes Versicherungslexikon, Ergänzungsband. Tübingen 1913. — Neue Formen der Kreditversicherung. Z. ges. Versicherungswiss. **1913**. — LIEBIG, E. v.: Beiträge und Vorschläge zum Problem der Kreditversicherung. Berlin 1905. — MANES, ALFRED: Kreditversicherung. Versicherungslexikon. Tübingen 1909. — MANNHEIMER, G.: Die Kreditversicherung. Österr. Rdsch. **28** (1914). — MOLT, C. G.: Die Kreditversicherung. Z. ges. Versicherungswiss, Wien **1905**. — MOLT, WALTER: Der Kreditversicherungsvertrag. Stuttgart 1913.

TRAUMANN.

Kreuger & Toll s. *Skandinavische Länder II.*

Kriegsanleihen wurden von fast allen kriegführenden Staaten im Weltkrieg emittiert, wenngleich weitgehende Unterschiede in der Finanzierung der Kriegskosten bestanden. Das weitere Schicksal der K. hing meist von der Gestaltung der betr. Währung ab. Die Besitzer verloren so in Österreich und den meisten Nachfolgestaaten (von Rußland ganz abgesehen) so gut wie alles, in der Tschechoslowakei behielten sie ca. 14%, in Italien 28%, in Frankreich ca. 20%. In Eng-

Siehe auch C.

land (abgesehen vom Pfundsturz 1932) und USA. trat kein Verlust ein. Deutschland wertete die K. in Form des *Altbesitzes* (s. d.) mit $12^1/_2$% auf — praktisch genommen, infolge der Tilgungsbestimmungen und des hieraus resultierenden Disagios, mit nicht mehr als 8—9%.

Kriegskontrebande s. u. Kontrebande in *Völkerrecht II.*

Krisenbekämpfung, Möglichkeiten der s. *Konjunkturpolitik* und *Währungswesen.*

Kündigung, einseitige empfangsbedürftige Erklärung, durch die ein auf unbestimmte Zeit eingegangenes Schuldverhältnis beendet werden soll, wobei man fristlose und befristete K. unterscheidet. Beim Arbeitsverhältnis besteht im allgemeinen keine gesetzlich vorgeschriebene Künsigungsfrist, nur vertragliche und gewohnheitsrechtliche Fristen. Kündigungsbeschränkungen sind gesetzlich nur gegeben bei älteren Angestellten, Betriebsratsmitgliedern, Schwerkriegsbeschädigten und Frauen vor und nach der Niederkunft. Bei Vorliegen bestimmter, schwerwiegender Gründe kann auch trotz vertraglicher Kündigungsfrist fristlos gekündigt werden. K. von Anleihen s. *Rentenmarkt 6.*

Kündigungsklausel s. *Schuldensenkung I.*

Kulisse, Kulissier s. *Kursbildung 2.*

Kulturkredit s. *Öffentlicher Kredit I 3.*

Kumulativ bedeutet wörtlich angehäuft. Im Bank- und Börsenverkehr wird dieses Wort erstens zur Bezeichnung einer bestimmten Form der Schuldentilgung verwendet. Bei der k. Tilgung wird jährlich derselbe Betrag für Zinszahlung und Tilgung zusammen ausgeworfen. Die Ersparnis an Zinsen, die sich dadurch ergibt, daß die zu verzinsende Schuld durch Tilgung jährlich kleiner wird, kommt also restlos einer verstärkten Tilgung zugute. Es liegt auf der Hand, daß dadurch von Jahr zu Jahr mit steigenden Beträgen getilgt wird; während sich dies in den ersten Jahren nur wenig auswirkt, steigert sich in den letzten Jahren die Tilgung sprunghaft. So wird z. B. bei einer 6proz. Schuld von 100000 RM. und 10proz. jährlicher Gesamtzahlung (also 6000 RM. Zinszahlung und 4000 RM. Tilgung im ersten Jahr) die Schuld bei k. Tilgung bereits in etwas über 15 Jahren getilgt. Aber erst im zehnten Jahr sinkt der Schuldbetrag auf unter 50000 RM., so daß also in den letzten fünf Jahren ebensoviel getilgt wird, wie in den ersten zehn. — Die zweite Verwendung des Wortes k. kommt bei gewissen Vorzugsaktien (s. d. im Art. *Aktie als Wertpapier 2*) vor.

Kumulativaktie (Sammelaktie) nennt man Urkunden, die auf eine Vielzahl von Aktien lauten, z. B. auf je 5, 10, 25, 100 Stück. Eine derartige Ausfertigung erfolgt aus technischen Gründen, insbes. häufig in Ländern, wo bestimmte Schlußeinheiten (z. B. 25 Stück) an der Börse gebräuchlich sind, oder wo der Wert der einzelnen Aktie gering ist. Der Ausdruck hat nichts zu tun mit dem Begriff „*cumulative Dividend*" (s. f.), insbes. bei Vorzugsaktien.

Kumulative Dividende (cumulative dividend), Dividende mit Nachzahlungsanspruch, besonders häufig bei englischen und amerikanischen Vorzugsaktien. Ein solcher Anspruch verjährt meist nicht und rangiert vor jeder Zahlung an die Stammaktien. In einzelnen amerikanischen Eisenbahn-preferred shares stecken so heute bis zu 80% rückständiger Dividende (z. B. 5% Chicago Milwaukee preferred shares).

Kumulative Tilgung s. *Rentenmarkt 6.*

Kundendepot s. *Depotrecht I A.*
— **geschäft** s. *Kapitalverkehrsteuern.*

Kundenwechsel sind Wechsel, die von Kunden zur Sicherung der Kaufpreisschuld gegeben werden. Während im Verkehr zwischen Industrie und Großhandel derartige K. weniger üblich sind, spielen sie bei Unternehmen, die direkt oder durch eigene Handelsgesellschaften mit dem Verbraucher in Kontakt treten, eine große Rolle. Vgl. *Abzahlungsgeschäft.*

Kupferkartell s. *Valorisation.*

Kupon, ein für die Erhebung von Zinsen (festverzinslicher Werte) und Dividenden (Aktien) dienender Schein, der vom Kuponbogen abgeschnitten wird, und mit dem Zeitpunkt des Verfalls bei der *Zahlstelle* (s. d.) präsentiert werden muß. Nicht eingelöste K. verjähren in Deutschland binnen vier Jahren, die Bestimmungen der meisten andern Länder sind ähnlich. In den K. besonders wichtiger Börsenwerte (z. B. Russen, Mexikaner, Eisenbahnen) fand insbesondere vor 1914 ein eigener Handel statt. Kuponsteuer ist eine in einigen Ländern, vor allem in Frankreich, geübte Besteuerung an der „Quelle", die zum Unterschied von der Kapitalertragssteuer in Deutschland (oder dem income tax-Abzug in England), von der persönlichen Einkommensteuer nicht abzugfähig (s. a. *Rentenmarkt 1*).

Kurantgeld, — münze vgl. *Münzwesen III.*

Kursbildung. Der Kurs ist der Börsenpreis. Er ist also (s. *Börse*) der Marktpreis für fungible Waren. Aus dieser Tatsache erklären sich alle seine Besonderheiten. In erster Linie die Tatsache seiner räumlichen Fernwirkung im Gegensatz zum gewöhnlichen Marktpreis. Denn da der Marktpreis das Ergebnis von Angebot und Nachfrage einer individuell bestimmten Ware ist, sagt die Marktnotierung aus, daß Käufer und Verkäufer sich darauf geeinigt haben, diesen bestimmten Preis für Waren einer bestimmten geprüften Qualität zu bezahlen. Der Marktpreis für fungible Waren hingegen schließt jede Qualitätswertung durch Käufer oder Verkäufer aus. Bei seiner Bestimmung wirkt lediglich die Quantität des Angebots und der Nachfrage mit. Gleichwohl ist auch die Bildung des Kurses wie jede andere Preisbildung nicht bloß ein mechanischer, sondern auch ein psychologischer Vorgang. Denn davon, wie die Käufer und Verkäufer die Relation von Angebot und Nachfrage, die am Markte auftreten, werten, hängt für das Niveau des Preises ebensoviel ab, wie von der Beurteilung spezieller oder allgemeiner Vorgänge oder Verhältnisse, durch die unter Umständen Angebot und Nachfrage erst zustande kommen oder vermehrt oder vermindert werden. Daß aber die Ware beim Abschluß nicht zugegen sein braucht, weil sie im höchsten wirtschaftlichen Sinne fungibel ist, ermöglicht, auch solchen Verkäufern und Käufern Abschlüsse unter Zugrundelegung von Börsenkursen zu tätigen, die viele Meilen weit von ihren Wohnsitzen entfernt an Börsenplätzen zustande kommen. Zeitlich hat dagegen der Börsenkurs keine größere Fernwirkung als jeder andere Marktpreis. Auch der Kurs ist lediglich das Ergebnis aus dem im Augenblick der K. vorhandenen Verhältnis von Angebot und Nachfrage. Auch der Kurs gehört, wie jeder andere Preis, sobald er festgesetzt ist, der Vergangenheit an. Der einmal zustande gekommene Kurs hat keineswegs die Eigenschaft eines Wertmessers für die gesamten Mengen der Waren oder Wertpapiere des betreffenden Typs, er gilt lediglich für die umgesetzten Mengen. Es ist deshalb eine Illusion, wenn Börsenkurse, von denen man meist nicht einmal bestimmen kann, auf welcher Umsatzgrundlage sie zustande kamen, zur Berechnung des Wertes ganzer Wertpapiergruppen zu einer bestimmten Zeit benutzt werden (Illusion der statistischen Berechnung ganzer

Volksvermögen unter Zugrundelegung des Kurszettels der Wertpapiere). Man muß sorgfältig zwischen der Technik der Kursnotierung und den Grundlagen der K. unterscheiden. Die Methode der Kursnotierung wird durch die Börsenusancen festgelegt, während die Elemente der Börsenpreisbildung, die den Grundgesetzen der allgemeinen Marktwirtschaft unterliegt, soweit sie besondere Eigenheiten aufweisen, sich aus der wirtschaftlichen Besonderheit des Börsenmarktes erklären lassen.

1. *Die Kursnotierung.*

Die Technik der Kursnotierung ist an den verschiedenen Börsen und besonders international verschieden (s. Spezialartikel über die verschiedenen Börsen). Der nachfolgenden Darstellung sind die Verhältnisse an den deutschen Börsen, besonders an der Berliner Börse zugrunde gelegt. Hier gelten ganz verschiedenartige Methoden der Kursnotierung bei Kassageschäften und Termingeschäften. Die amtliche Notierung der Kassakurse ist in der Regel der sog. Einheitskurs, dessen Eigenart darin besteht, daß alle bis dahin eingelaufenen Aufträge für den Kauf oder Verkauf von Wertpapieren zu einer bestimmten Zeit auf einmal erledigt werden. An einzelnen Börsenplätzen erfolgt die Preisfestsetzung durch eine Art Auktion, wobei auf dem Lizitationswege dem am meisten Bietenden der Zuschlag erteilt wird. Häufiger ist die Methode, daß die Makler zwischen Angebot und Nachfrage den günstigsten Ausgleichskurs durch die Errechnung des arithmetischen Mittels zu finden trachten. Da es im Interesse der Makler liegt, für so große Mengen wie möglich (schon um eine Vermittlergebühr von möglichst großen Umsätzen zu erzielen) den Ausgleich zu finden, so treten sie entweder noch vor der Kursfestsetzung oder während der Kursfestsetzung, wenn sie das Fazit der in den Maklerbüchern notierten Kauf- und Verkaufsaufträge ziehen, mit den Interessenten außerhalb der Maklerschranken in Verbindung, um ausgleichende Käufer oder Verkäufer zu werben.

Die Aufträge werden den Maklern entweder „bestens", d. h. ohne Preisvorschriften, oder „limitiert" unter Angabe von Mindestverkaufspreisen oder Höchstkaufpreisen erteilt. Die Regel ist, daß, wenn ein Preis zustande kommt, alle ohne Limit erteilten Orders in Kauf oder Verkauf als ausgeführt gelten. Bis vor kurzem galt an der Berliner Börse die Regel, daß, falls ein völliger Ausgleich der unlimitierten Orders nicht möglich war, ein Kurs nicht zustande kommen konnte, sondern an die Stelle der Kursziffer ein Strich trat (der Kurs wurde gestrichen). Die Kursstreichung hat den Nachteil, daß die Interessenten aus dem Kurszettel nicht zu ersehen vermögen, ob das Nichtzustandekommen des Kurses auf einem Mangel an Nachfrage oder einem Mangel an Angebot beruht. Neuerdings wird deshalb in wichtigen Fällen ein entsprechender Vermerk neben dem Strich angebracht. Vor allem ist neuerdings aber an den deutschen Börsen eine Repartierung der Bestens-Aufträge gestattet. In diesem Falle wird der Kursnotiz ein Sternchen im Kurszettel beigefügt. Limitierte Aufträge müssen ebenfalls grundsätzlich ausgeführt werden, sobald der limitierte Kurs erreicht ist. Hier ist der Ausgleich jedoch rechnerisch schwerer zu finden, und deshalb sind Teilausführungen unter der Voraussetzung gestattet, daß die Angabe der Unmöglichkeit des vollen Ausgleichs neben der Kursziffer angebracht wird. Näheres s. bei den einzelnen Börsen und *Berliner Börse III.*

Der Hauptmangel des Einheitskurses besteht darin, daß er nur einmal während der Börsenzeit festgesetzt wird, und daß infolgedessen alle Umsätze in Kassapapieren auf den Zeitpunkt seiner Festsetzung konzentriert sind. Alle den Wert der Papiere berührenden Vorgänge, die vor der amtlichen Kursfestsetzung eintreten, können ihre Auswirkung erst im Augenblick der amtlichen Kursfestsetzung finden. Und wenn nach der Kursfestsetzung eines Tages irgendwelche Ereignisse eintreten, die von Einfluß auf die Bewertung der Ware oder des Börsenpapiers nach oben oder unten sind, so ist keine Umsatzmöglichkeit bis zu dem Augenblick gegeben, wo am nächsten Börsentage eine neue Kursfestsetzung stattfindet. Die Fungibilisierungstendenz des Börsenmarktes findet hier also eine Hemmung, die sie zu überwinden trachtet. Denn der Börsenmarkt strebt zur jederzeitigen und unmittelbaren Aktionsmöglichkeit. Da die Beibringung der Ware nicht Voraussetzung des Kaufabschlusses ist, so muß und kann die Verkehrsentwicklung an der Börse dahin tendieren, daß es den Interessenten nicht bloß unabhängig vom Raum, sondern auch unabhängig von der Zeit möglich wird, seiner Meinung durch Kauf oder Verkauf Ausdruck zu geben. Deshalb ist schon in den Jahren vor dem Kriege recht häufig die Fessel des Einheitskurses immer dann gesprengt worden, wenn sich auf ein Börsenpapier aus irgendeinem Grunde besonderes Interesse konzentrierte. An solchen Tagen besonderen Interesses sind dann vor oder nach der amtlichen Kursnotierung Umsätze zu besonderen Kursabmachungen getätigt worden. Dieser Handel zu fortlaufenden Notierungen hat seine ganz besondere Bedeutung und Ausbildung in den Inflationsjahren erhalten, als die immer schneller sich vollziehende Geldentwertung oft im Laufe einer und derselben Börse den Wert der Wertpapiere, aber auch den Wert des erlösten Geldes wesentlich veränderte. Diese Methode der fortlaufenden Notierungen ist von je bei den Terminumsätzen üblich gewesen. Das Börsentermingeschäft ist zu Einheitskursen undenkbar, denn bei ihm handelt es sich ja um eine Geschäftsform, die dem Käufer und dem Verkäufer über jeden Raum hinweg, aber auch ungebunden durch Zeitvorschriften jederzeit die Möglichkeit geben soll, zu ihm genehmen Preisen Geschäfte abzuschließen. Für den Spekulanten, für den in der Regel nur die Form des Termingeschäfts brauchbar sein wird, muß es sehr wesentlich darauf ankommen, unmittelbar auf den Entschluß, zu kaufen oder zu verkaufen, auch die Ausführung des Entschlusses folgen zu lassen; schon die Spanne weniger Minuten kann für den Erfolg seiner Pläne von Bedeutung sein. Die amtlichen Terminnotierungen sind deshalb nichts anderes als ein durch die Usancen geordnetes System fortlaufender Notierungen. Die Usancen sehen vor, daß zwischen einer Anfangs- und einer Schlußnotiz durch Zwischennotierungen die Höhe und die Tiefe der Kurve eines Börsentages festgehalten werden. Anfangs- und Schlußnotiz sind für sich betrachtet gewissermaßen Einheitsnotierungen. Sie werden ganz ähnlich wie die gewöhnlichen Einheitskurse im Wege der Errechnung des arithmetischen Mittels durch die amtlichen Makler festgestellt. Auch hier versuchen wie bei den Einheitskursen für Kassageschäfte die Makler diejenigen Notierungen zu finden, bei denen sie einen möglichst großen Teil ihres Orderbestandes ausführen können. Die Zwischenkurse werden in der Weise festgestellt, daß der Makler die Kurse notiert, zu denen es ihm möglich war, Orders auszuführen, wobei aber, wie schon gesagt, zur Notierung nur Geschäftsabschlüsse kommen, die die Kurvenabstände bestimmen. Nehmen wir an, daß die amtlichen Makler in ihren Büchern zu folgenden Kursen Ausführungen vorgemerkt haben:

Erster Kurs: 106.

Zwischenkurse: 107, 108, 109, 110, $108^{1}/_{2}$, $106^{1}/_{2}$, 107, $109^{1}/_{2}$, 112, 111.

Letzter Kurs: $111^{1}/_{2}$.

Dann gelangen unter allen Umständen der erste und der letzte Kurs zur Notierung. Bei der Bestimmung der Kurvenfestlegung wird die Überlegung des Maklers durch folgende Streichungen illustriert:

Erster Kurs: 106.

Zwischenkurse: ~~107~~, ~~108~~, ~~109~~, 110, ~~$108^{1}/_{2}$~~, $106^{1}/_{2}$, ~~107~~, ~~$109^{1}/_{2}$~~ 112, 111.

Letzter Kurs: $111^{1}/_{2}$.

Die Notierung lautet infolgedessen:

106 à 110 à $106^{1}/_{2}$ à 112 à 111 à $111^{1}/_{2}$.

In denjenigen Papieren, die zum Terminhandel zugelassen sind, findet neben der Terminnotierung täglich auch eine Einheitspreisnotierung für die Kassageschäfte statt. Beide Notierungen stehen in Wechselwirkung. Es ist zwar möglich, daß durch bei der Kassakurserrechnung eintretende besondere Momente eine wesentliche Differenz zwischen dem Kassakurs und dem zu gleicher Zeit im Terminmarkt geltenden Kurse entstehen kann, in der Regel aber wird namentlich in den Zeiten großer Umsätze eine Übereinstimmung beider Kurse durch die Platzarbitrage hergestellt. Die Tagesspekulation des Terminmarktes wird, sobald der Kassakurs Neigung zeigt, sich über den Terminkurs wesentlich zu erheben, Waren zum Kassakurs anbieten und sich durch Käufe im Terminmarkt decken, und sie wird umgekehrt bei besonders niedrigem Kassakurs zum Kassakurs Papiere kaufen und sie auf Termin gleichzeitig weiter verkaufen. Eine gewisse Differenz zwischen Kassa- und Terminkurs ist natürlich durch den Charakter der Termingeschäfte als eine dem Börsenmarkt adäquate eigengeartete Form des Kreditgeschäftes (s. *Börse*) bedingt. Daher muß theoretisch der Kassakurs dem Terminkurs zuzüglich der Zinsen für Tagesgelder an der Börse entsprechen. Denn auch an der Börse muß man für geborgte Waren einen höheren Preis als für sofort bar zu bezahlende entrichten. Dieser Unterschied besteht meist allerdings nur theoretisch und geht in der Praxis durch die ständigen Kursschwankungen in Börsenumsätzen verloren. Ein gleicher auch nur theoretischer, praktisch aber nicht immer genau zutreffender Unterschied besteht zwischen dem Kurse für den laufenden Termin und für spätere Termine. Für jeden späteren Termin erhöht sich der Kurs durch Zuschlag des Monatsgeldsatzes.

Der Kurszettel dient als amtliches Protokoll des Börsenverkehrs. Er wird vom Börsenvorstand hergestellt und eine Notierung gilt erst als zustande gekommen, wenn die Anmeldung der amtlichen Makler zum Protokoll auf Grund ihrer Bücher aus den Börsenkreisen nicht beanstandet wird. Über die Beanstandungen entscheidet der Börsenvorstand sofort und unwiderruflich.

2. *Die Börsenmakler* (vgl. *Makler*).

Wie schon bemerkt, erfolgt nach den Börsenusancen die Vermittlung aller Börsengeschäfte durch die Makler.

Die amtlichen, eidlich in Pflicht genommenen öffentlichen Kursmakler haben das Notierungsmonopol. Sie sind in Gruppen geteilt, und jede dieser Gruppen setzt für einen manchmal ein für allemal bestimmten, manchmal im Turnus wechselnden Teil der Börsenpapiere die amtlichen Kurse fest. Die Makler erhalten eine vom Börsenvorstand meist bei festverzinslichen Papieren und Aktien verschieden zu gestaltende Vermittlungsgebühr (Courtage) von jedem Auftraggeber. Beim Kassageschäft fällt sehr wesentlich das Notierungsmonopol der amtlichen Makler mit dem Umsatzmonopol zusammen. Allerdings besteht auch für die Kassageschäfte ein freies Maklertum, das den amtlichen Maklern dadurch Konkurrenz zu machen trachtet, daß es die amtlichen Courtagesätze unterbietet. Diese Makler suchen für die ihnen in Auftrag gegebenen Käufe oder Verkäufe die Gegenkontrahenten durch Besuche in den Bankbüros oder an der Börse selbst zu finden. Es besteht an den größeren Börsen ein sog. Frankomarkt (wo zu niedrigeren Courtagesätzen oft von einer Seite sogar völlig franko Courtage gehandelt wird), auf dem die nichtamtlichen Makler den Ausgleich für die ihnen erteilten Orders suchen können. Gelingt ihnen dieser Ausgleich an der Vorbörse oder in der ersten Börsenstunde nicht, dann müssen sie rechtzeitig vor der amtlichen Kursfestsetzung ihre Orders an die amtlichen Makler weitergeben und verlieren damit natürlich den Anspruch auf Courtage. Die amtlichen Makler haben für diese Konkurrenten, wahrscheinlich weil sie ihnen durch Unterbietung der Courtagesätze ins Handwerk pfuschen, den Spitznamen „Pfuschmakler" geprägt.

Die Vermittlung der Kassaaufträge beschränkt sich auf das Zueinanderbringen von Käufern und Verkäufern. Es ist damit weder für den amtlichen Makler, noch für den nichtamtlichen Vermittler ein Risiko verbunden, weil die Annahme jedes Auftrages unter der Voraussetzung des späteren Zustandekommens einer amtlichen Notiz erfolgt, bei deren Zustandekommen für den amtlichen Makler — der immer bloß Vermittler bleibt — kein spekulatives Risiko entsteht. Ganz anders liegen die Verhältnisse auf dem Terminmarkt. Der Terminhandel ist aufgebaut auf dauernd schwankenden Kursen. Diese dauernde Veränderung der Marktlage bedingt schnelle Entschlüsse. Jeder Käufer und jeder Verkäufer sucht zu dem ihm jeweils günstig erscheinenden Kurs sofort abzuschließen. Schon eine kurze Zeitdifferenz kann die Chance verringern und das Risiko vergrößern. Während die Vermittlungsaktion des Maklers beim Kassageschäft dahin geht, den Kontrahenten zu suchen, ist es in der Entwicklung des Terminmarktes immer mehr zur Aufgabe des Maklers geworden, den Kontrahenten zu ersetzen. Denn hier ist nur der Vermittler, der es dem Bankier, der Aufträge auszuführen hat, oder dem Börsenspekulanten ermöglicht, jederzeit für jede Transaktion sofort einen Kontrahenten zu finden. Der Terminmakler führt deshalb auch den Namen Spekulationsmakler, weil er in erster Linie Spekulant und nur dadurch Makler ist, daß er das Risiko der Zusage oder der Abnahme bestimmter Effektenmengen zu dem von ihm gebotenen Kurs eingeht. Daraus erklärt sich schon, daß die Stellung des amtlichen Maklers im Terminhandel eine andere sein muß als auf dem Kassamarkt; denn seine Amtsverpflichtung verbietet ihm Spekulation. Er kann deshalb auch im Terminmarkt in der Hauptsache nur der Vermittler bleiben, der versucht, einen ihm übergebenen Auftrag auszuführen. Deshalb haben im Termingeschäft die amtlichen Makler nicht annähernd in dem Maße wie im Kassageschäft ein Handelsmonopol. Da sie aber auch für Termingeschäfte das Notierungsmonopol haben, so ist ihnen wenigstens ein gewisser Anteil am Termingeschäft gesichert; denn insbesondere limitierte Orders und außerdem die Aufträge zur ersten und zur letzten amtlichen Notierung (die ja, wie gesagt, ähnlich wie die Einheitskurse der Kassageschäfte zustande kommen) werden dem amtlichen Makler übergeben, weil nur auf diese Weise der Kommissionär davor geschützt wird, daß Notierungen zustande kommen, auf Grund deren seine Kundschaft von ihm Ausführung der erteilten Orders verlangen kann, während er selbst nicht in der Lage war, so günstige Kurse zu erreichen.

Der Terminhandel spielt sich also im wesentlichen in der Kulisse ab, die von den Spekulationsmaklern gebildet wird. Die Terminmärkte für die einzelnen Papiere im Börsenraum haben je nach den Tagesinteressen ein ganz verschiedenes Aussehen. Sie wimmeln oft von Interessenten, die zu großen Umsätzen bereit sind, und wenige Tage später sind sie nur schwach besucht und nahezu umsatzlos. Denn jeder dieser Märkte hat nur einen kleinen Stamm von Maklern, die sich ständig mit Umsätzen in dem gleichen Papier beschäftigen, während die anderen fluktuieren und sich schnell auf den Märkten für jene Papiere zusammenfinden, für die gerade starkes Interesse und daher Gelegenheit zu großen Umsätzen vorhanden ist. Den Spekulationsmakler reizt der Umsatz an sich. Er ist ein Spekulant ohne Meinung. Die Richtung seiner Spekulation bestimmt oft der Zufall. Er bietet Geld- und Briefkurse, je nachdem er glaubt, leichter ins Geschäft zu kommen, und er läßt sehr oft — namentlich im Anfang der Börse — „aussuchen", d. h. er ist ebenso bereit, einen Verkaufsabschluß wie einen Kaufabschluß zu tätigen, um dann im Laufe des Börsentages dem Zufall zu überlassen, ob er eine Gegenpartie findet. Den Ausgleich des übernommenen Engagements durch das Finden eines Gegenkontrahenten erstrebt er allerdings stets. Und er wahrt deshalb bei allem spekulativen Risiko, das er eingehen muß, um Umsatz zu erzielen, den Vermittlercharakter des Maklers. Daher ist er Tagesspekulant, und es bleibt sein Bestreben, die Börse an jedem Tage ohne Engagement zu verlassen und sich am Schluß eines jeden Börsentages glattzustellen, selbst wenn es nur mit Verlust möglich ist.

Es ist klar, daß diese Spekulationsmakler, deren Existenzberechtigung in der jederzeitigen sofortigen Übernahme spekulativer Engagements besteht, es nicht nötig haben, zu den amtlichen Maklern durch Unterbietung der Courtagesätze in Konkurrenz zu treten. Im Terminmarkt ist es für die Kommissionäre wichtiger, sich jederzeit einen ihnen genehmen Kurs zu sichern, als an Courtage zu sparen. Der freie Makler am Terminmarkt berechnet deshalb grundsätzlich dieselben Courtagesätze wie der amtliche Makler. Aber für ihn spielt die Einnahme aus diesen Courtagen eine geringere Rolle als die Kursdifferenzen zwischen seinen Geld- und Briefkursen und der Differenz im Plus und Minus, die sich aus seinem Gesamtumsatz am Schlusse des Börsenverkehrs ergibt. Die Courtage, die er sich auf jedes seiner Engagements berechnen darf, dient nur dazu, die Marge zwischen seinen Geld- und Briefkursen zu erweitern und sein spekulatives Risiko etwas zu verringern.

Die Tagesspekulation der Kulisse gibt den Terminmärkten das Rückgrat. Die Schar der Spekulationsmakler, die ohne jede vorgefaßte Meinung immer bereit steht, Kauf- und Verkaufskurse zu bieten, sichert die Möglichkeit des dauernden Umsatzes auf dem Terminmarkt. Die Spekulationsmakler dienen auf diese Weise dem Fungibilitätsbestreben des Marktes für vertretbare Güter, das sich ja nicht bloß auf die Fungibilität der Ware, sondern auch auf die Erweiterung und Kontinuität der Umsatzmöglichkeit erstreckt. Durch das Zusammenwirken der Usancen mit den Umsatzmöglichkeiten, die die Kulisse bietet, wird die Individualität der Umsatzhandlung bis auf geringe Reste ausgeschaltet. Als natürlicher Individualrest, der nie aus der Welt zu schaffen ist, bleibt die Vereinbarung des Kurses. Aber auch diese wird auf einen ganz geringen Zeitaufwand reduziert durch die laut gerufenen Kursanerbieten der freien Makler. Theoretisch wäre dadurch auch der Umsatz auf den Terminmärkten beinahe restlos fungibilisiert, läge nicht eine weitere Individualschwierigkeit in dem Risiko, das der Bankier oder der Spekulant dem Makler gegenüber eingeht. Dadurch, daß er zu festem Kurs per ultimo von ihm kauft oder an ihn verkauft, gibt er ihm bis zum Erfüllungstermin Kredit. Nach der Usance ist der Makler verpflichtet, am Schluß des Börsentages dem Bankier einen Kontrahenten aufzugeben, der an der Börse als Terminaufgabe gilt. Aber dadurch ist das Risiko ja nicht ganz ausgeschaltet, weil der Makler den Tag manchmal mit Verlust abschließt und unter Umständen das Gegengeschäft nur zu einem ungünstigeren Kurse abschließen kann, so daß er die Tagesdifferenz mit einem der beiden Kontrahenten verrechnen muß. Es schiebt sich hier also das Problem der Kreditwürdigkeit als Schwierigkeit des Maklers ein. Der erfahrene Börsenhändler wird stets beim Geschäftsabschluß mit dem freien Makler nicht nur den gebotenen Kurs in Betracht ziehen, sondern sich auch fragen, ob der bietende Makler für das Engagementsrisiko gut ist. Obwohl die Mitglieder der Börse in der Regel in der gegenseitigen Kreditschätzung nicht weit von der Wirklichkeit abirren, ist trotzdem bei der ganzen Natur des Börsengeschäfts eine absolut sichere Einschätzung der Situation der Börsenfirmen, namentlich der

Siehe auch C.

Spekulanten, nicht immer möglich, und es ist deshalb stets das Bestreben der Börse gewesen, auch noch das Unsicherheitsmoment des Spekulationskredites auszuschalten. Das war vor dem Kriege der Grund zur Entstehung der Maklerbanken. Diese Maklerbanken waren gewissermaßen Makler auf Aktien. Sie waren an allen Märkten durch Makler vertreten, die auf die Namen der Maklerbanken handelten, die für die Engagements der Makler hafteten. Da die Kreditwürdigkeit der Banken außer allem Zweifel stand, konnten selbst Börsenhändler mit geringer Erfahrung, sogar Lehrlinge gefahrlos mit denjenigen Maklern, die sich durch ihre Börsenbücher als Agenten der Maklerbanken legitimierten, Geschäfte abschließen. Intern war das Verhältnis zwischen den Maklerbanken und ihren Agenten so geregelt, daß diese einen Teil ihrer Courtage abgaben, daß jedoch die Tagesdifferenzen voll zu ihren Gunsten und zu ihren Lasten gingen. Die Agenten stellten den Maklerbanken für die Übernahme des Risikos aus den Engagements persönliche oder sachliche Sicherheiten. Neben diesen Aktieninstituten gab es in der guten Zeit der Börse stets große Privatfirmen, deren Kredit am Markt unbedingt fest stand und die ebenfalls auf ihren Namen Agenten in den verschiedensten Märkten handeln ließen. Überall dort, wo *Liquidationskassen* (s. d.) bestehen, ist die Risikosicherung durch die Maklerbanken unnötig geworden, weil ja die Liquidationskasse für jedes Engagement ihrer Mitglieder selbst die Haftung übernimmt.

3. Die Preisbildung an der Wertpapierbörse.

Die vorstehenden Ausführungen haben sich im wesentlichen mit der technischen Seite der K. beschäftigt. Diese Technik dient dazu, der Preisbildung selbst einen möglichst unverfälschten Ausdruck zu verleihen. Die wirtschaftlichen Grundlagen dieser Preisbildung sind an sich durchaus nicht verschieden von dem, was der allgemeinen Preisbildung auf allen Märkten zugrunde liegt. Die mechanischen und psychologischen Gesetze von Angebot und Nachfrage, die die Entstehung der Preise im allgemeinen beeinflussen, gelten auch an der Börse. Nur muß man sich, um die Preisbildung an den Wertpapierbörsen zu verstehen, vergegenwärtigen, welchen spezifischen Warencharakter die Börsenpapiere in weitestem Umfange besitzen. Am leichtesten ist das für die festverzinslichen Papiere, die Staatsrenten und die öffentlichen und privaten Obligationen. Bei ihnen ist ihr Charakter als Anlagewerte am besten zu erkennen. Durch ihren Kauf suchen diejenigen Teile des aufgesparten Geldkapitals, deren Besitzer weder fähig noch gewillt sind, selbst Produktivkapital zu bilden, angemessene Verzinsung. Die volkswirtschaftliche Bedeutung des Wertpapierkaufs liegt in der Ermöglichung der Beschaffung von Produktivkapital durch Hergabe von langfristigen Krediten in der Form, daß der an sich gegenüber dem Darlehnsnehmer unkündbare Anteil am Gesamtkredit vom Gläubiger im Bedarfsfalle auf dem Börsenmarkt veräußert werden kann. In dieser Beziehung unterscheidet sich die Aktie, die dem Besitzer keine feste Verzinsung, sondern einen Anteil an dem jeweils erzielten Gewinn des Unternehmens gewährt, prinzipiell gar nicht von der Gruppe der festverzinslichen Papiere. Denn der Aktionär ist nicht, wie manchmal irrig angenommen wird, Teilhaber des Unternehmens und Mitunternehmer, sondern die Aktionäre sind, wie das deutsche Handelsgesetzbuch recht plastisch definiert, „mit Einlagen auf das in Aktien zerlegte Grundkapital der Gesellschaft beteiligt, ohne persönlich für deren Verbindlichkeit zu haften". Durch die Zerlegung des Grundkapitals in Aktien wird ein Papierkapital geschaffen, dessen innere Bewertung natürlich im engsten Zusammenhang mit dem Schicksal und insbesondere mit der Ertragsfähigkeit des Unternehmens bleibt, dessen Anteile aber als Marktobjekte ein selbständiges Leben führen. Ihre Bewertung unterliegt ebenso wie die Preisbildung für die festverzinslichen Börsenpapiere den Gesetzen der Preisbildung für veräußerliche Anlagewerte.

So vielgestaltig die Faktoren dieser Preisbildung auch sind, das tragende Element ist der Zinsfuß, der zu einer gegebenen Zeit im Durchschnitt für solche Anlagen beansprucht wird. An diesen durch die allgemeinen ökonomischen Verhältnisse eines Landes oder durch die besonderen Bedingtheiten der Zeit bestimmten Anlagezinsfuß schließt sich die Preisbildung für Staatsrenten und auch für private Obligationen ziemlich eng an. Von vorübergehenden Schwankungen abgesehen, kann man aus der durchschnittlichen Rendite $\left(\frac{\text{Nominalzinsfuß} \times 100}{\text{Kurswert}}\right)$ der festverzinslichen Papiere auf die Höhe des landesüblichen Zinsfußes schließen. Dabei richtet sich natürlich die Verzinsungsnotwendigkeit für festverzinsliche Anlagepapiere je nach dem Grade der Sicherheit, die ihnen von den Kapitalisten beigemessen werden. Der reine Zinsfuß wird entsprechend um die Risikoprämie erhöht. Und in dieser Risikoprämie ist — rein theoretisch betrachtet — neben dem wirklichen Risikozuschlag entsprechend der Wertgeltung der einzelnen Papiere unter Umständen auch noch ein Teilzuschlag bei nicht sehr marktfähigen Papieren für die Erhöhung des Risikos enthalten, das durch die Hinauszögerung der Verkaufsmöglichkeit entstehen kann. Während die Schwankungen des Zinsfußes sich in der Kursbewegung der festverzinslichen Wertpapiere auch in der Praxis sehr direkt durch Sinken des Kursniveaus unter den Nominalwert oder Steigerung über ihn hinaus ausdrücken, ist das bei der Preisbildung der Aktien nur sehr bedingt und eigentlich außerhalb der Regel der Fall. Das liegt einerseits ja schon daran, daß die Höhe der nächsten Dividende sehr lange Zeit ungewiß ist, infolgedessen ist die Bewertung der Rendite von Schätzungen, also von psychologisch-spekulativen Erwägungen abhängig. Dazu kommt, daß die Anlage in Aktien (auch da, wo sie noch den Namen der Anlage verdient und nicht reine Spekulation ist) immer mehr und mehr nicht so sehr darauf abgestellt ist, durch Inkasso des Dividendenscheins Renten aus dem investierten Kapital zu ziehen, als innerhalb möglichst kurzer Zeit an der Kursdifferenz zu verdienen. Nur insoweit die Schwankungen der Dividende auch die Schwankungen des Börsenkurses der Aktien beeinflussen, kommt hier, wenn auch in stark gebrochener Linie, noch die Wirkung des Anlagezinsfußes zum Ausdruck.

Das Hauptmoment für die K. der Wertpapiere bleibt aber jenes unberechenbare Etwas, das man die Börsentendenz nennt. Die allgemeine Marktstimmung ist ja für die Preisbestimmung einer jeden Ware im kapitalistischen Marktverkehr von Bedeutung. Auf ihr beruht schon in ruhigen Zeiten, mehr aber noch in bewegten Tagen jenes Ausschwingen der Marktpreise nach oben oder unten, das durch die objektiven Marktverhältnisse, die man zudem oft erst hinterher feststellen kann, nicht bedingt wird. Diese Imponderabilien haben aber für Wertpapierbörsen um deswillen eine besondere Bedeutung, weil die Handelsobjekte der Börse, mögen sie auch in noch so verschiedenen Verkleidungen auftreten, immer Kapital darstellen. Kapital aber ist beweglicher, schwingbarer und gefühlsmäßig mit allen

Siehe auch C.

Zeitverhältnissen mehr verwoben als jedes andere Gut. Das Kapital reagiert am schnellsten nicht nur auf Ereignisse, sondern auch auf Wahrscheinlichkeiten. Das wird schon erkennbar, wenn man einmal die Kursentwicklung der einzelnen Aktien vollkommen isoliert betrachtet. Nicht nur die Wahrscheinlichkeit, sondern schon das ganz unkontrollierte Gerücht über eine bevorstehende Dividendenänderung, Nachrichten über Vorgänge innerhalb der Gesellschaft oder über solche Vorgänge, die direkt oder indirekt die Produktions- oder Absatzverhältnisse des betreffenden Unternehmens berühren, wirken auf die Preisbildung. Ob und wie sie wirken, ist nie im Voraus abzusehen. Denn ihre Wirkung beruht ja nicht auf rechnerisch zu bestimmender Mechanik, sondern auf der Vorstellung, die durch die Gerüchte und Nachrichten in den Köpfen der Besitzer oder der Händler ausgelöst wird und auch auf der Energie, mit der die Besitzer oder Händler ihre Vorstellungen in Aktion, nämlich in Kauf oder Verkauf, umsetzen. Daraus, daß psychologische Momente hier stark mitspielen, erklärt sich auch die große Wirkung der allgemeinen Börsenstimmung. Je nachdem an einem Börsentage die Gesamtstimmung der Börse flau oder fest ist, desto kräftiger werden sich schlechte oder gute Gerüchte und Nachrichten auf die einzelnen Börsenpapiere auswirken. Diese allgemeine Börsentendenz aber ist in ihrer Entstehung auch wieder von dem Gegeneinanderwirken der verschiedenen Temperamente der Börsenhändler abhängig, auf die in jeder Minute des Börsentages die Gesamtfülle der Nachrichten und Gerüchte politischer und ökonomischer Natur eindringt. Alle diese mehr oder weniger verstandenen Nachrichten allgemeiner oder spezieller, politischer, technischer oder wirtschaftlicher Natur ergeben ein Stimmungsgesamtbild, aus dem die allgemeine Tendenz des täglichen Börsenverkehrs entspringt, die nun wiederum der einzelnen K. ihr Gepräge aufdrückt.

Diese Gesamttendenz wird aber nun ihrerseits wieder stark durch die Zinsverhältnisse beeinflußt, doch nicht in der Hauptsache durch den Zinsfuß für Anlagewerte, sondern durch die Zinssätze des Geldmarktes. Auch die moderne Kapitalproduktion, genau wie die kapitalistische Warenproduktion, arbeitet nicht in der Weise, daß einem angemeldeten Bedarf das Angebot sich anpaßt, sondern die Kapitalproduktion eilt der natürlichen, durch Ersparungszuwachs entstehenden Nachfrage auf dem Kapitalmarkt voran. Insbesondere die Transformationstätigkeit der Banken, die kurzfristiges Kapital auf dem Wege des Finanzierungs- und Gründungsgeschäfts in langfristige Anlagen umwandelt, versorgt dauernd den Kapitalmarkt mit Anlagewerten, die auf Zuwachs des Anlagebedarfs berechnet sind. Infolgedessen kann fast niemals auch nur annähernd die Gesamtsumme der vorhandenen Börsenpapiere mit dem Eigenkapital der Käufer umgesetzt werden. Entweder außerhalb der Börse durch Kredithingabe der Banken und Bankiers an Effektenkäufer oder innerhalb der Börse durch die Ausleihung von täglichen Geldern oder von Ultimogeldern und durch die Vornahme von Reportierungen für Termintransaktionen an Händler und Bankiers werden vom Geldmarkt aus Effektenkäufe finanziert. Je nachdem die Geldmarktverhältnisse reichlichen oder geringen Zustrom solcher Geldmarktsubventionen für die Umsätze von Kapitalmarktwerten gestatten, wird die allgemeine Umsatzfähigkeit der Börsenmärkte sich erweitern oder einengen. Steigen die Geldmarktsätze und ist dadurch die Finanzierung von spekulativen Engagements aller Art erschwert, so wird eine Einengung der Marktumsätze und damit Realisationsneigung an der Börse eintreten, während umgekehrt die Marktfähigkeit aller Börsenpapiere sich erweitert und die Durchführung von Hausse-Tendenzen erleichtert wird.

Aus dem oben Gesagten geht hervor, daß insbesondere bei Aktienwerten, aber unter Umständen doch auch bei Rentenpapieren die Preisbildung für die Wertpapiere mit dem sog. inneren Wert dieser Papiere vollkommen in Widerspruch geraten kann. Wenn aus irgendeinem Grunde durch übertriebene Hoffnungen auf die Zukunft eine überreiche Fülle von Leihkapitalien sich in zahlreiche Käufe umsetzt, so besteht die Möglichkeit für viele Börsenpapiere, weit über den Kurs zu steigen, der noch eine angemessene Rendite zuläßt oder der durch den inneren Wert des Unternehmens, an dessen Kapital sie Anteil gewähren, gerechtfertigt ist. Umgekehrt kann, wie es ja in den letzten Krisenzeiten der Fall war, bei allgemeiner Verknappung der Gelder ein Sturz weit unter den Wert erfolgen, der einer Aktie infolge des inneren Wertes des betreffenden Unternehmens zukommt oder weit unter den Wert, den eine Obligation durch ihre tatsächliche Verzinsung rechtfertigt. Wenn eben kein Käufer da ist, so gibt es auch keinen Preis. Zur Preisbildung auf jedem Markt besonders aber an den Börsen gehören nicht nur Kauflustige, sondern vor allem solche, die ihrer Lust zu kaufen durch Verfügung über Eigenkapital oder über Kredit auch Ausdruck verleihen können. Wie weit die K. dem inneren Effektivwert der Papiere gleichkommt oder von ihnen abweicht, das hängt im wesentlichen von der geldmarktmäßigen oder wirtschaftlichen Struktur verschiedener Zeitperioden ab. In ruhigen Zeiten normaler Geldmarkt- und Wirtschaftsverfassung wird eine verhältnismäßig größere Zahl von Werten aller Art in ihrer K. dem sog. inneren Wert gleichkommen als in erregten Zeiten. Schon deshalb, weil in erregten oder besonders unsicheren Zeiten auch die voraussichtliche Entwicklung der einzelnen Unternehmungen oder Verbände, deren Wertpapiere an der Börse gehandelt werden, schwerer zu schätzen ist.

Zum Schluß noch eine interessierende Frage: Wie verträgt sich die Tatsache der Unsicherheit der Tendenzbildung und der Abweichung der Tageskurse von den Grundlagen exakter Wertbemessung mit der vielfach gehörten Behauptung, daß die Börse ein untrügliches Barometer sei, das den Verlauf der Wirtschaftskurve vorauszubestimmen vermag? Ist diese Behauptung überhaupt richtig? Oder hat sie nicht vielleicht gar durch Veränderungen der gesamten wirtschaftlichen Situation an Richtigkeit verloren? Dazu ist zu bemerken, daß der Vergleich mit dem Barometer nicht ganz stimmt. Denn das Barometer verzeichnet die atmosphärischen Schwankungen des Augenblicks, aus dem die Wetterereignisse der nächsten Stunden abgelesen werden können. Eine solche Prophetie für den nächsten Tag ist in Börsendingen überhaupt nicht möglich. Und jeder einzelne Börsentag bringt Auspendelungen nach oben oder unten mit sich, die von der Wirklichkeit ganz weit abweichen können. Wesentlich für die endgültige Bildung des Preises sind eben nicht die Gestaltungen der einzelnen Tage, sondern ist vielmehr die Kurve, die aus dem Durchschnitt aller Tage sich ergibt und die tatsächlich in der Regel beweist, daß der sensible Kapitalmarkt die Entwicklungen der Wirtschaft ziemlich genau vorausempfindet. Hier muß eben in Betracht gezogen werden, daß der Markt für fungible Werte durch die Eigenart seiner Marktware und durch die völlige Fungibilisierung der Umsätze in jedem Augenblick die Durchsetzung der Einsicht und Meinung aller Interessen ermöglicht und auf diese Weise zwar in der täglichen Schwankung jedes Extrem ermöglicht, auf lange Sicht da-

Siehe auch C.

gegen den richtigen Durchschnitt aller in Betracht kommenden Werturteile liefert.

Vgl. *Börsenrecht B I, 1.* Über die K. am *Rentenmarkt* s. d. 3.

Literatur: LANSBURGH, ALFRED: Zur Systematik der Preisbildung an der Effektenbörse. Stuttgart 1917. — PRION, W.: Die Preisbildung an der Wertpapierbörse, 2. Aufl. München und Leipzig 1929. — PETRAZYCKI, L. v.: Aktienwesen und Spekulation. Berlin 1906. — SALING: Börsenpapiere, Teil I. Berlin 1932. — SCHNEIDER-DAHLHEIM: Usancen der Berliner Fondsbörse. Berlin 1932. — MEEKER, J. E.: The work of the stock exchange. New York 1930. — PRATT, S. S.: The work of Wall Street. New York 1910.

GEORG BERNHARD.

Kursblatt vgl. die Artikel über die einzelnen Börsen, s. *Kursbildung 1.*

— **festsetzung** an der *Berliner Börse* (s. d. *III*), s. *Kursbildung.*

— **gewinne** s. *Spekulationsgewinne.*

— **makler** s. *Makler*, s. *Börsenrecht B I 2.*

— **pflege** s. Hinweise bei *Interventionskäufe.* Mängel der K. bei Kommunalanleihen s. *Emissionsgeschäft I 3,* der Hypothekenbanken s. *Emissionsgeschäft II 2b.*

— **politik** s. Bem. zu *Kurspflege* und *Interventionskäufen.*

— **risiko** vgl. *Pensionsgeschäfte.*

— **schnitt,** ein durch Ausnützung von Kursschwankungen — selbstverständlich widerrechtlich (vgl. HGB. § 387) — auf Kosten des Kunden erzielter Gewinn bei Börsenaufträgen, z. B.: Der Kunde hat Auftrag gegeben, einen Posten eines variablen Papiers „bestens" zu kaufen. Der Kauf erfolgt zu 100 %; der Kurs steigt unmittelbar darauf auf 102 %, worauf dem Kunden der Kauf nicht zu 100 %, sondern zu 102 % abgerechnet wird. Bei solchem Verfahren würde auf Kosten des Kunden ein Gewinn von 2 % erzielt worden sein (vgl. *Kommissionsgeschäft*).

Kurssicherungsgeschäft s. *Börsenrecht B III 3.*

Kursstützung s. Hinweise bei *Interventionskäufe.*

— **wert** ist die börsenmäßige Bewertung eines Wertpapiers, in Deutschland und Holland ausgedrückt in Prozenten des Nennwerts, in allen übrigen Ländern für Aktien pro Stück in Einheiten der betr. Währung, für Renten fast ausnahmslos gleichfalls in Prozent (s. a. *Prozentnotierung*). Man spricht auch vom K. eines Unternehmens und meint damit die sich aus der Multiplikation des Kurses mit der Summe der Aktien und Anleihen ergebende Börsenschätzung des Vermögens einer Gesellschaft.

Kurszettel vgl. die Artikel über die einzelnen Börsen, s. *Kursbildung 1.*

Kurtage, häufiger Courtage s. *Makler.*

Kurzfristige Kredite, allgem. s. *Kredit II.* Zunahme der — bei der öffentlichen Hand s. *Öffentlicher Kredit II 4,* vgl. *Liquiditäts- und Anlagepolitik der Depositenbanken.*

Kuxe, Anteile von Bergwerksgesellschaften, die in der auf alte deutsche Rechtsbegriffe zurückgehenden Form der Gewerkschaften konstituiert sind. Zum Unterschied von der AG. besteht (wie bei Genossenschaften mit unbeschränkter Haftung) eine Nachschußpflicht („Zubuße") der Gewerken, der jeweiligen Kuxeinhaber. Die K. lauten daher ausnahmslos auf Namen und müssen durch Zession übertragen werden. Entsprechend dem mehr persönlichen Charakter gegenüber der anonymen AG. zerfällt die Gewerkschaft in verhältnismäßig wenig Anteile, maximal 1000 (früher 999), ja sogar nur 100 K. K. werden insbesondere an der *Essen-Düsseldorfer Börse* (s. d.) gehandelt. Die jährliche Ausschüttung heißt „Ausbeute".

Kuxenbörsen, Deutsche, Bezeichnung der *Essen-Düsseldorfer Börse* (s. d.).

L.

Labor Banks s. *Arbeiterbanken.*

Lagerschein s. *Finanzierung des Groß- und Einzelhandels II 2,* s. *Agrarkredit III.*

lakh (Rupien) = 100000 Rupien, geschrieben Rs. 1,00,000, vgl. *crore.*

lame duck (e), (spöttische) Bezeichnung für Börsenbesucher, die ihren Verpflichtungen nicht nachkommen.

Lancashire-Banken s. *deposit banks.*

Landesbanken. L., Provinzial-Hilfskassen, Landeskreditkassen, Provinzialbanken sind gemeinnützige, als selbständige Körperschaften des öffentlichen Rechts betriebene Bankanstalten preußischer Provinzen oder Bezirksverbände, die die Gewährleistung für sie übernommen haben. Sie sind also Organe der Selbstverwaltung. Sie unterstehen der Aufsicht des Staates, der sie durch die Oberpräsidenten oder Regierungspräsidenten ausübt, und haben im Gebiet ihres Gewährsverbandes unter Bindung an staatlich genehmigte Satzungen und an die Gesichtspunkte der öffentlichen Wirtschaftspolitik lang- und kurzfristige Geldgeschäfte auszuführen. Die L. sind gegen Mitte des 19. Jahrhunderts als Bankeinrichtungen westlicher Landesteile entstanden (während die Landschaften eine Gründung des Ostens sind), in den alten preußischen Provinzen als Provinzial-Hilfskassen, in benachbarten, früher außerpreußischen Ländern als staatliche Landeskreditkassen. Die Provinzial-Hilfskassen wurden zunächst im wesentlichen zur Förderung des allgemeinen Grundkredits, der landwirtschaftlichen Bodenverbesserung und des Sparkassenwesens, die Landeskreditkassen zuerst hauptsächlich zur Reallastenablösung gegründet. Mit der späteren Erweiterung des Aufgabenkreises hat die Mehrzahl den Namen Landesbank angenommen. Von 1924 ab bildete sich im Zusammenhang mit der Entwicklung des kommunalen Girosystems in den *Gemeinschaftsbanken* (s. d.) ein neuer Typus von L., an denen neben dem Provinzialverband der Sparkassen- und Giroverband oder die Kreise und Städte des Bezirks beteiligt sind und paritätisch an der Haftung und Verwaltung teilnehmen.

Namen und Geschäftsumfang der bedeutenderen Institute gehen aus der weiter unten gegebenen Aufstellung hervor.

Der Gruppe der L. verwandt sind einige Institute, wie z. B. die Hohenzollerische Landesbank, Spar- und Leihkasse in Hechingen, und von außerpreußischen Anstalten noch die beiden oldenburgischen Provinzialbanken. Nicht zu den L. im üblichen Sinne gehören die in privater Rechtsform oder ausschließlich von Zweckverbänden errichteten L., z. B. die der Sächsischen Staatsbank gehörende Landesbank Westsachsen AG. in Plauen und die Kommunale Landesbank in Darmstadt. Auch die reinen *Girozentralen* (s. d.) gehören nicht in den Kreis der Betrachtung.

Die L. haben grundsätzlich zwei Hauptaufgaben: die Gewährung von Realkredit an den städtischen und ländlichen Grundbesitz und die

Gewährung von Darlehen an Kommunen und sonstige öffentlich-rechtliche Körperschaften, an gemeinnützige Einrichtungen und an Genossenschaften. Schon vor, besonders aber nach dem Weltkrieg, ist dazu infolge der Entwicklung der kommunal-wirtschaftlichen Tätigkeit auch das kurzfristige Geldgeschäft namentlich im Interesse der Kommunen und Kommunalverbände, aber auch für Private getreten. Kredite an Private sollen jedoch in dem einem sog. Mittelstandskredit entsprechenden Rahmen bleiben und gedeckt sein. Die meisten L. sind im Laufe der Nachkriegszeit dem kommunalen Giroverkehr als Girozentrale beigetreten und dadurch die Zentralbanken für die Sparkassen ihres Gebiets geworden.

Als solche sind sie auf Grund der Mustersatzung für die preußischen Sparkassen, neuerdings auf Grund der Reichsnotverordnung vom 7. Oktober Hinterlegungsstellen für die 10proz. Liquiditätsreserven der Sparkassen. Eigene Sparkassenabteilungen unterhalten Nassau und Ostpreußen. Neuerdings haben sich Bausparkassen angegliedert Rheinprovinz, Westfalen, Kassel, Nassau, Provinz Sachsen und Brandenburg. Oberschlesien hat seine Bausparkasse wieder aufgelöst. Die meisten L. haben in der Nachkriegszeit umfangreiche Kredite für den Kleinwohnungsbau ausgegeben. Alle haben sich als Durchgangsstelle an der Verteilung von Subventions- und subventionsähnlichen Krediten (Gelder des Reiches und der Länder, der Rentenbank-Kreditanstalt, der Seehandlung, der Preußenkasse usw.) beteiligt. Zur Beschaffung der langfristigen Kredite geben die L. mündelsichere Pfandbriefe und Kommunalobligationen aus, für die die Provinz haftet und die dem Pfandbriefgesetz von 1927 unterliegen. In Hannover werden die Mittel für die L. der Provinz Hannover durch Anleihen der Provinz selbst beschafft. Die L. sind also grundsätzlich Universalbanken und sind daher den als Universalbanken betriebenen *Staatsbanken* (s. d.) nahe verwandt. Die einzelnen Geschäftszweige werden nicht von allen L. gleichmäßig betrieben, je nach dem Vorhandensein anderer öffentlicher Kreditanstalten im gleichen Gebiet. Zum Beispiel gewährt die Hannoversche Landeskreditanstalt fast ausschließlich landwirtschaftlichen Grundkredit, die L. der Provinz Hannover vorwiegend lang- und kurzfristigen Kommunalkredit, neben dem sie auch sonstige kurzfristige Geldgeschäfte betreibt, während die Girozentrale Hannover sich mit lang- und kurzfristigen Geldgeschäften für Kommunen und Private befaßt und die in Personalunion mit der Landeskreditanstalt betriebene Stadtschaft den städtischen Grundkredit bearbeitet.

Die L. sind mit Ausnahme von Schneidemühl dem Verband Deutscher öffentlich-rechtlicher Kreditanstalten E. V. in Berlin angeschlossen. Spitzeninstitut ist die Deutsche Landesbankenzentrale AG. in Berlin (Bilanzsumme Ende 1930: 147 Millionen RM.); ihre Aufgaben sind nach der 1929 erfolgten Verständigung mit der Deutschen Girozentrale: die Weiterleitung von öffentlichen Krediten, der Ausgleich von kurzfristigem Geld, die Aufnahme gemeinsamer Anleihen im Ausland und die Kurskontrolle über die Emissionen der Verbandsmitglieder an der Berliner Börse.

Das Problem der Rationalisierung im öffentlichen Bankwesen ist für die L. von besonderer Bedeutung. Die in der Gründung von Gemeinschaftsbanken zum Ausdruck gekommenen Vereinheitlichungsbestrebungen waren seit 1928 ins Stocken gekommen, haben aber im Zusammenhang mit den in der Reichsnotverordnung vom 7. Oktober 1931 erlassenen Reformmaßnahmen für die Sparkassen und Girozentralen neuen Antrieb erhalten. Im Juli 1932 ist vom Preußischen Minister des Innern ein Spezialkommissar eingesetzt worden. Er ist Beauftragter des Ministers für die Gründung von Gemeinschaftsbanken in den Provinzen Hannover, Schleswig-Holstein, Hessen-Nassau und Niederschlesien und außerdem Staatskommissar mit weitgehenden Vollmachten für den Sparkassen- und Giroverband Hannover und die L. in Hannover und Kiel. In Hannover war bei Abschluß der vorliegenden Monographie die Zusammenlegung der Girozentrale mit der L. in naher Aussicht. Neben der Forderung nach Bereinigung hinsichtlich der Zahl und der Organisation der öffentlichen Bankanstalten wird neuerdings außerhalb und innerhalb der beteiligten Kreise immer lebhafter auch der Ruf nach grundsätzlicher Trennung des kurzfristigen vom langfristigen Kreditgeschäft nach dem Muster der privaten Banken laut. Die allgemeine Bereinigung soll sich auch auf die Berliner Spitzenanstalten erstrecken. Bezüglich der letzteren weist man darauf hin, daß sich die Tätigkeitsgebiete der Landesbankenzentrale und der Deutschen Girozentrale unter sich und mit denen anderer großer Institute öffentlichen Charakters noch immer stark berühren.

31. Dez. 1931 in Mill. RM.	Bilanzsumme	Umlaufende eigene Emissionen	Kapital und Reserven	Personalbestand
L. der Provinz Westfalen	481	142	8	437[1]
L. der Rheinprovinz	948[7]	165[7]	24[7]	613[7]
Prov. Hilfskasse Niederschlesien .	54	—	4	ca. 40[5]
L. der Provinz Ostpreußen . . .	189	59	7	ca. 80[5]
Landeskreditkasse Kassel	168	118	5	ca. 130[5]
Nassauische L.	224[2]	150	7[6]	800[3]
Hannoversche Landeskreditanstalt	195	114	6	136
L. der Provinz Hannover	198	87	6	84[7]
L. der Provinz Schleswig-Holstein	101[7]	57[7]	7[7]	95
Provinzialbank Pommern	145	9		147[7]
Brandenburgische Provinzialbank			7	
und Girozentrale	190	—	13	386
Mitteldeutsche L.	282	80	23	449
Provinzialbank Grenzmark Posen und Westpreußen	17	—	2	ca. 30[5]
Provinzialbank Oberschlesien . . .	113	7	7	106[4]

Aus der zahlreichen *Literatur:* v. HIPPEL, KORD-RUWISCH, SCHMIDT: Die öffentlich-rechtlichen Kreditinstitute. Berlin 1927. Dort und im Schrifttum über des Deutsche Sparkassenwesen 1900—1929, Berlin 1931, zahlreiche weitere Literaturangaben. — Art. Landeskreditkassen und Landesbanken im Handwörterbuch der Staatswissenschaften. 1925. — BITTER, ART. v.: Landesbanken und Girozentralen. Dtsch. Spark.-Ztg v. 8. September 1929. — DANNENBAUM: Öffentlich-rechtliche Kreditanstalten. Berlin 1930. — Jahrbuch für Bodenkredit, Herausg. Dr. FRITZ SCHULTE, 1. Bd. Berlin 1928. — Handbuch der öffentlichen Wirtschaft, Herausg. Vorstand des Gesamtverbandes der Arbeitnehmer der öffentlichen Betriebe und des Personen- und Warenverkehrs. Berlin 1930. — Außerdem laufend Berichte im Deutschen Ökonomist und den übrigen Finanzzeitschriften.

LUDWIG RIDERER.

Landes-Finanzämter (als Devisenbewirtschaftungsstellen) s. *Devisenbewirtschaftung I 2 d.*

— **Hypothekenanstalten** s. *Öffentlich-rechtliches Bankwesen 1.*

— **kultur-Rentenbank** vgl. *Agrarkredit II A.*

— **Rentenbank, Preußische,** s. *Rentenbanken, Preußische.*

— **zinsfuß** (landesüblicher Zinsfuß) vgl. *Rentenmarkt 5.*

Landschaften. *1. Geschichte.* In der gegenüber anderen Ländern so überaus vielseitigen Organisation des deutschen Realkredits nehmen die L. als älteste und spezifisch preußische Bodenkreditinstitute eine Sonderstellung ein. Ihrer Rechtsform nach privilegierte Kreditinstitute des öffentlichen Rechtes auf genossenschaftlicher Grundlage, dienen sie ausschließlich der Versorgung der Landwirtschaft mit billigem erststelligem Hypothekarkredit (vgl. *Agrarkredit*).

Um der durch die friedrizianischen Kriege verursachten starken Verschuldung des adligen Grundbesitzes in der neu erworbenen schlesischen Provinz zu steuern, wurde unter der persönlichen Initiative des Königs im Jahre 1770 die Schlesische Landschaft errichtet, nach deren Muster in der Folgezeit eine ganze Reihe ähnlicher Institute geschaffen wurde. Zur Zeit bestehen die folgenden L.:

A. Preußische:

a) alte:

1. Schlesische L. (1770),
2. Kur- und Neumärkisches Ritterschaftliches Kreditinstitut (1777),
3. Pommersche L. (1781),
4. Westpreußische L. (1787), jetzt in Liquidation,
5. Ostpreußische L. (1788),

[1] Personalbestand einschl. Westfälisches Pfandbriefamt und Bausparkasse. [2] Außerdem Landessparkasse mit 106 Millionen RM. Spareinlagen. [3] Personalbestand einschl. Landessparkasse. [4] Personalbestand einschl. Stadtschaft. [5] Schätzung. [6] Außerdem 2 Millionen RM. bei der Landessparkasse. [7] Zahlen für Ende 1930.

6. Posensche L. (1857), nachdem schon 1787 und 1821 zwei ähnliche Institute gegründet worden waren; jetzt in Liquidation.

b) neue:

7. Schlesisches Kreditwerk für die rustikalen Besitzungen (1849),
8. Kreditinstitut für die preußische Ober- und Niederlausitz (1865),
9. Neues Brandenburgisches Kreditinstitut (1869),
10. Neue Pommersche L. (1861),
11. Neue Westpreußische L. (1861), in Liquidation,
12. L. der Provinz Sachsen (1864),
13. L. der Provinz Westfalen (1877),
14. Landschaftlicher Kreditverband für die Provinz Schleswig-Holstein (1882),
15. Schleswig-Holsteinische L. (1895).

B. Außerpreußische:

16. Ritterschaftliches Kreditinstitut für Lüneburg (1790),
17. Ritterschaftliches Kreditinstitut für Calenberg, Göttingen, Grubenhagen, Hildesheim (1825),
18. Bremenscher Ritterschaftlicher Kreditverein (1826),
19. Erbländisches Ritterschaftliches Kreditinstitut in Leipzig (1844),
20. Ritterschaftliches Kreditinstitut Braunschweig (1862),
21 und 22. Zwei mecklenburgische Kreditinstitute.

Zur Förderung des landwirtschaftlichen Kredites, insbesondere durch gemeinschaftliche Pfandbriefausgabe wurde 1873 die Zentrallandschaft für die preußischen Staaten gegründet (s. u.)

Auf die außerpreußischen L. braucht hier ihrer geringfügigen Bedeutung wegen nicht näher eingegangen zu werden, zumal Besonderheiten bei ihnen nicht vorliegen.

Da sich die älteren L. ausschließlich mit der Beleihung von adligen und Rittergütern befaßten-mußten im Zusammenhang mit der Bauernbefreiung und der Erstarkung des bäuerlichen Grundbesitzes neue Kreditmöglichkeiten erschlossen werden. Dies geschah teils durch Gründung der neueren L., teils durch Ausdehnung des Geschäftsbereiches der älteren. Schon 1847 ermöglichte die Ostpreußische L. allen Besitzern „selbständiger Ackernahrung" den Zutritt zur L., soweit sie sich dem Reglement und insbesondere auch der Generalgarantie (s. u.) unterwarfen. In Westpreußen, Brandenburg und Pommern wurden für die Zwecke der Beleihung des Kleingrundbesitzes neue L. errichtet. In Schlesien schuf man 1849 als Sonderabteilung der L. das „Kreditwerk für die Eigentümer rustikaler Besitzungen", wobei die L. selbst die Garantie für die neuen Pfandbriefe übernahm und auch nach Erlöschen der Garantie im Jahre 1867 die Verwaltung beibehielt. Eine *Solidarhaft* (s. u.) der beliehenen rustikalen Grundstücke besteht hierbei nicht, ebenso wenig eine Inkorporierung des Kleingrundbesitzes in die L. Für die neuen Pfandbriefe haften außer dem Sondervermögen des Kreditwerkes die mit dem Pfandbriefgegenwert gewährten Hypothekarkredite.

2. Organisation. Bei der Errichtung der neuen L. in den Bezirken, in denen — wie in der Provinz Sachsen — der bäuerliche Grundbesitz vorherrschte, wurde der Beitritt zur Landschaft auch diesen Gütern von vornherein vorbehalten.

Im korporativen Aufbau und der Organisation zeigen sich grundsätzliche Abweichungen zwischen den älteren und neueren L. Die älteren sind mit Ausnahme des Kur- und Neumärkischen Ritterschaftlichen Kreditinstitutes Zwangsgenossenschaften, d. h. durch Satzungen, die Gesetzescharakter tragen, wird die Zugehörigkeit bestimmter Arten von Gütern (adliger und Rittergütern) zur L. rechtsverbindlich bestimmt. Dagegen sind die neueren freiwillige Vereinigungen, denen nur diejenigen Kreise angehören, die sich zur Inanspruchnahme von Darlehen unter Anerkennung der Satzungen der L. angeschlossen haben. Zuweilen finden sich Mischformen, so bei der Ostpreußischen L., wo zu den zwangsmäßig ohne Rücksicht auf die Inanspruchnahme von Darlehen einbezogenen Gütern der Kreis derjenigen Personen (*Kleinbesitz*) (s. o.) tritt, deren Verbundenheit mit der L. nur durch die Darlehnsgewährung und nur für deren Dauer begründet wird.

Die Leitung der L. steht der Generallandschaftsdirektion einer öffentlichen Behörde zu, die von Ausschüssen und Kommissionen unterstützt wird. Die letzte Entscheidung liegt in den Händen der Generalversammlung, der Mitglieder, Kreditverbundenen oder ihren Delegierten. Die Verwaltung ist teils zentralisiert wie in Ostpreußen, teils dezentralisiert (Einteilung in einzelne Kreise mit selbständiger Verwaltung) wie in Schlesien, Pommern, Brandenburg usw.

3. Technik des landschaftlichen Kredits. Das für die Darlehensgewährung notwendige Kapital beschafft die L. durch Ausgabe von Pfandbriefen. Die alten Pfandbriefe waren auf ein bestimmtes Gut ausgestellte, auf dem betr. Grundbuchblatte eingetragene echte Hypothekendokumente, sog. „Güterpfandbriefe", und zwar Inhaberpapiere. Auch die neueren Pfandbriefe sind Inhaberpapiere, stellen aber reine Schuldverpflichtungen der L. dar, für deren Sicherheit neben dem landschaftlichen Vermögen die gesamten gegen die Pfandbriefausgabe valedierenden Hypothekenforderungen haften. Neben der durch die geschilderte Haftung gegebenen Sicherheit besteht bei den meisten L. noch eine Spezialsicherung durch die Garantie der Kreditverbundenen.

Bei den zwangsgenossenschaftlichen L. besteht diese zusätzliche Deckung in einer Generalgarantie aller zur L. gehörigen Güter unabhängig von der Darlehensbeanspruchung, bei den durch freiwilligen Zusammenschluß entstandenen teils in der allgemeinen Haftung der bepfandbrieften Besitzungen, teils wie bei dem Kreditverband Schleswig-Holstein, der Sächsischen und Westfälischen L., in einer Nachschußpflicht der Verbandsmitglieder, wobei jedoch jedes Mitglied nur bis zu einem gewissen Prozentsatz seiner eigenen Schuld zu haften hat. Diese an sich schon reichlich komplizierten Verhältnisse werden in der Praxis dadurch besonders unübersichtlich, daß selbst bei ein- und derselben L. noch Unterschiede in der Sicherstellung der einzelnen Pfandbriefausgaben bestehen. Beispielsweise entfällt bei mehreren L. die satzungsmäßig vorhandene Generalgarantie für solche Pfandbriefe, die für Beleihungen über der ersten Hälfte des Taxwertes ausgegeben sind.

Die der Beleihung zugrundeliegende Wertermittlung erfolgt nach verschiedenen Methoden: Bei kleineren Darlehen meist durch eine Vervielfachung des Grundsteuerreinertrags in Höhe des 15 bis 25fachen, bei größeren durch exakte Ermittlung des gemeinen oder Ertragswertes oder nach dem sog. „Bonitierungsverfahren", d. h. nach einem Regulativ, das dem Werte der einzelnen Bodenklassen sowie der Lage des Gutes in gewissen wirtschaftlichen Zonen (Verkehrsverhältnisse) besonders Rechnung trägt.

Die Beleihungsgrenze hat seit der Gründung der L. mehrfach gewechselt; ursprünglich höchstens bis zur Hälfte des Wertes, geht sie heute regelmäßig bis etwa zu zwei Drittel.

Die Darlehen der L. unterliegen einer regelmäßigen Tilgung von zumeist $^1/_2$% p. a.; sobald $^1/_{10}$ der Gesamtschuld getilgt ist, kann der Schuldner verlangen, daß der entsprechende Betrag im Grundbuche gelöscht wird.

Die Rückzahlung eines größeren Betrages oder der ganzen Schuld ist dem Schuldner jederzeit gestattet, wenn er sie in Pfandbriefen der Gattung bewirkt, auf Grund deren er das Darlehen erhalten hat. Will der Schuldner nicht in Pfandbriefen zahlen, sondern in bar, so muß er der L. rechtzeitig vorher Nachricht geben, damit diese die entsprechenden Pfandbriefe zur Einlösung kündigen oder durch Rückkauf tilgen kann.

Eine Kündigung der landschaftlichen Forderungen findet grundsätzlich nur statt, wenn dies zu ihrer Sicherstellung erforderlich ist. Zur Beitreibung ihrer Forderungen ist den L. Vollstreckungsrecht eingeräumt.

Der durch die Amortisationszahlungen angesammelte Tilgungsfonds ist Eigentum der L., gleichzeitig aber auch in gewissem Sinne Guthaben der Kreditverbundenen, denn er gilt als Bestandteil oder Zubehör des verpfandbrieften Grundstücks und geht somit auf dessen Erwerber über. Der L. steht bisweilen das Recht zu, in Höhe der getilgten Beträge neue Beleihungen vorzunehmen oder den Tilgungsfond herauszuzahlen.

Die Kosten der Landschaftsdarlehen bestehen in der Verzinsung in Höhe der Pfandbriefzinsen, in der Amortisation und in einem Verwaltungskostenbeitrag (Quittungsgroschen). Die Auszahlung der Darlehen geschah bisher zumeist durch die Aushändigung der Pfandbriefe an den Darlehnsnehmer, der diese selbst zu verwerten hatte. Da hierdurch die Kursgestaltung der Pfandbriefe häufig ungünstig beeinflußt wurde, findet die Verwertung für den Schuldner heute in der Regel durch die landschaftlichen Banken statt.

4. Nebenbetriebe; Zentrallandschaft. Derartige Bankanstalten haben sich eine ganze Reihe von L. angegliedert, vorwiegend als selbständige Rechtspersonen. Die landschaftlichen Banken treiben reguläre Bankgeschäfte mit Ausschluß von Spekulationsgeschäften; sie sind (schlesische und ostpreußische) auch als Träger von Auslandsanleihen aufgetreten. Im wesentlichen unterstützen sie die Tätigkeit der L. durch die geschilderte Pfandbriefverwertung, Kursregulierung und Gewährung von Vorschüssen.

Die Zentrallandschaft für die preußischen Staaten (s. o.) ist ein Verband, zu dem sich das Kur- und Neumärkische Ritterschaftliche Kreditinstitut, das Neue Brandenburgische Kreditinstitut, die Pommersche L., die Neue Pommersche L., das Kreditinstitut für die Ober- und Niederlausitz, die Sächsische, Schleswig-Holsteinsche, Ostpreußische, Schlesische und Westfälische L. zusammengeschlossen haben. Diese (früher auch Westpreußische) L. sind berechtigt, ihre Darlehen außer in eigenen auch in Pfandbriefen der Zentrallandschaft zu gewähren. Werden eigene und Zentralpfandbriefe nebeneinander verwandt, so entscheidet der Darlehnsnehmer, in welchem Papier er ausgezahlt werden will. Für die Beleihung bleiben die Bedingungen der einzelnen L. maßgebend.

Zur Deckung der Zentralpfandbriefe dienen die mit ihrem Gegenwert bestellten Hypotheken sowie die Fonds der einzelnen L. nach Maßgabe der Ausreichung von Zentralpfandbriefen. Daneben können alle mit Zentralpfandbriefen beliehenen Güter durch Umlage zur Verlusttragung herangezogen werden. Der Zentrallandschaft steht die Zentrallandschaftliche Bank zur Seite. Die Tätigkeit der Zentrallandschaft, welche bisher relativ beschränkt war, dürfte eine Neubelebung erfahren durch die kürzlich erfolgte Interessenahme der Deutschen Rentenbank-Kreditanstalt (vgl. *öffentlich-rechtliches Bankwesen I A 8*), die beschlossen hat, sich am Kapital der Zentrallandschaft mit 12—15 Millionen RM. zu beteiligen.

Die Emissionspolitik der L. soll in stärkerem Maße als bisher vereinheitlicht werden, insbesondere dadurch, daß auch die eigenen Emissionen der L. einer gewissen Kontrolle seitens der Zentrallandschaft unterstellt werden.

Literatur: ALTROCK: Handwörterbuch der Staatswissenschaften, Lfg. 29—30, 31—32, Jena, und die dort verzeichnete Literatur. — v. HIPPEL, KORD-RUWITSCH, SCHMIDT: Die öffentlich-rechtlichen Kreditinstitute. Berlin 1927. — MAUER: Landschaftliches Kreditwesen Preußens. Straßburg 1907. — Volkswirtschaftliche Probleme im landschaftlichen Kreditwesen. Schmollers Jb. **39**, H. 3. München 1915. — MELLEROWICZ: Landschaften. Handwörterbuch der Betriebswirtschaft Lfg. 14. Stuttgart 1927. — Landschaftsbetriebe. Bankwiss. **3**, H. 21/22. Berlin. — WEGENER: Landschaften. Annalen des Deutschen Reiches **1898**. München 1898.

FRANZ FUERTH.

Landwirtschaftliche Kreditinstitute s. *Agrarkredit II B*, s. *Landschaften*, s. Deutsche Rentenbankkreditanstalt im Art. *Öffentlich-rechtliches Bankwesen I A 8.*

Landwirtschaftsbank (Bank Gospodarstwa Krajowego) s. *Polen II.*

„lange Wellen“, Theorie der, s. *Konjunkturpolitik.*

Lateinische Münzunion s. *Münzwesen II.*

Latvijas Banka s. *Randstaaten I.*

lawful money s. v. w. *gesetzliches Zahlungsmittel*, s. *Federal Reserve System I*, ferner die Hinweise unter *legal tender.*

Layton-Bericht vgl. *Devisenbewirtschaftung I 2.*

Lebende Konten s. *Konto.*

Lebensversicherung s. *Privatversicherung I.*

Leerverkäufe s. *Kursbildung.*

— **wechsel** s. v. w. *blancowechsel.*

Legal tender s. *Währungsstabilisierung*, s. *Bank of England I* s. *Währungswesen.*

Legitimationspapiere, Schuldurkunden, gegen die der Schuldner Zahlung zu leisten berechtigt, aber nicht verpflichtet ist. Diese Konstruktion erklärt sich aus den Erfordernissen der Praxis: Hauptfall sind die Sparbücher. Ein Institut, daß auf Grund eines gestohlenen Sparbuchs Zahlung geleistet hat, ist also nicht ersatzpflichtig, war jedoch berechtigt, die Zahlung mangels anderweitiger Legitimation abzulehnen.

Legitimationszwang, Ausweiszwang gegenüber einem Unbekannten, der Barauszahlung, effektive Auslieferung von Wertpapieren und Waren o. dgl. verlangt, ist im Bankverkehr unbedingt erforderlich. Denn in den meisten Fällen ist die Bank dem Kunden, aus dessen Vermögen die Auszahlung an den Nichtberechtigten erfolgt, schadensersatzpflichtig. Nur bei den reinen Inhaberpapieren und den Legitimationspapieren entfällt diese Schadensersatzpflicht; jedoch hat auch hier die Bank ein Recht, Personalausweis und Nachweis der Berechtigung zu verlangen.

Die Legitimierung, mit der wir es hier in erster Linie zu tun haben, erfolgt meist durch einen von einer Behörde ausgestellten Ausweis, seltener durch Agnoszierung mittels Zeugen und hie und da auch durch Vorweisung von Dokumenten, wie Konossement, Sekundawechsel und Verschiffungsdokumente. Jedoch handelt es sich im letzten Fall meist nicht mehr um eine Ausweisung über die Person, sondern bereits um eine Nachprüfung der Berechtigung. Diese geschieht in erster Linie durch genaue Nachprüfung der vom Zahlung- usw. Fordernden eingereichten Dokumente, da die Bank bei Fälschung der Dokumente, Fälschung von Unterschriften usw. stets, also auch bei Inhaberpapieren, haftet (allerdings oft durch konkurrierendes Verschulden des Geschädigten vermindert). Auch sind Dokumentenfälschungen und Unterschriftfälschungen die weitaus häufigsten Schwindelmanöver.

In bezug auf die Folgen einer Zahlung an die falsche Person oder an den Nichtberechtigten kann man drei Gruppen unterscheiden:

1. Zahlung ist nur an eine, genau bestimmte Person zulässig, also bei Barauszahlungen aus Überweisungen, Depotauslieferungen, Namenschecks, bei denen Weitergabe durch den Zusatz „nicht an Order" auf dem Scheckformular ausgeschlossen wurde (ungebräuchlich), Namenswechseln (ungebräuchlich). Ferner bei den unter dem Stichwort *Accreditiv* ausführlich besprochenen Kreditbriefen und dem Bar-Akkreditiv. Bei dieser Gruppe muß die Bank sowohl die Person wie die Berechtigung des Inhabers prüfen.

Die zweite Gruppe enthält Auszahlungen, die ebenfalls nur an eine bestimmte Person zulässig sind, bei denen aber diese Person nicht namentlich bezeichnet, sondern durch eine nicht unterbrochene Kette von Indossamenten berechtigt ist (die sog. Orderpapiere). Im Handelsverkehr spielen sie die Hauptrolle. Es sind dies: Orderwechsel, Orderscheck, Orderlagerschein eines staatlich konzessionierten Lagerhauses, Konossement und das übertragbare Dokumenten-Akkreditiv. Hier muß der Einreicher sich darüber ausweisen, daß er mit der im letzten Indossement genannten Person identisch ist.

Ist im Indossament keine bestimmte Person als Berechtigter genannt, sondern ein Blankoindossement gegeben, so ähnelt das Papier bereits stark den Inhaberpapieren, die die dritte Gruppe bilden. Bei ihnen kann die Bank mit befreiender Wirkung an jeden Inhaber leisten, gleichgültig, ob er berechtigt ist oder nicht. Sie muß also nur prüfen, ob das Papier und die Unterschriften echt sind, sie kann aber auch die Legitimation des Inhabers prüfen. Das wird allerdings nur in Fällen geschehen, wo ein auffälliges Mißverhältnis besteht; aber auch in solchen Fällen besteht keine Verpflichtung zur Nachprüfung, so daß es sich bei dem Ausweiszwang also lediglich um eine im Interesse des Kunden, aus dessen Vermögen ausgezahlt wird, unternommene Maßregel handelt. Inhaberpapiere sind: Schuldverschreibungen auf den Inhaber und ihre Zinsscheine; Inhaberaktien und deren Dividendenscheine; Banknoten, Inhaberschecks; im Ausland auch die in Deutschland unzulässigen Inhaberwechsel. Über die Mittelstellung der *Legitimationspapiere* s. d.

Die im Bankverkehr wichtigsten Fälle, bei denen L. angewandt wird, sind: Kontoeröffnung (s. *Depositengeschäft II 2, Kreditbrief und Akkreditiv* (s. d.), Orderscheck, Barauszahlung auf Grund von Überweisung, Effektenauslieferung und Warenauslieferung gegen Verschiffungsdokumente und Lagerscheine. Seltener ist die Barauszahlung eines bei der Bank domizilierten Wechsels.

P. D.

Leihdevisen s. *Devisen Swap.*
— **effekten** s. *Report- und Lombardgeschäft.*
— **geld** s. *Report- und Lombardgeschäft.*
— **geschäft** s. *Report- und Lombardgeschäft.*

Letter of Credit (e) = Kreditbrief, s. *Akkreditiv.*
— **of hypothecation** (e) = Pfandbrief.
— **of Identification** s. *Akkreditiv I 2.*

Lettland s. *Randstaaten*, s. *Valorisierung II.*

Lettre de change (fr.) = Wechsel.

Liability (-ies) (e) = Verpflichtung, Bilanzpassiva.

Liberierung = Befreiung von Aktien von weiteren Einzahlungen; erfolgt praktisch meist durch Vollzahlung, daher auch soviel wie „vollbezahlte Aktien" besonders an den lateinischen Börsen.

liberty loan = Name der USA.-Kriegsanleihe, in England war loan.

Lieferantenkredit vgl. *Finanzierungsfragen I 1.*

Lieferungsgeschäft, handelsrechtliches, s. *Warenmärkte.*

Lietivos Bankas s. *Randstaaten III.*

Limit, limitiert s. *Kursbildung 1.*

limited cheque s. *Bargeldloser Zahlungsverkehr 3.*
— **companies** s. *Aktiengesellschaft VIII.*

Liquidation s. *Aktiengesellschaft VI*, vgl. die Art. *Konkurs* und *Vergleich.*

Liquidationskassen sind die Abwicklungsstellen für den Terminhandel an den Börsen. Sie haben in der Regel zwei Funktionen: den mengenmäßigen Ausgleich der Effekten oder Waren vorzunehmen, so daß nur die Spitzenbeträge effektiv geliefert werden müssen; und den Beteiligten die Durchführung des Geschäftes zu garantieren, also eine Haftung für die Bonität zu übernehmen. Beide Funktionen sind bald getrennten Organisationen übertragen, bald in einer vereint. Für den Börsenhandel ist ihre zweite Funktion am wichtigsten, da die erste auch einer außenstehenden Stelle übertragen werden kann. Hingegen ist ein Terminhandel unter einem größeren Kreis von Beteiligten erleichtert, wenn Sicherheit für die Erfüllung der Verpflichtungen vorhanden ist. Aus dieser Funktion leiten sich auch die scharfen Angriffe gegen die Einrichtung der L. an den Effektenbörsen her. Man wirft ihnen vor, die Spekulation zu begünstigen, da sie es auch nicht kapitalkräftigen Kreisen ermöglichen, Terminengagements einzugehen, während sonst solche Engagements nur auf die großen Firmen, deren Bonität allgemein bekannt und außer Zweifel sei, beschränkt bleibe. Zur Verteidigung wird darauf hingewiesen, daß auch vor Bestehen der L., die erst nach der Inflation bei Wiedereinführung des Terminverkehrs dem Muster der Warenbörsen entsprechend an den Effektenbörsen eingerichtet werden, die Termingeschäfte nicht auf den Kreis der allgemein bekannten großen Firmen beschränkt gewesen sei. Die L. hätten sogar durch ihre scharfe Kontrolle und durch die geforderte Sicherheitsstellung dazu beigetragen, die Auswüchse der Spekulation einzudämmen. — Die Organisation der L., die meist in Form eines eingetragenen Vereins errichtet sind, sieht vor, daß jedes Mitglied alle Termingeschäfte unverzüglich anzumelden hat. Für alle Termingeschäfte ist Sicherheit zu leisten, meist in Form einer dem Geschäftsumfang angepaßten Pauschalsumme. Bei Nichterfüllung der Engagements ist der entstehende Verlust auf alle Mitglieder umzulegen, es besteht also eine Nachschußpflicht (vgl. *Börsen 5* und *Berliner Börse III*).

Liquidationskurs s. *Liquidationskasse*, s. *Börsen 5*, s. *Berliner Börse III.*
— **pfandbrief** s. *Aufwertung 3*, s. *Hypothekenbanken 3.*

Liquidität.

1. *Der privatwirtschaftliche Liquiditätsbegriff.* Die Rolle des Geldes in der modernen Wirtschaft, „Kaufkraft" darzustellen und generell zur Schuldentilgung benutzt werden zu können, sichert ihm den Charakter der „Flüssigkeit". Jedes Gut ist „liquid" in dem Maße, in dem es sich dieser selben Verfassung nähert, d. h. Geld ist bzw. in Geld umgewandelt werden kann („Marktfähigkeit", marketability). Von diesem Gesichtspunkt aus gesehen, läßt sich die Welt der Sachgüter und Forderungsrechte in ein hierarchisches System ordnen, an dessen Spitze die international verwendbaren Zahlungsmittel (insbesondere Gold) stehen und dessen unteres Ende die praktisch unverkäuflichen Güter (sog. nonvaleurs der Effektenmärkte, im Gebrauch befind-

liche Konsumartikel „kurzer“ Lebensdauer usw.) bilden. „Liquidität“ bezieht sich einerseits auf den Grad, in dem ein Sachgut oder eine rechtliche Forderung als „bares Geld“ angesehen wird bzw. in solches umgewandelt werden kann. Andererseits bezeichnet sie aber den Grad, in dem eine Wirtschaftseinheit über „liquide Mittel“ verfügt. Praktisch pflegt das Wort „Liquidität“ meist auf die Zahlungsverpflichtungen aller Art bezogen, die auf der Wirtschaftseinheit lasten, verwendet zu werden („relative L.“). Man gebraucht es aber auch in einem noch weiteren Sinne, indem man die liquiden Mittel der Einheit (stillschweigend) ins Verhältnis setzt zu dem Gesamteinkommen derselben in der fraglichen Periode („absolute L.“, vgl. „Volkswirtschaftliche L.“).

Vom Standpunkt der Einzelwirtschaft (Haushalt oder Unternehmung) gehören zur L. in erster Reihe: Gold und gesetzliche Zahlungsmittel, ferner jederzeit greifbare Guthaben bei in- und ausländischen Banken, die als unbedingt „sicher“ angesehen werden, z. T. auch ausländische Zahlungsmittel sowie fällige Coupons solventer Schuldner u. ä. m. Dieser Begriff der Barliquidität (Primärliquidität) gilt insbesondere auch für Kreditinstitute, für Notenbanken dagegen nur mit der Einschränkung, daß Forderungen gegen inländische Banken und inländische fiduziäre Zahlungsmittel (Papiergeld, Scheidemünze) nicht dazu gehören.

Auf große Schwierigkeiten stößt die Definition der Sekundärliquidität; ob eine werbende Anlage (in Waren oder Forderungen) liquid ist oder nicht, ist nicht an einem schlechthin feststehenden Merkmal zu erkennen. Die barliquiden Mittel sind praktisch jederzeit und in jedem Betrage „flüssig“; die sekundär-liquiden sind es dagegen nur zeitlich und quantitativ beschränkt. Die Liquidierbarkeit ist entweder eine zeitlich befristete: dann „kurzfristig“ (etwa binnen 3 Monaten) zu erwarten, jedenfalls entsprechend der Fälligkeit der korrespondierenden Passiva. Oder sie ergibt sich aus der Veräußerlichkeit von Aktiven, sei es der „Rediskontfähigkeit“ des Wechsels, sei es der Verkäuflichkeit des Wertpapiers und der Ware; im letzteren Falle ist das Ausmaß der L. durch die voraussichtlich erzielbaren Preise bedingt. Mithin enthalten die sog. sekundärliquiden Anlagen in der Regel ein größeres oder kleineres Maß von Liquiditätsrisiko, das naturgemäß von speziellen und allgemeinen Konjunkturen abhängig ist. Allgemein läßt sich nur sagen, daß sie a) nicht jederzeit unbeschränkt zum Nennwert verwertbare Aktiva umfassen, die aber b) binnen einer der Fälligkeit der Passiva entsprechenden Frist voraussichtlich liquidierbar sind, und zwar c) zu einem Preis (Kurs), der nach Erfahrung und sachkundigem Ermessen bzw. laut Gepflogenheit des Marktes als unter allen Umständen gesichert angesehen werden kann. Die Sekundärliquidität bezieht sich praktisch auf das Verhältnis von Aktiven und Passiven zueinander; sie hat vor allem als Relation Bedeutung, und die Auswahl der geeigneten Anlagen hat dementsprechend unter Berücksichtigung der Passiva — nach Größenordnung, Fälligkeit, Gliederung in eigene und fremde Mittel usw. — zu erfolgen. Daraus ergibt sich, daß die Eignung einer Anlage für sekundärliquide Zwecke nicht nur aus „objektiven“ (marktmäßigen), sondern auch aus „subjektiven“ Gründen, die in der Eigenart der Wirtschaftseinheit begründet sind, schwankend sein kann. Grundsätzlich entscheidend ist aber das Merkmal der Marktfähigkeit („anderweitiger Verwendbarkeit“); die Grenze gegenüber der Barliquidität ist begrifflich wie praktisch kaum schlechthin eindeutig zu ziehen, da es sich ja um eine Frage des Maßes handelt.

Dem Sprachgebrauch nach pflegt die Auswahl der Anlagen für langfristige Mittel nicht als Liquiditätsproblem bezeichnet zu werden. Das Verhältnis z. B. von Hypotheken- und Pfandbrieffälligkeiten stellt aber in Wirklichkeit ein langfristiges (erst in später Zukunft aktuelles) Liquiditätsproblem dar, das seinem Wesen nach mit der Frage der Sekundärliquidität identisch ist. Das geht schon daraus hervor, daß die Beurteilung der betreffenden Hypothekenbank unter diesem Gesichtspunkt in grundsätzlich analoger Weise erfolgt wie die Bewertung der L. einer Kreditbank mit kurzfristigen Verbindlichkeiten. Der Unterschied ist zunächst ein solcher im Zeitmaß. Je länger die Frist, um so mehr verwischt sich jedoch das spezifische Liquiditätsproblem und geht in dem allgemeinen Sicherheitsproblem der Anlage auf. Ganz langfristig gesehen, ist das unbedenklich; sonst ist aber zwischen L. und „Sicherheit“ einer Anlage bzw. eines Unternehmens gegenüber Verlusten strikte zu unterscheiden, obwohl die zweite die Voraussetzung für die erste bildet. Die spezifische Bedeutung der L. für Private wie für Unternehmungen zeigt sich gerade an diesem Unterschied: von der L. hängt die Zahlungsfähigkeit zu einem bestimmten Zeitpunkt ab, ein zeitliches Moment, das für die „Sicherheit“ der Anlage (ohne zeitliche Grenze) gleichgültig sein könnte. Dementsprechend ist die Fürsorge für die L. um so vordringlicher, je mehr die Wirtschaftseinheit mit Mitteln arbeitet, die ihr zeitlich begrenzt, insbesondere kurzfristig zur Verfügung stehen — am dringlichsten für Notenbank und Kreditbanken, aber auch für jeden Schuldner mit in absehbarer Zeit fälligen Schulden und vielfach bei neuem Kreditbedarf.

Kompliziert wird die Liquiditätsfrage noch durch Momente, die man insgesamt etwas als „potentielle L.“ der Wirtschaftseinheit bezeichnen könnte. Je nach ihrer Kreditfähigkeit vermag sie nämlich normalerweise liquide Mittel zu „schöpfen“, d. h. absatzfähige Wertpapiere und Forderungsrechte zu produzieren, die von Fall zu Fall zur Erhöhung der L. dienen können. Insbesondere gilt das für Banken; z. T. aber auch für sonstige Unternehmungen, und die Liquiditätspolitik wird in der Hochkonjunktur häufig durch die Zuversicht, daß nötigenfalls auf solche „latente“ Reserven zurückgegriffen werden kann, beeinflußt — eine Erwartung, die bei konjunkturellem Rückschlag und Schwinden der Kreditfähigkeit, die ja eine Funktion der spekulativ bedingten Beurteilung zukünftiger Ertragsaussichten ist, zu schweren Enttäuschungen zu führen pflegt.

2. *Der volkswirtschaftliche Begriff der Liquidität* wird verwendet a) häufig als identisch mit der Barliquidität der Notenbank. Das Verhältnis der Bar- (Gold- und Devisen-) Reserven der *Notenbanken* (s. d.) zu ihren kurzfristigen Verpflichtungen ist an sich jedoch das Maß ihrer eigenen L., die freilich auch volkswirtschaftlich weitestgehende Bedeutung hat. b) Die L. des Kreditbanksystems oder auch c) des gesamten Banksystems (einschließlich der Notenbank) ergibt sich nach Abzug der wechselseitigen Forderungen der Banken untereinander und ist für den Währungskurs nach außen wie für den Einfluß der Konjunktur auf den Kreditapparat von entscheidendem Gewicht. Für die L. des gesamten Systems kann der Unterschied zwischen in- und ausländischen Kreditoren wesentlich werden, wie es z. B. die Krisenerfahrungen von 1892 und 1931 in schicksalsschwerer Weise gezeigt haben. Sie ist nicht nur durch die (relative) Größe des Gold- und Devisenvorrates, sondern

insbesondere auch durch die internationale Marktgängigkeit heimiseher Bankakzepte und Effekten bedingt.

Die bisher genannten Varianten des volkswirtschaftlichen Liquiditätsbegriffes haben das bankmäßige Kreditsystem des Landes im Auge und sind folglich nicht ganz erschöpfend. Streng genommen umfaßt die volkswirtschaftliche L. die der Gesamtheit aller Wirtschaftssubjekte. d) Nach außen bedeutet diese zahlungsbilanzmäßige L. das Verhältnis aller gleichzeitig liquidierbaren Schulden und Forderungen eines Landes gegenüber dem Auslande, wobei es vor allem auf den Besitz bzw. die Erlangbarkeit von Waren und Wertpapieren ankommt, die auf dem Weltmarkt abgesetzt werden können. e) Nach innen rollt die L. der Volkswirtschaft (d. h. aller Wirtschaftssubjekte) das Finanzierungsproblem auf, die Frage der Eigenmittel im Vergleich zu den kurz- und langfristigen fremden Mitteln; ferner insbesondere f) die Frage nach dem rationellen Verhältnis zwischen kurz- und langfristiger Verschuldung in der Volkswirtschaft.

Soweit haben wir es mit verschiedenen Aspekten der monetären L. einer Volkswirtschaft zu tun; sie setzt stets geldliche Schulden (dem Ausland oder den inländischen Gläubigern gegenüber) voraus und fragt nach den Möglichkeiten zu ihrer Bewältigung im gegebenen Zeitpunkt. Anders g) die naturale (physische) L. der Volkswirtschaft: sie stellt eine andere Seite desselben Problems dar, wie sie in der Wirtschaftstheorie seit AD. SMITH aufgerollt zu werden pflegt. Sie geht davon aus, daß sich das Gesamtvolumen des Kapitals aus Anlage-, Betriebs-, Umsatz- und Zirkulationskapital zusammensetzt; die Summe der Umsatzgüter (konsumreife bzw. absatzfähige Produkte) und die der Zirkulationsmittel (Geldstücke) müssen in einer mehr oder weniger eindeutig bestimmten Proportion zueinander stehen, wie beide auch zum Volumen des Anlage- und Betriebskapitals. Die Problematik der „naturalen" L. der Volkswirtschaft kann hier nicht analysiert werden; es leuchtet ein, daß Rationalität oder Unwirtschaftlichkeit der Geld- und Kapitalversorgung engstens mit der Gestaltung der monetären L. zusammenhängt, die ja der geldliche Ausdruck der Anlagepolitik, d. h. der Art und Weise, wie das Kapital der Volkswirtschaft investiert wird, bildet.

Im allgemeinen wird unter volkswirtschaftlicher L. die monetäre verstanden (soweit nicht ausdrücklich von der naturalen die Rede ist). Sie ist keineswegs identisch mit der Summe der L. aller Einzelwirtschaften; die L. des Kreditbanksystems z. B. ist nicht ableitbar durch Summierung der L. aller Kreditbanken. Zunächst scheiden ihre wechselseitigen Forderungen aus; aber darüber hinaus ergeben sich wesentliche Abzüge daraus, daß ein Teil der L. jeder Bank aus „Rückgriff"-Möglichkeiten auf die Notenbank besteht, die in diesem Gesamtbetrag nicht mobilisiert werden könnten, die also wohl „privatwirtschaftlich" für jede einzelne Bank, nicht aber für die Gesamtheit der Banken L. bedeuten. Dasselbe gilt für Wertpapiere, die als Liquiditätsreserven gehalten werden (marktgängige Staatspapiere usw.): die Aufnahmefähigkeit des Marktes, die vom Standpunkt des einzelnen Instituts unbeschränkt erscheinen mag, kann praktisch auf Null sinken, wenn alle Institute ihre Bestände abstoßen wollten. Der Unterschied zwischen privat- und volkswirtschaftlicher L. ergibt sich eben daraus, daß die letztere die Ansprüche der Einzelwirtschaften an den Markt addiert, die Aufnahmefähigkeit des Marktes jedoch wesentlich einschränkt, weil die wechselseitige Aushilfe unter den Beteiligten ganz oder zum großen Teil wegfällt. Daß unter solchen Umständen ein organisierter Eingriff der Gemeinschaft temporär (teilweisen) Ersatz schaffen kann, das gehört zur Problematik der *Panik und Panikbekämpfung* (s. d.).

3. Die Barliquidität im Konjunkturverlauf. Privatwie volkswirtschaftlich gilt es, daß jede Verstärkung der Barliquidität gleichbedeutend ist mit Herabsetzung der Umlaufsgeschwindigkeit des Geldes und umgekehrt (vgl. *Umlaufsgeschwindigkeit der Bankdepositen*). Da diese jedoch ein entscheidender Faktor der Geldversorgung ist, so kommt der Barliquidität der Haushalte und Unternehmungen wesentliche Bedeutung zu, was sich insbesondere im Konjunkturverlauf zeigt. Seit H. THORNTON (1802) ist es Gemeingut, daß die Hochkonjunktur sich durch Verminderung der Barliquidität kennzeichnet, Depression und Krise (Panik) dagegen mit Verbesserung derselben Hand in Hand gehen. In der Hausse herrscht Vertrauen, was vom Standpunkt der Barliquidität geringere Anforderungen bedeutet; die Erschütterung des Vertrauens in der Krise zwingt alle Beteiligten zur „Vorsicht", d. h. zur Verminderung der Schulden oder zu prozentualer Erhöhung der Barreserven was praktisch nur durch Ausverkauf von Aktiven oder durch Bereitstellung von „zusätzlichen" Zahlungsmitteln geschehen kann. Sehen wir von dieser letztgenannten, nur sehr beschränkt gangbaren Möglichkeit ab, so gibt es drei Wege zur „Liquidierung": Verkauf von Gütern auf dem heimischen bzw. auf einem ausländischen Markt; oder Kreditaufnahme im In- oder Auslande; oder schließlich Eintreibung ausstehender Forderungen, was in der Regel jedoch den Schuldner auf einen der beiden vorgenannten Wege zwingt. Tritt ein solcher Liquidierungsprozeß in breitem Umfang ein — gleichgültig, aus welchem Grunde —, so haben wir es mit einer Panik zu tun, in der die Tendenz herrscht, die Kassenreserven der Privaten und Unternehmungen über das übliche Maß hinaus zu erhöhen; die über das für den normalen Zahlungsverkehr Erforderliche hinausgehenden Reserven nennen wir Horte. Da die Ausgaben zwecks Sicherung der L. gleichzeitig möglichst eingeschränkt werden, so nimmt auch der Umsatz auf den Depositenkonten der Banken ab, was sich automatisch (gemessen am eingezahlten Betrag) in relativer Erhöhung des Durchschnittsguthabens der Depositenkunden auswirkt. Umgekehrt in der Hochkonjunktur.

In der Hausse wie in der Depression hat die spezifische Herabsetzung bzw. Erhöhung der Barliquidität einen in gewissem Umfang zwangsläufigen Charakter. Weniger in der Hochkonjunktur, obwohl hier insbesondere für die Kreditbanken aus der wechselseitigen Konkurrenz eine Lage erwachsen kann, die die „solide" Zurückhaltung als geschäftlich unerträgliche „Askese" empfinden läßt. Vieles kommt dann auf die *Notenbankpolitik* (s. d.) an, die in solcher Situation die Feuerprobe ihrer Leistungsfähigkeit zu bestehen hat. Besonders gilt aber die Zwangsläufigkeit für die Liquiditätspolitik der Baissezeit (übrigens auch hinsichtlich der Sekundärliquidität). Da macht sich nicht nur sinnlose „Angst" geltend, die vielmehr nur ein zusätzliches Verschärfungsmoment ist; sondern die Situation zwingt jeden „Vernünftigen", der sich nicht der Gefahr der Zahlungsunfähigkeit aussetzen will, mindestens das „Normalmaß" von Barliquidität herzustellen, das in der Hausse außer acht gelassen wurde.

Ein Charakteristikum der Krise ist das Streben nach Herstellung der Barliquidität. Der Erfolg dieses Strebens und seine Konsequenzen hängen vor allem von der Vorsorge für Sekundärliquidität in der vorangehenden Konjunkturperiode ab. Über Saisonschwankungen der Liquiditätsbeanspruchung vgl. *Notenbankpolitik*.

4. *Qualitative L. und Finanzierung.* Sind die Erwartungen über Gestaltung der Barliquidität ein entscheidender Faktor des Konjunkturverlaufs und die Veränderungen der Barliquidität ein Spiegelbild desselben, so gilt ein analoger Zusammenhang zwischen Sekundärliquidität und Konjunkturzyklus wohl noch offenkundiger und ist jedenfalls von einer Bedeutung, die noch weiter und tiefer reicht. Während nämlich die Barliquidität immer nur einen Bruchteil der fälligen Verpflichtungen zu „decken" vermag, kommt es für Unternehmungen aller Art, vor allem auch für die Banken, auf die L. der übrigen Anlagen an: „ihre leichte Realisierbarkeit ist wichtiger als der Barvorrat" (SCHUMACHER). Handelt es sich bei der Barliquidität praktisch um eine reine Quantitätsfrage, so kommt es hier auf die Qualität der Anlagen an: Rentabilität, Sicherheit, zweckmäßige Risikoverteilung und mit all dem zusammenhängend, aber doch auch unabhängig: Liquidierbarkeit! Wiederum ist es vor allem die Krise, in deren grellem Lichte das Urteil über Erfolg oder Mißerfolg der vorangehenden Anlagepolitik gefällt wird. Seit den vierziger Jahren des 18. Jahrhunderts haben Praxis und Theorie Erkenntnisse entwickelt, die zwar nicht schematisch anwendbar, aber doch durch die Krisenerfahrungen zweier Jahrhunderte erhärtet sind und für alle am Kreditverkehr Beteiligten gelten.

a) Kurzfristige fremde Mittel sollen grundsätzlich kurzfristig angelegt werden; das „Verbauen" von Depositen beschwört die schwersten Gefahren herauf. Als unbedingt kurzfristige Anlagen kommen nur solche in Betracht, die „selfliquidating" sind, d. h. „automatisch" und in relativ kurzer Frist zur Rückzahlung gelangen (vgl. *Notenbankpolitik*).

b) Sonstige (längerfristige) Anlagen kommen aus kurzfristigen fremden Mitteln und in beschränktem Umfang und je nach der voraussichtlichen Abrufbarkeit derselben in Betracht; ferner unter Sicherung durch Unterlagen, ausgiebige Margen und bei entsprechend vielseitiger Risikoverteilung.

c) Rationelle Abgrenzung des Verhältnisses zwischen Eigen- (Aktien-) und Fremdkapital und Beschränkung der Produktionsfinanzierung mit festverzinslichem (aber auch mit dividendenberechtigtem) Kapital auf das wirtschaftlich notwenige Maß. Die Liquiditätsfrage wächst zum Finanzierungsproblem: Bemessung der Kapitalsbasis für den agrarischen und industriellen Betrieb nach Rentabilitätsgesichtspunkten und zweckmäßige Zusammensetzung derselben.

d) Angemessene finanzielle Reservenbildung und entsprechende Gewinnausschüttungspolitik der Unternehmungen.

e) Für langfristige Anlagen des „Publikums" (Spargelder) Grundsatz der Risikomischung und Beschränkung der dauerhaften Investierung auf solche Anlagen, deren Preis den zum üblichen Zinssatz kapitalisierten Ertrag nicht übersteigt.

f) Eine Kreditpolitik der öffentlichen Hand, die zwar die vom Geld- und Kapitalmarkt dargebotenen Chancen für den Fiskus wahrnimmt, übermäßige Belastung des Anleihenmarktes jedoch in der Gegenwart ebenso vermeidet wie eine übermäßige steuerliche Belastung der Volkswirtschaft (für Zinsen) in der Zukunft. (Vgl. a. *Öffentlicher Kredit.*)

g) Anpassung der Kreditnahme an den Zinssatz nach Maßgabe der voraussichtlichen Rentabilität bzw. des mit Sicherheit zu erwartenden Einkommens der Schuldner.

Das sind freilich nur allgemeine Richtlinien; die Kunst des „Investierens" und der Finanzierung setzt sie in vielgestaltigen Formen durch. Wesentlich ist der enge Zusammenhang wechselseitiger Art, der zwischen Finanzierung der Wirtschaft und der öffentlichen Hand auf der einen Seite und der Bank- und Investierungspolitik auf der anderen besteht. Was nützt es, wenn die Banken sich noch so „liquid" zu halten suchen, die Debitoren aber falsche Finanzierungspolitik treiben und die kurzfristigen Kredite langfristig anlegen? Dieses eine Beispiel soll hier genügen, um das von Wissenschaft und Praxis häufig vernachlässigte volkswirtschaftliche Grundgesetz der L. zur Anschauung zu bringen: nur bei allseitiger Wahrung „gesunder" Bank- und Finanzierungsmethoden kann die L. der Volkswirtschaft, ihre monetäre Rüstung für alle Eventualitäten als gesichert gelten.

5. *Die Theorie der L.* hat Sinn und Bedeutung der Liquiditätspolitik bereits seit anderthalb Jahrhunderten herausgearbeitet. Die Probleme der „Überspekulation" und der „Überinvestierung" stellen beim näheren Zusehen Fragen der Sekundärliquidität dar, mit deren Handhabung vor allem durch Notenbank und Kreditbanken die Hausse steht und fällt — mit allen konjunkturellen Konsequenzen. Für das Ingangsetzen des Konkjunkturzyklus sind somit weder Schwankungen der quantitativen Geldversorgung noch solche der Barliquidität — die sich übrigens selbst bei starkem Umschlag der Geschäftslage wenig zu ändern braucht — entscheidend, sondern die der qualitativen Anlagepolitik.

Ihre Bedeutung reicht aber noch weiter. L. der Volkswirtschaft ist Voraussetzung für die Wirksamkeit der *Notenbankpolitik* (s.d.) auf dem inneren Markte wie nach außen. L. bedeutet generell Anpassungsfähigkeit der Wirtschaft an veränderte Marktlage und an Fortschritte der Technik. Beim einzelnen wie für die Gesamtheit wird der Zinsentgang, der mit Liquidhaltung (primärer und vor allem sekundärer) Reserven großen Umfangs verbunden ist, durch die Vorteile dieser erhöhten Anpassungsfähigkeit in der Regel reichlich kompensiert. In „guten" Zeiten bedeutet freilich die Liquiditätsbereitschaft einen Verzicht auf Expansion, der schmerzlich als „Askese" empfunden und von den zahlreichen Interessenten der Hausse bitter bekämpft wird. In der Hochkonjunktur entstehen auch die Theorien, wonach nicht nur die Barliquidation, sondern auch das „klassische" Prinzip der Sekundärliquidation der Banken durch ausschließliche oder überwiegende Anlage ihrer fremden Gelder in kurzfristigen Warenwechseln überflüssig sei und durch die Anlage in marktgängigen Wertpapieren ersetzt werden könne; wie überhaupt jede Inflationsbewegung die Liquiditätsgrundsätze über den Haufen zu werfen und den Unterschied zwischen echter kurzfristiger Investion und spekulativer Anlage zu verdunkeln pflegt.

Der Rückschlag der Depression beweist jedesmal die Richtigkeit der „alten" Liquiditätsgrundsätze. Sie stellt sich nicht, wie es so häufig dargestellt wird, als „Deflationskrise", sondern typisch als Illiquiditätskrise dar. Die mangelnde L. bedeutet Mangel an Betriebskapital für Neuanlagen und wirkt sich psychologisch als Panikfaktor aus. In der Depression zeigt sich vor allem, daß die Störung des Verhältnisses zwischen Kapitalanlage in langdauernden Gütern (Häuser, Maschinen usw.) auf der einen Seite und dem Fluß der geldlichen Ersparnisse der Volkswirtschaft auf der anderen ebenfalls ein Liquiditätsproblem ist: Vorsorge für (Sekundär-) Liquidität bewirkt Anpassung der Kapitalinvestion an die tatsächlichen Ersparnisse und verhindert die

Anlage von künstlich geschaffenen Depositen in langfristigen Investionen, verhindert somit die Überinvestierung, die die Quelle der konjunkturellen Gleichgewichtsstörungen bildet (vgl. *Konjunkturtheorie*).

Über die Praxis der Liquiditätspolitik vgl. *Liquiditäts- und Anlagepolitik der Banken*; *Panik und Panikbekämpfung*; *Notenbankpolitik*; ferner auch *Sparkassen* und *Privatversicherung*.

Literatur: AD. SMITH, Reichtum der Nationen, 1776, insbes. Buch II, Kap. 2. — H. THORNTON, An enquiry into the nature and effects of the paper credit of Great Britain, London 1802. — B. M. ANDERSON jr., The value of money, New York 1916. — H. G. MOULTON, Commercial Banking and Capital Formation, in „Journal of Pol. Economy", 1918. — H. SCHUMACHER, Geschichte der deutschen Bankliteratur im 19. Jahrhundert, in „Entwicklung der deutschen Volkswirtschaftslehre..." I, 1908. — F. SOMARY, Bankpolitik, Tübingen 1930. — J. M. KEYNES, Vom Gelde, München und Leipzig 1932 (mit z. T. sehr anfechtbaren Konstruktionen über L.; vgl. die Kritik des englischen Originals von J. NEUBAUER, in Schmollers Jahrbuch, 1931). — M. PALYI, Notenbank und Kreditbanken, in „Kapital und Kapitalismus", herausgegeben v. Harms, Berlin 1931.

MELCHIOR PALYI.

Liquiditätsprüfung s. *Bilanz II 2.*

Liquiditäts- und Anlagepolitik der Depositenbanken.

I. Allgemeines.

Die L. u. A. d. D. ist nicht nur für die Unternehmen selbst und ihre Kundschaft, sondern darüber hinaus für die Allgemeinheit von großer Bedeutung. Infolge der fortschreitenden Konzentrationsbewegung liegt heute das Depositengeschäft in den meisten Ländern vorwiegend in den Händen weniger Großbanken. Mit der Zunahme der Depositengelder wächst aber auch die volkswirtschaftliche Verantwortung der Bank, können doch durch Fehldispositionen eines einzelnen großen Instituts schwerwiegende Folgen für das gesamte Wirtschaftsleben des Landes eintreten.

Es ist daher für die Leiter einer Depositenbank die vornehmste Aufgabe, die ihnen anvertrauten Gelder derart anzulegen, daß die Gebote der Liquidität, der Risikoverteilung und der Rentabilität gleicherweise Berücksichtigung finden. Ein alter Grundsatz lautet, daß die Bank keinen anderen Kredit geben soll als sie nimmt. Man sagt auch wohl, ein Bankdirektor müsse vor allen Dingen einen Wechsel von einer Hypothek unterscheiden können. Es genügt nicht, daß eine Bank die ihr anvertrauten Gelder möglichst sicher anlegt, sondern sie muß auch darauf bedacht sein, daß sie allen berechtigten Anforderungen ihrer Kreditoren jederzeit nachkommen kann.

Die eigentliche Aufgabe einer Depositenbank besteht, abgesehen von den sog. Dienstleistungs- oder *Kommissionsgeschäften* (s. d.), in der Hereinnahme kurzfristiger Einlagen aus dem Publikum und in der Ausleihung dieser Gelder in Form von kurzfristigen Krediten an solche Wirtschaftskreise der Industrie, des Handels und der Landwirtschaft, die vorübergehend einen Mangel an flüssigen Betriebsmitteln aufweisen.

Die Depositenbanken sind demnach die Vermittler im kurzfristigen Kreditgeschäft, d. h. auf dem Geldmarkt, wobei sie den Geldgebern gegenüber die Haftung für eine vollständige und pünktliche Rückzahlung ihrer Einlagen übernehmen (s. a. *Deutschland, Geld- und Kapitalmarkt*). Der volkswirtschaftliche Wert ihrer Tätigkeit besteht in der Aufsaugung und Zusammenfassung der verfügbaren Kassenreserven aus allen Kreisen der Bevölkerung, von Firmen sowohl wie von Privatleuten, die andernfalls an einem erheblichen Teil brachliegen würden, und in der Nutzbarmachung dieser Gelder durch Ausleihung für produktive Zwecke. — Der oben zitierte Grundsatz, daß die Bank keinen anderen Kredit geben soll als sie nimmt, darf allerdings nicht wörtlich verstanden werden; denn sonst könnte sie beispielsweise die täglich fälligen Depositen überhaupt nicht in irgendeiner Form anlegen, sondern müßte sich darauf beschränken, solche Einlagen zinslos in Verwahrung zu nehmen. Auf Grund praktischer Erfahrung kann die Depositenbank aber damit rechnen, daß normalerweise niemals der Gesamtbetrag aller täglichen Depositen gleichzeitig zur Abhebung gelangt. Es gibt daher zu Bedenken keinen Anlaß, wenn sie einen Teil solcher Gelder in leicht realisierbaren Werten, z. B. guten Handelswechseln anlegt und einen gewissen Prozentsatz auch zu Krediten mit mehrmonatiger Laufzeit verwendet. Naturgemäß wäre auch die bestgeleitete Bank nicht in der Lage, einem durch eine Vertrauenskrise ausgelösten „run" ihrer Gläubiger standzuhalten, ohne daß ihr von dritter Seite Hilfe zuteil wird; andererseits würde aber eine noch vorsichtigere Auslegung der geltenden Leitsätze jede geschäftlichen Betätigung der Depositenbank unterbinden und damit die Erfüllung ihrer volkswirtschaftlichen Aufgaben unmöglich machen.

Im folgenden soll nunmehr an Hand einer Gliederung der Passiven und Aktiven ein Überblick über die den Depositenbanken zur Verfügung stehenden Mittel und über die verschiedenen Formen der Geldanlage gegeben werden.

Passiva. Voraussetzung für den Betrieb einer Depositenbank ist zunächst das Vorhandensein eines ausreichenden Eigenkapitals. Dieses dient einmal als Garantiefond für die fremden Gelder und ferner zur Anlage von Mitteln in illiquiden Werten, wie z. B. Bankgebäuden, dauernden Beteiligungen und anderen schwer realisierbaren Anlagen, für welche Depositengelder nicht herangezogen werden können. Das Kapital erfährt im Laufe der Jahre gewöhnlich eine Verstärkung durch Bildung von offenen und stillen *Reserven* (s. d.), die nun zusammen mit dem Kapital die eigenen Mittel der Bank darstellen. Eine gute Bankleitung wird stets durch vorsichtige Bewertung der Anlagen und durch reichliche Rückstellungen in guten Jahren stille Reserven ansammeln, um den erhöhten Risiken der Depressionsperiode begegnen zu können.

In den letzten Jahrzehnten hat die Erhöhung des Eigenkapitals der Großbanken mit der Zunahme der Depositen nicht Schritt gehalten.

Das Verhältnis der eigenen Mittel (Aktienkapital und Reserven) zu den fremden Geldern in Prozenten.

Deutschland	1888 16 große deutsche Banken	1913 Berliner Großbanken	1929
(Kreditoren und Akzepte)	57,8	24,9	7,2
England Joint stock banks of England and Wales (Kreditoren und Akzepte) . . .	1890	1913	1929
	17,3	9,4	6,8
Frankreich 3 Großbanken	1890	1909	1929
	21,3	20,3	7,8
Vereinigte Staaten National banks (individual deposits)	1890	1913	1929
	61,4	35,2	19,5

Bis zum Eintritt der schweren Krise im Jahre 1931 hatte das Publikum zu den großen Instituten so unbedingtes Vertrauen, daß die Bankleitungen davon absehen konnten, die eigenen Mittel jeweils der Ausdehnung des Geschäftsumfanges anzupassen, da die Gefahr eines Runs nicht zu befürchten war. Diese Politik wurde auch vom Standpunkt einer besseren Rentabilität begünstigt. Die „earning power" des Instituts wächst und die von allen Großbanken angestrebte Stabilität der Aktienrendite ist leichter aufrechtzuerhalten, wenn neben einem relativ kleinen Aktienkapital große offene und stille Reserven vorhanden sind. Andererseits erhöht ein großes Eigenkapital das Vertrauen beim Publikum. Namentlich bei Banken, die sich neben dem reinen Depositengeschäft im größeren Umfang auch dem Gründungs- und Emissionsgeschäft widmen, ist wegen der erhöhten Risiken dieser Geschäftszweige ein relativ größeres Eigenkapital — als Garantiekapital — erforderlich.

Die Einlagen der Kundschaft sind entweder täglich verfügbar oder innerhalb weniger Tage fällige Depositen oder feste Gelder, die der Bank für eine gewisse Zeit oder bis zu einem gewissen Termin fest überlassen werden (Zeitgelder, Termingelder). Die täglich verfügbaren Gelder (Scheckgelder) stellen im allgemeinen die Kassenreserven der Kundschaft dar, über die sie fortlaufend durch Abhebungen, Scheckziehungen, Überweisungsaufträge usw. verfügt. Ihnen müssen auf der Aktivseite entsprechend flüssige Anlagen gegenüberstehen. Die Festgelder werden der Bank in der Regel für einen Zeitraum von 1—6 Monaten wegen des Zinsgenusses vom Publikum fest überlassen. Sie bedingen erheblich höhere Verzinsung als die täglichen Gelder, da die Banken bei ihrer Verwendung eine entsprechend größere Bewegungsfreiheit und Verdienstmöglichkeit haben. Der prozentuale Anteil der Zeitgelder an den gesamten Einlagen hat in den letzten Jahren, außer in Frankreich, allgemein zugenommen. Der Grund dafür liegt z. T. in einer gewissen Abneigung des Publikums gegenüber langfristigen Kapitalanlagen, die in den Schuldnerländern besonders ausgeprägt und auf die Unsicherheit der politischen Verhältnisse nach dem Weltkriege zurückzuführen ist; z. T. in der relativ hohen Verzinsung dieser Gelder bei den Banken; z. T. — in den Vereinigten Staaten — auch in gesetzlichen Bestimmungen, die für Zeitgelder (time deposits) wesentlich geringere Zwangsreserven verlangen als für Sichtgelder (demand deposits).

Als eine besondere Form von langfristigen Einlagen sind die von den Schweizer Banken ausgegebenen Obligationen mit ein- bis fünfjähriger Laufzeit zu betrachten. Auch die französischen Banken stellen für Einlagen auf sechs Monate und länger sog. bons à échéance fixe aus. Ähnliches is in Deutschland neuerdings durch Ausgabe von Sparbriefen in bescheidenem Umfange versucht worden.

Eine weitere Möglichkeit zur Beschaffung von Mitteln ist den Banken durch die Ausgabe ihrer eigenen Akzepte gegeben. Im Auslande — namentlich in London und New York — dienen Bankakzepte hauptsächlich der Finanzierung des Außenhandels in Form von Rembourskrediten (vgl. *Akzeptkredit 1*). Während vor dem Kriege die Akzepte deutscher Banken, sowohl in Mark, als auch in £ durch die Londoner Niederlassungen, im großen Umfang zur Finanzierung des Außenhandels Verwendung fanden, ist seit Kriegsende das Remboursakzept deutscher Banken fast vollständig verschwunden. Die deutschen Banken gewähren jetzt Akzeptkredite vielfach auch als reine Betriebskredite.

In ganz seltenen Fällen treten die Banken auch durch Ausgabe von Obligationsanleihen an den Kapitalmarkt heran. Z. B. haben zwei deutsche Großbanken im Jahre 1927 Dollaranleihen mit fünf- bzw. zehnjähriger Laufzeit in New York aufgenommen.

Aktiva. Die Anlagepolitik der Depositenbanken wird durch die Zusammensetzung der fremden Gelder maßgebend bestimmt. Von der gesamten Geldanlage bezeichnet man diejenigen Posten, die entweder sofort greifbar sind oder jederzeit leicht realisiert werden können, als die flüssigen Mittel, die noch nach dem Grade ihrer Flüssigkeit als solche ersten und zweiten Ranges unterschieden werden. Es besteht jedoch keine einheitliche Auffassung darüber, welche Anlagen der ersten bzw. der zweiten Liquidität zuzurechnen sind.

Die wichtigsten Positionen der Aktivseite sind in der ungefähren Reihenfolge ihrer Liquidität folgende;

1ste Liquidität:

a) Kasse einschließlich Sorten und fällige Coupons,

b) Guthaben bei Noten- und Abrechnungsbanken,

c) Nostroguthaben (täglich fällig) bei anderen Banken und Bankiers,

d) Schecks auf inländische Plätze.

2te Liquidität:

e) Wechsel. Handelswechsel mit zwei guten Unterschriften stellen im allgemeinen eine ebenso sichere wie liquide Anlage dar. Abgesehen davon, daß jeden Tag ein gewisser Prozentsatz fällig wird und zur Einlösung kommt (self liquidating), können sie durch Rediskontierung bei der Zentralbank jederzeit flüssig gemacht werden. Sie bilden eine sehr geeignete Anlage und werden von den Banken gern gekauft.

Dagegen können *Solawechsel* (s. d.) der Kundschaft nicht als erstklassiges Wechselmaterial angesehen werden und stellen lediglich eine besondere Form des Barkredits dar. Sie bieten der Bank den Vorteil, daß der Schuldner aus ihnen wechselmäßig haftet, und unter Umständen auch die Möglichkeit, den Kredit durch Rediskontierung flüssig zu machen. Die Verwendung von Solawechseln ist in Deutschland erst während der Krise 1931 in größerem Umfang gebräuchlich geworden; in anderen Ländern, vor allem in den Vereinigten Staaten ist sie seit langem üblich.

Akzepte anderer Banken (prima Bankakzepte) stehen in bezug auf Qualität an erster Stelle und werden zu Anlagezwecken im offenen Geldmarkt gekauft. Sie erbringen einen wesentlich niedrigeren Zinsertrag als die von der Kundschaft hereingenommenen Warenwechsel. Den Bankakzepten gleichwertig zu erachten sind im allgemeinen die

f) Schatzwechsel sowie die kurzfristigen unverzinslichen, d. h. auf Diskontbasis gehandelten Schatzanweisungen des Staates und anderer öffentlich-rechtlicher Körperschaften.

Zu den liquiden Anlagen gehören ferner die kurzfristigen Ausleihungen an der Börse und im offenen Geldmarkt, die teils ohne Deckung, teils gegen Effekten- oder Wechselunterlage gegeben werden (tägliches Geld, Monatsgeld).

g) Reports und Lombards.

Die Reportgelder werden zur Finanzierung des Terminhandels für die Dauer der Prolongationsperiode (in Deutschland früher ein Monat — seit der Julikrise 1931 ist in Deutschland der Terminhandel in Effekten eingestellt —, in Frankreich und England 14 Tage) gegen Effektendeckung gegeben. Bei Lombardgeldern pflegen die Banken eine Überdeckung (Marge) zur Sicherung gegen eventuelle Kursverluste zu verlangen.

h) Vorschüsse auf verschiffte und eingelagerte Waren werden vorzugsweise in Form von Rembourskrediten (Akzeptkrediten) gewährt und sind durch Verpfändung der Ware oder durch Hinterlegung der Verschiffungsdokumente oder Lagerscheine besonders gesichert.

i) Eigene Wertpapiere können, sofern es sich um börsengängige Werte, namentlich Reichs- oder Staatsanleihen oder sonstige erstklassige marktgängige Anleihen handelt, in normalen Zeiten als leicht realisierbare, daher liquide Anlagen betrachtet werden. Die Liquidierbarkeit dieser Anlagen hängt aber von der Leistungsfähigkeit der Effektenmärkte ab. In Zeiten allgemeiner Geldverknappung und namentlich in einer Panik sind die Börsen nicht aufnahmefähig und umfangreiche Effektenverkäufe schwer und wenn überhaupt nur mit großen Kursverlusten durchführbar. Außerdem erwartet das Publikum in kritischen Zeiten von den Banken, daß sie eher Stützungskäufe vornehmen, anstatt sich selbst zu entlasten.

Die sonstigen Anlagen.

Von der übrigen Geldanlage, die nicht mehr unter die flüssigen Mittel gerechnet wird, entfällt der größte Teil auf die

k) Debitoren, d. h. Barkredite an die Kundschaft, die entweder gegen besondere Sicherheiten (Effekten, Waren, Hypotheken u. dgl.) oder an erste Kunden auch ohne Deckung (blanco) gewährt werden. Die Kredite sind grundsätzlich befristet auf drei, und selten länger als sechs Monate. Sie sollen in der Regel, dem Charakter der Depositenbank entsprechend, kurzfristig sein und der Kundschaft nur vorübergehend Betriebsmittel zuführen. Die Depositenbanken sind in erster Linie dazu berufen, die saisonmäßig wiederkehrenden Kreditbedürfnisse der einzelnen Wirtschaftszweige zu befriedigen. Dagegen kann Bankkredit nicht dauernden Kapitalbedarf befriedigen. Ein Unternehmen, dessen Kreditbedarf zu einer Dauererscheinung geworden ist, oder welches Geldmittel nicht als vorübergehenden Betriebskredit, sondern für dauernde Investierungen benötigt, muß grundsätzlich auf die Inanspruchnahme des Kapitalmarktes zwecks Zuführung Eigenkapitals oder langfristigen Schuldkapitals (Anleihen, Hypotheken) verwiesen werden. In normalen Zeiten wird dies ohne Schwierigkeiten durch Kapitalerhöhung, Ausgabe von Schuldverschreibungen oder Aufnahme von Hypotheken möglich sein. In der Krise haben aber die Kapitalmärkte in allen Ländern, besonders aber in Deutschland, versagt und es war den Banken nicht möglich, ihre Kredite durch Abwälzung auf den Kapitalmarkt flüssig zu halten. Es sind daher in allen Ländern an sich kurzfristig gegebene Bankkredite eingefroren und die Banken in allen Ländern sahen sich gezwungen, um eine katastrophale Verschärfung der Krise durch Massenzusammenbruch von an sich lebensfähigen Unternehmungen zu vermeiden, mit ihren Forderungen bis Wiederauftauung der Kapitalmärkte stillzuhalten.

l) Hypothekarkredit pflegen Depositenbanken in der Regel nicht oder nur, soweit dagegen ausreichende oder langfristige Spareinlagen vorhanden sind, zu gewähren (Vereinigte Staaten, Schweiz, Volksbank). Im allgemeinen liegt dieser Geschäftszweig in den Händen besonderer Hypothekenbanken.

m) Konsortialbeteiligungen finden sich nur bei den am Emissionsgeschäft beteiligten Banken und stellen die aus Emissionen noch vorhandenen Effektenbestände dar. Schließlich sind noch zu erwähnen die

n) dauernden Beteiligungen bei anderen Banken und die

o) Bankgebäude und sonstige Immobilien.

Die oben skizzierte Zusammensetzung der Aktiva kehrt mit geringen Abweichungen in allen Bankbilanzen des In- und Auslandes wieder. Dagegen ist der prozentuale Anteil der einzelnen Posten an der gesamten Geldanlage von Land zu Land sehr verschieden. Diese Unterschiede sind nicht allein aus der Verfassung der nationalen Geldmärkte zu erklären; sie beruhen zum Teil auch auf der historischen Entwicklung, die das Bankwesen in den einzelnen Ländern genommen hat, oder, wie z. B. in den Vereinigten Staaten, auf den Einflüssen der Bankgesetzgebung.

Einer der maßgebendsten Faktoren für die Anlage- und Liquiditätspolitik der Depositenbanken ist durch das Verhältnis zur Zentralnotenbank bestimmt. Vor dem Kriege hatte die Bankpolitik die Tendenz, die eigenen Kassenbestände der Depositenbanken zu beschränken und die Barreserven bei der Notenbank zu konzentrieren. Gegen die Politik der Konzentration der Kassenreserven beim Noteninstitut sind schon während der Krise von 1907, sowohl in Deutschland (Bankenquête) als auch in England Bedenken erhoben und eine stärkere eigene Kassenhaltung der Großbanken befürwortet worden. Der Umfang und die Form der Inanspruchnahme der Zentralbank durch die Depositenbanken ist in den einzelnen Ländern verschieden. Während in Deutschland die Banken einen möglichst großen Betrag an rediskontfähigen Wechseln im Portefeuille zu halten pflegen, nehmen die englischen Großbanken die Bank von England niemals direkt, sondern nur auf dem Umweg über die Wechselmakler in Anspruch.

In den folgenden Abschnitten sollen die wesentlichen Merkmale des Depositenbankwesens in Deutschland, England, Frankreich und in den Vereinigten Staaten zusammengefaßt werden, *Für alle Details wird auf die betreffenden Spezialartikel verwiesen.*

II. Deutschland.

In Deutschland ist der Konzentrationsprozeß im Bankwesen soweit fortgeschritten, daß heute nur noch drei Großbanken an der Spitze der Bankorganisation stehen, denen die anderen Institute erst in weitem Abstande folgen; es sind dies die Deutsche Bank und Disconto-Gesellschaft, die Dresdner Bank und die Commerz- und Privatbank. Die Besonderheit der deutschen Depositenbanken lag von jeher in ihrer engen Verbundenheit mit der Industrie (vgl. *Industrie und Banken*), deren Aufbau sie von Anfang an tatkräftig gefördert haben. Hieraus sind den Banken nach dem verlorenen Kriege, der für Deutschland einen chronischen Kapitalmangel zur Folge hatte, Aufgaben erwachsen, deren Bewältigung außerordentliche Schwierigkeiten verursachte. Bei den Kreditoren fällt auf, daß die Festgelder die täglich fälligen Depositen erheblich übersteigen. Ein weiteres Charakteristikum ist die Höhe der Auslandsgelder, die zum allergrößten Teil als Festgelder anzusehen sind und die Ende 1929 rund 42 % der gesamten Kreditoren ausmachten. Beide Erscheinungen finden ihre Erklärung dadurch, daß die deutschen Banken gezwungen waren, die im Lande nur noch unzureichend vorhandenen Depositen durch Heranziehung von Leihgeldern, vornehmlich aus dem Auslande, zu hohen Zinssätzen zu ergänzen, damit sie den Kreditbedürfnissen ihrer Industriekundschaft einigermaßen gerecht werden konnten.

Die Finanzierung des Außenhandels (vgl. *Finanzierung des Groß- und Einzelhandels*) erfolgt heute fast ausschließlich durch Inanspruchnahme ausländischer Rembourskredite, vor allem in London und in New York. Das eigene Akzept der deutschen Depositenbanken muß dazu beitragen, den Bedarf an Betriebskrediten der großen Industriefirmen zu befriedigen. Seine Verwendung ist aber insofern begrenzt als in Deutschland heute noch kein leistungsfähiger Privatdiskontmarkt vorhanden ist, so daß in Zeiten der Geldknappheit der Markt hauptsächlich auf die Käufe der Reichsbank angewiesen bleibt.

Die Höhe der Nostroguthaben ist durch die Höhe der Nostroverpflichtungen bedingt, teilweise auch dadurch, daß die Banken einen gewissen Prozentsatz ihrer kurzfristigen Auslandsschulden bei ihren ausländischen Korrespondenten stehen lassen müssen. Deshalb ist dieser Posten nur mit Vorbehalt der ersten Liquidität zuzurechnen. Dagegen würde die erste Liquidität eine kleine Verbesserung erfahren, wenn man die im Wechselbestand enthaltenen Schecks auf das Inland berücksichtigen würde. — Der Wechselbestand enthält größtenteils bankfähige Wechsel. Doch muß daran erinnert werden, daß die Reichsbank nach dem Kriege zum Schutze der Währung wiederholt zur Maßnahme der *Kreditrestriktion* (s. d.) greifen mußte, so daß die Rediskontmöglichkeit im vollen Umfang nur in normalen Zeiten als gegeben angesehen werden kann.

Der Effektenbestand ist relativ nicht groß; er betrug Ende 1929 nur 1,5% der Bilanzsumme gegen 5,2% Ende 1913. Er besteht zum großen Teil aus festverzinslichen Werten, zum Teil auch aus Industriepapieren, die die Banken im Laufe der langjährigen Börsendepression im Interesse befreundeter Industriegesellschaften an der Börse aufgenommen haben. Angesichts der völligen Stagnation der deutschen Anlagemärkte ist eine Realisationsmöglichkeifür die Effektenbestände vorerst nur in sehr beschränktem Umfang gegeben.

Die **Debitoren** sind seit dem Jahre 1924 erheblich angewachsen. Dies erklärt sich aus dem Umstand, daß der deutsche Kapitalmarkt, von vorübergehenden Erholungsperioden abgesehen, nicht aufnahmefähig gewesen ist, so daß besonders mittlere und kleinere Industriefirmen gänzlich auf Bankkredit angewiesen waren. Die Banken befanden sich gegenüber den Kreditanforderungen der Wirtschaft in einer gewissen Zwangslage. Eine durchgreifende Erneuerung des durch Krieg und Inflation heruntergewirtschafteten Produktionsapparates war dringend erforderlich, wenn Deutschland den Vorsprung des Auslandes wieder einholen und auf den Exportmärkten konkurrenzfähig werden sollte. Das in der Wirtschaft arbeitende Kreditvolumen war durch die Inflation auf ein Mindestmaß zusammengeschrumpft, eine Ausweitung und Anpassung an die gestiegenen Umsätze war unumgänglich notwendig. Da der Kapitalmarkt versagte, mußten sich die Banken der Industrie mit kurzfristigen Krediten zur Verfügung stellen, in der Hoffnung, diese bei späterer Besserung der Wirtschaftslage und Belebung der Kapitalmärkte konsolidieren zu können. Die hierzu erforderlichen Mittel beschafften sich die Banken zum großen Teil durch Hereinnahme ausländischer Leihgelder, die vom Ausland in großen Beträgen bereitwillig angeboten wurden. Die Gefahren einer übermäßig angewachsenen kurzfristigen Verschuldung an das Ausland wurden zwar rechtzeitig erkannt, konnten jedoch nicht mehr abgewendet werden, als sich die rapide zunehmende internationale Vertrauenskrise im Frühjahr 1931 zu einer Panik verschärfte. Der Run der Auslandsgläubiger mußte dann zwangsläufig zu den bekannten Ereignissen im Sommer 1931 führen.

III. England.

England ist auch in bezug auf sein Bankwesen das Land der alten Tradition, und hier hat sich der Typus der Depositenbank, die nur kurzfristiges Geld hereinnimmt und nur kurzfristiges Geld ausleiht, am reinsten erhalten. Der wichtigste Unterschied gegenüber den kontinentalen Depositenbanken ist, daß sich die englischen Depositenbanken vom Emissionsgeschäft völlig fernhalten. Dieses liegt vielmehr in den Händen der merchant bankers und besonderer Finanzierungsgesellschaften. Dementsprechend ist auch die Verbindung zwischen Depositenbanken und Industrie nicht so eng wie etwa in Deutschland, wenn auch die Unterschiede zwischen beiden Ländern z. T. nur formaler Natur sein mögen. Dagegen haben sich die Depositenbanken die Pflege des Akzeptkredits, der früher eine Domäne der merchant bankers war, in neuerer Zeit sehr angelegen sein lassen. Der Akzeptkredit dient vornehmlich der Finanzierung des Außenhandels und wird nicht nur von englischen Firmen, sondern in sehr bedeutendem Umfang auch vom Ausland in Anspruch genommen.

An dem gesamten Depositengeschäft des Landes haben die fünf Großbanken, die „big five" einen überragenden Anteil. Das Eigenkapital und die offenen Reserven dieser Rieseninstitute haben mit dem Anwachsen der fremden Gelder nicht Schritt gehalten, es ist aber zu beachten, daß das Aktienkapital (mit Ausnahme der Barclays Bank) nicht voll eingezahlt ist und die ausstehenden Beträge somit eine zusätzliche Garantie für die fremden Gelder bieten. Ein verhältnismäßig großer Teil der gesamten Geldanlage entfällt auf die erste Liquidität.

Von den flüssigen Mitteln zweiten Grades stellt der Posten „Money at call and short notice" die liquideste Anlage dar. Es sind dies die kurzfristigen Ausleihungen an bill brokers gegen Hinterlegung von Wechseln und an Börsenfirmen gegen Effektensicherheit. Diese Kredite haben zumeist eine Laufzeit bis zu 7, höchstens 14 Tagen, und werden nur zu niedrigen Sätzen verzinst. Da aber ein großer Teil der täglich fälligen Kontokorrenteinlagen überhaupt keine Zinsvergütung erhält, bleibt den Banken trotzdem ein angemessener Nutzen. Bei eintretender Geldknappheit können sich die Banken durch Kündigung dieser Ausleihungen sehr schnell flüssig machen, während die brokers ihrerseits die Bank von England in Anspruch nehmen. Die Rediskontierung von Wechseln seitens der Depositenbanken bei der Zentralnotenbank ist in England nicht üblich.

Der Wechselbestand enthält sowohl Warenwechsel und Bankakzepte als Schatzwechsel, die nicht gesondert ausgewiesen werden. Die Warenwechsel und Bankakzepte werden entweder von der Kundschaft zum Diskont hereingenommen oder von den bill brokers zu Anlagezwecken gekauft. Sie haben eine Laufzeit von 3—6 Monaten und stammen vielfach aus dem Überseehandel. — Die Schatzwechsel werden wöchentlich vom Schatzamt zur Abdeckung fällig werdender Abschnitte im offenen Geldmarkt untergebracht und bedeuten für die Banken eine erstklassige und liquide Anlage.

Der Bestand an eigenen Effekten, die „investments", enthält nur goldgeränderte (giltedged) Werte, darunter einen großen Teil britischer Staatsanleihen. — Industrieaktien oder Obligationen fehlen vollständig. In Zeiten wirtschaftlichen Aufschwungs verschaffen sich die Banken die Mittel zur Befriedigung des erhöhten Kreditbedarfs durch Abstoßung von investments, während sie umgekehrt wieder frei werdende Mittel darin anlegen. Bei solchen Operationen werden trotz der ganz einwandfreien Sicherheit der investments Kursverluste nicht immer zu vermeiden sein.

Bei den Debitoren (advances to customers) sind die Banken bestrebt, keine Dauerkredite zu gewähren. Es ist aber bekannt, daß in England ebenso wie in Deutschland und in Amerika viele dieser Kredite in den letzten Jahren „eingefroren" sind (vgl. die betr. Art., insbes. *Deposit-Banks*.

IV. Vereinigte Staaten.

Die Entwicklung des Bankwesens in den Vereinigten Staaten ist in weitgehendem Maße durch die Gesetzgebung sowohl des Bundes als der Einzelstaaten beeinflußt worden. Neben den Nationalbanken, die der Bundesgesetzgebung unterliegen und ihre Entstehung dem Nationalbankgesetz von 1863 verdanken, bestehen die sog. Staatenbanken (state banks), die den Gesetzen der einzelnen Staaten unterworfen sind. Dazu kommen die Loan and Trust Companies und die Sparbanken (savings banks), für die wiederum spezielle Vorschriften der einzelstaatlichen Gesetzgebung Geltung haben. Die Gesamtzahl der selbständigen Banken, soweit sie von der Statistik des Comptroller of the Currency erfaßt wurden, betrug am 30. Juni 1930: 24079 und verteilte sich auf die einzelnen Gattungen wie folgt:

	Anzahl	Höhe der Gesamtdepositen
National banks	7252	$ 19679 Millionen = 36,8 %
State (commercial) banks	13582	$ 11590 „ = 21,6 %
Loan & Trust Comp. . .	1564	$ 11612 „ = 21,7 %
Stock Savings banks . .	714	$ 1389 „ = 2,6 %
Mutual Savings banks .	606	$ 9216 „ = 17,2 %
Private banks	361	$ 78 „ = 0,1 %
Insgesamt	24079	$ 53564 Millionen = 100,0 %

Besonders einschneidend haben sich die gesetzlichen Bestimmungen ausgewirkt, die die Gründung von Filialen entweder ganz verbieten oder doch sehr einschränken. Maßgebend für diese Gesetzgebung war die Furcht der Öffentlichkeit vor dem Entstehen eines „Money Trust". Maßgebend für die Zulassung des Filialbanksystems sind die Bankgesetze der einzelnen Staaten. Für die Nationalbanken wurde durch den Mac Fadden Act vom 25. Februar 1927 die Befugnis zur Filialbildung den jeweiligen Staatsgesetzen angepaßt. Infolge der Beschränkungen der Filialbildung konnte der im Zuge der Zeit liegende Konzentrationsprozeß sich in den Vereinigten Staaten nicht in der Weise entfalten, wie es in Europa der Fall gewesen ist. Zwar sind, namentlich in New York und Chicago durch mehrfache Fusionierungen Mammutbanken mit außerordentlicher Kapitalkraft entstanden, ein Filialbanksystem nach europäischem Muster konnte sich aber in größerem Umfang nur in Kalifornien entwickeln, während in mehreren großen Staaten (New York) nur Depositenkassen innerhalb des Stadtgebietes zugelassen, in zahlreichen Staaten (z. B. Illinois) die Filialbildung überhaupt untersagt ist. Der Betrieb von Filialen im Ausland ist den Banken durch Bundesgesetz unter gewissen Voraussetzungen gestattet. Eine praktische Umgehung des Filialverbotes bedeutet, das in den letzten Jahren sehr stark entwickelte group- oder chain banking. Bei diesen Gruppen wird eine größere oder kleinere Anzahl von Banken von einer Holding Gesellschaft kontrolliert und nach einheitlichen Gesichtspunkten verwaltet. — Naturgemäß sind die Banken namentlich in der Provinz infolge der Beschränkung ihres Wirkungskreises von der Entwicklung abhängig, die der Ort ihrer Niederlassung nimmt, und sie weisen daher nach Art und Umfang des Geschäfts große Verschiedenheiten und alle Entwicklungsstufen auf, von der kleinen Landbank angefangen bis zur New Yorker Großbank.

In bezug auf ihre Anlagepolitik unterliegen die Nationalbanken sehr strengen Vorschriften, während die Gesetzgebung der Einzelstaaten gewöhnlich etwas liberaler ist. Durch die Schaffung des *Federal Reserve Systems* (Dezember 1913; s. d.) wurde eine gewisse Vereinheitlichung in der amerikanischen Bankgesetzgebung insofern erzielt, als alle Mitgliedsbanken sich den Vorschriften und der Kontrolle des Federal Reserve Board unterwerfen müssen, während andererseits den Nationalbanken die bisher nur den Staatenbanken erlaubten Geschäftsgebiete zugänglich gemacht wurden (Trustgeschäft). Der Anteil der Mitgliedsbanken an den gesamten Depostien des Landes betrug am 30. Juni 1930 ca. 60 %. Die Mitgliedschaft ist für die Nationalbanken eine zwangsweise, für die übrigen Banken eine freiwillige. Von besonderer Bedeutung sind die Bestimmungen über die Reservehaltung. Danach müssen alle Mitgliedsbanken ständig einen bestimmten Prozentsatz ihrer Depositen als Guthaben bei den Bundesreservebanken unterhalten. Seit 1917 gelten hierfür folgende Sätze:

Für kurzfristige Depositen
13 % in den Zentralreservestädten (New York, Chicago),
10 % in den Reservestädten,
7 % in den übrigen Orten.
Für Festgelder (nicht unter 30 Tagen)
3 % an allen Plätzen.

Soweit die Nationalbanken noch das Notenausgaberecht ausüben, müssen sie hiergegen bestimmte zur Notendeckung zugelassene Bundesanleihen beim Schatzamt hinterlegen; die Rentabilität des Notenemissionsgeschäftes hängt von dem Kurs der Deckungsanleihen ab, doch ist dieser Geschäftszweig im Rahmen des Gesamtgeschäfts heute von untergeordneter Bedeutung.

Im übrigen bestehen für die Nationalbank u. a. folgende Vorschriften:

Hypothekarkredite dürfen bis zu 50 % der Spareinlagen und mit einer Dauer bis zu 5 Jahren gewährt werden.

An einen einzelnen Kreditnehmer sollen in der Regel Kredite nur bis zur Höhe von 10 % der eigenen Mittel der Bank gewährt werden.

Besitz und Handel in Aktienwerten, sowie das Emissionsgeschäft sind allen Banken untersagt; das Börsengeschäft ist ihnen im übrigen auch dadurch verschlossen, daß sie nicht Mitglieder der Stock Exchange sein können. Die Banken haben sich dadurch beholfen, daß sie selbständige Tochtergesellschaften für das Emissionsgeschäft sowie Investment Trusts für das Anlagegeschäft gegründet haben.

Eigene Akzepte dürfen die Mitgliedsbanken des Reservesystems bis zu 100 % der eigenen Mittel (davon für den einzelnen Kreditnehmer höchstens 10 % ohne Hinterlegung von Dokumenten) für die Finanzierung des in- und ausländischen Warenhandels ausgeben.

Die Aufsicht über die Nationalbanken wird durch den Comptroller of the Currency, über alle Mitgliedsbanken des Federal Reserve-Systems durch den Federal Reserve Board ausgeübt.

Die Kredite an die Kundschaft sind z. T. durch Effekten, Hypotheken und andere Sicherheiten gedeckt, z. T. aber auch ungedeckte Personalkredite. Die Banken pflegen von ihren Kreditnehmern zu verlangen, daß diese ständig einen bestimmten Prozentsatz (durchschnittlich 20 %) der Kreditsumme als Guthaben bei ihnen stehenlassen. Der den Banken auf diese Weise zufließende besondere Zinsgewinn bietet ihnen eine Entschädigung dafür, daß für die Inanspruchnahme ihrer Dienste und für die Kredithergabe eine Provision in der Regel nicht berechnet wird. Infolge dieser Praxis erfahren die Depositen eine künstliche Erhöhung, die bei der Beurteilung der Bilanzziffern nicht außer acht gelassen werden darf.

Der gezogene Warenwechsel hat sich nicht in dem Maße durchsetzen können wie in den europäischen Ländern. Die amerikanischen Kaufleute halten vielmehr darauf, daß im Großhandelsverkehr möglichst prompt bezahlt wird. Wer Kredit in Anspruch nehmen will, muß sich deswegen an seine Bankverbindung wenden. Gewöhnlich geschieht die Kreditgewährung in der Form, daß der Kreditnehmer seiner Bank einen Solawechsel (promissory note) einreicht, der gegebenenfalls noch durch beigefügte Sicherheiten (collateral) gedeckt sein muß. Der Wechselbestand wird nicht gesondert ausgewiesen, sondern erscheint zusammen mit den anderen Krediten unter „loans and discounts". Die Solawechsel sind, wenn sie den qualitativen Ansprüchen genügen, bei den Bundesreservebanken rediskontfähig (eligible for rediscount). Von den gesamten Ausleihungen (total loans) der Nationalbanken waren in den letzten Jahren ca. 20 % rediskontfähig.

Außerdem können die Banken auch von ihnen selbst ausgestellte Solawechsel mit 15tägiger Laufzeit zum Diskont einreichen, die durch Kundenwechsel oder amerikanische Staatsanleihen gedeckt sein müssen. Die Schaffung des Bundesreservesystems als Liquiditätsreservoir der Depositenbanken hat den amerikanischen Geldmarktverhältnissen erst die erforderliche Elastizität gegeben (deren Fehlen in der Zeit vor 1913 sich häufig unliebsam bemerkbar gemacht hatte) und die Liquiditätspolitik der Mitgliedsbanken bedeutend erleichtert.

Während der Hochkonjunktur in Wallstreet war das rapide Anwachsen der Börsenkredite in den Bilanzen der amerikanischen Banken bemerkenswert. Aus der Bilanzzusammenfassung der Nationalbanken per 30. Juni 1928 ergaben sich hierfür beispielsweise folgende Ziffern (in Prozent der gesamten Geldanlage):

loans on demand, secured by stocks and bonds	9,2 %
loans on time, secured by stocks and bonds	8,7 %
investments	25,1 %
Insgesamt	43,0 %

Seitdem sind aber die Effektenkredite sehr erheblich zurückgegangen.

Die loans on demand oder street loans sind hauptsächlich Kredite an die New Yorker Börsenmakler (brokers loans), die für die Banken eine sichere und sehr liquide Anlage darstellen. Größere Kreditnehmer gegen Effektensicherheit sind ferner die Emissionshäuser, vielfach Tochtergesellschaften der großen Depositenbanken, die nur deswegen als selbständige Firmen gegründet wurden, weil die Betätigung im Effektengeschäft vor allem für die Nationalbanken durch die Bankgesetzgebung stark beschränkt wird.

Die ungewöhnliche Höhe der investments sowohl als der Effektenkredite läßt sich im wesentlichen auf die Einwirkungen zurückführen, die das Verbot der Filialgründung auf die Anlagepolitik der Depositenbanken gehabt hat. Das Filialbankensystem, wie es in europäischen Ländern und in Kanada besteht, hat u. a. den Vorzug, daß die Großbanken mit Hilfe ihres Filialsystems in der Lage sind, die je nach dem Charakter der einzelnen Distrikte verschiedenartig auftretenden Anlage- oder Kreditbedürfnisse gegeneinander auszugleichen. Es sei nur darauf hingewiesen, daß in ländlichen sowohl als in industriellen Bezirken der Wechsel der Jahreszeiten und die Entwicklung der Konjunktur einen ausschlaggebenden Einfluß auf die Verfassung der lokalen Geldmärkte haben. Von Bedeutung ist ferner die Tatsache, daß die Volkswirtschaft vieler Landesteile sich auf bestimmte Erzeugnisse spezialisiert (z. B. Baumwolle, Weizen, Eisen, Leder usw.). Die Möglichkeit einer gesunden Risikoverteilung ist aber für die Banken nur dann gegeben, wenn ihre Kreditgewährung sich auf möglichst zahlreiche und verschiedenartige Wirtschaftsgebiete erstreckt. Die Banken in den Vereinigten Staaten sind infolge der Beschränkung ihres Wirkungskreises nicht imstande, den Kreditbedarf eines Distrikts mit dem Überschuß eines anderen zu befriedigen. Ebenso fehlt ihnen die nötige Bewegungsfreiheit bei der Auswahl ihrer Kreditnehmer. Infolgedessen müssen sie bei der Kreditgewährung große Zurückhaltung üben und können die ihnen zur Verfügung stehenden fremden Gelder nicht in dem gleichen Ausmaß wie etwa englische oder deutsche Banken zu Kundenkrediten verwenden. In Ermangelung anderer Anlagemöglichkeiten investieren sie deshalb große Beträge in amerikanischen Staatsanleihen und anderen festverzinslichen Werten. Außerdem unterhalten die Provinzbanken stets größere Guthaben bei den New Yorker Banken (bankers balances), die diese mit Rücksicht auf die erfahrungsgemäß große Fluktuation solcher Gelder vorzugsweise als call money an der Börse auszuleihen pflegen.

Einen nicht unerheblichen Umfang nehmen, namentlich bei kleineren Provinzbanken, die real estate loans (Hypothekarkredite) ein, die sich besonders während der Krise vielfach als illiquide erwiesen und zahlreiche Bankzusammenbrüche verschuldet haben. —

Die schematische und unelastische Anlagepolitik der amerikanischen Banken, besonders der große Umfang der bankers balances (Nostroguthaben) hat, namentlich in Krisenzeiten, die Aufrechterhaltung der Liquidität des amerikanischen Banksystems sehr erschwert. Vor Einführung des Bundesreservesystems haben selbst lokale Wirtschaftskrisen oft die Tendenz gehabt, sich zu Kreditkrisen zu entwickeln und einen Run auf die Banken herbeizuführen. Auch die jetzige Wirtschaftskrise hat in den Vereinigten Staaten zu ungewöhnlich zahlreichen Bankzusammenbrüchen geführt.

Die in der eben geschilderten Anlagepolitik der Depositenbanken liegenden Gefahren haben das Bundesreserveamt veranlaßt, die Entwicklung eines internationalen Akzeptmarktes in den Staaten nach Kräften zu fördern. Man verfolgt dabei das Ziel, den Depositenbanken die Möglichkeit zu geben, ihre flüssigen Mittel in zunehmendem Maße in Bankakzepten anzulegen. Tatsächlich ist der New Yorker Platz in den letzten Jahren als Akzeptmarkt immer mehr in den Vordergrund getreten. Jedoch beschränkt sich das Remboursgeschäft fast ausschließlich auf NewYork und in erster Linie auf die Finanzierung des Außenhandels.

Ende 1930 ergab die Zusammensetzung des Akzeptumlaufs nachstehendes Bild:

1. Einfuhr	$ 220,9	Millionen	= 14,2 %
2. Ausfuhr	$ 415,1	„	= 26,7 %
3. Binnenhandel	$ 34,7	„	= 2,2 %
4. Inl. Lagerscheine	$ 271,4	„	= 17,4 %
5. Schaffung von Dollardevisen	$ 52,2	„	= 3,4 %
6. Handel zwischen nichtamerikanischen Ländern	$ 561,4	„	= 36,1 %
Gesamtbetrag	$ 1555,7	Millionen	= 100,0 %

Bemerkenswert ist der große Anteil, der auf die Finanzierung des Handels zwischen auswärtigen Ländern entfällt.

Im Rahmen des Anlagegeschäfts spielt das Bankakzept bei der Mehrzahl der Depositenbanken auch heute noch eine relativ geringe Rolle.

Daneben gibt es als Anlagepapier für die Depositenbanken noch das „commercial paper". Große Industrie- und Handelsfirmen wenden sich direkt an den Geldmarkt durch Begebung von Solawechseln mit einer Laufzeit von gewöhnlich sechs Monaten, wobei sie sich der Vermittlung von Wechselmaklern bedienen. Die Wechselmakler, denen ein über das ganze Land verbreitetes Netz von Agen-

Die „Big Five“, Bilanzzusammenstellung per 31. Dezember 1929.

In 1000 £	Capital paid up	Reserve Funds	Deposit and Current Accounts	Acceptances and Endorsements[2]	Sundries	Total	Cash in Hand and at Bank[3]	Cash at Call and short Notice	Investments: Govt. Sec.	Investments: Bonds, Stocks other Inv.	Discounts	Advances Loans etc.	Building and Sundries incl. Cover for Acc.
1. Barclays . . .	15858	10250	337439	21992	—	385539	62669	23582	49950	10060	36967	174455	27856
2. Lloyds	15810	10000	351645	52226	1502	431183	57003	31150	33718	10151	39625	200352	59184
3. Midland	13433	13433	379623	37474	1826	445789	65293	21671	31798	8252	58784	210374	49617
4. Natl. Provincial	9479	9479	271713	15174	850	306695	41885	19413	30163	9114	28191	156678	21251
5. Westminster . .	9320	9320	285160	27600	1192	332592	45981	33170	36636	4279	32501	147350	32675
	63900	52482	1625580	154466	5370	1901798	272831	128986	182265	41856	196068	889209	190583
Prozent der Bilanzsumme	6,1		85,5	8,1	0,3	100,0	14,3	6,8	11,8		10,3	46,8	10,0
Prozent der Depositen (ohne Akzepte)	7,2						16,8	**7,9**	**13,8**		**12,1**		
							= 1. Liqu.	**33,8** = 2. Liquidität					
Prozent der Depositen innerhalb 7 Tagen fällig, mit 50 % taxiert[1] . .							33,6						

[1] Von den Depositen entfielen auf Festgelder im Jahresdurchschnitt 1929 bei Midland 46,8 %, bei Lloyds 54,8 % der gesamten Einlagen.
[2] Enthält außer Akzeptverbindlichkeiten auch andere Verpflichtungen, z. B. Terminengagements in Devisen (bei Midland). Auf der Aktivseite finden sich genau entsprechende Posten als Verbindlichkeiten der Kundschaft unter cover for acceptances. — In die Liquidationsberechnung nicht einbezogen.
[3] Includes balances with, and cheques on, other banks in the United Kingdom.

7691 Nationalbanken in den Vereinigten Staaten. Bilanzzusammenstellung per 30. Juni 1928.

Resources:

	Millionen $	Millionen $	% der Bilanzsumme	Flüssige Mittel: % der fremden Gelder	Flüssige Mittel: % der täglichen fremden Gelder
Loans and discounts:					
on demand . . .	3884		13,6	**16,1**	
on time {eligible ca.	2800		9,8	**11,6**	
on time {noteligibl.	7015		24,6		
secured by from land and other real estate . . .	1286		4,5		
Bank acceptances	170		0,6	**0,7**	
Total	15155	15155			
Investments:					
U. S. Government securities . . .	2891				
State county and municipal bonds	841				
Railroad bonds .	681				
Bonds of other public service corp.	743				
Other bonds, stocks, warrants etc. .	1992	7148	25,1	**29,7**	
				58,1	
Banking house etc. .		847	3,0		
Due from banks . .		1886	6,6	*7,8*	*12,6*
Lawful reserve with Fed. Res. Bank .	1453				
Checks and other cash items . . .	207				
Exchanges for clearing house	756				
Cash on hand . . .	315	2731	9,6	*11,3*	*18,2*
				19,1	*30,8*
Customers' liability account of acceptances		415	1,5		
Other resources . .		326	1,1		
		28508	100,0	77,2	30,8

Liabilities:

	Millionen $	Millionen $	% der Bilanzsumme	Fremde Gelder in % der Bilanzsumme	
Capital	1594				} eigene Mittel
Surplus	1420	3014	10,6		
Undivided profits etc.		641	2,2		
National bank circulation	649		2,3	*2,3*	} fremde Gelder
Due to banks . . .	2738		9,6	*9,6*	
Checks outstanding .	415		1,4	*1,4*	
Demand deposits including U. S. deposits	11190		39,3	*39,3*	
	14992	14992			
Time deposits . . .		8296	29,1	**29,1**	
Money borrowed bills payable and rediscounts		801	2,8	**2,8**	
Acceptances		431	1,5		
Other liabilities . .		333	1,2		
		28508	100,0	84,5	

Schräge Ziffern = 1. Liquidität, fette Ziffern = 2. Liquidität.

Schräge Ziffern = täglich fällige Verpflichtungen.
Fette Ziffern = Zeitgelder (Akzepte nicht eingerechnet).
Finanzierung des Effektenmarktes:

loans on demand, sec. by stocks and bonds	2617 =	9,2 %
loans on time, sec. by stocks and bonds. .	2497 =	8,7 %
Investments.	7148 =	25,1 %
Prozent der Bilanzsumme:		43,0 %

Crédit Lyonnais, Comptoir National, Société Générale. Bilanzzusammenstellung per 31. Dezember 1929.

Actif		Millionen Francs	Millionen Francs	% der Bilanzsumme	% der fremden Gelder und Akzepte	% der täglichen fremden Gelder
Espèces en Caisse et en Banque . . .	C. L.[1]	1037				
	C.N.	600				
	S. G.	985	2622	7,0	*7,7*	8,2
Avoirs chez les Correspondants	C. L.[2]	1000				
	C.N.	1590				
	S. G.[1]	1978	4568	12,2	**13,4**	
Portefeuille et Bons de la Défense Nationale	C. L.	8199				
	C.N.	6009				
	S. G.	6162	20370	54,4	**59,6**	
Avances sur Garantie et Reports . .	C. L.	461				
	C.N.	478				
	S. G.	834	1773	4,7	**5,2**	
Comptes débiteurs par Acceptations .	C. L.[2]	513				
	C.N.	260				
	S. G.[2]	465	1238	3,3	**3,6**	
Portefeuille Titres .	C. L.	4				
	C.N.	1				
	S. G.	34	39	0,1	**0,1**	
Comptes courants .	C. L.	2687				
	C.N.	1186				
	S. G.	2578	6451	17,2		
Participations financières et Agences hors d'Europe . .	C. L.	—				
	C.N.	124				
	S. G.	26	150	0,4		
Comptes d'ordre et divers	C. L.	6				
	C.N.	16				
	S. G.	114	136	0,4		
Immeubles	C. L.	35				
	C.N.	15				
	S. G.	71	121	0,3		
			37468	100,0	89,6 1.u.2. Liquid.	8,2 1. Liquid.

Passif		Millionen Francs	Millionen Francs	% der Bilanzsumme	Fremde Gelder in % der Bilanzsumme	
Capital (versé) . . .	C. L.	408				eigene Mittel
	C.N.	400				
	S. G.[1]	319	1127	3,0		
Réserves	C. L.	800				
	C.N.	426				
	S. G.	307	1533	4,1		
Comptes de Cheques et Comptes d'Escompte	C. L.	5041				Fremde Gelder und Akzepte
	C.N.	4690				
	S. G.	3545	13276	35,4	*35,4*	
Comptes courants créditeurs	C. L.	6375				
	C.N.	4289				
	S. G.	7904	18568	49,6	*49,6*	
Dépots à Echéance fine	C. L.	473				
	C.N.	98				
	S. G.	289	860	2,3	**2,3**	
Comptes exigibles après Encaissement	C. L.	216	216	0,6	**0,6**	
Acceptations	C. L.	513				
	C.N.	260				
	S. G.	465	1238	3,3	**3,3**	
Profits et Pertes etc.	C. L.	86				
	C.N.	72				
	S. G.	100	258	0,7		
Comptes d'ordre et divers	C. L.	29				
	C.N.	45				
	S. G.	318	392	1,0		
			37468	100,0	91,2	

[1] Einschl. Avoirs dans les Banques.
[2] Nur taxiert und den Comptes courants entnommen.
Schräge Ziffern = 1. Liquidität.
Fette Ziffern = 2. Liquidität.

[1] S. G. 625 Millionen Kapital, davon 319 eingezahlt.
Schräge Ziffern: tägl. fremde Gelder.
Fette Ziffern: Zeitgelder und Akzepte.

Bilanzzusammenstellung von vier Berliner Großbanken per 31. Dezember 1929.
(Deutsche Bank und Disconto-Gesellschaft, Dresdner Bank, Darmstädter und Nationalbank, Commerz- und Privatbank.)

Aktiva

	Millionen RM.	% der Bilanzsumme	% der fremden Gelder und Akzepte	% der tägl. fremden Gelder	
Kasse, Sorten und Coupons und Guthaben bei Noten- und Abrechnungsbanken	382,0	3,0	**3,3**	**9,4**	1. Liqu.
Nostroguthaben bei Banken	1170,7	9,3	*10,1*	*28,8*	
			13,4	*38,2*	
Wechsel, Schecks u. unverzinsl. Schatzanweisungen . . .	2808,5	22,4	**24,1**		2. Liqu.
Reports u. Lombards	495,5	4,0	**4,3**		
Warenvorschüsse . .	1727,8	13,8	**14,8**		
Eigene Wertpapiere, börsengängig . . .	163,6	1,3	**1,4**		
			44,6		
Eigene Wertpapiere, sonstige	23,6	0,2			
Debitoren	5311,5	42,4			
Konsortialbeteiligungen	153,0	1,2			
Dauernde Beteiligungen	105,0	0,8			
Immobilien usw. . .	203,8	1,6			
	12545,0	100,0	58,0		

Passiva

	Millionen RM.	% der Bilanzsumme		
Aktienkapital . . .	520,0	4,1	6,5	eigene Mittel 814,5 Mill. RM.
Reserven	294,5	2,4		
Kreditoren, bis zu 7 Tagen fällig . .	4060,7	32,4	92,7	fremde Gelder und Akzepte 11635,2 Mill. RM.
Kreditoren, Festgelder	5288,0	42,1		
Seitens der Kundschaft bei Dritten benutzte Kredite .	1624,9	12,9		
Akzepte	472,6	3,8		
Langfristige Dollar-Darlehen	189,0	1,5		
Reingewinn usw. . .	95,3	0,8		
	12545,0	100,0		

turen zur Verfügung steht, und die über die Bonität der einzelnen Firmen sehr gut informiert sind, besorgen die Unterbringung der Wechsel bei den Banken.

Eine weitere Anlagemöglichkeit für kurzfristige Gelder bieten die Schatzwechsel (treasury bills) und Schatzanweisungen (treasury certificates) des Schatzamtes sowie die Wechsel und Schatzscheine der Einzelstaaten, Provinzen und Gemeinden.

Der Hypothekarkredit spielt besonders bei den Countrybanken eine größere Rolle, die hauptsächlich die Farmer zu ihren Kunden zählen. Bei einzelnen Staatenbanken entfällt ein Fünftel bis ein Viertel aller gewährten Kredite auf das Realkreditgeschäft.

V. Frankreich.

Unter den französischen Depositenbanken nehmen drei große Institute, der Crédit Lyonnais, das Comptoir National d'Escompte de Paris und die Société Générale p. f. eine führende Stellung ein. Allerdings ist ihr Anteil am gesamten Depositengeschäft von ca. 80 % kurz vor dem Kriege auf 40—50 % in den letzten Jahren zurückgegangen. Dagegen sind zwei aus dem Zusammenschluß von Provinzbanken entstandene Firmen, der Crédit Commercial de France und die Banque Nationale de Crédit, sowie die beiden banques d'affaires, die Banque de Paris et des Pays-Bas und die Banque de l'Union Parisienne, etwas mehr in den Vordergrund getreten.

Die Publizität der französischen Großbanken ist äußerst dürftig. Ein einheitliches Bilanzschema existiert nicht, die einzelnen Bilanzposten sind z. T. undurchsichtig und erfahren auch im Geschäftsbericht keine nähere Erläuterung. Die auf Grund der angegebenen Ziffern durchgeführte Liquiditätsberechnung kann daher nur zu ungenauen Resultaten führen.

Der Status ist im Vergleich zu anderen Ländern außerordentlich flüssig. Charakteristisch für die Gepflogenheiten des französischen Geschäftsverkehrs, namentlich in der Provinz, ist die Bevorzugung des Wechsels. Mehr als die Hälfte der gesamten Geldanlage entfällt bei den Depositenbanken auf den Wechselbestand, während der Umfang der Kontokorrentdebitoren verhältnismäßig klein ist. In ihrer Kreditgewährung an die Industrie sind die Depositenbanken von jeher sehr zurückhaltend gewesen; insbesondere ist das lokale Kreditgeschäft der Filialen in der Provinz nur geringfügig. Die zur Verfügung stehenden Depositen werden größtenteils zu möglichst liquiden Anlagen am Pariser Geldmarkt und im Auslande verwendet. Allerdings ist in der Nachkriegszeit eine Zunahme der Kredite an die heimische Wirtschaft festzustellen. Auch wurden von den Großbanken besondere Finanzierungsgesellschaften ins Leben gerufen, denen die Aufgabe zufiel, die Industrie mit mittel- und langfristigen Krediten zu versorgen. Im übrigen liegt das industrielle Finanzierungsgeschäft hauptsächlich in den Händen der banques d'affaires, während das Emissionsgeschäft der Großbanken sich mehr den in- und ausländischen Staatsrenten und anderen öffentlichen Anleihen zuwendet. Die ausländischen Staatsanleihen haben vor dem Kriege zeitweise einen sehr bedeutenden Umfang angenommen und in manchen Jahren die Inlandsemissionen übertroffen. Seit dem Kriege bedürfen ausländische Emissionen der Zustimmung des Finanzministeriums, wodurch sich der für den französischen Kapitalmarkt charakteristische enge Zusammenhang zwischen Politik und der haute finance noch verstärkt hat.

Der Effektenbestand ist ganz geringfügig und setzt sich vornehmlich aus festverzinslichen Werten zusammen, die für den Schalterverkauf an die Kundschaft bestimmt sind.

Das Wechselportefeuille enthält außer Warenwechseln größere Bestände an in- und ausländischen Bankakzepten und vor allen Dingen die Bons de la défense nationale. Die ausländischen Bankakzepte sind in erster Linie New Yorker und Londoner Herkunft. Der Umlauf an Bons de la défense nationale ist in den letzten Jahren infolge der Konsolidierung und teilweisen Tilgung der Staatsschulden erheblich zurückgegangen. Die schwebende Schuld des Staates hat in der Zeit von 1926—1930 eine Reduktion von 93,5 auf 38,8 Milliarden erfahren. Infolgedessen ist den Banken die Möglichkeit der Anlage in Schatzwechseln, in denen sie zeitweilig 40—50 % der verfügbaren Mittel investiert hatten, zum großen Teil genommen worden.

Den Rediskontkredit der Bank von Frankreich brauchen die Banken infolge ihrer großen Flüssigkeit nur wenig in Anspruch zu nehmen. Die von der Notenbank hereingenommenen Wechsel hatten 1927 eine mittlere Laufzeit von nur 18 Tagen gegen 30 Tage im Jahre 1913.

Als besonders liquide Form der Geldanlage sind noch zu erwähnen die Ausleihungen von Tagesgeld an erste Maklerfirmen und die Reportgelder, die nicht nur an der Pariser, sondern auch an ausländischen Börsen placiert werden, ferner die Nostroguthaben im Auslande, die eine beträchtliche Höhe haben.

Vgl. *Bankbilanzen 3* und *Kontokorrentverkehr 2.*

O. Rösler.

Litauen s. *Randstaaten.*

Liverpooler Baumwollmarkt s. *Warenmärkte 2.*

Lochkartenmaschine s. *Bankbuchhaltung.*

Lokogeschäft s. *Warenmärkte 1.*

Lombardgeschäft s. *Report- und Lombardgeschäft.*

— **kredite** vgl. *Report- und Lombardgeschäft* und *Kredit II.*

— **street,** im übertragenen Sinne Bezeichnung der Londoner Börse, die in L. ihren Sitz hat.

— **zins** s. *Report- und Lombardgeschäft 2.*

Londoner Börse. *1. Bedeutung und internationale Verflechtung.* Die Londoner Effektenbörse, in den letzten anderthalb Jahrhunderten die führende Börse der Welt, hat durch die Ereignisse der letzten 15 Jahre ihre Vormachtstellung an New York verloren. Im gegenwärtigen Augenblick (Mitte 1932) ist freilich noch nicht abzusehen, mit welchem ungefähren Machtverhältnis beide Börsen aus der heutigen Krise herausgehen werden. Vorerst hat sich London durch den Schritt vom 18. September 1931 (Aufhebung des Goldstandards) mit Erfolg aus dem Melée der anderen Börsen herausgezogen — das Kursniveau ist schon seit Monaten äußerst gut gehalten, während New York noch immer starken Schwankungen unterworfen ist. Gleichzeitig hat der Londoner Platz mit diesem Schritt die in den letzten Jahren besonders drückende Abhängigkeit seines Geldmarktes von der Kapitalmacht des Dollars, vor allem aber des französischen Francs gelöst. Unabsehbar ist schließlich das Schicksal der englischen überseeischen Kapitalinteressen, wobei es sich im Gegensatz zu New York, das z. B. in Südamerika in erster Linie durch Anleihen interessiert ist, ebensowohl um Anleihen als auch um dortige Beteiligungen, also Aktienbesitz handelt. Besonders groß ist z. B. das englische Kapitalinteresse am argentinischem Bahnnetz. Neben diesen überseeischen Kapitalinteressen, bei denen es in den letzten Jahren mit Amerika im Kampf lag (Südamerika, China) oder bereits an Bedeutung stark zurücksteht (z. B. Japan), spielen naturgemäß Kapitalanlagen im ganzen Empire, die sowohl dem Kapitalertrag wie der Anzahl der Werte nach bedeutendste Rolle. Sonstige enge Kapitalsbeziehungen laufen noch zu einigen westeuropäischen Staaten (Spanien, Portugal) und zu Nordeuropa, was sich ja anläßlich der Aufgabe des Goldstandards für das Pfund deutlich gezeigt hat. Die langfristige Investierung in den zwei größten Schuldnerstaaten Europas, Deutschland und Italien ist dagegen sehr gering, sowohl im Verhältnis zu den Kapitalinteressen Amerikas in diesen beiden Ländern, als auch zu der eigenen kurzfristigen Kredithergabe, z. B. im Wege des Rembourskredites.

Eine Übersicht über die einzelnen Haupttätigkeitsgebiete der Londoner Börse zu geben, ist in diesem Rahmen unmöglich. Des Umfang des Kurszettels wird noch dadurch vergrößert, daß fast von jeder Gesellschaft mehrere Kategorien von Werten (in der Regel debentures, preference shares und ordinary shares, oft aber auch fünf bis sechs verschiedene Kategorien) notieren. Neben der ungeheuren Anzahl von Industriewerten, die England als ältestes Industrieland der Welt besitzt, die aber in den letzten Jahren mit wenig Ausnahmen an Bedeutung ständig verloren haben, ist die Londoner Börse auch weitaus der größte Auslandsmarkt für USA.-Werte, dann, wie schon oben erwähnt, für Kolonialwerte einschließlich der Dominions und für sonstige Überseewerte.

2. *Entwicklung der letzten Jahre.* Verschiedene Umstände haben es bewirkt, daß die Londoner Börse nicht so ganz mit der internationalen Boom-Periode von 1926 bis zum Herbst 1929 mitging. Gleich an den Beginn dieser Periode fällt der Generalstreik und dann der Monate währende Kohlenstreik; an ähnlichen Auseinandersetzungen fehlte es auch später nicht (z. B. Aussperrung der Baumwollspinner, Frühjahr 1929). Die allgemeine Erkenntnis, daß die englische Urproduktion, zweifellos in wichtigen Teilen veraltet, eine Reorganisation nötig habe, die Hand in Hand mit einer grundsätzlichen Auseinandersetzung in sozialer Hinsicht erfolgen müsse, war fernerhin ein dauerndes Hemmnis. Es mag sein, daß sich die Berufsspekulation, in Erkenntnis, daß eine allgemeine Hausse der heimischen Werte wenig wahrscheinlich sei, um so mehr auf einzelne Teilgebiete konzentrierte. So kam es — um nur die Ereignisse der letzten Jahre zu nennen — nacheinander zu eruptiven Aufwärtsbewegungen in der Kunstseidenindustrie, dann in der Grammophonbranche und verwandten Branchen, schließlich (Frühjahr 1929) in rhodesischen Kupferminen. Unter allen übrigen Weltbörsen kann allenfalls noch die Pariser ein ähnliches Interesse für (oft zweifelhafte) Neugründungen buchen. Der Unterschied zur New Yorker Börse liegt hierbei darin, daß an dieser bei der Hausse der Jahre 1927/29 das Ausgangsmaterial von Neuemissionen, also z. B. die in das Portefeuille eines Investment Trusts hineingenommenen Werte oder die Betriebsgesellschaften einer public utility holding an sich völlig einwandfrei waren. Der später erfolgende Zusammenbruch traf daher lediglich oder ganz überwiegend das aufgetürmte Gebäude der Dachgesellschaft, oft viele Millionen Stück common shares, dann preferred shares mit den verwickeltsten Zusatzrechten. Die Unsolidität liegt hier also in der Emissionstechnik, vor allem in den nennwertlosen common shares bzw. deren „Spaltungen" u. dgl. (vgl. *New Yorker Börse*). In London war dagegen die Finanzierung verhältnismäßig korrekt und übersichtlich (die üblichen preferred shares und ordinary shares, allenfalls noch deferred shares), aber das Unternehmen selbst unerprobt, oft wertlos. Dies verdient um so mehr Beachtung, als andrerseits weite Gebiete des Londoner Kurszettels bekanntlich zu den solidesten und sichersten Anlagepapieren der Welt gehören, nicht nur die sog. *Gilt-edged-Werte* (s. d.), sondern auch viele Versicherungs- nnd Bankwerte, die — aufs dauerhafteste placiert — allerdings auch wenig Gegenstand des täglichen Umsatzes sind. Den Vogel schoß auf dem Gebiet des Gründungsschwindels die Placierung von Aktien einer Neugründung „Nersag" ab, die in der Ausnutzung eines Patentes bestehen sollte, das das Zusammensinken von Matratzen (Nersag = never sag) durch den Gebrauch angeblich verhütete! Auch diese Aktien stiegen zunächst auf viele 100%, das Ende war dann die Flucht des Geschäftsführers.

Der unsolide Aufbau der inländischen Spekulation zeigte sich schon der ersten Belastungsprobe durch die internationalen Baisse der Herbstmonate 1929 nicht gewachsen, und so kam es zuerst zum Zusammenbruch des Großspekulanten Hatry (Stahlwerte, Photomaton usw.) unter recht sensationellen näheren Umständen, dem später ein kleinerer Zusammenbruch, der Horne-Gruppe (Zement und Zeitungswerte) folgte. Seither aber hat sich die L. B., wenn man von der kurzen schweren Erschütterung nach dem 18. September 1931 absieht, verhältnismäßig sehr gut gehalten. Viele der führenden Standardgesellschaften, z. B. auch die Großbanken haben bisher keine, oder nur geringe Dividendenkürzungen eintreten lassen, und Unternehmungen, welche noch für das Jahr 1931 mit verbesserten Resultaten aufwarteten, waren häufiger als an jeder anderen Börse. Sie gehörten bemerkenswerter Weise meist zu den Branchen, die die täglichen Bedürfnisse der großen Masse befriedigen, also Kettenläden, Kettenrestaurants und Warenhäuser. Andererseits waren die Rohstoffwerte (z. B. Rio Tinto) besonders stark betroffen. Der Zusammenbruch des Royal-Mail-Konzerns kam trotz seines kriminellen Einschlags (Prozeß Lord Kylsant) nicht unerwartet und hatte seinen Grund in der trostlosen Lage der Schiffahrt der ganzen Welt. Die Kreuger-Affäre endlich hat den Londoner Markt verhältnismäßig wenig berührt.

3. *Technisches und Aktienrechtliches.* Einzelne technische Details sind für kontinentale Begriffe reichlich kompliziert. Die Notierung erfolgt entsprechend dem englischen Geldwesen nie in Prozenten, sondern in £, sh, und d pro Stück bei Aktien, bei festverzinslichen Werten pro £ 100 Nominale, so daß bei letzteren gleichzeitig der Prozentkurs annähernd ersichtlich ist. Eine weitere Schwierigkeit bildet die Notierung der Dividende im amtlichen Kursblatt.

Englische Gesellschaften pflegen während des Jahres eine meist wenig variierende Abschlagsdividende (initial div.) auszuschütten, der auf Grund des Beschlusses in der Generalversammlung die Schlußdividende (final div.) folgt. Dies findet im Kursblatt eine für den Uneingeweihten sehr schwer verständliche Darstellung, da nie die Jahresdividende, sondern die letzte gezahlte Dividende angegeben ist. Vergleicht man so z. B. die Kurse einer Gesellschaft, deren letzte Dividende eine Anfangsdividende war, mit einer anderen, deren letztgezahlte Dividende eine Schlußausschüttung des Jahres darstellt (was bei Verschiedenheit des Geschäftsjahrstermins oder auch nur der Ausschüttungsgewohnheiten sehr leicht vorkommen kann), so erhält man ein völlig falsches Bild.

Jedem, der sich über Dividendenfragen, insbesondere durch Vergleiche mehrerer Werte miteinander, informieren will, wird also empfohlen, sich nicht des offiziellen Kursblattes, sondern einer Fachschrift (z. B. „Investors Monthly Manual"), zu bedienen, in der die Ungleichheiten durch eine allgemeinverständliche Darstellung beseitigt sind.

Der reguläre Börsenverkehr spielt sich im Wege von Halbmonatsliquidationen (Ultimo, Medio) ab, nach deutschen Begriffen könnte man also von einer Art Mittelding zwischen Kassa- und Terminmarkt sprechen. Auf Renten werden keine Stückzinsen gerechnet (ebenso Paris).

Auf die in mancher Hinsicht bedeutsamen Unterschiede zwischen stock und shares, zwischen Inhaber- und Namensaktie, Certificates, Bonds und Debentures kann hier aus Raumgründen nicht näher eingegangen werden (vgl. diesbezüglich die diversen Stichworte). Die von den Gesellschaften geübte Publizität (Detaillierung der Bilanz, Zwischenjahresberichte) ist im Gegensatz zu Amerika auffallend gering. Da die Zulassungsbedingungen der L. B. bis jetzt sehr milde sind, so erfährt der private Besitzer auch aus den Börseneinführungsprospekten verhältnismäßig wenig. Seine einzige Informationsquelle ist die Generalversammlung, deren Verlauf — bei den wichtigsten Unternehmungen — im Handelsteil der Tageszeitungen meist wörtlich wiedergegeben ist. Auch erhält man ohne weiteres den gedruckten Bericht über die Generalversammlung, wobei den Hauptteil desselben der Speach des Chairman (Vorsitzender des Aufsichtsrats) einnimmt. Die ganzen Bestimmungen, welche den einzelnen Aktionär schützen sollen, hatten bisher entsprechend dem englischen Rechtswesen überhaupt weit mehr ihre Fixierung durch Gewohnheitsrecht, als durch Gesetzgebung erfahren. Während dies sich bei einer Unzahl solider Gesellschaften bisher durchaus bewährt hat, hat der Hatry-Skandal und ähnliche derartige Vorkommnisse gerade in letzter Zeit eine Verschärfung zwingender Vorschriften rätlich erscheinen lassen, und eine Erneuerung der englischen Aktiengesetzgebung ist im Gang.

4. Spesen, Steuern usw. Die Londoner Börsenspesen sind für Aktien die höchsten der Welt. Sie setzen sich aus der „commission" (entsprechend der deutschen Provision), und dem „transfer stamp" (Gebühr für die Umschreibung der Aktien im Aktienbuch durch die Gesellschaft) zusammen. Für beide Spesensätze existieren Staffeln, wobei die commission nach dem Kurswert der gehandelten Papiere abgestuft wird (sie ist prozentuell höher bei niedrigen Werten, relativ am höchsten also bei Non-Valeurs). Der transfer stamp (nur beim Kauf) beträgt (mit gewissen Aufrundungen) 1% vom Wert für Namensaktien, er entfällt nur bei den der Zahl nach recht geringen Inhaberaktien, zu denen jedoch gerade einige der bekannten südafrikanischen Minenwerte gehören, deren Umsatzfähigkeit hierdurch zweifellos profitierte. Unter diesen Umständen kann man im Durchschnitt annehmen:

	für eine Aktie	für einen Bond
an Kaufspesen	fast 2% (!)	1,875 $^0/_{00}$—$2^1/_2$ $^0/_{00}$
Verkaufspesen	fast 1%	do.
zusammen für den durchgehandelten Wert	3%	ca. $^1/_2$%

Eine Verbilligung ist nur insofern möglich, als bei Glattstellung innerhalb des gleichen Liquidationstermins der transfer stamp gespart werden kann, doch ist dies wohl nicht allzu oft der Fall. Im Gegensatz zu diesen enormen Kosten für den normalen Kauf und Verkauf sind die Börsenspesen einer Reportierung (also der Schiebung eines Engagements von einem Liquidationstermin zum nächsten) überraschend billig, nicht mehr als etwa $^1/_{10}$ $^0/_{00}$ (!), natürlich abgesehen von den Geldkosten, dem eigentlichen Report. Für Anlagen in englischen Werten durch ausländische Kapitalisten bildet neben den hohen Spesen der Steuerabzug[1] ein meist unliebsam empfundenes Hindernis. Die entsprechend den englischen Kapitalverhältnissen bereits nicht allzu hohe Rendite erfährt also noch eine sehr starke Schmälerung durch den ($22^1/_2$proz.) Income-Taxabzug. Während der Engländer — genauer gesagt, jeder „resident in England" — diesen Steuerabzug, so wie der Deutsche die 10proz. Kapitalsertragsteuer gegenüber seiner sonstigen Einkommensteuer aufrechnen kann, geht er für den Ausländer meist nutzlos verloren. Nur bei Gesellschaften, die ihren Sitz nicht in England haben („non registered in England") hat der ausländische Besitzer die Möglichkeit, den Steuerabzug durch die Ausfüllung eines „Claims" zu reklamieren.

Es handelt sich also hier um einen großen Teil der Kolonialwerte, z. B. die meisten südafrikanischen Minenwerte, während Unternehmungen in den unentwickelteren Kolonien oft doch ihren Geschäftssitz in England haben, dann um Werte der „dominions" überhaupt und natürlich der Unternehmungen in überseeischen selbständigen Staaten (z. B. Argentinien, Brasilien usw.). Ob eine Gesellschaft „registered" in England ist oder nicht, muß von Fall zu Fall geprüft werden. (Jeweils im Prospekt angegeben, auch in jedem Handbuch.)

Als wichtiges Ertragsmoment trat — jedoch natürlich nur in normalen Zeiten — häufig neben die Rendite auf Grund der Bardividende die Ausschüttung von Aktienbonussen. Während dieser Brauch in Amerika einerseits durch die Zurückdrängung der Bardividende durch die stock dividend, andererseits in den split up's (also in der Kapitalzerstückelung) ziemlich ausartete, bedeutete die Bonusausschüttung einer englischen Gesellschaft in den meisten Fällen eine zuverlässige Gabe an den Aktionär. Sie erfolgt nämlich in der Regel nur in einem solchen Ausmaß, daß die — wenigstens annähernde — Aufrechterhaltung der letztmals gezahlten Dividende auf das erhöhte Kapital der Gesellschaft in einem Durchschnittsjahr möglich ist.

5. Handbücher gibt es neben dem Stock Exchange Year Book (Thomas Skinner & Co., London) eigentlich kaum. In Frage kommt daneben noch vor allem: „Moody's Manual of Investments" Moody's Investors' Service Ltd., London. Das St. E. Yearbook (es könnte am ehesten mit dem „Handbuch deutscher Aktiengesellschaften" verglichen werden) enthält — wie der Titel sagt — nur an der Börse notierte Werte, was ja dem Investor in den meisten Fällen genügen würde. Es ist vornehmlich auf die formellen Daten (Board, Kapitalsentwicklung, Bilanzen) abgestellt, läßt aber fast jegliche Betriebsbeschreibung, geschichtlichen Werdegang des Unternehmens usw. vermissen und ist auch durch den Mangel an Vergleichsziffern verschiedener Jahre, durch das völlige Fehlen von Produktionsdaten usw. für den Investor von sehr beschränktem Wert. Es steht also unvergleichlich hinter den deutschen und amerikanischen Handbüchern zurück. Selbstverständlich genügt dieses Buch auch nicht dem englischen Bedarf und so existieren (genau so wie für Werte der Pariser Börse die „Etudes financières", s. d.) verschiedene Archivunternehmen, die die wichtigsten Werte in Form von Einzeldarstellungen auf losen Kärtchen behandeln, die von den Effektenbanken und größeren Brokerfirmen meist in größerer Anzahl bestellt und an die Kundschaft versendet werden.

Vgl. a. *England, Geld- und Kapitalmarkt* und *Effektentermingeschäft.*

[1] Dem Income Tax-Abzug sind alle Arten von Aktien wie festverzinslichen Werte in gleicher Weise unterworfen. Eine Ausnahme bilden hierin jedoch die meisten öffentlichen Anleihen, sowie ausländische Werte.

Literatur (abgesehen von den genannten Handbüchern): HIRST, F.W.: The Stock Exchange. London 1924. — Plutusbriefe 1926, Bf. 6. — SALINGS Börsenpapiere 5. — SWOBODA-FÜRST: Die Arbitrage. — VARLEY, F. J.: Rules and Regulations of the Stock Exchange. London 1925.

PAUL QUITTNER.

Londoner Goldpreis s. *Hypothekenbankgesetz 3*, s. *Hypothek*.

— **Metallbörse** s. *Warenmärkte 2*.

Loro-Konto s. *nostro*.

Los-Anleihe, — **Prämie** s. *Lotterieanleihen*, vgl. *Öffentlicher Kredit II 6*.

Loseblattbücher s. *Innere Organisation B II 7*.

Lotterieanleihen. L. sind Wertpapiere, bei denen die laufende Zinszahlung ganz oder teilweise durch Rückzahlungsprämien ersetzt wird, die einzelnen Besitzern bei der Heimzahlung des Kapitals in Form verschiedener hoch abgestufter Gewinne (Prämien, Treffer) durch das Los zufällt. Sofern die Zinszahlung gänzlich unterbleibt, spricht man von sog. Losanleihen, bei Vergütung laufender Zinsen von Lotterieanleihen im engeren Sinne oder Prämienanleihen. Von der reinen Lotterie unterscheiden sich die Los- und Lotterieanleihen dadurch, daß das eingezahlte Kapital nicht verlorengeht, sondern innerhalb einer bestimmten Frist wieder an den Inhaber des Lospapiers zurückfließt.

Die Konstruktion der L. ist in der verschiedensten Weise möglich. Im allgemeinen wird jährlich $^1/_2$ bis 1% des Ausgabebetrags, das ist etwa $^1/_8$—$^1/_{12}$ der Annuität, für die Ausschüttung von Prämien reserviert. Die ganze Anleihe ist gewöhnlich in eine größere Anzahl von Serien (Abteilungen) und diese wieder in einzelne Nummern eingeteilt. Die Ziehungen finden nach einem genau festgesetzten Verlosungsplan in meist halb- oder vierteljährlichen Abständen in zwei Etappen statt. Zunächst werden die zur Rückzahlung kommenden Serien ausgelost und zu einem späteren Zeitpunkt innerhalb dieser Serien bestimmte Nummern für die einzelnen Treffer gezogen. Sofern der Besitzer einer L. die Ziehungschance vor der Auslosung an einen Dritten verkauft, bezeichnet man dies als Heuer- oder Promessengeschäft. Der Handel in Promessen, der teilweise sehr unsolide Formen angenommen hatte, ist heute in den meisten Ländern verboten.

Der Kursstand der L. ist im allgemeinen weniger von der laufenden Verzinsung als von den Lotteriechancen abhängig, die sich aus der Division der noch nicht gezogenen Treffer durch die Zahl der ausstehenden Anleihestücke ergibt. Aber selbst unter Berücksichtigung der Verlosungschance ist die Gesamtrendite der L. meist geringer als die anderer Kapitalanlagen, da die Möglichkeit zusätzlicher Gewinne auf das Publikum einen besonderen Reiz ausübt. Gegen Ende der Laufzeit nimmt die Lotteriechance im allgemeinen erheblich zu, da der Umlauf stark zurückgeht, die Zahl der Treffer jedoch im allgemeinen Jahr für Jahr gleich bleibt. Die Kurse steigen dann oft auf das Mehrfache des Emissionspreises, vielfach gehen die Steigerungen noch weit über die Erhöhung der Auslosungschance hinaus. Auch vor den Ziehungsterminen ist regelmäßig eine stärkere Nachfrage von seiten des Publikums und ein Anziehen der Kurse festzustellen.

Die Ausgabe von L. läßt sich in England und Frankreich bis ins 17. Jahrhundert zurückverfolgen. Der neue Anleihetyp hat sich dann sehr bald in fast allen europäischen Ländern eingebürgert. Im 19. Jahrhundert entstand jedoch eine wachsende Opposition gegen die L. Während sich bisher auch private Emittenten dieser Einrichtung hatten bedienen können, wurde die Ausgabe von L. nunmehr in den meisten Ländern ausschließlich dem Staate vorbehalten, in anderen wurde sie sogar gänzlich untersagt. Erst in der Kriegs- und Nachkriegszeit haben die L. wieder eine gewisse Renaissance erlebt. Vor allem in Frankreich, Belgien, Italien, Österreich und Rußland sind in den letzten Jahren wiederholt größere Prämienanleihen emittiert worden. Dagegen haben England und die Vereinigten Staaten, die die Ausgabe von Prämienanleihen seit Jahrzehnten verboten hatten, konsequent an ihrer Einstellung festgehalten.

Das klassische Land für Prämienanleihen ist Frankreich. Hier sind nicht nur die Anleihen des Staates und der Stadt Paris, sondern auch die Pfandbriefe und Schuldverschreibungen des Crédit Foncier häufig mit Prämien ausgestattet worden. In Deutschland wurde durch das Reichsgesetz vom 8. Juni 1871 bestimmt, daß eine Ausgabe von L. ausschließlich durch das Reich und die Bundesstaaten und nur auf Grund eines besonderen Reichsgesetzes erfolgen darf. Der Handel in ausländischen Prämienanleihen, die nach dem 30. April 1871 emittiert oder nach dem 15. Juli 1871 nach Deutschland eingeführt worden sind, ist verboten. Seither ist nur noch ein einziges Mal eine deutsche L. zur Ausgabe gekommen, nämlich die Sparprämienanleihe des Deutschen Reiches von 1919. Wenn von dieser Anleihe nur 75% des vorgesehenen Betrages von 5 Milliarden Mark untergebracht werden konnten, so war dies einmal auf die ungünstigen Kapitalverhältnisse am Zeitpunkt der Auflegung und dann auf die komplizierten Zeichnungs- und Verlosungsbedingungen zurückzuführen. In der letzten Zeit war wiederholt die Rede von der Ausgabe von L. für Zwecke der ländlichen Siedlung, der kommunalen Umschuldung und der Arbeitsbeschaffung. Jedoch sind die diesbezüglichen Pläne bisher immer wieder zurückgestellt worden.

Die Abneigung gegen die Ausgabe von Prämienanleihen hat im wesentlichen ihre Ursache in moralischen Erwägungen, die davon ausgehen, daß durch derartige Emissionen die Spielleidenschaft angefacht, die Bevölkerung korrumpiert und die Sitten verdorben würden. Diese Vorwürfe sind wohl übertrieben und lassen auch unberücksichtigt, daß gerade beim Erwerb von Prämienanleihen vielfach Sparkapital gebildet wird, das sonst Konsumzwecken zugeführt würde. Vom emissionstechnischen Standpunkt hat man gegen die Prämienanleihen geltend gemacht, daß die Unterbringung größerer Beträge nicht möglich und spätere Konversionen erschwert und sogar undurchführbar wären. Beides ist inzwischen durch die Tatsachen widerlegt worden. Der französische Staat hat in den Jahren 1920 und 1921 durch den Crédit National drei L. im Gesamtbetrage von 11 Milliarden Frcs. ausgegeben. Hierbei wurde in den Anleihebedingungen ausdrücklich die Möglichkeit vorzeitiger Heimzahlung nach einer bestimmten Anzahl von Jahren vorgesehen, ohne daß der Emittent sich verpflichtet hätte, die Besitzer hierfür besonders zu entschädigen.

Richtig ist allerdings, daß sich bei dem Absatz und dem Handel von L. leicht Auswüchse ergeben können; hierzu gehört der Verkauf von Prämienanleihen gegen Ratenzahlung (Ratenloshandel) und das Heuern.

Bei der Ausstattung der Prämienanleihen ist darauf zu achten, daß sich diese nicht zu stark der Form der Lotterie annähern, wenn die Absatzmöglichkeiten auch um so mehr steigen, je größer die

Konzessionen an den Spieltrieb des Publikums sind. Notwendig erscheint vor allem eine Beschränkung des für Prämienzahlungen verwendeten Betrages, um laufende Zinsen in angemessener Höhe vergüten zu können; ferner sind allzuhohe Treffer, zu kleine Stückelung der Anleihe und zu häufige Ziehungen tunlichst zu vermeiden. Die Auslosungen sollten keinesfalls mehr als viermal im Jahre stattfinden, andererseits ist es aber auch nicht ratsam, sich auf eine einzige Ziehung zu beschränken, weil dies im allgemeinen starke jahreszeitliche Schwankungen für den Kursverlauf zur Folge hat.

Literatur: Siehe *Rentenmarkt*, ferner: JÈZE, GASTON: Cours de science des finances et de législation financière française, 6. Aufl. 2. Teil: La technique du crédit public, 72—115. Paris 1925. — LEROY-BEAULIEU, PAUL: Traité de la science des finances, 8. Aufl. 2. Teil: Le budget et le crédit public, 369—374. Paris 1912. — SCHREIBER GUSTAV: Prämienanleihen. Dissert. Berlin 1914.

ERNST WOLFGANG.

lump sum (e) = Pauschalsumme.

M.

M (auf englischen Schecks) = Metropolitan Clearing s. *Inkasso.*

Macmillan-Bericht s. *England, Geld- und Kapitalmarkt III*, vgl. a. *Konjunkturpolitik.*

Madrid s. *Spanien.*

Mailänder Ambrosiusbank s. *Geschichte des Bankwesens II.*

Mailänder Börse. Im Einklang mit der Bedeutung, die Mailand als das Finanzzentrum von ganz Italien in den letzten 30 Jahren und besonders seit Kriegsende erlangen konnte, ist die M. B. heute wichtiger als alle anderen Börsen des Königreichs.

Es gibt in Italien 9 Effektenbörsen (die genau so wie in Deutschland öffentlich-rechtliche Institutionen sind und deren Errichtung eines königlichen Dekrets bedarf): Mailand, Rom, Genua, Turin, Florenz, Triest, Neapel Bologna und Venedig. Man kann jedoch sagen, daß die ältesten von ihnen — wenn man die Börse von Rom auf dem Gebiet der öffentlichen Anleihen ausschließt — ebenso wie die jüngsten, z. B. die von Bologna, immer mehr regionalen Charakter annehmen, und ihre Geschäfte sich mehr und mehr auf ganz bestimmte Gebiete konzentrieren, die durch die Anlagegewohnheiten des Sparkapitals und die speziellen Gegebenheiten der lokalen Wirtschaft abgegrenzt sind.

Von den rund 500 Wertpapieren, die im ganzen offiziell an den italienischen Börsen notiert werden, sind 350, und unter ihnen alle diejenigen mit breitem Markt, an der Börse von Mailand notiert. In den letzten fünf Jahren erreichten die Geschäfte an der M. B. einen Wert, der nur wenig hinter der Gesamtsumme aller an den anderen Börsen getätigten Umsätze zurückbleibt.

1. Entwicklung. Dieser Vorrang der M. B. kann als eine Folge der Reorganisation des Finanz- und Kreditwesens Italiens nach der Krise von 1893 betrachtet werden, während vorher Genua und Florenz sich in die Vorherrschaft teilten. In den Papieren der Transportunternehmungen, der Finanz- und Kreditinstitute sowie der Grundstücksgesellschaften hatte sich bis dahin das Hauptgeschäft abgewickelt. Nunmehr aber kamen die Textilunternehmungen und vor allem die Elektrizitätsindustrie empor, die ihren Sitz in Mailand hatten. Es folgten zwischen 1895 und 1911 Jahre der Entwicklung und Konsolidierung der italienischen Wirtschaft. Die inmitten einer langwährenden Periode allgemeiner Prosperität fallende Krise von 1907 hatte keine nachhaltige Erschütterung des jungen italienischen Finanzwesens zur Folge. In diese Zeit fallen verschiedene gesetzgeberische Maßnahmen, welche Auswüchsen der Spekulation steuern sollen (so z. B. das Verbot der Notierung von Aktien solcher Gesellschaften, die nicht wenigstens zwei Jahresabschlüsse veröffentlicht hatten usw.). Einen „schwarzen Tag“ gab es nur im Februar 1908, und zwar in Verbindung mit der allzu schnellen Expansion der Automobilindustrie. Damals fielen „Fiat“ in kurzer Zeit von 1850 auf 80 Lire. Es folgte bis Kriegsausbruch eine Periode, in der zunächst der tripolitanische Krieg und dann die Balkanwirren die ruhige Entwicklung störten. Am 1. August 1914 wurden die Börsen geschlossen und nur in der Zeit vom 1. Oktober bis zum 18. November 1917 für Kassengeschäfte geöffnet. Die definitive Wiedereröffnung fand nach dem Waffenstillstand am 2. November 1918 statt. Eine kurze Suspension der Termingeschäfte wurde dann wieder vom 26. Dezember 1931 bis zum 1. Februar 1932 im Zusammenhang mit dem Zusammenbruch der Banca Italiana di Sconto notwendig. Dieser Zusammenbruch führte zum ersten Male in der Geschichte der italienischen Börsen zu der Bildung eines freiwilligen Konsortiums der Makler und der sonstigen Börsenbesucher zwecks Abwicklung der Geschäfte in den Aktien der zusammengebrochenen Bank, die großen Umfang angenommen hatten, da die Banca Italiana di Sconto noch im letzten Monat versucht hatte, ihren Kurs durch Käufe einer Tochtergesellschaft zu stützen.

Von Ende 1923 bis Januar 1925 kam es, in Auswirkung der bedeutenden Schwankungen der Lira, zu einer weitgehenden Erholung der Effektenkurse: im zweiten Semester 1924 verdoppelten viele Aktien ihren Kurs. Der Aktienindex stieg ungeachtet zahlreicher Kapitalverwässerungen durch Neuemissionen um 60%[1].

2. Organisation der Börse. Grundlage hierfür ist ein Gesetz aus dem Jahre 1913[2]. Die Schaffung eines neuen Dekrets, das allen Veränderungen, die insbesonders in den Jahren 1925—1927 stattgefunden haben, Rechnung trägt, ist bereits in Vorbereitung. Hierbei ist die Tendenz kennzeichnend, den Einfluß des Staates auf die Börse mehr zur Geltung zu bringen: der „Agente di Cambio“ (Kursmakler) wird nunmehr auf Vorschlag des Finanzministeriums durch königliches Dekret bestellt und seine Tätigkeit zum öffentlichen Amt erklärt. Der Finanzminister entsendet ferner an die Börse einen Referenten, auf dessen Empfehlung das Ministerium mit der Auflösung des Börsenvorstandes und seiner Ersetzung durch einen Regierungskommissar, bei Beschwerden mit der Suspendierung, und im Wiederholungsfalle mit dem Ausschluß von Maklern usw. vorgeht. Die Standesvorschriften für die Makler erfuhren mehrfache Verschärfungen, so durch die Vorschrift der Führung genauester Aufzeichnungen über

[1] Anders wie in anderen Ländern wurden die Höchstkurse jener Zeit von denen der darauffolgenden Jahre nicht mehr übertroffen, und das gegenwärtige Kursniveau beträgt etwa 35% desjenigen vom Dezember 1924.

[2] RD. 1068 vom 4. August 1913, abgeändert durch RD. vom 30. Juni 1932. — Die Gebührenbestimmungen usw. sind gesondert mit RD. 3278 vom 30. Dezember 1923 neu erlassen worden.

jeden Geschäftsfall und durch das Verbot jeder sonstigen kaufmännischen Tätigkeit im weitesten Sinne.

Die Zahl der Makler wurde am 1. Juni 1925 für die M. B. auf 60 limitiert, doch beträgt ihre Zahl heute noch 109, da man die „wohlerworbenen Rechte" der übrigen berücksichtigen wollte, wogegen die Neuaufnahme gesperrt ist.

Die Maklerkaution beträgt 1 Million Lire, wovon die Hälfte effektiv erlegt werden muß, während an Stelle der anderen Hälfte ein mit Ministerialermächtigung von der Maklergemeinschaft errichteter Garantiefonds tritt[1].

Nur vorübergehend im Wege einer Konzession, ist auch eine Anzahl von Bank- und Kommissionsfirmen, unter jeweils verschiedenen Modalitäten zum Handel an der Börse zugelassen und in jeder Beziehung den Maklern gleichgestellt, mit der einzigen Ausnahme, daß sie zu dem Börsenvorstand kein Wahlrecht haben und von der Ergänzung der Kautionssumme auf den heute allgemein vorgeschriebenen Betrag befreit sind. Obgleich in der Börsenversammlung vertreten, bedienen sich die großen Firmen doch tatsächlich der Makler beim Abschluß der Börsengeschäfte.

Diese Befugnis erlischt am 31. Dezember 1932; dagegen dürfen lt. RD. 815 vom 30. Juni 1932 Banken mit einem Mindestkapital von 100000000 L. einen ständigen Beobachter in der Börsenversammlung unterhalten.

Organe der Börsenverwaltung gibt es drei. Der C.P.E.C. (Consiglio Provinciale dell' Economia Corporativa), die Börsendeputation und das Comitato direttivo degli agenti di cambio. Während früher die Börsen der zuständigen Handelskammer unterstanden, sind sie seit 1925 dem C.P.E.C. unterstellt, welcher bei allen Entscheidungen der Zustimmung des Finanzministeriums bedarf. Der C.P.E.C. ist die Oberbehörde für die beiden anderen Organe, von denen dem „Comitato" die Betreuung der technischen Fragen, der Deputation die Einhaltung der Gesetze und der Börsenordnung anvertraut sind.

Die Börsendeputation (Deputazione di Borsa) wird durch ministerielles Dekret ernannt und besteht aus sieben Mitgliedern mit fünf Ersatzmännern. Das Finanzministerium und die Banca d'Italia haben das Recht, Vertreter zu ernennen. Die übrigen Mitglieder werden vom C.P.E.C. vorgeschlagen. Die Börsendeputation übt die Börsenpolizei aus (gegen ihre Entscheidung geht der Rechtsweg in letzter Instanz an das Finanzministerium); ihr obliegt ferner die freiwillige Schiedsgerichtsbarkeit in Streitigkeiten aus Börsengeschäften usw.

Der Börsenvorstand (Comitato direttivo degli agenti di combio) besteht an der M. B. aus einem vom Finanzministerium im Einvernehmen mit dem Ministerium der Korporationen und nach Anhörung der Maklerorganisation ernannten Präsidenten und höchstens sechs vom Finanzminister aus der Maklerschaft ernannten Mitgliedern[1], die von den Maklern gewählt werden. Er überwacht die Gebarung der Makler in Abwesenheit der Börsendeputation, der er jede etwa konstatierte Unregelmäßigkeit zu melden hat. Ferner liegt ihm die Kursfestsetzung auf Grund der schriftlichen Meldung der Makler (die diese anhand ihrer vorgeschriebenen Aufzeichnungen über jedes Geschäft zu machen haben) ob.

Eine der wichtigsten Obliegenheiten des Börsenvorstandes ist die Durchführung des Exekutionsverfahrens in Insolvenzfällen (s. u.)

Der Zutritt zur Börse steht allen geschäftsfähigen Personen mit den üblichen Ausnahmen (Kridatare, Vorbestrafte usw.) offen. Die Besucher haben sich durch eine von dem C.P.E.C. ausgestellte Börsenkarte auszuweisen.

Zulassung von Wertpapieren. Anleihen, bei denen der Staat Schuldner oder Garant ist, Pfandbriefe des Credito Fondiario, die Obligationen einiger besonderer Unternehmungen (Istituto di Credito per le Imprese di Pubblica Utilità, Consorzio di Credito per le Opere Pubbliche, Istituto Mobiliare Italiano) und die Emissionen der Provinzen und Städte haben kraft Gesetzes Anspruch auf Zulassung, genießen also „Prospektbefreiung". Für die Provinzialanleihen und städtischen Anleihen ist lediglich noch die Genehmigung des zuständigen Ministeriums erforderlich. Für private Gesellschaften geht das Zulassungsgesuch an den C.P.E.C. Dieser darf nur Aktien von Gesellschaften zulassen, die bei einem Mindestkapital von 600000 L. bereits zwei Jahresbilanzen veröffentlicht haben und die an dem Ort der betreffenden Börse eine Zahlstelle unterhalten. Die schließliche Zulassung bedarf der Befürwortung der Börsendeputation, des Comitato direttivo degli agenti di cambio und der Genehmigung durch das Finanzministerium. Das Zulassungsgesuch, das mit den üblichen Unterlagen (Angaben über Geschäftsgang usw.) versehen sein muß, wird in den führenden Handelszeitungen veröffentlicht.

Das Gesuch um Zulassung ausländischer Staatspapiere ist an den Finanzminister zu richten, der die Entscheidung im Einvernehmen mit dem Außenminister fällt. Die Ermächtigung zur Kotierung erfolgt durch kgl. Dekret.

Für die Zulassung der Papiere ausländischer Gesellschaften schreibt das Gesetz die vorgängige Veröffentlichung zweier Jahresbilanzen in der „Gazzetta Ufficiale" und anderen Blättern, sowie die Bestellung eines Vertreters der Gesellschaft am Sitz der betreffenden Börse vor.

Die Emission von Wertpapieren (sowohl Aktien, als auch Obligationen) erfolgt in Italien grundsätzlich durch die Banken, welche die Papiere unmittelbar bei der Kundschaft placieren. Bei der Emission von Aktien jedoch, die regelmäßig den alten Aktionären zu Vorzugsbedingungen angeboten werden, kommt es zu einem lebhaften Verkehr in Bezugsrechten.

Über die Börsengeschäfte müssen besondere Schlußbriefe (fissati bollati) ausgefertigt werden, die am nächsten Tage zwischen den Parteien ausgetauscht werden. Nur auf Grund des vorgelegten Schlußbriefes kann der Börsenvorstand mit der Exekution vorgehen, wobei er den Parteien eine Kreditbescheinigung über die Differenz ausstellt.

Das Ministerialdekret vom 27. September 1931 verordnet, daß Kauf- und Verkauforders zur Ausführbarkeit der Bescheinigung der lokalen Abrechnungsstelle bedürfen, daß sämtliche Wertpapiere,

[1] Dieser gemeinsame Garantiefond kommt mit dem 31. Dezember 1932 außer Funktion. Dieser Teil der Maklerkautionen bleibt wie bisher z. T. in auf den Namen des Maklers geschriebenen, z. T. in bei der Banca d'Italia für Rechnung des „Comitato" erliegenden Wertpapieren angelegt. Von den 5proz. Zinsen des letzteren Depots wird ein Anteil von mindestens 20% für die Bildung individueller Garantiefonds zur Ergänzung der betreffenden Maklerkautionen verwendet. Neu gebildet wird außerdem bei den einzelnen Börsen ein gemeinsamer Garantiefond aus folgenden Einkünften: a) einer Einlage von L. 1000 seitens jeden Maklers; b) einer Gebühr von jedem Schlußbrief, welche vom Börsenvorstand abgeführt wird; c) den Zinserträgnissen usw. des Fonds; d) allfälligen anderen Eingängen. — Das Vermögen des Fonds wird in Staats- oder staatsgarantierten Werten angelegt und von der Banca d'Italia verwaltet. — Wird ein Makler insolvent, so haften seinen Gläubigern zunächst seine Kaution und sein individueller Garantiefond; darüber hinaus haftet der gemeinsame Garantiefond im Höchstausmaß von 25% seines Vermögens für seine mit ordnungsmäßigen Kreditbescheinigungen des Börsenvorstandes belegten Verbindlichkeiten. — Die Entnahmen aus dem gemeinsamen Garantiefonds werden im Umlageverfahren von den Maklern hereingebracht.

[1] An den anderen Börsen bewegt sich die Zahl der Mitglieder, je nach der Bedeutung der Börse, zwischen zwei und sechs.

oder ein Viertel ihres Wertes bei ihr im voraus deponiert worden sind. Diese Verordnung ist in letzterer Zeit für die Kauforders aufgehoben worden.

Die Lieferung der Stücke hat bei Ultimogeschäften spätestens am Vortag der Liquidation zu erfolgen. Differenzen sind am Vortag des Liquidationstages zu begleichen.

Vorlieferung. Bei Termingeschäften steht dem Käufer für den ihm zukommenden Stücksaldo gegen jeweils vom Finanzministerium einzuholende Bewilligung ein Recht auf Vorlieferung gegen Erlag des bedungenen Preises zu (diritto di sconto). Die Festsetzung der hierfür geltenden Fristen und Modalitäten behält sich das Finanzministerium vor.

Zwangsliquidierung. Wenn ein abgeschlossener und vergebührter Schluß von einer Partei nicht fristgemäß erfüllt wird, so kann der Vertragspartner binnen vier Werktagen von dem Börsenvorstand die Zwangsliquidierung der Position verlangen, wofern der Schlußbrief die Unterschrift der säumigen Partei trägt. Das „Comitato usw." nimmt die notwendigen Käufe und Verkäufe vor und stellt den Parteien die betreffenden Kreditbescheinigungen aus.

Sofern eine der Parteien eines Termingeschäftes dem Makler nicht seinen Schlußbrief ordnungsgemäß gefertigt zugehen läßt, kann der Börsenvorstand nach Vorlegung der Beweisstücke den Säumigen mittels Einschreibebriefes auffordern, ihm den unterschriebenen Schlußbrief einzusenden. Bei Fortdauer der Säumnis über vier bzw. sechs Tage von demjenigen der Aufforderung ab kann der Börsenvorstand mit der Zwangsliquidation der Position vorgehen, es wäre denn, daß die aufgeforderte Partei inzwischen in den gesetzlich vorgesehenen Formen Einspruch angemeldet hätte. In diesem Falle kann die beantragende Partei die Zwangsliquidierung durch den Börsenvorstand auf ihre eigene Verantwortung durchführen lassen, wobei die Ausstellung einer Kreditbescheinigung entfällt.

Durch Zahlungsunfähigkeit wird die sofortige Fälligkeit aller Schlüsse des Insolventen herbeigeführt und der Börsenvorstand geht mit der Zwangsliquidierung aller Positionen des Zahlungsunfähigen auf Grund besonderer „Stornokurse" (denjenigen vom Tage der eingetretenen Insolvenz bzw. bei länger dauernden Liquidierungen, dem Mittel aus den während der Liquidierung notierten Kursen) vor (Börsenordnung 1916 Art. 17).

3. *Das Kursblatt* der M. B. zerfällt in vier Teile:

1. Staatsanleihen; 2. Obligationen (öffentlicher und privater Körperschaften); 3. Aktien; 4. Devisen.

Notiert werden die Wechselkurse auf 28 ausländischen Plätzen in Lire für je eine oder 100 Einheiten der fremden Währung, und zwar die wichtigsten auch für telegraphische Auszahlung. Die italienischen 3,50 und 3,75proz. Renten und die 5proz. italienischen Konsols werden per Kasse und per Ultimo gehandelt. Die Notierung aller anderen staatlichen und privaten Festverzinslichen erfolgt per Kassa.

Für Aktien besteht eine Kassa- und Ultimonotierung. Von Kassaumsätzen führt jedoch das Kursblatt, außer der Anzahl der umgesetzten Stücke nur den tiefsten und den höchsten Kurs an, während bei den Ultimonotierungen auch die Schlußkurse beigefügt sind. Seit 1929 dürfen die Aktien der Banca d'Italia nur per Kassa gehandelt werden[1]. Der Kurs der Aktien versteht sich (wie international üblich) „tel quel", also ohne Rücksicht auf den Dividendencoupon. Bei den Renten ist es im Kurszettel angegeben, wenn sie mit Stückzinsen gehandelt werden. Staatsrenten notieren in Prozenten, Obligationen (meist Nominale 500 L.) per Stück und ebenso selbstverständlich alle Aktien[1].

[1] Vom Kurs der Banca d'Italia-Aktien sind 400 L. (noch ausständige Einzahlung) in Abzug zu bringen.

Kursfestsetzung. Der Börsenvorstand hat der Kursfestsetzung alle vorgefallenen Abschlüsse von mindestens Nom. 50000 L. in Staatspapieren und 25 Stück bei Obligationen und Aktien zugrunde zu legen — die üblichen Schlußeinheiten. Nur bei zwei „schweren" Werten, den Aktien der Assicurazioni Generali und des Lanificio Rossi sind Stück 5 die Schlußeinheit.

Notiert werden die tatsächlichen Vorfälle (prezzi fatti), ferner Höchst- und Tiefstkurse während der ganzen Börse und ferner Höchst-, Mittel- und Tiefstkurse beim Schluß, d. h. während der letzten 10 Minuten des Börsenverkehrs. Die Börsenzeit ist durch kgl. Dekret auf 10,45—12,30 Uhr festgesetzt. Während des Sommers bleibt die Börse an den Samstagen und vom 6.—21. August durchgehend geschlossen.

Die Liquidation findet am Monatsende statt und der Ultimohandel an der Börse bezieht sich daher auf den im Börsenkalender festgesetzten Prolongationstag (z. B. der 25ste). Einen Tag nach der Prolongation beginnen die Abschlüsse per nächsten Ultimo, mit Ausnahme des Turiner Platzes, wo sie schon am Prolongationstag einsetzen. Neben dem Kursverlauf wird im Kursblatt auch die Anzahl der umgesetzten Stücke amtlich veröffentlicht, hingegen keine Angabe über Prämiengeschäfte, über die nur in den Handelsteilen der Tageszeitungen berichtet wird. Das Gleiche gilt für die Reportsätze.

Beim Report gehen Vorteile (z. B. abgereifte Bezugsrechte) oder Lasten für Rechnung desjenigen, der die Stücke in Report gegeben hat, während das Stimmrecht in der Generalversammlung dem Reporteur zusteht, wenn es nicht ausdrücklich anders vereinbart ist.

4. *Ordererteilung und Spesen.* Jede Börsenorder ist unverzüglich auszuführen und dabei etwa auftauchende Schwierigkeiten dem Kunden zu melden. Wenn nicht anders angegeben, beziehen sich die Orders auf die ganze Dauer der Börse. Bisweilen wird die Ausführung „bei Eröffnung" (erste Viertelstunde), „um die Mitte der Börsenzeit" oder „bei Börsenschluß" aufgegeben. Die Limitierung dem Kurs und der Zeit nach ist zulässig. „Urgenzando" bedeutet, daß der Auftrag nur eine Stunde, „volando", daß er nur eine Viertelstunde gültig sein soll. Orders auf Widerruf bleiben bis zum Prämienerklärungstag (der zweite Tag vor dem Börsenultimo) gültig. Die Orders per Ultimo verfallen am Prolongationstag, diejenigen per Kassa am Liquidationstag. „ca" bedeutet bei Staatsrenten eine zulässige Abweichung von L. 0,10 (von L. 1.— bei Obligationen, und ca. 1% vom Wert bei Aktien)[2]. Die Makler sind berechtigt, ihre Gebühr in den Nettopreis, den sie ihren Kunden stellen, einzukalkulieren. Diese Gebühr beträgt für Staatsrenten 0,50‰ vom Nominale. Für Aktien und Obligationen bis zum Kurswert von L. 100 = L. 0,50, von L. 101—500 Kurswert (praktisch der häufigste Fall) L. 1.— usw.[3]. Neben dieser Maklergebühr, die also dem Kurs zugeschlagen wird, und nicht besonders berechnet ist, wird die Effektenumsatzsteuer gesondert in Rechnung gestellt, die sich pro Schluß, also nicht ad valorem versteht und daher materiell kaum ins Gewicht fällt.

[1] In Zeiten lebhaften Prämien- und Stellagegeschäftes verstehen sich die Ultimokurse der wegen des Interesses der Spekulation besonders ungleichmäßig bewerteten Papiere einschließlich der Prämie.

[2] Außerdem gibt es ein „großes" und ein „kleines" ca. Ersteres beträgt das Doppelte, letzteres die Hälfte des einfachen „ca".

[3] Für Beträge über 2000 L. = 2‰.

5. *Kurswert und Anzahl der notierten Werte.* Ende 1930 betrug die Anzahl der an sämtlichen Börsen des Königreichs notierten Werte 506, davon 189 festverzinsliche Emissionen (und unter diesen 17 ausländische), 317 Aktien (16 Ausländer). Die Stückzahl der Aktien dieser 317 Gesellschaften betrug ca. 145 Millionen (die Aktien lauten meist auf 100 L., seltener auf 50, 500 oder 1000 L.). Diese Aktien stellen im wesentlichen hinsichtlich ihrer rechtlichen Konstruktion eine einheitliche Type dar (also dieselben Stimmrechte). Außerdem existieren noch 507 Millionen Stück Aktien mit erhöhtem Stimmrecht, die aber von nur verhältnismäßig wenigen Gesellschaften (31), also etwa $^1/_{10}$, ausgegeben werden[1]. Durch eine Verfügung des C.P.E.C. wird die Zulassung der Aktien solcher Gesellschaften an die Bedingung deutlicher Kenntlichmachung dieses Umstandes geknüpft. Vgl. *Italien, Geld- und Kapitalmarkt.*

Domenico Boffito,
übersetzt von Paul Quittner.

mail order house (USA.) = Postversandhaus (s. d. im Art. *New Yorker Börse 2*).

Makler. Die einfachsten Handelsbeziehungen schon erzeugten das Bedürfnis nach Mittlern im Handelsverkehr. So erscheint der M. überall neben dem Händler, um ihm Möglichkeiten zu Handelsgeschäften nachzuweisen. Das Recht der primitiven Völker befaßt sich mit ihnen (Ernst Heymann, Ehrenbergs Handbuch des Handelsrechts BV., S. 322). Die Griechen und Römer vollends hatten bereits ein entwickeltes Maklerwesen.

Im Mittelalter erscheint der M. in Italien bereits als Amtsperson, meist beeidet und kautionspflichtig. Er soll die Interessen beider Kontrahenten vertreten, daher ist ihm der Handel auf eigene Rechnung verboten. Sein Verdienst liegt lediglich in der Vermittlungsprovision, über die meistens bestimmte Tarife bestehen. Er ist verpflichtet, über die von ihm vermittelten Geschäfte, Aufzeichnungen zu machen und wird häufig als Zeuge für das Zustandekommen von Geschäften herangezogen. Er wird auch sonst verschiedentlich als Vertrauensperson verwandt, namentlich als Gutachter für die vertragsmäßige Qualität der gelieferten Ware und als Schätzer. Aus dieser Tätigkeit entwickelt sich allmählich die heutige der Kursfestsetzung. Er wird für den Kaufmann, besonders den fremden, unentbehrlich. Oft besteht sogar ein Verbot des direkten Handels ohne Dazwischentreten eines M.

In Frankreich verleiht Philipp IV. im Jahre 1312 den vereideten M. das Monopol. Heinrich IV. stellte die Privatmakelei unter schwere Strafe, doch blieb den Kaufleuten das direkte Handeln erlaubt. Die Maklerstellen wurden mit verschiedenen Privilegien ausgestattet. So wird ihnen auch der Titel des „Conseillers du Roi, agents de banque, change, commerce et finance“ verliehen. (Über das Maklerwesen in England s. *Broker.*)

In den deutschen Hansagebieten ist die Stellung des vereideten M. schwächer. Er ist aber auch hier quasi Amtsperson. Er wird vom Rat ernannt und vereidigt, aber es besteht kein Maklerzwang und ist die Privatmakelei auch verboten, so sind doch selten Strafbestimmungen dagegen vorhanden. Ähnlich ist die Stellung des M. in Süddeutschland. Durchgängig ist das Verbot auf eigene Rechnung Geschäfte abzuschließen und die strenge Kontrolle durch den Rat. Im 17. und 18. Jahrhundert wird das Maklerwesen in Deutschland allmählich ziemlich einheitlich von den Städten und Staaten geregelt. Dabei wird der Amtscharakter und namentlich das Monopol stärker betont; die Strafen auf Durchbrechung des Monopoles durch Privatmakler werden schärfer. Es kommt sogar vor, daß durch Privatmakler abgeschlossene Geschäfte ungültig erklärt werden. Zu der bereits bestehenden Pflicht zur Buchführung tritt jetzt auch die Pflicht zur Aushändigung von Schlußnoten. Stärker wird auch der unparteiische Charakter der Maklertätigkeit betont. Der M. wird als Vertrauensmann beider Parteien betrachtet und immer wichtiger wird die Funktion, die Kurse der Effekten und namentlich der Wechsel in verschiedenen Währungen festzustellen.

Diese Stellung konnte der amtliche M. bis ins 19. Jahrhundert halten. Bald zeigte es sich aber, daß der amtliche M. mit den Aufgaben, die die kapitalistische Wirtschaftsweise an ihn stellte, nicht fertigwerden konnte. Mit dem Anwachsen der Kapitalien wuchsen naturgemäß die Umsätze, namentlich an den aufblühenden Börsen. Die Verbesserung des Nachrichtenwesens, besonders die Erfindung der Telegraphie, förderte die Spekulation und schuf damit das Bedürfnis, größere Effektenposten möglichst rasch umzusetzen. Da der amtliche M. durch das Verbot als Selbstkontrahent nur vermitteln konnte, wenn er bereits einen Gegenkontrahenten gefunden hatte, fehlte es an einer Art von Vermittler, der in der Lage war, selbst sofort als Gegenkontrahent aufzutreten. Es trat denn auch sehr bald an den Börsen, besonders in Berlin und Frankfurt die Konkurrenz der sog. Pfuschmakler, der diese Aufgabe erfüllen konnte, in Erscheinung. Andererseits blieb die Notwendigkeit amtlicher M. zum Zwecke der Kursfestsetzung bestehen. Die Folge dieser Situation war, daß der amtliche M., wollte er nicht anders, der Konkurrenz des Pfuschmaklers erliegen, gezwungen war, unter Verletzung seiner Eidespflicht auch als Selbstkontrahent aufzutreten. Es wurde immer schwerer, das Monopol des vereideten M., auch nur offiziell, aufrechtzuerhalten. Die preußische Regierung wehrte sich gegen diese Tendenz. Im alten Handelsgesetzbuch § 66—84 behandelt sie unter Handelsmäkler nur amtlich vereidete M., denen das Handeln auf eigene Rechnung nach wie vor verboten ist. Das Monopol hingegen wurde fallengelassen und Privatmakler zugelassen. Im Börsengesetz von 1896 wurde der amtliche vereidigte M. durch den Kursmakler ersetzt, dessen Privileg lediglich in seiner Funktion der Kursfestsetzung zum Ausdruck kommt. Das Handelsgesetzbuch von 1897 erwähnt den amtlichen Kursmakler überhaupt nicht mehr, regelt dagegen die Rechtsstellung des Privatmaklers, indem es ihn unter den Begriff des Handelsmäklers einordnet, § 93—104. „Wer gewerbsmäßig für andere Personen, ohne von ihnen auf Grund eines Vertragsverhältnisses ständig damit betraut zu sein, die Vermittlung von Verträgen über Anschaffung oder Veräußerung von Waren oder Wertpapieren über Versicherungen, Güterbeförderung, Bodmerei, Schiffsmiete oder sonstige Gegenstände des Handelsverkehrs übernimmt, hat die Rechte und Pflichten eines Handelsmäklers“ (§ 93).

Heute wirken an den Börsen Kursmakler und freie M. in freier Konkurrenz nebeneinander.

Kursmakler. Die Stellung des Kursmaklers wird geregelt durch das Börsengesetz vom 22. Juni 1896 (abgeändert 1908 bzw. 1920, 1921, zuletzt durch Verordnung vom 21. März 1925). Seine amtliche Funktion besteht in der Mitwirkung bei der amtlichen Feststellung des Börsenpreises für Wertpapiere bzw. Devisen. Die Kursmakler haben eine eigene Standesvertretung, die Maklerkammer, die bei Ernennung des Kursmaklers durch die Landesbehörde gehört wird. Er ist aber nicht Beamter, sondern Kaufmann (§ 1 des HGB.).

In Hamburg und einer Anzahl kleinerer Börsenplätzen sind Kursmakler überhaupt nicht bestellt.

Jedem Kursmakler werden von der Maklerkammer bestimmte Wertpapiere zum Handeln zugewiesen. Er ist verpflichtet, Aufträge zum Kauf bzw. Verkauf in diesen Papieren von jedem Vertreter einer zum Börsenhandel zugelassenen Firma entgegenzunehmen und nach Möglichkeit auszuführen. Prinzipiell ist ihm der Selbsteintritt in Geschäfte verboten. Dieses Verbot ist aber wieder illusorisch gemacht durch die Bestimmung, die ihm den Selbsteintritt gestattet, soweit es zur Ausführung der ihm erteilten Aufträge notwendig ist. Der Sinn dieser sich eigentlich widersprechenden Bestimmungen ist der, den Kursmakler, den, bei großem Geschäft unentbehrlichen Ausgleich der Spitzenbeträge durch Selbsteintritt zu ermöglichen, andererseits aber zu verhindern, daß der Kursmakler aus eigener Initiative Spekulationsengagements eingeht. In der Praxis ist dieser zweite Zweck nur sehr unvollkommen erreicht worden. Die Vermittlertätigkeit steht zwar beim Kursmakler im allgemeinen im Vordergrund, es hindert ihn aber niemand über diese Vermittlungstätigkeit hinaus, je nach Veranlagung und finanzieller Kraft, so viel Eigengeschäfte zu machen wie er nur will. Der Kursmakler wird auf Lebenszeit ernannt, er kann aber auf Disziplinarwege aus seiner Stellung entlassen werden. Die Disziplinargewalt übt die Maklerkammer aus, dem Kursmakler steht Beschwerderecht an die Landesbehörde (in Berlin Oberpräsident) zu. Er ist verpflichtet, während der Börsenzeit an der Börse anwesend zu sein. Will er der Börse fernbleiben, so muß er um Urlaub nachsuchen. Er darf kein anderes Handelsgewerbe, auch nicht mittelbar als Kommanditist oder stiller Teilhaber betreiben. Er ist zur Führung eines Tagebuches verpflichtet, das hinsichtlich seiner Blattzahl von dem Börsenvorstand beglaubigt und bei Beendigung des Amtes beim Börsenvorstand hinterlegt werden muß. Er darf Aufträge nur von Börsenbesuchern entgegennehmen.

[3] Die Kurse verstehen sich jedoch stets für Aktien mit einfachem Stimmrecht.

Das Privileg des Kursmaklers besteht darin, daß die von ihm vermittelten Geschäfte bei der amtlichen Kursfestsetzung berücksichtigt werden müssen. Wie weit andere, durch freie M. vermittelte Geschäfte bei der Kursfestsetzung berücksichtigt werden, liegt im Ermessen des Börsenvorstandes. Praktisch liegt aber die Kursfestsetzung allein in den Händen des Kursmaklers und nur bei besonderen Anlässen läßt sich der Börsenvorstand, durch einen seiner Mitglieder, dabei vertreten. Die Tatsache, daß für den Kurs der Wertpapiere, namentlich derer für die nur ein Einheitskurs festgesetzt wird, lediglich die Aufträge maßgebend sind, die dem Kursmakler erteilt worden sind, verleiht der Stellung des Kursmaklers dem freien M. gegenüber eine starke Stütze. Wenn ein freier M. den Einheitskurs, ersten oder Schlußkurs beeinflussen will, muß er die ihm erteilten Aufträge an den Kursmakler weitergeben.

Der freie M. ist ebenso wie der Kursmakler „Handelsmäkler“ und als solcher Kaufmann im Sinne § 1 Abs. 2 Nr. 7 des HGB. Es muß handelsgerichtlich eingetragen sein. Er genießt die steuerliche Begünstigung des Händlerstempels. Die Tätigkeit des freien M. entspricht nicht oder nicht immer der Vorstellung, die den Bestimmungen des HGB. über den Handelsmakler zugrunde liegen. Er ist nicht nur Vermittler, sondern in sehr starkem Maße auch Händler. Dabei sind die Vermittler und Händler, die unter der Bezeichnung M. an der Börse ihre Tätigkeit ausüben, keine getrennten Personenkreise. Derselbe M. kann einmal als Vermittler, ein andermal als Händler auftreten. („Die legitime Funktion des M. im weitesten Sinne besteht in der Betrachtung und Ermittlung der Stimmung, welche gegenwärtig am Markt bezüglich des Verkaufswertes eines Papieres besteht.“ Max Weber, Börsenenquête, Z. f. Hdr. 43, S. 156ff.)

Es gibt M., deren Tätigkeit eine reine Vermittlungstätigkeit ist. D. h., sie suchen Aufträge zu erhalten und bemühen sich dann den Gegenkontrahenten für ihre Aufträge zu finden. Sie gehen kein Risiko ein, brauchen zu ihrer Tätigkeit daher auch kein nennenswertes Kapital. Ihr Verdienst besteht ausschließlich aus der Vermittlungsprovision. Das Charakteristische dieser Art von M. ist, daß sie nur handeln wenn sie von einer Seite bereits einen Auftrag haben und nie selbst als Gegenkontrahenten auftreten (reine Aufgabemakler).

Es gibt andere M., und diese sind in der Mehrzahl, die ihre Tätigkeit so ausüben, daß sie auf Grund der jeweils augenblicklich an der Börse herrschenden Tendenz, ohne einen Auftrag zu haben, Geld und Briefkurse nennen, d. h., zu bestimmten Kursen zu kaufen und zu verkaufen bereit sind, in der Hoffnung, das eingegangene Engagement noch an derselben Börse durch ein entsprechendes Gegengeschäft wieder glattzustellen und die Börse ohne Engagement zu verlassen. Bei diesen M. ist die Grundlage des Geschäftes auch die Vermittlungsprovision, doch spielen bei ihrem Verdienst die Plus- und Minusdifferenzen, die bei dem Hin- und Herhandeln im Laufe der Börse entstehen, eine sehr wesentliche Rolle. Für diese Maklergruppe ist es charakteristisch, daß sie zwar Eigengeschäfte machen, aber nicht in der Absicht daraus Spekulationsengagements entstehen zu lassen, sondern bemüht sind, mit Gewinn oder auch Verlust das eingegangene Engagement noch an derselben Börse zu liquidieren. Diese Maklergruppe handelt meistens ständig im selben Markt und bildet das Rückgrat des Marktes.

Eine dritte Maklergruppe besteht aus Börsenbesuchern, die sich zwar M. nennen, aber eigentlich keine sind. Denn die Grundlage ihrer Tätigkeit ist nicht das Vermitteln von Geschäften, sondern die Spekulation auf längere Sicht, ähneln also dem englischen Jobber (vgl. *broker*). Sie treten prinzipiell als Eigenhändler (Propremakler) auf, d. h., sie geben immer sich selbst als Aufgabe. Diese Gruppe besteht allerdings aus einer sehr kleinen Personenzahl, denn die Voraussetzung ihrer Tätigkeit ist eine starke finanzielle Basis.

Besondere Makler. Zur Vermittlung von Devisen und Noten, sowie für Wechsel und Geld gibt es besondere Gruppen von (freien) M. Für Vermittlung von Devisen sind auch Kursmakler bestellt. In diesen Märkten kommt nur eine reine Vermittlungstätigkeit in Frage.

Gemeinsam allen Börsenmaklern, ob sie nun als Aufgabemakler oder als Eigenhändler auftreten, ist die gesetzliche Pflicht über die von ihnen vermittelten oder getätigten Geschäfte ein Tagebuch zu führen. Nach der Vereinbarung, die die Interessenvertretung der freien M., die „Maklergemeinschaft“, mit der Interessenvertretung der Bankgeschäfte der „Bedingungsgemeinschaft“ getroffen hat, dürfen M. keine Kommissionsgeschäfte für Personen außerhalb der Börse ausführen.

Hat der M. einen Auftrag angenommen, so ist er verpflichtet, ihn zu dem angegebenen Limit auszuführen, falls dieses amtlich notiert wird. Führt er ihn zu einem anderen als den limitierten Kurs aus, so hat er die Kursdifferenz zu tragen. Das Verhältnis des Auftraggebers zum M. ist ein formloser Vertrag, dessen wesentlicher Inhalt das Versprechen ist, im Falle des Zustandekommens des Geschäftes an den M. die usancemäßige Vermittlungsprovision „Courtage“ zu bezahlen. Eigentümlich diesem Vertrag ist, daß der Auftraggeber jederzeit von ihm zurücktreten kann. Mit dem Abschluß des Geschäftes hat der, als vorläufiger Kontrahent auftretende M., die Verpflichtung übernommen, eine Gegenpartei als Aufgabe zu nennen. Er muß über das abgeschlossene Geschäft eine Schlußnote ausstellen, die enthalten muß: den Namen der beiden Kontrahenten, den Gegenstand des Geschäftes, den Kurs und die Bedingungen (Kasse oder Termin der Lieferung usw.). Ist es dem M. nicht gelungen, für das mit einer Partei abgeschlossene Geschäft einen Gegenkontrahenten zu finden, so muß er sich selbst als Aufgabe nennen. Die Schlußnote muß bis zum nächsten Tag spätestens 11 Uhr zugestellt werden. Wenn der M. für ein Geschäft an derselben Börse keinen Gegenkontrahenten gefunden hat, aber glaubt, am nächsten Tag einen finden zu können, kann er statt eines Schlußscheines einen sog. „Folgtschein“ ausstellen. Das ist eine Bestätigung des abgeschlossenen Geschäftes mit der Bemerkung, Aufgabe folgt. Läßt er aber bis zum übernächsten Tag den Folgtschein keinen Schlußschein folgen, so ist sein Kontrahent berechtigt, zur Zwangsregulierung (Exekution) des Geschäftes zu schreiten. Erfolgt die Zwangsregulierung zu einem anderen als dem vereinbarten Kurs, so ist der M. für die entstandene Kursdifferenz haftbar.

Die Notwendigkeit des M. ergibt sich technisch aus dem Vorhandensein einer großen Anzahl von Kommissionären, die es dem einzelnen Kommissionär schwierig macht, für die ausführenden Aufträge den Gegenkontrahenten selbst zu finden; besonders wenn er eine Anzahl Aufträge in verschiedenen Effekten auszuführen hat. Die wirtschaftliche Bedeutung des Maklerstandes liegt in der preisausgleichenden Wirkung seiner Tätigkeit. Er stellt eine Art Puffer zwischen dem eigentlichen Käufer und Verkäufer dar. Dadurch, daß der M. bereit ist, als Selbstkontrahent einzuspringen, ersetzt er den im Moment fehlenden Käufer oder Verkäufer und ermöglicht damit den Ausgleich von Angebot und Nachfrage auf einen längeren Zeitraum zu verteilen.

Vgl. *Kursbildung 2* und *Börsengesetz B I 2.*

Literatur: HEYMANN, E.: Handelsmakler in Ehrenbergs Handbuch des gesamten Handelsrechts 5, Abschn. 2. — DÜRINGER-HACHENBURG, Kommentar zum HGB. Handelsmäkler 1, 2. Aufl.

RUDOLF BERDACH.

Maklerbanken s. *Kursbildung 2.*

— **darlehen** s. *New Yorker Börse,* s. *Effektenkredite,* s. *Federal-Reserve-System I,* s. *Amerikanischer Geld- und Kapitalmarkt A I.*

— **gebühr** s. *Makler.*

— **kammer** s. *Makler,* s. *Börsengesetz B I 2.*

Malaya s. *Asiatische Kapitalmärkte.*

management trust s. *Investment trusts 3.*

manager (e) = Direktor, Vorstandsmitglied einer Gesellschaft. Zu beachten, daß in England u. USA. die Bezeichnung „director" dem Aufsichtsrat der deutschen A.-G. entspricht. Managing director daher „geschäftsführender Aufsichtsrat", administrateur delegué. Wichtig die stärkere Unterordnung des m. unter den Aufsichts- (Verwaltungs-) Rat als in Deutschland.

Mandschurei s. *Asiatische Geld- und Kapitalmärkte 5.*

Manipulierte Währung s. *Währungswesen,* vgl. a. *Währungsstabilisierung.*

Mantel ist der Teil des Wertpapieres, der der eigentliche Träger des Rechtes ist; von ihm getrennt und meist in ihn hineingelegt sind die Zins- bzw. Dividendenscheine.

Marché des pieds mouillés, — hors Cote s. *Pariser Börse III.*

Marge = Spanne zwischen zwei Preisen, Überschuß, vgl. *Effektenarbitrage 1* und *Zinsspanne.*

margin (e) = eigentlich Seitenrand, Grenze, Spanne; daher m.-account Spekulationskonto mit Einschuß (vgl. *Amerikanischer Geld- und Kapitalmarkt A I*), mitunter s. v. w. *marge* (s. d.) oder *spread* (s. d.), also Gewinnspanne.

Mark-Banko s. *Banko.*

Markguthaben s. *Stillhalte-Abkommen.*

Markt, geschichtliche Entwicklung s. *Börsen 1.*

Markt- oder Meßwechsel sind Wechsel, die an einem Markte oder auf einer bestimmten Messe zahlbar sind.

Marx s. u. *Geldtheorien.* Ferner auch

— Mehrwerttheorien s. *Zinstheorie II 2.*

— über das Banksystem s. *Sozialisierung des Bankwesens 2.*

Massachusetts-Trust s. *Investment Trusts 3.*

Masse s. *Konkurs.*

Mechanisierung der Bankbuchhaltung s. *Buchhaltungswesen II,* vgl. *Bankbuchhaltung* und *Innere Organisation des Bankbetriebes III.*

Medici s. *Geschichte des Bankwesens II.*

Medio s. v. w. Monatsmitte, s. *Effektentermingeschäft.*

Mehrstimmrechtsaktie s. *Aktienrechtsreform I und III,* s. *Aktiengesellschaft III,* vgl. *Aktie als Wertpapier 1a.*

Mehrwerttheorie (von Marx) s. *Zinstheorie II 2.*

Meliorationskredit = Kredit zu Verbesserungen in der Bodenkultur, da im öffentlichen Interesse liegend (z. B. Bekämpfung der Landflucht), meist staatlich gefördert, s. *Staatsbanken 1,* s. a. *Öffentlichrechtliches Bankwesen 8, Agrarkredit I.*

Memorial vgl. *Buchhaltungswesen I 2.*

Mendelssohn s. *Persönlichkeit und Organisation im Bankwesen 6.*

— **und Nederlandsche Handelsmaatschappy** s. *Konsortialgeschäft 4.*

Merchant bankers s. *England, Geld- und Kapitalmarkt II 2.*

Merchant banks s. *Handelsbanken,* vgl. *Finanzierungsfragen II 1.*

merger (e) = fusion.

Merkantilisten s. *Geldtheorien.*

Merkposten, auch Erinnerungsposten ist ein bis auf einen unwesentlichen Betrag (etwa 1 RM.) abgeschriebener Posten in der Bilanz, der entweder der Vollständigkeit halber oder gewissermaßen als Hinweis auf stille Reserven ausgewiesen wird.

Messen s. *Börsen 1,* vgl. *Geschichte des Bankwesens II.*

Metageschäft (ital. meta, Hälfte), Geschäft auf halbpart, wobei also beide Geschäftspartner („Metisten") an Gewinn und Verlust hälftig partizipieren. Besonders gebräuchlich im *Effektenarbitragegeschäft* (s. d.), wo sich die hälftige Teilung aus seiner Voraussetzung (Kursunterschied zweier Plätze) automatisch ergibt.

Metallbörse vgl. *Warenmärkte.*

— **geld** s. *Münzwesen.*

Metallismus vgl. *Geldtheorien.*

Metropolitan Clearing s. *Inkasso.*

Mevissen, Gustav s. *Persönlichkeit und Organisation im Bankwesen 6,* s. a. *Industrie und Banken I.*

Mexico s. *Mittelamerika* s. a. *Valorisierung II.*

Middling s. *Warengeschäft 2.*

Mill, John Stuart s. *Geldtheorien,* s. a. *Panik und Panikbekämpfung.*

Milreis, Conto de Reis s. *Südamerika III.*

Mincing Lane = Londoner Tee-, Kaffee-, Gummibörse.

Minderheitsrecht s. *Aktiengesellschaft IV.*

Mittelamerika: die Staaten auf der Landbrücke zwischen dem nord- und südamerikanischen Kontinent und die ihnen östlich vorgelagerten Inseln (Westindien, Antillen). Diese Staaten sind: Mexiko (der größte, konsolidierteste und reichste dieser Staaten), Guatemala (vor dem Kriege stark unter deutschem Einfluß), Honduras, Salvador, Nicaragua (von amerikanischen Truppen besetzt), Costarica, Panama (amerikanisches Schutzgebiet), ferner die britische Kolonie Britisch-Honduras. Von den Inseln sind die wichtigsten: Kuba (amerikanisches Schutzgebiet), die beiden haitinischen Republiken Santo Domingo und Haiti, Jamaika (englisch) und Proto-Rico (amerikanisch). Politisch stehen mit Ausnahme Mexikos die meisten mittelamerikanischen Staaten unter dem Einfluß der Vereinigten Staaten, die auch wirtschaftlich als größter Abnehmer, größter Lieferant und Kreditgeber in Mittelamerika dominieren. Wirtschaftlich sind nur Mexiko und Cuba, die beiden nördlichsten Staaten, besser entwickelt. Mexiko hat bedeutende Petroleumproduktion, ferner Silber- und Kupferbergbau. Cuba ist der größte Rohrzuckerproduzent und einer der größten Tabakerzeuger. Die übrigen Länder erzeugen Kaffee, Kakao, Zuckerrohr, Bananen und Tabak. Die Währungen sind praktisch überall, z. T. auch durch den Silberpreissturz schwankend geworden. Im Handelsverkehr wird entweder nach USA.-Dollars oder nach dem sogenannten mexikanischen Dollar (Balboa-Dollar), der ursprünglich 50 USA.-Dollarcents wert war, aber als Silbermünze derzeit stark unterwertig ist, gerechnet. Das Bankwesen ist meist in den Händen New Yorker und kanadischer Banken. In Mexiko besteht eine Niederlassung der deutsch-südamerikanischen Bank. Vgl. J. P. YOUNG, Central American Currency and Finance, Princeton 1925.

Mittelkurs, das Mittel zwischen Geld- und Briefkurs.

Mobilbanken als Banktype s. *Credit Mobilier 1.*

Mobiliarkredit (allgem. Erkl.) s. *Kredit II 3.*

Mobilisierungswechsel s. *Diskontmarkt 6.*

Monatsbilanzen. Die wachsende Bedeutung der Banken im Rahmen der kreditwirtschaftlichen Organisation der modernen Volkswirtschaft und ihr weitgehender Einfluß auf die gesamte Bewegungsrichtung und das Entwicklungstempo von Wirtschaft und Konjunktur, umgekehrt das Bestreben und die Möglichkeit, aus der Veränderung der Bankbilanzziffern bedeutsame Schlüsse nicht nur auf die privatwirtschaftliche Lage des einzelnen Instituts, sondern vor allem auf die volkswirtschaftliche Gesamtlage, auf den Stand der Kreditversorgung des Landes und den Grad der volkswirtschaftlichen Liquidität zu ziehen —, all das mußte die Forderung erwecken, von den Banken in kürzeren Abständen als der üblichen Jahresfrist Bilanzveröffentlichungen vornehmen zu lassen. Der Erkenntniswert der *Bankbilanzen* (s. d.) und die Aussichten für eine zutreffende Analyse der an sich für die Kritik ziemlich wertlosen Einzelziffern mußten sich in dem Augenblick erheblich steigern, wo die regelmäßig in kleineren Zwischenräumen erfolgende Veröffentlichung die Möglichkeit zu vergleichender Betrachtung bot. Hinzu kommt die für die Zentralnotenbank des Landes bestehende Notwendigkeit, fortlaufend über die Entwicklung bei den privaten Kreditbanken unterrichtet zu sein, um darnach ihre eigenen kredit- und währungspolitischen Entschlüsse und Maßnahmen einrichten zu können.

Die weitergehenden Wünsche, die man an die Bankbilanzen auch bezüglich ihrer Einheitlichkeit und größeren Durchsichtigkeit stellte, veranlaßten im Jahre 1909 die Berliner Großbanken in dem Bestreben, einer gesetzlichen Regelung des Depositenbankwesens vorzubeugen, zu der freiwilligen Verpflichtung, fortab alle zwei Monate nach einem einheitlichen Schema Zwischenbilanzen, die sog. Zweimonatsbilanzen, zu veröffentlichen. In ihnen wurde im Gegensatz zu der bisherigen Übung eine weitgehende Gliederung der einzelnen Bilanzposten vorgenommen, so eine Trennung der eigenen Wertpapiere und Wechsel nach bestimmten Merkmalen und Angaben über die verschiedenen Fälligkeitstermine der Einlagen. Der von der Reichsbank verfolgte Zweck ging vor allem dahin, die Banken zu veranlassen, auf eine flüssigere Anlage ihrer Mittel und damit auf eine bessere Deckung ihrer Depositengelder bedacht zu sein. Zugleich soll die Kundschaft der Banken die Möglichkeit haben, sich regelmäßig darüber zu unterrichten, wie es um die Deckung der Verbindlichkeiten der Bank bestellt ist. Umgekehrt muß es auch vom Standpunkt der Banken betrachtet für die Vermehrung ihrer Depositenwerbungskraft nützlich erscheinen, den Einlegern über Sicherheit und Flüssigkeit der angelegten Gelder häufig und eingehend Auskunft zu geben. Gesteigerte Publizität schafft gesteigertes Vertrauen. Die öffentliche Kritik betonte bei Einrichtung der Zwischenbilanzen besonders auch die von ihnen zu erwartenden erzieherischen Wirkungen. „Man wird den Wert dieser Zwischenbilanzen volkswirtschaftlich hauptsächlich in seiner erzieherischen Wirkung erblicken können; erzieherisch werden sie wirken für die Banken, die sich immer wieder der Öffentlichkeit zur Kritik vorstellen müssen, und erzieherisch für das Publikum, das, unterstützt durch eine sachkundige Presse, alle zwei Monate zu vergleichenden Bilanzstudien angeregt wird, gerade der fortwährende Vergleich kann Aufschlüsse geben, welche die einzelne Bilanz nicht zu geben in der Lage ist" (AD. WEBER)[1].

Der Bankenquête von 1910 war u. a. auch die Aufgabe gestellt worden, die Grundlagen für eine Gliederung der Bankbilanzen zu schaffen. Ihren eigentlichen Zweck konnte die Neueinrichtung erst erfüllen, wenn den Veröffentlichungen ein möglichst weitgehend spezialisiertes Einheitsschema zugrunde gelegt wurde, das zugleich die Gewähr für Vergleichbarkeit der verschiedenen Institute bot. Ein solches wurde auf Grund gemeinsamer Verhandlungen der Reichsbank, der Berliner Großbanken und der Provinzbanken aufgestellt und vom Reichskanzler durch Bekanntmachung vom 30. Juli 1911 veröffentlicht. Dieses Schema war vom 1. Januar 1912 ab den Zweimonatsbilanzen zugrundezulegen. Die Veröffentlichung erfolgte freiwillig, doch wurde auf die Banken insofern ein wirksamer Druck ausgeübt, als durch Bundesratsverordnung die Zulassung junger Aktien von Kreditbanken zum Börsenhandel von der Veröffentlichung von Zweimonatsbilanzen nach dem offiziellen Schema abhängig gemacht wurde. Das bedeutet im Weigerungsfalle praktisch die Unmöglichkeit jeglicher Kapitalserhöhung. Es haben sich denn auch alle Aktienbanken der Veröffentlichung angeschlossen, die Berliner Handelsgesellschaft erst im August 1929.

Bei Kriegsausbruch wurde die Veröffentlichung der Zweimonatsbilanzen eingestellt und auf Grund einer Verfügung des Reichswirtschaftsministers erst vom Beginn des Jahres 1925 ab in der alten Form wieder aufgenommen. Bemängelungen des Schemas der Zweimonatsbilanzen waren schon in der Vorkriegszeit erhoben worden. Mit der Wiederaufnahme der Veröffentlichungen tauchten bald die Wünsche nach einem Ausbau des Schemas neu auf, verstärkt durch die mit dem Kapitalmangel des Landes einhergehenden Schwierigkeiten des deutschen Kreditwesens, die es erforderlich erscheinen ließen, der Öffentlichkeit noch genauere Aufklärung über die Sicherheit, Liquidität und Verteilung des den Banken überlassenen Kapitals zu geben. Auch wurde die Forderung erhoben, die Zwischenbilanzen in monatlichen Abständen erscheinen zu lassen, wie das z. B. bei den großen englischen Banken bereits der Fall war.

Das hauptsächlich aus der Initiative der Reichsbank entstandene verbesserte Schema gilt seit dem 31. März 1928. Nach der Verordnung des Reichswirtschaftsministers vom 10. März 1928 (Deutscher Reichsanzeiger 1928, Nr. 64) sind Bilanzen für den letzten Werktag jedes Monats aufzustellen mit Ausnahme der Monate Dezember und Januar, die aus Gründen der Jahresabschlußarbeiten ausfallen. Die Bilanzen müssen am 21. Tage des dem Stichtag folgenden Monats im Besitz der Reichsbank sein und sind spätestens im letzten Drittel dieses folgenden Monats zu veröffentlichen. Die Veränderungen des Schemas ergeben sich aus der folgenden Gegenüberstellung (s. S. 369).

Von den vorgenommenen Verbesserungen und Ergänzungen sind hervorzuheben: die Angabe der Indossamentsverbindlichkeiten, getrennt nach Bankakzepten, Solawechseln der Kunden an die Order der Bank und sonstigen Rediskontierungen; die besondere Ausweisung der langfristigen Ausleihungen

[1] WEBER, AD.: Depositenbanken und Spekulationsbanken, 3. Aufl., S. 302. München und Leipzig 1922.

Aktiva.

Altes Schema von 1911.

Nicht eingezahltes Aktienkapital
Kasse, fremde Geldsorten und Coupons

Guthaben bei Noten- und Abrechnungs- (Clearing-) Banken

Wechsel und unverzinsliche Schatzanweisungen
- a) Wechsel (mit Ausschluß von b, c und d) und unverzinsliche Schatzanweisungen des Reichs und der Bundesstaaten
- b) eigene Akzepte
- c) eigene Ziehungen
- d) Solawechsel der Kunden an die Order der Bank

Nostroguthaben bei Banken und Bankfirmen

Reports und Lombards gegen börsengängige Wertpapiere

Vorschüsse auf Waren und Warenverschiffungen
davon am Bilanztage gedeckt
- a) durch Waren, Fracht- oder Lagerscheine
- b) durch andere Sicherheiten

Eigene Wertpapiere
- a) Anleihen und verzinsliche Schatzanweisungen des Reichs und der Bundesstaaten
- b) sonstige bei der Reichsbank und anderen Zentralnotenbanken beleihbare Wertpapiere
- c) sonstige börsengängige Wertpapiere
- d) sonstige Wertpapiere

Konsortialbeteiligungen
Dauernde Beteiligungen bei anderen Banken und Bankfirmen
Debitoren in laufender Rechnung
- a) gedeckte
- b) ungedeckte

Bankgebäude
Sonstige Immobilien
Sonstige Aktiva
Summe der Aktiva
Außerdem Aval- und Bürgschaftsdebitoren

Neues Schema von 1928.

Nicht eingezahltes Aktien- bzw. Betriebskapital
Kasse, fremde Geldsorten und fällige Zins- und Dividendenscheine
Guthaben bei Noten- und Abrechnungs- (Clearing-) Banken
davon entfallen auf deutsche Notenbanken allein
Schecks, Wechsel und unverzinsliche Schatzanweisungen
- a) Schecks und Wechsel (mit Ausschluß von b—e)
- b) unverzinsliche Schatzanweisungen und Schatzwechsel des Reichs und der Länder
  - insgesamt
  - davon bei der Reichsbank rediskontabel
- c) eigene Akzepte
- d) eigene Ziehungen
- e) Solawechsel der Kunden an die Order der Bank

Nostroguthaben bei Banken und Bankfirmen mit Fälligkeit bis zu 3 Monaten
davon innerhalb 7 Tagen fällig
Reports und Lombards gegen börsengängige Wertpapiere
davon entfallen auf Reports allein
Vorschüsse auf verfrachtete oder eingelagerte Waren
- a) Rembourskredite
  1. sichergestellt durch Fracht- oder Lagerscheine
  2. sichergestellt durch sonstige Sicherheiten
  3. ohne dingliche Sicherstellung
- b) sonstige kurzfristige Kredite gegen Verpfändung bestimmt bezeichneter marktgängiger Waren

Eigene Wertpapiere
- a) Anleihen und verzinsliche Schatzanweisungen des Reichs und der Länder
- b) sonstige bei der Reichsbank und anderen Zentralnotenbanken beleihbare Wertpapiere
- c) sonstige börsengängige Wertpapiere
- d) sonstige Wertpapiere

Konsortialbeteiligungen
Dauernde Beteiligungen bei anderen Banken und Bankfirmen
Debitoren in laufender Rechnung
davon
- entfallen auf Kredite an Banken, Bankfirmen, Sparkassen und sonstige Kreditinstitute
- sind gedeckt durch
  - a) börsengängige Wertpapiere
  - b) sonstige Sicherheiten

Langfristige Ausleihungen gegen hypothekarische Sicherung oder gegen Kommunaldeckung
Bankgebäude
Sonstige Immobilien
Sonstige Aktiva
Summe der Aktiva
Außerdem Aval- und Bürgschaftsdebitoren

Passiva.

Altes Schema von 1911.

Aktienkapital
Reserven
Kreditoren
- a) Nostroverpflichtungen
- b) seitens der Kundschaft bei Dritten benutzte Kredite
- c) Guthaben deutscher Banken und Bankfirmen
- d) Einlagen auf provisionsfreier Rechnung
  1. innerhalb 7 Tagen fällig
  2. darüber hinaus bis zu 3 Monaten fällig
  3. nach 3 Monaten fällig
- e) sonstige Kreditoren
  1. innerhalb 7 Tagen fällig
  2. darüber hinaus bis zu 3 Monaten fällig
  3. nach 3 Monaten fällig

Akzepte und Schecks
- a) Akzepte
- b) noch nicht eingelöste Schecks

Sonstige Passiva
Summe der Passiva
Außerdem
Aval- und Bürgschaftsverpflichtungen

Eigene Ziehungen
davon für Rechnung Dritter
Weiterbegebene Solawechsel der Kunden an die Order der Bank

Neues Schema von 1928.

Aktienkapital bzw. Betriebskapital
Reserven
Kreditoren
- a) seitens der Kundschaft bei Dritten benutzte Kredite
- b) Deutsche Banken, Bankfirmen, Sparkassen und sonstige deutsche Kreditinstitute
- c) sonstige Kreditoren

Von der Summe der Kreditoren unter b und c sind fällig
1. innerhalb 7 Tagen
2. darüber hinaus bis zu 3 Monaten
3. nach mehr als 3 Monaten

Akzepte

Langfristige Anleihen bzw. Darlehen
- a) Hypothekenpfandbriefe und Kommunalobligationen im Umlauf
- b) sonstige

Sonstige Passiva
Summe der Passiva
Außerdem
Aval- und Bürgschaftsverpflichtungen
Eigene Indossamentsverbindlichkeiten
- a) aus weiterbegebenen Bankakzepten
- b) aus Solawechseln der Kunden an die Order der Bank
- c) aus sonstigen Rediskontierungen

Von der Gesamtsumme sind in spätestens 14 Tagen fällig
Eigene Ziehungen
davon für Rechnung Dritter

gegen hypothekarische Sicherung oder gegen Kommunaldeckung; die Kenntlichmachung des Teils der Debitoren, der durch börsengängige Wertpapiere gedeckt ist; endlich eine zweckmäßigere Anordnung der Passivseite. Die nichtssagende Unterscheidung zwischen „Einlagen in provisionsfreier Rechnung“ und „Sonstigen Kreditoren“ ist aufgegeben und die Kreditorensumme nur nach den Fälligkeitsfristen untergeteilt. Damit ist der Tatsache Rechnung getragen, daß eine genaue Unterscheidung zwischen Depositengeldern und anderen Kreditoren nicht zu treffen ist, diese Unterscheidung vielmehr nur auf verschiedene Arten der Verbuchung und verschiedene Auffassung des Begriffs des Depositengeldes zurückging.

Die Vergleichbarkeit der Bilanzen der einzelnen Institute litt sodann früher nicht unerheblich darunter, daß trotz des gleichen Schemas die Buchungsmethoden nicht überall die gleichen waren, also gleichartige Kreditvorgänge unter verschiedenen Positionen erschienen (Beispiel: kurzfristige gedeckte Kredite werden hier unter Lombards, dort unter Debitoren verbucht). Auch dieser Mangel ist nunmehr beseitigt oder zum mindesten stark eingeschränkt dadurch, daß die Verordnung vom 10. März 1928 verschärfte Richtlinien für die Aufstellung der Zwischenbilanzen[1] enthält. Sie erläutern für eine Reihe von Bilanzposten im einzelnen die Art der vorzunehmenden Verbuchung. So sollen unter den für die Liquiditätsberechnung wichtigen Nostro-Guthaben bei Banken und Bankfirmen nur solche Guthaben zu verstehen sein, die für die Bank eine auch bei längerfristiger Hingabe jederzeit realisierbare Reserve bei anderen Kreditinstituten darstellen. Soweit diese Guthaben eine Fälligkeit von mehr als drei Monaten haben, sind sie unter den Debitoren zu verbuchen; das gleiche gilt wegen des weniger liquiden Charakters der Forderung für den Fall, daß es sich um feste Darlehen an andere Banken handelt. Für die unter den Vorschüssen auf verfrachtete oder eingelagerte Waren zu verbuchenden Kredite wird als wesentliches Merkmal die dingliche Sicherstellung durch bestimmt bezeichnete Warenmengen bzw. durch die entsprechenden Fracht- oder Lagerscheine bezeichnet. Rembourskredite können aber auch durch andere Sicherheiten gedeckt oder bei vorübergehender Aushändigung der Dokumente am Bilanztage ungedeckt sein, oder die Bank kann mit Rücksicht auf die Sonderart mancher Rembourskredite auf dingliche Sicherstellung ganz verzichten. Andere Warenkredite dürfen hier nur soweit verbucht werden, als sie durch Verpfändung bestimmter marktgängiger Waren sichergestellt sind unter der Voraussetzung, daß für sie nach der Art des Geschäfts die Gewähr gegeben ist, daß sie sich aus der Abwicklung in einigen Monaten automatisch abdecken. Warenkredite, die diesen Erfordernissen nicht entsprechen, insbesondere Dauerkredite, gehören, auch wenn sie durch Warenverpfändung oder Übereignung gesichert sind, unter die Debitoren. Zu den gedeckten Debitoren gehören auch die teilweise gedeckten, und zwar in Höhe des Betrages, für den die Deckung reicht.

An der Veröffentlichung der Monatsbilanzen waren Mitte 1932 beteiligt rund 70 Kreditbanken, darunter 5 Berliner Großbanken (einschl. Reichs-Kredit-Gesellschaft), 18 Staats- und Landesbanken und 19 Girozentralen.

Literatur s. u. *Bankbilanzen.*

Ernst Wilh. Schmidt.

[1] Abgedruckt bei Gerstner: Bilanz-Analyse, Anhang. Berlin und Leipzig 1928.

Monatsgeld vgl. *Reportgeschäft 2*, vgl. die Art. über die Geldmärkte der einzelnen Länder, z. B. *Niederlande.*

Monetäre Konjunkturtheorien vgl. *Konjunkturtheorie 3* sowie *Währungswesen*, vgl. a. *Notenbankpolitik.*

Money desk of the New York Stock Exchange s. *Amerikanischer Geld- und Kapitalmarkt A I.*

Monometallismus s. *Währungswesen.*

Monopolanleihen s. *Öffentlicher Kredit II 3.*

Monopol und Bankpolitik. Die Monopolfrage steht mit dem Bankproblem in vielfacher Weise in Zusammenhang: Zunächst kann die Diskussion an die Tatsache anknüpfen, daß die Notenbank regulärerweise auf ihrem eigenen Gebiet Monopolist ist. Sodann wirft die fortschreitende Bankenkonzentration die Frage auf, ob sich von hier aus etwa eine monopolistische Beherrschung der Kreditmärkte anbahnt. Beide Male handelt es sich um ein faktisches oder vermeintliches „Bankenmonopol“. Die industrielle Monopolisierung andererseits wandelt die Stellung der Banken in der Wirtschaft entscheidend; läßt man die soziologische Frage nach dem Verhältnis zwischen Banken und Industrie unter dem Gesichtspunkt der industriellen Monopolbildungen (und die Vorfrage nach dem Interesse der Banken und dem Anteil der Bankpolitik daran) außer Betracht, so bleibt vor allem die Aufgabe zu untersuchen, inwieweit die unter Konkurrenzbedingungen geltenden Wirkungen der Diskontpolitik einer Änderung unterworfen sind.

1. Die Diskussion um die „Notenbankfreiheit“ hat früher eine gewisse Rolle gespielt. Adolph Wagner hat die Abhängigkeit der verschiedenen Typen — „Zettelbankfreiheit, Notenmonopol, gemischtes System“ — von der konkreten Struktur der einzelnen Volkswirtschaften dargestellt. Die tatsächliche Entwicklung seither hat sich eindeutig für die monopolistische Notenbank entschieden, und die Fachmeinung hat gleichfalls nahezu übereinstimmend den Standpunkt eingenommen, daß nur ein durch keine Rentabilitätserwägungen belastetes Noteninstitut imstande sei, die Regulierung des Kreditgeldes an letzter Stelle in angemessener Form zu besorgen.

Neuerdings ist (von Mises) im Zusammenhang mit dem Vorwurf, daß gerade die nicht durch den freien Marktmechanismus gebundene Kreditpolitik der Notenbank der Grund für Konjunkturenexzesse sei, die Forderung auf Freigabe des Notenrechts erhoben worden: Die übermäßige Emission einzelner Banken müsse an der Zurückhaltung der anderen scheitern; deren dauernde Forderungsüberschüsse im Abrechnungsverkehr würden ganz von selbst eine Kreditkontraktion bei den liberaleren Banken erzwingen. Der Haupteinwand dagegen liegt in der Feststellung, daß einmal für längere Zeit durch Geldmarktgeschäfte ein Ausgleich geschaffen werden kann. Vor allem aber können die Noten weitgehend auf lange Perioden im Verkehr gehalten werden, weil zugleich mit der Notenemission und der Preisniveausteigerung sich auch der Geldbedarf erhöht. Der Zwang zum Abbau ihrer Ausleihungen könnte somit zu spät wirksam werden. Aktuelle Bedeutung hat das Problem nicht. Das wachsende Interesse der Notenbankleitungen an aktiver Konjunkturenpolitik, die notwendig zentralistisch sein muß, macht den Versuch, das herrschende System in dieser Weise zu reformieren, aussichtslos.

In der Tat nimmt die Notenbank im Vergleich zu allen anderen Wirtschaftszweigen auch beim Monopolmißbrauch eine Sonderstellung ein. Während üblicherweise die Tätigkeit der Monopole in einer gewollten Produktionsverknappung besteht, und staatliche Monopolkontrolle sich demgemäß auf Preissenkung und Zwang zur Angebotserweiterung zu beziehen hat, kommt es bei den Notenbanken, im wesentlichen, zur Verhütung der Inflationsgefahr auf das umgekehrte an. Das öffentliche Interesse, wie es in Deckungsvorschriften, Notensteuer, Festlegung von Notenemissionsgrenzen u. ä. zum Ausdruck kommt, zielt auf Vermeidung einer Expansion des Notenbankkreditvolumens ab. Als selbstverständliches Gegengewicht zum Privileg erweist sich der Ausschluß der privatwirtschaftlichen Orientierung der Notenbank durch Vorschriften zur Beschränkung des verteilungsfähigen Gewinns in vielfältiger Variation. Im einzelnen strittig, umkämpft und höchst verschiedenartig gestaltet ist die Einwirkungsmöglichkeit auf die Leitung der Bank, die sich die das Monopol verleihende Staatsgewalt vorbehält.

2. Mit der Feststellung, daß sich im Bankgewerbe eine Konzentration der Betriebe vollzogen hat, ist eine Entscheidung über die Existenz eines Monopols der bestehenden Banken nicht vorweggenommen. Wirksame Konkurrenz ist an sich auch unter relativ wenigen, großen Firmen möglich. Indessen begünstigt die Konzentration natürlich den monopolistischen Zusammenschluß, und überdies bestehen tatsächlich für bestimmte Teile des Bankgeschäfts umfassende kartellartige Bindungen. Der Monopolcharakter der bankmäßigen Konditionenkartelle (vgl. *Standesvertretungen A 2*) ist strittig. Die Gleichstellung dieses Verbandstyps mit den nicht monopolistischen Konditionenkartellen der Industrie geht fehl: Das eine Mal handelt es sich um Abreden über technische Nebenfragen mit dem Ziel der Vereinheitlichung der Kreditfristen und -kosten u. ä., wobei die an dieser Stelle ausgeschaltete Konkurrenz in der Preisstellung selbst wieder zum Vorschein kommen kann. Das andere Mal ist der Zins selbst der Preis, so daß dessen Manipulierung zweifellos Monopolzüge aufweisen würde. Infolgedessen richtet sich die Argumentation auch auf die Feststellung, daß die Tätigkeit der Bankenkartelle nicht Preisbeeinflussung zum Inhalt habe, sondern nur bezwecke, „Ordnung“ auf den bisher nicht voll organisierten Markt zu bringen. Man weist einmal auf die lokale Begrenzung der Abreden hin, was immerhin die Tatsache eines lokalen Monopols nicht ausschließen würde. Dagegen wird die Freizügigkeit des Kapitals ins Treffen geführt. Vor allem aber schließt die Kreditinanspruchnahme bei der einen Bank nicht die Kreditgewährung durch eine zweite aus. Hierüber entscheiden Sicherheitsgesichtspunkte u. dgl., aber nicht monopolistische Erwägungen der Angebotsverknappung. Die Vorbedingungen zur effektiven vollen Monopolisierung des Angebots sind auch bei den Banken reichlich ungünstig: zumindest auf Teilmärkten setzt sich Auslandskonkurrenz wirksam durch, und die offizielle Diskontrate sichert noch weitgehend gegen übermäßige Ausnutzung. Im Gegensatz zum landläufigen Warenmonopol würde es sich hier auch um Monopolisierung eines ganzen Produktionsfaktors — Beherrschung des Totalkapitalangebots — handeln müssen. Sie wäre in Vollkommenheit erst dann erreicht, wenn die gesamte Kapitalbildung sich monopolistisch vollzöge oder eine Übertragung von Kapital auf anderem Wege als durch die Banken unterbunden wäre, was offensichtlich den Tatsachen widerspricht.

Es ist eine andere Frage, ob auf bestimmten Gebieten nicht die Zahl der in Betracht kommenden Firmen so gering ist, daß praktisch von einem Monopol gesprochen werden kann. Das gilt etwa vom großen Finanzgeschäft. (Für größere Emissionen besteht in Deutschland nur ein einziges Konsortium). Und ganz generell kann von Konkurrenz in vielen Zweigen nur im Verhältnis der bereits bestehenden Banken untereinander die Rede sein. Das äußere Kennzeichen für ein Monopol besteht darin, daß seine eigenen Entschlüsse die Art der Bildung des Totalangebots bzw. der Totalnachfrage entscheidend beeinflussen, während im Konkurrenzsystem das Handeln des einzelnen dafür nicht ausschlaggebend ist. Die wenigen ganz großen Banken heutzutage hätten es in ihrer Hand, durch eine Änderung ihrer Anlagedispositionen Sozialprodukt und Wirtschaftsablauf von Grund auf umzustellen. Auch insoweit darf von einer gewissen Monopolstellung der Banken gesprochen werden. Die amerikanischen Untersuchungen über das Bestehen eines moneytrusts in der Vorkriegszeit sind ohne positives Resultat verlaufen. Das schließt nicht aus, daß der Gang der Dinge seither und in Zukunft das Banksystem einzelner Länder diesem Zustand näherbringen könnte.

Die sozialistische Kritik hält sich an die bereits sichtbaren Ansatzpunkte der Monopolisierung. Die Entwicklung endet in einer Zentralbank (HILFERDING). Eine Monopolbank ist schon aus Organisationsgründen das Zentrum des sozialistischen Aufbaus (OTTO BAUER); sie besorgt die planwirtschaftliche Kapitalverteilung. Die Kreditverstaatlichung (Mutualisierung des Kredits) in einer im übrigen freien Wirtschaft im Interesse planvoller Wirtschaftsführung und zur Brechung eines privaten Monopols im Bankgeschäft liegt im Zuge des natürlichen Laufs der Wirtschaft (DEUMER). Die Einwände dagegen beziehen sich in erster Linie auf die Tatsache, daß die Monopolisierung noch nicht weit genug fortgeschritten sei, um eine öffentliche Gefahr zu bedeuten, und daß andererseits der relativ beste Schutz gegen politische Einflußnahme im Zwang zur Wahrung privatwirtschaftlicher internationaler Liquidität liegt.

Die staatliche Bankpolitik wird unter dem Gesichtswinkel der Monopolisierung von einer Anzahl widersprechender Faktoren bestimmt. Neben den verschärften Anforderungen hinsichtlich der Publizität bestehen Vorschriften mit dem Ziel, der Konzentration Einhalt zu bieten (beispielsweise in Dänemark, den Vereinigten Staaten und Kanada). Sodann ist der Versuch möglich, mit den öffentlichen Banken eine Art Monopolaußenseiterpolitik zu betreiben. In Zweigen, in denen das Monopol offenbare Vorteile aufweist (Notenbank), wird die Gewinnverteilung, wie erwähnt, in einer Form reguliert, die die Geschäftspolitik von Rentabilitätsrücksichten freimacht. Schließlich kann die Bankenkartellierung auch zu Hilfe genommen werden, um mit diesem Apparat, unter Umständen auch durch Zwangsanschluß außenstehender Unternehmungen, behördlich genehmigte oder vorgeschriebene Zinssätze durchzusetzen (Deutschland Ende 1931).

3. Die *Diskontpolitik* (s. *Notenbankpolitik*) setzt sich industriellen Monopolen gegenüber nur schwer durch. Ihre relative Wirkungslosigkeit ergibt sich zunächst als Erfahrungstatsache. Ein Vergleich der Kurven etwa des deutschen Preisindex für geregelte Preise und der Diskontänderungen zeigt, daß jede Beziehung zwischen beiden fehlt. Die Erklärung bietet eine Analyse der Bestimmungsgründe für die Höhe des effektiven Monopolpreises. Soweit in der Realität die monopolistische Preisbildung sich nicht einfach nach dem Multiplikationsschema (Maximum des Produkts aus Absatzmenge mit Preis abzüglich Kosten je Einheit) vollzieht, liegen, da normalerweise die Auslandskonkurrenz bei Überschreiten bestimmter Preisgrenzen in Funktion tritt, die wirklichen Bestimmungsmomente bei den Weltmarktpreisen als Basis und den Zuschlägen in

Gestalt von Zöllen, Frachtdifferenzen u. ä. Sie alle werden von einer inländischen Diskontänderung nicht betroffen.

Zwar setzen sich die Kartelle, ähnlich wie häufig die offizielle Diskontpolitik, die Aufgabe, eine Stabilisierung der Preise vorzunehmen. Während aber die Notenbank das Preisniveau beachtet, handelt es sich bei den Monopolen um die Stabilisierung einzelner Preise, denen um so größere Schwankungen der übrigen entsprechen, da nur diese auf Diskontänderungen reagieren. Das Festhalten am einmal gewählten Preisstand über die ganze Konjunkturperiode hinweg, mindestens teilweise eine Prestigeangelegenheit, hat zur Folge, daß die Anpassung an die wechselnde Nachfrage im vollen Umfang durch Mengenvariation erfolgt. Das Ziel einer Stabilisierung der Produktion steht also im Gegensatz zu dieser Methode.

Es handelt sich hier um einzelne Monopole in einem Wirtschaftssystem, in dem der Sektor der freien Konkurrenzunternehmungen noch hinreichend groß ist, um den Automatismus der Marktwirtschaft nicht aufzuheben. Andernfalls bleibt wegen der Unmöglichkeit der Herausbildung eines stabilen Preissystems nur die zentrale Produktionsregulierung übrig. Unter den gegebenen Umständen trifft ein Versuch der Notenbank, einen Druck auf das Preisniveau auszuüben, auf erhöhten Widerstand an den Stellen monopolistischer Produktion. Soll die Notenbankpolitik Erfolg haben, so ist ein um so stärkerer Druck auf die freien Preise erforderlich. Das allgemeine Preisniveau ist also auch nach dieser Richtung in zwei Teilniveaus (sectional price-levels) zu zerlegen, auf deren eines die Diskontpolitik nicht wirkt. Da die monopolistischen Materialpreise Kostenbestandteile der freien Produktionen sind, vermindert sich auch dort die Elastizität. Die konjunkturpolitische Aufgabe der Notenbanken, in der Hausse durch rechtzeitige Verteuerung des Kapitalangebots die Überexpansion zu bremsen, wird empfindlich behindert, weil das von Monopolseite geübte starre Festhalten an einem bestimmten Preise im Aufschwung die Preise der vielen gebundenen Produktionsgüter relativ zu niedrig, in der Depression relativ überhöht werden läßt.

Der Ansatzpunkt der Wirksamkeit der Diskontpolitik ist primär das F r e m d k a p i t a l einer Unternehmung, soweit es kurzfristig geliehen ist und so von Schwankungen derjenigen Zinssätze betroffen wird, die an die Bewegungen der offiziellen Bankrate gebunden sind. Damit sind die Grenzen der Diskontpolitik im Monopolsystem umrissen. Am stärksten reagibel erweisen sich die Branchen mit der durchschnittlich höchsten Quote an fremdem Betriebskapital, vor allem der Großhandel. Charakteristisch für die Monopolwirtschaft ist sowohl die Zurückdrängung dieses Handels als auch die Tendenz, die industrielle Kreditinanspruchnahme einzuschränken. Die deutschen Kartelle wenigstens haben mit dazu beigetragen, den Handel in seiner Bedeutung gegenüber der Industrie zurückzudrängen; sie haben im Laufe der Zeit teilweise selbst Händlerfunktionen übernommen und im übrigen durch langfristige Lieferverträge, Gebietsabkommen, Händlerspannenfestsetzungen, Ausschluß spekulativer Abschlüsse dem Handel die alte Selbständigkeit und Beweglichkeit genommen. Damit war an dieser Stelle die Diskontpolitik in mindestens dreierlei Richtung lahmgelegt: Wirtschaftszweige, deren Grundlage bisher der Kredit war, bedienen sich stärker als bisher des Eigenkapitals. Unternehmungen mit geringer Gewinnspanne, im Vergleich zu der auch kleine Zinsmargen ins Gewicht fielen, wurden den vorgelagerten Produktionsstadien angegliedert, so daß Fabrikations- und Handelsgewinne nun zusammen betrachtet wurden. Gegenüber diesen kompakten Organisationen sind robustere Maßnahmen am Platze als das feine Mittel der Diskontpolitik. Vor allem aber wird die psychologische Effizienz der Diskontpolitik völlig in Frage gestellt, weil die spekulative (d. i. eben die diskontreagible) Seite der Handelstätigkeit in Fortfall kam.

Auch die bereits erwähnte Zurückdrängung des Fremdkapitals ist nicht in vollem Umfang rational erklärbar. Indem mehr auf Unabhängigkeit als auf Anpassung Wert gelegt wird, verzichtet man auf Zuführung fremder Mittel mitunter auch dann, wenn es sich rentieren würde. Daneben wirken zwei ökonomische Umstände in gleicher Weise. Die vertikale Konzentration verleiht dem Wechselmaterial, das bei Trennung der Firmen ohne weiteres als reine Warenwechsel angesehen werden konnte, nach dem Zusammenschluß den Anschein von Finanzwechseln (vgl. *Diskontgeschäft 6*) (Konzernwechsel), deren Diskontierung Bedenken gegenüberstehen. Sodann aber zwingen die neuen Monopolrenten, für größere Beträge als bisher Investitionsgelegenheit zu schaffen, häufig ohne hinreichende Rentabilitätskontrolle.

Im Zusammenhang mit der wachsenden Tendenz zu monopolistischer Eigenfinanzierung steht die rückgängige Bedeutung der Börse, ein Vorgang, der sich durch die Konzentration des Aktienbesitzes verstärkt: die Paketbildung hebt die Fungibilität der Stücke auf. Da der Effektenmarkt in normalen Zeiten schneller als alle anderen Märkte diskontreagibel ist, so ist seine Schrumpfung wiederum ein Moment der Einschränkung der Wirksamkeit einer Diskontpolitik.

In gewissen Punkten behindert ist die Diskontpolitik im Monopolsystem auch bei ihrer Funktion der Devisenkursregulierung. Unter freier Konkurrenz gelingt der Notenbank normalerweise die Durchsetzung eines Preisniveaus, das den dauernden Zahlungsbilanzausgleich gestattet. Die Errichtung eines besonderen „Kartellpreisstandards", der sich währungspolitischer Intervention entzieht, verlegt die Anpassungsmöglichkeit wieder auf den verengten Bezirk der freien Preise. Auf sie konzentriert sich der volle Druck der Umstellungslasten. Die Neigung der Monopole, zwischen dem beherrschten Absatzgebiet und dem Weltmarkt preismäßig zu diskriminieren — was nötig ist, wenn überhaupt exportiert werden soll — und den nachgeordneten Industrien Exportvergütungen zu zahlen, bedeutet für die in Frage kommenden Kategorien Aufgabe des Kaufkraftparitätenprinzips, weil dessen Grundvoraussetzung — gleicher Preis für alle Käufer — hinfällig wird. Ein Komplex vielfältiger Faktoren wird für die Außenhandelsbilanz ausschlaggebend: Zölle, Kontingente und Marktaufteilungsabreden, Ausfuhrprämien an die Inlandskunden, Dumpingumlagen zur Finanzierung der Monopolausfuhr. Der Spielraum für die Diskontpolitik auf dem Gebiet, auf dem sie im System freier Konkurrenz schlechthin den Ausschlag gab, schrumpft in demselben Maße zusammen.

Literatur: Zu 1. WAGNER, ADOLPH: System der Zettelbankpolitik. Ein Handbuch des Zettelbankwesens. Freiburg 1873. — MISES, L.: Geldwertstabilisierung und Konjunkturpolitik. Jena 1928. — NEISSER, HANS: Notenbankfreiheit? Weltwirtschaftl. Arch. **32** H. 2 (1930).

Zu 2. DEUMER, ROBERT: Die Verstaatlichung des Kredits (Mutualisierung des Kredits). München und Leipzig 1926. — SOMARY, FELIX: Bankpolitik, 2. Aufl. Tübingen 1930. — HEIMENDAHL: Die Stellung des Sozialismus zum Bankwesen. Schmollers Jb. **44**. — Der Bankkredit. Ausschuß zur Untersuchung der Erzeugungs- und Absatzbedingungen der deutschen Wirtschaft. V. Unterausschuß. Berlin 1930. — Money trust investigation. Investigation of the financial and monetary conditions in the United States. Under direction of the committee of banking and currency. Public documents of the 62. congress. H. R. 429 and 504. 1913. — KOCH, ARWED: Die Allgemeinen Geschäftsbedingungen der Banken, ihre rechtliche und wirtschaftliche Bedeutung und Entwicklung. Jena 1932. — SINGER, KURT: Prolegomena zu einer Theorie des Geldmarktes. Schmollers Jb. 52 (1928).

Zu 3. Die einzige Untersuchung, die den Fragenkomplex gründlich behandelt, ist: TISMER, ALFRED: Grenzen der Diskontpolitik (Diskontpolitik und Monopolpreise). Veröff. Inst. f. Finanzwes. Handelshochschule Berlin 3. München und Leipzig 1932.

DÖBLIN.

Montevideo s. *Südamerika IX.*

Montreal s. *Kanada.*

Moody s. *New Yorker Börse* (Literaturangaben), ferner *Handbuchwesen.*

Moratorium. *1. Einleitung, Geschichte, Arten.* Unter M. oder Indult verstehen wir „einen dem Schuldner durch Akt der Staatsgewalt gegebenen Ausstand zur Erfüllung fälliger Verbindlichkeiten“ (LOENING). Zu unterscheiden von ihm ist die im Volksmunde auch vielfach als M. bezeichnete Stundung, welche dem Schuldner seitens des Gläubigers gewährt wird. Unter den zahlreichen möglichen Einteilungen des M. spielt jene in Spezial- und Generalindult eine Rolle. Ersterer wird nur einem bestimmten Schuldner, letzterer einer Reihe von Schuldnern (Kriegsteilnehmern, Kaufleuten im vom Feinde besetzten Gebiet usw.) gewährt. Spezialindulte kamen in früheren Jahrhunderten ziemlich häufig vor. Im Laufe der Zeit sind sie mehr und mehr zurückgetreten.

Zu Beginn des Weltkrieges, in welchem in einer großen Reihe seiner Teilnehmer die Generalindulte wieder auflebten, wurde den deutschen Gerichten das ihnen Ende des Jahrhunderts genommene Recht zur Genehmigung eines Spezialindults wieder zugestanden. Allerdings mußte es sich auf die Dauer von höchstens 3 Monaten beschränken. Zudem durfte durch seine Zulassung nicht etwa dem Gläubiger ein unverhältnismäßiger Nachteil entstehen. Fernerhin wurde während des Krieges das Geschäftsaufsichtsverfahren zur Abwendung des Konkurses eingeführt, das 1927 durch das Vergleichsverfahren abgelöst wurde. Der in diesem vorgesehene Stundungsvergleich ist an die Zustimmung der Gläubigermehrheit gebunden. Ein eigentliches M. liegt gegebenenfalls demnach nur den Gläubigern gegenüber vor, die sich mit der Stundung nicht einverstanden erklärt haben. — Im Juli 1931 wurde der Danatbank ein weitgehender Spezialindult zugestanden; doch wurde dieser schon wenige Stunden später zu einem allgemeinen Bankmoratorium ergänzt. Auch Schweden erlebte in der Nachkriegszeit im Zusammenhang mit dem Kreugerskandal eine Reihe von Spezialmoratorien.

Generalmoratorien gehören heute keinesfalls zu den Seltenheiten. An deutschen inländischen Maßnahmen dieser Art wären die in der Aufwertungsgesetzgebung getroffenen Bestimmungen über die Frist zur Rückzahlung der aufgewerteten Beträge sowie gewisse Vorschriften der 4. Notverordnung vom Dezember 1931 zu erwähnen. Nach diesen ist u. a. auf Antrag des Schuldners eine vorübergehende Einstellung der Zwangsversteigerung eines Grundstückes dann zu gewähren, „wenn die Nichterfüllung der fälligen Verbindlichkeiten auf Umständen beruht, die in der wirtschaftlichen Gesamtlage begründet sind und die abzuwenden der Schuldner nicht in der Lage war“ (3. Teil § 5). Auch zugunsten eines Gläubigers, dessen Anspruch bei einem etwaigen zu niederen Meistgebot bei Zwangsversteigerungen von Grundstücken ganz oder teilweise ausfällt, kann unter bestimmten Voraussetzungen eine moratoriumsartige Maßnahme durch Versagen des Zuschlages ergriffen werden (3. Teil, § 1).

In stärkerem Umfange noch als der Weltkrieg ist die jüngste Zeit Zeuge zahlreicher Generalmoratorien gewesen. Insbesondere in der Zeit seit 1929 haben die Währungsschwierigkeiten zahlreicher Staaten zu Teilmoratorien geführt. Eine große Reihe südamerikanischer sowie südosteuropäischer Volkswirtschaften ist in irgendeiner Richtung bezüglich der Erfüllung von Schuldverpflichtungen in Verzug geraten. Z. T. erstrecken sich die M. lediglich auf staatliche Verbindlichkeiten, z. T. auf öffentliche und private Anleihen, um hier nur Zinsen oder nur die Tilgung oder auch beide zu berühren, um des weiteren sich auf Aufbringung und Transferierung zu erstrecken oder nur letztere zu erfassen. Andere Staaten haben sich zu einer verschiedenartigen Behandlung der privaten und öffentlichen Kredite entschlossen, indem etwa nur letztere von Aufbringung und Transferierung befreit sind, während die privaten Schuldner die erforderlichen Beträge bei einer Treuhandstelle hinterlegen müssen. Teilweise sind auch die einzelnen öffentlichen Anleihen einer verschiedenen Regelung unterworfen. So war z. B. in Ungarn nach der ersten Moratoriumserklärung (Dezember 1931) die Völkerbundanleihe von jedweder Beschränkung ausgenommen, während für andere Auslandspapiere lediglich eine Aufbringung, für wieder andere hingegen eine sich nach den verfügbaren Devisen richtende Transferierung vorgesehen war. Wenige Monate später schritt man zu einer völligen Einstellung auch der Umwandlung der für den Dienst der Völkerbundanleihe aufgebrachten Summen. — Auch für kurzfristige Kredite, ja selbst für laufende Handelskredite sind in einzelnen Staaten M. eingeführt worden. So wurden z. B. in Uruguay in der zweiten Hälfte 1931 alle bestehenden Handelskredite einer besonderen Abgeltungsregelung unterworfen. Die Gegenwerte sind bei Fälligkeit in heimischer Währung bei der Bank der Republik zu hinterlegen. Eine schrittweise Transferierung wurde für 1932 in Aussicht genommen.

Ein Transfer- und Aufbringungsmoratorium war auch im Youngplan vorgesehen. Praktisch hätte sich diese Bestimmung insofern wahrscheinlich auch unmittelbar ausgewirkt, wenn nicht im Juli 1931 eine Verständigung über das Hoover-Jahr erzielt worden wäre.

Sonderfragen des Transfermoratoriums. Da bei einem einfachen Transfermoratorium die Hinterlegung der aufzubringenden Summen in der heimischen Währung des Schuldnerstaats erfolgt, ist die Notierung, welche der Errechnung des abzuführenden Betrages zugrunde zu legen ist, von erheblicher Bedeutung. Soll etwa der Tageskurs herangezogen werden? — Wenn ja, soll dann die Notierung an ausländischen Börsen oder der im Inlande festgelegte, vielleicht mehr oder weniger künstlich beeinflußte Kurs den Ausschlag geben? Oder ist, wie in anderen Fällen, ein Umrechnungsverhältnis bestimmt, von dem auch bei starken Verschiebungen auf dem Devisenmarkt vielleicht kaum abgewichen wird? — Die Behandlung der zu hinterlegenden Summen weicht in den einzelnen Fällen voneinander ab. Hier und da ist dem Gläubiger das Recht eingeräumt worden, über die betreffenden Beträge in dem Schuldnerstaat nach Gutdünken zu verfügen. Verschiedentlich kann auch ein Teil der aufgebrachten Summe auf Antrag im Interesse des Schuldners Verwendung finden. In Brasilien werden übrigens, gedeckt durch die in Milreis hinterlegten Beträge, für die nächsten Jahre die staatlichen Anleihezinsen in Gestalt von 5-prozentigen, 20 und 40 Jahre laufenden Scrips beglichen.

Nur vereinzelt ist bei Einführung des M. eine feste — alsdann meist eng begrenzte — Geltungsdauer vorgesehen. Nicht selten ist diesfalls mit Prolongationen zu rechnen, sei es nun, daß die Verhandlungen, welche zur baldigen Ablösung eines einseitigen Vorgehens durch eine vertragsmäßige Regelung eingeleitet worden sind, noch nicht zum Abschluß gelangt sind, oder sei es, daß bei Ablauf der ursprünglichen Frist eine Währungs- und Haushaltsgesundung noch nicht in dem für eine Lockerung der Bestimmungen erforderlichen Ausmaße eingetreten ist.

In einer Reihe von Staaten, deren Währung durch die Entwicklung der letzten Jahre bedroht ist, hat man sich aus verschiedensten Gründen nicht zur Erklärung eines offenen M. verstehen können. Soweit die Transferierungsschwierigkeiten hier nicht durch Stundungsvereinbarungen überbrückt worden sind (vgl. *Stillhalteabkommen*), sucht man sich durch eine Devisenregelung zu schützen, die nicht nur in Ausnahmefällen auf eine derartige Erschwerung der Schuldabtragungen hinausläuft, daß sie in ihrer Wirkung den Auslandsmoratorien kaum nachsteht (verschleiertes M.).

2. Begleiterscheinungen. Kurz ein paar Bemerkungen zu den volkswirtschaftlichen Begleiterscheinungen des M.! Grundsätzlich müssen wir dabei von den jeweils gegebenen Verhältnissen ausgehen. Man kann nicht etwa diese oder jene Maßnahme verurteilen, wenn man nicht auch die Erscheinungen in Rücksicht zieht, die sich bei Nichtergreifen des betr. Schrittes herausgestellt hätten. Die Gründe, die in der Vorkriegszeit zur Verunmöglichung des inländischen Spezialindults geführt haben, nämlich das durch diesen in die Wirtschaft hereingetragene Unsicherheitsmoment, liegen klar zutage. Allerdings fährt auch der Gläubiger u. U. besser, wenn dem an der Bewilligung eines M. interessierten Schuldner durch Gewährung einer kurzen Frist die Möglichkeit eröffnet wird, seine aus diesem oder jenem Grunde in Unordnung geratenen Finanzen wieder ins Gleichgewicht zu bringen. Dieser Gedanke liegt auch der in Deutschland während des Krieges eingeführten Geschäftsaufsicht sowie den neuerlichen Vergleichsverfahren zur Abwendung des Konkurses zugrunde. Nicht selten endeten derartige Spezialmoratorien allerdings mit einem völligen finanziellen Zusammenbruch. Für die Beurteilung der Begleiterscheinungen eines solchen Indults ist die Größe des in seinen Genuß gelangenden Unternehmens, seine Stellung im Rahmen der Gesamtwirtschaft sowie das Ausmaß der ihm unterworfenen Summen von Wichtigkeit. Daß wegen der innigen Verflechtung der Geldinstitute mit der Gesamtwirtschaft diese unter sonst gleichen Umständen durch ein Bankenmoratorium stärker betroffen wird als etwa durch einen Indult des Betriebes eines anderen Wirtschaftszweiges, leuchtet ein. Nur ist es die Frage, ob das Unterlassen einer derartigen Maßnahme nicht gesamtwirtschaftlich reichlich so verheerende Folgen erwirken würde. Im Falle des deutschen Bankenmoratoriums wird man diese Vermutung sehr wohl hegen dürfen. Doch hat sich gerade in den damals erregten Zeiten die alleinige Genehmigung eines Spezialmoratoriums als mehr oder weniger verhängnisvoll erwiesen. Der Schalterschluß der Danatbank führte zu einem Run auf andere Geldinstitute. Erst die Ergänzung des Spezial- zu einem Generalbankenmoratorium — „Bankfeiertage" — hatte eine gewisse Beruhigung zur Folge und verhinderte so den Zusammenbruch des gesamten deutschen Zahlungsverkehrs, der bei Unterlassen des M. vielleicht nicht hätte vermieden werden können. Zu den ungünstigen Begleiterscheinungen des Spezial- wie auch des Generalmoratoriums gehört u. a. die Unterwühlung des Kredits der betroffenen Wirtschaftszweige. In etwa mag diese zwar durch staatliche Hilfe ausgeglichen werden. Wird hingegen, wie etwa beim Staatsmoratorium, auch der Kredit der öffentlichen Hand ausgehöhlt, so mögen zwar auch hier vielleicht finanzpolitische Maßnahmen sowie die augenblickliche Erleichterung der Zins- und Tilgungslast über eine kurze Zeitspanne hinweghelfen. Auf die Dauer wird sich jedoch die Schädigung mit Wahrscheinlichkeit unliebsam bemerkbar machen. Muß man aber wirklich das Moratorium für eine derartige Erschwerung verantwortlich machen? Ist nicht vielmehr vielleicht die eigentliche Schuld der es verursachenden finanzpolitischen Entwicklung in die Schuhe zu schieben? Diesfalls kann u. U. sogar der Indult das Einschlagen einer auf die Wiedergesundung der Finanzen abhebenden Politik erleichtern und somit vielleicht sogar den Grundstock zur — nicht immer erwünschten — Erleichterung der Schuldaufnahme nach sich ziehen. Aber auch hier ist wie in allen anderen Fällen eine Verständigung mit den Gläubigern auf etwa der gleichen Ebene einer einseitigen Erklärung vorzuziehen.

Bezüglich des Auslandsmoratoriums müssen die Wirkungen auf Schuldner- und Gläubigerstaat unterschieden werden. Ersterer befreit sich vorübergehend von größeren Zinszahlungen oder doch zum mindesten Transferierungen. Durch diese Tatsache tritt eine gewisse Entlastung des Devisenmarktes ein, die u. U. die Voraussetzung dafür sein mag, daß der Handelsverkehr mit dem Auslande im Rahmen des unvermeidlichen Bedarfs überhaupt aufrechterhalten werden kann. Möglicherweise kann durch das M. auch eine der Währung drohende Augenblicksgefahr abgeschlagen werden. — Sofern sich das Auslandsmoratorium allerdings nur auf die Unterbindung des Transferierens beschränkt, ist an sich ein unmittelbarer Nutzen für die schuldenden Privatpersonen nicht gegeben, es sei denn, daß ihnen die aufgebrachten Summen wieder leihweise zur Verfügung gestellt werden, oder daß die in der Moratoriumsakte verfügten Umrechnungsbestimmungen sich als für sie jedenfalls für den Augenblick besonders günstig erweisen. Dem Fehlen unmittelbarer Vorteile stehen für den Schuldner oft recht unliebsame Schattenseiten gegenüber: Die Unterminierung des Kredites. Von den Handelsbedürfnissen abgesehen, mag sich diese in ihren Auswirkungen im Augenblick in engen Grenzen halten: unter sonst gleichen Umständen wird sich der Bedarf nach neuen Auslandsmitteln schon aus dem Grunde vermindern, weil die hinterlegten Summen der heimischen Wirtschaft vorerst oftmals weiter zur Verfügung stehen. — An sich werden durch die kreditäre Entwicklung wahrscheinlich in erster Linie jene Firmen des Heimatstaates getroffen, welche in der Welt besonderes Ansehen genießen. Gar lange Zeit wird man ihnen voraussichtlich auch nach Aufhebung des Indults weniger wegen ihrer eigenen Lage als vielmehr wegen der Gefahr einer Wiederholung des Kollektivbankerotts mit mehr oder weniger großem Mißtrauen begegnen.

Hinsichtlich der Wirkung auf die anderen Staaten fallen neben den gegenseitigen wirtschaftlichen Verflechtungen die Bedeutung ins Gewicht, welche das bankerotte Land für ihre Wirtschaft hat, sowie naturgemäß auch das Ausmaß, in welchem sie bzw. ihre Einwohner von dem M. unmittelbar betroffen werden. Eine Beeinflussung ihrer Devisenbilanz, vielleicht das Ausfallen sonst bedeutender Abnehmer u. a. m. mögen sich einstellen. Alle diese Erscheinungen aber würden sich vielleicht bei Unterlassen des M. in noch viel stärkerem Ausmaße zeigen. Eine gewisse Schädigung mag zudem durch die oben gestreiften, für die Aufbringung erlassenen Kursbestimmungen eintreten, da der auf die verschiedenartigste Weise festgestellte Umrechnungssatz in den meisten Fällen für den Gläubiger ungünstig sein dürfte. Doch wird die Entscheidung über diese Frage in etwa von der späteren endgültigen Abwicklung abhängig zu machen sein. Nicht in Abrede stellen läßt sich die Gefahr, daß der eine oder andere Gläubiger durch die sich für ihn ergebenden Einbußen Schwierigkeiten erleiden kann, etwa aus einem auf die Kunde des M. hin sich einstellenden Run heraus usw.

Kann die Gefahr eines derartigen Moratoriums ausgeschaltet werden? In vielen Fällen doch wohl! In erster Linie werden die Präventivmaßnahmen in einer vernünftigen Währungs- und Kreditpolitik des in Frage stehenden Staates liegen. — Nach der Erklärung des Indults liegen die Dinge dem Auslande gegenüber ähnlich wie bei sonstigen Erscheinungsformen des Staatsbankrotts. Bei entsprechenden Größenverhältnissen ist mit Eingriffen des Auslandes in der Gestalt von Währungs- und Finanzkontrollen, Börsenmaßnahmen usw. zu rechnen. Z. T. mag den Repressivmaßnahmen in etwa ihre Schärfe genommen werden, wenn es gelingen sollte, statt einer einseitigen Moratoriumerklärung eine Verständigung mit den Schuldnern über eine von diesen zu gewährende Stundung zu erzielen. Diese wird allerdings insbesondere bei einer allzu großen Zahl beiderseits Beteiligter auf erhebliche Schwierigkeiten stoßen.

Vgl. *Schuldensenkung II.*

Literatur: Annual Reports of the Council of the Corporation of Foreign Bondholders. London 1873f. — FEIS, HERBERT: Europe The World's Banker 1870—1914. New Haven 1930. — JENKS, LELAND HAMILTON: The Migration of British Capital to 1875. New York 1927. — Institute of International Finance, Bulletins. New York insbesondere 1930f.

CARL AUGUST FISCHER.

Morgan, J. P., vgl. *Konsortialgeschäft 3.*

mortgage (e) = *Hypothek* (s. d.).

Mortgage bonds (e und USA.): Hypothekarisch gesicherte Anleihen, also insbesondere Industrie-, Eisenbahnobligationen, Pfandbriefe. (s. a. *Öffentlich-rechtliches Bankwesen I 6.*)

mortgage negative m. vgl. *Öffentlicher Kredit II 3.*

Mortifikation s. v. w. Amortisation in der Bedeutung von Kraftloserklärung von Wertpapieren, *Kaduzierung* (s. d.).

Mündelsicher (ältere Bez. pupillarsicher) ist eine Anlage, die den in § 1807 BGB. enthaltenen Bestimmungen über die Anlage von Mündelgeld entspricht. (Hypotheken, Reichs-, Länder-Anleihen ohne weiteres, Pfandbriefe, Komm. Obl., Stadtanleihen nur, wenn sie von der Regierung hierzu für geeignet erklärt werden, ebenso Einlagen bei Sparkassen).

Münzgesetz (30. August 1924) s. *Münzwesen III.*
— **hoheit** s. *Münzwesen I.*
— **parität** s. *Währungsparität.*
— **system** s. *Münzwesen IV.*
— **union** (Münzbünde) s. *Münzwesen I.*
— **verschlechterung** s. *Münzwesen II.*

Münzwesen.

I. Bedeutung des Münzwesens.

Die große Bedeutung des M. gehört der Vergangenheit an. Bis zum Ausgang des 18. Jahrhunderts ist das gemünzte Geld — von Ausnahmen in Notzeiten abgesehen — das einzige bare Zahlungsmittel gewesen. Seit Beginn des 19. Jahrhunderts tritt die Münze gegenüber dem Papiergeld immer stärker in den Hintergrund. Der Weltkrieg und seine Folgeerscheinungen haben schließlich die vollwertige Währungsmünze fast vollkommen eliminiert. Nur in einigen wenigen Staaten finden wir noch Währungsmünzen im Umlauf; es handelt sich dabei entweder um Reste des früheren Münzgeldumlaufs, wie etwa in den Vereinigten Staaten und in der Schweiz, oder aber um Staaten, die noch keine geordnete Währungsverfassung besitzen (etwa China).

Die Zahlungssitten haben sich in erstaunlich kurzer Zeit diesen geänderten Verhältnissen angepaßt, ja die letzten Jahre haben sogar gezeigt, daß die Bevölkerung selbst bei Mißtrauen in das Papiergeld nur in sehr beschränktem Maße für Münzgeld aufnahmefähig ist und es vorzieht, die Ersparnisse in Sachwerten oder in ungemünztem Edelmetall anzulegen. Diese Erfahrung muß gegenüber allen Bestrebungen, den Banknotenumlauf in größerem Maße durch Münzen zu ersetzen, skeptisch machen; dies gilt insbesondere von den Bestrebungen, Silber wieder zum Währungsmetall zu machen (s. Art. *Silberwährung*).

Trotz dieser nur subsidiären Bedeutung des M. in der heutigen Zeit ist die Kenntnis seiner Geschichte und seiner Prinzipien deswegen von Bedeutung, weil erstens in beträchtlichem Umfang Scheidemünzen im Umlauf sind und zweitens die wichtigsten Sätze der Münzpolitik, wenn auch in gewandelter Form, für die heutige Geldpolitik nicht ohne Bedeutung sind.

II. Entwicklung und Geschichte des Münzwesens.

Man setzt die Einführung des Metallgeldes in das siebente vorchristliche Jahrhundert. Vorangegangen dürfte eine Zeit sein, in der Vieh bei den indogermanischen Völkern als Tauschmittel verwendet wurde. Der Gebrauch von Metall soll aus Babylonien stammen. Ebenfalls stammt von den Babyloniern auch die älteste, dem Verhältnis der Umlaufzeiten von Sonne (Gold) und Mond (Silber) entnommene Wertrelation der beiden Edelmetalle von $1:13^1/_2$, die sich, wenigstens annähernd, bis weit in die Neuzeit erhalten hat.

Die Babylonier ebenso wie die Griechen, denen wir die Prägung verdanken, kannten noch keine Münzen im heutigen Sinne. Gewicht und Feingehalt waren unbestimmt und auch durch die Prägung nicht garantiert und mußten stets nachgeprüft werden. Diese Unsicherheit hat sich, von einigen Zeiten guter Münzprägung unter den Römern und unter Karl dem Großen abgesehen, bis ins 19. Jahrhundert hinein erhalten.

Die Entwicklung des Mittelalters bringt keine Verbesserung der unsicheren Münzverhältnisse. Hervorzuheben ist aber, daß nach der Einführung der Silberwährung durch Karl den Großen das Gold infolge seiner Knappheit jahrhundertelang völlig in den Hintergrund trat. Erst die reichen Goldschätze Amerikas ermöglichten im Jahre 1524 (Reichsmünzordnung von Eßlingen) die Wiedereinführung des Goldes neben dem Silber mit einem Wertverhältnis von $1:10^1/_2$.

Ungefähr um diese Zeit beginnen sich die ersten Prinzipien des modernen M. auszubilden. Die Ursache davon lag in der dauernden Münzverschlechterung zu Einnahmezwecken. Dies geschah dadurch, daß der Landesherr neue Münzen mit dem alten Nennwert, aber mit geringerem Feingehalt prägte und die alten vollwertigen Münzen aus dem Verkehr zog. Dadurch wurde erstens die Differenz zwischen Nennwert und Metallwert (der sog. Schlagschatz) größer. Zweitens ergab sich aber noch eine — zuerst nur von Privaten, dann aber sehr bald auch von den Landesherren — ausgenützte Einnahmequelle dadurch, daß die neuen minderwertigen Münzen zuerst im innerstaatlichen Verkehr genau so bewertet wurden wie die alten, hochwertigen. Da man nun aber aus derselben Edelmetallmenge mehr neue Münzen prägen konnte als alte, ergab sich ein mengenmäßiger Überschuß, sobald man die alten Münzen einschmolz und daraus neue prägte. Bei der Gleichbewertung beider blieb der mengenmäßige Überschuß als Gewinn übrig. Durch diese Manipulation stieg aber natürlich die Menge der umlaufenden Münzen, da nach und nach alle vollwertigen alten Münzen eingezogen wurden und aus ihnen neue, minderwertige geprägt wurden. Daher sank auch der Tauschwert der Münzen, kurz es entstand eine Inflation.

Die Beobachtung, daß die alten vollwertigen Münzen aus dem Verkehr gezogen wurden, führte zur Ausbildung des ersten modernen währungstheoretischen Grundsatzes, des sog. GRESHAMschen Gesetzes: „Schlechtes Geld vertreibt gutes Geld, aber gutes Geld vertreibt schlechtes nicht". Dieser Satz zeigt nun freilich nur die Folgen, nicht, wie seine Urheber meinten, die Ursachen der Inflation auf. Denn der Geldwert sank im innerstaatlichen Verkehr keineswegs deswegen, weil der Edelmetallwert der neuen Münzen geringer war; denn sonst wäre ja die ganze Umschmelzung alter in neue Münzen sinnlos, weil nicht gewinnbringend gewesen. Vielmehr sank der Geldwert erst dann, wenn die Vermehrung der Münzmenge eintrat. Dies zeigte sich sehr deutlich bei der Steigerung der Edelmetallmenge Europas infolge der Entdeckung Amerikas. Daraufhin sank der Geldwert, obwohl der Feingehalt der Münzen stieg. Obgleich die damalige Wissenschaft nicht imstande war, die Ursache dieser beunruhigenden Erscheinung einwandfrei festzustellen, erkannte man doch, daß daran die Mengensteigerung schuld sein müsse und folgerte daraus als zweites Hauptgesetz der Münzpolitik, daß eine Steigerung des Münzumlaufs nur in beschränkten Grenzen richtig sei.

Diese beiden Grundsätze hätten an sich genügt, eine geordnete Münzpolitik durchzuführen. Dies geschah jedoch nicht sofort, da die Staaten nicht auf die gute Einnahmequelle der Münzverschlechterung verzichten wollten. Die ersten Ansätze zu einer rationellen und planmäßigen Währungspolitik, die mit dem Verzicht auf den Münzgewinn begannen, finden wir in England bereits im 17. Jahrhundert. Frankreich folgte im 18., Deutschland im 19. Jahrhundert. Die Entwicklung führte überall dazu, daß die Münzprägung in staatliche Regie genommen wird. Die Münzen erhalten genaues Gewicht und genaue Prägung, was durch die technischen Neuerungen ermöglicht wird. Die Münzgrundsätze werden in der Folgezeit so genau eingehalten, daß sogar „Münzbünde“ unter verschiedenen Staaten möglich sind, bei denen die Münzen des einen Staates Zahlungsmittel im anderen sind. (Lateinische Münzunion zwischen Frankreich, Schweiz, Italien, Belgien und Griechenland von 1865 bis nach dem Krieg. Skandinavischer Münzbund zwischen Schweden, Norwegen und Dänemark; besteht seit 1872, heute nur noch auf dem Papier.)

III. Arten der Münzen.

Seit der staatlichen festen Regelung des M. kennt man vier verschiedene Arten von Münzen. Die wichtigste, heute jedoch kaum mehr vorkommende Art sind die vollwertgen Währungsmünzen, d. h. diejenigen Münzen, die als gesetzliches Zahlungsmittel gelten und deren Materialwert dem Nennwert theoretisch gleichkommt (über das sog. *Remedium* s. u.).

Im modernen Geldwesen spielt die zweite Art, die Scheidemünze, die einzig bedeutsame Rolle. Darunter versteht man stark unterwertige Münzen, die ohne gesetzliches Zahlungsmittel zu sein, bis zu einer gewissen Menge im Verkehr angenommen werden müssen und jederzeit in gesetzliche Zahlungsmittel umgewechselt werden müssen. In aller Regel dienen die Scheidemünzen lediglich zur Befriedigung des Kleingeldbedürfnisses.

Als dritte Art ist die Handelsmünze zu nennen. Dies ist eine Geldsorte, die weder gesetzliche Zahlkraft hat, noch auch Scheidemünze ist, sondern nur gewohnheitsgemäß in Zahlung genommen werden. Handelsmünzen werden nur in Ländern mit unentwickeltem Geldwesen verwendet. Daraus erklärt es sich, daß sie stets von einer ausländischen Münzstätte herrühren, deren bewährte Qualität für Gewicht und Feingehalt bürgt. Die bekannteste Handelsmünze ist der Maria Theresiataler, eine Silbermünze, die noch heute von der Wiener Münze mit dem Todesjahr der Maria Theresia (1780) ausgeprägt wird. Bis vor kurzem war dieser auch Levantiner Taler oder Spezies-Konventionstaler genannte Münze Hauptzahlungsmittel in Arabien und Ostafrika. Durch den Sturz des Silbers und die Schaffung konkurrierender Münzen (Eritrea Taler in den italienischen Kolonien) ist sie aus ihrer Position weitgehend verdrängt worden. Eine geringere Bedeutung hatten die Dukaten, Goldmünzen von besonders hohem Feingehalt (Wert etwa 10 RM.), die noch lange, nachdem sie in den betr. Ländern (Österreich-Ungarn, Rußland, Niederlande) außer Verkehr gesetzt waren, als Handelsmünze für Zollzahlungen usw. verwendet wurden.

Die verbreitetste Handelsmünze ist heute der mexikanische Silberdollar (Wert ursprünglich = einem halben USA.-Dollar), der noch heute als Tael das Zahlungsmittel Chinas darstellt. Allerdings haben sich dabei bei den verschiedenen Taels in den Haupthandelsplätzen (z. B. Hongkong und Schanghai) bedeutende Wertunterschiede herausgebildet, die durch den Silbersturz noch vergrößert wurden. Daher ist man in den übrigen Ländern des fernen Ostens (z. B. in den Streits Settlements) von ihm abgekommen und hat eigene Währungen geschaffen.

Historisch ist schließlich noch eine vierte Art, die sog. Kurantmünze zu nennen, die meist beim Übergang eines Landes von einer Währungsgrundlage zu einer anderen entstand. Die alten Münzen hörten natürlich auf, gesetzliches Zahlungsmittel zu sein, sie wurden aber aus Gründen der Wirtschaftlichkeit nur langsam eingezogen und behielten so eine gewisse Zeit neben den neuen gesetzlichen Zahlungsmitteln noch Zahlkraft (z. B. die Talerstücke nach Einführung der Markwährung, die österreichischen Silbergulden nach dem Übergang zur Goldwährung).

IV. Technik der Münzprägung.

Nach dem Schmelzen und Legieren des Münzmetalls wird das Münzmetall zu prismatischen Stäben, den sog. Zainen gegossen. Diese Zaine werden in Streifen gewalzt und dann in kreisrunde Scheiben ausgestanzt. Nach der Prüfung des Gewichts (Justieren) erfolgt die maschinelle Prägung durch stählerne Stempel. Das ganze Gewicht einer Münze heißt Schrot auch Rauhgewicht, das Gewicht des darin enthaltenen Feinmetalls Korn; bei beiden sind kleine Abweichungen unvermeidlich (sog. Remedium oder Toleranz). Diese dürfen in Deutschland bei den (nicht mehr ausgeprägten) Goldmünzen $2^1/_2$ Tausendstel beim Korn betragen. Die größte deutsche Münzstätte in Berlin dürfte ungefähr $2^1/_2$—3 Millionen Stück Münzen täglich prägen können.

V. Gesetzliche Regelung des Münzwesens.

In allen Ländern bestehen ungefähr die gleichen Bestimmungen. Als Beispiel diene daher die deutsche Regelung durch das Münzgesetz vom 30. August 1924 (beste Ausgabe von Koch-Schacht).

Demnach dürfen als Reichsmünzen ausgeprägt werden: Goldmünzen zu 10 und 20 Mark, Silbermünzen zu 1—5 Mark und Münzen ohne Metallbestimmung (Pfennigmünzen) zu 1, 2, 4, 5, 10 und 50 Pfennig.

Die Goldmünzen — bisher nicht ausgeprägt — sollen vollwertig und gesetzliches Zahlungsmittel sein. Aus 1 kg Gold sollen 279 Zehnmarkstücke geprägt werden. Das Mischungsverhältnis beträgt wie bei den Vorkriegsmünzen, die überdies weiter gelten, 900 Teile Gold und 100 Teile Kupfer. Das Remedium der Goldmünzen ist bereits oben angegeben worden. Ihr Passiergewicht (ein durch die Abnützung der Münzen im Verkehr notwendiger Begriff), d. h. das Gewicht, bei dem sie noch als gesetzliches Zahlungsmittel angenommen werden, beträgt fünf Tausendstel unter dem Normalgewicht. Da die Goldmünzen als gesetzliches Zahlungsmittel gelten, wären sie gegebenenfalls für jeden Betrag in Zahlung zu nehmen.

Die Silbermünzen enthalten 500 Teile Silber und 500 Teile Kupfer; und zwar werden aus 1 kg Feinsilber 400 Einmarkstücke geprägt. Sämtliche Silbermünzen sind stark unterwertig, daher Scheidemünzen. Bei einem Silberpreis von ca. 40 RM. z. B. beträgt der Metallwert nur 10 % des Nominalwertes. Das Remedium wird vom Reichsfinanzminister festgesetzt; ein bestimmtes Passiergewicht ist nicht vorgesehen, „erheblich“ untergewichtige Münzen sollen eingezogen werden.

Im privaten Geschäftsverkehr müssen Silbermünzen nur bis zum Gesamtbetrag von 20 Mark, Pfennigmünzen nur bis zu 5 Mark in Zahlung genommen werden. Ohne Beschränkung annahmepflichtig sind die öffentlichen Kassen. Gewisse öffentliche Kassen müssen überdies die Silbermünzen gegen gesetzliche Zahlungsmittel auf Verlangen umtauschen.

Auf den Kopf der Vevölkerung sollten nach dem Münzgesetz bis zu 20 RM. Scheidemünzen ausgegeben werden. Durch Notverordnung vom 18. Juli 1931 ist dies auf 30 RM. erhöht worden.

VI. Prinzipien der modernen Münzpolitik, insbesondere des Scheidemünzwesens.

Die Scheidemünze ist in Europa als einziger Rest des alten M. übriggeblieben. Der gesamte Umlauf an Währungsmünzen in Europa, der 1913 noch 9903 Millionen Mark betrug, ist bis 1925 auf 174,9 Millionen Mark gefallen, kann also vernachlässigt werden.

Die Scheidemünze, meist aus Silber, Kupfer, Nickel oder Bronze, ist das Zahlungsmittel für den Kleinverkehr, das „Kleingeld". Ihr Begriffsmerkmal ist nicht nur die Unterwertigkeit, sondern überhaupt das Fehlen des die Währungsgrundlage bildenden Edelmetalls (vgl. Art. *Goldwährung*). Dies ist dadurch möglich, daß der Scheidemünze, sofern nur die Menge richtig begrenzt ist, niemals die psychologischen Bedenken entgegenstehen, die z. B. heute noch eine reine *Papierwährung* (s. d.) erschweren. Die Scheidemünze ist ihrer Natur nach völlig „ungedeckt". Daher werden vielleicht die heute stark vernachlässigten theoretischen und praktischen Ergebnisse der Scheidemünzpolitik in einer — wie es scheint, nicht mehr allzu fernen Zeit, in der auch die Banknoten ohne Golddeckung ausgegeben werden, größere Beachtung finden.

Die Scheidemünzpolitik hat nur wenige, meist selbstverständliche Grundsätze, die aber peinlich eingehalten werden müssen. Der erste ist das Prinzip der Unterwertigkeit. Der Stoff, aus dem die Scheidemünzen hergestellt werden, muß so minderwertig sein, daß weder ein Ansteigen seines Materialpreises noch ein Sinken des Preises des Währungsmetalls jemals den Materialwert der Scheidemünze auch nur in die Nähe ihres Nennwertes bringen könnten. Wäre dies nämlich der Fall, so würde im Sinn des oben besprochenen GRESHAMschen Gesetzes die Scheidemünze, sobald ihr Materialwert den Nennwert übersteigt, automatisch aus dem Verkehr gezogen und eingeschmolzen werden. Oder aber es würden sich zwei Währungskurse — ein höherer für die Scheidemünze und ein niedrigerer für die gesetzlichen Zahlungsmittel — bilden. Aus diesen Gründen ist der Materialwert der Scheidemünzen überall äußerst gering.

Der Wert der Scheidemünze beruht daher ausschließlich auf der ihr vom Staat für den innerstaatlichen Verkehr verliehenen Zahlkraft. Es muß also dafür gesorgt werden, daß die Scheidemünzen in der festen Relation zum Währungsgeld bleiben. Dies geschieht dadurch, daß sie jederzeit in Währungsgeld eingelöst werden können und von den öffentlichen Kassen unbeschränkt angenommen werden müssen (s. o. Abschnitt V).

Im privaten Geschäftsverkehr muß aber andererseits die Zahlkraft der Scheidemünze beschränkt werden, damit sie nicht das Währungsgeld verdrängt. In Deutschland müssen daher Silbermünzen nur bis zum Betrag von 20 RM. und Pfennigmünzen nur bis zum Betrag von 5 RM. in Zahlung genommen werden.

Die wichtigste Frage der Scheidemünzpolitik ist die Mengenkontingentierung. Sowohl die Menge des gesamten Scheidemünzumlaufs, wie die Größe und die Menge der einzelnen Stücke muß genau bestimmt werden. Allerdings bieten die Einlösungsvorschriften, deren wirtschaftliche Funktion durchaus der der Einlösungsvorschriften für Banknoten analog ist, meist einen hinreichenden Schutz gegen eine Überschreitung der volkswirtschaftlich richtigen Münzmenge. Die Scheidemünzen, die der Verkehr nicht mehr aufnehmen kann, werden sich nämlich bei den öffentlichen Kassen sammeln und stauen. So haben sich z. B. in Deutschland in den Jahren vor 1931 über 300 Millionen Scheidemünzen bei den öffentlichen Kassen angesammelt.

In Mengenkontingentierung und Einlösungsverpflichtung liegt auch der wirksamste Schutz gegen die größte Gefahr der Scheidemünzpolitik: Der Mißbrauch der Münze zu fiskalischen Zwecken. Wir haben bereits oben angeführt, daß mit dem Verzicht auf die Einnahmequelle des Münzgewinns die moderne Münzpolitik begann. Nun ist ja bei der unterwertigen Scheidemünze immer ein Münzgewinn vorhanden. Eine solide Scheidemünzpolitik wird aber diesen Gewinn als Einlösungsreserve zurückstellen.

Es ist außerordentlich zu bedauern, daß trotz der Erkenntnis dieses Grundsatzes das Deutsche Reich doch in den Jahren seit der Stabilisierung der Mark die Scheidemünzprägung in größtem Umfang als Einnahmequelle herangezogen hat. Die Gründe dafür liegen wohl weniger in der Finanznot des Reiches begründet, die ja erst seit 1929 besteht, als vielmehr in der außerordentlichen Bequemlichkeit und Popularität einer solchen, die Steuerzahler scheinbar nicht belastenden Einnahme.

Ermöglicht wurde dieser Gewinn durch die große Nachfrage nach Scheidemünzen nach der Inflation; die Bevölkerung fand nach dem Notgeldjammer sehr großen Gefallen an den neuen, sauberen Münzen. Die überhohe Deckungsgrenze des neuen Bankgesetzes, die zu einer Niedrighaltung des Notenumlaufs zwang, führte ebenfalls zu vermehrter Scheidemünzprägung. Daher wurde das Scheidemünzkontingent, das zuerst 1 RM. und später 2,50 RM. je Kopf betragen hatte, bereits im Münzgesetz vom August 1924 auf 20 RM. erhöht. Dies erwies sich aber als zu hoch, so daß ein großer Teil der ausgeprägten Münzen vom Verkehr nicht aufgenommen wurde. Infolge der Zahlungsmittelknappheit im Sommer 1931 ist diese Menge dann restlos in den Verkehr abgeflossen. Überdies mußte durch Notverordnung vom 18. Juli 1931 das Scheidemünzkontingent auf 30 RM. je Kopf erhöht werden. Von den demnach zulässigen 1800 Millionen RM. Scheidemünzen ist der größere Teil (z. Z. — August 1932 — rund 1,3 Milliarden RM.) ausgeprägt.

Solange die Einlösungspflicht strikte eingehalten wird, besteht selbst bei diesem außerordentlich großen Scheidemünzenumlauf keinerlei Gefahr für die Währung. Wenn man dazu übergeht, durch Scheidemünzen eine „versteckte Kreditausweitung" vorzunehmen, wird man darin eine Gefahr für die Solidität unserer Währungspolitik erblicken müssen.

Literatur: Literatur über Münzpolitik vgl. die in Artikel „Geldtheorien" gemachten Angaben. — Über Geschichte des Münzwesens unterrichtet kurz und klar LUSCHIN V. EBENGREUTH-BUCHNAU: Grundriß der Münzkunde. — Ausführlicher FRIEDENSBURG: Deutsche Münzgeschichte. — Über Scheidemünzen grundlegend LAUGHLIN: Principles of money. London 1903. — Zur Einführung ferner die Artikel „Münzwesen" (LAUM-PALYI) und „Scheidemünzen" (PALYI) im Handwörterbuch der Staatswissenschaften, 4. Aufl.

PETER DRUCKER.

Muttergesellschaft s. *Holdinggesellschaft*, vgl. *Schachtelprivileg.*

Mutual Savings Banks s. *Sparkassen 14.*

Mutualisierung des Kredits s. *Monopol- und Bankpolitik 2.*

Mutung, Ansuchen um M. erfolgt nach festgestellter Fündigkeit beim Oberbergamt zwecks Verleihung des Bergwerkseigentums.

N.

„Nach Besicht" s. *Warenmärkte 2.*

Nachbörse. „Nachbörsliche" Geschäfte nennt man diejenigen Börsenschlüsse, die nach der Festsetzung des amtlichen Schlußkurses getätigt werden.

Nachgründung s. *Aktiengesellschaft III.*

Nachschuß ist entweder die Leistung eines Kunden zur Erhöhung einer unzureichend gewordenen Sicherheit, etwa eines durch Kursverluste stark im Wert gesunkenen Sicherheitsdepots, oder die von den Genossen einer zahlungsunfähigen Genossenschaft mit unbeschränkter Nachschußpflicht zu leistende Verlustdeckung. Bei einer G. m. b. H. kann eine beschränkte oder unbeschränkte Nachschußpflicht im Fall von Verlusten im Gesellschaftsvertrag vorgesehen sein (vgl. *Kommissionsgeschäft* und *Report- und Lombardgeschäft 2*).

Nachsichtwechsel ist ein Wechsel, der eine bestimmte Zeit nach der erstmaligen Vorlage fällig wird. Im Überseeverkehr sehr gebräuchlich.

Nachzugsaktie s. *Aktie als Wertpapier 1c.*

Namenspapiere (Rektapapiere), Wertpapiere, die eine bestimmte Person, welche im Papier namentlich bezeichnet ist, berechtigen, im Gegensatz zum Inhaberpapier oder *Orderpapier* (s. d.). Ein N. ist z. B. ein Sparkassenbuch (vgl. a. *Legitimationszwang*).

Namensaktie s. *Aktiengesellschaft II*, s. *Aktie als Wertpapier.*

— **scheck** s. *Rektascheck.*

— **vermerk** oder unvollkommenes Indossament ist das Indossament auf der Rückseite eines Inhaberschecks. An sich gibt es bei einem Inhaberscheck überhaupt kein Indossament; das Gesetz legt jedoch dem Namensvermerk die Garantiefunktion des Indossaments bei.

National Bank (State Bank) s. *Federal-Reserve-System I.*

— **Banking Act** s. *ebenda.*

National Credit Corporation s. *Panik und Panikbekämpfung.*

— **banken** s. unter den betreffenden Ländern, vgl. *Staatsbanken.*

Nederlandsche Bank s. *Niederländischer Geld- und Kapitalmarkt.*

Negotiation regative mortgage s. *Öffentlicher Kredit II 3* s. *sole right of negotiation.*

— **skredit** s. *Finanzierungsfragen II 1.*

Nennwert (Nominale) ist die auf den Wertpapieren als Schuld — bei Aktien als Betrag des Gesellschaftsanteils — genannte Summe.

nennwertlose Aktien s. *Aktie als Wertpapier 1b.*

NEP s. *Sowjetrußland III.*

Netto-appoint (Netto-à point) nennt man 1. die Ausstellung von mehreren Teilwechseln oder anderen Schuldurkunden, die zusammen die geschuldete Summe ausmachen, wobei die Höhe der Teilwechsel nach den Wünschen des Gläubigers festgesetzt wird (also etwa 10000 Mark Wechselschuld werden eingegangen durch N.-A.-Ausstellung in 10 Wechseln zu 1000 Mark), 2. die Anfertigung einer Abrechnungsnota — z. B. für den Ankauf von Devisen — in der Weise, daß alle Spesen nicht zum Hauptbetrag dazugeschlagen, sondern in diesen fixen Betrag hineingerechnet werden sollen. Man beordert z. B. nicht $ 420 (+ Spesen), sondern den Gegenwert von genau RM. 1780 einschließlich aller Spesen.

Neubesitz (allgemeiner Begriff) s. *Altbesitz.*

— von öffentlichen Anleihen s. *Aufwertung 9.*

New Yorker Börse. *1. Bedeutung und internationale Verflechtung.* In den letzten anderthalb Jahrzehnten sind die USA. aus einem Schuldnerland zum Gläubiger, New York finanzieller Mittelpunkt der ganzen Welt geworden. Als in den Höhepunkten des New Yorker Börsen-Booms im Jahre 1929 der Kursstand sämtlicher an der New Yorker Stock Exchange gehandelten Stammaktien den immensen Betrag von 87 Milliarden Dollars erreicht hatte, als New York den Löwenanteil der Auslandsanleihen aller Staaten der Welt in ständig steigendem Umfang bestritt, folgten ihm der englische und allenfalls noch der französische langfristige Kapitalmarkt[1] erst in sehr weitem Abstand. In etwas überstürzter Weise wurde versucht, diese somit errungene Vormachtstellung hinsichtlich der langfristigen Anleihen und des Aktienmarktes auf das Teilgebiet der kurzfristigen Finanzierung zu erstrecken. Während man aber annehmen darf, daß die im Herbst 1929 einsetzende Kursderoute der N. Y. B. (deren Konsequenzen heute noch nicht abzusehen sind), daran nichts ändern wird, daß New York — schon auf Grund des großen heimischen Marktes — die größte Aktienbörse der Welt bleibt, dürften von den USA.-Banken bereits erzielten Erfolge auf dem Gebiet des internationalen Geldverkehrs einen weit stärkeren Rückschlag erlitten haben. Es hat sich gezeigt, daß die vieljährigen Erfahrungen Englands gerade auf diesem Teilgebiet denn doch eine vorsichtigere Geschäftsführung (z. B. eine strengere Kontrolle des Wechselmaterials auf tatsächlich getätigte Warengeschäfte hierin zur Folge hatten.

Auf diejenigen Kapitalsverflechtungen, welche die unmittelbare Folge der Kriegsschuldenabkommen mit den Alliierten und der Reparationen sind, kann, da diese Dinge heute noch immer in Schwebe sind, nicht eingegangen werden. Abgesehen von diesen politischen Schulden sind aber fast alle Länder Europas auch privatwirtschaftlich in großem Ausmaß Schuldner der USA., so vor allem Deutschland und Italien. Ersteres hat in dem auf den Dawesplan folgenden Jahrfünft 1925—1930, abgesehen von den kurzfristigen Schulden für rund 1,2 Milliarden Dollar[2] Anleihen in Amerika aufgenommen, Italien für 300 Millionen. Zu den markantesten Vertretern europäischer Anleihen im New Yorker Kurszettel[3] gehören ferner die bekanntten „Stabilisierungsanleihen", welche die einzelnen Staaten (Österreich, Polen, aber auch Frankreich, Belgien usw.) nach der Inflation, teilweise auch unter den Auspizien des Völkerbundes, begaben.

Der überwiegende Teil des Kapitalexports der USA. ging jedoch nicht nach Europa, sondern nach Panamerika im weitesten Sinne, vor allem nach dem Nachbarlande Kanada (Finanzierung der dortigen

[1] Auf einem anderen Gebiet — dem der kurzfristigen Finanzierung, insbesondere des *Überseegeschäfts* (s. d.), hatte jedoch London seine einstige Suprematie noch immer zu wahren vermocht. Die ersten Anstrengungen der amerikanischen Banken, die Pfundtratte aus dem Welthandel zu verdrängen, liegen etwa ein bis zwei Jahrzehnte zurück, aber erst die Schaffung des *Federal Reserve-Systems* (s. d.) hat dem amerikanischen Geldmarkt den nötigen Unterbau gegeben.

[2] Reine Privatanleihen, also ohne die zahlreichen Anleihen öffentlicher Körperschaften.

[3] In New York existiert, wie später ausführlich dargestellt wird, neben der offiziellen Stock Exchange noch der Curbmarkt, ferner eine dritte Börse (Corn Exchange) von weit geringerer Bedeutung. Da es für die Darstellung fast keinen Unterschied macht, ob der einzelne Wert an der Stock Exchange notiert ist, oder am Curb, so wird hier immer unterschiedslos von der „N. Y. B." gesprochen.

z. T. als Schwesterfirmen betriebenen Industrie[1], dann, nicht ohne politischen Beigeschmack, nach Südamerika. Dieser Kontinent wurde der Schauplatz eines interessanten Ringens der USA. mit England, dessen südamerikanische Schlüsselstellung im Besitz der meisten Bahnen, vor allem in Argentinien lag. In wenigen Jahren wurden einzelne Staaten, die bisher wenige Auslandsanleihen besaßen, oder unbestrittene englische finanzielle Kolonien gewesen waren, nun mit Dollaranleihen bedacht. Die Rohstoffkrise hat in diesen Anleihen noch weit ärgere Verwüstungen angerichtet als die europäischen Nöte unter den europäischen Staatsanleihen.

Die Beziehungen zur Londoner Börse sind naturgemäß am engsten. Zahlreiche amerikanische Werte, vor allem Eisenbahnen, werden seit vielen Jahrzehnten an der *Londoner Börse* (s. d. *III*) gehandelt, englische Aktien fehlen dagegen an der amerikanischen Börse fast völlig, wie überhaupt die Einführung europäischer Aktien gegenüber der Überflutung mit europäischen Bonds völlig in den Hintergrund tritt. Dies findet seine Erklärung in den sehr weitgehenden Publizitätswünschen der N. Y. B., dann in zahlreichen aktientechnischen Vorschriften (Kupferdruck, Hinterlegung von Zertifikaten usw.). Auch machte man ganz allgemein die Erfahrung, daß europäische Aktien in Amerika immer schlecht placiert waren. Bei seiner in diesem Punkt wahrhaft chauvinistischen Einstellung gegenüber den heimischen Standardwerten betrachtete das amerikanische Publikum jeden sich einstellenden Kursgewinn an europäischen Aktien als einen unverhofften „Profit" (eine Steigerung der heimischen jedoch als echte „Capital appreciation") und nützte dies durch schleunigen Abverkauf, also Rückfluß der Aktien nach Europa aus. Das Verhältnis der New Yorker zur Londoner Börse unterlag naturgemäß der gleichen Entwicklung wie das der Zahlungsbilanz beider Länder. Es begannen sich also auch hier seit 1914 die Rollen zu vertauschen, indem amerikanische Käufe in steigendem Maße, besonders in den Jahren 1928/29 die Tendenz der Londoner Börse beeinflußten. Diese Interessennahme erstreckte sich — abgesehen vom Rückkauf von USA.-Werten — auf eine sehr scharf umrissene Gruppe von Aktien (die sog. anglo-american group).

Anders wieder war das Verhältnis New Yorks zu *Amsterdam* (s. d.), wo sich (in weit stärkerem Maße als etwa in Zürich) die Übung herausbildete, bei den Emissionen großer amerikanischer Konzerne, insbesondere der public utility Branche, kleine Teiltranchen — meist einige Tage später — aufzulegen.

2. *Charakteristik der New Yorker Börse.* An der New Yorker Stock Exchange besteht die Vorschrift, daß jedes zustandegekommene Geschäft unverzüglich nach Anzahl, Gattung und Kurs einer Zentralstelle mitgeteilt werden muß, die diese Meldungen durch den ticker (ein automatischer Kursmelder) laufend publiziert. Diese Institution ermöglichte erst die ungeheure Entwicklung des Umsatzes an den N. Y. B. Die Kurse werden binnen weniger Minuten im ganzen Land verbreitet und so die Möglichkeit geschaffen, dauernd neue Orders an die Börse zu erteilen. Durch diese amtliche Registrierung kann ohne weiteres der Tagesumsatz jeder einzelnen Aktie festgestellt werden, für das Publikum eine unschätzbare Kontrolle.

Die New Yorker Börsenumsätze betrugen:

Aktien (Millionen Stück):

1924	1925	1926	1927	1928	1929	1930	1931
282,7	452,2	449,1	777,0	936,4	1117,7	810,5	576,7

Bonds (Millionen $ Nomin.):

1924	1925	1926	1927	1928	1929	1930	1931
3828,0	3398,3	3029,7	3321,5	2927,7	3030,1	2779,6	3087,0

Es ergibt sich, daß der Aktienumsatz in dem Haussejahr 1929 rund das 30—40fache des Bondumsatzes betragen hat, während in der Folgezeit der festverzinsliche Markt wieder stark aufzuholen vermochte. Die Vermehrung des Aktienumsatzes des Jahres 1929, das die größten Umsätze brachte, gegenüber 1913 betrug hierbei das 14fache, während der Bondumsatz „nur" um das 6fache gegenüber 1913 stieg. Im gleichen Jahr ergab sich ein mittlerer Umsatz pro Börsentag von fast $^1/_2$ Milliarde Dollar. Dies läßt die überragende Bedeutung der N. Y. B. erst recht erkennen, wenn man z. B. dagegen hält, daß die Mailänder Börse, die einzige europäische Börse, die täglich amtliche Umsatzziffern bekanntgibt, im gleichen Jahre nicht viel mehr als etwa $^1/_2$ Million Dollar im Tagesdurchschnitt, also etwa $^1/_{1000}$stel, in Aktien umgesetzt hat.

Angesichts solcher Dimensionen fällt ein Versuch schwer, die wichtigsten Einzelgebiete der N. Y. B. in diesem Rahmen zu charakterisieren, wie dies bei den meisten europäischen Börsen (mit einziger Ausnahme der Londoner) durchaus möglich ist. Immerhin gibt es eine Reihe von Branchen, die seit jeher für das amerikanische Börsenleben besonders typisch sind. Hierzu gehören, schon durch ihre große Zahl und dadurch, daß sie universelle Träger der Erschließung (vor allem des Westens) waren, die amerikanischen Eisenbahnen. Auch abgesehen von ihrer momentanen Notlage, die weit über das Ausmaß der Wirtschaftsdepression hinaus ihre Ursache in der Konkurrenz durch andere Verkehrsmittel und durch die pipe lines hat, ist ihre Bedeutung in der Nachkriegszeit ständig langsam zurückgegangen. Es traten erst „Industrials" und später „public utilities" (private Versorgungsbetriebe für Elektrizität, Gas, Wasser) an ihre Stelle als Favoriten der Börsenspekulation. Dies gilt in dieser Schärfe nur für common shares, die unzähligen Bondemissionen der rund 1900 (!) amerikanischen Eisenbahngesellschaften beherrschten auch weiterhin einen großen Teil des Anlagemarkts. Weitere typische amerikanische Branchen, bzw. Börsenwerte sind die Postversandhäuser (mail order houses, z. B. Montgomery Ward), also Warenhäuser, die mit ihren Kunden lediglich auf Grund von Listenbestellungen verkehren, dann Kettenläden (chain stores) usw. Nebenher spielen natürlich die ungeheuren Konzerne des amerikanischen Rohstoffreichtums also Petroleumwerte (wie die zahlreichen Standard Oil-Gesellschaften), Kupferwerte (Anaconda) eine große Rolle. Charakteristisch für die N. Y. B. in normalen Zeiten ist, daß sich innerhalb der Gesamttendenz ununterbrochen "Ups" und "Downs" von Spezialgebieten abspielen, die für sich allein in ihren Ausmaßen der Hausse oder Baisse einer anderen Börse gleichkommen.

Schon hierbei fällt die große Unempfindlichkeit Kurseinbrüchen gegenüber auf. Weit bewundernswerter war es aber, wie Wallstreet den gigantischen Zusammenbruch der Spekulation im Herbst 1929 ohne große Insolvenzen ertrug.

Man muß sich hierbei vergegenwärtigen, daß innerhalb weniger Tage das Kursniveau auch der solidesten Standardwerte fast halbiert wurde, daß der Kurs vieler neuemittierter Unternehmungen (mehrere

[1] Ein Teil des Kapitalexportes nach Kanada war übrigens nicht für dieses selbst bestimmt, sondern hatte steuerliche Gründe, da Kanada bzw. Neufundland in ihrer Aktiengesetzgebung internationale Holdinggesellschaften besonders begünstigen und so für die neue Welt eine ähnliche Rolle spielen, wie etwa in Europa Schweiz, Luxemburg und Liechtenstein. So ging der größte Teil dieser Gelder über Kanada gleichfalls nach Südamerika, das das Haupttätigkeitsfeld einiger bekannter kanadischer Konzerne (z. B. Brazilian Traction usw.) ist.

Milliarden Dollar!) zusammen noch stärker, bis auf $^1/_4$ fiel. Im ganzen schätzt man, daß die Kurssumme der an der New Yorker Stock Exchange notierten Werte von zuhöchst rund 87 Milliarden Dollar binnen 20 Tagen auf etwa 72 Milliarden stürzte, abgesehen von den noch ärgeren Verwüstungen an der zweiten N. Y. B., dem „Curb". Das alles sind fast unverständliche Ziffern. Wenn man nur den Aktienindex (also ohne Rentenwerte) sprechen läßt, so fiel dieser von 227 auf 150. Das bedeutet, daß New York binnen einigen Wochen einen Weg zurückgelegt hat, zu dem die deutschen Börsen nach dem berühmten „schwarzen Freitag" (13. Mai 1927) fast $2^1/_2$ Jahre brauchten.

Einen Hauptgrund für diese im Verhältnis zur deutschen oder französischen Börse so unvergleichlich großen Schwankungen bildet der grundsätzliche Unterschied in der angelsächsischen Finanzierung der Aktiengesellschaften, die ihren stärksten Ausdruck in den nennwertlosen common shares gefunden hat. Weitere Ursachen mögen darin liegen, daß das amerikanische Publikum, weit spekulativer als irgendein anderes, Aktien oft auf Abzahlung kauft oder mit einer recht schmalen Deckung (margin account vgl. *Amerikanischer Geld- und Kapitalmarkt A 1*) spekuliert. Ferner ist die Dividendenpolitik der amerikanischen Aktiengesellschaften von der vieler europäischer recht verschieden. Da sie — bisher wenigstens — Steuerrücksichten, die die Dividendenpolitik in europäischen Ländern so ausschlaggebend beeinflussen, kaum kannten, zeigten sie weit williger ihre vollen Gewinne, die durch die Art der Kapitalisierung[1] nur einen Vergleichswert haben, wenn man sie auf den einzelnen common share bezieht. Diese „Earnings per share (common)" bilden auch die Grundlage jeder Wertabschätzung und ihre mitunter recht starken Schwankungen (da sie ja in voller Höhe gezeigt werden) haben entsprechende Bewegungen in den Kursen zur Folge.

3. Entwicklung der letzten Jahre. Nach einer schweren Erschütterung der Jahre 1920/21, die die Bereinigung der Auswüchse der Kriegskonjunktur brachte, brauchten die USA.-Börsen (neben den N. Y. B. ist die wichtigste die von Chicago) einige Jahre der Sammlung: 1927 setzte der mächtige Auftrieb ein, der dann ununterbrochen anhielt, und neu genährt durch die Wahl Hoovers zum Präsidenten (November 1928) schließlich in die phantastischsten Kursexzesse, inbesondere auf dem Gebiet der Public Utilities und der Investment Trust-Gründungen, ausartete. Der Krach setzte, wie schon früher erwähnt, mit einer für europäische Verhältnisse unvorstellbaren Wucht ein, es gelang aber der persönlichen Initiative des Präsidenten Hoover — freilich erst, nachdem auf den ersten Krach (29. Oktober 1929) eine „secondary panic" (13. November 1929) gefolgt war — der Bewegung Herr zu werden. Durch die verschiedensten Maßnahmen, die teilweise auch auf psychologischem Gebiet lagen (offiziell wurde im Winter 1929/30 größter Optimismus an den Tag gelegt), sowie durch die ostentative Vergebung öffentlicher Aufträge, dann durch die Hilfsmittel, welche den Staatsfinanzen — nach den vorangegangenen üppigen Jahren die reichsten der Welt — zur Verfügung standen, gelang es, das Kursniveau vorübergehend wieder sehr stark zu heben. Im späten Frühjahr 1930 waren zwar nicht die Höchstkurse, aber ein allgemeines Niveau wiedererlangt, das nicht allzusehr darunter blieb. Versucht man heute zurückschauend die gleichsam durch die Wiedererholung überprüften Kurse des Frühjahrs 1930 kritisch zu untersuchen, so wird das ungeheure Ausmaß der Verwässerung der Aktienkapitalien der meisten Konzerne klar, wie sie durch das System der Aktienspaltungen usw. herbeigeführt wurde. Man vergaß immer wieder, daß die oft durch mehrfache Spaltungen entstandenen Aktien dieser Periode nur verschwindende Bruchteile der gleichen Aktie wenige Jahre vorher darstellten, daß die Anzahl der ausgegebenen common shares vieler Gesellschaften, die keineswegs zu den allergrößten ihrer Art gehörten, viele Millionen betrug und demgemäß ihr Kurswert allein ebensoviel hunderte Millionen. Berechnet man aber den Kurswert des gesamten Kapitals einschließlich der vorangehenden preferred shares und Bonds, so gelangte man zu abenteuerlichen Bewertungen. Einige Beispiele:

Die common shares der Radio Corporation standen zu höchst (Herbst 1929) 114 $ per Stück: Das Gesamtunternehmen wurde hierdurch mit rund 1 Milliarde Dollars bewertet, heute (Mitte 1932) mit knapp 100 Millionen. Gillette safety Razor: Höchstbewertung 320 Millionen $, General Electric 3 Milliarden $ (heute rund $^1/_{10}$ hiervon), American & Foreign Power, eine Holdinggesellschaft für (vorwiegend südamerikanische) Public Utilities: Höchstwert 2 Milliarden (!), heute knapp 100 Millionen.

Derartige Summen ließen sich eben nur durch einen heute nur mehr schwer begreiflichen Optimismus hinsichtlich der immer weitergehenden Prosperity erklären, die es jedem Unternehmen ermöglichen werde „in sein Gewand hineinzuwachsen". Als nun diese Prosperity der Wirtschaft, die ja ihrerseits aus den Börsengewinnen starke geistige, wie materielle Anregungen gezogen hatte, nicht mehr weiter ging, setzte im Sommer 1930 der Abbröckelungsprozeß ein. Es ist dabei schwer zu sagen, inwieweit Käufe auf Abzahlung die Einkommensbildung künftiger Perioden eskomptiert und gleichzeitig das Bild des normalen Konsums verfälscht hatten und nun dem einmal eingeleiteten Rückgang zu immer schnellerem Absturz verhalfen. Der Einwand, daß die typischen Abzahlungskonzerne (z. B. CIT., die Muttergesellschaft der deutschen „Citag") auffallend geringe Ausfälle hatten, ist hierbei wenig stichhaltig, denn dies beweist bloß die Vorsicht bei der Einräumung von Abzahlungskrediten im Einzelfalle, aber volkswirtschaftlich so gut wie nichts, da eben der Einzelne, um seinen in der Hausse eingegangenen Abzahlungspflichten zu genügen, seinen weiteren Konsum nur um so stärker drosseln mußte. Die Nachrichten lauteten daher, nachdem sie zunächst noch auf einem gehaltenen Niveau verliefen, immer schlechter. Die Einnahmen von 1734 amerikanischen Gesellschaften fielen 1930 gegen 1929 durchschnittlich um 35% (und zwar Industrials um 44%, Eisenbahnen um 41%, während public utilities im Jahre 1930 noch 1% gewinnen konnten). Im Jahre 1931 setzte sich der Absturz, bald allgemein, bald mit besonderer Schärfe einzelne Branchen treffend, weiter fort. Vorübergehend war z. B. die Lage der Ölwerte besonders trostlos, gegen Ende des Jahres wurden die Bahnen die Hauptsorgenkinder. Gut gehalten waren vorerst noch immer public utilities, dann auch einige Branchen, die sich auch sonst in der Welt als besonders krisenfest gezeigt haben, insbesondere Lebensmittel, Kettenläden (Woolworth), dann die Genußmittelindustrie.

Gänzlich zusammengebrochen waren in diesem Zeitpunkt (Frühjahr 1931) bereits die Aktien aller derjenigen Industrien, deren stürmische Expansion einen so großen Anteil an dem großen Welt-Börsen-Boom gehabt hatte, so Radiowerte und Kupferwerte. (Kunstseide und Grammophonwerte spielten an der N. Y. B. eine geringere Rolle.) An der Wende des Jahres 1931/32 brach schließlich, abgesehen von den Auswirkungen des Kreuger-Skandals, der Hauptpfeiler des Aktienniveaus zusammen, und zwar die public utilities, Hier lag die Schuld in einer gewissen

[1] Vorwegnahme eines großen Teils des Reingewinnes für die Verzinsung von Bonds und preferred shares, vgl. *Aktie* 1, 6.

Übergründung, vor allem in der Schaffung verschiedener organisch nicht notwendiger Holdinggesellschaften die nun die an sich schon reichlich hohe Kapitalisation ihrer Betriebsgesellschaften (operating companies) in millionenweise ausgegebenen common shares wiederspiegelten. Einer der größten zusammengebrochenen public utilities Trusts, die Insull-Gruppe hatte nicht weniger als 120 Untergesellschaften, von denen die größeren viele hundert Millionen $ Kapital (und ihrerseits wieder zahlreiche Tochtergesellschaften) besaßen. Ohne daß in diesem Fall die Verschachtelung bewußt weit getrieben war, was oft genug noch hinzukam, ging bei solchen Ziffern für die große Masse der Anleger jede Urteilsmöglichkeit verloren. Die Einnahmen fielen 1931 gegen 1930:

bei industrials	um 53%	(gegen 1929: 72%)
„ railroads	„ 40%	(59%)
„ public utilities	„ 5%	(1%)

4. Technisches und Aktienrechtliches. Common shares notieren in Dollars pro Stück, was ja durch das Überwiegen der nennwertlosen common shares eine Selbstverständlichkeit ist. Früher hatten die Aktien der meisten führenden Gesellschaften ein Nominale von 100 Dollar, so daß die Stückelung meist auch der Prozentnotierung entsprach. Dieser vom Standpunkt der Übersichtlichkeit ideale Zustand ist heute für die common shares fast völlig vorbei (lediglich viele Eisenbahnshares haben noch ein Nominale von 100 Dollar), hingegen für den größten Teil der preferred shares noch immer in Geltung. Erst in der letzten Phase der Boomperiode sind auch preferred shares in anderer Stückelung, z. B. 50 Dollar häufiger geworden, ja sogar nennwertlose preferred shares, bei denen dann die Verzinsung in Dollar statt in Prozenten angegeben ist. Hier kann man sich aus den Rückzahlungsbedingungen oder aus der Verzinsung meist eine Art „Ersatznominale" konstruieren, ein Begriff, dessen man denn doch für festverzinsliche Werte, um sie mit anderen vergleichen zu können, nicht entraten kann: etwa 6 Dollar shares = $ 100 Nominale, 3 Dollar shares = $ 50 Nominale. Bonds notieren in Prozenten; keine Stückzinsenberechnung.

Coupons und Dividenden. Bonds haben Halbjahrscoupons. Aktien dagegen, was also einen grundsätzlichen Unterschied zu Europa bedeutet, meist Vierteljahrscoupons. Was speziell die Dividenden der common shares betrifft, so ist zwischen der „regular dividend" und den verschiedenen Extras zu unterscheiden: durch eine oft viele Jahre beibehaltene unveränderte regular dividend deutet die Gesellschaft ihre Absicht an, diesen Dividendensatz zur Basis für ein Durchschnittsjahr zu machen. Hinzu tritt bei günstigen Resultaten eine Extradividende, sei es nun in bar oder in stocks, also in Form von jungen Aktien. Neuerdings (etwa seit 1928, also auch eine Erscheinung der Hausseperiode) sind verschiedene Gesellschaften dazu übergegangen, nur in jungen Aktien (common stock dividend) zu zahlen.

Der Umstand, daß zwischen Erklärungs- und Zahltag der Dividende meist eine Frist von mehreren Wochen liegt, führt leicht zu Irrtümern für den europäischen Investor. Hat er seine Aktien auch noch geraume Zeit vor dem Dividendenzahltag verkauft, so können sie doch (falls dies bereits nach dem Erklärungstag war) ex Dividende lieferbar gewesen sein, und er hat dann noch auf die gerade abgegangene (Vierteljahrs-) Dividende Anspruch. Umgekehrt kann bei einem Kauf, auch wenn die Dividende erst Wochen später bezahlt wird, der share bereits ex gewesen sein.

Eine weitere Eigentümlichkeit — insbesondere der Hausseperiode — sind die Split up's, d. h. die Stückelung von Aktien, die oft mit einer Dividendenerhöhung — bezogen auf das alte Nominale — verbunden und daher meist als Hausseelement gewertet wurden. Die Grenzen zwischen einem Split up und einem Bonus in Aktienform sind fließend, bei dem letzteren Vorgang steht eben das Moment der Ausschüttung als Abart einer Dividende im Vordergrund, beim Split up das angebliche oder wahre Motiv, zu „schwer" gewordene Aktien durch eine Spaltung für den Börsenverkehr handlicher zu machen. Diese Split up's führten auch, wie schon erwähnt, zu unglaublichen Wertsteigerungen des ursprünglichen Aktienbestandes bzw. des Gesamtunternehmens und dadurch auch volkswirtschaftlich zu den allergrößten Irrtümern. So hat man z. B. berechnet, daß an einzelnen Autoaktien in den Jahren 1922—1929 der Investor das 30fache seines ursprünglichen Geldes ohne jeden Neueinschuß erhielt usw.

Die N. Y. B. kennt keine *Effekten-Termingeschäfte* (vgl. d.). Alle Geschäfte sind Kassageschäfte und am nächsten Tage abzuwickeln. Ein ausgebildetes System der Effektenleihe bildet einen Ersatz des Termingeschäftes an den europäischen Börsen und ermöglicht auch den Leerverkauf (das Fixen) von Aktien, so daß die N. Y. B. genau so wie alle übrigen eine Hausse- und Baissepartei aufweist. Immerhin fehlen Terminengagements im europäischen Sinne vollkommen, das Ganze spielt sich als eine Art Lombardgeschäft ab. Dies und die Gewohnheiten des amerikanischen Publikums überhaupt führen zu einer sehr starken Herausbildung des Publikumsgeschäftes mit Deckung, das in der Entwicklung der sog. Maklerdarlehen (vgl. *Effektenkredite* sowie *Amerikanischer Geld- und Kapitalmarkt*) seinen sichtbarsten Ausdruck findet. Zum Verständnis dieses Wortes sei hier nur kurz erwähnt, daß sich das Hauptspekulationsgeschäft des Publikums nach angelsächsischer Manier bei den Effektenmaklern (*Brokers*, s. d.) abwickelt, die ihrerseits sich die nötigen Mittel durch Aufnahme von Lombarddarlehen bei den Banken beschaffen.

Die zweitwichtigste Börse neben der Stock Exchange ist der Curb market. Die Anzahl der Sitze an beiden Börsen ist beschränkt und einzelne Sitze gelangen durch Versteigerung neu zur Vergebung. Die hierfür erzielten Preise (zuhöchst, 1929 wurden für einen Stock Exchange-Sitz rund $ 600000 bezahlt, im April 1931 ca. $ 300000, April 1932 $ 80000) spiegeln in recht interessanter Weise das jeweils herrschende Börsenanimo wieder. Die Notierung am Curb market wird oft auch nur als Durchgangsstation zur Aufnahme in die rigorosere Stock Exchange benutzt.

Es existieren Inhaber- und Namensaktien. Für die Gesellschaft entscheidendes Stimmrecht besitzen meist nur die common shares, während die preferred shares nur für die sie selbst betreffenden Fragen (z. B. im Fall der Nichtzahlung ihrer Dividende) Stimmrecht besitzen. Wichtig ist die in den meisten Fällen vorbildliche Publizität amerikanischer Gesellschaften hinsichtlich ihres Geschäftsganges und ihrer Einnahmen (Industriegesellschaften zumeist Vierteljahrsausweise, Bahnen Monatsausweise). Die Haftung der Emissionshäuser für Prospektwahrheit ist sehr streng. Die Schlußeinheit der Stock Exchange beträgt 100 Stück. Teilbeträge von Schlüssen werden zu einem ungünstigeren Kurs (etwa $^1/_2$—1 $ Differenz) gehandelt als sog. odd amounts.

Spesen, Steuern. Die Spesen des New Yorker Platzes sind mittelhoch. Kauf und Verkauf bedingen $^1/_4$% Provision. Hinzu kommen meist (z. B. stets für den europäischen Interessenten) die speziell bei kleineren Aufträgen nicht zu unterschätzenden Depeschenspesen. Eine Erhöhung der Börsenspesen ist soeben — aus fiskalischen Gründen angesichts des enormen Staatsdefizits — im Gange.

Handbücher. Die amerikanischen Handbücher sind ausgezeichnet und übertreffen hinsichtlich der stofflichen Anordnung in mancher Beziehung sogar die einschlägigsten deutschen. Die wichtigsten Verlage (s. unten) liefern jährlich ein mehrbändiges Werk und daneben laufende Ergänzungsblätter. Während die Betriebsbeschreibung ziemlich knapp ist, zeichnen sie sich durch außerordentlich weitgehende Bearbeitung der Bilanzen aus, insbesondere der Gliederung der Einnahmen nach Rohgewinn, Generalunkosten, „fixed charges" und schließlich des Endresultats, den „earnings per share". Diese Anordnung erklärt sich daraus, daß die common shares — seit jeher die Hauptträger des Börsengeschäfts — nur einen verschwindenden Bruchteil des arbeitenden Kapitals repräsentieren, im Gegensatz z. B. zur Stammaktie der deutschen Gesellschaften, und daher schon eine geringe Schwankung des Ertrags des Unternehmens sich weit schärfer auf die common shares auswirkt. Die bekanntesten Handbücher, bzw. Informationsdienste sind:

1. Moody's Manual of Investments, American and Foreign (Moody's Investment Service, New York).

2. Poor's Cumulative (Poor's Publishing Company, New York).

3. Standard Corporation Records (Standard Statistics Comp. Inc. New York).

Literatur: Abgesehen von den genannten Handbüchern: Atwood, A. W.: The Stock and Produce Exchanges. New York 1923. — Fowler, John Francis jr.: American Investment Trusts. New York und London. — Meeker, J. E.: The world of the Stock Exchange. New York 1923. — Pratt, S. S.: The work of Wall Street. New York 1921. — Smith, E. L.: Common Stock as a long term investment. New York 1925. — Die Geschichte der N. Y. B. findet sich behandelt u. a. v. F. Trevor Hill: The Story of a Street. New York 1908; Robert Irving Warshaw: The Story of Wallstreet, deutsch: Von Dren bis Pierpont Morgan. Berlin 1931.

Paul Quittner.

Niederlande, Geld- und Kapitalmarkt (vgl. *Amsterdamer Börse*).

I. Der niederländische Geldmarkt.

Allgemeines. Der niederländische Geldmarkt setzt sich aus: a) Börsengeldmarkt, b) Markt für tägliches Geld, c) Privatdiskontmarkt, schließlich dem d) Schatzpapiermarkt zusammen.

Der Anteil, den diese Teilmärkte an der verfügbaren Gesamtmenge kurzfristiger Mittel haben, hat sich seit dem Weltkrieg durchgreifend geändert. Bis dahin hatte der erstgenannte den weitaus größten Anteil. Während des Krieges monopolisierte der Schatzpapiermarkt das Gebiet und auch jetzt noch ist er viel umfangreicher als vor dem Kriege. Die Privatdiskont- und Tagesgeldmärkte schließlich, die erst in den letzten Jahren zur Entwicklung gekommen sind, haben einen nicht unbeträchtlichen Umfang angenommen.

Die verfügbaren kurzfristigen Mittel finden teilweise auch außerhalb des Geldmarktes Anlage, in erster Stelle als Bankdepositen. Andererseits vollzieht sich ein großer Teil der kurzfristigen Kreditbeschaffung außerhalb des Geldmarktes. Die Kundenkredite im Inlandswarenhandel sind kaum geeignet zur Umwandlung in geldmarktfähiges Material. Die Gewohnheit um gegebenenfalls Bankkredite durch Verkauf von Solawechseln der Kundschaft liquide zu machen, ist bei den kleineren Banken und Genossenschaftsbanken weit verbreitet. Das Portefeuille der Niederländischen Bank, die für Solawechsel einen Satz von $^1/_2$% über Wechseldiskont berechnet, enthält immer einen bedeutenden Bestand derartiger Wechsel.

Auf die Rolle der Zentralnotenbank wird bei der Besprechung der Teilmärkte noch eingegangen werden; vorausgeschickt sei, daß sie eine „open market policy" nicht kennt, sondern sich auf Diskontpolitik beschränkt.

Eine Übersicht über die jahresdurchschnittliche Höhe der Zinssätze gibt untenstehende Tabelle, in welcher zum Vergleich auch die Rendite von Obligationen als Index für den Kapitalzins mit aufgenommen worden ist.

Jahr	Wechseldisk. der Niederl. Bank	Prolongation	Tägliches Geld	Privatdiskont	Schatzwechsel (3monatlich)	Rendite v. Obligationen
1927	3,72	3,83	3,42	3,66	3,84	4,72
1928	4,50	4,16	3,88	4,18	4,40	4,64
1929	5,13	4,89	4,27	4,82	4,90	4,76
1930	3,22	2,17	1,59	2,06	2,43	4,59
1931	2,47	1,56	0,85	1,42	1,93	4,32

a) Der Börsengeldmarkt. Auf der Amsterdamer Effektenbörse überwiegt das Kassageschäft, im Zusammenhang damit hat sich die Finanzierung von Effektenpositionen auf dem Börsengeldmarkt entwickelt. Er unterliegt den Reglementen der Vereinigung für den Effektenhandel in Amsterdam, bzw. den der verbundenen Vereine[1]. Die Notierungen werden seitens der Vereinigung festgesetzt und publiziert; eine Notierung für tägliches Geld erfolgt nicht. Vermittlung eines Mitgliedes der Vereinigung ist Regel; bei den, kaum vorkommenden, Direktgeschäften sind die von der Vereinigung vorgeschriebenen Provisionen üblich.

Am Börsengeldmarkt finden folgende Effektenlombardierungen statt:

(a) „Call-leeningen" (Ausleihungen auf unbestimmte Zeit), (b) „Prolongatie" (Ausleihungen auf einen Monat), (c) „Beleening" (Ausleihungen auf drei Monate).

Bei erstgenannter Lombardierung kann die Kündigung täglich erfolgen. Bei (b) und (c) wird, falls keine Kündigung stattfindet, auf dieselbe Zeit prolongiert, zum Zinssatze des Fälligkeitstages. Der Geldnehmer hat hier das Recht, vorzeitig zu kündigen, er schuldet dann nur die Zinsen für die laufenden 15 Tage bei (b) oder 30 Tage bei (c). Dem Geldgeber steht dieses Recht nicht zu.

Der Kurswert der lombardierten Wertpapiere hat, nach den Vorschriften der Vereinigung, ein Surplus über die Darlehnssumme aufzuweisen, das bei (a) und (b) wenigstens 10%, bei (c) wenigstens 20% betragen muß; faktisch wird bei spekulativen Wertpapieren oft mehr gefordert. Wenn infolge Kursrückganges der Wert des Unterpfandes unter den vereinbarten Betrag herabsinkt, ist spätestens bis 12 Uhr des nächsten Tages bei sonstiger Exekution Nachschuß zu leisten.

Vermittler sind in erster Linie die „Commissionairs", daneben auch die Banken und Bankiers. Erstgenannte sind Effektenhändler, die, wie in den Niederlanden allgemein üblich ist, auch Bankgeschäfte tätigen[2].

[1] Vereinigung der Effektenhändler in Rotterdam und Bund für den Geld- und Effektenhandel in der Provinz; 1905 kam ein Vertrag zustande, der u. a. die Prolongationsprovision gemeinsam regelt.

[2] Es kommt oft vor, daß mehrere Vermittler sich beteiligen: die Banken benutzen vielfach für die Unterbringung der von ihnen, entweder für eigene Rechnung oder für ihre Kunden, dem Markte zur Verfügung zu stellenden Gelder die Vermittlung eines Kommissionärs; für die nicht in einem der drei Zentren ansässigen Geldgeber schaltet sich ein provinzieller Kommissionär ein.

Geldgeber außerhalb der Börse sind u. a. die größeren Kolonial- und Verkehrsunternehmungen, Sparkassen und öffentlichen Stellen; Geldgeber auf der Börse sind die Banken und Bankiers und die größeren Kommissionäre.

Geldnehmer sind hauptsächlich Privatpersonen, die Effektenpositionen zu finanzieren wünschen, daneben auch die kreditbedürftigen Unternehmungen, die über Effekten als Unterlage verfügen.

Die vom Geldnehmer zu zahlende Mindestprovision beträgt 1,8% pro Jahr (für Effektenhändler 1,2%); die Stempelsteuern sind für jeden Vertrag fl. 0,30. Der Totalbetrag der Engagemente belief sich beim Kriegsausbruch auf fl. 460 Mill.; über den heutigen Umfang des Marktes fehlen alle Angaben. Bei den vier ausweisenden Großbanken beliefen sich die auf Effektenunterpfand zur Verfügung gestellten Mitteln (ohne tägliches Geld, das nicht gesondert ausgewiesen wird) Ende 1929 auf fl. 272,6 Mill., Ende 1930 auf fl. 235,2 Mill. und Ende 1931 auf fl. 149,3 Mill. Der Prozentsatz, den sie von den insgesamt von den vier Banken erteilten Kredit ausmachen, läuft ständig zurück: in 1913 noch 29,4 war er in 1928 auf 26,0 gesunken und stellte er sich in den letzten drei Jahren auf 24,6, 21,9 und 17,8.

Auch die Niederländische Bank kommt für die Erteilung von Geldmarktkrediten in Frage. Das von ihr geforderte Surplus ist jedoch höher als das im freien Markte übliche[1]. Ihre Lombardierungen werden auf einen Monat, ohne Provisionsberechnung abgeschlossen; Satzesänderungen haben sofortige Wirkung. Für — täglich kündbare — Vorschüsse in laufender Rechnung gelten dieselben Bestimmungen.

Jahresdurchschnitte	Niederländische Bank (Millionen)	
	Lombardierungen	Vorschüsse
1928/29	84,4	20,8
1929/30	68,9	24,5
1930/31	56,8	33,7
1931/32	57,3	44,9

b) Der Markt für tägliches Geld. Bis ungefähr 1926 gehörte der Markt für tägliches Geld gänzlich zum Börsengeldmarkt; seitdem hat sich neben diesem ein weit wichtigerer Markt gebildet, wo ebenfalls täglich fälliges Geld gehandelt wird, aber mit anderem Unterpfande als Effekten. Diese Entwicklung ist größtenteils der Errichtung von Auslandsbanken in Amsterdam, die hier die heimischen Methoden einführten, dem Zufluß ausländischer Gelder und der Politik des Schatzamtes zuzuschreiben.

Geldgeber sind in erster Linie die Großbanken, die umgekehrt auch als Geldnehmer auftreten, und daneben eine beschränkte Zahl von Großunternehmungen sowie das Schatzamt und öffentliche Stellen. Die Großbanken unter sich geben und erteilen täglich kündbare Kredite ohne jegliches Unterpfand. Bei Krediten an kleineren Banken wird Deckung oder ein höherer Satz gefordert. Das Schatzamt ist ebenfalls abwechselnd Geldgeber und Geldnehmer; als Unterpfand fungieren hier Schatzwechsel und, bei Ausleihungen durch das Amt, auch Handelswechsel.

Geldnehmer sind, außer den Genannten, die Wechselmakler und Kassenvereinigungen, die mittels Callgelder einen großen Teil ihrer Portefeuillen finanzieren; Privatdiskonte bilden hier das Unterpfand.

Eine offizielle Notierung erfolgt nicht. Die Anzahl der an dem Markte Beteiligten ist gering und der Handel vollzieht sich meist ohne Einschaltung von Vermittlern. Die Niederländische Bank hat seit 1929 die kommissionsweise Ausleihung von täglichem Gelde auf Wechselunterpfand für öffentliche Stellen übernommen.

Vollständige Angaben über den Umfang des Marktes fehlen. Das Finanzministerium publiziert wöchentliche Kassenausweise; aus diesen geht hervor, daß der Höchstbetrag, der von ihm aufgenommen wurde, fl. 22 Millionen betrug, während der Höchstbetrag, den es zur Verfügung stellte, fl. 41 Millionen belief.

c) Privatdiskontmarkt. Nach der Entstehung des modernen Bankwesens in den Niederlanden im Anfang der sechziger Jahre des 19. Jahrhunderts nahmen die Banken auch das Akzeptgeschäft auf; 1870—1890 gelang es, dieses Geschäft einigermaßen zur Entwicklung zu bringen. Geldgeber waren aber kaum zu finden, die Exporteure machten sich von den Banken unabhängig und die Importfinanzierung fand immer mehr über London statt; von einem organisierten Diskontmarkte konnte nicht gesprochen werden.

Seit dem Weltkriege hat sich dieses grundliegend geändert. Die Desorganisierung des internationalen Kredit- und Zahlungsverkehrs zwang zur Selbsthilfe und zur Finanzierung eines Teils des Außenhandels mittels Akzeptkredit. Die noch zu erwähnende Reihe von Ursachen, die für die Internationalisierung des Amsterdamer Geldmarktes bestimmend war, sowie die Politik der Niederländischen Bank haben die Entwicklung des Akzeptmarktes sehr beträchtlich gefördert.

Die auf dem Privatdiskontmarkt zu verhandelnden Wechsel müssen sich auf mindestens fl. 2000 belaufen, in Amsterdam, Rotterdam oder Haag zahlbar und von einer erstklassigen Bank giriert oder akzeptiert sein. Bankgirierte Warenwechsel kommen nur vereinzelt vor, die Bankakzepte überwiegen. Im Innenhandel wird das Akzept kaum benutzt. Die meisten Bankakzepte finden ihre Ursache in Rembourskrediten oder finanzieren die Weiterverarbeitung importierter Rohstoffe (Wolle, Baumwolle, Tabak).

Akzeptante sind in erster Linie die niederländischen Großbanken und größeren Bankiers, des weiteren die als niederländische Unternehmungen gegründeten Banken fremder Herkunft (Auslandsbanken), sowie die im Auslande tätigen niederländischen Banken und die speziellen Akzeptinstitute. Die Errichtung der Auslandsbanken, und überwiegend solcher deutscher Herkunft, in den Niederlanden datiert von 1919—1921. Die Akzeptinstitute wurden 1924 errichtet. Das Kapital dieser Institute befindet sich gänzlich in Händen niederländischer und ausländischer Großbanken; Zweck der Gründung war Konkurrenzausschaltung und Risikoverteilung. Die Niederländische Bank hat die Akzepte dieser Institute seit deren Errichtung wie Akzepte heimischer Banken behandelt.

Der Handel in Akzepten findet durch Vermittlung der Wechselmakler statt, die Nachfrage und Angebot ausgleichen und den Privatdiskontsatz festsetzen; die Makler girieren die von ihnen gelieferten Akzepte nicht.

Geldgeber sind die Großbanken, die Kassenvereinigungen und die sonstigen Geldmarktkreditoren. Anfänglich beschränkte sich der Markt auf die erstgenannten; er war infolgedessen einseitig und instabil. Allmählich hat sich der Kreis der Geldgeber erweitert: verschiedene Sparkassen, Versicherungsgesellschaften und Kolonialunternehmungen haben den Weg zum Geldmarkt gefunden; die Niederländische Bank hat seit 1929 den kommissionsweisen Ankauf von Bankakzepten für öffentliche Stellen übernommen.

[1] Und zwar für inländische Obligationen: 25% (Staatspapiere, 15%), für inländische Aktien: 30% (Öl, Gummi und Tabak: 50%: Bergbau: 100%), für ausländische Wertpapiere: 50% (Öl, Gummi, Tabak und Bergbau: 100%).

Sowohl durch die Feststellung der Bedingungen für die Qualität der von ihr anzukaufenden Wechsel wie auch durch die Festsetzung ihres Diskontsatzes — und dadurch im allgemeinen des Höchstsatzes für Privatdiskont — hat die Niederländische Bank großen Einfluß auf den Akzeptmarkt. In beiderlei Hinsicht ist sie seit Ende des Weltkrieges bestrebt gewesen, die Entwicklung dieses Marktes zu fördern.

Prinzipiell diskontfähig sind seit 1922 die Bankakzepte, von welchen die Akzeptante durch Kennzeichnung mit einer bestimmten Nummer bestätigen, daß sie ihres Erachtens den Vorschriften (Finanzierung von Rembourskrediten, durch welche das niederländische Interesse nicht geschädigt wird) entsprechen. Für Akzepte auf Grund von Remboursgeschäften größeren Umfanges sowie von sonstigen zugelassenen Transaktionen ist vorhergehende Anfrage notwendig. Auf letztgenannte Akzepte übt die Zentralbank also eine präventive Kontrolle aus, während sie auch über Beträge und unterliegende Transaktionen der übrigen Akzepte fortlaufend Nachricht erhält. Die Akzepte der Auslandsbanken wurden 1926 diskontabel erklärt, unter dem Vorbehalt jedoch, daß die Banken rechtlich als niederländische A.-G. oder Firma tätig sind. Auch erhielten diese Banken die Befugnis, bei der Niederländischen Bank zu rediskontieren. Die anfänglich für diese Banken geltende Beschränkung auf reine Remboursakzepte für die Finanzierung von Importen wurde 1927 fallengelassen.

Unter normalen Verhältnissen sind die Mindestkosten für den Geldnehmer: Akzeptprovision $^3/_8$%, Wechselstempel $^1/_2$%, Maklerprovision $^1/_2$‰ des Wechselbetrages, oder für ein Dreimonatsakzept $1^3/_4$% jährlich (für Banken $1^1/_4$% jährlich). Der Makler bringt dem Geldgeber keine Provision in Anrechnung.

Über den Umfang des Marktes orientieren folgende, einem Diagramm im Jahresbericht 1931/32 der Niederländischen Bank entnommene Ziffer der diesem Institute aufgegebenen Akzepte:

Ende 1927 rund fl. 325 Mill.
„ 1928 „ „ 300 „
„ 1929 „ „ 325 „
Ende 1930 rund fl. 275 Mill.
„ 1931 „ „ 140 „

Nachdem die Gewährung von Akzeptkrediten der fünf Großbanken Ende 1929 mit fl. 174,0 Mill. ihr Höchststand erreicht hatte, offenbarte sich schon 1930 ein gewisser Rückgang (auf fl. 143,7 Mill.); die Wirtschaftskrise war Ursache, daß der Betrag Ende 1931 auf fl. 87,6 Mill. zusammengeschrumpft war. Über die Bedeutung des Akzeptgeschäftes der fünf Großbanken im Rahmen ihrer sonstigen Passiven orientiert folgende Tabelle.

	Ende 1913	Ende 1930	Ende 1931
Kapital	117,2	255,0	255,0
Reserven	32,6	131,5	111,8
Depositen und Kreditoren .	224,7	1320,2	1041,0
Akzeptkredite (inkl. von Dritten für Rechnung der Bank akzeptierte Wechsel)	51,2	143,7	82,6

d) Der Schatzpapiermarkt. Geldnehmer ist hier der Staat, der regelmäßig emittiert[1]:

1. „Schatkistbiljetten" (Schatzscheine), ausgegeben mit einer im voraus festgesetzten, auf Coupons zahlbaren Verzinsung; unter Pari wird nicht emittiert; die Laufzeit beträgt in der Regel 12 Monate; Abschnitte zu fl. 1000, fl. 5000 und fl. 25000;

2. „Schatkistpromessen" (Schatzanweisungen), unverzinslich; Laufzeit 3 und 6 Monate; Abschnitte zu fl. 10000, fl. 50000 und fl. 100000.

[1] Die gesetzlichen Vorschriften geben teilweise mehr Spielraum; hier sind nur die üblichen Bedingungen wiedergegeben (1931 wurden drei-, vier- und fünfjährige Schatzscheine ausgegeben).

Die Ausgabe findet statt durch öffentliche Subskriptionen beim Agenten des Finanzministeriums in Amsterdam und bei der Niederländischen Bank in Rotterdam und Haag, sowie durch freihändigen Verkauf durch den Agenten. Die Zuteilung erfolgt für alle Subskriptionen ohne Unterschied zu dem niedrigsten Kurse, der noch berücksichtigt wird.

Geldgeber sind, namentlich für die größeren Abschnitte, die Banken und im allgemeinen diejenigen, die eine äußerst flüssige kurzfristige Anlage suchen. Veräußerung während der Laufzeit kommt in der Regel wenig, Rediskontierung bei der Niederländischen Bank nur ausnahmsweise vor. Auch „unmittelbare" Unterbringung von Schatzanweisungen kommt vor; in diesem Falle übernimmt die Bank die Anweisungen vom Schatzamt, nachdem sie von einer Bank oder von einem Bankier mit der erforderlichen zweiten Unterschrift versehen sind.

Der Gesamtumlauf von Schatzpapier war während der ersten Nachkriegsjahre am höchsten (16. Januar 1922 fl. 850 Millionen gegen rund fl. 35 Millionen vor dem Kriege).

		1928/29	1929/30	1930/31	1931/32
		(in Millionen)			
Gesamtumlauf am 31. März (Ende des Bankjahres) . .		143,5	196,2	238,9	519,1
Unmittelbare Diskontierungen Niederländ. Bank	Umsätze während des Bankjahres	136,0	199,0	10,0	6,0
Rediskontierungen Niederländ. Bank	Umsätze während des Bankjahres	1,1	6,6	10,6	52,1

e) Amsterdam als internationaler Geldmarkt. Während des Krieges neutral geblieben, mit einer unerschütterten Währung und einer kräftigen Zentralnotenbank, geographisch und fiskalisch in günstiger Lage, wurde Amsterdam sehr bald nach Friedensschluß eine Ausgleichsstelle für ausländische Gelder. Währungs- und Steuerflucht führten erhebliche Beträge dem Markte zu, die Errichtung von Auslandsbanken und die Auflegung von Auslandsanleihen verbreiterten den Markt. Der relativ niedrige und stabile Privatdiskontsatz förderte das fast ausschließlich internationale Akzeptgeschäft.

Es ist nicht möglich, den Gesamtumfang der Gelder, die dem niederländischen Geldmarkte zugeflossen sind und den der kurzfristig dem Auslande überlassenen Mittel anzugeben. Aus Untersuchungen des Statistischen Zentralamtes geht hervor, daß die kurzfristige Verschuldung an das Ausland von 23 bedeutenden Banken (einschließlich Niederl. Bank) Ende 1930 fl. 710 Millionen betrug; demgegenüber stand ein Devisenbesitz dieser Banken von fl. 1482 Millionen (und zwar in laufender Rechnung fl. 428 Millionen, Wechsel fl. 425 und sonstige Forderungen fl. 629 Millionen). Nach dem Laytonbericht beliefen sich die an 28 bedeutenden deutschen Banken und Bankiers gewährten Valutakredite — am 31. März 1931 — auf 404 Millionen RM. (135 Millionen Akzeptkredite und 269 Millionen RM. sonstige Kredite) und die Reichsmarkkredite auf 143 Millionen RM.

II. Der niederländische Kapitalmarkt.

Allgemeines. Beim Weltkriegsbeginn wurde die Gesamtanlage im Ausland auf fl. 3500 Millionen, die in heimischen Wertpapieren auf fl. 2500 Millionen geschätzt. Seitdem hat sich dieses Verhältnis geändert. Der sehr große Besitz an russischen Werten wurde völlig, der Besitz an deutschen und sonstigen mitteleuropäischen Werten größtenteils entwertet; infolge der Steigerung des Dollarkurses wurde ein Teil der amerikanischen Papiere während des Krieges veräußert; der heimische Kapitalbedarf hatte sehr zugenommen. Der Anteil der ausländischen Wertpapiere in den Privatvermögen[1] sank von 20,9 auf 5,6%, jener der heimischen Wertpapiere stieg von 19,3 auf 30,0% an; der Anteil des gesamten Effektenbesitzes an dem Privatvermögen senkte sich von 40,2% auf 35,0%, ein noch immer sehr hoher Prozentsatz.

Auch der Anteil der Effekten an der Gesamtanlage derjenigen Organisationen, deren Funktion konzentrierte Kapitalbildung mit sich bringt oder geradezu bezweckt, ist hoch[2]. Versicherungs- und Sparkassengewerbe sind in ihrer Anlagepolitik vollkommen frei; die Investierung der öffentlichen Organisationen ist gesetzlich geregelt (eine Zentralstelle ist damit beauftragt; angekauft werden dürfen nur Obligationen von öffentlichen Körperschaften, Eisenbahnobligationen und Pfandbriefe; auch Verleihung von Hypothekarkrediten ist erlaubt).

Die Neuinvestierung findet nur teilweise ihren Weg über den niederländischen Kapitalmarkt: Wertpapiere werden auch direkt von den Kreditnehmern übernommen oder im Auslande angekauft. Dem steht die Tatsache gegenüber, daß ein Teil des dem niederländischen Kapitalmarkte zur Verfügung kommende Angebot ausländischer Herkunft ist.

Die direkte Placierung bezieht sich hauptsächlich auf Verkauf von Aktien in Familiengesellschaften und von Pfandbriefen; bei den Trägern der Sozialversicherung kommt noch die Krediterteilung an der öffentlichen Hand hinzu.

Des weiteren findet die Unterbringung immer statt mittels öffentlicher Subskription. Daß der Kreditnehmer dabei selbst die Auflegung durchführt, kommt nur ausnahmsweise vor (nur für kleinere Beträge und ausschließlich bei finanziellen Unternehmungen und kleinen Kommunen). Häufiger sind die Fälle, in welchen der Kreditnehmer zwar für eigene Rechnung emittiert, aber dabei — gegen Zahlung einer Schalterkommission — den Apparat einer Bank für die technische Ausführung benutzt (einerseits bei dem Staat und einer Anzahl von Großkonzernen, an dererseits bei einigen finanziellen Instituten und bei Unternehmungen, für welche das Interesse lokal beschränkt ist). Eine Abart dieses Verfahrens, die jedoch nur bei ausländischen Kreditnehmern vorkommt, ist die Börsenintroduktion, die gewöhnlich von Börsenmaklern vorgenommen wird. Nur selten wird der Betrag der Introduktionen bekannt; die V.S., Deutschland und Belgien waren die wichtigsten Kreditnehmer. Am gebräuchlichsten aber ist, daß eine oder mehrere Banken oder Bankiers die Emission übernehmen und dem Kreditnehmer entweder die vereinbarte Summe auszahlen oder die Unterbringung davon garantieren. Syndikatsbildung findet statt, wenn der Betrag eine gewisse Grenze übersteigt. Die Subskription erfolgt zu einem im voraus festgesetzten Preise; bei ausländischen Werten wird oft der gefragte Betrag nicht genannt, während hier auch Aktien ohne Nennwert vorkommen.

Die Bankiers monopolisierten ursprünglich das Emissionsgeschäft; sie haben jetzt ihre Vormachtsstellung an die Banken abtreten müssen. Die neueste Entwicklung kennzeichnet sich durch kräftige Konzentration (die 12 wichtigsten Emittenten legten 1928: 55,0%, 1931: 79,2 der Emissionen auf) und durch das Vordringen der Kolonialbanken; auch die Auslandsbanken haben sich eine nicht unbeträchtliche Position zu erobern gewußt, 1931 ließ ihre Tätigkeit aber nach. Für 1931 war die Verteilung der Emissionen[1]:

5 Großbanken . . .	49,9%	Banken insgesamt . .	65,8%
2 Kolonialbanken . .	7,7%	Bankiers insgesamt. .	34,2%
5 Bankiers	21,6%	Inländ. Emittenten .	93,8%
12 Großemittenten . .	79,2%	Auslandsbanken . . .	6,3%

Die Zusammensetzung der Syndikate wechselt ständig; bestimmte feste Gruppierungen treten jedoch oft hervor. Bei der Emission der Staatsanleihen ist Syndikatsbildung Ausnahme. 1897 wurden fl. 57,8 Millionen emittiert von einem kleinen Syndikate. Die Subskription der Kriegsanleihen fand beim Agenten des Finanzministeriums und den Kassenführen des Staates statt, die Zahlung konnte auch bei der Niederländischen Bank erfolgen. Für die Nachkriegsanleihen 1922 und 1923 wurden wieder Syndikate gebildet (zu 9 bzw. 13 Mitgliedern). Die Konvertierungsanleihe 1931 hatte Subskription beim Agenten und bei der Niederländischen Bank und Zahlung bei der letztgenannten. Die zwei 1932 aufgelegten Anleihen wurden vom Staate für eigene Rechnung emittiert, Subskription und Zahlung erfolgte bei den bedeutendsten Banken und Bankiers und beim Agenten.

a) *Entwicklung des Kapitalmarktes.* Die Vorkriegsstatistiken sind sehr mangelhaft. Als Durchschnitt darf für das letzte Vorkriegsjahrzehnt ein Betrag von fl. 400 Millionen angenommen werden.

Die Kriegsjahre brachten einerseits Behinderung des Kapitalexports und Zunahme des inländischen Angebots infolge vorteilhaften Verkaufs von fremden Wertpapieren, Kolonialprodukten und Inlandswaren, andererseits große Nachfrage seitens der öffentlichen Hand und des sich kräftig expandierenden nationalen Wirtschaftslebens. In den ersten Nachkriegsjahren blieben dieselben Ursachen unverändert tätig und die Gesamtemissionen überstiegen 1919 und 1920 fl. 1100 Millionen. Es folgte aber ein Rückschlag; im Wirtschaftsleben trat eine Depression ein, außerdem setzten die öffentlichen Stellen ihre Ansprüche auf ungefähr die Hälfte herab, so daß die Emissionen sich 1922 und 1923 nur noch auf rund fl. 300 Millionen beliefen. Der Konjunkturanstieg des Jahres 1924 brachte eine Steigerung auf fl. 400 Millionen, die sich jedoch im folgendem Jahre nicht zu behaupten vermochte, weil gegenüber die kräftige Zunahme der Auslandsemissionen (erstmalig wieder über fl. 100 Millionen) eine neue Einschränkung der öffentlichen Emisisonen stand. Die Entwicklung der letzten Jahre zeigt umstehende Tabelle[2].

[1] Prozentuale Zusammensetzung der Privatvermögen auf Grund der Nachlaßsteuerstatistik:

	1888/90	1910/14	1924/28
Immobilien	35,0	32,0	33,5
Zinstragende Forderungen	15,7	16,8	18,5
Inländische Staatsanleihen	4,7	2,4	6,7
„ Prov. und komm. Anleihen	1,3	1,5	2,5
„ sonstige Effekten	0,0	15,4	20,8
Ausländische Staats- u. komm. Anleihen	23,2	8,9	1,7
„ sonstige Effekten		12,0	3,9
Sonstige Mobilien	14,1	11,0	12,4

[2]

31. Dezember 1930	Effektenbesitz Millionen Gulden	Effektenbesitz in % von den Gesamtanlagen
Lebensversicherungsunternehmungen .	267,5	37,2
Sparkassen	249,5	53,0
Reichspostsparkasse	339,8	74,9
Postüberweisungsinstitut	67,0	76,6
Träger der Sozialversicherung	215,2	58,3
Beamtenversicherungsfonds	181,0	35,7

[1] Errechnet auf Grund von Angaben von STERNHEIM: De Kroniek, 1. Jan. 1932, die sich basieren auf der Annahme gleicher Beteiligung der Syndikatsmitglieder.

[2] In Millionen Gulden; reelle Beträge, ohne Konversionen und Introduktionen; mit Ausnahme der — den Jahresberichten der Vereinigung für den Effektenhandel entnommenen — letzten Spalte, basiert auf Angaben der Zeitschrift „In- en Uitvoer".

Jahr	Öffentliche Emissionen								Pfandbriefe, Zulassung zur Börsennotierung
	Inländische						Ausländische	Total	
	öffentliche Körpersch.	Privatwirtschaft				Insgesamt			
		Total	Obligation.	Aktien	Vorz. Aktien				
1913	43,6	150,3	53,7	85,0	11,6	193,9	325,6[1]	rund 500	58,2
1926	50,5	110,7	61,6	47,3	1,7	161,2	291,7	452,9	115,8
1927	67,1	87,1	34,1	42,6	10,4	154,2	343,3	497,5	89,3
1928	84,2	248,9	44,5	189,9	14,6	333,1	303,0	636,1	161,8
1929	57,0	265,1	27,3	222,5	15,3	322,1	135,5	457,6	117,5
1930	186,9	110,1	90,3	18,0	1,7	297,0	241,0	538,0	124,3
1931	163,1	20,8	16,1	4,2	0,5	183,9	37,5	221,4	115,7

b) Inlandsemissionen. Die Emissionen der öffentlich-rechtlichen Körperschaften haben während des Krieges sehr zugenommen, 1919 waren sie auf das 15fache der Vorkriegshöhe gestiegen. Der größte Kreditnehmer ist der Staat, dessen langfristige Verschuldung, 1914 noch fl. 1148 Millionen, schon 1920 verdoppelt war und Ende 1924 mit fl. 2916 Millionen ihr Maximum erreicht hatte. Der Staat blieb 1925 bis einschließlich 1929 dem Markte fern, die öffentlich-rechtlichen Emissionen waren derzeit unter fl. 100 Millionen jährlich gesunken; 1930 benötigte er wieder fl. 65,8 Millionen und 1931: fl. 63,4 Millionen (für die indische Regierung). Die 1932 aufgelegten Anleihen beliefen sich auf fl. 186 und fl. 250 Millionen, wovon fl. 86 und fl. 150 Millionen zwecks Konvertierung. Weitere Kreditnehmer sind die Provinzen und Kommunen, die 1919 und 1920 das dreifache ihrer Vorkriegsnachfrage entwickelten, 1930 und 1931 benutzten auch sie ausgiebig die günstige Marktlage.

Die Höhe der privaten Emissionen hängt auf das engste mit der Konjunkturlage zusammen. In den Jahren 1914 bis einschließlich 1920 ist denn auch eine ununterbrochene Zunahme zu verzeichnen, bei welcher schon 1916 der Vorkriegsstand und 1920 der Höchststand von fl. 577,4 Millionen erreicht wurde. Nach einem scharfen Rückgange gaben 1928 und 1929 eine neue Hausse, wobei sich das Maximum auf fl. 265,1 Millionen stellte. Infolge der Weltdepression waren die privaten Emissionen 1930 schon wieder beträchtlich unter Vorkriegshöhe zurückgesunken, 1931 sind sie weiter auf fl. 20,8 Millionen gefallen.

Der Konjunkturaufschwung 1916—1920 wurde begleitet von einer intensiven Konzentration im Bankgewerbe, die Bankenemissionen beliefen sich jahresdurchschnittlich auf fl. 86,8 Millionen gegen fl. 10,1 Millionen in der Periode 1928/29. Letztere hatte den ausgesprochenen Charakter einer Industriekonjunktur: die industriellen Emissionen waren jahresdurchschnittlich fl. 130,6 Millionen gegen fl. 92,8 Millionen 1916—1920.

Der Anteil der verschiedenen Gewerbzweige an den privaten Emissionen war:

	1913	1926/31
Industrielle Unternehmungen	17,7	40,7
Petroleum- u. Bergbauunternehmungen	19,5	19,6
Handels- u. Kolonialunternehmungen	8,6	12,2
Schiffahrtsunternehmungen	4,7	8,7
Banken	16,5	4,4
Eisen- und Kleinbahnen	23,5	2,4
Finanzierungsinstitute	—	1,8
Hypothekenbanken	5,8	1,6
Gas, Elektrizität usw.	—	0,5
Verschiedenes	3,7	8,1

Die industriellen Emissionen hatten in den Niederlanden erst gegen 1910 einigen Umfang angenommen. 1916—1920 zeigten namentlich die „neueren" Industrien: Kunstseide, Glühlampen und Nahrungsmittel eine fieberhafte Expansion. Seitdem hat sich das Überwiegen der industriellen Emissionen behauptet. Wichtige Industriezweige (z. B. Textilien) werden fast ohne Beanspruchung des Kapitalmarktes finanziert.

Bezüglich der Form der Kapitalbeschaffung findet man im allgemeinen die Regel bestätigt, daß bei aufgehender Konjunktur Aktien, bei sinkender Konjunktur Festverzinsliche bevorzugt werden; der Nachkriegsaufschwung ergab den Höchststand für Aktien mit fl. 400 Millionen 1919 und 1920. Des weiteren wirken die Art des Gewerbes und insbesondere die damit verbundenen Risiken für die Form der Finanzierung mitbestimmend. Eisen- und Kleinbahnen, Gas- und Wasserversorgungsunternehmungen pflegen hauptsächlich Obligationen aufzulegen. Bei Finanzierungsinstituten sowie bei der Gruppe „Verschiedenes" (hauptsächlich Kirchen und Bauunternehmungen) halten sich die beiden Formen ungefähr die Waage. Banken, Handels-, Industrie-, Schiffahrts- und Bergbauunternehmungen haben im letzten Jahrzehnt hauptsächlich, Kolonialunternehmungen nahezu ausschließlich Aktien emittiert (Petroleum und Zucker bildeten auf Grund der speziellen Struktur der betreffenden Unternehmungen eine Ausnahme).

Vorzugsaktien, anfänglich nur bei Sanierungen üblich, finden seit 1910 auch bei der normalen Finanzierung Anwendung, namentlich in der Industrie. Der Höchststand wurde 1919 mit fl. 75,5 Millionen erreicht; in den letzten sechs Jahren war die Durchschnittsemission nur noch fl. 7,4 Millionen. In der Regel ist die Priorität dieser Aktien kumulativ. Konvertierbare Obligationen kommen ebenfalls am häufigsten in der Industrie vor.

Bei den öffentlichen Emissionen der Hypothekenbanken überwiegen die Aktien (öffentliche Pfandbriefemissionen betrugen 1926—1931 durchschnittlich nur fl. 1,4 Millionen). Bei Hypothekenbanken und Versicherungsgesellschaften sind nicht voll eingezahlte Aktien Regel, bei den sonstigen Unternehmungen kommen sie kaum vor.

c) Auslandsemissionen. Über die Vorkriegsjahre fehlen zuverlässige Angaben, am brauchbarsten sind noch die auch in der Tabelle verarbeiteten Ziffern Eisfelds, die auf die Verstempelung von ausländischen Wertpapieren basieren.

Nach Kriegsausbruch stockten die Auslandsemissionen gänzlich, einmal durch die allgemeine Verwirrung auf finanziellem Gebiete, andermal durch Börsengesetz vom 4. September 1914, kraft dessen der Finanzminister mit der Zulassung zur Börsennotierung beauftragt wurde, und durch Ministerialbeschluß vom 30. Dezember 1914, demzufolge die nach dem 1. Januar 1915 verstempelten Wertpapiere nicht mehr offiziell lieferbar waren. Die Kriegsmaßnahmen wurden allmählich abgebaut, 1922 wurden die Effekten, deren Debitoren sich ihrer Verbindlichkeiten nicht entzogen hatten, wieder lieferbar erklärt. Die Kontrolle auf die Notierung besteht noch immer, nur ausnahmsweise hat aber der Minister die Zulassung verweigert. Anfänglich blieben die Auslandsemissionen sehr unbedeutend,

[1] Jahresdurchschnitt 1903—1912.

erst 1924 kam, nach dem Zustandekommen des Dawesplanes, die Emissionstätigkeit wieder in Fluß, 1925 wurde schon wieder für fl. 125 Millionen aufgelegt.

Der Anteil der verschiedenen Länder hat stark gewechselt, Deutschland war, abgesehen vom Jahre 1931 immer führend. Der prozentuale Anteil der regelmäßig vorkommenden Länder war 1927—1930:

Deutschland . . .	41,5	Südamerika	8,3
Belgien	12,3	Vereinigte Staaten .	7,7
Frankreich	9,3		

Obwohl hier ein größerer Teil als bei den Inlandsemissionen privater Natur ist, überwiegen in der Regel die Obligationen; die Aktien sind hauptsächlich auf Industrie, Eisenbahnen und Versorgungsbetriebe beschränkt.

Literatur: MENDES DA COSTA, J.: Het A. B. C. van den Amsterdamschen Effectenhandel. Amsterdam 1931. — EISFELD, C.: Das niederländische Bankwesen. Haag 1916. — WESTERMAN HOLSTIJN, J.: De Nederlandsche Acceptmarkt. Ec.-Stat. Berichten, 6. März 1929. — HOUWINK, A.: Acceptcrediet. Amsterdam 1929. — DE KAT, O. B. W.: Effectenbeheer. Haarlem 1932. — BRANDES DE ROOS, R.: Industrie, Kapital und industrielle Effekten in den Niederlanden. Haag 1928. — SCHMITZ, W. J.: Der Amsterdamer Geldmarkt mit besonderer Berücksichtigung der Zinsschwankungen. Köln 1931. — STERNHEIM, A.: De Emissiehuizen. De Kroniek, 1. Jan. 1932. — VISSERING, G., u. WESTERMAN HOLSTIJN, J.: The effect of the war upon banking and currency. New Haven (USA.) 1928.

F. H. REPELIUS.

Niederländisch-Indien s. *Asiatische Kapitalmärkte 3.*

Nochgeschäft s. *Prämiengeschäft 3.*

Nominale s. *Nennwert.*

Nominalismus s. *Geldtheorien*, s. *Währungswesen.*

Nominalverzinsung ist die Verzinsung auf den Nennwert bezogen; meist in Prozent des Nennwerts angegeben (vgl. *Rentenmarkt 6*).

— **wert** s. v. w. *Nennwert.*

Nonvaleurs s. *Rentenmarkt 2.*

no par (value) stock = nennwertloses Aktienkapital, s. *New Yorker Börse 4* sowie *Aktie als Wertpapier.*

Nordische Börsen, Länder s. u. *Skandinavische.*

Norges Bank s. *skandinavische Länder III.*

Normativbestimmungen s. *Hypothekenbanken 1*, s. *Aktiengesellschaft VIII*, s. a. *Bankenaufsicht I 4.*

Nostro (conto nostro) ist die Bezeichnung von Konten, auf denen die von anderen für Rechnung des Buchenden vorgenommenen Geschäfte gebucht werden, auch Conto mio genannt. Im Gegensatz dazu ist das Conto loro (selten vostro genannt) ein Konto, auf dem die Geschäfte gebucht werden, die der Buchende für Rechnung eines anderen vornimmt.

Nostroeffekten, im Eigenbesitz der Bank befindliche Wertpapiere.

— **guthaben** s. *nostro*, vgl. a. *Kredit III* (Fußnote), Höhe der N. bei Depositenbanken s. *Liquiditäts- und Anlagepolitik II.*

— **konto** s. *nostro.*

Nota = Note, Rechnung, Vormerkung. In N. nehmen = in Auftrag nehmen, in N. geben = einen Auftrag erteilen.

Notadresse ist die Benennung einer Stelle, der der Wechsel im Falle der Nichtannahme, mangelnder Sicherheitsleistung oder Nichtzahlung vorgelegt werden soll, damit er nicht zu Protest gehen muß.

Notenbankausweise.

I. Allgemeines.

N. sind regelmäßige, in kurzen Zeitabständen in Form von Rohbilanzen erfolgende Veröffentlichungen der Zentral-Notenbanken. Die unabhängige und einflußreiche Stellung, welche die Notenbanken auf Grund ihres Notenprivilegs auf dem Gebiet der Kredit- und Währungspolitik ihres Landes einnehmen, ließ schon in der ersten Hälfte des 19. Jahrhunderts gesetzliche Vorschriften über die Veröffentlichung von N. entstehen (England 1832 und 1844, Frankreich 1840 und 1848, Preußen 1846). Zweck der Veröffentlichung war zunächst die Ausübung der Staatsaufsicht unter Mitwirkung fachkundiger Interessenten. Dieser Gesichtspunkt gilt heute vielleicht noch in gewissem Umfang für die dezentralisierten Notenbanksysteme, wie für die Vereinigten Staaten und Kanada. Im übrigen ist er zurückgetreten hinter weitergehenden Zwecken. Die Ausweise dienen jetzt einerseits als Grundlage für die Beurteilung der währungs- und kreditpolitischen Maßnahmen der Zentralnotenbank, andererseits als Barometer des nationalen und internationalen Geldmarktes und der Währungslage und als wichtiger Maßstab bei der Beurteilung der gesamtwirtschaftlichen Lage. Der N. darf daher nicht nur Angaben über den Notenumlauf und die Deckungsmittel enthalten; er muß darüber hinaus die Emissionselastizität und die Gesamtbeanspruchung erkennen lassen. Dazu ist notwendig, daß er den freien und den belasteten Bestand an Deckungsmetall, den gesamten Devisenbestand, getrennt nach Deckungsdevisen und sonstigen Devisen mit etwaigen Devisenschulden, weiter die sonstigen Deckungsmittel (Wechsel, Staatsanleihen usw.), dann auch die öffentlichen Guthaben und Verpflichtungen, die übrigen bankmäßigen Anlagen und die Depositen angibt. Diesen Anforderungen entsprechen die Ausweise nur in wenigen Fällen, da ihnen oft Wünsche der Regierungen oder der Notenbanken selbst entgegenstehen. Die Stichtage der Ausweise müssen regelmäßig verteilt und nahe beieinander liegen. Deutschland, Österreich, die Schweiz, die Tschechoslowakei, Jugoslawien, Bulgarien, Estland, Finnland u. a. haben zum Stichtag den 7. (Finnland den 8.), 15., 23. und letzten jedes Monats, England und die Vereinigten Staaten den Mittwoch, Belgien den Donnerstag, Frankreich den Freitag, Schweden und Japan den Sonnabend jeder Woche, Italien und Polen den 10., 20. und letzten, Litauen den 15. und letzten jedes Monats; Rußland, Australien und Argentinien veröffentlichen einmal monatlich. Das von der Reichsbank gewählte System hat den Vorteil, daß regelmäßig zwei leichtere und zwei schwerere Termine berücksichtigt werden. Neben der wöchentlichen Bilanz veröffentlichen die Bank von Japan Durchschnittswerte aus den sechs Tagen einer Woche zum Nachweis der Notendeckung, die Schwedische Reichsbank eine Übersicht, welche die Emissionselastizität deutlich erkennbar macht, die Norwegische Bank einen Bilanzauszug zum gleichen Zweck. Die Veröffentlichung der Ausweise muß auch rasch nach dem Stichtag erfolgen (England und die Vereinigten Staaten 1, Deutschland 2, Frankreich 5 Werktage nachher).

Die Form des Ausweises ist im wesentlichen von dem Emissionsprinzip der einzelnen Notenbanken abhängig. Man kann danach zwei Gruppen unterscheiden:

a) Am verbreitetsten ist die Veröffentlichung sämtlicher Bilanzpositionen in einem ungeteilten Bilanzstatus. Sie wird angewandt bei fast allen Notenbanken, welche die Noten nach dem System quotenmäßiger Deckung (Banking-Prinzip) ausgeben. Sie ist daher die übliche Grundform des N., wobei Ausführlichkeit und Inhalt der einzelnen Positionen von Bank zu Bank große Unterschiede aufweisen. Auch die Ausweise der amerikanischen Bundes-

Reservebanken und der kanadischen Chartered-Banks gehören hierher, wenn sie auch als Sammelausweise eine besondere Abart darstellen.

b) Diejenigen Notenbanken, bei denen das Kreditgeschäft und das Notenemissionsgeschäft in getrennten Abteilungen betrieben werden und bei denen die Noten nur im Rahmen fester Kontingente gegen bestimmte Sicherheiten ausgegeben werden (Currency-Prinzip), veröffentlichen zweigeteilte Ausweise. Das bekannteste Beispiel dieses Typs ist die *Bank of England* (s. d.), bei der das Issue-Department die Notenausgabe, das Banking-Department das Kreditgeschäft verwalten; dabei bilden allerdings die Geschäftskreise beider — unter gemeinsamer Leitung stehender — Abteilungen, die Währungs- und die Kreditpolitik, eine Einheit. In Argentinien wird das Emissionsgeschäft durch die Argentinische Konversionskasse, das Kreditgeschäft durch den Banco de la Nacion ausgeübt. Unzweckmäßig ist die Zweiteilung an sich bei der Russischen Staatsbank, da hier die Noten quotenmäßig gedeckt sind; trotzdem ist der Sonderausweis der Notenabteilung nützlich, da der Gesamtausweis wenig Einblick gibt.

II. Ausweise zu a).

Die Reichsbank. Das Schema ist im Bankgesetz § 36 festgelegt. Auf der Aktivseite stehen an erster Stelle die Deckungsmittel, nämlich der Goldbestand, der Bestand an deckungsfähigen Devisen und an Wechseln und Schecks. Der Goldbestand wird getrennt nach dem im eigenen Tresor befindlichen Betrag und dem bei ausländischen Zentralnotenbanken liegenden unbelasteten Depot; die Trennung erfolgte auf Grund des Gesetzes vom 4. März 1922 zwangsweise und geschieht seit dem Bankgesetz von 1924 freiwillig. Als deckungsfähige Devisen wird nur ein Betrag von bis zu $^1/_3$ des Goldbestandes — ausschließlich Forderungen auf Sicht und bis zu 14 Tagen Fälligkeit aus ausländische Bankplätze — ausgewiesen, da Devisen nur bis zu 25% als Golddeckung dienen können. Die Wechsel und Schecks sind auf Grund der Novelle vom 8. Juli 1926 untergeteilt in Reichsschatzwechsel und sonstige Wechsel und Schecks; im letzteren Posten befinden sich unter normalen Verhältnissen neben inländischen Wechseln und Schecks und ausländischen nicht deckungsfähigen auch ausländische deckungsfähige Wechsel- und Scheckforderungen. Weiter enthalten die Aktiven den Bestand an deutschen Scheidemünzen, an Noten anderer Banken (hierin nur Noten der vier deutschen Privatnotenbanken), an Lombardforderungen (dabei wieder ausgesondert die Darlehen auf Reichsschatzwechsel) und an Effekten (darunter neben gewissen öffentlichen, spätestens nach einem Jahr fälligen Schuldverschreibungen auch andere vom Reich garantierte Schuldverschreibungen und vor allem die Aktien der Deutschen Golddiskontbank). Im letzten Posten der Aktivseite, dem Bestand an sonstigen Aktiven, sind zahlreiche Einzelpositionen zusammengefaßt, von denen einige in der Jahresschlußbilanz gesondert ausgewiesen werden. Der Posten enthält u. a. die Ausleihungen an das Reich (darunter auch die bei der Stabilisierung übernommene Forderung, Ende 1931 rund 100 Millionen RM.), die Reichsbahn und die Reichspost, den Rest der Buch-, Wechsel- und Scheckforderungen auf ausländische Bankplätze, die ausländischen Banknoten, den Bestand an Rentenbankscheinen (der Betrag wird in einer dem Ausweis beigegebenen inoffiziellen Mitteilung genannt; er betrug am 30. September 1931 5,4 Millionen RM.), die vom Reich übernommene Zinsanteilverpflichtung der Rentenbank an die Reichsbank gemäß § 11, 4 des Rentenbank-Liquidierungsgesetzes (Ende 1931 70,1 Millionen RM.), den Buchwert der Gebäude (Ende 1931 30 Millionen RM.), die Postscheckguthaben (Ende 1931 12,Millionen Rl M.), die Silberbestände und die Wertpapiere des eigenen Pensionsfonds, weiter die ins Stocken geratenen Wechsel- und Lombardforderungen (Ende 1931 19,4 Millionen RM.) und Vorschüsse, deren endgültige Abrechnung noch aussteht, z. B. auf Bauten, auf Gold- und Devisenlieferungen, auf Verwaltungskosten. Ende April 1932 — bei Abschluß der Monographie — befanden sich darunter außerdem die Inlandswechsel, die als Anlagen für den im Juni 1931 aufgenommenen Auslandskredit ausgesondert wurden (Ende 1931 419,3 Millionen RM.).

Wochenübersicht der Reichsbank vom 30. September 1931.

Aktiva.		RM.
1. Goldbestand (Barrengold) sowie in- und ausländische Goldmünzen, das Pfund fein zu 1392 RM. berechnet		1300789000
und zwar:		
Goldkassenbestand	RM. 1200303000	
Golddepot (unbelastet) bei ausländischen Zentralnotenbanken	„ 100486000	
2. Bestand an deckungsfähigen Devisen		138751000
3. a) „ „ Reichsschatzwechseln		124110000
b) „ „ sonstigen Wechseln und Schecks		3545384000
4. „ „ deutschen Scheidemünzen		69252000
5. „ „ Noten anderer Banken		2454000
6. „ „ Lombardforderungen (darunter Darlehen auf Reichsschatzwechsel RM. 22763000)		300504000
7. „ „ Effekten		103075000
8. „ „ sonstigen Aktiven		944261000

Passiva.	
1. Grundkapital	150000000
2. Reservefonds:	
a) Gesetzlicher Reservefonds	57920000
b) Spezialreservefonds für künftige Dividendenzahlung	46235000
c) Sonstige Rücklagen	233176000
3. Betrag der umlaufenden Noten	4609219000
4. Sonstige täglich fällige Verbindlichkeiten	613387000
5. Sonstige Passiva	818643000

Die Deckung der Noten durch Gold und deckungsfähige Devisen beträgt 31,2%.

Auf der Passivseite werden zunächst ausgewiesen das Grundkapital, der Reservefonds (in drei Unterpositionen) und der Betrag der umlaufenden Noten. Die sonstigen täglich fälligen Verbindlichkeiten enthalten vor allem unverzinsliche Einlagen aus dem Giro- und Abrechnungsverkehr, aber auch aus dem Depositenverkehr; neben den privaten Guthaben befinden sich auch diejenigen der öffentlichen Hand darunter. Der weitere im Bankgesetz vorgeschriebene Posten „An eine Kündigungsfrist gebundene Verbindlichkeiten" war bisher dauernd ohne Bestand; er erschien daher nicht im Ausweis. Der letzte Posten, die sonstigen Passiven, stellt gleich den sonstigen Aktiven eine Sammelposition dar. Er enthält u. a. den Rentenmark-Tilgungsfonds (Ende 1931 ohne Bestand), weiter den Betrag der Verpflichtungen in ausländischer Währung (Ende 1931 428,2 Millionen RM.) und die sonstigen Buchschulden (Ende 1931 199,4 Millionen RM.).

Entsprechend dem Inhalt des Bankgesetzes gibt der Ausweis Auskunft über die Deckung der umlaufenden Noten a) durch Gold und Devisen, b) durch Gold, Devisen und Wechsel (die immer mindestens 100% betragen muß) gemäß § 28 und über die Deckung der Giroguthaben gemäß § 35. Die unvollständige Bekanntgabe des Devisenbestandes, dessen Höhe und Verteilung auf die einzelnen

Bilanzpositionen nur im Geschäftsbericht für den Jahresschlußtermin angegeben werden, und der Verzicht auf Ausweisung der öffentlichen Guthaben und Forderungen, überhaupt auf weitere Aufgliederung der sonstigen Aktiven und Passiven werden in der Öffentlichkeit als für die Lesbarkeit des Ausweises nachteilig bedauert.

Die Bank von Frankreich. Der früher 49 Posten umfassende Ausweis ist Mitte 1928 (Münzgesetz vom 25. Juni 1928) bei der Stabilisierung auf 31 Posten gekürzt worden. Er gilt als Muster an Deutlichkeit und Ausführlichkeit. Die Posten sind nach der Liquidität geordnet (vgl. Art. *Banque de France*).

Ausweis vom 2. Oktober 1931.

(Die Nummern sind vom Verfasser beigefügt, ebenso die Ziffern auf Millionen Francs gekürzt.)

Aktiva.

1.	Gold gemünzt und in Barren	Frs.	59813
2.	Silber und Scheidemünzen	„	922
3.	Postscheckguthaben	„	494
4.	Täglich fällige Guthaben im Ausland	„	13829
5.	Lombardvorschüsse auf Goldmünzen und -barren	„	1043
6.	Bestand an Wechseln:		
7.	Diskontierte inländische Wechsel	„	6227
8.	Diskontierte ausländische Wechsel	„	2490
9.	Sonstige im Inland angekaufte Wechsel	„	385
10.	Sonstige im Ausland angekaufte Wechsel	„	10318
11.	Lombardvorschüsse auf Effekten	„	2915
12.	Handelsfähige Bonds der autonomen Amortisationskasse	„	5064
13.	Zinslose Darlehen an den Staat	„	3200
14.	Effekten für spezielle Zwecke	„	112
15.	Mobilien und Immobilien	„	220
16.	Verschiedenes	„	2457
		Frs.	109497

Passiva.

17.	Grundkapital	Frs.	182,5
18.	Gewinnanteile, zum Kapital zu rechnen	„	272
19.	Gesetzliche Reserven	„	22
20.	*Immobile* Reserve	„	4
21.	Täglich fällige Verbindlichkeiten:		
22.	Umlaufende Noten	„	81513
23.	Einlagen:		
24.	Einlagen des Trésor	„	1006
25.	Einlagen der Amortisationskasse	„	6599
26.	Kontokorrent- und Depositenkonten	„	17554
27.	Anderweitige Verbindlichkeiten	„	436
28.	Verschiedenes	„	1904
		Frc.	109497

Deckung der täglich fälligen Verbindlichkeiten:

Täglich fällige Verbindlichkeiten	Frs. 107111
Verhältnis des Goldbestandes zu den täglich fälligen Verbindlichkeiten	55,84 %

Zinssätze:

Diskontsatz	2 %
Lombardsatz für Vorschüsse auf Goldbarren	$3^1/_2$ %
„ „ „ „ Wertpapiere	$4^1/_2$ %

Die Wechsel der Posten 7 und 8 sind der Bank vorgelegt und von ihr diskontiert worden, während die der Posten 9 und 10 von ihr freihändig aufgekauft sind. Die Bonds der Amortisationskasse stehen im Bestand auf Grund der Konvention vom 23. Juni 1928; sie sind bei der Stabilisierung in Höhe von Frs. 5930000000 gebildet worden, durch Umwandlung der Vorschüsse, welche das Schatzamt während des Krieges der Russischen Regierung gewährt und bei der Bank von Frankreich diskontiert hatte. Sie werden allmählich aus besonderen Mitteln getilgt. Die zinslosen Darlehen an den Staat basieren auf der traditionellen engen Verbindung zwischen ihm und der Bank von Frankreich, im einzelnen auf Gesetzen und Konventionen von 1857, 1878, 1897, 1911, 1918 und 1928. Seit 1897 sind sie unverzinslich. Die Höchstgrenze betrug vor dem Kriege 200 Millionen Frs. Vom Kriegsausbruch ab wurde der Posten infolge der fortgesetzten Erhöhung der Vorschußgrenze der wichtigste des Ausweises. 1928, nach teilweisem Abbau, wurde der Darlehensbetrag auf 3,2 Milliarden Frs. festgesetzt, die erst 1945 bei Erlöschen des Notenprivilegs fällig werden. Der Mindestbetrag der anzukaufenden Wechsel wird im Interesse der kleinen Gewerbetreibenden niedrig gehalten. Der Bestand an inländischen Wechseln ist zwar gegenüber Mitte 1928 gestiegen, war aber mit 6,6 Milliarden Frs. infolge des verhältnismäßig geringen Angebots (flüssiger Geldmarkt) noch immer wenig umfangreich; er ist seither wieder stark gesunken (29. April 1932 4,7 Milliarden Frs.). Die Geldmarktlage kann daher eher durch Devisenpolitik und durch Verwendung der Bonds der Amortisationskasse beeinflußt werden. Die Effekten für spezielle Zwecke stellen die Anlage der Reserven dar. Devisenreports, die früher ausgewiesen wurden, erscheinen nicht mehr.

Der Auszug, der in Deutschland gewöhnlich veröffentlicht wird, enthält die Posten 1, 4, 5, 7 mit 9, 8 mit 10, 11, 12, 22, 23, 24, 25, 26.

Die Bundes-Reservebanken der Vereinigten Staaten von Nordamerika. Auch dieser Ausweis ist sehr ausführlich. Die zwölf Bundes-Reservebanken melden ihren Status allwöchentlich an das Bundes-Reserveamt, welches einen Sammelausweis herstellt und veröffentlicht. Die Bundes-Reservebanken dürfen grundsätzlich nur mit ihren Mitgliedsbanken arbeiten. Da mehr als zwei Drittel des amerikanischen Bankkapitals bei den Mitgliedsbanken vereinigt sind, gibt der Sammelausweis nicht nur Auskunft über das Notenbanksystem selbst, sondern auch über die Lage des amerikanischen Bankwesens.

Ausweis vom 30. September 1931.

(Die Nummern sind vom Verfasser beigefügt.)

	Aktiva.	(in 1000 Doll.)
1.	Gold bei Bundesreserve-Agenten	1927710
2.	Goldeinlösungsfonds beim Schatzamt	39753
3.	Gold ausschließlich zur Deckung von Bundes-Reservenoten	1967463
4.	Goldfonds beim Bundesreserveamt	445634
5.	Gold und Goldzertifikate im Besitz der Banken	725084
6.	Gesamte Goldreserven	3138181
7.	Sonstige Reserven	162364
8.	Gesamte Reserven	3300545
9.	Barreserven, die nicht als Deckung dienen	70774
10.	Diskontierte Wechsel	
11.	gesichert durch U.S.-Regierungsanleihen	132951
12.	sonstige	194974
13.	Diskontierte Wechsel insgesamt	327925
14.	Im offenen Markt gekaufte Wechsel	468527
15.	U.S.-Regierungssicherheiten	
16.	Obligationen (Bonds)	309185
17.	Schatzamtsnoten (Treasury notes)	18962
18.	Staatsschuldverschreibungen (Certificates and bills)	414198
19.	U.S.-Regierungssicherheiten insgesamt	742345
20.	Sonstige Wertpapiere	14405
21.	Darlehen an das Ausland gegen Gold	4748
22.	Wechsel und Sicherheiten insgesamt	1557970
23.	Guthaben bei ausländischen Banken	8752
24.	Bundes-Reservenoten anderer Banken	16996
25.	Schwebende Posten	478913
26.	Bankgebäude	59225
27.	Sonstige Anlagen	36359
28.	Summe der Aktiven	5529534

Passiva.

29.	Umlaufende Noten	2097793
30.	Einlagen	
31.	der Mitgliedsbanken — Reserverechnung	2363584
32.	der Regierung	22243
33.	der ausländischen Banken	95135
34.	Sonstige Einlagen	25194
35.	Einlagen insgesamt	2506156
36.	Schwebende Posten	467639
37.	Eingezahltes Kapital	166759
38.	Reserven	274636
39.	Sonstige Passiven	16551
40.	Summe der Passiven	5529534
41.	Verhältnis der gesamten Reserven zur Summe der Einlagen und Noten	71,7 %

Aktiva. Statistik der Bankausweis

Zentralnotenbank von	In Millionen	Metallkassenbestand Gold	Silber und Scheidemünz.	zusammen	Golddepots und Guthaben im Ausland Golddepots	Guthaben[1] bei Banken	zusammen
Belgien[2]	Francs	12751,5	201,0	12952,5	—	—	—
Bulgarien	Lewa	1511,4	530,6	2042,0	—	—	—
Dänemark	Kronen	144,3	5,7	150,0	—	34,5	34,5
Danzig[2]	Gulden	21,8	3,8	25,6	—	20,2[4]	20,2
Deutschland	Reichsmark	872,0	81,6	953,6	111,9	201,9	313,8
Estland	E-Kronen	6,6	1,7	8,3	—	14,9	14,9
Finnland[2]	F-Mark	303,7	44,3	348,0	—	415,0	415,0
Frankreich[10]	Francs	68863,0	963,2	69826,2	—	12354,2	12354,2
Griechenland	Drachmen	869,3	146,1	1015 4	—	1268,2	1268,2
Großbritannien[10]	Pfund Sterling	121,3	4,1	125,4	—	—	—
Italien	Lire	5626,3	282,7[13]	5909,0	1772,8[14]	1678,7	3451,5
Japan[16]	Yen	469,6	51,0	520,6	—	—	—
Jugoslawien	Dinar	1758,4[17]	72,7	1831,1	—	6,4	6,4
Lettland[18]	Latts	31,5[17]	14,6	46,1	—	13,4	13,4
Litauen	Litas	50,1	3,9	54,0	—	33,2	33,2
Niederlande[18]	Gulden	763,0	26,8	789,8	124,2	—	124,2
Niederländisch-Indien[16]	Gulden	39,3	46,5	85,8	73,2	—	73,2
Norwegen[2]	Kronen	118,1	5,5	123,6	37,0	11,7	48,7
Österreich[2]	Schilling	189,5	2,3	191,8	—	102,3	102,3
Polen	Zloty	486,5	37,0	523,5	113,9	213,4	327,3
Portugal[2]	Escudos	285,9	0,9	286,8	—	358,9	358,9
Rumänien	Lei	5906,4	366,7	6273,1	3768,6	—	3768,6
Rußland[25]	Rubel	660,7[26]	—	660,7	—	50,7	50,7
Schweden[2]	Kronen	205,8	4,2	210,0	—	53,6	53,6
Schweiz[2]	Franken	1526,0	3,5	1529,5	820,8	107,0	927,8
Spanien[2]	Pesetas	2247,4	517,9	2765,3	—	278,7	278,7
Tschechoslowakei[2]	Kronen	1649,9	20,4[30]	1670,3	—	893,0	893,0
Ungarn[2]	Pengö	102,0	6,7	108,7	—	16,5	16,5
Vereinigte Staaten von Amerika[10]	Dollar	2987,6	167,4[34]	3155,0	—	8,7	8,7

Passiva.

Zentralnotenbank von	In Millionen	Kapital	Reserven	Gewinn- und Verlustkonto, Dividenden	Notenumlauf	Akzepte und Schecks
Belgien	Francs	200,0	87,7	12,8	18015,4	—
Bulgarien	Lewa	500,0	1182,0	39,1	2918,6	—
Dänemark	Kronen	27,0	35,4	—	346,5	—
Danzig	Gulden	7,5	5,2	—	44,0	—
Deutschland	Reichsmark	150,0	343,4	12,0	4775,8	—
Estland	E-Kronen	5,0	4,9	—	35,2	—
Finnland	F-Mark	1000,0	142,2	110,7	1292,9	15,4
Frankreich	Francs	182,5	298,8	—	85725,0	—
Griechenland	Drachmen	400,0	72,3	—	4003,0	18,6
Großbritannien	Pfund Sterling	14,6	3,4	—	364,1	—
Italien	Lire	300,0[44]	271,6	77,8	14294,8	444,7[45]
Japan	Yen	45,0[44]	113,8		1330,6	—
Jugoslawien	Dinar	180,0	82,8	—	5172,3	—
Lettland	Latts	19,7	8,2	—	41,1	—
Litauen	Litas	12,0	1,9	—	108,9	—
Niederlande	Gulden	20,0	15,6	—	1023,4	0,2
Niederländisch-Indien	Gulden	9,0	16,3	—	232,0	0,9
Norwegen	Kronen	35,0	17,8	2,9	334,4	0,4
Österreich	Schilling	43,2	20,5	3,1	1183,3	—
Polen	Zloty	150,0	114,0	—	1218,3	—
Portugal	Escudos	100,0	72,7	7,3	2061,8	1,9
Rumänien	Lei	600,0	831,0	—	23750,4	—
Rußland	Rubel	400,0	176,3	—	2784,4[50]	—
Schweden	Kronen	50,0	20,0	8,0	582,7	1,2
Schweiz	Franken	25,0[53]	12,0	5,7	1609,3	1,2
Spanien	Pesetas	177,0	66,8	7,3	4992,9	—
Tschechoslowakei	Kronen	405,0	30,7	33,8	7679,2	—
Ungarn	Pengö	34,8	8,5	8,7	422,8	—
Vereinigte Staaten von Amerika	Dollar	160,6	274,6	—	2613,1	—

[1] Einschl. Banknoten in ausländischer Währung. [2] Abschlußbilanz, bei der Belgischen Nationalbank per 25. Dezember, im übrigen per 31. Dezember 1931. [3] Davon 264,5 Millionen deckungsfähige Golddevisen. [4] Darunter 6,3 Millionen für fremde Rechnung. [5] Schatzwechsel des Reiches. [6] Forderungen aus der Auseinandersetzung mit dem Reich 100 Millionen, Forderung an das Reich gemäß § 11, 4 des Rentenbank-Liquidierungsgesetzes 70,1 Millionen. [7] Lombardforderungen, davon 8,6 Millionen gegen Reichsschatzwechsel. [8] Darunter 64,8 Millionen Schecks inländischer Banken. [9] Davon 292,9 Millionen in ausländischer Währung. [10] Ausweis per 30. Dezember 1931. [11] Bonds der autonomen Amortisationskasse. [12] Diskonten und Vorschüsse. [13] Sonstige Kassenbestände. [14] In London hinterlegt als Sicherheit für die Kriegsschuld an England. [15] Darunter 491,5 Millionen Schatzscheine fremder Staaten, die als Deckungsreserve dienen. [16] Ausweis per 2. Januar 1932. [17] Darunter auch Gold im Ausland. [18] Ausweis per 28. Dezember 1931. [19] Schatzscheine und Scheidemünzen. [20] Darunter auch Vorschüsse. [21] Schatzanweisungen der Regierung. [22] Notleidende Wertpapiere. [23] Darunter diskontierte Wertpapiere. [24] In der Bilanz als „Titres de Credit — compte réserve“. [25] Gesamtausweis per 1. Januar 1932. [26] Einschl. 22,8 Millionen Platin. [27] Obligationen der Bank für langfristige Investierung. [28] Darunter 6,5 Millionen diskontierte Obligationen und 0,4 Millionen diskontierte

Inhalt und Bedeutung der meisten Positionen ergeben sich aus dem Artikel „*Federal Reserve System*“. Goldzertifikate sind das durch die Regierung ausgegebene, voll durch Gold gedeckte Papiergeld. In den „Sonstigen Reserven“ befinden sich durch die Regierung herausgegebene gesetzliche Zahlungsmittel (außer Goldmünzen und Goldzertifikaten), außerdem Silberzertifikate und Standard Silberdollars (gleichfalls gesetzliche Zahlungsmittel); sie können als Deckung der Depositen herangezogen werden. „Barreserven, die nicht als Deckung dienen“, sind sonstige Zahlungsmittel der Union außer Bundes-Reservenoten. Es sei hier daran erinnert, daß in den Vereinigten Staaten der Umlauf an Bundes-Reservenoten nur $^1/_3$—$^1/_2$ des gesamten, etwas zersplitterten Umlaufes an Papiergeld aus-

: Ende 1931.

Wechselbestand: Inlandswechsel	Wechselbestand: Auslandswechsel	Wechselbestand: zusammen	Wertpapiere: Staatspapiere	Wertpapiere: sonstige	Wertpapiere: zusammen	Darlehen: an den Staat	Darlehen: sonstige	Darlehen: zusammen	Sonstige Aktiva
4558,4		4558,4	1440,0	343,9	1783,9	—	297,7	297,7	296,3
341,7	406,6[3]	748,3	317,0		317,0	3274,3	237,0	3511,3	219,6
119,5	1,4	120,9	48,5		48,5	12,9	131,5	144,4	12,5
10,4	11,6	22,0	—	—	4,0	—	0,2	0,2	2,3
4030,8	106,1	4136,9	97,9[5]	161,9	259,8	170,1[6]	244,6[7]	414,7	702,4
11,1	—	11,1	—	—	—	3,1	9,9	13,0	17,8
1149,5[8]	204,4	1353,9	—	358,8[9]	358,8	—	224,5	224,5	119,8
7388,8	8756,8	16145,6	7157,2[11]	113,0	7270,2	3200,0	3996,2	7196,2	3002,9
152,7	—	152,7	287,2		287,2	3125,5	380,1	3505,6	1239,6
—	—	—	338,0	54,8	392,8	11,0	27,3[12]	38,3	—
4633,7	—	4633,7	1866,7[15]		1866,7	—	1271,9	1271,9	3236,6
880,4	—	880,4	259,6	—	259,6	24,9	114,1	139,0	167,9
1965,7	418,5	2384,2	—	108,3	108,3	1799,2	287,2	2086,4	167,0
77,8	—	77,8	11,2[19]	—	11,2	—	58,6	58,6	17,5
109,1[20]	—	109,1	—	—	—	—	—	—	11,5
77,8	86,3	164,1	—	27,0	27,0	—	110,4	110,4	37,4
8,6	6,3	14,9	1,1[21]	14,8	15,9	5,5	48,8	54,3	46,8
118,0	5,8	123,8	—	44,0	44,0	—	111,7	111,7	16,4[22]
907,8	53,5	961,3	—	5,3	5,3	95,6	26,0	121,6	810,6
670,3	—	670,3	—	107,6[23]	107,6	20,0	126,1	146,1	221,5
345,4	336,5[24]	681,9	—	4,7	4,7	1069,5	—	1069,5	698,9
13116,3	322,7	13439,0	—	870,7	870,7	3767,1	641,2	4408,3	4199,1
—	—	—	—	3947,8[27]	3947,8	—	10524,6	10524,6	3398,2
510,0	0,2	510,2	3,7	0,1	3,8	—	75,7	75,7	7,3
34,6[28]	—	34,6	—	37,9	37,9	—	64,7	64,7	40,0
1410,6	—	1410,6	3717,1[29]	23,5	3740,6	440,3	1893,9	2334,2	2823,3
2158,9[31]	34,8	2193,7	—	77,8	77,8	3415,6[32]	156,7	3572,3	363,2
440,8[33]	—	440,8	—	—	—	58,4	—	58,4	21,9
1351,1	—	1351,1	803,2	30,9	834,1	—	—	—	636,9[35]

Einlagen in laufender Rechnung: des Staates	Einlagen in laufender Rechnung: sonstige	Einlagen in laufender Rechnung: zusammen	Andere Einlagen: des Staates	Andere Einlagen: sonstige	Andere Einlagen: zusammen	Sonstige Passiva	Bilanzsumme
104,0	1189,9	1293,9	—	—	—	279,1	19888,9
91,0	1306,3	1397,3	—	394,5[36]	394,5	406,7	6838,2
—	83,4[37]	83,4	—	12,0	12,0	6,5	510,8
—	10,2	10,2	—	6,4[38]	6,4	1,0	74,3
754,9		754,9	—	428,2[39]	428,2	316,9	6781,2
6,0	8,7	14,7	—	—	—	5,3	65,1
55,9	84,1[40]	140,0	—	95,5[41]	95,5	23,3	2820,0
5898,5	21652,7	27551,2	—	530,3	530,3	1507,5	115795,3
145,3	537,6	682,9	501,9	976,9[42]	1478,8	813,1	7468,7
7,7[43]	166,7	174,4	—	—	—	—	556,5
2338,2	1466,3	3804,5	—	—	—	1176,0	20369,4
79,9	113,6	193,5	177,7	—	177,7	106,9	1967,5
29,3	387,2	416,5	—	681,1	681,1	50,7	6583,4
58,0	87,4	145,4	—	—	—	10,2	224,6
—	78,0	78,0	—	—	—	7,0	207,8
5,5	174,2	179,7	—	—	—	14,0	1252,9
—	24,6	24,6	—	—	—	8,1	290,9
—	67,5	67,5	5,5	—	5,5	4,7	468,2
—	128,1	128,1	—	—	—	814,7[47]	2192,9
5,6	190,5	196,1	4,0	13,1	17,1	300,8	1996,3
2,8	274,2	277,0	—	13,8[48]	13,8	566,2	3100,7
310,0	2814,6	3124,6	739,8[49]	2556,1	3295,9	1356,9	32958,8
—	—	—	4495,7[51]	7077,3[52]	11573,0	2648,3	18582,0
—	176,6	176,6	3,9	—	3,9	18,2	860,6
40,1	883,2	923,3	—	57,7	57,7	0,3	2634,5
—	1143,5	1143,5	163,5	1520,1	1683,6	5281,6	13352,7
—	401,9	401,9	—	—	—	219,7	8770,3
30,3	95,8	126,1	—	—	—	45,4	646,3
50,7	2429,4	2480,1	—	—	—	457,4	5985,8

Schatzanweisungen. [29] Davon 3372,6 Millionen Schatzwechsel. [30] Einschl. ausländische Banknoten. [31] Einschl. 476,8 Millionen diskontierte Wertpapiere. [32] Staatsnotenschuld und Geschäfte des in Liquidation befindlichen Bankamts. [33] Darunter auch Wertpapiere. [34] Im Ausweis als „Sonstige Barreserven". [35] Darunter 74,6 Millionen Barreserven, die nicht als Deckung dienen. [36] Darunter 123,5 Millionen Golddevisen, 25,9 Millionen sonstige Devisenverpflichtungen. [37] Darunter 18,6 Millionen ausländische Korrespondenten in fremder Währung. [38] Darunter Verbindlichkeiten in fremder Währung 6,3 Millionen. [39] Verpflichtungen in ausländischer Währung. [40] Darunter 32,8 Millionen ausländische Korrespondenten. [41] Auslandskredite. [42] Darunter 217,5 Millionen Verpflichtungen in ausländischer Währung. [43] Einschl. Sparkassen, Dividendenertrag usw. [44] Gesamtkapital 500 Millionen, davon 300 Millionen eingezahlt. [45] Bezahlte Schecks. [46] Gesamtkapital 60 Millionen, davon 45 Millionen eingezahlt. [47] Darunter 15,9 Millionen Verpflichtungen in ausländischer Währung. [48] Verpflichtungen in ausländischer Währung. [49] Zinsen und Tilgungsbeträge für Anleihen. [50] Umlauf an Noten der Russischen Staatsbank; umlaufende Geldmasse insgesamt am 1. Januar 1932 5464,5 Millionen. [51] Darunter 2577,5 Millionen Kassenscheinverrechnungen. [52] Verrechnungskonten, laufende Rechnung und Depositen. [53] Gesamtkapital 50 Millionen, davon 25 Millionen eingezahlt.

macht, und daß die Bundes-Reservebanken außer den „Noten" auch „Banknoten" — auf Grund des Nationalbankgesetzes — ausgeben, die nicht im Ausweis genannt werden und praktisch fast verschwunden sind. „Diskontierte Wechsel" sind die von den Mitgliedsbanken zum offiziellen Satz auf deren Wunsch gekauften Wechsel (eligible paper); darunter sind die rediscounts und die advances (Lombardkredite), welch letztere gleichfalls in Wechselform (Solawechsel der Mitgliedsbanken mit Zusatzdeckung durch Staatsanleihen) gegeben werden. „Am offenen Markt gekaufte Wechsel" sind — teilweise auf Initiative der Bundes-Reservebanken selbst — zu wechselnden Sätzen von Mitgliedsbanken, Nichtmitgliedsbanken und Wechselmaklern erworben; sie können auch wieder verkauft werden.

Dieser Posten gibt zusammen mit den Beständen an Regierungssicherheiten Hinweise auf die Geldmarktpolitik der Bundes-Reservebanken. Unter den „U. S.-Regierungssicherheiten“ befinden sich die Staatsschuldverschreibungen und ferner die Certificates of indebtedness (Sonderschuldscheine), die die Regierung bei Überziehung ihrer Konten ausstellt. In den „Sonstigen Wertpapieren“ befinden sich im wesentlichen Schuldverschreibungen landwirtschaftlicher Kreditinstitute. Die „Darlehen an das Ausland gegen Gold“ werden nur an ausländische Notenbanken gegeben.

Die Einlagen der Mitgliedsbanken sind deren Reserven, deren Mindesthöhe gesetzlich vorgeschrieben ist und die die Zahlungsbereitschaft dieser Banken sichern sollen. Im Gegensatz zu den Noten sind sie nicht zu 40% durch Gold, sondern zu 35% durch Gold oder gesetzliche Zahlungsmittel zu decken. „Sonstige Einlagen“ enthalten die Guthaben von Nichtmitgliedbanken, die am Clearingverkehr teilnehmen und dafür Mindestguthaben unterhalten müssen, ferner öffentliche Guthaben und Guthaben ausländischer Banken. Das Kapital der Bundes-Reservebanken ist nur zur Hälfte einbezahlt.

Der in der deutschen Presse veröffentlichte gekürzte Ausweis enthält gewöhnlich die Posten 6, 13, 14, 19, 22, 28, 29, 31, 35, 37 mit 38, 41.

III. Ausweise zu b).

Die Bank of England. Der Wochenausweis hat seine grundsätzliche Form seit 1844. Er wurde zuletzt im November 1928 etwas erweitert bei der Umwandlung der aus der Kriegszeit stammenden *Currencynoten des Staates* in Noten der Bank von England unter Erhöhung des fiduziären, nicht durch Gold gedeckten Notenkontingents von 19,7 auf 260 Millionen £. Die Anfang August 1931 kurz vor der Aufgabe des Goldstandards verfügte weitere Erhöhung auf 275 Millionen £ war bei Abschluß der vorliegenden Monographie (Ende April 1932) noch nicht rückgängig gemacht.

Ausweis vom 30. September 1931.
(Die Nummern sind vom Verfasser beigefügt.)

Notenausgabe-Abteilung.

Passiva.	£	Aktiva.	£
1. Ausgegebene Noten:		4. Regierungsschuld	11015100
2. In Umlauf . .	357208682	5. Andere öffentl. Sicherheiten .	235440045
3. In der Bankabteilung . .	52609183	6. Andere Sicherheiten	24502193
		7. Silbermünzen . .	4042662
		8. Fiduziärer Umlauf	275000000
		9. Goldmünzen und -barren	134817865
	409817865		409817865

Bankabteilung.

	£		£
10. Kapital	14553000	17. Regierungssicherheiten . .	68975906
11. Reserven	3725425	18. Andere Sicherheiten:	
12. Öffentl. Einlagen	30089090	19. Wechsel und Darlehen . .	14773558
13. Andere Einlagen:		20. Sonstige Sicherheiten .	25875770
14. Banken . . .	62642289	21. Noten	52609183
15. Sonstige . . .	52564680	22. Gold- u. Silbermünzen	1341829
16. 7-Tage und andere Wechsel . .	1762		
	163576246		163576246

Die Regierungsschuld der Notenausgabeabteilung (Posten 4) besteht seit 1833. Unter den anderen Sicherheiten (Posten 6) befinden sich auch private Wechsel. Die Silbermünzen (Posten 7) sind 1928 mit der Umwandlung der Currencynoten übernommen worden. Der Bestand an Goldmünzen und -barren (Posten 9) ändert sich gleichlaufend mit den in Umlauf befindlichen Noten (Posten 2). Das Kapital der Bank wird in Staatsanleihen angelegt. In den Reserven (englisch „Rest“) wird auch der im laufenden Halbjahr erzielte Gewinn bis zur Ausschüttung verbucht. Da die Bank von England gleich der Reichsbank die Kassenführung des Staates erledigt, spielt unter den öffentlichen Einlagen (Posten 12) das Konto des Finanzministers eine besondere Rolle. Die Einlagen sind sämtlich unverzinslich. Unter den „Sonstigen Einlagen“ (Posten 15) stehen u. a. die Guthaben ausländischer Regierungen und Zentralnotenbanken. Die Bankeinlagen (Posten 14) werden wegen des Clearingsverkehrs unterhalten, aber auch als Liquiditätsreserve; die Bewegungen auf dem Posten erlauben daher Schlüsse auf die Lage des Geldmarkts. Der Posten „Regierungssicherheiten“ (Posten 17) enthält alle Arten von Staatsschuldverschreibungen, kurz- und langfristige, angekaufte, diskontierte und lombardierte. Es sind darin enthalten die Vorschüsse an die Regierung, aber auch die durch open market operations erworbenen Staatspapiere. Die übrigen durch open market operations erworbenen Anleihen, Kolonial- und Bankaktien und Wechsel sind unter den „Sonstigen Sicherheiten“ (Posten 20) verbucht. Beide Posten zusammen geben Einblicke in die Geldmarktpolitik der Bank. Die „Wechsel und Darlehen“ enthalten Diskont- und Lombardkredite, welche auf direkte Anforderungen des Markts, namentlich an die Bill-Brokers gewährt werden. (Privatbanken rediskontieren gewöhnlich nicht bei der Bank von England, da dies als ungünstiges Zeichen betrachtet wird.) Der Ankauf erfolgt zu wechselnden Sätzen, da die Bank nicht verpflichtet ist, zu ihrem offiziellen Diskontsatz zu diskontieren. Der Bestand an Wechseln und Darlehen (Posten 19) ist infolge der besonderen Struktur des Geschäfts nie groß. Der Notenbestand der Bankabteilung bildet zusammen mit ihrem Bestand an Gold- und Silbermünzen die Kassenreserve, deren Verhältnis zu den Einlagen für die Beurteilung des Status und der Geldmarktlage entscheidend ist. Dieses Verhältnis beträgt im vorliegenden Ausweis bei 53,9 Millionen £ Reserven und 145,3 Millionen £ Einlagen 37%. Bei Besserung des Verhältnisses hat sich die Geldmarktlage erleichtert und umgekehrt. Beachtung verdienen auch die jeweiligen Verschiebungen zwischen den Staatseinlagen und den Bank- und sonstigen Privateinlagen und zwischen den verschiedenen Arten von Sicherheiten, letzteres z. B. wegen der Devisenlage.

Die Publizität des Ausweises ist geringer als die des Reichsbankausweises. Nicht zu erkennen ist namentlich die Höhe des Devisenbestandes und die Zusammensetzung der in Posten 17 enthaltenen Regierungssicherheiten. Die Bank hat früher keine oder fast keine Devisenbestände gehabt; ihre Vermehrung ist erst während des Weltkrieges und anscheinend besonders etwa seit der Pfundstabilisierung von 1925 eingetreten. Sie werden unter den sonstigen Sicherheiten der Bankabteilung (Posten 20) und unter den anderen Sicherheiten der Notenausgabeabteilung (Posten 6) verbucht. Durch die im April 1932 beschlossene Errichtung eines Devisenausgleichsfonds von 150 Millionen £, der für Rechnung des Schatzamts anscheinend durch die Bank von England verwaltet wird und über dessen Veränderungen keine Ausweise veröffentlicht werden sollen, ist die Devisenlage der Bank völlig unübersichtlich geworden.

In der Tagespresse wird der Ausweis meist zu einer Bilanz zusammengezogen unter Verwendung der Posten 2, 12, 14, 15, 9, 7, 22, 17, 19, 20. In dem gekürzten Ausweis werden auch meist das Verhältnis der Reserven zu den Einlagen und der Clearinghausumsatz mitgeteilt.

Die Russische Staatsbank (vgl. auch *Sowjetrußland*). Beschleunigt (etwa 4 Tage nach dem Stichtag) wird nur der Ausweis der Emissionsabteilung bekanntgegeben. Der sog. Gesamtausweis, d. h. der Ausweis der Bank- und der Notenabteilung, erscheint dagegen sehr verspätet. Der Ausweis per 1. Oktober 1931 stand z. B. erst Mitte Februar 1932 in den Wirtschaftsberichten der Staatsbank der U. d. S. S. R. Nr. 10—11. Während der Ausweis der Emissionsabteilung in Tscherwonez aufgestellt wird, lautet der Gesamtausweis auf Rubel (10 Rubel = 1 Tsch.). Der Gesamtausweis ist ziemlich undurchsichtig; u. a. enthält er die Kreditoperationen nur im Saldo. Er erhält sein grundsätzliches Bild durch die Geschäfte der Russischen Staatsbank als Staatsbank, während der Notenbankcharakter hier zurücktritt. Klar ist der Ausweis der Notenabteilung. Er lautete am 1. Oktober 1931:

Ausweis der Notenabteilung der Staatsbank der Union der S.S.R. (In Tscherwonez.)

Aktiva.	
Gold	56931309
Sonstige Metallbestände	2238270
Ausländische Banknoten	5029620
Tratten in ausländischer Währung	229097
Kurzfristige Verbindlichkeiten	188571704
Zusammen	253000000
Passiva.	
An die Kasse der Bank abgelieferte Noten	252715008
Freie Notenreserve	284992
Zusammen	253000000
Feste Deckung	64428000
Deckungsverhältnis 25,5 %	
Gesamter Geldumlauf	517200000

Die letzten drei Angaben werden nur in den Wirtschaftsberichten, nicht bei der beschleunigten Veröffentlichung gemacht. Der Posten „Sonstige Metallbestände“ enthält Platin.

Vergleichende internationale Übersicht der Notenbankausweise.

Die großen Unterschiede, welche von Bank zu Bank in der Bezeichnung und im Inhalt der Ausweis- und Bilanzpositionen bestehen, und die zahlreichen Unklarheiten über den Inhalt der Positionen bereiten der Einordnung in ein gemeinsames Schema immer erhebliche Schwierigkeiten, die auch bei sorgfältiger Bearbeitung nicht vollständig ausgeräumt werden können. Immerhin erlaubt eine solche Zusammenstellung weitgehende Einblicke und Vergleiche. In der beigefügten Tabelle ist daher versucht worden, die Ziffern wichtiger Notenbanken per Ende 1931 in ein Schema einzuordnen, welches in der vom Völkerbund herausgegebenen „Denkschrift über die Währungen und die Zentralnotenbanken 1913—1925“ (Genf 1926) angewandt worden ist. Für die Mehrzahl der Notenbanken wurden die Bankausweise, für einen kleinen Teil, der durch Fußnoten gekennzeichnet ist, die Abschlußbilanzen zugrundegelegt. Die eingesetzten Ziffern sind meist diejenigen vom 31. Dezember 1931; abweichende Termine sind in Fußnoten vermerkt. Zwei weniger wichtige Spalten auf der Aktivseite des Völkerbundschemas — „Sonstige Deckungsreserven oder Noten anderer Emissionsinstitute“ und „Darlehen auf Staatspapiere“ — sind weggelassen worden; die wenigen Ziffern, die für sie vorlagen, sind anderweitig untergebracht und durch Fußnoten erläutert worden.

Literatur: KÄPPELI: Der Notenbankausweis in Theorie und Wirklichkeit. Jena 1930. — Weitere Literaturangaben bei den Monographien über einzelne Notenbanken.

LUDWIG RIDERER.

Notenbankpolitik, Grundsätze der.

I. *Notenbankpolitik in der Goldwährung.*

1. Notenbanken (Zettelbanken) sind Kreditinstitute mit dem spezifischen Merkmal, daß sie vom Publikum kurzfristigen Kredit durch Ausgabe zinsloser, allgemeines Vertrauen genießender „Scheine“ in Anspruch nehmen, die als Zahlungsmittel fungieren, gleichgültig ob sie gesetzliche Zahlkraft besitzen oder nicht. Die Note selbst stellt eine Sichtverpflichtung der Bank dar, die in Gold einzulösen ist. Ist diese Einlösung suspendiert, so wird die Note zum *Papiergeld* (s. dort).

Am Anfang des modernen Bankgeschäftes steht die Notenbank (vgl. *Geschichte des Bankwesens* sowie *Bank von England*); die Depositenbank ohne Notenausgabe löst sich von ihr erst seit den zwanziger Jahren des vorigen Jahrhunderts ab. Aber noch lange danach sieht die Praxis (und meist auch die Theorie) den Unterschied der beiden Banktypen als belanglos an. Tatsächlich liegt bei aller Wesensgleichheit ein wichtiger Unterschied vor, der auf den Bargeldcharakter der Note zurückzuführen ist, der jedoch auch nicht überschätzt werden darf. Die Noten einer Provinznotenbank, deren Umlaufsfähigkeit auf der Einlösbarkeit in Noten der Zentralnotenbank beruht, unterscheiden sich praktisch kaum von den Scheckdepositen der Großbanken. Und selbst beim zentralen Noteninstitut darf nicht übersehen werden, daß es (auch in Staatsregie) meist ein Erwerbsunternehmen und jedenfalls — ähnlich wie alle anderen Banken des Geldmarktes — den Liquiditätsverpflichtungen unterworfen ist, die sich aus der Inanspruchnahme kurzfristigen (Noten- und Depositen-) Kredites ergeben.

2. *Die Mittel* der Notenbank, neben denen ihr Eigenkapital (einschließlich der häufig sehr bedeutenden stillen Reserven) nur als Ansatz- und als „Garantiekapital“ eine Rolle spielt, bestehen aus emittierten Noten und (im wesentlichen kurzfristigen) Depositen. Nicht üblich ist die Annahme langfristiger Spargelder oder gar die Ausgabe von Sparbüchern, Obligationen u. dgl.; Notenbanken pflegen nicht Rediskontkredit in Anspruch zu nehmen und stellen keine Akzepte aus: die Annahme langfristiger und also relativ hochverzinslicher Gelder würde zu entsprechender Anlage zwingen und die Liquidität erschweren, zu der die Notenbank durch den Bargeldcharakter der Note gezwungen ist. — Der Rückgriff auf den Markt durch Abstoßung etwaiger Wertpapierbestände steht der Notenbank nach Maßgabe ihres Portefeuilles offen; in besonderen Situationen und als Notbehelf kommen Kredite bei ausländischen Notenbanken in Frage; als ultima ratio auch neue Kapitalbeschaffung, sei es vom Publikum, sei es (bei großen Verlusten, z. B. gelegentlich der Pfundverluste der französischen und holländischen Notenbanken 1931/32) vom Staate.

Notenemission und Depositenannahme sind die „normalen“ Wege der Mittelbeschaffung; beide bedeuten kurzfristige Verbindlichkeiten mit praktisch kaum berechenbarer Chance der Präsentation zur Einlösung; beide stellen Zahlungsmittel dar, denen unbedingte Liquidität zugeschrieben wird, die dementsprechend die liquidesten Kreditinstrumente der Volkswirtschaft zu sein pflegen. Dieses unbedingte Vertrauen in die Einlösungsbereitschaft der Notenbank beruht in kapitalistischen (okzidentalen) Ländern auf der Liquidität dieser Institute, die dementsprechend gepflegt werden muß; ferner häufig auf der Verbindung ihres Kredites mit dem des Staates, in den meisten Ländern zugleich mit dem des Banksystems als Ganzem; schließlich auf der Kapitalkraft und auf dem im Laufe der Geschichte sowie vor allem durch „solide“ Geschäftsführung gewonnenem Prestige. Umgekehrt steht und fällt aber unter Umständen das ganze Kreditsystem mit dem Kredit der zentralen Notenbank. Insbesondere ist ihre Bereitschaft zur Goldeinlösung ihrer Verpflichtungen entscheidend für die Wechselkurse bzw. überhaupt für die Goldwährung, und zwar auch dann, wenn ihr die Sorge für die Wechselkursstabilität nicht von Staatswegen aufoktroyiert ist.

Somit ist die *Liquidität* (s. d.) der Notenbank der Angelpunkt des ganzen Kreditsystems nach innen wie nach außen und ihre zweckentsprechende Gestaltung ein volkswirtschaftliches Problem ersten Ranges. Sie ist es aber auch privatwirtschaftlich, vom Standpunkt der Notenbank, die nicht nur für ihre jeweiligen Verpflichtungen „geradestehen" muß, sondern in schwierigen Situationen (Quartals- und Saisonbeanspruchung, Passivierung der Zahlungsbilanz und gar in Paniken) zu gewärtigen hat, daß sie dem Geldmarkt „zu Hilfe" kommen muß, wenn dieser nicht förmlichen Katastrophen ausgesetzt werden soll. Die unerwarteten Anforderungen an ihre Liquidität können um so größer werden, je stärker die Zentralisation des Notenbankwesens ausgebildet ist, d. h. je mehr die konkurrierenden Noteninstitute beseitigt wurden und je mehr die Reserven des Marktes bei ihr konzentriert sind. In letzter Ausbildung läuft das auf das sog. Einreservesystem hinaus: die Kreditbanken unterhalten (an Stelle eigener Barreserven) Giroguthaben bei der Notenbank, bei der sie außerdem nötigenfalls (direkt oder durch Vermittler) Rediskontkredit in Anspruch nehmen. Damit ist das Noteninstitut zur „Bank der Banken" geworden, auf die als Liquiditätsquelle im Notfall zurückgegriffen wird. Bei der seit dem Kriege herrschenden Goldkernwährung ist diese Stellung als „letzte Reserve" des Marktes noch besonders unterstrichen, weil der Verkehr praktisch „entgoldet" ist, die Zentralbank also allein jederzeit über Gold verfügt und dementsprechend die volle Verantwortung für den goldmäßigen „Spitzenausgleich" der Zahlungsbilanz trägt. Damit hört zwar die Möglichkeit inneren Goldabflusses in normalen Zeiten auf, um so heftiger werden aber die Schwankungen der Nachfrage nach Noten und um so stärker der Goldabfluß von der Notenbank bei Zahlungsbilanz- oder Konjunkturanspannungen.

3. *Die Barliquidität der zentralen Notenbank* — nur von dieser ist im folgenden die Rede — kann unter solchen Umständen lediglich aus internationalen Zahlungsmitteln bestehen: aus Gold und (neuerdings) aus unbedingt kurzfristig realisierbaren Auslandsguthaben bzw. Devisen, die auf Gold lauten. Der Goldbestand kann in gewissem Umfang im Ausland „reserviert" sein: „earmarked" Gold, Golddepot im Auslande. Den meisten Zentralnotenbanken ist die Benutzung von Goldforderungen (Devisen oder Guthaben) als Deckung nur beschränkt oder überhaupt nicht gestattet; praktisch pflegen sie, außer in der reinen „Golddevisenwährung", nur einen Bruchteil der Reserve auszumachen. (Vgl. *Notenbankausweise.*)

Einigkeit herrscht darüber, daß die Höhe des Goldbestandes (einschließlich etwaiger Devisenbestände) mit den Verbindlichkeiten der Bank variieren soll; die Orientierung an möglichen Anforderungen der Zahlungsbilanz und ähnlichen Faktoren ist wegen deren Unberechenbarkeit hinfällig. Die Praxis und im Anschluß daran die Currency-Schule haben von jeher die Noten als die eigentlich der Golddeckung bedürftigen Verpflichtungen angesehen; erst später findet die Golddeckung der übrigen Sichtverbindlichkeiten in der Theorie (Banking-Schule) und seither z. T. auch in der Gesetzgebung Würdigung. Dabei wird zumeist angenommen, daß die Depositen geringerer Deckungsquote bedürfen als die Noten. Das namentlich von PALGRAVE aufgerollte Prinzip der differenzierten Bardeckung für verschiedene Sichtdepositen je nach ihrer „Eigenart" (raschere oder langsamere Abhebbarkeit) hat bisher kaum praktischen Widerhall gefunden.

Vor der PEELschen Bankakte (1844) stand es in England wie anderwärts den Notenbanken in der Regel frei, nach eigenem Ermessen für Golddeckung zu sorgen. Seither haben sich drei Systeme der gesetzlichen Goldreservenregelung ausgebildet: das englische System des „festen Kontingents" für fiduziäre, nicht durch Gold gedeckte Notenausgabe; das kontinentale (deutsche) System der Drittel- bzw. (neuerdings nach amerikanischem Muster überwiegend) vierzigprozentigen Deckung; und schließlich das französische System (vor 1928) des variablen (von Zeit zu Zeit festgesetzten) Kontingents nicht durch Gold gedeckter Notenausgabe. Der Streit um die Opportunität des einen oder anderen Systems hat wesentlich nachgelassen, da es sich in der Praxis herausstellte, daß jede derartige Vorschrift Mindestdeckung bedeutet, die normalerweise tatsächlich wesentlich überschritten wird. Auch die angeblich größere „Elastizität" des einen oder anderen Systems ist effektiv zweifelhaft; selbst bei dem scheinbar völlig unelastischen englischen System wird die Anpassungsfähigkeit der Notenmenge dadurch hergestellt, daß das Banking department der Bank eine Reserve ansammelt, die je nach Bedarf in Umlauf gesetzt wird. In besonderen Krisenfällen spielt in England die Aufhebung der Bankakte die gleiche Rolle wie bei andern Systemen die Unterschreitung der Mindestdeckung, was in der Regel mit Strafbestimmungen (s. *Notensteuer*) verbunden zu sein pflegt.

Die tatsächlichen Goldreserven der Notenbanken (vgl. *Notenbankausweise*) liegen in der Regel weit über der vorgeschriebenen Mindestdeckung, so daß eine hohe prozentuale Deckung aller Verbindlichkeiten als mehr oder weniger stabile „Faustregel" errechnet werden kann.

Durchschnittliche Golddeckung von Notenumlauf und kurzfristig fälligen Depositen[1].

	1913 %	1929 %	I. Sem. 1932 %
Federal Reserve Banken .	—	72,6	66,0
Bank von England	46,0	31,2	25,8
Bank von Frankreich . . .	51,4	77,2	81,1
Reichsbank	40,7	50,7	9,6

Das Fehlen gesetzlicher Vorschriften für die Depositendeckung in den meisten Ländern ändert an der tatsächlichen Deckungsbedürftigkeit derselben nichts und erklärt sich aus der „Currency-Theorie", die der PEELschen Bankakte zugrunde lag: sie schrieb den Noten eine Sonderbedeutung zu und glaubte an eine mehr oder weniger automatische Anpassung der Giralgeldmenge an das Notenvolumen. Diese Auffassung ist längst als irrig nachgewiesen; neuere Gesetzgebungen (Frankreich, Italien, Belgien, Holland usw.) schreiben häufig auch für Depositen der Notenbank bestimmte Mindestdeckung durch Gold vor.

Eine rationell ableitbare Bestimmung über die durchschnittlich oder normal erforderliche Golddeckung gibt es naturgemäß nicht; die alte merkantilistische Vorstellung, wonach die Reserve um so besser sei, je größer sie ist, hat nur Sinn in einer Volkswirtschaft mit wenig befestigtem Vertrauen zum Banksystem und bei Absperrung vom Ausland; sonst bedeutet sie eine Sonderbelastung für die Zinskosten des überflüssig brachliegenden Goldes. Wesentlich ist aber, daß die Notenbank für alle Eventualitäten gerüstet sein muß. Diese lassen sich selbst in normalen Zeiten kaum im voraus feststellen; eine ordentliche Notenbankleitung wird jedenfalls bestrebt sein, wie das vor dem Kriege üblich war (und im Gegensatz zur Nachkriegspraxis der Bank von England), für den Fall besonderer Anspannung (wirtschaftliche und politische Krisen) über eine Marge verfügen zu können. Wichtig ist ferner die Gewöhnung des Publikums an die Note bzw. das Vertrauen zur Notenbank: wo die Gefahr starken Goldabflusses ins Inland besteht oder wo die Ansprüche des Auslandes aus Krediten und die „Kapitalflucht" der Inländer die Gefahr großer Goldabzüge nahelegen, dort sollte erhöhte Reservenhaltung eine Selbstverständlichkeit sein. Im übrigen kommt es aber auf folgende Faktoren an, die für die Notenbank entscheidend sind: a) Realisierbarkeit der sekundär-liquiden Reserven und mithin die Aufnahmefähigkeit des heimischen Kreditmarktes, um Kredite ohne allzu großen Verlust zurückziehen zu können; b) Liquidität der Kreditbanken und das Ausmaß ihrer Abhängigkeit von der Goldreserve der Notenbank; c) Funktionieren des internationalen Geldmarktes, der sog. Zinsarbitrage.

4. *Die Anlagepolitik der Notenbank* ist, wie es bereits die Praxis des 18. Jahrhunderts und die Theorie seit ADAM SMITH richtig erkannt haben, von diesem Liquiditätsgesichtspunkt beherrscht, der sich daraus ergibt, daß eine hundertprozentige Goldreserve für die Verbindlichkeiten nicht durchführbar ist, die werbenden Anlagen also kurzfristig realisierbar sein müssen. Das bedeutet für die Notenbank — nach der „klassischen" Tradition übrigens für alle Geldmarkt-

[1] Goldvorrat einschließlich der ausgewiesenen Devisenbestände. Eingerechnet sind nur eigene Bestände; ausländische Rediskontkredite und „earmarked" Gold nicht enthalten. Bei der Bank von England als Verbindlichkeiten Notenumlauf plus Gesamtdepositen eingesetzt. Wochen- bzw. Monatsmittendurchschnitte.

institute — die Anlage in kurzfristigen kaufmännischen Wechseln, die sich nach bester Kenntnis automatisch liquidieren, weil sie nicht neue „Kreditschöpfung“ darstellen, sondern die „Ausmünzung“ eines in der Volkswirtschaft auf Absatz- und Rentabilitätsgrundlage bereits vorhandenen Kredits. Der Rückfluß eines solchen Kredites erfolgt mit dem Ablauf der kurzfristigen Umsatzperiode; die Frist ergibt sich aus den kaufmännischen Gepflogenheiten und der Natur des Umsatzprozesses.

Der Vorteil dieser Anlagemethode ist offenkundig: Sie bedeutet mindestens schrittweise Realisierbarkeit der Anlagen; Vermeidung von „Inflationsgefahr“, da bei Goldeinlösung die Zahlungsmittelmenge an der vom laufenden *Warenumsatz* herrührenden Kreditnachfrage orientiert wird; Bewegungsfreiheit der Notenbanken für währungspolitische Aufgaben, indem sie die Notenmenge nötigenfalls verknappen kann durch Liquidierung bzw. Nichterneuerung der Kredite; elastische Anpassung der Notenausgabe an die Nachfrage. Diese Vorteile lassen sich wenigstens z. T. auch bei beschränkter Verwendung von Notenbankmitteln für den Ankauf kurzfristiger, ja z. T. auch langfristiger Schuldverschreibungen der öffentlichen Hand erreichen. Solange sich diese Ankäufe im engen Rahmen bewegen und (bei der Diskontierung kurzfristiger Schatzwechsel) nicht über das Ausmaß des temporären Ausgleichs zwischen Kassenüberfluß und Kassenmangel im öffentlichen Haushalt bzw. (bei langfristigen Papieren) nicht über das zu einem praktisch festen Kurs unbedingt absetzbare Quantum hinausgehen, solange ist diese Erweiterung der „klassischen“ Anlagepolitik vom Währungsstandpunkt aus unbedenklich, bedeutet aber eine verminderte „Elastizität“ der Notenausgabe.

Die Gesetzgeber der verschiedenen Länder haben in dieser Frage der Anlagepolitik keine auch nur annähernd einheitliche Stellungnahme gezeigt. In England hat die Notenbank, soweit sie nicht an die Golddeckungspflicht gebunden ist, freie Hand. In den meisten Ländern haben dagegen namentlich Inflationserfahrungen Mißtrauen gegen die Notenbankleitung bzw. gegen das Einmischen des Staates in dieselbe hervorgerufen, was zur Folge hatte, daß die Hand der Notenbanken stark gebunden wurde hinsichtlich der Auswahl ihrer Anlagen: enge Begrenzung des Ankaufs und der Lombardierung langfristiger Wertpapiere (in Deutschland und in Frankreich), Vorschriften über den Charakter der diskontfähigen Wechsel, ja auch der Institute, die den Red skont n Anspruch nehmen dürfen (in den Vereinigten Staaten) usw.

Die Praxis der Notenbanken hat an dem Prinzip der echten, sich selbst liquidierenden Anlage keineswegs allgemein festgehalten. Namentlich durch Kriege und Revolutionen wurden die Notenbanken nach 1914 zur Finanzierungsquelle der öffentlichen Hand und gingen z. T. mit Staatspapierpaketen beladen in die wiederhergestellte Goldwährung. Das gilt insbesondere für die Bank von England, bei der unmittelbar vor dem Zusammenbruch (September 1931) kaum noch ein Zehntel aller Anlagen in kaufmännischen Wechseln bestand, was ihre Bewegungsfreiheit verhängnisvoll hemmte. Das Reservebanksystem ist ebenfalls durch den Krieg zu dem in Amerika von jeher üblichen System der unelastischen Notendeckung durch Staatspapiere weitgehend zurückgekehrt, was solange „unbedenklich“ ist, als der große Goldvorrat und die geringe Inanspruchnahme des Reservesystems inflationistische Gefahren nicht aufkommen lassen.

5. Ziele und Mittel der Notenbankpolitik. Im 18. Jahrhundert und zu Beginn des 19. waren Theorie und Praxis weitgehend von der Anschauung beherrscht, daß die Fürsorge für Liquidität die ausschließliche Aufgabe der Notenbank sei, die im übrigen auf ihre Rentabilität bedacht sein müsse, und daß sich alle weiteren Funktionen von hier aus „automatisch“ ergeben. Eines weiteren Eingreifens bedarf es nach dieser Auffassung nicht. Wie jede andere Bank, richte die Notenbank ihre Zinssätze nach den Sätzen des Marktes. Ihren stärksten und freilich auch verspäteten Ausdruck fand diese häufig als „Konstatierungstheorie“ gekennzeichnete Auffassung in der französischen Bankenquête der 1860er Jahre. Im Gegensatz dazu hat sich in England frühzeitig eine andere Auffassung durchgerungen, die der Notenbank positive wirtschaftspolitische Aufgaben zuweist. Insbesondere hat es der Bericht des Bullion-Committee (1810) mit großem Nachdruck ausgesprochen, daß die Bank von England durch Diskontpolitik die Kreditnachfrage und die Wechselkurse regulieren könne.

„Banking“- und „Currency“-Schule waren sich grundsätzlich einig in diesem Punkte, der von dem Führer der letzteren (Lord OVERSTONE) mit aller Klarheit formuliert wurde: Diskonterhöhung bewirkt a) Druck auf die Börsenspekulation durch Zinsverteuerung; b) Kapitalzufluß bzw. Hemmung des -abflusses und mithin Verbesserung der Wechselkurse; c) Druck auf Warenpreise und Warenspekulation und schließlich d) auf die Preise überhaupt (Zinssenkung wirkt in allen Punkten umgekehrt). Die Anhänger des Banking-Prinzips standen dabei auf dem Standpunkt, daß, rationelle Handhabung des Diskonts und verständige, auf liquide Anlage bedachte Leitung vorausgesetzt, der prompte Rückfluß zuviel ausgegebener Noten ein Übermaß verhindern und die Bankleitung zu entsprechenden Maßnahmen veranlassen würde. Die Verfechter des Currency-Prinzips forderten über die aktive Diskontpolitik hinaus eine Begrenzung der Notenausgabe, um Kreditinflation auszuschließen. Die Verwirklichung dieser Forderung in der PEELschen Bankakte (1844) setzte jedoch der Wiederkehr von Haussen und Krisen kein Ende; die Bindung des Notenumlaufs an das Goldvolumen konnte weder die von Goldbewegungen herrührenden Faktoren, noch auch die Kreditexpansion im Sinne der Erweiterung des Depositenvolumens verhindern.

Die Krisenerfahrungen von 1825, 1836, 1839 und 1846 haben die Praxis der modernen N. in England ausgebildet: Diskonterhöhung, um die Hausse zu mäßigen und die *Panik* (s. dort) zu bekämpfen, ferner um Gold aus dem In- und Ausland zur Liquiditätsstärkung bzw. zur etwa erforderlichen Wechselkursbefestigung heranzuziehen; Diskontsenkung bei konjunkturellem Absinken der Kreditnachfrage sowie bei „günstigen“ Wechselkursen; Vorbereitung gegen die saisonmäßige Geldmarktanspannung durch vorsorgliche Diskonterhöhung und Liquiditätsverbesserung. Also Reservenbildung und Liquiditätserzwingung in der „guten“ Zeit, um in der „schlechten“ einen weniger belasteten Markt vorzufinden und ihn weiter entlasten zu können. Nach 1850 war die Erfahrung eindeutig erkannt: daß wirksame N. vor allem in der konjunkturell, saison- und zahlungsbilanzmäßig günstigen Periode einzusetzen hat.

Die Praxis der europäisch-kontinentalen Notenbanken vor dem Weltkrieg und die der amerikanischen seither haben — von Inflationsperioden ganz abgesehen — Zielsetzungen gezeitigt, die von der eben genannten mannigfach abweichen. Dazu kommen Vorschläge, die den Zentralbanken (im Rahmen der Goldwährung) z. T. noch weitergehende Aufgaben zuweisen. Eine versuchsweise Systematisierung der praktisch in Frage kommenden volkswirtschaftlichen Aufgaben der N. zeigt ein buntes Bild:

a) Liquiditätspolitik (Reservenbildung) der Notenbanken selbst;
b) Stabilisierung der Wechselkurse;
c) Ausgleich der „Saisonschwankungen“ des Geldmarktes;
d) Hemmung konjunktureller Exzesse;
e) Einflußnahme auf Banken und Unternehmungen im Sinne der Liquiditätsstärkung (erhöhte Barreserven; Zwang zur Auslese liquider Anlagen usw.);
f) Bekämpfung der „Spekulation“ bzw. ihrer Auswüchse;
g) Lenkung der Kapitalanlage, insbesondere der *internationalen Kapitalwanderungen* (s. d.);
h) Stabilisierung (und möglichste Niedrighaltung) der Zinssätze;
i) Stabilisierung der Preise oder der Arbeitsbeschäftigung (oder beider);
k) Stabilhaltung des Zahlungsmittelvolumens;
l) Thesaurierungspolitik: Hemmung der Goldausfuhr, Förderung der Goldeinfuhr;
m) Geldmarktpolitik im Interesse fiskalischer Emissionen und zwecks Kurspflege öffentlicher Anleihen usw.

Die Festsetzung des Diskontsatzes ist das wichtigste Mittel der N. Die Einflußnahme kann eine unmittelbare oder eine mittelbare, d. h. auf dem Umweg über die Zinssätze und Kreditpolitik der übrigen Banken vermittelte sein. Unter Diskontpolitik wird meist die Gesamtheit dieser Methoden der Notenbank verstanden; dementsprechend umfaßt sie generelle Maßnahmen:

a) Diskontpolitik im technischen Sinne: Festsetzung der Sätze, zu denen die Notenbank Kredit gewährt;
b) Devisenpolitik (s. *Goldwährung*, vgl. *Währungswesen*);
c) Goldprämienpolitik;
d) An- und Verkauf von Wertpapieren auf dem „offenen“ Markte;
e) sog. „psychologische“ Mittel der N. („Warnungen“, „moralischer Druck“ usw.).

Ferner diskriminierende Maßnahmen:
f) schärfere oder laxere Auslese der Kreditunterlagen und
g) der Kreditnehmer;
h) Kreditrestriktion mit Kreditkontingentierung. Diese Methoden betreffen das Verhalten der Notenbanken ihren kredit-

nehmenden Kunden gegenüber. Sie kann ferner im Zusammenhang mit oder auch unabhängig von der Diskontbestimmung „Politik" betreiben;

i) durch unmittelbare Einflußnahme auf Liquiditäts-, Zins- und sonstige kreditpolitische Maßnahmen der übrigen Kreditinstitute.

Diskontfestsetzung ist in der Regel der Mittelpunkt und quantitative Maßstab der Diskontpolitik, die von den übrigen Maßnahmen mehr oder weniger vorbereitet bzw. begleitet wird. Diese können sich jedoch auch „verselbständigen", um einzeln oder gruppenweise zur Erreichung bestimmter Ziele oder auch zu dem Zweck eingesetzt zu werden, um Diskontänderung zu erübrigen.

6. Diskontpolitik und Kreditnachfrage. Das Wesen der Diskontpolitik ist nur verständlich, wenn man beachtet, daß sie nicht eine isolierte Preismaßnahme der Notenbank ist, vielmehr das Doppelziel verfolgt: den Zinssatz überhaupt und mit diesem zugleich das Volumen des Bankkredites allgemein zu beeinflussen. Die Wirksamkeit solcher Politik richtet sich einmal nach dem Maß des Einflusses, den die Politik der Notenbank auf das Verhalten der andern Banken, insbesondere der großen Kreditinstitute, ausübt; dann aber handelt es sich um die Einflußnahme auf die in- und ausländische Kreditnachfrage.

Die Banktheorie hat sich vorwiegend mit dieser letzteren Frage befaßt und vielfach sogar die Eigenart des Kreditmarktes darin erblicken zu können geglaubt, daß sich das Angebot schlechthin nach der Nachfrage richte, auf deren Elastizität es dem Zinssatz gegenüber ausschließlich ankäme. Nach den an Hand der Erfahrungen der ersten Hälfte des 19. Jahrhunderts in England gewonnenen Erkenntnissen bildete sich zunächst die Theorie aus, die vor allem (wie es W. Lotz dargelegt hat) von Börsenerfahrungen ausging und diese verallgemeinerte: die Theorie, daß die Kreditnachfrage selbst auf kleine Änderungen des Zinssatzes elastisch reagiere. Es genügen danach z. B. Änderungen des Diskontsatzes im normalen Rahmen, um die Spekulation durch Verteuerung des Kredites zum Erliegen zu bringen und darüber hinaus Gold aus dem Inland und aus dem Ausland in jedem erwünschten Umfang heranzuziehen. Im letzten Drittel des 19. Jahrhunderts haben diese Anschauungen wesentlich an Boden verloren; weitgehend machte sich, besonders außerhalb Englands, eine Skepsis gegenüber der Wirksamkeit diskontpolitischer Eingriffe geltend. Seit der Jahrhundertwende ist wieder ein geldtheoretischer Umschwung eingetreten, der die „klassische" Anschauung (von Overstone, Tooke, J. S. Mill, Bagehot usw., in Deutschland J. A. R. von Helferich) nicht nur wieder aufnahm, sondern unter Vernachlässigung der Einschränkungen, die die Klassiker selbst vornahmen, noch auf die Spitze trieb. Danach sollten die Notenbanken in der Lage sein, durch Diskontänderung praktisch in jedem Umfang und für jede Frist sowie zu beliebigem Zeitpunkt den Geldmarkt zu regulieren, Zinssatz, Kreditnachfrage und Kreditvolumen zu bestimmen. Eine schrankenlose Diktaturmöglichkeit („Herrschaft über den Geldmarkt" wie Plenge formulierte) wird von dieser Schule (vgl. *Geldtheorien*) der Notenbank zugeschrieben unter völliger Verkennung der Schranken, denen die Wirksamkeit der Diskontpolitik unterworfen ist.

Das Volumen der Kreditnachfrage paßt sich in Wirklichkeit auf jedem Markt nur unter bestimmten Voraussetzungen der Zinsänderung an.

a) Die Elastizität der Kreditnachfrage ist wesentlich konjunkturell bedingt: nicht so sehr die tatsächlichen als die erwarteten Unternehmergewinne bestimmen die „Spekulation", und dementsprechend bedeuten sogar sehr beträchtliche Zinsänderungen wenig bei ausgeprägter Hausse oder Depression.

b) Selbst „normalerweise" wird die Elastizität der Kreditnachfrage Diskontänderungen gegenüber häufig durch internationale Kapitalbewegungen gestört. Ein anschauliches Beispiel bietet hierfür die deutsche Situation 1926—1930. Die Hände der *Reichsbank* (vgl. d.) waren insofern gebunden, als sie der umsichgreifenden Spekulation nicht entgegentreten konnte: Diskonterhöhung brachte mehr fremdes, Diskontsenkung mehr inländisches Kapital auf den Markt. In einer in den internationalen Kreditverkehr verflochtenen Volkswirtschaft löst eine Diskontänderung Kapitalwanderungen aus, die die beabsichtigte Wirkung aufzuheben tendieren, so daß die Wirksamkeit der Maßnahme eine zeitlich kurzbefristete — aber hierdurch keineswegs annullierte — wird. — Im Inland selbst ist der Einfluß der Diskontänderung um so stärker, je größer das Ausmaß der Änderung und je größer die Rolle, die der kurzfristige (echte) Umsatzkredit auf dem Geldmarkt spielt: je mehr die Kredite „eingefroren" bzw. von vornherein längerfristig gegeben sind, desto geringer die Möglichkeit der Einflußnahme. Daher die jedenfalls kurzfristig empfindlichere Reagibilität des französischen und (noch immer) des englischen Marktes auf Diskontänderungen im Vergleich zu den meisten kontinentalen Märkten, was übrigens auch damit zusammenhängt, daß in jenen Ländern der Kreditbedarf für Warenumsatz eine größere Rolle spielt, in diesen dagegen die Kreditnachfrage für Warenproduktion. Was die *Effektenkredite* (s. d.) anbelangt, so sind sie wegen der stark konjunkturellen Bedingtheit ebenfalls weniger reagibel, als es die echten Warenkredite zu sein pflegen (bei denen es allerdings auch Unterschiede zwischen „normalen" und „spekulativen" Warenlägern gibt, die sich der begrifflichen Systematisierung entziehen).

c) Bei nachdrücklichen diskontpolitischen Maßnahmen kommt es nicht nur darauf an, daß spekulative Positionen auf Effekten- und Warenmärkten preisgegeben oder aufgenommen werden, vielmehr vor allem auf die Anpassung von Produktion und Zahlungsbilanz an die veränderte Zinslage. Eine dauerhafte Korrektur der Zahlungsbilanz z. B. ist nicht möglich durch einmalige Abstoßung von Warenlägern, sie bedarf vielmehr der kostenmäßigen und sonstigen Anpassung in der Produktionssphäre. Ist aber die Struktur eines Landes, wie es in der letzten Generation wiederholt vorkam, „rigid" geworden, d. h. durch Monopolorganisationen auf den Waren- und Arbeitsmärkten, durch hochprotektionistische Handelspolitik, durch Manipulationen des langfristigen Kreditmarktes usw. in ihrer Anpassungsfähigkeit gestört, so werden auch Diskontmaßnahmen nur zeitlich und quantitativ abgeschwächt zur Geltung kommen. Aus diesen und den bereits genannten Gründen ist die Nachfrage nach Kredit in den meisten Ländern wenig elastisch.

d) Selbst die Zinsarbitrage ist nur in gewissem Rahmen dem Diskonteinfluß unterworfen. Zunächst nützen Diskonterhöhungen nichts für die Heranziehung fremden Kapitals, wenn die Sicherheit, d. h. praktisch: die kurzfristige Rückzahlung der Anlage nicht schlechthin gewährleistet ist; in Ländern mit unsicherer Währung bzw. Rechtsordnung ist die Diskontpolitik eine stumpfe Waffe. Ferner kommt es auch auf konjunkturelle Situationen im Auslande bzw. auf die dortigen Zinsbewegungen an, die die Wirksamkeit einer heimischen Diskontänderung unter Umständen paralysieren. Und schließlich ist es überhaupt, worauf insbesondere Somary hingewiesen hat, irrig anzunehmen, daß das Volumen des von Land zu Land fließenden kurzfristigen Kapitals normalerweise sehr groß sei; vielmehr ist dieses Volumen nur dann besonders groß, wenn die langfristige Kapitalbewegung aus irgendeinem Grunde gehemmt ist.

e) Hemmungen der Wirksamkeit der Diskontpolitik ergeben sich schließlich aber auch aus der Natur der Aufgabe selbst. Zur wirksamen Politik gehört vor allem die klare Zielsetzung und die Wahl der geeigneten Mittel; hier stehen menschliche Unzulänglichkeiten oftmals im Wege. Dazu kommt die sachlich bedingte Schwierigkeit, daß nämlich zum wirksamen Eingreifen rechtzeitiges Eingreifen gehört, in Vorwegnahme kommender Ereignisse, die manchmal nicht ohne weiteres klar ersichtlich sind, und über deren Charakter man sich in besonders ausgeprägten Konjunkturen — es sei nur an den prosperity-Irrtum in jeder Hochkonjunktur erinnert — nur zu leicht täuscht. Vollends unwirksam wird jede Diskontpolitik, wenn sie mit Methoden arbeitet, die sich wechselseitig aufheben: Zinsherabsetzung bei gleichzeitiger Warnung vor Überspekulation, Diskonterhöhung bei gleichzeitiger Herabsetzung des Ankaufssatzes für Akzepte (New York 1929) usw.

7. Notenbankpolitik und Kreditbanken. In der obigen Abwägung der Grenzen der Diskontpolitik ist noch nicht berücksichtigt die Frage: ob und wieweit das Banksystem als Ganzes der Notenbank Folge leistet und ihre Maßnahmen mitträgt. Auch in dieser Frage gab und gibt es starke Übertreibungen nach beiden Richtungen: einerseits wurde die Notenbank als isoliertes Organ hingestellt, was namentlich in den Vereinigten Staaten behauptet wurde (Lawrence) — angesichts der dortigen Situation nicht ganz mit Unrecht; auf der anderen Seite steht die in England verbreitete These, der zufolge der Geldmarkt sozusagen automatisch der Notenbank folgen soll. Tatsächlich kommt es auf die Organisation des Geldmarktes, auf die Politik und „Machtmittel" der Notenbank und auf die „Disziplin" der Kreditbanken, d. h. auf ihre freiwillige Bereitschaft zur Mitarbeit an.

Die Position der Notenbank den anderen Instituten gegenüber ist um so stärker, je weniger diese auf die Notenbank angewiesen, d. h. je liquider sie sind, und je weniger sie von der Notenbank Kredite in Anspruch zu nehmen pflegen. Erhöhte Liquidität der Banken bedeutet, daß die Notenbank erhöhte Bewegungsfreiheit besitzt und weniger Beanspruchung im Krisenfalle und bei sonstiger „Geldmarktklemme" zu befürchten braucht. Das gibt ihr die Möglichkeit zu rigoroseren Maßnahmen, die sonst ihre eigene Position gefährden würden. Daher das dringliche Interesse der Notenbank an der Liquidität der anderen Institute, wie es in Deutschland vor dem Kriege in dem Drängen der Reichsbank auf erhöhte Barreservenhaltung bei den Kreditinstituten zum Ausdruck kam. In dasselbe Kapitel gehört der Grundsatz, daß die Kreditbanken die Notenbank entweder gar nicht (wie in London) oder doch nur vorübergehend und gelegentlich in Anspruch nehmen sollen (von Inkassowechseln, vorübergehender Rediskontierung bei Quartalsanspannung u. dgl. abgesehen), um dem Zentralinstitut die Bindungen und Rücksichtnahmen zu ersparen, die aus dem regulären Kundschaftsverhältnis erwachsen und seine Bewegungsfreiheit hemmen könnten. Durch das historisch bedingte Fehlen von Kreditgeschäften zwischen der Bank von England und den big five hat sich die Position der Notenbank auf dem Londoner Geldmarkt wesentlich gestärkt. Die deutschen Großbanken pflegten vor dem Kriege praktisch nur Inkassowechsel bei der Notenbank zu rediskontieren.

Ferner ist die „Machtstellung" der Notenbanken naturgemäß konjunkturell und saisonmäßig bedingt: je besser die Geldversorgung, desto geringer ist sie. Freilich, die bloße Rücksichtnahme auf die mögliche Verknappung des Marktes kann auch in solcher Situation und in Händen einer zielbewußten Notenbankleitung ausreichen.

Im ganzen sind die Machtmittel der Notenbank auf einem modernen Geldmarkt den andern Banken gegenüber minimal: die Verteuerung oder Verbilligung des Rediskontkredites, selbst wenn er direkt oder indirekt in Anspruch genommen wird, macht in der Regel nur Bruchteile eines Prozentes der gesamten Bankkosten aus. Worauf es ankommt, ist die die Voraussetzung der wirksamen Diskontpolitik bildende freiwillige Kooperation der Kreditbanken. Das Musterbeispiel bietet der Londoner Geldmarkt, auf dem sie ursprünglich wohl aus Konkurrenzrücksichten erwachsen und heute zu einer beinahe systematischen Zusammenarbeit geworden ist. Ihr wichtigstes Merkmal ist die regelmäßige Anpassung der kurzfristigen Kreditsätze der Banken an den Diskontsatz. Ähnliches ist seit etwa einer Generation in Deutschland der Fall, wo jetzt die Debetsätze ebenfalls mit dem Diskont fluktuieren. Dazu kommt, daß, wenn die Notenbank eine bewußte Politik treibt, sie den Vorsprung des Handelnden gegenüber den Kreditbanken besitzt, die sich rein geschäftlich zu verhalten, also mit der Markttendenz zu gehen pflegen. Diese Überlegenheit des Zentralinstitutes macht sich um so mehr geltend, je größer das Vertrauen der Kreditbanken zu der „Sachlichkeit" der Notenbankleitung und je weniger sich diese mit den andern Banken im Konkurrenzkampf befindet. Im Interesse ihrer marktpolitischen Führerstellung hat sich die Notenbank von der Depositenwerbung vollständig zu enthalten (von Girodepositen für Clearing abgesehen); vor allem muß sie ihren Diskont stets über dem Niveau des Marktsatzes halten, um die Konkurrenz mit den Banken möglichst zu vermeiden. Diese Selbstbeschränkung sichert der Notenbank die freiwillige Kooperation des Geldmarktes.

8. Manipulierung des Kreditangebotes ergibt sich im Rahmen der Diskontpolitik z. T. „automatisch": Verteuerung des Kredites z. B. ist meist gleichbedeutend mit verminderter Kreditbereitschaft. Ferner liegt eine Einflußnahme auf das Kreditangebot auch in der bereits dargelegten Kooperation der Kreditinstitute. Darüber hinaus haben die Notenbanken die Möglichkeit, direkte Geldmarktbeeinflussung (von der Angebotsseite) zu betreiben, um der Diskontpolitik volle Geltung zu verschaffen oder sie zu erübrigen.

Zur Beeinflussung der Wechselkurse dienen in diesem Sinne die Goldprämien- und die Devisenpolitik. Die erstere (vgl. *Goldpunkte*) wurde vor dem Kriege in Frankreich angewandt, z. T. aber auch in Deutschland, zur Verteuerung des Goldexportes, — das Gegenstück dazu ist Verbilligung des Importes durch zinsfreie Vorschüsse auf Goldeinfuhr, — was auf Erweiterung der Spanne zwischen den Goldpunkten hinausläuft. Weit wichtiger als dieser „Schönheitsfehler" der Goldwährung ist die Devisenpolitik: An- und Verkauf von fremden Wechseln im Inlande oder heimischer im Auslande. Sie bedeutet eine wertvolle Ergänzung zu den diskontpolitischen Maßnahmen und hat praktisch den Vorteil, daß an Stelle der zinslosen Goldreserven zinsbringende Devisen im Portefeuille der Notenbanken ruhen und auch die Kosten von Goldbewegungen erspart werden. Im übrigen ist dieses System, das in größerem Umfang angewandt auf die Golddevisenwährung (s. *Goldwährung* und *Währungswesen*) hinausläuft, mit dem Nachteil behaftet, daß Kursverluste aus Devisen entstehen können.

Wo der Diskontmechanismus in seiner Wirksamkeit besonders eingeschränkt ist und die Notenbank wegen Kapitalarmut eine wesentliche Kreditquelle darstellt, dort wird eine Diskonterhöhung häufig, um Erfolg zu haben, durch Kreditrestriktion (und -kontingentierung) ersetzt, bzw. davon begleitet. Die Restriktion geht notwendig mit Kontingentierung nach mehr oder weniger willkürlichen Maßstäben und bei längerer Dauer mit bureaukratischer Verwaltung des Kreditvolumens Hand in Hand, was notwendig auf Kosten der Wirtschaftlichkeit in der Verwendung des Kredites geschieht. Sie bedeutet die Ausschaltung des normalen Ausleseprozesses zwischen „guten" und „schlechten" Schuldnern, Ersatz desselben durch primitive Maßstäbe außerwirtschaftlicher und unter Umständen bedenklicher Art.

In den letzten Jahren ist von Anhängern einer Herrschaftspolitik der Notenbank — soweit sie zur Einsicht kamen, daß die Diskontpolitik enge Schranken hat —, die Anwendung der offenen Marktpolitik (open market policy; vgl. *Federal Reserve System*) propagiert worden. Das Argument lautete: durch Ankauf und Verkauf von Wertpapieren auf dem „offenen" Markte stände es der Notenbank frei, den Markt praktisch beliebig zu verflüssigen oder zu verknappen mit dem Erfolg, daß sie die Konjunktur beliebig anregen oder bremsen könnte. Insbesondere die Anhänger einer währungspolitischen Zielsetzung von der Art der Preis- oder Beschäftigungsstabilisierung haben, nachdem sie die Diskontfestsetzung als Mittel dieser Politik mehr oder weniger preisgaben, ihre Zuflucht zu dem Mittel der offenen Marktpolitik genommen.

In Wirklichkeit erwuchs die offene Marktpolitik aus der Situation von Notenbanken, die wenig oder gar kein Kundengeschäft besitzen und die folglich in Fällen geringer Inanspruchnahme durch die Bankierkundschaft andere werbende Anlagen suchen mußten. Das war namentlich der Fall bei den Reservebanken, deren vielgepriesene offene Marktpolitik von 1924 bis 1931 und z. T. auch 1932 praktisch darauf hinauslief, bei Absinken der „regulären" Kreditnachfrage ihr Kreditvolumen durch Ankauf von Bundespapieren bzw. von Bankakzepten auf ungefähr gleichem Niveau zu halten. Bei der Bank von England, die diese Politik schon seit Jahrzehnten betreibt, handelte es sich außerdem um zwei Aufgaben: temporäre Stützung des öffentlichen Kredites auf der einen Seite und Vorbereitung bzw. Forcierung von Diskontmaßnahmen auf der andern.

Die Wirksamkeit der offenen Marktpolitik ist ab ovo beschränkt nach Maßgabe der Mittel, die der Notenbank zu diesem Zweck zur Verfügung stehen, hängt also von dem Ausmaß der Gesamtmittel des Instituts und von ihrer anderweitigen Beanspruchung ab. Dazu kommt der Liquiditätsgesichtspunkt: nur Wertpapiere absolut liquider Art kommen in Betracht, wenn die Notenbank nicht in Schwierigkeiten geraten soll, und diese wiederum nur soweit, als ihre Abstoßung nötigenfalls ohne allzu große Erschütterung des Marktes möglich ist. Das jüngste Beispiel der Bank von England zeigt, daß eine mit Staatspapieren vollbeladene Notenbank in Krisenfällen ihrer Manövrierfähigkeit weitgehend beraubt ist, zumal sie als Hüterin des Staatskredites schon mit Rücksicht auf diesen in der Möglichkeit der Abstoßung von Wertpapieren sehr beengt ist. Erst recht kommt die offene Marktpolitik in Ländern mit ungenügend funktionierendem öffentlichen Anleihemarkt kaum in Betracht. Diese Politik bedeutet, wenn sie in großem Ausmaß eingesetzt wird, in der Regel eine Verflüssigung des Marktes und Festlegung der Mittel der Notenbank, so daß sie bei konjunkturellem Rückschlag nicht mehr zur Verfügung stehen. Die Reservebanken, die ihre offenen Marktkäufe im engen Rahmen hielten, haben sich durch ihre Zurückhaltung für den Krisenfall einen Spielraum gesichert, von dem sie 1932 ausgiebig Gebrauch machen konnten; das Ausmaß, in dem das geschah, wurde aber bald als abbaubedürftig empfunden.

9. *Die Praxis der Diskontpolitik.* Trotz der zahlreichen Hemmungen, die infolge mangelnder Elastizität der Kreditnachfrage und mangelhafter Organisation des Geldmarktes sowie infolge der nur zu häufig unklaren, wenn nicht gar aus politischen Gründen gehemmten Initiative der Notenbank selbst die Wirksamkeit der Diskontpolitik beeinträchtigen, ist diese ein eminent wichtiger Faktor der modernen Kredit- und Währungspolitik. Sie vermag nicht schlechthin Preise und Konjunktur zu regulieren, aber sie ist von entscheidender Bedeutung für die Anpassung des Geldmarktes und für seine Leitung. In der praktischen Handhabung haben sich außer den grundsätzlichen namentlich folgende technische Schwierigkeiten gezeigt. Erstens die bereits erwähnte Frage des rechtzeitigen Eingriffs. Die Entscheidung z. B., ob und wann eine Diskontänderung, die den Markttatsachen voraneilen soll, stattzufinden hat, ist Sache des „Fingerspitzengefühls", das durch keinerlei statistische oder sonstige Maßstäbe ersetzt werden kann. Das völlige Versagen der „Konjunkturinstitute" in der gegenwärtigen Krise spricht eine deutliche Sprache. Das bedeutet aber keineswegs, daß volkswirtschaftliche Erkenntnisse und statistische Beobachtung nutzlos wären. Vielfach bezieht sich die Voraussetzung intuitiver Urteilsfähigkeit gerade auch auf solche volkswirtschaftliche Zusammenhänge, deren Verkennung infolge mangelnder Einsicht wiederholt die Ursache des Versagens von Notenbankleitungen gewesen ist. Zweitens ergibt sich eine besondere Schwierigkeit aus dem Umstand, daß sich die beiden Hauptaufgaben der N., Stabilhaltung des Wechselkurses und Ausgleich der konjunkturellen Wellenbewegungen, nicht immer decken: Diskonterhöhung wegen ungünstiger Wechselkurse kann z. B. konjunkturell höchst unerwünscht sein. Eine Formel für die Lösung solcher und ähnlicher Schwierigkeiten gibt es naturgemäß nicht; auch da zeigt es sich, ob die Vorbereitung der Notenbank und des Geldmarktes überhaupt für schwierige Situationen ausreichend gewesen ist, und wiederum ergibt sich als Konsequenz die generelle Forderung entsprechender „Rüstung", die nicht nur die Notenbank selbst und ihre eigene Liquidität, sondern die Liquidität insbesondere auch der Kreditbanken betrifft.

Im allgemeinen ergibt sich für die Notenbank ein natürlicher und einfacher Maßstab für ihr Verhalten aus Goldbewegungen größeren Umfangs und aus den Tendenzen des heimischen Geldmarktes, neben denen auch die der ausländischen berücksichtigt werden müssen. Nicht um willkürliche Manipulierung, sondern nur um zeitweilige Beeinflussung bzw. Vorwegnahme dieser Tendenzen kann es sich praktisch handeln. Langfristig gesehen ist der Einfluß der Notenbank, wie überhaupt des Banksystems, auf den Zinssatz minimal. Starke Erhöhung des Diskontes hat die Tendenz, fremdes Kapital herbeizulocken, die heimischen Barreserven zu entleeren und die Kreditnachfrage einzuschränken, mit dem Erfolg, daß der Zins sinkende Tendenz erfährt. Verflüssigung des Marktes durch niedrigen Zins und „leichtsinnige" Bereitwilligkeit zur Kreditgewährung wirken umgekehrt und führen, wenn sie überhaupt Erfolg haben, bald zu gesteigerter Kreditnachfrage mit dem Erfolg steigender Zinssätze. À la longue hebt sich die Wirkung jeder Manipulierung des Zinses selbst auf.

Ferner haben sich in der Praxis (auf Grund der Krisenerfahrungen in der ersten Hälfte des 19. Jahrhunderts) außer den bereits genannten folgende praktische Grundsätze ausgebildet, die von der Bank von England, der Reichsbank und anderen Notenbanken in den Krisen von 1857, 1866, 1873, 1892 und 1907, aber auch in ihrem Verhalten gegenüber Quartals- und Saisonanspannungen des Geldmarktes zur erfolgreichen Anwendung kamen[1].

Das Verhältnis von Golddeckung zu den Verbindlichkeiten der Notenbanken ist zwar der wichtigste, aber keineswegs der einzige Maßstab ihrer Diskontpolitik. Vielmehr hat sie in Vorwegnahme drohender Kreditexpansionen und spekulativer Tendenzen unter Berücksichtigung allgemeinwirtschaftlicher und politischer Verhältnisse usw. ihre Politik so einzurichten, daß sie den ihr gestellten Aufgaben in schwierigen Situationen gewachsen ist.

Der Banksatz für Wechsel muß höher sein als der Marktsatz für gleiches Material; der Lombardsatz muß über den Diskontsatz stehen. Die erste Regel, an die sich die amerikanischen Reservebanken nach dem Kriege lange Zeit nicht gehalten haben, ist wichtig, um keine Kreditinflation aufkommen zu lassen.

Zum Wirksamwerden der Diskontpolitik in vollem Umfang gehört ein offener, wohlorganisierter Geldmarkt, der den Veränderungen des offiziellen Diskontsatzes weitgehend Folge leistet und auf dem die Notenbank nicht die allein führende Kreditgeberin sein darf; sonst fehlt ihr die Möglichkeit, sich nötigenfalls auf dem Markt „entladen" zu können.

Ein beschränkter Besitz an marktfähigen Wertpapieren im Portefeuille der Notenbank ist wichtig, um den Markt zu beeinflussen und die Diskontpolitik wirksam zu machen. Großer Besitz davon erzielt aber den entgegengesetzten Erfolg. Das Funktionieren eines aufnahmefähigen Marktes für kurzfristige erstklassige Wechsel (Privatdiskontmarkt) kann und soll durch die Notenbanken unterstützt werden, schon um ihr den dauernden „Kontakt" mit dem Geldmarkt zu sichern.

Wichtig ist, daß die Kreditbanken nicht dauernd Schuldnerinnen der Notenbank sein dürfen, weder direkt noch indirekt, daß sie aber auf die Notenbanken angewiesen sind bzw. ihr Folge leisten in Situationen, in denen dies diskontpolitisch erforderlich ist.

In Quartals- und Saisonanspannungen, die durch die Struktur der Volkswirtschaft bzw. des Zahlungsverkehrs bedingt sind und regulär wiederkehren, bedeutet Diskonterhöhung eine Strafe, die sachlich nicht berechtigt zu sein braucht und die möglichst durch Vorwegnahme solcher Anspannungen vermieden werden soll. Das kann insbesondere dadurch erreicht werden, daß der Diskont in der „flüssigen" Zeit nicht entsprechend gesenkt, also möglichst auf einem Durchschnittssatz gehalten wird.

Generell gilt, daß allzu häufige Schwankungen des Diskontsatzes einen Nachteil für die Volkswirtschaft bedeuten, die relative Stabilhaltung aber nur auf einem ungefähren Durchschnittsniveau zwischen „flüssiger" und „knapper" Zeit möglich ist. Auf der anderen Seite ist es aber noch gefährlicher und schädlicher, Schwankungen des Diskonts auch dann vermeiden zu wollen, wenn sie bereits durch starken Goldab- oder -zufluß bzw. infolge spekulativer Anspannung oder depressiver Flüssigkeit des Marktes nötig werden.

Ein reichlicher Goldvorrat ist die Voraussetzung für die Tendenz, den Diskontsatz nicht übermäßig häufig in Bewegung zu setzen; ein verhältnismäßig kleiner Goldvorrat ist riskant und allenfalls dort gerechtfertigt, wo die innere Goldversorgung und die internationale Stellung des betreffenden Geldmarktes sowie die Liquidität der Banken die Garantie bieten, daß man jederzeit durch Diskonterhöhung starke Goldreserven heranzuziehen vermag.

Der konjunkturelle Einfluß der Diskontpolitik konzentriert sich in der Hauptsache auf die Eindämmung der Spekulation, wenn die Maßnahmen rechtzeitig und energisch eingesetzt werden (vgl. auch *Panik*). In der Depression ist die konjunkturbelebende Wirkung des niedrigen Diskonts an sich sehr gering und langsam, aber wichtig infolge der Lenkung des Kapitalstroms in festverzinsliche Anlagen (s. *Effektenkredite*).

[1] Vgl. insbesondere die im Literaturverzeichnis zitierten Arbeiten von LOTZ, BECKHART usw.

10. Die französische Diskontpolitik vor dem Weltkriege bedarf besonderer Erörterung, weil die Politik der *Banque de France* (s. d.) von der der meisten führenden Notenbanken vielfach abwich. Dieses im Jahre 1800 von Napoleon gegründete Institut, das seither wiederholt mit neuem Privileg ausgestattet worden ist, hat sich (vor dem Weltkrieg) einmal durch außergewöhnliche Selbständigkeit dem Staate gegenüber ausgezeichnet: es gehörte tatsächlich einer Anzahl privater Kapitalisten, die großen Einfluß auf die Leitung hatten, obwohl der Gouverneur vom Staate bestellt wurde (und wird). Wichtiger sind die beiden Merkmale, die die Politik der Bank von Frankreich in der fraglichen Periode weitgehend gekennzeichnet haben: privatwirtschaftlich orientiertes Streben, also Konkurrenz mit den Kreditbanken über das übliche Maß hinaus, und vor allem die Tendenz der Diskontstabilisierung, die der französischen Goldwährung ein Sondergepräge gab und die mittelständische Orientierung der französischen Wirtschaftspolitik widerspiegelte. Nach PALGRAVES Zusammenstellung ist in den 57 Jahren vor 1900 der offizielle Banksatz in England nur in 2 Jahren unverändert geblieben, in Holland in 14 Jahren, in Deutschland in 9 Jahren; in Frankreich dagegen gab es nicht weniger als 48 Jahre ohne Diskontänderung. Hand in Hand damit ging in der letzten Periode vor dem Weltkriege die Goldprämienpolitik und die Methode, die Goldexporteure durch „moralischen" Druck abzuschrecken sowie überhaupt die Tendenz, einen ungewöhnlich großen Goldvorrat und eine ungewöhnlich hohe Deckungsquote für die Verbindlichkeiten zu halten. Nach der neuen Stabilisierung des Franken 1928 hat sich diese Situation — die ungeheuer große Goldreservehaltung — noch schärfer ausgeprägt, jetzt anscheinend ohne bewußte Förderung durch die Notenbank, die sich nach wie vor durch möglichste Enthaltung von jeglicher „Leitung" des Marktes auszeichnet.

Die französische Diskontpolitik hatte vielfach eine relative Niedrighaltung der Geldmarktsätze zur Folge mit dem Ergebnis starker Förderung ausländischer Emissionen auf dem Pariser Markt. Das „billige Geld" der Bank von Frankreich hatte der Volkswirtschaft statt des „Segens" reichlicher Geldversorgung den Nachteil verhältnismäßig viel zu starker Anlage der heimischen Ersparnisse in russischen, türkischen und anderen Staatspapieren gebracht.

11. Notenbanken und Kapitalmarkt. Durch die Beeinflussung des Geldmarktsatzes übt die Notenbank einen direkten Einfluß auf den Kapitalmarkt aus. Der Kurs der erstklassigen, fest verzinslichen Papiere paßt sich dem Geldmarktsatz an im Sinne einer Angleichung der Rendite (vgl. *Rentenmarkt*). Daraus ergibt sich ein — naturgemäß ebenfalls nur kurzfristiger — Einfluß der Notenbank insbesondere auf die Anleihepolitik der öffentlichen Hand. In Zeiten starker Verschuldung der öffentlichen Hand, wie es heute in den führenden Ländern der Fall ist, ist die praktische Konsequenz die häufige Unterordnung der Diskontpolitik unter die Bedürfnisse des Fiskus. *Konversionen* (s. d.) z. B. werden durch möglichste Niedrighaltung des Diskonts für die fragliche Zeit vorbereitet und unterstützt. Die Schwierigkeit, die sich hierbei für die Notenbankleitung ergibt, besteht in der Anpassung dieser fiskalischen Bedürfnisse an die anderweitigen Notwendigkeiten, von denen die Diskontpolitik bestimmt sein muß.

Darüber hinaus nehmen Notenbanken in einzelnen Ländern Einfluß auf den Kapitalmarkt namentlich im Sinne der Förderung oder Hemmung der *internationalen Kapitalwanderungen* (s. d.). Die wiederholten „embargos", die die Bank von England seit dem Kriege gegen Kapitalausfuhr verhängt hat, gehören in dieses Kapitel, ebenso die Warnungen der Reichsbank gegen Kapitalausfuhr vor dem Kriege und gegen übermäßige Kapitaleinfuhr nach der Markstabilisierung. Die Erfahrung lehrt, daß Eingriffe dieser Art allenfalls auf einem so gut organisierten Markt wie dem englischen und auch da wohl nur kurzfristig Erfolg versprechen.

12. Stabilisierung als Ziel der N. wird in der neueren Literatur häufig irrtümlich mit Preis- oder Beschäftigungsstabilisierung gleichgesetzt; vgl. darüber *Währungswesen.* Tatsächlich besteht aber die volkswirtschaftliche Leistung der Notenbank vor allem in einer ausgleichenden Wirkung. Das betrifft sowohl die Regulierung der Wechselkurse als auch den Ausgleich der Saisonanspannungen, ferner auch den konjunkturellen Ausgleich auf dem Geldmarkt im Sinne der Hemmung des Aufschwungs und des erleichterten Eingriffs in der Krise. Die gesamten marktpolitischen Mittel der Notenbank dienen diesen Aufgaben. Insbesondere leitet die Devisenpolitik (s. oben) ihre Berechtigung daraus ab, daß sie die Devisenkurse zwischen Zeiten günstiger und solchen ungünstiger Zahlungsbilanz ausgleicht. In dasselbe Kapitel gehören Eingriffe der Notenbank auf dem Kapitalmarkt, um insbesondere langfristige Kapitalbewegungen im Sinne des Ausgleichs der Zahlungsbilanzspitzen zu fördern bzw. zu hemmen. Ferner dient die Förderung des bargeldlosen Zahlungsverkehrs in ähnlichem Sinne (Somary): der Ausbau des *Abrechnungsverkehrs* (s. d.) kann auch eine Ermäßigung der zeitlich wiederkehrenden Ansprüche an die Notenbank und mithin einen Ausgleich der Schwankungen auf dem Geldmarkt bedeuten. Besonders wichtig ist die Einflußnahme, die von der Notenbank in diesem Sinne direkt (durch Diskontpolitik usw.) und indirekt (durch entsprechende Leitung des Geldmarktes) auf die Anlagepolitik der Banken sowie auf die Lagerhaltung der Unternehmungen und auf die börsenmäßige Spekulation ausgeübt werden kann.

II. Notenbankpolitik in der Papierwährung.

13. Preisgabe der Goldwährung erfolgt niemals wegen eines „Zusammenbruchs" derselben: solange Diskontpolitik angewandt wird, auf die die Volkswirtschaft einigermaßen „elastisch" reagiert, und die internationalen Kreditbeziehungen nicht unterbrochen sind, solange ist das Funktionieren der Goldwährung unbedingt gesichert. Das Abgehen von derselben erfolgt, a) wenn der Fiskus aus finanzieller Mißwirtschaft den „bequemen" Ausweg des Rückgriffs auf die Notenpresse wählt und die Notenbank nicht entsprechend Widerstand leistet. Die „Ankurbelung" der Notenpresse führt in relativ kurzer Frist zu einem Run auf die Notenbank, die ihre Goldzahlungen dann nicht aufrecht erhalten kann. b) Die Währung bricht zusammen, wenn bei unzureichender Liquidität des Kreditsystems ein allgemeiner Run einsetzt und wenn die Notenbank von der Diskontwaffe keinen Gebrauch zur Abwehr macht, wie das in Österreich 1848, in England 1931 usw. der Fall war. c) Mit oder ohne Anwendung der Diskontpolitik bricht die Goldwährung zusammen, wenn sich mit dem Run eine Unterbrechung der internationalen Kreditbeziehungen verbindet, wie das auch in Friedenszeiten vorkommt Ländern gegenüber, die hoffnungslos überschuldet zu sein scheinen bzw. in denen die Rechtssicherheit bezüglich des Vertragsrechts und Privateigentums erschüttert ist.

14. In der *Papierwährung* (s. *Papiergeld*) sind die Probleme der N. im Grunde die gleichen wie in der Goldwährung. Auch hier handelt es sich um die Aufrechterhaltung sei es der alten, sei es einer neuen Goldparität bzw. um die Vermeidung wilder Kursschwankungen. Auch hier ist folglich entsprechende Goldreservenbildung, Einflußnahme auf den Markt durch Diskont- und Devisenpolitik usw. erforderlich.

Scheidet das Papierwährungsland aus dem internationalen Kapitalverkehr aus, so ist die Wirksamkeit der Diskontpolitik äußerst eingeengt, wie das in der gegenwärtigen Krise für die Länder mit moratoriumsähnlichen Zuständen zutrifft, indem Diskontänderungen keinen oder geringen Einfluß auf Kapitalbewegungen ausüben. Ihre Bedeutung ist nach innen dadurch z. T. nicht berührt: Hochhaltung des Diskontes wirkt als Druck zur Liquiditätsverbesserung und zum Herauslocken von „Horten".

Jedenfalls ist die Wirksamkeit der Diskontpolitik in der Papierwährung geringer als in der Goldwährung, zumal wenn Wechselkursschwankungen über die Goldpunkte hinaus stattfinden: solche Fluktuationen können nur zu leicht die Bedeutung jeder Diskontänderung illusorisch machen. An die Stelle der Diskontpolitik tritt hier dementsprechend entweder die Regulierung der Nachfrage nach Devisen (Devisenpolitik, vgl. *Devisenbewirtschaftung*) mit teilweisem oder ganzem Moratorium für Auslandszahlungen, Einfuhrsperren, Stillhalteverträgen und ähnlichen Beschränkungen des Verkehrs, die den internationalen Handel äußerst hemmen und mithin konjunkturdrosselnd wirken. Andernfalls muß die Mengenregulierung des Notenumlaufs zur Anwendung kommen: zum mindesten Verhinderung der Notenvermehrung, wenn nicht künstliche Verminderung (Deflation) ihrer Menge, um durch Beschränkung des Angebots an heimischen Zahlungsmitteln die Wechselkurse zu halten. Beide Methoden (Devisenbewirtschaftung und Notenrestriktion) können kombiniert werden und wirken mehr oder weniger, je nach der Energie, mit der sie durchgeführt bzw. von falschen Diskontmaßnahmen gehemmt werden. Grundsätzlich läßt sich auf dem einen oder anderen Wege die Wechselkursstabilisierung erreichen.

Die Aufrechterhaltung der Goldparität ist, wenn nicht sehr schwere Erschütterungen des Kreditsystems und der Kapitalbildung in Kauf genommen werden sollen, einem Abgleiten von derselben vorzuziehen, selbst wenn damit die volkswirtschaftlichen Kosten einer strengen Devisenbewirtschaftung verbunden sind. Devisenbewirtschaftung ist vorteilhafter als allgemeines Moratorium oder gar genereller Bankrott in Form der Währungsinflation, weil sie den Kredit der Notenbank für die Zukunft erhält und die Rekonstruktion der Währung sehr viel billiger und leichter gestattet als es im anderen Falle möglich sein dürfte. (Über die Frage der „Ankurbelung" durch inflatorische N. vgl. *Währungswesen.*)

III. Organisationsfragen der Notenbank und Notenbankpolitik.

15. Die **Konzentration** des Notenbankwesens hat sich mit Ausnahme *Kanadas* (s. d.) überall durchgesetzt: rationelle Leitung des Geldmarktes wäre bei Konkurrenz der Notenbanken schlechthin unmöglich (vgl. *Monopole* und *Notenbanken*; ferner Artikel über einzelne Geld- und Kapitalmärkte). Um so wichtiger wird die Frage der **Leitung** der Notenbank, die in England im Sinne der Auslese unter angesehenen Privatbankiers, anderweitig aber überwiegend im Sinne eines vom Staat ernannten „Gouverneurs" oder Präsidenten, der in gewissem Umfang unter der beratenden Kontrolle eines Gremiums von Bankiers steht, gelöst worden ist. Entscheidend ist die **Unabhängigkeit der Notenbankleitung** von fiskalischen und rein privatwirtschaftlichen (Schuldner-)Interessen. Die Praxis hat überall gezeigt, daß eine Unabsetzbarkeit des Notenbankleiters wichtige Voraussetzung der Unabhängigkeit dem Staate gegenüber darstellt, daß sie aber an sich ebensowenig eine völlige Garantie der Freiheit von parteipolitischen und Interessenteneinflüssen bedeutet wie statutenmäßige Bestimmungen, es sei denn, daß diese unter wirksamer internationaler Kontrolle stehen (vgl. die Artikel über einzelne Notenbanken).

Literatur: Außer den Angaben in den Artikeln über einzelne Notenbanken sowie über *Effektenkredite, Geldtheorien* und *Währungswesen* sei auf die Zusammenstellung der wichtigsten Literatur in dem Buch von B. H. BECKHART: The Discount Policy of the Federal Reserve System, New York 1924, hingewiesen. Dort auch Verzeichnis der wichtigsten englischen, französischen, deutschen und amerikanischen Bank-Enqueten. (Vgl. auch J. B. WILLIAMS: Guide to the printed Materials for English Social and Economic History 1750—1850, Bd. 1., New York 1926.) — Aus der Literatur seit 1923: Société des Nations, Memorandum sur les Monnaies et les Banques Centrales 1913—1925. Genf 1926. — LOTZ, W.: Art. „Diskonto und Diskontopolitik" im Handwörterbuch der Staatswissenschaften, 4. Aufl. Jena 1926. — LAWRENCE, J. S.: Stabilization of Prices. New York 1928. — WATKINS, L. L.: Bankers' Balances. Chicago 1929. — (Enquete-Ausschuß): Die Reichsbank. Berlin 1929; Der Bankkredit. Berlin 1930. — KOCK, K.: A Study of Interest Rates. London 1929. — SOMARY, F.: Bankpolitik, 2. Aufl. Tübingen 1930. — JONES, TH. C.: Clearings and Collections; Foreign and Domestic. New York 1931. — ULRICH, E.: Les Principes de la Réorganisation des Banques Centrales en Europe après la Guerre. Paris 1931. — HARDY, CH. O.: Credit Policies of the Federal Reserve System. Washington 1932. — HAWTREY, R. G.: The Art of Central Banking. London 1932.

MELCHIOR PALYI.

Notendeckung s. *Notenbankausweise*, s. *Notenbankpolitik*, vgl. *Goldwährung*, ferner die einzelnen Monographien der Notenbanken.

Notenkommissar. Die Überwachung der *Notenbanken* (s. d.) hinsichtlich der Notenausgabe und hinsichtlich der durch sie zu beobachtenden Dekkungsvorschriften spielt im Hinblick auf die entscheidende Bedeutung dieser Bestimmungen für die Währung in allen Notenbankgesetzen eine wichtige Rolle. Sie ist in den einzelnen Ländern in sehr verschiedener Art und Weise geregelt. Bei der *Bank of England* (s. a. d.) wird die ordnungsmäßige Ausgabe der Noten einerseits dadurch gesichert, daß sie ausschließlich dem vom sog. Banking-Department streng getrennten Issue-Department übertragen ist; andererseits werden die Bücher und damit auch die Notenausgabe und die Notendeckung fortlaufend durch die Commissioners of Stamps and Taxes geprüft. Die *Banque de France* (s. d.) wird durch drei Censeurs und durch fünf Comités überwacht, von denen eines das Comité des Billets ist und die Anfertigung, Unterzeichnung, Registrierung und Vernichtung der Noten kontrolliert. Diesem Comité gehören die drei Censeurs und einige der Régents an, die sämtlich durch die Generalversammlung gewählt werden; die Censeurs und fünf der Régents müssen Aktionäre der Bank von Frankreich und in der Produktion oder im Handel als Unternehmer tätig sein. Ihre Tätigkeit bei der Bank von Frankreich ist ehrenamtlich. Die Vereinigten Staaten und einige südamerikanische Länder haben staatliche Notenbankkommissare, welche nicht nur die Notenausgabe, sondern die gesamte Geschäftstätigkeit der Notenbanken beaufsichtigen.

Bei der deutschen *Reichsbank* (s. a. d.) wurde nach dem Bankgesetz von 1875 (§ 16) die Kontrolle der Notenausgabe und der Deckung durch die damalige Reichsschuldenkommission, die Vorgängerin der Reichsschuldenverwaltung ausgeübt. Das Bankgesetz von 1924 hat nicht nur die Notendeckung von 40%, sondern auch die Einrichtung des N. (§§ 19, 27) in Anlehnung an das Beispiel der Vereinigten Staaten eingeführt. Als mit Ablösung des Dawesplans durch den Youngplan der unmittelbare ausländische Einfluß bei der Reichsbank beseitigt wurde und damit auch der ausländische N. ausschied, trat durch eine Novelle vom 13. März 1930 an seine Stelle der Präsident des Rechnungshofs des Deutschen Reichs als N. (§ 27). Seine Rechte gegenüber der Reichsbank sind wesentlich enger als die seines ausländischen Vorgängers. Der ausländische N. war gemäß § 19 Mitglied des Generalrats mit bevorzugtem Stimmrecht. Er war berechtigt, allgemein an den Sitzungen des Reichsbankdirektoriums teilzunehmen, die Vorlage aller Unterlagen kraft Gesetzes zu verlangen, die er für die Durchführung seiner Aufgabe für zweckmäßig hielt, und persönlich und durch seine Hilfsarbeiter bei der Bank alle auf die Durchführung seiner Aufgabe bezüglichen Untersuchungen anzustellen. Die Termine und den Umfang der Prüfungen konnte er selbständig festsetzen. Dem neuen N. stehen diese Rechte nicht mehr zu. Die betr. Vorschriften (§ 27 Bankgesetz) sind übrigens durch Art. IX des Haager Abkommens vom 20. Januar 1930 völkerrechtlich gebunden.

Das geltende Recht. Der Kommissar und seine Hilfskräfte haben bei der An- und Ausfertigung (§ 27 Abs. 1 und 4 zusammen mit § 3), bei der Vernichtung und beim Ersatz (§§ 32, 33) der Noten unmittelbar und selbständig mitzuwirken. Die Mitwirkung an der An- und Ausfertigung wird durch einen besonderen Ausfertigungsstempel beurkundet, den jede in Umlauf gesetzte Note tragen muß. Weiter hat der Kommissar die Ausgabe, den Umlauf und die Deckung (§§ 27 Abs. 2 und 3, 28, 29) der Noten zu kontrollieren, aber nur mittelbar, d. h. zahlenmäßig auf Grund der Unterlagen, die ihm das Reichsbankdirektorium zu liefern hat und für die dieses verantwortlich ist. Infolgedessen ist dem Kommissar täglich eine Nachweisung zu liefern, die die Deckungsmittel gemäß § 28a und b und den Notenumlauf angibt. Ferner sind ihm wöchentlich die Bankausweise (vgl. *Notenbankausweise*), sowie ebenfalls vom Reichsbankdirektorium unterschriebene Einzelnachweisungen über die Bestände der Deckungsmittel, über die Notenbestände der Bank, über die neu in Betrieb genommenen und die vernichteten Noten und über die Zusammensetzung des Notenumlaufes (Stückelung) vorzulegen. Nur für die Termine des Wochenausweises kann und muß der Kommissar Notenausgabe und Notendeckung prüfen. Die Berichte hierüber sind dem Generalrat zu jedem seiner Sitzungstermine einzureichen. Das Recht des Kommissars auf Auskunft bezieht sich nur auf die die Noten und ihre Deckung unmittelbar betreffenden Fragen; eine Prüfung der Kredit-, Diskont- und Währungspolitik ist ausdrücklich ausgeschlossen. Nicht unter die Kontrolle fällt auch die Deckung der täglich fälligen Verbindlichkeiten.

Literatur: SAEMISCH: Der Notenkommissar. Bankarch. **29**, Nr. 17 und 19. — Weitere Literatur bei den Artikeln Reichsbank, Bank von England, Federal Reserve-System.

LUDWIG RIDERER.

Notenprivileg vgl. *Notenbankpolitik*.

— der *Reichsbank* (s. d.) *I*.

— der *Privatnotebanken* (s. d.).

— **steuer** ist eine den Notenbanken auferlegte Abgabe an den Staat, durch die die Unterschreitung einer bestimmten Deckungsgrenze verhindert werden soll. In Deutschland hat die Reichsbank N. zu zahlen, sobald ihr Deckungssatz unter 40 % sinkt. Die N. beträgt bei einer Deckung von 37—40 % 3 % des Nominalwerts der mindergedeckten Noten, steigt dann bis 8 % bei $33^1/_3$ % Deckung und um 1 % für jedes Prozent Minderdeckung unter $33^1/_3$ %. Die Vorschrift ist eine „Soll"-Vorschrift; die Reichsbank hat sie bis zum Sommer 1931 eingehalten, seither jedoch nicht mehr. Ähnliche Notensteuern bei Privatnotenbanken und bei verschiedenen ausländischen Notenbanken (vgl. *Notenbankpolitik*).

Notenumlauf s. *Notenbankausweis* (Tabelle), vgl. *Umlaufsgeschwindigkeit der Bankdepositen* u. a.

Notes s. *Rentenmarkt 6.*

Notgeld ist eine aus geringwertigem Stoff (unedlen Metallen, Papier, aber auch Glas, Pappe, Porzellan und Seide) hergestellter Geldersatz bei auftretendem Mangel an Bargeldmitteln. Solcher Mangel entsteht in außergewöhnlichen Zeiten, z. B. Kriegen (Verkehrsstörungen, Bargeldbedarf wegen Soldzahlungen, Hamsterung usw.) oder auch infolge rascher Entwertung der umlaufenden gesetzlichen Zahlungsmittel. N. war also in der Inflation in den meisten Staaten häufig, in Deutschland nahm es gegen Ende der Inflation riesigen Umfang an. Für den Begriff des N. ist es wesentlich, daß es nicht gesetzliches Zahlungsmittel ist, auch nicht geregelt von einer Zentralstelle ausgegeben wird, sondern für eigene Rechnung von öffentlichen Körperschaften, ja größeren Betrieben emittiert wird. N. gefährdet stets die Währung und stellt eine Verfallserscheinung der Währungshoheit dar. Vgl. Art. „Notgeld" in Schrötters „Wörterbuch der Münzkunde", Berlin 1930.

Notierung von Kursen s. *Kursbildung 1.*

Notifikationspflicht. Die N. besteht darin, daß der Inhaber eines protestierten Wechsels seinem unmittelbaren Vormann innerhalb von zwei Tagen nach der Protesterhebung von der Nichtzahlung Mitteilung machen muß (vgl. *Protest*).

Notiz s. *Kursbildung*, s. *Börsengesetz B I.*

Notkredit s. *Öffentlicher Kredit I 3.*

Notleidende Anleihen s. *Rentenmarkt 2.*

Nummerndepotverzeichnis s. *Depotrecht I A.*

Nutzungstheorie s. *Zinstheorie II 2.*

O.

Obergesellschaft vgl. *Schachtelprivileg.*

Obligationen (bonds, debentures) nennt man die Schuldverschreibungen (langfristigen Anleihen) privater Schuldner (s. Art. *Industrieobligationen*, ferner *Rentenmarkt, Anleihen mit Zusatzrechten*).

Obligo heißt wörtlich Verpflichtung. Daher: Im O. sein = schuldig sein; aus dem O. entlassen werden = aus der Schuld entlassen werden; ohne O. = ohne Verbindlichkeit (bei der Auskunfterteilung). Ähnliche Bedeutung hat Impegno, wörtlich Verpfändung, Haftung. Schließlich bezeichnet man mit O. die Summe von Verpflichtungen, z. B. eines Kunden gegenüber der Bank, sei es insgesamt oder aus einer Reihe gleichartiger Geschäftsfälle; z. B. Wechsel-Obligo des X. Die Kontrolle dieses O. ist ein wichtiger Bestandteil der Kreditkontrolle (s. d. im Art. *Kreditgeschäft, Technik des II.*

odd lots, „krumme", d. h. nicht volle Schlußeinheiten erreichende Effektenbeträge, im Börsenverkehr mit einem Kursabschlag gehandelt (vgl. *New Yorker Börse 4*).

Öffentliche Gelder s. *Öffentliche Kassenführung* und *Öffentlicher Kredit.*

Öffentliche Hand, Bezeichnung der öffentlichen Körperschaften in ihrer Betätigung auf wirtschaftlichem Gebiet.

Öffentliche Kassenführung. 1. Für die Kassengebarung der öffentlichen Verbände (Staat — im Bundesstaat, Zentralstaat und Gliedstaaten — Gemeinden, Gemeindeverbände), haben sich folgende Grundsätze herausgebildet.

a) Einheit in der Oberleitung der Kassenverwaltung. Die gesamte Geldbewegung soll von einer Stelle aus geregelt werden. Die Kassengeschäfte aller lokaler und regionaler Kassen desselben Verbandes müssen danach in einer Hauptkasse so zusammengefaßt werden, daß dieser einen Hauptkasse die Verfügung über die gesamten Geldbestände zusteht und daß lediglich über sie die Versorgung der übrigen Kassen mit Geldmitteln erfolgt. Dadurch erhält die zentrale Finanzverwaltung des Verbandes (Finanzministerium, Kämmereiverwaltung usw.) ein Instrument, um zwischen den sämtlichen Anforderungen auf Auszahlungen und den Eingängen an Einzahlungen im ganzen Kassensystem des Staates den Ausgleich herzustellen und gleichzeitig die Kontrolle über die geldlichen Anforderungen aller Behörden in der Hand zu behalten. Voraussetzung dafür ist nicht nur die rein geldmäßige Verbindung aller Kassen mit der Hauptkasse, sondern auch, daß alle zur Anweisung der Kassen berechtigten Behörden ihre Befugnis zur Anweisung lediglich von der einen Zentralfinanzbehörde herleiten.

b) Grundsatz möglichster Zusammenfassung auch der lokalen und regionalen Kassenstellen. Hat der öffentliche Verband ein größeres Gebiet, so werden neben der Hauptkasse regionale und lokale Kassen erforderlich sein. Die Einheit wird dadurch gewahrt, daß möglichst alle lokalen Kassen eines Gebietsabschnittes miteinander in Verbindung gebracht werden durch Unterstellung unter eine regionale Kasse, die für den ganzen Gebietsabschnitt zuständig ist. Ferner sollen auch die lokalen Kassen möglichst nicht nur die Kassengeschäfte für einen Verwaltungszweig versehen, sondern es sollen bei ihnen die Einzahlungen und Auszahlungen für alle Verwaltungszweige zusammengefaßt werden (System der lokalen Einheitskasse). Dadurch soll erzielt werden, daß nicht einzelne Kassen in erster Linie auszahlen und andere in erster Linie Einzahlungen erhalten, sondern daß im Kassenverkehr jeder Kasse in möglichst hohem Grade ein Ausgleich zwischen Einzahlungen und Auszahlungen erreicht wird.

c) Personelle Trennung des Auszahlungs- und Einzahlungsgeschäfts, sowie der dazu notwendigen Buchungen von der Anweisung. Die Anweisung der Kassen, d. h. ihre Beauftragung und Ermächtigung, bestimmte Einzahlungen entgegenzunehmen und Auszahlungen zu leisten, liegt grundsätzlich in der Hand der Verwaltungsbehörde, die entweder von der Kassenverwaltung völlig getrennt ist, oder die, wenn die Kasse zur Verwaltungsbehörde selbst gehört, das Anweisungsgeschäft durch andere Beamte zu versehen hat, als durch diejenigen, die für Einzahlungen und Auszahlungen, sowie für die Buchungen zu sorgen haben.

2. Im Reich bestand, von der Reichspostverwaltung abgesehen, vor dem Kriege lediglich ein Bedürfnis für eine Zentralkasse, weil das Reich keine regional oder lokal gegliederte Verwaltung besaß. Diese Zentralkasse wurde auftragsweise von der Reichsbank verwaltet. Nach dem Kriege bedurfte das Reich infolge der Übernahme örtlich gegliederter Verwaltungen, die bisher den Ländern oblagen, auch regionaler und lokaler Kassen. Nachdem es bei der ersten Einrichtung nicht voll geglückt war, die zu 1. aufgestellten Grundsätze durchzuführen, hat die Reichskassenordnung vom 6. August 1927 (Reichsministerialblatt S. 357) eine modernen Anforderungen entsprechende Reichskassenverwaltung eingerichtet.

a) Als Zentralkasse dient die Reichshauptkasse, die dem Reichsminister der Finanzen untersteht. Sie hat einmal die Aufgabe, auf Anweisung der Zentralstellen des Reiches, insbesondere des Reichsfinanzministeriums, die Einzahlungen und Auszahlungen vorzunehmen, die zentral zu erledigen sind, also insbesondere die Zahlungen der Reparationen, die durch die Reichsbank weitergeleitet werden, ferner die Zahlungen aus Überweisungssteuern und sonstiger Zuschüsse an die Länder und andere, nach dem Haushaltsplan unmittelbar von den Zentralstellen des Reiches getätigte Vereinnahmungen und Verausgabungen. Ferner liegt ihr ob die Zusammenfassung der bei den regionalen und lokalen Reichskassen eingehenden Gelder und die Versorgung dieser Kassen mit Zahlungsmitteln sowie die buchungsmäßige Zusammenfassung aller bei diesen Kassen eingehenden Einzahlungen und Auszahlungen. Die Zusammenfassung der bei den unterstellten Kassen eingehenden Gelder erfolgt dadurch, daß diese Kassen, soweit irgend möglich täglich, die bei ihnen vorhandenen Gelder den für sie erreichbaren Reichsbankstellen abliefern; diese benachrichtigen ihrerseits die Reichsbank, so daß die Gelder der Reichshauptkasse unverzüglich gutgeschrieben werden können. Es entstehen dadurch bei der Reichshauptkasse Guthaben auf Reichsbankgirokonto. Die Versorgung der lokalen und regionalen Kassen mit Geldern erfolgt dadurch, daß die Reichshauptkasse wiederum durch die Reichsbank den Kassen Beträge bei den Reichsbankstellen zur Verfügung stellt. Dieser letztere Vorgang richtet sich nach den Anforderungen, die voraussichtlich an diese Kassen herantreten, und wickelt sich so ab, daß die Kassen im Rahmen der ihnen hierzu gegebenen Ermächtigung bei der Reichsbankstelle, die für sie zuständig ist, einen farbigen (grünen) Scheck vorlegen. Der in dem farbigen Scheck angeforderte Betrag wird dem Reichsbankgiroguthaben der Kasse gutgeschrieben und durch die Reichshauptbank von dem Reichsbankgiroguthaben der Reichshauptkasse abgeschrieben. Dieses ganze Verfahren muß sich selbstverständlich in dem Rahmen halten, in dem Auszahlungen überhaupt erfolgen können. Dieser Rahmen wird abgegrenzt durch die Befugnis der Reichsbehörden, Zahlungen anzuweisen. Diese richtet sich in letzter Linie nach den Ermächtigungen des Reichshaushaltplans oder nach den vom Reichsminister der Finanzen ausdrücklich gebilligten Etatsüberschreitungen. Im Rahmen des Reichshaushaltplans stellt der Reichsminister der Finanzen den obersten Reichsbehörden für bestimmte Zeiträume (einen Monat oder bei Knappheit der Mittel auch eine Woche) ziffernmäßig Kassenbetriebsmittel bereit, die von den obersten Reichsbehörden wieder auf die unterstellten Behörden bis herab zu den Lokalbehörden verteilt werden. Die Bereitstellung erfolgt in der Form, daß der zuständigen Stelle ein sog. Kreditbrief ausgestellt wird, in dem die Höhe der Betriebsmittel und die Zeit, für die sie bewilligt sind, angegeben sind. Die innerhalb dieser Kredite in Anspruch genommenen Mittel werden auf dem Kreditbrief abgeschrieben und, wenn der Betrag, über den der Kreditbrief lautet, erschöpft ist, so darf der anfordernden Kasse eine Kassenbestandsverstärkung nicht mehr ausgezahlt werden. So ist also ein System hergestellt, durch das die Auszahlungen aller Kassen im Einklang mit den zur Verfügung stehenden Mitteln gebracht werden. Je nach den Einzahlungen und Auszahlungen, die täglich von sämtlichen Reichskassen geleistet werden, und je nach dem Saldo der Guthaben bei der Reichsbank oder der an die Reichsbank gestellten Anforderungen ergibt sich täglich durch Abrechnung der Reichshauptkasse, ob das Reich Mittel zur Verfügung hat, die für die nächsten Anforderungen ausreichen oder ob ein Bedarf nach Geldbeschaffung vorliegt. Dadurch, daß der Reichsminister der Finanzen täglich einen Ausweis über diesen Stand erhält und sich ein Bild über die in der nächsten Zeit eingehenden Beträge und die in der gleichen Zeit entstehenden Ausgaben macht, ist er in der Lage, die nötigen Gelddispositionen vorzunehmen.

Sind Mittel vorhanden, die den Bedarf der nächsten Zeit überschreiten, so wird er für liquide Anlegung der Gelder sorgen, reichen die vorhandenen Mittel nicht aus und stehen hinreichende neue Eingänge nicht bevor, so liegt ein Kreditbedarf des Reiches vor. Es ist selbstverständlich, daß die Gesamtheit der Zahlungsverpflichtungen des Reichs und der hereinkommenden Einnahmen sich nicht an jedem Tage des Rechnungsjahres oder für einen bestimmten Abschnitt des Rechnungsjahres voll ausgleichen können, auch wenn für das ganze Rechnungsjahr Bedarf und Deckung sich voll ausgleichen. Es erklärt sich das vor allem daraus, daß die wichtigsten Einnahmen, die Steuereinnahmen, an bestimmte Fälligkeitstermine gebunden sind und diese sich nicht gleichmäßig auf alle Monate des Jahres verteilen. Die hauptsächlichen Zahlungstermine für die großen Veranlagungssteuern liegen in jedem ersten (neuerdings z. T. zweiten) Monat jedes Kalendervierteljahres, für die Zolleinnahmen sind die Monate Januar und Juli besonders wesentlich, weil in diesen Monaten die kreditierten Zölle fällig werden, insbesondere die Abrechnungen der Zolläger erfolgen. Solche Monate werden und müssen also höhere Einnahmen bringen, als es den regelmäßigen Zahlungsverpflichtungen des Reichs in den gleichen Monaten entspricht, in andern Monaten werden die Einnahmen dieser Monate allein nicht ausreichen, um die Ausgaben dieser Monate zu decken.

Auch bei den Ausgaben sind die einzelnen Monate verschieden belastet, so die Sommermonate durch die Ausgaben für Bauten, die Wintermonate durch erhöhte sozialpolitische Aufwendungen. Auf den Ausgleich dieser Unterschiede im Laufe des Rechnungsjahres haben sich also die Kassendispositionen des Reichsfinanzministeriums zu erstrecken. Ein Bestand an nicht sofort für Zahlungen erforderlichen Mitteln ergibt sich ferner, abgesehen von den Mehreinnahmen in den steuerstarken, aber ausgabeschwachen Monaten dadurch, daß am Schluß eines Rechnungsjahres auf kürzere oder längere Zeit noch Mittel für die Deckung sog. Restausgaben zur Verfügung stehen können; es handelt sich hier um Ausgaben, die nach dem Haushaltplan des vergangenen Rechnungsjahres zu leisten waren, aber aus irgendwelchen Gründen nicht bis zum Schluß dieses Rechnungsjahres, also bis zum 31. März, geleistet werden konnten, etwa weil bewilligte und angefangene Bauten noch nicht fertig geworden sind oder weil sich sonst aus Gründen der Wirtschaftlichkeit oder aus Verwaltungsgründen eine Verschiebung der Ausgaben empfahl. War nun der Etat des vorausgegangenen Rechnungsjahres ausgeglichen, d. h. sind soviel Einnahmen eingegangen, daß sowohl die geleisteten Ausgaben als auch die als Restausgaben ins nächste Jahr verschobenen sog. übertragbaren Ausgaben gedeckt waren, so stellen diese „Restausgaben" einen am Ende des Rechnungsjahres vorhandenen Bestand dar, der solange zur Verfügung steht, bis die Restausgaben geleistet werden müssen. Abgesehen hiervon kann auch der Fall vorliegen, daß das vorhergegangene Rechnungsjahr mit einem Überschuß abgeschlossen hat und über die Verwendung des Überschusses noch kein endgültiger Beschluß vorliegt oder noch nicht ausführbar ist. Solche auf längere oder kürzere Zeit über den Bedarf hinaus vorhandene Bestände wird das Reichsfinanzministerium zinstragend anlegen, es wird also diese Gelder, die, solange sie auf Reichsbankgirokonto stehen, nicht verzinslich sind, im allgemeinen durch Ankauf von Privatdiskonten durch Vermittlung der Reichsbank anlegen. Der umgekehrte Fall, daß Bestände nicht vorhanden sind, die voraussehbaren Zahlungsverpflichtungen aber die voraussehbaren Einnahmen auf kürzere oder längere Zeit überschreiten, führt zu der Notwendigkeit, Geld zu verschaffen. Vor dem Kriege trat diese Notwendigkeit stark zurück, weil das Reich einen Betriebsfond besaß, der immer wieder aufgefüllt wurde. Auch nach dem Kriege hat in den ersten Jahren nach der Stabilisierung von 1925 bis 1927 ein solcher Betriebsfond bestanden, der dann aber zur Deckung der Ausgaben in den Rechnungsjahren 1926 und 1927 verbraucht worden ist. Für den Ausgleich der normalerweise im Rechnungsjahr wiederkehrenden zeitweisen Unterschiede zwischen Zahlungsverpflichtungen und Einnahmen kann auch ohne einen Betriebsfond hinreichend durch die Kreditmöglichkeiten gesorgt werden, die dem Reiche offen stehen.

Nach § 25 Abs. 2 des Reichsbankgesetzes gewährt die Reichsbank dem Reiche einen Betriebskredit, jeweils höchstens auf drei Monate und bis zum Höchstbetrage von 100 Millionen RM.; am 15. Juli jeden Jahres muß dieser Betriebskredit voll abgedeckt sein. Außerdem hat das Reich die Möglichkeit, Schatzwechsel mit einer Laufzeit von höchstens drei Monaten zu begeben, und die Reichsbank darf solche Schatzwechsel bis zu einem Betrage von 400 Millionen RM. rediskontieren (§ 21, Nr. 2a des Reichsbankgesetzes). Diese laufenden Kreditmöglichkeiten des Reiches werden nur dann nicht genügen, wenn ein außergewöhnlicher Bedarf vorhanden ist. Er kann einmal dadurch entstehen, daß ein vorangegangenes Rechnungsjahr mit einem Defizit abgeschlossen hat und daher die normalen Kreditmöglichkeiten insoweit bereits ausgenutzt sind und nun nicht oder entsprechend vermindert zum Ausgleich der regelmäßigen Unterschiede zwischen Zahlungsverpflichtungen und Einnahmen zur Verfügung stehen. Weiter steigt der Bedarf an, wenn die Einnahmen des laufenden Jahres nicht bloß zeitweilig, sondern endgültig hinter den Ausgaben zurückbleiben, sei es, daß die Einnahmen nicht die veranschlagte Höhe erreichen, sei es, daß über den Haushaltplan hinaus Ausgaben notwendig werden. Endlich kann ein größerer Kreditbedarf dadurch eintreten, daß zur Deckung bestimmter Ausgaben im sog. außerordentlichen Etat oder in besonderen Anleihegesetzen die Aufnahme von Anleihen, also von langfristigen Krediten, vorgesehen ist und eine Begebung dieser Anleihen nicht möglich war. Werden dann die Ausgaben, die planmäßig aus Anleihen genommen werden sollen, trotzdem geleistet, so muß kurzfristiger Kredit solange in Anspruch genommen werden, bis es durch Begebung der geplanten Anleihen gelingt, einen Ausgleich herbeizuführen. Aus diesen Ausführungen ergibt sich also, daß bei an sich ausgeglichener Etatslage die Kassenlage des Reiches zu Schwierigkeiten Anlaß geben kann. Es ist ein Grund für die schlechte Finanzlage des Reiches in den letzten Jahren, daß insbesondere Ausgaben, die auf Anleihe genommen werden sollten, geleistet worden sind — zu einem wesentlichen Teile für die Zwecke der Arbeitsbeschaffung — und daß diese Anleihen infolge reparationspolitischer Schwierigkeiten und bei der Lage des Kapitalmarktes nicht begeben werden konnten. Ergibt sich aus den dargelegten Gründen ein kurzfristiger Kreditbedarf des Reiches über das normale Maß hinaus, so werden die vorher angegebenen Möglichkeiten, kurzfristiges Geld zu verschaffen, nicht ausreichen und zugleich ihre wiederkehrende Natur verlieren. Es bleibt dann dem Reiche nur übrig, weitere kurzfristige Kreditmöglichkeiten, etwa durch Begebung von Reichsschatzanweisungen an das Publikum oder an die Banken oder durch Aufnahme von Darlehen bei Reichspost, Reichsbahngesellschaft, Sozialversicherungsträgern uws. auszunutzen. Dauert ein solcher Zustand länger an, so wird zur Abtragung dieser Verpflichtungen, solange die Begebung einer Anleihe nicht möglich oder nicht tunlich ist, nur die Erhöhung der ordentlichen Einnahmen, also eine Verschärfung des Steuerdrucks übrigbleiben, indem im ordentlichen Haushalt besondere Mittel für die Tilgung der aufgenommenen Kredite angenommen werden. Die Befugnis des Reichsministers der Finanzen zur Aufnahme von Krediten und von Anleihen ist beschränkt durch die ihm im jährlichen Haushaltgesetz erteilten Ermächtigungen. Eine Überschreitung dieser Ermächtigungen ist ausgeschlossen, weil die Ausstellung von verpflichtenden Urkunden nur durch die gegenüber dem Reichsfinanzminister selbständige Reichsschuldenverwaltung erfolgen kann.

b) Unter der Reichshauptkasse stehen die regionalen und lokalen Kassen der Reichsverwaltung. Zentrale Reichskassen sind neben der Reichshauptkasse nicht vorhanden. Lediglich für das Auswärtige Amt besteht die sog. Legationskasse, die aber keine selbständige Zentralkasse darstellt, sondern ihre Mittel von der Reichshauptkasse erhält und mit dieser abrechnet. Die übrigen Kassen sind in erster Linie die Kassen der Reichsabgabenverwaltung, und zwar sind sie regional zusammengefaßt durch die Landesfinanzkassen, die bei den 26 Landesfinanzämtern bestehen. Unter ihnen stehen die Finanzkassen der 990 Finanzämter und 237 Hauptzollämter. Diese Kassen haben einmal die Aufgaben des Verwaltungsgebiets der Reichsabgabenverwaltung. Sie sind insoweit in erster Linie einnehmende Kassen und aus den bei ihnen erfolgenden Einzahlungen werden die Guthaben gespeist, die die Reichshauptkasse bei der Reichsbank hält. Die Kassen der Finanzverwaltung haben aber weiter auch die Aufgabe, den übrigen Reichskassen auszuhelfen. Diese übrigen Reichskassen sind im wesentlichen auszahlende Kassen. Es kommen hier die Kassen der Versorgungsämter und der Behörden der Wehrmacht in Betracht. Um zu vermeiden, daß die in einem engeren Bezirk bei den Finanzkassen aufkommenden Gelder der Reichshauptkasse zufließen und auf der anderen Seite Reichskassen des gleichen engeren Bezirks von der Reichshauptkasse mit Geld versorgt werden müssen, haben die Kassen der Reichsabgabenverwaltung die in ihrem Bezirk liegenden Reichsbedarfskassen aus ihren eigenen Mitteln im Rahmen der Kreditermächtigung (s. zu 1) Geld zur Verfügung zu stellen. Dadurch, daß die Kassen der Finanzverwaltung außerdem auch für die Zahlungen aller derjenigen Reichsverwaltungen zuständig sind, die eigene Kassen nicht besitzen, ist in diesen Kassen in weitem Umfange dem Grundsatz der Einheitskasse Rechnung getragen. Neben den eigentlichen Kassen gibt es noch sog. Zahlstellen. Es sind das Einrichtungen der einzelnen Behörden, die für kleinere Zahlungen zuständig sind, wie sie aus den Bedürfnissen dieser Behörden heraus erforderlich werden und geleistet werden müssen, ohne daß die Inanspruchnahme der am Orte etwa nicht vorhandenen eigentlichen Reichskassen zweckmäßig sein würde (Bürokassen).

Die Einrichtung der einzelnen Kassen ist in der Reichskassenordnung und in den dazu ergangenen Vollzugsbestimmungen geregelt. Auch soweit es sich nicht um Kassen der Reichsfinanzverwaltung im engeren Sinne handelt, bedarf es zur Errichtung und Einrichtung der Kassen der Zustimmung des Reichsministers der Finanzen. Jede Kasse hat einen Kassenleiter, Buchhalter für die Führung der Bücher, die Sammlung der Belege und die Vorbereitung der Rechnungslegung, sowie Kassierer, die den baren und unbaren Zahlungsverkehr erledigen. Für jede Kasse ist ein Kassenaufsichtsbeamter bestellt, der nicht zu den Kassenbeamten gehören darf. Die Zahlungen sollen, soweit irgend möglich, unbar bewirkt werden, die Kassen sind dazu dem Postscheckverkehr angeschlossen und, soweit das örtlich möglich ist, dem Reichsbankgiroverkehr. Mit anderen Geldanstalten stehen die Reichskassen nur ausnahmsweise in Verbindung. Einzahlungen bei Reichskassen können bar oder unbar geleistet werden. Schecks dürfen als Einzahlung nur angenommen werden, wenn der Scheck am Sitze der Kasse eingelöst werden kann und die Geldanstalt, auf die der Scheck gezogen ist oder die ihn einlöst, sich verpflichtet hat, Schecks, für die die erforderliche Deckung vorhanden ist, sofort bei der Vorlegung bar einzulösen oder den Scheckbetrag spätestens am Vormittage des folgenden Werktags dem von der Kasse bezeichneten Konto zu überweisen. Diese Beschränkungen gelten nicht für Postschecks und Reichsbankschecks. Für die Zahlung durch Aufrechnung gilt § 395 BGB.; die dort vorgesehenen Beschränkungen der Aufrechnung sind aber für Steuerzahlungen erleichtert; nach § 124 der Reichsabgabenordnung können Steuerpflichtige gegen Steueransprüche des Reichs mit unbestrittenen oder rechtskräftig festgestellten Gegenansprüchen aufrechnen; dabei ist es gleichgültig, von welcher Kasse des Reichs die Gegenforderung zu erfüllen ist.

c) Neben dem System der Reichskassenverwaltung steht das Kassensystem der Reichspost. Die Reichspost ist durch das Reichspostfinanzgesetz gegenüber der übrigen Reichsverwaltung verselbständigt. Eine eigene Kassenverwaltung hat auch die Deutsche Reichsbahngesellschaft, die durch das Reichsbahngesetz verselbständigt ist und einen Reichsbetrieb nicht mehr darstellt. Nicht zum Kassensystem des Reichs gehören auch die Kassen der Sozialversicherungsträger (Anstalt für Arbeitslosenversicherung, Anstalt für Angestelltenversicherung, Reichsknappschaft, die Landesversicherungsanstalten, Unfallberufsgenossenschaften und Krankenkassen).

d) Die Buchführung der Reichskassen richtet sich nach den Grundsätzen der *kameralistischen Buchführung* (s. d.), d. h. maßgebend für die Verbuchungen sind die Einzahlungen und Auszahlungen und der sich danach ergebende Kassenbestand, sowie das Verhältnis zu den Haushaltsvoranschlägen, in deren Rahmen sich die Kassengebarung zu halten hat. Damit bildet die Kassenführung gleichzeitig die Grundlage für die Rechnungslegung. Die Bücher sind nach Abschluß jedes Rechnungsjahres abzuschließen, außerdem finden Monats- und Vierteljahrsabschlüsse statt. Nach dem Jahresabschluß findet die Rechnungslegung statt, die sich auch darauf zu erstrecken hat, ob die Einzahlungen und Auszahlungen zutreffend auf diejenigen Titel und Kapitel des Voranschlags gebucht sind, die für die Kasse maßgebend sind und bei den Anweisungen an die Kasse angegeben werden müssen.

3. Das preußische Kassensystem beruht auf dem Regulativ vom 17. März 1828, ist aber durch Geschäftsanweisungen aus der neueren Zeit den modernen Ansprüchen angepaßt.

a) Als Zentralkasse besteht die Generalstaatskasse. Sie ist allerdings nicht die einzige Zentralkasse in Preußen, vielmehr bestehen neben ihr die Generallotteriekasse, die Staatsschuldenkasse und die Preußische Staatsbank; diese drei Kassen rechnen aber auch ihrerseits mit der Generalstaatskasse ihre Überschüsse ab. Ähnlich wie im Reich ist dafür gesorgt, daß bei der Generalstaatskasse alle Geldmittel des gesamten Kassensystems zentralisiert werden und die Geldversorgung der regionalen und lokalen Kassen nur durch die Generalstaatskasse erfolgt. Es geschieht das ebenfalls durch Benutzung der Reichsbank und ihrer Zweigstellen. Die regionalen Kassen ergänzen ihre Geldmittel dadurch, daß sie bei der Reichsbankstelle einen farbigen Scheck vorlegen, der blau ist, wenn es sich um preußische Staatsgelder handelt; gleichzeitig besteht aber auch zur Abkürzung des Verfahrens eine Verbindung mit dem Reich bei Verteilung der Reichsüberweisungen und hierbei werden von den preußischen Kassen, wie von den Reichskassen, grüne Schecks verwertet. Bei Kreditbedürfnis bedient sich der preußische Finanzminister der preußischen Staatsbank, die — erforderlichenfalls zusammen mit dem sog. Preußenkonsortium — für die Unterbringung von Schatzanweisungen Sorge trägt.

b) Regionale Kassen sind die Regierungshauptkassen (für den Verwaltungsbezirk der Stadt Berlin die Hauptkasse der vor allem für Ruhegehälter zuständigen preußischen Bau- und Finanzdirektion und die Polizeihauptkasse Berlin). Neben den Regierungshauptkassen stehen die Justizhauptkassen bei den Oberlandesgerichten, die aber nicht unmittelbar mit der Generalstaatskasse abrechnen, sondern mit den Regierungshauptkassen, so daß also insoweit das Prinzip der Einheitskasse in der Provinzialinstanz gewahrt ist. In der Lokalinstanz sind die wichtigsten Kassen die staatlichen Kreiskassen. Daneben bestehen als Sonderkassen der Justizhauptkassen die Gerichts- und Strafanstaltskassen. Ferner sind noch eine Reihe von Sonderkassen vorhanden, wie z. B. die Forstkassen, die Domänenrentamtskassen, die Universitätskassen, die Kassen der staatlichen höheren Lehranstalten, die Baukassen usw. Soweit es die örtlichen Verhältnisse gestatten, sind aber diese Kassen mit den Kreiskassen räumlich verbunden.

c) Die Vorschriften über das Kassenwesen und die Rechnungslegung entsprechen im wesentlichen den Reichsvorschriften. Besonderheiten bestehen insoweit, als der preußische Staat sich für seine Geldbeschaffungsgeschäfte und für die Anlegung zeitweise freier Mittel nicht der Vermittlung der Reichsbank, sondern seiner eigenen Staatsbank bedient und daß wegen des Zahlungsverkehrs mit den Gemeinden die Kassen auch an das kommunale Gironetz der deutschen Girozentrale angeschlossen sind.

4. Die Kassensysteme der übrigen deutschen Länder entsprechen im wesentlichen dem Aufbau der preußischen Kassen, nur daß meist das Provinzialkassensystem wegfällt, das Kassensystem also nicht dreistufig, sondern nur zweistufig ist. Das Prinzip der Einheitskasse ist besonders stark in Bayern ausgebildet, wo es besondere Gerichts- und Forstkassen nicht gibt. Die gesamten örtlichen Kassengeschäfte wurden bis 1920 durch die Kassen der Rentämter wahrgenommen. Seitdem besteht die Eigentümlichkeit, daß diese Geschäfte in der Hand von Reichsbehörden liegen, weil bei der Einrichtung der reichseigenen Finanzverwaltung die Rentämter unverändert, also mit allen ihren rein bayerischen Zuständigkeiten, auf die Finanzämter des Reichs übergegangen sind. Die Finanzämter und ihre Finanzkassen unterstehen aber insoweit den bayerischen Kreisregierungen und den bayerischen Zentralbehörden.

5. In den Gemeinden und Gemeindeverbänden ist das Kassenwesen grundsätzlich einstufig, wenn es auch in großen Gemeinden hier und da eine Reihe von Sonderkassen gibt und in Berlin Bezirkskassen bestehen. Die Kasseneinheit wird ferner insoweit durchbrochen, als die wirtschaftlichen Unternehmungen der Gemeinden, auch wenn sie Regiebetriebe sind, vielfach selbständige Kassen haben, und der Ausgleich zwischen ihnen und der Kasse der Kämmereiverwaltung nicht immer vollständig geregelt ist. Bei der Geldversorgung des Gemeinden spielen die eigenen Gemeindebanken und die Sparkassen, die gegenüber den Gemeindekassen selbständig sind, eine Rolle. Ferner besteht ein gewisser Ausgleich unter den Gemeinden, indem die Kommunalbanken und die Sparkassen an das kommunale Gironetz angeschlossen sind, das seit 1916 in der deutschen Girozentrale zusammengefaßt ist.

6. In den außerdeutschen Staaten besteht fast überall ein durch staatliche Behörden wahrgenommenes Kassensystem. Eine gewisse Ausnahme macht England, wo die *Bank of England* (s. d.) als Generalstaatskasse dient, indem bei ihr dem Staate ein Konto eröffnet ist und über sie grundsätzlich die Einnahmen und Ausgaben der Staatsverwaltung laufen. Dabei besteht die Besonderheit, daß über dieses Hauptkonto des Staates bei der Bank von England das Schatzamt nicht allein verfügt, sondern dabei an die Mitwirkung einer nur der Kontrolle des Parlaments unterliegenden Behörde, des Comptroller and Auditor General, gebunden ist, dem nicht nur, wie dem Rechnungshof im Reich und der Oberrechnungskammer in Preußen, die Rechnungsprüfung obliegt, sondern der nach Verabschiedung des Haushaltsgesetzes das Schatzamt erst zur Verfügung über das Hauptkonto des Staates bei der Bank von England ermächtigt und ständig über die Abhebungen von dem Konto auf dem laufenden gehalten wird. Nicht richtig ist aber die vielfach in der Literatur vertretene Auffassung, daß England keinerlei eigene Kasseneinrichtungen besäße. Vielmehr sind solche für die Einhebung der Abgaben vorhanden. Einmal bestehen für gewisse Steuern die Kassen der beiden zentralen Abgabenämter, nämlich der Generalsteuerdirektion und der Generalzolldirektion, die ihrerseits täglich mit der Bank von England abrechnen und bei ihnen eingegangene Beträge bei dieser abliefern. Die Einkommensteuer wird durch Steuererheber eingezogen, die nicht Beamte sind, sondern Privatpersonen, die von der Generalsteuerdirektion gestellt werden, ihre Unkosten selbst zu decken haben und Pauschalentschädigungen erhalten (Collectors). Diese Collectors haben eigene Bankverbindungen und haben nur in gewissen Zeitabschnitten die vereinnahmten Gelder abzuführen. Bei einzelnen großen Einkommensteuerämtern bestehen seit 1927 staatliche Einkommensteuerkassen, die mit Beamten besetzt sind und den Finanzkassen des Reichs durchaus gleichzusetzen sind.

Vgl. *Öffentlich-rechtliches Bankwesen.*

Literatur: Unter den Lehrbüchern der Finanzwissenschaft behandelt das Kassenwesen ausführlich W. LOTZ: Finanzwissenschaft, 2. Aufl., **1**, 148ff. — REICHARD, E.: Reichskassenordnung. 1927. — POPITZ, J.: Die Kapitalwirtschaft der öffentlichen Hand (in: HARMS, B.: Kapital und Kapitalismus, Bd. 2, S. 226f. 1931). — JÈZE, G.: Cours de Science des Finances, 6. éd. 1922. — SCHWARZ, O.: Formelle Finanzverwaltung in Preußen und im Reich. 1907.

POPITZ.

Öffentlicher Kredit.

I. Theorie des öffentlichen Kredits.

1. *Begriff und Gegenstand.* Als Gegenstand der Lehre vom ö. K. hat man bisher ausschließlich die Kreditinanspruchnahme seitens öffentlicher Körperschaften angesehen; mindestens ebenso wichtig aber ist, wenn auch nicht historisch, so doch für die moderne Finanzwirtschaft und die Volkswirtschaft der Gegenwart die öffentliche Kreditgewährung, d. h. die im öffentlichen Interesse erfolgende Hingabe von Leihkapital an andere öffentliche Körperschaften (eingegliederte oder fremde), an ganze Wirtschaftszweige (Landwirtschaft) oder einzelne Unternehmungen (z. B. Werften). Das soll hier ausdrücklich betont werden, wenn auch im Rahmen dieser Abhandlung auf die Grundsätze der öffentlichen Kreditgewährung kaum eingegangen werden kann (vgl. *Subventionen*). Die Vernachlässigung, die diese Seite des ö. K. in der Literatur bisher erfahren hat, hängt offenbar damit zusammen, daß die Lehre vom ö. K. bisher ausschließlich unter finanzwissenschaftlichen Gesichtspunkten, d. h. in Lehrbüchern der Finanzwissenschaft oder finanzwissenschaftlichen Monographien, deren Gegenstand die öffentliche Mittelbeschaffung ist, behandelt worden ist.

Unter ö. K. verstehen wir also sowohl die seitens öffentlicher Körperschaften für öffentliche Zwecke erfolgende Aufnahme von Leihkapital, sowie die seitens solcher Körperschaften im öffentlichen Interesse erfolgende Darlehnsgewährung. Exportkredite, die der Staat zur Verfügung stellt, sind ö. K. Selbstverständlich ist der ö. K. heute ausnahmslos Geldkredit.

Der ö. K., so wird oft gesagt, sei eine Form des Kredites überhaupt, und Form und Grundsätze seiner Anwendung müßten daher den Regeln unterliegen, die für jede Kreditaufnahme oder Kreditgewährung gelten. Das ist jedoch nur bedingt richtig. Der ö. K. unterscheidet sich von dem privaten Kredit vor allem dadurch, daß er nicht nur für andere Zwecke, nämlich die Zwecke eines überindividuellen, eigenen Lebensgesetzen unterliegenden Gebildes beansprucht wird, sondern auch dadurch, daß er sich auf andere Voraussetzungen gründet. Sein Sondercharakter wird nicht allein dadurch begründet, daß er, wie WEYERMANN zutreffend hervorgehoben hat, sich ähnlich wie die Steuer auf die Machtgewalt der öffentlichen Körperschaften gründet, nämlich auf die Macht, auf Einkommen und Vermögen der eingegliederten Wirtschaften zurückzugreifen, sondern daß er Bedarfsdeckungsmittel der öffentlichen Finanz ist. Das will, kurz gesagt, heißen, seine Verwendung gründet sich nicht auf privatwirtschaftliche Überlegungen, also auf eine Ertragsrechnung, sondern auf das öffentliche Interesse.

Die Bezeichnung wirtschaftlich wird bekanntlich in sehr verschiedenem Sinne angewendet. Das hat sich für die Volkswirtschaftslehre als sehr verhängnisvoll erwiesen. Nicht anders aber steht es mit der Bezeichnung öffentliche Wirtschaft und der Finanzwissenschaft. Versteht man unter Wirtschaft einen Inbegriff von Tätigkeiten, Maßnahmen, Einrichtungen und Veranstaltungen, die unter dem Gesichtspunkte der Ertragsrechnung für bestimmte Zwecke, nämlich der Bedarfsbefriedigung, der Unterhaltsfürsorge erfolgen, so kann man von einer öffentlichen Wirtschaft nur insoweit sprechen, als eine öffentliche Körperschaft in gleicher Weise ähnliche Zwecke verfolgt. Weite und vor allem die ursprünglichen Gebiete der Staatstätigkeit sind in diesem Sinne keine wirtschaftliche Tätigkeit. Nur wo der Staat sich als Unternehmer, nicht aber wo er sich als Verwaltung betätigt, kann der rechnerische Maßstab der Wirtschaftlichkeit angewendet werden. Der öffentliche Kredit unterscheidet sich also von dem privaten dadurch, daß er kein auf erwerbswirtschaftliche Erwägungen begründeter Kredit ist. Der private Kredit gründet sich immer auf persönliche Fähigkeiten und persönlichen Vermögensbesitz; der ö. K. aber gründet sich auf Vermögen und Einkommen fremder Wirtschaften bzw. die Möglichkeit der öffentlichen Wirtschaft, darauf im Wege zwangsweiser Inanspruchnahme zurückzugreifen. Ganz deutlich kommt diese Eigenart des ö. K. auch darin zum Ausdruck, daß ihm als Kreditquelle die staatliche Geldschöpfung zu Gebote steht. Der ö. K. ist somit wie die Steuer sowohl als Mittelbeschaffung wie als Mittelverwendung (was hier nicht näher auszuführen ist) eine der öffentlichen Wirtschaft als solche eigene Erscheinung, ist also eine öffentliche finanzwirtschaftliche Kategorie.

2. *Probleme des öffentlichen Kredits.* Der ö. K. im engeren Sinne ist Mittelbeschaffung und Mittelbereitstellung für die Zwecke der öffentlichen Finanz, d. i. des Verwaltungsstaates. Im weiteren Sinne aber liegt seine Bedeutung 1. in der besonderen Art der Mittelbeschaffung, die sich von anderen der öffentlichen Wirtschaft zu Gebote stehenden Wegen der Bedarfsdeckung grundsätzlich unterscheidet; 2. in der Notwendigkeit der Deckung oder Tilgung mit dem Endergebnis der Herbeiführung einer anderen Verteilung der öffentlichen Lasten als auf irgendeinem anderen Wege der öffentlichen Bedarfsdeckung.

Das wirtschaftliche Problem, das die Theorie des ö. K. klarzulegen hat, ist somit in der Frage enthalten: Welche Stellung kommt der Kreditaufnahme in der öffentlichen finanzwirtschaftlichen Mittelbeschaffung (bzw. der Kreditgewährung in der öffentlichen Mittelverwendung) zu und welche ökonomischen Wirkungen sind damit verknüpft?

Ebenso wie die Steuer ist auch die öffentliche Anleihe im Laufe der Zeit einem Wandel unterworfen gewesen. Wie jene ist sie aus einem „extraordinären Mittel“ (SECKENDORFF) „dessen die christlichen hohen Obrigkeiten nicht anders als in hochdringenden Nöten begehren sollten“, zu einem regelrechten Deckungsmittel eines bestimmten öffentlichen Bedarfs geworden. Die Theorie, die es mit der Erkenntnis der Wirtschaftszustände der Gegenwart zu tun hat, beschränkt sich auf die Betrachtung der Funktion des ö. K. im System der modernen Finanz- und Volkswirtschaft. Gleichwie nun die Besteuerung in unserem auf Sondereigentum und Tauschverkehr beruhenden Wirtschaftssystem sich als die ökonomische Form der Deckung eines gewissen Teiles des öffentlichen Bedarfs durchgesetzt und erwiesen hat, so auch der ö. K. Die ökonomischen Gründe für die Inanspruchnahme des Kredites als öffentliches Bedarfsdeckungsmittel sind a) durch die Art des Bedarfs und b) durch die Möglichkeit seiner Deckung gegeben.

Die Qualität des Bedarfs, die als Motiv für die Beschreitung des Kreditweges angesehen zu werden pflegt, ist eine Funktion seiner Zweckbestimmung. Danach ist der Anleiheweg dann gegeben, wenn die Nutzung eines öffentlichen Aufwandes überhaupt nicht oder nicht ausschließlich der gegenwärtigen Wirtschaft zugute kommt. Die öffentliche Wirtschaft hat sehr oft zu entscheiden, ob sie einen öffentlichen Bedarf mit langfristiger oder kurzfristiger Nutzung befriedigen will, z. B. im Wegebau. Anders ausgedrückt, sie hat die Wahl zwischen einem größeren einmaligen Aufwand oder einem kleineren fortdauernden. Es ist selbstverständlich, daß die Aufbringung des größeren Aufwandes, dessen voraussichtliche Nutzwirkung sich auf eine Reihe von Jahren erstreckt, auch auf diesen Zeitraum verteilt wird, das ist nicht nur eine billige Forderung der die Lasten der Gegenwart Tragenden, sondern im Interesse der Erhaltung der Quellen der öffentlichen Finanzwirtschaft geboten.

Gerade die Richtigkeit dieser Argumentation aber wird bestritten. Kein geringerer als RICARDO hat behauptet, daß die zeitliche Kostenverteilung durch Anleihedeckung in ihrer Wirkung auf Staat und Wirtschaft auf das gleiche hinauslaufe wie die sofortige Steuerdeckung. Wie WEYERMANN (im Handbuch der Finanzwissenschaft II, 522) gezeigt hat und besonders auch in der italienischen Literatur (De Viti, Flora) betont wird, beruht die ganze Beweisführung RICARDOs jedoch auf einer Abstraktion, die den tatsächlichen Verhältnissen der wirtschaftlichen Wirklichkeit nicht gerecht wird.

Der Bedarf erhält jedoch seine Qualifizierung nicht nur durch seine Zweckbestimmung, sondern auch durch sein Ausmaß. Auch in der Ökonomie kann die Quantität zur Qualität werden. Das ist in der Deckungspolitik dann der Fall, wenn die Bardeckung, in der Regel also der Weg der Steuerdeckung, aus triftigen Gründen, die eben in der Größe des Bedarfs und der ökonomischen, sozialen, politischen oder wie immer bedingten Lage der Wirtschaft zu erblicken sind, verschlossen erscheint.

Die Kreditaufnahme ist somit der Weg der öffentlichen finanzwirtschaftlichen Mittelbeschaffung, der immer dann einzuschlagen ist oder eingeschlagen werden kann, wenn die voraussichtliche Nutzungswirkung der Anleihemittel sich zuverlässig über einen größeren Zeitraum erstreckt oder wenn die Lage der Wirtschaft eine andere Mittelbeschaffung als unmöglich oder ökonomisch als untunlich erweist (vgl. auch *Rentenmarkt*). Das ist die Grundregel. Beschaffenheit und Bedingtheit des ö. K. aber richten sich in jedem Falle nach den vorliegenden besonderen Umständen. Ja die abstrakte Regel erhält durch diese und die sich daraus ergebenden Folgerungen geradezu erst jenen konkreten Inhalt, der die Gestaltung der Kreditnahme bestimmt. Die einzelnen Kreditbeanspruchungen sind darnach näher zu analysieren und auf ihre Wirkungen zu untersuchen.

3. *Zweckbestimmte Hauptarten des öffentlichen Kredits.* In der erwähnten Grundregel ist zum Ausdruck gebracht, daß die Kreditnahme Mittelbeschaffung für eine Bedarfsdeckungswirtschaft sei, wie es die öffentlichen Körperschaften sind. Die Beschreitung dieses Weges erscheint danach nur insoweit gerechtfertigt, als er als der wirtschaftlich beste Weg der Bedarfsdeckung sich erweist.

Drei Wege stehen der öffentlichen Bedarfsdeckung offen: Der Rückgriff auf vorhandene Mittel, seien es Überschüsse oder andere Reserven, Erschließung laufender Einnahmen und Beanspruchung des Kredits. Der erstgenannte Weg ist für die moderne Finanzwirtschaft ohne Belang. Die Bedarfsdeckung auf dem zweiten Wege aber erweist sich in nicht wenigen Fällen aus ökonomischen und finanzpolitischen Gründen als untunlich. Diese Fälle, für die alsdann der Anleiheweg als gegeben erscheint, in ihrer Bedingtheit klarzustellen, ist Aufgabe der Theorie.

Gemäß seiner Zweckbestimmung kann der ö. K. im weiteren Sinne entweder Verwaltungs- oder Unternehmungskredit sein. Ersterer ist jener Kredit, den die öffentliche Körperschaft als Verwaltungssubjekt, d. h. allein durch öffentliche Interessen bestimmt, in Anspruch nimmt. Letzteres ist jener Kredit, den sie als Wirtschaftssubjekt, d. h. zwar gleichfalls bestimmt durch das öffentliche Interesse, aber vornehmlich unter ertragswirtschaftlichen Erwägungen in Anspruch nimmt. Maßgebend nicht für die Beurteilung der Zulässigkeit des Unternehmungskredits, wohl aber für seine Durchführung hinsichtlich Inanspruchnahme und Tilgung ist der voraussichtliche Ertrag. Der Unternehmungskredit dient erwerbswirtschaftlichen Zwecken, d. h. er ist ertragswirtschaftlich begründeter Kredit. Er ist nur seiner äußeren Form nach ö. K., unterscheidet sich aber sonst nicht von der privatwirtschaftlichen Kapitalnachfrage.

Über die Rangordnung, die politische wie auch die ökonomische beider Arten des öffentlichen Kreditanspruchs ist mit dieser Unterscheidung nichts gesagt. Die Frage der Produktivität der Kreditmittelverwendung ist nur auf Grund willkürlicher, jedenfalls nicht ökonomisch zu begründender Wertungen zu entscheiden.

Der Unternehmungskredit, auch Erwerbskredit oder Rentabilitätskredit genannt, muß sich immer selbst im Geldertrag seiner Verwendung als berechtigte marktwirtschaftliche Kapitalnachfrage erweisen. Der Verwaltungskredit aber entbehrt eines solchen Maßstabes seiner Rechtfertigung. Von einer Kapitalfehlleitung durch die öffentliche Kreditpolitik kann man daher auch nur sprechen, wenn der erwerbswirtschaftlichen Verwendung der Kreditmittel der privatwirtschaftliche Erfolg versagt bleibt. Gerade weil es aber in der Kapitalverwendung der öffentlichen Wirtschaft, soweit sie nicht ertragswirtschaftlich begründet ist, an einem rechnerischen Maßstab für die Zulässigkeit oder Berechtigung der Kreditnahme fehlt, erlangen hier die finanzpolitischen Erwägungen eine entscheidende Bedeutung. Die finanzpolitische Würdigung kann aber nur feststellen, inwieweit ein solcher Kredit wirtschaftlich tragbar und welches die beste Art seiner Aufbringung ist.

Die vorstehende Einteilung zeigt die gegensätzlichen Typen. Die Vielgestaltigkeit der Erscheinungen des Wirtschaftslebens aber weist zahlreiche Zwischenformen auf. So wie die Gegenleistung der öffentlichen Leistung vom Monopolpreis über die Gebühr sich zur Unentgeltlichkeit abstuft, so auch die Kreditverwendung von der gewinnbringenden Kapitalanlage bis zur rein konsumtiven Verwendung. Im umgekehrten Verhältnisse zu dieser Abstufung hat die Strenge der Prüfung der finanzpolitischen Zulässigkeit des Kredites zu stehen. Sie hat umso schärfer zu sein, je weniger die öffentliche Kreditnahme ertragswirtschaftlich begründet ist. Daneben aber ist in Rechnung zu stellen, daß jeder Kapitalverwendung ein Risiko anhaftet, dessen Größe mit der Dauer der Kreditinanspruchnahme progressiv zu wachsen tendiert. Die irrige Beurteilung des Grades der Rentabilität der Kreditverwendung und die daraus gezogenen falschen finanzpolitischen Konsequenzen haben den ö. K. so oft in Mißkredit gebracht.

Sehen wir von dem öffentlichen Wirkungsbereich, in welchem der Kreditbedarf entsteht, ab, so erscheint die Kapitalnachfrage wesentlich durch die Dauer der Kreditinanspruchnahme, die von dem Kreditzweck natürlich nicht unabhängig ist, charakterisiert. Darnach sind folgende Hauptformen zu unterscheiden:

a) Der Ausgleichskredit. Er bezweckt vorübergehende Mittelbeschaffung für einen finanzplanmäßig anderweit gedeckten Aufwand behufs kurzfristigen zeitlichen Ausgleichs zwischen fälligen Ausgaben und dafür vorgesehenen, sicher zu erwartenden Einnahmeeingängen. Er ist das Schleusenwerk, dessen sich die Verwaltung bedient, um den Einnahmestrom auf den Pegelstand des Abgabenflusses zu bringen. Eine öffentliche Finanzwirtschaft, die auf solche Ausgleichskredite verzichtet, ist schlecht geführt, denn sie bindet mehr Kassenmittel als erforderlich, was überdies leicht zu ungerechtfertigten Ausgaben bzw. Ausgabenüberschreitungen verleitet.

b) Der Überbrückungskredit. Er steht dem Ausgleichskredit nahe, unterscheidet sich aber dadurch von ihm, daß die finanzplanmäßige Deckung fehlt. Diese soll vielmehr erst gefunden werden, sei es durch Erschließung neuer Einnahmen, sei es durch Umwandlung dieses in der Regel mittelfristigen Kredits in einen langfristigen sog. fundierten Kredit. (Die Unterscheidung fundierter und nichtfundierter Kredit hat heute keine Berechtigung mehr).

c) Der Dauerkredit. Er bezweckt die Bereitstellung von Mitteln für einen Bedarf, der seinem Wesen nach Anlage auf lange Sicht bedeutet und dementsprechend auch nur langfristig getilgt werden kann.

Abgesehen von dieser Einteilung gibt es naturgemäß so viele Arten des Kredits, als es Verwendungszwecke überhaupt gibt. Die verschiedensten Einteilungsgründe können gewählt werden, z. B. nach Verwaltungszweigen (Militärkredit, Agrarkredit). Einige Hauptarten sind:

a) Der Notkredit. Er dient zur Befriedigung eines meist plötzlich auftretenden Bedarfs, dessen Bestreitung auf anderem Wege entweder überhaupt nicht möglich oder (z. B. Vermögensveräußerung) als unökonomisch erscheint. Der Notkredit ist heute, wo Geldverlegenheiten der Fürsten keine Motive öffentlicher Verschuldung mehr zu sein pflegen, durchweg Krisenkredit. Je nach der Art der Krise, deren Überwindung oder Linderung er dienen soll, bestimmen sich seine Formen.

b) Der Kulturkredit. Er dient Kapitalinvestitionen der öffentlichen Wirtschaft, die unter dem Gesichtspunkte der Gemeinnützigkeit und deshalb ohne entscheidende Rücksichtnahme auf die Rentabilität erfolgen. Verzinsung und Tilgung können nicht aus dem finanziellen Ertrag der Kapitalverwendung bestritten werden, da es an einem solchen in der Regel fehlt. Die großen Kreditbeanspruchungen für die verschiedenen Zwecke der Wirtschaftspolitik, insbesondere für öffentliche Arbeiten aller Art gehören hierher.

c) Der politische Kredit. Er dient dem öffentlichen Interesse der Landesverteidigung und der politischen Sicherheit. Auch dieser Kredit ist nicht rentabilitätsbegründet. Es zählen dazu vor allem die Rüstungskredite, die Reparationskredite und die aus politischen Gründen erfolgenden Kreditbeanspruchungen für Anleihen an andere Staaten.

Für alle diese Arten des Kredits kommt in der Regel der Dauerkredit, in einzelnen Fällen, z. B. des Notkredits, auch der Überbrückungskredit in Frage.

d) Der Erwerbskredit. Als das Hauptanwendungsgebiet des Unternehmungskredits dient er solchen Kapitalinvestitionen, die nach rein privatwirtschaftlichen Erwägungen Sicherung und Tilgung des beanspruchten Kredits gewährleisten. Seine Zulässigkeit ist eben darum unbestritten. Nach Ansicht des manchesterlichen Liberalismus ist der Erwerbskredit der einzige legitime Kapitalbedarf der öffentlichen Wirtschaft.

Auch von dieser Gliederung gilt, daß sie weder erschöpfend ist, noch in ihren Abgrenzungen der Fülle der Erscheinungen restlos gerecht werden kann. Es gibt also daneben selbstverständlich Zwischenformen und Grenzfälle. Die Bedeutung der aufgezeichneten Typen wechselt mit der Entwicklung der staatlichen Wirtschaft. In älterer Zeit steht der Notkredit durchaus im Vordergrund. Wie Not Eisen bricht, so bricht sie auch die Grundsätze der Finanzpolitik, die Verschuldungen, gleichviel aus welchem Anlaß, ablehnen. Daneben haben bei solchen Staaten, die Kriege führen, immer politische Kredite eine Rolle gespielt. In neuerer Zeit treten Kulturkredite mehr und mehr in den Vordergrund und daneben Erwerbskredite. Im übrigen aber ist der Anwendungsbereich in den öffentlichen Körperschaften, wie naheliegend, verschieden.

4. *Finanzpolitische und ökonomische Rechtfertigung.* Nach dem Gesagten ist in der Zweckbestimmung des Kredites zwar regelmäßig bereits eine gewisse Begründung seiner Beanspruchung zu erblicken, aber keineswegs die endgültige Rechtfertigung. Die Beurteilung des ö. K. unter dem Gesichtspunkte seiner Verwendung ist im Grunde nichts anderes als eine Kritik bestimmter Aufwandszwecke oder der öffentlichen Ausgabenpolitik überhaupt. Die Theorie des ö. K. hat von dem Tatbestand auszugehen, daß die politische Entscheidung der Mittelverwendung gefallen und die Anleihe nur die Form der bezüglichen Mittelbeschaffung ist. Sie hat danach also klarzustellen, ob und in welcher Form die Mittelbeschaffung für einen bestimmten Zweck auf dem Wege der Anleihe zulässig erscheint.

Die Funktion des ö. K. ist eine finanzpolitische und eine ökonomische. Seine finanzpolitische ist die, ergänzendes finanzielles Bedarfsdeckungsmittel der öffentlichen Wirtschaft zu sein, seine ökonomische ist die der Kapitalbereitstellung für die Zwecke der öffentlichen Wirtschaft. Nur ausnahmsweise ist die Unmöglichkeit der Inanspruchnahme anderer Deckungsmittel finanzpolitisch entscheidend. In der Regel stehen verschiedene Deckungswege offen, sie führen in der Praxis allerdings meistens zu dem Scheidewege: Steuer oder Anleihe?

Die Steuerdeckung erweist sich dann als unmöglich oder untunlich, wenn damit infolge der Größe und Plötzlichkeit des Bedarfs schwere Wirtschaftsstörungen verbunden sind und darüber hinaus gar eine Erschütterung oder empfindliche Verschlechterung der Steuerkraft zu erwarten sein würde. Die Anleihedeckung bedeutet demgegenüber eine zeitliche Lastenverteilung und damit auch Lastenverschiebung, wobei an eine entsprechende Bevölkerungs- und Wirtschaftsentwicklung gedacht wird, wie sie bisher durch alle Erfahrung immer wieder bestätigt worden ist. Im Falle der Anleihedeckung wird die Lastenaufbringung nicht, wie bei der Steuerdeckung durch die jeweilige Vermögens- und Einkommensverteilung bestimmt, sondern es erfolgt eine Lastenverteilung und Lastenverschiebung gemäß der Veränderung der Leistungsfähigkeit der Steuersubjekte während der Dauer der Kreditabtragung. Dieses wichtige Argument für die Anleihedeckung hat WEYERMANN zutreffend hervorgehoben und mit Recht in den Vordergrund gestellt. Das Gegenargument, daß die Anleihe im Gegensatz zur Steuer den arbeitslosen Besitz zum Nachteil der besitzlosen Arbeit schone, geht fehl. Denn ob dieses der Fall, hängt nicht von der Entscheidung Anleihe- oder Steuerdeckung ab, sondern von der Art der Mittelbeschaffung behufs Verzinsung und Tilgung. Zugegeben werden kann nur, daß bei manchen Steuersystemen eine dahingehende Tendenz nicht zu verkennen ist. Je höher das Steuererfordernis, desto schärfer pflegt zwar die steuerliche Beanspruchung von Besitz, Einkommen und Vermögen zu sein, aber doch nur bis zu einem gewissen Grade, da alsdann nach dem Steuerertragsgesetz (Gesetz der quantitativen und qualitativen Verringerung der Steuerfälle) wachsende Steuerwiderstände den Ertrag gefährden. Denn die Beweglichkeit und Anpassungsfähigkeit der meisten direkten Steuern ist erheblich geringer als die der meisten indirekten. Ob also die Anleihedeckung im Gegensatz zur sofortigen Steuerdeckung eine Schonung des Besitzes bedeutet, ist nicht nur eine Frage der Steuerpolitik, sondern vor allem auch des gegebenen Steuersystems, der vorhandenen Steuerbelastung und der Möglichkeit ihrer Steigerung.

Die Frage der Belastungswirkung des ö. K. ist aber noch in einem anderen Sinne für die Entscheidung: Steuer oder Anleihe bedeutsam. Wenn nämlich im allgemeinen die vermutliche zeitliche Nutzwirkung des im Kreditwege bestrittenen öffentlichen Aufwandes als Motiv der Kreditnahme anerkannt wird, so sind davon zwei Ausnahmen festzustellen.

a) Ein Bedarf mit unzweifelhaft auf die Gegenwart beschränkter Nutzwirkung wird im Wege des Kredites, also einer Zukunftsbelastung zu decken sein, wenn die Lage der Volkswirtschaft dies aus triftigen Gründen erheischt.

b) Ein Bedarf von unzweifelhaft dauernder Nutzwirkung wird durch Gegenwartsbelastung gedeckt werden müssen, wenn der Kreditweg volkswirtschaftlich versperrt ist oder im Interesse der Erhaltung der künftigen finanzpolitischen Bewegungsfreiheit nicht für gangbar erachtet wird.

Das Motiv der zeitlichen Nutzwirkung der Mittelverwendung auf der einen und der zeitlichen Lastenverteilung der Mittelaufbringung auf der anderen Seite bedarf immer der schärfsten Prüfung, denn man ist im allgemeinen leicht geneigt, „die Gegenwartsbürde relativ schwer und diejenige der Zukunft verhältnismäßig leicht einzuschätzen" (WEYERMANN). Es ist Sache der Haushaltsordnung, die erforderlichen oder möglichen rechtlichen Kautelen zu schaffen.

Die Rechtfertigung des ö. K. aus seiner finanzpolitischen Funktion bedarf der Ergänzung durch eine solche aus seiner ökonomischen Funktion. Wie bei jener, tritt auch bei dieser die Relativität des Urteils, d. h. die Abhängigkeit der Stellungnahme von gewissen Voraussetzungen deutlich in Erscheinung. Die Grundvoraussetzung ist die Anerkennung des herrschenden Systems der freien Konkurrenz und der Akkumulationsidee des privatwirtschaftlichen Kapitalismus. Jenes überläßt die Kapitalbildung wesentlich der privaten Initiative, diese aber betrachtet die Kapitalbildung und Kapitalerhaltung als so wesentlich für Bestand und Fortbildung der Wirtschaft, daß sie zum Postulat jeder Wirtschaftspolitik werden. Denn es ist ja selbstverständlich, daß die Theorie des ö. K. verschieden sein muß, je nachdem, ob die private oder die öffentliche Wirtschaft als Träger der Kapitalbildung oder auch als Träger des Wirtschaftssystems angesehen werden. Da es sich hier nicht um eine Theorie für eine zukünftige Wirtschaftsgestaltung handelt, kann die Darstellung nur im Hinblick auf die gegebene öffentliche Wirtschaft unseres Kulturkreises und unserer Epoche erfolgen.

Die Inanspruchnahme des ö. K. erscheint in jedem Falle als Kapitalnachfrage und die Entscheidung über die Zulässigkeit eines ö. K. ist daher eine Entscheidung über die Zulässigkeit der Kapitalnachfrage, d. h. des Kapitalverwendungszweckes. Die ökonomische Rechtfertigung des ö. K. ist somit in der Analyse der öffentlichen Kapitalnachfrage zu finden. Eine solche wurde oben bereits gegeben. Hier ist nur hervorzuheben, daß diese Kapitalnachfrage für die Volkswirtschaft bedeuten kann

a) Kapitalverzehr (im Falle der konsumtiven Kreditverwendung),

b) Kapitalübertragung, d. h. Kapitaldisposition wird anstatt der privaten der öffentlichen Wirtschaft zugeführt, die (nach SOMBARTs Terminologie) das potenzielle Kapital in aktuelles verwandelt.

c) Kapitalschöpfung oder Zwangskapitalbildung, zwei Vorgänge, die sich nicht ganz decken, hier aber der Kürze halber zusammengefaßt werden. Gewisse Formen der Inanspruchnahme des Kredites bewirken nämlich eine Änderung der Verteilung des Produktes zwischen Konsumtions- und Akkumulationsfonds zugunsten des letzteren. Das aber ist eine Funktion des Kredites überhaupt, nur daß der ö. K. dank der Möglichkeiten seiner Schöpfung (Zwangsanleihen, Inflation) sie eher und leichter ausüben kann als die private Kreditnahme (vgl. *Kredit III*). Auch der Anreiz zur Ersparnisbildung (z. B. Entgegennahme von Einlagen durch die *Postsparkassen* (s. d.) in vielen Ländern), der von der öffentlichen Kreditnahme ausgehen kann, sei erwähnt, obwohl ihm keine erhebliche Bedeutung zukommt.

5. *Wirkungen des öffentlichen Kredits.* Wenn man von ökonomischen Wirkungen des ö. K. spricht, so ist damit nur die Kreditnahme gemeint, nicht jedoch die Kreditverwendung; denn deren Kritik ist eine Kritik der öffentlichen Mittelverwendung überhaupt und eine solche steht hier nicht in Frage.

Die erste unmittelbare Wirkung der Kreditbeanspruchung ist die, daß der Staat als mitbewerbender Nachfrager auf dem Geldmarkt erscheint. Eine solche zusätzliche Nachfrage kann nicht ohne Wirkung auf die Höhe des Zinses und damit weiterhin auch auf die Höhe der Löhne und der Güterpreise sein. Das kann hier nicht näher gezeigt, sondern nur mit dem Satz charakterisiert werden, daß steigende Kapitalnachfrage die Löhne zu senken, die Güterpreise zu steigern tendiert (vgl. auch *Open market policy* im Art. *Federal Reserve System VI*).

Die Funktion des Zinses, die Auslese der Kapitalnachfrage zu bewirken, vermag sich gegenüber der öffentlichen Kapitalnachfrage nicht oder nur beschränkt durchzusetzen. Während bei der marktwirtschaftlich orientierten Nachfrage das Maß der Kreditnahme durch die Kosten bestimmt wird, gilt dieses für die öffentliche Nachfrage nicht oder nur beschränkt. Die Folge ist also eine andere Verteilung des Kapitalvorrates, Ausscheidung der bisher zahlungsschwächsten Kapitalnachfrage und in der Regel auch eine Erhöhung des Zinssatzes. Es kommt dann ganz auf die Kapitalverwendung an, ob damit eine Verminderung der Produktion und der Arbeitsnachfrage verbunden ist. Grundsätzlich muß das jedoch nicht der Fall sein, obwohl es gelegentlich behauptet wird. So stellt sich die Sachlage dar, wenn die Kreditbefriedigung aus dem Kapitalangebot des Marktes erfolgt, anders jedoch, wenn sie durch Geld- oder Kaufkraftschöpfung befriedigt wird. Die expansive Kredittheorie hat gezeigt (wie oben schon anerkannt wurde), daß der Kredit zur Zwangskapitalbildung führen kann. Hier drohen jedoch auch alle Gefahren der Inflation mit Geldentwertung, Preisrevolution, Schuldvernichtung, Staatsbankrott usw.

Die wechselnde Beurteilung, die der ö. K. in Theorie und Praxis erfahren und die geschwankt hat zwischen radikaler Ablehnung und übertriebener Befürwortung, zwischen fanatischer Verdammung und begeisterter Lobpreisung, erklärt sich aus der verschiedenen Wirkung, die je nach den vorliegenden Umständen die öffentliche Kreditnachfrage auf die Volkswirtschaft hat. So ist z. B. die Vorstellung, der ö. K. sei „a mine of gold" auf die einseitige und übertriebene Hervorhebung der doch sehr beschränkten Kapitalschöpfungsfunktion zurückzuführen. Es muß sogar gefragt werden, ob eine solche Zwangskapitalbildung nicht gleichzeitig von Kapitalentwertungen begleitet wird. Übertrieben aber ist es, jede Kreditnahme als Kapitalvernichtung anzusehen. Das trifft nur für den konsumtiven Kredit zu. Unrichtig ist es auch, die Kreditnahme schlechthin als eine Vervielfältigung des Volksreichtums zu bezeichnen, richtig ist nur, daß er eine andere Verteilung herbeiführt. Ebensowenig trifft es zu, daß die Anleihe brachliegende Kaufkraft mobilisieren könne; denn eine solche gibt es nicht. Schief ist schließlich auch die Behauptung, daß der ö. K. eine gleichgültige Sache, nichts anderes als eine Übertragung von der rechten an die linke Hand sei. Der richtig angewandte ö. K. sollte vielmehr immer ein Borgen der linken Hand an die rechte sein, die, viel geschickter als jene, mehr damit anzufangen weiß.

Für die Beurteilung der Wirkungen des ö. K. ist nicht zuletzt auch das Maß seiner Inanspruchnahme entscheidend. So wie die Heilwirkung der Medizin durch Überdosierung in eine Lebensgefährdung umschlagen kann, so der ö. K. Das gilt namentlich hinsichtlich seiner politischen und sozialen Auswirkungen. Schon vor dem Kriege ist der ö. K. in der Hand mancher Mächte zum Mittel der Außenpolitik geworden, mittels dessen an Stelle alter Waffenbrüderschaften finanzielle Abhängigkeiten und Bindungen begründet wurden, die sich nicht selten als dauernde Friedensgefährdung erwiesen haben. Das ist bis heute nicht anders geworden.

Wie der ö. K. sich in der Politik auswirkt, hängt wesentlich von der Besitz- und Einkommensverteilung ab. Er kann sowohl die plutokratischen wie die demokratischen Kräfte stärken. Bei ungleicher Besitzverteilung schafft der ö. K. eine Gläubigerklasse, der zwar bei politischen Umwälzungen leicht Enteignung droht, deren Besitzinteressen aber auch oft verhängnisvoll die Politik bestimmen. Wenn z. B. für die Vereinigten Staaten geschätzt worden ist, daß vor dem Kriege daselbst die gesamte öffentliche Schuld in Händen von weniger als 1000 Einzelpersonen und 600 Körperschaften war, so mögen daraus sich wohl politische Auswirkungen ergeben. In Ländern hingegen mit einer starken besitzenden Mittelschicht (Frankreich) kann eine in die Breite gehende Inanspruchnahme des ö. K. wohl zu einer demokratischen Festigung des Staates in seiner gegebenen Verfassung beitragen. Die Anleihepolitik legt hier, wie PROUDHON es von den Sparkassen gesagt hat, die Bürger an die Kette der bestehenden Ordnung. Jedoch droht eine allzu starke Inanspruchnahme des Kredits die öffentliche Finanz und die Wirtschaft gleichermaßen zu gefährden. Denn immer sind es die Ausgaben für drei Heere, die die Existenz aller Staaten bedrohen und manche oft genug an den Rand des Ruins gebracht haben: Die Ausgaben für das stehende Heer, für das Heer der Beamten und für das Heer der öffentlichen Gläubiger, wozu als viertes neuerdings das Heer der öffentlichen Unterstützungsempfänger kommt.

Die erwähnte Gefahr droht nicht zuletzt auch deshalb, weil die leichtfertige Kreditnahme eine gefährliche Steigerung der öffentlichen Ausgaben begünstigt. Denn dies ist der Unterschied zwischen Steuer und Anleihe in ihrem Einfluß auf das Verhältnis zwischen Staat und Staatsbürger: Je größer die Steuerlast wird, um so mehr ist der Staat an dem Gedeihen der privaten Wirtschaft als seiner Steuerquelle interessiert, je größer aber die Schuldenlast wird, desto größer wird das Interesse der Gläubigerbürger an Geschick und Gedeihen des Staates. Die Anleihewirtschaft führt daher fast mehr noch als die Steuerwirtschaft zur konstitutionellen Entwicklung.

In dem Maße, wie dank solcher Entwicklung die Anleihen im wahren Sinne des Wortes eine öffentliche Schuld werden, wird ihre Inanspruchnahme als Mittel der öffentlichen Finanzpolitik wesentlich gefördert. Wenn aber der ö. K. einmal der öffentlichen Finanzwirtschaft eingegliedert und der Volkswirtschaft vertraut ist, bietet sich Gelegenheit genug ihn anzuwenden und in dem Maße, wie die Steuerlasten wachsen, wächst, meist sogar voraneilend, die Inanspruchnahme des ö. K.

II. Kreditpolitik.

1. Aufgaben der Kreditpolitik. Der Wandel in der Theorie des ö. K. ist eng verknüpft mit dem Wandel der Staatstheorie und der Kredittheorie. Die merkantilistische Lehre, die den Staat zum Unternehmer macht, muß dem Kredit naturgemäß ein weites Feld einräumen. Die Abstinenzlehre des Liberalismus muß ihn folgerichtig ablehnen. Die organische Staatstheorie des Wohlfahrts- und Sozialstaates erkennt seine Bedeutung für die Schaffung immaterieller Güter. Sie gliedert ihn wesensgemäß in das Bedarfsdeckungssystem der öffentlichen Finanz ein.

Die jeweils herrschende Kredittheorie findet ihren Niederschlag in der Kreditpolitik. An Stelle der empirisch-traditionellen Anwendung des Kredites tritt Inanspruchnahme gemäß grundsätzlicher rationaler finanzwirtschaftlicher Erwägung. Mit der Entstehung des Verfassungsstaates finden die geltenden Anschauungen ihren rechtlichen Ausdruck im Haushaltsrecht.

Zwei Aufgaben hat die Kreditpolitik:

a) die Verwirklichung des Kredites zum Zwecke der öffentlichen Bedarfsdeckung; b) die Pflege des ö. K. als Wesensteil der öffentlichen Finanzkraft. Beide Aufgaben der Kreditpolitik hängen eng miteinander zusammen, denn von der Inanspruchnahme des ö. K. hängt nicht zuletzt auch die Kreditwürdigkeit ab. Die erstgenannte Aufgabe behandelt im wesentlichen Fragen der Form und Technik des Kredits, die zum Teil an anderer Stelle behandelt, im übrigen hier nur angedeutet werden (vgl. Art. *Emissionsgeschäft und Emissionstechnik*); die zweitgenannte umfaßt ein Bündel eng miteinander zusammenhängender und ineinander übergreifender Fragen, das kurz bezeichnet werden kann mit den Stichworten: Rechtliche Zulässigkeit des ö. K. und rechtliche Beschränkungen der Kreditnahme, Kurspflege der öffentlichen Anleihen und Tilgungswesen.

2. Rechtliche Zulässigkeit und Beschränkungen des Kreditwesens. Die Frage der rechtlichen Zulässigkeit der Inanspruchnahme des ö. K. ist, wie erwähnt, mit der Entstehung des konstitutionellen Staates verbunden. Die diesbezüglichen Grundsätze haben ihren Ausdruck vielfach in gesetzlichen Bestimmungen gefunden, sei es der Verfassung selbst, sei es der Haushaltsordnung oder in Komptabilitätsvorschriften. Die Einsicht in die Gefahren der öffentlichen Verschuldung hat dann weiterhin oft zu Versuchen geführt, Schranken für die Inanspruchnahme des ö. K. zu errichten. Diese Versuche bewegen sich von dem absoluten Verbot oder der öffentlichen Erklärung, keine Schulden mehr eingehen zu wollen oder der Feststellung eines Höchstbetrages, der ohne qualifizierte Willensbildung z. B. Volksentscheid, nicht überschritten werden darf (Illinois), bis zu bestimmten Abgrenzungen des Anwendungsbereiches in den Komptabilitätsgesetzen (z. B. Reichshaushaltsordnung).

Mehr Bedeutung haben derartige Maßnahmen für die Kreditaufnahme seitens nachgeordneter öffentlicher Körperschaften. Die Grenzen können generell festgesetzt werden, z. B. in einer Quote des öffentlichen Vermögens oder des steuerbaren Privatvermögens oder individuell durch Zulassungsstellen u. dgl., die jeden einzelnen Fall zu prüfen haben. In Deutschland ist auf Grund der „Richtlinien über die Aufnahme von ausländischen Krediten durch Länder, Gemeinden und Gemeindeverbänden" vom 23. Dezember 1924 eine kontrollierende sog. „Beratungsstelle" errichtet worden, deren Tätigkeit durch die „Richtlinien für das Schuldenwesen der Gemeinden" vom 3. Dezember 1930 auf den Auslands- wie Inlandskredit lang- und kurzfristiger Art ausgedehnt worden ist.

3. Kreditformen. Der Zweckwandel des Kredits im öffentlichen Bedarfsdeckungssystem hat naturgemäß auch eine Änderung der Kreditformen und der Kreditfristen zur Folge. Solange der Kredit außerordentliches Bedarfsdeckungsmittel ist, drängen alle Umstände auf baldige Abtragung, sobald er jedoch ordentliches Mittel der öffentlichen Finanz wird — womit zugleich wirtschaftliche Sicherung verbunden ist — drängen Kreditnehmer und Kreditgeber auf langfristige Anlage. Auch die Wandlung des öffentlichen Bedarfs erheischt langfristige Kreditnahmen. Das Gesetz der Produktionsumwege gilt auch für die öffentliche Körperschaft. Die Beschreitung dieses Weges erfordert langfristigen Kredit. Daneben behauptet der kurzfristige Kredit seine Bedeutung.

Die Wahl der Kreditformen ist abhängig von der Entwicklung des Geld- und Kapitalmarktes, des Bankwesens und des Wirtschaftsrechtes, aber auch von gewissen ökonomisch-psychologischen Faktoren. Mit Rücksicht auf das Kreditangebot unterscheidet WEYERMANN den Typus des Agrar- und Rentnerlandes, des vorwiegenden Handelsstaates und des Industriestaates, in welchen sich der besonderen Wirtschaftslage und der psychologischen Einstellung der Bevölkerung entsprechende Kreditformen entwickeln.

Hauptkreditformen sind a) nach der Aufnahme: freie und Zwangsanleihen, nur erstere sind echte Anleihen; b) nach der Kreditquelle: Inlands- und Auslandsanleihen; jede hat ihre Besonderheiten, ihre Vor- und Nachteile. Beide können sein Kredite aus dem freien Kapitalmarkt oder aus öffentlichen Mitteln. Diese letzteren (oft aus ordentlichen Haushaltsmitteln gewährt) erlangen steigende Bedeutung, sowohl international wie innerstaatlich. Hier berührt sich das Problem der öffentlichen Kreditnahme mit jenem der öffentlichen Kreditgewährung; c) nach den Kreditgebern (eine Einteilung, die sich mit der vorgenannten überschneidet): Kreditgewährung seitens Privater, seitens öffentlicher Anstalten (Reichspost, Sozialversicherung), seitens öffentlicher Körperschaften; d) nach dem Kreditnehmer: Reichs-, Staats- usw. Anleihen oder Einzelanleihen, Gemeinschaftsanleihen und Sammelanleihen. Bei diesen übernehmen Kreditinstitute die Anleihevermittlung, während bei den Gemeinschaftsanleihen sich mehrere Kreditnehmer zur gemeinschaftlichen Anleiheaufnahme zusammenschließen; e) nach der gebotenen Sicherheit: persönlich oder dinglich gesicherter und ungesicherter Kredit. Persönlich verbürgter öffentlicher Kredit kommt heute kaum noch vor (die 1923 vom Deutschen Reich aufgenommene Dollarschatzanleihe war von der Reichsbank verbürgt), hingegen ist die Kreditbürgschaft öffentlicher Körperschaften, für Unternehmungen, an deren Tätigkeit oder Erhaltung ein öffentliches Interesse besteht, nicht selten. Die dingliche Sicherung hat hingegen nach dem Kriege wieder stark an Bedeutung gewonnen, während vorher die ungesicherte, d. h. durch die öffentliche Körperschaft als solche verbürgte Anleihe die Regel darstellte. Die Entwicklung des Bürgschaftskredites führt vom Traditionspfand, das mit der Kreditnahme in die Hand des Gläubigers übergeht, zum Vertragspfand, das im Besitz des Schuldners verbleibt, aber dem Rückgriff des Gläubigers vorbehalten ist, zur Begründung von selbständigen Tilgungskassen und zur Bestellung von Treuhändern und Finanzkontrolleuren, ferner zur Verpflichtung des Anleihenehmers, ohne Einwilligung des Gläubigers keine weitere Anleihe mit ähnlichen Sicherheiten aufzunehmen (Einschuldungsverbot, negative mortgage). Als Pfänder dienten in früherer Zeit vorwiegend Grundbesitz, in neuerer Zeit bestimmte Einkünfte wie Zölle, Steuern und namentlich Monopoleinnahmen. Die Monopolanleihe gründet sich entweder auf bestehende Monopole, deren Einnahmen für den Anleihedienst verpfändet werden oder auf ein neu zu schaffendes Monopol (die Zündholzanleihen des Schwedentrusts in verschiedenen Ländern). Zuweilen sind auch die Monopoleinnahmen neben anderen einer autonomen Schuldendienstkasse zugewiesen (caisse autonome d'amortissement in Frankreich). Die Bestellung ausländischer Gewährs- und Überwachungsorgane war vor dem Kriege nur bei Staaten dritten Ranges üblich. Die Dawes- und die Younganleihe haben auch die deutsche Finanz mit dieser Einrichtung bekannt gemacht.

4. Technik des öffentlichen Kredits. Technik ist geeignete Mittelwahl zur Verwirklichung gegebener Zwecke. Die Technik des ö. K. umfaßt danach die Gesamtheit der Maßnahmen zur zweckmäßigen Verwirklichung eines Kredits, angefangen von der Inanspruchnahme bis zur Abtragung des Kredits. Formen und Technik des Kredits bedingen einander. Die Form des Kredits bestimmt zwar die technischen Mittel seiner Verwirklichung, aber die Technik schafft auch ihrerseits selbständig gewisse Formen. Solange sich der öffentliche Schuldner an einzelne Gläubiger wendet, bedarf es keiner besonderen Technik. Erst in dem Augenblicke, wo die Kapitalnachfrage der öffentlichen Finanz in Wettbewerb mit anderen Kreditnehmern an den Geldmarkt herantritt, kommt es zur Ausbildung einer Kredittechnik, die für die Inanspruchnahme von Kredit wie für die Erhaltung der Kreditwürdigkeit gleichermaßen wichtig ist.

Hauptanwendungsgebiet des ö. K. sind die Anleihen.

a) Der Kurzkredit. Das wichtigste finanztechnische Mittel kurzfristiger Kreditbeanspruchung sind die Schatzanweisungen. Als Betriebsmittelschatzanweisungen, auch Schatzscheine oder Schatzwechsel (exchequer bonds, bond à terme) genannt (die Terminologie liegt nicht ganz fest), dienen sie echten kurzfristigen Krediten (Ausgleichskrediten). Als Anleiheschatzanweisungen, die zu gelegener Zeit in langfristige Anleihen umgewandelt werden sollen, leiten sie zu den Formen des Dauerkredits über. Bezeichnend und offensichtlich auf konjunkturelle Umstände zurückzuführen, ist die starke Zunahme der kurzfristigen Kredite nach dem Kriege in einer ganzen Anzahl von Ländern und bei fast allen öffentlichen Körperschaften, so daß die Abtragung der kurzfristigen Verbindlichkeiten geradezu zu einem Problem der öffentlichen Schuldenwirtschaft geworden ist. 1929 waren rund 40% der Schuldverpflichtungen aller öffentlichen Körperschaften des Reiches kurz- und mittelfristig. Diese Quote dürfte seither noch gewachsen sein.

b) Der Dauerkredit, solcher dessen Abtragung allein im Ermessen des Gläubigers steht, bedient sich heute der Form der Rentenschuld. Sie entstand im 19. Jahrhundert mit der Ausbildung gefestigter Staatensysteme und einer verfassungsmäßig geführten Staatswirtschaft. Hier erwachsen Aufgaben von einer solchen Vielzahl und Größe, daß ein ständiger Anleihebedarf entsteht. Zugleich aber schafft die Entwicklung des Kapitalmarktes einerseits wie die Ausbildung der staatlichen Finanzsysteme andererseits die Voraussetzung für ein entsprechendes Geldangebot, bei welchem der Kapitalist sich mit der regelmäßigen Zinszahlung begnügt und für den Fortfall der Kapitalrückzahlung Ersatz, ja mehr als dies in der jederzeitigen Veräußerungsmöglichkeit an der Börse findet. Aufgabe der Kredittechnik ist es, den entsprechenden Markt zu schaffen und zu pflegen, was durch eine Reihe von Maßnahmen geschehen kann, die z. T. weiter unten zu erwähnen sind.

c) Der Tilgungskredit, solcher dessen Abtragung vertragsgemäß innerhalb einer bestimmten Zeit erfolgt, derart, daß entweder das Kapital zusätzlich der Zinszahlung ratenweise zurückgezahlt wird (Annuitäten) oder daß Rückzahlung des ganzen Kapitalbetrages zu bestimmten Zeitpunkten erfolgt. Annuitätendarlehen des Privatkapitals (Zeit- und Leibrenten) gehören einer vergangenen Epoche an. Näheres s. *Rentenmarkt.*

5. Schuldurkunde. Wie bei allen Fragen der Technik gilt es auch bei der Gestaltung der Schuldurkunde gleichermaßen dem Gläubiger und dem Schuldner gerecht zu werden. Ersterer hat ein Interesse an formeller Schuldsicherung, wie sie durch Schuldbucheintragung gewährt wird und leichter Schuldübertragung, wie sie das Inhaberpapier verbürgt. Der öffentliche Schuldner aber hat ein Interesse an Sicherung der Steuereingänge aus Kapital und Zinsen. Diese erscheint mit der Ausbreitung der Inhaberschuldverschreibung außerordentlich gefährdet. Das Problem liegt bei den verschiedenen Steuern wie auch deren jeweiliger Ausgestaltung durchaus verschieden. In keinem Falle aber ist es gelungen, trotz mancherlei Versuche in den verschiedenen Ländern, die Bedürfnisse der Steuertechnik und der Technik des ö. K. in Einklang zu bringen.

6. *Ausstattung* der öffentlichen Anleihen. Darunter ist schlechthin die technische Formgebung der Anleihebedingungen zu verstehen.

a) Werteinheit und Stückelung. Die Werteinheit lautet in der Regel auf Landeswährung. Daneben findet sich jedoch auch häufig die Goldklausel, d. h. die Verpflichtung der Leistung in Gold oder nach dem Goldwert. Bei Auslandsanleihen lautet, entsprechend der Kapitalquelle, die Schuldverschreibung oft auf fremde Währung (manchmal sogar auf mehrere), echte Valutaschulden im Gegensatz zu solchen mit Valutawertklausel oder Wechselkursgarantie. Diese Klausel findet sich auch bei inländischen Schuldverpflichtungen. Sie soll den Gläubiger gegen Währungsverschlechterung sichern. Die Währungswirren der Nachkriegszeit haben in Deutschland zu „Sachwertanleihen" (Roggen, Kohle, Kali, Zucker usw.) geführt, die aber keineswegs die erhoffte Wertbeständigkeit zu geben vermochten. Sie lauten entweder auf Leistung nach dem Marktwert dieser Güter oder seltener auf Leistung in diesen Gütern selbst.

Hinsichtlich der Stückelung fordert die Finanztechnik eine marktgängige Größe. Sie darf aber nicht so weit gehen, daß die Verwaltungskosten dadurch erheblich gesteigert oder die Währung (Papiergeldersatz) gefährdet wird.

b) Der Zinsfuß ist das wichtigste Ausstattungsmittel. Unverzinsliche Anleihen sind entweder patriotische oder Zwangsanleihen ohne erhebliche Bedeutung oder sie sind nur nominell unverzinslich, weil sie im Wege der Diskontierung (Schatzwechsel) begeben werden. Aufgabe der Kreditpolitik ist es, den Zinsfuß in Verbindung mit dem Begebungskurs und etwa sonst gewährten Vorteilen (Steuerfreiheit) derart zu einer günstigen Realverzinsung zu gestalten, daß nicht nur der augenblickliche Erfolg der Anleihe, sondern auch ihr dauernder Marktwert (der auch für den Schuldner von Bedeutung ist) gesichert erscheint. Die Regel ist ein fester Zinssatz, zahlbar in halbjährlichen Fristen. Selten ist der wechselnde, im Laufe der Zeit steigende oder fallende Zinsfuß („Staffelanleihe", Preußen 1908) und ebenso ist der Aufschub der Zinszahlung (Zahlung der aufgelaufenen Zinsen mit der Kapitalrückzahlung, z. B. bei der Anleiheablösungsschuld) selten. Je günstiger die Kreditlage, desto einfacher kann die Ausstattung sein. Es ist ein Zeichen der Notlage, wenn bei scheinbar niedrigem Zins durch Gewährung von Sondervorteilen die wahre Höhe der Verzinsung verschleiert wird.

c) Sondervorteile können sein: Rückzahlungszuschläge zum Nennwert oder infolge Ausgabe unter dem Nennbetrag, Losprämien, Steuerfundierung (Verwendungsmöglichkeit im Nominalwert zu Steuerzahlungen), Optionsrechte zum Bezug künftig auszugebender Anleihen u. dgl. Kurz, es bieten sich zahlreiche Wege. (Ein Beispiel, daß die Finanztechnik immer neue zu finden weiß, ist die Steueramnestieanleihe von 1931). Sie sollen Auswege aus finanziellen Verlegenheiten sein, sind es aber keineswegs immer.

7. Die *Begebung* der Anleihe (vgl. *Emissionsgeschäft II*) erfolgt:

a) durch Auflegung zur öffentlichen Zeichnung. Es ist der Weg, der, wenn es die Umstände erlauben, heute allgemein vorgezogen wird. Auch in diesem Falle bedient sich jedoch der Staat neben seinen eigenen Kassen gern und zweckmäßig der Banken als Vermittler und Zeichnungsstellen. In der Regel ist die öffentliche Zeichnung auf wenige Tage beschränkt. Der fortlaufende öffentliche Kreditbedarf hat jedoch auch Dauerzeichnungen ermöglicht, in der Regel in der Form der Schuldbucheintragung (vor dem Kriege in einzelnen deutschen Ländern).

b) durch unmittelbare Begebung an der Börse (Kommissionsanleihen), was nur bei kleineren Beträgen angängig ist.

c) durch Mitwirkung der Banken, die mehr oder weniger weitgehend sein kann. Sie hat infolge der sachkundigen Verbindung der Banken mit dem Geld- und Kapitalmarkt viele Vorzüge, begegnet aber unter Hinweis auf oft hohe Zwischengewinne vielfach Kritik und Mißtrauen. Bei der Aufnahme von Auslandsanleihen ist sie unerläßlich.

d) durch Vermittlung öffentlicher oder halböffentlicher Körperschaften, was jedoch häufig mehr eine Verbürgung als eine Form der Begebung ist, z. B. die Anleihen der Viag und der Preußag für Reich und Preußen.

8. *Kurspflege.* Die Entwicklung des ö. K. hat in allen Ländern zu einer Vielzahl von Anleihetypen geführt. Das ist nur z. T. Folge eines verschiedenartigen Kreditbedarfes. Klarheit und Durchsichtigkeit im öffentlichen Schuldenwesen werden durch Vereinheitlichung der Anleihen gefördert. Der Anleihemarkt wird ausgedehnt. Je größer er ist, desto weniger aber wird er durch die Zufälligkeiten des Angebots und der Nachfrage erschüttert. Darüber hinaus sind besondere Maßnahmen der Kurspflege erforderlich.

a) Diesem Zwecke dienen die sog. Sperrstücke. Zweck der Sperrverpflichtung ist, die Anleihe möglichst von vornherein als dauernde Kapitalanlage unterzubringen. Besondere Vergünstigungen im Bezugspreis, der Zuteilung usw. sollen die Zeichner zum Eingehen der Sperrverpflichtung bewegen.

b) Wichtiger ist die Überwachung des Anleihemarktes durch eine Bank, Kasse usw., die durch Abgabe und Hereinnahme von Stücken (Intervention) den Kurs regelt. Eine solche Kursregelung ist wesentlich für die Erhaltung des ö. K.; denn je beständiger die Kurse gehalten werden, desto leichter sind neue Anleihen zu begeben.

c) Ein weiteres Mittel der Kurspflege ist die Verpflichtung öffentlicher Anstalten, Sparkassen usw., einen Teil ihrer Kapitalien in öffentlichen Anleihen anzulegen. Entsprechende Vorschriften bestehen in fast allen Ländern, vielleicht am wenigsten im Deutschen Reich.

Das beste Mittel der Kurspflege aber ist eine geordnete Schuldentilgung.

9. *Schuldumwandlung* (*Konversion*) durch Änderung (des Zinsfußes des Schuldvertrages, der Tilgungsverpflichtung, der Währung usw.) kann gleichfalls als ein Mittel der Kurspflege bezeichnet werden, wenn sie darüber hinaus freilich auch oft zu anderen Zwecken erfolgt. Die Umwandlung einer kurzfristigen in eine langfristige Schuld nennt man Konsolidation, die Zusammenfassung verschiedener Anleihetypen zu einer einzigen Unifikation. Alle Schuldumwandlung hat den Zweck, dem Schuldner günstigere Bedingungen zu verschaffen. Rechtlich zulässig ist sie nur, wenn sie dem Gläubiger die Wahl zwischen Annahme oder Kapitalrückzahlung läßt. Notzeiten rechtfertigen Zwangskonversionen, denn es kann dem Staat (Steuerzahler) nicht zugemutet werden, außergewöhnliche Änderungen der Schuldlasten (Deflation) zu tragen. Die letzte große Schuldumwandlung hat in Deutschland 1896 und 1897 unter Beteiligung Preußens, Bayerns, Badens, Württembergs und des Deutschen Reiches stattgefunden.

Die beträchtliche Zunahme der kurzfristigen Schulden hat in allen am Kriege beteiligten Ländern zunächst zu Konsolidationen geführt, insbesondere tragen auch die internationalen Schuldenabkommen diesen Charakter. Sodann ist man namentlich seit 1931 zu Konversionen (mit Zinsherabsetzung) der hochverzinslichen Kriegs- und Nachkriegsanleihen geschritten, so in Frankreich und vor allem in England.

Unter dem Schlagwort „Umschuldung" wird gegenwärtig die Umwandlung der kurz- und mittelfristigen Forderungen der Banken an die öffentlichen Körperschaften in eine Reichsanleihe befürwortet. Würde eine solche Maßnahme mit einer unbilligen Verkürzung der Gläubigerrechte verbunden — und diese Gefahr liegt nahe — so würde das nicht nur eine ernsthafte Erschütterung des ö. K. bedeuten, sondern auch weittragende und schwerwiegende wirtschaftliche Folgen haben müssen.

10. Schuldentilgung. Die Voraussetzung aller Krediterhaltung ist Kreditabtragung. Das gilt auch für den ö. K. Die wechselnde und oft gegensätzliche Beurteilung, die er erfahren hat, erstreckt sich auch auf die Frage der Kreditabtragung oder Schuldentilgung. Man kann fast sagen, die Tilgungswilligkeit pflegt in Theorie und Praxis in umgekehrtem Verhältnis zur Anleihefreundlichkeit zu stehen. Wer Kreditnahme als ein Übel, als einen Notbehelf und ein Krankheitssymptom der öffentlichen Finanz ansieht, wird auf baldige Abtragung drängen; wer hingegen den Kredit als Kapital- und Reichtumsschöpfer betrachtet, wird die Schuldenlast als einen selbstverständlichen oder höchstens unvermeidlichen Gegenposten in der Bilanz der öffentlichen Wirtschaft werten. Die optimistischen Kredittheoretiker sind daher kaum für Schuldabtragung. Sie versprechen sich von der wachsenden Wohlstandssteigerung und der säkularen Geldentwertung eine verhältnismäßige Minderung, eine sozusagen natürliche Tilgung der Schuld. Ganz allgemein kann man sagen, die Tilgungsregeln pflegen der Ausdruck der jeweiligen finanziellen Lage zu sein. Ricardo fordert Tilgung der unerträglich hoch gewordenen Schuldenlast um jeden Preis; die kapitalistische Wohlstandsentfaltung des 19. Jahrhunderts läßt die Vertreter der freien, gelegentlichen Tilgung zu Wort und Geltung kommen (Rau), während bei wachsendem Schuldenstand um die Wende vom 19. zum 20. Jahrhundert wieder Tilgungsbindungen gefordert werden (Wagner). Die Tilgungsfrage hat in der Gegenwart erneut erhöhte Bedeutung erlangt. An Stelle der sog. ewigen Anleihen, die in der Vorkriegszeit in kreditwürdigen Staaten üblich waren, sind ausnahmslos solche mit bestimmten Tilgungsfristen getreten.

Die freie Tilgung überläßt das Maß der jeweiligen Schuldabtragung den verantwortlichen Stellen. Das hat den Vorteil, daß die Tilgung entsprechend der Finanzlage erfolgen kann, freilich auch den Nachteil, daß sie vernachlässigt wird.

Die Zwangstilgung ist entweder eine vertragsmäßige (den Gläubigern gegenüber) oder eine gesetzliche. In letzterem Falle besteht kein Anspruch der Gläubiger, sondern durch Schuldentilgungsgesetz ist nur bestimmt, daß zwecks Tilgung jährlich eine Quote der Gesamtschuld bereitgestellt wird, mit welcher auf dem am besten erscheinenden Wege getilgt wird. Die Absetzung vom Anleihesoll wird der Tilgung gleich geachtet. Im Deutschen Reich ist durch Gesetz von 1906 bestimmt, daß (wie seit 1897 in Preußen) von 1908 ab mindestens jährlich $^3/_5$ % des jeweiligen Gesamtbetrages der Reichsschuld zu tilgen seien. Die Finanzlage hat nicht gestattet, diese bescheidene Tilgungsvorschrift zu verwirklichen. Die obligatorische Schuldentilgung hat dann im Finanzgesetz vom 15. Juli 1909 ihre Ordnung gefunden. Danach sollten die bis 1910 gegebenen Anleihen jährlich mit mindestens 1%, alle weiterhin für werbende Zwecke bewilligten Anleihen mit mindestens 1,9%, die übrigen mit 3% (in allen Fällen unter Hinzurechnung der ersparten Zinsen) getilgt werden. Diese Vorschrift besteht noch zu Recht; ihre Anwendung ist jedoch bis auf weiteres ausgesetzt worden.

Die vertragliche Zwangstilgung ist Bindung gegenüber dem Gläubiger. Sie kann daher ohne Rechtsverletzung nicht einseitig vom Schuldner aufgehoben werden. Mit der Entwicklung des öffentlichen Kreditwesens ist sie durch die vertragliche (und ergänzt durch die freie) Tilgung verdrängt worden. Die Veränderung der Kreditlage nach 1914 hat mit der Wandlung der Schuldformen (Verdrängung der Rentenschulden durch befristete Darlehen) auch naturgemäß zu einer Änderung der Tilgungsart geführt.

Im weiteren Sinne pflegt man die Schuldvernichtung durch Staatsbankrott (Anleihe- oder Geldbankrott) gleichfalls als Tilgung zu bezeichnen.

Tilgungsquelle kann nur das Volkseinkommen sein, d. h. in erster Linie also Steuern, die aus dem Sozialprodukt der Wirtschaft, nicht aber der Substanz gezahlt werden. Die Einrichtung besonderer Tilgungskassen (Tilgungsfondssystem) kann verwaltungspolitisch nützlich sein; eine besondere wirtschaftliche Steigerung der Tilgungsleistung ist nicht davon zu erwarten. Der Staat als Schuldner ist der Steuerzahler, und dieser vermag, wie jeder Schuldner, nachhaltig und regelmäßig nur entsprechend seinem Einkommen zu tilgen.

Die Entwicklung der Staatsschulden seit 1914 (in Millionen der Landeswährung).

Land (Datum der Festellung)	1914	1919	1920	1924	1925	1926	1927	1928	1929
England[1] . . . . . £ (31. März)	649,8	7435,0	7828,8	7641,1	7597,9	7558,6	7554,6	7527,8	7500,3
Frankreich[1] . . fr. (31. Dezember)	34388,0 (31.7.1914)	245444,2	297368,0	418075,0	488915,0	468215,8	475238,5	463126,0	—
Belgien[1] . . . . fr. (31. Dezember)	4982,4	22104,7	29364,1	40221,8	48064,1	56428,5	54512,3	54051,0	52305,0
Italien[1] . . . . Lire (30. Juni)	15766,0	—	133301,1	195337,9	231009,5	187570,3	146040,5	151624,2	151892,6
Vereinigte Staaten[2] von Nordamerika $ (30. Juni)	1188,2	25482,0	24297,9	21251,1	20516,3	19643,2	18510,2	17604,3	16931,2
Japan[3] . . . . Yen (31. Dezember)	2560,8	—	—	—	5026,1	5162,3	5386,6	5799,6	5890,0
Niederlande[3] . . hfl. (1. Januar)	1158,8	—	—	—	3276,0	3182,8	3075,8	2990,2	2824,3
Deutsches Reich s. Tabelle 3.									

[1] Finanzen und Steuern im In- und Auslande, 1930, S. 744f., 748, 752, 754f.
[2] Annal Report of the Secretary of the Treasure on the state of the Finances for Fiscal Year ended 30. Juni 1930.
[3] Finanzen und Steuern, a. a. O., S. 848/9.

III. Wandlungen des öffentlichen Kredits und statistische Übersicht.

Der ö. K. ist aus dem privaten erwachsen. Er hat anfänglich dessen Formen und Technik übernommen, diese dann aber selbständig fortgebildet und sich den Kapitalmarkt, weit über die privatwirtschaftlichen Kreditmöglichkeiten hinausgreifend, erschlossen. Das ungeheure Anwachsen des Kreditbedarfs in allen Ländern bereits vor dem Kriege, erst recht dann in und nach dem Kriege, bot hierzu Gelegenheit. Die folgenden Übersichten, auf deren Erläuterung aus Raumgründen verzichtet werden muß, zeigen Schuldenstand, Schuldenwachstum und Schuldenzusammensetzung für eine Reihe von Ländern. (S. auch Tabelle auf voriger Seite.)

Die Zusammensetzung und Entwicklung der Reichsschuld 1927—1931 (per 31. März) (in Millionen Reichsmark)[1].

Art der Schulden	1927	1928	1929	1930	1931	1932
Ablösungsschulden	4742,5	4547,8	4339,8	4193,7	4077,1	3940,4
Sonstige vor d. 1. April 1924 entstandene Schulden (Darlehen von der Rentenbank, Schuld an die Reichsbank, Schatzanweisungen aus dem Jahr 1923)	1151,2	1002,5	875,5	732,5	650,7	630,9
	5893,7	5550,3	5215,3	4926,2	4727,8	4571,3
Neuverschuldung:						
1. Auslandschulden (Dawes-Anleihe, Internationale Anleihe von 1930, Anleihe v. 1930, kurzfr. Auslandsschulden)	932,4	901,7	900,7	1063,7	3305,6	3215,2
2. Inlandschulden (Anleihen, Schuldbuchforderungen u. Schatzanweisung.)	364,0	500,0	1177,0	1949,8	2143,8	2454,1
3. Kurzfrist. Inlandschulden	182,7	238,5	935,5	1689,0	1165,1	1193,4
Neuverschuldung	1479,1	1640,2	3013,2	4702,5	6614,5	6862,7
	7372,8	7190,5	8228,5	9628,8	11342,2	11434,0
Dazu: Anleiheablösungsschuld ohne Auslosungsrecht	700,0	700,0	743,2	745,5	747,4	703,3

[1] Wirtschaft und Statistik **1928**, 295; **1930**, 428; **1931**, 397; **1932**, 384.

Wenn der private Kredit auch immer dem ö. K. vorangegangen ist, so ist dieser doch in seiner weiteren Entfaltung auch Wegbereiter des privaten Kredits gewesen, dem er nicht nur neue Formen schuf, sondern auch neue Quellen erschloß. Alle Entwicklung des ö. K. ist mit der Beschaffung des Kriegsfinanzbedarfs verknüpft. Die Kriegsanleihe im weiteren Sinne ist es, die die Entwicklung des öffentlichen Schuldenwesens, der Formen und der

Schuldenvergleich in Mark Vorkriegskaufkraft[1]

	1914		1925		1928	
	in Mill. Mk.	pro Kopf Mk.	in Mill. Mk.	pro Kopf Mk.	in Mill. Mk.	pro Kopf Mk.
a) einschließlich Kriegsschulden-Durchgangsposten.						
Großbritannien	13274,3	293,5	90835,3	2016,7	100149,7	2215,1
Frankreich	27854,3	710,7	75924,2	1896,6	66044,4	1612,4
Belgien	4035,9	543,6	7345,6	940,3	5416,3	687,8
Italien	12770,5	368,3	30386,4	758,4	26066,4	639,0
b) ohne Kriegsschulden-Durchgangsposten.						
Großbritannien	13274,3	293,5	79382,5	1762,4	87638,0	1938,4
Frankreich	27854,3	710,3	53770,3	1324,1	41393,5	1010,6
Belgien	4035,9	543,6	5936,1	759,9	3970,0	504,1
Italien	12770,5	368,3	15229,6	380,1	15203,5	374,2

[1] Finanzen u. Steuern, a. a. O., S. 764/5, 766.

Die Schulden sämtlicher Staaten der Erde (nach Findley Shirras).

1848	1719 Millionen £	1913	8805 Millionen £
1870	3741 „ £	1919/22	53759 „ £
1873	4630 „ £		

In Prozent des Volksvermögens betrug die Staatsschuld

	Vor dem Krieg (1913/14) %	Nach dem Krieg (1930) %
Großbritannien	4,7	30
Frankreich	11,5	20,0
USA	1,5	6,4
Deutschland	10,0	6,7

(Zusammengestellt nach Munzer: Dynamischer Staatshaushalt, Jena 1931.)

Technik des ö. K. durchaus bestimmt. Das lehrt auch die Geschichte des ö. K. der letzten Jahrzehnte.

Die jüngste Entwicklung hat, wie an verschiedenen Stellen gezeigt wurde, zu einer Rückbildung des ö. K. zu Formen geführt, die einem überwunden geglaubten Wirtschaftszustand entsprechen. Auch die Banken als Vermittler des ö. K. haben ihre Rolle und Bedeutung gewechselt. Schien es vor dem Kriege, als ob sie zurückgedrängt würden, so ist in der Nachkriegszeit ihre Bedeutung namentlich in der internationalen Kreditvermittlung gewaltig gewachsen. Das hängt u. a. auch mit der Auflegung großer Auslandsanleihen zusammen. An der Dawesanleihe sind zehn, an der Younganleihe neun Länder beteiligt. Erstere ist in fünf, letztere gar in neun Währungen aufgelegt worden. Die BIZ. ist ein Versuch zur weiteren Ausbildung internationaler öffentlicher Kreditvermittlung. Auch der Völkerbund hat sich dieser Aufgabe zugewendet. Es fehlt nicht an Vorschlägen, den Finanzauschuß des Völkerbundes zu einer Beratungsstelle für internationale Anleihen auszugestalten, wobei ihm neben

Gesamtübersicht über die Entwicklung der öffentlichen Verschuldung im Deutschen Reich.

	1908[1]		1914[1]		1928[2,3]		1929[2,4]		1930[2,4]		1931[2,4]		1932[5]	
	in Mill. Mk.	in %	in Mill. Mk.	in %	in Mill. Mk.	in %	in Mill. Mk.	in %	in Mill. Mk.	in %	in Mill. Mk.	in %	in Mill. Mk.	in %
Reich	4003,5	16,2	4917,9	15,1	7130,7	48,8	8228,5	45,3	9629,6	45,2	11342,2	47,1	11434,0	47,2
Bundesstaaten bzw. Länder	13301,6 (incl. Hansestädte)	53,9	16840,4 (incl. Hansestädte)	51,7	1297,6	8,9	1722,3	9,4	1972,5	9,2	2165,9	9,0	2843,0 (incl. Hansestädte)	11,7
Hansestädte					395,5	2,7	479,1	2,7	617,6	2,9	636,6	2,6		
Gemeinden und Gemeindeverbände	7363,6	29,9	10800,0	33,2	5774,7	39,6	7729,3	42,6	9098,7	42,7	9934,2	41,3	9939,0	41,1
(Davon Großstädte)	—	—	—	—	(2360,7)	—	(3366,2)	—	(4256,2)	—	(4710,6)	—	—	—
	24668,7	100,0	32558,3	100,0	14598,6	100,0	18159,2	100,0	21318,5	100,0	24078,9	100,0	24216,0	100,0

[1] Schätzung, vgl. Finanzen u. Steuern im In- u. Ausland. Berlin 1930, S. 265.
[2] Erhebungen der Reichsfinanzstatistik. Stichtag jeweils der 31. März, Schulden aus Kreditmarktmitteln (ohne Verpflichtungen öffentl. Körperschaften untereinander).
[3] Finanzen u. Steuern, a. a. O. S. 266.
[4] Wirtschaft u. Statistik **1931**, S. 771ff.
[5] Wochenbericht des Instituts für Konjunkturforschung, 5. Jg. 1932, Nr. 21; für die Gemeinden vorläufige Zahlen.

der Rolle des Beraters zugleich diejenige eines Treuhänders und Schiedsrichters zugedacht ist.

In einem Augenblick, wo das Währungswesen der Welt in Erschütterung geraten ist, sieht sich auch das öffentliche Kreditwesen vor neue Probleme gestellt und internationale Zusammenarbeit erheischt das eine wie das andere Gebiet. Das Grundproblem des ö. K. bleibt dabei immer das gleiche: die Interessen des Kreditnehmers mit denen des Kreditgebers, die der öffentlichen Körperschaft mit denen der Wirtschaft in Einklang zu bringen (vgl. *Hypothekenbankgesetz 8* und *„Öffentl. Kassenführung"*).

Literatur: Ricardo, D.: Essay on the funding system in: The works of D. Ricardo. London 1852, S. 538ff. — Nebenius, F.: Über die Natur und die Ursachen des ö. K. Karlsruhe 1829. — Dietzel, C. A.: Das System der Staatsanleihen. Heidelberg 1855. — Schäffle, A. E. Fr.: Zur Theorie der Deckung des Staatsbedarfs. Zeitschr. f. d. ges. Staatsw. Tübingen 1883/84. — Wagner, Ad.: Die Ordnung der Finanzwirtschaft und der ö. K. in: Schönbergs Handbuch d. pol. Ökonomie, Bd. 3. — Weyermann, M. R.: Theorie des ö. K. in: Handbuch der Finanzwissenschaft, Bd. 2. — Gerloff, W.: Die Finanz- und Zollpolitik des Deutschen Reiches von der Gründung des Zollvereins bis zur Gegenwart 1913. — Jèze, G.: Cours de Science des finances et de législation financière française, 1922. — Birck: The public debt, New York 1927. — Report of the Comitte on National debt and taxation. London 1927. — Zur Geschichte des ö. K's., die wegen Raummangels in Wegfall gekommen ist, vgl. Landmann, J.: Geschichte d. ö. K. in: Handbuch der Finanzwissenschaft, Bd. 2.

W. Gerloff.

Öffentlich-rechtliches Bankwesen: Organisation.

I. Deutschland.

Der Ursprung der öffentlichen Kreditanstalten in Deutschland ist, wie die spätere Darstellung im einzelnen erkennen lassen wird, in der Fürsorgetätigkeit des Staates für nach seiner Aufgabe besonders hilfsbedürftige Gebiete des Wirtschaftslebens zu erblicken. Dieser Grundzug der Entwicklung bleibt auch bis in die neuere Zeit vorherrschend. Im ganzen gesehen ist das Gebiet des von öffentlichen Verbänden beherrschten Kreditwesens sehr vielgestaltig und schwer zu übersehen. Hierzu hat einmal die geschichtliche Entstehung der verschiedenartigen Kreditinstitute in den deutschen Einzelstaaten beigetragen, ferner die Tatsache, daß die in den Jahren nach dem Weltkriege durchgeführten staatlichen Maßnahmen auf wirtschaftlichem und sozialem Gebiet vielfach zur Bildung neuer öffentlicher oder von öffentlichen Verbänden beherrschter Kreditinstitute geführt haben. Ansätze zu einer aus verschiedenen Gründen angebrachten Konzentration und Vereinheitlichung im öffentlichen Bankwesen Deutschlands sind erst in den letzten Jahren, und auch hier nur vereinzelt (Bildung von Gemeinschaftsbanken der Provinzial- sowie der Sparkassen- und Giroverbände, Regelung des langfristigen Kreditgeschäftes durch das Gesetz über die Pfandbriefe und verwandten Schuldverschreibungen öffentlich-rechtlicher Kreditanstalten vom 21. Dezember 1927) zu erkennen.

Das öffentliche Bankwesen Deutschlands hat, besonders in den beiden letzten Jahrzehnten, einen derartigen Umfang erlangt, wie er in keinem anderen Lande anzutreffen ist. Das Statistische Reichsamt hat das gesamte statistisch erfaßbare bankgeschäftliche Volumen für Ende 1929 auf 41,89 Milliarden RM. berechnet, wozu noch rund 12 Milliarden RM. für die Sparkassen treten. Danach ergibt sich eine Gesamtziffer von rund 54 Milliarden RM. Auf das öffentliche Sparkassen- und Bankwesen entfallen hiervon 25,5 Milliarden RM.

Nach einer Erhebung des Verbandes deutscher öffentlich-rechtlicher Kreditanstalten betrug bei den verschiedenen bankmäßig organisierten Realkreditgebern die Höhe des Realkredite am 31. Oktober 1930

öffentlich-rechtlicher Kreditanstalten	3161,1 Millionen RM.
Sparkassen	4766,6 Millionen RM.
	7927,7 Millionen RM.
private Hypothekenbanken und sonstige	4918,9 Millionen RM.
zusammen	12846,6 Millionen RM.

Im landwirtschaftlichen Realkreditgeschäft überwiegen die von öffentlichen Instituten gewährten Darlehen, ebenso auf dem Gebiete des Kommunalkredits. Sowohl auf dem Gebiete des kurzfristigen wie des langfristigen Kredits befriedigen die öffentlichen Kreditinstitute, ihrer gemeinwirtschaftlichen Zielsetzung entsprechend, in erster Linie die Kreditbedürfnisse des Klein- und Mittelbesitzes.

Die Bankenkrise des Jahres 1931, beginnend mit der am 13. Juli 1931 erfolgten Zahlungseinstellung der Darmstädter und Nationalbank, und die Sanierung fast sämtlicher Großbanken mit Hilfe öffentlicher Mittel hat zu einer mehr oder weniger weitgehenden Einflußnahme des Reiches bzw. öffentlich-rechtlicher Institute auf verschiedene Großbanken geführt und ferner zur Errichtung mehrerer ebenfalls vornehmlich von öffentlichen Stellen beeinflußten Hilfsbanken Veranlassung gegeben.

A. Vom Reich errichtete Bankinstitute.

1. Die Reichsbank (s. Sonderartikel).

2. Reichs-Kredit-Gesellschaft Aktiengesellschaft, Berlin. Das Institut ist hervorgegangen aus der Reichskredit- und Kontrollstelle G. m. b. H., welche nach Kriegsende gegründet wurde und die Abwicklung der Kriegsgesellschaften und die Wahrnehmung der Interessen des Reichs an Industrieunternehmungen zur Aufgabe hatte. In diesem Rahmen hatte das Unternehmen auch als Geldausgleichsstelle der Kriegsgesellschaften und Reichsstellen zu fungieren. Im Jahre 1922 wurde die Firma in „Reichs-Kredit-Gesellschaft m. b. H." geändert und im Jahre 1924 erfolgte die Umwandlung in eine Aktiengesellschaft mit einem Aktienkapital von 30 Millionen RM., welches einige Jahre später auf 40 Millionen RM. erhöht wurde. Das gesamte Grundkapital befindet sich im Besitz der Vereinigten Industrieunternehmungen AG. (VIAG), der Holdinggesellschaft für die gewerblichen Beteiligungen des Reichs, welches sämtliche Aktien der VIAG besitzt.

Die Reichs-Kredit-Gesellschaft ist die Konzernbank sämtlicher Industrieunternehmungen, welche dem Einfluß des Reichs unterliegen und ist darüber hinaus vom Reich mit der Durchführung zahlreicher besonderer Aufgaben auf finanziellem Gebiet betraut worden, u. a. auf dem Gebiete der Exportförderung, ferner durch die Weiterleitung von Krediten des Reichs mit Subventionscharakter (Saatgut-, Flachsbau-, Silo-Kredite u. ä.).

Neben ihrer Betätigung im Reichsinteresse betreibt die Reichs-Kredit-Gesellschaft alle Bankgeschäfte und hat es verstanden, sich auf diesem Gebiet besondere Bedeutung zu verschaffen. Während die in den ersten Jahren ihres Bestehens sehr bedeutenden Guthaben des Reiches sich in den letzten Jahren stark verringert haben, konnten private Einlagen ständig erhöht werden; das Institut pflegt besonders die Beziehungen zu den selbständigen Provinzbankfirmen, welche sich infolge der Filiallosigkeit der Reichs-Kredit-Gesellschaft dieser Verbindung lieber als der Filialgroßbanken bedienen. Auch die Beziehungen zu ersten ausländischen Banken (Rembourskredite) werden besonders gepflegt. Am Berliner Geldmarkt hat die Reichs-Kredit-Gesellschaft neben der Preußischen Staatsbank (Seehandlung) die Funktionen einer Geldausgleichsstelle übernommen. In Verfolg der Bankenkrise des Jahres 1931, welche auch auf eine Anzahl Provinzbanken übergriff, hat die Reichs-Kredit-Gesellschaft verschiedenen provinziellen Instituten im Interesse der Erhaltung der Selbständigkeit derselben erfolgreich finanziellen Beistand leisten können, und sich ferner an der Gründung der Akzept- und Garantiebank AG. und der Diskont-Compagnie Aktiengesellschaft beteiligt. (31. Dezember 1931: Aktienkapital 40 Millionen RM., Reserven 20 Millionen RM., Bilanzsumme 569 Millionen RM.)

3. Deutsche Golddiskontbank, Berlin. Die Deutsche Golddiskontbank wurde errichtet durch Reichsgesetz vom 19. März 1924 zwecks Gewährung von Exportkrediten. Ursprünglich besaß die Bank auch das Recht zur Ausgabe von auf ausländische Währung lautenden Noten, hat jedoch hiervon keinen Gebrauch gemacht. Der Aufgabenbereich des Instituts wurde später erweitert: sie wurde mit der Verwaltung der auf Grund des Kampfes der Reichsbank um die Konzentration der öffentlichen Gelder bei ihr angelegten großen Guthaben öffentlicher Stellen betraut, und diese Beträge wurden unter dem Einfluß der Reichsbank insbesondere dem Privatdiskontmarkt der Berliner Börse zugeführt. Im Jahre 1926 übernahm die Deutsche Golddiskontbank 7% Hypothekarschuldscheine der Deutschen Rentenbank-Kreditanstalt mit drei- bis fünfjähriger Laufzeit bis zur Höhe von 250 Millionen GM., welche in den Jahren 1929 bis 1931 größtenteils eingelöst, z. T. jedoch prolongiert worden sind.

Nachdem längere Zeit von der Öffentlichkeit im Hinblick auf die enge kapital- und geschäftsmäßige Verbindung der Golddiskontbank mit der Reichsbank, worin vielfach eine unzweckmäßige und unzulässige Erweiterung des dem Noteninstitut durch das Bankgesetz gezogenen Aufgabenkreises erblickt wurde, die Auflösung des Instituts verlangt worden war, wurde schließlich in Anerkennung der zwingenden Notwendigkeit einer weiteren Förderung des deutschen Exportes von den zuständigen Instanzen beschlossen, die Golddiskontbank fortbestehen zu lassen, und ihr durch die Verordnung des Reichspräsidenten zur Sicherung von Wirtschaft und Finanzen vom 1. Dezember 1930, 6. Teil, Kap. II, eine neue gesetzliche Grundlage gegeben. Danach hat die Golddiskontbank die Eigenschaft einer juristischen Person des Privatrechts und unterliegt den für Aktiengesellschaften geltenden Vorschriften, soweit nicht in der Verordnung etwas anderes bestimmt ist. Satzungsänderungen bedürfen der Genehmigung der Reichsregierung.

Das Institut hat den Zweck, Kreditbedürfnisse der heimischen Wirtschaft, insbesondere auf dem Gebiete der Ausfuhrförderung, zu befriedigen, wobei ihm als besondere Aufgabe die Finanzierung mittel- und langfristiger Ausfuhrgeschäfte zugewiesen wurde. Auf letzterem Gebiet hat die Golddiskontbank u. a. Mittel für die Finanzierung von Aufträgen nach den Oststaaten, insbesondere Rußland, zur Verfügung gestellt. Bei der Kreditgewährung läßt sich das Institut auch die Pflege des Klein- und Mittelkredites angelegen sein. Dem Institut sind im Ausland größere Rediskontkredite eingeräumt worden. Zur Beschaffung weiterer Mittel ist der Bank das Recht zur Ausgabe von Inhaberschuldverschreibungen bis zum fünffachen Betrage des Grundkapitals zuzüglich Reserven verliehen worden, wovon bis Mitte 1932 noch kein Gebrauch gemacht worden ist. Bei der Bank ist ein aus Kreisen der Exportwirtschaft bestehender Beirat gebildet worden, dessen gutachtliche Äußerung das Institut hinsichtlich der Grundsätze seiner Tätigkeit einholen muß.

Das Aktienkapital betrug bis Ende 1931 10 Millionen £ (wie überhaupt die gesamte Buchführung in der £-Währung erfolgte, welche bei der unmittelbar nach Abschluß der Inflationszeit erfolgten Gründung zur Hebung des Kredits gewählt worden war) und wurde durch Beschluß der Generalversammlung vom 21. Dezember 1931 auf 200 Millionen RM. umgestellt. Die Aktien befanden sich nach einer in der Generalversammlung der Reichsbank vom 29. April 1931 gemachten Mitteilung zu 96,6% im Besitz der Reichsbank, während der Rest in Privathänden lag.

Eine neue sehr wichtige Aufgabe fiel der Deutschen Golddiskontbank bei der im Frühjahr 1932 durchgeführten Sanierung der mit der Danatbank fusionierten Dresdner Bank, der Commerz- und Privat-Bank AG. und — in geringerem Umfange — der Deutschen Bank und Disconto-Gesellschaft sowie mehrerer Provinzbanken zu. Die Reichsbank übernahm durch Generalversammlungsbeschluß vom 16. März 1932 geschaffene 200 Millionen RM. neue Aktien der Golddiskontbank und setzte diese dadurch in die Lage, erhebliche Beträge von Aktien der vorstehend erwähnten Banken zu zeichnen.

(31. Dezember 1931: Aktienkapital 200 Millionen RM. — in 1932 erhöht auf 400 Millionen RM. —, Reserven 65 Millionen RM., Bilanzsumme 715 Millionen RM.)

4. Deutsche Verkehrs-Kredit-Bank, Aktiengesellschaft, Berlin. Die Gründung des Institutes erfolgte im Jahre 1923 als Aktiengesellschaft zur Einführung eines neuen Verfahrens der Frachtstundung im Eisenbahngüterverkehr nach einem Muster der österreichischen Bundesbahnen. Zu diesem Zwecke unterhält das Institut im Reich zahlreiche Zweigstellen sowie etwa 2400 Einzahlungsstellen bei befreundeten Bankinstituten. Die Verkehrs-Kredit-Bank hat sich zu einem selbständigen Bankinstitut der Deutschen Reichsbahn-Gesellschaft, welche die Aktienmehrheit besitzt, entwickelt und als solches insbesondere die verfügbaren Gelder der Reichsbahn zu verwalten. In der Anlegung der Gelder ist die Bank jedoch durch Beschlüsse des Verwaltungsrats der Deutschen Reichsbahn-Gesellschaft und ein Abkommen mit der Reichsbank auf bestimmte Anlagen (bei der Reichsbank bzw. Golddiskontbank, bei ersten Privatbanken, in Privatdiskonten, Reichsschatzanweisungen u. ä.) beschränkt. Die Bank gehört dadurch zu den größeren Geldgebern am Berliner Markt. Auf den Bahnhöfen der Reichsbahn werden zahlreiche Wechselstuben für den Sortenverkehr und Einlösung von Reiseschecks unterhalten. (30. Juni 1931: Aktienkapital 4 Millionen RM., Reserven 1,4 Millionen RM., Bilanzsumme 467 Millionen RM.; im Oktober 1931 Kapitalserhöhung auf 20 Millionen RM.)

5. Deutsche Bau- und Bodenbank Aktiengesellschaft, Berlin. Die Bank wurde als Aktiengesellschaft unter der Firma „Deutsche Wohnstätten-Bank Aktiengesellschaft" im Jahre 1923 gegründet mit der Aufgabe der Gewährung von Baukrediten, insbesondere von Zwischenkrediten auf Grund vorliegender verbindlicher Hypothekenzusagen und der Bevorschussung von Hauszinssteuerhypotheken. Das Aktienkapital betrug Ende 1930 24,3 Millionen RM.; die Majorität befindet sich im Besitz des Reiches, zu den sonstigen Aktionären gehören u. a. einige deutsche Länder, ferner öffentliche und private Banken. Die Bank steht unter Aufsicht der Reichsregierung; sie hat ihre Tätigkeit sowohl der Pflege des Kreditgeschäftes mit gemeinnützigen Unternehmungen wie Wohnungsfürsorgegesellschaften, als auch dem Geschäftsverkehr mit privaten Bauherren und dem privaten Baugewerbe zugewendet. Zur Durchführung ihrer Aufgaben betreibt sie Bankgeschäfte jeder Art, insbesondere auch das Depositengeschäft. Im Interesse einer sicheren und verhältnismäßig billigen Baugeldbeschaffung hat das Reich sich durch Baukreditgesetze, welche mehrfach erneuert wurden, ermächtigen lassen, für Darlehen, die von der Deutschen Bau- und Bodenbank aufgenommen werden, Bürgschaften zu übernehmen (zuletzt 1930 bis zum Betrage von 300 Millionen RM. bei einer Wirkungsdauer des Gesetzes bis 1936). Die Zahl der von der Bank finanzierten Neubauwohnungen betrug in den Jahren 1927 bis 1930: 25000, 40000, 56000, 60000. Das Institut besitzt neben weniger wichtigen Beteiligungen die Aktienmajorität der Deutschen Wohnstätten-Hypothekenbank-Aktiengesellschaft und hat für Rechnung dieser Hypothekenbank und der Preußischen Landespfandbriefanstalt 1928 in den Vereinigten Staaten eine $6^1/_2$proz. Anleihe von $5^1/_4$ Millionen $ aufgenommen. Der Bau- und Bodenbank wurde ferner die Verwaltung der Mitte 1930 mit einem Aktienkapital von 150 Millionen RM. gegründeten Deutschen Gesellschaft für öffentliche Arbeiten, Aktiengesellschaft, Berlin, übertragen, deren Aufgabe in der Finanzierung der Fortführung der produktiven Erwerbslosenfürsorge unter Nutzbarmachung der auf sie übertragenen Reichskredite an private wirtschaftliche Unternehmungen besteht. (31. Dezember 1931: Aktienkapital 34,3 Millionen RM., Reserven 5 Millionen RM., Bilanzsumme 213 Millionen RM.)

6. Bank für deutsche Industrieobligationen, Berlin. Die Gründung erfolgte 1924 in Form der Aktiengesellschaft nach Maßgabe der für das Institut getroffenen besonderen Bestimmungen mit einem Kapital von 10 Millionen GM. Dem Institut oblag ursprünglich insbesondere die Einziehung der Zinsen für die Industriebelastung (Dawesplan) in Höhe von 5 Milliarden GM., welche sich vom zweiten Reparationsjahre an auf jährlich 250 Millionen GM. beliefen, und deren Abführung an den Treuhänder der Reparationsgläubiger. Durch die Umlegung der Industriebelastung auf sämtliche verpflichteten deutschen Unternehmungen hat die Bank wertvolles Material über den Aufbau der deutschen Wirtschaft und ihrer einzelnen Zweige gesammelt. Nach Annahme des Youngplanes und der Aufhebung des Industriebelastungsgesetzes kam die Hauptfunktion des Instituts in Fortfall; die Bank erhielt jedoch durch Anregung aus der Privatindustrie eine neue bedeutungsvolle Aufgabe auf dem Gebiete der Kredithilfe für die deutsche Landwirtschaft (Osthilfe) zugewiesen. Die gesetzliche Grundlage wurde durch das Gesetz über die Abwicklung der Aufbringungsumlage und die Neugestaltung der Bank für deutsche Industrieobligationen (Industriebankgesetz) vom 31. März 1931 geschaffen. Danach wird die ursprünglich nur für Reparationszwecke bestimmte Aufbringungsumlage noch für die Rechnungsjahre 1931 bis 1936 mit fallenden Beträgen erhoben. Die Bank bleibt als Aktiengesellschaft bestehen unter Beachtung der besonderen Bestimmungen des Industriebankgesetzes oder ihrer Satzungen. Das Kapital wurde durch Entnahme aus den Reserven auf 50 Millionen RM. erhöht; die bisherigen Aktionäre übernahmen auch die neuen Aktien und sind Treuhänder der Gesamtheit der bisher nach dem Aufbringungsgesetz verpflichteten Unternehmer. Die Bank steht unter Reichsaufsicht. Der Aufsichtsrat besteht aus 33 Mitgliedern, von denen fünf von der Reichsregierung und ein Mitglied von der Reichsbank ernannt wird.

Das Institut betätigt sich vornehmlich auf dem Gebiete der landwirtschaftlichen Umschuldung (Osthilfe) und ferner in der Kreditgewährung an gewerbliche Betriebe, insbesondere an Klein- und Mittelbetriebe. Im Rahmen der Erfüllung ihrer Aufgaben ist die Bank zur Vornahme bankmäßiger Geschäfte befugt, jedoch ist ihr das Depositengeschäft und das kurzfristige Kreditgeschäft versagt. Diese Einschränkung ist auf besondere Vorstellungen sowohl der öffentlich-rechtlichen als auch der privaten Kreditinstitute vorgenommen worden; hierbei ist zu beachten, daß das der Bank zur Verfügung stehende Kapital, nachdem es einmal ausgeliehen ist, voraussichtlich zum überwiegenden Teile auf Jahre hinaus festgelegt sein wird. Die Bank besitzt auch das Recht zur Ausgabe von Schuldverschreibungen auf den Inhaber bis zum sechsfachen Betrage des Grundkapitals, dzt. also bis zu 300 Millionen RM.

(31. März 1932: Aktienkapital 50 Millionen RM., Reserven 65 Millionen RM., Bilanzsumme 150 Millionen RM.)

7. Deutsche Rentenbank, Berlin. Die Deutsche Rentenbank wurde am 15. Oktober 1923 als Träger der Rentenmarkwährung geschaffen. Kapital und Reserven waren ursprünglich mit 3200 Millionen Rentenmark bemessen und durch eine entsprechende Belastung der gesamten Wirtschaft mit Grundschulden belegt. Die Bank hat durch Vermittlung der Reichsbank und der Privatnotenbanken von der ihr übertragenen Ausgabe von Banknoten über 3200 Millionen Rentenmark einen Teilbetrag von 1200 Millionen an die Wirtschaft ausgeliehen und einen gleichen Betrag als Kredit dem Reiche zur Verfügung gestellt. Nach der Neuordnung der Verhältnisse der Reichsbank auf der Basis der Goldwährung (1924) wurde die Rentenbank in den Zustand der Liquidation versetzt. Die Belastung von Industrie, Handel und Gewerbe zugunsten der Rentenbank wurde aufgehoben; dagegen blieb die Belastung der Land- und Forstwirtschaft bestehen unter Erhöhung der Kapitalbelastung von 4 auf 5% des Wehrbeitragswertes und Ermäßigung des Zinssatzes von 6 auf 5%, so daß die Zinsbelastung der Landwirtschaft bei der auf 2 Milliarden RM. bemessenen Belastung sich auf jährlich 100 Millionen RM. belief. Entsprechend wurde das Kapital auf 2000 Millionen RM. herabgesetzt. Die Einziehung der noch umlaufenden Rentenbankscheine wurde der Reichsbank übertragen, welcher zu diesem Zwecke die Grundschuldzinsen der Rentenbank sowie jährliche Zahlungen des Reiches aus dem Haushalt und dem Anteil am Reingewinn der Reichsbank zugewiesen wurden. Die Kredite der Rentenbank sollten im Verlauf von drei Jahren unter möglichster Schonung der Schuldner zurückgeführt werden.

Zur Entlastung der in schwerer Notlage befindlichen Landwirtschaft und der überaus angespannten Reichskasse wurde durch die Verordnung des Reichspräsidenten zur Sicherung von Wirtschaft und Finanzen vom 1. Dezember 1930 die Liquidierung des Rentenmarkumlaufes auf eine längere Frist als ursprünglich bestimmt, und zwar bis zum Ablauf des Jahres 1942, verteilt. Das nach Beendigung der Liquidation noch vorhandene Vermögen der Deutschen Rentenbank fällt dem Reiche zu.

8. Deutsche Rentenbank-Kreditanstalt (Landwirtschaftliche Zentralbank), Berlin wurde ins Leben gerufen, um die im Zusammenhang mit der Liquidierung der Rentenmark erforderlich gewordene Ablösung der an die Landwirtschaft gegebenen

Rentenmarkkredite durch Überführung in neue langfristige Hypothekarkredite zu ermöglichen. Das Kapital wurde zunächst auf 170 Millionen RM. bemessen und jährlich durch Zuweisungen aus den bei der Deutschen Rentenbank einlaufenden landwirtschaftlichen Grundschuldzinsen erhöht, wobei als Höchstgrenze ein Betrag von 500 Millionen RM. festgelegt ist. Die Rentenbank-Kreditanstalt untersteht der Aufsicht der Reichsregierung, ihre Organe bestehen aus der Anstaltsversammlung, welche aus 110 von den großen landwirtschaftlichen Organisationen berufenen Mitgliedern zusammengesetzt ist, dem Verwaltungsrat (24 Mitgliedern), sowie dem Vorstand, welcher zugleich als Vorstand der Deutschen Rentenbank tätig ist. Eine Garantie des Reiches für die Verbindlichkeiten der Anstalt besteht nicht.

Der Aufgabenkreis des Instituts besteht in a) Gewährung von landwirtschaftlichem Realkredit, b) Gewährung von landwirtschaftlichem Personalkredit und c) Kreditgewährung an die Länder oder besondere Organisationen für die Zwecke der Förderung der Bodenkultur und der landwirtschaftlichen Siedlung. Hierbei ist der Rentenbank-Kreditanstalt zur Pflicht gemacht, mit den bereits bestehenden Kreditinstituten nicht in Wettbewerb zu treten, sondern die von ihr durch Hereinnahme von Darlehen und die Auflegung von Anleihen beschafften Mittel durch Vermittlung der bestehenden Kreditinstitute weiterzuleiten.

a) Die für die Zwecke des Realkredites ausgegebenen Inhaberschuldverschreibungen sind bis zum sechs- bzw. achtfachen Betrage des Kapitals zulässig. Die Anstalt hat bisher zur Vermeidung einer Konkurrenz mit den alteingeführten Pfandbriefinstituten von der öffentlichen Auflegung von Inlandsanleihen abgesehen und sich ausschließlich an die Auslandsmärkte gewandt. Die Anstalt konnte in den Jahren 1925 bis 1928 in den Vereinigten Staaten zu relativ günstigen Bedingungen vier Anleihen im Gesamtbetrage von 131 Millionen $ aufnehmen, ferner noch eine kleinere Anleihe in der Schweiz und Holland. Die Weiterleitung der so beschafften Mittel erfolgte durch die oben erwähnten Vermittlungsinstitute gegen Eintragung von Hypotheken, welche den Anforderungen des Hypothekenbankgesetzes entsprechen mußten.

b) Im Personalkreditgeschäft vollzieht sich der Kreditverkehr durch eine Anzahl im Gesetz bestimmt umschriebene bzw. namentlich aufgeführte Kreditinstitute. (Hierzu gehören u. a. die Preußenkasse, die Deutsche Landesbankenzentrale AG.) Die Betätigung des Institutes im landwirtschaftlichen Personalkredit ist von vielen Seiten bekämpft worden, wobei insbesondere die Übertragung dieses Geschäftszweiges auf die Preußenkasse verlangt wurde. Durch das Errichtungsgesetz war das Personalkreditgeschäft bis zum 31. Dezember 1930 befristet. Innerhalb der zur Durchführung der landwirtschaftlichen Osthilfe geplanten Maßnahmen wurde jedoch eine Verlängerung bis Ende 1935 vorgenommen. Am 31. Dezember 1930 liefen Personalkredite im Gesamtbetrage von 293,8 Millionen RM.

c) Auf dem Gebiete des Meliorationskredites und des landwirtschaftlichen Siedlungskredites ist erst in neuerer Zeit eine stärkere Betätigung aufgenommen worden. Diese Kreditarten sind jedoch im Laufe des Jahres 1930 zu einem erheblichen Teil von der gemeinschaftlich vom Reich und von Preußen errichteten Deutschen Siedlungsbank (s. u. 9) übernommen worden, wobei eine Arbeitsteilung in der Weise vorgesehen ist, daß der Rentenbank-Kreditanstalt auch weiterhin die Beschaffung ausländischer Kreditmittel im Wege der Aufnahme langfristiger Auslandsanleihen obliegen soll.

Im Frühjahr 1931 wurde unter wesentlicher Mitwirkung der Rentenbank-Kreditanstalt eine Neugestaltung der Centrallandschaft für die Preußischen Staaten vorgenommen mit dem Ziele einer einheitlicheren Führung der Emissionspolitik der preußischen Landschaften und einer besseren Kurspflege für die landschaftlichen Pfandbriefe.

9. Deutsche Siedlungsbank, Berlin. Während die ländliche Siedlung in früheren Zeiten hauptsächlich Aufgabe der Länder bzw. des hier fast ausschließlich in Frage kommenden Landes Preußen war, hat in den Nachkriegsjahren in steigendem Umfange auch das Reich bedeutende Mittel für die Siedlung in Preußen zur Verfügung gestellt. Die Verteilung dieser Kredite wurde Anfang 1931 auf eine neu errichtete öffentlich-rechtliche Anstalt, die Deutsche Siedlungsbank, übertragen. Dieses Institut ist mit 50 Millionen RM. Grundkapital und 50 Millionen RM. Reserven ausgestattet, wovon Reich und Preußen je die Hälfte übernommen haben. Die Aufgabe der Siedlungsbank besteht ausschließlich in der Gewährung von Zwischenkrediten für die ländliche Siedlung, während die Beschaffung von Dauerkredit für Siedlungszwecke der Preußischen Landesrentenbank vorbehalten bleibt. Zwecks Sicherstellung der gebotenen Zusammenarbeit zwischen Siedlungsbank und Landesrentenbank ist unter dem 25. August/17. September 1931 ein Abkommen zwischen dem Reich und Preußen geschlossen worden. Gleichzeitig wurde die Preußische Landesrentenbank zu einer Anstalt des preußischen öffentlichen Rechts ausgebaut und mit einem Eigenvermögen von 40 Millionen RM. (je die Hälfte als Kapital und als Reserve) ausgestattet, wozu die Deutsche Siedlungsbank 50% beisteuerte. Der Verwaltungsrat der Deutschen Siedlungsbank wird gemeinsam von der Reichsregierung und der Preußischen Staatsregierung ernannt. Die Aufsicht wird von dem Reichsarbeitsministerium ausgeübt. Angesichts der steigenden Bedeutung der ländlichen Siedlung für den Osten Preußens werden der Deutschen Siedlungsbank in den kommenden Jahren große Aufgaben zufallen.

Im Zusammenhang mit Bestrebungen, die gesamte Siedlungstätigkeit bei dem Reich zusammenzufassen, wurden im Frühjahr 1932 zwischen dem Reich und Preußen Verhandlungen eingeleitet mit dem Ziele, das Kapital der Deutschen Siedlungsbank und auch der Preußischen Landesrentenbank vollständig auf das Reich zu überführen.

10. Die Bankensanierung des Jahres 1931. Gründung der Akzept- und Garantiebank. Während, wie in der Einleitung dargelegt, das Schwergewicht des öffentlichen Bankwesens in Deutschland bis zu den Ereignissen des Sommers 1931 auf dem Gebiete des langfristigen Kredits gelegen hatte, ist durch die in Verfolg der Bankenkrise des Juli 1931 notwendig gewordene Sanierung der meisten Großbanken und verschiedener Provinzbanken durch die öffentliche Hand auch der größte Teil des kurzfristigen Kreditgeschäftes unter den Einfluß des Reiches bzw. öffentlicher Stellen gekommen. Das Reich hat durch Hingabe von Schatzanweisungen und Barbeträgen sowie durch die Stellung von Garantien in einem Gesamtbetrage von über $1^1/_2$ Milliarden RM., wovon die Hälfte auf Garantien entfällt, den größten Teil der bei den betroffenen Instituten entstandenen Verluste auf sich genommen und eine neue Kapitalausstattung ermöglicht. Letztere wurde in der Hauptsache von der Reichsbank bzw. von deren Tochterinstitut, der Deutschen Golddiskontbank, durchgeführt, mit dem Ergebnis, daß Mitte 1932 die Aktienverteilung bei den in Frage kommenden Banken etwa folgendermaßen lag (in Millionen Reichsmark):

	Aktienkapital	Aktienanteil des Reiches	Aktienanteil der Golddiskontbank	Öffentliche Beteiligung in Proz. des Kapitals
Dresdner Bank (Danatbank)	220	152	48	91
Commerz- und Privat-Bank (Barmer Bankverein) . .	80	11	45	70
Allgemeine Deutsche Credit-anstalt	20	—	14	70
Deutsche Bank und Disconto-Gesellschaft	144	—	50	35

Ebenfalls mit überwiegender Beteiligung des Reiches bzw. öffentlicher Kreditinstitute wurden in den Krisenmonaten des Jahres 1931 zur Wiederherstellung eines geordneten Zahlungs- und Kreditverkehrs zwei Hilfsinstitute errichtet, die Akzept- und Garantiebank AG. und die Diskont-Compagnie Aktiengesellschaft, Berlin. Von dem 200 Millionen RM. betragenden Aktienkapital des ersteren Instituts übernahm das Reich 80 Millionen RM. direkt, während weitere 66 Millionen RM. von Stellen aufgebracht wurden, die mehr oder weniger dem Reichseinfluß unterliegen. Von dem Aktienkapital der Diskont-Compagnie AG. von 50 Millionen RM. übernahmen die Deutsche Golddiskontbank 30 Millionen RM. und andere öffentliche Institute weitere ca. 10 Millionen RM.

Bei der Durchführung der Bankensanierung wurde von der damaligen Reichsregierung zum Ausdruck gebracht, daß es sich nur um eine vorübergehende Hilfsstellung der öffentlichen Hand handeln solle, und daß die Rückführung der übernommenen Bankaktien in Privathände angestrebt werde. Als Bestätigung dieser Absichten darf die Betätigung der Deutschen Golddiskontbank bei der Stützung verschiedener Provinzbanken aufgefaßt werden, wobei es sich die Deutsche Golddiskontbank angelegen sein ließ, die Selbständigkeit dieser Institute möglichst zu erhalten, und die von ihr gezeichneten Aktien den betreffenden Instituten für spätere Placierungsmöglichkeiten zur Verfügung zu halten. Inwieweit die vorstehend dargelegte Entwicklung in Zukunft wieder rückgängig gemacht werden kann, hängt nicht nur von der Wiedererstarkung des deutschen Kapitalmarktes sondern auch von der Gestaltung der innerpolitischen Verhältnisse ab.

B. Von den Ländern errichtete Bankinstitute.

1. Staatsbanken (s. Sonderartikel).

2. Von den Ländern errichtete Bodenkreditinstitute

Wie schon erwähnt, betreiben verschiedene Staatsbanken das Emissionsgeschäft für den langfristigen Hypothekar- und Korporationskredit und bilden, soweit sie gleichzeitig das Depositen- und Kontokorrentgeschäft pflegen, eine Art Universalbank. In den anderen Fällen jedoch haben die Länder für die Vermittlung langfristigen Kredits besondere Anstalten geschaffen. Hierher gehören in Preußen die Preußische Landespfandbriefanstalt, errichtet mit der Aufgabe der Gewährung von Darlehen zum Zwecke der Herstellung von Kleinwohnungen für die minderbemittelte Bevölkerung. (Bisher ca. 93000 Wohnungen finanziert, Bilanzsumme am 31. Dezember 1931 ca. 414 Millionen RM.)

Im Mai 1932 wurde als gemeinnützige Körperschaft des öffentlichen Rechts mit dem Sitz in Berlin die „Preußische Wohnungskreditanstalt" errichtet, und zwar zur Verwaltung des staatlichen Anteils an den Hauszinssteuerhypotheken und zur Förderung des Kleinwohnungsbaues durch Gewährung oder Verbürgung zweitstelligen Grundkredits.

Ebenfalls der staatlichen Fürsorge für das Kleinwohnungswesen verdankt die Württembergische Wohnungskreditanstalt, Stuttgart, ihre Entstehung. (Gegründet 1924, Eigenkapital 72 Millionen, emittiert bisher 120 Millionen. Im Frühjahr 1932 Änderung der Firma in Württembergische Landeskreditanstalt unter Erweiterung der Aufgaben.)

Auch in einigen anderen deutschen Ländern bestehen Institute mit ähnlichem Aufgabenkreis: in Thüringen die Thüringische Landes-Hypothekenbank Aktiengesellschaft, Weimar, ferner in Lippe die Lippische Wohnungskreditanstalt in Detmold, in Hessen die Hessische Landeshypothekenbank Aktiengesellschaft und in Lübeck die Lübecker Hypothekenbank Aktiengesellschaft.

Für die besondere Aufgabe der Gewährung langfristigen Kredits an die Industrie, Handel und Gewerbe, wurde 1925 vom Freistaat Sachsen die Sächsische Landespfandbriefanstalt gegründet (vgl. *Industrieschaften*). Die Errichtung der Sächsischen Landespfandbriefanstalt bedeutet einen interessanten Versuch zur Lösung des Problems der Beschaffung langfristigen Kredits für die Klein- und Mittelindustrie, muß jedoch noch abwartend beurteilt werden.

In Preußen ist ferner durch Gesetz vom 29. Dezember 1927 zur Förderung der landwirtschaftlichen Siedlung die Preußische Landesrentenbank als Anstalt des öffentlichen Rechts mit dem Sitz in Berlin gegründet worden (s. Sonderartikel).

C. Landesbanken (s. Sonderartikel).

D. Kommunale Bankanstalten.

Die Modernisierung des Zahlungsverkehrs nach dem Erlaß des Scheckgesetzes von 1908 und durch die Ausdehnung des bargeldlosen Überweisungs- (Giro-) Verkehrs besonders während der Kriegsjahre ließ bei den kommunalen Sparkassen das Bedürfnis nach einem Zusammenschluß zwecks Schaffung eines einheitlichen Überweisungsverkehrs entstehen. Diese Bestrebungen begegneten sich mit anderen Entwicklungstendenzen auf dem Gebiete des Kommunalkredites, welche auf eine Zusammenfassung der nicht selbst emissionsfähigen kleinen und mittleren Gemeinden und die Schaffung sog. kommunaler Sammelanleihen ausgingen. Diese Entwicklung führte zu der Errichtung der Giroverbände, welche durch eine Vereinigung der meisten Gemeinden (in Preußen innerhalb der einzelnen Provinzen und meist auf Grund des Preußischen Zweckverbandsgesetzes von 1911) entstanden und sich später mit den bereits seit langen Jahren bestehenden Sparkassenverbänden zusammenschlossen. Die Sparkassen- und Giroverbände errichteten eigene öffentlich-rechtliche Bankanstalten, die Girozentralen, für deren Verbindlichkeiten sie unbeschränkte Haftung übernahmen. Die einzelnen Verbände schlossen sich im Jahre 1917 zu dem Deutschen Sparkassen- und Giroverband zusammen, dessen Bankanstalt die Deutsche Girozentrale — Deutsche Kommunalbank — in Berlin ist.

Die bankmäßige Ausgestaltung der öffentlichen Sparkassen hat in den Kriegs- und ersten Nachkriegsjahren in einer Anzahl von Gemeinden und Kreisen zur Errichtung besonderer Stadtbanken bzw. Kreisbanken geführt. Die Zahl dieser Institute hat sich jedoch wieder stark vermindert, nachdem durch eine Erweiterung der Sparkassengesetzgebung den Sparkassen selbst die Möglichkeit zu einer Ausdehnung ihres Geschäftsbereiches gegeben war.

E. Landschaften (s. Sonderartikel).

F. Stadtschaften.

Die Stadtschaften dienen der Beschaffung städtischen Hauskredits und wurden auf Anregung der Hausbesitzerverbände nach dem Muster der Preußischen Landschaften gegründet; bisher bestehen Stadtschaften nur in Preußen.

Eine Besonderheit der Stadtschaften besteht entsprechend den Gedanken, welche zu ihrer Gründung geführt haben, darin, daß sie ausschließlich Amortisationshypotheken gewähren dürfen, welche seitens der Stadtschaft unkündbar sind, solange der Darlehnsnehmer seinen satzungsmäßigen Verpflichtungen nachkommt. Außer diesem Prinzip haben die Stadtschaften noch andere dem System der Landschaften eigene Grundsätze übernommen.

Jeder Eigentümer eines in dem Beleihungsgebiet der einzelnen Stadtschaft gelegenen Grundstücks kann der Stadtschaft beitreten. Die Mitglieder haften als Gesamtschuldner für alle Verbindlichkeiten und Hypothekenausfälle der Stadtschaft bis zu 5 % bzw. 10 % des Pfandbriefdarlehens.

Die älteste Stadtschaft ist das bereits 1868 ins Leben gerufene Berliner Pfandbriefamt, für dessen Verbindlichkeiten nach dem Gesamtvermögen der Anstalt und dessen Ansprüchen an die Mitglieder die Stadt Berlin haftet. Neben dem Pfandbriefamt, welches nur erststellige Hypotheken gewährt, steht in Berlin der Berliner Hypothekenbankverein als Stadtschaft für zweitstellige Hypotheken.

Auf Grund des Stadtschaftsgesetzes von 1918 sind in acht preußischen Provinzen unter deren Gewährleistung und Aufsicht Stadtschaften errichtet worden, und zwar in Hannover, Pommern, Brandenburg, Ostpreußen, Grenzmark Posen-Westpreußen, Sachsen, Oberschlesien, Niederschlesien. Das Beleihungsgebiet dieser acht provinziellen Stadtschaften umfaßt beinah drei Viertel des Landes Preußen und fast die Hälfte des Deutschen Reiches.

Die Stadtschaften (mit Ausnahme der beiden Berliner Institute) haben sich im Jahre 1922 uwecks Ausgabe eines einheitlichen Pfandbriefes zu einem Verband, der Preußischen Zentralstadtschaft, einer Körperschaft des öffentlichen Rechts, zusammengeschlossen. (31. Dezember 1931: Pfandbriefumlauf 283 Millionen GM., Bilanzsumme 300 Millionen RM.) Auch hierin besteht eine gewisse Übereinstimmung mit der Vereinigung der meisten preußischen Landschaften in der Preußischen Zentrallandschaft.

Die Betätigung der Stadtschaften beschränkt sich auf das Hypothekendarlehnsgeschäft. Lediglich die Stadtschaft der Provinz Brandenburg besitzt das Depositenrecht und ist auf Grund ihrer Satzungen befugt, verschiedene bankmäßige Hilfsgeschäfte zu betreiben.

II. Andere Länder.

In größerem Umfange finden wir in öffentlichem Besitz stehende Bankinstitute außerhalb Deutschlands nur in den österreichisch-ungarischen Nachfolgestaaten, der Schweiz und den nordischen Ländern, wobei auch hier die öffentlich-rechtlichen Organisationsformen überwiegen. Es ist jedoch unverkennbar, daß die Errichtung von Bankinstituten durch den Staat oder andere öffentliche Verbände in den letzten Jahrzehnten auch außerhalb der obengenannten Länder, in welchen die in Frage kommenden Kreditinstitute zum Teil schon ein recht beachtliches Alter besitzen, große Fortschritte gemacht hat und selbst in solchen Ländern zu beobachten ist, deren Bevölkerung ihrer ganzen Tradition nach Eingriffen des Staates in die Privatwirtschaft ablehnend gegenübersteht. Die Organisationsform ist hier dagegen meist privatrechtlicher Natur, wie überhaupt die öffentlich-rechtliche Unternehmungsform außerhalb Deutschlands und des Kreises der von ihm beeinflußten Staaten wenig bekannt ist und angewandt wird.

Das Schwergewicht der außerhalb Deutschlands zu beobachtenden öffentlichen Bankinstitute liegt auf dem Gebiete des langfristigen Kredits.

Die im Jahre 1931 zum offenen Ausbruch gekommene internationale Wirtschaftskrise, welche in besonderem Maße das Bankwesen aller Länder betroffen hat, führte fast allenthalben zu Stützungsmaßnahmen der Regierungen. Diese Maßnahmen bestanden mehrfach in der finanziellen Unterstützung einzelner, darunter bedeutender, Bankinstitute, welche dadurch dem öffentlichen Einfluß unterstellt wurden (Frankreich, Norwegen), oder in der Errichtung von Stützungsgesellschaften mit ausschlaggebender Staatshilfe (Vereinigte Staaten, Schweiz).

1. Österreich. Das Emissionsgeschäft für den Realkredit innerhalb Österreichs ruht in der Hauptsache in den Händen der neun Landes-Hypothekenanstalten. Bei diesen handelt es sich um von den einzelnen Bundesländern zur Pflege des Real- und Kommunalkredites in der öffentlich-rechtlichen Organisationsform errichtete Institute, welche innerhalb des betreffenden Bundeslandes (Nieder-, Oberösterreich, Kärnten usw.) Hypotheken- und Kommunaldarlehen gewähren und die erforderlichen Mittel durch Ausgabe von Pfandbriefen und Kommunalobligationen beschaffen. Die Satzungen erlauben auch das Emissionsgeschäft in ausländischen Währungen (Schweizer Franken, Dollars und englischen Pfunden), von welcher Befugnis in verschiedenen Fällen Gebrauch gemacht worden ist. Die betr. Länder haben für die Verpflichtungen der Hypothekenanstalten die volle Garantie übernommen. Die Anstalten pflegen außer dem Emissionsgeschäft auch das Spareinlagen- und Kontokorrentgeschäft.

Die Landeshypothekenanstalten haben innerhalb des österreichischen Emissionskredits eine überwiegende Stellung (Ende März 1931 betrug der Umlauf an Pfandbriefen und Kommunalobligationen bei den Anstalten S 346 Millionen, bei den privaten Hypothekenaktienbanken S 45 Millionen), welche noch durch eine weitgehende Verständigung zwischen den Anstalten über die Emissionspolitik und ein gutes Einvernehmen mit den Sparkassen besonders gekräftigt wird.

Ferner ist zu erwähnen das Österreichische Credit-Institut für öffentliche Unternehmungen und Arbeiten, Wien (Aktienkapital S 16250000), welches unter starkem Einfluß des Österreichischen Bundes steht (dieser besitzt 90 % des Aktienkapitals) und in den letzten Jahren besonders mit der Durchführung von ihm im Rahmen der staatlichen Wirtschaftspolitik übertragene finanzielle Operationen hervorgetreten ist, wie z. B. Finanzierung der Wohnbauförderungsaktion aus eigenen Mitteln und durch Ausgabe einer Wohnbauanleihe des Instituts, die Liquidierung notleidend gewordener Bankinstitute, landwirtschaftliche Siedlungsaktionen, Mitwirkung bei Anleihegeschäften des Bundes u. a. Das Institut besitzt einen starken Einfluß in verschiedenen Zweigen der österreichischen Wirtschaft.

1a. Auch in der tschechoslowakischen Republik liegt das langfristige Kreditgeschäft aller Art bei öffentlich-rechtlichen Emissionsinstituten, den vier Landesgeldinstituten, welche ihrer Bestimmung nach insbesondere im Emissionswege den langfristigen Hypothekar-, Meliorations-, Kommunal- und Eisenbahnkredit pflegen. Ende 1930 hatten diese Institute Ausleihungen im Gesamtbetrage von über 5 Milliarden Kc zu verzeichnen.

2. Schweiz. In der vielgestaltigen Bankorganisation dieses Landes kommt der Gruppe der Kantonalbanken eine besondere Rolle zu. Jeder der fünfundzwanzig Kantone (mit Ausnahme des Kantons Genf) besitzt unter der Bezeichnung „Kantonalbank" (Banque Cantonale, Banca dello Stato) seine eigene von der übrigen Staatsverwaltung getrennte, nach privatwirtschaftlichen Grundsätzen geleitete Staatsbank und garantiert unbeschränkt deren Verpflichtungen. Die älteste Kantonalbank (Bern) wurde bereits 1833 errichtet; auch die Gründung der übrigen Institute fällt noch ins vorige Jahrhundert mit einer Ausnahme (Tessin 1914). Die Errichtung der Kantonalbanken beruht auf einem kantonalen Staatsgesetz. Die Verwaltung besteht aus einem Verwaltungsrat, aus dessen Mitte ein Ausschuß gewählt wird, und der geschäftsleitenden Direktion. Die Banken sind mit einem Grundkapital ausgestattet, dessen Gesamtbetrag Ende 1930 503 Millionen Schweizer Franken betrug. Zwei kantonale Bankinstitute, nämlich die Banque Cantonale Vaudoise in

Lausanne und die Zuger Kantonalbank in Zug, sind als Aktiengesellschaften errichtet, bei welchen der Kanton die Aktienmajorität besitzt und der Rest der Aktien in privaten Händen liegt. (Der Kanton Genf besitzt eine Minderheitsbeteiligung von 6 Millionen Schweizer Franken Aktien = 30 % des Kapitals und gewisse Aufsichtsbefugnisse bei der Banque de Genève, welche Mitte 1931 ihre Zahlungen eingestellt hat.)

Die Kantonalbanken besitzen meist ein Netz von Filialen, Agenturen und Einnahmestellen für Spargelder im ganzen Kanton und betreiben sowohl das kommerzielle Bankgeschäft als auch das Hypotheken- und Emissionsgeschäft. Dieser gemischte Geschäftsbetrieb hat sich in jahrzehntelanger Übung bewährt. Die Kantonalbanken ziehen für ihr Aktivgeschäft demnach sowohl kurz- wie langfristige Gelder an sich, letztere insbesondere durch Ausgabe der für das Schweizer Bankwesen typischen drei- bis fünfjährigen Kassaobligationen. Von der Gesamtsumme der fremden Gelder, welche die von der Schweizer Bankstatistik erfaßten Institute Ende 1930 verwalteten, im Betrage von 18,8 Milliarden Schweizer Franken entfielen auf die Kantonalbanken 5,3 Milliarden, davon Obligationen 2,3 Milliarden (Gesamtbetrag 7 Millarden). Wie aus diesen Ziffern hervorgeht, ist ein wesentlicher Prozentsatz des gesamten schweizerischen Bank- und Hypothekargeschäftes bei den Kantonalbanken konzentriert, welche dank der ihnen verliehenen einzelstaatlichen Garantie besonderes Vertrauen genießen. Während die meisten Kantonalbanken, wie bereits erwähnt, das kurz- und langfristige Darlehns- und Einlagengeschäft in sich vereinigen, bestehen besondere Hypothekarinstitute in einzelnen Kantonen, und zwar teils als öffentlich-rechtliche Anstalt (Bern, Genf, Luzern), teils als Aktiengesellschaft mit staatlicher Mitwirkung (Freiburg, Lausanne). Die Institute sind zusammengeschlossen im Verband schweizerischer Kantonalbanken mit Ausnahme der ältesten Kantonalbank von Bern, welche mit den privaten Schweizer Großbanken dem Kartell schweizerischer Banken angehört. Beide Verbände spielen, neuerdings gewöhnlich in Zusammenarbeit, eine wesentliche Rolle bei der Unterbringung öffentlicher Anleihen, insbesondere solcher des Bundes (vgl. *Schweiz*).

Durch das Bundesgesetz über die Ausgabe von Pfandbriefen vom 25. Juli 1930, welches den Abschluß der jahrelangen Verhandlungen über die Einführung des Pfandbriefes in der Schweiz brachte, sind zwei Pfandbriefzentralen als Aktiengesellschaften mit dem Sitz in Zürich und einem eingezahlten Kapital von 10 Millionen Schweizer Franken errichtet worden, wobei die Pfandbriefzentrale der schweizerischen Kantonalbanken von den Kantonalbanken bzw. den obenerwähnten besonderen Hypothekarinstituten der Kantone gegründet worden ist. Die Geschäftsführung dieses Instituts ist von der Züricher Kantonalbank übernommen worden, welche in ihrem Geschäftsbericht für 1930 bemerkt, daß es für die Einführung des Pfandbriefes einer langdauernden Aufklärung der Kundschaft bedürfe, welche an die so beliebten kurzfristigen Kassaobligationen gewöhnt sei.

Unter dem Einfluß der internationalen Wirtschaftskrise, welche auch das Bankwesen und die Exportindustrie der Schweiz in erheblichem Umfange betroffen hat, wurde durch Bundesgesetz die „Eidgenössische Darlehnskasse" errichtet, welche in Notfällen, die bei Banken oder Handelsfirmen durch das Einfrieren ausländischer Außenstände eintreten, finanzielle Unterstützung gewähren soll.

3. *Skandinavien.*

Allen drei Ländern, Schweden, Norwegen und Dänemark, ist eigentümlich, daß bei weitem der größte Teil des Realkredits durch öffentlich-rechtliche Anstalten, welche in ihren unteren Organen große Ähnlichkeit mit dem System der deutschen Landschaften aufweisen, beschafft wird, während die privaten Hypothekenbanken an Bedeutung zurücktreten. In Schweden sind die Pfandbriefemissionen einerseits, die Vergebung der Darlehen andererseits getrennten Organisationen übertragen, und zwar erfolgt die Beschaffung der Mittel durch zwei zentrale Emissionsinstitute, von welchen das eine ausschließlich die Landwirtschaft (Sveriges Allmänna Hypotheksbank, Schwedische Reichshypothekenbank, Stockholm) und das andere ausschließlich den städischen Hausbesitz (Konungariket Sveriges Stadshypotekskassa, Stadthypothekenkasse des Königreichs Schweden, Stockholm) mit langfristigem erststelligem Realkredit versorgen. Die Darlehnsgewährung erfolgt über lokale Schuldnergenossenschaften öffentlich-rechtlichen Charakters, wobei ein Haftungssystem derart besteht, daß jeder Hypothekenschuldner verpflichtet ist, für Verluste bei seiner Genossenschaft nach dem Verhältnis seiner jeweiligen Restschuld zur Gesamtsumme der ausstehenden Hypothekendarlehen seines Vereins aufzukommen. Die Hypothekenvereine wiederum haften für etwaige Verluste ihrer Zentralinstitute in entsprechender Weise. Die Hypothekenvereine besitzen kein Emissionsrecht. Der Staat hat sowohl der Reichshypothekenbank, welche die Spitze der ländlichen Hypothekenvereine bildet, wie der Stadthypothekenkasse, der Zentrale der Stadthypothekenvereine, ein Garantiekapital in Form von Staatsschuldverschreibungen zur Verfügung gestellt. Ende 1930 betrug der Pfandbriefumlauf der Reichshypothekenbank 396 Millionen Kr. und der Umlauf der Stadthypothekenkasse 654 Millionen Kr. Der Aufbau der Hypothekenvereine und der zentralen Emissionsinstitute hat unter anderen als Vorbild für die Organisation der in Preußen bestehenden provinziellen Stadtschaften sowie der Preußischen Zentralstadtschaft gedient.

In Schweden ist ferner im Jahre 1929 eine Svenska Bostads Kreditkassa (Schwedische Wohnungskreditkasse) errichtet worden, welche als Emissionsinstitut mit staatlicher Garantie die Beschaffung von zweitstelligem Hypothekenkredit für Neubauten zur Aufgabe hat.

In Dänemark liegt sowohl das Emissionsgeschäft als auch die Verteilung der Darlehen in den Händen von bereits seit Jahren bestehenden genossenschaftlichen Organisationen öffentlich-rechtlichen Charakters. Die Gewährung erststelliger Hypotheken wird gepflegt von sog. „Kreditvereinen" („Kreditforeninger"). Die gesetzliche Grundlage dieser Institute bilden die beiden Staatsgesetze vom 20. Juni 1850 und vom 19. Februar 1861. Zur Zeit bestehen zwölf derartige Kreditvereine, von welchen die ältesten im Jahre 1851 entstanden sind. Die Vereine sind zum Teil spezialisiert nach der Befriedigung des Kreditbedarfs städtischen oder ländlichen Grundbesitzes, je ein Kreditverein dient dem Industrie- bzw. Kommunalkredit, ferner gewähren zwei Vereine nur Darlehen auf Kleingrundbesitz. Die beiden letzteren genießen die besondere Unterstützung des Staates, welcher unter anderen die Zinszahlung der von diesen beiden Instituten emittierten Pfandbriefe garantiert.

Die in den Kreditvereinen zusammengeschlossenen Grundstückseigentümer haften für deren Gesamtverbindlichkeiten unbeschränkt. Seit dem Gesetz von 1861 werden die Emissionen der Kreditvereine in Serien eingeteilt, und die Haftung der Darlehnsschuldner beschränkt sich auf die entsprechende Serie. Durch die besondere Sicherung der Emissionen der Kreditvereine haben dieselben den Charakter eines erstklassigen Anlagewertes auch im Ausland erlangt. Für den zweitstelligen Kredit bestehen mit entsprechender Organisation neun „Hypothekenvereine" („Hypothekforeninger").

Das in Dänemark wiederholt erörterte Projekt der Schaffung eines Zentralkreditvereins mit alleinigem Emissionsrecht ist insbesondere von den großen Kreditvereinen immer abgelehnt und daher bisher nicht verwirklicht worden. Die im Jahre 1906 als zentrale staatliche Emissionsbank errichtete „Kongeriget Danmarks Hypothekbank" hat ausschließlich das Recht der Ausgabe von Anleihen im Auslande, welche sie an die Kreditvereine weiterleitet. Ende 1930 betrug der Gesamtumlauf der dänischen Kreditvereine 3,4 Milliarden Kr.

In Norwegen ist das Emissions- wie das Ausleihungsgeschäft vornehmlich konzentriert bei zentralen Staatsanstalten. Die wichtigste ist die „Kongeriket Norges Hypotheksbank" und die mit ihr verbundene Siedlungsbank. Zu diesen trat im Jahre 1926 die „Norges Kommunalbank", deren Aufgabe in der Versorgung der norwegischen Städte und Gemeinden und gleichartige Körperschaften mit langfristigem Kredit besteht. Das Kapital der Bank beträgt 20 Millionen Kr. bzw. $ 5360000. Das Königreich Norwegen hat für die meisten Emissionen des Instituts die Garantie übernommen. Ende 1929 waren im Umlauf 55 Millionen Kr. Inlandsanleihen und 22,5 Millionen Kr. Auslandsanleihen. Mitte 1930 wurde eine weitere Auslandsanleihe von $ 5360000 in den Vereinigten Staaten und Holland placiert.

Auch in Finnland treten auf dem Gebiete des Realkredits in neuerer Zeit die staatlichen Kreditinstitute in den Vordergrund, und zwar kommen in der Hauptsache in Frage die „Finnländische Wohnungsbau-Hypothekenbank" (gegr. 1927), ferner die „Industrie-Hypothekenbank" (1924), deren Auslandsanleihen vom Staat garantiert werden.

Auf dem Gebiete des kurzfristigen Kreditgeschäftes besteht in Dänemark maßgeblicher Einfluß des Staates bei Den Danske Landmandsbank, deren gesamtes Aktienkapital nach der Anfang 1928 erfolgten Sanierung sich heute im Staatsbesitz befindet. Während bei Eingehung dieses Engagements die dänische Regierung an eine baldige Wiederabstoßung gedacht haben dürfte, ist in neuerer Zeit der Plan verfolgt worden, auf die Landmandsbank das Notenprivileg der Nationalbank, bei welcher es sich um eine Privatbank mit Notenausgaberecht handelt, zu übertragen.

4. *Holland.*

In Holland existieren einzelne Gemeinde-Kreditinstitute, und zwar sog. Gemeinde-Hypothekenbanken in vier Gemeinden (s'Gravenhage, Tilburg, Arnheim und Waalwijk) sowie Gemeinde-Lombardbanken in einer großen Anzahl Gemeinden; letztere sind jedoch in ihrer Mehrzahl wohl als Pfandleihhäuser anzusprechen. Soweit es sich um wirkliche Kreditbanken handelt, ist Mitte 1931 eine gesetzliche Regelung eingeleitet worden.

Im Jahre 1914 wurde mit dem Sitz in s'Gravenhage die „N. V. Bank voor Nederlandsche Gemeenten" errichtet. Das Aktienkapital betrug am 31. Dezember 1930 hfl. 10 Millionen, wovon hfl. 4370000 ausgegeben waren. Hiervon besaßen der Niederländische Staat hfl. 2185000, die Provinz Südholland hfl. 100000 und der Rest verteilte sich auf 233 Gemeinden. Die Bank hat zur Aufgabe die Beschaffung langfristiger Mittel für niederländische Gemeinden, Provinzen und andere öffentlich-rechtliche Korporationen und steht unter Staatsaufsicht. Die Mittelbeschaffung erfolgt durch Ausgabe von Obligationen und durch die Placierung von Schuldscheinen bei Pensionskassen, staatlichen und ähnlichen Fonds. Bilanzsumme (per 31. Dezember 1931) hfl. 53 Millionen.

5. *Belgien, Frankreich.*

Im Gegensatz zu den bisher geschilderten Verhältnissen ist in den übrigen größeren europäischen Staaten die Errichtung von Bankinstituten durch den Staat oder andere öffentliche Verbände erst eine Erscheinung der Nachkriegszeit und hervorgerufen durch staatliche Maßnahmen zur Linderung der Wirtschaftskrise. Insbesondere hat sich der Staat die Förderung des Exportes und die Befriedigung des hiermit im Zusammenhang stehenden immer längerfristiger werdenden Kreditbedarfes sowie eine bessere Pflege des landwirtschaftlichen Kredites angelegen sein lassen. So wurde 1919 in Belgien auf Anregung der Regierung von der belgischen Nationalbank und einigen Großbanken die „Société Nationale de Crédit à l'Industrie" in Brüssel gegründet, mit der besonderen Aufgabe der Außenhandelsförderung und der Kreditgewährung an Industrie, Handel und Landwirtschaft in Belgien. Die Mittelbeschaffung erfolgt in der Hauptsache durch die Ausgabe von staatlich garantierten Obligationen, von welchen Mitte 1931 1100 Millionen Francs bei 110 Millionen Francs eingezahltem Aktienkapital im Umlauf waren.

Auch in Frankreich wurde Ende 1919 für die Gewährung langfristiger Exportkredite unter Mitwirkung der französischen Regierung ein Spezialinstitut, die „Banque Nationale Française du Commerce Extérieur" gegründet, auf welche die Regierung durch Ernennung von zwei Regierungskommissaren und durch Gewährung von Subventionen Einfluß genommen hat. Die Geschäftstätigkeit dieses Instituts soll bisher nicht befriedigt haben. Ebenfalls auf Veranlassung der Regierung wurde Anfang 1919 zur Finanzierung von Entschädigungsansprüchen aus Anlaß der militärischen Besetzung während des Krieges der „Crédit National pour faciliter la Réparation des Dommages causés par la guerre“ gegründet, wobei, wie dies in solchen Fällen in Frankreich die Regel ist, das Aktienkapital von privater Seite aufgebracht wurde, im übrigen aber der Staat durch Aufsichtsrechte und Gewährung verlorener Zuschüsse einen maßgeblichen Einfluß ausübt.

Die Spitze der landwirtschaftlichen Kreditgenossenschaften bildet die „Caisse nationale de Crédit agricole“, ein staatliches Institut, welches sein Kapital von der Bank von Frankreich bezogen hat. Durch dieses Zentralinstitut werden den Regionalbanken und den lokalen Banken namhafte staatliche Unterstützungen insbesondere aus einer Notenabgabe der Bank von Frankreich zugeleitet.

In neuerer Zeit hat sich die französische Regierung unter dem Einfluß der Bankenkrise direkt oder indirekt an verschiedenen bisher privaten Bankinstituten, insbesondere an Kolonialbanken, und auch einer Großbank, der Banque Nationale de Crédit, interessieren müssen. Angesichts der starken Ablehnung des Franzosen gegenüber einer Einflußnahme des Staates auf die private Wirtschaft kann damit gerechnet werden, daß der Staat diese Interessen sobald wie möglich wieder aufgeben wird.

6. In England haben einzelne größere Gemeindesparkassen im Laufe der Jahre eine bankmäßige Entwicklung und Ausdehnung erfahren, bei weitem die bedeutendste ist die Stadtbank von Birmingham. Ein im Jahre 1926 von dem Schatzkanzler Winston Churchill ernanntes Komitee, das sich mit der Frage befassen sollte, ob eine weitere Ausdehnung der Gemeindesparbanken wünschenswert sei, hat sich im Hinblick auf das damit für die Gemeinden verbundene Risiko ablehnend ausgesprochen.

In den Jahren 1927 und 1928 sind für England, Schottland und Irland Gesetze beschlossen worden, welche eine bessere Versorgung der Landwirtschaft mit langfristigem Kredit bezwecken und hierfür die Errichtung von halbstaatlichen Agrarhypothekenbanken vorsehen. Die Veranlassung zu dieser Gesetzgebung lag darin begründet, daß unter der Einwirkung der Kriegs- und Nachkriegsjahre die früheren Kreditquellen, d. h. die Hergabe von Kapital seitens der landbesitzenden Lords und der ländlichen Kaufleute mehr und mehr versiegten, während auf der anderen Seite der ländliche Kreditbedarf unter dem Einfluß der Tendenz zu einer intensiveren Wirtschaft, des wachsenden Eigentumserwerbes von Land durch die bisherigen Pächter, der Zerschlagung großer Güter usw. ständig wuchs. Die Gewährung langfristiger Kredite liegt traditionell außerhalb des englischen Bankgeschäftes und mit Sorge verfolgten die Leitungen der Depositenbanken das Festfrieren ihrer landwirtschaftlichen Kredite. Demgegenüber bestanden in England bis zum Jahre 1928 noch keine Bodenkreditanstalten.

Auf Grund der Agricultural Credits Bills wurden in England, Schottland und Irland drei landwirtschaftliche Emissionsinstitute, die Agricultural Mortgage Corporation in England und die Agricultural Credit Corporations in Irland und Schottland, und zwar äußerlich in Form privater Aktiengesellschaften, errichtet. Das Kapital wurde von privater Seite aufgebracht, und zwar bei dem englischen Institut von der Bank von England und den führenden Aktienbanken. Das Aktienkapital betrug Mitte 1931 650000 £ in England, 1 Million £ in Irland und 125000 £ in Schottland. In allen drei Fällen hat der Staat sich zu einer weitgehenden finanziellen Unterstützung verpflichtet, und zwar mit einem Unkostenbeitrag für die laufenden Verwaltungskosten der ersten zehn Jahre, mit einer Dividendengarantie in Höhe von 5 % und ferner mit unverzinslichen Vorschüssen bis zur Höhe des jeweils eingezahlten Kapitals. Die Mittelbeschaffung für die Ausleihung der Institute erfolgt durch Ausgabe von Pfandbriefen, und diese Tätigkeit, ebenso wie die Darlehnsgewährung an die Landwirte, vollzieht sich ähnlich den Grundsätzen der deutschen Bodenkreditinstitute, welche bei der Schaffung des englischen Systems vielfach als Vorbild gedient haben. Die Placierung der Hypothekenpfandbriefe geschieht ebenfalls mit starker Unterstützung durch die englische Regierung. Die Regierungshilfe bezweckt nicht nur, den neuen Instituten und dem für die englischen Verhältnisse neuartigen Pfandbrieftyp in der ersten Zeit den Anlauf zu erleichtern, sondern strebt auch eine nachhaltige Verbilligung des landwirtschaftlichen Kredits an. Die Tätigkeit der drei Anstalten hat nach Überwindung der Anfangsschwierigkeiten bereits gute Erfolge gezeitigt. Bis Ende 1930 hat die irische Anstalt 500000 £ und die englische 8,5 Millionen £ 5proz. Pfandbriefe (Mortgage-Bonds) begeben.

Noch hinzuweisen bleibt in diesem Rahmen auf eine durch die Initiative der Bank von England gegründete Gesellschaft, die Bankers Industrial Development Co., Ltd., welche eine Rationalisierung der besonders notleidenden englischen Industrien und die Zuführung neuen Kapitals zur Aufgabe hat. Die Tätigkeit des Unternehmens war bisher ein Mißerfolg; zwei von ihm ausgegebene Anleihen, die eine für die englische Werftindustrie, die andere für die Lancashire Cotton Corporation, konnten nur zum Teil untergebracht werden. Die Gesellschaft hat also die auf sie gesetzten großen Hoffnungen enttäuscht und auch der ihr beigegebene wirtschaftliche Beirat, welcher sich aus wichtigen Persönlichkeiten der englischen Finanzwelt zusammensetzt, ist bisher kaum in Aktion getreten.

7. In Italien, in welchem das moderne Bankwesen überhaupt seinen Ursprung genommen hat, sind auch die ersten öffentlichen Kreditinstitute heimisch gewesen, und zwar in der Gestalt der Stadtbanken, wie sie in Venedig, Mailand und Genua sowie an anderen Orten bestanden haben.

In dem Italien der Nachkriegszeit ist, besonders in neuerer Zeit, der Einfluß des Staates auf das Bankwesen bedeutend gestiegen. Der Staat war gezwungen, bei verschiedenen illiquide gewordenen Bankinstituten, darunter auch Großbanken, in verschiedener Form Entlastungen vorzunehmen, zu welchem Zweck 1922 das Staatliche Liquidationsinstitut für die Beleihung von Industriewerten unter der Leitung der Banca d'Italia gegründet wurde, das von Mussolini sog. „Krankenhaus für Banken“. Auf derselben Linie wurde 1931 im Zusammenhang mit einer Entlastungsaktion für die Banca Commerciale Italiana das Instituto Mobiliare Italiano gegründet, eine Staatsgesellschaft öffentlichen Rechts. Dieses Institut übernahm den größten Teil der bisher im Besitz der Banca Commerciale befindlichen Effektenbestände und erhielt zur Aufgabe die Gewährung von Darlehen von mittlerer Dauer aber nicht länger als zehn Jahren gegen Lombardierung von Industrieaktien. Die Beschaffung der erforderlichen Mittel erfolgt durch Darlehnsaufnahme bei staatlichen und anderen Kassen und durch Ausgabe von staatlich garantierten Obligationen. Die Gründung des Instituts bezweckt, zum Teil geboren aus dem Zwang der ungünstigen, besonders bei den Privatbanken zum Ausdruck kommenden Wirtschaftslage, zum Teil sich begegnend mit Wünschen der italienischen Industrie, den langfristigen Industriekredit vollkommen von den privaten Großbanken zu lösen, welche künftig sich zu reinen Depositenkassen entwickeln und nur kurzfristige Betriebskredite gewähren sollen. Dagegen ist die Bereitstellung von langfristigem Industriekredit Aufgabe des neuen staatlichen Kreditinstituts.

Bereits vor dieser bedeutungsvollen Schwenkung der offiziellen italienischen Wirtschaftspolitik bestanden verschiedene öffentliche Kreditinstitute, die sog. Instituti parastatali für den Kredit zu Schiffsbauten, öffentlichen Arbeiten und für öffentliche Betriebe (Elektrizität, Gas, Wasser). Ferner ist zu erwähnen die Cassa Depositi e Prestiti, welche die Einlagen der Postsparkassen verwaltet.

8. In dem übrigen Europa, insbesondere in den nach dem Kriege neu entstandenen Staatsgebilden und den osteuropäischen Ländern, ist unter dem Einfluß der Schwierigkeiten, mit welchen diese Länder meist seit dem Kriege zu kämpfen hatten, ein wachsender Einfluß des Staates auf die großen Bankinstitute, bei welchen es sich vielfach um früher gut florierende Privatunternehmungen handelt, zu beobachten. Der Staat sieht sich gezwungen, im Hinblick auf die mit den Banken verknüpften vielfachen Interessen Beteiligungen zu übernehmen. So besitzt z. B. die tschechische Regierung maßgeblichen Einfluß bei der Zivnostenska Bank und hat ferner etwa 40 % des Aktienkapitals der Anglo-Tschechoslowakischen Bank nach dem Anfang 1930 erfolgten Zusammenschluß mit der Prager Kreditbank und der Böhmischen Kommerzialbank inne, kontrolliert also die bedeutendsten Großbanken des Landes.

Vielfach wurden auch staatliche oder halbstaatliche Kreditinstitute ins Leben gerufen zur Aufnahme von Auslandsanleihen für wirtschaftliche und andere Zwecke, da der private Kredit dem ausländischen Kapital keine genügende Sicherheit bietet.

Die weitere Entwicklung des staatlichen Einflusses bei den obenbezeichneten Instituten dürfte ausschlaggebend von der zukünftigen Gestaltung der Wirtschaftsverhältnisse in den einzelnen Ländern und der im Falle einer Besserung zu erwartenden Stärkung des privaten Kapitals und der privaten Initiative abhängen.

Eine besonders große Rolle spielt der Staat im Bankwesen Polens. In diesem Lande entfällt auf die Staatsinstitute von dem kurzfristigen Kreditgeschäft (einschließlich Bank Polski und Postsparkasse) etwa die Hälfte, vom langfristigen Kreditgeschäft etwa 90 %. Bei den rein staatlichen Banken handelt es sich um die Landeswirtschaftsbank (Bank Gospodarstwa Krajowego) und die staatliche Agrarbank (Panstwowy Bank Rolny). Das erstere Institut ist im Jahre 1924 hervorgegangen aus der Verschmelzung der polnischen Landesbank, der staatlichen Baubank und der Kreditgesellschaft der galizischen Städte; es betreibt sowohl das kurzfristige Bankgeschäft — in erster Linie mit den Staatsunternehmen, Distrikts- und Kommunalbanken sowie den Sparkassen —, ferner in der Hauptsache das langfristige Emissionsgeschäft für Kommunal- und Hypothekendarlehen, wobei es sich insbesondere um die Heranziehung von Auslandskapital (Frankreich) bemüht. — Die Agrarbank hat zur Aufgabe, die Gewährung langfristiger Kredite zur Finanzierung von Landkäufen, Meliorationen, Regulierungen, Parzellierungen und sonstigen Investitionen in der Landwirtschaft.

In den Randstaaten besteht in Estland eine landwirtschaftliche Hypothekenbank, deren Kapitalmehrheit der Staat besitzt. Ferner finden wir in Lettland je eine staatliche Hypothekenbank für landwirtschaftlichen und städtischen Realkredit.

In Ungarn bestehen, ähnlich den Verhältnissen in Österreich und den anderen Nachfolgestaaten, mehrere Bodenkreditinstitute mit staatlichem Einfluß. So beteiligte sich der Staat an dem im Jahre 1862 nach dem Prinzip der preußischen Landschaften errichteten Ungarischen Bodenkreditinstitut mit 500000 Gulden und übernahm bei der 1879 erfolgten Gründung des landwirtschaftlichen nationalen Hypothekeninstituts eine maßgebliche Beteiligung. Ferner besitzt der Staat ein ausschlaggebendes Kapitalinteresse bei der Ungarischen Zentrallandesgenossenschaft, dem Spitzeninstitut der landwirtschaftlichen Kreditgenossenschaften. Im Jahre 1928 wurde zur Beschaffung von Auslandskapital die Nationale ungarische Hypothekenbank durch ein Spezialgesetz gegründet, an dessen Kapital von 10 Millionen Pengö der Staat mit 80 % und der Industriellenverband mit 20 % beteiligt ist. Als Revisions- und Geldausgleichsstelle für Kleinbanken und Sparkassen fungiert ein staatliches Institut, die Geldinstitutszentrale.

In Jugoslawien finden wir die bereits 1862 gegründete Staatshypothekenbank, zu welcher 1929 zwecks Beschaffung von Auslandskredit eine besondere Landwirtschaftsbank, deren Kapital vom Staat und den großen Privatbanken aufgebracht wurde, hinzutrat. Die Schuldverschreibungen beider Institute sind vom Staate garantiert.

In Bulgarien existiert als reines Staatsinstitut die Bulgarische Landwirtschaftsbank (1894). Auch in diesem Lande wurde nach dem Kriege zwecks Zufuhr ausländischen Kapitals ein besonderes Institut errichtet, die Bulgarische Hypothekenbank, und zwar als Aktiengesellschaft, deren Anteile zumeist in Händen des Staates und bulgarischer Gemeinden liegen. Griechenland hat seit 1927 ebenfalls ein staatliches Hypothekeninstitut, die Nationale Hypothekenbank von Griechenland, deren Kapital von der Notenbank aufgebracht wurde, welche auch die Hypothekenbonds zusätzlich garantiert.

In Rußland besteht bereits seit dem Ende des 18. Jahrhunderts eine bestimmte Gruppe öffentlicher Banken, und zwar die Stadtgemeindebanken, deren es im Jahre 1911 annähernd dreihundert gab. Diese Kommunalbanken betrieben alle Bankgeschäfte und bedeuteten eine große Konkurrenz für das Privatbankgewerbe, wobei vielfach politische Quertreibereien eine Rolle gespielt haben sollen. Die Stadtbanken haben ihre Existenz über die politischen Umwälzungen hinaus behauptet und seitens der Organe der Sowjetregierung große Förderung erfahren. Im übrigen ist das Bankgeschäft in Rußland seit Ende 1917 Staatsmonopol und fast vollständig bei der Staatsbank konzentriert. Es besteht unverkennbar die Tendenz, das gesamte Kreditwesen bei der Staatsbank zusammenzufassen, und auf dieser Linie ist durch Gesetze von 1930 und 1931 eine Übertragung des landwirtschaftlichen Genossenschaftskredites, welcher bisher von einer besonderen staatlichen Kreditanstalt gepflegt wurde, und des größten Teils des Kommunalkredites seitens der Zentralen Kommunalbank der U.d.S.S.R. auf die Staatsbank erfolgt. — In Deutschland ist die russische Staatsbank vertreten durch die Garantie- und Kreditbank für den Osten AG., Berlin, deren Kapital von 15 Millionen RM. sich in den Händen der russischen Regierung befindet.

9. USA. Ähnlich wie in England ist auch in den Vereinigten Staaten von Nordamerika auf Anregung und unter starker finanzieller Mitwirkung der Bundesregierung eine Organisation für das landwirtschaftliche Kreditwesen geschaffen worden. Die Grundlage bildet der Federal Farm Loan Act vom 17. Juli 1916 für den langfristigen Kredit und das Reichsgesetz vom 4. März 1923 zur Organisation des mittelfristigen landwirtschaftlichen Kredits. Die Spitze beider Systeme bildet der Federal Farm Loan Board, ein Reichsamt, welchem die Festlegung der Richtlinien sowie die Kontrolle für das System obliegen. Für die Zwecke des langfristigen Kredits wurde das Gesamtgebiet der Vereinigten Staaten in zwölf Distrikte eingeteilt, welche mit den Bundesreservebankbezirken nicht zusammenfallen und für jeden Bezirk eine landwirtschaftliche Hypothekenbank auf genossenschaftlicher Grundlage (Federal Land Bank) errichtet. Diese Institute geben zur Kapitalbeschaffung Pfandbriefe aus, welche sowohl für Kapital wie Zinsen von allen zwölf Federal Land Banks garantiert werden. Andere fremde Gelder spielen daneben keine wesentliche Rolle. Das Kapital dieser Hypothekenbanken ist ursprünglich von dem Bunde aufgebracht worden, und zwar in Höhe von 750000 Dollar für das einzelne Institut. Dadurch, daß jeder Hypothekennehmer sich mit 5% seines Darlehns aktienmäßig an dem System beteiligen muß, ist erreicht worden, daß allmählich das vom Bund beigesteuerte Aktienkapital bis auf wenige hunderttausend Dollar zurückgezahlt werden konnte. Die Kreditgewährung selbst vollzieht sich durch die in den einzelnen Federal Land Banks zusammengeschlossenen National Federal Loan Associations, das sind lokale Kreditgenossenschaften, und ausnahmsweise auch durch sonstige Kreditinstitute.

Bei dem System des mittelfristigen Kredits entsprechen den Federal Land Banks die für dieselben Bezirke bestehenden zwölf Federal Intermediate Credit Banks, welche mit den erstgenannten Instituten räumlich und personell vereinigt sind. Der Bund hat auch diese Banken mit dem erforderlichen Kapital versehen, und zwar mit 5 Millionen Dollar im Einzelfalle. Die Kreditvermittlung erfolgt im Wege der Wechseldiskontierung oder des Lombardgeschäfts seitens der Zentralbanken an die unteren Glieder der Organisation, das sind in diesem Falle landwirtschaftliche Kreditgenossenschaften, Nationalbanken oder Staatenbanken, Trustgesellschaften, Sparkassen. Die erforderlichen Mittel schaffen sich die Zentralbanken durch Ausgabe von kurzfristigen Obligationen mit einer Laufzeit bis zu fünf Jahren, bezüglich deren innerhalb der Banken ebenfalls eine Solidarhaftung besteht. Im übrigen lehnt der Bund eine Haftung für die Emissionen sowohl der Federal Land Banks als auch der Federal Intermediate Credit Banks ab. Während bei der Kapitalbeteiligung des Staates bei den Federal Land Banks, wie hervorgehoben, eine allmähliche Verminderung stattgefunden hat, sollen in neuerer Zeit im Zusammenhang mit der auch in den Vereinigten Staaten stark fühlbar werdenden Agrarkrise dieser Abbautendenz entgegengesetzte Bestrebungen bestehen. Der Pfandbriefumlauf der Federal Land Banks betrug Ende 1928 ca. 1200 Millionen Dollar.

Im Rahmen der Hooverschen Pläne zur Bekämpfung der Krisenerscheinungen in der amerikanischen Wirtschaft wurde Anfang 1932 die „Reconstruction Finance Corporation" gegründet mit der besonderen Aufgabe der Bekämpfung der Deflation durch eine großzügige Kreditgewährung, zu welcher die Privatbanken sich aus verschiedenen Gründen außerstande sahen. Das Kapital der neuen Gesellschaft beträgt 500 Millionen Dollar und wird nach Bedarf vom Staate eingezahlt. Das Unternehmen erhielt auch die Ermächtigung zur Ausgabe steuerfreier Anleihen, welche vom Staat voll garantiert werden. Die Zielsetzung des Unternehmens wurde von vielen Seiten bekämpft, und das Ergebnis seiner Tätigkeit bleibt abzuwarten.

10. In den südamerikanischen Ländern hat schon lange vor dem Kriege der Staat seinen eigenen Kredit zur Beschaffung ausländischer Kapitalien für die verschiedenen großen Bedürfnisse der einzelnen Länder zur Verfügung stellen müssen. Für die Zwecke des Bodenkredits ist dies teils durch die Errichtung rein staatlicher Hypothekeninstitute, teils durch die Gründung gemischtwirtschaftlicher Unternehmungen erfolgt. In Brasilien ist die Mehrheit des 1906 gegründeten Crédit Foncier du Brézil et de l'Amérique du Sud im staatlichen Besitz. Ein nach dem Kriege betriebenes Projekt der Errichtung einer staatlichen Hypotheken- und Landwirtschaftsbank wurde bisher nicht realisiert. In Chile besteht als Staatsanstalt die Caja de Credita Hipotecario, deren vom Staat garantierte Pfandbriefe (Cédulas) auch an verschiedenen europäischen Börsen gehandelt wurden und besonderes Vertrauen genossen. Die Hypothekenbank von Uruguay, früher ein Privatunternehmen, wurde 1911 in ein öffentliches Institut umgewandelt. In Columbien wurde 1923 eine staatliche Landwirtschafts-Hypothekenbank errichtet.

Literatur: v. Hippel — Kord-Ruwisch — Schmidt: Die öffentlich-rechtlichen Kreditinstitute Deutschlands, Berlin 1927. — Dannenbaum: Öffentlich-rechtliche Kreditanstalten, Berlin 1930. — Jahrbuch für Bodenkredit, I. Band, Berlin. — Cohen, L. Joseph, The Mortgage Bank, London 1931. — Der deutsche Ökonomist, 49. Jahrg., 1931.

Hermann Jannsen.

Österreich, Geld- und Kapitalmarkt, Wiener Börse.

1. Währungswesen. Vor der durch Gesetz vom 2. August 1892 eingeführten Münzordnung war der Gulden zu 100 Kreuzern die österreich-ungarische Währungseinheit.

Es wurden 45 Gulden österreichischer Währung aus je einem Pfund Feinsilber geprägt, so daß der alte Silbergulden bei einem Feingehalt von 0,900 g und einem Rauhgewicht von etwa 12,35 g rund 11,1 g Feinsilber enthielt. Am 1. Januar 1900 wurde durch ein neues Münzgesetz der Gulden und die Silberwährung, die in Wirklichkeit eigentlich eine Papierwährung dargestellt hatte, durch eine neue auf Kronen lautende Goldwährung ersetzt. Die österreichungarische Rechnungseinheit wurde die Krone, die in hundert Heller eingeteilt war und die auch für alte Zahlungsverpflichtungen galt, sofern nicht ausdrücklich Zahlung und Verzinsung in Gold vorgesehen war. Sie trat in der Weise an die Stelle der Guldenwährung, daß eine Umrechnung eines Guldens in zwei Kronen zu erfolgen hatte. Etwa seit 1899, d. h. auch schon vor Aufnahme der Goldzahlung für die mit Zwangskurs ausgestatteten Noten, war die Stabilität der neuen österreich-ungarischen Währung erreicht, während die Schwankungen vor diesem Zeitpunkt vielfach bis zu etwa 6% betragen hatten. Seit 1901 wurden die Noten der Österreich-Ungarischen Bank fakultativ in Gold eingelöst. Von 1903 ab war diese Einlösung der Noten durch das sog. Ermächtigungsgesetz obligatorisch geworden.

Nachdem der Prozeß der Währungstrennung, der eine unvermeidliche Folge des Zerfalles der österreich-ungarischen Monarchie darstellte, durch die tschechoslowakischen Valutamaßnahmen (s. Art. *Tschechoslowakei*) seinen Anfang genommen hatte, ordnete die österreichische Regierung am 27. Februar 1919 die Abstempelung der auf dem Gebiete der neuen österreichischen Republik umlaufenden Noten der Österreichisch-Ungarischen Bank an, und verlieh den dann mit dem Stempel „Deutschösterreich" versehenen Noten ausschließliche Zahlkraft. Der nach der Währungstrennung im Zusammenhang mit der Passivität der österreichischen Handelsbilanz, den Kriegsfolgen usw. einsetzende Inflationsprozeß fand seinen Abschluß durch die Einführung der Schillingwährung, durch das Gesetz vom 20. Dezember 1924, das den Übergang von der Papierwährung zu einer neuen Goldkernwährung aussprach. Als neue Währungseinheit wurde der österreichische Schilling (S) = 10000 Papierkronen $= \frac{1}{1{,}44}$ Goldkronen mit einer Unterteilung in 100 Groschen (g) geschaffen. Es wurde bestimmt, daß 4723,20 S aus 1 kg Feingold geprägt wurden. Bei einem vorgeschriebenen Feingehalt von 900/1000 werden 4250,88 S aus 1 kg Münzgold geprägt. Die Prägekosten für Private belaufen sich auf 13,20 S. bei 25-Schilling-Stücken und auf 14,17 S bei 100-Schilling-Stücken für jedes Kilogramm Feingold. Neben diesen Währungsmünzen, die aber für staatliche Rechnung nicht ausgeprägt werden, laufen Silbermünzen zu $^1/_2$, 1 und 2 S und weitere Scheidemünzen zu 1, 2 und 10 g um.

Die Österreichische Nationalbank wurde auf Grund des Genfer Sanierungsplanes errichtet. Bis dahin hatte an Stelle der Österreich-Ungarischen Bank, die nach dem Friedensvertrage von St. Germain in Liquidation getreten war, die „österreichische Geschäftsführung der Österreich-Ungarischen

Bank", deren Geschäfte für die österreichische Republik fortgeführt. Die Österreichische Nationalbank erhielt durch ein Gesetz vom 24. Juli 1922 das ausschließliche Recht der Notenemission bis Ende 1942. Diese Noten sollten bis zur Wiederaufnahme der Barzahlungen volle gesetzliche Zahlkraft genießen, und die Aufnahme dieser Barzahlungen war von der Notenbank durch Ansammlung von Gold und Devisen vorzubereiten. Eine Inanspruchnahme der Bank auf dem direkten oder indirekten Kreditwege durch den Bund, die Länder und die Gemeinden, ist gesetzlich ausgeschlossen. Die Leitung der Bank erfolgt durch den Präsidenten, den Vizepräsidenten und 11 Generalräte. Ihr Aktienkapital beträgt 30 Millionen Goldkronen. Der gesamte Umlauf an Banknoten zuzüglich der sofort fälligen Verbindlichkeiten, jedoch abzüglich der Schuld des Bundes an die Bank, muß während der ersten 5 Jahre mit mindestens 20%, während der folgenden 5 Jahre mit 24%, während der nachher folgenden 5 Jahre mit 28% und später stets mit $33^1/_3$% durch den Barschatz gedeckt sein. In den Barschatz können außer Gold auch wertbeständige Devisen eingerechnet werden. Der Rest der Noten muß gedeckt sein: a) durch satzungsmäßig eskomptierte Wechsel, b) durch Devisen, die nicht in den Barschatz eingerechnet werden dürfen, c) durch im Inland zahlbare, auf ausländische Währung lautende diskontfähige Wechsel, d) durch Scheidemünzen der Republik Österreich; Silberscheidemünzen dürfen auch in den Barschatz angeführt werden, e) bis zur Aufnahme der Barzahlungen durch statutengemäß erteilte Darlehen gegen Handpfand. Wenn der Betrag der umlaufenden Noten zuzüglich der sofort fälligen Verbindlichkeiten, jedoch abzüglich der Schuld des Bundes an die Bank, die sich aus den Deckungsvorschriften ergebende Höchstgrenze überschreitet, hat die Bank bis zur Aufnahme der Barzahlungen eine Notensteuer vom Mehrbetrag zu entrichten. Der Steuersatz liegt bis $1^1/_2$% über dem Diskontsatz. Die ausgegebenen Noten lauten über 5, 10, 20, 100 und 1000 S. Die Veröffentlichungen des Bankstatutes erfolgen am 7., 15., 23. und letzten eines jeden Monats, spätestens jedoch am siebenten Werktag nach diesen Terminen.

Hauptpositionen des Statuts der Österreichischen Nationalbank, am Jahresende 1928 bis 1930 (in Millionen Schilling).

	1928	1929	1930
Notenumlauf (Banknoten)	1067,4	1094,4	1090,1
Giro	56,5	63,9	92,7
Statutarischer Barschatz	411,4	406,3	412,0
Im Barschatz befindliches Gold	168,75	168,6	214,4
Deckungsverhältnis Barschatz zu Noten und Giro. Staatsschuldobligat. %	40,8	38,7	38,1
Eskompt	208,1	305,6	148,0
Lombard	0,4	1,0	1,0
Staatsschuld	116,2	108,6	101,2
Diverse in den Barschatz nicht eingerechnete Werte in ausländischer Währung	385,9	334,2	517,9
Diskontsatz	$6^1/_2$	$7^1/_2$	5

2. Kapitalmarkt. Der österreichische Kapitalmarkt steht seit der Währungsstabilisierung im allgemeinen im Zeichen zunehmender Emissionsziffern und steigender Kapitalbildung. Die Entwicklung des Pfandbrief- und Kommunalobligationenumlaufs der Landeshypothekenanstalten in den Jahren 1925 bis 1930 zeigt folgendes Bild (in Millionen Schilling):

	Umlauf an Pfandbriefen	Umlauf an Kommunalobligationen
1925	54,8	12,4
1927	86,0	31,4
1928	126,5	52,7
1929	166,8	62,1
1930	247,5	96,2

Die Ausweitung des österreichischen Kapitalmarktes geht noch deutlicher aus der Entwicklung der Spareinlagen und der Aktienemissionen im gleichen Zeitraum nach der Stabilisierung hervor. Von den Spareinlagen wurden hier die Wiener Sparkassen, die Wiener Großbanken, Sparkassen in anderen Landeshauptstädten, zwei Wiener Konsumgenossenschaften, das Dorotheum und die Landes-Hypothekenanstalt für Niederösterreich erfaßt.

Spareinlagen und Aktienemissionen (in Millionen Schilling).

	Spareinlagen	Aktienemissionen
1925	481	25
1926	825,3	28
1927	1033,6	117
1928	1286,4	131
1929	1437,4	91
1930	1395,5	37

3. Wiener Börse. Die Wiener Börse nahm bis zum Kriege eine überragende Stellung als wichtigster Effektenmarkt Osteuropas ein und bildete vor allem das unbestrittene Zentrum der bedeutenden Industrie- und Bankunternehmungen der in der alten Monarchie früher vereinigten jetzigen Nationalstaaten. Mit dem Zerfall Österreich-Ungarns hat Wien von seiner zentralen Bedeutung als führender osteuropäischer Effektenmarkt immer mehr verloren. Alle Versuche der Wiener Börse, diese zentrale Stellung gegenüber den Effektenmärkten der Nachfolgestaaten (s. die betr. Artikel) zu erhalten, haben der österreichischen Wirtschaft zwar unerhörte Opfer, besonders auf dem Gebiete der Aufrechterhaltung eines überdimensionierten Bankenapparates gekostet, sind aber im großen ganzen erfolglos geblieben. Immer werden nach wie vor zahlreiche Effekten der Nationalstaaten, insbesondere also wichtige tschechoslowakische, ungarische und polnische Industrie- und Bankaktien an der Wiener Börse gehandelt. Das Schwergewicht des Marktes dieser Werte ist aber jeweils nach Prag, Budapest, Warschau usw. verlegt worden, so daß heute die Wiener Börse für diese Titel nur als Nebenmarkt anzusehen ist, während der Hauptteil der Umsätze an den betreffenden nationalstaatlichen Börsen erfolgt. Die Tatsache, daß die Notierungen der Titel aber in Wien weiter aufrecht erhalten werden, bedingt eine gewisse Arbitragemöglichkeit, die allerdings in Perioden zahlreicher Hemmungen des nationalstaatlichen Devisenverkehrs durch die Gesetzgebung der einzelnen Länder (z. B. 1931) vielfach auf ein Minimum reduziert wird. Weiter ergibt sich aus der Aufrechterhaltung der Notierungen und dieser Arbitragemöglichkeiten auch die Gelegenheit zur Entgegennahme von Auslandsordres insbesondere westeuropäischer und nordamerikanischer Herkunft für den Wiener Platz. Die Meinungen darüber, ob unter den jetzigen Verhältnissen Wien überhaupt noch als Weltbörse angesehen werden kann, gehen stark auseinander. Mit Rücksicht auf die traditionelle Verflechtung der Wiener Börse und zum Teil auch der noch vorhandenen Wiener Großbanken mit der Wirtschaft der Nachfolgestaaten läßt sich jedenfalls feststellen, daß der Wiener Börse unter den südosteuropäischen Märkten auch heute noch die erste Stelle zukommt.

Gehandelt werden in Wien neben den aus der Vorkriegszeit stammenden festverzinslichen Emissionen des alten Österreich-Ungarn, in denen zeitweise sehr große, vorwiegend spekulativ angelegte Umsätze stattfanden, die festverzinslichen Emissionen der neuen österreichischen Republik über deren Umfang, besonders auf dem Gebiete der Pfandbriefe und Kommunalobligationen, oben bereits ein Überblick geboten wurde; von Aktienwerten finden die Hauptumsätze, in denen der österreichischen Banken und Industrieunternehmungen statt. Auch hier waren die Umsätze mit Rücksicht auf das zunehmende Interesse des Auslandes nach der österreichischen Währungsstabilisierung zeitweise recht bedeutend. Später war die Umsatzentwicklung aber im Hinblick auf die Bankenschwierigkeiten und die zunehmende Abstinenz des Auslandes fast ständig rückläufig. Im Jahre 1930 belief sich die Geldbewegung im Effektenverkehr der Wiener Börse in den einzelnen Monaten nach den Angaben des Wiener Giro- und Cassenvereins auf ca. 30—65 Millionen S, während sie im Jahre 1931 zeitweilig bis auf etwa 18 Millionen S und darunter zurücksank. Neben den österreichischen Bank- und Industrieaktien spielen, wenn auch unter sehr großen Schwankungen der Umsatzhöhe, die schon erwähnten, an der Wiener Börse notierten Aktienwerte der Nachfolgestaaten eine größere Rolle. Hier sind die großen ungarischen Banken und Montanunternehmungen, einige tschechoslowakische Gesellschaften der Eisen- und Maschinenindustrie und allenfalls noch verschiedene jetzt polnische Erdölunternehmungen Galiziens von Bedeutung. Maßgebend für die Kursentwicklung in diesen Titeln bleibt aber im allgemeinen die Tendenz der jeweils in Betracht kommenden nationalstaatlichen Börsen, da die Wiener Großbanken im einzelnen kaum mehr in der Lage sein dürften, ihren jeweiligen Interessen entsprechend regulierend einzugreifen.

Die Börsenversammlungen finden wochentäglich einschließlich der Sonnabende von 11—13 Uhr statt. Die Notierungen an der Wiener Börse erfolgen in österreichischen Schillingen pro Stück, sofern es sich um Aktien handelt, und für je 100 Währungseinheiten bei festverzinslichen Werten. Eine Ausnahme bilden die auf Gulden österreich-ungarischer Währung lautenden Titel, bei denen sich die Notiz für einen Nennwert von je 50 fl. versteht. Man unterscheidet zwischen dem sog. „Schranken" und der „Kulisse". Der weit beweglichere, zuletzt genannte Markt umfaßt alle größeren Spekulationspapiere und ist das Betätigungsfeld der freien Makler, während im Schranken nur die von der Börsenkammer angestellten „Sensale", die etwa den vereidigten Maklern der reichsdeutschen Börsen entsprechend mit dem ausschließlichen Recht der Geschäftsvermittlung und der Notierung betraut sind. Da in der Kulisse vorwiegend rein österreichische Werte gehandelt werden, hat man sich für eine große Anzahl von Papieren internationalen Charakters, besonders solche, die in den Nachfolgestaaten der früheren österreichisch-ungarischen Monarchie beheimatet sind, zur Einführung des sog. „fließenden Schrankenhandels" entschlossen. Grundsätzlich unterscheidet man an der Wiener Börse ferner zwischen den sog. „direkten" und den „Arrangementsgeschäften". Die ersten stellen einen reinen Kassahandel dar, während die Durchführung des für die Wiener Börse besonders wichtigen Arrangementgeschäftes durch ein besonderes Büro des Wiener Giro- und Cassenvereines zu einer gewissen Frist erfolgt. Sofern die Werte von der Börsenkammer nicht ausdrücklich für das Medio- bzw. das Ultimoarrangement vorgesehen sind, sind alle Arrangementsgeschäfte an dem auf den Abschluß folgenden Aufgabetage zum nächsten Wochenarrangement aufzugeben. Dieses Arrangementgeschäft bildet an der Wiener Börse gewissermaßen einen Ersatz für das an und für sich dort in etwa westeuropäischer Form nicht vorhandene Termingeschäft.

Die Effektenumsatzsteuer beträgt auf einen Kurswert von je 100 S bei Dividendenpapieren und ausländischen Renten 4 g, bei österreichischen festverzinslichen Werten 0,3 g und bei Geschäften in allen sonstigen Wertpapieren 0,7 g. Die Courtage für den Käufer und für den Verkäufer beträgt, falls eine besondere Abrede nicht getroffen wurde 1‰ vom Kurswerte. Hierzu tritt eine Bankenumsatzsteuer von $2^1/_2$ %. Stellt sich der Kurs einer österreichischen Industrieaktie somit auf 25, so sind für einen Kauf von 100 Titeln zu entrichten:

Ausmachender Betrag		2500,— S
Spesen:		
a) Courtage	2,50 S	
b) Effektenumsatzsteuer . . .	1,— S	
c) Bankenumsatzsteuer . . .	62,50 S	66,— S
		2566,— S

Hierzu tritt dann noch die jeweils zu vereinbarende Bankierprovision und evtl. eine besondere Stempelgebühr von 2% des Nennwertes, die aber nur dann erhoben wird, wenn es sich um im Inland übertragene ausländische Aktien- oder Rentenemissionen handelt.

Literatur: An Nachschlagewerken über die an der Wiener Börse notierten Effekten ist „Compaß" Finanzielles Jahrbuch, als recht zuverlässig zu erwähnen. Zu den Spezialfragen des Börsenwesens: BASS, WALTER u. ERICH SAXL: Die österreichische Börsengesetzgebung. Wien 1924. — MEITHNER, KARL: Abschluß und Abwicklung der Effektengeschäfte im Wiener Börsenverkehr. Wien 1924.

G. S.

Österreichische Creditanstalt für Handel und Gewerbe, Gründung nach Vorbild des *Credit Mobilier* (s. d.).

Österreichische Nationalbank s. *Österreich, Geld- und Kapitalmarkt 1.*

Österreich-ungarische Bank s. *Österreich, Geld- und Kapitalmarkt 1.*

Offene Börsen s. *Börsenzulassung von Personen 1.*

Offene Handelsgesellschaft. *1. Definition.* Eine auf vertraglicher Grundlage beruhende Vereinigung mehrerer Personen zum Zwecke des Betriebes eines Handelsgeschäfts unter gemeinschaftlicher Firma, bei der jeder Gesellschafter den Gläubigern der Gesellschaft gegenüber unbeschränkt haftet. Die OHG. ist die für das Handelsrecht bedeutsamste Form der Personalgesellschaft. Bei ihr liegt im Gegensatz zur Kapitalgesellschaft (AG., G. m. b. H.) das Schwergewicht der gesellschaftlichen Betätigung in der engen persönlichen und wirtschaftlichen Verkettung des Gesellschafters mit der Gesellschaft, die in der Regel auch den vollen persönlichen Einsatz des Gesellschafters für Erreichung der Gesellschaftsziele bedingt. Sie ist neben der Einzelfirma die geeignete Rechtsform für kleinere, mittlere, aber auch — insbesondere im internationalen Bankgeschäft — große Handelsunternehmungen jeder Art, bei deren Inhabern diese Voraussetzungen zutreffen. Ein großer Teil der Privatbankfirmen (s. u. Art. *Privatbankier*) des In- und Auslandes, vor allem diejenigen, die sich ganz oder überwiegend im Besitz einer bestimmten Familie befinden, bestehen in der Rechtsform der OHG., die sich als besonders anpassungsfähig an die jeweiligen wirtschaftlichen Verhältnisse erwiesen hat.

Der Zusammenschluß der Gesellschafter beruht auf dem Gesellschaftsvertrag, der einer bestimmten Form nicht bedarf, sogar stillschweigend geschlossen werden kann. Dadurch unterscheidet sich die OHG. von Personenvereinigungen (z. B. Erbengemeinschaften), die kraft Gesetzes bei Eintritt eines bestimmten Ereignisses entstehen. Die OHG. ist Kaufmann im Sinne des Handelsgesetzbuches, sie muß daher eine handelsrechtlich zulässige Firma (Name eines oder mehrerer Gesellschafter mit einem auf das Gesellschaftsverhältnis hinweisenden Zusatz) führen, hat aber trotz des Grundsatzes der Firmenwahrheit in demselben Umfang wie der Einzelkaufmann das Recht, eine bestehende Firma ohne Namensänderung fortzuführen. Die OHG. gelangt als solche zur Entstehung durch die gesetzlich vorgeschriebene Eintragung in das Handelsregister. Beginnt sie ihren Geschäftsbetrieb schon vorher und betreibt sie ein Grundhandelsgeschäft im Sinne des § 1 HGB., so tritt die Wirksamkeit mit dem Geschäftsbeginn ein.

Die OHG. gehört zwar nicht zu den juristischen Personen, sie ist aber Inhaberin eigener Rechte und Pflichten, ist als solche partei- und prozeßfähig (im Gegensatz zu der Gesellschaft bürgerlichen Rechts) und kann eigenes Vermögen besitzen, dessen Vorhandensein aber nicht begriffsnotwendig für sie ist.

2. *Die Gesellschafter* der OHG. sind gemeinschaftlich (zur gesamten Hand) Inhaber der Gesellschaftsrechte. Weder ihr Anteil am Gesellschaftsvermögen als solchem, der ein Ausfluß der Stellung als Gesellschafter ist, noch der an den einzelnen Gegenständen dieses Vermögens ist ohne weiteres übertragbar, dagegen kann der Anspruch auf Ausschüttung der bei Liquidation der Gesellschaft dem einzelnen Gesellschafter zustehenden Quote sowie auf Beteiligung am Gesellschaftsgewinn abgetreten, verpfändet oder gepfändet werden. Der Gläubiger eines Gesellschafters, der den Anspruch auf dessen Auseinandersetzungsguthaben hat pfänden und sich überweisen lassen, kann unter gewissen Voraussetzungen den Gesellschaftsvertrag ohne Rücksicht auf dessen Dauer sechs Monate vor dem Ende des Geschäftsjahres für diesen Zeitpunkt kündigen.

Die dem Gesellschafter gesetzlich auferlegte Haftung für die Gesellschaftsschulden ist Dritten gegenüber unabdingbar; sie trifft auch denjenigen in vollem Umfang, der neu als Gesellschafter in eine bestehende und bereits mit Verbindlichkeiten belastete Gesellschaft eintritt. Sie dauert bei einem ausscheidenden Gesellschafter fort für alle vor der Eintragung des Ausscheidens in das Handelsregister begründeten Verbindlichkeiten bis zum Ablauf einer Verjährungsfrist von fünf Jahren. Dem Gesellschaftsgläubiger steht es frei, sich nach Belieben an die Gesellschaft oder die Gesellschafter oder beide gleichzeitig zu halten. Aus einem gegen die Gesellschaft ergangenen Urteil kann nicht gegen die Gesellschafter persönlich vollstreckt werden, ebenso wenig wie ein gegen einen oder mehrere Gesellschafter erwirkter Titel ein Vorgehen gegen die Gesellschaft ermöglicht. Eine OHG. kann nicht Gesellschafter einer anderen OHG. werden, dagegen ist es zulässig, daß sich an ihr auch juristische Personen, insbesondere *AG.s* (s. d.) oder G. m. b. H.s als Gesellschafter beteiligen.

a) Die Geschäftsführung steht, wenn der Gesellschaftsvertrag nichts anderes bestimmt, jedem Gesellschafter selbständig zu. Der Gesellschafter ist in der Regel befugt, diejenigen Handlungen vorzunehmen, die der gewöhnliche Betrieb des Handelsgewerbes der OHG. mit sich bringt. Die Vertretungsmacht der Gesellschafter, d. h. die Möglichkeit, mit verbindlicher Kraft Dritten gegenüber für die Gesellschaft zu handeln, geht der Verkehrssicherheit halber über den Rahmen der intern festgelegten Geschäftsführungsbefugnis hinaus, sie erstreckt sich auf alle gerichtlichen und außergerichtlichen Geschäfte und Rechtshandlungen einschließlich der Verfügung über Grundstücke, der Erteilung und des Widerrufs einer Prokura. Einschränkungen der Einzelvertretungsmacht (z.B. Gesamtvertretung durch mehrere Gesellschafter oder durch einen Gesellschafter in Gemeinschaft mit einem Prokuristen) oder Ausschluß eines oder mehrerer Gesellschafter von der Geschäftsführung bedürfen, um Dritten gegenüber rechtswirksam zu sein, der Eintragung in das Handelsregister. Beschränkungen des sachlichen Umfanges der Vertretungsmacht (etwa auf Geschäfte bestimmten Inhalts oder bestimmten Umfanges) sind Dritten gegenüber unwirksam. Theoretisch kann also durch einen oder mehrere formell zur Vertretung befugte Gesellschafter rechtswirksam das Geschäft im ganzen veräußert werden. Die von der Geschäftsführung ausgeschlossenen Gesellschafter haben zwar kein Mitwirkungs-, wohl aber ein weitgehendes Kontrollrecht mit Rücksicht auf das in ihrer persönlichen Haftung für die Gesellschaftsschulden liegende Risiko. Dieses kann durch Vereinbarung zwischen den Beteiligten nur ausgeschlossen werden, soweit kein Grund zur Annahme unredlicher Geschäftsführung besteht.

Bei Vorbringen eines wichtigen Grundes, der keineswegs immer auf einem Verschulden des Betreffenden beruhen muß, kann einem Gesellschafter durch gerichtlichen Entscheid (Urteil oder einstweilige Verfügung), zu dessen Erlaß ein Antrag sämtlicher übrigen Gesellschafter erforderlich ist, die Befugnis zur Geschäftsführung entzogen werden.

b) Die Höhe des Kapitalanteils und der Gewinnbeteiligung der Gesellschafter, der Umfang der ihnen zustehenden Bezüge und Entnahmen wird regelmäßig im Gesellschaftsvertrag bestimmt. Bei Fehlen derartiger Vereinbarungen erhält jeder Gesellschafter zunächst 4% seines für das letzte Geschäftsjahr festgestellten Kapitalanteils, den er auch im Laufe des Geschäftsjahres entnehmen darf. Der darüber hinausgehende Gewinn ist nach Ausgleichung von Leistungen und Entnahmen der einzelnen Gesellschafter unter diese nach Köpfen zu verteilen, er darf abgehoben werden, soweit dies nicht zum offenbaren Schaden der Gesellschaft gereicht.

c) Das Ausscheiden eines Gesellschafters bedingt, wenn es nicht von vornherein vorgesehen war, eine Änderung des Gesellschaftsvertrages und macht eine Vermögensauseinandersetzung mit dem Ausscheidenden erforderlich. Sofern in dem Auseinandersetzungsvertrag nichts anderes bestimmt ist, bleibt der frühere Gesellschafter an den während seines Ausscheidens schwebenden Geschäften weiter beteiligt. Er besitzt nicht das Recht zur weiteren Mitwirkung an diesen Geschäften, hat aber Anspruch auf Rechnungslegung. Der Anteil des Ausscheidenden am Gesellschaftsvermögen richtet sich nach dem Stand desselben im Zeitpunkt des Ausscheidens.

Der Tod eines Gesellschafters bewirkt Auflösung der Gesellschaft, wenn nicht eine andere Regelung vereinbart ist. Eine solche Vereinbarung bestimmt in der Regel entweder, daß die Gesellschaft unter den Überlebenden fortgeführt wird, oder daß an Stelle des Verstorbenen dessen Erben oder eine dritte Person als Gesellschafter eintreten. Selbstverständlich kann auch ohne eine derartige Bestimmung im Gesellschaftsvertrage durch Vereinbarung zwischen den Überlebenden und den Erben des verstorbenen Gesellschafters eine anderweite Regelung getroffen werden. Die Erben des Verstorbenen sind, auch wenn Fortführung der Gesellschaft mit ihnen von vornherein in Aussicht genommen war, nicht gezwungen, sich als persönlich haftende Gesellschafter zu beteiligen. Jeder Erbe kann vielmehr verlangen, daß ihm in Höhe des auf seinen Erbanteil fallenden Kapitalanteils des Erblassers die Stelle eines Kommanditisten eingeräumt wird; damit wird seine Haftung für die zukünftigen Verbindlichkeiten der Gesellschaft auf diese Einlage beschränkt. Für die vor dem Erbfall entstandenen Verbindlichkeiten der Gesellschafter haftet der Erbe dann in der Regel nur mit dem Nachlaß.

Lehnen die überlebenden Gesellschafter eine derartige Umgestaltung der Gesellschaft ab, so hat der Erbe das Recht zum sofortigen Ausscheiden aus der Gesellschaft. Die vorerwähnten Erklärungen der Erben müssen im allgemeinen innerhalb einer Frist von drei Monaten nach Kenntnis von dem Erbfall abgegeben werden, widrigenfalls der Erbe als persönlich haftender Gesellschafter anzusehen ist und demgemäß haftet.

d) Bei Eröffnung des Konkurses über das Privatvermögen eines Gesellschafters gelangt die Gesellschaft zur Auflösung, die übrigen Gesellschafter können jedoch das Fortbestehen der Gesellschaft unter sich beschließen; sie haben dann dem Konkursverwalter eine entsprechende Erklärung abzugeben. Der in Konkurs gefallene Gesellschafter gilt dann als im Zeitpunkt der Konkurseröffnung ausgeschieden, unter Zugrundelegung dieses Stichtages hat die Auseinandersetzung mit dem Konkursverwalter zu erfolgen.

Besteht die Gesellschaft nur aus zwei Personen, so kann der verbleibende Gesellschafter auf seinen Antrag durch gerichtlichen Entscheid für berechtigt erklärt werden, das Geschäft ohne Liquidation mit Aktiven und Passiven zu übernehmen. Dasselbe gilt, wenn die Voraussetzungen vorliegen, auf Grund deren bei einer größeren Zahl von Gesellschaftern der eine von ihnen ausgeschlossen werden kann, oder wenn der Privatgläubiger eines Gesellschafters das Gesellschaftsverhältnis kündigt.

3. *Die Auflösung der Gesellschaft* tritt, außer in den vorerwähnten Fällen durch Zeitablauf, durch Gesellschafterbeschluß, durch die Eröffnung des Konkurses über ihr Vermögen, durch Gerichtsentscheid ein. Ein derartiger Entscheid kann nur auf Antrag eines Gesellschafters bei Vorliegen eines wichtigen Grundes ergehen.

Bei Auflösung der Gesellschaft hat, abgesehen von dem Fall des Konkurses, bei dem sich die Abwicklung rein nach konkursrechtlichen Grundsätzen vollzieht, eine Liquidation stattzufinden, sofern nicht eine andere Art der Auseinandersetzung vereinbart ist. Mangels anderweitiger Abmachungen fungieren sämtliche Gesellschafter als Liquidatoren, mehrere Erben eines verstorbenen Gesellschafters haben einen gemeinsamen Vertreter zu bestellen. Aus wichtigem Grunde kann ein Liquidator durch das Gericht ernannt werden, der nicht Gesellschafter zu sein braucht. In der Regel besteht bei mehreren Liquidatoren Gesamtvertretung, es kann anders vereinbart werden, auch können einzelne Liquidatoren zur Vornahme bestimmter Geschäfte ermächtigt werden. Die Liquidatoren sind der Gesellschaft für ordnungsmäßige Führung der Geschäfte verantwortlich. Die Abberufung von Liquidatoren erfolgt auf einstimmigen Beschluß der Beteiligten, d. h. der Gesellschafter, gegebenenfalls unter Einschluß des kündigenden Gläubigers oder des Konkursverwalters des betr. Gesellschafters; sie kann auch aus wichtigem Grund durch das Gericht erfolgen. Den Liquidatoren liegt es ob, die laufenden Geschäfte abzuwickeln, die Aktiven zu verwerten, die Gläubiger abzufinden und den Rest des Vermögens im Verhältnis der Kapitalanteile, die auf Grund einer Schlußbilanz festgestellt werden, auf die Gesellschafter zu verteilen.

Während der Liquidation sind die Gesellschafter, die nicht Liquidatoren werden, von der Geschäftsführung und Vertretung ausgeschlossen. Sie haben jedoch ein Recht auf Büchereinsicht (s. *Revision der Bilanz*) und Kontrolle.

4. *Ausländisches Recht.* Nahezu jedes ausländische Recht kennt Handelsgesellschaften, die in ihren Grundzügen den OHG. des deutschen Rechts entsprechen. In Frankreich ist dies die Société en nom collectif, in England erfüllt die partnership entsprechende Funktionen. Eine partnership ist allerdings häufig ein sehr viel loserer Zusammenschluß als die OHG.; sie bedarf keiner besonderen Organisation und, da sie bei unbeschränkter Haftung nicht einmal in das Register eingetragen zu werden braucht, tritt sie nach außen häufig als Personenvereinigung gar nicht in Erscheinung. Eine partnership zu Erwerbszwecken darf nicht mehr als 20 Mitglieder zählen, handelt es sich um den Betrieb von Bankgeschäften, so ist die Mitgliederzahl auf 10 beschränkt. Das englische Recht kennt auch die limited partnership, bei welcher die Gesellschafter nur bis auf den eingetragenen Betrag haften.

Literatur: LEHMANN: Lehrbuch des Handelsrechts. Leipzig 1908. — STAUB: Handelsgesetzbuch, 12. u. 13. Aufl. Berlin und Leipzig 1926. — ERDEL-WIERUSZOWSKI: Das Handelsrecht nach dem deutschen Handelsgesetzbuch, 3. Aufl. Leipzig 1930. — v. GIERKE: Handelsgesellschaft und bürgerliches Recht. Aufsatz in dem Arch. f. bürgerl. Recht 1919, 114. — HIRSCHFELD: Sozien-Verträge. 1927. STARKE: Offene Handelsgesellschaft, Kommanditgesellschaft und stille Gesellschaft von der Errichtung bis zur Auflösung. Berlin und Leipzig 1928. — DÜHRINGER-HACHENBURG: Handelsgesetzbuch, 2. Aufl. 1908/1917. — CURTI: Englisches Privat- und Handelsrecht. Berlin 1927.

G. FREIHERR VON FALKENHAUSEN.

Offenes Depot s. *Depotrecht*, Einltg. vgl. *Verschlossene Einlage.*

„Ohne Kosten“ (ohne Protest) ist ein vom Aussteller oder einem Indossanten auf den Wechsel gesetzter Vermerk, durch den dem jeweiligen Inhaber die Verpflichtung zur unverzüglichen Protesterhebung erlassen wird; derjenige, von dem der Vermerk stammt, haftet auch ohne Protest wechselrechtlich. Der Vermerk ist aber für den Inhaber nicht verpflichtend; erhebt er trotzdem Protest, so kann er auch von dem Vermerker Erstattung der Protestkosten fordern.

Old lady of Threadneedle-street s. *Bank of England I 3.*

Oligarchische Klausel s. *Amsterdam I.*

„Omnium“ und ähnliche Bezeichnungen häufig für französische und schweizer Investment Trusts.

Open-market-policy s. *Notenbankpolitik*, s. *Goldwährung 2*; für Amerika s. *Federal Reserve System VI*; für Frankreich s. *Banque de France II 5.*

Option, die Einräumung des Rechts, eine gewisse Zeit lang Gegenstände (insbesondere Effekten) zu einem bestimmten Preis (Kurs) zu übernehmen. Daher im E. options = Praemiengeschäft (vgl. a. *Emissionsgeschäft II*, *Anleihen mit Zusatzrechten*).

Option dealer = Händler in Prämien an der Londoner Börse (s. *Prämiengeschäft*).

Optionsanleihe s. *Emissionsgeschäft II 4*, s. *Anleihen mit Zusatzrechten*, s. a. *Bezugsrecht.*

— geschäft s. v. w. *Nochgeschäft*, s. *Prämiengeschäft.*

Orderklausel s. *Bargeldloser Zahlungsverkehr 3.*

— papiere, Gruppe von Wertpapieren, die durch *Indossament* (s. d.) übertragen werden, z. B. der Wechsel, der ein sog. „geborenes“ O. ist, d. h. die Orderklausel gehört zu den wesentlichen Bestandteilen des Wechsels, ohne dieselbe ist er als Wechsel ungültig. Die „gekorenen“ O. unterscheiden sich dadurch, daß bei ihnen die Anführung der Orderklausel im Belieben der Partei steht.

Orderscheck s. *Bargeldloser Zahlungsverkehr 3.*

Ordinary shares s. *Aktie als Wertpapier 1b.*

Organisation des Bankbetriebes s. unter *Innere O.*

Organische Bilanz s. *Bilanz und Bilanzkritik I 4.*

Organwirtschaftlicher Kreislauf vgl. *Umlaufsgeschwindigkeit der Bankdepositen.*

originating group s. *Konsortialgeschäfte 6.*

— syndicate = Übernahmekonsortium vgl. *Konsortialgeschäfte 6.*

Osloer Börse s. *Skandinavische Länder V.*

Osthilfe s. *Schuldensenkung.*

out-of-town-banks s. *Amerikanischer Geld- und Kapitalmarkt A I.*

Outside Broker s. *broker 2.*

overhead charges (e) = Generalunkosten.

Overlending s. *Liquidität.*

overnight money s. *deposit banks.*

overrider s. *Emissionsgeschäft II 2d.*

over the counter („Über den Ladentisch hinweg") s. *Tafelgeschäft,* auch s. v. w. freihändiger Verkauf (s. u. *Emissionsgeschäft II*) *2b.*

P.

p. a., per annum, pro anno = fürs Jahr gerechnet.

Pächterkredit. Während dem Eigentümer landwirtschaftlicher Grundstücke der billige, auf dem Boden als Sicherheit beruhende langfristige Realkredit (s. *Agrarkredit und Landschaften*) zur Befriedigung seines Bedarfs an Investions- und Betriebskredit offen steht, ist dem Pächter diese Kreditquelle verschlossen. Sein Vermögen ruht meist im Gutsinventar und in dem umlaufenden Betriebskapital. Da aber der Pächter als eigentlicher Bewirtschafter des Gutes bei langfristigen Pachtverträgen nicht selten den dringenden Bedarf nach einem dinglich gesicherten Kredit hat, ist in einer Reihe von Ländern schon im vorigen Jahrhundert ein Rechtsinstrument geschaffen worden, das ihm die Aufnahme eines dem Grundkredit vergleichbaren Realkredits ermöglicht. Belgien hat durch Gesetze von 1884 und 1894 den Pächtern die Beleihung von Ernten und Inventar ermöglicht. In England und einigen britischen Dominions besteht seit langem die Institution der Mobiliarhypothek. Frankreich hat ein sog. Registerpfandrecht (vgl. *Finanzierung des Groß- und Einzelhandels III*) an Inventar und Ernte im Jahre 1906 eingeführt. Die Schweiz hat 1924 die Verpfändung von einzelnen Stücken Vieh unter gewissen Kautelen gestattet. Schweden hat durch Gesetz von 1924 und 1926 die Kreditsicherung bei Pächtern durch die Eröffnung von Pfandrechten an gedroschenen und ungedroschenen Erntevorräten ermöglicht. Dänemark und Finnland haben 1923 die Immobiliarhypothek eingeführt. In Deutschland ist durch das Gesetz betr. die Erhöhung der Kapitalkreditbeschaffung für landwirtschaftliche Pächter vom 9. Juli 1926, das zunächst auf zehn Jahre befristet ist, die Gewährung von am Inventarrealkredit gesicherten längerfristigen sog. „Kapitalkrediten" ermöglicht. Das Gesetz schafft die Publizität der Forderungen durch Eintragung in bei den Amtsgerichten geführte Pfandrechtsregister. Es sichert mit der Eintragung die Priorität der Forderung und regelt gleichzeitig die Abgrenzung der Rechte des Gläubigers gegenüber dem Pfandrecht des Verpächters. Vor Erlaß des Gesetzes hatte der Verpächter grundsätzlich ein Generalpfandrecht. Das Gesetz hat dieses Pfandrecht für den Fall der Eintragung eines Kreditpfandrechtes auf 50% beschränkt, jedoch für diese 50% dem Verpächter den ersten Rang zugesprochen. Die Sicherung der Pächterkredite erfolgt durch ein besitzloses Pfandrecht an dem Sachinbegriff des Pächterinventars, das, da es besitzlos ist, dem Pächter den ordnungsmäßigen Gebrauch, also auch den Verkauf einzelner Inventarstücke, gestattet, sofern sich diese Maßnahme im Rahmen einer ordnungsmäßigen Wirtschaftsführung bewegt. Die Gewährung von Pächterkapitalkrediten und damit auch die Eintragung von Pfandverträgen hat das Gesetz auf Institute beschränkt, die von einem sog. Pachtkreditausschuß zugelassen werden. Die Zulassung ist davon abhängig, daß die Kreditinstitute vertrauenswürdig sind und die erforderlichen Einrichtungen für die Durchführng einer Betriebskontrolle nachweisen. Der Pachtkreditausschuß besteht aus neun Mitgliedern. Der Vorsitzende und zwei weitere Mitglieder werden von der Reichsregierung auf Vorschlag des Deutschen Landwirtschaftsrats, die übrigen Mitglieder zu gleichen Teilen von den Spitzenorganisationen der Verpächter und Pächter gewählt. Die Beleihung gilt in der Regel über die vom Pachtkreditausschuß festgesetzte Norm von 35% eines vorsichtig geschätzten Inventarwerts nicht hinaus. Die Inventarwerte von landwirtschaftlichen Großbetrieben schwanken in Deutschland zwischen etwa 200 und 700 RM. je Hektar. Das Risiko der Pächterkapitalkredite ist unvergleichlich größer als das bei echten Realkrediten, da die Kreditunterlage in Mobilien besteht, deren Vernichtung oder Veräußerung jederzeit möglich ist. Infolgedessen kann trotz der durch das Gesetz gegebenen Eintragungsmöglichkeit und damit der Publizität der Forderung nur dann die Gefahr großer Verluste vom Gläubiger abgewehrt werden, wenn es ihm gelingt, sich fortlaufend über den finanziellen Status des Pachtbetriebs und den Wert des beliehenen Inventars einen Überblick zu verschaffen. Diese Dauerinformation, die teils von dem Kreditinstitut durch landwirtschaftliche Sachverständige selbst, teils auf Grund von Verträgen mit landwirtschaftlichen Treuhandgesellschaften erfolgt, verteuert naturgemäß die Kreditgewährung besonders dann, wenn starke Schwankungen in den Inventarwerten oder Erschütterungen am Agrarmarkt überhaupt auftreten. Immerhin hat das Instrument des Pächterkapitalkredits den deutschen Pächtern, besonders landwirtschaftlicher Großbetriebe, nach der Inflation den Ersatz des verlorenen Betriebskapitals durch relativ billige und, was besonders wertvoll ist, mittelfristige Kredite ermöglicht. Die Kredite sind in der Regel durch Dreimonatsakzepte belegt, die aber unter gewissen Voraussetzungen fortlaufend prolongiert werden. Das Volumen der in Deutschland auf Grund des Gesetzes vom 9. Juli 1926 durch Pfandrecht gesicherten P. darf auf etwa 60 Millionen RM. geschätzt werden. Davon sind etwa 40 Millionen RM. durch ein in seiner Art einzig dastehendes Spezialkreditinstitut, das im wesentlichen nur Pächterbeleihungen durchführt, begeben. Die Deutsche Pächterkreditbank (Domänenbank), e. G. m. b. H. ist im Jahre 1924 als Genossenschaft mit dem Sitz in Berlin gegründet worden. Kredite werden nur an Genossen gewährt. Die Beleihung erfolgt in der Weise, daß von der Deutschen Pächterkreditbank angestellte, vom Pächter akzeptierte Wechsel von der Preußischen Zentralgenossenschaftskasse diskontiert werden. Neben den durch Pfandvertrag gesicherten Krediten gewährt die Bank Kontokorrentkredite in laufender Rechnung an zuverlässige Pächter. Sie verfügt über eine eigene landwirtschaftlich-betriebswirtschaftliche Abteilung, der laut Kreditvertrag vom Pächter jederzeitige

Einsichtnahme in die Bücher und in den Betrieb gestattet und umfassende Auskunft über alle persönlichen Verbindlichkeiten zugesichert ist.

Das Gesetz vom 9. Juli 1926 war als Notgesetz zur Entschuldung der Pächter gedacht. Es ist deshalb auf zehn Jahre befristet. Es darf jedoch angenommen werden, daß seine Gültigkeit verlängert wird.

Literatur: Kiesow, Wilhelm: Gesetz betreffend die Ermöglichung der Kapitalkreditbeschaffung für landwirtschaftliche Pächter vom 9. Juli 1926. Berlin 1926. — Wagemann, Gustav: Gesetz betreffend die Ermöglichung der Kapitalkreditbeschaffung für landwirtschaftliche Pächter vom 9. Juli 1926 (Inventarpfandrechtsgesetz). Berlin 1926. — Albrecht, Rudolf: Das Pfandrecht nach dem Gesetz betreffend die Ermöglichung der Kapitalkreditbeschaffung für landwirtschaftliche Pächter vom 9. Juli 1926. Inaug.-Dissert. Leipzig. Leipzig 1928. — Rothe, Willi: Das Inventarpfandrecht nach dem Gesetz vom 9. Juli 1926. Inaug.-Dissert. Halle-Wittenberg. Alsleben (Saale) 1929. — Saalfrank, Josef: Das Pfandrecht am Inventar des landwirtschaftlichen Pächters nach dem Reichsgesetz vom 9. Juli 1926. München 1930. — Michaelsen, Herbert: Das Pächterkreditgesetz vom 9. Juli 1926. Eine Gesamtdarstellung für die Praxis. Mannheim 1931. — von Grolmann, Hermann: Die pfandrechtliche Haftung des landwirtschaftlichen Inventars nach dem Gesetz betreffend die Ermöglichung der Kapitalkreditbeschaffung für landwirtschaftliche Pächter vom 9. Juli 1926 (RGBl. **1**, 399). Habelschwerdt (Schl.) 1929. — Pick, Georg: Das Inventarpfandrecht. Juristische Rundschau **1927**, H. 2 u. 3. — Lippmann: Das Gesetz betr. die Ermöglichung der Kapitalkreditbeschaffung für landwirtschaftliche Pächter. JW. **1926**, 2610. — Der Erwerb von Pfandrechten in gutem Glauben nach dem Pächterkreditgesetz. Der Verpächter **2937**, 6. — Marwitz: Das Inventar des Pächterkreditgesetzes. Der landwirtschaftliche Pachtbetrieb **1927**, 113. — Der Eigentumsvorbehalt und das Pächterkreditgesetz. Die Landmaschine **1926**, 746. — Stillschweig: Das Gesetz betreffend die Ermöglichung der Kapitalkreditbeschaffung für landwirtschaftliche Pächter. JW. **1926**, 2605.

Brandt.

Paliersystem s. *Valorisierung von Forderungen.*

Panik und Panikbekämpfung. Unter P. („akute Krise“) versteht man die in der Depression typisch auftretende Erscheinung des zeitweiligen Zusammenbruchs der Waren- und insbesondere der Kreditmärkte. Eingeleitet wird die P. durch Unterbrechung der Investitionstätigkeit, zunehmende Hortung und durch „Unterbewertung“ der Kapitalwerte, lauter Symptome des sich ausbreitenden Mißtrauens. Ihren Höhepunkt erreicht sie im Run auf die Kreditinstitute: massenhafte Abhebung von Depositen droht das Kreditsystem und den gesamten Zahlungsverkehr lahmzulegen. Seit der Krise von 1825 in London hat es sich als reguläre Praxis der Bank von England ausgebildet, in solchen Situationen dem Markte zur Hilfe zu kommen, um der P. vorzubeugen oder sie wenigstens einzudämmen. Eine konjunktur-„ankurbelnde“ Wirkung wird bei der P.-Bekämpfung weder erstrebt, noch kann sie in der Regel erreicht werden.

Die P.-Bekämpfung hat durch Geldvermehrung zu erfolgen, um den Liquiditätsschwierigkeiten des Marktes, die aus Abhebung der Depositen und Hortung des baren Geldes erwachsen, zu begegnen. Soweit dies durch Hergabe von Goldreserven oder Notenausgabe im Rahmen der üblichen Golddeckung geschieht, kann es naturgemäß keine gefährlichen Folgen haben, weil das neue Geld an Stelle des zur Verstärkung der Kassenreserven abgeflossenen und angesichts der psychologischen Gesamtsituation in der P. in aller Regel nur zur Liquiditätsstärkung, nicht aber zur Nachfragesteigerung nach Gütern benutzt wird. Problematisch wird das Verfahren bei dahinschwindender Goldreserve der Notenbank und gleichzeitiger rapider Erhöhung ihres Notenumlaufs zwecks Stützung des Marktes. Wie es seit Bagehot und John St. Mill Gemeingut geworden ist, kann jedoch ein sog. innerer Run, der sich gegen die Kreditbanken, nicht aber gegen die Notenbank selbst richtet, wirksam und ohne „Inflationsgefahr“ durch Kreditexpansion der Notenbank bekämpft werden, wenn gleichzeitig der Diskontsatz scharf erhöht wird. Die Bereitwilligkeit zur Kredithergabe und die gleichzeitige Verteuerung des Kredites bewirken, daß die Liquidität der Banken zwar verbessert wird, daß aber nach Beendigung der akuten Panik ein Festhalten an der erhöhten Nachfrage nach Kredit infolge der hohen Kosten ausgeschlossen ist; gleichzeitig bedeutet der hohe Zins ein Beruhigungsmoment für das Publikum und einen Anreiz, die Depositen wieder zu den Banken zurückzubringen. Ferner bedeutet er unter diesen Umständen (in der Goldwährung) einen Anreiz zur Rückziehung ins Ausland abgewanderter Kapitalien und zur Förderung des Zuflusses fremder Kapitalien ins Inland. Typischerweise pflegte in den P.en des 19. Jahrhunderts die Bank von England bei Anwendung dieser Methode nach kurzer Zeit durch starken Goldzufluß ihre Position wiederzuerlangen. An Stelle oder neben die Notenbankaktion kann die staatliche Notenausgabe treten. Ihr Nachteil ist das Fehlen notenbankmäßiger Leitung und die Gefahr des Subventionismus. Als Beispiel sei die amerikanische P.-Bekämpfung von 1932 genannt: neben starker Ausweitung des Reservebankkredits durch offene Marktkäufe (um rund 500 Millionen Dollar in der ersten Jahreshälfte) wurde den National Banks durch die Zusatzbill zur Glassbill das Recht der neuen Notenausgabe (gegen Hinterlegung von Bundespapieren) bis zum Höchstbetrage von rund einer Milliarde Dollar erweitert.

Diese „klassische“ Methode der P.-Bekämpfung durch Einspringen der Notenbank bzw. des Staates mit „Kreditschöpfung“ unter Anziehung der Diskontschraube wird in der Regel durch Maßnahmen der Kreditbanken selbst ergänzt; bei Fehlen einer Notenbank sind die Selbsthilfemaßnahmen erst recht entscheidend. So haben die im New Yorker Clearinghaus organisierten Banken vor dem Kriege wiederholt durch Zusammenschluß und Benutzung von „certified cheques“ dem Bargeldmangel der P. abzuhelfen gesucht. Nur so gelang es z. B., über die Novemberkrise von 1907 hinwegzukommen. Die Londoner Krise von 1890 wurde von der Bank von England in Zusammenarbeit mit den Londoner Banken durch rechtzeitiges Einspringen für die Verbindlichkeiten des Hauses Baring eingedämmt. Am 8. Juli 1931 wurden alle größeren Unternehmungen in Deutschland zur Aufbringung einer gemeinsamen Garantie von 500 Millionen Reichsmark zugunsten der Golddiskontbank veranlaßt. In dieses Kapitel gehört auch die National Credit Corporation (1931) in USA.: eine Organisation der dortigen Banken, um ein bestimmtes Kapital zwecks Stützung notleidender Institute aufzubringen. Dazu kommen individuell angewandte Kredithilfen, die namentlich von der öffentlichen Hand eingesetzt werden können, wie das in Preußen in der Krise von 1858 der Fall war, wie insbesondere auch in der deutschen Krise von 1931/32, als das Reich den Kredit einzelner Banken durch Hergabe von Schatzanweisungen bzw. Übernahme der Ausfallgarantie stützte (s. *Subventionen*). Im großen Stil wurde diese Methode in Amerika seit Ende 1931 angewandt: im wesentlichen aus Anleihemitteln finanzierte öffentliche Organisationen, insbesondere die Reconstruction Finance Corporation, dienen dazu, diese Mittel — nahezu $1^1/_2$ Milliarden Dollar in der ersten Hälfte von 1932 — einzelnen Unternehmungen oder öffentlichen Körperschaften zuzuführen, um deren Rentabilität oder Liquidität herzustellen. Wo die Emission von öffentlichen Anleihen infolge der Marktlage nicht in ausreichendem Maße möglich ist und die Notenbankmittel ebenfalls nicht ausreichend zur Verfügung stehen, kann die P.-Bekämpfung auch in Form der Garantieleistung durch die öffentliche Hand für gefährdete Wirtschaftseinheiten erfolgen[1].

Eine besondere Komplikation erfährt die P. dort, wo sich ein anhaltender Run gegen die Notenbank richtet. Eine Stützung der Notenbank durch Privatbankiers, wie es im Fall der Hilfe für die Bank von England 1838 der Fall war, ist heute praktisch undiskutabel; die Stützung durch andere Notenbanken dagegen sehr wichtig und unter Umständen ausreichend. Der französisch-amerikanische Kredit von 130 Millionen £ für die Bank von England bzw. das englische Schatzamt 1931 sowie kurz vorher die Auslandshilfe für die Reichsbank (630 Millionen Reichsmark) zeigten jedoch, daß selbst beträchtliche Mittel nicht ausreichen, um ein großes Noteninstitut gegen den Run der Auslandsgläubiger und der inländischen „Ka-

[1] Eine eigenartige Konstruktion stellen die Steuergutscheine in Deutschland (September 1932) dar: ein nicht emittiertes, aber mobilisierbares Kreditinstrument, das den Unternehmungen als Subvention gegeben wird.

pitalflucht“ zu schützen. Legt sich die P. nicht automatisch, so erfolgt entweder Zusammenbruch der Währung (Italien 1887, Österreich 1892, England und die skandinavischen Länder 1931 sind als berühmte Beispiele zu nennen); oder aber die Währungsleitung steht vor der Alternative, eine künstliche Stabilisierung der Währung bei Einstellung der Noteneinlösung durchzuführen, wie das z. B. in Deutschland 1931/32 geschah. Eine Kombination beider Methoden besteht in Absperrungsmaßregeln bei gleichzeitiger Preisgabe der Währungsparität (einige Sukzessionsstaaten 1931/32). In jedem Fall kann ein Zusammentreffen des Runs auf die Banken mit einem anhaltenden Run auf die Notenbank nur bekämpft werden, wenn der letztere durch Preisgabe der Währungsparität oder durch Absperrung des Goldabflusses ins Ausland überwunden ist, so daß die Notenbank instand gesetzt wird, ihre Aufgabe der „internen“ P.-Bekämpfung zu erfüllen. Vgl. *Notenbankpolitik, Währungspolitik, Liquidität, Devisenbewirtschaftung, Konjunkturpolitik* und die dort angeführte Literatur. MELCHIOR PALYI.

Papiermark s. *Papierwährung.*

Papierwährung. *1. Begriffsabgrenzung.* Das was man dem üblichen Sprachgebrauch nach unter „P.“ versteht und was auch Thema der nachstehenden Ausführungen ist, entspricht nicht genau den Begriffen „*Goldwährung*“ (s. d.) oder „*Silberwährung*“ (s. d.). Bei der Goldwährung stellt man sich eine gesetzmäßige Verfassung des Geldwesens vor, durch die die Einlösung der umlaufenden Zahlungsmittel in das Material Gold vorgeschrieben ist. P. bedeutet nun selbstverständlich nicht die gesetzlich vorgeschriebene Einlösung in das Material Papier. P. bedeutet vielmehr keine eigentliche Verfassung im Sinne gesetzlicher Normierung, sondern meist einen Zustand des Geldwesens, in dem die aus bedrucktem Papier bestehenden Zahlungsmittel nicht in eins der üblichen Währungsmetalle eingelöst werden. Es ist damit nicht gesagt, daß das umlaufende Papiergeld nicht „gedeckt“ ist. Das emittierende Institut, sei es der Staat selbst, oder eine Notenbank, wird in seiner Bilanz gegenüber dem Notenumlauf irgendeinen Gegenposten, der sinngemäß die „Deckung“ darstellt, selbstverständlich immer ausweisen. Das können Schuldverschreibungen des Staates, irgendwelche Effekten, Handelswechsel, Grundschulden, Hypotheken sein. Es kann auch sein, daß sogar ein erheblicher Teil der Aktiva in Gold besteht (vgl. *Notenbankausweise*). Wenn keine gesetzliche Verpflichtung oder eine gesetzlicher Verpflichtung praktisch gleichkommende Übung besteht, Gold zu festem Satz gegen die ausgegebenen Zahlungsmittel abzugeben, so handelt es sich dennoch um eine P., denn der Wert der Zahlungsmittel kann sich von dem Wert des Goldes abweichend bewegen. Z. B. hatte die alte Papiermark, die 1923 zu einem Kurse von 4,2 Billionen Mark gleich 1 Dollar ihr Leben aushauchte, immer noch eine „Golddeckung“. Denn die Reichsbank hatte auch damals noch über eine halbe Milliarde Mark Gold, die aber auf den Wert der Papiermark keinerlei Einfluß hatte.

Das Charakteristikum des Papiergeldes ist also die Nichteinlösbarkeit. Als Papiergeld zu betrachten ist also auch jegliches nicht einlösbare Geld, das irgendeinen anderen schönen Namen führt und das mit irgendeiner „Deckung“ wie Grund und Boden, Hypotheken oder ähnlichen Dingen ausgestattet ist. Der Hauptzweck solcher Deckung ist meistens der, daß der Zustand der P. verschleiert oder beschönigt werden soll. Zum Papiergeld gehören daher auch alle von Geldreformern angepriesenen Phantasiewährungen, die „Binnenmark“, „Bodenmark“, „Leistungsmark“ usw. Geldtheoretisch und währungspolitisch sind die Probleme bei all diesen Geldarten dieselben.

2. Historische Hinweise. Das Papiergeld ist in der populären Vorstellung mit dem Odium behaftet, daß es „eigentlich wertlos“, jedenfalls nicht wertbeständig sei. Daß dies geldtheoretisch nicht notwendig so sein muß, daß auch Papiergeld ebenso relativ wertbeständig wie Edelmetallgeld oder in Edelmetall einlösbares Geld sein kann, wird weiter unten erörtert werden. Das Mißtrauen und die Abneigung gegen das Papiergeld ist durch historische Erfahrungen begründet, denn in weitaus der Mehrzahl der Fälle ist der Übergang zur P. der bequeme Ausweg aus finanziellen Nöten gewesen, und die Papiergeldemission erfolgte nicht nach einer sozialökonomischen Überlegung, sondern nach Finanzbedürfnissen des Staates. Wozu früher die Münzverschlechterung herhalten mußte, das leistet das Papiergeld in höchster Potenz. So ist denn die Geschichte des Geldwesens überreich an Papiergeldkonstruktionen, die zum großen Teil nach übermäßiger Emission mit völliger Entwertung des betreffenden Papiergeldes endeten. Dem grandiosen Papiergeldschwindel von JOHN LAW zur Zeit der Régence in Frankreich hat bereits GOETHE im zweiten Teil des Faust ein Denkmal gesetzt. Die französische Revolution lieferte in den Assignaten und den Mandats territoriaux weitere warnende Beispiele. Die Papiergeldnöte Österreichs im 19. Jahrhundert, die Papiergeldinflation in den nordamerikanischen Staaten während des Bürgerkrieges und die ständigen Papiergeldmißbräuche in den süd- und mittelamerikanischen Staaten erfüllen weiterhin große Zeitabschnitte in der Geschichte des Kapitalismus bis zum Weltkrieg. Der Weltkrieg selbst führte in höherem oder geringerem Maße zur Papierinflation. Den höchsten Grad erreichte sie in Deutschland, wo das System schrankenloser Geldschöpfung buchstäblich ad absurdum geführt wurde. Überblickt man die kapitalistische Entwicklung seit dem 18. Jahrhundert, so sieht man, daß überhaupt nur ein relativ geringer Teil dieser Zeitperiode sich stabiler Währungsverhältnisse erfreuen kann. In fast allen Fällen ist der Übergang zur P. gleichbedeutend mit Inflation und Entwertung. Einige Beispiele, daß dies nicht so sein muß, liefert die Geschichte allerdings auch. Erinnert sei daran, daß zeitweise der österreichische Papiergulden mehr wert war als der Silbergulden. Aus neuerer Zeit ist in bester Erinnerung die Rentenmark, die ja in Wirklichkeit auch echtes Papiergeld war, deren Wertbeständigkeit durch geeignete währungspolitische Maßnahmen aber aufrechterhalten werden konnte.

Das historische Anschauungsmaterial liefert also in der übergroßen Mehrzahl abschreckende Beispiele von P. Wenn es daneben auch einige wenige Beispiele für nicht entwertetes Papiergeld liefert, so ist damit darauf hingewiesen, daß für das Schicksal des Papiergeldes das menschliche Verhalten eine wesentliche Rolle spielt. Daß dieses Verhalten leider oft genug von moralischer Schwäche und Mangel an Energie bestimmt wird, darin liegt die eigentliche Gefahr des Papiergeldes.

3. Die Wertbeständigkeit von Papiergeld. Die populäre Vorstellung identifiziert also Papiergeld mit „schlechtem Geld“. Begründet wird dieser Standpunkt vom „Mann auf der Straße“ gewöhnlich damit, daß eben der Stoff, aus dem das Papiergeld hergestellt wird, nämlich das Papier, keinen Wert habe. Beim Metallgeld sei der Wert eben durch das Metall selbst gegeben und bei den einlösbaren Noten der Goldwährung „stände wenigstens der Wert des Goldes dahinter“. Von der Wissenschaft ist dieser primitive Standpunkt seit langem verlassen. Der Wert des Geldes besteht in seiner Verwendbarkeit zum Kaufen von Gütern und Diensten. Diese Eigenschaft haben allerdings in der Entwicklung des Geldwesens die Edelmetalle und die daraus hergestellten Münzen in erster Linie erlangt. Im Laufe eines hier nicht näher darzustellenden Entwicklungsprozesses ist aber diese Tauschmittelfunktion durch Gewöhnung auch auf das Papiergeld übergegangen. Seine Fähigkeit, als Tauschmittel zu fungieren, kann also an sich nicht bezweifelt werden. Für den Laien rätselhaft ist nur immer, daß Papiergeld auch wertbeständig sein soll. In Wirklichkeit unterliegt die Wertbildung des Papiergeldes keinen anderen Gesetzen als die des Metallgeldes. Der Wert des Geldes hängt ab von seiner Knappheit im Verhältnis zu den angebotenen Gütern und Diensten. Es ist klar, daß aus diesem Grunde Goldgeld nur geringen Wertschwankungen unterliegen kann, weil es durch Goldproduktion nur in ganz beschränktem Umfange vermehrt werden kann. Papiergeld, das auf Wunsch des Inhabers gegen Gold umgetauscht werden muß, kann ebenfalls nicht beliebig vermehrt werden, da durch übermäßige Vermehrung das Emissionsinstitut riskieren würde, seinen Einlösungsverpflichtungen nicht nachkommen zu können. Das Geheimnis der relativen Wertbeständigkeit[1] des Goldes und der in Gold einlöslichen Noten liegt einfach in der von der Natur gegebenen Knappheit. Diese Knappheit kann dem nicht der Einlösungspflicht unterworfenen Papiergeld nur durch den menschlichen Willen, seine Menge nicht über ein bestimmtes Maß hinaus zu vermehren, verliehen werden. Wird aber diese Knappheit konsequent aufrechterhalten, so bleibt auch der Wert des uneinlöslichen Papiergeldes innerhalb der normalen Schwankungsgrenzen bestehen.

Von der Richtigkeit dieser innerhalb der Wissenschaft nicht mehr bestrittenen Feststellungen kann man sich am besten überzeugen, wenn man den Vorgang der Wertbildung des Geldes verfolgt. Wieviel Ware man sich für eine bestimmte Menge Geldes kaufen kann, hängt von den in Geld ausgedrückten Warenpreisen ab. Deswegen wird der Wert des Geldes durch die Preisindexziffern gemessen. Zeigt die Indexziffer ein Steigen des allgemeinen Preisniveaus, so bedeutet das, daß der Wert des Geldes geringer geworden ist; man kann sich für eine bestimmte Geldmenge weniger Ware kaufen. Umgekehrt zeigt ein Sinken der Indexziffer eine Erhöhung des Geldwertes an. Die Bewegung der Warenpreise ist, wenn man die Schwankungen im Warenangebot beiseite läßt, von der in Geld ausgedrückten Nachfrage abhängig. Wird mehr Geld in Umlauf gesetzt, so wird auch die in Geld ausgedrückte Nachfrage auf den Märkten und damit das allgemeine Preisniveau steigen, d. h. das Geld sich entwerten. Die Einflüsse der *Umlaufsgeschwindigkeit des Geldes* (s. d.), sowie die Elastizität des Warenangebotes unter dem Einfluß vermehrter Geldnachfrage können (s. Art. *Notenbankpolitik* und *Währungswesen*) hier nicht erörtert werden. Der Vorgang allgemeiner Preissteigerung kann sich, vorausgesetzt, daß das Warenangebot gleich bleibt, nur durch Vermehrung der zirkulierenden Geldmenge durchsetzen, weil andernfalls nicht genügend Geld da wäre, um das gesamte Warenangebot zu den erhöhten Preisen zu kaufen, und der übriggebliebene Rest des Warenangebots die Preise wieder herunterdrücken müßte. Wird also die zirkulierende Geldmenge nicht vermehrt, so kann eine solche Steigerung des Preisniveaus, d. h. Geldentwertung nicht eintreten.

Theoretisch kann demnach gar kein Zweifel darüber bestehen, daß eine zielbewußte Währungspolitik Papiergeld wertbeständig erhalten kann. Sie muß nur darauf bedacht sein, die Papiergeldemission nicht übermäßig zu vermehren. Eine sorgfältige Beobachtung der Preisbewegung gibt hier hinreichende Anhaltspunkte. Praktisch liegen die Dinge allerdings so, daß die P. nur allzu oft die Versuchung nahelegt, diese gedachte Grenze zu überschreiten. Es ist nun einmal politisch viel bequemer, ein Defizit der Staatskasse durch die technisch so einfache Vermehrung des Papiergeldes, anstatt durch Steuererhöhung oder Einsparung von Ausgaben auszugleichen. Auch die Vermehrung des Geldes zwecks Kreditgewährung an die Wirtschaft stellt eine große Versuchung dar, wenn ihr auch gewöhnlich leichter Widerstand geleistet wird, als der Staatsfinanzierung aus der Notenpresse. Es gehört also eine ungeheure moralische Kraft dazu, die Wertbeständigkeit einer P. durch alle politischen Fährnisse hindurchzuretten. Es war ein durchaus gesunder Instinkt, daß man sich in den führenden kapitalistischen Ländern das Goldwährungssystem schuf, in dem die Golddeckungsvorschriften und die Goldeinlösungspflicht inflationistischen Neigungen nur sehr schwer übersteigbare Schranken entgegensetzen.

[1] Von den Schwankungen des Goldwerts — oder, anders ausgedrückt, der Güterpreise — soll hier abgesehen werden.

4. *Papierwährung und internationale Wirtschaftsbeziehungen.* Die Schwierigkeiten einer rationalen Manipulation der P. erschöpfen sich nicht mit der richtigen Beobachtung und Bewertung der binnenwirtschaftlichen Vorgänge, wenn ein Land durch Außenhandel mit den Wirtschaften anderer Länder verflochten ist, wie dies bei wirtschaftlich hochentwickelten Ländern die Regel ist. Die buchmäßigen Gewinn- und Verlustergebnisse der an diesem internationalen Wirtschaftsverkehr beteiligten Unternehmungen werden maßgebend bestimmt von den Wechselkursen, d. h. von dem Wert der ausländischen Zahlungsmittel, gerechnet in der Landeswährung. Unter Goldwährungsländern verhindert der Mechanismus des Goldzuflusses und Goldabflusses größere Schwankungen der Wechselkurse. Unter P. gestalten sich die Wechselkurse frei nach den sog. Kaufkraftparitäten. Wird also in einem Lande durch liberalere Papiergeldausgabe das Preisniveau stärker gesteigert als in den anderen Ländern, so sinkt der Kurs der Währung dieses Landes dementsprechend. Der Mechanismus dieser Schwankungen kann hier nicht im einzelnen auseinandergesetzt werden. Es liegt aber auch ohnedies auf der Hand, daß, wenn in allen Ländern P. vorhanden sind, die Wechselkursschwankungen erhebliche sein müssen, wenn jedes Land selbständig bei der Manipulierung seiner P. vorgeht. Größere Wechselkursschwankungen stellen aber ein Hindernis für den internationalen Wirtschaftsverkehr dar, da sie die Geschäfte mit sehr großen Risiken belasten. Diese Schwierigkeit wird bei internationalem Vorherrschen der Goldwährung dadurch beseitigt, daß die Bewegung des Goldes ein einheitliches Vorgehen erzwingt. Treibt z. B. ein Goldwährungsland sein Preisniveau zu hoch, so zwingen sehr bald stärkere Goldabflüsse zu Einschränkungen in der Kreditgewährung und Geldschöpfung. Bei Vorherrschen der P. müßte das einheitliche Vorgehen durch bewußte internationale Kooperation sichergestellt werden. Das würde praktisch die Schaffung einer international manipulierten Papierwährung bedeuten, mögen auch die Zahlungsmittel in den einzelnen Ländern verschiedene Namen führen.

Literatur: Die Probleme des Papiergeldes sind in jedem einigermaßen modernen Werk über Geldtheorie behandelt. Empfohlen seien: Mises, L.: Theorie des Geldes und der Umlaufsmittel, 2. Aufl. München 1924. — Wicksell: Geldzins und Güterpreise. Jena 1898. — Fisher, Irving: Die Kaufkraft des Geldes, 2. Aufl. Berlin und Leipzig 1922. — Subercaseaux: Le papiermonnaie. Paris 1921.

Gestrich.

Papierware s. *Warengeschäft 3.*

Paraguay s. *Südamerika VII.*

Parallelwährung s. *Goldwährung 1,* s. *Währungswesen.*

parent-company (e) = Muttergesellschaft, Dachgesellschaft = holding company.

Pari dem Nennwert (z. B. von Anleihen), bei Münzen dem vorgeschriebenen Feingehalt gleich. Al pari bei Anleihen also meist „zu 100 %". (Vgl. auch *Parität.*)

Pariser Abkommen s. *Valorisierung II.*

Pariser Börse.

I. Allgemeines.

Die P. B. zählt zu den ältesten Wertpapierbörsen der Welt und nimmt neben London, New York und Berlin eine führende Stellung ein, gestützt auf dem großen Kapitalreichtum, den Frankreich seiner günstigen geographischen und klimatischen Lage, seinen Bodenschätzen und seiner sparsamen und arbeitsfreudigen Bevölkerung verdankt.

Die P. B. weist in ihrer äußeren Struktur eine gewisse Ähnlichkeit mit dem New Yorker Wertpapiermarkt auf. Sie besteht nämlich aus zwei großen, in sich autonomen Märkten: dem „Parquet" (der New York Stock Exchange vergleichbar) und der „Coulisse", welche etwa dem Curb Market entspricht.

In seiner Organisation ähnelt das Parquet jedoch eher der Berliner Börse. Sein Hauptcharakteristikum ist, daß ein Handel nur durch Vermittlung der amtlich bestellten Makler (Agents de Change) zulässig ist, welche zum Selbsteintritt nicht berechtigt sind. — Im Gegensatz hierzu ist die Coulisse eine Vereinigung von Bankiers und Bankfirmen, die für eigene sowohl wie für dritte Rechnung handeln.

Im Parquet sowohl wie in der Coulisse wird per Termin und per Kasse gehandelt. Im Gegensatz zu den angelsächsichen Märkten tritt jedoch in normalen Zeiten die Spekulationstätigkeit hinter den aus dem Anlagebedürfnis des Rentnerpublikums resultierenden Umsätzen an Bedeutung stark zurück. Das Rückgrat der P. B. bildet daher, besonders im Parquet, der Kassemarkt, der eine außerordentliche Absorptionsfähigkeit besitzt. Die geringe Bedeutung der einheimischen Spekulation erklärt die vor allem nach dem Krieg zu beobachtende Tatsache, daß große Bewegungen an der P. B. fast stets ihren Anstoß von der ausländischen Spekulation erhalten. Das Gesamtvolumen der Umsätze in der Vor-, sowohl wie in der Nachkriegszeit stand beinahe immer weit hinter dem Geschäftsumfang an der Londoner und New Yorker Börse zurück.

II. Geschichtliche Entwicklung.

A. Parquet. Die Entwicklung des Parquets bzw. der Korporation der „Agents de Change", aus der es entstanden und die noch heute sein Träger ist, läßt sich mehrere Jahrhunderte zurückverfolgen. In Frankreich gab es schon frühzeitig mehrere große Messen, deren eine bereits im Jahre 629 eine Charte des Königs Dagobert erhielt. Das Münzwesen war so mannigfaltig und ungewiß, daß Zahlungen fast nur in Edelmetallen in Barren oder Münzen erfolgten, so daß den Goldschmieden und sonstigen Interessenten am Edelmetallhandel — hauptsächlich Juden und Norditaliener (Lombarden) — das Amt des Geldwechsels zufiel. Zu Beginn des 15. Jahrhunderts entstand jedoch eine besondere Profession der Wechselhändler, genannt „Courratiers", heute „Courtiers" (Makler). Auch außerhalb der großen Messen fanden regelmäßige Zusammenkünfte, kurz „Change" oder „Bourse" genannt, statt. Neben der ältesten Börse in Lyon entwickelten sich weitere Börsen in Toulouse — durch ein Dekret vom Jahre 1549 offiziell anerkannt —, in Rouen (1556) und in Bordeaux (1571). Die P. B. datiert bereits seit dem 14. Jahrhundert, offiziell allerdings erst vom 24. September 1724.

Die Profession des Geldwechslers, der in einer königlichen Verordnung vom Jahre 1306 zum erstenmal mit „Agent de Change" bezeichnet wird, blieb ein freier Beruf, bis im Jahre 1572 den Agents de Change durch Karl IX. der Charakter von Beamten der Krone verliehen wurde. Zahlreiche Mißbräuche, die sich herausgebildet hatten, führten bald darauf zu einer Beschränkung der Zahl der Agents de Change, welche für Paris auf acht festgesetzt wurde. Ab 1598 war das Amt gebührenpflichtig und unter Henri IV. wurde im Jahre 1638 durch königliches Dekret der Grundstock der heutigen Compagnie des Agents de Change gelegt. Das Amt war erblich und es wurde aus den „Agents de Change" ein „Syndikat" gebildet, dem die Aufbringung eines Gemeinschaftsfonds zur Bezahlung eventuell den Mitgliedern auferlegter Strafen oblag.

Mit dem Anfang des 18. Jahrhunderts tauchten zuerst eigentliche Wertpapiere auf und zwar handelte es sich zunächst um Anleihepapiere des Staates und von Finanzgesellschaften. Im Jahre 1705 wurden die Agents de Change autorisiert, diese Papiere zu „negoziieren". Die erste Aktiengesellschaft, die Compagnie des Indes Orientales, wurde im Jahre 1717 gegründet und alsbald setzte eine wilde Spekulation ein, für deren Auswüchse es charakteristisch ist, daß an der Börse Geld auf Stunden geliehen wurde. Der Zusammenbruch dieser Spekulation machte eine Reorganisation der Börse notwendig, welche durch das Dekret vom 24. September 1724 erfolgte. Transaktionen durften nur durch Vermittlung der Agents de Change, deren Zahl auf 60 erhöht worden war, abgeschlossen werden und ein Tarif für die Maklergebühren wurde festgesetzt. Allmählich bildete sich auch ein Terminhandel in Wertpapieren heraus, den auch ein Verbot im Jahre 1785 nicht unterdrücken konnte.

Die Revolution schaffte durch Gesetz vom 17. März 1791 das Privileg der Agents de Change mit dem vieler anderer Berufe, wie Heilgehilfen, Friseure und Badehausbesitzer ab. Es entwickelte sich infolgedessen eine unkontrollierte, wilde Spekulation, die im Jahre 1793 zur Schließung der Börse führte. Die Wiedereröffnung erfolgte 1796. Anfänglich war die Börse wiederum der Schauplatz sehr ungeregelter Operationen, bis unter dem Konsulat durch Dekret vom 19. März 1801 eine straffe Organisation geschaffen wurde, die in ihren Grundzügen bis auf den heutigen Tag besteht. Es wurden von der Regierung 60 Agents de Change ernannt, deren jeder Kautionen von 60000 Francs stellen mußten. Sie erhielten das Recht, ihre „Charge" zu veräußern, doch mußte der Erwerber bestimmten Bedingungen, besonders hinsichtlich der Kautionsstellung, genügen und von der Regierung in seinem Amt bestätigt werden.

Mit der Einführung zahlreicher Anleihewerte und der Papiere von Industrie- und Handelsunternehmungen erfuhr der Geschäftsumfang eine beträchtliche Zunahme, so daß die Agents de Change allmählich auf den Handel mit Wechseln verzichten mußten, nachdem schon zu Beginn des 18. Jahrhunderts der Warenhandel an besondere Makler übergegangen war. Von etwa 10 Werten zu Beginn des 19. Jahrhunderts steigerte sich die Zahl der im Parquet gehandelten Papiere auf 126 im Jahre 1852, 380 im Jahre 1869, 784 im Jahre 1882, um schließlich vor dem Kriege ca. 1500 zu erreichen. Im Jahre 1859 erhielten die Agents de Change das Recht, im Markt bis zu zwei Gehilfen (Teneurs de Carnet) zu beschäftigen, diese Zahl wurde 1891 auf vier und 1898 auf sechs erhöht. Der Umsatz machte so erhebliche Kapitalien erforderlich, daß es den Agents de Change im Jahre 1862 erlaubt wurde, Kommanditäre aufzunehmen, jedoch unter der Bedingung, daß der Agent de Change selbst mindestens einen Anteil von 25 % an dem Amt (Charge) haben muß.

Der Terminhandel, welcher bis zur Revolution nur als Agiotage angesehen worden war, wurde offiziell erst durch ein Gesetz vom 28. März 1885, durch welches der Differenzeinwand unmöglich gemacht wurde, anerkannt.

Die heutige Organisation der P. B. (die besonders behandelt wird), ist durch die Gesetze vom 7. Oktober 1890 und 29. Juni 1898 festgelegt. Durch letzteres wurden die Beziehungen zwischen Parquet und Coulisse geregelt und den Agents de Change, unter Erhöhung ihrer Zahl auf 70, das Privileg für die Umsätze in allen offiziell notierten Aktien sichergestellt mit der Maßgabe, daß die Gesamtheit der Agents de Change (Korporation) für die Verpflichtungen ihrer Mitglieder solidarisch hafte.

Der Weltkrieg brachte der P. B. eine schwere Erschütterung. Die Börse blieb von Anfang September bis Anfang Dezember 1914 überhaupt geschlossen und nach der Wiedereröffnung war ausschließlich der Kassehandel erlaubt. Um die Lösung der Terminpositionen zu finanzieren und eine Liquidation zu ermöglichen, emittierte die Chambre Syndicale eine Obligationsanleihe von 75 Millionen Francs, zu der noch ein von der Banque de France unter Regierungsgarantie gegebener Vorschuß von 250 Millionen Francs trat. Die Abwicklung unter Moratoriumsschutz für die Debitoren begann am 30. September 1915, doch war eine endgültige Liquidation der Vorkriegspositionen erst möglich, als am 1. April 1920 der Terminhandel wieder aufgenommen wurde, der sich aber heute noch auf eine wesentlich kleinere Menge von Papieren als in der Vorkriegszeit erstreckt.

Die Inflationsperiode und die darauffolgende Stabilisation des Franken führte in den Jahren 1924 bis 1928 besonders infolge massiver Käufe des Auslands zu einer derartig starken Vermehrung der Umsätze, daß der Börsenapparat sich zeitweise als vollkommen unzureichend erwies. Seither ist jedoch besonders die spekulative Tätigkeit auf ein Minimum zusammengeschrumpft und die Umsätze sind um so stärker zurückgegangen, als das Publikum, zu den Vorkriegsgewohnheiten zurückkehrend, sein Interesse wieder hauptsächlich den festverzinslichen Werten zugewandt hat. In Anbetracht der günstigen Weltmarktlage in den Jahren 1927 bis 1929 haben Emissionen in großem Umfange stattgefunden und sind von den Banken direkt an ihren Schaltern placiert worden.

B. Die Coulisse. Neben der offiziellen Börse hatte sich vorübergehend schon 1726, dann besonders unter Napoleon I., ein freier Markt: „Marché en banque" oder „Coulisse" genannt, entwickelt. Er spielte eine bedeutende Rolle bei der Einführung ausländischer Staatsanleihen und später ab 1855 in der Placierung der Aktien der großen französischen Eisenbahngesellschaften und Kreditunternehmungen. Ein Verbot des Handels im freien Markt im Jahre 1859 war nicht von Dauer. Einige der beliebtesten spekulativen Papiere des Parquets, wie Rio Tinto, türkische Anleihen usw., gelangten erst auf dem Wege über die Coulisse an den offiziellen Markt. Die Coulissenfirmen konnten, da sie nicht den gleichen Beschränkungen wie die Agents de Change unterlagen, das Emissionsgeschäft pflegen und spielten besonders bei der Placierung der großen nationalen Anleihen nach 1870 eine sehr bedeutende Rolle.

Einen Höhepunkt erreichte die Spekulationstätigkeit in der ab 1888 erfolgten Einführung der Goldminenwerte. — Die Bedeutung der Coulisse nahm derart zu, daß das Aufkommen der Börsensteuer 1893 bis 1897 zu zwei Dritteln auf die Coulisse entfiel. Dies führte zu äußerster Verschärfung des schon seit Jahren bestehenden Konflikts mit den Agents de Change, welcher schließlich durch ein Gesetz vom 29. Juni 1898 beigelegt wurde. Das Gesetz führte zu einer wesentlichen Einschränkung des Geschäftes der Coulisse. — Seit diesem Zeitpunkt hat die Coulisse sich in einer sehr dem Parquet ähnlichen Weise organisiert, ohne jedoch zur Aufnahme neuer Mitglieder die ministerielle Genehmigung zu benötigen und in irgendeiner Form solidarisch zu sein. Im Jahre 1930, als infolge des Zusammenbruchs der Oustricschen Spekulationswerte eine Reihe von Coulissenhäusern zahlungsunfähig wurde, erfuhr die gesamte Korporation eine bedeutende Schwächung. Durch strenge Ausmerzung aller schwachen oder zweifelhaften Elemente ist eine Neuorganisation erfolgt; die Bedeutung der Coulisse ist aber außerordentlich vermindert.

III. Heutige Organisation.

Die P. B. befindet sich in einem unter Napoleon I. von dem berühmten Baumeister BARTYOT begonnenen und 1825 vollendeten Bau im Stil eines Tempels der Antike. Das Gebäude, welches 1900 erweitert wurde, ist Eigentum der Stadt Paris, welcher die Compagnie des Agents de Change eine Jahresmiete von 250000 Francs zahlt. Der Zutritt zum Börsengebäude war bis 1926 jedermann gestattet. Personen, welche nicht den Organisationen des Parquets oder der Coulisse angehören, war es nie erlaubt, sich am Handel zu beteiligen. Seit 1926 besteht für Ausländer die Verpflichtung, sich eine besondere Erlaubnis zum Börsenbesuch zu verschaffen, deren Bewilligung vom Finanzministerium abhängt. — Geschäfte zwischen Privatleuten, ohne Inanspruchnahme eines Vermittlers, bei welchen sofortige Übergabe der Stücke gegen Geld erfolgt, sind nicht courtagepflichtig. Dagegen sind Kompensationen der bei den Banken einlaufenden Kauf- und Verkaufsorders unzulässig. Den Agents de Change ist der Selbsteintritt verboten, doch wird diese Vorschrift durch Einschaltung von Strohmännern leicht umgangen. Ebenso wird das Verbot, Ratschläge für Börsenoperationen zu erteilen, keineswegs strikte beachtet. Die Agents de Change haben wie die Notare, den Charakter von „Officiers Ministériels" (Staatsbeamte ohne Pensionsanspruch) und die absolute Sicherheit, welche sie dank ihrer solidarischen Haftung bieten, führt ihnen beträchtliche Einlagen und Depots aus Kapitalistenkreisen zu, so daß die einzelnen Charges (Maklerämter) oft über recht erhebliche Disponibilitäten verfügen.

Besondere Erwähnung verdient die Rolle der zahlreichen Remisiers an der P. B., welche durch den Umstand, daß der Agent de Change die Kundschaft nicht beraten soll, große Wichtigkeit erhalten. Der Remisier führt dem Agent de Change bzw. dem Coulissier Kunden zu und versorgt diese mit Effekteninformationen. Er erhält hierfür eine Courtagenrückvergütung, welche im Parquet bis zu 33 % und in der Coulisse bis zu 40 % beträgt. Im Verhältnis dieser „Remise" ist der Remisier für Verluste haftbar, welche aus mangelnder Bonität des Kunden entstehen können.

Organisation des Agents de Change. Die Gesamtheit der Agents de Change wählt aus ihrer Mitte ein Verwaltungsorgan, die Chambre Syndicale, bestehend aus einem Syndic und acht Syndic-Adjoints. Dieser Kommission obliegt die Zulassung und Streichung von Werten, die Festlegung der Usancen und Courtagen, die Überwachung der Kursfeststellung und die Kursveröffentlichung, die Abwicklung der Terminliquidationen, ferner die gesamte technische Verwaltung des Börsenapparats, die Ausübung der Disziplinargewalt nach den von der Gesamtkorporation festgelegten Vorschriften, die Vertretung der Korporation nach außen und schließlich die Vorentscheidung bei Besitzwechsel eines Makleramtes.

Das Amt des Agent de Change ist veräußerlich und der Inhaber hat das Recht, der Chambre Syndicale seinen Nachfolger vorzuschlagen. Vorbedingung für den Erwerb eines Makleramtes ist:

Besitz der französischen Staatsangehörigkeit von Geburt,

Mindestalter von 25 Jahren,

Nachweis einer mindestens vierjährigen Tätigkeit bei einem Agent de Change, einer Bank oder einer Handelsfirma und eine Empfehlung von sechs Chefs von Bank- oder Handelsfirmen. Die Chambre Syndicale prüft die Qualifikationen des Kandidaten und seiner Kommanditäre und nimmt eine vorläufige Abstimmung über die Zulassung vor. Fällt diese günstig aus, so stimmt nach 15tägigem Aushang aller Einzelheiten die Gesamtkorporation über die Zulassung ab, woraufhin die Chambre Syndicale die Wahl der Genehmigung des Präsidenten der Republik bzw. des Finanzministeriums unterbreitet.

Dem Agent de Change stehen mehrere Handlungsbevollmächtigte (Fondé de pouvoirs) zur Seite, welche häufig stille Teilhaber der „Charge" sind. Ihre Ernennung wie auch die der an der Börse selbst tätigen Angestellten des Agent de Change unterliegt der Aufsicht der Chambre Syndicale.

Die Maklerämter werden ex officio mit je 2000000 Francs bewertet. Da jedoch der Geschäftsumfang, und damit der Wert der einzelnen Charges sehr verschieden ist, werden in Wirklichkeit oft wesentlich höhere Preise erzielt, die aber nicht veröffentlicht werden.

Wird ein Agent de Change zahlungsunfähig, so übernimmt die Chambre Syndicale seine Engagements, die aus dem Gemeinschaftsfonds (Fonds commun) der Korporation geregelt werden und verkauft den Maklersitz. Der Gemeinschaftsfonds wurde früher aus einer proportionellen Abgabe auf die Courtagen alimentiert, jetzt jedoch nur noch durch Einberufung von Mitteln je nach Bedarf. So wurden im Jahre 1930, als sich größere Schwierigkeiten durch den Zusammenbruch des Spekulanten Oustric ergaben, 500000 Francs von jeder der 70 „Charges" einberufen. Diese Ziffer läßt einen Rückschluß auf die Gesamthöhe des Fonds kaum zu, welcher mehrere hundert Millionen Franken betragen dürfte. Die Verwaltung dieser Gelder, welche zum großen Teil in Reports angelegt werden, obliegt gleichfalls der Chambre Syndicale.

Aktientechnisches[1]. Das französische Gesellschaftsrecht kennt mehrere Aktiengattungen:

Stammaktien (actions ordinaires), Vorzugsaktien (actions de priorité oder actions privilégiées), Genußscheine (actions de jouissance), sowie Aktien mit mehrfachem Stimmrecht (actions à vote plural).

Die Stimmrechtsaktie hat sich besonders in der Inflationszeit als Schutz gegen Überfremdungsgefahr eingebürgert. Die zahlreichen Mißbräuche, zu denen sie Anlaß gab, führten im Jahre 1930 zum Verbot der Schaffung neuer Pluralrechtsaktien und die Abschaffung der noch bestehenden Aktien dieser Gattung wird voraussichtlich binnen kurzem gesetzlich verfügt werden. Für die Stimmrechtsaktien besteht natürlich an der P. B. keine Notiz.

Actions ordinaires sowohl wie actions privilégiées können auf Inhaber sowohl wie auf Namen lauten. Letzteres ist stets bei Versicherungsaktien ausschließlich der Fall, wie auch unter anderen bei Banque de France und Société Générale. Die Umschreibung, welche einer Steuer — dem *droit de transmission* (s. u.) — unterliegt, ist in der Regel sehr umständlich und langwierig.

Neben der Aktie existiert der „Part de fondateur" oder „Part bénéficiaire" (Gründeranteil), welcher bei Konstituierung der Gesellschaft geschaffen werden kann, um den Gründern einen bestimmten Prozentsatz am Reingewinn zu sichern. Ihre ursprüngliche Zahl wird nie vermehrt, so daß ihr Wert bei günstiger Entwicklung der Gesellschaft, die Kapitalserhöhungen mit sich bringt, stark ansteigt. Zu beachten ist allerdings, daß oft die Statuten Bestimmungen enthalten, welche es der Gesellschaft ermöglichen, die „Parts de fondateur" unter gewissen Bedingungen zurückzukaufen.

Genußscheine oder „actions de jouissance" werden an Stelle zur Rückzahlung gelangter Aktien ausgegeben; dies besonders bei auf Konzessionen beruhenden Unternehmungen, wie den großen Eisenbahngesellschaften, der Pariser Untergrundbahn usw., sowie bei kleinen sehr gut prosperierenden Unternehmungen, die einen Teil oder die Gesamtheit ihres Kapitals zurückgezahlt haben. Sie sind im Kurszettel zahlreich vertreten und werden in gleicher Weise wie gewöhnliche Aktien notiert.

Unter den festverzinslichen Papieren nehmen die Renten des französischen Staates eine besondere Stellung ein. Die Stücke lauten nicht über ein bestimmtes Nominalkapital, sondern über die Jahresrente, welche dem Inhaber zusteht; so lautet z. B. eine 4proz. Staatsrente, die einem Nominalwert von 100 Francs entspricht, 4 Francs Rente, und Börsenaufträge müssen auch in Rente und nicht in Nominalkapital erteilt werden.

[1] Zu den folgenden Ausführungen vgl. a. Aktie als Wertpapier.

Die Notierungen an der P. B. verstehen sich fast durchweg in Franken per Stück und es werden nicht nur bei Aktien, sondern auch bei Obligationen keine Stückzinsen berechnet, so daß bei festverzinslichen Werten die laufenden Zinsen jeweils im Kurs enthalten sind. Der Nominalbetrag von Aktienobligationen ist in der Regel 500 Franken, doch kommen auch Abschnitte von 100 Franken aufwärts und 1000 Franken vor.

Zulassung von Werten und von Firmen (Personen). Als Zulassungsstelle für die Notiz im Parquet fungiert die Chambre Syndicale, welcher alle Angaben unterbreitet werden müssen, die sie in den Stand setzen, sich ein Urteil über die Qualität des zu notierenden Papiers zu bilden. Soweit es sich um Aktiengesellschaften handelt, muß das Kapital voll gezeichnet und zu mindestens 25% eingezahlt sein. Die nicht voll eingezahlten Aktien müssen bis zur Volleinzahlung auf Namen lauten. Der Zulassung zur Notiz muß eine Veröffentlichung der Statuten, Bilanzziffern usw. im Bulletin der „Annonces Légales" vorausgehen und es können nur solche Werte notiert werden, hinsichtlich deren alle Steuerformalitäten erfüllt sind. Dies gilt auch für ausländische Werte, welche im übrigen den französischen Effektenstempel tragen müssen und die nur notiert werden können, wenn die Notiz auch im Ursprungslande besteht. Seit dem Kriege ist es üblich, daß die Chambre Syndicale für die Notierung von ausländischen Werten sich der Genehmigung der zuständigen Verwaltung des französischen Finanzministeriums, des „Mouvement des Fonds", versichert.

Im Parquet werden zur Zeit (anfangs 1932) 2702 Werte notiert, und zwar 2289 französische und 413 ausländische.

Der Terminmarkt des Parquet umfaßt 98 verschiedene Werte, wie Staatsrenten, welche als hervorragendstes Anlagepapier einen sehr großen Markt haben, Bankaktien, unter denen Banque de France, Banque de Paris & des Pays Bas und Crédit Lyonnais tonangebend für die Haltung des Marktes sind, Eisenbahnaktien, ferner eine beschränkte Auswahl von Industrieaktien, hauptsächlich von Elektrizitätsgesellschaften, und schließlich etwa 20 ausländische Werte. Von diesen sind als Arbitragewerte besonders zu nennen für die Arbitrage mit London: Rio Tinto, Royal Dutch und Central Mining, für die Arbitrage mit Brüssel: Petrofina und Metropolitain, sowie — bis zum Zusammenbruch — mit den meisten Weltbörsen: Kreuger & Toll.

Die Mindestschlüsse sind mit Ausnahme von Banque de France, Suez und Banque de l'Algérie, die per fünf Stück Termin gehandelt werden dürfen, 25 Stück, oder Cap. 50000 Franken bei Renten.

Am Kassemarkt werden 2604 verschiedene Aktien oder Obligationen gehandelt. Zahlreiche, von der Regierung garantierte Anleihen der Kolonien und staatlichen Kreditinstitute, ferner erstklassige Stadtanleihen, die Obligationen des mit dem Hypothekenmonopol ausgestatteten Crédit Foncier de France, die gesamten Anleihen der großen Eisenbahngesellschaften, weiter rund 1000 Aktien französischer Versicherungs-, Bank-, Industrie- und Handelsunternehmungen und über 500 einheimische Industrieobligationen werden notiert, ferner gleichfalls eine große Anzahl ausländischer Staatspapiere. Die am Kassemarkt ebenfalls noch, wenn auch größtenteils rein nominell notierten ca. 16 Milliarden Obligationen russischer Regierungs- und Staatsbahnanleihen waren vor dem Kriege (damals wurden die Regierungsanleihen per Termin gehandelt), eines der wichtigsten Elemente des Pariser Marktes. Diese Papiere sind im Portefeuille des französischen Sparerpublikums geblieben und müssen mit mehreren hundert Millionen russischer Industrieaktien, welche in der Coulisse gehandelt wurden, zu den Kriegsverlusten gerechnet werden.

Von deutschen Werten werden im Parquet nur die Dawes- und die Younganleihe notiert.

Im Gegensatz zum Parquet spielt in der Coulisse der Terminmarkt, welcher etwa 90 Werte umfaßt, eine wesentlich größere Rolle als der Kassemarkt. Per Termin werden vor allem die Gold- und Diamantminen gehandelt, welche Gegenstand lebhafter Arbitrage mit London waren, ferner Gummi- und Petroleumwerte, sowie Silber-, Kupfer-, Phosphat- und Zinkaktien.

Am Kassemarkt der Coulisse sind etwa 1240 Werte eingetragen, von denen jedoch eine große Anzahl nur selten zur Notiz gelangt. Es finden sich hier zahlreiche ausländische Staats- und Provinzialanleihen, Terraingesellschaften, Kolonialgesellschaften, und viele Aktien meist jüngerer oder minderklassiger einheimischer Industrieunternehmungen.

Es bestehen an der Coulisse zwei gesonderte Gruppen: Das den Kassemarkt für alle Coulissenhäuser umfassende „Syndicat des Banquiers en Valeurs au Comptant" und das „Syndicat des Banquiers en Valeurs", welchem die auch zum Terminhandel zugelassenen Firmen angehören.

Ersteres Syndikat zählt zur Zeit (Mai 1932) 123 Mitglieder, letzteres umfaßt 95 Firmen. Jedes der beiden Syndikate entscheidet über die Aufnahme neuer Mitglieder, durch eine nach dem Vorbild des Parquet konstituierte „Chambre Syndicale", welche auch im übrigen analoge Funktionen wie der Chambre Syndicale des Agents de Change obliegen. Die Zulassungsbedingungen der Coulisse haben nach den oben erwähnten Schwierigkeiten im Herbst 1930 eine wesentliche Verschärfung erfahren und sehen vor:

Ebenso wie im Parquet ist die erste Vorschrift, die französische Staatsangehörigkeit von Geburt aus zu besitzen, seinen militärischen Verpflichtungen nachgekommen zu sein und selbstverständlich alle bürgerlichen und politischen Rechte zu haben. Außerdem muß der Postulant während dreier Jahre an der Börse tätig gewesen sein und über seine gesammelten Erfahrungen Zeugnisse vorlegen können.

Das Mindestkapital, welches zur Etablierung einer neuen Firma verlangt wird, ist 5 Millionen Francs netto aller Kosten, wie Gesellschaftssteuern und Einrichtung, wenn es eine Beteiligung im Terminhandel betrifft, jedoch genügt ein Kapital von 2 Millionen Francs für Firmen, die ausschließlich Kassegeschäfte pflegen wollen.

Der persönliche Anteil eines jeden Geschäftsführers muß Minimum 10% des Kapitals betragen. Schließlich wird jeder Firma zur Verpflichtung gemacht, nur französische Geldgeber aufzunehmen und als Prokuristen nur Franzosen einzustellen, die ihrer militärischen Verpflichtung genügt haben und nachdem die Chambre Syndicale ihre Einwilligung erteilt hat.

Eine Ausnahme wird für die Franzosen, welche nicht als Franzosen geboren worden sind, gemacht, wenn sie im Kriege 1914—1918 im französischen Heer gedient haben oder nachher zumindestens, sobald sie majorenn wurden, ihren militärischen Verpflichtungen nachgekommen sind. Dies bezieht sich besonders auf Elsaß-Lothringer.

Es ist vorgesehen, in großen Ausnahmefällen Kommanditen zu gestatten, die nicht französischen Ursprungs sind.

Die Zulassung zum Coulissenhandel ist aber im Gegensatz zum Parquet keiner Genehmigung seitens der Regierung unterworfen, da es sich nicht um einen offiziellen Markt handelt. Für die Zulassung zur Notiz sind die beiden Chambres Syndicales zuständig. Es werden hier natürlich weniger strenge Maßstäbe angelegt als im Parquet, abgesehen von der Notwendigkeit der strikten Erfüllung aller steuerlichen Vorschriften.

Für eine Anzahl von Werten, die zwar zur Notiz in der Coulisse nicht offiziell zugelassen sind, über welche aber die Chambres Syndicales gewisse Unterlagen besitzen, besteht in der Coulisse eine offiziöse und unverbindliche Notiz.

In diesem Teil des Marktes werden drei deutsche Aktienwerte: Gelsenkirchener, Harpener und I. G. Farben gehandelt, doch sind die Umsätze darin in der Regel ganz unbedeutend. Vor dem Kriege wurde allerdings in den beiden ersteren Werten regelmäßig arbitriert.

Schließlich wird von der Coulisse wöchentlich eine informatorische Kurszusammenstellung der im sog.

„Marché hors Cote“ gehandelten Werte veröffentlicht. Es ist dies ein freier Markt, der aber einer gewissen Aufsicht durch die Coulisse unterliegt.

Ganz außerhalb jeder Reglementierung steht der „Marché des pieds mouillés“, an dem ein „wilder“ Handel in zweifelhaften Papieren stattfindet. Er wird außerhalb des Börsengebäudes unter freiem Himmel abgehalten, wodurch sich der Name (Markt der nassen Füße) erklärt.

IV. Börsenzeit, Kursfestsetzung und Usancen.

Die Börse ist offiziell von 12 Uhr 30 bis 2 Uhr 30 geöffnet, und es existiert im Parquet, da nur zu offiziellen Kursen gehandelt wird, keine Vor- oder Nachbörse. Da mit Rücksicht auf das Monopol der Agents de Change ein Handel von Büro zu Büro nicht möglich ist, kennt man im Gegensatz zu anderen Börsen am Pariser Markt keine „Früh-“ oder „Vortendenz“. Während der Handel im Parquet unter allen Umständen mit Schluß der offiziellen Börsenzeit endet, wird in der Coulisse bei lebhaftem Börsengeschäft bis 4 Uhr nachmittags gehandelt. Vom 1. Mai bis 31. Oktober findet eine Sonnabendbörse nicht statt.

Die Liquidation der Termingeschäfte findet im Parquet vierzehntägig am 15. und letzten jeden Monats statt, in der Coulisse nur am Monatsende. Außer den festen Abschlüssen, die jeweils für die nächste Liquidation getätigt werden, kennt die P. B. Vorprämiengeschäfte, die bis auf die vierte folgende Liquidation getätigt werden können. Es werden Prämien dont 5, 10, 20, 40, 100 notiert. Außerdem Stellagen und „Noch Geschäfte“. Die Prämienerklärung findet am Tag vor der Liquidation statt, die Regelung der Debetsalden und Lieferung der Effekten erfolgt am dritten Tage nach der Liquidation, die Regelung der Kreditsalden am vierten Tage. Bei Nichtlieferung erfolgt Eindeckung ex-officio durch die Chambre Syndicale nach 48 Stunden.

Ähnlich sind die Bestimmungen in der Coulisse. Eine Eigenart des Pariser Terminmarktes ist das „Droit d'escompte“, d. h. das Recht eines Käufers, jederzeit während der Liquidationsperiode Lieferung der gekauften Stücke zu verlangen. Vier Tage nach der Liquidation kann von diesem Recht Gebrauch gemacht werden. Der mit dem Escompte beauftragte Agent de Change muß der Caisse Commune den vollen Gegenwert einzahlen und kann die Lieferung der Inhaberstücke binnen fünf, der nominativen Aktien nach sieben Tagen verlangen. Erfolgt die Lieferung nicht, so wird nach öffentlicher Ankündigung am nächsten Börsentag der Rückkauf sofort lieferbarer Stücke offiziell vorgenommen. Einem Käufer, der seine Aktien mit Deport hereingegeben hat, ist ein „Escompte“ während der Liquidationsperiode nicht gestattet. Vom „Droit d'escompte“ wird nur selten Gebrauch gemacht, doch bietet es finanzstarken Gruppen eine Handhabe, den Aufbau übermäßiger Baissepositionen zu verhindern.

Im Parquet wird im Terminmarkt der erste und letzte, sowie der höchste und niedrigste Kurs notiert, während der Terminmarkt der Coulisse nur eine Notiz für den ersten, höchsten und niedrigsten Kurs kennt. Vorbörsliche Bestensaufträge werden zum ersten Kurs ausgeführt.

Auch am Kassemarkt existiert kein Einheitskurs, sondern es können, ähnlich wie in Deutschland, bei den variablen Werten beliebig viele Kurse notiert werden. Auch zwischen den einzeln notierten Kursen, welche lediglich ein Bild der Schwankungen geben, können Schlüsse getätigt werden; wird ein Kurslimit nur erreicht, aber nicht überschritten, so kann es unausgeführt bleiben.

Die Lieferung der Stücke im Kassemarkt muß binnen 15 Tagen erfolgen und nach fünftägiger Bekanntmachung kann am 20. Tag Eindeckung ex-officio erfolgen.

Für eine Anzahl von Werten bestehen, besonders in der Coulisse, getrennte Notizen für größere und kleinere Abschnitte, zwischen welchen sich oft nicht unerhebliche Kursdifferenzen ergeben.

Coupons und Dividenden. Im offiziellen Kursblatt ist bei jedem Wert das Datum des zuletzt getrennten Coupons angegeben. Neben dem Hinweis auf die jeweilige Fälligkeit präzisiert diese Angabe, daß vor dem angegebenen Zahlungstag alle Schlüsse cum Coupon getätigt werden, vom Zahlungsdatum an ex-Coupon. Für den Fall, daß ein Coupon notleidend oder eine Dividende nicht ausgeschüttet wird, darf der wertlose Coupon, um die Lieferbarkeit nicht zu beeinträchtigen, nicht vom Stück getrennt werden. Die Coupons der französischen Renten werden jeweils 14 Tage vor offizieller Fälligkeit getrennt und bezahlt und im Kursblatt auch entsprechend notiert. Nur bei englischen Consols erfolgt entsprechend der englischen Usance die Abtrennung bereits einen Monat vor Fälligkeit. Fällt ein Dividendenzahltag mit der Prämienerklärung oder einem Liquidationsdatum zusammen, so wird der offizielle Kursabschlag auf den letzten Tag der Liquidation verschoben. Ein zwischen zwei Liquidationen erklärter Coupon wird am Zahltage in der Notiz berücksichtigt. Werden französische Stücke ohne den nächstfälligen Coupon geliefert, kann der Käufer einen Monat vor Zahlung eine Barentschädigung verlangen und unter Umständen Schadenersatz beanspruchen, wenn er nachweisen kann, daß ihm irgendwelche Nachteile erwachsen sind.

Der Handel im Terminparquet findet in fünf Gruppen statt; abgesondert ist die „Corbeille“, wo nur die Agents de Change persönlich handeln dürfen. Hier werden die Banken-, Suez- und die Eisenbahnaktien notiert. Der Handel der übrigen Werte wird durch ihre Bevollmächtigten und Commis (Teneurs de Carnet) durchgeführt.

Die Werte des Kassemarktes, in welchen besonders lebhafte Umsätze stattfinden, werden in besonderen Gruppen „à la criée“ gehandelt, was dem deutschen variablen Handel entspricht. Alle anderen Werte gelangen durch Ausgleich zur Notiz.

Die Veröffentlichung von Umsatzziffern ist durch die Notierungsweise stark erschwert und findet erst seit dem Frühjahr 1931 für eine kleine Anzahl von Terminwerten statt. Es wird neuerdings auch die ziffernmäßige Höhe der Hausse- und Baisse-Engagements veröffentlicht, welche die verhältnismäßige Geringfügigkeit der Umsätze illustriert.

Per ultimo April 1932 betrugen die Hausse-Engagements 754 Millionen und die Baisse-Engagements 390 Millionen.

Hierbei ist zu berücksichtigen, daß zahlreiche Spekulanten große Posten französische Renten auf Termin kaufen, sie bei den seit langen Monaten billigen Geldsätzen zu $1^1/_8$ bis $1^1/_4$% jährlich inkl. aller Kosten prolongieren und die Zinsdifferenz verdienen. Die Haussepositionen dürften einen großen Prozentsatz derartiger Engagements enthalten.

Die Reportgeldsätze sind im Parquet dank der großen Sicherheit, welche die Transaktionen mit den Agents de Change bieten, stets verhältnismäßig niedrig gewesen und bewegten sich in der Vorkriegszeit um 2%. Sätze bis zu 11% waren Ausnahmeerscheinungen der Inflationshausse und seit mehr als einem Jahr halten sich die Sätze infolge der übergroßen Flüssigkeit des Geldmarktes auf dem sehr niedrigen Niveau von $^1/_8$ bis $^1/_4$%, was die Nettovergütung für den Geldgeber bedeutet. Für die Käufer, welche ihre Position schieben, kommen für Stempel 0,50‰ und je nach den Geldsätzen folgende Courtage hinzu: 1,80 % jährlich bei einem mittleren Geldsatz von 1,50 % oder weniger, 1,50 % jährlich bei einem mittleren Geldsatz von über 1,50 bis 3 % einschließlich 1,20 % jährlich bei einem Geldsatz von über 3 %. Für den Reporteur beträgt die Courtage stets 1,20 %. Die von ihm abzuführende Courtage und Stempel (0,50‰) sind vom Käufer zu tragen, so daß sich der jeweilige Reportsatz für den Käufer um 5,40 % bzw. 5,10 % oder 4,80 % jährlich erhöht. Auf französische Renten beträgt die Reportcourtage 0,02 Centimes auf 3 Francs 3 % Rente (= Cap. 100 Francs) und 0,025 Centimes auf die übrigen Renten. Die Steuer beläuft sich auf 0,00625 für 1000 Francs reportiertes Kapital, was einem jährlichen Satz, Courtage und Steuer zusammen, von 1,25 bzw. 1,50 % entspricht.

In der Coulisse sind die Sätze angesichts des größeren Risikos stets höher. Sie bewegten sich vor dem Kriege um 6 % und stehen jetzt auf ungefähr 5 %, nachdem sie in der Inflationsperiode bis 15 % betragen hatten.

Spesen. Auch die Maklergebühren sind im Parquet niedriger als in der Coulisse. Über die Höhe der Börsenspesen unterrichtet nachstehende Tabelle:

A. Parquet.

1. Per Kasse. Renten: 1½‰ vom ausmachenden Betrag, Minimum 0,75 Fr.

Staats-, Kommunal-, Eisenbahn-, Crédit Foncier- und Crédit National-Obligationen: 2‰ vom ausmachenden Betrag, minimum 1 Fr.

Aktien und sonstige Obligationen:
Bei einem Kurs unter 50 Fr.: 15 Cts.} pro Aktie oder Obligation
„ „ „ „ 100 „ 30 „ } Minimum 2,50 Fr.
„ „ „ über 100 „ 3‰ vom ausmachenden Betrag, Minimum 2 Fr.

2. Per Termin. Renten: 3 % und 3½ %: 4 Cts. per 3 Fr. Rente 3 % oder 3,50 Fr. Rente 3½ %
4 %, 4½ % und 5 %: 5 Cts. per 4 Fr. Rente 4 %
„ 4,50 Fr. Rente 4½ %
„ 5 Fr. Rente 5 %.

Ausländische Renten:
Bei einem Kurs unter 60 Fr.: 0,06 % vom Nominalwert,
sonst: 0,10 % vom ausmachenden Wert.

Aktien und Obligationen:
Bei einem Kurs unter 200 Fr.: 30 Cts. per Stück
„ „ „ „ 400 „ 60 „ „ „
„ „ „ über 400 „ 1½‰ vom ausmachenden Betrag.

Für die Übertragung von Namensstücken beträgt die Steuer 3‰, bei Umwandlung von Namens- in Inhaberaktien wird ein Satz von 5‰ erhoben — die Umschreibung von Inhaber- in Namensaktien erfolgt steuerfrei.

Hierzu kommen folgende Börsenumsatzsteuern:
Renten per Kasse und per Termin: 0,0125‰ vom ausmachenden Betrag.

Alle anderen in- und ausländischen Werte:
per Kasse und per Termin: 1‰ vom ausmachenden Betrag.

Reports:
Rente: 0,00625‰ auf den Kompensationskurs zuzüglich Report, alle anderen in- und ausländischen Werte: 0,50 % auf den Kompensationskurs zuzüglich Report.

Prämiengeschäfte: Bei Abandonnierung der Prämie wird der Stempel nur auf den Betrag der Prämie berechnet, die Courtage jedoch wie bei effektivem Kauf oder Verkauf.

Stempelsteuern:
Effektenstempel (Droit de timbre)
20 Cts. pro 100 Fr. p. a. vom Nominalkapital plus eventueller Emissionsprämie für vor dem 1. Januar 1930 emittierte Stücke,
10 Cts. p. a. für zwischen dem 1. Januar 1930 und 28. April 1930 emittierte Stücke,
5 Cts. p. a. für nach dem 29. April 1930 emittierte Stücke.

B. Coulisse.

Courtage bei Käufen und Verkäufen für Kasse- sowohl wie für Termingeschäfte, nach dem Kurswert abgestuft:
bei einem Kurs bis 25 Fr.: 0,25 Fr. per Stück,
„ „ „ zwischen 25 u. 75 Fr.: 0,50 Fr. „ „
usw.

		Courtage für Report:
Bis zu 25 Fr. einschließlich	0,25 Fr.	0,125
über 25 bis 75 Fr. einschl.	0,50 „	0,25
„ 75 „ 150 „ „	1,— „	0,50
„ 150 „ 250 „ „	1,50 „	0,75
„ 250 „ 350 „ „	2,— „	1,—
„ 350 „ 500 „ „	2,50 „	1,25
„ 500 „ 650 „ „	3,— „	1,50
„ 650 „ 1000 „ „	3,50 „	2,—
„ 1000 Fr.	3,50 „	2‰

Steuern wie im Parquet.

Die Couponsteuer für französische Werte beträgt 16 %, wozu noch ein „Droit de transmission“ kommt, welches gleichfalls bei Auszahlung der Dividende oder des Coupons in Abzug gebracht wird und ¼ % vom Kurswert des Vorjahres beträgt.

Der Stempel auf ausländische Renten beträgt 1 % vom Nominalwert eines jeden Stückes. Die Couponsteuer 18 %, jedoch fällt hier die Berechnung des „Droit de transmission“ fort.

Aktien ausländischer Gesellschaften unterliegen im allgemeinen denselben Steuern wie französische Werte, insbesondere von Unternehmungen, die ein Stempelabonnement auf die ungefähre Anzahl ihrer in Frankreich umlaufenden Aktien, deren Ziffer durch das Finanzministerium, nach Anhörung der zuständigen Kommission des Valeurs Mobilières,

Beispiel von Kasse- und Termin-Operationen.

Kasse-Operation im Parquet:

Paris, 3. Sept. Nous avons fait acheter ce jour, pour votre compte, conformément à vos instructions:

Quantité	Valeurs	Cours	Montant brut	Courtage	Impôt	Montant net	Valeur
25	Act. Crédit Lyonnais	à 2250,—	56250,—	168,75	57,—	56475,75	3. Sept.

Kasse-Operation in der Coulisse:

Paris, 3. Sept. Nous avons fait acheter ce jour, pour votre compte, conformément à vos instructions:

Quantité	Valeurs	Cours	Montant brut	Courtage	Impôt	Montant net	Valeur
25	Act. Banque Nationale d'Egypte	à 3060,—	76500,—	207,75	77,—	76844,75	3. Sept.

Termin-Operation im Parquet:

Veuillez trouver ci-dessous détail des opérations effectuées pour votre compte en Liquidation au 19. Septembre

Date	Quantité	Valeurs	Cours	Montant brut	Courtage	Impôt	Montant net	Solde
3. 9.	25	Crédit Lyonnais	à 2255	56375,—	84,55	57,—	56516,55	56473,95

Solde: 56473,95 à votre Debit Valeur 19. Septembre S. E. ou O. — Levé: 25 Act. Crédit Lyonnais.

Termin-Operation in der Coulisse:

Veuillez trouver ci-dessous détail des opérations effectuées pour votre compte en Liquidation au 5. Octobre

Date	Quantité	Valeurs	Cours	Montant brut	Courtage	Impôt	Montant net	Solde
3. 9.	25	Banque Nationale d'Egypte	à 3100	77500,—	271,25	78,—	77849,25	77810,25

Solde: 77810,25 à votre Debit Valeur 5. Octobre S. E. ou O. — Levé: 25 Act. Banque Nationale d'Egypte.

festgesetzt wird, entrichten. Die Ernennung eines Vertreters, der vom Finanzministerium anerkannt sein muß und die Verantwortlichkeit für die zu entrichtende Steuer übernimmt, ist Vorbedingung. Nicht abonnierte Gesellschaften zahlen einen feststehenden Steuersatz von 1 % für jedes eingeführte Stück. Die Couponsteuer beträgt auch hier 18 %, kann jedoch auf 16 % herabgesetzt werden, wenn die Aktien selbst bei einer der Finanzverwaltung genehmen Bank deponiert sind und nur Namenszertifikate in Umlauf gesetzt werden.

Die Höhe der Couponsteuer, welche das Vierfache der Vorkriegszeit beträgt, ist in der Nachkriegszeit ein wesentliches Hindernis für die Einbürgerung guter ausländischer Werte gewesen.

Losgewinne unterliegen einer 36proz. Versteuerung. Auf die Exklusivität des Devisenhandels haben die Pariser Agents de Change, wie bereits erwähnt, zugunsten der Banken und Bankiers verzichtet. Sie beschränken sich darauf, die Devisenkurse offiziell festzusetzen, doch findet der größte Teil des Devisenhandels von Büro zu Büro statt. Dementsprechend sind auch die offiziell an der Börse festgesetzten Devisenkurse wenig maßgeblich.

Ein Geldhandel (Tagesgeldmarkt) findet an der P. B., abgesehen von der Manipulation der Reportgelder nicht statt.

V. Informationsquellen, Publizität.

Die täglich erscheinenden offiziellen Kursblätter des Parquet und der Coulisse enthalten sehr detaillierte Angaben über Anzahl der zugelassenen Stücke, gezahlte Dividenden, Höchst- und Niedrigstkurse des Jahres, Stückelung usw. und sind daher eine wertvolle Informationsquelle. Sie werden ergänzt durch die offiziellen von den Chambres Syndicales des Parquet und der Coulisse jährlich herausgegebenen Handbüchern, die nach Art des deutschen Handbuches der Aktiengesellschaften, wenn auch weniger ausführlich, die wesentlichsten statistischen Informationen über die einzelnen Werte und Angaben über ihre Lieferbarkeit enthalten. In handlicherer Form und für beide Märkte vereinigt finden sich diese Angaben im Annuaire Desfossés. Die ausführlichsten Informationen und Bilanzzusammenstellungen sind in einer von der Société d'Etudes et de Statistiques Financières, 31, rue de Rome, Paris, herausgegebenen Kartothek zusammengestellt, welche in ihrer Aufmachung den Informationen der Standard Statistic Corporation für die New Yorker Börse entspricht, alllerdings von Ungenauigkeiten keineswegs frei ist.

Die französische finanzielle Publizität besitzt insofern einen eigenartigen Charakter, als eine kritische Finanzpresse kaum besteht und die veröffentlichten Informationen fast durchweg auf Mitteilungen der Gesellschaften selbst oder interessierter Gruppen beruhen.

Unter Berücksichtigung dieses Umstandes ist als reichhaltigstes Finanzblatt die morgens erscheinende „Agence Economique et Financière" zu bezeichnen, neben welcher noch „Le Capital" genannt werden kann. Die abends erscheinende „Information" zeichnet sich durch einen verhältnismäßig vollständigen Kurszettel und häufige interessante Artikel allgemeiner Natur aus. Von wöchentlich erscheinenden Finanzzeitschriften sind, immer unter Berücksichtigung des oben Gesagten, „Le Pour et le Contre" und „La Situation" zu erwähnen.

Der Finanzteil der Tageszeitungen ist äußerst dürftig. Er wird nicht durch eigene Korrespondenten alimentiert, sondern fast den meisten Blättern von der Agence Havas geliefert. Eine Ausnahme macht der „Temps", besonders in seiner Sonntags erscheinenden, oft lesenswerten Beilage „Le Temps Financier".

Frankreich besitzt von allen großen kapitalistischen Ländern wohl das geringste Ausmaß finanzieller Publizität, so daß es für den Außenstehenden besonders schwierig ist, sich ein Bild über den inneren Wert französischer Papiere zu machen.

Vgl. Art. *Frankreich, Geldmarkt.*

Literatur: Manuel des agents de change, banque, finance et commerce, contenant les lois, règlements et actes officiels qui régissent et intéressent l'exercice de leurs fonctions. Cinq éditions en ont paru, en l'an XIII, en 1811, en 1823, en 1851 et en 1893 (Paris Rousseau). Supplément paru en 1902. — Levasseur: Recherches historiques sur le système de Law. 1854. — Courtois: Histoires des Banques. — Boissière, Gustave: La Compagnie des Agents de Change. Paris: Librairie Arthur Rousseau. — Neymarck: Les Valeurs Mobilières en France. 1904. — Wahl: Traité théorique et pratique des titres au porteur. — Allix, E.: Des reports dans les bourses des Valeurs. Paris 1900.

E. A. Eliat.

Pariser Zusatzabkommen s. *Valorisierung II.*

Parität, wörtlich Gleichheit, das sich auf Grund des gesetzlichen Wertverhältnisses zum Währungsmetall ergebende Wertverhältnis zweier Währungen. Im Devisengeschäft bezeichnet man mit P. (vgl. *Paritätstafeln*) den reziproken Wert eines beliebigen Kurs in 100. Z. B. beträgt die P. von 4 = 25, von 6 = 16,666 .... Die P. der deutschen $-Notiz von z. B. 4,21 und gleichzeitig die Notierung der Reichsmark in New York beträgt daher rund 0,23.75. Aus marktechnischen Gründen können die Notierungen nie genau des P. entsprechen. Die Ausnützung der Disparitäten ist Gegenstand der *Devisen-Arbitrage* (s. d.) bzw. Goldarbitrage.

Paritätstafeln sind neben verschiedenen Rechenmaschinen (vor allem ist hier der Loga-Kalkulator, eine sog. „Rechenwalze" zu nennen) unentbehrliche Hilfsmittel der Devisen-Arbitrage: sie weisen — mit mehreren Dezimalen — die jedem Kurs entsprechende Parität, also den Kurs des betr. anderen Platzes für die eigene Währung, aus.

Parquet (Parkett) s. *Pariser Börse.*

Part bénéficiaire s. *Pariser Börse III.*

— **de fondateur** s. *Pariser Börse III,* s. a. *Aktie als Wertpapier 1d.*

Partialkrise (-störung) vgl. *Konjunkturtheorie 2.*

Participating Bonds s. *Anleihen mit Zusatzrechten.*

partnership s. *Offene Handelsgesellschaft IV.*

Passiergewicht s. Münzwesen *III.*

— **klausel** s. *Hypothekenbankgesetz 3.*

Passiva s. *Bilanz- und Bilanzkritik.*

Passivgeschäfte der Banken s. *Bankgeschäfte.*

— **zinsen** = Schuldzinsen.

Paßwort ist das Erkennungswort, das vielfach bei der Hinterlegung von Wertpapieren in einem vom Kunden verschlossenen Umschlag bei dem Depot hinterlegt wird. Falls der Hinterlegungsschein abhanden kommt, erleichtert das P. die Erkennung des Berechtigten.

Pauschal-Delkredere-Versicherung s. *Kreditversicherung.*

Peel's act s. *Bank of England I.*

Pensatorische Zahlung, die Zahlung „per aes et libram", d. h. durch Zuwägen von Gold und Silber in ungemünztem Zustand.

Pensionen (als Unkostenfaktor im Bankbetrieb) s. *Erträgnisse des Bankgewerbes II 4.*

Pensions de Bons vgl. *Französischer Geldmarkt III.*

Pensionsgeschäfte sind kurzfristige Belehnungsgeschäfte internationalen und intervalutarischen Charakters. Sie werden in der Regel zwischen

Banken und Bankiers verschiedener Länder abgeschlossen, wobei ein Depot von Wechseln oder Effekten als Unterlage für einen Vorschuß gegeben wird, dessen Dauer meist drei oder sechs Monate beträgt. Der Unterschied gegenüber regulären Belehnungsgeschäften besteht darin, daß diese Unterlage nicht aus solchen Werten zusammengesetzt ist, welche in dem Lande des Geldgebers marktgängig sind, sondern aus solchen, welche dem inneren Geschäftsverkehr des Landes des Geldnehmers entstammen. Wenn also ein deutscher Bankier bei einer französischen Bank französische Effekten auf drei Monate mit französischen Franken beleiht, ist dies nicht als ein P., sondern als ein regulärer Lombard anzusehen; ein P. liegt dann vor, wenn die Sicherheit für das Darlehen von französischen Franken in deutschen Effekten oder deutschen Wechseln besteht.

Der Abschluß solcher Transaktionen hat zur Voraussetzung, daß der Zinsfuß in dem Gläubigerlande ein erheblich niedrigerer ist als in dem des Schuldners. Die Möglichkeit, Wechsel und Effekten des Schuldnerlandes auf diese Art billiger zu mobilisieren als auf dem heimischen Lombard- oder Diskontmarkt, bietet den Anreiz für diese Transaktionen.

Ein Charakteristikum bildet der regelmäßig wiederkehrende Umstand, daß der Geldgeber sein Darlehen in derselben Währung zurückerhalten muß, in der es gegeben wurde. Es bildet ein wesentliches Merkmal jeder Pension, daß sie für den Darlehensgeber ohne Kursrisiko („mit gesichertem Kurse — au change assuré — at insured exchange") abgeschlossen wird. Da der Darlehensnehmer die ihm zur Verfügung gestellten Pensionsgelder fast stets in der Originalwährung n i c h t verwenden kann, muß er sie in die Währung seines Landes umwandeln. Das hiermit verbundene Kursrisiko oder die hieraus erwachsenden Spesen müssen selbstverständlich für die Entscheidung über den Abschluß eines P. für den Geldnehmer mit maßgebend sein.

Die P. gehören insofern in das Gebiet der Arbitragegeschäfte, als bei ihnen die örtliche Preisverschiedenheit zweckentsprechend ausgenützt wird, und zwar in das spezielle Gebiet der Zinsfußarbitragen. Ein Pensionsabschluß enthält stets ein Devisengeschäft, bildet aber keine eigentliche Devisenarbitrage, zu deren vollständiger Abwicklung ja Kauf und Verkauf der Devise gehört. Vielmehr bildet die Devisenoperation hier nur ein Geschäft sekundären Charakters, das sich aus der fast ausnahmslos vorhandenen Notwendigkeit ergibt, das durch die Transaktion erworbene ausländische Guthaben für die Zwecke des Darlehensnehmers in die Landeswährung zu verwandeln. Der einfachste Weg, auf dem dies geschehen kann, ist der V e r k a u f d e r D e v i s e; da aber nach Ablauf der Pensionszeit der Vorschuß in der ausländischen Währung abgedeckt werden muß, trägt der Darlehensnehmer im Falle des Verkaufes der empfangenen Valuta ein nicht unerhebliches Kursrisiko, das bei unvermuteten und starken Preissteigerungen der Devise zu empfindlichen Verlusten führen kann. Um die ausländischen Gelder für die Dauer der Belehnung ohne dieses Risiko in die heimische Währung zu verwandeln, muß man die V a l u t a „h i n e i n g e b e n" (in Report geben; vgl. *Devisen-Swap*).

Pensionen werden, wie schon erwähnt, gewöhnlich auf drei Monate abgeschlossen, Effektenpensionen, insbesondere solche in der später näher zu erörternden Form der Trassierung auch auf sechs Monate; längere Termine sind selten.

Für die Einteilung der Pensionen gibt es verschiedene Gesichtspunkte, unter denen wohl der wichtigste die Unterscheidung nach der Art der Unterlagen ist, welche belehnt werden. Man hat demnach zwischen W e c h s e l pensionen und E f f e k t e n pensionen zu unterscheiden.

Weitere Einteilungsgründe ergeben sich aus der Art, in welcher der Kredit, der auf Grund der belehnten Papiere gewährt worden ist, flüssig gemacht wird. Dies kann entweder dadurch geschehen, daß das ausländische Geldinstitut den Betrag selbst zur Verfügung stellt (direkte Pension) oder in der Weise, daß es sich bereit erklärt, für die Belehnungssumme unter Akzept zu treten (indirekte Pension). In letzterem Falle schreibt der Pensionsgeber auf den Pensionsnehmer eine drei- oder sechsmonatliche Tratte aus, durch deren Begebung er sich die Pensionsvaluta verschafft. Der Rückzahlung der Pension kommt dann die Remittierung des Betrages der Tratte an den Akzeptanten zur Einlösung dieses Wechsels gleich. Während in ersterem Falle der Nutzen des Pensionsnehmers in den Zinssatz einkalkuliert ist, besteht er bei der Trassierung in der Akzeptationsprovision, die ihm der Pensionsgeber für sein Akzept zu bezahlen hat.

Die Alternative, welche von beiden Modalitäten im einzelnen Falle anzuwenden ist, bildet für beide Teile lediglich eine Frage der momentanen Konvenienz und der Kalkulation. Während jedoch die Form der direkten Belehnung bei Wechsel- und Effektenpensionen angewendet wird, greift man zu Trassierungen fast nur bei Pensionen der zweiten Art.

Vom Standpunkte des Geldgebers aus bilden die als Sicherheit gegebenen Wechsel oder Effekten naturgemäß nicht dieselbe Sicherheit wie Wechsel oder Wertpapiere seines eigenen Landes, da sie der Gesetzgebung des Schuldnerlandes unterliegen und im Falle politischer oder ökonomischer Störungen, wie Devisenbeschränkungen, Moratorien, Zahlungsverbote usw. von diesen betroffen werden. Es ist daher erklärlich, daß P. nur in ruhigen Zeiten abgeschlossen werden, in denen der internationale Verkehr klaglos funktioniert, und die Bankiers der kapitalsflüssigen Länder keine Veranlassung haben, den Schuldnern der kapitalsknapperen Wirtschaftsgebiete mit Mißtrauen entgegenzutreten. In Krisenzeiten, wie etwa während der Krise der Jahre 1931/32, werden derartige Geschäfte überhaupt nicht abgeschlossen und die Abwicklung der im Laufe befindlichen Transaktionen bereitet den Kontrahenten manche Verlegenheiten.

Literatur: BLOCH, Zur Theorie und Technik der Wechsel- und Effekten-Pensionen, Wien, 1913.

VICTOR BLOCH.

Pereire, Brüder, s. *Credit Mobilier 1.*

„per Erscheinen" s. *Effektentermingeschäft*, s. *Emissionsgeschäft II 2b.*

Persien s. *Asiatische Kapitalmärkte.*

Persönlichkeit und Organisation im Bankwesen. *1. Einleitung.* Daß im Bankwesen das Problem der Persönlichkeit, d. h. ausgeprägter, schöpferischer, die Entwicklung bestimmender Einzelindividuen stets ein besonders wichtiges und dringliches gewesen ist, braucht kaum näher begründet zu werden. Aber auch das ist nahezu selbstverständlich, daß dieses persönliche Moment im Laufe der Zeiten nach Form und Inhalt nicht gleichgeblieben ist, sondern mit den tiefgreifenden Strukturwandlungen der Bankwirtschaft sich selbst mannigfach verändert hat. Von dem trapezita und mensuarius der Griechen und Römer, die ihren Namen von dem Wechseltisch erhielten, auf dem sie Geldsorten wechselten, führt eine lange und weitschichtige Entwicklung zu dem Vorstandsgremium einer modernen Großbank, von dessen Konferenztisch die Fäden der Kreditbeziehungen über die ganze Welt laufen.

Innerhalb dieser größeren Zeitspanne liegen die entscheidenden Wandlungen in den letzten hundert Jahren. Erst im 19. Jahrhundert entstehen die Gebilde, die wir heute meinen, wenn wir von Banken sprechen, d. h. diejenigen Institute, die sich im Rahmen der volkswirtschaftlichen Funktionenteilung die Vermittlung von Leihkapital zur wesentlichen Aufgabe machen. Man muß sich die einzelnen Etappen dieses Prozesses vor Augen halten, um zu ermessen, welch wechselvolle Anforderungen von Generation zu Generation damit auch an die Persönlichkeiten der Bankleiter gestellt wurden derart, daß ihr Geschäft im Laufe der Zeit zu einem der kompliziertesten, privat- und volkswirtschaftlich verantwortungsreichsten Zweige der modernen Verkehrswirtschaft geworden ist.

2. *Die älteren Wechselbankiers.* Zunächst tritt die Kreditgewährung als Nebenaufgabe des Handels- und Speditionsgeschäfts auf, und diese Kombination läßt sich noch Ende des 18. Jahrhunderts nahezu in allen bedeutenderen Handelsstädten und an den Schnittpunkten des großen Verkehrs nachweisen. Zwei Beispiele mögen genügen:

1785 werden für Berlin als „ansehnlichste Wechselkontore", die zugleich den Warengroßhandel im Eigengeschäft oder kommissionsweise und teilweise die Spedition betrieben, die folgenden genannt: David Splittgerbers sel. Erben, Friedrich Wilhelm Schütze, Walter van Asten sel. Erben und Comp., August Wilhelm Börger, Paul und Cornelius Hesse, Anhalt u. Wagner, Ernst Christoph Döllen, Siegmund und Christian von der Lahr, Christian Friedrich Holzecker, Merk und Neubronner.

In einer Bittschrift des Jahres 1797 an den Rat der Stadt Köln treten als Kölner Wechselbankfirmen J. W. de Beche, Heinrich Josef von Wittgenstein, J. Walter Schaaffhausen, Hubert Fechter, Abraham Schaaffhausen und Josef Wilhelm Wecus auf, die sämtlich zugleich Spedition und Kommission betreiben. Ferner bezeichnet sich Joh. David Herstatt als „Seiden- und Floretbandfabrik und Wechselgeschäft".

Der Übergang zum reinen Bankgeschäft vollzieht sich sodann ganz allgemein in der ersten Hälfte des 19. Jahrhunderts. Aber diese seine Herkunft gab ihm für lange Zeit das Gepräge. Auch dieses reine Bankgeschäft stand noch immer dem Handel am nächsten, dem es im wesentlichen Wechselkredite und jederzeit kündbare Buchkredite für den laufenden Warenumsatz gewährte.

So findet sich auch damals das Bankwesen noch überwiegend an den Handelsplätzen. Hier tritt es als Privatbetrieb auf. Der Inhaber stellt persönlich aus eigenem Vermögen und dem seiner Verwandtschaft den entscheidenden Teil des Kapitals. Fremde Mittel werden nur ergänzend herangezogen. Damit ist zugleich gesagt, daß das Geschäft sich in den Grenzen von Klein- und Mittelbetrieben hält. Der Chef gibt auch im übrigen dem Geschäft das entscheidende Gepräge. Ein patriarchalisches Verhältnis verbindet ihn mit der kleinen Zahl seiner Angestellten. Er leitet den Geschäftsgang in allen Einzelheiten. Seine vertrauenswürdige Persönlichkeit ist bestimmend für den Ruf der Firma und für die Beziehungen zur Kundschaft. Ein enger Kontakt mit der letzteren, die örtliche Beschränkung und ein hohes Maß von Erfahrung begrenzen das Risiko. Wo die Dinge komplizierter liegen, findet eine gewisse Spezialisierung statt. Derartiges wird z. B. von dem französischen Provinzbankwesen berichtet. „Woll-, Tuch-, Leder- und Gewürzhandel hatten verschiedene Banquiers" (Aussage von Thiers in der Bankenquête von 1865). Im übrigen vollzieht sich der Betrieb in traditionellen Formen.

Eigenartig ist an einzelnen Stellen und unter besonderen Verhältnissen die Anziehungskraft, die das Bankgeschäft auf die Angehörigen bestimmter Nationen, Konfessionen und Rassen ausgeübt hat. Frankreich erwies sich zunächst in dieser Hinsicht als rückständig. Napoleon äußerte sich 1806 im Staatsrat: „La France manque d'hommes qui sachent ce que c'est la banque; c'est une race d'hommes à créer." Und eine ganz entscheidende Gruppe von Häusern, die in den nächsten Jahrzehnten zur Pariser Haute Banque gehörten, wie Hottinguer, Mallet, Delessert waren protestantische Schweizer, meist aus Genf stammend. Noch Wallich stellte in seinen Lebenserinnerungen fest, daß bis zur Begründung der großen Aktienbanken die Träger des eigentlichen französischen Bankgeschäfts calvinistische Schweizer und deutsche Juden waren. Entgegen der allgemeinen Auffassung spielen aber im übrigen die Juden, wenigstens in dem Bankgeschäft, von welchem hier zunächst die Rede ist, noch keine größere Rolle. Es war ihnen im Gegenteil besonders in Gegenden, in denen die katholische Konfession überwog, vielfach verwehrt. Dieses Schicksal teilten sie in solchen Fällen mit den Evangelischen, nicht nur im Bank-, sondern auch im Handelsgeschäft, soweit es in den Städten domizilierte; und es hing dies mit deren ursprünglich zünftiger Organisation zusammen. Das alte Kölner Bankwesen ist hierfür ein gutes Beispiel.

3. *Entstehung des Effektengeschäfts. Das Haus Rothschild.* Dagegen haben jüdische Elemente an einer anderen Stelle die Entwicklung des modernen Bankwesens entscheidend gefördert. Sie waren wesentlich daran beteiligt, zunächst im staatlichen Kreditwesen die Formen der neuzeitlichen Wertpapiere und den Handel in ihnen auszubilden. Vielfach kamen sie von dem kleinen Geldwechsel- und Pfandleihgeschäft her und stiegen, sofern sie Erfolg hatten, an den Höfen des Absolutismus zu „Hofjuden" und „Hoffaktoren" auf. Sie entwickelten im Darlehnsgeschäft an ihre Patrone vor allem die modernen Anleihen (auf Inhaber lautende Partialobligationen mit Zinscoupons und Talons, mit festem Tilgungsplan und Tilgungsfond) und wurden zu Emissionshäusern großen Stils — alle überragend das Haus Rothschild.

Seit den 1830er Jahren kommen die Eisenbahnanleihen und Eisenbahnaktien hinzu, erstere in ihrer Konstruktion den öffentlichen Fonds nachgebildet und letztere aus älteren Ansätzen, die sich in den Handelskompagnien des 17. und 18. Jahrhunderts vorfinden, nun gleichfalls zu fungiblen Inhaberpapieren gestaltet. Und wieder sind es jene bereits erwähnten, im Staatsanleihegeschäft versierten, in ihm reich gewordenen jüdischen Häuser, die sich der Finanzierung des Eisenbahnbaus in besonderem Maße zuwenden.

Man muß sich das Ausmaß und den Stil dieser neuen bankgeschäftlichen Transaktionen klarmachen, um die Wandlung zu erkennen, die damit der Typ dieser Bankiers schon in der ersten Hälfte des 19. Jahrhunderts erfährt. Die Emissionen und Konversionen der großen Staatsanleihen, vielfach vorbereitet und eingeleitet durch kurzfristige Kreditgewährung, und die Finanzierung der völkerverbindenden Eisenbahnen waren durchaus Angelegenheiten großen internationalen Formats. Und die Organisation des Hauses Rothschild trug dieser Tatsache in der geschicktesten Weise Rechnung. Meyer Amschel Rothschild hatte die Frankfurter Firma um 1770 begründet, und für ihren Aufstieg war die Verbindung entscheidend geworden, die er zu dem hessischen Kurfürsten gewonnen hatte. Als Meyer Amschel 1812 starb, hinterließ er die Bestimmung, daß die Firma als unteilbares Ganzes erhalten bleiben solle. Chef des Frankfurter Stammhauses wurde sein ältester Sohn Anselm Mayer, während die anderen Söhne die Firma an den wichtigsten Weltplätzen vertraten: Nathan in London, James in Paris, Salomon in Wien, Karl Mayer in Neapel. Und nicht zuletzt auf den innigen

Zusammenhalt dieser fünf Brüder war es zurückzuführen, daß das Haus Rothschild zur größten Finanzmacht seiner Zeit emporwuchs und jahrzehntelang im großen europäischen Finanzgeschäft ein unbestrittenes Monopol behauptete.

Wo sich aber so an einzelnen Zentralplätzen der Wirtschaft nun auch das Börsengeschäft und der Geldmarkt konzentrierte, hoben sich außer den Rothschilds seit Ende des 18. Jahrhunderts und dann vor allem in den ersten Jahrzehnten des 19. Jahrhunderts auch einzelne andere Firmen zu überlokaler Bedeutung heraus und bildeten, wenigstens an den Weltplätzen, jene schon erwähnte Haute Banque. In Paris gehörten ihr außer den genannten Häusern schweizerischer Herkunft noch Lafitte, Périer, Vernes, Perregaux an. Durch BALZAC sind sie in die Literatur eingegangen. In Wien dominierten zur Zeit des Kongresses Fries & Co. (übrigens auch schweizerischer Provenienz), Steiner & Co., Geymüller & Co. sowie Arnstein & Eskeles. In Frankfurt sind Gebrüder Bethmann, Grunelius & Goll zu nennen. Berlin spielte dagegen in dieser Hinsicht noch kaum eine Rolle.

4. Verbindung des „regulären" und des „irregulären" Geschäfts. Das Gros des Bankierstandes bildete indessen noch immer jene ersterwähnte Gruppe von Wechselbankiers kleineren Formats. Zwar waren sie jetzt nicht mehr, wie anfänglich, auf die Gewährung von Handelskrediten beschränkt. Je mehr der Industriekapitalismus sich durchsetzte und die Fabrik das Handwerk verdrängte, mußten auch zur Durchführung des laufenden Produktionsprozesses Kredite bereitgestellt werden, und der Bedarf der Wirtschaft an Betriebskapital erfuhr damit eine rasche Steigerung. Das war jedoch zunächst nichts grundsätzlich Neues. Ein völlig neues Problem ergab sich aber aus der weiteren Tatsache, daß jetzt, den veränderten technischen Fortschritten entsprechend, bevor der Produktionsprozeß begann, die Daueranlagen geschaffen werden mußten, auf denen er sich abspielte: Bergwerke, Fabriken, Büros, Lagerräume, Stapel- und Warenhäuser, Kraft- und Arbeitsmaschinen, Eisenbahnen und Dampfschiffe. Das bedeutete die Notwendigkeit, den Kreis der von den Banken betriebenen Geschäfte auf die Bereitstellung von Anlagekapital auszudehnen, das laufende Geschäft mit seinen Wechsel- und Buchkrediten durch das Gründungs-, Emissions- und Effektengeschäft zu erweitern. Denn die Unternehmungen der entstehenden Großindustrie nahmen, wie zuvor schon die Verkehrsunternehmungen, die Gestalt von Aktiengesellschaften an. Industrieaktien, Industrieobligationen und Pfandbriefe wurden damit neben den Eisenbahnaktien und -anleihen die papierenen Repräsentanten der in der Wirtschaft investierten Dauerkapitalien. Sie rückten in die Kurszettel ein, die ursprünglich nur Wechselkurse und späterhin einzelne öffentliche Fonds notiert hatten. In ihnen entwickelte sich ein täglicher Handel mit Kassa- und Termingeschäft, für welchen fachmännische Vermittlung notwendig wurde, und das gleiche war erforderlich bei Neugründungen und Emissionen, wenn neu gebildete Vermögensteile zu werbender Anlage in die Wirtschaft übergeführt werden sollten.

Abermals muß man sich vor Augen halten, daß damit für das Bankwesen Umstellungen nach verschiedenen Richtungen hin verbunden waren und daß neue organisatorische Probleme aufgeworfen wurden. Der Banquier wurde jetzt in eine sehr viel engere Verbindung zur Gesamtwirtschaft gebracht. Er ward mit seiner Kundschaft auf lange Sicht verknüpft. Er ward aus den bisherigen traditionalen und gefestigten Bahnen hineingezogen in den Wellengang der Konjunkturen, in jenen eigenartigen Wechsel von Aufschwung und Stockung, der seit der Mitte des 19. Jahrhunderts auch der deutschen Wirtschaft den Rhythmus gab. Im konjunkturellen Aufschwung wurden besondere Ansprüche an seine Weitsicht, seinen Wagemut, seine Initiative gestellt, weil sich in dieser Phase die wirtschaftliche Expansion mit verstärkter Wucht vollzog, wie andererseits die Stockungsphase mit ihren Gegenbewegungen zu erhöhter Vorsicht zwang. Aber über diese periodischen Schwankungen hinweg setzte sich die säkulare Umbildung vom Agrarstaat zum Industriestaat durch, und auch diesen Prozeß konnte ein Bankwesen, das die neuen Aufgaben bewußt ergriff, entscheidend beeinflussen und beflügeln. Mit ihrer Kredit- und Emissionspolitik konnten die Banken gleichsam seine Schrittmacher werden und ihm die entscheidende Richtung geben. Ein neuer Typ des Bankiers mit im einzelnen wie im ganzen wesentlich veränderten Zügen wird damit sichtbar.

5. Bankgesellschaften, Bankdirektoren. Dazu ward jetzt das Bankwesen selbst in den allgemeinen Prozeß der Vergesellschaftung hineingezogen, der sich ringsum abspielte. Die Privatfirma zeigte sich als Grundform des Bankbetriebs unzulänglich. Die Wirtschaft entfaltete mit dem Übergang zur Massenproduktion so kräftig wachsende Kapitalanforderungen, daß die Banken in weit höherem Maße als bisher auf elastische Erweiterung ihrer eigenen Mittel bedacht sein mußten.

So ist die Zeit der Bankgesellschaften gekommen. Denn die Aktienbank vor allem besaß jene erwähnte Elastizität in der Möglichkeit, ihr Grundkapital nach Bedarf zu erweitern. Und indem das Gesetz ihr die Veröffentlichung von Bilanzen zur Pflicht machte und der Öffentlichkeit damit einen Einblick gewährte, den die Privatfirmen bisher verweigert hatten, gewann sie in einem zunächst gar nicht geahnten Maße das Vertrauen des Publikums. Das wurde um so wichtiger, je mehr die Depositen neben den eigenen Mitteln der Banken Bedeutung erlangten. An die Spitze dieser Gesellschaftsbanken traten jetzt durch freien Arbeitsvertrag verpflichtete Persönlichkeiten, und neben dem Privatbankier steht fortan als weiterer Repräsentant des bankgeschäftlichen Unternehmertums der Bankdirektor, das Mitglied des Vorstands der Aktienbank. Im Privatgeschäft war der Nachwuchs vielfach nicht ausreichend. Verfolgt man die Geschichte des Bankwesens an einem einzelnen Platz durch die Generationen, so ist immer wieder der rasche Wechsel der Firmen erstaunlich. In der „ewigen Persönlichkeit" der Aktiengesellschaft war dagegen die Kontinuität gewährleistet und der Fachbegabung der Zugang geöffnet. Man vergegenwärtige sich nochmals, was das für die Lösung der dringenden, vielgestaltigen und langfristigen Aufgaben bedeutete.

Auf ein letztes Organisationsproblem ist hinzuweisen. Es bestand zunächst durchaus die Möglichkeit, die aus der Vergangenheit überkommenen Institute auch weiterhin auf das „reguläre" Bankgeschäft zu beschränken und für das neue „irreguläre" Geschäft eigene Institute zu schaffen. England ist bekanntlich diesen Weg gegangen. Für das französische und vor allem für das deutsche Bankwesen wurde es dagegen entscheidend, daß hier das Umlaufsgeschäft bewußtermaßen in eine organische Verbindung mit dem Anlagegeschäft gebracht wurde. So entstand der Typ der „gemischten Bankwirtschaft", der „Universalbank", der hinfort der spezifisch deutsche Banktyp werden sollte, während das französische Bankwesen weiterhin mehr zu einer Mittelstellung zwischen dem englischen System der Arbeitsteilung und dem deutschen System der Arbeitsvereinigung hin tendierte.

6. Die Gründerära der 1850er Jahre. Diese die ganze weitere Entwicklung bestimmenden Entscheidungen werden in Frankreich und Deutschland fast zur gleichen Zeit getroffen: in der Hochkonjunktur der 1850er Jahre. In Frankreich ist der symptomatische Vorgang die Gründung des *Crédit mobilier* (s. d.), Paris, durch die Brüder Emile und Isaac Pereire.

Eine Reihe von Motiven spielten hierbei mit. Die neue Aktienbank sollte die Machtstellung des Hauses Rothschild brechen. St. Simonistische Jugendideen gaben den Pereires den Zug ins Große und Ungemeine: Das neue Institut sollte sozusagen mit einem Schlag die alte Welt aus den Angeln heben und es wurde zu diesem Zweck mit 60 Millionen Francs Grundkapital und dem Recht zur Ausgabe von 600 Millionen Francs Obligationen ausgestattet. Der Mut aber, den großen Wurf zu wagen, strömte aus ihrer inneren Natur. Denn auch im Bankwesen kehrt ein Gegensatz wieder, der dem modernen Unternehmertum ganz allgemein eigen ist: den aufbauenden Naturen mit ausgeprägtem Sinn für die Realitäten und für ein organisches Wachstum stehen die merchant adventurers, die promotors gegenüber, wagemutige Elemente, ausgestattet mit starker Phantasie, erfüllt von Ideen, fähig zu raschen Kombinationen, geschwellt von Optimismus und darum zu kühnen Spekulationen geneigt. Sie treten in den Hochkonjunkturen als „Gründer" auf, um durch Gründungen den Fortschritt zu realisieren. Die Börse wird ein wichtiges Feld ihrer Betätigung und ein virtuos gebrauchtes Mittel für ihre Zwecke. Die Entartungen, die dabei unterlaufen, sind Gründungsschwindel, Agiotage und Jobberei. Zola hat in Saccard, dem Helden seines Romans „L'Argent", den Typ geschildert, und Saccards Vorbild waren ihm die Pereires. Aber der Typ kehrt in den Hausseperioden der folgenden Jahrzehnte immer wieder: in Strousberg, Bontoux und anderen, bis in die jüngste Zeit in Gestalten wie dem belgischen Finanzier Alfred Löwenstein oder — nun schon halb Genie, halb Betrüger — in Ivar Kreuger.

Die Geschicke des Crédit mobilier, sein glänzender Aufstieg, sein in großem Stil eingeleitetes Finanzierungsgeschäft, seine Entartung zu einer maison de jeu und sein schließlicher Zusammenbruch im Jahre 1867 können hier nicht einmal angedeutet werden (vgl. *Credit mobilier*).

In Deutschland wurde die neue Bahn weniger stürmisch, in stärkerer Anknüpfung an die aus der Vergangenheit überkommenen Ansätze betreten. Das galt im besonderen für den A. Schaaffhausen'schen Bankverein, die erste deutsche Aktienbank, die 1848 aus der Rekonstruktion des notleidend gewordenen Kölner Privatbankhauses A. Schaaffhausen hervorging. Die entscheidende Persönlichkeit war hierbei der Kölner Gustav Mevissen, eine Gestalt von ganz besonderem Format, selten in der Verbindung von praktischem Verstand und sozialökonomisch geschultem Blick. Wie wenige seiner Zeitgenossen hat er den Sinn dieser Zeitwende für das deutsche Bankwesen begriffen und präzis formuliert:

„Die Unzulänglichkeit der in Deutschland bestehenden Bank- und Kreditinstitute war seit Jahren eine von fast allen Organen der öffentlichen Meinung anerkannte, in den Verhandlungen der Parlamente und Kammern niedergelegte, von tausendfachen Vorschlägen zur Abhilfe begleitete Tatsache. Diese Unzulänglichkeit wurde um so fühlbarer, je mehr die deutsche Industrie sich entwickelte, je mehr Produktion und Export stiegen, und je mehr mit großartigen Mitteln ausgerüstete Aktiengesellschaften auf den verschiedensten Gebieten der Industrie die den Bedürfnissen der Gegenwart entsprechende Konzentration der Kapitalien und Kräfte herbeiführten ... Die deutsche Industrie, welche in dem letzten Jahrzehnt ihre Produktion und ihr Betriebskapital verdoppelte, forderte neue Banken für Handel und Industrie, welchen sie vorübergehend die zu ihrem Betrieb dienenden Kapitalien verzinslich in laufender Rechnung überweisen oder von welchen sie zur Verstärkung ihres Betriebskapitals vorübergehend Vorschüsse in laufender Rechnung entnehmen konnte. Das durch Aussicht auf hohe Rente den industriellen Unternehmungen mehr und mehr zugewandte Kapital der Kapitalisten forderte Institute, geeignet und geneigt, sowohl vorübergehend bis zu einer sich darbietenden festeren Anlage das flüssige Kapital mäßig zu verzinsen, wie bei der Anlage selbst mit Einsicht und Zuverlässigkeit zu leiten und durch Rat und Mitwirkung solche industriellen Schöpfungen ins Leben zu rufen, welche, wirklichen und anerkannten Bedürfnissen entsprechend, bei guter Leitung eine angemessene Rentabilität verbürgen. Das war die Lage des deutschen Bankwesens, das waren die Forderungen der deutschen Industrie am Schluß 1852."

Wie wenige sonst hat Gustav Mevissen aber auch bei der Realisierung dieser Forderungen mitgewirkt. Mit dem Bankhaus Sal. Oppenheim jr. & Co., Köln, und anderen rief er 1853 die Bank für Handel und Industrie in Darmstadt ins Leben — dieser Name zugleich ein Programm — und 1856 im gleichen Konsortium sowie in Verbindung mit den Berliner Häusern Mendelssohn und Bleichröder die Berliner Handelsgesellschaft. Kurz zuvor hatte der neue Banktyp in Berlin schon durch die Disconto-Gesellschaft Gestalt erhalten. 1851 war sie durch David Hansemann zunächst als eine Art Kreditgenossenschaft für das Berliner Handwerk gegründet worden. In dieser Form konnte sie ihrem Schöpfer, der seiner ganzen geistigen Struktur nach ein Staatsmann und ins Weite zu wirken berufen war, unmöglich genügen; so bildete er sie 1856 zu einer Universalbank großen Stils um und die Disconto-Gesellschaft hat unter seiner Leitung und der seines Sohnes Adolph Hansemann durch mehrere Jahrzehnte unbestritten eine dominierende Stellung im deutschen Bankwesen behauptet. In außerordentlichem Maße ist sie Mitschöpferin wichtiger industrieller und verkehrswirtschaftlicher Unternehmungen im In- und Ausland geworden.

In diesem Zusammenhang seien noch einige Daten über die eben erwähnten beiden Berliner Privatbankhäuser Mendelssohn und Bleichröder nachgetragen, die lange Zeit die bedeutendsten ihrer Art in Berlin waren. Das Haus Mendelssohn war 1795, das Haus Bleichröder 1803 gegründet worden. Der Aufstieg Samuel Bleichröders hing damit zusammen, daß er 1828 der Berliner Agent des Hauses Rothschild geworden war, das ja selbst niemals eine eigene Niederlassung in Berlin errichtet hat. Auf die Höhe des Ruhmes führte Gerson Bleichröder das Geschäft; er war der Vertrauensbankier der Preußischen Regierung, der er in kritischen Zeiten verschiedentlich wertvolle Dienste geleistet hat, und der finanzielle Ratgeber Bismarcks. Bei Mendelssohn sind aus der ersten Generation Joseph und Abraham Mendelssohn zu nennen, aus der zweiten Paul und Alexander Mendelssohn, und weiterhin Ernst Mendelssohn-Bartholdy. Gleich der Firma Rothschild und in vielen Konsortien mit ihr pflegte das Haus Mendelssohn vor allem das große Anleihegeschäft, während es sich — auch darin den Rothschilds gleich — gegenüber Gründungen und Beteiligungen an industriellen Unternehmungen zurückhaltend verhielt. Dagegen arbeitete Gerson Bleichröder auch auf diesem letzteren Gebiet vielfach mit der Disconto-Gesellschaft zusammen. Die ersten Beziehungen des Hauses Mendelssohn zu Rußland datieren aus den 1850er Jahren; sie gestalteten sich so innig, daß Mendelssohn weiterhin „der" Bankier Rußlands wurde und es bis zum Ausbruch des Weltkrieges blieb.

7. Die Gründerära der 1870er Jahre in Deutschland. Außer den genannten Firmen entstanden in der Hochkonjunktur der 1850er Jahre noch eine Reihe von Kreditanstalten (wie die Übersetzung von Crédit mobilier lautete), Kreditgesellschaften, Bankvereine, Vereinsbanken oder wie sonst der neue Typ bezeichnet wurde, in Mitteldeutschland, Hamburg, Sachsen, Schlesien. A. Lansburgh hat den Gesamtbetrag ihrer Aktienkapitalien und Reserven für 1857 auf 72 Millionen Taler berechnet.

Die zweite noch weit größere Ära von Bankgründungen liegt aber in dem Jahrfünft 1867 bis 1872, das ja auch allgemeinwirtschaftlich wieder eine machtvolle Hochkonjunktur in sich schließt. Außer Mitteldeutschland sind jetzt besonders der rheinisch-westfälische Industriebezirk und Süddeutschland und abermals Berlin der Schauplatz der

Neuschöpfungen. Nur zwei Firmen seien hervorgehoben: die Deutsche Bank, Berlin aus dem Jahre 1870 und die Dresdner Bank, Dresden, 1872. Bei der letzteren wurde sehr bald Eugen Gutmann der führende Kopf. Bei der Gründung der Deutschen Bank klang ein neuer Gedanke an: ihr ursprünglicher Zweck war, die nun schon stärker ausgeprägten Beziehungen des deutschen Außenhandels durch Vermittlung des überseeischen Zahlungsverkehrs und durch Kreditgewährung zu fördern. Die Initiative ging von Adalbert Delbrück, dem Chef eines bisher noch nicht erwähnten Berliner Privatbankhauses Delbrück, Leo & Co., und von dem bekannten Währungspolitiker Ludwig Bamberger aus und entscheidend für ihren Aufstieg war, daß der jugendliche Georg Siemens für ihre Direktion gewonnen wurde. Ihm traten weiterhin Hermann Wallich, Max Steinthal und Rudolf Koch an die Seite. Neben dem älteren Leiter der Disconto-Gesellschaft Adolph v. Hansemann ist Georg v. Siemens in den folgenden Jahrzehnten wohl die prominenteste Persönlichkeit der Berliner Bankwelt geworden.

Im übrigen genüge die summarische Feststellung, daß nach den schon erwähnten Berechnungen von Lansburgh das Eigenkapital der deutschen Kreditbanken 1873 auf 934 Millionen M. angewachsen war. Damit wird die völlige Wandlung der Situation deutlich. Wenn vielleicht noch um 1870 die Kapitalkraft der Privatbankiers den Aktienbanken die Wage gehalten hatte, so lag seither das Schwergewicht bei den letzteren und es verschob sich im weiteren Gang der Dinge mehr und mehr nach ihrer Seite — mit all den oben bezeichneten Konsequenzen, die sich damit für den Typ des Bankleiters ergaben.

8. Entstehung der großen französischen Depositenkassen. Ergänzend sei nachgetragen, daß der Crédit mobilier in Frankreich nicht die erste französische Aktienbank gewesen war, sondern daß die Regierung auch hier 1848 erstmals ihren Widerstand gegen die Bankgesellschaften aufgegeben hatte. So war, um akuten Kreditschwierigkeiten zu begegnen, in diesem Jahr das Comptoir d'Escompte de Paris errichtet worden. Als es 1889 infolge unglücklicher Kupferspekulationen seines Direktors Secretan zusammenbrach, ward es mit Hilfe der Regierung in das Comptoir National d'Escompte de Paris umgewandelt. Die beiden anderen heute führenden französischen Aktienbanken sind kurz nacheinander in den 1860er Jahren entstanden: 1863 der Crédit Lyonnais, dessen großzügiger und für das französische Depositenbankwesen richtunggebender Ausbau Henri Germain zu danken ist, der das Institut 42 Jahre lang geleitet hat, und 1864 die Société Générale pour favoriser le développement du Commerce et de l'Industrie en France, bei deren Gründung das Pariser Haus Rothschild und andere Gegner der Pereires mitwirkten.

Im übrigen behauptete sich im französischen Bankwesen der Stand der Privatbankiers mit seiner Spitze, den großen Pariser Häusern, auch weiterhin gegenüber den Aktienbanken stärker als das in Deutschland der Fall war. Zwischenfälle, wie erwähnt beim Comptoir d'Escompte, oder der Bontoux-Krach, der 1882 zum Zusammenbruch der Union Générale führte, haben ferner in Frankreich immer wieder zur Vorsicht gemahnt und dem Arbeitsprogramm der Depositenbanken eine Richtung gegeben, die es mehr der englischen Arbeitsteilung als der konsequenten Kombination aller Geschäftszweige wie in Deutschland näherte derart, daß das Emissionsgeschäft an entscheidenden Stellen eigenen Banques d'Affaires übertragen wurde. Als erste dieser Art war schon 1872 die Banque de Paris errichtet worden.

9. Innerer und äußerer Ausbau. Fremde Gelder. Filialen. Hier wie dort war damit der neue Bankapparat in seinen Grundzügen geschaffen worden. Die weitere Geschichte ist im großen gesehen der Ausbau des Geschaffenen, seine Anpassung an den über alle Schwankungen der Konjunkturen anhaltenden Kapitalbedarf der Wirtschaft und — nicht zuletzt — eine Neuordnung des Ganzen im Sinne einer Zusammenfassung zu immer leistungsfähigeren Gebilden. Auch diese Entwicklung kann hier nicht ausführlich geschildert werden. Es muß die Betonung einiger wichtiger Züge genügen.

Im Verlauf einer Konzentrationsbewegung, von der noch zu sprechen ist, sind auch die eigenen Mittel der Banken in große Dimensionen gewachsen. Weit bedeutsamer ist aber die Tatsache, daß ihr Aktivgeschäft mehr und mehr auf fremde Mittel aufgebaut wurde und daß die Banken sich damit zu Kapitalvermittlern wandelten, die selbst Kredit nehmen, um Kredit geben zu können — mit allen Rückwirkungen auf die Liquiditätspolitik, die Gewinnrechnung, die Außenorganisation usw. Gustav Mevissen hatte sich 1856 im Geschäftsbericht des A. Schaaffhausenschen Bankvereins geäußert: „Wir erachten es im Interesse vollkommener Sicherheit unseres Instituts nicht für zweckmäßig, durch erleichternde Bedingungen auf eine Steigerung der Depositen hinzuwirken, da wir es vorziehen, den Betrieb der Geschäfte, soweit als dies bei der Natur des Bankwesens möglich ist, nur mit eigenen Mitteln zu bewirken.“ Die englischen und auch die französischen Banken hatten frühzeitig den entgegengesetzten Standpunkt eingenommen. „Les affaires — c'est l'argent des autres“. Dasjenige Institut, das in Deutschland in dieser Hinsicht die Initiative ergriff und dem die deutsche Bankwirtschaft die großzügige Organisation des *Depositengeschäfts* (s. d.) zu danken hat, ist die Deutsche Bank. Als sich herausstellte, daß sich ihr überseeisches Programm nicht in einem einzigen raschen Anlauf verwirklichen ließ, wurde sie von Georg Siemens, der seinerseits dabei das englische Vorbild im Auge hatte, zur Depositenbank modernen Stils ausgebaut. Heute ist bekanntlich im englischen, französischen und deutschen Bankwesen der Zustand erreicht, daß die eigenen Mittel an allen drei Stellen nur einen Bruchteil der werbenden Mittel ausmachen, während der Hauptteil auf Kreditoren, Depositen und (in geringerem Umfang) auf Akzepte entfällt.

Für die Außenorganisation hatte das die Folge, daß die Banken sich dezentralisierten, und der Ausbau eines Netzes von Filialen und Depositenkassen hat hierin einen seiner Gründe. Unter den deutschen Großbanken haben sich die Disconto-Gesellschaft und die Berliner Handelsgesellschaft am längsten gegen diese Konsequenz gesträubt. Adolf v. Hansemann wollte Verantwortlichkeiten nur mehr im eigenen Hause übernehmen, nachdem er mit der 1871 gegründeten Provinzial-Disconto-Gesellschaft unangenehme Erfahrungen gemacht hatte; und zur Gründung der ersten inländischen Filiale der Disconto-Gesellschaft gab ihm in seinen letzten Lebensjahren ein äußerer Vorgang den Anlaß: die Liquidation der Frankfurter Firma Rothschild nach dem Tod des Barons Willy v. Rothschild im Jahre 1901, deren Kundschaft damit teilweise auf die Disconto-Gesellschaft überging. Die Berliner Handelsgesellschaft hat dagegen bis heutigentags an dem Grundsatz straffer Zentralisation festgehalten. In ihr war seit 1887 Carl Fürstenberg der spiritus rector geworden, und es entsprach seiner eigenwilligen Persönlichkeit und seinen konstruktiven Fähigkeiten, daß er seiner Bank mehr den Zuschnitt eines großen Privatbankhauses als den einer Depositenbank gab.

Immerhin ist zu sagen, daß auch die deutschen Aktienbanken in ihrer Gesamtheit zögernd an eine Auflockerung ihrer Außenorganisation herangetreten sind. Noch um 1905 verfügten sämtliche Berliner Großbanken erst über 35 inländische Filialen. Allerdings war zu gleicher Zeit und noch lange darauf neben ihnen eine beträchtliche Zahl bedeutender Provinzbanken vorhanden, die sich ihrerseits ebenfalls auf ihren Sondergebieten zu dezentralisieren begonnen hatten. Erst seitdem auch diese Institute ihre Selbständigkeit verloren haben — worauf sogleich zurückzukommen ist — hat das Filialnetz der deutschen Banken seine heutige Dichte erhalten. Aber selbst damit bleibt es erheblich hinter der noch weitergehenden Dezentralisation der großen englischen und französischen Depositenbanken zurück.

10. Provinzbanken, Interessengemeinschaften. Auf den äußeren Aufbau des Bankwesens haben indessen noch andere Faktoren eingewirkt. Wichtige Tendenzen ergaben sich aus dem Gegensatz zwischen Zentrum und Peripherie. Weit früher als in Deutschland hatte sich in Frankreich die Landeshauptstadt auch zum finanziellen Mittelpunkt entwickelt. In Deutschland war von Anfang an das wirtschaftliche Eigenleben seiner einzelnen Teilgebiete ein größeres gewesen. So war ja auch der neue Banktyp, wie oben dargelegt, zuerst im deutschen Westen und Süden gefunden worden: Schaaffhausen und Darmstädter Bank! Das Jahr 1871 hatte sodann die politische Einheit gebracht. Berlin war zur Reichshauptstadt geworden. Von da ab datiert auch seine finanzielle Vormachtstellung. Die *Berliner Börse* (s. d.) hatte schon seit den 1860er Jahren Frankfurt überflügelt und sich weit mehr als dieses dem Handel in Eisenbahn- und Industrieaktien geöffnet. In der Hausse der Jahre 1871/72 war sie bereits unbestritten führend und von da ab bildete sich Berlin überdies zum Zentralgeldmarkt aus.

So werden interessante Bewegungen teils zentripetaler, teils zentrifugaler Richtung eingeleitet. Einerseits schaffen sich einzelne größere Institute von der Peripherie her in Berlin Stützpunkte, zunächst in Gestalt von Kommanditen, sodann durch Errichtung von Filialen, die weiterhin, je mehr sich das Schwergewicht nach Berlin verschiebt, in wichtigen Fällen zu den Zentralen werden. Es errichten in Berlin Filialen die Darmstädter Bank 1871, die Mitteldeutsche Creditbank (Meiningen-Frankfurt) 1872, die Dresdner Bank 1881, Schaaffhausen 1891, die Commerz- und Discontobank (Hamburg) 1897.

Andererseits wuchsen die Berliner Banken mit ihren zunehmenden industriellen und kommerziellen Interessen auch als Kreditgeber und Emissionshäuser rasch über ihren ursprünglichen lokalen Rahmen hinaus und schon in den 1870er Jahren sind die ersten großangelegten Versuche unternommen worden, von Berlin aus durch Gründung von Zweigstellen in der Provinz Fuß zu fassen. Zwei Firmen seien genannt: die 1870 gegründete Deutsche Unionbank und die von der Disconto-Gesellschaft 1871 ins Leben gerufene Provinzial-Disconto-Gesellschaft. Aber diese Versuche sind sehr bald gescheitert. Es ging offenbar noch über das Vermögen der Zeit hinaus, für die notwendige Selbständigkeit solcher Filialen einerseits, ihre straffe Überwachung andererseits die geeigneten organisatorischen Formen zu finden — auch dies ein interessantes Beispiel für den Wandel der bankwirtschaftlichen Möglichkeiten.

Diese und andere Erfahrungen in der auf die Hochkonjunktur der 1870er Jahre folgenden Krise haben noch lange nachgewirkt. Als ein Ergebnis der Gründerära von 1870 bis 1872 kann gelten, daß das Berliner Bankwesen den Vorsprung eingeholt hatte, den andere Teile Deutschlands ihm voraus gehabt hatten, und auch weiterhin kamen Berlin eine Reihe von Entwicklungsmomenten wie die immer engere volkswirtschaftliche Arbeitsteilung oder die zunehmende weltwirtschaftliche Verflechtung zugute. Um 1880 kann man annehmen, daß die Berliner und die Provinzbanken sich ihrer Kapitalkraft nach etwa die Wage hielten. Nach der bekannten, 1883 beginnenden Statistik des Deutschen Ökonomist wiesen in diesem Jahr erstere 1016 Millionen M. eigene und fremde Mittel, letztere 946 Millionen M. aus — also fast ein Verhältnis von 1 zu 1. Aber noch 1910 ist dieses gleiche Verhältnis gewahrt: Berliner Banken 7757 Millionen M., Provinzbanken 7258 Millionen M. In diesen drei Jahrzehnten ist also die Kapitalkraft der deutschen Banken um das achtfache gestiegen und beide Gruppen haben daran gleichen Anteil gehabt.

Der äußere Aufbau des deutschen Bankwesens in der Vorkriegszeit läßt sich somit dahin kennzeichnen, daß neben den Berliner Instituten mit ihren besonderen Aufgaben ein selbständiges Provinzialbankwesen sich behauptete, vor allem im Westen Deutschlands, aber auch in Süddeutschland, Sachsen, Schlesien, an der Wasserkante und anderwärts. Und unter ihnen befand sich eine stattliche Zahl, die durchaus als Großbanken gelten konnten, mit Aktienkapitalien von 60 bis 100 Millionen M. (während gleichzeitig, um 1910, die größten Berliner Institute über Aktienkapitalien von 200 Millionen M. verfügten). Diese Provinzialgroßbanken befriedigten den Kreditbedarf ihres besonderen Bezirks, pflegten das laufende und das Emissionsgeschäft und waren in ihrem Sonderbereich ebenfalls dezentralisiert, mit z. T. weit ausgebauten Filialnetzen, z. B. im rheinisch-westfälischen Industriebezirk.

Dieser Prozeß ist vielleicht bisher nicht genügend beachtet worden. Jedenfalls stellen die Leiter dieser Provinzialgroßbanken eine neue Variante des Bankdirektorentyps dar. Es sind z. T. sehr ausgeprägte Persönlichkeiten — Männer von großer Tatkraft, mit besonders intimen Beziehungen zur Industrie, mit hohen wirtschaftlichen Erfahrungen. Ihre Gegenspieler sind nicht die Berliner Großbanken, mit denen sie im Gegenteil in einer noch zu schildernden Weise verbunden sind, sondern die Klein- und Mittelbanken ihres Bezirks, Kreditvereine, Genossenschaftsbanken u. dgl. und vor allem die mittleren und kleinen Privatbankiers. Denn die kräftige Expansion der ihnen anvertrauten Institute vollzieht sich nicht so sehr durch Errichtung neuer Filialen als dadurch, daß sie diese vorhandenen kleineren Institute im Weg der Fusion aufsaugen. Wie sich dieser Prozeß im einzelnen seit den 1890er Jahren abgespielt hat, kann hier nicht geschildert werden. Als ein großes Sterben hat man ihn bezeichnet. Eine alteingesessene Privatfirma nach der anderen verschwand, und der Privatbankier, jener ursprüngliche Repräsentant des Bankwesens, ward hinfort in der Provinz die im Einzelfall aus besonderen Verhältnissen, wie Kapitalkraft, fähigem Nachwuchs, zu erklärende Ausnahme.

Im Aufbau des deutschen Bankwesens der Vorkriegszeit ist indessen noch ein wesentlicher Zug nachzutragen. Das Verhältnis von Berlin und Provinz ist nicht mehr ein unverbundenes Nebeneinander mit gleichmäßig verteilten Kräften, wie dies in den 1850er und 1860er Jahren der Fall gewesen war, sondern beide sind durch Interessengemeinschaften der mannigfaltigsten Art miteinander verknüpft und die Berliner Institute haben in den so entstehenden Bankkonzernen die unbestreitbare Präponderanz. Aktienbeteiligungen, Aktienaustausch, ein- und wechselseitige Aufsichtsratsdelegationen dienen dazu, sie zu sichern. Jede Provinzbank braucht die Verbindung mit Berlin schon wegen des Zutritts zur Zentralbörse, aber auch wegen des Anschlusses an den Zentralgeldmarkt, für das mehr und mehr in Berlin konzentrierte Emissionsgeschäft und auch schon zur Verteilung von laufenden Kreditrisiken. Andererseits bleibt der engere Kontakt mit den wirtschaftlichen Unternehmungen ihrer einzelnen Bezirke zunächst noch immer ein Vorzug der Provinzbanken. Jedenfalls wird es ein wichtiger Zwischenzustand in der Geschichte des deutschen Bankwesens — wichtig auch im Vergleich mit Frankreich oder England, wo der von Paris bzw. London ausgehende Zentralisationsprozeß sich durchgehend weit rascher und konsequenter vollzogen hatte — daß seine Bankorganisation, um es mit einer Analogie aus dem Staatsleben zu bezeichnen, gleichsam bundesstaatlichen Charakter hatte. Die Außenteile bewahrten sich über alle Wandlungen hinweg ein kräftiges und von Berlin her respektiertes Eigenleben.

11. Weltwirtschaftliche Interessen. Man muß sich bei der Betrachtung der Vorkriegszeit immer wieder den großen säkularen Aufstieg vor Augen halten, den die deutsche Wirtschaft damals erlebt hat. In Verbindung mit ihm haben sich die finanziellen Leistungen des deutschen Bankwesens über alle konjunkturellen Schwankungen hinweg ausgeweitet. Ihm ist auch sein organisatorischer Ausbau unausgesetzt angepaßt worden. So ist er über die nationalen Grenzen in die Weltwirtschaft hineingewachsen und hat sich in Auslandsfilialen und ausländischen Tochterbanken die geeigneten Instrumente geschaffen. Hier ist nochmals auf die Initiative der Deutschen Bank (besonders im Remboursgeschäft und der Disconto-Gesellschaft (besonders frühzeitig im internationalen Emissionsgeschäft) zu verweisen; aber auch die übrigen führenden Berliner Institute sind nachmals diesen Weg gegangen, ohne daß das hier im einzelnen dargestellt werden kann. Es sei nur angedeutet, wie auch damit neue Ideen in das Bankwesen eindrangen und welche Rückwirkungen sich daraus für den Typ der Männer, die diese Entwicklungen anbahnten, ergaben.

12. Aufsaugung von Provinzbanken, Großkonzerne, organisatorische Fragen. Während um das Jahr 1910 die Kapitalkraft der deutschen Aktienbanken mit rund 15 Milliarden M. sich auf Berliner und Provinzbanken etwa hälftig verteilte, entfielen im Auslauf der jüngsten deutschen Hochkonjunktur, d. h. 1929/30, von den rund 18 Milliarden RM. eigener und fremder Mittel mehr als drei Viertel auf die Berliner Banken und nur knapp ein Viertel auf die Provinzbanken. In der Zwischenzeit ist ein entscheidender Teil der ehemals selbständigen Provinzbanken von Berliner Zentralbanken übernommen und in Filialen umgewandelt worden. Das dabei verfolgte Ziel war die Steigerung der Leistungsfähigkeit des Bankapparates durch straffere Zusammenfassung seiner Teile, darüber hinaus eine Rationalisierung durch Zusammenlegung von Filialen, soweit solche bei derartigen Fusionen an einem einzelnen Platz überflüssig wurden.

Während dieser Prozeß inzwischen zu einem vorläufigen Abschluß gebracht ist, ist ein zweiter, nicht weniger wichtiger eingeleitet worden: auch einzelne der so entstandenen Konzerne haben sich mit anderen zu neuen größeren Gebilden zusammengefunden. Als ein erster Versuch in dieser Richtung kann die 1903—1908 bestandene Interessengemeinschaft zwischen der Dresdner Bank und dem A. Schaaffhausen'schen Bankverein gelten. Die entscheidenden Vorgänge gehören jedoch der Nachkriegszeit an. Hierher rechnen die Fusion der Darmstädter Bank mit der Nationalbank für Deutschland 1922, der Commerz- und Privatbank mit der Mitteldeutschen Creditbank 1928, der Deutschen Bank mit der Disconto-Gesellschaft 1929. Auch bei dieser Neugruppierung sprach die Absicht mit, die Kapitalmacht soweit als möglich zu konzentrieren, um ihre Aktionskraft zu erhöhen, vor allem aber die (aus den Nachkriegsverhältnissen gegebene) Notwendigkeit, das Unkostenverhältnis durch Vereinfachung der Organisation, Aufhebung von Filialen und Zusammenfassung der zentralen Verwaltungsbetriebe zu verbessern.

Auf Einzelheiten, die als bekannt gelten dürfen, kann hier nicht näher eingegangen werden. Von der damit an den wichtigsten Stellen vereinigten Kapitalmacht gibt die in der folgenden Tabelle enthaltene Statistik des Jahres 1929 eine Vorstellung. Den vier größten Berliner Instituten sind die drei größten französischen Depositenbanken gegenübergestellt, deren Entwicklung in annähernd der gleichen Richtung verlaufen ist.

	Ende 1929		Ende 1931	
	Eigene Mittel	Gesamtes verwalt. Kapital	Eigene Mittel	Gesamtes verwalt. Kapital
Deutschland (in Mill. RM.)				
Deutsche Bank u. Disconto-Gesellschaft	445	5492	169	3549
Dresdner Bank	134	2499	250	3440
Darmstädter u. Nationalbank	120	2474		
Commerz- u. Privatbank	116	1750	110	1392
Frankreich (in Mill. Frs.)				
Crédit Lyonnais	1208	13941	1208	16845
Société Générale	932	13554	1012	13410
Comptoir National	826	10280	834	10578

Schließlich gehört, soweit Deutschland in Betracht kommt, noch ein letzter Zug in dieses Bild. Im Gang dieses Konzentrationsprozesses ist eine gemeinsame Normierung der wichtigsten Bankbedingungen in dem 1913 geschlossenen Konditionenkartell (s. *Standesvertretungen A 2*) erreicht und auch diese Konvention im weiteren immer straffer gestaltet worden.

Für die Leitung der Einzelinstitute haben sich aus alldem neue komplizierte Aufgaben ergeben.

Die organisatorische Grundfrage, wie eine starke Kapitalmacht einheitlich zusammengefaßt und wie andererseits doch mit Erfolg und unter Berücksichtigung der besonderen peripheren Verhältnisse ins Weite und Breite gearbeitet werden soll, ist, wie dargelegt, (von den großen Privatbankhäusern und einigen anderen Ausnahmen abgesehen) durch die Schaffung weniger überragender Zentralorgane mit einem über das ganze Land erstreckten Filialnetz gelöst worden. Die Leistungsfähigkeit dieser Institute war damit ohne Zweifel über die Aktionskraft der ehemals zerstreuten, unverbundenen Mittel- und Kleinbanken weit hinausgewachsen. Sie hatte ein Format erhalten, das den inzwischen ebenfalls gewaltig gestiegenen und konzentrisch auftretenden Kapitalbedürfnissen entsprechen konnte und das den deutschen Banken auch weltwirtschaftlich die notwendige Position sicherte. Des weiteren war eine einheitliche Durchführung des Geschäftsbetriebs ermöglicht worden. Einzelne Sparten sind jetzt ganz an den Sitz der Zentralbank gebunden und hier straff konzentriert: das große Emissionsgeschäft, das gesamte an der Zentralbörse sich abspielende Börsengeschäft und zum wesentlichen Teil der Ausgleich der flüssigen Mittel am Zentralgeldmarkt. Endlich ist im Effektengeschäft, im Leihkapitalverkehr und im Zahlungsverkehr der einzelnen Institute ein weitgehendes internes Clearing und damit eine beträchtliche Vereinfachung und Kostenersparnis eingetreten.

Andererseits liegen auch die Bedenken gegen dieses System auf der Hand. Die so gewonnene Machtstellung der wenigen an der Spitze stehenden Institute kann zu monopolistischer Ausnutzung mißbraucht und zu volkswirtschaftlich unerwünschten Fehlleitungen benutzt werden. Auch die Krisengefahren wachsen ganz außerordentlich. Ein harter Stoß trifft stärker, während er im Fall einer Dezentralisation sozusagen verteilt und in seiner Schärfe gemildert werden kann (allerdings nicht unbedingt gemildert werden muß). Die belebenden Wirkungen des allgemeinen Wettbewerbs fehlen weit mehr als früher. Die Basis für eine richtige Kurs- oder Zinsbildung wird geschmälert, wenn Effekten- und Geldmarkt nur noch dem Spitzenausgleich dienen. Und derjenige Wirtschaftszweig, der ehemals ein Höchstmaß individueller Begabung und eine besondere enge Anpassung an die Bedürfnisse der Kundschaft voraussetzte, kann leicht einer Schematisierung und Bürokratisierung verfallen.

Man erinnere sich, daß noch zwei Generationen zuvor uns heute ziemlich einfach erscheinende Organisationsprobleme an dem Unvermögen der Zeit scheiterten, und man ermißt, wie sehr das organisatorische Vermögen in der Gegenwart gewachsen ist. Organisationsgabe nach dem Grundsatz „divide et impera" ist jetzt eine ganz entscheidende Qualität der Leitung geworden. Das Ganze ist weitgehend gegliedert. Man vergleiche hierzu etwa das Organisationsschema in den Geschäftsberichten der Deutschen Bank und Disconto-Gesellschaft mit seinen neuartigen Organen (Landes-, Bezirks- und Ortsausschüssen).

Wichtige Aufgaben sind Reservat der Zentrale. Sie wurden schon mehrfach erwähnt: das Emissionsgeschäft, der Verkehr mit der Zentralbörse, aber auch die großen Transaktionen des laufenden Geschäfts, zum mindesten die Entscheidung hierüber. Das Auslandsgeschäft wird gleichfalls überwiegend in einer Hand behalten: Hereinnahme von Auslandskrediten, Gewährung von Rembourskrediten, die Hergabe des Akzepts. Bei der Zentrale findet der Ausgleich von Geldbedarf und Angebot statt und ihre besondere Aufgabe ist die Sorge für die Elastizität und Liquidität des Gesamtapparates.

Daraus ergeben sich zugleich die Einschränkungen und Kontrollen, denen das *Filialgeschäft* (s. d.) unterliegt. Der Filialleiter hat gegenüber dem ehemals autonomen Privatbankier oder dem Direktor der ehemals unabhängigen Provinzialbank offenbar an Selbständigkeit verloren. Er setzt nicht mehr eigene Mittel ein. Er ist bei wiederum weitgehend schematischer Besoldung an dem Geschäftsergebnis nicht mehr so unmittelbar wie früher interessiert. In großem Umfang wird nach Weisungen gehandelt, die von der Zentrale ausgehen. Kreditgewährungen bedürfen von einem bestimmten Betrag ab deren Genehmigung. Damit ist zugleich ausgesprochen, daß im Rahmen dieser Konzerne eine Einrichtung, die die Bankorganisation früher nicht kannte, erforderlich und wichtig wird: die Filialabteilung, ein bis ins Einzelne ausgebauter Überwachungsapparat.

Andererseits ist das Maß von Verantwortung ungeheuer geworden, das bei den Vorstandsgremien der Zentrale liegt und sich hier auf eine begrenzte Zahl von Menschen verteilt, und die bange Frage bleibt schließlich offen, ob für ihn stets der notwendige Nachwuchs vorhanden sein wird.

13. Jüngste Gegenwart. Im Vorstehenden sind die Wandlungen gekennzeichnet, die der Aufbau des Bankwesens erfahren hat, und einzelne markante Persönlichkeiten hervorgehoben, die an diesem Werk besonderen Anteil gehabt haben. Diese Darstellung umspannt rund hundert Jahre einer im wesentlichen organisch verlaufenen Entwicklung. Der Weltkrieg hat sie jäh unterbrochen, und er hat mit seinen unmittelbaren und mittelbaren Folgen im heutigen Zustand des Bankwesens tiefe Spuren hinterlassen — in allen beteiligten Ländern, vornehmlich aber in Deutschland. Zunächst der Krieg, sodann die Inflation waren ihrem Wesen nach von außen kommende Störungen und außerwirtschaftliche Eingriffe und sie stellten die Banken vor eine Fülle ungewöhnlich schwieriger Aufgaben. Zugleich rückten sie vorübergehend neue Gestalten in den Vordergrund. Die rasch wechselnden Gewinnmöglichkeiten, die frühzeitige Einsicht in das Wesen der Geldentwertung und in die Mittel und Wege, ihr zu entgehen, eröffneten Einzelpersönlichkeiten mit spekulativer Ader besondere Chancen. So erlangte auch der Privatbankier mit seiner größeren Beweglichkeit zeitweise wieder einen Vorsprung gegenüber dem schwerfälligeren Apparat der großen Aktienbanken. Das Effektengeschäft gewann eine ungeahnte Bedeutung. Mit der Flucht in die Sachwerte entstand in der Industrie eine neue Konzentrationsbewegung, teilweise gefördert und angeregt von einer bestimmten Gattung Effektenpakete rasch zusammenraffender Großspekulanten — bis dann seit der Stabilisierung der Währung überall die Gegenbewegung einsetzte und der aufgeblähte Apparat im grellen Licht der Goldbilanzen fürchterlich zusammenschrumpfte.

Aber auch der besondere Charakter der nunmehr folgenden Restaurationsperiode hat den Merchant adventurers unter den Bankleitern starke Impulse gegeben. Mit einem erstaunlichen Auftrieb wurde aus Trümmern in wenigen Jahren ein neuer Bau aufgeführt, und wo die eigenen Mittel im Inland fehlten, wurden sie aus dem Ausland hereingeleitet oder sie strömten von selbst zu. So kam es, daß stellenweise die beharrenden Kräfte abermals von den wagenden Promotors in den Schatten gestellt wurden. Als Repräsentant eines solchen schrankenlosen Optimismus sei Jakob Goldschmidt von der Darmstädter Bank genannt. Und wie eine Reihe von Prozessen aus jüngster Zeit erwiesen haben, hat das zersetzende Gift des Inflationsgeistes auch im Bankwesen lange Zeit nachgewirkt, weit in die neue Ära der Festwährung hinein.

Das Ende war die Kreditkrise, die im Sommer 1931 ausbrach — auch sie ein Ereignis, das nicht auf Deutschland begrenzt blieb, Deutschland aber am schwersten traf. Rund 5 Milliarden RM. fremder Gelder wurden im Lauf der letzten zwei Jahre den deutschen Banken entzogen, davon 3 Milliarden innerhalb weniger Monate, bis Stillhalteabkommen mit den ausländischen Gläubigern dem weiteren Abgang einen Riegel vorschoben. Zwei deutsche Großbanken, Danatbank und Dresdner Bank, wurden schwach, dazu eine Reihe anderer Institute. Der gesamte Zahlungsverkehr wurde wochenlang, der Börsenverkehr monatelang unterbrochen. Das ganze Kreditwesen geriet in schwere Illiquidität. Fälle krasser Kapitalvergeudung wurden in der deutschen Wirtschaft offenbar, und Verluste in einem Ausmaß von weit über einer Milliarde RM. mußten allein bei den in obiger Tabelle aufgeführten vier Instituten abgebucht werden. Eine Rekonstruktion größten Stils war notwendig, und sie war nur mit Mitteln der öffentlichen Hand durchzuführen, da sich jetzt erwies, in welchem Maße diese ihrer juristischen Form nach privatwirtschaftlichen Betriebe volkswirtschaftliche Funktionen erfüllten, so daß, wenn sie versagten, der Staat, die Gesamtheit einschreiten mußte, damit eine Katastrophe verhütet werde. Im Verlauf dieser Rekonstruktion ist die Danatbank von der Dresdner Bank, der Barmer Bankverein von der Commerzbank übernommen worden (und damit die letzte große westdeutsche Provinzbank eingegangen). Einschneidende Kapitalzusammenlegungen mußten vorgenommen werden und das Reich hat nicht nur einen erheblichen Teil der einzelnen Verluste auf sich genommen, sondern auch beträchtliche neue Mittel zur Verfügung gestellt. Es ist fortan mit einem kleinen Betrag an dem Aktienkapital der Deutschen Bank und Disconto-Gesellschaft und entscheidend an dem der Dresdner Bank und der Commerzbank beteiligt.

Waren die leitenden Männer des deutschen Bankwesens durch drei Generationen hindurch zu den prominentesten deutschen Wirtschaftsführern gezählt worden, so stehen sie heute im Brennpunkt schärfster Kritik, und erneut werden in dieser Situation Bedenken laut, die sich schon in den geordneten Zeiten eines normalen wirtschaftlichen Ablaufs geregt hatten — Bedenken, die sich über Einzelheiten hinaus gegen das ganze Banksystem wenden, wie es sich in Deutschland im Gange des letzten Jahrhunderts herausgebildet hat. Birgt nicht gerade die Kombination von „regulärem" und „irregulärem" Bankgeschäft, der die deutsche Wirtschaft im 19. Jahrhundert so viel verdankt hat, auch hohe Gefahren? Ist sie in einer Zukunft, die in Kapitalbildung und Kapitalbedarf wie überhaupt im Tempo der wirtschaftlichen Expansion zweifellos nicht mehr den stürmischen Auftrieb der Vergangenheit zeigen wird, noch zeitgemäß? Ist nicht auch die Bankenkonzentration, aus der schließlich nur zwei bis drei Konzerne übriggeblieben sind, schon viel zu weit getrieben und eine Rückbildung am Platz, die wieder stärker auf regionale Besonderheiten Rücksicht nimmt? Ist dieser riesige Apparat mit seinen Großgebilden noch genügend elastisch und anpassungsfähig, um sich auf eine in stärkster Veränderung begriffene Umwelt umzustellen? Besitzen die an seiner Spitze stehenden verantwortlichen Stellen die notwendige volkswirtschaftliche Weitsicht und den erforderlichen Einblick in das Getriebe des Ganzen, die Bewegung der Konjunktur, die sich vollziehenden Strukturwandlungen, um eine gesunde Kapitalleitung und Kreditversorgung der Gesamtwirtschaft zu gewährleisten und die Wiederkehr derart schwerer Krisen zu verhüten? Ist es wünschenswert, möglich oder notwendig, den Einfluß des Staats auf das Bankwesen, der nicht bewußtermaßen von lang her und in der bestimmten Absicht genommen worden ist, die Steuerung der Gesamtwirtschaft aus der privaten in die öffentliche Hand zu überführen, sondern eine Notmaßnahme in einem kritischen Augenblick war, beizubehalten oder selbst zu verstärken im Sinne und in der Richtung einer konsequenten Planwirtschaft, wie sie inzwischen ja im bolschewistischen Rußland Wirklichkeit geworden ist, wo der Staat den Bankapparat in absoluter Machtvollkommenheit in der Hand hat und gebraucht? Während das französische Bankwesen im Verlauf der letzten Krise zwar auch einzelne Erschütterungen erfahren hat, seine Grundlage aber nicht von ihr tangiert worden ist und organisch weiter wächst, sind im deutschen Bankwesen zur Zeit noch schwerwiegende Fragen ungelöst (vgl. u. a. den Art. *Sozialisierung des Bankwesens*).

Aber die Antwort sollte doch nicht nur an den akuten Nöten der Gegenwart, sondern zugleich an den Erfahrungen der Vergangenheit orientiert werden, und zu diesen letzteren gehört die Einsicht, daß stärker als für irgendeinen anderen Zweig der Wirtschaft für das Bankwesen gilt: men, not measures!

Literatur. Aus dem bankgeschichtlichen Schrifttum: DÄBRITZ, W.: Gründung und Anfänge der Disconto-Gesellschaft, Berlin. München 1931. — KAUFMANN, E.: Das französische Bankwesen. Tübingen 1911. — KRÜGER, A.: Das Kölner Bankiergewerbe vom Ende des 18. Jahrhunderts bis 1875. Essen 1925. — MEHRENS, B.: Entstehung und Entwicklung der großen französischen Kreditinstitute. Stuttgart 1911. — METZLER, L.: Studien zur Geschichte des deutschen Effektenbankwesens. Leipzig 1911. — PLENGE, J.: Gründung und Geschichte des Crédit Mobilier. Tübingen 1903. — RIESSER, J.: Die deutschen Großbanken, 4. Aufl. Jena 1912. — SCHEFFER, E.: Der Siegeszug des Leihkapitals. Wien 1924. — WALLICH, P.: Die Konzentration im deutschen Bankwesen. Stuttgart 1905. — ZIELENZIGER, K.: Juden in der deutschen Wirtschaft. Berlin 1930. — Biographien: BERGENGRÜN, A.: David Hansemann. Berlin 1901. — CORTI, E. C. Conte: Der Aufstieg des Hauses Rothschild. Leipzig 1927/28. — FUCHS, M.: Max Steinthal. Berlin 1930. (Nicht im Buchhandel.) — Arthur von Gwinner. Berlin 1931. (Nicht im Buchhandel.) — FÜRSTENBERG, H.: Carl Fürstenberg. Berlin 1931. — HANSEN, J.: Gustav von Mevissen. Berlin 1906. — HELFFERICH, V.: Georg von Siemens. Berlin 1931/32. — MÜNCH, H.: Adolph von Hansemann. München 1932. — WALLICH, H.: Aus meinem Leben. Berlin 1929. (Nicht im Buchhandel.)

WALTHER DÄBRITZ.

Personal, -ia s. *„Personen" im Bankgewerbe,* vgl. a. *Ausbildung der Bankbeamten.*

— **ausgaben** (als Unkostenfaktor) s. *Erträgnisse des Bankgewerbes II 4.*

— **gesellschaften** s. *Offene Handelsgesellschaft* u. *Kommanditgesellschaft.*

— **kredit** s. *Kreditgenossenschaften III,* vgl. Kontokorrentkredit im Art. *Kontokorrentverkehr 1,* vgl. *Agrarkredit II B.*

Personen im Bankgewerbe. *I. Leitung.* In die Leitung einer Bank teilen sich meist mehrere Personen. Die in der Industrie so bekannte Erscheinung eines „Generaldirektors" ist im Bankgewerbe nicht anzutreffen. Man verteilt hier die Verantwortung auf mehrere Schultern. Die Überfülle und Verschiedenheit der zahlreichen Geschäfte der Bank und die außerordentliche Kompliziertheit des Bankbetriebes überhaupt macht es einer Person unmöglich, den Abschluß jedes einzelnen Geschäftes, die Abwicklung der Kredite zu überwachen. Nur der Privatbankier in der Provinz, der mit den örtlichen Verhältnissen vertraut und mit der Kundschaft meist durch persönliche Beziehungen aufs engste verbunden ist, vermag den gewöhnlich lokal begrenzten Geschäftsbetrieb seiner Bank zu überblicken und die Leitung allein in die Hand zu nehmen.

Das Prinzip, daß niemals einer allein verantwortlich ist, wird uns im Großbankbetrieb überall begegnen. Es pflanzt sich durch den ganzen Betrieb bis zum untergeordnetsten Büro und zur kleinsten Filiale fort. Maßgebend für die Befolgung dieses Prinzips sind Gründe betrieblicher Art. In einem Geschäft, wo die Ware das Geld ist, müssen ganz besonders scharfe Kontroll- und Sicherheitsmaßnahmen getroffen werden.

Bei der Aktienbank teilen sich zwei Organe, der Vorstand und der Aufsichtsrat, in die Leitung des Unternehmens. Der Vorstand oder die Direktion besteht in der Regel aus mindestens zwei Mitgliedern, die verantwortlich für die Bank zeichnen. Je nach der Größe und Bedeutung der Bank, je nach Umfang und Verschiedenheit der zu bewältigenden Aufgaben richtet sich die Anzahl der Vorstandsmitglieder. Die Zahl der im Vorstande vertretenen

Direktoren schwankt bei den Großbanken zwischen vier bis zehn. Bei den großen D-Banken erfährt die Zahl der Vorstandsmitglieder noch eine Erweiterung durch eine Anzahl von etwa 8—14 stellvertretenden Vorstandsmitgliedern. Der Vorstand wird vom Aufsichtsrat bestellt. Es ist selbstverständlich, daß bei der Auswahl die Direktionsmitglieder maßgebenden Einfluß haben.

In den Händen des Vorstandes laufen sämtliche Fäden des feinmaschigen Netzes zusammen. Der Vorstand ist der Kopf der Unternehmung, der Wirtschaftspolitik auf weite Sicht treibt und danach seine Betriebspolitik, Geld-, Kredit- und Dividendenpolitik einstellt. Der Vorstand trifft die Gelddispositionen, bestimmt die Zinssätze, regelt und beaufsichtigt die Kreditgewährung, stellt das Personal ein und überwacht den gesamten Geschäftsgang.

Mit der Gelddisposition unmittelbar verbunden ist die eigentliche Disposition des Vorstandes, die Verfügung über die Mittel der Bank zu treffen und sie möglichst zweckmäßig und sicher zu verteilen. Hierunter fällt die Hereinnahme fremder Gelder und die Anlage der Mittel in Form von Wechseln, kurz- und langfristigen Krediten, Hypotheken, Grundstücken usw. Die Filialen sind nicht selbständig in der Kreditgewährung und Disposition über größere Geschäfte. Sie sind auf die Zustimmung der ihnen übergeordneten Filiale oder Ortsausschüsse, die eine Erweiterung des Aufsichtsrates darstellen bzw. der Zentrale angewiesen. Die Zentrale ihrerseits bedarf bei großen Transaktionen der Zustimmung des Aufsichtsrates. Aufgabe der Direktion ist es insbesondere, die Bilanz und die Gewinn- und Verlustrechnung eingehend zu prüfen und zu unterschreiben (§§ 39, 260, 246 HGB.).

Innerhalb des Vorstandes wird sich eine gewisse Spezialisierung unter den Mitgliedern herausbilden und eine Arbeitsteilung und Ressortbildung notwendig machen. Der eine wird sich ausschließlich mit Verkehrsfragen, der andere mit überseeischen Geschäften, wieder andere mit den Interessen der Großindustrie, des Bergbaues, der chemischen Industrie befassen. Jedoch werden sämtliche die verschiedenen Ressorts betreffenden Fragen gemeinsam in der Vorstandssitzung verhandelt und durchgesprochen.

Der Aufsichtsrat des Bankbetriebes steht in ständigem Einvernehmen mit dem Vorstande in der Geschäftsleitung. Er ist weniger ein Kontrollorgan und eine Aufsichts- und Revisionsinstanz für die Direktion, wie es in Industrie und Handel der Fall ist, als ein Berater des Vorstandes, der ihm mit seiner Sachkenntnis zur Seite steht und ein Mittler, der über die Geschäftsbeziehungen zu Industrie und Handel verfügt. Die im Aufsichtsrat vertretenen Personen repräsentieren jeweils einen bestimmten Wirtschaftszweig, eine bestimmte Industrie. Aus der Größe und Stärke des Aufsichtsrats und der Verschiedenheit der von ihm vertretenen Industrien kann man daher auf die Bedeutung und Ausdehnung des Geschäftsbereiches einer Großbank schließen. Es ist daher für jede Bank von großem Werte, möglichst viel bedeutende Persönlichkeiten im Aufsichtsrat als Mitglieder zu haben, um einerseits deren Spezialkenntnisse für die Bank auszuwerten und andererseits deren Beziehungen zu den von ihnen verkörperten Industrien nutzbar zu machen.

Bei der Revisionstätigkeit des Aufsichtsrates wird er eine ähnliche Arbeitsteilung vornehmen, wie es innerhalb des Vorstandes geschieht. Ein Teil von ihnen wird immer nur eine bestimmte Art und Anzahl von Revisionen vornehmen. Ebenso wie der Vorstand hat auch der Aufsichtsrat die Bilanz und die Gewinn- und Verlustrechnung zu prüfen, allein nicht nur nach der Übereinstimmung mit den Büchern, sondern auch materiell, d. h. nach Güte der Aktiven und Vollständigkeit der Passiven.

Vorstand und Aufsichtsrat sind gemeinsam einer dritten Instanz gegenüber verantwortlich, der Generalversammlung, die in der Regel einmal im Jahre tagt (o. G.-V.) und die vom Aufsichtsrat und Vorstand vorgelegte Bilanz zu genehmigen und dem Vorstand für die Geschäftsführung Entlastung zu erteilen hat.

Der Hauptunterschied zwischen der Tätigkeit des Vorstandes und Aufsichtsrates ist der, daß der Vorstand unmittelbar ständig im Betriebe mitarbeitet und über jede Einzelfrage orientiert ist, während der Aufsichtsrat mehr außerhalb des Betriebes und gleichsam über dem Unternehmen steht, die großen Richtlinien der Politik bestimmt und nur auf Anruf sich zu Teilfragen äußert.

II. Leitende Angestellte. Der Vorstand erteilt die Direktiven, nach denen sich die einzelnen Geschäftsvorgänge abwickeln sollen, den leitenden Angestellten, sog. Funktionären, die für die Ausführung der Arbeit verantwortlich sind und die Arbeiten selbst der großen Masse von Hilfskräften übertragen. Eine Verbindung zwischen der anordnenden Leitung der Direktion und der ausführenden Kraft besteht also so gut wie gar nicht. Sie wird sich nur dort finden, wo der Betrieb provinziellen Charakter trägt, in kleinen Privatbanken, z. B. in denen der persönliche Einfluß des Chefs maßgebend und richtunggebend ist.

Als Funktionäre bezeichnet man alle diejenigen Personen im Bankleben, die eine leitende Tätigkeit ausüben und auf verantwortungsvollerem Posten stehen. Man versteht also darunter die Leiter der Abteilungen, soweit nicht die Vorstandsmitglieder selbst Abteilungsleiter sind, ihre Stellvertreter, die zugleich Prokuristen sind, Hauptkassierer und Hauptbuchhalter, sowie die Börsenvertreter. Die große Menge der Bar-, Effekten- und Sortenkassierer, der Kontrolleure und Revisoren sowie aller derjenigen Personen, die für einen bestimmten Zweck mit einer besonderen Vollmacht ausgestattet sind, sog. Bevollmächtigte, zu dem Kreis der Funktionäre zu rechnen, erscheint zweifelhaft. Deren Aufgabenkreis hat sich durch die scharfe Arbeitsteilung besonders bei den Großbanken derartig verengert, daß von einer leitenden bzw. verantwortungsvollen Tätigkeit kaum mehr geredet werden kann. Viele Banken haben die Abgrenzung der leitenden Angestellten von den Angestellten besonders festgelegt; sie ist jedoch in jedem Betrieb verschieden. Die Regel ist im allgemeinen die, daß man Personen, die mehr als 10% über den Höchsttarif für Angestellte erhalten, zu den leitenden Angestellten zählt.

Die Abteilungsleiter führen in der Regel den Titel „Abteilungsdirektor“. In einigen Banken werden sie auch zu stellvertretenden Direktoren ernannt. Ihre Tätigkeit bezieht sich auf die einzelnen, durch die Arbeitsteilung getrennten Arbeitsgebiete. Je größer die Bank, desto weit verzweigter ist auch die Trennung jedes einzelnen Arbeitsgebietes. Es gibt da einen Organisationschef, einen Revisionschef, Korrespondenzchef, Buchhaltungschef, einen Chef der Börsenabteilung, der Effektenabteilung, einen Chef der Hauptdepositenkasse, der Hauptkasse, der Wechsel- und Devisenabteilung, der Warenabteilung, Auslandsabteilung, einen Dispositionschef, einen Chef der Rechtsabteilung, der gleichzeitig Syndikus der Bank ist und — nicht zu vergessen — den Personalchef. Letzterem kommt besondere Bedeutung zu. Er bildet das Herz des Betriebes insofern, als es von seiner Menschenkenntnis und Erfahrung abhängt, richtige und nützliche Personalpolitik im Interesse der Bank zu treiben und den richtigen Mann an die richtige Stelle zu setzen. Es wird viel Leerlauf vermieden, wenn von vornherein mit der rechten Sorgfalt ausgewählt wird. Die Heranbildung eines geeigneten Nachwuchses ist seine besondere Sorge. Er muß es verstehen, nach Fähigkeiten zu forschen, aus der großen Masse Talente zu entdecken, um diese, wo er sie vorhanden glaubt, durch vielseitige Ausbildung für gehobene und verantwortungsvolle Stellen auszubilden. Gerade die im Bankbetrieb in der letzten Zeit stattgefundene Mechanisierung des Geschäftsbetriebes, die den einzelnen zur Maschine macht und ihn nur ein kleines Rädchen in dem großen Räderwerk drehen läßt, macht diese Suche besonders schwierig. Eine Neuerscheinung im Bankwesen ist die Person des Diplomingenieurs, der die Abschätzung von Fabriken, Warenlagern usw. vornimmt. Die fortschreitende Technik macht es dem Bankmann unmöglich, ein Urteil über technische Fragen abzugeben und erforderte die Einstellung von Fachleuten, die zur Bearbeitung derartiger Fragen die notwendigen Spezialkenntnisse mitbrachten. Auch der Volkswirt hat im Bankgewerbe Eingang gefunden. Man findet ihn in den Sekretariaten der größeren Institute in der Regel mit statistischen Arbeiten beschäftigt. Volkswirten ist ausschließlich die Leitung des Archivs anvertraut. Dem „Archivar" obliegt u. a. die Abfassung der allmonatlich erscheinenden Wirtschaftsberichte der Banken.

Der Abteilungsdirektor zeichnet alle in seinem Geschäftsbereich vorkommenden Geschäftsvorgänge verantwortlich. Seine Unterschrift allein genügt jedoch nicht. Er benötigt gewissermaßen zu seiner Kontrolle noch die seines Stellvertreters, der entweder Prokurist oder Bevollmächtigter sein kann. Diese im Innenbetriebe aus Gründen der Kontrolle und Sicherheit getroffene Maßnahme hat nach außen hin dem Kunden gegenüber noch die juristische Folgerung, daß nur Schriftstücke rechtsverbindlich sind, die zwei Unterschriften tragen. Ebenso wie Abteilungsdirektor und Prokurist verantwortlich zeichnen können, gilt auch die Unterschriftenverbindung Abteilungsdirektor-Bevollmächtigter, in den meisten Fällen auch die, Prokurist-Bevollmächtigter, soweit sie sich auf Geschäftsvorgänge innerhalb des Ressorts beziehen. Unter den Prokuristen unterscheidet man den Einzelprokuristen, der allein die Firma vertreten kann, und den Kollektivprokuristen, der nur in Verbindung mit einem zweiten die Firma rechtskräftig vertritt. Den ersteren wird man nur noch in den kleinen Privatbankgeschäften vorfinden, in denen der Prinzipal dem Betreffenden unbeschränktes Vertrauen schenken kann. Er stammt noch aus einer Zeit, wo die Zahl der im Bankgewerbe Tätigen überhaupt noch sehr gering war, und stirbt immer mehr aus. Bei größeren Privatbankgeschäften wird größere Vorsicht den Chef bestimmen, nur Kollektivprokura zu erteilen. Dies ist bei den Aktiengesellschaften Vorschrift.

Bevollmächtigte sind in der Regel nur zu Geschäften berechtigt, die sich im Rahmen der Tätigkeit bewegen, die ein derartiger Posten mit sich bringt. Gewöhnlich gilt die Vollmacht nur innerhalb des Personals. Falls dem Bevollmächtigten nach außen hin Spezialbefugnis für irgendwelche Geschäfte erteilt worden ist, so sind den Geschäftsfreunden der Bank auf Grund der Herausgabe der Unterschriftenverzeichnisse genau die Handlungen bekannt, zu denen der Bevollmächtigte berechtigt ist. Der Hauptkassierer — der oft auch den Titel eines (Kassen-) Direktors hat — ist durch besondere Verantwortung ausgezeichnet. Er muß durch die tägliche Berührung mit teilweise ungeheuren Summen besonders unbestechliche Eigenschaften in sich vereinen. Der Kassierer übernimmt das gesamte Ein- und Auszahlgeschäft. Bei den Großbanken wird die Kasse noch in mehrere Unterabteilungen und selbständige Abteilungen gegliedert sein, in solche, die nur das Einzahlgeschäft, und solche, die nur das Auszahlgeschäft treiben. Diese Barkassierer haben in der Regel nicht die Bedeutung, die man ihnen in Laienkreisen beimißt. Man kann sie im allgemeinen nicht zu den leitenden Angestellten rechnen. Sie haben selten Prokura und nicht immer Handelsvollmacht. Selbst ältere Kassenboten, die sich durch besonderes Vertrauen bei der Direktion ausgezeichnet haben, können es zu derartigen Stellungen bringen. Als Kassierer bezeichnet man auch die im Effekten-, Coupon- und Sortengeschäft tätigen Personen. Der Effektenkassierer übernimmt die Annahme und Ausgabe von Effekten, der Couponkassierer die Einlösung von fälligen Coupons und Dividendenscheinen, der Sortenkassierer betreibt das Sortengeschäft, d. h. den Wechsel von Noten in andere Münze. Effekten-, Coupon- und Sortenkassierer kommen in Großbanken selten mit dem Bargeld zusammen und stellen nur die Noten über den erfolgten An- oder Verkauf aus. Auch sie sind nur in geringem Umfange leitende Angestellte. Ihre Tätigkeit ist mehr auf Vertrauen als auf Verantwortung aufgebaut.

Der Hauptkassierer hat ebenso wie die Direktion die Disposition über das Bargeld zu treffen bzw. die Anordnungen der Direktion auszuführen. Er hat dafür zu sorgen, daß das zur Auszahlung notwendige Geld stets in der Kasse vorrätig ist, muß jedoch auf der anderen Seite so disponieren können, daß der Vorrat nicht allzu groß ist, um keine großen Zinsverluste entstehen zu lassen. Börsenvertreter sind solche Angestellte, die für die Bank an der Börse tätig sind. Sie werden auf Antrag der Bank vom Börsenvorstand zugelassen und durch eine Börsenkarte legitimiert. Da sie im Namen und für Rechnung der Bank Geschäfte an der Börse abschließen können, ist ihre Stellung eine Vertrauensposition. Der Hauptbuchhalter ist verantwortlich für die gesamte Buchhalterei, Anfertigung der Abschlußarbeiten und Aufstellung der Bilanz. Die Revisoren und Kontrolleure unterstützen die beaufsichtigende und revidierende Tätigkeit des Vorstandes und Aufsichtsrates. Die Stellung von Kautionen seitens auf verantwortlichen Posten befindlichlicher Funktionäre (z. B. Hanptkassierer) ist infolge des gut ausgebauten Revisions- und Kontrollwesens nicht üblich, auch wohl deshalb, weil die anvertrauten Summen jede wirtschaftlich mögliche Kautionssumme um ein Vielfaches übersteigen.

III. Angestellte. Dem verhältnismäßig kleinen Teile von Oberbeamten ist das große Heer von Bankangestellten, das eigentliche Büropersonal, unterstellt. Ihm ist jede selbständige Arbeit durch die Mechanisierung und Rationalisierung, die besonders im Bankgewerbe innerhalb der letzten 15 Jahre eingesetzt hat, genommen. Der Angestellte ist zur Hilfskraft, zur Maschine geworden. Er arbeitet auf Anordnung. Die Folge davon ist, daß der einzelne ohne Übersicht am Geschäft, ohne Interesse an der Arbeit, im Betriebe mitarbeitet. Die Eintönigkeit der Arbeitsweise wirkt zudem ermüdend, stumpft den Menschen ab und mindert seine Arbeitsleistung. Die Arbeit im Bankbetrieb, die an sich nur bloßes Schreib- und Rechenwerk darstellt, wird durch die moderne Entwicklung des Betriebssystems, Vereinheitlichung durch das Formularwesen, durch das bloße Ausfüllen von Quittungen und Bogen, Addieren von großen Zahlenreihen, Skontrieren usw. zu einer ganz schematischen Tätigkeit herabgedrückt. Daß natürlich die Mechanisierung für die Banken große betriebswirtschaftliche Vorteile verschafft, billige Arbeitskräfte schafft und vermindertes Personal erfordert, sei hier nur nebenbei erwähnt. Über die im Bankgewerbe tätigen Angestellten vgl. *Tarifvertrag.*

Daß dem „Bankangestellten“ oder „Bankbeamten“ von heute nicht mehr die Bedeutung beigemessen wird wie früher, beweist die Tatsache, daß die Banken bei der Einstellung der Banklehrlinge nicht mehr so hohe Anforderungen an die Schulbildung stellen; während noch vor einigen Jahren das Reifezeugnis als Vorbildung gefordert wurde, genügt heute die Obersekundareife einer höheren Lehranstalt oder das Reifezeugnis einer Mittelschule. Es werden auch Kräfte eingestellt, die nur Volksschulbildung besitzen. Dieses Herabsinken des Bildungsniveaus des Bankbeamten hat allerdings nicht zuletzt auch seinen Grund darin, daß infolge der Währungsstabilisierung im Jahre 1923, der darauffolgenden starken Einschränkung des durch die Inflationszahlen stark aufgebauschten Beamtenapparates und ständig drohende Abbaumaßnahmen bei der Jugend, insbesondere den Abiturienten, nicht sonderliche Neigung bestand, zum Bankfach überzugehen. Viele vorwärtsstrebende und besser qualifizierte junge Leute sehen auch in der Mechanisierung des Bankbetriebes eine Beschneidung der Möglichkeit, im Bankberuf vorwärts zu kommen und in besser bezahlte Stellen zu gelangen. Die Nachwuchsfrage bleibt daher eine der brennendsten Fragen des Bankgewerbes.

Literatur: LEITNER, FR.: Bankbetrieb und Bankgeschäfte, 7. Aufl. 1925. — LOEHR, JOS.: Das Deutsche Bankwesen. München 1921. — PRION, W.: Lehre vom Bankbetrieb. Handwörterbuch der Staatswissenschaften 2, 4. Aufl. Jena 1924. — SCHACHT, H.: Einrichtung, Betrieb und volkswirtschaftliche Bedeutung der Großbanken. Hannover 1912.

FRITZ OTTO.

Pertinenzen s. v. w. Zubehör- oder Beistücke s. *Hypothek.*

Peru s. *Südamerika VIII.*

Peruzzi, Florentinische Bankiers, s. *Geschichte des Bankwesens II.*

Pfandbrief s. *Rentenmarkt, Hypothekenbanken* und *Hypothekenbankgesetz; Aufwertung* (s. d. *3*); in der *Schweiz*; s. d. Abs. *5.*

— **markt** s. *Berliner Börse II 1.*

— **umlauf** vgl. *Hypothekenbanken 5,* vgl. *Hypothekenbankgesetz 5.*

— **Valorisation in Ungarn** s. *Valorisierung II.*

— **zentrale der schweizerischen Kantonalbanken** s. *Öffentlich-rechtliches Bankwesen 2.*

Pfandrecht, gesetzliches, der Banken s. *Depotrecht I A.*

Pflichtrevision vgl. *Revision der Bilanz.*

Pfusch-Makler s. *Kursbildung 2.*

Pitman Act s. *Silber und Silberwährung.*

Planwirtschaft s. *Sozialisierung des Bankwesens 1,* vgl. *Konjunkturpolitik.*

Platzanweisung s. *Bargeldloser Zahlungsverkehr 3.*

— **einziehungsverfahren der Reichsbank** s. *Inkasso.*

— **geschäft** s. *Distanzgeschäft.*

Platzscheck, Platzwechsel, ein bei einer Bank eingereichter Wechsel bzw. Scheck, der am gleichen Ort zahlbar ist; auch Wechsel, bei denen Aussteller und Bezogener am gleichen Ort wohnen.

Plazierung (von Effekten) s. *Emissionsgeschäft I 1.*

Polarisation s. *Warenmärkte 3.*

Polen: Geld- und Kapitalmarkt.

I. Öffentliche Finanzen und Währung.

Im Rahmen des Wiederaufbaus Polens hatte die Regierung mit außerordentlichen Schwierigkeiten bei der Organisation des Geld- und Kapitalmarktes zu kämpfen. Dies bedeutete unter anderem stabile Währung, Schaffung einer Emissionsbank und Ausbalancierung des Gleichgewichts im Staatsbudget.

Ca. 70% des heutigen Staatsgebietes, welches aus drei verschiedenen Ländern zusammengesetzt ist, hatte stark unter dem Kriege gelitten. Der Kriegszustand dauerte in Polen zwei Jahre länger als der Weltkrieg. Die vom Krieg vernichteten Anlagen und Werte werden mit ca. $ 1815000000,— berechnet.

Die Regierung hatte somit nicht nur für den Wiederaufbau des Landes Sorge zu tragen, sondern auch drei verschiedenartige wirtschaftliche Organismen zu vereinigen und eine einheitliche Verwaltung und Gesetzgebung zu schaffen. Wenn man dazu die großen Ausgaben, die die Führung des Krieges dem Lande verursacht hat, in Betracht zieht, so wird es klar, mit welchen Schwierigkeiten Polen gerade auf finanziellem Gebiete zu kämpfen hatte.

Die Währung. Bis Ende 1920 waren außer der polnischen Mark, die noch von den deutschen Okkupationsbehörden emittiert wurde, Ostrubel, deutsche Mark, österreichische und ungarische Kronen, sowie russische Zaren- und Sowjetrubel im Umlauf. Unter großen Bemühungen gelang es, alle diese Valuten aus dem Verkehr zu drängen und als einziges Zahlungsmittel die polnische Mark durchzusetzen. Die polnische Mark war aber von vornherein so wie die meisten Kriegsvaluten der Inflation verfallen.

Die Staatskasse war arm, eine ausländische Anleihe unter den damaligen Verhältnissen unmöglich, das Staatsbudget wurde von Jahr zu Jahr mit großem Defizit abgeschlossen und die Handelsbilanz zeigte große Passivität.

Der Höhepunkt der Inflation trat Anfang 1924 ein:

Emission der polnischen Mark.

Datum	Emissionsbetrag in Milliarden Mk.	Dollar-Kurs	Wert der Emission in Millonen Dollar umgerechnet
30. April 1919	1,7	15,5	114
30. Juni 1921	102	2000	51
31. Dez. 1923	125371	6390	19
28. April 1924	570697	9300	61

Die Verhältnisse verursachten der gesamten polnischen Wirtschaft große Sorgen und vor der Regierung stand die Aufgabe, eine stabile Währung zu schaffen.

Im Januar 1924 wurde die neue Goldwährung, der Zloty eingeführt.

Der Zloty wurde dem Goldfrank der früheren lateinischen Münzunion mit einem Feingoldinhalt von 9/31 g gleichgestellt. Die Noten der Polnischen Bank, außer den Goldmünzen (die zeitweilig nicht in den Verkehr gebracht wurden), waren als einzige gesetzliche Zahlungsmittel festgelegt.

Laut Dekret des Präsidenten vom 14. April 1924 wurde das Verhältnis des Zloty zu der polnischen Mark mit 1 = 1800000,— festgesetzt, wobei die

Aktiva. Hauptposten der Bilanz der Bank Polski in Millionen Zloty.

Datum 31. XII.	Metall-Reserven Gold im eigenen Besitz	Metall-Reserven Gold im Auslande	Metall-Reserven Silber	Guthaben in ausländ. Banken Bank-noten-Reserve	Guthaben in ausländ. Banken Sonstige Re-serven	Pol-nische Silber- u. kleine Münzen	Wech-sel-Porte-feuille	Dar-lehen gegen Sicher-heiten	Ge-kaufte Sicher-heiten	Investie-rungen für den Reserve-fond	Vor-schüsse an die Regie-rung	Immo-bilien	Diverse Aktiva	Total
1927	352,8	164,5	2,6	687,6	207,1	9,8	456,0	40,9	6,2	38,3	25,0	20,0	26,9	2037,7
1928	425,7	195,4	0,5	527,1	186,8	1,0	640,7	91,2	4,0	71,0	25,0	20,0	74,4	2262,8
1929	521,0	179,5	—	418,6	107,6	0,2	704,2	76,9	5,8	76,9	25,0	20,0	119,9	2255,6
1930	484,8	77,4	—	288,4	124,3	12,2	672,0	86,3	8,8	86,8	—	20,0	107,9	1968,7
1931	486,5	113,9	—	88,0	125,4	37,0	670,3	126,1	14,6	93,1	20,0	20,0	201,4	1996,3
Juni 1932	297,9	186,4	—	46,2	112,3	49,9	671,0	124,1	13,4	92,4	50,0	20,0	142,1	1805,7

Passiva.

Datum 31. XII.	Aktien-kapital	Reserve-kapital	Fällige Verbindlichkeiten: transitorische Summen: Einlagen-konto für die Staats-kasse	Fällige Verbindlichkeiten: transitorische Summen: andere Einlage-konti	Fällige Verbindlichkeiten: Konto für den Ankauf von Silber	Fällige Verbindlichkeiten: Fond für ökonom. Entwick-lung des Landes	Fällige Verbindlichkeiten: Andere Konti	Bank-noten im Umlauf	Spez. Konto für die Staats-kasse	Diverse Passiva	Total
1927	150,0	94,4	237,4	184,3	90,0	123,7	24,4	1003,0	75,0	55,5	2037,7
1928	150,0	100,0	268,3	182,4	45,0	18,9	9,6	1295,3	75,0	118,3	2262,8
1929	150,0	110,0	269,1	177,4	13,0	2,2	6,1	1340,3	75,0	112,5	2255,6
1930	150,0	114,0	26,7	162,4	13,0	0,1	8,1	1328,2	—	166,2	1968,7
1931	150,0	114,0	5,6	190,5	3,6	0,4	13,1	1218,3	—	300,8	1996,3
Juni 1932	150,0	114,0	0,9	113,8		15,4		1105,4	—	306,2	1805,7

Mark bis zum 1. Juli 1924 im Verkehr blieb, die Staatskasse aber den Umtausch der Mark auf Zloty bis zum 31. Mai 1925 vornahm. Gleichzeitig bekam der Finanzminister das Recht Staatsnoten (Hilfsnoten) als temporäre Zahlungsmittel im Betrage bis 150000000,— Zloty zu emittieren, jedoch sollten diese Noten nur bis zum 1. Januar 1925 im Verkehr bleiben.

Schon Mitte 1925 erlitt die neue Währung einen großen Schlag. Die Ursachen waren außer der Passivität der Handelsbilanz und Mißernte ein großer Rückgang der Staatseinnahmen, was wieder eine neue Emission der Staatsnoten verursachte. Laut Dekret vom 28. Juni 1925 durften die Staatsnoten für eine unbeschränkte Zeit im Verkehr bleiben. Laut Gesetz vom 28. November 1925 wurden noch 50000000,— Zloty emittiert. Am 22. Oktober 1926 wurde laut Dekret des Präsidenten der Betrag der emittierten Hilfsnoten mit 460000000,— Zloty fixiert, wobei 12,6 Millionen Zloty jährlich vom Verkehr zurückgezogen werden sollten.

Schon Anfang 1926 notierte die Börse einen Kurs von ca. 9,— Zloty für einen Dollar gegen eine Parität von $5^1/_4$ Zloty. Mit kleinen Schwankungen konnte dann dieses Verhältnis bis heute aufrecht erhalten werden. Dies war den verbesserten wirtschaftlichen Verhältnissen Polens zu verdanken. Die Ausfuhr nahm stark zu. Die verbesserte Wirtschaftslage hatte wiederum einen größeren Zustrom ausländischen Kapitals zur Folge. Dank der Steigerung der Staatseinnahmen konnte die Regierung auf weitere Emission der Kassenscheine verzichten.

Im September 1927 wurde der Polnischen Bank der Ertrag der Stabilisierungsanleihe von $ 62000000,— und £ 2000000,— zugeführt. Gleichzeitig wurde eine Änderung der Statuten der Bank Polski vorgenommen, der Goldinhalt der Zloty von 1/3,444 g Feingold auf 1/5,9244 g herabgesetzt, d. h. im Verhältnis 1 : 1,7 ca. Auf dieser neuen Basis hat sich der Zloty bis jetzt behauptet.

II. Polens Kreditanstalten.

Bank Polski, die polnische Emissionsbank, wurde durch Dekret des Präsidenten vom 20. Januar 1924 geschaffen. Die Bank begann ihre Tätigkeit am 28. April 1924, und am selben Tage stellte die Polnische Staatliche Darlehensbank, die bisher das Emissionsrecht besaß, ihre Tätigkeit ein.

Die Bank Polski ist Aktiengesellschaft, ihr Notenprivileg läuft bis 1944. Die Bank hat die Aufgabe, eine stabile Währung aufrecht zu erhalten, sowie den Geldumlauf und die Kreditverhältnisse zu regulieren. Das Aktienkapital ist auf 150 Millionen Zloty, die in 1,5 Millionen Aktien à 100,— Zloty eingeteilt sind, festgesetzt. Die Bank wird von einer Direktion geleitet, die vom Aufsichtsrat der Bank gewählt und vom Finanzminister bestätigt wird. Außerdem hat der Finanzminister das Recht, einen Kommissar zur Fühlungnahme mit der Direktion zu ernennen.

Zu den Operationen der Bank gehören: Diskont von Wechseln und Warendokumenten, Darlehen gegen Effekten Kauf- und Verkauf ausländischer Valuten und Wertpapiere, Annahme von Depositen, Eröffnungen von Giro-Konten usw.

Die Banknoten, sowie jederzeit fällige Verbindlichkeiten der Bank müssen mit mindestens 40% gedeckt sein; mindestens $^3/_4$ der Deckung muß aus Gold, der Rest aus Sorten und Devisen bestehen. Bei Unterschreiten der 40% Deckung ist eine (progressiv gestaffelte) Notensteuer an den Staat zu zahlen. Die restlichen 60% müssen durch kurzfristige Wechsel gedeckt sein. Der (zinslose) Kredit an den Fiskus darf nicht mehr als 50000000,— Zloty betragen, während das Finanzministerium Münzen und Scheine im Betrage bis 320000000,— Zloty als staatliche Umlaufsmittel emittieren darf.

Beachtenswert ist die Verminderung des Geldumlaufs im Jahre 1931.

Außer der Bank Polski bestehen noch drei staatliche Kreditinstitutionen, die eine große Bedeutung im polnischen Wirtschaftsleben haben.

Die Landwirtschaftsbank (Bank Gospodarstwa Krajowego) wurde durch Fusion folgender drei Kreditinstitutionen gegründet: die Polnische Nationalbank (Polski Bank Krajowi), die Staatliche Bank für den Wiederaufbau des Landes (Panstwowy Bank Odbudowy), Kreditanstalt der Kleinen Polnischen Städte (Zaklad Kredytovy Miast Malopolskich). Die Bank beschäftigt sich mit kurz- und langfristigen Kreditoperationen, Emittierung von Pfandbriefen, Kommunal- und Bankobligationen.

Ihre Pfandbriefe genießen unbeschränkte Staatsgarantie, Kommunalobligationen bis 800000000,— Zloty und ihre Bankobligationen bis 172000000,—

Aktiva.

Hauptposten der Bilanzen der Aktienbanken.

Datum 31. XII.	Nummer	Kassa	Banken-Loro	Banken-Nostro Inland	Banken-Nostro Ausland	Diskontwechsel	Spez. Konto-Korrent-Konto	Kurzfristige Darlehn	Langfristige Hypoth.-Darlehn	Beteiligung in andern Unternehmungen	Unbewegliches Eigentum	Allgemeine Ausgaben	Diverse Passiva	Total
							In Millionen Zloty							
1927	67	108,5	14,6	20,6	68,1	613,5	613,3	27,5	69,9	72,2	114,1	74,4	251,0	2047,7
1928	67	131,5	27,8	28,1	68,2	919,7	777,1	36,1	96,6	97,4	135,2	93,8	319,9	2731,4
1929	63	133,8	27,1	28,4	66,2	934,8	904,0	46,1	142,3	112,0	134,5	104,8	344,4	2978,4
1930	64	126,1	35,0	32,1	68,2	862,5	987,7	61,3	154,5	114,3	149,5	100,5	320,6	3012,3
1931	64	90,5	27,4	27,3	53,9	527,7	655,9	56,9	158,9	97,9	125,7	83,5	346,0	2251,6
Juni 1932	60	49,8	31,5	25,0	49,2	458,6	596,6	55,7	156,4	89,9	122,5	32,9	340,2	2008,3

Passiva.

Datum 31. XII.	Eigenes Kapital		Depositen			Laufende Rechnungen	Banken-Loro- und Nostro		Rediskondierte Wechsel		Hypoth. und andere Wertpapiere	Zinsen und Kommission	Diverse Passiva	Total
	Aktienkapital	Reserve und andere Fonds	Terminierte	Unterminierte	Spareinlagen		Inland	Ausland	In Polen	Im Auslande				
							In Millionen Zloty							
1927	173,7	26,1	222,3	202,8	67,2	307,2	106,9	199,8	217,5	40,6	68,3	80,5	334,8	2047,7
1928	234,4	50,3	326,9	262,2	111,4	298,8	105,7	375,7	294,3	57,9	95,7	117,7	400,4	2731,4
1929	239,0	66,4	412,7	258,6	141,1	277,4	101,9	460,6	292,2	60,6	142,4	135,4	390,1	2978,4
1930	263,3	73,8	461,8	237,6	178,6	306,4	90,2	470,4	267,4	51,1	154,3	125,0	332,4	3012,3
1931	249,9	72,3	268,3	165,6	87,3	208,9	63,3	280,3	257,0	10,5	158,9	93,7	335,6	2251,6
Juni 1932	243,3	69,1	232,8	144,4	78,1	177,6	76,7	249,0	242,9	6,8	156,4	34,6	296,6	2008,3

Depositen und Spareinlagen.

Datum 31. XII.	Polnische Reichsbank	Landwirtschaftsbank	Staatliche Agrarbank	Postsparkasse	Aktienbanken	Kommunale Sparkassen	Kredit-Genossenschaften	Total
				In Millionen Zloty				
1927	184,3	315,7	34,9	200,9	799,5	138,9	137,7	1811,9
1928	182,4	351,4	58,7	315,8	999,3	242,2	209,9	2359,7
1929	177,4	273,9	73,7	383,6	1089,8	360,7	282,2	2641,3
1930	162,4	243,1	69,0	431,3	1184,4	490,4	355,7	2936,3
1931	190,5	233,9	61,9	509,8	730,1	521,5	319,2	2655,9

Von der Gesamtsumme der Einlagen und Spargelder (2,6 Milliarden Zloty) entfällt der größte Teil (1,6 Milliarden) auf die privaten Kreditinstitutionen. Von den staatlichen Kreditinstitutionen zeigt die größten Einlagen die Postkasse, die mehr als die Hälfte der Einlagen der staatlichen Kreditanstalten besitzt.

Die Verteilung der Kredite der polnischen Kreditanstalten ist aus folgender Tabelle ersichtlich:

Kurz- und langfristige Darlehen.

Datum 31. XII.	Kurzterminierte Darlehen							Langfristige Darlehen				
	Polnische Reichsbank	Landwirtschaftsbank	Staatliche Agrarbank		Postsparkasse	Aktienbanken	Total	Landwirtschaftsbank	Staatliche Agrarbank	Aktienbanken	Total	Gesamttotal
						in Millionen Zloty						
1927	496,9	236,1	129,8	88,5	42,6	1036,8	2030,7	769,1	41,4	69,9	880,4	2911,1
1928	731,9	267,7	185,9	167,8	32,4	1438,6	2824,3	1023,1	154,5	96,6	1274,2	4098,5
1929	781,1	282,9	214,3	254,9	33,4	1592,7	3159,3	1097,6	260,6	142,3	1500,5	4659,8
1930	758,4	236,3	213,5	354,5	17,5	1644,1	3224,3	1433,3	322,5	154,5	1910,3	5134,6
1931	796,4	219,5	157,7	395,9	19,3	983,5	2572,3	1540,9	338,0	158,9	2037,8	4610,1

Zloty. Das Kapital der Bank beträgt 150 000 000,— Zloty, Reserven 63,8 Millionen Zloty.

Die **Staatliche Agrarbank** (Panstwowy Bank Rolny) wurde am 5. Februar 1919 gegründet und besitzt ein Grundkapital von 130 000 000,— Zloty. Aufgabe der Bank ist Versorgung der kleinen und mittleren Landwirte mit kurz- und langfristigen Krediten. Die Bank erteilt langfristige Kredite in Form von Pfandbriefen, sowie Meliorationskredite in Form von Obligationen.

Die **Postsparkasse** (Pocztowa Kasa Oszczednosci, gegr. 1919). Zu ihren Operationen gehören: Ausländischer Überweisungsverkehr, Spargeldannahme, kurzfristige Kreditoperationen, Lebensversicherung. Der Scheckverkehr im Jahre 1930 erreichte die Höhe von rund 24 Milliarden.

Außer diesen staatlichen Kreditanstalten existieren 64 Aktienbanken, 30 Privatbanken, 61 Wechselstuben, 376 städtische Sparkassen und 4752 Kreditgenossenschaften.

Das letzte Gesetz, welches die Tätigkeit des Bankgewerbes in Polen regelte, wurde am 17. März 1928 veröffentlicht. Es werden folgende Arten von Bankunternehmungen unterschieden: Banken (in Form von Aktiengesellschaften oder Kommanditgesellschaft auf Aktien). Bankhäuser vollen Rechts, d. h. solche, denen das Recht erteilt wurde, sämtliche Bankoperationen auszuführen. Bankhäuser mit beschränkten Rechten, welche Einlagen und Depositengeschäfte nicht ausführen und keine Garantien übernehmen dürfen. Wechselstuben, Pfandleihanstalten, Städtische Sparkassen und Kreditgenossenschaften.

Das Recht der Gründung eines **Bankunternehmens** wird konzessionsweise vom Finanzminister erteilt. Auch Filialen ausländischer Banken müssen eine Konzession besitzen. Das Stammkapital von Hypothekenbanken muß mindestens 5 000 000,— Zloty betragen. Banken für kurzfristige Kredite, die ihren Hauptsitz resp. ihre Filiale in Warschau haben, müssen ein Grundkapital von mindestens 2 500 000,— Zloty besitzen. In Krakow, Katowitz, Lwow, Posnan und Lodž 1 500 000,— Zloty, in allen anderen Orten 1 000 000,— Zloty. Ein **Bankhaus** muß ein Stammkapital von 20 % resp. 10 % (Bankhaus mit beschränkten Rech-

Effektennotierungen (Durchschnittsmonatspreise) der Warschauer Börse.

Datum (Jahresdurchschnitt)	Staatspapiere: 4 % Prämienanleihe	Staatspapiere: 6 % Dollaranleihe von 1920	Staatspapiere: 7 % Stabilisierungsanleihe von 1927	Staatspapiere: 10 % Eisenbahnanleihe (auf Goldbasis) Serie 1	Staatspapiere: 5 % Polnische Konvertierungsanleihe von 1924	Hypotheken: 8 % Hypothekenpapiere der Landwirtschaftsbank	Hypotheken: 8 % Hypothekenpapiere der Staatlichen Agrarbank	Hypotheken: 4½ % Hypothekenpapiere der Land-Kreditgenossenschaft	Hypotheken: 8 % Hypothekenpapiere der Warschauer Kreditgenossenschaft	Hypotheken: 8 % Hypothekenpapiere der Lodzer Kreditgenossenschaft
	100 Zl. Gold	$ 100		100 Fr. Gold	100 Zl. Papier	100 Zl. Gold		100 Zl. Papier		
1927	—	83,70	—	101,70	61,96	89,81	89,88	—	—	—
1928	118,34	85,59	92,65	103,11	66,96	93,88	93,89	53,1	74,91	68,63
1929	112,14	83,15	90,76	102,50	57,86	94,00	94,00	48,5	67,59	60,61
1930	112,86	76,61	85,91	102,90	53,30	94,00	94,00	53,85	74,25	68,25
1931	85,33	67,84	71,25	103,37	45,58	94,00	94,00	48,63	69,24	65,41
30.6.1932	88,41	49,93	44,67	99,70	33,87	94,00	94,00	32,95	53,31	51,81

Kursentwicklung der polnischen Anleihen notiert an der New Yorker, Londoner, Stockholmer, Züricher und Pariser Effektenbörse.

Datum (Jahresdurchschnitt)	Staatspapiere: 6 % Dollaranleihe von 1920	Staatspapiere: 8 % Auswärtige Dollaranleihe von 1925	Staatspapiere: 7 % Stabilisierungsanleihe von 1927					Örtliche Staatspapiere: 7 % Dollar-Anleihe der Stadt Warschau von 1928	Örtliche Staatspapiere: 7 % Schlesische Dollar-Anleihe von 1928
	New York			London	Stockholm	Zürich	Paris	New York	
	Prozentuelles Verhältnis des Durchschnittspreises zum Nominalwert								
1927	82,4	97,7	90,0	—	—	—	—	—	—
1928	83,9	100,0	89,7	91,3	90,0	91,4	102,1	87,5	87,6
1929	78,1	94,2	84,1	86,8	84,4	86,4	103,6	78,9	77,6
1930	73,4	91,6	82,4	86,0	83,0	84,8	101,8	72,3	70,5
1931	63,7	73,3	68,0	73,4	—	67,5	88,1	52,7	52,3
30. 6. 1932	47,9	46,2	43,1	55,4	—	42,7	52,3	31,1	29,8

ten) und eine Wechselstube 2% obiger Summe besitzen. Obige Quoten gelten auch für Filialen ausländischer Banken.

Laut Gesetz ist zum Schutze der Einlageinhaber vorgesehen, daß die Gesamtsumme der Verbindlichkeiten einer Bank, resp. eines Bankhauses das zehnfache der eigenen Kapitalien (Grundkapital plus Reserven) nicht überschreiten darf. Im übrigen unterliegt die Tätigkeit der Banken der Kontrolle der Bankinspektion des Finanzministeriums.

Die Kreditgenossenschaften können ohne Konzession organisiert werden, müssen aber im Handelsregister ihres Bezirksgerichts registriert sein.

Die allgemeine Weltwirtschaftskrise, die sich auch in Polen auswirkte, hat das polnische Bankgewerbe verhältnismäßig wenig betroffen, obwohl die Bilanzsumme der polnischen Aktienbanken von 3 Milliarden Zloty (31. Dezember 1930) auf 2,0 Milliarden Zloty (Juni 1932) gesunken ist.

Bankdiskont- und Zinsensätze (Jahresdurchschnitt).

Datum 31. XII.	Diskontsatz: Polnische Reichsbank	Diskontsatz: Landwirtschaftsbank	Diskontsatz: Aktienbanken	Zinsen für Einlagen: Landwirtschaftsbank	Zinsen für Einlagen: Staatliche Agrarbank	Zinsen für Einlagen: Postsparkasse
1927	8,3	9,8	13	6	6	7
1928	8,0	9,0	12	6	6	6
1929	8,6	10,4	13	7	7	7
1930	7,1	9,8	11,6	7	7	7
1931	7,5	10	11	7	7	7
Juni 1932	7,5	10	11	6	6	6

Der seit dem 5. November 1927 aufgehobenen Valuta- und Devisensperre brauchten trotzdem nicht neue Beschränkungen auferlegt werden. Jedoch ist die freie Ausfuhr von Gold laut Gesetz vom 15. Februar 1928 verboten.

Die Entwicklung der polnischen Aktienbanken, die eine große Rolle im Wirtschaftsleben Polens spielen, geht aus Tabelle S. 448 oben hervor.

Hierbei ist der große Rückgang der kurzfristigen Kredite bei den Aktienbanken zu bemerken. Dagegen zeigt die Bank Polski einen Zuwachs der Kredite von 38 Millionen Zloty. Von der Gesamtsumme der Kredite (4,6 Milliarden Zloty) entfallen ca. 57 % auf kurzfristige (wobei ca. 63 % der kurzfristigen Kredite von der Bank Polski und den staatlichen Kreditanstalten erteilt wurden). Bei den langfristigen Krediten spielen die privaten Banken eine ziemlich geringe Rolle. Der größte Teil stammt hier von der Landwirtschaftsbank (ca. 75 %).

III. Die Börsen.

In Polen fungieren folgende Effektenbörsen: Warschau, Posnan (Posen), Lwow (Lemberg), Krakau, Wilno und Lodz. Die Warschauer Börse ist die älteste (gegr. 1817) und die bedeutendste Effektenbörse in Polen und hier konzentriert sich der Handel mit ausländischen Valuten und Effekten. Die übrigen Börsen tragen einen rein lokalen Charakter. Waren- und Produktenbörsen befinden sich in Warschau, Posnan, Lwow, Krakau, Lublin und Wilno. An den Effektenbörsen werden Schecks, Wechsel, Devisen und Valuten sowie Edelmetalle gehandelt.

Regelmäßige Organe der Börse sind: Generalversammlung, Börsenrat, Arbitragekommission, Disziplinatkomitee.

Die Börsengeschäfte werden durch vereidigte Börsenmakler abgeschlossen. Die Rechte und Pflichten der Börsenmakler sowie die Ernennung und die Entlassung derselben sind durch Dekret des Finanzminsters und des Ministers der Industrie und des Handels geregelt.

Die Kurse werden von dem Kotationskomitee nach der Börsenversammlung veröffentlicht.

Das Kotationskommitee wird aus dem Seniormakler, Dejourmakler und einem deligierten Mitgliede des Rates als Vorsitzender zusammengesetzt.

Der Finanzminister übt seine Kontrolle durch einen Kommissar, welcher das Recht hat, die Sitzungen der Komiteen und des Rates, sowie die Versammlungen der Börse beizuwohnen, aus. Dem Kommissar stehen verhältnismäßig große Rechte in bezug auf Aufhebung der Börsenbeschlüsse und bei der Kontrolle der gesamten Börsentätigkeit zu. Der Finanzminister hat das Recht, die gewählten

Mitglieder des Rates sowie die Kandidaten für die vereidigten Börsenmakler zu bestätigen und den Börsenrat aufzulösen, falls dessen Tätigkeit den Statuten nicht entspricht. Weiter kann der Finanzminister Verfügungen über die Preispolitik und die sonstige Tätigkeit der Börsen erlassen.

Umsätze der Warschauer Effektenbörse.

Im Jahr	Millionen Zloty	Im Jahr	Millionen Zloty
	694	1926	685
1921	163	1927	1144
1922	317	1928	876
1923	397	1929	549
1924	907	1930	712
1925	1190		

Literatur: Starzysky, S.: Die Finanzlage Polens im Jahre 1927. Warschau: Verlag des Finanzministeriums 1928. — Gorecki, R.: La Pologne Nouvelle. Warschau: Landwirtschaftsbank 1931. — Das Geschäft mit Polen, Bd. VIII, 32. Warschau: Staatliches Exportinstitut in Polen. — L'assainissement de Finance et la Reforme Monétaire en Pologne, Chambre de Commerce International, Comité National Polonais. Rapport presenté par M. H. Champagnier, Directeur General de la Banque de Commerce à Varsovie. — Bourse de Valeurs à Varsovie. Warschau, Jahresberichte (Polnisch-Französisch). — Annual of Statistics of the Ministry of Finance, Warsaw. (Englisch-Französisch.) — Statistical Bulletin of the Ministry of Finance, Warsaw. (Erscheint quartalsweise in Englisch-Französisch.) — Kemmerer, E. W.: Republic of Poland. Reports. Warsaw 1926. — Triebe, J. H.: Zehn Jahre polnische Währung. Berlin u. Breslau 1929. — Robin, P.: La réforme monétaire en Pologne. Paris 1932. — Heilperin, M. A.: Le problème monétaire d'après-guerre et sa solution en Pologne, en Autriche et en Tchécoslovaquie. Paris 1931.

L. Ribusch.

Polenschäden s. *Depotrecht I B 12.*

Police s. *Akkreditiv II.*

Pool (e), wörtlich: Gemeinsamer Fonds oder Vorrat. Im Wirtschaftsleben bezeichnet man mit P. eine Vereinbarung konkurrierender Unternehmen, sich (nach einem bestimmten Schlüssel) in Gewinn, Handel, Verkehr, vor allem aber in die Beherrschung eines bestimmten Marktes zu teilen (z. B. Weizenpool). Vgl. *Warenmärkte.*

Portugal, Republik seit 1910, mit 6,6 Mill. Einwohnern auf 93000 qkm Fläche. Der ehemals große Kolonialbesitz (u. a. ganz Brasilien) ist auf einige Inselgruppen an der afrikanischen Westküste, die zwei großen Kolonien Angola und Mozambique, Portugiesisch-Guinea, die Insel Timor und einige Städte in Indien und China zusammengeschmolzen. Seit 1911 ist der Escudo Währungseinheit zu 100 centavos, der allerdings im Verkehr entweder durch die frühere Währung Reis (1000 Reis gleich 1 Escudo) oder durch das englische Pfund ersetzt wird, an das die Währung angeschlossen war (Pfundnoten des Banco de Portugal). Seit dem Fall des englischen Pfundes ist diese Basis verlassen worden und Portugal ist zur Papierwährung mit Zwangskurs übergegangen. Notenprivileg für Portugal, die Azoren und Madeira hat der Banco de Portugal. Die Noten für die Azoren sind in Portugal stark unterwertig. In Angola hat der Banco de Portugal, in den übrigen Kolonien der Banco Nacional Ultramarino das Notenausgaberecht; die Noten dieser Banken notieren in Portugal durchschnittlich 20% unter denen des Banco de Portugal. — Die Währung war lange Zeit zerrüttet, da die Staatsschulden eine unerträgliche Höhe erreicht haben; bei einer Parität von 435,57 RM. für 100 Escudos stellt sich der Kurs derzeit (Herbst 1932) auf rund 13 RM. — Außer den schon genannten und Niederlassungen englischer Banken sind noch von größerer Bedeutung: Banco de Lisboa e Acores, Banco de Minho, Banco Portugues e Brasileiro. — Effektenbörse in Lissabon.

Positionsarbitrage s. *Effektenarbitrage.*

Postkartenscheck s. *Bargeldloser Zahlungsverkehr 3.* — **kreditbriefe** werden von allen deutschen Postscheckämtern in runden Summen bis 5000 RM. ausgestellt, mit 6 Monaten Gültigkeit. Der Inhaber kann (mit einer Ausweiskarte) bei jeder Postanstalt Abhebungen vornehmen. (Vgl. a. *Akkreditiv.*)

Postscheckverkehr. Der deutsche P. verrechnete im Jahre 1930 etwa $^3/_4$ Milliarden Zahlungsvorgänge auf etwa 1 Million Konten, auf denen insgesamt rund 500 Millionen RM. Guthaben gehalten wurden. Aus diesen Ziffern allein geht die große Bedeutung des P. hervor. Leistungen dieses Umfanges sind nur möglich, wenn die betriebswirtschaftlichen Grundlagen der betreffenden Einrichtung höchsten Anforderungen an Zweckmäßigkeit und Beweglichkeit entsprechen. Diese Vorbedingungen sind beim deutschen P. erfüllt. Im gleichen Maße übrigens auch bei dem als Vorbild geltenden österreichischen P. (Über die gesetzlichen Grundlagen und die Einordnung des P. vgl. „*Bargeldloser Zahlungsverkehr*".)

Im äußeren Aufbau unterscheidet sich der deutsche P. von den übrigen Systemen durch eine gemäßigte Dezentralisation.

Während in einigen Ländern (Österreich, Frankreich, Belgien u. a.) nur ein einziges Postscheckamt besteht und in anderen, wie in der Schweiz, fast jedes größere Postamt zu einem solchen Postscheckamt ausgestaltet wurde, ist Deutschland in 19 Bezirke geteilt, deren Hauptorte (Berlin, Breslau, Dortmund, Dresden, Erfurt, Essen, Frankfurt a. M., Hamburg, Hannover, Karlsruhe, Köln, Königsberg, Leipzig, Ludwigshafen, Magdeburg, München, Nürnberg, Stettin und Stuttgart) Postscheckämter besitzen. Sie sind sämtlich völlig gleich organisiert; jedes von ihnen benutzt die in seinem Bezirke befindlichen Postanstalten als Geldeinzahlungs- und Geldauszahlungsstellen. Die Betriebseinrichtungen sind weitgehend vereinfacht. Wo es Nutzen bringt, werden Maschinen verwendet, aber auch die menschliche Arbeitskraft wird streng nach den Grundsätzen einer rationellen Betriebsführung angewandt. Jedes Postscheckamt besitzt als Betriebsabteilungen: Kanzlei, Eingangsstelle, Scheckstelle, Kontostelle, Zahlstelle, Rechnungsstelle, Hauptkasse, deren Funktionen aus der gewählten Bezeichnung hervorgehen. Besonders umfangreich ist die Tätigkeit der Scheckstelle und der Kontostelle, die erstere prüft sämtliche einlaufenden Aufträge vor der Bearbeitung auf ihre ordnungsmäßige Ausstellung und Unterzeichnung und gruppiert das Material nach den verschiedensten Richtungen. Alle Belege werden mit einer Eingangsnummer, Schecks auf Grund deren später eine Auszahlung erfolgen soll, außerdem mit einem Sicherheitsstempel versehen. Die Kontostelle ist in Kontogruppen zu je 100 Nummern gegliedert; die Buchung erfolgt unmittelbar nach dem Originalbeleg (Zahlkarte, Scheck, Überweisung). Das gesamte Schreibwerk beschränkt sich auf Ziffernbuchungen. Ein Hauptanteil der Arbeit entfällt auf das Sortieren der verschiedenen Abschnitte. Da jedes Formular gleichmäßig drei Abschnitte besitzt, je einen für den Auftraggeber, Empfänger und das Postscheckamt, und da diese Vordrucke unter allen Umständen von den Postscheckkunden selbst ausgefüllt werden müssen, ergeben sich die mannigfaltigsten Betriebsvereinfachungs- und Kontrollmöglichkeiten. Während der Hauptabschnitt jedes Formulars z. B. als Buchungsgrundlage für das Kontoblatt benutzt wird, werden die entsprechenden Kontoauszüge auf Grund der Abschnitte von einem anderen Beamten aufgestellt. Bei einzelnen Postscheckämtern erfolgt die Kontierung mit der Buchungsmaschine; dabei ist dann Kontoauszug und Kontoblatt identisch.

Zur Erleichterung der Kontrollen dienen ferner die Einteilung der Konten in Kontogruppen und die Verwendung von Beleg- und Kontonumerierungen. Die Prüfung der einzelnen Gruppenabstimmungen und die Zusammenstellung und Abstimmung sämtlicher Buchungsziffern wird von den Rechnungsstellen vorgenommen, die im übrigen auch die Gebührenrechnungen aufstellen. Die entstandenen Gebühren werden von Zeit zu Zeit von den einzelnen Konten abgebucht. Die Verrechnung der zwischen den einzelnen Postscheckämtern ausgetauschten Überweisungen erfolgt durch Skontrierung bei einer besonderen Verrechnungsstelle der Generalpostkasse in Berlin. Die Verrechnung der Barumsätze jeden Postscheckamtes erfolgt über die zuständige Oberpostkasse, wo der gesamte Barverkehr der Postanstalten des ganzen Bezirkes skontriert wird.

Um die Gebührenrechnung zu vereinfachen und den Verkehr nach Kräften zu fördern, sind im P. Überweisungen von Konto zu Konto völlig gebührenfrei. Einzahlungen, die nur mittels „Zahlkarte" bei jedem Postamt möglich sind, müssen vom Einzahler frankiert werden. Lediglich Barauszahlungen, die entweder an der Zahlstelle des Scheckamtes selbst oder auf dem Wege über den regulären Postverkehr durch einen Geldbriefträger erfolgen können, sind gebührenpflichtig. Außer einer „Grundgebühr" von 15 Rpf. wird eine Steigerungsgebühr von $^1/_2$ $^0/_{00}$

für Postbarschecks berechnet. Für Postbarschecks, die durch eine Abrechnungsstelle der Reichsbank präsentiert werden, ermäßigt sich die Steigerungsgebühr auf $^1/_{10}$ $^0/_{00}$. Die Grundgebühr wird überhaupt nicht erhoben. Postscheckguthaben werden nicht verzinst. Die Mindesteinlage ist, unabhängig von der Höhe der Umsätze, 5 RM. Die immer noch von einzelnen Sachkennern geforderte Verzinsung der Postscheckguthaben würde nicht nur eine technische Erschwerung und Verteuerung des Betriebes hervorrufen, sie würde auch eine Abwanderung von Depositengeldern aus den Banken, Sparkassen und Genossenschaften auf die Postscheckämter zur Folge haben, was den Interessen der Gesamtwirtschaft und des Reiches ebenso wenig entsprechen würde wie denen der genannten Kategorien von Bankanstalten.

Technik des Postscheckverkehrs vom Standpunkt der Kunden. Die Eröffnung eines Postscheckkontos ist jedermann gestattet und vollzieht sich auf Grund eines bei einem Postamt einzureichenden Antrages in einfachen Formen. Der Kontoinhaber hat die Stammeinlage einzuzahlen und seine Unterschrift, ebenso diejenige etwaiger zur Verfügung über das Konto berechtigter anderer Personen einzureichen. Er empfängt gegen Ersatz geringer Kosten die angeforderte Zahl von Scheckheften, Überweisungsheften und, sofern er den Massenverkehr pflegen will, als Hilfsformulare Postzahlungsanweisungen (Anlagen zum Scheck) sowie Ersatzüberweisungen (Anlagen zur Überweisung). Zahlkarten für Einzahlungen kann er ebenfalls bei der Post beziehen, darf sie aber auch in jeder Druckerei drucken lassen. Die vom Postscheckamt ausgehändigten Formulare sind fortlaufend numeriert und mit der Kontonummer des betr. Kunden versehen. Zahlkarten können ebenfalls mit dem gewünschten Kontoaufdruck versehen werden. Der Postscheckkunde kann mit der Zahlkarte eigene Einzahlungen auf sein Konto leisten, sie aber auch dritten Personen, also etwa Kunden, zur Verfügung stellen, um seine ausstehenden Forderungen schnell hereinzubekommen. Das Überweisungsformular dient zur Überweisung von Geldbeträgen an andere Postscheckkontoinhaber. Auf dem linken Abschnitt dieses Formulars können vom Auftraggeber Mitteilungen über den Zweck der Überweisung an den Empfänger gemacht werden. Eine vielfache Verwendung findet der Postscheck, der auf Kartenpapier gedruckt ist. Ohne Angabe eines Zahlungsempfängers, d. h. nur mit dem Geldbetrage ausgefüllt und mit Unterschrift versehen, dient er als Barscheck und wird an der Kasse des Postscheckamtes ohne Legitimationsprüfung an den Inhaber ausgezahlt. Wenn er die Adresse einer dem Reichsbankgiroverkehr angeschlossenen Firma trägt, wird er bei Einreichung über die Reichsbank oder über die Scheckabrechnungsstelle bei der Reichsbank bargeldlos honoriert. Sofern er aber auf der Adressenseite mit einer vollständigen Postadresse versehen ist und dem Postscheckamt eingereicht wird, benutzt ihn dieses als Postanweisung und übermittelt dem angegebenen Empfänger den Geldbetrag in bar durch den Briefträger. Der angeheftete linke Abschnitt darf wiederum Mitteilungen an den Empfänger enthalten und bleibt in dessen Händen. Der Stammabschnitt geht, nachdem der Empfänger den Empfang des Betrages darauf quittiert hat, an das bestellende Postamt zurück. Zum Überweisungsformular wie auch zum Postscheck bestehen Nebenformulare, die dann benutzt werden, wenn mit dem gleichen Vordruck als Sammelauftrag eine größere Anzahl von Überweisungen bzw. Scheckzahlungen an das Postscheckamt aufgegeben werden. Statt eines *Zahlungsempfängers* wird in den betr. Formularen alsdann angegeben: „An soundsoviel Empfänger lt. Anlage". Andere Verfügungen als in Form eines der genannten Formulare sind über das Postscheckguthaben seitens des Inhabers nicht möglich. Die Post selbst läßt freilich auf Wunsch des Kontoinhabers Telephongebühren automatisch vom Postscheckguthaben abbuchen, das Gleiche geschieht selbstverständlich mit den aufgelaufenen Postscheckgebühren unter Übersendung eines Lastschriftzettels mit Spezifikation. — Jeder Postkunde kann sich auch die für ihn bei seinem Postamt etwa einlaufenden Postanweisungen und Postzahlungsanweisungen (aus anderen Postscheckkonten) bargeldlos gutschreiben lassen, ebenso wie er Nachnahmesendungen und Postaufträge statt mit einer Postanweisung mit einer billigeren Zahlkarte, die an sein Konto adressiert ist, versehen kann.

Überweisungen und Postschecks werden auch telegraphisch ausgeführt, und zwar kann die Gutschrift auf einem Postscheckkonto telegraphisch erfolgen und auf Antrag außerdem die Mitteilung von der Gutschrift an den begünstigten Kontoinhaber in schriftlicher oder telegraphischer Form. In letzterem Falle entstehen evtl. doppelte Telegrammgebühren. Entsprechende Anträge sind auf dem Originalauftragsformular links unten zu stellen durch Beifügung des Wortes „telegraphisch" bzw. „Telegraphische Überweisung, Empfänger schriftlich (telegraphisch) benachrichtigen". Telegraphische Auszahlungen bedingen den gleichen Zuschlag wie telegraphische Postanweisungen und werden vom beauftragten Postscheckamt wie solche behandelt.

Abgesehen von der telegraphischen Beförderung ist auch eine Beschleunigung der Überweisungen, sowie der Ein- und Auszahlungen durch Stellung von „Eilaufträgen" möglich, die 1 RM. Sondergebühr kosten. Derartige „Eilaufträge" werden von den Postscheckämtern auch nach „Buchungsschluß", der bei den Postscheckämtern verschieden spät angesetzt ist, erledigt. Die betr. Zahlkarten, Überweisungsformulare oder Schecks müssen vom Auftraggeber deutlich, am besten in farbiger Schrift, mit dem Vermerk „Eilauftrag" und evtl. „sofort gutschreiben" versehen sein.

Durch Vereinbarung mit den meisten ausländischen Postschecknetzen ist auch die Überweisung von einem deutschen Konto auf ein in diesen Ländern und Gebieten geführtes Postscheckkonto möglich und umgekehrt, und zwar kann die Überweisung sowohl in Reichsmark wie in fremder Währung erfolgen. Für die Umrechnung der Beträge werden besondere Kurse, die sich natürlich den Börsenkursen möglichst angleichen, von Zeit zu Zeit veröffentlicht. Selbst die Auszahlungen von Barbeträgen mittels Postanweisung und Wertbriefes nach dem Auslande kann der Postscheckkunde zu Lasten seines Kontos fordern; es werden ihm alsdann die entstehenden Portokosten außer den üblichen Postscheckgebühren belastet.

Die Beförderung der Briefe des Postscheckamtes an den Kunden erfolgt gebührenfrei, die Übersendung von Aufträgen an das Postscheckamt kostet, sofern dazu die besonders hergestellten gelben Umschläge benutzt werden, nur 5 Rpf. je Sendung.

Zu erwähnen wären schließlich noch die verschiedenen Verbindungswege zwischen dem Reichsbankgiro- und dem Postscheckverkehr. Alle Zweiganstalten der Reichsbank unterhalten ein Postscheckkonto, alle Postscheckämter Reichsbankgirokonten. Infolgedessen können von jedem Postscheckkonto Überweisungen auf jedes Reichsbankgirokonto ausgeführt werden. Das betr. rote Postüberweisungsformular ist in diesem Falle an die Reichsbankanstalt zu richten, bei der das empfangende Reichsbankgirokonto geführt wird. Die Bezeichnung des betr. Reichsbankgirokontos ist auf dem linken Abschnitt zu vermerken. Sofern das betr. Reichsbankgirokonto von einer Bank, Sparkasse oder Genossenschaft geführt wird, berechnet die Reichsbank $^1/_{10}$ $^0/_{00}$ Gebühr für Übernahme des Betrages, da sie selbst — um den Betrag aus dem Postschecknetz herauszuziehen — diese Gebühr an die Post vergüten muß. — Die Reichsbank nimmt aber auch an ihren Kassen und im Abrechnungsverkehr Postbarschecks in Zahlung und schreibt sie dem Einreicher oder auf einem von ihm angegebenen anderen Reichsbankgirokonto gut. Schließlich händigt die Kasse jeden Postscheckamtes auf Wunsch jedem Einreicher eines Postbarschecks einen roten Reichsbankscheck aus. — Der umgekehrte Weg ist völlig kostenlos. Die Reichsbank überweist auf Antrag, der durch Einreichung eines entsprechend ausgefüllten roten Reichsbankschecks erfolgen muß, jeden beliebigen Betrag auf jedes beliebige Postscheckkonto, bei Erstattung der Kosten auch telegraphisch und als Eilauftrag.

Jeder Postscheckkunde erhält an jedem Tage, an dem sein Postscheckkonto bewegt wird, einen Kontoauszug zugesandt, dem Belege für jede einzelne Gut- und Lastschrift beigefügt sind. Es sind dies die linken oder rechten Abschnitte der von ihm selbst oder von seinem Kontrahenten ausgefüllten Auftragsvordrucke. Der Auszug enthält in der Regel nur vier Eintragungen: alter Saldo, Gutschriften, Lastschriften, neuer Saldo. Mit den Belegen zusammengeheftet ersetzt er ein vollständiges Kontobuch. Diese einfache Form der Kontoauszugserteilung ist in den ersten Jahren nach ihrer Erfindung unbeachtet geblieben. Sie wird heute mit geringen Änderungen von fast allen Banken („Tagesauszüge") angewandt. Diese Tatsache ist charakteristisch für den außerordentlichen Einfluß, den die einfache Postschecktechnik auf die Entwicklung der Bank- und Zahlungstechnik gehabt hat. Nicht nur die Form der Kontoauszugserteilung, sondern auch die Anwendung der verschiedenen Numerierungen, der ziffernmäßigen Buchungen, der Formularstrenge und vieles andere ist aus den Postscheckämtern in die Betriebstechnik der Banken und Handelshäuser übergegangen und ist heute Gemeingut der Betriebswirtschaft, die dafür dem Erfinder des Postscheckwesens, Dr. Georg Coch, einem nach Österreich ausgewanderten Deutschen, zu danken hat.

Die bahnbrechende Wirkung, die der P. in betriebswirtschaftlicher und zahlungstechnischer Beziehung gehabt hat, darf nicht darüber hinwegtäuschen, daß seine stürmische Entwicklung nur möglich gewesen ist, weil die anderen bankmäßig organisierten Anstalten nicht imstande gewesen sind, der eigentlich ihnen zufallende Aufgabe der Erledigung des bargeldlosen Zahlungsverkehrs aus eigener Kraft in vollendeter Form zu genügen. Auch der heutige Zustand ist noch verbesserungsfähig. Es ist kein Idealzustand, daß z. B. ein Gewerbetreibender in einer Provinzstadt sein Zahlungsverkehrskonto in der Provinzhauptstadt führen muß, um völlig ungehindert kleinere und größere bargeldlose Zahlungen leisten zu können, während er den täglichen Überschuß seiner Ladenkasse auf sein Konto bei der am Orte bestehenden Genossenschaft, Sparkasse oder Bankfirma einzahlt, also bei seinen Gelddispositionen stets zwei Konten zu berücksichtigen hat. Auch entspricht es nicht dem letzten Sinne des bargeldlosen Zahlungsverkehrs, daß ein Teil der Kassenbestände der Wirtschaft von der Post als Betriebsmittel benutzt und ein anderer Teil zentral von einer Reichsbehörde verwaltet und angelegt wird. In politisch ruhigen Zeiten mag das hingehen. Bei unvorher zu sehenden Umwälzungen kann es zu den schwersten Komplikationen führen. Der Staat oder das Reich dürften ebenso wenig Giralgeld ausgeben wie sie Papiergeld ausgeben dürfen. Deshalb wird eine spätere Zeit vielleicht — ohne die durch den P. gewonnenen Errungenschaften aufs Spiel zu setzen — Mittel und Wege finden, ihn in anderer Weise als jetzt in das System eines idealen bargeldlosen Zahlungsverkehrs einzugliedern.

Literatur s. Art. *Bargeldloser Zahlungsverkehr.*

Otto Schoele.

Postsparkassen. *1. Wesen und Geschichte.* P. (Postal Savings Banks, Caisses d'épargne postales) sind Einrichtungen des durch seine Postanstalten vertretenen Staates zur Entgegennahme und Verwaltung von Spareinlagen. — Die Heimat der P. ist England; sie wurden dort durch Gesetz vom 17. Mai 1861, das Einlagen von 1 sh. bis 150 £ bei einem Zinssatz von $2^1/_2$% vorsah, geschaffen. Andere Länder folgten dem englischen Vorbild: Belgien 1870, Japan 1875, Italien 1876, Holland 1880, Frankreich 1881, Österreich 1882, Ungarn 1885. Heute bestehen außer in den genannten Ländern P. insbesondere in Argentinien, Bulgarien, Chile, China, Dänemark, Estland, Finnland, Griechenland, Jugoslawien, Kolumbien, Lettland, Luxemburg, Niederländisch-Indien, Norwegen, Peru, Polen, Portugal, Rumänien, Schweden, Siam, Spanien, der Tschechoslowakei, der Türkei, den Vereinigten Staaten und wohl allen englischen Dominions. Da die Grenze zwischen P. und Staatssparkasse flüssig ist, läßt sich die Einordnung nicht in allen Fällen eindeutig vornehmen.

Die große Ausbreitung, die die P. erfahren haben, wird auf ihnen eigentümliche Vorzüge zurückgeführt, vor allem auf die Volkstümlichkeit der Post, das dichte Netz der Postanstalten, die langen Öffnungszeiten bei den Postämtern und die Zeitersparnis bei Übertragungen, die sich dank zentraler Kontenführung nicht nur im nationalen, sondern auch im internationalen Verkehr bemerkbar mache. Auch auf die geringen zusätzlichen Kosten, die beim Bestehen einer Postorganisation erforderlich werden, wird gern hingewiesen, ebenso auf die Förderung der Spartätigkeit, die der Einrichtung des Postsparsystems verdankt werde. Die Kritiker weisen mit Vorliebe auf die Gefahren hin, die bei der engen Verknüpfung der P. mit den Staatsfinanzen in politischen Krisenzeiten (Kriegen z. B.) unabwendbar seien. Als weiterer Nachteil wird die unzulängliche Pflege des Anlagegeschäfts hervorgehoben; die P. seien bei ihrer notwendig zentralistischen Verwaltung nicht in der Lage, das Kreditbedürfnis der Provinz gehörig zu befriedigen. Wegen ihres unpersönlichen Charakters müsse sie ferner auf das wichtige Mittel persönlicher Werbung und Fühlungnahme mit dem Einleger verzichten.

2. Organisation und geschäftliche Tätigkeit. Aufbau und Tätigkeit der P. stimmen in den verschiedenen Ländern grundsätzlich überein; alle Postanstalten, meist auch die Landzusteller, nehmen Einlagen zur Gutschrift entgegen und zahlen gegen Vorlage des Sparbuchs aus. Im einzelnen aber gibt es im Postsparkassenwesen der Welt mannigfache Besonderheiten. An die Stelle des meist üblichen handschriftlichen Eintrags in das Sparbuch tritt, z. B. in Belgien, das Einkleben von Sparmarken; ähnliche Marken kennen auch die Niederlande. Eine Ausnahme von dem Grundsatz, die Sparbücher auf den Namen zu stellen, bildet Italien, das 1915 Inhabersparhefte geschaffen hat. Die Ein- und Auszahlungszeiten fallen im allgemeinen mit den Öffnungszeiten der

Postanstalten zusammen; gelegentlich findet sich auch an Sonntagen Schalterverkehr. Besondere Spareinrichtungen, die von den kommunalen Sparkassen her bekannt sind, haben sich auch P. zu eigen gemacht; so hat England mit großem Erfolg Heimsparbüchsen ausgegeben.

Höchsteinlagen auf das einzelne Sparkonto scheinen nicht in allen Ländern vorgeschrieben zu sein. In den Vereinigten Staaten gibt es — als Beispiel einer Begrenzung — ein Einlagenmaximum von 2500 $. In Griechenland ist ein Betrag von 500000 Drachmen für Ausländer, hingegen nur von 25000 für Inländer zulässig. Innerhalb des Postsystems des einzelnen Landes scheint durchgängig die örtliche Übertragbarkeit möglich zu sein. Vereinzelt bestehen Abreden über internationale Zusammenarbeit von P., z. B. zwischen England und Italien (1908), England und Australien (1909), Frankreich und Belgien (1882). Die ungarischen P. hatten 1909 mit einer Berliner Großbank eine Vereinbarung über Einlagenübertragung getroffen. Selten ist das von Italien gepflegte Verfahren, eigene Filialen außerhalb des Mutterlandes zu unterhalten.

In der Zinspolitik herrscht wenig Übereinstimmung zwischen den einzelnen Ländern. Schon die Höhe der vergüteten Zinsen zeigt starke Abweichungen; in den Vereinigten Staaten etwa gilt ein Satz von 2%, in Japan (1930) von 4,2% und in Griechenland von 6%. Die Bemessung des Zinssatzes kann, wie das Beispiel Schwedens zeigt, zu Mißverhältnissen auf dem Geldmarkt führen; dort nämlich wurden 1928 zeitweilig 3,6% vergütet, während der Diskontsatz 3,5% betrug. In den meisten Ländern unterliegt der Zinssatz nicht einer starren ein für allemal getroffenen Festlegung. In Frankreich wird er nach Bedarf durch staatliches Dekret geregelt, und zwar so, daß der Satz für P. jeweils etwas unter dem für Ortssparkassen üblichen liegt. In den Niederlanden darf der Zinsfuß von 2,64% auf dem Verwaltungswege lediglich erniedrigt, nicht aber erhöht werden.

Bei der Anlagepolitik behauptet das Staatsfinanzbedürfnis in allen Ländern den Vorrang. In England gelangen die Spargelder zur Staatskasse und erhalten den Charakter einer Staatsschuld. Staatspapiere sind als Anlage in Österreich und den Vereinigten Staaten, die 30% in Bundesanleihen unterbringen müssen, vorgesehen. Mehrfach begegnet die Weiterleitung der Spargelder an die Nationalbank. Unter den weiteren Anlagemöglichkeiten verdienen Erwähnung: Darlehen an Gemeinden (Italien) und ländliche Kreditgenossenschaften (Belgien) sowie Ankauf von Eisenbahn- oder Hypothekenbankpapieren (Niederlande). In Ungarn ist das Postsparkassenwesen mit einem Leihhaus verbunden. Die Anlegung eines Reservefonds, wie ihn Jugoslavien seit 1929 in Höhe von 100 Millionen Dinar kennt, ist nicht überall üblich.

Die Fürsorge, deren sich die P. seitens des Staates erfreuen, zeigt sich in einzelnen Ländern an der ihnen eingeräumten Vorzugsstellung, mag diese in der Portofreiheit, wie in den Niederlanden, oder in der Befreiung von Einkommens- und Zinssteuer, wie in Japan, bestehen.

Der Einlagenbestand ist in den verschiedenen Ländern nicht gleich bedeutsam; er ist nicht zuletzt durch die Ausbildung sonstiger Spargelegenheiten bedingt. Ende 1930 beliefen sich die Sparsummen in Frankreich auf 14,87 Milliarden Francs, in Großbritannien auf 290 Millionen £, in Japan auf 2,34 Milliarden Yen, in den Niederlanden auf 375 Millionen Gulden, in Österreich auf 102 Millionen Schilling und in den Vereinigten Staaten (Stichzeit Juni 1930) auf 175 Millionen $.

3. Die Postsparkassenfrage in Deutschland. In Deutschland wurde die Idee einer P. 1878 von der Reichspost propagiert (Stephan); infolge mannigfacher Widerstände gelangte ein Gesetzentwurf jedoch erst 1885 im Reichstag zur Verhandlung. Das Gesetz scheiterte nach erregten Auseinandersetzungen in den verschiedenen an dem Problem interessierten Gremien schließlich am Widerspruch der Reichstagsmehrheit. Trotz dieses Mißerfolges hat der Plan seitdem niemals ganz geruht, sondern mehrfach Behandlung seitens der Freunde und Gegner (Sparkassen, Banken, ländliche Genossenschaften) erfahren. Auch die Post selbst hat ihn im stillen weiter verfolgt; so wurde 1928 eine Denkschrift der Reichspostverwaltung über den Gegenstand bekannt, ohne daß sich jedoch praktische Folgerungen aus ihr ergeben hätten. Mehrfach sind Versuche gemacht worden, eine engere Zusammenarbeit zwischen Reichspost und kommunalen Sparkassen in die Wege zu leiten, bisher ohne Erfolg.

Literatur: Hoffmann, W.: Art. Postsparkassen, im Handwörterbuch der Staatswissenschaften, 4. Aufl. (Enthält kurze Literaturübersicht.) — Elster, Ludwig: Die Postsparkassen. Jena 1881. — Roscher, Karl: Postsparkassen und Lokalsparkassen. Dresden 1885. — Heber, Fritz: Die Postsparkassen als Volks- und Staatsbanken. Tübingen 1908. — Heidemann, Paul: Zur Entwicklung des deutschen Sparkassenwesens unter besonderer Berücksichtigung der Postsparkassenfrage. Halle 1907. — Eine vollständige Zusammenstellung findet sich in der vom Forschungsinstitut für das kommunale Sparkassen- und Kreditwesen herausgegebenen Arbeit: Das Schrifttum über das deutsche Sparkassenwesen 1900—1929, S. 32/33. Berlin 1931; diese Übersicht wird jährlich ergänzt. Laufende Berichterstattung über das internationale Postsparkassenwesen erfolgt in der Zeitschrift „L'Epargne du Monde" des Internationalen Instituts für das Sparwesen, Mailand.

Eisfeld.

Postversandhäuser (mail order houses) sind eine besondere, vornehmlich in den Vereinigten Staaten ausgebildete Art des Warenhauses. Das P. hat meist keinen offenen Verkauf; alle Waren werden vielmehr auf Grund eines Katalogs verkauft, der oft zehntausende von Nummern enthält. Auf die briefliche Bestellung werden die Waren sofort durch die Post zugeschickt. In den Vereinigten Staaten, insbesondere im dünnbesiedelten Mittelwesten und Westen sind die P. eine Notwendigkeit; in Deutschland haben sie sich nicht recht durchsetzen können. (Vgl. a. *Abzahlungsgeschäft.*)

Prägegebühr vgl. *Münzwesen.*
— und *Goldpunkte* (s. d.), vgl. *Banque de France II 2.*
— **recht** s. *Münzwesen III.*

Prämienanleihe s. *Lotterieanleihen.*
— **basis** s. *Prämiengeschäft.*

Prämiengeschäfte. P. sind rechtmäßige Termingeschäfte mit begrenztem Risiko. Als rechtmäßige Termingeschäfte müssen sie am Fälligkeitstage erfüllt werden. Während jedoch bei einem gewöhnlichen Termingeschäft die gehandelten Effekten am Endtermin unbedingt oder, wie man börsenmäßig sagt, fest abgenommen bzw. geliefert werden müssen, gibt es bei P. zwei Erfüllungsarten, zwischen denen man eine wählen muß, und zwar erwirbt der Käufer das Entscheidungsrecht über diese Erfüllungsart, während der Verkäufer bis zum Entscheidungstage — dem Prämienerklärungstage — warten (stillhalten) muß.

Das vom Käufer erworbene Entscheidungsrecht besteht darin, daß er während der ganzen Dauer des Engagements, das je nach dem betreffenden Geschäftsabschluß ein, zwei, drei usw. Monate laufen kann, wählen darf: ob er am Fälligkeitstermin

a) bei einer Vorprämie die Stücke zu einem vereinbarten Preise abnehmen oder anstatt dessen einen vereinbarten Betrag, die Prämie genannt, zahlen will;

b) bei einer Rückprämie die Stücke zu einem vereinbarten Preise liefern oder anstatt dessen die vereinbarte Prämie zahlen will.

Er wird diese Prämie natürlich nur dann zahlen, wenn es für ihn nicht günstiger ist, die Stücke bei a abzunehmen bzw. bei b zu liefern; **aber mehr als die Prämie kann der Käufer des Rechtes nicht verlieren.** Somit hat er das Risiko seines Engagements auf die Prämie begrenzt. Eine von den beiden Erfüllungsarten muß er wählen. Er darf nicht vom Geschäft zurücktreten, wie manchmal fälschlicherweise vom P. behauptet wird. Diese falsche Definition hat schon öfter mehr oder minder böswilligen Börsengegnern Veranlassung gegeben, die P. in den Augen der Welt als „Spiel oder Wette" herabzusetzen, während sie in Wirklichkeit gerade durch das verringerte Risiko den gewöhnlichen Termingeschäften gegenüber bevorzugt werden könnten. Da außerdem der Prämienkäufer nur die Prämie, also verhältnismäßig wenige Prozente riskiert, so braucht er nur ein entsprechend geringes Depot zu hinterlegen bzw. eine der Prämie entsprechende Barzahlung zu leisten, so daß es ihm möglich ist, spekulative Gewinnchancen an einem größeren Effektenbetrage als bei festen Terminengagements zu erwerben. — Es finden an den meisten Hauptbörsenplätzen, an denen überhaupt Effekten per Termin gehandelt werden, mehr oder minder lebhafte Umsätze in Prämien statt, und wenn sich auch an den einzelnen Börsen Verschiedenheiten im Handelsgebrauch zeigen, so ist doch das Prinzip des begrenzten Risikos für den Käufer und seines Entscheidungsrechtes über die Erfüllungsart überall das gleiche. Will sich jemand in Berlin z. B. 12000 RM. Gelsenkirchen Bergwerksaktien anstatt fest mit z. B. 80 % auf Vorprämie kaufen, so muß er dem Verkäufer für dessen Stillhalten ein Äquivalent bieten, und zwar zahlt er ihm einen etwas höheren Kurs, z. B. 83 %. — Dieses Aufgeld (3 %) nennt man „**Ecart**"; er erwirbt aber damit das Recht, sich bis zum Endtermin, dem Prämienerklärungstage, erklären zu dürfen: entweder die 12000 RM. Gelsen à 83 % abzunehmen, oder dem Stillhalter anstatt dessen einen Prämienbetrag, der bei den meisten derartigen Geschäften ebenso groß wie der Ecard ist (bei diesem Beispiel also 3 %) zu zahlen; man sagt kurz: er kauft 12000 Gelsen à 83 dont 3 Vorprämie und schreibt: 83/3 Vorpr. Ist am Prämienerklärungstage der Kurs über 80 %, so wird er die Stücke abfordern, stehen sie aber unter 80 %, so wird er 3 % zahlen. Der Kurs 80 ist also bei dieser Prämie die **Basis** oder **Mitte** und auf dieser Mitte baut sich seine Entscheidung auf. Ist der Kurs über 83, setzt sein Gewinn ein; zwischen 80 und 83 ist sein Verlust kleiner, als die Prämie; ist der Kurs unter 80, und zwar, wie tief auch immer, zahlt er nur 3 %.

Lautet die Vorprämie 84/2, dann ist die Mitte 82; lautet sie $82^1/_2/3$ $79^1/_2$ usw. Während der Laufzeit des Engagements kann der Käufer auf Grund seines Geschäftes Gegentransaktionen in festen Stücken eingehen, er braucht damit nicht bis zum Entscheidungstage zu warten. Steigt z. B. der Kurs der Gelsen auf 88 %, so könnte er bei obigem Beispiel 83/3 mit1 2000 RM. unter 80 % eindecken mit einem Nutzen von 5 % gegenüber seinem Abnahmekurs (83) 12000 RM. verkaufen. Sollte der Kurs dann noch vor dem Endtermin fallen, vielleicht unter 80 %, so wird er die 12000 RM. nicht abfordern, sondern die Prämie zahlen und die verkauften 12000 RM. eindecken. Theoretisch wären hier während der Laufzeit des Prämienengagements andauernd Gewinnchancen vorhanden. In der Praxis treten aber so starke Kursschwankungen, die eine Ausnutzung beider Möglichkeiten gestatten würden, während der Laufzeit des Prämienengagements nicht sehr häufig ein.

Ein derartiges Vorprämiengeschäft geht der Käufer ein, wenn er mit der Wahrscheinlichkeit einer Kurssteigerung rechnet, das Risiko aber bei eventueller Abschwächung begrenzen will. Glaubt er aber an ein Sinken der Kurse, so könnte er z. B. eine Rückprämie auf 12000 RM. Gelsen geben. Wäre also deren Augenblickskurs 80 % und der Ekart bzw. der Prämiensatz 3 %, so wird er die Rückprämie mit 77/3 % anbringen, und er wird die Stücke am Endtermin liefern, sofern der Erklärungskurs unter 80 %; dagegen die Prämie zahlen, sofern er über 80 % ist. Die Mitte der Rückprämie 77/3 % ist 80 %; lautete die Rückprämie 80/2 %, so ist die Mitte 82 % usw. Stimmt der Erklärungskurs genau mit der Mitte überein, so wird er die Entscheidung von seiner eigenen Tendenz abhängig machen; auch wird man die Spesen, die auf jedem Geschäft ruhen: Courtage, Stempel und evtl. Provision (die bei diesem Beispiel aus Raumersparnisgründen fortgelassen sind) einkalkulieren müssen, und man dürfte wohl in solch zweifelhaften Fällen meist zu dem Entschluß kommen, die Prämie zu zahlen, oder wie man an der Börse sagt: zu **abandonnieren**, vorausgesetzt natürlich, daß nicht irgendeine bereits eingegangene Gegentransaktion eine andere Entscheidung vorschreibt. Diese Entscheidung muß man am Prämienerklärungstage treffen; man kann sie nicht aufschieben; hat man sich bei der Vorprämie zur Abnahme resp. bei der Rückprämie zur Lieferung entschlossen, so ist aus dem Prämiengeschäft ein gewöhnliches Termingeschäft geworden.

Die Prämienerklärungstage werden seitens der Börsenvorstände meist für das ganze Jahr im voraus festgesetzt. Sie fallen in Berlin meist auf den drittletzten Börsentag des Monats und die Entscheidung hat um 13 Uhr (Sonnabend 12 Uhr) zu erfolgen.

Hat jemand 12000 Gelsen à 83/3 Vorp. gekauft und gibt dagegen 12000 fest à 80, so wird er am Erklärungstage entweder die Stücke ex Prämie abfordern, und ist dann stückemäßig bei einem Verlust von 3 % glatt; oder er wird die Prämie (3 %) zahlen, dann ist er die à 80 % verkauften 12000 somit à 77 schuldig, d. h. er hat durch Kauf einer Vorprämie und Verkauf des gleichen Betrages fester Stücke eine Rückprämie von 12000 gegeben. Durch den Verkauf der festen Stücke ist ihm also sein Entscheidungsrecht nicht genommen; er hat sich nur in seiner Tendenz „gedreht". Ebenso wird aus einem Verkauf einer Rückprämie und Kauf des gleichen Betrages fester Stücke der Kauf einer Vorprämie. Je günstiger er die festen Stücke handelt, desto billiger stellen sich für ihn Ecart und Prämie; hat er z. B. nach Kauf der Vorprämie 83/3 die festen Stücke à 83 verkauft, so stellt sich dadurch die verkaufte Rückprämie auf 80/0 %. Die Sätze für Ecart und Prämie sind nicht immer gleich, auch sind sie für die einzelnen Papiere oft sehr verschieden. Je spekulativer das Effekt und je länger die Dauer des Prämienengagements, desto höher die Sätze. In politisch oder wirtschaftlich aufgeregten Zeiten pflegen sich die Sätze zu verteuern und in ruhigen billiger zu werden. Sehr viele Prämien werden nicht per laufende, sondern per spätere Liquidation abgeschlossen. In diesen Fällen verteuert sich das Aufgeld und die Prämien und außerdem ist die Basis um den Reportsatz höher. Soll z. B. eine Prolongation von Gelsen-Aktien auf einen Monat 0,50 % kosten, und die Ecart- resp. Prämiensätze anstatt 3 % für einen Monat 4 % für zwei Monate betragen, so würde eine Vorprämie im Mai (anstatt 83/3 % wie bisher) sich erstens um den Reportsatz auf $83^1/_2/3$ % und zweitens um die Erhöhung des Prämien- und Ecartsatzes um 1 %, also auf $84^1/_2/4$ % per ultimo Juni verteuern. Und eine Rückprämie im Mai anstatt à 77/3 per ultimo Mai nunmehr per ultimo Juni à $76^1/_2/4$ anbringlich sein ($77 + {}^1/_2$ % Report $= 77^1/_2 - 1\ \% = 76^1/_2$). Diese Sätze sind in vielen Fällen, speziell in unruhigen Zeiten und auf längere Termine noch viel teurer. Aber selbst bei sehr hohen Sätzen ist das Risiko des Prämienkäufers oft viel geringer, als die Gefahr, der sich der Stillhalter aussetzt. Der Verkäufer des Prämienrechtes hat bis zum Erklärungstage auf die Entscheidung des Käufers zu warten, und diese Entscheidung muß für ihn ungünstig ausfallen, wenn sich die Erklärungskurse jenseits der Abnahme- resp. Lieferungskurse stellen. Ein Handel in festen Stücken als Gegenengagement gegen die Gefahr, „**überritten**" zu werden, bringt dem Stillhalter das verkaufte Recht nicht zurück und stürzt ihn oft in neue Gefahren. Will er sich dieses Recht durch einen Prämienkauf zurückerwerben, so muß er darauf achten, die Prämie mit derselben Mitte zu bekommen; bei obigem Beispiel also mit 80 %. Denn, sind die Mitten verschieden, so können auch die Entscheidungen am Stichtage verschieden ausfallen und ihm möglicherweise Schaden bringen. Will er an seinem Geschäft etwas verdienen, so muß er versuchen, die verkaufte Vorprämie zu billigeren Sätzen, also anstatt à 3 % Ecart und 3 % Prämie vielleicht à $2^1/_2$ Ecart und $2^1/_2$ Prämie, aber bei gleicher Mitte 80, d. h. also mit $82^1/_2/2^1/_2$ wiederzubekommen, bzw. die übernommene Rückprämie à $77^1/_2/2^1/_2$ anzubringen. Er hätte dann, wie auch die Entscheidung ausfällt, ${}^1/_2$ % verdient. Vielfach wird ein Stillhalter diese Prämienrechte auf Grund bereits vorhandener größerer Hausse- resp. Baisseengagements hergeben und kann dann der Entscheidung ruhiger entgegensehen.

2. Ein sehr großer Teil der P. findet aber durch andere Transaktionen seine Deckung. Hat der Stillhalter eine Vorprämie auf 12000 Gelsen à 83/3 gegeben, dann kauft er sich die Hälfte des Betrages also 6000 RM. zum Augenblickskurs à 80 fest. In diesem Falle wird er bei Abnahme der Stücke seitens des Prämienkäufers nunmehr 6000 RM. à 86 % schuldig, oder er hat bei Abandonnierung 6000 RM. à 74 übrig. Er muß sich also, wenn er glatt sein will, einen Kontrahenten suchen, und zwar möglichst sofort nach Abschluß des Prämiengeschäftes, dem er entweder 6000 RM. Gelsen à 86 abfordern oder à 74 liefern kann. Solche Geschäfte nennt man **Stellagen** oder **Stellgelder**. Die beiden Endpunkte (86 und 74) stellen die **Spannung** der Stellage (12 %) dar. Die Mitte der Stellage (80) ist dieselbe, wie die der überlassenen Vorprämie und auch wie der Kurs der fest gekauften Stücke. Hat der Stillhalter eine Rückprämie auf 12000 Gelsen à 77/3 übernommen, so gibt er 6000 RM. fest à 80 % (Mitte der Prämie); dann ist er entweder 6000 RM. à 86 schuldig oder er hat 6000 à 74 übrig. Auch in diesem Falle muß er sich, um glatt zu sein, eine Stellage von 6000 RM. Gelsen Mitte 80 und 12 % Spannung kaufen. Eine Eindeckung der Stellage auf einer andern „schiefen" Mitte kann bei der Erklärung zu verschiedenen Entscheidungen und evtl. zu Verlusten führen. Der Käufer der Stellage hat sich am Prämienerklärungstage zu einer der beiden Erfüllungsarten zu entscheiden. Er darf nicht vom Geschäft zurücktreten; und zwar wird er zum oberen Endkurse (86) fordern, wenn der Erklärungskurs über der Mitte (80) und er wird à 74 liefern, wenn er unter 80 ist. Deckt sich der Kurs genau mit der Mitte, so wird er seine Entscheidung von der seines Prämienkäufers abhängig machen, oder wenn ihm kein Prämienkäufer gegenübersteht, sich von seiner eigenen Tendenz leiten lassen. Bei allen anderen Fällen, in denen also die Entscheidung angesichts des Erklärungskurses klar ist, ist eine besondere Abstimmung zwischen den Kontrahenten kaum erforderlich.

Ein Kauf von Stellagen ist meist leicht zu bewerkstelligen, da sich oft Händler finden, die in Stellagenform, also mit einer vielprozentigen Spannung, stillhalten wollen; sei es, daß sie sich auf Grund eigner größerer Effektenengagements Stücke zu höheren Kursen abfordern lassen, resp. zu niedrigeren Kursen liefern lassen wollen; sei es, daß sie darauf spekulieren, daß der Entscheidungskurs zwischen die beiden Endkurse fällt, was ihnen ja einen Nutzen läßt. Bei unserem Beispiel ist die Spannung 12 %, also doppelt so groß wie Ecart und Prämie zusammengenommen. Ecart und Prämie sind nicht immer gleich groß, und deshalb sollte man nicht definieren: die Spannung sei das Vierfache der Prämie. Wäre z. B. der Augenblickskurs 80 %, die Stellagenspannung 12 %, der Prämienkäufer wollte aber für die Prämie nur 2 % riskieren, so müßte er entsprechend mehr für den Ecart zahlen; die Vorprämie würde ihn daher 84/2 % kosten. Eine Eindeckung hätte in diesem Falle durch Kauf von 6000 RM. à 80 fest und von 6000 RM. Stellage à 12 % Spannung Mitte 82 % zu erfolgen. Eine solche Eindeckung der Stellage auf schiefer Mitte ist aber oft teurer, als auf gerader Mitte (Augenblickskurs 80 %, Stellagen- und Prämienmitte 82 %). Eine Rückprämie, die man bei einem Augenblickskurs von 80 % anstatt mit 77/3 % mit 76/2 % übernommen hat, kann man durch Verkauf von 6000 RM. à 80 fest und durch Kauf von 6000 Stellage à 12 % Spannung und Mitte 78 % glattstellen.

Aus dieser Deckungsart der Prämien durch feste Stücke und Stellagen ergibt sich der Brauch in Berlin, Prämien im allgemeinen nur in Beträgen zu handeln, die dem Doppelten, Vierfachen, Sechsfachen usw. des Mindestbetrages von Terminpapieren entsprechen-

Hat man eine Vorprämie auf 12000 Gelsen gegeben und eine Rückprämie auf 12000 Gelsen übernommen, so ist man eine Stellage auf 12000 Gelsen schuldig geworden; oder ein Kauf von 12000 Gelsen Vorprämie verbunden mit einem Verkauf von 12000 Gelsen Rückprämie bedeuten zusammen einen Kauf von 12000 Gelsen Stellage. Spannung und Mitte rechnet sich aus je nach den Kursen der Prämien.

3. Für alle Vor- und Rückprämien, bei denen Ecart und Prämie gleich groß ist, muß die Stellage auf gleicher Mitte gedeckt werden. Es gibt aber auch eine Art von Prämiengeschäften, bei denen die Stellage mit einer anderen Mitte, als der Augenblickskurs ist, also mit schiefer Mitte gedeckt werden muß. Das sind die Nochgeschäfte. Diese Nochgeschäfte bestehen darin, daß sich der Käufer das Recht ausbedingt, außer einem fest abzunehmenden Effektenbetrage einen weiteren, ebenso großen Posten zum gleichen Kurse abzufordern oder auf Abnahme dieses letzteren Betrages verzichten zu dürfen; z. B., wenn er sich 12000 Gelsen mit einmal Noch in seiner Wahl kauft, so muß er erstens 12000 Gelsen unbedingt abnehmen, und er hat dazu eine Vorprämie auf 12000 Gelsen dont 0% erworben. Der Ecart, den er sowohl für die 12000 festen als auch für die 12000 Vorprämie dont 0% zu zahlen hat, ist der sechste Teil der Stellage; er hätte also bei einem Augenblickskurs von 80% und einer Stellagenspannung von 12% für die 12000 Gelsen mit einmal Noch 82% zu zahlen. Der Verkäufer (Stillhalter) müßte sich erstens die à 82% fest gekauften 12000 RM. zum Augenblickskurs à 80%, ferner für die überlassene Vorprämie à 82/0% weitere 6000 RM. fest à 80%, also total 18000 fest und 6000 Stellage mit der Spannung von 12% und der Mitte 82 eindecken; also nicht mit der Mitte des Augenblickskurses sondern mit der des erhöhten Kurses. Wenn also einmal ein Stillhalter eine schuldige Stellage nicht mit seiner benötigten Mitte wiederbekommt, eben weil ihm der Augenblickskurs „fortgelaufen“ ist, so wird er zu solchen Nochgeschäften greifen können, bei denen er ja die Stellage auf schiefer Mitte handeln muß. — Ebenso wie Nochgeschäfte in Käufers Wahl, also nach oben gerichtet, gibt es Nochgeschäfte in Verkäufers Wahl, mit der Tendenz nach unten. Der Ekart wird bei diesen abgeschlagen (also: 80 — 2% = 78%); die Eindeckung eines derartigen Nochs von 12000 RM. erfolgt durch Verkauf von 18000 festen zum Augenblickskurse (80) und Kauf von 6000 RM. Stellage auf Basis des ermäßigten Kurses (78), nämlich des Übernahmekurses des Nochs.

Öfters werden Nochgeschäfte mit dem Rechte zweimaligen Nachforderns bzw. zweimaligen Nachlieferns abgeschlossen. Ihr Ecart beträgt den vierten Teil der Stellage. Für ihre Eindeckung bei 12000 mit zweimal Noch müßte man 24000 feste und 12000 Stellage handeln. Nochs mit drei oder noch häufigeren Nachforderungs- resp. Nachlieferungsrechten sind äußerst selten.

Da diese Nochgeschäfte meist per spätere Termine abgeschlossen werden, so verteuern sie sich entsprechend um den Report und infolge der bei späteren Terminen höheren Stellagensätzen.

Wie bei Prämiengeschäften handelt man die Nochs in Beträgen, die sich in die Mindestsummen der Terminpapiere zerlegen lassen. Bei einmal Noch wird man daher den doppelten Mindestsatz, bei zweimal Noch kann man auch den einfachen Satz wählen (resp. deren Vielfache). Natürlich werden auch Nochs gehandelt, bei denen der Kurs der fest abzunehmenden resp. zu liefernden Stücke anders lautet, als der Kurs der Prämie dont 0%. Auch sie lassen sich in feste Stücke und Stellagen auflösen und eindecken.

Es kommt auch häufig vor, daß man Prämien und Nochs per kürzere Zeit, als per Ende des laufenden Termins, z. B. per nächsten Börsentag, handelt; bei ihnen ist Ecart und Prämie natürlich sehr klein.

Das obige Beispiel ist aus Raumersparnisgründen durchgängig ohne alle Spesen aufgestellt worden. In der Praxis müssen Courtage, Stempel und evtl. Provision kalkuliert werden; speziell für die Entscheidung in zweifelhaften Fällen.

Eine Notierung der Prämiensätze findet man in Berlin zwar nicht im amtlichen, aber im Hertelschen Kurszettel; diese Prämiennotizen haben kein Anrecht auf ein eventuelles Monitum; sie zeigen meist den Kurs an, zu dem Prämien erhältlich, aber nicht wie sie anbringlich waren.

4. An anderen Börsenplätzen, Zürich, Paris, Brüssel findet man derartige Prämiensätze auch in den offiziellen Kurszetteln.

In Berlin ist es usanciell, Ecart resp. Prämiensätze erst bei der Fälligkeit zu zahlen. Doch kommt es auch vor, daß ein derartiges Geschäft mit sofortiger Zahlung abgeschlossen wird; z. B. bei nicht unbedingt einwandsfreien Kunden ist es in Berlin begreiflich, schon mit Rücksicht auf die Unmöglichkeit, das bereits „Geleistete“ zurückfordern zu dürfen, die Prämie sofort zu verlangen und die Vorprämie zum Augenblickskurs dont 0% zu überlassen. Diese Handhabe findet sich auch an anderen Plätzen. In Wien zahlt man die Prämiensätze im allgemeinen sofort; indessen ist dort das Prämiengeschäft nicht groß. Ebenso verhält es sich in Amsterdam; soweit dort überhaupt Prämiengeschäfte vorkommen, sagt man: ... % geben für den Kauf einer Hausseprämie. Ähnlich ist der Modus in London: to give resp. to take ... % for the call bedeutet eine Vorprämie kaufen resp. verkaufen für ... %; und to give resp. to take ... % for the put bedeutet: eine Rückprämie verkaufen resp. übernehmen für ... %. Infolge dieser Verschiedenheiten in der Ausdrucksweise empfiehlt es sich bei Ordres genau anzugeben, auf welcher Seite das Recht liegen soll. Bei Stellagen, die man in London put and call oder kurz pac nennt, wird ein bestimmter Satz vereinbart, den man auf alle Fälle zu zahlen hat und damit das Recht erwirbt, am Fälligkeitstage zu einem vereinbarten Kurse entweder fordern oder liefern zu dürfen. Dieser Satz entspricht dem doppelten der Prämie. Ein Noch nach oben nennt man in London: call of more; ein Noch nach unten: put of more. Der Handel darin entspricht dem deutschen Gebrauch. In New York kommen sehr selten Prämiengeschäfte vor; von einer besonderen Usance kann dort nicht gesprochen werden. In Brüssel und an den italienischen Börsen ist auch nur geringfügiges Geschäft in Prämien. Etwas lebhaftere Umsätze darin finden in Zürich statt; hier wird Ecart und Prämie usancemäßig erst am Fälligkeitstermin bezahlt. Schließlich mögen auch die Prämien (primes) und Stellagen (stellage oder double-prime) in Paris (vgl. *Pariser Börse IV*) erwähnt werden, in denen an der Coulisse verschiedentlich lebhafte Umsätze stattfinden (marché conditionel = der Prämienmarkt). In der Mehrzahl der Fälle werden dort die Prämien- und Stellagensätze sofort bezahlt. In London findet sich noch ein anderer Brauch, der gewissermaßen als Mittellinie betrachtet werden kann: Man belastet den Käufer sofort für den betreffenden Satz, aber mit einer Valutierung per Fälligkeit.

Trotz aller Unterschiede der Usance an den einzelnen Börsenplätzen (z. B. der manchmal zeitlich verschieden liegenden Erklärungstage und Erklärungskurse) findet sich hin und wieder eine Arbitrage in Prämien und Stellagen. Der findige Arbitrageur überwindet die Schwierigkeiten, die hierbei sicherlich noch größer sind, als bei der *Arbitrage* (s. d.) in festen Stücken.

H. Hancke.

Präsentationsfrist s. *Präsentationsklausel und Protest.*

— **klausel,** bei Wertpapieren die Klausel, wonach der Verpflichtete nur gegen Vorlage (Präsentation) des Papieres zahlen muß („gegen diesen Wechsel“).

Präventivakkord s. *Vergleich.*

Präziswechsel s. *Tagwechsel.*

Prager Börse s. *Tschechoslowakei, Geld- und Kapitalmarkt 3.*

— **Akkord** s. *Valorisierung II.*

Preference shares, preferred shares s. u. *Industrieobligationen und pref. shares,* ferner *Aktie als Wertpapier.*

preferential right (e) s. *Stillhalteabkommen.*

Preisindexwährung s. *Geldtheorien* und *Währungswesen.*

premium (e) = Prämie, verschiedene abgeleitete Bedeutung, so z. B. Agio (Aufgeld), Report.

president letter vgl. *Konsortialgeschäfte 4.*

Preußenkasse. Die Preußische Zentralgenossenschaftskasse oder kurz „Preußenkasse“ ist am 1. Oktober 1895 als gemeinnützige Anstalt des öffentlichen Rechts errichtet worden. Als Aufgabe wurde im Gesetz bestimmt: die Gewährung zinsbarer Darlehen an Genossenschaften und ihre Verbandskassen sowie an die landwirtschaftlichen Darlehnskassen, die Landschaften und die sog. Landesbanken in Westdeutschland, außerdem Entgegennahme von Geldern seitens dieser Vereinigungen zur Anlage und Verzinsung. Das Arbeitsgebiet war zunächst Preußen, dehnte sich aber bald auf die außerpreußischen Gebiete des Reichs aus. Das Grundkapital wurde vom Staat eingezahlt; doch erhielten schon im Grundgesetz die Zentralkassen der Genossenschaften die Berechtigung, sich mit Vermögenseinlagen zu beteiligen. Von diesem Recht hat von 1905 ab eine Anzahl Zentralkassen, darunter auch süddeutsche, Gebrauch gemacht. 1923 erhielt die P. durch Gesetz den Charakter eines gemischt-wirtschaftlichen Unternehmens; sie ist aber nach wie vor Anstalt des öffentlichen Rechts. 1928 übernahm das Reich eine Kapitalbeteiligung. Stammkapital 1895: 5 Millionen, 1896: 20 Millionen, 1914: 76,5 Millionen Mark. Ende 1931 waren an dem Stammkapital von 207,91 RM. beteiligt:

		davon eingezahlt:
Preußischer Staat . .	mit 125 Mill. RM.	75 Mill. RM.
Deutsches Reich . . .	„ 50 „ „	50 „ „
Genossenschaften, Zentralkassen u. sonstige	„ 32,91 „ „	16,64 „ „
	207,91 Mill. RM.	141,64 Mill. RM.

Die ausgewiesenen Reserven betrugen Ende 1914 8,1 Millionen Mark, Ende 1931 20,0 Millionen RM.

Die P. steht unter Aufsicht und Leitung des Preußischen Staates. Ihr Sitz ist Berlin. Zur Erleichterung des Zahlungsverkehrs mit den süddeutschen und westdeutschen genossenschaftlichen Zentralkassen besteht seit Anfang 1924 eine Zweigstelle in Frankfurt a. M. Die Leitung der P. liegt in Händen eines Direktoriums, das die Eigenschaft einer Behörde hat. Es besteht nach dem Gesetz aus dem Präsidenten und einer Anzahl weiterer Mitglieder, die sämtlich vom Preußischen Staatsministerium ernannt und abberufen werden. Durch einen aus ihrer Mitte gewählten Ausschuß üben die Inhaber der Stammeinlagen die ihnen zustehende Beteiligung an der Verwaltung aus. Der Beschlußfassung des Ausschusses unterliegen die Bilanz und die Gewinnverteilung, der Abschluß von Verträgen zwecks Übernahme von Stammeinlagen. In einigen weiteren Angelegenheiten sind der Ausschuß und ein von ihm gewählter engerer Ausschuß gutachtlich zu hören.

Der ihr zugewiesenen Aufgabe entsprechend steht die P. den Genossenschaften aller Richtungen als Bankverbindung zur Verfügung. Die Zentralkassen der landwirtschaftlichen Genossenschaften (Reichsverband der deutschen landwirtschaftlichen Genossenschaften — Raiffeisen — e. V.), und der gewerblichen Kreditgenossenschaften (Deutscher Genossenschaftsverband e. V.) sind ihr angeschlossen. Während jenen fast die Gesamtheit des landwirtschaftlichen Genossenschaftswesens angeschlossen ist, entfallen auf die gewerblichen, mit der P. arbeitenden Zentralkassen, etwa zwei Drittel des gesamten Kreditgeschäfts mit den dem Deutschen Genossenschaftsverband angeschlossenen gewerblichen Genossenschaften. Außerdem sind bei der P. angeschlossen die Großeinkaufsgesellschaft deutscher Konsumvereine m. b. H. in Hamburg, die Großeinkaufs- und Produktions-AG. deutscher Konsumvereine in Köln, ferner die Reichszentralkasse der deutschen Beamtenbanken. Die P. unterhält unmittelbare Geschäftsbeziehungen grundsätzlich nur zu den genossenschaftlichen Zentralkassen im Gegensatz zur Dresdner Bank, die im allgemeinen direkt mit den einzelnen Kreditgenossenschaften arbeitet.

Die ungünstige Lage der Landwirtschaft und ihre starke Belastung durch Kredite hat 1928—1931 eine weitgehende Rationalisierung des landwirtschaftlichen Genossenschaftswesens und 1928 (Novelle vom 28. April 1928) eine Reorganisation der P. notwendig gemacht. Bei der Vereinheitlichung des Genossenschaftswesens hat die P. organisatorisch und durch erhebliche Zuschüsse tatkräftig mitgewirkt, u. a. Betriebskontrollen eingerichtet. Seit jener Zeit ist die P. agrarpolitisch stark in den Vordergrund getreten. Gemeinsam mit den angeschlossenen genossenschaftlichen Zentralkassen unterhält die P. für den genossenschaftlichen Giro-, Inkasso- und Reisekreditbriefverkehr den Deutschen Genossenschaftsring, ein Girosystem mit rund 3500 Plätzen. Eine Dividende wurde zuletzt für das Jahr 1926 (6%) gezahlt.

Die wichtigsten Beteiligungen der P.:

1. Deutsche Genossenschafts-Hypothekenbank, AG. in Berlin (gesamtes Aktienkapital);
2. Getreideindustrie und -kommission, A.-G. in Berlin.
3. Deutsche Mühlenvereinigung, AG. in Berlin;
4. Bezugsvereinigung der Deutschen Landwirte, G. m. b. H. in Berlin.

Bilanzzahlen Ende 1931: 606,0 Millionen RM. Kreditoren, einschließlich der durch Wechselankauf gegebenen Kredite der Reichsbank und anderer Stellen (Giroverbindlichkeiten), 184 Millionen öffentliche Gelder und von sonstigen Banken, 62,3 Millionen Kundenguthaben und Einlagen, 288,8 Millionen Forderungen, 54,9 Millionen Wechsel, 359,5 Millionen weiterbegebene Wechsel; Bilanzsumme 845,2 Millionen. Außer den Jahresberichten werden seit Mitte 1930 monatliche Ausweise veröffentlicht.

Vgl. auch *Agrarkredit II B* und *Kreditgenossenschaften IV, V.*

Literatur: HILLRINGHAUS: Die Preußische Zentralgenossenschaftskasse. Berlin 1922. — SCHMIDT, GG. W.: Die Entwicklung der Preußischen Zentralgenossenschaftskasse. — WYGODZINSKI-MÜLLER: Das Genossenschaftswesen in Deutschland. Leipzig und Berlin 1929. — SEMPER: Die Konzentrationsbewegung im landwirtschaftlichen Kreditwesen Deutschlands. Berlin 1931.

LUDWIG RIDERER.

Preußenkonsortium vgl. *Konsortialgeschäfte 3.*

Preußische Bank s. *Geschichte des Bankwesens II.*

Preußische Central-Bodenkredit-A.-G. s. *Hypothekenbanken 1.*

Preußische Rentenbanken s. *Rentenbanken, preußische.*

Preußische Staatsbank s. *Staatsbanken.*

— **Zentralgenossenschaftskasse** s. *Preußenkasse.*

Primadiskont s. *Liquiditäts- und Anlagepolitik.*

— **nota** = Grundbuch der Buchhaltung für nicht durch die Kasse laufende Buchungen. (Vgl. *Buchhaltungswesen.*)

— **wechsel** s. *Abhebung der Prima.*

Prioritäten sind Wertpapiere mit Vorzugsrechten. Früher sowohl für Aktien (jetzt Vorzugsaktien) wie für festverzinsliche Werte gebraucht, findet das Wort P. heute nur mehr bei einigen aus der Vorkriegszeit stammenden Anleihen Anwendung.

Prioritätsaktie, älterer Ausdruck für Vorzugsaktien, wie sie seinerzeit insbesondere bei den privaten Eisenbahngesellschaften existierten. (Vgl. a. *Eisenbahnprioritätsaktie.*)

Privatbanken i Kjøbenhavn s. *Skandinavische Länder IV.*

Privatbankier. *Begriff und Abgrenzung.* Die Definition dessen, was ein P. ist und die Abgrenzung seiner Funktionen und des ihm zugänglichen Arbeitsfeldes innerhalb der Welt des Kredites ist nicht mit absoluter Exaktheit möglich. Das liegt daran, daß dieser Begriff, wie so viel andere, nicht von der Wissenschaft geprägt worden ist, sondern sich nach Bedürfnissen des praktischen Lebens und gewissermaßen nach Zufälligkeiten herausgebildet hat. So kommt es auch, daß der „P.“ in den einzelnen Ländern verschieden gedeutet und gewertet wird.

Der P. grenzt begrifflich an seinem einen Ende an die private Aktienbank an, und zwar an den Typ der privaten Aktienbank, der kein Depositennetz unterhält und infolgedessen mit dem Gewerbe der P. die Konzentration der Geschäfte an einer Stelle, ihre Übersichtlichkeit und die ständige Beeinflussungsmöglichkeit auch in den Einzelfragen durch die maßgebenden Leiter gemeinsam hat. Diese Form der Privatbank wird in Deutschland etwa durch die Berliner Handelsgesellschaft repräsentiert. Zwischen dieser Aktienbank und den großen Privatbankfirmen vom Range der Mendelssohn, Berlin, Warburg, Hamburg und A. Levy, Köln besteht kaum ein Wesensunterschied. Nach der anderen Seite hin hört der P. da auf, wo etwa die Maklerfirma ohne nennenswertes Eigenvermögen beginnt, die vom Effektenkommissionsgeschäft und von der gelegentlichen Spekulation auf eigene Faust lebt. Selbst die kleinsten und kundenärmsten dieser Maklerfirmen nennen sich gerne Bankgeschäft. Die Grenze ist deshalb flüssig, weil aus der erfolgreichen Maklerfirma sich allmählich ein Privatbankhaus mit weiter verzweigten Beziehungen herausbilden kann, namentlich sofern das Vermögen der Maklerfirma so groß wird, daß es werbend für eine Geschäftsausdehnung über den alten Aktionsradius hinaus eingesetzt werden kann und sofern sich die ersten Geschäftsfreunde finden, die dem Unternehmen eine Stütze geben.

Noch ein anderer Typ des Bankgeschäfts hat eine gewisse Verwandtschaft mit dem P., nämlich die private Vermögensverwaltung (vgl. *Service*), die in der Form des Bankgewerbes ausgeübt wird, vielfach in ausgedehnter Form, manchmal aber in kleinem, allmählich absterbenden Rahmen. Das letztere ist dann der Fall, wenn etwa Erben eines Bankiers dessen hinterlassenes Vermögen weiter verwalten, ohne neue Risiken eingehen zu wollen.

Bei der ausgesprochenen Vermögensverwaltung fehlt, um den Begriff des P. voll auszufüllen, meist die geschäftliche Aktivität; im Falle des kleinen Börsen- oder auch Grundstücks- bzw. Warenmaklers, der gleichzeitig Wechsel diskontiert, fehlt das Kapital, das notwendig ist, um ein wirkliches Bankgeschäft betreiben zu können. Die Grenze zum P. ist aber flüssig und für ein erfolgreiches Haus überschreitbar.

Der Geschäftsbetrieb eines vorwärtskommenden P. hat bisweilen den Grundstock für die Errichtung einer Aktien-Großbank abgegeben. So wurde innerhalb der deutschen D-Banken die Dresdner Bank am 12. November 1872 unter Übernahme des altangesehenen Bankgeschäfts von Michael Kaskel in Dresden gegründet, während die übrigen deutschen Großbanken der Initiative potenter Privatkapitalisten, die den P. Konkurrenz machen wollten, ihre Entstehung verdankten, sich abernaturgemäß von Anfang an der Mitwirkung von Persönlichkeiten bedienten, die vorher im Gewerbe der P. das Geschäft erlernt und gelernt hatten.

Wie die Industrie im allgemeinen aus der Manufaktur hervorgegangen ist und zur Blüte gebracht wurde von Persönlichkeiten, die schon von Großvaters Zeiten her die Branche kannten, so ist der P. des 19. Jahrhunderts undenkbar ohne die Tradition der Familien, die sich früher mit dem Geldwechsel, der Diskontierung und Lombardierung befaßt hatten. Gerade die Lombardierung und Wechseldiskontierung war zu der Zeit, als es noch keine Großbanken gab und die P. im Kreditwesen sich in die Arbeit mit öffentlichen und halböffentlichen Institutionen teilten, keineswegs so einfach wie heute, weil das geltende Münz-, Wechsel-, Börsen-, Hypotheken-, Zivilprozeß- und Vollstreckungsrecht usw. überaus zersplittert war, vor allen Dingen in den Ländern deutscher Zunge, in den Vereinigten Staaten, in Italien und in allen Kolonialgebieten. Im Grunde gab der P. auch dann Personalkredit, wenn ihm Sicherheiten geboten wurden, und die Persönlichkeit der Schuldner sowie ihre Fähigkeiten und die Solidität ihrer Lebensführung zu kennen und zu durchschauen, war eigentlich neben der Beobachtung der Marktgebiete, auf denen die Kunden tätig waren und neben der Kenntnis der technischen Fertigkeiten, die auch der Bankleiter haben mußte, das Alpha und Omega der Kunst des Bankiers.

Die Ausbreitung der Aktienbank und die Konzentration des Bankgewerbes, die vor dem Kriege begonnen, sich nach dem Kriege verschärft und im letzten Jahre einen neuen Höhepunkt erreicht hat, setzten dem P. arg zu. Es wurde und wird ihm vor allen Dingen immer schwerer, auch Kunden außerhalb des Börsenspekulations- und -kommissionsgeschäfts zu finden, also Depositare, die nicht vom Glanz der Kapitalziffern der Großbanken beeinflußt sind. Seit der Panik vom Sommer 1931 kommt das Wissen um den besonderen Staatsschutz der Einleger der großen Institute mit „volkswirtschaftlicher Bedeutung" hinzu.

Es droht also, wenigstens in Deutschland, die Beschränkung des durchschnittlichen P. auf das Börsengeschäft. Der P. könnte dann nur noch in stark spekulativen Zeitläuften gedeihen. Eine offenkundige Ausnahme machen einige P. mit bekannten Namen, die auf das einlegende Publikum nach wie vor eine starke Anziehungskraft ausüben. Es sind das aber Firmen, bei denen das Publikum weniger das Gefühl hat, es mit einem P. zu tun zu haben, als vielmehr mit einer Privatbank, die juristisch nicht in der Form der Aktiengesellschaft oder Kommanditgesellschaft auf Aktien betrieben wird, also Firmen, die auf der erwähnten Grenze zwischen P. und Privatbank sich bewegen.

Soweit wir sehen, ist prinzipiell das Schicksal des Privatbankierstandes nur in England günstiger verlaufen als bei uns, und zwar im Zusammenhang mit der Stellung des Londoner Platzes als Geldzentrum und als Markt für Akzepte. London ist der Sitz der großen internationalen Akzepthäuser, die erst in der Krise des Jahres 1931 wieder ihre Bewährung erwiesen haben. Diese Privatbanken haben sich in der Pflege eines lebensfähigen Kreditgebietes spezialisiert und damit eine Position von unbestrittener Bedeutung für die englische Volkswirtschaft und für die gesamte Weltwirtschaft aufgebaut. Sie füllen eine besonders wichtige Funktion aus und ziehen daraus eine natürliche dynamische Kraft.

Daß der Privatbankierstand abseits der großen Häuser sich in Not befindet und unter der Krise der Jahre seit 1929 in besonderem Maße leidet, ist selbstverständlich. Man muß sich aber klar darüber sein, daß der Ruf nach Hilfe, etwa nach bevorzugter Berücksichtigung bei den Börsengeschäften oder gewissermaßen nach Eingliederung und Verbeamtung, nicht viel nützen kann. Solange das kapitalistische System wenigstens noch partiell besteht, kann dem einzelnen P. nur eine Zukunft aus eigener Kraft und aus eigenen Fähigkeiten heraus blühen. Es handelt sich aber weniger darum, etwa die volkswirtschaftliche Bedeutung des P. (die jeder einzelne sich selbst erkämpfen muß), als vielmehr die Aufgabe herauszustreichen, die ein lockendes Arbeitsgebiet für ihn abgeben könnte.

Daß das Börsenkommissionsgeschäft für den durchschnittlichen P. wichtig bleiben wird, darf man annehmen. Darüber hinaus winkt ihm aber ein Feld, das von den Großbanken, seien sie nun ganz oder teilweise im Staatsbesitz oder nicht, wenigstens zeitweise vernachlässigt wurde, nämlich die Hergabe von Privatkredit im Sinne des Personalkredits an unternehmungslustige Menschen, die nichts aufzuweisen haben als einen guten Gedanken und die charakterlichen Eigenschaften, die sie befähigen, im Leben etwas zu werden. Wer solche Menschen finden will, muß freilich selbst in der Sphäre der Solidität groß geworden sein oder sich zu ihr nach den Ären der Papiermarkinflation und der Kreditüberexpansion wieder durchgerungen haben. Das, was es heute überall zu viel gibt, ist Phantasie; das, was in erschreckendem Maße fehlt, ist der gesunde Menschenverstand und die kritische, rechenhafte Veranlagung.

Es genügt andererseits nicht, daß der P. geeignete Betätigungsfelder, das heißt zugleich unternehmungslustige und serisöe Personen findet, denen Geld anzuvertrauen kein besonderes Risiko in sich schließt. Er muß auch selbst so viel Vertrauen einflößen und einen solchen Ruf haben, daß Kapitalisten ihm vertrauensvoll auf der Passivseite die Mittel zur Verfügung stellen, die auf der Aktivseite eingesetzt werden sollen. Das wird dann der Fall sein, wenn die Sparkraft der Nation und ihr Sparwille auch in den führenden Schichten wieder wachsen und wenn gleichzeitig unter den P. neue überragende Persönlichkeiten von allgemeiner Geltung und unbestrittener Autorität auftauchen. Auch im kleineren Kreise kann sich diese Geltung und Autorität zeigen. Unter „Ruf“ sollte also nicht verstanden werden, daß man, um als P. erfolgreich zu sein, nun alle halbe Jahre einmal in den Zeitungen als großer Mann verewigt werden müsse.

Zusammenfassend: Es ist ein Feld für den P. frei. Dies Feld dehnt sich aus, wenn die Sparkraft der Nation wieder zunimmt, und wird um so erfolgreicher beackert werden können, je tüchtiger und anerkannter die Persönlichkeit des P. nach der kaufmännischen und charakterlichen Seite hin sein wird. Das Feld steht freilich auch der großen Aktienbank frei, deren Leiter es nach den Erfahrungen der Krise nicht in gleichem Maße nach großen, wenn auch durch Bestellung von „Sicherheiten“ noch so günstig erscheinenden Engagements gelüsten dürfte wie in der Periode 1925 bis 1929.

Eine Voraussetzung hat auch der Staat zu erfüllen; er darf sich nicht der Früchte der Bemühungen des Privatbankiers durch willkürliches Eindringen in seinen Geschäftsbereich bemächtigen wollen. Die Absteckung der Grenze zwischen der Tätigkeit des Staats und der Tätigkeit der Privatwirtschaft ist schließlich zusammen mit einer vorbildlichen Finanzführung seitens des Staates, die auf die gesamte Wirtschaftsmoral ausstrahlt, überhaupt die Voraussetzung dafür, daß der Einzelkaufmann, gewissermaßen der Patriziertyp, also die Klasse, in die auch der P. im besten Sinne des Wortes hineingehört, wieder zur Geltung und Ansehen nach dem Grade der beruflichen und moralischen Befähigung des einzelnen gelangen kann.

Die Stunde der P., das heißt eine Zeit, in der die befähigsten, unternehmungslustigsten und das größte Vertrauen einflößenden unter ihnen die Chance des Vorwärtskommens haben und neue Namen neuen Glanz gewinnen können, wird ebenso sicher kommen wie die Stunde des freien deutschen Bankwesens überhaupt.

Paul Nassen.

Privatdiskonte sind Wechsel allererster Qualität, regelmäßig Bankakzepte mit einer Laufzeit von zwei bis drei Monaten. Sie gelten nach Bargeld und Bankguthaben als liquideste Anlage, da sie jederzeit durch Rediskontierung bei der Notenbank zu Geld gemacht werden können. Sie sind daher von Banken als flüssige Anlage gesucht, so daß ihr Zinssatz sehr niedrig, meist unter Notenbankdiskont liegt. In Berlin ist eine Bankfirma beauftragt, den Privatdiskontmarkt zu regulieren; täglich wird ein Privatdiskontsatz festgestellt und veröffentlicht. In anderen Börsen bestehen verschiedene Privatdiskontsätze je nach Laufzeit des P. Im Auslandsverkehr sind P. das häufigste Mittel kurzfristiger Währungskredite. (Vgl. *Diskontmarkt 4,* sowie die Art. über Börsen.)

private companies s. *Aktiengesellschaft.*

Privatnotenbanken, Deutsche. Von den 32 Banken mit Notenausgaberecht, die vor Vereinheitlichung des Notenbankwesens in Deutschland (1875), abgesehen von der Preußischen Bank, der späteren Reichsbank, bestanden — zum Unterschied von der Zentralnotenbank P. genannt — haben bis zur Jahrhundertwende 25 das Privileg aufgegeben und in den folgenden Jahren noch weitere 3, so daß heute nur noch 4 existieren: die Badische Bank, die Bayerische Notenbank, die Sächsische Bank zu Dresden und die Württembergische Notenbank.

Das Bankgesetz vom 14. März 1875 (vgl. *Reichsbank*) hatte nicht nur einheitliche Grundsätze für die Politik der Notenbanken, also ohne Unterscheidung der P. von der Reichsbank, aufgestellt, sondern zielte zugleich auf Zentralisierung des Notenbankwesens, indem es den P. den freiwilligen Verzicht auf das Notenrecht nahelegte. Die P. wurden weitgehend der Reichsgesetzgebung unterworfen; sie erhielten ein auf ihren begrenzten Wirkungskreis zugeschnittenes Notenkontingent und mußten sich noch besonderen Bestimmungen (§ 44 BG.) unterwerfen, wenn ihre Noten außerhalb ihres Heimatlandes zu Zahlungen zugelassen werden sollten (§ 43 BG.). Die Geschäftstätigkeit wurde streng auf die sich mit der Notenausgabe vertragenden Geschäfte beschränkt.

Von dem Recht der Kündigung des Notenausgaberechts ist von Reichswegen den vier genannten P. gegenüber kein Gebrauch gemacht worden. Die Gesetzesänderungen bei Gelegenheit der Privilegserneuerung bezogen sich in der Hauptsache auf gewisse Bindungen des Diskontsatzes, später auch des Lombardsatzes der P. an den Reichsbankdiskontsatz im Interesse einheitlicher Kreditpolitik im ganzen Reichsgebiet (Novelle vom 7. Juni 1899 und vom 16. Dezember 1919). Im Zusammenhang mit der Erklärung der Reichsbanknoten zum gesetzlichen Zahlungsmittel (Novelle vom 1. Juni 1909) wurde die Reichsbank verpflichtet, Privatbanknoten innerhalb des Heimatlandes der einzelnen P. bei ihren Zweiganstalten, soweit es deren Kassenbestände gestatteten, gegen Reichsbanknoten umzutauschen.

Nachdem durch die Kriegsgesetze vom 4. August 1914 für die vier P. (wie für die Reichsbank) die Noteneinlösungspflicht suspendiert war, mußten von Ende 1918 an die verschieden hohen Notenausgaberechte und steuerfreien Kontingente mit der Geldentwertung fortschreitend erhöht werden. Bei der Verteilung der Rentenbankkredite wurde unter Zugrundelegung des Notenumlaufs vom 30. Juni 1914 der Anteil der vier P. auf zusammen 6 % gegenüber einem 94 proz. Anteil der Reichsbank festgesetzt.

Der *Dawesplan* (s. d.) sah für Deutschland zunächst nur eine Zentralnotenbank vor, doch blieben die vier P. aus innerpolitischen Gründen schließlich bestehen, obwohl währungspolitische und allgemein wirtschaftspolitische Gesichtspunkte kaum dafür sprachen.

Im Bankgesetz vom 30. August 1924 (§ 2) wurde das Notenausgaberecht der vier P. unter Zugrundelegung der Vorkriegsverhältnisse auf insgesamt 194 Millionen RM. bemessen, d. s. im Jahre 1931 etwa 3 % des durchschnittlichen Bargeldumlaufs in Deutschland.

Das Privatnotenbankgesetz vom 30. August 1924, welches nach dem Bankgesetz die Rechtsverhältnisse der P. zu regeln hatte, setzte je 70 Millionen RM. für die Bayerische Notenbank und die Sächsische Bank zu Dresden (letztere vor dem Kriege ohne Begrenzung des Notenausgaberechts) und je 27 Millionen RM. für die anderen beiden Institute fest. Im übrigen schloß sich das Privatnotenbankgesetz eng an das Bankgesetz von 1875 bzw. von 1924 an, auch bezüglich der Unterstellung der P. unter Reichsorgane und die Reichsgesetzgebung (§§ 2, 5, 20, 21, 24—27 und 30). Die Notenprivilegien sind von zehn zu zehn Jahren durch das Reich kündbar, erstmalig zum 1. Januar 1935 (§ 1). Die geschäftliche Betätigung außerhalb des Heimatlandes ist der einzelnen P. untersagt (§ 16). Die Bestimmungen über das Umlaufsgebiet und die sonstige Umlaufsregelung der Privatbanknoten (§§ 6 und 22) verfolgen den Zweck, die Noten außerhalb ihres Ursprungslandes in gewissem Umfange verwertbar zu machen, aber sie immer wieder baldmöglichst dem Ursprungslande zuzuführen, in welchem umzulaufen sie bestimmt sind, und in welchem sie eingelöst werden. Privatbanknoten, die von einer anderen P. oder der Reichsbank in Zahlung genommen sind, dürfen nur zur Einlösung bei der ausgebenden Notenbank oder zur Zahlung an sie oder zur Zahlung in ihrem Heimatlande verwendet werden. Die Privatbanknoten sind nicht wie die Reichsbanknoten gesetzliche Zahlungsmittel, auch kann ein Annahmezwang für öffentliche Kassen nicht begründet werden; sie müssen aber natürlich von der ausgebenden Notenbank und ihren Zweiganstalten jederzeit zum vollen Nennwert in Zahlung genommen werden. Außerdem sind die P. verpflichtet, die Noten anderer P. — deren Zahlungsfähigkeit vorausgesetzt — an ihrem Sitze und in Städten mit mehr als 100000 Einwohnern anzunehmen. Die Reichsbank nimmt die Privatbanknoten in Städten über 100000 Einwohnern oder am Sitze der ausgebenden P. zum vollen Nennwert in Zahlung und tauscht Privatbanknoten innerhalb des Landes der ausgebenden Notenbank bei ihren Zweiganstalten — nach Maßgabe von deren Kassenbeständen — gegen Reichsbanknoten um; über diese gesetzlichen Bestimmungen hinaus sind von der Reichsbank noch gewisse Erleichterungen des Umtausches bei denjenigen Reichsbankanstalten, die in den an die Ausgabeländer grenzenden Gebieten liegen, und für kleinere Beträge im gesamten Reichsgebiet angeordnet. Auch die P. untereinander sowie die Staatskassen der zugehörigen Länder und Verkehrs- und Geldinstitute, wie Reichsbahn und -post, Privatbanken, Girozentralen, Sparkassen, Genossenschaften, zeigen in der Praxis in der Annahme von Privatbanknoten weitgehendes Entgegenkommen. Die Stückelung der Noten ist beschränkt auf 50, 100 RM. und ein Mehrfaches von 100, während im alten Bankgesetz 50 Mark-Abschnitte nicht zugelassen waren. Noch kleinere Abschnitte sind für die Erfüllung der Aufgaben der P. nicht für erforderlich gehalten worden und würden ebenso wie eine allgemeine und uneingeschränkte Annahme der Privatbanknoten im ganzen Reichsgebiet die Einheitlichkeit des deutschen Geldwesens beeinträchtigen und die einheitliche Regelung des Geldumlaufs durch die Reichsbank erschweren. Die Verpflichtung zur Einlösung der Privatbanknoten in Gold oder Devisen nach Wahl der emittierenden Bank (§ 9) entspricht der der Reichsbank. Solange die Noteneinlösungspflicht der Reichsbank rechtlich suspendiert war (bis 16. Mai 1930), hatte die Einlösung der Privatbanknoten in Reichsbanknoten zu erfolgen. Auch die Grundsätze für die Deckung der Noten und Guthaben sowie für die Kreditgewährung stimmen im wesentlichen mit denen der Reichsbank überein. Doch ist den P. im Gegensatz zur Reichsbank die Annahme verzinslicher Depositen erlaubt. Die Verfügung über das bei Inkrafttreten des Privatnotenbankgesetzes im Besitz der P. befindliche Gold, die auch vorher nicht frei war (Gesetz vom 13. Juli 1921), ist — abgesehen von der Verwendung zur Einlösung der Noten — an die Zustimmung des Reichswirtschaftsministeriums gebunden (§ 20). Eine Notensteuer (§ 17) in halber Höhe des Reichsbankdiskontsatzes, mindestens 5%, wird erhoben auf den Notenumlauf, soweit er den Barvorrat (Gold + deckungsfähige Devisen + Noten anderer deutscher Notenbanken) zuzüglich des im alten Bankgesetz von 1875 festgesetzten steuerfreien Notenkontingents (mindestens jedoch zwei Fünftel des Höchstumlaufsbetrages) übersteigt.

	Steuerfreies Notenkontingent vor dem Kriege	Jetzige Höchstgrenze für den Notenumlauf
Badische Bank	10	27
Bayerische Notenbank	32	70
Sächsische Bank zu Dresden	16,8	70
Württembergische Notenbank	10	27

Franz Doering.

Privatversicherung und Kapitalmarkt.

I. Die Bedeutung für den Geldmarkt.

Die deutschen Versicherungsgesellschaften haben nach der amtlichen Statistik des Reichsaufsichtsamtes im Jahre 1930 aus dem direkten Geschäft eine Prämieneinnahme von 1609 Millionen RM. gehabt. Diese Prämien werden von den Versicherten zum Teil in bar, meist auf Postscheck- oder Bankkonto bei den Agenturen oder Generalagenturen eingezahlt. Die Agenturen halten die auf sie entfallenden Beträge, also Provisionen, Bürokostenzuschüsse, Gehaltsanteile, zum Teil auch Beträge für kleinere Schadenregulierungen, zurück und überweisen den Rest auf das Bankkonto der Unternehmung selbst. Da die Versicherungsgesellschaften in der Regel ihre Bankverbindung bei einer deutschen Großbank haben, wird sich dort der Hauptteil der Prämieneinnahmen sammeln. Teilweise bedienen sich auch private Versicherungsgesellschaften öffentlicher Bankinstitute, z. B. der Landesbanken, als hauptsächliche Bankverbindung, wenn auch diese Erscheinung seltener ist.

Für das tägliche Geld, über das die Banken verfügen, kommen demnach auch die Überweisungen des privaten Versicherungswesens in Frage. Ihre Bedeutung wächst in Zeiten der Krise, weil im Gegensatz zu fast allen anderen Wirtschaftszweigen das Versicherungswesen auch in der Krise auf gleichmäßig fließende Einnahmen rechnen kann. In der Lebensversicherung geht der Zugang an Neugeschäft wohl zurück, während der Storno wächst. Aber die Prämieneinnahmen selbst sind noch im Jahre 1931 angewachsen. In der Sachversicherung hat die Transportversicherung bei stark abflauendem Handel mit größeren Ausfällen zu rechnen, die übrigen Versicherungszweige bei Preissenkungen mit geringeren Versicherungssummen und entsprechend geringeren Prämieneinnahmen. Aber dieser Umstand wirkt sich nur sehr langsam aus und wird durch Entstehen neuer Versicherungswerte (Neubauten, Neubegründung von Haushaltungen) ganz oder teilweise ausgeglichen. Es ist bezeichnend, daß die Versicherungssteuer im Jahre 1931 gegenüber der vom Jahre 1930 nur einen ganz minimalen Rückgang aufweist. Die Versicherten verlieren ihren Anspruch, wenn sie ihre Prämien nicht rechtzeitig zahlen. Sie werden deshalb lieber andere Zahlungen zurückstellen, nur um die Prämien aufbringen zu können. So können die Banken und damit der Geldmarkt auch in der Krisenzeit damit rechnen, daß von dieser Seite ein gleichmäßiger Zustrom Tag für Tag erfolgt. Denn die Prämieneinnahmen verteilen sich ziemlich gleichmäßig auf das ganze Jahr. Sie sind, von der Hagelversicherung und gewissen Teilen der Transportversicherung abgesehen, nicht saisonbedingt. Dies bestätigt eine Zusammenstellung des monatlichen Aufkommens an Versicherungssteuer; es betrug:

	1930 Mill. RM	1931 Mill. RM.		1930 Mill. RM.	1931 Mill. RM.
Januar	—	5,0	Juli	5,8	5,9
Februar	—	6,5	August	5,1	5,3
März	—	5,9	September	4,5	4,3
April	5,9	5,8	Oktober	5,0	4,8
Mai	5,6	5,7	November	4,9	4,9
Juni	5,5	5,2	Dezember	5,1	4,5

Den Prämien sind als weitere Einnahmen der Versicherungsgesellschaften die Kapitalerträge hinzuzurechnen. Sie betrugen im Jahre 1930 nach der amtlichen Statistik bei den aufsichtspflichtigen und den Rückversicherungsunternehmungen zusammen 225 Millionen RM. Die Statistik unterscheidet leider nicht zwischen Zinsen und Mieten; doch ist der weitaus größte Teil den Zinsen zuzurechnen.

Aus den Prämieneinnahmen müssen die Verwaltungskosten und die Schadenzahlungen bestritten werden. Auch diese Ausgaben fließen im allgemeinen das Jahr hindurch gleichmäßig. Es kann einmal die Häufung von Schäden in einem Monat größer sein als in einem anderen. Ein heißer und trockener Sommer kann die Brandschäden stark ansteigen lassen und dadurch erhöhte Schadenzahlungen in diesen Monaten verursachen, ebenso wie sich die Regulierung der Hagelschäden auf wenige Monate zusammendrängt. Aber in der Gesamtausgabe bedeutet dies nur geringe Schwankungen. Man wird im großen und ganzen mit einigermaßen regelmäßigen Auszahlungen rechnen müssen. Durch diesen Umstand wird auch die Dauer bestimmt, für die die Versicherungsgesellschaften ihre Guthaben als tägliches Geld bei den Banken halten. Dabei ist aber ein Unterschied zu machen zwischen der Lebensversicherung und den übrigen Versicherungszweigen. Nach der amtlichen Statistik betrugen 1930

	Bei der Lebensversicherung einschl. Kranken- und Abonnentenversicherung RM.	Bei den übrigen Versicherungszweigen einschl. Rückversicherung RM.
die Prämieneinnahmen	836100000	773232000
die Schadenzahlungen	213774000	422089000
die Verwaltungskosten	201554000	346088000

Es liegt im Wesen der Lebensversicherung, die auf Jahrzehnte Kapitalien aufspeichert, begründet, daß ihre Einnahmen, solange das Geschäft nicht stark rückläufig ist, erheblich die Ausgaben übersteigen. Die laufenden Prämien genügen also, ein Mehrfaches der Fälligkeiten zu decken. Infolgedessen braucht die Lebensversicherung nur sehr kurze Zeit die Prämien als Bankguthaben zu halten und kann relativ schnell die Differenz zwischen Einnahmen und Auszahlungen fest anlegen. Da die feste Anlage, wie wir später sehen werden, sich fast überwiegend in Hypotheken vollzieht, die Anlegung selbst aber immer einige Zeit in Anspruch nimmt, so erfolgt der Abfluß der flüssigen Gelder in die festen und besser verzinslichen Anlagen langsamer als theoretisch möglich und bleiben die Bankguthaben verhältnismäßig hoch. In der Sachversicherung reichen die Schadenzahlungen viel stärker an die um die Verwaltungskosten gekürzten Prämieneinnahmen heran. Sie können sogar in schadenreichen Jahren über die Prämieneinnahmen hinausgehen, wie es z. B. im Jahre 1929 in der Feuerversicherung der Fall war, in der ein Teil der Kapitalerträge mit zur Deckung der Schäden verwandt werden mußte. In der Transportversicherung ist es sogar eine typische Erscheinung, daß auch die Zinsen häufig genug mit zur Deckung der Ausgaben verwandt werden. Dazu kommt, daß in der Sachversicherung, insbesondere der Feuer- und Transportversicherung, auch einmal mit sehr großen Schäden gerechnet werden muß. Zwar erfordert deren Regulierung meist längere Zeit, aber da der Versicherte nach einem Monat Anspruch auf eine Vorschußzahlung hat und die Gesellschaften häufig Wert auf möglichst schnelle Regulierung legen, muß in der Sachversicherung immer damit gerechnet werden, daß einmal die Monatseinnahme nicht ausreicht. Die Sachversicherung ist deshalb ganz anders genötigt, Mittel liquide zu halten. Sie wird also später als die Lebensversicherung ihre laufenden Bankguthaben in dauernde Kapitalanlagen umwandeln. Nach Informationen von großen Versicherungskonzernen der Sachversicherung strebt man danach, mindestens 10% der jährlichen Prämieneinnahme als jederzeit verfügbares Bankguthaben zu halten. Das stimmt im großen und ganzen auch mit den Ergebnissen der Bilanzstatistik überein. Leider gibt die Statistik des Reichsaufsichtsamts die Bankguthaben am Ende des Jahres nicht getrennt an, sondern faßt sie mit den Guthaben bei anderen Versicherungsgesellschaften zusammen. Nach Berechnungen, die ich an Hand der amtlichen Statistik und privater Statistiken angestellt habe, stehen in der Lebensversicherung einer Prämieneinnahme von 836 Millionen RM. Bankguthaben in Höhe von 100 Millionen gegenüber, in der Sachversicherung (ohne die landwirtschaftliche Versicherung und die Transport- und Rückversicherung) einer Prämieneinnahme von 590 Millionen Bankguthaben von 100—125 Millionen. Insgesamt wird man die Bankguthaben aller privaten Versicherungsgesellschaften auf 250 Millionen RM. zu Ende des Jahres 1930 schätzen können. In Neumanns Jahrbuch der Privatversicherung im Deutschen Reich sind sie sogar für Ende 1930 mit 279 Millionen angegeben. Diese Guthaben sind allerdings nicht alle als tägliches Geld, sondern auch auf längere Zeit angelegt. Da nach der Reichsstatistik die Kreditoren der privaten und öffentlichen Kreditinstitute 23 Milliarden RM. ausmachen, betragen diese Bankguthaben der Versicherungsgesellschaften etwas mehr als 1%. Das Bild würde anders, wenn es möglich wäre, den Anteil dieser Bankguthaben der Versicherungsgesellschaften an den Kreditoren der Großbanken festzustellen. Es würde sich dann ein erheblich höherer Prozentsatz ergeben.

Leider läßt sich weder aus der amtlichen Statistik noch aus den Veröffentlichungen der Gesellschaften entnehmen, welcher Teil der Bankguthaben auf fremde Währung entfällt. Devisen sind erforderlich in allen den Fällen, wo die Verpflichtung der Gesellschaft auf ausländische Währung lautet, z. B. in der Transport- und der Rückversicherung, aber auch dann, wenn zwischen einer deutschen Gesellschaft und einem deutschen Versicherten die Versicherungssumme in fremder Währung vereinbart ist, wie das auf dem Gebiet der Lebensversicherung in der ersten Zeit nach der Stabilisierung der Mark außerordentlich häufig war. Während das Reichsmark-Neugeschäft bei den Lebensversicherungsgesellschaften 1924 nur 1,95% des gesamten Zugangs betrug, war dieser Anteil bis zum Jahre 1928 auf 74,23% gestiegen. Die Ausführungsbestimmungen zu der Devisenverordnung vom 29. Dezember 1931 untersagen das Bereitstellen von Devisen für Lebensversicherungen, die nach dem 1. Juli 1931 abgeschlossen sind, verbieten damit praktisch den Neuabschluß derartiger Versicherungen. Aber auch, wo keine unmittelbare Valutaverpflichtung vorliegt, haben Versicherungsgesellschaften einen Teil ihrer Bankguthaben, wie mir aus Einzelfällen bekannt ist, sogar in erheblichem Umfang in fremden Valuten gehalten.

Es wäre auch möglich, liquide Mittel in Wechseln anzulegen, und eine solche Anlage ist, außer für die Belegung des Prämienreservefonds, nach den Richtlinien des Reichsaufsichtsamtes zulässig, soweit sie sich nach den Grundsätzen der Reichsbank vollzieht. Praktisch haben aber die Versicherungsgesellschaften von dieser Möglichkeit immer nur sehr geringen Gebrauch gemacht. Die Statistik des Reichsaufsichtsamtes zählt für 1930 4 Millionen RM. kurzfristiger Forderungen, unter denen auch Wechsel einbegriffen sind. Für den Wechselmarkt hat das Versicherungswesen keine Bedeutung.

II. Die dauernden Anlagen der Versicherungsgesellschaften und ihre Bedeutung für den Kapitalmarkt.

1. Internationale Übersicht. Soweit die Versicherungsgesellschaften nicht genötigt sind, zur sofortigen Deckung ihrer Verbindlichkeiten Bankguthaben zu unterhalten — der Kassenbestand spielt gegenüber dem Gesamtvolumen keine Rolle —, sucht der Vermögenszuwachs eine dauernde Anlage und gewinnt dadurch Einfluß auf den Kapitalmarkt. Hier kommt die größte Bedeutung in allen Ländern den Lebensversicherungsgesellschaften zu, weil sie in den Prämienreserven für den Versicherten große Kapitalien aufspeichern, die auch über die Aktiven aller anderen Gesellschaften hinausragen. Bei den deutschen Lebensversicherungsgesellschaften betrug das Vermögen Ende 1930 2438 Millionen RM., dagegen die Prämienreserven 1853 Millionen RM. Das Vermögen aller Versicherungsgesellschaften (ohne Transportversicherung) machte 3058 Millionen RM. aus. Noch stärker zeigt sich dieses Überragen der Lebensversicherung, wenn wir den Vergleich mit dem Jahre 1913 ziehen, weil nach der Inflation erst langsam das Lebensversicherungsgeschäft wieder aufgebaut werden mußte und bei den erst kurz laufenden Lebensversicherungen die Prämienreserve noch verhältnismäßig niedrig ist. Ganz besonders zeigt sich die Bedeutung der Lebensversicherung für den Kapitalmarkt, wenn wir den Vermögenszuwachs betrachten. Er betrug bei den deutschen Lebens- und Krankenversicherungsgesellschaften

Am Ende des Jahres	Mill. RM.	Am Ende des Jahres	Mill. RM.
1924	48	1928	467,3
1925	97,7	1929	536,5
1926	207,0	1930	658,2
1927	343,3		

Der Gesamtvermögenszuwachs aller Versicherungsgesellschaften ohne Transportversicherung betrug 1930: 702 Millionen RM.

Daraus folgt, daß der Einfluß auf den Kapitalmarkt in erster Linie von den Lebensversicherungsgesellschaften ausgeht. Soweit Rückversicherungsgesellschaften Lebensversicherungen übernehmen, muß berücksichtigt werden, daß nach deutschem Recht der Direktversicherer die Prämienreserve aufzubewahren und anzulegen hat, also der Rückversicherer selbst für die Anlagepolitik nicht in Frage kommt.

Die Richtung der Anlagepolitik wird bestimmt durch die gesetzlichen und behördlichen Vorschriften, wie sie sich fast in allen Ländern, mindestens für die Lebensversicherung und hier für den Prämienreservefonds, finden, des weiteren durch die Eigenart des einzelnen Versicherungszweiges, der je nachdem mehr Wert auf Liquidität oder mehr Wert auf Sicherheit und Schutz gegen Kursverluste als auf Liquidität und hohe Rentabilität legt. Schließlich ist die Wirtschaftsverfassung eines Landes, die gesamte Gestaltung seines Kapitalmarktes und seine Gesetzgebung für die Art der Kapitalanlagen bestimmend. Überblickt man die Anlagepolitik der Versicherungsgesellschaften in der Welt, so können wir zwei große Gruppen unterscheiden. Die einen bevorzugen die Hypotheken, die anderen legen ihr Vermögen in erster Linie in Wertpapieren und zwar vorwiegend festverzinslichen an. Alle anderen Anlagen spielen gegenüber diesen beiden großen Gruppen nur eine untergeordnete Rolle, insbesondere auch die Anlage in Aktien. Letztere ist vielfach durch die Gesetzgebung überhaupt verboten oder doch sehr satrk eingeschränkt. Sie findet sich in größerem Maßstabe nur, soweit es sich um Beteiligungen an anderen Versicherungsunternehmungen handelt. Die Konzernentwicklung hat diese Beteiligungen naturgemäß ansteigen lassen. Zu den Ländern, deren Versicherungsgesellschaften Hypotheken bevorzugen, gehören Deutschland, die Schweiz, die Niederlande und die Vereinigten Staaten von Amerika, wenigstens die großen New Yorker Lebensversicherungsgesellschaften, deren Anlagen für das Gesamtbild ausschlaggebend sind. Dagegen bevorzugen die österreichischen Lebensversicherungsgesellschaften die Wertpapiere. Ihr Hypothekenbestand tritt dahinter vollkommen zurück. Ähnlich ist es bei den österreichischen Nachfolgestaaten. Auch die französischen Gesellschaften haben gegenüber ihrem Wertpapierbestand nur einen ganz geringen Teil des Vermögens in Hypotheken angelegt. Das gleiche gilt von Italien. In England überwiegen ebenfalls die Wertpapiere, jedoch entfällt auch ein nicht unbeträchtlicher Betrag, wie nachstehende Tabelle zeigt, auf die Hypotheken.

Von dem Vermögen der Lebensversicherungsgesellschaften sind angelegt:

	In Hypotheken	In Wertpapieren
in Deutschland 1930	1636 Mill. RM.	298 Mill. RM.
in Österreich 1929	61 „ S	241 „ S
in Frankreich 1929	325 „ Fr.	3811 „ Fr.
in England 1929	131 „ £	822 „ £
in Italien 1929	19 „ Lire	503 „ Lire
Istituto Nazionale 1929	540 „ „	1022 „ „
in Norwegen 1929	170 „ Kr.	247 „ Kr.
in Schweden 1929	316 „ Kr.	502 „ Kr.
in der Schweiz 1929	579 „ Fr.	188 „ Fr.
in den Niederlanden 1929	325 „ Gulden	240 „ Gulden

Dabei ist zu berücksichtigen, daß in den Ländern, die eine Inflation durchgemacht haben, während dieser Zeit ein starkes Abweichen von der alten Anlagepolitik erfolgte, so z. B. in Deutschland, sich dann aber langsam entweder die Anlagepolitik der früheren Richtung wieder näherte oder einen ganz anderen Weg einschlug. Für das letztere ist Österreich charakteristisch. Hier betrug die Anlage in Wertpapieren im Jahre 1913 etwas über 13 %, stieg 1917 auf über 76 %, um noch 1927 66 % zu betragen. Umgekehrt fiel der Besitz an Hypotheken von 67 % im Jahre 1913 auf 8 % im Jahre 1926, um seit der Zeit wieder langsam anzusteigen. Das starke Anwachsen der Anlage in Wertpapieren ist nicht zum mindesten auf die Kriegsanleihe zurückzuführen. In Frankreich sank der Anteil an Wertpapieren, der 1913 noch 70 % betragen hatte, bis zum Jahre 1920 auf 47 %, um bis zum Jahre 1927 auf 74 % anzuwachsen.

2. Die dauernden Kapitalanlagen in Deutschland. In welcher Weise das Vermögen der deutschen Versicherungsgesellschaften dauernde Anlagen gesucht hat, zeigt die nachstehende Tabelle für 1930.

Die Auswahl der Anlagen wird beeinflußt durch die Gesetzgebung und die Vorschriften des Reichsaufsichtsamts für Privatversicherung. Das Gesetz über die Beaufsichtigung der privaten Versicherungsunternehmungen und Bausparkassen vom 12. Mai 1901, in der Fassung vom 6. Juni 1931, schränkt einmal den Erwerb von Grundbesitz ein, indem von dem Falle des Erwerbs bei der Zwangsversteigerung abgesehen, alle aufsichtspflichtigen Versicherungsunternehmungen zum Erwerb von Grundbesitz der Genehmigung der Aufsichtsbehörde bedürfen. Für die Lebensversicherung enthält das Gesetz besondere Bestimmungen über die Anlage des Prämienreservefonds. Nach § 68 VAG. können die Bestände des Deckungsstocks, wie das Gesetz jetzt den Prämienreservefonds nennt, angelegt werden:

1. so, wie nach § 1807 Abs. 1 Nr. 1—4 BGB. Mündelgeld angelegt werden soll, außerdem in Wertpapieren, die landesgesetzlich zur

Art der Unternehmung	Grundbesitz	Hypotheken und Grundschulden	Schuldscheinforderungen gegen öffentliche Körperschaften	Wertpapiere, davon Aktien, soweit sie nicht Beteiligungen sind	Wertpapiere, davon sonstige Wertpapiere	Darlehen auf Wertpapiere	Vorauszahlungen und Darlehen auf Policen	Beteiligungen an andern Versicherungsunternehmung.	Beteiligungen an sonstigen Unternehmung.	Kurzfristige Forderungen (§ 59, 5 VAG)	Insgesamt
	in 1000 RM.										
I. Lebens- u. Krankenversicherungsunternehmungen.	137729 5,6 %	1635844 67,1 %	192196 8 %	18461 0,7 %	297806 12,2 %	4517 0,2 %	125656 5,2 %	23697 1 %	1675 —	1220 —	2438231 100 %
II. Sachversicherungsunternehmungen einschl. Unfall- unh Haftpflichtversicherungsunternehmungen	135684 33,2 %	78961 19,3 %	20593 5 %	8609 2,1 %	100391 24,6 %	1398 0,3 %	182 —	57311 14 %	5603 1,4 %	481 0,1 %	409213 100 %
III. Landwirtschaftliche Versicherungsunternehmungen:											
a) Vieh	983	557	102	62	824	—	—	37	—	—	2565
b) Hagel	1750	1198	110	1635	6591	479	—	32	—	—	11810
IV. Rückversicherungsunternehmungen	23660 12,1 %	20681 10,6 %	664 0,3 %	8234 4,2 %	40961 20,9 %	671 0,3 %	— —	95490 48,7 %	2758 1,5 %	2632 1,4 %	195751 100 %
Summe	299812 9,8 %	1737241 56,8 %	213674 7 %	37001 1,2 %	446573 14,7 %	7095 0,2 %	125838 4,1 %	175967 5,8 %	10036 0,3 %	4333 0,1 %	3057570 100 %

Anlegung von Mündelgeld zugelassen sind, sowie in solchen auf den Inhaber lautenden Pfandbriefen deutscher Hypothekenbanken, die von der Reichsbank in Klasse I beliehen werden;

2. in Forderungen, wenn dabei solche Hypotheken oder Wertpapiere, worin eine Anlegung nach Nr. 1 und 4 gestattet ist, verpfändet und die Grundsätze der Reichsbank beachtet werden;

3. so, daß auf die eigenen Versicherungsscheine der Unternehmung nach den allgemeinen Versicherungsbedingungen Vorauszahlungen oder Darlehen gewährt werden;

4. in verbrieften Forderungen gegen inländische Körperschaften des öffentlichen Rechts, soweit sie nicht unter Nr. 1 fallen, sowie gegen Schul- und Kirchengemeinden, wenn diese Forderungen entweder vom Gläubiger gekündigt werden können oder regelmäßig zu tilgen sind;

5. in inländischen Grundstücken;

6. für die Deckungsrücklage wertbeständiger Inlandsversicherungen nach den Vorschriften der Aufsichtsbehörde in wertbeständigen inländischen und ausländischen Vermögenswerten;

7. für die Deckungsrücklage von Versicherungen, die in ausländischer Währung zu erfüllen sind, nach den Vorschriften der Aufsichtsbehörde in Vermögenswerten, die auf dieselbe ausländische Währung lauten.

Die Anlage in inländischen Grundstücken darf ein Viertel des Solls der Deckungsrücklage nur mit Zustimmung der Aufsichtsbehörde überschreiten. Im übrigen kann die Aufsichtsbehörde über Art, Umfang und Berechnung der Anlagen Näheres bestimmen. Das ist erfolgt durch die Ausführungsbestimmungen vom 31. Juli 1923, 23. Januar 1925 und 25. Mai 1925. Für die Anlegung des sonstigen Vermögens der Lebensversicherungsgesellschaften und des Vermögens aller anderen Sachversicherungsgesellschaften hat die Aufsichtsbehörde Richtlinien erlassen, letztmalig am 11. März 1927. Danach darf die Anlegung des Vermögens wie folgt erfolgen:

1. in Hypotheken, Grundschulden und Rentenschulden nach Maßgabe der von der Aufsichtsbehörde für Beleihungen aufgestellten Grundsätze;

2. in Wertpapieren sowie in verbrieften Forderungen jeder Art, sofern die Wertpapiere oder die Forderungen für die Anlegung von Mündelgeld zugelassen sind, oder in von der Reichsbank in Klasse I beliehenen Pfandbriefen landwirtschaftlicher, kommunaler oder anderer unter staatlicher Aufsicht stehender deutscher Bodenkreditinstitute und deutscher Hypothekenbanken auf Aktien;

3. in Forderungen, zu deren Sicherung solche Hypotheken, Grundschulden oder Rentenschulden oder Wertpapiere verpfändet sind, in denen die Anlegung nach Nr. 1 und 2 gestattet ist, und zwar bis 66 % des Nennwerts der verpfändeten Werte, sofern aber deren Kurswert niedriger ist, bis zu 66 % des Kurswertes dieser Werte;

4. in Schuldverschreibungen einer inländischen kommunalen Körperschaft oder der Kreditanstalt einer solchen Körperschaft, wenn die Schuldverschreibungen von Seiten des Gläubigers kündbar sind oder einer regelmäßigen Tilgung unterliegen, sowie in Schuldverschreibungen, die vom Reichsrat zur Anlegung von Mündelgeld für geeignet erklärt sind;

5. durch Erwerb oder Beleihung von Wechseln nach den Grundsätzen der Reichsbank;

6. durch Anlegung bei anerkannt sicheren Banken;

7. in Aktien inländischer Aktiengesellschaften oder Kommanditgesellschaften auf Aktien — soweit es sich nicht um Versicherungsunternehmungen handelt —, wenn die Aktien an einer deutschen Börse zur amtlichen Kursfestsetzung zugelassen sind;

8. in auf den Inhaber lautenden Schuldverschreibungen inländischer industrieller Unternehmungen, die an einer deutschen Börse zur amtlichen Kursfeststellung zugelassen sind;

9. in sicheren, längstens ein Jahr laufenden, durch Pfandbestellung oder sonst dinglich gesicherten verbrieften Forderungen jeder Art gegen inländische kreditwürdige kaufmännische, industrielle, sonstige gewerbliche oder landwirtschaftliche Unternehmungen;

10. in Aktien oder in sonstigen Anteilen von andern Versicherungsunternehmungen sowie von solchen Unternehmungen, deren Gegenstand mit dem Geschäftsbetriebe der Gesellschaft in wirtschaftlichem Zusammenhange steht;

11. in inländischen Grundstücken;

12. für die technischen Reserven (Prämienüberträge, Schadenreserven) der in ausländischer Währung zu erfüllenden Verpflichtungen in Vermögenswerten, die auf die gleiche Währung lauten, wobei die für die inländischen Anlagewerte geltenden Vorschriften entsprechende Anwendung finden.

Die Anlagen nach Nr. 7—11 dürfen zusammen 50 %, im einzelnen aber, soweit es sich nicht bei Nr. 11 um Grundstücke für Zwecke des eigenen Geschäftsbetriebs handelt, 25 % der gesamten Anlage nicht überschreiten.

Wie die Tabelle oben zeigt, entfällt der Hauptteil der dauernden Kapitalanlagen auf die Hypotheken. Das ist in Deutschland von jeher der Fall gewesen. Die deutschen Gesellschaften, insbesondere die Lebensversicherungsgesellschaften haben die Hypotheken bevorzugt, weil sie durch die Gesetzgebung zur mündelsicheren Anlage der Prämienreserven gezwungen waren und in den Hypotheken eine möglichst sichere Anlage erblickten, die eine genügend hohe Verzinsung im Verhältnis zu der rechnungsmäßigen abwarf und die Versicherungsgesellschaften vor Kursverlusten bewahrte. Bei sorgfältiger Auswahl des Geschäfts waren Verluste bei Zwangsversteigerungen große Seltenheiten. So erscheint das Versicherungswesen, insbesondere die Lebensversicherungsgesellschaften, als einer der großen Geldgeber auf dem deutschen Hypothekenmarkt (vgl. *Hypothekenbanken*). Seine Bedeutung ergibt sich, wenn man seinen Anteil am deutschen Hypothekenmarkt ermittelt und gleichzeitig sein Verhältnis zu den anderen großen Geldgebern auf dem Hypothekenmarkt, den Hypothekenbanken, Sparkassen und anderen Kreditinstituten feststellt. Nach der Statistik sind insgesamt an Hypotheken ausgegeben 18,4 Milliarden RM.; davon entfallen 12,6 Milliarden auf städtischen, 4,5 Milliarden auf ländlichen Grundbesitz, während 1,176 Milliarden nicht aufgeteilt sind. Die private Lebensversicherung hat am Gesamtbestand einen Anteil von 1635,8 Millionen RM. oder 9%. Genauer wird das Verhältnis, wenn wir den auf städtische Grundstücke entfallenden und den nicht aufgeteilten Betrag zusammenfassen, da mindestens bei der Lebensversicherung der bei weitem größte Teil der nicht aufgeteilten Hypotheken auch auf den städtischen Grundbesitz zu rechnen ist. Städtische und nicht aufgeteilte Hypotheken betragen zusammen 13,8 Milliarden RM.; der Anteil der Lebensversicherung daran macht 12,1% aus. Zu diesen Anstaltshypotheken treten auch noch die privaten Hypotheken. In Nr. 36 des 4. Jahrgangs der Wochenberichte des Instituts für Konjunkturforschung wird ihre Höhe mit 6,5 Milliarden RM. angegeben, ohne daß eine Unterteilung in landwirtschaftliche und städtische Hypotheken erfolgt. Teilt man diesen Betrag nach dem Gesamtschema auf, so würden hiervon drei Viertel auf städtische Hypotheken fallen, also 4,5 Milliarden RM. Aus diesen Ziffern ergibt sich die große Bedeutung des Versicherungswesens für den Hypothekenmarkt, die noch durch zwei Umstände eine besondere Prägung erhält. Der eine ist der, daß auch in Krisenzeiten das Vermögen der Lebensversicherung zunimmt und infolgedessen Beträge für den Hypothekenmarkt zur Verfügung stehen, während bei Sparkassen und Bodenkreditinstituten sich die Krise in einem starken Nachlassen des Angebots von Hypotheken bemerkbar macht. So betrug bei den deutschen Lebensversicherungsgesellschaften die Anlage in Hypotheken

Ende des Jahres	RM.	Zuwachs RM.
1927	462321000	—
1928	807816000	345495000
1929	1199811000	391995000
1930	1635844000	436033000

Es zeigt sich also trotz der 1929 einsetzenden Krise ein steigender Zuwachs an Hypotheken. Es hängt das nicht zum mindesten damit zusammen, daß die rechnungsmäßigen Zinsen der Prämienreserve wieder zum Kapital zugeschlagen werden, mit dem steigenden Umfang der Prämienreserve aber auch diese immer wieder zum Kapital zurückfließenden Zinsen zunehmen. Erst die zunehmende Zahl der Rückkäufe im Jahre 1932 (von 189 Mill. RM. Auszahlungen im ersten Halbjahr 1932 entfallen allein 82 Mill. RM. auf Rückkäufe) hat die Lebensversicherungsgesellschaften genötigt, äußerste Zurückhaltung in der Anlegung in Hypotheken zu beobachten, um die Liquidität aufrechtzuerhalten. Der zweite Umstand ist der, daß sich im Gegensatz zu den Sparkassen und Hypothekenbanken das Hypothekengeschäft der Lebensversicherungsgesellschaften fast ausschließlich auf die Großstädte konzentriert. Für die Lebensversicherung ist das Hypothekengeschäft doch nur Mittel zum Zweck. Infolgedessen tritt die Vermögensverwaltung hinter der gesamten Versicherungsverwaltung zurück. In der Regel besitzt nur die Zentrale der Versicherungsunternehmungen, die sich immer in Großstädten befindet, eine besondere Abteilung für das Hypothekengeschäft, und diese pflegt in erster Linie das Geschäft am Sitz der Gesellschaft, weil es sich leichter überblicken läßt. In der Vorkriegszeit hat das Reichsaufsichtsamt wiederholt Veröffentlichungen über die Verteilung des Neugeschäfts gemacht, aus denen hervorging, daß den Löwenanteil an diesen Neuausleihungen die Stadt Berlin hatte. So erlangt die Privatversicherung eine erhöhte Bedeutung für das Hypothekengeschäft gerade in den wenigen Großstädten und ganz besonders in Berlin.

An zweiter Stelle erscheint unter den Anlagen der Posten Wertpapiere. Die Statistik unterscheidet den Aktienbesitz, soweit es sich nicht um Beteiligungen handelt, also der Besitz weniger als 10% des Nominalbetrages ausmacht, sonstige Wertpapiere und die Beteiligung an anderen Versicherungsgesellschaften und anderen Unternehmungen. Aus den angegebenen Ziffern geht hervor, daß die Anlage in Aktien, soweit nicht Versicherungsgesellschaften in Frage kommen, im Verhältnis zu dem übrigen Vermögen ganz unbedeutend ist, mit anderen Worten auf dem allgemeinen Effektenmarkt die Versicherungsgesellschaften keine Bedeutung haben. Anders ist die Rolle auf dem eigentlichen Versicherungsaktienmarkt. Das gesamte Aktienkapital der deutschen Versicherungsgesellschaften beträgt 650 Millionen RM., die Beteiligungen, die mit 175 Millionen RM. Bilanzwert allerdings nicht allein auf deutsche Gesellschaften entfallen, machen demnach einen nicht unerheblichen Betrag aus. Einen besseren Blick in die Verhältnisse gibt eine Aufstellung in Wirtschaft und Statistik 1931, S. 710. Danach waren 60 Versicherungsgesellschaften mit einem Nominalkapital von 348 Millionen RM. beteiligungsaktiv und 175 Gesellschaften mit einem Nominalkapital von 458 Millionen RM. beteiligungspassiv. Von den Beteiligungen finden sich in der Hand von Aktiengesellschaften, wohl überwiegend Versicherungsgesellschaften, 175 Millionen RM. Die Konzernentwicklung hat also dazu geführt, daß auf dem Markt der Versicherungsaktien die Versicherungsgesellschaften selbst einen außerordentlich starken Einfluß haben.

Bei den sonstigen Wertpapieren stehen im Vordergrund Pfandbriefe und Kommunalobligationen. Die Wertpapiere selbst verteilen sich auf Staatsanleihen und staatlich garantierte Anleihen, Kommunal- und sonstige öffentliche Anleihen, Pfandbriefe und Kommunalobligationen von Hypothekenbanken, Obligationen von Banken, Eisenbahnen und industriellen Unternehmungen. In den Bilanzen der einzelnen Gesellschaften wird nach den Vorschriften des Reichsaufsichtsamts nach diesen Kategorien unterschieden. Die Gesamtstatistik faßt alles wieder in einem Posten zusammen. Man kann im allgemeinen sagen, daß auf dem Markt dieser Papiere das Versicherungswesen nur unter besonderen Umständen einen größeren Einfluß gewinnt. Das ist namentlich der Fall dann, wenn sich das Interesse einem bestimmten Papier zuwendet und dieses Interesse aus allgemeinpolitischen Gründen entsteht, wie seinerzeit die Zeichnung von Kriegsanleihe oder durch den Appell des Staates an die Versicherungsgesellschaften wachgerufen wird. So ist bemerkenswert, daß eine große Versicherungsunternehmung im Jahre 1931 dem Reich beisprang, indem sie 64 Millionen RM. Reichsbahnvorzugsaktien übernahm. Eine Verpflichtung, einen bestimmten Teil des Vermögens in Staatspapieren anzulegen, besteht im Gegensatz zu den öffentlichen Versicherungsanstalten nicht, ist aber schon wiederholt angeregt worden. So zeigt sich, daß die Versicherungsgesellschaften unter Umständen eine besondere Bedeutung für den öffentlichen Kredit erlangen können. Das ergibt sich auch bei einer anderen Kapitalanlage, nämlich den Schuldscheinforderungen gegen öffentliche Körperschaften, die früher außerordentlich niedrig waren, 1930 aber den recht hohen Betrag von 214 Millionen RM. erreichten. Nach Wirtschaft und Statistik 1931, S. 873 betrug die langfristige Verschuldung der Gemeinden am 31. März 1931 6,7 Milliarden RM. Es machen also allein die 214 Millionen davon über 3% aus. Dazu tritt noch der Anteil an Kommunalobligationen, der unter dem Posten sonstiger Wertpapiere steckt. Es sind namentlich die größeren Städte, die ihre Bedürfnisse nach langfristigem Kredit zum Teil bei privaten Versicherungsgesellschaften, die immer über größere flüssige Mittel verfügten, befriedigt haben. Die Gesellschaften haben dabei die Form der Schuldscheinforderung vorgezogen, weil sie nicht die Gefahr des Kursverlustes laufen wollten. Wenn man berücksichtigt, daß der Prämienreservefonds der Lebensversicherungsgesellschaften 1853 Millionen beträgt, während das ganze Aktienkapital nur 135 Millionen ausmacht, so geht daraus hervor, daß, wenn das ganze Vermögen in Wertpapieren angelegt wäre, schon ein 10proz. Kursverlust mehr als das Aktienkapital ausmachen würde. Die Vorschriften des Aufsichtsgesetzes, vor allen Dingen aber die Bestimmungen der Verordnung vom 15. 12. 1931 gestatten allerdings den Versicherungsgesellschaften bei der Bewertung von den Bestimmungen des Handelsgesetzbuches, Wertpapiere nach dem Kurs am Bilanztage einzusetzen, abzuweichen, soweit es sich um dauernde Anlagen handelt.

Die Vorauszahlungen und Darlehen auf Policen in Höhe von 126 Millionen RM. sind keine Kapitalanlage im eigentlichen Sinne. Es sind Vorauszahlungen auf die später fällig werdenden Leistungen der Lebensversicherung, für die Versicherungsgesellschaften absolut sicher, aber keine Kapitalanlage, die einen Einfluß auf den Kapitalmarkt hat.

Während der Anteil des Grundbesitzes an den Kapitalanlagen früher ein verhältnismäßig geringer war, stieg er vorübergehend, als Hypotheken und Wertpapiere infolge des Inflation entwertet waren, erheblich an, um jetzt langsam wieder zur alten Größe zurückzukehren. Es ist oben schon auf die Beschränkung des Grundstückserwerbs hingewiesen worden. Versicherungsgesellschaften kommen für den Grundstücksmarkt nur in Betracht, soweit sie Grundstücke für den eigenen Geschäftsbetrieb erwerben oder zur Sicherung eingetragener Forderungen in- oder außerhalb der Zwangsversteigerung Grundstücke kaufen müssen. In letzterem Fall versuchen sie, sie möglichst schnell wieder abzustoßen. Da die großen Versicherungsgsellschaften in der Regel über hinreichende, ihren Geschäftsbetrieb entsprechende Geschäftshäuser verfügen, spielt das private Versicherungswesen auf dem Grundstücksmarkt keine irgendwie entscheidende oder auch nur größere Rolle.

Literatur: MANES: Versicherungs-Lexicon, 3. Aufl. 1930. — Allgemeine Versicherungslehre, 5. Aufl. 1930. — MEYER: Die Kapitalanlagen europäischer und amerikanischer Lebensversicherungsgesellschaften und deren Wandlungen in den letzten Jahrzehnten mit besonderer Berücksichtigung der deutschen Verhältnisse. Leipzig 1930. — LENGYEL: Die Bewertung der Wertschriften in den Bilanzen der Lebensversicherungsunternehmungen. Z. ges. Versicherungswiss. **1932**, H. 1. — HILBERT: Die Kapitalanlagen der deutschen Privatversicherungsgesellschaften. Jena 1908. — ULLRICH: Die Kapitalanlagepolitik der deutschen Versicherungsgesellschaften in den Wiederaufbaujahren 1924—28. Z. ges. Versicherungswiss. **1929**, H. 1. — SCHACK: Die Kapitalanlagen der Versicherungsanstalten. Eßlingen a. N. 1931.

PAUL MOLDENHAUER.

Produktenbörsen: Börsen für Erzeugnisse des eigenen Landes (Landesprodukte) und zwar nur des Ackerbaus und der landwirtschaftlichen Nebengewerbe.

Produktionsumwege vgl. *Konjunkturtheorie 3.*

Produktivität des Kredits s. *Währungswesen.*

— **stheorie** s. *Zinstheorien II 2.*

Produktivkredit s. *Kredit II 3.*

Profitrate, fallende, s. *Konjunkturtheorie 4.*

Prokura, Prokurist s. *Personen im Bankgewerbe II.*

Prokuraindossament, ein Indossament, das den Indossanten nur zur Einziehung der Wechselsumme ermächtigt. Ein solches P. hat nicht die Wirkungen eines wechselrechtlichen Indossaments, also weder Garantie- noch Transportfunktion. Der Bezogene kann daher alle Einwendung aus der Person des Indossanten dem Indossatar entgegensetzen. Das gilt auch dann, wenn das Prokuraverhältnis im Indossamenttext nicht zum Ausdruck kommt (verstecktes P.).

Prolongation eines Devisentermingeschäfts s. *Devisen-Swap.*

— eines *Effektentermingeschäftes* (s. d.).

Promesse (Versprechen), Promessegeschäft, der Verkauf der Ziehungschance für eine bestimmte Auslosung, gewissermaßen das „Vermieten" einer Losnummer (z. B. bei Türkenlosen mit ihrem sich über viele Jahrzehnte erstreckenden Ziehungsplan). In Deutschland ist das Promessegeschäft verboten (vgl. auch *Lotterieanleihen*).

Promissory notes (Schuldscheine) s. *Amerikanischer Geld- und Kapitalmarkt A II,* s. a. *Federal Reserve System I,* vgl. *Diskontmarkt 6b.*

Promotors. Mit diesem Ausdruck bezeichnet man unternehmungslustige Geschäftsleute, die sich mit der Förderung neuer Ideen auf finanziellem Gebiet, vorwiegend mit der Gründung hierfür dienender Gesellschaften befassen. Sie spielten (und spielen z. T. noch) eine große Rolle auf dem *englischen Geld- und Kapitalmarkt,* als spezialisierte Organe des Gründungsgeschäfts. (Vgl. a. *Persönlichkeiten und Organisation im Bankwesen 6.*)

Promptgeschäft s. v. w. Kassageschäft s. a. *Fixgeschäft.*

Prompts s. *Warenmärkte 2.*

Propremakler s. *Makler.*

Prospectus (e) = Prospekt.

Prospekthaftung s. *Börsengesetz B II 6 und 7,* s. a. *Emissionsgeschäft II 1c.*

Protektionismus vgl. *Devisenbewirtschaftung* und *Zahlungsbilanz,* ferner auch *Notenbankpolitik.*

Protest der zur Erhaltung des Wechselrechts gegenüber Aussteller und Indossanten vorgeschriebene Weg bei Nichtannahme, mangelnder Sicherheitsleistung und Nichtzahlung des Schuldners. Spätestens am zweiten Werktag nach Nichtannahme usw. muß ein Notar oder Gerichtsbeamter, bei Summen bis zu 1000 RM. auch die Post, den Wechsel am Wohnsitz des Schuldners, beim Domiziliaten oder an der Zahlstelle vorlegen und Protest erheben, was auf dem Wechsel vermerkt wird. Der Inhaber des Wechsels muß innerhalb weiterer zweier Tage seinem Vormann briefliche Nachricht davon geben; andernfalls verliert er zwar nicht das Wechselrecht, aber den Anspruch auf Zinsen- und Kostenerstattung. Der Vormann muß seinerseits wieder seinen Vormann verständigen usw. bis zum Aussteller. Der Inhaber kann dann im Wege des Wechselregresses Befriedigung suchen.

Protesterlaß s. „Ohne Kosten".

Proudhon s. *Geschichte des Bankwesens III.*

Provinzbanken s. *Persönlichkeit und Organisation 10.*

— **börsen** s. *Deutsche Provinzbörsen.* vgl. Art. über Geld- und Kapitalmärkte bei den einzelnen Ländern.

Provinzialbanken s. Landesbanken.

Provisionen (Gebühren) als Ertragsfaktor s. *Erträgnisse des Bankgewerbes II 2.*

— **des Kommissionärs** s. *Kommissionsgeschäfte.*

— **Kartell** s. *Standesvertretungen A 2.*

Prozentnotierung. Die in fast allen Börsen übliche Notierungsweise für festverzinsliche Werte (Ausnahme: Obligationen in Frankreich, Italien u. a.) im Gegensatz zur Notierung pro Stück, die wiederum fast allgemein für Aktien besteht (Ausnahme Deutschland, Niederlande).

public companies s. *Aktiengesellschaft VIII.*

— **utilities** (e) sog. Versorgungsbetriebe. Aus den USA. stammende Sammelbezeichnung für private Unternehmungen, die sich mit der Versorgung der Allgemeinheit mit Elektrizität, Gas, Wasser usw. beschäftigen. (Auch private Telegraphen- und Postunternehmungen werden den P. zugerechnet, jedoch nicht Privatbahnen). Bekannte Beispiele solcher Konzerne sind z. B. Rheinisch-Westf. Elektr. (Deutschland), Soc. Italiana Edison di El. (Italien), Consolidated Gas of New York (USA.), Chade (Argentinien) usw. Gemeinsam ist ihnen eine relativ große Widerstandskraft gegen Krisen infolge der Art ihres Absatzes, wobei in der Elektrizitätslieferung der „Lichtstrom" weit stabiler ist als der (industrielle) Kraftstrom. Sie sind daher für Kapitalsanlagen sehr beliebt. (Vgl. a. *New Yorker Börse 2 und 3.*)

Publizität bedeutet ursprünglich den Zustand des Offenkundigseins. Man sagt, eine Bilanz hat P., wenn sie jedermann zugänglich ist. In der meist angewandten übertragenen Bedeutung wird als P. eine Tätigkeit bezeichnet, durch die bestimmte Dinge offenkundig gemacht werden. Eine Aktiengesellschaft übt P. aus, indem sie ihre Bilanz veröffentlicht. Man kann daher P. definieren als eine Tätigkeit, durch die Vorgänge oder Tatsachen zur Kenntnis der Öffentlichkeit gebracht werden, die ohne diese Tätigkeit nicht zu ihrer Kenntnis gelangen würden oder notwendigerweise gelangen müßten. Es gehört somit nicht zur P. die Veröffentlichung von Dingen, die die Allgemeinheit unmittelbar angehen, deren Veröffentlichung daher die Voraussetzung ist, für die Erreichung eines mit der veröffentlichten Tatsache zusammenhängenden Zwecks. Beispielsweise übt der Gesetzgeber keine P. aus wenn er für die Veröffentlichung der Gesetze sorgt, da deren allgemeine Kenntnis die Voraussetzung ihrer Befolgung ist. Wer sich mit einem geschäftlichen Angebot an die Allgemeinheit wendet, übt gleichfalls keine P. aus wenn er seine Bedingungen bekannt gibt. Die P. beginnt erst dort, wo es sich um Dinge handelt, die nur einen beschränkten Kreis von Personen unmittelbar angehen, deren Veröffentlichung aber aus einem allgemeinen Publizitätsgedanken heraus erfolgt. Es ist andererseits nicht notwendig, daß die gesamte Öffentlichkeit wirklich Kenntnis nimmt. Es genügt, wenn jedem einzelnen Gelegenheit dazu gegeben ist.

Der Publizitätsgedanke stammt aus der liberaldemokratischen Ideenwelt. Er hat dementsprechend eine zweifache Wurzel. Die P. soll dem Einzelnen die richtige Urteils- und Willensbildung ermöglichen. Sie soll ferner die Kontrolle der Gesamtheit über ihre Organe sichern. Dies galt und gilt zunächst auf politischem Gebiet, kommt aber auch in allen wirtschaftlichen Publizitätsfragen zum Ausdruck. Die P. wird einerseits aufgefaßt als das Korrelat der freien Marktwirtschaft, in der die dem Eigeninteresse folgenden Entschließungen der einzelnen Wirtschaftssubjekte den gesamten Wirtschaftsablauf bestimmen. Bei der wachsenden Kompliziertheit des wirtschaftlichen Mechanismus muß durch eine ständig erweiterte P. diejenige Übersichtlichkeit gewahrt werden, die der Einzelne braucht, um sein wirtschaftliches Interesse bestmöglichst zu verfolgen. P. wird weiter gefordert als Mittel der demokratischen Kontrolle sowohl gegenüber dem Staate, den öffentlichen Finanzen und der öffentlichen Wirtschaft überhaupt, als auch gegenüber den leitenden Personen privater Wirtschaftseinheiten, wie Aktiengesellschaften und Genossenschaften. Naturgemäß steht daher der Publizitätsgedanke im Gegensatz zu einer autoritären Wirtschaftsauffassung, gleichgültig, ob sie sich in der Formel vom „Unternehmen an sich" auf privatwirtschaftlicher oder in der Lehre von der Präponderanz des Staates auf sozialistischer oder sozialromantischer Grundlage äußert. Ein demokratischer Sozialismus ist mindestens an einer Seite der P., nämlich an ihrer Kontrollwirkung, interessiert. In der Praxis läßt freilich selbst der autoritäre Sowjetstaat weitgehende P. erkennen. P. muß scharf unterschieden werden von der auf manchen Gebieten bestehenden oder gewünschten Staatsaufsicht bzw. der damit meist verbundenen Auskunftspflicht gegenüber staatlichen Stellen. Nur wenn die die Aufsicht ausübende Stelle die Ergebnisse in Sammelform veröffentlicht oder der Statistik zur Verarbeitung übergibt, kann man auch in diesem Falle von P. sprechen, jedoch stets nur soweit, als die dadurch erzielte Unterrichtung der Öffentlichkeit reicht. Da es häufig nicht gelingt, die mehr oder weniger berechtigten privatwirtschaftlichen Bedenken gegen die Offenlegung bestimmter Einzelverhältnisse zu überwinden, ist diese Kollektivpublizität von beträchtlicher Bedeutung. Auf ihr beruht ein großer Teil der staatlichen und privaten Statistik. Sie schafft somit die Unterlagen für die Beurteilung von Fragen der Gesamtwirtschaft oder einzelner Wirtschaftszweige und ermöglicht Entscheidungen auf konjunktur- und wirtschaftspolitischem Gebiet. Die P. der Verwaltungsbehörden, staatlichen Ämter und privaten Verbände ist zum großen Teil Kollektivpublizität. Für die Beurteilung privatwirtschaftlicher Verhältnisse ist aber die Aufdeckung individueller Einzelheiten unentbehrlich. Ist schon die Kollektivpublizität wegen des Mißtrauens gegenüber den die Daten sammelnden Stellen noch nicht entfernt so stark entwickelt wie dies möglich und notwendig wäre, so stößt die Veröffentlichung von Angaben über einzelne Unternehmungen oder einzelne Wirtschaftsvorgänge auf noch weit größeren Widerstand. Dabei braucht keine prinzipielle Gegnerschaft vorzuliegen. P. ist für denjenigen, der sie ausüben soll, nur selten eine selbstverständliche, vom Eigeninteresse diktierte Maßnahme. Die Erkenntnis ihrer Notwendigkeit setzt vielmehr eine höhere Einsicht in die Grundlagen des Wirtschaftssystems, in die Vertrauen und Verantwortung steigernde Wirkung der P. voraus und auch einen gelegentlichen Verzicht auf Sondervorteile. Es bedarf daher nicht nur einer ständigen Werbung für den Publizitätsgedanken durch die als Publizitätsorgane dienenden Handelszeitungen und Handelszeitschriften, sondern auch eines gesetzlichen Zwanges. Publizitätsvorschriften gehören zu den wichtigsten Mitteln der staatlichen Wirtschaftspolitik. Wo ihre Anwendbarkeit gegeben ist, da verdienen sie stets vor anderen Maßnahmen den Vorzug. Im Gegensatz zur Staatsaufsicht halten sie den Staat frei von drückenden Verantwortlichkeiten. Sie sind beweglicher als Verbote und dem System der freien Marktwirtschaft besser angepaßt, indem sie es dem Einzelnen überlassen, sich selbst zu schützen, und ihm lediglich die Mittel dazu in die Hand geben.

Da die gesetzlichen Publizitätsvorschriften in sehr verschiedenen Zusammenhang und unter jeweils verschiedenen Gesichtspunkten erlassen worden sind, ist es kaum möglich, sie und die daneben auf vielen Gebieten freiwillig geübte P. systematisch darzustellen. Ein gewisses Einteilungsprinzip liefert die Art der Beziehungen zwischen den einzelnen Wirtschaftssubjekten. Es gibt Publizitätsvorschriften, die sich ganz allgemein auf das Vorhandensein von geschäftlichen Beziehungen überhaupt erstrekken. Weitere Vorschriften erstrecken sich auf die beiden wichtigsten Formen des Verkehrs, auf den Warenverkehr und den Kapitalverkehr. Schließlich gibt es eine Reihe von Publizitätsbestimmungen über Tatsachen und Vorgänge, die für den Gesamtablauf des Wirtschaftslebens von Bedeutung sind.

Die allgemeinste Form der P. besitzt in Deutschland das Handelsregister, zu dem ergänzend das Vereins-, Genossenschafts- und Schiffsregister hinzutreten. Für den Einzelkaufmann beschränkt sich die P. des Handelsregisters auf die Tatsache der Eintragung, die Firma und das Prinzip der Firmenwahrheit und die Folgen einer eventuellen Zahlungseinstellung. Für Nichtkaufleute kommt darüber hinaus die private Tätigkeit von Auskunfteien (s. *Auskunfteiwesen u. Kreditauskunft*), Detekteien usw. in Frage. In den Vereinigten Staaten liefert die Offenlegung der Steuerverhältnisse eine gute Grundlage für allgemeine P. Die mit dem Handelsregister verbundenen Bekanntmachungen nehmen an Zahl zu mit der Kompliziertheit im Aufbau des Wirtschaftssubjekts. Bei den Personal- und Kapitalgesellschaften treten Vorschriften über die Vertretungsbefugnisse, die Gründung, Kapitalveränderung und Auflösung hinzu. Die umfangreichsten Publizitätsbestimmungen enthält das Aktienrecht. Zu den erwähnten allgemeinen Vorschriften für Kapitalgesellschaften tritt die Verpflichtung des Vorstandes zur Vorlegung des Abschlusses und des Geschäftsberichts sowie das Fragerecht der Generalversammlung. Gegenüber den modernen Entwicklungen, der Konzernbildung und Verschachtelung haben sich aber diese Vorschrifsen als nicht ausreichend erwiesen. Die im Gange befindliche Bewegung für eine *Aktienrechtsreform* (s. d.) ist daher hauptsächlich auf Vermehrung und Verschärfung der bestehenden Publizitätsvorschriften gerichtet. Der freie Warenverkehr bedarf im allgemeinen keiner besonderen P., da der Verkehr selbst weitgehende Klarlegung der Verhältnisse erfordert. Wo ein börsenmäßiger Handel stattfindet, wird die notwendige P. durch Feststellung von Lieferungsbedingungen und Veröffentlichung amtlicher Kurse gesichert. Die in den Vereinigten Staaten vielfach ausgeübte P. der Börsenumsätze bedeutet eine wichtige Ergänzung (vgl. *New Yorker Börse*). Die Bestimmungen über den unlauteren Wettbewerb stellen insofern eine Publizitätsvorschrift dar, als der Verbreitung unwahrer Angaben zu Reklamezwecken gesteuert wird. Für Patente und Warenzeichen bestehen besondere Register. Große Bedeutung für den Warenverkehr besitzen die statistischen Angaben über Produktion und Verbrauch. Ein Teil der Verbände in Industrie, Landwirtschaft und Handel gibt brauchbare Statistiken über Produktion, Beschäftigung, Außenhandel und Preise heraus. Es fehlt jedoch an einem Gesetz, das die Kollektivpublizität auf diesem Gebiete zur Pflicht machen würde. In manchen Erwerbszweigen wird besonders die wichtige Vorratsstatistik geheimgehalten. Durch die Verpflichtung zu reichlicherer Ausgestaltung der Geschäftsberichte könnte die P. der Produktionsverhältnisse wesentlich erweitert werden. Mit der Ausbildung monopolistischer und monopolähnlicher Organisationsformen wird auch bei Preisen und Konditionen größere P. erforderlich. Das deutsche Kartellrecht, das dringend einer Ausgestaltung bedarf, wird ebenso wie das angestrebte Aktienrecht den Publizitätsgedanken in den Mittelpunkt stellen müssen. Bisher gewährleistet nur die Veröffentlichung der Kartellgerichtsentscheidungen eine gewisse P. Ein zukünftiges Kartellamt würde in ähnlicher Weise aber mit größerer Vollständigkeit als Publizitätsorgan dienen können, während das in Anlehnung an das Handelsregister vorgeschlagene Kartellregister wegen der Schwierigkeiten der Begriffsabgrenzung keine Aussicht auf Verwirklichung haben dürfte. Einzelvorschriften bestehen zur Zeit nicht, selbst bei den Zwangssyndikaten sind sie völlig unzureichend. Die Organisationsformen des Handels (Markenartikel) machen neuerdings auch die Handelsspannen zu einem Gegenstand, an dessen Kenntnis die Öffentlichkeit ein berechtigtes Interesse besitzt. Hinsichtlich des Kapitalverkehrs enthält die Gesetzgebung über die einzelnen Gesellschaftsformen zahlreiche Vorschriften. Die P. bezweckt sowohl den Schutz der Gläubiger wie auch den der einzelnen Gesellschafter. Eine Reihe derartiger Bestimmungen wie die Formalitäten der Kapitalveränderung (Schutz der Gläubiger) und das Fragerecht der Aktionäre (Schutz der Gesellschafter) wurde bereits gestreift. Eine wichtige Forderung für die P. des Kapitalverkehrs, die Einführung eines Pfandregisters, hat bisher keine Berücksichtigung gefunden. Der offizielle Effektenhandel besitzt im Zulassungsprospekt ein wichtiges Publizitätsinstrument, dessen Ausgestaltung im Rahmen der Aktienrechtsreform zu fordern ist. Spezielle Vorschriften bestehen für die Versicherungsgesellschaften, die zugleich einer materiellen Staatsaufsicht unterworfen sind. Die Bestimmungen beziehen sich auf die Ausgestaltung des Abschlusses und des Jahresberichtes, sind aber verbesserungsbedürftig, beispielsweise hinsichtlich der Trennung von direktem und indirektem Geschäft. Die Zwischenbilanzen haben nur Kollektivpublizität. Für die *Hypothekenbanken* (s. d.) ist ebenso wie für die Versicherungsgesellschaften durch die Vorschrift der Aktienform ein gewisses Maß an P. gewährleistet. Über Vertragsbedingungen, Bilanz, Erfolgsrechnung und Bericht bestehen besondere Vorschriften. Dazu kommt die halbjährliche Angabe des Pfandbriefumlaufes und die Pfandbriefstatistik. Zu den wichtigsten Publizitätsbestimmungen hinsichtlich des Realkredits gehören die Vorschriften des BGB. über das Grundbuch. Für die Kreditbanken gelten neben den allgemeinen Bestimmungen je nach der Gesellschaftsform die Verordnungen über Zwischenbilanzen von 1911/12, jedoch nur soweit ihre Aktien seitdem zum Börsenhandel zugelassen worden sind. Staats- und Landesbanken sowie Girozentralen und andere Institute haben sich freiwillig angeschlossen. Das Schema der Zwischenbilanzen wurde 1928 wesentlich erweitert unter gleichzeitiger Vermehrung der Stichtage von fünf auf zehn. Wichtige Publizitätsforderungen, besonders die Aufteilung nach Reichsmark- und Valutakonten, blieben jedoch unberücksichtigt, und selbst die dafür in Aussicht gestellte Kollektivpublizität kam nicht zur Anwendung. Die Privatbankiers waren bisher zur Teilnahme an der Veröffentlichung nicht zu bewegen. Hinsichtlich ihrer Jahresabschlüsse üben sie meist freiwillige P. aus. Gesellschaften m. b. H. sind, sofern sie ein Bankgeschäft betreiben, zur Vorlegung von Jahresbilanzen verpflichtet. Die *Sparkassen* (s. a. d.) haben ausschließlich Kollektivpublizität. Ähnlich liegt es bei den Genossenschaften, wo die Verbände Ziffern veröffentlichen. Die *Preußenkasse* (s. d.) veröffentlicht neben ihrer Bilanz auch monatliche Ausweise. Bei den großen öffentlichen oder halböffentlichen Bankinstituten wie Reichsbank, Privatnotenbanken, Rentenbank, Rentenbankkreditanstalt, Golddiskontbank, bestehen Sondervorschriften, die z. T. recht unzureichend sind, wobei als Beispiel auf die mangelhafte Aufgliederung des Reichsbankausweises verwiesen sei. Diese Institute berühren sich in ihrer allgemeinen Bedeutung mit anderen öffentlichen Einrichtungen, den Finanzen der öffentlichen Körperschaften, der Reichsbahn und Reichspost. Die Subventionswirtschaft des letzten Jahrzehnt hat die ungenügende P. auf diesen Gebieten deutlich erkennen lassen.

Die Publizität einer Volkswirtschaft ist durch die Aufzählung der auf den einzelnen Gebieten freiwillig oder zwangsweise erfolgenden Veröffentlichungen keineswegs erschöpft. Die Zusammenfassung, Sichtung, Verarbeitung und Ergänzung, die die zahllosen Einzelangaben durch die verschiedensten Publizitätsorgane erfahren, ist für den Grad der Gesamtpublizität entscheidend. Auf die wichtige Rolle der privaten und amtlichen Statistik wurde bereits hingewiesen. Hinzu tritt die P. der Parlamente, parlamentarischen Untersuchungsausschüsse und Enquêtekommissionen, die P. der Verwaltungsbehörden, Industrie-, Handels-, Landwirtschafts- und Handwerkskammern, der Gerichtsentscheidungen und Gerichtsverhandlungen, der wissenschaftlichen Institute, der Wissenschaft überhaupt und vor allem der *Finanzpresse* (s. d.). Besonders die informatorische Tätigkeit der Finanzzeitungen und Finanzzeitschriften in Verbindung mit einer kritischen Behandlung des Tatsachenmaterials beeinflußt entscheidend das Ausmaß der vorhandenen Gesamtpublizität.

Literatur: MAYER, FRITZ: Das Publizitätsproblem in der Wirtschaft (Leipzig 1930). Daselbst auch ausführliche Literaturangaben.

L. MIKSCH.

pupillarsicher s. v. w. *mündelsicher* (s. d.).

purchase (e) = Ankauf (von Wechseln) s. *Federal Reserve System IV.*

— **syndicate** (Übernahmesyndikat) s. *Emissionsgeschäft II 1b.*

put (e) = Rückprämie s. *Prämiengeschäft 3.*

Q.

Qualifizierte Gründung s. v. w. Nachgründung s. *Aktiengesellschaft III.*

Quantitätstheorie s. *Geldtheorien.*

Quotation (e) = Kotierung, fr.: cotation.

Quotenabschreibung s. *Abschreibungen I.*

— **aktie** s. *Aktiengesellschaft VIII*, vgl. *Aktie als Wertpapier 1b.*

R.

Rabatt vgl. *Konsumfinanzierung.*

Rahmenakzept ist das bei der Finanzierung längerfristiger Abzahlungsgeschäfte übliche Akzept. Da ein Abzahlungsgeschäft oft zwei Jahre und länger läuft, wäre ein für die ganze Zeit gegebenes Akzept nicht diskontfähig. Daher werden meistens (wenn wir monatliche Ratenzahlung annehmen) für die ersten 3—6 Raten Teilakzepte ausgestellt. Über den Rest wird das sog. R. ausgestellt, das meist nominell ebenfalls kurzfristig läuft. Tatsächlich wird aber das R. nach Ablauf der ersten Ratenzahlungen prolongiert, natürlich abzüglich der nächsten Raten, für die wieder Teilakzepte gegeben werden. Dieser Vorgang kann mehrfach wiederholt werden (vgl. Art. *Abzahlungsgeschäft*).

Raiffeisenkassen s. *Kreditgenossenschaften I u. V.*, s. *Agrarkredit.*

Randstaaten: Banken und Börsen.

I. Allgemeines (geschichtliche Entwicklung).

Die drei Staaten, Estland, Lettland und Litauen sind als Kapitalimportländer zu bezeichnen. Der Notenbankdiskontsatz in diesen Ländern betrug in den letzten Jahren durchschnittlich:

	Estland	Lettland	Litauen
1927	8	7	7
1928	7,5	6,25	7
1929	7,02	6	7
1930	7,76	6	7
1931	7	6	7

Die privaten Kreditbanken berechneten bei Diskontierungen 10—12% für das Jahr. Beim Vergleich dieser Sätze mit den Geld- und Kapitalmarktsätzen in den kapitalreichen Ländern sieht man, daß die Differenz für das ausländische Kapital ziemlich verlockend zu Investierungen in den Randstaaten war und ist. Als Regulator des Zu- und Abströmens des Auslandskapitals ist aber nicht nur die Zinsdifferenz, sondern hauptsächlich die politische und wirtschaftliche Stabilität der kapitalimportierenden Länder zu verzeichnen.

Bis zum Beginn des Weltkrieges bildeten die ehemaligen Ostseeprovinzen des Russischen Zarenreichs eine beliebte Niederlassungsstelle für das nach Rußland strebende Auslandskapital. Die vorteilhafte geographische Lage, die bequeme Verbindung mit dem Auslande, und das verhältnismäßig hohe kulturelle Niveau (die Ostseeprovinzen bildeten den zivilisiertesten Teil Rußlands) waren die Hauptgründe dieser Erscheinung. Die Einführung eines neuen Zolltarifs in Rußland im Jahre 1881, in welchem die Zollsätze für Rohstoffe und fertige Fabrikate stark voneinander abwichen, bewirkte das Entstehen zahlreicher Unternehmen in den Ostseeprovinzen, die von den ausländischen Importeuren, welche den russischen Markt nicht verlieren wollten, gegründet wurden. Auf diese Weise entstanden in Riga, Mitau, Libau, Windau und Reval und Umgebung eine Reihe bedeutender Industrieunternehmungen mit ausländischem Kapital, welchen auch Bank- und Handelskapital folgten.

Das Jahr 1914 versetzte dieser Entwicklung einen heftigen Schlag und erst im Jahre 1919 beginnt das Auslandskapital, noch recht unsicher und schwankend, in den nunmehr entstandenen drei neuen Staaten wieder Boden zu gewinnen. Anfangs war es teilweise spekulatives Kapital, und erst allmählich, mit der Stabilisierung der politischen und wirtschaftlichen Lage begann sich das Bank- und Industriekapital niederzulassen. Die neuen Staaten begrüßten einerseits das Erscheinen des ausländischen Kapitals, insbesondere als Grundkapital in Unternehmen; andererseits aber fürchteten sie wegen Mangel an eigenem Kapital in absolute Abhängigkeit vom Auslandskapital zu geraten, und suchten daher auf gesetzgeberischem Wege den Einfluß des ausländischen Kapitals einzuschränken.

In der Vorkriegszeit hatten die ehemaligen russischen Ostseeprovinzen ein ziemlich entwickeltes Netz russischer und rein lokaler Banken. Mit dem Jahre 1919 beginnt wieder ein Aufleben des Bankwesens, welches in den ersten Jahren durch die Inflation und die Unsicherheit der wirtschaftlichen

Lage ziemlich gehemmt war. Mit der Stabilisierung der Währungen der drei neuen Länder begann eine rasche Entwicklung des Bankwesens im Baltikum.

Den Regierungen der drei neuen Länder lag die große Aufgabe der Organisation des Geld- und Kapitalmarktes ob. Es sollten neue Währungssysteme geschaffen werden, die den Bedürfnissen der Länder Rechnung tragen und auch das Vertrauen der Bevölkerung und des Auslandes erringen. Es war notwendig Kredite unter den neuentstandenen Wirtschaftseinheiten zu verteilen und die rationelle Ausnutzung derselben zu überwachen. Zur Erreichung dieser Ziele wandten die drei Länder verschiedene Mittel an, wobei zu bemerken ist, daß, die Hauptziele, nämlich die Stabilisierung der Währungen sowie die Gründungen zentraler Kreditinstitutionen, vollständig erreicht worden sind. Gleichzeitig mit der Gründung von Notenbanken und anderen staatlichen Kreditanstalten, sind dank privater Initiative eine Reihe Banken entstanden, die in der Ansammlung der Kapitalien und ihrer Verteilung in den verschiedenen Wirtschaftszweigen eine große Rolle spielen. Ihrer Struktur nach gruppieren sich die privaten Kreditanstalten in den Randstaaten wie folgt:

a) Börsen- u. Kommunalbanken und -kassen,
b) Aktienbanken,
c) Bankkontore,
d) Gesellschaften gegenseitigen Kredits,
e) Spar- und Vorschußgenossenschaften.

Den ersten drei Bankgruppen steht das Recht zu, sämtliche Bankoperationen mit unbeschränkter Klientenzahl auszuführen; dagegen sind die beiden letzten Gruppen in ihrer Tätigkeit hauptsächlich auf die Ausführung aktiver Operationen und zwar nur für ihre Mitglieder beschränkt.

Das Arbeitsgebiet der Gesellschaften gegenseitigen Kredits basiert auf dem mittleren und Kleinhandel, sowie auf der Industrie, während zu der Aufgabe der Spar- und Vorschußgenossenschaften die Pflege des Geschäfts mit Kleinhändlern, Handwerkern und Landwirten gehört. Die Art der Kredithergabe der landwirtschaftlichen und der städtischen Kreditgenossenschaften ist streng voneinander zu trennen. Während die städtischen Kassen überwiegend kleine Kundenakzepte diskontieren, basiert die Kreditgewährung der landwirtschaftlichen Kassen auf der Darlehnserteilung gegen Garantien dritter Personen bei ratenweiser Rückzahlung des Kapitals zuzüglich Zinsen.

Was die ersten drei Gruppen, hauptsächlich die Aktienbanken, anbetrifft, so setzt sich ihre Tätigkeit aus der Finanzierung der einheimischen Industrie, des Exports und des Großimports zusammen. Diese Operationen werden gleichzeitig durch inländische Kapitalien sowie durch Hinzuziehung von Auslandskapital durchgeführt.

In der Ausnutzung der ausländischen Kreditmöglichkeiten steht Lettland an erster Stelle, dann folgt Estland; Litauen dagegen nutzt diese Möglichkeiten am wenigsten aus und arbeitet hauptsächlich mit eigenem Kapital.

Die hiesigen Banken erhalten die ausländischen Kredite in Form von Rediskonten der Exporttratten und Warendokumente, Remboursen, Garantien, Akkreditiven und Korrespondentenkonti; die letzteren werden entweder gegen Sicherheiten oder blanko mit bedingter Abrechnung zur Verfügung gestellt.

Die größeren Aktienbanken des Baltikums stehen in gewisser finanzieller Abhängigkeit von einigen westeuropäischen Banken (hauptsächlich Deutschland und England), welche den baltischen Banken Kredite auch in anderen Ländern eröffnen.

Nach der Art der Kreditgewährung sind die Operationen der Banken in folgende Gruppen zu verteilen:

a) Wechseldiskontierungen (Abschnitte von 1 bis 6 Monaten),
b) Girokonto gegen Depot von Wechseln, Waren, Industrieinventaren, Obligationen, Wertpapieren und anderen Werten,
c) Darlehen auf Termin gegen dieselben Werte,
d) Exportkredite in Form von Diskont von Exporttratten, sowie Beleihung der Verladedokumente,
e) Vorschüsse auf inländische Verladedokumente,
f) Warenakkreditive auf Inland und Ausland,
g) Garantie- und Akzeptkredite.

II. Lettlands Kreditanstalten.

An der Spitze der Kreditanstalten steht die Bank von Lettland (Latvijas Banka). Gegründet am 1. November 1922 als Nachfolgerin der staatlichen Spar- und Kreditbank. Außer der Rigaer Zentrale befinden sich in der Provinz mehrere Abteilungen. Die Bank ist ein Staatsunternehmen, besitzt das Notenemissionsrecht und führt sämtliche Bankoperationen aus. Die Aufgaben sind Regelung des Geldumlaufes, Förderung des Handels sowie der Industrie und Landwirtschaft durch Gewährung kurzfristiger Kredite; Erleichterung von Geldzahlungen im In- und Auslande und Ausführung der Operationen der Staatskasse.

Ihren Operationen nach zerfällt die Bank in zwei Abteilungen:

a) Emissionsabteilung; b) Kommerzabteilung.

Die Emissionsabteilung, die das alleinige Notenemissionsrecht hat, muß bei einer Summe von emittierten Geldscheinen bis Ls. 100 Millionen, nicht weniger als 50% Gold und ausländischer stabiler Valuta als Deckung halten, der Rest ist durch gute kurzfristige Wechsel zu decken. Bei einer Summe von 100—150 Millionen müssen 75% mit Gold und 25% mit Wechseln gedeckt sein. Die Emissionssumme, die 150 Millionen übersteigt, muß volle Golddeckung haben. Die Banknoten sind gegen Gold einzulösen, wobei ein Lat mit 0,2903226 g Feingold (gleich einem Goldfrank) berechnet wird. Die Kommerzabteilung führt alle sonstigen Operationen einer Zentralbank aus.

Vom Reingewinn werden 25% dem Grundkapital, 10% dem Reservekapital und der Rest der Staatskasse zugeführt.

Der Hauptteil der von der Latvijas Banka zur Verfügung gestellten Kredite entfällt auf Kreditanstalten und Industrieunternehmungen; doch sind auch die an die Landwirtschaft mittelbar und unmittelbar gewährten Kredite sehr erheblich.

Außer der Latvijas Banka wird die lettländische Wirtschaft durch die staatliche Agrarbank und die staatliche Hypothekenbank vom Staate und teilweise direkt vom Finanzministerium (Credit Department) mit Krediten versorgt. In der letzten Zeit hat das „Credit Department“ (jetzt angegliedert dem Wirtschafts-Department) von weiterer direkter Kreditierung Abstand genommen.

Die größere Hälfte der vom Staate gewährten Kredite geht zugunsten der Landwirtschaft, diese Kredite sind hauptsächlichst langfristig. Auch die kurzen landwirtschaftlichen Kredite haben die Tendenz, langfristig zu werden. Überhaupt sind ca. 70% aller Kredite als langfristig zu bezeichnen.

Zu Beginn des Jahres 1931 arbeiteten in Lettland 19 Aktienbanken, 2 Bankkontore, 13 Börsen- und Kommunalbanken und -Kassen, 36 Gesellschaften gegenseitigen Kredits, und ca. 120 Spar- und Vorschußgenossenschaften, die in drei Verbänden vereinigt sind. Die lettländischen Aktienbanken und die großen Gesellschaften gegenseitigen Kredits sowie die Bankkontore, gruppieren sich in dem

Bankenausschuß des Rigaer Börsenkomitees, der im Namen der Banken auftritt, und ihre Zusammenarbeit regelt.

Aus einem Vergleich der Bilanzen der Privatbanken mit den vom Staate gewährten Krediten geht hervor, daß ca. 62 % aller Kredite vom Staate gegeben sind. Da die Banken ziemlich hohe Rediskontfazilitäten bei der Latvijas Banka genießen (am 1. Januar 1931 waren es rund Ls. 75,4 Millionen), so kann man die mittelbare und unmittelbare Anteilnahme des Staates an der Kreditierung der Wirtschaft mit ca. 70 % bemessen.

Seine rasche Entwicklung hat das private Bankleben in Lettland in erster Linie der Unterstützung durch das ausländische Kapital zu verdanken.

Im Jahre 1930 betrugen die Auslandsgelder in den lettischen Aktienbanken:

a) in Beteiligungen am Grundkapital	16,2 Millionen Lats
b) in Form von Krediten (nach Angaben der Zeitschrift des Finanzministeriums „Economist") ca.	51 „ „
also insgesamt	67,2 Millionen Lats

d. h. 57,1 % des Grundkapitals gehörten dem Auslande, wobei die Anteilnahme des Auslandes ca. 38 % der Bilanzsummen der Aktienbanken ausmachte. Am meisten beteiligten sich an den lettischen Banken Deutschland und England.

In ihrer Kreditpolitik haben die größeren Banken hauptsächlichst auf die Finanzierung des Exports von Holz und landwirtschaftlichen Erzeugnissen Wert gelegt. Der katastrophale Preissturz auf dem Holzmarkte brachte manchen Banken große Verluste, welche die ohnehin ziemlich kritische Lage der Banken in der zweiten Hälfte 1931 noch verschlechterte.

Um die Kapitalflucht ins Ausland einzudämmen, und um einer passiven Handelsbilanz vorzubeugen, erließ die Regierung im Oktober 1931 eine Verordnung, wonach die freie Ausfuhr von Devisen sowie inländischer Geldmittel verboten wurde. Gleichzeitig wurden Kontingente für Importwaren eingeführt. Die schwere Wirtschaftslage, sowie die Verluste der lettländischen Banken an ihren Kreditoperationen lassen befürchten, daß die gegenwärtigen Beschränkungen dauernden Charakter annehmen werden.

III. Estlands Kreditanstalten.

An der Spitze der Kreditanstalten steht die Eesti Pank (Notenbank), die im Jahre 1928 aus der staatlichen Zentralbank in eine Aktiengesellschaft mit einem Grundkapital von 5000000,— EKr. umgewandelt wurde. Diese Umwandlung fiel mit der Einführung der Goldwährung (1 EKr. = $^{100}/_{248}$ g Feingold gleich einer Skand. Goldkrone) zusammen. Die neuen Statuten der Bank wurden vom Völkerbunde geprüft und bestätigt. Nach diesen Statuten dürfen nicht unter 40 % der emittierten Banknoten und Verbindlichkeiten durch Gold und Devisen gedeckt sein. Die Mehrzahl der Aktien befindet sich in den Händen der Regierung, welche die Verwaltung der Bank aus Vertretern des Handels, der Industrie, der Agrarwirtschaft, der Genossenschaften und der Gewerkschaften bestimmt. Die Verwaltung besteht aus sieben Personen. Die Interessen der Regierung werden durch einen vom Finanzminister ernannten Regierungskommissar vertreten.

Im Gegensatz zu der ehemaligen Zentralbank, die eine Emissionsbank sowie auch eine Kommerz- und Hypothekenbank war, wurde die Eesti Pank als eine reine Emissions- (Noten)bank errichtet. Die Aufgaben der Bank sind infolgedessen die Ausgabe von Banknoten und die Erhaltung der Stabilität der Währung sowie die Kontrolle des Kreditmarktes und der zirkulierenden Geldmenge. Das Notenausgaberecht ist vorläufig für 25 Jahre verliehen.

Im Zusammenhang mit dem oben Angeführten ist die Anteilnahme der Eesti Pank an der Finanzierung der Wirtschaft ziemlich gering.

Die Eesti Pank gewährt Kredite hauptsächlich gegen kurze Handelswechsel. Die Anteilnahme des Staates an der Finanzierung der Landwirtschaft durch die Eesti Pank und Landbank beträgt (1931) ca. 30 Millionen EKr., d. h. also nur ca. 34 % aller vom Staate gewährten Kredite. In dieser Summe ist die mittelbare Kreditgewährung an die Landwirtschaft durch den Landwirtschaftlichen Genossenschaftskassen gegebenen staatlichen Kredit allerdings nicht eingerechnet.

Außer der Eesti Pank bestehen in Estland 3 Banken für langfristige Kredite (darunter 2 staatliche), 13 rein kommerzielle Aktienbanken, 2 Kommunalbanken und 1 Bankkontor, welche 26 Filialen und Agenturen unterhalten. Ferner gibt es ca. 205 Kreditgenossenschaften, die an eine Zentrale, die Estnische Volksbank, angeschlossen sind.

Die Gesamtsumme der Einlagen bei den estnischen Kreditinstituten betrug Ende 1930 78824000,— EKr., die sich folgendermaßen verteilen:

Einlagen bei Aktienbanken	46246000,—
„ „ Genossenschaften	26469000,—
„ „ Staatl. Sparkasse	3857000,—
„ „ Eesti Pank	2270000,—
	78842000,—

Die Gesamtsumme der Rediskontierungen, Anleihen und Korrespondenten-Guthaben betrug am gleichen Zeitpunkt EK 40160000,— davon entfielen auf:

Aktienbanken im Inland	14302000,—
im Ausland	21595000,—
	35897000,—
Genossenschaften	4263000,—

Die Gesamtsumme der gegebenen Kredite stellt sich folgendermaßen zusammen:

	In 1000 EK
Kredite der Aktienbanken	78084,—
„ „ 21 größeren Genossenschaften	28654,—
„ „ Eesti Pank	25417,—
„ „ staatlichen Hypothekenbank	38436,—
„ „ staatlichen Landw.-Bank	28918,—
„ „ estnischen Hypothekenbank	6446,—
Total	205949,—

Aus obiger Tabelle ist es zu ersehen, daß die größten Kredite von den Aktienbanken gewährt worden sind (37,9 %); 13,9 % wurden von den Genossenschaften gegeben. Auf die Eesti Pank und die zwei staatlichen Banken entfallen insgesamt nur 45,1 % der Gesamtkredite, (während in Lettland die Staatskredite ca. 70 % des Gesamtvolumens betragen).

Die Erschütterungen der Weltwirtschaft in der zweiten Hälfte des Jahres 1931 haben auch auf die Estnischen Banken eingewirkt, doch haben diese im großen ganzen die Krise verhältnismäßig gut überwunden.

Die Kapitalflucht aus Estland und die drohende Passivität der Handelsbilanz hat die Estnische Regierung bewogen, ein Verbot der freien Devisenausfuhr zu erlassen und ein staatliches Importmonopol auf die wichtigsten Einfuhrwaren einzuführen. Diese provisorischen Maßnahmen drohen dauernden Charakter anzunehmen.

IV. Litauens Kreditanstalten.

An der Spitze der Kreditanstalten steht die am 21. August 1922 von der Regierung gegründete Lietuvas Banka, der das alleinige Notenausgaberecht auf 20 Jahre vergeben wurde. Die Aufgaben der Bank sind die Erleichterung des Zahlungsverkehrs im Lande und mit dem Auslande, die Stabilisierung und Aufrechterhaltung des Litauischen Geldsystems und die Förderung der Landwirtschaft, des Handels und der Industrie. Die Geldeinheit ist ein Lit = $^1/_{10}$ Golddollar. $^1/_3$ der Notenemission muß durch Gold gedeckt sein. Der Rest durch leicht realisierbare Sicherheiten. Die Bank ist in Form einer Aktiengesellschaft gegründet worden und zwar mit einem Grundkapital von 12000000,— Lit. 10 % des Gewinnes sind dem Reservekapital zuzuschreiben, bis die Höhe von 50 % des Grundkapitals erreicht ist. An der Spitze der Bank steht ein disponierender Direktor, der von der Regierung gewählt und vom Ministerpräsidenten bestätigt wird.

Der am höchsten mit Krediten bedachte Wirtschaftszweig ist die Landwirtschaft. Zusammen mit den Krediten der Landbank genießt die Landwirtschaft in Litauen (Mitte 1931) ca. 152 Millionen Lit. staatliche Kredite, d. h. ungefähr 71 % der Gesamtsumme der vom Staate erteilten Darlehen. In dieser Summe sind die Kredite an die landwirtschaftlichen Genossenschaftskassen nicht e ingeschlossen.

An zweiter Stelle in der Kreditversorgung ist die Industrie zu nennen, die in Litauen noch auf einer vergleichsmäßig niedrigen Stufe steht und deren Entwicklung vom Staate sehr gefördert wird.

An die Lietuvas Banka ist die staatliche Sparkasse angegliedert. Folgende Tabelle zeigt die Entwicklung der Einlage- und Darlehensoperationen der Sparkasse:

Jahr	Einlagen	Darlehen
1. Januar 1923	39000,—	405000,—
1. Januar 1924	74000,—	4000000,—
1. Januar 1925	242000,—	6000000,—
1. Januar 1926	535000,—	603000,—
1. Januar 1927	683000,—	402000,—
1. Januar 1928	865000,—	2057000,—
1. Januar 1929	1457000,—	2000000,—
1. Januar 1930	2070000,—	9000000,—
1. Januar 1931	11000000,—	

Der Rückgang der Darlehen in den Jahren 1926 und 1927 erklärt sich einerseits aus der damaligen Mißernte und andererseits dadurch, daß nach einem Beschluß der Regierung die Mittel des Fiskus von der Sparkasse ab- und der Lietuvas Banka zugeführt wurden.

Die Landwirtschaft wird vom Staate auch durch die Zemes Banka (Landbank) mit Krediten unterstützt. 95 % der Aktien der Bank gehören dem Staate.

Weiter existieren in Litauen 5 Aktienbanken, 1 Genossenschaftsbank, 2 Bankhäuser, 22 Gesellschaften gegenseitigen Kredits und ca. 400 Kreditgenossenschaften.

Die Anteilnahme des Staates an der Kreditgewährung beträgt ca. 55—56 % (Lettland 70 %, Estland 47 %).

Die geringe Beteiligung ausländischen Kapitals am Grundkapital und an den Geschäften der litauischen Banken hat diesen Banken, im Gegensatz zu den estnischen und lettischen die Möglichkeit gegeben, eine selbständige Wirtschaftspolitik zu betreiben und die Banken von den Einflüssen der im Auslande bestehenden Kreditkrise geschützt.

Der litauische Geld- und Kapitalmarkt ist in dieser Hinsicht von den anderen zwei Randstaaten zu unterscheiden, als einziger, der die Krise vorläufig ohne irgendwelche Folgen überwunden hat. Auch der Aktivität seiner Handelsbilanz hat Litauen außer dem oben angeführten Grunde die Überstehung der Krise zu verdanken. Die umsichtige, kurzfristige Kreditpolitik und die rechtzeitige Hilfe der Staatsbank haben den Kreditbanken die Möglichkeit gegeben, im Juli 1931 den „run" auf die Kassen leicht zu überwinden und die Einlageinhaber zu beruhigen.

Die Entwicklung der lettländischen, estnischen und litauischen Notenbanken im Jahre 1930 (in Millionen Lats).

		Lettland	Estland	Litauen
Goldbestand	Ende 1929	24	9	18
„	„ 1930	24	9	20
Devisen	„ 1929	29	29	41
„	„ 1930	36	23	45
Darlehen	„ 1929	148	38	44
„	„ 1930	157	35	53
Kapital	„ 1929	24	11	7
„	„ 1930	27	13	7
Notenumlauf	„ 1929	48	47	49
„	„ 1930	50	45	61
Einlagen und Staatsgelder	„ 1929	170	22	50
„	„ 1930	168	21	52

V. Die Börsen in den Randstaaten.

Die in den Ostseerandstaaten fungierenden Börsen tragen ihrem Aufbau und ihrer Tätigkeit nach einen rein lokalen Charakter und von einer internationalen Bedeutung resp. Verpflechtung derselben kann kaum die Rede sein.

1. Lettland. In Lettland bestehen drei Börsen (Riga, Libau und Windau), welche auf Grund der Verordnung vom 17. April 1931 fungieren. Die Hauptrolle spielt die Rigaer Börse.

Zu Beginn des 19. Jahrhunderts war die Rigaer Kaufmannschaft in der St. Marien-Gilde vereinigt, welche zusammen mit der St. Johannes-Gilde und dem Rat die Verwaltung der Stadt Riga bildete.

Am 20. Juni 1816 wurden die ersten Statuten des Rigaer Börsenvereins bestätigt, dessen ausführenden Organen, dem Rigaer Börsenkomitee analog den ausländischen Handelskammern die Aufgabe gestellt wurde, die Bedürfnisse der Handels- und Seeschiffahrt zu erforschen und die ihrer Entwicklung entgegenstehenden Hindernisse zu beseitigen, sowie zeitgemäße Reformen anzubahnen.

Um die Rigaer Kaufmannschaft einerseits und die ausländischen Handelskreise andererseits über die Lage und Entwicklung des Rigaischen Marktes zu informieren, werden vom Rigaer Börsenkomitee alljährlich umfangreiche beschreibende und statistische Berichte herausgegeben.

Für die Kreditbedürfnisse der Kaufmannschaft wurde im Jahre 1864 die Rigaer Börsenbank gegründet. Das Rigaer Börsenkomitee hat die ersten Telegraphenlinien (Riga-Bolderaa [Rigaer Hafen]) in Rußland errichtet. Des ferneren gründete es ein Seemannsheim, eine Kommerz- und Seemannsschule und beteiligte sich an der Gründung des Rigaer Polytechnikums. Zum Unterhalt des Rigaer Hafens hat das Börsenkomitee einen umfangreichen Dampfer- und Baggerbetrieb mit einer speziellen Ingenieurabteilung in den Dienst gestellt; besitzt eine eigene Werft, Kräne und eine Reihe von Immobilien in Riga und Umgebung.

An der Rigaer Börse werden einstweilen nur die Kurse der ausländischen Valuten und der lettländischen staatlichen Wertpapiere kotiert. Die Frage einer Kotierung von Aktien ist nach dem Kriege noch nicht geregelt worden. Regelrechte Warenkotierungen gibt es nicht.

Die vereidigten Börsenmakler der Rigaer Börse, deren Tätigkeit durch die neue Instruktion am 9. Januar 1929 geregelt wird, haben allmonatlich auf Grund eingezogener Erkundigungen Verzeichnisse der Großhandelspreise für die wichtigsten Import- und Exportwaren und die wichtigsten Schiffsfrachten zusammenzustellen.

Zu den wichtigsten Waren gehören: Nahrungs- und Genußmittel, wie Getreide, Schinken, Eier, Konserven usw.; dann Rohstoffe für Textilfabrikation und Textilerzeugnisse, Minerale und Mineralöle, Pflanzenprodukte, tierische und chemische Produkte. Die wichtigsten Frachten sind diverse Holz-, Flachs-, Leinsaat-, Butter- und Eierfrachten.

Um die Abwicklung und die Erfüllung von Handelsgeschäften zu fördern und zu erleichtern, sind die allgemeinen anerkannten Handelsgewohnheiten seit einer langen Zeit vom Börsenkomitee gesammelt und herausgegeben worden. Die Rigaer Börsenusancen wurden am 9. Mai 1908 von der Generalversammlung der Börsenkaufmannschaft angenommen. Gegenwärtig werden die Usancen umgearbeitet, sind aber noch nicht endgültig festgesetzt worden.

Wie gesagt, werden nur Valuten und Staatspapiere kotiert. Die Kotierungskommission kommt täglich zu Beginn der Börsenversammlung zusammen. Zur Kommission gehören Vertreter des Finanzministeriums, der Latvijas Bank, des Börsenkomitees sowie die drei Rigaer Börsenmakler und Vertreter einiger Banken.

Es wird zur Zeit an der Ausarbeitung neuer Bestimmungen über den Bestand und die Funktionen der Kotierungskommission sowie über die Kotierung privater Wertpapiere gearbeitet.

2. Estland (Reval). Die Revaler (Tallinner) Börse ist im Jahre 1872 gegründet worden. An der Börse besteht ein Börsenverein mit einem Komitee an der Spitze. Mitglieder des Vereins können Tallinner sowie auch Geschäftsleute anderer estnischen Städte sein. Der Verein zählt ca. 100 Mitglieder. Zu den Aufgaben des Revaler Börsenvereins gehört die Förderung des Tallinner (Revaler) Großhandels und der Schiffahrt, sowie die Vertretung ihrer Interessen und Bedürfnisse.

Von einer internationalen Bedeutung der Börse kann kaum die Rede sein, da das Tätigkeitsgebiet der Börse einen rein lokalen Charakter trägt. Vom Börsenkomitee werden alljährlich Berichte über die Tätigkeit des Komitees herausgegeben. Es besteht eine Fonds- und Warenbörse, eine Arbitragekommission, Makler und Experten und unter der Kontrolle des Komitees arbeitende Hafen- und Börsenkartelle, sowie die Wachmannschaft der Hafenwächter und der Revaler gegenseitige Verband verantwortlicher Beamten. Außerdem wird ein Dispacheur für Estland vom Börsenkomitee gewählt und von der Regierung bestätigt.

a) Die Fondbörse. Die Tätigkeit der Fondbörse besteht hauptsächlich in der Festsetzung der Kurse der Auslandsvaluten. Sodann werden auf der Börse Wertpapiere und Aktien kotiert und gehandelt. Die Fondbörse fungiert vom 21. Mai 1920 und wird vom Bankenrat verwaltet, der von den Banken, die Mitglieder des Revaler Börsenkomitees sind, gewählt wird. Die Tätigkeit der Fondbörse wird durch die am 14. April 1920 vom Börsenkomitee angenommenen Bestimmungen geregelt.

b) Die Warenbörse wurde am 16. Juni 1920 mit Einwilligung des Handels- und Industrie-Ministers eröffnet. Ihre Leitung liegt in den Händen des Rats der Warenbörse, welche von Mitgliedern des Börsenvereins gebildet wird, und des Büros der Warenbörse, das vom Rate gewählt wird.

An der Warenbörse finden Verkäufe leicht verderblicher Waren und der im Auftrage der Banken von ihnen verpfändeten Waren an die Meistbietenden statt. Im Allgemeinen ist die Tätigkeit der Warenbörse keine rege.

Die Warenkotierungskommission hält einmal wöchentlich ihre Sitzungen ab, an welchen die Großhandelspreise für die bedeutendsten und am häufigsten gehandelten Waren kotiert werden.

Die Hauptwaren und Hauptfrachten der Revaler Börse sind dieselben wie die an der Rigaer Börse.

3. Litauen (Kowno). Die Börse in Kowno wurde gleichzeitig mit der Einführung der Litwährung am 1. Oktober 1922 gegründet. Die Börse wird vom Börsenkomitee und der Börsenverwaltung geleitet.

An der Fondbörse werden hauptsächlich Devisen gehandelt; Mitglieder der Börse waren anfangs nur Banken, später aber auch Privatfirmen. Nichtmitglieder können auch durch den Börsenmakler Valuten kaufen, müssen aber eine Extragebühr von 1 ‰ zugunsten der Börse zahlen. Außer Devisen werden noch die gangbarsten Aktien gehandelt, zu denen die Aktien der Zemes Banka, Lietuvos Banka, die (in Amerika aufgelegte) 4 proz. Freiheitsanleihe und die Obligationen der Zemes Banka, gehören. Ausländische Aktien werden überhaupt nicht gehandelt und die hiesigen Privataktien sind entweder in festen Händen oder so schlecht, daß sie auf der Börse nicht gehandelt werden. Falls Aktien zum Verkauf kommen, die nicht täglich kotiert werden, werden die interessierten Gesellschaften vorher verständigt, ob sie für die zum Verkauf angebotenen Aktien evtl. Interesse hätten. Wenn kein Interesse vorhanden ist, werden die Aktien bestmöglichst realisiert. Im übrigen sind jetzt neue Satzungen ausgearbeitet worden, die dem Ministerkabinett zur Begutachtung vorgelegt wurden.

Eine Warenbörse bestand auch zeitweilig, wurde aber wegen Unrentabilität wieder aufgegeben.

Die Mitglieder zahlen bei Valutaabschlüssen 2,— Lit. pro 10000,— Lit., mindestens aber 0,50 Lit. Courtage. Privatpersonen zahlen außerdem noch 1 ‰, welche nach Abzug der Unkosten des Börsenmaklers, wie z. B. Führung der Protokolle, Herausgabe der Bulletins, Anfertigung von Kopien für die Gerichte und Behörden, vollständig der Börse zugehen.

Was Schiedsgerichte und Arbitragen anbetrifft, so fallen dieselben völlig in das Bereich der Handelskammer.

Auch die Usancen werden von der Handels- und Industriekammer ausgearbeitet und bestätigt.

Literatur: Allgemeines. Handelsübliche Vertragsformeln, II. Aufl., hrsg. von der Internationalen Handelskammer in Paris. — I., II., III. Konferenz der Vertreter vom Handel und der Industrie Estlands, Lettlands und Litauen, Riga 1928, Tallinn 1930 und Kaunas 1931.

Lettland: Berichte der Latvijas Banka, Riga. — Berichte des Rigaer Börsenvereins, Riga. — Rigaer Börsenusancen 1908, Riga. — Libauer Börsenusancen 1927, Libau. — Windauer Börsenusancen 1902, Windau. — Bulletins des Lettländischen statistischen Amtes, Riga. — Zeitschr. „Ekonomists", hrsg. vom Lettländischen Finanzministerium, Riga. — Rigaer Bank-Kalender, Verlag der Intern. Finanzliteratur, Riga.

Estland: „Estland", Volk, Kultur u. Wirtschaft. Herausgeber der Direktor des statistischen Büros Al. PULLERITS, Tallinn 1931. — Berichte des Revaler Börsenkomitees, Reval. — Bulletins der Eesti Pank. — Bulletins des statistischen Zentralbüros, Reval. —

Statistique économique, Vol. I.—XIII., hrsg. vom Statistischen Zentralbüro, Reval.

Litauen: Mitteilungen der Handels- und Industriekammer in Kaunas, Kaunas. — Wirtschaftliche Informationen des Litauischen Finanzdepartements Kaunas (Zeitschr.). — Bulletins der Lietuvos Banka, Kaunas. — Litauens Wirtschaft und Markt, Zeitschr., hrsg. vom Statistischen Zentralbüro, Kaunas. — Statistische Bulletins des Statistischen Zentralbüros, Kaunas. — Die Wirtschaft der Republik Litauen und ihre Notenemission von Dr. Kazys Sruoga, Kaunas.

L. Ribusch.

Ratenloshandel s. *Lotterieanleihen.*

rating-system, ein von den amerikanischen Börsenhandbüchern bzw. Informationsbüros mit Erfolg propagiertes Bewertungssystem für Effekten. Am bekanntesten sind die „ratings" von Fitch und Moody (s. *New Yorker Börse,* Literatur). Gesichtspunkte sind bei festverzinslichen Werten vor allem die Überdeckung des Zinsenerfordernisses durch den Reingewinn, bei Aktien die Dividendenkontinuität. Die Regeln werden (in der Einleitung) in einem „key of r." zusammengestellt.

Rationalisierung im Bankgewerbe s. *Innere Organisation A III* und *B II.*

Rauhgewicht s. *Münzwesen IV.*

rayon (USA.) = Kunstseide, engl. artificia silk.

real estate loans (e) = Hypothekarkredite, s. *Liquiditäts- und Anlagepolitik IV.*

Realkredit s. *Städtischer Hypothekarkredit,* s. *Agrarkredit II A,* vgl. *Landschaften.*

Realobligation ist ein Vertrag, bei dem Abschluß und Verpflichtung erst durch die tatsächliche Übergabe des Gegenstandes erfolgen. Im deutschen Recht der Gegenwart in erster Linie das Darlehen.

receiver (USA.) — **ship,** Institution, die weitgehend der „Geschäftsaufsicht" des deutschen Rechts entspricht, also nicht Konkursverwalter.

Rechnungsgeld s. v. w. *Buchgeld.*

Reconstruction Finance Corporation s. *Panik und Panikbekämpfung.*

Recovery Act (Reparation R.A.), engl. Ges. v. 1921, wodurch vom Wert der deutschen Einfuhr nach England 26% einbehalten wurden. Die Abgabe betrug bis 31. August 1924 (Beginn des Dawesplans) 163 Mill. RM., seither 1924-25 180 Mill. RM., 1925-26 243 Mill. RM., 1926-27 290 Mill. RM., 1927-28 350 Mill. RM. usf.

Redeflation s. *Währungswesen.*

rediscount s. *Federal Reserve System IV.*

Rediskont = Weiterdiskontierung eines angekauften Wechsels.

— **kredit** der *Bank of England* s. d. *I 3.*

Referenz, Benennung einer Bank als, s. *Bankgeheimnis.*

— **bücher** s. *Auskunfteiwesen und Kreditauskunft 2.*

Refinanzierung s. *Finanzgeschäft.*

registered, inscribed (e) = eingetragen (Gesellschaften im Inland s. *Londoner Börse 4*), — stock s. v. w. *Namensaktien.*

Registerpfandrecht s. *Finanzierungsfragen des Groß- und Einzelhandels III.*

Regredient = Regreßnehmer s. *Regreß.*

Regreß, wörtlich Rückgriff, ist die Inanspruchnahme eines Dritten auf Ersatz eines Schadens, z. B. der R. des Bürgen, der seine Bürgschaftsverpflichtung erfüllt hat gegen den Hauptschuldner auf Rückerstattung des gezahlten Betrages. Besonders wichtig ist der R. im Wechselrecht. Bei Nichtannahme, Nichtzahlung oder Vermögensverfall des Schuldners kann der Wechselinhaber R. gegen jeden wechselmäßig verpflichteten Vormann, also gegen die Giranten und den Aussteller, vorgehen. Er ist dabei nicht an die Reihenfolge der Giros gebunden, sondern kann sich jeden Vormann herausgreifen (Sprungregreß). Der Anspruch geht auf Erstattung der Wechselsumme, Zahlung von 6% Zinsen seit Verfall $^{1}/_{3}$% Provision und aller Kosten.

Reichsanzeiger s. *Deutscher Reichsanzeiger.*

— **aufsichtsamt für Privatversicherung** ist die auf Grund des Reichsgesetzes über die privaten Versicherungssunternehmen von 1901 errichtete Reichsbehörde, der die Kontrolle der privaten Versicherungsunternehmen obliegt. Das R., dessen Befugnisse durch zwei Novellen (1923 und 1931) stark erweitert wurden und dem jetzt auch das Bausparwesen untersteht, hat nicht nur die Entscheidung über die Zulassung einer Gesellschaft zum Versicherungsbetrieb zu treffen, kann vielmehr auch Vorschriften über Geschäftspolitik, Anlagen, Werbung, Bilanzierung usw. zu erlassen. Bei Mißständen kann es ein Verbot des Geschäftsbetriebes erlassen, Strafen verhängen, ein Zahlungsverbot erklären und sogar den Konkurs erwirken. Seine Vollmachten sind also außerordentlich groß. — Den Beamten des Amtes stehen zwei Beiräte, einer für die Versicherung und einer für das Bausparwesen, zur Seite, die jedoch nur beratende Funktionen haben. — Der deutschen Versicherungsaufsicht ähnelt die (ältere) österreichische und tschechische; die Vereinigten Staaten haben zum Teil noch schärfere Kontrollvorschriften. Näheres über die Befugnisse des R. s. *Privatversicherung II 2.*

Reichsbank. Die Reichsbank ist die deutsche Zentralnotenbank; sie hat das ausschließliche Recht, Banknoten in Deutschland auszugeben, abgesehen von den vier Privatnotenbanken, deren Existenz das Prinzip zentraler Notenbankverfassung indes nicht wesentlich beeinträchtigt.

I. Geschichte und Organisation.

Als am 1. Januar 1876 die Reichsbank unter Übernahme der Preußischen Bank, die in erfolgreicher Entfaltung nach ihren Grundsätzen, Aufgaben und Geschäften schon ganz den Charakter einer zentralen Notenbank angenommen hatte, und unter weitgehender Anlehnung an deren bewährte Organisation ihre Tätigkeit aufnahm, war eine überhastete Entwicklung des noch jungen deutschen Notenbankwesens vorangegangen. Fast sämtliche deutsche Staaten hatten damals eigene Noteninstitute errichtet, und zwar ohne einheitliche Grundsätze in Organisation und Geschäftsgebarung, in der Stückelung und sogar der Währungsgrundlage der Noten und zum Teil auch ohne die für Notenbanken erforderliche Strenge der Geschäftsführung. Die Folge war neben Verlusten eine verhängnisvolle Unübersichtlichkeit des Notenwesens. Da neben den Banknoten noch Staatspapiergeld von 22 einzelnen Staaten und die Münzen 7 verschiedener Münzsysteme umliefen, war die Vereinheitlichung des deutschen Geldwesens ein wirtschaftlich wie politisch gleich mächtiger Wunsch geworden. Nachdem schon der Norddeutsche Bund zur Vermeidung weiterer Zersplitterung des Notenwesens am 27. März 1870 das sog. Banknotensperrgesetz erlassen hatte, wurde mit der Reichsgründung die Notenbank- und Münzgesetzgebung Sache des Reiches. Das Münzgesetz vom 9. Juli 1873 proklamierte die Goldwährung und ordnete die Einziehung aller nicht auf Reichswährung lautenden Geldzeichen an. Der Umlauf an Staatspapiergeld wurde durch Gesetz vom 30. April 1874 auf die Ausgabe von 120 Millionen Reichskassenscheinen beschränkt (Betrag erhöht durch Gesetz vom 3. Juli 1913 auf 240 und vom 22. März 1915 auf 360 Millionen Mark).

Das Bankgesetz vom 14. März 1875 war das Ergebnis langer Beratungen auf Grund der Erfahrungen auch in anderen Ländern über das für Deutschland beste System und stellte in mancher Hinsicht ein Kompromiß widerstreitender Ansichten dar. Bei aller Strenge der in ihm aufgestellten Grundsätze wurde doch eine allzu starre Formulierung vermieden. So wurde die Frage der Notendeckung durch Gold (oder wenigstens durch Gold zuzüglich des sonstigen „Barvorrats") in Anlehnung an die Peels Akte (vgl. Bank of England) in der Weise gelöst, daß, ähnlich wie in England, ein deckungsfreies Notenkontingent geschaffen wurde, welches, wie dort, um die Kontingente liquidierender Notenbanken anwuchs; doch wurde die Überschreitung dieser Deckungsvorschriften mildernd nur mit einer retardierenden 5proz. Notensteuer auf den das Kontingent und die Barbestände übersteigenden Notenumlauf belegt. Die Notenbank wurde verpflichtet, ihre Noten jederzeit in kursfähigem deutschem Gelde einzulösen (bei den Zweiganstalten „insoweit es ihre Barbestände und Geldbedürfnisse gestatteten"), und andererseits Gold zum festen Satze von 1392 Mark für das Pfund fein gegen ihre Noten umzutauschen. Neben dieser Anlehnung an das englische Currency Princip wurde auch den Gedankengängen des Banking Prinzips Rechnung getragen durch gesetzliche Verankerung der Dritteldeckung. Durch sie wurde die Deckung des Notenumlaufs zu mindestens einem Drittel in Gold und kursfähigem deutschem Gelde vorgeschrieben und für den Rest in guten, höchstens drei Monate laufenden Wechseln, ausgehend von der Auffassung, daß die Wechseleinreichungen bei der Notenbank ein brauchbarer Maßstab für das Verkehrsbedürfnis nach Kredit und Geld darstellen. Lombardkredite waren als Notendeckung nicht zugelassen. Auch in der Frage der Zentralisierung wurde ein Kompromiß gefunden. Obwohl, wie Bamberger im Reichstag ausführte, alle Gründe, die für eine Einheit des Münzwesens galten, auch für die Einheit der Notenemission sprachen, konnte den in den einzelnen Staaten konzessionierten privaten Notenbanken das „wohlerworbene Recht" zur Ausgabe von Noten nicht ohne weiteres entzogen werden. So regelt das Bankgesetz von 1875 nicht ausschließlich die Verhältnisse der Reichsbank, sondern der deutschen Notenbanken im allgemeinen. Nachdem indes die Reichsbank von vornherein durch die Höhe ihres Grundkapitals und Notenkontingents und durch die Ausdehnung ihres Geschäftsbereichs über das ganze Reichsgebiet ein erhebliches Übergewicht erhalten hatte, bewirkten die scharfen Bestimmungen des Bankgesetzes besonders über Beschränkung der Geschäfte und des Notenumlaufs der Notenbanken, über Deckung und Einlösung der Noten, über Reservebildung und Publizität, daß nach und nach alle 32 Privatnotenbanken bis auf vier ihre Privilegien aufgaben. In der inneren Organisation der Reichsbank wurde nicht nur die Führung der Notenbankpolitik, sondern auch der Erlaß einheitlicher Geschäftsgrundsätze im Reichsbankdirektorium zentralisiert, die Kreditgewährung jedoch dem verantwortlichen Ermessen der mit ihrer Amtskaution (nach dem Kriege abgeschafft) und einbehaltenen Tantieme haftenden Vorstandsbeamten der selbständigen Zweiganstalten mit unterstellten Nebenstellen überlassen. In der Frage der Verstaatlichung wurde, abgesehen davon, daß sich das Reich das Recht dazu vorbehielt, ebenfalls ein Mittelweg eingeschlagen. Die Reichsbank wurde ein privates Erwerbsinstitut mit vermögensrechtlicher Trennung vom Reichsfiskus und mit privatem Kapital, allerdings mit nur recht beschränkter Mitwirkung der Anteilseigner an der Verwaltung der Bank; andererseits wurde sie unter Aufsicht und Leitung des Reiches gestellt, ausgeübt durch ein Kuratorium unter Vorsitz des Reichskanzlers und ein dem Reichskanzler ebenfalls unterstelltes Direktorium mit dem Charakter einer Reichsbehörde; die Reichsbankbeamten bekamen die Rechte und Pflichten von Reichsbeamten, die Rechnungen der Reichsbank wurden der Revision durch den Rechnungshof des Reiches unterworfen. Die Bank übernahm für Reich und Bundesstaaten die unentgeltliche Erledigung aller Kassengeschäfte. Der Reingewinn war nach Zahlung einer „ordentlichen" Dividende von anfangs 4,5, seit 1891 3,5%, und unter jeweils vorgeschriebener Dotierung des Reservefonds zwischen Reich und Anteilseignern nach gesetzlich festgelegtem Schlüssel zu verteilen. Der Kreis der der Notenbank gestatteten Geschäfte wurde unter starker Betonung der Liquidität und Sicherheit der gewährten Diskont- und Lombardkredite eng umgrenzt. Besonders verboten war es, Wechsel zu akzeptieren und für eigene oder fremde Rechnung Termingeschäfte in Waren und Wertpapieren abzuschließen. Die übrigen Bestimmungen des Bankgesetzes bezogen sich auf die Organisation der Bank im einzelnen, die Rechte und Pflichten der Organe der Anteilseigner (Generalversammlung, Zentralausschuß und Deputierte in Berlin bzw. Bezirksausschüsse und Beigeordnete in der Provinz), auf die Publizität in den Wochenausweisen und im Jahresabschluß, auf die Bekanntgabe des Diskont- und Lombardsatzes, auf das Grundkapital u. a. m. Ergänzende Bestimmungen traf das Statut der Reichsbank.

Die bis Kriegsausbruch als zweckmäßig erkannten Änderungen der Bankverfassung wurden hauptsächlich bei Gelegenheit der Erneuerung des Notenprivilegs in den Novellen vom 18. Dezember 1889, 7. Juni 1899 und 1. Juni 1909 getroffen, ohne daß das Reich von dem Recht der Verstaatlichung der Reichsbank Gebrauch machte. Die Erhöhung des Grundkapitals von 120 auf 180 Millionen Mark und des steuerfreien Notenkontingents auf 450 Millionen Mark durch die Novelle von 1899 und auf 550 bzw. an den Vierteljahresschlüssen auf 750 Millionen Mark durch die Novelle von 1909 entsprach der Entwicklung der deutschen Wirtschaft und damit der Reichsbank (Zunahme der Reichsbankumsätze von 1876—1913 von 37 auf 422 Milliarden Mark und der Zahl der Zweiganstalten von 206 auf 487). Die Gewinnverteilung verschob sich fortgesetzt zugunsten des Reiches zugleich unter Modifizierung der Reservebildung. Währungspolitisch wichtig war die Ermächtigung der Reichsbank zur anfangs beschränkten, später unbeschränkten Ausgabe kleiner Noten zu 50 und 20 Mark (Gesetz vom 20. Februar 1906) im Zusammenhang mit der Goldkonzentrationspolitik, während ursprünglich das Bankgesetz in Übereinstimmung mit dem Münzgesetz von 1873 zur Beschränkung des Umlaufs an kleinen papiernen Geldzeichen den niedrigsten Banknotenabschnitt auf 100 Mark festgesetzt hatte. Durch Gesetz vom 22. März 1915 wurde die Ausgabe von 10-Mark-Abschnitten zugelassen. Von grundsätzlicher Bedeutung war die Erklärung der Reichsbanknoten zum gesetzlichen Zahlungsmittel durch die Novelle von 1909 unter Festlegung der Noteneinlösungspflicht der Reichsbank in deutschen Goldmünzen statt in kursfähigem deutschem Gelde, während bis dahin das Bankgesetz eine Verpflichtung zur Annahme von Banknoten an Zahlungsstatt ausdrücklich nicht vorgesehen hatte.

Im Weltkriege und besonders unter seinen Nachwirkungen mußten wichtige Grundsätze des

Bankgesetzes aufgegeben werden. Durch die Kriegsgesetze vom 4. August 1914 wurde die Goldeinlösung der Noten eingestellt und die Notensteuerpflicht der Reichsbank aufgehoben (unter Regelung der Gewinnverteilung jährlich durch besonderes Gesetz); die Darlehnskassenscheine wurden als Bardeckung für die Reichsbanknoten zugelassen, ohne ihrerseits Bardeckungsvorschriften zu unterliegen; Reichsschatzwechsel und -schatzanweisungen wurden als Notendeckung den Wechseln gleichgestellt, wobei die Bedingung kurzer Laufzeit bis zu drei Monaten bei immerwährender Prolongation gegenstandslos wurde. Durch die Bankgesetznovelle vom 9. Mai 1921 wurde die schließlich nur noch rein formelle Dritteldeckung völlig aufgehoben. Die einschneidenden Änderungen des Bankgesetzes vom August 1914 waren für die Kriegführung vorbereitet und haben sich zunächst durchaus bewährt; sie hätten bei kürzerer Dauer und besserem Ausgang des Krieges später wieder aufgehoben werden können und keineswegs die tatsächlich erlebten verheerenden Auswirkungen zu haben brauchen, obwohl sie ja tatsächlich die Ausschaltung der Goldwährung bedeuteten. Erst der außen- und innenpolitische Zusammenbruch Deutschlands hat in den Nachkriegsjahren zu einem vollkommenen Zusammenbruch auch der deutschen Währung und damit des ganzen Geld- und Kreditwesens geführt.

In der Zeit von Kriegsende bis in die Stabilisierungsperiode hinein ist, abgesehen von der erwähnten Aufhebung der Drittelbardeckung, eine große Anzahl von Bankgesetznovellen und Verordnungen erlassen worden, die indes großenteils nur mehr formelle oder vorübergehende Bedeutung hatten (aufgezählt im Kommentar zum Bankgesetz von Koch-Schacht § 1, Anm. 3). Die Gesetze betrafen z. B. die Umstellung der Bankgesetzgebung auf die veränderten Gewalten in der Reichsverfassung, gewisse weniger erhebliche organisatorische Änderungen bei der Reichsbank, die Zulassung mehrerer Zinssätze für wertbeständige und nicht wertbeständige Kreditgeschäfte, Regelung der Zusammenarbeit der Reichsbank mit der Rentenbank und der Golddiskontbank, die Zulassung von Lombardwechseln als Notendeckung u. a. m. Die Ermächtigung der Reichsbank zur Ausgabe von auf Goldmark lautenden, in Gold oder Devisen einzulösenden Banknoten und zur Ausgabe von unverzinslichen Schuldverschreibungen kam nicht zur Anwendung. Auch das sog. Autonomiegesetz vom 26. Mai 1922, welches die Leitung der Reichsbank dem Reichsbankdirektorium übertrug und dem Reich nur noch Aufsichtsbefugnisse ließ, hat eine erhebliche praktische Bedeutung nicht gewonnen. In das spätere Bankgesetz übernommen wurde die Einbeziehung von frei verfügbaren Goldbeständen der Reichsbank bei ausländischen Zentralnotenbanken in die Golddeckung durch Gesetz vom 4. März 1922 und die Erhöhung der Zahl der Zentralausschußmitglieder und deren Stellvertreter (zunächst von je 15 auf 18) durch die Novelle vom 16. Dezember 1919.

Grundlage für die Neuordnung unseres Notenbank- und Geldwesens wurde der *Dawesplan* (s. d.), ergänzt durch die Arbeiten des für die Reorganisation der Notenbank eingesetzten Organisationskomitees *Schacht-Kindersley*. Es gelang, die an der Stabilerhaltung der deutschen Währung interessierten Reparationsgläubiger von dem Plane, eine vollständig neue Notenbank unter ausländischem Einfluß zu gründen, abzubringen und die Reichsbank im wesentlichen zu erhalten. Das am 30. August 1924 erlassene Bankgesetz trat zugleich mit dem Münzgesetz, dem Privatnotenbankgesetz und dem Gesetz über die Liquidierung des Umlaufs an Rentenbankscheinen nach Unterzeichnung des Londoner Protokolls und nach Zustandekommen der Dawesanleihe zur Stützung der deutschen Währung und zur Erleichterung der ersten Reparationsjahresrate am 11. Oktober 1924 in Kraft. Die Rentenbank und die Golddiskontbank (diese unter Aufhebung des Notenausgaberechts) verloren als Hilfsinstitute der Währungsstabilisierung an Bedeutung. Die Reichsbank wurde verpflichtet, die umlaufenden Rentenbankscheine nach bestimmtem Plan innerhalb der deutscherseits mühsam erkämpften Frist von 10 Jahren zu tilgen und den Tilgungsfonds zu verwalten, der aus den Rentenbankgrundschuldzinsen der Landwirtschaft, regelmäßigen Zahlungen des Reiches und dem Anteil des Reiches am Reichsbankgewinn sowie aus der Rückzahlung der landwirtschaftlichen Wechsel (binnen 3 Jahren) gespeist wurde. Die bei der Rentenbank bis zur Abwicklung dieser Kredite aufkommenden Wechselzinsen waren teilweise der Reichsbank zu vergüten, blieben aber zunächst gestundet. Die Golddiskontbank nahm ihre Tätigkeit als Kreditinstitut später wieder auf. Das Münzgesetz proklamierte die Vorkriegsgoldwährung mit gleichem Ausprägungsverhältnis von 2790 RM. auf 1 kg fein.

Das durch die „Satzung der Reichsbank" ergänzte neue Bankgesetz war wie das von 1875 das Ergebnis langwieriger Verhandlungen und widerstreitender Meinungen, obwohl es keine Neuschöpfung, sondern eine Reorganisation bedeutete (§ 1). Es handelte sich hauptsächlich um die Vertretung der deutschen Interessen gegenüber den radikalen Plänen der Reparationsgegner, daneben allerdings auch um eigne Schlußfolgerungen aus der überstandenen Währungszerrüttung. In einer Abmachung zwischen Reich und Reichsbank (vom 5. Juli 1924) übernahm die Reichsbank gegen Zuerkennung des Notenprivilegs für die von den Sachverständigen geforderte außerordentlich lange Dauer von 50 Jahren die verschiedenen Devisenbeziehungsweise Goldmarkverpflichtungen des Reiches zu Bedingungen, die für das Reich günstig waren. Die geforderte Mitwirkung des Auslandes mußte schon deshalb in Kauf genommen werden, weil die Reichsbank die Reparationszahlungen zu verwalten hatte; sie wurde in für Deutschland erträglicher Form ausgeübt durch die sieben ausländischen Mitglieder des als unabhängiges Sachverständigenorgan neu geschaffenen, unter Vorsitz des Reichsbankpräsidenten stehenden, vierzehnköpfigen Generalrats und durch den dem Generalrat angehörenden Notenkommissar ohne Beeinträchtigung der Selbständigkeit des Reichsbankdirektoriums in der Verwaltung der Bank und in der Führung der Kreditpolitik. Die Befugnisse des Generalrats, der in monatlichen Sitzungen die Berichte des Reichsbankpräsidenten und des Notenkommissars entgegenzunehmen und über deren Vorschläge zu beschließen hatte, erstreckten sich hauptsächlich noch auf die Personalien des Reichsbankdirektoriums, auf die Mitwirkung bei Inkraftsetzung der Goldeinlösung der Noten, auf die Lombardierung langfristiger Schuldverschreibungen des Reichs und auf die Zulassung einer etwaigen Unterschreitung der Notendeckung. Die zweite wesentliche Änderung gegenüber dem Gesetz von 1875 liegt in der Verselbständigung der Reichsbankleitung gegenüber der Reichsregierung und in der besonders strengen Formulierung bezüglich der Trennung des Notenbankkredits von den öffentlichen Finanzen. Die Vorschriften für die Kreditgeschäfte der Reichsbank mit dem Reich (sowie Reichsbahn und Reichspost), den Ländern und Gemeinden wurden ganz besonders scharf gefaßt während die Bestimmungen über die sonstige Geschäftsführung der Reichsbank für das Reich keine wesentlichen Änderungen gegen früher erfahren haben. Die privatwirtschaftliche Grundlage der Reichsbank wurde stärker als früher betont (Wegfall der Kontrolle der Rechnungslegung durch das Reich), ohne daß dadurch der Charakter des Reichsbankdirektoriums (und der selbständigen Reichsbankanstalten) als Reichsbehörde verlorenging. Die organisatorischen Änderungen bezogen sich, abgesehen von dem Einbau des Generalrats, hauptsächlich auf die Stellung des Präsidenten und der Mitglieder des Reichsbankdirektoriums, die nicht mehr auf Lebenszeit angestellte Beamte sind, wie die sonstigen Reichsbankbeamten, deren Rechte und Pflichten in dem Beamtenstatut der Reichsbank geregelt sind, sondern auf 4 bzw. 12 Jahre durch den Generalrat gewählt werden und wieder wählbar sind. Der Reichsbankpräsident war durch den Reichspräsidenten zu ernennen, die Mitglieder des Reichsbankdirektoriums durch den Reichsbankpräsidenten. Das Reichsbankkuratorium kam in Fortfall, doch blieb die Pflicht zu regelmäßiger Berichterstattung an die Reichsregierung bestehen. Von untergeordneter Bedeutung ist die Bestellung besonderer Urkundsbeamten bei der Reichsbank. Die Rechte der Generalversammlung wurden etwas erweitert: Bilanz und Gewinnverteilung unterliegen ihrer Beschlußfassung; außerdem haben die deutschen Anteilseigner die Wahl der deutschen Mitglieder des Generalrats zu bestätigen. Dagegen wurden die Befugnisse des Zentralausschusses (jetzt je 21 Mitglieder und Stellvertreter) und der aus seiner Mitte gewählten Deputierten (3 und ebenso viele Stellvertreter) auf gutachtliche Äußerung beschränkt, deren Einholung dem Reichsbankdirektorium überlassen bleibt. Die Deckungsvorschriften wurden in einer Beziehung verschärft, andererseits elastischer gestaltet. Als primäres Notendeckungsmittel wurden neben effektivem Golde in den Kellern der Bank oder unbelastet bei ausländischen Zentralnotenbanken (also unter Ausschluß sonstigen kursfähigen deutschen Geldes) bis zu einem Viertel kurzfristige Devisen besonderer Qualität zugelassen. Die gesamte Golddeckung, also einschließlich deckungsfähiger Devisen, darf 40% des Notenumlaufs gemäß § 29 nur unter ausnahmsweisen Umständen auf Vorschlag des Reichsbankdirektoriums und durch Beschluß des Generalrats unterschreiten, bei längerer Dauer unter Auslösung einer progressiven Notensteuer und zugleich bestimmter Relationen zwischen Deckungsunterschreitung und Höhe des Diskontsatzes. Für den nicht goldgedeckten Teil des Notenumlaufs ist Deckung in diskontierten Wechseln und Schecks vorgeschrieben geblieben. Die vom Expertenbericht geforderte Golddeckung für die Girogelder konnte im Organisationskomitee zwar nicht ausgemerzt, aber auf die im § 35 festgelegte 40proz. Deckung der Giroguthaben (ausschließlich Reparationskonto) durch bestimmte liquide Aktiven modifiziert werden. Ein Kompromiß wurde in der Frage der Zweiunterschriftenwechsel durch Beschränkung auf 33 % des Gesamtbestandes gefunden. Die nach angelsächsischer Auffassung für die Notenbank allgemein zu fordernde dritte Unterschrift hätte dem Wesen der weitverzweigten Reichsbank mit über 450 Zweiganstalten und damals über 40000 akkreditierten Firmen (davon nur reichlich 3000 Geldinstitute) nicht entsprochen, wenn auch bei weitem der größte Teil des Reichsbankportefeuilles ein Bankengiro trägt als einen für die Notenbank willkommenen Risikopuffer zwischen ihr und der Wirtschaft. Die von deutscher Seite für die Goldeinlösung der Noten verlangte Frist wurde in der Weise gewährt, daß die Einlösungspflicht im Bankgesetz grundsätzlich festgelegt wurde (§ 31), und zwar nach Wahl der Bank in Gold oder Devisen, aber vorläufig suspendiert blieb bis zur Inkraftsetzung gemäß § 52 durch gemeinsamen Beschluß von Generalrat und Reichsbankdirektorium, welches so den Zeitpunkt der Aufnahme der Goldeinlösung in die Hand bekam. Das Grundkapital der Reichsbank wurde — offenbar in der Auffassung, daß Deutschland benötigtes Auslandskapital am leichtesten durch ausländische Zeichnung auf das Goldkapital der Notenbank erhalten könnte — auf mindestens 300 Millionen RM. festgesetzt, ist aber tatsächlich nach Zusammenlegung des alten Kapitals von 180 Millionen Mark auf 90 Millionen RM. zunächst nur auf 122,8 Millionen RM. erhöht worden, hauptsächlich unter Hereinnahme der in privaten Händen befindlichen Golddiskontbankaktien. Die Gewinnverteilung mußte im Hinblick auf die Kapitalmarktverhältnisse gegen früher stark verändert werden, doch gelang es immerhin im Organisationskomitee, für die Verteilung des nach Dotierung des Reservefonds mit 20% des Reingewinns und Ausschüttung einer Mindestdividende von 8% verbleibenden Restgewinns eine Staffelung zugunsten des Reiches bei höheren Gewinnergebnissen zu erreichen, während der Dawesplan seine Aufteilung zu gleichen Teilen zwischen Reich und Anteilseignern vorgesehen hatte. Der auf die Anteilseigner entfallende, die Mindestdividende übersteigende Gewinnanteil kann entweder ausgeschüttet oder einem Dividendenausgleichsfonds zugewiesen werden.

Während der Geltungsdauer des Dawesplans wurde nur eine Bankgesetznovelle erforderlich (8. Juli 1926), durch die der Reichsbank gestattet wurde, bis zu 400 Millionen RM. dreimonatige Reichsschatzwechsel ohne Einrechnung in die bankmäßige Notendeckung aus dritter Hand hereinzunehmen, um die durch das Bankgesetz allzusehr beengte Kassenführung des Reiches zu erleichtern.

Mit dem *Youngplan* (s. d.) trat dann die hauptsächlich durch ihn bedingte, von Reichsregierung und Reichsbank mit Billigung des Bankausschusses des Young-Komitees vorgeschlagene Bankgesetznovelle vom 13. März 1930 am 17. Mai 1930 in Kraft, zugleich mit der rechtlichen Verpflichtung der Reichsbank zur Noteneinlösung auf übereinstimmenden Beschluß von Reichsbankdirektorium und Generalrat. Die Änderungen des Bankgesetzes wurden getrennt nach solchen, die die grundlegenden Garantien für die Aufrechterhaltung der Währung und das Bestehen der Bank enthalten und nur unter erschwerten Vorschriften mit Beteiligung des Verwaltungsrats der BIZ. abgeändert werden können, und solchen, die ein internationales Interesse nicht beanspruchen. In dem Verhältnis zwischen Reich und Reichsbank wurde der Einfluß der Reichsregierung auf die Bestellung der Reichsbankleitung durch unbedingtes Bestätigungsrecht des Reichspräsidenten für Ernennung und Abberufung des Reichsbankpräsidenten und der Mitglieder des Reichsbankdirektoriums zugleich unter gewissen Änderungen in der Wahl zu diesen Ämtern ebenso wie in den Generalrat verstärkt. Im übrigen blieb die Unabhängigkeit der Reichsbank durchaus erhalten. Die ausländischen Kontrollorgane fielen weg. Der Generalrat wurde ein rein deutsches zehnköpfiges Gremium ohne wesentliche Änderung seiner Funktionen und seiner Struktur (vierteljährliche Sitzungen als Regel). Der Aufgabenkreis des Notenkommissars (jetzt des jeweiligen Präsidenten des Rechnungshofes des Reiches), der nicht mehr Mitglied des Generalrats ist und an den Sitzungen des Reichsbankdirektoriums nicht mehr teilnimmt, wurde auf die zahlenmäßige Prüfung der Notendeckung beschränkt. Als interne deutsche Angelegenheit wurde die Aufhebung der Vorschriften einer Mindesthöhe des Aktienkapitals und der Form seiner Einzahlung behandelt, ferner die Änderung der Bestimmungen über den Geschäftskreis der Bank in der Richtung gewisser Erleichterungen der Kreditgewährung der Reichsbank an die öffentlichen Körperschaften (§ 21). Die Beziehungen zu der neuen Reparationszahlungsstelle, der *Bank für Internationalen Zahlungsausgleich* (s. d.), wurden geregelt, wie sie vorher zur Reparationskommission und dem Generalagenten geregelt waren. Die durch innerpolitische Vorgänge verzögerte Neuordnung der Gewinnverteilung, durch die unter Beibehaltung der 8proz. Mindestdividende und unter Gewährung von Gratisbezugsrechten an die Anteilseigner der Gewinnanteil des Reiches erhöht und die Dotierung des Reservefonds auf 10% ermäßigt wurde, sowie die Umstellung der mit der Reichsbank in Verbindung bleibenden Golddiskontbank auf ein erhöhtes Aktienkapital mit dem Recht zur Ausgabe von verzinslichen Obligationen zum Zwecke der Exportförderung und die Streckung der Rentenbankscheintilgung bis zum Jahre 1942 unter Suspendierung der Erhebung der Rentenbankgrundschuldzinsen traten erst durch Notverordnung vom 1. Dezember 1930 in Kraft. Das Grundkapital der Reichsbank wurde durch Begebung von Gratisaktien um ein Viertel erhöht unter Abrundung auf 150 Millionen RM.

II. Aufgaben und Geschäfte der Reichsbank als Zentralnotenbank.

Hier hat sich seit ihrem Bestehen rechtlich und grundsätzlich nichts geändert, tatsächlich aber hat der Krieg und die Nachkriegszeit diesen Aufgaben z. T. ein ganz anderes Gesicht gegeben und zu wesentlichen Umstellungen in der Notenbankpolitik und in der Geschäftsführung der Reichsbank geführt. Die Geschäfte der Reichsbank werden nach kaufmännischen Grundsätzen geleitet, jedoch ohne Betonung des Erwerbsinteresses. Vornehmste Aufgabe der Reichsbank ist natürlich die Aufrechterhaltung der Währung durch „Regelung des Geldumlaufs", d. h. durch seine Anpassung an die wechselnden Verkehrsbedürfnisse an Zahlungsmitteln durch elastische Gestaltung des kurzfristigen Notenbankkredits unter „Nutzbarmachung verfügbaren Kapitals". Mittel hierfür ist hauptsächlich die *Diskontpolitik* (s. d.), ergänzt durch die sog. *Offene-Markt-Politik* sowie durch die Devisen- und Goldpolitik. Die Kreditgewährung erfolgt weit überwiegend durch Wechseldiskontierung, in geringem Umfange durch Lombardierung von Wechseln, Wertpapieren und Waren. Der An- und Verkauf von Gold ist selbstverständliche Betätigung der Notenbank. In Silber beschränkt sich das Geschäft heute praktisch auf Ankauf und Verwertung alter, außer Kurs gesetzter Reichssilbermünzen. Die „Erleichterung der Zahlungsausgleichungen" wird durch die Reichsbank von jeher, abgesehen von der Versorgung des Verkehrs mit baren Zahlungsmitteln, durch die Pflege der bargeldlosen Zahlung in- und außerhalb ihres eigenen Betriebes zu fördern gesucht. Daneben fungiert die Reichsbank als Bankier des Reiches und anderer öffentlicher Stellen. Zum Geschäftsbetrieb gehört auch der Einzug von Wechseln und anderen Auftragspapieren, während die sonst noch gestatteten Geschäfte, wie die Verwahrung und Verwaltung offener und verschlossener Depots, An- und Verkauf von Wertpapieren usw., für die Notenbank nur untergeordnete Bedeutung haben. Die Annahme verzinslicher Gelder wurde schon vor dem Kriege vermieden und ist im neuen Bankgesetz nicht mehr vorgesehen.

Schon die Vorkriegszeit hat für die Reichsbank Probleme mit sich gebracht: Nach der Vereinheitlichung des Notenbankwesens den Streit um Gold- oder Silberwährung, die Schwierigkeiten ausreichender Zahlungsmittelversorgung im wirtschaftlichen Aufschwung Deutschlands, die Verstärkung der Goldreserven, die Frage der Liquidität des deutschen Kreditsystems u. a. m. Aber die Handhabung der eigentlichen Währungspolitik war relativ einfach. Auf der Grundlage international frei funktionierender Goldwährung und freien Kapitalverkehrs genügte im allgemeinen die sich hauptsächlich an den Wechselkursen und den Notendeckungsziffern orientierende Notenbankpolitik, um den Währungserfordernissen gerecht zu werden.

Im Kriege hatte die Reichsbank die Umstellung der Wirtschaft zu erleichtern und fortlaufend die für die Kriegführung nötigen Geldbeträge im Wege des Schatzanweisungskredits flüssig zu machen unter periodischer Auflegung von Kriegsanleihen, wobei der Lombardverkehr fast ganz auf die Darlehnskassen übertragen wurde. Die Goldsammelpolitik erleichterte die Befriedigung lebenswichtiger Bedürfnisse der deutschen Volkswirtschaft im Auslande. Die Diskontpolitik verlor bei der Starrheit des Kreditbedarfs der Kriegszwangswirtschaft im Inlande und der Unterbindung der internationalen Freizügigkeit des Kapitals Sinn und Bedeutung, wie schon aus dem Gleichbleiben des Diskontsatzes hervorgeht. Das gilt erst recht für die Nachkriegsjahre. Die Reichsbank, die wie schon im Kriege mit dem Schicksal des Reiches auf Gedeih und Verderb verbunden war, konnte, abgesehen von der Unmöglichkeit der Erfüllung ihrer vornehmsten Aufgabe als Hüterin der Währung, auch ihren sonstigen Aufgaben als Zentralnotenbank schließlich nicht mehr nachkommen. Es wurde zuletzt technisch unmöglich, dem Verkehr die nötigen Notenmengen zur Verfügung zu stellen, und auch der Überweisungsverkehr geriet ins Stocken. Von der Nutzbarmachung verfügbaren Kapitals konnte nicht mehr die Rede sein, denn Geld- und Kapitalmarkt hatten aufgehört zu funktionieren.

In der Zeit von der de facto-Stabilisierung der Mark am 20. November 1923 bis zum Erlaß des neuen Bankgesetzes fiel der Reichsbank eine besonders wichtige Rolle zu. Sie hatte die durch die Schrumpfung des Zahlungsmittelumlaufs möglich gewordenen Rentenbankkredite zur Umstellung auf wertbeständige Rechnung an Reich und Wirtschaftskreise zu betreuen. Überhaupt lag die schließlich erfolgreiche Durchführung einer einheitlichen Währungs- und Kreditpolitik mit dem Ziel der Stabilerhaltung der Währung in ihrer Hand ebenso wie die Säuberung des Zahlungsmittelumlaufs von Notgeld (unter Ausgabe von Silbermünzen gemäß Gesetz vom 20. März 1924). Auch die Golddiskontbank unterlag als Währungshilfsinstitut, dessen Notenausgaberecht indes nicht praktisch geworden ist, der Leitung durch das Reichsbankdirektorium in Personalunion.

Durch Bankgesetz von 1924 wurde die Reichsbank grundsätzlich ihren in der Inflationszeit unerfüllbar gewordenen Aufgaben zurückgegeben, sah sich aber auch nach Erledigung der ersten mit dem Übergang zur festen Währung zusammenhängenden besonderen einmaligen Aufgaben noch weiter außerordentlichen Schwierigkeiten gegenübergestellt. Die Reichsbank steht jetzt mehr als vor dem Kriege im Brennpunkt des Kreditverkehrs. Sie hat es bewußt abgelehnt, die Betreibung einer Konjunkturpolitik als ihre Aufgabe anzuerkennen, aber sie wird von den verschiedensten Kreditfragen im weitesten Sinne in der Durchführung ihrer eigentlichen Notenbankpolitik berührt, und zugleich hat ihre Funktion als Ratgeberin öffentlicher Stellen aller Art an Bedeutung stark zugenommen. Der Geld- und Kapitalmarkt bildete sich nur langsam und stockend in der Richtung auf normale Vorkriegszustände zurück und ist bis in die Gegenwart in seinem Funktionieren vielfach unfrei und sprunghaft geblieben. Dazu kommen die gewaltigen Strukturwandlungen auch außerhalb des Geld-, Bank- und Kreditwesens auf allen Gebieten der Wirtschaft und des Staatswesens überhaupt.

Das Wesen der Währung hat sich gewandelt. An die Stelle verkehrssättigender Umlaufswährung ist die sog. Goldkernwährung getreten. Die Zulassung von Devisen als Golddeckung ist eine umstrittene Einrichtung; sie hat vom Gesichtspunkte der Weltgoldvorräte und ihrer Verteilung gewisse Vorteile und wurde unmittelbar nach der Währungssanierung in vielen Ländern eingeführt, erhöht aber zweifellos die gegenseitige Abhängigkeit der Kreditsysteme der Länder mit der Gefahr internationaler Kreditaufblähung in Zeiten ansteigender Konjunktur und trägt so zur Komplizierung der Notenbankaufgaben bei. Da an die Stelle der umlaufenden Goldmünzen größtenteils Reichsbanknoten (als einziges papiernes gesetzliches Zahlungsmittel) getreten sind, ist der Umfang des Kreditgeschäfts der Reichsbank erheblich gewachsen; das gilt im besonderen auch für die Bedeutung der Reichsbank im Privatdiskont- und Devisenmarkt. Der An- und Verkauf von Devisen wurde durch das Bankgesetz von 1924 ausdrücklich erlaubt und hat jetzt viel größeren Umfang als vor dem Kriege, als er fast ausschließlich im Dienste der Goldpolitik stattfand. Dadurch sind die Einflußmöglichkeiten der Reichsbank zwar an sich gestiegen, doch ist ihre Handlungsfreiheit durch andere Faktoren stark beeinträchtigt. Besonders ist das freie Funktionieren der Goldwährung sowie des Geld- und Kapitalverkehrs international den mannigfachsten Hemmungen und Störungen unterworfen, die großenteils politischer Natur sind und auch sonst mit der in der ganzen Welt verbreiteten Abneigung des Kapitals gegen langfristige Bindung zusammenhängen. Gerade Deutschland ist durch die große Masse der international fluktuierenden kurzfristigen Gelder in den letzten Jahren mehr als einmal ernsthaft bedroht gewesen. Die gewöhnlichen Mittel der Bankpolitik sind dem zeitweise in ungesundem Ausmaße erfolgenden Zustrom von Auslandsgeld gegenüber ebenso unzureichend wirksam geblieben wie gegenüber dem plötzlichen Abzug von Auslandsgeld. Das Hereinströmen konnte durch Senkung der Devisenkurse wohl gehemmt, jedoch die Annahme von Gold nicht verweigert werden; dem Abströmen mußte wiederholt durch scharfe Kreditrestriktionen begegnet werden; bei der „run"-artigen Zurückziehung von kurzfristigen Auslandsgeldern, die im Sommer 1931 ihren Höhepunkt erreichte, blieb sogar nur der Weg der Zwangsbewirtschaftung der Devisen übrig. Auch das Hereinströmen langfristigen Auslandskapitals hat durch Erzeugung eines — volkswirtschaftlich gesehen — geborgten Devisen- oder Goldüberschusses die Reichsbankpolitik erschwert. Ein besonderes Problem sind für die Reichsbankpolitik die Reparationszahlungen geworden. Abgesehen von der technischen Erledigung der Annahme und Weiterleitung der Zahlungen und der für Transferierung nötigen Bereitstellung von Devisen war die Orientierung der gesamten Währungs- und Kreditpolitik der Notenbank und des ganzen Landes nach diesen Zahlungen erforderlich. Das Problem übermäßiger Ansammlung von Kassenreserven öffentlicher Stellen in den ersten Jahren nach der Umstellung auf die Goldrechnung wurde später verdrängt durch das entgegengesetzte, die Reichsbank nicht weniger berührende und beschäftigende Problem der Unterstützung dieser Stellen mit Kassenkrediten. Mit beiden Problemen eng verknüpft war das der Rationalisierung der Kassenhaltung und Zahlungsweise öffentlicher Stellen (farbige Schecks zur bequemen örtlichen Mobilisierung zentralisierter Reserven) zum Zwecke der Verminderung der Kassenbestände und der Nutzbarmachung so verfügbar werdender Kapitalien in gerechter Verteilung über das ganze Land. Im Zusammenhange hiermit standen die Bestrebungen der Reichsbank um den Wiederaufbau des Privatdiskontmarktes (Erweiterung des Kreises der ihm angeschlossenen Firmen und Erleichterung des Ankaufs von Privatdiskonten) und des Schatzwechselgeschäftes. Bei Verfolgung dieser Ziele konnte mehrfach die Golddiskontbank nutzbar gemacht werden, die die Einlagen öffentlicher Stellen verzinsen durfte und auch sonst in ihrer Geschäftsgebarung etwas freier war als die Reichsbank, z. B. in der Befristung ihrer Ausleihungen (Wechsel bis zu 9 Monaten; 3- bis 5jährige Zwischenkredite an die Landwirtschaft). Die Begebung von Solawechseln durch die Golddiskontbank hat nur geringe und vorübergehende Bedeutung gewonnen. Die vielfachen öffentlichen Hilfskredite an einzelne Gewerbezweige waren großenteils durch die Reichsbank zu betreuen. Auch bei Vermittlung langfristigen Kredits wurde die Hilfe der Reichsbank gebraucht (Anleihevermittlung nicht nur für das Reich, sondern auch für andere Zwecke, z. B. für die Landwirtschaft; Pflege des Pfandbriefmarktes durch Einflußnahme auf die Anlage länger entbehrlicher Kapitalien, durch Ausgestaltung des Reichsbanklombardgeschäfts usw.). Die Zinssenkungsbestrebungen der Reichsbank, die freilich nicht das Grundübel, nämlich den Mangel an Kapital und Vertrauen, wohl aber Auswüchse in der Zinssatzgestaltung beseitigen und eine gewisse Vereinheitlichung begünstigen konnten, reichen von der Stabilisierung bis in die Gegenwart. Die bis 1930 rechtlich suspendierte Noteneinlösungspflicht wurde tatsächlich seit der Stabilisierung uneingeschränkt respektiert durch Abgabe jeder angeforderten Menge an Devisen und durch Abgabe auch von Gold, wenn die Wechselkurse es erforderten. Noteneinlösung in Goldmünzen kommt für Deutschland nicht in Frage, solange andere große Länder, wie England, nicht dazu übergehen, zumal sich in den wenigen Ländern mit Goldmünzenumlauf eine Bevorzugung der Noten vor den Münzen im Geldverkehr erwiesen hat. Die Abgabe von Gold an die Industrie wurde wieder aufgenommen. Die Notengolddeckung mußte im Hinblick auf die hohe kurzfristige Verschuldung streng gehandhabt werden unter Berücksichtigung des der Deckung nicht unterworfenen Umlaufs an Rentenbankscheinen und — in bestimmten Grenzen — unter Bevorzugung von Gold vor Devisen, da, abgesehen von der Möglichkeit internationaler Verwicklungen, das glatte Funktionieren der Goldwährung sich letzten Endes doch am besten auf das effektive Gold stützt. Im Zusammenhang mit der großen Kredit- und Bankenkrise, die im Sommer 1931 als Folge des „Runs" auf Deutschland eintrat und große Gold- und Devisenabgaben der Reichsbank notwendig machte, wurde durch Beschluß des Generalrats die gem. § 29 BG. vorgesehene Unterschreitung der 40proz. Gold- und Devisendeckung gestattet. Im kurzfristigen Zahlungsverkehr wurde die Anwendung von Entwertungsklauseln seitens der Reichsbank bekämpft. Auch der bargeldlose Verkehr brachte besondere Probleme mit sich durch die Ausbildung neuer Girokreise der privaten Banken, der öffentlichen Banken, der Genossenschaften, durch Kreditschöpfung außerhalb der Notenbank, durch den Rückgang der Liquiditätsziffern der privaten Banken u. a. m. Die Reichsbank hat ihren eigenen Giroverkehr erheblich ausgebaut durch Einrichtung des telegraphischen und des Auslandsgiroverkehrs, durch Übernahme der portofreien Weiterleitung des Überweisungszwecks an den Zahlungsempfänger und auch durch Schaffung der Abzweiglombards für Banken mit Filialnetz. Sie hat auch die Angliederung an den Postscheckverkehr verbessert, sowie den Abrechnungsverkehr ergänzt durch die sog. Kleine Abrechnung in Orten ohne gesetzliche Abrechnungsstelle. Der im Kriege geschaffene bestätigte Reichsbankscheck (Bundesratsverordnung vom 31. August 1916) wird, wenn auch in abnehmendem Umfange, noch immer verwendet, besonders als Ergänzung des telegraphischen Giroverkehrs in eng besiedelten Gebieten. Die Zwischenbilanzen der Privatbanken wurden unter Mitwirkung der Reichsbank verbessert (wieder aufgenommen Februar 1925; monatlich nach verbessertem Schema seit März 1928). Als Erweiterung des Aufgabenkreises der Reichsbank ist schließlich noch die verstärkte Zusammenarbeit mit ausländischen Notenbanken zu erwähnen, die sich in gegenseitiger persönlicher Fühlung der Notenbankleiter und ihrer Organe kundgibt, gefördert durch die regelmäßigen Zusammenkünfte bei der Bank für Internationalen Zahlungsausgleich in Basel.

Aus der zahlreichen *Literatur*: Kommentar zum Bankgesetz von KOCH bzw. KOCH-SCHACHT — Jubiläumsdenkschriften: Die Reichsbank 1876—1900 (Tabellenwerk 1876—1910) und 1901—1925; vergleichende Notenbankstatistik 1876—1913. Berlin 1925, im Buchhandel nicht erschienen. — Dr. SCHACHT: Die Stabilisierung der Mark. Berlin 1927. — Dr. NEUFELD: Kommentar zum Bankgesetz von 1924 und die Reichsbank nach dem neuen Plan. Berlin 1925 u. 1931. — Veröffentlichungen des Enquete-Ausschusses: Die Reichsbank. Berlin 1929. — EYNERN, V.: Die Reichsbank. Jena 1928. — S. FLINK: The German Reichsbank and economic Germany. New York und London 1930.

FRANZ DÖRING.

Reichsbankdirektorium s. *Reichsbank I.*
— **bankstatus** s. *Notenbankausweise 2.*
— **genossenschaftsbank** s. *Agrarkredit II B.*
— **hauptkasse** s. *Öffentliche Kassenführung 2a.*
— **kassenscheine** waren die zur Ablösung der Staatsnoten der deutschen Bundesstaaten nach der Einigung des Reiches (ab 1875) ausgegebenen Noten des Reichs. Sie haben im deutschen Währungssystem niemals ein größere Rolle gespielt und sind im Zusammenhang mit der Währungsstabilisierung vollständig verschwunden (vgl. Art. *Papierwährung*).

Reichskommissar s. *Bankenaufsicht II 1* sowie *Depositengeschäfte III.*

Reichs-Kredit-Gesellschaft, Aktiengesellschaft s. *Öffentlich-rechtliches Bankwesen I A 2.*

Reichsmark (RM.), Rechnungseinheit für das Deutsche Reich seit dem neuen Münzgesetz (1. Oktober 1924) 1 RM. = 100 Rpf. Der internationale Wert der RM. (Parität) ergibt sich aus der Bestimmung, wonach aus 1 kg Feingold $139^1/_2$ Stück 20 RM.-Stücke oder 279 Stück 10 RM.-Stücke ausgeprägt werden; und zwar bei einem Feingehalt von $^{900}/_{1000}$.

Reichsmarkeröffnungsbilanz s. *Goldmarkbilanz.*
— **schuldbuchforderungen,** 6%, s. *Rentenmarkt 6,* s. *Berliner Börse II 1,* s. *Depotrecht I B 12,* s. *Emissionsgeschäft II 3c.*
— **schuldenverwaltung.** Eine durch Gesetz vom 13. Februar 1924 von der allgemeinen Finanzverwaltung abgesonderte Behörde zur Verwaltung der Reichsschulden.
— **verband der Bankleitungen** s. *Standesvertretung B 1.*
— **verband der Deutschen Privatbanken** s. *Standesvertretungen A 1b.*
— **wirtschaftsministerium** (als letzte Instanz in Devisenangelegenheiten) s. *Devisenbewirtschaftung I 2c.*

reine Hypothekenbanken s. *Hypothekenbankgesetz 2.*

Reisescheck s. *Akkreditiv I 3.*
— **verkehr** vgl. *Devisenbewirtschaftung* und *Zahlungsbilanz.*

Reiterwechsel sind Wechsel, die aus dem (unzulässigen) Akzepttausch zweier Firmen ohne Umsatzgeschäft herrühren. Diese Wechsel, die beide Firmen gegeneinander ziehen, werden von beiden akzeptiert und — bei verschiedenen Banken — diskontiert. Bei Verfall wird das Akzept durch einen neuen R. ersetzt.

Rektaindossament ist ein Indossament mit dem Zusatz „nicht an Order" (daher auch negative Orderklausel genannt). Es schließt die wechselmäßige Haftung des Indossanten gegenüber den Nachmännern seines Indossatars aus, unterbricht aber nicht die ununterbrochene Indossamentkette. Häufig ist der weitergehende Zusatz „ohne Obligo", der die Haftung allen Nachmännern, also auch dem Indossatar, gegenüber ausschließt, aber ebenfalls die Indossamentkette nicht unterbricht.

Rektaklausel (negative Orderklausel) die vom Aussteller durch die Worte „nicht an Order" im Wechseltext beigefügte Klausel, die eine Übertragung des Wechsels durch Indossament ausschließt und den Wechsel zum Namenspapier macht. Indossamente auf einem Rektawechsel haben keine wechselrechtliche Wirkung (s. *Rektawechsel*).

Rektapapiere s. v. w. *Namenpapiere,* s. *Rektaindossament Rektaklausel, Rektascheck.*
— **scheck** (Namensscheck) ist ein Scheck, der durch den Zusatz „nicht an Order" im Text unübertragbar und zum Namenspapier gemacht wurde (s. a. *Bargeldloser Zahlungsverkehr*).
— **wechsel** s. *Rektaklausel.*

Remboursgeschäft s. *Überseegeschäft und Finanzierungsfragen II.*
— **kredit** s. *Akzeptkredit 1.*
— **kredit** in der *Bankbuchhaltung* s. d.

Remedium s. *Münzwesen IV.*

Remisier s. *Pariser Börse III.*

Remittent ist diejenige Person, an die der Bezogene Zahlung leisten soll. Ihre Benennung im Wechsel ist ein wesentliches Erfordernis für dessen Gültigkeit, jedoch kann der Aussteller auch sich selbst benennen.

Rendite s. *Rentenmarkt 2,* s. a. *Kursbildung 3.*

Rentabilität s. *Erträgnisse im Bankgewerbe.*
— der Depositenkasse s. *Depositengeschäft II 4.*
— **Beurteilung der,** s. *Bilanz II 3.*
— der *Sparkassen* s. d. *III 9.*

Renten s. *Rentenmarkt,* über die Entstehung der R. vgl. *Öffentlich-rechtlicher Kredit II 4.*

Rentenbanken, Preußische. Die Preußischen R. beruhen auf dem Rentenbankgesetz vom 2. März 1850, durch das sie für alle damaligen Provinzen geschaffen wurden. In den Jahren 1860—1879 folgten dann entsprechende Institute für die Hohenzollernschen Lande für Hannover, Schleswig-Holstein, Kassel und Wiesbaden, sowie die für das Herzogtum Lauenburg. In Sachsen war schon im

Jahre 1832 die Sächsische R. gegründet worden, während die Errichtung der Bayerischen Ablösungskasse auf das Gesetz vom 14. Juni 1848 zurückgeht.

Die Preußischen R. sind staatliche Kreditstellen, die unter direkter Aufsicht des Finanz- und Landwirtschaftsministeriums stehen. Ihre ursprüngliche Aufgabe hing — ebenso wie die Gründung der neueren *Landschaften* (s. d.) eng mit der Bauernbefreiung zusammen und bestand in der Ablösung der auf dem bäuerlichen Besitz verbleibenden Reallasten. Den Ablösungskredit vermitteln die R. dadurch, daß sie dem Berechtigten eine Abfindung in Rentenbriefen gewähren, während sich der Schuldner verpflichtet, eine zeitlich fixierte Rente zuzüglich Tilgungszuschlag an die Bank zu zahlen. Durch die Übernahme der Ablösung seitens der R. werden die Rechtsbeziehungen zwischen den bisherigen Parteien vollkommen beseitigt. Eine Eintragung der Rentenbankrente ins Grundbuch findet nicht statt; Diese hat vielmehr den Charakter einer öffentlichen Last und ist demgemäß auch an das zuständige Finanzamt zu zahlen. Durch Gesetz vom 7. Juli 1891 wurde den R. als weitere Aufgabe die Förderung von Rentengütern durch die Gewährung von Darlehen in Rentenbriefen zur Errichtung von Wohn- und Wirtschaftsgebäuden zugewiesen. Durch Gesetz über das Anerbenrecht bei Renten- und Ansiedlungsgütern vom 8. Juni 1896 wurde ihre Mitwirkung bei den entsprechenden Erbauseinandersetzungen vorgesehen. Am 1. Oktober 1930 waren insgesamt 892,3 Millionen RM. Rentenbriefe ausgegeben.

Die Rentenbriefe sind durch die gegen sie valedierenden Rentenschulden und durch unbedingte Staatsgarantie gesichert. Nach Auflösung der einzelnen provinziellen R., die sich nach dem Kriege mit neuen Geschäften nicht mehr befaßt hatten, wurde Anfang 1928 in teilweiser Personalunion mit der Preußischen Staatsbank (vgl. *Staatsbanken*) (Seehandlung) die Preußische Landesrentenbank gegründet, die die Restbestände aus der vorhandenen Teilungsmasse übernahm. Ihre Hauptaufgabe ist die Versorgung der ländlichen Siedlungen mit Dauerkredit. Um eine der Kapitalmarktlage entsprechende Emission von 8proz. neuen Rentenbriefen zu ermöglichen und gleichzeitig die Siedler nach Möglichkeit zu schonen, wählte man ein sehr kompliziertes Verfahren, nach welchem der Siedler trotz der 8proz. Verzinsung der Briefe nur eine 5proz. Rente zahlt und die Differenz auf Jahre hinaus (37 Jahre) vom Staat als unverzinslicher Zuschuß gewährt wird. Bei einem Darlehen von 20000 RM. z. B. beträgt die 5proz. Rente jährlich 1000 RM. Diese Rente muß die 8% Zinsen der Rentenbriefe und $^1/_2$ Tilgungskosten decken. Der Schuldner erhält daher nur etwa 11500 RM. in Rentenbriefen und 8500 RM. als unverzinslichen staatlichen Zuschuß, der gemäß der fortschreitenden Tilgung der Rentenbriefe allmählich in die Verzinsung und Tilgung hineinrückt, so daß — gleichbleibende Zinssätze vorausgesetzt — das Darlehen nach 70 Jahren getilgt ist. Durch den im Oktober 1930 erfolgten Übergang zum 7% Rentenbrieftyp wurde an Grundsätzlichem nichts geändert. Die Rentenbriefe der Landesrentenbank sind danach in voller Höhe durch die Rentenschuld gedeckt und besitzen die Staatsgarantie. Einen Teil ihrer neuen Emissionen hat die Anstalt in Holland begeben (3 Millionen von ca. 70 Millionen RM. Gesamtemission).

Seit etwa Mitte 1931 war eine völlige Umorganisierung der Landesrentenbank ins Auge gefaßt. Sie sollte aus einer Staatsbehörde in eine öffentlichrechtliche Anstalt mit eigenem Vermögen von 40 Millionen RM. (20 Millionen RM. Kapital und 20 Millionen RM. Reserven) umgegründet werden, wobei sich die Deutsche Siedlungsbank (s. u. Art. *Agrarkredit*) am Kapital mit der Hälfte beteiligen sollte. Die Anstalt sollte das Recht erhalten, außer Rentenbriefen auch Pfandbriefe und Schuldverschreibungen mit Staatsgarantie auszugeben. Nachdem das Reichsgericht im Aufwertungsverfahren der alten Rentenbriefe sich dahin entschieden hatte, daß für die Ansprüche der Gläubiger aus der Staatsgarantie der ordentliche Rechtsweg ausgeschlossen sei, sollte im neuen Gesetz die Zulässigkeit des Rechtsweges ausdrücklich bestimmt werden. Jedoch sind alle diese Reformen bisher nicht zur Durchführung gelangt. Dagegen wurde im März 1931 zwischen dem Reich und Preußen ein Abkommen getroffen, nach welchem Preußen gleichzeitig mit der Übertragung seiner Beteiligung an der Siedlungsbank auf das Reich auch seine Interessen an der Landesrentenbank auf das Reich überleitet.

Literatur: BOVENSIEPEN: Rentenbanken und Rentenbriefe. Handwörterbuch der Rechtswissenschaft, Lfg. 21—22. Berlin und Leipzig. — HABBENA: Öffentlich-rechtliche Institute für den landschaftlichen Realkredit. Weltwirtschaft H. 4. 1930. — v. HIPPEL, KORD-RUWITSCH u. SCHMIDT: Die öffentlich-rechtlichen Kreditinstitute. Berlin 1927. — SCHULTE: Rentenbanken. Handwörterbuch der Staatswissenschaften, Lfg. 61—62. Jena.

FRANZ FUERTH.

Rentenbankkreditanstalt s. *Deutsche Rentenbankkreditanstalt*, Rentenbankkredite s. a. *Privatnotenbanken.*

Rentenbankscheine s. *Rentenmark.*

— im Ausweis der Reichsbank s. *Notenbankausweise II.*

Rentenbrief ist ursprünglich die von den Landesrentenbanken ausgegebene Obligation, die in der Vorkriegszeit im deutschen Obligationenwesen eine große Rolle spielte. Alle R.e der Vorkriegszeit sind jetzt umgetauscht worden. Heute versteht man unter R. nur mehr die bei der Rentenbank hinterlegten Urkunden über die Grundschuld auf alle deutschen Grundstücke, die bei der Stabilisierung der Währung als Grundlage für die Rentenmarkausgabe dienten.

Rentenkauf (im Mittelalter) s. *Geschichte des Bankwesens II.*

Rentenmark. Die am 15. Oktober 1923, im Zusammenhang mit der vorläufigen Beendigung der Inflation eingeführte Rechnungseinheit, die zunächst neben der bereits Billionenziffern erreichenden Papiermark einherlief. Sie war die Rechnungseinheit der gleichzeitig geschaffenen Rentenbankscheine. Am 28. November 1923 wurde dann der Wert von 1 Rentenmark = 1 Billion Papiermark gesetzt. Die Stabilisierung erfolgte zum Kurse von 4,20 RM = 1 Dollar (USA.).

Die Rentenbankscheine wurden durch Rentenbrief gedeckt, auf Gold lautende 6proz. Schuldscheine über eine Grundschuld der gesamten Landwirtschaft, in der Höhe von 4% des Wehrbeitrags sowie eine Belastung der Industrie- und Handelsunternehmungen. Die R. war nicht gesetzliches Zahlungsmittel, nur die Staatskassen mußten sie annehmen. Sie wurden wie folgt in Verkehr gebracht: Die Rentenbank gewährte einen Kredit von 1,2 Milliarden an das Reich (was die Stillegung der Notenpresse ermöglichte) und einen ebenso hohen Kredit an Landwirtschaft und Industrie durch Vermittlung der Reichsbank. In der Folge oblag die Handhabung des Rentenmarkumlaufs der Reichsbank, während die Rentenbank durch Gesetz vom 30. August 1924 zur Deutschen Rentenbank-Kreditanstalt umgestaltet wurde, zur Zentralstelle für den Agrarkredit.

Rentenmarkt. *1. Allgemeine Übersicht: Begriff, Entwicklungsgeschichte, Einteilung, Ausstattung.* An den Wertpapierbörsen besteht zwischen Rentenmarkt und Aktienmarkt eine deutliche Trennung, die in Anbetracht der starken rechtlichen und wirtschaftlichen Verschiedenheiten der beiden Wertpapiertypen auch durchaus berechtigt ist. Die Renten sind Schuldverschreibungen, während die Aktien Beteiligungsrechte an Unternehmen verkörpern. Aus dieser verschiedenen rechtlichen Konstruktion ergeben sich dann wieder entsprechende wirtschaftliche Konsequenzen für die Höhe des Ertrages, der bei den Renten als „Zins", bei den Aktien als „Dividende" bezeichnet wird. Der von den Renten abgeworfene Ertrag ist im voraus fest bestimmt und bleibt Jahr für Jahr gleich, während die Ausschüttungen auf die Aktien in bestimmten zeitlichen Abständen neu festzusetzen und nicht unerheblichen Schwankungen unterworfen sind.

Im Sprachgebrauch ist der Ausdruck „Renten" in der letzten Zeit etwas in den Hintergrund getreten. (Über den Begriff „Renten" im engeren Sinne s. u. Abschn. 6). Am meisten hat sich wohl die Bezeichnung „festverzinsliche Papiere" eingebürgert, die an den feststehenden Ertrag der Renten anknüpft. Demgegenüber wird durch die Bezeichnung „Schuldverschreibungen" oder „Obligationen" der Rechtscharakter zum Ausdruck gebracht. Die weiteste Verbreitung hat allerdings das Wort „Anleihen". Es deckt nicht ganz den Begriff „Renten", da zum mindesten eine Gruppe von festverzinslichen Werten, nämlich die Pfandbriefe regelmäßig nicht als „Anleihen" bezeichnet zu werden pflegt.

Die älteste Form der Renten waren die Leib- und Zeitrenten. Schon im 14. Jahrhundert bedienten sich die deutschen Städte dieses Finanzierungsmittels, um ihren Kapitalbedarf zu befriedigen. An den Börsen von Lyon und Antwerpen bestand bereits im 16. Jahrhundert ein lebhafter Rentenhandel.

In Deutschland ist ein eigentlicher R. erst im 18. Jahrhundert entstanden. Er umfaßte allerdings im Gegensatz zu den anderen Ländern auch schon frühzeitig den Handel mit Pfandbriefen, nachdem bereits unter der Regierung Friedrichs des Großen die Preußischen *Landschaften* (s. d.) gegründet und damit die gesetzlichen Grundlagen für die Pfandbriefausgabe geschaffen worden waren.

Die Emission von festverzinslichen Anleihen durch private Unternehmungen erfolgte erstmals in größerem Umfange bei der Finanzierung der großen Eisenbahnbauten in der Mitte des 19. Jahrhunderts. Später gingen auch Bergwerksgesellschaften und andere Industrieunternehmungen zur Ausgabe von Obligationen über.

In den letzten Jahrzehnten vor dem Kriege, vor allem aber in den Kriegs- und Nachkriegsjahren, ist den festverzinslichen Papieren eine starke Konkurrenz durch die Aktien erwachsen: Der Besitz von Aktien erwies sich z. B. zu Beginn des 20. Jahrhunderts vorteilhafter als der von Renten, da schon zwei Jahrzehnte vor 1914 eine Zeitperiode sinkender Kaufkraft des Geldes begonnen hatte. Nach dem Kriege, in der Zeit der Währungsinflation, bot der Erwerb von Aktien vielfach die einzige Möglichkeit, um sich einigermaßen gegen die Entwertung zu schützen. Nachdem inzwischen aber die meisten Währungen stabilisiert und seit 1921 eine dauernde Steigerung des Goldwertes eingetreten ist, haben die Renten ihre frühere Beliebtheit rasch wiedererlangt. Die große Bedeutung, die die Renten heute als Kapitalanlage haben, ergibt sich daraus, daß z. B. in Deutschland der Kurswert der notierten Renten den der Aktien übersteigt. In Frankreich betrug Anfang 1930 das Verhältnis von Renten und Aktien schätzungsweise 2 : 1, in Amerika dagegen 1 : 2. Vergleicht man allerdings die in den beiden Wertpapierkategorien getätigten Umsätze, so verschiebt sich das Bild sehr zu ungunsten der Renten.

Entsprechend der historischen Entwicklung kann man die festverzinslichen Werte in drei Gruppen einteilen: die öffentlichen Anleihen, die Emissionen der Bodenkreditinstitute, und die Obligationen der privaten Unternehmungen. Zu den öffentlichen Anleihen gehören neben den Emissionen der Zentralregierung auch die der Selbstverwaltungskörper. Bei den Bodenkreditinstituten unterscheidet man Pfandbriefe und Kommunalobligationen (s. Art. „*Hypothekenbanken*"), bei den Anleihen der privaten Unternehmungen Eisenbahnobligationen, Industrieobligationen und Bankobligationen. In der Nachinflationszeit sind die deutschen Industrieobligationen vielfach mit Zusatzrechten ausgestattet worden, wodurch sich die Grenze zwischen Rente und Aktie etwas verwischt hat (s. Art. „*Anleihen mit Zusatzrechten*"). Die neuen Typen sind der angelsächsischen Finanzierungspraxis entlehnt, in der von jeher Zwischenstufen zwischen Anleihen und Aktien vorhanden waren. Die in Deutschland wenig üblichen, aber in Amerika und England sehr verbreiteten Vorzugsaktien (Preferred Shares) haben zwar dieselbe Rechtskonstruktion wie die Aktien, stehen aber wirtschaftlich zwischen Rente und Aktie (s. Art. „*Industrieobligationen und Preferred Shares*").

In den amtlichen Kurszetteln sind die festverzinslichen Werte nach Emittenten geordnet. Die hierbei vorgenommene Gliederung ist häufig sehr weitgehend, jedoch meist nur eine Aufzählung und keine logische Gruppierung.

Für die ausländischen Papiere sind gewöhnlich besondere Rubriken vorgesehen. Die ausländischen Renten wurden früher sämtlich als „Exoten" bezeichnet. Heute ist dieser Ausdruck nur noch für die Anleihen kleinerer und kapitalschwacher Länder, die örtlich weit entfernt liegen, üblich (also z. B. Balkanländer und südamerikanische Staaten).

Für den Besitzer eines festverzinslichen Papieres ist die Kenntnis der Anleihebedingungen von großer Bedeutung. Die wichtigsten Merkmale, wie Zinsfuß, Zinstermine, letztes Rückzahlungsjahr und erstmöglicher Kündigungstermin sind gewöhnlich in den Kurszetteln vermerkt. Angaben über den Ausgabebetrag, die dingliche Sicherstellung, die Währungsklauseln sowie die genauen Rückzahlungsbedingungen findet man in Börsenzulassungsprospekten und Handbüchern, z. T. auch auf den Schuldverschreibungen selbst. Die Frage der Währungssicherung war schon vor dem Kriege von Bedeutung. Bei den großen internationalen Anleihen wurde von den Emissionshäusern häufig die Beifügung einer Goldklausel zur Bedingung gemacht, um die Besitzer gegen Währungsschwankungen zu schützen. In der Nachkriegszeit haben sich derartige Währungssicherungen aber auch mehr und mehr für inländische Renten eingebürgert. So haben fast alle deutschen Inlandsanleihen eine Goldklausel und werden demgemäß auch als Goldpfandbriefe, Goldanleihen usw. bezeichnet. Man muß sich jedoch darüber klar sein, daß derartige Klauseln dem Gläubiger doch nur einen bedingten Schutz geben, denn eine Währungsinflation hat meist eine so starke wirtschaftliche Scwächung des Schuldners zur Folge, daß eine volle Erfüllung der eingegangenen Verpflichtungen in Gold nicht möglich ist.

Technische Ausstattung der Schuldurkunden: Die ganze Anleihe zerfällt in Teilschuldverschreibungen, von denen größere und kleinere Abschnitte (Appoints) ausgefertigt werden. (Die in Deutschland gesetzlich zulässige Mindestgrenze ist 100 RM.) Häufig werden von jedem Abschnitt mehrere Serien ausgegeben, um spätere Verlosungen zu erleichtern. Jedes einzelne Anleihestück besteht aus Mantel und Couponbogen. Der Mantel stellt die eigentliche Schuldverpflichtung, der Couponbogen den Zinsanspruch dar. Der Couponbogen besteht aus einer größeren Anzahl einzelner Coupons. Auf jedem Coupon ist der Einlösungstermin und in der Regel auch die Einlösungsstelle (Zahlstelle) angegeben. Bei Anleihen ohne bestimmte Laufzeit wird dem letzten Coupon ein Erneuerungsschein (Talon) angehängt, der zur Empfangnahme neuer Couponsbogen berechtigt. Rechtlich bilden Mantel und Kouponbogen ein einheitliches Ganzes. Sie sind auch nur zusammen an der Börse lieferbar.

In Deutschland erfolgt die Zinszahlung im allgemeinen halbjährlich, in den angelsächsischen Ländern dagegen vierteljährlich. Häufig unterliegt der Zinsertrag von Wertpapieren einer besonderen Steuer, die bei Auszahlung der Coupons direkt abgezogen wird (Couponsteuer). Bei ausländischen Anleihen verpflichtet sich gewöhnlich der Emittent diese Steuer zu tragen, sofern diese Emissionen hiervon nicht ohnehin vom Gesetzgeber ausgenommen worden sind.

2. Kursnotierung und Berechnung des Ertrags. Die Kursnotierung der festverzinslichen Papiere geschieht an den meisten Weltbörsen in Prozent des Nominalbetrags. In Frankreich (ähnlich auch in Mailand, Genf usw.) besteht dagegen die Usance, die Anleihen pro Stück (meist von 500 Francs Nominal) zu notieren.

Eine weitere Eigenheit der Pariser Börse besteht darin, daß beim Handel mit französischen Staatsanleihen anstatt des Nominalbetrages häufig der jährliche Zinsertrag zugrunde gelegt wird. Man handelt also bei der 3proz. Anleihe 3000 Francs Rente, statt 100000 Francs Nominal.

An den Börsen von Deutschland, USA., Holland und der Schweiz besteht die Usance der Stückzinsenberechnung, d. h. der Käufer vergütet dem Verkäufer die Zinsen vom letzten Coupontermin bis zum Verkaufstag:

Wird z. B. ein 8proz. Pfandbrief mit Zinstermin am 1. Januar und 1. Juli am 10. Oktober verkauft, so sind für 100 Tage 2,22% Stückzinsen in Anrechnung zu bringen.

In Frankreich und England ist es üblich, keine Stückzinsen zu rechnen. Infolgedessen steigt der Kurs, sofern sich keine Sonderbewegungen ergeben, Woche für Woche gleichmäßig um die auflaufenden Zinsen an, um am Tage nach der Abtrennung des Coupons wieder um den ganzen Couponbetrag zu fallen. Auch in Deutschland und Amerika ist die Stückzinsenberechnung nicht ganz streng durchgeführt. Sie unterbleibt z. B. bei den Anleihen, deren Zinsendienst eine Unterbrechung erfahren hat und die als „notleidend“ bezeichnet werden. Die rückständigen Coupons notleidender Anleihen können in der Regel von den Stücken getrennt und mit einem Disagio freihändig verwertet werden. Zuweilen versteht sich aber auch die Kursnotierung „notleidender“ Anleihen einschließlich der rückständigen Zinsen. Anleihen, die seit längerer Zeit notleidend und auf wenige Prozente des ursprünglichen Nominalbetrages gefallen sind, werden als „Nonvaleurs“ bezeichnet.

Bei der Berechnung des Ertrages festverzinslicher Papiere muß man zunächst die aufgelaufenen Zinsen in Abzug bringen, sofern keine gesonderte Stückzinsenberechnung stattfindet.

Der laufende Ertrag ergibt sich, indem man den — mit 100 multiplizierten — Zinsfuß durch den Kurs dividiert. Er berechnet sich beispielsweise für eine 6proz. Anleihe ohne Stückzinsenberechnung (mit Zinszahlung am 1. Juni und 1. Dezember) am 1. Oktober bei einem Kurs von 82 folgendermaßen: 82% abzüglich 2% Zinsen ergibt 80%. Bei Division von 600 (nämlich 6% × 100) durch 80 erhält man als Ergebnis 7,5%.

Der laufende Ertrag wird auch als Rendite ohne Berücksichtigung der Tilgung bezeichnet. Die Berechnung des Tilgungsgewinns oder -verlusts ist in der Weise durchzuführen, daß die Differenz zwischen Börsenkurs (abzüglich aufgelaufener Zinsen) und Rückzahlungskurs als jährlich gleiche Rente auf die restliche Laufzeit mathematisch exakt verteilt wird. Liegt der Börsenkurs unter dem Rückzahlungskurs, so entsteht ein Tilgungsgewinn, andernfalls ein Tilgungsverlust. Die Ermittlung der restlichen Laufzeit bereitet oft erhebliche Schwierigkeiten. Als Rückzahlungstermin ist bei der Berechnung des Tilgungsverlusts der erstmögliche Kündigungstermin anzunehmen. Bei Berechnung des Tilgungsgewinns ist zu unterscheiden, ob die Anleihe nur durch Auslosung oder auch durch Rückkauf getilgt werden kann. In ersterem Falle ist das mittlere Tilgungsjahr, im letzteren das letzte Laufjahr der Anleihe zugrunde zu legen. Die mathematische Ausrechnung wird durch Benutzung von Zinseszinstabellen erleichtert. Noch bequemer ist der Gebrauch von Renditentafeln, in denen laufender Ertrag und Tilgungsgewinn bereits als Gesamtrenditen zusammengefaßt sind. Man bezeichnet die Gesamtrendite auch als Rendite mit Berücksichtigung der Tilgung oder als Effektivverzinsung (engl. yield).

In der Praxis wird der Tilgungsgewinn häufig nur sehr roh geschätzt. Bei einer 6proz. Anleihe mit einem Kursstand von 80% und Rückzahlung zu 100% nach zehn Jahren wird z. B. folgendermaßen gerechnet: Kursgewinn 20 Kurspunkte oder 25% des Kursstandes, was für zehn Jahre einen jährlichen Tilgungsgewinn von 2,5% ergibt. Dieses Resultat ist viel zu hoch, da die späte Fälligkeit des Tilgungsgewinns (nach zehn Jahren!) nicht in Betracht gezogen worden ist. Bei richtiger mathematischer Ausrechnung ergibt sich als Tilgungsnutzen nur 1% jährlich.

Die Höhe des Ertrags ist bei den einzelnen festverzinslichen Papieren außerordentlich verschieden. Sie hängt in erster Linie von der Sicherheit der Kapitalanlage, also der Einschätzung des Risikos, ab (s. Abschn. 4). Aber auch der Nominalzinsfuß und die Rückzahlungsbedingungen beeinflussen die Höhe der Rendite (s. Abschn. 5 und 6). Auch die Marktfähigkeit ist für die Kursbildung von Bedeutung.

Im allgemeinen sind die Umsätze bei den meisten Anleihen recht klein; um so notwendiger ist es, daß der Emittent den Markt reguliert und bei stärkerem Angebot Material aufnimmt. Geschieht dies nicht, so müssen die Kurse der in Frage kommenden Papiere häufig gestrichen werden, was sie beim Publikum rasch unbeliebt macht. Auch die traditionellen Anlagegewohnheiten spielen für die Kursbildung eine Rolle. Sie lassen sich nur ganz allmählich in andere Bahnen lenken. Die Einbürgerung eines neuen Typs von Wertpapieren erfordert immer eine gewisse Zeit. Für einzelne Gruppen von Kapitalanleger, so z. B. die Sparkassen und Versicherungsgesellschaften ist in allen Ländern der Ankauf von Wertpapieren durch gesetzliche Vorschriften auf ganz bestimmte Typen, die sog. mündelsicheren Anlagewerte, beschränkt. Die starke Nachfrage nach mündelsicheren Papieren hat häufig einen entsprechenden Kursvorsprung dieser Werte zur Folge.

Der private Kapitalanleger, der in der Auswahl seiner Anlagen nicht gebunden ist, wird vor allem abwägen, ob sich für ihn der Erwerb von Aktien oder Renten vorteilhafter stellt. Im allgemeinen ist bei den Renten die Sicherheit, bei den Aktien dagegen der Ertrag höher. Als ungefährer Anhaltspunkt für das normale Rentabilitätsverhältnis von Aktien und Renten mag dienen, daß in der Zeit von 1900—1908 11 konservative deutsche Aktien mit 5,22 %, 15 erstklassige festverzinsliche Papiere dagegen nur mit 3,62 % rentierten. In der Nachkriegszeit ist in Deutschland und in einigen anderen Ländern vorübergehend eine Umkehrung in dem Ertragsverhältnis von Aktien und Renten eingetreten. Dies ist auf eine Reihe verschiedener Gründe zurückzuführen. U. a. ist zu berücksichtigen, daß die Bonität der festverzinslichen Papiere stark gelitten hat, nachdem den Rentenbesitzern in den ersten Nachkriegsjahren durch den Zusammenbruch der meisten Währungen und dem versteckten oder offenen Staatsbankrott vieler Länder große Verluste entstanden sind. In den Krisenjahren 1931 und 1932 wurden den Rentenbesitzern, vor allem den Inhabern von Staatsanleihen neue Opfer zugemutet. Infolgedessen ist heute nur in kapitalstarken Ländern, wie in den Vereinigten Staaten, Frankreich, England, Holland, der Schweiz usw. die Ertragsrelation zwischen Renten und Aktien eine ähnliche wie in der Vorkriegszeit.

3. Die periodischen Kursschwankungen am Rentenmarkt. Die Kursbewegung des R. ist ebenso wie die des Aktienmarktes bestimmten Gesetzmäßigkeiten unterworfen. Am auffälligsten sind die Kursveränderungen, die sich im Zusammenhang mit den Konjunkturerscheinungen ergeben. Die normale Wiederkehr der verschiedenen wirtschaftlichen Wechsellagen bringt auch in dem Kursverlauf der Renten einen sich stets wiederholenden Rhythmus. Bei Zugrundelegung der von dem Institut für Konjunkturforschung gemachten Einteilung des Konjunkturverlaufes in Tiefstand, Aufschwung, Hochspannung, Krisis ergibt sich für die Veränderung der Rentenkurse während eines Konjunkturzyklus etwa folgendes schematisches Bild:

In der Zeit wirtschaftlicher Depression (Tiefstand), in der die Aktien ein besonders tiefes Kursniveau haben, pflegen die Renten im Kurs zu steigen. Es ist dies darauf zurückzuführen, daß die in Zeiten rückläufigen Geschäftsganges frei werdenden Kapitalien Anlagen mit möglichst geringem Risiko suchen, wie sie der R. in reicher Auswahl bietet. Die Folge ist dann eine Kurssteigerung der Renten, deren Ertrag hierdurch eine starke Minderung erfährt, so daß sich das Publikum allmählich wieder den Aktien zuwendet, die sehr niedrig im Kurs stehen und hohe Renditen abwerfen. Wenn später der wirtschaftliche Aufschwung einsetzt, hat die Hausse der Renten schon fast ihr Ende erreicht, die der Aktien dagegen gerade erst begonnen. Beim Eintritt in die Hochspannung ist die Aufwärtsbewegung der festverzinslichen Werte bereits zum Stillstand gekommen und die Kurse beginnen wieder abzubröckeln. Die allgemeine Geschäftsbelebung und die zunehmende Spekulation an der Börse verursachen starken Kapitalbedarf, und es werden in zunehmendem Maße festverzinsliche Papiere zum Verkauf gebracht, wodurch Kursrückgänge eintreten. Der Ausbruch der Krise bringt zunächst für den Aktienmarkt starke Erschütterungen und schwere Kurseinbrüche mit sich. Aber auch die Renten werden in den ersten Tagen der Aktienbaisse von der Panikstimmung mitgerissen. Bald aber löst sich der Kursverlauf der Renten von dem der Aktien los. Während die Aktienkurse auch noch weiterhin abbröckeln, tritt auf dem R. ein Tendenzumschwung ein, und ein großer Teil der eingetretenen Kursverluste wird rasch wieder eingeholt. Diese Kurssteigerungen setzen sich in der nunmehr anschließenden Periode des Tiefstandes weiter fort.

Von dem hier gezeichneten schematischen Bild werden sich in Wirklichkeit immer erhebliche Abweichungen ergeben, da innerhalb eines Konjunkturzyklus nur selten alle vier Konjunkturphasen deutlich hervortreten. Es ist auch zu berücksichtigen, daß die Kursveränderungen am R. sich in ziemlich engen Grenzen halten und deshalb weit weniger auffallen als die Kursschwankungen der Aktien. Die Schwankungsintensität der Aktien ist etwa fünfmal so groß wie die der Renten.

Von besonderer Bedeutung ist, daß die Kursveränderungen des R. zeitlich vor denen des Aktienmarktes erfolgen. Die Aktien beginnen erst zu steigen oder zu fallen, nachdem die festverzinslichen Werte in der entsprechenden Bewegung vorangegangen sind. So konsequent diese Folgebewegung von Aktien und Renten auch ist, so unregelmäßig ist der Abstand der Bewegungsphasen. Er kann ein bis zwei Jahre betragen und sich auf wenige Monate zusammenschrumpfen. Ein Beispiel für einen besonders langen Phasenabstand bietet die amerikanische Börsenkrise vom Herbst 1929. Während die Bonds bereits seit Anfang 1928 zu fallen begannen, setzten die Aktien noch $1^1/_2$ Jahre lang ihre Kurssteigerungen fort. Wenn auch der Kursverlauf der Renten keine sichere Voraussage für die Kursbewegungen der Aktien ermöglicht, so geben doch die Veränderungen des Rentenkurses ein deutliches Bild für die jeweilige Lage des Kapitalmarktes und stellen dadurch ein wichtiges Element der Konjunkturprognose dar.

Besonders enge Beziehungen ergeben sich auch zwischen R. und Geldmarkt. Die langfristigen und kurzfristigen Zinssätze pflegen sich nämlich immer in gleicher Richtung, wenn auch mit verschiedener Geschwindigkeit und Intensität, zu verändern. Die Veränderungen der Leihgeldsätze machen sich zuerst auf dem Geldmarkt bemerkbar. Dieser erfüllt gewissermaßen die Funktion eines Puffers, der die ersten Stöße aufzufangen hat. Infolgedessen eilen die Zinssätze des Geldmarktes den Anleiherenditen sowohl bei der Auf- wie bei der Abwärtsbewegung voran. Der Phasenabstand ist allerdings recht verschieden. Er beträgt im Durchschnitt ein Vierteljahr, kann sich aber bis auf einen Monat verkürzen, bzw. bis auf ein halbes Jahr verlängern.

Über die verschiedene Schwankungsintensität von Anleiherenditen und Geldmarktsätzen läßt sich aus folgenden Angaben ein ungefähres Bild gewinnen: In der Zeit von 1899—1914 waren die äußersten Grenzpunkte für den Privatdiskont in Deutschland 1,65 % und 7,07 %, während die Anleiherenditen nur zwischen 3,49 und 4,06 schwankten. Die Schwankungsintensität der Geldsätze war also fast zehnmal so groß wie die der langfristigen Zinssätze.

Die zyklischen Kursschwankungen, die vor dem Kriege eine Dauer von etwa sieben Jahren hatten, werden überlagert von sog. säkularen Kursbewegungen, die sich ohne nachweisbare Regelmäßigkeit über mehrere Zyklen erstrecken. Diese Bewegungen, die gelegentlich auch als „lange Wellen der Konjunktur" bezeichnet werden, sind bisher noch wenig erforscht worden. Verfolgt man die Kursentwicklung am R. in den wichtigsten kapitalistischen Ländern für die letzten hundert Jahre, so ergibt sich folgender Rhythmus für Steigen und Sinken der Zinssätze bzw. Abwärts- und Aufwärtsbewegung der Rentenkurse:

1815—1850 fallende Zinssätze bei Konsolidierung der Staatsfinanzen, Friedensperiode,
1850—1870 steigende Zinssätze nach großer Investition im Eisenbahnbau, Kriege von 1848, 1854, 1859, 1864, 1866,
1870—1900 fallende Zinssätze und Verminderung der Staatsschulden,
1900—1920 erhebliche Steigerung der Zinssätze (Erfindungen, Wettrüsten und Kriegsjahre),
ab 1920 Rückgang der Zinssätze.

Außer den zyklischen und säkularen Schwankungen unterliegen die Rentenkurse auch noch gewissen jahreszeitlichen Beeinflussungen. Ausgesprochene Saisonschwankungen, wie sie z. B. für den Geldmarkt typisch sind, treten am R. nicht auf, wohl aber zeigt sich zu gewissen Zeiten verstärkte Nachfrage, die oft zu Kurssteigerungen führt. Das ist z. B. an den beiden wichtigsten Zinsterminen, dem 1. Januar und dem 1. Juli der Fall. Vor allem um die Jahreswende werden häufig größere Beträge am R. investiert und führen dann zu der sog. „Januarhausse" am Anleihemarkt.

4. Die Sicherheit und Sicherstellung von Rentenanlagen. Bei der Bewertung der Rentenpapiere ist die Beurteilung der Sicherheit von besonderer Bedeutung. Allerdings ist der Risikofaktor oft nur sehr schwer abzuschätzen. Die vor 1914 vielfach vorherrschende Meinung, daß gewisse Kapitalanlagen ohne jedes Risiko seien, hat sich als irrig erwiesen. Risikolose Anlagen gibt es überhaupt nicht, sondern nur Anlagen mit mehr oder minder großem Risiko. Risikounterschiede ergeben sich vor allem:

bei Anlagen in verschiedenen Ländern,
bei Anlagen in verschiedenen Gruppen von Renten,
bei Anlagen in einzelnen Rentenpapieren.

Das bei Anlagen in einem bestimmten Land entstehende sog. geographische Risiko bestimmt sich nach dem Kredit, den der betreffende Staat auf dem internationalen Kapitalmärkten genießt. Mit der steigenden Kreditwürdigkeit des Schuldners sinkt auch das mit der Kapitalanlage verbundene Risiko, und dementsprechend geht der Ertrag zurück.

Innerhalb der verschiedenen Gruppen von Rentenwerten werden in wirtschaftlich gefestigten Ländern die öffentlichen Anleihen gewöhnlich als die Anlagepapiere mit dem geringsten Risiko angesehen. An zweiter Stelle kommen dann in der Regel die Emissionen der Bodenkreditinstitute, vor allem in solchen Ländern, in denen der Bodenkredit gut organisiert ist. Zuletzt rangieren die Emissionen privater Schuldner, bei denen man am ehesten mit irgendwelchen unvorhergesehenen Ereignissen rechnen muß.

Diese Rangordnung unterliegt jedoch in Kriegs- und Nachkriegszeiten einer Veränderung. Häufig sinken dann die Staatsanleihen sehr stark im Kurs und rücken von der ersten an die letzte Stelle. Nach dem Ende der Befreiungskriege (1813) hat es z. B. in allen europäischen Ländern sehr lange gedauert, bis sich die Staatsanleihen wieder ihren früheren Rang erobern konnten; speziell in Preußen haben die Pfandbriefe der Preußischen Landschaften bis 1840 etwa $^1/_2$—1 % niedriger rentiert als die preußischen Staatsschuldscheine. Ähnliche Beobachtungen haben sich auch nach dem Weltkriege machen lassen. In den Jahren 1927—1930 war der Ertrag der deutschen Pfandbriefe im Durchschnitt um etwa $^1/_2$ % geringer als der der öffentlichen Anleihen, 1932 hat sich dann der Kreditabstand bis auf $2^1/_2$% erhöht.

Die Beurteilung der Sicherheit einzelner Emissionen richtet sich in erster Linie nach der Zahlungsfähigkeit und dem Zahlungswillen des Schuldners. Ein brauchbarer Maßstab für die Zahlungsfähigkeit ergibt sich einmal aus dem Verhältnis der verfügbaren Einnahmen zu den aufzubringenden Zinslasten und dann aus der Höhe der Verschuldung gemessen an den unbelasteten Vermögenswerten. Bei den öffentlichen Anleihen ermöglichen die Budgets eine Beurteilung der Vermögenslage des Schuldners. Bei den Industrieobligationen läßt sich aus den Bilanzen der in Frage kommenden Gesellschaften die kapitalmäßige und ertragsmäßige Deckung der Anleihe berechnen.

Der Zahlungswille des Schuldners ist vor allem bei den Staatsanleihen von Wichtigkeit. Das Schicksal früherer Anleihen ist auch ein gewisser Maßstab für die Beurteilung der Bonität der späteren Emissionen. Eine ganze Reihe von Ländern haben den Staatsbankrott wiederholt als willkommenes Mittel betrachtet, um sich ihrer Schulden ganz oder teilweise zu entledigen; ihr Kredit hat hierunter lange Zeit erheblich gelitten.

In Amerika wird die Sicherheit von Kapitalanlagen mit großer Genauigkeit geprüft. Bei den Industrieobligationen wird streng zwischen den gesicherten „Bonds" und den ungesicherten „Debentures" unterschieden.

Der Wert von Spezialsicherheiten wie Hypotheken, Pfandbriefe oder Bürgschaften, ist verschieden zu beurteilen. Bei den Anleihen unabhängiger Staaten haben die Spezialsicherheiten im Ernstfall meist versagt, da die Schuldner keine Eingriffe in ihre Hoheitsrechte zuließen. Dagegen hat sich bei den privaten Emissionen die hypothekarische Sicherstellung häufig als sehr wirksam erwiesen, vor allem bei den Pfandbriefen und den Obligationen der Eisenbahnen und Bergwerksgesellschaften, dagegen weniger bei den Fabrikunternehmungen. Erstklassige Schuldner pflegen für ihre Anleihen keine besonderen Sicherheiten zu geben, sondern höchstens eine sog. Negativklausel einzuräumen. Es ist dies die Verpflichtung, auch künftige Emissionen nicht besser zu stellen als die alte Anleihe. Erhält also die spätere Emission eine Sicherung, so ist diese nachträglich auch der alten Anleihe zu gewähren.

5. *Nominalzinsfuß und Rendite.* Nominalverzinsung und Kurs bestimmen den laufenden Ertrag eines festverzinslichen Papieres (s. Abschn. 2). Bei niedriger Nominalverzinsung ist der Kurs entsprechend tiefer, so daß sich die Erträge der verschiedenen Zinstypen einander annähern. Ein etwa gleicher laufender Ertrag ergibt sich bei verschieden hoch verzinslichen Anleihen immer dann, wenn die betr. Emissionen vom Schuldner weder getilgt werden müssen, noch gekündigt werden können. Notiert also unter bestimmten Verhältnissen eine 8proz. Anleihe 100 %, so müßte eine 6proz. Emission einen Kursstand von 75 % und eine 4proz. einen solchen von 50 % haben. Im allgemeinen gibt es aber nur wenige Anleihen, mit derartigen Rückzahlungsbedingungen (z. B. $3^1/_2$proz. Hamburgische Vorkriegsrente, 4proz. Canadian Pacific Railway Debenture Stock, sowie einige Debentures englischer Investment Trusts).

In der Regel ist vorgesehen, daß der Emittent einige Zeit nach der Ausgabe eine vorzeitige Kündigung zu pari oder wenig darüber vornehmen kann. Hierdurch ergeben sich aber nicht unerhebliche Verschiebungen in der Kursrelation und damit auch im Ertragsverhältnis von Anleihen mit verschiedener Nominalverzinsung.

Sowie ein hochverzinsliches Papier den Rückzahlungskurs erreicht oder überschritten hat, kommt es in die Gefahrzone vorzeitiger Kündigung und hierdurch sind weiteren Kurssteigerungen sehr enge Grenzen gezogen. Bei niedrigverzinslichen Anleihen sind dagegen die Steigerungschancen zunächst nicht begrenzt. Sie werden am besten durch die folgende Tabelle illustriert, die die durchschnittlichen Kurse und Renditen der deutschen Pfandbriefe Anfang April 1931 wiedergibt:

Zinstyp	Laufender Ertrag	Kurs	Kurssteigerungsmöglichkeit bis zum Paristand	
			in	in % des
%	%	%	Kurspunkten	Börsenkurses
8	8	100	—	—
7	7,25	96,5	3,5	3,6
6	6,67	90	10,0	11,1
5	6,25	80	20,0	25,0

Wie hieraus ersichtlich, wird für die wesentlich größere Steigerungschance der niedriger verzinslichen Anleihen ein gewisser Überpreis bezahlt, wodurch der laufende Ertrag eine entsprechende Minderung erfährt. Im vorliegenden Falle nehmen die Käufer der 7proz. Anleihe mit einem um 0,75 % geringeren Ertrag vorlieb, während die Erwerber der 6proz. Anleihe eine Ertragsminderung von 1,33 %, die der 5proz. Anleihe sogar eine solche von 1,75 % mit in Kauf nehmen. Dieses Opfer ist nur dann gerechtfertigt, wenn es zu irgend einer Zeitpunkt durch einen entsprechenden Kapitalgewinn wieder ausgeglichen wird, d. h. also, wenn in absehbarer Zeit mit einer Senkung des Landeszinsfußes und damit einer Kurssteigerung der niedriger verzinslichen Werte zu rechnen ist. Es läßt sich sogar mathematisch berechnen, in welchem Ausmaß der Landeszinsfuß in einer bestimmten Zeit fallen muß, damit die Kurssteigerung der tiefer verzinslichen Anleihen dem entgangenen Ertrag zuzüglich aufgelaufener Zinsen und Zinseszinsen entspricht. In dem obigen Beispiel würde dieser Ausgleich etwa dann eintreten, wenn der Landeszinsfuß von 8 % in den ersten vier Jahren um 1 % auf 7 %, und in den folgenden vier Jahren um ein weiteres Prozent auf 6 % sinken würde. Genaue Überlegungen über die voraussichtliche Entwicklung des Landeszinsfußes ergeben ungefähre Richtlinien, wann und in welchem Umfang Renditenspannen zwischen den verschiedenen Zinstypen berechtigt sind.

Der ständige Rückgang des Ertrages bei fallender Nominalverzinsung hat zur Folge, daß der Renditenabstand gegenüber dem höchsten Zinstyp immer größer wird. Dagegen wird der Renditenabstand zwischen den einzelnen Zinstypen nach unten zu immer kleiner. Die Renditenspanne betrug bei den deutschen Pfandbriefen Anfang April 1931 unter Zugrundelegung der obigen Kurse:

	Abstand gegenüber dem 8proz. Zinstyp	Abstand gegenüber dem nächsthöheren Zinstyp
7% Zinstyp	0,75%	0,75%
6% „	1,33%	0,58%
5% „	1,75%	0,42%

Die Abnahme der Renditenspanne gegenüber dem nächst höheren Zinstyp ist damit zu erklären, daß eine Senkung des Landeszinsfußes von 8% auf 7% weitaus mehr im Bereiche der Wahrscheinlichkeit liegt, als ein weiterer Rückgang von 7% auf 6% oder gar von 6% auf 5%.

Je nach der Lage des Rentenmarktes verändern sich auch die Renditenspannen der verschiedenen Zinstypen. In Haussezeiten konzentriert sich das gesamte Interesse vor allem auch das der Spekulation auf die niedriger verzinslichen Typen, die dann die relativ größten Kurssteigerungen erfahren. Dementsprechend ergibt sich eine Vergrößerung der Renditenspannen. Umgekehrt werden die niedrigen verzinslichen Werte auch von einer Baisse am meisten in Mitleidenschaft gezogen und fallen am stärksten, woraus sich wieder eine Abnahme der Renditenspanne ergibt.

Bei einer Betrachtung des deutschen R. fallen z. B. die geringen Kursschwankungen der 10proz. Papiere auf. Von 1926 bis Mitte 1931 hielten sich deren Kurse etwa zwischen 95% und 105%, während die niedriger verzinslichen deutschen Anleihen etwa dreimal so große Schwankungen aufzuweisen hatten.

Die Erscheinung der Renditenspanne tritt besonders deutlich bei den „ewigen" Anleihen und bei den Renten ohne bestimmte Laufzeit — also z. B. den deutschen Pfandbriefen — hervor. Bei den Anleihen mit regelmäßiger Tilgung ist noch der Tilgungsgewinn zu berücksichtigen, wodurch sich die Verhältnisse komplizieren.

6. Die Rückzahlungsbedingungen. Als die Renten zuerst aufkamen, hatten Schuldner und Gläubiger gleiche Kündigungsrechte. Man ist jedoch hiervon bald wieder abgekommen. Heute steht das Recht der Kündigung in der Regel nur dem Anleiheschuldner zu, jedoch übernimmt dieser andererseits gewisse Tilgungsverpflichtungen. In den Anleihebedingungen ist genau festgelegt, zu welchen Rückzahlungen der Emittent berechtigt und zu welchen er verpflichtet ist.

Die Tilgungsverpflichtungen können in der verschiedensten Weise geregelt sein. Bei den inländischen Staatsanleihen ist die Tilgung (Amortisation) häufig ganz in das Belieben des Schuldners gestellt. Es kommen also dann überhaupt nur freiwillige Tilgungen in Frage. Man nennt derartige Papiere ohne feste Laufzeit „ewige" Anleihen, aber auch „Renten" im engeren Sinne, da der Schuldner sich nur zur Zahlung einer bestimmten Rente, nicht zur Rückzahlung des Kapitals verpflichtet. Vor dem Kriege waren die meisten Staatsanleihen „Renten"papiere. Bei einer anderen Gruppe von festverzinslichen Werten ist die Tilgung von gewissen Bedingungen abhängig gemacht, deren zeitlicher Eintritt sich nicht voraussehen läßt. So findet man z. B. bei den deutschen Pfandbriefen die Bestimmung, daß die Tilgung sich nach Maßgabe der Rückzahlungen auf die Deckungshypotheken vollzieht, ohne daß hierbei immer ein letztes Rückzahlungsjahr festgesetzt ist (vgl. *„Hypothekenbanken"*).

Bei den Anleihen, deren Laufzeit von vornherein fest bestimmt ist, kann man zwischen den Emissionen mit Gesamtrückzahlung und solchen mit Teilrückzahlung unterscheiden. Ist Gesamtrückzahlung vorgesehen, so bedeutet dies, daß der Schuldner die Anleihe an einem bestimmten Zeitpunkt im ganzen zurückzahlen muß, jedoch während der Laufzeit zu keiner Tilgung verpflichtet ist. Man findet Anleihen mit Gesamtrückzahlung vor allem in Amerika, und zwar mit Laufzeiten von 100 Jahren und mehr. In Deutschland ist dieser Typ dagegen nur bei kurzfristigen Emissionen gebräuchlich. Vor allem die öffentlichen Körperschaften haben derartige Anleihen häufig unter der Bezeichnung „Schatzanweisungen" ausgegeben. Ihre Laufzeit ist im allgemeinen auf 3—5 Jahre beschränkt und infolgedessen unterliegen diese Papiere auch verhältnismäßig geringen Kursschwankungen. Im Ausland werden solche kurzfristigen Anleihen auch von privaten Unternehmungen emittiert. In Amerika hat sich hierfür der Name „Notes" eingebürgert.

Bei den Anleihen mit Teilrückzahlung sind zwei verschiedene Formen in Anwendung: die Serienanleihen (Serial Bonds) und die durch Rückkauf bzw. Auslosung zurückzuzahlenden Emissionen. Bei den Serienanleihen ist die ganze Emission in einzelne Abschnitte geteilt, die in bestimmten Zeitabständen verfallen. Meist sind die einzelnen Serien gleich groß und verfallen in Abständen von einem Jahr. Der Käufer hat die Möglichkeit, sich einen bestimmten Jahrgang auszuwählen.

Die Serienanleihen sind nur selten an der Börse notiert. Die Umsätze zersplittern sich auf zu viele Fälligkeiten, und ein regelmäßig funktionierender Markt besteht nur bei Renten mit einem großen Umlauf, wie etwa den 6proz. Schuldbuchforderungen des Deutschen Reiches, die im Gesamtbetrage von 1 Milliarde in 19 verschiedenen Fälligkeiten (1930 bis 1948) ausgegeben wurden.

Bei den durch Rückkauf bzw. Auslosung zurückzuzahlenden Anleihen ist vorgeschrieben, daß jährlich ein bestimmter Betrag für Tilgungszwecke (Tilgungsfonds, engl. sinking fund) zu verwenden ist. Die jährliche Tilgungsrate (oder Tilgungsquote) wird in der Regel in Prozenten der Anleihesumme ausgedrückt. Am einfachsten liegen die Verhältnisse, wenn gleiche jährliche Tilgungsraten vereinbart sind. In diesem Falle ist eine Anleihe mit einer Tilgungsquote von 5% (bzw. 10% oder 20%) in 20 Jahren (bzw. 10 oder 5 Jahren) zurückgezahlt. Die von dem Schuldner zu leistenden Tilgungsbeiträge bleiben Jahr für Jahr gleich, dagegen gehen die Zinslasten mit jedem Jahre mehr zurück. Die Gesamtbelastung ist also in den ersten Jahren besonders groß. Um eine gleichmäßige Belastung des Schuldners zu erreichen, bestimmt man die Tilgungsquote in der Regel etwas anders: Man setzt nämlich für Zinsendienst und Tilgung einen jährlichen Gesamtbetrag (Annuität) fest, der dazu ausreicht, um die Anleihe in einer bestimmten Zeit zurückzuzahlen. In den ersten Jahren wird der weitaus größte Teil der Annuität für den Zinsendienst aufgebraucht und es bleibt für die Tilgung nur wenig übrig. Aber von Jahr zu Jahr werden die Zinslasten geringer, und dementsprechend erhöht sich auch der für Tilgungszwecke zur Verfügung stehende Betrag, bis im letzten Jahr fast die ganze Annuität für die Tilgung verwendet werden kann. Man nennt diese Art der Rückzahlung: Tilgung durch gleichbleibende Annuitäten oder Tilgung zuzüglich ersparter Zinsen, häufig auch kumulative Tilgung.

Die in den einzelnen Jahren der Laufzeit vorzunehmenden Tilgungen werden genau berechnet und im Tilgungsplan festgelegt. Die kumulative Tilgung wirkt sich nach dem Gesetz der Zinseszinsrechnung aus. Sie schreitet um so schneller voran, je höher die Nominalverzinsung der Anleihe ist, da dann entsprechend mehr Zinsen erspart werden. Eine Beschleunigung der Tilgung läßt sich natürlich auch durch Erhöhung der Tilgungsquote erreichen.

Über die Auswirkung verschieden hoher Tilgungsquoten auf die Laufzeiten von Anleihen mit einer Nominalverzinsung von 3%—8% gibt die nachstehende Aufstellung einen Überblick:

Für eine Anleihe mit einer Nominalverzinsung von	Tilgungsdauer (Jahre) bei einer Tilgungsquote von			
	1%	$1^1/_2$%	2%	$2^1/_2$%
3%	47	37	31	27
4%	41	33	28	24
5%	36	30	25	22
6%	33	27	23	21
7%	30	25	22	20
8%	28	24	21	19

Die Tilgungszeit ist meist nicht identisch mit der Laufzeit der Anleihe, da die Tilgung in der Regel erst einige Jahre nach der Ausgabe beginnt.

In der Regel wird dem Schuldner gestattet, die Tilgung durch Rückkauf oder Auslosung vorzunehmen. Hierbei ist die Tilgung durch Rückkauf für ihn solange vorteilhafter, als die Anleihe unter dem Rückzahlungskurs notiert.

Die Auslosung, die für manche Anleihen als Tilgungsform obligatorisch ist, ist meist zu Pari, zuweilen auch mit einem kleinen Agio zu bewirken. In England ist für die Tilgung von Staatsanleihen das Tenderverfahren üblich, bei dem sich der Schuldner von den Anleihebesitzern Rückkaufofferten machen läßt. Für die Durchführung der Tilgung wird oft ein besonderer Tilgungsfond eingerichtet, an den der Schuldner alle vertraglich oder gesetzlich vorgesehenen Zahlungen zu leisten hat. Die Tilgungen erfolgen dann zu Lasten des Tilgungsfonds, der häufig der Verwaltung eines besonderen Treuhänders untersteht (so meist in Amerika üblich).

Die Kündigungsbedingungen sind weit weniger kompliziert als die Tilgungsbestimmungen. In der Regel verzichtet der Emittent für eine Reihe von Jahren nach der Ausgabe der Anleihen auf das Kündigungsrecht. Auch nach dem erstmöglichen Kündigungstermin ist die vorzeitige Rückzahlung häufig nur mit einem gewissen Aufgeld gestattet. Von besonderer Wichtigkeit ist, ob der Emittent die Anleihen nur im ganzen oder auch in Teilbeträgen kündigen darf. Gleichbedeutend mit dem Recht, in Teilbeträgen kündigen zu dürfen, ist der Vorbehalt verstärkter Tilgung.

Wird eine Anleihe vorzeitig gekündigt, so wird hiermit gewöhnlich ein Konversions- (d. i.) Umtausch-) Angebot in eine niedriger verzinsliche Emission verbunden. Der Anleihebesitzer muß sich dann entscheiden, ob er sein Kapital zu dem niedrigeren Zinsfuß stehen lassen oder es zurückbezahlt haben will. Zuweilen erfolgen auch Konversionsangebote ohne irgendwelche Kündigungen, die aber in der Regel nur geringen Erfolg haben. Die vorzeitige Kündigung bedeutet für den Emittenten allerdings ein nicht unerhebliches Risiko. Er muß befürchten, daß ein Teil der Anleihenbesitzer sich der Konversion nicht unterwirft. Aus diesem Grunde sucht der Emittent dem Publikum die Konversion oft dadurch schmackhaft zu machen, daß er eine Konversionsprämie auszahlt und auf eine längere Reihe von Jahren auf das Kündigungsrecht verzichtet. Die letzte große Konversionsära fällt noch in das Ende des 19. Jahrhunderts. In der Nachkriegszeit haben die Konversionen erst ziemlich zögernd eingesetzt. Die bisher größte Konversion wurde in der zweiten Hälfte von 1932 in England durchgeführt, indem der Zinsfuß für über 2 Milliarden £ War Loan (Kriegsanleihe) von 5% auf $3^1/_2$% herabgesetzt wurde.

Bei der Berechnung der Effektivverzinsung sind die Tilgungsbedingungen in der bereits geschilderten Weise zu berücksichtigen. Vom Publikum wird der Tilgungsgewinn lange nicht so hoch eingeschätzt wie der laufende Ertrag. Im allgemeinen läßt sich feststellen, daß der Tilgungsgewinn relativ um so mehr im Kurs berücksichtigt wird, je größer er im Verhältnis zur laufenden Verzinsung ist. Ein großer Tilgungsgewinn ergibt sich jedoch nur bei Anleihen mit großem Disagio oder mit baldiger Fälligkeit. Die skeptische Einstellung des Publikums ist darauf zurückzuführen, daß der Tilgungsnutzen einen Gewinn auf lange Sicht darstellt, der sich nur dann mit hinreichender Sicherheit realisiert, wenn der Anleihebesitzer seine Stücke bis zum Ende der Laufzeit durchhält. Dies ist aber in der Regel nicht der Fall.

Interessante Beobachtungen lassen sich über das Kursverhältnis der nur durch Auslosung zurückzuzahlenden Anleihen und der auch durch Rückkauf zu tilgenden Emission machen.

Der Besitzer einer Rückkaufanleihe muß sich darauf gefaßt machen, daß die Tilgung bis unmittelbar vor dem letzten Rückzahlungstermin durch Rückkauf erfolgt, während der Inhaber einer Auslosungsanleihe damit rechnen kann, daß seine Stücke durchschnittlich in der Mitte der Laufzeit ausgelost werden.

Es wäre deshalb auch gerechtfertigt, daß die Auslosungsanleihen einen Kursvorsprung vor den Rückkaufsanleihen hätten. Häufig ist jedoch zu beobachten, daß die Auslosungsanleihen niedriger als gleichartige Rückkaufsanleihen notieren. Es hat dieses seinen Grund darin, daß die meisten Kapitalanleger die größeren Tilgungschancen der Auslosungsanleihen nur gering einschätzen, und deshalb nicht bereit sind, einen höheren Preis als für die Rückkaufsanleihen zu zahlen. Bei letzteren ist dagegen die markttechnische Lage weit günstiger, da die Rückkäufe des Tilgungsfonds dem Kurs eine dauernde Stütze geben.

Ebenso wie der Tilgungsgewinn wird auch der Tilgungsverlust oft nicht voll im Kurs einkalkuliert. Sofern man den erstmaligen Kündigungstermin als Zeitpunkt der Rückzahlung zugrunde legt, ergeben sich häufig auffallend geringe Renditen. Hierbei ist jedoch in Betracht zu ziehen, daß die Kündigung auch nach Überschreiten des Rückzahlungskurses meist nicht zum erstmöglichen Termin, sondern oft einige Zeit nachher erfolgt. Infolgedessen ist der Tilgungsverlust in Wirklichkeit meist nicht so groß, wie dies bei genauer mathematischer Ausrechnung erscheint[1].

7. *Sondertypen des Rentenmarktes.* Es gibt innerhalb des R. eine Reihe von Anleihetypen, die in Einzelheiten von der üblichen Ausstattung stark abweichen.

Hierzu gehören vor allem die Los- und Prämienanleihen (s. Art. „*Lotterieanleihen*") sowie die mit zusätzlichen Rechten ausgestatteten Emissionen (s. Art. „*Anleihen mit Zusatzrechten*").

[1] Gegen Kursverluste durch Auslosung kann man sich im allgemeinen bei Banken oder Versicherungsgesellschaften versichern. Der Versicherer verpflichtet sich hierbei, dem Versicherten für die ausgelosten Stücke die Differenz zwischen Tageskurs und Auslosungskurs zu vergüten oder ihm kostenlos an deren Stelle unverloste Ersatzstücke zu liefern. Die Versicherungsprämie ist oft weit höher als es dem rechnerischen Auslosungsverlust entspricht, da die Aufgabe und Registrierung der Nummern, die Verlosungskontrolle sowie die Beschaffung von Ersatzstücken dem Versicherer nicht unerhebliche Kosten bereiten. Die Versicherung gegen Auslosungsverluste ist auch heute noch in Frankreich sehr verbreitet, und zwar die vor allem für Lotterieanleihen, die vielfach weit über pari notieren.

Ein Anleihetyp, der wegen seiner angeblichen Wertbeständigkeit in der Inflationszeit vorübergehend erhebliche Bedeutung gewann, sind die Sachwertanleihen. Sie lauten nicht auf eine Geld-, sondern auf eine Wareneinheit. So wurden z. B. Roggen-, Kohlen-, Kali-, Zucker-, Holzwertanleihen usw. ausgegeben. Nach der Stabilisierung der Markwährung sind die Sachwertanleihen infolge der starken Preisschwankungen der ihnen zugrunde liegenden Waren sehr bald in Mißkredit gekommen. Durch die Aufwertungsgesetzgebung sind eine Reihe von neuartigen Typen geschaffen worden. Bei den Ablösungsanleihen mit Auslosungsrechten des Reiches, der Länder, Provinzen und Städte besteht die Besonderheit, daß die Zinsvergütung nicht laufend, sondern erst nachträglich bei der Auslosung des Kapitals stattfindet. Bei der Aufwertung der Industrieobligationen wurden den Altbesitzern besondere Genußrechte ausgehändigt, deren Verzinsung und Tilgung sich nach der Höhe der Dividende der betr. Gesellschaft richtet. —

8. Effektenschutzverbände. Die vorübergehende oder dauernde Unterbrechung des Zinsendienstes bei exotischen Anleihen hat schon sehr früh zur Bildung von besonderen Schutzverbänden für ausländische Wertpapiere geführt. Die bedeutendste Organisation dieser Art ist die 1873 in London gegründete und von der englischen Regierung mit besonderen Rechten ausgestattete Corporation of Foreign Bondholders. Sie bemüht sich bei allen notleidend gewordenen Anleihen um einen Zusammenschluß der Besitzer und um die Bildung besonderer Komitees, in die die Corporation jedoch selbst keine Vertreter entsendet. Die unter Mitwirkung des englischen Schutzverbandes geregelten Schuldverpflichtungen werden auf über 1 Milliarde £ geschätzt.

Eine ähnliche Organisation ist die Association Nationale des porteurs français de valeurs mobilières, die 1898 zum Schutze der französischen Wertpapierbesitzer ins Leben gerufen wurde. In Deutschland wurde erst im Jahre 1927 ein nationaler Schutzverband unter der Bezeichnung „Ständige Kommission zur Wahrung der Interessen deutscher Besitzer ausländischer Wertpapiere" gegründet. Die Kommission ist dem Zentralverband des Deutschen Bank- und Bankiergewerbes angegliedert. Sie stellt gewissermaßen nur eine Dachorganisation dar, die Interessenvertretung der einzelnen Wertpapiere erfolgt nach wie vor durch die Emissionshäuser. Diese haben sich in den letzten Jahren vor allem bemüht, die deutschen Interessen bei der Regelung der ausländischen Vorkriegsanleihen wahrzunehmen.

Die Schutzkomitees, die für einzelne Emissionen oder für die Anleihen eines bestimmten Schuldners gebildet werden, haben häufig internationalen Charakter. Ein umfassendes Gebiet bearbeitet z. B. die 1923 für die Regelung und Verwaltung der österreichisch-ungarischen Vorkriegsanleihen ins Leben gerufene Caisse Commune des porteurs des dettes publiques autrichiennes et hongroises. Von erheblicher Bedeutung ist auch die Tätigkeit des International Committee of Bankers on Mexico, das die mexikanischen Anleihen betreut.

Literatur: BETHE, HANS: Wie errechne ich den Ertrag meiner festverzinslichen Papiere? Frankfurt a. M. 1928. — CHAMBERLAIN, LAWRENCE, u. GEORGE W. EDWARDS: The Principle of Bond Investment. New York 1927. — COHEN, JOSEPH L.: The Mortgage Bank, a study in investment banking. London 1931. — DIEBEN, WILHELM: Anleihetechnik. Berlin 1931. — KAHN, ERNST, u. FRITZ NAPHTALI: Wie liest man den Handelsteil einer Tageszeitung?, S. 30—53. Frankfurt a. M. 1930. — LOTZ, WALTHER: Art. Anleihen, Annuitäten, Konversionen, Schatzanweisungen im Handwörterbuch der Staatswissenschaften, 4. Aufl., 1, 320—329, 329—331; 5, 879—887; 7, 169—173. Jena 1926. — MANES, ALFRED: Staatsbankerotte. Berlin 1918. — QUITTNER, PAUL: Investment. Moderne Prinzipien der Vermögenslage, S. 39—53. Berlin 1930. — THEISINGER, KARL: Effekten als Kapitalbeschaffungsmittel der Unternehmung. Stuttgart 1928. — WOLFGANG, ERNST: Die Kursbildung am Rentenmarkt. Stuttgart 1931.

SALINGS Börsenpapiere: Erster (allgemeiner) Teil, 21. Aufl. Berlin und Leipzig 1931. — Annals of the American Academy of Political and Social Science: Bonds and the Bond Market Vol. 88, Nr. 177. Philadelphia 1920. — Vierteljahrshefte zur Konjunkturforschung: Untersuchungen zur Frage der Marktzusammenhänge, 3. Jahrg. 1928, T. A, H. 2, S. 30—38.

ERNST WOLFGANG.

Rentenschuld ist eine Abart der Grundschuld, bei der nicht eine bestimmte Summe, sondern jährlich wiederkehrende Leistungen aus dem Grundstück zu zahlen sind.

Reparationsanleihen. Mit R. bezeichnet man die *Dawesanleihe* (s. d.) und die *Younganleihe* (s. d.).

Repartieren, Zuteilen, Aufteilen, an der Börse die verhältnismäßige Zuteilung bei zu großem Angebot oder zu großer Nachfrage. Man spricht von „Nach-Unten-R.", wenn das Angebot zu groß war und daher nur ein Teil des angebotenen Materials abgenommen werden konnte, von „Nach-Oben-R.", wenn die Nachfrage so groß war, daß nur ein Teil befriedigt werden kann (vgl. *Kursbildung 1*).

Report und Deport sind die Zinsvergütungen bei der Verlängerung (Prolongation, Schiebung) von Terminengagements. Hat jemand à la hausse spekuliert und möchte bei Fälligkeit das Geschäft verlängern, also die Übernahme der gekauften Stücke hinausschieben, so muß er jemanden finden, der für ihn den Kaufpreis zahlt („Vorlegt") und die Stücke hereinnimmt. Umgekehrt muß der Baissier, der sein Geschäft verlängern will, jemanden finden, der ihm Stücke vorstreckt und dafür den Kaufpreis vorläufig einnimmt. Für diesen Kredit — in einem Fall in Geld, im andern in Effekten — muß natürlich eine Zinsvergütung bezahlt werden, die vom Kreditbetrag berechnet und erhoben, aber in Prozent des Nennwerts angegeben wird. Dieser Umstand hat das vollkommen einfache Reportgeschäft für den Laien meist unverständlich gemacht. Beim Hausse-Engagement, wo also Geld vorgestreckt wurde, muß bei Abwicklung des Reportgeschäfts und Abnahme der Stücke durch den Haussier ein Aufschlag für den Kredit gezahlt werden, der R. Beim Baisse-Engagement erhält der Baissier bei endgültiger Lieferung der Stücke den vom Reporteur eingenommenen Gegenwert abzüglich der Vergütung — hier D. genannt — ausbezahlt. Man spricht auch von D., wenn zwar ein Haussegeschäft vorliegt, also ein Aufschlag gezahlt wird, aber die am Stück haftenden Zinsen so hoch sind, daß der Aufschlag darunter bleibt. Da nun die aufgelaufenen Zinsen bei festverzinslichen Werten, bei denen Zinsberechnung stattfindet, vergütet werden müssen, ist die Zinsvergütung, die an den Haussier zu zahlen ist, größer, als der Aufschlag, den er zu zahlen hat, so daß es also den Anschein hat, als werde ein Betrag abgezogen. — In der Praxis wickelt sich allerdings das Reportgeschäft oft nicht nach dem obigen Schema ab, wonach der Haussier R., der Baissier D. zu zahlen hat. Da vielmehr die Haussiers, die Kredit suchen und dagegen Stücke liefern, sich mit den Baissiers, die Stücke suchen, aber Kredit gewähren, ergänzen, so hängt es davon ab, ob die Marktlage mehr à la hausse oder à la baisse liegt, wer eine Vergütung zu zahlen hat. Liegt der Markt à la hausse, wird also Kredit gesucht, so muß nur der Haussier R. zahlen, der Baissier, der sein Geschäft verlängern will, findet nicht nur leicht einen Reporteur, sondern erhält sogar noch eine Vergütung. Umgekehrt ist es natürlich, wenn der Markt stark à la baisse liegt, also Stücke gesucht sind.

Gleichen sich Haussiers und Baissiers völlig aus, so daß weder R. noch D. erhoben werden, so spricht man von „glatter Prolongation". — Beispiel für die Berechnung des R.: Verlängert wird ein Hausse-Engagement über nominal 30000 Mark Aktien zu 300% über einen Monat. Kredit also 90000 Mark. Der Zinssatz ist 6% jährlich, was für den Monat einen Zinsbetrag von 2700 Mark ergibt. Dies sind 0,9% von 30000 Mark, der Reportsatz beträgt also 0,9% oder (üblicher) 90 Cents (vgl. Art. *Report- und Lombardgeschäft*, über R. im Warengeschäft vgl. *Warenmärkte 4*).

Report- und Lombardgeschäft. *1. Das Reportgeschäft.* Das Reportgeschäft (von reporter = übertragen) oder Kostgeschäft bildet das wichtigste Verfahren zur Prolongation der *Effekten-Termingeschäfte* (s. d.). Der Haussier, der prolongieren will, sucht einen Geldgeber (Reporteur, Intervenient), der ihm am Ultimo das Geld zur Abnahme der Stücke zur Verfügung stellt und dafür die Stücke bis zum nächsten Ultimo „hereinnimmt" („in Kost nimmt"). Umgekehrt sucht der Baissier, der prolongieren will, einen Partner, der ihm am Ultimo die zu liefernden Stücke bis zum nächsten Ultimo gegen Bezahlung „hineingibt" („in Kost gibt"). Die Vergütung, die der Geldnehmer dabei in Form eines Kurszuschlages zu zahlen hat, heißt Report; hat aus besonderen Gründen (s. unten) nicht der Geldnehmer, sondern der Geldgeber eine Vergütung zu zahlen, so ergibt sich ein Deport in Gestalt eines Kursabschlages.

Das Reportgeschäft stellt eine besondere Form des *Effektenkredits* (s. d.) dar. Vom Lombardgeschäft, aus dem es historisch entstanden ist, unterscheidet sich das Reportgeschäft in zweifacher Hinsicht: Beim Reportgeschäft wird nicht nur ein bestimmter Teilbetrag, sondern der volle Wert der unterlegten Wertpapiere beliehen. Der Reportkredit läuft ferner stets in ganz bestimmten Fristen, nämlich von einem Börsenliquidationstermin zum anderen, in Deutschland also auf einen Monat, an manchen Auslandsplätzen (London, Paris, Wien) auf einen halben Monat.

Juristisch gesehen, wickelt sich das Reportgeschäft in der Form eines Kaufes und gleichzeitigen Verkaufes ab. Der Geldnehmer verkauft die zu beleihenden Effekten an die geldgebende Bank, wobei gleichzeitig ein Rückkauf per Ende des folgenden Monats vorgenommen wird, und zwar zu dem gleichen Kurs zuzüglich eines Zinszuschlages (Reports). Diese juristische Konstruktion des Reportgeschäfts hat zur Folge, daß die Wertpapiere in das Eigentum der kreditgebenden Bank übergehen; im Konkursfall hat der Kunde also keinen Aussonderungsanspruch, sondern lediglich eine Konkursforderung in Höhe des (praktisch meist nicht sehr großen) Betrages, um den gegebenenfalls der Wert der Effekten den erhaltenden Geldbetrag übersteigt.

Mit Rücksicht darauf, daß der Reportkredit in Höhe des vollen Wertes der unterlegten Wertpapiere gewährt wird, sind verschiedene Sicherungen notwendig. Zunächst kommen als Kreditnehmer ohne weiteres nur Bank- und Effektenfirmen in Betracht, deren finanzieller Status als einwandfrei bekannt ist; eine besondere Sicherheit ergibt sich am Berliner Platz noch daraus, daß diese Geschäfte in der Regel über die Liquidationskasse laufen. Von Privatkunden wird, ebenso wie beim Termingeschäft, die übliche Sicherheit verlangt. Ferner werden nur solche Wertpapiere hereingenommen, die erforderlichenfalls leicht realisiert werden können, also nur notierte Werte und unter diesen vorzugsweise solche mit einem breiten Markt, der nicht schon durch kleinste Verkäufe beeinflußt wird; praktisch kommen daher im wesentlichen nur die zum Terminverkehr zugelassenen Werte in Frage. Die Bank darf auch nicht große Pakete des gleichen Wertpapiers beleihen, da solche nur unter starken Kurseinbußen am offenen Markt verkäuflich sind.

Wird diesen Gesichtspunkten Rechnung getragen, so hat der Reportkredit für die geldgebende Bank die Vorteile einer verhältnismäßig sicheren und zugleich liquiden Anlage. Gegenüber anderen Kreditarten hat er den Vorzug, daß er weitgehend unpersönlich ist und daß infolgedessen in Zeiten der Geldanspannung eine Realisierung nicht übermäßig stark durch persönliche und geschäftliche Rücksichten gehemmt ist. Da die unterlegten Effekten in das Eigentum der Bank übergehen, kann diese sie im Bedarfsfall zur Geldbeschaffung weiterveräußern oder -verpfänden. Auch ist der erzielbare Zinssatz in der Regel ein verhältnismäßig günstiger. Aus allen diesen Gründen bietet der Reportkredit für die Banken eine beliebte Geldanlage, zu der sie gegebenenfalls auch in größerem Umfang ausländische Mittel heranziehen. Der Reportgeldmarkt bildet somit einen bedeutsamen Ausschnitt des allgemeinen Geldmarktes.

Die große wirtschaftliche Bedeutung des Reportgeschäfts besteht zunächst darin, daß es die flüssigen Mittel der Banken und des Geldmarktes in den Dienst der Wertpapieremission stellt und so die Unterbringung von Effekten wesentlich erleichtert. Indirekt bildet das Reportgeschäft damit einen wichtigen Teil der Industriefinanzierung. Darüber hinaus gibt das Reportgeschäft den Banken die Möglichkeit, durch die Bemessung des Reportsatzes sowie des Umfanges der Reportkredite einen starken Einfluß auf die gesamte Börsentendenz auszuüben, der unter Umständen nicht ohne Rückwirkungen auf die allgemeine Wirtschaftskonjunktur bleibt. Andererseits kann aber auch nicht übersehen werden, daß der Reportkredit ungesunde Übertreibungen der Börsenspekulation zu fördern geeignet ist.

Zur Technik des Reportgeschäfts ist noch zu bemerken, daß der Reportsatz heute einheitlich von den Banken festgesetzt wird, wobei für Abstufungen je nach Bonität des Geldnehmers nur ein kleiner Spielraum gelassen wird. Die Höhe des Reportsatzes richtet sich vor allem nach der jeweiligen Geldmarkt- und Börsenlage, zuweilen auch, wie erwähnt, nach besonderen börsenpolitischen Absichten der Banken. Vor dem Kriege zeigten die Reportsätze für die einzelnen Papiere oft erhebliche Unterschiede: Ein hoher Report deutet auf starke Hausseengagements, ein niedriger auf Baisseengagements in dem betreffenden Papier. Auch heute bilden sich, namentlich bei der Prolongation von Baisseengagements, oft individuelle Sätze heraus. Ist ein Papier stark gefixt, so gibt der Besitzer solcher Stücke sie nur dann her, wenn er nur niedrige Zinsen zu bezahlen braucht oder gar eine Vergütung (hier Deport genannt) herausbekommt. — Ein solcher Deport kann auch in einem anderen Fall entstehen, nämlich, wenn bei festverzinslichen Werten der Geldgeber aus dem Wertpapier mehr an Stückzinsen erhält, als der Geldnehmer an Geldzinsen zu zahlen hat. Sind bei einem Geschäft weder Report noch Deport zu zahlen, so wird das Geschäft „glatt geschoben".

(Das Devisenreportgeschäft behandelt der besondere Artikel über den *Devisenswap*, s. d.)

2. Das Lombardgeschäft. Das Lombardgeschäft im allgemeinen umfaßt die Kreditgewährung gegen Verpfändung beweglicher, leicht realisierbarer Gegenstände. Als solche kommen vor allem Wertpapiere in Betracht, daneben Wechsel, bestimmte Handelswaren oder Dokumente über solche (Lagerscheine, Konnossemente, Frachtbriefe), seltener Hypothekenforderungen, Sparkassenbücher, Lebensversicherungspolicen und ähnliches. Maßgebend bei der Kreditgewährung ist in erster Linie die Bonität des Unterpfandes und erst in zweiter Linie die des Kreditnehmers. Grundsätzlich wird der Wert des Unterpfandes nur zu einem bestimmten Prozentsatz beliehen, dessen Höhe verschieden bemessen wird je nach Realisierbarkeit und möglichen Wertschwankungen des Lombardobjektes. Tritt ein stärkerer Wertrückgang des Unterpfandes ein, so ist Nachschuß zu leisten.

In diesem weiten Sinne umfaßt der Begriff des Lombardkredits auch einen bedeutenden Teil des regulären, bankmäßig gesicherten Kontokorrentkredits und der Warenfinanzierung, sowie auch die Beleihungstätigkeit der Notenbanken. In seiner engeren Fassung wendet man den Begriff des Lombardgeschäftes jedoch nur auf solche Kredite an, bei denen ein einheitlicher Geldbetrag auf bestimmte Zeit gegen bestimmte Unterlagen und zu bestimmtem Zinssatz zur Verfügung gestellt wird. Solche Geschäfte werden großenteils an der Börse oder im Telephonhandel nach festliegenden Bedingungen abgeschlossen, wobei vor allem folgende Formen, je nach Fälligkeit der betreffenden Gelder, in Betracht kommen:

a) Tägliches Geld, d. h. Darlehen, die beiderseits mit eintägiger Frist auf jeden Tag kündbar sind. Eine besonders wichtige Rolle spielt dieses tägliche Geld, hier call money genannt, bei der Finanzierung des New Yorker Effektengeschäfts.

b) Monatsgeld, d. h. Darlehen, die auf einen Monat fest gegeben werden.

c) Ultimogeld, d. h. Darlehen, die von einem Börsenultimo zum andern laufen. Eine solche Geldbeschaffung auf dem Lombardwege dient in Konkurrenz mit dem Reportgeld namentlich der Prolongation der Effektentermingeschäfte.

Für diese Darlehnsformen bilden sich laufend bestimmte Zinssätze heraus, unter gewissen Abstufungen je nach Bonität des Kreditnehmers und der unterlegten Sicherheit. Diese Zinssätze stellen das wichtigste Barometer zur Beurteilung der gesamten Geldmarktlage dar.

Im Verkehr zwischen Banken dienen die genannten börsenmäßigen Geldgeschäfte, die sich übrigens unter Großbanken und ersten Privatbankhäusern meistens ohne Stellung eines Unterpfandes vollziehen (und insoweit streng genommen gar keine Lombardgeschäfte mehr sind), vor allem dazu, einen Ausgleich zwischen zeitweiligem Geldüberschuß und Geldbedarf herbeizuführen. Im Verkehr mit der Kundschaft und insbesondere mit der Berufsspekulation übt, wirtschaftlich gesehen, der Lombardkredit in der Form des Effektenkaufs mit Einschuß weitgehend die gleiche Funktion aus wie der oben behandelte Reportkredit, nämlich flüssige Mittel des Geldmarktes in den Dienst des Kapitalmarktes zu stellen und bei der Unterbringung von Wertpapieren zukünftige Kapitalbildung zu eskomptieren (vgl. a. *Börsen 6* sowie *Pensionsgeschäfte*).

Literatur: SCHMIDT, FRITZ: Das Reportgeschäft. München 1912. — Lombard und Report, Plutus-Brief Mai 1925.

HANS KURZROCK.

Reportierung s. *Report- und Lombardgeschäft.*

Reportsatz s. *Report- und Lombardgeschäft 1.*

Repressalie s. *Völkerrecht III.*

Repudiation, wörtlich „Zurückweisung", (offizielle, formelle) Weigerung eines Staates, seine Schulden — oder einen Teil, z. B. eine bestimmte Anleihe — zu bezahlen (vgl. *Öffentlicher Kredit* und *Staatsbankrott*).

Reserveagent s. *Federal Reserve System II 3.*

— **fonds** einer A.-G. s. *Bilanz- und Bilanzkritik I 7,* vgl. *Reserven.*

Reserve ratio s. *Federal Reserve System VIII.*

Reserven, offene und stille. Unter diesen R. versteht man denjenigen Teil des Eigenvermögens einer Aktiengesellschaft, welcher nicht als Aktienkapital ausgewiesen wird (abgesehen vom Reingewinn, der ja nur vorübergehend zum Eigenvermögen gehört). Die offenen R. kann man ihrem späteren Verwendungszweck nach in Verlustantizipationen und Erweiterungsreserven einteilen. In der Praxis werden offene R. sehr oft aus dem Grund geschaffen, weil der Ertrag nur für die Ausschüttung einer angemessenen Dividende auf einen Teil des Eigenkapitals reicht.

R. werden aus dem Reingewinn zurückgestellt (freiwillige R.) bzw. in vom Gesetz (HGB. § 262 R., sog. gesetzliche R.) bestimmten Fällen gebildet. Diese gesetzlichen Bestimmungen kommen also einer Begünstigung einer Reservebildung von Staats wegen gleich.

Stille R. sind zum Unterschied von offenen in der Bilanz nicht ziffernmäßig aufgeführt, jedoch mitunter ohne weiteres ersichtlich; so z. B. wenn ein größeres Industrieunternehmen sämtliche Maschinen, Modelle usw. bis auf 1 RM. abgeschrieben ausweist (ein nicht seltener Fall, z. B. Siemens & Halske A.-G.), wenn Grundstücke mit einem offensichtlich zu niedrigen Wert bilanziert werden usw. Man spricht hier auch von versteckten R. zum Unterschied von stillen R. im engeren Sinne, welche nicht nur ziffernmäßig, sondern auch sonst unkenntlich sind. Diese stillen R. im engeren Sinne bestehen z. B. in einer Erhöhung des Betrages der Kreditoren, in der Abbuchung von Forderungen, die noch Vermögenswert haben (dies geschieht in reservereichen Bilanzen häufig hinsichtlich des Streitgegenstandes von Prozessen) usw.

Unter R. in diesem Sinne werden überwiegend also Vermögensteile verstanden, jedoch nicht Sonderrückstellung für bestimmte Zwecke, wie z. B. für einen drohenden Schaden aus einem bestimmten Geschäftsfall usw. Dies bezeichnet man besser als Reservierungen oder Sonderrückstellungen, auch gebundene R., zum Unterschied von freien R. Es bedarf kaum der Erwähnung, daß die R. der Versicherungsgesellschaften vollends nicht hierher gehören, da sie ja Kapitalfonds für das eigentliche Geschäft der Versicherungsgesellschaft, die Übernahme von Risiko, darstellen, aber kein Überschußvermögen sind (vgl. *Abschreibungen*).

Respekttage (Diskontotage) sind Fristen, um die der Verfallstag durch Gesetz oder Gewohnheitsrecht hinausgeschoben wird. England kennt drei R,, in Deutschland und den meisten anderen Ländern ist diese Einrichtung unbekannt.

Retarsion s. *Völkerrecht III.*

Reugeld s. *Prämiengeschäft.*

Revalierungsklausel (Deckungsklausel) der bei Wechseln noch hie und da vorkommende Vermerk „Wert in Waren erhalten" u. dgl., der nach deutschem Wechselrecht völlig unerheblich ist.

Revers ist eine schriftliche, meist bestimmte Zusicherungen enthaltende Verpflichtung.

Revision der Bilanz.

I. Entwicklung und Allgemeines.

1. Der moderne Revisorenberuf und das organisierte Revisionswesen blicken auf eine lange Entwicklungsgeschichte zurück. Am frühesten findet

man die Buchprüfung als selbständigen Berufszweig in **Italien** ausgebildet, was sich aus der besonderen Stellung erklärt, die dieses Land in der Geschichte der Buchhaltung überhaupt einnimmt. Der selbständige Berufsrevisor spielt dort schon im 11. und 12. Jahrhundert bei Durchführung von Kontrollarbeiten auf dem Gebiete des Rechnungswesens insbesondere im Dienste der Kirche, des Staates und der Gemeinden eine bedeutsame Rolle. In dem „Collegio dei Raxonati", das im Jahre 1581 in Venedig unter staatlicher Mitwirkung ins Leben trat, bildete sich **erstmals** ein Verband von Berufsrevisoren.

2. Neben Italien steht in der Geschichte der Buchprüfung in vorderster Linie **Großbritannien**, das man als das klassische Land des Revisorenberufes bezeichnen kann. Die neuere Entwicklung des internationalen Revisionswesens nimmt von hier aus ihren Ausgang. Der qualifizierte Berufsrevisor tritt in Schottland, England und Irland schon zu Anfang des 18. Jahrhunderts in deutliche Erscheinung. Er erlangte Anfang des 19. Jahrhunderts unter der Bezeichnung „Accomptant" und „Accountant" bereits hohes Ansehen. Besondere Bedeutung kommt der im Jahre 1853 erfolgten Gründung der „Society of Accountants in Edinburgh" zu, die im Jahre 1854 durch Ausstattung mit einem königlichen Freibrief (Royal Charter) öffentliche Anerkennung fand. Die Mitglieder dieser Edinburgher Revisorenvereinigung, sowie des im Jahre 1855 errichteten, ebenfalls durch königlichen Freibrief anerkannten „Institute of Accountants and Actuaries in Glasgow" wählten auf Grund dieses Freibriefes damals für sich die geschützte Bezeichnung „**Chartered Accountant**", eine Titulatur, die inzwischen in der ganzen Welt zu einem repräsentativen Begriff für die am höchsten qualifizierte Revisorenklasse geworden ist. In England schlossen sich, dem schottischen Muster folgend, im Jahre 1880 die angesehensten Berufsrevisoren zu dem öffentlich anerkannten „Institute of Chartered, Accountants in England and Wales" zusammen, welches heute die erste Stelle unter den Revisorenverbänden der Welt einnimmt. Als Gegengründung zu diesem Verband bildete sich in Großbritannien dann eine Reihe weiterer Revisorenvereinigungen, von denen die im Jahre 1885 in London gegründete „Society of Incorporated Accountants and Auditors" die bedeutendste ist. Auch diese Vereinigung, deren Mitglieder sich „**Incorporated Accountants**" nennen und gleiches Ansehen wie die „Chartered Accountants" genießen, ist mit einem königlichen Freibrief ausgestattet.

3. In den USA. hat sich das Revisionswesen in enger Anlehnung an das englische Vorbild entwickelt. In Abweichung von Großbritannien hat man jedoch hier die Privilegierung der qualifizierten Berufsrevisoren staatsgesetzlich geregelt und nicht von der Zugehörigkeit zu Berufsorganisationen abhängig gemacht. Der öffentlich anerkannte Revisor der Vereinigten Staaten trägt die Bezeichnung „**Certified Public Accountant**" (C. P. A.), ein Titel, den er durch Ablegung einer staatlichen Diplomprüfung zu erwerben hat, deren Ausgestaltung in den Einzelstaaten des Bundes voneinander abweicht. Neben dem C. P. A. genießen in den Vereinigten Staaten aber auch zahlreiche nichtdiplomierte Berufsrevisoren hohes Ansehen. Führende Standesvereinigungen sind hier das „American Institute of Accountants" und „The American Society of Certified Public Accountants".

Einen selbständigen Revisorenberuf findet man heute in allen wirtschaftlich entwickelten Staaten der Welt. Es ist an dieser Stelle jedoch mangels des hierfür erforderlichen Raumes nicht möglich, die verschiedenartige Regelung des Revisionswesens in den übrigen Ländern auch nur andeutungsweise darzustellen. Interessenten seien auf das Literaturverzeichnis verwiesen.

4. In **Deutschland** ist im Zusammenhang mit dem Erlaß der Verordnung über Aktienrecht vom 19. September 1931 (kleine Aktienrechtsnovelle) das Revisionswesen auf eine neue Grundlage gestellt worden. Als repräsentativer Bücherrevisor ist in Deutschland nunmehr in erster Linie der „**öffentlich bestellte Wirtschaftsprüfer**" zu betrachten, der von den Länderregierungen oder den von diesen damit beauftragten Stellen durch Vereidigung bestellt wird. Für die Bestellung der „öffentlich bestellten Wirtschaftsprüfer" sind einheitliche Grundsätze maßgebend, die zwischen der Reichsregierung und den Regierungen der Länder vereinbart wurden. Die Approbation zum öffentlich bestellten Wirtschaftsprüfer setzt die erfolgreiche Ablegung einer Prüfung voraus, der sich der Kandidat vor einer Prüfungsstelle zu unterziehen hat, die sich aus Vertretern der zuständigen Industrie- und Handelskammern, des Revisions- und Treuhandwesens, sowie mindestens einem Hochschul-Dozenten der Betriebswirtschaftslehre und einem Beauftragten der Landesregierung zusammensetzt. Neben dem öffentlich bestellten Wirtschaftsprüfer genießen in Deutschland nach wie vor auch die „beeidigten" Bücherrevisoren öffentliche Anerkennung.

Der öffentlich bestellte Wirtschaftsprüfer nimmt insofern eine Sonderstellung innerhalb seiner Berufsklasse ein, als nur er die Befähigung zur Ausübung der Tätigkeit als „**Bilanzprüfer**" im Sinne des § 262a HGB. besitzt. Die Aufgabe des gesetzlichen „Bilanzprüfers" ist es, den Jahresabschluß der **Aktiengesellschaften** unter Einbeziehung der zugrunde liegenden Buchführung und des Geschäftsberichtes zu prüfen, bevor der Jahresabschluß der Generalversammlung zur Beschlußfassung vorgelegt wird (Pflichtrevision). Der „Bilanzprüfer" hat über das Ergebnis seiner Prüfung ein Zertifikat auszustellen, das in allen Veröffentlichungen und Vervielfältigungen des Jahresabschlusses der Aktiengesellschaften aufzunehmen ist. Dieses Zertifikat muß ergeben, ob nach pflichtgemäßer Prüfung auf Grund der Bücher und Schriften der Gesellschaft sowie der vom Vorstand erteilten Aufklärungen und Nachweise die Buchführung, der Jahresabschluß und der Geschäftsbericht den gesetzlichen Vorschriften entsprechen. Zu betonen ist, daß der Bilanzprüfer den Aufsichtsrat keineswegs ersetzen, sondern ihm lediglich die technische Durchführung seiner Kontrollfunktion erleichtern soll. **Oberstes** Kontrollorgan der Aktiengesellschaften bleibt daher nach wie vor der **Aufsichtsrat**.

Für **Versicherungsgesellschaften** ist die Pflichtrevision durch das Ergänzungsgesetz vom 30. März 1931 zum Versicherungsaufsichtsgesetz eingeführt worden. Die deutschen **Genossenschaften** sind einer periodischen Pflichtrevision bereits seit 1889 gesetzlich unterworfen.

Neben dem Einzelrevisor betätigen sich in Deutschland auf dem Gebiete der Buch- und Betriebsrevision in hervorragendem Maße auch **Treuhandgesellschaften**, worin es begründet liegt, daß es sich in der Deutschen Fachterminologie eingebürgert hat, die Begriffe „Bücherrevisor" und „Treuhänder" weitgehend zu identifizieren. Auch Treuhandgesellschaften können, wie natürliche Personen, sofern sie bestimmte Voraussetzungen erfüllen, zu „öffentlich bestellten Wirtschaftsprüfern" ernannt werden. Nach einer Statistik, die dem von Dr. H. Ertel herausgegebenen Treuhandverzeichnis entnommen ist, bestanden im Jahre 1930 in Deutschland 493 eingetragene Treuhandgesellschaften, darunter 7 mit einem ausgewiesenen Eigenkapital von mehr als 500000 RM. und 4 von mehr als 1000000 RM. Ob sich die Entwicklung im deutschen Revisionswesen zur Treuhandgesellschaft oder in stärkerem Maße zum Einzelrevisor hin vollziehen wird, bleibt abzuwarten. Von repräsentativen deutschen Standesverbänden seien der Verband deutscher Bücherrevisoren (VDB.) erwähnt, in dem die beeidigten Einzelrevisoren zusammengeschlossen sind, sowie der Reichsbund deutscher Treuhand-Aktiengesellschaften und der Verband deutscher Treuhand- und Revisionsgesellschaften e. V. (Treuhandverband), die beiden Spitzenverbände der deutschen Treuhandgesellschaften. Im Jahre 1930 errichteten die Verbände der Einzelrevisoren und Treuhandgesellschaften gemeinschaftlich das Institut für das Revisions- und Treuhandwesen e. V., Berlin, aus dem das „Institut der Wirtschaftsprüfer" hervorgegangen ist, das heute die Standesorganisation der öffentlich bestellten Wirtschaftsprüfer (Einzelprüfer und Gesellschaften) darstellt.

II. Einzelheiten der Revision.

Nur in ganz wenigen Ausnahmefällen wird man sich bei einer Bilanzrevision darauf beschränken können, lediglich zu kontrollieren, ob die in der Bilanz ausgewiesenen Ziffern mit den Eintragungen im Hauptbuch übereinstimmen. Im allgemeinen versteht man vielmehr unter einer Bilanzrevision nicht nur die Revision der „Bilanz", sondern in erster Linie auch die Revision der buchhalterischen Bilanzquellen, also des gesamten Rechnungswesens einer Unternehmung, soweit es irgendwie auf die Gestaltung der Bilanz Einfluß hat. In der üblichen Revisionsterminologie unterscheidet man eine formelle und eine materielle Revision. Über die Abgrenzung beider Revisionsarten bestehen in der Praxis allerdings nur recht verschwommene und wenig einheitliche Vorstellungen. Unter „formeller" Revision hat man eine Kontrolle zu verstehen, die sich auf die rein rechnerische Nachprüfung und Prüfung der ziffernmäßigen Übereinstimmung zwischen Buchungsbelegen, Bucheintragungen und Kontoüberträgen beschränkt, ohne auf den wirtschaftlichen Kern der einzelnen Buchungsvorgänge einzugehen. „Materiell" ist eine Revision dann, wenn sie nicht nur die formelle Seite der Kontrolle berücksichtigt, sondern sich auch mit den Fragen der Bewertung und Kalkulation befaßt, die rechtliche Ordnungsmäßigkeit der Geschäftsgebarung und des Rechnungswesens überprüft, die Verpflichtungen und Haftungen feststellt, die sich nicht ohne weiteres aus der Rechnungslegung ersehen lassen, die Zusammensetzung und Qualität der Debitoren sowie die Bestandsziffern und Inventuraufnahmen kritisch beleuchtet, kurz — die Kontrolle des Rechnungswesens unter einem Gesichtswinkel vornimmt, der auf die wirtschaftlichen Hintergründe der Buchungsvorgänge abgestellt ist und in die betriebswirtschaftlichen Zusammenhänge eindringt, die für den Aufbau und die Entwicklung des Unternehmens von Bedeutung sind. Ob die Revision formell oder materiell durchgeführt werden soll, hängt von der Zweckbestimmung ab, die mit ihr verfolgt wird. Einigkeit besteht sowohl im Schrifttum als auch in der Praxis darüber, daß die periodische Revision der Jahresbilanzen „materiell" durchgeführt werden muß, wenn sie ihren Zweck erfüllen soll. Bei der Verschiedenartigkeit der zu prüfenden Materien erscheint es ausgeschlossen, allgemeingültige Richtlinien für die Durchführung einer Bilanzrevision aufstellen zu können, wenn es auch eine Reihe typischer Gesichtspunkte gibt, die bei jeder Revision grundsätzliche Berücksichtigung finden müssen. Für die Durchführung der „Pflichtrevision" gelten bei Aktiengesellschaften die Vorschriften des § 262a Abschn. 2 HGB. Hinsichtlich der Revisionstechnik unterscheidet man die progressive und retrograde Methode, je nachdem der Revisor bei seinen Arbeiten von den Buchungsbelegen aus in die einzelnen Zweige des Rechnungswesens vorwärtsdringt oder vom buchhalterischen Endergebnis aus auf die Grundbuchungen zurückgeht. Bei Revisionen größeren Umfanges sind lückenlose Nachprüfungen der einzelnen Geschäftsvorfälle nicht üblich. Man begnügt sich in solchen Fällen mit der Vornahme von Stichproben, die jedoch nach einem gewissen System anzustellen sind, welches auf die Eigenheiten des zu prüfenden Komplexes Rücksicht zu nehmen hat. In der Auswahl der Stichproben spiegelt sich die Routine des Revisors wieder, dessen Sachkenntnis und Erfahrung es überlassen bleiben muß, über die Ausdehnung und Art der Kontrolle im Einzelfalle zu entscheiden. Für die Beurteilung der rechtlichen Ordnungsmäßigkeit der Bilanz ist für Einzelkaufleute und Personengesellschaften in Deutschland § 40 HGB. maßgebend, für Gesellschaften mit beschränkter Haftung § 42 GmbH.-Gesetz, für Aktiengesellschaften §§ 261 und 261a—c. Problematisch ist die Frage der Möglichkeit einer mengenmäßigen Nachprüfung der Inventur. Nur in den seltensten Fällen wird der Revisor bei der Aufnahme der Inventur persönlich zugegen sein. Er muß daher nach Methoden Umschau halten, die es ihm nachträglich gestatten, sich trotz der seit dem Bilanzstichtage eingetretenen Bestandesveränderungen ein Urteil über die Richtigkeit der Inventur zu bilden, wobei er sich wohl meistens auf die Vornahme von Stichproben beschränken kann. Die Aktiengesellschaften haben bei der Gliederung ihrer Bilanz die Vorschriften des § 261a HGB. einzuhalten. Der Revisor, der in die Struktur der Bilanz bis ins letzte eindringen soll, hat vor allem auch bilanzanalytische Untersuchungen anzustellen und die einzelnen Posten der Bilanz, nach dem er ihre Rechnungsgrundlagen einer genügenden Kontrolle unterzogen hat, nach den Gesichtspunkten des mit der Revision verfolgten Zweckes zu gruppieren. Der Revisionsbericht hat sich jedoch in jedem Falle auf die Zusammenstellung objektiver Tatbestände zu beschränken. Ein subjektiv gefärbter Revisionsbericht wäre ein „Gutachten", das als solches ausdrücklich gekennzeichnet werden müßte. Die Begutachtung liegt außerhalb des Revisionskreises. Sie stellt die subjektive Auswertung des in sich abgeschlossenen objektiven Revisionsergebnisses dar. Die Kunst der Berichterstattung muß es sein, durch eine sinnvolle Auswahl, Gruppierung und Gegenüberstellung der Revisionskomplexe dem Revisionsbericht — bei aller Objektivität — doch bestimmte Charakterzüge aufzuprägen, die stillschweigend die Richtung weisen, in der sich die spätere Auswertung zu bewegen hat. Die Qualität eines Revisionsberichtes wird häufig von den unausgesprochenen Dingen bestimmt, die eine sachverständige Kritik „zwischen den Zeilen" zu lesen vermag. Stets sollte der Revisionsbericht die Grundlagen für die Beurteilung der Liquidität und Rentabilität des kontrollierten Betriebes liefern. Darüber hinaus ist es aber auch erwünscht, sich aus dem Bericht ein Urteil über die fixen und proportionalen (produktiven) Kosten, die Art und Höhe der Abschreibungen und des Umsatzes (Umsatzgeschwindigkeit) bilden zu können. Dies setzt voraus, daß die Bilanz das Anlagevermögen, die Beteiligungen und das Betriebsvermögen in spezifizierter Gruppierung gesondert ausweist, daß ferner die Außenstände und Verbindlichkeiten nach kurzfristigen und langfristigen Fälligkeiten aufgeteilt und gegenübergestellt werden, daß Kompensierungen von Schulden und Forderungen unterbleiben und sämtliche Eventualverpflichtungen (Wechsel obligo, Avale usw.) ersichtlich sind. Wesentlich ist es auch, daß die Grundsätze der Bewertung aus dem Revisionsbericht hervorgehen, um ein Bild über den „inneren" Wert (stille Reserven!) des Unternehmens zu erhalten. Unerläßlich ist schließlich eine genaue Aufteilung der Aufwands- und Ertragskonten. Mit der Revision der Bilanz muß daher stets auch eine Revision der Gewinn- und Verlustrechnung verbunden sein, die einen detaillierten Nachweis der Bruttoerträge aus den einzelnen Geschäftssparten und der fixen Handlungsunkosten erbringt. Bei Aktiengesellschaften hat die Gliederung der Gewinn- und Verlustrechnung nach den Vorschriften des § 261c HGB. zu erfolgen. Die Feststellungen der Revision sollten sich möglichst auch auf die zurückliegenden zwei oder drei Geschäftsjahre erstrecken, um einen Vergleichsmaßstab für die fortschreitende Entwicklung der Unternehmung zu erhalten. Bei derartigen Vergleichsrevisionen hat man jedoch sorgfältig darauf zu achten, daß aus den Erfolgsrechnungen die Konjunktureinflüsse eliminiert werden, da sich nur auf diese Weise die tatsächliche Betriebsrentabilität errechnen läßt, die allein maßgebend für die Beurteilung der Betriebsorganisation ist.

Literatur: Le Coutre: Kurzgefaßter Literatur- und Quellennachweis zur Betriebswirtschaftslehre. Berlin, Leipzig und Wien: Leopold Weiß 1931. — Voss: Handbuch für das Revisions- und Treuhandwesen. Stuttgart: C. E. Poeschel Verlag 1930. — Grundriß der Betriebswirtschaftslehre (Mahlberg, Schmalenbach, Schmidt, Walb), Bd. 10. Leipzig: C. A. Gloeckner 1926. (S. dort insbesondere die Artikel von Prof. O. Sillén, Stockholm und Dipl.-Kaufmann Dr. Bork, Köln.) — Archiv für das Revisions- und Treuhandwesen, Zeitschrift des V. D. B., Jg. XXVII, H. 1, 2, 3, 4, 5. Leipzig: C. A. Gloeckner.

Kurt Hirschfeld.

Revisorenverbände s. *Revision der Bilanz 1.*

Revolving-Kredit ist im engeren Sinne eine Form des im Überseegeschäft üblichen Dokumentenkredits, bei dem die lästigen Formalitäten der ständig wiederholten Kreditansuchen fortfallen. Statt daß jedesmal bei Fälligkeit der Wechsel ein neuer Kreditantrag gestellt werden muß, der nochmals überprüft wird, wird der Kredit von vornherein für längere Dauer gewährt. Der Kreditnehmer muß nur die fälligen Wechsel durch neue ersetzen und die notwendigen Dokumente zur Volldeckung des Kredits nachliefern. Das ändert nichts an der Tatsache, daß es sich effektiv um kurzfristigen Wechselkredit handelt, der jedesmal automatisch erneuert würde (daher der Name). Im übertragenen (und nicht berechtigten) Sinne wird die Bezeichnung R. gebraucht für einen Kredit, dessen wiederholte Prolongation von vornherein vereinbart wird.

Ricambio, Wechsel, der beim Akzeptanten m. Z. protestiert wurde und daher retour geht, Rückwechsel, Retoure.

Ricardo s. *Geldtheorien,* vgl. *Öffentlicher Kredit I 2.*

Rigaer Börse s. *Randstaaten IV.*

Rimesse, gezogener, aber noch nicht akzeptierter Wechsel.

Rio de Janeiro (Börse von) s. *Südamerika III.*

Risiko, geographisches, s. *Rentenmarkt 4.*

Risiko der Verfügbarkeit (e. *risk of inavailability*) ergibt sich daraus, daß der Gläubiger zur Zeit der Geldhergabe nicht genau übersehen kann, ob er die Mittel nicht schon vor Ablauf der Kreditfrist benötigen wird; daraus ergibt sich eine Tendenz zu niedrigerem Stand des kurzfristigen Leihsatzes im Vergleich zum langfristigen. Die Tendenz wird wesentlich gemildert a) durch die Verwendung negoziabler Schuldurkunden, b) durch die Möglichkeit (für den Schuldner) kurze Kredite für lange substituieren zu können. Vgl. F. Lavington, The english capital market, L. 1921 (III. Teil); K. Kock, A study of interest rates, L. 1929 (III. Kap.). M. P.

Risikoverteilung s. *Investment Trusts.*

Ristorno: 1. s. v. w. Storno, Rückgängigmachung von Buchungen usw., 2. Rückzahlung von Prämien in der Sachversicherung unter gewissen Bedingungen (vgl. HGB. 894—97 § 68 VVG.).

Roggenrentenbank s. *Hypothekenbanken 5.*

Rohbilanz s. *Bilanz I 1.*

Roter Scheck s. *Effektengiroverkehr 3.*

Rothschild s. *Geschichte des Bankwesens III,* Organisation des Hauses R. s. *Persönlichkeit und Organisation im Bankwesen 3.*

— **gruppe** vgl. *Konsortialgeschäfte 3.*

Royal Exchange, Name des Londoner Börsengebäudes.

Royal Bank of Canada s. *Kanada.*

royalty (e): 1. Regal, öffentliche Abgabe, 2. Lizenzgebühr, vgl. *goodwill.*

Rückfluß des Kredites, selbsttätiger, s. *selfliquidating.*

— **kauf von Anleihen** s. *Rentenmarkt 6.*

rückläufige Überweisung s. *Bargeldloser Zahlungsverkehr 3.*

Rückprämie s. *Prämiengeschäft.*

Rückstellungen s. *Reserven,* vgl. *Abschreibungen,* vgl. *Bilanz I 2.*

Rückwechsel ist der Wechsel, den der Inhaber eines zu Protest gegangenen Wechsels auf den regreßpflichtigen Vormann ziehen darf. Der R. darf außer der Regreßsumme noch die Spesen des R. selbst enthalten.

Rumänien, Geld- und Kapitalmarkt, Börse.

1. *Währungswesen.* Die im Oktober 1890 in Rumänien eingeführte Goldwährung wurde am 1. August 1920 durch eine Papierwährung ersetzt. Die Rechnungseinheit ist der rumänische Leu (Mehrzahl Lei) gleich 100 Bani. Gold- und Silbermünzen wurden vom Staat eingezogen und sind seitdem nicht mehr in Umlauf gekommen. Die im Umlauf befindlichen Noten der Banca Nationala sind gesetzliches Zahlungsmittel. Sie lauten auf 1000, 500, 100, 20, 5, 2 Lei und 1 Leu.

Die Banca Nationala (Banque Nationale de Roumanie) wurde im Jahre 1881 als Aktiengesellschaft mit einem Grundkapital von 100 Millionen Lei, von dem ein Drittel im Besitze des Staates war, gegründet und mit dem Recht alleiniger Notenausgabe versehen. Es bestand Goldeinlösungspflicht für die im Umlauf befindlichen Banknoten, die zu 40% gedeckt waren (30% bestanden aus französischen, englischen und deutschen Guthaben der Nationalbank). Nach einem am 19. Mai 1925 zustande gekommenen Vertrag zwischen der Nationalbank und dem rumänischen Staat verpflichtete sich der letztere, seine Schuld an die Nationalbank in jährlichen Raten in der Weise abzudecken, daß einem zu diesem Zwecke gegründete Amortisationsfonds im Laufe von 20 Jahren je 700 Millionen Lei zugeführt wurden. Gleichzeitig erfolgte eine Kontingentierung des Notenumlaufes auf dem Stande vom 31. Dezember 1924 (ca. 21 Milliarden Lei). Das Notenprivileg der Bank ist bis zum Jahre 1960 verlängert und die Bank ist verpflichtet, monatliche Ausweise und zweimal im Jahre Bilanzen zu veröffentlichen. Auf Grund einer im Juli 1928 von einer ausländischen Finanzgruppe gewährten Anleihe in Höhe von 20 Millionen Dollar wurde die Stabilisierung der Währung auf Goldbasis (1 Leu = 10 mg Gold 900 fein, entsprechend also einem Kurse von 3,10 Schweizer Franken für je 100 Lei) vorgenommen. Die Goldeinlösungspflicht wurde neuerdings eingeführt, beschränkt sich aber, sofern sie nicht zeitweilig durch Regierungsverordnungen außer Kraft gesetzt wird, auf Beträge von über 10000 Lei. Die vorgeschriebene Reserve an Gold und Golddevisen beträgt 35% des Umlaufs. Die Schuldsumme des Staates wurde gleichzeitig definitiv auf 4 Milliarden Lei herabgesetzt.

2. Kapitalmarkt. Der Stand der Spareinlagen (Staatliche Sparkasse in Bukarest) belief sich zum Jahresende 1928 auf 187,2, 1929 auf 198,6, 1930 auf 245,1 Millionen Lei, um im Jahre 1931 zeitweilig 300 Millionen Lei zu übersteigen. Die Summe der von der Nationalbank diskontierten Wechsel schwankte in den Jahren 1928—1930 zwischen 3,3 und 3,7 Milliarden Lei, um dann bei der Zuspitzung der Krise 1931 einen Rückgang auf ca. 2,6 Milliarden zu erfahren. Im Zusammenhang mit der im Sommer 1931 ausgebrochenen rumänischen Bankenkrise erhöhte sich der Stand des diskontierten Wechsel auf 5 Milliarden. Die Gesamtziffer der jährlichen neuen Kapitalemissionen und der jährlichen Ersparnisse Rumäniens wird von der Nationalbank für 1928 mit 384,5, für 1929 317,8 und für 1930 mit 459,6 Millionen Lei im Monatsdurchschnitt angegeben. Im Zusammenhang mit der krisenhaften Zuspitzung im Jahre 1931 ist dann ein bedeutender Rückschlag eingetreten.

3. Börse. Die Bukarester Börse hat ihre internationale Bedeutung hauptsächlich durch ihren Markt der Aktien wichtiger rumänischer Petroleumgesellschaften. Die führenden Werte dieses Gebietes wie besonders die Aktien der „Steaua Romana" sowie ihrer Holdinggesellschaft, der „Steaua Romana Francaise", der „Concordia" usw. sind auch an den westeuropäischen Börsen, insbesondere in Paris und Brüssel, teilweise sogar im Terminhandel, zur Einführung gelangt und bieten dort gelegentlich Anlaß zu einem gewissen Arbitrageverkehr mit Bukarest, der sich aber mit Rücksicht auf die erschwerenden rumänischen Devisenbestimmungen zumeist nur in recht schwerfälliger Form abzuwickeln vermag. Eine größere Anzahl, zum Teil relativ gut fundierter anderer Petroleumgesellschaften findet gelegentlich auch in Westeuropa Interesse und die Aktien dieser Werte bilden somit auch am häufigsten den Gegenstand rumänischer Kaufaufträge für den Bukarester Markt. Dies gilt schon in wesentlich geringerem Maße für die Staatsrenten und die Werte der rumänischen Eisenindustrie, von denen die Aktien der Reschitza am bekanntesten sind. Fast alle diese Werte sind Namensaktien, deren Übertragung auf ausländische Besitzer gewisse Schwierigkeiten mit sich bringt.

Die Bukarester Börse findet täglich von 10,30 bis 13 Uhr, am Sonnabend von 16,30—17 Uhr statt. Lediglich Kassageschäfte sind zugelassen und die gehandelten Effekten müssen innerhalb 24 Stunden geliefert bzw. abgenommen werden. Als Einheitsschlüsse gelten Posten von 10 Stück. Lediglich bei den Aktien der Astra Romana und der Rumänischen Nationalbank sind auch Schlüsse von 1 Stück zulässig. Ausländische Werte werden nicht notiert. Bei Staatspapieren ist ein Stempel von 1‰ und eine Courtage von $1\frac{1}{2}$‰ zu entrichten, bei Aktien beträgt der Stempel 2‰, die Courtage ist gestaffelt, z. B.:

3 Lei per Stück bei einem Kurswert von 1— 500 Lei
5 „ „ „ „ „ „ „ 501—1000 Lei

Literatur: Von Effektenhandbüchern ist „Compass", Finanzielles Jahrbuch, Abteilung Rumänien, recht zuverlässig. Über die Verhältnisse des Geld- und Kapitalmarktes sowie der Währung gibt das allmonatlich erscheinende, von der Nationalbank herausgegebene und an Interessenten unentgeltlich versandte „Bulletin D'Information" eingehende Aufschlüsse. Hier findet sich auch alles Nähere über die vielfach wechselnden jeweiligen Devisenvorschriften. Weiteres Material: „Anuarul Statistic al Romaniei", alljährlich in Bukarest erscheinend, und Vierteljahreszeitschrift „Roumania" in New York.

G. S.

Run s. *Panik und Panikbekämpfung.*

Rußland, Geld- und Kapitalmarkt in, s. u. *Sowjetbankwesen.*

S.

Sachausgaben (als Unkostenfaktor) s. *Erträgnisse des Bankgewerbes II 4.*

— einlagen = Sacheinbringung s. *Bezugsrecht*, s. *Aktiengesellschaft III.*

— gründung s. *Aktiengesellschaft III.*

— lebensversicherung ist der jüngste, in Deutschland entwickelte Zweig der Sachversicherung. Sie beruht auf dem Gedanken, daß Sachgüter ebenso wie Lebewesen eine durchschnittliche Lebensdauer haben und man daher auf Grundlage der wahrscheinlichen Lebensdauer eine Versicherung gegen vorzeitigen Vorschleiß abschließen konne. Gleichzeitig soll die Versicherung denselben Zweck wie ein Erneuerungsfonds haben, also nach Ablauf der durchschnittlichen Lebensdauer oder bei vorzeitigem Unbrauchbarwerden die Neuanschaffung ermöglichen. Der Vorteil der S. wird in Verteilung des Risikos vorzeitiger, außerordentlicher Abnützung gesehen. Man unterscheidet Haus-, Schiffs-, Auto-, Waggon- und Maschinen-Lebensversicherung. Größere Ausdehnung hat nur die *Hauslebensversicherung* (s. d.) genommen (vgl. a. *Abschreibungen*).

Sachversicherung s. *Privatversicherung I.*

Sachwertanleihen s. *Rentenmarkt 7.*

Sachwertanleihen öffentlicher Körperschaften vgl. *Öffentlicher Kredit II 6.*

Sächsische Staatsbank s. *Staatsbanken.*

Säkulare Bewegungen (Trend) s. *Konjunkturbeobachtung*, s. a. *Rentenmarkt.*

Safe- (Miete) s. *Schrankfachvertrag.*

Saint-Simonisten als Propagandisten eines Banktyps s. *Credit Mobilier 3*, s. a. *Sozialisierung des Bankwesens 2.*

Saisonindexzahl s. *Konjunkturbeobachtung* sowie *Notenbankpolitik 9.*

— kredit s. *Kredit II*, vgl. *Agrarkredit*, vgl. *Stillhalte-Abkommen.*

— schwankung s. *Konjunkturbeobachtung.*

Saldo = Überschuß einer Seite des Kontos, daher Habensaldo (Creditsaldo, Aktivsaldo), Sollsaldo (Debetsaldo, Passivsaldo). Saldenbildung s. *Bilanz I 1.* Saldierung (von Soll- und Habenzinsen) vgl. *Erträgnisse des Bankgewerbes I 3.*

salesmen (e) besorgen in USA. als Agenten, großenteils in Form des Hausierhandels den Vertrieb von Effekten. bond s. Agenten für bonds. Sie erhalten eine das Emissionswesen der USA. stark verteuernde Kursbonifikation von meist 2% ja mehr Prozent.

Salings Börsen-Jahrbuch s. *Handbuchwesen.*

Sammelanleihen, Sammelablösungsanleihen s. *Emissionsgeschäft I 3* u. f., vgl. *Öffentlicher Kredit II 3.*

— **depot** s. *Effektengiroverkehr*, s. *Depotrecht I B 4.*

— **journal** s. *Buchhaltungswesen I 3.*

— **scheck** nennt man die im Postscheckverkehr gebräuchlichen Schecks, die eine beliebige Anzahl Anweisungen auf verschiedene Zahlungsempfänger in einer Summe zusammenfassen. Hierzu wird das übliche Postscheckformular benutzt, dem aber jeweils eine Liste beigefügt wird, in der Empfänger und Adressen der Einzelschecks bzw. -anweisungen unter Nennung der jeweiligen einzelnen Beträge aufgeführt sind. Dieser Scheck ist wie der auf Namen lautende Einzelpostscheck ein Rektascheck, da er nicht giriert werden kann. Er wird auch dem bezogenen Postscheckamt unmittelbar zugestellt. Als Einzelschecks werden bei der Zusammenfassung durch Sammelscheck vereinfachte Vordrucke (Ersatzüberweisungen bzw. Zahlungsanweisungen genannt) verwendet. (Vgl. *Postscheckverkehr*). O. S.

São Paulo (Börse von) s. *Südamerika III.*

Saving Certificates vgl. *Banksparverkehr II 2.*

A. Schaaffhausenscher Bankverein s. *Persönlichkeit und Organisation 6*, s. a. *Industrie und Banken I.*

Schachtelprivileg. Die wirtschaftlichen Gründe, welche veranlaßt haben, das Sch. in dem neuen Reichssteuerrecht weitestgehend zu berücksichtigen, sind in dem Entwurf zur Begründung des Reichsbewertungsgesetzes dargelegt: „Eine mehr als zweifache Besteuerung desselben Vermögens steht dann in Frage, wenn die Anteile an einer Unternehmung nicht einer natürlichen Person gehören, sondern wiederum einer Unternehmung, die ihrerseits selbst zur Steuer herangezogen werden wird. Diese mehrfache Besteuerung wird dadurch wesentlich gemildert, daß die Anteile an den Unternehmungen bei dem Eigentümer nur mit ihrem halben Wert angesetzt werden. Diese Milderung scheint jedoch für die Fälle nicht auszureichen, in denen es sich nicht um einen verhältnismäßig geringen Anteilsbesitz von unbestimmter Dauer handelt, sondern die Beteiligung der einen Gesellschaft an der anderen eine derartig weitgehende ist, daß an sich sogar eine volle Verschmelzung beider Unternehmungen und damit der Wegfall der mehrfachen Besteuerung in Frage käme, von der Verschmelzung aber aus beachtenswerten wirtschaftlichen Gründen abgesehen wird. Auf solche wirtschaftlichen Erscheinungen muß die Gesetzgebung Rücksicht nehmen, um eine erfolgende wirtschaftliche Entwicklung nicht dadurch zu hemmen, daß die Wirtschaft ihre Formen anstatt nach rein wirtschaftlichen nach steuerlichen Gesichtspunkten wählt."

Unter Sch. versteht man demnach die Vermeidung einer Doppelbesteuerung, wenn sich die Anteile gewisser Gesellschaften im Besitz anderer Gesellschaften befinden. Vergünstigungen der bezeichneten Art finden sich im Körperschaftssteuergesetz § 11 Abs. 3, § 25; im Reichsbewertungsgesetz § 27; in der Preußischen Gewerbesteuerverordnung § 5 Abs. 4, § 6.

Nach § 11 Abs. 3 des Körperschaftssteuergesetzes bleiben bei der Ermittlung des Einkommens im Falle der unbeschränkten Steuerpflicht folgende Einkünfte außer Ansatz: bei Erwerbsgesellschaften (§ 4 Abs. 1, 3) und Betrieben oder Verwaltungen im Sinne des § 2 Nr. 3, die nachweislich seit Beginn des Steuerabschnitts auf Grund ihres Besitzes an Aktien, Kuxen, Anteilen oder Genußscheinen einer anderen Erwerbsgesellschaft mindestens zu einem Viertel an dem Grund- oder Stammkapital oder, wenn ein solches nicht vorhanden ist, an dem Vermögen dieser Erwerbsgesellschaft beteiligt sind, die auf den bezeichneten Besitz entfallenden Gewinnanteile jeder Art. Als Erwerbsgesellschaften gelten nach § 4 KörpStG. ohne Rücksicht auf die Art ihres Betriebes Aktiengesellschaften, Kommanditgesellschaften auf Aktien, Kolonialgesellschaften, bergbautreibende rechtsfähige Vereinigungen und nichtrechtsfähige Berggewerkschaften, Gesellschaften mit beschränkter Haftung und Genossenschaften, ferner sonstige Personenvereinigungen mit wirtschaftlichem Geschäftsbetriebe, deren Zweck vorwiegend die Erzielung wirtschaftlicher Vorteile für sich oder ihre Mitglieder ist. Betriebe oder Verwaltungen im Sinne der erwähnten Vorschrift sind außer Erwerbsgesellschaften alle übrigen Körperschaften und Vermögensmassen des bürgerlichen Rechts, Betriebe und Verwaltungen von Körperschaften des öffentlichen Rechts und öffentliche Betriebe und Verwaltungen mit eigener Rechtspersönlichkeit mit gewissen Ausnahmen (vgl. Näheres § 2 KörpStG.).

Die Beteiligung muß nachweislich seit Beginn des Steuerabschnitts vorhanden gewesen sein. Es genügt also nicht, daß der Besitzstand bei Beginn oder am Schlusse oder zu irgendeinem Zeitpunkte des maßgebenden Steuerabschnitts mindestens ein Viertel der Aktien usw. der anderen Gesellschaft beträgt. Die Beteiligung muß sich mindestens auf ein Viertel an dem Grund- oder Stammkapital belaufen, ist also nicht wie nach dem früheren Recht auf die Zahl der Aktien, Kuxe, Anteile und Genußscheine abgestellt. Die Befreiungsvorschrift hat zur Folge, daß die Obergesellschaften die freigestellten Einkünfte ihrer Untergesellschaft von ihrem körperschaftssteuerpflichtigen Einkommen abziehen kann. Erzielt sie ein solches nicht, so wird man annehmen können, daß in der Steuerbilanz der Obergesellschaft der entstandene Verlustvortrag um die erwähnten Einkünfte aus der Tochtergesellschaft zu erhöhen ist.

Nach § 25 KörpStG. unterbleibt der Steuerabzug vom Kapitalertrag auch bei den Obergesellschaften des § 11 Nr. 3, sofern die Beteiligung wiederum ein Viertel des Kapitals der Untergesellschaft beträgt (vgl. Ausführungsbestimmungen über den Steuerabzug vom Kapitalertrag vom 21. Mai 1926 § 17). Wenn der Kapitalertrag nicht durch den Schuldner selbst, sondern eine Vermittlungsstelle (z. B. Bank, Depotstelle) gezahlt wird, hat der Schuldner die Steuer einzubehalten und abzuführen. Der Gläubiger kann die Befreiung im Erstattungsverfahren geltend machen (§ 18). Ist der Steuerabzug auf Grund des Sch. nicht oder nur teilweise vorzunehmen, so hat der Schuldner dem Finanzamt den Grund für die Nichtabführung darzulegen. Das Finanzamt kann die Unterlagen einfordern.

Vermögenssteuer: § 46 des Reichsbewertungsgesetzes bestimmt: Ist eine inländische Gesellschaft (in diesem Falle im Gegensatz zu den Bestimmungen des KörpStG nur die Aktiengesellschaften, Kommanditgesellschaften auf Aktien, Kolonialgesellschaften, bergbautreibende rechtsfähige Vereinigungen und nichtrechtsfähige Berggewerkschaften, Gesellschaften mit beschränkter Haftung, Genossenschaften, Versicherungsvereine auf Gegenseitigkeit, Hypothekenbanken, Schiffsbeleihungsbanken) als Muttergesellschaft an dem Vermögen einer unter die gleiche Vorschrift fallenden inländischen Tochtergesellschaft mindestens zu einem Viertel beteiligt, so bleibt der Wert dieser Beteiligung bei der Muttergesellschaft außer Ansatz. § 9 der Durchführungsbestimmungen zum Reichsbewertungsgesetz und zum Vermögenssteuergesetz für die Einheitsbewertung und Vermögenssteuerveranlagung nach dem Stande vom 1. Januar 1931 vom 22. Mai 1931 schreibt hinsichtlich der Bewertung für das Sch. folgendes vor:

Für die Beurteilung der Frage, ob die für die Anwendung des Sch. erforderliche Beteiligungsquote vorliegt, ist das Wertverhältnis zugrunde zu legen, in dem die im Besitze der Muttergesellschaft befindlichen Anteile und Genußscheine an der Tochtergesellschaft zu sämtlichen Anteilen und Genußscheinen an der Tochtergesellschaft stehen. Es kann also in den Fällen, in denen die Tochtergesellschaft nur eine Gattung von Anteilen ausgegeben hat, von den Nennbeträgen ausgegangen werden, da hier das Verhältnis der Nennbeträge dem Verhältnis der Werte entspricht. In den Fällen, in denen die Tochtergesellschaft mehrere Gattungen von Anteilen oder neben Anteilen auch Genußscheine ausgegeben hat, sind die Anteile und Genußscheine mit den Steuerkurswerten (§§ 34—37 der zitierten Durchführungsbestimmungen) oder ermittelten Verkaufswerten anzusetzen. Als inländische Muttergesellschaft ist jede inländische Gesellschaft der eingangs erwähnten Art anzusehen, die an einer anderen inländischen Gesellschaft der bezeichneten Art beteiligt ist, es sei denn, daß die Beteiligung offensichtlich nur vorübergehend ist, insbesondere spekulativen Zwecken dient. Als Tochtergesellschaft im Sinne dieser Vorschrift ist die Gesellschaft anzusehen, an der die Beteiligung besteht.

In der Vermögenssteuererklärung hat also die Muttergesellschaft das Vermögen ihrer Tochtergesellschaft herauszulassen. Das gleiche gilt für die Steuer auf Grund der Industriebelastung (vgl. Durchführungsbestimmungen zum Gesetz über die Industriebelastung vom 30. August 1924, 28. Oktober 1924 § 4).

An Einzelheiten aus der Rechtsprechung ist hervorzuheben das Urteil des Reichsfinanzhofs vom 29. September 1931. Die Entscheidung besagt, daß die Anwendung des Sch. nicht zu einem steuerbilanzmäßigen Verlust führen kann, der in den nächsten beiden Steuerabschnitten steuerfrei abgedeckt werden kann. Ferner steht nach Mrozek: Steuerrechtsprechung RFH. Ia 451 und 452/30, Urteil vom 24. März 1931, das Sch. bei Beteiligungen an Betrieben und Verwaltungen jedenfalls dann nicht zu, wenn die Tochterunternehmungen nicht die Rechtsform einer Erwerbsgesellschaft haben.

Gewerbesteuer: Nach § 5 der Verordnung über die vorläufige Neuregelung der Gewerbesteuer (Gewerbesteuerverordnung vom 15. März 1927) wird der Gewerbeertrag nach den Bestimmungen des Reichseinkommensteuergesetzes über das steuerbare Einkommen aus Gewerbebetrieb und dessen Ermittlung festgestellt. Nach Abs. 4 gelten aber infolge ausdrücklicher Vorschrift als Gewerbeertrag nicht bei Gesellschaften, die nachweislich seit Beginn des der Veranlagung zugrunde gelegten Geschäftsjahres mindestens ein Viertel der gesamten Aktien, Kuxe, Anteile und Genußscheine einer anderen Erwerbsgesellschaft besitzen, die hieraus entfallenden Gewinnanteile jeder Art.

Für die Gewerbekapitalsteuer gilt folgender Grundsatz: Gewerbekapital ist das Betriebsvermögen im Sinne des Reichsbewertungsgesetzes, soweit es dem gewerbesteuerpflichtigen Betriebe dauernd gewidmet ist. Es gilt also analog auch für die Gewerbekapitalsteuer die Vorschrift des § 46 des Reichsbewertungsgesetzes, d. h. die erwähnten Beteiligungen an Tochtergesellschaften bleiben für die Gewerbekapitalsteuer außer Ansatz.

In den übrigen deutschen Ländern sind ähnliche Bestimmungen gegeben.

Literatur: Deutsche Steuerzeitung **1928**, 331ff. — Bankarch. **1925/26**, 124ff.

HERBERT V. BRESKA.

Schaltergeschäft s. v. w. *Tafelgeschäft* (s. d.).

Schatzanweisung s. *Öffentlicher Kredit II 4*, s. *Rentenmarkt 6*.

— **schein** = Schatzanweisung s. *Öffentlicher Kredit II 4*, s. *Rentenmarkt 6*.

— **wechsel** s. *Öffentlicher Kredit II 4*, s. *Öffentliche Kassenführung 2*.

Scheck. Wesentliche Erfordernisse: das Wort „Scheck" im Text, Zahlungsklausel, Guthabenklausel, Angabe des Bezogenen, des Betrags und des Ausstellungsdatums, sowie Unterschrift des Ausstellers. Über die verschiedenen Formen des Sch. s. *Bargeldloser Zahlungsverkehr 3*.

Scheckaustauschstelle s. *Abrechnungsverkehr*, s. a. *Inkasso*.

— **depositen** sind im amerikanischen Bankwesen die jederzeit gegen Schecks abhebbaren Einlagen.

Scheckklausel, das Wort „Scheck" im Text, das ein wesentliches Erfordernis der Gültigkeit des Schecks ist.

— **protest,** ähnlich wie der Wechselprotest.

— **prozeß,** ähnlich wie der Wechselprozeß.

— **tausch,** die in Frankfurt a. M. übliche Form der Tagesgeldgewährung. Die Scheckaustausch suchende Bank erhält einen Scheck auf die Frankfurter Bank; am nächsten Tag ist die Summe auf dieselbe Weise zurückzugewähren. Am Sch. sind nur erste Bankfirmen beteiligt.

Scheckvereinigung s. *Inkasso*.

— **verkehr** s. *Bargeldloser Zahlungsverkehr*.

Scheidegeld — Münzen s. *Münzwesen III*.

Schickschuld s. u. *Bringschuld*.

Schiefe Mitte s. *Prämiengeschäft*.

Schiffsbeleihungsbank s. f.

— **pfandbriefbanken** sind Institute, die nach dem Muster der Bodenkreditinstitute Darlehen auf Binnenschiffe geben und dafür Schuldverschreibungen, die sog. Schiffspfandbriefe ausgeben. In Deutschland hat allerdings der Schiffspfandbrief erst geringe Verbreitung erlangt. Es gibt drei deutsche Sch. in Berlin, Duisburg und Hamburg.

Schlagschatz (segneuriage) s. *Münzwesen II*.

Schließfach s. *Schrankfachvertrag*.

Schlußschein, — note s. *Makler* (Ende des Art.).

Schmelzwert, der Wert eines Unternehmens, der sich bei forcierter Auflösung ergäbe, also aus dem „Bruchwert" (Schrottwert) der Maschinen, dem „bestens" Verkauf evtl. Wertpapierbestände usw. Er bleibt also hinter dem Liquidationswert — dem erzielbaren Preis bei geregelter Abwicklung — zurück und erst recht gegen den Wert des weitergeführten Unternehmens, der den „Fassonwert" (*good will*, s. d.) einschließt (s. a. *Bilanz I 4*).

Schneider-Dahlheim s. *Handbuchwesen*.

Schrankfachvertrag.

I. Allgemeines.

Die Vermietung von Schrankfächern an die Bankkundschaft gehört nicht zum Depotgeschäft im eigentlichen Sinne. Es handelt sich nicht darum, daß die Bank irgendwelche Werte zur Aufbewahrung vom Bankkunden entgegennimmt. Sie vermietet gegen eine mäßige Gebühr, vorwiegend im Interesse des Kundendienstes (Zubringergeschäft) Schrankfächer verschiedener Größe mit oder ohne dem Fachraum angepaßter Stahlkassette und überläßt es dem Schrankfachmieter, in dem Fach (Kassette) selbst Gegenstände seiner Wahl zu verwahren. Die Bank ist also nicht Verwahrer des etwaigen Schrankfachinhalts, sondern sie verschafft ihrem Kunden die Gelegenheit eigener Verwahrung, ohne davon Kenntnis zu nehmen, welche Sachen dieser in seinem Fach verwahrt. Wesentlich ist also, daß der Gegenstand der Verwahrung Geheimnis des Mieters ist und bleibt. Die Bank muß es bei der Eigenart der Natur des Sch. grundsätzlich vermeiden, daß sie und ihre Angestellten Einblick nehmen oder erhalten davon, ob oder welche Gegenstände der Mieter im Schrankfach verwahrt. Sie gestattet ihm in der Geschäftszeit den Zutritt und gibt ihm Gelegenheit, unbeobachtet von Angestellten der Bank und anderen Schrankfachmietern das Fach oder die Kassette zum Bergen oder zur Entnahme zu benutzen. Wesentlich ist ferner die tresormäßige Sicherung der Schrankfächer gegen Feuer und Ordnungsbruch. Die Fächer sind in Stahlschränken innerhalb des Banktresors (Stahlkammer) oder in tresormäßigen Panzerschränken untergebracht unter Ausnutzung der modernen Technik der Spezialindustrie. Dazu tritt die Bewachung durch Wächterdienst und durch technische Sicherungsmittel. Wesentlich ist ferner der Doppelverschluß des Fachs; Mitverschluß durch Bank und Mieter. Jede Fachtür ist mit zwei Kunstschlössern versehen. Das eine Schloß ist bei allen Fächern oder gruppenweise einheitlich; die Bank hat dazu den Generalschlüssel. Das andere Schloß ist für jedes Fach einmalig, den Schlüssel dazu — üblicherweise im doppel — erhält der Mieter (die Bank behält keinen passenden Schlüssel zurück). Ebenso erhält der Mieter die Schlüssel — üblicherweise im doppel — zur Kassette; die Bank behält keine passenden Kassettenschlüssel zurück. Bank und Mieter sind also beim Aufschließen des Fachs auf gegenseitige Mitwirkung angewiesen. Die Schlösser sind ferner so eingerichtet, daß auch beim Zuschließen des Fachs beider Mitwirkung erforderlich ist. Der Mieter hat der Bank die zum Zutritt berechtigten Personen zu bezeichnen und ihre Unterschrift niederzulegen. Er erhält eine auf den Namen des Zutrittsberechtigten lautende Einlaßkarte und in einem verschlossenen Umschlag das Schüsselwort (Paßwort). Bei jeder Fachbenutzung durch den Mieter oder seinen Bevollmächtigten wird die Zutrittsberechtigung geprüft. Ausweis durch Abgabe der Unterschrift und — auf Verlangen der Bank — durch Nennung des Schlüsselwortes. Die Bank darf nach den üblichen Geschäftsbedingungen den Besitz der Einlaßkarte und des Schrankfachschlüssels bei Richtigbefund der Unterschrift als genügenden Ausweis ansehen.

II. Rechtsnatur und Inhalt des Schrankfachvertrags

Es handelt sich um einen Mietvertrag im Sinne des bürgerlichen Rechts (§§ 535ff. BGB.), ausgestaltet durch Sonderabreden nach Maßgabe der üblichen „Geschäftsbedingungen für die Vermietung von Schrankfächern". So die jetzt herrschende Meinung. Die Vorschriften über die Verwahrung (§§ 688ff. BGB.) oder über das Lagergeschäft (§§ 416ff. HGB.) können — zumal auch die Geschäftsbedingungen auf Miete abzielen — schon deshalb keine Anwendung finden, weil der Bank kein Gut „übergeben" und auch keine Abrede über künftige Übergabe getroffen wird. Pflichten und Rechte der Vertragsparteien sind die gleichen, ohne Rücksicht darauf, ob der Mieter von der ihm gebotenen Möglichkeit, Sachen in seinem Fach aufzubewahren, tatsächlich

Gebrauch macht oder nicht. Seine Vereinbarung mit der Bank geht auf Miete mit den Nebenabreden der Überwachung und Sicherung.

Es ist folgende Abrede üblich:

Die Bank haftet grundsätzlich für Sicherung und Bewachung der Stahlkammer im Rahmen der im Schrankfachverkehr erforderlichen Sorgfalt, aber nur bis zur Höhe der 500fachen Jahresmiete, im Höchstfall bis zu 20000 RM. für jedes Fach und nicht über den tatsächlichen unmittelbaren Schaden zur Zeit des Verlustes hinaus. Es bleibt dem Mieter überlassen, das Risiko durch eine Versicherung zu decken, deren Abschluß die Bank zu vermitteln bereit ist.

Diese Haftungsbeschränkung rechtfertigt sich aus dem gering bemessenen Mietzins, der wohl niemals die Unkosten deckt, und aus der Schwierigkeit, die Höhe eines etwa eintretenden Schadens von vornherein zu übersehen und später festzustellen. Weitere Abreden über Mietdauer, Aufbewahrung der Schlüssel und gewaltsamer Öffnung im Fall des Verlustes der Schlüssel üblich.

III. Die Besitzverhältnisse.

Das Schrankfach selbst steht infolge des Mitverschlusses im Mitbesitz von Bank und Mieter. Aus der Tatsache des Mitverschlusses wird vielfach der Mitbesitz an Kassette und Inhalt gefolgert. Es ist aber Alleinbesitz des Mieters anzunehmen. Der Mitverschluß kann Mitbesitz am Fachinhalt im Sinne tatsächlicher Gewalt (§ 854 BGB.) bedeuten, braucht es aber nicht. Auch beim Sch. ist Mitbesitz denkbar, nämlich beim Vorliegen einer entsprechenden Sonderabrede über die Bedeutung des Mitverschlusses (etwa im Sinne von § 1206 BGB.). Von solch besonderem, kaum praktischen Fall abgesehen, ist grundsätzlich daran festzuhalten, daß der Mitverschluß der Bank am Fach keinen Mitbesitz am Fachinhalt begründet. Da die Bank den Fachinhalt nicht besitzt, hat der Mieter gegen die Bank keinen Anspruch auf Herausgabe des Fachinhalts. Er hat lediglich den Anspruch auf Zutritt zur Stahlkammer und auf Mitwirkung der Bank bei Öffnung des Schrankfachs. Folgerungen: Keine Ablieferungspflicht der Bank, wenn im Fach ein Testament verwahrt wird (§ 2259 BGB.). Der Fachinhalt haftet der Bank nicht als Pfand (nach Maßgabe allgemeiner Geschäftsbedingungen) für Verbindlichkeiten des Mieters aus laufender Rechnung.

Pfändung aus Überweisung durch Gerichtsbeschluß. Gegenstand der Pfändung ist der Anspruch des Mieters auf Zutritt zur Stahlkammer und auf Mitwirkung bei Öffnung des Fachs (vgl. im übrigen Ohse, in JW. 1931, 2079).

Bevollmächtignng. Gegenstand der Vollmacht ist das Recht auf Zutritt zur Stahlkammer und Benutzung des Fachs, nicht das Recht, über den Fachinhalt zu verfügen; wichtig wegen der Stempelpflicht der Vollmacht (Wert: unschätzbar, wenn der Schrankfachinhalt nicht erwähnt ist; vgl. Bankarch. XVIII, 98, 106, 109, 118, 208; RG. 94, 74; 125, 89).

IV. Gesetzliche Vertretung.

Der gesetzliche Vertreter des Mieters (Vormund, Pfleger, Nachlaßpfleger) kann das Schrankfach benutzen und bedarf dazu nicht der Genehmigung des Gegenvormunds (Vormundschafts- oder Nachlaßgerichts), da der Gegenstand der Leistung der Bankgewährung des Zutritts zur Stahlkammer und Mitwirkung bei Öffnung — nicht in Geld oder Wertpapieren besteht (§§ 1813 Abs. 1 Nr. 1, 1812, 1915, 1962 BGB.). Bei Vermietung eines Schrankfachs an eine Ehefrau ist die Zustimmung des Ehemanns nicht erforderlich. Der Ehemann hat auch keinen Anspruch darauf, auf Grund seines gesetzlichen Nutznießungs- und Verwaltungsrechts die Rechte aus dem von seiner Ehefrau geschlossenen Sch. im eigenen Namen geltend zu machen, da es sich hierbei um Rechte handelt, die nur durch die Ehefrau persönlich ausgeübt werden können (OLG. 38, 89; Bankarch. *18*, 88; JW. *1918*, 777).

Nach § 163 der Reichsabgabenordnung muß die Bank sich über die Person des Schrankfachmieters vergewissern. Wegen der Pflicht der Bank, unter gewissen Voraussetzungen einem vom Finanzamt zu bezeichnenden Beamten unter Hinzuziehung des Mieters den Zutritt zum Schrankfach zu gestatten (vgl. § 209 RAO.).

Literatur: Vgl. hierzu Riesser-Bernstein: Depotgesetz, S. 47ff., und Staub-Koenige, Anm. 5ff., Anh. zu § 424 HGB., Düringer-Hachenburg-Lehmann, Anm. 33ff. im Anh. z. 5. Abschn. nach § 424 HGB. und das von den genannten Schriftstellern angeführte reichhaltige Schrifttum.

Georg Opitz.

Schroederabkommen (für rumänische Anleihen) s. *Valorisierung II.*

Schrot s. *Münzwesen IV.*

Schuldbuch-Eintragung zur Schuldsicherung s. *Öffentlicher Kredit II 5.*

Schuldensenkung. Der ständige Wechsel aller Wertverhältnisse hat häufig zur Folge, daß Schuldnern die Einhaltung der im Kreditvertrag vereinbarten Verpflichtungen unbillig erscheint oder sogar unmöglich wird. Sie leiten in solchen Fällen eine Aktion ein, um die Kreditbedingungen zu ihren Gunsten abzuändern.

I. Vertragliche Schuldensenkung.

Zuweilen gibt der Kreditvertrag selbst den Schuldnern die Befugnis, eine Lastensenkung herbeizuführen. Ebenso wie bestimmte Klauseln eine Anpassung der Verpflichtungen an veränderte Marktverhältnisse zugunsten des Gläubigers vorsehen (man denke an das Recht, die Obligationen in Aktien umzuwandeln, die den Convertible Bonds eigentümlich ist), enthalten Anleiheverträge Bestimmungen, die gegebenenfalls zugunsten des Schuldners wirken. Diese Bestimmungen beziehen sich begreiflicherweise nicht auf das Kapital — ein Geldgeber, der das Risiko bei der Kapitalverwertung nicht übernehmen will, wird statt eines Kredits eine Beteiligung abschließen müssen —, sie kommen aber hinsichtlich der Verzinsung vor. So wird in Anleiheverträge eine Kündigungsklausel aufgenommen (manchmal in derart versteckter Form, daß sie der Aufmerksamkeit des Publikums entgeht), um für den Fall einer dauerhaften Zinssenkung eine Konversion vornehmen zu können.

Unter Konversion oder Konvertierung wird die Abänderung von Anleihebedingungen verstanden. Kapitalsumme, Zinsfuß, Tilgung, Fälligkeit und Sicherung können einer solchen Abänderung unterliegen. In der Regel hat aber der Ausdruck Konversion eine engere Bedeutung: die Umwandlung einer Anleihe in eine niedriger verzinsliche. Hat der Marktzins den Satz unterschritten, zu dem die Anleihe kontrahiert wurde, und hat der Schuldner den Eindruck, daß der Zinspegel diesen Stand beibehalten werde, so macht er von seinem Recht, die Anleihe kurzfristig zu kündigen, Gebrauch und stellt den Gläubiger vor die Wahl, entweder das Kapital zurückzunehmen oder sich mit einer geringeren Verzinsung zu begnügen. Der entgegengesetzte Vorgang, die „Hinaufkonvertierung“, kommt selten vor. So werden gelegentlich Anleihen verschiedenen Typs zu einer neuen Anleihe vereinheitlicht (unifiziert); dabei kann es vorkommen, daß der Zinsfuß der Einheitsanleihe über dem Zinsfuß einer der alten Anleihen liegt; diese wird also hinaufkonvertiert, während bei anderen eine Zinssenkung eintreten mag. (Die 4proz. „Konsols“, die Preußen 1869 ausgab, ersetzten zahlreiche Anleihen mit verschiedenem Zins.) Oder es wird eine Arrosion vorgenommen, d. h. der Zinsfuß wird unter der Bedingung erhöht, daß neues Kapital nachgeschossen wird (eine veraltete Form der Konversion). Zuweilen wird der Zinsfuß einer fälligen Anleihe erhöht, um die Prolongation zu ermöglichen. (Die preußische 4proz. Anleihe wurde 1918 zu diesem Zweck auf 5% umgestellt.) Schließlich kommt es — allerdings äußerst selten — vor, daß sich der Emittent im Zinsfuß vergreift und eine Konversion vornehmen muß, um die Anleihe überhaupt dauerhaft unterbringen zu können und den Kurs nicht allzutief sinken zu lassen. (1927 wurde wenige Monate nach der Emission die Verzinsung der 5proz. Reichsanleihe für sieben Jahre auf 6% erhöht.)

Die mitgeteilten Beispiele betreffen durchweg Staatsanleihen. Staatsanleihen werden in der Tat sehr viel häufiger konvertiert als private Anleihen, einmal weil sie in der Regel eine längere Laufzeit haben (oft ewige Renten sind), sodann weil sie häufig in Notzeiten zu einem vergleichsweise hohen Zinsfuß aufgenommen werden, während der Unternehmer es vorzieht, langfristige Kredite in Zeiten billigen Geldes zu kontrahieren. Private Konversionen in größerer Zahl wurden um die Wende des Jahres 1926/27 in Deutschland vorgenommen, als der in den ersten Nachinflationsjahren ungewöhnlich hohe Zinsfuß wieder auf ein normales Niveau gesunken war. So wurden damals die teilweise bis zu 10% verzinslichen landschaftlichen Pfandbriefe in 7proz. konvertiert. Die erste Konversion einer Staatsanleihe wurde 1680 von der in finanztechnischen Fragen besonders findigen päpstlichen Schuldenverwaltung durchgeführt; seitdem haben in Perioden sinkenden Zinsfußes stets zahlreiche Staaten ihre Anleihen konvertiert. Perioden besonders starker Konversionstätigkeit waren die Jahre 1820—54 und das letzte Viertel des vorigen Jahrhunderts.

Die Konversion war der Form nach bis in die Mitte des vorigen Jahrhunderts recht kompliziert. In den letzten fünfzig Jahren bedient man sich der einfachen Form der Zinsherabsetzung. Um dem Gläubiger den Entschluß, in die Konversion einzuwilligen, zu erleichtern, werden in der Regel kleine Anreize geschaffen, sei es durch Gewährung sog. Konversionsprämien (für Konversionszusagen binnen eines Monats wurde z. B. bei der großen englischen Konversion von 1932 ein Bonus von 1% ausgesetzt), sei es durch das Versprechen, den Zinssatz eine Reihe von Jahren hindurch nicht nochmals herabzusetzen. Auf der anderen Seite wird in der Konversionszeit der Diskont möglichst niedrig gehalten, zuweilen auch eine Emissionssperre verhängt und eine künstliche Konversionsstimmung durch den Appell an den Patriotismus der Gläubiger hervorgerufen, mit dem Ergebnis, daß die Transaktion mitunter beinahe den Charakter einer Zwangskonversion erhalten kann. Um den Erfolg der Konversion zu steigern, ist bei der englischen Konversion von 1932 bestimmt worden, daß Gläubiger, die eine Rückzahlung ihres Kapitals wünschen, ausdrücklich kündigen müssen; Stillschweigen bedeutete also Annahme der Konversionsbedingungen. Dieselbe Bestimmung wurde bei der französischen Konversion von 1932 getroffen; hier mußte sich der Gläubiger sogar binnen sechs Tagen erklären.

Es können hier nur die größten Konversionen aufgeführt werden: Die amerikanischen Staatsschulden, in den sechziger Jahren über 3 Milliarden Dollar, wurden in den beiden folgenden Jahrzehnten auf 3%, d. h. ungefähr auf den halben Zinssatz konvertiert und gleichzeitig stark getilgt. 1883 setzte Frankreich den Zins seiner Kriegsanleihe von 5 auf $4^1/_2$% herab, wovon Renten in Höhe von 6810 Millionen Francs betroffen wurden; 1894 und 1902 wurde der Zinsfuß weiter auf $3^1/_2$ und 3% ermäßigt. Die englische Konversion des Jahres 1888, die mit dem Namen Goschen ebenso verknüpft ist, wie die des Jahres 1932 mit dem Neville Chamberlains, war die größte Konversion der Vorkriegszeit. 593 Millionen Pfund 3proz. Konsols wurden auf $2^3/_4$% konvertiert mit der Maßgabe, daß nach Ablauf von 14 Jahren eine weitere Konversion auf $2^1/_2$% stattfinden sollte. Nach dem Jahre 1903 sollte der Zinsfuß weitere 20 Jahre lang nicht herabgesetzt werden können (man nennt Anleihen, deren Zinsfuß vereinbarungsgemäß in Etappen sinkt, Staffelanleihen). In Deutschland fanden 1896 und 1897 fünf umfangreiche Konversionen vor allem preußischer und bayerischer Anleihen statt (daneben auch solche des Reichs, Württembergs und Badens); ein Betrag von 5682 Millionen Mark wurde von 4 auf $3^1/_2$% umgestellt. Österreich-Ungarn konvertierte 1903 $4^1/_2$- und 5proz. Anleihen im Betrage von 3621 Millionen Kronen in 4proz., Italien 1906 5proz. Titres im Werte von 8100 Millionen Lire in $3^1/_2$proz. Die größte Konversion der Finanzgeschichte fand 1932 in England statt. 2085 Millionen Pfund 5proz. Kriegsanleihen (war loans) wurden erfolgreich auf $3^1/_2$% konvertiert. Im Herbst desselben Jahres folgte die französische Regierung durch Konversion von 85,46 Milliarden Francs 5 und 6proz. Renten (die zum Teil aus der Kriegszeit herrührten) und 6 und 7proz. Schatzscheine in eine $4^1/_2$proz. Anleihe. Bemerkenswerterweise erfahren hierbei die Kleinrentner eine Vorzugsbehandlung; ihre Anleihen konnten, mit 10% über pari angerechnet, in eine Rente auf Lebenszeit umgewandelt werden. Die englische Konversion bildete überhaupt den Auftakt zu einer internationalen Konversionsbewegung (u. a. Schweiz, Schweden, Australien, Br. Indien).

II. Zwangsweise Schuldensenkung.

Damit gelangen wir zu jenem Typus der Schuldensenkung, die nicht von vornherein im Kreditvertrag vorgesehen ist, die also für den Gläubiger eine unangenehme Überraschung bildet. Kommt der Schuldner seinen Verpflichtungen nicht pünktlich nach, so ist der Gläubiger berechtigt, sich durch die Zwangsvollstreckung aus dem Vermögen seines Kontrahenten zu befriedigen. Dieser Weg ist jedoch nicht immer zweckmäßig und nicht immer gangbar.

Er ist insbesondere dann nicht zu beschreiten, wenn es sich nicht um einen privaten Schuldner, sondern einen Staat oder eine öffentliche Körperschaft (z. B. eine Stadt) handelt. Zwangsmaßnahmen gegen einen Staat, der seinen finanziellen Verpflichtungen nicht Genüge getan hat, sind äußerst selten; Beispiele aus diesem Jahrhundert sind die Blockierung venezolanischer Häfen durch Deutschland, Großbritannien und Italien im Jahre 1903 (vgl. *Völkerrechtsfragen im Bankgewerbe*) und die — freilich unter ganz anderen Umständen erfolgte — widerrechtliche Besetzung des Ruhrgebietes durch Frankreich im Jahre 1923.

Nicht zweckmäßig ist der Weg der Zwangsvollstreckung, wenn der Gläubiger einsieht, daß eine entgegenkommende Haltung seinem eigenen Interesse dienlich ist. Schließlich mischt sich zuweilen — vor allem, wenn öffentliche Interessen auf dem Spiele stehen — eine höhere Instanz in den Streit der Parteien und bewirkt eine Abänderung des Kreditvertrags zugunsten des Schuldners.

a) Provisorische Maßnahmen: Stundung. Die mildeste Form der Schuld-Erleichterung ist ein Aufschub im Schuldendienst, d. h. ein Aufschub der Zinsen oder der Kapitalstilgung oder der gesamten Annuität. Bewilligt ein privater Gläubiger einem einzelnen Schuldner freiwillig oder doch scheinbar freiwillig einen Zahlungsaufschub, so spricht man in der Regel von einer Stundung. Ordnet der Staat — die Verwaltung oder das Gericht — den Aufschub an, so liegt ein Spezialmoratorium vor. (In Deutschland ist der Stundungsvergleich eine Art richterlichen Spezialmoratoriums, ein echtes Moratorium ist er insofern nicht, als sein Zustandekommen an die Zustimmung der Gläubigermehrheit geknüpft ist; im übrigen s. u. *Moratorium.*) Abkommen zwischen Schuldnern und Gläubigern, insbesondere Auslandsgläubigern, die eine Vielzahl von Zahlungsverpflichtungen aufschieben, nennt man neuerdings *Stillhalte-Abkommen* (s. d.). Kommt eine solche Vereinbarung zwischen den Vertretern der Inlandsschuldner und der Auslandsgläubiger nicht zustande und liegt eine Zahlungsunfähigkeit der gesamten Volkswirtschaft vor, so muß der Staat ein Generalmoratorium erlassen, das einen Zahlungsaufschub oder doch wenigstens einen Transferaufschub (vgl. *Transfer*) gegenüber dem Ausland anordnet. Generalmoratorien dieser Art werden nicht nur dem Ausland gegenüber erklärt, sondern gelegentlich auch zugunsten bestimmter Wirtschaftskreise (etwa der Landwirtschaft) gegenüber sämtlichen in- und ausländischen Gläubigern. Erläßt der Staat das Moratorium für seine eigenen Schulden, so liegt eine Unterart des *Staatsbankrotts* (s. d.) vor. So hat Argentinien den Schuldendienst seiner ersten Anleihe, die es 1825 aufnahm, bereits 1829 eingestellt und zwar für volle 28 Jahre. Unter Umständen geht also der provisorische Schuldenaufschub durch Moratorium in eine definitive Schuldensenkung über.

b) Die endgültige S., die der private Gläubiger seinem Schuldner zugesteht oder — wenn das Gericht einen Vergleich anordnet — zugestehen muß, ist hier nicht zu erörtern. Die Formen sind sehr verschiedenartig; erwähnt sei, als eine besondere Art privatwirtschaftlicher Konversion, die Umwandlung von Obligationen in Aktien, um das in Schwierigkeiten geratene Unternehmen von starren Zins- und Tilgungsverpflichtungen zu entlasten, andererseits aber dem Gläubiger einen Besserungsschein zu geben.

Auch auf die zahlreichen Fälle einer fiskalischen S. soll hier nicht eingegangen werden (s. u. *Staatsbankrott*). Eines der zahlreichen Mittel des Staatsbankrotts ist die Zwangskonversion, die in neuerer Zeit nur noch in der portugiesischen und spanischen Finanzgeschichte anzutreffen war.

Schließlich ist die generelle Schuldensenkung zu nennen, die durch Staatsakt für eine Vielzahl von Personen erfolgt. (Ihr entspricht unter den Provisorien das Generalmoratorium.) Wir scheiden dabei die Schuldenentwertung durch Inflation aus, denn wenn auch in dem Ausspruch: Kratzt einen Inflationisten und ihr findet einen Schuldner! viel Wahrheit ist, so ist doch die Entlastung der Schuldner in der Regel nur eine Nebenfolge der Inflation. Die Aufwertungsgesetzgebung gehört nur dann in diesen Abschnitt, wenn man darunter nicht die Aufwertung entwerteter Forderungen, sondern — bei unjuristischer Betrachtung — die Abwertung von Forderungen versteht, die eigentlich von den Schäden der Inflation hätten unberührt bleiben sollen, nach den Verwüstungen der Inflation aber nicht in voller Höhe abgedeckt werden können. Generelle Schuldensenkungsgesetze sind äußerst selten. Das berühmteste Beispiel ist die athenische Seisachtheia. Solon, der 594 v. Chr. zum Archon gewählt wurde, befreite die hochverschuldeten Bauern von ihren Verpflichtungen; die Betroffenen waren im wesentlichen die großen aristokratischen Familien. Angeblich wurde die Brechung der Zinsknechtschaft in Athen von den Freunden Solons zu einer unsauberen Spekulation benutzt; sie verschafften sich dadurch große Gewinne, daß sie vor der Bekanntgabe des Gesetzes hochverschuldete Bauerngüter billig aufkauften. In dem Zeitraum zwischen Solon und Lenin ereignete sich keine Schuldensenkung der hier erörterten Art, abgesehen von gelegentlichen Willkürakten von untergeordneter Bedeutung (z. B. der Annullierung von Forderungen jüdischer Gläubiger). Eine radikale Expropriierung aller in- und ausländischen Gläubiger brachte die russische Revolution von 1917 (vgl. *Sowjetrußland, Geld- und Bankwesen*). War die griechische Schuldenabschüttlung das Werk einer vorkapitalistischen Regierung, die russische das einer nachkapitalistischen, so stammt das nächste Beispiel aus der kapitalistischen Wirtschaft, zu deren Grundsätzen eigentlich die Unantastbarkeit der privaten Verträge, zumal der Kreditverträge gehört. In den Jahren 1929/32 sank das Weltpreisniveau außerordentlich stark. Unabhängig vom schlechten Geschäftsgang lasteten deshalb Kredite, die ein Schuldner vor dieser Zeit aufgenommen hatte, sehr viel schwerer, als er es erwarten durfte. Auch früher hatte es Perioden sinkender Preise gegeben; damals mußten sich Schuldner, die zahlungsunfähig wurden, entweder mit ihren Gläubigern verständigen oder den Konkurs anmelden. Eine generelle S. wurde niemals ernsthaft erwogen, selbst auf dem Gebiet des Agrarkredits nicht. Anders in der Krise der Jahre 1931/32 und zwar besonders in Deutschland. Zahlreiche Projekte einer zwangsweisen S. durch Kapitalabwertung oder Zinskonversion tauchten auf und beschäftigten die Öffentlichkeit und die Regierung. Daß die Schuldnerwünsche so bereitwillig Gehör fanden, hatte verschiedene Ursachen: Der Preisfall war besonders rasch erfolgt und die Vermögenslage der Schuldner war nach den Verlusten durch Krieg, Inflation und Krisen im allgemeinen schlechter als in früheren Epochen. Vor allem aber war die Schuldnermoral sehr viel laxer geworden, und diese Haltung war durch eine schuldnerfreundliche Gesetzgebung und Rechtsprechung begünstigt worden. Es war deshalb beinahe selbstverständlich, daß sich die Schuldner an den Staat wandten und Abhilfe forderten.

Die deutsche Regierung gab den Schuldnerwünschen mehrfach nach. Am 17. November 1931 erschien eine Verordnung des Reichspräsidenten zur Sicherung der Ernte und der landwirtschaftlichen Entschuldung im Osthilfegebiet. Sie ermächtigte die Landstellen, gegebenenfalls ohne Zustimmung des Gläubigers für alle Forderungen mit Ausnahme der ersten Hypotheken und der zweitstelligen Institutshypotheken den Zins auf $4^1/_2$% und das Kapital auf die Hälfte herabzusetzen, sowie Zinsrückstände zu annullieren, eine Maßnahme, die zusammen mit den Moratoriumsbestimmungen derselben Notverordnung dem Agrarkredit höchst abträglich war. Es folgte die Notverordnung vom 8. Dezember 1931, die u. a. eine zwangsweise Zinskonversion brachte. Betroffen wurden sämtliche festverzinslichen Wertpapiere und Hypotheken mit Ausnahme der Vorzugsaktien der Reichsbahn und der im Ausland begebenen Anleihen sowie der inländischen Forderungen, die auf Auslandsanleihen beruhten. Zinssätze zwischen 8 und 6 % wurden auf 6 %, Zinssätze über 8 % im Verhältnis von 8 zu 6 herabgesetzt, der 12 % übersteigende Teil eines Zinssatzes halbiert. Der Zweck der Aktion war, abgesehen von gewissen politischen und moralischen Gesichtspunkten, die Ermäßigung von Kostenelementen (freilich bewegen sich in der Regel Zins und Preis auf kurze Frist in entgegengesetzter Richtung). Auf die weitere Zinsentwicklung hatte die Aktion der Regierung höchstens ungünstigen Einfluß.

Ähnliche Schuldensenkungsaktionen wurden kurze Zeit danach in Südosteuropa durchgeführt. In Bulgarien wurde Anfang 1932 ein Gesetz zum Schutz des bäuerlichen Schuldners erlassen, auf Grund dessen die Gerichte die Schulden bis auf 50 %

herabsetzen und die Rückzahlung des Restes auf 10 Jahre verteilen können. Gleichzeitig erfolgte in Rumänien eine sehr komplizierte gesetzliche Regelung der landwirtschaftlichen Verschuldung, die ebenfalls eine Beruhigung der Verbindlichkeiten von Gerichts wegen vorsieht; auch hier kann unter Umständen die Hälfte des Kredits annulliert werden.

Literatur über Konversionen: KÖRNER: Die Konversion öffentlicher Schulden. Wien und Leipzig 1893. — HECKEL: Lehrbuch der Finanzwissenschaft. Leipzig 1911. — Mehr oder weniger kurze Angaben in sämtlichen Lehrbüchern der Finanzwissenschaft, eine umfangreiche Literaturzusammenstellung im Handwörterbuch der Staatswissenschaften. — Über die übrigen Themen gibt es nur Presseberichte.

HERBERT BLOCK.

Schuldforderungen s. Hinweise bei *Reichsschuldbuchforderungen.*

— **giroverkehr:** *Depotrecht I B 12.*

Schuldverschreibungen, Urkunden, in denen der Aussteller an den Besitzer der Sch. einen gewissen Geldbetrag, meist mit bestimmten Zinsen, zu leisten verspricht. Teilschuldverschreibungen — alle festverzinslichen Werte des Börsengeschäfts — lauten auf bestimmte runde Teilbeträge einer großen Schuld, einer Anleihe u. dgl. Die Rechte der Besitzer solcher Teilschuldverschreibungen (Obligationäre) sind in Deutschland geregelt durch das „Gesetz betr. die gemeinsamen Rechte der Besitzer von Sch." 1899 (vgl. a. *Industrieobligationen* sowie *Rentenmarkt*).

Schulze-Delitzschsche Genossenschaften s. *Agrarkredit II B,* s. *Kreditgenossenschaften.*

Schutzaktie s. v. w. *Herrschaftsaktie,* s. *Aktienrechtsreform I* und *III,* vgl. *Aktiengesellschaft III.*

— **komitee** s. *Rentenmarkt 8,* ebenso

— **verbände** s. *Valorisierung.*

Schwänze, schwänzen nennt man das In-die-Enge-treiben der Baissepartei, welche sich zu weit vorgewagt hat. Effekten und Warenmärkte kennen diese Erscheinung in gleicher Weise. Noch bekannter in der Börsengeschichte ist hierfür der englisch-amerikanische Ausdruck „Corner" (in die „Ecke" treiben). Wenn der Markt einer bestimmten Aktie oder eines Rohstoffes stark verfixt ist, d. h. wenn die Leerengagements sehr stark überwiegen, verursachen die durch einen beliebigen Anstoß ausgelösten panikartigen Eindeckungen phantastische Kursexzesse nach oben, ja es ist sogar mitunter nur im Wege eines Vergleichs, bei dem die Baissiers entsprechende Opfer bringen, möglich, die laufenden Engagements abzuwickeln. Berühmt waren in den letzten Jahrzehnten des 19. Jahrhunderts die Corner, welche von den amerikanischen Eisenbahnkönigen gegen die großen Baissespekulanten (Drew, Gould usw.) arrangiert wurden. In den Northern Pacific Corner wurden auch erstklassige europäische Bankhäuser mithereingezogen, deren zu liefernde Stücke teilweise erst unterwegs waren. In manchen Fällen ereignete es sich sogar, daß die Baissepartei weit mehr Stücke leer verkauft hatte, als überhaupt frei im Markt waren. In den Inflationsjahren war das gleiche auch an einer europäischen Börse der Fall, nämlich an der Budapester Börse in den Aktien der ungarischen Salamifabriks AG.

Die Gefahr, „eingeschwänzt" zu werden, ist jedenfalls eins der wirksamsten Vorbeugungsmittel gegen allzu stürmischen Leerverkauf und daher ein wichtiges Instrument geordneter Marktentwicklung (vgl. a. *Warenmärkte 3* und *Effektenarbitrage 2*).

Schwankungskurs s. v. w. *Variabler Kurs.*

— **wert** s. v. w. *Variabler Wert,* vgl. *Kursbildung* und *Kassageschäft.*

Schwarzer Freitag (13. Mai 1927) s. *Berliner Börse I 5.*

Schwebende Schulden, auch unfundierte Schulden, nennt man auf dem Gebiet der öffentlichen Finanzen kurzfristige Kredite, für deren Rückzahlung oder anderweitige Regelung (durch Umwandlung in eine langfristige Anleihe, sog. Konsolidierung, vgl. *Öffentlicher Kredit II 9*) noch keine Vorsorge getroffen ist. Bei privaten Schuldnern sind diese Ausdrücke nie gebräuchlich gewesen. Über die Sicherstellung sagt das Wort unfundiert nichts aus: gerade solche Kredite sind oft mit den drückendsten Sicherungen versehen worden. Vgl. *Öffentlicher Kredit.*

Schweden, Geld- und Kapitalmarkt s. *Skandinavische Länder II.*

Schwedische Reichshypothekenbank, Stockholm s. *Öffentlich-rechtliches Bankwesen 3.*

Schweiz, Geld- und Kapitalmarkt (vgl. dazu den folgenden Art. *„Schweizer Börsen")". 1. Kapitalbildung und -verwendung.* Noch gegen Mitte des letzten Jahrhunderts war fast die Hälfte der berufstätigen Bevölkerung der Schweiz in der Landwirtschaft beschäftigt, die in zäher Kleinarbeit dem Boden die Früchte abtrotzen mußte. Auf die Industrie und das Gewerbe, wobei die Betonung auf dem Gewerbe liegt, entfielen nur etwa über 30% und auf den Handel ungefähr 4% aller Berufstätigen. Erst gegen die Jahrhundertwende vollzog sich eine rasch fortschreitende Industrialisierung, und heute zählt die Sch. zu den industriell entwickeltsten Ländern des Erdballs, ohne daß dabei ihre Landwirtschaft vernachlässigt wurde. Sparsinn, die Erträgnisse des Fremdenverkehrs, der Landwirtschaft, später auch der Industrie haben eine starke Kapitalbildung ermöglicht, die glücklicherweise nicht, wie in vielen anderen Ländern, durch Währungsentwertung untergraben wurde. Hand in Hand damit entfaltete sich ein dichtes Bankwesen. Während einiger Jahre des Weltkrieges war die Kapitalbildung in Landwirtschaft und Industrie besonders ansehnlich. Eine bedauerliche Verlangsamung, zeitweise eine Schrumpfung, setzte während der ersten und dann besonders während der zweiten Nachkriegskrisis ein, die auf längere Zeit eine Schwächung in der Entwicklung des Kapitalfonds sein wird, während längerer Zeit in der Krisenperiode in der Sch. aber nicht so direkt verspürt wurde, weil eine anormale Geldflüssigkeit über die Sachlage hinwegtäuschte. Der im Vergleich zu anderen Staaten verhältnismäßig bedeutende Kapitalfonds der Sch. wird in erster Linie für die Bedürfnisse des eigenen Landes verwendet, die im Hinblick auf die hohe Kapitalintensität der gesamten schweizerischen Wirtschaft sehr beträchtlich sind.

Die Landwirtschaft arbeitet hier mit verhältnismäßig so hoher Kapitalinvestition wie vielleicht in keinem anderen Land. Nach Berechnungen des Schweizerischen Bauernsekretariates in Brugg betrugen in den unter Buchhaltungskontrolle stehenden Betrieben die Kapitalinvestitionen pro Hektar:

Jahr	Landgutskapital[2]	Pächterkapital[3]	Summa Aktivkapital
		in Franken	
1906—13[1]	3853	972	4825
1914—19[1]	4819	1556	6375
1920—22[1]	5326	2114	7440
1925	5826	1938	7764
1927	6041	1899	7940
1929	5853	1792	7645
1930	6039	1853	7892
1931[4]	6000	1800	7800

Bei nur 2,3 Millionen ha land- und alpwirtschaftlich benutztem Boden, wozu 900000 ha Wald kom-

[1] Durchschnitt pro Jahr.

[2] Kapital für Boden, Meliorationen, Baulichkeiten und Anpflanzungen.

[3] Kapital für Vieh, Geräte und Maschinen sowie für den laufenden Betrieb.

[4] Schätzung.

men, waren in der schweizerischen Landwirtschaft im Jahre 1931 rund 11 Milliarden Schweizer Franken Kapital investiert.

Was den städtischen Bodenbesitz betrifft, so dürften die Investitionen in Wohnhäusern allein etwa 6—7 Milliarden Franken erreichen.

Die schweizerische Industrie, die hauptsächlich Qualitätsprodukte hergestellt, die ihre Rohstoffe, mit relativ hohen Frachtspesen belastet, fast ausnahmslos aus dem Ausland beziehen und ihren Fabrikaten unter Überwindung der Zollschranken, hauptsächlich wieder im Ausland den Absatz erkämpfen muß, arbeitet durchweg mit hohen Betriebskapitalien für die Bezahlung von Qualitätsarbeitern und eines technisch und kaufmännisch gut geschulten Personals, z. T. aber auch mit beträchtlichen Immobilisationskapitalien (Maschinenindustrie, Elektrizitätswerke, Textilindustrie, chemische Industrie, Brauereien usw.). So verfügen allein die in Form von Aktiengesellschaften arbeitenden schweizerischen Unternehmungen der Industrie, des Handels und Verkehrs (ohne die Bundesbahnen, Banken und Versicherungsgesellschaften) über Aktienkapitalien von zusammen ca. 4 Milliarden Franken. Hinzu kommen ihre Obligationenkapitalien in Höhe von wesentlich über 1 Milliarde Franken.

Die Banken und Finanzgesellschaften der Sch. wiesen Ende 1930 ein Eigen- und Fremdkapital von über 23 Milliarden Franken auf. Davon sind $11^3/_4$ Milliarden Franken allein den Banken anvertraute Sparkassen- und Obligationengelder, was ein Zeugnis für den im Schweizervolk steckenden Geist der Sparsamkeit ist. Einzig diese Gelder für sich machen 2940 Franken pro Kopf der Bevölkerung aus; dabei ist nicht zu vergessen, daß in diesen Guthaben auch solche ausländischer Rechnung enthalten sind. Die Kopfquote erhöht sich aber anderseits durch die Anlagen der Sparer in erstklassigen schweizerischen und ausländischen Börsenwerten.

Die Bedeutung der weiter oben genannten Ziffern wird augenscheinlich, wenn gesagt wird, daß sie gelten für ein Land mit einer Fläche von nur 41,295 km² (wovon nur 31,983 oder 77,45 % produktives Areal) und mit einer Bevölkerung von nur ca. 4 Millionen Einwohnern.

2. *Kapitaleinfuhr und Kapitalausfuhr.* Dank einer weit im Ausland als vorbildlich anerkannten Gesetzgebung und Rechtsprechung, dank gesunder Währungsverhältnisse, die sich durch alle Fährnisse der Kriegs- und Nachkriegszeit hindurch bewährten, dank auch der politischen Neutralität des Landes und einer Bankorganisation, die der in- wie der ausländischen Kundschaft vorzügliche Dienste zu leisten in der Lage ist, fließen den größeren schweizerischen Kreditinstituten und Privatbankhäusern reichliche Kapitalien- und Effektenbestände aus dem Auslande zur Verwahrung und Verwaltung zu. Das war schon vor dem Weltkrieg der Fall und ist es seither infolge der internationalen Unsicherheit noch in weit höherem Maße; in den Jahren der schärfsten Weltwirtschaftskrisis, namentlich 1931 und 1932, galt die Schweiz als eines der ganz wenigen Länder, neben Frankreich, Nordamerika, Holland, in denen man international ruhig flüssige Kapitalien deponieren durfte. Diese ausländischen Kapitalien stärken den schweizerischen Kapitalfonds und helfen mit, dem schweizerischen Kapitalmarkte eine nicht zu unterschätzende Bedeutung in internationaler Hinsicht zu verschaffen.

Die schweizerischen Banken sind sich der Gefahren bewußt, die solche Auslandsgelder mit sich bringen können. Sie sahen sich deshalb z. B. in den Jahren 1930, 1931 und 1932 veranlaßt, gewisse ausländische Depots nur unverzinslich anzunehmen oder gar abzuweisen, wenn die Deponenten sich nicht verpflichteten, ihre Einlagen während mindestens sechs Monaten fest zu belassen, weil sich die doppelte Gefahr zeigte, daß der vorherrschende Kapitalüberfluß noch vermehrt wurde und es schwierig war, lohnende Wiederanlage zu finden, um so weniger, als für diese Gelder nicht mit einem bestimmten Beharrungsvermögen gerechnet werden konnte. Die Banken wissen, daß ein Teil der sog. Fluchtkapitalien nicht für alle Zeiten in der Sch. bleiben wird. Die schweizerischen Banken müssen deshalb in Zeiten solcher Überfülle in- und ausländischer Kapitalien in ihrer Liquiditätspolitik doppelt und dreifach vorsichtig sein; in den Jahren 1931 und 1932 waren die flüssigen Mittel der schweizerischen Banken so bedeutend wie gar nie vorher; die Geschäftsleitungen hielten in der Kreditgewährung bewußt außerordentlich zurück, was ihnen vom kapitalarmen Ausland zu Unrecht ab und zu als Zugeknöpftheit ausgelegt wird. Die ganz beträchtliche Liquidität war im Hinblick auf die internationalen Schwierigkeiten notwendig, als Vorsichtsmaßnahme, obwohl die Banken übrigens die Überzeugung haben, daß die unruhig wandernden Kapitalien nicht von zu großer Bedeutung sind und daß der Großteil der verwalteten Auslandskapitalien dauernd bei ihnen verbleiben wird, da die schweizerischen Großbanken z. B. bei der Annahme ausländischer Kapitalisten- und Depotkundschaft wählerisch vorgehen können, und auch um so mehr, als die internationale Unsicherheit nach dem Weltkriege zeitlich bereits so lange gedauert hat, daß die ausländische Kundschaft die Vorteile der Kapitalverwaltung in der Sch. zur Genüge kennen und schätzen zu lernen in der Lage war und aus diesem Grunde den schweizerischen Banken aus eigenem Interesse die Treue wahren wird. Diese Zuversicht scheint um so gerechtfertigter, als der schweizerische Kapitalmarkt sich inzwischen zunehmende, internationale Bedeutung verschaffen konnte. Die ausländische Kundschaft weiß es ferner wohl zu würdigen, daß der schweizerische Kapitalmarkt, im Gegensatz zu gewissen anderen Kapitalmärkten internationaler Bedeutung, keine Wegleitungen von der hohen Politik aufdiktiert erhält.

Noch bedeutender als die Kapitaleinfuhr in die Sch. ist in normalen Zeiten deren Kapitalausfuhr, mit Ausnahme der Zeiten ausgesprochener Kapitalflucht nach der Sch. Nicht nur wird ein Teil der nach der Sch. zur Anlage und Verwaltung fließenden Gelder durch Vermittlung der schweizerischen Banken in ausländischen Werten angelegt, sondern der landeseigene Kapitalfonds reicht über den einheimischen Kapitalbedarf hinaus aus, um in sehr nennenswertem Umfange an ausländischen Anlagen Interesse zu nehmen. So sind die schweizerischen Banken und der schweizerische Kapitalmarkt mehr und mehr zu einem regen internationalen Kapitalumschlageplatz geworden; der seit 1931 im Hinblick auf die internationalen Schwierigkeiten eingetretene Stillstand in der Emission ausländischer Anleihen und in der Gewährung ausländischer Kredite darf wohl als eine vorübergehende Erscheinung betrachtet werden. Die Sch. ist zugleich Schuldner- und Gläubigerland, normalerweise mit einem starken Plus in letzterer Eigenschaft.

Dabei ist der schweizerische Kapitalexport absolut keine Erscheinung erst der neuesten Zeit. Wie England und Holland, zu denen sich später und ganz besonders neuerdings seit 1930 Frankreich, bis zum Weltkriege auch Belgien und Deutschland gesellten, gehört die Sch. zu den Ländern, die schon seit Jahrhunderten Kapital exportieren. Ja in der Sch. kann diese Tatsache bis ins Mittelalter zurück erwiesen werden, denn bereits im 16. und 17. Jahrhundert wurden, wenn auch in bescheidenem Umfange, schweizerische Kapitalien an ausländische Regierungen, Fürsten und Private, ausgeliehen; schon damals leider nicht immer ohne Verlust. Wachsenden Umfang nahm die Kapitalausleihe nach dem Ausland seit der zweiten Hälfte des 19. Jahrhunderts an, besonders unter der Mitwirkung privater Institute und privater Kapitalisten, während es sich vorher mehr um eine staatliche Kapitalausfuhr gehandelt hatte.

In den letzten zehn Jahren vor dem Weltkrieg floß der schweizerische Kapitalexport in Form des Erwerbs von Wertpapieren in allererster Linie nach Deutschland, Frankreich und Südamerika, aus welchen Gebieten Staats- und Privattitel in ansehnlichem Umfang nach der Sch. hereingenommen wurden. Verhältnismäßig große Summen wanderten ferner ab durch den Erwerb von Valoren italienischer, österreichisch-ungarischer, auch russischer und japanischer Herkunft. Die skandinavischen und nordamerikanischen Titel folgten hernach. Im großen und ganzen waren diese Kapitalanlagen durch die Zins- und Dividendeneingänge nutzbringend; der Krieg und die nachhaltige Nachkriegskrisis verlangten dann allerdings bedeutende Verlustabstriche.

Nach dem Weltkrieg hatte sich ein auffälliger Umschwung vollzogen. Deutschland und Frankreich stehen nach wie vor an der Spitze, doch traten in den schweizerischen Portefeuilles auch nordamerikanische Valoren mehr und mehr in den Vordergrund, wenigstens bis zu den Börsenkrisen seit 1930, in welchen Zeitpunkten diese Werte eher wieder abgestoßen wurden. Beträchtliche Summen waren und sind zum Teil noch jetzt in Valoren Ost- und Südosteuropas angelegt, und überdies ist auch Belgien an den schweizerischen Kapitalmarkt herangetreten, während Italien im Vergleich zur Vorkriegszeit in dieser Beziehung etwas in den Hintergrund gerückt ist.

Zur Zeit sind schweizerische oder ausländisch-schweizerische Kapitalien etwa in vierzig oder mehr Ländern angelegt, wobei die ausländischen Werte der schweizerischen Portefeuilles in weit größerem Maße als vor dem Weltkriege auf schweizerische Währung lauten, da die Schweizerwährung allgemeines Vertrauen genießt und in der Sch. aufgelegte Auslandsanleihen seit der schmerzlichen, ersten Nachkriegskrisis vom Publikum nur dann willig aufgenommen wurden, wenn sie auf Schweizerfranken lauteten.

3. Kapitalbilanz. Die Ein- und Ausfuhr von Kapital ergibt eine interessante, normalerweise stark zugunsten der Sch. lautende Kapitalbilanz. Die der Sch. aus dem Auslande zufließenden Kapitalien kommen nur z. T. in Form von Geld herein, sondern stark überwiegend in Form von Effekten, die den schweizerischen Banken zur Verwaltung anvertraut werden, für die sie also nur Verwalter, aber nicht Schuldner sind, während diese Portefeuilles dem schweizerischen Kapitalmarkt andererseits aber doch einen sehr regen Kapitalumschlag und damit eine wesentliche Verstärkung bringen. Die dem Ausland wirklich geschuldeten Beträge auf Grund vom Ausland erworbener Schweizertitel und auf Grund vom Ausland angelegter Bankguthaben fallen in der Regel in der Kapitalbilanz nur verhältnismäßig bescheiden ins Gewicht, wenn man von den Jahren 1931 und 1932 absieht, in welcher Zeit erstklassige Schweizertitel international gekauft wurden.

Anders die Forderungen der Sch. ans Ausland aus geliehenem Kapital. Die aus der Sch. ins Ausland wandernden Kapitalien bedeuten tatsächliche Forderungen. Der Nennwert der schweizerischen Kapitalanlagen im Ausland wurde vor dem Weltkrieg auf 7—7$^1/_2$ Milliarden Schweizerfranken geschätzt, gegenüber etwa 2 Milliarden ausländischer Kapitalanlagen in der Sch. Der zugunsten der Sch. lautende Saldo betrug damals also 5—5$^1/_2$ Milliarden Schweizerfranken. Durch Verluste während und nach der Kriegszeit verringerte sich dieses Guthaben auf schätzungsweise 3 Milliarden. Durch den Zufluß beträchtlicher kurz- und langfristiger Gelder während des Krieges und der Nachkriegskrisis schrumpfte der Saldo der Kapitalbilanz vorübergehend noch weiter zusammen. Unmittelbar vor 1931 aber betätigen sich die schweizerischen Banken in sehr großem Umfange auf dem Gebiete der ausländischen Emissionen und auch im Placement unter der Hand von ausländischen Werten; dazu kommen bedeutende langfristige Kredite und Portefeuilleübernahmen durch eigens dazu gegründete *Holdinggesellschaften* (s. d.), so daß der Saldo der Kapitalbilanz wieder anschwellen konnte.

Die Auslandsforderungen der Sch. in Form von Wertpapieren des Publikums, der Holdinggesellschaften, Versicherungsgesellschaften und Banken, sowie von langfristigen Krediten der Holdinggesellschaften und Banken wurden bis 1931 noch ansehnlich erhöht durch die industriellen Beteiligungen und durch die kurzfristigen Guthaben der Banken, Holdinggesellschaften und Versicherungsunternehmungen. Die Kapitalbilanz der Sch. für kurzfristige Anlagen lautete noch im Jahre 1930 entschieden zugunsten dieses Landes; eine Schätzung ist außerordentlich schwierig, doch schwierig, doch dürfte mit der Annahme eines Aktivüberschusses von mindestens einer Milliarde Schweizerfranken nicht zu hoch gegriffen sein. Die seit 1930 eingetretenen Änderungen infolge der Zuwanderung ausländischer Kapitalien einerseits und der Zurückhaltung im aktiven Auslandsgeschäft andererseits sind schwierig abzuschätzen.

Auf Grund der letztmals für das Jahr 1928 von schweizerischen Großbanken und Versicherungsgesellschaften gemachten Angaben schätzte der Schweizerische Handels- und Industrieverein per Ende 1928:

a) den Ertrag schweizerischer Auslandsanlagen aller Art, einschließlich realisierte Kursgewinne pro Saldo zugunsten der Schweiz auf	330000000 Fr.
b) den Ertrag aus dem internationalen Versicherungsgeschäft pro Saldo zugunsten der Schweiz auf	30000000 Fr.
c) den Ertrag des internationalen Bankgeschäfts (Kommissionen, Provisionen, Stempelgebühren usw.) pro Saldo zugunsten der Schweiz auf	40000000 Fr.
insgesamt	400000000 Fr.

In den Jahren 1929—1932 haben sich nun allerdings einige grundsätzliche Wandlungen vollzogen. Die internationale Unsicherheit hat viel Kapital nach der Sch. getrieben, das bei den Banken Anlage gefunden hat oder mit welchem namentlich auch schweizerische Wertpapiere erworben worden sind. Andererseits war die Emission ausländischer Obligationen in der Sch. während dieser Jahre, d. h. bis einschl. 1930, sehr rege und überdies sind für sehr namhafte Summen ausländische Werte an und außerhalb der Börse für Schweizerrechnung gekauft worden. Pro Saldo muß aber angenommen werden, daß in den allerletzten Jahren infolge der internationalen Unsicherheit weit weniger Schweizerkapital in ausländischen Werten neu angelegt wurde als Auslandskapital in der Sch.

Auf Ende 1931 darf der zugunsten der Sch. lautende Überschuß der internationalen Kapitalbilanz für kurzfristige und langfristige Gelder insgesamt wohl auf etwa 6—7 Milliarden Schweizerfranken beziffert werden.

4. Der Geldmarkt. Die Grenzen zwischen dem Geldmarkt einerseits und dem Kapitalmarkt andererseits sind in der Sch. in normalen Zeiten verhältnismäßig feststehend. In Perioden jedoch wie etwa derjenigen der im Jahre 1929 ausgebrochenen Weltwirtschaftskrisis, die in einigen wenigen Staaten, so auch besonders in der Sch., eine unheimliche Geldflüssigkeit mit sich brachte, wo der Privatdiskontsatz bis auf $1^1/_8$ % und der offizielle Diskontsatz bis auf seinen seit Anfang 1931 bis heute aufrechterhaltenen Tiefstand von 2% sank, haben sich die Grenzen zwischen beiden Märkten etwas verwischt. In dieser Epoche griffen die kurzfristigen Gelder auf die Grenzgebiete des Kapitalmarktes über, was hauptsächlich in einem ganz ungewöhnlichen Steigen der Kurse schweizerischer Staatsobligationen und in der Ausgabe sehr niedrig verzinslicher Staatsanleihen zum Ausdruck kam. Die in solchen Zeiten ungemein geringe Möglichkeit der nutzbringenden Geldverwertung veranlaßt viele Bankinstitute, gekündete oder sonst kurzfällige Obligationen als Diskontpapier hereinzunehmen.

Mit gleicher Berechtigung kann man auch umgekehrt von einem Übergreifen des Kapitalmarktes auf den Geldmarkt sprechen, denn die in derartigen Zeitverhältnissen einsetzende Flucht in die erstklassigen Obligationen rührt z. T. davon her, daß aus effektiv langfristig zur Verfügung stehenden Kapitalien solche erstklassig, niedrig verzinsliche Obligationen erworben werden, nicht im Willen der langfristigen Kapitalanlage, sondern ausschließlich aus dem Grunde, die Wiederkehr des internationalen Vertrauens abzuwarten, um die Kapitalien dann aus diesen Obligationen wieder zurückzuziehen und wieder langfristig und höher verzinslich anzulegen. Die Dauer des vorherrschenden Mißtrauens gegenüber internationalen oder überhaupt den ausländischen Valoren hat diese eigentlich kurzfristig gemeinten Anlagen in den erstklassigen schweizerischen Staatspapieren dann allerdings zu eher langfristigen Anlagen werden lassen.

Unter Geldmarkt soll hier ganz allgemein der Markt kurzfristiger Mittel gemeint sein. Auf ihm betätigen sich in der Sch. vornehmlich die Schweizerische Nationalbank, die führenden Handelsbanken und die größeren Industrie- und Handelsunternehmungen. Die Beeinflussung des Geldmarktes durch das Noteninstitut (Schweizerische Nationalbank) ist weniger entschieden als vielleicht in vielen anderen Staaten; es handelt ausschließlich zum offiziellen Satz, der oft beträchtlich über dem privaten Satze steht, so daß die Mitwirkung des Noteninstituts im Hin und Her auf dem Geldmarkte nicht stets eine ununterbrochene und rege ist. Das freie Spiel von Angebot und Nachfrage kann in der Sch. ziemlich reibungslos zur Auswirkung kommen, in der Regel ohne Störungen hervorzurufen. Notwendige Ausgleiche stellen sich dank der Feinfühligkeit des schweizerischen Finanzmarktes gewissermaßen von selbst ein. Normalerweise steht die Schweizerische Nationalbank fast nur als Käuferin von Diskonten am Markte, nur ganz selten auch als Verkäuferin.

Der schweizerische Kapitalexport vollzieht sich nicht ausschließlich auf dem Kapitalmarkte, sondern zu einem nicht zu unterschätzenden Teil auch auf dem Geldmarkte. Für diesen Geldexport sind drei Faktoren maßgebend: erstens die Bedürfnisse des Außenhandels, zweitens die oft zu geringe Verwendungsmöglichkeit im Inland infolge des Mangels an ausreichendem Diskontmaterial und drittens der Wunsch nach höherem Ertrag. Schon vor dem Weltkriege wurden in manchen ausländischen Staaten für kurzfristige Leihgelder höhere Zinsen bewilligt als sie in der Schweiz selbst erzielt werden konnten.

Bei diesem kurzfristigen Kapitalexport handelt es sich um kurzfristige Diskontierungen von Auslandswechseln, um die Gewährung kurzfristiger Buch- und Rembourskredite, um die Anlage von Depositen auf Sicht, Bewilligung von Reports und Lombardvorschüssen, sowie um Devisenkäufe für die Durchführung von Finanztransaktionen oder zur Finanzierung von Warengeschäften. Diese Operationen sind recht beweglich, so daß innerhalb weniger Tage im Interesse der Sicherheit grundsätzliche Umstellungen nach Umfang, Richtung, Form und geographischer Verteilung vorgenommen werden können. Maßgebend sind dabei außer der Richtung des Außenhandels namentlich die Haltung der Währungen, sowie überhaupt die Lage der allgemeinen Wirtschaft der betreffenden Länder. Dieser kurzfristige Geldexport erfordert von den Banken ein sehr gutes Geschick.

In den letzten Jahren vor dem Weltkrieg machten die ausländischen Wechsel bis zu 10%, in den allerletzten Jahren nur bis zu 5% oder noch weniger des gesamten Wechselportefeuilles der schweizerischen Banken aus. Dabei spielten die Akzepte aus dem Warenexportgeschäft die Hauptrolle, obschon auch die ausländischen Finanzwechsel einen ansehnlichen Umfang angenommen hatten. Aber auch im inländischen Geschäft konnte dem Wechsel als Mittel der vorübergehenden Beschaffung von Betriebskrediten eine nicht nur ganz untergeordnete Rolle zugesprochen werden, obwohl im Inlandsportefeuille die regulären Warenwechsel entschieden die Führung hatten.

Die Lombardvorschüsse und Reports ihrerseits erreichten in den letzten Jahren vor dem Weltkrieg höchstens ein Drittel des Wechselbestandes.

Eine weitere Form der Kreditierung auf dem Geldmarkte ist der Kontokorrentkredit. Diese Kontokorrentkredite greifen zum guten Teil aber schon auf den Kapitalmarkt über.

Nach dem Weltkriege hat sich das Verhältnis zwischen der Nationalbank und den Großbanken auf dem Gebiete des Wechselgeschäfts eher zugunsten einer größeren Bedeutung der letzteren verschoben. Während z. B. Ende 1913 die Schweizerische Nationalbank einen Portefeuillebestand von 100 Millionen Franken aufwies, betrug derjenige der schweizerischen Großbanken im gleichen Zeitpunkte zusammen 435 Millionen, also nicht ganz das $4^1/_2$-fache. Bei einem Wechselbestand von nur 34,2 Millionen Franken der Schweizerischen Nationalbank auf Ende des Jahres 1931, bezifferte sich derjenige der Großbanken auf insgesamt 1454 Millionen, d. h. das 43fache desjenigen des Noteninstituts.

Der reine Handelswechsel spielt auch in der gegenwärtigen Epoche die Hauptrolle. Dem Lombard- und Reportkredit kommt in der Schweiz weniger Bedeutung zu als in vielen anderen Staaten, und seine Höhe erreichte in den letzten Jahren nie den zehnten Teil des Wechselbestandes aller Schweizerbanken; in der Sch. sorgen einerseits auch Handel und Industrie in der Regel dafür, daß ihre Eigengelder nicht zu knapp sind und andererseits ist die Spekulation in diesem Lande trotz gewisser Auswüchse nie zu einem Berufe geworden. Die größte Bedeutung im kurzfristigen Finanzgeschäft kommt nach wie vor dem Kontokorrentkredit zu.

Für die schweizerischen Großbanken heute von wesentlich größerer Bedeutung als noch vor dem Kriege ist namentlich auch das internationale Remboursgeschäft, das früher von der Sch. aus fast ausschließlich nach England, im Baumwollhandel auch nach Ägypten, gepflegt wurde. In den letzten Jahren, wenigstens bis zum internationalen Marasmus seit 1931, beliefen sich die von der Sch. aus hauptsächlich nach Deutschland, Österreich, der Tschechoslowakei, nach Belgien und anderen Ländern gewährten Rembourskredite, jeweils auf mehrere Hunderte von Millionen Franken. Ähnlich wie England, Holland und Frankreich beteiligte sich dadurch auch die Sch. in ansehnlichem Umfange an der

Finanzierung des Handels der kapitalarme Länder Zentraleuropas.

Nachstehend nach Angaben der vom Statistischen Büro der Schweizerischen Nationalbank bearbeiteten schweizerischen Bankstatistik die Entwicklung der hauptsächlichsten kurzfristigen Aktivpositionen der schweizerischen Banken:

Jahr	Wechsel		Lombard-vorschüsse und Reports	Konto-korrent-Debitoren
	Inland	Ausland		
	in Millionen Franken			
1906	575	68	222	1354
1910	685	49	271	1920
1913	807	39	226	2267
1920	1596	39	99	3995
1925	1282	53	96	3904
1929	1819	102	169	6032
1930	1913	112	167	6731

Noch mehr als vor dem Krieg liegt heute das Schwergewicht beim Kontokorrentkredit; die Lombardvorschüsse und Reports sind verhältnismäßig stark zurückgegangen. Auch veranlaßte die internationale Unsicherheit die schweizerischen Banken zu größter Vorsicht bei der Diskontierung ausländischer Wechsel, deren Höhe in den letzten Jahren nennenswert unter 10% des gesamten Wechselbestandes bleibt.

Nachstehend die Gestaltung der Diskontsätze und der Renditen der schweizerischen Standard-Obligation:

Jahr	Offizieller Diskontsatz Jahresdurchschnitt	Privatsatz Jahresdurchschnitt	Rendite der $3^1/_2$% Obligationen S. B. B. Serie A—K Jahresende
1910	3,51	3,36	3,70
1915	4,50	3,52	4,59
1920	5,—	4,40	6,21
1925	3,90	2,27	4,71
1926	3,50	2,52	4,67
1927	3,50	3,27	4,45
1928	3,50	3,33	4,27
1929	3,50	3,31	4,29
1930	2,89	2,01	3,91
1931	2,03	1,44	3,84

Die außerordentlich tiefen Sätze der letzten Jahre sind die Folge der Krisis, mit ihrer außergewöhnlichen Geldflüssigkeit in der Sch., zum Teil auch diejenige des regen Geldzuflusses aus dem Ausland. Im Jahre 1932 konnte der Bund erstmals wieder zur Ausgabe einer zu $3^1/_2$% verzinslichen Anleihen schreiten.

5. Der Kapitalmarkt. Unter Kapitalmarkt ist hier allgemein der Markt langfristiger Mittel gemeint. Seine hauptsächlichsten Instrumente sind in der Sch. die Kredite, die Obligationenanleihen, die in anderen Staaten nicht oder nur wenig gebräuchlichen Kassaobligationen, die von den Banken mit einer festen Laufzeit von 3—5 Jahren laufend und deshalb zu den den jeweiligen Verhältnissen am Kapitalmarkt fortlaufend angepaßten Zinsbedingungen zu pari an den Schaltern ausgegeben werden und in ihrem Gesamtbetrage also nicht wie eine Anleihe begrenzt und abgerundet und auch nicht kotiert sind, ferner, wenn man will, die Spareinlagen, die trotz Kurzfristigkeit in ihrer Konstanz ebenfalls bis zu einem gewissen Grade zum Kapitalmarkt gerechnet werden dürfen, und endlich die Aktien. Im Vergleich zu den Verhältnissen in gewissen anderen europäischen Ländern machen in der Sch. die Industrieunternehmungen von dem Mittel ihrer Finanzierung durch Obligationenanleihen regen und umfangreichen Gebrauch.

Als neuestes Instrument wurde auf dem schweizerischen Kapitalmarkte nach langwierigen Vorarbeiten gesetzlicher und organisatorischer Natur auch der Pfandbrief eingeführt, der von zwei Pfandbriefzentralen, d. h. je einer der Kantonalbanken und der privaten Hypothekenbanken, ausgegeben und durch die Mitgliedsinstitute unter der Hand placiert oder bei größeren Anleihen mittels Emissionssyndikates zur öffentlichen Zeichnung aufgelegt wird. Er dient der Finanzierung der Hypothekarinstitute und ist mit allerersten Sicherheiten ausgestattet.

Diese Pfandbriefe können nach Gesetz eine Laufzeit von 15—40 Jahren haben und nach Ablauf von 10 Jahren schuldnerischerseits gekündet werden. Ihre größtmögliche Sicherheit wird dadurch gewährleistet, daß ihnen ein gesetzliches Pfandrecht an den von den Pfandbriefzentralen den Kantonalbanken und Hypothekarinstituten gewährten Darlehen haftet, die ihrerseits gedeckt sind durch getrennt verwaltete Grundpfand- oder Faustpfandforderungen, wobei für die auf landwirtschaftlichen oder städtischen Liegenschaften haftenden Hypothekarforderungen eine Belehnungsgrenze von höchstens zwei Drittel des Verkehrswertes vorgeschrieben ist.

Obligationenanleihen werden in der Sch. mit fester Laufzeit, d. h. mit der Verpflichtung zur Rückzahlung der gesamten Anleihe nach einer bestimmten Anzahl von Jahren, oder als Amortisationsanleihen ausgegeben. Ganz allgemein ist in dieser Beziehung zu sagen, daß mit Ausnahme etwa von Anleihen des Bundes und der Bundesbahnen länger als 15—20 Jahre laufende Anleihen nicht üblich sind; die Kundschaft der schweizerischen Banken nimmt sehr langfristige Anleihen nicht gerne auf, wie sie auch keine Vorliebe für Renten, aber auch gar nicht für Prämienlosobligationen zeigt.

Emittent	Obligationen				Aktien				Total			
	1931	1930	1929	1928	1931	1930	1929	1928	1931	1930	1929	1928
A. Schweiz. Eidgenossenschaft und Bundesbahnen	200	400	—	150	—	—	—	—	200	400	—	150
Kantone	165	237	65	66	—	—	—	—	165	237	65	66
Gemeinden	135	168	34	42	—	—	—	—	135	168	34	42
Banken und Trusts	242	163	266	77	15	5	218	159	257	168	484	236
Transport-, Industrie- u. andere Unternehmungen	121	264	103	64	6	20	62	33	127	284	165	97
Versicherungsgesellschaften	—	—	—	—	—	—	25	19	—	—	25	19
Schweiz. Emittenten zusammen	863	1232	468	399	21	25	305	211	884	1257	773	610
B. Ausländische Anleihen	209	355	115	93	—	—	—	—	209	355	115	93
Insgesamt	1072	1587	583	492	21	25	305	211	1093	1612	888	703

Umfang der Emissionen. Wichtiger für die Einschätzung des schweizerischen Kapitalmarktes als die absoluten Beträge der ausgegebenen Aktienkapitalien, Obligationen und Pfandbriefe sind die jährlichen Bewegungen, sowie die Art der Begebungen.

Durch Vermittlung der schweizerischen Banken wurden in den letzten vier Jahren obige Summen (Nennwert) auf dem Wege öffentlicher Emissionen aufgenommen.

Mit diesen Gesamtsummen, an denen das internationale Geschäft nicht unwesentlich teilhat, spielt die Sch., verglichen mit andern Staaten, im Emissionsgeschäft eine ansehnliche Rolle. Das Jahr

1930 brachte Rekordziffern, wobei aber nicht zu vergessen ist, daß rund 75 % der einheimischen Anleihenemissionen Konversionen waren. Die Rekordzeit der effektiven Neubeanspruchung des schweizerischen Emissionsmarktes fiel in die Jahre 1920—1922.

Im Jahre 1930 brachten die ausländischen Anleihen allein eine Neubeanspruchung des schweizerischen Marktes von über 350 Millionen Schweizerfranken. Die Jahre 1931, besonders aber 1932 brachten dann einen im Hinblick auf die unsicheren internationalen Finanz- und Wirtschaftsverhältnisse begreiflichen Rückschlag.

Den Summen obiger Tabelle hinzuzuzählen sind, außer den laufend an den Bankschaltern ausgegebenen Kassenscheinen, noch die statistisch nicht erfaßbaren, aber doch sehr nennenswerten Beträge aus Placierungen ausländischer Titel unter der Hand; diese Art der Placierung, d. h. unter Vermeidung einer öffentlichen Emission, ist gerade in der Sch. aus Gründen des Stempel- und Couponsteuergesetzes verhältnismäßig bedeutend. Im Jahre 1930 dürfte sie etwa die Höhe von 400—500 Millionen Schweizerfranken erreicht haben, allerdings einschließlich der schweizerischen Titelkäufe an und außerhalb der Börse.

6. Organisation der Emissionstätigkeit. Unter dem Titel der Organisation der schweizerischen Emissionstätigkeit kann hier lediglich gesprochen werden von der gruppenmäßigen Organisation der Banken, die sich im Emissionsgeschäft betätigen. Dagegen würde es zu weit führen, einzutreten auf die Technik der Durchführung, d. h. z. B. auf die Unterschiede der Emission auf Grund fester Übernahme oder durch Garantieübernahme oder durch die kommissionsweise Placierung, sodann auf die Verfahren durch öffentliche Emission oder durch Börseneinführung oder durch freihändigen Verkauf; ferner kann hier nicht die unterschiedliche Stellung der Hauptbeteiligten oder der Unterbeteiligten auseinandergesetzt werden.

Die Emissionen werden in der Sch. je nach dem Emittent oder dem Umfang des betr. Emissionsgeschäftes durchgeführt:

1. Gemeinsam vom Kartell schweizerischer Banken und vom Verband Schweizerischer Kantonalbanken; 2. von Syndikaten aller oder der meisten Großbanken; 3. von speziellen Syndikaten; 4. von einer einzelnen Bank.

Im Jahre 1911 schlossen die beiden Emissionsverbände, d. h. das Kartell Schweizerischer Banken und der Verband Schweizerischer Kantonalbanken, die vorher einzeln tätig waren und sich dadurch stark konkurrenzierten, eine Konvention ab für die gemeinsame Übernahme und Durchführung von Emissionen, und zwar aller inländischen Emissionen der Schweizerischen Eidgenossenschaft (Bund), der Bundesbahnen, der Kantone, schweizerischen Gemeinden und Eisenbahngesellschaften (mit Ausnahme von Bergbahn- und Straßenbahngesellschaften), im Betrage von über 8 Millionen Franken. Bei Kantonsanleihen beträgt die Beteiligung an der Übernahme und am Gewinn und Verlust:

70 % für das Kartell Schweizerischer Banken, 30 % für den Verband Schweizerischer Kantonalbanken, bei allen übrigen gemeinsamen Anleihen: 75 % für das Kartell Schweizerischer Banken, 25 % für den Verband Schweizerischer Kantonalbanken.

Bei Anleihen der Schweizerischen Eidgenossenschaft und der Schweizerischen Bundesbahnen wirkt die Schweizerische Nationalbank als Beraterin der Emittenten mit, wobei sie die Syndikatsleitung innehat, ohne jedoch selbst am Geschäft materiell beteiligt zu sein.

Am Kartell Schweizerischer Banken sind mit vertraglich festgelegten Quoten beteiligt: Kantonalbank von Bern, als Präsidium, Schweizerische Kreditanstalt, Schweizerischer Bankverein, Schweizerische Diskontbank, Eidgenössische Bank AG., Basler Handelsbank, Schweizerische Bankgesellschaft, Aktiengesellschaft Leu & Cie., Schweizerische Volksbank. — Die Schweizerische Kreditanstalt und der Schweizerische Bankverein sind dabei mit der gleichen, nämlich der größten Quote beteiligt.

Mitglieder (mit vertraglich festgelegten Beteiligungsquoten) des Verbandes Schweizerischer Kantonalbanken sind: Basler Kantonalbank, als Präsidium, Aargauische Kantonalbank, Appenzell A.-Rh. Kantonalbank, Appenzell I.-Rh. Kantonalbank, Banca dello Stato del Cantone Ticino, Basellandschaftliche Kantonalbank, Freiburger Staatsbank, Glarner Kantonalbank, Graubündner Kantonalbank, Kantonalbank Schwyz, Luzerner Kantonalbank, Neuenburger Kantonalbank, Nidwaldner Kantonalbank, Obwaldner Kantonalbank, St. Gallische Kantonalbank, Schaffhauser Kantonalbank, Solothurner Kantonalbank, Thurgauische Kantonalbank, Urner Kantonalbank, Waadtländer Kantonalbank, Walliser Kantonalbank, Zürcher Kantonalbank, Zuger Kantonalbank.

Die schon oft, aber nicht zutreffenderweise, als Monopol bezeichnete Stellung der beiden gemeinsam arbeitenden Emissionsverbände war wiederholt Gegenstand der Kritik mit dem Einwand, die beiden Verbände seien in der Lage, die Anleihenmodalitäten zu diktieren und zu große Garantiekommissionen zu verlangen. Dieser Kritik konnte jedoch stets mit Erfolg entgegengehalten werden, daß das Kapitalistenpublikum und die Marktverhältnisse allein für die Festsetzung der Modalitäten bestimmend und daß die Garantiekommissionen in Wahrheit sehr bescheiden sind. Überdies sprechen die Anleihensnehmer — Schweizerische Eidgenossenschaft, Schweizerische Bundesbahnen, Kantone und Städte — bei der Festsetzung der Modalitäten und Bedingungen ein entscheidendes Wort mit. Ferner ist andererseits nicht zu vergessen, daß die beiden Emissionssyndikate über einen gewaltigen Apparat äußerst zahlreicher Zeichnungsstellen, mit ganz bedeutender in- und ausländischer Kundschaft verfügen und deshalb beste Gewähr für die erfolgreiche Emission bieten. Übrigens kommt es doch ab und zu vor, daß trotz dieses Apparates die Banken auf einem Teilbetrage der Anleihen vorübergehend sitzen bleiben müssen, in welchen Fällen es im Interesse der Kursentwicklung der betr. Anleihen, somit auch im Interesse der Emittenten liegt, wenn die Verteilung auf eine große Zahl von Banken vorgenommen werden kann.

Zahlreiche, namentlich auch ausländische Emissionen, werden gemeinsam von der Gruppe aller schweizerischen Großbanken übernommen und durchgeführt, d. h. unter Hauptbeteiligung des Schweizerischen Bankvereins, der Schweizerischen Kreditanstalt, Basler Handelsbank, Schweizerischen Bankgesellschaft, Aktiengesellschaft Leu & Cie., Eidgenössischen Bank AG., Schweizerischen Volksbank und der Schweizerischen Diskontbank, zu welchen Instituten ab und zu das Bankhaus A. Sarasin & Cie. in Basel hinzutritt. Die Führung dieser Syndikate liegt meist in den Händen des Schweizerischen Bankvereins oder der Schweizerischen Kreditanstalt, bei sehr großen internationalen Staatsanleihen oft gemeinsam bei diesen beiden Instituten.

Spezielle Syndikate werden in der Regel gebildet für Emissionen von Unternehmungen, denen eine bestimmte Gruppe zweier oder meist mehrerer Banken zur Seite steht, während Emissionen, die von einem einzigen Bankinstitut übernommen und durchgeführt werden, sehr selten sind.

Eine erfreuliche Eigenart der schweizerischen Emissionssyndikate liegt darin, daß sie durchwegs aus Banken bestehen, die nicht nur Emissionsinstitute, sondern gleichzeitig auch Geschäftsbanken sind. Daraus ergibt sich der große Vorteil, daß sie direkt an das Kapitalistenpublikum herantreten und ihre Emissionen somit zur direkten, endgültigen Placierung bringen können. In manchen anderen Emissionsländern, z. B. in den Vereinigten Staaten von Amerika, z. T. auch in Holland, ist das nicht in diesem Umfange der Fall, weil die dortigen Emissionssyndikate die übernommenen Titel vorerst bei anderen Banken unterbringen, welche die endgültige Placierung beim Publikum erst nachher, oft nur ganz allmählich besorgen können.

Besonders hervorzuheben ist, daß sich die schweizerischen Großbanken in den letzten Jahren, d. h. bis 1931 sehr oft und in beträchtlichem Umfange an internationalen Emissionen, d. h. an Emissionen, die gleichzeitig in mehreren Ländern zur Zeichnung aufgelegt werden, beteiligt haben. Bemerkenswert ist dabei namentlich das häufige Zusammengehen mit holländischen und französischen Emissionssyndikaten.

Solche internationale Emissionen sind verschieden ausgestattet, wobei speziell auf die Art der Kotierung der ausgegebenen Titel hinzuweisen ist. Im wahren Sinne sollten internationale Emissionen eigentlich gegenseitig und im vollen Umfange an den Börsen aller Emissionsländer kotiert werden. Das trifft aber nur in den wenigsten Fällen zu, einmal wegen der hohen schweizerischen Titel- und Couponsteuern, aber auch deshalb, weil die schweizerischen Banken gegen eine derartige Internationalität Stellung nehmen müssen, um eine Überflutung des schweizerischen Marktes durch Titel ausländischer Tranchen zu vermeiden, denn es liegen Beispiele vor, wo die Emissionsinstitute gewisser Länder aus Prestige- oder Verdienstgründen zu große Tranchen übernahmen, für die dann nicht immer eine gute Klassierung im betr. Lande erzielt werden konnte.

7. *Kapitalsteuern.* Ein Wort zu sagen ist noch über die Steuern, die vom eidgenössischen Fiskus bei öffentlichen Emissionen oder Börseneinführungen erhoben werden. Es handelt sich um eine spezielle Besteuerung von Kapitalbesitz und Einkommen aus Wertpapieren.

Der eidgenössische Fiskus erhebt u. a. auf Aktien, Stammanteilen, Obligationen, Pfandbriefen usw., den sog. eidgenössischen Titelstempel, für schweizerische Titel eo ipso, bei ausländischen Titeln, wenn sie auf dem Wege der öffentlichen Zeichnung oder auf Grund eines öffentlichen oder an einen größeren Personenkreis gerichteten Angebots an oder außerhalb einer inländischen Börse in den inländischen Verkehr gesetzt werden. Der Abgabesatz beträgt z. B.

a) auf inländischen Wertpapieren:

1,2‰ vom Nennwert pro Jahr für Anleihen mit weniger als 10 Jahren, oder 1,2% vom Nennwert für die ganze Laufzeit für Obligationen mit mehr als zehnjähriger Dauer; 0,6% vom Nennwert bei Obligationen der Schweizerischen Eidgenossenschaft, der Bundesbahnen, der Kantone und Gemeinden, bei schweizerischen Pfandbriefen, bei Obligationen schweizerischer Bodenkreditinstitute, denen ein Pfandrecht an Forderungen eingeräumt ist, die durch im Inland gelegene Grundpfänder gedeckt sind, bei Obligationen von Kantonalbanken und schweizerischen Bodenkreditanstalten, die auf mindestens drei Jahre laufen; 3% vom Nennwert bei Prämienobligationen schweizerischer privater Unternehmungen oder Vereinigungen; 1,8% vom Nennwert bei Obligationen schweizerischer Beteiligungs- und Finanzierungsgesellschaften, deren Obligationenumlauf das Dreifache des einbezahlten Aktienkapitals übersteigt.

In allen obigen Fällen ist der Titelstempel auf den ersten Erwerber abzuwälzen, so daß der Obligationeninhaber Steuerträger ist. 1,8% vom Emissionspreis auf inländischen Aktien, Stammkapitalanteilen usw., wobei die Abwälzung auf den ersten Erwerber stattfinden kann, aber nicht obligatorisch ist.

Werden Inhaberaktien nicht voll einbezahlt ausgegeben, so ist die Abgabe auch auf dem nichteinbezahlten Teil zu entrichten. Werden Namenaktien nicht voll einbezahlt ausgegeben, so ist die Abgabe auf dem nichteinbezahlten Teil zur Hälfte zugleich mit derjenigen auf dem einbezahlten Teil und der Rest anläßlich der späteren Einzahlungen zu entrichten.

b) auf ausländischen Wertpapieren: 1,2% vom Nennwert bei Obligationen; 1,8% vom Emissions- bzw. Einführungspreis bei Aktien, Stammkapitalanteilen usw. Bei nicht voll einbezahlten Titeln ist die Abgabe auch vom nicht einbezahlten Kapitalteil und vom Aufgeld zu entrichten; 3% vom Nennwert bei Prämienobligationen.

Zum Titelstempel hinzu kommt die Stempelabgabe auf Coupons, die für schweizerische Titel alljährlich vom Couponinhaber erhoben wird, für ausländische Titel in der Regel vom Schuldner pauschal, d. h. unter Diskontierung in einem einzigen Mal bei der Emission zum voraus abgelöst wird.

Diese Couponsteuer beträgt: 2% auf Coupons in- und ausländischer Obligationen, 3% auf Coupons in- und ausländischer Aktien, Stammkapitalanteilen usw., 6% der Prämie auf den zur Rückzahlung mit einer Prämie ausgelosten Obligationen in- oder ausländischer Prämienanleihen.

Im Gegensatz zum Titelstempel sind die Sätze der Couponsteuer für in- und ausländische Coupons die gleichen. Analog wie beim Titelstempel wird die Couponsteuer bei inländischen Titeln eo ipso erhoben, bei ausländischen Titeln, sofern sie auf dem Wege der öffentlichen Zeichnung oder auf Grund eines öffentlichen oder an einen größeren Personenkreis gerichteten Angebots im Inland verbreitet oder zum Handel an einer inländischen Börse zugelassen worden sind.

Der Titelstempel und die Couponabgabe bedeuten für den eidgenössischen Fiskus eine sehr namhafte Einnahmequelle, vermögen andererseits aber das ausländische Emissionsgeschäft in der Schweiz ab und zu zu erschweren.

Literatur: Schweizerische Nationalbank: alljährlich erscheinende schweizerische Bankstatistik. — Monographien über die verschiedenen Gruppen des schweizerischen Bankwesens (Nationalbank, Kantonalbanken, Hypothekenbanken, Lokal- und Mittelbanken, Privatbankiers), herausgegeben aus Anlaß der Schweizerischen Landesausstellung Bern 1914. — DUFT, EMIL: Der schweizerische Geld- und Kapitalmarkt und die Wirtschaftskrise 1920/21, 1932. — Handbuch der schweizerischen Wirtschaft, insbesondere die Artikel über das Bankwesen (SCHWEIZER, ARTHUR: Geldwesen und Banken. — WIRTH, ALBERT: Kantonalbanken. — WOLF, ARTHUR: Lokalbanken und Sparkassen), herausgegeben von Dr. KATZ-FOERSTNER-HÖWELER, K.: Geld- u. Kapitalmarkt der Schweiz, Berlin 1927. — KURZ und BACHMANN: Die schweizerischen Großbanken, Zürich 1927. — LAEPPLE, V.: Das schweizerische Emissionsgeschäft 1923. — LANDMANN, J.: Der schweizerische Kapitalexport, Bern 1916. — MEYER AUS HOSPENTAL: Das Bankobligationengeschäft der schweizerischen Banken, Bern 1928. — SCHWEIZER, ARTHUR: Die schweizerischen Aktienhypothekenbanken, St. Gallen 1919.

ARTHUR SCHWEIZER.

Schweizer Börsen (vgl. Art. *Schweiz, Geld- und Kapitalmarkt*). Die Schweiz besitzt, im Gegensatz zu den meisten europäischen Staaten, keine Metropole, in der das gesamte geistige, politische und wirtschaftliche Leben des Landes konzentriert ist. Auch auf wirtschaftlichem und finanziellem Gebiete bildet die in der ganzen geschichtlichen und staatsrechtlichen Entwicklung begründete Dezentralisation ein auffallendes Merkmal schweizerischer Eigenart.

1. *Entwicklung.* Von den verschiedenen Schw. B. haben insbesondere die von Basel, Genf und Zürich internationale Geltung erlangt; daneben bestehen noch Effektenmärkte mehr lokaler Bedeutung in Bern, Lausanne, Neuenburg, St. Gallen und die Bündner Börse in Chur. Unsere Betrachtungen beschränken sich jedoch auf die Hauptbörsen Basel, Genf und Zürich.

Am weitesten reichen die Anfänge der Börse in Genf zurück, wo sich schon Ende des 12. Jahrhunderts das Auftreten lombardischer Wechselhändler in Verbindung mit den Märkten und Messen feststellen läßt. Im Jahre 1850 traten die Devisenhändler erstmals regelmäßig zusammen und schufen zu diesem Zwecke die Vereinigung der Börsenmakler, die „Société des Agents de Change". Damit war die Genfer Börse sozusagen aus sich selbst entstanden. Ihre rechtliche Stellung wurde durch ein Gesetz von 1857 in voller Unabhängigkeit vom Staate festgelegt. Ähnlich den Verhältnissen am Pariser Platze werden in Genf alle Transaktionen durch die Börsenmakler ausgeführt, im Gegensatz zu den beiden deutschschweizerischen Börsen, wo die Banken selbst am Ring auftreten. In allerjüngster Zeit sind auch in Genf Bestrebungen im Gange, die auf eine Zulassung der Banken neben den Börsenmaklern hinzielen.

Ähnlich wie in Genf lassen sich die Anfänge der Börsen von Basel und Zürich auf den Markt- und Messehandel zurückführen. Im Gegensatz zu Genf stehen die beiden deutschschweizerischen Börsen unter Aufsicht des Staates, nachdem auch sie ursprünglich als freie Vereinigungen mit rechtlich schwer definierbarer Stellung gegründet worden waren.

Die erste gesetzliche Regelung der Züricher Börse stammt aus dem Jahre 1883 im Anschluß an eine von Paris ausgehende Börsenkrise. Dieses Börsengesetz wurde zu verschiedenen Malen, hauptsächlich im Sinne einer Verschärfung der Staatsaufsicht, revidiert. Das an den meisten Auslandsbörsen und in Genf bestehende System der Börsenmakler kennt die Zürcher Börse nicht. Die Aufträge der Kundschaft werden direkt von den Banken als Mitgliedern des Effektenbörsenvereins in eigenem Namen ausgeführt. Maßgebend für die Basler Börse ist ein kantonales Gesetz von 1897, das zum Abschluß der Geschäfte nur die Mitglieder der Börsenkammer, bestehend aus den im Basler Handelsregister eingetragenen Bank- und Effektengeschäften, zuläßt. Sie ist der Aufsicht des Börsenkommissariats, der Börsenkommission und als oberster Behörde dem Regierungsrat des Kantons Basel-Stadt unterstellt.

2. Tätigkeitsgebiet. Die Mehrzahl der in der Schweiz offiziell gehandelten Obligationen- und Aktienwerte sind an allen drei Hauptbörsen kotiert. Die Obligationen beanspruchen in den drei Kursblättern den größten Raum, und davon sind es wiederum die eidgenössischen Titel (einschließlich derjenigen der Schweizerischen Bundesbahnen, die vom Bund garantiert werden), welche die meisten Umsätze aufweisen. Der wichtigste Wert am Obligationenmarkte ist die $3^1/_2$proz. Bundesbahnanleihe Serie A bis K, die wegen ihres großen im Umlaufe befindlichen Betrages (Fr. 393600000 am 31. Dezember 1931) als Standardwert der sog. „Goldgeränderten" gilt. Neben den Anleihen des Bundes sind die der meisten schweizerischen Kantone und Städte an den drei Börsen kotiert. Eine große Bereicherung hat in in den Nachkriegsjahren die Liste der ausländischen Staatsanleihen infolge der rasch zunehmenden Bedeutung der Schweiz als internationaler Kapitalmarkt erfahren. Neben den schon vor dem Kriege kotierten österreichischen und ungarischen Renten, bulgarischen, dänischen, norwegischen, japanischen, serbischen und einzelnen südamerikanischen Staatsanleihen brachte in den letzten 10 Jahren die Beteiligung der Schweiz an zahlreichen internationalen Stabilisierungs- und Wiederaufbauanleihen eine bedeutende Erweiterung des Kursblattes.

Am Aktienmarkte haben die Anteile der schweizerischen Großbanken, die wegen ihrer stabilen Dividendenpolitik vom anlagesuchenden Publikum bevorzugt werden, einen regelmäßigen Markt. Es sind dies die Aktien des Schweizerischen Bankvereins, der Schweizerischen Kreditanstalt, der Eidgenössischen Bank, der Basler Handelsbank, der Schweizerischen Diskontbank und der Aktiengesellschaft Leu & Co. Eine ganz besondere Entwicklung haben sodann in der Schweiz, vor allem dank der in gewissen Kantonen sehr entgegenkommenden steuerlichen Behandlung, die Kapitalanlagetrusts und die industriellen Holding- und Finanzierungsgesellschaften erlangt. Die meisten Gesellschaften der letzteren Art haben ihren rechtlichen und administrativen Sitz in der Schweiz, ihre Interessen jedoch größtenteils im Auslande liegen (vgl. Art. *Holdinggesellschaften*). Zu den wichtigsten Vertretern dieses Gebietes gehören die Aktien der Bank für Elektrische Unternehmungen (Elektrobank) und der Motor-Columbus AG. Von den internationalen Trusts werden Hispano-Americana (Chade) und die Aktien der Royal Dutch Co. am häufigsten umgesetzt. Von den früher rege gehandelten Schwedenwerten Svenska Taendsticks und Kreuger & Toll wurden letztere kurz nach dem Zusammenbruch des Konzerns an allen Schweizerbörsen gestrichen. Die wichtigsten schweizerischen Industriepapiere sind Aluminium-Industrie, Bally, Brown Boveri, Nestlé, Lonza, Maggi, ferner die schweren Basler Chemiewerte, Sandoz und Ciba und ebenfalls die nur in Basel gehandelten Aktien der Industrie-Gesellschaft für Schappe. An Eisenbahnwerten erzielen die Vorzugsaktien der Nationalen Gesellschaft der Belgischen Eisenbahnen und die zeitweise von der Spekulation im Arbitrageverkehr mit Paris begünstigten Aktien der Betriebsgesellschaft der Orientalischen Eisenbahnen regelmäßige Umsätze.

3. Umsätze. Die Umsätze an den drei großen Schw. B. sind nicht miteinander vergleichbar, da leider keine einheitliche Methode zu ihrer Erfassung angewendet wird. Zürich stellt sowohl die Anzahl der bezahlten Kurse wie die Umsatzziffern in Franken fest unter Einschluß der außerbörslichen Abschlüsse. Genf beschränkt sich auf die Angabe der bezahlten Kurse und Basel auf die Errechnung der Umsätze in Franken, wobei im Gegensatz zu Zürich ein Kauf-Verkauf nur einmal gezählt wird. Außerdem werden die außerbörslichen Schlüsse nicht mitgerechnet. Zweifellos steht jedoch Zürich bezüglich der Umsatzhöhe an erster Stelle. Nach Angaben der Monatsberichte der Schweizerischen Nationalbank betrug im Jahre 1930 der Umsatz an der Züricher Börse in doppelter Aufrechnung einschließlich der außerbörslichen Schlüsse Fr. 6772300000 bei 88980 bezahlten Kursen, in Basel Fr. 1270300000, wobei wir nach Übung der Nationalbank die Ziffern verdoppeln. In Genf wurden 55870 bezahlte Kurse festgestellt.

4. Börsentechnisches. Die Börsenzeiten sind den Bedürfnissen des Verkehrs entsprechend über die in den Reglementen vorgesehenen Stunden hinaus erweitert worden oder können wenigstens (Basel) im Bedarfsfalle verlängert werden. Die Sitzungen finden in Zürich von $10^3/_4$—13 Uhr (Samstags $10^1/_2$—$12^1/_4$) statt, in Basel von $10^3/_4$—12 Uhr (Samstags $10^1/_2$—$11^3/_4$) und in Genf von 10,50 bis $12^1/_2$ Uhr. Eine Abendbörse wird an keinem Schweizerplatze abgehalten. Die Feststellung der erzielten Kurse erfolgt fortlaufend. Dagegen weichen die Notierungsarten der beiden deutschschweizerischen Börsen und diejenige von Genf stark voneinander ab. In Basel und Zürich werden die Obligationen in Prozenten ihres Nennwertes notiert unter besonderer Verrechnung der laufenden Zinsen seit dem letzten Verfalltag. Die Feststellung der Aktienkurse erfolgt in Franken per Stück ohne Dividendenberechnung. In Genf erfolgt nur die Notiz der Anleihen des Bundes und der Bundesbahnen nach den gleichen Grundsätzen wie in Basel und Zürich. Ebenso werden einige ausländische Staatsanleihen — das Kursblatt vermerkt dies mit dem Prozentzeichen (%) — in Prozenten notiert, allerdings — im Gegensatz zu Basel und Zürich —

ohne Stückzinsen. Alle anderen festverzinslichen Werte und alle Aktien werden wie in Paris in Franken per Stück (ohne Stückzinsen) notiert. Alle drei Kursblätter verzeichnen zuerst die Geld- und Briefkurse und sodann die Comptant- oder Kassakurse, für die Aktien in Zürich und Genf mit c und in Basel mit cpt. bezeichnet. Termin- und Prämiengeschäfte können auf Ende des laufenden und Ende des folgenden Monats abgeschlossen werden. In den Kursblättern sind sie neben den Kassakursen besonders gekennzeichnet. Termingeschäfte wurden bisher an den drei Börsen für Aktien mit einem Nennwert von unter Fr. 500 mit 25 Stück oder einem Vielfachen, für Aktien mit einem höheren Nennwert mit 5 Stück oder einem Vielfachen abgeschlossen. Seit Juni 1930 wird in Zürich auf den Kurswert der Aktien abgestellt, und zwar werden für Terminschlüsse bei Aktien mit einem Kurswert bis zu Fr. 100 mindestens 50 und für Kurswerte von Fr. 100—300 mindestens 25 Stück gefordert. Obligationen können in Posten von Fr. 25000 auf Termin gehandelt werden.

5. Spesen und Steuern. Die zur Anwendung gelangenden Courtagesätze sind für Basel und Zürich dieselben. Es werden berechnet:

a) für Aktien, Genußscheine, Anrechte usw.: 1/4 % Courtage vom Kurswert, jedoch per Titel mindestens Fr. —,25 bei einem Kurswert von weniger als Fr. 50, Fr. —,50 bei einem Kurswert von Fr. 50 bis inkl. Fr. 100, Fr. 1,— bei einem Kurswert von über Fr. 100 bis inkl. Fr. 300, Fr. 1,25 bei einem Kurswert von über Fr. 300,

wobei auch der nicht einbezahlte Betrag courtagepflichtig ist.

b) für Obligationen und Renten 1/4 % Courtage vom Kurswert plus Marchzins, wenn dieser Betrag den Nennwert übersteigt, oder vom Nominalwert, wenn der Kurswert plus Marchzins unter pari steht; sinkt der Kurswert unter 50 % des Nominalwertes, so darf 1/4 % von der Hälfte des letzteren gerechnet werden.

Genf steht außerhalb des zwischen den beiden deutschschweizerischen Börsen abgeschlossenen Courtagevertrags, doch weichen die zur Anwendung gebrachten Sätze praktisch nur unerheblich davon ab, so daß sich eine Wiedergabe erübrigt. Die eidgenössische Umsatzsteuer beträgt 0,03 % für schweizerische und 0,10 % für ausländische Werte. Sie ist je zur Hälfte von beiden Parteien zu tragen.

Nachstehend ein Beispiel eines Kaufes bzw. Verkaufes an der Basler Börse:

Verkauft am 25. Juni in Basel:

Fr. 10000 3 1/2 proz. Anleihe der Schweiz. Bundesbahnen, Serie A—K, à 97,75		Fr. 9775,—	
+ Zins vom 31. Dezember bis 25. Juni 1930		„ 170,15	
		Fr. 9945,15	
Kommission 1/4 %	Fr. 25,—		
Stempel u. Gebühren	„ 2,50	„ 27,50	
Valuta 25. Juni			Fr. 9917,65
zu Ihren Gunsten.			

Gekauft am 25. Juni in Basel:

10 Aktien Schweizerischer Bankverein à 830,—		Fr. 8300,—	
+ Kommission 1/4 %	Fr. 20,75		
Stempel u. Gebühren	„ 2,15	„ 22,90	
Valuta 25. Juni			Fr. 8322,90
zu Ihren Lasten.			

Bei der Einlösung von Coupons der an einer schweizerischen Börse kotierten Effekten wird die eidgenössische Couponsteuer von 2 % bei Obligationen und 3 % bei Aktien in Abzug gebracht. Davon sind einzelne Bundes- und Kantonsanleihen befreit, während bei der Mehrzahl der ausländischen Anleihen der Schuldner die Couponsteuer durch Pauschalzahlung abgelöst hat.

Die gesetzliche Verjährungsfrist für die Kapitalschuld beträgt 10 Jahre und für die Zinsen 5 Jahre (Schweiz. Obligationenrecht Art. 127—128).

6. Aktienrechtliche Bestimmungen. Es sind hervorzuheben die Verpflichtungen zur Veröffentlichung der Bilanz- und Gewinn- und Verlustrechnung bei Gesellschaften mit einem Aktienkapital von Fr. 1000000 oder darüber; dies gilt praktisch für alle Börsenwerte. Von besonderer Wichtigkeit für die vielen formell schweizerischen, ihrer Tätigkeit und ihrer persönlichen Leitung nach ausländischen Gesellschaften ist die Bestimmung des Bundesratsbeschlusses vom 8. Juli 1919, wonach die Mehrheit der Verwaltungsratsmitglieder in der Schweiz wohnhafte Schweizerbürger sein müssen. Diese Vorschrift hat sich in der Praxis schlecht bewährt und ihre Aufnahme in das revidierte Obligationenrecht wird von juristischer Seite bekämpft. Eine Besonderheit des bestehenden Aktienrechts ist ferner die Möglichkeit der Ausgabe von Inhaberaktien, die nur mit 50 % einbezahlt sind. Um in Zukunft die vielfach vorgekommenen Mißbräuche auszuschließen, läßt der Entwurf zum Obligationenrecht nur noch die Ausgabe volleinbezahlter Inhaberaktien zu. Über die Ausgabe sog. Stimmrechtsaktien enthält das Gesetz keine Bestimmungen. Es verlangt lediglich, daß jede Aktie 1 Stimme hat. In der Praxis wurden sog. Stimmrechtsaktien in der Weise geschaffen, daß man Aktien mit geringerem Nennwert ausgab, deren Erwerb und Übertragung an gewisse Bedingungen geknüpft sind. Der Entwurf zum Obligationenrecht sieht die Ausübung des Stimmrechts nach Maßgabe des Aktiennennwertes vor, so daß im Falle seiner Annahme Aktien mit Pluralstimmrecht nicht mehr möglich sein werden.

7. Informationsquellen.

Literatur: Neben den offiziellen Kursblättern bringen die großen Tageszeitungen „Basler Nachrichten“, „National-Zeitung“ (Basel), „Neue Zürcher Zeitung“ und „Journal de Genève“ täglich Börsenberichte über den betreffenden Platz. Ausschließlich Börsen- und Wirtschaftsnachrichten enthält die fünfmal wöchentlich in Zürich erscheinende „Finanz und Wirtschaft“. In Finanz- und Börsenkreisen werden ferner die „Schweizerische Handels-Zeitung“ und die „Finanz-Revue“ viel gelesen. Als unabhängige Behandlung aller an den Börsen von Basel, Genf und Zürich kotierten Werte sind die im Montana-Verlag, Horw, Leipzig und Stuttgart erschienene „Kapitalanlagen in der Schweiz“ zu nennen. Daneben bestehen Veröffentlichungen der Großbanken. Wertvoll ist das kürzlich erschienene Werk von Dr. h. c. HERMANN KURZ: Die Schweizer Effektenbörsen, ihre Organisation, ihre Geschäfte und ihre volkswirtschaftliche Bedeutung, mit Anhang enthaltend Gesetze, Statuten, Reglemente und Usancen der Effektenbörsen der Schweiz, ferner „Die Schweizerischen Wertpapierbörsen“ von J. A. BÜCHI.

K. ED. VON GABAIN.

Schwundgeld s. *Währungswesen.*

scrips (e), Interimsscheine, insbes. Anleihscheine für Rückstände (z. B. mexikanische A-, B- usw. Scrips für Zinsrückstände), vgl. *Besserungsschein.*

security, 1. Sicherheit, Kaution, Deckung (im Notenbankausweis), 2. Wertpapier, insbes. (Pl.) Effekten, börsengängige Werte.

— **policy** s. *Federal Reserve System VI.*

Seedarlehen s. *Geschichte des Bankwesens II.*

Seehandlung s. *Staatsbanken.*

S. E. & O. = Salvo errore et ommissione „Unbeschadet eines Irrtums oder einer Auslassung“, Vorbehaltsklausel in der Bankkorrespondenz, insbes. bei Kontokorrentabschlüssen.

Seeversicherung, Seekonnossamente s. *Akkreditiv II.*

Seisachtheia s. *Schuldensenkung IIb.*

Sekunda s. *Duplikat.*

Selbsteintrittsrecht s. *Kommissionsgeschäft.*

— **finanzierung** ist die Beschaffung der Investitionsmittel aus laufenden Erträgnissen des Betriebs. Im Gegensatz zur „Fremdfinanzierung“ durch Kredit- und Kapitalaufnahme werden also nicht Beträge aufgenommen, die aus zukünftigen Gewinnen verzinst werden müssen, sondern die Gegenwart muß die Zukunft tragen. S. erfolgt durch übergroße *Abschreibungen* s. d., Bildung stiller Reserven, Verzicht auf Dividende (z. B. Krupp) usw.

Selbstversicherung, Selbstbeteiligung des Versicherten am Risiko, wird z. B. bei Bagatellschäden, bei der Scheunenversicherung usw. von dem Versicherer zur Bedingung gemacht. Mit S. bezeichnet man auch die Eigendeckung, z. T. im Wege verbandsmäßigen Zusammenschlusses, schließlich die von einer Versicherungsgesellschaft nicht in Rückversicherung weitergegebene Quote.

Selfliquidating (e). S. *Notenbankpolitik.*

selling group, selling syndicate s. *Emissionsgeschäft II 1b.*

Sensale, in Österreich (und daher teilweise in den Nachfolgestaaten) Bezeichnung für Börsenmakler (s. *Österreich, Geld- und Kapitalmarkt 3*).

Separatkonto, ein gesondert von den übrigen Konten desselben Kontoinhabers geführtes Konto.

Serben, Serbien (Vorkriegsanleihen von) s. *Valorisierung I.*

Serial Bonds (e) = Serienanleihen.

Serienanleihen s. *Rentenmarkt,* s. a. *Lotterieanleihen.*

Service, ein Ausdruck des amerikanischen Geschäftslebens, umfaßt im Bankwesen eine Summe von Leistungen für den Kunden, welche nicht zu den eigentlichen Bankgeschäften gehören. (Der Begriff „Dienst am Knnden", welcher sich hierfür in Deutschland eingebürgert hat, ist nicht ganz identisch, er drückt lediglich eine Seite des S., die dem Kunden gebotenen Bequemlichkeiten und die hiermit beabsichtigte Propaganda für das Unternehmen aus.)

Leistungen, die den Inhalt des bankmäßigen S. ausmachen, sind vor allem die Vermögensberatung, welche zu einer mehr oder minder selbständigen Verwaltung insbesondere für Vermögen Minderjähriger, von Stiftungen u. dgl. ausgestaltet werden kann. Ein weiteres Gebiet ist die Erledigung steuerlicher- und versicherungstechnischer Arbeiten für den Kunden, schließlich die finanzielle Durchführung von Testamentsvollstreckungen. In betrieblicher Hinsicht gehört ein großer Teil dieser Aufgaben als zusätzliche Arbeit zu den verschiedenen „Bankgeschäften", so z. B. wenn die Depotabteilung eine Berechnung des Steuervermögens aufstellt u. dgl. Derartige Arbeiten werden daher von der dem betr. primären Bankgeschäft dienenden Abteilungen bestritten. Eine eigene Organisation erfordert dagegen die systematische Vermögensberatung, wofür die amerikanischen Banken schon seit vielen Jahren ausgedehnte Abteilungen eingerichtet haben. Auch in Deutschland hat dieser Gedanke in den letzten 5—6 Jahren vorwiegend bei den größeren Privatbankhäusern Eingang gefunden, ebenso in der Schweiz, Holland usw. In anderen Ländern, z. B. in Frankreich, dienen ähnliche Abteilungen (wenn mit dem Sekretariat verbunden, werden sie im angelsächsischen Bankgebrauch auch als „intelligence-department" bezeichnet), mehr der eigenen Information als der systematischen Verwaltung von Kundenvermögen.

Der Unterschied zwischen dem früheren System der Verwaltung der Kundeneffekten und dem „Service" besteht vor allem in der Initiative. Gewiß stand die Bank auch schon früher dem Kunden mit Vorschlägen und Informationen (vgl. *Auskunfteiwesen*) zur Verfügung, aber — schon der Verantwortung willen — nur auf dessen ausdrücklichen Wunsch. Beim S. wird dagegen prinzipiell unaufgefordert, d. h. ohne Auftrag des Kunden im Einzelfall, beraten, auf wünschenswerte Veränderungen (z. B. Tauschoperationen) aufmerksam gemacht usw. Oft hat auch die Bank — im Rahmen gewisser Richtlinien oder unbeschränkt — Vollmacht, aus Eigenem für den Kunden zu handeln.

Eine umstrittene Frage ist die der Vergütung für diese Dienste. Das ganze System von Dienstleistungen ist, wie auch die eingangs erwähnte Bezeichnung zeigt, aus der Kundenwerbung entstanden und auf jeden Fall sind die Grenzen zur normalen „Propaganda" fließend, denn eine erfolgreiche Beratung wird ja immer die beste Empfehlung einer Bank sein. Nicht hieran also, sondern an der kostenlosen Erledigung mitunter recht umfangreicher Arbeiten für den Kunden nimmt die Kritik Anstoß. Das Bestreben, derartige Arbeiten in ähnlicher Weise, wie z. B. Effektenprovisionen straff zu regeln (vgl. „Bedingungsgemeinschaft" im Art. *Standesvertretungen A 2*) sind bisher aus erklärlichen Gründen (vor allem der Schwierigkeit, derartige individuelle Arbeiten zu typisieren bzw. auf gemeinsamen Nenner zu bringen) nicht sehr weit gediehen. Nebenbei bemerkt, weist der Fragenkomplex eine entfernte Ähnlichkeit mit dem Zugabeunwesen im Detailhandel auf.

Während an sich der Stand des *Privatbankiers* (s. d.) in der individuellen Vermögensberatung durch die größere Beweglichkeit vor allem aber die völlige Unabhängigkeit gegenüber den entsprechenden Stellen der Großbanken — den Depositenkassen und Stadtbüros — beträchtlichen Vorsprung hat, ist er doch in dem Maße, in dem die Verwaltung sich auch auf internationale Werte erstreckt, dadurch im Nachteil, daß hier wie bei fast keinem anderen Zweig des Bankwesens nur ein Betrieb im großen rentieren kann: Kurstelegramme, Handbücher, ausländische Zeitungen u. dgl. kosten, um nur die kleinste Übersicht zu gewinnen, im Jahr bereits mehrere tausend Mark; die Erweiterung um regelmäßige Kursmeldungen (Ticker) erhöht die Kosten noch bedeutend. Dies sind die reinen Sachausgaben. Hinzu treten die Personalausgaben, also das Gehalt eines oder mehrerer Fachleute. Aus all dem ergibt sich, daß ein gewisser Mindestumsatz in Kundenorders, den man bei den heute geltenden Provisionssätzen mit vielleicht 10—15 Millionen RM. pro Jahr ansetzen muß, notwendig ist, um die Entstehung auch nur eines kleinen derartigen Apparates zu rechtfertigen.

Schließlich sei noch auf einen der Vermögensverwaltung verwandten Begriff die „fixed trusts" hingewiesen, die eine Art Mittelding zwischen Vermögensverwaltung und einem selbständigen *Investment Trust* (s. d.) bilden.

Paul Quittner.

Settlement Day s. *Londoner Börse,* s. *Effektentermingeschäft.*

share (e) Anteil, *Aktie* (s. d.), vgl. *Aktien als Wertpapiere.*

— **certificates** s. *Aktiengesellschaft VIII.*

— **warrants** sind Zertifikate über hinterlegte Aktien. An den amerikanischen Börsen ist es allgemein üblich, ausländische Aktien nicht in natura zu handeln. Diese an der Börse eingeführten Aktien werden vielmehr bei einer Bank hinterlegt, die dafür Gutscheine, die sh. w. in amerikanischer Währung und üblicher Stückelung ausgibt.

Sherman-Bill s. *Silber und Silberwährung.*

short selling (e), Leerverkauf, Baisseengagement.

Sicherheitsleistung kann vom Akzeptanten gefordert werden, wenn er in Vermögensverfall, Konkurs usw. gerät. Wird dann keine Sicherheit gegeben, muß der Wechsel protestiert werden. Für Bankkredite s. *Kreditgeschäft II.*

Sicherheitswechsel s. *Kautionswechsel.*

Sicherungsgeschäfte s. *Warenmärkte 4, Spekulation, Devisen-Swap, Pensionsgeschäfte.*

— **hypothek** s. *Hypothek.*

— **übereignung** s. *Kontokorrentverkehr*, vgl. *Finanzierung des Groß- und Einzelhandels II 2 u. III.*

Sichtkurs, Notierung von *Devisen* (s. d.), welche — unter Berücksichtigung der Posttage — an dem betr. fremden Platz sofort (bei Sicht, at sight) zahlbar sind, zum Unterschied von 1, 2, 3 Monatstratten, wie sie vor allem in den südamerikanischen Devisen häufig sind (vgl. *Überseegeschäft*).

Sichttratte bei Sicht fälliger Wechsel, der also keine feste Verfallszeit (z. B. 3 Monate) hat.

— **wechsel** (Vistawechsel) ist ein Wechsel, der bei Vorlegung zahlbar ist. Er muß spätestens innerhalb von 2 Jahren nach Ausstellung vorgelegt werden.

Siedelungskredit s. *Agrarkredit IV.*

Siemens, Georg von, s. *Persönlichkeit und Organisation im Bankwesen 7.*

Silber und Silberwährung. Das Silber nimmt auf den Metallmärkten deshalb eine besondere Stellung ein, weil es durch seine Jahrhunderte alte monetäre Bedeutung auch heute noch aus der Sphäre der Metallwerkstoffe herausgehoben wird, in die es sich nach Produktions- und Wertgröße, sowie nach seiner kommerziellen Wichtigkeit einordnen ließe. Die Begriffe Silber und Gold waren praktisch lange Zeit synonym. Die Ausgestaltung der Weltwirtschaft machte aber mehr und mehr die Vereinheitlichung der Grundlagen der Währungssysteme notwendig und führte zwangsläufig zu einer Abschwächung der monetären Bedeutung des Silbers und damit zu einem starken Hervortreten seiner rein wirtschaftlichen Verwendung. Dieser Prozeß wurde dadurch beschleunigt, daß das Metall auch schon produktionsmäßig seine Sonderstellung einbüßte und immer mehr mit den Nicht-Eisen-Metallen in Verbindung kam. Das statistische Bild sei den allgemeinen Ausführungen vorangesetzt:

Weltsilbererzeugung in Kilogramm.

	Durchschnitt		Durchschnitt
1871—1875	1969000	1906—1910	6135000
1876—1880	2450000	1911—1915	6536000
1881—1885	2808000	1916—1920	5764000
1886—1890	3388000	1921—1925	6861000
1891—1895	4901000	1926—1930	7934000
1896—1900	5154000	1931	6083000
1901—1905	5209000		

Die Silbererzeugung der einzelnen Länder stellte sich in den letzten Jahren wie folgt (in 1000 Unzen fein):

	1925	1926	1927	1928	1929	1930	1931
Nordamerika							
USA. . .	61378	60918	59412	56149	60180	50234	31580
Kanada .	20229	22372	22737	21936	23143	2644	20558
Mexiko . .	92912	98291	104575	108536	108701	105204	86066
	174519	181581	186724	186621	192024	181882	138204
Zentralamerika u. Westindien . .	2701	3499	3154	2559	2797	3900	4500
Südamerika	29287	31861	25550	29101	29484	23453	15945
Europa . .	11144	11184	11624	10899	11356	12044	11841
Asien . .	11713	12392	13244	15044	14776	14521	14330
Ozeanien .	10915	11225	11551	9578	9926	10116	9500
Afrika . .	1419	1307	1274	1265	1302	1305	1255
Gesamte Weltprod.	241697	253049	253121	255067	261665	247222	195575

Vergleicht man die Silbererzeugung der Welt mit der Gewinnung anderer Metalle, so ergibt sich, daß Silber eine weit geringere Zuwachsrate aufzuweisen hat, als aus dem Preisverfall geschlossen werden könnte. Produktionssteigerung bzw. Rückgang gegenüber der vorausgegangenen Dekade zeigt nachstehende Übersicht:

	Silber	Blei	Kupfer	Gold	Zink
1801—1820	39,5	30,4	36,6	34,8	142,6
1821—1830	11,4	168,2	45,1	22,8	595,1
1831—1840	28,5	25,2	33,3	40,2	53,5
1841—1850	28,4	16,3	35,5	160,2	143,4
1851—1860	18,6	38,8	53,7	277,2	112,8
1861—1870	33,3	46,1	51,4	5,4	66,2
1871—1880	77,3	39,8	23,9	7,4	55,8
1881—1890	40,9	40,1	74,8	7,4	65,3
1891—1900	62,1	50,5	66,7	94,0	39,7
1901—1910	12,8	37,5	83,8	80,9	57,6
1911—1920	7,0	11,6	59,8	12,3	30,8
1921—1930	23,4	27,5	22,2	9,8	24,3

Das Schicksal des Silbers als Währungsmetall drückt sich statistisch in dem Wertverhältnis von Gold und Silber deutlich aus. Hatte sich dieses 200 Jahre lang zwischen 1 : 14 und 1 : 16 gehalten, so bietet die Entwicklung seit dem Jahre 1870, das den Ausgangspunkt einer besonders ausgeprägten Periode starker Preisschwankungen kennzeichnet, folgendes Bild:

Standardsilber in London im Jahr	in d pro Unze fein	Wertverhältnis von Gold zu Silber
1870	60,500	1 : 15,59
1890	47,688	1 : 19,78
1900	28,250	1 : 33,38
1910	24,670	1 : 38,23
1913	27,580	1 : 34,14
1920	61,610	1 : 15,32
1921	36,845	1 : 25,63
1922	34,406	1 : 27,35
1923	31,928	1 : 29,46
1924	33,969	1 : 37,70
1925	32,091	1 : 29,32
1926	27,685	1 : 32,80
1927	26,047	1 : 36,14
1928	26,746	1 : 35,18
1929	24,460	1 : 38,47
1930	17,672	1 : 53,36
1931. 1. Quartal . .	13,288	—
2. „ . .	12,895	—
3. „ . .	13,371	—
4. „ . .	18,856[1]	—

Die monetären Edelmetallbestände der Welt sind vom Institut für Konjunkturforschung wie folgt schätzungsweise ermittelt worden (in Milliarden M. bzw. RM.):

	Gold	Silber	Zusammen		Gold	Silber	Zusammen
1830	2,5	14,6	17,1	1890	16,6	15,5	32,1
1840	2,7	15,4	18,1	1900	23,0	16,0	39,0
1850	3,6	17,0	20,6	1913	41,3	13,1	54,4
1860	8,6	15,6	24,2	1923	41,7	11,6	53,3
1870	12,2	14,5	26,7	1929	48,4	16,9	65,3
1880	14,8	15,0	29,8				

In diesen Zahlen ist der Umlauf von Silbergeld nur zum Teil enthalten. Im übrigen beruhen die Zahlen — vor allem die älteren — zum Teil auf Schätzungen. Schaltet man für die Silberbestände die Veränderung der Silberpreise aus, dann ergibt sich — nach dem Silberpreis von 1870 gerechnet — etwa folgende Bewegung:

1870 . . .	14,5 Milliarden M.	1913 . . .	29,0 Milliarden M.
1900 . . .	34,0 „ „	1929 . . .	40,0 „ „

Dabei handelt es sich aber infolge des verschiedenen Feingehaltes der Barren und Münzen nur um grobe Annäherungswerte.

Der Entwertungsprozeß des Silbers wurde in der Hauptsache durch die Einführung der Goldwährung und die Abkehr vom Bimetallismus in Deutschland (1873) und in den Vereinigten Staaten ausgelöst.

Man darf allerdings die Bedeutung des amerikanischen Schrittes nicht überschätzen. Wenn den Silbermünzen ihre Eigenschaft als

[1] Erhöht infolge Abgang Englands vom Goldstandard.

gesetzliches Zahlungsmittel auch genommen wurde, so wurde diese Umstellung zunächst deshalb so wenig beachtet, weil Gold überhaupt nicht und Silber nur in Form von Scheidemünzen in den Vereinigten Staaten im Umlauf war. Es dauerte auch nur eine verhältnismäßig kurze Zeit, bis der Silberdollar nach einer vorausgegangenen starken Agitation im Jahre 1878 durch den Bland-Allison-Act wieder zum gesetzlichen Zahlungsmittel erklärt wurde. Die Ausprägung von Silber wurde jedoch auf bestimmte Kontingente beschränkt, außerdem gelangten Silberzertifikate in Abschnitten bis zu 10 \$ zur Ausgabe. Der Bankwelt war die Rückkehr zum Silber nicht gerade angenehm. Das Silber wurde weitgehend boykottiert und auch das Publikum konnte sich mit dem Silberzahlungsmittel nicht recht befreunden. Der Kampf um die Popularisierung des Silbers ging durch fast zwei Jahrzehnte hindurch und kam schließlich im Jahre 1890 zu einem gewissen Abschluß, als nach der sog. Sherman-Bill sich die Regierung verpflichtete, zum jeweiligen Marktpreis monatlich 4,5 Millionen Unzen Silber zu kaufen und dafür Treasury Notes auszugeben. Diese Treasury Notes und auch das umlaufende Silbergeld wurden in vollem Umfange gesetzliches Zahlungsmittel. Die Öffentlichkeit machte aber von der Möglichkeit einer Einlösung gegen Gold so reichlichen Gebrauch, daß am 30. Oktober 1893 der Ankauf von Silber eingestellt wurde. Der Kampf ging weiter. Die Silberpartei geriet immer mehr in die Defensive und am 14. März 1900 gelangte ein Währungsgesetz zur Annahme, in welchem Gold zum Währungsstandard erklärt wurde. Allerdings blieben auch Silberdollar und Silberzertifikate gesetzliches Zahlungsmittel. Eine neue Ära wurde durch das Gesetz vom April 1918, dem sog. Pitman-Act, eingeleitet, der das Schatzamt ermächtigte, Silberzertifikate aus dem Verkehr zu ziehen, die dahinterstehenden Silberdollar einzuschmelzen und das so freigewordene Silber zu einem Mindestsatz von 1 \$ pro Unze zu verkaufen. Die Vorgeschichte des Pitman-Act ist kurz folgende: Im Frühjahr 1918 machte sich in Großbritannien ziemlich unvermittelt ein ungewöhnlich starker Bedarf an Silber für indische Rechnung bemerkbar, und das britische Schatzamt sah sich vor die schwierige Aufgabe gestellt, eine Menge von über 200 Millionen Unzen in kürzester Frist flüssig zu machen. In dieser Zwangslage kam es Großbritannien sehr zustatten, daß das amerikanische Schatzamt über einen Silbervorrat in Form von geprägten Münzen verfügte, der ohne Gefahr einer Währungsbeeinträchtigung mobilisiert werden konnte. Andererseits hatten die Vereinigten Staaten ein Interesse daran, Silber nach Indien zu senden, da die Handelsbilanz mit diesem Lande stark passiv geworden war. Nach den Bestimmungen des Pitman-Act war der Sekretär des Schatzamtes ermächtigt, einen Betrag von höchstens 350 Millionen Silberdollar als Bruch oder in geschmolzenem Zustand zu einem festen Preis von 1 \$ pro Unze fein an Großbritannien zu verkaufen. Im Verfolg dieses Gesetzes wurden insgesamt 200032326 Unzen nach Großbritannien ausgeführt. Für die amerikanischen Silberproduzenten aber ergab sich die Notwendigkeit, für das verkaufte Silber einen Ersatz zu schaffen. Das Gesetz bestimmte also weiterhin, daß das Schatzamt für jeden verkauften Silberdollar von den einheimischen Erzeugern 32371,25 grain reines Silber ebenfalls zum Preise von 1 \$ pro Unze fein beziehen könne. Diese Maßnahmen konnten nicht verhindern, daß der Silberpreis in den darauffolgenden Jahren bis auf 50 Cents herunterging, worauf das Schatzamt die Käufe im Jahre 1921 einstellte.

Aus diesem historischen Überblick über die Silberentwicklung in den Vereinigten Staaten geht ohne weiteres hervor, daß in diesem Land fast ununterbrochen eine starke Initiative zur Beeinflussung des Silbermarktes entfaltet wurde, die zwar zu gewissen einheimischen Gesetzesmaßnahmen führte, den Entwertungsprozeß des Silbers indessen nicht verhindern konnte. Dieser Prozeß wurde dadurch gefördert, daß auch Frankreich und die übrigen Staaten des lateinischen Münzbundes seit 1874 ihre Silberprägungen zunächst einschränkten und 1878 überhaupt einstellten. Eine gleiche Entwicklung vollzog sich seit dem Jahre 1873 in den skandinavischen Staaten und in den Niederlanden, wo die Silberprägungen bis zum Jahre 1874 recht bedeutend waren. Im Jahre 1893 stellte auch Britisch-Indien die freie Silberprägung ein. Trotzdem fand das weiße Metall in Indien und in China immer noch bedeutende Absatzgebiete, vorübergehend führte der chinesisch-japanische Krieg sogar zu einer kleinen Hausse. Zudem verbrauchten die latein-amerikanischen Länder einen erheblichen Teil des erzeugten Silbers selbst. Nach der Jahrhundertwende gingen die Silberpreise unaufhaltsam zurück. In den Jahren 1912 und 1913 konnten die Preise vorübergehend wieder etwas anziehen. Bemerkenswerterweise zeitigten die ersten beiden Kriegsjahre keine besonders eindrucksvollen Schwankungen. Erst im Jahre 1916 fingen die Preise an ununterbrochen zu steigen, eine Bewegung, die durch die Überleitung von der Kriegs- auf die Friedenswirtschaft zunächst noch bedeutend gefördert wurde. So konnte im Jahre 1920 die 1870 bestandene Wertrelation zwischen Gold und Silber wieder erreicht werden.

Mit dem Zusammenbruch der Hochkonjunktur der ersten Nachkriegszeit im Jahre 1921 trat dann erneut ein Preisverfall des Silbers ein, an den sich mit einer kurzen Unterbrechung im Jahre 1924 eine Periode weiterer Entwertung anschloß, und seit dem Jahre 1929 zeigt der Silberpreis eine besonders starke Übereinstimmung mit den Preisbewegungen auf den Metallmärkten. Das Tempo der Rückläufigkeit war aber seit Ende 1929 noch erheblich stärker als das von Kupfer, Blei und Zink, ganz abgesehen von der Entwicklung des gesamten Großhandelsindex. In den Jahren, die dem Weltkrieg folgten, haben Großbritannien, Deutschland, Frankreich, Holland und andere Länder den Feinsilbergehalt ihrer Silbermünzen ganz bedeutend herabgesetzt und zum Teil erhebliche Mengen Silber auf den Markt gebracht. Von ganz besonderer Tragweite für das Schicksal des Silberpreises wurde aber die Veröffentlichung des Berichtes der indischen Währungskommission (1925), die den Übergang zu einer modifizierten Goldwährung in Indien empfahl und den Verkauf der überflüssig gewordenen 300 Millionen Unzen Silber im Laufe von 10 Jahren anregte. Dieser Schritt gab auch anderen ostasiatischen Ländern, wie z. B. Siam und Indochina Anlaß, sich vom Silber loszusagen. China blieb somit das einzige größere Land, das noch zum Silber stand, doch hat auch für dieses Land der bekannte amerikanische Währungsspezialist Prof. Kemmerer eine allmähliche Umstellung auf Gold vorgeschlagen. Aber selbst der angeregte stufenweise Übergang zum Goldstandard hat sich aus den verschiedensten Gründen bis jetzt noch nicht verwirklichen lassen.

Die Beurteilung der wirtschaftlichen Folgen des Rückganges der Silberpreise wird durch die Doppelfunktion des Silbers nicht vereinfacht. Im allgemeinen pflegt der Preisrückgang einer Ware den Produzenten zu benachteiligen und den Konsumenten zu begünstigen. Beim Silber entsteht die etwas eigenartige Lage, daß die Silberverbraucher vielfach ebenso stark an der Aufrechterhaltung des Preises interessiert sind wie die Produzenten. Die Erklärung liegt im wesentlichen darin, daß große Vorräte sich schon seit jeher in den Händen der Verbrauchernationen befinden. Die Silberentwertung führt theoretisch zu ähnlichen Begleiterscheinungen wie seinerzeit die Inflation europäischer Valuten. Die Ausfuhr nach den Silberländern wird gehemmt, während die Ausfuhr der Silberländer selbst einen Antrieb erfährt. Nun liegen in der Praxis die Verhältnisse doch etwas anders. Der Hinweis, daß rund $^2/_5$ der heutigen Weltbevölkerung vom Silber als Währungsmetall abhängen, gibt keinen zuverlässigen Maßstab für die Bedeutung des Silbers in der Weltwirtschaft. Der prozentuale Anteil Chinas und Britisch-Indiens am Gesamtaußenhandel der Welt beträgt nur 2,12 % bzw. 3,07 %. Dazu kommt, daß bei beiden Ländern nur derjenige Teil der Wirtschaft, der mit den Goldwährungsländern Handel treibt, unmittelbar von den Wertschwankungen der Währung berührt wird. Im Innern der Länder machen sich die Wirkungen der Silberentwertung viel weniger geltend. Über das Maß des Kaufkraftausfalls durch die Silberentwertung lassen sich zuverlässige Ziffern nicht feststellen. Die verhältnismäßig niedrigen Arbeitslöhne in den Silberwährungsländern haben auch zu einer Niedrighaltung der Preise beigetragen. Die Abhängigkeit des Ausfuhrvolumens vom Silberpreis ist, wie die Handelsbeziehungen zwischen Deutschland und China in den letzten Jahrzehnten vor dem Kriege zeigten, durchaus feststellbar, aber die gesamten Schwankungen blieben im

Hinblick auf die geringen Größenordnungen nicht bedeutend. Berücksichtigt man nur die Folgen der jüngsten Silberentwertung, die mit der Ermäßigung der Rohstoffpreise Hand in Hand ging, so ist die Feststellung am Platze, daß der in den letzten 2 Jahren um etwa $1/_5$—$1/_4$ verminderten Einfuhr der Silberländer mindestens ebenso starke, teilweise noch viel größere Einfuhrrückgänge bei Goldwährungsländern gegenüberstehen, so daß es schwer ist, den mit der Silberentwertung zusammenhängenden Prozentsatz der Außenhandelsschrumpfung auch nur einigermaßen zuverlässig festzustellen. Da die Entwertung der zweifellos beträchtlichen Silbervorräte in den Silberländern lediglich einen Vermögenverlust bedeutet, der zum großen Teil durch frühzeitig gesicherte Verwendungsarten von Kapital kompensiert wird, so ist der Kaufkraftausfall für die Silberwährungsländer keineswegs so bedeutungsvoll, wie ihn die Produzenten hinzustellen pflegen.

Die Folgen der Silberentwertung für die Gläubiger von Silberwährungsländern werden dadurch gemildert, daß sich diese Gläubiger schon jahrelang mit der Tatsache ihres Besitzschwundes abzufinden hatten. Was China anbelangt, so wird die ausländische Schuld der Zentralregierung, die immerhin ungefähr 2 Milliarden Dollar in Gold beträgt, zum größten Teil durch die Einnahmen aus den Seezöllen gesichert, die jetzt auf Goldumrechnungsbasis entrichtet werden. Dagegen sind die Anleihen verschiedener chinesischer Provinzen seit einer Reihe von Jahren notleidend. Wie weit in Mexiko die Silberentwertung für die immer wieder neue Hinausschiebung des Inkrafttretens des Schuldenregulierungsabkommens verantwortlich zu machen ist, kann schwer gesagt werden. Mexiko ist nicht nur als Silberwährungsland, sondern auch als Silberproduzent an das Schicksal des Silbers gekettet, zumindest mittelbar hat der Silberpreissturz zur dauernden Schwächung der mexikanischen Staatsfinanzen und damit zur Unfähigkeit großer laufender Zinszahlungen beigetragen. Es bleibt schließlich die Frage der Silberentwertungsfolgen für die Produzenten. Über 80 % der Welterzeugung von Silber werden als Nebenprodukt beim Abbau von Kupfer, Blei, Zink usw. gewonnen. Eine Einschränkung der Produktion infolge ungenügender Preise kommt also nur bei reinen Silbergruben in Frage. Von diesen mußten in Mexiko, das über 40 % der Weltproduktion lieferte, ferner in den Vereinigten Staaten und in Kanada eine Reihe geschlossen werden. Mit dem Rückgang der gesamten Metallproduktion in der Krise von 1929/32 hat auch die Silbergewinnung eine Einschränkung erfahren. Ob diese Einschränkung genügt, um über das Maß der Preiserholung auf den Metallmärkten hinaus eine Wertbesserung des weißen Metalles zu ermöglichen, entzieht sich jeglicher statistischen Grundlage.

Die Produzenten bemühen sich seit Jahren, einer Preisstabilisierung am Silbermarkt durch mehr oder weniger künstliche Maßnahmen das Wort zu reden. Das Moment einer relativen Goldverknappung hatte dem Streben vorwiegend englischer Bank- und Währungsfachleute nach einer Rehabilitierung des Silbers als Währungsmetall vorübergehend eine gewisse Stütze gegeben. Für einen neuen Bimetallismus sind allerdings die modernen auf vorwiegend kreditären Währungssystemen beruhenden Volkswirtschaften nicht mehr geeignet. Die amerikanischen Produzenten glauben durch eine Silber- bzw. Währungsanleihe an China eine Besserung des Silbermarktes erhoffen zu können. China hat in nicht mißzuverstehender Weise seine Abneigung gegen einen derartigen Plan zu erkennen gegeben und auch sonst besteht nach den auf anderen Gebieten gemachten Erfahrungen keine Neigung, eine künstliche Stützungsaktion zu versuchen. Dem Silber wurde innerhalb des vielseitigen Komplexes der Weltwirtschaftsprobleme in den letzten Jahren zweifellos eine allzu große Bedeutung beigelegt. Es wäre falsch, den Produzenten mit Stabilisierungsplänen entgegen zu kommen, die eine Wertsteigerung des Silbers über den durch einen natürlichen Konjunkturaufschwung bedingten Rahmen hinaus zum Ziel haben würden. Die Einrichtung einer New Yorker Silberterminbörse im Juni 1931 wird zwar eine gewisse Besserung der markttechnischen Voraussetzungen für die Silberpreisgestaltung bringen können, jedoch darf deren Bedeutung für eine allgemeine Preishöhe des Silbers nicht überschätzt werden.

Die Zuspitzung des Goldproblems im Sommer und Herbst 1931 hat die Remonetisierungsbestrebungen für Silber erneut in den Vordergrund gerückt. Es war nur allzu verständlich, das die einseitige Verlagerung der Goldbestände zu ähnlichen Gedankengängen Veranlassung gab, wie sie zu früheren Zeiten relativer Goldknappheit von den Bimetallisten gepflegt wurden. Im allgemeinen aber hielten sich die verschiedenen Gutachten von einer unbegründeten Überspitzung neuer Forderungen fern. In England wurde Ende September 1931 die Silver Association gegründet. In einer Resolution der Gründungsversammlung wird die Erhöhung des Silberpreises und der Wiedereinbau des Metalles in das Geldsystem der Welt als das schnellste und wirksamste Mittel gegenüber den katastrophalen Preisrückgängen bezeichnet, eine Auffassung, die der eifrigste Mitarbeiter dieser Vereinigung, I. F. Darling von der Midland Bank, bereits im Juli 1931 vor dem Völkerbund vertreten hatte. Darling fordert eine Wiederverwendung des Silbers bei einer festen Relation zum Gold von 1 : 20, was ungefähr einer Verdreifachung des damals geltenden Preises gleichkommen würde. Etwas vorsichtiger sind die Forderungen formuliert, die im Rahmen eines Währungsberichtes über eine Empirewährung Anfang November 1931 gestellt wurden. Fast zu gleicher Zeit lag der eingehend begründete Bericht eines von der Internationalen Handelskammer eingesetzten Dreierkomitees vor. Das Dreierkomitee hält eine maßvolle und allmähliche Preissteigerung des Silbers für wünschenswert. Als erster Schritt wird der Abschluß einer Vereinbarung zwischen der nordamerikanischen und soweit wie möglich auch den anderen Produzenten und der indischen Regierung empfohlen. Weiterhin werden noch drei Vorschläge gemacht: 1. die Benutzung von Silber als Deckung von Banknoten ohne Fixierung einer festen Relation zwischen Gold und Silber, 2. die Ausprägung von Scheidemünzen von größerer Feinheit und 3. Bemühungen um Entdeckung neuer Verwendungsmöglichkeiten für Silber, die von den Produzenten ausgehen müßten. Zu Punkt 1. wird die Auffassung vertreten, daß vermutlich das Risiko einer Entwertung nur gering sein würde, wenn die durch Silber gedeckten Noten nicht in einem höheren Verhältnis zu den durch Gold gedeckten, also etwa 1 : 3 ausgegeben werden würden. Die Internationale Handelskammer war im November 1931 selbst noch zu keinem abschließenden Urteil über die Durchführbarkeit dieser Vorschläge gelangt. Zu erwähnen ist auch kurz die von amerikanischen Quellen ausgehenden Anregungen, Deutschland eine Silberanleihe zu einem sehr niedrigen Zinsfuß zu gewähren, ein Versuchsballon, der ähnlich zu beurteilen ist, wie die Anleiheabsichten mit China.

Im Sommer 1932 konnte sich der Silbermarkt im Zusammenhang mit einer Preissteigerung auf verschiedenen anderen Marktgebieten fühlbar befestigen, nachdem im Herbst 1931 eine erhöhte monetäre Nachfrage bereits in gleicher Richtung gewirkt hatte. Es wäre falsch, letztere Erscheinung als den Beginn eines Rückfalls in den Bimetallismus zu werten, obwohl der Mehrbedarf vielfach dem Streben entsprang, innerhalb des Rahmens der bestehenden Währungsgesetze eine liberalere Notenbankpolitik zu betreiben. Will man die Währungssysteme beweglicher machen, so würde die Herabsetzung der Golddeckungsbestimmungen, die von namhaften Nationalökonomen wie CASSEL, BURGESS u. a. befürwortet wird, genügenden Spielraum lassen, ohne daß man gezwungen wäre, von einer Basis abzugehen, die allein den Erfordernissen einer kompliziert gewordenen Weltwirtschaft gerecht werden kann.

Die Herstellung einer festen Preisrelation zwischen Gold und Silber ist demnach nicht denkbar, da der Preis des weißen Metalls an die gleichen marktwirtschaftlichen Gesetze gebunden ist, wie andere Rohstoffe. Das Silber von diesen Marktgesetzen loslösen zu wollen, würde ebensowenig Aussicht auf Erfolg bieten wie die auf anderen Gebieten der Wirtschaft erfolgten Valorisierungsbestrebungen (vgl. *Valorisierung*). Etwas anderes wäre es natürlich, wenn es gelänge, durch eine starke kommerzielle Verwendung von Silber die Marktspannung etwas günstiger zu gestalten. Von den monetären Faktoren läßt sich sagen, daß die Gesundung der Weltwirtschaft selbst wieder zwangsläufig zu einer Abkehr von bimetallistischen Gedankengängen führen dürfte.

Über die Wirkung auf *Asiatische Kapitalmärkte* s. d.

Literatur: SUESS: Die Zukunft des Silbers. Wien 1892. — BAMBERGER: Die Stichworte der Silberleute. Berlin 1893. — HEYN, O.: Die Erfolglosigkeit einer Hebung des Silberpreises. Berlin 1895. — ARENDT, O.: Die Ursache der Silberentwertung. Berlin 1899. — HELFFERICH: Das Geld. — GEORGE: Die Bewegung des Silberpreises seit 1873. Jena 1908. — PINNICK: Silver and China. London 1930. — ARZET, R.: Die Nachkriegsentwicklung der wichtigsten Metallmärkte. Weltwirtsch. Arch. **21** (1925). — Die internationalen Metallmärkte in den Jahren 1924 und 1925. Ebenda **24** (1926). — Das Silberproblem. Wochenberichte des Instituts für Konjunkturforschung, Februar—März 1931. — HIRSCHSTEIN, HANS: Silbermarkt und Valorisationsgedanken. Frankfurter Zeitung, 1. Februar 1931. — ELLISTON, HERBERT B.: The Silver Problem. Foreign Affairs, 3. April 1931. — HICKMANN, ERNST: Die Silberfrage. Wirtschaftsdienst, 24. April 1931. — LEAVENS, DICKSON H.: Silver and the business depression. Harvard Business Review, April 1931. — SPALDING, WILLIAM F.: Silver and the world's markets. Stock Exchange Gazette, 15. Mai 1931. — GRAHAM, FRANK D.: The fall in the value of silver and its consequences. The Journal of Political Economy, August 1931. — KIRK, J. H.: Silver: A study in monetary instability, The Economic Journal. The Quarterly Journal of the Royal Statistical Society, September 1931. — Rehabilitating Silver. The Stock Exchange Gazette, 13. November 1931. — Silber als Retter? Metallwirtschaft, 2. Oktober 1931. — SCHINCKEL, MAX VON: Zur Frage einer Silberwährung? Bankarch., 30. Oktober 1931. — GREGORY-ARZET: Das Silberproblem. Berlin 1932. — Berichte der Metallbank und Metallurgischen Gesellschaft (jährlich). — Year Book of the American Bureau of Metal Statistics.

ROBERT ARZET.

Silberanleihen, Aufwertung von, s. *Valorisierung I, II.*

— gulden s. *Österreich, Geld- und Kapitalmarkt.*

Simultangründung s. *Aktiengesellschaft III.*

Sinking Fund, Tilgungsfonds bei Anleihen usw., s. *Rentenmarkt 6.*

Skadenz s. v. w. *Verfallzeit* (s. d.).

Skandinavische Länder, Geld- und Kapitalmärkte.

I. Allgemeines.

Der Anteil der drei nordischen Länder am Welthandel, der vor dem Kriege mit 2,5% angegeben wurde, wird für das Jahr 1930 mit 4,0% berechnet und ist damit fast genau so groß, wie der von ganz Afrika. Dies bedeutet relativ lebhafte Verbindungen mit dem Auslande und entsprechend starken Umsatz in fremden Valuten. Die Neutralitätspolitik der drei Länder und eine recht vorsichtige Wirtschaftspolitik haben dazu beigetragen, ihre Wirtschaftslage zu verstärken, so daß sowohl die Valuten der nordischen Länder wie auch ihre Geldmärkte international wichtiger sind als vor dem Kriege.

Von den nordischen Ländern, die in der Vorkriegszeit alle drei Kapitalimport getrieben haben, ist in der Nachkriegszeit Schweden zum Kapitalexport übergegangen, während Norwegen und Dänemark noch heute Kapital importieren. Stockholm ist somit in der Nachkriegszeit eine Art Finanzzentrum des Nordens geworden, wobei entscheidend die Nachkriegsentwicklung des schwedischen Zündholztrustes mit seinen weitreichenden finanziellen Interessen mitgewirkt hat, wobei die Folgen des späteren Rückschlages noch nicht zu überblicken sind.

Die Diskontsätze der nordischen Länder waren im Jahresdurchschnitt:

	Schweden	Norwegen	Dänemark
1913	5,5	5,5	5,7
1920	6,9	6,5	6,7
1925	5,2	5,9	6,5
1926	4,5	5,4	5,2
1927	4,2	5,6	5,0
1928	4,0	5,5	5,0
1929	4,7	5,6	5,1
1930	3,7	4,5	4,2

Der schwedische Diskontsatz war also in den letzten Jahren durchwegs niedriger als die Sätze in Norwegen und Dänemark; in den Jahren 1925 bis 1927 war der norwegische Satz niedriger als der dänische und 1928—1930 umgekehrt der dänische Satz niedriger als der norwegische. Der schwedische Satz war sogar international betrachtet recht niedrig; er war in den Jahren 1926—1929 niedriger als der englische Diskontsatz und 1928—1929 niedriger als der holländische Diskontsatz.

Die Rendite festverzinslicher Werte war im Jahre 1930 in Schweden 4,18% und in Norwegen 5,05% (Angabe für Dänemark fehlt), woraus die relative Kapitalkraft Schwedens, die in steigender Kapitalausfuhr zum Ausdruck kommt, zu entnehmen ist.

Goldkasse und Notenbedarf der nordischen Länder haben sich wie folgt entwickelt (in Millionen Kr.).

	Schweden		Norwegen		Dänemark	
	Goldkasse	Notenumlauf	Goldkasse	Notenumlauf	Goldkasse	Notenumlauf
1913	102	234	44	108	73	152
1920	282	760	147	483	228	557
1925	231	530	147	363	209	438
1926	225	525	147	337	209	386
1927	231	526	147	331	182	354
1928	237	546	147	316	173	360
1929	245	569	147	318	172	367
1930	241	551	146	310	172	357
1931	206	547	118	334	144	346

II. Schweden.

Die Schwedische Reichsbank ist im Jahre 1668 (Vorläufer im Jahre 1656) gegründet und damit die älteste Notenbank der Welt. Während des 19. Jahrhunderts entstanden die „enskilda Banker" (vgl. unten) mit privatem Notenausgaberecht, aber seit dem Jahre 1904 hat die Schwedische Reichsbank Notenausgabemonopol. Diese Bank ist eine Staatsbank und untersteht dem schwedischen Reichstag, der durch indirekte Wahl die Leitung der Bank bestellt, wobei der Regierung ein gewisser Miteinfluß zugesichert ist. Diese Art, die Leitung der Bank zu bestellen, war Gegenstand ausführlicher Diskussionen und ist als Problem noch heute als ungeklärt zu betrachten. Die Bank hat das Recht, verzinsliche Depositen anzunehmen, hat aber von diesem Recht bisher keinen Gebrauch gemacht. Der entscheidende Teil ihres Wechselportefeuilles besteht aus den von den Privatbanken rediskontierten Wechseln. Damit ist die Schwedische Reichsbank in besonders hohem Maße „Bank der Banken". Ein besonderer Fonds für langfristige Abzahlungskredite wird von der Reichsbank gesondert von dem übrigen Geschäft verwaltet.

Die skandinavische Münzunion wurde im Jahre 1872 zwischen Schweden und Dänemark abgeschlossen. Norwegen schloß sich im Jahre 1875 an. Neben gemeinsamen Münzen bestand eine intime Zusammenarbeit der drei Nationalbanken. Als während des Weltkrieges die Schwedische Reichsbank ein interessantes, teilweise gelungenes Experiment machte, um die schwedische Goldwährung unabhängig von dem im Wert gesunkenen Golde zu gestalten, erwies sich die skandinavische Münzunion als ein Hindernis, da in den beiden anderen Ländern dieselben wirtschaftlichen und sonstigen Voraussetzungen nicht bestanden, um eine ähnliche Politik zu führen. Die Union wurde daraufhin aufgelöst. Schweden war das erste Land in Europa, das im Jahre 1924 die Einlösbarkeit seiner Noten in Gold wieder aufnahm. Verhandlungen im Anfang des Jahres 1931, die Münzunion wieder einzuführen, verliefen ergebnislos.

Nachdem England im Herbst 1931 die Goldwährung aufgegeben hatte und als Folge der festgefrorenen deutschen Kredite der Druck auf die noch liquiden Länder sehr stark wurde, wurde die Goldwährung in den drei S. L. im September 1931 aufgehoben. Spätere Verhandlungen dieser drei Länder haben den Willen bekundet, die gegenseitige Fühlungnahme aufrecht zu erhalten.

Die schwedischen Privatbanken gaben ursprünglich Noten aus. Sie waren dabei u. a. verpflichtet, durch solidarische Haftung der Aktionäre die Einlösbarkeit der Noten sicherzustellen und dies äußerlich durch die im Firmennamen vorkommenden Worte „enskild bank" kenntlich zu machen. Das Notenausgaberecht ist seit 1904 auf die Schwedische Reichsbank übertragen, wobei einige Banken es vorgezogen haben, den Firmennamen zu ändern, um von der solidarischen Haftpflicht frei zu werden, so daß, mitbeeinflußt vom Konzentrationsprozeß, heute nur 9 „enskilda banker" existieren. Die „enskilda banker" sind meist mit einer Provinz eng verwachsen und haben deren Wirtschaftsentwicklung führend beeinflußt.

Erst im Jahre 1863 entstand die erste Aktienbank ohne Notenausgaberecht. Die schwedischen Banken nähern sich dem deutschen Banktypus und haben durch ihre Industriefinanzierung zur Industrialisierung des Landes stark beigetragen. Hierbei sind teilweise besondere Tochterinstitute der Banken als Finanzierungsgesellschaften gegründet worden. Seit der Zeit des privaten Notenausgaberechtes besteht in Schweden eine staatliche Bankinspektion, durch die Monatsbilanzen der Banken veröffentlicht werden und die das Recht hat, alle Banken zu prüfen. Es werden durch sie nicht nur die gesetzlich festgelegten Liquiditätsvorschriften, das gesetzlich ebenfalls geregelte Verhältnis der fremden Gelder zum eigenen Kapital einer Prüfung unterzogen, sondern auch die allgemeine Geschäftspolitik der Banken untersucht. Die Bankinspektion darf sich auch über die Zweckmäßigkeit vorgeschlagener Bankzusammenschlüsse äußern. Trotz der staatlichen Beaufsichtigung aber sind Bankzusammenbrüche nicht vermieden worden. Der Staat ist dann aber zugunsten der Deponenten eingeschritten.

In dem Konzentrationsprozeß haben sich vier Banken herauskristallisiert, die führend sind, und von denen zwei das ganze Land mit ihrem Filialnetz bedecken, nämlich die Skandinaviska Kreditaktiebolaget, gegr. 1863 mit 182 Millionen Kr. Eigenkapital, die durch ihre Verbindungen mit dem Schwedischen Zündholztrust in den letzten Jahren auch international stärker hervorgetreten ist. Anläßlich der Kreugerkrise im Jahre 1932 wurde eine umfassende staatliche Stützungsaktion zugunsten der Bank notwendig. Ferner die Svenska Handelsbanken, gegr. 1871 mit 135 Millionen Kr. Eigenkapital, die in der nordschwedischen Holz- und Holzmasseindustrie entscheidenden Einfluß besitzt.

Danach sind wichtig die Stockholms enskilda bank, gegr. 1856 mit 100 Millionen Kr. Eigenkapital, ausschließlich in Stockholm domiziliert, international durch die die Bank seit Generationen leitende Familie Wallenberg hervortretend; und Göteborgs Bank, gegr. 1848 mit 79 Millionen Kr. Eigenkapital, in Gotenburg domiziliert, mit wichtigem Geschäft in Stockholm und Einfluß hauptsächlich in Südschweden.

Infolge des Konzentrationsprozesses existieren außer diesen vier Großbanken nur noch 26 andere Banken in ganz Schweden.

Die schwedische Industrie war ursprünglich auf die Verwertung der Naturschätze dieses Landes, Eisen und Holz, aufgebaut und erst allmählich ist die höhere Verarbeitung hinzugekommen. In der Nachkriegszeit ist die Persönlichkeit Ivar Kreugers für die wirtschaftliche Entwicklung des Landes entscheidend geworden und die Folgen seines Falles noch schwer zu überblicken. Der Charakter der Stockholmer Börse spiegelt diese wirtschaftliche Entwicklung recht klar wieder. Lange waren hier die Aktien des Eisenerztrustes Grängesberg-Oxelösund das führende Wertpapier und die Krise der Jahre 1907/08 war hierdurch gekennzeichnet. Als die Eisenerzausfuhr durch wiederholte Verträge des Trustes mit dem schwedischen Staate immer mehr des spekulativen Charakters entkleidet wurde, hat sich das Interesse der Börse mehr verteilt. Die Aktien der exportierenden Maschinenindustrie — Kugellager, Telephonapparate, Milchentrahmungsapparate usw. — wurden für die Börse wichtiger. Die Inflation der Kriegszeit mit ihrer Erhöhung der Vorkriegswerte auf das 3—4fache ließ Scheingewinne entstehen, echte Kriegsgewinne kamen hinzu und der Umsatz der Börse war im Jahre 1918 auf 1586 Millionen Kr. angewachsen, gegenüber 180 Millionen Kr. im Jahre 1913. Die Deflation der Nachkriegszeit brachte außerordentliche Verluste und jahrhundertalte Vermögen gingen verloren — der Börsenumsatz sank im Jahre 1921 auf 161 Millionen Kr.

In der Folgezeit werden nun die Kreugeraktien ein ebenso führendes Spekulationspapier wie früher die Grängesbergaktien. Die grundlegende Idee, die besonders konjunkturunempfindliche Zündholzindustrie mit Staatsanleihen zu verknüpfen, war zweifellos gesund. Die immer mehr sich erweiternde Interessensphäre, die Folgen der Weltwirtschaftskrise und nicht zuletzt die Schwindeleien und Fälschungen Kreugers führten dann zu dem Rückschlag, der das schwedische Wirtschaftsleben, so gesund seine allgemeinen Grundlagen sind, schwer getroffen und hierbei besonders die Börse in Mitleidenschaft gezogen hat. Das Interesse des Auslandes an der schwedischen Industrie ist, auch abgesehen von den Kreugerwerten, weit umfassender als früher. Andererseits ist aber auch die Kapitalbeteiligung Schwedens an ausländischen Unternehmungen äußerst wichtig geworden. Dieses wirtschaftlich stabile und politisch neutrale Land ist heute ein wichtiges Zentrum der weltfinanziellen Verflechtung.

Die intimere Verbindung mit den Weltmärkten gab auch dem Rückschlag des Jahres 1931 ihren

Charakter. In vielen Ländern hat man, als die Aktien des eigenen Landes unverwertbar wurden, zum Verkauf der internationalen Aktien gegriffen, um Bargeld zu bekommen, und die starke Rückwanderung der exportierten Aktien nach Schweden brachte Schwierigkeiten für die Zahlungsbilanz, die auch hier wie in den anderen S. L. kurz nach dem Fall des Pfund Sterling zur Aufgabe der Goldwährung führten.

Die starke Kapitalbildung der Nachkriegszeit erlaubte aber auch den Import ausländischer Obligationen. Schweden beteiligte sich an den wichtigeren Emissionen meist mit 2% des Betrages. Hierbei war die Einfuhr von deutschen Obligationen verhältnismäßig recht stark, so daß heute erhebliche Verlustposten zu buchen sind.

Die Börsennotierung ausländischer Obligationen, die in diesem Lande also recht verbreitet sind, ist beschlossen, aber noch nicht verwirklicht. Das ebenfalls im Prinzip beschlossene Termingeschäft an der Börse wurde gleichfalls noch nicht eingeführt.

Über die *Bankaufsicht* in S. s. d. *II 3.*

III. Norwegen.

Die Norges Bank wurde im Jahre 1816 gegründet und ist rechtlich eine Aktiengesellschaft, aber unter starker staatlicher Kontrolle. Die Zentrale der Bank, ursprünglich in Drontheim, ist später nach Oslo verlegt worden. Die Bank besitzt ein ausschließliches Notenmonopol. Als Kreditgebungsgeschäft kommt vor allem die Wechseldiskontierung in Frage, wobei die Bank in recht großem Umfange direkt mit dem Publikum verkehrt und relativ wenig als „Bank der Banken" tätig ist.

Über die skandinavische Münzunion und die Zusammenarbeit mit den anderen Banken vgl. das oben unter der Schwedischen Reichsbank Ausgeführte.

Von den norwegischen Privatbanken ist die älteste die Christiania Bank og Kreditkasse, gegr. 1848 mit einem Kapital von 41,2 Millionen Kr. Daneben sind führend: Bergens Privatbank, gegr. 1855 mit einem Kapital von 35,5 Millionen Kr. und Den norske Creditbank, gegr. 1857 mit einem Kapital von 45,2 Millionen Kr. Die letztgenannte Bank ist das Zentralinstitut der größeren Provinzbanken. Ein relativ dichtes Netz von über 100 Banken überzieht das ganze Land, von denen viele in der genannten Bank zusammengeschlossen sind. Auch wenn die genannten drei Banken sich aus der Zahl der übrigen hinausheben, so ist doch der Konzentrationsprozeß im Bankwesen relativ nicht weit fortgeschritten, sondern es können sich in dem dünn besiedelten Lande Provinzbanken recht stark ihren lokalen Aufgaben widmen. Ein organisiertes Zusammengehen zwischen Banken und Industrie besteht nicht, der starke englische Einfluß in Norwegen hat sich auch auf den vorherrschenden Banktypus erstreckt. Die letzten Jahre haben einen umfassenden Reinigungsprozeß im norwegischen Bankwesen gebracht, wobei unter staatlicher Mitwirkung eine größere Anzahl von Banken, darunter zahlreiche während der Kriegszeit gegründete Banken, in Liquidation getreten ist. Einen schweren Schlag für das norwegische Bankwesen brachte das Jahr 1931. Die beiden großen Banken, Den norske Creditbank und Bergens Privatbank mußten als Folge der internationalen Bankenschwierigkeiten Ende des Jahres ihre Zahlungen für drei Monate einstellen.

Im norwegischen Wirtschaftsleben nimmt die Schiffahrt die erste Stelle ein — berechnet nach dem Aktienkapital aller norwegischen Aktiengesellschaften führt die Schiffahrt mit $^1/_4$—$^1/_5$ des Gesamtkapitals. Wohl hat die norwegische Schiffahrt während des Krieges starke Verluste erlitten — der Anteil an der Welthandelsflotte sank von 5,10% im Jahre 1914 auf 3,87% im Jahre 1920 —, aber außerordentliche Frachteinnahmen waren hiermit verbunden. Ein starker Ausbau der norwegischen Flotte begann, so daß mit 5,80% im Jahre 1931 der Vorkriegsanteil an der Welthandelsflotte sogar übertroffen war — Norwegen hat 40mal mehr Tonnage pro Kopf der Bevölkerung als dem Weltdurchschnitt entspricht —, aber durch Verschiebung des Schwerpunktes zur Linientonnage wurde auch die Kapitalintensität verstärkt. Von der Weltkrise wurde die norwegische Handelsflotte, die große Neubestellungen laufen hatte, relativ schwer getroffen. Als zeitweise stark gewinnbringende Spezialität traten in der Nachkriegszeit die Walfischfanggesellschaften hinzu. Die Handelsgesellschaften erscheinen als zweitstärkste Gruppe unter den norwegischen Aktiengesellschaften und als dritte Gruppe die Banken. Unter den Industriegesellschaften ist in erster Linie die chemische Industrie wichtig, welche die Wasserkraft des Landes ausnutzt (Norgesalpeter!), danach die Papierindustrie, Elektrizitätsindustrie, Metallindustrie usw. Im Monatsdurchschnitt des Jahres 1928 notierten sämtliche Aktien an der Osloer Börse 92,9% des Pariwertes, und diese Verhältniszahl war bis September 1931 auf 87,7% gesunken. Obwohl die meisten übrigen Börsenindizes anders konstruiert sind, beweisen diese Zahlen doch eine recht starke Widerstandskraft der norwegischen Börse.

IV. Dänemark.

Die Dänische Nationalbank wurde im Jahre 1818 gegründet, wobei auf gewisse dänische Vorläufer des deutschen Rentenmarkexperimentes hinzuweisen ist. Die Bank ist eine Aktiengesellschaft, auf deren Leitung die Regierung maßgeblichen Einfluß ausübt. In der Kreditgebung ist die Wechseldiskontierung vorherrschend, wobei die Bank stärker als die Schwedische Reichsbank auch direkt mit dem Publikum verkehrt.

Über die Skandinavische Münzunion und die Zusammenarbeit mit den übrigen S. L. vgl. auch hier das oben unter der Schwedischen Reichsbank Ausgeführte.

Die dänischen Privatbanken finanzieren auch Handels- und Industrieunternehmungen usw., so daß sie wie die schwedischen, aber nicht die norwegischen, sich dem deutschen Banktypus nähern. Die landwirtschaftlichen Kredite nehmen in ihrem Geschäftskreis naturgemäß einen breiten Raum ein. Dies erfordert weitgehende Rücksichtnahme auf rein lokale Verhältnisse, was die Erklärung für das Bestehen zahlreicher, z. T. ganz kleiner Banken in der dänischen Provinz (Gesamtzahl aller Banken Ende 1928: 181) sein dürfte. Die Konzentration des Bankwesens ist demnach nicht so weit fortgeschritten, auch wenn sich drei Kopenhagener Banken gegen die übrigen deutlich abheben und auch international mehr hervortreten. Unter diesen hat Den danske Landmandsbank, gegr. 1872 mit einem Eigenkapital von 84 Millionen Kr., im Agrarkredit ihre Hauptbedeutung, aber sie betreibt auch andere Bankgeschäfte. Die unter Mitwirkung des Staates durchgeführte Sanierung der Bank im Jahre 1928 hatte weitreichende Konsequenzen für das ganze dänische Wirtschaftsleben. Ferner gehört hierhin Privatbanken i Kjøbenhavn, gegr. 1857, mit einem Eigenkapital von 81 Millionen Kr. Diese Bank hat sich recht weitgehend mit Crédit-Mobilier-Geschäften mit internationalen Auswirkungen beschäftigt. Kjøbenhavns Handelsbank, gegr. 1873, mit 40 Millionen Kr. Eigenkapital, ist die dritte dieser Banken mit ebenfalls internationalen Unternehmungskrediten neben dem gewöhnlichen Bankgeschäft.

Die Kopenhagener Börse spiegelt den Charakter des dänischen Wirtschaftslebens wieder. Die Bedeutung Kopenhagens als Handels- und Schiffahrtsstadt ist an der Börse in dem Hervortreten der Bank- und Schiffahrts- und Handelsgesellschaften wieder zu erkennen. Die dänische Unternehmertätigkeit hat sich in Schiffahrts- und Telegraphengesellschaften betätigt und pflegt als Spezialität die Handelsbeziehungen mit Ostasien (Siam!). Hierfür ist dänisches Kapital mobilisiert worden, dagegen treten internationale Finanztransaktionen, unabhängig vom Warengeschäft, vollständig zurück. Während im 19. Jahrhundert Kopenhagen den übrigen Norden noch als finanzielles Hinterland betrachten konnte, das in der Verbindung mit dem Weltmarkt wenigstens teilweise diesen Vermittler benutzte, beschränkt sich die Aufgabe des dänischen Geldmarktes jetzt in der Hauptsache auf die warenmäßig verwurzelten Bedürfnisse der eigenen Volkswirtschaft.

Die dänische Industrie umfaßt neben gewissen Spezialitäten (Werften: Burmeister & Wain) vor allem Hilfsindustrien der Landwirtschaft, sowie Industrien, die landwirtschaftliche Produkte verarbeiten. Die Aktien dieser Industrien werden an der Kopenhagener Börse gehandelt, während ausländische Industrieaktien dort nicht notiert werden. Die hervorragende Bedeutung der dänischen Landwirtschaft tritt aber ferner hervor in der großen Zahl der Hypothekenbankobligationen, die hier eingeführt sind. Diese Obligationen sind in etwas geringerem Umfange von der internationalen Agrarkrise mitgetroffen, soweit sie die dänische Spezialität der animalischen Produktion getroffen hat. Entsprechend der Bedeutung der Landwirtschaft für Dänemark überwiegen diese Obligationen — der Umsatz in Obligationen war in den Jahren 1924—1928 größer als der in Aktien.

V. *Börsentechnik usw.*

Die Courtagesätze betragen:

an der Stockholmer Börse für Aktien und Bankanteile 2‰, für Obligationen 1‰;

an der Osloer Börse für Staats- und Stadtanleihen und Pfandbriefe $1^1/_4$‰; für sonstige Anleihen, Bank-, Versicherungs- und Industrieaktien $2^1/_2$‰, für Schiffahrts- und Walfischfanggesellschaften 5‰;

an der Kopenhagener Börse für notierte Obligationen 1‰, für nicht notierte Obligationen $2^1/_2$‰, für notierte Aktien $2^1/_2$‰, für nicht notierte Aktien 5‰. Die Stockholmer Börse ist demnach nur wenig billiger als die beiden Nachbarbörsen.

Die Börsensteuer beträgt:

an der Stockholmer Börse für Aktien, Kommanditanteile und Interimscheine $1^1/_2$‰, für Obligationen $^1/_2$‰, schwedische Staatsobligationen oder vom Staat garantierte Obligationen sind stempelfrei;

an der Osloer Börse für Aktien $^1/_2$‰, für Obligationen $^1/_2$‰, norwegische Staatshypotheken und Stadtobligationen, vom Staat oder einer norwegischen Kommune garantierte Obligationen und Obligationen autorisierter Kredit- und Hypothekenvereine sind stempelfrei;

an der Kopenhagener Börse für Aktien 3‰, Obligationen sind stempelfrei.

Der Obligationsverkehr ist demnach in Dänemark am meisten, in Schweden am wenigsten begünstigt. Der Aktienverkehr ist in Schweden am billigsten, danach folgt Dänemark, am teuersten ist er in Norwegen.

Der Umsatz an den drei Börsen betrug in Millionen Kr.:

	Stockholm	Oslo	Kopenhagen
1913	180,0	—	253,1
1920	328,4	454,1 (1921)	249,8
1925	232,6	517,7	334,4
1926	285,1	704,8	245,3
1927	443,6	647,1	251,1
1928	621,3	560,6	263,3
1929	575,7	451,1	233,9

Hierbei ist zu bemerken, daß die norwegische Krone im Jahre 1928 und die dänische Krone im Jahre 1927 die Parität mit der schwedischen wieder erreichten. Aber auch unter Berücksichtigung der Depression der norwegischen Krone ist der Umsatz an der Osloer Börse als relativ recht bedeutend zu bezeichnen.

Eine Einschränkung des Rechtes für ausländische Staatsbürger, einheimische Naturschätze erwerben zu dürfen, ist in Schweden und besonders streng, in Norwegen durchgeführt. Maßgebend war hierbei die Überzeugung, daß diese Naturschätze in der Zukunft eine größere wirtschaftliche Bedeutung erhalten würden, als ihrem heutigen Wert entspricht.

Obwohl im übrigen das Prinzip des gleichen Stimmrechtes — in einzelnen Gesellschaften durch die Gesellschaftsordnung maximal begrenzt — gilt, so hat die Vorschrift der Einschränkung der Rechte der Ausländer vor allem bei den schwedischen im Auslande notierten Aktien praktische Bedeutung erhalten, die aus diesem Grunde als B-Aktien mit $^1/_{1000}$ Stimmrecht emittiert wurden (so Schwedischer Zündholztrust, Kreuger & Toll usw.). Voraussetzung für die Möglichkeit, solche Bestimmungen durchzuführen, ist natürlich das Vertrauen der minderberechtigten Aktionäre, daß die betr. Gesellschaft entsprechende Gewinnchancen bietet. Über die Berechtigung dieses Vertrauens ist oben das Nötige gesagt worden.

Literatur: Jubiläumsschriften der drei Zentralnotenbanken und der meisten obengenannten Privatbanken. SCHARLING: Bankpolitik. Jena 1900. — FROTTINGHAM: Scandinavian banking situation. Washington 1924. — YOUNG u. a.: European currency and finance. Washington 1925. — NIELSEN: Bankpolitik. Kopenhagen 1923. — BELFRAGE: Stockholms fondbörs. Stockholm 1917. — BRISMAN: Sveriges Affärsbanker. Stockholm 1924. — KOCK: Svenskt bankväsen i våra dagar, Stockholm 1930. — HOFFSTAD: Det norske privatbankvaesens historie. Oslo 1928. — SKRIFTER: Utgivna av Svenska Bankföreningen, Stockholm 1913f. — Utgitt av den Norske Bankforening. Oslo 1919f.
Zeitschriften: Affärsvärlden, Stockholm. — Farmand, Oslo. — Finanstidende, Kopenhagen.

SVEN HELANDER.

Skandinaviska Kreditaktiebolaget s. *Skandinavische Börsen II.*

Skontration s. *Bargeldloser Zahlungsverkehr 3*, s. *Abrechnungsverkehr.*

Skontrierungskurs, der allen innerhalb einer Liquidationsperiode zugrunde gelegte Kurs bei der Effektenskontration (vgl. *Berliner Börse III*).

Skontro s. *Buchführungswesen 4*, vgl. *Bargeldloser Zahlungsverkehr 3* und *Abrechnungsverkehr.*

Société en nom collectif s. *Offene Handelsgesellschaften IV.*

— **Générale pour favoriser le développement du Commerce et de l'Industrie en France** s. *Persönlichkeit und Organisation im Bankwesen 8*, vgl. *Liquiditäts- und Anlagepolitik V.*

— **Nationale de Crédit à l'Industrie** s. *Öffentlich-rechtliches Bankwesen 5.*

Sofina (Société Financière des Transports et d'Entreprises Industrielles S. A.) vgl. *Holdinggesellschaften.*

Sol (Währungseinheit in Peru) s. *Südamerika VIII.*

Solawechsel s. v. w. *Eigenwechsel* (s. d.).

sole right of negotiation (e) (Ausschließlichkeitserklärung). Während der mitunter längere Zeit währenden Anleiheverhandlungen bedingt sich das betreffende Emissionshaus sehr oft das s. r. of n. aus, wonach die Gegenpartei während einer bestimmten Frist mit keiner andern Bank bzw. Gruppe über die gleiche Anleihe in Verhandlung treten dürfe; dies geschieht mit Rücksicht auf die beträchtlichen Aufwendungen, welche das Emissionshaus bereits in diesem Zeitpunkt an Reisespesen, Expertisen u. dgl.

hat und die unter Umständen dann den Konkurrenten kostenlos die Verhandlung bzw. ein Unterbieten erleichtern.

Sonderkonto (Verbuchung von Krediten auf S.) vgl. *Erträgnisse des Bankgewerbes II 2.*

Sorten = ausländische Münzen und Banknoten. Der Ausdruck wird hauptsächlich im Buchhaltungswesen gebraucht, im Börsenhandel = Valuten.

Sowjetbanken s. *Sowjetrußland,* im Ausland s. *Sowjetrußland VI,* Ausweis der, s. *Notenbankausweise III.*

Sowjet-Rußland, Geld- und Bankwesen.

I. Vorkriegszeit.

Kreditgeschäfte kamen im alten russischen Handel bereits im Hansaverkehr, auch schon früher, vor; die Kreditgewährung war Sache der Behörden und unorganisiert. Das organisierte Kreditwesen nahm im 18. Jahrhundert seinen Anfang. Es ist bezeichnend, daß es die Regierung war, die zum Zwecke einer besseren Organisation des Kreditwesens die ersten Banken gründete. Um die zu hohen Zinsen des Privatverkehrs zu senken, wurden 1754 zwei „Adelskreditbanken" in Petersburg und in Moskau, sowie eine „Kaufmannsbank" eröffnet. Bis zur Reformzeit der 60er Jahre des 19. Jahrhunderts (Bauernbefreiung) war das Kreditwesen in Regierungshänden, wobei die Banken einen Standescharakter hatten, vorwiegend den Adelsinteressen dienend.

Im Jahre 1860 wurde die seit 1817 bestehende staatliche Handelsbank in eine zentrale Staatsbank umgewandelt. In den nächsten Jahren während der kapitalistischen Gründerzeit wurden eine ganze Reihe Aktien- und Privatbanken errichtet. Es waren derer 1873 bereits 26, von denen viele bis zur Oktoberrevolution (1917) bestanden. Die größten dieser Banken waren: Die Petersburger Private Handelsbank (gegr. 1864), die Petersburger Internationale Handelsbank (1869), die Petersburger Diskont- und Darlehensbank (1869), die Russische Bank für den Außenhandel (1871), Asow-Donbank (1871). Der Wirkungskreis dieser Institute, an denen auch in weitem Maße ausländisches Kapital beteiligt war, erstreckte sich auf alle üblichen Bankgeschäfte einschließlich direkter Industriebeteiligung.

Obschon vor dem Kriege die Anzahl der Banken sich vergrößert hatte, konnte man doch eine ausgesprochene Konzentrierung des Bankwesens wahrnehmen. Vom Gesamtaktienkapital aller Banken entfielen auf die größten Institute, die in Petersburg ihren Sitz hatten, im Jahre 1900 49,2%, im Jahre 1914 bereits 62,3%. Der Bilanzstand betrug 1900 bei 42 Instituten 1380 Millionen Rubel und 1914 bei 47 Instituten 6233 Millionen Rubel.

An der Spitze des vorrevolutionären Bankwesens stand die Staatsbank, die zugleich auch die einzige Notenbank war; sie hatte im Lande 10 größere und 124 kleinere Filialen, war auch mit 791 Staatskassen verbunden. Für den Handelskredit waren die „Gesellschaften für gegenseitigen Kredit" der Kaufleute und Hausbesitzer von Bedeutung — 1077 an der Zahl. Auch gab es 317 städtische Bankinstitute. Für den landwirtschaftlichen Hypothekenkredit waren die beiden Zentralbanken — die „Adelsbank" und die „Bauernbank" — die wichtigsten.

1897 erfolgte die Stabilisierung des Rubels bzw. der Übergang zur Goldwährung. Sein Feingoldgehalt war auf 0,774 g festgesetzt. Es wurden Goldmünzen im Werte von 5 und 10 Rubeln geprägt, als Scheidemünzen Silber- und Kupferstücke von 1 Rubel bis $^1/_4$ Kopeken. Den größten Teil der umlaufenden Geldmenge stellten aber die Staatskreditbriefe dar, die Schuldverschreibungen der Staatsbank in der Art von Banknoten waren. Bis zu 600 Millionen Rubel sollten sie zu 50% durch Goldreserven gedeckt sein, darüber hinaus zu 100%.

Es waren am 1. Januar 1914 im Umlauf 2403 Millionen Rubel, wovon Kreditbriefe für 1665, Goldmünzen für 494, Silbermünzen für 226 und Kupfermünzen für 18 Millionen Rubel.

Die Goldbestände waren größer, als das Gesetz vorschrieb. Am Vorabend des Krieges (1. Juli 1914) beliefen sich die Goldfonds der Staatsbank im In- und Auslande auf 1743 Millionen Rubel, gegen 1630 Millionen an Banknoten.

Mit dem Ausbruch des Krieges wurde die Einlösbarkeit der Banknoten aufgehoben. Im zweiten Kriegsjahr 1915 gab es eine Inflation, in der gegenüber der Friedenszeit die Preise um 30% stiegen; im Januar 1916 sogar um 43%. Zur Zeit der ersten Revolution (Februar 1917) war die Kaufkraft des Rubels bis auf 32 Kopeken gesunken.

II. „Kriegskommunismus".

Die Banken waren die ersten zentralen Wirtschaftsorganisationen, welche gleich nach der Oktoberrevolution nationalisiert wurden. Sie sollten mit der Staatsbank, in „Volksbank" umgenannt, verschmolzen werden. Die Liquidierung der Privatbanken erforderte längere Zeit, und während der verworrenen Wirtschaftsverhältnisse konnte auch die Volksbank nicht richtig funktionieren. (Die neuen Finanzpolitiker erlebten z. B. eine große Enttäuschung ,als sie feststellen mußten, daß die enormen Bilanzsummen in den Kassen der Banken nicht zu finden waren.) Die Tätigkeit der Volksbank erstreckte sich vorwiegend auf die Liquidierung der Geschäfte der Privatbanken und auf monatliche Auszahlung kleiner Beträge an private Konteninhaber. Später bekamen nur die Mittel- und Arbeitslosen eine kleine Abfindung von 10000 damals schon sehr entwerteter Rubel.

Bald darauf wurde das gesamte Bankwesen gänzlich abgeschafft und in eine Art „zentraler Staatsbuchhalterei" umgewandelt. Parallel damit ging die Lahmlegung jeglichen Kredits und eine vollständige Geldentwertung. Es sind dann radikale Vorschläge aufgetaucht, die Geldverrechnung und damit auch das Geld selbst abzuschaffen. Theoretisch sind diese Projekte von gewissem Interesse, praktisch aber ist aus alledem nichts geworden.

III. „Neue ökonomische Politik" („*NEP.*").

Diese geradlinigen Versuche einer vollständigen Sozialisierung der Volkswirtschaft 1917—1921 fanden mit der politischen Krise (Kronstadter Aufstand) im Frühjahr 1921 ihren Abschluß. Durch die „Nep." wurde eine teilweise Rückkehr zum freien Markt und zur Privatwirtschaft in der Landwirtschaft und auch im Handel verkündet, in der bereits 1918 verstaatlichten Großindustrie sollte eine „kaufmännische Geschäftsführung" zur Geltung kommen.

Die Nep.-Periode der Bank — und Kreditpolitik ist am 16. November durch die Neueröffnung der Staatsbank („Gosbank") eingeleitet worden. Im Januar des nächsten Jahres begann die neuerrichtete Genossenschaftsbank ihre Tätigkeit („Wsekobank"). Die private Wirtschaft wurde durch eine Reihe der Vorkriegszeit ähnlichen „Gesellschaften für gegenseitigen Kredit" bedient. Zu gleicher Zeit wurden einige Aktienbanken eröffnet, darunter die Russische Kommerzbank („Rosskombank"), welche die erste Zeit mit Beteiligung ausländischen Kapitals arbeitete. Bald entstanden auch städtische Bankinstitute; im Januar das bedeutendste unter ihnen, die Moskauer Kommunalbank („Mosgorbank").

Mit der Durchführung der Geldreform ist auch für das Bank- und Kreditwesen eine feste Grundlage geschaffen worden. Diese Reform wurde nach und nach während $1^1/_2$ Jahren durchgeführt. Im Oktober 1922 war der Staatsbank die Ausgabe der neuen Banknoten, die auf Tscherwonzen (= 10 Vorkriegsrubeln) lauteten, bewilligt worden. Laut Gesetz „enthält" ein Tscherwonez 1 Solotnik 78,24 Doli (7,74 g) reinen Goldes, was 10 Rubeln in früherer russischer Goldmünze gleich ist. Die neuen Banknoten zirkulierten neben den alten entwerteten Papierrubelscheinen, die in zwei Etappen devalviert waren (am 3. September 1921 10000 frühere Rubel = einem neuen, dann am 2. Oktober 1922 100 dieser Rubel = einem „Ausgabe 1922"), bis zum 7. Mai 1924. An diesem Tage wurde eine Verfügung erlassen, die den Umtausch von 50000 Sowjetrubel gegen einen Tscherwonezrubel festsetzte. Dies bedeutete eine Anerkennung der Entwertung des Vorkriegsrubels im Verhältnis 1 : 50 Milliarden. Die gesamte eingelöste Papierrubelmenge belief sich auf 1,6 Millionen Tscherwonzen. Etwas früher, am 5. Februar, war durch ein Dekret die Emission von Staatsschatzscheinen zu 5, 3 und 1 Rubel eingeführt. Gesetzlich war ihr Wert weder mit den alten Sowjetrubeln noch mit den Tscherwonzen in Verbindung gebracht, so daß ihre evtl. Entwertung die Banknoten nicht erschüttern sollte. Praktisch aber wurden sie zusammen mit den durch das Dekret vom 22. Februar geprägten neuen silbernen und kupfernen Scheidemünzen von genau denselben Werteinheiten wie vor dem Kriege und mit den Banknoten in ein System eingefügt.

Die weitere Entwicklung während der Nep.-Periode nahm folgenden Verlauf:

Am 1. Oktober	Banknoten	Kassenscheine u. Scheidemünzen	Insgesamt
	in Millionen Rubel		
1923	207,4	74,6	282,0
1924	346,5	280,7	627,2
1925	652,0	490,9	1142,9
1926	780,6	562,6	1343,2
1927	1003,4	667,4	1670,8

Die Banknoten sollten mit 25% durch Gold, Platin oder wertbeständiger Valuta gedeckt werden, die Kassenscheine durften ursprünglich nicht mehr als 50% der Banknotensumme ausmachen.

Die Tscherwonezwährung ist jetzt eine reine Binnenwährung. Man hat 1925 versucht, Sowjetnoten im Auslande zur Kotierung zu bringen (in Riga, Reval, Rom, Konstantinopel), aber mit wenig Erfolg. Da der offizielle Kurs nahe der Parität gehalten wird, wurde mit dem Eintausch der Rubelnoten in fremde Valuten eine bedeutende Spekulation getrieben, im Auslande stand der inoffizielle Kurs viel niedriger. Am 9. Juli 1926 wurde die Ausfuhr des Sowjetgeldes, bald darauf auch die Einfuhr, gänzlich verboten. Die Paritätsätze gegen das Auslandsgeld werden bis jetzt aufrecht erhalten, alle Verrechnungen in der Staatswirtschaft werden demgemäß vorgenommen. Private dürfen nur in Ausnahmefällen ausländisches Geld eingetauscht bekommen.

In den ersten Jahren ging die Differenzierung der Bankinstitute immer weiter — die Zahl der Bankanstalten stieg von 167 am 1. Oktober 1924 auf 412 am 1. Oktober 1926. Es wurden außerdem 72 Landwirtschaftsbanken mit 1042 Millionen Rubel Bilanz, 46 Kommunalbanken mit 679 Millionen, 2 Genossenschaftsbanken mit 245 Millionen und 285 kleine Gesellschaften für gegenseitigen Kredit mit 93 Millionen Rubel Bilanz gezählt. In den Jahren 1926/27 wurde eine Konzentrationspolitik der Banken vorgenommen und die meisten Kreditoperationen wurden unter den fünf Großbanken verteilt. Außer diesen hatte noch die zentrale Landwirtschaftsbank einige Bedeutung; die vielen Gesellschaften für gegenseitigen Kredit wurden allmählich abgebaut, später gänzlich verboten.

In der Nep-Periode hatte das Bankwesen doch einen bedeutenden Aufschwung zu verzeichnen gehabt. Die hauptsächlichsten Operationen der fünf Großbanken zeigten folgende Entwicklung:

	Am 1. Oktober				
	1923	1924	1925	1926	1927
Einlagen und Konten	148,5	406,9	832,9	850,9	917,1
Einlagen und Konten d. Finanzkommissars	17,2	91,2	249,4	326,4	262,2
Wechselkredite . . .	172,0	492,8	1171,8	1512,5	1828,9
Warenwechselkredite	139,4	194,0	351,4	321,5	430,0
Spezialkredite . . .	98,1	185,3	334,3	506,6	814,4

Die Bankgeschäfte nahmen allmählich wieder die überall üblichen Formen an. Besonders intensiv entwickelte sich die Kreditgewährung an die Industrie, nahe an 50%; an zweiter Stelle wurden durch die Banken die Handelsumsätze der Genossenschaften finanziert.

Mit der Aufstellung und der Durchführung des Fünfjahresplanes der ganzen Volkswirtschaft für die Jahre 1928/29—1932/33 nimmt die Rolle der Banken ab. Auch früher war die Finanzierung der Wirtschaft in einem beträchtlichen Maße direkt durch das Staatsbudget vorgenommen worden. Die Versuche, auch das Kreditwesen zu planieren, konnten zuerst keine günstigen Ergebnisse aufweisen, nachdem aber der „einheitliche Finanzplan" ausgearbeitet wird, in welchem außer dem Staatsbudget alle öffentlichen Einnahmen und Ausgaben, außer dem Warenumsatz zusammengefaßt werden, werden auch Kreditpläne aufgestellt.

Anfang 1932 erging vom Finanzkommissar eine Mitteilung, wonach dieser Plan nicht mehr als Gesetz bestätigt wird, sondern nur „als Methode" angewandt wird. In der Begründung hieß es, daß „die Praxis von 1931 gezeigt hat, daß die Durchführung des einheitlichen Finanzplanes eine scharfe Scheidung zwischen Budgetzuschüssen, Staatsbankkrediten und eigenen Mitteln der Wirtschaftsorganisationen (vgl. unten *Kreditreform*) erschwert. Der Plan verhindert oft die Einprägung der effektiven Verantwortung der Wirtschaftsbetriebe für ihre eigenen und geliehenen Mittel.

IV. Die Kreditreform von 1930, deren Durchführung und neue Umstellung.

Nachdem die „Wiederaufbauperiode", während derer die alten Industriebetriebe usw. wieder in Gang gesetzt wurden, zu Ende und die Vorkriegshöhe der Produktion erreicht war, glaubte man mit der neuen Etappe der „Rekonstruktionsperiode" auch auf dem Gebiete des Kreditwesens neue Wege gehen zu müssen. „Die Methoden des kapitalistischen Kreditverkehrs (so der Handelskredit, der Wechselverkehr usw.) müssen in der gegenwärtigen Rekonstruktionsperiode als überholt angesehen werden." (Wirtschaftsbericht der Staatsbank der UdSSR. vom 1. März 1930).

Diese Einstellung war maßgebend bei der Ausarbeitung des Gesetzes vom 30. Januar 1930 über die Kreditreform. Das Gesetz erstreckte sich auf folgende Gebiete: 1. Warenlieferung auf Kredit in der Staatswirtschaft, 2. Kreditierung der Staatsindustrie, 3. Reorganisation des landwirtschaftlichen und des genossenschaftlichen Kreditsystems.

Der Sinn des Gesetzes in bezug auf Punkt 1 und 2 besteht in einer Ersetzung des Warenkredits durch

Bankkredit. Da in der Union eine Produktionskreditierung für den Betriebsumsatz nicht ausbleiben kann, das Kapital aber keine Ware ist, ist es folgerichtig, daß man bestrebt ist, das Kreditsystem im Wege der Planierung möglichst rationell aufzubauen. Warenkreditierung zwischen Industrie und Handelsunternehmungen wird abgeschafft. Der Kredit soll nicht mehr dem Verkäufer in Form von Wechseldiskont bewilligt werden, sondern der Käufer der Ware bekommt Bankkredit. Der Kredit soll planmäßig der Ware folgen von dem Rohstoff bis zu den untersten Gliedern des Warenverteilungsapparates. Man hat erwartet, wie in einem Bericht der Staatsbank auseinandergesetzt wurde, daß „dadurch nicht nur eine bedeutende Rationalisierung des Kreditverkehrs, sondern auch eine Rationalisierung der Handelstechnik erzielt wird". Daselbst wurde auch behauptet, daß die Sowjeteinstellung zum Kreditwesen insofern eigenartig sein könne, als das „Vertrauen" zu den Staatsunternehmungen nicht in Frage komme, „denn ihre Kreditfähigkeit steht deswegen außer Zweifel, weil sie auf Grund des Wirtschaftsplanes Produktions-, Handels- und sonstige Funktionen zu erfüllen haben. Eine Zahlungsunfähigkeit, ein Bankrott dieser Unternehmungen ist ausgeschlossen." Alle Beziehungen zwischen der Bank und ihren Kunden sollen in Form eines einheitlichen Kontokorrents abgewickelt werden, in dem alles verbucht sein soll.

Gleichzeitig wurde eine weitere Konzentrierung der Bankinstitute vorgenommen. Die ganze kurzfristige Kreditierung wurde der Staatsbank vorbehalten, die Zentrale Bank für die Landwirtschaft wurde in eine landwirtschaftliche Genossenschafts- und Kollektivwirtschaftsbank umgewandelt, die in erster Linie die neuen Kollektiven der Bauern bedienen sollte.

Die im Laufe des Jahres 1931 erlassenen ergänzenden Verfügungen stellen eigentlich ganz neue Richtlinien für das Kreditwesen auf. Zunächst wirkte sich die Kreditreform, wie ausdrücklich zugegeben wird, in der Richtung einer Lockerung der Finanzdisziplin, einer weitergehenden Unwirtschaftlichkeit aus. Der Hauptfehler bestand darin, daß die Kreditierung direkt nach dem vorbestimmten Produktions- und Kreditplan durchgeführt wurde, anstatt daß man die tatsächlichen Produktionsergebnisse und Geschäftsabschlüsse berücksichtigte. Dieses führte zu einem „Automatismus" der Kreditierung, zu einer Erweiterung des Kredits auch auf Fälle, wo entsprechende Voraussetzungen fehlten.

Laut neuer Verordnungen dürfen nunmehr neue Kredite lediglich in dem Maße bewilligt werden, als konkrete Ausführungsergebnisse des Planes vorliegen. Zu diesem Zweck wird allen staatlichen Unternehmungen und Betrieben und deren Verbänden vorgeschrieben, untereinander Verträge abzuschließen, in denen alle Einzelheiten der Geschäftsvereinbarungen über Lieferungen mit Preisen, Terminen usw. festgesetzt sein sollen (was bisher augenscheinlich keinesfalls selbstverständlich war). Die Kreditierung einzelner Geschäfte soll im Rahmen der „Kreditlimite", die durch den Kreditplan für die betreffenden Betriebe aufgestellt werden, vor sich gehen. Jetzt ist die Staatsbank verpflichtet, nur die Rechnungen eines Betriebes für die Kreditierung zu berücksichtigen, welche vom Käufer mit einem Akzept versehen sind. Nach einer Zusatzbestimmung bekommen die einzelnen Industrieunternehmungen Umlaufsmittel, die jetzt mit den Krediten nicht mehr vermengt werden sollen. Am 1. November 1931 ist das neue System vollständig in Kraft getreten.

Die Kreditreform von 1930 hat sich im Geldwesen sehr scharf negativ ausgewirkt. Im April 1931 hat auch der Unionsfinanzkommissar Grinjko bestätigt, daß „die Durchführung der Kreditreform Resultate ergeben hat, die den Aufgaben dieser Reform direkt entgegengesetzt sind, was der Volkswirtschaft einen erheblichen Schaden zufügte."

Das Zahlenbild des Geldumlaufs in den letzten Jahren stellt sich wie folgt:

	Banknoten	Staatskassenscheine	Scheidemünzen	Zusammen
	in Millionen Rubel			
1. Oktober 1928	1063,4	710,8	196,6	1907,9
1. Oktober 1929	1428,2	983,4	230,6	2642,2
1. Oktober 1930	2130,3	1859,1	274,5	4263,9
1. Januar 1931	2100,4	1977,7	277,1	4355,2
1. Oktober 1931	2527,2	2338,9	306,4	5172,5
1. Januar 1932	2766,8	2687,9	331,8	5786,5
1. Juli 1932	2925,5	—	—	—

Der Voranschlag und die tatsächliche Zunahme des gesamten, im Umlaufe befindlichen Geldes zeigt folgendes Bild:

	Zunahme in Mill. Rubel	Voranschlag
1927/28	342,5	200
1928/29	671,4	200
1929/30	1621,7	415
1930/31	908,6	für 1931 eine Reserve im Budget — 1500
1932		500

Die Zahlen beweisen unumwunden, wie gespannt die Geld- und Finanzlage der Union ist. Einer Inflation wird in der Sowjetunion insofern vorgebeugt, als die Preise der Staatsindustrie und bei staatlichem Ankauf landwirtschaftlicher Produkte behördlich festgesetzt werden. Die Preisindices, besonders im Privatverkehr werden in den letzten Jahren mit großer Verspätung oder gar nicht veröffentlicht. Da auch die Staatsverkaufspreise nach sozialen Klassen abgestuft sind, ist dieser Weg zur Beurteilung der Lage nicht gut anwendbar.

V. Das Banksystem der Union Mitte 1932.

Die Umstellungen im Banksystem der Union wurden, besonders in der letzten Zeit, so oft vorgenommen, daß die Beschreibung der geltenden Zustände Gefahr läuft, in wenigen Monaten veraltert zu sein. Die Grundzüge der Veränderungen und der heutige Stand weisen folgendes Bild auf:

An der Spitze des Systems befindet sich die ganze Zeit hindurch die Staatsbank, deren Stellung aber nur in bezug auf die Notenemission unverändert geblieben ist. Die Leiter der Staatsbank versuchten immer wieder die anderen Großbanken abzubauen oder unter die Staatsbank zu stellen. Mitte 1927 bekam sie auch das Recht, das ganze Kreditwesen zu beaufsichtigen. In den Räten der anderen Banken sollten Staatsbankvertreter mitwirken, auch die Kapitalbeteiligung der Staatsbank sollte erhöht werden.

Im Jahre 1928 sind die beiden Industriebanken — „Prombank" und Elektrobank" — zu einem Institut unter dem Namen „Bank für langfristige Kreditierung" („BDBank") vereinigt worden. Ihre kurzfristigen Geschäfte gingen an die Staatsbank. Im selben Jahre wurde auch die Außenhandelsbank (Wneschtorgbank) umorganisiert. Die Inlandsgeschäfte bekam die Staatsbank, die Leitung der Auslandsbanken das Außenhandelskommissariat, nur die Ostbanken, außer der persischen, blieben bestehen.

Am 12. Juni 1929 erhielt die Staatsbank ein neues Statut. Aus einer Abteilung des Finanzkommissariats wurde sie zu einem selbständigem Institut, nur der Aufsicht des Kommissariats unterstellt.

Ein besonderes Netz bildet für den Kommunalkredit die zentrale „Zekombank" und die provinziellen kommunalen Banken. Sie kreditieren in der Hauptsache den Wohnhäuserbau, den Bau städtischer Verkehrsmittel, gemeinnütziger Einrichtungen und ähnliches. Ein Dekret vom 11. Juli 1930 übergibt die ganze Finanzierung des Wohnbaues ohne Rücksicht der Quellen der Zekombank. Dieser Posten macht an die Hälfte der außenstehenden Darlehen der Bank aus. Die Bilanzsumme wuchs im letzten Jahre 1929/30 von 2385 Millionen Rubel auf 3288 Millionen, wovon 1031 und 1233 in der Zentrale.

Bis 1930 war das bedeutsame landwirtschaftliche Kreditsystem allseitig und intensiv entwickelt. Neben der zentralen Landwirtschaftsbank bestanden 7 in den Bundesrepubliken und 47 in den einzelnen Gebieten. Die bäuerlichen Kreditgenossenschaften erreichten die Vorkriegszahl, ca. 10000 mit über 50 Verbänden. Seit der Kreditreform heißt die Zentrale: „Genossenschafts- und Kollektivwirtschaftsbank“. Die Kreditgenossenschaften werden in 2921 Rayonbanken zusammengefaßt. Das System wies im August 1930 folgende Bilanzsummen auf: die Zentrale 1591 Millionen Rubel, wovon Darlehen 86%, Grundkapital 20%, Anleihen und Kredite 46%; die Rayonbanken — 1622 Millionen, bei 70% Darlehen, 11% Kapitalien und 57% Anleihen.

Die Tätigkeit dieses Systems war nicht von langer Dauer. Am 5. Dezember 1930 wurde das ganze Netz der Staatsbank angegliedert, die sich zur alleinigen Bank ausbaut.

Im Mai 1932 sind vier Banken langfristiger Kreditierung geschaffen: für Industrie, Landwirtschaft, Genossenschaften und Kommunal- und Wohnbauwesen. Es sind keine eigentlichen Kreditinstitute, sondern sie vermitteln in erster Linie die Budgetmittel, welche für die Industrieneubauten bestimmt sind, und kontrollieren deren Verwendung.

VI. Außenhandel.

In der Union arbeitet für den Außenhandel die Staatsbank. Vom Gesamtumsatze ausländischer Korrespondenten von 5,4 Milliarden Rubel entfielen auf diese Bank 1928/29 5 Milliarden Rubel. Anfangs 1930 erlitten die Auslandsverrechnungen eine bedeutende Veränderung. Nachdem die Sowjetwährung zur reinen Binnenwährung wurde, hat sich das Verrechnungssystem mit den ausländischen Sowjetvertretungen in der Form befestigt, daß alle Geschäfte dieser Vertretungen auch gegenüber den Sowjetunternehmungen in fremder Valuta abgewickelt wurden. Über den Umsatz mit fremder Valuta hat die Valutaabteilung des Finanzkommissariats zu entscheiden. Mit der Kreditreform wurde auch das ganze Auslandsgeschäft zwischen Sowjethandelsvertretungen und dem Inlande in Tscherwonzen umgestellt. Nur die Verrechnung und Begleichung mit den ausländischen Firmen wird in der Valuta des betreffenden Landes durchgeführt.

Seit 1922 wurden im Auslande „Sowjetbanken“ gegründet, die als private Institute für den Außenhandel arbeiten. Die bedeutendsten unter ihnen sind:

	Kapital u. Reserven 1. Januar 1931	Bilanz zum 31. Dezember 1930
Moscow Narodny Bank, London . . . . . £	1040000,—	7250750-2-11
Bank for Russian Trade, London . . . . £	1025000,—	9500846-5- 3
Garantie- und Kreditbank für den Osten, Berlin . . . . RM.	15800000,—	69365458,50
Banque Commerciale pour l'Europe du Nord, Paris . . . . Frs.	61621061,85	437893850,60

(Vergleichbare Berichte dieser Banken s. in Th. Skinners „Bankers' Almanac“, London.)

Diese Banken arbeiten mit Sowjetkapital, besitzen Einlagen von den Handelsvertretungen der Union, bekommen auch in einigem Umfange ausländische Kredite. Für die Vertretungen führen sie alle Bankoperationen durch, vermitteln Kreditbeschaffung durch Warenlombardierung, Wechseldiskont usw. In Ländern, wo keine Handelsvertretungen der Sowjets bestehen, so z. B. in England, ist ihre Rolle besonders groß.

Literatur: Kulischer, J.: Russische Wirtschaftsgeschichte. Jena 1925. — Jurowsky, L.: Die Währungsprobleme Sowjetrußlands. Berlin 1925. — Die Staatsbank der UdSSR. 1921—1926. Moskau 1927. — Elster, K.: Vom Rubel zum Tscherwonjez. Jena 1930. — Shenkman, E.: Die Finanzierung des russischen Außenhandels. „Weltwirt.-Arch.“ 1931. — Hahn: Verstaatlichung des Kredits in Rußland. „Weltwirt.-Arch.“ 1926. — Schik, A.: Das Sowjetbankwesen und die Rolle der Banken in der Sowjetwirtschaft. Königsberg 1932. — Nagler, H.: Die Finanzen und die Währung der Sowjetunion. Berlin 1932. — Die rote Wirtschaft. Königsberg 1932. — Zeitschr. der Berl. Sowjethandelsvertr. „Sowjetwirtschaft und Außenhandel“ 1931 im 10. Jahrg. — „Wirtschaftsberichte“ der Staatsbank der UdSSR. 1931, 6. Jahrg. — Russische Literatur ziemlich reich, besonders Zeitschriftenliteratur u. a. in „Problemy planowogo chosjaistwa“, „Finansy i narodnoe chosjaistwo“, „Westnik finansow“ (bis 1929), „Kredit i Chosjaistwo“ (bis 1930), sämtlich in Moskau.

Wassily Leontief.

Sozialisierung des Bankwesens. *1. Formen und Grade der Sozialisierung.* Unter Sozialisierung versteht man zumeist praktische Verwirklichungsversuche des Sozialismus auf wirtschaftlichem Gebiet. Die materiellen Produktionsmittel sollen durch die Sozialisierung in das Gemeineigentum der Gesellschaft übergeführt werden zum Zwecke einer planmäßigen Leitung der Produktion und Verteilung von einer zentralen Stelle aus. Da selbstverständlich nur ein Organ der Gesamtgesellschaft (und nicht diese selbst und unmittelbar) die Aufgaben der Wirtschaftsführung übernehmen kann, muß der Begriff Sozialisierung weitgehend mit dem der Verstaatlichung übereinstimmen trotz der marxistischen Lehre vom Absterben des Staates bei gleichzeitiger Vergesellschaftung der Produktionsmittel.

Für das Verständnis der Problematik der Sozialisierung ist es wesentlich, zwischen Teilsozialisierung und Vollsozialisierung zu unterscheiden. Bei der Teilsozialisierung werden einzelne Wirtschaftszweige in die Verfügungsgewalt öffentlicher Körperschaften übergeführt und damit der privatwirtschaftlichen Betätigung entzogen. Aber die privatkapitalistische Wirtschaft umschließt sozusagen diese sozialisierten Wirtschaftszweige, was zur Folge hat, daß „diese Betriebe in ihrer Geschäftsführung durch den sie umgebenden Wirtschaftsorganismus des freien Verkehrs soweit gestützt werden, daß die wesentliche Eigentümlichkeit sozialistischer Wirtschaft bei ihnen gar nicht zutage treten“ kann (Ludwig Mises). Das bedeutet: die Wirtschaftsführung beruht bei den sozialisierten Betrieben, wie bei den Betrieben der Privatwirtschaft, auf der Grundlage des Preisbildungsprozesses, der einen Vergleich von marktmäßig sich bildenden Produkt- und Produktionsmittelpreisen und somit eine Gewinn- und Verlustrechnung ermöglicht. Ganz anders bei der Vollsozialisierung. Hier werden sämtliche Wirtschaftszweige sozialisiert, alle materiellen Produktionsmittel gehen in Gemeinbesitz über und die notwendige Folge ist: die private wirtschaftliche Betätigung wird aufgehoben zugleich mit den Grundlagen, auf denen sie ruht und den Phänomenen, die sich aus ihr ergeben. Konkurrenz bei Angebot und Nachfrage, Erwerbsstreben, freier Tausch und freie Preisbildung werden beseitigt. An die Stelle privater Wirtschaftsführung auf Grund der Gewinnrechnung tritt die planmäßige Leitung der Gesamtwirtschaft. Es hat viel für sich, den Begriff der Sozialisierung nur dieser Vollsozialisierung vorzubehalten, denn bei Teilsozialisierung und Vollsozialisierung handelt es sich offenbar um wesensverschiedene Dinge, um Probleme, die so verschieden sind, wie Einzelwirtschaftsführung und Gesamtwirtschaftsführung, wie Kapitalismus und Sozialismus.

2. Formen und Grade einer Sozialisierung des Bankwesens. Eine Sozialisierung des Bankwesens — nur des Bankwesens — könnte es demnach gar nicht geben. Die Sozialisierung der Banken könnte nur Glied einer allgemeinen Sozialisierung sein. Dabei würde dann das Problem auftauchen, ob denn im Rahmen der Vollsozialisierung überhaupt noch von einzelnen Wirtschaftszweigen gesprochen werden könnte, d. h. ob diese nach der Sozialisierung überhaupt noch wirtschaftlich (und nicht nur technisch) als gesonderte Einheiten in Erscheinung treten würden. Insbesondere von den Banken könnte man vielleicht annehmen, daß sie in einer vollsozialisierten Wirtschaft keinen Platz finden würden. „Nach MARX ist das Banksystem das künstlichste und ausgebildetste Produkt, wozu es die kapitalistische Produktionsweise überhaupt bringt. Mit dem Wegfall des kapitalistischen Produktionsmonopols fällt aber das ganze Banksystem fort. In einem planvoll geregelten, alle Ausbeutung hindernden sozialen Ganzen hat der Kredit keinen Sinn mehr" (HEIMENDAHL, DEUMER).

Andererseits ist seit ENFANTIN und BAZARD immer wieder die Auffassung vertreten worden, daß mit Hilfe einer Zentralisation des Bankwesens die volkswirtschaftliche Gesamtproduktion einheitlich reguliert werden könne. Statt daß das Banksystem in Wegfall käme, gelangt es zur höchsten Bedeutung. Die Saint-Simonisten „stellen sich die Regierung wie eine große Zentralbank vor, die alle Kapitalien verwaltet" (RIST). „Dieses System", heißt es in der „Doctrine de Saint-Simon", „würde zunächst eine Zentralbank umfassen, die die Regierung vorstellt, und zwar in materieller Hinsicht; diese Bank würde die Verwalterin allen Reichtums, des ganzen Produktionsfonds und aller Arbeitsinstrumente sein, mit einem Wort alles dessen, was heute die Menge des individuellen Eigentums ausmacht". Und in einer modernen Schrift über die Verstaatlichung des Kredits (von ROBERT DEUMER) werden die Vorzüge einer Sozialisierung des Bankwesens wie folgt geschildert: „Die verschiedenen, oft regellos und plötzlich an den Kapitalmarkt herantretenden Ansprüche sind nach Aufhebung des freien Spiels der Kräfte in ein System zu bringen. Der allgemeine Kampf um die Kapitalien, der bisher bestanden hat, wird nunmehr nicht ohne Einschränkung mehr walten können. Die Ansprüche werden nach Dringlichkeit, Notwendigkeit und Nützlichkeit geordnet, wobei jedoch nicht individuelle Rücksichten, sondern im allgemeinen Volksinteresse bestehende Belange und produktionsfördernde Umstände entscheiden. Dabei ist nicht etwa die Güterproduktion nach Maßgabe des vorhandenen Kapitals zu kontingentieren, sondern es findet eine Sichtung der Kreditforderungen nach Maßgabe der Dringlichkeit, Notwendigkeit und Nützlichkeit statt".

Der Gedanke einer Sozialisierung des Bankwesens ist deshalb so ungemein verlockend, weil auf dem Gebiete des Kreditwesens tatsächlich durch minimale Veränderungen gewaltige volkswirtschaftliche Wirkungen erzielt werden können. So, wie die tiefgreifendsten konjunkturpolitischen Effekte von einer einfachen Manipulierung des Zinsfußes ausgehen können, ohne daß weitere Maßnahmen der speziellen Beeinflussung einzelner Produktionszweige notwendig wären, so würde offenbar auch eine Sozialisierung des Bankwesens, ohne irgendeine Verstaatlichung einzelner Industrien, dem Wirtschaftsleben den Stempel der Planwirtschaft aufdrücken.

In der Regel wird von denen, die die Vordringlichkeit einer Sozialisierung des Bankwesens oder die Zweckmäßigkeit der Beschränkung der Sozialisierung auf das Bankwesen erweisen wollen, folgendermaßen argumentiert: Ist die moderne Unternehmung in aller Regel auf Kredit, auf die Zufuhr von Kapital von außen, angewiesen, so kann der Staat in dem Augenblick, in dem er sich des Kreditapparates der Volkswirtschaft bemächtigt, die Wirtschaft weitestgehend beherrschen. Die wichtigste „Kommandohöhe" der Wirtschaft ist damit erobert, die privaten Wirtschaften sind der Zentrale durch ihren dringenden Kreditbedarf unterworfen. Die Zentrale kann das befruchtende Sparkapital, das — von der Selbstfinanzierung abgesehen — nur sie sich zu beschaffen vermag, planmäßig (bzw. willkürlich) den einzelnen Wirtschaftszweigen zuleiten und in dieser Form etwa den Ausbau „produktiver" (oder für produktiv gehaltener) Erzeugungen fördern, selbstverständlich unter entsprechender geringerer Versorgung von Produktionen, die für minder wichtig oder gar schädlich gehalten werden. Kein Zweifel, daß auf diese Weise eine planmäßige Wirtschaftsbeeinflussung, insbesondere eine indirekte Beeinflussung des Konsums möglich sein würde. Es würde weitgehend auch eine „Bedarfswirtschaft" verwirklicht werden, deren Herbeiführung FELIX WEIL als das erste Kriterium der Sozialisierung bezeichnet. Und da auch das Wirtschaftsleben in seiner Totalität beeinflußt würde, so würde der begriffliche Widersinn der Teilsozialisierung, der sich für WEIL aus dieser Forderung der Totalität ergibt (während er oben anders begründet wurde), für die Sozialisierung des Bankwesens nicht unbedingt gegeben sein. Während diejenigen, die die Vordringlichkeit einer Bankensozialisierung betonen, insbesondere von dem Gedanken ausgehen, daß, solange Betriebskredite nötig sind, der sozialisierte Betrieb noch in den Maschen des kapitalistischen Systems hängen bleiben würde (ZICKLER), betrachten es die Anhänger der ausschließlichen Verstaatlichung des Bankwesens als deren besonderen Vorteil, daß die umfassende Herrschaft über die Gesamtwirtschaft mit geringfügigen organisatorischen Veränderungen errungen werden kann. „Während der Sozialismus in seiner Gesamtanwendung die Verwandlung des privaten Konkurrenzkapitals in ein einheitliches Kollektivkapital bedeutet, hat die Kreditverstaatlichung nur die Sozialisierung eines einzelnen bestimmten, bisher vorwiegend in privater Unternehmungsform betriebenen Gewerbszweiges zum Gegenstande" (DEUMER).

Die Frage, ob die öffentlichen Sparkassen, Kommunalbanken und Staatsbanken oder Genossenschafts- und *Arbeiterbanken* (s. d.) eine Sozialisierung des Bankwesens bedeuten, muß verneint werden, zum mindesten, soweit es sich um die Kreditvermittlung handelt. Soweit man bezüglich der Notenbanken von Verstaatlichung oder Sozialisierung spricht, handelt es sich nicht um eine Sozialisierung des Bank- und Kreditwesens, sondern um eine solche des Geldwesens. Da aber Geld- und Kreditwesen notwendig aufs engste miteinander verflochten sind, insbesondere in den Fällen zusätzlicher Kreditgewährung, können von den zentralen Noteninstituten Wirkungen ausgehen, die, gesamtwirtschaftlich betrachtet, höchst bedeutungsvoll sind. (S. *Notenbankpolitik.*)

Die Ansammlung von Kapitalien in der Hand eigener Organisationen der Arbeiterschaft (vgl. *Arbeiterbanken*) hat mit Sozialisierung nichts gemein. Nur eine sehr indirekte Förderung der Sozialisierung kann bestenfalls erreicht werden. Dies hat z. B. der Herausgeber des wirtschaftsdemokratischen Programms der freien Gewerkschaften im Auge, wenn er schreibt: „Soweit es gelingt, aus den Kapitalansammlungen bei den Organisationen der Arbeiterschaft und aus den Arbeiterspargeldern durch ihre Zuleitung in eigene Organisationen der Arbeiterschaft den unmittelbaren Einfluß auf die Weiterlenkung dieser Kapitalien zu gewinnen, kann natürlich von diesen Organisationen eine Kapitalpolitik in dem Sinne getrieben werden, daß durch sie alle diejenigen Wirtschaftsgebilde, die in die kapitalistische Wirtschaft bereits den Fremdkörper einer anders orientierten Wirtschaftsführung hineintragen, gefördert werden". Die Bedeutung einer derartigen Politik wird allerdings auch von Naphtali nicht allzu hoch veranschlagt: „Gegenüber der Gesamtmenge des Kapitalstromes stellen diese Ausschnitte für eine unmittelbare Beeinflussung der Verwendungsrichtung in sozialistischem Sinne natürlich nur einen kleinen Anteil dar. Das Hauptproblem wird immer dahin gehen, erstens den Anteil der öffentlichen Bankwirtschaft zu vergrößern und zweitens darüber hinaus auch das private Bankwesen in seiner Kapitalbewegung einer möglichst weitgehenden Beeinflussung unter dem Gesichtspunkt einer planmäßigen Wirtschaftsführung zu unterwerfen."

3. *Die Banken in der vollsozialisierten Wirtschaft.* Die Frage, ob in einer vollsozialisierten Wirtschaft die Banken verschwinden oder aber zur höchsten Bedeutung gelangen werden, ist im Hinblick auf den embryonalen Zustand der Theorie der sozialistischen Wirtschaftsrechnung schwer zu beantworten. Wenn die Notwendigkeit der Erfüllung bankmäßiger Aufgaben im Sozialismus geleugnet wird, so dürfte das zunächst auf die Verkennung der Problematik sozialistischer Gemeinwirtschaftsführung im Marxismus zurückzuführen sein. Denn nach dessen Meinung enthebt die organisierende Kraft des späten Kapitalismus den Sozialismus der Erfüllung eigener Führungsaufgaben. Auch in der bolschewistischen Theorie wurde zunächst das Problem der sozialistischen Wirtschaftsrechnung völlig verkannt. Beim Übergang vom Kriegskommunismus zur neuen ökonomischen Politik bezeichnete es Lenin als einen Fehler, daß man den Versuch unternommen hatte, unmittelbar zur kommunistischen Produktion und Distribution überzugehen, ohne vorher die Periode der sozialistischen Rechnungslegung durchlaufen zu haben (vgl. *Sowjetrußland*). Die naturale Wirtschaft kennt selbstverständlich die Disposition über geldwerte Produktionsmittel nicht und natürlich auch kein Bankwesen. Es ist aber auch sehr fraglich, ob in einer sozialistischen Geldwirtschaft von Banken in annähernd dem Sinne gesprochen werden könnte, der dem Begriff in kapitalistischen Ländern zugrunde liegt. Die Frage kann für das Geldwesen und die Fälle bejaht werden, in denen durchaus nach kapitalistischen Mustern durch das Kreditsystem die „Mobilisierung zeitweilig freier Mittel der Volkswirtschaft (in der Form von Bankeinlagen) zum Zwecke der produktiven Ausnutzung derselben" bewirkt wird (Krischanowsky). Wie weit in letzterem Falle die Ähnlichkeit geht, das hängt allerdings wieder ganz davon ab, in welcher Weise die Einlagen gewonnen werden (Zwangsanleihen!) und in welcher Weise die Zuteilung der angesammelten Mittel an die Produktion erfolgt. Gerade in jüngster Zeit hat die Art der Kreditierung in Sowjetrußland mehrfach gewechselt. Gleichgültig aber, ob die Bankkredite fristlos (vom Standpunkt der Bank also à fonds perdu) gegeben werden oder (seit August 1931) nur kurzfristig und unter voller materieller Sicherheit: wesentlich ist in jedem Falle, daß die Kredite nur für ganz bestimmte, durch den Gesamtplan vorgezeichnete, Zwecke und infolgedessen (trotz mancher täuschender Bestimmungen über Rentabilitätsrechnung in den einzelnen Betrieben) unter völlig anderen Gesichtspunkten gegeben werden, als in der kapitalistischen Wirtschaft. Die Kreditzuweisung ist dann nichts anderes als die Verwirklichung des Plans, die denkbarerweise auch durch naturale Zuweisung der benötigten Produktionsmittel erfolgen könnte. Wesentlich ist, daß für die Zuteilung der Kredite jedenfalls nicht der Zinspreis entscheidet. Denn die Wirtschaftsführung auf Grund von Preisen und die planmäßige Leitung der Gesamtwirtschaft müssen sich notwendig widersprechen, da es unmöglich ist, a priori zu bestimmen, welche Preise bei einer planmäßig bestimmten Produktmenge erzielt werden können. Will man trotzdem die Planwirtschaft auf die Preisrechnung gründen, wie das bei Aufstellung des russischen Fünfjahresplanes beabsichtigt wurde, so führt das zu einer Fülle von Unstimmigkeiten, die dann nur scheinbar durch eine Fixierung der Preise überwunden werden.

Es kann in diesem Zusammenhang nicht auf die Frage eingegangen werden, ob die zentrale planwirtschaftliche Produktionsleitung zu dem gewünschten Erfolg eines reibungslosen Ineinandergreifens millionenfacher Produktionsprozesse führen kann. Sicher ist, daß die Problematik dieser Art von Gesamtwirtschaftsführung eine völlig andere ist, als die der kapitalistischen Preisrechnung. Die Funktionen der „Banken" in der vollsozialisierten Wirtschaft sind deshalb mit den Aufgaben kapitalistischer Kreditbanken in keiner Weise zu vergleichen. Man hat es im Grunde nicht mit Banken, sondern mit Verteilungsinstanzen einer obersten planwirtschaftlichen Stelle zu tun.

4. *Vermeintliche Vorteile.* Im Gegensatz zur sozialistischen Wirtschaft wird die Produktionsregulierung in der kapitalistischen Wirtschaft durch den Preisbildungsprozeß bewirkt. Insbesondere für die Probleme des Kreditmarktes ist diese Feststellung bedeutsam. Denn kann für die produzierten Güter und für die Arbeitskräfte in der sozialistischen Wirtschaft, bei freier Konsum- und Arbeitswahl, vielleicht noch eine Preisbildung gedacht werden, so ist das nicht mehr möglich auf dem Kreditmarkt und auf dem Markt der Kapitalgüter: „Der Ausgleich zwischen Angebot und Nachfrage nach Kapital vollzieht sich dann in dem einen einheitlichen Willenssitz, während die Entstehung eines Preises einen Markt mit getrennten Tauschparteien voraussetzt" (Eduard Heimann). In der kapitalistischen Verkehrswirtschaft wird das seltene neuersparte Kapital in der Weise auf die einzelnen Produktionszweige verteilt, daß diejenigen Produzenten, die bereit und fähig sind, einen (einheitlichen) Zinssatz von bestimmter Höhe zu bezahlen, Kredit bekommen, während alle anderen nicht zum Zug kommen können. Eine Risikoprämie von verschiedener Höhe bewirkt die Auswahl nach Maßgabe der Sicherheit. Die Zinspreisbildung hat, wie die übrige Preisbildung auch, die Aufgabe, die Verwendung der seltenen Produktionsmittel so zu regulieren, daß die Befriedigung des kaufkräftigsten (nicht des effektiv dringendsten) Bedürfnisses gewährleistet wird. Allerdings wird mit dem Hinweis auf die Wirtschaftskrisen von sozialistischer Seite behauptet, daß gerade diese Art der Kapitalverteilung zu Kapitalfehlleitungen führen würde. Wäre das Ideal einer planmäßigen Gesamtwirtschaftsführung zu verwirklichen, „so wäre es möglich", meint Naphtali, „eine Fülle von Fehlleitungen, die heute aus dem individualistischen Nebeneinander der Kapitalinvestitionen ohne ein Wissen voneinander entstehen, zu ver-

hüten.“ Die Lobredner des Kapitalismus begeisterten sich für den Mechanismus des Marktes, weil er wirtschaftliche Fehlleitungen daran hindere, sich unbegrenzt auszudehnen. Es käme aber nicht auf die Korrektur, sondern auf die Verhinderung der Fehlleitungen an. Naphtali will „die Ersetzung des unbefriedigenden Spiels der freien Kräfte am Markte durch planmäßige Regelung“ zum Angelpunkt der Kapitalpolitik gemacht wissen.

Über den implizite von allen Vertretern der Kreditverstaatlichung oder mindestens Kreditkontrolle verfochtenen Gedanken der Konjunkturpolitik geht weit hinaus der Gedanke der Kreditverteilung „auf Grund einer Art volkswirtschaftlicher Dringlichkeitsskala“ (Naphtali), obwohl er zumeist von den konjunkturpolitischen Absichten nicht deutlich getrennt wird. Der Gedanke, „die Kapitalien immer dorthin zu lenken, wo das Volk sie braucht“ (Hilferding), ist bestechend für den, der eingesehen hat, daß die Produktionsleitung nach Maßgabe des Preisbildungsprozesses nicht dazu führt, daß die dringendsten Bedürfnisse befriedigt werden, sondern nur dazu, daß dem kaufkräftigen Bedarf entsprochen wird. Deshalb auch immer das Schlagwort von der privatwirtschaftlichen Rentabilität, der gegenüber der wahren volkswirtschaftlichen Produktivität zum Siege verholfen werden müsse. „Während früher der höchste Profitnutzen für die Kapitalanlage entscheidend war, wird nunmehr der gemeinwirtschaftliche Gedanke der Zweckmäßigkeit bestimmend für die Anlage“ (Deumer).

Mit einer planwirtschaftlichen Kreditzuteilung nach Gesichtspunkten volkswirtschaftlicher Dringlichkeit hängt notwendig der Gedanke einer Beseitigung oder Manipulierung des Zinssatzes zusammen. Denn wird die Auswahl der Kreditansprüche nicht nach Maßgabe der Zinszahlungsbereitschaft, sondern nach irgendwelchen sonstigen Kriterien vorgenommen, dann bedarf es des Zinsfußes jedenfalls nicht mehr, um Angebot und Nachfrage in Übereinstimmung zu bringen und andererseits kann der normale Zinspreis sehr oft gar nicht mehr gefordert werden, da die privatwirtschaftliche Rentabilität voraussetzungsgemäß nicht mehr Vorbedingung der Kreditwürdigkeit sein soll. „Die Allgemeinheit wird also in Zukunft beim Staatskreditmonopol mit einer niedrigeren Rate belastet sein, als sie jetzt zugunsten der sog. freien Bankenkonkurrenz aufzubringen hat. Das bedeutet Verbilligung der Produktion einerseits, Hebung der Kaufkraft der konsumierenden Klassen andererseits“ (Deumer).

5. Kritik. Ohne über die Zweckmäßigkeit oder Unzweckmäßigkeit einer Wirtschaftsordnung ein Urteil fällen zu wollen, muß den Vorschlägen einer Teilsozialisierung des Bankwesens, einer Verstaatlichung des Kredits, einer Kreditkontrolle, einer Bankenkontrolle oder wie die Neuerungen heißen mögen, grundsätzlich entgegengehalten werden, daß sie alle mehr oder minder dem Fehler verfallen, daß sie in den Mechanismus der Verkehrswirtschaft ihr wesensfremde Elemente planwirtschaftlicher Art einbauen wollen und zwar nicht nur in dem vergleichsweise harmlosen Sinne einer Sozialisierung einzelner Produktionszweige, sondern im Sinne einer tendenziellen Beherrschung des Ganzen.

So oft sich der Gedanke von dem Gegensatz privatwirtschaftlicher Rentabilität und volkswirtschaftlicher Produktivität in der Kapitalismuskritik wiederholt: niemand sagt, was unter Produktivität zu verstehen sei und welchen Produktionen im speziellen Falle der Kreditverstaatlichung und der Kreditverteilung nach planwirtschaftlichen Gesichtspunkten vor anderen der Vorzug eingeräumt werden solle. Daß etwa von Deumer Schnaps- und Zigarettenfabriken den Kohlen oder Kali fördernden Werken gegenübergestellt werden, ist noch keine Problemlösung. Wer soll die Entscheidung treffen? Das Parlament, die Regierung, die Direktion des Staatsbankbetriebes? Was heißt „Sichtung der Kreditansprüche nach Dringlichkeit, Notwendigkeit, Nützlichkeit“? Wie sollte, selbst wenn man diesen schwammigen Begriffen einen konkreten Inhalt in dem Sinne zu geben wüßte, daß man dringliche von notwendigen und notwendige von nur nützlichen und letztere vielleicht von unnützen, schädlichen und verwerflichen Industrien zu scheiden wüßte, innerhalb der einzelnen Kategorien abgestuft werden? Und wo würde, angesichts der Teilbarkeit der Bedürfnisse, bei den dringlichen oder notwendigen Erzeugungen aufgehört werden dürfen zugunsten der nur nützlichen, die dann also doch dringlicher und notwendiger wären? Wie sollte man den Betrieben beikommen, die sich durch Selbstfinanzierung der staatlichen Kontrolle entziehen würden? Würde die Tendenz zur Selbstfinanzierung nicht so stark werden, daß die Kreditkontrolle allmählich lahmgelegt würde? Würde die künstliche Verknappung der nur-nützlichen Güter deren Produktion nicht besonders vorteilhaft werden lassen? Und wo bliebe die Konsumfreiheit, die Grundlage nicht nur der kapitalistischen, sondern auch der sozialistischen Wirtschaftsordnung? Wo würde es hinführen, wenn man einerseits weiter freie Konsumwahl gewähren und andererseits bewußt nicht das produzieren wollte, was die Konsumenten wünschen, sondern das, was eine Zentralstelle auf Grund einer notwendig willkürlichen Dringlichkeitsskala für zweckmäßig hält. Will man vermeiden, daß unwichtige Bedürfnisse nur um ihrer größeren Kaufkraft willen befriedigt werden, dann muß man versuchen, in irgendeiner Weise die Einkommen auszugleichen. Man darf aber nicht einfach die Produktion in eine andere als die durch den Konsum bestimmte Richtung lenken wollen. Denn: „dient jedes ökonomische Vorgehen letzten Endes zur Bedürfnisbefriedigung, zur Beseitigung eines Unlustgefühls, dann kann nur der einzelne selbst entscheiden, welche Objekte und Leistungen ihm für diesen Zweck genehm erscheinen, nur er selbst die Wahl treffen in einer erdrückenden Fülle von Möglichkeiten“ (Erich Horn). Sieht man die Ursache von Wirtschaftskrisen in einer Disproportionalität von Erzeugung und Bedarf, dann müßte die Folge einer Produktion, die sich nicht nach den Wünschen der Konsumenten richtet, sondern nach eigenem Gutdünken erzeugt, eine Wirtschaftskrise von größten Ausmaßen sein. Die künstliche Festsetzung des Zinses müßte zur Zerstörung des Preisbildungsprozesses und damit zur Zerstörung der Grundlage der Wirtschaftsrechnung führen. Es steht zu erwarten, daß ein solches System planmäßiger Wirtschaftsbeeinflussung nicht die Vorteile, sondern die Nachteile der beiden zu verbindenden Wirtschaftssysteme in sich vereinigen würde.

Sind die Absichten der Bankenzentrale weniger kühn, will man lediglich die typischen Fehlleitungen im Konjunkturverlauf beseitigen, so stellt man immer noch Anforderungen an jene Planstelle, die von ihr unmöglich erfüllt werden können. Naphtali meint, daß das Entscheidende doch sei, „daß eine große Anzahl von Fehlern in der Kreditpolitik der Banken gerade darauf beruht, daß jede Bank für sich allein und auf eigene Faust ihre Dispositionen trifft und sie unter rein privatwirtschaftlichen Gesichtspunkten treffen muß“. Auch hier tritt wieder der Gedanke der Anarchie der privatwirtschaftlichen Arbeitsweise in den Vordergrund. Zugegeben, daß eine Reihe von Nachkriegsgewohnheiten dringendst der Beseitigung bedarf: aber man darf darüber nicht übersehen, daß die Dispositionen doch normalerweise streng im Rahmen der Marktgegebenheiten getroffen werden. Und dies ist, wenn auch keine vollkommene, so doch eine ungefähre Richtschnur durch die unendliche Fülle der Möglichkeiten, die keine Planstelle zu meistern vermöchte. Soweit der Konjunkturausschlag durch die zu weitherzige Kreditpolitik der Banken bewirkt wird, muß daran erinnert werden, daß diese Politik offenbar nicht ohne die Mitwirkung der Notenbank durchgeführt werden kann, so daß am Konjunkturausschlag ein planwirtschaftlicher Körper mindestens ebenso beteiligt ist! Soweit die letzte Depression durch übermäßige Aufnahme von Auslandskrediten hervorgerufen wurde, ist zu sagen, daß sich die „öffentlichen“ Stellen sicher nicht als aufgeklärter erwiesen haben als die „privaten“. Die übrigen Gründe der Konjunkturbewegung hängen mit der Kreditpolitik nicht zusammen und scheiden deshalb aus der Untersuchung aus. Es deutet also, wie die Frankfurter Zeitung gegenüber NAPHTALIS Vorschlag einer Bankenkontrolle feststellte, „nichts darauf hin, daß ein staatliches Bankenamt die Allweisheit besessen hätte, um die grundsätzlichen Fehler der Kreditpolitik der Banken zu vermeiden“. Neben den deutschen dienen besonders auch die amerikanischen Erfahrungen (vgl. *Federal Reserve-System*) zur Erhärtung der Richtigkeit dieses Satzes. Vielleicht wäre es denkbar, daß ein Bankenamt die Banken tatsächlich zu einer vorsichtigeren Kreditpolitik zwingen könnte, daß die Konjunkturen weitgehend ausgeschaltet würden. In diesem — hypothetischen — Falle wäre aber immer erst noch zu fragen, ob dieser Effekt volkswirtschaftlich wünschenswert wäre. Es könnte diese Politik doch ebenso leicht Gefahr laufen, zusammen mit der Konjunkturbewegung auch die ganze Entwicklungsbewegung der Wirtschaft zu hemmen. Der Verlust könnte viel größer sein als der Gewinn.

Völlig unsinnig wäre die Annahme, daß die Gesamtgesellschaft von einer künstlichen Herabsetzung des Zinsfußes sich irgendwelche Vorteile erwarten könnte. Da die vorhandene Kapitalmenge bestenfalls die gleiche bliebe, da sich wahrscheinlich sogar bei stark reduziertem Zins die Sparkapitalbildung empfindlich verringern würde, würde sich die volkswirtschaftliche Produktivität eher verringern als erhöhen, das Verhältnis der Menschen zur Güterwelt würde der Tendenz nach verschlechtert und nicht verbessert werden. Was an Zinsen auf der einen Seite weniger gefordert würde, könnte auf der anderen Seite weniger gegeben werden — eine interpersonale Einkommenverschiebung mit bedenklichen volkswirtschaftlichen Folgen, solange nicht auch die Kapitalbildung weitgehend der privaten Sphäre entzogen wäre durch öffentliche Kapitalbildung aus Steuermitteln.

Sollte bei der Behauptung, daß die Zinsen wesentlich herabgesetzt werden könnten, daran gedacht werden, daß die Zwischengewinne der privaten Banken zu hoch wären, so steht diesem vielleicht teilweise berechtigten Argument (dem aber im Vergleich mit den hier zu erörternden Problemen keine allzugroße Bedeutung zukommt) das andere Argument gegenüber, daß keine Garantie dafür gegeben ist, daß die staatliche Monopolbank sich der Zurückhaltung befleißigen würde, die im großen ganzen den Privatbanken doch wenigstens durch die Konkurrenz aufgezwungen wird. Möglichkeiten der Rationalisierung und der Ökonomisierung wären wahrscheinlich gegeben, aber doch nicht in dem Grade, wie es sich manche Theoretiker erwarten, die das Gesetz der Massenproduktion auf das Bankwesen zu übertragen scheinen, wo es doch wirklich keine erhebliche Bedeutung haben kann. Ob mit der Durchführung eines staatlichen Bankenmonopols nicht auch große technische Schwierigkeiten gegeben wären, bliebe zu untersuchen.

In welchem Grade mit der Bürokratisierung des Bankwesens die private Initiative erlahmen würde, ist theoretisch nicht auszumachen und auch solange nicht problematisch, als man sozialisieren will, um die private Initiative auszuschalten und alles einzelwirtschaftliche Geschehen in einen größeren Plan einzuordnen. Allerdings sind die Verfechter der planwirtschaftlichen Idee in diesem Punkte oft wenig konsequent, und sie bemühen sich zu versichern, daß die freie Entschließung der einzelnen nicht gehemmt und die planwirtschaftliche Stelle so ausgestaltet werden solle, daß sie die Vorzüge des freien Unternehmers bewahre. OTTO VEIT hat sehr mit Recht darauf hingewiesen, daß in diesem Falle die große Gefahr besteht, daß sich bei solchen Staatsunternehmern dann zwangsläufig eine eigenartige Ideologie herausbildet. „Der staatliche Werksleiter (Bankleiter) kann sich dem Vorwurf mangelhafter Rentabilität häufig mit dem Hinweis auf die Wahrung des öffentlichen Interesses entziehen, zu der er sich genötigt gesehen habe. Dem entgegengesetzten Vorwurf, daß das öffentliche Interesse nicht genügend berücksichtigt sei, kann er mit dem Hinweis auf Rentabilitätsrücksichten begegnen. Das praktische Resultat ist dann, daß die Vorstände von Staatsunternehmen überhaupt keiner greifbaren Verantwortung unterliegen — und daß sie sich auch — ähnlich wie es den Verwaltungen privater Gesellschaften zum Vorwurf gemacht wird — nur noch sich selbst verantwortlich fühlen“.

Die vorstehenden Ausführungen dürften gezeigt haben, daß es im Einzelfall kaum möglich ist zu entscheiden, ob gewisse politische Maßnahmen auf dem Gebiete des Bankwesens als Sozialisierung zu bezeichnen sind oder nicht. Es kommt dabei nämlich nicht allein auf die äußere Form an, die eine planwirtschaftliche Beeinflussung der Gesamtwirtschaft ermöglichen würde, sondern auch auf den Geist, von dem diese Maßnahmen getragen sind. Anläßlich der Bankensanierung glaubte GUSTAV STOLPER behaupten zu können: „Am 22. Februar 1932 ist das deutsche Bankwesen sozialisiert worden.“ Auf Grund der Tatsachen und der Absichten der Reichsregierung dürfte dieses Urteil übertrieben sein. Denkt man aber mit STOLPER an die antikapitalistische Einstellung der überwältigenden Mehrheit des deutschen Volkes, dann kann man im Augenblick der Feststellung der Frankfurter Zeitung schon zustimmen, daß die jetzige Überkrise uns zwar nicht die Sozialisierung des Bankwesens im Sinne der Doktrin gebracht, uns aber in den Vorhof des Staatskapitalismus hineingeführt habe.

Bezüglich der bestehenden, nicht privatkapitalistisch betriebenen Banken in Deutschland und dem Ausland, ihrer Organisation und Aufgaben, wird auf Art. *Öffentlich-rechtliches Bankwesen* verwiesen.

Literatur: Sozialisierung: WEIL, FELIX: Sozialisierung. Berlin-Fichtenau 1921. — AMONN, ALFRED: Die Hauptprobleme der Sozialisierung. Leipzig 1920. — RÖPKE, WILHELM: Art. Sozialisierung im Handwörterbuch der Staatswissenschaften, 4. Aufl. **7** (1926). — Sozialistische Wirtschaftsrechnung: MISES, LUDWIG: Die Gemeinwirtschaft. Jena 1932. — HALM, GEORG: Ist der Sozialismus wirtschaftlich möglich? Berlin 1929. — Positive Vorschläge: DEUMER, ROBERT: Die Verstaatlichung des Kredits. München und Leipzig 1926. — HILFERDING, RUDOLF: Das Finanzkapital. Wien 1920. — BAUER, OTTO: Der Weg zum Sozialismus. Berlin 1919. — PARVUS: Die Verstaatlichung der Banken und der Sozialismus. Berlin 1919. — NAPHTALI, FRITZ: Leitsätze zu einem Gesetz über die Errichtung eines Bankenamts. Deutsche Gewerkschaftszeitung **1931**. — Kapitalpolitik als Mittel sozialistischer Wirtschaftsgestaltung. In: Kapital und Kapitalismus, hsg. v. HARMS, 2. Bd. Berlin 1931. — Dogmengeschichte: HEIMENDAHL, HERBERT: Die Stellung des Sozialismus zum Bankwesen, insbesondere zu den Kreditbanken. Schmollers Jb., 44. Jg. 1920. — Sowjetrußland: SCHICK, ALEXANDER: Das Sowjetbankwesen und die Rolle der Banken in der Sowjetwirtschaft. Berlin 1932. — BRUTZKUS, BORIS: Der Fünfjahresplan und seine Erfüllung. Leipzig 1932. — POLLOCK, FRIEDRICH: Die planwirtschaftlichen Versuche in der Sowjetunion 1917—1927. Leipzig 1929.

GEORG HALM.

sozialistische Ausbeutungstheorie s. *Zinstheorie II 2.*

Sozialprodukt ist das Gesamterzeugnis einer Volkswirtschaft innerhalb eines bestimmten Zeitraums.

Spanien. Die seit fast hundert Jahren mit kurzen Unterbrechungen andauernden inner- und außerpolitischen Wirren in Spanien haben auf keinem Gebiet eine so weitgehende Abschließung von der übrigen Welt zur Folge gehabt, wie auf wirtschaftlichem. Eine Änderung dieser Zustände kann — auch nach einer durchgreifenden Bodenreform wie sie jetzt in Gang gekommen ist — ohne Hilfe des Auslandes nicht erfolgen, da S. selbst sehr kapitalarm ist. In der Zeit vor 1914 gingen daher die Bestrebungen spanischer Wirtschaftskreise dahin, ausländisches Kapital ins Land zu bringen. Dies ist bisher nur in bescheidenem Maße gelungen, obwohl die Anlehnung an die Pariser Finanz sehr eng ist. So ist beispielsweise das Hypothekeninstitut S., das eine ähnliche Stellung einnimmt wie der Credit foncier in Frankreich, eine Gründung der Banque de Paris et de Pays-bas, ohne daß es gelungen ist, den spanischen Pfandbrief auf dem Pariser Kapitalmarkt zu placieren. Ebenso sind die spanischen Eisenbahnen unter Beteiligung Pariser Kreise gebaut worden; aber auch diese Verbindung hat nicht zu größeren Kapitalzuflüssen geführt. Von größerer Bedeutung war in der Vergangenheit der Einfluß ausländischen Kapitals bei der Rio Tinto Gesellschaft (englisches Kapital sowie Rothschild, Paris; die Rio Tinto Aktie gehörte lange Jahre zu den wichtigsten Arbitragewerten der westlichen Börsen). Die Bedeutung der Gruben von Rio Tinto ist jedoch insbesondere seit der Erschließung der rhodesischen Kupferfelder ständig im Rückgang. Während des Weltkriegs hat S. dann in bescheidenem Maße deutsches Kapital, das aus Südamerika zurückgezogen werden mußte, erhalten, doch ist z. B. die Sitzverlegung des größten derartigen Unternehmens, der Chade, von überwiegend formaler Bedeutung gewesen: Das Tätigkeitsfeld der Gesellschaft (Argentinien) blieb hiervon unberührt. Deutsche Banken haben in der Nachkriegszeit ihre Tätigkeit in S. stärker ausgedehnt. Zwar haben diese Institute einen nicht unbeträchtlichen Anteil an dem (fast völlig in ausländischer Hand befindlichen) Außenhandel S. erwerben können, aber in das eigentliche innerspanische Geschäft ist es ihnen ebensowenig wie den französischen oder italienischen Banken gelungen, einzudringen. Das spanische Bankgeschäft, das in erster Linie Wechselgeschäft ist, ist vielmehr nach wie vor fast ausschließlich in der Hand kleiner lokaler Bankfirmen. In den letzten Jahren erst haben einige Institute in größeren Städten (Madrid, Barcelona, Bilbao) eine Ausdehnung gewonnen, die von mehr als lokaler Bedeutung ist. Über die Grenzen S. geht allerdings auch bei diesen Instituten der Geschäftsumfang nur sehr selten hinaus; eigene Niederlassungen bestehen nur in Paris und einigen portugiesischen und französischen Grenzorten (auch an der Riviera).

Währung. Die spanische Währung ist nominell eine Doppelwährung (Gold und daneben Silber), tatsächlich eine der Goldkernwährung angenäherte Papierwährung. Sie wurde 1860 in Anlehnung an den französischen Franken geschaffen, dem die Peseta nominell gleichwertig sein sollte. Schon vor dem Kriege waren die Schwankungen der Peseta sehr groß. Nach einer Stabilisierungsperiode infolge der großen Devisenzuflüsse während des Weltkriegs kam die Peseta zugleich mit dem französischen Franken ins Gleiten. Sie konnte sich in den ersten Jahren der Diktatur Primo de Riveras wieder erholen, seit 1928 befindet sie sich jedoch erneut in einem, erst neuerdings (1932) wieder unterbrochenen Rückgang. Der derzeitige (Herbst 1932) Kurs liegt bei 40% der Parität. Eine wirkliche Stabilisierung würde nicht nur eine durchgreifende Reform der veralteten Bankgesetzgebung voraussetzen, sondern vor allem eine dauernde Sanierung der Finanzen und eine Verminderung der durch unglückliche Kolonialkriege und Bürgerkrieg ungeheuer aufgeschwollenen öffentlichen Schulden. Notenbank ist der *Banco d'España* (s. d.).

Börsenwesen. Das Land hat zwei Effektenbörsen von etwas größerer Bedeutung. Madrid und Barcelona, die ungefähr gleich große Umsätze haben. An beiden Börsen stehen die Staatsanleihen im Vordergrund des Interesses (sehr spekulativ). Dazu treten Stadtanleihen, eine große Anzahl von Eisenbahnanleihen und Eisenbahnaktien, während Industrie- und Bankaktien nur einen verhältnismäßig kleinen Raum einnehmen. Da bei den Industrien die Mehrheit der Aktien fast stets in wenigen festen Händen ist, ist das Publikumsinteresse für Industrieaktien auch nur gering.

Die Spesen sind nicht hoch. Sie betragen für Wertpapiere $1^1/_4$—$2^1/_2$ ‰ und sind gestaffelt, je nachdem ob es sich um Anleihen, inländische oder ausländische Aktien handelt. Bei Devisen beträgt die Courtage 1 ‰, falls es sich um einen Abschluß in einer unter pari stehenden Devise, $1^1/_2$ ‰, falls es sich um einen Abschluß in einer über pari stehenden Devise handelt. Notiert wird in der Regel in Pesetaprozenten ohne Berechnung von Stückzinsen nur einige wenige Eisenbahn- und Bankaktien notieren in Pesetas je Stück. An beiden Börsen besteht Kassa- und Terminmarkt, wobei die Regelung ungefähr der der Pariser Börse entspricht. Gehandelt wird außer auf den Ultimo des laufenden Monats auch auf den des nächsten Monats.

Spanne (Marge) s. *Erträgnisse des Bankgewerbes II 1.*

Spannung (bei Stellagen) s. *Prämiengeschäft 2.*

Sparbrief vgl. *Banksparverkehr II 2.*

— **certifikate, staatliche** s. *England, Geld- und Kapitalmarkt II 5.*

— **einlagen** s. *Banksparverkehr*, s. *Sparkassen.*

— **giroverkehr** s. *Girozentralen 3*, s. *Bargeldloser Zahlungsverkehr 2 u. 4c.*

Sparkassen.

I. Die Entstehung der Sparkassen.

1. Einführung. Die Entstehung der S. fällt in das letzte Viertel des 18. Jahrhunderts. Um die Jahrhundertwende und in den ersten beiden Jahrzehnten des 19. Jahrhunderts haben die S. sich dann stärker entwickelt und die Gestalt gefunden, die sich auch später als geeignet für sie erwiesen hat. Deutschland und England waren die beiden Länder, die hierfür vorbildlich geworden sind. In Deutschland sind die ersten Einrichtungen entstanden, die als S. bezeichnet werden können, in England haben die S. dann eine raschere Verbreitung erlangt, so daß Ende 1817 bereits über 100 S. bestanden. Die S. füllten eine Lücke in der damaligen Kreditorganisation aus, denn die bis dahin bestehenden Banken befaßten sich nicht mit der Entgegennahme kleiner und kleinster Beträge, wie dies gerade für die S. kennzeichnend ist. Ein Bedürfnis für derartige Institute wurde aber in jener Zeit unter der Herrschaft humanitärer Grundsätze und der in ihrem Gefolge auftretenden Abkehr von den alten Bindungen in der Wirtschaft besonders dringlich. Die S. entsprachen der liberalen Weltanschauung jener Jahrzehnte, die unter Verzicht auf staatliche Eingriffe bei sozialen Unzulänglichkeiten das Heil allein in Selbsthilfe und Selbstverantwortung des Individuums erblickte. Neben dieser humanitären Wurzel des Sparkassengedankens machte sich zunehmend stärker ein anderer Ausgangspunkt von Sparkassengründungen bemerkbar, die Sorge der Kommunen um die Entwicklung ihrer Fürsorgeaufwendungen. In Perioden wirtschaftlichen Niedergangs, die sich im Anwachsen der „industriellen Reservearmee" wiederspiegeln, bewirkte nämlich die umgestaltete Wirtschaftsverfassung zwangsläufig ein Steigen der Armenlasten, die mehr und mehr zu einem Problem wurden und dringend nach einer gesunden Regelung auf der Grundlage einer Entlastung der Städte verlangten. In sinngemäßer Übernahme liberalen Gedankengutes kamen auch die Kommunen zur Bejahung der Sparkassenidee.

Während in der ersten Zeit die Errichtung von S. gewöhnlich auf Grund privater Initiative erfolgte, hat sich später der Staat für die Verbreitung der Kassen eingesetzt und widerstrebende Kommunalverbände manchmal mit sanftem Druck zur Gründung einer S. veranlaßt.

2. *Die Vorläufer der Sparkassen.* Als erste S. wird die von der Patriotischen Gesellschaft in Hamburg 1778 errichtete Ersparniskasse angesehen. Sparkassenähnliche Institute haben allerdings bereits früher bestanden; zwei Arten von Einrichtungen sind es besonders, mit denen eine gewisse Verwandtschaft besteht, die Waisenkassen (Bonndorf) 1767, Stetten 1761) und die fürstlichen Leihkassen (Braunschweig 1765, Detmold 1768). Beide unterschieden sich von den S. jedoch dadurch, daß sie nicht in erster Linie auf die Annahme kleiner Sparbeiträge abgestellt waren. Die Waisenkassen in Baden waren Spezialeinrichtungen für die Verwaltung von Waisengeldern. Bei den Leihkassen stand, wie schon aus der Bezeichnung hervorgeht, das Darlehnsgeschäft im Vordergrund, die Mittelbeschaffung erfolgte entweder durch staatliche Dotation oder durch Aufnahme von Kapitalien von Privaten, wenn möglich in größeren Beträgen. In einigen Gegenden Deutschlands, besonders im Südwesten und Westen, sind die S. später mit Leihhäusern verbunden bzw. es sind ihnen, wo bereits Leihkassen vorhanden waren, S. angegliedert worden. Wesentlich für die meisten Anfang des 19. Jahrhunderts bestehenden S. erscheint die Betonung der Entgegennahme kleiner und kleinster Beträge zu verzinslicher Anlage oder, wie man es auch formuliert hat, das wesentliche war das Passivgeschäft, nicht die Verwendung der erhaltenen Kapitalien. Gerade in der Frühzeit des Sparkassenwesens sind die Fälle häufig, in denen aus Bedenken wegen geeigneter Anlagen die Errichtung von S. unterblieben ist oder sich doch wesentlich verzögert hat. Eine annähernd gleichmäßige Bewertung des Passiv- und Aktivgeschäfts (Wucherbekämpfung) ist aber auch damals schon bei einigen S. festzustellen, z. B. bei den Spar- und Leihkassen in Schleswig-Holstein und Hannover.

Bei der von der Hamburgischen Patriotischen Gesellschaft geschaffenen Einrichtung der sog. Allgemeinen Versorgungsanstalt handelte es sich in erster Linie um eine Versicherungsanstalt für Leibrenten, Witwen- und Waisengelder; eine der zehn Klassen, in die die Anstalt zerfiel, und zwar die neunte Klasse, war als Ersparungsklasse bezeichnet. Ihre Funktion ist im § 94 der Anordnung wie folgt umrissen:

„Die Ersparungsklasse dieser Versorgungsanstalt ist zum Nutzen geringer fleißiger Personen beiderlei Geschlechts, als Dienstboten, Tagelöhner, Handarbeiter, Seeleute usw. errichtet, um ihnen Gelegenheit zu geben, auch bei Kleinigkeiten etwas zurückzulegen, und ihren sauer erworbenen Not- oder Brautpfennig sicher zu einigen Zinsen belegen zu können, wobei man hoffet, daß sie diese ihnen verschaffte Bequemlichkeit sich zur Aufmunterung gereichen lassen mögen, um durch Fleiß und Sparsamkeit dem Staate nützlich und wichtig zu werden."

Hier tritt deutlich die soziale Funktion der S. hervor, den ärmeren Bevölkerungskreisen sollte die Einrichtung dienen; die Einzahlungen waren in kleinen Beträgen (bis zu 15 Mark Banko herunter) zulässig. Die acht Jahre später errichtete Ersparungskasse in Oldenburg ging hierin wesentlich weiter; die geringste Einzahlung war auf 36 Grote (= ca. 130 Pfg.) festgesetzt.

3. *Die ersten Sparkassen.* In Deutschland sind damals außer den erwähnten beiden S. noch einige weitere entstanden, so in Kiel 1796, in Altona und Göttingen 1801. Ungefähr gleichzeitig wurden auch in der Schweiz die ersten S. errichtet (Bern 1782, Basel 1792, Genf 1794, Zürich 1805). Kurz darauf folgte England (Tottenham 1798, Wendower 1799), dort fiel der Sparkassengedanke offenbar auf fruchtbaren Boden, denn — wie erwähnt — waren bis 1817 bereits über 100 S. entstanden; in diesem Jahre erging in England das erste Sparkassengesetz. Dabei ist allerdings zu berücksichtigen, daß in Deutschland und den meisten kontinentaleuropäischen Staaten die Jahre der Napoleonischen Herrschaft der Weiterentwicklung nicht günstig waren. Erst als nach den Freiheitskriegen eine Befriedung Europas eintrat, entstanden in den meisten Ländern S. (1817 London; 1818 Berlin, Paris; 1819 Wien, New York).

II. Die geschichtliche Entwicklung der Sparkassen in Deutschland.

4. *Die erste Entwicklung bis zur Mitte des 19. Jahrhunderts.* Wie unter 3 dargestellt, sind S. in Deutschland in größerem Ausmaß erst nach Beendigung der Freiheitskriege errichtet worden. Schon frühzeitig haben auch die Regierungen sich der Förderung des Sparkassenwesens zugewandt; so erging in Bayern eine das Armenwesen betreffende Verordnung vom 23. November 1816, in der den Armenpflegern auch empfohlen wird, für die Bildung von S. zu sorgen. Eine weitere Verordnung, die für die erste Entwicklung des bayerischen Sparkassenwesens von großer Bedeutung geworden ist und die aus dem Jahre 1823 stammt, gestattete den S. die Anlegung ihrer Mittel bei der Staatsschuldentilgungskasse zu dem für jene Zeit recht hohen Zinssatz von 5%. Auch in Sachsen und Baden befaßten sich die Regierungen eingehend mit Sparkassenfragen. In Preußen wurde die Materie durch das heute noch geltende „Reglement" vom 12. Dezember 1838 umfassend geregelt. (Staatliche Genehmigung der Errichtung, der Statuten, Staatsaufsicht usw.)

Mitte der 1830er Jahre bestanden in Deutschland etwa 260 S. mit $56^1/_2$ Millionen Mark Einlagen. Um die Mitte des 19. Jahrhunderts waren es schon ca. 1200 S. mit etwa 280—320 Millionen Mark Einlagen. Zahl der Kassen und Betrag der Einlagen sind also ungefähr gleichmäßig gestiegen. Die S. jener ersten Zeit unterlagen vielen einschränkenden Bestimmungen; oft durften sie nur Einlagen von den Einwohnern ihres Gewährsverbandes entgegennehmen, darüber hinaus war besonders bei den bayerischen S. die Teilnahme an den S. auf bestimmte Schichten der Bevölkerung (Arbeiter, Tagelöhner, Dienstboten, Kinder) beschränkt. Diese Vorschrift war jedoch in der Praxis nicht durchzusetzen, da vielfach auch von Wohlhabenden die Kassen benutzt wurden, indem diese auf den Namen ihrer Kinder oder Dienstboten Sparbücher errichten ließen. Die S. begrenzten die Einlagen gewöhnlich in verschiedener Weise nach oben, indem entweder ein Maximum der einzelnen Einzahlung oder der im Monat bzw. Jahr zulässigen Einzahlungen festgesetzt wurde oder aber die Höhe der Einlage auf eine bestimmte Summe begrenzt war. Da diese Grenze sehr niedrig gezogen war — 50, 100, 200 Taler —, wurde die Möglichkeit eines Mißbrauches der Einrichtung verringert. Auch fanden sich vielfach Bestimmungen darüber, daß eine Person nur ein Sparbuch besitzen durfte. Die niedrigste zulässige Einzahlung war meist auf einen Betrag von 5, 10 oder 15 Silbergroschen angesetzt. Die Verzinsung erfolgte gewöhnlich nur für volle Taler oder Gulden, der Zinssatz war so bemessen, daß er dem einfachen Menschen verständlich war, z. B. ein Silbergroschen auf einen Taler (d. h. $3^1/_3$% für das Jahr); allerdings setzte die Verzinsung erst nach einiger Zeit ein, z. B. am 1. des auf die Einzahlung folgenden Monats. Die Anlage der Spargelder erfolgte in erster Linie in Hypotheken und sicheren Wertpapieren sowie bei öffentlichen Anstalten und Körperschaften, daneben wurden Darlehen gegen Wechsel, Faustpfand und Bürgschaft gewährt. Bei den preußischen S. entfielen 1856 auf Hypotheken 43%, Wertpapiere 28%, öffentliche Anstalten usw. $9^1/_4$%, Darlehen 13% (einschl. Wechsel $19^1/_2$%). Besonders um die Mitte des vorigen Jahrhunderts suchte die preußische Regierung Darlehnsgewährung der S. an die Landwirtschaft und den Mittelstand durch eine Reihe vielbeachteter Ministerialerlasse zu fördern; sie setzte sich deshalb besonders für die Errichtung von Kreissparkassen ein.

Mit der Entwicklung der *Kreditgenossenschaften* (s. d.) ist dieser Geschäftszweig bei den S. später relativ zurückgegangen.

5. Die weitere Entwicklung bis 1914. Das dritte Viertel des 19. Jahrhunderts ist durch starke politische und wirtschaftliche Bewegungen ausgezeichnet. Aber trotz der durch Kriege und Krisen hervorgerufenen Erschütterungen haben sich die S. in dieser Zeit gut weiterentwickeln können. Die Krise von 1857 z. B. hat die S. — wenn man von den Hansestädten absieht — insgesamt wenig beeinflußt, auch die politische Unsicherheit des Jahres 1859 und der Ausbruch der Kriege von 1866 und 1870 haben im ganzen keine tiefgehende Dauerwirkung hervorgerufen.

Der durch die Reichsgründung und die siegreiche Beendigung des Krieges hervorgerufene wirtschaftliche Aufschwung hatte zur Folge, daß die Spareinlagen stark stiegen; diese Entwicklung setzte sich auch nach dem Gründerkrach von 1873 weiter fort, so daß sich die preußischen Spareinlagen von Ende 1870 (rund $^1/_2$ Milliarde Mark) bis 1875 verdoppelten und bis 1880 verdreifachten. Bis fast zur Jahrhundertwende befand sich das Wirtschaftsleben in einer ruhigen Weiterentwicklung, erst Mitte der 1890er Jahre setzte dann die Hochkonjunktur ein, die 1900 ihr Ende fand. Für die deutschen S. brachten diese Jahre eine Zunahme der Einlagen von 1869 Millionen Mark 1875 auf 8838 Millionen Mark 1900; diese Zahlen zeigen, daß die S. es offenbar verstanden haben, sich den Bedürfnissen der Zeit anzupassen. Die Maßnahmen der deutschen Sozialgesetzgebung haben zweifellos, indem sie die bis dahin dem einzelnen Arbeiter und Angestellten überlassene Fürsorge für Krankheit und Alter auf eine neue Basis stellten, die Sparbedürfnisse weiter Kreise verringert. Die S. paßten sich dieser Sachlage an und erweiterten den Kreis ihrer Kundschaft, indem sie das Einlagemaximum entweder erhöhten oder ganz wegfallen ließen. Infolgedessen stieg der Anteil der Bücher mit Einlagen von mehr als 600 Mark von 20% (1875) auf $25^3/_4$% (1895) aller Bücher. In absoluten Zahlen ausgedrückt, bedeutet diese Steigerung eine Zunahme der „großen" Bücher um $1^1/_3$ Million Stück.

Die S. haben diese Entwicklung z. T. einem Anstoß von außen zu verdanken; denn durch die Pläne der Reichsregierung, die auf Errichtung einer Postsparkasse hinzielten, wurden die S. veranlaßt, sich zu Verbänden zusammenzuschließen und sich zur Abwehr zu rüsten. Die Jahre zwischen 1880 und 1890 sind gekennzeichnet durch mancherlei Reformen bei den S., die vielfach auf Anregung und unter Mitarbeit der Verbände erfolgt sind.

Die Zeit nach 1900 brachte den S. einen außerordentlichen Zuwachs an Einlagen, der Bestand erhöhte sich von 8,6 Milliarden Mark Ende 1899 auf 19,7 Milliarden Mark Ende 1913; diese Zunahme um 11,1 Milliarden Mark verteilte sich auf reinen Einzahlungszugang mit 5,4 Milliarden Mark und Zinsgutschriften mit 5,7 Milliarden Mark. Hier zeigt sich deutlich die einlagenbildende Kraft der Zinsen, die auch in Jahren geringer Einzahlungsüberschüsse zu einem Wachsen der Bestände führt. In den beiden Krisenjahren 1900 und 1907 gliedert sich die Bestandszunahme wie folgt (in Millionen Mark):

	1900	1907
Zinsgutschriften	244	407
Einzahlungsüberschuß	21	100
Bestandszunahme	265	507

Bedeutungsvoll für die weitere Entwicklung der S. war das Jahr 1908, in dem das Scheckgesetz erlassen wurde, das den S. die passive Scheckfähigkeit und die Berechtigung zur Einführung des Depositen- und Kontokorrentverkehrs brachte. Für die S. hat, abgesehen von den westlichen Landesteilen, allerdings nicht der Scheck-, sondern der Giroverkehr die besonders gepflegte Form gebildet, deren sie sich bei der Betätigung ihres neuen Geschäftszweiges bedienten. Bereits im Jahre 1908 wurde in Sachsen der erste Giroverband gebildet, der gleichzeitig mit dem Postscheckverkehr seine Tätigkeit am 2. Januar 1909 aufnahm. In den nächsten Jahren folgten dann einige preußische Provinzen, die allerdings organisatorisch vom sächsischen Verfahren abwichen, indem sie nicht besondere Girokassen schufen, sondern die S. zu Trägern des Kommunalgiroverkehrs machten. Der Übergang der S. zum Giro- und Kontokorrentverkehr vollzog sich in den letzten Jahren vor dem Kriege nur langsam, der Bestand an Giro- und Kontokorrenteinlagen der preußischen S. betrug 1910 18 Millionen Mark, 1913 64,7 Millionen Mark; allerdings ist dabei zu beachten, daß nach der Verordnung vom 20. April 1909 auch ein Scheck- und Überweisungsverkehr auf Grundlage von Sparguthaben möglich war (vgl. *Girozentralen* und *bargeldloser Zahlungsverkehr*).

Hatte schon die erwähnte Verordnung auf die Erhöhung der Liquidität der S. hingewiesen, die bei der Pflege des Scheck- und Giroverkehrs notwendig war, so wurde die Liquiditätsvorsorge der preußischen S. durch das Gesetz über die Anlegung von Sparkassenbeständen in Inhaberpapieren vom 23. Dezember 1912 neu geregelt. Die S. hatten es vielfach an der Haltung genügend großer Bank- und Kassenbestände fehlen lassen, wie eine Untersuchung über die liquiden Mittel der preußischen öffentlichen S. für den letzten Kassentag des Rechnungsjahres 1911 zeigt. Danach waren 56,4 Millionen Mark an barem Geld und 104,3 Millionen Mark an täglich verfügbaren Bankguthaben vorhanden, zusammen 160,7 Millionen Mark, denen an Spareinlagen mehr als 11 Milliarden Mark gegenüberstanden; das bedeutet eine Kassenliquidität von etwa $1^1/_2$%. Die Anlage in Hypotheken war besonders seit 1890 stark bevorzugt worden, während gleichzeitig diejenige in Wertpapieren zurückging. Die Abneigung gegen die Anlage in mündelsicheren Wertpapieren erklärt sich aus den Kursverlusten, die die S. besonders seit den 1890er Jahren an ihnen erlitten hatten. Man hat diese Verluste von 1895 bis 1913 auf 404 Millionen Mark berechnet, denen an Gewinnen 91 Millionen Mark in der gleichen Zeit gegenüberstehen, so daß immerhin noch über 300 Millionen Mark an reinen Verlusten übrigbleiben. Auch in verschiedenen anderen deutschen Ländern wurde den S. die Anlage eines Teiles der Einlagen in Wertpapieren vorgeschrieben, so in Bayern, Sachsen, Anhalt.

Für Ende 1913 wurde die Gesamtbilanz der deutschen S. (auf das neue Reichsgebiet bezogen) vom Statistischen Reichsamt wie folgt geschätzt:

	In Mill. Mark	%		In Mill. Mark	%
Kasse u. Bankguthaben	234	1,2	Reserven	922	4,6
Wechsel	102	0,5	Spareinlagen	19037	94,7
Darlehen	466	2,3	Giroeinlagen	64	0,3
Hypotheken	12722	63,3	Sonst. Passiva	89	0,4
Wertpapiere	3910	19,4			
Kommunaldarlehen	2318	11,5			
Sonst. Aktiva	360	1,8			
	20112	100		20112	100

Die Bedeutung der S. für das Volksganze kann aus verschiedenen Verhältniszahlen erkannt werden. Ende 1913 entfielen auf 100 Einwohner Deutschlands 35 Sparbücher, d. h. jeder dritte Deutsche besaß ein Buch, der Einlagenbestand belief sich auf 294 Mark je Einwohner, die Durchschnittseinlage betrug 825 Mark. Derartige Zahlen können nur schwer mit entsprechenden Zahlen anderer Länder verglichen werden, da die Spargewohnheiten und die Formen, in denen das Gesparte angelegt wird, von Land zu Land außerordentlich verschieden sind. Nimmt man die Rechnung trotz dieser Bedenken vor, dann ergeben sich als entsprechende Zahlen für England und Frankreich (1911)

	England	Frankreich
Durchschnittseinlage je Buch	329 M.	312 M.
Einlage je Kopf der Bevölkerung	103 M.	113 M.
Zahl der Bücher je 100 Einwohner	32	36

Die Erfassung der Bevölkerung war danach in beiden Ländern in ähnlicher Weise gelungen wie in Deutschland, die Einlagenhöhe je Buch und je Kopf der Bevölkerung jedoch blieb wesentlich hinter den Zahlen für Deutschland zurück. Dies erklärt sich zum Teil aus der im Gegensatz zu Deutschland starren Gesetzgebung und daraus, daß die Einlagenhöhe in Frankreich auf 1500 Frs. und bei der englischen Postsparkasse auf 200 Pfund begrenzt war. Ferner ist die besonders in England niedrige Verzinsung wesentlich, die den Sparer größerer Beträge veranlaßt, zur Direktanlage überzugehen. Auch der französische Sparer pflegte sein Kapital möglichst in höher verzinslichen Staatsrenten (Russen) anzulegen.

6. Krieg und Inflation. Der Ausbruch des Krieges brachte den S. zunächst einen heftigen Ansturm der Einleger, so daß in den ersten Tagen nach Kriegsausbruch erhebliche Abzüge erfolgten; sie wurden jedoch bald durch neue Einzahlungen mehr als ausgeglichen. Trotz der erheblichen Beträge, die seitens der Sparer zum Erwerb von Kriegsanleihe benutzt wurden, stieg der Bestand an Spareinlagen im Reich bis Ende 1918 auf über $31^3/_4$ Milliarden Mark. Die Zahl der Bücher erhöhte sich auf $32^3/_4$ Millionen.

Im Krieg waren die S. als Zeichnungsstellen für Kriegsanleihen tätig; etwas mehr als die Hälfte der von ihnen gezeichneten 24,5 Milliarden entfiel auf die Kassen selbst, der Rest stellte Zeichnungen für die Kunden der S. dar. Diese Funktion der S. stellte etwas Neues für sie dar, da sie bis dahin an der Unterbringung von Anleihen nicht mitgewirkt hatten. Es ergab sich daraus zum Teil eine Kreditgewährung an die Kunden, zum Teil auch eine Kreditaufnahme der S., die bei den preußischen S. den Betrag von 2 Milliarden Mark erreichte. Im Zusammenhang mit der Betätigung im Kriegsanleihegeschäft stand die Entwicklung des Wertpapierdepotgeschäfts, das vor dem Kriege praktisch kaum eine Rolle gespielt hatte. Ende 1918 verwalteten allein die S. vom Rheinland und Westfalen rund 220000 Depots mit einem Nennwert von über einer halben Milliarde Mark.

Wie stark der Krieg die traditionelle Anlagepolitik der preußischen S. beeinflußte, mögen einige Vergleichszahlen für 1914 und 1918 dartun. Es betrug der Anteil:

	1914	1918
	%	%
der Hypotheken	58,8	33,1
der Wertpapiere	24,0	44,8
der Kommunaldarlehen	13,2	15,9

Das bedeutet in absoluten Zahlen eine Steigerung des Wertpapierbesitzes von $3^1/_2$ auf $10^3/_4$ Milliarden Mark, eine Abnahme des Hypothekenbestandes um $^2/_3$ Milliarden Mark und eine Zunahme der

Anlagen bei öffentlichen Anstalten und Körperschaften von 1,9 auf 3,7 Milliarden Mark. Dieser ersten Wandlung der Anlagegewohnheiten von der Hypothek zum Wertpapier folgte in den Jahren nach dem Kriege eine zweite vom Wertpapier zum Kommunaldarlehen. Während die Hypothekenanlage und der Wertpapierbestand ungefähr gleich blieben, stieg die genannte Anlage von 3,7 auf 13 Milliarden Mark 1921 und erreichte damit 36,7 % der Gesamtanlage.

Im Reich hatten die Spareinlagen Ende 1921 den Betrag von rd. 50 Milliarden Mark erreicht, dazu kamen noch 7 Milliarden Mark an Girogeldern. Über die weitere Entwicklung sind zahlenmäßige Unterlagen nicht vorhanden. Es genügt aber auch die Feststellung, daß die S. trotz der Aufnahme eines Goldmarksparverkehrs im Frühjahr 1923 in das Jahr 1924 mit einem Bestand an Spareinlagen von 25 Millionen RM. hineingingen.

Wenn auch die Kapitalkraft der S. durch die Inflation vernichtet war, so hatten sie doch in der Zwischenzeit ein Rüstzeug gewonnen, das ihnen bei dem Wiederaufbau zugute kommen sollte. Der Kommunalgiroverkehr hatte sich in und nach dem Kriege über fast ganz Deutschland ausgedehnt, die meisten S. gehörten den Giroverbänden an und hatten sich in den Girozentralen bankmäßige Stützpunkte geschaffen, die für sie organisatorisch von großer Bedeutung werden sollten. Auf die Sparkassenverbandsbildung der 1880er Jahre folgte 1908—1916 die zweite Organisationswelle; sie fand ihren Abschluß 1916 in der Gründung des Deutschen Zentral-Giroverbandes, der 1918 die Deutsche Girozentrale errichtete (vgl. *Girozentralen*). Da die früher entstandenen Sparkassenverbände neben den Giroverbänden weiterbestanden, ergab sich als weitere Aufgabe die Rationalisierung des Verbandswesens durch Verschmelzung der Verbände. Dies erfolgte bei den Spitzenverbänden 1924, indem aus dem Deutschen Sparkassenverband, dem Deutschen Zentral-Giroverband und dem Deutschen Verband der kommunalen Banken der Deutsche Sparkassen- und Giroverband entstand. Bei den regionalen Verbänden dagegen ist die Zusammenschlußbewegung noch nicht vollständig durchgeführt worden.

7. Der Wiederaufbau des Sparkassengeschäfts seit 1924. Am Ende der Inflation stand der Apparat der deutschen Sparkassenorganisation mit rund 2700 S. bereit, seine Tätigkeit wieder aufzunehmen. Das Tempo des Wiederaufbaus gibt folgende Tabelle wieder; es wurde erreicht

die	1. Milliarde RM.	im	April	1925,	d. h. in	16	Monaten
,,	2. ,, ,,	,,	März	1926,	,, ,, ,,	weiteren 11	Monaten
,,	3. ,, ,,	,,	Dezemb.	1926,	,, ,, ,,	,, 9	,,
,,	4. ,, ,,	,,	Juni	1927,	,, ,, ,,	,, 6	,,
,,	5. ,, ,,	,,	Januar	1928,	,, ,, ,,	,, 7	,,
,,	6. ,, ,,	,,	Juli	1928,	,, ,, ,,	,, 6	,,
,,	7. ,, ,,	,,	Dezemb.	1928,	,, ,, ,,	,, 5	,,
,,	8. ,, ,,	,,	Mai	1929,	,, ,, ,,	,, 5	,,
,,	9. ,, ,,	,,	Dezemb.	1929,	,, ,, ,,	,, 7	,,
,,	10. ,, ,,	,,	Juli	1930,	,, ,, ,,	,, 7	,,
,,	11. ,, ,,	,,	März	1931,	,, ,, ,,	,, 8	,,

Die Anlagepolitik der S. mußte in der ersten Zeit nach der Stabilisierung nach wesentlich anderen Grundsätzen als in der Vorkriegszeit erfolgen. Da die S. den Charakter der neuen Spareinlagen in dieser Zeit noch nicht beurteilen konnten, waren sie gezwungen, einen großen Teil ihrer Anlagen in flüssigen Mitteln zu halten oder doch nur kurzfristig auszuleihen. Im Verlauf einiger Jahre zeigte sich dann, daß trotz der gegenüber der Vorkriegszeit größeren Beweglichkeit doch ein dauernder Einlagenzuwachs entstand, wobei die Auszahlungen mit 70—80 % der Einzahlungen ungefähr wieder Vorkriegsverhältnisse erreichten. Im ganzen vollzog sich die Entwicklung, wie aus der folgenden Tabelle hervorgeht, durchaus in der gleichen Weise wie früher bei der einzelnen neu errichteten S. In der ersten Zeit übertreffen die Einzahlungen den niedrigen Durchschnittsbestand, später erreichen sie den Durchschnittsbestand nicht mehr. Die Auszahlungen, die im Anfang $^3/_5$ der Einzahlungen entsprachen, steigen nach einigen Jahren auf etwa $^4/_5$ der Einzahlungen.

Jahr	Einzahlungen	Einzahlungen einschl. Zins und Aufwertung	Auszahlungen	Einlagenzuwachs	Einzahlungen in % des durchschnittl. Einlagenbestandes	Auszahlungen in % der Einzahlungen
	in Milliarden RM.					
1924	1319	1342	771	570	426	57,5
1925	2759	2842	1741	1100	241	61,3
1926	3759	3895	2402	1493	154	61,7
1927	4816	5035	3380	1654	120	67,1
1928	6140	6568	4201	2367	102	64
1929	6672	7363	5277	2086	81	71,7
1930	6919	7421	6040	1380	71	81,4

Insgesamt sind in diesen 7 Jahren 32,4 Milliarden RM. eingezahlt, 1,7 Milliarden RM. an Zinsen zugeschrieben, 0,37 Milliarden RM. Aufwertungsbeträge verbucht und 23,8 Milliarden RM. Auszahlungen geleistet worden, so daß ein Bestand von 10,4 Milliarden RM. verblieb. Der größte Teil der Spareinlagen muß danach genau wie früher langfristigen Charakter besitzen, da sonst das ständige Wachsen des Einlagenbestandes nicht zu erklären wäre. Die S. haben dadurch, daß es ihnen gelang, im Durchschnitt der Jahre einen Einlagenzuwachs von $1^1/_2$ Milliarden RM. zu erzielen, eine erstaunliche Aufbauarbeit geleistet, die selbst, wenn man den verringerten Geldwert der Spareinlagen berücksichtigt, über die Beträge hinausgeht, die in den letzten Vorkriegsjahren an Zuwachs entstanden. Dazu kommen noch diejenigen Summen, die als Giro- und Kontokorrenteinlagen den S. zugeflossen sind; diese belaufen sich einschließlich des sächsischen Gironetzes auf etwa $1^3/_4$ Milliarden RM.

In diesem Zusammenhang ist auf die von den S. vorgenommene Sparguthabenaufwertung (s. *Aufwertung*) hinzuweisen, deren Durchführung nach den Vorschriften eines Reichsrahmengesetzes den Ländern zufiel. In Preußen wurde bereits 1925 im Verordnungswege die Einheitsaufwertung mit einem Aufwertungssatz von zunächst $12^1/_2$ % festgesetzt, der später auf 15 % erhöht wurde. Eine Neuregelung brachte das Jahr 1930 durch die Schaffung von Einheitsaufwertungssätzen für die einzelnen preußischen Provinzen; gleichzeitig wurde für jede Provinz ein Ausgleichsstock gebildet, dem etwa vorhandene Aufwertungsüberschüsse zwecks Unterstützung der leistungsschwachen S. zugeführt werden. Die provinziellen Aufwertungseinheitssätze schwanken zwischen 17 und 29 %. Für das Reichsgebiet kann der Gesamtbetrag der aufgewerteten Spareinlagen auf $2^1/_2$—3 Milliarden RM. geschätzt werden.

Die Wandlungen in der Anlagepolitik der S. sind aus der Gegenüberstellung der vom Statistischen Reichsamt geschätzten Gesamtbilanzen der deutschen S. für 1924 und 1930 zu ersehen.

Geschätzte Gesamtbilanz der deutschen Sparkassen Ende 1924 und 1930.

	1924	1930		1924	1930
1. Absolute Zahlen in Millionen RM.					
Kasse	64	144	Reserven . .	55	364
Bankguthaben . .	327	1454	Bankschulden	84	378
Wechsel u. Schecks	119	339	Spareinlagen .	608	10322
Debitoren	752	2244	Giroeinlagen .	655	1442
Hypotheken . . .	79	4885	Sonst. Passiva	165	1164
Wertpapiere . . .	21	1749			
Kommunaldarlehen	62	1726			
Sonst. Aktiva . . .	143	1129			
	1567	13670		1567	13670
2. Verhältniszahlen in Prozenten der Bilanzsumme					
Kasse	4,1	1,1	Reserven . .	3,5	2,7
Bankguthaben . .	20,9	10,6	Bankschulden	5,4	2,8
Wechsel u. Schecks	7,6	2,5	Spareinlagen .	38,8	75,5
Debitoren	47,9	16,4	Giroeinlagen .	41,8	10,5
Hypotheken . . .	5,1	35,7	Sonst. Passiva	10,5	8,5
Wertpapiere . . .	1,3	12,8			
Kommunaldarlehen	4,0	12,6			
Sonst. Aktiva . . .	9,1	8,3			
	100,0	100,0		100,0	100,0

Zunächst zeigen diese Zahlen, daß die S. sich im Laufe der Jahre wieder stärker der Pflege des langfristigen Anlagegeschäfts zugewandt haben. Während 1924 Hypotheken, Wertpapiere und Kommunaldarlehen nur 10 % der Gesamtanlage ausmachten, ist ihr Anteil auf 61 % 1930 gestiegen, gleichzeitig ging der Anteil des kurzfristigen Geschäfts von 55 % auf 19 % zurück.

Die Einwirkungen der gegenwärtigen Krise auf die S. lassen sich zur Zeit noch nicht vollständig übersehen. Bis zum Mai 1931 haben sich die Einlagen bei den in der deutschen Sparkassenorganisation zusammengefaßten Instituten (ohne Girozentralen) gegen Dezember 1930 noch um $^3/_4$ Milliarden RM. erhöht, seitdem sind sie bis Ende März 1932 um knapp $1^1/_2$ Milliarden zurückgegangen. Diese Abhebungen sind im zweiten Halbjahr 1931 zu 54 % aus den liquiden Mitteln, zu etwa 35 % durch Schuldaufnahme (Akzepte 493,2 Millionen RM.) und der Rest durch Zinsüberschüsse finanziert worden.

III. Organisation und Geschäftspolitik der Sparkassen.

8. Die Arten und die Rechtsformen der Sparkassen. Bisher ist immer von S. schlechthin gesprochen worden; unter diesem Sammelnamen verbergen sich jedoch Einrichtungen der verschiedensten Art von der kleinen Gemeindesparkasse mit Einlagen von einigen 10000 oder 100000 RM. bis zur Großstadtsparkasse mit über 400 Millionen RM., von der zentralisierten S. in der mittelgroßen Stadt bis zur Provinzial- oder Bezirkssparkasse mit 50 und mehr Zweigstellen. In den einzelnen Ländern oder Landesteilen haben sich überdies bestimmte Sparkassentypen entwickelt, so in Preußen außer den Stadt- und Landkreis- sowie Gemeindesparkassen die Amtssparkassen in Westfalen und im Rheinland, in Sachsen die Stadt- und Gemeindesparkassen, in Bayern die Bezirks- und Gemeindesparkassen, in Württemberg die Oberamtssparkassen, um nur einige Beispiele zu nennen.

Daneben ist für die Unterscheidung der S. wesentlich, welcher Rechtsträger hinter ihnen steht. Zur Zeit ist in Deutschland noch die rechtlich unselbständige S. vorherrschend, die einen Teil ihres Gewährträgers, in der Regel eines Kommunalverbandes, bildet. In einzelnen Ländern, wie Baden und Hessen, besaßen die S. auch früher bereits die eigene Rechtspersönlichkeit, die ihnen auf Grund der Notverordnung vom 6. Oktober 1931 demnächst überall gewährt werden soll; Württemberg hat als erstes deutsches Land durch Gesetz vom 24. März 1932 die rechtliche Verselbständigung durchgeführt, Sachsen folgte mit der Verordnung vom 12. Mai, Preußen mit der vom 20. Juli. Die Entwicklung in Deutschland hatte ganz überwiegend zur Errichtung von kommunalen S. geführt, ein großer Teil der ursprünglich privaten S. ist später an Gemeinden übergegangen. Daneben bestehen einige Landes- und ständische S. sowie sog. Freie und Stiftungssparkassen, z. B. in Hamburg, Bremen, Lübeck, Frankfurt a. M., Altona, Stuttgart.

Nach einer Aufstellung von Ende 1929 waren dem Deutschen Sparkassen- und Giroverbande als Mitglieder angeschlossen:

518	S. kreisfreier Städte
680	S. kreisangehöriger Städte
364	Kreissparkassen
465	Gemeindesparkassen
218	Bezirkssparkassen
61	Oberamtssparkassen
96	Amtssparkassen
5	ständische S.
27	vereinigte S. (Kreis-, Stadt-, Land-, Amtssparkassen)
101	Zweckverbandssparkassen
6	Landessparkassen
3	Stiftungssparkassen
36	Privatsparkassen
4	sonstige S.
538	sächsische Girokassen
3122	insgesamt.

Diese Stellen besaßen 3160 Nebenstellen mit Kasseneinrichtung und 6339 Annahmestellen.

9. Allgemeine Grundsätze der Geschäftspolitik (Sicherheit, Liquidität, Rentabilität). Die Geschäftspolitik der S. ist beherrscht von dem Grundsatz der Gemeinnützigkeit. Die S. betreiben ihr Geschäft nicht, um Gewinn zu erzielen, vielmehr sind sie nur bestrebt, ihre Kosten zu decken und eine Sicherheitsrücklage anzusammeln. Soweit darüber hinaus Überschüsse vorhanden sind, werden sie an den Gewährsverband, wie es im § 36 der für die preußischen S. grundlegenden Mustersatzung vom 26. Juli 1927 heißt, „zur Verwendung für nicht zu dessen gesetzlichen Aufgaben gehörende gemeinnützige oder mildtätige Zwecke abgeführt“. Das bedeutet, daß diese Überschüsse nicht zur Steuersenkung verwendet werden dürfen. Diese Beiträge werden übrigens häufig sehr überschätzt, deshalb sei darauf hingewiesen, daß seitens der preußischen S. von 1924—1929 insgesamt 26,8 Millionen RM. für öffentliche Zwecke aufgewendet worden sind, während allein im Jahre 1929 die verschiedenen Rücklagen, (die dadurch auf 184,6 Millionen RM. stiegen), um 45 Millionen RM. erhöht wurden.

Als mündelsichere Anstalten sind die S. verpflichtet, bei der Anlage ihrer Kapitalien den Gesichtspunkt größtmöglicher Sicherheit in den Vordergrund zu stellen. Der geschäftlichen Betätigung der S. sind deshalb Grenzen gezogen, indem die Mustersatzungen die Betreibung anderer als der aufgeführten Geschäftszweige verbieten. Dies gilt besonders auch hinsichtlich der Anlegung der Bestände; so zählt § 24 der preußischen Mustersatzung folgende 8 Gruppen von Anlagegeschäften auf:

1. Realkredit durch Gewährung von Darlehen gegen Hypotheken, Grund- und Rentenschulden,
2. Personalkredit an den Mittelstand und die wirtschaftlich schwächeren Bevölkerungskreise durch Gewährung von
   a) Darlehen gegen Faustpfand,
   b) Darlehen gegen Schuldschein, Bürgschaft oder Wechsel,
3. Darlehen an Gemeinden oder andere öffentlich-rechtliche Körperschaften,
4. Darlehen an Erwerbs- und Wirtschaftsgenossenschaften mit Ausnahme der Kredit- und Warengenossenschaften,
5. Schuldverschreibungen auf den Inhaber,
6. Erwerb ausstehender Forderungen,
7. kurzfristig bei Bankanstalten,
8. eigene Verwaltungsgebäude sowie erforderlichenfalls in Grundstücken, die im Wege der Zwangsversteigerung erworben werden müssen.

Nach § 34 sind die S. außerdem befugt zum Betreiben folgender Geschäfte:

1. An- und Verkauf von Wertpapieren für fremde Rechnung unter bestimmten Bedingungen,
2. An- und Verkauf von Devisen für fremde Rechnung,
3. Verwahrung und Verwaltung von Wertpapieren,
4. Vermietung von Schrankfächern und Aufbewahrung verschlossener Depots,
5. Ein- und Auszahlungen und Einziehung von Forderungen,
6. Dokumentenaufnahme (z. B. Hypothekenurkunden, Frachtbriefe),
7. Weiterbegebung von Wechseln,
8. Arbeitsgemeinschaft mit öffentlich-rechtlichen Versicherungsanstalten,
9. Weiterleitung von Darlehen öffentlicher Körperschaften.

In der Mustersatzung tritt der Gesichtspunkt der Sicherheit bei den Einzelvorschriften über die Anlegung der Bestände immer wieder hervor; so sei z. B. wegen der Hypotheken auf den § 25 und die dazu ergangenen Beleihungsgrundsätze verwiesen oder auf die Bestimmungen des § 31 hinsichtlich der Schuldverschreibungen auf den Inhaber. Dadurch, daß die Kreditgewährung auf den Mittelstand und die wirtschaftlich schwächeren Bevölkerungskreise abgestellt ist, wird verhindert, daß die S. ihre Mittel in einigen wenigen Großkrediten ohne entsprechende Risikoverteilung anlegen. Wie aus der Kreditverteilungsstatistik der S. hervorgeht, ist die Risikoverteilung durchaus gelungen, denn die Summe der gegen satzungsmäßige Sicherheit ausgeliehenen Darlehen, der Schuldscheindarlehen und der Kredite aus Diskontierung von Wechseln, die Ende 1929 2,2 Milliarden RM. betrug, war auf $1^1/_4$ Million Kredite verteilt, so daß sich ein Durchschnittskredit von 1788 RM. ergab. Auf Kredite unter 2000 RM. entfielen allein 1019000 Kredite mit 511 Millionen RM., die 174000 Kredite von 2000—10000 RM. betrafen 713 Millionen RM., bei den 35000 Krediten von über 10000 RM., die 973 Millionen RM. ausmachten, ergab sich ein Durchschnittsbetrag von 27600 RM. Die Kredite unter 10000 RM. umfaßten 97 % der Kredite und 56 % der Beträge. Die in den ersten Jahren nach der Stabilisierung vereinzelt festgestellte Neigung einzelner S., auch Großkredite zu gewähren, ist später besonders auch dank der Einflußnahme der Verbände und der Aufsichtsinstanzen überwunden worden. Die S. haben sich im Aktivgeschäft auf ihre Aufgabe der Kreditgewährung an den Mittelstand konzentriert. Diese Bescheidung hat sich auch durchaus bewährt, denn die S. sind bisher von Verlusten größeren Ausmaßes verschont geblieben.

Die Sicherheit des Geschäftes wird in erster Linie durch eine entsprechende Anlagepolitik gewährleistet, daneben ist das Vorhandensein von Reserven wesentlich, und schließlich dient der Sicherheit auch die Garantie der Gewährträger, obwohl diese heute vielleicht nicht so gewertet wird, wie sie es trotz der zur Zeit ungünstigen Finanzlage der Kommunen verdient.

Die sichere Anlage bedeutet nicht ohne weiteres eine flüssige oder leicht liquidierbare Anlage; der zweite bei der Anlagepolitik zu berücksichtigende Grundsatz muß daher der der Liquidität sein. Wie in der geschichtlichen Darstellung ausgeführt wurde, haben die S. vor dem Kriege die Liquiditätserwägungen nicht immer so gewürdigt, wie es sachlich notwendig war. Der Übergang zur Annahme kurzfristiger Kreditoren zwang aber dazu, größere Liquiditätsreserven zu halten. Das preußische Anlegungsgesetz von 1912 sollte in dieser Richtung wirken; die Errichtung der Girozentralen war ein weiterer Schritt auf dem gleichen Wege. Die zur Zeit geltende Mustersatzung von 1927 stellt in ihrem § 35 die Richtlinien für die Liquiditätspolitik der S. auf. Es ist vorgesehen, daß die S. mindestens 30% ihrer Gesamteinlagen in flüssigen Werten halten sollen. Als solche gelten:

1. Kassenbestand, Sorten und Coupons;
2. Guthaben bei der Reichsbank, bei Privatnotenbanken oder auf Postscheckkonto;
3. vorübergehende Anlagen bei öffentlichen Bankanstalten, hierbei sind mindestens 10% des Gesamteinlagenbestandes bei der zuständigen Girozentrale (Landesbank) anzulegen;
4. zum Privatdiskont an der Börse gehandelte Wechsel;
5. Wechsel, die jederzeit bei der Reichsbank diskontierbar sind, soweit sie sich innerhalb des der S. von der Reichsbank eingeräumten Wechselkontingents halten;
6. Schuldverschreibungen auf den Inhaber, die bei der Reichsbank oder einer anderen öffentlichen Bank lombardierbar sind;
7. kurzfristige Forderungen gegen öffentlich-rechtliche Verbände;
8. jederzeit kündbare Faustpfanddarlehen, soweit sie durch bewegliche Pfänder oder durch Sparbücher gesichert sind.

1931 sind die Liquiditätsbestimmungen auf Grund der Krisenerfahrungen reformiert worden, praktische Auswirkungen können diese Vorschriften, die u. a. eine Einengung des Kommunalkredits auf höchstens 25% und eine Beschränkung der Hypothekengewährung auf 40% des Einlagenbestandes enthalten, naturgemäß erst nach Beendigung der Krise erlangen.

Der Gesichtspunkt der Rentabilität steht in der Geschäftspolitik der S. insofern zurück, als sie nicht zum Zwecke der Gewinnerzielung betrieben werden, sondern auf Kostendeckung eingestellt sind.

In der Gewinn- und Verlustrechnung besitzt der Posten „Zinsen" den entscheidenden Einfluß, denn er macht rund 90% des Ertrages und 65% der Aufwendungen aus. Von der Zinsspanne sind etwa zwei Drittel zur Deckung der Verwaltungskosten gebraucht worden, der Rest stellt den Reingewinn dar, der in der früher geschilderten Weise verwendet wird. Zur Kontrolle ihrer Zinsgebarung haben die S. schon seit langer Zeit die sog. Zinsspannenrechnung verwendet, die neuerdings auch bei anderen Kreditinstituten Eingang zu finden scheint. Die Zinserträge oder -aufwendungen werden zu den entsprechenden Bilanzpositionen in Beziehung gesetzt, nach Summierung der Zins- und der Bilanzbeträge wird dann der durchschnittliche Zinsertrag und Zinsaufwand, in Prozenten der Bilanzsumme ausgedrückt, gefunden. Der Unterschied beider Zahlen ergibt die Zinsspanne, die hinreichen muß, um die Verwaltungskosten usw. zu decken. Bereits im Reglement von 1838 wurde den S. zur Pflicht gemacht, eine Zinsspanne innezuhalten, um den erwähnten Zweck zu erreichen.

Es betrage z. B. der Zinsertrag der Aktiva 6,95%, der Zinsaufwand für die Passiva 4,59%, dann ergibt sich eine Zinsspanne von 2,36%; hiervon werden die Kosten, in Prozenten der Bilanzsumme mit 1,58% abgesetzt, so daß eine Nettozinsspanne von 0,78% übrigbleibt; diese Zahl zeigt den zur Bilanzsumme in Beziehung gesetzten Reingewinn unter der Voraussetzung, daß andere Gewinne oder Verluste nicht entstanden sind. Sofern solche vorhanden sind, müssen sie zur Nettozinsspanne hinzugerechnet oder von ihr abgezogen werden.

Die Überwachung des Geschäftsbetriebes der S. erfolgt in verschiedener Weise. Einmal ist der Sparkassenvorstand zu periodischen ordentlichen und unvermuteten Revisionen verpflichtet, sodann kann das Verwaltungsorgan des Gewährverbandes kraft seines Aufsichtsrechtes Revisionen vornehmen oder vornehmen lassen. Schließlich besteht das gleiche Recht für die Staatsaufsicht, die es entweder selbst ausüben oder dem zuständigen Sparkassenverband delegieren kann. Die Verbände haben schon bald nach ihrer Errichtung Prüfungsstellen mit hauptamtlichen Revisoren geschaffen, die im Laufe der Zeit immer stärker durch die S. in Anspruch genommen wurden. Im Jahre 1925 ist es gelungen, ein Abkommen mit dem preußischen Staat zu schließen, durch das die Revisionseinrichtungen der Verbände in den Dienst der aufsichtsbehördlichen Revision gestellt wurden, so daß diese praktisch durch die Verbandsrevision ersetzt worden ist.

10. Die Sparpolitik. Die S. betreiben das Spargeschäft auch heute noch nach den gleichen Grundsätzen wie vor hundert Jahren, die kleinsten Beträge werden entgegengenommen. Wenn die preußische Mustersatzung in § 14 die Mindesteinzahlung auf 1 RM. festsetzt, so bedeutet das sicherlich einen sehr niedrigen Betrag, der jedoch vom Sparer noch unterschritten werden kann, indem er Pfennigbeträge in der Heimsparbüchse sammelt oder Sparmarken klebt. Die untere Grenze ist so niedrig gezogen, um praktisch jedermann die Anlegung eines Sparbuches zu ermöglichen. Die Zahl der Sparbücher bei den deutschen S. betrug Ende 1930 $18^1/_4$ Millionen Stück, d. h. auf 100 Einwohner entfielen 28 Sparbücher. Damit ist zwar das Vorkriegsverhältnis noch nicht wieder hergestellt, aber doch eine für die kurze Zeit sehr beachtliche Leistung vollbracht. Die Zahl der Sparenden ist allerdings damit noch nicht erfaßt, denn in den Schulen wird das Sparen vielfach in der Weise gepflegt, daß die Kinder Beträge bei der Schulsparkasse einlegen, die von dieser einem Sammelkonto bei der S. zugeführt werden. Hinter diesem Sammelkonto stehen dann Dutzende Einzelkonten, die in der Schulsparkasse geführt werden. In Preußen waren 1929 z. B. bei rund 10000 Schulen fast 300000 Sparkonten vorhanden; der in diesem Jahr gesparte Betrag machte 5,8 Millionen RM. aus.

Daß unter den Sparbüchern solche mit kleinen Einlagen eine sehr wesentliche Rolle spielen, zeigt die folgende Aufstellung für Preußen Ende 1929:

Einlagen RM.	Zahl der Sparbücher in 1000 Stück	In %	Geschätzter Anteil am Spareinlagenbestand etwa %
bis zu 20	2578	27,8	0,4
20— 100	1807	19,5	1,9
100— 500	2384	25,8	12,3
500—1000	1030	11,1	13,3
1000—3000	1061	11,5	36,7
3000—5000	228	2,5	15,8
über 5000	160	1,8	19,6
	9248	100,0	100,0

Fast die Hälfte aller Sparbücher wies danach Einlagen unter 100 RM. auf, ein weiteres Viertel entfiel auf Bücher mit einem Einlagenbestand von 100—500 RM. Da die Bestände auf den „kleinen" Büchern — das waren damals rund 73% aller Bücher — nur 14,6% des Gesamtbestandes ausmachten, ergab und ergibt sich für die S. die Notwendigkeit, auch größere Einlagen entgegenzunehmen, um dadurch den Ausgleich für die mit der Verwaltung kleiner Konten verbundenen hohen Kosten herbeizuführen. Vom rein geschäftlichen Standpunkt betrachtet, bedeutet die Führung der kleinen Konten ein Verlustgeschäft, da die Spanne zwischen gezahltem und erzieltem Zins bei diesen Konten nicht hinreicht, um die Kosten zu decken. Die S. nehmen diese Einlagen trotzdem entgegen, da es ihre Aufgabe ist, den Sparsinn zu fördern. Sie wenden sich deshalb auch besonders an die Kinder und die Angehörigen der wirtschaftlich schwächeren Bevölkerungskreise und haben ihre Werbemaßnahmen vorwiegend auf diese Schichten abgestellt. Wenn auch umfassendere Statistiken über die Berufsgliederung der Sparer nicht bestehen, so läßt sich doch z. B. aus der Statistik über die Berufe der neuen Sparer feststellen, daß die Kinder einen recht erheblichen Teil von ihnen ausmachen. So zeigt die von Reusch für Westfalen gegebene Statistik, daß auf die Kinder 1928 21,5% der neuen Sparbücher entfielen. Gerade bei diesen Büchern handelt es sich gewöhnlich um niedrige Einzahlungsbeträge; bei $56^1/_2$% der Bücher lag die Ersteinzahlung unter 20 RM., bei weiteren 25% zwischen 20 und 100 RM., während im großen Durchschnitt 25 bzw. 29,5% auf diese Gruppen entfielen (Kapitalbildung und Steuersystem I, Berlin 1930, S. 153).

Von den Einrichtungen des Kleinsparwesens sind die meisten ebenfalls auf die Gewinnung der Jugend als Sparer abgestellt; 1930 gaben z. B. 1985 S. Heimsparbüchsen aus. Die in den Dienst der Förderung des Sparsinns gestellte Werbung, die die verschiedenartigsten Werbemittel vom Stundenplan bis zum Radio und Film verwendet, hat besonders seit der Stabilisierung einen großen Aufschwung genommen.

Die für Deutschland verhältnismäßig neuartige Form des Bausparens haben die S. durch Errichtung öffentlicher Bausparkassen (Kollektivsparsystem) gepflegt, die seit 1928 in schneller Aufeinanderfolge in fast allen Verbandsbezirken als Abteilungen der Girozentralen oder Landesbanken ihre Tätigkeit aufgenommen haben. Von privater Seite waren bereits seit 1924 Bausparkassen errichtet worden.

11. Die Zinspolitik. Wie aus den bisherigen Darstellungen hervorgeht, kommt der Zinspolitik bei den S. wie bei allen Kreditinstituten besondere Bedeutung zu (s. Abschn. 9 unter Rentabilität). Die Zinspolitik bezieht sich sowohl auf die Zinssätze im Aktiv- als auch im Passivgeschäft. Wegen der großen Wichtigkeit, die der Spareinlagenzinsfuß für die gesamte Geschäftstätigkeit der S. besitzt, wird bei zinspolitischen Erörterungen in der Regel auf ihn besonders eingegangen.

Ursprünglich war der den Einlegern zu vergütende Zinssatz in den Satzungen der S. in bestimmter Höhe festgelegt. Solange war von einer Zins-„politik" überhaupt nicht zu sprechen, da eine Änderung des Zinsfußes nur durch eine von der Aufsichtsbehörde zu genehmigende Satzungsänderung erfolgen konnte. Später wurde diese zu starre Bindung dadurch abgemildert, daß in der Satzung nur die untere und obere Grenze des Zinsfußes angegeben werden mußte. Innerhalb dieser Spannung war der Sparkassenvorstand frei in der Festsetzung des Zinssatzes; ein Über- oder Unterschreiten der Grenzsätze bedurfte der Zustimmung der kommunalen Körperschaften und der Genehmigung der Aufsichtsinstanz. Durch die Mustersatzung von 1922 wurde die letztere durch die Zustimmung des örtlich zuständigen Sparkassenverbandes ersetzt. Seit der Mustersatzung von 1927 ist der Sparkassenvorstand nach § 15 bei der Festsetzung des Spareinlagenzinsfußes verpflichtet, sich innerhalb der vom Verband bestimmten Grenzen zu halten; die gleiche Vorschrift besteht auch nach § 22 für die Zinssätze im Depositen-, Giro- und Kontokorrentverkehr. In der Bestimmung der Zinssätze im Aktivgeschäft sind die S. bisher noch frei, die Verbände geben jedoch auch für diese Geschäftszweige Richtsätze heraus, an die sich die S. vielfach halten. Die einzelne S. ist durch diese Maßnahmen in ihrer zinspolitischen Freiheit beschränkt und in den Rahmen eines größeren Ganzen hineingestellt, so daß durchaus von einer einheitlichen Zinspolitik der Sparkassenorganisation gesprochen werden kann.

Die Ableitung der zinspolitischen Grundsätze für die S. muß aus ihrer Stellung am Geld- und Kapitalmarkt erfolgen. Bis zum Kriege waren die S. rein kapitalmarktorientiert, da ihre Anlagen zu über 90% aus Hypotheken, Wertpapieren und Kommunaldarlehen bestanden und neben den Spargeldern kurzfristige Einlagen kaum vorhanden waren. Da die Zinssätze am Kapitalmarkt sich im allgemeinen nur langsam ändern, konnte eine entsprechende Zinspolitik auch hinsichtlich der Spareinlagen betrieben werden. Die meisten S. sind daher Jahre hindurch mit dem gleichen Einlagenzinsfuß ausgekommen, die vorher geschilderte Art der Festsetzung des Zinsfußes war infolgedessen damals auch durchaus erträglich.

Seit der Stabilisierung dagegen haben sich die Verhältnisse auf zinspolitischem Gebiet wesentlich geändert. Wie dargelegt, waren die S. zunächst nicht in der Lage, die Spargelder langfristig anzulegen; die kurzfristigen Anlagen machten Ende 1924 drei Viertel der Gesamtanlage aus, die langfristigen dagegen nur 10%. Zur gleichen Zeit waren mehr Giro- als Spareinlagen vorhanden. Die Zinspolitik mußte deshalb damals im wesentlichen geldmarktorientiert sein. Im Laufe der Jahre haben sich die Anteile wieder zugunsten der Spareinlagen und der langfristigen Anlagen verschoben, der Anteil der Spargelder ist auf 75% gestiegen, derjenige der Giroeinlagen auf etwa 10% gesunken. Aber auch heute noch ist etwa ein Drittel des Vermögens kurzfristig ausgeliehen (Bankguthaben, Wechsel, Darlehen). Es ist daher erklärlich, daß die S. sich in ihrer Zinsgestaltung zunächst an die Geldmarktsätze hielten und daß jede Diskontänderung der Reichsbank zinspolitische Erörterungen auslöste und Änderungen zur Folge hatte.

Seitdem Hypotheken, Wertpapiere und Kommunaldarlehen mehr als die Hälfte der Anlagen ausmachen und die Langfristigkeit des größten Teiles der Spareinlagen feststeht, konnte die Kapitalmarktorientierung des Spareinlagenzinsfußes wieder stärker Geltung erlangen. Es sind zwei wesentliche Faktoren, die diesen Zinssatz beeinflussen:

1. die Zinsangebote der Konkurrenz, die sich besonders bei den sog. Kündigungsgeldern äußert (diese machen bei den S. etwa 40% aus);

2. die Möglichkeit der Direktanlage durch den Sparer, die allerdings nur für größere Beträge in Frage kommt. Sie kann entweder in festverzinslichen sicheren Wertpapieren oder in Hypotheken erfolgen. Dadurch wird besonders die Rendite der Pfandbriefe zu einem wichtigen Faktor für die Höhe des Spareinlagenzinses, wobei allerdings das Kursrisiko berücksichtigt werden muß, das mit dieser Anlageform verbunden ist.

Bei den Giroeinlagen haben die S. im allgemeinen die gleiche Zinspolitik wie die übrigen Kreditinstitute befolgt, d. h. jeweils auf die Diskontänderungen der Reichsbank reagiert.

Die Zinskonkurrenz unter den verschiedenen Arten von Kreditinstituten hatte schon vor der Juli-Krise 1931 Bestrebungen wachgerufen, den Wettbewerb in ruhigere Bahnen zu leiten. Zwischen den Spitzenverbänden der Banken, S. und Genossenschaften wurde im Jahre 1928 das sog. Wettbewerbsabkommen geschlossen. Eine völlig neue Lage auf dem Gebiet der Zinspolitik hat die Dezember-Notverordnung 1931 geschaffen; durch sie wird eine Zinsherabsetzung angeordnet. Für den Geldmarkt ist das Abkommen der Spitzenorganisationen der Geldinstitute von Anfang Januar 1932 bedeutsam; in Anpassung an den jeweiligen Reichsbanksatz sind in ihm Vereinbarungen über Höchstsätze für Einlagenzinsen und Normalsätze für Ausleihezinsen (nebst Provisionen) sowie ein Beschluß über die Errichtung eines zentralen Kreditausschusses und regionaler Kreditausschüsse enthalten.

12. Die deutsche Sparorganisation. Wenn auch die S. die ersten waren, die die Spargroschen des

„kleinen Mannes“ sammelten, so sind sie doch nicht allein geblieben; um die Mitte des 19. Jahrhunderts entstanden die ländlichen und städtischen Kreditgenossenschaften, die sich auf dem gleichen Felde betätigten. Später waren es die Konsumvereine, die sich neben der Warenverteilung vielfach die Aufgabe der Spareinlagensammlung stellten. Erst verhältnismäßig spät entdeckten die Kreditbanken die Bedeutung auch der kleinen Einlagen, die sie durch erhöhte Pflege des Depositengeschäfts heranzuziehen suchten. Im Ausland bezeichnen die entsprechenden Bankgruppen diese kleineren Einlagen vielfach als Spareinlagen (z. B. Vereinigte Staaten). Die Grenze zwischen Depositen und Spareinlagen ist zweifellos flüssig und der Streit wegen des gegenseitigen Eindringens in den bisherigen Besitzstand des anderen wird sich nicht schlichten lassen, solange nicht eindeutig klargestellt ist, was in jedem Einzelfall unter Depositen bzw. Spargeldern zu verstehen ist. Ob dies jemals geschehen wird, ist mehr als zweifelhaft, denn dem einzelnen Betrage ist bei der Einzahlung nicht anzusehen, ob er erspart oder durch Erbschaft erlangt oder in der Lotterie gewonnen wurde. Weiter ist nicht eindeutig bestimmbar, bis zu welcher Größe des Betrages von Spareinlagen gesprochen werden darf bzw. von wann ab die Bezeichnung Depositen anzuwenden ist.

Über die deutsche Sparorganisation läßt sich am besten ein Überblick gewinnen, wenn die in Frage kommenden Institute unter bestimmten Gesichtspunkten aufgegliedert werden. Dies kann in der Weise geschehen, daß man zwischen allgemeinen und besonderen Spareinrichtungen unterscheidet. Dabei wären unter allgemeinen Spareinrichtungen solche zu verstehen, die weder eine Begrenzung ihrer Kundschaft nach einzelnen Berufskreisen oder Volksschichten vornehmen, noch sich auf die Pflege bestimmter Sparzwecke beschränken. Nach diesen beiden Gesichtspunkten lassen sich dann bei den besonderen Spareinrichtungen zwei Gruppen unterscheiden, nämlich solche, die nur bestimmten Bevölkerungskreisen offenstehen und andere, deren Geschäftskreis auf die Erfüllung bestimmter Sparzwecke abgestellt ist.

Zu den allgemeinen Spareinrichtungen gehören die S., die Kreditgenossenschaften und die Banken. Zu den Spareinrichtungen für bestimmte Bevölkerungskreise zählen die Beamten-, Angestellten- und Arbeiterbanken, die Betriebs- oder Fabriksparkassen, die Sparabteilungen der Konsumvereine (soweit sie sich auf deren Mitglieder beschränken). Bestimmten Sparzwecken endlich dienen die Bausparkassen und Bausparvereine, die Sparvereine für Mietzins, Aussteuer, Konfirmation, Weihnachten usw.

Wenn sich auch nicht für alle Glieder der deutschen Sparorganisation ihre Bedeutung zahlenmäßig zum Ausdruck bringen läßt, so werden folgende Zahlen doch ein ungefähres Bild von der Rolle der verschiedenen Sparinstitute zu geben vermögen. Es verwalteten Ende 1930 an Spareinlagen

die S.	10800	Millionen RM.
die landwirtschaftlichen Genossenschaften	1565	„ „
die gewerblichen Genossenschaftsbanken .	1166	„ „
die Konsumvereine	447	„ „
die Beamten-Genossenschaftsbanken . . .	71	„ „
die Baugenossenschaften . . . . . . ca.	130	„ „
die öffentlichen und privaten Bausparkassen . . . . ca.	250	„ „
die Fabriksparkassen . . . . „	200	„ „
insgesamt	14629	Millionen RM.

Einschließlich der Einlagen bei den nicht aufgeführten Spareinrichtungen wird sich der deutsche Spareinlagenbestand Ende 1930 auf etwa 14,8 Milliarden RM. belaufen haben. Von ihm entfielen auf die S. etwa 73%, auf die Kreditgenossenschaften etwa $18^1/_2$%; diese beiden Arten von Spareinrichtungen verwalten sonach auch heute noch den größten Teil der deutschen Spareinlagen, wenngleich ihr Anteil am Gesamtbetrag infolge des Entstehens zahlreicher Spezialinstitute gegenüber der Vorkriegszeit zurückgegangen ist.

Wenn diese Institute hinsichtlich der Heranziehung der Mittel auch große Verwandtschaft aufweisen, so zeigen sich die Unterschiede zwischen ihnen deutlich in der Verwendung der Spareinlagen.

Die Sparkassen unterliegen bei der Anlage der Spargelder bis ins einzelne gehenden Bestimmungen, die sich aus den Statuten bzw. besonderen Gesetzen ergeben. Der Grundsatz der sicheren, langfristigen Anlage steht hierbei im Vordergrund, die mündelsicheren Anlagen sollen bevorzugt werden.

Die Kreditgenossenschaften und die Beamtenbanken verwenden die Spareinlagen, die etwa zwei Drittel ihres Gesamtkapitals ausmachen, zu Ausleihungen an ihre Mitglieder, zum Teil kurz-, zum Teil mittel- und langfristiger Art.

Die Konsumvereine betrachten die Spareinlagen als einen Teil ihres Betriebskapitals; sie legen einen Teil von ihnen als Liquiditätsreserve bei ihren Zentralen an. So verwaltete die Großeinkaufs-Gesellschaft des Zentralverbandes deutscher Konsumvereine Ende 1930 152 Millionen RM. an Einlagen ihrer Mitgliedergenossenschaften, die ihrerseits 403 Millionen RM. an Spareinlagen besaßen; sie unterhielt damals 65 Millionen RM. an Bankguthaben.

Die Baugenossenschaften und Bausparkassen verwenden die ihnen übergebenen Spareinlagen mit zur Finanzierung des Wohnungsbaus. Dabei ist allerdings zwischen den beiden Arten von Instituten zu unterscheiden; bei den Baugenossenschaften machen die Spareinlagen allerdings nur einen geringen Teil des Kapitals aus, die Hypotheken stehen durchaus im Vordergrund. Bei den Bausparkassen dagegen ist der Umfang der Betätigung abhängig von dem Betrag der Spareinlagen, die in monatlichen Raten zufließen.

Bei den Fabriksparkassen sind — wie erwähnt — zwei Typen zu unterscheiden. In den meisten Fällen arbeiten die Einlagen mit im Betrieb, nur verhältnismäßig wenige Fabriksparkassen legen die Einlagen bei S. an.

Die den Banken zugeflossenen Spareinlagen finden keine besondere Anlage, sondern arbeiten mit im allgemeinen Bankgeschäft.

IV. Das Sparkassenwesen im Ausland.

13. Allgemeiner Überblick. Die deutsche Sparkassenentwicklung ist in mancher Beziehung abweichend von der ausländischen verlaufen. Zum Teil erklärt sich dies aus dem Umstande, daß die deutschen S. das kurzfristige Geschäft aufgenommen haben, zum Teil daraus, daß in Deutschland keine *Postsparkasse* (s. d.) entstanden ist, während in den meisten übrigen Ländern derartige Einrichtungen seit längerer Zeit bestehen. Dadurch ist in diesen Ländern in der Regel mindestens eine Zweiteilung im Sparwesen eingetreten, so z. B. in Frankreich, Italien, Spanien, Holland, Österreich, Polen usw. In den beiden angelsächsischen Ländern zeigt das Sparwesen eine noch größere Aufgliederung; so besteht in England neben der Postsparkasse und den gewöhnlichen S. die Nationale Sparbewegung, in den Vereinigten Staaten sind neben die gemeinnützigen S. die Aktiensparkassen getreten, außerdem haben die Banken sich in erheblichem Ausmaß Sparabteilungen angegliedert. In beiden Ländern verwalten außerdem die Bausparkassen größere

Beträge an Spareinlagen. In der Schweiz wird die Verwaltung von Spareinlagen ebenfalls von verschiedenen Arten von Kreditinstituten, ausgeübt; neben den S. wirken Kantonalbanken, Lokalbanken verschiedener Größe, Raiffeisenkassen, Hypothekenbanken und die Schweizerische Volksbank. Die Entwicklung des Sparkassenwesens in den verschiedenen Ländern ist nicht unerheblich durch gesetzliche Regelungen beeinflußt worden, die sich auf Errichtung und Geschäftsbetrieb der Sparinstitute beziehen. Eine größere Anzahl von Ländern hat außer den Gesetzen über Post- oder Staatssparkassen besondere Sparkassengesetze erlassen oder sich doch entscheidenden Einfluß durch den Vorbehalt der Statutengenehmigung gesichert. Sparkassengesetze besitzen u. a. England, Frankreich, Italien, Spanien, Schweden, die Staaten der Vereinigten Staaten. Soweit die S. von Kommunen oder Kommunalverbänden betrieben werden, wie in Deutschland und Österreich, unterstehen sie der Aufsicht der Staatsregierungen.

Die staatliche Einflußnahme erstreckt sich in der Regel auf den Umfang des räumlichen und sachlichen Geschäftskreises, das Anlagegeschäft und die Beaufsichtigung der Betätigung. Die Anlage der den S. anvertrauten Einlagen ist in sehr verschiedener Weise geregelt; es können dabei 3 Typen unterschieden werden:

a) die Anlage erfolgt durch den Staat, die S. sind nur Kassenstellen, die zur Anlage bestimmten Beträge werden an den Staat weitergeleitet, z. B. Frankreich, England, Rußland;

b) der Staat hat die Anlage eines erheblichen Teiles der Spargelder in Staatspapieren vorgeschrieben, die von den S. selbst erworben werden; für den Rest müssen Anlageformen bestimmter Art gewählt werden, z. B. Kommunalpapiere, Hypotheken und Pfandbriefe usw. wie in Belgien, Finanzierung von Leihhäusern, wie in Spanien;

c) der Staat läßt den S. eine mehr oder minder begrenzte Freiheit der Anlage, z. B. Deutschland (Preußen 15—25% Wertpapieranlage), Polen, Vereinigte Staaten, Dänemark, Holland usw.

Im nächsten Abschnitt soll die Sparorganisation in drei wichtigen Ländern etwas ausführlicher dargestellt werden.

14. Die Sparkassen in Frankreich, England und den Vereinigten Staaten. Die französische Sparorganisation bestand bis zur Errichtung der Postsparkasse im Jahre 1887 nur aus den sog. gewöhnlichen S. (caisses d'épargne ordinaires), die von Gemeinden oder Privatpersonen errichtet worden waren. Diese sind auf die Annahme und Auszahlung der Spargelder beschränkt, die anzulegenden Beträge führen sie an eine staatliche Zentralstelle, die Caisse des Dépôts et Consignations ab, von der sie hauptsächlich in Staatspapieren angelegt werden. Eine selbständige Zinspolitik vermögen die französischen S. nicht zu führen, die Höhe der an die Einleger zu vergütenden Zinsen wird ihnen von der genannten Kasse vorgeschrieben (zur Zeit $3^1/_2$ bis $3^3/_4$%). Von dieser Stelle erhalten die S. eine etwas höhere Verzinsung ihrer Anlagen (zur Zeit 4%), so daß sie in der Lage sind, aus der Zinsspanne ihre Verwaltungskosten zu decken. Um eine zu starke Konkurrenz der Postsparkasse zu verhindern, ist bei dieser die Verzinsung der Spargelder etwas niedriger festgesetzt (zur Zeit $3^1/_4$%). Die Zahl der S. beträgt etwa 560 mit 1860 Zweigstellen (ohne die etwa 60 S. in Elsaß-Lothringen); sie verteilen sich je etwa zur Hälfte auf autonome und kommunale S. Die gegenwärtige gesetzliche Grundlage für die S. bildet das durch mehrere Novellen geänderte Gesetz vom 20. Juli 1895. Eine Reform des Sparkassenrechts befindet sich in Vorbereitung. Charakteristisch für Frankreich ist die Beibehaltung des Einlagenmaximums; vor dem Kriege war es auf 1500 Fr. festgesetzt, 1926 betrug es 12000 Fr., seit 1931 20000 Fr. für Privatpersonen und 100000 Fr. für gemeinnützige Gesellschaften usw.

Ende 1930 verwalteten

	Sparbücher in 1000 Stück	Spareinlagen in Milliarden Fr.
die gewöhnlichen S.	9563	23,5
die Postsparkasse	8706	14,8
zusammen	18269	38,3

In England ist 1817, wie früher erwähnt, das erste europäische Sparkassengesetz erlassen worden, das jetzt in der Fassung vom 21. November 1929 gilt. Die auf Grund dieses Gesetzes errichteten S. heißen Trustee Savings Banks, sie waren, ähnlich wie in Frankreich die gewöhnlichen S., zunächst die einzigen Spareinrichtungen. Im Jahre 1861 kam dann die Postsparkasse hinzu, die im Laufe der Zeit erheblich mehr Einlagen heranzog als die bestehenden S. Daneben gewannen die Bausparkassen (Building Societies) größere Bedeutung. Eine wesentliche Erweiterung erfuhr das englische Sparwesen im Kriege durch die Errichtung der Nationalen Sparbewegung, deren Aufgabe darin bestand, auch die kleinsten Beträge zur Kriegsfinanzierung heranzuziehen. Dies geschah dadurch, daß ein System von Ausschüssen geschaffen wurde, durch die die Bildung von Sparvereinen angeregt wurde. An derartigen Vereinen bestehen etwa 28000, davon 17000 in den Schulen. Die Aufgabe dieser Vereine ist es unter anderen, den Mitgliedern den Erwerb von Sparscheinen im Wege der Ratenzahlung zu ermöglichen. Im übrigen sind die Sparscheine auch durch die Postsparkasse, die anderen S. und die meisten Banken beziehbar. Die Sparscheine sind praktisch Staatsschuldverschreibungen mit eigenartiger Regelung der Verzinsung; sie werden zu 16 sh abgegeben und nach 10 Jahren mit 24 sh eingelöst, der Zins wächst also dem Kapital nach einem bestimmten Schema im Laufe der Zeit zu. Der Erfolg dieses Systems war außerordentlich groß. Bisher betrug der Absatz über eine Milliarde Sparscheine, im Wert von über 800 Millionen £, von denen einschließlich der aufgelaufenen Zinsen Ende 1930 rund 480 Millionen £ ausstanden.

Die S. mußten ursprünglich die zugeflossenen Mittel bei der Staatsschuldenverwaltung (National Debt Commissioners) anlegen; sie erhielten dafür eine Verzinsung, die es ihnen ermöglichte, $2^1/_2$% Zinsen zu zahlen, die Postsparkasse vergütet nur 2%. Seit den 1880er Jahren unterhalten die S. auch sog. besondere Anlageabteilungen (deren Bildung das Sparkassengesetz unter bestimmten Voraussetzungen gestattet) in denen sie die Anlage der Spargelder selbst vornehmen und daher höhere Zinsen (bis zu 4%) vergüten können. Außerdem vermitteln die S. auch Staatspapierankäufe für ihre Einleger und nehmen die Papiere in Verwahrung. Ende 1930 zerfielen die Einlagen der Trustee Savings Banks in

	79 Millionen £	der allgemeinen Abteilung
	54 „	„ „ besonderen Abteilung
	39 „	„ „ Wertpapierabteilung
zusammen	172 Millionen £	

Die Zahl der Einleger bei diesen Kassen beträgt etwa $2^1/_2$ Millionen, dazu kommen etwa $10^1/_2$ Millionen bei der Postsparkasse, deren Einlagen sich auf 290 Millionen £ beliefen. In England besteht nur eine kommunale S., in Birmingham. Bei dieser sowie einer Anzahl von Betriebssparkassen (besonders bei den Eisenbahngesellschaften) waren etwa 56 Millionen £ an Einlagen vorhanden. Rechnet man schließlich die Building Societies mit etwa 260 Millionen £ hinzu, so ergibt sich ein Gesamtbetrag an Spareinlagen von ungefähr $1^1/_4$ Milliarde £. Eine nicht unwesentliche Konkurrenz bereiten den Sparinstituten die in großer Zahl vorhandenen Investment Trusts.

In den Vereinigten Staaten gehört das Sparkassenwesen ebenso wie in Deutschland zu den Angelegenheiten, die den Einzelstaaten überlassen sind. Wenn dadurch auch eine ziemliche Buntheit der gesetzlichen Bestimmungen entstanden ist, so haben sich doch im wesentlichen zwei Arten von S. entwickelt: die gemeinnützigen (Mutual Savings Banks) und die Aktiensparkassen (Stock Savings Banks). Von diesen beiden stellt die gemeinnützige S. den am meisten verbreiteten Typ dar, die Aktiensparkassen sind auf drei Staaten beschränkt. — Die von der Bundesregierung errichtete Postsparkasse hat nur geringe Bedeutung gewonnen, ihre Einlagen betragen etwa 175 Millionen $. Dagegen haben die sog. Commercial Banks, d. h. National Banks, State Banks und die Trust Co's durch Errichtung besonderer Sparabteilungen lebhaften Anteil an der Pflege des Spargeschäfts genommen. Außerdem haben die Bausparkassen (Buildung and Loan Associations) es verstanden, größere Beträge an Spareinlagen heranzuziehen (ca. $8^1/_2$ Milliarden $ Ende 1929).

Mitte 1930 verteilten sich die Einlagen wie folgt auf die hauptsächlichsten Spareinrichtungen:

	In Mill. $	Einleger in 1000
Mutual Savings Banks	9191	11895
Stock Savings Banks .	1166	2207
National Banks . . .	7428	15585
State Banks	5774	14816
Trust Companies . . .	3644	7091
Private Banks	42	180
	27245	51774

Als besonders charakteristisch für das amerikanische Sparwesen seien noch die Weihnachtssparklubs genannt, in denen 1929 von 9 Millionen Mitgliedern ca. 600 Millionen $ gespart wurden; von diesem Betrag wurden etwa 30% zu Dauereinlagen, der Rest zu Einkäufen, Geschenken, Zins- und Steuerzahlungen verwendet.

Vgl. die Art. über die Geldmärkte der einzelnen Länder.

Literatur (s. a. *Girozentralen*): Die nachfolgende Übersicht kann auf einige wenige Hinweise auf Buchliteratur beschränkt werden, da umfassende Angaben auch der Zeitschriftenliteratur in dem vom Forschungsinstitut für das kommunale Sparkassen- und Kreditwesen herausgegebenen Werk: „Das Schrifttum über das deutsche Sparkassenwesen 1900—1929", Berlin 1931 (mit jährlichen Nachträgen), enthalten sind. — CHEVALIER: Les caisses d'épargne de France. Paris 1922. — CREMER, J.: Leitfaden für Sparkassen, T. I—IV. Berlin 1926/27. — HELLWIG, RUDOLF: Das Bankwesen der Vereinigten Staaten von Amerika. Jena 1928. — HENDERSON: Trustee savings banks. Glasgow 1924. — HILTON: Britain's first municipal savings bank. London 1927. — HOFFMANN, J.: Deutsche Sparkasseneinheit. Geschichte, Aufbau, Leistungen des zentralen Sparkassenverbandes. Berlin 1931. — HOFFMANN, W.: Sparkassen. Im Handwörterbuch der Staatswissenschaften, 4. Aufl. 7, 668—706. Jena 1926. — JURSCH, H.: Zehn Jahre Deutsche Kommunalgiroorganisation. (Denkschrift.) Berlin 1926. — KLEINER, E.: Geschichte und Organisation der Sparkassen. In: Gegenwartsprobleme des deutschen Sparkassenwesens, Vorträge, Westfälische Verwaltungs-Akademie, S. 7—19. Berlin 1928. — KLEINER, ERNST-EBERHARD: Das Recht der öffentlichen Sparkassen. Die öffentlichen Sparkassen als private Unternehmungen, als unselbständige und selbständige öffentliche Anstalten. Berlin 1930. — KLERSCH, JOSEPH: Spargedanke und Sparkassen. Soziologische und historische Betrachtung. Tatsachen des wirtschaftlichen und sozialen Lebens, H. 2. Bonn 1930. — KNEBEL-DOEBERITZ, HUGO V.: Das Sparkassenwesen in Preußen. Berlin 1907. — MARIN: La sauvegarde de l'épargne. Paris 1928. — MOULTON, H. G.: The financial organization of society, 8. Aufl. Chicago 1924. — PAUL: Die verselbständigte öffentliche Unternehmung. Die städtische Sparkasse. Schriften des Vereins für Sozialpolitik, 176. Bd., IV. München und Leipzig 1931. — SCHÄFER, HERMANN: Sparkassenbetrieb und Sparkassenerfolg. Berlin 1932. — SEIDEL u. PFITZNER: Das Sparkassenwesen. Wien und Leipzig 1916. — SIMON, L.: Das neue Sparkassenrecht. Kommentar zur Mustersatzung der Sparkassen vom 26. Juli 1927. Berlin 1928. — WEGNER, CARL: Entwicklung und Organisation der deutschen Sparkassen und des kommunalen Giroverkehrs. Berlin 1925. — Untersuchungen über das Volkssparwesen. Herausgegeben vom Verein für Sozialpolitik. Schriftenreihe Band 1—4 (136/37). München und Leipzig 1912/13. — Sparkassen und Girozentralen seit der Stabilisierung bis zur Kreditkrise 1931. In: Jahrbuch des Dt. Spark. u. Giroverbandes 1931/32, S. 3—102, Berlin 1932. — Zeitschriften: „Sparkasse" und „Deutsche Sparkassen-Zeitung", beides Organe des Deutschen Sparkassen- und Giroverbandes, Berlin. Die vom Internationalen Institut für das Sparwesen in Mailand seit 1926 herausgegebene Monatsschrift „L'épargne du monde" bringt u. a. regelmäßig Angaben über die Spareinlagenentwicklung und die Geschäftsergebnisse der Sparkassen fast aller Länder, ferner internationale Übersichten über die Sparkassen-Buch- und Zeitschriftenliteratur.

EISFELD.

Sparkonto s. *Banksparverkehr II 1.*

— **prämienanleihe** s. *Lotterieanleihen.*

— **und Darlehnskassenvereine** s. *Kreditgenossenschaften.*

specie- (e, holl.) (z. B. s.-payment) s. v. w. „in klingender Münze" in effektivem Bargeld, gemünztem Gold (Gegensatz zu „bullion" Barrengold).

Spekulation. Den Begriff der Sp. im weitesten Sinne gefaßt, ist Sp. jedes wirtschaftliche Verhalten, das bestimmt wird von zukünftig erwarteten, im voraus also exakt nicht ermittelbaren Momenten. In diesem Sinne gibt es kaum eine wirtschaftliche Handlung, die nicht mit einer gewissen Sp. verbunden wäre. Jede Produktion, die in Vorausschätzung günstiger Konjunktur unternommen wird, jede Lagerhaltung, jeder Einkauf von Waren, der in der Hoffnung getätigt wird, sie mit Gewinn wieder abzusetzen, ist spekulativ. Diese Sp. in weiterem Sinne, die im Tragen der Risiken besteht, die sich bei dem herrschenden Wirtschaftssystem, des Produzierens für den Markt nunmal nicht vermeiden lassen, wird im üblichen Sprachgebrauch nicht als Sp. bezeichnet. Als eigentliche Sp., im Sinne des üblichen Sprachgebrauchs, gilt die Übernahme eines Risikos erst dann, wenn sie nicht notgedrungen als Bestandteil einer wirtschaftlichen Tätigkeit erfolgt, sondern Gegenstand einer selbständigen Tätigkeit, des Spekulationshandels wird. Das Charakteristische an der Tätigkeit des Spekulanten ist, daß er weder produziert, noch eine Ware kauft, um sie zu besitzen oder durch ihren späteren Verkauf einen Bedarf zu befriedigen, sondern, daß sein Handeln nur darauf gerichtet ist, aus einem, für die Zukunft erwarteten Preisunterschied Nutzen zu ziehen. Am reinsten prägt sich dieser Charakter aus im Termingeschäft, d. h. indem der Spekulant Waren oder Effekten zur Abnahme oder Lieferung in der Zukunft kauft oder verkauft mit der Absicht, vor dem Verfalltermin durch ein Gegengeschäft das eingegangene Engagement zu liquidieren und dabei aus dem erwarteten Preisunterschied Gewinn zu erzielen. Die Voraussetzung des Spekulationshandels ist, daß es sich um Waren handelt, die typisiert, daher vertretbar sind und für die ein ständiger Markt besteht. Die Bedingungen finden sich vereinigt an der Börse, an der Waren- ebenso wie an der Effektenbörse. Darum ist die Börse das hauptsächlichste Tätigkeitsfeld der Sp.

Dadurch, daß die Sp. versucht, aus den Preisschwankungen Nutzen zu ziehen, nimmt sie den Produzenten und Bedarfshändlern Risiken ab. Sie wird hierzu besonders durch das Zeitgeschäft an den Warenbörsen befähigt. Durch das Vorhanden sein von Terminmärkten kann der Produzent und Bedarfshändler ein „Sicherungsgeschäft" eingehen, d. h. sich für den Kauf und Verkauf seiner Produkte im voraus einen Preis sichern, den er in seine Kalkulation einzusetzen vermag. Damit ist er der Sorge um die Preisschwankungen während des Produktionsprozesses enthoben. Der Rohzuckerfabrikant z. B., der heute Rüben kauft, kann durch gleichzeitigen Verkauf des Rohzuckers auf Termin seinen Gewinn unabhängig von den Preisschwankungen des Zuckers sichern. Ein charakteristisches Beispiel für die Risikoabwälzung auf die Sp. ist das Verfahren, das in der angelsächsischen Geschäftspraxis als „hedging" bezeichnet wird. Dieses Verfahren besteht darin, daß man am Kasse- und am Terminmarkt gleichzeitig zwei entgegengesetzte Transaktionen, einen Kauf und einen Verkauf, durchführt, um den eventuellen Verlust aus der einen Transaktion durch einen entsprechenden Gewinn aus der anderen auszugleichen. Besonders für die Müllerei und Baumwollindustrie ist dieses Verfahren von Bedeutung. Ein Müller z. B., der Weizen per Kasse kauft und gleichzeitig auf Termin verkauft, schaltet damit die Verluste aus, die ihm aus dem Fallen des Weizenpreises während des Vermahlungsprozesses entstehen könnten. Denn, fällt der Weizenpreis, so wird er für den niedrigeren Preis des vom Weizenpreis abhängigen Mehles durch den Gewinn, den er bei Eindeckung des auf Termin verkauften Weizens erzielt, entschädigt, steigt dagegen der Weizenpreis, so wird der Verlust aus dem Weizentermingeschäft durch den entsprechend höheren Mehlpreis ausgeglichen.

Eine ebenfalls sehr wichtige Aufgabe erfüllt die Devisenterminspekulation (s. *Devisen-Swap*), indem sie durch Ermöglichung des Kaufs und Verkaufs von Devisen auf jeden Termin alle am In- und Export interessierten Produzenten und Händler von dem Risiko der Wechselkursschwankungen befreit.

Für die Preisgestaltung bzw. die Milderung der Preisschwankungen ist die Sp. ebenfalls von wesentlicher Bedeutung. Durch das Vorausschätzen zukünftiger Preisbewegung und entsprechendem Handeln bewirkt die Sp., daß sich diese Preisbewegung zeitlich verteilt und sukzessive abspielt. Erwartet z. B. die Sp. eine Verknappung des Angebots gegenüber der Nachfrage, so bewirkt sie durch eine Haussespekulation eine frühzeitige und allmähliche Preissteigerung, die auf den Verbrauch einschränkend und auf die Produktion anregend wirkt und damit die Diskrepanz zwischen der erwarteten Verknappung des Angebots und der Nachfrage mildert. Freilich ist dies nur der Fall, wenn die Sp. die Preisbewegung richtig vorausgeschätzt hat. Hat sie dagegen die Richtung der Preisbewegung falsch geschätzt, so wird diese durch das Liquidationsbedürfnis der Sp. noch verschärft. Gemildert wird diese Gefahr allerdings dadurch, daß sich bei durch die Haussespekulation hervorgerufenen Preissteigerungen sehr bald auch eine Baissespekulation, die sog. Kontremine, entwickelt, die bei Zusammenbruch der Haussebewegung als Käufer auftritt und damit den Preisrückgang mildert. Jedenfalls ist die Sp. volkswirtschaftlich nützlich nur dann, wenn sie richtig spekuliert. Da aber das volkswirtschaftlich Nützliche mit dem für den Spekulanten individuell Nützlichen zusammenfällt, ist anzunehmen, daß die durch die Sp. vorgenommene Schätzung der Zukunftschancen die Fehlerquellen auf das überhaupt mögliche Mindestmaß beschränkt.

Dadurch, daß sich die Sp. zum selbständigen Beruf entwickelt hat, dessen Träger jederzeit bereit sind, Geschäfte zu tätigen, hat die Sp. die Umsätze gesteigert und damit elastische, aufnahmefähige Märkte herausgebildet, die die jederzeitige Realisierung des Effektenbesitzes ermöglichen. Dadurch hat die Sp. erst die Basis geschaffen, auf der sich die effektenkapitalistischen Finanzierungsmethoden der modernen Wirtschaft entwickeln konnten.

Unentbehrlich ist die Sp. zur Placierung von Neuemissionen (vgl. *Emissionsgeschäft und Emissionstechnik*). Emissionen können nur zum geringen Teil gleich an die sog. „letzte Hand" verkauft werden, d. h. an Personen, die das zum Erwerb nötige Kapital bereits als Depositen bei den Banken stehen haben oder an Personen, die bereit sind, durch den Verkauf anderer Effekten sich die Mittel dazu zu beschaffen. Der weitaus größere Teil der Emission wird von der Sp. mit Hilfe von Kredit, das ihr in Form von Lombard- oder Reportkredit von den Banken zur Verfügung gestellt wird, übernommen. Die Sp. behält die Effekten solange, bis sich genügend neues Kapital gebildet hat, das diese, wie der Fachausdruck lautet, „im Markt schwimmenden" Effekten absorbiert. Die Sp. nimmt damit den emittierenden Gesellschaften bzw. den Emissionshäusern das Risiko der Kursentwicklung bis zur Zeit der endgültigen Placierung ihrer Emission ab. Ebenso wichtig wie für die Placierung der Emission ist die Sp. auch für die Bedingungen, zu denen die Emission untergebracht werden kann. Es ist klar, daß die Höhe des Kurses der alten Aktien den Kurs der Neuemission bestimmt und dadurch den Zinssatz, den die emittierende Gesellschaft für das neu aufgenommene Kapital zu zahlen hat. Neuemissionen werden darum im allgemeinen nur in Perioden von Haussebewegungen unternommen. Haussebewegungen sind aber ohne Sp. kaum denkbar. Das große Publikum beteiligt sich durch Käufe am Börsengeschäft erst angeregt durch Aufwärtsbewegungen, die von der Sp. ausgehen in der Voraussetzung höherer Zukunftserträgnisse der Aktien. Wenn Emissionsabsichten bestehen, werden solche Haussebewegungen von den Banken durch billigere Reportsätze und leichtere Effektenkreditbedingungen unterstützt. Vielfach werden aber die Gesellschaften erst durch die hohen Kurse ihrer Aktien zur Ausnutzung der Möglichkeit verleitet, sich durch eine Neuemission zu hohen Kursen, billiges Geld zu beschaffen, was nicht selten zu Fehlinvestitionen führt.

Zusammenfassend kann gesagt werden, daß im herrschenden Wirtschaftssystem, bei dem das Risiko der künftigen Entwicklung nicht zu vermeiden ist, die Sp., die das Vorausschätzen der zukünftigen Entwicklung als selbständigen Beruf ausübt, eine volkswirtschaftlich nützliche Funktion erfüllt. Denn abgesehen davon, daß die berufliche Spezialisierung auf das Spekulative wahrscheinlich zu einer verläßlicheren Schätzung der Zukunft führt, bietet die Sp. der Wirtschaft dadurch, daß sie nach ihrer Schätzung auch zu handeln bereit ist, die Möglichkeit, das Risiko der Preisschwankung auf sie zu übertragen. Sie erfüllt also gewissermaßen die Funktion einer Versicherung. Eine prägnante Formulierung für die Stellung der Sp. in der Volkswirtschaft fand ein amerikanischer Nationalökonom, indem er schrieb: „Die Sp. hat Vor- und Nachteile, aber die Vorteile kommen hauptsächlich der Allgemeinheit zugute, während die Nachteile der Spekulant selbst zu tragen hat"[1].

Vgl. a. *Effektenkredite*, ferner *Notenbankpolitik*.

Literatur: LEXIS: Art. Spekulation in Handwörterbuch der Staatswissenschaften, 3. Aufl., Bd. 7. — MICHAELIS, O.: Die volkswirtschaftliche Rolle des Spekulationshandels. Volkswirtschaftliche Schriften, Bd. 2: SOMARY: Bankpolitik. Berlin 1831. — HARDY, CH. O.: Risk and Risk bearing. Chicago 1924.

RUDOLF BERDACH.

[1] HARDY, CHARLES O.: Risk and Risk bearing S. 383.

Spekulationsbanken vgl. *Industrie und Banken I.*

Spekulationsmakler s. *Kursbildung 2.*

Spekulations- und Kursgewinne, Besteuerung von. Kursgewinne sind als Erhöhung des mobilen Vermögens in Deutschland einkommensteuerfrei. Hingegen müssen Spekulationsgewinne als Einkommen versteuert werden (Freigrenze RM. 1000). Maßgebend dabei ist die dem Geschäft zugrunde liegende Absicht; doch wird bei Glattstellung eines Gewinnes innerhalb von drei Monaten sowie bei Leerverkäufen vom Gesetz Spekulationsabsicht vermutet (widerlegbar!). Spekulationsverluste können von Spekulationsgewinnen der gleichen Steuerperiode, nicht aber vom sonstigen Einkommen abgezogen werden.

Sperrjahr s. *Aktiengesellschaft VI,* s. *Börsengesetz B II 5c.*

— **stücke, Verpflichtung** (bei Emissionen) s. *Emissionsgeschäft II 2.*

Spesen der *Berliner Börse* (s. d.) *III.*

— an ausländischen Börsen s. die betr. Artikel.

Spezialabschreibung s. v. w. außerordentliche Abschreibung, s. *Abschreibungen II.*

Spezialbanken. *1. Den Begriff* der Sp. festzustellen und abzugrenzen begegnet großen Schwierigkeiten, zumal es noch immer an einer in Wirtschaftslehre und Jurisprudenz allgemein anerkannten Festlegung des Bankbegriffs überhaupt mangelt. Je nachdem, ob man das Wesen der Bank nur in der Kreditgewährung mit eigenen und namentlich mit fremden Mitteln sieht, oder ob man, wie es gewöhnlich geschieht, auch die Zahlungsvermittlung und die langfristige Kreditgewährung einschließt, wird man auch den Rahmen des Spezialbankbegriffes verschieden abstecken. In seiner engsten Fassung wird man demnach den Begriff der Sp. nur auf solche Banken anwenden dürfen, die innerhalb des regulären Kredit- und Depositengeschäfts ein bestimmtes Teilgebiet verselbständigt haben, wobei die Spezialisierung entweder im Passivgeschäft, also in der Heranziehung von Geldern, oder im Aktivgeschäft, also in der Verteilung der Gelder, oder — seltener — in beiden zugleich liegen kann. Die Spezialisierung kann sich hier weiterhin in sachlicher Hinsicht auf eine bestimmte Sparte des Kreditgeschäftes (Diskont-, Lombard-, Akzeptbanken usw.) oder in persönlicher Hinsicht auf einen bestimmten Wirtschaftszweig (Branchenbanken), auf einen bestimmt abgegrenzten Kreis von Unternehmungen (Konzernbanken) oder auf eine bestimmte Bevölkerungsschicht (Arbeiterbanken, Beamtenbanken usw.) erstrecken. Im erweiterten Sinne wird man zu den Sp. auch die Institute zu rechnen haben, die sich auf dem Gebiete des Zahlungsverkehrs oder des Kapitalmarktes nach einer der aufgezählten Richtungen hin spezialisiert haben, also beispielsweise einerseits Giro- und Abrechnungsbanken, andererseits Elektrizitäts- und Eisenbahnbanken, Schiffspfandbriefbanken usw.

Die in der Wirtschaft auftretenden Banktypen lassen sich vielfach nicht ohne weiteres dem skizzierten Schema einordnen, da in der Praxis die Grenzen nach jeder Richtung hin verschwommen sind und zudem die einzelnen Banken im Laufe der Entwicklung ihre Eigenart häufig verändern. Schon jede reguläre Bank pflegt irgendwie einen individuellen Charakter zu tragen, der durch die Wirtschaftsstruktur des Arbeitsbereiches, durch Umfang und Art der verfügbaren Mittel, durch die persönlichen Neigungen der Leiter und durch ähnliche Faktoren bestimmt ist. Wird dabei eine bestimmte Geschäftssparte oder ein bestimmter Kundenkreis mit der Zeit ganz besonders bevorzugt, so wird die Bank schließlich die Eigenschaft einer Sp. annehmen. — Für die Sp. ist charakteristisch, daß sie großenteils außer ihren bankmäßigen Aufgaben noch andere Zwecke verfolgen. Das gilt in besonderem Maße z. B. für die Warenhandels-, Versicherungs- und Treuhandbanken, die überwiegend nur nebenher auch Bank- und Finanzierungsgeschäfte betreiben und ihrem wirklichen Charakter entsprechend nicht den Banken, sondern den Handelsfirmen bzw. Versicherungs- und Treuhandgesellschaften zuzurechnen sind.

2. Die Spezialisierung des Bankwesens in sachlicher Hinsicht, also nach Geschäftssparten, zeigt in den einzelnen Ländern angesichts der ungleichartigen wirtschaftsgeschichtlichen Entwicklung und rechtlichen Fundierung ein sehr unterschiedliches Ausmaß. In Deutschland herrscht das Prinzip der Universalbank, die grundsätzlich alle Zweige des Zahlungs-, Kredit- und Kapitalverkehrs in sich vereinigt, allerdings unter Ausschluß der Notenausgabe und der Gewährung langfristigen Realkredits. In Frankreich scheidet sich der Typ der Depositenbank von dem der Geschäfts- oder Finanzierungsbank (Banque d'Affaires). Für England ist eine ausgesprochene Arbeitsteilung charakteristisch: Die großen Depositenbanken widmen sich dem Kontokorrent- und Depositengeschäft sowie dem weit ausgebauten Scheckverkehr, daneben neuerdings auch dem Akzeptgeschäft; die Akzepthäuser (Merchant Bankers) befassen sich namentlich mit der Finanzierung des überseeischen Im- und Exportgeschäftes durch Akzepthergabe und mit sonstigen internationalen Transaktionen; die Kolonial- und Überseebanken (Colonial Banks und Foreign Banks) erledigen, sich weitgehend mit den Akzepthäusern überschneidend, das Devisen-, Dokumenten-, Akzept- und Emissionsgeschäft im Verkehr mit den britischen Kolonien, Dominions und sonstigen Interessengebieten; die Diskonthäuser (Discount Companies und Bill Brokers) betreiben den Wechselhandel, die Börsenmakler (Stock Brokers) das Effektenkommissionsgeschäft, die Emissionshäuser (Issue Houses und Underwriters) das Emissionsgeschäft. Eine ebenfalls sehr weitgehende, aber selbständig entwickelte Arbeitsteilung weisen die Vereinigten Staaten auf, in denen neben den allgemeinen Depositenbanken (den States Banks und National Banks) namentlich die Treuhandbanken (Trust Companies), die Effektenbanken und die Wechselhändler eine bedeutende Rolle spielen. Bezeichnend ist, daß auch im Ausland sich die scharfe Scheidung zwischen den einzelnen Banktypen in neuerer Zeit stark verwischt hat und daß vielfach, besonders deutlich bei den New Yorker Großbanken, eine ausgesprochene Tendenz zur Zusammenfassung der Geschäftssparten, also zur Universalbank im deutschen Sinne hin, festzustellen ist.

In Deutschland bestanden wegen des umfassenden und vielseitigen Charakters der Großbanken kaum die Voraussetzungen zur Entwicklung einer Arbeitsteilung nach einzelnen Geschäftszweigen, wie sie namentlich in England verwirklicht ist. Von den englischen Banktypen finden wir im deutschen Bankwesen eigentlich nur einen vertreten, die Überseebank, und auch dieser Typ entspringt, streng genommen, weniger einer sachlichen als einer örtlichen Spezialisierung des Geschäftes. Die Überseebanken (Deutsche Überseeische Bank, Deutsch-Südamerikanische Bank, Deutsche Antioquia-Bank, Deutsche Orientbank, Deutsch-Asiatische Bank) widmen sich hauptsächlich der Erleichterung und Finanzierung des Handelsverkehrs zwischen Deutschland und den südamerikanischen Ländern bzw. dem nahen und fernen Osten. Diese Banken haben damit vor dem Kriege zur Aufrichtung der deutschen Wirtschaftsmacht wesentlich beigetragen; auch in der Nachkriegszeit haben sie sich trotz der erlittenen Einbußen und trotz des deutschen Kapitalmangels als ein wichtiger Faktor im Kreditsystem zu behaupten vermocht.

Wenn im übrigen in Deutschland noch zahlreiche, gewöhnlich als Sp. bezeichnete Institute vorhanden sind, deren Tätigkeit sich auf ein bestimmtes Teilgebiet des Bankbetriebes beschränkt, so handelt es sich fast durchweg um eine Spezialisierung nicht auf eine bestimmte Geschäftssparte als solche, sondern auf einen noch enger umgrenzten speziellen Zweck; für ganz besondere Aufgaben, die sich dem allgemeinen Banksystem nicht ohne weiteres einfügen, werden Spezialinstitute geschaffen, wobei es häufig zweifelhaft sein kann, ob diese noch unter den eigentlichen Bankbegriff fallen. Als Beispiele solcher Institute seien erwähnt: die Deutsche Golddiskontbank (heute für Exportfinanzierung, Garantierung von Stillhaltekrediten, Verwaltung der öffentlichen Beteiligung an den Großbanken), die Bank für Internationalen Zahlungsausgleich, Basel (für die Abwicklung der Reparationszahlungen und die Zusammenarbeit der großen Notenbanken), die Bank für deutsche Industrieobligationen (ursprünglich für die Reparationsbelastung der Industrie, heute für die Osthilfe-Umschuldung), die Akzeptbank AG. (ursprünglich Akzept- und Garantiebank AG., für Liquiditätsstärkung der Banken und Sparkassen in der Kreditkrise 1931), die Diskont-Compagnie AG. (für den Ausbau des Privatdiskontmarktes) und andere.

3. *Die Branchenbanken,* auch Fachbanken oder Eingewerbebanken genannt, stellen mit ihrer Spezialisierung auf einen bestimmten Wirtschaftszweig die für Theorie und Praxis wichtigste Art der Sp. dar. Sie treten in zwei verschiedenen Formen auf, je nachdem, ob der Schwerpunkt ihrer Tätigkeit in der kurzfristigen oder in der langfristigen Finanzierung liegt.

a) Die Tatsache, daß die Errichtung von Branchenbanken, die ihren hauptsächlichen Zweck in der kurzfristigen Kreditgewährung sehen, stark überwiegend in die Inflationsjahre fällt, deutet bereits auf die besonderen Voraussetzungen und Gründe ihrer Entstehung hin. Bei dem allgemeinen Streben nach Erlangung von Markkrediten glaubte man sich vielfach durch die allgemeinen Banken vernachlässigt und wünschte sich vor allem den Reichsbankkredit durch Schaffung einer weiteren Wechselunterschrift so weit als möglich zu erschließen. Manche Interessenverbände hielten sich auch aus reinen Prestigegründen für verpflichtet, dem von ihnen vertretenen Gewerbezweig eine eigene Bank zu verschaffen. Die manchmal aufgetauchte Begründung, daß die in der Branche aufkommenden Gelder ihr selbst auch wieder nutzbar gemacht werden müßten, zeugt freilich von einer völligen Verkennung des Kernproblems der Eingewerbebank. Die größte Schwierigkeit für sie besteht ja gerade darin, daß alle Branchenangehörigen gleichzeitig entweder Geldbedarf oder Geldüberschuß zu haben tendieren, ein automatischer Ausgleich, namentlich nach Jahreszeiten, also kaum jemals gegeben ist. Ebenso ungünstig ist die Risikoverteilung, und demgemäß unterliegen die Ergebnisse der Bank in stärkstem Maße der Branchenkonjunktur. Auf die Rentabilität wirken, neben den Faktoren der Liquidität und der Sicherheit, auch noch die relativ höheren Kosten der Geldbeschaffung ein; da den meisten Branchenbanken Depositen in nennenswertem Umfang nicht zufließen, ist man verhältnismäßig stark auf den offenen Geldmarkt angewiesen. Eine Fachbank hat indessen auch unbestreitbare Vorteile; sie liegen in ihrem meist recht engen Konnex mit der Kundschaft und vor allem in der speziellen Sachkenntnis, die ihr unter Umständen die Durchführung auch schwieriger und unübersichtlicher Transaktionen gestattet. Diese Vorzüge vermögen jedoch die geschilderten Nachteile kaum aufzuwiegen. So ist es denn erklärlich, daß die gegründeten Branchenbanken bald in Verfall gerieten oder aber, soweit sie sich als lebensfähig erwiesen, ihre Geschäfte auf benachbarte Branchen auszudehnen begannen und so schließlich zu regulären Kreditbanken wurden.

Von den im Laufe der Zeit aufgetauchten Sp. für einzelne Wirtschaftszweige, den Getreide-, Vieh-, Produkten-, Mühlen-, Tabak-, Holz-, Lederbanken usw. haben nur zwei Gruppen eine allgemeinwirtschaftliche Bedeutung zu erlangen vermocht. In der Vorkriegszeit verkörperten die Viehmarktbanken, wie sie an zahlreichen Plätzen bestanden, den reinen Typus der Branchenbank. Sie haben in Organisation und Finanzierung des Vieh- und Fleischhandels Bedeutendes geleistet, sind aber durchweg mit der Zeit zum allgemeinen Bankgeschäft übergegangen. Heute vertreten im wesentlichen nur noch die während der Inflationszeit aufgekommenen Getreidekreditbanken (in Berlin, Breslau, Magdeburg usw.) das Prinzip dieser Form der Branchenbank.

b) Einen völlig anderen Charakter tragen die Branchenbanken, die sich der langfristigen Finanzierung widmen. Diese Banken beruhen auf dem Prinzip der Effektensubstitution: Sie halten einen hohen Bestand an Aktien- und sonstigen Beteiligungen sowie an langfristigen Krediten, zu deren Finanzierung neben dem Eigenkapital in erster Linie die Obligationenausgabe dient. Insoweit berühren sich diese Banken sehr stark mit den *Holdinggesellschaften* (s. d.), wenn auch ihr ursprünglicher Zweck vielfach weniger auf Kontrolle und dauernde Kapitalanlage gerichtet war als auf vorübergehende Finanzierung von Neugründungen bis zu deren Börsenreife. In der Praxis erlangten Sp. dieser Art Bedeutung vor allem für den Ausbau der Elektrizitätswirtschaft (Bank Elektrischer Werte, Berlin, Bank für Elektrische Unternehmungen, Zürich) und des Eisenbahnwesens (Eisenbahn-Rentenbank, Frankfurt a. M., Eisenbahnbank, Frankfurt a. M., beide namentlich in der Vorkriegszeit für ungarische Eisenbahnwerte, heutige Bedeutung ist gering). Über ähnliche Institute verfügen auch das Brauereigewerbe (Bank für Brauindustrie, Berlin) und die Zuckerindustrie (Zuckerkreditbank AG., Berlin, Deutsche Zuckerbank AG., Berlin).

4. *Die Konzernbanken* oder Hausbanken, die ihren Geschäftsbetrieb ganz oder zum überwiegenden Teil auf die dem betr. Konzern angehörenden Unternehmungen beschränken, bieten kaum besondere Probleme, zumal sie auch keinen einheitlichen Typus darstellen. Z. T. sind sie lediglich selbständig gewordene Bankabteilungen von Konzernen, deren Aufgabe vor allem in der rationellsten Verwendung der verfügbaren Betriebsmittel liegt. Z. T. haben sie in erster Linie die Konzernbeteiligungen zu verwalten und die angeschlossenen Gesellschaften zu kontrollieren, tragen mithin reinen Holdingcharakter. Unterschiede ergeben sich auch insofern, als manche Banken sich nicht ausschließlich den Konzerngesellschaften widmen, sondern mehr ein allgemeines Bankgeschäft mit konzernmäßigem Einschlag betreiben.

Als Beispiele für Hausbanken deutscher Konzerne sind zu nennen: Deutsche Länderbank AG., Berlin

(I. G. Farbenindustrie AG.), Westfalenbank AG., Bochum (Lothringen-Konzern), Gebr. Roechling-Bank AG., Saarbrücken (Roechling-Konzern), Kalibank AG., Kassel (Wintershall-Konzern), Bank für Textilindustrie AG., Berlin (Blumenstein-Konzern) u. a.

5. *Spezialisierung auf bestimmte Bevölkerungskreise.* Bei derartigen Banken liegt die bewußte Beschränkung nicht, wie bei den Branchenbanken, im Aktivgeschäft, sondern im Passivgeschäft, in der Heranziehung der fremden Mittel. Allerdings weist bei diesen Banken auch das Aktivgeschäft eine besondere Struktur auf insofern, als bei Verwendung und Anlage der aufkommenden Gelder der besondere Zweck verfolgt wird, die betreffenden Bevölkerungskreise so weit als möglich zu fördern. Aus dieser Vermengung des Bankgeschäftes mit wirtschafts- und sozialpolitischen Gesichtspunkten ergibt sich das eigentliche Problem dieses Spezialbanktyps. — Die wichtigste Gruppe in dieser Kategorie von Banken sind die Arbeiterbanken; in Deutschland haben außerdem die Beamtenbanken eine größere Bedeutung erlangt. Sp. in dem dargelegten Sinne sind aber auch beispielsweise die amerikanischen Negerbanken, die die wirtschaftliche Initiative der Negerbevölkerung wecken und ihr kulturelles Niveau heben wollen.

a) Die in der Nachkriegszeit aufgekommenen Arbeiterbanken oder Gewerkschaftsbanken — Bank der Arbeiter, Angestellten und Beamten AG., Berlin (freie Gewerkschaften), Deutsche Volksbank AG., Essen (christliche Gewerkschaften), Deutsche Wirtschaftsbank AG., Berlin (GDA.) u. a. — haben die Aufgabe, sowohl die Spargelder der Arbeiterkreise zu sammeln wie auch die Fonds der Gewerkschaften und die Betriebsmittel der gewerkschaftlichen Wirtschaftsunternehmen zu verwalten. Hinsichtlich der Liquiditätspolitik müssen an diese Banken ungewöhnlich hohe Anforderungen gestellt werden, da bei etwaigem Ausbruch eines Arbeitskampfes sowohl die Gewerkschaften ihre Fonds beanspruchen als auch die Arbeiter ihre Ersparnisse angreifen werden. Die Rentabilität leidet, abgesehen von den Liquiditätserfordernissen, auch noch darunter, daß einerseits auf hohe Verzinsung der Spargelder großer Wert gelegt wird, andererseits in der Geldanlage, z. T. unter Verzicht auf privatwirtschaftliche Erwägungen, die angedeuteten Bindungen bestehen. Es muß allerdings anerkannt werden, daß in der Praxis die deutschen Gewerkschaftsbanken es bisher verhältnismäßig gut verstanden haben, diesen Erschwernissen aus dem Wege zu gehen. In den Vereinigten Staaten dagegen, die in der Entwicklung der Arbeiterbanken zunächst führend waren und dabei zuweilen überspitzte kapitalistische Methoden in die sozialpolitischen Auseinandersetzungen hineintrugen, hat die Bewegung in den letzten Jahren einen empfindlichen Rückschlag erlitten, der namentlich von dem Verfall des Bankkonzerns der Lokomotivführergewerkschaft seinen Ausgang nahm (ausführlicher behandelt unter „*Arbeiterbanken in USA.*").

b) Für die Beamtenbanken, die vor dem Kriege nur vereinzelt auftraten, während der letzten Jahre aber in Deutschland die stattliche Zahl von etwa 80 Betrieben erreichten, bestehen nicht in diesem Maße bankpolitische Schwierigkeiten. Im Gegenteil stellt die Beamtenschaft wegen ihres stark entwickelten Sparsinnes, wegen ihrer regelmäßig fließenden Einnahmen und wegen der Unkündbarkeit ihres Arbeitsverhältnisses eine recht gute Fundierung für einen sparkassenmäßig orientierten Bankbetrieb dar. Wenn trotzdem in den letzten Jahren zahlreiche schwerwiegende Zusammenbrüche von Beamtenbanken zu verzeichnen waren, so lag dies weniger im Prinzip als solchem begründet als in einer völlig unzulänglichen Geschäftsführung. Seitdem die Beamtengeldwirtschaft neuerdings unter Anlehnung an die Preußenkasse bzw. die Großbanken eine gewisse Reorganisation erfahren hat, dürften die aufgetretenen Mängel zu einem großen Teil beseitigt sein.

Literatur: Franzen: Spezialbanken in Deutschland. Ihre Bedeutung als Kredit- und Finanzierungsinstitute. Dissert. Köln 1922. — Klein: Begriff und Gliederung der Spezialbanken. Bankwiss. Februar 1928. — Hirschstein: Spezialbanken. Bankarch. 1924. — Klein: Die Spezialkreditbanken des Handels. Bankwiss. 1927/28. — Richter: Die Bilanzen der deutschen Überseebanken. Die Bank Oktober 1928. — Schober: Die deutschen Viehmarktsbanken. Leipzig 1927. — Mayer: Die deutschen Getreidekreditbanken. Leipzig 1929. — Comprix: Die Arbeitnehmerbanken. Halberstadt 1929. — Friebel: Die amerikanischen Arbeiterbanken und ihr Niedergang. Die Bank 1931.

Hans Kurzrock.

Spezialmoratorium s. *Schuldensenkung II.*

Spieleinwand s. Einwand von Spiel und Wette § 762, 764 BGB., s. *Börsengesetz B III 3c.*

Spiethoff s. *Konjunkturbeobachtung.*

Split up's (USA.) „Spaltung", Teilung von Aktien, insbes. solcher, deren Kurs stark gestiegen, die für den Börsenverkehr „zu schwer" geworden sind. Oft ein Haussemanöver (näheres s. *New Yorker Börse 4*).

spot s. *broker 3.*

„spread" s. *Amerikanischer Geld- und Kapitalmarkt A II.*

Staatliche Theorie des Geldes (Knapp) s. *Geldtheorien.*

Staatsanleihen. Die St. sind die ältesten Rentenpapiere. Vor dem Kriege galten die englischen, französischen und deutschen St. als die konservativsten Kapitalsanlagen und erfreuten sich im Publikum einer traditionellen Beliebtheit. Durch den Krieg und die Inflation hat der Staatskredit der meisten Länder sehr gelitten, und das bisherige Vertrauen ist stark erschüttert worden. In Deutschland haben die St. infolge der ungenügenden Aufwertung besonders viel von ihrem früheren Ruf eingebüßt.

Was den Markt der französischen und englischen St. in der Vorkriegszeit besonders charakterisierte, war die Tatsache, daß die Staatsschulden beider Länder systematisch unifiziert worden waren; so entstand sowohl in England als in Frankreich ein repräsentativer Standardtyp, demgegenüber die anderen Emissionen nur recht geringe Bedeutung hatten.

Die 3proz. „ewige" Rente des französischen Staates hatte vor dem Krieg einen Umlauf von 20 Milliarden, der sich auf nicht weniger als 2 Millionen verschiedene Besitzer verteilte. Die an der Börse in dieser Rente getätigten Transaktionen beliefen sich jährlich auf $1^1/_4$—$1^1/_2$ Millionen Abschlüsse. Auch heute hat die 3proz. französische Rente eine außerordentlich große Bedeutung, aber keineswegs mehr ihre frühere Monopolstellung; denn in den Kriegs- und Nachkriegsjahren wurde eine ganze Reihe von Emissionen mit höherer Nominalverzinsung aufgelegt.

In England wurde vor dem Krieg der größte Teil der Staatsschulden durch die $2^1/_2$proz. englischen Konsols repräsentiert, von denen für eine halbe Milliarde Pfund umliefen. Inzwischen haben sich auch hier die Verhältnisse geändert. Die weitaus größte Bedeutung kommt in der Nachkriegszeit der 5% (ab 1. 12. 32 $3^1/_2$%) War Loan zu, auf die über 2 Milliarden Pfund, das ist ein Drittel aller langfristigen Schulden des Landes, entfallen.

In Amerika war vor dem Krieg der Umlauf an St. gering. Diese waren in der Hauptsache im Besitz der Notenbanken, die sie als Notendeckung verwenden durften. In den Jahren 1917 und 1918 wurden auch von den Vereinigten Staaten große Anleihen (Liberty Bonds und Treasury Bonds) zur Kriegsfinanzierung ausgegeben, wobei den Zeichnern teilweise erhebliche Steuervorteile eingeräumt wurden. Diese Anleihen sind in den Nachkriegsjahren in steigendem Maße von den Besitzern von großen Vermögen gekauft worden. Die Kurse sind stark gestiegen und die Anleihen rentierten Anfang 1931 meist unter 3 %.

Ein Bild vielfacher Zersplitterung des Anleihemarktes bietet Deutschland. Vor dem Kriege liefen von fast allen Bundesstaaten mehrere Anleihen um, dazu noch zahlreiche größere und kleinere Emissionen der Provinzen, Kreise und Stadtgemeinden. Die Verhältnisse sind inzwischen nicht besser geworden. Noch immer tritt eine viel zu große Zahl öffentlicher Körperschaften selbständig mit Anleihen hervor. Hierbei ist besonders mißlich, daß die zur Ausgabe kommenden Typen ständig wechseln. Infolgedessen ist der Markt der öffentlichen Anleihen nach wie vor sehr unübersichtlich.

Literatur: s. Rentenmarkt, ferner Jeze, Gaston: Cours de science des finances et de législation financière française. 6. Aufl., 2. La technique du crédit public. Paris 1925. — Kimmich, Karl: Die Ursachen des niedrigen Kursstandes deutscher Staatsanleihen. Stuttgart und Berlin 1906. — Lotz, Walther: Art. Staatsschulden im Handwörterbuch der Staatswissenschaften 7, 811—830. Jena 1926.

Ernst Wolfgang.

Staatsbanken. Die St. sind Unternehmungen der Länder, die in der Form selbständiger öffentlicher Körperschaften mit eigenem Vermögen auf Grund besonderer Staatsgesetze betrieben werden und ohne ausschließliche Spezialaufgabe unter der Garantie und unter der Aufsicht ihres Staates und im Interesse der Staats- und Volkswirtschaft ihres Staates arbeiten. Die Gründung der ersten drei und bis 1914 einzigen St. im eigentlichen Sinne, der braunschweigischen, preußischen und bayerischen, erfolgte in der zweiten Hälfte des 18. Jahrhunderts, der Geburtszeit des modernen öffentlichen Bankwesens überhaupt, und stellte eine sozial- und wirtschaftspolitische — merkantilistische — Fürsorgemaßnahme der Fürsten dar. Im 19. Jahrhundert wurden sie auch in den Dienst der staatlichen Finanz- und Geldwirtschaft gestellt. In der Nachkriegszeit, während der raschen Entwicklung des öffentlichen Bankwesens, wurden weitere St. errichtet, so daß jetzt eine größere Gruppe besteht. Jede nimmt im Gebiet ihres Landes eine wichtige Stellung ein. Die Namen sind, in der Reihenfolge der Gründungszeit:

Braunschweigische Staatsbank, errichtet 1765 als „Braunschweig-Lüneburgische Leihhausanstalt".

Preußische Staatsbank (Seehandlung), gegründet 1772 durch Friedrich den Großen unter dem Namen „Seehandlungsgesellschaft" in Form einer Aktiengesellschaft zum Betrieb von Außenhandel und Schiffahrt. Um die Wende zum 19. Jahrhundert Aufnahme des Bankgeschäfts, 1820 Umwandlung in eine öffentlichrechtliche Bank, die sich bis etwa 1850 (Ära Rother) zur Förderung der Industrialisierung zahlreiche Produktionsbetriebe angliederte. Seither ist sie ein reines Bankunternehmen des Staates. Sie hat den Krieg von 1870/71 finanziert.

Bayerische Staatsbank, gegründet 1780 als „Hochfürstlich Brandenburg-Anspach-Bayreuthische Hofbanco" in Ansbach. Sitz später Nürnberg, seit 1920 München.

Lippische Landesbank, Staatliche Kreditanstalt in Detmold, 1915 mittelbar hervorgegangen aus der 1786 entstandenen „Fürstlichen Leihekasse" in Detmold.

Sächsische Staatsbank in Dresden, abgetrennt 1919 von der 1833 errichteten „Staatlichen Lotteriedirektion", die schon seit Beginn des 20. Jahrhunderts die Staatsbankgeschäfte ausgeführt hat. Während der Bankenkrise vom Juli 1931 wurde mit der Allgemeinen Deutschen Creditanstalt in Leipzig die Firma „Allgemeine Deutsche Creditanstalt — Sächsische Staatsbank" zwecks gemeinsamer Haftung und zwecks einer — bis Ende 1931 allerdings noch nicht erfolgten — Vereinigung des privatwirtschaftlichen Geschäfts gegründet.

Staatliche Kreditanstalt Oldenburg, errichtet 1883 als „Landeskreditanstalt", Staatsbank seit 1922 durch Erweiterung des bis dahin auf das langfristige Kreditgeschäft beschränkten Aufgabenkreises.

Thüringische Staatsbank in Weimar, entstanden 1922 durch Zusammenschluß von sechs Landeskreditanstalten und fünf Landessparkassen der früheren thüringischen Einzelstaaten.

Hessische Landesbank (Staatsbank) in Darmstadt, errichtet 1923; neben dem Staat können sich hessische öffentliche Körperschaften und Sparkassen beteiligen, wovon bisher noch kein Gebrauch gemacht worden ist.

Lübeckische Kreditanstalt (Staatsanstalt) in Lübeck, gegründet 1924.

Die zeitweilig in Aussicht genommene Gründung von St. in Hamburg, Bremen und in Anhalt ist nicht erfolgt. Württemberg und Baden bedienen sich zur Ausführung ihrer staatlichen Bankgeschäfte der dortigen Privatnotenbanken, die beiden Mecklenburg der Mecklenburgischen Depositen- und Wechselbank, Anhalt der Mitteldeutschen Landesbank.

1. Aufgaben. Alle St. werden nach kaufmännischen Grundsätzen betrieben und geleitet, wenn auch nicht die Erzielung von Gewinn, sondern das Interesse der Staatsverwaltung und der Wirtschaft des Landes im Vordergrund steht. Sie haben einerseits alle für den Staat notwendigen Bankgeschäfte auf dem Geld- und Kapitalmarkt durchzuführen (die verfügbaren Staatsgelder anzulegen, Anleihen zu begeben, Notstandsaktionen durchzuführen usw.), haben den Staat zu beraten, andererseits haben sie das Wirtschaftsleben zu fördern durch Entgegennahme von Depositen und Gewährung von — meist gedeckten — Krediten in den bankühlichen Formen. Sie genießen sämtlich das Privileg der Mündelsicherheit, sind meist Hinterlegungsstellen für vormundschaftliche und gerichtliche Gelder und bilden die Hausbanken der eigenen Erwerbsunternehmungen der Länder. Im übrigen mangelt es wie dem gesamten öffentlichen Bankwesen, so auch den St. aus historischen Gründen an einheitlicher Struktur, sowohl hinsichtlich der Aufgaben wie hinsichtlich der Organisation. Nach den Aufgaben bestehen zwei Gruppen: Kreditbanken, die also grundsätzlich nur auf dem Gebiet des kurzfristigen Geldgeschäfts arbeiten (Preußen, Bayern, Sachsen, Thüringen), und Universalbanken, die neben dem kurzfristigen auch das langfristige Kreditgeschäft (Boden- und Kommunalkredit) betreiben (Braunschweig, Oldenburg, Lippe, Hessen, Lübeck). Die letzteren sind den preußischen *Landesbanken* (s. d.) verwandt. Hessen vermittelt vorwiegend ländlichen Grundkredit. In Thüringen ist für den Realkredit die Thüringische Landeshypothekenbank AG. durch Personalunion angegliedert. In Braunschweig, Oldenburg, Lippe und Thüringen sind Landessparkassen mit Filialen angeschlossen; auch Lübeck nimmt Spareinlagen an. Die Lippische Landessparkasse und die Braunschweigische Landessparkasse sind Girozentralen im kommunalen Girosystem. Lippe und Lübeck haben neuerdings Bausparkassenabteilungen eingerichtet. Genossenschaftsabteilungen sind vorhanden in Bayern, Braunschweig, Oldenburg, Thüringen, Hessen und Lübeck. Einzelne St. fungieren als Staatskasse, so Braunschweig und Lippe. Bei Preußen ist ein staatliches Leihamt unterstellt. Auch sonstige Spezialgebiete werden bearbeitet, z. B. bei Preußen, Braunschweig und Hessen die Finanzierung der Bodenmelioration. — Die Seehandlung wirkt bei der Versorgung der preußisch-ländlichen Siedlung durch Ausgabe öffentlicher und eigener Zwischenkreditmittel mit, nachdem diese Aufgabe, die sie früher allein erfüllt hatte, 1931 in der Hauptsache auf die neugegründete Deutsche Siedlungsbank übergegangen ist. Sie ist Vertreterin des Staates in den Aufsichtsräten der provinziellen Siedlungsgesellschaften. Die Preußische Landesrentenbank, deren Aufgabe die Versorgung der ländlichen Siedlung mit Dauerkredit ist, ist ihr durch teilweise Personal- und Verwaltungsunion angeschlossen. Braunschweig befaßt sich auch mit der Grundlastenablösung und unterhält drei Versicherungsanstalten. Bayern, Sachsen und Thüringen pflegen in starkem Umfang auch die Kreditgewährung an Handel und Gewerbe, weshalb sie Filialen unterhalten.

Die gesetzlichen und statutarischen Bestimmungen für die Kreditgewährung legen den St. im allgemeinen starke Beschränkung auf. Besonders deutlich geht dies aus den Vorschriften für Preußen, Braunschweig und Oldenburg hervor. Die Seehandlung darf z. B. ungedeckte Kredite nur an Unternehmungen gewähren, an denen der Staat oder das Reich mit mindestens 50 % beteiligt sind, und an allererste Banken (Nostrogelder); der Warenkredit und der langfristige Realkredit sind ausgeschlossen.

Die Preußische Staatsbank (Seehandlung) nimmt unter den St. eine besondere Stellung ein wegen der Höhe der ihr zur Verfügung stehenden Mittel, wegen ihrer Funktion als eine Art Reservebank anderer Banken und wegen ihrer Tätigkeit am Emissionsmarkt und am Börsenmarkt für öffentliche Anleihen (seit 1924 werden rund zwei Drittel der öffentlichen Emissionen unter ihrer Mitwirkung, davon die meisten mit Ausnahme der Reichsanleihen unter ihrer Führung aufgelegt). Sie ist eine St. im reinsten Sinne. Die für die private Wirtschaft verfügbaren Gelder werden grundsätzlich auf dem Weg über die übrigen Banken, nur in kleinerem Umfang direkt ausgegeben. Während in der Vorkriegszeit neben den öffentlichen und halböffentlichen Geldern im wesentlichen nur Einlagen privater Einzelpersonen und Firmen für die Ausleihung zur Verfügung standen, werden seit 1924 auch Liquiditätsreserven privater und öffentlicher Banken in großem Umfang bei der Seehandlung angelegt, so daß sie sich zu einer wichtigen Ausgleichsstelle am Geldmarkt entwickelt hat. Im Zusammenhang damit hält sie sich vom Konkurrenzkampf der Banken untereinander im allgemeinen fern. Zur Verbesserung des Geldverkehrs mit den Banken der übrigen Reichsgebiete werden Vermittlungsstellen unterhalten bei der Frankfurter Bank in Frankfurt a. M., der Kölner Kassenverein AG., der Liquidations-Casse in Hamburg AG., der Sächsischen Staatsbank in Dresden und der Bayerischen Staatsbank in München. Wie die letzteren Namen zeigen, ist der Geschäftsbereich auch auf außerpreußische Länder ausgedehnt worden.

2. Organisation. Die Aufsicht wird durch ein Ministerium ausgeübt. In Bayern, Oldenburg, Sachsen, Thüringen und Hessen sind Staatskommissare zwischengeschaltet, neben denen für das Hypothekengeschäft in Hessen noch ein Treuhänder fungiert. Sämtliche St. außer Bayern haben Verwaltungsräte (Beirat, Ausschuß, Hauptversammlung), die meist beratende, seltener beschließende Funktion haben und deren Mitglieder durch das zuständige Ministerium, durch den Landtag oder durch Interessenvertretungen ernannt oder gewählt werden. Bei einzelnen St. ist aus dem Verwaltungsrat ein engerer Ausschuß gebildet. Der Vorstand (Generaldirektion, Direktorium) wird meist vom zuständigen Ministerium ernannt und ist in Preußen, Braunschweig, Bayern, Oldenburg und Hessen eine Staatsbehörde. Hier sind die Vorstandsmitglieder meist Beamte, bei den übrigen St. grundsätzlich auf Privatdienstvertrag angestellt. Das übrige Personal besteht bei diesen fünf Instituten aus Beamten und Angestellten, bei den übrigen aus Angestellten. Sämtliche St. mit Ausnahme von Preußen und Bayern sind Mitglieder des Verbands deutscher öffentlich-rechtlicher Kreditanstalten e. V. Die St. sind von allen direkten Reichssteuern, von den Gerichtsgebühren und der Grundvermögenssteuer, teilweise auch von der Gewerbesteuer und den Kommunalsteuern befreit.

Staatliche Kreditanstalten mit Spezialaufgaben, wie z. B. die *Preußenkasse* (s. d.), die Preußische Landesrentenbank und öffentliche Banken in privater Rechtsform, wie z. B. die Reichskreditgesellschaft, gehören nicht in den Kreis der Betrachtung.

In Mill. RM. 31. Dezember 1931	Bilanzsumme	Umlaufende eigene Emissionen	Kapital und Reserven	Zweigniederlassungen	Personalbestand
Preußische St.	970	—	29	—	775
Bayerische St.	361	—	36	23	1236
Braunschweigische St.	180[1]	62	7	16[2]	367[9]
Sächsische St.	213	—	11	4	538[3]
Thüringische St.	149[4]	—	3	44[5]	725
Staatliche Kreditanstalt Oldenburg[6]	74	34	3	—	87
Hessische Landesbank	176	98	3	—	117
Lippische Landesbank[7]	23[9]	5[9]	0,6[9]	—	ca. 80[8]
Lübeckische Kreditanstalt	16[9]	—	1[9]	—	ca. 30[8]

[1] Darunter 36 Millionen RM. Spareinlagen bei der Landessparkasse. [2] Außerdem 281 Sparstellen. [3] Personalbestand einschließlich Sächsische Landespfandbriefanstalt. [4] Darunter 76 Millionen RM. Spareinlagen bei der Landessparkasse. [5] Außerdem eine Anzahl von Annahmestellen für Spareinlagen. [6] Einschließlich Bausparkasse, aber ohne Landessparkasse (mit 27 Millionen RM. Spareinlagen). [7] Einschließlich Bausparkasse, aber ohne Landessparkasse (mit 17 Millionen RM. Spareinlagen) und Wohnungskreditanstalt. [8] Schätzung, bei Lippe einschließlich Landessparkasse und Wohnungskreditanstalt. [9] Zahlen für den 31. Juli 1930.

Literatur: Siehe die Angaben zum Art. Landesbanken. Außerdem RUDHART: Die Preußische Staatsbank (Seehandlung). Leipzig 1927. — HEINICKE: Die Preußische Staatsbank (Seehandlung). Berlin 1928. — Art. Die Preußische Staatsbank (Seehandlung) im Handwörterbuch der Staatswissenschaften. 1925. — VON SCHANZ: Die neue gesetzliche Grundlage der Preußischen Staatsbank. Finanzarch. **1930**. — Die Bayerische Staatsbank 1780—1930. Denkschrift zum 150jährigen Jubiläum. München und Berlin 1930. — 10 Jahre Sächsische Staatsbank. Denkschrift zum 10jährigen Bestehen. — MOST: Die Staatliche Kreditanstalt Oldenburg.

LUDWIG RIDERER.

Staatsaufsicht s. *Bankenaufsicht* sowie *Hypothekenbankgesetz 10.*

Staatsbankerott. *1. Der Begriff S.* faßt eine Reihe von Maßnahmen zusammen, die in einer dauernden oder vorübergehend, völligen oder teilweisen Nichteinhaltung der von Seiten eines Staates übernommenen geldlichen Verpflichtungen bestehen. In mehr als einer Hinsicht unterscheidet sich dieser vom Privatbankerott, bei welchem etwa nach der deutschen Konkursordnung stets mit Gefängnis oder Zuchthaus bedrohte strafbare Handlungen vorliegen.

Zu einem nicht unerheblichen Teil beruht die große Mannigfaltigkeit der Erscheinungsformen des S. auf der Doppelstellung des Schuldners. Auf der einen Seite tritt uns der Staat — rein wirtschaftlich betrachtet — als privater Partner entgegen. Von anderen Schuldnern aber unterscheidet er sich durch die ihm zustehende gesetzgeberische Gewalt. Diese ermächtigt ihn u. a. zu obrigkeitlichen Maßnahmen, die mehr oder weniger unmittelbar die von ihm aufgenommenen Schulden berühren. Bei etwaigen wirklichen oder angeblichen Zahlungsschwierigkeiten steht ihm grundsätzlich — von Einzelausnahmen abgesehen — die Entscheidung darüber zu, wie weit er die alten Rechte seiner Gläubiger kürzen, welche Schuldbeträge er in Zukunft anerkennen, welche Verzinsungs- und Tilgungsregelung er an die Stelle der ursprünglich vereinbarten setzen will. Dank seiner Währungshoheit übt er darüber hinaus einen weitgehenden Einfluß auf die zur Verzinsung und Tilgung heranzuziehenden Mittel aus, jedenfalls soweit die Schulden in inländischer Währung aufgelegt worden sind. — Weitere Sonderheiten beruhen auf der verschiedenartigen Stellung des Staates zu den einzelnen Gläubigerkategorien. Seinen Untertanen gegenüber stehen ihm im Grunde genommen andere Machtmittel zur Verfügung, wie er sie den Auslandsgläubigern gegenüber besitzt.

Die von ihm zur völligen oder teilweisen Schuldentlastung zu ergreifenden Mittel, bei deren Betrachtung wir zunächst einmal die mit der Geldwertänderung verbundenen Erscheinungen zurückstellen, können sich auf den Kapitalstock der Anleihe und bzw. oder auf die vereinbarten Zinszahlungen beziehen. Dabei kann es sich um völlige Streichungen handeln: Repudiationen oder auch nur um Kürzungen dieses oder jenes Betrages: Kapital- und Zinsreduktionen. Diese können als Zwangsmaßnahmen durchgeführt und alsdann als Bankerott angesprochen werden. Sie können aber auch als freiwillige Konversionen erscheinen. Weniger der Form nach als vielmehr hinsichtlich der tatsächlichen Gegebenheiten sind die Grenzen zwischen beiden flüssig. Auch bei der freiwilligen Konversion kann für den Gläubiger ein Zwang zur Einwilligung bestehen. Wenn ein derartiger Zins- oder auch Kapitalschnitt nicht auf die staatlichen Anleihen beschränkt wird, sondern, wie etwa in Deutschland gelegentlich der Notverordnung vom 8. Dezember 1931, alle bestehenden Kreditverhältnisse einbezieht, wird man hingegen nicht von einem S. sprechen können, es sei denn, daß die Kürzung der Geldverpflichtungen des Staates bei dem Ausreifen der Pläne Pate gestanden hat. Entsprechendes gilt bezüglich der Neueinführung oder Erhöhung einer Kapitalertragssteuer. Nur dann kann bei ihr von einem S. die Rede sein, wenn sie lediglich die staatlichen Anleihen berührt oder doch in erster Linie zur Entlastung der Staatsausgaben durchgeführt wird oder schließlich, wenn bei Auflegung der Anleihe eine Nichtbelastung durch Kapitalertragssteuern zugesichert worden war. — Auch das *Moratorium* (s. d.) sowie die hierunter fallende zwangsweise Umwandlung kurzfristiger in langfristige Schulden können als eine derartige Maßnahme gewertet werden. — Wie liegt es bei der vorzeitigen Kündigung? Sie kann gleichfalls eine Schädigung der Gläubigerrechte bedeuten, ohne zwangsläufig auf sie abgestellt zu sein. Von Bedeutung wird hier neben dem Rückzahlungskurs und seinem Verhältnis zum Tageskurs sowie den jeweiligen Marktverhältnissen die Quelle sein, aus welcher man die zur frühzeitigen Erfüllung erforderlichen Summen nimmt. Wird zu einem derartigen Zweck Geld in einem solchen Ausmaße neu geschaffen, daß inflationistische Wirkungen nicht ausbleiben, so liegt auch hier eine staatsbankerottartige Maßnahme vor. Das gleiche ist auch dann der Fall, wenn eine vorübergehende Geldentwertung zu forcierter Rückzahlung ausgenutzt wird.

Die enge Verknüpfung von Staatsfinanzen und Geldwesen gibt dem S. nicht nur in den letztbesprochenen Fällen ein besonderes Gepräge. Sind beispielsweise Zins- und Tilgungszahlungen in entwertetem Gelde bei gleichem Nennwert auch dann, wenn sie zu den ursprünglich vereinbarten Zeitpunkten erfolgen, als S. anzusehen? Die Wissenschaft neigt zur Bejahung dieser Frage. Dem wird man zustimmen können, sofern der Staat sich bei der Politik zusätzlicher Geldschöpfung von dem Gedanken einer Lockerung des Schuldendrucks leiten oder doch beeinflussen läßt oder falls die Rückzahlung in Gold- bzw. Goldeswert ausdrücklich zugesichert war. Andernfalls jedoch kaum! Auch die Rückzahlung privater Schulden in unterwertigem Gelde wird ja nicht als Bankerott gebucht. Allerdings liegt zwischen beiden Fällen ein gewisser Unterschied vor. Der private Schuldner hat keinen unmittelbar entscheidenden Einfluß auf die Geldausgabepolitik. Bei dem Staat zeigt sich aber gerade auch hier jenes Doppelgesicht des „privaten“ Schuldners auf der einen, der öffentlich-rechtlichen Körperschaft mit ihren entscheidenden gesetzgeberischen Einflüssen auf der andern Seite. Auch die Schuldregulierung gelegentlich einer den Abschluß einer Geldentwertungsperiode bildenden Devalvation braucht durchaus nicht den Makel eines S. zu tragen. Tritt allerdings wie bei der deutschen Währungssanierung aus fiskalischen Gründen eine verschiedene Behandlung von privaten und öffentlichen Schulden ein, so wird hier eine bankerottartige Maßnahme nicht gut in Abrede gestellt werden können. Die Aufrechterhaltung des Nennwertes staatlicher Schulden bei einer Devalvation, der eine Inflation nicht vorausgegangen ist, kann nur dann als solcher betrachtet werden, wenn entweder

1. die geldpolitischen Maßnahmen weitgehend im Interesse der staatlichen Schuldentlastung getroffen worden sind, oder wenn

2. im Gegensatz zu der für Staatsanleihen durchgeführten Regelung von den privaten Schuldnern eine der Devalvation entsprechende Aufwertung ihrer Schulden verlangt wird, oder wenn

3. der ursprüngliche Anleihevertrag eine Goldklausel enthielt.

Schon des öfteren haben wir auf die Doppelstellung des Staates seinen Gläubigern gegenüber als privater Kontrahent und als Obrigkeit hingewiesen. Das gilt in erster Linie bezüglich der inländischen Darleiher. Diesen gegenüber wird denn ja auch verschiedentlich aus juristischen Erwägungen heraus die Unmöglichkeit des Eintritts eines Bankerotts betont. Der Staat sei ja dank seiner Souveränität zu jedweden Maßnahmen seinen Untertanen gegenüber berechtigt. In der Kürzung bzw. Auslöschung seiner ausländischen Schulden bestehe daher durchaus kein Rechtsbruch. Der betreffende Schritt werde zudem durch die Parlamente oder die sonst zuständigen Stellen sanktioniert. Auch die Auffassung, daß ein Staat überhaupt in die Unmöglichkeit versetzt werden könne, seine inländischen Schuldverpflichtungen zu erfüllen, stößt auf Widerspruch. Vielmehr habe er es ja durch Ergreifung von steuerlichen und Enteignungsmaßnahmen sehr wohl in der Hand, den fraglichen Verpflichtungen nachzukommen. Tue er es nicht, so liege das an mangelndem Leistungswillen. Etwas anders verhielten sich die Dinge bezüglich der ausländischen Gläubiger. Ihnen träte der Staat ja lediglich wie eine Privatperson gegenüber. Daher könne diesfalls vom rein rechtlichen Standpunkte aus das Eintreten eines S. auch als Folge eines Nichtzahlenkönnens sehr wohl als im Bereiche der Möglichkeit liegend angesehen werden.

Auch in der Praxis der Schuldkürzungen werden in- und ausländische Gläubiger oft verschieden gestellt. In gar manchen Fällen werden erstere benachteiligt, doch kann auch das Gegenteil durchaus der Fall sein.

Die bislang erwähnten Maßnahmen haben wir nur bedingt in die Gruppe der S. eingereiht. Nur wenn bei ihrem Ergreifen die Absicht der Schuldverkürzung eine wesentliche Rolle spielt, kann von einem solchen die Rede sein. Nun können aber für Schuldreduktionen irgendwelcher Art auch ganz andere Gründe sehr wohl den Ausschlag geben. Daher kann dann auch ein und dieselbe Maßnahme zu verschiedenen Zeiten und an verschiedenen Orten einmal als S., das andere Mal dagegen nicht als solcher angesprochen werden. Ein für alle derartige Schuldkürzungen gemeinsamer Oberbegriff erscheint uns daher erwünscht. Diesen glauben wir in dem auch von Roscher benutzten Worte „Finanzrevolution“ gefunden zu haben. Als eine solche kann sowohl der S., können aber auch alle jene Schuldverkürzungen angesehen werden, bei deren Vornahme die Entlastung des Staatshaushaltes nicht als wesentliches Ziel vorgeschwebt hat. Das gilt beispielsweise bei Schuldauslöschungen, die etwa aus rein sozialistischen Gründen durchgeführt werden.

2. Kollektivbankerott. Bei der Erfüllung ausländischer Verpflichtungen ist in den letzten Jahren immer stärker das Auseinanderklaffen der Aufbringungs- und Transferierungsmöglichkeit (vgl. *Transfer*) hervorgetreten. Diese finden wir nun keinesfalls allein bei Staatsschulden vor. In Ländern, deren Währungen unter dem Unstern einer anhaltenden passiven Devisenbilanz stehen, stellt sich letzten Endes zum mindesten die Notwendigkeit ein, sich mit den Gläubigern über eine mehr oder weniger weitreichende Stundung dieser Forderungen zu einigen oder zu einem Transfermoratorium zu schreiten, das entweder die gesamten Schuldverpflichtungen oder doch zum mindesten einen Teil der notwendigen Zahlungen umfaßt: Kollektivbankerott (Bonn u. a.) (s. *Moratorium*).

3. Ursachen des S. Neben übermäßiger Schuldaufnahme und einer schlechten Finanzpolitik, die allerdings gar häufig ihre Ursache in einer sich nicht an die finanziellen Gegebenheiten haltenden großen Politik findet, sind es Schuldüberbürdungen infolge von Kriegen, unglücklichen Friedensschlüssen u.a.m., die eine nachträgliche Schuldkürzung, sei es durch Vertrag oder sei es auch durch einseitige Erklärung des betr. Staates, nach sich ziehen.

Eine besondere Unterstützung erfährt der diesgerichtete Druck dann, wenn sich die fordernden Mächte mit allen zu Gebote stehenden Mitteln gegen die Abnahme der Waren des Schuldnerstaates sträuben. Selbst dann, wenn die für die Kriegsschuldzahlung festgelegten Summen in dem tributpflichtigen Lande aufgebracht werden können, muß sich alsdann mit zunehmender Erschwerung der Aufnahme neuer Auslandskredite eine Unmöglichkeit der Erfüllung ergeben.

4. Schutzverbände. Teils zur dauernden Wahrung ihrer Rechte, teils lediglich zu deren Verfechtung in Einzelfällen haben sich die Staatsgläubiger in einer Reihe von Fällen zu besonderen Verbänden zusammengeschlossen. Unter diesen haben bislang, von dieser oder jener Ausnahme abgesehen, nur die nationalen Schutzverbände der Auslandsgläubiger eine gewisse Bedeutung erlangt. (Näheres vgl. auch *Rentenmarkt 8.*) Häufig sind die nationalen Verbände gemeinsam aufgetreten. Verschiedentlich haben sie an der Kontrolle der Finanzen des mit seinen Zahlungen in Rückstand geratenen Staates teilgenommen. In anderen Fällen wurde diese Kontrolle durch die Staaten durchgeführt, deren Untertanen durch den Bankerott besonders getroffen wurden (s. Art. *Finanzkontrolle*). Über diese Kontrollen hinaus sind z. T. weitere staatliche Maßnahmen (Blockade, die im Haag 1907 ausdrücklich abgelehnte Waffengewalt, ständige Schiedsgerichte, besondere Börsenzulassungsbestimmungen für ausländische Staatsanleihen und deren Widerruf u. a.) gegen den säumigen Staat in Anregung gebracht worden. Im Grunde genommen finden alle diese Mittel nur schwachen Staaten gegenüber Anwendung.

5. Wirkungen. Die wirtschaftlichen Begleiterscheinungen eines S. sind bei der großen Mannigfaltigkeit der als solcher bezeichneten Maßnahmen erklärlicherweise sehr buntscheckig. Die Höhe der durch irgendwelche Kürzungen getroffenen Schuldsummen, das Ausmaß der Kürzung, die Verteilung der Anleihescheine auf in- und ausländische Gläubiger und bei ersteren wieder auf die einzelnen Bevölkerungskreise sind erklärlicherweise von erheblichem Einfluß auf die von diesen Schritten ausgehenden Wirkungen. Desgleichen ist die jeweilige Lage des zu einer derartigen Maßnahme greifenden Staates für die Beurteilung von Wichtigkeit. — Eine gewisse zeitweilige Steuerentlastung ist eine selbstverständliche Folge. Fraglich ist es allerdings, inwieweit die durch eine Eindämmung der Auslandsschulden in den betroffenen Staaten ausgelösten Gegenwirkungen, wie Handelshemmung, Beschlagnahme usw., sowie die zeitweise Unterwühlung des Kredites, diese Vorteile auf die Dauer wieder ausgleichen, wenn nicht gar überkompensieren. Auch der politischen Gefahren ist zu gedenken, vor allem, wenn es sich bei dem bankerotten Staat um ein kleineres und schwächeres Land handelt. — Bei einem Inlandsbankerott ist eine mehr oder weniger tiefgreifende Einkommensverschiebung als wesentliches Merkmal hervorzuheben mit all ihren auf die Produktionsgestaltung einwirkenden Erscheinungen. Unliebsame Störungen im wirtschaftlichen Ablauf, Untergrabung der Geschäftsmoral, Privatbankerotte zur Verarmung weitester Kreise usw. können die Folgen sein. — All diese Begleiterscheinungen können bei einer späteren Rückgängigmachung dieses oder jenes Schrittes nur z. T. wieder aufgehoben werden. Daher sind gegen sie denn auch von den verschiedensten Seiten mit Recht erhebliche Bedenken laut geworden. So hebt WAGNER darauf ab, daß diese Wiederaufwertung der Schuld eine die Höhe der Neubelastung lohnende Hebung des Staatskredits doch nicht nach sich ziehe. Vor allem aber gelangen infolge des in finanzrevolutionären Zeiten vielleicht besonders schnellen Besitzwechsels an den in Frage stehenden Papieren wahrscheinlich ganz andere Kreise in den Genuß der durch die Wiederaufwertung gewährten Vorteile als jene, die durch den voraufgegangenen Zusammenbruch in Mitleidenschaft gezogen waren. Wenn daher schon zu einem späteren Zeitpunkt eine teilweise Restituierung beabsichtigt ist, dann dürfte sich soweit möglich eine Trennung empfehlen zwischen Alt- und Neubesitz, wie sie etwa in Deutschland gelegentlich der Aufwertung der Forderungen an die öffentliche Hand durchgeführt worden ist. Grundsätzlich läßt sich allerdings eine völlige oder teilweise Wiedereinsetzung der Papierinhaber in die alten Rechte nur dann befürworten, wenn etwa bei Erklärung des Bankerotts diesgerichtete Zusicherungen gemacht worden sind. Auch Sonderlagen, wie etwa jene nach dem Zusammenbruch der deutschen Mark, können aus sozialpolitischen und anderen Erwägungen heraus trotz aller Bedenken eine teilweise Restituierung geboten erscheinen lassen.

Auf die Geschichte der S. an dieser Stelle näher einzugehen, ist aus Raumgründen nicht möglich[1]. Eine große Reihe von Beispielen führt insbesondere MANES auf (s. Literatur). — In der Wirtschaftswissenschaft ist das Problem im allgemeinen stiefmütterlich behandelt, wenn auch — s. *Literatur* — eine ganze Reihe von Nationalökonomen ihm ihre Aufmerksamkeit geschenkt haben.

Literatur: COLLAS, KONSTANTIN: Der Staatsbankerott und seine Abwicklung. Stuttgart 1904. — FEDER, GOTTFRIED: Der Staatsbankerott. Die Rettung. Diesen 1919. — FISCHER, CARL AUGUST: Vom Staatsbankerott, 2. Aufl. Karlsruhe 1922. — HEINEMANN, L.: Zur Theorie und Praxis des Staatsbankerotts. In: Der deutsche Ökonomist **1932**, S. 147, 186, 379ff. — LOEWY, G. H.: Staatsbankerotte. Breslau 1922. — MANES, ALFRED: Staatsbankerotte, 3. Aufl. Berlin 1922 — PFLUG, KARL: Staatsbankerott und internationales Recht. München 1898. — RAUDNITZ, JOSEPH: Das österreichische Staatspapiergeld und die privilegierte Notenbank, I. Teil: 1762 bis 1820. Wien 1917.

CARL AUGUST FISCHER.

[1] Allein im 19. Jahrhundert kam es bei folgenden europäischen Staaten zum S.: Preußen (1807 und 1813), Westfalen (1812), Kurhessen (1814/15), Schleswig-Holstein (1850), ferner Griechenland (zweimal), Niederlande (1814), Österreich (fünfmal), Portugal (dreimal), Rußland (1839), Spanien (siebenmal), Türkei (dreimal).

Staatsgeld s. *Währungswesen.*

— **geschäft** s. *Finanzierungsgeschäft 2.*

— **haushalt** vgl. die Art. *Öffentliche Kassenführung, Öffentlicher Kredit* und *Währungsstabilisierung.*

— **hypothekenbanken** s. *Öffentlich-rechtliches Bankwesen 8.*

— **kommissar** s. *Börsengesetz A I 4,* vgl. *Notenkommissar.*

— **noten** sind im Gegensatz zu Banknoten vom Staate ausgegebene Geldscheine. Heute haben nur mehr die Vereinigten Staaten St. in größerem Umfang, alle anderen Staaten haben die Notenausgabe eigenen Bankinstituten übertragen.

Stabilisierung des Geldwertes s. *Geldtheorien.*

— von Währungen s. *Währungsstabilisierung.*

Stadtbanken s. *Öffentlich-rechtliches Bankwesen II 7.*

— **schaften** s. *Öffentlich-rechtliches Bankwesen I F.*

Städtischer Hypothekarkredit. Die wirtschaftliche Aufgabe des st. H. ist die Mobilisierung des städtischen Grundbesitzes. Dieser Kredit unterscheidet sich vom Baukredit (vgl. *Baufinanzierung*), der als Produktionskredit bis zur Fertigstellung des Gebäudes benötigt wird, dadurch, daß er die dauernde Belastung eines Grundstücks nach seiner Fertigstellung, normalerweise für die ganze Zeit der Nutzung, bezweckt. Eine leistungsfähige Organisation des st. H. ermöglichte erst diejenige Beweglichkeit städtischen Grund und Bodens, die die Voraussetzung war für die Entwicklung der Großstädte in der zweiten Hälfte des 19. Jahrhunderts. Der Käuferkreis für Grundbesitz wurde größer dadurch, daß nur ein geringerer Prozentsatz Eigenkapital beim Hauserwerbe benötigt wurde, die Bautätigkeit konnte auf einem breiten Realkreditmarkt basierend genauer auskalkuliert werden; die Möglichkeit, nicht für eigene Zwecke, sondern für fremde Käufer zu bauen, war gegeben. Der Hauseigentümer besaß Grund und Boden vorwiegend nicht mehr zu eigener Nutzung, sondern zur Rentenziehung durch Vermietung an Dritte. Die Geschichte des modernen st.H. in Deutschland ist daher die Geschichte des Städtebaues der letzten 50—60 Jahre.

Die Kreditgeber. Diese große Aufgabe konnte nicht gelöst werden durch den bis auf den heutigen Tag noch in großem Umfange vertretenen privaten Geldgeber mit seinen individuellen Wünschen und Bedürfnissen, sondern nur durch Schaffung geeigneter Finanzinstitute. Da eine allgemeine Hypothekenstatistik in Deutschland nicht besteht, ist die exakte Bestimmung, in welchem Umfange der st.H. auf Privatkapital oder Anstaltskredit beruht, unmöglich. Zweifellos ist, daß die Bedeutung des Anstaltskredits schon vor dem Kriege, besonders aber nach 1924, erheblich im Steigen war. Die hauptsächlichsten Träger des Anstaltskredits sind die Realkreditinstitute, Versicherungsinstitute und Sparkassen; alle übrigen Institute, die nur gelegentlich Hypothekarkredit gewähren (Kreditbanken) oder die im Kreditgeschäft die hypothekarische Sicherstellung zwar verlangen, ihre Auswahl aber hauptsächlich nach der Person des Geldnehmers treffen (Kreditgenossenschaften gegenüber ihren Genossen, Bausparkassen (s. *Sparkassen*) gegenüber ihren Mitgliedern) können hier, wo es auf die typischen Vertreter des st.H. ankommt, aus der Betrachtung fortgelassen werden.

Aus folgenden Ziffern ergibt sich, daß die privaten Hypotheken-Aktienbanken als Geber st.H. an erster Stelle stehen; es folgen die Sparkassen, dann die öffentlich-rechtlichen Bodenkreditinstitute und dann erst die privaten Lebensversicherungsanstalten. Vor dem Kriege (1913) belief sich der Hypothekenbestand bei den Hypotheken-Aktienbanken auf 11,1 Milliarden (davon 10,3 Milliarden städtische Hypotheken), bei den preußischen Sparkassen (eine Statistik für das gesamte Deutsche Reich bestand vor dem Kriege noch nicht) auf 8,2 Milliarden, davon 5,9 Milliarden städtische Hypotheken. Nimmt man an, daß das Verhältnis der städtischen Beleihungen bei den preußischen Sparkassen zu denen der gesamten deutschen Sparkassen dasselbe war, wie in den Jahren 1929 und 1930, so ergibt sich die Tatsache, daß vor dem Kriege die Sparkassen beinahe genau so viel städtische Hypotheken besaßen wie die Hypotheken-Aktienbanken. Es folgten mit nur rund 4,5 Milliarden städtischer Beleihungen die Lebensversicherungsunternehmungen, während die öffentlich-rechtlichen Kreditinstitute im städtischen Beleihungsgeschäft eine untergeordnetere Rolle spielten. Die Tatsache, daß diese bescheidene Rolle der öffentlich-rechtlichen Kreditinstitute im st.H. nach dem Kriege einer weitaus größeren Bedeutung gewichen ist, ist z. T. auf die starke Vermehrung solcher Institute und die staatliche Förderung seit 1918 zurückzuführen, während die geringere Rolle der Sparkassen und Lebensversicherungsunternehmungen hauptsächlich auf wirtschaftliche Gründe zurückgeht. Zwar ist der Anteil der städtischen Beleihungen gegenüber dem gesamten Hypothekenbestand bei den Sparkassen im Vergleich mit 1913 eher gestiegen, der Anteil der gesamten Hypotheken an den gesamten Aktiven aber um fast ein Drittel gesunken. Hinzukommt, und das ist das Entscheidende, daß die Gesamteinlagen der Sparkassen, wenn wir die preußischen als Vergleichsgrundlage nehmen, bis Ende 1930 nur ca. 45 % des Standes von 1913 erreicht hatten, während die Hypotheken-Aktienbanken ihren Pfandbriefumlauf gleichzeitig auf ca. 85 % gegenüber dem Umlauf von 1913 bringen konnten. Bei den Lebensversicherungsunternehmungen liegt die Situation ähnlich. Ihre Tätigkeit im st.H. beruht auf ihren Prämienreserven, die nach der Inflation nur sukzessive wieder aufgebaut werden konnten.

Langfristige Hypothekarkredite bei den einzelnen Anstalten am 31. Dezember 1931 in Millionen Reichsmark oder Goldmark.

Anstalten	Städtische Beleihungen	Landwirtschaftliche Beleihungen	Nicht aufgeteilte Beleihungen	Insgesamt
Sparkassen	3832,9	1017,2	—	4850,0
Kommunalbanken	7,3	—	—	7,3
Private Lebensversicherungen	1202,3	—	664,4	1866,7
Öffentliche Lebensversicherungen	99,2	44,0	43,0	186,2
Reichsversicherungsanstalt für Angestellte	464,0	158,2	—	622,2
Invalidenversicherung	—	—	443,6	443,6
Boden- u. Komm.-Kredit-Institute	7075,3	3330,9	25,8	10432,0
davon Hypotheken-Aktienbanken	(5514,2)	(815,0)	(25,8)	—
davon öffentlich-rechtl. Kreditanstalten	(1459,3)	(2250,5)	—	—
davon sonstige Anstalten	(101,8)	(265,0)	—	—
Anstaltskredite insgesamt	12681,0	4550,3	1176,8	18408,0

Solche Wandlungen in der Vormachtstellung der einzelnen Anstaltsgruppen werden niemals ganz verschwinden. Expansionen und Kontraktionen des Aktivgeschäftes beruhen bei den einzelnen Gruppen auf zu verschiedenen Grundlagen. Bei den Realkreditinstituten, die ihre städtischen Beleihungen durch Pfandbriefemissionen finanzieren, ist die Intensität des Geschäfts weitaus am stärksten von Konjunkturschwankungen am Kapitalmarkt abhängig. In einem erheblich geringeren Maße ist dies bei den Sparkassen der Fall und noch kontinuierlicher pflegt das Beleihungsgeschäft der Versicherungsinstitute zu sein. Man kann infolgedessen sagen, daß unter den Instituten, die städtische Hypotheken vergeben, in normalen Zeiten die Versicherungsgesellschaften und die Sparkassen mengenmäßig die Ausgleichsfaktoren repräsentieren, während die Hypothekenbanken mit ihrer für Veränderungen der Kapitalmärkte so empfindlichen Organisation diejenigen Stellen sind, deren Zins- und Auszahlungsbedingungen jeweils zugleich den allgemein maßgebenden Preis für st.H. repräsentieren.

Die Beleihungshöhe: Wenn auch in allen Fällen, in denen st. H. gewährt wird, die Bonität des persönlichen Schuldners geprüft zu werden pflegt, so geht doch seit jeher die Tendenz dahin, als primäres Kriterium für die Kredithergabe möglichst nur diejenigen Eigenschaften des Grundstücks, die unabhängig von der Person des Besitzers den Ertrag und damit den Zinsendienst sichern, der Bewertung zugrunde zu legen. Objekte, bei denen zur Ertragsgewinnung eine gewisse Unternehmertätigkeit, entsprechende Fähigkeiten oder gar spezielle Branchenkenntnisse gehören, werden von den Instituten meist gar nicht oder wenn, nur sehr niedrig beliehen. In diese Kategorie gehören Fabrikgrundstücke, sodann z. T. Garagen, Kinos, Theater, Etablissementgrundstücke, Hotels, jedoch, wenn auch in geringerem Maße, auch Warenhäuser und für manche Institute (z. B. Lebensversicherungsunternehmungen) sogar reine Geschäftshäuser; die letztgenannten nicht so sehr, weil zur Vermietung besondere Fähigkeiten gehören, sondern weil die Gleichmäßigkeit des Ertrages wegen der Abhängigkeit von Konjunkturschwankungen wesentlich geringer ist, als bei Wohnungen und Läden für den täglichen Bedarf. Trotz dieser Tendenz, die Maßstäbe für die Beleihungshöhe, bzw. für die Bewertung der Grundstücke zu objektivieren, ist es nicht gelungen, für alle Institute allgemein gültige Richtlinien auszuarbeiten.

Die Beleihungstaxen pflegen auszugehen von dem kapitalisierten Ertrag des Grundstücks einerseits und der Summe von Boden- und Bauwert andererseits. Die Schwierigkeiten ergeben sich zunächst daraus, daß mit Rücksicht auf die lange Dauer der Kredite der Zinssatz, mit dem der Ertrag zu kapitalisieren ist, nicht feststeht. Da die Baukosten in normalen Zeiten nicht sehr erheblichen Schwankungen unterworfen sind, ist der Bauwert noch verhältnismäßig leicht zu bestimmen. Die Schätzung des Bodenwerts ist jedoch nur ein Vergleich mit den zur Zeit geltenden Bodenpreisen für unbebaute Grundstücke ähnlicher Art und Lage. In Wirklichkeit geht aber auch dieser Preis wieder zurück auf den kapitalisierten geschätzten Ertrag eines noch zu errichtenden Gebäudes abzüglich der Baukosten. Als Bewertungsproblem bleiben also in normalen Zeiten immer übrig einmal die dauernd erzielbaren Erträge und zweitens der Zinssatz, mit dem diese kapitalisiert werden müssen. Vor dem Kriege waren die Zinssätze für lange Zeiten verhältnismäßig stabil. Die übliche Rechnung war infolgedessen: Miete mit 5 % kapitalisiert abzüglich 20—25 % für Verwaltungskosten, Reparaturen u. dgl. ergab den Beleihungswert des Hauses mit 15—16facher Miete. Die meisten Institute beliehen bis 60 % hiervon, d. h. bis zu einem Betrage von ca. zehnfacher Miete.

Dies wurde so die allgemein übliche Grenze für die erste Hypothek. Die zweite Hypothek betrug im allgemeinen 20 % der ersten, lief also mit zwölffacher Miete aus. Geldgeber der zweiten Hypothek waren meist Privatgläubiger, die sich auch auf die Wertermittlung der Institute, die die erste Hypothek gegeben hatten, verließen, also häufig 20 % der ersten Hypothek als zweite gaben. Erhebliche Ertragsveränderungen und damit gegebenenfalls Gefahrenmomente traten bei vorsichtiger Prüfung nur ein mit generellen Veränderungen der Wohnsitten oder der Lage der Wohn- und Geschäftsviertel innerhalb der Stadt selbst, Bewegungen, die aber langsam genug vor sich gingen, um dem Geldgeber Umdispositionen zu ermöglichen, auch wenn die Hypothek auf einige Jahr fest gegeben war, und die auch im Fall einer seitens des Gläubigers unkündbaren Amortisationshypothek eine rechtzeitige Risikominderung durch mehrjährige Tilgungen bedeuten. Unvergleichlich viel größere Schwierigkeiten macht die Wertermittlung seit 1924. Die Erträge sind in erster Linie beeinflußt durch fiskalische Maßnahmen des Staates, der Länder und Gemeinden, sodann durch stärkere Konjunkturschwankungen als vor dem Kriege, und schließlich ist auch der Kapitalisierungssatz weitaus veränderlicher als früher. Die so bedingten Wertschwankungen städtischen Grundbesitzes — ein normales Berliner Westendhaus wurde z. B. 1924 mit rund dreifacher, 1925 mit rund fünffacher, 1928 mit rund 7—8facher, 1930 mit rund 6—7facher, 1931 mit rund 5—6facher Friedensmiete gehandelt — erschweren die kontinuierliche Entwicklung des st. H. außerordentlich, ja bringen ihn zeitweise fast ganz zum Erliegen. Besonders gilt dies seit 1924 für den nachstelligen Hypothekarkredit.

Die öffentliche Hand: Die Schwierigkeit, zweitstellige Hypotheken zu erhalten, die Verteuerung des Bauens nach der Inflation gegenüber der Vorkriegszeit, ohne daß eine entsprechende Erhöhung der Mieten möglich war, einerseits, die durch zehnjährige Unterbrechung der Bautätigkeit bedingte Wohnungsnot andererseits, machte das Eingreifen der öffentlichen Stellen in den st. H. notwendig. Die Dauerfinanzierung von Wohnungsneubauten mittels erststelliger Hypotheken geschieht seit 1924 seitens der Institute zunächst nur bis zu 40 % des Wertes von Bau und Boden gegenüber 60 % vor dem Kriege, eben weil den erhöhten Baukosten nicht entsprechend erhöhte Erträge auf die Dauer gegenüberzustehen scheinen. Die Kommunen übernehmen infolgedessen für einen entsprechenden letztstelligen Teilbetrag die erste Hypothek, die auf einem in ihrem Bereich belegenen Wohnungsneubau gewährt wird, die selbstschuldnerische Bürgschaft oder die Ausbietungsgarantie gegenüber dem Geldgeber, damit das Institut die erste Hypothek auf 60 % erhöht. Als zweite Hypothek gewährt dann die Kommune aus Hauszinssteuermitteln ein langfristig sehr niedrig verzinsliches Darlehen (meist 1—2 % Zinsen und 1 % Amortisation p. a.) ungefähr in Höhe von 25—30 % des Bauwertes.

Das Eigenkapital des Bauherrn braucht daher nur 10—15 % des Bau- und Bodenwertes zu sein, d. h. oft genug nicht mehr als das lastenfreie Baugrundstück. Während vor dem Kriege die öffentlich-rechtlichen Kreditanstalten in freier Konkurrenz mit den privaten Instituten arbeiteten, ohne daß sich aus dem staatlichen Einfluß auf die erstgenannten eine besondere Richtung in der Kreditgewährung ausgebildet hätte, und während die Auswahl der Kreditnehmer nach durchweg wirtschaftlichen Gesichtspunkten erfolgte, ist durch die Bedeutung der Hauszinssteuerhypothek in die Dauerfinanzierung der Wohnungsneubauten ein stark sozialpolitischer Zug hineingekommen. Bei der Gewährung dieser billigen zweiten Hypotheken, bei der Übernahme von Bürgschaften oder Ausbietungsgarantien für erhöhte erste Hypotheken bevorzugen die Kommunen Objekte, deren Fertigstellung ihren sozialpolitischen Zielen am meisten entspricht, insbesondere Kleinwohnungen, Wohnungen für Kinderreiche usw. Aber nicht nur die Art der Verwendung des Baues ist der alleinige Gesichtspunkt. Städtebauliche Pläne werden mit der Baufinanzierung verknüpft und die Gewährung der Darlehen von der Erfüllung solcher Forderungen abhängig gemacht; Baukosten, Baufinanzierung und Ertragskalkulation des Bauherrn werden von der Kommune geprüft, die zu erhebenden Mietsbeträge nach oben beschränkt, Bauherren, die eine Bauspekulation am ehesten auszuschalten scheinen, werden bevorzugt; am deutlichsten kommt das zum Ausdruck in der Bevorzugung der gemeinnützigen Wohnungsbaugenossenschaften, die auf diese Art und Weise Hauptträger der Wohnungsneubautätigkeit nach dem Kriege werden. Die Schwierigkeit, die für die Kommunen darin besteht, zu prüfen, ob alle wirtschaftlichen und sozialpolitischen Voraussetzungen gegeben sind, die das zur Verfügungstellen von öffentlichen Mitteln rechtfertigen, führt häufig zum Erwerb von oder Beteiligung an solchen Baugenossenschaften durch die Städte selbst. Auf diese Weise ist nach 1924 auch die Massenbauweise gefördert worden. Aber die so hergestellten Objekte sind verhältnismäßig groß. Für den Privatmann würden sie deswegen auch in Zeiten stärkerer Kapitalbildung meist als Beleihungsobjekte sowohl für die erste wie die zweite Hypothek nicht in Frage kommen. Wenn also für die Dauerfinanzierung von Wohnungsneubauten die Hauszinssteuerhypotheken eines Tages in Fortfall kommen und andere öffentliche Mittel gleichfalls nicht zur Verfügung stehen, wird die Neugliederung des st. H. besonders mit Rücksicht auf die nachstelligen Hypotheken eine Anpassung der Baupolitik nach sich ziehen müssen.

Literatur: Statistik: Veröffentlichungen des Statistischen Reichsamts und des Instituts für Konjunkturforschungen. Monographie: Dannenbaum: Deutsche Hypothekenbanken. Berlin 1928, und die dort angegebene Literatur. Ders.: Öffentlich-rechtliche Kreditanstalten. Berlin 1930. — Weyermann: Zur Geschichte des Immobilierkreditwesens in Preußen. Karlsruhe 1910. — Schulte: Jahrbuch für Bodenkredit. Berlin 1928. — Asch: Das Hypothekengeschäft. Berlin 1932.

Ernst Lehmann.

Ständige Kommission zur Wahrung der Interessen deutscher Besitzer ausländischer Wertpapiere s. *Rentenmarkt 8.*

Staffelanleihe s. *Rentenmarkt 6*, vgl. *Öffentlicher Kredit II 6*, vgl. *Schuldensenkung I.*

— **methode** (Saldokontomethode), die gebräuchlichste Methode des Kontokorrentabschlusses. Nach der einfachsten Methode werden die einzelnen Buchungsposten nach Fälligkeit saldiert und nach Debet- und Kreditzahlen geordnet, wobei angemerkt wird, wieviel Tage jeweils der Saldo bestand. Durch Multiplikation von 1 % des Saldobetrags mit der Zahl der Tage wird die sog. „Zinszahl" gewonnen, die mit dem Jahreszins zu multiplizieren und dann durch 360 zu dividieren ist, um den Zinsbetrag zu errechnen. (Vgl. *Buchhaltungswesen I 4.*)

stag (e Londoner Börse), „Konzertzeichner".

Stahlfach s. *Schrankfachvertrag.* Stahlkammermiete.

Stammaktien s. *Aktie als Wertpapier 1a.*

— **dividende** s. ebenda.

— **einlage** s. *Offene Handelsgesellschaft II*, s. *Kommanditgesellschaft III.*

standard = normal, mustergültig, einem Muster entsprechend (vgl. *Warenmärkte*). Im englischen Münz- und Gewichtssystem gesetzlich normierter Feingehalt von Metallen (insbesondere Gold $^{11}/_{12}$ fein, Silber $^{925}/_{1000}$). (Vgl. a. *Goldpunkte*, Standard-Kupfer s. *Warenmärkte 4.*)

Standesvertretungen im Bankgewerbe. Unter Standesvertretungen versteht man gemeinhin Vereine, Vereinigungen oder Verbände, die sich mit der Vertretung von Interessen eines Standes, eines bestimmten Mitgliedskreises befassen. Die Interessenvertretung kann auf dem verschiedensten Gebiete liegen: Sie kann einmal wirtschaftspolitischer Natur, zum anderen sozialpolitischer Natur sein. Wirtschaftspolitische Interessenvertretungen können wiederum einerseits sich nur mit den Berufsfragen eines Standes ganz allgemein befassen und Fachvereine im Sinne einer Berufsvertretung, eines Berufsvereins sein, sie können aber andererseits zu Fachverbänden werden, auch Kartellen, dann nämlich, wenn sie über die Vertretung von Allgemeininteressen hinausgehen und sich zu einem bestimmten Zweck, einem bestimmten Tun oder Unterlassen, der Regulierung besonderer Interessen, des Marktes usw. verbinden. Die sozialpolitischen Standesvertretungen finden ihre Verkörperung in den Arbeitgeber- und Arbeitnehmerverbänden, Fachvereinen, in denen sich die Mitglieder, Arbeitgeber auf der einen, Arbeitnehmer auf der anderen Seite verbinden, um die aus dem Arbeitsverhältnis resultierenden Fragen zu regeln.

A. Wirtschaftspolitische Standesvertretungen.

1. Fach- oder Berufsvereine. Die wirtschaftspolitischen Fachvereine sind Vereinigungen, die nicht fest bestimmte wirtschaftliche Vorteile erkämpfen, sondern nur mittelbar eine Besserstellung ihrer Angehörigen herbeizuführen bestrebt sind. In ihnen bezwecken die Wirtschaftspersonen die Vertretung ihrer allgemeinen Interessen nach außen, z. B. der Regierung gegenüber, ohne daß in die wirtschaftliche Tätigkeit ihrer Mitglieder in irgendeiner Weise beschränkend eingegriffen wird. Man nennt diese Vereine zur Wahrnehmung gemeinsamer wirtschaftlicher Interessen ganz allgemein „wirtschaftliche Vereine", spricht ebenso gut aber von Interessen-, Schutz-, Zweck-, Fach- oder Zentralverbänden.

a) Der Centralverband des Deutschen Bank- und Bankiergewerbes e. V., Berlin ist die Spitzenorganisation des privaten deutschen Bankgewerbes, vornehmlich der Aktien- und Privatbanken mit Einschluß der Hypothekenbanken. Daß der Verband nicht mehr ist als ein Fachverein und eine Berufsorganisation, geht aus § 3 seiner Satzungen klar hervor: „Der Zweck des Vereins ist nicht auf einen wirtschaftlichen Geschäftsbetrieb gerichtet." Er bezweckt vielmehr die Rechte und Interessen des deutschen Bank- und Bankiergewerbes nach allen Richtungen hin zu vertreten. Zur Erreichung dieses Zweckes macht er sich zur Aufgabe, alle deutschen Bankiers und die bisher bestehenden Vereinigungen von Banken und Bankiers untereinander in Beziehung zu bringen, das Publikum über den Beruf und die Funktionen des Bankierstandes, sowie über die wirtschaftliche Natur der damit im Zusammenhang stehenden Einrichtungen, z. B. der Börse, zu belehren, und alles statistische, juristische und wirtschaftliche Material hierüber zu sammeln und zu verwerten. Mitglieder des Vereins können alle deutschen privaten — nicht öffentlichen — Banken und Bankfirmen sowie deren Vereinigungen werden. In ihm sind also Banken, Großbankiers und Kleinbankiers vereinigt, um Dritten gegenüber in gemeinsamer Abwehrstellung zu bleiben. Die Organe des Vereins sind der Ausschuß, der aus mindestens fünfzehn Mitgliedern besteht, ein Vorstand bis zu sechszehn Mitgliedern und die Generalversammlung.

Der Verband wurde am 10. März 1901 gegründet, zunächst als Zweckverband zu dem ausgesprochenen Zweck der Abwehr gegen die damals geltende Börsengesetzgebung und deren Auslegungen. Ursprünglich war daher als Name des zu gründenden Verbandes „Centralverband zum Schutze des deutschen Bank- und Bankiergewerbes" vorgesehen. Daß man das schließlich nicht tat und dem Verband den heutigen Namen an Stelle desjenigen eines Zweckverbandes gab, ist ein Beweis dafür, daß man es bei dem Zweckverband nicht belassen wollte, sondern sich weitere Ziele setzte als die, welche die unmittelbare Veranlassung zur Gründung bildeten. Der Centralverband will den Stand des deutschen Bankgewerbes nach außen hin heben und Gegensätze innerhalb desselben ausgleichen. Aufgabe des Centralverbandes als Berufsvertretung und Spitzenorganisation des privaten deutschen Bankgewerbes ist es, nicht nur das Bankgewerbe selbst vor Staat und Parlament zu vertreten und zu den die Wirtschaft des Bankgewerbes betreffenden Gesetzen Stellung zu nehmen. Seine Wirkung erstreckt sich auch auf die Allgemeinheit, einmal um diese möglichst für seine speziellen Interessen in Bewegung zu setzen, dann aber auch um des großen Ganzen willen. Er ist nicht nur die Spitze von Banken und Bankiers, sondern indirekt auch der lokalen Bankenvereinigungen, an deren Spitze die Berliner Stempelvereinigung steht. Bei der Festsetzung von Bankbedingungen, den sog. Konditionen, wirkt jedoch der Centralverband, dessen Mitgliederkreis im übrigen über denjenigen der an solche Bedingungen gebundenen örtlichen Bankenvereinigungen erheblich hinausgeht, nicht mit. Diese bleiben vielmehr den mit den örtlichen Verhältnissen vertrauten lokalen Bankenvereinigungen überlassen. Zu Konditionenfragen nimmt er nur insofern grundsätzlich Stellung, als er nach außen Klarheit verbreitet über die Gründe und wirtschaftlichen Erwägungen, die zu den im einzelnen getroffenen Feststellungen führen, und von außen kommende Anregungen bezüglich der Gestaltung der Abmachungen mit der Leitung der hierfür zuständigen Organisation erörtert. Gemeinsame Vereinbarungen über Kreditbedingungen bestehen für die Mitglieder des Centralverbandes als solche nicht. Es sind vielmehr eine ganze Reihe angesehener Firmen in ihm vertreten, die in bezug auf solche Bedingungen völlig frei sind. Man kann daher dem Centralverband bei der Behandlung von Fragen, ob und nach welchen Richtungen die Konditionen der Banken eine Ermäßigung vertragen, ein durchaus objektives Urteil zumuten.

Gegenstand seiner Tätigkeit waren die besonderen Fragen von Bank und Börse, die Börsengesetzreform (s. *Börsenrecht*), *Effektentermingeschäfte* (s. a. d.), Differenzeinwand, Bankgeheimnis, Scheckgesetz, *bargeldloser Zahlungsverkehr* (s. a. d.), Erneuerung des Reichsbankprivilegs, Regelung des *Depositengeschäftes* (s. a. d.). Nach dem Kriege waren es besonders eine Fülle von Steuerfragen, Währungs- und Aufwertungsfragen, sowie die Unmenge von gesetzgeberischen Neuerungen, wie Kapitalfluchtverordnungen mit Affidavitpflicht und Depotzwang, Devisenhandelsgesetz und Valutaspekulationsverordnungen usw., die den Verband beschäftigten. Auch auf sozialem Gebiete ist der Verband tätig gewesen. Er hat auf das weitgehendste Wohlfahrtseinrichtungen der Bankbeamten durch Zuwendungen unterstützt und sich mit Fragen der Förderung der Heranbildung eines geeigneten Nachwuchses im Bankgewerbe beschäftigt.

Der Verband veranstaltet alle drei bis fünf Jahre allgemeine deutsche Bankiertage, um den deutschen Bankleitern und Bankiers Gelegenheit zur gemeinsamen Erörterung und Beschlußfassung über bankpolitische und banktechnische Fragen zu geben. Schon der Umstand, daß sie nur in drei- bis fünfjährigen Abständen abgehalten werden, sichert diesen Tagungen die größte Beachtung des In- und Auslandes zu. Das ursprüngliche Ziel dieser seltenen Zusammenkünfte, die fast stets mit dem Abschluß wichtiger Entwicklungsperioden der deutschen Volkswirtschaft zusammenfallen, lediglich Fachfragen zu erörtern, wurde allmählich immer mehr erweitert mit dem Blick auf die Gesamtwirtschaft. Die volkswirtschaftlichen Fragen treten gegenüber privatwirtschaftlichen Interessen von Bankiertag zu Bankiertag mehr und mehr in den Vordergrund.

Die ersten Bankiertage im Jahre 1902 in Frankfurt a. M., im Jahre 1904 in Berlin und im Jahre 1907 in Hamburg stellten die Festigung der Rechtssicherheit im Börsengeschäft im Zusammenhang mit der Revision des Börsengesetzes in den Mittelpunkt der Beratungen. Die wachsende Rücksichtnahme, die das Bankwesen auf die Öffentlichkeit zu nehmen hat, gab den Anlaß, auf dem vierten Bankiertage im Jahre 1912 das Verhältnis der Privat- zu den Notenbanken und in erster Linie die Beziehungen zwischen Reichsbank und Privatbanken als besonderes Thema aufzustellen. Der fünfte Bankiertag 1920 in Berlin stand bereits unter dem Einfluß des Währungszerfalls, sodaß die eigenen Sorgen des Bankgewerbes hinter Stabilisierungs-, Steuer- und sonstigen staatsfinanziellen Tagesfragen zurücktreten mußten. Die Wirtschaftsverhältnisse des Jahres 1925 gaben dem sechsten Bankiertag in Berlin die Themen „Auslandskredite", „Kapitalversorgung und Kreditverteilung", „Konkurrenz der öffentlichen Banken" auf den Weg. Der letzte siebente Bankiertag in Köln im Jahre 1928 überragte jedoch alle seine Vorgänger an volkswirtschaftlicher Bedeutung. Dieser Tatsache wird man sich besonders bewußt, wenn man berücksichtigt, daß am 1. September 1928 das fünfte Reparationsjahr und das erste Jahr mit den „Normal-Reparationsbelastungen" begann. Die mehr volkswirtschaftliche Einstellung des Bankiertages kommt auch darin zum Ausdruck, daß nicht nur die maßgebenden Männer der deutschen Bankwelt, sondern darüber hinaus die leitenden Persönlichkeiten aus Industrie und Landwirtschaft, die höchsten Beamten der amtlichen Wirtschafts- und Finanzpolitik des Reiches und der Länder auf der Tagung vertreten sind. Diese Männer behandelten gemeinsam die großen volkswirtschaftlichen Probleme, Fragen der Finanz- und Kapitalwirtschaft mit Rücksicht auf ihre schwerwiegende Verknüpfung mit der Reparationspolitik.

Man darf natürlich nicht vergessen, daß auf diesen Bankiertagen, den „Bankenparlamenten", bei der Behandlung der allgemeinen Fragenkomplexe nur Anregungen und Leitsätze herausgestellt werden können.

Der Centralverband ist im Laufe der Zeit zum Exponenten des gesamten deutschen Bankgewerbes geworden. Als solchem kommt ihm heute überragende Bedeutung nicht nur innerhalb des Bankgewerbes, sondern im gesamten Wirtschaftsleben zu. Unter den zahlreichen Interessenvertretungen der privaten Wirtschaft ist er neben dem Reichsverband der deutschen Industrie eine der maßgebendsten politischen Wirtschaftsorganisationen. Der Umstand, daß nahezu sämtliche Banken und Bankiers ihm angeschlossen sind — es sind etwa 1500—1600 an der Zahl —, verleiht seinen Gedanken bei Parlament, Regierung und Wirtschaft das nötige Gewicht und die entsprechende Durchschlagskraft.

b) Der Reichsverband der deutschen Privatbankiers Dresden ist am 11. Februar 1920 gegründet, ursprünglich mit dem Zweck, alle deutschen Privatbankiers, soweit sie sich nicht in enger Verbindung mit einer Großbank befinden, zusammenzuschließen, und, ähnlich wie der Centralverband die Gesamtinteressen der Banken und Bankiers, die Sonderinteressen der Privatbankiers zu vertreten. Er sollte ein Reichsverband werden, hat aber sein Ziel nie erreicht. Er zählt heute bei weitem nicht alle Privatbankiers zu seinen Mitgliedern. Der bei weitem größere Teil steht ihm fern und hat die Beibehaltung der Mitgliedschaft beim Centralverband vorgezogen. Der Verband ist auf Grund eines Abkommens vom 26. Oktober 1925 dem Centralverband als körperschaftliches Mitglied beigetreten und hat damit zum Ausdruck gebracht, daß er den Centralverband als alleinige Spitzenvertretung des Bankgewerbes anerkennt und ihm allein die Vertretung des Berufes gegenüber den Behörden und Parlamenten, gegenüber den anderen Wirtschaftsverbänden und der Öffentlichkeit überläßt.

c) Fachvereine an Wertpapierbörsen. Fachvereine oder Berufsvertretungen ähnlich dem Centralverband sind auch einige Börsenvereine, die allerdings nur lokale Bedeutung haben und sich nur die Vertretung der Berufsinteressen der Banken und Bankiers auf börsengeschäftlichem Gebiet zum Ziele setzen. Sie sind auch dem Centralverband unmittelbar als Mitglieder angeschlossen.

Einer der bedeutendsten Börsenvereine ist der „Verein für die Interessen der Fondsbörse in Berlin". Er bezweckt ganz allgemein die Wahrung der gemeinsamen Interessen des Bank-, Wechsel- und Fondsbörsengeschäfts und befaßt sich nicht mit Konditionenfragen. Das Hauptgewicht wird dabei gelegt auf die Behandlung von Fragen, die die Interessen aller am Bank-, Wechsel- und Fondsbörsengeschäft beteiligten Kreise berühren. Die Interessen einzelner werden nur verfochten, wenn sich das im allgemeinen Interesse als notwendig erweist. In dem Verein sind sämtliche am Bank-, Wechsel- und Fondsbörsengeschäft beteiligten Geschäftszweige vertreten. Das kommt zum Ausdruck in der Zusammensetzung des Vorstandes, in dem vier Mitglieder der Interessengemeinschaft der Berliner Privatbankfirmen, vier der Vereinigung von Berliner Banken und Bankiers (Stempelvereinigung), drei der Maklergemeinschaft e. V. Berlin und eines der Maklerkammer angehören. Die Mitgliedschaft ist eine persönliche, sie kann weder von Aktiengesellschaften noch von Handelsgesellschaften auf den Namen der Firma erworben werden.

Ähnliche Vereine bestehen auch an den übrigen Provinzbörsen, so z. B. in Frankfurt a. M., der „Bank- und Börsenverein e. V. Frankfurt" und in Leipzig der „Verein der Fondsbörsen Leipzig e. V.". Eine nennenswerte Bedeutung kommt ihnen jedoch nicht zu.

2. *Fachverbände, Konditionenverbände sog. „Konditionenkartelle".* Fachverbände stellen gegenüber den Fachvereinen oder den wirtschaftlichen Vereinen eine festere Form des Zusammenschlusses dar. In ihnen verpflichten sich die Mitglieder zu einem bestimmten Tun oder Unterlassen in ihrer wirtschaftlichen Tätigkeit mit Rücksicht auf den Verbandszweck. Sie nehmen dafür eine gewisse Beschränkung ihrer wirtschaftlichen Freiheit in Kauf. Über die Funktionen einer bloßen Standesvertretung gehen sie in der Regel weit hinaus. Sie können zu Kartellen werden, wenn die Vereinbarungen zum Zwecke der monopolistischen Beherrschung des Marktes erfolgen. Die Abmachungen der Fachverbände im Bankgewerbe werden sich naturgemäß mit den Bankbedingungen, Zins-, Provisions- und sonstigen Fragen befassen.

a) Die bankgeschäftlichen Verbände. Unter den bestehenden örtlichen Bankenvereinigungen ist die Berliner Stempelvereinigung (Vereinigung von Berliner Banken und Bankiers) die hervorragendste und bedeutendste, schon weil sie die älteste überhaupt ist und an sie die Gründung der übrigen Bankenvereinigungen und des Systems der „Allgemeinen Abmachungen der Vereinigungen von Banken und Bankiers" anknüpft. Um die Entstehungsursachen der „Allgemeinen Abmachungen" besser verstehen zu können, ist es notwendig, auf die Gründung der Stempelvereinigung näher einzugehen.

Den Namen Stempelvereinigung trägt sie deshalb, weil den Anlaß zu ihrer Gründung das Reichsstempelgesetz vom 1. Juli 1881 bildete. Dieses Gesetz, das den Schlußnoten- und Wertpapierstempel als Reichssteuern einführen wollte, enthielt soviel Unklarheiten und Widersprüche, daß sich die Berliner Großbanken und bedeutendsten Privatbankiers, um sich vor den daraus entstehenden Gefahren zu schützen, zu einer losen Vereinigung zusammenschlossen. Der Name der von der Berliner Diskonto-Gesellschaft geleiteten Vereinigung lautete ursprünglich daher „Verein zum Zwecke der Erzielung gerichtlicher Entscheidungen über Stempelfragen". Allmählich entwickelte sich diese lose Vereinigung zu einem Geschäftsbedingungsverband, der sich mit folgenden drei Hauptaufgaben befaßte:

α) Zinsenabkommen, das in der Festsetzung von Maximalhaben- und Minimalsoll-Zinssätzen bestand. (Diese Normen waren erforderlich geworden durch heftigen Wettbewerb der Banken unter sich und die fortdauernden gegenseitigen Unterbietungen der Konkurrenten),

β) Regelung der Provisionen im Effektenprovisionsgeschäft,

γ) Akzeptprovisionsfragen.

Der ursprünglich beabsichtigte Zweck, die Vereinbarungen auf andere deutsche Plätze auszudehnen, gelang nicht. Immerhin bildeten sie eine ganze Zeit später für die an anderen Plätzen ansässigen Großbanken (teilweise den Filialen der in Berlin in der Stempelvereinigung vertretenen Filialen) den Anlaß zur Schaffung von Sonderabkommen für die betreffenden Plätze. So erfolgte die Bildung der Kölner (1908), Mannheimer (1909), Münchener (1909) und anderer, allerdings weniger bedeutender Bankenvereinigungen.

In der Stempelvereinigung sind folgende Großbanken und Großbankiers zusammengeschlossen:

Berliner Handelsgesellschaft, S. Bleichröder, Commerz- und Privatbank, Darmstädter- und Nationalbank, Delbrück, Schickler & Co., Deutsche Bank und Disconto-Gesellschaft, Dresdner Bank, J. Dreyfus & Co., Hardy & Co. G. m. b. H., Lazard Speyer-Ellissen K. a. A., Mendelssohn & Co.

Im Laufe der Zeit dehnte die Stempelvereinigung ihre Tätigkeit auf alle das Bankgewerbe interessierenden Fragen aus, sodaß sie zur Standes- und Berufsvertretung für die Berliner Großbanken auswuchs. Dieser Entwicklung trug sie auch äußerlich Rechnung, indem sie sich von 1900 ab „Vereinigung von Berliner Banken und Bankiers" nannte. Sie ist jedoch noch heute unter dem Namen „Stempelvereinigung" populär geblieben.

Der Umstand, daß die Vereinbarungen der Berliner Stempelvereinigung nur auf Berlin lokal beschränkt waren und sich nicht auf die Provinz und das gesamte Reich ausdehnten, führte allmählich zu den ungünstigsten Konkurrenzverhältnissen. Dieselben Banken, die in Berlin als Mitglieder der Stempelvereinigung in engstem Einvernehmen miteinander standen, lagen an den Provinzplätzen durch ihre Filialen in schärfster Konkurrenz. Die Folge war eine Verschärfung des Gegensatzes Berliner Börsenplatz — Provinzplatz, Großbetrieb — Kleinbetrieb und eine weitere steigende Verschlechterung der Konditionen, die sich um so schlimmer auswirkte, als die Konkurrenzkämpfe nicht nur ausgefochten wurden zwischen Banken und Bankiers, sondern sich allmählich auch ausdehnten auf die Kreditgenossenschaften, die bankmäßig sich entwickelnden Sparkassen und, in der Nähe der Grenzen, auch auf die Filialen ausländischer Banken.

Den unmittelbaren Anlaß einer gemeinsamen Regelung der das Bankgewerbe betreffenden Fragen bildeten im Jahre 1912 Wünsche der Reichsbank, die im wesentlichen auf eine Erhöhung der durch die scharfe Konkurrenz der Banken untereinander ins Wanken geratenen Liquidität hinausgingen. Das Ergebnis der auf Grund der Reformvorschläge der Reichsbank von der Stempelvereinigung eingeleiteten Verhandlungen war schließlich das in den „Allgemeinen Abmachungen der Vereinigungen von Banken und Bankiers" verkörperte System, das am 1. Juli 1913 in Kraft trat.

Die „Allgemeinen Abmachungen" — sachlicher Umfang. Zweck und Sinn der „Allgemeinen Abmachungen" ist hauptsächlich, angemessene Bedingungen für die Hauptzweige des Bankgeschäfts mit zwingender Wirkung für die Mitglieder der angeschlossenen Bankenvereinigungen festzusetzen, um die nachteiligen Folgen, die ein scharfer und uneingeschränkter Wettbewerb auf die Verdienstmöglichkeiten im Bankgewerbe ausübt, tunlichst auszuschalten und das Bankgewerbe in den Stand zu setzen, die auf ihm lastenden außerordentlichen Unkosten und Abgaben zu tragen.

Als Mittel zur Erreichung dieses Zieles dienen Vereinbarungen über einheitliche Bedingungen im Geschäftsverkehr, die Konditionen. Es sind also geregelt in den „Allgemeinen Abmachungen" die Konditionen, d. h. die Bedingungen, zu denen von den Banken Geschäfte abgeschlossen werden. Nicht zu verwechseln sind diese Konditionen, die auch oft als Geschäftsbedingungen bezeichnet werden, mit den „Allgemeinen Geschäftsbedingungen", auch Kontokorrentbedingungen genannt; diese „Allgemeinen Geschäftsbedingungen" (vgl. a. *Depositengeschäft*) sollen neben den gesetzlichen Bestimmungen die rechtliche Grundlage für den Geschäftsverkehr zwischen Bank und Kundschaft bilden und werden bei Aufnahme der Geschäftsverbindung von den Banken den Kunden zur unterschriftlichen Vollziehung vorgelegt. Sie unterliegen keiner Regelung in den „Allgemeinen Abmachungen". Geregelt sind ferner nicht das *Emissionsgeschäft* (s. d.) und vom Verwahrungsgeschäft die Verwahrung geschlossener Depots, Safe- und Fachvermietung, sowie der Zahlungsverkehr.

Die Vereinbarungen beziehen sich in der Hauptsache auf Zinsfragen, und zwar wird nicht Wert gelegt auf die Festsetzung möglichst hoher Soll-Zinssätze und möglichst niedriger Haben-Zinssätze, sondern auf eine Einheitlichkeit der Zinssätze an den einzelnen Plätzen und auf Einheitlichkeit in der Zinspolitik überhaupt.

Außer den Vereinbarungen im Kreditgeschäft, das natürlich die Grundlage des soliden Bankgeschäfts ist und bleibt, bestehen solche im Kapitalverkehr, also im Wertpapiergeschäft. Provisionen für den kommissionsweisen An- und Verkauf von Wertpapieren sind in den „Allgemeinen Abmachungen" nur geregelt und niedergelegt, soweit sie den Verkehr mit der Nichtbankierkundschaft betreffen. Als solche gelten sie innerhalb der „Allgemeinen Abmachungen" allgemein für das ganze Reich. Die Provisionen, die sich auf den Verkehr mit der Bankierkundschaft beziehen, sind im Gegensatz dazu nicht allgemein in den „Allgemeinen Abmachungen" geregelt, sondern finden außerhalb derselben eine örtliche Regelung. Hier hat also jeder Börsenplatz seine besonderen Beschlüsse, die natürlich nur Geltung haben für den örtlichen Bezirk. In Berlin bestehen beispielsweise die „Beschlüsse der Berliner Banken und Bankiers", kurz auch „Berliner Beschlüsse" genannt, die der BBW. unterstellt sind. Die Gebühren für Aufbewahrung in offenen Depots sind ebenfalls nicht allgemein geregelt.

Die Vereinbarungen können nicht mehr gewertet werden als Richtlinien, die die einzelnen Mitglieder der den „Allgemeinen Abmachungen" angeschlossenen Bankenvereinigungen innezuhalten haben. Die Sätze für Soll-Zinsen sind Mindestsätze, die lediglich dazu bestimmt sind, eine gegenseitige hemmungslose Unterbietung unter den Mitgliedern zu verhindern. Sie sind also gewissermaßen nur für den günstigsten Fall zugeschnitten. Die Mitglieder halten es daher durchaus in der Hand, je nach der Lage des einzelnen Falles, insbesondere unter Berücksichtigung des jeweils mit der Geldhergabe verbundenen Risikos, auch höhere Sätze zu verlangen. Die Lokalvereine setzen also Debet- und Kreditsätze im Ortsbereich selbständig unter Berücksichtigung der örtlichen Verhältnisse, doch unter Annäherung an Berlin fest. Die Festsetzung des Debetzinsfußes unterliegt insofern einer geringeren Regelung, als hierfür in der Hauptsache die Bewegung des Reichsbankdiskonts den entscheidenden Einfluß ausübt. Die Gefahr einer förmlich monopolartigen Verteuerung des Kredits wird dadurch von vornherein vermieden.

Der Geltungsbereich der „Allgemeinen Abmachungen" erstreckt sich unmittelbar auf ihre Mitglieder, die örtlichen bzw. Bezirksvereinigungen, und mittelbar durch diese auf die einzelnen Bankanstalten und deren Kundschaft. Hinsichtlich des Kundenkreises unterscheidet man innerhalb der „Allgemeinen Abmachungen" zwischen In- und Auslandskundschaft, Kundschaft in „freien" und „angeschlossenen" Ortsbereichen, Bankier- und Nichtbankierkundschaft. Die Dauer der „Allgemeinen Abmachungen" sollte sich zunächst auf sechs Monate belaufen. Sie wurde jeweils von sechs Monaten zu sechs Monaten verlängert, läuft jetzt jedoch automatisch weiter.

Die in den „Allgemeinen Abmachungen" festgelegten Vereinbarungen bestätigen die Tatsache, daß es nahezu unmöglich ist, Zinsbedingungen und Provisionen nach einer bestimmten Skala zu schematisieren. Man hat bei der Festsetzung der einzelnen Sätze so viel Ausnahmen zugelassen und regionale Sonderbestimmungen getroffen, daß es so ziemlich im Belieben des einzelnen steht, welche Konditionen er in speziellen Fällen eintreten lassen will.

Räumlicher Geltungsbereich. Die Organisation der „Allgemeinen Abmachungen" ist dezentralistisch aufgebaut. Die Mitgliedsverbände, die örtlichen Bankenvereinigungen, erstrecken sich über den größten Teil Deutschlands (53 Städte). Leiterin der Organisation ist die Berliner Stempelvereinigung, deren Vorsitz die Deutsche Bank und Disconto-Gesellschaft Berlin führt. Mitglieder sind nur die örtlichen Bankenvereinigungen, nicht die Bankinstitute selbst. Erst die örtlichen Bankenvereinigungen rekrutieren sich aus den Bankanstalten der einzelnen Plätze. Vertreten sind in den örtlichen Bankenvereinigungen die Privat- und Aktienbanken, also das private Bankgewerbe mit Ausnahme der Hypothekenbanken, die nur beruflich im Centralverband zusammengefaßt sind. Fern steht das gesamte öffentliche und halböffentliche Bankgewerbe, das im deutschen Sparkassen- und Giroverband organisiert ist, abgesehen von einigen Außenseitern, die durch die besonderen örtlichen Verhältnisse an einzelnen Plätzen auf eine gemeinschaftliche Arbeit mit den privaten Banken trotz ihrer Wesensverschiedenheit angewiesen sind, fern stehen die Kreditgenossenschaften. Nicht einmal das private Bankgewerbe ist vollständig vertreten.

Die ursprünglich gefürchtete Gefahr, die Interessensphären der beiden großen Verbände, des Centralverbandes und der Leitung der allgemeinen Abmachungen, würden sich gegenseitig überschneiden, ist kaum jemals praktisch geworden. Zuständigkeitskonflikte zwischen beiden hat es kaum gegeben und die organisatorische Trennung zwischen Berufsvertretung und Konditionenvereinbarungen hat sich bewährt.

Rechtlicher Aufbau. Rechtlich betrachtet, sind die Bankenvereinigungen oder Bedingungsgemeinschaften ebenso wie das System der „Allgemeinen Abmachungen" selbst Gesellschaften des BGB. Sämtliche Vereinigungen sind mit Ausnahme der Rheinisch-Westfälischen Vereinigung nicht in das Handelsregister eingetragen.

Irgendwelche Straf- oder Schutzbestimmungen für den Fall von Verstößen gegen die Vereinbarungen bestehen innerhalb der allgemeinen Abmachungen nicht. Ebenso wenig wird durch Zwangsmaßnahmen ein Druck auf die Mitglieder ausgeübt. Vielmehr ist jeder örtliche Verband in der Lage, der besonderen wirtschaftlichen Eigenart seines Landes Rechnung zu tragen und für seine Mitglieder über die „Allgemeinen Abmachungen" hinaus andere Bestimmungen, die seinen besonderen Bedürfnissen entsprechen, zu vereinbaren, ohne erst dafür die Zustimmung der Hauptleitung in Berlin nachsuchen zu müssen.

Die Mitgliedschaft des Gesamtverbandes der „Allgemeinen Abmachungen" wird durch Beitritt zu einer örtlichen Bankenvereinigung erworben. Denkbar wäre auch ein direkter Beitritt zu dem Gesamtverband, beispielsweise in den „freien" Gebieten. Dieser Fall ist jedoch bisher noch nicht eingetreten.

b) Die börsengeschäftlichen Verbände: Die BBW. und die ihr angeschlossenen Bankenvereinigungen.

Entstehung: Der Grund für die Entstehung der börsengeschäftlichen Verbände bildete die Tatsache, daß die Vereinbarungen über Effektenprovisionen, die schon in den „Allgemeinen Abmachungen" in geringem Maße enthalten waren, infolge ihrer sehr locker gehaltenen Natur den Wünschen der angeschlossenen Banken und Bankiers nicht genügte. Durch Vermittlung der Berliner Stempelvereinigung und des „Vereins für die Interessen der Fondsbörse, Berlin" erfolgte daher nach längeren Verhandlungen mit anderen Banken und Bankenvereinigungen, sowie mit den freien Maklern am 24. November 1917 die Gründung der neuen Organisation zur Durchführung des Effektenprovisionsabkommens unter dem Namen „Berliner Bedingungsgemeinschaft für den Wertpapierverkehr" (BBW.). Von dem ursprünglich beabsichtigten Namen „Konditionskartell" hat man absichtlich Abstand genommen. Die Organisation ist endgültig am 3. Dezember 1917 in Wirksamkeit getreten, an dem Tage, an dem zum ersten Male seit Kriegsbeginn an den Börsen wieder amtliche Kurse festgestellt wurden.

Mitgliederkreis und Geltungsbereich. Die BBW. setzt sich nicht selbst aus den einzelnen Banken und Bankiers des Berliner Platzes zusammen; sie bildet vielmehr eine Vereinigung zweier Berufsgruppen, der Interessengemeinschaft der Berliner Privatbankfirmen und der Stempelvereinigung. Die Gemeinschaft als solche befaßt sich nicht mit der beruflichen Interessenvertretung ihrer Mitglieder bzw. der einen oder anderen Gruppe. Diese obliegt vielmehr den einzelnen Gruppen selbst. Erstere, die Interessengemeinschaft der Berliner Privatbankfirmen, wird innerhalb der Gemeinschaft als Gruppe A, letztere, die Stempelvereinigung, als Gruppe B bezeichnet. Die in Gruppe A der Gemeinschaft zusammengefaßten Bankfirmen umfassen alle diejenigen Banken, die nicht Mitglieder der Stempelvereinigung sind. Von den etwa 500 in Berlin bestehenden Privatbankgeschäften sind rund 350 in dieser Interessengemeinschaft vertreten.

Die Interessengemeinschaft der Berliner Privatbankfirmen ist auch Mitglied des Reichsverbandes der Bankleitungen, Berlin und regelt daher außer den gemeinsamen beruflichen Interessen auch das Verhältnis der Mitglieder zu ihren Arbeitnehmern, Fragen, mit denen sich die Stempelvereinigung beispielsweise nicht befaßt.

Die BBW. umfaßt der Zahl nach die größere Hälfte, der Bedeutung nach einen noch wesentlich höheren Prozentsatz des Bankgewerbes; zwischen ihr und einem Teil — ebenfalls der größeren Hälfte — der Bankenvereinigungen in der Provinz sind Übereinkommen über Vermittlergebühren getroffen, die diesen einen bestimmten Zwischenverdienst auf die nach Berlin weitergegebenen Aufträge zusichern. Die Provinz ist naturgemäß an diese Sätze nicht gebunden wie die beiden Berliner Gruppen. Die Sätze können aber immerhin Anhaltspunkte und Richtlinien für deren Festsetzung in der Provinz bilden.

Der BBW. gehören ferner an die freien Kursmakler mit ihrer offiziellen Vertretung, der „Maklergemeinschaft e. V., Berlin". Das Abkommen, das beide Verbände am 1. Januar 1928 getroffen haben, läuft für die Banken im wesentlichen darauf aus, ihre Vermittlungssätze im Verkehr mit der Privatkundschaft nicht von den Maklern unterboten zu sehen und die eigenhändlerische Vermittlertätigkeit der Makler auf einen engen Kreis von Börsenbesuchern zu beschränken. Reichsbank, Seehandlung und die dem Centralverband angehörenden Hypothekenbanken sind ebenfalls gewonnen worden, sich den Bedingungen der BBW. nach Möglichkeit anzupassen.

Analog der BBW. haben sich auch an anderen wichtigen Börsenplätzen Gemeinschaften gebildet, in Hamburg der „Verein für die Wertpapierbörse in Hamburg", in Frankfurt die „Frankfurter Bedingungsgemeinschaft für den Wertpapierverkehr", in Bremen der „Verein der Mitglieder der Wertpapierbörse Bremen"; die Bedeutung dieser Gemeinschaften ist jedoch mit der BBW. kaum zu vergleichen.

Sachlicher Umfang. Durch Vereinbarungen über Provisionen im Effekten- und Devisengeschäft sollen dem Berliner Bankgeschäft die durch den Konkurrenzkampf verdorbenen Lebensbedingungen angesichts der bedeutend vermehrten Unkosten gehoben werden und dem Wertpapierverkehr angemessene Verdienstmöglichkeiten gesichert und erhalten werden. Erreicht wird das

1. durch Abmachungen über Geschäftsbedingungen im Verkehr mit der Kundschaft unter ihren Mitgliedern,
2. durch entsprechende Abmachungen ihrer Mitglieder mit anderen Organisationen (auswärtigen Banken- und Bankiervereinigungen, Maklervertretungen usw.),
3. Überwachung der Innehaltung der getroffenen Abmachungen und Durchführung durch Anwendung geeignet erscheinender Mittel.

Aus letzterem ist ersichtlich, daß nicht nur die festgelegten Beschlüsse für alle angeschlossenen Mitglieder bindend sind, sondern daß die Innehaltung der Bestimmungen nötigenfalls durch Zwangsmaßnahmen erzwungen wird Zuwiderhandlungen können gegebenenfalls durch Ausschluß geahndet werden. Die einzelnen Mitglieder können dadurch zur Rechenschaft gezogen werden, daß seitens der Mitglieder auf die Innehaltung der Bestimmungen geachtet wird und etwaige Verstöße berichtet werden.

Die festgesetzten Sätze sind wieder Mindestsätze, die nicht unterboten werden dürfen. An die Einhaltung dieser Sätze sind die einzelnen Mitglieder im Gegensatz zu den „Allgemeinen Abmachungen" mit Rechtskraft gebunden. Vermittlergebühr darf grundsätzlich nur an Banken, Bankiers, Sparkassen, Kreditgenossenschaften und berufsmäßige Vermittler von Wertpapiergeschäften, welche die Vermittlergebühr nicht weitergeben dürfen, gewährt oder weitergegeben werden. Die Dauer der Vereinbarungen ist zunächst auf ein Jahr festgesetzt und verlängert sich jeweilig um ein weiteres Jahr, sofern nicht mit dreimonatlicher Frist am Schlusse des Kalenderjahres gekündigt wird. Insofern weicht diese Vereinbarung von den Bestimmungen der „Allgemeinen Abmachungen" ab, deren Dauer nur jeweilig sechs Monate beträgt mit einer vierwöchentlichen Kündigungsfrist. Die Festsetzung auf eine längere Zeit ist mit Rücksicht darauf gewählt, daß zahlreiche Bankfirmen, die der Bedingungsgemeinschaft nicht angehörten, sich an dieses Abkommen gebunden hatten.

Rechtlich betrachtet ist die BBW., wie die Bankenvereinigungen der „Allgemeinen Abmachungen", eine Gesellschaft des BGB.

c) Kartellcharakter der Konditionenverbände. Die Fachverbände im Bankgewerbe, die Bankenverbände und Bankenvereinigungen werden gewöhnlich als Kartelle und zwar als „Konditionenkartelle" bezeichnet, ohne daß überhaupt bisher in der öffentlichen Meinung sowohl wie in der fachwissenschaftlichen Literatur ein Unterschied gemacht wird zwischen bankgeschäftlichen, also den „Allgemeinen Abmachungen" angeschlossenen Bankenvereinigungen und börsengeschäftlichen Verbänden, in der Hauptsache also der BBW.

Man wird, wenn man sich der LIEFMANNschen Auffassung über den Kartellbegriff anschließt, nur die letztgenannten, die börsengeschäftlichen Verbände als wirkliche Kartelle bezeichnen können (vgl. OTTO: a. a. O.).

d) Ausländische Bankenvereinigungen. Internationale Vereinbarungen über den Geld- und Kreditverkehr der Banken überhaupt, geschweige denn über Zins- und Kreditbedingungen, bestehen bis heute noch nicht. Die Vereinbarungen beziehen sich größtenteils nur auf Sicherungsmaßnahmen allgemeiner Art. So haben die Bankenvereinigungen der bedeutendsten Länder gemeinsame Sicherungsmaßnahmen getroffen gegen die Fälschung von Papieren und Metallgeld, von Akkreditiven und Kreditbriefen. Es bestehen an besonderen Organen die „Internationale kriminalpolizeiliche Kommission für Bekämpfung von Kreditbriefverfälschungen" sowie das „Internationale Organ für Erkennungszeichen echter und gefälschter Banknoten". Federführendes Mitglied letzteren Organs ist der „Verband Österreichischer Banken und Bankiers, Wien", während der Deutsche Centralverband als Mitherausgeber fungiert. Ziel dieses Organs ist es, die Behörden sowie alle mit Wertpapieren und ausländischen Banknoten manipulierenden Stellen von etwa auftauchenden Fälschungen und sonstigen Betrugsfällen zu benachrichtigen.

Dieser Dienst erstreckt sich auf folgende Länder:

Albanien, Amerika (USA., Argentinien, Chile, Columbien, Peru, Venezuela), Belgien, Bulgarien, Dänemark, Danzig, Deutschland, Estland, Finnland, Frankreich, Griechenland, Holländisch-Indien Holland, Irland, Italien, Japan, Jugoslawien, Lettland, Litauen, Luxemburg, Norwegen, Deutsch-Österreich, Rußland, Rumänien, Portugal, Schweiz, Spanien, Südafrika, Tschechoslowakei, Ungarn.

In den einzelnen Ländern sind folgende Bankenvereinigungen mit der Führung der Geschäfte beauftragt:

USA.: American Banker's Assoziation, New York.
Deutschland: Centralverband des Deutschen Bank- und Bankiergewerbes e. V., Berlin.
England: British Banker's Assoziation (Assoziate member). — The Central Assoziation of Banker's, London.
Finnland: Assoziation des Banques Finnlandaises, Helsingfors.
Frankreich: Union Syndicale des Banquiers, Paris.
Jugoslawien: Verband der Geld- und Versicherungsanstalten des Kr. SHS., Zagreb. — L'Assoziation des Banques, Belgrad.
Italien: Associazione Bancaria, Italia, Roma.
Norwegen: Norwegen Den Norske Bankforening, Oslo.
Österreich: Verband Österreichischer Banken und Bankiers, Wien.
Schweden: Svenska, Bankforningen, Stockholm.
Schweiz: Schweizerische Bankiervereinigung, Basel.
Spanien: Assoziation de Banqueros, Madrid.
Tschechoslowakei: Verein der Funktionäre des böhmisch-slawischen Geldwesens, Prag. — Union des Banques Tchecoslovaques, Prag.
Ungarn: Vereinigung der Sparkassen und Banken, Budapest.
Dänemark: De Danske Provinsbankers Forening, Kopenhagen. — Kjöbenhavnske Bankers Forening af 1920, Kopenhagen.
Litauen (Memel): Verband des Bank- und Bankiergewerbes des Memelgebietes E. V., Memel.
Estland: Bankenrat Reval.
Lettland: Comité der Rigaer Kreditinstitute, Riga.
Polen: Zwiazek Bankow w Polsce, Warschau.

Neben der Benachrichtigung über Fälschungen auch von Schecks, Wechseln, Aktien und anderen Wertpapieren unterrichten sich die angeschlossenen Vereinigungen gegenseitig über Einziehung und Außerkurssetzung von Papier- und Metallgeld, neu in Umlauf gesetztes Papier- und Metallgeld und über Verlustanzeigen, die Schecks, Banknoten und Staatspapiere betreffen.

B. Standesvertretungen in sozialpolitischer Hinsicht.

1. Fachvereine auf Arbeitgeberseite, Arbeitgeberverbände. Das Bestreben der Wirtschaft in der neueren Zeit, die wirtschaftspolitischen Fragen von den sozialpolitischen gesondert zu behandeln, hat sich auch im Bankgewerbe durchgesetzt. Der Centralverband ist die berufsständische Interessenvertretung des Bankgewerbes. Demgegenüber stellt der Reichsverband der Bankleitungen, Berlin die Spitzenorganisation des Bankgewerbes in sozialpolitischer Hinsicht dar.

In sein Tätigkeitsgebiet fallen die Fragen der Sozialpolitik, der Arbeitsorganisation, insbesondere der gesetzlichen und vertraglichen Regelung der Arbeitszeit. Der Reichsverband, der erst am 28. Januar 1920 gegründet worden ist, ist also ein reiner Arbeitgeberverband, der, wie alle Arbeitgeberverbände, eine Vereinigung von Unternehmern darstellt zur Beeinflussung der Arbeitsverträge und die Tariffragen mit den Bankangestelltenverbänden zu regeln hat.

Er macht es sich zur Aufgabe, durch Zusammenwirken seiner Mitglieder zu solchen Arbeitnehmerfragen grundsätzlich Stellung zu nehmen, die für die Gesamtarbeitgeberschaft des Bankgewerbes von Bedeutung sind, und ein übereinstimmendes Verhalten aller Mitglieder zu diesen Fragen herbeizuführen. Zur Erreichung dieses Zweckes soll der Reichsverband zu allen grundsätzlichen, das Bankgewerbe betreffenden Arbeitnehmerfragen umfassendes Material sammeln, seine Mitglieder fortlaufend darüber unterrichten und durch Auskunft und Beratung unterstützen. Mitglieder können nur Arbeitgeberverbände im Bankgewerbe werden, die ihren Sitz im deutschen Reiche haben. Als Arbeitgeberverbände gelten nur solche Verbände, deren Zweck nach ihrer Satzung ausschließlich oder zum Teil auf die Vertretung von Arbeitgeberinteressen gerichtet ist. Von der in der Satzung gegebenen zweiten Möglichkeit, ausnahmsweise auch Einzelfirmen als Mitglieder aufzunehmen, nämlich an Plätzen, wo ein Arbeitgeberverband noch nicht besteht, ist bisher nicht Gebrauch gemacht worden. Soweit Filialen von Großbanken in Klein- und Mittelstädten nicht Mitglieder der betreffenden Ortsverbände sind, werden deren Interessen von ihrer Zentrale aus in Berlin geregelt.

Der Reichsverband hat Gliederungen in allen Landesteilen, größeren und mittleren Bankplätzen. Die Mitgliedsverbände — 51 an der Zahl — verfolgen sämtlich dasselbe Ziel wie der Hauptverband, nämlich die gemeinschaftliche Regelung aller Fragen, die das Verhältnis der Bankleitungen für sämtliche von der betreffenden Ortsgruppe abhängigen Niederlassungen zu den Arbeitnehmern im ganzen, in einzelnen Gruppen und Gattungen betreffen. Mitglied dieser Unter- oder Mitgliedsverbände kann jede natürliche oder jede juristische Person werden, die in der betreffenden Ortsgruppe oder dem Ortsbereich zugehörigen Stadt ein Bankunternehmen betreibt und im Handelsregister eingetragen ist. Organe sind gewöhnlich der Vorsitzende, die Verbandsversammlung und der Geschäftsführer.

Dem Reichsverband bzw. seinen örtlichen Mitgliedsverbänden ist der überwiegende Teil auch der Mitglieder des Centralverbandes, jedoch nicht die Gesamtheit, angeschlossen. Eine Ausnahme bilden u. a. die Hypothekenbanken, ausschließlich der Bayerischen Hypotheken- und Wechselbank und der Bayerischen Vereinsbank in München, und in Berlin die Berliner Handelsgesellschaft. Diese regeln die Tariffragen von sich aus, vielleicht in Anlehnung an die des Reichsverbandes. Der Reichsverband ist zusammen mit dem Centralverband in dem „Zentralausschuß der Unternehmerverbände", in dem Arbeitgeberverbände und wirtschaftliche Verbände zusammengeschlossen sind, vertreten.

2. Fachvereine auf Arbeitnehmerseite. Den Arbeitgeberverbänden stehen die Fach- oder Berufsvereine der Arbeitnehmer, sog. Gewerkschaften, gegenüber. Ihr Zweck ist die Verbesserung der Lohn- und Arbeitsbedingungen und die Hebung der wirtschaftlichen, sozialen und rechtlichen Lage ihrer Mitglieder. Zur Erreichung dieses Zweckes kommen in Betracht Verhandlungen mit den Arbeitgebern, Abschluß von Arbeitsverträgen, Arbeitsniederlegung, geistige und fachliche Ausbildung der Mitglieder, Rechtsschutz und Unterstützungseinrichtungen.

Die Mittel, die zur Erreichung dieses Zweckes dienen, sind bei den im Bankgewerbe bestehenden Angestelltenorganisationen je nach der politischen Einstellung und weltanschaulichen Grundlage, auf der sie aufgebaut sind, verschieden.

Der Deutsche Bankbeamtenverein e.V., Berlin (DBV.) wurde am 10. Mai 1894 in Magdeburg im Gegensatz zu den damals vereinzelt bestehenden örtlichen Bankbeamtenvereinigungen als Reichsverband gegründet. Seit dem 1. Oktober 1895 befindet er sich in Berlin, um seine Funktionen als Reichsverband dort besser ausüben zu können. Der DBV. umfaßt mit über 40000 Mitgliedern mehr als 50% aller im Bankgewerbe kaufmännisch tätigen Bankangestellten und ist somit die größte Organisation. Er steht auf gewerkschaftlicher Grundlage und sucht seine sozialen Ziele mit Hilfe von Reich, Staat und Gemeinde zu erreichen. Ein Hauptverdienst des DBV. ist die Schaffung einer allgemeinen und einheitlichen Altersversorgung der Bankangestellten. Im Jahre 1909, $3^1/_2$ Jahre vor Inkrafttreten der staatlichen Pensionsversicherung, wurde durch den DBV. und den Centralverband des Deutschen Bank- und Bankiergewerbes der „Beamtenversicherungsverein des Deutschen Bank- und Bankiergewerbes" (kurz auch „Neutrale Pensionskasse" genannt), in dem etwa über 65000 Bankangestellte versichert sind, gegründet. Der DBV. steht der demokratischen Partei nahe, ohne allerdings parteipolitisch gebunden zu sein und ist seit Juni 1925 als Spitzenorganisation dem „Gewerkschaftsring deutscher Arbeiter-, Angestellten- und Beamtenverbände, Berlin" angeschlossen, in dem auch der GDA. und die Hirsch-Dunkerschen Gewerkschaften zusammengefaßt sind.

Der Allgemeine Verband der deutschen Bankangestellten Berlin (AV.) steht auf freigewerkschaftlich-sozialistischer Grundlage und sucht aud radikalerem Wege die soziale Lage seiner Mitglieder zu verbessern. Gegenüber der sekundären Hilfe von Reich, Staat und Gemeinde sieht der Verband die Mittel der gewerkschaftlichen Selbsthilfe als primär zur Erreichung seiner Ziele an. Der Verband, der dem Afa-Bund als Spitzenorganisation angehört, erstrebt die Überleitung der privatkapitalistischen Produktionsweise in die gemeinwirtschaftliche und fordert gleichzeitig die Demokratisierung der Betriebe. Er ist im August 1912 gegründet worden und zählt zur Zeit etwa 8000 kaufmännische und gewerbliche Bankangestellte.

Der Reichsverband der Bankkassenboten und technischen Bankangestellten, Frankfurt a. M. steht auf gewerkschaftlicher Grundlage und befindet sich mit dem DBV. im Kartellverhältnis. Er ist im Jahre 1920 gegründet und umfaßt etwa 4000 gewerbliche Bankangestellte.

Diese drei Verbände gelten als Fachverbände der im Bankgewerbe tätigen kaufmännischen und gewerblichen Angestellten und sind Tarifparteien des Reichstarifvertrages für das deutsche Bankgewerbe auf Seiten der Angestellten. Neben diesen Fachverbänden haben auch die kaufmännischen Angestelltenorganisationen eine große Anzahl Bankangestellter in ihren Reihen.

Der Deutschnationale Handlungsgehilfenverband, Hamburg, Reichsfachgruppe Banken, umfaßt nahezu 14000 Bankangestellte. Er steht auf deutschnationaler Grundlage. Der DHV. ist seit 1925 laut Schiedsspruch als Tarifpartei neben den drei Fachverbänden zum Reichstarifvertrag zugelassen, da er eine „derartige Bedeutung im Bankgewerbe besitzt, daß eine Zulassung zum Reichstarifvertrag gerechtfertigt erscheint".

Der Gewerkschaftsbund der Angestellten (G. d. A.) zählt etwa 2000 Bankangestellte zu seinen Mitgliedern. Die 1925 beantragte Zulassung als Tarifpartei zum Reichstarifvertrag ist abgelehnt worden, weil seine Bedeutung für das Bankgewerbe nicht anerkannt wurde. Der G. d. A. sieht gleich dem DBV. in dem Gewerkschaftsring deutscher Arbeiter-, Angestellten- und Beamtenverbände seine Spitze. Er sowohl wie seine Mitglieder sind durch den DBV. am Reichstarifvertrag beteiligt und werden auch durch ihn bei allen diesbezüglichen Verhandlungen vertreten.

Die Vereinigung von Oberbeamten im Bankgewerbe, die etwa 2000 Mitglieder umfaßt, bezweckt die Wahrnehmung besonderer Interessen der Oberbeamten. Sie ist nicht gewerkschaftlich aufgebaut und arbeitet nicht mit bei der Abfassung des Reichstarifvertrages.

Die Gesamtzahl der im Bankgewerbe tätigen Angestellten beläuft sich zur Zeit auf rd. 70500; davon sind 57800 in Betrieben tätig, die dem Reichsverband der Bankleitungen angeschlossen sind, und 12700 in solchen, die außerhalb dieser Arbeitgebervereinigung stehen. Vergleicht man diese Zahlen mit denen der oben angegebenen Angestelltenorganisationen, so stellt man überraschenderweise fest, daß sie sich mit diesen fast decken, obwohl doch auch ein großer Prozentsatz der Bankangestellten überhaupt nicht organisiert ist. Hierzu ist zu sagen, daß vielfach Angestellte die Mitgliedschaft von zwei Verbänden besitzen. Die Gründe hierfür sind neben anderen vor allem auch sozialpolitischer Natur. Die großen politisch orientierten kaufmännischen Angestelltenorganisationen haben gewöhnlich günstigere Krankenkassen- und Sterbeversicherungsbedingungen, besonders was die Familiensätze anbetrifft.

Im übrigen rekrutiert sich der DBV. hauptsächlich aus der Provinz, während die radikalen Gruppen, wie AV. und DHV., in den Großbankbetrieben in Berlin am stärksten vertreten sind. Man geht auch nicht fehl, wenn man annimmt, daß der größte Teil der DHV.-Mitglieder in den Sparkassen zu suchen ist.

Literatur: Bankarch., Jg. 1901—29. — Buchwald, B.: Technik des Bankbetriebes, 8. Aufl. Berlin 1924. — Kulemann, W.: Die Berufsvereine. Bd. 3: Deutschland. Jena 1908. — Leitner, Fr.: Bankbetrieb und Bankgeschäfte, 7. Aufl. Frankfurt a. M. 1925. — Leitmann, R.: Kartelle, Konzerne und Trusts, 7. Aufl. Stuttgart 1927. — Otto, Fr.: Die Organisation des privaten deutschen Bankgewerbes in Bankenverbänden und Bankenvereinigungen. Greifswald 1930. — Pilster, R.: Die Kartellierung der Geschäftsbedingungen im deutschen Bankwesen. Dissert. Köln 1922. — Tänzler, F.: „Unternehmervereine." Handwörterbuch der Staatswissenschaften, Bd. 8, 4. Aufl. Jena 1928. — Verbandsliteratur, Zeitschriften, Denkschriften, Geschäftsberichte, Jahresberichte und Satzungen der Verbände. — Ausführliche Literaturzusammenstellung vgl.: Otto, Fr.: a. a. O.

Fritz Otto.

State Bank s. *Federal Reserve System I.*

Statische Bilanz s. *Bilanz I 4.*

Stellage s. *Prämiengeschäft 2.*

— **kurs** s. *Prämiengeschäft 2.*

Stellgeld s. ebenda.

Stempelzertifikate s. *Effektenarbitrage 2.*

— **vereinigung** s. *Standesvertretungen A 2a.*

Steuerermittlungsverfahren,

— **strafverfahren, Auskunftspflicht der Bank bei** s. *Bankgeheimnis.*

Steuerflucht s. *Kapitalflucht.*

Steuerfreiheit ist die ausbesonderen Gründen gewährte Befreiung von gewissen Steuern und Abgaben entweder für den Anleiheschuldner (so regelmäßig bei öffentlichen Anleihen) oder für den Erwerber (z. B. die „Hilferding-Anleihe" des deutschen Reichs von 1930, die von Einkommens-, Vermögens- und Erbschaftssteuer befreit ist). Häufig — z. B. in Frankreich, England, Schweiz — für die Couponsteuer bei Staatsanleihen. (Vgl. die betr. Artikel.) Die volkswirtschaftliche Bedeutung der S. ist namentlich in USA. — anläßlich der S. bestimmter Bundesanleihen — stark diskutiert worden; vgl. C. O. Hardy, Tax-exempt securities and the surtax, New York 1926 vgl. *Rentenmarkt.*

Steuergutscheine s. *Subventionen, 4.*

Steuern s. *Kapitalertragssteuer* sowie *Kapitalverkehrsteuern* (allg. Artikel), ferner die Angaben bei den einzelnen Börsen, vgl. *Schachtelprivileg, Spekulationsgewinne.*

— **als Unkostenfaktor** s. *Erträgnisse des Bankgewerbes II 4.*

Steuergutscheine s. *Subventionen 4,* s. a. *Panik und Panikbekämpfung.*

stille Reserven s. *Reserven.*

Stillhalte-Abkommen sind Verträge, durch die eine Vielzahl von Gläubigern einem in Schwierigkeiten geratenen Schuldner oder Kreis von Schuldnern einen Zahlungsaufschub gewährt. (Im Verhältnis eines einzelnen Gläubigers zu seinem Schuldner wird in solchen Fällen in der Regel von Stundung, nicht aber von Stillhalten gesprochen.) Der Ausdruck wurde in der breiteren Öffentlichkeit zum erstenmal nach dem Zusammenbruch des Stinnes-Konzerns im Sommer 1925 verwandt. Damals wurden auf Veranlassung der Reichsbank zwei Konsortien gebildet: ein „Stillhalte-Konsortium" der Banken, die gegen den Stinnes-Konzern Forderungen hatten, und ein „Garantie-Konsortium", aus den Banken bestehend, die neue Mittel einschossen. Auf diese Weise wurde die ruhige Sanierung des Konzerns ermöglicht. Eine andere Färbung nahm der Begriff Stillhalten in der internationalen Krise des Jahres 1931 an. Mißtrauen gegenüber der deutschen Währung und Wirtschaft führte, insbesondere nach dem Zusammenbruch der Österreichischen Credit-Anstalt, zu einem Abzug der kurzfristigen Gelder, der sich schließlich zu einem Run der Auslandsgläubiger steigerte. Gleichzeitig erfolgte eine wilde Kapitalflucht. Als am 13. Juli 1931 auch die deutschen Einleger ihre Guthaben bei den Kreditinstituten zurückforderten, wurde unter dem Namen „Bankfeiertage" ein Moratorium verkündet. In den folgenden Wochen wurden die Beschränkungen bei der Auszahlung von Guthaben den Inländern gegenüber schrittweise aufgehoben, den Ausländern gegenüber teils durch Vorschriften über den Devisenverkehr (s. u. *Devisenbewirtschaftung*), teils durch ein St.-A. ersetzt. Dieses Abkommen, das zunächst bis Ende Februar 1932 lief und danach für ein weiteres Jahr von dem sog. Deutschen Kreditabkommen von 1932 abgelöst wurde, galt für die kurzfristigen Schulden deutscher Banken und Industrie- und Handelsfirmen gegenüber ausländischen Banken. Es umfaßte also nicht den Schuldendienst der langfristigen Anleihen und auch nicht die kurzfristigen Schulden der Länder und Gemeinden, für die im April 1932 ein besonderer Stillhalte-Vertrag abgeschlossen wurde. Ausgenommen waren aber auch Saisonkredite und Börsengelder, sowie die Markguthaben der Auslandsbanken. Diese Markguthaben mußten im Laufe einiger Monate ratenweise abgezahlt werden. Bedingung für die Stundung der übrigen Bankkredite war — abgesehen von einer recht hohen Verzinsung — die Bereitstellung besonderer Garantien: bei Akzeptkrediten mußte eine zweite Unterschrift gewährt werden, und ein Teil der Kredite (5—20%) durfte auf die Golddiskontbank übertragen und auf diese Weise gesichert werden (später trat die Golddiskontbank nur noch als Bürge auf). Außer den Markguthaben wurden unter dem Regime des St.-A. weitere nennenswerte Beträge zurückgezahlt (insbesondere wurden Rembourskredite nicht erneuert), so daß der Vertrag eigentlich nicht nur die Stillhaltung, sondern auch den Abmarsch der Kapitalien ordnete. Die Regelung der Schuldenabzahlung wurde um so wichtiger, als sehr bald Klarheit darüber entstand, daß eine Rückkehr zum freien Kapitalverkehr vorerst nicht möglich wäre. So wurden in das Deutsche Kreditabkommen Bestimmungen aufgenommen, die eine zunächst 10proz. Kürzung der Stillhalte-Kredite (der „Kreditlinien", d. h. des Umfangs der Kredite nach dem Stand vom 8. Oktober 1931) vorsahen. Bei Inkrafttreten des Deutschen Kreditabkommens am 1. März 1932 waren die Kreditlinien durch Rückzahlung teilweise schon um mehr als 10 % zurückgegangen. Gläubiger, die weniger als 10% eingezogen hatten, erhielten hinsichtlich der Differenz Vorzugskürzungsrechte (preferential rights), d. h. künftige Barzahlungen kamen zunächst ihnen zugute. Gleichzeitig schuf das Deutsche Kreditabkommen Möglichkeiten, kurzfristige Gelder durch langfristige Anlage in Wertpapieren oder Liegenschaften zu konsolidieren.

Einen Überblick über den Umfang und die Zusammensetzung der deutschen Stillhalte-Verpflichtungen, über ihr Verhältnis zur gesamten kurzfristigen Verschuldung und über die Rückzahlung von Krediten vermittelt die nachstehende Tabelle. Die unter II aufgeführten Beträge sind die sog. „theoretischen Stillhaltezahlen", d. h. sie erfassen die Verbindlichkeiten, die — nach den Erhebungen der Reichsbank — den im St.-A. festgelegten Merkmalen entsprechen. Die „praktischen Stillhaltezahlen" betreffen dagegen die Kredite, die nach dem erklärten Willen der Beteiligten tatsächlich den Bestimmungen des Abkommens unterworfen wurden. Sie sind erheblich niedriger als die „theoretischen" Zahlen. So beliefen sich die Kreditlinien am 1. März 1932 auf 4030 Millionen RM., während die theoretische Zahl 5040 Millionen RM. beträgt.

	28. Juli 1931	30. Nov. 1931	29. Feb. 1932
	in Millionen RM.		
I. Gesamte kurzfristige Verschuldung	11969	10301	10153
II. Von den Bestimmungen der Kreditabkommen werden erfaßt:			
A. Kredite an deutsche Banken[1]			
1. Rembourskredite	} 4092 (1.–4.)	2396	2241
2. Verpfl. aus eigenen Akzepten		} 1328 (2.–4.)	—
3. Darlehen und Vorschüsse			876
4. Sonstige Verpflichtungen			339
Summe A:	4092	3724	3456
B. Kredite an deutsche Handels- und Industriefirmen:			
1. Rembourskredite	} 2188 (1.–4.)	679	535
2. Verpflichtungen aus eigenen Akzepten		} 965 (2.–4.)	52
3. Darlehen und Vorschüsse			910
4. Sonstige Verpflichtungen			87
Summe B:	2188	1644	1584
Theoretische Stillhaltezahlen Se. A u. B:	6280	5368	5040

Dem deutschen St.-A. ähnliche Verträge schlossen die englischen und amerikanischen Banken mit ihren österreichischen und ungarischen Schuldnern.

[1] Ohne die Kredite für Reichsbank und Golddiskontbank.

Wenn eine Volkswirtschaft außerstande ist, über die Bezahlung der lebenswichtigen Einfuhr hinaus Devisen für den Schuldendienst, insbesondere für die Rückzahlung der kurzfristigen Verbindlichkeiten zur Verfügung zu stellen, so bleiben ihr — abgesehen von währungspolitischen Manipulationen — zwei Mittel: das Generalmoratorium (sei es auch nur in der Form der Devisenbewirtschaftung[1] oder die vertragliche Prolongation durch St.-A. Das Stillhalte-Regime ist für beide Parteien die vorteilhaftere Regelung. Es schont den Kredit des Schuldnerlandes und erhält damit zugleich den Wert der Forderungen, zumal die Gläubiger auf die Bedingungen, unter denen die Stundung erfolgt, auf Sicherung, Zinsfuß und Abzahlung Einfluß ausüben können. Selbstverständlich bedeutet die kollektive Regelung eine Schematisierung, die sich zu Lasten der guten, rückzahlungsfähigen Schuldner und zugunsten der Gläubiger schlechter Forderungen (die an allgemeinen Garantien teilhaben) auswirkt.

Stillhalte-Verträge lassen sich natürlich nur dann abschließen, wenn die Zahl der Gläubiger nicht allzu groß ist oder wenn zumindest Instanzen vorhanden sind, die befugt und gewillt sind, die Interessen der Gläubiger wahrzunehmen. Diese technischen Voraussetzungen des Stillhaltens sind nicht immer gegeben. Nicht in allen Fällen gelingt es, für eine weit im Publikum verstreute Anleihe ein Gläubiger-Komitee[2] zu bilden. Undurchführbar wäre der Versuch, die Unzahl von Warengläubigern einer Volkswirtschaft zu organisieren und zur Ernennung von Vertretern zu bewegen. Wenn also ein Verhandlungspartner nicht vorhanden ist, bleibt nichts anderes übrig als ein staatlicher Eingriff; die Regierung des bedrohten Landes pflegt dann den Abzug der ausländischen Kapitalien durch Gesetz und Verwaltungsmaßnahmen zu verhindern oder doch wenigstens in geordnete Formen zu bringen.

Herbert Block.

stillhalten in *Prämiengeschäften* (s. d.).

Stimmrechtsaktie (Herrschaftsaktie) s. *Aktienrechtsreform I und III*, vgl. *Aktiengesellschaft III*, vgl. *Aktie als Wertpapier 1.*

Stimmrecht von Vorzugsaktien in USA. s. *Aktie als Wertpapier 1a.*

Stock (e, USA) Bezeichnung für die Gesamtheit des Kapitals einer Gesellschaft (oder einer Kategorie desselben, z. B. common stock = sämtliche common shares, pref. stock usw.), in E. andrerseits auch, im Gegensatz zu shares (!), Bezeichnung solcher Werte (Aktien oder festverzinsliche), die nur durch Umschreibung in den Büchern der Gesellschaft (registered oder inscribed st.) übertragen werden. — Im Warenhandel bedeutet St. Vorrat, Lager.

stockbroker s. *broker 2.*

Stock certificates (e) = Zertifikate, Interimsscheine für Aktien.

Stockdividend = Dividende in jungen Aktien (statt Bardividende) s. *Aktie als Wertpapier 2.*

stock exchange (e) = Effektenbörse, z. B. New York st. e., die New Yorker Börse.

stock exchange collateral s. *Amerikanischer Geld- und Kapitalmarkt A I.*

Stockholmer Börse s. *skandinavische Länder V.*

Stockholms enskilden bank s. *skandinavische Länder II*

Stockwechsel s. v. w. notleidender Wechsel.

[1] Hierzu gehört auch die sog. Effektenstillhaltung, d. h. jener moratoriumähnliche Zustand, der durch die Bestimmung entstanden ist, daß Ausländer den Erlös von Effektenverkäufen in der Regel auf ein Sperrkonto übertragen müssen. Eine Stillhaltung liegt in diesem Fall überhaupt nicht vor.

[2] Vgl. „Effekten-Schutzverbände" in *Rentenmarkt 8.*

stoploss order. Die Weisung des Kunden an seinen Bankier, falls ein bestimmter Kurs unterschritten wird, ein Engagement bestens glattzustellen, um den Verlust nicht noch größer werden zu lassen. An kontinentalen Börsen ungebräuchlich, jedoch auf die Tendenz der New Yorker Börse oft von Einfluß.

Stückekonto s. *Depotrecht II.*

Stückelung: die Einteilung von für den Verkehr bestimmten Kapitalbeträgen (bzw. der Urkunden, der Wertpapiere) in bestimmte Teilbeträge, Abschnitte, Appoints. Die St. soll den Bedürfnissen des Wertpapierverkehrs möglichst entsprechen. Ihre Kenntnis ist oft bei der Erteilung von Börsenorders von Wichtigkeit. Die bekannte Schlußeinheit der Berliner Börse für Termingeschäfte (6000 RM. Nom.) hatte z. B. ihren Grund darin, daß viele Gesellschaften nicht die 1000 RM.-Stückelung für ihre Aktien, sondern — als Überbleibsel der Talerwährung — 300, 600, 1200 RM. hatten. Besonders hohe Abschnitte von Anleihen (z. B. 10000 RM.-Stücke) bedingen bei der heutigen Kapitalknappheit oft einen Kursabschlag usw.

Stückeverzeichnis s. *Depotrecht I A.*

Stückzinsen-Berechnung s. *Rentenmarkt 2.* — in der *Schweiz* (s. d.) s, ferner *London, Paris* usw.

Stundung, Stundungsvergleich s. *Schuldensenkung II.*

Submission = Begebung von Wertpapieren, insbes. Emission von Schatzscheinen auf Grund schriftlicher Wettbewerbsangebote. (Vgl. *Emissionsgeschäft II 2a* sowie *Tender.*)

Subskription s. *Emissionsgeschäft II 2.*

Substanzwert: Ein nicht in der Wissenschaft, sondern lediglich im Geschäftsleben übliche Bezeichnung, die sich während der Inflationsjahre eingebürgert hat. Mit S. bezeichnet man also (ähnlich „Sachwerte") Güter, die in hohem Maße als wertbeständige Anlage zu dienen geeignet sind, Unternehmen der Urproduktion, Gesellschaften mit großem Grundbesitz usw. Der Begriff S. ist, da er diese eigentümliche Färbung hat, mit dem reinen Sachwert keineswegs identisch, noch weniger mit dem Schrottwert oder dem Liquidationswert eines Unternehmens, bedeutet vielmehr die Eigenschaft, in dem betreffenden Objekt Vermögen konservieren zu können.

Subventionen. *1. Begriff und Wesen.* Im folgenden werden unter S. geldliche oder geldwerte Zuwendungen verstanden, die mittelbar oder unmittelbar von öffentlichen Gebietskörperschaften bestimmten öffentlichen oder privaten Unternehmungen ohne entsprechende Gegenleistung gemacht werden.

Zur Erläuterung dieser Definition sei folgendes bemerkt:

a) Nicht einbezogen in den Begriff S. werden hier Zuwendungen einer Gebietskörperschaft an eine andere öffentliche Körperschaft — sei es an eingegliederte politische Verbände (Beispiel: Staatszuschüsse an Gemeinden), sei es an ausländische Gemeinwesen (Subsidien).

b) Subjekte der S. können Gebietskörperschaften aller Art sein, gegebenenfalls auch öffentliche Unternehmungen und Anstalten (vornehmlich Kreditanstalten), sofern und soweit die Subventionslast letztlich den Budgets der Gebietskörperschaften zufällt.

c) Objekte der S. sind mehr oder minder scharf abgegrenzte Teile der Marktwirtschaft, und zwar letztlich jedenfalls Unternehmungen. Im einzelnen können die S. unmittelbar an Einzelunternehmungen oder aber an bestimmte Unternehmungsgruppen gegeben werden, die ihrerseits nach sachlichen oder regionalen Gesichtspunkten gebildet werden können (Wirtschaftszweige oder Teile von solchen, bzw. alle Unternehmungen eines bestimmten Staatsgebietsteiles).

d) Es muß sich um Zuwendungen handeln, denen keine entsprechende Gegenleistung an den Fiskus gegenübersteht. Wenn überhaupt Gegenleistungen erfolgen, liegen S. nur insoweit vor, als der Wert der Gegenleistungen hinter dem der öffentlichen Zuwendungen zurückbleibt.

e) Nur soweit öffentliche Leistungen der fraglichen Art an Unternehmungen, d. h. zu Produktionszwecken erfolgen, darf von S. gesprochen werden. Zuwendungen, die an private Haushalte und unpersönliche „Zweckhaushaltungen" zu Konsumtionszwecken fließen, sind demgegenüber mit der neueren Theorie (Colm, Pfleiderer, Zachau) als „Unterstützungen" aufzufassen.

Das Wesen von S. liegt darin, daß es sich bei ihnen um öffentliche Leistungen handelt, die nicht einer mehr oder minder unbestimmten Anzahl und Gattung von Individuen zugute kommen, sondern — mindestens der Absicht nach — einem ganz bestimmten Ausschnitt, und zwar einem Ausschnitt der Erwerbswirtschaft. Die subventionierten Unternehmungen werden relativ, d. h. gegenüber anderen („diskriminierten") Unternehmungen derselben Branche, gleichen Unternehmungsgruppen in anderen Staatsgebietsteilen bzw. Ländern oder anderen Wirtschaftszweigen bevorzugt; S. sind also Sonderbegünstigungen, deren Lasten, wenn auch auf dem Umwege über den Fiskus, von der Allgemeinheit (letztlich: den nichtbegünstigten Teilen der Marktwirtschaft) getragen werden müssen.

Die S. sind ein Mittel der öffentlichen Wirtschaftspolitik, und zwar gehören sie zu denjenigen Maßnahmen derselben, die man als „protektionistisch" zu bezeichnen pflegt. Mit ihrer Hilfe sollen die Subventionsunternehmungen davor bewahrt werden, unter den Auswirkungen „freier Konkurrenz" (in- oder ausländischer Unternehmungen gleicher Erzeugungsrichtung) zum Erliegen zu kommen. Als Voraussetzung gilt allgemein, daß die Aufrechterhaltung der fraglichen Marktwirtschaftsteile im „öffentlichen (nationalen) Interesse" liegt (vgl. unten 3).

Als geldliche oder geldwerte Zuwendungen öffentlicher Gebietskörperschaften müssen die S. in der Haushaltrechnung der betr. Verbände in Erscheinung treten. Regelmäßig wird das auf der „Passivseite" (Ausgabeposten), ausnahmsweise auf der „Aktivseite" (Mindereinnahmen infolge von Steuer- und Zollnachlässen usw., die aber nur sehr selten gesondert ausgewiesen werden) der Fall sein.

2. Arten. S. werden heute überwiegend in Geldform gewährt. Immerhin ist neben solchen Geld- oder Nominalsubventionen, die Form von Natural- oder Realsubventionen (Gutmann) denkbar und hier und da noch üblich (z. B. gewisse Luftverkehrssubventionen), wobei unter Naturalsubventionen unentgeltliche oder unterbezahlte Sachleistungen der öffentlichen Hand an Unternehmungen zu verstehen sind. Weiterhin ist zwischen offenen und versteckten S. zu unterscheiden. Erstere bestehen in positiven Zahlungen oder Leistungen des öffentlichen Körpers, letztere in „Überpreisen" und sonstigen Bevorzugungen bei öffentlichen Beschaffungen (z. B. Mansfeld AG.!), sowie in totalen oder partialen Minderungen öffentlicher Leistungsverpflichtungen von Erwerbsunternehmungen, wie Steuernachlässe, Rückzölle, Befreiungen von Soziallasten (Bergbau!) u. dgl. mehr. Je nachdem, ob die Subventionsmittel unmittelbar aus der Staatskasse fließen oder aus technischen Gründen eine zwischengeschaltete (halb-) öffentliche Anstalt usw. mit der Zahlung betraut ist, handelt es sich um direkte oder indirekte S. Nach der Dauer der Zuwendungen ist zwischen vorübergehenden und permanenten S. zu unterscheiden. Erstere können einmaliger Natur sein, oder zwar für einen längeren, aber von vornherein festumgrenzten Zeitraum gewährt werden, während bei den permanenten Zuwendungen eine Beendigung der S. (zunächst) nicht ins Auge gefaßt wird. Vielfach wird sich diese Unterscheidung mit der an der Zielsetzung der Subventionierung orientierten Gegenüberstellung von Erziehungs- bzw. Notstands- und Erhaltungssubventionen decken.

Die wichtigsten Untergruppen der Geldsubventionen sind 1. verlorene Zuschüsse, 2. Kredite, 3. Zinszuschüsse, 4. Garantien und Bürgschaften.

Zuschüsse stellen definitive Leistungen der öffentlichen Hand dar, die in verschiedene Formen gekleidet werden können. So vermag ihre Höhe etwa in Beziehung gesetzt zu werden zu dem Umfang bestimmter Produktionsleistungen der subventionierten Unternehmungen, wobei diese Leistungen nach Art und Maß Vorbedingung der Subventionsgewährung sind. Ferner kann ein absoluter Betrag je Leistungseinheit der Subventionsunternehmungen oder ein bestimmter Anteil an den Leistungskosten, evt. unter absoluter Begrenzung der S. vergütet werden. Zu den fraglichen S. gehören u. a. die verschiedenen „Prämien", z. B. auf dem Gebiete der Schiffahrt, des Luftverkehrs usw.

Kredit- und Zuschußsubventionen ist gemeinsam, daß sie die Hergabe von (relativ erheblichen) Kapitalbeträgen bedeuten. Im Unterschiede zu den verlorenen Zuschüssen aber stellen Subventionskredite provisorische Staatsleistungen dar, da sie prinzipiell von den Subventionsunternehmungen zurückgezahlt werden müssen. Erfolgt eine solche Rückzahlung in voller Höhe (was insbes. bei Subventionskrediten der Landwirtschaft durchaus nicht immer der Fall ist; häufig findet vielmehr später eine partiale oder totale Umwandlung in Zuschüsse statt), so berechnet sich die effektive Höhe der S. aus dem Unterschiede zwischen den Bedingungen der Subventionskredite und den während ihrer Laufzeit geltenden marktmäßigen Bedingungen. Allerdings ist zu beachten, daß vielfach die mit Subventionskrediten ausgestatteten Unternehmungen nach Maßgabe ihrer geschäftlichen Situation überhaupt nicht in der Lage wären, vom privaten Kapitalmarkt Kreditmittel zu erhalten.

Zinszuschüsse sind definitive öffentliche Zuwendungen zwecks Minderung der Zinslasten, die den Subventionsunternehmungen aus privat beschafften Krediten erwachsen. Für den Fiskus bieten die Zinszuschüsse den relativen Vorteil einer cet. par. geringeren Belastung. Allerdings bedingt diese Subventionsart eine bestimmte Situation des Kapitalmarkts, die keineswegs immer gegeben ist.

Garantien und Bürgschaften sind in leidlich „normalen" Zeiten — vorbehaltlich gewichtiger Ausnahmefälle — für den Fiskus die geringst-kostspielige Subventionsart. Ähnlich wie Zinszuschüsse setzen sie voraus, daß den Subventionsunternehmen die Kreditbeschaffung durch private Geldgeber möglich ist. Ist die öffentliche Bürgschaft nicht conditio sine qua non für die Krediteinräumung überhaupt, so wird sie zumindest dem Kreditnehmer günstigere Bedingungen zu erreichen gestatten. Eine Belastung des garantierenden politischen Verbandes kann einmal (unmittelbar) durch Inanspruchnahme seiner Garantie eintreten, zum anderen (mittelbar) dadurch, daß die übernommenen Bürgschaften eine tendenzielle Beschränkung seines eigenen „Kredits" zur Folge haben.

3. Motive. Wie bereits erwähnt, wird im allgemeinen das Vorliegen eines allgemeinen („öffentlichen", „nationalen") Interesses an der Aufrechterhaltung der Subventionsunternehmungen als erforderlich angesehen. Schon die Vagheit der Formulierung deutet an, daß dieses „allgemeine" Interesse nicht notwendig mit dem der Volkswirtschaft zusammenfallen muß. Faktisch sind denn auch nur selten (rein) ökonomische Gründe für die Gewährung von S. maßgebend, überwiegend vielmehr — was freilich nach außen hin oft durch Scheinmotivationen verborgen ist — außerwirtschaftliche Motive. Unter diesen stehen die (letztlich) national-, d. h. außen- bzw. militärpolitisch orientierten Erwägungen im allgemeinen an erster Stelle, gelegentlich verbunden mit kultur- und bevölkerungspolitischen Zielsetzungen. Solche Motivationen sind z. B. meist maßgebend für Landwirtschaftssubventionen, ferner generell bei S. an „die Wirtschaft" (evt. auch Einzelunternehmungen) in Grenzgebieten, an militärisch wichtige Industriezweige, an gewisse Transportanstalten usw. Insbesondere in den zahlreichen Fällen, in denen die durch die S. begründete relative Bevorzugung von Unternehmungen zu einer Diskriminierung der ausländischen Konkurrenz führt, schwebt dabei der Gedanke der „Autarkie" vor. Natürlich muß eine an ökonomischen Maßstäben orientierte Kritik gegenüber derart begründeten S. versagen.

Eine zweite Motivreihe geht von sozial- und konjunkturpolitischen Gesichtspunkten aus. S. dieser Art sind in der Nachkriegszeit, und besonders seit 1929, in ungewöhnlichem Umfange gewährt worden, namentlich im Rahmen von „Arbeitsbeschaffungs"- und „Ankurbelungsprogrammen" usw. Gemeinsam ist diesen, in mancher Hinsicht eine Sonderstellung einnehmenden S., daß man hofft, mit ihrer Hilfe die Wirtschaft aus ihrem Depressionszustande herausreißen und eine Entlastung des Arbeitsmarktes herbeiführen zu können. Neben dem (Zentral-) Staat sind es vielfach auch (Länder und) Kommunen, die im Interesse ihrer lokalen Arbeitsmärkte durch S. verschiedenster Art — neben Garantien und verbilligten Krediten namentlich Realsteuernachlässe und Geländeschenkungen — Industrieunternehmungen an sich zu ziehen oder bei sich festzuhalten versuchen; vgl. etwa Sachsen (Horchwerke bzw. Autounion AG., Villeroy & Boch usw.), Stettin (Stöwerwerke), Bremen (Schröder-Bank) usw.

Bleiben die rein ökonomischen Motive. Sie gelten einmal für sog. Erziehungssubventionen, deren Anwendungsgebiet vor allem die Erzeugung „neuer" Güter und Leistungen ist; typisch in dieser Beziehung sind Verkehrs-, heute namentlich die Luftfahrtsubventionen. Zum anderen kann es sich um S. zur Überwindung eines akuten, wesensmäßig vorübergehenden Notstandes von Teilen der Marktwirtschaft handeln. Die ökonomische Rechtfertigung solcher „Notstandssubventionen" (Überbrükkungskredite u. dgl.) liegt vornehmlich in der Tatsache, daß eine ohne sie zu gewärtigende Vernichtung der fraglichen Unternehmungen zu volkswirtschaftlichen Verlusten führen würde, denen gegenüber die S. das geringere „Opfer" darstellen. Insonderheit gilt das naturgemäß für solche Wirtschaftsteile, deren Zusammenbruch sehr weitreichende „Fernwirkungen" haben würde, wie etwa Großbanken, Eisenbahnen usw.

4. Einige Angaben über den Umfang der wichtigsten Subventionsarten in der Gegenwart. Unter den geistigen und materiellen Auswirkungen des Weltkrieges und der Friedensschlüsse haben die S. international eine ungewöhnliche Ausdehnung gefunden. Das Streben nach Autarkie — „Autarkiewirtschaft heißt ... auch Subventionswirtschaft" (GERLOFF) —, die geringe Neigung, die in der Kriegs- und Inflationszeit erfolgten Fehlinvestitionen als solche anzuerkennen, die Wandlung in den Auffassungen über die Grenzen der Staatstätigkeit im Sinne einer Bejahung antiliberalen Interventionismus und — last not least — die in der ungewöhnlich heftigen Wirtschaftskrise ausmündenden Strukturwandlungen der Weltwirtschaft: alles das war dem Subventionismus günstig. Neben den Ländern, in denen tiefgreifende politisch-soziologische Veränderungen zwangsläufig zu einer Verstärkung des Interventionismus und Protektionismus im allgemeinen, der S. im besonderen führten (Italien, Spanien), wurden auch solche Staaten zum Subventionismus geführt, die an den Prinzipien des Liberalismus festzuhalten geneigt waren, wie Frankreich, USA. und England. Letzteres hat z. B. gewisse, z. T. vorbildhaft wirkende Subventionsmaßnahmen auf dem Gebiete der Exportförderung ergriffen und daneben etwa dem Zuckerrübenanbau und dem Kohlenbergbau weitgehende öffentliche Hilfe angedeihen lassen. Frankreich hat neuerdings, neben der dort althergebrachten Subventionierung des Transportwesens, aus den reichen Beständen des Trésors zahlreiche S., insbesondere bedeutende Stützungskredite an Bankunternehmen gewährt (je rund 1 Milliarde Francs an die Banque d'Alsace et de Lorraine und die Banque Nationale de Crédit, 100 Millionen Francs an die Zentralkasse für Agrarkredit usw.).

Was Deutschland betrifft, so haben auch hier die S. aus den obenerwähnten allgemeinen Gründen, die durch spezielle Anläße (worunter Wiederaufbau, Reparationslasten und Kapitalmangel) noch verstärkt wurden, in der Nachkriegszeit eine gewaltige Ausdehnung erfahren. Zur Veranschaulichung mögen folgende Stichangaben dienen:

Allein die Subventionskredite des Reiches beliefen sich am 1. April 1932 auf 890 Millionen RM. Zu dieser Summe dürfte, selbst unter Ausscheidung der Hauszinssteuerhypotheken, weit mehr als eine Milliarde Subventionskredite von Ländern (Preußen allein: über 600 Millionen!) und Gemeinden kommen. Die Zins- und sonstigen Bedingungen sind nur in den seltensten Fällen den marktmäßigen angeglichen. Der größte Teil der Darlehen entfiel ursprünglich auf Subventionskredite, die unter dem unbestimmten Sammeltitel „Zum Zwecke der Milderung der Arbeitslosigkeit" den verschiedensten Unternehmungen und Wirtschaftszweigen sowie der Arbeitslosenversicherung (im letzten Falle keine „echten" S.!) zugeführt sind; inzwischen sind über 1 Milliarde Darlehen des Reichs teils durch Niederschlagung, teils durch Einbringung in die Gesellschaft für öffentliche Arbeiten A. G. in Fortfall gekommen. Daneben spielen — z. T. auf der Grenze zu „Unterstützungen" liegende — Darlehen für Wohnungs- und Siedlungswesen, Schiffahrts- und Luftverkehr, gewerbliche Einzelunternehmungen, sowie namentlich Landwirtschaftszweige eine bedeutsame Rolle. Im weiteren Sinne müssen zu den Subventionskrediten auch gewisse Beteiligungen der öffentlichen Hand an Erwerbsbetrieben gerechnet werden; allein das Reich ist an mehr als hundert Gesellschaften beteiligt, darunter neuerdings namentlich an Bankinstituten (Gesamtinvestition 1931/32: 365 Millionen, woraus Nominalbeteiligungen in Höhe von 234 Millionen RM. und an der Gelsenkirchen AG.).

Unter dem Druck der Geldnöte ist das Reich (ähnlich auch Länder und Gemeinden) in den letzten Jahren mehr und mehr dazu übergegangen, an die Stelle von Zuschüssen und Darlehen die die Reichskasse — zumindest zunächst — prinzipiell weniger belastenden Zinszuschüsse und Garantien zu setzen.

Die Garantien und Bürgschaften des Reichs sind für den 1. Oktober 1931 mit etwa 1,1 Milliarden RM. anzunehmen, und zwar ohne Bankengarantien (s. u.) und die Dividendengarantie für rund 3/4 Milliarde RM. 7proz. Reichsbahn-Vorzugsaktien, welch letztere vielleicht 1932 effektiv werden wird. Bis zum 1. April 1932 wuchsen netto weitere 120 Millionen RM. Bürgschaftsverpflichtungen — vornehmlich für Landwirtschafts- und Reedereikredite — zu. Einschließlich sämtlicher Bankenbürgschaften und der erwähnten Dividendengarantie betrugen die am Beginn des Rechnungsjahrs 1932 vom Reich übernommenen Garantien und Bürgschaften reichlich 2 Milliarden RM.; außerdem waren aber noch reichlich 1 3/4 Milliarde RM. offene Ermächtigungen zu Garantieübernahmen vorhanden. Ferner sind daneben die Bürgschaften usw. von Ländern und Gemeinden zu berücksichtigen, die schätzungsweise weitere 2 Milliarden RM. ausmachen dürften (preußische Garantien und Bürgschaften allein 1 1/4 Milliarden!). Im Laufe des Rechnungsjahres 1932 sind dem Reichsfinanzminister durch verschiedene Notverordnungen — insbesondere auch durch die Etatsnotverordnung vom 30. Juni — weitere Ermächtigungen zur Übernahme von Garantien usw. in Höhe von vielen hundert Millionen erteilt worden, darunter 100 Millionen RM. für Darlehen zu Wohnungsumbauten und -reparaturen. — Die tatsächliche Inanspruchnahme des Reichs aus seinen Bürgschaften (ohne Banken) betrug bis Anfang 1932 rund 84 Millionen RM.

Abgesehen von den unten erörterten Garantierungen von Bankenverpflichtungen spielen unter den Reichsbürgschaften die größte Rolle diejenigen zugunsten der Landwirtschaft, des Wohnungs- und Siedlungswesens sowie namentlich des Außenhandels. Die Agrarbürgschaften wurden hauptsächlich für Umschuldungskredite des östlichen Grundbesitzes, daneben u. a. für Düngemittelkredite gegeben. Die — vorwiegend „Unterstützungscharakter" tragenden — Reichsbürgschaften zugunsten des Wohnungs- und Siedlungswesens betreffen in erster Linie Zwischenkredite der Bau- und Bodenbank für den Kleinwohnungsbau. Unter den Bürgschaften für Kredite usw., die der Förderung des deutschen Exports dienen sollen, dürften gegenwärtig die für Russengeschäfte aller Art diejenigen für allgemeine Exporte überwiegen.

Von besonderer Bedeutung waren die zahlreichen z. T. sehr umfassenden Garantien, die die öffentliche Hand, in erster Linie das Reich, im Interesse der Aufrechterhaltung des Kreditsystems in Verfolg der Geld- und Währungskrise vom Sommer 1931 zugunsten von Verpflichtungen verschiedener Banken und Sparkassen übernahm. Angesichts der Abziehungen ausländischer Kurzkredite und des (überwiegend dadurch verursachten) „Runs" inländischer Gläubiger reichte weder der Eigenkredit der Banken noch auch die in letzter Stunde übernommene Garantie der größten „aufbringungspflichtigen“ Industrieunternehmungen usw. (vgl. die Notverordnung über die Schaffung einer Wirtschaftsgarantie vom 8. Juli 1931) aus, um die Zahlungseinstellung verschiedener Großbanken zu verhindern. Die erste, wichtigste und umfassendste Maßnahme aus der großen Reihe staatlicher Hilfs- und Stützungsaktionen bildete die bekannte Ausfallbürgschaft des Reichs zugunsten nahezu aller Verbindlichkeiten der Danatbank auf Grund der Notverordnungen vom 13. Juli und 31. Juli 1931 (außer Wechselverpflichtungen usw. mehr als 1 Milliarde RM. Einlagen). Weitere Garantien übernahm das Reich, z. T. zusammen mit anderen Gebietskörperschaften, bei der Schroeder-bank-Bremen, der Akzept- und Garantiebank, der Berliner Bank für Handel und Grundbesitz usw., der Deutschen Girozentrale sowie zahlreichen Genossenschaften. Daneben steht eine ganze Reihe von Länderbürgschaften zugunsten der Verbindlichkeiten größerer und kleinerer Provinzialinstitute (Sachsen, Hessen, Lübeck usw.). Gemeinsam ist diesen und anderen gleichgerichteten öffentlichen Hilfsmaßnahmen, daß sie nicht, oder doch mindestens nicht primär, als S. für die fraglichen Banken als solche, sondern für die mit diesen meist auf Gedeih und Verderb verbundenen Wirtschafts- und Rentnerkreise gedacht waren (wobei im letzten Falle die Maßnahmen teilweise Unterstützungscharakter trugen). Durch die Rekonstruktionsmaßnahmen, die gemäß der Notverordnung vom 20. Februar 1932 über die Sanierung von Bankunternehmen ergriffen wurden, hat das Reich sein Risiko zu begrenzen versucht. Die Einzelheiten dieser Maßnahmen und der vorhergehenden Aktionen, die dadurch teilweise aufgehoben, teilweise ergänzt worden sind, können hier nicht geschildert werden. Als Ergebnis ist festzustellen, daß durch Beteiligungen, verlorene Zuschüsse, Einschaltung des Reichskredits mittels Hergabe von Schatzanweisungen und schließlich fortbestehende Garantien der Einfluß der öffentlichen Hand auf das deutsche Bankwesen außerordentlich groß geworden ist. Die Gesamthöhe der S., die diesem zugeflossen sind, ist vorläufig, vor allem wegen der Zweifel über das Effektivwerden von Bürgschaften, noch nicht exakt zu berechnen. Ein vorläufiger Überblick ergibt folgendes:

Mit Einschluß der fortbestehenden Reichsgarantie gegenüber den Auslandsgläubigern der alten Danatbank (rund 400 Millionen) beläuft sich der Gesamtbetrag der Mitte 1932 ausstehenden Bürgschaftsverpflichtungen des Reichs zugunsten von Banken, Kreditgenossenschaften usw. auf ziemlich genau $^3/_4$ Milliarden RM. In welcher Höhe das Reich aus diesen Garantien in Anspruch genommen werden wird, läßt sich, wie erwähnt, noch nicht abschätzen. Einige Dutzend Millionen (namentlich aus der Rückbürgschaft gegenüber Bremen in Sachen Schroeder- bzw. Norddeutsche Kreditbank, sowie aus der Garantie für die Berliner Bank für Handel und Grundbesitz) dürfen schon heute als verloren gelten. Die sonstigen bereits eingetretenen effektiven Verluste des Reichs liegen zwischen 300 und 400 Millionen RM., die aber nur zum geringsten Teile (90 Millionen) schon bar abgelöst worden sind — aus überplanmäßigen Münzprägungsgewinnen —, in der Hauptsache dagegen durch Reichsschatzanweisungen eine vorläufige Deckung gefunden haben. Daneben hat das Reich weitere Schatzanweisungen, die überwiegend (zu etwa $^3/_4$) verzinslich sind, für Aktienerwerbungen und verschiedene sonstige Zwecke hingegeben; im zweiten Falle (Reserve-, Delcrederefonds usw., sowie Beschaffung von Liquiditätskrediten) besteht jedoch eine Rückzahlungsverpflichtung der Banken, von der man freilich nicht weiß, ob und gegebenenfalls innerhalb welchen Zeitraums die Kreditinstitute in der Lage sein werden, ihr nachzukommen. Insgesamt dürften sich gegenwärtig noch 650 Millionen Reichsschatzanweisungen, die für Bankstützungszwecke hergegeben wurden, im Umlauf befinden, ein weiterer Betrag von über 100 Millionen kann noch abgerufen werden. Die Fälligkeiten der Schatzanweisungen verteilen sich im wesentlichen — nicht ganz gleichmäßig — über die Jahre 1932—1937.

Insgesamt hat also die Kreditkrise zu sehr erheblichen Reichssubventionen zugunsten von Kreditinstituten, insbesondere von Großbanken, Anlaß gegeben. Durch die Form der Mittelbeschaffung für diese Operationen (vorwiegend Bürgschaften und Schatzanweisungen) konnte die starke öffentliche Belastung, deren Größe angesichts der gespannten Etatlage des Reichs eine sofortige Barablösung nicht zugelassen hätte, über einen größeren Zeitraum verteilt werden. Obwohl auch die (privaten) Aktionäre der Banken Verluste in einem Gesamtumfange von schätzungsweise $^1/_2$ Milliarde RM. sich gefallen lassen mußten, steht fest, daß ohne die S. der öffentlichen Hand die Aufrechterhaltung eines geordneten Kreditwesens 1931/32 schlechterdings unmöglich gewesen wäre. Freilich ist durch jene S. und die bisher schon ergriffenen Maßnahmen, wie Bankkommissariat u. dgl., die Frage der künftigen Organisation unseres Bankwesens noch keineswegs endgültig gelöst. Als Ergebnis zeigt sich zunächst, daß etwa die Hälfte des deutschen Bankgeschäfts unter unmittelbaren oder mittelbaren staatlichen Einfluß geraten ist, der sich vorläufig noch überwiegend privatrechtlicher und -wirtschaftlicher Formen bedient.

Anmerkungsweise sei erwähnt, daß sich im Zuge der jüngsten internationalen Kredithilfe auch zahlreiche ausländische Staaten genötigt sahen, das Bankwesen zu subventionieren, bei welchen Maßnahmen Staatsgarantien durchaus im Vordergrund standen. Die Hauptbeispiele — auf Einzelheiten kann hier nicht eingegangen werden — bieten neben Frankreich (s. o.): die USA. ($^3/_4$ Milliarde $ Darlehen an über 4000 Banken und Trustgesellschaften durch die — vom Bund mit Kapital und Garantien ausgestattete — Reconstruction Finance Corporation), Österreich (Credit-Anstalt; vgl. dazu W. Federn: Arch. Sozialwiss. u. Sozialpol. **67**, 403ff. (1932)), Dänemark, Lettland, Schweden (Stützung der Skandinaviska im Zusammenhang mit dem Kreuger-Krach), Polen, Ungarn, Rumänien, Italien (Banca Commerciale) sowie die Schweiz (Eidgen. Darlehnskasse, 1932).

Mit Zinszuschußsubventionen ist hauptsächlich auf dem Gebiete des Wohnungs- und Siedlungswesens einer-, dem der Agrarwirtschaft andererseits gearbeitet worden. Zur Begründung wurde meist auf die relativ außerordentliche Höhe des Kapitalzinsfußes hingewiesen, jedoch darf nicht übersehen werden, daß die öffentliche Hand bei ihren speziellen Kreditverbilligungsmaßnahmen die Zinsbelastung bestimmter Unternehmungsgruppen meist nur als technisch zweckmäßigen Ansatzpunkt für ihre durch allgemeine subventionistischen Erwägungen motivierten Hilfsmaßnahmen verwendete. Die (meist recht komplizierten) Zinszuschußaktionen erstrecken sich regelmäßig auf einen mehr- (5—10-) jährigen Zeitraum und haben z. B. bei den landwirtschaftlichen Darlehen (Meliorations-, Molkerei-, Viehverwertungskredite) eine Halbierung der Lasten des letzten Kreditnehmers bewirkt. Ein neues Anwendungsgebiet von Zinszuschußaktionen bilden Kredite für Hausreparaturen und Darlehen an Kredit- und Konsumgenossenschaften (1932).

Die Zinszuschüsse stellen eine Untergruppe der allgemeinen Zuschußsubventionen dar. Bedauerlicherweise fehlt es an zulänglichen amtlichen Unterlagen über Höhe und Verwendung derselben, so daß die Gesamtheit der seit Kriegsende gewährten S. dieser Art z. B. nicht einmal für das Reich, geschweige denn für sämtliche deutsche Gebietskörperschaften ermittelt werden kann. Lediglich für einige wichtige Teilgebiete (Landwirtschaft, Verkehrswesen) liegen mehr oder minder vollständige Zusammenstellungen vor. Soweit der Außenstehende zu erkennen vermag, sind Zuschußsubventionen hauptsächlich an gewerbliche Einzelunternehmungen (Bergbau, Werften, Filmherstellung usw.), gewisse Verkehrszweige und namentlich Teile der Landwirtschaft — zumal des Ostens — geflossen. Wie bereits dargelegt, erforderte ferner die Bankenrekonstruktion erhebliche Zuschüsse à fonds perdu, die sich im Laufe der nächsten Zeit noch wesentlich erhöhen dürften.

Neuestens haben die Bestrebungen der Reichsregierung Papen, die deutsche Wirtschaftskrise mit Hilfe staatlicher „Ankurbelungsmaßnahmen“ zu überwinden, zu einem förmlichen „System“ von S. geführt. Als Mittel kommen in erster Linie die sog. „Steuergutscheine“ gemäß der Notverordnung „zur Belebung der Wirtschaft“ vom 4. September 1932 in Betracht. Die Hergabe dieser Scheine trägt deshalb subventionistischen Charakter, weil sie teils (ca. $1^1/_2$ Milliarden RM. nominal) zur — antizipierten — Senkung bestimmter und zwar typischer Unternehmungssteuern, teils als „Lohnzuschüsse“ (bis 700 Millionen RM.) an solche Unternehmungen, die eine „Mehrbeschäftigung von Arbeitnehmern“ nachzuweisen vermögen, dienen. Zwar besteht die Tendenz, die Unternehmungen als solche allgemein — im Verhältnis zu Arbeitnehmern und Rentnern, deren Steuerzahlungen keinen Anlaß zur Gewährung von Gutscheinen geben — zu begünstigen, doch werden faktisch, insbesondere durch die als „Lohnzuschüsse“ gewährten Scheine, differenzierte Begünstigungen innerhalb der Gesamtheit der Unternehmen geschaffen.

5. Würdigung der S. in Ansehung ihrer Wirkungen. Bevor in eine volkswirtschaftliche Würdigung derjenigen S. eingetreten wird, die einer solchen überhaupt zugänglich sind, seien in Kürze die allgemeinsten Wirkungen skizziert, die S. schlechthin, ganz abgesehen von Motiven und Zielsetzungen, zu haben pflegen.

Auszugehen ist von der Tatsache, daß von S. jedenfalls unmittelbare Veränderungen der Angebots- und Nachfrageverhältnisse bewirkt werden, die sich als Folge des Spiels von Kräften ergeben, die nicht die Marktwirtschaft als solche aus sich heraus erzeugt, sondern Kräften, die vielmehr diese zu lähmen tendieren. Dadurch, daß die öffentliche Hand gewissen, gleichviel wie „ausgewählten“ Unternehmungen aus allgemeinen Mitteln Hilfe gewährt, befreit sie sie in mehr oder minder weitem Umfange vom eigenen Risiko. Die Grenzen, die der Tätigkeit der fraglichen Unternehmungen durch die Bedingungen der Marktwirtschaft gezogen sind, werden so gesprengt; die Rentabilität der durch die S. ermöglichten Geschäfte wird zu einer künstlichen — diese Geschäfte eben dadurch zu „quasi-öffentlichen“. In unserer, der Idee nach noch immer auf dem Grundsatze der „freien Konkurrenz“ fundierten kapitalistischen Wirtschaftsverfassung sind S., als „von außen“ bewirkte Verschiebungen der Wettbewerbslage, stets Fremdkörper. Es entspricht diesem ihrem Charakter, wenn eine mehr oder minder große Planlosigkeit bei ihrer Austeilung herrscht und die S. vielfach nicht einmal auf einem bestimmten Teilgebiete der Marktwirtschaft sich organisch dem System der sonstigen wirtschaftspolitischen Staatsmaßnahmen einpassen. Umgekehrt ist der Begriff S. auf ein umfassendes staatliches Planwirtschaftssystem sinnvoll nicht anwendbar.

Die „Fernwirkungen“ von S. sind außerordentlich zahlreich und so kompliziert, daß ein näheres

Eingehen auf sie hier nicht möglich ist. Sie hängen u. a. von der Struktur der Subventionsunternehmungen, von deren Stellung in der Gesamtwirtschaft, der Subventionstechnik, der Herkunft und Größe der Subventionsmittel u. dgl. mehr ab. Empirisch wird sich meist nur sehr schwer feststellen lassen, wie sich die S. auf die unmittelbar unterstützten Unternehmungen und deren Lieferanten bzw. Abnehmer verteilen. Insbesondere bei Verkehrssubventionen ergibt sich häufig als — ungewollte — Folge eine Begünstigung gewisser Schichten von Verbrauchern der betr. Transportleistungen, ferner können die Relationen der Branchenlöhne durch sie verändert werden u. dgl. mehr. Günstige Wirkungen vermögen von S. insofern auszugehen, als sie gelegentlich zum Anlaß genommen werden, um seitens der subventionierenden Stelle die Subventionsunternehmen zu Rationalisierungsmaßnahmen (z. B. Banken, Seeschiffahrt!) zu zwingen, deren Vornahme zur Bedingung der Subventionsgewährung gemacht wird und deren Erfolg als volkswirtschaftlicher Gewinn gegen die Subventionskosten aufzurechnen ist, ähnlich, wie das für die durch Notstandssubventionen vermiedenen „Reibungs-" bzw. Kapitalverluste gilt. Schließlich ist noch darauf hinzuweisen, daß die zur Diskriminierung der ausländischen Konkurrenz gewährten S. die Tendenz haben, die betr. fremden Staaten alsbald zu analogen Gegenmaßnahmen aufzurufen, was zu einer Paralysierung ihrer nationalen Wirkungen und Störungen des internationalen Warenaustauschs führt.

Eine Würdigung der S. ist weder generell noch gar absolut möglich, sondern immer nur unter Berücksichtigung der Sonderverhältnisse des konkreten Falles einerseits, der Beziehung der fraglichen Maßnahmen zur Gesamtheit der staatlichen wirtschaftspolitischen Handlungen und Zielsetzungen andererseits. Eine Beurteilung nach Maßgabe eines angenommenen (absolut) „richtigen Verhältnisses von Staats- und Privatwirtschaft" vermag der Sachlage nicht gerecht zu werden. Vielmehr kann es sich nur darum handeln, einmal die wirtschaftliche Rationalität einer bestimmten Subventionstechnik allgemein zu überprüfen, und zum andern Klarheit zu gewinnen über die Erreichbarkeit bzw. Erreichung des angestrebten Erfolges und die aufgewendeten „Kosten". So ist z. B. die Wahl von reinen Flugkilometern als Bemessungsgrundlage der vom Reich der Deutschen Luft-Hansa gewährten S., da sie wegen Vernachlässigung der Nutzlast zu unwirtschaftlicher „Vielfliegerei" verleitet, eine jedenfalls ökonomisch irrationale Maßnahme; weiterhin hat in der Vergangenheit häufig der Mangel ausreichender Kontrollen zu zweckfremder und unwirtschaftlicher Subventionsmittelverwendung Anlaß gegeben, auch kann eine Überschreitung des (schwer genau kalkulierbaren) Subventionsminimums, das zur Erzielung des angestrebten Erfolges notwendig ist, zu unerfreulicher „Schleuderkonkurrenz" (Schichauwerft!) führen.

Eine ökonomisch nachteilige Konsequenz der herrschenden Planlosigkeit der Subventionsausteilung besteht schließlich darin, daß unbeabsichtigte Mehrfachunterstützungen derselben Wirtschaftszweige oder Unternehmungen durch verschiedene politische Verbände möglich werden und die Gesamthöhe der fiskalischen und volkswirtschaftlichen Lasten der S. unterschätzt wird. Zahlreiche Beispiele für solche Fehlmaßnahmen finden sich in neueren Denkschriften des Reichsrechnungshofes und des Rechnungsunterausschusses des Reichstags. Mit Recht hat daher der Reichsverband der Deutschen Industrie in einer dem Reichswirtschaftsminister am 10. September 1930 übermittelten Denkschrift die Forderung nach einer (Reichs-) „Zentralmeldestelle für sämtliche S." erhoben. Dabei ist auch zu bedenken, daß eine weitgehende — heute vielfach zu vermissende — *Publizität* (s. a. d.) einen wirksamen Schutz gegen mögliche Korruptionserscheinungen darstellen würde. Die gegenwärtig (Herbst 1932) erörterte Zentralisierung aller subventionistischen Reichsdarlehen, -beteiligungen usw. in der Hand eines „Generaltreuhänders" bei gleichzeitiger Ausschaltung der verschiedenen Ressorteinflüsse würde manche Nachteile, die bisher bei der Verwaltung derartiger S. auftraten, mildern können.

Literatur: Braun, M. St.: Theorie der staatlichen Wirtschaftspolitik. Leipzig und Wien 1929. — Colm, G.: Volkswirtschaftliche Theorie der Staatsausgaben. Tübingen 1927. — Hänlein: Die landwirtschaftlichen Subventionen. In: Deutsche Agrarpolitik. Veröffentlichungen der Friedrich-List-Gesellschaft, T. II. Berlin 1932. — Hochdörffer, K.: Die staatlichen Subventionen der Nachkriegszeit in Deutschland. (Dissert. Köln.) Landau 1928. — Leubuscher, Ch.: Liberalismus und Protektionismus in der englischen Wirtschaftspolitik nach dem Kriege. Jena 1927. — Neumark, F.: Der öffentliche Haushalt unter den Einwirkungen der bestehenden Kreditschwierigkeiten (bes. Abschn. IV, S. 623 bis 637). In: Wirkungen und Ursachen des hohen Zinsfußes in Deutschland, hrsg. von K. Diehl. Jena 1932. — Pfleiderer, O.: Die Staatswirtschaft und das Sozialprodukt. Jena 1930. — Röpke, W.: Art. Staatsinterventionismus. Handwörterbuch der Staatswissenschaften, 4. Aufl., Erg.-Bd. Jena 1929. — Steuermann, C.: Weltkrise — Weltwende. (Kap. IV: Subventionspolitik.) Berlin 1931. — Zachau-Mengers, G.: Subventionen als Mittel moderner Wirtschaftspolitik. Berlin 1930. — Subsides directs et indirects. Société des Nations, C. E. I. 42, 1; Publ. 1927 II, 35. — Die Wirtschaftskurve der Frankfurter Zeitung, 9. Jg. 1930: Artt. von Palyi (Subventionen), K. Bloch (Subventionen in der Landwirtschaft), L. Miksch (Subventionen in der Industrie) und F. Neumark (Verkehrssubventionen).

Fritz Neumark.

Südafrikanische Union (The Union of South-Africa), Dominion im britischen Weltreichsverband mit einer Fläche von rund 2 Millionen Quadratkilometer und 7,1 Millionen Einwohnern, davon 1,5 Millionen Weiße. Gebildet 1909 aus den englischen Kolonien Cape of Good Hope und Natal und den eroberten Burenstaaten Transvaal und Oranjefreistaat; nach dem Kriege kam noch das frühere Deutschsüdwestafrika als Mandatsgebiet hinzu. Die Landwirtschaft betreibt in erster Linie Vieh-, insbesondere Schafzucht, daher umfangreiche Wollgewinnung. Ferner Wein- und Obstbau und beginnender Baumwollbau. Sehr wichtig sind die Bodenschätze; Südafrika besitzt die größten Vorkommen an Gold und Diamanten, ferner Kohle und Kupfer.

Geldwesen. Seit 1922 eigene Pfundwährung mit Notenprivileg der South Africen Reserve Bank in Pretoria. Die Münzprägung ist noch außerordentlich groß, was beim Abgang Englands von der Goldwährung lebhafte Diskussionen zur Folge hatte, ob Südafrika folgen solle oder nicht. Die Entscheidung fiel schließlich für Beibehaltung der Goldwährung.

Bank- und Börsenwesen. Außer der Notenbank spielen noch eine Rolle: Barclays Bank, Standard Bank of South Africa, Netherlands Bank of South-Africa, Colonial Bank and Trust Co. Börse ist nur in Johannesburg, wo meist dieselben Minenaktien wie in London gehandelt werden. Umsatzsteuer beträgt 1 sh. je 100 Pfund und ist bei jeder Umschreibung im Aktienbuch einer in Südafrika eingetragenen Gesellschaft zu entrichten, selbst wenn der Kauf nicht in Südafrika erfolgte. Davon sind nur Aktien von Gesellschaften befreit, die ihr Hauptbüro in England haben (ein großer Teil der Minenshares).

Handbuch: Brown and Brown, London: The Guide to South and East Africa (jährlich) vgl. a. *Londoner Börse*.

Südamerika, Geld- und Kapitalmärkte. Die südamerikanischen Staaten, bereits seit 1929 stark unter dem Absinken der Preise für ihre wichtigsten Erzeugnisse und dem zunehmenden Protektionismus der bisherigen Abnehmer leidend, wurden durch den seit dem 13. September 1931 vor sich gehenden Sturz des Sterling um so schwerer getroffen, als bisher das Sterling noch die Währungsbasis gerade der wichtigsten Länder des Erdteils bildete. Auch weitgehender Zahlungsaufschub in Gestalt staatlicher Moratorien und darüber hinaus, ausdrückliche oder stillschweigende Nichterfüllung fälliger kommerzieller Zahlungsverpflichtungen, ferner die staatliche Kontrolle des Devisenverkehrs konnte, mit Ausnahme von Kolumbien und Venezuela, das Absinken der Währungen und, speziell in Brasilien und Chile, einen völligen Währungsverfall nicht aufhalten.

I. Argentinien.

1. Währungswesen. Das argentinische Währungsgesetz 1130 vom 5. November 1881 nimmt als Währungseinheit den Goldpeso ($ o/s) im Gewicht von 1,6129 g 900/1000 fein, entsprechend 47 5/8d des englischen Sterlinggold. Silbermünzen, an sich durch das Währungsgesetz bis zur Höhe von 4 Pesos pro Einwohner erlaubt, wurden nicht ausgeprägt; Goldmünzen finden sich nicht in Umlauf. Die Papiergeldemission erfolgte zunächst durch die „Nationalen Garantiebanken"; der Mißbrauch des Emissionsrechtes führte zur Inflation und 1890 zur Errichtung der Konversionskasse (Caja de Conversión); das Konversionsgesetz 3871 vom 4. November 1899 wies ihr die Aufgabe zu, den Gesamtnotenumlauf in Papierpesos ($ m/n) im Verhältnis von 100 Pesos m/n = 44 Pesos o/s umzutauschen. Die Konversionskasse wurde wiederholt, zuletzt im Dezember 1929 geschlossen, um Goldabflüsse ins Ausland zu verhüten bzw. sie auf die für den Schuldendienst erforderlichen Summen zu beschränken. Im Gefolge der Schließung der Konversionskasse traten seit 1930 sehr erhebliche Kursschwankungen auf; während bei Paristand 103,64 Goldpesos 100 USA.-Dollars entsprechen, verschlechterte sich die Notierung im Jahre 1930 bis auf 142,20, im Jahre 1931 bis auf 187,—. Der Notenumlauf betrug Ende April 1932 1236 Millionen Pesos m/n; die Goldbestände bei der Konversionskasse, dem Banco de la Nación Argentina (dessen „Konversionsfond" fast restlos dahingeschmolzen ist) und den anderen Banken 589 Millionen Pesos m/n, so daß die Golddeckung, die 1928 noch rund 85% erreicht hatte, zum angegebenen Zeitpunkt nur knapp 59% betrug. Die Währungsreform, vor allem die Vereinheitlichung der Währungseinheit in einem wirklich stabilen Peso, ist wiederholt gefordert worden, aber über theoretische Diskussion nicht hinausgelangt. Die Staatsbank, Banco de la Nación Argentina, 1891 gegründet und jetzt mit einem Kapital von 162 Millionen Pesos m/n ausgestattet, besitzt kein Emissionsrecht, sondern nur einen festbegrenzten Rediskontfond von ursprünglich 200 Millionen Papierpesos, der jedoch durch Regierungsverordnung vergrößert werden kann.

Kreditorganisation. Der letzte große Bankenzensus, abgestellt auf den 31. Dezember 1925, führte — von den Lombardbanken abgesehen — 106 in Argentinien arbeitende in- und ausländische Banken (darunter zwei deutsche, die Deutsche Überseeische und die Deutsch-Südamerikanische Bank) an. Davon wiesen die 91 Depositenbanken an Kapital + Reserven 710, an Darlehen 3957, an Depositen 3636 und an Kassenbeständen 851 Millionen Pesos m/n auf. Die laufend vorgenommenen Fortzählungen ergeben für den 30. April 1932 Darlehen in Höhe von 3507, Depositen von 3393 und Kassenbestände von nur 510 Millionen Pesos m/n. Die 15 Hypothekarinstitute, an ihrer Spitze der Banco Hipotecario Nacional und der Banco de la Provincia de Buenos Aires, haben durch Ausgabe von Pfandbriefen (Cedulas, s. u.) rund 1500 Millionen Pesos m/n flüssig gemacht. Eigentliche Sparkassen gibt es, abgesehen von der Postsparkasse, die etwa 3% der Gesamt-Sparguthaben verwaltet, nicht; vielmehr bestehen bei allen Banken Sparkonten, auf denen etwa 2500 Millionen Pesos m/n eingezahlt sind. Die Clearinghouse Umsätze erreichen im Jahresdurchschnitt rund 30 Milliarden Papierpesos; davon entfallen etwa $^5/_6$ auf Stadt Buenos Aires, der Rest auf die Provinz.

Das in Argentinien investierte ausländische Kapital erreichte Ende 1931 rund 3000 bis 3400 Millionen Dollars, von denen 2 Milliarden aus England stammen; die nordamerikanischen Investitionen werden auf 807777000 Dollars geschätzt, und zwar sind 449 Millionen in Staatstiteln, der Rest in sonstigen Papieren angelegt.

2. Börsen. Das Effektengeschäft ist bei der Börse in Buenos Aires zentralisiert. Die Börse von Buenos Aires hat bei weitem die größte Bedeutung unter allen Effektenmärkten des lateinischen Amerika. Ihr Charakteristikum bildet die enge Verknüpfung mit der Preisentwicklung an den Waren-, speziell Getreidemärkten, die ihrerseits von dem Ernteausfall bzw. der Produktion der großen Schlachthäuser (Saladeros) sowie den Absatzaussichten beeinflußt wird. Die Umsätze an der Buenos Aires-Börse erreichten (in Millionen Pesos m/n) 1926: 573, 1927: 617, 1928: 693, 1929: 648, 1930: 580, 1931 rund 600.

Die Effektenbörse in Buenos Aires ist in erster Linie ein Markt für Pfandbriefe; viel geringer ist ihre Bedeutung für den Umsatz in Staatstiteln; erst recht sank der Umsatz in Aktien, da sich die Pakete meist in festen Händen befinden und die ausgewiesenen Gewinne selten eine höhere Dividende gestatten als den üblichen Zins für auf 3—6 Monate bei den Banken untergebrachte Gelder.

Die Notierung der Pfandbriefe und Staatsanleihen erfolgt in Prozenten des Nominalwertes; die Stückzinsen sind in der Notierung berücksichtigt. Aktien werden nach dem Preis eines Stücks gehandelt; der Nennwert beträgt meist 100 Gold- oder 100 Papierpesos; doch kommen auch Aktien auf £, und auf unter 100 Pesos liegende Beträge lautend vor. Als Courtage wird $^1/_8$%, als Börsenstempel $^1/_{10}$ ‰ auf den ausmachenden Betrag in Ansatz gebracht.

3. Aktienrecht (enth. in Cap. III d. Codigo de Comercio m. div. Erg.). Die Mindestzahl der Aktionäre einer Gesellschaft beträgt 10; vor Errichtung der AG. muß das Kapital zu mindestens 20% gezeichnet, und vom gezeichneten Kapital mindestens 10% in bar bei einer Bank hinterlegt sein. Die Gesellschaft bedarf für den Beginn ihrer Arbeit einer vom Präsidenten der Republik zu gewährenden Autorisation. Direktoren und Aufsichtsräte (syndicos) werden von der mindestens jährlich einzuberufenden Generalversammlung ernannt. In der Generalversammlung, die außerordentlich auf Nachsuchen von $^1/_{20}$ des Kapitals einzuberufen ist, kann kein Aktionär für mehr als $^1/_{10}$ aller emittierten Aktien und mehr als $^2/_{10}$ aller in der Generalversammlung vertretenen Aktien Stimmrecht ausüben. Die Direktoren der AG. können nicht als Mandatare von Aktionären abstimmen. Die Bilanzen der Aktiengesellschaft sind vierteljährlich, soweit Obligationen ausgegeben sind aber monatlich, der Generaljustizinspektion einzureichen und von dieser zu veröffentlichen; für die Bilanzen der Banken wird dabei Beobachtung eines Bilanzschemas gefordert. Vor der Ausgabe von Obligationen ist mit den mutmaßlichen Übernehmern, den „Fideikommissaren", eine Vereinbarung über die Sicherstellung des zu investierenden Kapitals zu treffen; die Obligationen können ohne Garantie, mit Spezialgarantie (bestimmte Immobilien und der Ertrag aus ihnen dienen als Pfand) oder mit Generalgarantie (garantia flotante — das Gesamteigentum der AG. haftet) emittiert werden. Für die Emission von Obligationen besteht Prospektzwang (Art. 29, Gesetz 8875 vom 23. Februar 1912).

4. Fachzeitschriften. Revista de Economia Argentina und Revista Economica, letztere vom Banco de la Nación Argentina herausgegeben.

II. Bolivien.

1. Währungswesen: Alleiniges Emissionsrecht besitzt seit der 1927 durchgeführten Finanzreform der Banco Central de Bolivia in La Paz (früher Banco de la Nacion Boliviana, nicht mit der noch bestehenden Banco Nacional de Bolivia, der ältesten bolivianischen Bank, zu verwechseln). Einem Kapital des Banco Central von 30 Millionen Bolivianos zum auch in der Krisenzeit gut behaupteten Kurs von 18 d steht im Umlauf von 30—40 Millionen Bolivianos gegenüber, der zu etwa 10 % durch Gold, im übrigen durch New Yorker und Londoner Guthaben gedeckt ist.

2. Kreditorganisation: Außer dem 1911 errichteten und 1914 als alleinige Emissionsbank anerkannten Banco Central gibt es noch zwei Handels- und zwei Hypothekenbanken, den Banco Nacional de Bolivia (s. o.), den Banco Mercantil des Minenbesitzers Patiño, ferner den Credito Hipotecario und den Banco Hipotecario Nacional. Die früher als einzige ausländische Bank in La Paz und Oruro arbeitende Deutsche Überseeische Bank hat sich 1930 aus Bolivien zurückgezogen. Sie war auch das einzige Unternehmen mit einer besonderen Sparkassenabteilung gewesen, während eine in Cochabamba bestehende Sparkasse keine Bedeutung besitzt. Das Gesamtkapital der in Bolivien arbeitenden Banken einschließlich desjenigen des Banco Central betrug Ende 1931 80 Millionen Bolivianos. Das Ende 1931 in Bolivien arbeitende ausländische Kapital beträgt etwa 170 Millionen Bolivianos, von denen rund die Hälfte aus den Vereinigten Staaten von Nordamerika, etwa 45 Millionen aus England stammten.

In Bolivien gibt es keine Börse. Das Devisengeschäft wickelt sich bei den Filialen des Banco Central in La Paz und Oruro ab. Über Bolivien unterrichtet laufend das Boletin Mensual des Banco Central de Bolivia.

III. Brasilien.

1. Währungswesen. Im brasilianischen Währungswesen herrschen ungeachtet aller Stabilisierungsversuche choatische Verhältnisse. Nach zweimaliger Devalvation wurde 1927 die Stabilisierung des Milreis auf der Basis von 1 Milreis (geschrieben 1$000) = 5 115/128 d vergeblich versucht; für den in Gold zu zahlenden Teil des Zolls blieb aber die 1846 festgelegte Parität von 27 d maßgebend; außerdem laufen Noten um, die zum Kurse von 1$000 = 16 d einzulösen waren (Emission der im Weltkrieg geschlossenen Amortisationskasse) und die Staatsbank, der Banco do Brasil, weist ihre Devisenbestände auf der Basis von 1$000 = 12 d aus. Im Verlauf der Krise von 1931 erklärte Brasilien nicht nur zum drittenmal in seiner Geschichte, Zinsen für alte Anleihen nur durch Titel neuer bezahlen zu können, sondern verfügte auch ein Auslandsmoratorium für private Verbindlichkeiten.

2. Kreditorganisation. Alle Banken, Sparkassen, Geschäftshäuser mit Bankabteilungen, Wechselstuben – nicht aber die Raiffeisenkassen und Luzzattibanken — unterstehen der Kontrolle der Generalbankinspektion sowie der von ihr ernannten Aufsichtsbeamten (Fiskale). Die Ausgaben dieser Inspektion werden durch Erhebung einer nach der Höhe des Bankkapitals gestaffelten Abgabe bestritten. Die Zahl der Banken und Bankgeschäfte betreibenden Firmen ist außerordentlich groß; wichtigste Bank ist die vorübergehend als Notenbank (neben dem Staatspapiergeld ausgebenden Bund und, von 1927—1930, der gegen volle Golddeckung emittierenden Stabilisationskasse) fungierende Banco do Brasil; die Geschichte dieser Bank, die vorübergehend abweichend firmierte, geht bis auf das Jahr 1808 zurück. Ihr Kapital beträgt gegenwärtig 100 000 Contos de Réis (zu je 1000 Milréis), die Reserven erreichten Ende Oktober 1931 mehr als das Doppelte dieser Summe. Die auf Papiermilreis gestellten Ziffern der brasilianischen Bankstatistik sind infolge der starken Währungsschwankungen für Vergleiche wenig geeignet; man wird für Ende 1931 mit einem Gesamtkapital aller in Brasilien arbeitenden Banken von rund 1 Million Contos de Réis rechnen können, wovon auf die Filialen ausländischer Banken etwa $^1/_6$ entfällt. Einen organisierten Hypothekarkredit gibt es angesichts des Fehlens einer entsprechenden Gesetzgebung nicht; städtische Hypotheken werden in erster Linie von den in Brasilien arbeitenden Versicherungsgesellschaften zur Verfügung gestellt. Die bestehenden Sparkassen sind zum großen Teil an staatliche Leihhäuser angeschlossen; die Mehrzahl der größeren Banken verfügt über besondere Sparabteilungen. Die Umsätze im Clearinghouseverkehr wird man für 1931 mit rund 18 Millionen Contos de Réis anzusetzen haben; davon entfallen je etwa $^5/_{12}$ auf die Bundeshauptstadt Rio de Janeiro sowie die Plätze S. Paulo, Santos, Deutsche Banken wie in Buenos Aires.

Das in Brasilien investierte ausländische Kapital erreichte Ende 1931 rund 3000 Millionen Dollars, von denen etwa die Hälfte aus England stammte; die nordamerikanischen Investitionen erreichten $^1/_2$ Milliarde; der Rest entfiel auf verschiedene, in sehr erheblichem Umfange auch deutsche Investors.

3. Börsen. Die Bedeutung der brasilianischen Effektenbörsen in Rio de Janeiro und Sao Paulo ist sehr gering, zumal ein großer Teil der neueren inneren Anleihen der öffentlichen Körperschaften nicht im freien Markt untergebracht, sondern zur Bezahlung von Regierungslieferungen und selbst Beamtengehältern ausgegeben wurde. Versuche einer Börsenbelebung durch Zulassung der brasilianischen Auslandsanleihen zur Notierung sind bisher gescheitert. An den brasilianischen Börsen spielen außer den Staatstiteln Bank-, Brauerei- und Textilaktien und Obligationen die wichtigste Rolle. Die Meinung für Textilpapiere ist in sehr starkem Umfange von dem den Unternehmen gewährten Zollschutz abhängig. Der Umsatz in Staatstiteln ist relativ lebhaft, während sich die Aktien meist in großen Paketen in Familienbesitz befinden und selten auf den Markt kommen. Von dem Umsatz der Rio-Börse in 1930, der rund $^1/_2$ Million Stücke im Werte von weniger als $^1/_4$ Million Contos de Réis betrug, entfielen wertmäßig mehr als $^3/_4$ auf Staatspapiere. Die Ziffern von 1931 sind wegen der wiederholten Schließung der Börsen nicht vergleichsfähig.

Die Notierung der Staatspapiere erfolgt in Prozenten des Nennwertes; von den auf £ lautenden Anleihen wird nur eine 4proz. der Stadt Rio in Brasilien gehandelt; im übrigen lauten die an den Brasilbörsen gehandelten Papiere auf Milreis zum Tageskurse, und zwar die Bundestitel auf zehn Contos und am häufigsten ein Conto de Réis, die Staats- und Munizipalanleihen auf ein Conto, 500 und 200 Milreis. Aktien und Obligationen haben gewöhnlich einen Nennwert von 200 Milreis und werden per Stück notiert. Außer den sehr zahlreichen Stempelgebühren für Nebenurkunden sind zu entrichten: in Rio de Janeiro Courtage $^1/_4$ % vom ausmachenden, bei Unterparistand vom Nominalbetrag, mindestens 500 Réis; der Verkäufer zahlt außerdem eine der Maklerkammer (Junta dos Correctores) zufließende Gebühr von 10 Réis für 50 Milréis nominal; $^1/_2$ % Kommission auf den ausmachenden Betrag, mindestens 3$000. Namensstücke (Gegensatz: Stücke „ao portador") zahlen einen Übertragungsstempel von 3 ‰ in São Paulo: Courtage 1 $ 000 pro Aktie oder Obligation, 5 $ 000 für 1 Conto de Réis-Anleihestück; Kommission wie in Rio, jedoch nur wenn Kurs über pari steht; die vom Käufer zu zahlende Stempelgebühr für die Übertragung wird durch einzelstaatliches Gesetz jährlich neu festgesetzt. Eine 8⁰/₀ige Sondersteuer trifft Zins-, Dividenden- und sonstiger Einkommen aus Wertpapieren.

4. *Das Aktienrecht* ist in einer Verordnung von 1891 neu kodifiziert, hat aber seitdem durch Abänderung anderer Gesetze zahlreiche Modifikationen erfahren. Während ausländische Aktiengesellschaften, die in Brasilien arbeiten wollen, dazu einer Ermächtigung des Bundespräsidenten bedürfen, können nationale Aktiengesellschaften ohne solche Ermächtigung, von mindestens drei Personen gegründet werden. Der Aufsichtsrat muß aus mindestens drei Personen bestehen, mindestens zwei Direktoren sind zu bestellen. Die Aktiengesellschaft kann ihre Arbeit erst nach Eintragung ihrer Statuten bei dem Handelsregister des Sitzes (Junta Commercial) und Einzahlung in bar von $^1/_{10}$ des gezeichneten Kapitals aufnehmen. Die Ankündigungen sind von Bundeswegen im „Diario Official“, von Staatswegen in dem Amtsblatt des jeweiligen Einzelstaates und außerdem, falls notwendig, in einer Tageszeitung des Sitzes der Niederlassung einzurücken.

5. *Handbücher.* Ein Verzeichnis der brasilianischen Banken erschien 1928 in Rio de Janeiro unter dem Titel „Manual dos Bancos no Brasil“, herausgegeben von Hoelzl; Kursnotierungen und Auszüge aus dem Handelsregister in den in Rio de Janeiro erscheinenden Fachzeitschriften: Wileman's Brazilian Review (engl.) und Monitor Mercantil (port.).

IV. Chile.

1. *Währungswesen.* Durch das Währungsgesetz von 1895 war die Parität des chilenischen Peso mit 18 d angesetzt worden, ein Stand, der aber praktisch nicht erreicht wurde. 1925 erfolgte dann die Stabilisierung auf Basis eines Kurses von 6 d; dieser Stand konnte aber 1932 nicht mehr behauptet werden. Ende Juni 1932 betrug der Notenumlauf 454 Millionen Pesos; die zeitweilig sehr hohen Goldbestände der Emissionsbank, des Banco Central de Chile, waren auf 69 Millionen Pesos gesunken. Ein Moratorium für die Auslandsschuld und die Einführung einer Devisenkontrolle verhinderte weitere Goldabflüsse.

2. *Kreditorganisation.* Ende 1929 zählte Chile 33 Kreditinstitute, davon 7 ausländische, mit eigenen Mitteln von 630 Millionen Pesos. Die Zahl der Niederlassungen einschließlich der Agenturen betrug 293. Deutsche Banken wie in Buenos Aires.

Das Kapital des Banco Central, der vorwiegend als Rediskontinstitut arbeitet, beträgt 90,8 Millionen Pesos. Der Banco Central übernimmt vor allem auch den Rediskont von Titeln, die bei den sich meist an den Staat anlehnenden Hypothekenbanken und Spezialbanken untergebracht wurden. Ende 1931 betrugen die Ausleihungen bei diesen Spezialbanken ca. 200 Millionen Pesos, der Umlauf an Pfandbriefen (Bonos) ca. 1100 Millionen. Die Umsätze im Clearinghouseverkehr betrugen während des Jahres 1930 über 12 Milliarden Pesos, sind aber während des Jahres 1931 auf die Hälfte gefallen.

Das in Chile investierte ausländische Kapital erreichte Ende 1931 ca. 1200 Millionen Dollars, von denen etwa 500 Millionen auf nordamerikanische Investitionen entfallen, der Rest je zur Hälfte auf englische und sonstige verschiedener Staaten.

3. *Börse.* Ihrer Bedeutung für S. nach rangiert die Börse von Valparaiso unmittelbar nach derjenigen von Buenos Aires, also vor den brasilianischen Fondbörsen. Die Versammlungen der Makler in Santiago haben geringere Bedeutung.

Die „Bolsa de Corredores“ hat die Zahl ihrer Teilnehmer auf 65 begrenzt, deren jeder eine Aktie im Nominalwert von 5000 Pesos übernehmen muß; der gegenwärtige Kaufpreis ist erheblich höher. Die chilenischen Börsen sind die einzigen in S., an denen ein sehr reger Handel in Aktien herrscht.

Das in neuester Zeit zu beobachtende Desinteressement an der Aktie hängt mit der prekären Lage der unter tätiger Beihilfe des Staates geschaffenen Nationalindustrie zusammen. Nur dem Stillhalten der Banco Central ist es zu verdanken, daß die Kurse der eigentlichen Industriepapiere nicht stärker heruntergingen: Gegen 1928 fielen die Indices für Banken z. B. von 106 % auf 72 % (Mitte 1932), von Salpeterwerken von 129 % auf 19 %, von Staatsrenten von 103 % auf 69 % usw.

Die Notierung der Staatspapiere und der nicht auf Pesos lautenden Obligationen erfolgt in Prozenten des Nennwertes, die der Aktien in Stück. Aktien lauten auf Pesos, Dollars, £, auch nennwertlose Aktien kommen vor. An Courtage ist zu zahlen mindestens 5 Pesos per Posten, im übrigen für an der Börse notierte Werte (für nicht notierte Werte gelten doppelt so hohe Sätze): $^1/_2$ % vom ausmachenden Betrage bei Aktien von nom. 200 Pesos und darüber, 1 % vom ausmachenden Betrage bei Aktien von nom. 1000 Pesos und darüber, besondere Sätze gelten für Aktien von unter 200 Pesos. Bonos (Regierungstitel, Obligationen und Pfandbriefe) zahlen nur $^1/_4$ % vom Nominalwert, obige Minimale. Für die Registrierung wird eine Börsengebühr von 4 % der Courtage berechnet. An weiteren Stempeln sind zu zahlen: Übertragungsstempel $^1/_2$ % (zahlt der Käufer), Titelstempel 2,50 Pesos pro Titel, Umschreibungsstempel (Traspaso); Zeitgeschäfte (auf „mala“, den nächsten, oder „proxima“, den übernächsten Stichtag — Stichtag ist jeder zweite Donnerstag) 20 Centavos für 1000 Pesos ausmachenden Betrages, zu Lasten des Verkäufers.

3. *Das chilenische Aktienrecht* kennt die Unterteilung der Aktien in Coupons. Die Vorschriften über Publizität stellen das Vorbild der kolumbianischen Gesetzgebung (s. u.) dar.

Fachzeitschrift: Boletin Mensual del Banco Central de Chile.

V. Ecuador.

Durch das Währungsgesetz von 1927 wurde der Nominalwert der Landeswährung, des Sucre, der vorher etwa 50 % unter Pari gestanden hatte, um 41 % reduziert; 5 Sucres entsprechen bei Paristand einem nordamerikanischen Dollar. Eine Goldmünze von 25 Sucres, der Condor, ist ausgeprägt, befindet sich aber nicht in Umlauf. Alleiniges Notenausgaberecht besitzt seit der Währungsreform der Banco Central del Ecuador; seine Goldbestände betrugen Mitte 1932 5,8 Millionen Sucres bei einem Notenumlauf von 20,5 Millionen Sucres, und Hartgeldbeständen von 4,9 Millionen Sucres.

Der Banco Central, ursprünglich als Rediskontinstitut gedacht, gibt in sehr erheblichem Umfange direkte Kredite, besonders auch an die Landwirtschaft. Ende September 1931 standen 5 Millionen Sucres direkter nur 1786289 Sucres Rediskontkredite gegenüber; seitdem erfolgte eine etwa 50%ige Geschäftsreduktion. Außer dem Banco Central, einer englischen und einer italienischen Bankarbeiten in Ecuador noch 15 Bankinstitute verschiedener Bedeutung sowie eine Hypothekenbank, der Banco Hipotecario del Ecuador. Das eingezahlte Kapitel aller Banken mit Ausnahme des Banco Central betrug Ende 1931 33 Millionen Sucres; von den Anlagen waren 11 Millionen Sucres rediskontfähig beim Banco Central, 14 Millionen Sucres dagegen nicht diskontfähig, 43 Millionen Sucres waren gegen hypothekarische Sicherheit ausgeliehen. Der Clearingumsatz beim Banco Central betrug im Monatsdurchschnitt 1931 in Quito 6 Millionen und in Guayaquil 7 Millionen Sucres.

Das in Ecuador investierte ausländische Kapital betrug Ende 1931 etwa 60 Millionen Dollars; die Hälfte stammte aus den USA., 40 % aus England.

Effektenbörsen gibt es in Ecuador nicht. Auch an ausländischen Börsen werden, da Ecuador sich seit Jahrzehnten mit seinen Gläubigern in fruchtlosen Verhandlungen über die Höhe einer für den Bahnbau aufgenommenen Schuld befindet, ecuatorianische Titel nicht gehandelt. Fachzeitschrift: Boletin Mensual des Banco Central de la Republica.

VI. Kolumbien.

1. *Währungswesen* Das Währungswesen Kolumbiens ist bereits seit 1907 geregelt; die Währungseinheit bildet der Peso, Pari bei 97,33 Dollarcents stehend. Seit 1923 steht das alleinige Emissionsrecht dem Banco de la Republica zu. Er verfügt über ein Kapital von 11,736 Millionen Pesos; Mitte 1932 betrugen die Darlehen und Diskonte an Banken 8,5 — die direkten Diskonte 1,5, die Vorschüsse an die Regierung 4 — die Goldbestände 16 Millionen Pesos; der Notenumlauf betrug 19 Millionen Pesos, die Depositen erreichten 18 Millionen Pesos. Durch eine geschickte Währungspolitik in Verbindung mit fast völliger Drosselung der Einfuhr konnte bisher die Währung fast auf Pari gehalten werden.

2. *Kreditorganisation.* Die Zahl der kolumbianischen Bankinstitute ist gering; unter ihnen befindet sich die Deutsche Antioquia Bank. Dem Hypothekengeschäft widmen sich außer dem Banco Agricola Hipotecario auch alle anderen Institute.

Ende 1931 betrug für sämtliche dem Banco de la Republica angeschlossenen Banken (einheimische und ausländische Institute) das Eigenvermögen ca. 45 Millionen Pesos, die Sparguthaben bei den nicht dem Banco de la Republica angeschlossenen Instituten werden mit 2,4 Millionen Pesos beziffert. Der Scheckclearingumsatz bei der Notenbank betrug im Monatsdurchschnitt 1931 20,7 Millionen Pesos (1930: 29,3, 1929: 47,9, 1928: 61,7); 8,6 Millionen entfielen auf die Zentrale in Bogota, 3,3 Millionen auf Barranquilla, 3,7 Millionen auf Medellin, 2,4 Millionen auf Cali, 1,2 Millionen auf Cartagena. Das in Kolumbien investierte ausländische Kapital wird für Ende 1931 mit 250 Millionen Dollars angegeben; davon entfallen fast 200 Millionen auf die USA., 40 Millionen auf England. — Effektenbörsen gibt es in Bogota und Medellin, sie dienen in erster Linie dem Handel in Titeln der Republik Kolumbien und der Departements; daneben werden Obligationen und Pfandbriefe gehandelt. Soweit Geschäfte nicht direkt über die Börse gehen, müssen sie über Makler getätigt werden; diese erheben vom Verkäufer $^1/_2$% auf den Rechnungswert von Aktien, aber 1 Centavo pro Petroleumaktie, und bei Anleihen $^1/_4$% auf den Nominalwert. Hierzu kommt unter Umständen noch eine Bankkommission. Für die Errichtung von Aktiengesellschaften bedarf es staatlicher Genehmigung nur soweit es sich um Banken und ähnliche Institute handelt. Alle Gesellschaften müssen die Akten der GV., der Bankaufsichtsbehörde (Superintendencia) und dem neu errichteten Handelsregister einreichen; in der Presse ist ein Auszug aus den Akten nur zu veröffentlichen, wenn Inhaberaktien ausgegeben worden sind. Anzeige gemäß § 240 des deutschen HGB. ist vorgesehen. Fachzeitschrift: Revista del Banco de la Republica.

VII. Paraguay.

Das kleine, kaum 1 Million Einwohner zählende Land behilft sich mit einer an den argentinischen Goldpeso gekoppelten Währung; der in Umlauf befindliche Papierpeso ist der 18,75. Teil des argentinischen Peso m/n und der 42,61. Teil des Peso o/s. Emissionsinstitut ist nach einem Versagen des Banco de la Republica (Kapital 4 Millionen Goldpesos) die 1916 errichtete Oficina de Cambios in Asunciön; bei Goldbeständen von 2,7 Millionen Goldpesos hatte sie Ende 1930 200 Millionen Papierpesos emittiert. Dem Hypothekengeschäft widmen sich zwei kleinere Bankinstitute. Die Deutsch-Südamerikanische Bank hat eine Filiale in Asunción. Die ausländischen Kapitalanlagen in Paraguay betrugen Ende 1931 etwa 80 Millionen Dollars, 25 % stammten aus den USA., 30 % aus England. Eine Fondbörse gibt es nicht.

VIII. Peru.

1. *Währungswesen.* Nachdem 1930 an die Stelle der bisherigen Währungseinheit, des peruanischen £ (£p, notiert in % Agio bzw. Disagio des englischen £) der Sol von 40 Dollarcents getreten war, erfolgte 1931 eine Devalvation, so daß die gegenwärtige Parität des Sol 28 Dollarcents beträgt. Zentralnoteninstitut wurde der neu errichtete Banco Central de Reserva. Sein eingezahltes Kapital beträgt 6 Millionen Soles, die Gold- und Devisenbestände zum neuen Kurse hatten Mitte 1932 die Höhe von ca. 40 Millionen Soles, während der Notenumlauf bei etwa 50 Millionen Soles liegt. Ende 1931 betrugen die direkten Darlehen an das Publikum 7, die Rediskonten 9 Millionen Soles.

2. *Kreditorganisation.* Das Kapital aller in Peru arbeitenden Banken (mit Ausnahme des Banco Central) ist mit 40 Millionen Soles anzusetzen. Der Hilfe für die Landwirtschaft dient ein 1931 errichteter Banco Agricola del Peru; die Deutsche Überseeische Bank besitzt eine eigene Niederlassung. In Lima gibt es eine Handelsbörse (Bolsa del Comercio), an der außer einigen wenigen peruanischen Titeln auch englische Kriegsanleihe gehandelt wird, die während des Krieges in sehr erheblichem Umfange in Peru gezeichnet wurde. Jedoch handelt es sich bei den Geschäften, die an der Börse während der „Ruedas" um 11,30 a. m. und 4,30 p. m. getätigt werden, meist nur um gerichtliche Liquidationen. Das Gros der Umsätze wird von Makler zu Makler getätigt, die eine meist im Verkaufskurs bereits berücksichtigte Gebühr von $^1/_4$—$^1/_2$% berechnen.

Ohne besondere Weisung gehen mangels Abnahme bzw. Zahlung nur Wechsel im Betrage von über 200 Soles zu Protest. — Laufende Übersicht über die Börsennotierungen in „El Comercio", Lima; außerdem die Veröffentlichungen des Banco Central.

IX. Uruguay.

1. *Währungswesen.* Die Uruguayer Währungseinheit, der Goldpeso gleich $51^1/_{16}$ d (10 Dollars = 9,66 Pesos) hatte bis zur Wirtschaftskrise von 1930 eine beachtliche Stabilität bewiesen und mehrfach den Paristand erheblich überschritten. Obgleich die Goldbestände der 1896 errichteten Zentralnotenbank, des Banco de la Republica Oriental del Uruguay (d. i. östlich des Uruguay), Ende 1931 55,5 Millionen Goldpesos bei einem Notenumlauf von 62 Millionen goldgedeckter und 11 Millionen durch Silber zu deckender Noten betrugen, wurden Interventionen am Devisenmarkt nur zögernd vorgenommen mit dem Erfolg, daß eine über 50proz. Entwertung des Peso eintrat.

2. *Kreditorganisation.* Uruguay hat drei staatliche Banken: den Banco de la Republica (Kapital 27 Millionen Pesos), den Banco de Seguros del Estado (3 Millionen Kapital; Uruguay verfügt über eine weitgehende Alters- und Sozialversicherung), und den Banco Hipotecario del Uruguay (Kapital 5 Millionen Pesos). Außerdem arbeiten zehn nationale und neun ausländische Banken, darunter eine deutsche, in Montevideo, ferner eine Anzahl Sparkassen. Das Gesamtkapital sämtlicher Banken beträgt 60 Millionen Pesos; die Depositen von etwa 200 Millionen verteilen sich fast gleichmäßig auf Kontokorrent- und Zieldepots. Die Jahresumsätze im Clearingverkehr der achtzehn angeschlossenen Montevideo-Banken schwanken zwischen 800 und 900 Millionen Pesos. Das in Uruguay investierte ausländische Kapital betrug Ende 1931 600 Millionen Dollars; nur etwa 100 Millionen stammten aus Nordamerika, 200 Millionen aus England und der Rest aus anderen europäischen Ländern. Die überragende Rolle an der Montevideo-Börse spielen Hypotheken; eine schon untergeordnete Position nehmen Titel der öffentlichen Schuld ein. Gänzlich unbedeutend sind die Umsätze in Aktien und Obligationen.

X. Venezuela.

Währungseinheit ist seit 1918 (bis dahin galt ein im Kurs sehr schwankender „Venezolano") der Bolivar; 5,20 Bolivars entsprechen einem Dollar, doch sank der Kurs unter dem Einfluß der Wirtschaftskrise 1931 bis auf 1 USA.-$ = 6 Bolivars. Das Emissionsrecht besitzen außer der Staatsbank, dem Banco de Venezuela, der Banco de Caracas, Banco de Maracaibo, Banco Venezolano de Credito, Banco Mercantil y Agricola und Banco Commercial de Maracaibo. Mitte 1931 betrug der Notenumlauf 100 Millionen Bolivares; er war zu 85 % durch Gold gedeckt, wobei allerdings 45 % Golddarlehen der Regierung an die Notenbanken darstellen. Das in Venezuela arbeitende ausländische Kapital wurde Ende 1931 auf ca. 300 Millionen Dollars geschätzt; die Hälfte stammte aus den Vereinigten Staaten von Nordamerika; 90 Millionen aus England. Eine Fondbörse gibt es nicht, da deren wichtigste Basis, Titel der öffentlichen Schuld, fast völlig fehlen. Venezuela hat keine Schulden im Ausland und seine innere Verschuldung besteht in einem minimalen Betrag 3proz. Titel.

WALTER SCHÜCK.

Sukzessivgründung s. *Aktiengesellschaft III.*

Summenaktie s. v. w. Aktie mit einem bestimmten Nominale, im Gegensatz zur Quotenaktie, welche ohne Nennwert einen bestimmten Teil des Gesamtkapitals repräsentiert. (Näheres s. *Aktie 1b.*)

— **depot** s. v. w. depositum irregulare s. *Depotrecht I B.*

Superdividende = *Zusatzdividende* (s. d.).

Surplus = ein Reservefonds der amerikanischen Bilanz, der entweder sukzessive aus unverteilten Gewinnen aufgespeichert wird (earned surplus) oder ähnlich der Zuweisung an den gesetzlichen Reservefonds nach § 262, Abs. 1 der deutschen HSB. bei Aktienbegebung mit Agio usw. aus Kapitaltransaktionen entsteht (capital surplus). Der S. — weit beweglicher als die anderen Reserven der amerikanischen Bilanz — wird verhältnismäßig leicht zur Dividendenauffüllung herangezogen. Seine Bedeutung übersteigt die Reserven in anderen Ländern auch infolge des Systems der nennwertlosen common shares, weil er hierdurch einen unverhältnismäßig großen Teil des Eigenvermögens umfassen kann. (Vgl. a. *Aktie als Wertpapier 1b.*

Svenska Handelsbanken s. *skandinavische Länder II.*

Swap s. *Devisen-Swap,* ferner *Pensionsgeschäfte.*

Swiss Clause (Schweizer Klausel) s. *Stillhalteabkommen.*

Swoboda s. *Handbuchwesen.*

Synchronistische Buchführungsform = Tabellenbuchführung vgl. *Buchhaltungswesen* und *Innere Organisation des Bankbetriebes.*

Syndikat s. *Kartell,* s. a. *Emissionsgeschäft II 1b.*

— **geschäfte** s. *Konsortialgeschäfte.*

T.

T (auf englischen Schecks) = Townclearing s. *Inkasso.*

Tafelgeschäft, Geschäfte einer Bank mit ihren Kunden, welche nicht über deren Konto (bzw. Depot), sondern durch Barzahlung bzw. effektive Aushändigung abgewickelt werden: der Ausdruck T. wird neben den Begriff „Schaltergeschäft" gebraucht. In Österreich und den Nachfolgestaaten ist die Bezeichnung „per Kasse" bzw. „Kassageschäft" üblich. Am prägnantesten die englische Bezeichnung „over the counter".

Bei T. ist die Kontrolle hinsichtlich der Legalität des betr. Geschäfts gegenüber der kontomäßigen Abwicklung in vielfacher Hinsicht beschränkt. Soweit öffentliche Interessen hierbei verletzt werden können, werden die T. daher — besonders in Krisenzeiten — einschränkenden Bestimmungen unterworfen (s. a. *Devisenbewirtschaftung* sowie *Depotrecht I A 9*).

Tagesauszug s. *Bankbuchhaltung*

Tagesgeld, Tägliches Geld, s. *Kredit,* im einzelnen vgl. die Art., welche die Geldmärkte der einzelnen Länder behandeln, z. B. *Niederlande,* vgl. a. *Reportgeschäft 2.*

Tagfertigkeit (der Buchführung) s. *Innere Organisation III.*

— **wechsel** ist ein an einem kalendermäßig bestimmten Tag fälliger Wechsel.

Talon s. *Erneuerungsschein,* an Renten s. *Rentenmarkt 1.*

— **steuer** s. v. w. *Kuponsteuer* (s. d.).

Tantieme ist eine nach dem Geschäftsergebnis sich richtende Vergütung. Im Gegensatz zur Provision, die nach dem einzelnen, durch die Tätigkeit des Provisionsempfängers erzielten Geschäftsfall bemessen wird, wird die T. vom gesamten Geschäftsgewinn eines Zeitabschnitts gewährt. Sie stellt daher die Vergütung für leitende Funktionäre dar. Bei Vorstandsmitgliedern tritt sie meist neben ein festes Gehalt, bei Aufsichtsratsmitgliedern ist sie die übliche Form der Vergütung. Aufsichtsratsmitglieder von Genossenschaften dürfen keine T. erhalten.

Tantiemesteuer, Aufsichtsratssteuer, eine Sondersteuer auf die Tantiemeneinnahmen der Aufsichtsratsmitglieder. Die Rechtfertigung dieser Sondersteuer wird darin erblickt, daß diese Tantiemen vielfach gegeben würden, ohne daß der Empfänger dafür tatsächlich eine Arbeit verrichte. 1922 abgeschafft, wurde die T. durch die Notverordnung vom 1. Dezember 1930 wieder eingeführt und beträgt zur Zeit 10 % der Tantieme.

Tarifvertrag. Der T. ist ein für eine vereinbarte Frist abgeschlossener schriftlicher Arbeitsgesamtvertrag über die Bedingungen für den Abschluß von Arbeitsverträgen zwischen Vereinigungen von Arbeitnehmern einerseits und Vereinigungen von Arbeitgebern andererseits. Er wird für eine bestimmte Zeitdauer festgelegt. Individuelle Arbeitsverträge werden durch den T. beseitigt. Die Unabdingbarkeit des T. besagt, daß Vereinbarungen zwischen Arbeitgeber und Arbeitnehmer unwirksam sind, wenn diese Einzelvereinbarungen ungünstiger für den Arbeitnehmer sind als die entsprechenden Bestimmungen des bestehenden T. Je nach dem räumlichen oder fachlichen Geltungsbereich unterscheidet man Firmen-, Orts-, Bezirks- und Reichstarifverträge.

Im Bankgewerbe besteht seit dem 22. Oktober 1920 ein Reichstarifvertrag, nachdem in den Jahren 1919 und 1920 sich der Tarifgedanke in dem Abschluß von Orts- und Landestarifen erstmalig Geltung verschafft hatte. Die Vertragsparteien des Reichstarifvertrages sind auf Arbeitgeberseite der Reichsverband der Bankleitungen und auf Arbeitnehmerseite die für das Bankgewerbe als bedeutend anerkannten Angestelltenorganisationen (s. *Standesvertretungen im Bankgewerbe*), DBV., Reichsverband der Bankkassenboten und technischen Bankangestellten Deutschlands, A. V., DHV. Der Reichstarifvertrag umfaßt als festen Teil den Manteltarif, der die allgemeinen Bestimmungen, wie Arbeitszeit, Überstunden, Urlaubsfragen, Lehrlingswesen und Mitbestimmungsrecht regelt, und einen veränderlichen Teil, den Gehaltstarif. Der Manteltarif ist seit 1920 von Jahr zu Jahr verlängert worden (bisher 14mal), der Gehaltstarif wird jeweils neu festgelegt. Sämtliche Verträge sind vom Reichsarbeitsminister (bzw. vom Präsidenten der Reichsarbeitsverwaltung) durch Allgemeinverbindlichkeitserklärung auf das gesamte Bankgewerbe ausgedehnt worden, da sie für die Gestaltung der Arbeitsbedingungen innerhalb ihres beruflichen und räumlichen Geltungsbereichs überragende Bedeutung erlangt haben. Der Reichstarif gilt also für alle Unternehmungen, die geschäftsmäßig Bank- und Bankiergeschäfte betreiben, ohne Rücksicht auf den rechtlichen Charakter der Betriebe. Damit unterstehen dem Reichstarifvertrag also auch die dem Reichsverband der Bankleitungen nicht angehörenden Aktien- und Privatbanken, die Kreditgenossenschaften und die öffentlich-rechtlichen Bankbetriebe, z. B. Girozentralen, Landes- und Staatsbanken, Stadt- und Kommunalbanken sowie die bankmäßig aufgezogenen Sparkassen. Ausgenommen sind die Reichsbank und die Hypothekenbanken (jedoch ohne ihre Kreditabteilungen), sowie die oberen Bankangestellten, für die ein besonderer Fachtarifvertrag besteht. Der räumliche Geltungsbereich der allgemeinen Verbindlichkeit erstreckt sich auf das Gebiet des deutschen Reiches.

A. Manteltarif.

Begrenzung der Zugehörigkeit. Dem Reichstarifvertrag unterliegen die kaufmännischen und gewerblichen Angestellten und Arbeiter im Bankgewerbe, sowie die Lehrlinge. Als kaufmännische Angestellte gelten im Sinne des Reichstarifvertrages die nach dem Versicherungsgesetz der Angestellten versicherungspflichtigen Angestellten der Banken, als gewerbliche Angestellte und Arbeiter insbesondere die Kassenboten, Bankdiener und Bürodiener, ferner Pförtner, Wächter, Heizer und sonstiges Hauspersonal, sowie die Büroburschen. Als Angestellte gelten nicht Direktoren, stellvertretende Direktoren, Abteilungsdirektoren, Leiter von Niederlassungen und Zweigstellen, Geschäftsführer und stellvertretende Geschäftsführer von G. m. b. H., Generalbevollmächtigte, ferner Angestellte, deren Berufstätigkeit in der Bank eine abgeschlossene Hochschulbildung zur Voraussetzung hat, insbesondere juristische, volkswirtschaftliche und technische Fachleute. Der Manteltarif enthält:

1. *Abmachungen über Vereinigungsfreiheit, Freizügigkeit,* ferner über die *Einstellung* und *Entlassung* von Arbeitnehmern.

2. Abmachungen über das *Mitbestimmungsrecht der Betriebsvertretungen* nach den Vorschriften des Betriebsrätegesetzes vom 4. Februar 1920. Es werden ein Reichstarifamt für das Bankgewerbe mit dem Sitz in Berlin und örtliche Tarifämter gebildet, die Rechtsstreitigkeiten im Sinne der §§ 91ff. ArbGG. zu schlichten haben, ferner Streitigkeiten bei Einstellungen, Kündigungen, Ansprüchen über die Eingruppierung und die Berechnung der Berufs- und Dienstjahre. Sie schließen damit für ihren Bereich, d. h. also für die beiderseitigen Tarifverbände und deren Mitglieder, die Arbeitsgerichtsbarkeit aus.

3. *Regelung des Lehrlingswesens.* Die Lehrlingszahl wird nach dem Stande der beschäftigten Angestellten kontingentiert. Dadurch wird eine Ausnützung des Lehrlings als billige Arbeitskraft verhindert und eine gründliche, vielseitige und gediegene Ausbildung gewährleistet. Die Lehrzeit wird je nach der Vorbildung auf 2, $2^1/_2$ und 3 Jahre festgesetzt. Eine Übernahme nach Beendigung der Lehrzeit in den Angestelltenkörper bleibt dem Ermessen der Geschäftsleitung vorbehalten.

4. *Festsetzung der achtstündigen Arbeitszeit.* (An Sonnabenden 6 Stunden.) Überstundenbezahlung tritt ein nach Ableistung von

96 Stunden in zwei aufeinanderfolgenden Wochen. Sie bildet einen Bestandteil des Gehalts und wird nach festen Sätzen, abgestuft nach Ortsklassen, berechnet.

5. *Regelung der Urlaubsansprüche.* Es sind geregelt der Zeitpunkt und die Dauer des Urlaubs. Letzterer wird von dem Lebens- und Berufsalter des Arbeitnehmers unter Berücksichtigung der Dienstzeit im Betriebe abhängig gemacht.

B. Gehaltstarif.

Durch den Reichstarifvertrag werden einheitlich für das ganze deutsche Reich Einheitstarife festgesetzt, die je nach den regionalen und örtlichen Verschiedenheiten nach einem Ortsklassensystem eingeteilt sind. Den kaufmännischen und gewerblichen Bankangestellten sowie den Arbeitern werden Mindestmonatseinkommen gewährleistet.

Das Monatseinkommen setzt sich zusammen aus:

1. Gehalt,
2. Weihnachtsgratifikation in Höhe des halben Monatsgehalts, zahlbar am 15. Dezember d. Js.,
3. Abschlußgratifikation in Höhe des halben Monatsgehalts, zahlbar am 30. April d. Js.,
4. Haushalts- und Kinderzulage für Angestellte mit eigenem Hausstande = Soziallohn.

Das Monatseinkommen ist am 15. d. Mts. zahlbar. Zur Feststellung des tariflichen Mindestmonatseinkommens sind die Angestellten und Arbeiter in Einkommensgruppen je nach Verantwortlichkeit und Berufstätigkeit eingegliedert. Der Reichstarifvertrag unterscheidet danach:

a) männliche kaufmännische Angestellte,
b) weibliche kaufmännische Angestellte,
c) Lehrlinge,
d) gewerbliche Angestellte und Arbeiter (Kassenboten, Bankdiener, Pförtner, Heizer),
e) Büroburschen (Hilfsdiener, Jungboten, Laufburschen).

Die kaufmännischen Angestellten werden außerdem in folgende drei Gruppen gegliedert:

Gruppe I: Bankgehilfen, d. h. Expedienten, Registratoren, Couponzähler, Geldzähler, Wechselkopisten, Gehilfen der Tresorbeamten und Hilfsarbeiter in anderen Abteilungen, Angestellte ohne banktechnische oder eine der banktechnischen gleichwertige kaufmännische Vorbildung, sowie Kassenboten, Bankdiener und Bürodiener.

Gruppe II: Bankangestellte mit banktechnischer oder einer der banktechnischen gleichwertigen kaufmännischen Vorbildung für einfachere Arbeiten.

Gruppe III: Bankangestellte mit banktechnischer oder eine der banktechnischen gleichwertigen kaufmännischen Vorbildung für höhere Arbeiten als in Gruppe II.

Innerhalb der Gruppe I und II besteht die Bestimmung, daß in einem Betriebe von den Angestellten mit mehr als zehn Berufsjahren mindestens die Hälfte in Gruppe III einzureihen ist.

Sämtliche Bankplätze werden in fünf Ortsklassen eingeteilt, für deren Einreihung das für die Besoldung der Reichsbeamten gegenwärtig geltende Ortsklassenverzeichnis vom 23. Oktober 1924 maßgebend ist.

Die Gehaltssätze sind für die Ortsklasse I, der Sonderklasse des Reichs, berechnet. Danach erhalten nach der Festsetzung des Gehaltstarifes vom 1. Januar bis 31. Dezember 1931:

a) ledige kaufmännische Angestellte, Ortsklasse I (Sonderklasse des Reiches):

Geburts- oder Berufsjahr	Bankgehilfen (§ 16, Ziffer 1) Gruppe I		Angestellte (mit banktechnischer oder einer der banktechn. gleichwertigen kaufmännisch. Vorbildung) Gruppe II Angestellte für einfachere Arbeiten		Gruppe III Angestellte für höhere Arbeiten als in Gruppe II	
	männl. RM.	weibl. RM.	männl. RM.	weibl. RM.	männl. RM.	weibl. RM.
1914	77,24	69,52	90,66	81,60	104,94	97,07
1913	90,11	81,10	105,78	95,20	122,43	113,25
1912	102,98	92,69	120,88	108,80	139,92	129,42
1.	128,73	115,86	151,11	136,—	174,90	161,78
2.	132,93	119,64	156,71	141,04	181,89	168,25
3.	141,42	127,28	166,71	150,04	193,50	178,99
4.	149,16	134,24	176,06	158,45	209,54	193,82
5.	154,25	138,83	181,89	163,70	218,27	201,90
6.	163,15	146,84	193,50	174,15	232,20	214,79
7.	169,07	152,16	206,69	186,02	247,68	229,10
8.	175,02	161,89	219,50	203,04	263,49	250,32
9.	185,39	171,49	233,51	216,—	284,01	269,81
10.	196,54	181,80	249,16	230,47	306,07	290,77
11.	207,78	192,20	265,06	245,18	326,28	309,97
12.	209,30	193,60	269,33	249,13	330,91	314,36
13.	212,40	196,47	272,42	251,99	335,52	318,74
14.	215,47	199,31	277,04	256,26	341,67	324,59
15.	220,07	209,07	284,73	270,49	349,36	349,36

Haushaltszulage 20 RM. Kinderzulage 20 RM.

b) weibliche kaufmännische Angestellte = Abschläge von 5 bis 10 % auf die oben bezeichneten Sätze je nach Berufsjahr und Gruppe. Vom 21. Berufsjahr findet kein Abschlag mehr statt.

c) Lehrlinge:

1. Lehrjahr 25 %
2. Lehrjahr 45 %
3. Lehrjahr 60 %

} der Einkommen des 1. Berufsjahres der Gruppe II ihres Geschlechts.

d) ledige gewerbliche Angestellte und Arbeiter (ohne Büroburschen):

Dienstjahr	RM.	Dienstjahr	RM.	Dienstjahr	RM.
1.	120,33	6.	136,44	11.	181,44
2.	122,43	7.	145,15	12.	186,24
3.	128,78	8.	154,25	13.	187,77
4.	130,96	9.	161,65	14.	189,31
5.	132,41	10.	170,55	15.	192,38

Haushaltszulage 20 RM. Kinderzulage 20 RM.

e) Büroburschen Jungboten usw.):

Lebensjahre
14 = 40 %
15 = 50 %
16 = 55 %
17 = 60 %
18 = 70 %
19 = 80 %

} des Einkommens eines gewerblichen Angestellten im ersten Dienstjahre.

Die Gehaltssätze für Berlin und Hamburg erhalten einen Ortszuschlag von 3 %, die Ortsklassen II—V Abschläge von 4, 8, 12, 16 % auf die obengenannten Sätze. Diese Staffelung wird auch auf die Berechnung der Haushalts- und Kinderzulage ausgedehnt. Die Bezahlung der Bevollmächtigten und Prokuristen wird meist obigem Schema angepaßt. Bevollmächtigte erhalten in der Regel 10 %, Prokuristen bis 50 % über den tarifmäßigen Satz.

Die oben bezeichneten Einkommenssätze stellen Mindestsätze dar. Günstigere Arbeitsbedingungen können sowohl für den einzelnen Arbeitnehmer wie für die Gesamtheit in jedem einzelnen Betriebe festgesetzt werden. Die besonderen Leistungen des einzelnen, Tüchtigkeit und Vorbildung werden tarifmäßig nicht berücksichtigt. Eine Steigerung der Bezüge erfolgt vielmehr automatisch nach Berufs- und Altersjahren nach dem Prinzip der Staatsbeamten. Das ist im Interesse des Fortschritts, der Arbeitsfreude und Leistungskapazität des einzelnen zu bedauern.

Literatur: KASKEL: Arbeitsrecht. 1926. — LEITNER, FR.: Bankbetrieb und Bankgeschäfte, 7. Aufl. Frankfurt a. M. 1925. — ZIMMERMANN: Tarifvertrag. Handwörterbuch der Staatswissenschaften, 4. Aufl. 8. Jena 1928. — Reichstarifvertrag für das deutsche Bankgewerbe, Verbandsliteratur der Arbeitgeber- und Angestelltenverbände.

FRITZ OTTO.

Teilschuldverschreibungen s. *Schuldverschreibungen.*

Teilungsmasse s. *Aufwertung 3.*

Telquel-Kurse, soviel wie Nettokurs, also ohne Berechnung irgendwelcher Spesen, insbesondere auch ohne Berechnung von Stückzinsen. Angewandt in Emissionsprospekten u. dgl.

Tempelschätze s. *Geschichte des Bankwesens I.*

Tendenz s. *Kursbildung 3.*

tendering, Tendersystem (bei Wechseln) s. *Diskontmarkt 7.*

— (bei Wertpapierbegebung) s. *Emissionsgeschäft II 2a* und *Rentenmarkt 6,* vgl. *England, Geld- und Kapitalmarkt II 1.*

Termineinwand s. *Börsengesetz B III 3 b.*

— **geschäfte** s. *Effektentermingeschäft,* s. *Devisenswap,* s. *Warenmärkte 2,* s. *Prämiengeschäft,* s. *Börsengesetz B III,* an der *Berliner Börse* (s. d.) *III.*

Theorie der Aktiengesellschaft s. *Aktienrechtsreform II.*

Thesaurierung (Thesaurus = Schatz). Anhäufung von Edelmetallen oder Münzen durch Private. Bei primitiven Völkern eine Form des Sparens, in diesem Fall „*Hortung*" (s. d.) genannt (z. B. Goldhortung in Indien), neuerdings auch in Staaten mit moderner Finanzwirtschaft in Erscheinung getreten als Folge von Mißtrauen in die Währung. Die sehr ähnliche Erscheinung der Aufhäufung von Notengeld (Bankenkrise) wird mit „Hamstern" bezeichnet. Vgl. *Panik und Panikbekämpfung; Umlaufsgeschwindigkeit der Bankdepositen* und *Währungswesen.*

Threadneedle Street, Old Lady of = Bezeichnung für Bank of England, die ihren Sitz in der T.St. hat.

Thüringische Staatsbank s. *Staatsbanken.*

ticker, -system s. *New Yorker Börse 2.*

Tilgung s. *Rentenmarkt 6,* s. *Öffentlicher Kredit II 4, 10,* s. a. *Valorisierung I.*

Trade Facilities Act, ein 1921 erlassenes und bis 1927 jährlich verlängertes englisches Gesetz, daß eine Exportförderung durch Staatsgarantien für Industriekredite vorsah. Insgesamt sind in den 6 Jahren seiner Geltung mehr als 70 Millionen Pfund Garantien gegeben und 46000 Arbeiter ständig beschäftigt worden (vgl. a. *England, Geld- und Kapitalmarkt III*).

Trading syndicates o. *Pools*, s. *Emissionsgeschäft II 1b*.

Tranche (fr.), Abschnitt, insbesondere bei einer Anleiheemission, die aus markttechnischen Gründen oft in mehreren Teilen (z. B. an verschiedenen Börsenplätzen oder in verschiedenen Zeitpunkten) aufgelegt wird (vgl. *Effektenarbitrage 2*).

Transcriptionsregister s. *Hypothek 3*.

Transfer. Die Zahlungsbilanz eines jeden Landes muß stets ausgeglichen sein: kein Land kann mehr kaufen als ihm an Verkaufserlös zur Verfügung steht (Käufe und Verkäufe auf Kredit inbegriffen). Art. Zahlungsbilanz schildert das Zustandekommen dieses normalen Ausgleichs, insbesondere beim Vorliegen von Kostenvorteilen des einen Landes, ferner auch unter dem Einfluß *internationaler Kapitalwanderungen* (s. d.) und nationaler Diskontpolitik. Historisch gesehen ergibt sich der normale Ausgleich in langsamer Anpassung der internationalen Preise und Wertgrößen aneinander, wobei kleinere Störungen temporär, zum Teil aber auch auf Jahre hinaus, durch Kredithergabe und -aufnahme paralysiert werden. Die Beweglichkeit der Preise, Anpassungsfähigkeit der kapitalistischen Produktion und das Funktionieren des zwischenstaatlichen Kreditmarktes sorgen dafür, daß Überschüsse im Export oder Import prompt absorbiert werden, soweit es sich um Überschüsse handelt, die ihrem Umfang nach keine Rolle spielen oder ihrer Natur nach binnen kurzem durch entgegengesetzt gerichtete Bewegungen kompensiert werden. Diese Voraussetzungen treffen aber für ganz große und womöglich plötzlich einsetzende einmalige Wertbewegungen meist nicht zu (französische Kriegsentschädigung 1871-73, plötzliche Kapitalabhebungen in Krisenzeiten usw.); häufig aber auch nicht für längere Zeit fortlaufende Wertströme: jahrelange Subsidien Englands an den Kontinent, fortlaufende Rentenzahlungen Irlands an „absentierende“ Grundbesitzer, Jahrzehnte und länger dauernde Kapitalausfuhr, Zinsen und Tilgungszahlungen, kontinuierliche „Reparationen“ usw. Wie wird in solchen Fällen der Zahlungsbilanzausgleich zustande gebracht? Kann die Goldwährung aufrechterhalten werden und unter welchen Voraussetzungen? Dies ist der Inhalt des (im engeren Sinne) sogenannten Transferproblems, zu dessen Lösung es in den meisten historisch bekannten Fällen mehrere Möglichkeiten gab.

1. Fortlaufende Kapitalausfuhr großen Umfangs zu langfristigen Investitionszwecken, wie es z. B. England zum Eisenbahnbau in den 1850er und 60er Jahren bewältigte, oder auch Englands und Frankreichs Kapitalexport nach 1900 bis zum Weltkrieg, wird charakteristischerweise aus zwei Quellen geschöpft: aus Zinseinnahmen der betreffenden Länder, so daß Zinsempfang und Kapitalhergabe sich kompensieren, und aus der mehr oder weniger unmittelbaren Verbindung des Kapitalexportes mit dem Warenexport. Die Finanzierung des Eisenbahnbaues durch England war zwar nicht an die Bedingung des Warenabsatzes gebunden, gehörte also nicht zu den sog. „tied investments“, ging aber typisch Hand in Hand mit der Ausfuhr von Eisenbahnmaterial usw., so daß das Transferproblem „automatisch“ gelöst wurde.

2. Ähnlich verhält es sich bei fortlaufenden Zinszahlungen großen Umfangs der Schuldnerländer, die typischerweise bewältigt werden, indem das agrarische Schuldnerland bei günstiger Konjunktur für seine Produkte über großen Exportüberschuß verfügt und den Devisenerlös zur Abdeckung der Zins- und Tilgungsverpflichtungen benutzt. Auch hier kann freilich Jahrzehnte hindurch, wie das z. B. in Rußland vor dem Weltkrieg der Fall war, eine Kompensation zwischen Zinsverpflichtung und neuer Kapitalaufnahme stattfinden. Jedenfalls ist das Gros der Kapitalausfuhr für Neuinvestition und für Verzinsung bzw. Tilgung fortlaufend erfolgt und hat nur gelegentlich Störungen gezeitigt. Im großen ganzen ging dieser Prozeß riesiger Wertbewegungen „automatisch“, d. h. ohne nennenswerte Erschütterung und ohne bewußte kreditpolitische Aktion vonstatten.

3. Auch sonst sind Kompensationen, die mehr oder weniger zufälliger Art sind, jedenfalls nicht künstlich herbeigeführt werden, ein wichtiges Moment im Ausgleich selbst sehr bedeutender Wertbewegungen. Dazu gehören kurzfristige Kapitalbewegungen als Kompensation langfristiger: England und die Vereinigten Staaten haben nach dem Weltkrieg ihre langfristige Kapitalausfuhr zum guten Teil aus kurzfristiger Kapitaleinfuhr gespeist, und zwar immerhin längere Jahre hindurch, also nicht nur vorübergehend. Ferner werden häufig scheinbar „zufällig“, in Wirklichkeit aus einem tieferliegenden Zusammenhang heraus, Zahlungsbilanzüberschüsse reicher Länder typisch in erhöhtem Maße zum Ankauf von Produkten der Schuldnerländer bzw. zu Touristenausgaben, Auswanderer-Rimessen usw. an diese Länder verausgabt.

4. Das Problem des Empfanges großer fortlaufender Kapitaleinfuhr, namentlich in Neuländern, löst sich unter Umständen „automatisch“ (d. h. ohne Goldbewegung, Diskontpolitik oder dergleichen) durch die spekulative Konjunktur, die die Tatsache der Kapitaleinfuhr oder sogar ihre bloße Erwartung in dem Schuldnerlande auslöst. Die einsetzende Preissteigerung schmälert den Export und hebt den Import an Waren, so daß der Empfang des neuen Kapitals durch Verschlechterung der Handelsbilanz erfolgt. Weit wichtiger ist

5. die Wirksamkeit des Kreditmechanismus, der durch Goldabfluß aus dem Kapitalexportland bzw. Goldzufluß in das Kapitalimportland ausgelöst wird. Er bewirkt durch Diskonterhöhung und Krediteinschränkung (bzw. durch Zinssenkung und Kreditexpansion) normalerweise entsprechende Beeinflussung der Handels- und der Kapitalwanderungsbilanz und ermöglicht den fraglichen T. Namentlich der Einfluß auf Kapitalwanderungen ist bedeutsam und kann ein dauerhafter werden,

wenn er außer der kurzfristigen „Zinsarbitrage" auch langfristige Bewegungen auslöst.

6. Der Sinn des sog. Transfermechanismus mittels Krediteinschränkung besteht auf längere Sicht darin, in dem Kapital ausführenden Lande eine Kosten- (Lohn-) Senkung zu erzielen. Diese Aufgabe kann auch mittels anderer Methoden, wie planmäßige Herabsetzung der Tariflöhne usw., erreicht werden, was — kombiniert mit handelspolitischen „Gewalt"-Methoden (Einfuhrdrosselung usw.) — namentlich in Krisenzeiten und für Länder mit erschüttertem internationalen Kredit von großer Bedeutung sein kann, um den T., der aus Einstellung der Kapitalzufuhr und forzierter Rückzahlung von Kapitalien entsteht, zu bewältigen. Im übrigen wird aber in solcher Krisensituation entscheidend

7. die Hergabe von Währungsreserven teils valutarischer Art (Gold, Devisen), teils durch Liquidierung des international marktgängigen Besitzes. Reichen die Reserven aus, um eine Repatriierung der im Ausland ruhenden Wertpapiere des Schuldnerlandes in genügend großem Umfang zu ermöglichen und sonstige Schulden abzutragen, so ist das Transferproblem gelöst; andernfalls bringt die Krise die Notwendigkeit verschärfter Methoden mit sich, insbesondere

8. des Individual- oder Kollektivbankrotts. Ersterer liegt vor, wenn die Goldzahlung der Auslandsschulden grundsätzlich fortgesetzt wird, aber die Schuldner in großem Umfang ihre Zahlungen einstellen müssen. Partieller oder vollständiger Kollektivbankrott bedeutet entweder a) daß die Goldeinlösung der heimischen Währung, auf die die Auslandsschulden kontrahiert sind, unterbunden wird, so daß der Auslandsgläubiger nur noch einen Teil seiner Forderung in Gold zurückerhält (Abgang Englands von der Goldwährung 1931!); oder b) daß die Zinszahlung oder Tilgung der Schulden dem Ausland gegenüber ohne Rücksicht auf die Zahlungsfähigkeit des einzelnen eingestellt wird, was wiederum allgemein oder partiell geschehen kann. Schließlich c) an Stelle der genannten Maßnahmen oder kombiniert mit denselben können Vergleichsabkommen mit Gläubigern (Stillhaltung), die eine temporäre Hinausschiebung der Schuldzahlungen oder auch endgültige Herabsetzung der Schuld bedeuten, getroffen werden.

Vgl. Art. *Devisenbewirtschaftung, Internationale Kapitalwanderungen, Moratorien, Notenbankpolitik, Staatsbankrott, Stillhalteabkommen, Währungswesen* und *Zahlungsbilanz* sowie die dort zitierte Literatur.

MELCHIOR PALYI.

transfer stamp = Übertragungs-, Umschreibegebühr beim Kauf englischer Aktien. Näheres s. *Londoner Börse 4.*

Transitorische Posten s. v. w. durchlaufende Posten, s. *Bilanz I 2.*

Transitwechsel ist ein vom Ausland auf Ausland gezogener und nur im Ausland zahlbarer Wechsel, der also im Inland nur „durchgeht".

Transportfunktion des Indossaments ist die dem Indossament eigentümliche unmittelbare Übertragung der Rechte aus dem Papier an den Indossatar unabhängig von der Rechtsstellung des Vormanns (Ausnahme *Prokuraindossament* [s. d.]). Dem Indossatar können also nur Einwendungen aus dem Papier und aus seiner Person entgegengesetzt werden.

Transportversicherung (s. *Privatversicherung I*).

Trapeziten s. *Geschichte des Bankwesens I.*

Trassant s. *Aussteller.*

trassiert-eigener Wechsel. Ein Wechsel, in dem der Aussteller sich zur Zahlung an einem andern Ort als dem Ausstellungsort verpflichtet.

Trassierungskredit ist der Rembourskredit des Einzelhandels. Der ausländische Verkäufer oder seine Bank zieht auf eine Bank des Einfuhrhandels, die gegen Übereignung der Ware durch Aushändigung der Dokumente akzeptiert und den Wechsel meist selbst ankauft (vgl. *Finanzierungsfragen des Groß- und Einzelhandels*).

Tratte, der *gezogene Wechsel* (s. d.).

Travellers cheque s. *Akkreditiv II,* s. *Akkreditiv I 3,* s. *Bargeldloser Zahlungsverkehr 3.*

Treasury Bill (e), Schatzwechsel, kurzfristig, unverzinslich, der unter Diskontabzug im Wege des Tenderverfahrens begeben wird (s. *Diskontmarkt 7,* vgl. a. *Exchequer bond*).

Trend s. *Konjunkturbeobachtung.*

Tresorfach s. *Schrankfachvertrag.*

Treuhänder s. *Revision der Bilanz 4,* s. *England, Geld- und Kapitalmarkt II 5,* vgl. *Vergleich,* vgl. *Aktiengesellschaft VIII.*

Treuhandgesellschaften s. *Revision der Bilanz II.*

trockener Wechsel s. v. w. *eigener Wechsel* (s. d.).

Trust s. *Holdinggesellschaften, Investment-Trust* (s. d.).

Trust Deed s. *Investment Trusts 2.*

Trust department s. *Amerikanischer Geld- und Kapitalmarkt.*

trustee (e), Treuhänder — security, mündelsicheres Wertpapier, s. *Investment Trusts 2,* vgl. *Aktiengesellschaft VIII.*

Trust-Receipt s. *Finanzierungsfragen II 1.*

Tschechoslowakei, Geld- und Kapitalmarkt, Börse.

1. Währungswesen. Ende Februar 1919 wurde die bis dahin auf dem Gebiete der tschechoslowakischen Republik bestandene österreichisch-ungarische Kronenwährung durch eine eigene tschechoslowakische Währung ersetzt. Nach dem Gesetz vom 25. Februar 1919 wurde diese neue Währung mit der tschechoslowakischen Krone als Einheit in der Weise geschaffen, daß man sämtliche auf dem Gebiet der neuen Republik in Umlauf befindlichen Noten der Österreichisch-Ungarischen Bank mit einem Stempel in Höhe von 1% des Nennwertes versah. Hierbei wurden 50% der zur Abstempelung eingereichten Noten zur Deckung für eine später zu schaffende Vermögensabgabe von der Regierung einbehalten. Den zurückgegebenen und gestempelten Noten wurde der Charakter eines ausschließlichen Zahlungsmittels verliehen. Später wurden an Stelle der gestempelten Noten eigene, neue sog. „Staatsnoten" vom Bankamt des Finanzministeriums, das nach erfolgter Währungstrennung an die Stelle der Österreichisch-Ungarischen Bank in der T. getreten war, ausgegeben. Die neue Währung (1 Kĉ [Aussprache ĉ = Tsch.] eingeteilt in 100 Heller) unterlag bis etwa 1924 erheblichen Kursschwankungen, wurde aber bereits in der Periode von 1924—1926 durch Kursregulierungen de facto stabil gehalten, um dann am 1. April 1926 durch Aufnahme der Tätigkeit der neuen tschechoslowakischen Notenbank auch de jure im Verhältnis von 100 Kĉ = 2,90—3,03 amerikanische Dollar stabilisiert zu werden. Im Umlauf sind Banknoten der Nationalbank zu 10, 20, 50, 100, 500, 1000 und 5000 Kĉ. Die am 1. April 1926 in Umlauf gewesenen Staatsnoten gelten von diesem Tage an als Banknoten. Daneben ist Kupfer und Nickel asl Scheidemünze im Verkehr, doch besteht eine Annahmepflicht für Stücke von 5 Kĉ nur bis zu Beträgen von 250 Kĉ.

Die Tschechoslowakische Nationalbank (Narodni Banky Ceskoslovenské) ist als Notenemissionsinstitut die Nachfolgerin des Bankamtes, das seinerseits wieder die Geschäfte der Österreichisch-Ungarischen Bank für die tschechoslowakische Republik übernommen hatte. Die Nationalbank arbeitet mit einem Aktienkapital von 12 Millionen amerikanischen Dollars, das bei der Gründung, dem damaligen Kursstande von 33,90 Kronen entsprechend mit 406,8 Milliarden Kč ausgewiesen wurde. Ein Drittel des Aktienkapitals ist in den Händen des Staates. Die Bank ist gesetzlich verpflichtet, den Wert der tschechoslowakischen Währung in dem bereits angegebenen Verhältnis zum amerikanischen Dollar aufrecht zu erhalten. Sie hat für 15 Jahre das alleinige Recht der Banknotenemission. Die beträchtliche Notenschuld des Staates, die sich aus dem Unterschiede der von der Nationalbank übernommenen Aktiven und Passiven ergab, wird auf Grund eines zwischen Staat und Nationalbank 1927 abgeschlossenen Vertrages aus den Erträgnissen der Vermögensabgabe und der Vermögenszuwachsabgabe getilgt. Weiter hat der Staat während der 15jährigen Dauer des Notenprivilegs jährlich 110 Millionen Kč an die Nationalbank aus verschiedenen Quellen abzuführen. Die Metalldeckung des Notenumlaufs ist mit 20% mit einer je 1proz. Erhöhung für jedes Jahr der Privilegdauer, also bis 1941, in dem ein Satz von 35% erreicht werden soll, vorgesehen. Von dieser Deckung braucht nur ein Teil in Edelmetallen zu bestehen; weiter können ausländische wertbeständige Noten, Valuten, Devisen auf wertbeständige Währungen und Kurantmünzen herangezogen werden. Die Vorlage des Bankausweises erfolgt am 7., 15., 23. und letzten Tage eines jeden Monats und soll Auskünfte über den Stand der Aktiven und Passiven, der Deckung und der sofort fälligen Verbindlichkeiten erteilen.

Hauptpositionen des Status der Tschechoslowakischen Nationalbank an den Jahresenden 1928—1930 (in Millionen Kronen).

	1928	1929	1930
Notenumlauf (Banknoten)	8466	8230	7824
Giro	830	675	570
Statutarischer Barschatz[1]	3602	3434	3123
Im Barschatz befindliches Gold	1157	1258	1545
Deckungsverhältnis Barschatz in Noten + Giro[2], [3]	69,3%	38,6%	46,7%
Eskompt	412	921	494
Lombard	71	89	32
Staatsschuld	4528	4124	3775
Diverse Auslandsforderungen und Valutenvorrat[4]	2510	2270	2447
Diskontsatz	5%	5%	4%

[1] Bis 27. Januar 1929: Metalldeckung Gold, Silber und vollwertige Devisen und Valuten. — [2] Ab 1. Januar 1926 bis 27. November 1929: Barschatz zu Noten + Giro- — Staatsschuld; Deckungsverhältnis: Beginnend mit 20% jährlich um 1% (bis 35% ansteigend). — [3] Oblig. bis Ende 1929: 25%, bis Ende 1930: 30%, bis Ende 1935 und sodann 35%, hiervon stets die Hälfte Gold. — [4] Vollwertige Devisen zuzüglich nicht in die Golddeckung eingerechneten Devisen und Valuten.

Der Gesamtbetrag der Kreditoperationen der Tschechoslowakischen Nationalbank stellte sich Ende 1927 auf 125,6, Ende 1928 auf 483,2, 1929 auf 1010,9 und Ende 1930 auf 523,5 Millionen Kč. Im Jahre 1931 überschritt die Höhe der gesamten Kreditoperationen zeitweilig einen Stand von 1,7 Milliarden Kč. Der Goldwert der tschechoslowakischen Krone stellte sich seit 1926 mit verhältnismäßig geringen Ausschlägen, am Stande des amerikanischen Dollar gemessen, auf etwa 14,62 bis 14,63, somit etwa der Goldparität entsprechend. Der Diskontsatz der Bank betrug im Jahresdurchschnitt 1927—1929 5%, erfuhr 1930 zwei Ermäßigungen auf 4,5 und auf 4%, während am 5. August 1931 eine Erhöhung auf 5% und am 23. September 1931 eine weitere auf 6,5% erfolgte.

2. Kapitalmarkt. Über die Verhältnisse am tschechoslowakischen Kapitalmarkt geben folgende Ziffern (jeweils für die Jahresmitte 1929—1931 in Millionen Kč) Auskunft:

Jahr	Gesamtbetrag der Einlagen bei den Sparkassen	Gesamtbetrag der Einlagen bei den landwirtschaftlichen Bezirksvorschußkassen	Gesamtbetrag der Einlagen bei den bürgerlichen Vorzugskassen	Umsätze der Postsparkasse
30. Juni 1929	17604	3368	5939	19074
30. „ 1930	18681	3735	6343	18257
30. „ 1931	20900	4158	7160	18375

Während das Schwergewicht des tschechoslowakischen Bankwesens trotz der verhältnismäßig großen Zahl der karpathenländischen Institute, die aber durchweg nur über einen lokal begrenzten Geschäftskreis verfügen, bei den Prager Großbanken liegt, ist das Hypothekengeschäft vorwiegend in der Hand der sechs Landesbanken, von denen je zwei in Prag, Brünn und Troppau bestehen. Die Aufgabe dieser öffentlichen Banken besteht darin, an Körperschaften (Staat, Länder, Bezirke, Gemeinden usw.) bzw. an Grundstücksbesitzer Darlehen zu gewähren und zu diesem Zweck Kommunal-, Eisenbahn-, Hypothekar-, Miliorations- und andere Schuldverschreibungen auszugeben. Diese Landesbanken sind von den Ländern gegründet und ihre Verpflichtungen werden auch von diesen verbürgt. Bei der Emissionstätigkeit stehen Kommunalobligationen im Vordergrunde; Emissionen von Pfandbriefen und Eisenbahnobligationen stehen im Geschäftskreis dieser Landesbanken erst an zweiter Stelle.

Kommunal- und Hypothekaranleihen usw. (in Millionen Kč) Mitte 1929 bis Mitte 1931.

	Der Landes-Geld-institute	Der Prager Sparkassen
30. Juni 1929	4357	1473
30. „ 1930	4808	1618
30. „ 1931	5387	1708

3. Börse. Die einzige Effekten- und Devisenbörse der tschechoslowakischen Republik besteht in Prag. Sie wurde im März 1871 gegründet und hatte bis zum Kriege den Charakter einer Provinzbörse. Während der Kriegszeit blieb die Prager Börse geschlossen. Im Jahre 1919 wurde sie nach Durchführung der Währungstrennung dem Verkehr wieder schrittweise freigegeben; der Markt begann sich zum Hauptplatz für den Handel in allen tschechoslowakischen Werten zu entwickeln und der bisher auch auf diesem Gebiete führenden Wiener Börse den Rang streitig zu machen. In ständig steigendem Maße wurde der Haupthandel in tschechoslowakischen Werten von Wien nach Prag verlegt, und es ergab sich damit gleichzeitig ein ziemlich lebhafter Arbitrageverkehr zwischen beiden Plätzen. Im Zusammenhang mit einer zunehmenden Betätigung des Auslandes an der Prager Börse nach der Vornahme der gesetzlichen Währungsstabilisierung wurde im Jahre 1927 in einigen führenden Werten auch ein Ultimogeschäft eingeführt. Neben den großen tschechoslowakischen Aktienbanken führt der seit dem 1. Januar 1928 auch in deutscher Übersetzung erscheinende Prager Kurszettel zahlreiche Aktien und Obligationen tschechoslowakischer Industrie- und Transportgesellschaften sowie eine bedeutende Anzahl festverzinslicher Emissionen auf. Bei der engen konzernmäßigen Verknüpfung zwischen verschiedenen großen tschechoslowakischen Bank- und Industrieunternehmungen mit der französischen Finanzwelt (z. B. Skoda und Creuzot-Schneider bzw. Union Européene) besteht für zahlreiche Prager Börsenwerte auch Interesse in Paris und Brüssel. Der Börsenindex der tschechoslowakischen Industrie- und Transportwerte, der sich im Jahre 1929 zeitweise auf 155 stellt, ging bis Ende 1931 auf etwa 84 zurück. Der monatliche Börsenumsatz in Dividendenwerten, der annähernd 25000 Schlüsse erreichte, betrug im Jahre 1931 durchschnittlich etwa 7—10000 Schlüsse im Monat.

Die Börsenversammlungen finden werktäglich außer an Sonnabenden von $11^1/_2$—$12^1/_2$ Uhr statt. Am Sonnabend tagt die Börse von $11^1/_2$—12 Uhr; in den Sommermonaten Juni bis August fallen die Sonnabendbörsen jedoch aus. Die Börsenusancen ähneln in den Hauptpunkten, besonders hinsichtlich des Arrangementgeschäftes, sehr stark dem Vorbilde der Wiener Börse. Die Kursnotierung erfolgt unter Mitwirkung der vereidigten Sensale. Es werden sowohl bei den getätigten Kursen als auch bei den Schlußkursen jeweils Geld und Brief notiert. Bei den festverzinslichen Werten erfolgt die Notiz für je 100 Kč nominell in Prozenten, bei Losen und Aktien „per Stück". Man unterscheidet nach der Erfüllungszeit Geschäfte „per Kassa", die am dritten Tage nach Abschluß zu erfüllen sind, Geschäfte „per Arrangement", die an dem Abschlusse folgenden Aufgabetage zur Wochenabwicklung aufzugeben sind, und schließlich Termingeschäfte, bei deren Abschluß ein besonderer Erfüllungstermin vereinbart wurde. Termingeschäfte in Arrangementwerten müssen nach der Arrangementordnung, in Nichtarrangementwerten an dem ersten Börsentage nach dem Fälligkeitstermine direkt erfüllt werden. Die Schlußeinheit bei den per Stück gehandelten Effekten ist im allgemeinen 25 Stück. In besonderen Ausnahmefällen beträgt sie nach den jeweils erfolgenden Festsetzungen der Börsenkammer bei Aktien auch 10 und 50 Stück, bei Losen ebenfalls 50 Stück. Handelt es sich um Werte, die in Prozenten notiert werden, so beträgt der Börsenschluß, von Ausnahmefällen abgesehen, 10000 Kč, 10000 k, 5000 fl. ö. W., 5000 fl. in Goldfranks 12500 oder 10000 RM. Das Arbitragegeschäft ist mit Wien und Budapest ziemlich rege; mit Berlin findet ein Arbitrageverkehr fast nur in den der Caisse Commune unterstehenden Titeln der österreichischen und ungarischen Vorkriegsanleihen statt.

Die von jedem Vertragsteil zu zahlende Courtage beträgt bei tschechoslowakischen Staatspapieren $^1/_4$‰ des Kurswertes und bei allen anderen Anlagewerten $^1/_2$‰, mindestens aber 1,25 Kč per Schluß. Für Dividendenpapiere gilt ebenfalls ein Courtagesatz von $^1/_2$‰ des Kurswertes und ein Mindestsatz von 1,25 Kč per Schluß. Bei Devisen stellt sich die Courtage auf $^1/_{20}$‰. Für alle Börsenumsätze wird eine Effektenumsatzsteuer erhoben, von der lediglich Umsätze in Staatspapieren befreit sind. Diese Steuer stellt sich auf $^1/_2$‰ des Kurswertes bei Aktien, auf $^1/_{10}$‰ vom Kurswert bei festverzinslichen Werten. Hierzu tritt schließlich noch eine Arrangementsteuer in Höhe von 50% dieser Sätze der Effektenumsatzsteuer. Beim Kauf einer tschechoslowakischen Bankaktie im Kurswert von 800 Kč ergeben sich also für eine Schlußeinheit von 25 Stück folgende Spesen (ausmachender Betrag 20000,— Kč):

Spesen:	a) Courtage	10,— Kč
	b) Effektenumsatzsteuer	10,— Kč
	c) Arrangementssteuer	5,— Kč
	Sa.	25,— Kč

Über die *Bankenaufsicht* s. d. *II 2.*

Literatur: Über Lage und Entwicklung des tschechoslowakischen Währungswesens und des Kapital- und Geldmarktes unterrichten neben den sehr eingehenden Monatsberichten der Tschechoslowakischen Nationalbank die „Statistische Übersicht der tschechoslowakischen Republik", zusammengestellt im Statistischen Bankamt in Prag, die alljährlich erscheint. Ferner: SCHACHER, Dr. GERHARD: Die Nachfolgestaaten und ihre wirtschaftlichen Kräfte. Stuttgart 1932, sowie als Effektenhandbuch die Abteilung Tschechoslowakei des Finanziellen Jahrbuches „Compaß" und „Prager Börsenwerte", herausgegeben von JOSEF KASPAR, Prag.

G. S.

Tscherwonetz s. *Sowjetrußland III.*

Türkei, Geld- und Kapitalmarkt, Börse. *1. Währungswesen.* Die bis zum Beginn des Weltkrieges in der T. bestandene Goldwährung (Livre turque = 100 Piaster zu je 40 Para; Goldparität ca. 10% unter derjenigen des englischen Pfundes) wurde während des Krieges durch eine Papierwährung ersetzt, indem 7 Papiergeldemissionen, deren Dekkung nur in deutschen Schatzanleihen bestand, durch die damals kaiserliche Regierung erfolgten. In Anbetracht des Kursfalles der deutschen Mark und mit Rücksicht auf die Bestimmung der Friedensverträge war die türkische Währung nach Kriegsende ohne Deckung. Durch Gesetz wurde eine vollständige Gleichstellung des Papierpfundes mit dem alten Goldpfund verfügt und zwar insbesondere für alle Inlandszahlungen und für die Zinsscheine der inneren Goldanleihen. Ende 1927 wurden die alten Noten zurückgezogen und durch neue in Abschnitten zu 1000, 500, 100, 50, 10, 5 und 1 Ltq. ersetzt, wobei der Umtausch bis zum 5. September 1928 zu erfolgen hatte. Daneben blieben noch Noten der Banque Ottomane (früher Banque Impériale Ottomane) aus früheren Emissionen zu 100, 20 und 5 Pfund im Umlauf, ohne aber gesetzliche Zahlungsmittel darzustellen. Diese Noten bilden lediglich Gegenstand eines spekulativen Agiohandels. Im Jahre 1929 erfolgte die Zwangsstabilisierung der Währung und zwar unter Berücksichtigung der inneren Geldentwertung von 100 Goldpiastern auf 1450 Papierpiaster und einer auf Goldbasis berechneten Weltteuerung von 157% in dem Stabilisierungsverhältnis eines neuen Ltq. zu 10,30 alten Ltq. Hiermit wurde die türkische Währung mit der englischen verknüpft. Die Regulierung des Kurses der neuen türkischen Währung an den internationalen Börsen übernahm die Banque Ottomane treuhänderisch mit den Mitteln eines besonderen, von einem Konsortium aufgebrachten Devisenfonds, der 1931 erschöpft war, so daß das erwähnte Konsortium gezwungen war, auf die von ihm garantierte Summe von 1,2 Millionen Pfund zurückzugreifen. Durch den Kurssturz des englischen Pfundes im Jahre 1931 sah man sich gezwungen, nunmehr den französischen Franken zur Währungsgrundlage zu nehmen. Als nicht zu überschreitende Grenzen zwischen denen künftig das Ltq. zu halten ist, wurden im September 1931 12,03 und 12,06 französische Franken festgesetzt. Damit ist das frühere Stabilisierungsverhältnis des türkischen Pfundes zum Gold unverändert aufrecht erhalten worden.

Während früher die Banque Ottomane als Nachfolgerin der ehemaligen kaiserlichen Notenbank die Funktionen des zentralen Währungsinstituts ausgeübt hatte, wurde 1931 die Türkische Zentralbank mit einem Aktienkapital von 15 Millionen türkischen Pfunden, von denen 40% eingezahlt waren, geschaffen. Mit dem 1. Januar 1932 ging auch die bis dahin von der Banque Ottomane ausgeübte Regulierungstätigkeit an den internationalen Devisenmärkten auf die neue Zentralbank über. Mit Rücksicht auf die unzureichenden Deckungsvorschriften und die Tatsache, daß die jeweils zur Verfügung stehenden Devisenfonds in

Perioden verstärkter Einfuhrtätigkeit leicht erschöpft werden können, bleibt die Kursentwicklung der türkischen Währung auch nach Schaffung des neuen Zentralnoteninstituts in hohem Maße von der stark schwankenden Entwicklung der türkischen Handelsbilanz abhängig. Die Kursregulierung soll durch zahlreiche in ihrer Tendenz und ihren Wortlaut vielfach stark wechselnden Devisenvorschriften durchgeführt werden. Sitz der neuen Notenbank ist Angora.

2. *Börse.* Die früher zeitweise sehr große Bedeutung der Börse von Konstantinopel, die allerdings auch heute noch den zentralen Effektenmarkt der türkischen Republik darstellt, ist im Zusammenhang mit dieser Währungspolitik und vor allem auch der Tatsache, daß die neue Türkei die Aufrechterhaltung eines internationalen Wertpapiermarktes in Konstantinopel nicht wünscht, sehr stark zurückgegangen. Ihren Ausdruck findet diese Entwicklung schon rein äußerlich in der Verlegung der früher in dem europäischen Stadtteil Galata gelegenen Börse in das türkische Viertel Stambul. Der Handel mit Auslandswerten, insbesondere der früher z. T. hochspekulative und umfangreiche Handel in russischen und balkanischen Titeln, ist auf ein Minimum zusammengeschrumpft. Neben einigen wenigen Bankaktien von internationaler Bedeutung, die, wie die Aktien der Banque Ottomane, auch an einigen westeuropäischen Plätzen notiert werden, findet vor allem ein recht lebhaftes Geschäft in den verschiedenen türkischen Staats- und Eisenbahnanleihen der Vorkriegszeit sowie in den neueren Emissionen dieser Art statt. Trotz der zeitweisen, die Arbitrage außerordentlich erschwerenden vielfach wechselnden und eingreifenden Devisenbestimmungen ist in den großen Emissionen der Vorkriegszeit, die auch den Gegenstand z. T. sehr lebhaftem spekulativen Verkehrs an den mittel- und westeuropäischen Börsen darstellen, teilweise ein sehr lebhafter Arbitragehandel mit dem Auslande festzustellen. Insbesondere mit Berlin und Paris erfolgt die Arbitrage in den wichtigsten türkischen Staatsrenten, bei denen sich oft beträchtliche Kursmargen ergeben, häufig in direktem Telephonverkehr ohne die vermittelnde Einschaltung anderer Plätze.

Die amtlichen Börsenstunden sind von 10—12 Uhr vormittags und von 14—16 Uhr nachmittags. Auf dem Gebiete der Usancen ist zu betonen, daß sämtliche Werte an der Börse von Konstantinopel grundsätzlich in Ltq. pro Stück und franco Zinsen notiert werden. Als Ausnahme findet eine Prozentnotierung in Ltq. (ebenfalls jedoch ohne Zinsberechnung) für folgende Anleihen statt: Emprunt Intérieur (Innere Anleihe) 5 % von 1918 (türk. Dachilie), Turc Unifié (Unifizierte Türken) 4 % (in Ltq. % pro Lstg. 100,—). Bei einem Kurs von $24^7/_8$ % kosten demnach Ltq. 1000,— Innere Anleihe Ltq. 248,75. Lediglich in 4 % Unifizierten Türken, in Türkenlosen, in der 5 % Inneren Türkenanleihe und in den Aktien der Arslan Zement AG. findet ein Terminhandel statt. Die Liquidation erfolgt hier zweimal im Monat. Die Registrierung der Börsenumsätze ist Privileg der an der Börse zugelassenen Makler, die türkischer Nationalität sein müssen. Die Courtage beträgt je 25 Piaster bei Kauf und Verkauf von je Ltq. 100,— Innere Anleihe bzw. Unifizierter Türken. Bei allen anderen Werten beläuft sich die Courtage auf 5 Piaster bis zum Betrage von Ltq. 10,— auf 10 Piaster bis zum Betrage von über Ltq. 10,— bis Ltq. 20,—. Für alle Schlüsse im Betrage von über Ltq. 60,— beträgt die Courtage 50 Piaster. Im Devisenhandel sind 10 Para für 1 englisches Pfund oder für 1 Tscherwonetz und $^3/_4$ ‰ für alle übrigen Devisen zu entrichten. Nichtbankiers zahlen im Devisenhandel die doppelten Sätze.

Alle provisorisch oder endgültig ausgegebenen Aktien unterliegen für die Dauer des Gesellschaftsvertrages einer einmaligen Stempelsteuer von 1 % (1 Piaster pro Ltq.) des Nominalwerts oder, falls solcher nicht angegeben, des am Ausgabeorte festgestellten Kurs- oder Realwertes. Obligationen unterliegen einer Gebühr von $^1/_2$ % (20 Para pro Ltq.). Bruchteile von Pfunden werden als volle Pfunde berechnet. Bei Verlängerung der Dauer der Gesellschaft ist innerhalb dreier Monate die Gebühr erneut zu entrichten, desgleichen für Obligationen, die bei Ablauf des Gesellschaftsvertrags noch nicht amortisiert sind. Bei Kapitalerhöhungen ohne Ausgabe neuer Stücke ist die Steuer auf das hinzugekommene Kapital zu entrichten und wird auf die bestehenden Aktien und Obligationen umgelegt. Bei Umtausch von provisorischen Stücken in definitive oder von neuen Aktien gegen alte, ohne daß im wesentlichen (Zinsen, Verfall) Änderungen eintreten, wird bei Vorlage der alten Stücke von der Erhebung einer neuen Gebühr abgesehen. Alle ausländischen Anleihen, Aktien und Obligationen, die im Bereiche der T. zum Handel zugelassen werden sollen, unterliegen einer einmaligen Stempelgebühr von 1 % = 40 Para pro Türkenpfund, errechnet auf Grund ihres Nominalwertes. Eine Abstempelung der Papiere erfolgt nicht immer. Es genügt, daß die Gebühr entrichtet worden ist und über die Zahlung von der Gesellschaft Nachweis geführt werden kann.

Über die Regelung der türkischen Anleiheschulden s. *Valorisierung II.*

Literatur: Über Entwicklung und Lage des türkischen Geld- und Kapitalmarktes sowie der Staatsfinanzen und der führenden Aktiengesellschaften des Landes unterrichten die Bulletins der türkischen Zentralbank und die Wirtschaftsausgabe der „Türkischen Post".

G. S.

turn s. *Effektentermingeschäft.*

U.

U. d. S. S. R. s. *Sowjetrußland.*

Überakkumulationstheorie s. *Konjunkturtheorie 4.*

Überbrückungskredit, allgem. Erkl. s. *Kredit II 3*, ferner s. *Öffentlicher Kredit I 3.*
— **der Industrie** s. *Industrie und Banken III.*

Übereignung, Sammelname für alle Rechtsgeschäfte, durch die Eigentum übertragen wird.

Überfremdung ist das Eindringen ausländischer oder verwaltungsfremder Kapitalisten in die Leitung einer Aktiengesellschaft.

Sowohl gegen die Ü. aus dem Ausland wie gegen die durch „verwaltungsfremde" Inländer sind mannigfache Schutzmaßnahmen getroffen worden; im Ausland vielfach durch gesetzliche, ausländerfeindliche Bestimmungen. So dient die Bestimmung des schwedischen Aktienrechts, daß Aktien in ausländischem Besitz nur $^1/_{1000}$ Stimmrecht haben, dem Kampf gegen die Ü. In Italien machen Verwaltungsmaßnahmen dem Ausländer die maßgebliche Beteiligung an gewissen Industrien unmöglich. Besonders scharfe Bestimmungen ferner in der Türkei, in Spanien usw.

Deutschland hat keine staatlichen Maßnahmen gegen die Ü. ergriffen. Um so zahlreicher sind dafür hier die privaten Maßnahmen gegen die wirtschaftliche Ü. durch verwaltungsfremde Aktienkäufe. Dieser Abwehr dienen in erster Linie die sog. „Stimmrechtsaktien", auch Schutzaktien oder Vorzugsaktien, die bei einer sehr großen Zahl deutscher Gesellschaften bestehen. Näheres s. *Aktienrechtsreform* sowie *Aktie als Wertpapier.* Etwas komplizierter ist die bei Konzernen häufig gewählte Sicherung durch Aktienaustausch. Hierbei wird das Kapital der Konzerngesellschaften höher bemessen, als wirtschaftlich erforderlich wäre. Der nicht zur Kapitalbeschaffung erforderliche Teil des Kapitals wird auch nicht ins Publikum gebracht, sondern an die anderen Konzerngesellschaften „verkauft". Der Kaufpreis besteht in Aktien der übernehmenden Konzerngesellschaft, so daß eine Gesellschaft immer Großaktionärin der anderen ist. Auf diese Weise ist es möglich, die Majorität des Kapitals im Konzern so zu verteilen, daß die Verwaltung jederzeit darüber verfügen kann. Eine dritte viel diskutierte und in Prozessen (Michael-Victoria) vielumstrittene Methode ist die Verweigerung der Umschreibung im Aktienbuch, was jedoch in der Regel nur bei nicht vollbezahlten Aktien, in Deutschland also praktisch nur bei Versicherungsgesellschaften möglich ist. Da der Gesellschaft gegenüber derjenige als Aktionär gilt, der im Aktienbuch eingetragen ist, hat der neue Erwerber kein Stimmrecht. Diese Methode hat die Billigung der Rechtsprechung gefunden. Jedoch hat die Berliner Börsenzulassungsstelle sie wesentlich dadurch erschwert, daß künftig Aktien von Gesellschaften, die sich auf diese Weise gegen Ü. schützen, aus dem amtlichen Kurszettel gestrichen werden sollen.

Zur Begründung der Abwehr der Ü. durch verwaltungsfremde Kapitalisten wird auf die Notwendigkeit stabiler Verwaltungsführung hingewiesen. Auch handle es sich vielfach bei den „Eindringlichen" nicht um ernsthafte Reflektanten, die die Gesellschaft dauernd besitzen und weiterentwickeln wollen, sondern um Spekulanten, die in ihr nur ein Handelsobjekt sehen. So berechtigt diese Argumente im Einzelfall sein mögen, so darf die Abwehr der Ü. doch nicht bis zur Entrechtung des kapitalmäßigen Mehrheitsbesitzers führen, wie dies mehrfach geschehen ist. Gegen diese Auswüchse richten sich auch die Bestrebungen der geplanten *Aktienrechtsreform* (s. d.).

Überkapitalisierung. Eine solide Finanzgebarung verlangt, daß die Kapitalisation des Unternehmens seiner Ertragskraft angemessen sei und im richtigen Verhältnis zur Inanspruchnahme fremder Mittel stehe. Hiergegen wird bei der Ü. verstoßen, absichtlich (Gründungsschwindel) oder durch die rückläufige Entwicklung des einzelnen Unternehmens oder ganzer Branchen (z. B. die amerikanischen Eisenbahnen seit der Konkurrenz durch andere Verkehrsmittel). Unter Ü. im engeren Sinne wird also nur das Vorhandensein übergroßer Kapitalsteile verstanden, im weiteren Sinne kann man auch die kursmäßige Überbewertung eines Unternehmens hierunter verstehen. Erstere findet früher oder später ihr Ende durch Sanierung, also Zusammenlegung des Aktienkapitals oder freiwilliger Kapitalseinziehung seitens der Gesellschaft (eine wichtige Folgeerscheinung von Krisen: „Säuberungskrise"). Die rein börsenmäßige Überbewertung korrigiert sich meist durch Kurszusammenbruch.

Übernahme-Gründung s. v. w. Sachgründung, s. *Aktiengesellschaft III.*

— **Konsortium** s. *Emissionsgeschäft II 1b.*

— **kurs,** Kurs, zu dem eine Anleihe vom Emissionskonsortium u. dgl. übernommen wird. Er ist um die Spesen und Verdienstspanne niedriger, als der Emissionskurs (vgl. *Konsortialgeschäft,* vgl. *Emissionsgeschäft und Emissionstechnik II 1b*).

Überpariemission, die Ausgabe von Wertpapieren zu einem über ihrem Nennwert liegenden Kurs. Bei festverzinslichen Werten ist sie unbeschränkt zulässig, bei Aktien im Gegensatz zur verbotenen Unterpariemission, an Bedingungen geknüpft. So muß die Ü. im Gesellschaftsvertrag vorgesehen sein und der über den Nennwert hinausgehende Betrag muß in die Reserve gestellt werden.

Überproduktion vgl. *Konjunkturtheorie 4.*

Überritten s. *Prämiengeschäft.*

Überseebanken, Allgemeines s. *Überseegeschäft,* Deutsche s. a. *Spezialbanken 2.*

Überseegeschäft. Der Handel folgt der Flagge, pflegt man zu sagen. Doch würde es richtiger sein, zu sagen, daß er gemeinsam mit dem Bankgeschäft marschiere und beide keine Flagge kennen. Diese Wahrheit wird durch die Entwicklung des englischen Überseebankwesens bestätigt. Bankinstitute, die ihre Entstehung britischem Kapital verdanken, sind in allen Teilen der Welt entstanden. Aus kleinen Anfängen haben sie sich mit dem Handel weltweit entwickelt. So gibt es z. B. große englische Banken überall in Indien, China und dem fernen Osten, andere wieder sind in den Staaten von Süd- und Mittelamerika vorgedrungen; in Ägypten und in allen britischen Kolonien, Dominions und Einflußgebieten findet man britische Banken, die den Handel Englands mit der übrigen Welt finanzieren.

In den USA., dessen Überseebankgeschäft viele Jahre hindurch sich nur langsam entwickelte, wurden in allerletzter Zeit große Fortschritte mit der Eröffnung auswärtiger Filialen gemacht. Frankreich, Italien, Belgien, Spanien und Holland sind der Ansicht, daß es für die Ausweitung ihres Überseehandels wesentlich ist, an den wichtigsten ausländischen Plätzen Tochterbanken, besetzt mit ihren Konnationalen, zu unterhalten, und weiten ihre Interessensphäre ständig aus. Das Überseebankwesen Deutschlands, das vor 1914 rapide Fortschritte gemacht hatte, erlitt infolge des Weltkrieges einen Rückschlag, aber seit Friedensschluß ist zweifelsohne eine schrittweise Neuentwicklung seiner Überseebanken zu verzeichnen. Es ist dies, wenn Deutschland seinen auswärtigen Handel vermehren will, von ausschlaggebender Bedeutung.

1. Die Personalfrage. Bevor wir auf alle weiteren Probleme eingehen, empfiehlt es sich kurz die Frage zu streifen, welche wohl die größte Schwierigkeit im Überseebankgeschäft bildet: die des Personals. Nach den englischen Bankhäusern, die sich speziell der Pflege der Überseefinanzierung widmen, wurde auch die Tätigkeit der großen englischen Aktienbanken auf die Kolonien im fernen Osten und Südamerika erstreckt. Wohl erst infolge ihres Erstarkens durch Zusammenschluß. Wie einer der besten Kenner des Überseegeschäfts (Sir Charles Addis) sagt, ist das Devisengeschäft das schwierigste aller Bankgeschäfte und die Heranziehung des nötigen Personals mit der gründlichen Kenntnis, die dieses Geschäft erfordert, ist und bleibt ein heikles Problem.

Sir Charles Addis führte als Beispiel eine der französischen Großbanken, das Comptoir d'Escompte an: Es eröffnete vor einigen Jahren Filialen in Indien und machte dabei in personeller Hinsicht so wenig ermutigende Erfahrungen, daß ihm schließlich die Schwierigkeit der Personalaufbringung unüberwindlich schien und es seine indischen Filialen wieder schloß. Dem steht andererseits der Erfolg der „Banque de l'Indo Chine" entgegen, die dort seit vielen Jahren ein ausgedehntes Geschäft betreibt. Auch ein großes holländisches Institut, die Java'sche Bank, macht ständige Fortschritte in Java und den umliegenden Ländern, und auch das Geschäft der „Deutsch-Asiatischen Bank" in China entwickelt sich rapide.

Allgemein gesprochen, geht die Politik der großen englischen Übersee- und Kolonialbanken dahin, ihr Personal in England aus jungen Leuten mit guter Erziehung zu ergänzen, die überwiegend schon mindestens ein Jahr Bankpraxis in einer heimischen Bank oder einem Handelshaus hinter sich haben. Die Ausbildung dieser jungen Leute in London dauert 2—3 Jahre, währenddem sie in rascher Folge von einer Abteilung in die andere kommen und sich so Praxis aller Teile des Devisengeschäfts aneignen. Neben dieser praktischen Ausbildung werden sie dazu angehalten, sich mit den Grundzügen von Recht und Volkswirtschaft, dem Devisengeschäft und den fremden Sprachen zu befassen, kurz, all den Gegenständen, die in den Empfehlungen des „Institute of Bankers, London", aufgeführt sind.

Amerikanische Überseebanken folgen im großen ganzen dem Beispiel der englischen. Ihr für den Überseedienst bestimmtes Personal erhält eine gründliche theoretische und praktische Schulung; große Beachtung wird — in englischen wie in amerikanischen Banken — der Ausbildung ihres Personals in der In- und Exportfinanzierung gewidmet, da dieses ja ihre Haupttätigkeit ist. Der deutsche Bankbeamte hat, wie man feststellen kann, eine Vorliebe für Überseebankprobleme und so eignet sich in der Regel das Personal der Überseebanken in Deutschland, wohl vertraut mit allen Feinheiten seines Geschäfts, recht gut für den Dienst im Ausland.

2. Entwicklung des Überseegeschäfts. Die Zunahme des Welthandels, vor allem in der Nachkriegszeit, ist für die Gründung und das Wachstum der Überseebanken von entscheidender Bedeutung geworden, und seine Ziffern beweisen, daß der entstandene

Bankapparat tatsächlich nur das Resultat der Nachfrage nach seinen Diensten ist. So nahmen sie an Zahl, an Größe und an Einfluß zu, Hand in Hand mit dem Wachstum des Handels. Neben der Finanzierung von Ein- und Ausfuhrhandel ist das Devisengeschäft ihr Hauptgeschäftszweig als Basis aller internationalen Transaktionen: Im Devisengeschäft halten sie sich über die Geschäftslage der ganzen Welt auf dem laufenden, handeln in allen Währungen, kaufen fremde Handelswechsel, eröffnen Kredite und übernehmen Bürgschaften. Im In- und Ausland kommen die Angehörigen der betreffenden Staaten an ihre Schalter, um sich in Devisenfragen und allen anderen Rat zu holen. Die Tätigkeit der Banken läßt einen regen Markt in Devisen der wichtigsten Länder entstehen, wodurch die Spannen in den Kursen der verschiedenen Währungen verringert werden, sehr zum Vorteil des Handels ihres Heimatlandes. Es ist die Aufgabe der Überseebanken, dem Exporteuer die Finanzierung abzunehmen, indem sie ihm den Erlös der verkauften Ware vorzeitig in bar auszahlen oder Wechsel, gezogen auf den auswärtigen Käufer, diskontieren. Gleich wichtige Dienste leisten sie dem Importeur durch Akzeptierung seiner Tratten oder durch Kredite.

3. Unterschied zwischen englischen und deutschen Methoden. In Deutschland sind die Interessen von Industrie und Finanz vermischt (und gegenseitig bedingt) in einer dem englischen System fremden Weise. Wir erinnern nur daran, wie die großen deutschen Industriegesellschaften in den Aufsichtsräten der Banken vertreten sind und wie andererseits die letzteren direkt im Aufsichtsrat der großen Industriegesellschaften sitzen, an ihnen beteiligt sind und in der Leitung dreinzureden haben. Mit anderen Worten, in Deutschland herrscht die engste Verbindung von Banken und Industrie und — allgemein gesagt — Universalität; in England dagegen Trennung und Spezialisierung; nicht nur die Banken, auch der Handel beschränkt sich auf seine eigene Sphäre.

So beschäftigen sich z. B. die großen englischen Aktienbanken vornehmlich mit der Finanzierung des heimischen Handels; gesonderte Gruppen der großen Devisenbanken betätigen sich im Handel mit Indien, China und dem fernen Osten. Andere wieder so gut wie ausschließlich im Handel mit Süd- und Zentralamerika, Kanada, Südafrika usw. Dann gibt es die großen Akzepthäuser, die Merchant Bankers und die Discount Brokers; sie alle leisten einen streng spezialisierten Beitrag zu Londons großen Geld- und Kapitalmärkten (vgl. auch *Londoner Börse*). Schließlich sind als Geschäftszweige der Überseebanken auch Effektentransaktionen zu erwähnen mit allem, was hierfür an Finanztransaktionen im In- und Ausland erforderlich ist.

Die Wirtschaftlichkeit, mit der diese verschiedensten Funktionen erfüllt werden, ist bedingt durch die ungehemmte Konkurrenz, die die Gewähr größter Billigkeit ist. Es sind die Erfahrungen und Kenntnisse, angesammelt durch diese Kanäle in langen Jahren, dann die Freiheit, mit der die Pforten der Überseebanken allen Kunden offen standen, was aus London den Geldplatz gemacht hat, um den es von den anderen Nationen beneidet, aber an Mannigfaltigkeit und Ausdehnung von keiner anderen erreicht wird.

Zurück zu Deutschland: Schon Bismarck tat die ersten Schritte, um den Anteil seines Landes am Welthandel zu erweitern. Er erkannte, daß England durch die Einführung des Goldstandards und seine gediegene Bankpolitik der Geld- und Goldmarkt der Welt geworden war, und deshalb führte er eine Reform des Währungswesens in Deutschland durch, indem er Gulden, Taler usw. durch die Mark ersetzte. Bismarck begriff, daß England durch die Errichtung zahlreicher Banken und Bankfilialen in den Kolonien und im übrigen Ausland seinem Handel große Erleichterungen verschaffte. Er sah, daß Wechsel auf London überall gern genommen wurden und drängte seine Landsleute deutsche Bankinstitute im Ausland zu errichten, vor allem in Übersee. Was war seine Absicht? Bismarck wollte die deutsche Mark und das Markakzept überall bekannt machen und so den heimischen Banken die Gewinne aus Kommission, Zinsspanne und Nutzen aus Devisenoperationen sichern, die bisher an ausländische Banken gegangen waren. Seiner Empfehlung zufolge, wurden denn auch deutsche Banken in London, Südamerika, China, Japan, Spanien und anderswo gegründet. Sie haben in der Vergangenheit und werden zweifelsohne in der Zukunft große Verdienste um die Förderung des deutschen Außenhandels erwerben. Ihre Haupttätigkeit war das laufende Bankgeschäft und die Devisenarbitrage. Aber sie befaßten sich auch mit der Finanzierung verschiedener Industrien und Eisenbahnkonzerne und nahmen an Konsortialgeschäften der betreffenden Länder teil.

4. Organisation, Geschäftsumfang und wichtigste Institute. Das Überseegeschäft ist nicht das Privileg einer Nation. Die Finanzierung des Außenhandels steht jeder Nation offen, die sich darum bemüht; und durch Förderung solcher Bestrebungen kann jedes Land viel für den Handel tun, der von so großer Bedeutung für Europa in seiner Mittellage ist. Bei national eingestellten Kreisen finden wir die Tendenz, die Tatsache zu übersehen, daß sie von einem ausländischen Produkt ebenso sehr wie der ausländische Produzent Vorteil haben, und hier sind vielleicht die Worte eines großen Engländers (Sir Dudley North) von Interesse, die vor mehr als 200 Jahren gesprochen wurden:

„Die ganze Welt ist, was den Handel betrifft, wie ein Volk oder wie eine Nation, innerhalb derer die Nationen nur wie Personen sind. Verluste beim Handel mit einer bestimmten Nation beschränken sich nicht auf diese Tatsache als solche, sondern darüber hinaus bedeuten sie einen Verlust für den Handel der ganzen Welt, denn alle Nationen sind voneinander abhängig. Kein Teil des Handels kann auf die Dauer für ein Volk gewinnlos sein, denn sonst gibt man ihn auf, und wann immer die Kaufleute Erfolg haben, hat auch das Volk, dem sie angehören, Erfolg."

Diese Worte haben volle Anwendung auf das Überseegeschäft, in dessen Nutzen sich alle Länder teilen.

Es kann als Leitmotiv angenommen werden, daß die erste Aufgabe der Überseebanken die Erleichterung des Außenhandels ist, dessen Finanzierung sich in kurzfristige und langfristige Kreditoperationen gliedert. Die englischen Banken haben immer die Finanzierung mit Hilfe kurzfristiger Kredite vorgezogen, während die deutschen Banken stets eine gewisse Neigung zu langfristiger Kreditgewährung zeigten.

Die Überseebanken in London, sowohl die „British Colonial Banks", als auch die Überseebanken für andere Länder beschäftigen sich mit In- und Export von Rohmaterial und Fertigware. Derartige Transaktionen wickeln sich binnen weniger Monate ab und werden in der Regel mittels Tratten finanziert. Im Exporthandel rühren die *Akkreditive* (s. d.), auf Grund deren diese Tratten ausgestellt werden, meist von einheimischen Banken her. Sie werden dann durch die betreffende Überseebank nach dem ausländischen Platze avisiert, die Frachtdokumente gehen als pfandmäßige Sicherheit an den jeweiligen Inhaber der Tratten, die auf x Tage oder Monate Sicht lauten, um den Akzeptanten die entsprechende Frist zu gewähren, die Waren in Empfang zu nehmen und weiter zu veräußern, wobei er sie erst aus dem Erlös bezahlen muß (vgl. f.).

Dieses System der Gewährung von Krediten für die Trassierung von Überseewechseln (Remburskredit), vgl. *Akzeptkredit*, weist unendliche Verschiedenheiten auf und ist in England zu höchster Vervollkommnung gelangt. Amerika hat dann die gleichen Formen herausgebildet. Das aus diesen Dokumentkrediten stammende Wechselmaterial hat, mehr vielleicht als alles andere, dazu beigetragen, London zum clearing-Haus der ganzen Welt zu machen. Dabei müssen die so finanzierten Güter keineswegs nach London dirigiert werden. Mag es sich bei den Geschäften, bei denen die Londoner Überseebank interveniert, um Seide von China nach Lyon, Kaffee von Brasilien nach Holland, Tee von Indien nach den USA. handeln, immer werden die Trassierungen für alle diese Güterbewegungen auf London erfolgen, im Rahmen eines Kredits, den eine auswärtige Filiale der Überseebank dort eröffnen ließ. Die Seide, die Amerika von China bezieht, wird so durch Export von Baumwollwaren von England nach China bezahlt, denn die Überseebanken in London haben sich stets vor Augen gehalten, daß der Handel ihres eigenen Landes und seiner Kolonien indirekt leiden müßte, wenn sie nicht mehr den Handel anderer Länder finanzierten. Das ist einer der Hauptgründe, weshalb ausländische Banken (mit Filialsystem) immer ohne Schwierigkeiten Branchen in London eröffnen durften, da ja ein wesentlicher Teil ihres Akzeptgeschäfts den Exporteur britischer Waren für fremde Rechnung betraf.

Einige Beispiele werden dieses Geschäft noch klarer machen. Sie sind dem Vortrag eines Präsidenten des „Institute of Bankers", London (Mr. F. Hyde) entnommen.

Nehmen wir einen Wechsel, der typisch ist für eine große Anzahl derartiger Transaktionen: Dieser Wechsel sei von einem Baumwollexporteur in Texas, USA., gezogen für die Lieferung von 100 Ballen Baumwolle. Der englische Importeur vereinbart mit seiner Bank einen Akzeptkredit und instruiert den Verkäufer in Texas, auf die betreffende Bank zu ziehen, und diese Tratte den Verladedokumenten beizufügen. Der Verkäufer in Texas verkauft dann die Tratte mit den anhängenden Verladedokumenten an seine Bank in USA., die sie an ihre Londoner Bankverbindung schickt (oder an ihre dortige Filiale oder ihren Vertreter) zur Einholung des Akzepts. Bei der Akzeptation behält sich der Akzeptant die Verladedokumente als Sicherheit für den von ihm (dem englischen Importeur) gewährten Kredit zurück und die akzeptierte Tratte wird nun entweder am Londoner Markt diskontiert, oder bleibt im Portefeuille der Londoner Bankverbindung, der amerikanischen Bank für ihre Rechnung liegen. Die Wechsel, die gegen Importe von Wolle, Fleisch, Getreide usw. gezogen werden, sind von gleicher Ausstattung und ihre bedeutsame Rolle in den Handelsbeziehungen zwischen England und Amerika ist offenbar.

Ein Beispiel von etwas verschiedener Art:

Ein Wechsel von einem Kaufmann, gezogen auf eine Bank in Manchester in Ansehung von Textilwaren, die nach Indien geliefert werden. In diesem Falle wird der Akzeptkredit von der Bank dem Aussteller des Wechsels gewährt und die Verladedokumente, welche dem Wechsel beigefügt sind, werden nach erfolgter Akzeptierung durch die Bank an ein Handelshaus in Indien gesendet, das gleichzeitig vom Aussteller die weitere Instruktion hinsichtlich der Ware erhält, und daher auch den Gegenwert der Waren an die Akzeptbank (in Manchester) sendet, und zwar nach Maßgabe wie die Verkaufserlöse im einzelnen eingehen. Die indische Firma fungiert in diesem Falle als Treuhänder der Akzeptbank für die noch unverkaufte Ware, bzw. für die Ausstände bei den Käufern, bis zum Eingang derselben, die dann wie erwähnt abschnittweise an die Akzeptbank überwiesen werden, und ihr die Mittel liefern, den Wechsel bei Fälligkeit einzulösen.

Im ersten Falle haben wir also einen Wechsel, der aus einem Verkauf von Waren vom Ausland nach England stammt, während im zweiten Falle englische Ware an das Ausland verkauft wurde. Es ist klar, daß in beiden Fällen der Wechsel das wesentliche Instrument für die Finanzierung des englischen Außenhandels darstellt. Unsere Übersicht würde jedoch nicht vollständig sein ohne das Beispiel eines Wechsels, der nicht in Beziehung mit Englands eigenem Handel steht:

Der Wechsel wird also z. B. auf eine englische Bank von einer Firma in Indien gezogen und zwar auf Grund einer Verschiffung von Jutesäcken nach Amerika. In diesem Falle wird der amerikanische Importeur von seiner Bank die Eröffnung eines Kredits in London beantragen, auf Grund dessen der Verkäufer dieser Jutesäcke in Kalkutta auf eine englische Bank ziehen kann, wieder unter Beifügung der Verladedokumente. Die englische Bank akzeptiert nach Erhalt den Wechsel für Rechnung der amerikanischen Bank und sendet ihr die Verladedokumente. Der Käufer in Amerika ist nun verpflichtet, der englischen Bank in London den Wechselbetrag spätestens 2 oder 3 Tage nach Verfall anzuschaffen.

Obwohl also bei diesem Geschäft weder Käufer noch Verkäufer etwas mit England zu tun haben, so ist es doch klar, daß gerade diese Art Geschäfte die Verfrachtung ausländischer Waren anregt und daher von Wichtigkeit für das englische Reedereigeschäft ist. Alle drei im vorstehenden beschriebenen Geschäfte haben die gleiche Eigenschaft: Immer wird die Transaktion mit Hilfe eines Wechsels, der in London zahlbar ist, finanziert und London wird auf diese Weise die gemeinsame Abrechnungsstelle aller dieser Wechsel und der Bankier für alle sich überkreuzenden Handelsbeziehungen.

Das Wechselportefeuille einer Londoner Überseebank würde, wenn wir es untersuchen könnten, uns auch noch eine große Anzahl anderer Wechseltypen als die eben beschriebene zeigen. Aber immer sind sie auf Warenbewegungen basiert. In manchen Fällen können sie gegen andere Wechsel gezogen werden, die die Londoner Bank für Rechnung ihres ausländischen Korrespondenten im Depot liegen hat. So sendet eine Bank in Brasilien oder Chile Wechsel an ihre Londoner Bank auf Grund von Verschiffungen mit dem Ersuchen, sie bis zur Fälligkeit als Deckung für 90-Tagewechsel zu betrachten, welche (im Zusammenhang mit einem Warengeschäft) von ihr auf die gleiche Londoner Bank gezogen werden. (Hierzu ist zu bemerken, daß in einer Reihe von südamerikanischen Staaten der Brauch besteht, Geschäfte gegen Wechsel mit 3 Monaten Sicht abzuwickeln.) In einem anderen Falle können Wechsel auf Grund von Getreidetransporten an die Londoner Bank kommen mit der Weisung, die Verladedokumente an den Bezogenen auszufolgen, gegen seine Barzahlung abzüglich Skonto. Auf Grund der jeweils geleisteten Zahlungen des Empfängers zieht die gleiche ausländische Bank dann Wechsel auf die Londoner (kassiert also auf diese Weise ein).

Wir schließen mit einem Beispiel aus der deutschen Praxis:

Ein Exporteur in Buenos Aires will Waren nach Berlin liefern und den Gegenwert schon bei Verschiffung erhalten. Er fordert also den deutschen Importeur in Berlin auf, mit der Deutsch-Südamerikanischen Bank zu vereinbaren, daß für dieses Geschäft ein Dokumentenkredit eröffnet werde, auf Grund dessen er auf die Berliner Bank ziehen dürfe. Die Berliner Bank verständigt sodann ihre Zweiganstalt in Buenos Aires von der erfolgten Krediteröffnung, die ihrerseits den Exporteur (am gleichen Ort) verständigt. Dieser braucht ihr dann nur seinen Wechsel zusammen mit den Verladedokumenten zu präsentieren und erhält sofort sein Geld. Der Wechsel kann dabei ebensogut auf den deutschen Importeur als auf die Deutsch-Südamerikanische Bank in Buenos Aires gezogen sein. Die Zweiganstalt in Buenos Aires sendet natürlich nun den Wechsel mit den Verladedokumenten an ihre Anstalt in Berlin, die bei Fälligkeit den Wechsel vom Importeur einkassiert.

Bei einem Export z. B. von Deutschland nach China müßten ähnliche Finanzierungsabmachungen mit der Deutsch-Asiatischen Bank, Berlin, getroffen werden, wobei deren Filiale, etwa in Shanghai, als Vermittler zwischen dem Exporteur und dem chinesischen Importeur fungiert und zwar hinsichtlich der Einziehung des Wechsels und der Überweisung des Betrages nach Deutschland.

Die Frage der Bereitstellung der im Überseebankgeschäft erforderlichen Gelder bedarf noch einiger Bemerkungen. Wenn die ausländischen Bankfilialen ihr Akzept gewähren, so ist es klar, daß der Hauptanstalt die Bezahlung bei Fälligkeit zufällt.

Dies hat, wie die Erfahrung des Londoner Platzes gezeigt hat, zur Folge, das große Guthaben des Auslandes in England unterhalten werden und so den Londoner Geldmarkt alimentieren. Wenn ferner der Diskontsatz in London im Verhältnis zu anderen Staaten höher ist, so werden um so eher Gelder vom Ausland nach London disponiert, um in Diskonten Anlage zu finden. Dies ist einer der Vorteile, die mit dem Ausbau eines ausländischen Banknetzes verbunden sind, und die gleiche Erfahrung wie London wird auch Berlin zweifelsohne machen. Die Menge des so herangezogenen ausländischen Kapitals wechselt naturgemäß mit der Höhe des Diskontsatzes, aber es hat sich im großen ganzen gezeigt, daß die fluktuierenden Gelder, die dem Londoner Markt zur Verfügung stehen, eine wertvolle Beihilfe für die Finanzierung des Handels sind.

6. Langfristige Finanzierung. Bisher haben wir hauptsächlich das kurzfristige Finanzierungsgeschäft der englischen Überseebanken behandelt. Die Gewährung langfristigen Kredits ist hiervon total verschieden, und dies wurde auch immer von den englischen Banken so angesehen. Hier handelt es sich nicht um die Aufbringung der Mittel für die Überbrückung der verhältnismäßig kurzen Periode, die zwischen dem Empfang des Rohmaterials, seiner Verarbeitung und dem Absatz des Fertigfabrikates an den englischen oder ausländischen Konsumenten liegt, die Kredite müssen vielmehr einer Weiterausdehnung produktiver Tätigkeit dienen, wobei Immobilien oder sonstige Aktiva eines kreditwürdigen Unternehmens als Sicherheit dienen. Hierfür ist aber eine Aktienemission meist die richtige Form der Finanzierung. Die Ausbeutung immer weiterer Schätze anderer Länder, der Bau ihrer Bahnen, der Abbau ihrer Gruben und die Errichtung öffentlicher Betriebe für Elektrizität, Gas und Wasser, sind an sich für die Entwicklung des englischen Außenhandel ebenso wichtig wie für den deutschen. Aber oft muß ein langer Zeitraum verstreichen, bevor solche Unternehmungen Gewinn abwerfen. Ihre Finanzierung war daher nie das Ziel des Ehrgeizes der englischen Überseebanken, da dies eine allzulange Festlegung von Kapital bedeutet.

Das Hauptaugenmerk des englischen Aktienbanksystems im allgemeinen und seiner Repräsentanten im Überseegeschäft war immer auf die Erhaltung möglichster Liquidität gerichtet. Es fragt sich sehr, ob die deutschen Banken nicht gut daran getan hätten, dem Beispiel der englischen Institute in dieser Hinsicht stärker zu folgen. Einer der Gründe, weshalb die englischen Banken immer die Gewährung kurzfristiger Kredite bevorzugten, ist, daß ihre Einlagen größtenteils kurzfristiger Natur sind und ihr Eigenvermögen, verglichen mit den größeren deutschen Banken, nicht so groß ist. Es ist der Leitsatz solider englischer Bankpolitik, daß ein Bankier nie anders gearteten Kredit gewähren soll, als er selbst in Anspruch nimmt. Übrigens sind gerade die großen englischen Überseebanken nicht so sehr von kurzfristigen Einlagen abhängig als die heimischen Banken. Ein großer Teil ihrer Einlagen besteht aus solchen, die für 6—12 Monate gebunden sind, und sie müßten eigentlich ihre Kreditgewährung nicht ebenso streng auf kurze Perioden beschränken wie die heimischen Aktienbanken. Immerhin — im großen ganzen halten sie sich an die gleichen Liquiditätsprinzipien.

Zusammenfassend wiederholen wir, daß es die Tendenz der englischen Überseebanken ist — und ebenso sehr der amerikanischen und auch der deutschen — sich auf die Finanzierung des Handels bestimmter Länder zu spezialisieren. Wie schon erwähnt, arbeiten demgemäß eine Reihe von Banken mit dem fernen Osten, andere mit Vorderasien, mit Süd- und Mittelamerika und mit Ägypten. Bei den großen englischen Aktienbanken besteht die Tendenz, ihren Geschäftskreis auf das Überseegeschäft im Wege von eigens hierfür geschaffenen und organisierten Tochterbanken auszudehnen. So hat z. B. die Lloydsbank ihr Geschäft auf Indien erstreckt durch Erwerb des dortigen Filialnetzes von Cox & Co. Die Barclays Bank Limited hat eine Tochtergesellschaft, die weitverzweigt in Kolonien und Übersee ist, unter der Firma: „Barclays Bank, Dominion, Colonial and Overseas". Ebenso die Midland Bank unter dem Namen: „The Midland Bank Overseas branch". Für Australien, Kanada und Südafrika gibt es Spezialbanken, die sich fast ausschließlich mit den betreffenden Ländern befassen. Vgl. a. *England, Geld- und Kapitalmarkt.*

Literatur: SPALDING, WILLIAM F.: Finance of Foreign Trade. — Foreign Exchange and Foreign Bills in Theory and in Practice. — Eastern Exchange, Currency and Finance. — The London Money Market.

WILLIAM F. SPALDING,
übersetzt von PAUL QUITTNER.

Überwachung s. *Bankenaufsicht I 2.*

Überweisung s. *Bargeldloser Zahlungsverkehr 3.*

Überweisungsscheck, -verkehr s. *Bargeldloser Zahlungsverkehr 3.*

Überzeichnung liegt vor, wenn bei einer Emission die Anmeldungen die verfügbare Menge der zu emittierenden Wertpapiere übersteigen. Bei Ü. werden entweder nur die zuerst ankommenden Anmeldungen oder, häufiger, ein gewisser Prozentsatz aller innerhalb der Zeichnungsfrist erfolgten Anmeldungen erfüllt (Repartierung). Dies hat zur Methode der *Konzertzeichnung* (s. d.) geführt, die von den Emissionshäusern vielfach bekämpft wird (vgl. *Emissionsgeschäft II 2*).

Überziehungskredit s. *Kontokorrentverkehr 1.*

— — **provision** (als Einnahmequelle) s. *Erträgnisse des Bankgewerbes II 2.*

Ultimoabrechnung s. *Berliner Börse III*, ferner *Effektentermingeschäft.*

— **geld** vgl. *Report- und Lombardgeschäft 2*, vgl. *Börsen 5.*

— **geschäft** s. *Effektentermingeschäft*, s. *Warenmärkte 2.*

— **kurs** s. u. Terminnotierungen im Art. *Kursbildung 1.*

ultravires theorie s. *Aktiengesellschaft VIII.*

Umlaufgeschwindigkeit der Bankdepositen.

I. Theorie.

1. Begriffliches. Der Begriff der Umlaufsgeschwindigkeit des Geldes entstand aus der Einsicht (so schon um 1700 bei Petty und Cantillon), daß im Kreislauf der Wirtschaft während eines bestimmten eeitraums eine Geldmenge von gegebener und begrenzter Höhe imstande sei, den Umsatz und Absatz gines Güterstromes zu bewerkstelligen, dessen Wertgröße mit der Länge der betrachteten Periode variiert, weil die Geldmenge im Gegensatz zur Gütermenge physisch gar nicht oder in einem unbeachtlichen Umfang vernutzt wird. Ein und dasselbe Geldstück kann im Laufe einer bestimmten Periode dazu dienen, mehrere Warenumsätze zu bewerkstelligen und mehrfach als Einkommen ausgezahlt zu werden. Stellt man also dem Grundgedanken der Quantitätstheorie entsprechend (s. u. *Geldtheorie als Grundlage des Bankkredits*) der Wertsumme an Gütern, Leistungen, Vermögenstiteln, die im Laufe einer Periode umgesetzt werden, den Geldbetrag gegenüber, der zu ihrem Umsatz erforderlich ist (abgesehen also von bloßen Geldwechseltransaktionen usw.), so lassen sich in ihm die beiden Bestandteile einer bestimmten durchschnittlichen Geldmenge und der durchschnittlichen Häufigkeit unterscheiden, mit der eine Geldeinheit zum Umsatz dieser Waren herangezogen wird. Eben diese Häufigkeit ist nach der üblichen Definition die „Umlaufsgeschwindigkeit“ des Geldes, wobei man als Maßstab statt der Anzahl der „Händewechsel“ des Geldes natürlich auch die durchschnittliche Ruhezeit jedes Geldstücks zwischen zwei Umsätzen wählen kann (die Definition der Umlaufsgeschwindigkeit als „der Durchschnittszahl der Münzen, die durch eines Mannes Hand gehen, dividiert durch den in seinem Besitze befindlichen Durchschnittsbetrag“ — J. FISHER, HAWTREY — ist ebenfalls mit unserer äquivalent).

In der Theorie der modernen Kreditwirtschaft wurde es notwendig, außer den bis zum 19. Jahrhundert allen bekannten Formen des Geldes und der Geldsurrogate (Münzen, Papiergeld, Banknoten) auch die Einlagen bei den Noten- und Depositenbanken als allgemeines Tausch- und Zahlungsmittel anzuerkennen, da die Zahlung für übertragene Güter oder geleistete Dienste statt durch Übertragung von Bargeld auch durch Umschreibung eines solchen Guthabens vom Konto des Schuldners auf das Konto des Gläubigers erfolgen konnte, ohne daß dabei Bargeld irgendwie in Bewegung gesetzt wurde (vgl. *Bargeldloser Zahlungsverkehr*); (allerdings ist die Zahlgemeinschaft für diese Form des Geldes, das sog. Buch- oder Scheckgeld enger als für das Bargeld). Übertragung des Begriffs Umlaufsgeschwindigkeit auf die neue Form des Buchgeldes war möglich, indem man statt der Zahl der Händewechsel der Bargeldeinheit die Häufigkeit der Übertragungen von einem Bankkonto auf das andere — bei der gleichen oder einer fremden Bank — zählte. Der so bestimmte Begriff der U.d.B. unterscheidet sich von dem Begriff der sog. „virtuellen“ Umlaufsgeschwindigkeit (RODBERTUS, WICKSELL, LANSBURGH), der den Umlauf des Bargeldes betrifft; hierbei wird die Umsatzleistung der Bankdepositen als indirekte Leistung des Bargeldes aufgefaßt, das bei der jetzigen Kreditverfassung als Basis in den Kassen der Banken und im Verkehr unerläßlich bleibt, und die Funktion des Bankkredits und des bargeldlosen Zahlungsverkehrs in der Erhöhung der virtuellen Umlaufsgeschwindigkeit des Bargeldes erblickt.

Als Zahlungsmittel oder Geld werden zweckmäßigerweise nur die täglich fälligen Bankdepositen angesehen, da nur hier die für Geld charakteristische tägliche Verfügbarkeit über den Vermögenswert besteht. In der Literatur, insbesondere auch bei statistischen Feststellungen wird diese Unterscheidung von täglich fälligen und länger laufenden Depositen jedoch nicht immer gemacht, was notwendig eine relative Verringerung der irgendwie errechneten Umlaufsgeschwindigkeit zur Folge haben muß, da die länger laufenden Bankdepositen nur sehr selten Umsätze aufzuweisen haben und vor allem Schwankungen der durchschnittlichen Umlaufsgeschwindigkeit in Erscheinung treten läßt, die fiktiv sind und von dem Wechsel in der Zusammensetzung der Depositen herrühren. Nicht verkannt werden darf freilich, daß sich unter den täglich fälligen Depositen häufig, insbesondere in der Phase der Depression, Guthaben finden, die für den Besitzer weniger Zahlungsmittelfunktion ausüben als zu einer vorübergehenden und doch stets liquiden, niedrig verzinslichen Kapitalanlage dienen sollen. Es liegt hier eine Art „Hortung“ des Buchgeldes vor analog der Aufspeicherung von Bargeldvorräten für unbestimmte Zeit in der Einzelwirtschaft. Bei der theoretischen Bestimmung der Umlaufsgeschwindigkeit muß man darum derartige, für unbestimmte Zeit dem Kreislauf entzogenen Geldbeträge als — irreguläre — Horte unterscheiden von der aktiven oder zirkulierenden Geldmenge, die in jedem Augenblick auf die Kassen der Volkswirtschaft derart verteilt ist, daß ihre Verausgabung im Laufe einer bestimmten Wirtschaftsperiode durch die Organisation der Produktion und des Absatzes, durch die Zahlungssitten und durch die Dispositionen des Individuums über sein laufendes Einkommen im voraus bestimmt ist. Die Umlaufsgeschwindigkeit dieser aktiven Geldmenge ist natürlich größer als die der Geldmenge überhaupt.

Die zirkulierende Geldmenge übt drei Funktionen aus. Sie hat den Umsatz und letzten Absatz aller Güter und Dienstleistungen zu bewirken und bei dieser Gelegenheit die Reineinkommen auszuzahlen. Sie hat den Umsatz an Vermögenstiteln, insbesondere an Effekten und Grundstücken durchzuführen, und sie hat die Leistung der Abgaben an die öffentliche Hand und die Wiederverausgabung dieser Beträge („organwirtschaftlicher Kreislauf“) zu bewerkstelligen.

2. Die Bewerkstelligung des Güterumsatzes. In der Sphäre des Güterumsatzes sind gleichzeitig zwei Geldfonds vorhanden und notwendig: der Fond an Einkommensgeld, der zur Auszahlung von Reineinkommen an Arbeiter, Angestellte, Kapitalisten, Grundrentner und Unternehmer dient und sich nach seiner Auszahlung an einem Einkommenstermin allmählich wieder in den Kassen der Unternehmer ansammelt, und der Geschäftsgeldfond, durch den die Zwischenumsätze zwischen den einzelnen Stufen des Erzeugungs- und Absatzprozesses (Rohstofferzeugung, Verarbeitung, Großhandel, Kleinhandel usw.) und die Umsätze zur Erneuerung des fixen Kapitals durchgeführt werden. Da diese letzterwähnten Transaktionen gleichzeitig mit der Auszahlung und Verwendung des Einkommens durchgeführt werden müssen, reicht der Einkommensgeldfond in einer modernen, vertikal in Stufen differenzierten Volkswirtschaft niemals zur Bewältigung aller Güterumsätze aus, und zwar auch dann nicht, wenn durch Einführung von Zahlungsterminen die Zahlungen in der Zwischenumsatzsphäre auf bestimmte von den Einkommensterminen verschiedene Tage konzentriert werden. Natürlich besteht aber eine bestimmte Kommunikation zwischen den beiden Fonds, Geschäftsgeld verwandelt sich laufend in Einkommensgeld, und Einkommensgeld laufend in Geschäftsgeld, indem etwa der Rohstofflieferant die Zahlung des Verarbeiters z. T. zur Lohnauszahlung verwendet usw. Die Größe des Einkommensgeldfonds bestimmt sich nach dem Reineinkommen der Volkswirtschaft und der durchschnittlichen Länge der Einkommensperiode, welche letztere also maßgebend für die Umlaufsgeschwindigkeit des Geldes in der Einkommenssphäre ist; je länger dieser Durchschnitt aus der Lohn-, Gehalts- und Zinsperiode usw. ist, desto langsamer läuft hier das Geld um. Die Größe der Zwischenumsatzsphäre (im Vergleich mit dem Netto- oder Sozialprodukt, dem gütermäßigen Korrelat des Volkseinkommens) ist abhängig erstens von der durchschnittlichen Ausrüstung der einzelnen Betriebe mit fixem Kapital (der durchschnittlichen Kapitalintensität in diesem Sinne), die im Laufe der kapitalistischen Entwicklung nicht nur mengenmäßig, sondern auch wertmäßig zuzunehmen pflegt, und zweitens von der vertikalen stufenmäßigen Aufgliederung der Volkswirtschaft (Differenzierung), der in der neuesten Zeit die Tendenz zur Bildung vertikaler Konzerne in einem gewissen Grade entgegenwirkt. Die

Umlaufsgeschwindigkeit des Geldes tendiert hier maximal zu werden, weil ebenso wie oben in der Einkommenssphäre jede Zusammendrängung der Zahlungen auf bestimmte Termine den Geldbedarf des Unternehmers erhöht.

Dieser Tendenz wirkt jedoch entgegen die Unmöglichkeit, den Absatz der Güter in der Volkswirtschaft kontinuierlich zu gestalten, eine Unmöglichkeit, die selbst dadurch nicht beseitigt werden kann, daß die einzelnen Betriebe eines Wirtschaftszweiges, in dem die Produktion längere Zeit erfordert, ihre Waren nicht gleichzeitig, sondern nacheinander mit der Wirkung einer leidlich kontinuierlichen Beschickung des Marktes fertigzustellen und abzusetzen versuchen. Der Absatz der Ernte konzentriert sich auf den Herbst, der Absatz an Düngemitteln auf das Frühjahr, der Absatz zahlreicher Industrieprodukte — größere Anlagen, größere Verkehrsmittel usw. — bleibt unstetig; auf der anderen Seite pflegen die Reineinkommensbezieher Teile ihres Einkommens über die Einkommensperiode hinaus für größere Ankäufe anzusammeln und schließlich entspricht der langen Nutzdauer des fixen Kapitals eine entsprechend lange Periode der Ansammlung der Erneuerungsfonds. Jede an einer Stelle der Zirkulation auf diese Weise zeitweilig zurückgehaltene Geldmenge — ein temporärer Hort — fehlt unmittelbar darauf an anderer Stelle des Kreislaufs, weil die Auszahlung der Einkommen mit strenger Periodizität zu erfolgen hat. So verringern diese temporären Horte die durchschnittliche Umlaufsgeschwindigkeit und erzeugen einen zusätzlichen Geldbedarf, der aber dadurch sehr vermindert werden kann, daß die Hortinhaber die im Augenblick überflüssigen Geldbeträge direkt oder indirekt ausleihen und die Verlangsamung der durchschnittlichen Umlaufsgeschwindigkeit des Geldes dadurch wieder kompensieren. Von besonderer Bedeutung ist diese Ausgleichsmöglichkeit in der Sphäre der Bankdeposíten: jede Hortung — ob irregulär oder temporär — erhöht hier die Liquidität der Bank, bei der die Einlage besteht (vgl. *Liquidität und Anlagepolitik der Banken*), weil die Auszahlungen kleiner werden, die die Bank an andere Institute oder an ihren Schaltern vorzunehmen hat, und ermöglicht so unmittelbar verstärkte Kreditgewährung. Doch wird diese nicht zu allen Zeiten praktisch werden, sei es, weil die Liquiditätsverbesserung unregelmäßig auftritt und für zu kurze Zeit besteht, sei es, weil man — besonders in der Depression — den Umfang der Kredite nicht zu vermehren wünscht und als genügend solide erachtete Schuldner sich nur in kleiner Zahl finden. In jedem Falle findet die Kompensation der durch temporäre Horte herbeigeführten Verringerung der Umlaufsgeschwindigkeit hier nicht durch Wiederbeschleunigung statt — wie beim Bargeld —, sondern dadurch, daß die Menge der Scheckdeposíten wächst. An dieser Stelle wird die Bedeutung der Umlaufsgeschwindigkeit für das Kreditvolumen klar; für unsere Geldverfassung ist aber noch weiter hervorzuheben, daß ein periodischer Wechsel zwischen beiden Formen des Bargelds und des Buchgelds stattfindet, indem gewisse Einkommen nur in Bargeldform ausgezahlt werden können und so an gewissen Terminen ein starker Bargeldentzug bei den Banken stattfindet. In dem Maße, in dem die Verausgabung der Einkommen durch die Lohn- und Gehaltsbezieher die oben ausgezahlten Beträge zu den Unternehmern zurückfließen läßt, schwellen auch die täglich fälligen Bankdeposíten wieder an, so daß deren Höhe von der Länge der Einkommensperiode, d. h. der Umlaufsgeschwindigkeit des Einkommensgeldes mit abhängig ist.

3. *Der finanzielle und organwirtschaftliche Kreislauf.* Neben dem Einkommensgeld- und dem Geschäftsgeldfond muß gleichzeitig ein Fond zur Bewältigung der gewerbsmäßigen Umsätze über Vermögenstitel bestehen; in erster Linie ist hierbei an die täglich fälligen Guthaben der Börsenhändler zu denken, die — in mehr oder minder großem Umfang — von einem Bankkonto zum anderen zirkulieren, um den Umsatz an Effekten zu bewerkstelligen ohne, daß sie je die Funktion der Einkommensauszahlung oder des Entgelts für materielle Güter ausübten (über die Frage, ob die Börse „Kapital bindet“ (s. u. *Effektenkredite*), soll damit nichts entschieden werden). Die Größe des Umsatzvolumens ist hier begreiflicherweise sehr schwankend und wahrscheinlich auch die Schnelligkeit, mit der diese Guthaben umgesetzt werden, d. h. zu Vermögensumsätzen ausgenutzt werden. Die Meinungen darüber, ob in dieser „finanziellen Zirkulation“ die Umlaufsgeschwindigkeit größer oder kleiner ist als in der Geschäftsgeldsphäre, sind geteilt. Auch hier wird die Möglichkeit besonders groß sein, temporäre oder irreguläre Hortungen durch den Bankkredit zu neutralisieren und allzu starke Schwankungen der Umlaufsgeschwindigkeit der Geldmenge im ganzen auszugleichen. Zu dieser „finanziellen Zirkulation“ werden gelegentlich auch diejenigen täglich fälligen Bankguthaben gerechnet, die zur Rückzahlung von Bankschulden oder durch Sparen zum Erwerb von Vermögenstiteln größeren Wertes angesammelt werden und begreiflicherweise eine geringe Umlaufsgeschwindigkeit besitzen. Über die Ausgleichsfunktionen des Bankkredits braucht nicht wieder gesprochen zu werden; zu beachten ist nur, daß sich eine gewisse Verringerung der Umlaufsgeschwindigkeit ergibt, wenn die kreditweise Übertragung ersparter Kapitalien durch die Bank an die die Reinvestition vornehmende Stelle Zeit erfordert, vorausgesetzt, daß man in das Güterumsatzvolumen diese Zwischenübertragung durch die Bank nicht einrechnet.

Der Umfang des organwirtschaftlichen Kreislaufs hängt im wesentlichen von der Steuerlast ab, die Umlaufsgeschwindigkeit von der durchschnittlichen Länge der Steuererhebungs- und der Auszahlungsperiode, welche letztere bei dem Sachbedarf oder bei der Aufsammlung größerer liquiden Reserven durch die öffentliche Hand relativ groß sein kann.

4. *Zusammenfassung.* Die U.d.B. im ganzen wird sich als ein gewogener Durchschnitt der in den vier Sphären (Einkommenssphäre, Zwischenumsatzsphäre, finanzielle Zirkulation, organwirtschaftliche Zirkulation) umlaufenden Buchgeldmenge (einschließlich der temporären Horte) unter Berücksichtigung der daneben existierenden, überhaupt nicht zirkulierenden temporären und irregulären Horte bestimmen lassen. In den späteren Stadien eines Inflationsprozesses pflegt diese durchschnittliche Umlaufsgeschwindigkeit zu steigen, weil diese Horte verschwinden, die Einkommensfristen verkürzt und die temporären Horte (einschließlich der zu den Unternehmungen zurückströmenden Einkommensfonds) unter verschärfter Kreditausnutzung zum Ankauf von „Sachwerten“ benutzt werden; so verstärkt sich die Tendenz zur Preissteigerung, bis schließlich die Volkswirtschaft das Umsatzvolumen mit einer erstaunlich geringen Geldmenge bewältigt. Ähnliche Vorgänge, nur in viel kleinerem Umfange, zeigen sich auch während der Preissteigerung des Konjunkturaufschwungs und — mit negativem Vorzeichen — in der Depression. Kein Anlaß und nach dem Gesagten auch kaum eine theoretische Möglichkeit besteht hingegen dafür, die Ursache des Kon-

junkturumbruches — der Krise — in einer spontanen Verlangsamung der Umlaufsgeschwindigkeit zu erblicken.

Stellt man der gesamten vorhandenen Geldmenge (Bargeld und täglich fällige Bankdepositen) nicht das Umsatzvolumen an Gütern, Dienstleistungen, Vermögenstiteln usw. in einem bestimmten Zeitraum, sondern das Netto- oder das Sozialprodukt gegenüber, so ergibt sich ein besonderer Begriff der Umlaufsgeschwindigkeit (SCHUMPETER), die gelegentlich sogenannte Kreislaufsgeschwindigkeit, welche ein Maßstab für den faktischen Geldbedarf ist, den die Erzeugung eines bestimmten Sozialproduktes mit allen damit mehr oder weniger notwendig verbundenen Zwischen-, Vermögensumsätzen usw. in einem bestimmten Augenblick erzeugt. Diese Kreislaufsgeschwindigkeit, die angibt, wie häufig ein Geldstück im Laufe eines Zeitraums durchschnittlich die Reineinkommenssphäre passiert, ist offenbar weit geringer als die durchschnittliche Umlaufsgeschwindigkeit und dürfte in Deutschland im Laufe der letzten Jahre nur die Größe von etwa 4—5 jährlich aufgewiesen haben.

Nicht erörtert wurde in dem Vorhergehenden die Einwirkung des bargeldlosen Zahlungsverkehrs (s.d.), der zwar die Effizienz (oder „virtuelle" Umlaufsgeschwindigkeit) der vorhandenen Bargeldmenge sehr erhöht, indem er den Banken gestattet, die zur Durchführung eines bestimmten Volumens von Transaktionen erforderliche Bargeldmenge sehr zu verringern, der aber auf die Umlaufsgeschwindigkeit des Geldes und der Bankdepositen insbesondere, d. h. des Verhältnisses von Umsätzen zum Durchschnittsbestand des Bankkontos in einem bestimmten Zeitraum keinen Einfluß ausübt.

Die gelegentliche, nicht regelmäßige Aufrechnung zwischen Einzelwirtschaften, die in Geschäftsbeziehung miteinander stehen, wird die gleiche Wirkung einer Verringerung des Kassenbestandes der betroffenen Wirtschaften nicht haben, weil der Minderbedarf nicht voraussehbar war; sie verringert deswegen gleichzeitig das Umsatzvolumen — soweit sich die Umsätze gegen Geld vollziehen — und die U.d.B.

II. Statistischer Teil.

Die Aufgabe der Statistik der U.d.B. kann offenbar darin gesehen werden:

1. die durchschnittliche U.d.B., d. h. das Verhältnis von Umsätzen auf den Bankkonten zum Durchschnittsbestand während des gleichen Zeitraums zu ermitteln,

2. die Komponenten dieser durchschnittlichen Umlaufsgeschwindigkeit, d. h. die durchschnittliche Umlaufsgeschwindigkeit in den vier Sphären (Einkommenssphäre, Geschäftssphäre, Vermögenstransaktionen, organwirtschaftlicher Kreislauf) zu ermitteln, wobei man dann wiederum zwischen der durchschnittlichen Umlaufsgeschwindigkeit der aktiven Geldmenge, d. h. unter Ausschaltung der temporären und irregulären Horte, und der durchschnittlichen Umlaufsgeschwindigkeit überhaupt unter Einbeziehung dieser Horte unterscheiden kann.

1. Methodisches. Das sicherste Verfahren wäre offenbar, die Gut- und Lastschriften auf den einzelnen Konten in einem bestimmten Zeitraum mit dem Durchschnittsbestand an Scheckeinlagen zu vergleichen. Dieses Verfahren ist aber erst seit kurzem und nur an einigen Stellen möglich, weil der Umfang der Umsätze statistisch im allgemeinen nicht bekannt wird. Bekannt ist nur die Summe derjenigen Umsätze, die über die Clearinghäuser oder Abrechnungsstellen (s. d.) laufen. Die Benutzung dieser Claringumsatzziffern enthält zweifellos große Ungenauigkeiten, denn in ihnen sind auf der einen Seite enthalten auch alle übrigen Abrechnungen zwischen den Banken, auf der anderen Seite fehlen alle Umsätze zwischen Scheckkonten, die sich innerhalb einer Bank vollziehen. Im Laufe der Zeit werden schließlich diese Ziffern darum auch durch Fusionen zwischen den Banken stark beeinflußt; schon aus diesem Grunde muß verzichtet werden, die deutschen Umsatzzahlen der Abrechnungsstellen für die zurückliegenden Jahre vor 1930 vergleichsweise heranzuziehen. Weitere statistische Schwierigkeiten liegen darin, daß die Aufteilung der Depositen in täglich fällige und länger fristige nicht in allen Bankbilanzen vorgenommen werden, so z. B. nicht in den regelmäßigen Veröffentlichungen der großen englischen Banken. Auch beziehen sich die meisten Angaben über den Depositenumfang auf Stichtage, so daß die sehr erheblichen Variationen zwischen den Stichtagen nicht erfaßt werden können und schließlich ist es nicht immer möglich, die individuellen Einzelpersonen oder Firmen zustehenden Depositen zu trennen von den Einlagen, die die Banken beieinander unterhalten. Auch der Kreis der Banken, die direkt oder indirekt über das Clearinghaus abrechnen, ist mit dem Kreis derjenigen Institute, deren Angaben in der Bankbilanzstatistik zusammengefaßt zu werden pflegen, nicht immer identisch. Trotzdem geht die Meinung aller Sachverständigen dahin, daß die Größe der Umlaufsgeschwindigkeit, die sich durch Benutzung der Clearinghausumsätze errechnen läßt, obwohl in ihrer absoluten Höhe unrichtig und wahrscheinlich zu niedrig, doch als ein brauchbares Barometer der Veränderungen der Umlaufsgeschwindigkeit überhaupt angesehen werden darf, eine Ansicht, die nach SNYDER für die USA. durch die enge Korrelation zwischen den Clearinghausumsätzen und den Zahlen über die vollständigen „Bank-Debits" (d. h. Lastschriften), über die man für das letzte Jahrzehnt verfügt, bestätigt wird.

Die älteren Versuche von KEMMERER und IRVING FISHER, auf Grund gewisser Stichtagserhebungen über die gesamten Scheckzahlungen die periodischen Angaben über die Clearinghausumsätze zu korrigieren und auf diesem Wege die Umlaufsgeschwindigkeit annähernd zu errechnen, haben heute nur historisches Interesse. Grundlegendes Material liegt für die Vereinigten Staaten in den Arbeiten von BURGESS und SNYDER und, obwohl nicht mit der gleichen Genauigkeit, für England in den Arbeiten von KEYNES und EDIE WEAVER vor. Für Deutschland existieren außer den nur mit großer Vorsicht benutzbaren Umsatzziffern der Abrechnungsstellen nur die Angaben der Deutschen Bank und Disconto-gesellschaft.

2. Die Umlaufsgeschwindigkeit der Giroguthaben. Die Bemerkungen im vorigen Abschnitt gelten für die U.d.B. überhaupt. Eine Sonderstellung nehmen zweifellos ein die täglich fälligen Guthaben bei den Notenbanken, die nicht verzinslich sind und schon aus diesem Grunde eine außerordentlich hohe Umlaufsgeschwindigkeit besitzen, vor allem aber deshalb, weil sie im wesentlichen den Abrechnungen zwischen den Banken dienen und daher weder als Einkommensgeld noch als Geschäftsgeld im eigentlichen Sinne des Wortes aufgefaßt werden können.

Bereits im Jahre 1895 hatte DES ESSARS ihre Umlaufsgeschwindigkeit für einige größere Notenbanken berechnet, indem er den Durchschnitt aus Gut- und Lastschriften gelegentlich der Überweisungen durch den durchschnittlichen Einlagenbestand dividierte (a. a. O. S. 145).

Umlaufsgeschwindigkeit der Giroguthaben in Frankreich, Deutschland, Belgien 1884—94.

Jahr	Bank von Frankreich	Reichsbank	Bank von Belgien
1884	110	170	112
1885	107	165	102
1886	98	138	96
1887	115	128	112
1888	125	135	123
1889	113	157	153
1890	135	190	146
1891	138	170	141
1892	116	148	130
1893	120	165	118
1894	127	161	129

Die Entwicklung seit 1909 veranschaulicht für die Banque de France und die Reichsbank folgende von uns berechnete Tabelle (wobei wir bei der Reichsbank die Lastschriften als Zähler benutzt haben).

Umlaufsgeschwindigkeit und durchschnittlicher Guthabenbestand der Depositen bei der Bank von Frankreich und der Reichsbank vor und nach dem Kriege.

Jahr	Bank von Frankreich		Reichsbank	
	Umlaufsgeschwindigkeit	Bestand in Mill. Frs.	Umlaufsgeschwindigkeit	Bestand in Mill. RM.
1909	125	860	127	722,370
1910	164	748	151	648,704
1911	170	799	159	653,174
1912	179	921	158	718,197
1913	170	911	177	667,989
1925	387	2429	183	797,577
1926	381	3333	229	740,126
1927	119	8928	299	668,803
1928	99	12977	393	557,539
1929	69	19078	424	543,250
1930	77	17421	458	481,007
1931	53	25501	423	425,627

Die hohen Werte für die Bank von Frankreich in den Jahren 1925 und 1926 sind natürlich Inflationserscheinungen; sehr bemerkenswert ist aber die außerordentliche Steigerung der Umlaufsgeschwindigkeit bei der Reichsbank in den letzten Jahren — unter gleichzeitiger Abnahme des Durchschnittsbestandes. Es ist heute möglich, ein Guthaben bei der Reichsbank täglich mehrfach umzuschlagen. Dadurch unterscheidet sich der Reichsbankgiroverkehr vom *Postscheckverkehr* (s. d.), bei dem die Umlaufsgeschwindigkeit sich ebenfalls dem Maximum annähert, da die durchschnittliche Ruhezeit eines Guthabens bereits unter drei Werktage gesunken ist.

Umlaufsgeschwindigkeit im deutschen Postscheckverkehr.

Jahr	In Millionen RM.	Jahr	In Millionen RM.
1928	103	1930	115
1929	109	1931	129

3. *Die Umlaufsgeschwindigkeit der Scheckdepositen im allgemeinen.* Die Umlaufsgeschwindigkeit der Depositen der Kreditbanken in den Vereinigten Staaten ist durch die Arbeiten von BURGESS und SNYDER auf der Basis der Statistik der Bank Debits (zu denen natürlich hier auch die dem Umfang nach unbeträchtlichen Barauszahlungen gehören) berechnet worden.

Umlaufsgeschwindigkeit der Scheckguthaben in USA. 1913—25 (nach SNYDER)[1].

	1919	1920	1921	1922	1923	1924	1925
New York. .	75,2	74,1	68,3	75,8	79,1	79,6	87,7
141 Cities . .	42,3	41,9	38,5	40,5	41,4	40,9	44,2

Wir haben diese Berechnungen für die folgenden Jahre bis 1930 fortgesetzt, wobei wir uns darauf beschränken mußten, die Jahressumme an Bank Debits zu dividieren durch den durchschnittlichen Bestand an net demand deposits am Monatsende vermindert um den Durchschnittsbestand der Guthaben einer Bank bei einer anderen („net due to banks") (für die letzten Jahre aus Wochenstichtagsangaben errechnet). Die kleinen Korrekturen, die BURGESS und SNYDER für 1919—1925 noch anbringen konnten, verändern das Bild jedoch nur sehr unwesentlich.

[1] a. a. O. S. 295.

Umlaufsgeschwindigkeit der Scheckguthaben in USA. 1926—30.

	1926	1927	1928	1929	1930	1931
New York	73,0	94,2	117,4	131,8	83,2	55,8
Other Leading Cities	45,0	40,5	43,4	46,4	39,1	32,7

Für England geben wir folgende Tabelle nach KEYNES (Bd. II S. 31/33), die wir für 1930 und 1931 ergänzt haben. Die letzte Spalte ist durch Erhöhung der Vorletzten um 43% entstanden, dasjenige nach KEYNES relativ konstante Verhältnis, in dem die Bank Debits zu den Clearings stehen.

Umlaufsgeschwindigkeit der Scheckdepositen in England vor und nach dem Kriege (nach KEYNES)[1].

Year	Total Clearings (Mill. £)	Total Deposits 31. Dec. 1931 (Mill. £)	Current accounts		Crude Velocity	Wahrscheinliche U.
			% of Total	Amount (Mill. £)		
1909	14215	711	52	370	38	—
1913	17336	836	52	435	40	—
1920	42151	2012	62	1247	34	—
1921	36717	2023	56	1133	32	—
1922	38958	1885	56	1056	37	—
1923	38429	1856	57	1058	36	—
1924	41414	1843	56	1032	40	57
1925	42302	1835	55	1009	42	60
1926	41453	1878	54	1014	41	59
1927	43261	1923	54	1038	42	60
1928	45878	1982	53	1050	44	63
1929	46495	1940	52	1009	46	66
1930	44906	2004	50	1002	45	64
1931	37300	1843	50	922	40	57

Die Statistiken für Amerika wie die für England zeigen deutlich, wie die U.d.B. mit der Konjunktur (vgl. *Konjunkturtheorie*) steigt und fällt. Diese Einsicht wird auch bestätigt durch die Zahlen, die die Deutsche Bank und Discontogesellschaft für einige größere Filialbezirke und Großberliner Depositenkassen (mit etwa 10% des Umsatzes des Gesamtinstituts) ermittelt hat und die von 1925—1930 folgendes Bild ergeben: 27,01; 23,78; 27,31; 22,74; 20,79; 19,38. Ebenso zeigt die Umlaufsgeschwindigkeit eine ausgesprochene Saisonbewegung (s. u. *Konjunkturbeobachtung*). Für Amerika geben wir den Index von SNYDER[2], und für England den von EDIE und WEAVER[3].

Saisonindex der Umlaufsgeschwindigkeit in USA. und England (in % des Monatsdurchschnitts)[4].

	USA.[4]		England[5]
	New York City	141 Cities	London Total Current accounts
Januar . . .	104	102	103
Februar. . .	104	102	103
März	104	100	105
April	104	99	112
Mai	102	99	104
Juni	100	100	97
Juli	96	95	98
August . . .	84	87	94
September .	91	95	89
Oktober . .	101	105	98
November. .	104	106	98
Dezember . .	106	110	99

[1] a. a. O. S. 31. Geschätzt nach der Statistik der Clearings Bank.
[2] a. a. O. S. 147.
[3] a. a. O. S. 389.
[4] Durchschnitt 1919—1925.
[5] Durchschnitt 1921—1928.

(Eine Korrektur des SYNDERschen Index auf Grund der Jahre seit 1925 wurde wegen der ungewöhnlich großen Rechenarbeit — Umrechnung der einzelnen Monate auf Werktage wäre nötig — unterlassen).

4. Die Umlaufsgeschwindigkeit in den einzelnen Sphären. Sehr viel schwieriger ist es, die so ermittelte durchschnittliche Umlaufsgeschwindigkeit aufzuteilen nach durchschnittlicher Umlaufsgeschwindigkeit des Einkommensgeldes, des Geschäftsgeldes und der finanziellen Zirkulation. Dabei ist klar, daß besonders auf dem Kontinent innerhalb der durchschnittlichen U.d.B. die des Einkommensgeldes eine geringe Rolle spielen wird, weil hier die Einkommenszahlungen noch vorwiegend Bargeldform besitzen. KEYNES schätzt die Geschwindigkeit der als Einkommensgeld fungierenden Bankdepositen für England nur auf 11, weil er mit sehr hohen ständigen Horten der Einkommensbezieher, nämlich in der Höhe eines Dreiwocheneinkommens für Lohnempfänger und eines Fünfwocheneinkommens für die übrigen Einkommensbezieher rechnet. So erhält er für die übrigen Depositen (Geschäftsdepositen und finanzielle Zirkulation zusammengenommen) eine Geschwindigkeit von 70—80 jährlich, welche Zahl unsere Annahme bestätigt, nach der die Umlaufsgeschwindigkeit der Geschäftsdepositen dem Maximum, d. h. bei einer Ruhezeit von durchschnittlich drei Werktagen, dem Werte 100 zuzustreben tendiert (auf die Zahl von KEYNES haben natürlich die Horte jeder Art einen senkenden Einfluß). Die Umlaufsgeschwindigkeit der finanziellen Zirkulation ist zu Zeiten sehr groß, wie die Zahlen oben für New York beweisen, wo die Bankumsätze natürlich in erster Linie von den Börsentransaktionen bestimmt werden (vgl. *Effektenkredite*).

Ein direkter Weg, die Umlaufsgeschwindigkeit des Einkommensgeldes — und also auch der als solches fungierenden Bankdepositen — zu berechnen, ist der, die durchschnittlichen Einkommensfristen zu ermitteln. Eine vorläufige Schätzung für Deutschland stellt folgende Tabelle dar, aus der sich eine Umlaufsgeschwindigkeit von 14 ergibt (ohne Berücksichtigung irgendwelcher Horte).

Geldbedarf für den Umsatz des deutschen Volkseinkommens 1928[1]. (In Millionen RM.).

Einkommensart	Einkommen	Geldbedarf
Arbeiterlohn	26000	500
Angestellten- und Beamtengehalt	18000	1500
Renten und Mietzinsen	5400	470
Dividenden	1500	1500
Sonstiger Unternehmergewinn und Kapitalrente	18000	750
Insgesamt:	69—70000	4700—4800

Nimmt man den Eindeckbedarf an Geschäftsgeld bei einem Gesamtumsatz von über 100 Milliarden (abgesehen von der Kleinhandelssphäre) auf 1 bis $1^1/_2$ Milliarden RM. an und veranschlagt man die irregulären Horte auf $1^1/_2$—2 Milliarden RM. (einen halben Wochenlohn beim Arbeiter, ein Wochengehalt beim Angestellten, ein halbes Monatseinkommen bei den übrigen Gehaltsempfängern) und den dauernden Kassenbedarf der öffentlichen Hand auf höchstens 1 Milliarde, so käme man zu der Schlußfolgerung, daß bei einem gesamten Geldumlauf von über 15 Milliarden sehr erhebliche Beträge als irreguläre und temporäre Horte (diese insbesondere auch gelegentlich der Ansammlung von Bankguthaben zur Rückzahlung von Bankschulden und für die finanzielle Zirkulation) festgelegt sind. Dieser Umstand würde zweierlei erklären, nämlich erstens die sehr starken regionalen Differenzen in der Größe der durchschnittlichen U.d.B., die sich besonders auch in den Vereinigten Staaten gezeigt haben und die darauf schließen lassen, daß besonders in den landwirtschaftlichen Gebieten der Umschlag der Bankdepositen sehr langsam ist, weil hier die Horte überwiegen[1]. Zweitens wäre erklärt der auffällige Parallelismus zwischen U.d.B. und Geschäftsumfang, den SNYDER für Amerika und EDIE WEAVER für England konstatiert haben. Es zeigt sich, daß mit sich verschlechternder Konjunktur in sehr starkem Maße Horte gebildet werden und daß umgekehrt der Konjunkturaufschwung zum großen Teil nicht durch Kreditexpansion, sondern durch bessere Ausnutzung der vorhandenen Zahlungsmittelmenge gespeist werden kann.

Literatur: Zu I. Der vorliegende Artikel beruht in erster Linie auf H. NEISSER: Der Kreislauf des Geldes. Weltwirtsch. Arch. **33**, H. 2. April 1931. — Zu vergleichen sind vor allem die Standardwerke von I. M. KEYNES: A Treatise on Money, Bd. 2, Kap. 24. 1930 und M. W. HOLTROP: De Omloopssnelheid van het Geld. — Aus der Lehrbuchliteratur zu erwähnen ist BUDGE: Die Lehre vom Geld. Jena 1931. — Vom älteren Schrifttum ist noch lesenswert E. W. KEMMERER: Money and credit instruments in their relation to general prices, 2. Aufl. New York 1909. — IRVING FISHER: Die Kaufkraft des Geldes, 2. Aufl. Berlin und Leipzig 1922. — SCHUMPETER: Das Sozialprodukt und die Rechenpfennige. Arch. Sozialwiss. u. Sozialpol. **44**. Tübingen 1917/18. — L. v. BORTKIEWICZ: Die Ursachen einer potenzierten Wirkung des vermehrten Geldumlaufs auf das Preisniveau. In: Verhandlungen des Vereins für Sozialpolitik in Stuttgart 1924. (Schriften des Vereins für Sozialpolitik, 170. Bd.) München und Leipzig 1925. — Zu II. (außer KEYNES): DES ESSARS, M. PIERRE: La vitesse de la circulation de la monnaie im Journal de la Société de Statistique de Paris, 36. Bd. 1895. — BURGESS, W. R.: Velocity of Bank Deposits. Journ. of the amer. statist. Assoc. **1922/23**, 727ff. — SNYDER, CARL: Business cycles and business measurements. New York 1927. — EDIE, LIONEL D., and DONALD WEAVER: Velocity of Bank Deposits in England. J. Polit. Econ., Vol. 38. Chicago 1930. — MARSCHAK/LEDERER: Größenordnungen des deutschen Geldsystems. Arch. Sozialwiss., Juni 1932.

H. NEISSER.

Umsätze (der Berliner Börse) s. *Berliner Börse*, Beilage zu *I 6*.

Umsatzprovision (als Ertragsfaktor) s. *Erträgnisse des Bankgewerbes II 2.*

— **zahlen** (als Maßstab des Ertrags) s. *Erträgnisse des Bankgewerbes I 2.*

Umschuldung vgl. *Öffentlicher Kredit II 9.*

Underwriting (System des) s. *Emissionsgeschäft II 1.*

— — **syndicate** s. *Konsortialgeschäfte 3*, sowie *Emissionsgeschäft II 1b.*

Uneigentliche Verwahrung s. *Depotrecht II.*

unfundierte Schulden s. *Schwebende Schulden.*

Ungarn, Geld- und Kapitalmarkt, Budapester Börse.

1. Staatsfinanzen. In der Vorkriegszeit war das Budget von U. stets aufs Beste ausbalanciert; das am 30. Juni 1914 abschließende letzte Friedensbudgetjahr wies einen Überschuß auf. Der Krieg und die ersten Nachkriegsjahre brachten — wie bei so vielen Staaten — das Budget völlig aus dem Gleichgewicht, die Inflation machte alle Versuche zur Stabilisierung zunichte, von denen der im Jahre 1921 unternommene des Finanzministers Hegedus (damaliger Kurs der ungarischen Krone in Zürich 2,85) Erwähnung verdient. Schließlich war U. genötigt, im Sinne des Paragraphen 180 des Friedensvertrages von Trianon die Reparationskommission um Aufhebung der Generalpfandrechte zu ersuchen, um hierdurch die Unterlagen für eine große Auslandsanleihe zu erhalten.

Von einer finanziellen Kommission des Völkerbundes wurden dann die Einzelheiten der ungarischen Sanierung ausgearbeitet, deren Hauptpunkte die Stabilisierung der ungarischen Währung, Gründung der ungarischen Nationalbank und Aufstellung eines mehrjährigen Finanzplanes waren. Letzterer sah während der fünf folgenden Halbjahre ein Defizit von insgesamt 250 Millionen Goldkronen vor, das durch eine Völkerbundsanleihe in gleicher Höhe gedeckt wurde. Sichergestellt war diese Anleihe, welche — wie übrigens die meisten Details des Sanierungswerkes — durchaus dem auch für andere Länder angewandten Völkerbundrezept entsprach, durch die Zolleinnahmen, das Tabak- und Salzmonopol und die Zuckersteuern.

Die auf Grund des Trianoner Friedensvertrages geschuldeten Wiedergutmachungen (ein Teil der sog. Ostreparationen) wurden

[1] Nach NEISSER: a. a. O. S. 406.

[1] Ähnlich in Frankreich, wo DES ESSARS (a. a. O. S. 147) für 1884—93 bei drei großen Bankinstituten Umlaufsgeschwindigkeiten zwischen 9 und 38 konstatierte.

nach verschiedenen Zwischenstadien schließlich im Jahre 1930 auf eine jährliche Annuität bis zum Jahre 1966 festgesetzt, die zunächst 10 Millionen Goldkronen, ab 1945 13,5 Millionen Goldkronen beträgt.

Am 1. Juni 1924 traf der Generalkommissar des Völkerbundes Jeremias Smith zur Kontrolle der ungarischen Finanzen in Budapest ein, noch im selben Monat konnte die Ungarische Nationalbank konstituiert werden, die an Stelle der Übergangsinstitute (vorher hatte die Österreich-Ungarische Bank, Abteilung U., Ungarische Geschäftsführung bestanden) trat, nämlich des Königl. Ungarischen Staatlichen Noteninstituts und der Devisenzentrale.

Gleichzeitig wurde die ungarische Krone in Zürich auf einem Kurs von 0,67 Centimes stabilisiert, später vollzog sich der Übergang zur neuen Währungseinheit, dem Pengö (1 Pengö = 12500 ungarische (Papier-) Kronen) sowie die Aufstellung von Goldbilanzen.

In den letzten drei Budgetjahren hat sich der Staatshaushalt U. wie folgt gestaltet:

	1929—30	1930—31	1931—32 Voranschl.
Gesamte Ausgaben in Mill. Pengö	1428,7	1398,1	1364,8
„ Einnahmen „ „ „	1432,2	1401,1	1365,8

Das ungarische Staatsbudget ist demzufolge seit der Stabilisierung der Krone, daher seit dem 1. Juni 1924 beginnend ständig im Gleichgewicht.

2. Kapitalorganisation. Die 1791 Finanzinstitute Groß-Ungarns haben vor dem Trianoner Friedensvertrag ein Vermögen von 14,4 Milliarden Pengö verwaltet.

Der am 14. Juni 1920 unterschriebene Friedensvertrag hat das Landesgebiet auf ein Drittel verringert. Es entfallen nunmehr 530 Finanzinstitute auf das heutige Gebiet.

In dieser ersten Bilanz nach der Stabilisierung (Ende 1925) figurieren die seitens der ungarischen Finanzinstitute verwalteten Spareinlagen und Kontokorrentguthaben nur mit insgesamt 566 Millionen Pengö. Die Spareinlagen und Kontokorrentguthaben zeigen seitdem eine ständige Zunahme. Der Gesamtbestand der ungarischen Finanzinstitute an Spareinlagen und Kontokorrentguthaben hat am 31. Dezember 1930 2125 Millionen und am 31. März 1931 2129 Millionen Pengö betragen. Dieser Aufschwung erlitt im Jahre 1931 eine starke Unterbrechung, indem die Spar- und Kontokorrenteinlagen am 31. Dezember 1931 nur 1608,5 Millionen Pengö betragen. Zur selben Zeit hat das Stammkapital und die Reserven der ungarischen Finanzinstitute zusammen 613 Millionen Pengö erreicht.

Neben dem inländischen Kapitalsaufkommen hat die ungarische Volkswirtschaft auch ausländische langfristige Anleihen aufgenommen:

Stand per 31. Dezember 1930:

Auslandsanleihen des Staates	703	Millionen Pengö
„ von Kommunen u. Privaten	1221	„ „
Zusammen:	1924	Millionen Pengö

Die kurzfristigen ausländischen Gelder wurden Ende 1930 auf 800 Millionen Pengö geschätzt. Infolge der im Juni und Juli 1931 erfolgten ausländischen Kreditkündigungen hat sich dieser Betrag auf ca. 500 Millionen Pengö verringert.

Das Nationalvermögen des heutigen Ungarns betrug laut Prof. Fellner am 31. Dezember 1927 34,7 Milliarden Pengö, wovon Immobilien 20,9 Milliarden, Verkehrsmittel 2,9 Milliarden, Mobilien 10,5 Milliarden und Auslandsguthaben 370 Millionen Pengö. Das Nationaleinkommen Ungarns beträgt 4,5 Milliarden Pengö, wovon 2,2 Milliarden auf die Urproduktion, 1,7 Milliarden auf die Industrie, 545 Millionen auf Handel und Verkehr und 71 Millionen auf Zinsengänge der Auslandsguthaben entfallen.

Die ungarische Handelsbilanz war im Jahre 1930 aktiv (Import 833,9 Millionen, Export 910 Millionen), im Jahre 1931 gleichfalls (Import 549.6 Millionen, Export 567,1 Millionen Pengö). Die ungarische Zahlungsbilanz war im Jahre 1929 mit 213,5 Millionen Pengö passiv; im Jahre 1930 hat sich der Passivsaldo auf 100 Millionen Pengö verringert.

3. Budapester Waren- und Effektenbörse. Die Budapester Waren- und Effektenbörse ist eine unter der Aufsicht des Handelsministers stehende autonome Körperschaft, deren Zweck die Erleichterung und Regelung des Handelsverkehrs in jeder Art von Waren, Wertpapieren, Wechseln, Valuten und Edelmetallen ist. Mitglieder können handelsgerichtlich protokollierte Kaufleute sein, dann Industrielle (jedoch keine Kleingewerbetreibende), Landwirte und diejenigen behördlichen Organe, welche von der zuständigen Stelle mit der Durchführung öffentlicher Börsenagenden betraut sind. Die Börsenmitgliedschaft berechtigt ebenso zur Tätigkeit an der Waren- als auch an der Effektenbörse, da die Budapester Waren- und Effektenbörse organisatorisch nicht abgesondert ist. Am Verkehr der Effektenbörse können nur die durch Beschluß des Börsenrates zur offiziellen Notierung zugelassenen Effekten teilnehmen. Trotzdem fand — besonders in den Inflationszeiten — auch in nicht offiziell notierten Effekten ein sog. „Winkelverkehr" statt. Demgegenüber ist der Verkehr an der Warenbörse in dem Sinne frei, daß die Börsenstatuten nicht feststellen, welche Artikel in dem Warenverkehr der Börse gehandelt werden können; jedoch kann eine amtliche Kursnotierung nur in jenen Artikeln erfolgen, für welche der Börsenrat dies beschlossen hat. Am wichtigsten ist an der Budapester Produktenbörse der Verkehr in Getreideartikeln, außerdem pflegt noch in Hülsenfrüchten, verschiedenen Ölsaaten, Sämereien, Mahlprodukten ein beachtenswerter Verkehr vorzukommen. Gegenstand des Warentermingeschäftes bildet derzeit nur Weizen, Roggen und Mais.

An der Budapester Effektenbörse erfolgt keine prozentuelle Notierung, sondern das Kursblatt zeigt jenen fixen Kurs, welchen man während der amtlichen Börsenzeit für je ein Stück des betreffenden Wertpapieres bar bezahlt resp. verlangt hat. Außerdem werden noch die Schlußkurse in Geld und Ware notiert. Die Kursnotierung des Warentermingeschäfts ist im Wesen ebenso. Bei den Geschäften in Fertigwaren zeigt das Kursblatt die am selben Tage vorgefallenen niedrigsten und höchsten Preise, je nach verschiedenen Provenienzorten und verschiedenem Qualitätsgewicht der Ware.

Bei dem Effektengeschäft sowie am Fertigwarenmarkt ist ständig ein Kursnotierungssekretär tätig, der den Geschäftsgang beobachtet, die vorgefallenen Kurse auf einer vor jedermann ersichtlichen Kurstafel notiert. Zum Schluß der Börsenzeit tritt die unter Leitung eines Börsenrates tätige Kursnotierungskommission zusammen. Die Kommission stellt auf Grund der Daten des Kursnotierungssekretärs und nach Anhörung der beeideten Termingeschäftssensale sowie aller sich meldenden Interessenten die Kurse fest, welche im amtlichen Kursblatt erscheinen, welches die an der Börse kotierten Effekten und Waren in folgender Gruppierung aufweist:

I. Effektenbörse: 1. Valuten und Devisen, 2. Staatsschulden, 3. Andere öffentliche Anleihen, 4. Pfandbriefe und Schuldverschreibungen, 5. Prioritätsobligationen, 6. Banken, 7. Sparkassen, 8. Versicherungsanstalten, 9. Dampfmühlen, 10. Bergwerke und Ziegeleien, 11. Druckereien, 12. Eisenwerke und Maschinenfabriken, 13. Holzindustrie, 14. Verkehrsunternehmungen, 15. Zuckerfabriken, 16. Lebensmittelunternehmungen, 17. Gas- und Elektrizitätsunternehmungen, 18. Brauereien und Weinbrennereien, 19. Hotels und Heilbäder, 20. Textilindustrie, 21. Chemische Industrie, 22. Diverse Unternehmungen, 23. Lose.

II. Warenbörse: 1. Getreideartikel, a) Effektive Ware, b) Terminware, 2. Weizenkleie, 3. Kartoffeln, 4. Diverse Produkte.

An der Budapester Börse wurden am 30. Juni 1931 insgesamt 98 Aktienwerte notiert. Der Gesamteffektenverkehr der Budapester Börse war im Jahre 1929 866 Millionen, in 1930 524 Millionen, 1931 dagegen nur 331 Millionen Pengö, da am 13. Juli die Börse geschlossen und bis 31. Dezember 1931 nicht wieder eröffnet wurde.

Eine wichtige Funktion der Budapester Waren- und Effektenbörse bildet auch die Feststellung der Börsenusancen. Die Börsenusancen finden ohne Vereinbarung der Parteien mit quasi Gesetzeskraft Anwendung bei allen solchen Geschäften, welche an der Börse getätigt wurden, und außerdem bei allen solchen Fällen, wo die Parteien dies kontraktlich bedingen resp. die Geschäfte mit Berufung auf diese Usancen abgeschlossen haben. In Streitfällen entscheidet das Börsenschiedsgericht, bei welchem die richterliche Funktion entweder als Einzelrichter oder in dreigliedrigem, evtl. ausnahmsweise auch in fünfgliedrigem Senat die Börsenräte unter Mitwirkung eines juridischen Börsensekretärs mit Advokatur oder richterlicher Vorbildung ausüben. Die Urteile des Börsenschiedsgerichts können meritorisch nicht angefochten werden, nur wegen formeller Fragen kann an die Königliche Tafel appelliert werden. Die Führung sämtlicher Angelegenheiten der Budapester Waren- und Effektenbörse liegt in der Hand des Börsenrats.

Literatur: POPOVICS, Dr. ALEXANDER: Das Geldwesen im Kriege. Wien 1925. — HANTOS, Dr. ELEMER: Das Geldproblem in Mitteleuropa. Budapest 1925. — KALLAY, Dr. TIBOR V.: Die staatlichen Finanzen und die Sanierungsaktion. Ungarisches Wirtschaftsjahrbuch. Budapest 1925. — MITZAKIS, M.: Le relèvement financier de la Hongrie. Paris 1926. — SINZ, I.: Die Sanierung Ungarns. Berlin 1928. — DOMÁNY, Dr. JULIUS: Das Sanierungswerk Ungarns, Budapest 1927. — FELLNER, Dr. FRIEDRICHV.: Das Nationalvermögen Rumpfungarns. Budapest 1929 und 1930. — ENGEL, EMIL, u. LADISLAUS BARTHA: Die Geschichte der Budapester Börse 1864—1914. Budapest 1914. — HAVAS, MAX: Die Effektenbörse. Budapest 1922. — Die Statuten der Budapester Waren- und Effektenbörse.

JULIUS DOMÁNY.

Unifikation s. *Öffentlicher Kredit II 9*, s. a. *Schuldensenkung I.*

Unifizierte Anleihe s. Unifikation im Art. *Öffentlicher Kredit II 9.*

unit (e) = Einheit; im Emissionswesen bezeichnet man hiermit (besonders in USA. üblich) die Kombination verschiedener Wertpapierkategorien (z. B. $ 1000 preferred shares + Stück 5 nennwertlose common shares), die zu einem Pauschalpreis abgegeben werden. Die Trennung dieses U. erfolgt dann erst in einem späteren Zeitpunkt, der entweder im Vorhinein fixiert ist (selten) oder, je nach der Marktlage, vom Emissionskonsortium fortgesetzt wird. Zweck dieser Maßnahme ist z. B. in Form des common stock bonus (falls der Preis nicht wesentlich über dem eeinen Wert des Hauptbestandteils liegt) einen Anreiz zu schaffen, da sich der (niedrige) Kurs des common stock leichter manipulieren läßt als der des eigentlichen Kapitalteils (vgl. *Aktie als Wertpapier 1b* sowie *Anleihen mit Zusatzrechten, Investment trusts 3*).

Universalbank, Einfluß auf Ertrag s. *Erträgnisse des Bankgewerbes I*, vgl. a. *Persönlichkeit und Organisation im Bankgewerbe 5.*

Unkosten (im Bankbetrieb) s. *Erträgnisse des Bankgewerbes II 4.*

unnotierter Markt der *Berliner Börse* (s. d.) *III*, vgl. a. die Art. über die einzelnen Weltbörsen.

Unterbeteiligung (an Konsortien) s. *Emissionsgeschäft II 1b.*

Unterbilanz liegt vor, wenn die Passiven die Aktiven übersteigen, also s. v. w. Verlustbilanz, Fehlbilanz.

„Unter der Hand"-Verkauf bzw. -Emission, Verkauf bzw. Emission von Wertpapieren ohne Inanspruchnahme der Börse.

Unterkonsumtionstheorie s. *Konjunkturtheorie 4.*

— **pari-Emission** s. *Aktiengesellschaft VIII.*

— **schlagung** vgl. *Depotrecht I A 11.*

— **schriftsprobe** s. *Depositengeschäft II 2.*

— **wertigkeit** (Prinzip der) s. *Münzwesen IV.*

Untreue vgl. *Depotrecht I A 11.*

Unze (ounce, abgekürzt oz), Bezeichnung für mehrere Maße. Wichtig ist davon die Troy-Unze, die Einheit der Edelmetallwägung. Sie hat 31,1035 g. — Ferner die englische U. (Ounce), das englische Grundmaß, der 16. Teil eines englischen Pfundes mit 25,96 g.

Urlaub. Ein gesetzliches Recht auf U. besteht in Deutschland für kaufmännische Angestellte und Arbeiter nicht, jedoch enthalten alle Tarifverträge im Mantelvertrag Urlaubsvorschriften. Überdies vielfach gewohnheitsmäßiges Urlaubsrecht (vgl. *Tarifvertrag A 6*).

Uruguay s. *Südamerika IX.*

U. S. A., Geld- und Kapitalmarkt s. *Amerikanischer Geld- und Kapitalmarkt*, vgl. a. *Sparkassen IV 14.*

Usance ist der von maßgebenden Organen (Börsen, Handelskammern, großen Verbänden) festgestellte, kodifizierte und veröffentlichte Handelsbrauch für den Handel an einem bestimmten Platz oder in einem bestimmten Gewerbezweig. Kommt schon dem gewöhnlichen Handelsbrauch nach § 346 HGB. erhebliche rechtliche Bedeutung zu, so gilt dies in besonderem Ausmaß — nach ständiger Rechtsprechung — von der U. Es wird ohne weiteres angenommen, daß Geschäfte, die in Branchen oder in Anstalten abgeschlossen sind, für die U. bestehen, unter diesen U. abgeschlossen sind. Unkenntnis der U. vermag daran nichts zu ändern, da jeder Kaufmann die für sein Gewerbe geltenden Handelsbräuche zu kennen hat. Es bedarf eines ausdrücklichen und unzweideutigen Ausschlusses der U. Jedoch ist dieser Ausschluß meist dort, wo die U. zur Grundbedingung des Geschäftsverkehrs an einer Börse oder Messe gemacht wurde, ausdrücklich untersagt (s. a. *Berliner Börse III*, *Börsen 2* und *Standesvertretungen A 2*).

Usancenhandel ist das Geschäft im Devisenhandel, bei dem zwei ausländische Valuten direkt gegeneinander gehandelt werden. Die heimische Währung wird also ausgeschaltet, was nicht nur mitunter Kursvorteile, sondern auch Spesenersparnis mit sich bringt. Vor der Aufgabe des Goldstandards durch England bezog sich der europäische U. meist auf das englische Pfund, in den österreichischen Nachfolgestaaten daneben auch auf den Schweizer Franken.

V.

Valeurs, eine ältere, noch in Österreich und im Versicherungsgewerbe übliche Bezeichnung für Wertpapiere.

Valoren s. v. w. *Valeurs* (s. d.).

Valorisationen von Rohstoffen. Jeder Verkäufer wünscht für seine Ware den höchsten möglichen Preis zu erzielen. Die Vereinigung von Verkäufern zwecks Beherrschung des Marktes ist, wenigstens im grundsätzlichen, keine Erscheinung der neuesten Zeit, wie auch der staatliche Eingriff in den Markt bereits sehr früh zu beobachten ist, vielleicht sogar in früheren Jahrhunderten noch allgemeiner war als selbst heute. Was das Neue während des letzten Menschenalters darstellt, und was die Schaffung des besonderen Ausdrucks V. vielleicht rechtfertigen kann, das ist die Tatsache massenhaften Auftretens der Preisbeeinflussungsversuche auf großen Warenmärkten und eine gewisse Einheitlichkeit des Vorgehens dabei, sowie schließlich die fast überall zu beobachtende mittelbare oder unmittelbare Hilfe der Staatsgewalt.

Die sog. „klassische" V. ist die brasilianische Kaffeevalorisation von 1906. Brasilien ist eines der jüngeren Kaffeeländer, die natürlichen Vorbedingungen für den Kaffeebau sind aber in einer Reihe seiner Staaten, besonders in Rio und in Sao Paulo so günstig, daß in ihnen der Kaffeebau während der zweiten Hälfte des 19. Jahrhunderts sprungweise zunahm. So wurde Brasilien der weitaus größte Kaffeebauer der Welt; es hing finanziell um so mehr vom Wohlergehen dieses Marktes ab, als die erwähnten zwei Staaten durch den Kaffeebau die reichsten des Bundes geworden waren, ihre Wirtschaftslage also entscheidend war für die Lage Brasiliens überhaupt. Als nun im Beginn des 20. Jahrhunderts die Kaffeernten über den Verbrauch immer stärker hinausstiegen, versuchte man es zunächst mit einem Verbot von Neuanpflanzungen in Sao Paulo, dann mit Abmachungen unter den wichtigsten brasilianischen Einzelstaaten, bis schließlich Anfang 1907 die Regierung von Sao Paulo begann, regelmäßig Kaffee für eigene Rechnung an den Märkten der Verbrauchsländer und in Brasilien selbst aufzukaufen. Finanziert wurden diese Aufkäufe zunächst mit kurzfristigen Geldern aus Deutschland und England, aber schließlich erwies es sich als notwendig, in irgendeiner Weise langfristige Gelder hereinzubekommen: denn der aufgekaufte Kaffee mußte durch Jahre zurückgehalten werden, wenn der Markt nicht völlig zusammenbrechen sollte. Nach monatelangen Verhandlungen wurde im Herbst 1908 in mehreren Ländern Europas und in USA. eine Anleihe von 15 Millionen Pfund herausgebracht, der die Regierungskaffees als Unterlage dienten. Die gekauften Kaffeemengen wurden nach den Haupthäfen der Verbrauchsländer gesandt, dort unter der Aufsicht von Treuhändern eingelagert, und es wurde ein Verkaufsplan aufgestellt, der eine allmähliche, an die Erreichung gewisser Preise geknüpfte Abwicklung dieser Mengen vorsah. Die Besserung der wirtschaftlichen Lage in der ganzen Welt, das geschickte Arbeiten des Treuhandausschusses und zuletzt der Weltkrieg mit seinem gewaltigen Kaffeebedarf ließen diesen ersten großen Versuch systematischer Beherrschung eines Marktes durch den Haupterzeugerstaat glücken, ein Ergebnis, das geradezu verheerend gewirkt hat. Einmal veranlaßte es die Brasilianer zu immer weiteren Versuchen, man kann mindestens von drei neuen V. sprechen, und diese in die Jahre 1917, 1921 und 1924 verlegen. Die letzte, größte ist in dem Preissturz des Jahres 1929, bei dem der Kaffeepreis während weniger Monate auf etwa die Hälfte sank, sachlich zusammengebrochen. Aber die Organisation war bestehen geblieben, uud vor allem hatten die Brasilianer aus der Tatsache gelernt, daß während der ersten V. ihnen die Herrschaft durch den Treuhänderausschuß aus den Händen genommen werden konnte, weil der verpfändete Kaffee außerhalb Brasiliens lagerte. Sie haben deshalb seitdem ihre Kaffeeläger stets im Land behalten, was einen Verkaufszwang durch die Geldgeber unmöglich machte. Überdies ist es ihnen gelungen, noch in der Wirtschaftskrise und nach dem ersten großen Fall des Kaffeepreises neue Geldgeber zu finden, so daß sie den größten Teil ihrer Bestände bis in das Jahr 1932 hinein durchschleppen und während dieser ganzen Zeit die Weltmärkte mit ziemlichen Glück manipulieren konnten. Sie haben schließlich, um den immer enger werdenden Weltmarkt zu entlasten, dazu gegriffen, große Mengen angeblich minderwertigen Kaffees zu vernichten und hatten bis Mitte 1932 etwa 25% einer durchschnittlichen Weltjahresernte verbrannt. Das letzte Wort über diesen Valorisationsversuch ist noch nicht gesprochen, weil sich noch immer mehr als eine Jahresweltернte Kaffee in der Hand der brasilianischen „Kaffeeverteidigung" befindet, und weil das Hochhalten der Preise für brasilianischen Kaffees den Wettbewerb der anderen Kaffeeländer stark angereizt und begünstigt hat, ebenso wie die (an sich verbotene) Neuanpflanzung von Kaffee in den genannten Einzelstaaten Brasiliens.

Das anscheinende Gelingen dieses Versuches hat während des ersten Nachkriegsjahrzehnts auch an einer Reihe anderer Märkte zu ähnlichen Versuchen geführt, die aber bis zur oder in der Wirtschaftskrise sämtlich zusammenbrachen. Der Kanadapool wollte durch freiwillige oder durch (gesetzlich nicht durchzuführende) Zwangsgenossenschaften den kanadischen Weizen „ordnungsgemäß zum Markte bringen", saß aber schließlich mit fast einer halben (kanadischen) Durchschnittsernte und Schulden von rund 25 Millionen Dollar fest, so daß er zwangsweise abgewickelt werden muß. Bei Gummi versuchte es der Stevensonplan mit Ausfuhreinschränkungen aus den englischen Malaienstaaten, die je nach den Marktpreisen wechselnde Höhe hatten. Dieser Versuch mißglückte, weil der Hauptwettbewerber, die niederländisch-indischen Pflanzungen, überhaupt nicht gebunden waren, und weil, als schließlich auch diese anfingen, das Zapfen einzuschränken, der sog. Eingeborenenkautschuk den Markt weiter verdarb. Einen ähnlichen Versuch wie die Genossenschaften in Kanada machte in den Vereinigten Staaten das Farmamt mit Weizen, Baumwolle und einer Reihe minder wichtiger Erzeugnisse, jedoch erwies es sich auch hier als unmöglich, die Marktpreise so hoch zu halten, wie das angesichts der Einkaufspreise des Farmamts notwendig gewesen wäre.

Die Versuche des gemeinsamen Hochhaltens der Preise bei Metallen sind mit einer Ausnahme (Quecksilber) durchweg von privaten Vereinigungen der Erzeuger ausgegangen. Das Kupferkartell hatte den Zweck, die amerikanischen Kupfergruppen für die Ausfuhr, die übrigen allgemein zu binden, der Zinnpool vereinigte eine Reihe von Erzeuger- und Händlergruppen und vermochte es sogar, Gesetze über zwangsweise Fördereinschränkungen in den wichtigsten Zinnstaaten durchzusetzen. Beide Versuche können heute als mißlungen angesehen werden, ebenso wie es den beiden Regierungen von Spanien und Italien mißlungen ist, den Quecksilberpreis hochzuhalten, obgleich sie mehr als 95% der Welterzeugung beherrschen. In allen Fällen ist die V. entweder am Rückgang des Verbrauchs oder an dessen Ausweichen zu Ersatzerzeugnissen zusammengebrochen und die Valorisationsgruppen haben stets in diesem Augenblick auf Riesenbeständen festgesessen.

Die Finanzierung dieser Bestände hat von Anfang an einen Grundgedanken aller V. gebildet und sie ist in der verschiedensten Form erfolgt, stets natürlich unter der Mithilfe von Banken. Den Staat hat man, wie am Beispiel des Kanadapools zu ersehen, oft erst dann herangezogen, wenn die V.

am Zusammenbrechen waren. Man kann als Musterbeispiel für die eine Art der Finanzierung, die private, vielleicht das Kupferkartell, für die andere, durch Anleihen, die Kaffeestaaten ansehen. Das erste Kupferkartell fand bei seinem Inkrafttreten hohe, bereits beliehene Bestände bei den Erzeugern und Raffinerien vor. Ihr Durchhalten wurde dadurch ermöglicht, daß eine Bankengruppe dreijährige, durch die Kupferbestände gesicherte Notes ausgab, die aus dem Erlös zurückgezahlt werden sollten. Ihre Einlösung ist dann sogar etwas rascher erfolgt als ursprünglich vorgesehen war. — An der Kaffeevalorisation ist (im Gegensatz zu vielen anderen Versuchen) der Staat von Anfang an beteiligt gewesen. Damit mag es zusammenhängen, daß bald zwecks Durchschleppens der Bestände eine Staatsanleihe aufgenommen wurde, zunächst in der Form eines verhältnismäßig kurzfristigen Vorschusses, dann als zehnjährige durch den Kaffee gesicherte und bei dessen allmählicher Abwicklung zu tilgende Anleihe. Der Rest der Anleihe ist im großen Krieg aus dem Verkauf der bedeutenden in Europa und in Nordamerika befindlichen Bestände gedeckt worden. Zwischen diesen beiden Grenzfällen stehen Zwischenstufen, die aber alle das Gemeinsame haben, die eigentliche Last des Durchschleppens der Bestände auf das breite Kapitalistenpublikum abzuladen, sich also im Grunde das Hochhalten der Preise von den Kreisen finanzieren lassen, die von den Preisaufschlägen betroffen werden.

Hans Hirschstein.

Valorisierung von Forderungen.

I. Allgemeines.

Mit V. bezeichnet man in Finanzwissenschaft und Bankpraxis die erneute Wertfestsetzung eines auf einer Geldleistung beruhenden Schuldverhältnisses, das infolge Währungsverfall, Notlage der öffentlichen Finanzen oder politischer Maßnahmen entwertet bzw. notleidend wurde. An dieser Stelle soll nur die internationale V. besprochen werden, für die Neuregelung inländischer Schuldverhältnisse s. *Aufwertung.* Das Valorisationsproblem hat in der Finanzgeschichte der Völker schon seit dem Ausgange des Mittelalters in Verbindung mit zahlreichen Staatsbankrotten eine Rolle gespielt (cf. Rechts-Handwörterbuch Schlegelberger: Band II, S. 283, Staatsbankrotte von Manes 1918), während in früheren Zeiten dem in Anspruch genommenen Schuldner die exceptio de devalvata pecunia zugebilligt wurde.

Beispiele: Valorisation der französischen Assignate (Kurswert 0,36 %, Einlösung 1796 durch Territorialmandate 30 : 1; ferner Art. 1895 Code civil, Österr. Bankozettel 1811, Kurs 8,3 % (Herabsetzung und Konvertierung in Wiener Währung. 1814 Heraufsetzung der auf $^1/_5$ herabgesetzten niederländischen Schuld und Umwandlung in neue Anleihen. 1857 Argentinien sowie andere südamerikanische Staaten, u. a. m.

Naturgemäß hat der Währungsverfall in die Rechte ausländischer wie inländischer Gläubiger vernichtend eingegriffen. Als wirksamstes Gegenmittel benutzte man bei Begebung internationaler Anleihen Valutaschutzklauseln in Form von Goldmünzklauseln (Leistung von Goldmünzen), Goldwertklauseln (Leistung des Goldes in Geldzeichen einer besonders sicheren Währung) abgesehen von sonstigen meist alternativen Währungsklauseln (Silberklausel usw.) oder Kursdifferenzklauseln, die auf Mänteln, Zinsscheinen oder in den Prospekten erscheinen. Aber auch diese Klauseln haben der rechtlichen, wirtschaftlichen oder politischen Entwicklung nicht immer Stand gehalten, so daß es besonderer Valorisationsabkommen bedurfte. So erklärten unter anderen folgende Länder die Goldklausel als aufgehoben:

Deutschland, Bundesratsverordnung vom 28. September 1914,
Rumänien, Gesetz vom 21. Dezember 1916,
Belgien, Dekret vom 2. August 1914,
Serbien, Gesetz vom 26. April 1920,
Griechenland, Verordnung vom 21. Juli 1914 und 20. Januar 1923,
Bulgarien, Gesetz vom 12. Mai 1921,
Italien (partiell), Dekret vom 20. Juli 1921.

Die französische Gerichtspraxis erkennt die Gültigkeit der Goldklauseln für Inlandsgeschäfte zwar nicht an, bestätigt sie aber für Auslandsgeschäfte (cf. Art. 232 Gesetz vom 25. Juni 1928, Zeitschr. für ausländ. und intern. Privatrecht I, S. 303 und dortige Literatur).

Die Wirkung einer solchen innerstaatlichen Aufhebung gegenüber ausländischen Schuldnern sowie die praktisch wichtigste Frage, ob der Schuldner einer in Goldfranks ausgedrückten Anleihe Papier- oder Goldfranks zu zahlen habe, wurde durch Urteil des Haager Schiedsgerichtshofes vom 11. Juli 1929 in Sachen der serbischen und brasilianischen mit einer Goldfrank-Klausel versehenen Vorkriegsanleihen endgültig dahin entschieden, daß eine so bedungene Zahlung in Goldfranks zu erfolgen habe. In welcher Weise im Endergebnis der Anleihedienst zu versehen wäre, überließ der Haager Gerichtshof im Hinblick auf die verminderte Zahlungsfähigkeit Jugoslawiens einem besonderen Abkommen (vgl. entsprechende Urteile des französischen Kassationshofes vom 3. Juni 1930 betr. Anleihe der Société du Crédit Foncier Franco-Canadian, vom 9. Juli 1930 betr. Hafenanleihe von Rosario und vom 14. Januar 1931 betr. Anleihe von Tokio von 1912; s. a. Urteil des Reichsgerichts vom 19. November 1929 — JW. 1930 S. 1855 — in Sachen der Wiener Investitionsanleihe. Anders dagegen Urteil des Reichsgerichts vom 23. Juni 1927, JW. 1927, S. 2289 betr. Steganleihe 1883 (pièce d'or-Klausel).

Trotz des Haager Schiedsspruchs ist die Gültigkeit anderer als der in Goldfranks ausgedrückten Goldklauseln, z. B. Goldlei oder Goldlewa, strittig geblieben, was auch für die verschiedenen Arten von Silberklauseln gilt.

Fehlte es an Sicherungsklauseln, so gebot die von dem betreffenden Staate getroffenen Währungsmaßnahmen (offizielle Herabsetzung des Nennwertes des Geldes auf den Kurswert) der Entwertung den ersten Einhalt (vgl. *Währungsstabilisierung*). Dieses geschah entweder durch Schaffung einer neuen Währung unter Zugrundelegung eines bestimmten Umrechnungskurses oder lediglich durch gesetzliche Stabilisierung. Diese Umrechnungssätze, und zwar z. B.

für Österreich . . .	10000 Kronen	= 1 Schilling
„ Ungarn	12500 „	= 1 Pengö
„ Polen	1800000 Pol. M.	= 1 Zloty

machten praktisch eine V. illusorisch, man versuchte durch sie die Entwertung einer Reihe von bestehend gebliebenen Währungen (Dinar, Drachmen, Lei, Lewa) zu vermeiden.

II. Praktische Durchführung der V.

In der Praxis haben sich die verschiedensten Arten von V. festverzinslicher Titel herausgebildet, deren jetzige Systematik größtenteils nur Umwandlungen früherer Formen darstellt. Wir müssen hierbei zwischen V. mit moratorischem Charakter unterscheiden und solchen mit einmaligen Kapitalverminderungen. Zu letzteren, die weniger häufig sind, gehören Herabsetzungen des Nominalkapitals bzw. des Zinssatzes durch Hergabe von Konversionsanleihen oder ein gänzlicher Rückkauf des ausstehenden Kapitals zu einem bestimmten Valorisationskurs (Italien). Als wichtigste der moratorischen Valorisationen ist das in der Nachkriegszeit besonders ausgebaute Paliersystem anzusehen, das eine Herabsetzung des ursprünglichen Zinssatzes auf ein Minimum vorsieht und dieses in einer aufwärtsführenden Zinsskala allmählich zu einem Maximum steigert oder dessen Veränderungen durch eine Besserungs- (bzw. Verschlechterungs-) Klausel bisweilen späteren Festsetzungen vorbehalten bleiben. In Verbindung mit diesem System, oder auch gesondert, finden sich Valorisationsformen, die die Aufstellung neuer Tilgungspläne durch Hinausschiebung der vereinbarten Fristen bzw. bereits fälliger Kapitalzahlungen evtl. unter Anwendung der Stufen des Zinspaliers für die Tilgung vorsehen, in gewissen Fällen Tilgungen durch Rückkäufe gestatten, alte Verlosungen annullieren oder an Stelle ursprünglich vereinbarter Barleistungen, z. B. bei der Einlösung von Rückständen, die Zahlung in meist kurzfristigen, z. T. zinslosen neuen Titeln gestatten, Freistellung von haftenden Sicherheiten zwecks anderweitiger Kreditaufnahme des Schuldners vornehmen oder neue Sicherungen schaffen, endlich Unterscheidung zwischen *Alt-* und *Neubesitz* (s. d.) vorsehen, auch besondere Finanzkontrollen mit Valorisationen verbinden.

Endlich wurden Valorisationsabkommen geschlossen, die eine unterschiedliche Regelung zwischen in- und ausländischem Besitz vornehmen und innerhalb letzterem wiederum die Angehörigen der im Weltkrieg unterlegenen Mächte gegenüber den übrigen Gläubigern unter vermeintlicher Berufung auf die Friedensverträge schlechter stellen.

III. Valorisation in den einzelnen Ländern.

Für die deutschen Besitzer internationaler Anleihen sind die folgenden Valorisationsbestimmungen die wichtigsten:

Ehemaliges Österreich-Ungarn: Art. 203 des Friedensvertrages von St. Germain bzw. 186 des Friedensvertrages von Trianon halten die Goldklause der ehemals österreichisch-ungarischen Staatsschuld aufrecht. Die Silberklausel bleibt unerwähnt; ihre Bedeutung ist daher strittig (vgl. u. a. Urteil Oberster Gerichtshof Wien wegen 5proz. Steganleihen von 1873/74 vom 17. Dezember 1930).

Bezüglich der Kronenschulden hat bei Aufteilung der Staatsschuld die Umwandlung in die Währung des neuen Schuldnerstaates nach dem Satze zu erfolgen, nach dem der betreffende Staat die österreichisch-ungarische Krone in seine eigene Währung umgetauscht hat: z. B. 100 Kronen = 100 Kc = 50 Lei = 25 Dinar = 40 Lire.

Die Wiederaufnahme des Anleihedienstes regelt a) Gold- und Valutaanleihen: das Innsbrucker Protokoll vom 29. Juni 1923, der Prager Akkord vom 14. November 1925, das Pariser Abkommen vom 31. Oktober 1930 und das Pariser Zusatzabkommen vom 13. Dezember 1930. Den Anleihedienst versieht die Caisse Commune des Porteurs des Dettes Publiques Autrichienne et Hongroise, émises avant la guerre, Paris. Zinspalier von 27 % bzw. 32 % steigend bis 70 % 1965—1980 bzw. 1976—1980 100 % (Ungarische Staatsrente von 1914). Die Zinsstufen ab 1936 treten erst in Kraft, wenn alle Schuldnerstaaten dem Abkommen vom 13. Dezember 1930 beigetreten sind; andernfalls Neuregelung. Spezialabkommen für Elisabeth-Goldanleihe vom Mai 1929 (Zinspalier 50—100 %).

b) Österreichisch-ungarische Papieranleihen und österreichische Silberrente. Abkommen mit Rumänien und Jugoslawien vom 11. Februar 1931. Ab 1932 erfolgt aus Mitteln der rumänischen Annuität jährliche Auslosung zu einem sich erhöhenden Satz; Ungarn als Hauptschuldner der Papieranleihen bisher nicht angeschlossen.

c) Couponrückstände: Wiener Abkommen vom 27. März 1928 (Barablösung) bzw. Ungarisches Couponabkommen vom 28. Mai 1929 (Konversion in 6proz. Kassenscheinen).

Ein allgemeines Aufwertungsgesetz besteht in Österreich nicht. Für Ungarn gilt das Gesetz über die Umwertung einzelner privatrechtlicher Geldforderungen vom 1. April 1928. Ausgeschlossen von der Aufwertung sind unter anderen Pfandbriefe, Obligationen und Kriegsanleihen.

Eine freiwillige Pfandbriefvalorisation finden wir lediglich gegenüber den schweizer Besitzern der Pester Ungarischen Kommerzialbank-Pfandbriefe und der Pester Erste Vaterländischen Sparcassa-Verein-Pfandbriefe in Höhe von 5 Schweizer Franken bar für 100 Kronen Nennwert (Abkommen vom September 1930 und März 1931).

d) Sichergestellte österreichische Vorkriegsstaatsanleihen. Übernahmegesetz vom 23. Dezember 1931. Umtausch in 4proz. Ablösungsschuldverschreibungen für den auf Österreich entfallenden Kapitalbetrag in folgendem Verhältnis:

1. Silberanleihen: je 50 Gulden = 10,50 ö. S + 4,20 ö. S für rückständige Zinsen.
2. Papiergulden- und Kronenanleihen je 50 Gulden oder 100 Kronen = 7,— ö. S + 2,80 ö. S für rückständige Zinsen.
3. Markanleihen: je 100 Mark = 8,23 ö. S + 3,29 ö. S für rückständige Zinsen.

Tschechoslowakei: Gesetz vom 15. März 1928 betr. Übernahme der sichergestellten Vorkriegsschuld; Kronen- und Guldenanleihen auf der Basis 1 Krone = 1 Kc. (ca. 14,7 %) in entsprechend verzinsliche Schuldverschreibungen. Für Markanleihen Barablösung $2^1/_2$ %; Protest.

Jugoslawien: Abkommen vom 31. März 1930 bezüglich der nicht auf der schwarzen Liste stehenden (deutsche Stücke) serbischen Vorkriegsanleihen. Zinspalier ab 1930 mit 55 % steigend bis auf 100 % 1958, Abgeltung der Couponrückstände durch Pauschalzahlung 35 % des Goldwertes bzw. 40 % zur Hälfte in bar, zur Hälfte in Raten. Abkommen von 1924 (nur mit schweizer Besitzern) der bosnischen Valutaanleihen (für 504 Franken nominal 5200 Dinar in 7 % Titeln).

Rumänien: Berliner Abkommen vom 10. November 1928 über nicht abgestempelte Vorkriegsstaatsanleihen: Konversion in vereinheitlichte Renten mit Zins- und Tilgungspalier; Dienst 35—100 % für die Anleihe von 1913, sonst 20—50 % innerhalb 40 Jahren. Barzahlung für die Rückstände.

Ferner Schröderabkommen vom 4. Juli 1928 bezüglich der abgestempelten $4^1/_2$proz. Rente von 1913. Grundsätzliche Bedienung in Pfunden; Leistücke in Lei. Abkommen betr. 5proz. Anleihe der Stadt Craiova von 1906 mit Schw. Bankv. vom Januar 1931, Zinspalier ab 40 %.

Bulgarien: Genfer Abkommen vom 11. Dezember 1926 über endgültige Regelung des Dienstes der staatlichen Vorkriegsanleihen (Gold- und Valutaanleihen). Zinspalier: ab 1. April 1927 mit 35 % bzw. 37 % bzw. 49 % des Zinsnominals, voller Zinsendienst 1948 bzw. 1951. Besserungs- bzw. Verschlechterungsklausel.

Griechenland: Abkommen über die Regelung der griechischen Goldanleihen vom 10. März 1898. Abrechnung durch internationale Finanzkommission. Der 1926 gesicherte volle Bedienungssatz konnte nicht aufrechterhalten werden. Schwankende Goldzuschläge zu den festgesetzten Mindestsätzen.

Türkei: Pariser Vertrag vom 13. Juni 1928 über die türkische Vorkriegsschuld vom 19. Januar 1929 über den Anteil der französischen Levantestaaten. Der Vertrag bestimmt eine stufenweise von der Türkei zu zahlende Annuität in Goldpfunden für den Zins- und Tilgungsdienst. Die Zinssätze beginnen für drei verschiedene Anleihekategorien mit 47,22 %, 29 % bzw. 34,43 % und erreichen 100 % bzw. 50 % bei letzterer ab 1952. Für Rückstände zinslose neue Titel.

Abkommen über die Anatolische Eisenbahn-Gesellschaft vom 10. Dezember 1928. Couponeinlösung der Anatolischen Eisenbahn-Obligationen Serie I, II und III zu $2^1/_4$ %. Umtausch der Rückstände in neue Titel. Entsprechende Regelung der Haidar-Pascha- und Mersina-Obligationen.

Polen: Polnische Verordnung vom 25. März 1925 betreffend Umtausch privatrechtlicher Verpflichtungen. Normalsätze, z. B. für Obligationen 33 %.

Deutsch-polnische Aufwertungsabkommen vom 5. Juli 1928; in Kraft getreten am 17. März 1931: Industrieobligationen nur 25 %.

Kronenanleihen Umtausch 10 Zloty = 100 Kronen in Schuldverschreibungen, Silberanleihen entsprechendes Angebot (Protest). Für einzelne Anleihen Vorzugssätze. Kommunalanleihen 10 Zloty = 100 Mark.
Abkommen betreffend Lodzer Fabrik-Eisenbahn-Obligationen mit Holländern vom 19. September 1930, deutscher Anschluß 29. Mai 1931.
Lettland: Gesetz vom 17. März 1923. Abschlüsse in russischem oder deutschen Gelde in Lat zu erfüllen (2 russische Rubel = 0,02 Lat bzw. $1^1/_2$ russische Rubel = 0,02 Lat, sofern Abschluß vor dem 1. Januar 1918). Keine gesetzliche Aufwertung.

Italien: Abkommen betr. schweizer Besitz an italienischen Vorkriegsanleihen mit Gold- und Währungsklausel vom 20. Juni 1928. Rückkauf durch ein Syndikat: V. von 37—71% der Parität je nach Zinssatz.

Mexiko: Reorganisationsabkommen vom 1. Juni 1928 und Vertrag vom 25. Juli 1930 (nicht ratifiziert) mit dem International Comittee of Bankers in Mexiko. Endgültige Regelung ungewiß.
Brasilien: Haager Schiedsspruch vom 12. Juli 1929. Anerkennung der Goldfranksklausel verschiedener Vorkriegsrenten.

Die V. einer Reihe von wichtigen Vorkriegstiteln steht noch immer aus. Von den an deutschen Börsen notierten Werten seien als Beispiel erwähnt: Serben von 1895, die sog. „Investitions- und Eisenbahn-Bosnier“, die Saloniki-Monastir-Obligationen, Bukarester Stadtanleihen, Czakathurn-Agram usw.

IV. Valorisation deutscher Valutaverpflichtungen.

1. Deutsch-schweizerischer Staatsvertrag vom 6. Dezember 1920 und 25. März 1923: 100proz. Aufwertung der schweizerischen Goldhypotheken. Die Hypothekengläubiger wurden aus der persönlichen Haftung für die Hypothekenbeträge — nicht Zinsen — entlassen; Verwandlung in Grundschuld. Für die Schuldner wurde eine Eigentümergrundschuld in Höhe von 20% der Gläubigergrundschuld eingetragen.

2. Schuldscheine (auf Mark und Schweizer Franken lautend) der Gewerkschaften Diergardt, Graf Schwerin, Wintershall sowie der Städte Dortmund und Bochum (vgl. Reichsgerichtsentscheidungen vom 1. Juli 1926, 2. Februar 1928, 4. Juli 1929 und 18. November 1929, Reichsgerichtsbriefe S. 137ff., 330, 424 und 537/29). Bei diesen Titeln erkannte das Reichsgericht die Gültigkeit der Valutaklausel an und verurteilte die Schuldner zur vollen Einlösung (100 Mark = 123,54 Schweizer Franken). Die Einlösung der Schuldscheine von Graf Schwerin, Dortmund und Bochum erfolgte durch Vergleiche, die im Hinblick auf die Entwertung der Mark Erleichterungen erbrachten (z. B. Einlösung zum Teil in bar, zum Teil in Titeln, Erlaß der rückständigen Zinsen).

Literatur: Deutsche Bank und Disconto-Gesellschaft: Ausländische Anleihen an deutschen Börsen. 1927. — Annual Report of the Council of the Corporation of Foreign Bondholders. London. — Rapport der Association Belge pour la Défense des Détenteurs de Fonds Publics. Antwerpen. — Jahresbericht der Schweizerischen Bankiervereinigung. Basel. — MANES: Staatsbankerotte. Berlin 1918. — Referentenentwurf einer Denkschrift über die Aufwertung. Reichsfinanzministerium 1925 (Reichsdruckerei). — SACK, A. N.: Le mode de répartition des Dettes Autrichiennes et Hongroises. 1927.

RICHARD MALSS.

Valuta, wörtlich übersetzt „Wert“, ist ursprünglich das Wertverhältnis einer Währung zur anderen, dann einfach soviel wie Währung, also englische, spanische, deutsche V. — Im Gegensatz zu Devisen (Auslandswechseln und telegraphische Auszahlung, vgl. Art. *Devisen*) versteht man unter V., häufiger im Pl. gebraucht — Valuten — im Bankgeschäft ausländische Geldsorten (Banknoten und Münzen). — Schließlich wird V. in der Buchführung zur Bezeichnung des Zeitpunkts des Wirksamwerdens einer Gutschrift oder Belastung gebraucht („haben wir Ihrem Konto Valuta 30. ds. Mts. gutgeschrieben“ soviel wie: die Gutschrift tritt am 30. ds. Mts. in Wirksamkeit, von dem Tag an verzinst sich der Betrag, kann der Kunde darüber verfügen usw.).

Valutadumping s. *Währungswesen.*

— **hypothek** s. *Hypothek.*

— **klausel.** 1. Der im deutschen Wechselrecht nicht geforderte Zusatz „Wert in Waren erhalten“, der zum Ausdruck bringen soll, daß der Aussteller vom Remittenten (oder der Indossant vom Indossatar) eine Gegenleistung für den Wechsel erhalten hat. 2. Ein insbesondere bei Auslandsanleihen (vgl. die betreffenden Hinweise) wichtiger Bestandteil der Bedingungen einer Anleihe (vgl. *Valorisierung I* und die einschlägigen Artikel).

— **kredit,** in fremder Währung gegebener Kredit. Derartige V. spielen insbes. bei Schwankungen der Landeswährung eine große Rolle.

— **kredit öffentlicher Körperschaften** s. *Öffentlicher Kredit II 6.*

— **risiko,** entsteht aus Währungsschwankungen während der Laufzeit eines Geschäfts. Eine der wichtigsten bankmäßigen Operationen zur Ausschaltung des V. bildet der *Devisen-„Swap“* (s. d.).

— **schuldscheine** s. *Valorisierung III.*

Valuten s. unter *Valuta.*

Valutierung, Wertstellung, der Tag, mit dem Gut- und Lastschriften am Konto vorgenommen werden.

— **von Inkassopapieren** s. *Inkasso,* vgl. a. *Valuta.*

Variable Kosten eines Unternehmens sind solche, welche verhältnismäßig weitgehend dem Beschäftigungsgrad oder der (Brutto-) Rentabilität angepaßt werden können, zum Unterschied von „fixen Kosten“, bei denen dies nicht der Fall ist. Zu den V.K. gehören in erster Linie Löhne, zu letzteren u. a. die Anleihezinsen, *Abschreibungen* (s. d.) usw.

Variabler Kurs s. Variabler Markt unter *Kassageschäft.*

— **Markt** s. *Kassageschäft.*

Venezuela s. *Südamerika X.*

vereidete Makler s. *Makler.*

Verein für die Interessen der Fondsbörse in Berlin s. *Standesvertretungen A 1c.*

Verfallzeit ist der Zeitpunkt, an dem eine Verbindlichkeit zu erfüllen ist.

Verfügungsberechtigung (für ein Konto) s. *Depositengeschäft II 2a.*

Vergleich.

I. Deutschland.

V. ist nach der gesetzlichen Definition ein Abkommen, durch das der Streit oder die Ungewißheit der Parteien über ein Rechtsverhältnis im Wege gegenseitigen Nachgebens beseitigt wird. Dieser Begriff umfaßt also Verträge auf allen nur denkbaren Rechtsgebieten, wobei weder die Worte „Streit oder Ungewißheit“, noch der Begriff „gegenseitiges Nachgeben“ allzu eng ausgelegt werden dürfen.

Abgesehen von dieser allgemeinen Bedeutung ist die Bezeichnung „Vergleich“ der gebräuchliche terminus technicus für ein Abkommen, das ein in Zahlungsschwierigkeiten geratener Schuldner mit der Gesamtheit seiner Gläubiger, sei es im *Konkurs* (s. d.), sei es zur Vermeidung des Konkurses (Präventivakkord), schließt. Ein Schuldner, der sich mit dem Eingeständnis seiner Zahlungsunfähigkeit an seine Gläubigerschaft wendet, setzt sich der Gefahr aus, daß sich der einzelne Gläubiger entweder durch schnelles Vorgehen (Arrest, Pfändung)

Sicherung oder Befriedigung verschafft oder ihn durch einen entsprechenden Antrag in den Konkurs treibt. Selbst wenn diese Klippe vermieden wird, bedarf ein Vergleich der Zustimmung sämtlicher Gläubiger, die in den meisten Fällen von einzelnen Beteiligten, sei es aus Abneigung gegen den Schuldner, sei es um einen Druck zum Erhalt einer Sondervergünstigung auszuüben, versagt wird. Auch die Übertragung des gesamten Vermögens auf einen Treuhänder zum Zwecke der gleichmäßigen Verteilung an die Gläubiger, bietet dem Schuldner keinen Schutz, weil dieser Übertragungsakt von einem, ihm nicht zustimmenden Gläubiger als ihn benachteiligend angefochten werden kann.

Wenn auch in Fällen, in denen die Zahl der Gläubiger nur gering ist oder in denen die Beziehungen des Schuldners zu seinen Gläubigern besonders gut sind, ein Akkord ohne gerichtliche Hilfe erzielbar ist, so erwies sich doch ein gesetzgeberischer Eingriff als notwendig. Gerade in Zeiten wirtschaftlicher Depression ist es notwendig, zu verhindern, daß Zahlungsschwierigkeiten bei an sich lebensfähigen Unternehmungen zum Konkurse führen.

Diesem Zwecke diente die im Krieg und für den Krieg und die Nachkriegszeit zur Regelung eines Übergangszustandes geschaffene Geschäftsaufsichtsverordnung, die im Jahre 1927 durch das Gesetz über den Vergleich zur Abwendung des Konkurses (Vergleichsordnung) abgelöst wurde. Dieses Gesetz baut sehr wesentlich auf konkursrechtlichen Grundsätzen auf, so daß zur Ergänzung der folgenden Darstellung auf den Aufsatz „Konkurs" verwiesen werden kann.

Bei Vorliegen der materiellen Konkursvoraussetzungen (Zahlungsunfähigkeit, in gewissen Fällen auch Überschuldung) kann der Schuldner — kein Dritter — auch wenn bereits ein Konkursantrag gegen ihn gestellt ist, bei dem zuständigen Gericht die Eröffnung des Vergleichsverfahrens beantragen. Diesem Antrag, der unter anderem einen bestimmten Vergleichsvorschlag enthalten soll, sind zahlreiche Anlagen beizufügen, die dazu bestimmt sind, dem Gericht ein Bild von den Aktiven und Passiven, der Geschäftsführung und Vertrauenswürdigkeit des Schuldners und der Durchführbarkeit des V. zu geben, zugleich hat sich der Schuldner zur Leistung des Offenbarungseides bereit zu erklären. Außerdem soll der Antrag begleitet sein von der schriftlichen Erklärung einer Gläubigermehrheit (nach Köpfen und Forderungen berechnet), in der das Einverständnis mit der Eröffnung des Verfahrens bekundet wird. Das Gericht hat den Antrag der Berufsvertretung (Handelskammer, Landwirtschaftskammer) zur Stellungsnahme vorzulegen, wenn der Antrag nicht ohne weiteres, etwa wegen mangelnder Vergleichswürdigkeit des Schuldners, offenkundiger Unerfüllbarkeit des Vorschlages, leichtsinniger Herbeiführung des Vermögensverfalls, auf Grund zwingender oder fakultativer gesetzlicher Vorschriften abgelehnt wird. Die gutachtliche Äußerung der Berufsvertretung, in der zugleich eine Vertrauensperson benannt werden kann, ist für das Gericht nicht bindend, sondern dient lediglich als Material für die nach freiem Ermessen zu fällende Entscheidung. Wird die Eröffnung des Vergleichsverfahrens abgelehnt, so ist zugleich über die Konkurseröffnung zu entscheiden, wobei der Vergleichsantrag als nicht zurücknehmbarer Konkursantrag gilt. Gegen eine Konkurseröffnung hat der Schuldner das Recht der sofortigen Beschwerde.

Wird das Verfahren eröffnet, so ist der entsprechende Beschluß zu veröffentlichen, ein Vergleichstermin anzuberaumen und eine Vertrauensperson zu bestellen, bei deren Auswahl in der Regel die Vorschläge der Gläubigermehrheit maßgebend sein sollen. Die Vertrauensperson hat, anders wie der Konkursverwalter, weitgehende prüfende und überwachende, aber keinerlei verwaltende Funktionen. Die Handlungs- oder Verfügungsfähigkeit des Schuldners wird durch die Tätigkeit der Vertrauensperson nicht beeinträchtigt, wenn ihm nicht in besonderen Fällen vom Gericht Verfügungsbeschränkungen, insbesondere ein allgemeines Veräußerungsverbot mit konkursähnlicher Wirkung, auferlegt werden. Auch ein Gläubigerausschuß kann zur Unterstützung und Überwachung der Vertrauensperson eingesetzt werden.

In dem Vergleichstermin, in dem der Schuldner persönlich zu erscheinen und auf Verlangen eines Gläubigers den Offenbarungseid zu leisten hat, muß die Vertrauensperson Bericht erstatten und sich über Aussichten auf Erfüllung des V. äußern. Sodann ist über den Vergleichsvorschlag zu verhandeln und abzustimmen, wobei die Höhe des Stimmrechts einer ganz oder teilweise streitigen, oder wegen eines noch nicht feststehenden Ausfalls gesicherter Gläubiger zweifelhaften Forderung vom Gericht festzusetzen ist. Am Vergleichsverfahren sind nur diejenigen Gläubiger beteiligt, die im Konkurs nicht bevorrechtigt wären (einschließlich der Ausfallforderungen der Absonderungsberechtigten). Gläubiger aus gegenseitigen, von beiden Teilen noch nicht voll erfüllten Verträgen (z. B. Sukzessivlieferungsverträgen) nehmen am Verfahren nicht teil und können demgemäß volle Befriedigung verlangen, wenn diese Verträge nicht auf Grund einer vom Gericht erteilten Ermächtigung von einer der Parteien gekündigt werden. Geschieht dies, so gilt im wesentlichen dasselbe wie im Konkurse, wenn der Verwalter die Weitererfüllung eines gegenseitigen Vertrages ablehnt. Die Ermächtigung zur Kündigung ist bei Gericht von der interessierten Partei (meist dem Schuldner) fristgemäß zu beantragen, dem Gesuch ist nur zu entsprechen, wenn der betreffende Vertrag das Zustandekommen oder die Ausführbarkeit des V. gefährdet.

Zwangsvollstreckungsmaßnahmen, die von einem an sich am Verfahren beteiligten Gläubiger innerhalb von 30 Tagen vor Stellung des Antrages auf Eröffnung des Vergleichsverfahrens durchgeführt sind, können die Stellung dieses Gläubigers gegenüber dem Schuldner nicht ändern. Soweit Zwangsvollstreckungsmaßnahmen bei Eröffnung des Verfahrens anhängig sind, sind sie für dessen Dauer einstweilen einzustellen und, wenn eine Verfügung über den betroffenen Gegenstand im Interesse der Gläubigerschaft geboten ist, auf Antrag der Vertrauensperson vom Gericht aufzuheben. Mit Bestätigung des V. werden alle in der kritischen Zeit durchgeführten Vollstreckungsmaßnahmen automatisch gegenstandslos, was der Gläubiger auf Grund derselben etwa bereits erlangt hat, muß er als ungerechtfertigte Bereicherung herausgeben. Das gleiche gilt, wenn statt des Vergleichsverfahrens oder im Anschluß an dieses der Konkurs eröffnet wird. Der Schutz der Masse gegen Pfändungsmaßnahmen kurz vor der Zahlungseinstellung geht also erheblich weiter als im regulären Konkurs.

Trotz Eröffnung des Vergleichsverfahrens kann der Schuldner von einem Gläubiger verklagt werden, jedoch hat ein ohne Not klagender am Vergleichsverfahren beteiligter Gläubiger die Kosten seines Vorgehens zu tragen.

Der Vergleichsvorschlag kann entweder ein bloßes Moratorium mit oder ohne Zinsverzicht, einen teilweisen Forderungserlaß oder eine mehr oder weniger weitgehende Freistellung des Schuldners von seinen Verbindlichkeiten gegen Überantwortung seines Vermögens an die Gläubiger oder ihren Treuhänder zur Liquidation und Verteilung des Erlöses (Liquidationsvergleich) vorsehen. Bei einem Erlaßvergleich muß die zugesagte und nach Möglichkeit sichergestellte Quote mindestens 30% betragen.

Ein V., der lediglich ein Moratorium für ein Jahr oder weniger vorsieht, bedarf der Zustimmung der einfachen Mehrheit der beteiligten Gläubiger nach Köpfen und nach Höhe der Forderungen berechnet, jeder andere V. der Einwilligung einer einfachen Kopf- und einer mindestens 75proz., bei Erlaß von mehr als der Hälfte der Forderungen einer mindestens 80proz. Forderungsmehrheit. Der Ehegatte des Schuldners und in gewissen Fällen diejenigen, die sich Forderungen des Ehegatten haben abtreten lassen, bleiben bei Berechnung der Mehrheiten außer Betracht, wenn sie für den V. stimmen. Gläubiger, die nicht entweder im Vergleichstermin oder schriftlich ihre Zustimmung zum V. erteilt haben, gelten als dem V. widersprechend, wobei natürlich zu unterstellen ist, daß alle Forderungen, sei es auf Grund der Anmeldung durch die Gläubiger, sei es auf Grund der Angaben des Schuldners oder der Feststellungen der Vertrauensperson, bekannt sind.

Der von den Gläubigern angenommene V. bedarf der Bestätigung durch das Gericht. Diese ist nur aus schwerwiegenden formalen oder materiellen Gründen (Unwürdigkeit des Schuldners, Verstoß des V. gegen Gesamtinteressen der Gläubiger) von Amts wegen oder auf Antrag eines Gläubigers zu versagen (Verwerfung des V.). Nach Bestätigung ist das Verfahren aufzuheben; damit fallen sämtliche Beschränkungen fort. Die Erfüllung des V. unterliegt also keiner gerichtlichen Aufsicht. In der Praxis sieht der V. häufig die Unterstellung des Schuldners unter die Aufsicht eines Vertrauensmannes der Gläubiger mit mehr oder weniger weit gesteckten Kompetenzen bis zur Erfüllung vor, dann handelt es sich aber um eine reine privatrechtliche Abmachung, deren Ausführung keiner behördlichen Kontrolle unterliegt.

Der V. muß grundsätzlich allen Gläubigern gleiche Rechte gewähren, ein Abweichen von diesem Prinzip ist nur mit Zustimmung einer nach Köpfen berechnet einfachen, nach Forderungen berechnet 75proz. Mehrheit der zurückgesetzten Gläubiger möglich. In der Praxis wird in V. häufig eine verschiedene Behandlung der Groß- und Kleingläubiger vereinbart, bei der den an der Aufrechterhaltung des Schuldnerbetriebes naturgemäß stärker interessierten Großgläubigern erhöhte Opfer (längere Stundung, geringere oder weniger gut gesicherte Quote) auferlegt werden. Jedes andere Abkommen nicht nur des Schuldners, sondern auch eines Dritten mit einzelnen Gläubigern, das diesen in irgendeiner Weise eine Vorzugsstellung einräumt, ist nichtig.

Anders als beim konkurslichen Zwangsvergleich steht der gerichtliche V. (Präventivakkord) unter der kassatorischen Klausel, der im V. erlassene Teil der Gläubigerforderungen lebt wieder auf, wenn der Schuldner mit Erfüllung des V. in Verzug gerät oder wenn vor vollständiger Erfüllung über sein Vermögen das Konkursverfahren eröffnet wird.

Ein gerichtlich bestätigter V. ist verbindlich für alle an ihm beteiligten Gläubiger, auch soweit sie dem Abschluß widersprechen oder sich nicht gemeldet haben, ja selbst wenn die Existenz ihrer Forderungen (etwa weil sie streitig oder bedingt waren) im Verfahren gar nicht berücksichtigt ist.

Wird die Bestätigung durch das Gericht versagt oder aus anderen Gründen (etwa wegen Unzuverlässigkeit des Schuldners) das Vergleichsverfahren eingestellt, so hat das Gericht zugleich über die Eröffnung des Konkurses zu befinden. In der Regel führt die Einstellung des Verfahrens wegen Fortdauer der Zahlungsunfähigkeit oder Überschuldung zur Konkurseröffnung. Bei der Überleitung des einen Verfahrens in das andere wird das der Konkurseröffnung unmittelbar vorhergehende Vergleichsverfahren als Teil des Konkursverfahrens behandelt. Daraus ergibt sich, daß während des Vergleichsverfahrens mit Zustimmung der Vertrauensperson gewährte Betriebskredite im Anschlußkonkurs als Masseschulden gelten und daß in die wichtigsten Fristen (Anfechtung) die seit Eröffnung des Vergleichsverfahrens verstrichene Zeit nicht eingerechnet wird.

In Ausnahmefällen kann ein gerichtlich bestätigter V. entweder automatisch (bei schweren Verfehlungen des Schuldners) oder im Wege einer durch Aufhebungsklage zu verfolgenden Anfechtung durch einen betroffenen Gläubiger seiner Wirkung verlustig gehen, ohne daß dadurch Rechte, die der V. den Gläubigern gewährt hat, in Wegfall kommen.

Juristische Personen, *offene Handelsgesellschaften* (s. d.), *Kommanditgesellschaften* (s. d.) und nicht rechtsfähige Vereine können nach ihrer Auflösung nicht mehr in das Vergleichsverfahren gehen, für unter Reichsaufsicht stehende Versicherungsgesellschaften ist das Vergleichsverfahren schlechthin unzulässig, weil das Gesetz über die privaten Versicherungsunternehmungen die Aufsichtsbehörde zu Maßnahmen ermächtigt (Zahlungsverbot), die einen Vollstreckungsschutz gewährleisten und auch sonst einen wenn auch unzureichenden Ersatz für das Vergleichsverfahren darstellen.

Für V. über offene Handelsgesellschaften, Kommanditgesellschaften, eingetragene Genossenschaften, Nachlässe und über das Gesamtgut einer fortgesetzten Gütergemeinschaft gelten einzelne Sondervorschriften, die zur Anpassung dieser Einzelfälle an das allgemeine System notwendig sind, ohne daß das Verfahren in seinen wesentlichsten Punkten irgendeine Abänderung erfährt.

II. Ausländisches Recht.

In der Gesetzgebung zahlreicher Staaten ist der Gedanke des Präventivakkords außerhalb des Konkursverfahrens sehr viel früher verwirklicht worden als in Deutschland. Frankreich kennt die gerichtliche Liquidation als abgeschwächten Konkurs für vergleichswürdige kaufmännische Schuldner schon seit langem, dasselbe gilt für Belgien. Auch in Norwegen und Dänemark gab es z. B. schon vor dem Kriege den außerkonkurslichen V., der in seinen wesentlichen Punkten dem konkurslichen Zwangsvergleich angeglichen ist.

Die in Österreich geltende Ausgleichsordnung vom 10. März 1925 hat der deutschen Vergleichsordnung in vielen Punkten als Muster gedient; an ihrer Ausgestaltung, insbesondere in Richtung einer behördlichen Überwachung der Erfüllung des V., wird gearbeitet, wobei an den maßgebenden Stellen beider Länder eine Vereinheitlichung der deutschen und österreichischen Gesetzesvorschriften auf diesem Gebiet angestrebt wird.

In England ist die scharfe Trennung von konkurslichen und außerkonkurslichen V. nicht durchgeführt. Im allgemeinen wird schon vor Konkurseröffnung von dem Schuldner die Herbeiführung eines privaten V. mit seinen Gläubigern angestrebt, wenn dies nicht glückt, so ist die Durchführung derartiger Verhandlungen Sache des gerichtlich eingesetzten Verwalters (receiver).

Da das englische Recht dem Gericht in sehr viel weiterem Maße als in anderen Staaten die Möglichkeit gibt, den Schuldner durch eine order of discharge von den Konkursfolgen frei zu stellen, so ist auf diesem Wege in vielen Fällen derselbe Erfolg zu erzielen, der in anderen Ländern durch das formelle Vergleichsverfahren angestrebt wird.

Literatur: Kiesow: Vergleichsordnung. Mannheim, Berlin und Leipzig 1927. — Lucas: Vergleichsordnung. Berlin 1927. — György, Dr. Ernst: Neue Wege des Insolvenzrechts. Wien und Leipzig 1930. — Im übrigen vgl. Konkurs.

G. Frh. v Falkenhausen.

Verkehrsgleichung, Geld × Umlaufsgeschwindigkeit = Preis × Warenmenge (vgl. *Konjunkturtheorie 3*).

— **hypothek** s. v. w. Briefhypothek, s. *Hypothek.*

— **wert** (Gemeiner Wert) ist der Wert, der einer Sache im gewöhnlichen Leben und Geschäftsverkehr zuerkannt wird. Von ihm unterscheidet sich z. B. der Ertragswert und der Liebhaberwert.

Vermögensberatung s. *Service,* vgl. *Kommissionsgeschäft* und *Privatbankier.*

Verpfändung vgl. *Depotrecht I A 10.*

Verrechnungsscheck s. *Bargeldloser Zahlungsverkehr 3.*

Versailler Vertrag (Privateigentum im) s. *Völkerrechtliche Fragen II 2, 3.*

Versandwechsel ist ein bei einer Bank eingereichter Wechsel auf einen anderen Platz.

Verschiffungsdokumente vgl. *Finanzierungsfragen II 1,* ferner *Überseegeschäft.*

Verschlossene Einlage. Ver. E. sind handliche Sachen irgendwelcher Art, die verpackt oder verschlossen der Bank von ihrem Kunden zur tresormäßigen Verwahrung übergeben werden. Es handelt sich, wie bei der Depotverwahrung, um einen Verwahrungsvertrag (§ 688ff. BGB.) mit dem Unterschied, daß — ähnlich wie beim Stahlkammervertrag (s. *Schrankfachvertrag*) — für die Bank der Inhalt der Einlage verborgen bleibt und deshalb eine Verwaltungstätigkeit nicht in Betracht kommt. Es liegt so, daß die Einrichtung durch ihren Verwahrungscharakter rechtlich dem offenen Depot (s. *Depotrecht*) näher steht, in ihrem Zweck und in der praktischen Handhabung mehr dem Schrankfachvertrag ähnelt. Es ist geschäftsüblich, die Verwahrung ver. E. durch besondere Geschäftsbedingungen zu regeln. Wesentlich ist die Abrede, daß die Bank von dem Inhalt der Einlage keine Kenntnis nimmt, daß sie sich verpflichtet, sich der Sicherung und Bewachung mit der im Verkehr erforderlichen Sorgfalt zu widmen, daß sie jedoch hierfür nur bis zu einer bestimmten Summe — üblich 5000 RM. — aus jedem Verwahrungsvertrag haftet, und nicht über den tatsächlichen unmittelbaren Schaden zur Zeit des Verlustes hinaus. Es bleibt dem Einlagerer überlassen, das Risiko durch eine Versicherung zu decken, deren Abschluß die Bank zu vermitteln bereit ist. Ausschluß der Haftung für Verderben des Inhalts. Die Haftungsbeschränkung rechtfertigt sich aus dem gering bemessenen Lagergeld (Zubringergeschäft, Kundendienst) und aus der Schwierigkeit, die Höhe eines etwa eintretenden Schadens von vornherein zu übersehen und später festzustellen. Weiter enthalten die Geschäftsbedingungen Abreden über die Art der Verpackung, Ausweis des Einlagerers, über Ausschluß der Übertragungsbefugnis, über das Lagergeld, über die Lagerzeit, über den Ausschluß der Haftung für Schäden, die nicht nach Rücknahme der Einlage gemeldet werden, über die Erbeslegitimation und über Kündigung. Pfändung wie beim offenen Depot durch Pfändungsbeschluß der Gerichts- oder Verwaltungsbehörde unter Anordnung der Herausgabe an einen Vollziehungsbeamten (§ 847 ZPO.). Wegen gesetzlichen Vertreters (Vormund, Pfleger) und Ehefrau als Vertragsschließenden und wegen §§ 163, 209 RAO. wie beim *Schrankfachvertrag* (s. d.).

Literatur: Opitz: Tresorgeschäfte im Bankarch. 28, 277.

Georg Opitz.

Verschlossenes Depot s. *Verschlossene Einlage.*

Versicherung gegen Kursverlust bei Auslosung s. *Rentenmarkt 6.*

Versicherungs-Banken s. *Spezialbanken 1.*

— **wesen als Kapitalbildner** s. *Privatversicherung und Kapitalmarkt.*

Vertragsstrafe, eine Buße, die für den Fall eines Verstoßes gegen eine vertraglich übernommene Pflicht versprochen wird. Besonders häufig in Kartellverträgen. Bei übermäßiger Höhe einer von einem Nichtkaufmann versprochenen V. kann sie vor der Bezahlung durch Richterspruch herabgesetzt werden.

Verwahrungsgeschäft s. *Depotrecht, Allg.*

Verwaltungsaktie s. *Aktiengesellschaft V.*

Verwertungsaktie s. v. w. *Vorratsaktie,* s. *Aktiengesellschaft V.*

Victory loan = die englischen Kriegsanleihen.

Viehmarktbanken s. *Spezialbanken 3.*

Vinkulationsgeschäft ist die Kreditgewährung auf rollende Güter gegen Verpfändung, die besonders in der Vorkriegszeit im Lebensmittelimport aus Osteuropa häufig war. Die rollende Ware wird vom Verkäufer der Bank verpfändet, die sie dem Käufer nur gegen Zahlung ausliefert.

Vinkulierung (von vinculum, lat. Band), Sicherung eines Wertpapierdepots dadurch, daß man es „auf Namen stellt", bei Sparbüchern Verabredung eines „Losungswortes" (vgl. Namensaktie im Art. *Aktiengesellschaft II*).

Virement (fr.) = Überweisung—**postale** Postscheckverkehr.

vis major = höhere Gewalt (fr. force majeure).

Visitawechsel s. v. w. *Sichtwechsel.*

Völkerbundsanleihen sind die unter Mitwirkung und auf Rat des Völkerbunds gegebenen internationalen Anleihen an einige Staaten (so Österreich, Ungarn, Polen, Griechenland) zur Stabilisierung ihrer Währungen oder zum Ausgleich ihres Budgets. Die V. werden vom Völkerbund verwaltet, der auch durch seine Organe die Finanzkontrolle in den betreffenden Ländern ausübte. Die Garantie für diese Anleihen übernahm aber nicht der Völkerbund, sondern meist die Mitgliedsstaaten, in deren Gebiet die Anleihen zur Zeichnung aufgelegt wurden (vgl. *Finanzkontrolle* und *Konsortialgeschäft 3*).

Völkerrechtliche Fragen im Bankwesen.

I. Grundzüge des internationalen Fremdenrechts.

Das moderne Bankwesen wird infolge seines internationalen Charakters in steigendem Maße von Fragen des internationalen Rechts und ihrer Regelung betroffen. Zwei juristisch wie wirtschaftlich verschiedene Gruppen derartiger internationaler Rechtsbeziehungen sind hierbei zu unterscheiden: Entweder betreibt die Bank durch Filialen oder Tochtergesellschaften selbst ein Bankgeschäft in einem fremden Staat oder sie ist nur infolge ihrer vom Inland aus betriebenen Geschäfte Eigentümer, Pfandgläubiger, Verwahrer oder treuhänderischer Verwalter von Gütern oder Forderungen im oder an das Ausland. Der wesentliche Unterschied liegt darin, daß im ersten Fall das gesamte Geschäft der Filiale oder Tochtergesellschaft einen anderen „inländischen" Recht unterliegt, daß also diese Filiale oder Tochtergesellschaft eine eigene, nach anderem Recht als die Zentrale oder Stammfirma geregelte Rechtspersönlichkeit besitzt, während im zweiten Fall ein Einzelgeschäft der Bank vom „Fremdenrecht" erfaßt wird, womit noch keineswegs gesagt ist, daß nun auch wirklich „ausländisches" Recht dafür maßgebend ist. Im Gegenteil, man wird es sogar im normalen Bankgeschäft als Regel betrachten können, daß die Bank ihren Gerichtsstand und damit meist auch ihr heimisches Recht zur Geschäftsbedingung macht. Inwieweit aber der ausländische Staat diese Klausel anerkennt und dem Ausländer bei ihrer Durchsetzung Rechtsschutz gewährt, ist Inhalt der zwischen den Staaten vereinbarten Völkerrechtsnormen.

Das Völkerrecht ist die Vereinbarung von Rechtssätzen über die Rechtsbeziehungen von Staaten untereinander; sein privatrechtlicher Teil, das sog. „internationale Fremdenrecht" regelt die Rechtstellung der fremden Staatsbürger — und selbstverständlich auch der juristischen Personen — und ihres Eigentums im Ausland, wobei aber darauf hinzuweisen ist, daß der Private niemals unmittelbar aus diesen völkerrechtlichen Vereinbarungen Rechte und Pflichten erhält, sondern stets erst aus ihrer „Umsetzung" in das innerstaatliche Recht des fremden Staates. Nur die Staaten haben nämlich Völkerrechtspersönlichkeit und können Schritte gegen eine ungerechte und vertragswidrige Behandlung ihrer Staatsangehörigen im Ausland unternehmen. Da die Rechtsstellung des Ausländers sich also für die Gerichte und Behörden des fremden Staates nach ihrem eigenen innerstaatlichen, durch „Umsetzung" aus Völkerrecht in Landesrecht gewonnenen Rechtssätzen richtet, bestehen im einzelnen sehr große Unterschiede. Es kann nicht unsere Aufgabe sein, hier diese mannigfaltige und ständig wechselnde Einzelregelung aufzuzeigen; wir müssen uns vielmehr auf die wichtigsten, das internationale Bankgeschäft betreffenden Grundsätze und ihre Folgerungen beschränken.

Das Völkerrecht beruht, wie bereits erwähnt, auf den Vereinbarungen der Staaten untereinander. Die Staaten sind bei Abschluß dieser Vereinbarungen völlig unabhängig von bereits bestehenden Rechtssätzen, so daß im Einzelfall stets die betreffende Vereinbarung oder — in Ermangelung einer solchen — ein von dem betreffenden Staat ausdrücklich oder durch schlüssige Handlung anerkannter Satz[1] maßgebend ist. Das Völkerrecht ist daher gezwungen, historisch und kasuistisch vorzugehen, ebenso wie die großen Lücken sich nur historisch erklären lassen. Auch wir müssen daher auf die historische Entwicklung eingehen, um so mehr, als das internationale Fremdenrecht gegenwärtig in einer völligen Umstellung begriffen scheint, deren Richtung nur historisch ermittelt werden kann.

[1] Eine wichtige Rolle spielen dabei die sog. „Doktrinen", Sätze, die von einem Staat — meist in Opposition zur bisher herrschenden Meinung — verkündet, später allgemeine Rechtsprinzipien werden (s. unten *Drago-Doktrin*).

Die Behauptung, daß die zwischenstaatlichen Beziehungen von größtem — direktem Einfluß auf das Privateigentum ausländischer Staatsangehöriger sind, hätte vor dem Weltkrieg überall Ablehnung gefunden. Zwar war es auch damals keineswegs, wie heute vielfach behauptet wird, völlig gleichgültig, ob man Ausländer oder Inländer war. Aber die Einschränkungen — ausschließlich in bezug auf Eigentumserwerb — waren völlig unerheblich gegenüber der grundsätzlichen Einstellung in bezug auf die Ausübung und den Schutz der einmal erworbenen Rechte. Hierin galt tatsächlich das Prinzip der völligen Gleichstellung von In- und Ausländern — von staatsbürgerlichen Rechten und Pflichten (Wahlrecht, Wehrpflicht usw.) natürlich abgesehen. Wenn von diesem Grundsatz einmal abgewichen wurde, so nur zugunsten der Ausländer. Danach stellte sich die Rechtsstellung eines Ausländers folgendermaßen dar: Seine Zulassung zum Aufenthalt oder Eigentumserwerb bestimmt sich nur nach innerstaatlicher Regelung, wobei aber Sondermaßnahmen gegen einzelne Staaten unzulässig waren. Ist er aber einmal zugelassen, so ist er auch den Gesetzen des Aufenthaltsstaates unterworfen, so daß etwa eine ausländische Bankfiliale in Deutschland das deutsche Handelsrecht beachten muß. Auch steuerpflichtig ist er in seinem Aufenthaltsstaat, wie er überhaupt dem Staat gegenüber grundsätzlich dieselben Verpflichtungen hat wie der Inländer.

Auf der anderen Seite sind seine Rechte dieselben wie die eines Inländers. Sein Eigentum ist Privateigentum, das keiner Sonderregelung unterworfen ist. Streng wurde — im Prinzip selbst im Kriegsfall — sein Vermögen und seine Schulden von Vermögen und Schulden seines Staates oder seiner Landsleute geschieden. Er ist sogar dadurch besser gestellt als der Inländer, daß er seine Regierung im Rücken hat, die ihm jederzeit, falls ihm die Behörden des Aufenthaltsstaates tatsächlich oder vermeintlich Unrecht zugefügt haben, zu Hilfe eilen und seine Interessen wahrnehmen kann. Allerdings kannte auch das Vorkriegsrecht eine Ausnahme von dem Satz, daß der Ausländer in privatrechtlicher Hinsicht dem Inländer völlig gleichgestellt ist; es ist dies der Ausnahmeparagraph des Völkerrechts, die Repressalie und die ihr sehr nahestehende, allerdings praktisch ziemlich bedeutungslose Retorsion (Erwiderung einer unfreundlichen, aber nicht rechtswidrigen Handlung durch eine ebensolche).

Alle völkerrechtlichen Vereinbarungen und Sätze können durch ein dem Völkerrecht eigentümliches Institut der Selbsthilfe, die Repressalie, zeitweilig außer Kraft gesetzt werden. Repressalie ist die Selbsthilfe eines von einem anderen Staat durch völkerrechtswidriges Handeln („völkerrechtliches Delikt") verletzten Staates, wobei jede Gegenmaßnahme erlaubt ist. Durch diese Vergeltungsmaßnahmen soll der Gegner veranlaßt werden, sein völkerrechtswidriges Verhalten einzustellen. Eine der häufigsten Repressalien war naturgemäß die Aufhebung der Grundsätze des Fremdenrechts und die Beschlagnahme von Privateigentum.

Aber heute kommt der Repressalie lange nicht mehr die Bedeutung bei, die sie in früheren Zeiten hatte, weil bekanntlich alle Völkerbundsmitglieder (und die Vereinigten Staaten) ihre Streitigkeiten entweder dem Völkerbund oder dem ständigen Haager Gerichtshof unterbreiten müssen. Die Gewaltanwendung in verhältnismäßig unwichtigen Streitigkeiten, in denen man nicht gleich zum Krieg schreiten will, tritt daher heute mehr und mehr zurück. Immerhin kommt sie noch vor, wie der rechtswidrige, aber als Repressalie bezeichnete Ruhreinbruch zeigt.

Auf einem der früher wichtigsten Anwendungsgebiete ist sie jedoch vollkommen ausgeschlossen. Es ist dies die sog. „Intervention in Finanzfragen", das bewaffnete Eingreifen fremder Staaten bei Einstellung der Zahlungen auf Staatsanleihen und Verbindlichkeiten des Staates. Im 19. Jahrhundert war es beinahe zur Regel geworden, daß die europäischen Staaten in einem solchen Fall die Gläubigerinteressen ihrer Staatsangehörigen mit Waffengewalt unterstützten. Die Hinweise darauf, daß es sich doch um private Schulden des Staates an Private handele, vermochte daran nichts zu ändern.

Im Jahre 1902 intervenierten nun England, Italien und Deutschland in Venezuela. Dagegen protestierte der argentinische Außenminister Drago. Seine Forderungen fanden großen Widerhall und wurden auf der zweiten Haager Friedenskonferenz im Jahre 1907 von den meisten Staaten angenommen. Danach darf eine bewaffnete Intervention in Finanzfragen nur erfolgen, wenn der Schuldnerstaat sich weigert, sich einem Schiedsgericht zu unterwerfen. Diese „Drago-Doktrin" ist noch unverändert in Geltung.

Hingegen wurde die einzige Ausnahme zugunsten der Ausländer, die in der Vorkriegszeit allgemein angenommen wurde, die bevorzugte Behandlung bei Enteignungen, aufgegeben, was im Zusammenhang mit den Bodenreformen in einzelnen östlichen Agrarstaaten nach dem Kriege eine ziemlich große Bedeutung hatte. Vor dem Kriege galt nämlich hierbei der Satz, daß Ausländer selbst dann eine Entschädigung bei Enteignungen zu erhalten hätten, wenn die eigenen Staatsangehörigen keine erhielten. Man nahm zugunsten der Ausländer ein international geltendes „Grundrecht des Privateigentums" an, das ein Einzelstaat nicht mit Geltung für Ausländer aufheben könne. Heute kann dieser Satz — nach sehr heftigen Diskussionen — als aufgegeben gelten; man ist der Ansicht, daß ein solches Grundrecht nicht oder nicht mehr existiere. Tatsächlich erscheint die Annahme eines solchen Rechts bei dem starken sozialistischen Einschlag in allen Staaten auch nicht als gerechtfertigt. Hier hat sich also die Stellung des Ausländers verschlechtert, wenn auch nicht unter die des Inländers.

Die Rechtsstellung des Ausländers, die in der Vorkriegszeit auf zwei allgemein anerkannten Prinzipien, der „internationalen Freizügigkeit" und der „Heiligkeit des Privateigentums" beruhte, ist durch den Weltkrieg grundlegend geändert worden. Es wird im nachfolgenden dargestellt werden, wie die Entwicklung, anknüpfend an alte formaljuristische Überlegungen zur Ausbildung des „Wirtschaftskrieges" geführt hat, in dem die Privatrechts-Subjektivität des feindlichen (unter Umständen auch des neutralen) Ausländers völlig aufgehoben wird. Für den Kriegsfall kann es heute als positiv geltendes unbestrittenes Recht angesehen werden, daß der feindliche Ausländer so gut wie rechtlos ist.

Die viel wichtigere Frage, welche Stellung der Ausländer nach dem derzeit geltenden Völkerrecht in Friedenszeiten innehält, läßt sich nicht so eindeutig beantworten. Die Völkerrechtswissenschaft muß sich mit der negativen Feststellung begnügen, daß die alten, vor dem Weltkrieg allgemein anerkannten Sätze bisher nicht durch neue, ebenso allgemein anerkannte ersetzt wurden. Der daraus aber meist gezogene Schluß, daß demnach noch die alten Sätze voll in Kraft seien, läßt sich angesichts der Nachkriegsentwicklung nicht halten.

Schon die Liquidierung des Wirtschaftskrieges durch den Versailler Vertrag stand nicht auf dem Boden der alten Sätze von der „internationalen Freizügigkeit" und der „Heiligkeit des Privateigentums", sondern auf den neuen, im Weltkrieg entwickelten Prinzipien. Die Inflation 1920—1924 und die einzelnen Phasen der Reparationsregelung bis zum Dawesplan haben dann eine Fülle von Bestimmungen gebracht, die mit den Vorkriegssätzen unvereinbar waren.

In den Jahren 1924—1929 setzte eine rückläufige Entwicklung ein. Besonders seit 1927, als in allen Staaten die freie Devisenwirtschaft wieder hergestellt war, schien es machmal, als fehle nicht viel zur Wiederherstellung der völligen Freizügigkeit. Wenngleich dies angesichts der allgemeinen protektionistischen Welle, der zunehmenden Einwanderungs-, Niederlassungs- und Arbeitsverbote usw. keineswegs zutraf, so war die Lage für das Bankgewerbe doch so, daß rechtliche Beschränkungen im alltäglichen Geschäft nur eine sehr kleine Rolle spielten.

Die Weltwirtschaftskrise hat — zuerst auf wirtschaftlichem, sehr bald auch auf völkerrechtlichem Gebiet — sehr rasch diese Freizügigkeit gemindert. Seit Herbst 1931 insbesondere haben sich Verhältnisse herausgebildet, die in vieler Hinsicht die der ersten Nachkriegsjahre weit übertreffen. Es steht außer Zweifel, daß gegenwärtig das Prinzip der Freizügigkeit und Privatrechts-Subjektivität des Ausländers auf der ganzen Erde in empfindlichster Weise durchbrochen und vielfach ganz aufgehoben wurde.

Es kann nicht unsere Aufgabe sein, zu versuchen, festzustellen, wohin die Entwicklung führen wird, ob sich also auch für das Friedensvölkerrecht ähnliche neue Grundsätze herausbilden werden wie für das Kriegsrecht, oder ob die Welt wieder zu den alten, jetzt ein Schattendasein auf dem Papier führenden Vorkriegsgrundsätzen zurückkehren wird. Das einzige, was im gegenwärtigen Zeitpunkt überhaupt getan werden kann, ist festzustellen, bis wohin die Durchbrechung der alten Grundsätze schon gediehen ist und in welcher Richtung die Entwicklung zu laufen scheint.

Dabei können allerdings zwei, im Völkerrecht sonst im Vordergrund stehende Gebiete von vornherein ausscheiden: die Pflichten des Ausländers gegenüber seinem Domizilstaat und der Rechtsschutz; hier hat sich nämlich an den oben skizzierten Vorkriegsprinzipien nichts geändert.

Hingegen müssen wir ein Gebiet näher betrachten, welches im eigentlichen Sinne nicht Völkerrecht ist: Die Beschränkungen in der Zulassung von Ausländern. Wie oben bereits erwähnt, steht es jedem Staat völkerrechtlich völlig frei, ob er Ausländer zum Rechts- und Vermögenserwerb zulassen will oder nicht. Ein in der Vorkriegszeit vielfach behauptetes „ius commercii" (Recht des freien Handelsverkehrs) gibt es nicht. Der Staat ist lediglich verpflichtet, alle Staaten gleich zu behandeln, er darf also keine Ausnahmemaßnahmen gegen Angehörige einzelner Staaten treffen (in der Einwanderungsgesetzgebung vieler Staaten allerdings seit Jahrzehnten durchbrochen). Obwohl es sich also bei der allgemein zu beobachtenden Zunahme der Inlandsbeschränkungen um rein interne Maßnahmen der betreffenden Staaten handelt, so sind sie doch völkerrechtlich zumindest als Symptom dafür beachtlich, daß die Gleichstellung von Ausländern und Inländern beeinträchtigt wird. Besonders bedeutsam sind die Beschränkungen im Bankwesen. Es gibt zahlreiche Staaten in Europa, wie z. B. Italien, die Tschechoslowakei, Polen, die die Niederlassung einer ausländischen Bank teils ausdrücklich untersagen, teils durch Beschränkungen im Verkehr mit der Notenbank usw. außerordentlich erschweren, so daß die Auslandsbanken gezwungen sind, in dem betreffenden Lande Tochtergesellschaften an Stelle von Filialen zu errichten. Die Einzelgeschäfte der Auslandsbanken sollen dadurch eingeschränkt werden, daß in manchen Staaten nur Inländer Aufsichtsratsmandate bekleiden dürfen oder zumindest die Mehrheit des Aufsichtsrates aus Inländern bestehen muß (Schweiz), daß Aktien im Besitz von Ausländern ein niedrigeres Stimmrecht haben als im Besitz von Inländern (Schweden), daß die Gesetzgebung und Rechtsprechung die Schaffung von Schutzmaßnahmen gegen ausländische Aktienkäufe ermöglicht usw. In zunehmenden Maße werden auch bestimmte Berufe Inländern vorbehalten. Eine vollständige Darstellung dieser Beschränkungen der Zulassung von Ausländern kann jedoch im Rahmen dieses Artikels schon deshalb nicht gegeben werden, weil die wirksamsten Beschränkungen nicht in rechtlichen Maßnahmen, sondern in tatsächlichen, psychologischen usw. Diskriminationen des unerwünschten Ausländers bestehen.

In erster Linie müssen wir uns im nachstehenden mit der Frage beschäftigen, welche Wandlungen in der Gleichberechtigung der Ausländer, über ein bereits erworbenes Vermögensrecht zu verfügen, eingetreten sind. Dies ist auch für die Praxis das wichtigste Gebiet. Es ist hier, wie nicht oft genug betont werden kann, derzeit noch völlig unmöglich, positive, allgemein anerkannte Rechtssätze festzustellen, sondern es kann nur eine Entwicklung und ihr bisheriger Verlauf aufgezeigt werden. Diese Entwicklung hat, wie oben ausgeführt, ihre Wurzel im Weltkrieg und ist ohne Kenntnis der Wandlungen des Kriegsfremdenrechts unverständlich. Wir müssen daher aus sachlichen, nicht nur aus historischen Gründen von der Entwicklung der Kriegszeit ausgehen.

II. Der Wirtschaftskrieg.

1. Die Entwicklung bis zum Versailler Frieden.

Der Ausgangspunkt in der Untersuchung, welche Einwirkungen das Privateigentum im Kriege ausgesetzt ist, muß in der Frage, gegen wen überhaupt Krieg geführt wird, gesehen werden. Gegen den feindlichen Staat als politisch-militärische Macht oder gegen den Staat als Gesamtheit seiner Bewohner, das heißt also auch gegen die nichtwaffentragenden feindlichen Staatsbürger? Im 19. Jahrhundert standen sich hier zwei Theorien gegenüber: eine kontinental-europäische, wonach der Krieg sich nur gegen die „feindlichen Soldaten" richte und das Privateigentum der Feinde unantastbar sei. Und eine anglo-amerikanische, wonach auch der feindliche Privatmann vom Krieg betroffen werde, in der Weise, daß er „outlaw" — rechtlos und sein Vermögen für die Dauer des Krieges (aber nicht länger) beschlagnahmt wurde.

Beide Lehren kennen jedoch ein Privateigentum, das stets beschlagnahmt werden kann. Es ist dies die Kontrebande. Darunter versteht man Waren, die entweder unmittelbar (etwa Waffen) oder mittelbar (etwa Stacheldraht, der auch für nichtkriegerische Zwecke Verwendung finden könnte) zur Kriegführung bestimmt sind. Dem gleichen Rechtsgebiet gehört das „Embargo" an, worunter man die — in Notzeiten zulässige — vorübergehende Sperre der Ausfahrt aus den Häfen meist bei gleichzeitiger Beschlagnahme der in ihnen ankernden Handelsschiffe samt Ladung versteht; diese Maßnahme wurde sehr häufig bei Kriegsbeginn ergriffen. Zum Unterschied von der Beschlagnahme der Kontrebande macht sie schadensersatzpflichtig.

England griff bei Ausbruch des Weltkrieges auf seine alten Rechtssätze zurück und erklärte, daß durch den Kriegsausbruch alle Verträge mit feindlichen Privaten gelöst seien und das feindliche Privateigentum beschlagnahmt werde. Die übrigen Staaten der Entente schlossen sich dann sehr schnell diesem Vorgehen an, so daß auch die Mittelmächte gezwungen wurden, zu Vergeltungsmaßnahmen zu schreiten, nachdem in Deutschland das Reichsgericht sehr lange die alten kontinental-europäischen Grundsätze verteidigt hatte. Im Seekriegsrecht führte dies dazu, daß feindliche Güter auch von neutralen Schiffen weggenommen wurden und andererseits auch neutrale Waren auf feindlichen Schiffen als „gute Prise" galten.

Viel bedeutungsvoller ist die Entwicklung, die die Regelung des feindlichen Eigentums im eigenen Lande genommen hat. In England setzte sich nämlich sehr rasch eine neue Auslegung der alten Grundsätze durch. Bisher sah man die Ursache für die Beschlagnahme des feindlichen Eigentums hauptsächlich in einer formaljuristischen Überlegung, daß nämlich der feindliche Ausländer keinen Anspruch mehr auf Rechtsschutz durch den König hätte und daher rechtlos sei. Jetzt beginnt man sie im Zwecke des Krieges zu suchen und sieht in der Beschlagnahme ein Mittel zur Niederringung und Schwächung des Feindes. Diese Anschauung mußte eine völlige Änderung der bisherigen Praxis bewirken; insbesondere wurde die Frage der „Feindeseigenschaft" völlig neugeregelt. Bisher galten als „Feinde" im juristischen Sinn alle Personen, die sich im Gebiete des feindlichen Staates aufhielten. Jetzt werden auch die feindlichen Staatsangehörigen in neutralen Ländern, später sogar Neutrale in neutralen Ländern, die in Handelsbeziehungen mit feindlichen Staatsangehörigen stehen („schwarze Listen"!) als Feinde behandelt.

Eine besonders schwerwiegende Ausweitung erfuhr die Feindeseigenschaft bei den juristischen Personen des Handelsrechts, den Handelsgesellschaften. Bisher war für ihre Feindeseigenschaft entscheidend gewesen, in welchem Land und nach welchem Recht die Gesellschaft errichtet sei; dies konnte nicht mehr genügen, wenn man den Wohlstand des Feindes treffen wollte. So kam es zur Ausbildung der „Kontrolltheorie", wonach es für die Feindeseigenschaft entscheidend ist, ob feindliche Staatsangehörige entscheidenden Einfluß auf die Gesellschaft haben oder ihre Nutznießer sind.

Diese Maßnahmen wurden dann auf einer in Paris im Jahre 1916 tagenden Wirtschaftskonferenz der Entente kodifiziert und für allgemeinverbindlich erklärt. Auch die Vereinigten Staaten sind ihnen später beigetreten. Endgültig wurde die englische These, wonach alle zur wirtschaftlichen Niederringung der Feinde erforderlichen Mittel anzuwenden seien, angenommen. Der „Wirtschaftskrieg" trat gleichberechtigt neben Land- und Seekrieg.

2. Die Fortführung des Wirtschaftskrieges im Versailler Vertrag. Im Versailler Vertrag sind diese Grundsätze erneut bestätigt und erweitert worden. Hier sei nur das grundsätzlich Wichtige hervorgehoben: das gesamte deutsche Eigentum in Feindesland und in den Kolonien — Mobilien, Immobilien und geistiges Eigentum — soll beschlagnahmt und liquidiert werden. Der Erlös aus der Liquidation soll zur Begleichung von Ansprüchen gegen Deutschland dienen (Art. 297).

Theoretisch am wichtigsten sind aber zwei Bestimmungen, die nicht in die Praxis überführt wurden. Im Art. 260 wurde bestimmt, daß die Reparationskommission innerhalb eines Jahres verlangen kann, daß Deutschland das Eigentum der Staatsangehörigen in Rußland, China, Österreich-Ungarn, Bulgarien, der Türkei und deren Nebenländern enteignet und abliefert. Und im Art. 235 wird der Reparationskommission die ungeheure Befugnis gegeben, alles deutsche Privateigentum im In- und Ausland zur Begleichung der ersten Reparationsrate heranzuziehen.

3. Entwicklung der Lehre vom Wirtschaftskrieg seit dem Weltkrieg: die Freigabe. Außer im Versailler Vertrag hat der Wirtschaftskrieg noch eine allgemein geltende Sanktionierung dadurch erfahren, daß er in der Völkerbundssatzung (Art. 16) verankert wurde. Man kann daher heute behaupten, daß die alte kontinental-europäische Auffassung von der Freiheit des Privateigentums im Kriege allgemein aufgegeben worden ist und kein Staat mehr zögern würde, im Kriegsfall zur Beschlagnahme des feindlichen Privateigentums und zur Lösung aller vertraglichen Verpflichtungen mit feindlichen Staatsangehörigen zu schreiten. Die beschlagnahmten Vermögen würden hierbei nicht als Einzelvermögen von Individuen, sondern lediglich als Bestandteile einer Masse „feindliches beschlagnahmtes Eigentum" gelten, dem — ebenfalls als kompakte Masse — die Forderungen an den feindlichen Staat und dessen Angehörige gegenüberstünden. Die traditionelle Trennung zwischen Staat und Privateigentum würde also ebenso beiseite geschoben werden, wie die zwischen den einzelnen Privatvermögen.

Es ist klar, daß bei dieser Behandlung des feindlichen Vermögens auch nicht mehr wie in früheren Zeiten nach Beendigung des Krieges seine Rückgabe erfolgen würde, sondern der Sieger zuerst aus dieser Vermögensmasse Befriedigung suchen würde. Dies hat sich bereits nach dem Weltkrieg gezeigt. Nur die südamerikanischen Staaten haben die beschlagnahmten Privatvermögen als solche herausgegeben. Gar keine Freigabe erfolgte in Frankreich, Belgien und Australien, sowie bisher in Britisch-Indien und Kanada. Einer besonderen Erwähnung bedarf England, weil sich hier besonders deutlich die Verquickung von staatlicher Verpflichtung und Privateigentum zeigt; bekanntlich hat die deutsche Regierung bei den Haager Verhandlungen über den Young-Plan im Sommer 1929 auf die Freigabe des in England beschlagnahmten deutschen Vermögens verzichten müssen. Kleinere Summen sind ausbezahlt worden von Südafrika, Japan und Italien. Die Vereinigten Staaten, in denen sich die meisten deutschen Vermögenswerte befanden, haben sich erst im Jahre 1929 zu einer allmählichen Freigabe entschlossen.

III. Die Beschränkungen des Privateigentums im Frieden nach der jüngsten Entwicklung.

Im ersten Abschnitt wurde bereits in großen Umrissen die Entwicklung bis zum Herbst 1931 dargestellt, also bis zu dem Einsetzen einer neuen Entwicklung, in der wir uns noch befinden und die — falls sie sich gradlinig fortsetzen sollte — zu ähnlichen Ergebnissen für das Friedensvölkerrecht führen müßte, wie der Wirtschaftskrieg für das Friedensvölkerrecht. Bei Untersuchung dieser Tendenzen muß aus wirtschaftlichen wie aus juristischen Gründen zwischen zwei Arten von Vermögenswerten scharf unterschieden werden: Kapitalanlagen und Forderungen aus dem Warenverkehr. Beide Arten sind Sperrmaßnahmen unterworfen worden, die eine Beeinträchtigung des Ausländers darstellen.

Als erste der neuartigen Maßnahmen ist nicht das deutsche Moratorium vom 13. Juli 1931 zu nennen. Denn hierbei wurde tatsächlich das Ausland nicht schlechter gestellt als das Inland, und überdies ist es ja auch keineswegs das erste Moratorium der Finanzgeschichte, wenn auch wohl das bedeutendste. Der erste Bruch mit dem Prinzip der Privatrechts-Subjektivität des Ausländers lag vielmehr in der Reaktion, die die deutsche Zahlungseinstellung bei verschiedenen Auslandsbanken fand. Mehrere Institute in der Schweiz — angeblich auch in Holland — griffen nämlich auf eigene Faust zu „Gegenmaßnahmen", indem sie vorübergehend die Guthaben Deutscher, gleichgültig ob belastet oder unbelastet, sperrten und erst nach einigen Tagen wieder Verfügungen über das Guthaben zuließen. Die Tragweite dieser — ohne jeden Widerspruch von Deutschland hingenommen — Sperre wird erst klar, wenn man sie mit den oben skizzierten „anerkannten" Grundsätzen und Normen vergleicht. Danach war das Eigentum des Ausländers stets sein Privateigentum, unberührt von Schulden seines Staates und seiner Landsleute. Hier ist das gerade Gegenteil der Fall; der Ausländer wird haftbar gemacht für die Schulden seiner Landsleute, sein Vermögen dient zur Sicherung von deren Verbindlichkeiten. An die Stelle des individuellen Privateigentums des Ausländers, das sich in nichts vom individuellen Privateigentum des Inländers unterscheidet, ist die Vorstellung von einer „Schicksalsgemeinschaft" des Auslandes getreten, die dazu führt, daß jeder Ausländer für die Schulden seiner Landsleute haftet.

Mit dem als in Kraft befindlich angesehenen Völkerrecht läßt sich eine solche Maßnahme nicht begründen. Sie ist auch niemals in der überaus großen Zahl von Moratorien angewandt oder auch nur in Erwägung gezogen worden. Diese von privater Seite durchgeführten Sperren würden allerdings völkerrechtlich noch nichts beweisen, solange nicht feststeht, daß sie auch von dem betreffenden Staat — in Widerspruch zu seinen völkerrechtlichen Verpflichtungen — toleriert oder unterstützt werden. Wenn dies auch bezüglich der Schweiz nach der ganzen Einstellung der Bundesregierung fast angenommen werden muß, so liegt doch keine Bestätigung vor, da es nirgends zu Klagen deutscher Staatsangehöriger kam und auch die deutsche Regierung keine Schritte unternahm.

Bei den Sperren, die von der Tschechoslowakei und Jugoslawien gegenüber Österreich und Ungarn im November 1931 durchgeführt wurden, handelt es sich hingegen unzweifelhaft um Staatsakte, die also auch völkerrechtlich erheblich sind. Denn hier wurden die Guthaben österreichischer und ungarischer Staatsangehöriger zur Sicherung anläßlich der von Österreich und Ungarn durchgeführten Devisenmaßnahmen auf ausdrückliche Anweisung der tschechischen bzw. jugoslawischen Regierung gesperrt, die also — was mit den bisherigen Prinzipien völlig unvereinbar ist — den Grundsatz der Privatrechts-Subjektivität der Ausländer durchbrach und dabei überdies Sondermaßnahmen gegen die Angehörigen einzelner Staaten ergriff.

Die Erwähnung dieser Maßnahmen führt bereits zu dem am meisten ins Auge fallenden Durchbrechungen der Privatrechts-Subjektivität des Ausländers: der *Devisenbewirtschaftung* (s. d.) und ihrer Anwendung. Es steht natürlich jedem Staat frei, Maßnahmen zum Schutz seiner Währung zu treffen, auch wenn dadurch der Ausländer tatsächlich schwerer getroffen wird als der Inländer, wenn nur die formale Gleichheit, auf die es allein ankommt, gewahrt wird. So kann der Staat also die Geld- und Devisenausfuhr aus seinem Staatsgebiet verbieten, Anmelde- und Ablieferungspflichten für Devisen für In- und Ausländer festsetzen, sich den alleinigen Handel in ausländischen Währungen vorbehalten usw. Aber die Devisenordnungen der jüngsten Zeit gehen vielfach über diese Maßnahmen zum Schutz der Währung weit hinaus, dienen nicht mehr allein dem Schutz der Währung gegen Spekulation und Kapitalflucht, sondern sollen daneben — vielfach ist das sogar zum Hauptzweck geworden — den Ausländer der freien Verfügung über seine Vermögenswerte im Inland berauben und so ein Moratorium ersetzen (ganz abgesehen von dem weiter unten besprochenen Mißbrauch zu handelspolitischen Zwecken). Man kann dabei alle Abstufungen feststellen, von dem einfachen Verbot, Vermögenswerte außer Landes zu führen, wie es im wesentlichen in Deutschland besteht, bis zu der glatten Enteignung, die mehrere Balkanstaaten durch ihre Devisenverordnungen vorgenommen haben. Völkerrechtliche Überlegungen haben bei dem Erlaß dieser Vorschriften keine Rolle gespielt; aber auch die davon Betroffenen haben sich bisher diese Behandlung solange gefallen lassen, als auch nur der Schein eines wirtschaftlichen Bedürfnisses dafür bestand. Nur in zwei Fällen, bei der ausgesprochen kommunistischen Zwangswirtschaft der revolutionären chilenischen Regierung (Grove) und bei der griechischen Devisennotverordnung, die ohne zwingende Not die Ausländer praktisch rechtlos machte, haben die meistbetroffenen Staaten protestiert.

An dieser Stelle müssen auch die *Stillhalteabkommen* (s. d.) erwähnt werden. Denn obzwar es sich hierbei formal um privatrechtliche Verträge zwischen den betreffenden Schuldnern und Gläubigern handelt, so ist doch tatsächlich der Einzelne hierbei praktisch willenlos. Für ihn entscheidet letzten Endes die Notenbank, die mit öffentlichem Charakter bekleidet ist, über Schuld, Zinsenhöhe, Rückzahlung usw. Diese — formaljuristisch nicht faßbare — Kontrolle der Notenbanken zeigt, wie sehr international bereits der einzelne Gläubiger bzw. Schuldner hinter der in „Schicksalsverbundenheit“ stehenden Masse aller Gläubiger bzw. Schuldner eines Landes verschwindet.

Auf dem Wege der Devisenzwangswirtschaft ist man auch bezüglich der Forderungen aus dem Warengeschäft zu ganz ähnlichen Ergebnissen wie für die Kapitalanlagen gelangt. Der erste Schritt dazu war der Mißbrauch der Devisenbewirtschaftung zu handelspolitischen Zwecken durch Österreich, Ungarn und die Balkanstaaten; im Laufe der Zeit haben sich zahlreiche andere Staaten diese Praxis zu eigen gemacht. Abgesehen davon, daß dies natürlich mit den bestehenden Handelsverträgen und dem System der Meistbegünstigung nicht vereinbar ist[1], ist es auch insofern eine Durchbrechung des Prinzips der Privatrechtssubjektivität des Ausländers, als seine Forderung nicht nach rechtlichen Gesichtspunkten, sondern nach einer höchst willkürlichen Beurteilung der volkswirtschaftlichen Notwendigkeit des Ursprungsgeschäfts befriedigt wird. Zur vollkommenen Enteignung des Ausländers hat die Fortführung dieser Politik in den Clearingabkommen (Details s. *Devisenclearing*) geführt, die allerdings nur selten wirklich erfolgreich durchgeführt werden konnten. Bei den Clearingabkommen wird bekanntlich keine Transferierung der Exporterlöse vorgenommen, sondern die im Export erzielten Devisen werden zum Ausgleich der Schulden der Importeure verwandt. Der grundsätzliche Unterschied zu den zahlreichen Vorbildern der Nachkriegsjahre liegt nun darin, daß in der jetzigen Praxis der Saldo nicht übertragen und zur Begleichung der anderen Warenschulden des betreffenden Staates benutzt wird, sondern zur Abdeckung von Finanzschulden an den Clearingpartner dient. (Typisch die Abkommen Schweiz-Ungarn und Schweiz-Österreich vom 1. Dezember 1931; etwas anders Österreich-Polen vom gleichen Tage). Die völkerrechtliche Wandlung liegt nicht darin, daß die inländischen Warenexporteure keine Devisen erhalten, da dies ja lediglich auf Veranlassung ihres eigenen Staates geschieht und sie auch nicht besser fahren würden, wenn sie die Devisen zu einem amtlichen Kurs abliefern müßten. In ihrer Privatrechtssubjektivität geschmälert werden vielmehr die in anderen als Clearing-Ländern wohnhaften Warengläubiger. Denn durch die Abführung des Saldos wird eine vorzugsweise Befriedigung der Finanzgläubiger in dem betreffenden Land erreicht, die natürlich auf Kosten der Warengläubiger in anderen Ländern geht. Daher ist auch bei dieser Methode des Clearings ein „Vollclearing“, bei dem der Staat mit sämtlichen Staaten im Clearingverkehr steht, unmöglich, da sich dabei sofort zeigen würde, daß die Gläubiger in einem Staat die in anderen finanzieren.

Alle diese Maßnahmen sind schwere, völkerrechtlich nicht zu rechtfertigende Verstöße gegen die Prinzipien der Privatrechtssubjektivität und der Gleichberechtigung der Ausländer. Von der völligen Entthronung dieser Prinzipien hätte man aber sprechen können, wenn die in der Reparationsdebatte im Herbst und Winter 1931/1932 wiederholt im Ausland wie in Deutschland aufgetauchte Forderung nach Heranziehung der ins Ausland „geflüchteten“ deutschen Kapitalien zur Bestreitung der Reparationen verwirklicht worden wäre. Diese Forderung, die sogar von amtlichen französischen Stellen aufgenommen wurde und eine zeitlang der Verwirklichung ziemlich nahe schien, wäre die gradlinige Fortsetzung der in Abschn. II dargestellten Bestimmungen des Versailler Vertrages gewesen. Während aber seinerzeit die Durchführung der betreffenden Artikel des Friedensvertrages am Widerstand der Neutralen scheiterte, die darin mit Recht eine völlige Zerstörung der internationalen Rechtsordnung sahen, erhob sich gegen den Plan, die Fluchtkapitalien zur Reparationszahlung heranzuziehen, kein einziges derartiges Bedenken. Er ist nicht an einer internationalen Rechtsüberzeugung gescheitert, sondern an technischen, wirtschaftlichen und politischen Bedenken. Kennzeichnend dafür ist, daß bei den Stillhalteverhandlungen, die Österreich etwa gleichzeitig mit der Lausanner Reparationskonferenz führte, ganz ähnliche Gedanken von einzelnen Gläubigerstaaten vorgebracht wurden.

Das Wesentliche an der gegenwärtigen Entwicklung scheint uns überhaupt nicht die Einzelmaßnahme, sondern der Wandel der allgemeinen Rechtsüberzeugung zu sein. Es ist kaum zu viel gesagt, wenn man behauptet, daß heute in fast keinem

[1] In diesem Zusammenhang muß erwähnt werden, daß überhaupt die jetzt vielfach üblich gewordene Regelung des zwischenstaatlichen Warenaustausches durch Kontingentierung zwischen den beiderseitigen Industrieverbänden eine völlige Ausschaltung des Einzelunternehmers und seiner Privatrechtsstellung bedeutet, wobei dies allerdings stets auf dem Weg innerstaatlichen Rechts und nicht durch Völkerrecht erfolgt.

Land eine allgemeine Rechtsüberzeugung des Inhalts, daß der Ausländer dem Inländer gleichberechtigt sei, besteht. Die wirtschaftliche Entwicklung der letzten Jahre, die von einer ständig steigenden Behinderung des zwischenstaatlichen Warenverkehrs bis zur völligen Unterbindung des internationalen Kreditverkehrs und damit zur Zertrümmerung der Weltwirtschaft im bisherigen Sinne führte, findet ihren natürlichen Niederschlag in der Erschütterung der Privatrechtsstellung des Ausländers. Da infolge der Kontingentierungspolitik des zwischenstaatlichen Warenverkehrs der einzelne Unternehmer nur mehr als anonymer Teil seiner Industrie erscheint, da im zwischenstaatlichen Kreditverkehr der einzelne Schuldner wie der einzelne Gläubiger in der Gesamtmasse aller Schuldner bzw. aller Gläubiger verschwinden und Stillhalteverträge, Notenbankvereinbarungen usw. ohne Rücksicht auf den Einzelfall diktatorisch über Tilgung, Zinshöhe, Rückzahlung usw. entscheiden, kann die völlige und uneingeschränkte Privatrechtssubjektivität des Ausländers nicht mehr allgemeines Rechtsprinzip sein.

Stärkster Beweis für diesen Satz ist die Tatsache, daß bei all den oben angeführten Maßnahmen niemals und von keiner Seite gefragt wurde, ob sie sich auch mit dem Völkerrecht vereinen lasse, sondern ausschließlich, ob sie überhaupt wirtschaftlich zweckmäßig sei. Daraus muß man folgern, daß auch die davon Betroffenen diese Maßnahmen überhaupt nicht als völkerrechtswidrig empfunden haben. Das würde bedeuten, daß einer völligen Aufhebung der bisherigen Rechtsprinzipien keine juristischen, sondern ausschließlich wirtschaftliche Überlegungen gegenüberstehen, womit allerdings bereits das Rechtsprinzip der Gleichbehandlung und Privatrechtssubjektivität des Ausländers aufgehoben erscheint. Wie weit dann diese Aufhebung sich praktisch auswirkt, wäre nur mehr eine Frage der wirtschaftlichen Entwicklung.

Das Vorherrschen wirtschaftlicher Überlegungen macht natürlich auch jede Voraussage, wie weit diese Entwicklung noch gehen kann, unmöglich. Ja, es ist sogar fast unmöglich, festzustellen, an welchem Punkt die Durchbrechung des Prinzips von der Völkerrechtssubjektivität des Einzelnen heute angelangt ist, ob also das Vermögen des Ausländers überhaupt im internationalen Verkehr noch isoliert als Privateigentum betrachtet werden kann oder ob es nicht vielmehr schon in erster Linie ein Rechnungsposten in einer Bilanz ist, in der die gesamten öffentlichen und privaten Verpflichtungen eines Landes und seiner Staatsangehörigen den Forderungen gegenüberstellen und von ihnen abgezogen werden. Es ist dabei wohl überflüssig zu sagen, daß die Entscheidung über die zukünftige Entwicklung in erster Linie von dem Schicksal und der zukünftigen Stellung des Privateigentums der eigenen Staatsangehörigen abhängt.

Es ist derzeit nur möglich, zu prüfen, wo ungefähr die äußerste Grenze dieser „Sozialisierung“ zu setzen ist. Zwei Normen scheinen dabei festzustehen: Privateigentum im Ausland darf nicht zur Deckung von Verlusten an einzelnen Privaten desselben Landes herangezogen werden; eine Beschlagnahme oder Sperre setzt also immer den Zahlungsaufschub oder die Zahlungseinstellung des ganzen Landes voraus. Und ebenso darf Privateigentum von Ausländern nicht zur Deckung von Verlusten herangezogen werden, die aus einer Geldentwertung im betreffenden Land resultieren. Ob man aber z. B. mit Bestimmtheit behaupten kann, daß die gegenwärtige Entwicklung vor dem *Bankgeheimnis* (s. d.) haltmacht, muß sehr bezweifelt werden.

IV. Völkerrechtliche Leitsätze für das Auslandsgeschäft.

Vor Eingehen auf die Folgerungen aus der von uns oben skizzierten Entwicklung muß darauf hingewiesen werden, daß die völkerrechtlichen Normen nur ein Punkt unter vielen anderen — geschäftlichen, steuerlichen, politischen usw. — sind, die man im Auslandsgeschäft berücksichtigen muß. Allerdings kann man sie heute nicht mehr wie bisher übergehen; dazu sind die Beschränkungen der internationalen Freizügigkeit bereits zu groß. Dazu kommt, daß kein Wirtschaftszweig an dieser Freizügigkeit stärker interessiert ist als das Bankwesen und insbesondere das deutsche Bankwesen. Denn seine Aufgabe ist es doch vor allem, im Ausland die Kredite zu besorgen, die wir zur Aufrechterhaltung unserer Ausfuhr an unsere Abnehmer im europäischen Südosten und in Übersee weitergeben müssen. Die deutschen Banken sind also, obwohl Deutschland ein Schuldnerland ist, in sehr starkem Maße, wenn auch indirekt, Gläubiger des Auslandes. Sie haben daher stets große Interessen im Ausland, teils in Form von beliehenen Waren, teils in Form von Forderungen an ausländische Abnehmer ihrer heimischen Kundschaft. Das Problem einer evtl. Guthabensperre wäre daher für die deutschen Banken besonders wichtig. Nicht minder groß ist die Bedrohung durch die mißbräuchliche Devisenzwangswirtschaft im europäischen Südosten, sowie durch Clearingverträge dieser Staaten mit ihren Abnehmern. Denn Deutschland, dessen Handelsbilanz mit diesen Staaten stets hoch aktiv ist, ist natürlich bei Clearingverträgen im Nachteil, da niemals ein Devisenüberschuß zu seinen Gunsten bleibt. Andererseits wird es durch Clearingverträge dieser Staaten mit anderen geschädigt, da auf diese Weise die Ausfuhrerlöse des betreffenden Staates nicht verwendet werden, um die Wareneinfuhr aus Deutschland damit zu bezahlen, sondern um die Finanzgläubiger in einem Abnehmerland zu befriedigen. Deutschland finanziert auf diese Weise bereits in Österreich und Ungarn nicht bloß die Wirtschaft dieser Staaten, sondern indirekt die Schweizer Banken, denen diese Länder Finanzkredite mit dem Erlös der aus deutschen Halbfertigwaren hergestellten Fertigwaren zurückzuzahlen. Welche Maßregeln sind hiergegen zu ergreifen? An sich liegt die einzige Hilfe in Staatsverträgen des Deutschen Reichs mit den betreffenden Staaten, in denen die alten Grundsätze der Privatrechtssubjektivität des Ausländers ausdrücklich anerkannt und interpretiert werden. Auch Notenbankabkommen können infolge des immer mehr hervortretenden „offiziellen“ Charakters der Zentralbanken im internationalen Verkehr als ausreichende Sicherung angesehen werden. Private Abmachungen oder Klauseln erscheinen hingegen nicht als genügende Sicherheit, sofern die Gefahr besteht, daß von Staats wegen zur Beschlagnahme oder Sperre fremder Guthaben geschritten wird. Hier Richtlinien zu geben, ist aber naturgemäß unmöglich, da es von nichtjuristischen, sondern politischen und wirtschaftlichen Voraussetzungen des Einzelfalles abhängen wird, wie hoch man diese Gefahr einschätzt. Danach wird man auch seine Maßnahmen treffen müssen; falls man aber tatsächlich eine Beschlagnahme befürchtet, dürfte die einzig wirkliche Sicherung im Zurückziehen seiner Vermögenswerte aus dem betreffenden Lande liegen. Es ist zwar durchaus möglich, daß Einzelpersonen durch tatsächliche oder fiktive Domizilwechsel sich solchen Beschlagnahmen entziehen, bei Banken würde aber höchstens die Umlegung des Guthabens auf eine Auslandstochtergesellschaft mit selbständiger wirtschaftlicher — nicht bloß juristischer — Existenz helfen.

Denn wir halten es für möglich, daß sich die „Kontrolltheorie" auch im Friedensvölkerrecht durchsetzen wird.

Dasselbe gilt natürlich auch für deutschen Devisen- und Effektenbesitz im Ausland. Hierzu tritt aber bei dieser Form der Auslandsanlage noch die verstärkte Gefahr der Enteignung. Bei den Devisen ist dies vielfach schon praktisch geworden, wobei allerdings bis jetzt wenigstens in der Regel ein den bestehenden Wertverhältnissen entsprechender Kurs gezahlt wurde. Beim Effektenbesitz ist eine Enteignungsgefahr besonders gegeben bei Beteiligungen an lebenswichtigen Versorgungsbetrieben mit Monopolstellung (Straßenbahn, Kraftwerke), gegen die sich vornehmlich in Südamerika eine starke Mißstimmung bemerkbar macht, so daß vielfach Enteignung des Auslandskapitals gefordert wird.

Auch gegenüber den Devisenverordnungen und ihrem handelspolitischen Mißbrauch gibt es eigentlich keine andere Haltung als die Verminderung der Kreditgewährung auf Exporte nach diesen Ländern. Anders ist es natürlich, wenn in irgendeiner Form Sicherheit geleistet wird oder wenn es sich um Waren handelt, bei denen prinzipiell Devisen voll zugeteilt werden. Ein vielleicht gangbarer Weg, der aber den Banken außerordentlich große Schwierigkeiten zu lösen gibt, ist die Organisation eines Warentausches, wie er besonders im Überseegeschäft zur Zeit lebhaft propagiert wird.

Auf dem Gebiet des Emissionswesens ist die völkerrechtliche Regelung für ein Kapitaleinfuhrland wie Deutschland ziemlich belanglos. Es sei hier nur darauf hingewiesen, daß — was angesichts der zahlreichen Staaten, die Englands Beispiel gefolgt sind und den Goldstandard verlassen haben, wieder akut ist — seit der Inflation sich die Rechtsstellung des ausländischen Anleihegläubigers vielfach stark verschlechtert hat, da Staaten mit entwerteter Währung meist Metall- oder Valutaklauseln nicht anerkennen. Vielfach ist hier der Ausländer gegen den unzweideutigen Wortlaut der Anleiheverträge der inländischen Regelung unterworfen worden (vgl. *Valorisierung*).

Dir Folgen kriegerischer Verwicklungen sind in Abschn. II ausführlich dargestellt worden. Hier muß nur noch nachdrücklich vor Überlegungen gewarnt werden, wie sie unmittelbar vor Ausbruch des Weltkrieges in Deutschland angestellt wurden, wonach kein Bankplatz es zulassen könne, daß ausländische feindliche Vermögen beschlagnahmt werden, da dadurch sein Kredit vollständig zerstört werde. Gerade die Londoner City, von der man dies immer behauptete, hat als erste die Beschlagnahme durchgeführt.

Ist das eigene Land neutral, während ein Staat, mit dem es in Geschäftsbeziehungen steht, in den Krieg eintritt, so ergibt sich für den Bankier die außerordentlich schwierige Aufgabe, allen Auswirkungen zu entgegen. Dazu gehört vor allem, daß er keinen Kredit auf Kontrebandewaren, die einem kriegführenden Staat zugeführt werden, gibt, da diese Waren der Wegnahme unterliegen. Er muß aber auch darauf achten, daß die von ihm beliehenen Waren nicht zusammen mit Kontrebande verladen werden, da sie sonst als von dem Kontrebandecharakter der anderen „angesteckt" gelten. Auf keinen Fall darf er ferner — unabhängig von Art und Bestimmungsort der Waren — Kredit geben, falls die Waren auf einem Handelsschiff einer kriegführenden Macht verladen werden. Die von England erzwungene Nichtbeachtung dieser Regeln hat im Weltkrieg den Neutralen — insbesondere den Norwegern — sehr große Verluste durch den U-Boot-Krieg gebracht.

Wie weit darüber hinaus sein Verhältnis zu einem der kriegführenden Mächte als „feindlicher Akt" dem anderen gegenüber angesehen wird, ist eine Machtfrage. Auf jeden Fall empfiehlt es sich, Filialen in einem der kriegführenden Länder in selbständige Gesellschaften umzuwandeln, um das Risiko zu begrenzen.

Zum Schluß muß noch die Frage gestreift werden, ob es zweckmäßiger ist, ein Bankgeschäft im Ausland in Form einer Filiale oder einer Tochtergesellschaft ausländischen Rechts zu führen, sofern man nicht überhaupt zu letzterem gezwungen (vgl. Abschn. I) wird. Für das erstere sprach bisher vor allem im Überseegeschäft der Rückhalt, den ein europäisches Institut an seiner Regierung hat; bei der Unsicherheit der Rechtsverhältnisse in Übersee war dies ausschlaggebend, so daß die europäischen Überseebanken meist juristisch und tatsächlich von Europa aus geleitet werden. Nach dem Siege der Drago-Doktrin, die die Möglichkeiten einer Hilfe durch die heimische Regierung beträchtlich minderte, ist dieser Grund zum größten Teil weggefallen. Überdies sprechen angesichts der gegenwärtigen „Überfremdungspsychose" in allen kapitalbedürftigen Ländern gewichtige politisch-psychologische Gründe dafür, neue Zweigniederlassungen in Form ausländischer Tochtergesellschaften aufzuziehen; in den letzten Jahren war dies auch allgemein üblich. Vgl. *Devisenbewirtschaftung*.

Literatur: Zur Behandlung des Privateigentums im Friedensvölkerrecht: STRUPP: Das völkerrechtliche Delikt. 1920. — Intervention in Finanzfragen. 1928. — VERDROSS: Zur Konfiskation ausländischen Privateigentums nach Friedensvölkerrecht. Z. öffentl. Recht **1925**, und die Kontroverse zwischen FACHIRI und Sir JOHN FISCHER WILLIAMS in den Jahrgängen 1925, 1928 und 1929 des British Year-Book of international law. — Zu den Fragen des Wirtschaftskrieges und der Reparationen: Der Wirtschaftskrieg, hrg. von HARMS. 1917/19. — GARNER: International Law and the world war. 1920. — KEYNES: The economic consequences of the peace. 1919. — BERGMANN: Der Weg der Reparationen. — KISSELBACH: Beschlagnahme und Freigabe deutschen Vermögens in den Vereinigten Staaten. 1930. (Grundlegend.)

PETER DRUCKER.

Vollindossament ist ein Indossament mit namentlicher Angabe des Indossatars.

Vorbehalt des Hypothekengläubigers s. *Aufwertung 1*, s. *Hypothekenbanken 3*.

Vorbehaltsgutschrift von Schecks s. *Inkasso*.

Vordatierung von Schecks s. *Bargeldloser Zahlungsverkehr 3*.

Vordividende s. u. *Abschlagsdividende*.

Vorkriegsanleihen s. *Valorisierung I*, ferner *Altbesitz*.

Vorprämie s. *Prämiengeschäft*.

Vorratsaktie s. *Aktiengesellschaft V*.

Vorschuß- und Kreditvereine s. *Kreditgenossenschaften I*.

Vorstand von *Aktiengesellschaften* (s. d.) *IV*.

— von Banken s. *Personen im Bankgewerbe I*.

Vorzugsaktie s. *Aktie als Wertpapier 2*.

Vostrokonto = lorokonto, s. *nostro*.

Voting Trust s. *Holdinggesellschaften*.

V.v.d.E. s. *Amsterdam I*.

W.

Währungsbank s. v. w. Notenbank in Staaten mit zentralem Notenbanksystem.

— **klausel** vgl. *Rentenmarkt 1*, vgl. *Valorisation I.*

— **münze** s. *Münzwesen III.*

— **parität.** Das aus dem Münzgesetz bzw. den gesetzlichen An- und Verkaufssätzen für Gold seitens der Währungsbank sich ergebende Verhältnis einer Währung zu anderen Währungen, so z. B. Parität des Dollars mit dem Schweizer Franc 5,26 $^{1}/_{4}$, der Mark 1,21 $^{1}/_{2}$ usw. In annähernd gleichem Abstand von diesem Paritätspunkt befinden sich der obere und der untere *Goldpunkt* (s. d.).

Währungsstabilisierung, d. h. Stabilisierung (Befestigung) des (in Gold ausgedrückten) Kurses eines uneinlöslichen Papiergeldes durch geeignete Maßnahmen der staatlichen Verwaltung. Die Bezeichnung ist nach dem Weltkriege in allgemeinen Gebrauch gekommen; vordem pflegte man die Ordnung eines durch Zwangspapiergeld (Staats- oder Banknoten) verdorbenen Geldwesens in der Einlösung oder Einlöslichmachung der Noten im Währungsmetall (Gold) zu erblicken („Aufnahme der Barzahlungen", „Wiederherstellung der Valuta", „Valutaregulierung"). Es kam aber schon damals gelegentlich vor, daß man aus finanzieller Schwäche oder auch aus Mangel an Selbstvertrauen und festem Willen mit vorbereitenden Maßregeln sich begnügte und versuchte, einen halbwegs festen Kurs des Papiergeldes de facto zu halten, ohne die Goldeinlösung der Noten einzuführen bzw. das in der Banknote enthaltene Zahlungsversprechen wieder wahr zu machen. Ein bekanntes Beispiel ist die österreichisch-ungarische Valutaregulierung von 1893; man legte zwar den uneinlöslichen Staats- und Banknoten gesetzlich einen bestimmten Goldwert bei und stellte die Einlöslichkeit in Goldmünzen in Aussicht, begnügte sich jedoch bis auf weiteres damit, den Kurs der Noten durch die Notenbank einigermaßen stabil zu halten. Man unterließ weitere Ausgabe von Staatspapiergeld, beschränkte die Banknotenemission auf bemessenen Wechseldiskont, sammelte Goldbestände (zunächst vornehmlich durch Staatsanleihen behufs Fundierung des Papiergeldes), hielt das Staatsbudget im Gleichgewicht und befestigte so das Vertrauen in die Finanzverwaltung, die Notenbank und die Währung. Daß Österreich-Ungarn mehr als zwanzig Jahre lang (bis zum Weltkrieg) dieses Provisorium (stabilen Geldwert ohne formelle Aufnahme der Barzahlungen) aufrecht hielt, hat viel dazu beigetragen, eine wertstabile Papierwährung mit möglichst geringem Goldbestand zum Gegenstand gelehrter Literatur („Goldkernwährung", „Devisenwährung", „manipulierte Währung", „staatliche Theorie des Geldes") und zum Programm von Staatslenkern zu machen.

Im Weltkrieg hatten alle an ihm beteiligten europäischen Länder die finanziellen Hilfsquellen auf das äußerste ausgenützt, den Kredit erschöpft und von der Ausgabe ungedeckten Papiergeldes (vgl. *Papierwährung*) mit Zwangskurs (meist durch Benutzung der Notenbanken) weitgehenden Gebrauch gemacht, was auch nach dem Waffenstillstand nicht aufhörte, da Zerrüttung der Volkswirtschaft und Erschöpfung der Steuerkräfte, innere Unruhen und politische Umwälzungen die finanzielle Unordnung steigerten. Aber überall wurde schließlich offenbar, daß eine Rückkehr zu haltbarer Wirtschaft ohne Verzicht auf Notenemissionen und ohne Einlösung des Papiergeldes unmöglich ist. Durch die fortschreitende Entwertung, ja schon durch die beständigen Wertschwankungen des allgemeinen Zirkulationsmittels geraten die Finanzen in immer größere Verwirrung. Der gesetzliche Zwang, die Noten zu ihrem „Nennwert" (der aufgedruckten Zahl von Einheiten eines sinnleer gewordenen Münznamens) gelten zu lassen (Zwangskurs, legal tender), zerrüttet die Volkswirtschaft in allen rechtlichen und Verkehrsbeziehungen, kehrt sich aber auch gegen den Staat selbst, der zwar seine älteren Schulden in entwertetem Gelde, also zum Nachteil seiner Gläubiger abtragen kann, aber in den Steuern usw. dasselbe gegen sich gelten lassen muß. Die Staatseinnahmen bleiben also immer mehr hinter den Ausgaben zurück, da die Warenpreise, ausgedrückt in offiziellen Zahlungsmitteln, steigen und Gehalte sich schließlich nach den Lebenskosten, also gleichfalls nach den Warenpreisen richten müssen. Da auch der Staatskredit schwindet, Anleihen immer schwieriger, unter immer drückenderen Bedingungen, schließlich überhaupt kaum mehr zu erreichen sind, so wird der Staat endlich durch die eigene finanzielle Not gezwungen, zur Goldrechnung zurückzukehren. Dies soll, dem nächstliegenden staatsfinanziellen Bedürfnis entsprechend, mit möglichst geringem Aufwand geschehen: während die Volkswirtschaft die völlige Einlösung des Papiergeldes (oder doch seine vollständige Fundierung unter Aufhebung des Zwangskurses und bei freier Einwechselbarkeit in Gold) braucht, sucht der Staat sich möglichst lange mit der Halbheit der Stabilisierung zu behelfen. Man beschafft sich durch Anleihen und andere Mittel nur so viel Gold (oder im Ausland stehende Goldguthaben) als nötig ist, um die Wechselkurse bei der Parität (neubestimmtes Stabilisierungsverhältnis des Papiergeldes zum Golde) zu erhalten, während im Inland der Zwangskurs aufrecht bleibt und eine Wiederherstellung der Goldzirkulation verhindert wird. Nicht nur unterläßt man die Wiedereröffnung der im Kriege geschlossenen Münzstätten, sondern befriedigt das Zirkulationsbedürfnis soweit es nur irgend geht mit minderwertigen Scheidemünzen sowie mit kleinen Notenabschnitten (Bruchteilen der noch ausmünzbaren Goldeinheit, also etwa des Sovereigns oder des Zwanzigmarkstücks). Die Einlösung in Gold (oder in Anweisungen auf das Ausland [Devisen], gewöhnlich auf Banken der amerikanischen Union, wo die Bareinlösung nie sistiert war) gilt also gegenüber dem Ausland, nicht aber gegenüber dem inländischen Publikum, dessen Geld und in Geld ausgedrückten Werte nach wie vor von dem guten Willen der Regierung und der von ihr abhängigen Notenausgabestelle (Notenbank) bedingt bleiben.

Die W. setzt sich also aus folgenden Maßnahmen zusammen: 1. Beschaffung eines ausreichend scheinenden Betrags von Gold und auf Gold lautenden ausländischen Bankguthaben (Devisen) durch Anleihen des Staates, Begebung von Aktien der Notenbank, Sicherung von zeitweiligen Trassierungskrediten u. dgl.; nicht allein, um die Haltung stabiler Wechselkurse zu ermöglichen, sondern auch, um das Vertrauen der Geldmärkte in die neue Währungspolitik herzustellen (regelmäßige *Notenbankausweise* [s. d.]). — 2. Festsetzung eines bestimmten Verhältnisses, zu dem gegen inländisches Geld Cheques auf ausländische Bankplätze (wo Goldwährung besteht) abgegeben werden. Dieser Stabilisierungskurs kann der frühere gesetzliche Goldwert der Währungseinheit sein, welcher galt, bevor Krieg und Notenpresse das Geldwesen zerrütteten — ein relativ seltener Fall (England 1925,

Dänemark 1927, Norwegen 1928); gewöhnlich ist der neue Kurs, mehr oder weniger dem zur Zeit der Neuordnung geltenden Momentanverhältnis entsprechend, ein Bruchteil des alten (Österreich $^1/_{15000}$, 1922; Deutschland $^1/_{1\,000\,000\,000\,000}$, 1924; Ungarn $^1/_{15\,000}$, 1925; Tschechoslowakei und Belgien $^1/_7$, 1926; Italien $^1/_4$, 1927; Frankreich $^1/_5$, 1928; Griechenland $^1/_{15}$, 1928; Rumänien $^1/_{33}$, 1929; Jugoslawien $^1/_{11}$, 1931). Die definitive Herabsetzung des Goldwertes der Währungseinheit (Devalvation), welche die endgültige gänzliche oder partielle Vernichtung der in früherem Geld begründeten Forderungen bedeutet, gibt zu schwierigen Rechts- und Wirtschaftsfragen Anlaß, z. B. ob und wie weit die bereicherten Schuldner zur Vergütung an die betroffenen Gläubiger verhalten werden sollen, sog. *Aufwertung* (s. d.), Neuaufstellung der Bilanzen der zur öffentlichen Rechnungslegung verpflichteten Unternehmungen („Goldbilanzen"), Anpassung der (im allgemeinen in der Papiervaluta rechnenden) Steuergesetze an die neue Goldrechnung usw. — 3. Verpflichtung einer offiziellen Stelle zur Aufrechthaltung der neuen Parität (der stabilen Wechselkurse); regelmäßig einer Aktiennotenbank, die das Privileg (ausschließliches Recht zur Notenausgabe) erhält und nur nach strengen Regeln, d. h. nach bankmäßig geschäftlichen Grundsätzen eine strengen kommerziellen Diskontpolitik ausüben soll. Die Form der privaten Aktiengesellschaft wird nicht nur zur Heranziehung von Privatkapital zur Verstärkung der Goldreserven gewählt, sondern besonders um durch formelle Ausschließung oder Einschränkung des Regierungseinflusses einer künftigen Ausgabe von Papiergeld für staatsfinanzielle Zwecke vorzubeugen oder doch wenigstens das Vertrauen in die Selbstbeschränkung der Staatsgewalt zu verstärken. — 4. Stillegung der Notenpresse, d. h. Verzicht der Regierung auf weitere Ausgabe von Papiergeld zur Bestreitung von staatlichen Ausgaben, sei es auf unmittelbarem Wege (Staatsnoten), sei es mittelbar durch Inanspruchnahme der Notenbank (Darlehen, Begebung von Staatstitres oder Regierungswechseln u. dgl.) (vgl. *Öffentlicher Kredit*). Neben der tatsächlichen korrekten Gebarung sollen auch mehr oder minder nachdrückliche feierliche Erklärungen in Gesetzesform u. dgl., sowie insbesondere Bestimmungen in den Satzungen der privaten Notenbank das Vertrauen in die neue Währung befestigen. Alle diese Sicherungen bleiben freilich prekär, da nach wie vor im Grunde alles von dem Willen der obersten Gesetzgebungs- und Regierungsgewalt abhängt. Deshalb wären internationale Abmachungen und etwa Kontrolle und Sanktionen des Völkerbundes als Schutzmaßnahmen gegen neuen Notenmißbrauch und Wirtschaftsruin wohl ins Auge zu fassen (vgl. *Notenkommissar*). — 5. Endlich Ordnung des Staatshaushaltes, Beseitigung und Verhütung von Abgängen, Festhaltung des Gleichgewichts von Ausgaben und Einnahmen, um Versuchungen zur Rückkehr zur bequemen Notenwirtschaft vorzubeugen.

Die auf die Stabilisierung folgende Periode wird oft mit „Deflation" bezeichnet („Inflation" = Aufblähung nannte man in Nordamerika die in und nach dem Sezessionskrieg geübte Finanzierung durch Staatsnoten). Der Ausdruck paßt aber richtigerweise nur auf die hier und da vorgekommenen Versuche, vor der Stabilisierung den Kurs des entwerteten Papiergeldes durch Beschränkung der Kredite, Eintreibung von Forderungen und Kontraktion der Umlaufsmittel wieder zu heben, nachdem man durch energische Budgetsanierung, Goldanleihen usw. die Mittel zur Beherrschung des Wechselmarktes erlangt hatte. Die Folgen solcher Umkehrung der Inflation sind neue Rechtswidrigkeiten und wirtschaftliche Störungen — Begünstigung der Gläubiger auf Kosten der Schuldner, Erschwerung der Warenausfuhr, Erleichterung der Wareneinfuhr, Verschärfung der sozialen Gegensätze, da der Unternehmer sich zur Herabsetzung der Löhne getrieben findet, der Arbeiter aber trotz des steigenden Goldwertes seines Einkommens seine Lebenshaltung nicht ändern kann, indem Mieten und Warenpreise nicht pari passu mit dem Steigen des Geldwertes fallen. Richtige Stabilisierung soll ein einmal erreichtes Verhältnis der Äquivalente fixieren, wobei freilich bei der Wahl des Kurses verschiedene Interessen sich in verschiedenem Grade berührt finden können, da in Löhnen und Preisen Gewohnheit, Beharrung, spekulative Vorwegnahme und andere Momente in verschiedenem Grade wirksam sind. Deshalb hat sich bei Übergang zu stabilem Geld die Festhaltung des letzten Momentankurses gewöhnlich als das geringste Übel bewährt, weil dann Willkür und einseitige Interessen mehr als sonst ausgeschaltet sind. (Vgl. *Währungswesen.*)

Nicht auf eine Stabilisierung, sondern auf eine völlige Unsichermachung der Geldwerte läuft die neuestens, besonders seit der Weltkrise 1929, propagierte Idee hinaus, das einmal gegebene Durchschnittsniveau der Warenpreise durch planmäßige Vermehrung oder Verminderung der Zahlungsmittel zu erhalten. Es wird dabei von der Voraussetzung ausgegangen, die Kaufkraft des Geldes hänge lediglich von seiner Menge ab, und die Warenpreise müßten steigen oder fallen, je nachdem die Geldmenge vermehrt oder vermindert wird. Da die willkürliche Veränderung der umlaufenden Geldmenge nur in einem Papiergeldsystem denkbar ist, soll das Metallgeld grundsätzlich aufgegeben werden; zumal die Schwankungen der Warenpreise, insbesondere der starke Preisfall seit 1929 angeblich zeigen, daß das Gold keine Gewähr für Stabilität biete. Indes ist der Preis jeder einzelnen Ware von individuellen Ursachen abhängig, die mit dem Gelde nichts zu tun haben. Andererseits ist die Anlieferung neuen Edelmetalls durch die Goldproduktion, ohnehin im Vergleiche zu den in den vergangenen Jahrtausenden angesammelten Mengen des Metalls vergleichsweise von geringerer Bedeutung, nicht zurückgegangen, sondern hat sich in der neuesten Epoche sogar erheblich gesteigert, so daß nicht behauptet werden kann, der Fall der Warenpreise von 1929—1932 sei durch Unzulänglichkeit der verfügbaren Goldmenge verschuldet. Wo Geldmangel sich fühlbar gemacht hat, ist übergroße Verschuldung, die durch die Weltkrise und das Schwinden des Vertrauens in die politische und soziale Sicherheit akut geworden ist, die Ursache. Die Stabilisierung der Warenpreise durch reguliertes Papiergeld unter Fallenlassen der Metallwährung ist also nichts anderes als ein Versuch zur Annullierung oder Herabsetzung bestehender Schuldverhältnisse, und könnte nur zur völligen Erschütterung des Kredites führen. Sie ist übrigens utopisch, denn sie ignoriert die welthistorische Tatsache, daß das Metallgeld eine Einrichtung ist, ohne die die Entfaltung der Zivilisation undenkbar ist. Der Wert des von einer staatlichen oder halbstaatlichen Stelle ausgegebenen Papiergeldes unterliegt den Willkürlichkeiten und Zufällen menschlichen Beliebens; denn der Wert jeden Geldes hängt nicht allein von seiner jedesmaligen Menge, sondern auch von anderen Umständen, in erster Linie vom Grade des Vertrauens, daß es jetzt und künftig vom Verkehr angenommen wird, ab, und dieses Vertrauen ist beim Papiergeld am ungewissesten, während das Edelmetall vermöge der Schwierigkeit der Beschaffung seinen Wert in sich trägt.

Übrigens drückt sich die Kaufkraft des Geldes nicht nur in Warenpreisen aus, denn Immobilien, Rechte aller Art und Forderungen machen einen sehr erheblichen Teil der Umsätze aus. Es ist also die Gleichsetzung des Wertes des Geldes mit einem Index von Warenpreisen mindestens sehr einseitig. Auch wird der Verkehr nicht allein durch Bargeld vermittelt, sondern er bedient sich auch sofort fälliger Guthaben, Wechsel usw., und der Umfang dieses sogenannten bargeldlosen Zahlungsverkehrs ist nicht eine einfache Funktion der jeweils vorhandenen Bargeldmenge, sondern hängt von der politischen Sicherheit, dem öffentlichen Vertrauen, der allgemeinen Konjunktur usw. ab, Umstände, die den Bedarf an Bargeld gegen den Kreditverkehr zurücktreten lassen oder aber unverhältnismäßig steigern, wie gerade die Vorgänge in den Krisenjahren 1929—1932, nämlich die außerordentlichen Anhäufungen des Goldes in den Ländern relativer politischer Sicherheit und wirtschaftlicher Beständigkeit (wozu auch das Vertrauen in die Einlösbarkeit der Noten gehört) gezeigt haben. Die Rückfälle der von der Welthandelskrise stärker betroffenen Länder in Papiergeldwirtschaft, Einstellung der Goldzahlungen, Fallenlassen der Parität u. dgl. mögen also wie vorübergehende Zahlungseinstellungen, Moratorien, generelle Vergleiche und Ähnliches als Notbehelfe erklärt und allenfalls entschuldigt werden, aber es läßt sich durchaus nicht ein allgemeines System machen, welches noch gar ein Panazee gegen Krisen, fehlerhafte Wirtschaftszustände und Mißbräuche aller Art bieten soll. Übrigens bedeutet die Ächtung des Metallgeldes, daß Spartätigkeit, Reserven- und Kapitalbildung aufhören und müßte, wenn eine politische Gewalt sie erzwänge, durch ein kommunistisches System völliger Unfreiheit vervollständigt werden.

Literatur; Vgl. *Währungswesen.*

H. SCHWARZWALD.

Währungswesen. *1. Zahlungsmittel und Geldarten.* Währung ist die Ordnung (Verfassung) des Bargeldes (Stückgeldes); Zahlungsmittel, die aus Verrechnung (Kompensation) erwachsen, wie Wechsel und sonstige Schuldscheine, ferner Bank- oder Kreditgeld (Giralgeld, Buchgeld bzw. Schecks) pflegt man nicht darunter zu subsumieren, wohl aber Banknoten. Im strengen Sinne fehlt eine Währung dort, wo die Benutzung von Zahlungsmitteln der Verkehrsgewohnheit überlassen bleibt (Handelsmünzen z. B. in China) oder wo infolge Münzverschlechterung bzw. Papiergeldinflation die Währungshoheit der öffentlichen Hand verloren geht und die Verwendung der Zahlungsmittel unter Zugrundelegung von Rechengeld aus fremden Münzen bzw. aus einem bestimmten Gewicht Edelmetalls erfolgt (vgl. *Münzwesen*).

Die Währung charakterisiert sich a) durch das Zahlungsmittel, mit dem endgültige (definitive) Zahlung (Schuldlösung) geleistet werden kann: uneinlösliches gesetzliches Zahlungsmittel in jedem Betrage, sog. Währungsgeld, in das alle andern Zahlungsmittel einlösbar sind. Dieses valutarische Geld ist b) in jeder „offenen“ Währung (s. unten) identisch mit dem Wertmaßstab (Preisindikator, standard, étalon) des betreffenden W. In der „gesperrten“ Währung kann und pflegt ein Wertmesser zur Anwendung zu gelangen, der in keinem Zahlungsmittel konkret ausgemünzt zu werden braucht (Silber- oder Papiergeld als Zahlungsmittel bei Goldrechnung). c) Neben dem Währungsgeld gibt es häufig sonstiges Kurantgeld (gesetzliches Zahlungsmittel in jedem Betrage), das jedoch in Währungsgeld einlösbar ist. d) Scheidemünzen (billon) sind Zahlungsmittel für den Kleinverkehr mit Beschränkung der Zahlkraft auf so geringe Summen, daß eine tatsächliche Aufoktroierung der Münzen seitens der Schuldner praktisch ausgeschlossen wird.

2. Währungssysteme. a) Offene Währungen: freie Ausprägbarkeit des Währungsgeldes aus einem Metall (Monometallismus) zum festen „Münzfuß“ und Umwandelbarkeit in das Metall. Dieses System, das praktisch Goldwährung bedeutet (offene Silberwährung gibt es nur noch in Ostasien), arbeitet entweder in der Form der reinen Goldwährung, charakterisiert durch starken Münzumlauf, oder in der Form der Goldkernwährung mit Silbermünz- und Notenumlauf; oder als Golddevisenwährung (gold exchange standard) mit Regulierung des Wechselkurses dem Golde gegenüber. Die Golddevisenhaltung ist mit der Gefahr mehrfacher Benutzung desselben Goldvorrates und entsprechender internationaler Inflationsmöglichkeit behaftet. Der Übergang von einer Form zur anderen ist flüssig. — Besondere Abarten der offenen Währung sind Doppel- und Parallelwährung: mehrere Metalle frei ausprägbar, und zwar in dem einen Fall durch gesetzliche Wertrelation verbunden oder (im anderen Falle) ohne gesetzliche Wertrelation; beide heute nur noch von historischem Interesse. Als Rest aus früheren Doppelwährungen verbleibende Kurantmünzen sind vor dem Kriege als Schönheitsfehler der Goldwährung empfunden worden („hinkende Goldwährung“).

b) Gesperrte Währungen: Uneinlösliches Währungsgeld aus unterwertigem Stoff (herabgesetzter Edelmetallgehalt, heute Silbermünzen bzw. Papiergeld), dessen Menge mehr oder weniger restringiert ist. Praktisch handelt es sich entweder um einen der Golddevisenwährung ähnlichen Zustand, wobei freilich die Aufrechterhaltung der Goldparität die künstliche Einschränkung der Devisennachfrage (vgl. *Devisenbewirtschaftung*) voraussetzt. Oder aber es entsteht durch Preisgabe der festen Goldparität eine am Golde orientierte labile Währung, deren valutarischer Kurs (mit oder ohne Devisenkontrolle) innerhalb enger Grenzen schwankt. Von hier aus ist der Übergang flüssig zur „progressiven Inflation“, d. h. zu einem vom Edelmetall völlig losgelösten W. mit meist rascher Vermehrung der Zahlungsmittel (aus Papier, unterwertig ausgeprägtem Silber usw.), mit wilden Preis- und Kursschwankungen, riesiger Beschleunigung der Umlaufsgeschwindigkeit (s. d.) des Geldes und in der Regel mit der Tendenz zu progressiver Entwertung desselben, die in Auflösung des betreffenden W. endet.

3. Währungspolitik nach innen hat zur Hauptaufgabe die Aufrechterhaltung der Parität der unterwertig ausgemünzten Geldarten dem Währungsgeld gegenüber. Dies erfordert dauernde Einlösbarkeit dieser Nebengeldarten (der akzessorischen Zahlungsmittel) in Währungsgeld, was durch Mengenrestriktion derselben gewährleistet wird. Beim Kreditgeld erfolgt die Fürsorge für die Einlösung im Rahmen der Bankpolitik (vgl. *Notenbankpolitik*).

Hauptaufgabe der Währungspolitik nach außen ist die Stabilhaltung der Wechselkurse. Dies geschieht im Rahmen der offenen Goldwährung keineswegs „automatisch“, sondern durch diskontpolitische Maßnahmen, deren Unterlassung die Währung gefährdet (England 1931/32!) und durch strikte Vorsorge für *Liquidität* (vgl. dort und *Notenbankpolitik*). Bei den übrigen Währungsarten ist ein System zum Teil komplizierter und schwierig zu handhabender Art erforderlich. Da der Goldvorrat bei einem Run auf Notenbank bzw. Banken nie ausreichen würde, so ist die Sicherung des Vertrauens in die Einlösungsfähigkeit und -bereitschaft der Notenbank wesentliche Voraussetzung für die Aufrechterhaltung bzw. Wiederherstellung der Goldeinlösung (vgl. *Gold und Goldwährung*).

Über diese monetären Aufgaben (im engeren Sinne) hinaus greift die Währungspolitik in Produktion und Verteilung ein durch ihren Einfluß auf Kreditpolitik und von hier aus auf Kapitalbildung und Kapitalverwendung in der Volkswirtschaft. Langfristig gesehen, bedeutet die Politik des festen valutarischen Kurses den Zwang zur „liquiden“ Anlage der werbenden Mittel der Noten- und Kreditbanken. Kurzfristig sind Abweichungen von diesem Grundsatz nur zu häufig, rächen sich jedoch stets durch Zusammenbruch der künstlich emporgetriebenen Konjunktur, wenn nicht gar der Währung selbst.

4. Fester Kurs als „letztes Ziel“ der Währungspolitik gilt mindestens seit Anfang des 18. Jahrhunderts allgemein. Der Sieg des Goldes als Währungsmetall kam äußerlich als „zufälliges“ Ergebnis der englischen Doppelwährung (im 18. Jahrhundert) zustande; faktisch entschloß sich England in den 1770er Jahren zur Goldwährung wegen der besseren Eignung des höherwertigen Metalls für ein reicheres Land. Derselbe Gesichtspunkt ist auch seither maßgebend für die Wahl der Währungsgrundlage, wobei für Schuldnerländer insbesondere die Anpassung der Währung an die der kapitalreicheren Völker eine Notwendigkeit darstellt. So hat Englands Vorrang als führendes Handels- und Kapitalexportland den raschen Siegeszug der Goldwährung wesentlich gefördert; nach Überwindung der gegenwärtigen Krise dürften die Länder mit kapitalistischer Schlüsselstellung in diese Stellung kommen: Frankreich, Vereinigte Staaten, Schweiz, Holland und Belgien, die die Goldwährung aufrecht erhielten.

„Fester Kurs" bedeutet Goldwährung in irgendeiner Form. Die Vorteile dieses Währungssystems sind bekannt: weitgehend „elastische" Geldversorgung, Sicherung der Freizügigkeit des Kapitals, mehr oder weniger „selbsttätige" Korrektur konjunktureller Exzesse, Verminderung bzw. Einschränkung einseitiger politischer Einflußnahme auf W. und Kreditsystem.

5. Für die effektive *Handhabung der Goldwährung* kommt es vor allem auf folgende Fragen an:

a) Goldmünzenumlauf oder „Einreservesystem"? Die Kostenersparnis durch Vermeidung der Abnutzung usw. von Münzen hat nur minimale Bedeutung. Wichtig ist dagegen, daß die „Entgoldung" des Verkehrs zugunsten der Goldreserve der Notenbank dieser die „Kontrolle" des Geldmarktes beträchtlich erleichtert, was im Falle falsch angewandter (z. B. „inflationistisch" gerichteter) Kontrolle sehr nachteilig sein kann. Goldbesitz des Publikums erschwert übrigens rücksichtslos-fiskalische Steuereintreibung und bedeutet erhöhte Freizügigkeit.

b) Zielbewußte Notenbankpolitik mit der Tendenz des Geldmarkt- und Zahlungsbilanzausgleichs oder Gewährenlassen? Vgl. *Notenbankpolitik*.

c) Kreditpolitik im Interesse der Gläubiger oder der Schuldner? Der erste Weg bedeutet: Zwang zur liquiden Anlage der Bankmittel und Sicherung des in- und ausländischen Vertrauens zum Kreditsystem; Beschränkung der Investitionen auf das Maß der „echten" Ersparnisse; Förderung der Kapitalbereitstellung in Geldform mit der Folge der (auf die Dauer) sinkenden Zinstendenz. Der zweite Weg bedeutet in allen Punkten das Gegenteil, allerdings mit vorübergehender „Erleichterung" der Lage des Schuldners, Gefahr übersteigerter Fehlinvestitionen und in letzter Konsequenz: inflatorische Geldvermehrung.

d) Kreditpolitische Abschließung oder internationale Kooperation? Das Problem gilt für Gläubigerländer wie für Schuldnerstaaten: für die Kapitalarmen ist es die Frage der Ermöglichung des wirtschaftlichen Fortschritts und unter Umständen der Stabilhaltung der Währung; für die Kapitalreichen ein Gebot der Wirtschaftlichkeit, um ihren Besitz zu fruktifizieren und der Sicherheit, um internationale Krisen einzudämmen. Effektiv spielt sich die Kooperation auf dem internationalen Kreditmarkt normalerweise auf der Basis rein privatwirtschaftlicher Gesichtspunkte ab, ohne „planvolle" Lenkung (vgl. *Internationale Kapitalwanderungen*). Ferner besteht von Fall zu Fall eine gewisse Kooperation der Notenbanken, die sich namentlich in Krisenfällen durch Bereitstellung von Krediten, ferner bei Stabilisierungsaktionen äußert. Allerdings ist damit auf die Dauer die Gefahr einer internationalen Kreditexpansion ungesunder Art verbunden: „Golddevisenwährung" und Kreditausweitung im Vertrauen auf die wechselseitige „Kapazität" waren ein Hauptfaktor, der zu der Krise seit 1929 geführt hat (vgl. auch *Bank für internationalen Zahlungsausgleich*).

6. *Inflationswirtschaft*. Ist man bereits auf die schiefe Ebene der „Kreditschöpfung" auf illiquider Grundlage (sog. Kreditinflation) oder gar in eine Währungsentwertung geraten, so erwächst naturgemäß eine starke Tendenz, die in der gleichen Richtung weiterdrängt: neue Geld- (Kredit-)vermehrung ist erforderlich, um nicht in eine „Deflationskrise" zu geraten. Besonderen Auftrieb erhält die inflationistische Strömung in Wirtschaftskrisen: von der „Stabilisierung" der Preise, „Erhöhung der Kaufkraft", „Ankurbelung" usw. wird die Überwindung der Depression erhofft. Die Anhänger solcher Reformideen wollen z. T. die Goldparität der Währung aufrechterhalten, propagieren aber jedenfalls eine wesentliche Geldvermehrung, sei es für angebliche Umsatzzwecke, sei es offen für Anlage; sie sind teils „naive" Inflationisten, die von Mehrgeld eine dauernde Verbesserung der Lage der Menschen erwarten; oder ‚konjunkturelle" Inflationisten, die „nur" eine gegebene Depression mit monetären Mitteln bekämpfen wollen.

Das Argument ist entweder einfach: daß bei Geldvermehrung die Preise steigen werden; oder aber kompliziert: angebliche Möglichkeit besserer Ausnutzung von Anlagen, Exportprämie und Förderung der Ausfuhr, angebliche Verbesserung der Liquidität der Banken, „Ankurbelung" der Investitionen oder der Unternehmungslust, die sich dann angeblich automatisch fortsetzen würde; vor allem aber: Forderung nach Verbesserung der Lage der Schuldner, die meist Träger der Inflationspropaganda sind.— Die Inflationierung wird auf einem der folgenden vier Wege betrieben, auf die sich einzeln oder kombiniert die Unzahl der inflationistischen Reformprojekte stets reduzieren läßt: a) Änderung der Deckungsvorschriften für (uneinlösliche) Banknoten, um ihre Menge vermehren zu können; b) Einführung eines „Binnengeldes" (aus Papier oder Silber), das neben der Goldrechnung in irgendeiner Form (sog. „Außengeld") einherläuft und das entweder als Staatspapiergeld oder als bares Zahlungsmittel der Depositenbanken („Verrechnungsschecks" usw.) propagiert wird; c) Scheidemünzeninflation; d) Ausweitung des „bargeldlosen" Bankkredits, was freilich über kurz oder lang auch Bargeldvermehrung zur Folge hat. Praktisch laufen alle solche noch so komplizierten Projekte, die die Phantasie der Menschen in jeder Wirtschaftskrise leidenschaftlich beschäftigen, auf ausgiebige Geldvermehrung hinaus. Wie es die Geschichte der bimetallistischen Bewegung zeigt, die in den 1870er und 80er Krisenjahren erwuchs, wird die inflationistische Strömung in längeren Depressionen leicht zu einer Volksbewegung von gefährlichem Ausmaß, deren Intensität durch teilweise Konzessionen in der Form kleinerer „Ausweitungen" des monetären Apparates womöglich noch verschärft wird. Nur entschiedener Widerstand gegen jeden Versuch dieser Art hilft gegen die Gefahr, während die einmal herbeigerufenen inflationistischen Geister schwer zu bannen sind.

Wissenschaftliche Forschung und die Erfahrungen mit monetären Experimenten mannigfacher Art in den letzten zweihundert Jahren (seit John Law) lassen alle Hoffnungen, die von einer über das Maß der marktmäßigen Nachfrage hinausgehenden Kreditausweitung oder Geldvermehrung ein Heil erwarten — mit Ausnahme zeitlich und quantitativ beschränkter Aktionen sowie der *Panikbekämpfung* (s. d.) — als schlecht begründet erscheinen. Es steht fest, daß jede solche Expansion binnen relativ kurzer Zeit ihr Ende finden muß, und daß damit in aller Regel ein Rückschlag verbunden ist, der nur unter exzeptionell günstigen Umständen ohne verhängnisvolle Nachwirkungen verläuft. Es kann sich höchstens um temporäre Eingriffe handeln, und es fragt sich, ob nicht die Gefahren und späteren Nachteile die an sich schon zweifelhaften temporären Vorteile bei weitem übertreffen.

Die Schwierigkeiten sind selbst dann ungeheuer, wenn die künstliche Kreditausweitung unter Wahrung der Goldparität des Währungskurses betrieben wird. Liquiditätsverbesserung der Banken hilft allenfalls gegen *Panik* (s. d.); wenn sie auf Kosten der Liquidität der Notenbank erreicht wird, kann sie Währungspanik zur Folge haben. Überhaupt beschwört die Kreditexpansion die Gefahr einer Vertrauenskrise und eines „Runs" herauf, was nicht gerade geeignet ist, die Krise zu überwinden. Ferner ist sie mit der Gefahr verbunden, daß das betreffende Land im Außenhandel benachteiligt wird, weil spekulative Preissteigerung einsetzt (oder Preissenkung verhindert wird), mit dem Erfolg einer Passivierung der Handelsbilanz. Die nachteiligen Wirkungen bleiben zunächst aus, wenn das „zusätzliche" Geld gehortet wird; dann bleibt aber auch die „ankurbelnde" Wirkung aus (zu deren Erzwingung „Schwundgeld" und ähnliche Projekte erfunden wurden: um das Geld „zwangsweise" in Zirkulation zu halten!). Vor allem ist alle „Ankurbelung" mit der Problematik der „Überproduktion" belastet: wird sie nicht gerade die Produktion anregen, die bereits an Überangebot leidet, und führt das nicht in Bälde neuen Preisfall herbei?

Vollends zwecklos sind Versuche zur Konjunkturbelebung mittels Währungsverschlechterung durch Papierinflation oder durch Devalvation (s. unten): die dabei entstehende Exportprämie ist ohnehin nur von kurzer Dauer und nutzlos in einer Weltwirtschaftskrise, in der die Aufnahmefähigkeit des Weltmarktes ebenso beschränkt, wie die Bereitschaft zur Abwehr eines jeden „Dumpings" entschieden ist. Nur Erschütterung des internationalen Handels und des heimischen Kapitalmarktes können bei fortgesetzter Forcierung des Währungsverfalls erzielt werden; in einem Lande mit geringen Goldreserven (bzw. Goldguthaben im Ausland) und durch vorangehende Erfahrung erschüttertem Vertrauen führt die einmal einsetzende „Inflation" bald zu rapider Beschleunigung der Zirkulationsgeschwindigkeit mit allen Folgeerscheinungen.

Grundsätzlich ist festzuhalten, daß je nach dem Stand des Vertrauens zur Währung im Rahmen der Goldwährung beträchtliche Möglichkeiten für Kreditexpansion vorhanden sein können. Sie bedeuten aber immer die Gefahr übermäßiger Verschuldung, Illiquidierung und darauffolgenden Zusammenbruchs, der das W. nur zu leicht in Mitleidenschaft zieht. Bei labilen Währungsverhältnissen und künstlicher Aufrechterhaltung der Goldparität ist diese Gefahr erst recht naheliegend; die Wechselkurse sind hier stark von „psychologischen" Momenten abhängig: von Meinungen über Absichten der Währungspolitik, Chancen der zukünftigen Goldeinlösung usw. Infolge des leicht entstehenden Mißtrauens besitzt die Papierwährung (ceteris paribus) sehr viel geringere Bewegungsfreiheit als die Goldwährung und gestattet nur mit viel größerer Vorsicht — wenn überhaupt — die unter Umständen erforderlichen Stützungsaktionen.

Eine Kreditausweitung mit Papiergeldvermehrung bedeutet, wenn vorsichtig „dosiert" und in Vorwegnahme einer tatsächlich in Bälde folgenden Konjunkturbewegung angewandt, temporäre Krisenerleichterung, die jedoch nachträglich die Verbesserung der Konjunktur entsprechend eindämmt und obendrein zwecklos verpuffen oder gar neues Mißtrauen erwecken kann. — Währungspolitik zwecks Krisenüberwindung muß vor allem Sicherung des Vertrauens erstreben, um Investitionen durch Freisetzung von Horten zu ermöglichen, den Liquidierungsprozeß auf dem Geldmarkt und die Zinsverbilligung nicht aufzuhalten; ferner eine Finanzpolitik, die die Aufnahme von Anleihen gestattet; schließlich Vermeidung forcierter Investitionen, die das ohnehin vorhandene Überangebot an Waren bzw. die Freisetzung von Arbeitskräften durch „Rationalisierung" noch verstärken würden. (Vgl. *Konjunkturpolitik.*)

6. Devalvation bedeutet (seit der Maßnahme Österreichs 1809) Herabsetzung des Nennwertes der Währung bzw. des Münzfußes. Heute wird der Ausdruck vielfach auch für Preisgabe der Goldparität des Währungskurses angewandt. In diesem Falle handelt es sich aber praktisch so lange bloß um Depreziation (Entwertung dem Golde gegenüber), bis nicht eine neue Parität gewählt und festgehalten wird, was ja den Sinn der Devalvation darstellt. Depreziation pflegt mit Vermehrung der Geldmenge Hand in Hand zu gehen; es gibt jedoch Fälle, in denen der Abgang von der Goldparität ohne Geldvermehrung vor sich geht, aber auch da in der Regel unter Festhalten an der vorhandenen Geldmenge, wobei diese Stabilhaltung des Zahlungsmittelvolumens bereits inflatorisch wirken kann. Die Wechselkursverschlechterung löst naturgemäß langsamer oder rascher steigende Preise zunächst für Import- und Exportartikel, dann aber auch für „Binnenartikel" aus, und damit eine Tendenz zur Geldvermehrung, die ihrerseits wiederum einen weiteren Druck auf die Wechselkurse ausübt; der circulus vitiosus — verschlechterte Wechselkurse, steigende Preise und Geldnachfrage, vermehrte Geldmenge, weitere Verschlechterung der Wechselkurse usw. — kennzeichnet die Entwicklung unter diesen Umständen, die meist nur schwer, nämlich durch Deflationsmaßnahmen aufzuhalten ist.

Devalvation im eigentlichen Sinne erfolgt am Ende jeder ausgedehnten Inflation, da hier die Rückkehr zur alten Goldparität zu kostspielig wäre und ein ausreichender Goldvorrat nicht zur Verfügung steht. Als selbständige Maßnahme ohne Inflation — plötzliche Herabsetzung des Münzfußes — wird sie in der gegenwärtigen Krise stark propagiert, obwohl sie langfristig gesehen, sinnlos ist: der Entlastung der Schuldner steht die Zerstörung der Kreditbeziehungen gegenüber, und die notwendige Anpassung der Preise an den neuen Währungskurs macht die angeblichen temporären Vorteile binnen kurzer Frist illusorisch.

7. Deflation als Gegensatz zur „Inflation" wird in mannigfachem Sinne gebraucht. Es empfiehlt sich, den herkömmlichen Sinn des Wortes festzuhalten: es bedeutet bewußte Verminderung der Geldmenge, kann also nicht angewandt werden bei einer sich automatisch vollziehenden Schrumpfung (Kontraktion) des Kredit- und Geldvolumens in Anpassung an verminderten Umsatz (in der Depression). Deflation pflegt die Folge einer vorangehenden Papierinflation zu sein: trotz der Einschaltung von Übergangsmaßnahmen, wie Goldrechnung (Goldzölle!), Konversionskassen (in Südamerika) zwecks Ansammlung eines Goldfonds, Stabilisierungsanleihen, ferner geeignete Methoden (Interventionen) devisenpolitischer Art usw., ist die Deflation nicht zu vermeiden, um die *Währungsstabilisierung* (s. d.) durchzuführen. Sie bedeutet dann „gewaltsame" Reduktion der Preise usw. mittels Diskontanziehung und Kreditrestriktion. Deflationsähnliche Zustände treten unter Umständen auch beim bloßen Festhalten an gegebener Geld- und Kreditmenge ein, wenn die Währungsstabilisierung nicht zufällig in eine Hochkonjunktur fällt, die eine Expansion des Kreditvolumens gestattet. Jedes Abgehen von der Goldparität ist mit dieser Problematik behaftet: selbst bloßes Festhalten an der Geldmenge wirkt dann ähnlich wie „Deflation", während Geldvermehrung neue Verschlechterung der Wechselkurse usw. zur Folge hat. — Rückkehr zur alten Goldparität bedeutet nach einer Inflation stärkere oder schwächere Deflationsmaßnahmen, die jedoch nicht notwendig weiter zu gehen brauchen, als es bei einer Devalvation der Fall ist, und die durch andere Vorteile der „konservativen" Politik (Wiederherstellung des Kredits usw.) reichlich kompensiert werden können.

8. Geldwertstabilisierung als Ziel der *Währungsstabilisierung* (s. d.) spielt namentlich in der anglo-amerikanischen wirtschaftspolitischen Ideologie eine bedeutende Rolle. Im einzelnen ist die Zielsetzung umstritten: bald ist Stabilisierung der Preise, bald die der Arbeitsbeschäftigung oder gar des Außenhandels usw. gemeint. Völlig umstritten ist ferner der Maßstab, die jeder solchen Indexwährung zugrunde liegen soll: Großhandels- oder Lebenshaltungsindex oder ein komplizierter Index mannigfacher Wertveränderungen; umstritten sind auch die Methoden der Indexberechnung, die Auswahl der in Frage kommenden Preise usw. Praktisch ist die Wahl des „Ideals" sowohl in der Zielsetzung als auch in der Auslese des Maßstabes Sache der Willkür. Die jeweilige politische Macht würde also die letzte Entscheidung treffen oder sie einer jeweils bevorzugten „theoretischen" Richtung überlassen. Das gesamte Währungs- und Kreditsystem wäre damit zum Spielball des politischen und Interessentenkampfes geworden mit der wahrscheinlichen Tendenz zur Inflationierung, um die Wünsche der Gruppen zu befriedigen, die ja stets „mehr Kredit" zu verlangen pflegen. Bezeichnenderweise fordern alle Stabilisierungsideologen in der Hochkonjunktur möglichstes Festhalten oder Erhöhen des Preisniveaus und in der Depression Rückkehr zu den Preisen der Hochkonjunktur, wobei die Tatsache, daß der Preisfall gar nicht monetär bedingt zu sein braucht, sondern kostenmäßig, nämlich durch den technischen Fortschritt usw. herbeigeführt ist, typisch unberücksichtigt bleibt. Praktisch läuft diese Ideologie auf eine scheinwissenschaftliche Begründung inflationistischer Tendenzen hinaus und verbindet sich mit sonstigen Inflationsargumenten.

Der Grundgedanke aller Pläne dieser Art, daß das Preisniveau und gar die Arbeitsbeschäftigung schlechthin von der Geldseite her reguliert werden könnten, beruht auf Mißverständnis bzw. falscher Anwendung der sog. „Quantitätstheorie', (vgl. *Geldtheorien* und *Notenbankpolitik*). Richtig ist daran jedoch, daß eine gesperrte Währung willkürlich reguliert werden kann im Sinne der Vermehrung oder Verminderung der Geldmenge. Die Folgerung freilich ist, daß gesperrte Währungen mit der Gefahr solcher willkürlichen Manipulierung durch die jeweiligen politischen Machthaber verbunden sind; insbesondere sind „Inflationen" nicht Zufälle oder Zwangslagen, sie werden vielmehr willensmäßig herbeigeführt oder verhindert. „Zwangsläufig" ist nicht die Währungsgestaltung selbst, zwangsläufig sind vielmehr die Konsequenzen, die bei dieser oder jener Währungspolitik für die Volkswirtschaft erwachsen.

Literatur: Bonn, M. J.: Währungsprojekte — und Warum? Berlin 1932. — Laughlin, J. L.: A New Exposition of Money, Credit and Prices. Chicago 1931. — Brown, W. A. jr.: England and the new gold standard 1919—1926. London 1929. — Weiller, J.: L'Influence du Change sur le Commerce extérieur. Paris 1929. — Rist, Ch.: Die Deflation. Berlin 1925. — Keynes, J. M.: Vom Gelde. München 1932 (inflationistisch). — Fetter, F. W.: Monetary Inflation in Chile. Princeton 1931. — Subercaseaux, G.: Le papier monnaie. Paris 1920. — Harris, S. E.: Monetary problems of the British Empire. New York 1931. — Dulles, E. L.: The french franc 1914—1928. New York 1929. — Oestergaard, P.: Inflation und Stabilisierung des französischen Franc. Jena 1930. — Graham, F. D.: Exchange, Prices and Hyper-Inflation: Germany 1920—1923. Princeton 1930. — Bresciani-Turroni, C.: Le vicende del marco tedesco, in „Annali di Economia" vol. VII. Milano 1931. — Vgl. ferner die Angaben bei *Notenbankpolitik; Geldtheorien; Konjunkturpolitik.*

Melchior Palyi

Wagner, Adolf, s. *Geldtheorien.*

Waisenkassen s. *Sparkassen I 2.*

Wallstreet, Sitz der New York stock exchange, daher Bezeichnung für *New Yorker Börse* (s. d.), im weiteren Sinne für New York als Finanzzentrum überhaupt.

Wandelanleihe s. v. w. *Convertible bond,* s. *Anleihen mit Zusatzrechten,* s. a. *Emissionsgeschäft II 4.*

Warenakkreditiv s. *Akkreditiv.*

Warenbörsen s. *Warenmärkte.*

Warengeschäft der Banken. Die Verbindung zwischen Warengeschäft und Bankgeschäft ist in Europa ursprünglich sehr eng gewesen (vgl. *Geschichte des Bankwesens*). Der älteste Geldhandel ist allerdings aus dem Gewerbe, aus dem Goldschmiedgewerbe, entstanden, aber in den letzten etwa $2^1/_2$ Jahrhunderten hat ein großer Teil der europäischen Warengroßhandelshäuser früher oder später auch das Bankgeschäft aufgenommen, meist ausgehend von der Bevorschussung von Waren und vom Wechselgeschäft. Es war dann mehr oder weniger historischer Zufall, ob das Bankgeschäft oder das Warengeschäft soweit anwuchs, daß die andere Seite zurücktrat oder völlig verkümmerte. Wir kennen jedenfalls sowohl Bankgeschäfte, wie etwa Eichborn & Co., Breslau, die aus dem Warengeschäft (hier Wollhandel) entstanden sind, dieses aber völlig abgestreift haben, wie solche, etwa Röchling & Co., Saarbrücken — Berlin, die nur vorübergehend neben einem Warengroßgeschäft selbständig bestanden haben, aber von diesem wieder aufgesogen worden sind. Verhältnismäßig seltener sind die Fälle, in denen sich Bankgeschäft und Warengeschäft (meist Warenkommissionsgeschäft) nebeneinander bis in die Jetztzeit erhalten haben, und zwar handelt es sich hier in der Mehrzahl der Fälle um Häuser an Überseeplätzen, wie etwa L. Behrens & Söhne, Hamburg (Kolonialwaren) oder M. M. Warburg & Söhne, Hamburg (Metalle). Bei den westeuropäischen und den deutschen Aktienbanken zählen eigentliche Warenabteilungen zu den Seltenheiten. Manche deutschen Banken haben in den letzten Jahren Zulassung zu deutschen Warenbörsen beantragt, jedoch ist von größerer Beteiligung am Geschäft auch als Kommissionär nichts bekannt geworden. Von den Beziehungen, die sich aus dem Remboursgeschäft ergeben, ist an anderer Stelle die Rede (vgl. Art. *Akzeptkredit*, ferner *Finanzierung des Groß- und Einzelhandels*.

In besonders engem Verhältnis zum Warengeschäft stehen Teile der amerikanischen Bankwelt. Das ist dadurch bedingt, daß dort der Warrant, der handelbare Lagerschein, eine sehr große Rolle auch als Kreditunterlage spielt, daß er z. B. die Ernte großenteils bewegen hilft. Aber auch Zusammenhänge anderer Art sind festzustellen, so etwa in der engen Fühlung eines Bostoner Bankhauses mit Kupferbergbau und Kupferhandel. — In Westeuropa und besonders in Deutschland sind derart enge Beziehungen, daß man von der ausgesprochenen Verflochtenheit eines Bankhauses mit einem bestimmten Geschäftszweig sprechen könnte, selten, wenn man von Fällen, wie demjenigen der Braubank absieht, die, ursprünglich wohl aus der Warenbevorschussung durch eine Abteilung des besitzenden Bankhauses entstanden, dann zur Bank eines bestimmten Gewerbes (vgl. *Spezialbanken*) verselbständigt wurde. Immerhin gibt es Banken, die bestimmte Gruppen des Warengeschäftes in stärkerem Maß als durchschnittlich zu ihrer Kundschaft zählen, wie etwa einzelne der früher selbständigen Banken Westdeutschlands, Schaaffhausen und Bergisch-Märkische, die Schwerindustrie, wie manche Bankhäuser der Seeplätze den Überseehandel.

Diese Beziehungen treten aber meist weniger deutlich an die Öffentlichkeit. Viel mehr ist das bei einer anderen der Fall, die sich in den letzten Jahrzehnten herausgebildet hat. Während das Zeitgeschäft an den Wertpapiermärkten vor dem Kriege in Deutschland grundsätzlich ohne Einschuß und ohne Bankbürgschaft betrieben wurde, hat das Warenzeitgeschäft von Anfang an die Einrichtung der Garantiekassen oder Liquidationskassen gekannt, welche die einzelnen Schlüsse verbuchten und mindestens sachlich zwischen Käufer und Verkäufer traten. Lediglich die Getreidebörsen haben diese Einrichtung erst nach dem Krieg übernommen; sie haben an den meisten Plätzen besondere „Getreidekreditbanken" gegründet, an denen meist Großbanken und große Bankhäuser beteiligt sind. An anderen Märkten, so z. B. am Berliner Metallmarkt, bildet aber eine Universalbank (hier die Commerz- und Privatbank) diese Zwischenstelle, neben die übrigens in dem geschilderten Einzelfall ein weiteres Bankhaus, Delbrück, Schickler & Co. mit der Sonderaufgabe getreten ist, statt einer Versicherungsgesellschaft die Richtigkeit und Vollwertigkeit der dort andienbaren sog. Hüttenscheine (eine Abart des Lagerscheins) zu verbürgen.

Im Osten und Südosten Europas sind die Verbindungen zwischen Bankgeschäft und Warengeschäft enger, ein großer Teil der dortigen Banken pflegt neben der Warenbevorschussung auch das Warenkommissionsgeschäft (so z. B. Getreidegeschäft der ungarischen Banken). In den westlichen Ländern hat sich im unmittelbaren Betrieb durch die Bankgeschäfte lediglich ein Sonderzweig des Warengeschäftes behaupten können, der Handel mit Edelmetallen. Die großen Londoner Silberkommissionsfirmen pflegen sämtlich auch das Bankgeschäft und den Wechselhandel, das Londoner Haus Rothschild besitzt auch eine Goldaffinerie.

Hans Hirschstein.

Warenkonto s. *Bilanz I 2.*

— **kredit.** Im weiteren Sinne jeder im Zusammenhang mit Warengeschäften (insbesondere Warenbewegungen) erteilte Kredit. Im engeren Sinne (seltener) ein Kredit, dem Waren unmittelbar als Sicherheit dienen, also bevorschußt (Lombard) sind (vgl. *Finanzierung des Groß- und Einzelhandels* und *Akzeptkredit*).

Warenmärkte. *1. Allgemeines.* Ein Weltwarenmarkt in dem Sinne, wie es, wenigstens vor dem großen Kriege, einen Weltgeldmarkt gab, hat niemals bestanden. Die unmittelbaren Zusammenhänge zwischen den Märkten der einzelnen Waren sind stets viel lockerer gewesen als zwischen den einzelnen Wertpapierbörsen. Mit anderen Worten: eine Verflauung der New Yorker Wertpapierbörse wird die Londoner stets unmittelbar beeinflussen, an der überdies eine große Anzahl von amerikanischen Wertpapieren gehandelt wird (wie, in beschränktem Umfang, auch umgekehrt). Sie wird auch fast unmittelbar z. B. auf die Kopenhagener Börse wirken, obgleich deren Kurszettel nicht ein einziges Mal den gleichen Namen aufweist wie der New Yorker. Wenn aber der Jutemarkt fest wird, so besagt das noch durchaus nicht, daß auch der Kupfermarkt besser liegt. Man kann als Beispiel sogar örtlich und sachlich enger verbundene Märkte wählen und sagen, daß sich die Marktlage und die Preisbewegung von Weizen und von Mais in Chicago durchaus nicht unmittelbar und in stärkerem Maße zu beeinflussen brauchen: das hat sich etwa in den Jahren 1929 bis 1931 mehrfach deutlich erwiesen. — Selbstverständlich bestehen trotzdem gewisse Zusammenhänge zwischen den einzelnen Warenmärkten, zunächst über den Geldmarkt, ferner über die gemeinsame oder gruppenweise Beeinflußbarkeit in den wirtschaftlichen Wechsellagen: sie sind aber mehr mittelbarer Art, auch nicht in der gleichen Weise zwangsläufig, wie die oben geschilderten an den Wertpapierbörsen.

Die einzelnen W. sind auch an sich nicht so einheitliche Gebilde wie die Wertpapierbörsen. Das zeigt schon ein Vergleich der an den beiden Gruppen von Märkten üblichen Geschäfte. Bei einem solchen würde man dem Kassehandel der Wertpapierbörse etwa das sog. Lokogeschäft am Lieferungsmarkt gleichzusetzen haben, dem Zeitgeschäft der Wertpapierbörsen jenes der Warenbörsen. Daneben gibt es aber an den W. noch eine Zwischenstufe, den Lieferungsmarkt. An den Wertpapierbörsen ist diesem nichts an die Seite zu stellen, wenn man nicht den — dort allerdings den Ausnahmen zuzurechnenden — „Handel per Erscheinen" heranziehen will. Die jüngsten, am feinsten ausgebildeten, die Zeitmärkte, haben für den Bankmann hohe, in der Kursbildung und dem Sicherungsgeschäft liegende Bedeutung, die ältesten und kleinsten, die etwa unserem heutigen Wochenmarkt entsprechen, kaum eine, mindestens keine unmittelbare. Fast die gesamten Dokumente, die der Bankmann aus Warengeschäften in die Hand bekommt, entstammen jedoch dem eigentlichen Lieferungshandel, derjenigen Geschäftsart, die besonderer Erläuterung bedarf, weil sie an den Wertpapierbörsen nicht bekannt ist.

2. *Die verschiedenen Märkte.* Waren werden, wie eingangs gesagt, an drei Arten von Märkten gehandelt. Der Bauer kann z. B. sein Getreide oder Gemüse unmittelbar dem Wochenmarkte der nächsten Stadt zuführen. Dort wird es „nach Besicht" verkauft, und zwar in den meisten Fällen zum unmittelbaren Verbrauch. Bankmäßig hat dieser Geschäftsverkehr keine Bedeutung (in einem deutlichen Gegensatz zu dem doch an sich ähnlich gearteten Viehmarkte). Er vollzieht sich so gut wie ausschließlich gegen Barzahlung. Die Preisbildung der Weltmärkte, die für den Bankverkehr hauptsächlich in Frage kommen, beeinflußt er nur in seltenen Fällen.

Die zweite Möglichkeit ist die, daß größere Posten einer Ware, — meist zum Weiterverkauf oder zur Verarbeitung — auf spätere Lieferung erworben werden. Das Getreide z. B., das Bauern zum Markt oder zu Genossenschaften gebracht haben, wird von diesen zur Lieferung in sage zwei oder drei Monaten an einen Müller verkauft. Das kann auf der Grundlage eines Musters geschehen, auch auf der Grundlage einer in dem betr. Geschäftszweig üblichen Beschreibung, etwa „gute Durchschnittsqualität der laufenden Ernte". Bei einem solchen Geschäft wird fast stets mindestens eine Bank beteiligt sein; auf das Lager der Genossenschaft oder des verkaufenden Händlers wird in den meisten Fällen ein Lombarddarlehen aufgenommen worden sein, der Käufer wird die Verladedokumente oft durch seine Bank einlösen und übernehmen lassen. Dieses wäre auch die Urform des Überseegeschäftes, also der Geschäftsart, in der die größten Warenmengen bewegt werden, und zwar fast durchweg Waren, die beliehen sind.

Ein solches „Lieferungsgeschäft" muß sich verhältnismäßig früh entwickelt haben, wir wissen jedenfalls, daß es in England bereits während des 18. Jahrhunderts blühte und daß einer der wichtigsten englischen Märkte, „The Baltic", nach dem Getreidegeschäft zwischen England und den Ostseeländern benannt worden ist. Mit dem Engerwerden der internationalen Handelsbeziehungen und dem stärkeren Hervortreten der Massengüter hat sich die Zahl der Lieferungsmärkte internationaler finanzieller Bedeutung vervielfacht. Neben den bereits genannten, den Getreidemärkten, seien noch erwähnt diejenigen für Baumwolle, Kohle, Metalle, Kolonialwaren, — ohne daß diese Aufzählung irgendwie Anspruch auf Vollständigkeit erheben wollte.

Zeitmärkte. An dem größten Teil dieser Lieferungsmärkte sind während der zweiten Hälfte des 19. Jahrhunderts auch echte Zeitmärkte (Terminbörsen) entstanden, eine Entwicklung, die man rückblickend als zwangsläufig bezeichnen möchte, die aber doch verhältnismäßig spät eingetreten und in fast allen Fällen von vereinzelten, besonders geschickten Kaufleuten gegen den Willen eines großen Teiles ihrer Berufsgenossen durchgesetzt worden ist. Diese Persönlichkeiten gingen dabei von derjenigen Geschäftsart aus, die noch heute die stärkste Rechtfertigung des Bestehens und die wichtigste Aufgabe der Warenbörsen überhaupt darstellt: vom Sicherungsgeschäft. Es ist wahrscheinlich der Liverpooler Baumwollmarkt gewesen, an dem sich, angeregt durch den Sezessionskrieg und durch die Fertigstellung des ersten atlantischen Kabels, das Zeitgeschäft zuerst entwickelte. Ein Einfuhrhändler, Mr. John Rew, ging dazu über, an Stelle beschriebener Baumwolle „per Ankunft", Baumwolle einer Gruppe von Klassen mit Auf- und Abschlägen gegenüber einer „Basis"klasse (Middling) zur „Lieferung in einem bestimmten Monat" (es waren zunächst stets zwei) zu verkaufen. Hier kündigt sich bereits der grundlegende Unterschied zwischen dem Lieferungsgeschäft und dem Zeitgeschäft am W. an, wie auch zwischen dem Zeitgeschäft in Waren und dem Zeitgeschäft in Wertpapieren. „Per Juli" verkaufte Wertpapiere sind an je einem bestimmten Tage des Lieferungsmonats (der schon am Schluß des vorhergehenden Jahres vom Börsenvorstand bestimmt wurde), abzuliefern, abzurechnen und zu bezahlen. An der Wertpapierbörse wird ferner gleichzeitig nur ein Monat notiert und höchstens ganz vorübergehend gleichzeitig auch per Ultimo des darauffolgenden Monats gehandelt. Ganz anders an der Warenbörse: hier bedeutet die Lieferungszeit „Juli", daß (mit gewissen, grundsätzlich unwesentlichen Ausnahmen) die Ware nach dem Belieben des Verkäufers an irgendeinem Wochentage des Monats Juli angedient werden kann, daß sie dann aber vom Käufer ohne Verzug zu übernehmen und zu bezahlen ist. Der wichtigste, hier zu erwähnende Unterschied zwischen dem Lieferungsgeschäft und dem Zeitgeschäft ist der, daß es in diesem eine Nachfrist nicht gibt, Verstreichen des letzten Liefertages im Schlußmonat vielmehr den Verkäufer ohne weiteres in Verzug mit allen seinen Folgen setzt. (In Deutschland besteht kein echtes Zeitgeschäft in Getreide; es wurde 1896 verboten, und als Ersatz hat sich das „handelsrechtliche Lieferungsgeschäft" entwickelt, dessen besonderes Kennzeichen das ausdrückliche — allerdings nach Handelsbrauch kaum je ausgenutzte — Zugeständnis der Nachfrist ist).

Während an der Wertpapierbörse, wie erwähnt, im allgemeinen nur ein Monat auf Zeit gehandelt wird, sind es an der Warenbörse stets mehrere, um nicht zu sagen viele. Hier bestehen allerdings wesentliche Unterschiede, die z. T. durch die Gesetzgebung bedingt sind.

So notiert z. B. die Liverpooler Baumwollbörse im allgemeinen Kurse für den laufenden Monat und bis zu vierzehn folgenden, die New Yorker erheblich weniger, weil dort bis zu einem bestimmten Zeitpunkt neue Ernte nicht gehandelt werden darf. Trotz der Notiz von bis zu fünfzehn Monaten haben sich im Liverpooler Baumwollmarkt selbstverständlich allmählich gewisse bevorzugte Monate herausgebildet, meist als „lebhafte Monate" (active months) bezeichnet. Für diese sind stets Käufer und Verkäufer zu finden, bei den leblosen macht es manchmal Schwierigkeiten, und die Kurszettel enthalten oft genug für sie nur die rein nominellen Schlußkurse. Manche anderen Märkte, insbesondere die von Getreide, haben aus dieser Tatsache die Folgerung gezogen, sich überhaupt auf die wichtigen Monate zu beschränken, also z.B. nur (Chicago Getreide) März, Mai, Juli, September und Dezember zu notieren. Für die Zwischenmonate wird dann nur gehandelt, wenn sie in unmittelbarer Nähe sind, auch das nichts weniger als regelmäßig, und diese Kurse werden häufig gar nicht ins Ausland gemeldet, selbst von der Tagespresse des Heimatlandes nicht immer wiedergegeben. — Die Bevorzugung der wichtigen Monate hat sachliche Gründe, die meist mit dem Beginn oder dem Schluß der Bestellzeit oder der Ernte, dem Aufgehen oder Zufrieren wichtiger Wasserwege u. a. m. zusammenhängen. Die kanadische Weizenernte z. B. wird nicht unwesentlich später geschnitten als die in der Union. Hier wird im Juli bereits neue Ware angedient, im September hat ein bedeutender Teil der Herbstablieferungen der Landwirte die Elevatoren erreicht und ist zur Grundlage von Geschäftsabschlüssen geworden. In Kanada beginnt die Ernte erst in diesem Monat allgemein zu werden, große Posten neuer Ware sind vor Anfang Oktober kaum verfügbar. Deswegen ist an der Börse in Winnipeg an Stelle des September der Oktober getreten, während die anderen vier Notierungsmonate denen von Chicago (und denen der meisten anderen großen Getreidebörsen) entsprechen.

Im Grundsatz wird also an den Warenbörsen für einzelne Kalendermonate, meist für solche gehandelt, die sich etwa über die Spanne eines Jahres erstrecken. Es gibt jedoch Ausnahmen, von denen die kennzeichnendste wohl der Geschäftsbrauch der Londoner Metallbörse für Kupfer und Zinn ist. Der Zeitungsnotiz nach möchte man zunächst annehmen, daß die Londoner Metallbörse z. B. Kupfer für den laufenden und für den drittfolgenden Monat handelt. Dem ist jedoch nicht so, der Geschäftsabschluß erfolgt vielmehr entweder (selten) zur sofortigen Lieferung oder (die Regel) für drei Monate nach Geschäftsabschluß in dem beim Wechsel üblichen Sinne: d. h. also, die Lieferungspflicht oder Abnahmepflicht ist abgestellt auf einen bestimmten, 90 oder 91 Tage vom Kaufabschluß entfernten Kalendertag. Das ist für die Lage des Marktes gelegentlich recht bedeutsam, denn die Notwendigkeit der Abwicklung lebhafter Tage oder Wochen drängt sich beim Herannahen der Fälligkeitstage in stärkster Weise zusammen und bringt den Markt in eine Lage, die einer Schwänze (Corner) oder dem Gegenteil durchaus ähnlich ist. Selbstverständlich können derartige „Prompts" (etwa: prompt 17. Juli, prompt 25. Oktober usw.) auch zwischen Entstehung und Ablauf gehandelt werden, aber ein sage 56 oder 37 Tage laufender Kupfer- oder Zinnschluß ist sicherlich im allgemeinen schwieriger unterzubringen als ein gleich lange laufender Bankwechsel. — Die zweite Ausnahme bilden der Zucker- und der Gummimarkt. An diesen beiden Märkten hat sich die Gewohnheit erhalten — sie stammt aus der Segelschiffszeit —, nicht nur für einzelne Monate zu handeln, sondern auch für Monatsgruppen, also etwa Januar/März 1932. Wenn 300 t Zucker für diese Sicht verkauft werden, so heißt das, daß der Verkäufer je ein Drittel, also hier je 100 t, in jedem Schlußmonat anzudienen hat. Ein solcher Schluß auf eine Gruppe von Monaten (es sind fast durchweg Vierteljahre) ist also wesensgleich drei Schlüssen für je ein Drittel der geschlossenen Menge auf jeden dieser Monate.

3. Lieferbarkeit. An den Wertpapiermärkten wird die Lieferbarkeit der verkauften Wertpapiere vorausgesetzt; Meinungsverschiedenheiten darüber, ob ein einzelnes Stück lieferbar ist oder nicht, sind selten, Prüfung erfolgt jedenfalls erst nachträglich. An den W. wird die Lieferbarkeit eigentlich niemals voraussetzungslos anerkannt, wenn man auch nicht überall soweit geht, wie an den deutschen Getreidebörsen, wo jeder anzudienende Warenposten spätestens 24 Stunden vor der Andienung angemeldet, dann von Sachverständigen besichtigt und für lieferbar erklärt werden muß (eine Bestimmung, die auch nur aus der Entstehungsgeschichte ganz verständlich ist: auch sie hat hauptsächlich den Zweck, das handelsrechtliche Lieferungsgeschäft vom Zeitgeschäft zu unterscheiden). Für die Feststellung der Lieferbarkeit sind die Voraussetzungen also, wie gesagt, ganz verschieden. In Ländern und bei Waren, in denen und für die gesetzliche Vorschriften bestehen, wie etwa die gesetzlichen amerikanischen Klassen für Getreide und Baumwolle, sind Bescheinigungen über die Zugehörigkeit zur Klasse (Zertifikate) maßgebend; ihre Laufzeit ist verschieden, erstreckt sich aber meist auf Monate, selbstverständlich vorausgesetzt, daß die Identität des betr. Warenpostens nachweisbar bleibt. (Damit hängt es übrigens zusammen, daß im nordamerikanisch-europäischen Getreide- und Baumwollgeschäft sich die Schlußscheinbestimmung „certificate is final" — Beschaffenheitsbescheinigung entscheidet endgültig über die Klasse — so gut wie restlos durchgesetzt hat. Die gleiche Bescheinigung, die den Binnenhandel mit dem betr. Posten begleitet, läuft mit den Schiffsdokumenten mit.) — Hier ist also, ganz besonders beim Getreide, mit einem gewissen Glück der Versuch gemacht worden, an Hand meßbarer oder wägbarer Eigenschaften die Zuteilung der Ware zu einer bestimmten Klasse sich sozusagen zwangsläufig regeln zu lassen, — Hektolitergewicht, Besatzprozente, Bruchprozente usw. Das ist aber nicht bei allen Waren möglich. Schon bei der Baumwolle hat es die amerikanische Regierung nicht fertiggebracht, auch nur für den „Stapel", die Faserlänge, eine tatsächlich ermittelte und gemessene Strecke maßgebend zu machen. Es bestehen zwar, auch von ihr anerkannte Bestimmungen darüber, wie der Stapel festzustellen ist, aber sie laufen im Grund auf reine Schätzung hinaus, nicht auf Messen. Auch die Klasse kann bei der Baumwolle nur durch Vergleich mit einem Urmuster ermittelt werden; dieses wieder muß alle paar Jahre in einem großen internationalen Ausschuß sozusagen ausgehandelt werden. — Die nächste Unterstufe bildet dann die von Sachverständigen des betr. Geschäftszweiges nach bestem Wissen und Gewissen ausgesprochene Lieferbarkeit des betr. Postens; wieviel willkürliches in einem solchen Urteil stecken kann, zeigt vielleicht am besten der Hamburger Kautschuk-Schlußschein, nach dem die Bescheinigung auch erklären muß, der Kautschuk werde bei sachgemäßer Lagerung voraussichtlich binnen einem Jahr nicht verharzen oder minderwertig werden.

Die Richtung aber geht selbstverständlich nach der anderen Seite: Maß und Waage.

So wird z. B. Zucker nach Polarisation gehandelt, d. h. nach dem im Polarisationsapparat festgestellten Gehalt an reinem rechtsdrehenden Rohrzucker. Auch bei fast allen anorganischen Waren entscheidet der Chemiker. Zwar muß z. B. beim Rohkupfer in London von Sachverständigen bescheinigt werden, daß es sich um gute, handelsübliche Ware handelt; aber daneben oder eigentlich darüber hinaus gilt doch der Befund des Chemikers über den Gehalt an Kupfer und über Art — nicht nur Menge — der Beisätze als maßgebend, von denen einzelne, z. B. ein über ein ganz bescheidenes Maß hinausgehender Arsengehalt, das Kupfer unlieferbar machen.

Zwischen glatter Lieferbarkeit und völliger Unlieferbarkeit gibt es jedoch an den W. noch ein Zwischenreich (eigentlich sogar zwei), die an den Wertpapiermärkten ebenfalls unbekannt sein müssen. Eine I. G. Farben-Aktie kann lieferbar sein; sie kann unlieferbar sein, es ist aber unmöglich, daß man sie mit einer Vergütung für lieferfähig erklären könnte. An den W. kommen solche Fälle jeden Tag vor. Jeder von ihnen hat ursprünglich nur ganz bestimmte Herkünfte und Beschaffenheiten (meist nur eine oder zwei) als Grundlage gehabt, an fast jedem von ihnen hat diese Beschränkung zu der als „Schwänze" bekannten Erscheinung geführt: einzelne Personen oder ganze Gruppen haben versucht, die den Marktbedingungen entsprechenden, für den Markt an sich greifbaren Mengen einzusperren und dann den Leerverkäufern den Abwicklungspreis zu diktieren. Um das zu verhindern, hat man den Kreis der lieferbaren Beschaffenheiten und Herkünfte möglichst weit ausgedehnt. Dabei hat man in ihn auch Beschaffenheiten hineingezogen, die entweder schlechter oder besser sind als die dem Markthandel und der Notiz zugrundegelegte Beschaffenheit. Man ließ sie trotzdem andienungsfähig, teils weil sie dem Endzweck jeden solchen Marktes, der Weiterverarbeitung, auch genügten, teils weil man, wie gesagt, Schwänzen so sehr erschweren wollte, wie nur irgend möglich. Den Wertunterschieden aber mußte Rechnung getragen werden, und das geschieht mit einem manchmal recht verwickelten Aufbau von Abschlägen und Zuschlägen zur Notiz. Die Zuschläge werden seltener wirksam, denn eine Ware, die besser ist als die Grundbeschaffenheit der Zeitmärkte, ist meist mit einem höheren als dem schlußscheinmäßigen Aufschlag unmittelbar beim Verbrauch unterzubringen. Nur für ganz besonders ungünstige Zeiten gilt das nicht, in ihnen kann der Zeitmarkt gelegentlich sogar mit besonders guter Ware überschwemmt werden, weil er dann manchmal für den Warenbesitzer überhaupt die einzige Möglichkeit darstellt, sich zu entlasten. Abschläge aber werden jeden Tag erklärt; da (wie gesagt) gute Ware außerhalb des Zeitmarkts im allgemeinen einen Aufschlag erzielt, so bemüht sich jeder, im Zeitmarkt nur eine Beschaffenheit anzudienen, die die Untergrenze der Lieferbarkeit eben noch erreicht („Papierware"). Darüber sind Meinungsverschiedenheiten möglich; wenn die Sachverständigen oder Chemiker die Grenze für unterschritten halten, so muß der Minderwert eben vergütet werden, ganz besonders im Fall eine niedrigere Klasse angedient wird, als die der Notiz zugrundeliegende (z. B. am Baumwollmarkt barely middling an Stelle von middling).

Ein grundlegender Unterschied gegenüber dem Wertpapiergeschäft liegt auch in dem sog. Mehr- oder Mindergewicht.

Der Londoner Kupferschlußschein z. B. lautet über 25 tons, der betreffende Posten kann aber bei der amtlichen Verwiegung sehr wohl einige Prozent mehr oder weniger ergeben. Stände dieses Mehr- oder Mindergewicht im freien Belieben des Verkäufers, so müßte man befürchten, daß in Zeiten steigender Preise stets die niedrigste mögliche Menge (es heißt im Schlußschein meist, daß „bis zu" drei — oder fünf — Prozent Mehr- oder Mindergewicht zugelassen seien), in Zeiten sinkender Preise stets die höchste mögliche Menge geliefert werden würde, weil das für den Verkäufer einen Sondervorteil ergäbe. Um das zu verhüten, sieht jeder Schlußschein (auch im Lieferungshandel, dessen Schlußscheine eine ähnliche Gewichtsklausel zu enthalten pflegen) vor, daß Mehr- oder Mindergewichte zum Preise der Andienungszeit, meist sogar des Andienungstages selbst abzurechnen sind; damit ist die Möglichkeit von Sonderverdiensten des Verkäufers oder Käufers so ziemlich ausgeräumt.

4. Bedeutung. Die grundlegenden Vorgänge an den Warenbörsen sind damit erläutert. Es verbleibt, die Bedeutung der Warenbörsen überhaupt und ganz besonders ihre Bedeutung für den Bankmann zu erörtern. Zum Wesen des Bankgeschäftes gehört die Hergabe von Darlehen, die, mehr oder weniger unmittelbar, durch Waren im Eigentum des Darlehensnehmers gesichert sind. Bei Fertigerzeugnissen wird sich für den Bankier die Gefahr von Preisveränderungen nicht ausschalten lassen. Anders liegt das bei Rohstoffen, auch bei manchen Halberzeugnissen. Es ist nicht die Aufgabe einer Baumwollspinerei oder -weberei, in Baumwolle zu spekulieren: ihr Verdienst hat im Spinn- oder Weblohn zu liegen. Diesen aber kann sie nur dadurch einigermaßen sichern, daß sie den Rohstoffpreis aus ihrer Kalkulation ausschaltet. Wenn die Spinnerei z. B. eine Garnmenge verkauft, die sage 100 Ballen Rohbaumwolle entspricht, so wird sie entweder diese 100 Ballen Rohbaumwolle in tatsächlicher Ware gleichzeitig kaufen — der seltenere Fall —, oder sie wird einen entsprechenden Kauf am Zeitmarkt für den am passendsten gelegenen Monat vornehmen. Damit ist die Gefahr der Preisschwankungen für sie so ziemlich verschwunden. Wenn sie die Baumwolle später tatsächlich kauft, wird sie im allgemeinen am tatsächlichen Kauf ihrem Kalkulationspreis gegenüber ebensoviel verlieren, wie sie am Verkauf ihres Zeitschlusses gewinnt oder umgekehrt. Allerdings gilt diese Berechnung nur eingeschränkt: nicht immer bewegen sich die Preise von greifbarer Ware und Zeitware völlig gleich, vor allen Dingen pflegen die Unterschiede zwischen den einzelnen Arten des Rohstoffes zu schwanken. Der Preisunterschied zwischen Rohkupfer und Elektrokupfer an der Londoner Börse ist schlußscheinmäßig 3 £, d. h. auf den Schlußschein kann Elektrokupfer zu 3,— £ über Schlußscheinpreis angedient werden. Es hat aber Zeiten gegeben, in denen für Elektro 8 und 10 Pfund mehr gezahlt wurden als für Standard, unter 3,— £ ist der Unterschied allerdings nur vorübergehend heruntergegangen; — an anderen Märkten waren aber Abweichungen nach unten ebenso häufig wie nach oben.

Trotz dieser Beschränkung ist in den angelsächsischen Ländern die Sicherung am Zeitmarkt immer sehr hoch eingeschätzt worden und hat stets sozusagen zur Sorgfalt des ordentlichen Kaufmanns gehört. Die Banken dieser Länder beleihen seit Jahrzehnten eine im Zeitmarkt gesicherte Ware beträchtlich höher als eine solche, die im Zeitmarkt nicht gesichert ist, d. h. sich nicht sichern läßt: denn bei allen Geschäften, denen eine an einer Warenbörse gehandelte Ware zugrundeliegt, pflegen sie auf dem Nachweis eines solchen Sicherungsgeschäftes zu bestehen. Auf dem europäischen Festland hat man sich im Warenhandel und bei der Bankwelt bisher an dieses Sichern noch nicht allgemein gewöhnt; nach den Erfahrungen der letzten Jahre ist aber anzunehmen, daß es sich ziemlich rasch in ähnlicher Weise durchsetzen wird, wie das in England und Amerika bereits geschehen ist.

In der Möglichkeit, daß solche Sicherungsgeschäfte sich vervielfachen, daß z. B. der Baumwollbauer, die Genossenschaft, der Ausfuhrhändler, der Einfuhrhändler, der Spinner und der Weber den gleichen Warenposten „hedgen", liegt die für den ruhigen Betrachter naturgegebene Begründung dafür, daß das Steigen des Umsatzes an einem W. über die Ernte oder Gewinnung des betr. Rohstoffes hinaus zunächst noch nichts zur Beteiligung des reinen Börsenspiels an diesem Markt aussagt. Mit einer solchen Beteiligung des Börsenspiels wird man andererseits in lebhaften Zeiten stets rechnen können, sogar rechnen müssen. Denn der Nachweis ist nicht schwer zu führen, daß eine Börse ihre Aufgabe nur dann erfüllen kann, wenn es stets möglich ist, jeden im normalen Geschäftsverlauf aufkommenden Schluß an ihr unterzubringen, daß sich ein solcher breiter und tragfähiger Markt aber nur entwickeln kann, wenn neben die eigentlichen, fachmäßig beteiligten Kreise eine ausgedehnte Kulisse tritt, wenn über diese hinaus auch Außenseiterkreise sich mindestens gelegentlich am Geschäft beteiligen. Allerdings bedeutet diese Tatsachenkette noch ein Weiteres: der Spieler von Beruf soll (er hat sie nicht immer) wenigstens eine ausreichend begründete Meinung darüber haben, wie der Markt sich weiter entwickeln könnte. Zu diesem Zweck muß er von der betr. Ware etwas verstehen und muß auch eine Statistik oder einen Saatenstandsbericht zu lesen und auszuwerten imstande sein. Das alles ist von dem Außenseiter nicht zu verlangen, der überdies stets erst dann von Marktbewegungen etwas erfährt, wenn diese bereits im Gange, oder wenn sie sogar vorüber sind. Infolge davon spricht alle Wahrscheinlichkeit dafür, daß der Außenseiter, auf lange Sicht gesehen, verlieren muß, — eine Erwägung, die übrigens an den Wertpapierbörsen nicht weniger durchschlägt als an den W. Für diese mindestens wird man die Schäden, die sich aus der Beteiligung des Außenseiterspieles ergeben, beträchtlich niedriger einschätzen müssen als den Nutzen, der sich aus der Möglichkeit des oben geschilderten Ausschaltens von Preisschwankungen in Handel und Verarbeitung ergibt. In ihr liegt die letzte, völlig ausreichende Begründung für das Bestehen von Warenbörsen, — und dafür, daß die Staatsgewalt gut tut, diese keinen nicht unbedingt notwendigen Beschränkungen zu unterwerfen.

Auch an den Wertpapiermärkten wird gelegentlich die Frage auftauchen, wie das Verhältnis des Kassepreises einer Aktie zur Zeitnotiz zu bewerten sei. An den W. ist sie bei weitem wichtiger, weil es sich an ihnen ja nicht um eine einzige Zeitnotiz handelt, sondern um eine ganze Anzahl, die einen langen Zeitraum umfassen. Die Frage, ob die späteren Monate gegenüber den naheliegenden einen Aufschlag (Report) bedingen sollten oder einen Abschlag (Deport), ist stets heftig umstritten und sehr verschieden beantwortet worden. Man hat in der Tatsache, daß greifbare Ware höher notiert, als spätere Sichten, einen Beweis dafür sehen wollen, daß laufende Nachfrage nach tatsächlicher Ware vorhanden, der Markt in sich somit gesund sei. Man hat andererseits die Aufschläge für spätere Sichten damit begründen wollen, daß diese späteren Sichten Kosten für Lagergelder, Schwund, Zinsen usw. in sich schlössen, also höher notieren müßten, als frühere. Für beide Ansichten lassen sich gute Gründe anführen, und man wird vielleicht nur folgendes als einigermaßen gesichert betrachten können: Im gesunden Markte wird greifbare Ware höher notieren müssen, als der laufende Monat im Termin. (Denn greifbare Ware kann der Käufer sich aussuchen, im Zeitgeschäft muß er abnehmen, was ihm angedient wird.) Spätere Monate werden höher notieren müssen als frühere. (Denn die oben erwähnten Kosten sind nicht aus der Welt zu schaffen.) — Nicht geklärt und nicht zu klären ist das „gesunde" Preisverhältnis etwa zwischen greifbarer Ware und mittleren Sichten. Schließlich wäre noch darauf hinzuweisen, daß an den Märkten, an denen geerntete Ware gehandelt wird, die ersten Monate der neuen Ernte gegenüber den letzten Monaten der alten eigentlich stets deshalb billiger sein müssen, weil einmal kurz nach der neuen Ernte die verfügbaren Mengen besonders groß sind, weil zum anderen in manchen Fällen die frisch geerntete Ware zunächst gegenüber der alten, abgelagerten für die Verarbeitung minder brauchbar ist und weil schließlich im Preis dieser frisch geernteten Ware noch kein oder nur ein sehr geringer Anteil für Lagerkosten usw. enthalten ist.

Lieferungsmarkt. Wie erwähnt, sind die Zeitmärkte aus den Lieferungsmärkten entstanden. Andererseits ist die Technik der Lieferungsmärkte in den letzten Jahrzehnten stark von den Zeitmärkten her beeinflußt worden. Das gilt nicht nur von der oben geschilderten Art der Begutachtung, die für die Lieferungsmärkte und die Zeitmärkte so ziemlich die gleichen Wege gegangen ist. Es gilt vor allem insofern, als der für die Zeitmärkte selbstverständliche Grundsatz, alle Bedingungen vorher festzulegen — Käufer und Verkäufer haben nichts Anderes mehr abzumachen als Preis und Liefermonat, denn sogar die Schlußscheineinheit steht fest, und es können nur ganze Vielfache von ihr gehandelt werden — auch an den Lieferungsmärkten Schule gemacht hat. Ein Getreideschlußschein des Londoner Balticmarktes (also eines reinen Lieferungsmarktes) unterscheidet sich nach dem Umfang und nach dem Eingehen auf alle Einzelheiten durchaus nicht sonderlich von einem Kupferschlußschein der Londoner Metal-Exchange und die „Handelsbräuche im Berliner Eiergeschäft" sind nicht weniger umfangreich als der Hamburger Zuckerschlußschein mit allen Anlagen.

Warenbörsen haben sich für den größten Teil der wichtigen Rohstoffe des Welthandels entwickelt: Getreide, Metalle (nicht alle), Baumwolle, Gummi, Kaffee, Zucker, einzelne tierische oder pflanzliche Fettstoffe oder Fette, Pfeffer, in neuester Zeit z. B. auch für Kakao und Jute. Die wichtigsten von ihnen drängen sich an vier Orten zusammen, London und Liverpool in England, New York und Chicago in den Vereinigten Staaten. Die Warenbörsen in allen übrigen Ländern treten den genannten Plätzen gegenüber an Bedeutung zurück, wenn auch einzelne von ihnen, so besonders die ostasiatischen Märkte bei Kautschuk und Silber (infolge der großen Spielleidenschaft der Ostasiaten), der kanadische Markt (Winnipeg) bei Getreide (weil es das größte Ausfuhrland ist) nicht selten die Marktstimmung aufs Stärkste beeinflussen.

Die Literatur ist wenig zahlreich und oft recht unergiebig. Erwähnt seien: SMITH: Organized Produce Markets. London 1922. — Organized Commodity Markets. Philadelphia 1931. — HOFFMAN: Future Trading upon Organized Commodity Markets. Philadelphia 1932. — PRATT: International Trade in Staple Commodities. London 1928. — DOWLING: The Exchanges of London. London 1929. — TODD: The Cotton World. London 1927. — RATZKA, ERNST: Welthandelsartikel und ihre Preise. München und Leipzig 1912. — NORDEN-HIRSCHSTEIN: Welthandelswaren. Leipzig 1923. — ROTH: Die Übererzeugung in der Welthandelsware Kaffee. Jena 1929.

HANS HIRSCHSTEIN.

Warenwechsel, Handelswechsel sind Wechsel, denen ein tatsächlich vollzogener Warenaustausch zugrundeliegt, die also dem Umsatz entspringen. Im Gegensatz dazu liegt den sog. Finanzwechseln kein Warengeschäft zugrunde, sie sind vielmehr nur dazu bestimmt, Kredit zu erzeugen. Juristisch besteht kein Unterschied.

Warrant s. *Finanzierung des Groß- und Einzelhandels II 2*, s. a. *Warengeschäft der Banken*.
— **diskont** s. Hinweise unter *Warrant*.

Warschau (Börse) s. *Polen III*.

Wechsel. Wesentliche Erfordernisse eines W. sind: Das Wort „Wechsel" im Text; Angabe des Betrages, des Remittenten, der Zahlungszeit, des Zahlungsorts, des Bezogenen, des Ausstellungsdatums sowie die Unterschrift des Ausstellers. Beim eigenen W. fällt natürlich die Angabe des Bezogenen fort. Fehlt ein wesentliches Erfordernis, so hat die Urkunde keine Wechselkraft.

war loan, Konversion der, s. *Schuldensenkung*.

Wechselbankier s. *Persönlichkeit und Organisation im Bankwesen 2*.
— **diskontierung** s. *Diskont*.
— **intervention** s. *Ehrenakzept*.
— **kopie** s. *Kopie*.
— **kopierbuch** s. *Buchhaltungswesen I 4*.
— **messen** s. *Börsen 1*.
— **obligo** s. v. w. Verpflichtungen aus *Akzepten* (s. d.).
— **prozeß** ist der dem Wechselrecht eigentümliche formstrenge Prozeß mit großer Beschleunigung des Verfahrens. Daher Beschränkung der Beweismittel auf Urkunden; der Entstehungsgrund der Forderung wird nicht geprüft.

Wechselreiterei s. *Reiterwechsel*.
— **skontro** s. *Buchhaltungswesen I 4*.
— **strenge,** Ausdruck für die besonders strengen Vorschriften des Wechselrechts (vgl. *Wechselprozeß*).

Weißer Scheck, weißer Effektenscheck s. *Effektengiroverkehr 3*.

Welser s. *Börsen 1*, ferner *Geschichte des Bankwesens II*.

Weltpreisniveau und Schulden s. *Schuldensenkung*.

Werbungskosten sind die gesamten, zur Erzielung des Gewinnes notwendigen Aufwendungen, also sämtliche Unkosten einschließlich der Darlehenszinsen. Die Bedeutung des Begriffs liegt in erster Linie im Steuerrecht, wo die W. vom steuerpflichtigen Gewinn abgezogen werden können. Es ist daher ein heftiger Streit entbrannt, was im einzelnen W. sind. Das läßt sich mit Sicherheit nur im Einzelfall feststellen, jedoch haben sich einige feste Regeln herausgebildet. So werden z. B. nicht als Werbungskosten angesehen Reservestellungen, selbst zur Vorsorge für einen zu erwartenden Verlust; Neuinvestitionen; selbstverständlich auch jede Form des Unternehmergewinns usw.

Windprotest, Protest, bei dem der Schuldner nicht auffindbar und auch nicht zu ermitteln ist.

Wucher. Der Begriff des W. hat sich in dem Maße geändert, wie das Kapital für die menschliche Gesellschaft immer bedeutender wurde, besonders von dem Augenblick an, wo die Geldwirtschaft die Naturalwirtschaft ersetzt hat. Seit undenklichen Zeiten hat es immer Menschen gegeben, die mehr als nur das Notwendigste besaßen, und die auch aus diesem Überfluß einen Nutzen zu ziehen bereit waren, während andererseits wieder Menschen Bedürfnisse hatten, die sie selbst nicht befriedigen konnten, und die zu einem Opfer bereit waren, um sich das, was sie gern haben wollten, zu beschaffen. Daraus ergab sich sehr bald, daß die ersteren zusätzliche Leistungen verlangten, die in keinem Verhältnis zu dem geleisteten Dienst standen. Zu einer Zeit, wo man so dachte, bemerkte man andererseits, daß viele Dinge, vor allem die Metalle und die Geldsorten, nicht eigentlich „fruchtbar" waren, und dieser Umstand schien der Zinsforderung jede vernünftige Grundlage zu rauben. Mißbräuche, die sich mit der Zeit zu einem schweren sozialen Übel auswuchsen, haben dann dazu getrieben, Abhilfe zu schaffen. Dies geschah ursprünglich auf eine sehr radikale Art und wurde auch nur zögernd abgeändert, indem man sich durch die gemachten Erfahrungen leiten ließ.

Obgleich Männer wie PLATON und ARISTOTELES an den zu hohen Zinssätzen Anstoß nahmen, hat die antike Welt doch nichts Entscheidendes dagegen unternommen. Das Alte Testament hat die Zinsforderung zwischen Volksgenossen verurteilt, aber nicht die gegenüber anderen Personen; dies bezog sich ebenso auf Natural- wie auf Gelddarlehen.

Das Christentum ist darin noch weiter gegangen, beeinflußt durch den Gedanken der Karitas, sowie einer zu engen Auslegung eines biblischen Ausspruchs (Ev. Lukas VI, 5) „mutuum date, nihil inde sperantes". Der Koran hat eine ganz ähnliche Stellung eingenommen, allerdings mit gewissen, zweifellos sehr spitzfindigen Unterschieden, die gleichzeitig den Mißbrauch des Kredits wie der Spekulation zu erfassen gestatten.

Die christliche Kirche hat aber erst vom 12. Jahrhundert an strenge Gegenmaßregeln ergriffen, d. h. zu Anfang der ersten kapitalistischen Regung in den christlichen Ländern des Mittelmeerbeckens, unter Bedingungen, die mehr und mehr denen unserer modernen Wirtschaftsform gleichen. Das 3. und 4. Laterankonzil schritten energisch dagegen ein. Aber der Lauf der Dinge war zu stark, um etwas gegen ihn unternehmen zu können. Die Verbote trieben die Kapitalisten dazu, entweder die Zinsen in die rückzuvergütende Summe mit einzuschließen, oder aber, was häufiger vorkam, die Zinsen durch einen Anteil am Gewinn zu ersetzen. Die weltlichen und auch die geistlichen Autoritäten begnügten sich unter diesen Umständen damit, ein verhältnismäßig niedriges Zinsmaximum festzusetzen. In Florenz ging der Staat sogar soweit, Strafmaßregeln gegen diejenigen aufzustellen, die die Zinszahlung unter Berufung auf das kanonische Recht verweigerten. Die Bereicherung des Bürgertums, die in weitestem Maße aus Zinsen für Darlehen stammt, zwang die Kirche Konzessionen zu machen, auch wenn sie keine Änderung ihrer Dogmen vornahm und so oft mit ihren eigenen Verboten in Konflikt geriet; aber sie war ja gleichzeitig eine große geistliche und weltliche Macht. Nichts beweist das besser als die Beziehungen der Päpste zu den Bankiers im 13. und 14. Jahrhundert.

Die Juden hatten für kurze Zeit Vorteile daraus gezogen, daß sich das kanonische Zinsverbot nicht auf sie bezog. Seit dem 13. Jahrhundert aber wurden sie durch christliche Elemente verdrängt, die nach und nach ihren Platz einnahmen, selbst im Südosten Europas. Sie überließen in der Folge den Juden nur noch die kleinen Geldgeschäfte, was diese nun erst recht zu Wucherern machte. Dies blieb so Jahrhunderte hindurch. Die Kirche hielt ihren Widerstand aufrecht, ja sie verschärfte noch ihre Drohungen. Die Kaufleute fanden neue Mittel und Wege, die Verbote zu umgehen, im selben Maße wie sie erlassen wurden. Nachdem sie ihr Vermögen ohne Rücksicht auf die katholischen Prinzipien erworben hatte, erkauften sie sich ihren Seelenfrieden durch Legate, die sie der Kirche in ihrem Testament aussetzten. Luther, Melanchthon und Zwingli standen in dieser Hinsicht auf demselben Standpunkt wie die katholische Kirche; Calvin allein milderte ihn, indem er die Gesetzmäßigkeit der Zinsen bei Darlehen an Reiche anerkannte.

Im 18. Jahrhundert siegt die Geschäftspraxis über die Verbote der Kirche. Diese Verbote, die prinzipiell auch heute noch durch das kanonische Recht aufrechterhalten werden, kamen mit den neuen wirtschaftlichen Begriffen in Konflikt. Im Jahre 1787 veröffentlichte J. BENTHAM im protestantischen England sein berühmtes Defense of usury, dessen Einfluß über ein Jahrhundert lang währte. Der endgültige Triumph des weltlichen Rechts erlaubte es, den Begriff des W. zu modernisieren, indem man nicht mehr das Zinsnehmen als solches verwarf, sondern nur noch übermäßiges Zinsnehmen, den W. Fast überall wurde ein Maximum festgesetzt, das zu überschreiten verboten war. Man mußte sich jedoch darüber Rechenschaft ablegen, daß dies noch eine zu enge Lösung eines sehr weitläufigen Problems war. Ein großer Teil des 19. Jahrhunderts verstrich, bevor die Ideen von BENTHAM triumphieren konnten. Die im Zins eingeschlossene Risikoprämie ist eben von Fall zu Fall zu verschieden, um in einem festen Maximum eingeschlossen zu sein. Die Maßnahmen, die man zur Umgehung der gesetzlichen Höchstzinsen ergriff, waren dieselben wie im Mittelalter: der Geldgeber rechnete die Überzinsen wieder in die rückzuzahlende Summe ein. Durch die Strafandrohungen für W. wurde übrigens die wirtschaftliche Lage der Schuldner nicht verbessert, im Gegenteil, die Geldausleiher kalkulierten nun auch noch den Risikofaktor „Prozeß" in ihre wucherischen Forderungen ein.

Aus dieser Entwicklung ist der moderne Begriff des W. entstanden, ein Begriff nicht etwa von formeller Starrheit, sondern von großer Weitläufigkeit und Dehnbarkeit der Anwendung: Der Kapitalist darf seine günstigere Stellung gegenüber Leuten, die sich nicht anders zu helfen wissen, nicht mißbrauchen. Wenn er es doch tut, setzt er sich der Gefahr eines Verlustes aus, wenn er sie gewerbsmäßig mißbraucht, so unterliegt seine Handlungsweise einer Strafe.

Die deutsche Gesetzgebung auf dem Gebiete des Wuchers ist eine der besten und hat viele ausländische Staaten beeinflußt. Zivilrechtlich (BGB. § 138) sind Kontrakte nichtig, bei denen der Kapitalist die schwierige Lage, die Leichtfertigkeit oder die Unerfahrenheit des Vertragspartners mißbraucht. Strafrechtlich (StrGB.) werden Personen bestraft, die des gewerbsmäßigen oder gewohnheitsmäßigen W. schuldig sind, jedoch nicht nur bei Darlehen (Geldwucher), sondern auch im Falle von Sach- oder Leistungen.

In England, wo der Wucherer, „Shark" (Haifisch), seit langem eine traurige Rolle bei Geldverleih an Familiensöhne wie an kleine Gewerbetreibende spielt, hat man versucht, das Übel durch direkte Brandmarkung gewisser Praktiken und durch Aufstellung von zivil- und strafrechtlichen Verordnungen zu bekämpfen.

In Frankreich, wo man zuerst den Höchstzinsfuß im Strafrecht aufgehoben hatte (1886), hat man ihn im Zivilrecht erst 1918 und auch das nur provisorisch aufgehoben. Ein Gesetzesentwurf vom Juni 1932 geht sogar darauf aus, ihn im letzteren Falle wiederherzustellen. Das Delikt des W. ist ein „Gewohnheitsdelikt" und wird nach dem deutschen Prinzip behandelt.

Trotz aller Mittel zur Bekämpfung bleibt der W. ein schweres Übel in allen den Ländern, in denen der Reichtum ungleichmäßig verteilt ist.

Literatur: RATZINGER, G.: Volkswirtschaft in ihren sittlichen Grundlagen, 2. Aufl., S. 251—261. Freiburg 1895. — WETZER u. WELTE: Kirchenlexikon, Wort „Zins". — FUNK, F. X.: Geschichte des kirchlichen Zinsverbotes. Tübingen 1876. — ENDEMANN, W.: Die nationalökonomischen Grundsätze der kanonistischen Lehre. Jena 1863. — SCHNEIDER, F.: Das kirchliche Zinsverbot und die kuriale Praxis im 13. Jahrhundert. (Festgabe Heinrich Fink.) 1904. — COHN, E.: Der Wucher im Koran. Berlin 1913. — Zahlreiche Kommentare des Money Lenders Act of 1900. — RYAN, Franklin W.: Usury and usury Law. Boston 1922.

A. SAYOUS,
übersetzt von R. BAUM.

X, Y.

xd s. *ex.*

yield s. *Rentenmarkt 2.*

Der **Young-Plan** trägt seinen Namen nach dem Amerikaner Owen D. Young. Am 11. Februar 1929 trat in Paris unter seinem Vorsitz ein Sachverständigenausschuß zusammen, dessen Aufgabe es war, einen endgültigen Reparationsplan auszuarbeiten. Der Youngbericht (nämlich die Ergebnisse der Pariser Konferenz) wurde im „Haager Protokoll" vom 31. August 1929 von den Regierungen grundsätzlich angenommen, auf der zweiten Haager Konferenz endgültig („Haager Abkommen" vom 20. Januar 1930). Der Plan trat, nachdem er am 12. März 1930 vom Reichstag mit 266 gegen 193 Stimmen angenommen worden war, am 17. Mai 1930 in Kraft mit Rückwirkung auf den 1. September 1929 (Ablauf des fünften Dawes-Jahres. Vom 1. September 1929 bis 31. März 1930 lief das sog. „Übergangsjahr").

Der Y. stellt den zweiten wirtschaftlichen Lösungsversuch des Versailler Vertrages dar. (Der erste war der Dawes-Plan, der, nur als vorläufige Lösung gedacht, die Höhe sowie Dauer der Zahlungen nicht festsetzt. Die Normalannuität des Dawes-Plans von $2^1/_2$ Milliarden (!) war nur eine Art Basis, da sie mit dem jeweiligen Wohlstandsindex multipliziert, aber auch auf Grund der Goldwertklausel herabgesetzt werden konnte. Bei dem als endgültig gedachten Y. waren dagegen sämtliche Zahlungen genau festgelegt. Die Fassung dieses Plans führte erstmalig die *Kommerzialisierung* (s. d.) in das Reparationsproblem tatsächlich ein.

Wichtigste Unterschiede gegenüber dem Dawes-Plan. Die Industriebelastung (die nach dem Dawes-Plan insgesamt 16 Milliarden ausgemacht hatte) entfiel, dafür wurde die Reichsbahn mit einer Steuer von 660 Millionen RM. belegt. Die Überwachung der Zölle und Steuern hörte auf, dafür mußte sich Deutschland verpflichten, diese Einnahmen an niemanden zu verpfänden. Wohlstandsindex sowie Goldwertklausel kamen in Fortfall (letzteres erwies sich in der Folge als sehr verhängnisvoll).

Deutschland soll 37 Jahre lang 2,05 Milliarden RM. zahlen, weitere 22 Jahre wird es nur belastet, wenn Amerika die interalliierten Schulden nicht erläßt. Die Zahlungen laufen also bis einschließlich 1988. Sofortige Räumung des Rheinlandes, das nach dem Versailler Vertrag erst 1935 frei geworden wäre. Eine neue Idee des Plans war die Schaffung der B.I.Z., Basel (*Bank für internationalen Zahlungsausgleich* s. d.), die sämtliche Reparationszahlungen an Stelle des früheren Reparationsagenten (Parker Gilbert) zu regeln hat. Deutschland ist in ihrem Aufsichtsrat paritätisch vertreten.

Die Nachteile lagen, abgesehen von dem bereits erwähnten Fortfall der Goldwertklausel, in der stärkeren moralischen Bindung gegenüber dem Dawes-Plan. Verschlechterung des Transferschutzes. Verzicht auf polnische Entschädigung für Liquidation deutschen Eigentums in Polen.

Im Anschluß an den Y. wurde die $5^1/_2$proz. Young-Anleihe aufgelegt, die eine Teilkommerzialisierung von 200 Millionen Dollars zustande brachte (vgl. a. *Reichsbank I*).

Durch die Beschlüsse der Konferenz von Lausanne, welche (Oktober 1932) noch der Ratifizierung bedürfen, wurde der Young-Plan gegen eine Pauschalzahlung Deutschlands außer Kraft gesetzt.

Z.

Zagreber Börse s. *Jugoslawien, Geld- und Kapitalmarkt 3.*

Zahlbarstellung s. *Inkasso.*

Zahlstelle einer Gesellschaft oder einer Anleihe ist diejenige Stelle, die ohne Kosten für den Aktionär bzw. Obligationär Dividenden und Zinsen auszahlt, Dividendenscheinbogen erneuert, Umtausch oder Konversion vornimmt, als Hinterlegungsstelle dient usw., kurz alle sich aus Ausgabe und Umlauf der Wertpapiere ergebenden Transaktionen durchführt. Die Unterhaltung einer Z. am Börsenplatz ist Bedingung der Zulassung zum Börsenhandel. Meist sind es natürlich die Emissionsinstitute, die zugleich als Z. fungieren. Treten weitere Banken in den Kreis der Verwaltungsbanken, z. B. durch ein Aufsichtsratmandat, so werden auch sie gewöhnlich Z. Die Z. erhält meist eine kleine Provision von der

Gesellschaft. Aus der regelmäßigen Identität von Z. und Emissionsinstitut ergibt sich, daß die moralischen Pflichten eines Emissionsinstituts auch auf diejenigen Institute übergehen, die zwar Z. sind, aber nicht an der Emission beteiligt waren. Man erwartet also auch von ihnen — wenn auch in beschränkterem Maße — eine gewisse Kurspflege, Vertretung der Aktionäre bzw. Obligationäre gegenüber der Gesellschaft, insbesondere bei Zahlungseinstellung oder Währungsverfall (letztere natürlich nur bei ausländischen Anleihen). Ferner erteilt die Z. üblicherweise Anfragenden, die ihr Interesse dartun (z. B. als Eigentümer durch Einsendung eines „Mantels"), kostenlos unverbindliche Auskünfte über den betr. Wert.

Zahlstellenvermerk ist der Vermerk, durch welchen der Wechsel bei einer anderen Stelle, die sich aber am gleichen Ort wie das Lokal des Bezogenen befindet, zahlbar gestellt wird. Die Praxis unterscheidet nicht zwischen Zahlstelle und Domiliziat.

Zahlungsbilanz.

I. Die Zahlungsbilanz als statistische Aufstellung.

a) Der Inhalt der Zahlungsbilanz.

Z.[1] sind ein Mittel, um die Einflechtung eines Landes in die internationalen Wirtschaftsbeziehungen während einer bestimmten Zeitperiode statistisch darzustellen. Auch die Z. eines engeren Wirtschaftsgebietes (z. B. einer Stadt oder Provinz) könnte von Interesse sein; doch scheitert hier meist die Aufstellung an statistisch-technischen Schwierigkeiten. Die internationale Z. sucht im allgemeinen die Wirtschaftsvorfälle zu erfassen, die sich zwischen den in einem Land Ansässigen (Personen, Körperschaften, Firmen) und allen im Ausland Ansässigen abspielen. Es werden aber auch regionale Teilbilanzen aufgestellt, die nur die Wirtschaftsvorfälle zwischen den Ansässigen zweier Länder umfassen.

Wir gliedern die Z. nach ihrem Inhalt in fünf sachliche Teilbilanzen. 1. der wichtigste Bestandteil der Z. ist auch heute noch die Handelsbilanz, die Gegenüberstellung von Warenausfuhr und Wareneinfuhr. 2. Die dem Ausland geleisteten oder von dem Ausland empfangenen Dienstleistungen (Schiffahrts-, Transit-, Post-, Bank-, Versicherungs-, Maklerleistungen, künstlerische und wissenschaftliche Leistungen, Fremdenverkehr usw.) sind als Teil der Z. nicht anders zu beurteilen als Warenlieferungen, wenn sie auch statistisch viel schwerer zu erfassen sind. Ihre Einbeziehung führt zu der durch die Dienstebilanz „erweiterten Handelsbilanz". 3. Während die Edelmetalle im allgemeinen zum Außenhandel gerechnet werden, bilden wir aus später zu besprechenden Gründen (vgl. II. Teil) eine besondere Teilbilanz für die Währungsmetalle, bei Goldwährungsländern also vor allem die Goldbilanz. 4. Daneben tritt die Zinsenbilanz, zu der wir außer den Zins- und Tilgungszahlungen aus Kapitalanlagen auch Regierungszahlungen (politische Zahlungen, Aufwendungen für diplomatische Vertretungen usw.) und sonstige Zahlungen, denen kein Gegenposten in der Z. für die gleiche Periode entspricht (Geld, das Aus- oder Einwanderer mit sich führen, Rücksendungen der Auswanderer, Stiftungen, Geschenke usw.) hinzurechnen. 5. Als letzter Bestandteil der Z. verbleibt die Kapitalbilanz, unter der wir die Übertragungen von langfristigem Kapital (Anleihen, Besitzveränderungen von Beteiligungen, Unternehmungen und Grundstücken) und kurzfristigem Kapital (Bankguthaben, Auslandswechsel, Sorten usw.) verstehen.

[1] Die Darstellung hält sich an die international üblichen Zahlungsbilanzaufstellungen. In der Literatur werden mit demselben Ausdruck noch völlig andere (meist nur theoretisch vorgeschlagene) Zusammenstellungen (Forderungsbilanz, Zahlungsumsätze) bezeichnet, die hier unberücksichtigt bleiben.

In den Zahlungsbilanzaufstellungen fast aller Länder finden sich die vorstehend aufgeführten Posten berücksichtigt, wenn auch vielfach in anderer Anordnung. Die internationale Handelskammer hat im Interesse einer internationalen Vergleichbarkeit der Z. ein Einheitsschema aufgestellt und zur internationalen Anwendung empfohlen, das von kleinen Abweichungen abgesehen, der obigen Gliederung entspricht.

Allen hier aufgeführten Arten internationaler Wirtschaftsvorfälle ist gemeinsam, daß sie irgendwelche Zahlungen zwischen Angehörigen des In- und Auslands zur Folge haben. Die Zahlung braucht nicht immer in einer Übertragung von Zahlungsmitteln zu bestehen; vielmehr können Aufrechnung und Stundung an ihre Stelle treten. Eine Reihe ebenfalls wichtiger internationaler Wirtschaftsvorfälle findet demnach unmittelbar keine Aufnahme in den Z., wie die internationalen Wanderungen, Abschluß von Kartellverträgen usw. Nur wenn hierdurch Zahlungen entstehen, gehen sie in die Z. ein.

b) Der Bilanzcharakter der Zahlungsbilanz.

Von anderen Statistiken unterscheidet sich die Z. durch die bilanzähnliche — oder vielleicht besser: gleichungsähnliche — (vgl. *Bilanz*) Gegenüberstellung einer Aktiv- und einer Passivseite. Auf der Aktivseite werden diejenigen Vorgänge aufgeführt, durch die Zahlungen des Auslands an das Inland entstehen, also die Warenausfuhr, die Verrichtung von Dienstleistungen für Ausländer, das Fälligwerden von Zinsen, die Aufnahme von Krediten. Auf der Passivseite werden hingegen diejenigen Posten aufgeführt, durch die Zahlungen des Inlands an das Ausland entstehen, also die Wareneinfuhr, der Empfang von Dienstleistungen, die Verpflichtung zu Zinszahlungen, die Kreditgewährung an das Ausland. Bei manchen Posten ist es nicht möglich, die Bruttozahlen gegenüberzustellen; in diesen Fällen wird lediglich der Saldo auf die betr. Seite, die einen Überschuß aufzuweisen hat, eingetragen. Aus dem allgemeinen tauschwirtschaftlichen Grundsatz der wertmäßigen Gleichheit von Leistung und Gegenleistung, der auch für die Geschäftsvorfälle des internationalen Verkehrs gilt, folgt, daß die beiden Seiten der Z. sich in einer jeden Zeitperiode ausgleichen müssen. Die sachlichen oder regionalen Teilbilanzen können einen aktiven oder passiven Saldo aufweisen, nicht aber die Z. als Ganzes. Falls eine Teilbilanz einen Saldo ergibt, muß ihr der Saldo einer anderen Teilbilanz auf der anderen Bilanzseite gegenüberstehen. Ein Passivsaldo der Handelsbilanz kann z. B. ausgeglichen sein durch einen Kapitaleinfuhrüberschuß oder durch Zinsempfänge, ein Aktivsaldo der Handelsbilanz durch Kapitalexport oder durch Zinszahlungen. Ein bilanzmäßiger Ausgleich kann im internationalen Verkehr also stattfinden

von Waren und Diensten gegen Waren und Dienste,
von Kapital gegen Kapital,
von Waren und Diensten gegen Zinsen,
von Zinsen gegen Kapital,
von Zinsen gegen Zinsen usw.

Ebenso muß etwa ein Passivsaldo in der Teilbilanz zwischen dem Land A und dem Land B durch einen entsprechenden Aktivsaldo zwischen dem Land A und dem Land C oder anderen Ländern ausgeglichen werden. Dieser notwendige Ausgleich der Teilbilanzen in der Gesamtbilanz beruht auf der funktionalen Abhängigkeit der Wirtschaftsvorfälle, die in diesen Aufstellungen zusammengefaßt werden. Niemals dürfen allein aus diesem Ausgleich Rückschlüsse auf ursächliche Zusammenhänge gezogen werden. Tatsächlich wird aber häufig doch von einem Saldo der Z. gesprochen. Zwei verschiedene Gründe können hier maßgebend sein: zunächst ein statistisch-technischer, sodann ein ökonomischer Grund.

c) Die statistisch-technischen Probleme. Bei dem heutigen Stand der Wirtschaftsstatistik ist mit sehr erheblichen Fehlern und Lücken in den einzelnen Zahlungsbilanzposten zu rechnen. Diese führen zu einem Saldo der Gesamtbilanz, falls sie sich nicht zufällig gegenseitig ausgleichen. Die sorgfältigsten Erhebungen liegen im allgemeinen für den Außenhandel vor, obwohl auch hier z. B. durch unrichtige Deklarationen und Wertschätzungen Fehler oder z. B. durch den Schmuggelverkehr Lücken beträchtlichen Ausmaßes entstehen können. Es ist immerhin bemerkenswert, daß das Statistische Reichsamt vor der letzten Reform der Handelsstatistik selbst glaubte, an seinen Außenhandelszahlen etwa des Jahres 1927 eine Korrektur von 427 Millionen RM. (Einfuhr) bzw. 153 Millionen RM. (Ausfuhr) anbringen zu müssen. Ferner sind die Zahlen der Handelsstatistik durch die Berücksichtigung sonst nicht erfaßter Posten (Postpakete, Elektrizitätsein- und -ausfuhr) zu ergänzen. Die Dienstleistungen können im allgemeinen nur durch Schätzungen ermittelt werden, denen allerdings vielfach zahlenmäßige Angaben von Schiffahrtsgesellschaften, Versicherungen, Fremdenerhebungen usw. als Anhalt zugrundeliegen. Die Zinszahlungen sind ebenfalls nur zu einem Teil unmittelbar statistisch zu erfassen, meist werden sie auf Grund von ihrerseits wieder unsicheren Berechnungen über das eigene Kapital im Ausland und das fremde Kapital im Inland geschätzt. Die langfristigen Kapitalbewegungen lassen sich einigermaßen sicher erfassen, soweit es sich um Effektenemissionen im Ausland handelt; schwierig zu ermitteln sind aber Beteiligungen, Grundstückskäufe, Kauf und Verkauf von früher emittierten Effekten usw. Die größten Ungenauigkeiten liegen wohl stets in der Ermittlung der kurzfristigen Kapitalbewegungen. Sicher anzugeben sind im allgemeinen nur die Transaktionen, die durch die Notenbank hindurchgehen, obwohl auch bei ihr aus einer Devisenzunahme oder -abnahme nicht mit Sicherheit auf entsprechende internationale Bewegungen der gleichen Zeit zu schließen ist (vgl. *Notenbankausweise*). Denn die hinzugekommenen Devisen können aus privatem Inlandsbesitz stammen, die abgeflossenen in privaten Inlandsbesitz gegangen sein. In den Vereinigten Staaten und in Deutschland wurde der Versuch gemacht, durch besondere Erhebungen bei den Banken die kurzfristigen Kapitalbewegungen zu ermitteln. Aber auch diese Feststellungen konnten immer nur einen Ausschnitt aus der Gesamtbewegung erfassen. Erst im Zusammenhang mit den „Stillhalte"-Verhandlungen wurde in Deutschland eine wohl ziemlich erschöpfende Statistik der gesamten Auslandsverschuldung erhoben. Wenn die Annahme berechtigt ist, daß im allgemeinen gerade die bedeutsamsten Lücken der Z. in der Kapitalbilanz liegen, und daß die Fehler der übrigen Posten, soweit sie sich nicht gegenseitig ausgleichen, an Größe hinter diesen Lücken der Kapitalbilanz zurücktreten, dann muß es möglich sein, einen etwaigen Saldo der Gesamtbilanz im wesentlichen als Saldo der nicht erfaßten Teile der Kapitalbilanz anzusehen. Auf diese Weise kann die Z. als ein Mittel zur indirekten Schätzung der Kapitalbewegungen (vgl. *Kapitalwanderungen*) angesehen werden. Tatsächlich ist die Z. in Deutschland, den Vereinigten Staaten, England und anderen Ländern hierzu verwertet worden[1]. Von einem Saldo der Z. wird aber nicht nur aus diesen Gründen statistischer Unvollkommenheit gesprochen, sondern häufiger noch bei einer Betrachtungsweise, die dem Urteil nicht die gesamte Z., sondern nur einen Teil von ihr zugrundelegt. Dies ist z. B. der Fall, wenn es heißt, daß die Passivität der Z. eines Landes im Goldabstrom oder im Kapitalimport zum Ausdruck komme. Gemeint ist dann jeweils die Passivität der Z. abgesehen von der Goldbilanz im einen, der Kapitalbilanz im anderen Fall. Eine solche Aussonderung ist meist verbunden mit einer wirtschaftspolitischen Auswertung der Z., deren Recht zu prüfen ist.

d) Die Auswertung der Zahlungsbilanzaufstellungen.

Immer wieder wurde versucht, aus der „Aktivität" oder „Passivität" der Z. im eben erörterten Sinn Rückschlüsse auf die Wohlstandsentwicklung eines Landes zu ziehen. Wie die Geschäftsbilanz Rechenschaft über das Wohlergehen eines Unternehmens ablegt, so soll die Z. ein statistisches Erkenntnismittel für die Beurteilung der Lage eines Landes sein. Die ältere, aus der Zeit des Merkantilismus herrührende, aber noch heute vielfach vertretene Auffassung wertete die Bilanz als günstig, wenn die Handelsbilanz aktiv war und der Saldo durch Gold- oder Silbereinfuhr gedeckt wurde. Für die damalige Zeit, in der ein wachsender Edelmetallbestand Voraussetzung für die binnenwirtschaftliche Entwicklung war, erscheint diese Auffassung als verständlich. Mit der Entwicklung des internationalen Kreditverkehrs wurde diese Anschauung modifiziert. Es wurde erkannt, daß der Saldo der Handels- und Dienstebilanz nicht nur durch die Bewegung des Währungsmetalles, sondern auch durch Kapitaltransaktionen ausgeglichen werden kann. Seither gilt eine Bilanz vielfach als aktiv, als ein Zeichen blühender Wirtschaft, wenn sich aus ihr neue Vermögensansprüche an das Ausland ergeben, als passiv, als ein ungünstiges Symptom, wenn der Saldo der übrigen Posten durch einen Kapitalimport gedeckt wurde.

Solche Schlüsse mögen in bestimmten Situationen der Wirtschaft eines Landes richtig sein, ihre Verallgemeinerung ist aber nicht haltbar. Die Bewertung des Edelmetallzustroms ist abhängig nicht nur von der Währungsverfassung, sondern auch von der wirtschaftlichen Lage des betr. Landes. So ist z. B. der Goldstrom des Jahres 1930 in die Vereinigten Staaten nicht ein Zeichen volkswirtschaftlicher Blüte, sondern ein Symptom von Störungen im internationalen Verkehr. Ähnliche Bedenken bestehen gegen die verallgemeinernde Auffassung des Kapitalexports als Wohlstandssymptom. Ein Abstrom des Kapitals aus einem Lande kann eine Folge davon sein, daß andere Gebiete höhere Kapitalerträge oder höhere Sicherheit für das Kapital versprechen. Insofern kann ein Kapitalexport auf Grund sog. „aktiver" Z. unter Umständen auf eine stagnierende oder gar sich rückbildende Volkswirtschaft, sowie auf krisenhafte Vorgänge schließen lassen. Umgekehrt kann ein Kapitaleinstrom unter bestimmten Umständen Zeichen einer aufblühenden Volkswirtschaft sein, unter anderen Umständen auf eine Verarmung hindeuten — je nachdem ob steigender Investitionsbedarf oder sinkende Kapitalbildung Ursache der Kapitaleinfuhr sind. Hieraus

[1] Immerhin ergab sich in Deutschland zwischen dem auf diese mittelbare Weise gewonnenen Ergebnis der Kapitalbewegungen und dem durch die Statistik unmittelbar festgestellten Stand der Verschuldung eine beträchtliche, nicht sicher aufzuklärende Differenz.

ergibt sich, daß aus der Z. an sich ohne Berücksichtigung der jeweiligen strukturellen und konjunkturellen Lage der Gesamtwirtschaft keine Rückschlüsse auf die Wohlstandsentwicklung gezogen werden können. Nur in Verbindung mit binnenwirtschaftlichen Faktoren kann die Z. zur Erkenntnis der wirtschaftlichen Lage eines Landes herangezogen werden. Bei einer solchen Verwertung hat sie allerdings eine je nach dem Maß der Einflechtung eines Landes in die internationalen Handels- und Kapitalbeziehungen wachsende Bedeutung. Eine Auswertung der Z. ist aber abhängig von einer Einsicht in die Zusammenhänge der Wirtschaftsprozesse, deren Ergebnisse in der Z. zusammengefaßt werden.

II. Die Theorie der Zahlungsbilanz.

Im ersten Abschnitt wurde dargelegt, daß die beiden Seiten einer vollständigen Z. immer ausgeglichen sein müssen. Die Theorie der Z. hat zu erklären, wie es unter der Annahme verschiedener Voraussetzungen jeweils zu diesem Ausgleich kommt. Es handelt sich demnach um ein Teilgebiet aus der Theorie der internationalen Wirtschaftsbeziehungen.

a) Der Ausgleich der Handelsbilanz.

Zur einfacheren Darstellung sei zunächst angenommen, daß wir es nur mit zwei Ländern zu tun haben, und daß zwischen ihnen nur Handelsbeziehungen, keine Kapitalbeziehungen bestehen. Wir haben also zu erklären, wie es unter diesen Umständen zu einer ausgeglichenen Handelsbilanz kommt. Das Land A führe Weizen aus dem Lande B ein, da er dort billiger ist. Jetzt muß das Land B in gleichem Betrage auch seinerseits Waren aus dem Lande A beziehen. Wie kommt dieser Ausgleich zustande? Um den Weizen in B zu bezahlen, brauchen die Kaufleute von A in B gültiges Geld. Nehmen wir zunächst an, beide Länder hätten Papierwährung, so führt die Nachfrage von A-Kaufleuten nach B-Geld zu einer Kursverschiebung zugunsten des B-Geldes, zuungunsten des A-Geldes. Durch eine solche Veränderung der Wechselkurse verändern sich die Preisrelationen der beiden Länder, solange nicht die inneren Preise (d. h. die Preise der Güter eines jeden Landes gemessen in der betr. Landeswährung) folgen, was aber nur bei Inflation im einen Lande oder bei Deflation im anderen möglich ist. In unserem Beispiel wird es für die Inhaber von B-Geld vorteilhaft, Waren des Landes A — z. B. Eisenerze — zu kaufen. Die Angehörigen des Landes A müssen hingegen mehr inländisches Geld aufwenden, um noch den B-Weizen kaufen zu können. Es entsteht eine gestiegene Nachfrage nach A-Geld, eine verminderte nach B-Geld. Die Kurse stellen sich ein auf einen Stand, bei dem A für den gleichen Betrag Weizen von B einführt wie B Eisenerze von A. Durch die Verschiebung der Wechselkursrelationen verschieben sich demnach die Preisniveaus der beiden Länder solange gegeneinander, bis der Ausgleich der Handelsbilanz erreicht ist. Ein jedes Land führt dabei von den Waren, nach denen im anderen Lande Nachfrage besteht, diejenigen aus, die es mit den gegenüber seinen anderen Produktionen relativ geringsten Kosten herstellt. Angenommen das Land A sei von Natur wenig begünstigt — es verfüge nur über Eisenerze, die wegen tiefer Lagerung mit hohem Arbeitsaufwand zu fördern seien. Für Getreide seien die Bedingungen aber noch ungünstiger — es wachse in dem Lande, aber nur mit außerordentlich hohem Produktionsaufwand, da der Boden sehr unfruchtbar sei. Im Lande B sei hingegen ein fruchtbarer Boden — es verfüge außerdem über Erzlager, die zwar nicht sehr günstige, aber immerhin günstigere Abbaubedingungen als im Lande A aufweisen. Das Land A wird nun sein Getreide aus B beziehen, das Preisniveau von A wird infolgedessen gemessen am B-Geld solange sinken, bis es für B vorteilhaft wird, Erz aus A zu beziehen — obwohl die objektiven Produktionsbedingungen im eigenen Land günstiger sind. Die Preisniveaus der beiden Länder müssen sich demnach solange gegeneinander vermittels der Kursveränderung verschieben, daß auch das Land mit den ungünstigeren Produktionsverhältnissen seine wenigstens relativ am günstigsten zu produzierenden Güter zu wettbewerbsfähigen Preisen anbieten kann. Dies ist in möglichst vereinfachter Ableitung und Darstellung der Inhalt des bekannten „Gesetzes der komparativen Kosten", des Grundprinzips der von Ricardo begründeten Außenhandelstheorie. Dieses Gesetz läuft letzten Endes darauf hinaus zu zeigen, daß im internationalen Warenaustausch auch von Natur benachteiligte Länder mit Vorteil teilnehmen können; allerdings müssen sie die Ungunst ihrer wirtschaftlichen Lage durch einen geringeren Gegenwert für ihre Arbeitsleistung und damit durch einen geringeren Lebensstandard ausgleichen.

Auch bei Annahme von *Goldwährung* (s. d.) stellt sich als gleiches Ergebnis ein, daß die Verschiebung der Preisniveaus der beiden Länder gegeneinander solange erfolgt, bis die Handelsbilanz ausgeglichen wird. Die Veränderung der Wechselkurse hält sich hierbei innerhalb sehr enger Grenzen (*Goldpunkte*, s. d.), bei denen es vorteilhaft wird, Gold vom einen Lande zum anderen zu versenden. Der Weizenkauf des Landes A in unserem Beispiel führt unter diesen Bedingungen zu einem Goldabstrom von A nach B. Nach der Quantitätstheorie in ihrer einfachsten Form folgt nun aus der Goldminderung in A eine Preissenkung, aus der Goldvermehrung in B eine Preissteigerung — wiederum bis es für B vorteilhaft wird, die Erze aus A in gleichem Betrage zu beziehen, wie A Getreide in B kauft, bis der Ausgleich der Handelsbilanz also eingetreten ist.

Das Bemühen der modernen Außenhandelstheorie war vor allem darauf gerichtet, in einer der modernen Währungs- und Wirtschaftsverfassung entsprechenden Weise diesen Zusammenhang näher zu durchleuchten, zu erklären, durch welche Prozesse der Goldabstrom zu einer Preissenkung, der Goldzustrom zu einer Preissteigerung führt. Hierbei wirken verschiedene Faktoren in der gleichen Richtung. Wenn die Bürger von A beginnen, statt heimischer Produkte ausländische B-Produkte zu kaufen, so sinkt schon hierdurch die Nachfrage nach heimischen A-Produkten, wodurch unter den üblichen Voraussetzungen eine preissenkende Tendenz ausgelöst wird. Umgekehrt bewirkt die nun verstärkte Nachfrage nach B-Produkten eine Preissteigerung in B. Die Verminderung der Nachfrage nach A-Produkten kann sich je nach der Währungsgesetzgebung und Währungspolitik verstärkt auswirken, wenn der Abfluß von Gold aus der Notenbank von A zu einer Einschränkung des gesamten Kreditvolumens dieses Landes führt. Umgekehrt kann die Preissteigerung in B verstärkt werden, wenn das neu eingeführte Gold zur Grundlage einer verstärkten Kreditgewährung dient. Für das Maß dieser Wirkungen ist entscheidend die Währungsverfassung und Währungspolitik, sowie das Verhältnis der Marktgröße der beiden Wirtschaftsgebiete. Soweit das Gold aus einer übergesetzlichen Währungsreserve des Landes A stammt und vom Land B zur Verstärkung der Währungsreserve verwendet wird, bleibt jedoch die Wirkung von dieser Seite aus. Eine weitere Stärkung kann der Einfluß auf die Preisrelationen gewinnen, wenn die Notenbank des

Landes A zur Verteidigung ihres Goldbestandes den Diskont heraufsetzt. Die Auffassung wurde vertreten, daß auch diese Zinsverteuerung zur Preissenkung führt, weil die Kreditnehmer infolge der Kreditkündigungen zu einem Abstoßen ihrer Läger veranlaßt würden und damit zur Preissenkung beitrügen. Diesem Zusammenhang ist in der Realität wohl nur eine begrenzte (je nach der Bedeutung des spekulativen Handels unterschiedliche) Wirksamkeit zuzusprechen. Wichtiger ist die Drosselung des Kreditverkehrs durch die Diskonterhöhung und damit die Verminderung der Kaufkraft, die Verstärkung der Absatzschwierigkeiten. Die Preissenkung kann durch die Tatsache erklärt werden, daß als Folge der Auslandskäufe unmittelbar und durch die *Diskontpolitik* (s. d.) mittelbar eine produktionshemmende Krise ausgelöst wird. Dieser Zusammenhang zwischen Absatzminderung im Inland und Preissenkung ist nun aber je nach der Wirtschaftsverfassung sehr verschieden. Wenn eine Vielzahl kleiner oder mittlerer Unternehmer in den verschiedenen Produktionszweigen miteinander in Konkurrenz steht, werden durch die Absatzminderung die am teuersten arbeitenden Produzenten (die Grenzproduzenten) ausfallen; es wird also eine Senkung der Preise unmittelbar möglich. Diese Preissenkung tritt aber unter den Bedingungen der modernen Volkswirtschaft sehr viel schwerer ein. Nicht nur gehen von Kartellen usw. Versuche aus, die Preissenkung zunächst aufzufangen, ja sogar eine der Zinssteigerung entsprechende Preissteigerung durchzuführen, sondern vor allem scheiden heute durch eine Absatzkrise nicht die teuersten Produzenten aus, sondern die modernen Riesenbetriebe mit ihren degressiven Kosten arbeiten nur noch mit teilweiser Ausnützung ihrer Kapazität, also mit steigenden Kosten. Die preissenkende Tendenz trifft also zunächst mit einer entgegengesetzt gerichteten preissteigernden Tendenz zusammen. Diese kostensteigernde Tendenz bei verminderter Nachfrage führt zum Absatzrückgang. Erst durch den Zwang der Krise werden die Produktionskosten, insbesondere die Löhne, z. T. aber auch die Zinslasten, soweit gesenkt, bis sich die Preisrelationen zum Ausland einstellen, die zu einer Einfuhrdrosselung oder einer Ausfuhrforcierung führen, bis der Ausgleich der Handelsbilanz hergestellt wird. Tatsächlich war der Ausgleich in der Geschichte der kapitalistischen Wirtschaft meist in milderen Formen zu beobachten, weil bei einer Störung der Handelsbilanz zunächst Kapitalbewegungen den Ausgleich bewirkten.

b) Der Zusammenhang zwischen Handelsbilanz und Kapitalbilanz.

Die Zusammenhänge zwischen Handelsbilanz und Kapitalbilanz können von zweierlei verschiedener Art sein. Die Kapitalbilanz kann zum Ausgleich eines Saldos der Handelsbilanz dienen, wenn diese aus Gründen, die in den Angebots- und Nachfrageverhältnissen der beteiligten Länder liegen, gestört ist. Wir haben dargestellt, daß bei Goldwährung eine solche Störung des Gleichgewichts im Außenhandel zunächst zu kleinen Veränderungen der Wechselkurse, zu Goldsendungen und zu Veränderungen des Diskontsatzes führt. Ein sinkender Wechselkurs und steigender Diskontsatz führen aber unter gewöhnlichen Umständen noch schneller, als sie angesichts der geschilderten Schwierigkeiten eine Außenhandelsumstellung bewirken, zu einem Einstrom von Kapital, vor allem von kurzfristigem Kapital, das eine normalerweise außerordentlich hohe internationale Reagibilität selbst bei geringen Zins- und Kursdifferenzen aufweist. Schon eine leichte Veränderung der Wechselkursrelationen innerhalb der Goldpunkte, oder eine geringe Zinsdifferenz, die auf die Warenpreise nur von verschwindender Einwirkung wären, können zu Kredittransaktionen führen. Insofern besteht bei einem intakten internationalen Geldmarkt die Wahrscheinlichkeit, daß ein plötzlich auftretender Saldo der Handelsbilanz zunächst durch eine kurzfristige Kreditbewegung aufgefangen wird, daß die Umstellungen des Außenhandels mit all ihren Schwierigkeiten zunächst herausgeschoben werden, und sich dadurch auf eine längere Zeit verteilen können. Früher oder später wird die Umstellung aber jedenfalls in einem hochentwickelten Industrieland eintreten müssen, denn der Ausgleich kann hier seiner Natur nach nur eine begrenzte Zeit lang durch Kredite hergestellt werden.

Wenn die Störung der Handelsbilanz zusammenfällt mit Kapitalmangel im einen, mit Kapitalüberfluß im anderen Lande, kann der Ausgleich auch durch langfristige Kapitaltransaktionen herbeigeführt werden (vgl. *Bank für internationalen Zahlungsausgleich*). Langfristige Kapitaltransaktionen entstehen aber im allgemeinen weniger als Reaktion auf eine Störung der Handelsbilanz als aus eigenen Ursachen, aus der binnenwirtschaftlich bedingten Kapitalsituation der betr. Länder. Vielfach haben sie ihrerseits dann aber Rückwirkungen auf den Außenhandel. Wenn ein Land A dank seines Wohlstands eine stärkere innere Kapitalbildung aufweist als ein Land B, wenn aber die Kapitalanlagen im Lande B eine höhere Kapitalverzinsung versprechen, so wird eine Kapitaltransaktion von A nach B die Folge sein. Diese Kapitaltransaktion muß nun irgendwelche Vorgänge bei anderen Posten der Z. auslösen, sofern nicht eine in umgekehrter Richtung fließende kurzfristige Kreditbewegung als Ausgleich in Frage kommt. Der Ausgleich wird sich in unserem Beispiel durch eine Anpassung des Außenhandels vollziehen müssen. Aus dem kapitalgebenden Lande A oder vermittelt durch dritte Länder muß das Land B Waren in verstärktem Maße einführen. Der Zusammenhang kann ein unmittelbarer sein, wenn das Land B z. B. Kapital zum Bau einer Eisenbahn aufgenommen hat und nun Schienen, Lokomotiven usw. einführt. Der Zusammenhang kann aber auch ein mittelbarer dadurch sein, daß das aufgenommene Kapital im Inland ausgegeben wird, die Einzahlung des Kapitals zunächst zu einem Gold- oder Devisenzustrom zur Notenbank führt, damit eine Preissteigerung bei vermehrter Nachfrage möglich wird, damit wiederum eine verstärkte Einfuhr oder eine verminderte Ausfuhr eintritt. Auf diese Weise muß sich in einem Lande mit einem Kapitaleinstrom eine passive Handelsbilanz als Ausgleich einstellen, wenn nicht andere kompensierende Posten der Z. gegeben sind.

c) Der Ausgleich von Zinszahlungen und politischen Zahlungen.

Wenn ein Land Auslandskapital aufgenommen hat, so entsteht durch die Zahlung der Zins- und Tilgungsbeträge eine Gegenbewegung. Wenn das betr. Land Kapital durch eine längere Periode hindurch aufnimmt, so wird die Zinszahlung zunächst noch durch den fortdauernden Kapitaleinstrom ausgeglichen werden, bis der Zeitpunkt eintritt, an dem die Zins- und Tilgungszahlungen die Kapitaleinfuhr übersteigen. Von diesem Zeitpunkt ab muß die Handelsbilanz (falls die anderen Posten der Z. keine Änderung erfahren) umschlagen. Vielfach wird gerade die vorausgegangene Kapitaleinfuhr zu einer solchen Entwicklung des Landes beigetragen haben, daß hierdurch die Umstellung des Außenhandels auf verstärkte Ausfuhr oder verminderte Einfuhr erleichtert wird. Die Übertragung von politischen Zahlungen unterscheidet sich von dem eben genannten privaten Schuldendienst, weil ihnen kein die Wirtschaftsentwicklung fördernder Kapitaleinstrom vorausgegangen ist. Sie stellen Zahlungen dar, die unter Umständen dem sich aus der Wirtschaftsstruktur der betr. Länder ergebenden Gefälle der Kapitalmärkte zuwiderlaufen. Daher kann die Handelsumstellung hier auf sehr viel ernstere Schwierigkeiten stoßen, ja, unter Umständen scheitern. Aber gerade auch diese Störnungsmöglichkeiten lassen sich nur ermitteln, wenn zuvor das theoretische Schema einer solchen Umstellungsmöglichkeit entwickelt ist.

Wir nehmen an, die Beträge seien durch Steuern im Inland aufgebracht und bei der Reichsbank eingezahlt. Diese beginnt, das Geld zum Kauf von Devisen zu verwenden. Hierdurch wird in gleichem Maße die inländische Kaufkraft vermindert, während die Wechselkurse bis an die Grenze der Goldpunkte anziehen. Die Kaufkraftminderung wird wenigstens zu einem Teil ein vermindertes Kapitalangebot und damit eine zinssteigernde Wirkung ausüben. Diese Tendenz trifft zusammen mit der Diskonterhöhung der Notenbank, zu der diese in der Verteidigung ihres Goldbestandes greifen muß. Das Anziehen der Wechselkurse, die Diskonterhöhung der Notenbank, die Verknappung des inländischen Kapitalangebots führen zum Kapitalimport, der zunächst die Deckung für den „Transfer" bewerkstelligen wird. Aber gleichzeitig werden bereits die Wirkungen einsetzen, die zu einer Deckung durch Umstellung der Handelsbilanz drängen. Kaufkraftminderung, Kapitalknappheit, Diskonterhöhung lösen unter Umständen durch eine Umstellungskrise hindurch preissenkende Tendenzen aus, die zur Ausfuhrsteigerung oder Einfuhrminderung, also zur Herstellung eines Exportüberschusses führen. Die genau entsprechenden entgegengesetzten Vorgänge vollziehen sich in dem Gläubigerland, die unser Schema aber nur in noch weiter vereinfachter Form wiedergibt. Wie lange die Abdeckung durch Kapitalimport über die Abdeckung durch die Handelsbilanz überwiegen wird, hängt von der wirtschaftlichen Gesamtlage in dem Schuldner- und in dem Gläubigerland, sowie überhaupt von der Lage der Weltmärkte ab, hängt aber auch von der Größe der Beträge ab, um die es sich handelt. Zu irgendeinem Zeitpunkt ist die außenhandelsmäßige Abwicklung unvermeidlich. Tatsächlich können aber in den Reparationsvollzug noch dritte Länder eingeschaltet werden. So ist es z. B. möglich, daß das Gläubigerland nicht selbst den Warenstrom aufnimmt, der durch die Übertragung ausgelöst wird, sondern den Betrag an ein drittes Land als Kapitalexport weitergibt, und daß dieses Land nunmehr die entsprechenden Waren aus dem Schuldnerland aufnimmt.

Schema der Übertragung von politischen Zahlungen

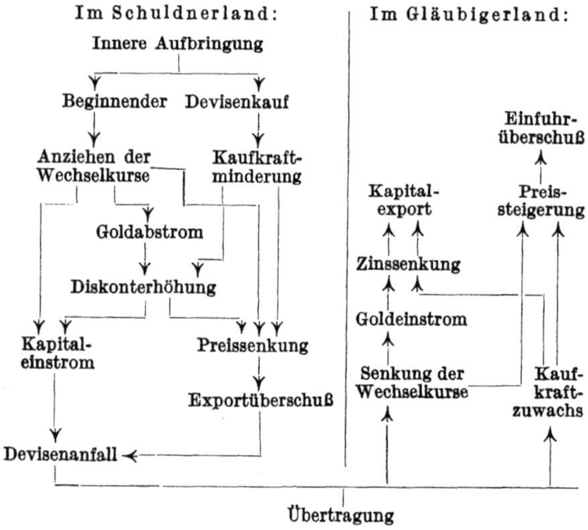

Dieses Schema der zahlungsbilanzmäßigen Abwicklung der politischen Zahlungen stellt natürlich nichts anderes als eine theoretische Möglichkeit dar. Wie weit diese Möglichkeit auch Wirklichkeit werden kann, hängt von der Höhe der Beträge und von den wirtschaftlichen und wirtschaftspolitischen Widerständen ab, die sich in der konkreten Gegebenheit einstellen. Das Schema kann aber dazu dienen, daß nun Schritt für Schritt untersucht wird, ob in der jeweiligen historischen Wirklichkeit die Voraussetzungen für den Ablauf der Reaktionen gegeben sind, von denen die Möglichkeit der Übertragung abhängt. So war z. B. für Deutschland festzustellen, daß die innere Aufbringung der politischen Zahlungen durch Steuern zu einer Kapitalverknappung führte, die zunächst ganz entsprechend dem Schema einen Kapitaleinstrom auslöste. Der hohe Zinsfuß führte aber gleichzeitig zu einer solchen Drosselung der Wirtschaftsentwicklung, daß hieraus wachsende Arbeitslosigkeit (bereits vor Ausbruch der Weltkrise) und damit sinkendes Vertrauen des Auslands zu Kapitalinvestitionen in Deutschland und sinkende Bereitschaft deutscher Kreditnehmer zu Investitionen folgten. Auf diese Weise mußte der Ausgleich durch den Kapitaleinstrom allmählich ein Ende finden. Die warenmäßige Umstellung, die sich schon in der Zeit der Kapitaleinfuhr vorbereitet hatte, stieß auf die Widerstände der Gläubigerländer, in entsprechendem Maße ihre Wareneinfuhr aus Deutschland zu steigern. Pläne, die auftretenden Schwierigkeiten durch eine internationale Kreditkooperation zu bewältigen, kamen nicht zur Durchführung. Diese gleichen Hemmungen traten in verschärftem Maße auf, als im Jahre 1931 zwar die Reparationsübertragungen eingestellt wurden, dafür aber sehr viel höhere Transaktionen aus den Kreditrückziehungen des Auslands einsetzten (vgl. u. Abschn. IIIc). Schwierigkeiten in der Abwicklung des Zahlungsbilanzmechanismus wegen zu großer oder zu plötzlich einsetzender einseitiger Zahlungen oder wegen mangelnder Elastizität der Kapital-, Waren- und Arbeitsmärkte können ihrerseits wieder, wie die Erfahrung der letzten Jahre gelehrt hat, zu Schwierigkeiten der Gesamtwirtschaft (insbesondere auch der Kreditwirtschaft und der Finanzwirtschaft) führen. Zu betonen ist allerdings, daß aus den Vorgängen, die in der Z. zusammengefaßt werden, sich für die Währung wohl Kursschwankungen, nie aber unmittelbar eine Zerrüttung (wie in der deutschen Inflationszeit) zwangsläufig herleiten lassen. Dieser Zusammenhang kann immer nur ein mittelbarer sein, wenn die durch internationale Transaktionen hervorgerufenen Schwierigkeiten der Binnenwirtschaft oder auch der Finanzwirtschaft die Notenbank veranlassen, zu einer inflationistischen Politik überzugehen.

III. Die Zahlungsbilanz einiger wichtiger Länder.

Als praktische Belege sollen die Z. einiger Länder verschiedener Wirtschaftsstruktur, wenigstens in ihren wichtigsten Posten, aufgeführt und kurz erläutert werden. Lediglich die deutsche Z. der letzten Jahre ist etwas eingehender zu behandeln.

Die Z. Großbritanniens ist die typische Z. einer alten Gläubigernation, bei der die Zinseinnahmen aus ausländischen Kapitalanlagen eine Höhe erreicht haben, die über die Neuanlagen im Ausland be-

a) Die Zahlungsbilanz Großbritanniens.

	1913	1928	1929	1930	1931
Sichtbare Posten:	in Millionen £[1]				
Überschuß der Wareneinfuhr.	146	352	381	386	411
Überschuß der Edelmetalleinfuhr (+) bzw. -ausfuhr (—)	+12	+6	—15	+5	—35
Handelsbilanz (Einfuhrüberschuß)	158	358	366	391	376
Unsichtbare Posten:					
Überschuß der Einnahmen aus Regierungszahlungen	.	15	24	19	16
Überschuß der Schiffahrtseinnahmen	94	130	130	105	80
Überschuß der Einnahmen von Kommissionen[2]	25	65	65	55	30
Überschuß der Einnahmen aus überseeischen Investitionen	210	270	250	220	165
Überschuß der Einnahmen aus sonstigen Quellen	10	15	15	15	10
Einnahmeüberschuß insgesamt	339	495	484	414	301
Verfügbar für überseeische Kapitalanlagen	181	137	118	23	—75

trächtlich hinausgehen, und die die Deckung für eine starke Passivität der Handelsbilanz abgeben. Die Bilanzen der Nachkriegszeit weisen gegenüber der Vorkriegszeit einige wesentliche Änderungen auf, die zeigen, wie günstige und ungünstige Symptome der Wirtschaftslage in der Z. zum Ausdruck kommen. Die bedeutend verstärkte Passivität der Handelsbilanz ist nicht wie in der Vorkriegszeit primär zurückzuführen auf gestiegene Zinseingänge, damit kein Ausdruck einer Wohlstandssteigerung, sondern vor allem zu erklären aus dem Verlust wichtiger Exportmärkte. Auffallend ist aber, daß zu dem Rückgang der Warenausfuhr eine die Passivität der Handelsbilanz verschärfende Steigerung der Wareneinfuhr hinzugekommen ist. Der Gegenposten für diese Veränderung beruht darin, daß die Zinseinnahmen aus den Auslandsanlagen heute in starkem Ausmaß zur Abwicklung des Passivsaldos der Handelsbilanz dienen, während der Kapitalexport eine bedeutende Minderung vor allem zugunsten der inländischen Kapitalinvestitionen erfahren hat. Hierin wirkt sich neben der Kreditinanspruchnahme öffentlicher Körperschaften des Inlands der Kapitalbedarf für Produktionsausweitung und Produktionsumstellung der englischen Industrie aus. So steht der inländischen Nachfrage nach Produktionsmitteln und Konsumgütern eine höhere Kaufkraft zur Verfügung. In der englischen Z. der Nachkriegszeit kommen demnach zwei wichtige Tatsachen zum Ausdruck, nämlich die Schwierigkeiten der englischen Industrie auf den Weltmärkten und der Umstellungsprozeß der englischen Industrie im Inland (vgl. Art. *Londoner Börse* und *England, Geld- und Kapitalmarkt*).

Die englische Z. kann aber auch als Beispiel für Lücken dienen, die in den Zahlungsbilanzaufstellungen enthalten sind. Die Z. (ohne Kapitalbilanz) weist für 1930 einen Aktivsaldo von 25 Millionen £ auf, der als Betrag des Nettokapitalexports anzunehmen ist; für 1931 ergibt sich sogar ein beträchtliches Passivum. Nach anderen statistischen Quellen ist aber anzunehmen, daß auch in diesen Jahren noch ein langfristiger Kapitalexport von rund 100 Millionen £ stattgefunden hat. Diese Auslandsemissionen werden daher nur unter gleichzeitiger, kurzfristiger Verschuldung gegenüber dem Ausland ausgeführt sein. Die Schwäche des Pfundkurses beweist, daß es sich bei diesem kurzfristigen Kapitalimport um einen durch die Bewegung der übrigen Zahlungsbilanzposten erzwungenen Deckungsvorgang handelt. Nachdem infolge der Vertrauenskrise ein Teil dieser kurzfristigen Kredite aus England abgezogen wurden, schien ein Ausgleich unter Aufrechterhaltung des „Goldstandards“ unmöglich zu sein. Der Pfundsturz führte nun seinerseits zu Kreditrückzahlungen nach England und zu einer gewissen Erleichterung für die Ausfuhr, während eine beträchtliche Einfuhrminderung erst von den Auswirkungen der Zollpolitik erwartet wird.

[1] Ohne Berücksichtigung der Geldwertänderungen.
[2] Einschließlich kurzfristiger Bankgeschäfte.
Quelle: Board of Trade Journal.

b) Die amerikanische Zahlungsbilanz.

		Durchschnittlich 1922/24	Durchschnittlich 1925/27	1928	1929	1930	1931
		in Millionen Dollar					
Waren- und Dienstleistungen[1]	Ausfuhr	4619	5393	5920	6075	4661	3040
	Einfuhr	4398	5323	5678	6106	4509	3144
	Saldo	+221	+70	+242	—31	+152	—104
Zins- und sonst. Zahlungen[2]	Eingänge	795	939	1181	1275	1236	830
	Ausgänge	532	573	773	867	675	469
	Saldo	+263	+366	+408	+408	+561	+361
Kapitaltransaktionen	Debet	385	385	2795	2473	2315	1587
	Kredit	650	884	3729	2779	3095	2134
	Saldo	—265	—499	—934	—306	—780	—547
Goldbewegungen	Saldo	—248	+61	+272	—120	—256	+166
Differenzen[3]	Saldo	+28	+2	+12	+45	+323	+124

Die amerikanische Z. zeigt die internationale Verflechtung einer Gläubigernation völlig anderer Art. Die quantitative Bedeutung der internationalen Wirtschaftsvorfälle im Verhältnis zu den binnenwirtschaftlichen Vorgängen ist in den Vereinigten Staaten weit geringer als in England. Trotzdem hat sich erwiesen, daß gerade diese Spitzenbeträge sowohl für die amerikanische Wirtschaft als auch für die mit ihr in Verbindung stehenden Länder von entscheidender Bedeutung sein können. Im Gegensatz zu England hat der amerikanische Kapitalexport in den meisten Nachkriegsjahren den Zinsbezug erheblich übertroffen. Entsprechend weist Amerika im Gegensatz zu England eine stark aktive Handelsbilanz auf. Interessanter als diese strukturellen Unterschiede, die zwischen diesen Typen der alten und der jungen Gläubigernation bestehen, sind die starken Schwankungen, die das Bild der amerikanischen Z. vor allem beeinflussen.

Die amerikanische Börsenhausse führte zu einer derartigen Steigerung der Kapitalinanspruchnahme, daß sich der Saldo des Kapitalexports von 1928 auf 1929 um zwei Drittel verminderte. Da sich aber die Handelsbilanz trotz der Tendenz zur Passivierung nicht in gleichem Ausmaße umstellen konnte, ergab sich in diesem Jahr ein sehr bedeutender Goldimport als Ausgleich. Unter den Einwirkungen des Börsenkrachs im Herbst 1929 verminderte sich 1930 die innere Kapitalinanspruchnahme — der Kapitalexport stieg wieder auf mehr als das Doppelte von 1929. Allerdings weist die Z. für 1930 eine unaufgeklärte Differenz der statistisch erfaßten Posten in großer Höhe auf. Im Jahre 1931 steht den hohen Kreditrückziehungen aus den Vereinigten Staaten ein verminderter eigener Kapitalexport sowie ein beträchtlicher Goldexport als Ausgleich gegenüber.

Die Labilität, die die Weltkapitalmärkte schon vor Beginn des Weltkrieges kennzeichnete, wurde neben anderen Faktoren mitbestimmt durch den ruckweisen Wechsel von Zustrom und Abstrom auf dem amerikanischen Kapitalmarkt. Diese Bewegungen standen nicht nur unter dem Einfluß der

[1] Frachten, Passagierverkehr, Touristenausgaben, Versicherung, Gebühren für Filme, Kabel, Patente, elektrischen Strom usw.
[2] Kriegsschuldzahlungen, andere Regierungstransaktionen, Rücksendungen der Einwanderer, Beträge für wohltätige Zwecke usw.
[3] Einschließlich der Bewegung von Papiergeld.
Quelle: Department of Commerce, Bureau of Foreign and Domestic Commerce, Trade Information Bulletin.

Die deutsche Zahlungsbilanz

	1925			1926			1927			1928		
	Aktivseite	Passivseite	Saldo	Aktivseite	Passivseite	Saldo	Aktivseite	Passivseite	Saldo	Aktivseite	Passivseite	Saldo
1. Warenhandel	9546	11990	—2444	10677	9884	+ 793	11118	14078	—2960	12627	13912	—1285
a) reiner Warenhandel, freier Verkehr	9051	11870	—2819	10043	9847	+ 196	10535	13977	—3442	11961	13831	—1870
b) Bewegung der freien Edelmetallbestände	—	112	— 112	—	29	— 29	—	93	— 93	—	73	— 73
c) Kraftlieferungen	3	8	— 5	3	8	— 5	4	8	— 4	3	8	— 5
d) Reparationslieferungen	492	—	+ 492	631	—	+ 631	579	—	+ 579	663	—	+ 663
2. Dienstleistungen im freien Verkehr	883	594	+ 289	1077	674	+ 403	1162	855	+ 307	1207	902	+ 305
a) Schiffsverkehr (ausschl. Personenverkehr)	506	268	+ 238	570	301	+ 269	620	344	+ 276	611	356	+ 255
b) Durchfuhrverkehr	113	26	+ 87	216	29	+ 187	164	29	+ 135	164	32	+ 132
1. Passagiergeschäft der deutschen Seeschiffahrt	57	—	+ 57	74	—	+ 74	80	—	+ 80	80	—	+ 80
c) 2. Sonst. Reiseverkehr	125	180	— 55	135	200	— 65	160	270	— 110	180	300	— 120
d) Versicherungsgeschäfte	—	18	— 18	—	23	— 23	23	25	— 2	58	30	+ 28
e) Postverkehr	2	19	— 17	2	19	— 17	2	19	— 17	2	19	— 17
f) Löhne ausländ. Arbeiter	—	50	— 50	—	50	— 50	—	50	— 50	—	50	— 50
g) Filmlizenzen	—	10	— 10	8	18	— 10	8	18	— 10	8	18	— 10
h) Amtliche deutsche Vertretung im Auslande	—	36	— 36	—	60	— 60	—	52	— 52	—	52	— 52
i) Amtliche ausländische Vertretung in Deutschland	20	—	+ 20	20	—	+ 20	20	—	+ 20	20	—	+ 20
k) Sonst. Dienstleistungen[1]	60	6	+ 54	85	40	+ 45	84	45	+ 39	84	45	+ 39
3. Dienstleistungen im Reparationsverfahren	173	—	+ 173	93	10	+ 83	205	—	+ 205	175	—	+ 175
a) im Inland (Leistungen für Besatzungstruppen und Kommissionen)	162	—	+ 162	93	—	+ 93	77	—	+ 77	69	—	+ 69
b) im Ausland (Unterschied zwischen den vom Agenten verrechneten u. d. in d. Handelsstatistik erfaßten Sachleistungen)	11	—	+ 11	—	10[2]	— 10	128	—	+ 128	106	—	+ 106
4. Zinsen	320	326	— 6	340	513	— 173	335	680	— 345	382	945	— 563
5. Reparationsleistungen	—	1057	—1057	—	1191	—1191	—	1584	—1584	—	1999	—1999
Summe d. laufenden Posten	—	—	—3045	—	—	— 85	—	—	—4377	—	—	—3367
Summe d. Kapitalbewegung	—	—	+3045	—	—	+ 85	—	—	+4377	—	—	+3367
6. Gold- u. Devisenbewegung bei den Notenbanken	476	566	— 90	56	624	— 568	574	122	+ 452	—	931	— 931
a) Edelmetallbewegung 1. Kassenbestand	—	566	— 566	—	550	— 550	—	122	— 122	—	861	— 861
2. Auslandsbestände	111	—	+ 111	—	74	— 74	89	—	+ 89	—	5	— 5
b) Devisenbewegungen	365	—	+ 365	56	—	+ 56	485	—	+ 485	—	65	— 65
7. Langfristige Anleihen und Kredite	1136	12	+1124	1463	87	+1376	1345	135	+1210	1368	100	+1268
a) Öffentlich aufgelegte langfristige Anleihen[3]	1096	—	+1096	1400	—	+1400	1285	—	+1285	1341	—	+1341
b) Gewährung anderer langfristiger Kredite	40	—	+ 40	63	—	+ 63	60	—	+ 60	27	—	+ 27
c) Tilgung und außerplanmäßige Rückzahlung v. Auslandsanleihen	—	12	— 12	—	87	— 87	—	135	— 135	—	100	— 100
8. Effektenbewegung	—	—	—	—	—	—	575	20	+ 555	2276	1846	+ 430
a) Verkäufe an das Ausland	—	—	—	—	—	—	575	—	+ 575	2276	—	+2276
b) Käufe vom Auslande	—	—	—	—	—	—	—	20	— 20	—	1846	—1846
9. Sonstige Bewegung ausländ. Anlagen in Deutschland	—	—	—	—	—	—	15	72	— 57	14	57	— 43
10. Sonst. Bewegung deutscher Auslandsanlagen	200	—	+ 200	—	—	—	—	5	— 5	147	14	+ 133
11. Kurzfristige Kapitalbewegung	182	75	+ 107	178	31	+ 147	2401	622	+1779	2170	835	+1335
a) Kurzfristige Anleihen u. verwandte Kredite und ihre Rückzahlung	104	—	+ 104	149	31	+ 118	127	125	+ 2	173	111	+ 62
b) Bewegung des Kassenbestandes des Reparationsagenten	78	—	+ 78	29	—	+ 29	27	—	+ 27	62	—	+ 62
c) Bewegung der Auslandsschulden deutscher Banken	—	—	—	—	—	—	2247	—	+2247	1914	—	+1914
d) Bewegung der Auslandsforderungen deutscher Banken	—	—	—	—	—	—	—	495	— 495	—	693	— 693
e) Sonstige kurzfristige Kapitalbewegung	—	75	— 75	—	—	—	—	2	— 2	21	31	— 10
12. Nichtaufgliederbare Kapitalbewegung (als Saldo errechnet)	1704	—	+1704	—	870	— 870	443	—	+ 443	1175	—	+1175

[1] Auswandererheimsendungen (jährlich mit rund 50 Millionen RM. auf der Aktivseite eingesetzt), Provisionen u. ä. Einnahmen und Ausgaben im Kreditverkehr u. dgl.
[2] Verrechnungsposten.
[3] Nach dem Auszahlungskurs eingesetzt.
[4] Rohe Schätzung.
[5] Nach dem Neuen Plan und den Sonderabkommen.

1925 bis 1930 (in Millionen RM.).

1929			1930			1931			
Aktivseite	Passivseite	Saldo	Aktivseite	Passivseite	Saldo	Aktivseite	Passivseite	Saldo	
13632	13676	— 44	12172	10609	+ 1563	9730	6948	+ 2782	1. Warenhandel.
12810	13580	— 770	11465	10521	+ 944	9337	6838	+ 2499	a) reiner Warenhandel, freier Verkehr.
—	88	— 88	—	88	— 88	—	110	— 110	b) Bewegung der freien Edelmetallbestände.
3	8	— 5	.	.	0	.	.	0	c) Kraftlieferungen.
819	—	+ 819	707	—	+ 707	393	—	+ 393	d) Reparationslieferungen.
1266	941	+ 325	1013	790	+ 223	730	578	+ 152	2. Dienstleistungen im freien Verkehr.
663	385	+ 278	511	391	+ 120	379	365	+ 14	a) Schiffsverk. (ausschl. Personenverkehr).
172	36	+ 136	145	33	+ 112	140	30	+ 110	b) Durchfuhrverkehr.
80	—	+ 80	60	—	+ 60	40	—	+ 40	c) 1. Passagiergesch. d. dtsch. Seeschiffahrt.
180	300	— 120	185	210	— 25	130	130	+ 0	2. Sonstiger Reiseverkehr.
57	38	+ 19	27	49	— 22	—	20	— 20[4]	d) Versicherungsgeschäfte.
2	23	— 21	3	32	— 29	4	25	— 21	e) Postverkehr.
—	50	— 50	—	24	— 24	—	8	— 8	f) Löhne ausländischer Arbeiter.
8	18	— 10	15	3	+ 12	12	—	+ 12[4]	g) Filmlizenzen.
—	46	— 46	—	48	— 48	}			h) Amtliche deutsche Vertretung im Auslande.
						25	—	+ 25[4]	
20	—	+ 20	27	—	+ 27	}			i) Amtl. ausl. Vertretung in Deutschland.
84	45	+ 39	40	—	+ 40	}			k) Sonstige Dienstleistungen[1].
188	—	+ 188	—	—	—	—	—	—	3. Dienstleistungen im Reparationsverfahren.
40	—	+ 40	—	—	—	—	—	—	a) im Inland (Leistungen für Besatzungstruppen und Kommissionen).
148	—	+ 148	—	—	—	—	—	—	b) im Ausland (Unterschied zwisch. den vom Agenten verrechneten und den in der Handelsstatistik erfaßt. Sachleistungen).
400	1200	— 800	400	1400	— 1000	300	1600	— 1300	4. Zinsen.
—	2501	— 2501	—	1699[5]	— 1699	—	992[5]	— 992	5. Reparationsleistungen.
—	—	— 2832	—	—	— 913	—	—	+ 642	Summe der laufenden Posten.
—	—	+ 2832	—	—	+ 913	—	—	— 642	Summe der Kapitalbewegung.
510	345	+ 165	192	72	+ 120	1653	—	+ 1653	6. Gold- und Devisenbewegung bei den Notenbanken.
510	—	+ 510	140	—	+ 140	1116	—	+ 1116	a) Edelmetallbewegung. 1. Kassenbestand.
—	64	— 64	—	72	— 72	110	—	+ 110	2. Auslandsbestände.
—	281	— 281	52	—	+ 52	427	—	+ 427	b) Devisenbewegungen.
340	111	+ 229	1097	130	+ 967	358	269	+ 89	7. Langfristige Anleihen und Kredite.
321	—	+ 321	1058	—	+ 1058	322	—	+ 322	a) Öffentlich aufgelegte langfristige Anleihen[3].
19	—	+ 19	39	—	+ 39	36	5	+ 31	b) Gewährung anderer langfristiger Kredite.
—	111	— 111	—	130	— 130	—	264	— 264	c) Tilgung und außerplanmäßige Rückzahlung von Auslandsanleihen.
1546	1361	+ 185	1013	1175	— 162	478	681	— 203	8. Effektenbewegung.
1546	—	+ 1546	1013	—	+ 1013	478	—	+ 478	a) Verkäufe aus das Ausland.
—	1361	— 1361	—	1175	— 1175	—	681	— 681	b) Käufe vom Auslande.
7	17	— 10	—	—	—	185	—	+ 185	9. Sonstige Bewegung ausländischer Anlagen in Deutschland.
275	19	+ 256	377[6]	63[7]	+ 314	80[6]	—	+ 80	10. Sonstige Bewegung deutscher Auslandsanlagen.
1575	483	+ 1092	1191	1159	+ 32	2682	2205	+ 477	11. Kurzfristige Kapitalbewegung.
389	45	+ 344	1135	572	+ 563	791	305	+ 486	a) Kurzfristige Anleihen und verwandte Kredite und ihre Rückzahlung.
199	—	+ 199	—	159[8]	— 159	—	—	—	b) Bewegung des Kassenbestandes des Reparationsagenten.
987	—	+ 987	—	428	— 428	—	1900	— 1900	c) Bewegung der Auslandsschulden deutscher Banken.
—	438	— 438	56	—	+ 56	1700	—	+ 1700	d) Bewegung der Auslandsforderungen deutscher Banken.
—	—	—	—	—	—	191	—	+ 191	e) Sonstige kurzfristige Kapitalbewegung.
915	—	+ 915	—	358	— 358	—	2923	— 2923	12. Nichtaufgliederbare Kapitalbewegung (als Saldo errechnet).

[6] Freigabe deutschen Eigentums in den Vereinigten Staaten von Amerika.
[7] Einlage bei der B. I. Z.
[8] Differenz zwischen der Anschreibung der Sachleistungen in der Handelsstatistik und beim Treuhänder.

Quelle: Für 1925—1928: Wirtschaft und Statistik, 10. Jg. (1930), Nr. 11, S. 458; für 1929—1931: Wirtschaft und Statistik, 12. Jg. (1932), Nr. 10, S. 303.

weniger sprunghaft veränderlichen Zinsdifferenzen, sondern auch unter dem Einfluß der wechselnden Spekulationschancen auf dem New Yorker Effektenmarkt. Das Auf und Ab der amerikanischen Börse in den Jahren 1928—1930 wurde dadurch zu einem Faktor, der Vorgänge der amerikanischen Binnenwirtschaft sehr schnell auf die Wirtschaft der anderen Länder zurückwirken ließ (vgl. Art. *New Yorker Börse Effektenkredite, Amerikanischer Geld- u. Kapitalmarkt.*

c) Die Zahlungsbilanz Deutschland.

Die deutsche Z. der Vorkriegszeit hatte den Charakter der Z. eines Landes, das in den internationalen Kapitalverkehr vor allem als Kapitalvermittler eingeflochten ist. Zwar verfügte Deutschland per Saldo über eine aktive Zinsenbilanz. Dieser Überschuß wurde aber im wesentlichen verwendet, um den Passivsaldo der Handelsbilanz zu decken. Dem deutschen langfristigen Kapitalexport der Vorkriegsjahrzehnte steht, wenigstens zum großen Teil, eine erhebliche, meist kurzfristige Verschuldung bei den großen Gläubigerländern Westeuropas gegenüber. Die deutschen Z. der Nachkriegszeit weisen demgegenüber eine weitgehende Änderung auf. Siehe Tabelle auf S. 606/607.

Der wichtigste Wandel gegenüber der Vorkriegszeit besteht darin, daß die ehemals aktive Zinsenbilanz umgeschlagen ist in eine passive Bilanz der Reparationen und des privaten Schuldendienstes. Da es sich hier zum überwiegenden Teil um relativ starre Posten der Z. handelt, ist zu untersuchen, wie sich die anderen zur Deckung in Frage kommenden Teilbilanzen diesem Faktum der Auslandszahlungen angepaßt haben. In den verschiedenen Perioden der letzten Jahre kamen in unterschiedlichem Ausmaß zur Deckung in Frage der Ausgleich 1. durch lang- und kurzfristige Kapitaleinfuhr, 2. durch zeitweilige Überschüsse der Handels- und Dienstebilanz, 3. durch zeitweiligen Gold- und Devisenexport.

Die folgende Übersicht gibt den deutschen Kapitalimport wieder:

Jahr	Langfristiger Kapitalverkehr[1] (Saldo)	Geschätzter Saldo des kurzfristigen Kapitalverkehrs[2]	Kapitalverkehr insgesamt (Saldo)	Saldo der Reparations- und Zinszahlungen
	Kapitalimport[3] in Millionen RM.			
1925	1324	1811	3135	—1063
1926	1376	— 723	653	—1364
1927	1703	2222	3925	—1929
1928	1788	2510	4298	—2562
1929	660	2007	2667	—3301
1930	1119	— 326	793	—2699
1931	151	—2446	—2295	—2292

Die langfristigen Emissionen sind statistisch ermittelt, daher wohl einigermaßen exakt, während der kurzfristige Kapitalimport nur zum kleineren Teil statistisch ermittelt ist, zum größeren Teil nach dem oben angegebenen Verfahren (vgl. I c) als Saldo der Z. errechnet wurde. In diesen Posten kommen daher auch alle Fehler und Lücken, die sich aus der übrigen Z. ergeben, zum Ausdruck. Der deutsche langfristige Kapitalimport der Jahre 1925—1929 war nicht nur eine Reaktionserscheinung auf die Passivität der übrigen Teilbilanzen, sondern er entsprang aus der binnenländischen Kapitalsituation Deutschlands auf der einen Seite, der Kapitalexportländer, insbesondere der Vereinigten Staaten, auf der anderen Seite. Allerdings wurde diese Kapitalsituation, der Kapitalmangel in Deutschland, der Kapitalüberschuß in den Gläubigerländern, durch die Leistung und den Empfang der politischen Zahlungen mitbedingt. Allein die Emission von Auslandsanleihen, der bedeutendste Posten aus den langfristigen Kapitaltransaktionen, betrug in den Jahren 1924—1930 rund 8 Milliarden RM. Die gesamte langfristige Verschuldung Deutschlands kann nach dem Stande von Ende 1931 auf 10 bis 11 Milliarden RM. geschätzt werden. Im Gegensatz hierzu haben wir nach den theoretischen Ausführungen den kurzfristigen Kapitalimport zu einem größeren Teil als Reaktion auf die übrigen Posten der Z. anzusehen. Allerdings ist in der besonderen deutschen Kapitalmarktlage diese Trennung zwischen der Funktion langfristiger und kurzfristiger Kapitalbewegungen nicht voll durchzuführen. Denn zu einem Teil diente im Zusammenhang mit der Kapitalpolitik des Auslands (insbesondere Frankreichs), im Zusammenhang aber auch mit der deutschen Kapitalpolitik, die vielfach die Einfuhr langfristigen Kapitals erschwerte, kurzfristiges Kapital zur Finanzierung derselben Zwecke, zu denen unter anderen Umständen langfristiges Kapital verwendet worden wäre. Die gesamte kurzfristige Verschuldung Deutschlands betrug vor den Kreditrückziehungen der Jahre 1930/31 rund 14 Milliarden RM. Sie hat sich bis zum Frühjahr 1932 auf rund 10 Milliarden RM ermäßigt, von denen 5 Milliarden RM. unter das *Stillhalteabkommen* (s.d.) fallen („Deutsche Kreditabkommen von 1932"). Einschließlich des ausländischen Grundbesitzes in Deutschland, des ausländischen Effektenbesitzes, ausländischer Beteiligungen usw. sind die gesamten Kapitalforderungen (ohne Reparationen, soweit nicht bereits in Anleiheform — Dawes- und Younganleihe) — auf 25—26 Milliarden RM. zu schätzen.

Dieser gewaltige Kapitaleinstrom nach Deutschland hat trotz manchen unwirtschaftlichen Verwendungen sicherlich mit zu der Steigerung der deutschen Produktion und des deutschen Volkseinkommens in diesen Jahren geführt. Er hat zweifellos auch dazu beigetragen, daß die deutsche Wirtschaft mit einem ausgezeichneten Produktionsmittelapparat in die Weltwirtschaftskrise hineinging. Auf der anderen Seite aber ergaben sich gerade aus dieser hohen Verschuldung Gefahren, die die Schärfe des deutschen Wirtschaftsrückschlags weitgehend mitbedingt haben. Der hohe Anteil der kurzfristigen Kredite an der deutschen Kapitaleinfuhr dieser Jahre zeitigte in dem Moment katastrophale Wirkungen, in dem die Wirtschaftskrise zur Vertrauenskrise und damit zur Abziehung ausländischer Kredite führte. Innerhalb weniger Monate wurden Milliardenbeträge an das Ausland übertragen und brachten damit die Z. stärker noch als die Reparationszahlungen in einem Augenblick aus dem Gleichgewicht, in dem wegen der Weltwirtschaftskrise auch die anderen Ausgleichsmöglichkeiten versagten. Die Stillhalteabkommen setzten dem ungehemmten Kreditabstrom ein Ende, der internationale Kreditmechanismus, dieses wichtigste Mittel für vorübergehenden Zahlungsbilanzausgleich wurde fast völlig lahmgelegt. Ferner bewirkte die Kapitaleinfuhr für die Zukunft eine weitere Passivität der Zinsenbilanz, die das Ausmaß der Umstellungsschwierigkeiten noch verstärken mußte. Hierin liegt für die deutsche Wirtschaft auch nach der Einstellung der Reparationszahlungen ein noch ungelöstes Problem.

Noch während der Jahre starken Kapitaleinstroms bahnte sich bereits eine Umstellung des Außenhandels an. Zum erstenmal hat die deutsche Handelsbilanz im Jahre 1926 mit einem Aktivsaldo (einschließlich der Reparationssachlieferungen) von

[1] Langfristige Anleihen und Kredite, Effektenbewegung, sonstige Bewegung ausländischer Anlagen in Deutschland und deutscher Auslandsanlagen (vgl. Ziffer 7—10 der Haupttabelle).

[2] Kurzfristige Kapitalbewegung, nicht aufgliederbare Kapitalbewegung (als Saldo der Z. errechnet; vgl. Ziffer 11 und 12 der Haupttabelle).

[3] „—" bedeutet Kapitalausfuhr.

rund 800 Millionen RM. abgeschlossen. Einschließlich des Aktivsaldos der Dienstebilanz ergab sich hierdurch ein Überschuß der erweiterten Handelsbilanz, der bis auf einen kleinen Rest ausreichte, um den Passivsaldo der Zinsen- und Reparationsbilanz abzudecken. Dieser Umschwung der Handelsbilanz im Jahre 1926 war aber wahrscheinlich nicht in erster Linie auf eine Wirksamkeit des früher geschilderten Reparationsmechanismus zurückzuführen, sondern auf eine anderen Ursachen entspringende Konjunkturbewegung, die zu einem starken Rückgang der Einfuhr dieses Jahres (um 2 Milliarden RM.) führte. Tatsächlich hat auch in diesem Jahre der Zustrom langfristiger Auslandskredite nicht ausgesetzt, so daß ein bedeutender Export kurzfristigen Kapitals und ein Anwachsen der Goldbestände Deutschlands erfolgte. Bis zum Jahre 1929 setzte sich mit großer Stetigkeit eine Tendenz stark wachsender Ausfuhr bei fast stagnierender Einfuhr durch.

Die deutsche Außenhandelsentwicklung 1925—1931[1].

Jahr	Ausfuhr		Einfuhr		Saldo in Milliarden RM.
	in Milliarden RM.	1925=100	in Milliarden RM.	1925=100	
1925	9,6	100,0	11,9	100,0	— 2,3
1926	10,7	111,5	9,9	82,9	+ 0,8
1927	11,1	115,7	14,1	118,5	— 3,0
1928	12,6	131,3	13,9	116,8	— 1,3
1929	13,6	140,6	13,6	114,3	± 0,0
1930	12,2	127,1	10,6	89,1	+ 1,6
1931	9,7	101,0	6,9	58,0	+ 2,8

Im Jahre 1929 lag die deutsche Ausfuhr um 40,6 % über der Ausfuhr von 1925, die Einfuhr nur um 14,3 % über der Einfuhr von 1925. In diesen Jahren hat Deutschland einen Teil seiner durch den Krieg verlorenen Wettbewerbspositionen trotz der handelspolitischen Erschwerungen wieder errungen, während gute inländische Ernten, wachsende Konkurrenzfähigkeit gegenüber den Einfuhrwaren und Maßnahmen der Handelspolitik zu einer Hemmung der Einfuhrsteigerung führten. Die Preisumschichtungen, die diese verstärkte Wettbewerbslage der deutschen Wirtschaft ermöglichten, sind wahrscheinlich mit herbeigeführt durch die allmählich einsetzende Wirksamkeit des oben entwickelten Reparationsmechanismus. Diese Entwicklung wurde jedoch dadurch jäh unterbrochen, daß im Jahre 1930/31 der deutsche Umstellungsprozeß zusammentraf mit dem Ausbruch der Weltwirtschaftskrise und daß die Kreditgrundlage der deutschen Wirtschaft durch die Vertrauenserschütterung im In- und Ausland gefährdet wurde. So war im Jahre 1931 die Deckung herzustellen nicht nur für den Passivsaldo der Reparations- und Zinsenbilanz, sondern darüber hinaus für die Abzüge kurzfristiger Auslandskredite wie auch für die angewachsene deutsche Kapitalflucht. Der Ausgleich erfolgte durch einen Aktivsaldo der Handelsbilanz von fast 3 Milliarden RM. und durch einen Abstrom von Gold und Devisen von 1,6 Milliarden RM. Die Kapitalflucht mußte durch eine scharfe Devisenbewirtschaftung abgeriegelt werden. Aber die Ausgleichsfaktoren, die zu einem zeitweiligen Gleichgewicht der Z. führten, sind jedenfalls in dieser Höhe von nur vorübergehender Natur. Die deutschen Gold- und Devisenbestände sind weitgehend erschöpft. Die Aktivierung der Handelsbilanz beruhte zum überwiegenden Teil auf Momenten, die voraussichtlich nicht von Dauer sein werden: auf einem stärkeren Preisfall für die Einfuhr- als für die Ausfuhrprodukte, auf einer Verminderung der Vorräte, sowie auf einer Minderung der Einfuhr von Rohstoffen und Zwischenfabrikaten als Folge der deflationistischen Produktionsdrosselung im Innern. Nur die Verminderung der Lebensmitteleinfuhr ist zu einem großen Teil als „strukturerller" Vorgang aufzufassen. Der Ausfuhr dieses Jahres kam zugute, daß ein Teil der deutschen Absatzländer (Frankreich und einige nordische Länder) noch nicht voll von der Weltwirtschaftskrise erfaßt waren, und daß Länder, die im Begriff waren, zu protektionistischen Maßnahmen überzugehen, sich zunächst noch voreindeckten. Wenn es nicht gelingt, für den deutschen Export gegenüber den protektionistischen Schranken eine erneute Ausweitungsmöglichkeit zu schaffen, wenn es nicht gelingt, durch Wiederherstellung des Vertrauens den „run" der Auslandsgläubiger auf Deutschland dauernd abzubremsen und den Anschluß an den internationalen Geld- und Kapitalmarkt zu finden, wird es marktwirtschaftlich nicht möglich werden, das Gleichgewicht der Z. bei einer Zinsenlast von rund 1,5 Milliarden RM. (netto) aufrechtzuerhalten. Ohne Sicherung dieses Gleichgewichts würde aber jede Produktionsbelebung in Deutschland wieder Gefahr laufen, im Keime abgedrosselt zu werden.

Vgl. a. den Art. *„Devisenbewirtschaftung"*.

Literatur: Die Zahlungsbilanzen der verschiedenen Länder werden z. T. in amtlichen, z. T. in privaten Publikationsorganen veröffentlicht. Eine internationale Zusammenstellung bietet der Völkerbund: Memorandum on International Trade and Balances of Payments. — Die zur Zeit eingehendste Darstellung einer Zahlungsbilanz in methodischer und sachlicher Hinsicht enthält der Bericht des Enquête-Ausschusses (III. Unterausschuß, Berlin 1930): Die deutsche Zahlungsbilanz. — Für die Theorie der internationalen Wirtschaftsbeziehungen sind heute in erster Linie heranzuziehen 1. TAUSSIG: Theorie der internationalen Wirtschaftsbeziehungen. Deutsch umgearbeitet und ergänzt von PALYI. — Hier im Anhang eine sehr eingehende Literaturübersicht von PALYI, insbesondere auch über die Probleme der Zahlungsbilanztheorie —. 2. EULENBURG: Außenhandel und Außenhandelspolitik (Die internationalen Wirtschaftsbeziehungen) im Grundriß der Sozialökonomik, VIII., Abtlg. Tübingen 1929. Hierzu auch: COLM, G.: Das Gesetz der komparativen Kosten — das Gesetz der komparativen Kaufkraft. Weltwirtsch. Arch. **32**, H. 2, 371ff. (1930). — Die konjunkturellen Veränderungen der Zahlungsbilanzen von Ländern verschiedener Wirtschaftsstruktur behandelt WAGEMANN: Struktur und Rhythmus der Weltwirtschaft. Berlin 1931. — Eine Analyse der Handels- und Zahlungsbilanz Deutschlands und der wichtigsten anderen Länder in der Krise findet sich in: Der deutsche Außenhandel unter der Einwirkung weltwirtschaftlicher Strukturwandlungen. Bearbeitet und herausgegeben vom Institut für Weltwirtschaft und Seeverkehr an der Universität Kiel. (Veröffentlichungen des Enquête-Ausschusses.) Berlin 1932. — Für die Theorie der Reparationszahlungen vergleiche aus der außerordentlich reichen Literatur: Das Reparationsproblem. (Veröffentlichungen der Friedrich-List-Gesellschaft, Bd. 1 und 2, hrg. von SALIN. Berlin 1928.)

GERHARD COLM.

Zahlungseinstellung s. *Vergleich*, s. *Konkurs*, a. *Staatsbankrott.*

— **klausel,** die Anweisung des Ausstellers an den Bezogenen: „gegen diesen Scheck zu zahlen". Das bedeutet, daß bei Vorlage des Schecks zu zahlen ist, also nicht zu einem späteren Termin. Wesentliches Erfordernis der Gültigkeit des Schecks.

Zahlungsmittel, gesetzliche, s. *Währungswesen*, vgl. *Münzwesen.*

Zahlungsverkehr s. *Bargeldloser Zahlungsverkehr.*

Zeichnung s. *Emissionsgeschäft II 2.*

Zeitgeschäfte s. v. w. Termingeschäfte, s. *Effektentermingeschäft*, s. *Warenmärkte*, s. *Devisen*, vgl. a. *Devisenswap.*

Zentralausschuß s. *Reichsbank I.*

— **verband** s. *Centralverband.*

Zerschlagungswert, ähnlich *Schmelzwert* (s. d.) (vgl. *breaking up value*), s. *Bilanz I 4.*

Zertifikat im Bankwesen Beglaubigungsschein, der die effektiven Stücke (Aktien oder Renten) ersetzt, und zwar aus verschiedenen Gründen: wegen Verlust, weil noch nicht gedruckt (besser: Interimsschein), vor allem aber in Form der Trustzertifikate, zwecks Vermeidung der umständlichen Umschrei-

[1] Einschließlich Edelmetallbewegung im freien Verkehr und Reparationssachlieferungen.

bung von *Namensaktien* (s. d.). — im Warenhandel s. *Warenmärkte 3*, vgl. a. *Aktiengesellschaft VIII.*

Zertifizierung deutscher Auslandsanleihen: Die Kennzeichnung derjenigen Stücke, welche Inländern gehören, erfolgte auf Grund freiwilliger Anmeldung. Z.-Stücke dürfen ohne Genehmigung gegen RM gehandelt werden. Zur Zeit (Herbst 1932) besteht zwischen der ausländischen Notiz der nicht zertifizierten Stücke und den Freiverkehrskursen der Z.-Stücke eine beträchtliche Preisspanne.

Zession, Abtretung von Rechten, insbes. von Forderungen, bei *Kuxen* (s. d.), die vorgeschriebene Form der Übertragung, und zwar (Kunde gegenüber Bank) meist als Blankozession.

Zettelbanken s. v. w. Notenbanken.

Zinsbremse vgl. *Konjunkturtheorie 3.*

Zinseszins, Verbot des, s. u. *Anatozismus.*

Zinsfuß von öffentlichen Anleihen s. *Öffentlicher Kredit II 6,* vgl. ferner diverse Stichworte, u. a. Landeszinsfuß im Art *Rentenmarkt,* und Zinskonversion in Art. *Schuldensenkung II.*

Zinspolitik vgl. *Konjunkturpolitik, Notenbankpolitik.*
— **reduktion** s. *Schuldensenkung.*
— **satz** (und Buchgeldmenge) s. *Geldtheorie.*
— **schein** s. *Kupon.*
— **senkung** s. *Schuldensenkung II.*
— **spanne** s. *Erträgnisse des Bankgewerbes II 1.*

Zinstheorien.

I. Begriff und Problematik des Zinses.

Zins ist der geldmäßig ausgedrückte Ertrag einer ebenfalls geldmäßig ausgedrückten Wertsumme, des Kapitals. Streng theoretisch denkbar wäre auch ein Zins in einer geldlosen Naturalwissenschaft. Doch wäre es überflüssig, sich einen derartigen Naturalzins vorstellungsgemäß zu konstruieren und darauf die Definition des Zinses abzustellen. Denn Erfahrung und Überlegung lehrt, daß der Kapitalzins nur in einem Wirtschaftssystem in Erscheinung treten kann, in dem in einem ausgebildeten Tauschverkehr die Übertragung von Gütern von Wirtschaftssubjekt zu Wirtschaftsobjekt regelmäßig und in großem Umfange stattfindet. Denn zum Wesen des Kapitalzinses gehört es, daß es nicht für die Benutzung einer bestimmten Sache, wie die Miete für die Benutzung eines Hauses oder die Pacht für die Benutzung eines Stückes Land, gezahlt wird, sondern für die Zurverfügungstellung einer abstrakten Wertsumme, deren Umwandlung in konkrete Güter demjenigen überlassen bleibt, der diese Wertsumme leiht und dafür den Zins zahlt. Die leihweise Übertragung einer solchen Wertsumme, des Kapitals, ist aber nur durch Geld möglich. Daher ist der Zins eine Erscheinung und ein Problem der Geldwirtschaft. Äußerlich zeigt sich dieses schon darin, daß der Zins im Gegensatz zu Miete und Pacht nicht in einer absoluten Summe, sodern in einem Prozentsatz, d. h. also in einem Verhältnis zweier auf einen einheitlichen Nenner gebrachten Wertsummen ausgedrückt wird.

Der Zins ist somit ein Produkt der Geldwirtschaft und entsteht durch die Übung, Geldsummen auf bestimmte Zeit gegen ein Entgelt auszuleihen, das in einem Prozentsatz unter Zugrundelegung einer bestimmten Zeiteinheit, meist ein Jahr, berechnet wird. Die aus der Übung des Gelddarlehens entstehende Zinsrechnung überträgt sich allmählich auf das gesamte Wirtschaftsleben. Daß auch von „Mietzins" und „Pachtzins" gesprochen wird, obwohl Miete und Pacht begrifflich und ihrem Wesen nach etwas anderes sind, ist wohl überwiegend historisch aus dem Mangel an scharfer Unterscheidung zwischen dem Charakter einzelner Zahlungsverpflichtungen zu erklären. Von prinzipieller Bedeutung ist es aber, daß sich jeder korrekt rechnende Unternehmer die Verzinsung des Eigenkapitals berechnet. Böhm-Bawerk nennt dies den ursprünglichen Kapitalzins. Jedoch ist dieser Ausdruck mißverständlich. Denn „ursprünglich", als es noch keine Kapitalausleihung gab, hat wohl niemand gedacht, sich selbst Zinsen zu berechnen. Das wird erst vernünftig und notwendig in dem Zeitpunkt, in dem man entweder sein Kapital ausleihen oder es in einer eigenen Unternehmung investieren kann. Der Mühe und dem Risiko, selbst als Unternehmer sein eigenes Kapital zu verwenden, wird man sich vernünftigerweise nur unterziehen, wenn man dabei mindestens die Zinsen herauswirtschaftet, die man bei Ausleihung des Kapitals bekommen könnte. Ferner aber dient die Zinsrechnung in der modernen Wirtschaft auch dazu, den Kapitalswert der bestehenden Produktionsanlagen immer aufs neue zu kontrollieren. Nur ein geringer Teil des Gesamtkapitals einer Volkswirtschaft ist jeweils flüssig, d.h. für neue Investionen verfügbar. Der weitaus größere Teil ist bereits in bestimmter Form investiert, „arbeitet" in bestehenden konkreten Anlagen. Kapitalisiert man den Geldertrag dieser Anlagen zum Zinsfuß, der auf dem Kapitalmarkt gezahlt wird, so erhält man den jeweiligen Kapitalwert der Anlage, kann feststellen, ob er gegenüber dem ursprünglich investierten gestiegen ist, so daß sich innere Reserve gebildet hat, oder gesunken ist, so daß Abschreibungen auf den ursprünglichen Wert vorgenommen werden müssen. Solche Wertkontrolle ist besonders wichtig in dynamischen, d. h. in der Entwicklung befindlichen Volkswirtschaften, in denen Bevölkerungsbewegung, technische Entwicklung und Veränderung der Konsumgewohnheiten dauernd Anlaß zu Wertveränderungen geben. Durch die Zinsrechnung wird für die Liquidierung überholter Investionen und rationellste Verwendung des jeweils verfügbaren Kapitals gesorgt.

Der Zins spielt demnach in der modernen Volkswirtschaft eine so entscheidende Rolle, daß die Z. zu einem der Eckpfeiler der ökonomischen Theorie überhaupt geworden ist. Sie soll den Kausalzusammenhang der Erscheinungen des Zinses im wirtschaftlichen Lebensablauf klären. Bevor wir versuchen, dieser Aufgabe nach dem heutigen Stande der Wissenschaft gerecht zu werden, muß eine Vorbemerkung, die bei der Darstellung ökonomischer Theorie oft, bei der Z. aber besonders notwendig ist, gemacht werden. Der Zins ist von jeher Gegenstand der Diskussion gewesen unter zwei ganz verschiedenen Gesichtspunkten. Der erste sieht die Erscheinung moralisch an und fragt, ob der Zins mit den Forderungen der individuellen und sozialen Gerechtigkeit vereinbar ist. Der andere Gesichtspunkt ist der des reinen Erkennenwollens, inwieweit der Zins notwendig ist, weil er eine bestimmte Funktion ausübt, welche Funktion dies ist. Nur unter diesem zweiten Gesichtspunkt kann die ökonomische Theorie das Zinsproblem zu klären versuchen. Sie achtet deswegen den anderen, den moralischen Gesichtspunkt nicht gering, sondern enthält sich einer solchen Betrachtungsweise, weil sie nicht mehr zu ihren Aufgaben gehört. Jedoch wird es andererseits für die moralische Betrachtung des Zinses nicht bedeutungslos sein können, über seine kausale Verkettung und seine volkswirtschaftliche Funktion unterrichtet zu sein. Beide Betrachtungsweisen sind also an sich nicht streng getrennt, jedenfalls kann die moralische die objektiv-erkennende nicht entbehren oder sollte es wenigstens nicht tun.

II. Die Entwicklung der Zinstheorie.

1. Das kanonische Zinsverbot und der Sieg des Zinses. Die Kontroverse über den Zins entspinnt sich an dem Verhältnis zwischen Schuldner und Gläubiger. In weniger entwickelter Wirtschaft sind die meisten Darlehen Notdarlehen, der Gläubiger ist ein reicher oder wohlhabender Mann, der Schuldner ein „armer Kerl". Da erscheint manchmal schon die Forderung nach Rückzahlung der Kapitalssumme als Härte. Daß überdies noch Zinsen gefordert werden, mußte in solchen Fällen, wenigstens in den frühmittelalterlichen Zeiten als direktes Unrecht erscheinen. Dementsprechend verhielt sich die Kirche und ihre Dogmatiker. Man berief sich auf ARISTOTELES, der das Zinsnehmen als naturwidrig bezeichnet hatte, weil das Geld doch unfruchtbar sei und nicht noch besonderes Geld, die Zinsen zeugen könne. THOMAS V. AQUINO begründete das kirchliche Verbot des Zinsnehmens ähnlich damit, daß man Geld doch nur zum einmaligen Ausgeben benutzen könne, daß es daneben einen besonderen Gebrauch, für den ein Zins mit moralischer Berechtigung gefordert werden könne, nicht gebe. Trotz des kanonischen Zinsverbots hielt sich aber die Übung des Zinsnehmens und dehnte sich sogar mit zunehmender Wirtschaftsentwicklung im ausgehenden Mittelalter und im Übergang zur Neuzeit aus. Die Kirche mußte sich damit abfinden. Das kanonische Zinsverbot blieb zwar bestehen, aber man duldete, daß der Gläubiger für sein „Interesse" an der Kapitalssumme sich ein Entgelt zahlen ließ und unter diesem Namen, der sich in den französischen und englischen Bezeichnungen „interêt" und „interest" bis heute erhalten hat, führte der Zins ein halbwegs legales, jedenfalls höchst unbekümmertes Dasein. Auch erstanden ihm nun grundsätzliche Verteidiger: MOLINÄUS und BESOLD im 16. Jahrhundert, HUGO GROTIUS und CLAUDIUS SALMASIUS im 17. Jahrhundert, TURGOT und JEREMIAS BENTHAM im 18. Jahrhundert. Ihre Argumentation läuft im wesentlichen darauf hinaus, daß es mit dem Ausgeben von Geld doch nicht sein Bewenden habe, daß es vielmehr durch Verwendung in einem Betriebe der Landwirtschaft, des Handels oder Gewerbes einen besonderen Nutzen bringe. Unter dieser Voraussetzung sei natürlich das Zinsnehmen beim Darlehen moralisch gerechtfertigt. Ob und warum die Voraussetzung zutrifft, wie und warum dieser besondere Nutzen oder Ertrag entsteht, wurde von diesen Verteidigern des Zinses nicht erklärt. Man begnügte sich damit, daß hiermit der Zins gerechtfertigt erschien, und damit kam die Diskussion vorläufig im wesentlichen zur Ruhe. Der Zins erschien im allgemeinen Bewußtsein als natürlich und selbstverständlich. Durch nichts wird dies deutlicher als durch die nebensächliche Behandlung dieses Themas bei den Klassikern der Nationalökonomie: wenn es keinen Zins gäbe, hätte eben kein Kapitalist ein Interesse, sein Geld zu produktiver Verwendung darzuleihen oder es selbst produktiv zu verwenden.

2. *Die Zinstheorie unter dem Einfluß des Sozialismus.* Die Überwinder der mittelalterlichen Betrachtungsweise des Zinses endeten also damit, daß sie eine besondere Quelle annahmen, aus der die Zinszahlungen fließen und diese Quelle in den wirtschaftlichen Betrieben vermuteten. BÖHM-BAWERK, der weitaus bedeutendste Dogmenhistoriker der Z., selbst Bahnbrecher der modernen Z., bemerkt bei dieser Feststellung, damit hätte man die Erklärung des Darlehenszinses auf die Existenz eines „ursprünglichen Kapitalzinses" verschoben, nun bliebe aber eben dieser „ursprüngliche Kapitalzins" unerklärt. Damit ist aber das Ergebnis der spätmittelalterlichen Verteidiger des Zinses doch nicht erschöpft. Denn in ihrer Vorstellung ist einbegriffen die Vorstellung von der Bedeutung des Kapitals als Produktionsfaktor, die Vorstellung, daß eine bestimmte Verwendungsweise von Geld förderlich auf die Produktion wirkt. Diese Vorstellung von der Bedeutung des Kapitals konnte daher bereits von der klassischen Nationalökonomie glatt übernommen werden, und dies ist einer der Gründe, aus denen die Klassiker Berechtigung und funktionelle Bedeutung des Zinses als selbstverständlich ansahen.

Diese gleichmütige Selbstzufriedenheit bekam einen Stoß durch die Angriffe der Sozialisten. Wieder bringt eine moralische Verurteilung die Diskussion über den Zins in Gang. Diesmal erfolgt sie nicht zugrunsten der Schuldner von Darlehnszinsen, sondern zugunsten der in den Betrieben tätigen Arbeiter, deren Lohn dadurch verkürzt werde, daß aus dem Erlös der Produktion auch Zinsen bezahlt werden. So entsteht in mannigfachen Formen die sozialistische Ausbeutungstheorie über den Zins. Ihr Grundgedanke ist immer der, daß alle Güter, wirtschaftlich betrachtet, das Produkt von Arbeit seien. Die Arbeiter hätten das Recht auf den vollen Arbeitsertrag, also auf den vollen Produktionserlös. Die Vorenthaltung eines Teiles des Arbeitsertrages sei nur möglich durch das Privateigentum. Hierdurch seien die Kapitalisten im Besitz der zur Produktion unentbehrlichen Hilfsmittel und Werkzeuge und könnten die Bedingungen, zu denen sie sie den Arbeitern zur Verfügung stellen im Arbeitsvertrag diktieren, also einen wesentlich niedrigeren Lohn als den der geleisteten Arbeit entsprechenden erzwingen. Ausbeutungstheoretiker sind grundsätzlich alle Sozialisten. Als besonders bedeutend wären zu nennen RODBERTUS und PROUDHON; die größte Bedeutung und Wirksamkeit hat aber unter den Sozialisten auch auf diesem Gebiete KARL MARX. Seine Mehrwerttheorie hat eine ganze Literatur aus Gegnerschaft und Anhängerschaft nach sich gezogen. MARX' Theorie baut auf der These auf, daß der Wert der Güter durch die in ihnen enthaltene gesellschaftlich notwendige Arbeitszeit bestimmt werde. So werde auch die Arbeitskraft in ihrem Wert durch die Arbeit bestimmt, die zur Erzeugung der zu ihrer Erhaltung erforderlichen Lebensmittel erforderlich ist. Diesen Betrag zahlt der Kapitalist auch dem Arbeiter als Lohn. Angenommen, zur Erhaltung der Arbeitskraft seien sechs Stunden Arbeit erforderlich. Diese zahlt der Kapitalist auch, aber er läßt den Arbeiter zwölf Stunden arbeiten, ohne ihm deswegen mehr als sechs zu zahlen und steckt den Wert von sechs Arbeitsstunden als „Mehrwert" alias Profit in seine Tasche.

Diese MARXsche Mehrwertstheorie, vorgetragen mit seiner bestrickenden Dialektik, war zu einem wesentlichen Teil die theoretische Grundlage der gewaltigen sozialistischen Bewegung. Man glaubte eine Zeitlang, mit ihrer Erschütterung und Widerlegung werde auch der Sozialismus in sich zusammenfallen. Das hat sich als Irrtum erwiesen, die Wurzeln dieser Bewegung sitzen tiefer als in dieser genialen dialektischen Konstruktion. Ihr Grundfehler liegt schon in der Prämisse, daß der Wert der Güter durch die auf sie verwendete Arbeit bestimmt werde. Es wird immer wieder behauptet, daß dieser Satz schon aus der klassischen Nationalökonomie stamme, zumindest schon von DAVID RICARDO aufgestellt sei. Bei einem Vergleich der Texte wird man die Kautelen und Modifikationen bei RICARDO feststellen können, unter denen dieser dem Wortlaut nach Ähnliches gesagt hat. Gerade diese aber sind bei MARX fortgelassen. Und so kommt MARX zu einem wirklichkeitsfremden Bild: nach seiner Theorie müßte der Profit oder Mehrwert um so größer sein, je mehr Handarbeit man verwendet und die Anwendung von Maschinen usw., die gerade Verzinsung und entsprechende Preisstellung über die gezahlten Löhne hinaus erfordert, vermeidet. Vergeblich hat MARX versucht, diesen ihm von seinen zahlreichen Kritikern immer wieder vorgehaltenen inneren Widerspruch seiner Theorie zu überbrücken.

Lange bevor jedoch die Ausbeutungstheorie von einer emsigen Kritik zerrieben war, begann auch die „bürgerliche“ oder zünftige Nationalökonomie mit ihren Versuchen, ihrerseits die um Kapital und Kapitalzins sich gruppierenden Probleme zu behandeln. Diese Versuche beginnen noch, bevor die sozialistische Lehre und Bewegung ein Ausmaß hatten, das sie als einen gefährlichen Gegner der „bürgerlichen“ Gesellschaftsordnung erscheinen ließen, also nicht nur als Opposition zu den sozialistischen Ausbeutungstheorien. Allerdings hat deren Aufkommen zweifellos Tempo und Intensität der Forscherarbeit am Zinsproblem verstärkt.

Eine verhältnismäßig geringe Rolle haben diejenigen Auffassungen gespielt, die unter dem Namen Arbeitstheorie zusammengefaßt sind. Zum Teil stützen sie sich auf die vielfach übliche Definition, daß das Kapital „vorgetane“, „angehäufte“ oder „gewonnene“ Arbeit sei und deswegen einen Lohn zu beanspruchen habe (JAMES MILL, MC CULLOCH). Oder sie fassen den Kapitalisten als einen Funktionär der Gesellschaft auf, der von ihr für Bildung und Verwendung von Kapitalien eine Entlohnung erhält (SCHÄFFLE und WAGNER). — Andere wieder, hauptsächlich französische Schriftsteller (COURCELLE-SENEUILLE), suchen eine spezielle „Kapitalistenarbeit“ in den intellektuellen Vorgängen beim Ersparen und Bewahren von Kapitalien nachzuweisen und sprechen dieser „Arbeit“ Anspruch auf Entlohnung zu. Es liegt auf der Hand, daß diese Erklärungen gekünstelt sind. Sicher kommt die Theorie von der „vorgetanen“ Arbeit der Wahrheit am nächsten, ohne aber irgendwie zu erklären, warum diese immer wieder ein über ihren eigentlichen Gegenwert hinausgehendes Entgelt empfängt, und darum handelt es sich doch gerade. Die anderen beiden Auffassungen lassen jeden Zusammenhang zwischen dem Wert der geleisteten „Arbeit“ und ihrer im Zins bestehenden „Entlohnung“ vermissen.

Viel wichtiger und bedeutungsvoller ist die Abstinenztheorie, die die Keime richtiger Erklärung des Zinsphänomens zweifellos schon enthält. Sie faßt den Zins als Entgelt für die Enthaltung vom Konsum der als Kapital zur Verfügung gestellten Beträge auf. Der Nichtkonsum bestimmter Einkommensbeträge ist allerdings die wichtigste Voraussetzung für die Ermöglichung einer Kapital verwendenden Produktion. Tatsächlich besteht hierin die eigentliche Funktion des Kapitalisten und hauptsächlich ist die Aufgabe des Zinses, zwischen diesem Nichtkonsum bestimmter Einkommensbeträge, die die Kapitalbildung ausmacht, und ihrer möglichst nutzbringenden Verwendung in der Produktion den Zusammenhang herzustellen. Die Abstinenztheorie wurde in den 30er Jahren des 19. Jahrhunderts von dem englischen Nationalökonomen NASSAU W. SENIOR aufgestellt. Sie fand auch einige Vertreter in deutscher und französischer Sprache, nicht aber die verdiente Anerkennung und Vertiefung zu richtiger Erklärung. Im Gegenteil, da der Ausdruck „Abstinenz“, den SENIOR gebrauchte, fälschlich als Bezeichnung für persönliche Entbehrungen aufgefaßt wurde, die einen Entgelt moralisch rechtfertigen sollten, verfiel die Theorie einer gänzlich unverdienten Verspottung, die sich in der scharfen Fassung, die ihr LASSALLE gab, eine gewisse Berühmtheit erworben hat und lange Zeit auch „bürgerliche“ Nationalökonomen von der Abstinenztheorie abschreckte. Hätten sie sich, wie späterhin BÖHM-BAWERK und CASSEL, die Mühe genommen, das Werk von SENIOR zu lesen, so hätten sie bestimmt bemerkt, daß SENIOR die Abstinenz als notwendiges Produktions instrument betrachtet und daß ihm moralisierende „Rechtfertigung“ des Zinses völlig fernlag. Die moderne Z., die an die Stelle des diskreditierten Wortes „Abstinenz“ das farblosere „Warten“ setzte, knüpfte zwar nicht bewußt an SENIOR an, enthält aber zweifellos die Elemente seiner Theorie und gewährt ihm damit eine posthume Rechtfertigung.

Bis es dazu kam, hatten in der „bürgerlichen“ Nationalökonomie die größte Verbreitung die Produktivitätstheorie und die Nutzungstheorie. Die Produktivitätstheorie knüpft an die augenscheinliche Tatsache an, daß eine Produktion durch Verwendung von Kapital ertragreicher wird und daß diese Mehrproduktion den Zins hervorbringe, ist ihre eigentliche Erklärung. Die Nutzungstheorie ist die gewissermaßen juristische Fassung, indem sie in der Nutzung der produktiven Fähigkeit des Kapitals den Gegenwert des Zinses sieht und damit den Zinsendienst in die normalen Tauschgeschäfte einreiht.

Als Produktivitätstheoretiker sind zu nennen J. B. SAY, ROSCHER, ROSSI, MOLINARI, LEROY-BEAULIEU, ferner LANDENDALE, CAVAY, THÜNEN, STRASBURGER, WIESER; als Nutzungstheoretiker ebenfalls SAY, ferner HERMANN, KNIES und CARL MENGER. Der Wahrheitsgehalt der Produktivitäts- und Nutzungstheorien ist augenfällig. Trotzdem können sie nicht als befriedigende Erklärung des Zinsphänomens hingenommen werden. Denn sie bringen den Zins doch nicht in einen organischen Kausalzusammenhang mit der Produktivität und ihrer Nutzung. Die Produktivität des Kapitals in den einzelnen Produktionszweigen und Betrieben ist durchaus verschieden, der Zins innerhalb zusammenhängender Kapitalmarktgebiete hat dagegen eine bestimmte einheitliche Höhe. Auch ist nicht erklärt, warum die Konkurrenz den Zins nicht zum Verschwinden bringt, sei es durch Werterhöhung der produktiven Kapitalgüter infolge der Konkurrenz in der Nachfrage der Unternehmer, sei es durch Preisfall ihrer Produkte infolge der Angebotskonkurrenz. Trotz dieser Konkurrenz bleibt immer ein Restüberschuß, und dieser Rest wird durch die Produktivitäts- und Nutzungstheorien nicht erklärt.

Dieses Zeitalter bringt also eine Fülle von Deutungen der Zinserscheinung ohne einen Anhaltspunkt, welche die richtige sein könnte. Jede hat gewisse einleuchtende Argumente für sich, keine aber hält einer schärfer zupackenden Kritik stand. Vor allem gibt keine eine klarere Einsicht in die Wirklichkeit, man hat eher das Gefühl, daß das Problem schwieriger und dunkler geworden ist. Charakteristischerweise sagt auch CASSEL in seiner „Theoretischen Sozialökonomie“, daß das meiste, was in den Diskussionen früherer Jahrhunderte über das Zinsproblem vorgeführt worden sei, wohl am besten der Vergessenheit überlassen bliebe. Dieses Urteil ist allerdings nicht nur hart, sondern auch ungerecht. Es darf nicht vergessen werden, daß einige wichtige Elemente der alten Abstinenztheorie und der Produktivitätstheorie in die moderne Zinstheorie übergegangen sind, einfach weil sie unentbehrlich hineingehören.

3. Die Entwicklung der modernen Zinstheorie. Den entscheidenden Anstoß zu dieser Entwicklung gab der österreichische Nationalökonom EUGEN V. BÖHM-BAWERK, dessen Name auf immer ruhmvoll mit der Z. verknüpft sein wird. Nachträgliche Kritik, selbst von Wissenschaftlern, die ihm dem Inhalt der Lehre nach nahestehen, hat die gewaltige Leistung BÖHM-BAWERKS zu verringern gesucht. So hat sich CASSEL, dessen besondere Leistung für die Z. noch zu würdigen sein wird, zu dem Urteil verstiegen, Böhm-Bawerks Werk erscheine sowohl in seinem kritisch-dogmengeschichtlichen, wie in seinem positiven Teil „in der Hauptsache verfehlt". Das ist eine schwere Verkennung; Cassel steht Böhm-Bawerks Auffassung nicht einmal fern. Seine Leistung ebenso wie die vieler anderer wäre ohne Böhm-Bawerks Werk, selbst wenn sie keine bewußte Anregung durch ihn erfahren hat, nicht möglich gewesen.

Ausgangspunkt der „positiven Theorie des Kapitalzinses" von Böhm-Bawerk ist die These, daß aus teils psychologischen, teils technischen Gründen die wirtschaftenden Menschen „gegenwärtige Güter" höher schätzen als „zukünftige Güter". Demnach besteht der Zins in einem Agio (Agiotheorie), das bei einem Tausch zwischen gegenwärtigen Gütern (dargeliehene Summe) und zukünftigen Gütern (zurückgezahlte Summe) auf die letzteren aufgeschlagen werden muß. Es sind nach Böhm-Bawerk drei Gründe, auf die die Wertüberlegenheit gegenwärtiger und zukünftiger Güter zurückzuführen ist: 1. die Verschiedenheit der Versorgung mit Gütern in Gegenwart und Zukunft; 2. die Unterschätzung künftiger Bedürfnisse; 3. die Mehrergiebigkeit von Produktionsumwegen, die infolge der Verfügung über gegenwärtige Güter eingeschlagen werden können. Diese Mehrergiebigkeit ist auch eine willkommene Quelle, aus der die Zinszahlung geleistet werden kann.

Das Zinsgeschäft besteht also in einem Austausch zwischen zwei Parteien. Die eine bedarf gegenwärtiger Güter, sei es aus einer momentanen Notlage (Konsumtivdarlehen), sei es infolge ihrer Vermögenslage, die keinen Genußaufschub gestattet (Arbeiter, die sich mit weniger als dem vollen Arbeitsertrag begnügen), sei es zur Einschlagung von Produktionsumwegen (Unternehmer, der zu produktiven Zwecken borgt).

Die Darstellung der Z. bewegt sich bei Böhm-Bawerk in den Ausdrücken der subjektivistischen, psychologischen Schule der Nationalökonomie, zu deren hervorragendsten Vertretern Böhm-Bawerk gehört. Infolgedessen ist sie für den Laien nicht ohne weiteres verständlich, insbesondere auch nicht für den Wirtschaftspraktiker, der andere Vokabeln gewöhnt ist, wenn es sich um Kapital und Zins handelt. Andererseits liegen die Wurzeln dieser Theorie durchaus in der Welt objektiver Sachlichkeit. Nur der zweite Grund, die Unterschätzung künftiger Bedürfnisse, ist eigentlich subjektiver Natur. Im dritten Grunde, der Ermöglichung zeitraubender, aber mehrergiebiger Produktionsumwege infolge Verfügung über gegenwärtige Güter, lehnt sich Böhm-Bawerk an Gedanken der Produktivitätstheorie an. Dieser Grund rückt im Laufe seiner Darstellung immer mehr in den Vordergrund und bildet den eigentlichen Kern der Theorie. Aus dem „Subsistenzfonds" einer Volkswirtschaft werden „Subsistenzvorschüsse" angeboten, die die Einschlagung der Produktionsumwege ermöglichen, weil sie die Zeit, die zwischen dem Einsatz der produktiven Kräfte und der Gewinnung ihrer genußreifen Früchte überbrücken. Deshalb ist innerhalb der Böhm-Bawerkschen Z. auch der Subsistenzfonds eigentlich identisch mit dem Kapital, während er selbst merkwürdigerweise seinen Kapitalbegriff noch ganz im Banne der technischen Vorstellungen der alten Produktivitätstheorie bildet. Die Theorie Böhm-Bawerks ist unter mancherlei Gesichtspunkten kritisiert worden. Dem einen war sie nicht psychologisch genug, und sie hielten es für nötig und zweckmäßig, sie nach dieser Seite hin abzuwandeln. Den anderen war sie wieder zu subjektivistisch. Andere wieder wollten in ihr nur wieder die alte Produktivitätstheorie erkennen. Diese Einwände sind nicht stichhaltig und klammern sich krampfhaft an Äußerlichkeiten. Wesentlich ist, daß Böhm-Bawerk in der Notwendigkeit, einen Zeitraum zu überbrücken, die eine wesentliche Ursache der Zinsbildung entdeckte. Gewiß nahm er damit nur wieder einen alten Gedanken, den der Abstinenztheorie, wieder auf. Aber in seiner Darstellung vom Zusammenhang zwischen dem Subsistenzmittelfonds und der Abhängigkeit der Produktionsweise von diesem gab er ihm erst eine feste Grundlage. Auch der Hinweis auf die Ermöglichung ergiebigerer Produktionsweise ist, wie bereits erwähnt, ein Rückgriff auf die älteren Gedanken der Produktivitätstheorie. Aber ihre wesentlich noch in technischen Vorstellungen hängenbleibenden Lehren gewinnen im System Böhm-Bawerks eine sozialökonomische Begründung.

III. Die Auswertung der Zinstheorie.

1. Keine „Rechtfertigung" des Kapitalismus. Daß die Entwicklung der Z. mit der Entwicklung der modernen sozialen Gegensätze eng verknüpft ist, ergibt sich auch aus unserer gedrängten Darstellung. Besonders die Ausbeutungstheorie sucht die moralische Verdammung des Kapitalismus wissenschaftlich zu untermauern. Falsch wäre es aber, wenn man glauben sollte, der Nachweis, daß die Ausbeutungstheorie falsch ist, daß der Zins eine wichtige Funktion im Wirtschaftleben ausübt, käme einer „Rechtfertigung" des kapitalistischen Systems gleich. Die Gesichtspunkte, unter denen die kapitalistische Wirtschaftsordnung Kritik und Angriffen ausgesetzt ist, sind mannigfacher Natur; keinesfalls kommen sie im wesentlichen aus der ökonomischen Theorie. Vielmehr liegen die eigentlichen Streitpunkte auf dem Gebiet des rein Menschlichen. Die ökonomische Theorie kann hier Argumente liefern oder auch nicht, aber es liegt außerhalb ihrer Aufgabe, hier Urteile und Entscheidungen zu fällen. Der Nachweis, die Funktion des Zinses innerhalb der kapitalistischen Wirtschaft ermittelt zu haben, muß ihr genügen, und er ist wichtig genug.

2. Schluß mit dem Streit um den Begriff „Kapital". Bei verständiger und gesunder Einstellung zu der Frage, was Aufgabe der ökonomischen Theorie ist, kann die moderne Lösung der Z. zur Beendigung eines wahrhaft müßigen und unfruchtbaren Streites benutzt werden: des Streites darum, was eigentlich das Kapital sei. Der Kampf der Meinungen hierüber ist ebenso alt wie die zinstheoretische Diskussion. Generationen von Forschern haben sich um die Ermittlung bemüht, welche Güter als Kapital anzusehen seien, welche nicht, man kam zu merkwürdigen, der Wirklichkeit kraß widersprechenden Gruppierungen, man versuchte, sich durch die Bildung von Begriffen wie „Nationalkapital" im Gegensatz zum „Privatkapital" aus Widersprüchen und Wirrwarr zu retten. Wir haben diesen Streit um eine Begriffsabgrenzung bei der Darstellung der Z. absichtlich übergangen. Denn er ist völlig unfruchtbar, kann die Erkenntnis der wirklichen Zusammenhänge — im Gegensatz zur Aufgabe der Theorie — nur erschweren. Vor allem aber: dieser Streit kann also durch die moderne Z. als eo ipso erledigt gelten. Denn diese zeigt deutlich und in Übereinstimmung mit den Beobachtungen der Praxis, daß die Eigenschaft, Kapital zu sein, nicht bestimmten Gütern zugehört, überhaupt nicht — worauf Cassel immer hinweist — das Kapital als Anhäufung von Gütern vorzustellen ist, sondern als die Macht und Möglichkeit, die Produktion einer bestimmten Richtung zu lenken. Wem sein wissenschaftliches Gewissen durchaus eine scharfe Abgrenzung des Begriffs „Kapital" anbefiehlt, der halte sich an die von ALFRED AMONN gegebene Definition, nach der Kapital „abstrakte, konzentrierte Verfügungsmacht im sozialen Verkehr" ist.

3. Zinsfuß, Geldversorgung, Konjunktur. Trotz Ablehnung der technischen Kapitalbegriffe und Definition des Kapitals als einer abstrakten „Verfügungsmacht" bleibt es dabei, daß das Wesentliche des Kapitalangebots doch in der durchaus realen Sphäre der Güter und Dienste zu suchen ist. Die Verfügungsmacht wird in der Form der Übertragung von Geldsummen gehandelt. Veränderungen im Verhältnis von Kapitalangebot und Kapitalnachfrage machen sich daher im Zinsfuß, der auf dem Geldmarkt herrscht, bemerkbar. Diese Zinsfußbewegung überträgt sich auf den sog. Kapitalmarkt, den Markt der langfristigen Schuldverpflichtungen. An sich kann demnach durch Vermehrung der Geldzeichen das Angebot an Kapitaldisposition vermehrt werden. In der Geldlehre wird ausführlich auseinandergesetzt, warum und inwieweit einem derartigen Vorgehen durch die Gefahr der Inflation Grenzen gezogen sind. Trotzdem aber bleibt die Tatsache bestehen, daß auch bei inflatorischen Folgen durch Vermehrung der Geldzeichen das Angebot an Kapitaldisposition vermehrt werden kann, daß eine Verschiebung in der Verfügungsmacht über Güter und Dienste durch Einschränkung des realen Konsums wegen der Preissteigerung stattfindet. Es ist nicht Sache der Z., auseinanderzusetzen, warum und inwiefern eine systematische Inflation unheilvoll und ihr schließlicher Effekt doch Kapitalzerstörung und dementsprechende Verringerung des Kapitalangebots und Zinsfußsteigerung ist. Zinstheoretisch wesentlich ist nur die Feststellung, daß das Kapitalangebot nicht absolut starr, sondern innerhalb gewisser Grenzen beweglich und regulierbar ist. Die Zentralnotenbanken können durch ihre Diskontpolitik die Geldmenge mehr oder weniger knapp halten. Innerhalb gewisser Grenzen ist dies auch bei gesunden währungspolitischen Grundsätzen möglich. Auf dieser Tatsache baut die sog. „monetäre" oder „kreditäre" Konjunkturtheorie ihre Gedankengänge auf. Die Grundlage ist dadurch gegeben, daß innerhalb bestimmter Grenzen das Kapitalangebot über das durch freiwilliges Sparen gegebene Ausmaß ausgedehnt werden kann. Hier vereinigen sich dann die Gedankengänge der Geldtheorie und der Z. zum Aufbau einer rationalen Zinspolitik.

Literatur: Die Literatur über die Zinstheorie ist so umfangreich, daß es zwecklos wäre, sie hier aufzuführen. Genannt seien nur einige Werke, die zu vertieftem Studium besonders geeignet sind: BÖHM-BAWERK, EUGEN V.: Kapital und Kapitalzins, 4. Aufl. Jena 1921. — CASSEL, GUSTAV: Theoretische Sozialökonomie, 4. Aufl. Leipzig 1927. — MISES, LUDWIG: Theorie des Geldes und der Umlaufsmittel, 2. Aufl. Leipzig 1924. — HAHN, L. A.: Volkswirtschaftliche Theorie des Bankkredits, 3. Aufl. Tübingen 1930. — SCHUMPETER, JOSEF: Theorie der wirtschaftlichen Entwicklung, 2. Aufl. Leipzig 1926. — LANDRY, A.: L'interêt du capital. Paris 1903. — FISHER, J.: The theory of interest. New York 1930. — GONNER, E. C. K.: Interest y sevings. London 1906.

HANS GESTRICH.

Zinszahl s. *Staffelmethode.*

Zirkularkreditbrief s. *Akkreditiv I 2.*

Zirkulationsgeschwindigkeit der Depositen s. *Umlaufsgeschwindigkeit.*

Złoty, Währungseinheit in *Polen* (s. d.).

Zubuße s. *Kux.*

Züricher Börse s. u. *Schweizer Börsen.*

Zulassung von Personen s. u. *Börsenzulassung.*

— von Wertpapieren zum Börsenhandel s. *Börsengesetz B II.*

— zum Börsenterminhandel s. *Börsengesetz B III 2.*

Zurückbehaltungsrecht (Retentionsrecht) s. *Depotrecht I A.*

Zusätzliche Kreditgewährung s. Kreditexpansion in Art. *Kredit*, vgl. *Konjunkturtheorie 3.*

Zusätzliches Geld s. *Geldtheorien* sowie *Kredit.*

Zusatzdividende (**—verzinsung** bei Renten) (englisch additional dividend) ist eine Gewinnausschüttung, die zusätzlich zu einer anderen Verzinsung gewährt wird. Anleihen erhalten vielfach eine Z., um sie attraktiver zu gestalten; diese Z. wird z. B. fällig, sobald die Stammaktien eine bestimmte Dividende erhalten (so bei den Vorzugsaktien der Deutschen Reichsbahn) oder der Reingewinn eine bestimmte Höhe erreicht. Vielfach kommen auch Z. bei solchen Interessengemeinschaften vor, die praktisch einer Fusion nahekommen, indem bei der einen Gesell schaft nur mehr sehr wenig freie Aktionäre vorhanden sind. Statt daß man, wie sonst bei Interessengemeinschaften üblich, eine Gewinnteilung vorsieht, gewährt man hier oft den wenigen freien Aktionären eine von vornherein garantierte Mindestdividende, zu der bei entsprechender Höhe des Gewinns oder der Dividende der Hauptgesellschaft eine Z. tritt (vgl. a. *Aktie als Wertpapier 2*), ferner *Anleihen mit Zusatzrechten.*

Zuteilung s. *Emissionsgeschäft II 2.*

Zuzählungskurs, der dem Hypothekenschuldner be zahlte Kurs, entsprechend also dem *Übernahmekurs* (s. d.) im Anleihewesen.

Zwangsanleihe s. *Öffentlicher Kredit II 3.*

— konversion. Die weder vertraglich vorgesehene, noch im Einverständnis mit dem Gläubiger, sondern durch einseitigen Akt zugunsten des Schuldners erfolgende Herabminderung seiner Leistung. Früher kam Z. allenfalls für Staaten in Betracht, heute vielfach auch zugunsten anderer Schuldner erwogen. Gegenstand der Z. kann jeder einzelne Teil seiner Leistung sein, es kann also sowohl das Kapital als (der häufigere Fall) die Zinsen im Konversionsweg herabgemindert werden, oder schließlich als geringster Nachteil für den Gläubiger, einseitig die Tilgung hinausgeschoben werden. Oft werden auch diese Möglichkeiten kombiniert. Ein bekanntes Beispiel für Konversionen des Kapitaldienstes bilden die türkischen Anleihen, für Zinskonversion die durch Notverordnung erfolgte Zinssenkung des deutschen Reichs vom Herbst 1931 (vgl. *Schuldensenkung*, a. *Währungswesen*).

Zwangskurs s. *Währungsstabilisierung.*

— sparen s. *Kredit III.*

— vergleich s. *Vergleich* sowie *Konkurs.*

Zweckverband ist die Vereinigung mehrerer Gemeinden, Kreise usw. zur Erfüllung einer bestimmten Aufgabe (etwa zum Bau und Betrieb einer Wasserleitung). In Preußen ist der Z. seit 1911 gesetzlich geregelt. Danach genießt er die Rechte einer öffentlichen Körperschaft, kann also zwangsweise Gebühren und Beiträge erheben und verwenden, Anleihen aufnehmen usw. Scharf davon zu unterscheiden sind die in der Privatwirtschaft da und dort vorkommenden sog. Z., die nichts anderes als Spitzenverbände ohne jede öffentlich-rechtliche Stellung sind.

Zweigstellen s. *Filialgeschäft.*

Zweimonatsbilanz (der Banken), jetzt = *Monatsbilanz* (s. d.).

Zweischein-System-Warrants s. *Finanzierung des Groß- und Einzelhandels II 2.*

Zweite Hand s. *Berliner Börse I 6.*

Zwischenbilanz s. *Bilanz I 3.*

— dividende s. v. w. *Abschlagsdividende* (s. d.).

— kredit vgl. Überbrückungskredit im Art. *Öffentlicher Kredit I 3*, ferner *Kredit II 3.*

— kredit in der Industrie s. *Industrie und Banken III.*

GPSR Compliance

The European Union's (EU) General Product Safety Regulation (GPSR) is a set of rules that requires consumer products to be safe and our obligations to ensure this.

If you have any concerns about our products, you can contact us on ProductSafety@springernature.com

In case Publisher is established outside the EU, the EU authorized representative is:

Springer Nature Customer Service Center GmbH
Europaplatz 3
69115 Heidelberg, Germany

Batch number: 10845583

Printed by Printforce, the Netherlands